Dicionário
Verbo

de Inglês
Técnico e Científico

Dicionário
Verbo

de Inglês
Técnico e Científico

Joaquim Farinha dos Santos Tavares
e Jaime Sotto-Mayor

Verbo

EDITORIAL VERBO
DEPARTAMENTO DE ENCICLOPÉDIAS E DICIONÁRIOS

DIRECÇÃO
Doutor Fernando Guedes

ÁREA DE DICIONÁRIOS

COORDENAÇÃO GERAL
Mestre António Maduro Colaço

NOTA INTRODUTÓRIA

Esta 2.ª edição do *Dicionário Verbo de Inglês Técnico e Científico* sai agora, treze anos após a publicação da 1.ª edição, consideravelmente aumentada. No período que decorreu entre as duas edições, foi enorme a evolução técnica e científica, principalmente nas áreas da Física, da Biologia, da Genética, da Informática e das Ciências da Terra. As mais de 10 000 entradas agora acrescentadas abrangem sobretudo estas disciplinas sem, no entanto, descurar o avanço técnico e científico das restantes áreas científicas.

É sempre difícil a elaboração de um Dicionário Técnico e Científico, muito especialmente pela não existência de uma «padronização» dos termos, mesmo dentro de uma área específica. Há expressões que passam do verdadeiramento técnico para o vulgar, e vice-versa.

Sempre que existe uma unidade terminológica utilizada especificamente por uma determinada profissão ou ramo técnico, uma espécie de «gíria» profissional, procurou-se utilizá-la, em vez do termo mais generalizado, fácil de encontrar em qualquer dicionário. O mesmo sucede com os vocábulos ingleses, em que nos baseamos.

Quando a mesma lexia é utilizada pelos diversos ramos técnicos, foi-lhe atribuída a designação de (GERAL).

Muitos dos termos aqui usados em Português foram recolhidos junto de profissionais de cada um dos ramos, além de em vários livros relacionados com os mesmos.

Como no Inglês, a grafia não é, muitas vezes, homogénea; nestes casos, tanto em Inglês, como em Português, usaram-se as diversas grafias utilizadas, muito especialmente no campo da Medicina.

Para um melhor entendimento usaram-se, neste dicionário, tanto os radicais latinos, como os gregos, com a respectiva explicação breve. Indicam-se também os plurais das bases latinas e gregas de uso técnico e científico.

OS EDITORES

PRINCIPAIS ABREVIATURAS USADAS NESTE DICIONÁRIO
MAIN ABBREVIATIONS USED IN THIS DICTIONARY

INGLÊS-PORTUGUÊS

AERO.	Aeronáutica
ARQ.	Arquitectura
ASTRO.	Astronomia; Astronáutica; Astrofísica
AUTO.	Automobilismo
BIO.	Biologia; Bacteriologia; Bioquímica; Citologia; Genética
BOT.	Botânica
CRIST.	Cristalografia
E. CIV.	Engenharia Civil; Carpintaria; Pintura; Caminhos-de-Ferro
ECO.	Ecologia
ELECT.	Electricidade
ELECTRÓN.	Electrónica
ENG.	Engenharia
ESP.	Espaço; Navegação Espacial
EST.	Estatística
FÍS.	Física Geral; Óptica; Acústica; Dinâmica; Termodinâmica
GEO.	Geografia; Geologia; Ciências da Terra
GERAL	Termos de aplicação geral
HIDRO.	Hidrologia; Hidrodinâmica; Hidráulica
IMP.	Imprensa; Artes Gráficas
IMUN.	Imunização
INF.	Informática; Computadores
MAT.	Matemática; Aritmética; Álgebra e Geometria
MEC.	Mecânica; Siderurgia; Fundição
MED.	Medicina Geral; Anatomia; Fisiologia; Farmacologia
MINAS	Minas; Extracção Mineira; Petrologia; Petróleo
MINER.	Mineralogia; Gemologia
NAV.	Navegação
NUCL.	Física Nuclear; Química Nuclear
PAPEL	Papel; Indústria do papel
PLÁST.	Plásticos
PSICO.	Psicologia; Ciência do Comportamento
QUÍM.	Química; Farmacologia
RADAR	Radar
RADIOL.	Radiologia; Raios X; Diagnóstico
RELOJ.	Relojoaria
TELECOM.	Telecomunicações
TÊXT.	Têxteis
T. IMAG.	Técnica da Imagem; TV; Cinema; Fotografia
TOPO.	Topografia, Geodésia; Agrimensura
VIDR.	Vidraria; Indústria do Vidro
VET.	Veterinária
ZOO.	Zoologia
[MC]	Marca Comercial
[SI]	Sistema Internacional de Unidades
[IUPAP]	União Internacional de Física Pura e Aplicada
[RU]	Reino Unido

PORTUGUESE-ENGLISH

AERO.	Aeronautics
ARCH.	Architecture
ASTRO.	Astronomy; Astronautics; Astrophysics
AUTO.	Automobiles
BIO.	Biology; Bacteriology; Cell Biology; Biochemistry; Cytology; Histology
BOT.	Botany
BUILD.	Building; Civil Engineering; Carpentry; Painting; Joinery; Railways
CHEM.	Chemistry; Pharmacology
COMP.	Computers
CRYST.	Crystallography
ECO.	Ecology
ELECT.	Electricity
ELECTRON.	Electronics
ENG.	Engineering
GEO.	Geophysics; Geology
GEN.	General terms
GLASS	Glass
HORO.	Horology
HYDRO.	Hydrology; Hydrodynamics
IMAGE TECH.	Image Technology; Television
IMMUN.	Immunology
MATH.	Mathematics
MECH.	General Mechanics; Foundry; Powder Metallurgy
MED.	Medicine; Anatomy; Physiology; Surgery; Pharmacology; Pathology
MINER.	Mineralogy
MINING	Mining; Oils
NAV.	Navigation
NUCL.	Nuclear Engineering; Nuclear Chemistry; Nuclear Physics
PAPER	Paper
PHYS.	Physics; Optics; Acoustics; Heat; Hydraulics
PLAST.	Plastics
PRINT.	Printing
PSYCHO.	Psychology; Animal Behaviour; Psychiatry
RADAR	Radar
RADIOL.	Radiology
SPACE	Space
STAT.	Statistics
SURV.	Surveying
TELECOM.	Telecommunications
TEXT.	Textiles
VET.	Veterinary
ZOO.	Zoology
[TM]	Trade Mark
[UK]	United Kingdom
[USA]	United States of America

Nota - A abrev. conjunta (BOT.; E.CIV.) refere-se a uma Árvore e à aplicação da sua madeira em Contrução Civil (casas; pontes, etc.)

Aa

A (AERO.) abr. de *Alternative* — alternativa

A (ELECT.) abr. de *Ampere* — Ampere

A (ELECT.) abr. de *accumulator* — acumulador

A (FÍS.) abr. de *Angstroem* — Angstrom

A (FÍS.; QUÍM.) Símbolo de *relative atomic mass* — massa atómica relativa

A (FÍS.; QUÍM.) Símbolo de *atomic weight* — peso atómico

A (GERAL) abr. de *acceleration* — aceleração

A (GERAL) abr. de *amplitude* — amplitude

A (GERAL) abr. de *Area* — área

A (MAT.) símbolo de *Helmoltz function* — função de Helmoltz

A (QUÍM.) abr. de *linear absorption coefficient* — coeficiente de absorção linear

A (QUÍM.) abr. de *aminoacid* — aminoácido

A (QUÍM.) Símbolo de *relative atomic mass* — massa atómica relativa

A (QUÍM.) Símbolo de *atomic weight* — peso atómico

AAC (GEO.) abr. de *Antarctic convergence* — convergência antárctica

A and R display (RADAR) apresentação A e R; projecção A e R

A and R scan (RADAR) exploração A e R

A and R scope (RADAR) visor A e R

ABA (BOT.) abr. de *abscisic acid* — ácido abscísico

abactinal (ZOO.) ab-actiniano

abacus (MAT.) ábaco

abambulacral (ZOO.) ambulacrário

abampere (ELECT.) abampere

abamurus (ARQ.) aba corrida

abandonment (MINAS) abandono de mina

abapical (ZOO.) abapical

abatjour (ARQ.) clarabóia

abaxial (BOT.; FÍS.; ZOO.) abaxial

Abbe refractometer (QUÍM.) refractómetro de Abbe

abbreviated dialling (TELECOM.) marcação rápida

ABC (INF.) abr. de *Automatic Brightness Control* — Controlo Automático de Brilho

ABC transporter (BIO.) abr. de *adenosine binding cassette transporter* — transportador ABC

abdominal air sac (ZOO.) saco aéreo abdominal

abdominal cavity (MED.) cavidade abdominal

abdominal gill (ZOO.) brânquia abdominal

abdominal limb (ZOO.) apêndice abdominal

abdominal pore (ZOO.) poro abdominal

abdominal reflex (ZOO.) reflexo abdominal

abdominal region (MED.) região abdominal

abducens (MED.) abducente

abduction (MED.) abdução

abductor (MED.; ZOO.) abdutor

Abegg's rule (QUÍM.) regra de Abegg

Abegg's rule of eight (QUÍM.) regra de oito de Abegg

Abel flash-point apparatus (MINAS) aparelho de Abel

Abelian group (MAT.) grupo abeliano

abelite (QUÍM.) abelite

aberrant (BOT.; MED.; ZOO.) aberrante

aberratio (MED.) aberração

aberration (GERAL) aberração

abfarad (ELECT.) abfarad

abhenry (ELECT.) abhenry

abiogenesis (BOT.; ZOO.) abiogénese

abiotic (BOT.) abiótico

abiotic factor (BIO.) factor abiótico

ablation (MED.) ablação

Abmho (ELECT.) abmho

Abney law (FÍS.) lei de Abney

Abney level (GEO.) nível de Abney

abnormal glow discharge (ELECTRÓN.) descarga luminosa anormal

abnormal reflection (TELECOM.) reflexão anormal

abnormal termination (INF.) terminação anormal

ABO blood group substances (IMUN.) substâncias do grupo sanguíneo ABO

ABO blood group system (IMUN.) sistema do grupo sanguíneo ABO

Abohm (ELECT.) Abohm

abomasitis (VET.) abomasite

abomasum (ZOO.) abomaso; coalheira

A-bomb (FÍS.) bomba-A; bomba atómica

aboral (ZOO.) aboral

abort (AERO.; ASTRO.;INF.) aborto; fracasso

abort (MED.) aborto

abortient (MED.) abortivo

abortifacient (MED.) abortivo

abortion (MED.; ZOO.) aborto

abortive (MED.) abortivo

abortus (MED.) aborto

abrachiate (ZOO.) abráquio

abradant (MEC.) abrasivo

abrade (MEC.) desgastar; esmerilhar

Abram's law (E.CIV.) lei de Abram

abrasion (GEO.; MED.) abrasão

abrasional cuspate spit (GEO.) esporão cuspidado de abrasão

abrasion bench (GEO.) banco de abrasão

abrasion coast (GEO.) costa de abrasão

abrasion hardness (MINAS) resistência à abrasão

abrasive (QUÍM.) abrasivo

abrasive blast cleaning (E.CIV.) limpeza a jacto abrasivo

abrasive paper (E.CIV.) lixa

abreaction (PSICO.) ab-reacção

A & B roll printing (T.IMAG.) impressão com rolos A & B

ABS (PLÁST.) abr. de *Acrilonitrile-Butadiene-Styrene* — Acrilonitrilo-Butadieno-Estireno

ABS brake (AUTO.) travão antibloqueador (do alemão *Anti blockier System*)

abscess (MED.) abcesso

abscisic acid (BOT.) ácido abscísico; abscisina II; ABA

abscissa (MAT.) abcissa

abscission layer (BOT.) camada de abscisão

abscission zone (BOT.) zona de abscisão

absent rings (GEO.) anéis ausentes

absolute (GERAL) absoluto

absolute address (INF.) endereço absoluto

absolute addressing (INF.) endereçamento absoluto

absolute age (GEO.) idade absoluta

absolute alcohol (QUÍM.) álcool absoluto

absolute altimeter (AERO.) altímetro absoluto

absolute ampere (FÍS.) ampere absoluto

absolute block system (E.CIV.) sistema de bloqueio absoluto

absolute ceiling (AERO.) tecto absoluto

absolute code (INF.) código absoluto

absolute coding (INF.) codificação absoluta

absolute coefficient (MAT.) coeficiente absoluto

absolute configuration (QUÍM.) configuração absoluta

absolute cutoff frequency (ELECT.) frequência absoluta de corte

absolute dating (GEO.) datação absoluta

absolute delay (ELECT.) atraso absoluto

absolute drift (ELECT.) deriva absoluta

absolute efficiency (ELECT.) eficiência absoluta

absolute electrometer (ELECT.) electrómetro absoluto

absolute error (INF.; MAT.) erro absoluto

absolute expansivity (FÍS.) expansibilidade absoluta

absolute humidity (FÍS.; METEO.) humidade absoluta

absolute instrument (FÍS.) instrumento absoluto

absolute magnitude (ASTRO.) magnitude absoluta

absolute maximum rating (ELECT.) regime máximo absoluto

absolute permeability (ELECT.) permeabilidade absoluta

absolute permitivity (FÍS.) permitividade absoluta

absolute porosity (GEO.) porosidade absoluta

absolute potential (QUÍM.) potencial absoluto

absolute pressure (FÍS.) pressão absoluta

absolute pressure pickup (ELECT.) transdutor de precisão absoluta

absolute reaction rate (QUÍM.) grau de reacção absoluta

absolute-rest precipitation tank (E.CIV.) tanque de precipitação de resíduos absolutos

absolute temperature (FÍS.) temperatura absoluta

absolute threshold (INF.) limiar absoluto (de detecção)

absolute unit (FÍS.) unidade absoluta

absolute value (MAT.) valor absoluto

absolute value computer (INF.) computador de valor absoluto

absolute value device (INF.) dispositivo de valor absoluto

absolute viscosity (FÍS.; ENG.) viscosidade absoluta

absolute wavemeter (TELECOM.) ondómetro absoluto

absolute zero (FÍS.) zero absoluto

absorbance (QUÍM.) absorvência

absorbed dose (RADIOL.) dose absorvida

absorbed dose rate (RADIOL.) velocidade de dose absorvida

absorbency (MED.; QUÍM.) absorvência

absorbency test (PAPEL) teste de absorção

absorbent (GERAL) absorvente

absorber (FÍS.) absorvente

absorber control (FÍS.) controlo por absorvente

absorber head (MED.) cabeça absorvente (em anestesia)

absorber rod (NUCL.) barra de absorção

absorbing material (FÍS.) material de absorção

absorbing well (E.CIV.) poço de absorção; câmara de absorção

absorptance (FÍS.) absorvência

absorptiometer (QUÍM.) absorciómetro

absorption (GERAL) absorção

absorption band (FÍS.) banda de absorção

absorption capacitor (ELECT.) condensador de absorção

absorption circuit (ELECT.) circuito de absorção

absorption coefficient (FÍS.; QUÍM.) coeficiente de absorção

absorption curve (FÍS.) curva de absorção

absorption discontinuity (FÍS.) descontinuidade de absorção

absorption dynamometer (ENG.) dinamómetro de absorção

absorption edge (FÍS.) crista de absorção

absorption frequency meter (TELECOM.) frequencímetro de absorção; ondómetro de absorção

absorption hygrometer (METEO.) higrómetro de absorção

absorption indicator (QUÍM.) indicador de absorção

absorption inductor (ELECT.) indutor de absorção

absorption laws (MAT.) leis de absorção

absorption line (FÍS.) linha de absorção

absorption loss (FÍS.) perda de absorção

absorption mesh (TELECOM.) rede de absorção

absorption peak (ELECT.) pico de absorção

absorption plant (MINAS) instalação de absorção

absorption refrigerator (MEC.) refrigerador de absorção

absorption spectroscopy (FÍS.) espectroscopia de absorção

absorption spectrum (FÍS.) espectro de absorção

absorption tube (QUÍM.) tubo de absorção

absorption wavemeter (ELECT.) ondómetro de absorção

absorptive attenuator (ELECT.) atenuador de absorção

absorptive power (FÍS.) poder absortivo; poder de absorção

absortivity (FÍS.) absortividade

abstract algebra (MAT.) álgebra abstracta

abstraction (GEO.) abstração

abterminal (MED.) abterminal (denota a trajectória de uma corrente eléctrica no músculo)

abundance (QUÍM.) abundância

abundance ratio (FÍS.) razão de abundância

abutment (E.CIV.) arcobotante; contraforte

abutment load (MINAS) carga de contraforte

abutting joint (E.CIV.) junta saliente; união justaposta

abvolt (ELECT.) abvolt

abwatt (ELECT.) abwatt

abyssal (GEO.) abissal

abyssal-benthic (GEO.) abissal-bêntico

abyssal cone (GEO.) cone abissal

abyssal deposit (GEO.) depósito abissal

abyssal fan (GEO.) leque abissal

abyssal fish (GEO.) peixe abissal

abyssal floor (GEO.) fundo abissal

abyssal gap (GEO.) estreito abissal

abyssalpelagic zone (GEO.) zona pelágica abissal

abyssal sediment (GEO.) sedimento abissal

abyssal zone (GEO.) zona abissal

abyssopelagic (ECO.) abissopelágico

ac (QUÍM.) símbolo do actínio

AC (ELECT.) abr. de *alternative current* — corrente alternada; CA

ac- (QUÍM.) abr. indicando substituições no anel alicíclico

acacia gum (QUÍM.) goma-arábica

acanthite (MINER.) acantite

acantho- (BOT.) acanto-; prefixo do grego *acantha/os* designando espinho

Acanthocephala (ZOO.) Acantocéfalos

acanthoma (MED.) acantoma

acanthosis nigricans (MED.) acantose nigrícia; espinhas negras

acanthozooid (ZOO.) acantozóide

acariasis (MED.; VET.) acaríase; acariose

Acarina (ZOO.) Acarinos

acarophily (BOT.) acarófila

acarophytism (BOT.) acarofitismo

acaulescent (BOT.) acaulescente

acauline (BOT.) acaule

acaulose (BOT.) acaulose

AC balancer (ELECT.) equilibrador de CA

AC bias (ELECTRÓN.) polarização de CA

ACC (ELECTRÓN.) abr. de *Automatic Chrominance Control* — controlo automático de crominância

accelerated ageing test (ELECT.) teste acelerado de envelhecimento

accelerated fatigue test (ENG.) teste acelerado de fadiga

accelerated graphics port [AGP] (INF.)porta do acelerador gráfico [AGP]

accelerate-stop distance (AERO.) distância aceleração-paragem

accelerating anode (ELECT.) ânodo de aceleração

accelerating chain (ELECTRÓN.) cadeia de aceleração

accelerating chamber (ELECTRÓN.) câmara de aceleração

accelerating contactor (ELECTRÓN.) interruptor de aceleração

accelerating electrode (ELECTRÓN.) eléctrodo de aceleração

accelerating grid (ELECTRÓN.) grelha de aceleração

accelerating machine (ELECTRÓN.) acelerador

accelerating potential (ELECTRÓN.) potencial de aceleração

accelerating tube (ELECTRÓN.) tubo acelerador; câmara aceleradora tubular

acceleration (GERAL) aceleração

acceleration due to gravity (FÍS.) aceleração devido à gravidade; gravitação

acceleration effect (FÍS.) efeito de aceleração

acceleration error (AERO.) erro de aceleração

acceleration factor (GERAL) factor de aceleração

acceleration of gravity (GERAL) aceleração da gravidade

acceleration space (FÍS.) espaço de aceleração

acceleration stress (ESPAC.) esforço de aceleração; « stress » de aceleração

acceleration time (INF.) tempo de aceleração

acceleration tolerance (ESPAC.) tolerância à aceleração

accelerator (GERAL) acelerador

accelerator card (INF.) placa aceleradora

accelerator pump (AUTO.) bomba de aceleração

accelerograph (ELECTR.) acelerógrafo

accelerometer (FÍS.) acelerómetro

accentuation (TELECOM.) acentuação

accentuator (TELECOM.) acentuador

acceptance angle (ELECTRÓN.) ângulo de aceitação

acceptor (ELECTRÓN.; QUÍM.) aceitante

acceptor atoms (ELECTRÓN.) átomos receptores

acceptor circuit (TELECOM.) circuito de admissão; circuito aceitador

acceptor impurity (ELECTRÓN.) impureza aceitadora

acceptor level (ELECTRÓN.) nível de admissão

access arm (INF.) braço de acesso

access control (ELECT.) controlo de acesso

access control register (INF.) registo de controlo de acesso

access delay (ELECT.) atraso de acesso

access eye (E.CIV.) tampão de acesso

access level (INF.) nível de acesso

access method (INF.) método de acesso

accessorius (ZOO.) acessório

accessory (ZOO.) acessório

accessory bud (BOT.) botão acessório

accessory cell (BOT.) célula acessória

accessory cell (IMUN.) célula subsidiária

accessory chromosome (BIO.) cromossoma acessório; cromossoma heterotrópico

accessory glands (ZOO.) glândulas acessórias

accessory heart (ZOO.) coração acessório

accessory mineral (MINER.) mineral acessório

accessory pigment (BOT.) pigmento acessório

accessory plates (MINER.) placas acessórias (quartzo, gesso e mica, usadas em Petrologia microscópica)

accessory shoe (T.IMAG.) sapata de acessório

access protocols (ELECT.) protocolos de acesso

access right (INF.) direito de acesso

access selector (TELECOM.) comutador de acesso

access time (INF.) tempo de acesso

access to store (INF.) acesso à memória

accidental coincidence (ELECTRÓN.) coincidência acidental

accidental coincidence correction (ELECTRÓN.) correcção de coincidência acidental

accidental jamming (TELECOM.) interferência acidental

accidental species (ECO.) espécies acidentais

Accipitriformes (ZOO.) Accipitriformes

AC circuit (ELECTR.) circuito de CA

AC circuit analysis (ELECTRÓN.) análise de circuitos CA

acclimation (BIO.) aclimação

acclimatization (BIO.; PSICO.) aclimatização; aclimação

AC commutator (ELECT.) comutador de CA

accomodation (GERAL) acomodação

accomodation rig (MINAS) armação de acomodação

accordion fold (IMP.) dobra em acordeão

accouchement (MED.) parto

accoucheur (MED.) obstetra (masc. — termo francês)

accoucheuse (MED.) obstetra (fem. — termo francês)

accountable time (INF.) tempo contabilizável

accounting journal (INF.) diário de actividades

accounting machine (INF.) máquina de contabilidade

AC coupling (ELECT.) acoplamento de CA

accretion (ASTRO.; GEO.; MED.; ZOO.) acreção

accretionary ridge (GEO.) crista de acreção

accretion disc (ASTRO.) disco de acreção

accumulated temperature (METEO.) temperatura acumulada

accumulation point (MAT.) ponto de acumulação

accumulation zone (GEO.) zona de acumulação

accumulative cuspidate spit (GEO.) esporão cuspidado posicional

accumulator (ELECT.;INF.) acumulador

accumulator grid (ELECT.) grade de acumulador

accumulator register (INF.) registo acumulador

accumulator switchboard (ELECT.) painel de controlo de acumuladores; quadro de distribuição de acumuladores

accumulator traction (ELECT.) tracção por acumuladores

accumulator vehicle (ELECT.) carro de acumuladores

accuracy (INF.) exactidão

accuracy meter (ELECT.) medidor de precisão

accuracy range marker (AERO.) indicador de distância exacta

AC/DC (ELECT.) CA/CC

AC dump (ELECTRÓN.) descarga de CA

acellular (BOT.) acelular

acenaphthenequinone (QUÍM.) acenaftenoquinona

acentric (BIO.) acêntrico

acentric fragment (BIO.) fragmento acentrómero

acentrous (ZOO.) acêntrico

acephalus (ZOO.) acéfalo

acervulus (BOT.) acérvulo

acetabular bone (ZOO.) osso acetabular

acetabulum (ZOO.) acetábulo

acetal (QUÍM.) acetal

acetaldehyde (QUÍM.) acetaldeído; aldeído acético; etanal

acetaldol (QUÍM.) acetaldol; aldol

acetal resin (PLÁST.) resina de acetal

acetamide (QUÍM.) acetamida; etanamida

acetamidine (QUÍM.) acetamidina

acetaminofluorene (QUÍM.) acetaminofluoreno

acetate (QUÍM.) acetato

acetate fibre (QUÍM.) fibra de acetato

acetic acid (QUÍM.) ácido acético; ácido etanóico

acetic fermentation (QUÍM.) fermentação acética

acetify (QUÍM.) acetificar

acetimeter (QUÍM.) acetímetro; acetómetro

acetin (QUÍM.) acetina; acetato de glicerol

acetoacetic acid (QUÍM.) ácido acetoacético; ácido diacético

acetoacetyl-CoA (QUÍM.) acetoacetil-CoA; acetoacetilcoenzima A

acetoin (QUÍM.) acetoína; acetilmetilcarbinol

acetol (QUÍM.) acetol

acetolysis (QUÍM.) acetólise

acetone (QUÍM.) acetona

acetone body (QUÍM.) corpo cetónico

acetone-butanol fermentation (BIO.; QUÍM.) fermentação acetona-butanol

acetone compound (QUÍM.) composto cetónico

acetone resin (QUÍM.) resina de acetona

acetonitrile (QUÍM.) acetonitrilo

acetonuria (MED.) acetonúria

acetophenone (QUÍM.) acetofenona (hipnótico/depressivo brando)

acetosoluble (QUÍM.) acetossolúvel

acetoxyl group (QUÍM.) grupo acetóxilo

acetyl (QUÍM.) acetil

acetyl-activating enzyme (QUÍM.) enzima acetil-activadora

acetylase (QUÍM.) acetilase

acetylation (QUÍM.) acetilação

acetylcellulose (QUÍM.) acetilcelulose

acetyl chloride (QUÍM.) cloreto de acetilo

acetyl choline (QUÍM.) acetilcolina; hidróxido de acetiletanoltrimetilamónio

acetylcholinesterase (QUÍM) acetilcolinesterase

acetyl-CoA (QUÍM.) acetil-CoA; acetilcoenzima A

acetyl-CoA acetyltransferase (QUÍM.) acetil-CoA acetiltransferase; acetoacetil-CoA tiolase; acetil-CoA tiolase; tiolase

acetyl-CoA acylase (Quím.) acetil-CoA acilase

acetyl-CoA acyltransferase (Quím.) acetil-coA aciltransferase; beta-cetotiolase

acetyl-CoA carboxylase (Quím.) acetil-CoA carboxilase

acetyl-CoA hydrolase (Quím.) acetil-CoA hidrolase; acetil-CoA acilase (hidrolase que participa da clivagem do acetato a partir do acetil-CoA)

acetyl-CoA synthetase (Quím.) acetil-CoA sintetase; enzima acetil-activadora

acetyl-CoA thiolase (Quím.) acetil-CoA tiolase

acetyldigoxin (Quím.) acetildigoxina

acetylene (Quím.) acetileno (nome vulgar); etino (nome IUPAC)

acetyl group (Quím.) grupo acetilo

acetylide (Quím.) acetileto

acetylsalicylic acid (Quím.) ácido acetilsalicílico (Aspirina)

aceval (Aero.) abr. de *Air Combat EVALuation* — avaliação de combate aéreo

ACF diagram (Geo.) diagrama ACF (diagrama triangular expresso em 3 componentes : Alumínio, Cálcio e Ferro)

AC feedback (Electrón.) realimentação em CA

AcG, ac-g (Med.) abr. de *accelerator globulin* — globulina aceleradora

AC generator (Elect.) gerador de CA

achalasia (Med.) acalásia

achalasia of the cardia (Med.) acalásia da cárdia

achene (Bot.) aquénio

Acheson process (Quím.) processo Acheson

Achilles tendon (Med.) tendão de Aquiles

achlorhydria (Med.) acloridria

acholuric jaundice (Med.) icterícia acolúrica

achondrite (Geo.) acondrito

achondroplasia (Med.) acondroplasia

achroglobin (Zoo.) acroglobina

achroite (Miner.) acroíte

achromatic (Geral) acromático

achromatic colour (Fís.) cor acromática

achromatic lens (Fís.) lente acromática

achromatic locus (Fís.) área acromática

achromatic point (Fís.) ponto acromático

achromatic prism (Fís.) prisma acromático

achromatic sensation (Fís.) sensação acromática

achromatic stimulus (Fís.) estímulo acromático

achromatin (Bot.; Quím.) acromatina

achromatism (Fís.) acromatismo

achromatopsia (Med.) acromatopsia

achylia gastrica (Med.) aquilia gástrica

ACIA (Electrón.) abr. de *Asynchronous Communications Interface Adapter* — interface para comunicações assíncronas

acicle (Bot.) acícula

acicular (Bot.;Miner.) acicular

aciculum (Zoo.) acículo

acid (Quím.) ácido

acid-base balance (Bio.) equilíbrio ácido-base

acid egg (Quím.) bomba de ácido, com vaso de pressão em forma de ovo

acid ester (Quím.) éster ácido

acid etching (Quím.) gravação a ácido

acid fixer (T.Imag.) fixador de ácido

acid growth hypothesis (Bot.) hipótese de crescimento por ácido

acidic amino acids (Bio.; Quím.) aminoácidos acídicos

acidic dye (Quím.) titulador ácido

acidic grassland (Eco.) estepe ácida

acidimetry (Quím.) acidimetria

acidity (Quím.) acidez

acidizing oil wells (Minas) acidificação de poços de petróleo

acid mine water (Minas) água ácida de mina

acidophile (Bio.; Eco.; Quím.) acidófilo

acidophilic (Eco.) acidofílico

acidosis (Med.) acidose

acidotic (Med.) acidótico

acid precipitation (Geo.) precipitação ácida

acid process (Eng.;Papel) processo ácido

acid radical (Quím.) radical ácido

acid rain (Eco.) chuva ácida

acid refractory (Eng.) refractário ao ácido

acid resist foil (Mec.) lâmina resistente ao ácido

acid resisting paint (E.Civ.) tinta resistente ao ácido

acid rock (Geo.) rocha ácida

acid salt (Quím.) sal ácido

acid slag (Mec.) escória ácida

acid sludge (Eng.;Quím.) escória ácida

acid soil (Geo.) solo ácido

acid soil complex (Bot.) complexo para solos ácidos

acid solution (Quím.) solução ácida

acid-steel (Eng.) aço ácido; aço Bessemer

acid stop (T.Imag.) banho ácido

acid value (Quím.) valor ácido

aciniform (Zoo.) aciniforme

acinostele (Bot.) actinostela

Ackermann steering (Auto.) direcção Ackermann; sistema Ackermann

Acker process (Quím.) processo Acker (obsoleto)

acknowledgement (Inf.) reconhecimento

acknowledgement signal (Telecom.) sinal de reconhecimeto

A-class insulation (Elect.) isolamento de classe A

aclinic line (Geo.) linha aclínica

ACM (Inf.) abr. de *Association for Computing Machinery* — Associação para Máquinas Computacionais (EUA)

AC magnet (Elect.) magnete de CA

AC mains (Elect.) tomada de CA

acme screw-thread (Mec.) rosca de parafuso ACME

acmite (Miner.) acmite

AC motor (Elect.) motor de CA

acne (Med.) acne

acne erythematosous (Med.) acne eritematoso; rosácea

acnode (Mat.) ponto conjugado

acoelomate (Zoo.) acelomado

acoelomate triploblastica (Zoo.) triploblásticos acelomados

acoelomatous (Zoo.) acelomado

aconine (Quím.) aconina

aconitate hydratase (Quím.) aconitato hidratase; aconitase

aconitine (Quím.) aconitina

Acontia (Zoo.) Acôntios

acotyledonous (Bot.) acotiledóneo; acotilédono

acoustextile (E.Civ.) tecido acústico

acoustic absorption (Fís.) absorção acústica

acoustic absorption coefficient (Fís.) coeficiente de absorção acústica

acoustic absorption factor (Fís.) factor de absorção acústica

acoustic absorption loss (Fís.) perda por absorção acústica

acoustical inertia (Fís.) inércia acústica

acoustically transparent (Telecom.) transparente ao som

acoustical mass (Fís.) massa acústica

acoustical propagation constant (Fís.) constante de propagação acústica

acoustical reciprocity theorem (Fís.) teorema da reciprocidade acústica

acoustical reproduction (Fís.) reprodução acústica

acoustical stiffness (Fís.) rigidez acústica; consistência acústica

acoustic amplifier (Fís.) amplificador acústico

acoustic branch (Fís.) ramo acústico

acoustic centre (Fís.) centro acústico

acoustic compensator (Fís.) compensador acústico

acoustic compliance (Fís.) elasticidade acústica

acoustic construction (E.Civ.) construção acústica

acoustic coupler (Inf.) acoplador acústico

acoustic delay line (Inf.;Telecom.) linha de retardamento acústico

acoustic dispersion (Fís.) dispersão acústica

acoustic dissipation element (Fís.) elemento de dissipação acústica

acoustic distortion (Fís.) distorção acústica

acoustic feedback (Fís.) realimentação acústica; retorno acústico

acoustic filter (Fís.) filtro acústico

acoustic grating (Fís.) rede acústica

acoustic homing (Fís.) orientação acústica

acoustic horn (Fís.) corneta acústica

acoustic impedance (Fís.) impedância acústica

acoustic inertance (Fís.) inércia acústica

acoustic interferometer (Fís.) interferómetro acústico

acoustic intrusion detector (Fís.) detector acústico de intrusão; alarme sonoro

acoustic lens (Fís.) lente acústica

acoustic mass (Fís.) massa acústica

acoustic memory (Inf.) memória acústica

acoustic mode (Fís.) modo acústico

acoustic model (Fís.) modelo acústico

acoustic Ohm (Fís.) ohm acústico

acousticolateral system (Zoo.) sistema acústico-lateral

acousticophobia (Med.) acusticofobia

acoustic perspective (Fís.) perspectiva acústica

acoustic pickup (Fís.) fonocaptador acústico

acoustic plaster (E.Civ.) estuque acústico

acoustic pressure (Fís.) pressão acústica

acoustic radiator (Fís.) (ir)radiador acústico

acoustic ratio (Fís.) razão acústica

acoustic reactance (Fís.) reatância acústica

acoustic reflection (Fís.) reflexão acústica

acoustic reflection coefficient (Fís.) coeficiente de reflexão acústica

acoustic refraction (Fís.) refracção acústica

acoustic regeneration (Fís.) regeneração acústica

acoustic resistance (Fís.) resistência acústica

acoustic resonance (Fís.) ressonância acústica

acoustics (Fís.) Acústica

acoustic saturation (Fís.) saturação acústica

acoustic scattering (Fís.) dispersão acústica

acoustic spectrometer (Fís.) espectrómetro acústico

acoustic spectrum (Fís.) espectro acústico

acoustic stiffness (Fís.) rigidez acústica

acoustic storage (Fís.) armazenamento acústico

acoustic streaming (Fís.) corrente acústica

acoustic suspension (Fís.) suspensão acústica

acoustic telescope (Fís.) telescópio acústico

acoustic tile (Fís.) placa acústica

acoustic transmission coefficient (Fís.) coeficiente de transmissão acústica

acoustic wave (Fís.) onda acústica

acoustic wave device (Telecom.) equipamento de onda acústica

AC power analyzer (Elect.) analisador de potencia

acquired behaviour (Psico.) comportamento adquirido

acquired character (Bio.) carácter adquirido

acquired characteristics (Eco.) características adquiridas

acquired immunity (Imun.) imunidade adquirida

acquired immunodeficiency syndrome — AIDS (Med.; Imun.) Síndroma da ImunoDeficiência Adquirida; SIDA

acquired variation (Bio.) variação adquirida

acquisition and tracking radar (Radar) radar de captação e rastreio

acquisition laser (Electrón.) laser de captação

acquisition radar (Radar) radar de captação

acquisition time (Electrón.) tempo de aquisição

ACR (Aero.) abr. de *Approach Control Radar* — radar de controlo de aproximação

acral (Med.) acral (relacionando ou afectando as partes periféricas)

Acrania (Zoo.) Acrânios; Acraniotas

Acrasiomycetes (Bot.) Acrasiomicetas; Dictiosteliomicetas

acre (Topo.) acre

AC regulator (Elect.) regulador de CA

AC resistance (Elect.) resistência de CA

acridine (Quím.) Acridina

Acrilan (Quím.) Acrilan (M.C. de fibra sintética de poliacrinitrilo)

acritarch (Geo.) acritarca

acro- (Geral) acro-; do grego *akros* — ponta, extremidade

acrocarp (Bot.) acrocarpo

acrocentric (Bio.) acrocêntrico

acrocyanosis (Med.) acrocianose

acrodont (Zoo.) acrodonte

acrolein (Quím.) acroleína

acromegaly (Med.) acromegália

acromion (Zoo.) acrómio

acron (Zoo.) acron (região cefálica primária dos Artrópodes)

acronym (Inf.) acrónimo

acropar(a)esthesia (Med.) acroparestesia

acropathy (Med.) acropatia

acropetal (Bot.) acrópeto

acrosome (Zoo.) acrossoma

acroterium (Arq.) acrotério

acrotrophic (Zoo.) acrotrófico

acrylaldehyde (Quím.) aldeído acrílico; acroleína; acrilaldeído

acrylamide gel electrophoresis (Bio.) electroforese em gel de acrilamida

acrylic acid (Quím.) ácido acrílico

acrylic aldehyde (Quím.) aldeído acrílico; acroleína

acrylic ester (Quím.) éster acrílico

acrylic fibre (Têxt.) fibra acrílica

acrylic resin (Quím.) resina acrílica

acrylic resin paint (E.Civ.) tinta de resina acrílica

acrylonitrile (Quím.) acrilonitrilo

ACS (Aero.) abr. de *Active Control System* — Sistema de Controlo Activo

ACS (Aero.) abr. de *Altitude Control System* — Sistema de Controlo de Altitude

ACS (Aero.) abr. de *Air Conditioning System* — Sistema de Ar Condicionado

AC series motor (Elect.) motor em série de CA

ACT (Aero.) abr. de *Active Control Technology* — Tecnologia de Controlo Activo

ACTH (Med.) abr. de *AdrenoCortico-Trophic Hormone* — hormona adrenocorticotrófica; «ACTH»; corticotrofina

actin (Bio.) actina

actinal (Zoo.) actiniforme

actinic radiation (Radiol.) radiação actínica

actinides (Quím.) actinídeos

actinin (Bio.) actinina

actinium series (Quím.) série dos actinídeos

actino- (Geral) actino-; do grego *aktis* — raio

actinobacillosis (Vet.) actinobacilose

Actinobacteria (Eco.) actinobactéria

actinobiology (Radiol.) Actinobiologia (estudo dos efeitos da radiação sobre os organismos vivos)

actinodermatitis (Med.) actinodermatite; actinodermite

actinodromous (Bot.) com nervação radiada (palminérvea)

actinoid (Zoo.) actinóide; actiniforme

actinolite (Miner.) actinolite; actinoto

actinomorphic (Bio.) actinomórfico

actinomorphy (Bio.) actinomorfia

Actinomycetales (Bio.) Actinomicetos

actinomycosis (Med.) actinomicose

Actinopterygii (Zoo.) Actinopterígeos

actinorrhiza (Eco.) nódulos radiculares

actinotherapy (Med.) actinoterapia

actinouranium (Nucl.) actino-urânio (isótopo do U235 — símbolo AcU)

Actinozoa (Zoo.) Actinozoários

actinum (Quím.) actínio

action (Geral) acção

action current (Elect.) corrente de acção

action period (Inf.) período de acção

action potential (Bio; Med.) potencial de acção

action spectrum (Bot.) espectro de acção

action spike (Electrón.) crista de acção

activated (Imun.) activado

activated carbon (Quím.) carvão activado

activated cathode (Electrón.) cátodo activado

activated charcoal (Quím.) carvão vegetal activado

activated complex (Quím.) complexo activado

activated sintering (Eng.) aglutinação activada

activated sludge (E.Civ.) lama activada

activated sludge process (Bio.; Quím.) processo de lamas activadas

activated water (Quím.) água activada

activating agent (Minas) agente activador

activation (Geral) activação

activation analysis (Quím.) análise por activação

activation cross-section (Fís.) secção transversal activa; secção eficaz de activação

activation detector (ELECT.) detector de activação

activation energy (QUÍM.) energia de activação

activation time (QUÍM.) tempo de activação

activator (GERAL) activador

active (ELECTRÓN.) activo

active aerial (TELECOM.) antena activa

active antenna (TELECOM.) antena activa

active area (ELECT.) área activa

active array (RADAR) sistema activo (de antenas)

active centre (QUÍM.) centro activo

active chromatin (BIO.) cromatina activa

active circuit (ELECTRÓN.) circuito activo

active communications satellite (TELECOM.) satélite activo de comunicações

active component (FÍS.) componente activo

active continental margin (GEO.) margem continental activa

active control (GERAL) controlo activo

active control system (AERO.) sistema de controlo activo

active current (FÍS.) corrente activa

active device (ELECTRÓN.) dispositivo activo

active dispersal (ECO.) dispersão activa

active dune (GEO.) duna activa

active electric network (ELECT.) rede eléctrica activa

active electrode (ELECT.) eléctrodo activo

active electronic countermeasures (ELECTRÓN.) contramedidas electrónicas activas

active element (INF.) elemento activo

active filter (ELECTRÓN.) filtro activo

active homing (ESPAC.; RADAR) orientação activa

active hydrogen (QUÍM.) hidrogénio activo

active immunity (ECO.) imunidade activa

active infrared detection (ELECTRÓN.) detecção infravermelha activa

active lattice (NUCL.) arranjo activo; estrutura activa

active layer (ECO.) camada activa

active lines (T.IMAG.) linhas activas

active load (ELECTRÓN.) carga activa

active loudspeaker (TELECOM.) altifalante activo

active margin (GEO.) margem activa

active mass (QUÍM.) massa activa

active material (FÍS.) matéria activa; material activo

active matrix display (INF.) monitor de matriz activa

active matrix LCD (INF.) monitor de matriz activa de cristais líquidos

active matrix screen (INF.) ecrã de matriz activa

active medium (FÍS.) meio activo

active network (ELECTRÓN.) rede activa

active power (ELECTRÓN.) poder activo

active region (ELECTRÓN.) região activa

active resistance (BOT.) resistência activa

active satellite (ESPAC.) satélite activo

active sea cliff (GEO.) falésia marinha activa; falésia marinha viva

active sideband optimization (TELECOM.) optimização de banda lateral activa

active sonar (FÍS.; NAV.) sonar activo

active speaker (TELECOM.) altifalante activo

active tone control (TELECOM.) controlo activo de tonalidade

active tracking system (ELECTRÓN.) sistema activo de rastreio

active transducer (TELECOM.) transdutor activo

active transport (BIO.; ELECT.) transporte activo

active voltage (ELECT.) voltagem activa; tensão activa

active volt-ampere (ELECT.) volt-ampere activo; poder activo

active water homing (NUCL.) orientação por água reactiva

activity (GERAL) actividade

activity coefficient (QUÍM.) coeficiente de actividade

activity constant (QUÍM.) constante de actividade

activity curve (ELECT.) curva de actividade

activity dip (ELECT.) queda de actividade

activity factor (ELECTRÓN.) factor de actividade

activity ratio (INF.) coeficiente de actividade; relação de actividade

AC transformer (ELECT.) transformador de CA

actual decimal point (INF.) vírgula decimal real

actual evapotranspiration (GEO.) evapotranspiração real

actual frequency (ELECT.) frequência efectiva

actuator (ELECTRÓN.) actuador

Aculeata (ZOO.) Aculeatas; Aculeados

aculeate (ZOO.) aculeado

acuminate (BOT.) acuminado

acupuncture (MED.) acupunctura

acutance (T.IMAG.) acuidade

acute (GERAL) agudo

acute (BOT.) acúleo

acute (MED.) agudo

acute angle (MAT.) ângulo agudo

acute exposure (NUCL.) exposição aguda (de radiação)

acute phase substance (IMUN.) substância de fase aguda

acute radiation syndrome (MED.) síndroma agudo de radiação

ACV (AERO.) abr. de *Air Cushion Vehicle* — veículo de almofada de ar; « hovercraft »

acyclic (BOT.) acíclica

acyclic (QUÍM.) acíclico

acyclic compound (QUÍM.) composto acíclico

acyclic machine (ELECT.) máquina acíclica

acylation (QUÍM.) acilação

acyl-CoA (BIO.) abr. de *acylcoenzyme A* — acilcoenzima-A

acyl group (QUÍM.) grupo acilo

A/D (INF.) conversor de analógico para digital

AD (BIO.; MED.) abr. de *Alzheimer's disease* — doença de Alzheimer

A-D (T.IMAG.) analógico para digital

ADA (INF.) linguagem de programação (em aplicações militares)

adamantine (MINER.) adamantino

adamantine compound (QUÍM.) composto adamantino

adambulacral (ZOO.) adjacente ao ambulacro

adamellite (GEO.) adamelito

Adam's apple (ZOO.) maçã de Adão

Adam's catalyst (QUÍM.) catalisador de Adam

Adams sewage lift (E.CIV.) elevador de esgotos Adams

adaptation (GERAL) adaptação

adaptation of the eye (BIO.) adaptação da visão

adaptedness (ECO.) adaptatividade

adapter (ELECT.; T.IMAG.) adaptador

adaptive and real time channel evaluation (TELECOM.) avaliação adaptativa em tempo real do canal

adaptive array (RADAR) rede directiva e auto-adaptável de antenas

adaptive control system (ELECTRÓN.) sistema de controlo de adaptação

adaptive delta modulation [ADM] (TELECOM.) modulação delta adaptativa

adaptive device (ELECTRÓN.) dispositivo de adaptação

adaptive differential pulse code modulation [ADPCM] (TELECOM.) modulação digital por impulso adaptativa

adaptive digital pulse code modulation [ADPCM] (TELECOM.) modulação digital por impulso adaptativa

adaptive enzymes (BIO.) enzimas adaptativos

adaptive equalizer (TELECOM.) equalizador adaptativo

adaptive filter (TELECOM.) filtro adaptativo

adaptive pathway (ECO.) percurso adaptativo

adaptive pulse code modulation [APCM] (TELECOM.) modulação por impulso adaptativa

adaptive quantization (TELECOM.) quantificação adaptativa

adaptive radar (RADAR) radar adaptável

adaptive radiation (ECO.) radiação adaptativa

adaptive threshold (ECO.) limiar adaptativo

adaptive waveform recognition (ELECT.) reconhecimento da forma de onda por auto-adaptação

adaptive zone (ECO.) zona de adaptação

adaptor hypothesis (Bio.) hipótese de adaptador

adaxial (Bot.) adaxial

Adcock antenna (Telecom.) antena Adcock

Adcock direction finder (Aero.) radiogoniómetro Adcock

Adcock radio range (Aero.) radiofarol direccional Adcock

A-D converter (T.Imag.) conversor analógico-digital

ADD (Aero.) abr. de *Airstream Direction Detector* — detector de direcção da corrente aérea

add direct memory access co-processor [ADMA] (Inf.) coprocessador de acesso directo à memória de adição

added noise signal (Electrón.) sinal de ruído adicionado

addend (Inf.) adição

addendum (Mec.) distância entre o passo circular e topo do dente de engrenagem, radialmente; altura de dente

adder (Inf.) adicionador

adder-subtracter (Inf.) adicionador-subtractor

addict (Med.) viciado

Addison's disease (Med.) doença de Addison; insuficiência do córtex supra-renal; doença de bronze

addition (Geral) adição

addition agent (Eng.;Quím.) agente aditivo

additional characters (Inf.) caracteres adicionais

addition record (Inf.) registo adicional; registo de adição

addition table (Inf.) tabela de adição

addition without carry (Inf.) adição sem transporte

additive colour system (T.Imag.) sistema aditivo de cor

additive constant (Topo.) constante aditiva

additive function (Mat.) função aditiva

additive genetic variance (Bio.) variação genética aditiva

additive primaries (T.Imag.) primários aditivos

additive printer (T.Imag.) impressora aditiva

additive process (T.Imag.) processo aditivo

additive property (Quím.) propriedade aditiva

address (Inf.) endereço

addressability (Electrón.) endereçamento

addressable chip (Electrón.) integrado endereçável

addressable cursor (Inf.) cursor de endereços

addressable memory (Inf.) memória endereçada

address bus (Inf.) condutor comum de endereço; barramanto de endereços

address calculation (Inf.) cálculo de endereço

address code (Inf.) código de endereço

address computation (Inf.) computação de endereço; cálculo de endereço

address constant (Inf.) constante de endereço

address control vector [ACV] (Inf.) vector de controlo de endereço

address decoder (Electrón.) descodificador de endereço

address field (Inf.) campo de endereço

address format (Inf.) formato de endereço

address generation (Inf.) geração de endereços

addressing (Inf.) endereçamento

address key (Inf.) chave de endereço

addressless instruction format (Inf.) formato de instrução sem endereço

address limit (Inf.) limite de endereço

address mapping (Inf.) planificação de endereços

address mark (Inf.) marca de endereço

address modification (Inf.) modificação de endereço

address part (Inf.) parte de endereço

address register (Inf.) registo de endereço

address selected system [ADSEL] (Electrón.) sistema por selecção de endereço

address space (Inf.) espaço de endereço

address track (Inf.) pista de endereços

address translation (Inf.) translação de endereço; tradução de endereços; conversão de endereços

address translation slave store (Inf.) memória subordinada à conversão de endereços

address translator (Inf.) tradutor de endereços

add-subtract time (Inf.) tempo de adição-subtracção

add time (Inf.) tempo de adição

adduct (Quím.) adução

adductor (Zoo.) adutor

adelphous (Bot.) adelfo

adendritic (Zoo.) adendrítico; sem dendritos

adenine (Quím.) adenina

adenitis (Med.) adenite

adeno- (Bot.) adeno-; prefixo do grego *aden-* — glândula

adenoblast (Bio.) adenoblasto

adenocarcinoma (Med.) adenocarcinoma

adenocyst (Bot.) adenocisto

adenocyte (Zoo.) adenócito; célula glandular

adenodiastasis (Med.) adenodiastase

adenography (Med.) adenografia

adenohypophysis (Med.) adeno-hipófise; lobo anterior da hipófise

adenoid (Med.; Zoo.) adenóide; adeniforme; linfóide

adenoma (Med.) adenoma

adenomatosis (Med.) adenomatose

adenomere (Bio.) adenómero

adenomyoma (Med.) adenomioma

adenopathy (Med.) adenopatia

adenosine (Bio.; Quím.) adenosina

adenosine deaminase deficiency [ADA] (Bio.) deficiência em adenosina deaminase

adenosine diphosphate (Bio.; Quím.) difosfato de adenosina; ADP

adenosine monophosphate (Bio.; Quím.) monofosfato de adenosina; AMP

adenosine triphosphate (Bio.; Quím.) trifosfato de adenosina; ATP

adenosis (Med.) adenose

adenovirus (Bio.; Med.) adenovírus; vírus adenoideofaringeoconjuntival

adenylic acid (Quím.) ácido adenílico

ADF (Aero.) abr. de *Automatic Direction Finding* — radiogoniómetro automático

ADH (Bio.) abr. de *AntiDiuretic Hormone* — hormona antidiurética; vasopressina; beta-hipofamina

adhesion (Geral) adesão; aderência

adhesion plaque (Bio.) placa de adesão; zona de adesão

adhesive cell (Zoo.) célula aderente

adhesive tension (Fís.) tensão tangencial; tensão molecular; resistência ao deslizamento

adiabatic (Fís.) adiabático

adiabatic change (Fís.) transformação adiabática

adiabatic curve (Fís.) curva adiabática

adiabatic damping (Elect.) falha adiabática

adiabatic demagnetization (Fís.) desmagnetização adiabática

adiabatic efficiency (Eng.) rendimento adiabático

adiabatic equation (Fís.) equação adiabática

adiabatic expansion (Fís.) expansão adiabática

adiabatic lapse rate (Meteo.) gradiente vertical adiabático

adiabatic process (Fís.) processo adiabático

adiactinic (Fís.) adiactínico (opaco à radiação fotoquimicamente activa)

A-digit hunter (Telecom.) oscilador digital A

A-digit selector (Telecom.) comutador digital A

ad infinitum (Mat.) numa extensão sem limites; sem nunca acabar (expressão latina)

adipamide (Quím.) adipamida

adipic acid (Quím.) ácido adípico; ácido hexanodióico

adipo- (Geral) adipo-; prefixo do latim *adeps* — gordura

adipocere (Med.) adipocíria

adipose tissue (Zoo.) tecido adiposo

adiposis dolorosa (Med.) adipose dolorosa; doença de Dercum; lipomatose neurótica

Adiprene (Plást.) Adiprene (MC de uma fibra sintética poliuretana)

A-display (Radar) projecção A; exposição A

adit (E.Civ.) entrada; acesso

adit (Minas) galeria de mina

adjacent channel (Telecom.) canal adjacente

adjacent channel attenuation (Telecom.) atenuação de canal adjacente

adjacent channel interference (Telecom.) interferência de canal adjacente

adjacent sound carrier (Telecom.) portadora de som adjacente

adjacent video carrier (Telecom.) portadora de vídeo adjacente

adjective dyes (Quím.) corantes secundários (ácidos)

adjoint (Mat.) conjugada

adjugate (Mat.) conjugada

adjustable-pitch propeller (Aero.) hélice de passo variável; hélice de passo ajustável

adjustable-port proportioning valve (Eng.) válvula de equilíbrio de saída ajustável

adjustable resistor (Elect.) resistência ajustável

adjustable short (circuit) (Elect.) curto-circuito graduável

adjustable transformer (Elect.) transformador ajustável

adjustable voltage divider (Elect.) divisor de tensão ajustável

adjustable voltage regulator (Elect.) variador de tensão ajustável; potenciómetro

adjusting rod (Mec.) tensor

adjuvant (Imun.; Med.) adjuvante

adlacrimal (Zoo.) adlacrimal; paralacrimal

Admiralty brass (Mec.) latão naval

admission (Geral) admissão

admittance (Fís.) admitância

A-DNA (Bio.) ADN tipo A

adnate (Bot.) adnato

adnexa (Med.) adnexos; anexos

adobe (E.Civ.) adobe

adoptive immunity (Bio.; Med.) imunidade adoptiva

adoral (Zoo.) adjacente à boca

ADP (Inf.) abr. de *Automatic Data Processing* — Processamento Automático de Dados

ADP (Quím.) abr. de *Adenosine Diphos-Phate* — difosfato de adenosina

ADP (Quím.) abr. de *Ammonium Dihydrogen Phosphate* — diidrofosfato de amónio

ADP crystal (Electrón.) cristal de diidrofosfato de amónio

ADP microphone (Electrón.) microfone de cristal de diidrofosfato de amónio

Adrastea (Astro.) Adrástea (asteróide e satélite)

adrectal (Zoo.) adjacente ao recto

adrenal (Zoo.) adrenal; supra-renal

adrenal cortex (Zoo.) córtex supra-renal

adrenal gland (Zoo.) glândula supra-renal

adrenalina (Bio.) adrenalina; epinefrina

adrenal medulla (Zoo.) medula supra-renal

adrenalone (Quím.) adrenalona

adrenarch (Med.) adrenarca

adrenergic (Med.) adrenérgico

adrenocorticotrophic hormone (Bio.) hormona adrenocorticotrófica; ACHT; corticotrofina

adret (Eco.) encosta norte (solarenga) dos vales alpinos

adsorbate (Fís.; Quím.) adsorvido

adsorbent (Quím.) adsorvente

adsorption (Quím.) adsorção

adsorption catalysis (Quím.) catálise de adsorção

adsorption chromatography (Quím.) cromatografia de adsorção

adsorption isotherm (Quím.) potencial de adsorção

adsorption surface area (T.Imag.) área de superfície de absorção

adularescence (Miner.) opalescência

adularia (Miner.) adulária

advance (Geral) avanço

advanced gas-cooled reactor [AGR] (Nucl.) reactor aperfeiçoado refrigerado a gás

advanced integrated landing system (Aero.) sistema de aterragem integral avançado

advanced research project agency network [ARPANET] (Electrón.) rede da ARPA (agência de projectos de investigação avançada)

advanced RISC machine [ARM] (Inf.) Máquina RISC avançada

advanced SCSI peripheral interface [ASPI] (Inf.) interface avançada de periféricos SCSI

advance feed tape (Inf.) fita de alimentação avançada

advance metal (Mec.) liga metálica própria para resistências eléctricas (cobre 55%, níquel 45%)

advantage factor (Nucl.) factor de vantagem

advantage ratio (Nucl.) razão de vantagem

advection (Meteo.) advecção

advection fog (Meteo.) nevoeiro de advecção

adventitia (Zoo.) adventícios

adventitious (Bot.) adventício

adventive (Bot.) adventivo; adventício

advertisement (Psico.) exibição

adze (F.Civ.) enxó

Ae (Eng.) designa a temperatura de alteração no equilíbrio da mudança de fase no ferro e no aço

AEA (Nucl.) abr. de *Atomic Energy Authority* — Autoridade de Energia Atómica (RU)

AEC (Nucl.) abr. de *Atomic Energy Commission* — Comissão de Energia Atómica

aecidiospore (Bot.) ecidiósporo

aecidium (Bot.) ecídio

aeciospore (Bot.) ecidiósporo

aecium (Bot.) ecídio

aedagus (Zoo.) « aedagus » (aparelho copulador dos insectos machos)

aedicule (Arq.) edículo

aegirine (Miner.) egirina

aegirine-augite (Miner.) egirina-augite

aegithognathous (Zoo.) egitognata

aegophony (Med.) egofonia

aenigmatite (Miner.) enigmatite

aeolian (eolian) (Eco.) eólico

aeolian deposit (Geo.) depósito eolítico

aeolian tone (Fís.) tom eólico

aeolight (Elect.) lâmpada de descarga luminosa; lâmpada de cátodo frio

aerated concrete (E.Civ.) betão gasoso

aerating tissue (Bot.) aerênquima

aeration root (Bot.) pneumatóforo

aeration test burner (Mec.) queimador de ensaio por ventilação

aerial (Telecom.) antena

aerial alignment (Telecom.) antena de alinhamento

aerial bandwidth (Telecom.) largura de banda da antena

aerial cable (Elect.; Inf.) cabo aéreo

aerial element (Telecom.) elemento da antena

aerial fog (T.Imag.) névoa

aerial gain (Telecom.) ganho da antena

aerial impedance (Telecom.) impedância da antena

aerial polar diagram (Telecom.) diagrama polar da antena

aerial polarization (Telecom.) polarização da antena

aerial resistance (Telecom.) resitência da antena

aerial root (Bot.) raiz aérea

aerial ropeway (E.Civ.) cabo de transporte aéreo

aerial surveying (Topo.) levantamento aéreo

AERO (Aero.) abr. de *Air Education and Recreation Organisation* — Organização de Educação e Recreio (RU)

aeroacoustics (Fís.) Acústica aérea

aerobe (Bio.) aeróbio

aerobic (Bio.; Bot.) aeróbio

aerobic fermentation (Quím.) fermentação aeróbica

aerobic respiration (Bio.) respiração aeróbia

Aerobiology (Bio.) Aerobiologia

aerobiosis (Bio.) aerobiose

aerobiotic (Bio.) aerobiótico

aerocele (Med.) aerocelo

aerocoly (Med.) aerocolia

aerodynamic balance (Aero.) equilíbrio aerodinâmico

aerodynamic braking (Espac.) travagem aerodinâmica

aerodynamic centre (Aero.) centro aerodinâmico

aerodynamic co-efficient (Aero.) coeficiente aerodinâmico

aerodynamic damping (Aero.) amortecimento aerodinâmico

aerodynamic heating (Espac.) aquecimento aerodinâmico

aerodynamic method (Eco.) método aerodinâmico

aerodynamic roughness (Eco.) rugosidade aerodinâmica

aerodynamics (Aero.) Aerodinâmica

aerodynamic sound (Fís.) som aerodinâmico

aerodyne (Aero.) aeródino

aeroelastic divergence (Aero.) divergência aero-elástica

aeroelasticity (Aero.) aero-elasticidade

aeroembolism (Aero.; Med.) embolia gasosa

aero-engine (Aero.) motor de avião

aerofall mill (Minas) moinho de minério accionado a ar

aerofoil (AERO.) plano de sustentação; aerofólio

aerofoil section (AERO.) secção transversal do plano de sustentação

aerogenic (ECO.) aerogénico

aero-isoclinic wing (AERO.) asa isoclinal

aerolites (GEO.) aerólitos

aerological diagram (METEO.) diagrama aerológico

aerology (AERO.; METEO.) Aerologia

aeronautical engineering (AERO.) Engenharia Aeronáutica

aeronautical fixed services (AERO.) serviços fixos de aeronáutica (refere-se a serviço de transmissões no RU)

aeronautical mile (AERO.) milha aeronáutica (=6 080 pés = 1 853 metros)

aeronautical mobile system (TELECOM.) sistema móvel aeronautico

aeronautics (AERO.) Aeronáutica

aeronomy (ESPAC.) Aeronomia (estudo da parte superior da atmosfera, onde têm lugar reacções físicas e químicas por efeito da radiação solar)

aerophagy (MED.) aerofagia

aerophare (TELECOM.) radiofarol

aerophone (FÍS.) aerofónio

aeroplane (GERAL) aeroplano; avião

aerosol (QUÍM.) aerosol

aerospace (FÍS.) espaço aéreo; aeroespaço

aerospace electronics (ELECTRÓN.) Electrónica aeroespacial

aerospace plane (AERO.;ESPAC.) avião aero-espacial

aerostat (AERO.) aeróstato

aerotaxis (ECO.) taxis aéreos

aerothermodynamic border (ESPAC.) fronteira aerotermodinâmica

aerothermodynamics (ESPAC.) Aerotermodinâmica; Termodinâmica Aérea

aerotolerant (BIO.) aerotolerante

aestival (BOT.; ZOO.) estival

aestivation (BOT.) estivação; perfloração

aestivation (ZOO.) estivação (prolongado torpor de estio)

aether (GERAL) éter

aethiology (MED.) etiologia

AEW radar (RADAR) abr. de *AirBorn Early-Warning Radar* — radar de alarme prévio aerotransportado

AF (TELECOM.) abr. de *AudioFrequency* — audiofrequência

AF amplifier (TELECOM.) amplificador de frequências audio

AFC (TELECOM.) abr. de *Automatic Frequency Control* — Controlo Automático de Frequência

AFCS (AERO.) abr. de *Automatic Flight Control System* — Sistema de Controlo Automático de Voo

afebrile (MED.) afebril; apirético

affective behaviour (PSICO.) comportamento afectivo

affective disorder (PSICO.) distúrbio afectivo

afferent (ZOO.) aferente

afferent arc (ZOO.) arco aferente

affine (FÍS.) afim

affine transformation (MAT.) transformação afim

affinity (GERAL) afinidade

affinity index (ECO.) índice de afinidade

affinity partitioning (BIO.) partição de afinidade

AF IC (TELECOM.) circuito integrado de frequências audio

aflagellar (ZOO.) aflagelar; sem flagelo

aflatoxin (BOT.) aflatoxina

A-frame (MEC.) armação em A

African glanders (VET.) mormo africano

African horse sickness (VET.) peste equina africana

African mahogany (BOT.) mogno-africano; mogno-da-senegâmbia

African rain forest (ECO.) floresta tropical húmida africana

African sleeping sickness (BIO.; MED.) doença do sono africana

African swine fever (VET.) peste suína africana

African whitewood (BOT.) álamo-branco-africano

afrormosia (BOT.) ormosia africana

aft cg limit (AERO.) limite cg à ré

afterbirth (MED.; ZOO.) secundinas

afterbody (AERO.) corpo traseiro da fuselagem

afterbody (ESPAC.) corpo anexo posterior

afterburner (AERO.) câmara de combustão auxiliar

afterburning (AERO.) pós-combustão

afterburst (MINAS) combustão retardada

aftercooler (MINAS) refrigerador final

afterdamp (MINAS) gás pós-emanação; mistura de gases pós-emanação

afterglow (ELECTRÓN.) brilho residual; luminescência residual

afterheat (NUCL.) pós-aquecimento; calor residual

after-image (FÍS.) imagem residual; pós-imagem; imagem consecutiva

after-look journalizing (INF.) registo de relatório « a posteriori »

after-pains (MED.) dores pós-parto

afterpeak (NAV.) antepara da popa (porão ou coberta)

after-ripening (BOT.) pós-maturação

afterwind (NUCL.) vento provocado

Aftonian (GEO.) Aftoniano

AF transformer (TELECOM.) transformador de frequências audio

afwillite (MINER.) afwilite; afvilite

Ag (QUÍM.) símbolo químico de *silver* — Prata (do latim *argentum*)

agalactia (MED.) agaláctia

agalmatolite (MINER.) agalmatolite

agamic (ZOO.) agâmico

agammaglobulinemia (MED.) agamaglobulinemia; hipogamaglobulinemia

agamogenesis (BOT.;ZOO.) agamogénese

agamogony (ZOO.) agamogonia

agamont (ZOO.) esquizonte; agamonte

agamospermy (BOT.) agamospermia

agar (BIO.; QUÍM.) agár

AGARD (AERO.) abr. de *Advisory Group for Aeronautical Research and Development* — Grupo Consultivo de Investigação e Desenvolvimento Aeronáutico (da NATO)

agaric (QUÍM.) agárico

agaricide (ECO.) agaricida

agarics (BOT.) agáricos; Agaricáceas

agarose gel electrophoresis (BIO.) electroforese em gel de agarose

agate (MINER.) ágata

AGC (TELECOM.) abr. de *Automatic Gain Control* — controlo automático de ganho (CAG)

age (GERAL) idade

age distribution (ECO.) distribuição etária

age equation (NUCL.) equação de vida

age hardening (MEC.) endurecimento por envelhecimento

ageing (GERAL) envelhecimento

agenda (INF.) agenda

agendum call card (INF.) cartão perfurado contendo um item de agenda

agenesia; agenesis (MED.) agenesia

age of higher sea level (GEO.) idade do nível marinho mais alto

age of marine invertebrates (GEO.) idade dos invertebrados marinhos

ageostrophic wind (GEO.) vento ageostrófico

ageotropic (BOT.) ageotrópico

age structure (GERAL) estrutura etária

age-theory (NUCL.) teoria da vida

agglomerate (GERAL) aglomeração

agglomerating value (MINAS) valor de aglomeração; valor de aglutinação

agglomerative method (ECO.) método aglomerativo

agglutination (GERAL) aglutinação

agglutinin (MED.) aglutinina

agglutinogenic (MED.) aglutinogénico

agglutinophilic (BIO.) aglutinofílico; aglutinófilo

agglutinophore (BIO.) aglutinóforo

aggradation (GEO.) agradação

aggregate (GERAL) agregado

aggregate fruit (BOT.) fruto agregado

aggregate ray (BOT.) raio agregado

aggregate species (BOT.) espécie agregada

aggregation (ECO.) agregação

aggregative response (ECO.) resposta agregativa

aggressive behaviour (PSICO.) comportamento agressivo

aggressive mimicry (ZOO.) mimetismo agressivo

agitation (GERAL) agitação

agitator (MINAS) agitador

A-glass (VIDR.) vidro-A (para o fabrico de fibra de vidro)

aglomerular (ZOO.) aglomerular; desprovido de glomérulos

aglossal (ZOO.) aglosso

aglossate (ZOO.) aglosso

agmatite (GEO.) agmatito

Agnatha (ZOO.) Agnatas

agnathostomatous (ZOO.) agnatóstomo

agnathous (ZOO.) ágnato

Agnesi (MAT.) cúbica de Agnesi

agnosia (MED.) agnosia

agonic line (GEO.) linha agónica; linha aclínica

agonistic behaviour (PSICO.) comportamento agonístico

agoraphobia (PSICO.) agorafobia

AGR (NUCL.) abr. de *Advanced Gas-cooled Reactor* — reactor aperfeiçoado refrigerado a gás

agranulocytosis (MED.) agranulocitose

agraphia (MED.) agrafia

agravic (FÍS.) de gravidade nula

agrestal (BOT.) agreste; silvestre

agric horizon (GEO.) horizonte agrícola

agroclimatology (GEO.) climatologia agrária

agro-ecosystem (ECO.) ecosistema agrário

agroforestry (ECO.) agro-florestação

agrometeorology (GEO.) meteorologia agrária

agronomy (GEO.) agronomia

AGS (AERO.) abr. de *Aircraft General Standard* — Normas Gerais de Aviação

Agulhas current (GEO.) corrente das Agulhas

a.h.m. (ELECT.) abr. de *ampere hour meter* — ampere-hora-metro

AI (PSICO.) abr. de *Artificial Intelligence* — inteligência artificial

AIAA (AERO.) abr. de *American Institute of Aeronautics and Astronautics* — Instituto Americano de Aeronáutica e Astronáutica

AIDS (IMUN.; MED.) abr. de *Acquired ImmunoDeficiency Syndrome* — Síndroma da Imunodeficiência Adquirida; SIDA

aiguille (E.CIV.) broca para pedra

aileron (AERO.) « aileron »; leme de inclinação transversal

aileron drop (AERO.) descida do «aileron»

AILS (AERO.) abr. de *Advanced Integrated Landing System* — sistema de aterragem integral avançado

AIP (FÍS.) abr. de *American Institute of Physics* — Instituto Americano de Física

air absorption (FÍS.) absorção de ar

air bell (T.IMAG.) bolha de ar

air bladder (ZOO.) bexiga natatória

air-blast circuit-breaker (ELECT.) disjuntor de pressão de ar

air brake (AERO.) freio aerodinâmico

air brake (MEC.) travão de ar comprimido

air break (ELECT.) interruptor de ar; disjuntor de ar

air brick (E.CIV.) aerocreto

air brush (INF.) escova pneumática

air burst (NUCL.) explosão aérea

air cap (E.CIV.) casquilho de ar

air capacitor (ELECT.) condensador de ar

air cell (MEC.) célula de ar; câmara de ar auxiliar

air chamber (BOT.) câmara de ar

air classifier (MINAS) classificador por ar

air cleaner (AUTO.) filtro de ar

air column (FÍS.) coluna de ar

air-compression sensor (ELECTRÓN.) sensor de pressão do ar

air compressor (ENG.) compressor de ar

air conduction (FÍS.) condução de ar; condução aérea

air-cooled engine (AUTO.) motor refrigerado a ar

air-cooled machine (ELECT.) máquina refrigerada a ar

air cooler (FÍS.) refrigerador a ar

air cooling (MEC.) refrigeração a ar

air core (TELECOM.) núcleo de ar

air-core coil (ELECT.) bobina com núcleo de ar

air-core transformer (ELECT.) transformador com núcleo de ar

aircraft (AERO.) avião

aircraft electronics (AERO.) Aviónica (Electrónica aplicada à Aviação)

aircraft engine (AERO.) motor de avião

aircraft flutter (TELECOM.) flutuação aérea (na recepção VHF)

Aircraft General Standard — AGS (AERO.) Normas Gerais de Aviação

aircraft noise (AERO.) ruído do avião (das hélices, escapes, etc.)

aircraft reactor (AERO.) reactor de avião

aircraft sounding (METEO.) sondagem aérea

air data system — ADS (AERO.) sistema de dados aéreos

air discharge (TELECOM.) descarga aérea

air door (MINAS) porta de ventilação

air dose (RADIOL.) dose de radiação X no ar

airdox (MINAS) Sistema Airdox (sistema americano de quebrar carvão em minas inflamáveis, com ar injectado a alta pressão)

air drag (ESPAC.) arrastamento do ar; força de resistência ao movimento de um corpo através da atmosfera terrestre

air drilling (MINAS) perfuração a ar

air dry (GERAL) seco ao ar

air drying (E.CIV.) secagem ao ar

air ducts (MEC.) tubos de ventilação

air duct system (MEC.) sistema de ventilação

air ejector (MEC.) ejector de ar

air elutriator (MINAS) aparelho de elutriação a ar

air engine (MEC.) máquina de ar comprimido; motor de ar quente

air-entraining agent (MEC.) agente de arrastamento de ar

air equivalent (FÍS.) equivalente do ar

air equivalent ionization chamber (FÍS.) câmara de ionização com equivalente do ar

air escape (C.CIV.) escape de ar

air exhauster (MEC.) exaustor de ar

air filter (AUTO.) filtro de ar

air-float table (MINAS) mesa de flutuação a ar

airflow (ELECTRÓN.) escoamento do ar

airflow meter (AERO.) medidor do fluxo de ar

air flue (C.CIV.) tubo de saída de ar

airframe (AERO.) corpo do avião; estrutura do avião

air frost (METEO.) geada; frio intenso do ar (zero graus ou inferior)

air-fuel ratio (MEC.) proporção de mistura de ar e combustível

air-gap (GERAL) espaço; folga; intervalo; espaço de ar

air-gap crystal (ELECTRÓN.) cristal com espaço de ar

air-gap torsion meter (MEC.) medidor do espaço de torção

air gate (MEC.) respirador

airglow (ASTRO.) luminescência

air gun (GEO.) canhão de ar; tipo de fonte de energia sísmica

air-hardening steel (MEC.) aço de têmpera ao ar

air heater (MEC.) aquecedor de ar

air hoist (MINAS) guindaste pneumático

airing (MEC.) ventilação; aeração

air intake (AERO.) admissão de ar

air-intake guide vanes (AERO.) palhetas-guias da admissão de ar

air interception (AERO.) intercepção aérea

air intercept radar (RADAR) radar de intercepção aérea

air jet (MEC.) jacto de ar

air jet (AERO.) avião a jacto

air jet screw (MEC.) parafuso do carburador

air jet spinning (TÊXT.) fiação a jacto de ar

air jet texturing (TÊXT.) urdidura a jacto de ar

air jig (MINAS) concentrador de minério accionado a ar

airlance (MINAS) bocal de ar

air layering (BOT.) mergulhia aérea

air laying (TÊXT.) assentamento a ar

air leg (MINAS) escora pneumática

airless injection (MEC.) injecção sem ar; injecção sólida

airless spraying (E.CIV.) pulverização a pressão; pintura a alta pressão

airlift (NUCL.) suspensão ou elevação de ar ou de gás neutro

airlift pump (MINAS) bomba de ar comprimido

airline (FÍS.) linha de adução de ar

air liquefier (FÍS.) aparelho de liquefacção do ar

air lock (MEC.) bolsa de ar

air lock (E.CIV.) câmara de ar; caixa de ar

air log (AERO.) indicador de percurso aéreo

air manometer (FÍS.) manómetro de ar comprimido

airmanship (AERO.) capacidade de pilotar um avião e usar tácticas de aeronáutica

air mass (METEO.) massa de ar

air mass flow (AERO.) massa de ar absorvida pelo compressor

air meter (MEC.) contador de excesso de gás ou ar; medidor da quantidade de ar ou gás que passa por um tubo

air-mileage unit (AERO.) contador de milhas aéreas

air miles per gallon (AERO.) milhas aéreas por galão

air monitor (RADIOL.) monitor de ar

air monitor (NUCL.) monitor aéreo; monitor de ar

air navigation aid (AERO.) ajuda à navegação aérea (radiofarol, etc.)

air plant (BOT.) epífito

air pocket (AERO.) poço de ar

air pore (BOT.) poro aéreo

airport meteorological minima (AERO.) mínimos meteorológicos de aeroporto (para aterragem e descolagem)

airport surveillance RADAR [ASR] (ELECTRÓN.) radar de vigilância de aeroporto

air position (AERO.) posição do avião no ar (geográfica)

air-position indicator (AERO.) indicador de posição do avião no ar

air power (AERO.) poder aéreo

air powered machine (MEC.) máquina pneumática

air preheater (MEC.) sistema de pré-aquecimento de ar

air pressure (E.CIV.) pressão do ar (em pintura)

air pressure (MEC.) pressão de ar; pressão pneumática

air pump (MEC.) bomba pneumática; bomba de ar

air purity sensor (ELECTRÓN.) sensor de pureza do ar

air receiver (C.CIV.; MEC.) reservatório de ar comprimido

Air Registration Board (AERO.) Certificado de Registo de Avião

air route (AERO.) rota aérea

air route surveillance radar (RADAR) radar de vigilância de rota aérea

air-sac (ZOO.) saco aéreo

air sampler (NUCL.) receptor de amostras de ar

airscrew (AERO.) hélice

air seal (MEC.) cortina de ar; vedação de ar

air shaft (E.CIV.) passagem de ar; ventilação

airship (AERO.) dirigível

air shooting (MINAS) deflagração a/no ar

air shower (ESPAC.) chuva aérea (conjunto de partículas de raios cósmicos na atmosfera)

air sinuses (ZOO.) seios nasais

air sounding (NUCL.) sondagem do ar

air space (AERO.) espaço aéreo

air space (BOT.) espaço de ar intercelular

air-spaced cable (TELECOM.) cabo com isolamento de ar

air-spaced coil (ELECT.) bobina com isolamento de ar

air speed (FÍS.) velocidade do ar

air speed (AERO.) velocidade em relação ao ar; velocidade aerodinâmica

air spring (MEC.) mola pneumática; amortecedor pneumático

air stack (MINAS) abertura de ventilação; chaminé de ventilação

air standard cycle (AUTO.) ciclo de padrão de ar

air standard efficiency (AUTO.) eficiência de padrão de ar

airstrip (AERO.) pista de aterragem (de relva ou terra batida)

air suction (AERO.) sucção do ar

air superiority (AERO.) superioridade aérea; supremacia aérea

air-supplied (AERO.) abastecido no ar; abastecido por via aérea

air supply (AERO.) abastecimento no ar

air supremacy (AERO.) supremacia aérea; hegemonia aérea

air surveillance (AERO.) vigilância aérea

air-swept mill (MINAS) moinho de esferas por varredura de ar

air-table (MINAS) mesa de flutuação a ar

air-to-air guided missile (AERO.) míssil dirigido ar-ar

air-to-surface guided missile (AERO.) míssil dirigido ar-terra

air-traffic centre (AERO.) Centro de Tráfego Aéreo

air-traffic control — ATC (AERO.) Controlo de Tráfego Aéreo — CTA

air-traffic controller (AERO.) controlador de tráfego aéreo

air transformer (E.CIV.) transformador de ar

Air Transport Association — ATA (AERO.) Associação de Transporte Aéreo — ATA

air trap (E.CIV.) depósito de ar

air valve (E.CIV.) válvula de ar

air volume (GERAL) volume de ar

air wall (NUCL.) parede de ar

airway (AERO.) rota aérea; via aérea

airway (MED.) via aérea respiratória

airway (MINAS) tubo de ventilação

airworthy (AERO.) apto a voar com segurança; com Certificado de Navegabilidade

Airy disk (T.IMAG.) disco de Airy

Airy points (FÍS.) pontos de Airy

Airy's differential equation (MAT.) equação diferencial de Airy

Airy spirals (FÍS.) espirais de Airy

aisle (ARQ.) corredor lateral de nave

Aitken nuclei counter (ECO.) contador de núcleos de Aitken

Aitken nucleus (ECO.) núcleo de Aitken

AJAX (RADAR) Ajax (tipo de radar de dispersão de frequência)

akariote (ZOO.) acariota

akaryocite (ZOO.) acariócito; célula desprovida de núcleo

akinesia (MED.) acinésia

akinete (MED.) acinete; acineta; acineto

Akulon (PLÁST.) Akulon (MC do polímero nylon-6 — holandês)

Al (QUÍM.) símbolo químico do alumínio

Ala (QUÍM.) símbolo da alanina

ala (ZOO.) qualquer estrutura em forma de asa

alabaster (MINER.) alabastro

Alagille syndrome (BIO.; MED.) sindroma de Alagille

alalia (MED.) alalia

alalic (MED.) alálico

Alamogordo bomb (NUCL.) bomba de Alamogordo (a 1ª bomba atómica lançada em Alamogordo, no Texas, em 16 de Junho de 1945)

alanine (BIO.; QUÍM.) alanina

alanine transaminase (BIO.; QUÍM.) alanina transaminase

ALARA (NUCL.) sigla de as low as reasonably achievable — tão baixo quanto razoavelmente possível

alarm flag (ELECT.) bandeira de alarme; indicador de segurança

alarm loop (ELECTRÓN.) circuito de alarme

alarmones (BIO.) hormonas de alarme

alarm response (ECO.) resposta de alarme

alarm substance (ECO.) substância de alarme

alarm verification (ELECTRÓN.) verificação de alarmes

alary muscles (ZOO.) músculos alares

Alaska Current (GEO.) corrente do Alasca

ala spuria (ZOO.) asa espúria; asa bastarda

alastrim (MED.) alastrim; varíola branca; varíola láctea

alate (BOT.;ZOO.) alado

Albada viewfinder (T.IMAG.) visor de Albada

albedo (ASTRO.; FÍS.) albedo

Albers-Schoenberg disease (MED.) doença de Albers-Schoenberg; osteopetrose; ossos de mármore

albert (PAPEL) «Albert»; papel de notas de 192 x 102 cm

albertite (MINER.) albertite

Albian (GEO.) Albiano (andar do Cretácico)

albinism (ZOO.) albinismo

albino (BOT.; ZOO.) albino

albite (MINER.) albite

albitization (GEO.) albitização

albumen (ZOO.) albúmen; albume

albumen process (IMPR.) processo albumínico

albumin (BIO.) albumina

albumin A (BIO.) albumina A; tipo comum de albumina sérica humana

albuminate (QUÍM.) albuminato

albuminous (BOT.) albuminoso

albuminous cell (BOT.) célula albuminosa; célula parenquimosa

albumin tannate (QUÍM.) tanato de albumina

albuminuria (MED.) albuminúria

albuminuria of athletes (MED.) albuminúria dos atletas

albumin X (BIO.) albumina X; antitrombina do plasma sanguíneo

albumose (MED.) albumose

albumosease (MED.) albumosease

albumosemia (MED.) albumosemia

alburnum (BOT.) alburno; samago; borne

Alchior process (QUÍM.) processo Alchior

Alclad (MEC.) Alclad (MC de duralumínio revestido de alumínio puro)

alcohol (QUÍM.) álcool

alcohol acids (QUÍM.) ácidos do álcool

alcoholate (QUÍM.) alcoolato

alcohol dehydrogenase (QUÍM.) álcool desidrogenase

alcohol fermentation (BOT.; QUÍM.) fermentação alcoólica

alcohol fuel (BIO.; QUÍM.) combustível de álcool

alcoholic (QUÍM.) alcoólico

alcoholic fermentation (QUÍM.) fermentação alcoólica

alcoholimeter (QUÍM.) alcoómetro

alcoholism (PSICO.) alcoolismo

alcoholization (QUÍM.) alcoolização

alcoholize (Quím.) impregnar com álcool; converter em álcool

alcoholysis (Quím.) alcoólise

Alcomax (Mec.) «alnico» (liga de ferro, alumínio, níquel e cobalto, utilizada no fabrico de magnetes)

aldaric acid (Quím.) ácido aldárico

aldehol (Quím.) aldeol

aldehyde (Quím.) aldeído

aldehyde base (Quím.) base aldeídica

aldehyde-lyases (Quím.) aldeído-líases

alder (Bot.) amieiro

aldimines (Quím.) aldiminas

aldin (Quím.) aldina; base aldeídica

aldohexose (Quím.) aldo-hexose

aldol (Quím.) aldol; acetadol

aldolase (Quím.) aldolase

aldol condensation (Quím.) condensação do aldol

aldonic acids (Quím.) ácidos aldónicos; ácidos glicónicos

aldopentose (Quím.) aldopentose

aldose (Quím.) aldose

aldose mutarotase (Quím.) aldose mutarotase; aldose l-epimerase

aldoside (Quím.) aldosida

aldosterone (Quím.) aldosterona

aldoxime (Quím.) aldoxima

aldrin (Quím.) Aldrin; hexacloro-hexaidroimetanonaftaleno

alecithal (Zoo.) alécito; desprovido de saco vitelino

aleph-0 (Mat.) alefe-0; o primeiro cardinal infinito

aleurone (Bot.) aleurona

Aleutian disease (Vet.) doença das Aleutas

alexandrite (Miner.) alexandrite

alexia (Med.) alexia

alexin (Imun.) alexina

Alford antenna (Telecom.) antena Alford

Alford slotted tubular antenna (Telecom.) antena tubular ranhurada Alford

algaculture (Geo.) algacultura; cultura de algas

Algae (Bot.) Algas

algae poisoning (Vet.) envenenamento por algas

algal ball (Geo.) nódulo de alga

algal biolithite (Geo.) biolitito de algas

algal corrosion (Aero.) corrosão algácea

algal head (Geo.) cabeço algáceo

algal layer (Bot.) camada algácea

algal limestone (Geo.) calcário algáceo

algal mat (Geo.) tapete algáceo

algal reef (Geo.) recife algáceo

algal ridge (Geo.) crista algácea

algal structure (Geo.) estrutura algácea

algal tuff (Geo.) tufo algáceo

algal zone (Geo.) zona algácea

algebra (Mat.) Álgebra

algebraic function (Mat.) função algébrica

algebraic number (Mat.) número algébrico

algebra of sets (Mat.) álgebra de conjuntos

algebra of structure (Mat.) álgebra de estrutura

Algerian onyx (Miner.) ónix-da-Argélia; alabastro oriental (variedade de calcite estalagmítica)

algesis (Med.) algesia

alginic acid (Quím.) ácido algínico

Algol (Astro.) Algol

ALGOL (Inf.) abr. de *ALGOrithmic Language* — Linguagem Algorítmica; ALGOL (especialmente a ALGOL-60)

ALGOL-68 (Inf.) ALGOL-68

algolagy (Eco.) ficologia

algology (Bot.) algologia

algorithm (Inf.) algoritmo

algorithmic (Inf.) algorítmico

algorithmic converter (Electrón.) conversor algorítmico

algorithmic language (Inf.) linguagem algorítmica

algorithmic translation (Inf.) tradução algorítmica

algospasm (Med.) algospasmo; espasmo doloroso

algovascular (Med.) algovascular

aliasing noise (Electrón.) alisamento do ruído

ALICE (Nucl.) abr. de *Adiabatic Low-energy Injection and Capture Experiment* — injecção adiabática de baixa energia e experiências de captura

ALICE (Telecom.) abr. de *ALaska Integrated Communications Exchange* — Intercâmbio de Comunicações Integradas Alasca

A-licence (Aero.) Licença A; «brevet» básico de piloto particular

alicyclic (Quím.) alicíclico

alicyclic compounds (Quím.) compostos alicíclicos

alidade (Topo.) alidade

alien (Bot.) alheio; de natureza diferente

aliform muscle (Zoo.) músculo aliforme

alignment (Geral) alinhamento

alignment chart (Mat.) gráfica de alinhamento

alimentary (Med.) alimentar

alimentary canal (Med.) canal alimentar; tubo digestivo; canal gastro-intestinal; via alimentar (da boca ao ânus)

alimentary system (Med.) aparelho digestivo; sistema digestivo

aliphatic (Quím.) alifático

aliphatic compound (Quím.) composto alifático

alipoid (Quím.) alipóide

alipotropic (Quím.) alipotrópico

aliquant (Fís.; Imun.; Mat.; Quím.) aliquanta

aliquot (Fís.; Imun.; Mat.; Quím.) alíquota

aliquot part (Mat.; Minas) parte alíquota

aliquot scaling (Fís.) escala alíquota

aliquot tuning (Fís.) afinação alíquota

Alismatidae (Bot.) Alismatáceas

alisphenoid (Zoo.) alisfenóide

alizarin (Quím.) alizarina

alizarin cyanin (Quím.) alizarina cianina; dissulfonato de hexaidroxi-antraquinona

alizarin red S (Quím.) alizarina vermelha S; sulfonato sódico de alizarina

alkadiene (Quím.) alcadieno

alkalescence (Quím.) alcalescência

alkalescent (Quím.) alcalescente

alkali (Quím.) álcali

alkalic (Quím.) alcalino

alkali disease (Vet.) doença alcalina

alkali granite (Geo.) granito alcalino

alkali metal (Quím.) metal alcalino

alkalimetry (Quím.) alcalimetria

alkaline cell (Electrón.) pilha alcalina

alkaline earth metal (Quím.) metal alcalino-terroso

alkaline phosphatase (Bio.) fosfatase alcalina

alkaline rock (Geo.) rocha alcalina

alkaline soil (Geo.) solo alcalino

alkaline storage battery (Electrón.) bateria de acumuladores alcalinos

alkalinity (Quím.) alcalinidade

alkali resisting paint (E.Civ.) tinta resistente a álcalis

alkalization (Quím.) alcalinização

alkalizer (Quím.) alcalinizador; agente alcalinizante

alkaloid (Bio.; Quím.) alcalóide; alcalino

alkaloids (Bio.; Quím.) alcalóides

alkalosis (Med.) alcalose

alkalotherapy (Med.) alcaloterapia; terapia por álcali

alkamine (Quím.) alcamina

alkane (Quím.) alcano

alkanet (Quím.) alcaneto

alkene (Quím.) alceno

alkenyl (Quím.) alcenil

alkyde resin (Plást.) resina alquídica

alkyl (Quím.) alquilo

alkylating agent (Bio.; Quím.) agente alquilador

alkylating drug (Med.) droga alquilante; medicamento alquilante

alkylene (Quím.) alquileno

alkyne (Quím.) alqueno

allanite (Miner.) alanita

allantoic (Zoo.) alantóico; alantoidiano

allantoic acid (Zoo.) ácido alantóico

allantoid (Zoo.) alantóide

allantoin (Med.) alantoína

allantois (Zoo.) alantóide

Allan valve (Mec.) válvula Allan

all-burnt (Aero.; Espac.) combustível queimado (o momento em que o combustível de um míssil ou nave espacial é totalmente consumido); combustível esgotado

alleghanyte (Miner.) aleganita (silicato básico de manganés, de Alleghany, EUA, onde ocorre)

allele (Bio.) alelo (abr. de *allelomorph* — alelomórfico)

all-electric signalling (Elect.) sinalização totalmente eléctrica

allele frequency (Bio.) frequência dos alélos

allelism (Bio.) alelismo

allelomorph (Bio.) alelomorfo

allelomorphic (Bio.) alelomórfico

allelomorphism (Bio.) alelomorfismo

allelopathy (Bio.; Eco.) alelopatia

allelotaxis (Bio.) alelotaxia

allelotaxy (Bio.) alelotaxia

allemontite (MINER.) alemontite
Allen cone (MINAS) cone de Allen
allene (QUÍM.) aleno; propadieno
Allen equation (MINAS) equação de Allen
allenes (QUÍM.) alenos
Allen's law (ZOO.) regra de Allen
Allen's loop test (ELECT.) teste de circuito de Allen
Allen's rule (ECO.) regra de Allen
allergen (IMUN.; MED.) alérgeno
allergic (IMUN.; MED.) alérgico
allergin (MED.) alergina (termo raramente usado)
allergiology (MED.) Alergiologia
allergization (IMUN.; MED.) alergização
allergodermia (IMUN.; MED.) alergodermia; dermatite alérgica
allergosis (IMUN.; MED.) alergose (qualquer condição anormal caracterizada pela alergia)
allergy (IMUN.; MED.) alergia
alliaceous (BOT.) aliáceo
alliance (GERAL) aliança
alligator (MINAS) prensa de alavanca; compressor
alligator clip (ELECT.) pinça de conexão; pinça crocodilo
alligatoring (E.CIV.) pintura rachada
all insulated switch (ELECT.) comutador inteiramente isolado
allithium (AERO.) alumínio-lítio (liga)
all-moving tail (AERO.) estabilizador da cauda
allo- (QUÍM.) alos-; do grego *allos* — outro, diferente do normal
allobar (FÍS.) alóbaro
allochem (GEO.) aloquímico
allochroite (MINER.) alocroíte; alocroíto
allochromatic (ELECTRÓN.) alocromático
allochromy (FÍS.) alocromia
allochtnous (GEO.) alóctone
allogamy (BOT.) alogamia
allogenic (GEO.) alogénico
allogenic stream (ECO.) linha de água alogénica
allograft (IMUN.; MED.) aloenxerto; homoenxerto alogénico
allograft immunity (BIO.; MED.) imunidade alógena
allomeric (BIO.) alomérico
allomeric growth (BIO.) crescimeto alomérico
allomerism (BIO.) alomerismo
allometry (BIO.) alometria
allomorphism (MINER.; QUÍM.) alomorfismo
allopatric (BOT.) alopatroclinal; alopatroclínico
allopatric speciation (BOT.) formação alopatroclínica
allophane (MINER.) alofânio
allopolyploid (BOT.) alopoliplóide
allopurinol (MED.; QUÍM.) alopurinol
all-or-nothing phenomenon (GERAL) fenómeno tudo-ou-nada
allose (QUÍM.) alose; glícido sintético isómero da glicose
allosome (BIO.) alossoma
allosteric (BIO.) alostérico
allosteric protein (BIO.) proteína alostérica

allosteric site (BIO.) ponto alostérico
allosterone (BIO.; MED.) enzimas aloesteróis
alloter (TELECOM.) distribuidor
allotetraploid (BOT.) alotetraplóide
allothetic (ECO.) alotético
allothigene (GEO.) alotígeno
allotropous flower (BOT.) flor alotrópica
allotropy (QUÍM.) alotropia
allotype (IMUN.; ZOO.) alotipo
allowable deficiencies (AERO.) deficiências admissíveis
allowance (AERO.) tolerância
allowance (MEC.) folga
allowed band (FÍS.) banda permitida
allowed transition (FÍS.) transição permitida
alloxan (QUÍM.) aloxana
alloy (ENG.; MEC.; QUÍM.) liga
alloy cast-iron (ENG.) liga de ferro fundido
alloyed junction (ELECTRÓN.) junção de liga
alloy junction (ELECTRÓN.) junção a liga
alloy reaction limit (ENG.) limite de reacção da liga
alloy steel (MEC.) aço de liga
alloy wire (MEC.) arame de liga; fio de liga
all-pass filter [APF] (TELECOM.) filtro passa tudo
all-pass network (MEC.) rede passa-tudo
all-points addressable display [APA] (INF.) monitor com todos os pontos endereçáveis
Allstroem relay (ELECT.) relé de Allstroem
alluvial (ECO.; GEO.) aluvial
alluvial cone (GEO.) cone aluvial
alluvial deposit (GEO.) depósito aluvial
alluvial fan (GEO.) leque aluvial
alluvial mining (MINAS) mineração aluvial
alluvial sediment (GEO.) sedimento aluvial
alluvial value (MINAS) valor de aluvião
alluvium (GEO.) aluvião
all-weather landing system (AERO.) sistema de aterragem em todo o tempo
allybarbital (QUÍM.) alibarbital
allyl alcohol (QUÍM.) álcool alílico
allylamine (QUÍM.) alilamina
allyl chloride (QUÍM.) cloreto de alilo
allylene (QUÍM.) alilena; propina
allyl group (QUÍM.) grupo alilo
allyl resin (QUÍM.) resina de alilo
allyl sulphide (QUÍM.) sulfeto de alilo; alicilsulfeto
Almagest (ASTRO.) Almagesto
almandine (MINER.) almandina; almandite
almandine spinel (MINER.) rubi-espinela; rubi-balas; espinela
almond oil (QUÍM.) óleo de amêndoas
almucantar (ASTRO.) almucântara
Alnico (ENG.) Alnico (liga de ferro, alumínio, níquel e cobre)
alopecia (MED.) alopecia; acomia; calvície

alopecia areata (MED.) alopecia em áreas; alopecia circunscrita
Aloxite (ENG.) Aloxite (MC do corindo sintético)
alpaca (TÊXT.) alpaca
alpha-actinin (BIO.) actininos alfa
alpha activation (QUÍM.) activação alfa
alpha-beta brass (ENG.) liga de cobre e zinco (mistura de latão alfa e latão beta)
alphabetic code (INF.) código alfabético
alpha-blockers (BIO.) bloqueadores alfa
alpha-brass (ENG.) latão alfa
alpha-bronze (ENG.) bronze alfa
Alpha Centauri (ASTRO.) Alfa de Centauro
alpha-chain (IMUN.) cadeia alfa; cadeia «pesada» da imunoglobulina A — IgA
alpha chamber (FÍS.) câmara alfa; câmara de ionização para medir a intensidade de radiação alfa
alpha counter (FÍS.) contador alfa; contador de partículas alfa
alpha counter tube (FÍS.) válvula de contador alfa
alpha cut-off (ELECTRÓN.) redução alfa; frequência de corte alfa
alpha decay (FÍS.) desintegração alfa
alpha desintegration energy (FÍS.) energia de desintegração alfa
alpha diversity (ECO.) diversidade alfa
alpha emitter (FÍS.) emissor alfa
alphafetoprotein (IMUN.) fetoproteína alfa
alpha helix (BIO.) hélix alfa
alpha iron (ENG.) ferro alfa
alphameric (INF.) alfanumérico
alpha-mesohaline water (GEO.) água alfa-mesohalina
alpha-naphtol test (BIO.; QUÍM.) teste de alfa-naftol
alphanumeric (INF.) alfanumérico
alphanumeric code (INF.) código alfanumérico
alphanumeric instruction (INF.) instrução alfanumérica
alphanumeric printers (IMPR.) impressoras alfanuméricas
alpha particle (FÍS.) partícula alfa
alpha particle binding energy (FÍS.) energia de união de partícula alfa
alpha particle detector (FÍS.) detector de partículas alfa
alpha particle identification (FÍS.) identificação de partículas alfa
alpha particle nucleus (FÍS.) núcleo de partículas alfa
alpha particle pulse (FÍS.) pulsação de partículas alfa
alpha particle spectrum (FÍS.) espectro de partículas alfa
alpha-proton reaction (FÍS.) reacção alfa-protão
alpha radiation (FÍS.) radiação alfa
alpha ray (FÍS.) raio alfa
alpha-ray detector (FÍS.) detector de raios alfa
alpha-ray emitter (FÍS.) emissor de raios alfa
alpha-ray spectrometer (FÍS.) espectrómetro de raios alfa

alpha-ray spectrum (Fís.) espectro de raios alfa
alpha-ray vacuum gauge (Fís.) indicador de vazio de partícula alfa
alpha rhythm (Med.) ritmo alfa; ritmo de Berger; onda alfa
alpha uranium (Quím.) alfa-urânio
alpha wave (Med.) onda alfa; ritmo alfa; ritmo de Berger
alpha-wrap (T.Imag.) envoltório alfa
alpine (Bot.) alpina
Alpine orogeny (Geo.) orogenia alpina
alpine zone (Eco.) zona alpina
AlSb (Quím.; Electrón.) fórmula do antimonieto de alumínio, usado como semicondutor
alstonite (Miner.) alstonite
altar tomb (Arq.) túmulo de altar
altazimuth (Astro.) altazimute
alternant (Mat.) alternante
alternate (Bot.) alternada
alternate airfield (Aero.) campo de aviação alternativo
alternate angle (Mat.) ângulo alterno
alternate host (Bot.) parasita heteróxeno
alternating cleavage (Zoo.) clivagem alternada
alternating current (Elect.) corrente alternada; CA
alternating current ammeter (Elect.) amperímetro de corrente alterna
alternating current arc (Elect.) arco de corrente alterna
alternating function (Mat.) função alterna
alternating-gradient (Elect.) gradiente alterno
alternating-gradient accelerator (Elect.) acelerador de gradiente alterno
alternating-gradient focusing (Electrón.) focagem de gradiente alterno
alternating light (Nav.) luz alternante
alternating quantity (Elect.) magnitude alterna
alternating series (Mat.) série alternada
alternating stress (Fís.) esforço alternado
alternating voltage (Elect.) tensão alterna
alternation (Elect.) alternância
alternation of generations (Bio.) alternância das gerações
alternation switch (Inf.) comutador de alternativa
alternative denial (Inf.) negação alternativa
alternative host (Bot.) parasita heteróxeno
alternative medicine (Med.) medicina alternativa
alternative pathway of complement activation (Imun.) via alternativa de activação complementar
alternative routing (Telecom.) via alternativa
alternative terminal (Elect.) terminal alternativo

alternator (Elect.) alternador
alternator transmitter (Telecom.) transmissor de alternador
altimeter (Aero.; Fís.) altímetro
altitude (Geral) altitude
altitude chamber (Aero.; Fís.) câmara de altitude
altitude hole (Radar) círculo de altitude
altitude level (Topo.) nível de altitude
altitudes by barometer (Fís.) altitudes por barómetro
altitude signal (Radar) sinal de altitude
altitude switch (Aero.) interruptor de altitude
altitude valve (Aero.) válvula reguladora de altitude (ou nível)
altitude wind tunnel (Aero.) túnel aerodinâmico de altitude
altitudinal vegetation zones (Eco.) zonas de vegetação em altitude
altn (Geral) abr. de *alternate* — alternado
altocumulus (Meteo.) altocúmulo
altometer (Topo.) teodolito
altostratus (Meteo.) altostrato
altrose (Quím.) altrose; aldo-hexose isómera da glicose
altruism (Eco.) altruísmo
ALU (Inf.) abr. de *Arithmetical and Logical Unit* — Unidade Aritmética e Lógica; UAL
alula (Zoo.) alula; asa pequena, rudimentar ou atrofiada; escama que alguns insectos dípteros, apresentam na base da asa
alum (Miner.) alúmen
alum (Quím.) alúmen; sulfato duplo de alumínio e de um elemento alcalinoferroso ou amónio
alum-hematoxylin (Med.) alúmen-hematoxilina (corante usado em histologia)
alumina (Miner.) alumina
aluminate (Quím.) aluminato
aluminium (Quím.) alumínio
aluminium acetate (Quím.) acetato de alumínio
aluminium acetylsalicylate (Quím.) acetilsalicilato de alumínio
aluminium alloy (Mec.) liga de alumínio
aluminium anode cell (Elect.) pilha anódica de alumínio
aluminium antimonide (Quím.) antimonieto de alumínio
aluminium-brass (Mec.) latão de alumínio
aluminium bromide (Quím.) brometo de alumínio
aluminium bronze (Quím.) bronze-alumínio
aluminium carbonate basic (Quím.) carbonato básico de alumínio
aluminium chloride hexahydrate (Quím.) cloreto de alumínio hexaidratado
aluminium chloride nonahydrate (Quím.) cloreto de alumínio eneaidratado; malebrina
aluminium diacetate (Quím.) diacetato de alumínio; subacetato de alumínio

aluminium foil (E.Civ.) chapa de alumínio; folha de alumínio
aluminium group (Quím.) grupo do alumínio (alumínio, boro, gálio, índio e tálio)
aluminium hydroxide (Quím.) hidróxido de alumínio; alumina hidratada
aluminium hydroxycloride (Quím.) hidroxicloreto de alumínio
aluminium leaf (E.Civ.) folha de alumínio
aluminium magnesium silicate (Quím.) silicato de alumínio e magnésio
aluminium monostearate (Quím.) monoestearato de alumínio
aluminium oxide (Quím.) óxido de alumínio; alumina
aluminium paint (E.Civ.) tinta a alumínio
aluminium penicilin (Med.; Quím.) penicilina de alumínio
aluminium phenosulphonate (phenosulfonate) (Quím.) fenossulfonato de alumínio
aluminium potassium sulphate (sulfate) (Quím.) sulfato de alumínio e potássio
aluminium powder (E.Civ.) alumínio pulverizado
aluminium silicate (Quím.) silicato de alumínio; caolino
aluminium solder (Electrón.) soldadura de alumínio
aluminium-steel cable (Elect.) cabo de aço-alumínio
aluminized screen (Inf.) ecrã de alumínio
aluminon (Quím.) aurinetricarboxilato de amónio; sal de amónio
alumino-silicates (Miner.; Quím.) alumino-silicatos; silicatos de alumínio
aluminothermic process (Quím.) processo aluminotérmico
aluminous cement (E.Civ.) cimento aluminoso
aluminum (Geral) V. *aluminium*
alumstone (Miner.) aluminite
alunite (Miner.) alunite
alunogen (Miner.) alunogénio
Alven speed (Fís.) velocidade Alven
Alven wave (Fís.) onda Alven
alveolar (Bot.; Zoo.) alveolar
alveolate (Bot.; Zoo.) alveolado
alveolitis (Med.) alveolite
alveoloclasia (Med.) alveoloclasia; destruição do alvéolo
alveolodental (Med.) alvéolo-dental
alveolopalatal (Med.) alvéolo-palatal
alveoloplasty (Med.) alveoloplastia
alveoloschisis (Med.) alveolósquise; abertura do processo alveolar
alveolus (Zoo.) alvéolo
ALVEY (Inf.) «ALVEY»; programa britânico de computarização tecnológica
alymphia (Med.) alínfia; ausência de linfa
alymphopotent (Med.) alinfopotente; incapaz de produzir linfócitos ou células linfóides
Alzheimer's disease (Med.) doença de Alzheimer

Am (QUÍM.) símbolo químico de *americium* — amerício

a.m. (ELÉCT.) abr. de *amplitude modulation* — modulação de amplitude

amagat (FÍS.) Amagat; a unidade de densidade de um gás a 0 graus Centígrados e a uma atmosfera de pressão

Amagat's law of combining volumes (QUÍM.) lei de Amagat de combinação de volumes

amalgam (QUÍM.) amálgama

amalgamating table (MINAS) mesa de amalgamação

amalgamation pan (MINAS) cadinho de amalgamação

amalgam barrel (MINAS) amalgamador (pequeno moinho de esferas em forma de barril ou tambor

amalgam retort (QUÍM.) retorta de amálgama

amalgam still (QUÍM.) caldeira de amálgama

AM alignment (TELECOM.) alinhamento de modulação em amplitude

Amalthea (ASTRO.) Amalteia (satélite de Júpiter)

amarine (MED.; QUÍM.) amarina

amaroid (QUÍM.) amaróide

amastigote (BIO.) amastigoto

amateur bands (TELECOM.) bandas amadoras

amathophobia (MED.) amatofobia (medo da poeira ou da lama)

amativeness (MED.) amatividade; desejo sexual

amaurosis (MED.) amaurose

Amazona aestiva (MED.; ZOO.) Papagaio-de-fronte-azul; uma das fontes de infecção de ornitose

Amazon floral region (ECO.) região de flora amazónica

amazonite (MINER.) amazonite

amazonstone (MINER.) amazonite

amber (MINER.) âmbar

ambergris (ZOO.) âmbar-cinzento; âmbar-negro

amber mutation (BIO.) mutação âmbar (nome imaginoso para um dos diversos tripletos absurdos que se conhecem)

amberoid (MINER.) ambaróide; âmbar sintético

ambi- (GERAL) ambi-; do grego/latim *amphi/ambo* — à roda, de ambos os lados, dois

ambient (GERAL) ambiente

ambient condition (FÍS.) condição de ambiente

ambient illumination (T.IMAG.) iluminação ambiente; luz ambiente

ambient light (FÍS.) luz ambiente

ambient light filter (FÍS.; T.IMAG.) filtro de luz ambiente

ambient noise (FÍS.) ruído ambiente

ambient noise level (FÍS.) nível de ruído ambiente

ambient pressure (GEO.) pressão ambiente

ambient temperature (ELECT.; FÍS.) temperatura ambiente

ambiguity error (INF.) erro de ambiguidade

ambiphony (FÍS.) ambiofonia

ambipolar (ELECTRÓN.) ambipolar

ambisexual (BIO.) ambissexual

ambivalent (ECO.) ambivalente

amblygonite (MINER.) ambligonite

amblyopia (MED.) ambliopia

ambosexual (BIO.) ambissexual

ambroid (MINER.) ambaróide; âmbar sintético

ambrosia (BOT.) ambrosia; tipo de fungos — *Monilia candida* — cultivados para alimento, por coleópteros escolitídeos

ambrosia beetle (ZOO.) escólito

ambulacra (ZOO.) ambulacros

ambulacral grooves (ZOO.) sulcos ambulacrários; goteira ambulacrária

ambulatory (ARQ.; ZOO.) ambulatório

AM demodulation (TELECOM.) desmodulação de modulação em amplitude

AM detector (TELECOM.) detector de modulação em amplitude

ameba (BIO.) amiba

ameiosis (BIO.) ameiose

amelia (MED.) amelia

amelification (ZOO.) formação de esmalte

amelioration (MED.) melhoria

ameloblast (ZOO.) ameloblasto; célula de esmalte

amelus (MED.) amelo (indivíduo com amelia)

amendment file (INF.) ficheiro de correcções

amendment record (INF.) registo de correcções

amendment tape (INF.) fita de correcções; banda de correcções

amenia (MED.) amenia; amenorreia

amenorrhea (MED.) amenorreia

amenorrhoea (MED.) amenorreia

ament (MED.) amente (nome obsoleto de uma pessoa mentalmente retardada); idiota

amentia (MED.) amência (obsoleto); idiotia

Amentiferae (BOT.) Amentíferas

amentum (BOT.) amentilho

American bond (E.CIV.) aparelho regular (de tijolos ou construção)

American caisson (E.CIV.) caixão americano

American filter (MINAS) filtro americano (de discos)

American National Standards Institute [ANSI] (GERAL) Instituto Nacional Americano de Normalização (ANSI)

American rain forest (ECO.) floresta tropical húmida americana

American red gum (BOT.; E.CIV.) liquidâmbar esp. (*Liquidambar styraciflua*); «ocozol» do México; a sua madeira

American Standard Code for Information Interchange [ASCII] (INF.) Código Standard Americano para Intercâmbio de Informação

American Standard Wire Gauge (ENG.) calibre «standard» americano de arame (ou de condutores eléctricos)

American water turbin (MEC.) turbina de água americana

americium (QUÍM.) amerício

americium-241 (QUÍM.) Amerício-241

amerism (MED.) amerismo

ameristic (MED.) amerístico

amesite (MINER.) amesita; aluminossilicato básico de magnésio

Ames test (BIO.) Teste de Ames

ametabolic (ZOO.) ametabólico

amethyst (MINER.) ametista

AM/FM radio (TELECOM.) radio de modulação de amplitude e de frequência

amianthus (MINER.) amianto

amicable numbers (MAT.) números amigos; par de números em que cada um deles é igual à soma das partes alíquotas do outro

amicron (QUÍM.) amícron

amidase (QUÍM.) amidase

amide (QUÍM.) amida

amidine (QUÍM.) amidina

amidinotransferase (QUÍM.) amidinotransferase

amido black 10B (QUÍM.) negro de amido 10B (corante ácido)

amidogen (QUÍM.) amidogénio

amido group (QUÍM.) grupo amida

amine (QUÍM.) amina

aminoacetic acid (QUÍM.) ácido aminoacético

amino acid (BIO.; QUÍM.) aminoácido

amino acids (QUÍM.) aminoácidos

aminoaldehydic resin (QUÍM.) resina aminoaldeidica

aminobenzene (QUÍM.) aminobenzeno; anilina; fenilamina

aminocaproic acid (QUÍM.) ácido aminocapróico

aminoglycoside antibiotics (BIO.; MED.) antibióticos aminoglicósidos

amino group (QUÍM.) grupo aminas

aminoplastic resin (PLÁST.) resina aminoplástica

amiodarone (MED.) amiodarona

amitosis (BIO.) amitose

amitotic division (BIO.) divisão amitótica; amitose

amitriptyline (MED.) amitriptilina (antidepressivo triclínico)

ammeter (ELECT.) amperímetro

ammonia (QUÍM.) amoníaco

ammonia-beam maser (FÍS.) maser de feixe de amoníaco

ammonia clock (FÍS.) relógio de amoníaco

ammonia dihydrogen phosphate (QUÍM.) diidrofosfato de amoníaco

ammonia dihydrogen phosphate crystal (RADAR) cristal de diidrofosfato de amoníaco

ammonia maser clock (FÍS.) relógio maser de amoníaco

ammonia oxidation process (QUÍM.) processo de oxidação do amoníaco

ammonia-soda process (QUÍM.) processo amoníaco-soda; processo Solvay

ammonification (BOT.) amonificação

ammonite (GEO.) amonite

ammonium (QUÍM.) amónio (ião)

ammonium alum (QUÍM.) alúmen amoniacal

ammonium benzoate (QUÍM.) benzoato de amónio

ammonium bromide (QUÍM.) brometo de amónio

ammonium chloride (Quím.) cloreto de amónio

ammonium dihydroxide phosphate (Quím.) fosfato diidróxido de amónio

ammonium ferric sulphate (sulfate) (Quím.) sulfato férrico de amónio

ammonium hydroxide (Quím.) hidróxido de amónio; amónia

ammonium ichthosulphonate (ichthosulfonate) (Quím.) ictossulfonato de amónio; ictamol

ammonium iodide (Quím.) iodeto de amónio

ammonium nitrate (Quím.) nitrato de amónio

ammonium sulphate (sulfate) (Quím.) sulfato de amónio

ammonium tartrate (Quím.) tartarato de amónio

ammonium valerate (Quím.) valerato de amónio

ammonization (Bot.) amonificação

amnesia (Med.) amnésia

amniocentesis (Bio.) amniocentese

amniochorial (Bio.) amniocoriónico

amnioclepsis (Med.) amnioclepsia

amniogenesis (Bio.) amniogénese

amniography (Med.) amniografia

amnioma (Med.) amnioma

amnion (Zoo.) âmnio

amnioscope (Med.) amnioscópio

Amniota (Zoo.) Amniotas

amniote (Zoo.) amniota

amniotic cavity (Zoo.) cavidade amniótica

amniotic fluid (Zoo.) líquido amniótico

amniotic fold (Zoo.) prega amniótica

amniotome (Med.) amniótomo

amoeba (Zoo.) ameba (grafia actual); amiba

Amoebae (Zoo.) Amebas

amoebiasis (Med.) amebíase

amoebic dysentery (Bio.) disinteria amébica

Amoebida (Zoo.) Amoebida; Amebas

amoebocyte (Zoo.) amebócito

amoeboid (Bot.; Zoo.) amebóide

amoeboid movement (Zoo.) movimento amebóide

amok (Psico.) «Amok» (distúrbio psíquico originalmente observado na Malásia, que tem o significado de «impulso homicida» e que foi popularizado pelo escritor Stephan Zweig)

amorphous (Crist.) amorfo

amorphous cloud (Eco.) nuvem amorfa

amorphous metal (Fís.) metal amorfo

amorphous semiconductor (Elect.) semicondutor amorfo

amorphous sulphur (Quím.) enxofre amorfo

amosite (Miner.) amosite (MC de uma anfíbola de composição duvidosa; é um asbesto provavelmente da série «cummingtonite-grunerite»; abr. de *Asbestus Mines Of South-Africa + ite*

amp (Fís.) abr. de *ampere* — ampere

AMP (Med.) abr. de *Adenosyne MonoPhosphate* — monofosfato de adeno-

sina, especificamente o 5'-fosfato de adenosina (o ácido adenílico do músculo)

ampacity (Fís.) capacidade portadora de corrente em amperes

amperage (Fís.) amperagem

ampere [amp] (Elect.) Ampere

ampere-hour (Fís.) ampere-hora

ampere-hour capacity (Fís.) capacidade em amperes-hora (de um acumulador)

ampere-hour efficiency (Fís.) eficiência em amperes-hora

ampere-hour meter (Fís.) amperímetro

ampere per metre (Elect.) Ampere por metro

Ampère's law (Fís.) lei de Ampère; teorema de Ampère

Ampère's rule (Fís.) regra de Ampère

Ampère's theory of magnetization (Fís.) teoria da magnetização de Ampère

ampere-turn (Fís.) ampere-espira

ampere-turn amplification (Fís.) amplificação de amperes-espira

ampere-turns per meter (Fís.) amperes-espira por metro

amphetamine (Med.) anfetamina

amphi- (Geral) anfi-; do grego *amphi* , expressando dualidade, em torno de, duplo

amphiaster (Bio.) anfiáster

Amphibia (Zoo.) Anfíbios

amphibian (Zoo.) anfíbio

amphibiotic (Eco.) anfibiótico

amphibious (Bot.; Zoo.) anfíbio

amphiblastic (Zoo.) anfiblástico

amphiboles (Zoo.) anfíbolas

amphibolic (Zoo.) anfibólico

amphibolite (Geo.) anfibolite

amphicentric (Med.) anficêntrico

amphicoelus (Zoo.) anficeliano

amphicondilar (Zoo.) anficondilar

amphicondylus (Zoo.) anficôndilo

amphicribal bundle (Bot.) feixe de tubos crivosos

amphicyte (Zoo.) anficito; célula capsular

amphidentate (Quím.) polidentado (ligando)

amphidiploid (Bot.) anfidiplóide; duplo diplóide; alotetraplóide

amphidromic point (Geo.) ponto anfidrómico

amphidromous (Eco.) anfidrómico

amphigenetic (Bio.) anfigenético; produzido por ambos os sexos

amphimicrobe (Bio.) anfimicróbio (organismo que tanto é aeróbio como anaeróbio, de acordo com o ambiente)

amphimixis (Bot.) anfimixia; singamia

Amphineura (Zoo.) Anfineuros

amphiont (Zoo.) zigoto

amphipathic (Fís.; Quím.) anfipático; descreve um grupo molecular assimétrico

amphiphloic (Bot.) anfiflóico (estela com o floema presente em ambos os lados do cilindro xilemático)

amphipneustic (Zoo.) anfipneusto

Amphipoda (Zoo.) Anfípodes

amphipodous (Zoo.) anfípode

amphiprotic (Quím.) anfiprótico; tendo propriedades protofílicas (básicas) e protogénicas (ácidas)

amphiprotic solvent (Quím.) solvente anfiprótico

amphirhinal (Zoo.) com duas narinas

amphistomatal (Bot.) com dois estomas

amphistomatic (Bot.) com dois estomas

amphistomous (Zoo.) anfístomo; dístomo

amphitheater (Arq.) anfiteatro

amphithecium (Bot.) anfitécio

amphitrichous (Bot.; Zoo.) anfitrico

amphitrophic (Eco.) anfitrófico

amphitropical species (Eco.) espécies anfitrópicas

amphitropous (Bot.) anfitrópico; anfítropo

amphivasal bundle (Bot.) feixe anfivasal

ampholines (Bio.) anfolinas

ampholyte (Bio.; Quím.) anfólito; electrólito anfotérico

amphoric (Fís.) anfórico

amphoteric (Quím.) anfotérico

amphotericin B (Med.) anfotericina B

amphotonia (Med.) anfotonia

amphotony (Med.) anfotonia

ampicillin (Med.) ampicilina; alfa-aminobenzil-penicilina

amplexicaul (Bot.) amplexicaule

amplexiform (Zoo.) amplexiforme

amplexus (Zoo.) amplexo

amplidyne (Elect.) abr. de *AMPLIfier DYNE* — amplificador magnético rotativo de alto ganho

amplification (Bio.) amplificação

amplification factor (Elect.) factor de amplificação

amplification refractory mutation system (Bio.) sistema de amplificação de mutação refractária

amplified agc (Electrón.) CAG amplificado (V. a seguir)

amplified automatic gain control (Electrón.) controlo automático de ganho amplificado; CAG amplificado

amplified Zener (Electrón.) Zener amplificado

amplifier (Elect.; Telecom.) amplificador

amplifier class (Electrón.) classe de amplificador

amplifier crossover distortion (Electrón.) distorção de corte do amplificador

amplifier frequency response (Electrón.) resposta em frequência do amplificador

amplifier protection (Electrón.) protecção do amplificador

amplifier stage (Electrón.) andar de amplificação

amplify (Electrón.) amplificar

amplitude (Geral) amplitude

amplitude balance control (Elect.) controlo de equilíbrio de amplitude

amplitude compensation (Electrón.) compensação de amplitude

amplitude discriminator (Telecom.) discriminador de amplitude

amplitude distortion (TELECOM.) distorção de amplitude

amplitude-frequency distortion (TELECOM.) distorção de amplitude-frequência

amplitude-frequency response (TELECOM.) resposta amplitude-frequência

amplitude gate (TELECOM.) porta de amplitude

amplitude limiter (T.IMAG.) limitador de amplitude

amplitude-modulated digital signal (ELECTRÓN.) sinal digital de modulação em amplitude

amplitude modulation (AM) (ELECTRÓN.) modulação de amplitude (MA); amplitude modulada (AM)

amplitude-modulation limiter (ELECTRÓN.) limitação de modulação de amplitude

amplitude-modulation noise level (ELECTRÓN.) nível de ruído na modulação de amplitude

amplitude-modulation rejection (ELECTRÓN.) supressão de modulação de amplitude

amplitude network analyzer (ELECTRÓN.) analizador de amplitude de rede; analizador de rede escalar

amplitude peak (TELECOM.) pico de amplitude; amplitude máxima

amplitude response (ELECTRÓN.) amplitude de resposta

amplitude ripple (ELECT.) ondulação de ganho

amplitude shift keying [ASK] (ELECTRÓN.) codificação em amplitude, codificação por mudança de amplitude

amplitude-stabilizing circuit (ELECTRÓN.) circuito estabilizador de amplitude

amplitude-time variation (FÍS.) variação da amplitude em função do tempo

ampoule (GERAL) ampola

ampoule tubing (VIDR.) tubagem de ampolas

ampulla (MED.) ampola; bolha; vesícula; dilatação sacular de um canal

ampulla (BOT.; ZOO.) vesícula

AM radio (TELECOM.) rádio de modulação de amplitude

AM rejection ratio (TELECOM.) taxa de rejeição de modulação de amplitude

amu (FÍS.) abr. de *mass atomic unit* — unidade de massa atómica

amychophobia (MED.) amicofobia; temor mórbido de ser arranhado

amyctic (MED.) amíctico; irritante

amydricaine hydrochloride (MED.) cloridrato de amidricaína

amyelia (MED.) amielia

amyelinate (ZOO.) amielinizado

amyelinic (ZOO.) amielínico

amygdala (ZOO.) amígdala

amygdalae (ZOO.) amígdalas

amygdale (GEO.) amigdalóide

amygdalin (QUÍM.) amigdalina

amygdule (GEO.) amigdalóide

amyl acetate (QUÍM.) acetato de amilo

amyl alcohol (QUÍM.) álcool amílico

amyl-, amylo- (BOT.; QUÍM.) amil-, amilo-; do grego *amylon* — amilo, com o significado de amido e amilo

amylase (BIO.) amilase

amyl group (QUÍM.) grupo amila

amyl nitrite (QUÍM.) nitrito de amilo

amylobarbitone (MED.) amilobarbitona; amobarbital

amyloclast (MED.) amiloclasto

amylodextrin (BOT.; QUÍM.) amilodextrina

amylogenic (MED.) amilogénico

amyloid (MED.) amilóide

amyloidosis (MED.) amiloidose

amyloid protein (BIO.) proteína amilóide

amylolytic (ZOO.) amilolítico

amylopectin (BOT.) amilopectina

amylose (BOT.; QUÍM.) amilose

amylum (BOT.) amido

amyotrophic lateral sclerosis (MED.) esclerose amiotrófica lateral

amyotrophy (MED.) amiotrofia

an- (GERAL) an-; do grego *an* — indicando negação, privação

ana- (GERAL) ana-; do grego *ana* — indicando para cima, individualmente

anabatic wind (METEO.) vento anabático

anabiosis (BIO.) anabiose

anabolic (BIO.) anabólico

anabolism (BIO.) anabolismo

anabolite (BIO.) anabólito; anabolina

anadromous (ZOO.) anádromo

anaemia, anemia (MED.; VET.) anemia

anaerobe (BIO.) anaeróbio

anaerobic (BIO.; MED.) anaeróbico

anaerobic respiration (BIO.) respiração anaeróbica

anaerobic sediment (GEO.) sedimento anaeróbico

anaerobic zone (GEO.) zona anaeróbica

anaerobiosis (BIO.) anaerobiose

anaesthesia, anesthesia (MED.) anestesia

anaesthesiologist (MED.) anestesista (nos EUA)

anaesthetic, anesthetic (MED.) anestésico

anaesthetist (MED.) anestesista

anaglyph (T.IMAG.) anaglifo

anakmesis (MED.) anacmese

anal (ZOO.) anal

anal cerci (ZOO.) cercos anais

anal character (PSICO.) carácter anal; estádio erótico-anal

analcime (MINER.) análcime; análcite

analcite (MINER.) análcite; análcime

analeptic (MED.) analéptico

analgesia (MED.) analgesia

analgesia algera (MED.) analgesia dolorosa

analgesic (MED.) analgésico

anallatic lens (TOPO.) lente analática

anallatic telescope (TOPO.) telescópio analático

anallatism (TOPO.) analatismo

anallergic (MED.) analérgico

analog (GERAL) análogo; analógico

analog adder (INF.) somador analógico; adicionador analógico

analog channel (INF.) canal analógico

analog comparator (INF.) comparador analógico

analog computer (INF.) computador analógico

analog data (INF.) dados analógicos

analog device (INF.) dispositivo analógico

analog-digital computer (INF.) computador analógico-digital

analog-digital converter (INF.) conversor analógico-digital

analog divider (INF.) divisor analógico

analog filter (TELECOM.) filtro analógico

analogic watch (RELOJ.) relógio analógico

analog multiplier (INF.) multiplicador analógico

analog network (INF.) rede analógica

analogous colour scheme (E.CIV.) esquema de cores análogas

analogous organs (BOT.) órgãos análogos

analogous variation (ECO.) variação análoga

analog representation (INF.) representação analógica

analog sampling (INF.) amostragem analógica; conversão analógica

analog signal (INF.) sinal analógico

analog-to-digital converter (INF.) conversor de analógico para digital

analog transmission (INF.) transmissão analógica

analogue (GERAL) análogo; analógico

analogue (QUÍM.) análogo

analogue (ZOO.) análogo

analogue camcorder (T.IMAG.) câmara de vídeo analógica

analogue card (ELECTRÓN.) cartão analógico

analogue circuit (ELECTRÓN.) circuito analógico

analogue clock (RELOJ.) relógio analógico

analogue computer (INF.) computador analógico

analogue demodulation (TELECOM.) desmodulação analógica

analogue device (ELECTRÓN.) aparelho analógico

analogue filter (ELECTRÓN.) filtro analógico

analogue high definition television [HDTV] (T.IMAG.) televisão analógica de alta definição

analogue meter (ELECTRÓN.) medidor analógico

analogue mixing (ELECTRÓN.) mistura analógica (de sinais)

analogue modulation (ELECTRÓN.) modulação analógica

analogue monitor (T.IMAG.) monitor analógico

analogue multimeter (ELECTRÓN.) multímetro analógico

analogue oscilloscope (ELECTRÓN.) osciloscópio analógico

analogue real time [ART] (ELECTRÓN.) analógico em tempo real

analogue sat-box (TELECOM.) receptor de satélite analógico

analogue signal (ELECTRÓN.) sinal analógico

analogue switch (ELECTRÓN.) comutador analógico

analogue video (T.IMAG.) vídeo analógico

analogy (GERAL) analogia

anal phase (PSICO.) fase anal; estágio anal

anal stage (PSICO.) estágio anal; fase anal

analysand (PSICO.) analisando (a pessoa a ser analisada)

analyser (GERAL) analisador

analysis (GERAL) análise

analysis of variance (TOPO.) análise de variância

analyst (GERAL) analista

analytical balance (FÍS.) balança analítica; balança de laboratório

analytical engine (INF.) motor analítico

analytical function generator (INF.) gerador de funções analíticas

analytical geometry (MAT.) geometria analítica

analytical reagent (QUÍM.) reagente analítico

analytic continuation (MAT.) continuação analítica

analytic function (MAT.) função analítica

analyzing gate circuit (ELECTRÓN.) circuito analizador de portas

anamnesis (MED.) anamnésia; anamnese

anamnestic (IMUN.) anamnéstico; anamnético

Anamniota (ZOO.) Anamniotas

anamniote (ZOO.) anamniota

anamniotic (ZOO.) anamniano; anamniota; analantoidano

anamorph (BOT.) anamorfo

anamorphic lens (T.IMAG.) lente anamórfica

anandria (BIO.) anândria; ausência de masculinidade

Ananke (ASTRO.) Ananke (um dos satélites de Júpiter)

anaphase (BIO.) anafase

anaphia (MED.) anafia; ausência do sentido do tacto

anaphoresis (QUÍM.) anaforese

anaphoria (MED.) anaforia (tendência dos olhos, quando em estado de repouso, de se dirigirem para cima)

anaphrodisia (MED.) anafrodisia; frieza sexual

anaphrodisiac (MED.) anafrodisíaco

anaphylactic (MED.) anafiláctico

anaphylactic shock (MED.) choque anafiláctico

anaphylactogenic (MED.) anafilactogénico

anaphylatoxin (IMUN.) anafilatoxina; anafilotoxina

anaphylaxis (MED.) anafilaxia

anaplasia (BIO.; MED.) anaplasia

anaplasmose (VET.) anaplasmose

anaplerosis (MED.) anaplerose

anaplerotic (MED.) anaplerótico

anapophysis (ZOO.) anapófise

Anapsida (ZOO.) «Anapsida»

anarthria (MED.) anartria; perda da faculdade da fala articulada

anarthrous (ZOO.) anarto; sem articulações distintas

anasarca (MED.) anasarca

Anaspida (ZOO.) «Anaspida»

anastigmatic lens (FÍS.) lente anastigmática

anastomosis (BIO.; MED.; ZOO.) anastomose

anatase (MINER.) anatase; anatásio; octaedrita; xantitânio

anatomy (GERAL) anatomia

anatopism (MED.; PSICO.) anatopismo; estado mental no qual o paciente não se conforma com os costumes dos grupos sociais a que pertence

anatoxin (MED.) anatoxina

anatropous (BOT.) anatrópico

anaxial (ZOO.) anaxial; assimétrico

anchor bolt (E.CIV.) gancho de fixação; cavilha de fixação

anchor escapement (RELOJ.) escape de âncora

anchor light (AERO.) luz de ancoragem; farol de ancoragem

anchylosis (MED.; ZOO.) V. *ankylosis*

ancient countryside (ECO.) paisagem pristina

ancient woodland (ECO.) bosque primevo

ancillary equipment (ELECT.) equipamento acessório

anconeal (ZOO.) pertencente ou situado próximo do cotovelo

anconeus (ZOO.) ancóneo (músculo achatado e curto na face posterior do antebraço)

AND (INF.) E; operador «E» (um operador lógico)

andalusite (MINER.) andaluzite; andaluzita

and circuit (INF.) circuito E

Andean floral region (ECO.) região floral andina

and element (INF.) elemento E

andesine (MINER.) andesina

andesite (GEO.) andesite

andesite line (GEO.) linha de andesito

and gate (INF.) entrada E; porta E

andiron (E.CIV.) trempe; cão de chaminé

and operation (INF.) operação E

Andosols (GEO.) Andosolos

andradite (MINER.) andradite

andriatrics (MED.) Andriatria

andriaty (MED.) Andriatria

andro- (GERAL) andro-; do grego *anér, andrós* — homem

androconia (ZOO.) androconia

androcyte (BOT.) andrócito

androdioecious (BOT.) androdióico

androecium (BOT.) androceu

androgen (BIO.) androgénio

androgenesis (BOT.; ZOO.) androgénese

androgenic (MED.) androgénico

androgenous (BIO.) androgéno; que dá origem a machos

androgyne (BIO.) andrógino (V. *androgynus*)

androgynism (BIO.) androginismo (V. *androgyny*)

androgynoid (BIO.) androginóide

androgynophore (BOT.) androginóforo

androgynos (BIO.) andrógino (V. *androgynus*)

androgynous (BIO.) hermafrodita; relativo a androginia

androgynus (BIO.) andrógino; pseudohermafrodita feminino

androgyny (BIO.) androginia; pseudohermafroditismo feminino

android (BIO.) andróide

andromania (MED.) andromania

Andromeda nebula (ASTRO.) nebulosa de Andrómeda; galáxia espiralada M31

andromonoecious (BOT.) andromonóico

androphore (BOT.) andróforo

androsporangium (BOT.) androsporângio

androspore (BOT.) andrósporo

anecdysis (ZOO.) «anecdysis» (fase da metamorfose dos Artrópodes)

anechoic room (FÍS.) sala acústica; sala de campo livre

anemia (MED.) V. *anaemia*

anemo- (GEO.) anemo- (relativo a vento)

anemochorous (BOT.) anemócoro

anemograph (METEO.) anemógrafo

anemometer (ENG.) anemómetro

anemophilous (ECO.) anemófilo

anemophily (BOT.) anemofilia

anemotaxis (ZOO.) anemotaxia; orientação para uma fonte odorífera pela direcção do vento

anencephalia (MED.) anencefalia; acefalia

anencephalus (MED.) anencéfalo; anencefaliano; acéfalo

anencephaly (MED.) anencefalia; acefalia

anenterous (MED.) anentéreo

anephric (MED.) anéfrico; que carece dos rins

anergasia (MED.) anergasia; ausência de actividade psíquica em resultado de encefalopatia orgânica

anergia (MED.) anergia

anergy (MED.) anergia

aneroid altimeter (AERO.) altímetro aneróide

aneroid barometer (METEO.; TOPO.) barómetro aneróide

anethol (QUÍM.) anetol; parapropenilasol; para-propenilasol; cânfora de anis

anetic (MED.) anético; calmante; relaxante

aneuploid (BIO.) aneuplóide

aneuploidy (BIO.) aneuploidia

aneurysm (MED.) aneurisma

aneurysm by anastomosis (MED.) aneurisma por anastomose

Angara (ECO.) Angara

Angaraland (ECO.) Angara

angel beam (ARQ.) trave de anjo; suporte de anjo

Angelman syndrome (BIO.; MED.) Síndroma de Angelman

angel pontual (RADAR) fantasma pontual

angels (RADAR) fantasmas; ecos de radar originados por fenómenos físicos e indefinidos

angina pectoris (MED.) angina «pectoris»; angina de peito
angio- (GERAL) angio-; do grego *angion* — vaso, reservatório
angioblast (ZOO.) angioblasto
angiocardiography (RADIOL.) angiocardiografia
angiogenesis (BIO.) angiogénese
angiography (RADIOL.) angiografia
angioid (MED.) angióide; que se assemelha aos vasos sanguíneos
angioinvasive (MED.) angio-invasivo
angiokeratoma (MED.) angioceratoma
angiology (MED.) angiologia
angioma (MED.) angioma
angioneurotic oedema [edema] (MED.) edema angioneurótico; angioedema
angioplasty (MED.) angioplastia
angiosperm (BIO.) angiospérmica
Angiospermae (BOT.) Angiospérmicas
angiosperms (BOT.) angiospérmicas
angiotensin-converting enzyme inhibitors [ACE inhibitors] (MED.) inibidores da enzima conversora de angiotensina [inibidores ECA]
angle (ENG.) ferro em ângulo; cantoneira de ferro
angle (MAT.) ângulo
angle bars (IMPR.) cantoneiras
angle bead (C.CIV.) cantoneira
angle bearing (ENG.) apoio em ângulo
angle block (E.CIV.) bloco de ângulo; bloco angular
angle board (E.CIV.) tábua inclinada; prancha inclinada
angle brace (E.CIV.) contraforte em diagonal
angle cleat (E.CIV.) travessa em ângulo
angle closer (E.CIV.) fecho em ângulo
angle cutter (PAPEL.) fresa de ângulo; fresa cónica
angle deck (AERO.) cabina de voo oblíqua
angledozer (E.CIV.) «bulldozer»
angle drilling (MINAS) perfuração em esquadria; perfuração em ângulo
angle elevation (TOPO.) altura angular; altura vertical
angle flange (MEC.) flange angular
angle gauge (E.CIV.) goniómetro
angle iron (E.CIV.) barra de cantoneira
angle modulation (TELECOM.) modulação angular
angle of acceptance (FÍS.) ângulo de recepção
angle of advance (ENG.) ângulo de avanço
angle of approach light (AERO.) luz de ângulo de aproximação
angle of arrival (TELECOM.) ângulo de chegada
angle of attack (AERO.) ângulo de ataque
angle-of-attack indicator (AERO.) indicador de ângulo de ataque
angle of bank (AERO.) ângulo de inclinação lateral
angle of bite (ENG.) ângulo de toque
angle of contact (FÍS.) ângulo de contacto

angle of cut-off (FÍS.) ângulo de interposição
angle of deflection (ELECTRÓN.) ângulo de deflexão
angle of depression (TOPO.) ângulo de depressão; ângulo descendente
angle of descend (AERO.) ângulo de descida
angle of deviation (FÍS.) ângulo de desvio
angle of dip (GEO.) ângulo de inclinação
angle of dive (AERO.) ângulo de mergulho
angle of divergence (FÍS.) ângulo de divergência
angle of draw (MINAS) ângulo de extracção
angle of drift (AERO.) ângulo de deriva
angle of flight (AERO.) ângulo de voo
angle of flow (ELECT.) ângulo de fluxo; ângulo de condução
angle of flow amplifier (ELECTRÓN.) amplificador do ângulo de fluxo
angle of glide (AERO.) ângulo de descida em voo planado
angle of heel (NÁUT.) ângulo de adernamento
angle of incidence (GERAL) ângulo de incidência
angle of lag (ELECT.) ângulo de atraso
angle of lead (ELECT.) ângulo de avanço
angle of minimum deviation (FÍS.) ângulo de desvio mínimo
angle of nip (MINAS) ângulo de contracção do filão
angle of obliquity (ASTRO.; ENG.) ângulo de obliquidade
angle of pressure (MEC.) ângulo de pressão
angle of radiation (FÍS.) ângulo de (ir)radiação
angle of reflection (FÍS.) ângulo de reflexão
angle of refraction (FÍS.) ângulo de refracção
angle of relief (MEC.) ângulo de apoio
angle of repose (E.CIV.; GEO.) ângulo de repouso
angle of rest (E.CIV.; GEO.) ângulo de repouso
angle of roll (AERO.) ângulo de inclinação lateral; angulo de rolagem
angle of slide (MINAS) ângulo de inclinação
angle of stall (AERO.) ângulo crítico
angle of torsion (AERO.) ângulo de torção
angle of twist (ENG.) ângulo de torção
angle of view (T.IMAG.) ângulo de visão
angle plate (MEC.) esquadria (chapa, cantoneira)
angle rafter (E.CIV.) viga em ângulo
anglesite (MINER.) anglesite
angle steel (MEC.) cantoneira de aço
angle stone (E.CIV.) pedra angular; esquina
angle tie (E.CIV.) travessa em ângulo
angle valve (MEC.) válvula angular; válvula em cotovelo
Anglian (GEO.) Angliano (estádio glacial pleistocénico)

angora (TEXT.) angorá
Angstrom unit (FÍS.) unidade Angstrom (unidade de uso temporariamente admitido, em conjunto com o SI, segundo a Organização Internacional de Metrologia Legal — OIML); unidade de comprimento de onda
Anguilliformes (ZOO.) Anguiliformes
angular acceleration (FÍS.) aceleração angular
angular contact bearing (MEC.) rolamento de contacto angular
angular diameter (ASTRO.) diâmetro angular
angular displacement (FÍS.) desvio angular
angular distance of stars (ASTRO.) distância angular entre estrelas
angular distribution (FÍS.) distribuição angular
angular divergence (BOT.) divergência angular
angular frequency (FÍS.) frequência angular
angular magnification (FÍS.) ampliação angular; aumento angular
angular measure (MAT.) medida angular
angular momentum (FÍS.; MAT.) momento angular
angular-momentum quantum number (FÍS.) número quântico do momento angular
angular spreading (GEO.) dispersão angular
angular thread (ENG.) filete; rosca angular
angular velocity (FÍS.) velocidade angular
Angus-Smith process (C.CIV.) processo Angus-Smith (método anticorrosivo)
anharmonic (ELECTRÓN.) anarmónico
anharmonic ratio (METEO.) razão anarmónica
anhedral (AERO.) diedro da asa
anhematopoietic (MED.) anematopoético; anematopoiético
anhidrosis (MED.) anidrose
anhydrase (QUÍM.) anidrase
anhydride (QUÍM.) anidrido
anhydrite (E.CIV.; MINER.) anidrite
anhydrite process (QUÍM.) processo da anidrite
anhydrous (QUÍM.) anidro
anhydrous lime (E.CIV.) cal anidra; cal viva; cal cáustica
anilides (QUÍM.) anilidas
aniline (QUÍM.) anilina; fenilamina; aminobenzeno
aniline black (QUÍM.) negro de anilina
aniline blue (QUÍM.) anilina azul
aniline dye (QUÍM.) corante de anilina
aniline foil (IMP.) lâmina de anilina
aniline oil (QUÍM.) óleo de anilina; anilina comercial
aniline printing (IMPR.) impressão a anilina
anima, animus (PSICO.) alma ou espírito (na psicologia de Jung, o íntimo, em contraste com o aspecto exterior da personalidade)

animal behaviour (Bio.; Eco.) comportamento animal

animal charcoal (Quím.) carvão animal

animal electricity (Zoo.) electricidade animal

animal husbandry (Zoo.) criação de animais

Animalia (Bio.) Animália

animal pole (Zoo.) polo animal; polo germinal

animation (T.Imag.) animação

animism (Psico.) animismo

anion (Fís.) anião

anion exchange (Fís.) troca de anião

anion-exchange capacity (Bio.; Quím.) capacidade de troca de aniões

anionic (Fís.) aniónico

anisaldehyde (Quím.) aldeído anísico

anisidine (Quím.) anisidina

aniso- (Geral) aniso-; forma combinante do grego *an + isos* significando desigual ou dessemelhante, comummente usada em História Natural

anisocercal (Zoo.) anisocercal; não isocercal

anisochronous signal (Telecom.) sinal assíncrono

anisochronous transmission (Telecom.) transmissão assíncrona

anisodactylus (Zoo.) anisodáctilo

anisogamete (Bio.) anisogâmeta

anisogamy (Bio.) anisogamia

anisognathous (Zoo.) anisognato (com as mandíbulas de tamanho relativamente anormal, em que a superior é maior que a inferior)

anisokont (Bot.) anisoconta; não isoconta

anisole (Quím.) anisol; metoxibenzeno

anisomeric (Quím.) não isomérico; anisomérico

anisometric growth (Eco.) crescimento anisométrico

anisopleural (Zoo.) bilateralmente assimétrico

anisotonic (Quím.) anisotónico

anisotropic (Quím.) anisotrópico

anisotropic conductivity (Fís.) condutividade anisotrópica

anisotropic dielectric (Fís.) dieléctrico anisotrópico

anisotropic liquid (Quím.) líquido anisotrópico

anisotropy (Bot.; Fís.; Quím.) anisotropia

ankerite (Miner.) ankerite (de M. J. Anker — mineralogista)

ankylosing spondylitis (Med.) espondilite anquilosante

ankylosis (Med.) anquilose

ankylosis (Zoo.) anquilose; fusão de dois ou mais ossos

ankylostomiasis (Med.) anquilostomíase

ankylotic (Med.) anquilótico

Anlage (Zoo.) primórdio

annabergite (Miner.) anabergita

anneal (Bio.) temperar

annealing (Fís.) têmpera; amolecimento a alta temperatura

annealing furnace (Mec.) forno de recozimento

Annelida (Zoo.) Anelídeos

annihilation (Fís.) aniquilação; desintegração

annihilation of matter (Fís.) destruição de matéria

annihilation photon (Fís.) fotão de aniquilação

annihilation radiation (Fís.) (ir)radiação de aniquilação

annihillator (Fís.; Mat.) anulador; neutralizador

annite (Miner.) anita

annoyance (Fís.) incómodo (em Acústica o efeito psicológico causado por ruído excessivo)

annual (Bot.) anual

annual equation (Astro.) equação anual do tempo

annual fish (Bio.; Eco.) peixe anual

annual load factor (Elect.) factor anual de carga

annual parallax (Astro.) paralaxe anual

annual ring (Bot.) anel anual; círculo anual de crescimento

annual snowline (Eco.) linha de neve anual

annular bit (E.Civ.) broca anular

annular borer (E.Civ.) broca anular de pedra

annular combustion chamber (Aero.) câmara de combustão anular; câmara de combustão cilíndrica

annular eclipse (Astro.) eclipse anular

annular gear (Eng.) engrenagem anular

annular space (Minas) espaço anular

annular vault (Arq.) abóbada anular

annular wing (Aero.) asa cilíndrica

annulate (Eco.) anelar

annulated colunm (Arq.) coluna anelada

annulus (Geral) ânulo; anel

annunciator (Geral) anunciador; indicador; quadro indicador

AnOC (Med.) abr. de *Anodal Opening Contraction* — contracção anódica de abertura

anode (Electrón.) ânodo

anode bend (Electrón.) ângulo anódico

anode breakdown voltage (Electrón.) tensão de ruptura anódica

anode bypass capacitor (Elect.) condensador de desacoplamento anódico

anode characteristic (Electrón.) característica anódica

anode circuit (Elect.) circuito anódico

anode current (Elect.) corrente anódica

anode dark space (Electrón.) espaço escuro do ânodo

anode detection (Electrón.) detecção anódica

anode dissipation (Electrón.) dissipação anódica

anode drop (Electrón.) queda anódica

anode efficiency (Electrón.) eficiência anódica

anode fall (Electrón.) queda anódica

anode feed (Electrón.) alimentação anódica

anode glow (Electrón.) brilho anódico; luminosidade anódica

anode grid (Electrón.) grade anódica; grelha anódica

anode impedance (Electrón.) impedância anódica

anode input power (Electrón.) potência de entrada anódica

anode keying (Electrón.) manipulação anódica

anode load impedance (Electrón.) impedância anódica de carga

anode modulation (Electrón.) modulação anódica

anode mud (Electrón.) lama anódica; resíduo anódico

anode potential (Electrón.) potencial anódico

anode power input (Electrón.) potência anódica de entrada

anode pulse modulation (Electrón.) modulação de impulsos por ânodo

anode ray (Electrón.) raio anódico

anode region (Electrón.) região anódica

anode resistance (Electrón.) resistência anódica

anode saturation (Electrón.) saturação anódica

anode sheath (Electrón.) capa anódica

anode shield (Electrón.) armadura anódica; blindagem anódica

anode slime (Electrón.) lama anódica; resíduo anódico

anode slope resistance [Ra] (Electrón.) rampa de resistência do ânodo

anode sputtering (Electrón.) pulverização anódica

anode strap (Telecom.) ligação anódica (conector metálico)

anode supply (Telecom.) alimentação anódica

anode tap (Electrón.) derivação anódica

anode tension (Electrón.) tensão anódica

anode terminal (Electrón.) terminal anódico; borne anódico

anode voltage (Electrón.) tensão anódica

anode voltage drop (Electrón.) queda de tensão anódica

anodic etching (Elect.) ataque químico anódico

anodic oxidation (Quím.) oxidação anódica

anodic precipitation (Elect.) precipitação anódica

anodic protection (Eng.) protecção anódica

anodic ray (Elect.) raio anódico

anodic treatment (Elect.) tratamento anódico; processo anódico

anodization (Quím.) anodização

anodized (Eng.) anodizado

anodized film (T.Imag.) filme anodizado

anodizing (Elect.; Quím.) anodização

anodizing process (ELECT.) processo de anodização

anodont (ZOO.) anodonte

anodontia (ZOO.) anodôntia; anodôncia

anodontism (ZOO.) anodontismo

anodyne (ELECT.) anódino

anoestrus (ZOO.) anestro (descanso sexual que antecede o estado de gravidez ou pseudo-gravidez, nos animais do sexo feminino)

anomalistic month (ASTRO.) mês anomalístico

anomalistic year (ASTRO.) ano anomalístico

anomaloscope (FÍS.) anomaloscópio (instrumento para a detecção da acromatopsia — cegueira à cor)

anomalous dispersion (FÍS.) dispersão anómala

anomalous helix (ELECTR.) hélice anómala

anomalous magnetization (ELECT.) magnetização anómala

anomalous propagation (FÍS.) propagação anómala

anomalous scattering (FÍS.) dispersão anómala

anomalous viscosity (FÍS.) viscosidade anómala

anomaly (GERAL) anomalia

anomer (QUÍM.) anómero

anomeristic (ZOO.) anomerístico

anonychosis (MED.) anoniquia

anonychya (MED.) anoniquia

Anopheles (ZOO.) Anofeles

anophelicide (MED.; VET.; ZOO.) anofelicida

anophelifuge (MED.; QUÍM.) anofelífugo

Anophelinae (ZOO.) Anofelinos

anophelism (ZOO.) anofelismo

anophtalmia (MED.) anoftalmia

anophtalmus (MED.) anoftalmo

Anoplura (ZOO.) Anopluros; Sinfunculata

anorectic (MED.) anoréctico

anorexia (MED.) anorexia

anorexia nervosa (MED.; PSICO.) anorexia nervosa; anorexia mental

anorganic (MED.) anorgânico; inorgânico

anorthic system (CRIST.) sistema anórtico; sistema triclínico

anorthite (MINER.) anortite

anorthoclase (MINER.) anortoclase; paraortoclase

anorthosis (MED.) anortose

anorthosite (GEO.) anortosite

anosmatic (ZOO.) anosmático

anosmia (MED.) anósmia

anosognosis (MED.) anosognosia (ignorância real ou simulada, quanto à presença de uma enfermidade, especialmente a paralisia)

anostosis (MED.) anostose

anotia (MED.) anotia (ausência congénita de uma ou de ambas as orelhas)

anotus (MED.) anoto

anoxaemia (MED.; ZOO.) anoxemia (ausência de oxigénio no sangue arterial)

anoxemia (MED.; ZOO.) anoxemia

anoxia (MED.) anóxia (ausência de oxigénio nos gases expirados, no sangue arterial ou nos tecidos)

anoxic (ECO.) anóxico; anoxémico

anoxybiosis (ZOO.) anoxibiose

ANS (ZOO.) abr. de *Autonomic Nervous System* — Sistema Nervoso Autónomo

ansa (BOT.; MED.; ZOO.) ansa; asa; qualquer estrutura anatómica em forma de ansa, asa ou de arco

Anseriformes (ZOO.) Anseriformes

ANSI (INF.) abr. de *American National Standards Institute* — Instituto Nacional de Padronização Americano

answer-back (INF.; TELECOM.) resposta (a sinais)

answer-back code (TELECOM.) código identificador

answer-back unit (TELECOM.) unidade de código identificador; transmissor automático de indicativo

answer lamp (TELECOM.) lâmpada de resposta; lâmpada de recepção

antacid (MED.) antiácido

antagonism (BOT.) antagonismo

antagonist (MED.) antagonista

antagonistic resources (ECO.) recursos antagónicos

antagonist screw (TOPO.) parafuso nivelador

antapex (ASTRO.) antapex; anti-apex

Antarctic air (GEO.) Ar antárctico

Antarctic bottom water [ABW] (GEO.) Água profunda antárctica

Antarctic convergence [AAC] (GEO.) convergência antárctica

Antarctic front (GEO.) frente antárctica

Antarctic intermediate water [AIW] (GEO.) águas intermédias antárcticas

Antarctic Ocean (GEO.) Oecano Antártico

Antarctic polar current (GEO.) corrente polar antárctica

Antarctic polar front (GEO.) frente polar antárctica

ante- (GERAL) ante-; do latim *ante* — antes de

antebrachium (ZOO.) antebraço

antecedent (GERAL) antecedente

antecedent drainage (GEO.) drenagem antecedente

antechamber (ENG.) antecâmara; câmara de pré-combustão

ante cibum (MED.) expressão latina indicando: antes da refeição

antecubital (ZOO.) antecubital

antefixae (ARQ.) antefixo; antefixa

ante mortem (MED.) antes da morte

antemortem examination (MED.) exame antes da morte

antenna (GERAL) antena

antenna array (TELECOM.) sistema de antena; rede direccional de antenas

antenna beam width (TELECOM.) largura do feixe de antena

antenna changeover switch (TELECOM.) comutador de antena

antenna coil (ELECT.) bobina de antena

antenna counterpoise (TELECOM.) contra-antena

antenna cross-section (TELECOM.) secção transversal de antena

antenna crosstalk (TELECOM.) diafonia de antena

antenna download (TELECOM.) fio de descida de antena; baixada

antenna drive (TELECOM.) accionamento de antena

antenna duplexer (TELECOM.) antena duplex

antenna effect (TELECOM.) efeito de antena

antenna efficiency (TELECOM.) eficiência de antena

antenna element (TELECOM.) elemento da antena

antenna eliminator (TELECOM.) eliminador de antena

antenna feeder (TELECOM.) alimentador de antena

antenna field (TELECOM.) campo de antena

antenna field gain (TELECOM.) ganho de campo de antena

antennafier (TELECOM.) amplificador de antena

antenna gain (TELECOM.) ganho de antena

antenna impedance (TELECOM.) impedância de antena

antenna input (TELECOM.) entrada de antena

antennal gland (ZOO.) glândula maxilar (nos Crustáceos)

antenna load (ELECT.) carga de antena

antenna loading coil (ELECT.) bobina de carga de antena

antennamitter (ELECT.) emissor-antena

antenna noise temperature (TELECOM.) temperatura de ruído de antena

antenna polar diagram (TELECOM.) diagrama polar da antena

antenna power (TELECOM.) potência de antena

antenna relay (ELECT.) relé de antena

antenna resistance (TELECOM.) resistência de antena

antenna resonant frequency (TELECOM.) frequência de ressonância de antena

antenna scattered pattern (TELECOM.) configuração de dispersão de antena

antenna series capacitor (TELECOM.) condensador em série de antena

antenna shadow boundary (TELECOM.) limite de zona de sombra de antena

antenna tracking system (TELECOM.) sistema de rastreio de antena

antennaverter (TELECOM.) conversor de antena incorporado

antennula (ZOO.) anténula

anteposition (BOT.) anteposição

anterior (GERAL) anterior

antero- (GERAL) antero-; prefixo que significa anterior, usado especialmente na terminologia anatómica

anteroexternal (MED.) ântero-externo (em frente e para o lado de fora)

anterograde (MED.) anterógrado; movimento para a frente

anterograde amnesia (MED.) amnésia anterógrada

anteroinferior (MED.) ântero-inferior (em frente e abaixo)

anterointernal (MED.) ântero-interno (em frente e para o lado de dentro); antero-interior

anterolateral (MED.) ântero-lateral (em frente e para o lado, especialmente o de fora)

anteromedial (MED.) ântero-medial (em frente e para o lado de dentro ou da linha média)

anteromedian (MED.) ântero-mediano (em frente e na linha central ou no meio)

anteroposterior (MED.) ântero-posterior (relativo à parte anterior e posterior)

anterosuperior (MED.) ântero-superior (situado à frente e em cima)

anthelion (METEO.) antélio

anthelminthic (MED.) anti-helmíntico

anthema (MED.) antema

anther (BOT.) antera

anther culture (BOT.) cultura de anteras

antheridial receptacle (BOT.) receptáculo anterino; anteridióforo

antheridiophore (BOT.) anteridióforo; receptáculo anterino

antheridium (BOT.) anterídeo

antherozoid (BOT.) anterozóide

anthesis (BOT.) antese

Anthocerotae (BOT.) «Antocerotae»

Anthocerotopsida (BOT.) Antocerotopsida; «Antocerotae»

anthocyanin (QUÍM.) antocianina

anthogenesis (ZOO.) antogénese; antogenesia

anthophilous (BOT.) antofilóide

anthophore (BOT.) antóforo

anthophyllite (MINER.) antofilito

Anthophyta (BOT.) Antófitas; Fanerogâmicas

Anthozoa (ZOO.) Antozoários; Actinozoários

anthracene (QUÍM.) antraceno

anthracene oil (QUÍM.) óleo de antraceno

anthracia (MED.) antracia

anthracin (MED.) antracina

anthracite (GEO.) antracite

anthracnose (BOT.) antracnose

anthraco- (GERAL) antraco-; do grego anthrax — carvão, carbúnculo

anthracoid (MED.) antracóide

anthracometer (QUÍM.) antracómetro

anthracosis (MED.) antracose

anthraflavine (MED.; QUÍM.) antraflavina

anthragallol (MED.; QUÍM.) antragalol

anthralin (MED. QUÍM.) antralina; ditranol

anthranil (QUÍM.) antranilo

anthranilic acid (QUÍM.) ácido antranílico; ácido orto-aminobenzóico

anthrapurpurin (QUÍM.) antrapurpurina; isopurpurina; triidroxiantraquinona

anthraquinone (QUÍM.) antraquinona

anthrax (MED.; VET.) antraz

anthraxolite (MINER.) antraxolita

anthrone (QUÍM.) antrona

anthropic horizon (ECO.) horizonte antrópico

Anthropogene (ECO.) antropogénese

anthropogenic (BOT.) antropogénico

anthropogenic indicator (ECO.) indicador antropogénico

anthropogeny (ZOO.) antropogenia

anthropogeomorphology (ECO.) antropogeomorfologia

anthropoid (ZOO.) antropóide

Anthropoidea (ZOO.) Antropóides

Anthropology (ZOO.) Antropologia

anthropometer (MED.) antropómetro

anthropometry (MED.) antropometria

anthropomorph (ZOO.) antropomorfo

anthropomorphism (ZOO.) antropomorfismo

anthropophilic (ZOO.) antropofílico

anthropophyte (BOT.) antropófita

Anthrosols (ECO.) antroposóis

anti- (GERAL) anti-; do grego anti- contra, oposto

antiacid (QUÍM.) antiácido

antiagglutinin (BIO.) antiaglutinina

anti-aldoxime (QUÍM.) anti-aldóxima

antiallergic (MED.) antialérgico

antiamylase (QUÍM.) antiamilase

Antian (GEO.) Antiano (período interglacial pleistocénico)

antianaphylaxis (MED.) antianafilaxia

antiandrogen (MED.) antiandrógeno

anti-auxin (BOT.) antiauxina

anti-baryon (FÍS.) antibarião

antibiosis (BIO.) antibiose

antibiotic (BIO.; MED.) antibiótico

antibiotic resistance (BIO.) resistência aos antibióticos

antibiotic-resistance genes (BIO.; MED.) genes resistentes aos antibióticos???hifen

antibodies (BIO.; MED.) anticorpos

antibody (IMUN.) anticorpo

antibody-producing cell (BIO.; MED.) células produtoras de anticorpos

anti-bounce circuit (ELECTRÓN.) circuito anti-ressalto

anticapacitance switch (ELECT.) comutador anticapacitância

anticathode (FÍS.) anticátodo

anticholinergic (MED.) anticolinérgico

anticlinal (BOT.) anticlinal

anticline (GEO.) anticlinal

anti-clutter (RADAR) supressor de sinais parasitas

anti-clutter circuit (RADAR) circuito supressor de sinais parasitas

anti-clutter gain control (RADAR) controlo limitador de ecos parasitas

anticoagulant (MED.) anticoagulante

anticoagulin (MED.) anticoagulina

anticodon (BIO.) anticódon; anticódão

anticoincidence circuit (INF.) circuito de anticoincidência

anticoincidence counter (ELECTRÓN.) medidor de anticoincidência

anticoincidence element (INF.) elemento de anticoincidência

anticoincidence operation (INF.) operação de anticoincidência

anticollision beacon (AERO.) farol anticolisão

anticollision radar (RADAR) radar anticolisão

anticondensation paints (E.CIV.) tintas anticondensação

anticyclogenesis (GEO.) anticiclogénese

anticyclolysis (GEO.) anticiclólise

anticyclone (METEO.) anticiclone

anticyclonic gloom (GEO.) penumbra anticiclónica

anticyclotron (FÍS.) anticiclotrão

anticyclotron tube (ELECTRÓN.) tubo anticiclotrão

antidazzle mirror (AUTO.) espelho antiencadeamento

antidiazo compound (QUÍM.) composto antidiazóico

antidiuretic (BIO.; MED.) antidiurético

antidiuretic hormone [ADH] (MED.) hormona antidiurética; vasopresina

antidromic (BIO.) antidrómico

antidune (GEO.) antiduna

antifading antenna (TELECOM.) antena antidesvanecimento

antiferromagnetism (FÍS.) antiferromagnetismo

antifreeze (QUÍM.) anticongelante

antifriction bearing (ENG.) rolamento antifricção

antifungicide (BIO.) antifungicida

anti-g (FÍS.) anti-g; antigravidade; aG

antigen (IMUN.) antígeno; antigénio; alérgeno; imunógeno

antigenemia (IMUN.; MED.) antigenemia (persistência de antígeno no sangue)

antigenic determinant (IMUN.) determinante antigénico

antigenicity (IMUN.) antigenicidade

antigenic variation (IMUN.) variação antigénica

antigenotherapy (IMUN.; MED.) antigenoterapia; terapia por antígenos

antiglobulin (IMUN.) antiglobulina

antigorite (MINER.) antigorita (silicato básico de magnésio, de Antigorio, na Itália)

anti-gravity (AERO.; FÍS.) antigravidade; anti-g; aG

anti-gravity valve (AERO.) válvula antigravidade

anti-g suit (AERO.) fato antigravidade; equipamento antigravidade

antihalation (T.IMAG.) anti-halo

antihistamine (MED.) anti-histamina

antihormone (MED.) anti-hormona

antihunt circuit (TELECOM.) circuito estabilizador

antihunting (TELECOM.) antiflutuação; estabilização

antihunt transformer (TELECOM.) transformador estabilizador

anti-icing (AERO.) anticongelante

anti-idiotype (IMUN.) anti-ideotipo

anti-incrustator (MEC.) anti-incrustador

anti-induction network (TELECOM.) rede anti-indução

anti-interference aerial (ELECTRÓN.) antena anti-interferência

antijamming (TELECOM.) eliminador de perturbações

antiknock substance (AUTO.) substância antidetonante

antiknock value (AUTO.) poder antidetonante; valor antidetonante

antilepton (FÍS.) antileptão

antilock brake (Auto.) travão antibloqueador

antilog (Mat.) abr. de *antilogarithm* — antilogaritmo

antilogarithm (Mat.) antilogaritmo

antilog law (Electrón.) lei antilogaritmica

antiluteogenic (Med.) antiluteogénico

anti-lymphocytic serum (Imun.; Med.) soro antilinfocítico

antilysin (Med.) antilisina

antimalarial (Med.) antimalárico

antimer (Zoo.) antímero

antimetabolite (Med.) antimetabolite

antimetropia (Med.) antimetropia

antimicrobial (Med.) antimicrobiano

antimitotic (Med.) antimitótico

antimongoloid (Med.) antimongolóide

antimonial (Quím.) antimonial

antimonial lead (Quím.) chumbo antimonioso

antimonial lead ore (Miner.) bournonita (de *Bournon*); sulfoantimonieto de chumbo e cobre e eventualmente zinco

antimoniates (Quím.) antimoniatos

antimonite (Miner.) antimonite

antimony (Quím.) antimónio

antimony alloy (Eng.) liga de antimónio

antimony black (Eng.) negro de antimónio

antimony glance (Quím.) estibina

antimony halide (Quím.) halóide de antimónio

antimony hydride (Quím.) hidreto de antimónio

antimonyl (Quím.) antimonilo

antimorphic allele (Bio.) alélo antimórfico

antimuon (Fís.) antimuão; antimesão mu

antimutagen (Bio.) antimutagénico

antimutator (Bio.) antimutador

antineutrino (Fís.) antineutrino

antineutron (Fís.) antineutrão

antinodal point (Geo.) ponto antinodal

antinode (Fís.) antinodo

antinoise (Electrón.) anti-ruído

anti-nuclear factor (Imun.) factor antinuclear

anti-oncogene (Bio.) anti-oncogéne

antiparallax mirror (Fís.) espelho antiparalaxe

antiparallel (Geral) antiparalelo

antiparasite (Med.) antiparasita

antiparticle (Fís.) antipartícula

antiperiodic (Fís.) antiperiódico

antiperistalsis (Zoo.) antiperistalse; antiperistaltismo

antiperistaltic (Zoo.) antiperistáltico

antiperthite (Miner.) antipertita

antiphase (Telecom.) oposição de fase

antipodal cells (Bot.) antípodas

antipodal points (Mat.) pontos diametralmente opostos

antipodes (Geo.) antípodas

antipolarizing winding (Elect.) enrolamento antipolarizante

antiport (Bio.) antiporto

antipriming pipe (Mec.) tubo fendido (de caldeira)

antiproton (Fís.) antiprotão

antipsychotic (Med.) antipsicótico

antipsychotic agent (Med.) agente antipsicótico

antipyogenic (Med.) antipiogénico

antipyresis (Med.) antipirese

antipyretic (Med.) antipirético

antipyrine (Med.) antipirina (analgésico e antipirético)

antipyrotic (Med.) antipirótico; antiflogístico

antiqua (Impr.) nome alemão para o tipo romano

Antiquarian (Arq.) Antigo (refere-se à fase final do estilo Renascença)

antiquark (Fís.) «antiquark»

antique (Papel) acabado antigo; papel forte para encadernação

antique (Impr.) antigo (caracteres tipográficos maiúsculos); capital

antireflection coating (Electrón.) revestimento anti-reflector

antirennet (Quím.; Med.) anti-renina

antirennin (Quím.; Med.) anti-renina

antiresonant frequency (Electrón.) frequência de anti-ressonância

anti-reversal circuit (Electrón.) circuito anti-retorno

antiroll bar (Auto.) barra de torção

anti-S (Med.) anti-S; aglutinina contra certos tipos de eritrócitos do homem

antisag bar (E.Civ.) barra anti-curvatura; barra anti-arqueamento

antisepsis (Med.) anti-sepsia

antiseptic (Med.) anti-séptico

antiserum (Med.) anti-soro; soro imune

anti-set-off spray (Imp.) pulverização anticontacto

anti-shake system (Electrón.) sistema antivibração

antisidetone circuit (Electrón.) circuito eliminador de efeitos locais

antisolar glass (Vidr.) vidro anti-solar

antisound (Fís.) anti-som

antispin parachute (Aero.) pára-quedas anti-parafuso

antispray film (Elect.) película antispray

antistatic (Electrón.) anti-estático

antistatic agent (Fís.) agente anti-estático

antistatic fluid (Fís.) fluido anti-estático

antistatic mat (Electrón.) tapete anti-estático

antistickoff voltage (Electrón.) tensão deslocadora

anti-Stokes line (Fís.) linha anti-Stokes (radiação)

antisurge valve (Aero.) válvula anti-oscilação; válvula de alívio de pressão

antisymmetric function (Mat.) função alternada

antithetic alternation of generations (Bot.) teoria antitética de alternância de gerações

antithetic fault (Geo.) falha antitética

antithrombin (Med.) antitrombina

antithyroid (Med.) antitiróide

antitoxin (Imun.; Med.) antitoxina

antitrades (Meteo.) contra-alísios

anti-transmit-receive tube [ATR tube] (Radar) tubo anti-transmissão-recepção; válvula ATR

antitranspirant (Bot.) antitranspirante

anti-tr tube (Radar) válvula ATR (anti-transmissão-recepção)

antitrypsina (Med.) antitripsina

antitussive (Med.) antitússico

antiuratic (Quím.) antiurático

antivenene (Med.) antiveneno; contraveneno

antivenin (Med.) contraveneno (antitoxina específica para veneno de animal)

antiviral (Med.) antiviral; antivirótico

antivitamin (Quím.; Med.) antivitamina

antivivisection (Med.) antivivissecção

antivivisectionist (Med.) antivivissec-cionista

antixerophtalmic (Med.) antixeroftálmico

Antonoff's rule (Quím.) regra de Antonoff

antorbital (Zoo.) antorbital

antrorse (Zoo.) antrorso

antrum (Zoo.) antro (qualquer cavidade quase fechada, especialmente as que têm paredes ósseas)

antrum of Highmore (Med.) antro de Highmore; seio maxilar; antro maxilar

Antrycide (Vet.) Antricida (MC de um medicamento de baixa toxicidade, na tripanossomíase)

Anura (Zoo.) Anuros

anural (Zoo.) anuro

anuresis (Med.) anurese (ausência do acto de micção)

anuretic (Med.) anurético

anuria (Med.) anúria (supressão total de formação de urina)

anuric (Med.) anúrico

anurous (Zoo.) anuro

anus (Zoo.) ânus; orifício anal

anvil (Mec.) bigorna

anvil (Med.; Zoo.) bigorna (ossículo do ouvido médio)

anvil chisel (Mec.) talhadeira de ferreiro

anvil cloud (Meteo.) nuvem bigorna (nuvem de trovoada que sugere a forma de uma bigorna)

anvil cutter (Mec.) cortador de bigorna

anxiety (Med.; Psico.) ansiedade

anxiolytic (Med.) ansiolítico

AOC (Med.) abr. de *Anodal Opening Contraction* — contracção anodal de abertura

aorta (Zoo.) aorta

aorta ascendens (Zoo.) aorta ascendente

aorta descendens (Zoo.) aorta descendente

aortal (Zoo.) aórtico

aortic arch (Zoo.) arco aórtico

aortic bulb (Med.) bolbo aórtico; bulbo aórtico

aortic incompetence (Med.) insuficiência aórtica

aortitis (Med.) aortite

aortogram (Med.) aortograma; radiografia da aorta após injecção de contraste

aortography (Med.) aortografia; visualização radiográfica da aorta

aortoiliac (Zoo.) aortoilíaco
aortopathy (MED.) aortopatia
aortotomy (MED.) aortotomia
a.p. (MED.) abr. latina de *ante prandium* — antes do jantar, usada em receituário
ap- (GERAL) outra forma de *an-* indicando privação
AP (BIO.) abr. de *alkaline phosphatase* — fosfatase alcalina
AP (TOPO.) abr. de *Amsterdamsch Peil* — nível de Amesterdão — o nível médio usado como base na Holanda, Bélgica e Norte da Alemanha
APA (MED.) abr. de *antipernicious anemia factor* — factor anti-anemia perniciosa
apandria (MED.; PSICO.) apandria (aversão mórbida ao sexo masculino)
apanthropia (MED.; PSICO.) apantropia (aversão à sociedade humana)
apanthropy (MED.; PSICO.) apantropia
apatetic coloration (Zoo.) cor apática
apatite (MINER.) apatite
aperient (MED.) aperiente; laxativo ou catártico leve; aperitivo (no sentido actual)
aperiodic (FÍS.) aperiódico
aperiodic antenna (TELECOM.) antena periódica
aperiodic oscillator (ELECTRÓN.) oscilador não periódico
aperture (GERAL) abertura
aperture correction (T.IMAG.) correcção de abertura
aperture delay (ELECTRÓN.) atraso de abertura
aperture distortion (T.IMAG.) distorção de abertura
aperture effect (ELECTRÓN.) efeito de abertura
aperture efficiency (T.IMAG.) eficiência de abertura
aperture grille (ELECTRÓN.) grelha de abertura
aperture number (T.IMAG.) número de abertura
aperture plate (T.IMAG.) placa de abertura
aperture-stop slide (FÍS.) cursor de abertura do diafragma (câmara microscópica)
aperture synthesis (ASTRO.) síntese de abertura
apex (GERAL) apex; ápice; cimo; vértice
apex (ARQ.) ápice; chave
apex beat (MED.) batimento apical; pulso apical
apex law (MINAS) lei que autoriza o descobridor de um afloramento de minério a explorá-lo em profundidade além dos seus limites laterais
apex stone (E.CIV.) pedra de vértice; pedra que encima a empena
APF (MED.) abr. de *Animal Protein Factor* — factor proteico animal
Apgar's score (MED.) razão de Apgar
aphagia (MED.) afagia
aphakia (MED.) afaquia
aphanisis (MED.) afanise (medo de perder a potência sexual)
aphelion (ASTRO.) afélio
apheliotropic (BOT.) afeliotrópico

aphids (Zoo.) afídios
aphonia (MED.) afonia
aphorism of Hippocrates (MED.) aforismo de Hipócrates
aphotic zone (ECO.; GEO.) zona afótica
aphototropic (BOT.) não fototrópica; afototrópica
aphtous fever (VET.) febre aftosa
aphtous ulcer (MED.) úlcera aftosa
Apiaceae (BOT.) Apiáceas; Umbelíferas
apical body (Zoo.) corpo apical; acrossoma
apical cell (BOT.; Zoo.) célula apical
apical dome (BOT.) cápsula apical
apical dominance (BOT.) dominância apical
apical growth (BOT.) crescimento apical
apical meristem (BOT.) meristema apical
apical placentation (BOT.) placentação apical
apical plate (Zoo.) placa apical
apical sense organ (Zoo.) órgão do sentido apical
apico- (GERAL) apico-; do latim *apex* — cimo, ponta
apicolysis (MED.) apicólise
apicotomy (MED.) apicotomia; apiceotomia
apiculate (BOT.) apiculado
apigenin (QUÍM.) apigenina
API scale (FÍS.) abr. de *American Petroleum Institute scale* — escala do Instituto Americano do Petróleo
apituitarism (MED.) apituitarismo
Apjohn's formula (FÍS.) fórmula de Apjohn
APL (INF.) sigla de *A Programming Language* — uma linguagem de programação
aplacental (Zoo.) aplacentário
aplanatic (FÍS.) aplanético
aplanatic refraction (FÍS.) refracção aplanética
aplanetic (BOT.) aplanético
aplanogamete (BOT.; Zoo.) aplanogâmeto
aplanospore (BOT.) aplanósporo
aplasia (MED.) aplasia
aplastic (MED.) aplástico
aplite (GEO.) aplita
apnea (MED.) apneia (etimologicamente, ausência de respiração, mas habitualmente o termo é usado como paragem temporária)
apneusis (MED.) apneuse (forma anormal de respiração)
apneustic (Zoo.) apnêustico
apneustic centre (Zoo.) centro apnêustico
apnoea (MED.; VET.) V. *apnea*
apo- (GERAL) apo-; do grego *apo* — longe de, fora
apobiosis (MED.) apobiose; morte, em especial a morte local de uma parte do organismo
apocarpous (BOT.) apocárpico; apocarpado
apochromatic lens (FÍS.) lente apocromática
apochromatic objective (FÍS.) objectiva apocromática

apocrine gland (BIO.) glândula apócrina
apocrine secretion (BIO.) secreção apócrina
Apoda (Zoo.) Ápodos
apodal (Zoo.) ápodo; ápode
apodeme (Zoo.) apódema
apodous (Zoo.) ápodo; ápode
apodous larva (Zoo.) larva ápode
apoenzyme (QUÍM.) apoenzima (a porção proteica de uma enzima quando em contraste com a porção não proteica, ou coenzima, ou porção protética)
apoferritin (MED.; QUÍM.) apoferritina
apogamia (BOT.) apogamia
apogamy (BOT.) apogamia
apogean tidal current (GEO.) corrente de maré de apogeu
apogee (ASTRO.; ESPAC.) apogeu
apogee motor (ASTRO.; ESPAC.) motor de apogeu
A-point (ENG.) ponto-A (temperatura acima da qual o aço pode ser temperado)
Apollo (ASTRO.) Apolo (nome de uma cratera lunar, do lado invisível)
Apollo (ESPAC.) «Apollo» (projecto espacial norte-americano, da NASA, destinado à exploração da Lua)
Apollo asteroid (ASTRO.) asteróide Apolo ou 1862 Apolo
Apollo asteroids (ASTRO.) asteróides Apolo (grupo de asteróides que penetram no interior da órbita terrestre e cujo protótipo é o 1862 Apolo)
Apollonius' circle (MAT.) cónica de Apolónio
apollonius' theorem (MAT.) teorema de Apolónio
Apollo program (ASTRO.) Programa Apolo (1968-72 com 17 missões)
Apollo-Soyuz test project (ASTRO.) projecto de teste «Apollo-Soyuz»; teste de acoplamento entre as naves «Apollo 18» (EUA) e «Soyuz 19» (URSS), que se realizou em 17-07-1975
apomecometer (TOPO.) apomecómetro
apomixia (BOT.) apomixia
apomorphic (ECO.) apomórfico
apomorphine (MED.) apomorfina
apophyllite (MINER.) apofilito
apophysis (GEO.; MED.; Zoo.) apófise
apoplexy (MED.) apoplexia
apoprotein (BIO.) apoproteína (V. *apoenzyme*)
apoquinine (QUÍM.) apoquinina; apocupreína; quinina desmetilada; homoquinina
aporogamy (BOT.) aporogamia
aposematic coloration (Zoo.) coloração aposemática
aposematism (ECO.) aposematismo
apospory (BOT.) aposporia
apostatic selection (ECO.) selecção aposemática
apostilb (FÍS.) unidade de luminância luminosa (equivalente a 0,1 mililambert)
apothecaries' weight (QUÍM.) peso de farmácia

apothecium (Bot.) apotécio

Appalachian orogeny (Geo.) orogenia Apalachiana

apparent age (Eco.) idade aparente

apparent cohesion (E.Civ:) coesão aparente

apparent expansion (Fís.) expansão aparente

apparent horizon (Topo.) horizonte aparente

apparent magnitude (Astro.) magnitude aparente

apparent power (Fís.) potência aparente

apparent precession (Astro.) precessão aparente

apparent solar day (Astro.) dia solar aparente

apparent solar time (Astro.) hora solar aparente

apparent sun (Astro.) Sol aparente (exactamente como aparece no céu)

apparent wander (Astro.) deriva aparente

appeasement behaviour (Psico.) comportamento de submissão

appendage (Geral) apêndice; anexo

appendectomy (Med.) apendectomia; apendicectomia

appendicectomy (Med.) apendicectomia

appendicitis (Med.) apendicite

appendicular (Zoo.) apendicular

appendix (Zoo.) apêndice

appendix vermiformis (Med.; Zoo.) apêndice vermiforme; processo vermiforme; apêndice do ceco; apêndice

apperception (Med.; Psico.) apercepção

appestat (Med.) apetência (mecanismo cerebral)

appetitive behaviour (Psico.) comportamento de apetência

applanation (Med.) achatamento; aplanamento

applanometry (Med.) aplanometria

Appleby-Frodingham process (Quím.) processo de Appleby-Frodingham

Applegate diagram (Fís.) diagrama de Applegate

Appleton layer (Fís.) camada de Appleton

appliance (Geral) dispositivo

application area (Inf.) área de aplicação

application-oriented language (Inf.) linguagem orientada à aplicação

application package (Inf.) pacote de aplicação

application program (Inf.) programa de aplicação

application software (Inf.) «software» de aplicação

application specific integrated circuit [ASIC] (Electrón.) circuito integrado de aplicação específica

application system (Inf.) sistema de aplicação

application technology satellite [ATS] (Astro.) satélite de aplicação tecnológica [SAT]

application virtual machine (Inf.) máquina virtual de aplicação

applicator (Elect.) aplicador

applied data bit (Electrón.; Inf.) bit de dados aplicados

applied geology (Geo.) Geologia aplicada

applied mathematics (Geral) Matemática aplicada

applied moment (Fís.) momento de aplicação; momento actuante

applied potential tomography (Fís.) tomografia potencial aplicada

applied power (Fís.) potência aplicada

applied psychology (Geral) Psicologia aplicada

applied research (Geral) investigação aplicada

applied seismology (Geo.) Sismologia aplicada

applied stress (E.Civ.) esforço aplicado; «stress» aplicado

applied voltage (Elect.) tensão aplicada

appliqué (Têxt.) aplicação; «appliqué»

apposition (Bot.) aposição

apposition beach (Geo.) praia de aposição

appraisal well (Minas) poço de avaliação

approach angle (Aero.) ângulo de aproximação

approach area (Aero.) área de aproximação

approach chart (Aero.) carta de aproximação; carta de tomada de campo

approach control (Aero.) controlo de aproximação

approach control radar (Aero.) radar de controlo de aproximação

approach cutting (Mec.) escavação de acesso

approach flap (Eng.) rampa de acesso

approach indicator (Aero.) indicador de aproximação

approach light (Aero.) luz de aproximação

approach path (Aero.) rumo de aproximação; rota de aproximação

approach radar (Aero.) radar de aproximação

approach ramp (Mec.) rampa de acesso

approach speed (Aero.) velocidade de aproximação

approach system (Aero.) sistema de aproximação

approach time (Aero.) tempo de aproximação

approach way (Aero.) via de aproximação

approach zone (Aero.) zona de aproximação

approximate integration (Mat.) integração aproximada

approximation (Mat.) aproximação

appulse (Astro.) apulso

apron (Aero.) placa de manobra; plataforma de pista de aeroporto

apron (Auto.) grade do radiador

apron (Eng.) capa protectora; cobertura protectora

apron (Espac.) capa protectora (dispositivo protector do local que circunda a entrada do combustível duma nave espacial ou foguete)

apron (Hidro.) pequena barragem

apron conveyor (Mec.) passadeira rolante; esteira rolante

apron feeder (Minas) alimentadora

apron lining (E.Civ.) escoramento de cobertura protectora

aprophen (Quím.) aprofeno

apse (Arq.) abside; apside

apse line (Astro.) linha das absides; linha das apsides

apsidiole (Arq.) absidíola

apt (Elect.) abr. de *automatically programmed tool* — ferramenta automaticamente programada

apt (T.Imag.) abr. de *automatic picture transmission* — transmissão automática de imagens

apterism (Zoo.) apterismo

apterous (Zoo.) áptero

apterygial (Zoo.) apterígio

Apterygota (Zoo.) Apterigotas

Aptian (Geo.) Aptiano (estágio do Cretáceo)

aptitude (Psico.) aptidão

APU (Aero.) sigla de *Auxiliary Power Unit* — unidade de força auxiliar

apurinic site (Bio.; Quím.) região apurínica; troço apurínico

apus (Med.) ápodo; ápode

apyetous (Med.) não supurativo; não purulento

apyrase (Med.; Quím.) apirase (enzima); ADPase; ATP-difosfatase

apyrexia (Med.) apirexia

apyrimidinic site (Bio.; Quím.) região apirimidinica; troço apirimidinico

apyriminidic acid (Quím.) ácido apirimidínico

aq (Quím.) abr. do latim *aqua* — água

aqua (Quím.) água

aqua areata (Quím.) água carbonatada

aqua fortis (Quím.) água-forte; ácido nítrico forte

aqua frigida (Quím.) água fria

aquamarine (Miner.) água-marinha

aqua regalis (Quím.) agua-régia

aqua regia (Quím.) água régia

aquarium reactor (Nucl.) reactor de aquário

aquatic (Bot.) aquático

aquatint (Impr.) água-tinta

aqua vinae (Quím.) aguardente; álcool

aqua vitae (Quím.) álcool não rectificado

aqueduct (Geral) aqueduto

aqueduct of cerebrum (Med.) aqueduto do cérebro; aqueduto de Sílvio

aqueduct of vestible (Med.) aqueduto vestibular; aqueduto de Cotunnius

aqueductus (Med.) forma latina de aqueduto (canal)

aqueductus Fallopii (Med.) aqueduto de Falópio; canal facial

aqueductus Silvii (Zoo.) aqueduto de Sílvio; aqueduto do cérebro

aqueductus vestibuli (Zoo.) aqueduto vestibular

aqueous (Geral) aquoso

aqueous alcohol (Quím.) álcool diluído

aqueous alkali (Quím.) álcali diluído

aqueous caustic soda (Quím.) soda cáustica diluída

aqueous compound (Quím.) composto aquoso

aqueous decoction (Quím.) decocção aquosa

aqueous homogeneous reactor (Nucl.) reactor homogéneo aquoso (reactor nuclear em que o combustível está em solução)

aqueous humour (Zoo.) humor aquoso

aqueous layer (Quím.) camada aquosa

aqueous meteor (Meteo.) meteoro aquoso (neblina, chuva, etc.)

aqueous solution (Quím.) solução aquosa

aqueous tissue (Bot.) tecido aquoso

aqueous two-phase separation (Quím.) separação aquosa bi-fásica

aquiculture (Zoo.) aquicultura

aquifer (Geo.) aquífero

aquila alba (Quím.) sublimado branco

aquila dulcis (Quím.) mercúrio sublimado doce

aquila nigra (Quím.) antimónio

aquilon (Meteo.) vento do Norte; vento do Nordeste

aquiparous (Quím.) aquíparo

aquo-ion (Fís.)ião hidratado

Ar (Quím.) símbolo químico do argónio

AR (Quím.) abr. de *Analytical Reagent* — reagente analítico

AR (T.Imag.) abr. de *aspect ratio* — formato de imagem; relação largura/altura

ara (Quím.) prefixo da arabinose; símbolo da arabinose ou dos seus radicais mono- e di-

araban (Quím.) arabana

arabesque (Arq.) arabesco

arabic (Quím.) arábico (relativo ou derivado de várias espécies de acácias produtoras de goma ou exsudados resinosos)

arabic acid (Quím.) ácido arábico; arabina

arabic numbers (Mat.) números árabes

arabin (Quím.) arabina

arabinose (Quím.) arabinose

arabitol (Quím.) arabitol

araC (Quím.) símbolo da arabinosilcitosina

arachic acid (Quím.) ácido aráquico; ácido araquídico

arachidic acid (Quím.) ácido araquídico; ácido aráquico

arachis oil (Quím.) óleo de amendoim

Arachnida (Zoo.) Aracnídeos

arachnidium (Zoo.) aparelho de fiação (dos aracnídeos)

arachnodactyly (Med.) aracnodactilia; dolicostenomelia

arachnoid (Zoo.) aracnóide

araeostyle (Arq.) areóstilo

aragonite (Miner.) aragonite

aragonite mud (Geo.) lama de aragonite

Arago's disc (Fís.) disco de Arago

Arago's distance (Fís.) distância de Arago

Arago's point (Fís.) ponto de Arago

Arago's rotation (Elect.) rotação de Arago

aralac (Quím.) aralac (fibra sintética utilizada na indústria têxtil preparada com proteína do leite)

Araldite (Plást.) Araldite (MC de algumas colas epóxicas)

Araneae (Zoo.) Araneídeos

Araucaria (Bio.) Araucária

arbitrary constant (Mat.) constante arbitrária

arbitrary function generator (Elect.) gerador de função arbitrária

arbitration bar (Eng.) barra de arbitragem (em teste de fundição)

arbor (Geral) árvore

arbor (Eng.; Mec.) árvore; eixo; veio

arboretum (Bot.; Eco.) arboreto; mata de plantas lenhosas

arboriculture (Eco.) arboricultura

arbovirus (Imun.) arbovírus (grupo de vírus de RNA — obsoleto)

arbuscule (Bot.) arbúsculo

arbutin (Quím.) arbutina; ursina

ARC (Aero.) abr. de *Aeronautical Research Council* — Conselho de Pesquisa Aeronáutica, no RU

ARC (Aero.) abr. de *Ames Research Centre* — Centro de Pesquisa Ames, nos EUA

arc (Geral) arco

arc absorber (Elect.) absorvedor de arco; amortecedor de arco

arcade (Arq.) arcada

arc-back (Elect.) arco inverso; arco de retorno

arc baffle (Elect.) difusor de arco

arc blow (Elect.) sopro de arco; sopro magnético

arc carbon (Elect.) eléctrodo de carvão (para arco voltaico)

arc cathode (Elect.) cátodo de arco

arc converter (Elect.) conversor de arco

arc cos (Mat.) arco de co-seno

arc cosh (Mat.) arco de co-seno hiperbólico

arc crater (Elec.) cratera de arco

arc deflector (Elect.) deflector de arco

arc discharge (Elect.) descarga de arco

arc-discharge tube (Electrón.) tubo de descarga de arco

arc drop (Elect.) queda de arco

arc-drop loss (Elect.) perda de queda de arco

arc furnace (Elect.; Eng.) forno de arco voltaico

arch (Geral) arco

archae-; arche- (Geo.) arque-

Archaea (Bio.) Arquea

Archaean (Geo.) Arqueano

Archaebacteria (Bio.; Geo.) Arquebactéria

archaeo- (Geral) prefixo do grego *arkaios* — antigo

archaeomagnetism (Geo.) arqueomagnetismo

Archaeozoic (Geo.) Arqueozóico

arch bridge (E.Civ.) ponte de arco

arch dam (E.Civ.) represa de arco

arche- (Geo.) arque-

Archean (Geo.) Arqueozóico; Arcaico

archegonial chamber (Bot.) câmara arquegonial

archegoniophore (Bot.) arquegonióforo

archegonium (Bot.) arquegónio

archencephala (Zoo.) arquencéfalos (em que as circunvalações cerebrais são muito abundantes, segundo a classificação de Owen; a este grupo apenas pertenceria o homem, mas esta classificação não é actualmente aceitável)

archencephalon (Bio.; Med.) arquiencéfalo; arquencéfalo

archenteron (Zoo.) arquêntero (cavidade primitiva intestinal formada pela invaginação da blástula)

archesporium (Bot.) arquespório

archetype (Psico.) arquétipo

archi- (Geral) arqui-; do grego *archos*, chefe, o primeiro; principal, ancestral, primitivo

Archiannelida (Zoo.) Arquianelídeos

archibenthonic (Geo.) arquibentónico

archiblastic (Zoo.) arquiblástico

archiblastula (Zoo.) arquiblástula

archicoel (Zoo.) blastocélio; blastocel

Archimedean drill (Eng.) broca de Arquimedes

Archimedean screw (Eng.; Fís.; Hidro.) parafuso de Arquimedes

Archimedes' principle (Fís.) princípio de Arquimedes

Archimedes' spiral (Mat.) espiral de Arquimedes

archinephric (Zoo.) arquinefrenético; pronefrético

archinephridium (Zoo.) arquinefridio; pronefrídio

archinephros (Zoo.) arquinefro; pronefro

archipallium (Zoo.) arquipálio; rinoencéfalo

archipelago (Geo.) arquipélago

architectural acoustics (Fís.) Acústica arquitectural

architectural protection (Inf.) protecção arquitectural

architecture (Electrón.) arquitectura

architrave (Arq.) arquitrave

architrave block (E.Civ.) viga mestra

architrave jambs (E.Civ.) batentes

architype (Zoo.) arquétipo

archived file (Inf.) ficheiro arquivado

archiving (Inf.) arquivado

archivolt (Arq.) arquivolta

Archosauria (Zoo.) «Arcosáuria»; Arcossáurios

arch piece (Nav.) volta do cadaste

arch stone (E.Civ.) chave de abóbada

aricentrous (Zoo.) arcicêntrico; arcocêntrico

arcing (Elect.) produção de arco; formação de arco

arcing contact (Elect.) contacto de arco

arcing-ground supressor (Elect.) supressor de arco

arcing ring (Elect.) anel de arco

arcing tip (Elect.) contacto de arco

arcing voltage (Elect.) tensão de arco

arc-jet engine (Astro.) motor a jacto com arco eléctrico

arc lamp (Fís.) lâmpada de arco

arc-lamp carbon (Elect.) carvão de lâmpada de arco

arcocentrous (Zoo.) arcocêntrico; arcicêntrico

arc of approach (Eng.) arco de aproximação

arc of geostationary satellite orbit (Astro.) arco de órbita de satélite geostacionário; arco geostacionário

arc resistance (Elect.) resistência de arco

arc sinh x (Mat.) arco de seno hiperbólico de x

arc sin x (Mat.) arco de seno de x

arc spectrum (Fís.) espectro de arco

arc spraying (Eng.) dispersão em arco

arc-stream voltage (Elect.) tensão através da zona gasosa

arc suppression (Elect.) supressão de arco

arc tanh x (Mat.) arco de tangente hiperbólica de x

arc tan x (Mat.) arco de tangente de x

arc therapy (Radiol.) terapia de arco (de rotação limitada)

arcthrough (Electrón.) queda prevista de controlo

Arctic air (Geo.) ar árctico

Arctic-alpine species (Eco.) espécies árctico-alpinas

Arctic and subarctic floristic region (Eco.) região de flora árctica e subárctica

Arctic front (Geo.) frente árctica

Arctic Ocean (Geo.) Oceano Árctico

Arctiodactila (Zoo.) Artiodáctilos

arctiodactyl (Zoo.) artiodáctilo

arc transmitter (Elect.) transmissor de arco

arcuate (Bot.; Zoo.) arqueado

arcus senilis (Med.) arco senil

arc voltage (Elect.) tensão de arco

arc welding (Elect.; Mec.) soldadura a arco

area (Geral) área

area cladistics (Bio.; Eco.) cladística regional

area control radar (Aero.; Radar) radar de controlo de área

area-effect speciation (Eco.) especiação de efeito regional

areagram (Eco.) areograma

areal density (Nucl.) densidade superficial

areal expansion (Fís.) expansão superficial; dilatação superficial

areal velocity (Astro.) velocidade superficial

area monitor (Nucl.) monitor de área; monitor de zona

area monitoring (Radiol.) monitorização de área

area opaca (Zoo.) área opaca

area pellucida (Zoo.) área pelúcida; zona pelúcida

area-restricted search (Eco.) pesquisa de área limitada

area rule (Astro.) lei da área

area vasculosa (Zoo.) área vascular; zona vascular

Arecaceae (Bot.) Arecáceas; Palmáceas

arecaidine (Quím.) arecaidina; arecaína

arecaine (Quím.) arecaína; arecaidina

Arecidae (Bot.) Arécidas; Espadicifloras

arecoline (Quím.) arecolina

arenaceous (Bot.; Zoo.) arenoso; arenícola

arenaceous rock (Geo.) rocha arenosa

arenicolous (Bot.; Zoo.) arenícola; arenoso

Arenig (Geo.) Arenig (subdivisão do ordovícico europeu mais antigo, da montanha Arenig, no País de Gales)

arenite (Geo.) arenito

areola (Zoo.) aréola

areolar (Bot.; Zoo.) areolar

areolar tissue (Zoo.) tecido areolar

areolate (Bot.; Zoo.) areolado

areole (Bot.) aréola

arête (Eco.) aresta; crista

arfvedsonite (Miner.) arfvedsonite (silicato básico de sódio, ferro, magnésio e alumínio, do grupo dos anfibolitos)

Arg (Quím.) símbolo da arginina

Argand burner (Eng.) queimador de Argand; bico de Argand

Argand diagram (Mat.) diagrama de Argand

argentate (Bot.) argênteo

argentiferous (Miner.) argentífero

argentite (Miner.) argentite

argil (Geo.) argila; barro; greda

argillaceous (Geo.) argiláceo

argillaceous deposit (Geo.) depósito argiloso

argillaceous earth (Geo.) terra argilosa; greda

argillaceous marl (Geo.) marga argilosa

argillaceous rock (Geo.) rocha argilosa

argillicolous (Bot.) argilícola (que vive em terreno argiloso)

argillite (Geo.) argilite

arginine (Quím.) arginina

argininosuccinase (Quím.) argininossuccinase

argininosuccinic acid (Quím.) ácido argininossuccínico

argon (Quím.) árgon

argon-40 (Eco.; Geo.) Árgon-40

argon glow lamp (Fís.) lâmpada de árgon

argon laser (Fís.) laser de árgon

argument (Geral) argumento

argument list (Inf.) lista de argumento

Argyll Robertson pupil (Med.) pupila de Argyll Robertson; sintoma de Argyll Robertson

argyrodite (Miner.) argirodito

arid climate (Geo.) clima árido

aridic moisture regime (Geo.) regime de humidade árida

aridity index (Geo.) índice de aridez

arid zone (Eco.) zona árida

aril (Bot.) arilo

Aristotle's lantern (Zoo.) lanterna de Aristóteles

arithmetic (Geral) aritmética

arithmetic address (Inf.) endereço aritmético

arithmetical instruction (Inf.) instrução aritmética

arithmetical operation (Inf.) operação aritmética

arithmetical progression (Mat.) progressão aritmética

arithmetical shift (Inf.) deslocamento aritmético

arithmetic and logic unit (Inf.) unidade aritmética e lógica

arithmetic check (Inf.) verificação aritmética

arithmetic continuum (Mat.) contínuo aritmético

arithmetic mean (Mat.) média aritmética

arithmetic operation (Inf.; Mat.) operação aritmética

arithmetic operator (Inf.) operador aritmético

arithmetic organ (Inf.) órgão aritmético

arithmetic overflow (Inf.) excesso aritmético

arithmetic register (Inf.) registo aritmético

arithmetic sequence (Mat.) progressão aritmética

arithmetic series (Mat.) série aritmética

arithmetic shift (Inf.) deslocamento aritmético

arithmetic unit (Inf.) unidade aritmética

arithmomania (Med.) aritmomania

arkose (Geo.) arcose

ARM (Aero.) abr. de *Anti-Radiation Missile* — míssil anti-radiação

arm (Geral) braço; ramo

armature (Elect.) armadura; induzido

armature bar (Elect.) barra de induzido

armature chatter (Elect.) vibração de induzido

armature coil (Elect.) bobina do induzido

armature conductor (Elect.) fio do induzido

armature contact (Elect.) contacto de induzido

armature core (Elect.) núcleo do induzido

armature drum (Elect.) induzido em forma de tambor

armature end connection (Elect.) ligação final do induzido

armature end plate (Elect.) placa terminal do induzido

armature equalizer connection (Elect.) fio de equilíbrio do induzido

armature field (Elect.) campo do induzido

armature flux (Elect.) fluxo do induzido (magnético)

armature impedance (Elect.) impedância do induzido

armature leakage (Elect.) dispersão do induzido (magnética)

armature reactance (Elect.) reatância do induzido

armature reaction (Elect.) reacção do induzido

armature relay (Elect.) relé do induzido

armature ring (Elect.) induzido em anel

armature slot (ELECT.) ranhura do induzido

armature speed (ELECT.) número de voltas do induzido

armature voltage (ELECT.) tensão do induzido

armature winding (ELECT.) enrolamento do induzido

Armco (ENG.) «Armco» (MC de ferro de alta pureza, cerca de 99%)

armed (E.CIV.) armado

armillary sphere (ASTRO.) esfera armilar

arming press (IMPR.) prensa de encadernar

arming signal (ELECTRÓN.) sinal de armado

armour-clad switchgear (ELECT.) mecanismo de ligação de blindagem revestida a metal

armour clamp (ELECT.) braçadeira de blindagem

armour plate (ELECT.) placa blindada; chapa blindada

ARMS (BIO.) abr. de *amplification refractory mutation system* — sistema de amplificação de mutação refractária

Armstrong frequency-modulation system (TELECOM.) sistema Armstrong de modulação de frequência

Armstrong method (ELECTRÓN.) método de Armstrong

Armstrong oscillator (TELECOM.) oscilador Armstrong

Arndt-Eistert reaction (QUÍM.) reacção Arndt-Eistert

aromatic (BIO.; QUÍM.) aromático

aromatic compounds (QUÍM.) compostos aromáticos

aromatic hydrogenation (QUÍM.) hidrogenação aromática

aromatic property (QUÍM.) propriedade aromática

arousal (ECO.) erecção

ARP (AERO.; RADAR) abr. de *Airborne Radar Platform* — plataforma de radar aerotransportada

ARPA (AERO.) abr. de *Advanced Research Projects Agency* — Agência de Projectos Avançados de Investigação [EUA]

array (ELECT.; TELECOM.) rede direccional de antenas; sistema; conjunto; agregado; fila

array (INF.) matriz

array bounds (INF.) limites da matriz

array dimension (INF.) dimensão da matriz

array element name (INF.) nome de elemento matricial

array processor (INF.) processador de matriz

array radar (RADAR) radar com rede directiva de antenas; sistema de radar

arrectores pilorum (ZOO.) erectores do pêlo (músculos)

arrester (ELECT.) pára-raios

arrester gear (AERO.) mecanismo de paragem; rede de paragem; cabo de paragem

arrester hook (AERO.) gancho de paragem

Arrhenius model (ELECTRÓN.) modelo de Arrhenius

Arrhenius theory of dissociation (QUÍM.) teoria da dissociação de Arrhenius (electrolítica); hipótese de Arrhenius

arrhenotoky (ZOO.) arrenotocia; arrenotoquia

arrhythmia (MED.) arritmia

arris (E.CIV.) aresta; espigão de telhado; canto

arris edge (VIDR.) aresta chanfrada

arris fillet (E.CIV.) contrafeito (de sanca)

arris gutter (E.CIV.) calha de canto; calha em V

arris rail (E.CIV.) calha triangular

arris tile (E.CIV.) telha em V

arrow (TOPO.) piquete

arroyo (GEO.) arroio

arsenic (QUÍM.) arsénio (como elemento químico)

arsenic (QUÍM.) arsénico (como elemento químico ou um dos seus compostos)

arsenic acid (QUÍM.) ácido arsénico; ácido ortoarsénico

arsenical brass (QUÍM.) latão arsenical

arsenical copper (QUÍM.) cobre arsenical

arsenical pyrite (MINER.) pirite arsenical

arsenic bath (QUÍM.) banho de arsénio

arsenic halides (QUÍM.) halóides do arsénio

arsenic trioxide (QUÍM.) trióxido de arsénio

arsenide (QUÍM.) arsenieto

arsenious acid (QUÍM.) ácido arsenioso

arsenite (QUÍM.) arsenito

arseniuretted hydrogen (QUÍM.) hidrogénio arseniuretado; hidreto arsenioso; arsina; triidrato arsénico

arsenolyte (MINER.) arsenólito

arsenopyrite (MINER.) arsenopirite; mispíquel

arsine (QUÍM.) arsina; triidrato arsénico

Art Deco (ARQ.) Art Deco; abr. de *Exposition des ARTs DECOratifs* — exposição das ARTes DECOrativas (realizada em Paris em 1925, e onde apareceu o chamado «Esprit Nouveau» que suplantou a «Art Nouveau»)

artefact (GERAL) artefacto

arterial bulb (MED.) bolbo arterial; bulbo arterial; bolbo aórtico

arterial system (ZOO.) sistema arterial

arteriography (RADIOL.) arteriografia

arteriole (ZOO.) arteríola

arteriolith (MED.) arteriólito

arteriolitis (MED.) arteriolite

arteriology (MED.) arteriologia

arterionecrosis (MED.) arterionecrose

arterionephrosclerosis (MED.) arterionefrosclerose

arteriopathy (MED.) arteriopatia

arteriosclerosis (MED.) arteriosclerose

arteriotomy (MED.) arteriotomia

arteritis (MED.) arterite

artery (ZOO.) artéria

artesian water (GEO.) água artesianas??????

Artesian well (E.CIV.) poço artesiano

arthral (MED.) articular; antral

arthralgia (MED.) artralgia

arthrectomia (MED.) artrectomia

arthritic (MED.) artrítico

arthritis (MED.) artrite

arthrodesis (MED.) artrodese; sindese; fixação de uma articulação

arthrodia (MED.) artródia

arthrodial membranes (ZOO.) membranas artrodiais

arthrography (RADIOL.) artrografia

Arthrophyta (BOT.) Artrofitas

Arthropoda (ZOO.) Artrópodes

arthrotomy (MED.) artrotomia

Arthus reaction (IMUN.) reacção de Arthus

articular(e) (ZOO.) articular

articulated (BOT.) articulada

articulated blade (AERO.) pá articulada (de hélice)

articulation (GERAL) articulação

articulation (FÍS.) articulação; nitidez fonética (em Acústica)

artifact (GERAL) artefacto

artificial aerial (ELECT.) antena artificial; antena fantasma

artificial antenna (TELECOM.) antena fantasma; antena fictícia

artificial classification (BOT.; ZOO.) classificação artificial

artificial daylight (FÍS.) luz solar artificial

artificial disintegration (FÍS.) desintegração artificial

artificial ear (FÍS.) ouvido artificial

artificial earth (TELECOM.) terra artificial; massa artificial

artificial earth satellite (ESPAC.) satélite terrestre artificial

artificial feel (AERO.) sensação artificial

artificial flight (AERO.) voo cego; voo por instrumentos

artificial gravity (FÍS.) gravidade artificial

artificial horizon (AERO.) horizonte artificial

artificial ice (QUÍM.) gelo artificial

artificial insemination (VET.) inseminação artificial

artificial intelligence (INF.) inteligência artificial

artificial island (GEO.) ilha artificial

artificial kidney (MED.) rim artificial

artificial larynx (MED.) laringe artificial

artificial light (ELECT.; FÍS.) luz artificial

artificial lighting (ELECT.) iluminação artificial

artificial lightning (ELECT.) relâmpago artificial

artificial line (TELECOM.) linha artificial

artificial magnet (FÍS.) magnete artificial

artificial mutation (BIO.; MED.) mutação artificial

artificial noise (ELECTRÓN.) ruído sintético

artificial parthenogenesis (BIO.) partogénese artificial

artificial phase (ELECT.) fase artificial; fase auxiliar

artificial planet (ESPAC.) planeta artificial

artificial pneumothorax (MED.) pneumotórax artificial

artificial radioactivity (FÍS.) radioactividade artificial

artificial rain (GEO.) chuva artificial

artificial recharge (GEO.) recarga artificial

artificial resistance (ELECT.) resistência artificial

artificial rubber (PLÁST.) borracha artificial

artificial sandstone (QUÍM.) arenito hidráulico; arenito artificial

artificial satellite (ESPAC.) satélite artificial

artificial selection (ECO.) selecção artificial

artificial shoreline (GEO.) linha costeira artificial

artificial star-point (ELECT.) ponto neutro artificial

artificial stone (E.CIV.) pedra artificial; bloco de cimento

artificial tracer (GEO.) traçador artificial

artificial traffic (TELECOM.) tráfego artificial

artificial voice (FÍS.) voz artificial

artificial voice source (FÍS.) fonte de voz artificial

artificial wood (E.CIV.) madeira artificial; madeira sintética

Artinskian (GEO.) Artinsquiano (andar no Pérmico)

Art Nouveau (ARQ.) «Art Nouveau»; Arte nova

art paper (PAPEL) papel couché

arundinaceous (BOT.) arundináceo

aryl (QUÍM.) arila

aryl amine (QUÍM.) arilamina

arytaenoid (ZOO.) aritenóide; aritenoideu

ASA (T.IMAG.) abr. de *American Standards Association* — Associação Americana de Padrões

asaphia (MED.) asafia

ASA speed (T.IMAG.) velocidade ASA

asbestos (MINER.) asbesto; amianto

asbestos board (ENG.) chapa de amianto; cartão de amianto

asbestos cement (E.CIV.) cimento-asbesto; fibrocimento

asbestos insulated conductor (ELECT.) condutor com isolamento de amianto

asbestosis (MED.) asbestose

asbestos shingles (E.CIV.) ripas de asbesto

asbolane (MINER.) asbolana; etalite; cobalto terroso; asbolita

asbolita (MINER.) asbolita; asbolana

Ascencion and St Helena floral region (ECO.) região floral de Ascenção e Santa helena

ascending letters (IMPR.) letras ascendentes

ascertainment (BIO.) determinação; seleccionamento na pesquisa genética

Aschelminthes (ZOO.) Nematelmintas

Aschoff's bodies (MED.) corpos de Aschoff; nódulos de Aschoff

Aschoff's nodes (MED.) nódulos de Aschoff; corpos de Aschoff

ascidium (BOT.) ascídio

ASCII (INF.) ASCII; abr. de *American Standard Code for Information Interchange* — Código Padrão Americano para Permuta de Informações

ASCII keyboard (INF.) teclado ASCII (V. *ASCII*)

ascites (MED.) ascite; hidroperitónio

ascocarp (BOT.) ascocarpo

ascolichen (BOT.) ascolíquene

ascoma (BOT.) ascocarpo

ascomycete (BOT.) ascomiceto

Ascomycetes (BOT.) Ascomicetos

Ascomycotina (BOT.) Ascomicetos

ascorbate (QUÍM.) ascorbato

ascorbate oxidase (QUÍM.) ascorbato-oxidase

ascorbic acid (QUÍM.) ácido ascórbico; vitamina C

ascosin (QUÍM.) ascosina

ascospore (BOT.) ascósporo

ascus (BOT.) asco

ASDE (AERO.) abr. de *Airport Surface Detection Equipment* — equipamento de detecção de superfície de aeroporto

ASDIC (FÍS.) ASDIC; abr. de *Anti-Submarine Detection Investigation Committee* — Comité de Investigação de Detecção Anti-Submarina (designação inglesa para o SONAR e outros equipamentos de escuta submarina)

ASDIC (FÍS.; NÁUT.) abr. de *Allied Submarine Detection Investigation Committee* — Comité Aliado de Investigação e Detecção de Submarinos

asepalous (BOT.) assépalo

asepsis (MED.) assepsia

aseptate (BOT.) asseptado

aseptic (BIO.; MED.) asséptico

asexual (BIO.) assexual

asexual generation (ECO.) geração assexual

asexual reproduction (BIO.) reprodução assexual

ASFIR (RADAR) abr. de *Active Swept Frequency Interferometer Radar* — radar interferómetro de frequência por varrimento activo

ash (QUÍM.) cinza

ash (BOT.; E.CIV.) freixo; madeira de freixo

ash curve (MINAS) curva de cinza

ashen light (ASTRO.) luz pálida

Ashgill (GEO.) Ashgiliano (andar do Ordovícico)

ashlar (E.CIV.) silhar; pedra de alvenaria

ASK demodulation (TELECOM.) desmodulação ASK

Asn (QUÍM.) símbolo da asparagina (ou dos seus radicais mono e di)

Asp (QUÍM.) símbolo do ácido aspártico (ou das suas formas radicais)

asparagine (QUÍM.) asparagina

asparagus stone (MINER.) apatite amarelada; pedra de aspargo; asparagólito

aspartame (BIO.; MED.) aspartame

aspartic acid (BIO.; QUÍM.) ácido aspártico

aspect (GERAL) aspecto

aspect (AERO.) altitude

aspect indicator (ESPAC.) indicador de altitude

aspect ratio (AERO.) alongamento do avião; a relação entre a envergadura e a corda da asa

asperate (BOT.) áspero

Aspergillales (BOT.) Aspergiláceos

aspergillic acid (QUÍM.) ácido aspergílico

aspergillin (QUÍM.) aspergilina (pigmento escuro)

aspergillomycosis (MED.) aspergilomicose

aspergillosis (MED.) aspergilose

aspergillosis (VET.) pneumomicose

Aspergillus (BOT.) Aspergilo

asperity (FÍS.) aspereza; asperidade

aspermatism (MED.) aspermatismo

aspermatogenic (MED.) aspermatogénico

aspermia (MED.) aspermia

asperous (BOT.) asperoso

aspersion (MED.) aspersão

asphalt (GEO.) asfalto; betume

asphaltenes (QUÍM.) asfaltenos

asphaltite (GEO.) asfaltite

aspheric (FÍS.) asférica (uma lente ou espelho com superfície parabólica que elimina a aberração esférica)

aspheric lens (T.IMAG.) lente asférica

aspheric surface (FÍS.) superfície asférica

asphyxia (MED.) asfixia

aspirated psychrometer (METEO.) psicrómetro de aspiração

aspiration (MED.) aspiração

aspiration pneumonia (MED.) pneumonia de aspiração; pneumonia de deglutinação

aspirator (QUÍM.) aspirador; aparelho de sucção

aspirin (QUÍM.) aspirina; ácido acetilsalicílico

asplanchnic (ZOO.) asplâncnico

ASR (INF.) abr. de *Automatic Send-Receive Set* — receptor-transmissor automático

ASR (RADAR) abr. de *Airport Surveillance Radar* — radar de vigilância de aeroporto

assay (QUÍM.) análise; teste; ensaio; experiência

assay balance (QUÍM.) balança de ensaio

assay ton (ENG.) tonelada de contraste; tonelada de ensaio

assay wet (ENG.) contraste por via húmida

assembler (INF.) assemblador

assembly (INF.) assemblagem

assembly language (INF.) linguagem de assemblador

assembly list (INF.) lista de assemblagem

assembly program (INF.) programa de assemblagem

assembly routine (INF.) rotina de assemblagem

assembly system (INF.) sistema de assemblagem

assembly time (INF.) tempo de assemblagem

assembly unit (INF.) unidade de assemblagem

assigned frequency (TELECOM.) frequência atribuída

assigning (INF.) atribuição de um valor; designação de unidade

assimilation (GERAL) assimilação

assimilatory quocient (BOT.) cociente de assimilação

assisted take-off (AERO.) descolagem assistida; descolagem com meios auxiliares (foguetes, etc.)

assize (E.CIV.) base sólida

associate Bertrand curves (MAT.) curvas associadas de Bertrand

associated emission (ELECTRÓN.) emissão associada

association (GERAL) associação

associative (GERAL) associativo

associative (MAT.) associativa (propriedade)

associative learning (PSICO.) aprendizagem associativa

associative memory (INF.) memória associativa

associative storage (INF.) armazenagem associativa

assumed decimal point (INF.) vírgula decimal assumida

astable circuit (ELECTRÓN.) circuito astático

astable multivibrator (ELECTRÓN.) multivibrador astável

astatic condition (ELECTRÓN.) astaticidade

astatic couple (FÍS.) par de agulhas astáticas (em magnetismo)

astatic magnetic system (FÍS.) sistema magnético astático

astatic needle (FÍS.) agulha astática

astatic point (FÍS.) ponto astático; ponto de inflexão da curva característica

astatic system (FÍS.) sistema astático

astatine (QUÍM.) astatínio

astelic (BOT.) astélico

aster (BIO.) áster

Asteraceae (BOT.) Asteráceas

astereognosis (MED.) astereognose; estereognosia

asterism (ASTRO.; MINER.) asterismo

asteroid (ASTRO.) asteróide

Asteroidea (ZOO.) Asterídeos

asthenia (MED.) astenia

asthenope (MED.) astenópico

asthenopia (MED.) astenopia

asthenosphere (GEO.) astenosfera

asthma (IMUN.; MED.) asma

astigmatic lens (T.IMAG.) lente astigmática

astigmatism (FÍS.; MED.) astigmatismo

astomatous (BOT.; ZOO.) ástomo

Aston dark space (ELECTRÓN.) espaço negro de Aston

Aston mass spectrograph (FÍS.) espectrógrafo de massa de Aston

Aston rule (FÍS.) regra de Aston

Aston whole-number rule (FÍS.) regra do número integral de Aston

astragal (ARQ.; E.CIV.) astrágalo

astragal plane (E.CIV.) plaina de astrágalos

astragalus (ZOO.) astrágalo

astrakan (TÊXT.) astracã

astringent (MED.) adstringente

astrobiology (BIO.) Astrobiologia

astroblast (BIO.) astroblasto

astrobleme (GEO.) astroblema (formação crateriforme produzida na era da formação do sistema solar pela queda de um meteorito)

astrocyte (ZOO.) astrócito

astrocytosis (MED.) astrocitose

astrodome (AERO.) cúpula estelar

astroid (MAT.) astróide

astrolabe (ASTRO.) astrolábio

astrometry (ASTRO.) Astrometria

astronaut (ESPAC.) astronauta

astronautics (ESPAC.) Astronáutica

Astronomer Royal (ASTRO.) Astrónomo Real (actualmente, título honorário concedido a um astrónomo, no RU)

astronomical aberration (ASTRO.) aberração astronómica

astronomical body (ASTRO.) corpo celeste; corpo astronómico

astronomical chart (ASTRO.) carta astronómica; carta celeste

astronomical clock (ASTRO.) relógio astronómico

astronomical day (ASTRO.) dia astronómico

astronomical Ephemeris (ASTRO.) efeméride astronómica

astronomical equator (ASTRO.) equador astronómico; equador celeste

astronomical locator (ASTRO.) localizador astronómico

astronomical mirror (ASTRO.) espelho astronómico

astronomical physics (ASTRO.) Astrofisica

astronomical telescope (ASTRO.) telescópio astronómico

astronomical time (GERAL) tempo astronómico

astronomical triangle (ASTRO.) triângulo astronómico

astronomical triangle (ESPAC.) triângulo de posição

astronomical twilight (ASTRO.) penumbra astronómica; crepúsculo astronómico

astronomical unit — [AU] (ASTRO.) unidade astronómica — [UA]

astronomical year (ASTRO.) ano astronómico

astronomic tide (GEO.) maré astronómica

astronomy (GERAL) Astronomia

astrophyllite (MINER.) astrofilite (titanossilicato de potássio, sódio, ferro e manganés)

astrophysics (ASTRO.) Astrofísica

astrosclereide (BOT.) astroesclereídeo; astrosclerito

asymmeter (ELECT.) assímetro

asymmetric (GERAL) assimétrico

asymmetrical conductivity (ELECT.) condutividade assimétrica

asymmetrical modulation (TELECOM.) modulação assimétrica

asymmetrical waveform (TELECOM.) forma de onda assimétrica

asymmetric atom (QUÍM.) átomo assimétrico

asymmetric conductor (ELECT.) condutor assimétrico

asymmetric digital subscriber line [ADSL] (TELECOM.) linha de assinante digital assimétrica

asymmetric flight (AERO.) voo assimétrico

asymmetric network (TELECOM.) rede assimétrica

asymmetric reflector (FÍS.) reflector assimétrico

asymmetric refractor (FÍS.) refractor assimétrico

asymmetric resistance (ELECT.) resistência assimétrica

asymmetric signal (TELECOM.) sinal assimétrico

asymmetric synthesis (QUÍM.) síntese assimétrica

asymmetric system (CRIST.) sistema assimétrico; sistema triclínico

asymmetric valley (ECO.) vale assimétrico

asymmetry (GERAL) assimetria

asymmetry potencial (ELECT.) potencial de assimetria

asymptomatic (MED.) assintomático

asymptote (MAT.) assimptota; assíntota (grafia actual)

asymptotic beakdown voltage (ELECT.) tensão de ruptura assintótica

asymptotic curve (MAT.) curva assintótica

asymptotic directions (MAT.) direcções assintóticas

asynapsis (BOT.) asinapse

asynchronous (ELECTRÓN.) assíncrono

asynchronous communications interface adapter [ACIA] (TELECOM.) adaptador de interface de comunicações assíncronas

asynchronous computer (INF.) computador assíncrono

asynchronous connection (TELECOM.) ligação assíncrona

asynchronous counter (ELECTRÓN.) contador assíncrono

asynchronous data transmission (INF.) transmissão de dados assíncrona

asynchronous decade counter (ELECTRÓN.) contador de décadas assíncrono

asynchronous logic (ELECTRÓN.) lógica assíncrona

asynchronous motor (ELECT.) motor assíncrono

asynchronous powder supply (ELECT.) alimentação assíncrona

asynchronous serial interface [ASI] (TELECOM.) interface série assíncrona

asynchronous transfer mode [ATM] (TELECOM.) modo de transferência assíncrona

asynchronous transmission (TELECOM.) transmissão assíncrona

asynchronous working (INF.) trabalho assíncrono

asyndesis (MED.) assindese

asynechia (MED.) assinéquia

asynergia (MED.) assinergia

asynergy (MED.) assinergia

asynodia (MED.) assinodia
asyntaxia (BIO.) assintaxia (insuficiência de desenvolvimento embrionário próprio)
asystematic (MED.) assistemático
asystole (MED.) assístole; assistolia; paragem cardíaca
At (QUÍM.) símbolo químico do astato
AT (ELECT.) abr. de *ampere-turn* — ampere-volta
ATA (AERO.) abr. de *Air Transport Association* — Associação de Transportes Aéreos
ATA-2 (INF.) ATA-2
atacamite (MINER.) atacamita
ataraxia (MED.) ataraxia
atavism (BIO.) atavismo
ataxia (MED.) ataxia
ataxia telangiectasia (BIO.; MED.) ataxia telangiectásia; síndroma de Louis-Bar
ataxy (MED.) ataxia
ATB (ENG.) abr. de *Aeration Test Burner* — Queimador de ensaio por ventilação
AT bus (INF.) barramento AT
ATC (AERO.) abr. de *Air Traffic Control* — Controlo de Tráfego Aéreo
ATCRBS (RADAR) abr. de *Air Traffic Control Radar Beacon System* — Sistema de Radar Respondedor de Controlo de Tráfego Aéreo
atelectasis (MED.) atelectasia
atelia (BIO.) atelia; ateliose
atelo- (GERAL) atelo-; do grego *a* + *telos*, incompleto, imperfeito
atelocardia (MED.) atelocardia (desenvolvimento incompleto do coração)
ateloglossia (MED.) ateloglossia
atelognathia (MED.) atelognatia
atelopodia (MED.) atelopatia
atelostomia (MED.) atelostomia
atenolol (MED.) atenolol; receptor beta-adrenérgico
athermal solutions (QUÍM.) soluções atérmicas; soluções adiatérmicas
athermal transformation (ENG.) transformação atérmica
atheroma (MED.) ateroma
atheronecrosis (MED.) ateronecrose
atherosclerosis (MED.) aterosclerose; esclerose nodular
athetosis (MED.) atetose
Atkinson cycle (AUTO.) ciclo de Atkinson
Atlantic conveyor (GEO.) tapete rolante atlântico
Atlantic Ocean (GEO.) Oceano Atlântico
Atlantic Period (ECO.) período atlântico
Atlas (ASTRO.) Atlas (15º satélite de Saturno)
Atlas (INF.) «Atlas» (a segunda geração de computadores)
atlas (ZOO.) atlas (a 1ª vértebra cervical)
atm (FÍS.) abr. de *atmosphere* — atmosfera (padrão)
atmolysis (QUÍM.) atmólise
atmometer (BOT.) atmómetro
atmosphere (GEO.; TELECOM.) atmosfera
atmospheric absorption (GERAL) absorção atmosférica

atmospheric acoustics (FÍS.) acústica atmosférica
atmospheric boil (ASTRO.) cintilação atmosférica
atmospheric brake (ESPAC.) travão aéreo
atmospheric braking (ESPAC.) travagem atmosférica (redução da velocidade de um corpo, quando entra na atmosfera terrestre ou de outro planeta através da acção do ar)
atmospheric circulation (METEO.) circulação atmosférica
atmospheric drag (ESPAC.) resistência atmosférica
atmospheric dust (METEO.) poeira atmosférica
atmospheric electricity (METEO.) electricidade atmosférica
atmospheric engine (ENG.) máquina atmosférica
atmospheric line (ENG.) linha de pressão (num indicador)
atmospheric noise (TELECOM.) interferência atmosférica; estática
atmospheric pressure (FÍS.) pressão atmosférica
atmospheric radio wave (TELECOM.) onda-rádio atmosférica
atmospheric region (FÍS.) região atmosférica
atmospherics (TELECOM.) estática; interferência atmosférica
atmospheric structure (GEO.) estrutura atmosférica
atmospheric tides (METEO.) oscilações atmosféricas
atmospheric waveguide duct (TELECOM.) canal guia de onda atmosférica
atmospheric 'window' (ECO.) janela atmosférica
atocia (MED.) atocia
A to D (ELECTRÓN.) A/D; analógico-digital
atoll (GEO.) atol
atoll lagoon (GEO.) lagoa de atol
atoll reef (GEO.) recife de atol
atom (FÍS.; QUÍM.) átomo
atom bomb (NUCL.; QUÍM.) bomba atómica; bomba nuclear; bomba A; bomba de fissão
atomic absorption coefficient (FÍS.) coeficiente de absorção atómica
atomic age (FÍS.) era atómica
atomic air burst (FÍS.) explosão atómica no ar
atomic battery (FÍS.; NUCL.) pilha atómica
atomic beam (FÍS.) feixe atómico
atomic-beam frequency standard (FÍS.) padrão de frequência de feixe atómico
atomic binding (FÍS.; NUCL.) aglutinação atómica
atomic bomb (FÍS.) bomba atómica
atomic bond (QUÍM.) ligação atómica
atomic charge (FÍS.) carga atómica
atomic clock (FÍS.) relógio atómico
atomic cloud (FÍS.; NUCL.) nuvem atómica
atomic core (FÍS.; NUCL.) núcleo atómico

atomic cross section (FÍS.) secção atómica eficaz
atomic disintegration (FÍS.) desintegração atómica
atomic energy (FÍS.) energia atómica
Atomic Energy Commission (NUCL.) Comissão de Energia Atómica (EUA)
atomic energy level (FÍS.) nível de energia atómica
atomic explosion (FÍS.) explosão atómica
atomic fission (FÍS.) fissão atómica
atomic-force microscopy [AFM] (FÍS.) microscópio de força atómica
atomic frequency (FÍS.) frequência atómica
atomic frequency standard (FÍS.) padrão de frequência atómica
atomic fusion (FÍS.; NUCL.) fusão atómica
atomic heat (FÍS.) calor atómico
atomic heater (QUÍM.) aquecedor atómico
atomic hydrogen (QUÍM.) hidrogénio atómico; hidrogénio activo
atomic hydrogen maser (FÍS.) maser de hidrogénio atómico
atomic hydrogen welding (ENG.) soldadura por hidrogénio atómico
atomic instrument (FÍS.) instrumento atómico
atomicity (QUÍM.) atomicidade
atomic kernel (FÍS.) nódulo atómico
atomic layer (FÍS.) camada atómica
atomic mass (FÍS.) massa atómica
atomic mass conversion factor (FÍS.) factor de conversão de massa atómica
atomic mass unit (QUÍM.) unidade de massa atómica
atomic microscope (FÍS.) microscópio atómico
atomic migration (FÍS.) migração atómica
atomic motion (FÍS.) movimento atómico; movimento nuclear
atomic nitrogen (QUÍM.) nitrogénio atómico
atomic nucleus (QUÍM.) núcleo atómico
atomic number (FÍS.) número atómico
atomic orbital (FÍS.) orbital atómica
atomic particle (QUÍM.) partícula atómica
atomic photoelectric effect (FÍS.) efeito fotoeléctrico atómico
atomic physics (FÍS.) Física atómica
atomic pile (FÍS.) pilha atómica; pilha nuclear
atomic power (FÍS.) força atómica; potência atómica; energia atómica; energia nuclear
atomic-powered (ESPAC.; FÍS.) propulsionado a energia nuclear; movido a energia nuclear; accionado a energia nuclear
atomic process (QUÍM.) processo atómico; processo nuclear
atomic projectile (FÍS.) projéctil atómico; projéctil nuclear
atomic quantum (FÍS.) quantum atómico

atomic radiation (Fís.) radiação atómica; irradiação atómica

atomic radii (Quím.) raios atómicos

atomic radius (Quím.) raio atómico

atomic reactor (Quím.) reactor atómico; reactor nuclear

atomic refraction (Quím.) refracção atómica

atomic research (Quím.) pesquisa atómica

atomic rocket (Fís.) foguete atómico; foguete nuclear

atomics (Fís.; Nuc.; Quím.) atómica; Ciência Atómica

atomic scattering (Fís.) dispersão atómica

atomic scattering factor (Fís.) factor de dispersão atómica

atomic spectrum (Fís.) espectro atómico

atomic storm (Fís.) tempestade atómica

atomic structure (Fís.) estrutura atómica

atomic submarine (Nav.) submarino atómico; submarino nuclear

atomic surface test (Nucl.) explosão atómica de superfície

atomic test (Fís.; Quím.) teste atómico; teste nuclear; ensaio atómico; ensaio nuclear

atomic theory (Fís.; Quím.) teoria nuclear

atomic thorium (Nucl.; Quím.) tório atómico

atomic time (Nucl.) tempo atómico

atomic transformation (Fís.) transformação atómica

atomic transmutation (Fís.) transmutação atómica

atomic underground burst (Nucl.) explosão atómica subterrânea

atomic underwater burst (Nucl.) explosão atómica submarina

atomic volume (Quím.) volume atómico

atomic war (Geral) guerra atómica; guerra nuclear

atomic waste (Geral) resíduos atómicos; resíduos nucleares

atomic weapon (Geral) arma atómica

atomic weight (Quím.) peso atómico

atomic weight unit (Fís.) unidade de peso atómico; unidade de massa atómica

atomizer (Mec.) pulverizador; atomizador; vaporizador

atom smasher (Fís.) acelerador

atony (Med.) atonia; atonicidade

atopognosia (Med.) atopognosia

atopognosis (Med.) atopognosia

atopy (Imun.) atopia

ATP (Quím.) abr. de *Adenosine TriPhosphate* — trifosfato de adenosina

ATPase (Bio.) abr. de *Adenosine TriPhosphatASE* — adenosina trifosfatase

atrachelocephalus (Bio.; Med.) atraquelocéfalo

atrate (Bot.) enegrecido

atratous (Bot.) enegrecido

atresia (Med.) atresia

atria (Zoo.) átrios (plural do latim *atrium*); aurículas

atrial (Zoo.) relativo a átrio; auricular

atrial fibrillation (Med.) fibrilhação auricular

atrio- (Geral) atrio-; do latim *atrium* — pátio, adro, forma combinante relativa a aurícula

atrioventricular (Med.; Zoo.) átrioventricular

atrium (Arq.) átrio

atrium (Geral) átrio, pátio

atrium (Med.; Zoo.) átrio; aurícula; câmara ou cavidade à qual se ligam diversas câmaras ou vias de passagem

atropa belladona (Bot.; Quím.) beladona (planta solanácea que contém atropina e alcalóides relacionados)

atropa mandragora (Bot.; Quím.) mandrágora (planta solanácea que contém alcalóides da atropina)

atrophic rhinitis (Vet.) rinite atrófica

atrophy (Med.; Zoo.) atrofia

atropine (Med.; Quím.) atropina

atropinism (Med.) atropinismo

atroponization (Med.) atropinização

atropus (Bot.) átropo

ATR tube (Radar) tubo ATR (anti-transmissão-recepção)

attached processor (Inf.) co-processador

attachment theory (Psico.) teoria da ligação

attapulgite (Miner.) atapulgite; poligorsquite

attar of roses (Quím.) óleo essencial de rosas

attention (Psico.) atenção

attention key (Inf.) chave de atenção

attenuate (Med.) atenuar; diluir; diminuir

attenuated vaccine (Imun.) vacina atenuada

attenuation (Bot.; Fís.; Telecom.) atenuação; enfraquecimento; redução

attenuation band (Telecom.) banda de atenuação

attenuation characteristic (Electrón.) característica de atenuação

attenuation coefficient (Fís.) coeficiente de atenuação

attenuation compensation (Telecom.) compensação de atenuação

attenuation constant (Telecom.) constante de atenuação; factor de atenuação

attenuation curve (Fís.) curva de atenuação; curva de enfraquecimento

attenuation distortion (Fís.) distorção de atenuação

attenuation equalizer (Elect.) compensador de atenuação

attenuation factor (Fís.) factor de atenuação

attenuation length (Fís.) duração de atenuação

attenuation of X-rays (Radiol.) atenuação de feixe de raios-X

attenuator (Telecom.) atenuador

Atterberg limits (Eco.) limites de Atterberg

attitude (Aero.; Espac.) atitude; aspecto; orientação (posição de um engenho espacial determinada pela direc-

ção do seu eixo principal em relação a um dado sistema de coordenadas)

attitude angle (Auto.) ângulo de posição

attitude control (Elect.) controlo de orientação; controlo de posição

attitude indicator (Aero.) indicador de orientação; indicador de atitude

attitude scale (Psico.) escala de atitudes

attitude stability (Aero.; Espac.) estabilidade de atitude

attosecond (Geral) atosegundo

attracted-disk electrometer (Elect.) electrómetro de disco

attractive capacity (Fís.) capacidade atractiva

attractive force (Fís.) força atractiva

attractive power (Fís.) poder atractivo; potência atractiva; força atractiva

attrition test (E.Civ.) teste de atrito; prova de atrito; teste de desgaste por fricção

Attwood's formula (Fís.; Nav.) fórmula de Attwood

at.wt. (Geral) peso atómico

ATX casing (Inf.) caixa ATX

ATX motherboard (Inf.) placa mãe ATX

AU (Astro.) abr. de *Astronomical unit* — unidade astronómica

Au (Quím.) símbolo químico do ouro (do latim *aurum*)

audibility (Fís.) audibilidade

audible code (Telecom.) código audível

audible effect (Fís.) efeito audível

audible ringing tone (Telecom.) sinal audível; sinal acústico

audible tone (Fís.) tom audível; tonalidade de frequência acústica

audio (Telecom.) áudio

audio amplifier (Telecom.) amplificador de áudio

audio cassette (Telecom.) cassete de som

audio connector (Telecom.) ficha áudio

audio coupling (Telecom.) ligação áudio

audio distortion (Telecom.) distorção áudio

audio file format (Inf.) ficheiro de formato áudio

audiofrequency (Fís.; Telecom.) audiofrequência

audiofrequency amplifier (Telecom.) amplificador de audiofrequência

audiofrequency analyzer (Telecom.) analisador de audiofrequência

audiofrequency coil (Telecom.) bobina de audiofrequência

audiofrequency filtering (Telecom.) filtragem de audiofrequência

audiofrequency generator (Telecom.) gerador de audiofrequência

audiofrequency harmonic distortion (Telecom.) distorção harmónica de audiofrequência

audiofrequency input (Telecom.) entrada de audiofrequência

audiofrequency level (TELECOM.) nível de audiofrequência

audiofrequency meter (TELECOM.) medidor de audiofrequência

audiofrequency modulated signal (TELECOM.) sinal de audiofrequência modulada

audiofrequency output (TELECOM.) saída de audiofrequência

audiofrequency output signal (TELECOM.) sinal de saída de audiofrequência

audiofrequency range (TELECOM.) gama de audiofrequência

audiofrequency shift modulation (TELECOM.) modulação por deslocamento de audiofrequência

audiofrequency tone (TELECOM.) tom de audiofrequência; tom audível

audiofrequency transformer (ELECT.) transformador de audiofrequência

audiofrequency voltage (TELECOM.) tensão de audiofrequência

audio gain (ELECT.) ganho de audiofrequência

audio generator (ELECT.) gerador de audiofrequência

audiogram (FÍS.) audiograma

audiology (MED.) audiologia

audiometer (FÍS.) audiómetro

audiometry (FÍS.) audiometria

audio mixer (TELECOM.) misturador áudio

audio range (TELECOM.) gama áudio

audio signal generator (TELECOM.) gerador de sinal áudio

audio signals (TELECOM.) sinais áudio

audio tracks (TELECOM.) pista áudio

audio video interleave (TELECOM.) áudio e vídeo intercalados

audit (INF.) auditoria

audit of computer system (INF.) auditoria de sistemas de computador

auditory (ZOO.) auditivo

auditory canal (FÍS.; MED.; ZOO.) canal auditivo

auditory ossicles (ZOO.) ossículos auditivos; ossículos do ouvido

auditory perspective (FÍS.) perspectiva acústica

audit trail (INF.) pista de auditoria

augend (INF.) aditivo; segundo comando

auger (E.CIV.) broca; verruma; pua

Auger coefficient (FÍS.) coeficiente de Auger

Auger effect (FÍS.) efeito de Auger

Auger electron (FÍS.) electrão de Auger

Auger yield (FÍS.) rendimento de Auger

augite (MINER.) augite; augito

augmentor (AERO.) intensificador; amplificador

Aujesky's disease (VET.) doença de Aujesky; paralisia bulbar infecciosa; pseudo-raiva

aulacogen (GEO.) aulacógeno (fossa tectónica alongada)

aura (MED.) aura

aural (ZOO.) auditivo

aural (FÍS.) auditivo; acústico; auricular

aural harmonic (FÍS.) harmónio acústico

aural masking (FÍS.) máscara auditiva

aural memory (FÍS.) memória auditiva

aural microphonic action (FÍS.) acção microfónica coclear; potencial coclear

aural monitoring (FÍS.) monitorização auditiva

aural power (FÍS.) potência auricular; força auricular

aural signal (FÍS.) sinal audível

aural volume control (FÍS.) controlo de volume audível

auramine (QUÍM.) auramina

aureole (GERAL) auréola

auric acid (QUÍM.) ácido áurico

auricle (BOT.; ZOO.) aurícula

auricled (ZOO.) auriculado

auric oxide (QUÍM.) óxido áurico; ácido áurico anidro

auricularia (BOT.) auriculária (género de fungos eumicetas)

auricularia (ZOO.) auriculária (forma larvar das holotúrias)

auriculate (ZOO.) auriculado

auriculoventricular (ZOO.) aurículo-ventricular

auriferous deposit (GEO.) depósito aurífero

auriferous pyrite (MINER.) pirite aurífera

aurine (QUÍM.) aurina

aurintricarboxylic acid (QUÍM.) ácido aurintricarboxílico (agente quelante)

aurone (QUÍM.) aurona

aurora (ASTRO.) aurora

auroral arch (METEO.) arco auroral

auroral band (ASTRO.) faixa auroral

auroral blackout (ASTRO.) desvanecimento auroral

auroral corona (ASTRO.) coroa auroral

auroral disturbance (ASTRO.) perturbação auroral

auroral flash (ASTRO.) clarão auroral

auroral light (ASTRO.) luz auroral

auroral magnetism (ASTRO.) magnetismo auroral

auroral storm (METEO.) tempestade auroral

auroral stream (ASTRO.) corrente auroral

auroral zone (ASTRO.; TELECOM.) zona auroral

aurous (QUÍM.) áurico; auroso

aurum (QUÍM.) ouro

ausculation (MED.) auscultação

auscultation (MED.) auscultação

auscultoscope (MED.) estetoscópio

austempering (MEC.) têmpera por etapas

austenite (ENG.) austenita

austenitic (ENG.) austenítico (nos aços inoxidáveis aqueles que não são ferro-magnéticos ou que contêm crómio e níquel, tendo uma alta resistência à corrosão)

austenitic steels (ENG.) aços austeníticos

austinite (MINER.) austinite

Austin Moore prosthesis (MED.) prótese de Austin Moore

Australasian region (ZOO.) região da Australásia

Australian faunal subregion (ECO.) subregião australiana de fauna

australite (MINER.) australite; australita

Austrian cinnabar (QUÍM.) cinábrio austríaco; cromato básico de chumbo; amarelo de chumbo

aut-; auto- (GERAL) auto-; auto-; do grego *autós* — próprio, auto, mesmo, de si próprio

autacoid (MED.) autacóide (termo obsoleto para hormona)

autecology (ECO.) auto-ecologia

authenticity (PSICO.) autenticidade

authigenic (GEO.) autígeno; autigénico

authoritarian personality (PSICO.) personalidade autoritária

authorization code (ELECTRÓN.) código de autorização

authorization key (ELECTRÓN.) chave de autorização

autism (MED.; PSICO.) autismo

autistic (MED.; PSICO.) autístico

autoactivation (QUÍM.) auto-activação

autoagglutination (BIO.) auto-aglutinação

autoagglutinin (MED.) auto-aglutinina

autoallergy (IMUN.; MED.) auto-alergia

autoallogamy (BOT.) auto-alogamia

autoanalysis (PSICO.) auto-análise

autoanaphylaxis (MED.) auto-anafilaxia

autoantibody (IMUN.) auto-anticorpo

autoassay (MED.) auto-teste; auto-análise; auto-ensaio

auto-assemble (T.IMAG.) automontagem

autobaud (TELECOM.) baud automático

autoblast (BIO.) autoblasto; célula independente

autocapacitance coupling (ELECT.) acoplamento de autocapacitância

autocatalysis (QUÍM.; ZOO.) autocatálise

autochthonous (ZOO.) autóctone

autocidal control (ZOO.) controlo por autodestruição

autoclave (QUÍM.; MED.) autoclave

autocode (INF.) autocódigo

autocollimator (FÍS.) autocolimador

autoconduction (ELECT.) autocondução

autoconverter (ELECT.) autoconversor

autocorrelation (TELECOM.) autocorrelação

auto correlation function (ELECTRÓN.) função de autocorrelação

autocytolisin (BIO.) autocitolisina

autocytolisis (BIO.) autocitólise

autocytotoxin (BIO.) autocitotoxina

autodermic (MED.) autodérmico

autodestruction (BIO.; MED.) autodestruição

auto detect (ELECTRÓN.) auto detecção

auto-diagnosis (ELECTRÓN.) auto-diagnóstico

auto dial (TELECOM.) marcação automática

autodiploid (BIO.; BOT.) autodiplóide

autodiploidy (BIO.; BOT.) autodiploidia

autodrainage (MED.) autodrenagem

autodyne (TELECOM.) autódino

autodyne receiver (TELECOM.) receptor autódino
autoecholalia (MED.) auto-ecolália
autoerotism (PSICO.) auto-erotismo
autofluorescope (FÍS.) autofluoroscópio
autofundoscope (MED.) autofundoscópio
autogamy (BIO.; BOT.) autogamia
autogenetic (BIO.; BOT.; MED.) autogenético; autogénico
autogenic (BIO.; BOT; MED.) autogénico
autogenous control (BIO.) controlo autogénico
autognosis (PSICO.) autognose; autognosia; autoconhecimento
autograft (BIO.; MED.) auto-enxerto; auto-transplante; enxerto autólogo; enxerto autoplásico
autohemagglutination (MED.) auto-hemaglutinação; auto-aglutinação de eritrócitos
autohemolysin (BIO.) auto-hemolisina
autohemolysis (MED.) auto-hemólise
auto-ignition (AUTO.) auto-ignição
autoimmune (BIO.; MED.) auto-imune
auto-immune disease (IMUN.; MED.) doença auto-imune
auto-immunity (IMUN.; MED.) auto-imunidade
auto-immunization (IMUN.; MED.) auto-imunização
auto-inductive coupling (ELECT.) acoplamento auto-indutivo
auto-infection (MED.) auto-infecção
auto-infusion (MED.) auto-infusão
auto-intoxication (MED.) auto-intoxicação
autoisolysin (MED.) auto-isolisina
autokeratoplasty (MED.) autoceratoplastia
autokinesia (BIO.) autocinésia
autokinesis (BIO.) autocinésia
autolithography (IMP.) autolitografia
autologous (BIO.; MED.) autólogo
autolysin (BIO.) autolisina
autolysis (BIO.) autólise
automated teller machine (TELECOM.) máquina multibanco
automatic abstract (INF.) resumo automático
automatically cleared failure (INF.) falha corrigida automaticamente
automatically correct error (INF.) erro de correcção automática
automatic arc lamp (ELÉCT.) lâmpada de arco automática
automatic arc welding (ELECT.) soldadura automática por arco
automatic back bias (ELECT.) polarização automática inversa
automatic bass compensation (TELECOM.) compensação automática de baixa frequência
automatic beam control (T.IMAG.) controlo automático de brilho; comando automático de brilho
automatic buffer creation (INF.) criação automática de registo auxiliar
automatic camera (T.IMAG.) câmara automática

automatic carriage (INF.) carreto automático
automatic carrier landing system (AERO.) sistema automático de aterragem dirigida
automatic celestial navigation (AERO.; ESPAC.) navegação astronáutica automática
automatic check (INF.) verificação automática
automatic choke (ELÉCT.) reatância automática
automatic chrominance control (ELECT.) controlo automático de crominância
automatic circuit-breaker (ELECT.) disjuntor automático
automatic coding (INF.) codificação automática
automatic computer (INF.) computador automático
automatic contrast control (T.IMAG.) controlo automático de contraste
automatic control (GERAL) controlo automático
automatic cut-off (ELECT.) corte automático; disjuntor automático
automatic data processing (INF.) processamento automático de dados
automatic debit (T.IMAG.) controlo automático de cor
automatic degausser (ELECT.) neutralizador magnético automático
automatic dictionary (INF.) dicionário automático
automatic direction finding (AERO.; TELECOM.) radiogoniómetro automático
automatic error correction (INF.) correcção automática de erros
automatic exchange (INF.) centro automático de comutação
automatic exposure (T.IMAG.) exposição automática
automatic feed punch (INF.) perfuradora de alimentação automática
automatic flushing cistern (E.CIV.) cisterna de limpeza automática; sifão de descarga automática
automatic focussing (T.IMAG.) focagem automática
automatic frequency control (ELECT.) controlo automático de frequência
automatic gain control (TELECOM.) controlo automático de ganho
automatic gate (E.CIV.) porta automática; comporta automática
automatic grid bias (ELECT.) polarização automática de grade
automatic hardware dump (INF.) descarga automática de «hardware»
automatic inking (IMP.) tintagem automática
automatic interrupt (INF.) interrupção automática
automatic landing (AERO.) aterragem automática
automatic level control [ALC] (T.IMAG.) controlo automático de nível
automatic loop radio control (TELECOM.) radiogoniómetro automático de quadro

automatic message switching centre (INF.) centro de selecção automática de mensagens
automatic mixture control (AERO.) controlo automático de mistura; comando automático de mistura
automatic modulation control (TELECOM.) controlo automático de modulação; comando automático de modulação
automatic navigator (NAV.) piloto automático
automatic noise level sensing (ELECTRÓN.) detecção automática do nível de ruído
automatic noise limiter (ELECTRÓN.) limitador automático de ruído
automatic observer (AERO.) observador automático
automatic paper tape punch (INF.) perfurador automático de fita de papel
automatic parachute (AERO.) pára-quedas de abertura automática
automatic peak limiter (ELÉCT.) limitador
automatic phase control (T.IMAG.) controlo automático de fase
automatic pilot (AERO.) piloto automático
automatic pipette (QUÍM.) pipeta automática graduada
automatic polling (INF.) varredura automática
automatic power control [APC] (ELECTRÓN.) controlo automático de potência
automatic program interrupt (INF.) interrupção automática de programa
automatic programming (INF.) programação automática
automatic punch (INF.) perfuradora automática
automatic radio compass (TELECOM.) radiogoniómetro automático
automatic radio detection finder (TELECOM.) radiolocalizador automático de direcção
automatic restart (INF.) recomeço automático
automatic rotary press (IMP.) prensa rotativa automática
automatic scintillation spectrometer (NUCL.) espectrómetro automático de cintilação
automatic screw machine (MEC.) torno automático de parafusos
automatic sender (TELECOM.) transmissor telegráfico automático
automatic send-receive set (INF.) dispositivo emissor-receptor automático
automatic sequence (ELÉCT.) sequência automática
automatic shutoff (ELÉCT.) fecho automático
automatic shutter (T.IMAG.) obturador automático
automatic signalling (E.CIV.) sinalização automática
automatic stabilizer (AERO.) estabilizador automático
automatic starter (ELÉCT.) arranque automático

automatic stoker (MEC.) carregador automático

automatic stop (INF.) paragem automática

automatic substation (ELÉCT.) subestação automática

automatic substation switchboard (ELÉCT.) quadro comutador automático de subestação

automatic sweep apparatus (ELÉCT.) aparelho de varredura automática

automatic switching centre (INF.) centro de comutação automática

automatic switching equipment (INF.) equipamento de comutação automática

automatic switching network (ELÉCT.) rede de comutação automática

automatic switching system (INF.) sistema de comutação automática

automatic synchronization (ELÉCT.) sincronização automática; sincronismo automático

automatic synchronizer (ELÉCT.) sincronizador automático

automatic tap-changing equipment (ELÉCT.) dispositivo automático de mudança de derivação

automatic tape punch (INF.) perfurador automático de fita

automatic test equipment [ATE] (ELECTRÓN.) equipamento de teste automático

automatic time cutout (ELÉCT.) desconexão automática de tempo

automatic track finding [ATF] (ELECTRÓN.) localizador automático de faixa

automatic track follower (RADAR) seguidor automático de trajectória

automatic tracking (RADAR) rastreamento automático

automatic train stop (ELÉCT.) paragem automática de comboio

automatic transmission (MEC.) transmissão automática

automatic transmit power control (ELÉCT.) controlo automático de potência de emissão

automatic trolley reverser (ELÉCT.) inversor automático de «troley» (fio condutor)

automatic tuning (TELECOM.) sintonização automática

automatic tuning circuit (TELECXOM.) circuito de sintonização automática; circuito de sintonia automática

automatic voice recognition [AVR] (TELECOM.) reconhecimento de voz

automatic voltage regulator (ELÉCT.) regulador automático de tensão

automatic volume compression (TELECOM.) compressão automática de volume

automatic volume control (TELECOM.) controlo automático de volume

automatic volume diode (ELÉCT.) díodo de controlo automático de volume

automatic volume expansion (TELECOM.) expansão automática de volume

automatic weather station (METEO.) estação meteorológica automática

automatic white balance [AWB] (TELECOM.) equilíbrio automático de cor

automatic X-ray camera (ELÉCT.) câmara automática de raios X

automation (GERAL) automatização

automatism (PSICO.) automatismo; telergia

automnesia (PSICO.) automnésia

automorphism (MAT.) automorfismo

automysophobia (MED.) automisofobia (temor mórbido da falta de limpeza pessoal)

autonomic (BOT.; ZOO.) autonómico; autónomo

autonomic movement (BOT.) movimento autónomo; movimento autonómico

autonomic nervous system [ANS] (ZOO.) sistema nervoso autónomo [SNA]

autonomotropic (MED.) autonomotrópico (que age no sistema nervoso autónomo)

autonomous (BOT.; ZOO.) autónomo; autonómico

autonomous spacecraft (AERO.) veículo espacial autónomo; engenho espacial autónomo

autonomous vehicle (AERO.) veículo autónomo (avião que opera sem assistência externa)

auto-oxidation (QUÍM.) auto-oxidação

auto-oxidator (QUÍM.) auto-oxidador

auto-oxidizable (QUÍM.) auto-oxidável

autophagy (ECO.) autofagia

autopilot (AERO.) piloto automático

autoplasma (ZOO.) autoplasma

autoplast (MED.) auto-plasto; auto-enxerto; autotransplante; enxerto autólogo

autoplastia (MED.) autoplastia

autoplastic (MED.) autoplástico; autólogo

autoplastic transplantation (MED.) transplante autoplástico; transplante autólogo

autoploid (BIO.) autoplóide

autoploidy (BIO.) autoploidia

autopodium (ZOO.) autopódio

autopoisonous (MED.) autovenenoso

autopolling (INF.) repetição automática

autopolymer (QUÍM.) autopolímero

autopolymerization (QUÍM.) autopolimerização

autopolyploid (BIO.) autopoliplóide

autopolyploidy (BIO.) autopoliploidia

autopsy (MED.) autópsia; necropsia; dissecção

autoradiograph (T.IMAG.) auto-radiógrafo

autoradiography (BIO.; MINER.) auto-radiografia

autoredialer (TELECOM.) remarcador automático

autoreproduction (BIO.) auto-reprodução

auto-reset module (ELECTRÓN.) módulo de reinicialização

auto-reverse cassette player (TELECOM.) leitor de cassetes com inversão de pista automática

auto-rewind (TELECOM.) rebobinador automático

autoscoper (MINAS) autoscópio

autoset level (TOPO.) nível de suporte automático

autoshaping (PSICO.) condicionamento respondente

autoshaver (IMPR.) aparadora automática

autosomal dominant (BIO.) autossoma dominante

autosome (BIO.) autossoma

autospasy (ZOO.) autospasia

autospore (BOT.) autósporo

autostabilizer (AERO.) auto-estabilizador; estabilizador automático

autostyly (ZOO.) auto-estilóide

autosynchronous motor (ELÉCT.) motor auto-síncrono; motor de indução síncrona

autotelic (PSICO.) autotélico

autotetraploid (BIO.) autotetraplóide

autothrottle (AERO.) regulador automático

autotomy (ZOO.) autotomia

autotopagnosia (MED.) autotopagnósia (incapacidade de reconhecer qualquer parte do corpo, devido a lesão do hemisfério principal)

autotoxin (BIO.) autotoxina

autotransductor (ELÉCT.) autotransdutor

autotransformer (ELÉCT.) autotransformador

autotransformer starter (ELÉCT.) arranque a autotransformador

autotransplantation (ZOO.) autotransplante; transplante autoplástico; transplante autólogo; auto-enxerto

autotroph (BIO.) autótrofo

autotrophic (BIO.) autotrófico

autotrophic bacteria (IMUNIZ.) bactérias autotróficas

autotrophism (BIO.) autotrofismo

auto-tuning (TELECOM.) sintonizador automático

autotyphization (MED.) auto-tifização

autourotherapy (MED.) auto-uroterapia

autovaccination (IMUN.; MED.) auto-vacinação

autoxidation (QUÍM.) auto-oxidação

autoxidator (QUÍM.) auto-oxidador

autumnal (ECO.) outonal

autumnal equinox (ASTRO.) equinócio do outono

autumn wood (BOT.) lenho outonal

autunite (MINER.) autunite; uranite cálcica

auxanometer (BOT.) auxanómetro

auxiliary air intake (AERO.) admissão de ar auxiliar; entrada de ar auxiliar

auxiliary battery (ELÉCT.) bateria auxiliar

auxiliary circle (MAT.) círculo auxiliar

auxiliary contact (ELÉCT.) contacto auxiliar; comutador auxiliar

auxiliary equipment (INF.) equipamento auxiliar

auxiliary fuel tank (AERO.) tanque de combustível auxiliar

auxiliary land gear (AERO.) trem de aterragem auxiliar

auxiliary lift-motor (ELÉCT.) motor de elevador auxiliar

auxiliary parachute (AERO.) pára-quedas auxiliar

auxiliary plant (ELÉCT.) estação auxiliar

auxiliary pole (ELÉCT.) pólo auxiliar

auxiliary power unit [APU] (AERO.) gerador auxiliar

auxiliary rotor (AERO.) rotor auxiliar

auxiliary spark gap (ELÉCT.) distância de explosão de faísca auxiliar

auxiliary store (INF.) memória auxiliar

auxiliary switch (ELÉCT.) comutador auxiliar

auxiliary tank (AERO.) tanque auxiliar; tanque de reserva

auxiliary terminal (ELÉCT.) terminal auxiliar; borne auxiliar

auxiliary tube (ELÉCT.) válvula electrónica auxiliar

auxiliary winding (ELÉCT.) enrolamento auxiliar

auxiliary wiring (ELÉCT.) enrolamento auxiliar

auxin (BOT.) auxina (hormona vegetal do crescimento)

auxochrome (QUÍM.) auxocromo

auxocyte (BIO.) auxócito (célula em reprodução)

auxology (BIO.) auxologia (nome obsoleto para embriologia)

auxometer (FÍS.) auxómetro

auxotonic (BOT.; ZOO.) auxotónico

auxotroph (BIO.) auxotrofo (microrganismo mutante que exige um nutriente que não é necessário ao organismo do qual o mutante é derivado)

A/V (AV) (T.IMAG.) AV; áudio-vídeo

availability (ELECTRÓN.) disponibilidade

available (BOT.) utilizável

available light photography (T.IMAG.) fotografia sem luz artificial

available line (T.IMAG.) linha útil

available potential energy (METEO.) energia potencial utilizável

available power efficiency (ELÉCT.) eficiência de potência utilizável

available power gain (TELECOM.) ganho de potência útil; ganho de potência disponível

available power response (ELÉCT.) resposta de potência útil

available time (INF.) tempo de disponibilidade

available voltage (ELÉCT.) tensão disponível

avalanche (FÍS.) avalanche; avalancha

avalanche breakdown (ELÉCT.) descarga em avalanche; ruptura em avalanche

avalanche diode (ELECTRÓN.) diodo-avalanche; diodo Zener

avalanche effect (ELECTRÓN.) efeito de avalanche

avalanche impedance (ELÉCT.) impedância de avalanche

avalanche ionization (FÍS.) ionização de avalanche

avalanche photodiode [APD] (ELECTRÓN.) fotodíodo de avalanche

avalanche transistor (ELECTRÓN.) transistor de avalanche

avalvular (MED.) avalvular

avascular (MED.) avascular

avasculation (MED.) avasculação

AVC (TELECOM.) abr. de *Automatic Volume Control* — controlo automático de volume

AV cable (T.IMAG.) cabo audiovisual

AV connector (T.IMAG.) ficha audiovisual

avenin (QUÍM.) avenina

aventurine (MINER.) aventurino; aventurina

aventurine feldspar (MINER.) aventurina (variedade de feldspato — albite — com reflexos avermelhados)

aventurine quartz (MINER.) aventurina; quartzo aventurino

average (GERAL) média; termo médio; proporção; intermédio

average (NAV.) avaria, perda ou dano marítimo

average access time (INF.) tempo médio de acesso

average acoustic power (FÍS.) potência acústica média

average ambient noise level (FÍS.) nível médio de ruído ambiente

average computing time (INF.) tempo de computação média

average contents (MINER.) percentagem média; teor médio

average current (ELÉCT.) corrente média

average curvature (MAT.) curvatura média

average detector (ELECTRÓN.) detector de média

average failure rate (ELECTRÓN.) taxa média de falha

average haul distance (E.CIV.) distância média de arrastamento

average limit of ice (GEO.) limite médio de gelo

average noise factor (ELECTRÓN.) factor de ruído médio

average power output (TELECOM.) saída de potência média

average seek time (INF.) tempo de busca médio

average traffic (TELECOM.) tráfego médio

averaging (GERAL) cálculo da média

aversion therapy (PSICO.) terapia de aversão

aversive stimulus (PSICO.) estímulo aversivo; estímulo de aversão

aversive therapy (PSICO.) terapia de aversão

Aves (ZOO.) Aves

avgas (AERO.) abr. de *aviation gasoline* — gasolina de aviação

avian (MED.; VET.) aviário; relativo às aves

avian big liver disease (VET.) doença aviária do fígado grande; linfomatose aviária

avian diphtheria (VET.) difteria aviária

avian erythroblastosis (VET.) eritroblastose aviária

avian erythroid leucosis (VET.) leucose eritróide das aves

avian favus (VET.) tinha vera; micose favosa

avian gout (VET.) artrite urática das aves

avian granuloblastosis (VET.) granuloblastose das aves (forma leucémica de leucose aviária)

avian leucosis (VET.) leucose aviária

avian monocytosis (VET.) monocitose aviária; leucose monocítica aviária

avian myeloblastosis (VET.) mieloblastose aviária

avian parathyphoid (VET.) paratifóide aviária

avian spirochaetosis (VET.) espiroquetose aviária

avian typhoid (VET.) tifóide aviária

avian visceral lymphomatosis (VET.) linfomatose visceral aviária

aviation kerosene (AERO.) querosene de aviação

aviation spirit (AERO.) gasolina de aviação (de índices de octanas de 73 a 120/130)

aviatrix (AERO.) aviadora

avidin (IMUN.) avidina; antibiotina

avidity (IMUN.) avidez

AVI file (T.IMAG.) abr. de *audio video interleave* — áudio e vídeo intercalados

avionics (AERO.; ESPAC.) Aviónica

avirulent (MED.) avirulento; não virulento

avitaminosis (MED.) avitaminose

avivement (MED.) avivamento (excisão das bordas de uma ferida para reavivar o processo de cura)

Avogadro number (QUÍM.) número de Avogadro

Avogadro's law (QUÍM.) lei de Avogadro

avoirdupois (FÍS.) «avoirdupois» (sistema de peso usado com qualquer objecto, excepto metais preciosos, pedras preciosas e medicamentos, em que 16 onças equivalem a 1 libra, e 1 libra a 453,59g.)

avpol (AERO.) abr. de *Aviation Petrol, Oil and Lubricant* — gasolina de aviação, óleo e lubrificante

avtur (AERO.) abr. de *Aviation Turbine Fuel* — combustível para turbina de aviação (querosene)

avulsion (MED.) avulsão; rasgão; separação forçada

AWACS (AERO.) abr. de *Airborne Warning And Control System* — Sistema de Controlo e Alerta Aerotransportado

AWB (T.IMAG.) abr. de *automatic white balance* — equilíbrio automático de cor

AWG (GERAL) abr. de *american wire gauge* — calibre americano de cabos

awl (E.CIV.) sovela

awn (BOT.) pragana; prolongamento da gluma de algumas gramíneas

awning deck (NAV.) convés aberto

ax (GERAL) abr. de *axis* — eixo

axe (E.CIV.) machado

axed arch (E.CIV.) arco de tijolos em cunha

axed work (E.CIV.) trabalho a machado

axenic (BOT.; ZOO.) axénico; estéril (termo usado especialmente para designar um organismo vivo livre de outros organismos; usado também para indicar animais «isentos de germes», como os nascidos e criados em ambiente estéril, de ar e alimento)

axenic culture (BOT.) cultura pura

axes (GERAL) eixos

axes of grapth (GERAL) eixos do gráfico

axial (GERAL) axial

axial compressor (MEC.) compressor axial

axial engine (AERO.) motor axial

axial-flow compressor (AERO.) compressor de circulação axial

axial-flow turbine (AERO.) turbina de circulação axial; turbina de fluxo axial

axial pattern (ZOO.) padrão axial; espécime axial

axial pitch (MEC.) passo axial; avanço axial

axial-plane cleavage (GEO.) plano de clivagem axial

axial ratio (FÍS.) razão axial

axial response (FÍS.) resposta axial

axial rift (GEO.) zona de adução axial; cana marinha axial

axial runout (MEC.) desvio axial

axial skeleton (ZOO.) esqueleto axial

axial trough (GEO.) vale axial

axifugal (BOT.; ZOO.) axifugal (que se estende de um eixo ou axónio)

axil (BOT.) axila

axile (BOT.) axial; axilar

axile placentation (BOT.) placentação axilar

axilla (MED.) axila; espaço axilar; fossa axilar

axillary air sac (BOT.) saco aéreo axilar

axinite (MINER.) axinite; axinita

axio- (GERAL) axio-, forma combinante relativa a um eixo

axiobucal (MED.) axiobucal

axiobuccogingival (MED.) axiobucogengival

axiom (MAT.) axioma

axiomatic (MAT.) axiomático

axiomesial (MED.) axiomesial

axiometer (NAV.) axiómetro

axiometry (NAV.) axiometria

axiotron (ELÉCT.) axiotrão

axis (GERAL) eixo

axis of symmetry (MAT.) eixo de simetria

axis polarity (BIO.; QUÍM.) polaridade axial

axle (MEC.) eixo; árvore

axle-box (MEC.) chumaceira; mancal

axle driven (MEC.) accionado a eixo

axle driven generator (ELECT.) gerador accionado a eixo

axle pulley (E.CIV.) roldana de eixo; polia de eixo

axle weight (ENG.) peso axial

axo- (GERAL) axo-; forma combinante que significa eixo, geralmente relativa a axónio

axoaxonic (BIO.) axoaxónico (o contacto sináptico entre o axónio de uma célula nervosa e o de uma outra)

axodendritic (BIO.) axodendrítico (relação sináptica de um axónio com um dendrito)

axograph (MAT.) axógrafo

axolemma (ZOO.) axolema; bainha de Mauthner (delicada membrana plasmática do axónio)

axolysis (ZOO.) axólise (destruição do axónio de um nervo)

axon (ZOO.) axónio

axoneme (ZOO.) axonema

axonometer (ARQ.) axonómetro

axonometric projection (ARQ.) projecção axonométrica

axonometry (CRIST.) axonometria

axotomy (ZOO.) axotomia

azacosterol hydrochloride (QUÍM.) cloridrato de azacosterol; cloridrato de diazasterol

azeleic acid (QUÍM.) ácido azelaico

azeotrope (QUÍM.) azeótropo

azeotropic distillation (QUÍM.) distilação azeotrópica

azeotropic mixture (QUÍM.) mistura azeotrópica

azides (QUÍM.) azida

azimuth (GERAL) azimute

azimuthal power instability (NUCL.) instabilidade da potência azimutal

azimuth angle (TOPO.) ângulo azimutal

azimuth error (TELECOM.) erro de alinhamento

azimuth marker (RADAR) marcador de azimute; indicador de azimute

azimuth recording (TELECOM.) gravação azimutal

azimuth stabilized PPI (RADAR) indicador de plano de posição com azimute estabilizado [PPI = *plan position indicator* — indicador de plano de posição]

azines (QUÍM.) azinas

azobenzene (QUÍM.) azobenzeno

azo dyes (QUÍM.) corantes azo

azo group (QUÍM.) grupo azo

Azoic (GEO.) Azóica (Era)

azoic (QUÍM.) azóico

azomethane (QUÍM.) azometano

azomide (QUÍM.) azoímida; ácido hidrazóico

azonal soil (BOT.) solo imaturo

azoospermia (MED.) azoospermia

azoprotein (MED.) azoproteína

Azores high (GEO.) anticiclone dos Açores

azotaemia (MED.) azotemia

azote (QUÍM.) azoto; nitrogénio

azotemia (MED.) azotemia

azotize (QUÍM.) azotar; nitrogenar

Azotobacter (BIO.) Azotobactérias

azoturia (MED. VET.) azotúria

azoxy compounds (QUÍM.) compostos azóxixos

azran (NAV.) abr. de *AZimuth and RANge* — azimute e alcance (localização de um alvo por meio das coordenadas polares)

azurite (MINER.) azurite; azurita

azusa system (ASTRO.) Sistema Azusa (sistema de observação e rastreamento por rádio no local de lançamento)

azygomatous (ZOO.) azigomático

azygos (ZOO.) ázigos; estrutura anatómica ímpar

azygospore (BOT.) azigosporo

azymia (MED.; QUÍM.) azimia (ausência de uma enzima)

azymic (QUÍM.) azímico; não fermentado

azymous (QUÍM.) azímico

B (Elect.) abr. de *base* — base; eléctrodo de transistor

B (Med.) como índice em inglês, refere-se a *blood* — sangue

B (Nucl.) abr. de *barn* — barn; unidade de secção eficaz para reacções nucleares

B (Quím.) símbolo químico de *boron* — bório

B (T.Imag.) abr. de *blue* — azul

B (T.Imag.) abr. de *brightness* — brilho

babble (Electrón.) indução cruzada

Babcock and Wilcox boiler (Quím.) caldeira de Babcock-Wilcox; caldeira de vapor Babcock-Wilcox

Babcock's operation (Med.) operação de Babcock

Babesia (Vet.) Babesia; Piroplasma; Babesídeos

babesiasis (Vet.) babesíase; piroplasmose

babesiosis (Vet.) babesiose; piroplasmose

Babinet compensator (Fís.) compensador de Babinet

Babinet's formula for altitude (Fís.) fórmula de altitude de Babinet

Babinet's principle (Fís.) princípio de Babinet

Babinski's sign (Med.) sinal de Babinski; fenómeno de Babinski; reflexo de Babinski

Babitt's metal (Eng.) metal de Babitt; metal antifricção

Babo's law (Fís.) lei de Babo

baby (T.Imag.) bebé (pequeno projector de luz)

baby AT board (Inf.) placa AT bébé

baby AT case (Inf.) caixa AT bébé

baccate (Bot.) baciforme

Bacillaceae (Bot.) Baciláceas

bacillaemia (Med.) bacilemia

bacillar (Geral) bacilar; em forma de bastonete

Bacillariophyceae (Bot.) Bacilarofíceas; diatomáceas; algas siliciosas; bacilárias

bacillar necrosis (Vet.) necrobacilose; necrose bacilar

bacillar white diarrhoea (Vet.) diarreia branca; diarreia alba

bacillary (Geral) bacilar

Bacille bilié de Calmette-Guérin (Med.) bacilo de Calmette-Guérin; BCG

bacillemia (Med.) bacilemia

bacilli (Bio.) bacilos (plural de *bacillus*)

bacilliform (Bio.) baciliforme

bacillin (Med.; Quím.) bacilina (antibiótico)

bacillosis (Med.) bacilose

bacilluria (Med.) bacilúria

Bacillus (Bio.) Bacilo

bacillus (Bio.) bacilo

Bacillus Calmette-Guérin [BCG] (Bio.; Med.) bacilo Calmette-Guérin [BCG]

bacitracin (Bio.; Med.) bacitracina

back (Geral) costas; dorso; reverso; atrás; contra-

back ampere-turn (Elect.) contra ampere-espira

back band (E.Civ.) alizar

back boiler (E.Civ.) caldeira de aquecimento posterior

back cock (Reloj.) suporte do pêndulo

back coupling (Telecom.) sintonização retroactiva

backcross (Bio.) cruzamento reversivo

back current (Elect.) contracorrente

back dead center (Telecom.) ponto morto posterior

back deep (Geo.) retrofossa

back edging (E.Civ.) corte a contrafio; corte de dorso

back electromotive force (Elect.) força contra-electromotriz

back e.m.f. (Elect.) força contra-electromotriz

back-e.m.f. cells (Elect.) pilhas de força contra-electromotriz; células de força contra-electromotriz

back emission (Electrón.) emissão de retorno; contra emissão

back end processor (Inf.) processador de retaguarda

backer (E.Civ.) bloco de encosto

back-fire (Auto.) explosão prematura

backfitting (Nucl.) alteração de segurança

back-flap (E.Civ.) aba de adufa

back-flap hinge (E.Civ.) dobradiça de adufa

back flow (E.Civ.; Hidro.) corrente contrária; contracorrente; contrafluxo

back focus (T.Imag.) distância focal posterior

back-fold (E.Civ.) dobradiça de adufa

background (Fís.) fundo; último plano; radiação de fundo

background count (Electrón.) contagem da radiação de fundo

background job (Inf.) tarefa de baixa prioridade; tarefa em segundo plano

background memory (Inf.) memória auxiliar

background memory system (Inf.) sistema de memória intermédia

background noise (Fís.) interferência de fundo; ruído de fundo (Acústica)

background processing (Inf.) processamento de fundo

background program (Inf.) programa de fundo

background radiation (Fís.; Radiol.) radiação de fundo

background reader (Inf.) leitor de baixa prioridade

background reflectance (Inf.) reflexo de fundo

background welding (Mec.) soldadura ao revés

back hearth (E.Civ.) fornalha; lar

backheating (Electrón.) retroaquecimento

backing (E.Civ.) alinhamento de soalho; alvenaria de enchimento

backing (Imp.) arranjo de lombada

backing (Meteo.) variação retrógrada do vento

backing (T.Imag.) fundo

backing board (Imp.) prensa de arranjo de lombada

backing coil (Elect.) bobina de compensação

backings (E.Civ.) suportes de madeira

backing store (Inf.) memória de suporte

backing-up (E.Civ.) uso de tijolo inferior na parte interna de uma parede

back inlet gulley (E.Civ.) embocadura posterior de fossa

back iron (E.Civ.) contraferro; ferro de capa

back joint (E.Civ.) junta posterior

back-kick (Mec.) retrocesso; reversão; inversão no arranque devido a contra-explosão

backlash (Mec.) recuo; retorno; contrapressão; folga

back lighting (T.Imag.) iluminação traseira; iluminação posterior; contraluz

back lining (E.Civ.) revestimento posterior

backlit display (Inf.) monitor retro-iluminado

back lobe (Telecom.) lóbulo posterior

backlocking (E.Civ.) bloqueio traseiro; fixação posterior

back-mutation (Bio.) reversão

back observation (Topo.) retrovisão; retroleitura

back-off (Minas) desatarraxar; desligar; desencravar

backplane (Inf.) placa mãe

backplate lampholder (Elect.) suporte de rosca

back porch (Elect.) patamar posterior

back-porch effect (Elect.) efeito de patamar posterior

back pressure (E.Civ.) contrapressão; pressão por estrangulamento

back pressure turbine (Eng.) turbina de contrapressão

back priming (E.Civ.) camada de protecção

back projection (T.Imag.) retroprojecção

back rate (Eng.) ângulo de lasca

backreef (Geo.) pós-recife

back rest (Mec.) encosto

backrush (Geo.) refluxo

back saw (E.Civ.) serrote de costas

back scatter (Fís.) dispersão posterior

back setting (E.Civ.) recuo

back shift (Minas) turno da tarde (nas minas de carvão)

back shore (E.Civ.) escora traseira

backshore (Geo.) pós-praia

back-shutter (E.Civ.) aba de adufa

back sight (Topo.) alça de mira

backspace (Inf.) retrocesso (tecla)

back-stay (Eng.) encosto; cadeia de retenção; peça de suporte

back-step (Imp.) retrocesso

back stope (Minas) degrau inverso; escalão inverso

back-tension (Electrón.) tensão de retorno

back titration (Quím.) retitulação

back-to-back (Electrón.) ligação de válvulas em paralelo

backup (Inf.) cópia de segurança

backup battery (Electrón.) bateria redundante

backup capacitor (Electrón.) condensador redundante

backup storage (Inf.) armazenamento de cópias de segurança

Backus-Naur form (Inf.) formulário de Backus-Naur

backward busying (Telecom.) bloqueio para trás; ocupação para trás

backward diode (Electrón.) diodo de retorno

backward echo (Electrón.) eco de retorno

backward recovery (Inf.) recuperação por regressão

backward shift (Electrón.) mudança de retorno

backward signalling (Telecom.) sinalização para trás

backward wave (Electrón.) onda regressiva; onda retrógrada

backward wave tube (Telecom.) tubo de onda regressiva

backwash (Geo.) refluxo

back-water (Hidro.) represa; barragem; água de refluxo

back-water curve (Hidro.) curva de refluxo

back wave (Telecom.) onda de retorno

bacteraemia (Med.) bacteriémia

bacteremia (Med.) bacteriémia

Bacteria (Bio.) Bactérias

bacteria bed (E.Civ.) filtro de esgoto

bacterial conjugation (Bio.) conjugação bacteriana

bacterial leaching (Minas) lixiviação bacteriana

bacterial recovery (Minas) recuperação bacteriana

bacterial transformation (Bio.) transformação bacteriana

bacterial virus (Bio.; Med.) vírus bacteriano

bactericide (Bio.) bactericida

bacteriocidal (Bio.; Med.) bacteriocídico

bacteriocin (Bio.) bacteriocina; vacina bacteriana

bacterioclasia (Bio.) bacterioclasia; fragmetação de bactérias

bacteriofluorescin (Bio.) bacteriofluorescina (matéria fluorescente produzida por bactérias)

bacteriogenic (Bio.) bacteriogénico

bacteriohemagglutinin (Bio.) bacterio-hemaglutinina

bacteriohemolysin (Bio.) bacterio-hemolisina

bacterioid (Bio.) bacterióide; bactérídio

bacteriology (Bio.) Bacteriologia

bacteriolysin (Bio.) bacteriolisina

bacteriopexy (Bio.) bacteriopexia (imunização da bactéria por células fagocitárias)

bacteriophage (Bio.) bacteriófago

bacteriophage lambda (Bio.) bacteriófago lambda

bacteriophage mu (Bio.) bacteriófago miu

bacteriophage QB (Bio.) bacteriófago QB

bacteriophage QX174 (Bio.) bacteriófago QX174

bacteriophage T4 (Bio.) bacteriófago T4

bacteriophage T7 (Bio.) bacteriófago T7

bacteriosis (Med.) bacteriose

bacteriostat (Bio.) bacteriostático

bacteriotoxin (Bio.) bacteriotoxina

bacteriotropic (Bio.) bacteriotrópico

bacteriotropin (Bio.) bacteriotropina

bacterium (Geral) bactéria (forma singular de *bacteria*)

bacteriuria (Med.) bacteriúria

bacteroid (Bio.) bacteróide

Bacteroidaceae (Bio.) Bacteroidáceas

bacteroidosis (Med.) bacteroidose

bacturia (Med.) bacteriúria

baculovirus (Bio.) baculovírus; vírus bacolino

baddeleyite (Miner.) baddleyite; brasilite; badelsite

badger (E.Civ.) pincel para argamassa

badge reader (Inf.) leitor de etiquetas

badger plane (E.Civ.) guilherme (espécie de plaina)

badger softener (E.Civ.) escova em pêlo de texugo

Badischer process (Quím.) processo (de) Badisher

Baermann funnel (Eco.) funil de Baermann

Baeyer's strain theory (Quím.) teoria da deformação de Baeyer; teoria de Baeyer; teoria da tensão de Baeyer

Baeyer's tension theory (Quím.) teoria da tensão de Baeyer; teoria de Baeyer; teoria da deformação de Baeyer

baffle (Fís.) abafador (Acústica)

baffle (Aero.) deflector; placa deflectora

baffle (Electrón.) placa separadora; placa deflectora

baffle (Minas) separador centrífugo

baffle loudspeaker (Fís.) painel do altifalante

baffle plate (Eng.) placa deflectora

bagasse (Med.) bagaço (as fibras esmagadas ou os resíduos da cana do açúcar)

bagassosis (Imun.; Med.) bagaçose (alveolite alérgica extrínseca devido à inalação dos esporos de um fungo contaminante da fibra da cana do açúcar)

bag plug (E.Civ.) tampão de saída

bag pump (Hidro.) bomba de foles

bahada (Geo.) aluvião

bailer (Minas) vazador; extractor de areia, lama e amostras; esgotador

bailey (Arq.) paliçada; parede exterior de um castelo

Bailey bridge (E.Civ.) ponte Bailey

Bailey clamp (Elect.) disjuntor de Bailey

Bailey test for sulphur (Quím.) Teste de Bailey para o enxofre

bailiff (Minas) capataz; chefe de grupo

Baily's beads (Astro.) pérolas de Baily

Baily's furnace (Elect.) forno de Baily

baize (Têxt.) baeta

baked (Imp.) tipo colado

baked core (Mec.) núcleo seco; macho estufado

baked images (Imp.) aumento da resistência das imagens por aquecimento

Bakelite (Plást.) baquelite

bake-out (Elect.) aquecimento preliminar (dos eléctrodos e do contentor de uma válvula electrónica)

Baker's cyst (Med.) quisto de Baker (na osteoartrite grave)

baker's yeast (Bio.; Quím.) fermento de padeiro; fermento biológico

baking soda (Quím.) bicarbonato de sódio; carbonato ácido de sódio

BAL (Med.) abr. de *British Anti-Lewisite* — antilewisita britânica; dimercaprol

balance (Geral) equilíbrio

balance (Elect.) equilíbrio; balanço; compensação

balance (Reloj.) balanço; balanceiro; balancim

balance arc (Reloj.) arco do balanço

balance arm (Reloj.) braço do balanço

balance bar (Hidro.) barra de equilíbrio

balance box (Mec.) caixa de equilíbrio; contrapeso de equilíbrio

balance-bridge (E.Civ.) ponte basculante

balance coil (Elect.) bobina de equilíbrio

balance control (Electrón.) controlo de equilíbrio

balance crane (Eng.) guindaste de contrapeso

balanced about earth (Electrón.) neutro em relação à terra

balanced amplifier (Telecom.) amplificador equilibrado; amplificador compensado

balanced armature (Elect.) induzido centrado; induzido compensado

balanced-armature pick-up (Fís.) captação de induzido compensado

balanced-beam relay (Elect.) relé de feixe equilibrado

balanced bridge (ELECTRÓN.) ponte compensada

balanced circuit (ELECT.) circuito equilibrado; circuito neutro

balanced connections (ELECTRÓN.) ligações compensadas

balanced detector (ELECT.) detector equilibrado

balanced draught (ENG.) tiragem equilibrada; ventilação equilibrada

balanced equation (QUÍM.) equação certa

balanced error (INF.) erro centrado

balanced feeder (ELECTRÓN.) fonte compensada

balanced input circuit (ELECT.) circuito equilibrado de admissão

balanced line (TELECOM.) linha simétrica; linha balanceada

balanced load (ELECT.) carga compensada

balanced loop antenna (ELECT.) antena de quadro equilibrada

balanced mixer (ELECT.) misturador compensado

balanced modulator (ELECT.) modelador compensado

balanced network (TELECOM.) rede equilibrada

balanced out (TELECOM.) neutralizado

balanced output (ELECT.) débito equilibrado; rendimento equilibrado; rendimento uniforme

balanced-pair cable (TELECOM.) cabo duplo compensado

balanced pedal (FÍS.) pedal de expressão (Acústica)

balanced phase (TELECOM.) fase compensada

balanced polymorphism (ECO.) polimorfismo estável

balanced power supply (ELECTRÓN.) fonte de alimentação compensada

balanced protective system (ELECT.) sistema de protecção equilibrado

balanced reaction coil (ELECT.) bobina de reacção equilibrada

balanced relay (TELECOM.) relé equilibrado

balanced rudder (AERO.) leme compensado

balanced sash (E.CIV.) janela basculante

balanced solution (QUÍM.) solução equilibrada

balanced system (TELECOM.) sistema equilibrado; sistema simétrico (de linhas)

balanced termination (TELECOM.) terminais equilibrados

balanced to ground (ELECT.) compensado à terra

balanced valve (TELECOM.) válvula equilibrada

balanced voltage (ELECT.) tensão equilibrada

balanced weave (TÊXT.) tecedura equilibrada

balance equation (METEO.) equação de equilíbrio

balance error (INF.) erro centradodo

balance gate (HIDRO.) comporta giratória

balance pipe (MEC.) tubagem de equilíbrio

balance piston (MEC.) pistão compensador

balance point (E.CIV.) ponto de equilíbrio

balancer (ELECT.) contrapeso; dínamo de compensação

balancer booster (TELECOM.) equilibrador-elevador de tensão

balancer rim (RELOJ.) arco de balanço

balancer set (TELECOM.) grupo compensador

balancer three wire (TELECOM.) compensador para grupo trifilar

balancer transformer (ELECT.) transformador de equilíbrio

balance spring (RELOJ.) mola do balanço

balance staff (RELOJ.) haste do balanço

balance tab (AERO.) compensador

balance theory (PSICO.) teoria de equilíbrio

balance theory of sex (PSICO.) teoria do equilíbrio sexual

balance weight (ENG.) peso de compensação; peso de equilíbrio; contrapeso

balance wheel (RELOJ.) roda de balanço

balancing (T.IMAG.) equilíbrio

balancing (TOPO.) estabilização

balancing (TELECOM.) estabilização; compensação

balancing antenna (TELECOM.) antena de compensação

balancing capacitance (TELECOM.) capacitância de compensação

balancing capacitor (TELECOM.) condensador de compensação

balancing coil (ELECT.) bobina de compensação; autotransformador

balancing condenser (ELECT.) condensador de compensação

balancing connection (ELEC T.) ligação de equilíbrio; ligação de compensação

balancing flap (AERO.) aleta de equilíbrio; flap de equilíbrio

balancing machine (MEC.) máquina de equilibrar; máquina de compensar; máquina de centragem

balancing network (ELECT.) equilibrador; rede de compensação

balancing ring (ELECT.) disco compensador

balancing speed (ELECT.) velocidade de equilíbrio

balanitis (MED.) balanite

balano-; balan- (GERAL) balano-; balan-; do grego *balanos* — glande, formas relacionadas com a glande do pénis

balanocele (MED.) balanocele

balanoposthitis (MED.) balanopostite

balanorrhagia (MED.) balanorragia

balanorrhea (MED.) balanorreia

balantidiosis (VET.) balantidiose; balantidíase

balantidium (BIO.) balantídeo

Balantidium (BIO.) Balantídeo

balanus (MED.) bálano

balas ruby (MINER.) rubi-balas; rubi-espinela; falso rubi

balata (QUÍM.) balata

balaustrade (ARQ.) balaustrada

Balbach process (QUÍM.) processo Balbach

Balbian rings (BIO.) anéis de Balbiani

balbuties (MED.) balbúcio; gagueio; gaguejo

balconet (ARQ.) balaustrada de porta ou janela

balcony (ARQ.) balcão; varanda

bald (MED.) calvo; alopécico

baldacchino (ARQ.) baldaquino; cúpula

baldness (MED.) calvície; alopécia

bale breaker (TÊXT.) abridor de fardos

baleen (ZOO.) barba de baleia

balk (ENG.CIV.) trave; viga-mestra

Balkan frame (MED.) estrutura de Balkan (aparelho para extensão contínua das fracturas do fémur)

balking (ELECT.) falha

ball-and-socket head (T.IMAG.) cabeça de montagem de câmara com movimento antes da fixação

ball-and-socket joint (MEC.) articulação esférica; junta universal; rótula

ball-and-socket joint (MED.) articulação esferóidal

ballast (E.CIV.) balastro

ballast (NAV.) lastro

ballast lamp (ELECT.) lâmpada regulável; lâmpada compensadora

ballast regulator (ELECT.) regulador de compensação

ballast resistance (ELECT.) resistência de compensação

ballast resistor (ELECT.) resistência regulável; resistência compensadora

ballast tube (ELECTRÓN.) válvula electrónica compensadora

ball-bearing (MEC.) rolamento de esferas; chumaceira de esferas

ball-bearing cage (MEC.) grade de esferas de rolamento

ball-bearing grinding machine (MEC.) rectificadora de rolamento de esferas

ball-bearing puller (MEC.) extractor de rolamentos

ball catch (E.CIV.) fechadura de esfera

ball clay (GEO.) argila plástica; barro de oleiro

ball-cock (E.CIV.) válvula de depósito de água

ball-ended magnet (ELECT.) íman permanente de esferas

ball flower (ARQ.) ornamento característico da arquitectura gótica primitiva inglesa — séc. XIII

ball grid array [BGA] (INF.) placa impressa de rede de pontos

ball ice (GEO.) bola de gelo

balling (MEC.) formação de bolas

ballistic camera (ASTRO.) câmara balística; máquina fotográfica balística

ballistic characteristics (TELECOM.) características balísticas

ballistic method (ELECT.) método balístico

ballistic missile (AERO.; ESP.) míssil balístico

ballistic pendulum (Fís.) pêndulo balístico

ballistics (Fís.) Balística

ballistophobia (Med.) balistofobia (medo mórbido dos mísseis)

ballistospore (Bot.) balistósporo (um esporo que é violentamente projectado; como o basidiósporo dos fungos basidiomicetos)

ball joint (Mec.) junta esférica; junta de esfera; articulação de esfera ou rótula

ball lightning (Meteo.) relâmpago globular; relâmpago esférico

ball mill (Quím.) moinho de esferas

ballonnet (Aero.) balão auxiliar; balonete

balloon (Aero.) balão; balão aerostático

balloon barrage (Aero.) barragem de balões

ballooning (Telecom.) distorção de imagem

balloon sounding (Geo.) sondagem aérea (por balão)

ballottement (Med.) rechaço (manobra para diagnóstico de gravidez, raramente usada)

ball-pane hammer (Mec.) martelo de bola

ball race (Mec.) anel de rolamento de esferas; berço de rolamento de esferas

ball sizing (Mec.) método de alargar um furo fazendo passar por ele, sob pressão, uma esfera de aço temperado

ball-track (Mec.) rolamento de esferas

ball valve (Mec.) válvula esférica; válvula de bola

Balmer series (Fís.) série de Balmer

balneology (Med.) balneologia

BALPA (Aero.) abr. de *British Airline Pilots Association* — Associação dos Pilotos das Linhas Aéreas Britânicas

balsam of fir (Quím.) bálsamo do Canadá; terebintina do Canadá

balsam of Tolu (Quím.; Med.) bálsamo de Tolu

balsa wood (Bot.; E.Civ.) balsa; a sua madeira

Baltica (Geo.) Escudo Báltico

baltic redwood (Bot.; E.Civ.) pinheiro-de-Riga; pinheiro-de-casquilha; pinheiro-vermelho-do-Báltico; a sua madeira

Baltoscandia (Geo.) Escudo Báltico

BALUN (Telecom.) abr. de *BALance to UNbalance* — de equilíbrio para desequilíbrio

baluster (Arq.) balaústre

Bam islands (Bio.) ilhas Bam

banak (Bot.; E.Civ.) ucuuba; a sua madeira

banana plug (Elect.) ficha de banana

band (Geral) banda; faixa; feixe

B and BB (Mec.) abr. de *Best and Best Best* — o melhor dos melhores (MC de ferro forjado)

band brake (Mec.) freio de cinta; travão de cinta exterior

band chain (Topo.) fita de aço com graduações

band clutch (Mec.) embraiagem de fita

band conveyor (Mec.) correia transportadora

band cramp (E.Civ.) fixador de faixa

band-edge energy (Electrón.) energia de limite de faixa

banded structure (Geo.) estrutura lamelar

band filter (Telecom.) filtro de banda

bandgap (Electrón.) barreira de energia

bandgap diode (Electrón.) diodo de barreira de energia

band ignitor tube (Electrón.) válvula de ignição de faixa

banding (T.Imag.) dessincronização horizontal

banding plane (E.Civ.) plaina de meiacana; plaina de bocelar

banding techniques (Bio.) técnicas de segmentação

band-limited noise (Electrón.) ruído de gama limitada

band merit (Telecom.) ganho de largura de banda

band-pass (Telecom.) banda de passagem

band-pass coupled circuits (Electrón.) circuitos passa-banda

band-pass filter (Telecom.) filtro de banda de passagem; filtro passa banda

band-pass tuning (Telecom.) sintonia de banda de passagem

bandsaw (Mec.) serra sem-fim

band setting (Telecom.) ajuste de banda; fixação de banda

band setting condenser (Telecom.) condensador para ajuste de banda

band spectrum (Fís.) espectro de faixa; espectro de banda

band-spread (Telecom.) alargamento de banda; dilatação de banda

band-spread condenser (Telecom.) condensador para alargamento de banda

band-spread dial (Telecom.) quadrante de alargamento de banda

band-spreading (Telecom.) alargamento de banda

band-stop filter (Telecom.) filtro atenuador de banda

B and S wire gauge (Mec.) abr. de *Brown and Sharp wire gauge* = American Standard Wire Gauge — Calibre Standard Americano de Arame

band switch (Telecom.) selector de gama

band theory of solids (Fís.) teoria de banda dos sólidos

bandwidth (Telecom.) amplitude de banda; largura de banda

bandwidth-length product (Electrón.) produto da largura de banda pelo comprimento

bang-bang control (Electrón.) controlo de estados

Bang's bacillus (Bio.) bacilo de Bang; bacilo do aborto

Bang's disease (Vet.) Doença de Bang; brucelose bovina

banjo axle (Auto.) eixo traseiro

bank (Aero.) inclinação lateral do avião

bank (Geo.) banco

bank (Imp.) berço

bank (Mec.) conjunto; fila; grupo

bank (Telecom.) fila; bateria; conjunto; bloco

Banka drill (Minas) broca (de) Banka

bank and turn indicator (Aero.) indicador de viragem e de inclinação

banked (Aero.) inclinado lateralmente; longitudinalmente desequilibrado

banked turn (Aero.) curva inclinada

banked-up water level (Hidro.) elevação do nível de água

banked wiring (Elect.) enrolamento em camadas sobrepostas

banker (E.Civ.) banco de pedreiro; banco de tijoleiro

banket (Geo.) banqueta; conglomerado

bankfull flow (Geo.) débito de cheia

bankfull stage (Geo.) cota de débito de cheia

banking (Aero.) inclinação lateral

banking-up (Mec.) redução do grau de combustão numa caldeira

bank multiple (Telecom.) ligação de contacto múltipla

bank of lamps (Telecom.) bateria de lâmpadas

bank of transformers (Elect.) fila de transformadores; bloco de transformadores

bank paper (Papel) papel para notas de banco

bank protector (Hidro.) protector de margem; defesa de margem

bannisterite (Miner.) banisterite

banquette (Arq.; E.Civ.) banqueta

BAP (Bot.; Quím.) abr. de *BenzylAminoPurine* — benzilaminopurina

bar (Fís.) bar (unidade de pressão)

baragnosis (Med.) baragnosia (incapacidade de apreciar o peso dos objectos apoiados na mão)

bar-and-yoke (Elect.) barra e núcleo (teste magnético)

Bárány's test (Med.) Teste de Bárány; teste calórico de Bárány

barathea (Têxt.) MC de um tecido de seda ou fibra de produção manual

barb (Bot.) barba; rebarba; farpa

barb (Zoo.) barba; ramificação lateral do ráquis de uma pena

Barbados Earth (Geo.) Terra de Barbados

Barba's law (Mec.) lei de Barba; lei da deformação plástica do metal

barbate (Bot.) barbada; tufada

barbel (Zoo.) barbilho; barbilhão

barber's rash (Med.) exantema facial

barbital (Med.) barbital; veronal; barbitona; dietilmalonilureia

barbital sodium (Med.) barbital sódico; barbitona sódica; sal sódico do barbital

barbitone (Med.) barbitona

barbituric acid (Quím.) ácido barbitúrico; malonilureia

barbule (Zoo.) bárbula

barchan (Geo.) barcane; duna em crescente

barchanoid (Geo.) em forma de barcã

bar code (Inf.) código de barras

bar code reader (Inf.) leitor de código de barras

bar code scanner (Inf.) leitor de código de barras

bar cramp (E.Civ.) grampo em barra; gato em barra

bare (Mec.) nu; descapado

bare conductor (Elect.) condutor nu; condutor sem revestimento

bare electrode (Elect.) eléctrodo nu; eléctrodo sem revestimento

bareface tenon (E.Civ.) cavilha de rebordo liso; respiga de encaixe

bare wire (Elect.) fio nu

barge board (E.Civ.) tábua ou barrote vertical de empena

barge couple (E.Civ.) travessa de empena

barge course (E.Civ.) beiral de empena

bar generator (T.Imag.) gerador de barras

bargraph display (T.Imag.) monitor de gráfico de barras

barite (Minas) barita; baritina

barium (Quím.) bário

barium chloride (Quím.) cloreto de bário

barium concrete (E.Civ.) betão de bário

barium enema (Radiol.) enema de bário; clister de bário

barium feldspar (Miner.) feldspato de bário

barium hydroxide (Quím.) hidróxido de bário

barium nitrate (Quím.) nitrato de bário

barium oxide (Quím.) óxido de bário

barium plaster (E.Civ.) estuque de bário; argamassa de bário

barium sulphate (Quím.) sulfato de bário

barium sulphide (Quím.) sulfeto de bário

barium titanate (Quím.) titanato de bário

bark (Bot.) córtex; casca; cortiça

bar keel (Nav.) quilha maciça; quilha de barra

Barker index (Crist.) índice (de) Barker

barkevikite (Miner.) barquevicite

Barkhausen effect (Fís.) efeito de Barkhausen

Barkhausen-Kurz oscillator (Telecom.) oscilador de Barkhausen-Kurz

bar lathe (Mec.) torno para barras

Barlow lens (Fís.) lente (de) Barlow

Barlow's wheel (Fís.) roda de Barlow

Barlow-Wadley loop (Electrón.) oscilador cancelador de desvio

bar magnet (Elect.) íman de barra; magnete de barra; barra magnetizada; barra imantada

bar mill (Mec.) laminador de barra

bar mining (Minas) mineração aluvial

bar movement (Reloj.) movimento de barra

barn (Fís.; Nucl.) barn (unidade utilizada em Física Nuclear para exprimir secções eficazes)

Barnard loop (Astro.) arco de Barnard

Barnard's satellite (Astro.) satélite de Barnard (estrela *Amalteia*)

Barnard's star (Astro.) estrela de Barnard (Velox Barnardi)

Barnett effect (Fís.) efeito de Barnett

baroclinic (Geo.) baroclínico

baroclinic atmosphere (Meteo.) atmosfera baroclínica

baroduric (Eco.) baroresistente; resistente à pressão

barograph (Meteo.) barógrafo

barometer (Meteo.) barómetro

barometric correction (Meteo.) correcção barométrica

barometric error (Meteo.) erro barométrico

barometric pressure (Meteo.) pressão barométrica

barometric tendency (Meteo.) tendência barométrica

barophil (Bio.) barófilo

barophilic (Bio.) barofílico

barophoresis (Quím.) baroforésia

Baroque (Arq.) Barroco

baroque organ (Fís.) orgão barroco

baroreceptor (Med.) barorreceptor

barostat (Aero.) baróstato

barostatic (Aero.) barostático

barotaxis (Med.) barotaxia

barothermograph (Geo.) barotermógrafo

barotolerant (Geral) barotolerante; tolerante à pressão

barotropic (Geo.) barotrópico

barotropic atmosphere (Meteo.) atmosfera barotrópica

barotropic gas (Astro.; Meteo.) gás barotrópico

barrage (Hidro.) barragem

barrage baloon (Aero.) balão de barragem

barrage-fixe (Hidro.) barragem-fixa

Barr body (Bio.) corpo cromatínico de Barr; corpo de Barr

barré (Têxt.) barré; barrado

barred basin (Eco.) charco

barred code (Telecom.) código de barras

barred spiral galaxy (Astro.) galáxia espiral barrada

barrel (Eng.) tambor; cilindro

barrel (Minas) barril (unidade de medida equivalente a 158,99 l de petróleo)

barrel (Reloj.) barrilete

barrel amalgamation (Mec.) amalgamação em barril

barrel arbor (Reloj.) árvore do barrilete

barrel bolt (E.Civ.) lingueta; ferrolho

barrel cam (Mec.) came cilíndrico; ressalto cilíndrico

barrel distortion (T.Imag.) distorção em barril

barrel drain (E.Civ.) drenagem em barril; drenagem em tubo

barrel hopper (Mec.) alimentador de tambor

barrel plating (Elect.) revestimento galvanizado em tambor

barrel printer (Inf.) impressora de tambor

barrel-type crankcase (Mec.) cárter de tambor

barrel vault (E.Civ.) abóbada cilíndrica

barrel-vault roof (E.Civ.) tecto abobadado

barrel winding (Elect.) enrolamento em tambor

barremeter (Elect.) válvula reguladora de voltagem; termodetector; resistência de compensação

barren (Bio.; Geo.; Med.) estéril

barren solution (Minas) solução estéril

barrier (Elect.) barreira

barrier bar (Eco.) baixio; barreira de areia

barrier beach (Geo.) praia de barreira

barrier chain (Geo.) cadeia de barreiras

barrier coast (E.Civ.) revestimento de barreira

barrier island (Geo.) ilha de barreira

barrier lagoon (Geo.) lagoa de barreira

barrier layer (Electrón.; Telecom.) câmara de deplecção; camada-barreira

barrier-layer deplection (Electrón.) capacitância da camada de deplecção

barrier penetration (Fís.) penetração de barreira (Acústica)

barrier pillar (Minas) pilar de barreira

barrier potential (Electrón.) potencial de barreira

barrier reef (Geo.) recife de barreira

barrier region (Electrón.) zona de deplecção; zona de barreira

barrier spit (Geo.) esporão de barreira

barrier surface transistor (Elect.) transistor de barreira de superfície

barring motor (Elect.) servo-motor de arranque; motor auxiliar de arranque

Barrovian metamorphism (Geo.) metamorfismo barroviano

Barrovian zones (Geo.) zonas barrovianas

bars of foot (Vet.) barras do casco

bar suspension (Elect.) suspensão de barra

bartholinitis (Med.) bartolinite

Bartholin's duct (Med.; Zoo.) canal de Bartholin

Bartholin's gland (Med.; Zoo.) glândula de Bartholin

Bartlett window (Electrón.) janela de Bartlett

bartonellosis (Vet.) bartonelose (doença endémica do vale dos Andes)

bar tracery (Arq.) barra rendilhada

bar-type current transformer (Elect.) transformador de corrente tipo barra

bar winding (Elect.) enrolamento em barra

bar-wound armature (Elect.) induzido de barras; rotor de barras

barye (Fís.) bária (unidade de pressão = 1 dine por centímetro quadrado)

baryglossia (Med.) bariglossia

barylalia (Med.) barilalia

barymazia (Med.) barimazia; hipertrofia da mama

baryon (Fís.) barião

baryon number (Fís.) número de bariões

baryphonia (Med.) barifonia; bariglossia; barilalia; voz de tonalidade baixa e grave

baryta (Quím.) barita; barite

baryta paper (T.Imag.) papel baritado
baryta water (Quím.) água de barita; hidróxido de bário
baryte (Miner.) barita; baritina; baritite
barytes (Miner.) barita; baritina; baritite
barytes concrete (Nucl.) cimento de barita (para blindagem de reactores nucleares)
baryto- (Geral) barito- (prefixo que indica a presença de bário num mineral)
barytocalcite (Miner.) baritocalcite
basad (Geral) basal
basal body (Bio.; Bot.) corpo basal; corpúsculo basal; grânulo basal; blefaroplasto
basal conglomerate (Geo.) conglomerado de base
basal corpuscle (Bot.; Zoo.) corpúsculo basal
basal ganglia (Med.; Zoo.) gânglios basais
basalioma (Med.) basalioma (nome impróprio); carcinoma da célula basal
basal lamina (Bio.) lâmina basal; placa basal
basal metabolic rate [BMR] (Med.) taxa metabólica basal [TMB]
basal placentation (Bot.) placentação basal
basal planes (Crist.) planos de base; planos basais
basal plates (Zoo.) lâminas basais; placas basais
basal sliding (Eco.) escorregamento basal
basalt (Geo.) basalto
basalt glass (Geo.) taquilito (vidro vulcânico de composição basáltica)
basaltic hornblende (Miner.) horneblenda basáltica; basaltina
basanite (Geo.) basanite; lidite; pedratoque; quartzo-lídico
basculate bridge (E.Civ.) ponte-báscula; ponte levadiça
basculation (Med.) basculação
base (Geral.) base; pé; fundo; assento; plataforma
base (Astro.) fundo de ergol; base de ergol
base address (Inf.) endereço de base
base analog (Bio.) base análoga; purina
baseband (Telecom.) faixa-base; banda-base
baseband distribution (Electrón.) emissão do sinal bruto
baseband signal (Electrón.) sinal bruto; sinal não modulado
base board (E.Civ.) rodapé
base bullion (Mec.) metal contendo ouro ou prata
base circle (Mec.) círculo de base
base course (E.Civ.) base de alicerce; fundação
base current (Electrón.) corrente de base
basedoid (Med.) basedóide (condição semelhante à doença de Basedow, sem sintomas tóxicos)
basedowian (Med.) basedoviano (portador da doença de Basedow)

Basedow's disease (Med.) doença de Basedow
base electrode (Elect.) eléctrodo de base
base-emitter Zener effect (Electrón.) efeito de Zener
base exchange (Quím.) mudança de base
base level (Geo.) nível de base
baseline (Imp.) linha-base
baseline (Topo.) linha de base; linha de referência
base load (Elect.) carga de base; carga fundamental
basement (Geo.; Minas) complexo de base; subsolo; «basamento»
basement membrane (Bio.) membrana basal; basilema; lâmina basal; membrana limitante
base metal (Quím.) metal não precioso
base metal (Mec.) metal básico
base notation (Inf.) notação de base
base pair [bp] (Bio.; Eco.) par base
base resistance (Electrón.) resistência de base
base saturation (Eco.) nível de saturação
base standards (Geral) padrões internacionais
base station (Telecom.) estação de base
base stopper (Electrón.) carga da base (do transistor)
base substitution (Bio.) substituição de bases; troca de bases
base surge (Geo.) explosão basal; nuvem de cinzas
base unit (Geral) unidade básica
base vector (Mat.) vector-base
Bashkirian (Geo.) Bashkiriano (andar no Carbónico)
basi- (Geral) basi-; do latim *basis* — base
BASIC (Inf.) BASIC; sigla de *Beginners All purpose Symbolic Instructions Code* — Código de Instruções Simbólico para principiantes e para todos os fins
basic chromosome set (Bot.) disposição cromossomática básica
basic dye (Quím.) titulador; marcador
basic frequency (Telecom.) frequência de base
basic grassland (Eco.) vegetação alcalina
basic instruction (Inf.) instrução básica
basicity (Quím.) basicidade
basic language (Inf.) linguagem básica
basic lead carbonate (Quím.) carbonato básico de chumbo; carbonato branco; alvaiade de chumbo
basic lead chromate (Quím.) cromato básico de chumbo; cinábrio austríaco; amarelo de chumbo
basic lead sulphate (Quím.) sulfato básico de chumbo
basic linkage (Inf.) ligação básica
basic loading (Elect.) carga básica
basic number (Bot.) número-base; número básico

basic number (Inf.) número básico; base de numeração
basiconic (Zoo.) basicónico
basic process (Mec.) processo básico; processo Bessemer
basicranial (Med.; Zoo.) basicraniano
basic rate access [BRA] (Electrón.) acesso básico
basic rock (Geo.) rocha básica
basic six (Aero.) seis básico; os seis indicadores básicos (velocidade do ar, velocidade vertical, altímetro, de proa, horizonte artificial, de curva e inclinação)
basic size (Imp.) tamanho básico
basic slag (Eng.) escória básica; escória Thomas
basic soil (Geo.) solo básico; solo alcalino
basic solvent (Quím.) solvente de base
basic steel (Mec.) aço básico
basic T (Aero.) T-básico (disposição de instrumentos de voo em T)
basic weight (Aero.) peso básico
basidiocarp (Bot.) basidiocarpo; basidioma
basidioma (Bot.) basidioma; basidiocarpo
Basidiomycetes (Bot.) Basidiomicetos
Basidiomycotina (Bot.) Basidiomicetos
basidiospore (Bot.) basidiósporo
basidium (Bot.) basídio
basifacial (Med.) basifacial
basifixed (Bot.) basifixo
basifugal (Bot.) basífugo
basifugal movement (Eco.) movimento acropeto
basihyal (Med.) base do osso hióide; corpo do osso hióide
basihyoide (Med.) base ou corpo do osso hióide
basilar membrane (Fís.; Zoo.) membrana basilar
basin (Geo.) bacia
basin (Nucl.) piscina
basin-and-range (Geo.) bacia e cordilheira
basin-and-swell sedimentation (Geo.) sedimentação lagunar
basion (Med.) básio
basiotripsy (Med.) basiotripsia
basipetal (Bot.) basípeto
basipetal movement (Eco.) movimento basipeto
basiphil (Zoo.) basófilo
basiphil cells (Med.) células basófilas
basiphilia (Med.) basofilia
basiphobia (Med.; Psico.) basifobia; medo mórbido de andar
basipodium (Med.) refere-se ao pulso ou ao tornozelo
basis (Mat.) base
basis cranii (Med.; Zoo.) base do crânio
basis vector (Mat.) vector de base
basis weight (Papel) peso base
basket centrifuges (Bio.) centrífuga de cesto
basket coil (Elect.) bobina de cesto; enrolamento em cadeia
basocyte (Med.) basócito

basocytopenia (MED.) basocitopenia
basocytosis (MED.) basocitose
basometachromophil(e) (MED.) basometacromofilo
basophil(e) (MED.) basófilo
basophil cell (MED.) célula basófila
basophilia (MED.) basofilia
basophil leucocyte (IMUN.; MED.) leucócito basófilo; basófito; basofilócito; mastócito
basophillic (ECO.) basofílico
basoplasm (MED.) basoplasma
bas relief (ARQ.) baixo-relevo
bass (TELECOM.) baixo
bass boost (FÍS.) acentuação do baixo (Acústica)
bass compensation (FÍS.) compensação do baixo (Acústica)
bass control (FÍS.) controlo de baixos
bass frequency (FÍS.) frequência do baixo
bass response (TELECOM.) resposta em baixas frequências
basswood (BOT.; E.CIV.) tília-americana; a sua madeira
bastard (GERAL) degenerado; bastardo
bastard ashlar (E.CIV.) silhar bastardo
bastard-cut (E.CIV.) corte bastardo
bastard fount (IMP.) tipo bastardo
bastard size (PAPEL) tamanho bastardo; tamanho não standard
bastard thread (MEC.) rosca bastarda
bastard title (IMP.) título bastardo
bastard tuck pointing (E.CIV.) reboco de união bastarda
bastard wing (ZOO.) asa bastarda
bast fibre (TÊXT.) fibra da casca; fibra do líber
bastite (MINER.) bastite
bastnaesite (MINER.) bastnaesite
bat (E.CIV.) excesso
BAT (AERO.) abr. de Blind Approach Training — Treino de Aproximação por Instrumentos
batch (INF.) lote; bloco; grupo
batch (MFC.) sangria (metalurgia)
batch (VIDR.) massa; matérias-primas
batch box (E.CIV.) caixa doseadora
batch centrifuges (BIO.) centrífugas de lotes
batch counter (ELECTRÓN.) contador
batch culture (BIO.) cultura intermitente; cultura por etapas
batch distillation (QUÍM.) distilação por etapas
batched job (INF.) tarefa em lote
batch furnace (ENG.) forno intermitente
batching (MEC.) bacia de sangria (metalurgia)
batching (MINAS) entivação
batching sphere (MINAS) esfera de dosificação
batch job (INF.) trabalho por lotes
batch mill (MEC.) moinho doseador
batch processing (INF.) processamento em bloco; processamento por grupos de lotes
batch processing mode (INF.) modo de processamento por lotes (ou blocos)
batch total (INF.) total de grupo
Batesian mimicry (ZOO.) mimetismo batesiano

bath lubrification (MEC.) lubrificação por banho
batho-, bathy- (GERAL) bato-, bati-; do grego bathys — profundo, e usado especialmente em relação às profundidades marítimas
bathochrome (QUÍM.) batocromo
bathochromic (QUÍM.) batocrómico
batholith (GEO.) batólito
bathophilous (ZOO.) batofílico
bathophobia (PSICO.; MED.) batofobia
bathotonic (QUÍM.) batotónico; batótono
B.A. thread (MEC.) rosca B.A. [B.A. = British Association of screw-thread) — Associação Britânica de roscas de parafuso]
bathy- (ECO.) bati-
bathyabyssal (GEO.) batiabissal
bathyal (GEO.) batial
bathyal zone (GEO.) zona batial
bathybic (BIO.) batíbico
bathylimnetic (ZOO.) batilimnético
bathymetric (GEO.) batimétrico
bathymetric chart (GEO.) carta batimétrica; mapa batimétrico
bathymetric curve (GEO.) curva batimétrica
bathymetric map (GEO.) mapa batimétrico
bathymetric survey (GEO.) levantamento batimétrico
bathymetric unit (GEO.) unidade batimétrica
bathymetry (GEO.) batimetria
bathypelagic (GEO.) batipelágico
bathypelagic fish (ECO.) peixes batipelágicos
bathypelagic zone (ECO.) zona batipelágica
bathyplankton (GEO.) batiplâncton
bathysmal (ZOO.) zona abissal
batik (TÊXT.) batique
batiste (TÊXT.) batista; batiste
batrachian (ZOO.) batráquios
batt (TÊXT.) teia; rede; tela; tecido
batten (E.CIV.) sarrafo; viga; tábua de soalho
batten (ELECT.) fila de lâmpadas suspensas por cima de uma plataforma, ou de um palco
battenboard (E.CIV.) tipo de madeira laminada
batten door (E.CIV.) porta de ripas
battened wall (E.CIV.) parede de ripas
batten-lampholder (ELECT.) porta-lâmpadas de rosca
batter (E.CIV.) talude
battered baby syndrome (MED.) síndroma do bebé espancado
battered child syndrome (MED.) síndroma da criança espancada
batter level (TOPO.) nível de inclinação
batter pile (E.CIV.) estaca inclinada; pilar inclinado
batter post (E.CIV.) contrafixa; contrafileira; escora
battery (ELECT.) bateria
battery backup (ELECTRÓN.) bateria redundante
battery booster (ELECT.) bobina de arranque; bateria elevadora de tensão; dínamo elevador

battery buffer (ELECT.) compensador de bateria
battery charging (ELECTRÓN.) carga da bateria; alimentação da bateria
battery coil ignition (AUTO.) ignição por bateria
battery cut-out (ELECT.) corte automático de bateria
battery regulating switch (ELECT.) chave ou interruptor regulador de bateria
battery spike (ELECT.) pinça de bateria
battery traction (ELECT.) tracção a bateria
battery vehicle (ELECT.) veículo a bateria; carro a bateria
batyl alcohol (QUÍM.) álcool batílico
baud (INF.; TELECOM.) baud (unidade de velocidade de transmissão)
Baudot code (TELECOM.) código Baudot
Baudouin reaction (QUÍM.) reacção de Baudouin
Baud rate (TELECOM.) taxa Baud
Bauhaus (ARQ.) Bauhaus (instituto criado por Walter Gropius, em Weimar, em 1919, para o estudo conjunto das artes plásticas e aplicadas)
baulk (E.CIV.) viga; trave
Baumé hydrometer scale (FÍS.) escala de Baumé
baumgrenze (ECO.) limiar arborícola; linha limite das árvores
Baum jig (MINAS) lavador Baum
bauxite (GEO.) bauxite
Baventian (GEO.) Baventiano (período glacial pleistocénico)
Baxandall tone control (TELECOM.) circuito de tonalidade de baxandall
bay (ARQ.) vão; abertura
bay (GEO.) baía
bay (MED.) recesso
bay (TELECOM.) painel
Bayard and Albert gauge (FÍS.) calibrador de Bayard e Albert
bay bar (ECO.; GEO.) baixio
baydelta (GEO.) delta de baía
Bayer process (QUÍM.) processo Bayer
Bayesian (EST.) bayesiana (de Bayes)
Bayes theorem (GERAL) teorema de Bayes
bayhead barr (GEO.) barra de cabeceira de baía
bayhead beach (ECO.; GEO.) praia escarpada
bayhead delta (GEO.) delta de cabeceira de baía
baymouth barrier (ECO.; GEO.) baixio; barra
bayonet cap [BC] (ELECT.) suporte de baioneta; base de baioneta
bayonet fitting (ELECT.) montagem de baioneta
bayonet holder (ELECT.) suporte de baioneta
bayou (GEO.) «bayou» (tipo de drenagem em zona pantanosa)
bay-stall (E.CIV.) banco fixo no vão de janela
baywood (BOT.; E.CIV.) mogno; a sua madeira
bazooka (TELECOM.) «bazooka»; V. BALUN

B battery (ELECT.) bateria-B; bateria de alta tensão (nos EUA)

BC (ELECT.) abr. de *bayonet cap*

BCD (INF.) abr. de *binary coded decimal* — decimal codificado em binário

BCD counter (ELECTRÓN.) contador decimal binário

BCD decoder (ELECTRÓN.) descodificador decimal binário

B-cell (IMUN.) célula B; linfócito B

BCF (QUÍM.) abr. de *bromochlore difluoromethane* — bromoclorodifluorometano

BCG (IMUN.) abr. de *Bacille Calmette Guerin* — bacilo de Calmette Guérin; BCG

BCH code (ELECTRÓN.) código decimal binário

B-chromosome (BIO.) cromossoma B

B-class insulation (ELECT.) isolamento da classe B

B-coefficient (ASTRO.) coeficiente B; coeficiente de Einstein

bcr (BIO.) região bcr

B-Crypt (TELECOM.) encriptação B

BCS (INF.) abr. de *British Computer Society* — Sociedade Britânica de Computadores

BDAM (INF.) abr. de *Basic Direct Access Method* — Método básico de acesso directo

B-display (RADAR) indicador B

BDV (ELECT.) abr. de *breakdown voltage* — voltagem de interrupção

Be (QUÍM.) símbolo químico do berílio

beach (GEO.) praia

beach berm (GEO.) berma de praia

beach cusp (GEO.) cúspide de praia

beach cycles (GEO.) ciclos de praia

beach drift (ECO.) deriva (de detritos) ao longo da paraia

beach erosion (GEO.) erosão de praia

beaching gear (AERO.) trem de manobra para hidroavião

beach mining (GEO.) mineração de praia

beach orientation (GEO.) orientação de praia

beach pool (GEO.) poça de praia

beach ridge (GEO.) crista de praia

beach rock (GEO.) arenito

beach scarp (GEO.) escarpa de praia

beach water table (GEO.) lençol freático de praia

beacon (AERO.; NAV.) baliza; bóia; farol; radiofarol; orientação

bead (E.CIV.) moldura; friso; rebordo

bead-and-quirk (E.CIV.) moldura e entalhe; friso e chanfradura

bead-pointed (E.CIV.) união de rebordo

bead-tool (E.CIV.) boleadora

beak (ZOO.) bico

beak iron (MEC.) ponta de bigorna; bico da bigorna

beam (MEC.) longarina; trave; viga transversal

beam (FÍS.) onda; raio de luz; feixe luminoso; raio electrónico; feixe direccional; feixe explorador; jacto de luz; feixe de partículas; irradiação

beam (RADAR) feixe explorador

beam (TÉXT.) cilindro ou tambor do urdidor

beam analyser (ELECTRÓN.) analisador ou explorador de feixe

beam angle (TELECOM.) ângulo (de abertura) do feixe

beam antenna (TELECOM.) antena direccional; antena de feixe

beam balance (QUÍM.) balança de travessão

beam bending (TELECOM.) deflexão do feixe (tubo de raios catódicos)

beam compass (ENG.) compasso de lança ou vara; cintel

beam-coupling coefficient (ELECT.) coeficiente de ligação de feixe

beam current (ELECTRÓN.) corrente de feixe

beam current limiting (TELECOM.) limitação da corrente do feixe (tubo de raios catódicos)

beam deflection (ELECTR.) deflexão de feixe

beam efficiency (ASTRO.) eficiência de feixe

beam-engine (MEC.) motor de balanceiro

beamer (T.IMAG.) projector de vídeo

beam-filling (E.CIV.) enchimento de travejamento

beam-forming electrode (ELECTRÓN.) eléctrodo de formação de feixe

beam hole (NUCL.) canal de feixe (irradiação)

beam intensity (TELECOM.) intensidade do feixe

beam lead (ELECTRÓN.) ligação resistente à vibração

beam power (ELECT.) potência de feixe

beam relay (ELECT.) relé de feixe

beam rider (AERO.; ASTRO.) seguidor de feixe de radar; avião ou veículo espacial orientado por radar

beam riding (AERO.; ESP.) acompanhamento de feixe de radar

beam splitter (T.IMAG.) dissociação de feixe

beam store (INF.) memória de feixe

beam system (ELECTRÓN.) tétrodo de feixe electrónico

beamwidth (TELECOM.) ângulo de recepção (antena)

beam wireless (ELECT.) transmissão de ondas dirigidas; feixes hertzianos

bearded (BOT.) barbado; tufado

bearded needle (TÉXT.) agulha de barbela

bearding (T.IMAG.) chanfradura

Beard protective system (ELECT.) sistema protector de Beard

bearer cable (ELECT.) cabo condutor

bearer ring (IMP.) anel de apoio

bearing (E.CIV.) espaço entre escoras de uma trave

bearing (MEC.) rolamento de esferas; chumaceira

bearing (TELECOM.) marcação azimutal

bearing (TOPO.) levantamento; azimute de mira

bearing current (ELECT.) corrente de apoio

bearing distance (E.CIV.) vão livre

bearing down (MED.) esforço de expulsão na segunda fase do parto

bearing metal (MEC.) metal patente; metal antifricção

bearing pile (E.CIV.) pilar de apoio

bearing surface (MEC.) superfície de apoio; mancal de apoio

bearing wall (E.CIV.) parede de carga; parede de apoio

beat (INF.) ciclo-base

beat (MED.; TELECOM.) batimento; impulso; pulsação

beat (RELOJ.) batimento

beater (PAPEL) batedor

beater mill (MINAS) batedor mecânico

beat frequency (TELECOM.) frequência de batimento

beat-frequency oscillator (TELECOM.) oscilador de frequência de batimento; oscilador heteródino

beating (ELECTRÓN.) batimentos

beat note (ELECTRÓN.) batimento audível

beat pins (RELOJ.) pinos de batimento

beats (FÍS.) vibrações (Acústica)

beat screws (RELOJ.) parafusos de regulação do batimento

Beattie-Bridgeman equation of state (FÍS.) equação do estado de compressibilidade de Beattie-Bridgeman

beat up (ECO.) replantação de árvores

Beaufort scale (METEO.) escala de Beaufort

beaver board (E.CIV.) cartão de fibra para forrar paredes

beavertail antenna (TELECOM.) antena de feixe em leque

Bechgaard salt (FÍS.) sal de Bechgaard

beck (GERAL) V. *back*

Becke line (MINER.) linha de Becke

Beck hydrometer (FÍS.) hidrómetro de Beck

Becklin-Neugebauer object (ASTRO.) objecto de Becklin-Neugebauer

Beckmann apparatus (MEC.) aparelho de Beckmann

Beckmann molecular transformation (QUÍM.) transformação molecular de Beckmann

Beckmann thermometer (MEC.) termómetro de Beckmann

becquerel (FÍS.) becquerel

Becquerel cell (GERAL) pilha de Becquerel

becquerelite (MINER.) becquerelita

bed (GERAL) cama; leito; base; suporte

bed (E.CIV.) superfície de apoio; soalho; estrado; plataforma; leito; cama

bed (GEO.) leito; jazida; veio; filão

bed (IMP.) charriot; plataforma; mesa

bedding (E.CIV.) fundação; substrutura

bedding (GEO.) estratificação; aterro

bedding plane (GEO.) estrato; plano de estratificação

bedding-stone (E.CIV.) pedra de assentamento; pedra de fundação

bed dowel (E.CIV.) espigão de leito de pedra

bedform (GEO.) em forma de leito

bed joint (E.Civ.) junta de argamassa

bed load (Geo.) carga de fundo; carga de tracção

bed of nails (Electrón.) malha de ligações

bedplate (Mec.) chapa de apoio; sapata de fundação

bedplate (Papel) placa de base

bedrock (Minas) leito de rocha; substrato rochoso

bed roughness (Eco.) rugosidade do leito

beech (Bot.; E.Civ.) faia; madeira de faia

beech oil (Quím.) óleo de faia

beechwood tar (Quím.) alcatrão de faia

beef (Geo.) calcite fibrosa que ocorre em veios nas rochas sedimentares

beekite (Miner.) beekita (variedade de calcite encontrada geralmente como concreções anelares na superfície de conchas fossilizadas)

Beer-Lambert law (Fís.) Lei de Beer-Lamberts

Beer's law (Quím.) lei de Beer

Beestonian (Geo.) Beestoniano (período glacial plistocénico)

beeswax (Quím.) cera de abelhas; cera virgem

beetle (E.Civ.) malho; maço de madeira

beetle (Têxt.) batedor (peça do tear destinada a bater o tecido)

beetle (Zoo.) coleóptero; escaravelho; bezouro

beetle analysis (Eco.) estudo dos insectos (paleoclima)

beetle-stone (Geo.) pedra-escaravelho (nódulo coprolítico que se assemelha a um escaravelho)

beet sugar (Quím.) açúcar de beterraba

before-look journalizing (Inf.) registo prévio de relatório

Beggiotoales (Bio.) Begiotoáceas

beginning of file label (Inf.) etiqueta de início de um ficheiro

beginning of file section label (Inf.) etiqueta de início de uma secção de ficheiro

beginning of information marker (Inf.) marcador de início de informação

beginning of volume label (Inf.) etiqueta de início de volume

behavioural ecology (Eco.) ecologia comportamental

behavioural thermoregulation (Eco.) termoregulação comportamental

behaviourism (Psico.) «behaviorismo»; psicologia do comportamento

behaviour modification (Psico.) modificação de comportamento

behaviour therapy (Psico.) terapia de comportamento

behenic acid (Quím.) ácido bénico

beidellite (Miner.) beidelite

Beilby layer (Minas) camada Beilby

Beilstein test (Quím.) teste Beilstein

bel (Fís.) Bel (unidade que expressa a intensidade relativa de um som)

belemnite (Geo.) belemnite

belemnoid (Geo.) belemnóide

Belfast truss (E.Civ.) trave ou viga-mestra; sistema Belfast

belfry (Arq.) campanário; torre de sino

Belgian truss (E.Civ.) viga-mestra ou trave tipo belga

bell (Fís.) campainha; sino; câmpanula

bell-and-spigot joint (E.Civ.) junta de espigão e cone

bell centre punch (Mec.) autocentrador para barras

bell chuck (Mec.) bucha de torno

bell-crank lever (Mec.) alavanca angular; alavanca em cotovelo

bell curve (Geral) distribuição normal

bell gable (Arq.) campanário

Bellini's ducts (Zoo.) canais de Bellini

Bellini-Tosi antenna (Telecom.) antena Bellini-Tosi

bell metal (Mec.) bronze de sino

bell-metal ore (Miner.) estanite; estanina

bell-mouthed (Mec.) boca de sino

bellows (Mec.) fole; ventilador; cápsula aneróide

bellows (T.Imag.) fole

Bell's palsy (Med.) paralisia de Bell; paralisia facial; neurite de Falópio; facioplegia

bell timer (Electrón.) temporizador de alarme

bell transformer (Elect.) transformador de campainha

bell-type furnace (Mec.) forno tipo câmpanula

belly (Imp.) frente; face dianteira do carácter

belly tank (Aero.) tanque do bojo; tanque da barriga

belt (E.Civ.) cordão de pedra

belt (Mec.) correia; cinta; correia de transporte; correia de transmissão

belt (Geo.) cintura

Belt (Geo.) Belt (V. *Beltian Series*)

belt conveyor (Mec.) correia transportadora

belt drive (Mec.) transmissão por correia

belt drive compressor (Mec.) compressor accionado por correia de transmissão

Beltian Series (Geo.) sistema beltiano; série beltiana [gigantesca acumulação de arenitos, xistos e calcários, que aflora em Montana, no Idaho (EUA) e na Colômbia Britânica (Canadá)]

belting (Mec.) correame; sistema de correia de transmissão

belt slip (Mec.) resvalamento da correia de transmissão; patinagem da correia de transmissão

belt slipping (Telecom.) escorregamento da fita

belt transect (Bot.) faixa transversal

belvedere (Arq.) mirante; belvedere; belver

Bence-Jones protein (Imun.) proteína de Bence-Jones

bench (Geral) bancada; banco

benched foundation (E.Civ.) fundação em bancada

bench hook (E.Civ.) espera de bancada; barrilete

bench mark (Geo.) estação de nivelamento

bench mark (Inf.) teste de referência

bench mark (Topo.) ponto de referência

bench mark problem (Inf.) problema de ponto de referência

bench plane (E.Civ.) plaina de carpinteiro; plaina de bancada

bench screw (E.Civ.) torno de bancada

bench stop (E.Civ.) fixador de bancada

bench test (E.Civ.) prova em bancada

bench work (E.Civ.; Mec.) trabalho de bancada

bend (Mec.; Telecom.) curva; curvatura; inclinação; flexão

Ben Day tints (Papel) tintas Ben Day

bending iron (E.Civ.) barra para endireitar ou curvar

bending machine (Minas) máquina de encurvar

bending moment (Mec.) momento de flexão; binário flector

bending moment diagram (Mec.) diagrama de momento de flexão

bending of strata (Geo.) curvatura ou dobra dos estratos

bending rollers (Imp.) roletes de curvar

bending rolls (Imp.) rolos de curvar; cilindros de curvar

bending strength (Mec.) resistência à flexão

bending test (Mec.) teste de flexão; teste de curvatura

bending wave (Fís.) onda de deflexão

bendrofluazide (Med.; Quím.) bendrofluazida

bendroflumethiazide (Med.; Quím.) bendroflumetiazida

bends (Med.) uma das manifestações do «mal dos mergulhadores», do «voo a altitudes elevadas», sem protecção adequada

Benedict's test (Med.; Quím.) prova ou teste de Benedict (para a glicose)

beneficiation (Minas) beneficiação

Benguela Current (Geo.) corrente de Benguela

benign (Geral) benigno

Benioff zone (Geo.) zona de Benioff

benitoite (Miner.) benitoíte

bent chisel (E.Civ.) goiva

bent gouge (E.Civ.) goiva de meia-cana; goiva acotovelada

benthic (Geo.) bental; bêntico

benthic fish (Eco.) peixe bêntico

benthic zone (Eco.) zona bêntica

benthon (Eco.) bentos

benthonic (Geo.; Minas) bentónico

benthonicabyssal (Geo.) bentónico-abissal

benthos (Eco.) bentos

bent knees (Vet.) joelhos arqueados

bentonite (Geo.; Miner.) bentonite

bentonite (Minas) bentonite; gel (nome por que é conhecida nas sondas)

bent-tail carrier (Mec.) torno mecânico de ponta inclinada

benz- (Geral) benz-; forma combinante denotando associação com o benzeno benzalacetophenone (QUÍM.) benzalacetofenona

benzal chloride (QUÍM.) cloreto de benzal ou de benzilideno

benzaldehyde (QUÍM.) benzaldeído; aldeído benzóico; óleo essencial de amêndoas amargas

benzaldoximes (QUÍM.) benzaldoximas

benzamide (QUÍM.) benzamida

benzanilide (QUÍM.) benzanilida

benzathrene (QUÍM.) benzatreno; benzatraceno; naftantraceno

benzene (QUÍM.) benzeno; benzol

benzene bromide (QUÍM.) brometo de benzeno

benzene carboxylic acid (QUÍM.) ácido benzenocarboxílico

benzene formula (QUÍM.) fórmula do benzeno

benzene hexachloride (QUÍM.) hexacloreto de benzeno

benzene hydrocarbon (QUÍM.) hidrocarboneto de benzeno

benzene nucleus (QUÍM.) núcleo benzénico; núcleo do benzeno

benzene ring (QUÍM.) anel benzénico

benzene-sulphonic acid (QUÍM.) ácido benzenosulfónico

benzhidrol (QUÍM.) benzidrol; difenilcarbinol

benzidine (QUÍM.) benzidina

benzidine transformation (QUÍM.) transformação da benzidina

benzil (QUÍM.) benzil; bibenzoil; bibenzoíla; difenilglioxal

benzodiazepine (QUÍM.) benzodiazepina

benzoic (QUÍM.) benzóico

benzoic acid (QUÍM.) ácido benzóico; hidrato de benzoíla

benzoic aldehyde (QUÍM.) aldeído benzóico; benzaldeído

benzoin (QUÍM.) benzoína

benzol (AUTO.) benzol

benzol scrubber (QUÍM.) purificador de benzol; depurador de benzol

benzonitrile (QUÍM.) benzonitrilo

benzophenone (QUÍM.) benzofenona

benzopurpurin (QUÍM.) benzopurpurina

benzoquinone (QUÍM.) benzoquinona

benzoyl (QUÍM.) benzoíla

benzoyl chloride (QUÍM.) cloreto de benzoíla

benzoyl cholinesterase (QUÍM.) benzoilacolinesterase

benzoyl peroxide (QUÍM.) peróxido de benzoíla

benzozone (QUÍM.) benzozona

benzpinacol (QUÍM.) benzopinacol

benzpyrene (QUÍM.) benzopireno

benzyl alcohol (QUÍM.) álcool benzílico; fenilmetilol

benzylamine (QUÍM.) benzilamina

benzylaminopurine (QUÍM.) benzilaminopurina

benzyl benzoate (QUÍM.) benzoato de benzila

benzyl carbinol (QUÍM.) carbinol benzílico

benzyl chloride (QUÍM.) cloreto de benzil

benzyl cinnamate (QUÍM.) cinamato de benzil

benzyl mandelate (QUÍM.) mandelato de benzil

benzyl penicillin (QUÍM.) benzilpenicilina; penicilina G

benzyl succinate (QUÍM.) succinato de benzila

benzyne (QUÍM.) benzina

BER (TELECOM.) abr. de Bit Error Rate — taxa de erro dos bit

beraunite (MINER.) beraunite; fosfato básico hidratado de ferro; eleanorite

berber (TÊXT.) berber

berberine (QUÍM.) berberina; umbelatina

bergamot oil (QUÍM.) óleo de bergamota

Bergen School (ECO.) Escola de Bergen

Bergeron-Findeisen theory (METEO.) teoria de Bergeron-Findeisen; teoria dos cristais de gelo

Bergius process (QUÍM.) processo de Bergius (fabrico de combustíveis)

Bergmann's law (ZOO.) lei de Bergmann; regra de Bergmann

bergschrund (GEO.) zona de fendas a jusante do glaciar

Bergstrom's method (AERO.) método de Bergstrom

berg wind (GEO.) vento de montanha

beri-beri (MED.) beribéri

Bering land bridge (ECO.) passagem terrestre de Bering

Berkefeld filter (E.CIV.) filtro Berkefeld

berkelium (QUÍM.) berquélio

berm (E.CIV.) berma

berm ditch (E.CIV.) guarda de berma; fosso de berma

Bermuda high (GEO.) Anticiclone das Bermudas

Bernoulli disc [disk] (INF.) disco de Bernoulli

Bernoulli equation (MAT.) equação de Bernoulli

Bernoulli's law (FÍS.) lei de Bernoulli

Bernoulli's number (MAT.) número de Bernoulli

Bernoulli's polynomials (MAT.) polinómios de Bernoulli

Bernoulli's theorem (MAT.) teorema de Bernoulli

berry (BOT.) baga

berry (ZOO.) ova

Bertrand curve (MAT.) curva de Bertrand

bertrandite (MINER.) bertrandite

beryl (MINER.) berilo

beryllicosis (MED.) berilicose; beriliose

beryllium (QUÍM.) berílio

beryllium bronze (QUÍM.) bronze de berílio

beryllium oxide (NUCL.; QUÍM.) óxido de berílio

beryllonite (MINER.) berilonite

Berzelius theory of valency (QUÍM.) teoria da valência de Berzelius

Bessel approximation (ELECTRÓN.) filtro de Bessel

Bessel functions (MAT.) funções de Bessel

Bessel's differential equation (MAT.) equação diferencial de Bessel

Bessemer converter (ENG.) conversor Bessemer

Bessemer pig iron (MEC.) ferro gusa Bessemer

Bessemer process (MEC.) processo Bessemer

best and Best Best (MEC.) V. B and BB

best selected copper (MEC.) cobre melhor seleccionado; cobre quase puro; cobre de melhor qualidade

BET (FÍS.; QUÍM.) abr. de Brunauer, Emmet and Teller — Brunauer, Emmet e Teller

beta activity (FÍS.) actividade beta

beta-adrenoceptor blocking drugs (MED.) bloqueadores beta-adrenérgicos

beta applicator (FÍS.; MED.) aplicador beta

beta backscattering sedimentometer (FÍS.) sedimentómetro de dispersão reflectida beta

beta-barrel (BIO.) barril beta; cilindro beta

beta-blockers (BIO.) bloqueadores beta

beta brass (MEC.) liga de cobre e zinco

betacaine (MED.; QUÍM.) betacaína

Betacam (T.IMAG.) Betacam (MC)

beta-carotene (BIO.; QUÍM.) betacaroteno

beta cutoff frequency (ELECTRÓN.) frequência de corte beta

betacyanins (BOT.) betacianinas; betaínas

beta decay (FÍS.) desvio beta

beta detector (NUCL.) detector beta

beta disintegration (FÍS.) desintegração beta

beta disintegration energy (FÍS.) energia de desintegração beta

beta diversity (ECO.) diversidade beta; variedade beta

BET adsorption theory (QUÍM.) teoria de adsorção BET [de Brunauer; Emmett e Teller]

beta emitter (NUCL.) emissor beta

betafite (MINER.) betafite

beta function (MAT.) função beta

beta gain (ELECTRÓN.) ganho beta

beta-gamma survey meter (FÍS.; NUCL.) indicador de radiações beta e gama

beta gauge (FÍS.) calibrador beta

betaine (QUÍM.) betaína; anidrido trimetilglicocólico; oxineurina

beta-iron (MEC.) ferro beta

beta light (FÍS.) luz beta

Betamax (T.IMAG.) Betamax (MC)

beta-mesohaline (GEO.) mesohalina beta

beta-microglobulin (IMUN.) microglobulina beta

beta-oxidation (BIO.) oxidação beta

beta particle (FÍS.) partícula beta

beta ray (FÍS.) raio beta

beta-ray gauge (PAPEL) indicador de raios beta

beta-ray spectrometer (NUCL.) espectrómetro de raios beta

beta-ray spectrum (FÍS.) espectro de raios beta

beta thickness gauge (NUCL.) indicador de espessura de raios beta
betatopic (FÍS.) betatópico
betatron (FÍS.) betatrão
beta uranium (NUCL.; QUÍM.) urânio beta
beta value (NUCL.) valor beta
beta wave (MED.) onda beta
betaxanthin (BOT.) xantina beta; betaxantina
Bethe cycle (ASTRO.) ciclo Bethe (ciclo de carbono-nitrogénio-oxigénio, postulado pelos físicos alemães Bethe e von Wizsaecher)
Bethe-hole directional coupler (ELECT.; FÍS.) acoplador direccional de medidas Bethe
Bethell's process (E.CIV.) processo Bethell
beton (E.CIV.) betão
béton armé (E.CIV.) betão armado
BET surface area (FÍS.) área de superfície de BET (Brunauer; Emmett e Teller)
Betts process (MEC.) processo de Betts
between-lens shutter (T.IMAG.) obturador central
between perpendiculars [BP] (NAV.) entre perpendiculares
Beutler method (T.IMAG.) método Beutler
BeV (NUCL.) abr. de *billion electron-volt* — bilião de electrões-volt; giga-electrão-volt [GeV]
bevatron (FÍS.) bevatrão
bevel (E.CIV.) obliquidade; inclinação
bevel (IMP.) bisel
bevel gear (MEC.) engrenagem cónica de transmissão
bevelled cliff (GEO.) escarpa em cunha
bevelled-edge-chisel (E.CIV.) escopro chanfrado
bevelled halving (E.CIV.) junta a meia-madeira biselada
Beverage antenna (TELECOM.) antena Beverage
bezel (MEC.) chanfradura
bezel (E.CIV.) chanfro
bezel (RELOJ.) aro chanfrado
BF (MINAS) abr. de *barrels of fluid* — barris de fluido (especialmente petróleo)
BFDP (MINAS) abr. de *barrels of fluid per day* — barris de fluido por dia (especialmente petróleo)
BFO (ELECTRÓN.) abr. de *Beat Frequency Oscillator* — oscilador de batimentos
BFPH (MINAS) abr. de *barrels of fluid per hour* — barris de fluido por hora (especialmente petróleo)
B/H (MINAS) abr. de *bailers per hour* — número de vazadores por hora; número de barris por hora
BHA (MINAS) abr. de *bottom-hole assembly* — montagem de fundo
bhang (BOT.) bangue (nome dado no oriente à preparação em pó da «Cannabis sativa», que é mastigada ou fumada)
BHC (MINAS) abr. de *bottom hole choke* — estrangulador de fundo (de poço, em petrologia)

B/H curve (ELECT.) curva de magnetização (B = densidade do fluxo magnético, H = intensidade do campo magnético)
B/H loop (ELECT.) curva de magnetização (histérese)
BHN (ENG.) abr. de *Brinell hardness number* — número de dureza de Brinell
BHP (MEC.) abr. de *brake HorsePower* — resistência ao freio
BHS (MINAS) abr. de *bottom hole sample* — amostra de fundo (de poço)
Bi (QUÍM.) símbolo químico de *bismuth* — bismuto
bialkali photocathode (ELECT.) fotocátodo bialcalino
bialternant (MAT.) bialternante
bi-amping (ELECTRÓN.) bi-amplificação
bias (ELECT.; INF.) polarização
bias binding (TÊXT.) viés
bias cell (ELECT.) pilha de polarização
bias current (ELECTRÓN.) corrente de polarização
bias distortion (ELECT.) distorção de polarização
biased automatic gain control (ELECTRÓN.) controlo automático polarizado de ganho
biased gene conversion (ECO.) conversão enviesada de genes
biased protective system (ELECT.) sistema de protecção polarizado
biased result (TOPO.) resultado tendencioso; resultado dirigido
biased switch (ELECT.) botoneira
biasing (ELECTRÓN.) polarizador
biasing transformer (ELECT.) transformador de polarização
bias lighting (ELECT.) retroiluminação
bias modulation (ELECTRÓN.) modulação por polarização
bias oscillator (ELECTRÓN.) oscilador de polarização
bias pack (ELECT.) fonte de polarização
bias resistor (ELECT.) resistência de polarização
bias stabilization (ELECT.) estabilização de polarização
bias telegraph distortion (TELECOM.) distorção telegráfica polarizada
bias testing (INF.) ensaio ou teste de polarização
bias winding (ELECT.) enrolamento de polarização
bib-cock (MEC.) torneira de bico curvo
bibenzoyl (QUÍM.) benzil (V. *benzil*)
Biber (GEO.) Bíber (estádio glacial plistocénico)
Bible paper (PAPEL) papel-bíblia
biblio (IMP.) colófon
bib-valve (MEC.) válvula de torneira
bicarbonate (QUÍM.) bicarbonato
bicarpellary (BOT.) bicarpelar
bicentric distribution (GERAL) distribuição bimodal
biceps (ZOO.) bíceps; bicípite
bicipital (ZOO.) bicipital; relativo ao bicípite
BiCMOS (ELECTRÓN.) abr. de *bipolar CMOS* — CMOS bipolar

bicollateral bundle (BOT.) feixe bicolateral
bicomponent fibre (TÊXT.) fibra de dois componentes
biconcave (FÍS.; T.IMAG.) bicôncava
bi-conditional operation (INF.) operação bicondicional
biconical horn (TELECOM.) corneta bicónica (sistema de antenas)
biconvex (FÍS.; T.IMAG.) biconvexo
bicuspid (ZOO.) bicúspide; bicuspidado
bicuspidate (ZOO.) bicuspidado; bicúspide
bidentate (QUÍM.) bidentado (com dois pontos de ligação)
bidirectional microphone (FÍS.) microfone bidireccional
bidirectional port (INF.) porta bidireccional; porta de entrada e saída
bidirectional waveform (TELECOM.) forma de onda bidireccional
bieberite (MINER.) bieberita
biennial (BOT.) bienal
bifacial leaf (BOT.) folha bifacial; folha dorsiventral
bifid (ZOO.) bífido
bifilar micrometer (ASTRO.) micrómetro bifilar
bifilar pendulum (FÍS.) pêndulo bifilar
bifilar resistor (ELECT.) resistência bifilar
bifilar suspension (FÍS.) suspensão bifilar
bifilar transformer (ELECT.) transformador bifilar
bifilar winding (ELECT.) enrolamento bifilar
bifurcate (BOT.; ZOO.) bifurcado
bifurcated contact (ELECT.) contacto bifurcado
bifurcated rivet (MEC.) rebite bifurcado; rebite partido
bifurcation (GERAL) bifurcação
bifurcation ratio (ECO.) taxa de bifurcação
Big Bang (ASTRO.) Big-Bang; Grande Explosão
big-bang reproduction (GERAL) reprodução explosiva
Big-Dipper (ASTRO.) Ursa Maior (constelação)
bigeminal pulse (MED.) pulso bigeminal; pulso acoplado
big-end (AUTO.) cabeça da biela
big-end bolts (MEC.) pernos da cabeça da biela
bigeneric (ZOO.) bigenérico
bigeneric hybrid (BOT.) híbrido bigenérico
big head disease of horses (VET.) macrocefalia dos cavalos; osteodistrofia fibrosa dos cavalos
big head disease of sheep (VET.) macrocefalia dos carneiros
big head disease of turkeys (VET.) sinusite infecciosa dos perus
bight (GEO.) enseada
big iron (INF.) supercomputador
biguanide (MED.) biguanida; metformina (antidiabético oral)
Biharian (ECO.) Bihariano
biharmonic equation (MAT.) equação biharmónica

bilabiate (Bot.) bilabiado
bilateral (Geral) bilateral
bilateral amplifier (Elect.) amplificador bilateral
bilateral antenna (Elect.) antena bilateral
bilateral cleavage (Zoo.) clivagem bilateral; segmentação bilateral
bilateral impedance (Elect.) impedância bilateral
bilateral network (Elect.) rede bilateral
bilateral symmetry (Bio.) simetria bilateral
bilateral tolerance (Mec.) tolerância bilateral
bilateral triode switch (Electrón.) tirístor de potência; triac TM
bile (Med.) bílis
bile duct (Zoo.) canal biliar
bile salts (Bio.; Med.; Zoo.) sais biliares
bilge (Nav.) casco; porão; vão de cavername
bilge keel (Nav.) quilha de porão
bilharzia (Eco.) cisticercoze
bilharziasis (Med.; Vet.) bilharziose; bilharzíase (termo preferível)
bilharziosis (Med.; Vet.) bilharziose; bilharzíase
biliary fever (Vet.) febre biliar; babesiose
bilicyanin (Med.) bilicianina (termo obsoleto)
bilinear compander (Telecom.) circuito de compressão e expansão de ruído
bilinear transform (Electrón.) transformada bilinear
bilinear transformation (Mat.) transformação bilinear
bilirubin (Med.) bilirrubina
bilitonite (Geo.) bilitonito
biliverdin (Med.) biliverdina
billet (E.Civ.) barra boleada num dos lados
billet (Mec.) lingote
billet mill (Mec.) laminador de lingotes
Billet split lens (Fís.) lente de clivagem de Billet
billi (Inf.) bili-; prefixo que indica um bilião
billiard cloth (Têxt.) pano de bilhar
billion-electron-volt (Fís.) V. *BeV*
bill of quantities (E.Civ.) relação de quantidades
billow clouds (Geo.) nuvens lenticulares
bilocular (Bot.) bilocular
bimag core (Inf.) núcleo bimagnético
bimanous (Zoo.) bímane; bímano
bimastic (Zoo.) bimástico
bimetal-fuse (Elect.) fusível bimetálico
bimetallic balance (Reloj.) balanço bimetálico
bimetallic disc (Electrón.) disco bimetálico
bimetallic plate (Imp.) placa bimetálica
bimetallic strip (Elect.; Mec.) barra ou tira bimetálica
bimetallic switch (Electrón.) interruptor bimetálico

bimirror (Fís.) par de espelhos
bimorph (Elect.) bimórfico
binary (Geral) binário
binary addition (Electrón.) adição binária
binary arithmetic (Mat.) aritmética binária
binary arithmetic operation (Inf.; Mat.) operação aritmética binária
binary Bolean operation (Inf.; Mat.) operação boleana binária
binary cell (Inf.) célula binária
binary chain (Elect.) cadeia binária
binary code (Inf.) código binário
binary code character (Inf.) carácter codificado em binário
binary-coded character (Inf.) carácter codificado em binário
binary-coded decimal (Inf.) decimal codificado em binário
binary coded decimal notation (Inf.) notação decimal codificada em binário
binary coded decimal representation (Inf.) representação decimal em código binário
binary code digit (Inf.) dígito codificado em binário
binary code disc [disk] (Inf.) disco de código binário
binary counter (Inf.) contador binário
binary data (Electrón.) dados binários; dados digitais
binary digit (Inf.) dígito binário
binary dump (Inf.) descarga binária
binary fission (Bio.) fissão binária
binary granite (Minas) granito de duas micas (biotite e muscovite)
binary half adder (Inf.) meio adicionador binário
binary image (Inf.) imagem binária
binary notation (Inf.) notação binária
binary number (Inf.) número binário
binary number stream (Electrón.) cadeia de números binários
binary number system (Inf.) sistema numérico binário
binary numeral (Inf.) numeral binário
binary operation (Inf.) operação binária
binary pair (Inf.) par binário
binary phase shift keying [BPSK] (Electrón.) codificação por mudança de fase binária
binary point (Inf.) ponto (vírgula) binário
binary representation (Inf.) representação binária
binary scale (Mat.) escala binária
binary search (Inf.) pesquisa binária
binary star (Astro.) estrela binária
binary subtraction (Electrón.) subtracção binária
binary system (Mat.) sistema binário
binary system and diagram (Eng.) sistema e diagrama binários
binary-to-decimal conversion (Inf.) conversão de binário para decimal
binary tree (Inf.) árvore binária
binary vapour-machine (Mec.) máquina a vapor binária
binary variable (Inf.) variável binário
binaural (Fís.) biauricular; estéreo; de dupla audição

binaural effect (Fís.) efeito biauricular; estereofonia
binder (E.Civ.) fixador; aglutinante
binder coat (E.Civ.) revestimento aglutinante
binder-type photoconductor (Electrón.) fotocondutor adesivo
binding-beam (E.Civ.) tirante
binding energy (Electrón.) energia de coesão
binding energy of a nucleus (Fís.) energia de coesão de um núcleo
binding joist (E.Civ.) viga-mestra de soalho
binding wire (Elect.) fio de ligação
Binet-Cauchy theorem (Mat.) teorema de Binet-Cauchy
Bingham flow (Fís.) fluxo de Bingham
binit (Electrón.) dígito binário (em teoria da informação)
binocular (Fís.) binocular (microscópio)
binocular camera (T.Imag.) câmara binocular
binocular vision (Geral) visão biocular
binodal distribution. (Geral) distribuição bimodal
binomial (Mat.) binómio
binomial array (Telecom.; Radar) antena binomial
binomial classification (Geral) classificação binomial
binomial coefficient (Mat.) coeficiente binómico
binomial distribution (Est.) distribuição binómica
binomial nomenclature (Bio.) nomenclatura binómica
binomial theorem (Mat.) teorema do binómio (fórmula do binómio de Newton)
binominal nomenclature (Bio.) nomenclatura binómica
binormal (Mat.) binormal
binovular twins (Med.) gémeos diovulares; gémeos dizigóticos; gémeos fraternos; gémeos heterólogos; gémeos dicoriónicos
binucleate phase (Bot.) fase binuclear
bio- (Bio.) bio-
bio-aeration (E.Civ.) bio-arejamento
bioassay [bio-assay] (Bio.; Eco.; Med.) bioanálise; bioensaio; bioteste
bio-availability (Med.) bio-disponibilidade
biochemical oxygen demand [BOD] (Bio.; Quím.) procura bioquímica de oxigénio
biochemistry (Bio.; Quím.) bioquímica
biochore (Eco.) ecossistema
biochronology (Eco.) biocronologia
biocide (Eco.) biocida
bioclast (Eco.) bioclasto
bioclastic fragments (Geo.) fragmentos bioclásticos
bioclastic limestone (Geo.) calcário bioclástico
bioclastic sediment (Geo.) sedimento bioclástico
bioclimatology (Bio.) bioclimatologia
biocoenosis (Eco.) biocenose

bioconstructed limestone (GEO.) calcário bioconstruído
biodegradable (ECO.) biodegradável
biodegradation (BIO.) biodegradação
biodeterioration (ECO.) biodeteriorado
biodetrital sediments (GEO.) sedimentos biodetríticos
biodiversity (ECO.) biodiversidade
bio-ecology (ECO.) bioecologia
bio-electricity (BIO.) bioelectricidade
bioenergetics (bio-energetics) (BIO.; QUÍM.; ECO.) bioenergética
bio-engineering (QUÍM.) bioengenharia
biofacies (MINAS) biofácies
biofeedback (PSICO.) biofeedback; bioretroacção
biogas (BOT.) biogás
biogen (BIO.) biógene
biogenesis (BIO.) biogénese
biogenetic coast (GEO.) costa biogenética
biogenetic law (BIO.) lei biogenética; lei da recapitulação; lei de Patragonia; lei de Haeckel; lei de Haeckel-Muller
biogenic (ECO.) biogénico
biogenic rock (MINAS) rocha biogénica
biogeny (BIO.) biogenia
biogeochemical cycle (ECO.) ciclo biogeoquímico
biogeochemical exploration (GEO.) prospecção biogeoquímica
biogeochemistry (BIO.) biogeoquímica
biogeographical barrier (ECO.) barreira biogeográfica
biogeographical province (ECO.) província biogeográfica
biogeographic region (ECO.) região biogeográfica
biogeography (ECO.) biogeografia
biogravics (BIO.) biogravimetria
bioherm (GEO.) bioherma; recife orgânico
biohorizon (ECO.) horizonte biológico
bioinformatics (BIO.) bioinformática
bioinstrument (MED.; ZOO.) bioinstrumento
biokinetics (BIO.) biocinética
biolith (GEO.) biólito
biolithite (GEO.) biolitito
biological amplification (ECO.) amplificação biológica
biological clock (BOT.) relógio biológico
biological conservation (ECO.) conservação biológica; preservação biológica
biological constraint (PSICO.) constrangimento biológico; reserva biológica; circunspecção biológica
biological containment (BIO.) contenção biológica; limitação biológica
biological control (ECO.) controlo biológico
biological form (BOT.) forma biológica
biological half-life (FÍS.) meia-vida biológica
biological hole (NUCL.) buraco biológico; cavidade biológica; espaço biológico
biological invasion (ECO.) invasão biológica

biological magnification (ECO.) aumento biológico
biological oxygen demand [BOD] (QUÍM.) necessidade biológica de oxigénio
biological productivity (ECO.) produtividade biológica
biological race (BOT.; ZOO.) raça biológica
biological resources (GEO.) recursos biológicos
biological shield (BIO.) escudo biológico
biological warfare (GERAL) guerra biológica
biological weapon (GERAL) arma biológica
bioluminescence (BIO.) bioluminescência
biolysis (BIO.) biólise
biolytic (BIO.) biolítico
biomagnetism (BIO.) biomagnetismo
biomagnification (ECO.) ampliação biológica
biomass (ECO.) biomassa
biomathematics (BIO.) Biomatemática
biome (ECO.) bioma
biomechanical deposits (GEO.) depósitos biomecânicos
biomechanical sediments (GEO.) sedimentos biomecânicos
biomechanics (BIO.) Biomecânica
biomedical (BIO.; MED.) Biomédica
biometeorology (BIO.) Biometeorologia
biometrical genetics (BIO.) Genética biométrica
biometrics (ECO.) biométrica
biometry (BIO.) biometria
biomicrite (GEO.) biomicrito (rocha calcária formada por porções variáveis de fragmentos de conchas, etc., e lama carbonática)
biomicroscopy (BIO.) biomicroscopia
biomining (MINAS) biomineração
bion (BIO.) bíon; ser vivo
bionecrosis (BIO.; MED.) bionecrose
bionics (GERAL) Biónica
bionomics (BIO.; ECO.) Bionomia
bionomy (BIO.; ECO.) bionomia
bionosis (BIO.; MED.) bionose
biophage (BIO.; MED.) biófago
biophagism (BOT.; MED.; ZOO.) biofagismo
biophagous (BIO.) biófago
biophagy (BIO.) biofagia
biopharmaceutics (BIO.; MED.; QUÍM.) Biofarmacêutica
biophilia (PSICO.) biofilia
biophore (BIO.) bióforo
biophysics (BIO.) Biofísica
biophysiography (BIO.) biofisiografia
bioplasm (BIO.) bioplasma
bioplasmatic (BIO.) bioplasmático
bioplasmin (BIO.) bioplasmina
biopsy (MED.) biopsia
biopsychology (BIO.; MED.; PSICO.) biopsicologia
biopyoculture (MED.; ZOO.) biopiocultura (cultura de exsudado purulento)
biorbital (MED.; ZOO.) biorbitário
bioreactors (BIO.; QUÍM.) bioreactores

BIOS (INF.) abr. de *basic input output system* — sistema básico de leitura e escrita
bios (GERAL) bios; vida
biosatellite (ASTRO.) biossatélite
Biosensor (ELECTRÓN.) bio-sensor
biosome (GEO.) biossoma
biosparite (GEO.) biosparite; biosparito
biospecies (BIO.) espécies biológicas
biospectrometry (MED.) bioespectrometria; espectrometria clínica
biosphere (BIO.; ECO.) bio-esfera
biostasy (GEO.) bioestase
biostatics (BIO.; MED.) Bioestática
biosterin (MED.; QUÍM.) biosterina
biostratigraphic unit (ECO.) unidade bio-estratigráfica
biostrome (GEO.) biostroma
biosynthesis (BIO.) biossíntese
biosystematics (BIO.) biossistemática
biota (BIO.) biota (flora e fauna de uma região)
biotaxis (BIO.) biotaxia
biotechnology (BOT.) biotecnologia
biotelemetry (ECO.) telemetria animal
Biot-Fourier equation (ENG.) equação de Biot-Fourier
biotic (BIO.) biótico
biotic association (ECO.) associação biótica
biotic barrier (ECO.) barreira biótica
biotic climax (BOT.) clímax biótico
biotic factor (BOT.) factor biótico
biotic indices (ECO.) índices bióticos
biotics (BIO.) Biótica
biotic zonation (GEO.) zonação biótica
biotin (BIO.) biotina; coenzima R; factor W
biotinylation (BIO.) biotinilação
biotite (MINER.) biotite
Biot laws (FÍS.) leis de Biot
Biot modulus (ENG.) módulo de Biot
biotope (ECO.) biótopo
biotopographic unit (ECO.) unidade biotopográfica
biotroph (BOT.) biotrófico
Biot-Savart's law (FÍS.) Lei de Biot-Savart
bioturbation (GEO.) bioturbação
bioturbation structure (GEO.) estrutura de bioturbação
biotype (BIO.) biótipo
biozone (GEO.) biozona (unidade estratigráfica de uso não recomendável)
biparous (ZOO.) bíparo
bipedal (ZOO.) bípede
bipennate (ZOO.) bipenado; bipenato; bipeniforme
bipenniform (ZOO.) bipeniforme; bipenado
bipeptide (QUÍM.) bipeptídeo
bi-phase (ELECT.) bifásico
biphasic growth curve (BIO.; QUÍM.) curva de crescimento bifásica
biphenyl (QUÍM.) bifenil (hidrocarboneto aromático)
bipinnate (BOT.) bipinulado
bipolar (ELECT.; ZOO.) bipolar
bipolar amplifier (FÍS.) amplificador bipolar
bipolar circuit (ELECT.) circuito bipolar
bipolar CMOS [BiCMOS] (ELECTRÓN.) CMOS bipolar

bipolar co-ordinates (MAT.) coordenadas bipolares

bipolar device (ELECTRÓN.) aparelho bipolar

bipolar disorder (INF.) distúrbio bipolar

bipolar electrode (ELECT.) eléctrodo bipolar

bipolar germination (BOT.) germinação bipolar

bipolar IC (ELECTRÓN.) circuito integrado bipolar

bipolar transistor (ELECTRÓN.) transistor bipolar

bipositive (FÍS.; QUÍM.) bipositivo

biprism (T.IMAG.) biprisma; prisma duplo

bipropellant (ASTRO.; ESP.) bipropulsor; propulsor duplo

BIPS (INF.) abr. de *Billions Instructions per Second* — milhares de milhão de instruções por segundo

bipyramid (CRIST.) bipirâmide

biquartz (FÍS.) biquartzo; quartzo de duas rotações

biquinary code (INF.) código biquinário

biradial symmetry (ZOO.) simetria birradial

biramous (ZOO.) birramoso

birch (BOT.; E.CIV.) bétula; a sua madeira

birch tar (QUÍM.) alcatrão de bétula

birdfoot delta (GEO.) delta «pé-de-pássara»; delta construtivo lobado

bird's mouth (E.CIV.) forquilha; garfo (entalhe)

birectification (QUÍM.) birrectificação

birefractive (FÍS.) birrefractivo

birefringence (FÍS.) birrefringência; dupla refracção

birefringence filter (FÍS.) filtro de birrefringência

Birmingham gauge (MEC.) tabela de Birmingham

Birmingham Wire Gauge [BWG] (MEC.) Calibre de medida de arames e fios Birmingham; tabela de Birmingham

birnessite (MINER.) birnessita

birth-and-death process (EST.) processo de renovação

birth-mark (MED.) marca de nascimento; nevo

BISAM (INF.) abr. de *Basic Indexed Sequential Access Method* — Método Básico de Acesso Sequencial Indexado

bis-azo dye (QUÍM.) corante diazóico

bischofite (MINER.) bischofita

B-ISDN (TELECOM.) abr. de *Broadband ISDN* — (ligação de) banda larga

bise (GEO.) vento do norte (Languedoque, França)

bisector (MAT.) bissector

bisectrix (MAT.) bissectriz

biserial (ECO.) lado-a-lado

biseriate (BOT.) bisseriado

biserrate (BOT.) bisserrado

bisexual (BOT.; ZOO.) bissexual

bisexuality (PSICO.) bissexualidade

Bismarck brown (QUÍM.) castanho de Bismarck; vesuvina; triamido azobenzol

bismite (MINER.) bismite; bismutoca

bismuth (QUÍM.) bismuto

bismuth aluminate (QUÍM.) aluminato de bismuto

bismuth chloride (QUÍM.) cloreto de bismuto

bismuth chloride oxide (QUÍM.) oxicloreto de bismuto

bismuth citrate (QUÍM.) citrato de bismuto

bismuth ethylcamphorate (QUÍM.) etilcanforato de bismuto

bismuth hydride (QUÍM.) hidreto de bismuto

bismuthine (QUÍM.) bismutina; hidreto de bismuto

bismuthinite (MINER.) bismutinite

bismuth ochre (MINER.) ocre de bismuto

bismuth oxide (QUÍM.) óxido de bismuto

bismuth spiral (ELECT.) espiral de bismuto

bismuth trichloride (QUÍM.) tricloreto de bismuto

bispecific antibodies (BIO.) anticorpos bio-específicos

bisphenoid (CRIST.; MINER.) biesfenóide

bisphenol A (PLÁST.) bisfenol A

bisporangiate (BOT.) biesporangiado

BIST (ELECTRÓN.) abr. de *built-in self-test* — autoteste imbutido

bistable (INF.) biestável

bistable circuit (INF.; TELECOM.) circuito biestável; «flip-flop»

bistable magnetic core (INF.) núcleo magnético biestável

bistable multivibrator (ELECTRÓN.) multivibrador biestável

bistoury (MED.) bisturi

bisulfide (QUÍM.) bissulfeto

bisulfite (QUÍM.) bissulfito

bisulphate (QUÍM.) bissulfato

bisynchronous motor (ELECT.) motor bissíncrono

bisynchronous transmission (TELECOM.) transmissão bissíncrona

bit (ELECTRÓN.) abr. de *binary digit* — dígito binário

BIT (INF.) abr. de *BInary digiT* — dígito binário; bit

bit (E.CIV.; MEC.; MINAS) broca; perfurador

bit bearings (MINAS) rolamentos de broca

bit bus (INF.) barramento de bit

bitch (E.CIV.) grampo de duas pontas; tacha

bit cone (MINAS) cone de broca

bit density (INF.) densidade de bits

bit error (INF.) erro no bit

bit error rate [BER] (INF.) taxa de erro dos bits

bit gauge (E.CIV.) limitador de broca

bit location (INF.) localização de bit

bit-mapped display (INF.) visualização em mapa de bits

bit mapping (T.IMAG.) imagem de endereçamento digital

BITNET (INF.) abr. de *Because It's Time NETwork* — porque é tempo de rede (rede de informática, nos EUA)

bit oriented protocol (INF.) protocolo orientado para bit

bit pattern (INF.) configuração de bits

bit position (INF.) posição do bit

bit rate (INF.) taxa de bits

bit rate reduction [BRR] (INF.) taxa de compressão dos bits

bits per inch [BPI] (INF.) bits por polegada

bits per number (INF.) bits por número

bits per second [BPS] (INF.) bits por segundo

bitstream (INF.) fluxo de bits

bit string (INF.) cadeia de bits; cadeia binária

bit stuffing (INF.) intercalação de bit; ajuste da taxa de bits

bit sub (MINAS) adaptador da broca-tubo

bitter almond oil (QUÍM.) óleo de amêndoa amarga; aldeído benzóico

bittern (QUÍM.) água-mãe

Bitter pattern (FÍS.) figuras de Bitter

bitterness (E.CIV.) granulação

bit track (INF.) pista de bits

bitumen (QUÍM.) betume

bitumen varnish (E.CIV.) verniz betuminoso

bituminous paint (E.CIV.) tinta betuminosa

bituminous plastic (PLÁST.) plástico betuminoso

bituminous shale (GEO.; MINAS) xisto betuminoso

bi-uniform correspondence (MAT.) correspondência biuniforme

bi-uniform transformation (MAT.) transformação biuniforme

biuret (QUÍM.) biureto; alofanamida

biuret reaction (QUÍM.) reacção do biureto

bivalent (GERAL) bivalente

bivalve (ZOO.) bivalve

Bivalvia (ZOO.) Bivalves

bivariant (QUÍM.) bivariante

bivoltine (ZOO.) que produz duas gerações por ano (ex: bicho-da-seda)

Bjerknes circulation theorem (METEO.) teorema de circulação de Bjerknes

Bk (QUÍM.) símbolo químico do *berkelium* — berquélio

black (GERAL) preto; negro

black ash (MINAS) carbonato de soda cru; solda calcinada

black-band iron-ore (MINAS) siderite de faixa negra

black bean (BOT.; E.CIV.) castanheiro-da-Austrália; a sua madeira

black body (FÍS.) corpo negro; corpo sem radiação

black-body radiation (FÍS.) radiação de corpo negro

black-body temperature (FÍS.) temperatura de corpo negro

black box (AERO.) caixa-preta (gravador de voo)

black box (INF.) caixa-preta

black box system (GERAL) sistema caixa-negra

blackbutt (BOT.; E.CIV.) eucalipto-da-Austrália; a sua madeira

black copper (MEC.) cobre bruto

black damp (Minas) gás venenoso (causado pela explosão de mina, em que a percentagem de oxigénio é mínima e a de dióxido de carbono é elevada)

black death (Med.) Peste Negra (termo aplicado à epidemia que ocorreu na Europa no séc. XIV, e cujas descrições fazem supor tratar-se de uma epidemia bubónica/pneumónica)

black diamond (Miner.) diamante negro; carbonado

black disease (Vet.) doença negra; hepatite crónica infecciosa do carneiro

blackening (Papel) escurecimento

black fever (Med.) febre das Montanhas Rochosas; febre azul; febre negra

black frost (Meteo.) geada negra

blackhead (Med.) ponto negro; comedão

blackhead (Vet.) histomoníase; enterohepatite (forma em desuso) infecciosa; enterepatite (forma actual)

blackheart (Bot.) medula negra

black heart (Mec.) ferro maleável americano

black hole (Astro.) buraco negro

black hole evaporation (Astro:) evaporação de buraco negro

black hole explosion (Astro.) explosão de buraco negro

black ice (Geo.) geada

blacking (Mec.) pó para moldes ou forno de fundição

black jack (Miner.) blenda

black japan (E.Civ.) verniz japonês

black lava glass (Geo.) vidro de lava preta

black lead (Miner.) grafite; plumbagina

blackleg (Vet.) carbúnculo sintomático; febre carbuncular; antraz enfisematoso ou sintomático

black letter (Imp.) letra ou tipo gótico

black level (T.Imag.) nível do preto

black level clamp (T.Imag.) circuito de luminosidade

black liquor (Papel) fluido negro

Blackman theory of specific heat of solids (Fís.) teoria de Blackman do calor específico dos sólidos

black mortar (E.Civ.) argamassa negra; argamassa de cinza

black mud (Geo.) lama negra

black opal (Miner.) opala negra

blackout (Med.) vertigem temporária; lipotímia dos aviadores; perda de visão; amaurose fugaz

black powder (Minas) pólvora negra

blackquarter (Vet.) V. *blackleg*

black red heat (Mec.) rubro escuro

black sand (Meteo.) areia negra (em fundição)

black smoker (Geo.) fumarola submarina hidrotermal

black-tongue (Vet.) língua negra; glossite parasítica; melanoglossia; glossofitia

blackwater (Vet.) água negra; azotúria dos cavalos; mioglobinúria paralítica

blackwater fever (Vet.) hemoglubinúria africana; febre da água negra; febre biliosa hemoglubinúrica; febre da África Ocidental

blackwood (Bot.; E.Civ.) ébano-da-Austrália; a sua madeira

bladder (Bot.; Zoo.) bexiga

bladderworm (Zoo.) cisticerco

blade (Bot.) folha; lâmina; limbo da folha

blade (Elect.) lâmina; palheta

blade activity factor (Aero.) factor de actividade do passo da hélice

blade airscrew (Aero.) pá da hélice

blade angle (Aero.) ângulo do passo da hélice; ângulo de pá

blade chafing ring (Aero.) anel de atrito da pá

blade element theory (Aero.) teoria do elemento da pá

blade loading (Aero.) carga da pá

blade trailing edge (Aero.) bordo de fuga da pá

blade-width ratio (Aero.) relação de largura da pá

Blagden's law (Quím.) lei de Blagden (lei do ponto de congelamento)

Blaine fineness tester (Fís.) testador de precisão de Blaine

Blake crusher (Minas) triturador Blake; máquina de britar pedra tipo Blake

blank (Fís.) disco virgem; disco pronto a gravar

blank (Inf.) espaço em branco

blank (Mec.) peça de metal em bruto

blanket (Nucl.) manto

blanket (Têxt.) manta; cobertor

blanket bog (Eco.) pântano fértil

blanket sand (Geo.) areia em manto

blank flange ((Mec.) flange cega; obturador

blank groove (Fís.) sulco falso; sulco sem modulação (em disco)

blanking (Electrón.; T.Imag.) extinção de feixe; supressão de feixe

blanking level (Electrón.) nível de bloqueio

blankliner (Minas) tubo liso; tubo de revestimento

blank wall (E.Civ.) parede sem vãos

blast (Mec.) jacto; pressão

-blast (Bio.; Bot.; Med.; Zoo.) -blasto; do grego *blastos* — germe

blast- (Geral) blasto-; do grego *blastos* — germe; forma usada em palavras relativas ao processo de germinação por células ou tecido

blastema (Zoo.) blastema

blastemic (Zoo.) blastémico

blast-furnace (Eng.) alto-forno

blast-furnace Portland cement (Eng.; E.Civ.) cimento Portland de alto-forno

blastin (Bio.) blastina

blasting (E.Civ.) dinamitação; explosão

blasting (Fís.) sobrecarga; distorção

blasting cap (Minas) detonador

blasting fuse (E.Civ.) espoleta; mecha; rastilho

blast joint (Minas) união de explosão

blast main (Mec.) tubulação principal de vento

blastocele (Zoo.) blastocele; blastocélio (pouco usado)

blastochyle (Zoo.) blastóquio

blastocoele (Zoo.) blastocele

blastocyst (Zoo.) blastocisto

blastocyte (Zoo.) blastócito

blastoderm (Zoo.) blastoderme

blastodisc (Zoo.) blastodisco

blastogenesis (Zoo.) blastogénese; blastogenia

blastoma (Zoo.) blastoma

blastomere (Zoo.) blastómero; blastomério (pouco usado)

Blastomyces (Bot.) Blastomiceto

blastomycetes (Bot.) blastomicetos (é o plural de *blastomyces*)

blastomycin (Med.) blastomicina

blastomycosis (Med.) blastomicose

blastoneuropore (Zoo.) blastoneuróporo

blastophtoria (Bio.) blastoftoria

blastopore (Bot.; Zoo.) blastóporo

blast pipe (Mec.) tubo de descarga; cano de descarga

blastula (Zoo.) blástula

blastulation (Zoo.) blastulação

blast wave (Fís.) onda de explosão

Blatthaller loudspeaker (Fís.) altifalante de Blatthaller

Blattnerphone (Telecom.) gravador de fita de Blatter

Blavier's test (Elect.) teste de Blavier

B-law (Electrón.) escala B do potenciómetro

blazar (Astro.) blazar (tipo de objecto extragaláctico extremamente luminoso, semelhante ao quasar)

blaze (Topo.) marca

bleach (T.Imag.) branquear

bleaching (E.Civ.; T.Imag.; Papel; Têxt.) branqueamento

bleaching powder (Quím.) cloreto de cálcio; hipoclorito de cálcio

bleach-out process (T.Imag.) processo de descoloração

bleb (Med.) vesícula; flictena

bleed (Inf.) escoamento

bleed (Mec.) sangria

bleeder current (Electrón.) corrente de drenagem

bleeder resistor (Elect.) resistência de drenagem; divisor de tensão

bleeding (Aero.) drenagem; sangria

bleeding (Bot.) drenagem; exsudação

bleed line (Minas) linha de drenagem

blend (Miner.) blenda; esfalerita

blend (Têxt.) mistura

blender (E.Civ.) misturador; máquina misturadora

blending (E.Civ.) mistura

blenn-, blenno- (Geral) bleno-; do grego *blennos* — muco

blennogenic (Bio.) blenogénico; mucíparo

blennoid (Bio.) blenóide; mucóide

blennorrhagia (Med.) blenorragia

blennorrhea (Med.) blenorreia

blennorrhoea (Med.) blenorreia

blennostasis (Med.) blenostase

blennostatic (Med.) blenostático

blennothorax (Med.) blenotórax

blennuria (Med.) blenúria

blephar-, blepharo- (Geral) blefaro-; do grego *blepharon* — pálpebra

blepharadenitis (Med.) blefaradenite

blepharectomy (Med.) blefarectomia

blepharism (MED.) blefarismo
blepharitis (MED.) blefarite
blepharochalasis (MED.) blefarocálase
blepharochromidrosis (MED.) blefarocromidose
blepharoclonus (MED.) blefaroclono
blepharoplast (MED.) blefaroplasto (corpúsculo ou grânulo basal)
blepharoplegia (MED.) blefaroplegia
blepharospasm (MED.) blefarospasmo
blepharostat (MED.) blefarostato; espéculo ocular
blepharosynechia (MED.) blefarossinequia
BLEU (AERO.) abr. de *Blind Landing Experimental Unit* — Unidade Experimental de Aterragem por Instrumentos
B-licence (AERO.) Brevet de piloto comercial
blight (BOT.) míldio
blimp (AERO.) dirigível não-rígido
blind apex (MINAS) ápex cego
blind arcade (E.CIV.) arcada cega; arcada cheia com alvenaria
blind area (E.CIV.) sector cego; área oculta; zona oculta
blind flight (AERO.) voo cego; voo por instrumentos
blind flying (AERO.) voo cego; voo por instrumentos; voo automático
blind flying instruments (AERO.) instrumentos de voo cego; instrumento de voo sem visibilidade; instrumento de voo IFR (IFR = *Instrument Flight Rules* — Regras de Voo por Instrumentos)
blind flying system (AERO.) sistema de voo IFR
blind load (MINAS) filão cego; veio cego; veio sem afloramento
blind mortise (E.CIV.) entalhe cego; contra-entalhe; contracavilha
blind rivet (MEC.) rebite cego
blind spot (TELECOM.) ponto morto; ponto cego; silêncio
blind spot (ZOO.) ponto cego
blind staggers (VET.) encefalite dos equinos
blind vein (MINAS) veio cego; veio sem afloramento
blink comparator (ASTRO.) cintilador
blinking (RADAR) cintilação
blink microscope (ASTRO.) microscópio de cintilação
blip (RADAR) blip; eco identificado
blip-scan ratio (RADAR) relação detecção-exploração
blister (GERAL) vesícula; bolha
blister copper (MEC.) cobre empolado
blister steel (MEC.) aço empolado; aço cimentado; aço de bolha
blizzard (GEO.) tempestade de neve
bloat (VET.) inchaço ou edema (no gado bovino); timpanismo do rúmen
Bloch band (FÍS.) faixa de Bloch
Bloch function (FÍS.) função de Bloch
block (GERAL) bloco
block address (INF.) endereço de bloco
blockboard (E.CIV.) tábua de madeira laminada
block brake (MEC.) travão de sapata
block caving (MINAS) mineração por escavação

block clutch (MEC.) embraiagem de bloco; embraiagem de sapata
block coefficient (NAV.) coeficiente de bloco
block copy (INF.) cópia de blocos
block diagram (INF.; MEC.) diagrama de blocos; esquema de blocos
block disintegration (GEO.) desintegração em blocos
blocked impedance (FÍS.) impedância bloqueada
blocked-out ore (MINAS) reservas; maciços
block gauge (MEC.) calibrador de bloco
block glide (GEO.) escorregamento
block header (INF.) cabeçalho de bloco
block ignore character (INF.) carácter de ignorância do bloco
block-in-course (E.CIV.) aparelho de juntas recortadas
blocking (GERAL) bloqueio; enchimento
blocking (INF.) bloqueio; blocagem
blocking action (METEO.) acção de bloqueamento
blocking anticyclone (METEO.) anticiclone de bloqueamento
blocking capacitor (ELECT.) condensador de bloqueio
blocking course (E.CIV.) fila de pedra ou tijolo de cimalha
blocking factor (INF.) factor de blocagem
blocking foil (IMP.) folha de bloqueamento
blocking high (METEO.) alta de bloqueamento; anticiclone de bloqueamento
blocking layer (BIO.) camada de depleção; camada de barreira
blocking length (INF.) comprimento de blocagem
blocking oscillator (ELECT.) oscilador de bloqueamento
blocking-out (MINAS) cubicagem; cubicar
block lava (GEO.) lava em bloco
block length (INF.) comprimento de bloco
block list (INF.) listagem de bloco
block mark (INF.) marca de bloco
block out (GERAL) bloquear; bloqueamento
block plan (E.CIV.) plano de bloco
block plane (E.CIV.) plaina de ferro inteiriço
block prism (T.IMAG.) prisma quadrangular
block section (E.CIV.) secção de bloco
block sort (INF.) ordenação por blocos
block time (AERO.) tempo de voo (entre calços)
block tin (E.CIV.) bloco de estanho; massa de estanho
block transfer (INF.) tranferência por blocos
blockwork (E.CIV.) parede em blocos
Blondel-Ray law (FÍS.) lei de Blondel-Ray
blondin (E.CIV.) transportador de cabo aéreo
blood (GERAL) sangue

blood agar (BIO.) agár de sangue; agár sanguíneo
blood albumin (MED.) albumina do sangue; seroalbumina
blood cell (BIO.; MED.) célula sanguínea
blood-clothing factors (MED.) factores de revestimento sanguíneo
blood clotting factor (BIO.) factor de coagulação sanguínea
blood corpuscle (MED.) corpúsculo sanguíneo
blood count (MED.) contagem de glóbulos sanguíneos; hematimetria
blood donor (MED.) dador de sangue
blood dust (MED.) poeira de sangue; hemocónia; grânulos de sangue
blood fluke (MED.) trematódio sanguíneo
blood group (MED.) grupo sanguíneo
blood grouping (MED.) agrupamento sanguíneo
blood group specific substances A and B (MED.) substâncias específicas A e B dos grupos sanguíneos
blood island (ZOO.) ilhota sanguínea
bloodletting (MED.) sangria
blood plasma (MED.) plasma sanguíneo
blood pressure (MED.) pressão sanguínea
blood puzzles (MED.) corpos estranhos ou hemácias deformadas, de duvidosa interpretação
blood red heat (MEC.) aquecimento ao rubro
blood serum (MED.) soro sanguíneo
blood shot (MED.) congestão sanguínea
bloodstone (MINER.) hematite
bloodstream (MED.) corrente sanguínea
blood substitute (MED.) substituto sanguíneo (plasma humano, albumina sérica, dextran, gelatina, goma arábica, ictiocola, etc.)
blood sugar (MED.) açúcar do sangue; glucose
blood transfusion (MED.) transfusão de sangue
blood type (MED.) tipo sanguíneo
blood typing (MED.) tipagem sanguínea; agrupamento sanguíneo
blood vessel (MED.) vaso sanguíneo
bloom (BOT.) floração; florescência
bloom (E.CIV.) coloração
bloom (ELECT.; T.IMAG.) fluorescência da imagem; hiperluminosidade da imagem
bloom (GERAL) florescência
bloom (MEC.) maço de aço
blooming (E.CIV.) impureza de cor da tinta
blooming (ELECTRÓN.; T.IMAG.) hiperluminosidade de imagem
blooming mill (MEC.) laminador-desbastador
blooming roll (MEC.) rolo ou cilindro de desbastar
blooming shears (MEC.) tesoura de cortar barras de metal
Bloom's syndrome (BIO.) síndroma de Bloom; eritema telangiectásico congénito

blotting (Bᴏ.) absorção por difusão capilar

blotting paper (Pᴀᴘᴇʟ) papel mataborrão

blow (Mᴇᴄ.) sopro; jacto

blow (Mɪɴᴀs) erupção; jacto explosivo; escape incontrolável de gás ou água de um poço

blow-and-blow machine (Vɪᴅʀ.) máquina sopradora-compressora

blow back (Aᴜᴛᴏ.) saída da mistura de combustível pela válvula de admissão para o carburador

blowdown stack (Mɪɴᴀs) chaminé de descarga

blow EPROM (Iɴꜰ.) carregar a EPROM

blower (Mᴇᴄ.) ventilador; impulsor

blower (Mɪɴᴀs) ventilador; compressor de ar; turbocompressor

blowfly myiasis (Vᴇᴛ.) miíase provocada pela mosca-da-carne (varejeira)

blow-hole (E.Cɪᴠ.) bolha

blow-hole (Gᴇᴏ.) bolha; falha; cavidade

blow-hole (Mᴇᴄ.) bolsa

blowing (E.Cɪᴠ.) cavidade; furo

blowing a well (Mɪɴᴀs) despressurizar um poço

blowing engine (Mᴇᴄ.) compressor

blowing in wild (Mɪɴᴀs) erupção incontrolada de um poço

blowing-iron (Mᴇᴄ.) maçarico

blowing-out (Mᴇᴄ.) paragem ou extinção de centelha

blowing road (Mɪɴᴀs) ventilação principal (nas minas de carvão)

blowing room (Tᴇ̂xᴛ.) sala dos batedores

blow moulding (Pʟᴀ́sᴛ.) moldagem de sopro

blown (Aᴜᴛᴏ.) supercarregado; superalimentado

blown (Bᴏᴛ.) falso alburno; duplo alburno

blown casting (Mᴇᴄ.) fundição porosa

blown flap (Aᴇʀᴏ.) flap de escape

blown oil (Qᴜɪ́ᴍ.) óleo de linhaça (depois de aquecido e oxidado por uma corrente de ar)

blowout (Mɪɴᴀs) erupção; jacto explosivo; explosão

blowout coil (Eʟᴇᴄᴛ.) bobina de extinção ou de supressão de centelha

blowout dune (Gᴇᴏ.) duna de deflação

blowout magnet (Eʟᴇᴄᴛ.) magnete de extinção de centelha; magnete extintor

blowout preventer (Mɪɴᴀs) obturador de segurança; válvula de segurança

blowpipe (Vɪᴅʀ.) tubo de soprar

blow-up (T.Iᴍᴀɢ.) ampliação

blub (E.Cɪᴠ.) ampola; bolha

blubber (Zᴏᴏ.) camada gordurosa da derme, nos cetáceos

blubber-oil (Qᴜɪ́ᴍ.) óleo de baleia

blue asbestos (Mɪɴᴇʀ.) asbesto azul; crocidolite

blue brittleness (Mᴇᴄ.) fragilidade azul

blue comb (Vᴇᴛ.) crista azul (doença das galinhas); febre do lodo; monocitose das aves

blue-glass lamp (T.Iᴍᴀɢ.) lâmpada de vidro azul; «flash»

blue-green algae (Bᴏᴛ.) algas azuis-esverdeadas; Cianófitas

blue ground (Gᴇᴏ.; Mɪɴᴀs) peridotito; kimberlito

blue gum (Bᴏᴛ.; E.Cɪᴠ.) eucalipto-da-Austrália; a sua madeira

blue john (Mɪɴᴇʀ.) variedade de fluorite, azul e branca, encontrada no Derbyshire, RU

blue laser (T.Iᴍᴀɢ.) laser azul

blue lead (Qᴜɪ́ᴍ.) galena

blue metal (Mᴇᴄ.) azul metálico

blue mud (Gᴇᴏ.) lama azul

blue nose disease (Vᴇᴛ.) «doença do nariz azul» (fotossensibilização ocorrente no cavalo)

blue of the sky (Mᴇᴛᴇᴏ.) azul do céu

blueprint (Iᴍᴘ.) impressão a azul; cianótipo; cópia heliográfica; ozalide

blue print (Pᴀᴘᴇʟ) papel de cópia heliográfica

blue radiation (Fɪ́s.) radiação azul

blue schist (Gᴇᴏ.) xisto azul

blue sheet (Asᴛʀᴏ.) camada azul

blueshift (Asᴛʀᴏ.) desvio para o azul

blue stain (Bᴏᴛ.) mancha azul

blue stone (Qᴜɪ́ᴍ.) sulfato de cobre

blue tongue (Vᴇᴛ.) febre malárica cataral dos carneiros; língua azul

blue vitriol (Qᴜɪ́ᴍ.) vitríolo; sulfato de cobre hidratado

bluff (Gᴇᴏ.) precipício; falésia marinha (activa e inactiva)

blunt ends (Bɪᴏ.) ponta romba; ponta embotada

blunt-end DNA (Bɪᴏ.) DNA de ponta romba; DNA de ponta embotada

blunt-end ligation (Bɪᴏ.) ligação de pontas rombas; ligação de pontas embotadas

blurb (Iᴍᴘ.) anúncio de livro feito pelo editor

blushing (E.Cɪᴠ.) branqueamento

B-lymphocyte (Iᴍᴜɴ.) linfócito B

B lymphocytes (Bɪᴏ.; Mᴇᴅ.) linfócitos B

BM (Tᴏᴘᴏ.) abr. de *bench mark* — ponto de referência

B-memory cell (Iᴍᴜɴ.) célula de memória B

BMEP (Mᴇᴄ.) abr. de *Brake Mean Effective Pressure* — pressão efectiva média do travão

BMEWS (Rᴀᴅᴀʀ) abr. de *Ballistic Missile Early Warning System* — Sistema de Alarme Antecipado de Míssil Balístico

BMR (Mᴇᴅ.) abr. de *Basal Metabolic Rate* — taxa metabólica basal

BNA (Mᴇᴅ.) abr. de *Basle Nomina Anatomic* — Nomenclatura Anatómica de Basileia

BNC connector (T.Iᴍᴀɢ.) ligação BNC

BNF (Iɴꜰ.) abr. de *Backus-Naur Form* — formulário de Backus-Naur

BNFL (Nᴜᴄʟ.) abr. de *British Nuclear Fuels plc* — Combustíveis Nucleares Britânicos, companhia pública

BN object (Asᴛʀᴏ.) objecto de Becklin-Neugebauer

board (E.Cɪᴠ.) prancha; tábua

board (Pᴀᴘᴇʟ) cartão; papelão

board [PC] (Iɴꜰ.) placa de computador

Board and Trade Unit (Eʟᴇᴄᴛ.) Unidade da Junta de Comércio de Inglaterra para a energia eléctrica, igual a 1 Kilowatt/hora

boart (Mɪɴᴇʀ.) bort; borte; carbonado (diamante industrial)

boasted ashlar (E.Cɪᴠ.) pedra de alvenaria trabalhada

boasted joint surface (E.Cɪᴠ.) superfície de junta trabalhada (ou cinzelada)

boasted work (E.Cɪᴠ.) trabalho cinzelado

boasting (E.Cɪᴠ.) cinzelamento; trabalhar a pedra com escopro e maço

bobbin (Eʟᴇᴄᴛ.) carreto; bobina

bobbin core (Iɴꜰ.) núcleo da bobina

bobbin winding (Eʟᴇᴄᴛ.) enrolamento em bobina

bob-weight (Mᴇᴄ.) peso de equilíbrio; balanço

BOD (Qᴜɪ́ᴍ.) abr. de *Biological Oxygen Demand* — necessidade biológica de oxigénio

Bode's law (Asᴛʀᴏ.) Lei de Bode; Regra de Bode

body (Gᴇʀᴀʟ) corpo

body capacitance (Eʟᴇᴄᴛʀᴏ́ɴ.) capacitância corporal

body cavity (Zᴏᴏ.) cavidade corporal

body cell (Bᴏᴛ.) corpo celular

body louse (Mᴇᴅ.) piolho (da cabeça ou do corpo)

body-section radiography (Rᴀᴅɪᴏʟ.) radiografia seccionada; tomografia

body wall (Zᴏᴏ.) parede cavitária

boehmite (Mɪɴᴇʀ.) bohemita (de J. Bohem; silicato básico de alumínio, fonte de alumina)

bog (Eᴄᴏ.) pântano

bog forest (Eᴄᴏ.) floresta de turfa

boghead coal (Mɪɴᴀs) carvão betuminoso; carvão de algas

bogie (Mᴇᴄ.) bogie; vagão de plataforma; plataforma rolante

bogie landing gear (Aᴇʀᴏ.) plataforma de trem de aterragem

bog iron ore (Mɪɴᴀs) limonite porosa (encontrada em pântanos)

boglame (Vᴇᴛ.) osteomalacia

bog peat (Eᴄᴏ.) turfa

bog spavin (Vᴇᴛ.) alifafe; sinovite crónica da articulação tibiotársica do cavalo

Bohemian garnet (Mɪɴᴇʀ.) granada da Boémia; granada nobre; piropo; rubiamericano; rubi-do-cabo

Bohemian gem-stone (Mɪɴᴇʀ.) gemas da Boémia (o piropo, o quartzo rosáceo e o topázio citrino)

Bohr atom (Fɪ́s.) átomo de Bohr

Bohr magnetron (Fɪ́s.) magnetrão de Bohr

Bohr radius (Fɪ́s.) raio de Bohr

Bohr's correspondence principle (Fɪ́s.) princípio da correspondência de Bohr

Bohr-Sommerfeld atom (Fɪ́s.) átomo de Bohr-Sommerfeld

Bohr-Sommerfeld theory (Fɪ́s.) teoria de Bohr-Sommerfeld

Bohr theory (Fɪ́s.) teoria de Bohr

Bohr-van Leewen theorem (Fɪ́s.) teorema de Bohr-Leewen

Bohr-Wheeler theory of fission (Fís.) teoria da fissão de Bohr-Wheeler

boil (MED.) furúnculo

boiled oil (E.CIV.) óleo fervido

boiler (MEC.) caldeira

boiler capacity (MEC.) capacidade da caldeira

boiler compositions (MEC.) fluidos anti-incrustadores

boiler compound (MEC.) compostos para caldeira

boiler covering (MEC.) cobertura da caldeira

boiler cradle (MEC.) cavalete de caldeira; berço de caldeira

boiler cradles (NAV.) sobrequilha

boiler crown (MEC.) coroa da caldeira

boiler efficiency (MEC.) eficiência da caldeira

boiler feed pump (MINAS) bomba de alimentação da caldeira

boiler feed-water (MEC.) água de alimentação da caldeira

boiler fittings and mountings (MEC.) acessórios e montagens de caldeira

boiler for use with waste gas (MEC.) caldeira de recuperação térmica; caldeira de uso dos gases de escape

boilermaker's hammer (MEC.) martelo de caldeireiro

boiler plate (MEC.) placa da caldeira

boiler pressure (MEC.) pressão da caldeira

boiler riveting (MEC.) rebitagem da caldeira

boiler saddle (MEC.) cavalete da caldeira

boiler scale (MEC.) incrustação de caldeira; sedimento de caldeira; tártaro de caldeira

boiler setting (MEC.) colocação ou disposição da caldeira

boiler stays (MEC.) apoios da caldeira

boiler test (MEC.) teste ou ensaio da caldeira

boiler trial (MEC.) ensaio da caldeira

boiler tubes (MEC.) tubos da caldeira

boiling (Fís.) ebulição

boiling bed (QUÍM.) base de ebulição

boiling-point (Fís.) ponto de ebulição

boiling table (ELECT.) mesa de ebulição

boiling-water reactor (NUCL.) reactor de água em ebulição

Bok globule (ASTRO.) glóbulo de Bok (nuvem interestelar quase esférica)

bold face (IMP.) negrito

bole (BOT.) tronco; caule

bolide (ASTRO.) bólide

boll (BOT.) cápsula

bollard (NAV.) poste de amarração

Bollinger bodies (VET.) corpos de Bollinger

bolometer (ELECT.; TELECOM.) bolómetro

boloscope (MED.) boloscópio

bolson (ECO.) bacia hídrica

bolster (E.CIV.) escopro de desbaste; travessa; suporte

bolster (MEC.) sapata; coxim

bolt (E.CIV.) ferrolho; lingueta

bolt (MEC.) parafuso; perno

bolting (BOT.) floração prematura

bolt-making machine (MEC.) máquina de fazer cavilhas

Boltzmann equation (Fís.) equação de Boltzmann

Boltzmann principle (Fís.) princípio de Boltzmann

Boltzmann's constant (Fís.) constante de Boltzmann

Boltzmann's universal conversion factor (Fís.) factor de conversão universal de Boltzmann

Boltzmann-Vlasov equation (Fís.) equação de Boltzmann-Vlasov

Bolyai geometry (MAT.) geometria de Bolyai; geometria de Lobachewsky (Lobachevski)

Bolzano's theorem (MAT.) teorema de Bolzano

bombardment (Fís.) bombardeamento

bomb calorimeter (MEC.) calorímetro de bomba; calorímetro de Berthelot-Mayer; bomba calorimétrica

bomb sampler (Fís.) colector de amostras de partículas dispersas a determinadas profundidades

bonanza (MINAS) filão rico em minério

bond (GERAL) ligação; união; junção; aderência

bond angle (QUÍM.) ângulo de ligação

bond distance (QUÍM.) distância de ligação

bonded energy (QUÍM.) energia de ligação

bonded wiring (ELECT.) arame isolado a esmalte e revestido a plástico

bonder (E.CIV.) perpianha

bonding (AERO.) ligação à massa; ligação a terra

bonding electron (Fís.) electrão de ligação

bond length (E.CIV.) comprimento de barra de reforço (ligação)

bond length (QUÍM.) comprimento da ligação

bond paper (PAPEL) papel-bond

bondstone (E.CIV.) perpianha

bond wire (ELECTRÓN.) fio de ligação

bone (MINAS) carvão de ossos; carvão animal

bone (ZOO.) osso

bone bed (GEO.) leito calcário; substrato endurecido

bone conduction (MED.) condução óssea; osteofonia

bone-dry paper (PAPEL) papel seco

bone-marrow grafting (MED.) enxerto ou transplante de medula óssea

bone seeker (QUÍM.) pesquisador do osso (como o estrôncio, rádio e plutónio)

bone-setter (MED.) endireita

bone tolerance dose (RADIOL.) dose de tolerância do osso

bone turquoise (MINER.) odontólito

boning-in (TOPO.) nivelamento

boning rods (TOPO.) miras de nivelamento; réguas de nivelamento

Bonne's projection (GEO.) projecção de Bonne

bonnet (GERAL) tampa; cobertura; tampão

bonnet tile (E.CIV.) telha em V; telha de meia-cana

bookbinding (IMP.) encadernação

book chase (IMP.) rama de livro

book cloth (IMP.) cobertura; capa revestida

book gill (ZOO.) brânquia lamelar

book lung (ZOO.) filotraqueia

book plate (IMP.) ex-líbris

Boolean (INF.; MAT.) boleano

Boolean algebra (INF.; MAT.) Álgebra boleana

Boolean calculus (INF.; MAT.) cálculo boleano

Boolean complementation (INF.; MAT.) complementação boleana

Boolean connective (INF.; MAT.) conector boleano

Boolean expression (ELECTRÓN.) expressão booleana

Boolean logic (INF.; MAT.) lógica boleana

Boolean operation (INF.; MAT.) operação boleana

Boolean operation table (INF.; MAT.) tabela de operação boleana

boom (Fís.) estampido; explosão; detonação; alta de microfone

boom (AERO.; MEC.; NAV.) longarina; baliza; flange; barragem

boost (AERO.) propulsão auxiliar; sobrealimentação; impulso

boost control (AERO.) controlo de propulsão auxiliar; comando de sobrealimentação

boost-control over-ride (AERO.) comando de corte de impulso; controlo de corte de propulsão auxiliar

boost-control regulator (AERO.) regulador automático de comando de sobrealimentação

booster (ASTRO.) propulsor; foguete auxiliar

booster amplifier (Fís.) amplificador reforçador

booster coil (AERO.) bobina de reforço; bobina auxiliar

booster engine (AERO.) motor auxiliar; motor impulsionador

booster fan (MEC.) ventilador auxiliar; ventilador intensificador

booster pump (AERO.; MEC.) bomba de reforço

booster response (IMUN.) resposta a reforço

booster rocket (AERO.) foguete auxiliar

booster station (MINAS) estação de bombagem de petróleo

booster station (TELECOM.) estação de reforço; estação de amplificação

booster transformation (ELECT.) transformador reforçador

boost gauge (AERO.) manómetro de sobrepressão

boost transformer (ELECT.) transformador de reforço; transformador auxiliar

booted (ZOO.) calçado (com os pés protegidos por escamas ósseas)

bootstrap (Inf.) programa iniciador; programa de arranque; carregador de sistema; comando de entrada

bootstrap (Mec.) autocarregador

bootstrap (Telecom.) comando de entrada

bootstrap circuit (Electrón.) circuito autocarregador; circuito auto-elevador

bootstrap cold-air unit (Aero.) unidade de autogeração de ar frio

bootstrapping (Electrón.) processo de autogeração

boot tapping (Nav.) faixa de flutuação

BOP (Minas) abr. de *Blow Out Preventer* — protector contra explosões

bora (Geo.) vento de nordeste (Mar Adriático)

boracic acid (Quím.) ácido borácico; ácido bórico

boracite (Miner.) boracite

borane (Quím.) borano

borate (Quím.) borato

borax (Miner.) bórax; borato de sódio

borax beads (Quím.) pérolas de bórax

bord-and-pillar (Minas) mineração de câmaras e maciços

border effect (T.Imag.) efeito de margem

border-pile (E.Civ.) pilar de guarda; pilar de suporte

border-punched card (Inf.) cartão de bordos perfurados

bore (Geo.) onda de maré

bore (Mec.) perfuração; furo

boreal (Eco.) boreal

boreal climate (Eco.) clima boreal

boreal forest (Eco.) floresta boreal; taíga

Boreal Period (Eco.) Período Boreal

boreal zone (Eco.) zona boreal

bore hole (Minas) poço; perfuração

borehole (Minas) poço; furo

borehole survey (Minas) prospecção de furo; levantamento de furo

boresight (Telecom.) alinhamento; linha de visão

boresight error (Telecom.) erro de alinhamento

boric acid (Quím.) ácido bórico

boride (Quím.) boreto

borine radical (Quím.) radical borano

boring (Geo.) perfuração biogénica; tubo biogénico

boring (Mec.) perfuração

boring (Minas) sondagem; perfuração

boring bar (Mec.) rectificadora de cilindros

boring machine (Mec.) perfuradora

boring mill (Mec.) mandriladora; broca de perfuração

boring tool (Mec.) broca; sonda

Borna disease (Vet.) doença de Borna (na Saxónia); encefalomielite infecciosa dos bovinos, equinos e ovinos

Borneo camphor (Quím.) cânfora do Bornéu; borneol

borneol (Quím.) borneol; cânfora do Bornéu

bornhardt (Geo.) domo granítico

bornite (Miner.) bornite

Born-Oppenheimer appproximation (Fís.) aproximação de Born-Oppenheimer

Born-Oppenheimer method (Fís.) métodos de Born-Oppenheimer

Born-von Kármán theory (Fís.) teoria de Born-von Kármán

bornyl chloride (Quím.) cloreto de bornilo

borofluoride (Quím.) fluoreto de boro

borolanite (Geo.) borolanite (de Lago Borolan, na Escócia)

boron (Quím.) boro

boron carbide (Quím.) carboneto de boro

boron chamber (Nucl.) câmara de boro

boron nitride (Quím.) nitreto de boro

boron trihalide (Quím.) tri-halogeneto de boro

borosilicate glass (Vidr.) vidro de borossilicato

Borrel bodies (Vet.) corpos de Borrel

borrow (Inf.) empréstimo

borrow pit (E.Civ.) escavação de empréstimo de terra

borsic (Aero.) fibra de boro revestida com carboneto de sílica

bort (Miner.) bort; borte; carbonado (diamante industrial)

BOS (Inf.) abr. de *Basic Operating System* — Sistema Operativo Básico

Bosch process (Quím.) Processo Bosch

Bose-Einstein distribution law (Fís.) lei da distribuição de Bose-Einstein

Bose-Einstein statistics (Fís.) estatística de Bose-Einstein

bosh (Mec.) etalage; zona de combustão (alto-forno)

bosh (Vidr.) reservatório de água

boson (Fís.) bosão

boss (Geo.) intrusão; bossa

boss (Mec.) proeminência; ressalto de reforço; saliência

bossage (E.Civ.) bossagem de pedra

bosset (Zoo.) apêndice frontal inicial do chifre do veado

Boss General Catalogue (Astro.) Catálogo Geral de Boss

bossing (E.Civ.) chapear a chumbo ou outro metal maleável

Bostock sedimentary balance (Fís.) equilíbrio sedimentar de Bostock

bostonite (Miner.) bostonito

bot (Minas) fundo

bot (Vet.) larva da mosca «Gastrophilus haemorrhoidalis», mosca do verme, que parasita no estômago e duodeno de cavalos e burros, provocando a miíase

botry-, botryo- (Geral) botri-; botrio-; prefixo do grego *bothrion* — cacho

botryoid (Bot.; Zoo.) botrióide

botryoidal (Zoo.) botrióide

botryomycosis (Vet.) botriomicose

botryotherapy (Med.) botrioterapia; terapia pelas uvas; cura pelas uvas

botrytic (Bot.) botrítica

bottle battery (Elect.) bateria de garrafa

bottle glass (Vidr.) vidro cálcico

bottle jack (Mec.) macaco em forma de garrafa

bottle-making machines (Vidr.) máquina de fazer garrafas

bottleneck (Eco.) estrangulamento

bottle-nose drip (E.Civ.) goteira tipo garrafa

bottle-nosed step (E.Civ.) degrau redondo

bottom current (Geo.) corrente de fundo

bottom dead-centre (Mec.) ponto morto inferior

bottom gate (Mec.) portinhola de fundo

bottom-hole assembly (Minas) montagem de fundo

bottom hole choke (Minas) estrangulador de fundo

bottom hole pressure (Minas) pressão de fundo de poço

bottom hole pressure flowing (Minas) fluxo de fundo originado pela pressão de fundo

bottom hole pressure shut-in (Minas) pressão de fecho (da válvula no fundo do poço)

bottom-hole pump (Minas) bomba do fundo do poço

bottom hole sample (Minas) amostra de fundo

bottom hole temperature (Minas) temperatura de fundo de poço

bottoming (E.Civ.) assentamento; empedramento

bottoming tap (Mec.) rosca-macho média

bottom plate (Reloj.) placa de fundo

bottom sampler (Geo.) amostrador de fundo

bottomset bed (Geo.) leito de fundo arenoso (delta); camada basal

bottom shore (E.Civ.) escora de fundo

bottom structure (Geo.) marca basal

bottom water (Geo.) água de fundo

bottom yeast (Bot.) levedura da cerveja

botulism (Med.) botulismo

botulismotoxin (Med.) botulismotoxina; botulina

Boucherot circuit (Elect.) circuito de Boucherot

bouchon (Reloj.) bujão

bouclé (Têxt.) buclé; anelado; encaracolado

boudinage (Geo.) «boudinage» (estrutura de rocha provocada por tensões tectónicas)

bougie (Med.) vela (instrumento cirúrgico)

Bouguer anomaly (Geo.) anomalia de Bouguer

Bouguer law of absorption (Fís.) lei da absorção de Bouguer

boulder (Geo.) calhau

boulder barricade (Geo.) barricada de calhaus

boulder beach (Geo.) praia de calhaus

boulder clay (Geo.) «argila de calhaus» (sedimento não consolidado, depositado directamente pelo gelo, principalmente como moreia interna e basal)

boulder paving (E.Civ.) pavimento de calhaus

boulder ridge (Geo.) crista de calhaus

boulder wall (E.Civ.) parede de calhaus ligados com argamassa; muro de calhaus e argamassa

boule (Miner.) bola

Bouma cycle (Geo.) ciclo de Bouma

Bouma sequence (Geo.) sequência de Bouma

bounce mark (Geo.) molde externo

bouncing-pin detonation meter (Mec.; Minas) manómetro para medir a detonação

boundary current (Geo.) corrente costeira

boundary layer (Aero. Fís.; Quím.) camada-limite; interface

boundary layer (Bot.) camada-limite

boundary layer (Meteo.) camada-limite de ar; camada de ar primária

boundary layer control (Aero.) controlo ou comando da camada limite

boundary light (Aero.) luz de demarcação (de pista)

boundary markers (Aero.) marcos de limite; balizas de limite (em pista)

boundary microphone (Telecom.) microfone de cápsula

boundary stratotype (Geo.) estratótipo de fronteira

boundary wave (Geo.) onda limítrofe

boundary zone (Geo.) linha estratigráfica

bound book (Imp.) livro encadernado

bound charge (Elect.) carga de polarização; carga latente

bounded function (Mat.) função limitada

bounded set of numbers (Mat.) conjunto limitado de números

bounded set of points (Mat.) conjunto limitado de pontos

bound electron (Elect.) electrão ligado

bound-free transition (Astro.) transição preso-livre (transição atómica na qual um electrão começa ligado a um átomo e termina livre dele)

bounds of a function (Mat.) limites de uma função

bound state (Fís.) estado-limite

bound vector (Mat.) vector-limite

bound water (Bot.) água limítrofe

bouquet stage (Bio.) estádio paquiteno

Bourdon gauge (Mec.) manómetro de Bourdon

bourgeois (Imp.) bourgeois (variedade de tipo de impressão)

bourn (Geo.) regato; arroio (pequena corrente intermitente em região calcária ou gredosa)

bourne (Geo.) V. *bourn*

bournonite (Miner.) bournonita (de J.L. Bournon); bertonita

Boussinesq approximation (Meteo.) aproximação de Boussinesq

Boussinesq equation (Meteo.) equação de Boussinesq

Boussinesq number (Meteo.) número de Boussinesq

bovine acetonaemia (Vet.) acetonemia bovina; cetose bovina

bovine brucellosis (Vet.) brucelose bovina; doença de Bang

bovine cetosis (Vet.) cetose bovina

bovine contagious abortion (Vet.) brucelose bovina; aborto contagioso bovino; doença de Bang

bovine cutaneous streptothricosis (Vet.) estreptotricose cutânea dos bovinos; estreptotriquíase bovina

bovine cystic haematuria (Vet.) hematúria cística dos bovinos

bovine farcy (Vet.) farcinose bovina (forma cutânea do mormo)

bovine hyperkeratosis (Vet.) hiperceratose bovina; doença X do gado

bovine hypomagnesaemia (Vet.) hipomagnesemia bovina; doença de Hereford

bovine infectious petechial fever (Vet.) febre petequial infecciosa dos bovinos; doença de Ondiri

bovine lipomatosis (Vet.) lipomatose bovina

bovine pasteurellosis (Vet.) pasteurelose bovina

bovine pyelonefritis (Vet.) pielonefrite bovina

Bovine somatotrophin [BST] (Bio.) somatotrofina bovina

bow (Aero.) proa de avião; nariz de avião (ou de aeronave)

bow (Elect.) arco

bow compasses (Mec.) compasso de mola

Bowden gauge (Elect.) transdutor de Bowden

Bowden-Thomson protective system (Elect.) sistema protector de Bowden-Thomson

Bowditch's rule (Topo.) regra de Bowditch

bowel oedema disease (Vet.) doença do edema intestinal; edema intestinal

bowenite (Miner.) bowenita (de G. T. Bowen)

Bowen ratio (Meteo.) razão ou relação de Bowen

Bower-Barff process (E.Civ.) processo de Bower-Barff

bowk (Minas) tonel

bowlingite (Miner.) bowlingite; saponita

bowmanite (Miner.) bowmanite; goiasita

Bowman's capsule (Zoo.) cápsula de Bowman

Bowman's gland (Zoo.) glândula de Bowman

bow nut (Mec.) porca de capa; porca de remate; porca de tampa

bow propeller (Nav.) hélice de proa

bows (Mec.) compasso de mola

bow-saw (E.Civ.) serra de arco; serra de contornar

bowshock (Astro.) onda de choque (lançada pela interacção do vento solar supersónico com o campo magnético do planeta)

Bow's notation (Mec.) notação de Bow

bowsprit (Nav.) mastro da extremidade da proa; gurupés

bow steadying line (Aero.) linha de estabilização de voo

bow stiffener (Aero.; Nav.) defesa do nariz; reforço da proa

bow turret (Aero.) torre do nariz; torre da proa

bow wave (Aero.) onda de proa; cone de Mach; onda de choque

box (Minas) rosca-fêmea

box-and-needle (Geral) bússola

box annealing (Mec.) recozimento em caixa; recozimento em compartimento fechado para evitar oxidação

box baffle (Fís.) caixa deflectora

box beam (Aero.) longarina rectangular

box chronometer (Nav.) cronómetro de caixa (cronómetro suspenso por argolas)

box cloth (Têxt.) tecido ou pano de cobertura (ex.: pano de bilhar)

box corer (Geo.) testemunhador de caixa; caixa de testemunhos

box culvert (E.Civ.) dreno ou buraco rectangular aberto

box dam (E.Civ.) dique provisório de caixa

box drain (E.Civ.) dreno de caixa; escoadouro de caixa

boxed frame (E.Civ.) armação de caixa

box & pin (Minas) rosca-macho e fêmea (das partes terminais dos tubos de sondagem)

box-frame motor (Elect.) motor de armação em caixa

box girder (E.Civ.) viga-caixão; viga tipo caixa; viga rectangular

box gutter (E.Civ.) calha de madeira (revestida de zinco ou chumbo)

boxing (E.Civ.) encaixe; enquadramento

boxing shutters (E.Civ.) estores interiores (de caixa)

box-note (Med.) som timpânico

box nut (Mec.) porca de capa; porca de remate

box spanner (E.Civ.) chave de canhão; chave tubular; chave de caixa

box-staple (E.Civ.) chapa de testa (de fechadura)

box stones (Geo.) concreções côncavas (nódulos de arenito contendo moldes de moluscos, encontrados nos depósitos do Plistocénico, em East Anglia, RU)

box tool (Mec.) suporte de escora; porta-ferramenta

box-type negative plate (Elect.) placa negativa em caixa

boxwood (Bot.; E.Civ.) buxo; a sua madeira

Boyle-Mariotte's law (Fís.) lei de Boyle-Mariotte

Boyle's law (Fís.) lei de Boyle

Boyle's temperature (Fís.) temperatura de Boyle

Boy's camera (T.Imag.) câmara de Boy

bp (Quím.) abr. de *boiling point* — ponto de ebulição

BP (Nav.) abr. de *between perpendiculars* — entre perpendiculares

BPA (Aero.) abr. de *British Parachute Association* — Associação Britânica de Pára-quedismo

BPF (Electrón.) abr. de *band pass filter* — filtro passa banda

BPI (INF.) abr. de *bits per inch* — bits por polegada

BPS (INF.) abr. de *bits per second* — bits por segundo

Br (QUÍM.) símbolo químico de *bromine* — bromo

braccate (ZOO.) calçado [com penas nas pernas ou nos pés (Aves)]

brace (E.CIV.) berbequim

brace (MEC.) esticador

brace (MINAS) braçadeira; reforço (de sonda)

braced girder (E.CIV.) contrafixa; viga travadora

braced jaw (E.CIV.) mordente do arco de pua

brachi-, brachio- (GERAL) braqui-, braquio-; do latim *brachium* — braço, radial

brachia (GERAL) braços (é o plural de *brachium*)

brachial (ZOO.) braquial; relativo ao braço

brachialgia (MED.) braquialgia

brachialgia statica paresthetica (MED.) braquialgia estática parestésica

brachiate (BOT.; ZOO.) braquiado

brachiferous (BOT.; ZOO.) braquífero

brachiocephalic (MED.) braquiocefálico

brachiocrural (MED.) braquiocrural

brachiogram (MED.) braquiograma

Brachiopoda (ZOO.) Braquiópodes

brachium (GERAL) braço; estrutura anatómica que se assemelha a um braço (*brachia* é o plural)

brachy- (GERAL) braqui-; do grego *brachys* — curto

brachyanticline (GEO.) braquianticlinal

brachybasia (MED.) braquibasia

brachycardia (MED.) braquicardia

brachycephalia (MED.) braquicefalia

brachycephalic (MED.) braquicefálico

brachycephalism (MED.) braquicefalismo

brachycephalous (MED.) braquicéfalo

brachycephaly (MED.) braquicefalia

brachycerous (ZOO.) braquícero

brachycranic (MED.; ZOO.) braquicrânico

brachydactylia (MED.; ZOO.) braquidactilia

brachydactylic (MED.; ZOO.) braquidáctilo

brachydactyly (MED.; ZOO.) braquidactilia

brachydome (GEO.; MINAS) braquidoma

brachyodont (ZOO.) braquiodonte

brachypterism (ZOO.) braquipterismo

brachysclereid (BOT.) braquiesclereídeo; braquiesclerito

brachysyncline (GEO.) braquissinclinal

brachyural (ZOO.) braquiúro

brachyurous (ZOO.) braquiúro

bracing (E.CIV.) suporte; escora; contraventamento

bracing wire (AERO.) fio tensor; tirante de tensão

bracken poisoning (VET.) envenenamento pelo feto-vulgar

bracket (E.CIV.) suporte; esteio

bracket arms (ELECT.) braços de suporte

bracket baluster (E.CIV.) balaústre de suporte

bracketed step (E.CIV.) degrau com suporte

bracket fungus (BOT.) fungos de prateleira (ex.: os políporos)

bracketing (E.CIV.) enquadramento; alinhamento

Brackett series (FÍS.) série de Brackett

brackish (ECO.) salobro

brackish water (HIDRO.) água salobra

brackish water deposit (GEO.) depósito de água salobra

brackish water sediments (GEO.) sedimentos de água salobra

bract (BOT.) bráctea

bracteate (BOT.) bracteado

bracteole (BOT.) bractéola

brad (E.CIV.) cavilha; prego sem cabeça; perno; tacha

bradawl (E.CIV.) furador

bradsot (VET.) carbúnculo

brady- (GERAL) bradi-; do grego *bradys* — lento

bradyarrhythmia (MED.) bradiarritmia

bradyarthria (MED.) bradiartria

bradycardia (MED.) bradicardia

bradykinesia (MED.) bradicinesia

bradypragia (MED.) bradipraxia

bradypsychia (MED.) bradipsiquismo

bradysphygmia (MED.) bradisfigmia

Bragg angle (FÍS.) ângulo de Bragg

Bragg curve (FÍS.) curva de Bragg

Bragg diffraction (FÍS.) difracção de Bragg

Bragg rule (FÍS.) regra de Bragg

braid (TÊXT.) trança; trançado; cadarço; galão

braided stream (GEO.) curso de água ramificado

braiding (TÊXT.) entrançamento; trançado

brain (ZOO.) cérebro; encéfalo

brain stem (ZOO.) tronco cerebral

brain stimulation (PSICO.) estímulo cerebral

brain voltage (MED.) voltagem cerebral

brake (IMP.) freio

brake (MEC.) travão; freio

brake bands (IMP.) cintas do freio; correias do freio

brake drum (MEC.) disco do travão; tambor do travão

brake drum (IMP.) tambor do freio

brake-fade (AUTO.) falha de travão (devido a aquecimento)

brake horsepower [BHP] (MEC.) resistência ao travão

brake lining (MEC.) revestimento do travão

brake magnet (ELECT.) magnete do travão; electroíman do freio

brake mean effective pressure [BMEP] (MEC.) pressão efectiva média do travão

brake pad (AUTO.) almofada do travão

brake parachute (AERO.) pára-quedas de travagem

brake shoe (MEC.) sapata do travão

brake thermal efficiency (MEC.) eficiência térmica do travão

braking notches (ELECT.) dentes de travagem

braking rocket (AERO.; FÍS.) foguetão de travagem; retrofoguetão

brammallite (MINER.) bramalita; hidroparagonita

bran (MED.) farelo

branch (GERAL) ramo; ramal; derivação; ramificação

branch-circuit (ELECT.) circuito derivado; circuito bifurcado

branch exchange (TELECOM.) circuito telefónico privativo; circuito de mudança

branch gain (ELECT.) ganho de derivação

branchia (ZOO.) brânquias

branchial arc (ZOO.) arco branquial

branchial basket (ZOO.) cesto branquial

branchial chamber (ZOO.) câmara branquial

branchial cleft (ZOO.) fenda branquial

branchial heart (ZOO.) coração branquial

branchial ray (ZOO.) raio branquial

branching (FÍS.) derivação; ramificação; ramal

branching ratio (QUÍM.) razão de ramificação

branch instruction (INF.) instrução para ramificação

Branchiopoda (ZOO.) Branquiópodos

branchiostegal membrane (ZOO.) membrana branquiostégica

branchiostegal ray (ZOO.) raio branquiostégico

branchiostege (ZOO.) branquiostégio; branquióstega

branch jack (TELECOM.) tomada de derivação; banana

branch of a curve (MAT.) ramo de uma curva

branch of a function (MAT.) ramo de uma função

branch point (INF.; MAT.) ponto de ramificação

branch switch (ELECT.) interruptor de derivação

brandering (E.CIV.) fasquiado

bran disease (VET.) doença do farelo; osteodistrofia fibrosa

brass (MEC.) latão; bronze

brasses (MEC.) chumaceira; bucha

Brassica (BOT.) Brássica (género de crucíferas)

Brassicaceae (BOT.) Brassicáceas

brass rule (IMP.) régua de latão

brattice (MINAS) tabique de ventilação

brattice cloth (MINAS) pano de linho alcatroado para tabique de ventilação

Braun Blanquet system (ECO.) sistema de Braun Blanquet

braunite (MINER.) braunite

Braun tube (ELECT.) tubo de Braun; válvula de Braun

Bravais lattice (CRIST.) gradeado de Bravais; rede de Bravais

Bravais' law (Crist.) lei de Bravais
braxy (Vet.) carbúnculo
Brayton cycle (Eng.) ciclo de Brayton; ciclo de Joule; ciclo de turborreactor
brazier (E.Civ.) brazeiro de ferro
Brazil Current (Geo.) Corrente do Brasil
Brazilian emerald (Miner.) esmeralda brasileira; turmalina verde
Brazilian mahogany (Bot.; E.Civ.) mogno-do-Brasil ou cariniana; a sua madeira
Brazilian pebble (Miner.) quartzo-do-brasil
Brazilian peridot (Miner.) peridoto-brasileiro
Brazilian ruby (Miner.) rubi-do-brasil
Brazilian sapphire (Miner.) safira-do-brasil
Brazilian topaz (Miner.) topázio-do-brasil
brazing (Mec.) soldadura; solda forte
BRC fabric (E.Civ.) rede BRC (BRC = British Reinforced Concrete — Betão Reforçado Inglês)
bread-crust bomb (Geo.) bomba em côdea de pão
breadth coefficient (Elect.) coeficiente de amplitude
breadth factor (Elect.) factor de amplitude
break (Elect.) interrupção; falha
break (E.Civ.) fenda; abertura; falha
break (Minas) fractura; falha
breakage and reunion (Bio.) quebra e junção; recombinação; cruzamento
breakaway (T.Imag.) separação
breakdown (Elect.) avaria; paragem; quebra; interrupção; falha
breakdown (Inf.) avaria
breakdown crane (E.Civ.) grua de manutenção; guindaste de manutenção
breakdown diode (Electrón.) diodo de interrupção
breakdown impedance (Elect.) impedância de ruptura
breakdown region (Elect.) região de ruptura
breakdown transfer characteristic (Elect.) característica de transferência disruptiva
breakdown voltage (Elect.) voltagem de interrupção; tensão de ruptura
breaker (Elect.) interruptor; disjuntor
breaker zone (Geo.) zona de rebentação
break frequency (Electrón.) frequência de corte
break impulse (Telecom.) impulso de interrupção
breaking (Bot.) ruptura
breaking capacity (Elect.) capacidade de ruptura
breaking current (Elect.) corrente de ruptura; corrente de interrupção
breaking depth (Geo.) profundidade de rebentação
breaking down (Minas) demolição
breaking elongation (Têxt.) alongamento antes da ruptura

breaking extension (Têxt.) alongamento de ruptura
breaking joint (E.Civ.) junção quebrada
breaking length (Papel) comprimento de ruptura; distância de ruptura
breaking piece (Mec.) peça de ruptura; peça de interrupção
breaking stress (Mec.) tensão de ruptura; esforço de ruptura
breaking wave (Geo.) onda de rebentação
break-in keying (Elect.) manipulação intercalada
break-in operation (Elect.) funcionamento por manipulação intercalada
break-in relay (Elect.) relé para manipulação intercalada
break jack (Telecom.) contacto de ruptura
break joint (E.Civ.) junta desencontrada
breakout (Elect.) ponto de desconexão
break-out (Mec.) desengate (em Fundição)
break output (Inf.) interrupção de saída
breakover voltage (Electrón.) tensão de passagem
breakpoint (Inf.) ponto de interrupção; ponto de ruptura
breakpoint bar (Geo.) barra de rebentação
breakpoint instruction (Inf.) instrução de interrupção
breakpoint switch (Elect.) comutador de ponto de interrupção
breakpoint system (Inf.) sistema de interrupção
break rolls (Mec.) cilindros de interrupção; cilindros de separação
breakthrough (Minas) perfuração; penetração
breakwater (E.Civ.) quebra-mar; molhe; talha-mar; quebra-ondas
breakwater-glacis (Eng.) rocha de quebra-mar
breast (E.Civ.) bordo; lado
breast (Med.) mama
breast bone (Zoo.) esterno; osso do peito
breast lining (E.Civ.) revestimento entre a janela e o rodapé
breast moulding (E.Civ.) revestimento entre a janela e o chão
breath (Zoo.) inspiração; o ar inspirado; respiração
Breathalizer (Quím.) aparelho Breathalizer [MC], (aparelho para medir a quantidade de álcool no sangue por meio da análise química do ar alveolar)
breather pipe (Mec.) tubo de respiração; tubo de entrada
breath-holding (Med.) interrupção na respiração
breathing (T.Imag.) compressão inicial
breathing (Zoo.) respiração
breathing apparatus (Med.; Minas) aparelho de respiração
breathing root (Bot.) pneumatóforo
breccia (Geo.) brecha
brecciated (Geo.; Minas) brechóide; brechiforme

Bredig's arc process (Mec.) processo do arco de Bredig
breech block (Mec.) culatra; calço móvel; bloco móvel
breed (Eco.) linhagem
breeder (Nucl.) regenerador; gerador
breeder reactor (Nucl.) reactor regenerador; reactor autorregenerador
breeding (Nucl.) regeneração; reprodução
breeding gain (Nucl.) ganho de regeneração
breeding ratio (Nucl.) razão de regeneração
breeze (E.Civ.) cinzas (cinza de coque, areia e cimento Portland)
breeze concrete (E.Civ.) cimento de cinzas
breeze fixing brick (E.Civ.) tijolo de fixação feito de cinza e cimento
bregma (Med.) bregma; «moleirinha»
Bréguet spring (Reloj.) mola (de) Bréguet
breithauptite (Miner.) breithauptita; liga natural de níquel e antimónio (de Breithaupt, mineralogista alemão)
Breit-Wigner formula (Fís.) fórmula de Breit-Wigner
Bremer arc lamp (Elect.) lâmpada de arco Bremer
Bremsstrahlung (Fís.) efeito de Brems; efeito da radiação de travagem
Brennschluss (Fís.) corte de combustão
bressumer (E.Civ.) lintel
breunnerite (Miner.; Quím.) breunnerita; giobertita
brevier (Imp.) brevier (variedade de tipo de impressão)
Brewster angle (Fís.; Telecom.) ângulo de Brewster
brewsterite (Miner.) brewsterita (de D. Brewster)
Brewster law (Fís.) lei de Brewster
Brewster's band (Fís.) faixa de Brewster; banda de Brewster
Brewster window (Fís.) janela de Brewster
brezales (Eco.) mato mediterrânico
Brianchon's theorem (Mat.) teorema de Brianchon
brick (E.Civ.) tijolo; cerâmica
brick-axe (E.Civ.) picadeira
brick clay (Geo.) barro para tijolos
brick earth (E.Civ.) argila ou terra argilosa para fabrico de tijolos
bricking (E.Civ.) assentamento de tijolos
bricklayer's hammer (E.Civ.) martelo de pedreiro; martelo de assentador de tijolos
bricklayer's scaffold (E.Civ.) andaime de pedreiro; andaime de assentador de tijolos
bricknogging (E.Civ.) assentamento de tijolo em argamassa
brick-on-edge coping (E.Civ.) cimeira de fiada de tijolos em cutelo
brick trowel (E.Civ.) colher de pedreiro; trolha
bridge (Geral) ponte
bridge amplifier (Electrón.) amplificador de ponte

bridge balance conditions (ELECTRÓN.) condições de equilíbrio da ponte

bridge board (E.CIV.) dormente de escada

bridge circuit (ELECT.) circuito de ponte

bridge fuse (ELECT.) fusível de ponte; corta-circuito de ponte

bridge hybrid (ELECT.) ponte híbrida

bridge magnetic amplifier (ELECT.) amplificador magnético de ponte

bridge neutralizing (ELECT.) neutralização de ponte

bridge oscillator (ELECT.) oscilador de ponte

bridge rectifier (ELECT.) rectificador de ponto

bridge stone (E.CIV.) pedra de ponte

bridge-T network (ELECT.) rede em ponte T

bridge transformer (ELECT.) transformador de ponte

bridge transition (ELECT.) transição de ponte

bridgeware (INF.) suporte de transição; suporte ponte

bridging (E.CIV.) travejamento; suporte (em ponte)

bridging (ELECT.) derivação

bridging (MINAS) amontoamento; entupimento

bridging amplifier (ELECTRÓN.) amplificador em ponte

bridging floor (E.CIV.) estrado de ponte; soalho de vigas escoradas

bridging gain (ELECT.) ganho de ponte

bridging joist (E.CIV.) viga-mestra de apoio

bridging ligand (QUÍM.) ligando de ponte

bridging loss (ELECT.) perda de ponte

bridle (E.CIV.) viga-mestra

bridle joint (E.CIV.) junta triangular com dentes

brigalow scrub (ECO.) mato de acácias

Briggsian logarithm (INF.; MAT.) logaritmo de Briggs

Briggs logarithm (MAT.) logaritmo de Briggs

bright annealing (MEC.) recozimento com brilho

bright deposit (QUÍM.) depósito brilhante; precipitado brilhante

bright dipping (QUÍM.) imersão para superfície brilhante

bright dipping liquid (QUÍM.) líquido para imersão de polir

bright emitter (ELECT.) emissor de brilho

brightening agent (TÊXT.) agente de brilho

brightening pulse (ELECT.) impulso de brilho; impulso de identificação

bright-field illumination (BOT.) iluminação de campo brilhante

bright-line viewfinder (TELECOM.) visor de linha brilhante

brightner (ELECT.) intensificador de brilho

brightness (FÍS.) luminosidade; brilho; luminância

brightness control (FÍS.) controlo de brilho; controlo de intensidade de brilho

Brighton system (ELECT.) sistema Brighton

Bright's disease (MED.) doença de Bright (tipo de nefrite não supurativa)

brilliance (GERAL) brilho

brilliance control (T.IMAG.) controlo de brilho

brilliant green (QUÍM.) verde brilhante (corante verde)

brilliant viewfinder (T.IMAG.) visor brilhante; monitor brilhante

Brillouin formula (FÍS.) fórmula de Brillouin

Brillouin function (FÍS.) função de Brillouin

Brillouin scattering (FÍS.) dispersão de Brillouin

Brillouin zone (FÍS.) zona de Brillouin

brine (MINAS) água salgada; água do mar fortemente salgada; salmoura

Brinell hardness (ENG.) dureza de Brinell

Brinell hardness test (ENG.) teste de dureza de Brinell

Brinell machine (ENG.) máquina de Brinell

Brinell number (ENG.) número de Brinell

brine pocket (GEO.) inclusão de salmoura

brine pump (MEC.) bomba de água do mar

bringing-in a well (MINAS) preparar um poço para produzir

bring-up test (INF.) módulo de teste

brise soleil (ARQ.) quebra-sol

brisket (VET.) carne do peito; maçã do peito

Bristol board (PAPEL) cartão Bristol; cartolina

Bristol diamond (MINER.) diamante-bristol (variedade de cristal-de-rocha)

brit [brt] (MINAS) frágil, quebradiço

Britannia metal (MEC.) metal branco

British Association [BA] screw thread (MEC.) rosca de parafuso (segundo as normas) da Associação Britânica

British Columbian pine (BOT.; E.CIV.) abeto-de-Douglas; a sua madeira

British Standard [BS] (GERAL) norma inglesa; padrão inglês

British Thermal Unit [BTU] (FÍS.) Unidade Térmica Inglesa (equivalente a 252 calorias)

brittle (GEO.; MINAS) frágil; quebradiço; friável

brittle fracture (MEC.) fractura instável

brittle mica (MINER.) mica calcária; mica quebradiça (clintonite; margarite)

brittleness (MEC.) fragilidade

brittle rock (GEO.) rocha friável

brittle silver ore (MINER.) estefanite

Brix (QUÍM.) escala de Brix (escala de densidades usada na indústria do açúcar)

broach (ARQ.) flecha; agulha

broach (E.CIV.) mandril; broca

broad (ECO.) charca

broadband (INF.; TELECOM.) banda larga; faixa larga de sintonização

broadband coaxial systems (INF.) sistemas coaxiais de banda larga

broadband exchange [BEX] (INF.) permuta de banda larga

broadband networking (INF.) rede de banda larga

broadband noise (INF.) ruído de banda larga

broadband tube (TELECOM.) tubo de banda larga; válvula de banda larga

broad-base tower (ELECT.) torre de irradiação de base larga

broad beam (RADIOL.) feixe electrónico amplo; feixe amplo

broad beam radar (RADAR) radar de feixe de exploração amplo

broadcast address (INF.) endereço de radiodifusão

broadcast band (TELECOM.) banda de difusão

broadcast channel (TELECOM.) canal de difusão; canal de emissão; canal de radiodifusão; canal de radiotransmissão

broadcast-controlled air interception (TELECOM.) intercepção de emissora de radiofusão; intercepção de área

broadcast data set (INF.) conjunto de dados difundido

broadcasting (TELECOM.) radiodifusão; difusão; radiotransmissão; emissão; irradiação

broadcasting system (TELECOM.) sistema de radiodifusão; sistema de irradiação

broadcast interference (TELECOM.) interferência na radiodifusão; interferência na emissão

broadcast message (INF.) mensagem de difusão

broadcast requested (TELECOM.) emissão solicitada

broadcast spectrum (TELECOM.) espectro de transmissão

broadcast standard (T.IMAG.) padrão de emissão

broadcast station (TELECOM.) estação de radiofusão; estação emissora

broadcast tower (TELECOM.) torre de irradiação

broadcast transmitter (TELECOM.) torre de transmissão; radiodifusor

broadcloth (TÊXT.) tecido enfestado

broad gauge (E.CIV.) bitola larga

broad irrigation (E.CIV.) irrigação dupla; irrigação larga

broadsheet (IMP.) folha grande de papel impressa de um só lado; cartaz

broadside (AERO.) bordada (lado do avião considerado como direcção de ataque, perpendicular a um eixo ou plano)

broadside (ELECT.) transversal

broadside (IMP.) cartaz; desdobrável

broadside (NAV.) costado; bordo

broadside antenna (TELECOM.) antena de radiação transversal

broad-spectrum (MED.) amplo espectro; largo espectro

broadstone (E.CIV.) pedra de cantaria; pedra lavrada

broad tool (E.CIV.) cinzel largo

brocade (TÊXT.) brocado
Broca's area (MED.) área de Broca; campo de Broca; campo motor da fala
brochantite (MINER.) brocantite (de A. J. Brochant)
Brocken bow (METEO.) arco de Brocken; coroa de Brocken
Brocken spectrum (METEO.) espectro de Brocken; fantasma de Brocken; espectro descontínuo
Brocot suspension (RELOJ.) suspensão Brocot
brog (E.CIV.) sovela
Broglie wavelength (FÍS.) comprimento de onda de Broglie
broken (METEO.) nublado
broken clouds (METEO.) nuvens fragmentadas; céu nublado
broken cloud to overcast (METEO.) nublado para encoberto
broken line graph (MAT.) gráfico de linha tracejada
broken pick (TÊXT.) defeito na tecelagem (falta de um fio numa parte da largura do tecido)
broken slag (MEC.) escória triturada; escória moída
broken stone (E.CIV.) brita; cascalho
broken wind (VET.) asma dos cavalos; pulmoeira; enfisema pulmonar nos cavalos
brom-, bromo- (GERAL) brom-, bromo-; do grego *bromos* — mau cheiro, indicando commumente a presença de bromo num composto
bromate (QUÍM.) bromato
bromated (QUÍM.) bromado
brom-cresol green (QUÍM.) verde de bromocresol (indicador de valor de pH)
brom-cresol purple (QUÍM.) roxo de bromocresol; bromocresol purpúreo (indicador de valor de pH)
Bromeliaceae (BOT.) Bromeliáceas
bromic (QUÍM.) brómico; relativo ao bromo
bromic acid (QUÍM.) ácido brómico
bromide (QUÍM.) brometo
bromidrisis (MED.; QUÍM.) bromidrose; suor fétido
bromidrosiphobia (MED.; PSICO.) bromoidrosifobia (medo mórbido de apresentar odor corporal desagradável)
bromination (QUÍM.) bromação; combinação com o bromo
bromine (QUÍM.) bromo
brominism (QUÍM.) brominismo; bromismo
bromism (QUÍM.) bromismo
bromoacetone (QUÍM.) bromoacetona; gás lacrimogénio
bromoanilide (QUÍM.) bromoanilida
bromobenzyl cyanide (QUÍM.) cianeto de bromobenzil
bromochlorodifluoromethane (QUÍM.) bromoclorodifluorometano (BCF)
bromoform (QUÍM.) bromofórmio
bromoformism (QUÍM.) bromoformismo
bromoguanide (MED.; QUÍM.) bromoguanida (agente antimalárico)

bromohyperhydrosis (MED.) bromoiperidose (secreção excessiva de suor fétido)
bromoil process (IMP.) processo bromóleo
bromoil transfer (IMP.) transferência do bromóleo
bromomania (MED.) bromomania (delírio provocado por intoxicação de bromo ou de sais de bromo)
bromothymol blue (QUÍM.) azul de bromotimol (corante fraco mas tóxico)
broncatar (QUÍM.) broncatar; ácido canfórico
bronch-, broncho- (GERAL) bronc-, bronco-; do grego *bronchos* — traqueia (prefixo que indica brônquio/s e que, em uso arcaico denotava a traqueia)
bronchi (GERAL) brônquios (é o plural de *bronchus*)
bronchia (GERAL) brônquios secundários
bronchial (MED.; ZOO.) bronquial
bronchiarctia (MED.) bronquiarctia; bronquiostenose
bronchiectasis (MED.) bronquiectasia
bronchiloquy (MED.) bronquiloquia
bronchiocele (MED.) bronquiocele
bronchiogenic (MED.) bronquiogénico
bronchiole (MED.; ZOO.) bronquíolo
bronchiolectasia (MED.) bronquiolectasia
bronchioli (MED.; ZOO.) bronquíolos
bronchiolitis (MED.) bronquiolite
bronchiolus (MED.; ZOO.) bronquíolo
bronchitis (MED.) bronquite
bronchium (MED.; ZOO.) brônquio
bronchogenic carcinoma (MED.) carcinoma broncogénico
bronchography (MED.) broncografia
bronchoscopy (MED.) broncoscopia
bronchus (MED.; ZOO.) brônquio (plural *bronchi*)
Bronstead-Lowry theory (QUÍM.) teoria de Bronstead-Lowry
Bronstead's relation (QUÍM.) relação de Bronstead
bronze (MEC.) bronze
bronze diabetes (MED.) diabetes bronzeada; hemocromatose com depósito na pele
bronze powders (E.CIV.) pós de bronze; limalha de bronze
bronze welding (MEC.) soldadura de bronze
bronzing (GERAL) bronzeamento
bronzite (MINER.) bronzite
bronzitite (MINER.) bronzitite
brood (ZOO.) ninhada; criação; filhotes; raça; progénie
brookite (MINER.) brookite; piromelano
brother (INF.) irmão; nó
Brotherton curve (INF.) curva de Brotherton
Broughton countersink (E.CIV.) escareador de Broughton
Brouncker's series (MAT.) série de Brouncker
brow (MINAS) cimo do poço de mina
Brown agitator (ENG.) agitador Brown
brown algae (BOT.) algas castanhas; Feófitas

Brown and Sharp wire gauge (ENG.) Padrão Americano de calibre de fios e arames; calibre B.S.
brown coal (MINAS) lignite; lignito
brown earth (BOT.) terra castanha
brown hematite (MINER.) limonite
Brownian movement (FÍS.) movimento browniano
brown mud (GEO.) lama castanha
brown nose disease (VET.) nariz de cobre (tipo de fotossensibilização)
brownout (ELECT.) apagão parcial
brown podzolic soil (ECO.) solo podzólico castanho
brown rot (BOT.) podridão-castanha (doença de certos frutos ocasionada por um fungo ascomiceto)
BRR (ELECTRÓN.) abr. de *bit rate reduction* — taxa de compressão dos bits
brucella (BIO.) brucelas
Brucellaceae (BIO.) Bruceláceas
brucellemia (MED.) brucelemia
brucellergin (MED.) brucelergina
brucellosis (MED.; VET.) brucelose
brucine (QUÍM.) brucina
brucite (MINER.) brucite
Brückner cycle (ECO.) ciclo de Brückner
bruise (MED.) contusão; nódoa negra
bruissement (MED.) ruído auscultatório (principalmente anormal)
bruit de galop (MED.) ruído de galope; ritmo de galope; ruído de Traube
bruit de Roger (MED.) ruído de Roger; sopro de Roger
Brunt-Valsala frequency (METEO.) frequência de Brunt-Valsala
brush (INF.) escova
brush (FÍS.) cone luminoso
brush border (BIO.) vilosidade; vilo
brush box (ELECT.) caixa de escova
brush coating (PAPEL) revestimento-escova
brush compare check (INF.) teste de comparação por meio de escova
brush contact (ELECT.) contacto de escova; contacto do carvão
brush curve (ELECT.) curva da escova
brushed fabric (TÊXT.) tecido escovado
brush gear (ELECT.) engrenagem de escovas
brush-holder (ELECT.) porta-escovas
brush-holder arm (ELECT.) braço porta-escovas
brush-holder block (ELECT.) bloco do porta-escovas
brush-holder gear (ELECT.) engrenagem do porta-escovas
brushing (VET.) corte; incisão
brush(ing) discharge (ELECT.) descarga em leque; descarga em coroa
brush lead (ELECT.) terminal do porta-escovas
brushless motor (ELECT.) motor sem escovas
brushmark (E.CIV.) marca de escova; marca de pincel
brush plate (MEC.) placa da escova; chapa da escova
brush-rocker (ELECT.) porta-escovas regulável
brush shifting (ELECT.) comutação do porta-escovas

brush spindle (ELECT.) eixo da escova

brush spring (ELECT.) mola da escova

brush station (INF.) equipamento de escovas

brush type contact (ELECT.) contacto por escova

Brussels classification (INF.) classificação de Bruxelas; classificação decimal universal

Brutalism (ARQ.) Brutalismo (estilo de arquitectura criado no RU na década de 1950)

Bryophyta (BOT.) Briófitas; Briófitos

bryophyte (BOT.) briófito; briófita

Bryopsida (BOT.) Briopsidáceas

Bryozoa (ZOO.) Briozoários

BS (INF.) abr. de *BackSpace character* — carácter de retrocesso

BSAM (INF.) abr. de *Basic Sequential Access Method* — Método de Acesso Sequencial Básico

BSC (INF.) abr. de *Binary Synchronous Communication* — Comunicação Binária Síncrona [CBS]

BSCA (INF.) abr. de *BSC Adapter* — adaptador CBS (V. *BSC*)

BSC Line (INF.) linha CBS (V. *BSC*)

BSC Station (INF.) estação CBS (V. *BSC*)

BSF (ELECTRÓN.) abr. de *band stop filter* — filtro corta banda

BSI (INF.) abr. de *British Standard Institute* — Instituto Britânico de Padrões

BSRAM (INF.) abr. de *burst static RAM* — memória estática de acesso aleatório rápido

BSTAT (INF.) abr. *Basic Status Register* — Registo de Estado Básico

BTAM (INF.) abr. de *Basic Telecommunication Access Method* — Método de Acesso Básico por Telecomunicações

BTU (FÍS.) abr. de *British Thermal Unit* — Unidade Térmica Britânica

BTU (INF.) abr. de *Basic Transmission Unit* — Unidade Básica de Transmissão

bubble (METEO.) alta de bolha; anticiclone de bolha

bubble (TOPO.) nível de bolha

bubble chamber (FÍS.) câmara de bolha

bubblejet (INF.) jacto de bolha

bubble memory (INF.) memória de bolha

bubble point (QUÍM.) ponto de borbulhamento; ponto de ebulição

bubble sort (INF.) ordenação por método de «bolha»

bubble store (INF.) memória de bolhas magnéticas

bubble tube (TOPO.) tubo de bolha

bubbling (AERO.) turbulência aerodinâmica

bubo (MED.) bubo; bubão; íngua

bubonic plague (MED.) peste bubónica

buccal (GERAL) bucal

buccal cavity (ZOO.) cavidade bucal

buccal glands (ZOO.) glândulas bucais

buccal respiration (ZOO.) respiração bucal

buccinator (MED.) bucinador (músculo)

bucco- (GERAL) buco-; do latim *bucca* — bochecha

buccoaxial (MED.) bucoaxial (ângulo formado pelas paredes bucal e axial de uma cavidade)

buccomesial (MED.) bucomesial (ângulo formado pelas paredes bucal e mesial de uma cavidade)

buccopharyngeal respiration (MED.) respiração bucofaríngica

Buchholz relay (ELECT.) relé de Buchholz

buchite (GEO.) buchite

Buchmann-Meyer effect (FÍS.) efeito de Buchmann-Meyer

Buchner funnel (QUÍM.) funil de Buchner

Buck converter (ELECTRÓN.) circuito de comutação de Buck

bucket (HIDRO.) alcatruz; balde; tina

bucket (INF.) partição

bucket brigade (ELECTRÓN.) dispositivo de transmissão de carga

bucket conveyor (MEC.) transportador de alcatruzes

bucket-dredge (MINAS) draga de alcatruzes

bucket-ladder dredger (E.CIV.) draga de rosário

bucket-ladder excavator (E.CIV.) escavadora de rosário

bucket valve (MEC.) válvula de êmbolo

bucking coil (ELECT.) bobina de compensação

buckle (MEC.) empenamento; curvatura

Buckley gauge (ELECTRÓN.) medidor Buckley

buckling (NUCL.) curvatura

buckling (T.IMAG.) distorção

buckminsterfullerene (QUÍM.) buckminsterfulereno

buck saw (E.CIV.) serra de carpinteiro; serra em H

buck transformer (ELECT.) transformador auxiliar; transformador de reforço

buckwheat rash (VET.) exantema do trigo-sarraceno; fagopirismo

'bucky balls' (QUÍM.) buckminsterfulereno; bolas de Buckminster; bolas bucky

bud (BOT.) rebento; botão; gema; gomo

budding (BOT.) gemação

buddle (MINAS) separadora; lavador de metais

buddle-work (MINAS) lavagem

buddy system (INF.) sistema de implementação por potências de 2

budgetary control (INF.) controlo orçamental

budgeting (INF.) orçamentar

buffer (INF.) registo auxiliar; armazenamento temporário intermédio

buffer (MEC.) absorvedor; amortecedor

buffer (MED.) tampão

buffer amplifier (INF.) amplificador de separação; amplificador auxiliar

buffer attenuator (INF.) atenuador intermédio

buffer battery (ELECT.) bateria compensadora

buffer capacitor (ELECT.) condensador-compensador

buffer circuit (FÍS.) circuito compensador

buffer coat (E.CIV.) revestimento absorvedor

buffer control block [BCB] (INF.) bloco de controlo de armazenamento intermédio

buffer creation (INF.) criação de registo auxiliar

buffer delay (INF.) atraso de memória tampão

buffer depletion (INF.) depleção de registo auxiliar

buffered computer (INF.) computador com memória tampão

buffered input (INF.) entrada com armazenamento temporário

buffered output (INF.) saída com registos auxiliares

buffer exchange (INF.) permuta de memória tampão

buffer invalidation (INF.) invalidação de registo auxiliar

buffer management (INF.) gestão de memória tampão

buffer memory (INF.) memória intermédia; memória tampão

buffer pad character (INF.) carácter de enchimento de memória tampão

buffer pool (INF.) combinação de memória tampão; agrupamento de memória tampão

buffer prefix (INF.) prefixo de memória intermediária

buffer reagent (QUÍM.) amortecedor

buffer solution (QUÍM.) solução amortecedora; solução retardadora

buffer spring (MEC.) mola amortecedora; mola compensadora

buffer stage (TELECOM.) estágio separador; estágio neutralizador

buffer storage (INF.) armazenamento intermediário; memória intermediária

buffer unit (INF.) unidade de armazenamento intermediário

buffet boundary (AERO.) limite de trepidação

buffeting (AERO.) trepidação irregular

buffeting Mach number (AERO.) número de Mach de trepidação irregular

buffing (E.CIV.) polimento

bug (INF.) erro; deficiência; falha; vírus

bug key (TELECOM.) manipulador telegráfico

buhl saw (E.CIV.) serra de embutir; serra de ponta

buhr mill (MINAS) moinho de esmerilar

builder's level (E.CIV.) nível de bolha

builder's staging (E.CIV.) andaimes de madeira

building block (E.CIV.) bloco de construção

building board (E.CIV.) tábua de revestimento

building certificate (E.CIV.) certificado de construção

building line (E.CIV.) alinhamento de construções

building paper (E.CIV.) papel de revestimento

build-up (RADIOL.) intensificação; aumento de radiação

build-up pressure (MINAS) restabelecimento da pressão (de reserva)

build-up sequency (MEC.) sequência de intensificação

build-up time (TELECOM.) tempo de propagação; tempo de transição

built in (INF.) incorporado; embutido

built-in check (INF.) verificação automática (teste incorporado ao «hardware»)

built-in function (INF.) função incorporada

bulb (BOT.) bolbo

bulb (ELECT.) lâmpada; válvula electrónica

bulb (MED.) bolbo (estrutura globular ou fusiforme); bulbo (prolongamento da medula espinal)

bulb (ZOO.) bolbo; bulbo

bulbiferous (BOT.) bulbífero; bulboso

bulbil (BOT.) bulbilho

bulbitis (MED.; ZOO.) bulbite

bulbus aortae (MED.) bolbo aórtico; bolbo arterial

bulbus arteriosus (MED.) bolbo arterial; bolbo aórtico

bulbus cordi (MED.) bolbo cardíaco

bulbus oculi (MED.) bolbo ocular; globo ocular

bulbus penis (MED.) bolbo peniano

bulesis (PSICO.) bulese; vontade; disposição

bulimia (MED.) bulimia

bulk (PAPEL) volume; massa; grossura

bulk core storage (INF.) memória de grande capacidade

bulk density (FÍS.) densidade de massa

bulk eraser (INF.) apagador de memória

bulk factor (PLÁST.) factor de massa

bulk flotation (PLÁST.) flutuação de massa

bulkhead (ARQ.) sacada; telhado

bulkhead (AERO.) anel estrutural

bulkhead (AUTO.) antepara

bulkhead (E.CIV.) tabique; tapume; antepara

bulkhead (GEO.) muro marinho

bulkhead (GERAL) divisória; antepara; tabique; caverna

bulkhead (NAV.) antepara; dique

bulkhead deck (NAV.) convés das anteparas

bulkiness (FÍS.) volume

bulking (E.CIV.) avultamento

bulk memory (INF.) memória auxiliar

bulk minerals (ECO.) inertes

bulk modulus (ENG.) módulo de compressão; módulo hidrostático; módulo de compressibilidade

bulk print (INF.) impressão em massa (grande quantidade de dados)

bulk resistance (ELECTRÓN.) resistência agregada

bulk sample (MINAS) amostra de conjunto; padrão de conjunto

bulk storage (INF.) armazenamento de massa; armazenamento complementar de grande capacidade

bulk store (INF.) memória de massa

bulla (MED.; ZOO.) bolha; vesícula (plural *bullae*)

bullate (BOT.) empolado

bulldog calf (VET.) bezerro de focinho curto e crânio braquicéfalo

bulldozer (E.CIV.) «bulldozer»; tractor de remoção de terras

bullet catch (E.CIV.) fechadura de esfera

bump (AERO.) turbulência; poço de ar

bump (INF.) memória de acesso anexa

BUN (MED.) abr. de *blood urea nitrogen* — nitrogénio ureico do sangue

Buna (PLÁST.) Buna [borracha sintética da polimerização do butadieno (Bu) com sódio (Na)]

bundle (BOT.; MED.; ZOO.) feixe; fascículo

bundle conductor (ELECT.) condutor de feixe

bundle diversor (NUCL.) diversor de feixe

bundle of His (MED.) feixe de His

bungalow (ARQ.) bangaló

bunion (MED.) joanete

bunker (E.CIV.) abrigo; casamata

bunker capacity (NAV.) capacidade de abrigo (para canhões)

bunodont (MED.; ZOO.) bunodonte

Bunsen burner (QUÍM.) bico de Bunsen

Bunsen flame (QUÍM.) chama do bico de Bunsen

Bunsen-Kirchoff law (FÍS.) lei de Bunsen-Kirchoff

Bunsen photometer (FÍS.) fotómetro de Bunsen

bunt (AERO.) meio «looping» invertido

bunt (BOT.) gorgulho (insecto coleóptero que ataca as plantas)

Bunte-Eitner's ammonia testing apparatus (QUÍM.) aparelho de teste de amoníaco de Bunte-Eitner

Bunte's buret(te) (QUÍM.) bureta de Bunte

buoy (HIDRO.) bóia; baliza

buoyance (FÍS.) flutuabilidade

buoyancy (AERO.) força ascensional; força de sustentação

bupivacaine (MED.) bupivacaína (anestésico local de longa duração)

buran (GEO.) vento de nordeste (Rússia)

burden (ELECT.) carga

burden (MINAS) carga; carregamento

Burdigalian (GEO.) Burdigaliano (andar no Miocénico Inferior)

Burdizzo pincers (VET.) pinças Burdizzo; pinças de castrar

burette (QUÍM.) bureta

Burger's vector (CRIST.) vector de Burger

Burgess Shale (GEO.) xistos de Shale

burial site (NUCL.) cemitério de resíduos nucleares

buried cable (INF.) cabo subterrâneo

buried soil (GEO.) solo profundo

Burkitt lymphoma (IMUN.; MED.) linfoma de Burkitt

burlap (TÊXT.) serapilheira; aniagem

Burma lancewood (BOT.; E.CIV.) homálio-da-Birmânia; a sua madeira

burmite (MINER.) burmite (variedade de rutinito)

burn (INF.) explosão

burn (GERAL) queima; combustão

burn (MED.) cauterização; queimadura

burnable poison (NUCL.) tóxico combustível

burned fire clay (QUÍM.) argila refractária

burned lime (QUÍM.) cal apagada

burner loading (MEC.) carga de combustão

burn-in (ELECTRÓN.) envelhecimento

burning (MEC.) queima; combustão

burning (MINAS) calcinação

burning (QUÍM.) cocção

burning stick (MEC.) eléctrodo de sangria (metalurgia)

burnishing (IMP.) polimento; brilho

burnout (ELECTRÓN.) queima; curto-circuito

burnout (ESP.) esgotamento de combustível; fim de combustão

burnout tube (ELECT.) válvula queimada

burnout velocity (ESP.) velocidade de um míssil ou foguete no momento de se esgotar o combustível

burnt coal (MINER.) carvão queimado

burnt deposit (ELECT.) depósito queimado

burnt lime (E.CIV.; QUÍM.) cal apagada

burnt metal (MEC.) metal oxidado por superaquecimento; metal superaquecido

burnt print (ELECTRÓN.) placa danificada por aquecimento

burnt sienna (E.CIV.) terra-de-siena queimada

burnt umber (E.CIV.) ocre queimado

burnup (ESP.) volatilização (vaporização de um satélite artificial ou de um míssil, devido a aquecimento aerodinâmico provocado pelo atrito da atmosfera)

burr (BOT.) cardo; rebarba

burr (E.CIV.) escopro triangular

burr (MEC.) rebarba

burr (MED.) trépano

burr mill (MINAS) moinho de esmerilar

burrows (GEO.) tubos biogénicos

burrs (E.CIV.) cacos de tijolo

bursa (MED.; ZOO.) bolsa; saco fechado

bursa achillis (MED.) bolsa aquiliana; bolsa de Aquiles

bursa copulatrix (ZOO.) bolsa copuladora

bursa fabricii (MED.) bolsa de Fabricius

bursa inguinalis (ZOO.) bolsa inguinal

bursa mucosa (MED.) bolsa mucosa; bolsa sinovial

bursa of acromion (MED.) bolsa acromial

bursa of Fabricius (MED.) bolsa de Fabricius; bolsa de Fabricius

bursa of hyoid (MED.) bolsa hióidea

bursa omentalis (MED.) bolsa omental; saco omentário

bursa ovarica (MED.) bolsa ovárica; saco ovárico

bursati (VET.) V. *bursattee*

bursattee (VET.) habronemíase; ficomicose

bursicon (ZOO.) bursicon (substância segregada por vários elementos do sistema nervoso dos insectos após a sua metamorfose, promovendo o endurecimento da nova cutícula)

bursiform (BOT.) em forma de bolsa

bursitis (MED.) bursite
bursolith (MED.) bursólito (cálculo formado numa bolsa)
burst (FÍS.) explosão; ruptura
burst (INF.) rajada de formulários
burst (TELECOM.) disparo; aumento repentino de sinal
burst (T.IMAG.) clarão; sinal de sincronismo de cor
burst-can detector (NUCL.) detector de fuga; detector de vazamento
burst-cartridge detector (NUCL.) detector de fuga
burster (INF.) separadora
burst error (INF.) erro controlado
burster-trimmer-stacker [BTS] (INF.) destaca-corta-empilha (em sistema de impressão)
bursting (INF.) separação
bursting disc [disk] (ELECT.) disco de ruptura
burst isochronous transmission (INF.) transmissão isócrona por rajada
burst mode (INF.) modo de ruptura
'burst of monsoon' (GEO.) chegada da monção
burst static random access memory [BSRAM] (INF.) memória estática de acesso aleatório rápido
burst test (PAPEL) teste de ruptura
burst transmission (INF.) transmissão por rajada
bursula (MED.; ZOO.) pequena bolsa ou saco
bus (ESP.) veículo espacial
bus (INF.) barramento; «bus»
bus-bar (ELECT.) barra colectora; barra de distribuição
bus-coupler switch (ELECT.) comutador de barras colectoras
bus cycle (INF.) ciclo do barramento de dados
bus driver (INF.) controlador de barramento
bush (MEC.) casquilho; bucha; aro; manga
bush-hammering (E.CIV.) martelo de cortar pedras; escoda
bush sickness (VET.) marasmo enzoótico (anemia observada em ovinos e bovinos na Austrália devido à insuficiência de ferro e cobalto)
bush veld (ECO.) savana
business data processing (INF.) processamento comercial de dados
bus-line (ELECT.) barra condutora; circuito auxiliar
bus-line coupler (ELECT.) acoplador de barra condutora
bussback (INF.) realimentação; conexão; ligação
bus speed (INF.) velocidade do barramento de dados
bust (INF.) descuido ou falha humana
bustle pipe (MEC.) tubo porta-vento
bus width (INF.) largura de banda do barramento de dados
bus-wire coupler (ELECT.) acoplador de barra colectora
busy (TELECOM.) ocupado
busy test (INF.) teste de disponibilidade
busy tone (TELECOM.) ruído de ocupação

butadiene (QUÍM.) butadieno
butamben (MED.; QUÍM.) butil aminobenzoato
butanal (QUÍM.) butanal
butane (QUÍM.) butano
butanoic acid (QUÍM.) ácido butanóico; ácido butírico
butanol (QUÍM.) butanol
butenes (QUÍM.) butenos; butilenos
butobarbital (MED.; QUÍM.) butobarbital; butobarbitona
butobarbitone (MED.; QUÍM.) butobarbitona; butobarbital
butte (GEO.) mesa
butter (GERAL) manteiga
butterfly (T.IMAG.) borboleta
butterfly circuit (ELECT.) circuito borboleta
butterfly diagram (ASTRO.) diagrama borboleta
butterfly flower (BOT.) flor polinizada por borboletas
butterfly nut (MEC.) porca de asas; porca de orelhas
butterfly tail (AERO.) cauda em V
butterfly valve (MEC.) válvula borboleta
buttering (E.CIV.) revestimento a argamassa
buttering tool (E.CIV.) colher de argamassa
buttermilk (GERAL) soro de leite coalhado
butternut (BOT.; E.CIV.) nogueira-americana; a sua madeira
butter of antimony (MED.; QUÍM.) tricloreto de antimónio
butter of bismuth (MED.; QUÍM.) tricloreto de bismuto
butter of tin (MED.; QUÍM.) cloreto de estanho penta-hidratado
butter of zinc (MED.; QUÍM.) cloreto de zinco
Butterworth filter (TELECOM.) filtro de Butterworth
Butterworth response (ELECTRÓN.) resposta do filtro de Butterworth
butter yellow (MED.; QUÍM.) amarelo metil; dimetilaminoazobenzeno (indicador de pH)
butt gauge (E.CIV.) graminho para dobradiças
butt hinge (E.CIV.) dobradiça
butt joint (E.CIV.) junta de topo
butt joint (MEC.) junta vertical
buttock (NAV.) alheta
buttock plane (NAV.) planos da alheta
button cell (ELECTRÓN.) pilha de relógio
button headed screw (MEC.) parafuso de cabeça esférica
button microphone (FÍS.) microfone de botão
buttonwood (BOT.; E.CIV.) plátano-americano; a sua madeira
buttress (E.CIV.) contraforte; espigão; escora; arcobotante
buttress root (BOT.) raiz de apoio; raiz de suporte
buttress screw-thread (MEC.) rosca trapezoidal; rosca de dente-de-serra
butt-welded tube (MEC.) tubo soldado a topo

butt-welding (MEC.) soldadura a topo
butyl (QUÍM.) butilo
butyl acetate (QUÍM.) acetato butílico
butyl alcohol (QUÍM.) álcool butílico
butylamine (QUÍM.) butilamina
butyl aminobenzoate (QUÍM.) butilo aminobenzoato
butyl chloral hydrate (QUÍM.) aldeído triclorobutílico
butylenes (QUÍM.) butilenos
butyl group (QUÍM.) grupo butilo
butyl rubber (QUÍM.) borracha sintética (copolímero de isobutileno e isopreno); borracha butílica
butyraldehyde (QUÍM.) butiraldeído; aldeído butírico
butyrate (QUÍM.) butirato
butyric (QUÍM.) butírico
butyric acid (QUÍM.) ácido butírico; ácido butanóico
butyrocholinesterase (QUÍM.) butirocolinesterase
butyroid (QUÍM.) butiróide (que se assemelha a manteiga)
butyrometer (VET.) butirómetro
butyrophenone (QUÍM.) butirofenona
butyrous (QUÍM.) butiráceo
butyrylcholine esterase (QUÍM.) butirilcolinesterase
butystat (MED.; QUÍM.) butistato (agente antitiróideo)
buxine (QUÍM.) buxina
Buxton certification (ELECT.; MINAS) certificado de Buxton
Buys-Ballot's law (METEO.) lei de Buys-Ballot; lei do vento bárico
buzz (AERO.) vibração forte; voo rasante
buzz pollination (ECO.) polinização pelas abelhas
buzz track (T.IMAG.) teste de vibração
BW (MINAS) abr. de *Barrels of Water* — barris de água
BWD (VET.) abr. de *Bacillar White Diarrhoea* — diarreia branca
BWG (MEC.) abr. de *Birmingham Wire Gauge* — Calibre de Birmingham; calibre de arames e fios de Birmingham
BWPD (MINAS) abr. de *Barrels of Water Per Day* — barris de água por dia
BWR (NUCL.) abr. de *Boiling Water Reactor* — Reactor de Água Fervente
by-channel (E.CIV.) canal secundário; canal subsidiário
by-pass (GERAL) desvio; derivação; passagem secundária
by-pass capacitor (ELECT.) condensador de derivação; condensador de passagem auxiliar
by-pass channel (HIDRO.) canal de derivação
by-passed oil (MINAS) petróleo desviado do seu curso normal
by-passed samples (MINAS) amostras desviadas do curso normal da lama ou circulando fora das peneiras vibratórias
by-pass engine (AERO.) motor de fluxo duplo; motor de turbojacto com derivação de ar
by-passing (MEC.) controlo de sobre-alimentador
by-pass ratio (AERO.) razão de diluição

by-pass turbojet (AERO.) turbojacto de derivação

by-pass valve (MEC.) válvula de desvio; válvula de ramificação

by-path (INF.) via auxiliar

B-Y signal (T.IMAG.) abr. de *Blue-Luminance signal* — sinal Azul-Luminância

bysmalith (GEO.) bismalito

byssinosis (IMUN.) bissinose (febre do pó do algodão, do linho ou do cânhamo)

byssus (ZOO.) bisso

byte (INF.) byte; posição alfanumérica; octeto

byte mode (INF.) modo byte; modo multiplex; transferência de bytes

byte serial transmission (ELECTRÓN.) transmissão sequencial de byte

byte space (INF.) espaço de byte

bytownite (MINER.) bytownite; bitownite (de Bytown, antigo nome de Otawa, no Canadá)

Bz (QUÍM.) símbolo do *benzoyl* — benzoílo

Cc

c (Fís.) símbolo usado para velocidade de radiação electromagnética no vácuo

c (Fís.) símbolo de *small calorie* — pequena caloria

c (Med.) como índice, indica *blood capillary* — capilar sanguíneo

C (Fís.) símbolo de *centigrade* ou *Celsius* — centígrado ou Celsius

C (Fís.) símbolo de *great calorie* — grande caloria

C (Elect.) símbolo de *Coulomb* — coulomb (símbolo de carga eléctrica ou quantidade de electricidade)

C (Electrón.) abr. de *Collector* — colector

C (Imun.) símbolo de *complement* — complemento

C (Inf.) carácter alfanumérico (representa o número 12 no sistema hexadecimal)

C (Inf.) abr. de *clear* — limpar; vagar

C (Med.) símbolo de *cytidine* — citidina; ribosilcitosina

C (Med.) seguido por índice, indica *clearance* — depuração

C (Med.) seguido por índice, indica *compliance* — complacência

C (Med.) seguido por índice, indica *concentration* — concentração

C (Quím.) símbolo químico do elemento *carbon* — carbono

C3 cycle (Bio.) ciclo de Calvin; ciclo C3

C3 pathway (Eco.) ciclo C3

C4 cycle (Bio.) cilco de Hatch-Slack; ciclo C4

Ca (Elect.) abr. de *cathode* — cátodo

Ca (Quím.) símbolo do elemento *calcium* — cálcio

CA (Inf.) abr. de *channel adaptor* — adaptador de canal

CA (Med.) abr. de *carcinoma* — carcinoma

CA (Med.) abr. de *cancer* — cancro

CA (Med.) abr. de *cytosine arabinoside* — arabinosilcitosina

caatingas (Eco.) catinga

CAB (Plást.) abr. de *cellulose acetate butyrate* — butirato de acetato de celulose

cabin (Minas) posto de bombeiros subterrâneo (em mina de carvão)

cabin altitude (Aero.) altitude de cabine (pressão de cabine)

cabin blower (Aero.) compressor de cabine

cabin differential pressure (Aero.) pressão diferencial de cabine

cabinet-file (E.Civ.) lima de meia-cana

cabinet screwdriver (E.Civ.) chave de parafusos de marceneiro

cabinet-work (E.Civ.) marcenaria

cabin glider (Aero.) planador de cabine

cabin heating system (Aero.) sistema de aquecimento de cabine

cabin hook (E.Civ.) gancho de cabine

cabin job (Aero.) avião comercial ligeiro de cabine

cabin pressure (Aero.) pressão de cabine; pressurização da cabine

cabin pressure manifold (Aero.) tubulação do sistema de pressurização da cabine

cabin pressure system (Aero.) sistema de pressurização da cabina

cabin rate (Aero.) regime de cabine; regime de pressurização de cabine

cabin rate controller (Aero.) controlador do regime de cabine

cabin supercharger (Aero.) compressor de cabine

cabin tank (Aero.) tanque da fuselagem

cable (Elect.) cabo condutor; condutor

cable (Geral) cabo; amarra

cable (Nav.) cabo; amarra

cable (Nav.) amarra (unidade equivalente no RU a 183m, e nos EUA a 215m)

cable-angle indicator (Aero.) indicador de ângulo do cabo (em planador)

cable buoy (Nav.) bóia de cabo

cablecar (E.Civ.) carro de tracção por cabo

cable casing (Elect.) invólucro de cabo

cable cellar (Elect.) subsolo para cabos

cable channel (Elect.) canal para cabos

cable circuit (Elect.) circuito por cabo

cable clip (Elect.) porta-cabo

cable cross connecting board (Telecom.) quadro de cabo de ligação cruzada

cable current (Elect.; Telecom.) corrente de cabo

cable duct (Elect.) condutor de cabo; electrocondutor

cable end (Elect.) terminal de cabo

cable fault (Elect.) defeito de cabo

cable float (Telecom.) flutuador de cabo submarino

cable grip (Elect.) braçadeira de cabo

cable joint (Elect.) junção de cabo; emenda de cabo

cable-laid rope (Elect.) corda de lançador de cabo

cable length (Nav.) amarra (medida náutica, V. *cable*)

cable length compensation (Electrón.) compensação do comprimento do cabo

cable loss (Electrón.) perda no cabo

cable network (Telecom.) rede de cabo; TV por cabo

cable pairing (Inf.) emparelhamento de cabo

cable release (T.Imag.) disparador de cabo

cable report (Telecom.) informação telegráfica

cable ship (Nav.) navio lança-cabos

cable television (Elect.) televisão por cabo

cable tension (Elect.) tensão de cabo

cable tools (Minas) perfuração por percussão (actualmente substituída pelo método rotativo)

cable TV (Telecom.) TV por cabo; rede de cabo

cable vault (Minas) caixa para emenda de cabos

cable wax (Quím.) cera de cabo

cable-way (E.Civ.) cabo aéreo de transporte

cable-way (Hidro.) teleférico

cable winch (E.Civ.) guincho a cabo

cabling (Telecom.) conjunto de cabos

cache (Inf.) «cache»; armazenamento auxiliar integrado; armazenamento intermediário

cache memory (Inf.) memória «cache»; memória de armazenamento auxiliar integrado; memória intermediária

cachexia (Med.) caquexia

cacochymia (Med.) cacoquimia; caquexia

cacodyl (Quím.) cacodilo

cacodylate (Quím.) cacodilato

Cactaceae (Bot.) Cactáceas

CAD (Inf.) abr. de *Computer Aided Design* — projecto assistido por computador

cadastral survey (Topo.) levantamento cadastral

cadaver (Geral) cadáver; defunto; corpo morto

cadaverine (Quím.) cadaverina

cadherins (Bio.) c-aderinas; aderinas tipo c

cadmium cell (Electrón.) pilha de cádmio

cadmium copper (Mec.) cobre de cádmio

cadmium iodide (Quím.) iodeto de cádmio

cadmium photocell (Elect.) fotocélula de cádmio; célula fotoeléctrica de cádmio

cadmium plate (Quím.) galvanizado a cádmio

cadmium red line (Fís.) linha vermelha do cádmio (espectro)

cadmium sulphide (Med.; Quím.) sulfeto de cádmio; sulfureto de cádmio

cadmium sulphide cell (Electrón.) sensor de sulfito de cádmio

cadmium-sulphide detector (Radiol.) detector de sulfeto de cádmio

caducibranchiate (Zoo.) caducibrânquio
caducous (Bot.; Zoo.) caduco
CAE (Inf.) abr. de *Computer Aided Engineering* — engenharia auxiliada por
computador
caecostomy (Med.) cecostomia
caecotomy (Med.) cecotomia
caecum (Zoo.) ceco; cego
caenogenesis (Zoo.) cenogénese
Caesarean (Caesarian) (Med.) cesariana
caesious (Bot.) azul-acinzentada (florescência)
caesium (Quím.) césio
caesium cell (Elect.) pilha de césio
caesium clock (Elect.) relógio de
césio
caesium-oxygen cell (Elect.) pilha
de césio-oxigénio
caesium unit (Radiol.) unidade de
césio (fonte radioactiva)
caesius (Bot.) azul-acinzentada (cobertura cerosa de certas flores)
caespitose (Bot.) cespitoso
caffeine (Med.; Quím.) cafeína
caffeinism (Med.) cafeinismo
caffeol (Quím.) cafeol
cage and uncage (Elect.) travar e
destravar (instrumentos giroscópicos)
cage antenna (Telecom.) antena de
gaiola; antena de fios paralelos
cage rotor (Elect.) rotor de gaiola
cage-type negative plate (Elect.)
placa negativa tipo gaiola
cage winding (Elect.) enrolamento de
gaiola
CAI (Inf.) abr. de *Computer Assisted Instruction* — instrução assistida por computador
Cailletet process (Fís.) processo Cailletet
Cailletet's and Mathias' law (Quím.)
lei de Cailletet e Mathias
Cainozoic (Geo.) Cenozóico
cairngorm (Miner.) quartzo fumado
caisson (Geral) caixão; caixa; dique
flutuante
caisson disease (Med.) mal dos mergulhadores
cake (Mec.) massa
caking coal (Minas) carvão aglomerado
CAL (Inf.) abr. de *Computer Assisted
Learning* — aprendizagem assistida
por computador
calamine (Med.) calamina
calamine (Miner.) calamina; hemimorfita (EUA); smithsonite (RU)
Calamitales (Bot.) Calamites
calamus (Zoo.) cálamo
calandria (Eng.; Nucl.; Quím.) calandra
calcaneum (Zoo.) calcâneo
calcarenite (Geo.) arenito calcário
calcareous (Geral) calcário; calcífero
calcareous clay (E.Civ.) argila calcária
calcareous ooze (Geo.) óvulos de calcário
calcareous rock (Geo.) rocha calcária
calcareous soil (Geo.) solo calcárico
calc-flinta (Geo.) seixo calcário
calcic horizon (Geo.) horizonte cálcico

calcicole (Bot.) calcícola
calciferol (Bio.) calciferol
calciferous (Zoo.) calcífero
calcification (Bot.; Geo.) calcificação
calcifuge (Bot.) calcífuga
calcigerous (Zoo.) calcífero
calcigerous glands (Zoo.) glândulas
calcíferas
calcilutite (Geo.) calcilutite; arenito calcário
calcination (Minas) calcinação
calcination power (Nucl.) poder de
calcinação
calcine (Minas) calcina
calcinosis (Med.) calcinose
calciphile (Bot.) calcícola
calciphilia (Med.) calcifilia; calciofilia
calciphobe (Bot.) calcífuga
calcispheres (Geo.) esferas de calcite
calcite (Miner.) calcite; espato da Islândia
calcitonin (Med.) calcitonina
calcium (Quím.) calcium
calcium alginate (Quím.) alginato de
cálcio
calcium aminosalicylate (Quím.)
aminossalicilato de cálcio
calcium benzoate (Quím.) benzoato de
cálcio
calcium bromide (Quím.) brometo de
cálcio
calcium carbide (Quím.) carbureto de
cálcio
calcium carbimide (Quím.) carbimida
de cálcio
calcium carbonate (Quím.) carbonato
de cálcio
calcium channel blocking (Med.)
bloqueador do canal de cálcio
calcium chloride (Quím.) cloreto de
cálcio
calcium cyclamate (Quím.) ciclamato
de cálcio
calcium fluoride (Quím.) fluoreto de
cálcio
calcium hydrate (Quím.) hidrato de
cálcio
calcium phosphate precipitation
(Bio.) precipitação de fosfato de cálcio
calcium plumbate (E.Civ.) plumbato
de cálcio
calcium sulphate (sufate) (Quím.)
sulfato de cálcio; gesso natural
calcium sulphide (sufate) (Quím.)
sulfeto de cálcio
calcium tungstate screen (Electrón.) ecrã ou tela de tungstato de cálcio
calcrete (Geo.) horizonte K; horizonte
cálcico
calculus (Geral) cálculo
calculus (Med.) cálculo; pedra
calculus of probabilities (Mat.) cálculo das probabilidades
calculus of variations (Mat.) cálculo
das variações
calculus of vectors (Mat.) cálculo dos
vectores
caldera (Geo.) caldeira; caldeirão
Caledonian (Geo.) Caledoniano; Caledónico
Caledonian direction (Geo.) orientação caledónica

calendar month (Geo.) mês calendário
calendar year (Geo.) ano calendário
calender (Papel; Têxt.) calandra
calendered paper (Papel) papel calandrado
calender roller (Papel) rolo compressor
calf (Imp.) calfe; pele de vitela ou de bezerro
calf diphteria (Vet.) difteria do novilho
calf tetany (Vet.) tetânia do novilho
Calgon (Quím.) «Calgon» (MC do hexametafosfato de sódio)
caliber (Eng.) calibre; bitola; diâmetro
interno
calibrated airspeed (Aero.) velocidade do ar calibrada; velocidade do ar
rectificada
calibrating (Fís.) calibragem; graduação; aferição
calibrating apparatus (Fís.) aparelho
calibrador
calibrating standard (Fís.) padrão de
calibração; norma de calibração
calibration (Fís.) calibração; graduação;
calibragem; aferição
calibration chart (Elect.) carta de calibração (radiossonda)
calibration circle (Elect.) anel de calibração; circuito de calibração
calibration marker (Radar) marcador
de calibração
calibre (Mec.) calibre; bitola; diâmetro
interno
caliche (Geo.) caliche
calico (Têxt.) tecido de algodão (branco
no RU, e estampado nos EUA)
California Current (Geo.) corrente da
Califórnia
Californian jade (Miner.) jade-da-
Califórnia; californite
Californian stamp (Minas) pilão californiano; pilão de gravidade
californite (Miner.) californite; jade-da-
Califórnia
californium (Quím.) califórnio
caliper (Reloj.) compasso; caliper
calked end (E.Civ.) ponta dupla; ponta
em rabo de peixe
calking (E.Civ.) calafetagem; vedação
call (Inf.; Telecom.) chamada
call congestion ratio (Telecom.) taxa
de congestão de tráfico telefónico
call control character (Inf.) carácter
de controlo de chamada
call control signal (Inf.) sinal de controlo de chamada
caller ID (Telecom.) identificação de
chamada
Callier coefficient (T.Imag.) coeficiente de Callier
Callier effect (T.Imag.) efeito de Callier
call-indicator (Elect.) indicador de
chamada
calling direction code (Inf.) código de
encaminhamento de chamadas
calling sequence (Inf.) sequência de
chamada
calling tone (Telecom.) tom de chamada
call instruction (Inf.) instrução de chamada

callipers (Mec.) compassos; calibradores

Callisto (Astro.) Calisto (4º satélite de Júpiter)

callose (Bot.) calose

callosity (Med.) calosidade; calo

call second (Telecom.) chamadas segundo

call sign (Telecom.) indicativo de chamada

call sign (Inf.) sinal de chamada (indicativo de mensagem)

callus (Bot.) calo; calosidade

calm (Geo.) calmaria

calmodulin (Bio.) calmodulina

calomel (Quím.) calomelano

calorescence (Fís.) calorescência

caloricity (Fís.) caloricidade

calorie (Geral) caloria

calorific capacity (Fís.) capacidade calorífica; capacidade térmica

calorific effect of solar radiation (Fís.) efeito térmico da radiação solar

calorific energy (Fís.) energia calorífica; energia térmica

calorific power (Fís.) poder calorífico

calorific unit (Fís.) unidade calorífica; unidade térmica; unidade de calor

calorific value (Fís.) valor calorífico

calorifier (Mec.) calorífero

calorimeter (Fís.) calorímetro

calorimetric (Fís.) calorimétrico

calorimetric determination (Fís.) determinação calorimétrica

calorimetric method (Fís.) método calorimétrico

calorimetric test (Fís.) teste calorimétrico

calorimetry (Fís.) calorimetria

calorizing (Mec.) calorificação

calotte (E.Civ.) calota

calotype (T.Imag.) talbótipo

calponin (Bio.) calponina

calspar (Miner.) espato da Islândia; calcite

calvarium (Med.) nome incorrecto para calota craniana

Calvé's disease (Med.) doença de Calvé

Calvin cycle (Bot.) ciclo de Calvin

calvin fever (Vet.) febre láctica; febre do leite

calving (Geo.) formação dos icebergs

calx (Med.) calcanhar (plural *calces*)

calx (Quím.) resíduo de metal ou mineral depois de queimado; «cal»

calycle (Bot.) calículo

calyprate (Zoo.) caliptrado

Calypso (Astro.) Calipso (19º satélite natural de Saturno)

calypter (Zoo.) calíptero

calyptra (Bot.) caliptra; coifa

calyptrogen (Bot.) caliptrogene

calyptron (Zoo.) calíptero

calyx (Bot.; Zoo.) cálice

calyx tube (Bot.) tubo do cálice

cam (Mec.) came; excêntrico; ressalto; dente de roda

CAM (Bot.) abr. de *Crassulacean Acid Metabolism* — metabolismo ácido das crassuláceas

CAM (Inf.) abr. de *Computer Aided Manufacturing* — Fabricação Assistida por Computador

CAM (Inf.) abr. de *Content Addressable Memory* — Memória de Conteúdo Endereçável

camber (Aero.) curvatura da asa

camber (Geral) curvatura; arqueamento; curva; convexidade

camber arch (Arq.) arco de flecha

camber-beam (E.Civ.) superelevação de viga

camber of the body (Aero.) flecha da fuselagem

cambial initial (Bot.) célula inicial do câmbio

cambic horizon (Geo.) horizonte câmbico

Cambisols (Geo.) Cambisolos

cambium (Bot.) câmbio

Cambrian (Geo.) Câmbrico

cambric (Elect.) cambraia (de algodão envernizada para isolamento)

cambric (Têxt.) cambraia

Cambridge plate (Imp.) placa de Cambridge

Cambridge ring (Inf.) anel de Cambridge

camcorder (T.Imag.) camcorder (câmara compacta de vídeo com registo)

came (E.Civ.) chumbo de vidreiro

camel hair (Têxt.) pêlo de camelo; lã de camelo

cameo (Arq.) camafeu

camera (T.Imag.) câmara ou máquina (fotográfica, de vídeo, de TV); câmara escura

camera alignment (T.Imag.) alinhamento da câmara

camera bellows (T.Imag.) foles da câmara

camera channel (T.Imag.) canal da câmara

camera dolly (T.Imag.) carro porta-câmara

camera lucida (Fís.) câmara clara

camera marker (T.Imag.) marcador da câmara

camera obscura (T.Imag.) câmara escura

camera plane (T.Imag.) avião de fotografia aérea

camera shutter (T.Imag.) obturador de máquina fotográfica

camera tube (T.Imag.) válvula de imagem; tubo de câmara

CA module (Electrón.) módulo de acesso condicionado

camouflage (Geral) camuflagem; dissimulação

cAMP (Bio.) abr. de *cycle Adenosine Monophosphate* — ciclo do monofosfato de adenosina; MFA cíclico

campaniform (Geral) campaniforme

campanile (Arq.) campanilo; torre sineira; campanário; torre; flecha

campanulate (Bot.) campanulado

Campbell bridge (Elect.) ponte de Campbell

Campbell's formula (Elect.) fórmula de Campbell

Campbell-Stokes recorder (Meteo.) heliógrafo de Campbell-Stokes

camphane (Quím.) canfano

camphene (Quím.) canfeno

camphor (Quím.) cânfora

camphorated (Quím.) canforado

camphorated oil (Quím.) óleo canforado

camphoric acid (Quím.) ácido canfórico

camphorism (Quím.) canforismo; intoxicação pela cânfora

camphor liniment (Quím.) óleo canforado

camphyl alcohol (Quím.) borneol; álcool canfílico

CAM plant (Bot.) planta CAM (V. *CAM* — (Bot.))

campo (Eco.) campina

campo cerrado (Eco.) campina densa

cam profile (Mec.) perfil do came

camp sheeting (E.Civ.) escoramento

camptonite (Geo.) camptonito

campylotropous (Bot.) campilotrópico

camshaft controller (Elect.) controlador do eixo transmissor

can (Aero.) caixa da câmara de combustão (de turbojacto)

can (Nucl.) câmara de um reactor

Canada balsam (Quím.) bálsamo do Canadá; terebentina do Canadá

Canadian asbestos (Miner.) asbesto do Canadá; falso asbesto; amianto do Canadá; crisotilo

Canadian shield (Geo.) escudo canadiano

Canadian spruce (Bot.; E.Civ.) espruce-do-Canadá, a sua madeira

canal (Geral) canal; cano; rego; sulco

canal adductor (Med.) canal adutor

canal cell (Bot.) célula tubular

canalette blind (E.Civ.) veneziana

canaliculate (Bot.) canaliculado

canaliculus (Zoo.) canalículo; pequeno canal

canaline (Quím.) canalina

canalization (Med.) canalização (formação de canais em qualquer tecido)

canard (Aero.) Canard (avião em que o estabilizador horizontal está colocado à frente da asa)

canard (Astro.) Canard (veículo ou engenho espacial cujas superfícies estabilizadoras se encontram à frente das superfícies de sustentação principais)

canaries (T.Imag.) canários

Canaries Current (Geo.) corrente das Canárias

cancel (Inf.) cancelar

cancel character [CAN] (Inf.) carácter de cancelamento

cancel key (Inf.) chave de cancelamento; tecla de cancelamento

cancellated (Zoo.) reticulado; gradeado

cancellation (Inf.) cancelamento

cancellation circuit (T.Imag.) câmara compacta de vídeo digital

cancellous (Zoo.) reticular; gradeado

cancels (Imp.) folha ou página reimpressa

cancer (Med.) cancro

canceration (Med.) canceração; cancerização

canceridal (Med.) cancericida

cancerigenic (Med.) cancerígeno; cancerogénico

cancerocidal (MED.) cancericida
cancerology (MED.) cancerologia
cancerophobia (MED.) cancerofobia
cancerous (MED.) canceroso
cancrinite (MINER.) cancrinite
cancrum oris (MED.) noma; estomatite gangrenosa; úlcera corrosiva; cancro bucal; estomatonecrose
candela (FÍS.) candela (unidade SI de intensidade luminosa)
candidiasis (MED.) candidíase; moniliáse
candidosis (MED.) candidíase
candle (FÍS.) candela
candle-lamp (ELECT.) lâmpada tipo vela
candle power (FÍS.) intensidade luminosa; candela-padrão
candlewick (TÊXT.) fio de algodão para pavio de velas
CANDU (NUCL.) reactor a água pesada canadiano
cane-sugar (QUÍM.) sacarose; açúcar de cana
cane toad (BIO.) sapo bufo
canicola fever (VET.) febre canícola
canine (ZOO.) canino (relativo a cão ou a dente)
canine distemper (VET.) cinomose canina
canine leptospiral jaundice (VET.) icterícia leptospiral canina
canine leptospirosis (VET.) leptospirose canina
canine typhus (VET.) leptospirose canina; doença de Stuttgart
canine venereal granulomata (VET.) granuloma venéreo canino
canker (BOT.) cancro; necrose
canker (GERAL) cancro
cannabin (QUÍM.) canabina
cannabis (BOT.) canábis; cânhamo; marijuana; haxixe; maconha
cannabism (MED.) canabismo; intoxicação pela canábis
cannibalism (VET.) canibalismo
Cannizzaro reaction (QUÍM.) reacção de Cannizzaro
cannon bone (ZOO.) osso da canela; tíbia
cannula (MED.) cânula
cannular combustion chamber (AERO.) câmara canelada de combustão; câmara de combustão dos motores turbojacto
canonical assembly (FÍS.) conjunto canónico; reunião canónica
canonical ensemble (FÍS.) conjunto canónico
canonical equation (MAT.) equação canónica
canonical equations of motion (FÍS.) equações canónicas do movimento; equações de Hamilton do movimento
canonical momentum (FÍS.) momento canónico; momento conjugado
canonical time unit (FÍS.) unidade de tempo canónico
canonical variate (FÍS.) variável canónica
canopy (AERO.) canópia; tecto móvel da cabine do piloto

canopy (BOT.) cúpula; cimo
cant (E.CIV.) canto; esquina; ângulo
cant (TOPO.) declive; plano inclinado
cant bay (ARQ.) janela de ângulo com 3 lados
canted column (ARQ.) coluna enviesada
canted wall (E.CIV.) parede oblíqua
Canterbury hammer (E.CIV.) martelo de orelhas curvas e grossas
cantharidate (QUÍM.) cantaridato (sal do ácido cantarídico)
cantharidic acid (QUÍM.) ácido cantarídico
cantharidin (MED.; QUÍM.) cantaridina
cantilever (E.CIV.) cantilever; viga saliente; escora saliente; modilhão
cantilever bridge (E.CIV.) ponte cantilever; ponte de balanço
cantilever crane (E.CIV.) guindaste de braços horizontais
cantilevered steps (E.CIV.) degraus em suspenso
cantilever-through (E.CIV.) cantilever de tabuleiro
canting (MEC.) inclinação; obliquidade
canting strip (E.CIV.) pingadouro
canton (E.CIV.) cantoneira
canvas (TÊXT.) lona; tela; pano de estopa
canyon (GEOI.) canion; garganta; defiladeiro
caoutchouc (GERAL) borracha
cap (BIO.) coifa; cápsula
cap (E.CIV.) capitel
cap (MED.) coroa dentária; capa dentária
cap (METEO.) cobertura; capa
capacitance (FÍS.) capacitância
capacitance altimeter (AERO.) altímetro de capacitância; altímetro capacitivo
capacitance bridge (ELECT.) ponte medidora de capacitância
capacitance coefficient (ELECT.) coeficiente de capacitância
capacitance coupling (ELECT.) acoplamento capacitivo
capacitance detector (ELECTRÓN.) detector de capacitância
capacitance grading (ELECT.) graduação capacitiva
capacitance integrator (ELECT.) integrador de capacitância
capacitance load (ELECT.) carga capacitiva
capacitance meter (ELECTRÓN.) medidor de capacitância
capacitance-operated intrusion detector (ELECT.) detector de intrusão capacitivo
capacitance relay (ELECT.) relé capacitivo
capacitance standard (ELECT.) padrão de capacitância
capacitive coupling (ELECT.) acoplamento capacitivo
capacitive load (ELECT.) carga capacitiva
capacitive phase shift (ELECTRÓN.) atraso da fase, deslocação de fase capacitiva
capacitive reactance (ELECT.) reatância capacitiva

capacitive shield (ELECT.) blindagem capacitiva
capacitive transducer (ELECTRÓN.) transdutor capacitivo
capacitor (ELECT.) condensador
capacitor bank (ELECT.) bateria de condensadores
capacitor charging (ELECTRÓN.) carga de condensador
capacitor colour (color) code (ELECT.) código de cores para condensadores
capacitor discharging (ELECTRÓN.) descarga de condensador
capacitor-input filter (ELECT.) filtro de entrada capacitiva
capacitor integrator (ELECT.) integrador por condensador
capacitor ionization chamber (ELECT.) câmara de ionização capacitiva; medidor-r capacitivo (r = roentgen)
capacitor loudspeaker (FÍS.) altifalante de condensador; altifalante electrostático
capacitor microphone (FÍS.) microfone de condensador; microfone electrostático
capacitor motor (ELECT.) motor de condensador
capacitor pickup (FÍS.) fonocaptador capacitivo
capacitor reactance (ELECTRÓN.) reactância do condensador
capacitor-resistor circuit (ELECTRÓN.) circuito capacitivo-resistivo
capacitor-resistor unit (ELECT.) unidade de condensador-resistência
capacitor r-meter (ELECT.) medidor-r capacitivo (r = roentgen); câmara de ionização capacitiva
capacitor shaft (ELECT.) eixo capacitivo
capacitor start motor (ELECT.) motor de arranque por condensador
capacitor stored energy (ELECTRÓN.) energia armazenada
capacitor terminal (ELECT.) terminal do condensador
capacity (ELECT.) capacidade
Cape asbestos (MINER.) crocidolito; asbesto-azul-do-cabo
Cape diamond ((MINER.) diamante-do-cabo
Cape floral region (ECO.) região floral do Cabo
Cape ruby (MINER.) rubi-do-cabo; piropo; rubi-americano; granada nobre
Cape walnut (BOT.; E.CIV.) ocótea fétida; a sua madeira
capillariasis (VET.) capilaríase
capillarity (FÍS.) capilaridade
capillary (BIO.; ZOO.) capilar
capillary condensation (QUÍM.) condensação capilar
capillary diffusion (BIO.) difusão capilar
capillary electrometer (QUÍM.) electrómetro capilar
capillary fitting (E.CIV.) acessórios de compressão
capillary fringe (ECO.) zona capilar
capillary moisture (ECO.) humidade capilar

capillary pressure (QUÍM.) pressão capilar

capillary pyrite (MINER.) milerite; tricofirite

capillary soil water (BOT.) água de solo capilar

capillary water (ECO.) humidade capilar

capillary wave (ECO.) onda capilar

capillary zone (ECO.) zona capilar

cap iron (E.CIV.) contraferro

capital (E.CIV.) capitel

capitate (BOT.; ZOO.) capitoso; capitado

capitellum (ZOO.) cabeça (extremidade articular arredondada de um osso)

capitulum (BOT.) capítulo

capitulum (ZOO.) cabeça (extremidade arredondada)

cap nut (MEC.) porca de capa

caponizing (VET.) capação; castração

capped elbow (VET.) codilheira

capping (GERAL) capeamento

capping (MINAS) cumeeira

capping-brick (E.CIV.) tijolo de capa

capping-plane (E.CIV.) plano de capa

capric acid (QUÍM.) ácido cáprico; ácido decanóico

caprification (BOT.; ZOO.) caprificação

cap rock (GEO.; MINAS) rocha de cobertura

caproin (QUÍM.) caproína; octanoína

caproyl (QUÍM.) caproílo

caprylic acid (QUÍM.) ácido caprílico

cap screw (MEC.) bujão; parafuso de tampa

caps & small caps (IMP.) letras maiúsculas (grandes e pequenas, grandes no início da palavra)

capsid (BIO.; ECO.) cápside

capsomere (BIO.) capsómero

capstan (MEC.) cabrestante

capstan-head screw (MEC.) parafuso da cabeça do cabrestante

capstan lathe (MEC.) torno-revólver

capstan nut (MEC.) porca do cabrestante

capsular polysaccharides (IMUN.) polissacarídeos capsulares; polissacáridos capsulares

capsule (GERAL) cápsula

capsulitis (MED.) capsulite

caption (IMP.) legenda; título; epígrafe

captive balloon (AERO.) balão cativo

captive balloon sounding (METEO.) sondagem de balão cativo

captive nut (MEC.) porca cativa

captive tape (IMP.) cinta cativa

capture (FÍS.) captura; captação

caput (ZOO.) cabeça (qualquer cabeça ou extremidade arredondada de um órgão ou estrutura anatómica)

caput medusae (MED.) cabeça de Medusa; sinal de Cruveilhier; veias varicosas que irradiam do umbigo

car (AERO.) carro; nacele; barquinha; gôndola; cesta

caracole (E.CIV.) escada de caracol

Caradoc (GEO.) Caradociano

carapace (ZOO.) carapaça

carat (MINER.) quilate; carate

carbamate (QUÍM.) carbamato

carbamazepine (MED.; QUÍM.) carbamazepina

carbamic (QUÍM.) ácido carbâmico

carbamide (QUÍM.) carbamida; ureia

carbamyl chloride (QUÍM.) cloreto de carbamil

carbamyl phosphate (QUÍM.) fosfato de carbamil; carbamilfosfato

carbanilide (QUÍM.) carbanilida; carbanilido; difenil-ureia-simétrica

carbazole (QUÍM.) carbazol; difenilenimida; difenopirrol

carbenes (QUÍM.) carbenos

carbenoxalone (MED.; QUÍM.) carbenoxalona

carbenoxalone disodium (MED.; QUÍM.) carbenoxalona dissódica

carbide (QUÍM.) carboneto

carbide tool (MEC.) ferramenta com ponta de carboneto

carbimazole (MED.; QUÍM.) carbimazol

carbinol (QUÍM.) carbinol; álcool metílico; metanol

carbocyclic compounds (QUÍM.) compostos carbocíclicos

carbohydrates (QUÍM.) hidratos de carbono

carbolic acid (QUÍM.) ácido carbólico; fenol

carbolic oil (QUÍM.) carboleína

carbon (QUÍM.) carbono

carbonaceous (QUÍM.) carbonado; carbonífero

carbonaceous rock (GEO.) rocha carbonífera

carbonado (MINER.) carbonado; diamante-negro; lavrita

carbon anode (ELECTRÓN.) ânodo de carbono

carbon arc (ELECT.) arco de carvão

carbon-arc lamp (ELECT.) lâmpada de arco de carvão

carbon-arc welding (ELECT.) soldadura a arco

carbonate (QUÍM.) carbonato

carbonate-apatite (MINER.) carbonato-apatite; carbapite

carbonate compensation depth (ECO.) profundidade de equilíbrio dos carbonatos

carbonation (ECO.) dissolução calcária

carbonatite (GEO.) carbonatito

carbon black (QUÍM.) negro de fumo

carbon compounds (QUÍM.) compostos de carbono

carbon contact (ELECT.) contacto de carvão

carbon cycle (GERAL) ciclo do carbono

carbon dating (FÍS.) datação por carbono

carbon dioxide (QUÍM.) dióxido de carbono

carbon dioxide cycle (BIO.; QUÍM.) ciclo do dióxido de carbono

carbon-dioxide laser (FÍS.) laser de dióxido de carbono

carbon-dioxide welding (MEC.) soldadura a dióxido de carbono

carbon disulphide (disulfide) (QUÍM.) dissulfeto de carbono

carbon fibre (QUÍM.; TÊXT.) fibra de carbono

carbon film resistor (ELECTRÓN.) resistência de filme de carbono

carbon film technique (BIO.) técnica do filme de carbono

carbon fixation (BOT.) fixação do carbono (dióxido)

carbon gland (MEC.) junta de carbono

carbonic acid (QUÍM.) ácido carbónico

carbonic acid derivatives (QUÍM.) derivados do ácido carbónico

carbonic acid gas (QUÍM.) gás de ácido carbónico; gás carbónico

carbonic anhydrase (BIO.) anidrase carbónica

carbonic anhydride (QUÍM.) anidrido carbónico; dióxido de carbono

Carboniferous (GEO.) Carbonífero

Carboniferous System (GEO.) Sistema Carbónico

carbon-in-pulp (MINAS) carbono em pasta

carbonization (MEC.) cimentação

carbonization (QUÍM.) carbonização

carbonized filament (ELECTRÓN.) filamento carbonizado

carbon microphone (FÍS.) microfone de carvão; transmissor de carvão

carbon monoxide (QUÍM.) monóxido de carbono; óxido de carbono

carbon monoxide detector (ELECTRÓN.) detector de monóxido de carbono

carbon monoxide-haemoglobinaemia (MED.) hemoglobinemia do monóxido de carbono; carboxiemoglobina

carbon-nitrogen cycle (ASTRO.) ciclo do carbono-nitrogénio

carbon paper (PAPEL) papel químico

carbon pile voltage transformer (ELECT.) transformador de voltagem a placas de carvão

carbon process (T.IMAG.) provas de carbono

carbon replica technique (BIO.) técnica da réplica por película de carbono

carbon resistor (ELECT.) resistência a carvão

carbon source (BIO.; QUÍM.) fonte de carbono

carbon star (ASTRO.) estrela de carbono

carbon steel (MEC.) aço-carbono; aço ao carbono

carbon suboxide (QUÍM.) sub-óxido de carbono; anidrido malónico

carbon tetrachloride (QUÍM.) tetracloreto de carbono

carbon value (QUÍM.) percentagem de carbono; valor de carbono

carbonyl (QUÍM.) carbonilo

carbonyl chloride (QUÍM.) cloreto de carbonilo; fosgénio

carbonyl group (BIO.; QUÍM.) grupo carbonilo

carbonyl powder (MEC.) pó de carbonilo

carbon-zinc cell (ELECTRÓN.) pilha de carbono e zinco

Carbo process (T.IMAG.) processo Carbo

carborundum (MEC.) carborundo; silicieto de carbono; carburandum

carborundum wheel (MEC.) roda de carborundo; pedra de afiar de carborundo

carboxamide (QUÍM.) carboxamina

carboxydismutase (BOT.) carboxidismutase

carboxy-haemoglobin (Quím.) carboxiemoglobina; HbCo
carboxy-haemoglobinaemia (Med.) carboxiemoglobinemia
carboxylase (Bio.; Bot.) carboxilase
carboxyl group (Quím.) grupo carboxilo
carboxylic acid (Quím.) ácido carboxílico
carboxyl terminus (Bio.; Quím.) terminação carboxilo
carboy (Vidr.) garrafão empalhado para ácidos
carbuncle (Med.) carbúnculo; antraz
carbuncle (Miner.) carbúnculo; almandina; granada nobre; granada oriental
carburation (Mec.) carburação
carburettor (Mec.) carburador
carburizing (Mec.) carburação; carburização
carbylamines (Quím.) carbilaminas; isonitrilos
carcass (E.Civ.) estrutura; esqueleto; carcaça
carcassing timber (E.Civ.) madeira de estrutura
carcinogenesis (Med.) carcinogénese
carcinoid (Med.) carcinóide
carcinoma (Med.) carcinoma; cancro
carcinoma en cuirasse (Med.) cancro da pele
carcinoma in situ (Med.) carcinoma intra-epitelial
carcinomatosis (Med.) carcinomatose
carcinomatous (Med.) carcinomatoso
carcinosis (Med.) carcinose; carcinomatose
carcinotron (Telecom.) carcinotron; carcinotrão; oscilador de onda de retorno
card (Geral) cartão
card access (Electrón.) cartão de acesso
cardan (Mec.) cardan; junta universal
cardan axis (Mec.) eixo cardan
cardan gear (Mec.) engrenagem cardan
cardan joint (Mec.) junta cardan; união cardan
cardan mount (Mec.) montagem cardan
card cage (Inf.) estrutura para placa de circuito impresso
card core-image format (Inf.) formato de transferência de informações de memória para cartão
card deck (Inf.) grupo de cartões
carded yarn (Têxt.) fio cardado; fio penteado
card feed (Inf.) alimentador de cartões
card field (Inf.) campo de cartão
card holder (Inf.) transportador de cartões
card hopper (Inf.) depósito de alimentação de cartões
cardia (Med.) cárdia
cardiac (Med.) cardíaco
cardiac arrest (Med.) paragem cardíaca
cardiac asthma (Med.) asma cardíaca
cardiac massage (Med.) massagem cardíaca
cardiac muscle (Bio.; Med.) músculo cardíaco

cardiac pacemaker (Med.) pacemaker cardíaco; marca-passo cardíaco
cardiac sphincter (Med.) esfíncter cardíaco
cardiac tamponade (Med.) tamponamento cardíaco
cardiac valve (Zoo.) válvula cardíaca
cardialgia (Med.) cardialgia
cardiataxia (Med.) ataxia cardíaca
cardiectomy (Med.) cardiectomia
cardinal (Zoo.) principal; fundamental
cardinal number (Mat.) número cardinal
cardinal planes (Fís.) planos principais
cardinal points (Astro.) pontos cardeais
carding (Têxt.) cardação; cardadura
cardioblast (Zoo.) cardioblasto
cardiocele (Med.) cardiocele; cardiocelo
cardiocentesis (Med.) cardiocentese
cardiogenic (Med.) cardiogénico
cardioglobin (Med.) cardioglobina
cardiogram (Med.) cardiograma
cardiograph (Med.) cardiógrafo
cardioid (Mat.) cardióide
cardioid directivity (Fís.) directividade cardióide
cardioid reception (Fís.) recepção cardióide
cardiolipin (Imun.) cardiolipina; antigénio cardíaco
cardiology (Med.) cardiologia
cardiolysis (Med.) cardiólise; cirurgia de Brauer
cardiomalacia (Med.) cardiomalacia
cardiomyopathy (Med.) cardiomiopatia; miopatia cardíaca
cardiopulmonary bypass (Med.) by-pass cardiopulmonar; desvio cardiopulmonar; derivação cardiopulmonar
cardiospasm (Med.) cardiospasmo; espasmo cardíaco
cardiotachometer (Med.) cardiotacómetro
cardiovascular (Med.) cardiovascular
cardiovasculorenal (Med.) cardiovasculorrenal
cardiovasology (Med.) cardiovasologia; cardio-angiologia
cardioversion (Med.) cardioversão
cardioverter (Med.) cardioversor
carditis (Med.) cardite
cardo (Zoo.) charneira (de bivalve)
card reader (Inf.) leitor de cartões
card reader/punch (Inf.) leitor/perfurador de cartões
card reader unit (Inf.) unidade de leitura de cartões
card reproducer (Inf.) reprodutor de cartões
caret (Imp.) marca de interpolação
Caribbean Current (Geo.) corrente da Caraíbas
Caribbean floral region (Eco.) região floral das Caraíbas
caries (Med.) cárie
carina (Zoo.) carena; quilha
carinate (Bot.; Zoo.) carenado
carious (Med.) cariado
Carme (Astro.) Carme (9.º satélite de Júpiter)
carminate (Quím.) carminado

carminative (Med.) carminativo
carnallite (Miner.) carnalite
carnassial (Zoo.) carniceiro; sectório (dente molar de carnívoro)
carnelian (Miner.) carneliana; cor-nalina; corniola
Carnivora (Zoo.) Carnívoros
carnivorous (Zoo.) carnívoro
carnivorous plant (Bot.) planta carnívora; planta insectívora
Carnot cycle (Mec.) ciclo de Carnot
carnotite (Miner.) carnotite
Carnot's theorem (Fís.) teorema de Carnot
carol (E.Civ.) assento fixo de vão de janela
caropus (Zoo.) carpo
Caro's acid (Quím.) ácido de Caro; ácido monopermossulfúrico; ácido persulfónico
carotene (Bot.; Quím.) caroteno
carotenoids (Bot.) carotenóides
carotid artery (Zoo.) artéria carótida
carotid body (Med.) corpo carotídeo
carpal (Zoo.) cárpico
carp-, carpo-, -carp, -carpous (Geral) carp/o-, -carpo, -cárpico; do grego karpos — fruto
carpal spur (Bio.) garra cárpica
carpel (Bot.) carpelo
carpellate (Bot.) carpelado
carpet strip (E.Civ.) fixador de tapete
carriage (E.Civ.) suporte intermediário
carriage (Imp.) carreto; carro
carriage spring (Mec.) mola de vagões; mola de carros
carriage-type switchgear (Elect.) mecanismo de distribuição tipo carro
carrier (Bio.) transportador; portador
carrier (Elect.) condutor; transportador; portadora
carrier (Mec.) transportador (de torno mecânico)
carrier (Quím.) catalizador
carrier amplifier (Elect.) amplificador de portadora
carrier beat (Telecom.) batimento de portadora
carrier channel (Telecom.) canal de portadora
carrier chrominance signal (T.Imag.) sinal de crominância de portadora
carrier-controlled approach (Aero.; Radar) aproximação controlada de avião (sistema usado para a aterragem de aviões comerciais)
carrier current (Elect.) corrente portadora
carrier detect (Telecom.) detecção de portadora
carrier filter (Telecom.) filtro de portadora
carrier frequency (Elect.) frequência portadora
carrier leak (Elect.) resíduo de portadora
carrier level (Elect.) nível de portadora
carrier mobility (Elect.) mobilidade de portadora (carga)
carrier modulation (Telecom.) modulação de portadora
carrier noise (Fís.) ruído de portadora
carrier power (Fís.) potência portadora; potência da portadora

carrier protein (Bio.) proteína transportadora

carrier repeater (Telecom.) repetidor de portadora

carrier suppression (Telecom.) supressão de portadora

carrier system (Telecom.) sistema portador

carrier telegraphy (Telecom.) telegrafia por portadora

carrier-to-noise ratio (Telecom.) razão portadora-ruído

carrier wave (Elect.) onda portadora

carrier wavelength (Elect.) comprimento de onda portadora

carry (Inf.; Mat.) transporte

carry bit (Inf.) bit de transporte

carry cascade (Inf.) transporte em cascata

carry digit (Inf.) dígito de transporte

carry flag (Inf.) bandeira de transporte

carrying capacity (Eco.) capacidade de transporte

carrying current (Elect.) corrente transportadora

carstone (Miner.) arenito ferruginoso; grés ferruginoso

cartesian control (Astro.; Fís.) controlo cartesiano

cartesian co-ordinates (Mat.) coordenadas cartesianas

cartesian equation (Mat.) equação cartesiana

cartesian geometry (Mat.) geometria cartesiana

cartesian hydrometer (Nav.) hidrómetro cartesiano

cartesian ovals (Mat.) curvas cartesianas

cartesian system of axis (Mat.) sistema de eixos cartesianos

cartesian system of co-ordinates (Mat.) sistema de coordenadas cartesianas; coordenadas cartesianas

cartesian vector (Mat.) vector cartesiano

cartilage (Bio.; Med.) cartilagem

cartilages (Bio.; Med.) cartilagens (plural de *cartilago*)

cartilaginoid (Bio.) cartilaginóide; cartilaginiforme

cartilaginous (Bio.) cartilaginoso

cartilago (Bio.; Med.) cartilagem (o plural é *cartilagines*)

cartography (Topo.) cartografia; mapeamento

carton board (Papel) cartão para caixas

cartouch (Arq.) cartucho (quando referente a ornato da Arte Egípcia)

cartouch (Arq.) cártula (quando referente a ornato do Renascimento/Barroco)

cartouche (Arq.) V. *cartouch*

cartridge (Inf.) cartucho

cartridge (Nucl.) câmara de reactor

cartridge (T.Imag.) rolo de filme; cristal de gira-discos

cartridge brass (Mec.) latão para cartuchos

cartridge-operated hammer (E.Civ.) martelo percutor

cartridge paper (Papel) papel-manilha

cartridge starter (Aero.) arranque por combustão; arranque por cartucho

caruncle (Bot.; Med.; Zoo.) carúncula; carúnculo

carvacrol (Quím.) carvacrol; cimofenol

carvone (Quím.) carvona

caryatid (Arq.) cariátide

cary-, caryo- (Geral) cari-, cario-; do grego *karyon* — núcleo, cerne; procurar também as palavras, aqui não descritas, em *kary-, karyo-*

Caryophyllaceae (Bot.) Cariofiláceas

caryophyllene (Quím.) cariofileno

Caryophyllidae (Bot.) Cariofilíneas

caryopsis (Bot.) cariopse

CAS (Aero.) abr. de *Collision Avoidance System* — Sistema Anti-Colisão

cascade (Geral) cascata

cascade amplifier (Fís.) amplificador em cascata

cascade casting (Mec.) sangria em cascata (metalurgia)

cascade connection (Elect.) conexão em cascata

cascade control (Electrón.) controlo em cascata

cascade effect (Eco.) efeito de cascata

cascade generator (Electrón.) gerador em cascata

cascade node (Electrón.) nódulo de cascata

cascade particle (Fís.) partícula em cascata

cascade shower (Fís.) ocorrência de raios cósmicos em cascata; chuveiro

cascading of insulators (Elect.) isoladores em cascata

cascara amara (Med.) casca amarga; casca das Honduras; casca seca de uma picramnia

cascara sagrada (Med.) casca sagrada; casca seca de uma ramnácea

case (E.Civ.) camada cimentada

case (Geral) capa; invólucro; envoltório; capa

case (Imp.) caixa de tipos

case (Med.) caso

casease (Bio.; Quím.; Med.) casease

caseation (Med.) caseação

case bay (E.Civ.) vão de caixa

cased frame (E.Civ.) estrutura de contra-pesos (de janela)

case-hardening (Bot.) endurecimento superficial (da madeira)

case-hardening (Mec.) têmpera em pacotes

case-hardening (Minas) cimentação da superfície de rochas porosas devido a evaporação

casein (Bio.) caseína

caseinase (Bio.) caseinase

caseinate (Quím.) caseinato

Casella automatic microscope (Fís.) microscópio automático de Casella

casement (E.Civ.) armação; batente; caixilho (de janela)

casement (Têxt.) variedade de tecido de algodão

caseose (Bio.) caseose

caseous (Bio.) caseoso

caseous lymphadenitis (Vet.) linfadenite caseosa

cashmere (Têxt.) cachemira

casing [CSG] (Minas) tubagem de revestimento de poço

casing drum (Minas) tambor de revestimento

casing float collar (Minas) manga da tubagem de revestimento

casing hanger (Minas) suporte da tubagem de revestimento

casinghead (Minas) topo ou cabeça da tubagem de revestimento

casinghead gas (Minas) gás recuperado ou separado do petróleo à superfície de um poço

casing-landing flange (Minas) manilha de retenção da tubagem de revestimento

casing outer (Minas) corta-tubos

casing shoe (Minas) sapata; calço terminal da tubagem de revestimento

cask (Nucl.) barril blindado; tambor blindado; qualquer recipiente blindado para o transporte de material radioactivo

casket (Nucl.) V. *cask*

Casogrande hydrometer (Fís.) hidrómetro de Casogrande

casparian band (Bot.) faixa de Caspary

casparian strip (Bot.) faixa de Caspary

Cassegrain antenna (Telecom.) antena de Cassegrain

Cassegrain reflector (Telecom.) reflector Cassegrain

Cassegrain telescope (Astro.) telescópio de Cassegrain

Cassel's yellow (Quím.) amarelo Cassel (nome comercial do oxicloreto de chumbo)

cassette (T.Imag.) cassete

cassia oil (Quím.) óleo de cássia; óleo de cinamono; óleo de canela-da-china

Cassini's division (Astro.) divisão de Cassini

Cassini's ovals (Mat.) curvas de Cassini

Cassiopeia (Astro.) Cassiopeia

Cassiopeia A (Astro.) Cassiopeia A; fonte de rádio Cas A

cassiterite (Miner.) cassiterite

Cassius (Quím.) púrpura de Cássio

cast (Geo.) molde

caste (Zoo.) classe

caster (Mec.) rodízio

caster action (Auto.) acção de rodízios

cast holes (Mec.) furos de fundição

casting (Imp.) modelagem

casting (Mec.) lingote; peça fundida

casting (Vet.) reclinação de um animal; bola de penas e de pêlos regurgitada pelas aves de rapina

casting box (Imp.) molde-caixa; molde de fundição

casting copper (Mec.) cobre de fundição

casting ladle (Mec.) cadilho de fundição

casting resin (Plást.) resina de fundição

casting wheel (Mec.) roda de fundir

cast-in-situ concrete piles (E.Civ.) pilares de betão moldados no local

cast iron (Mec.) ferro fundido

castle koppie (GEO.) domo basáltico

Castner-Kellner process (QUÍM.) processo de Castner-Kellner

Castner's process (QUÍM.) processo Castner

cast nut (MEC.) porca entalhada; porca acastelada

castor oil (QUÍM.) óleo de rícino

castration (MED.; VET.) castração; capação

cast steel (MEC.) aço fundido; aço de fundição

cast stone (E.CIV.) componentes de pedra pré-fabricadas

cast welded rail joint (E.CIV.) junta de trilho envolvida por material soldado

cast wrought iron (MEC.) ferro forjado

casual species (BOT.) espécie casual; espécie ocasional

CAT (MED.; RADIOL.) abr. de *Computerized Axial Tomography* — Tomografia Axial Computorizada; TAC

CAT (RADIOL.) abr. de *Computer Aided Tomography* — Tomografia Assistida por Computador; TAC

cata- (GERAL) cata-; do grego *kata* — em baixo. V. também *kata-*

catabolic pathway (BIO.) percurso catabólico

catabolism (BIO.; MED.) catabolismo

catabolite (BIO.; MED.) catabólito; catabolina

catabolite repression (BIO.) repressão catabólica

catacaustic (FÍS.) catacáustica

cataclasis (GEO.) cataclase

cataclastic (GEO.) cataclástico

catacrotism (MED.) catacrotismo

catadicrotism (MED.) catadicrotismo

catadidymus (BIO.) catadídimo

catadioptric (FÍS.) catadióptrico

catadromous (BOT.; ZOO.) catádromo

Catalan process (MEC.) processo catalão

catalase (BIO.) catalase

catalepsy (MED.) catalepsia

cataleptoid (MED.) cataleptóide; catalepsiforme

catalysis (QUÍM.) catálise

catalyst (QUÍM.) catalisador

catalytic agent (QUÍM.) agente catalítico

catalytic cracking (MINAS) desintegração catalítica; fraccionamento catalítico

catalytic poison (QUÍM.) veneno catalítico; anticatalisador

catalytic site (BIO.) troço catalítico

catalytic wire (ELECT.) condutor catalítico

catalyzer (QUÍM.) catalizador

cataphyl (BOT.) catafilos

cataplexy (MED.; VET.) cataplexia

catapult (AERO.) catapulta

cataract (MED.) catarata

catarrh (MED.) catarro

CAT assay (BIO.; QUÍM.) abr. de *chloramphenicol acetyl transferase assay* — teste transferase acetil-cloroanfenicol

catastrophic evolution (ECO.) evolução catastrófica

catastrophism (GEO.) catastrofismo

catch basin (E.CIV.) poço colector

catch-bolt (E.CIV.) lingueta de fechadura

catcher (ELECT.) captador

catcher foil (NUCL.) lâmina absorvedora

catch-line (IMP.) linha final

catchment (GEO.) bacia

catchment area (E.CIV.) área de capatação

catchment basin (E.CIV.) bacia de captação; bacia hidráulica; bacia de recepção

catch muscle (ZOO.) ligamento (nos moluscos)

catch net (ELECT.) rede protectora

catch pit (E.CIV.) fossa de drenagem

catch plate (MEC.) placa colectora

catch point (E.CIV.) ponto de paragem; ponto de detenção

catch props (MINAS.) escoras dianteiras (nas minas de carvão)

catch-water drain (E.CIV.) colector; dreno; sulco de escoamento

catch word (IMP.) palavra impressa em tipo diferente

catechol (QUÍM.) catecol

catecholamines (BIO.) catecolaminas

catenanes (BIO.) catenanos

catenary (FÍS.; MAT.) catenária

catenary construction (E.CIV.) construção catenária; linha catenária

catenary curve (MAT.) curva catenária

catenation (BIO.) catenação; concatenação

catenoid (MAT.) catenóide

Caterpillar (ENG.) caterpillar (nome comercial de veículos com lagartas)

caterpillar (ZOO.) lagarta

CAT gene (BIO.; QUÍM.) abr. de *chloramphenicol acetyl transferase gene* — gene transferase acetil-cloroanfenicol

catgut (MED.) categute; cat-gut; (fio de sutura)

cathead (MINAS) tambor rotativo

cathead (NAV.) turco

cathelectrotonus (MED.) catelectrotono (alteração da condutividade e excitabilidade de um nervo ou músculo, durante a passagem de uma corrente eléctrica constante)

Catherine wheel (ARQ.) rosácea; roda de Sta. Catarina

catheter (MED.) cateter

cathetometer (FÍS.) catetómetro

cathexis (PSICO.) catexia; catexe

cathode (ELECT.) cátodo

cathode alloy (ELECT.) liga metálica para cátodos

cathode bias (ELECT.) polarização catódica

cathode bypass condenser (ELECT.) condensador de passagem do cátodo

cathode coating (ELECT.) revestimento do cátodo

cathode coil (ELECT.) bobina do cátodo

cathode copper (ELECT.) cobre para cátodos

cathode efficiency (ELECT.) eficiência catódica

cathode follower (ELECT.) seguidor catódico

cathode glow (ELECT.) luminosidade catódica; incandescência catódica

cathode keying (ELECT.) manipulação catódica

cathode luminous sensitivity (ELECT.) sensibilidade luminosa catódica

cathode modulation (ELECT.) modulação catódica

cathode poisoning (ELECT.) intoxicação do cátodo

cathode ray (ELECT.) raio catódico

cathode-ray beam (ELECT.) feixe de raios catódicos

cathode-ray current (ELECT.) corrente de raios catódicos

cathode-ray direction finder (ELECT.) radiogoniómetro de raios catódicos

cathode-ray indicator (ELECT.) indicador de raios catódicos

cathode-ray meter (ELECT.) medidor de raios catódicos

cathode-ray oscillograph (ELECT.) oscilógrafo de raios catódicos

cathode-ray oscilloscope (ELECT.) osciloscópio de raios catódicos

cathode-ray output (ELECT.; INF.) saída de raios catódicos

cathode-ray scanning (ELECT.) exploração a raios catódicos

cathode-ray screen (ELECT.) tela de raios catódicos

cathode-ray storage (INF.) armazenamento através de raios catódicos

cathode-ray tube [CRT] (ELECT.) tubo de raios catódicos [TRC]

cathode-ray tube display (INF.) monitor de tubo de raios catódicos (monitor TRC)

cathode return (ELECT.) retorno do cátodo

cathode spot (ELECT.) foco do cátodo; ponto do cátodo

cathodic chalk (ELECT.; NAV.) «giz catódico» (revestimento de compostos de magnésio e cálcio)

cathodic etching (ELECT.) erosão catódica

cathodic protection (ELECT.; NAV.) protecção catódica

cathodic sputtering (ELECT.) crepitação do cátodo

cathodoluminescence (FÍS.) catodoluminescência

cathodophone (FÍS.) catodofone; ionofone (tipo de microfone)

catholyte (FÍS.) católito

cation (FÍS.) catião

cation exchange (ECO.) troca catiónica

cationic detergent (QUÍM.) detergente catiónico

catkin (BOT.) amentilho

catophorite (MINER.) catoforite

catoptric element (FÍS.) elemento catóptrico

catoptric lens (FÍS.) lente catóptrica

CAT scanner (RADIOL.) exploração TAC (V. *CAT*); radiografia seccional

cat's eye (MINER.) olho-de-gato; cimofana

cat's flu (VET.) pneumonite felina

cattle plague (VET.) peste do gado

CATV (TELECOM.) abr. de *Community Antenna Television* — Antena de TV colectiva

catwork (Miner.) cabrestante-molinete

Cauchy-Riemann equation (Mat.) equação de Cauchy-Riemann

Cauchy's convergence tests (Fís.) testes de Cauchy para a convergência

Cauchy's dispersion formula (Fís.) fórmula de dispersão de Cauchy

Cauchy's distribution (Mat.) distribuição de Cauchy

Cauchy sequence (Mat.) sequência de Cauchy

Cauchy's inequality (Mat.) desigualdade de Cauchy

Cauchy's integral formula (Mat.) fórmula integral de Cauchy

Cauchy's mean value theorem (Mat.) teorema do valor médio de Cauchy

Cauchy's theorem (Mat.) teorema de Cauchy

cauda (Zoo.) cauda

caudad (Zoo.) em direcção à cauda

caudal fin (Bio.) barbatana caudal

Caudata (Zoo.) Caudados; Urodelos

caudex (Bot.) cáudice

caul (Bot.) coifa

caul (Zoo.) véu; âmnio

cauldron subsidence (Geo.) aluimento em caldeira

caulescent (Bot.) caulescente

cauliflorous (Bio.) caulifloro

cauliflory (Bot.) cauliflora

cauline (Bot.) caulinar

caulking (Mec.) calafetagem; vedação

caulking tool (Mec.) ferramenta de calafetar

causalgia (Med.) causalgia

caustic (Med.) cáustico; corrosivo

caustic curve (Mat.; Fís.) curva cáustica; cáustica

caustic embrittlement (Mec.) fragilidade cáustica

caustic lime (Quím.) cal viva

caustic paint remover (E.Civ.) removedor cáustico de tinta

caustic pickle (E.Civ.) solução ácida para limpeza de tambores

caustic potash (Quím.) potassa cáustica

caustic soda (Quím.) soda cáustica

caustic surface (Fís.) superfície cáustica

CAV (Electrón.) abr. de *constant angular velocity* — velocidade angular constante

cava (Zoo.) cavidades (o singular é *cavum*)

Cavendish experiment (Fís.) experiência de Cavendish

cavern (Geo.) caverna; gruta

cavern (Med.) caverna; cavidade

cavernicolous (Eco.) cavernícula

cavernosus (Zoo.) cavernoso

cavernous (Zoo.) cavernoso

cavetto (Arq.) caveto; caveta

cavil (E.Civ.) camartelo

caviling (Minas) traçado de lotes em minas de carvão

cavitation (Bot.; Fís.; Miner.; Med.) cavitação

cavity effect (Fís.) efeito de cavidade

cavity-frequency meter (Electrón.) frequencímetro de cavidade

cavity magnetron (Telecom.) magnetrão de cavidade

cavity mode (Fís.) modo cavitário

cavity radiation (Fís.) radiação de cavidade

cavity resonance (Fís.) ressonância de cavidade

cavity resonator (Fís.) ressoador de cavidade

cavity walls (E.Civ.) paredes ocas (ligadas com fitas de metal)

cavum (Zoo.) cavidade (o plural é *cava*)

CAW (Inf.) abr. de *Channel Address Word* — palavra de endereçamento de canal

cay (Geo.) ilha de coral

CB (Telecom.) abr. de *Citizens Band* — Banda do cidadão

C-band (Telecom.) banda (de satélite) C

CBL (Inf.) abr. de *Computer Based Learning* — aprendizagem baseada em computador

CBR (Telecom.) abr. de *constant bit rate* — taxa de bits constante

CBT (Inf.) abr. de *Computer Aided Training* — treino auxiliado por computador

cc (Geral) abr. de *cubic centimeter* — centímetro cúbico

CCB (Inf.) abr. de *Command Control Block* — bloco de controlo de comando

CCD (Electrón.; Inf.) abr. de *charge coupled devices* — dispositivos para acoplamento de carga

CC filter (T.Imag.) abr. de *Colour (color) Correction Filter* — filtro de correcção de cor

CC filter (T.Imag.) abr. de *colour (color) conversion filter* — filtro de conversão de cores

CCIR (Telecom.) abr. do francês *Comité Consultatif International des Radiocommunications* — Comissão Consultiva Internacional das Radiocomunicações

CCITT (Telecom.) abr. do francês *Comité Consultatif International Télégraphique et Téléphonique* — Comissão Consultiva Internacional Telegráfica e Telefónica

CCL (Geo.) abr. de *convective condensation level* — nível de condensação

C-class insulation (Elect.) isolamento da classe C

CCR (T.Imag.) abr. de *Cassette Camera Recorder* — gravador de vídeo e som

CCTV (Electrón.) abr. de *Closed Circuit Television* — televisão em circuito fechado

CCU (Inf.) abr. de *Central Control Unit* — Unidade de Controlo Central

CCV (Aero.) abr. de *Control-Configurated Vehicle* — veículo de controlo configurado

CCW (Inf.) abr. de *Channel Command Word* — Palavra de Comando de Canal

Cd (Quím.) símbolo químico do *cadmium* — cádmio

cd (Fís.) símbolo de *candela* — candela

cdc (Bio.) abr. de *cell division cycle* — ciclo de divisão celular

CDM (Telecom.) abr. de *code division multiplex* — multiplexagem por divisão de código

CDMA (Telecom.) abr. de *code division multiple access* — acesso múltiplo por divisão de código

cDNA (Bio.) abr. de *complementary DNA* — ADN complementar

cDNA cloning (Bio.) clonagem de ADN complementar

CDPD (Telecom.) abr. de *cellular digital packet data* — pacotes de dados digitais celulares

CD quality (Telecom.) qualidade (de som) de CD

CD recorder (Telecom.) gravador de CD

CD ripping (Telecom.) cópia de CD

CD ROM (Inf.) abr. de *compact disk read only memory* — disco compacto só de leitura

CD-R/RW (Inf.) abr. de *compact disk recordable / rewritable* — disco compacto gravável / regravável

CD-V (T.Imag.) abr. de *compact disk-video* — disco compacto de vídeo

Ce (Quím.) símbolo químico do *cerium* — cério

CEC (Geo.) abr. de *cation exchange capacity* — capacidade de troca de catiões

cecidium (Geo.) nódulos

cecidization (Geo.) nodulação

cecostomy (Med.) cecostomia

cedar (Bot.; E.Civ.) cedro; a sua madeira

cedar-tree laccolith (Geo.) lacólito em forma de cedro; lacólito de feição lenticular

ceiling (Aero.) tecto

ceiling (Nav.) forro; conjunto das escoas

ceiling joist (E.Civ.) viga-mestra de apoio; viga inferior de sustentação

ceiling plate (Elect.) suporte de tecto

ceiling rose (Elect.) florão de tecto; roseta de tecto

ceiling switch (Elect.) interruptor de tecto

ceiling value (Inf.) valor máximo; valor-tecto

ceiling voltage (Elect.) tensão de tecto

-cele (Geral) -cele; -celo; do grego *kélé* — hérnia, indicando tumefacção ou hérnia da parte representada pela palavra inicial

celerity (Geo.) celeridade; velocidade de frente de onda

celestial equator (Astro.) equador celeste

celestial mechanics (Astro.) Mecânica celeste

celestial poles (Astro.) polos celestes

celestial sphere (Astro.) esfera celeste

celestine (Miner.) celestina; celestite

celite (Quím.) celite

cell (Bio.) célula; alvéolo

cell (Bot.) célula; saco polínico; lóculo no ovário

cell (Elect.) célula; pilha; elemento de bateria

cell (Geral) célula

cell (Inf.) célula

cell (MAT.) elemento primário

cell (NUCL.) pilha

cell (ZOO.) célula; calículo (nos corais e hidróides)

cell abalation (BIO.) ablação da célula

cell automation (INF.) automatização celular

cell cavity (BOT.) cavidade celular

cell coat (BIO.) cobertura da célula

cell constant (QUÍM.) constante de pilha; constante do elemento de pilha

cell cube (INF.) cubo de células

cell culture (BIO.) cultura de células

cell cycle (BIO.) ciclo celular

cell-disruption techniques (BIO.) técnicas de disrupção da célula

cell division (BIO.) divisão celular

cell-division-cycle genes (BIO.) genes do ciclo de divisão celular

cell-division-cycle mutant (BIO.) mutante do ciclo de divisão celular

cell enlargement (BOT.) expansão celular; alargamento celular

cell extension (BOT.) extensão celular; expansão celular

cell fractionation (BIO.) fracionamento da célula

cell-free (BIO.) livre de células

cell-free extract (BIO.) extracto sem células

cell-free protein synthesis (BIO.) síntese de proteínas sem células

cell-fusion (BIO.) fusão celular

cell genetics (BIO.) Genética celular

cell inspection lamp (ELECTRÓN.) lâmpada para inspeccionar elementos

cell line (BIO.) linha celular

cell lineage (BIO.) linhagem celular

cell-mediated immunity (IMUN.) imunidade mediada celularmente; imunidade celular

cell membrane (BIO.) membrana da célula

cellobiose (QUÍM.) celobiose; celose

cellose (QUÍM.) celose; celobiose

Cellosolve (PLÁST.) Cellosolve (marca registada de um líquido colorido usado na indústria de plásticos)

cell plate (BOT.) placa celular

cell polarization (ELECTRÓN.) polarização da bateria

cell sorter (BIO.) separador celular

cell sorting (BIO.) separação celular

cell stored energy (ELECTRÓN.) carga da bateria

cell tester (ELECT.) densímetro

cell transformation (BIO.) transformação celular

cellular concrete (E.CIV.) betão celular; betão-pomes

cellular digital packet data [CDPD] (TELECOM.) pacotes de dados digitais celulares

cellular double bottom (NAV.) fundo duplo celular

cellular fabric (TÊXT.) tecido celular; tecido aberto

cellular glass (VIDR.) vidro celular; vidro alveolar

cellular horn (FÍS.) corneta celular

cellular phone (TELECOM.) telemóvel

cellular radio (TELECOM.) rádio móvel

cellular slime mould (BOT.) fungo celular do grupo «Acrasieae»

cellular structure (MEC.) estrutura celular

cellular-type switchboard (ELECT.) quadro de distribuição de vários elementos; quadro de distribuição tipo celular

cellulase (BIO.) celulase

cellulitis (MED.) celulite

celluloid (PLÁST.) celulóide

cellulose (BOT.) celulose

cellulose acetate (TÊXT.) acetato de celulose; acetilcelulose

cellulose ester (QUÍM.) éster de celulose

cellulose lacquer (QUÍM.) verniz de celulose

cellulose nitrate (QUÍM.) nitrato de celulose; nitrocelulose

cellulose paint (E.CIV.) tinta celulósica

cellulose xanthate (QUÍM.) xantato de celulose

cellulytic (BIO.) celulítico

cell wall (BOT.) parede celular

Celotex (E.CIV.) «Celotex» (MC de material feito de bagaço de cana comprimido)

celsian (MINER.) celsiano (aluminossilicato de bário, do grupo dos feldspatos, raro)

Celsius scale (FÍS.) escala de Celsius; escala centígrada

cement (E.CIV.) cimento; argamassa; aglutinante; massa

cement (GEO.; ZOO.) cimento

cement (GERAL) cola; cimento

cementation (E.CIV.; MEC.) cimentação

cementation (QUÍM.) calcinação

cement carbide (MEC.) carboneto aglomerado

cement copper (MEC.) cobre dissolvido; precipitado de cobre

cemented (GEO.) cimentado

cemented fillet (E.CIV.) filete cimentado

cement grout (E.CIV.) pasta de cimento

cement gun (E.CIV.) injector de cimento; canhão de cimento; pulverizador de cimento

cementing basket (MINAS) cesto de cimentação

cementing head (MINAS) cabeça de cimentação

cementing hose (MINAS) mangueira de cimentação

cementing shoe (MINAS) sapata de cimentação

cementing tools (MINAS) equipamento de cimentação

cementite (MEC.) cementite

cement lined pipe (MINAS) tubo revestido a cimento

cement mortar (E.CIV.) argamassa de cimento

cement paint (E.CIV.) pintura a (para) cimento

cement plug (MINAS) tampão de cimento

cement rock (E.CIV.) calcário argiloso (com mais de 18% de argila) para fabrico de cimento

cement rock (GEO.) calcário argiloso

cement-rubber latex (E.CIV.) solução de borracha e látex disssolvidos

Cenomanian (GEO) Cenomaniano (andar no Cretácio Superior)

cenozoic (GEO.) Cenozóico

censer mechanism (BOT.) mecanismo sensor

censor (PSICO.) censor

censorship (PSICO.) censura

cent (NUCL.) centavo (unidade equivalente à centésima parte do dólar)

center (GERAL) V. *centre*

centering (E.CIV.) centragem

centi- (GERAL) centi-

Centigrade scale (FÍS.) escala centígrada; escala de Celsius; escala centesimal

centimetre-gram-second unit (GERAL) unidade CGS (centímetro-grama-segundo)

centimetric wave (TELECOM.) ondas centimétricas

centiMorgan (BIO.) centimorgan (centésimo do Morgan)

Centipodes (ZOO.) Centípedes

centipoise (FÍS.) centipoise (centésimo do Poise)

central analysis store (INF.) memória central de análise

central angle (MAT.) ângulo ao centro

Central Control Unit [CCU] (INF.) Unidade Central de Controlo (UCC)

central cylinder (BOT.) cilindro central

central dogma (BIO.) dogma central

central force (FÍS.) força central

centralized data processing (INF.) processamento centralizado de dados

central limit theorem (GERAL) teorema do limite central

Central Nervous System [CNS] (ZOO.) Sistema Nervoso Central (SNC)

central potential (FÍS.) potencial central

Central Processing Unit [CPU] (INF.) Unidade Central de Processamento

central processors (INF.) processadores centrais

central projection (INF.) projecção central

central terminal (INF.) terminal central

centre (GERAL) centro

centre adjustment (TOPO.) regulação central; ajustamento central

centre bit (E.CIV.) broca de 3 pontas

centre-contact cap (ELECT.) capacete de contacto central

centre-contact holder (ELECT.) suporte de contacto central

centre drill (MEC.) broca de central

centre drive (ELECT.) excitação central

centre driven (ELECT.) com excitação central

centre driven antenna (ELECT.) antena de excitação central

centre feed (ELECT.) alimentação central

centre feed tape (INF.) fita de alimentação central

centre frequency (TELECOM.) frequência central

centre keelson (NAV.) sobrequilha central

centre lathe (MEC.) torno de pontas
centreless grinding (MEC.) rectificação acêntrica
centre load (ELECT.) carga central
centre note (IMP.) nota central
centre of action (METEO.) centro de acção
centre of anallatism (TOPO.) centro analático
centre of buoyance (NAV.) centro de flutuação
centre of curvature (MAT.) centro de curvatura
centre of gravity (FÍS.) centro de gravidade
centre of inversion (AERO.) centro de inversão
centre of lens (FÍS.) centro óptico
centre of mass (AERO.) centro de massa; centro de gravidade
centre of mass (FÍS.) centro de gravidade
centre of origin (ECO.) centro de origem
centre of oscillation (FÍS.) centro de oscilação
centre of pressure (FÍS.) centro de pressão
centre of symmetry (CRIST.) centro de simetria
centre pinion (RELOJ.) pino central
centre punch (MEC.) punção de marcar; punção centradora
centre section (AERO.) secção central
centre square (MEC.) esquadro de centros
centre switching store-and-forward (INF.) centro de comutação de registo e informação
centrex (INF.) central telefónica
centric leaves (BOT.) folhas cêntricas
centrifugal (GERAL) centrífuga
centrifugal (ZOO.) centrífugo; eferente
centrifugal brake (MEC.) travão centrífugo
centrifugal casting (MEC.) vazamento centrífugo
centrifugal clutch (MEC.) embraiagem centrífuga
centrifugal compressor (MEC.) compressor centrífugo
centrifugal fan (MEC.) ventilador centrífugo
centrifugal-flow compressor (AERO.) compressor de fluxo centrífugo
centrifugal force (FÍS.) força centrífuga
centrifugal pulp cleaner (PAPEL) limpador centrífugo de polpa
centrifugal pump (MINAS) bomba centrífuga
centrifugal speciation (ECO.) especiação centrífuga
centrifugal starter (ELECT.) arranque centrífugo
centrifugal tension (MEC.) tensão centrífuga
centrifuge (MEC.) centrifugador
centrifuge enrichment (FÍS.) enriquecimento centrífugo
centrifuge separation (NUCL.) separação centrífuga

centring (MEC.) centragem; centralização
centriole (BIO.) centríolo
centripetal (GERAL) centrípeto
centripetal (ZOO.) centrípeto; aferente
centripetal acceleration (FÍS.) aceleração centrípeta
centripetal drainage (GEO.) escoamento centrípeto
centripetal force (FÍS.) força centrípeta
centrocyte (BIO.) centrócito
centrodesm (BIO.) centrodesma
centrodesmose (BIO.) centrodesmose
centroid (MAT.) centróide
centrokinesia (MED.) centrocinésia
centrolecithal (ZOO.) centrolécito
centromere (BIO.) centrómero
centromere binding factor (BIO.) factor de ligação dos centrómeros
centromeric sequences (BIO.) sequência centromérica
centrosoma (BIO.) centrossoma
centro-zero instrument (ELECT.) instrumento de desvio bilateral
centrum (ZOO.) centro
cepaceous (BOT.) cepáceo
cephal-, cephalo- (GERAL) cefal-, cefalo-; do grego kephalé — cabeça
cephalad (MED.) cefalado (em direcção à cabeça)
cephalad (ZOO.) cefalado (situado ou dirigido para a extremidade cefálica de um organismo)
cephalalgia (MED.) cefalalgia; cefaleia
cephalanthin (QUÍM.) cefalantina
cephalea (MED.) cefaleia
cephaledema (MED.) cefaledema; edema da cabeça
cephalhematocele (MED.) céfalo-hematocele; cefalematocele
cephalhematoma (MED.) céfalo-hematoma; cefalematoma
cephalic (ZOO.) cefálico; craniano; relativo à cabeça
cephalic index (MED.) índice cefálico
cephalin (QUÍM.) cefalina
cephalitis (MED.) cefalite
cephalization (ZOO.) cefalização
cephalocaudal (ZOO.) cefalocaudal
cephalocele (MED.) cefalocélio
cephalocentesis (MED.) cefalocentese
cephalocercal (ZOO.) cefalocercal; cefalocaudal
cephalochord (BIO.) cefalocórdio
Cephalochordata (ZOO.) Cefalocordados; Acrânios
cephalodidymus (MED.) cefalodídimo
cephalodynia (MED.) cefalodinia; cefalgia
cephalogenesis (BIO.) cefalogénese
cephalography (MED.) cefalografia
cephalogyric (MED.) cefalogírico
cephalohematocele (MED.) céfalo-hematocelo
cephalohematoma (MED.) céfalo-hematoma
cephalomegalia (MED.) cefalomegalia
cephalomelus (MED.) cefalómelo
cephalomenia (MED.) cefalomenia
cephalomeningitis (MED.) cefalomeningite
cephalometry (MED.) cefalometria
Cephalopoda (ZOO.) Cefalópodes

cephaloridine (MED.) cefaloridina; cefalosporina C (quimicamente modificada)
cephalosporin (MED.) cefalosporina
cephalotome (MED.) cefalótomo
cephalotomy (MED.) cefalotomia
cephalotorax (ZOO.) cefalotórax
cephalotribe (MED.) cefalótribo
cephalotripsy (MED.) cefalotripsia
Cepheid parallax (ASTRO.) paralaxe Cefeida
Cepheid variable (ASTRO.) variável Cefeida; Cefeida
cera (MED.) cera
ceramic capacitor (ELECTRÓN.) condensador de cerâmica
ceramic cartridge (ELECT.) cápsula de cerâmica; cabeça de cerâmica
ceramic core resistor (ELECTRÓN.) resistência de núcleo de cerâmica; resistência de cerâmica
ceramic filter (BIO.) filtro de cerâmica; filtro Pasteur
ceramic insulator (ELECT.) isolador de cerâmica
ceramic resonator (ELECTRÓN.) ressoador de cerâmica
ceramics (QUÍM.) Cerâmica
cerargyrite (MINER.) cerargirita
cerat-; cerato- (GERAL) cerat-, cerato-; do grego keras corno, córneo (V. também kerat-, kerato-)
ceraunograph (ASTRO.) ceraunógrafo
cercal (ZOO.) cercal; caudal
cercaria (ZOO.) cercária
cercus (ZOO.) cerco; estrutura pilosa rígida (plural = cerci)
cere (ZOO.) cera (membrana mole que cobre a parte superior do bico das aves)
cerebellar fossa (ZOO.) fossa craniana
cerebellum (ZOO.) cerebelo
cerebr- (GERAL) V. cerebro-
cerebral (ZOO.) cerebral
cerebral abscess (MED.) abcesso cerebral; abcesso intracerebral
cerebral blood flow (MED.) corrente sanguínea cerebral
cerebral flexure (ZOO.) flexura cerebral; flexura cefálica; flexura craniana
cerebral fossa (ZOO.) fossa craniana
cerebral haemorrhage (MED.) hemorragia cerebral
cerebral hemispheres (ZOO.) hemisférios cerebrais
cerebral palsy (MED.) paralisia cerebral
cerebral thrombosis (MED.) trombose cerebral
cerebral tumour (MED.) tumor cerebral
cerebro- (GERAL) cerebro-; do latim cerebrum — cérebro
cerebrocuprein (MED.; QUÍM.) cerebrocupreína
cerebroma (MED.) cerebroma (termo raramente usado); neuroglioma
cerebrose (QUÍM.) cerebrose
cerebrosides (BIO.; QUÍM.) cerebrosídeos
cerebrospinal (ZOO.) cérebro-espinhal; cérebro-raquidiano; encefalorraquidiano
cerebrospinal fluid (MED.) líquido cerebro-raquidiano

cerebrotomy (MED.) cerebrotomia
cerebrovascular [CV] (MED.) cerebrovascular (CV)
cerebrum (ZOO.) cérebro
cerecloth (MED.) gaze ou tecido im-
pregnado de cera antisséptica
Cerenkov counter (NUCL.) contador
(de) Cerenkov
Cerenkov radiation (FÍS.) (ir)radiação
(de) Cerenkov
ceriferous (BOT.; ZOO.) cerífero
Cerium (QUÍM.) cério
Cermet (AERO.; MEC.) abr. de CERamic
+ METal — cerâmica + metal; artigos
de cerâmica e metal; Cermet
cermet potentiometer (ELECTRÓN.)
potenciómetro de cermet
cerradão (ECO.) cerradão; savana
Certificate of Airworthiness (AERO.)
Certificado de Navigabilidade
Certificate of Compliance (AERO.)
Certificado de Inspecção
Certificate of Maintenance (AERO.)
Certificado de Manutenção
cerumen (ZOO.) cerúmen; cerume
ceruminous gland (ZOO.) glândulas
ceruminosas
cerussite (MINER.) cerusite; cerussite;
branco de cerusa
cervical smear (MED.) esfregaço cervical
cervicectomy (MED.) cervicectomia
cervicitis (MED.) cervicite
cervicodynia (MED.) cervicodinia
cervicovesical (MED.) cervico-vesical
cervicum (ZOO.) pescoço (região intersegmentar entre a cabeça e o pró-tórax,
nos Insectos)
cervicum (ZOO.) pescoço (nos vertebrados superiores)
cervine (BOT.) fulvo
cervix (MED.) cérvix; colo
cervix uteri (ZOO.) colo uterino
Cesarean section (MED.) operação cesareana; cesareana
cesium (QUÍM.) césio
cespitose (BOT.) cespitoso
cesspool (E.CIV.) fossa; cloaca; escoadouro
Cestoda (ZOO.) Céstodos; Cestóides
cestode (ZOO.) cestode; céstodo
Cestoidea (ZOO.) Céstodos; Cestóides
Cetacea (ZOO.) Cetáceos
cetaceum (QUÍM.; ZOO.) espermacete
cetane (QUÍM.) cetano
cetane number (QUÍM.) número de cetano; índice cetânico ou Diesel
cetoxine (QUÍM.) cetoxina
cetrarin (QUÍM.) cetrarina
cetrimide (QUÍM.) cetrimida; brometo de
acetiltrimetilamina
cetyl alcohol (QUÍM.) álcool cetílico
cetylmethylamine bromide (QUÍM.)
brometo de cetiltrimetilamina; cetrimida
cetyl palmitate (QUÍM.) palmitato ceti-
lico
cevadine (QUÍM.) cevadina
Ceylon chrysolite (MINER.) crisólito de
Ceilão; crisólito oriental; crisoberilo
ceylonite (MINER.) ceilonite
Ceylon pteridot (MINER.) pteridoto de
Ceilão; pteridoto do Oriente; esmeralda
da tarde

Ceylon satinwood (BOT.; E.CIV.) pau-
cetim; cloroxilo; a sua madeira
Cf (QUÍM.) símbolo químico do elemento
artificial californium — califórnio
CFA (IMUN.) abr. de Complete Freund
Adjuvant — adjuvante completo de
Freund
CFC (GERAL) abr. de chlorofluorcarbon
— clorofluorcarbonetos
CFG (MINAS) abr. de Cubic Feet of Gas
— pés cúbicos de gás
CFG PD (MINAS) abr. de CFG per day
— pés cúbicos de gás por dia
CFG PH (MINAS) abr. de CFG per hour
— pés cúbicos de gás por hora
CFIA (INF.) abr. de Component Failure
Analysis — análise de falha de componente
CFP (INF.) abr. de Creation Facilities
Program — componente de criação de
programa
cg (FÍS.) abr. de centre of gravity — centro de gravidade
cg (MINAS) abr. de coarse grained — de
grão grosseiro
CG (INF.) abr. de channel grant — concessão de canal
CG hy (INF.) concessão para canal prioritário
cg limits (AERO.) limites do centro de
gravidade; limite da gravidade
CG lo (INF.) concessão para canal não
prioritário
CG med (INF.) concessão para canal de
média prioridade
CGS (FÍS.) abr. de centimeter-gram-
second — centímetro-grama-
segundo
CGS unit (FÍS.) unidade CGS; sistema
CGS
CH (MINER.) abr. de gasing head — topo
ou cabeça da tubagem de revestimento
ch (MINAS) abr. de choke — estrangulador
chabazite (MINER.) chabazita; facolita
chad (INF.) recorte; picotado
chaeta (ZOO.) pêlo duro; estrutura rígida, delgada, semelhante a uma cerda
chaetiferous (ZOO.) setífero; setígero
Chaetognatha (ZOO.) Quetognatas
chaetoplancton (BOT.) quetoplâncton
Chaetopoda (ZOO.) Quetópodos
chafe (AERO.) papel metalizado; limalha; contramedida (radar)
Chagas' disease (MED.) doença de
Chagas; tripanossomíase sul-americana
chain (ENG.) cadeia; corrente
chain (GEO.) cadeia; cordilheira
chain (GERAL) cadeia
chain (INF.) cadeia
chain (MAT.) cadeia
chain (MINAS) cadeia (medida linear de
16 pés = 20,12m)
chain (TOPO.) cadeia; trena
chain barrel (MEC.) tambor para corrente
chain block (MEC.) moutão de corrente
chain block (NAV.) moutão de corrente
chain bond (E.CIV.) junta de cadeia
chain code (INF.) código em cadeia; código encadeado
chain coupling (MEC.) acoplamento
em cadeia; acoplamento em corrente

chained list (INF.) listagem encadeada
chained record (INF.) registo encadeado
Chain Fady (ASTRO.) Andrómeda
chain fission (NUCL.) fissão em cadeia
chain grate stoker (MEC.) alimentador
de grelha de cadeia
chain hoist (MINAS) guincho de corrente
chain home low (AERO.; RADAR) cadeia terrestre de detecção de aviões a
baixa altitude
chaining (INF.) encadeamento
chaining (TOPO.) levantamento a cadeia; levantamento a corrente
chaining search (INF.) pesquisa encadeada
chain insulator (ELECT.) isolador de
suspensão
chain-limit record (INF.) registo de ligação em cadeia
chain lock (NAV.) paiol da amarra
chain printer (INF.) impressor/a em cadeia
chain pump (MEC.) bomba de cadeia;
bomba de rosário; bomba de roda
chain reaction (QUÍM.) reacção em cadeia
chain response (ECO.) resposta em cadeia
chain survey (TOPO.) levantamento de
planos em cadeia
chain terminator (BIO.) codão de paragem
chain tongs (E.CIV.) tenazes de corrente
chain wheel (MEC.) roda de corrente
chair (E.CIV.) coxim
chair (GERAL) cadeira
chair (QUÍM.) cadeira (refere-se à con-
formação mais estável do ciclo-hexano)
chal (MINAS) calcedónia
chalasia (MED.) calasia (inibição e rela-
xamento de qualquer contracção pre-
viamente mantida do músculo)
chalasis (MED.) calasia
chalaza (BOT.) calaza (região basal do
óvulo das angispérmicas)
chalaza (ZOO.) calaza (ligamento elevador da gema do ovo de ave)
chalaza (MED.) calázio (tumor ocular)
chalazion (MED.; VET.) calázio; cala-
zião; chalazion (plural = chalazia)
chalazogamy (BOT.) calazogamia
chalcanthite (MINER.) calcantite; cianosita; caparrosa azul; vítriolo azul
chalcedony (MINER.) calcedónia
chalcophile (GEO.) calcófilo
chalcophillite (MINER.) calcofilite; erinite
chalcopyrite (MINER.) calcopirite
chalet (ARQ.) chalé; casa rústica
chalice (ZOO.) cálice
chalk (GEO.) giz; gesso; greda branca; cré
chalk (MED.) carbonato de cálcio
chalk earth (MINER.) terra gredosa; terra
cretácea
chalk gland (BOT.) glândula de cálcio
chalk line (E.CIV.) linha de traçar
chalk marl (GEO.) marga calcária
chalk soil (GEO.) solo gredoso; solo cretáceo

chalybite (MINER.) calibite; siderite

chamaephyte (BOT.) camefita

chambered level tube (TOPO.) nível de câmara

chamber flight (ASTRO.) voo simulado em câmara de compressão; voo de câmara

chamber pressure (ASTRO.) pressão de câmara (de combustão)

chamber process (QUÍM.) processo de câmara (de chumbo)

chamber volume (AERO.) volume de câmara (de combustão)

chamfer (ARQ.) acanelado de coluna

chamfer plane (E.CIV.) plaina de chanfros

chamomile (camomile) (BOT.; MED.) camomila

chamosite (MINER.) chamosite

chamositic cement (GEO.) cimento chamosítico

chamositic layer (GEO.) camada chamosítica

chamositic mud (GEO.) lama chamosítica

chamositic sandstone (GEO.) arenito chamosítico

chamot (E.CIV.) terra de argila refractária; tijolo refractário

chamotte (E.CIV.) V. chamot

chanaral (ECO.) chanaral

chance (MAT.) probabilidade

chancel (ARQ.) coro

chancery (IMP.) chanceria (tipo)

chancre (MED.) cancro; cancro duro; cancro sifilítico

chancroid (MED.) cancróide; cancro mole

Chandrasekhar limit (ASTRO.) limite de Chandrasekhar

change-direction-command indicator (INF.) indicador de comando de direcção

change-direction protocol (INF.) protocolo de mudança de direcção

change-direction-request indicator (INF.) indicador de solicitação de mudança

change dump (INF.) descarga de alterações

change face (TOPO.) variação de face

change file (INF.) ficheiro de movimento

change of state (FÍS.) mudança de estado

change-over (T.IMAG.) passagem (a uma ligação de reserva)

change-over contact (TELECOM.) mudança de contacto

change-over switch (ELECT.) comutador de inversão; inversor

change point (TOPO.) ponto de alteração; ponto de mudança

change-pole motor (ELECT.) motor de mudança de polos

change-speed motor (ELECT.) motor de mudança de velocidade

change wheel (MEC.) roda de mudança

channel (GERAL) canal; faixa

channel adapter (INF.) adaptador de canal

channel adaptor input/output (INF.) entrada/saída do adaptador de canal

channel address word [CAW] (INF.) palavra de endereçamento de canal

channel balance control (TELECOM.) controlo de equilíbrio (espacial) de canais

channel capacity (INF.; TELECOM.) capacidade de canal

channel check handler [CHC] (INF.) manipulador de teste de canal

channel coding theorem (INF.) teorema de codificação de canal

channel command (INF.) comando de canal

channel command word (INF.) palavra de comando de canal

channel decoder (TELECOM.) descodificador de canal

channel device (INF.) dispositivo de canal

channel effect (TELECOM.) efeito de canal; efeito-canal

channel fill (GEO.) sedimentação dos canais

channel gate (INF.) entrada de canal; porta de canal

channel grant [CG] (INF.) concessão de canal

channelled substrate laser (GERAL) laser de substrato canalizado

channelling effect (NUCL.) efeito de homogeneidade

channelling effect factor (NUCL.) factor de efeito de homogeneidade

channel mask (INF.) máscara de canal

channel mask bit (INF.) bit de máscara de canal

channel mode (INF.) modo-canal

channel overload (INF.) sobrecarga de canal

channel pass band (INF.) banda de passagem de canal; frequência de canal

channel pipe (E.CIV.) calha de inspecção

channel program (INF.) programa de canal

channel program block [CPB] (INF.) bloco de programa de canal

channel separation (TELECOM.) separação de canais

channel separation control (TELECOM.) controlo de separação de canais

channel service unit [CSU] (INF.) unidade de serviço de canal

channel status word [CSW] (INF.) palavra de estado de canal

channel switching (INF.) comutação de canal

channel-to-channel connexion (INF.) ligação por canais; conexão de canal a canal

channel width (INF.; TELECOM.) largura do canal

chantlate (E.CIV.) beira de madeiramento; ripado de beira

chaos (GERAL) caos

chaparral (ECO.) chaparral

chapel (IMP.) capela (assembleia de tipógrafos; tipografia antiga)

Chaperon resistor (ELECT.) resistência de Chaperon

chaplet (MEC.) chapeleta; suporte de macho

chapters (RELOJ.) números romanos de um mostrador de relógio

char (MED.; QUÍM.) carvão animal

character (BIO.) carácter; característica

character (INF.) carácter (caracter ou caractere, embora usual, é incorrecto)

character addressing (INF.) endereçamento de carácter

character alignment (INF.) alinhamento de carácter

character arrangement (INF.) arranjo de carácter

character assembly (INF.) conjunto de carácter

character-at-a-time printer (INF.) impressora carácter-a-carácter

character block (INF.) bloco de caracteres

character boundary (INF.) delimitação de caracteres

character cell (INF.) célula de carácter

character code (INF.) código de caracteres

character density (INF.) densidade de caracteres

character display device (INF.) dispositivo de visualização de carácter

character emitter (INF.) emissor de caracteres

character error rate (INF.) taxa de erro de caracteres

characteristic (GERAL) característica

characteristic curve (ELECT.; FÍS.; MAT.) curva característica; característica; curva C

characteristic equation of a matrix (MAT.) equação característica de uma matriz

characteristic equation of an ordinary differential equation (MAT.) equação característica de uma equação diferencial ordinária

characteristic function (MAT.) função característica

characteristic function of a set (MAT.) função característica de um conjunto

characteristic impedance (FÍS.) impedância característica

characteristic length (ASTRO.) comprimento característico

characteristic of a logarithm (MAT.) característica de um logaritmo

characteristic of gas (FÍS.) característica de gás

characteristic of ore (MINAS) característica de minério

characteristic of sound (FÍS.) característica de som

characteristic overflow (INF.) excesso de característica

characteristic points (MAT.) pontos característicos

characteristic polynomial (INF.; MAT.) polinómio característico

characteristic radiation (FÍS.) (ir)radiação característica

characteristic spectrum (FÍS.) espectro característico

characteristic underflow (INF.) insuficiência de característica

characteristic velocity (ESP.) velocidade característica

characteristic X-radiation (FÍS.) radiação-X característica

character oriented (INF.) orientado para carácter

character printer (INF.) impressora de caracteres

character reader (INF.) leitor de caracteres

character set (INF.) conjunto de caracteres

characters per second (INF.) caracteres por segundo

character string (INF.) grupo de caracteres; cadeia de caracteres

character subset (INF.) sub-conjunto de caracteres

Charadriiformes (ZOO.) Caradriiformes

Charales (BOT.) Carales; Carófitas

charbon (MED.) carbúnculo

charcoal (GERAL) carvão

charcoal [activated] (MED.) carvão (activado); carvão animal

charcoal [animal] (QUÍM.) carvão (animal); carvão ósseo; negro animal

charcoal [vegetable] (QUÍM.) carvão (vegetal); carvão de madeira

charcoal [wood] (QUÍM.) carvão (de madeira)

charcoal blacking (MEC.) pó para moldes (fundição)

charcoal iron (MEC.) ferro refinado a carvão vegetal

charcoal pig iron (MEC.) ferro gusa a carvão vegetal

charge (GERAL) carga

charge (QUÍM.) massa

charge (VIDR.) massa (matérias-primas devidamente doseadas)

charge carrier (ELECT.) portadora de carga

charge-coupled-device [CCD] (ELECTRÓN.) dispositivo para acoplamento de cargas

charge density (ELECTRÓN.) densidade de carga

charge/discharge curve (ELECTRÓN.) curva de carga-descarga; curva de histerese

charge exchange (ELECT.) mudança de carga; intercâmbio de carga

charge-exchange phenomenon (ELECT.) fenómeno de intercâmbio de carga

charge face (NUCL.) superfície de carga

charge independent (NUCL.) independente de carga

charge indicator (ELECT.) indicador de carga

charge-mass ratio (FÍS.) relação carga-massa

charge particle (NUCL.) partícula de carga

charger (ELECTRÓN.) carregador

charge spectrum (ASTRO.) espectro de carga

charge stock (MINAS) petróleo de carga; matéria-prima (na Indústria petrolífera)

charge transfer device [CTD] (ELECTRÓN.) dispositivo de transferência de carga

charging current (ELECT.) corrente de carga

charging rate (ELECT.) regime de carga

charging resistor (ELECT.) resistência de carga

charging voltage (ELECT.) voltagem de carga; tensão de carga

Charioteer (ASTRO.) Cocheiro (constelação)

Charle's law (FÍS.) lei de Charles; lei de Gay Lussac

charm (FÍS.) charm (propriedade que caracteriza os «quarks»)

charnockite (GEO.) charnoquito

Charnoid direction (GEO.) direcção Charniânica

Charon (ASTRO.) Caronte (1º satélite de Plutão, descoberto em 13/4/1978)

Charon phage (BIO.) fagócito Caronte

Charophyceae (BOT.) Carófitas

Charpy test (MEC.) teste de Charpy; teste de impacto de Charpy

chart (INF.) carga; fluxograma; cronograma

chart recorder (ELECTRÓN.) registador de papel

chase (E.CIV.) sulco; ranhura; entalhe

chase (IMP.) rama

chase-morting (E.CIV.) malhetar

chaser (ASTRO.) veículo espacial cujas manobras visam a reunião com um objecto em órbita

chasmocleistogamus (BOT.) chasmocleistogâmicas

chasmogamous (BOT.) chasmogâmicas

chassis (GERAL) chassi; base

Chastek paralysis (VET.) paralisia de Chastek

chatoyancy (MINER.) opalescência

chats (MINER.) resíduos

chatter (MEC.) trepidação; vibração

chatter (TELECOM.) vibração

chattermark (ECO.) marca de fractura

CHCV (INF.) abr. de *Channel Control Vector* — vector de controlo de canal

Chebyshev approximation (MAT.) aproximação de Chebyshev

Chebyshev filter (TELECOM.) filtro de Chebyshev

Chebyshev inequality (MAT.) desigualdade de Chebyshev

Chebyshev polynomials (MAT.) polinómios de Chebyshev

check bit (INF.) bit de teste

check character (INF.) carácter de teste

check digit (INF.) dígito de teste; dígito de comprovação

checker (ELECT.) verificador; comprovador

check field (INF.) campo de teste

check flight (AERO.) voo de prova; voo de ensaio

check indicator (INF.) indicador de verificação; indicador de erro

checking (E.CIV.) falha; greta (na pintura)

check key (INF.) chave de teste

check length (INF.) comprimento de verificação

check-lock (E.CIV.) porca de aperto

check machine (INF.) paragem de máquina (por falha na UCP)

check-nut (MEC.) porca de aperto; contraporca; porca de segurança

check odd-even (INF.) teste ímpar-par

check rail (E.CIV.) trilho de guia

check receiver (TELECOM.) receptor de verificação

check-row planting (TOPO.) disposição de filas em xadrês

checksum (TELECOM.) soma de verificação; soma de controlo

check throat (E.CIV.) calha de saída (janela)

check valve (MEC.) válvula de controlo; válvula anti-retorno

cheddite (QUÍM.) chedite

cheek (E.CIV.) parede lateral

cheek (ELECT.) cera para cabos

cheek (TÊXT.) bobina

cheek (ZOO.) osso malar; bochecha

cheese aerial (ELECT.) antena de reflector parabólico entre 2 placas

cheese cloth (TÊXT.) talagarça

cheese-head screw (MEC.) parafuso de cabeça redonda

cheilectropion (MED.) queilectropia; eversão do lábio

cheilitis (MED.) queilite

cheiloalveoloschisis (MED.) queiloalveoloschisquise; fenda do pré-palato

cheilognathoglossoschisis (MED.) queilognatoglossosquise (condição associada de mandíbula e lábio inferior fendidos e língua bífida)

cheilognathopalatoschisis (MED.) queilognatopalatosquise (lábio leporino com mandíbula e palato fendidos)

cheilognatoprosoposchisis (MED.) queilognatoprosoposquise (fenda facial oblíqua, com lábio e mandíbula fendidos)

cheiloplasty (MED.) queiloplastia; cirurgia plástica dos lábios

cheiloschisis (MED.) queilosquise; lábio leporino

cheir-, cheiro-, chiro- (GERAL) quiro-; do grego *kheir, kheiros* — mão

cheiropompholyx (MED.) quiroponfólix

cheiropraxis (MED.) quiroprática

chela (ZOO.) quela

chelate (ZOO.) quelado

chelating agent (MED.) agente quelante

chelation (MED.) quelação

chelator (BIO.) quelador

chelicera (ZOO.) quelícera (pl. chelicerae)

Chelicerata (ZOO.) Quelícerados

cheliped (ZOO.) quelípode

Chelonia (ZOO.) Quelónios

chemautotroph (ZOO.) quimioautótrofo

chemexfoliation (MED.) quimioesfoliação

chemical affinity (QUÍM.) afinidade química

chemical balance (QUÍM.) balança de precisão

chemical binding effect (FÍS.) efeito de coesão química

chemical bond (QUÍM.) ligação química

chemical closet (E.CIV.) sanitário químico

chemical compound (QUÍM.) composto químico

chemical conjugation (Bio.) conjugação química
chemical constitution (Quím.) constituição química
chemical element (Quím.) elemento químico
chemical energy (Quím.) energia química
chemical equation (Quím.) equação química
chemical equilibrium (Quím.) equilíbrio químico
chemical erosion (Geo.) erosão química
chemical finishing (Têxt.) acabamento químico
chemical fog (T.Imag.) nevoeiro químico
chemical hygrometer (Meteo.) higrómetro químico; higrómetro de absorção
chemical kinetics (Quím.) cinética química
chemical lime (Quím.) cal química
chemically-formed rock (Geo.) rocha formada quimicamente
chemical oxygen demand (Quím.) necessidade química de oxigénio
chemical potential (Bio.; Quím.) potencial químico
chemical precipitation (Quím.) precipitação química
chemical pulp (Papel) polpa química
chemical reaction (Quím.) reacção química
chemical shift (Fís.) desvio químico
chemical symbol (Quím.) símbolo químico
chemical toning (T.Imag.) coloração química
chemical tracer (Nucl.) traçador químico
chemical vapour deposition [CVD] (Electrón.) deposição química de vapor
chemical weathering (Geo.) decomposição química
chemical wood-pulp (Papel) polpa de madeira química
chemiluminescence (Quím.) quimiluminescência
chemiosmosis (Bio.) quimiosmose; osmose química
chemisorption (Quím.) quimioadsorção; adsorção química
chemistry (Quím.) Química
chemoautotroph (Bio.) quimioautótrofo
chemobiotic (Med.) quimiobiótico
chemocarcinogenesis (Med.) quimiocarcinogénese
chemocautery (Med.) quimiocautério
chemodifferentiation (Bio.) quimiodiferenciação
chemonasty (Bot.) quimionastia; quimionastismo
chemoorganotrophic (Bio.) quimiorganotrófico
chemoreceptor (Zoo.) quimiorreceptor
chemoreflex (Med.) quimiorreflexo
chemoserotherapy (Med.) quimiosseroterapia

chemosis (Med.) quimose; quemose
chemosphere (Astro.) quimiosfera
chemostat (Bot.) quimiostato
chemosynthesis (Bot.) quimiossíntese
chemosynthetic autotroph (Bio.) autótrofo quimiossintético
chemotaxis (Bio.; Imun.) quimiotaxia; quimiotropismo
chemotherapy (Bio.; Med.) quimioterapia
chemotroph (Bio.; Quím.) quimotrópico
chenier (Geo.) duna
chenodeoxycholic acid (Quím.) ácido quenodesoxicólico
Chenopodiaceae (Bot.) Quenopodiáceas
chequer plate (Mec.) chapa estriada
cheralite (Miner.) cheralite
Cherenkov (Fís.) V. *Cerenkov*
chernozem (Eco.) Chernozem; Terras Negras
cherry-picker (E.Civ.) plataforma elevatória
chert (Geo.) calcedónia impura
cheval-vapeur [CV] (Mec.) cavalo-vapor (CV)
chevron marks (Geo.) marcas em cunha
Cheyne-Stokes breathing (Med.) respiração de Cheyne-Stokes
chiasma (Bot.; Zoo.) quiasma
chiastolite (Miner.) quiastolite
chicken pox (Med.) varicela
chicken wire (E.Civ.) tela de arame
chiffon (Têxt.) chifon
chilblains (Med.) frieiras; eritema pérnio
childhood psychosis (Psico.) psicose infantil
childhood schizophrenia (Psico.) esquizofrenia infantil
Child-Langmuir equation (Electrón.) equação de Child-Langmuir
Chile nitre (Quím.) nitrato do Chile; nitrato de sódio
Chile pine (Eco.) Pinheiro do Chile
Chile saltpetre (Quím.) nitrato do Chile; nitrato de sódio
chill (Mec.) molde de esfriar metal
chill (Med.) calafrio
chill crystal (Mec.) cristal de resfriamento
chilled iron (Mec.) ferro fundido em moldes
chilled steel (Mec.) aço vítreo; aço de têmpera vítrea
Chilognatha (Zoo.) Quilógnatos
Chilopoda (Zoo.) Quilópodes
chime barrel (Reloj.) barriletes de carrilhão
chimera (Bio.; Bot.) quimera
chimney (Minas) chaminé
chimney bar (E.Civ.) barra de chaminé
chimney bond (E.Civ.) ligação da chaminé
chimney-breast (E.Civ.) saliência da chaminé
chimney jamb (E.Civ.) umbral da chaminé
chimney lining (E.Civ.) revestimento interno da chaminé

chimney shaft (E.Civ.) corpo da chaminé; fuste da chaminé
chimney stack (E.Civ.) cano da chaminé (conjunto de vários canos)
China clay (Geo.; Med.) caulino
China stone (Geo.) pedra-da-china (variedade de granito essencialmente constituída por feldspato ortoclásico)
chine (Aero.) bordo
Chinese binary (Inf.) binário chinês
Chinese remainder theorem (Inf.) teorema chinês do resto
chinook (Geo.) vento de Oeste (América do Norte)
chintz (Têxt.) chita; chintze
chip (Inf.) «chip»; microplaca; micro-plaqueta; micro-imagem
chip (Mec.) apara; estilhaço; lasca
chip (Med.) lasca
chip-axe (E.Civ.) enxó
chip-board (E.Civ.) aglomerado de madeira
chip-board (Papel) cartão; papelão
chip breaker (Mec.) quebra-aparas; quebra-cavacos
chip log (Nav.) madeira da linha de barca; eixo da linha de barca
chipping (Mec.) burilamento; cinzeladura
chipping chisel (E.Civ.) raspadeira; corta-frio
chiral compound (Bio.; Quím.) composto quiral
chirality (Bio.; Quím.) quiralidade
chiropody (Geral) quiropodia
Chiroptera (Zoo.) Quirópteros
chiropterophilous (Bot.) quiropterófilo
chirp radar (Radar) radar com alterações na frequência
chisel (E.Civ.) cinzel
chiselled ashlar (E.Civ.) silhar cinzelado ao acaso
chi-square distribution (Est.) distribuição de Chi quadrado
chi-squared test (Est.) teste do Chi quadrado
chitin (Zoo.) quitina
chitinase (Quím.) quitinase
CHK (Minas) abr. de *choke* — estrangulador
Chladini figures (Fís.) figuras de Chladini
chlamydobacteriales (Bio.) clamidobacteriales
chlamydospore (Bot.) clamidósporo
chloanthite (Miner.) cloantite
chloragogen cells (Bio.) células cloragogéneas
chloral (Quím.) cloral; aldeído tricloroacético
chloral hydrate (Quím.) hidrato de cloral
chloramines (Quím.) cloraminas
chloramphenicol (Quím.) cloranfenicol
chlorapatite (Miner.) cloro-apatite; clorapatite
chlorastrolite (Miner.) cloroastrolite
chlorate (Quím.) clorato
chlorazide (Quím.) clorazida
chlorazine (Quím.) clorazina
chlorazol black E (Quím.) clorazol negro E (corante ácido)

chlorbutanol (QUÍM.) clorbutanol; clorbutol; cloretona

chlorbutol (QUÍM.) clorbutol; clorbutanol; cloretona

chlordiazepoxide hydrochloride (QUÍM.) cloridrato de clordiazepóxido; Librium (agente ansiolítico)

chlorella (BOT.) clorela

chlorellin (QUÍM.) clorelina

chlorenchyma (BOT.) clorênquima

chlorethyl (QUÍM.) cloretil; cloreto de etilo; cloroetano

chlorhexidine (QUÍM.) cloro-hexidina

chlorhydria (MED.) cloridria

chloric acid (QUÍM.) ácido clorídrico

chloride of lime (QUÍM.) cloreto de cal

chloride of silver cells (ELECT.) cloreto das pilhas de prata

chloride shift (BIO.; MED.) desvio de cloreto

chlorinated rubber paints (E.CIV.) tintas de borracha clorada

chlorination (MED.; QUÍM.) clorização

chlorine (QUÍM.) cloro

chlorine number (PAPEL) número de cloro

chlorine oxides (QUÍM.) óxidos de cloro

chlorinity (ECO.) clorinidade

chlorite (MINER.) clorite

chloritic mineral (MINAS) minério clorítico

chloritization (MINAS) cloritização

chloritoid (MINER.) cloritóide

chloroacetic acid (QUÍM.) ácido cloroacético

chloroacetophenone (QUÍM.) cloroacetofenona (gás lacrimogéneo)

chloroauric acid (QUÍM.) ácido auriclorídrico

chloroblast (BIO.) cloroblasto

chlorobutadiene (QUÍM.) clorobutadieno

Chlorococales (BOT.) Clorococos

chlorocruorin (ZOO.) clorocruorina

chlorofibre (TÊXT.) clorofibra

chloroform (QUÍM.) clorofórmio

chlorogenin (QUÍM.) clorogenina; alstonina

chlorohydrins (QUÍM.) cloridrinas

chlorophaete (MINER.) clorofaíta (obsoleto); serpentina

chlorophenol red (QUÍM.) vermelho de clorofenol

Chlorophyceae (BOT.) Cloroficeas

chlorophyll (BOT.) clorofila

chlorophyllase (BOT.; QUÍM.) clorofilase

chlorophyll method (ECO.) método da clorofila

Chlorophyte (BOT.) Clorófitas

chloropia (MED.) cloropia (visão verde)

chloroplast (BOT.) cloroplasto

chloroplatinic (QUÍM.) ácido cloroplatínico

chloroprene (QUÍM.) cloropreno

chloropsia (MED.) cloropsia; cloropia; visão verde

chloroquine (QUÍM.) cloroquina

chloroquine phosphate (QUÍM.) fosfato de cloroquina

chlorose (MED.) clorose; anemia clorótica; anemia assiderótica; doença verde

chlorosis (BOT.) clorose

chlorothiazide (MED.) clorotiazida

chlorothiazide sodium (MED.) clorotiazida sódica

chlorotic (MED.) clorótico

Chloroxone (QUÍM.) «Chloroxone» (MC de um herbicida)

chlorpromazine (MED.) clorpromazina

chlorpropamide (MED.) clorpropamida

chlorthalidone (MED.) clortalidona

chloruresis (MED.) clorurese; clorúria; cloridúria

chloruretic (MED.) clorurético

chloruria (MED.) clorúria; clorurese; cloridúria

choana (ZOO.) cóano (plural = choanae)

Choanichtyes (ZOO.) Coanícties

choanocite (ZOO.) coanócito

choanomastigote (ZOO.) coanomastigote

Chobert rivet (MEC.) rebite Chobert

choc (MED.) choque (do francês choc)

choc en dôme (MED.) choque em cúpula

chock-to-chock (AERO.) tempo de voo (entre calços)

choice chamber (ECO.) escolha de divisória

choice point (PSICO.) tempo de reacção (escolha)

choke (AUTO.; MEC.) estrangulador; redutor de passagem; difusor

choke (ELECT.) reatância; obstrução

choke (MED.) asfixia

choke (RADAR) obstrução

choke (VET.) obstrução

choke coil (ELECT.) bobina de reatância

choke coupling (ELECT.) acoplamento por reatância; sintonização por reatância

choke damp (MINAS) «mistura venenosa» (mistura de nitrogénio e dióxido de carbono que provoca asfixia e sufocação; em inglês o termo é por vezes utilizado como sinónimo de black damp)

choke feed (ELECT.) alimentação de indutância

choke input (ELECT.) entrada por reatância

choke joint (ELECT.) acoplamento por bobina de reatância

choke modulation (ELECT.) modulação por reatância

chokes (MED.) hipobaropatia

cholaemia (MED.) colemia

cholagogue (MED.) colagogo

cholaneresis (MED.) colanerese (aumento de secreção de ácido cólico)

cholangeitis (MED.) colangite

cholangiectasis (MED.) colangiectasia

cholangiography (MED.) colangiografia

cholangiole (MED.) colangíolo; canal de Hering

cholangioma (MED.) colangioma

cholangitis (MED.) colangite

cholanic acid (MED.) ácido colânico

cholanopoiesis (MED.) colanopoiese; colanopoese

cholascos (MED.) derramamento de bílis na cavidade peritoneal livre

chole- (GERAL) cole-; do grego kholé— bílis

cholecalciferol (QUÍM.) colecalciferol; (Vitamina D3)

cholechrome (MED.) colecromo; pigmento biliar

cholecystectasia (MED.) colecistectasia; dilatação da vesícula biliar

cholecystectomy (MED.) colecistectomia

cholecystenterostomy (MED.) colecistenterostomia

cholecystitis (MED.) colecistite

cholecystocele (MED.) colecistocele

cholecystography (RADIOL.) colecistografia

cholecystokinase (MED.) colecistoquinase

cholecystokinin (MED.) colecistoquinina

cholecystomy (MED.) colecistomia

cholecystostomy (MED.) colecistostomia

choledochitis (MED.) coledoquite

choledocholith (MED.) coledocólito

choledocholithotomy (MED.) coledocolitotomia

choledochorrhaphy (MED.) coledocorrafia

choledochotomy (MED.) coledocotomia

cholelithiasis (MED.) colelitíase

cholemia (MED.) colemia

cholera (MED.) cólera

Cholesky decomposition (INF.) decomposição de Cholesky

cholesteatoma (MED.) colesteatoma

cholesteraemia (MED.) colesteremia

cholesterol (BIO.) colesterol

cholesteromia (MED.) colesteremia

cholesterosis (MED.) colesterose

cholic acid (QUÍM.) ácido cólico

choline (BIO.; QUÍM.) colina

cholinergic (MED.) colinérgico

choluria (MED.) colúria

chomophyte (BOT.) comófita

Chomsky hierarchy (INF.) hierarquia de Chomsky

chondr-, chondrio-, chondro- (GERAL) condr-, condrio-, condro, do grego chondros — cartilagem; partícula fina

chondral (BIO.) condral

Chondricthyes (ZOO.) Condrícties

chondrification (BIO.) condrificação

chondrin (BIO.) condrina

chondrite (MINER.) condrito

chondritis (MED.) condrite

chondroblast (BIO.) condroblasto

chondroclast (BIO.) condroclasto

chondrocranium (ZOO.) condrocrânio

chondrocyte (MED.) condrócito

chondrodermatitis nodularis chronica helicis (MED.) condrodermatite nodular crónica helicóide; doença de Winkler

chondrite (MINER.) condrodite

chondrodynia (MED.) condrodinia

chondroids (VET.) condróides

chondroma (MED.) condroma

chondroplast (BIO.) condroplasto

chondrosamine (QUÍM.) condrosamina

chondrosarcoma (MED.) condrossarcoma

chondroskeleton (ZOO.) condroesqueleto (esqueleto formado de cartilagem hialina)

chondrotrophic (MED.) condrotrófico

chondrule (MINER.) côndrulo

chop (E.CIV.) cabeçote móvel (de torno)

chopped wave (ELECT.) onda interrompida; onda pulsante

chopper (ELECT.) supressor; interruptor; pulsador

chopper (ELECTRÓN.) interruptor rotativo; selector de velocidade do neutrão

chopper amplifier (ELECT.) amplificador pulsador

chopper disc (disk) (ELECT.) disco supressor

chopper-stabilized amplifier (ELECT.) amplificador-pulsador estabilizado

chord (GERAL) corda

chorda (ZOO.) corda; cordão; filamento; tendão

chordacentra (ZOO.) cordacentro

chordal (BIO.) cordal (relativo a qualquer corda ou cordão, especialmente à corda-dorsal, notocórdio)

chordal thickness (MEC.) espessura de dente (de engrenagem de roda dentada)

chorda-mesoderm (BIO.) corda mesodérmica

Chordata (ZOO.) Cordados

chordee (MED.) pénis semilunar; corda venérea

chord force (MEC.) tensão de corda

chorditis (MED.) cordite

chord line (AERO.) linha da corda

chord load (AERO.) carga da corda

chord of airfoil (AERO.) corda do aerofólio; corda do perfil

chord of contact (MAT.) corda de contacto

chordoma (MED.) cordoma; neoplasia do tecido esquelético (rara)

chordotomy (MED.) cordotomia

chordotonal organs (ZOO.) orgãos cordotonais

chorea (MED.) coreia; dança de S. Vito; dança de S. Guido

choria (MED.; PSICO.) coreia

chorio- (GERAL) corio-; do grego *chorion* — membrana (denota qualquer membrana, mas em especial a que envolve o feto — cório)

chorioadenoma (MED.) corioadenoma

chorioallantoic (ZOO.) corioalântóico

chorioallantois (ZOO.) corioalântóide; corialantóide

choriocarcinoma (MED.) coriocarcinoma; corioepitelioma; epitelioma coriónico

choriocele (MED.) cariocele

chorion (ZOO.) córion; cório

chorionic villus sampling (BIO.) colheita de vilosidades coriónicas

Chorioptes (ZOO.) Corioptes

chorioptic mange (VET.) sarna corióptica

chorioretinitis (MED.) coriorretinite

choroid (ZOO.) coróide

choroiditis (MED.) coroidite

choroid plexus (ZOO.) plexo coróide

Christmas tree [XT, Xmas T] (MINAS) «Árvore de Natal» (conjunto de válvulas e encaixes montados no cimo de um poço para regular o fluxo)

Christoffel symbols (MAT.) símbolos de Christoffel

chroma (FÍS.) croma (um dos 3 atributos nas «Cartas de Cores de Munsell»

chroma (T.IMAG.) intensidade de cor

chroma control (T.IMAG.) controlo de cromaticidade; controlo de intensidade de cor

chromadizing (MEC.) cromatização

chromaffin (MED.) cromafim

chromaffinoma (MED.) cromafinoma

chroma-key (T.IMAG.) chave de crominância

chroman (QUÍM.) cromano

chromane (QUÍM.) cromano

chromanol (QUÍM.) cromanol

chromate (QUÍM.) cromato

chromate treatment (MEC.) tratamento cromático; tratamento a cromato

chromatic aberration (FÍS.; T.IMAG.) aberração cromática

chromatic adaptation (BOT.) adaptação cromática

chromatic circle (E.CIV.) círculo cromático

chromatic colour (color) (FÍS.) cor cromática

chromaticity (FÍS.) cromaticidade

chromaticity diagram (T.IMAG.) diagrama de cromaticidade; triângulo de cores

chromaticity-flicker (FÍS.; T.IMAG.) tremulação de cromaticidade

chromatics (FÍS.) Cromática

chromatic spectrum (FÍS.) espectro cromático

chromatid (BIO.) cromatídeo

chromatin (BIO.) cromatina

chromatin beads (BIO.) fibras cromatínicas

chromatism (BIO.; FÍS.; T.IMAG.) cromatismo

chromatogenous (BIO.) cromatogénico

chromatographic techniques (BIO.) técnicas cromatográficas

chromatography (QUÍM.) cromatografia

chromatoid (BIO.) cromatóide

chromatolysis (BIO.) cromatólise

chromatophil (BIO.) cromatófilo

chromatophore (BIO.) cromatóforo

chromatopsia (MED.) cromatopsia; visão colorida

chromatosis (BIO.) cromatose

chromatron (ELECT.) cromatrão; tubo de Lawrence

chromaturia (MED.) cromatúria

chrom-, chromo-, chromat-; chromato- (GERAL) crom-, cromo-, cromat-, cromato-, do grego *chroma, chromatus* — cor

chrome (QUÍM.) crómio

chrome alum (QUÍM.) alúmen de crómio; sulfato de crómio e potássio

chrome brick (MEC.) tijolo crómico; tijolo de cromite

chrome iron ore (MINER.) cromite; siderocromo

chromel (MEC.) cromel (liga de níquel com 10% de crómio)

chrome oxide (QUÍM.) óxido crómico

chrome spinel (MINER.) picotite

chromic acid (QUÍM.) ácido crómico

chromic salt (QUÍM.) sal crómico

chromidia (BIO.) cromídios

chromidium (BIO.) cromídio

chrominance (T.IMAG.) crominância

chrominance amplifier (T.IMAG.) amplificador de crominância

chrominance channel (T.IMAG.) canal de crominância

chrominance modulator (T.IMAG.) modulador de crominância

chrominance signal (T.IMAG.) sinal de crominância

chrominance subcarrier (T.IMAG.) subportadora de crominância

chromite (MINER.) cromite

chromium (QUÍM.) crómio

chromium dioxide (QUÍM.) dióxido de crómio

chromium oxide (QUÍM.) óxido de crómio

chromium trioxide (QUÍM.) trióxido de crómio

chromoblast (ZOO.) cromoblasto

chromocenter (BIO.) cromocentro

chromocentre (BIO.) cromocentro

chromocyte (BIO.) cromócito

chromogen (QUÍM.) cromogénio

chromogenic label (BIO.) etiqueta cromogénica

chromoisomerism (QUÍM.) cromoisomerismo

chromolithography (IMP.) cromolitografia

chromolysis (MED.) cromolise; cromatólise

chromomere (BIO.) cromómero

chromone (BOT.) cromona (unidade fundamental de vários pigmentos vegetais e de outras substâncias)

chromonema (BIO.) cromonema

chromonucleic acid (QUÍM.) ácido cromonucleico

chromo-optometer (FÍS.) cromoptómetro

chromo paper (PAPEL) papel-cromo

chromoparic (BIO.) cromóparo

chromophil (BIO.) cromófilo

chromophilic (BIO.) cromófilo

chromophore (QUÍM.) cromóforo

chromophoric electrons (ELECT.) electrões cromóforos

chromophose (MED.) cromofosia

chromoplast (BOT.) cromoplasto

chromoplastid (BOT.) cromoplastídio

chromoprotein (BIO.) cromoproteína

chromosomal aberration (BIO.) aberração cromossómica

chromosomal chimera (BOT.) quimera cromossómica

chromosomal mutation (BIO.) mutação cromossómica

chromosome (BIO.) cromossoma

chromosome aberration (BIO.) aberração cromossómica

chromosome arm (BIO.) braço cromossómico

chromosome complement (BIO.) complemento cromossómico

chromosome core (BIO.) núcleo cromossómico

chromosome mapping (BIO.) mapeamento cromossómico; mapa cromossómico; carta cromossómica

chromosome satellite (BIO.) cromossoma-satélite

chromosome set (Bio.) conjunto cromossómico

chromosphere (Astro.) cromosfera

chromous salt (Quím.) sal cromoso

chromyl chloride (Quím.) cloreto de cromilo

chronaxia (Med.) cronaxia

chronaxis (Med.) cronaxia

chronaxy (Med.) cronaxia

chronic (Med.) crónico

chronic granulomatous disease (Imun.) doença granulomatosa crónica; disfagocitose congénita

chronic respiratory disease of fowl (Vet.) doença respiratória crónica dos galináceos

chronobiology (Med.) cronobiologia

chronognosis (Psico.) cronognose; cronognosia

chronograph (Reloj.) cronógrafo

chronometer (Reloj.) cronómetro

chronometer escapement (Reloj.) escape de cronómetro

chronoscope (Elect.; Reloj.) cronoscópio

chronosequence (Geo.) crono-sequência

chronospecies (Geo.) crono-espécie

chronostratigraphy (Geo.) crono-estratigrafia

chronozone (Geo.) cronozona

chrysalis (Zoo.) crisálida

chrysene (Quím.) criseno

chrysoberyl (Miner.) crisoberilo

chrysoberyl cat's eye (Miner.) cimófana; olho-de-gato

chrysocolla (Miner.) crisocola

chrysolite (Miner.) crisólita

Chrysophyceae (Bot.) Crisofíceas

chrysoprase (Miner.) crisoprásio; crisopraso

chrysotherapy (Med.) crisoterapia

chrysotile (Miner.) crisótilo

Chrystmas Tree (Minas) Árvore de Natal (sistema de tubulação)

Chrytridiomicetes (Bot.) Critridiomicetos

CHU (chu) (Geral) abr. de *Centigrade heat unit* — Unidade térmica centígrada

chuck (Mec.) mandril

chuck machine (Mec.) máquina-ferramenta de mandril

chuff (E.Civ.) tijolo rachado; tijolo defeituoso

chuff (Zoo.) focinho

chumship (Imp.) comandita

chunking (Psico.) agrupamento

churn drill (Miner.) broca giratória; broca batedeira

churning loss (Auto.) perda por fricção

chute (E.Civ.) escoadouro

chute (Minas) plano inclinado; calha de escoamento

Chvostek's sign (Med.) sinal de Chvostek; sinal de Weiss

chyle (Med.; Zoo.) quilo

chylifaction (Med.; Zoo.) quilificação

chylification (Med.; Zoo.) quilificação

chylomicron (Bio.; Med.) quilomícron

chylomicronemia (Med.) quilomicronemia

chyloperitoneum (Med.) quiloperitónio

chylopoiesis (Med.) quilopoiese; quilopoese

chylose (Med.) quilose

chylothorax (Med.) quilotorax; quilopleura

chyluria (Med.) quilúria

chyme (Zoo.) quimo

chymorrhea (Med.) quimorreia

chymotrypsin (Bio.) quimotripsina

CIB (Inf.) abr. de *Command Input Buffer* — armazenamento intermediário de canal

cicatricial (Med.) cicatricial

cicatrix (Bio.; Med.) cicatriz

cicero (Imp.) cícero

Ciconiiformes (Zoo.) Ciconiiformes

CICP (Inf.) abr. de *Communication interrupt control program* — programa de controlo de interrupção de comunicação

CIE (Fís.) abr. de *Commission Internationale d'Éclairage* — Comissão Internacional de Iluminação

CIE coordinates (Inf.) coordenadas da CIE (V. *CIE*)

CI engine (Mec.) abr. de *compression-ignition engine* — motor de compressão-ignição

cilia (Bio.) cílios

ciliar (Zoo.) ciliar; ciliário

ciliate (Bot.) ciliado

ciliated (Bot.) ciliado

ciliograde (Zoo.) ciliógrado

Ciliophora (Zoo.) Cilióforos; Ciliofora

ciliospore (Zoo.) ciliósporo

cilium (Bio.) cílio

CIM (Inf.) abr. de *Computer input microfilm* — microfone de entrada de computador

Ciment Fondu (E.Civ.) MC de um cimento de secagem rápida

cimetidine (Med.) cimetidina

cinchocaine (Med.) cinchocaína

cinchona (Med.) cinchona

cinchona bases (Quím.) bases de cinchona

cinchonamine (Quím.) cinchonamina

cinchonidine (Quím.) cinchonidina

cinchonine (Quím.) cinchonina

cinchoninic acid (Quím.) ácido cinchonínico

cinchonism (Med.) cinchonismo; quininismo

cinchophen (Med.) cinchofena

cinchotoxine (Med.) cinchotoxina; cinchonicina

cinder pig (Mec.) gusa em escórias

cinders (Geo.) cinzas; escórias

cine camera (T.Imag.) máquina de filmar

CinemaScope (T.Imag.) Cinemascope (MC); Cinemascópio

cine-oriented image (Inf.) cine-radiografia

Cinerama (T.Imag.) Cinerama (MC)

cingula (Zoo.) cíngulos

cingulum (Zoo.) cíngulo

cinnabar (Miner.) cinábrio

cinnamaldehyde (Quím.) cinamaldeído; aldeído cinâmico

cinnamate (Quím.) cinamato

cinnamic acid (Quím.) ácido cinâmico; ácido fenilacrílico

cinnamon stone (Miner.) grossulária; pedra-de-canela; ernita

cinquefoil (Arq.) quinquefólio; pentalobado

cinture (Arq.) cinta

CIOCS (Inf.) abr. de *Communication input/output control system* — Sistema de controlo de entrada/saída de comunicação

CIP (Miner.) abr. de *carbon-in-pulp* — carvão em polpa

CIP (Minas) abr. de *closed-in pressure* — pressão de fecho

cipher tunnel (Arq.) falsa chaminé

cipolin (E.Civ.) cipolino (termo aplicado a mármores e calcários cristalinos com grande xistosidade)

cipolin (Minas) cipolino (rocha metamórfica carbonatada cálcica ou magnesiana, rica em silicatos, de aspecto xistoso)

CIPW (Geo.) Classificação CIPW (esquema de classificação de rochas, criado pelos petrógrafos americanos Cross, Iddings, Pirsson e Washington, daí CIPW)

CIR (Inf.) abr. de *Current Instruction Register* — registo de instruções normais

circadian clock (Bio.; Med.) relógio circadiano

circadian rhythm (Bio.) ritmo circadiano

circalittoral zone (Eco.) zona litoral periférica

circinate (Bot.; Med.) circinado

circle (Geral) círculo

circle coefficient (Elect.) coeficiente circular

circle diagram (Elect.) diagrama circular

circle of confusion (T.Imag.) círculo de confusão

circle of convergence (Mat.) círculo de convergência

circle of curvature (Mat.) círculo de curvatura

circle of inversion (Mat.) círculo de inversão

circle of vegetation (Eco.) círculo de vegetação

circling disease (Vet.) listeriose

circlip (Mec.) anel de retenção

circuit (Geral) circuito

circuital magnetization (Elect.) magnetização solenoidal

circuit analyser (Elect.) analisador de circuito

circuit board (Inf.) placa de circuito interno

circuit breaker (Elect.) interruptor; disjuntor; interruptor de circuito

circuit capacity (Elect.; Inf.) capacidade de circuito

circuit cheater (Elect.) simulador de circuito

circuit damper (Inf.) amortecedor de circuito

circuit diagram (Elect.) diagrama do circuito

circuit-dropout (Inf.) interrupção de circuito; corte no circuito

circuit gap admittance (Elect.) admitância de intervalo de um circuito

circuit load (Elect.) carga de circuito

circuit losses (Elect.) perdas no circuito

circuit mixer (Elect.) misturador de circuitos

circuit noise (Electrón.) ruído de circuito

circuit noise level (Inf.) nível de ruído de circuito

circuit parameters (Elect.) parâmetros de circuito

circuit reliability (Inf.) confiabilidade de circuito

circuit shift (Inf.) deslocamento circular; deslocamento de circuito fechado

circulant (Mat.) circulante (determinante)

circulant storage (Inf.) armazenamento circular

circular acceleration (Fís.) aceleração circular

circular antenna (Elect.) antena circular

circular cone (Mat.) cone circular

circular error (Reloj.) erro circular

circular form tool (Mec.) ferramenta de formar círculos

circular functions (Mat.) funções circulares

circular knitting machine (Têxt.) máquina de tricotar circular

circular level (Topo.) nível esférico

circular magnetization (Fís.) magnetização circular

circular measure (Mat.) medida circular; medida de arco

circular memory (Inf.) memória circular

circular mil (Elect.) milésimo circular

circular pallets (Reloj.) âncoras circulares

circular permutation (Mat.) permutação circular

circular pitch (Mec.) passo circular; afastamento circular

circular plane (E.Civ.) plano circular

circular point on a surface (Mat.) ponto circular numa superfície

circular points at infinity (Mat.) pontos circulares no infinito

circular polarization (Telecom.) polarização circular

circular queue (Inf.) lista circular; fila circular; cadeia circular

circular saw (Mec.) serra circular

circular shift (Inf.) deslocamento circular

circular time base (Electrón.) base de tempo circular

circular velocity (Esp.) velocidade angular

circular waveguide (Elect.) guia de onda circular; grade circular; grelha circular

circulate bit (Inf.) bit de circulação

circulating current (Elect.) corrente circulante

circulating-current protective system (Elect.) sistema protector de corrente circulante

circulating memory (Inf.) memória circulante

circulating pump (Mec.) bomba circulante

circulation (Geral) circulação

circulation loss (Minas.) perda de circulação

circulation of electrolyte (Elect.) circulação de electrólito

circulator (Radar) circulador

circulator integral (Mat.) integral circular

circulatory system (Zoo.) sistema circulatório

circumaustral distribution (Eco.) distribuição circunsetentrional

circumboreal distribution (Eco.) distribuição circunboreal

circumcentre of a triangle (Mat.) circuncentro de um triângulo

circumcircle (Mat.) circuncírculo; círculo circunscrito

circumcision (Med.) circuncisão

circumferential force (Fís.) força circunferencial; força tangencial; força periférica

circumnutation (Bot.) circum-notação

circumpolar distribution (Eco.) distribuição circunpolar

circumpolar stars (Astro.) circumpolares

circumscribed circle (Mat.) círculo circunscrito

cire perdue (Eng.; Mec.) cera perdida (processo de fundição)

cire perdue (Vidr.) cera perdida

cirque (Geo.) circo de erosão; anfiteatro de erosão

cirque glacier (Geo.) circo glaciar

cirrate (Bot.; Zoo.) cirrífero

cirrhosis (Med.) cirrose

cirri (Geo.) cirro

cirriferous (Bot.; Zoo.) cirrífero

cirrocumulus (Meteo.) cirrocúmulo

cirrose (Bot.; Zoo.) cirroso

cirrostratus (Meteo.) cirroestrato

cirrus (Zoo.) cirro

cirsoid aneurysm (Med.) aneurisma cirsóide; hemangioma

cis- (Bio.) cis- (prefixo que indica a localização de dois ou mais genes, no mesmo cromossoma, de um par homólogo)

cis- (Quím.) cis- (uma forma de isomerismo em que os grupos funcionais semelhantes estão ligados no mesmo lado do plano que inclui dois átomos de carbono adjacentes e fixos)

CIS-COBOL (Inf.) abr. de *Compact Interactive Standard-COBOL* — Padrão Normalizado, Compacto e Interactivo-COBOL (versão de linguagem COBOL, V. *COBOL*)

cisplatin (Med.) cisplatina; cis-diaminodicloroplatina (II); cis-DDP

cissing (E.Civ.) retracção

cissoid (Mat.) cissóide

cisternum (Bio.) cisterna

cis-trans test (Bio.; Quím.) teste cis-trans; teste de complementação

cistron (Bio.) cistron (a menor unidade funcional da hereditariedade); gene

cis x (Mat.) cis x (abr. de: cos x + i sen x, segundo Stringham)

citizens' band [CB] (Telecom.) banda do cidadão

citral (Quím.) citral

citrates (Quím.) citratos

citreno (Quím.) citreno

citric acid (Quím.) ácido cítrico

citric acid cycle (Bio.) ciclo do ácido cítrico; ciclo do ácido tricarboxílico; ciclo de Krebs

citrine (Miner.) citrina; citrino; falso topázio; topázio espanhol

citronellal (Quím.) citronenal; rodinal

civery (Arq.) compartimento de tecto abaulado

Civil Aviation Authority (Aero.) Aeronáutica Civil

civil twilight (Astro.) crepúsculo civil

CK (Minas.) abr. de *choke* — estrangulador

CKD (Inf.) abr. de *Count-Key-Data* — registo de controlo

clack (Mec.) válvula de repercussão; válvula de chapeleta

clacking (Vet.) defeito na marcha do cavalo em que a parte inferior da pata direita bate na pata traseira do mesmo lado no trote

cladding (Geral) blindagem; revestimento

clade (Bio.) clade

cladism (Bio.) cladística

cladistics (Bio.) cladística

clad metal (Mec.) metal de revestimento

cladogram (Bio.) diagrama cladístico

cladophyl (Bot.) filocládio; cladódio

Clairaut's differential equation (Mat.) equação diferencial de Clairaut

Claisen condensation (Quím.) condensação de Claisen

clamp (E.Civ.) grampo; gato

clamp (Inf.) retenção; libertação

clamp (Telecom.) circuito de fixação

clamping (Electrón.) fixação

clamping diode (Elect.) diodo de fixação

clan (Geo.) família

clangbox (Aero.) deflector

clap-board (E.Civ.) ripa; sarrafo

clap-board gauge (T.Imag.) claqueta

clapper (Elect.) armadura móvel

clapper box (Mec.) porta-ferramenta de charneira

clappers (T.Imag.) claquetas

Clapp oscillator (Telecom.) oscilador de Clapp

clap-sill (Hidro.) batente de eclusa

clarendon (Imp.) variedade de tipo de impressão; tipo «egípcio»

Clarke orbit (Telecom.) órbita geo-estacionária; órbita de Clarke

Clark process (Quím.) processo Clark

clasp nail (E.Civ.) prego de gancho

clasp nut (Mec.) porca de aperto

class (Geral) classe

class-A amplifier (Elect.) amplificador da classe A

class-AB, -B, -C, amplifier (Elect.) amplificador da classe AB, -B, -C

class-A, -B, -C, etc., insulating materials (Elect.) materiais de isolamento da classe-A, -B, -C, etc.

classes of error (Telecom.) tipos de erro

class frequency (EST.) frequência de classe
Classical (ARQ.) Clássica
classical (FÍS.) clássica (teoria) (nos EUA *non-quantized* — não quânticas)
classical conditioning (PSICO.) condicionamento clássico
classical flutter (AERO.) trepidação clássica; vibração clássica
classical scattering (FÍS.) dispersão clássica; dispersão de Thomson
classification (FÍS.) classificação
classification of clouds (METEO.) classificação de nuvens
classification of ships (NAV.) classificação de barcos
classifier (MINER.) classificador
class interval (EST.) intervalo de classe
clast (GEO.) clasto
clastic (GEO.) clástico
clastic rocks (GEO.) rochas clásticas
clathrin (BIO.) clatrina
Claude process (MEC.) processo Claude
claudication (MED.) claudicação
Clausius-Clapeyron equation (QUÍM.) equação de Clausius-Clapeyron
Clausius' inequality (FÍS.) desigualdade de Clausius
Clausius-Mosotti equation (FÍS.) equação de Clausius-Mosotti
Clausius number (FÍS.) número de Clausius
Clausius' statement (FÍS.) postulado de Clausius
Clausius theorem (FÍS.) teorema de Clausius
Clausius virial (FÍS.) virial de Clausius
Claus process (QUÍM.) processo de Claus
claustra (ARQ.) claustros
claustrophobia (MED.; PSICO.) claustrofobia
claustrum (ARQ.) claustro
clavate (ZOO.) claviforme
clavicle (ZOO.) clavícula
claw (E.CIV.) garra; orelha de martelo
claw (GERAL) unha; garra
claw bar (E.CIV.) pé de cabra
claw chisel (E.CIV.) cinzel de garra; talhadeira de garra
claw clutch (MEC.) embraiagem dentada ou de garras
claw coupling (MEC.) acoplamento de garras
claw foot (MED.) pé em garra
claw-hammer (E.CIV.) martelo de orelhas
claw hand (MED.) mão em garra
claw ill (VET.) pododermatite infecciosa
claws (T.IMAG.) garras
clay (GEO.) argila
Clayden effect (T.IMAG.) efeito de Clayden; relâmpago escuro
C layer (TELECOM.) camada C da ionosfera
clay films (GEO.) filme de argila
clay gun (MEC.) canhão de argila
claying (MEC.) revestir a argila
clay ironside (GEO.) siderite
clay puddle (E.CIV.) argila amassada; argila batida; barro amassado

claystone (GEO.) argilito
Clayton gas (QUÍM.) gás de Clayton
CLD (ELECT.) abr. de *Current Limiting Device* — dispositivo limitador de corrente
cleaning down (INF.) limpeza de impressora
cleaning eye (E.CIV.) olhal de limpeza; orifício de limpeza
clean room (ESP.) sala de descontaminação; sala de esterilização
clean up (ELECT.) purificação
clear (INF.) libertar; remover a um estado anterior
clear (TELECOM.) livre; desbloqueado; desconectado
clear air turbulence [CAT] (METEO.) turbulência de ar claro (limpo)
clearance (MEC.) abertura; intervalo; folga
clearance volume (MEC.) volume de câmara de combustão
clearance volume of cylinder (MEC.) volume da câmara de compressão
clear band (ELECT.) faixa de segurança
clear band (INF.) banda em branco; banda sem informação
clear channel (ELECT.) canal livre; canal exclusivo
clear cryptographic key (INF.) chave criptográfica não codificada
clear forward signal (TELECOM.) sinal de fim de comunicação
clearing (TÊXT.) apuramento
clearing agent (BIO.) agente clarificador; agente clarificante
clearing circuit (ELECT.) circuito de abertura de sinais
clearing field (ELECT.) campo clarificador
clearing hole (MEC.) furo com folga
clearing manoeuvre (ASTRO.) manobra de segurança; manobra de visibilidade
clearing time (ELECT.) tempo de fusão de um fusível
clear key (INF.) chave de reserva; chave não codificada
clear lamp (ELECT.) lâmpada clara (de vidro transparente)
clear lamp (TELECOM.) lâmpada de fim de conversação
clear memory (INF.) memória limpa; limpeza de memória
clear memory word (INF.) palavra reservada de memória
clear panel key (E.CIV.) vão limpo
clear to send [CTS] (TELECOM.) pronto a enviar
cleat (E.CIV.) gancho; pinça; braçadeira
cleat (ELECT.) isolador
cleats (MINAS) planos de clivagem
cleat wiring (ELECT.) fio eléctrico com braçadeiras
cleavage (GERAL) clivagem
cleavage-nucleus (ZOO.) núcleo de clivagem
cleavelandite (MINER.) cleavelandite (variedade de albite)
cleaving-saw (E.CIV.) serra de braço vertical; serra de carpinteiro
cleft palate (MED.) fenda palatina
cleidoc egg (ZOO.) ovo cleidóco; ovo clidóico (ovo isolado do ambiente externo)

cleidotomy (MED.) clidotomia
cleistocarp (BOT.) cleistocarpo
cleistogamy (BOT.) cleistogamia
cleistothecium (BOT.) cleistotécio
Clemmensen reduction (QUÍM.) redução de Clemmensen
clench nailing (E.CIV.) rebatimento de pregos
clerical error (INF.) erro na transcrição de informações
clerk of works (E.CIV.) capataz
cleveite (MINER.) cleveíte
clevis (MEC.) forquilha; garfo; engate em forma de U
clevis joint (AERO.) engate de forquilha
clevis pin (MEC.) pino de forquilha; pino esticador
cliché (IMP.) «cliché»; molde
click (FÍS.) estalido; ruído seco e metálico; clique
click spring (RELOJ.) mola de engrenagem
client/server (TELECOM.) cliente-servidor
climacteric (GEO.) climatérico
climate (METEO.) clima
climate classification (GEO.) classificação climática
climate modelling (GEO.) modelação climática
climateric (BIO.; BOT.; MED.) climatérico
climaterium (BIO.; MED.) climatério
climaterium precox (MED.) climatério precoce
climaterium virile (MED.) climatério viril
climatic climax (ECO.) clímax climatérico
climatic factor (BOT.) factor climático
climatic flutuation (METEO.) flutuação climática
climatic forecast (METEO.) previsão climática
climatic geomorphology (GEO.) geomorfologia climatérica
climatic missing values (METEO.) valores ou registos climáticos omissos
climatic region (METEO.) região climática
climatic snow line (METEO.) linha de neve climática
climatic variation (METEO.) variação climática
climatic year (METEO.) ano climático
climatic zone (GEO.) zona climática
climatology (METEO.) climatologia
climatostratigraphy (GEO.) estratigrafia climatérica
climax (ECO.) clímax
climax theory (ECO.) teoria do clímax
climax vegetation (ECO.) clímax de vegetação
climb cutting (MEC.) fresamento com movimento na mesma direcção
climbing form (E.CIV.) caixa (forma) ascendente
climograph (ECO.) climagrafia
climosequence (ECO.) sequência climatérica
climotope (ECO.) climótópo
clinal speciation (ECO.) clino-especiação

clinch (MEC.) cravar
clinch nailing (E.CIV.) rebatimento de pregos
cline (ECO.) cline
C-line (FÍS.) risca C (de Fraunhofer)
clinic (MED.) clínico
clinical psychology (PSICO.) psicologia clínica
clinical trial (MED.) experiência clínica
clinker (E.CIV.) tijolo duro; tijolo holandês
clinker (GEO.) «clinker»; clínquer
clinker (MEC.) clínquer; escória
clink-stone (MINAS) fonolite
clino- (ECO.) clino-
clinochlore (MINER.) clinocloro
clinograph (TOPO.) clinógrafo
clinohumite (MINER.) clinumite
clinoid (MED.) clinóide
clinometer (MED.) clinómetro; clinoscópio
clinometer (TOPO.) clinómetro
clinopyroxene (QUÍM.) clinopiroxeno
clino-rhomboidal crystal (CRIST.) cristal clinorrômbico
clinoscope (MED.) clinoscópio
clinosequence (ECO.) clino-sequência
clinostat (BOT.) clinostato
clinozoisite (MINER.) clinozoisite; clinozoisito
clintonite (MINER.) clintonite; seibertite
clioquinol (MED.) clioquinol; iodoclorohidroxiquina
clip (T.IMAG.) clip
clipping (TELECOM.) limitador
clipping circuit (TELECOM.) circuito limitador
clip screw (TOPO.) pinça de parafuso
clitelium (ZOO.) clitelo; cintura sexual
clitoridectomy (MED.) clitoridectomia
clitoridotomy (MED.) clitoridotomia
clitoris (ZOO.) clítoris
CLK (INF.) abr. de clock — relógio, sintonizador
cloaca (ZOO.) cloaca
cloacitis (VET.) cloacite
cloanthite [chloantite] (MINER.) cloantite
clock (GERAL) relógio; cronómetro; contador de tempo
clock (INF.) sincronizador; relógio
clock comparator (INF.) comparador de tempo
clock cycle (ELECTRÓN.) ciclo de relógio
clock frequency (ELECT.) frequência de relógio
clock frequency (INF.) frequência de relógio
clock gauge (MEC.) relógio calibrador
clock meter (ELECT.) contador de relógio
clock pulse (ELECT.) impulso regulador
clock pulse rate (ELECT.) ritmo dos impulsos
clock rate (INF.) sincronizador de média de tempo
clock speed (ELECTRÓN.) velocidade do relógio
clock track (INF.) trilho de referência de tempo
clock-watch (RELOJ.) relógio que bate ou dá horas

clonal dispersal (ECO.) dispersão clonal
clonal selection (IMUN.) selecção clonal
clone (BIO.) clone
clone library (BIO.) biblioteca de clones
clonic phase (BIO.) fase clonal
cloning (BIO.) clonagem
cloning vector (BIO.) vector de clonagem
close annealing (MEC.) recozimento fechado; recozimento em caixa
close coupling (ELECT.) acoplamento fechado
closed array (INF.) matriz fechada; arranjo fechado
closed circuit (GERAL) circuito fechado
closed-circuit grinding (QUÍM.) moagem em circuito fechado
closed-circuit signalling (INF.) circuito fechado com sinal
closed circuit television [CCTV] (T.IMAG.) televisão em circuito fechado
closed-coil winding (ELECT.) enrolamento em circuito fechado
closed community (BOT.) comunidade fechada
closed-core transformer (ELECT.) transformador de núcleo fechado
closed cycle (MEC.) ciclo fechado
closed-cycle control system (ELECT.) sistema de controlo de ciclo fechado
closed diaphragm (FÍS.) diafragma fechado
closed ended (INF.) de terminais fechados; modularidade zero
closed inequality (MAT.) desigualdade fechada
closed interval (MAT.) intervalo fechado
closed-jet wind tunnel (AERO.) túnel aerodinâmico de circuito fechado
closed loop (TELECOM.) circuito fechado; ciclo fechado
closed-loop gain (ELECTRÓN.) ganho de circuito fechado
closed-loop system (TELECOM.) sistema de ciclo fechado; sistema de circuito fechado
closed magnetic circuit (ELECT.) circuito magnético fechado
closed mitosis (BOT.) mitose fechada
closed pipe (FÍS.) tubo acústico fechado numa das extremidades
closed pore (FÍS.) poro fechado
closed set (MAT.) conjunto fechado
closed slot (ELECT.) ranhura fechada
closed stokehold (MEC.) sala de fornalha fechada
closed subroutine (INF.) sub-rotina fechada
closed traverse (TOPO.) polígono fechado; linha poligonal fechada
closed vascular bundle (BOT.) feixe vascular fechado
close file (INF.) arquivo fechado
close-packed hexagonal structure (MEC.) estrutura hexagonal fechada
close plating (ELECT.) chapeamento fechado; forro de capa
closer (E.CIV.) travador; meio tijolo
close string (E.CIV.) banzo compacto

close timbering (E.CIV.) escoramento compacto (da madeira); madeiramento compacto; vigamento compacto
close up (T.IMAG.) «close-up»; primeiro plano
closing error (TOPO.) erro de fecho
closing layer (BOT.) camada de oclusão
closing membrane (BOT.) membrana de pontuação
closing-up (MEC.) cravação (de rebite)
clostridium (BIO.) clostrídio
clot (MED.) coágulo
cloth (TÊXT.) tecido; pano; tela de fio
clothing (E.CIV.) revestimento; cobertura
cloth joint (IMP.) charneira de tecido
clothoid (MAT.) clotóide
cloud (METEO.) nuvem
cloud amount (GEO.) nebulosidade
cloud and collision warning system (AERO.) sistema de radar meteorológico e de anticolisão
cloud bank (METEO.) banco de nuvens
cloud bar (METEO.) barreira de nuvens
cloud bar crest (METEO.) nuvem de crista
cloudburst (METEO.) aguaceiro
cloud chamber (FÍS.) câmara de expansão; câmara húmida de Wilson; câmara de nevoeiro
cloud-detection radar (METEO.) radar de detecção de nuvens
cloud forest (ECO.) floresta das chuvas
cloudiness (METEO.) nebulosidade
clouding (E.CIV.) embaciamento; turvação
cloud nail (E.CIV.) prego grande de cabeça chata
cloud seeding (GEO.) precipitação artificial
cloud street (GEO.) ondulação frontal
cloudy swelling (MED.) tumefacção turva
cloxacillin (MED.; QUÍM.) cloxacilina
clubbing of the fingers (MED.) dedos em baqueta
club moss (BOT.) licopódio
clunch (MINAS) argila xistosa
clupeiformes (ZOO.) Clupeiformes
Clusius column (NUCL.) coluna de Clusius
cluster (ASTRO.) constelação
cluster (EST.) grupo
cluster (GERAL) grupo; agrupamento
cluster (QUÍM.) agregado
cluster analysis (GERAL) análise de grupo
cluster cup (BOT.) ecídio
clustered column (ARQ.) coluna grupada
cluster mill (MEC.) laminador de seis cilindros
cluster variables (ASTRO.) variáveis de aglomerado; variáveis cefeidas de curto período (RR Lirae)
clutch (E.CIV.) garra; junção; engate
clutch (MEC.) embraiagem
clutch point (INF.) ponto de engate
clutch stop (AUTO.) travão de inércia; batente de embraiagem
clutter (RADAR) sinais parasitas; ecos parasitas; interferência atmosférica
CLV (INF.) abr. de constant linear velocity — velocidade linear constante

Cm (Quím.) símbolo químico de *curium* — cúrio

cm (Geral) abr. de *cubic centimetre* — centímetro cúbico

CMI (Inf.) abr. de *computer managed instruction* — instrução orientada por computador; administração da orientação por computador

CMOS (Inf.) abr. de *Complementary MetalOxide Semiconductor* — semicondutor complementar de óxido metálico

CMOS gate (Electrón.) porta CMOS

CMOS RAM (Inf.) memória CMOS de acesso aleatório

CN (Quím.) abr. de *coordination number* — número de coordenação

cnemidium (Zoo.) cnemídio

cnemis (Zoo.) tíbia; canela

CNES (Esp.) abr. de *Centre National d'Études Spaciales* — Centro Nacional de Estudos Espaciais (em França)

C-network (Telecom.) rede C (rede de três ramos de impedância em série)

Cnidaria (Zoo.) Cnidários

CNS (Zoo.) abr. de *Central Nervous System* — Sistema Nervoso Central [SNC]

Co (Quím.) símbolo químico do *cobalt* — cobalto

coacervation (Quím.) acervação; coacervação

coach bolt (Mec.) parafuso de carroça (parafuso de madeira de cabeça redonda com arreigada quadrada)

coach screw (Mec.) parafuso de cabeça quadrada para madeira

co-adaptation (Bio.) coadaptação

coagulation (Bio.; Med.) coagulação

coagulum (Bio.; Med.) coágulo

coal (Geo.) carvão; hulha; carvão de pedra

coal-cutting machinery (Mineas) máquina de cortar carvão

coalesce (Inf.) combinação

coalescence (Eco.) coalescência

coalescent (Bot.; Zoo.) coalescente

Coal Measures (Geo.) Permo-Carbónico

coal measures (Geo.) jazidas de carvão; formações hulhíferas ou carboníferas

Coal Sack (Astro.) Saco de Carvão (nebulosa escura junto da constelação Cruzeiro do Sul)

coal series (Geo.) série do carvão

coal sizes (Mias) calibres de carvão

coal-tar (Quím.) alcatrão de hulha

coal tar paints (E.Civ.) tintas de alcatrão

coal tar wood preservatives (E.Civ.) conservantes de alcatrão para madeira

co-altitude (Astro.) distância zenital; coaltitude

coal washery (Minas) lavadora de carvão

Coanda effect (Aero.) efeito de Coanda

coarse aggregate (E.Civ.) agregado grosso

coarsening (Mec.) engrossamento

coarse scanning (Radar) varrimento aproximado; exploração aproximada

coarse stuff (E.Civ.) reboco

coartation (Med.) coartação; restrição; aperto

coastal onlap (Geo.) regressão litoral

coastal processes (Eco.) processos costeiros

coastal reflection (Telecom.) reflexão costeira

coastal refraction (Telecom.) refração costeira

coasting (Astro.) movimento de míssil ou foguetão após a paragem do motor ou motores que o impulsionavam

coasting (Mec.) funcionamento por inércia; marcha com o motor destravado e desembraiado

coasting (Nav.) cabotagem; costeagem; costeamento

coasting flight (Astro.) voo de inércia; voo de foguetão no período que vai do esgotamento de combustível de um estágio até à ignição do outro

coat (Bot.) tegumento; testa

coat (Zoo.) revestimento; película; camada

coated cathode (Elect.) cátodo revestido

coated fabric (Têxt.) tecido revestido

coated lens (Fís.; T.Imag.) lente revestida

coated pit (Bio.) depressão revestida

coated vesicle (Bio.) vesícula revestida

coating (Elect.) revestimento

coating and wrapping (Minas) revestir e envolver

coating machine (Papel) máquina de encapar

coax (Telecom.) cabo axial

coaxial antenna (Telecom.) antena coaxial

coaxial cable (Electrón.) cabo coaxial

coaxial cavity (Elect.) cavidade coaxial

coaxial circle (Mat.) círculo coaxial

coaxial circuit (Elect.) circuito coaxial

coaxial connector (Telecom.) ligação coaxial

coaxial-cylinder magnetron (Elect.) magnetrão de cilindro coaxial

coaxial diode (Elect.) diodo coaxial

coaxial dry load (Elect.) carga seca coaxial

coaxial filter (Elect.) filtro coaxial

coaxial grid (Elect.) grade coaxial; grelha coaxial

coaxial input (Elect.) entrada coaxial; admissão coaxial

coaxial line (Elect.) linha coaxial

coaxial line oscillator (Elect.) oscilador de linha coaxial

coaxial line resonator (Elect.) ressoador de linha coaxial

coaxial loudspeaker (Elect.) altifalante coaxial

coaxial output (Elect.) saída coaxial; débito coaxial

coaxial plasma accelerator (Med.) acelerador coaxial de plasma

coaxial propellers (Aero.) hélices coaxiais

coaxial reed relay (Elect.) relé coaxial de lâminas

coaxial relay (Elect.) relé coaxial

coaxial rotor system (Aero.) sistema de rotor axial (em helicóptero)

coaxial sheer grating (Elect.) retículo coaxial

coaxial spindle (Mec.) furo coaxial

coaxial stub (Telecom.) braço de reatância coaxial

coaxial switch (Elect.) comutador coaxial

coaxial transfer switch (Fís.) comutador axial de transferência

coaxial wave (Telecom.) onda coaxial

coaxial wavemeter (Elect.) ondómetro coaxial

cob (E.Civ.) tijolo de terra; tijolo de barro

cob (Minas) quebrar mineral à mão

cobalt (Quím.) cobalto

cobalt-58 (Fís.) cobalto 58 (emissor de positrões com meia-vida de 72 dias)

cobalt-60 (Fís.; Med.) cobalto-60 (meia-vida de 5,3 anos; usado na radiografia e em diagnóstico, substituindo o rádio e os raios-X)

cobaltamines (Quím.) cobaltaminas

cobalt bloom (Miner.) eritrite; eritrita

cobalt bomb (Fís.) bomba de cobalto

cobalt carbonyl (Quím.) carbonilo de cobalto

cobaltite (Miner.) cobaltite; cobaltina; galena de cobalto

cobalt oxide (Quím.) óxido de cobalto

cobalt steel (Mec.) aço-cobalto; aço cobaltoso

cobalt unit (Radiol.) unidade cobalto; cobalto-60

cobalt vitriol (Miner.) bieberite

cobamic acid (Quím.) ácido cobâmico

cobamide (Quím.) cobamida

cobble (Geo.; Miner.) calhau

cobble ridge (Geo.) crista de calhaus

cobblestone (E.Civ.) pedra rolada; pedra de pavimentação; pedra de empedrado

cobinamide (Quím.) cobinamida

cobinic acid (Quím.) ácido cobínico

COBOL (Inf.) abr. de *Common Business Oriented Language* — Linguagem orientada para os negócios (linguagem universal de programação de computadores comerciais)

COC (Med.) abr. de *Cathodal Opening Contraction* — contracção catódica de abertura

coca (Bot.) coca (arbusto da América do Sul)

coca (Med.) coca (as folhas secas da coca, fonte da cocaína e de outros alcalóides)

cocaine (Med.; Quím.) cocaína; benzoilmetilecgonina, (alcalóide obtido da coca e sub-espécies ou por síntese da ecgonina ou dos seus derivados)

cocainidine (Med.) cocainidina

cocainism (Geral) cocainismo

cocainization (Med.) cocainização (anestesia local com aplicação tópica ou injecção de cocaína)

cocarcinogen (Bio.; Med.) cocarcinógeno

cocci (Bio.) cocos (bactérias — forma plural)

coccidiomycosis (Med.; Vet.) coccidiomicose; doença da Califórnia; reumatismo do deserto

coccidiosis (MED.) coccidiose

coccoid (BOT.) cocóide

coccolith (BOT.) cocólito

coccus (BIO.) coco (bactéria — forma singular)

coccus cacti (ZOO.) cochonilha; cochinilha

coccydynia (MED.) coccidinia

coccygectomy (MED.) coccigectomia

coccygodynia (MED.) coccigodinia; coccialgia

coccygotomy (MED.) coccigotomia

coccyodynia (MED.) cocciodinia; coccigodinia

coccyx (ZOO.) cóccix

cochineal (QUÍM.) no geral, refere-se ao insecto feminino da cochinilha-do-cacto [*Coccus cacti*] *dessecado, envolvendo larvas jovens, usado como corante — o carmim. Na Farmacopeia Britânica é usado o insecto feminino dessecado do género Dactylopias coccus, que contém larvas e ovos*; cochonilha

cochlea (ZOO.) cóclea

cochlear potentials (FÍS.) potenciais cocleares (Acústica)

cochleate (BOT.; ZOO.) cocleado

cock (E.CIV.) torneira de encaixe

cock-bead (E.CIV.) bocel

cockcomb (MINER.) marcassite; pirite de ferro (impropriamente)

Cockcroff and Walton accelerator (ELECT.) acelerador de Cockcroff-Walton

cocket centring (E.CIV.) falso arco

cocking rollers (IMP.) cilindros giratórios

cockle stairs (ARQ.) escadas de caracol

cockling (PAPEL; TÊXT.) enrugamento

cockpit (AERO.) cockpit; carlinga; cabine do piloto; nacele

cockscomb (MINER.) V. *cockcomb*

cock-up (IMP.) letra inicial maior que as outras

coconut oil (QUÍM.) óleo de coco

cocoon (ZOO.) casulo

co-current contact (ELECT.) contacto co-corrente

cocuswood (BOT.; E.CIV.) ébano americano; ébano-da-Jamaica; a sua madeira

COD (QUÍM.) abr. de *Chemical Oxygen Demand* — procura de óxigénio químico; necessidade de oxigénio químico

cod (VET.) escroto cheio de gordura de animal castrado

cod (ZOO.) saco; escroto; bacalhau

codabar (GERAL) código de barras de 7 dígitos

codamine (QUÍM.) codamina

CODAN (TELECOM.) abr. de *Carrier Operated Device Anti-Noise* — dispositivo anti-ruído accionado por portadora — CODAN

Coddington lens (FÍS.) lente Coddington

code (GERAL) código

Code-49 (GERAL) código de barras 49

code alphanumeric (INF.) código alfanumérico

code binary (INF.; MAT.) código binário

code biquinary (INF.; MAT.) código biquinário

codec (INF.) abr. de *coder/decoder* — codificador/descodificador

code character (INF.) carácter de código

code checking time (INF.) tempo de teste de código

code computer (INF.) computador de código

code conversion (INF.) conversão de código

code converter (INF.) conversor de código

code current block (ELECT.) bloqueamento com corrente codificada

code decimal digit (ELECTRÓN.; INF.) dígito decimal de código

code dependent system (INF.) sistema dependente de código

code-directing character (INF.) carácter de orientação de código

code division multiple access [CDMA] (TELECOM.) acesso múltiplo por divisão de código

code division multiplex [CDM] (TELECOM.) multiplexagem por divisão de código

coded orthogonal frequency division multiplex [COFDM] (TELECOM.) multiplexagem codificada por divisão ortogonal de frequência

coded program (INF.) programa codificado

code element (INF.) elemento de código

code extension character (INF.) carácter de extensão de código

code group (INF.) grupo de código

code holes (INF.) perfurações de código

codeine (QUÍM.) codeína

code key (TELECOM.) chave de codificação

code length (INF.) comprimento de código

code line (INF.) linha de código

code line index (INF.) índice de linha de código

code micro (INF.) microcódigo

code name (INF.) código de nome

code of construction (QUÍM.) código ou regra de construção

code of practice (E.CIV.) códigos ou regras de prática

code parameter (INF.) pârametro de código

coder (TELECOM.) codificador

code reading contacts [CRC] (INF.) contactos de leitura de códigos

code selector (TELECOM.) selector de código

code set (INF.) conjunto de código

code stop (INF.) paragem programada; paragem codificada

CO detector (ELECTRÓN.) detector de CO

coding (GERAL) codificação

coding bounds (INF.) limites de codificação

coding capacity (BIO.) capacidade de codificação

coding delay (ELECTRÓN.) atraso codificado

coding sequence (BIO.) sequência de codificação

cod-liver oil (QUÍM.) óleo de fígado de bacalhau

codominant (GERAL) codominante

codon (BIO.) codão; codon; tripleto; trinca

codon bias (ECO.) enviesamento de tripletos

coefficient (GERAL) coeficiente

coefficient of absorption (FÍS.) coeficiente de absorção

coefficient of apparent expansion (FÍS.) coeficiente de expansão aparente

coefficient of compressibility (QUÍM.) coeficiente de compressibilidade

coefficient of coupling (TELECOM.) coeficiente de acoplamento

coefficient of demineralization (MED.) coeficiente de desmineralização

coefficient of dispersion (ELECT.) coeficiente de dispersão

coefficient of elasticity (FÍS.) coeficiente de elasticidade

coefficient of equivalence (ENG.) coeficiente de equivalência

coefficient of evaporation (FÍS.) coeficiente de evaporação

coefficient of expansion (FÍS.) coeficiente de dilatação; coeficiente de expansão

coefficient of extinction (FÍS.) coeficiente de extinção; coeficiente de actuação

coefficient of extinction by scattering (FÍS.) coeficiente de extinção por difusão; coeficiente de extinção por dispersão

coefficient of fineness of water plane (NAV.) coeficiente de finura do plano de flutuação

coefficient of flow (FÍS.) coeficiente de permeabilidade

coefficient of friction (FÍS.) coeficiente de fricção

coefficient of friction of rest (FÍS.) coeficiente de fricção em repouso; coeficiente de atrito estático

coefficient of fusion (FÍS.) coeficiente de fusão

coefficient of gas expansion (FÍS.) coeficiente de dilatação dos gases

coefficient of hardness (MINER.) coeficiente de dureza

coefficient of inbreeding (BIO.) coeficiente de procriação sanguínea

coefficient of kinematic viscosity (FÍS.) coeficiente de viscosidade cinemática

coefficient of kinetic friction (FÍS.) coeficiente de fricção cinética

coefficient of leakage (ELECT.) coeficiente de fuga

coefficient of linear expansion (FÍS.) coeficiente de expansão linear; coeficiente de dilatação linear

coefficient of mass absorption (FÍS.) coeficiente de absorção de massa

coefficient of molecular viscosity (QUÍM.) coeficiente de viscosidade molecular

coefficient of multiple correlation (EST.) coeficiente de correlação múltipla

coefficient of oscillation (FÍS.) coeficiente de oscilação

coefficient of perception (Fís.) coeficiente de percepção

coefficient of performance (Eng.) coeficiente de rendimento; coeficiente de desempenho

coefficient of reflection (Fís.) coeficiente de reflexão

coefficient of regression (Est.) coeficiente de regressão

coefficient of relationship (Bio.) coeficiente de relação

coefficient of restituition (Fís.) coeficiente de restituição; coeficiente de recuperação

coefficient of rigidity (Fís.) coeficiente de rigidez

coefficient of skewness (Est.) coeficiente de assimetria

coefficient of skin friction (Fís.) coeficiente de atrito superficial

coefficient of tension (Fís.) coeficiente de tensão

coefficient of utilization (Elect.) coeficiente de utilização; coeficiente de aproveitamento

coefficient of vaporization (Fís.) coeficiente de vaporização

coefficient of variation (Est.) coeficiente de variação

coefficient of viscosity (Fís.) coeficiente de viscosidade; viscosidade absoluta; viscosidade dinâmica

coele-, -coele (Geral) celo-, -celo; do grego *koilia* — barriga, denotando relação com o abdómen

Coelenterata (Zoo.) Celenterados

coelic (Zoo.) celíaco

coelic disease (Med.) doença celíaca

coelom (Zoo.) celoma

Coelomata (Zoo.) Celomados; Celómatas

coelomere (Zoo.) celómero

coelomoduct (Zoo.) canal celómico

coelostat (Aero.) celóstato

coelostome (Zoo.) celomostómio

coelozoic (Zoo.) celozóico

coenobium (Bot.) cenóbio

coenocline (Eco.) ecoclina

coenocyte (Bot.; Zoo.) cenócito

coenocytia (Bot.; Zoo.) cenócito

coenogamete (Bot.) cenogameta

coenosarc (Zoo.) cenossarco

coenosteum (Zoo.) cenósteo

coenuriasis (Vet.) cenurose

coenurosis (Vet.) cenurose

coenzyme (Bio.) coenzima

coenzyme I (Bio.) coenzima I; dinucleótido de nicotinamida-adenina

coenzyme II (Bio.) coenzima II; dinucleótido de nicotinamida-adenina-fosfato (forma oxidada)

coenzyme A (Bio.) coenzima A; CoA (coenzima que contem ácido pantoténico)

coenzyme Q (Bio.) coenzima Q (quinona com cadeias laterais isoprenóides, especificamente ubiquinonas)

coenzyme R (Bio.) coenzima R; biotina; factor W

coercimeter (Fís.) coercímetro

coercive force (Fís.) força coerciva

coercivity (Fís.) coercibilidade

coesite (Miner.) coesite

C of A (Aero.) abr. de *Certificate of Airworthiness* — Certificado de Navigabilidade

cofactor (Mat.) cofactor; menor complementar

COFDM (Telecom.) abr. de *coded orthogonal frequency division multiplex* — multiplexagem codificada por divisão ortogonal de frequência

coffer (Arq.) caixotão

coffer (Hidro.) câmara de eclusa; dique flutuante; caixão

coffer-dam (E.Civ.) câmara-estanque; ensecadeira

coffer dam (Nav.) coferdame

coffer work (E.Civ.) alvenaria de enchimento

coffin (Nucl.) caixão

C of M (Aero.) abr. de *Certificate of Maintenance* — Certificado de Manutenção

cog (E.Civ.) espiga

cog (Geo.) intrusão de rocha; espigão

cog (Mec.) dente de engrenagem

cog (Minas) trave de escoramento; espigão

cogging (Mec.) laminação a bruto

cognition (Psico.) cognição

cognitive dissonance (Psico.) dissonância cognitiva

cognitive ethology (Psico.) etologia cognitiva

cognitive map (Psico.) mapa cognitivo

cognitive therapy (Psico.) terapia cognitiva

coherence (Fís.) coerência; coesão; ligação

coherent (Bio.) coerente

coherent demodulation (Telecom.) desmodulação coerente

coherent echo (Fís.) eco coerente

coherent laser light (Fís.) luz de laser coerente

coherent light (Telecom.) luz coerente

coherent light radar (Radar) radar de luz coerente

coherent oscillator (Radar) oscilador coerente

coherent pulse (Radar) pulso coerente

coherent radar (Radar) radar coerente

coherent radiation (Fís.) radiação coerente

coherent scattering (Radar) dispersão coerente

coherent sources (Telecom.) fontes coerentes

coherent units (Geral) unidades coerentes

cohesion (Geral) coesão; adesão

cohesion mechanism (Bot.) mecanismo de coesão

cohesion theory (Bot.) teoria da coesão

cohesive end (Bio.) base coesiva

cohesive soils (E.Civ.) solos de coesão

cohort (Zoo.) coorte; subordem

coil (Elect.) bobina; solenóide; enrolamento

coil-and-wishbone (Auto.) suspensão dianteira com molas helicoidais

coiled-coil filament (Elect.) filamento espiralado

coiler (Têxt.) máquina de enrolar

coil heating (E.Civ.) serpentina de aquecimento (ou de calefacção)

coil ignition (Auto.) ignição por bobina; ignição por bateria

coil loading (Elect.) carga de bobina

coil-neutralization (Elect.) neutralização da bobina; neutralização indutiva

coil-rack (Elect.) armação para bobina

coil resistance (Elect.) resistência em bobina

coil serving (Elect.) revestimento de bobina

coil shield (Elect.) blindagem para bobina

coil shielding (Elect.) blindagem de bobina

coil-side (Elect.) lado da bobina

coil spring (Mec.) mola em espiral

coil switch (Elect.) interruptor de bobina

coil winder (Elect.) máquina de bobinar

coil-winding machine (Elect.) máquina de bobinagem

coincidence amplifier (Telecom.) amplificador de coincidência

coincidence circuit (Telecom.) circuito de coincidência

coincidence counter (Telecom.) contador de coincidência

coincidence demodulator (Electrón.) detector de coincidências; porta XNOR

coincidence detector (Radiol.) detecção de coincidência

coincidence gate (Telecom.) porta de coincidência

coincidence phenomenon (Fís.) fenómeno de coincidência

coincidence tuning (Telecom.) sintonização de coincidência

coincidental evolution (Bio.) evolução concertada; evolução coincidente

coin-collector (Elect.) colector de moedas

coin-counting (Med.) «contagem de dinheiro» (movimento deslizante do polegar e do indicador, que ocorre na paralisia agitante)

coining (Mec.) moedagem

coir (Têxt.) corda de fibra de coco; cairo

coire (Têxt.) V. *coir*

coition (Med.) coito; cópula; união sexual

coitophobia (Psico.) coitofobia

coitus (Med.) coito; cópula; união sexual

coitus interruptus (Med.) coito interrompido; onanismo

coitus reservatus (Med.) coito reservado

coke breeze (E.Civ.) pó de coque

cokes (Mec.) folha-de-flandres ao coque

col (Meteo.) colo; colo barométrico; colo isobárico

co-latitude (Astro.) co-latitude

Colby's bars (Topo.) barras de Colby

colchicina (Bio.; Quím.) colquicina

cold (Med.) resfriado; constipação

cold agglutinin (Imun.) aglutinina fria; auto-aglutinina

cold bend (Mec.) dobragem a frio; flexão a frio

cold-blooded (Zoo.) de sangue frio
cold cathode (Electrón.) cátodo frio
cold-cathode discharge lamp (Fís.) lâmpada de descarga com cátodo frio
cold cathode emitter (Electrón.) emissor de cátodo frio
cold-cathode fluorescent tube (Electrón.) tubo fluorescente de cátodo frio
cold-junction compensation (Electrón.) compensação de junção fria
cold chisel (Mec.) formão; talhadeira
cold-drawing (Mec.) estiramento a frio
cold front (Meteo.) frente fria
cold galvanizing (Mec.) galvanização a frio
cold-head (Mec.) encabeçamento a frio
cold insulation mastic (E.Civ.) mástique de isolamento a frio
cold junction (Fís.) junção a frio
cold light (Fís.) luz fria
cold low (Meteo.) baixa fria; ciclone frio; área atmosférica de baixa pressão e temperatura
cold mirror (T.Imag.) espelho frio
cold moulding (Plást.) moldagem a frio
cold pinch (Minas) aperto a frio; fecho a frio
cold pole (Eco.) pólo térmico
cold pool (Meteo.) gota fria; gota de ar frio
cold restart (Inf.) reinício a frio
cold riveting (Mec.) rebitagem a frio
cold sate (Mec.) corta-frio; talhadeira
cold saw (Mec.) serra a frio
cold sector (Eco.) sector frio
cold set (Mec.) corta-frio; talhadeira
cold-set (Mec.) talhadeira; corta-frio
cold-set ink (Imp.) tinta de secagem a frio
cold short (Mec.) quebradiço a frio
cold shut (Mec.) defeito de fundição; resfriamento precipitado
cold sores (Med.) herpes simplex
cold start (Inf.) arranque a frio
cold stellar body (Astro.) corpo estelar frio; corpo celeste frio; estrela fria
cold store (Electrón.; Inf.) armazenamento a frio
cold tongue (Meteo.) língua de ar frio
cold type occlusion (Meteo.) oclusão fria; oclusão tipo frente fria
cold wave (Meteo.) onda fria
cold welding (Mec.) soldadura a frio
cold-working (Mec.) trabalho a frio
colectomy (Med.) colectomia
colemanite (Miner.) colemanite
coleopter (Aero.) «coleóptero» (avião de asa anular na qual estão situados o motor e a fuselagem)
Coleoptera (Zoo.) Coleópteros
coleoptile (Bot.) coleóptilo
coleorrhiza (Bot.) coleorriza
colibacillosis (Med.) colibacilose
colibacillus (Med.) colibacilo (plural = colibacilli)
colic (Med.; Vet.) cólica
colicin (Bio.) colicina
coliform (Bio.; Med.) coliforme
coliform bacteria (Bio.) coliformes
coliform count (Bio.) contagem de coliformes

colinear (Geral) V. collinear
colitis (Med.) colite
collagen (Bio.) colagénio
collapse of lung (Med.) colapso do pulmão; colapso pulmonar
collapse therapy (Med.) terapia do colapso; colapsoterapia
collapsible tap (Mec.) macho de retracção automático
collar (Geral) colar; anel
collar beam (E.Civ.) travessa; barrote
collar-beam roof (Arq.) travessa do telhado; asna do telhado
collar cell (Zoo.) célula de colar; coanócito
collar-head screw (Mec.) porca de rebordo
collaring (Mec.) comprimir
collate (Imp.) alceamento
collate (Inf.) intercalar; reunir
collateral (Zoo.) colateral
collateral bud (Bot.) rebento colateral; botão colateral
collateral bundle (Bot.) feixe colateral
collating machine (Imp.) máquina de conferir
collating sequence (Inf.) sequência de intercalação
collecting cell (Bot.) célula colectora; célula de acumulação
collecting cylinder (Imp.) cilindro colector
collecting electrode (Elect.) eléctrodo colector
collecting lens (T.Imag.) lente de captação
collecting power (Fís.) poder de captação
collection (Imp.) colecção
collective dose equivalent (Radiol.) equivalente de dose colectiva
collective drive (Elect.) accionador colectivo
collective electron theory (Fís.) teoria de electrão colectivo
collective fruit (Bot.) fruto múltiplo
collective model of the nucleus (Fís.) modelo colectivo do núcleo
collective pitch control (Aero.) controlo de passo contínuo
collective unconscious (Psico.) inconsciente colectivo
collector (Electrón.) colector
collector agent (Minas) agente colector
collector-base leakage noise (Electrón.) ruído de fuga entre o colector e a base
collector brush (Elect.) escova colectora
collector capacitance (Elect.) capacitância de colector
collector characteristic curve (Electrón.) curva característica do colector
collector current (Elect.) corrente de colector
collector-current runway (Elect.) incremento contínuo na corrente do colector
collector cutoff current (Elect.) corrente de corte de um colector

collector efficiency (Elect.) eficiência de colector; rendimento de colector
collector junction (Elect.) junção ao colector
collector plates (Elect.) placas colectoras
collector ring (Elect.) anel colector
collector shoe (Elect.) anel do colector; sapata do colector
collector strip (Elect.) linha de contacto
collector voltage (Elect.) tensão de colector; voltagem de colector; potencial de colector
College electros (Imp.) electrotipos de impressão College
collenchyma (Bot.) colênquima
Colle's fracture (Med.) fractura de Colles
collet (Mec.) pinça de aperto; porca de aperto
collet chuck (Mec.) pinça elástica
colletrial glands (Zoo.) glândulas acessórias do aparelho genital
colliculus (Zoo.) colículo; montículo; eminência
colliculus inferior (Med.; Zoo.) colículo inferior; corpo quadrigémeo posterior
colliding-beam experiment (Fís.) experiência de feixes de colisão
colligative properties (Quím.) propriedades coligativas
collimation (Fís.) coligação
collimation error (Topo.) erro de colimação
collimation system (Topo.) sistema de colimação
collimator (Fís.) colimador
collinear (colinear) array (Telecom.) antena colinear; rede de antenas em linha
collinear (colinear) transformation of a matrix (Mat.) transformação colinear de uma matriz
collinear (colinear) vectors (Mat.) vectores colineares
collineation (colineation) (Mat.) colineação; transformação colinear
Collins process (Fís.) processo de Collins
colliotomy (Med.) coliotomia
colliquation (Med.) coliquação; necrose coliquativa; amolecimento
collision (Fís.) colisão
collisional excitation (Fís.) excitação de colisão
collision bulkhead (Nav.) antepara de colisão
collision diameter (Quím.) diâmetro de colisão
collision number (Quím.) número de colisão
collision parameter (Astro.) parâmetro de colisão
collision rate (Fís.) coeficiente de colisão
collision theory (Eco.) teoria da colisão
collision vector (Aero.) vector de colisão
collision warning (Aero.; Astro.) aviso de colisão

collision window (ELECTRÓN.) janela de colisão
collodion (MED.; QUÍM.) colódio
collodium process (T.IMAG.) processo colódio
colloid (QUÍM.) colóide; coloidal
colloidal adsorption (QUÍM.) adsorção coloidal
colloidal clay (GEO.) argila coloidal
colloidal electrolyte (FÍS.) electrólito coloidal
colloidal fuel (MEC.) combustível coloidal
colloidal goitre (MED.) bócio colóide; adenoma gelatinoso
colloidal graphite (MEC.) grafite coloidal
colloidal movement (QUÍM.) movimento coloidal; movimento browniano
colloidal mud (MINER.) lama coloidal; lodo coloidal
colloidal precipitate (QUÍM.) precipitado coloidal
colloidal silica (MINER.) sílica coloidal
colloidal state (QUÍM.) estado coloidal
colloidin (QUÍM.) coloidina
colloid mill (QUÍM.) moinho coloidal
colloidoclasia (MED.) coloidoclasia (ruptura do equipamento coloidal do organismo)
colloidoclasis (MED.) V. *colloidoclasia*
colloidogen (QUÍM.) coloidógeno
collophane (MINER.) colofana
collotype (IMP.) colotipia; colótipo
colluvium (GEO.) aluvião
coloboma (MED.) coloboma
colocentesis (MED.) colocentese; colopunção
coloenteritis (MED.) coloenterite; enterocolite
colon (ZOO.) cólon
colonization (ECO.) colonização
colonnade (ARQ.) colunada; colunata
colony (GERAL) colónia
colony counter (BIO.; QUÍM.) contador de colónias
colony-forming unit [CFU] (BIO.) unidade formadora de colónia
colony stimulating factors (IMUN.) factores estimulantes do clone; factores estimulantes da colónia
colopexia (MED.) colopexia
colopexy (MED.) colopexia
colophon (IMP.) colófon
colophonium (QUÍM.) colofónio; colofana; pez louro
color (GERAL) V. *colour*
Colorado beetle (ZOO.) escaravelho da batata do Colorado
Colorado ruby (MINER.) rubi-do-colorado; rubi americano; piropo; granada nobre
Colorado topaz (MINER.) topázio-do-colorado; quartzo citrino
colorimeter (FÍS.) colorímetro
colorimetric analysis (QUÍM.) análise colorimétrica
colorimetric purity (T.IMAG.) pureza colorimétrica
colorimetry (T.IMAG.) colorimetria
colostomy (MED.) colostomia
colostration (MED.) colostração
colostric (BIO.) colóstrico

colostrom (BIO.) colostro
colostrorrhea (MED.) colostrorreia
colostrum-corpuscles (ZOO.) corpúsculos colóstricos
colotomy (MED.) colotomia
colour (GERAL) cor
colour additive light mixing (ELECTRÓN.) cor de mistura aditiva
colour analyser (T.IMAG.) analisador de cores
colour balance (T.IMAG.) equilíbrio de cor
colour balancing (T.IMAG.) equilíbrio de cor
colour bar (IMP.) barra de cor
colour blending (T.IMAG.) mistura de cor
colour blindness (MED.) cegueira para as cores; anomalopia
colour burst (T.IMAG.) sinal de sincronismo de cor
colour cast (T.IMAG.) cor predominante; cor dominante
colour cement (E.CIV.) cimento de cor
colour clock (T.IMAG.) relógio de cor
colour code (T.IMAG.) código de cores
colour contamination (T.IMAG.) contágio de cor
colour contrast (T.IMAG.) contraste de cor
colour coordinates (FÍS.) coordenadas de cor
colour-corrected lens (FÍS.; T.IMAG.) lente de correcção de cor
colour correction (IMP.) correcção de cor
colour coupler (T.IMAG.) acoplador de cor
colour crosstalk (T.IMAG.) interferência de cor
colour CRT (T.IMAG.) CRT a cores
colour decoder (T.IMAG.) descodificador de cor
colour developer (T.IMAG.) revelador de cor
colour difference signals (T.IMAG.) sinais de diferença de cor
colour display (INF.) monitor a cores
colour excess (ASTRO.) excesso de cor
colour fastness (TÊXT.) firmeza de cor
colour fatigue (FÍS.) fadiga de cor
colour filter (FÍS.) filtro de cor
colour flicker (TELECOM.) tremulação de cores
colour fringing (TELECOM.) franja de cores
colour gate (T.IMAG.) entrada de cor; porta de cor
colour guides (IMP.) guia de cores
colour index (ASTRO.) índice de cor
colouring pigment (E.CIV.) pigmento colorido; mordente
colour intermediate (T.IMAG.) cor intermédia
colour-key (T.IMAG.) chave de cores
colour killer (T.IMAG.) supressor de cor
colour LCD (T.IMAG.) LCD a cores
colour-luminosity array (ASTRO.) sistema cor-luminosidade
colour masking (GERAL) máscaras de cor
colour matrix (T.IMAG.) matriz de cor
colour mixture curve (FÍS.) gráfico de mistura de cores

colour negative (T.IMAG.) negativo colorido
colour palette (T.IMAG.) paleta de cores
colour phase alternation (T.IMAG.) alternância da fase de cor
colour photographic sensitivity (T.IMAG.) sinal de imagem de cor
colour positive (T.IMAG.) positivo colorido
colour primaries (IMP.; T.IMAG.) cores primárias
colour printing (IMP.) impressão a cores; cromotipia
colour purity magnet (T.IMAG.) magnete de pureza de cor
colour pyramid (T.IMAG.) pirâmide de cores; triângulos de cores
colour reference signal (T.IMAG.) sinal de referência de cor
colour register (IMP.) registo de cor
colour saturation (T.IMAG.) saturação de cor
colour screen (T.IMAG.) filtro de cor
colour separation (IMP.; T.IMAG.) separação de cor
colour separation overlay (T.IMAG.) sobreposição de separação de cor
colours of thin films (FÍS.) cor de películas finas
colour specification (T.IMAG.) especificação de cor
colour standards (T.IMAG.) padrões de cores
colour subcarrier (T.IMAG.) subportadora de cor
colour television (T.IMAG.) televisão a cores
colour temperature (T.IMAG.) temperatura de cor
colour threshold (FÍS.) limiar de cor
colour tracking (T.IMAG.) rastreio de cores
colour transparence (T.IMAG.) transparência de cor
colour triad (ELECT.) tríade de cor
colour triangle (FÍS.) triângulo de cores
colour vision (GERAL) visão de cor
colpatresia (MED.) colpatresia (atresia vaginal)
colpectasia (MED.) colpectasia (distensão da vagina)
colpectasis (MED.) V. *colpectasia*
colpitis (MED.) colpite; vaginite
Colpitts oscillator (ELECTRÓN.) oscilador de Colpitts
colpo-, colp- (GERAL) colpo-, colp-; do grego *kolpos* — buraco, dobra, especificamente vagina
colpocele (MED.) colpocele; vaginocele
colpocleisis (MED.) colpoclise; cirurgia de Simon
colpocystitis (MED.) colpocistite
colpocystocele (MED.) colpocistocele
colpocystotomy (MED.) colpocistotomia
colpodynia (MED.) colpodinia
colpoperineoplasty (MED.) colpoperineoplastia; vaginoperineoplastia
colpoperineorrhaphy (MED.) colpoperineorrafia; vaginoperineorrafia
colpopexy (MED.) colpopexia
colpoptosia (MED.) colcoptose; colpocele; elitroptose

colpoptosis (MED.) V. *colcoptosia*

colporrhaphy (MED.) colporrafia

colposcope (MED.) colposcópio

colpospasm (MED.) colpospasmo

colpus (BOT.) tubo polínico

columbite (MINER.) columbite; nióbito

Columbus (ESP.) «Columbus» — programa da Agência Espacial Europeia

columella (BOT.; ZOO.) columela

column (GERAL) coluna

column analogy method (E.CIV.) método de analogia de colunas

column and row numbers (INF.) endereçamento (de DRAM) por colunas e linhas

columnar crystal (MEC.) cristal prismático

columnar epithelium (ZOO.) epitélio prismático

columnar structure (GEO.) estrutura colunar

column binary (INF.) binário de coluna; binário chinês

column split (INF.) separador de coluna

column vector (MAT.) vector colunar

colures (ASTRO.) coluros

COM (INF.) abr. de *Computer Output on Microfilm* — saída do computador em microfilme

coma (ASTRO.) cabeleira; coma

coma (BOT.) coma

coma (FÍS.) coma; aberração da imagem

coma (MED.) coma

comagmatic assemblage (GEO.) agregado comagmático

COMAL (INF.) abr. de *Common Algorithmic Language* — linguagem algorítmica comum

comatose (MED.) comatoso

comb (ARQ.) espigão

comb (GEO.) ravina

comb (GERAL) pente

comb (TÊXT.) carda; pente de cardar

comb (ZOO.) favo (de abelha); crista (de ave)

combat binding (IMP.) encadernação de combate

combat rating (AERO.) potência de combate

combat yarns (TÊXT.) tecidos de combate

Combescure transformation of a curve (MAT.) transformação de Combescure de uma curva; transformação de Combescure

comb filter (TELECOM.; T.IMAG.) filtro de pente

combi drive (INF.) gravador de CD e leitor de DVD

combination (GERAL) combinação

combinational logic (ELECTRÓN.) lógica combinatória

combination chuck (MEC.) placa mista; placa combinada

combination cylinder (E.CIV.) cilindro de combinação

combination mill (MEC.) moinho de combinação

combination of capacitors (ELECTRÓN.) arranjo de condensadores

combinations (MAT.; QUÍM.) combinações

combination set (MEC.) esquadro universal múltiplo

combination tones (FÍS.) tons combinados (Acústica)

combinatorial library (BIO.) biblioteca combinatória

combined carbon (MEC.) carbono combinado

combined half-tone and line (IMP.) meio-tom e linha combinados

combined-impulse turbine (MEC.) turbina de impulso combinado

combined system (E.CIV.) sistema combinado; sistema unitário

combining weight (QUÍM.) peso equivalente

combustion (GERAL) combustão

combustion chamber (AERO.) câmara de combustão

combustion control (MEC.) controlo de combustão

combustion efficiency (AERO.; MEC.) eficiência de combustão; eficácia de combustão; rendimento de combustão

combustion engine (MEC.) motor de combustão; motor de explosão

combustion-expansion event (MEC.) tempo de combustão-explosão

combustion fog (METEO.) nevoeiro de cidade; nevoeiro de combustão

combustion lag (METEO.) atraso de combustão

combustion noise (FÍS.) ruído de combustão

combustion stroke (MEC.) curso de combustão; curso de expansão

combustion tube furnace (MEC.) forno de combustão de tubo

come-and-go (IMP.) vai-e-vém

comedo (MED.) comedão; pústula

comet (ASTRO.) cometa

comfort behaviour (PSICO.) comportamento de conforto

Comité Européen de Normalisation-Comité Européen de Normalisation Electrotechniques [CEN-CENELEC] (GERAL) Comité Europeu de Normalização - Comité Europeu de Normalização Electrotécnica

comma (FÍS.) coma (Acústica)

command guidance (AERO.) controlo de comando

command language (INF.) linguagem de comando

command name (INF.) comando de nome

Commelinidae (BOT.) Comelinídeas

commensalism (BIO.) comensalismo

commensurable quantities (MAT.) quantidades comensuráveis

comminuted (MED.) cominutivo

comminuted powder (FÍS.) pó pulverizado

comminution (MINAS) fragmentação; pulverização; trituração

Commission Electrotechnique Internationale [CEI] (GERAL) Comissão Electrotécnica Internacional

commisural bundle (BOT.) feixe comissural

commisure (BOT.; ZOO.) comissura

common ashlar (E.CIV.) cantaria comum

common base amplifier (ELECTRÓN.) amplificador de base comum

common-base connection (ELECTRÓN.) conexão de base comum

common brick (E.CIV.) tijolo comum

common bundle (BOT.) feixe comum

common cathode amplifier (ELECTRÓN.) amplificador de cátodo comum

common-collector connection (ELECTRÓN.) conexão de colector comum

common command language (INF.) linguagem de comando comum

common dovetail (E.CIV.) ensambladura; sambladura

common drain amplifier (ELECTRÓN.) amplificador de sumidoiro comum

common-emitter connection (ELECTRÓN.) conexão de emissor comum

common-frequency broadcasting (TELECOM.) radiodifusão de frequência comum; difusão de frequência comum

common gate amplifier (ELECTRÓN.) amplificador de porta comum

common joist (E.CIV.) trave de soalho; viga de pavimento

common lead (MEC.) chumbo

common mode failure (NUCL.) falha de modo comum

common-mode rejection (ELECTRÓN.) rejeição mútua de modo; rejeição de modo comum

common-mode rejection ratio (ELECTRÓN.) razão de rejeição de modo comum

common-mode signal (ELECTRÓN.) sinal de modo comum

common rafter (E.CIV.) caibro

common return (TELECOM.) retorno mútuo; retorno comum

common source amplifier (ELECTRÓN.) amplificador de fonte comum

communal aerial television [CATV] (T.IMAG.) televisão por antena comum

communication (PSICO.) comunicação

communication adapter (INF.) adaptador de comunicação

communication area (INF.) área de comunicação

communication center (INF.) centro de comunicação

communication channel (INF.) canal de comunicação

Communication Common Carrier (INF.) Portadora de Comunicação Comum (empresas públicas de serviços de telecomunicações, especialmente nos EUA e no Canadá)

communication control character (INF.) carácter de controlo de comunicação

communication controller (INF.) controlador de comunicação

communication controller node (INF.) nó de controlador de comunicação

communication control program [CCP] (INF.) programa de controlo de comunicação

communication devices (INF.) dispositivos de comunicação communication facility (INF.) recurso de comunicação; meio de comunicação

communication field (INF.) campo de comunicação

communication interface (INF.) interface de comunicação

communication interrupt control program [CICP] (INF.) programa de controlo de interrupção de comunicação

communication line (INF.) linha de comunicação

communication line adapter (INF.) adaptador de linha de comunicação

communication link (INF.) ligação de comunicação; elo de comunicação

communication macro instructions (INF.) macroinstruções de comunicação

communication management (INF.) administração de comunicação

communication management configuration (INF.) configuração de administração de comunicação

communication management host (INF.) centro de administração de comunicação; centralizador de administração de comunicação

communication network (INF.; TELECOM.) rede de comunicação

communication network management [CNM] (INF.) administração de rede de comunicação

communication network management application program (INF.) programa de aplicação (de administração) de rede de comunicação

communication parameter list (INF.) lista de parâmetros de comunicação

communication processor (INF.) processador de comunicação

communication reliability (INF.) fiabilidade da comunicação

communication scanner (TELECOM.) explorador de comunicação; analisador de comunicação

communications control unit (INF.) unidade de controlo de comunicações

communications port (TELECOM.) porta de comunicações

communications satellite (ESP.; TELECOM.) satélite de comunicações

community (GERAL) comunidade

community antenna television (TELECOM.) televisão de antena colectiva

commutating auto-zero amplifier (ELECTRÓN.) amplificador de corte estabilizado

commutating field (ELECT.) campo de comutação

commutating machine (ELECT.) máquina de comutação

commutating pole (ELECT.) pólo de comutação; pólo auxiliar

commutation factor (ELECTRÓN.) factor de comutação

commutation switch (TELECOM.) comutador; disjuntor de comutação

commutative (MAT.) comutativa (propriedade)

commutator (GERAL) comutador

commutator bar (ELECT.) barra do comutador

commutator bush (ELECT.) camisa do comutador

commutator face (ELECT.) superfície do comutador

commutator hub (ELECT.) camisa do comutador; caixa do comutador

commutator losses (ELECT.) perdas do comutador

commutator motor (ELECT.) motor a comutador

commutator ring (ELECT.) anel do comutador

commutator ripple (ELECT.) ondulação do comutador

commutator segment (ELECT.) lâmina do comutador

commutator surface (ELECT.) superfície do comutador

compact (GERAL) compacto; denso; maciço

compact disc (FÍS.) disco compacto

compact disc decoder (ELECTRÓN.) descodificador de disco compacto

compact disc video (T.IMAG.) disco compacto de vídeo

compaction (E.CIV.) consolidação

compaction (GEO.) compacção

compact set (MAT.) conjunto compacto

compact space (MAT.) espaço compacto

compander (TELECOM.) abr. de COMpresser/exPANDER — compressor/expansor

companion cell (BOT.) célula companheira

companionship (IMP.) comandita

companion store backup (INF.) recuperação (cópia) de armazenamento

companionway (NAV.) descida entre conveses; meia-laranja

comparating unit (GERAL) unidade de comparação

comparative genomics (BIO.) genómica comparativa

comparator (GERAL) comparador; sincronizador

comparison counting sort (INF.) classificação por contagem de comparação

comparison lamp (FÍS.) lâmpada de comparação; lâmpada de teste

comparison prism (FÍS.) prisma de comparação

comparison surface (FÍS.) superfície de comparação

compass (GERAL) bússola; agulha magnética

compass amplitude (GERAL) amplitude de bússola

compass azimuth (GERAL) azimute magnético; azimute de bússola

compass base (NAV.) base de bússola; rosa-dos-ventos; base de correcção de bússola

compass bearing (NAV.) indicação da agulha; marcação da bússola

compass bowl (NAV.) caixa da bússola; cuba da bússola

compass box (NAV.) caixa da bússola

compass cap (NAV.) rumo da bússola

compass card (NAV.) rosa-dos-ventos

compass center pin (NAV.) pino da agulha da bússola

compass compensating (NAV.) compensação da bússola

compass compensation platform (NAV.) plataforma de compensação da bússola; plataforma de teste da bússola

compass correction (NAV.) correcção da bússola; compensação da bússola

compass correction card (NAV.) tabela de correcção da bússola

compass corrector (NAV.) corrector da bússola; íman de compensação; barra de Flinder

compass course (NAV.) rumo da bússola; rumo da agulha; rumo magnético

compass course angle (NAV.) ângulo do rumo da bússola

compass course made good (NAV.) rumo da bússola navegado

compass damping (NAV.) amortecimento da agulha

compass declinometer (NAV.) declinómetro de bússola

compass deflection (NAV.) desvio de bússola

compass diagram (NAV.) rosa-dos-ventos

compass dial (NAV.) rosa-dos-ventos

compass error (NAV.) erro de bússola; variação total de bússola

compass gimbals (NAV.) balanceiros da bússola

compass heading (NAV.) proa da bússola; proa da agulha

compass housing (NAV.) caixa da bússola

compassing (NAV.) funcionamento da bússola

compass plane (E.CIV.) plaina circular

compass points (NAV.) rumo da rosa-dos-ventos

compass points (GEO.; NAV.) pontos da bússola; pontos da agulha (as 32 divisões da bússola, em Geodésia)

compass prime vertical (NAV.) primeira vertical da bússola

compass roof (ARQ.) telhado de asna com escora e nível

compass rose (NAV.) rosa-dos-ventos

compass saw (E.CIV.) serra de ponta

compass signal (NAV.) sinal de rumo; sinal de bússola

compass survey (TOPO.) levantamento com bússola

compass swinging (TOPO.) oscilação da bússola

compass track (NAV.) rota da bússola

compass variation (NAV.) variação da bússola; declinação da bússola

compatible (GERAL) compatível

compatible colour television (T.IMAG.) televisão a cores compatível

compatible equation (MAT.) equação compatível

compensated aneroid (FÍS.) aneróide compensado

compensated attenuator (ELECTRÓN.) atenuador compensado

compensated condenser (ELECT.) condensador compensado

compensated frequency (ELECT.) frequência compensada

compensated induction motor (ELECT.) motor de indução compensada compensated movement (Fís.) movimento compensado

compensated repulsion motor (Elect.) motor de repulsão compensada

compensated rudder (Aero.) leme de direcção compensado

compensated scale barometer (Fís.) barómetro de escala compensada; barómetro de Tonnelot

compensated scan (Elect.) exploração compensada

compensated semiconductor (Elect.) semicondutor compensado

compensated series motor (Elect.) motor de série compensada

compensated shunt box (Elect.) caixa de derivação compensada

compensated signal (Elect.) sinal compensado

compensated voltmeter (Elect.) voltímetro compensado

compensated wattmeter (Elect.) watímetro compensado

compensating bar (Elect.) barra (magnética) de compensação

compensating coil (Elect.) bobina de compensação

compensating diaphragm (Topo.) diafragma de compensação

compensating error (Topo.) erro de compensação

compensating field (Topo.) campo compensado

compensating filter (Elect.) filtro de compensação

compensating jet (Auto.) jacto de compensação; compensador

compensating magnet (Elect.) magnete de compensação; íman de compensação

compensating pole (Elect.) polo de compensação

compensating roller (Imp.) rolo de compensação; rolo de tensão; compensador

compensating winding (Elect.) enrolamento de compensação

compensation (Fís.) compensação

compensation balance (Reloj.) volante de compensação

compensation pendulum (Reloj.) pêndulo de compensação

compensation point (Bot.) ponto de compensação

compensation theorem (Fís.) teorema de compensação

compensation water (E.Civ.) água de compensação

compensator (Geral) compensador

compensator (Elect.) compensador; autotransformador

competition (Bio.) competição

competitive exclusion principle (Eco.) princípio de exclusão competitiva

competitive inhibition (Bio.) inibição competitiva

competitive strategy (Eco.) estratégia competitiva

compilation error (Inf.) erro de compilação

compiler (Inf.) compilador

complanate (Bot.) complanado

complement (Geral) complemento

complementarity (Geral) complementaridade

complementary (Geral) complementar

complementary angles (Mat.) ângulos complementares

complementary base (Bio.) bases complementares

complementary base pairing (Bio.) emparelhamento de bases complementares

complementary colours (Geral) cores complementares

complementary DNA (Bio.) ADN complementar

complementary error function [erfc] (Electrón.) função de erro complementar

complementary function (Mat.) função complementar

complementary genes (Bio.) genes complementares

complementary medicine (Med.) medicina complementar

complementary metal-oxide semiconductor (Electrón.) semicondutor metal-óxido complementar

complementary resources (Eco.) recursos complementares

complementary set (Mat.) conjunto complementar

complementary stage (Electrón.) andar complementar

complementary symmetry (Electrón.) simetria complementar

complementary transistor (Electrón.) transístor complementar

complementation (Geral) complementação

complement deficiency (Imun.) deficiência de complemento

complemented lattice (Inf.) rede complementar

complement fixation (Imun.) fixação de complemento

complement of a subset of a set (Mat.) complemento de um subconjunto de um conjunto

complete analysis (Geral) análise completa

complete combustion (Mec.) combustão completa

complete differential (Mat.) diferencial total

complete Freund's adjuvant (Imun.) adjuvante completo de Freund

complete integral (Mat.) integral completa

complete medium (Bio.) meio (de cultura) completo

complete metric space (Mat.) espaço métrico completo

complete reaction (Quím.) reacção completa

complete set of functions (Mat.) conjunto completo de funções

complete survey (Topo.) levantamento completo

complete turn (Aero.) volta completa; viragem completa

complex (Psico.) complexo

complex amplitude (Fís.) amplitude de complexão

complex argument (Inf.) argumento complexo

complex circuit (Electrón.) circuito complexo

complex filter (Electrón.) filtro complexo

complex gradient (Eco.) gradiente complexo

complex hyperbolic functions (Fís.; Mat.) funções hiperbólicas complexas

complex instruction set computer [CISC] (Inf.) computador de conjunto de instruções complexo

complex iron (Quím.) ião complexo

complexity (Geral) complexidade

complexity function (Inf.) função da complexidade; função de trabalho

complexity of DNA (Bio.) complexidade de ADN

complexity of RNA (Bio.) complexidade do ARN

complex low (Meteo.) baixa complexa; depressão complexa

complex number (Mat.) número complexo

complexones (Quím.) complexonas

complex Poynting vector (Elect.) vector complexo de Poynting

complex programmable logic device [CPLD] (Electrón.) equipamento de programação lógica complexa

complex tissue (Bot.) tecido composto

complex tone (Fís.) tom composto

complex wave (Fís.) onda composta

complex waveform (Electrón.) forma de onda complexa

compliance (Fís.) deformação

complicate (Bot.; Zoo.) intricado

compo (E.Civ.) argamassa de cimento e areia

compole (Elect.) polo auxiliar

component (Geral) componente

component anabatic (Meteo.) componente anabático

component bar chart (Est.) gráfico rectangular de composição

component density (Electrón.) densidade dos componentes

component failure impact analysis (Inf.) análise de impacto de falha de componente

component forces (Fís.) forças componentes

component of a vector (Mat.) componente de um vector

component of force (Fís.) componente de força

component of star (Astro.) estrela componente; componente de estrela (estrela secundária de uma estrela dupla)

component of velocity (Fís.) componente de velocidade

component of whirl (Meteo.) componente de vórtice

components (Quím.) componentes

component tolerance code (Electrón.) código de tolerâncias (dos componentes)

COM port (Inf.) porta COM; porta série; porta RS-232

compatibility group (Bio.; Med.) grupo de compatibilidade; grupo compatível

compose (Imp.) compor

composing frame (Imp.) cavalete de composição

composing machines (Imp.) máquinas de composição

composing rule (Imp.) regreta

composing stick (Imp.) componedor

Compositae (Bot.) Compostas

composite (Têxt.) composto; misto

composite balance (Elect.) balança ajustável

composite beam (E.Civ.) viga armada; viga composta

composite block (Imp.) bloco composto

composite cable (Elect.) cabo composto; cabo misto

composite circuit (Elect.) circuito composto

composite cloud formation (Meteo.) formação de nuvens compostas

composite colour signal (T.Imag.) sinal de vídeo composto

composite compact (Mec.) compacto misto

composite conductor (Elect.) condutor misto

composite flash (Meteo.) relâmpago misto; descarga mista

composite module data set (Inf.) conjunto de dados de módulo composto

composite operator (Inf.) operador composto

composite photography (T.Imag.) fotografia composta

composite propellant (Quím.) combustível composto; propelente misto

composite resistor (Elect.) resistência composta

composite sailing (Nav.) navegação composta

composite sampling (Hidro.) amostragem composta

composite ship (Nav.) navio de construção mista (ferro e madeira)

composite signal (T.Imag.) sinal de vídeo composto

composite stroke (Meteo.) relâmpago misto; descarga múltipla

composite structure (Mec.) estrutura mista

composite track (Nav.) rota mista

composite truss (E.Civ.) viga-mestra mista (de ferro ou aço e madeira)

composite wing structure (Aero.) estrutura mista da asa

composite yarn (Têxt.) fio composto

composition (Quím.) composição

composition (Quím.) composição; mistura

composition formula (Quím.) fórmula empírica

composition founts (Imp.) fontes de composição

composition nails (E.Civ.) pregos compostos (liga de cobre e alumínio)

composition of atmosphere (Quím.) composição da atmosfera

composition of forces (Fís.) composição de forças

composition of parallel forces (Fís.) composição de forças paralelas

composition of vectors (Fís.) composição de vectores

composition of velocities (Fís.) composição de velocidades

composition resistor (Elect.) resistência de composição; resistência de carvão

composition rollers (Imp.) rolos de composição

compost (Bot.) composto (adubo)

compound (Geral) composto; combinado; mistura

compound arch (Arq.) arco composto

compound brush (Elect.) escova composta

compound catenary construction (Elect.) construção em catenária composta

compound dredger (E.Civ.) draga mista

compound engine (Mec.) motor misto; motor composto

compound eyes (Zoo.) olhos compostos

compound fault (Geo.) falha composta

compound generator (Elect.) gerador misto; gerador composto

compound girder (E.Civ.) viga composta

compounding (Mec.) combinação

compound lever (Mec.) alavanca dupla

compound magnet (Elect.) magnete composto; íman composto

compound microscope (Fís.) microscópio composto

compound modulation (Telecom.) modelação composta

compound motor (Elect.; Mec.) motor misto; motor composto

compound nucleus (Fís.) núcleo composto

compound pack-ice (Geo.) banquisa mista

compound pendulum (Fís.) pêndulo composto

compound pillar (E.Civ.) pilar composto

compound press tool (Mec.) ferramenta de calcar composta

compound semiconductor (Electrón.) semicondutor composto

compound slide rest (Mec.) espera de torno composta

compound steel (Mec.) aço especial

compound train (Mec.) conjunto misto

compound-wound (Mec.) de enrolamento composto

compound-wound motor (Mec.) motor de enrolamento composto

compressed-air (Mec.) ar comprimido

compressed-air bottle (Mec.) garrafa de ar comprimido

compressed-air brake (Mec.) travão de ar comprimido; travão pneumático

compressed-air capacitor (Elect.; Mec.) condensador de ar comprimido

compressed-air cylinder (Mec.) cilindro de ar comprimido; tubo de ar comprimido

compressed-air disease (Med.) doença dos mergulhadores; mal dos mergulhadores

compressed-air drill (E.Civ.) máquina de furar pneumática; perfuradora pneumática

compressed-air grease gun (Mec.) pistola lubrificadora a ar comprimido

compressed-air illness (Med.) doença dos mergulhadores

compressed-air inspirator (Mec.) injector de ar comprimido

compressed-air lamp (Minas) lâmpada de ar comprimido

compressed-air pump (Mec.) bomba pneumática; bomba de ar comprimido

compressed-air start (Auto.) arranque por ar comprimido

compressed-air tools (Mec.) ferramentas a ar comprimido; ferramentas pneumáticas

compressed-air wind tunnel (Aero.) túnel aerodinâmico de ar comprimido

compressed audio (Telecom.) áudio comprimido

compressed serial data interface [CSDI] (Inf.) interface série de dados comprimidos

compressed video (T.Imag.) vídeo comprimido

compressibility (Geral) compressibilidade

compressibility burble (Fís.) onda de choque

compressibility coefficient (Fís.) coeficiente de compressibilidade

compressibility drag (Aero.) resistência ao avanço

compressibility factor (Fís.) factor de compressibilidade; factor de desvio

compressibility of gases (Fís.) compressibilidade dos gases

compressibility stall (Fís.) onda de choque

compressibility wave (Meteo.) onda de compressibilidade

compression cable (Telecom.) cabo de pressão; cabo de compressão

compression chamber (Mec.) câmara de compressão

compression event (Mec.) tempo de compressão

compression-expansion stroke (Mec.) tempo de compressão e expansão; curso compressão-expansão

compression fitting (E.Civ.) acessório de compressão

compression-ignition engine (Mec.) motor de ignição-compressão; motor Diesel; motor a autocombustão

compression moulding (Plást.) moldagem por compressão

compression ratio (Telecom.) taxa de compressão

compression ratio (Mec.) razão de compressão; relação de compressão

compression rib (Aero.) nervura de compressão

compression rib (MEC.) nervura-mestra

compression ring (MEC.) anel de compressão

compression spring (MEC.) mola de compressão

compression strain (MEC.) esforço de compressão

compression strength (MEC.) resistência à compressão

compression stress (MEC.) resistência à compressão

compression stroke (MEC.) tempo de compressão; curso de compressão

compression test (MEC.) teste de compressão

compression wave (GERAL) onda de compressão

compression wing rib (AERO.) nervura de compressão da asa

compression wood (BOT.) madeira de compressão

compressive shrinkage (TÊXT.) contracção compressiva; encolhimento

compressor (GERAL) compressor

compressor drum (AERO.) tambor do compressor

comptometer (GERAL) calculadora

Compton absorption (FÍS.) absorção de Compton

Compton effect (FÍS.) efeito de Compton

Compton electron (FÍS.) electrão de Compton

Compton-Getting effect (ASTRO.) efeito de Compton-Getting

Compton process (FÍS.) processo de Compton

Compton recoil electron (FÍS.) electrão de recuo de Compton

Compton scatter (RADIOL.) dispersão de Compton

Compton's rule (QUÍM.) regra de Compton

Compton wavelength (FÍS.) comprimento de onda de Compton

compulsion (PSICO.) compulsão

computability (INF.; MAT.) computabilidade

computable function (INF.) função computacionável

computational complexity (INF.) complexidade computacional

computed tomography (RADIOL.) tomografia computacional

computer (GERAL) calculador; computador

computer aided design [CAD] (INF.) projecto assistido por computador

computer-aided editing (INF.) edição assistida por computador

computer aided engineering [CAE] (INF.) engenharia assistida por computador

computer aided graphic expression (INF.) expressão gráfica assistida por computador

computer aided instruction [CAI] (INF.) instrução assistida por computador

computer aided learning [CAL] (INF.) aprendizagem assistida por computador

computer aided machining [CAM] (INF.) fabricação assistida por computador

computer aided manufacturing [CAM] (INF.) fabricação assistida por computador (integrada com CAD)

computer aided testing [CAT] (INF.) teste assistido por computador

computer aided tomography [CAT] (RADIOL.) tomografia assistida por computador; tomografia computorizada

computer applications (INF.) aplicações de computador

computer architecture (INF.) arquitectura de computador

computer art (INF.) arte por computador

computer assisted instruction (INF.) instrução assistida por computador

computer assisted management (INF.) administração com assistência do computador

computer-based learning [CBL] (INF.) ensino baseado em computador

computer dependent language (INF.) linguagem dependente de computador

computer diagnostic equipment (ELECTRÓN.) equipamento de diagnóstico

computer environment (INF.) ambiente computacional

computer generation (INF.) geração de computadores

computer graphics (INF.) gráfico por computador

computer integrated manufacturing [CIM] (INF.) fabrico integrado por computador

computerization (INF.) computerização; informatização

computer literacy (INF.) conhecimento do computador

computer logic (INF.) lógica informática

computer mail (INF.) correio electrónico

computer-managed instruction (INF.) administração da instrução por computador

computer micrographics (INF.) micrografia em computador

computer monitor (INF.) visor; ecrã de computador

computer network (INF.) rede de computador

computer-oriented language (INF.) linguagem orientada por computador

computer power (INF.) potência do computador

computer range (INF.) tipo de computador; categoria de computador

computer science (INF.) ciência de computadores; ciência de computação; informática

computer simulator (INF.) simulador de computador

computer store (INF.) memória do computador

computer system (INF.) sistema do computador

computer time (INF.) tempo de computação

computer typesetting (IMP.) composição por computador

computer variable (INF.) variável de computador

computer vision (INF.) visão de computador

computer word (INF.) palavra do computador

computing evaluation (INF.) avaliação informática

COMSAT (ESP.; TELECOM) abr. de *COMmunications SATellite Corporation* — Corporação de Satélites de Comunicações

concanavalin A (IMUN.; BOT.) concanavalina A

concatenate (INF.) concatenar; encadear; unir

concave brick (E.CIV.) tijolo côncavo

concave grating (FÍS.) rede côncava

concave lens (FÍS.) lente côncava

concave mirror (FÍS.) espelho côncavo

concealed heating (T.IMAG.) calefacção a painel

conceal/reveal (T.IMAG.) ocultação/revelação

concentrate (MINAS) concentrado

concentrated light (FÍS.) luz concentrada

concentrated load (E.CIV.) carga concentrada

concentrating table (MINAS) mesa concentradora

concentration (GERAL) concentração

concentration cell (FÍS.) pilha de concentração

concentration factor (QUÍM.) factor de concentração

concentration meter (METEO.) medidor de concentração

concentration of Aitken nuclei (METEO.) concentração dos núcleos de Aitken

concentration of energy (FÍS.) concentração de energia

concentration plant (MINAS) moinho concentrador

concentration polarization (FÍS.) polarização de concentração

concentric (GERAL) concêntrico

concentric arch (ARQ.) arco concêntrico

concentric chuck (MEC.) bucha universal

concentric plug-and-socket (ELECT.) caixa de ligações concêntrica; ficha e tomada concêntricas

concentric vascular bundle (BOT.) feixe vascular concêntrico

concentric winding (ELECT.) enrolamento concêntrico

conceptacle (BOT.) conceptáculo

conception (MED.) concepção

concertina fold (IMP.) dobra em concertina

concha (ARQ.) concha

concha (ZOO.) pavilhão (da orelha)

conchiolon (ZOO.) conquiolina

conchoid (MAT.) côncóide; concoidal

conchoidal fracture (MINER.) fractura concoidal; fractura côncóide

c-oncogene (BIO.) oncogene c; gene celular oncológico

concolor (BOT.; ZOO.) de cor uniforme

concolorate (ZOO.) com ambos os lados da mesma cor

concolorous (BOT. ZOO.) de cor uniforme

concrescence (BOT.) concrescência

concrete (E.CIV.) betão; concreto

concrete blocks (E.CIV.) blocos de betão

concrete mixer (E.CIV.) betoneira

concrete thinking (PSICO.) pensamento concreto

concretion (GEO.; MED.) concreção

concurrent range zone (ECO.) zona de sobreposição

concussion (MED.) concussão

condensate (GERAL) condensado

condensation (GERAL) condensação

condensation adiabatic (METEO.) adiabática de condensação

condensation chamber (FÍS.) câmara de condensação

condensation cloud (NUCL.) nuvem de condensação (em explosão nuclear)

condensation gutter (E.CIV.) goteira de condensação; calha de condensação

condensation level (GEO.) nível de condensação

condensation nucleus (GEO.) núcleo de condensação

condensation trail (METEO.) rasto de condensação

condensed chromatin (BIO.) cromatina condensada

condensed nucleus (QUÍM.) núcleo condensado

condensed system (QUÍM.) sistema condensado

condenser (GERAL) condensador

condenser (FÍS.) lente convergente

condenser bushing (ELECT.) chapa do condensador; chapa de isolamento do condensador

condenser connection (ELECT.) ligação do condensador

condenser dieletric (ELECT.) dieléctrico do condensador

condenser ionization chamber (FÍS.) câmara de ionização de condensador

condenser microphone (FÍS.) microfone de condensador

condenser plate (ELECT.) placa do condensador

condenser resistance (ELECT.) resistência do condensador

condenser terminal (ELECT.) terminal do condensador

condenser tissue (PAPEL) tecido de condensador; papel de condensador

condenser tubes (MEC.) tubos do condensador

con-di nozzle (AERO.) tubeira convergente-divergente; bocal supersónico

conditional access [CA] (TELECOM.) acesso condicional

conditional entropy (INF.) entropia condicional

conditional equilibrium (INF.) equilíbrio condicional

conditional instability (METEO.) instabilidade condicional

conditional instability of the second kind [CISK] (METEO.) instabilidade condicional de segunda ordem

conditional jump (INF.) salto condicional

conditional lethal (BIO.) letal condicional

conditionally convergent series (MAT.) série condicionalmente convergente

conditionally stable (TELECOM.) condicionalmente estável

conditional mutation (BIO.) mutação condicional

conditional probability (EST.) probabilidade condicional

conditional probability distribution (EST.) distribuição de probabilidade condicional

conditional transfer instruction (INF.) instrução de transferência condicional

conditional variable (INF.) variável condicional

conditioned climate (METEO.) clima condicionado

conditioned reflex (PSICO.) reflexo condicionado

conditioning (GERAL) acondicionamento

conditions for oscillation (ELECTRÓN.) condições de oscilação

conditions of severity (ELECT.) condições de rigor

conductance (FÍS.) condutância

conductance of an electrical circuit (ELECT.) condutância de um circuito eléctrico

conductance ratio (ELECT.) razão de condutância

conduct disorders (PSICO.) distúrbios de comportamento

conductimetric analysis (QUÍM.) análise condutimétrica

conducting tissue (BOT.) tecido condutor

conduction angle (ELECT.) ângulo de transmissão

conduction band (ELECTRÓN.) faixa de condução

conduction by defect (ELECTRÓN.) condução por defeito

conduction current (ELECTRÓN.) corrente de condução

conduction electron (ELECTRÓN.) electrão de condução

conduction hole (ELECTRÓN.) buraco de condução

conduction medium (ELECT.) meio condutor

conduction of heat (FÍS.) condução de calor

conductive coating (ELECTRÓN.) revestimento condutor

conductive pattern (ELECTRÓN.) modelo condutor

conductive plastic potentiometer (ELECTRÓN.) potenciómetro de plástico condutor

conductivity (FÍS.; QUÍM.) condutibilidade

conductivity (ELECT.) condutividade; condutância específica

conductivity bridge (ELECT.) ponte de condutividade

conductivity cell (ELECT.) elemento de condutividade

conductivity modulation (ELECTRÓN.) modulação de condutividade

conductivity-modulation transistor (ELECTRÓN.) transístor de modulação de condutividade

conductivity test (ELECTRÓN.) teste de condutividade

conductor (GERAL) condutor

conductor dead (ELECT.) condutor inactivo

conductor load (ELECT.) carga do condutor

conductor rail (ELECT.) barra de contacto; trilho de contacto

conductor-rail insulator (ELECT.) isolador da barra de contacto

conductor-rail system (ELECT.) sistema de barra de contacto

conduit (BOT.) vaso

conduit (ELECT.) tubulação; cano; tubo; eléctrodo

conduit (HIDRO.) canal; aqueduto; cano; conduto

conduit box (ELECT.) caixa de derivação

conduit fittings (ELECT.) acessórios de tubulação

conduit system (ELECT.) sistema condutor; sistema de condução

conduplicate (BOT.) conduplicado; duplamente dobrado

condyle (ZOO.) côndilo

condyloma (MED.) condiloma

condylomata (MED.) condilomas

Condy's fluid (E.CIV.) solução de Condy

cone (BOT.) cone; pinha; estróbilo

cone (GERAL) cone

cone (MEC.) sino; cone (em altos-fornos)

cone aerial (ELECT.) antena cónica

cone bearing (ELECT.) rolamento cónico

cone brake (MEC.) travão de cone; freio cónico

cone capacitor (ELECT.) condensador de cones

cone classifier (MINAS) classificador cónico

cone diaphragm (FÍS.) diafragma cónico; altifalante cónico

cone drive (MEC.) engrenagem cónica; coroa

cone drive unit (TELECOM.) bobina do cone (de altifalante)

cone gear (MEC.) coroa; engrenagem cónica

cone-in-cone structure (GEO.) estrutura cone-em-cone; estrutura cone entre cone

cone loudspeaker (FÍS.) altifalante

Conelrad (FÍS.) abr. de CONtrol of ELectromagnetic RADiation — controlo de radiação electromagnética

cone of ambiguity (AERO.) cone de ambiguidade

cone of depression (GEO.) cone de depressão

cone of light (FÍS.) cone luminoso; raios convergentes

cone of nulls (NUCL.) cone de radiação nula

cone of silence (TELECOM.; NAV.) cone de silêncio

cone of silence marker (AERO.) radiofarol de cone de silêncio; faixa-rádio de cone de silêncio

cone pulley (MEC.) polia cónica; polia escalonada

cone sheets (GEO.) cones vulcânicos (intrusão)

confabulation (PSICO.) confabulação

conference system (TELECOM.) sistema de conferência

confervoid (BOT.) confervóide; semelhante a conferva (limo)

confidence interval (EST.) intervalo de confiança

confidence limits (GERAL) limites de confiança

configuration (QUÍM.) configuração

configuration control (NUCL.) controlo de configuração

configuration of ground (TOPO.) configuração do solo; configuração do terreno

confined aquifer (GEO.) aquífero confinado

confinement (NUCL.) limitação; contenção

conflict (PSICO.) conflito

confocal conics (MAT.) cónicas confocais

confocal quadrics (MAT.) quádricas confocais

conformable strata (GEO.) estratificação concordante

conformal-conjugate transformation (MAT.) transformação conforme-conjugada

conformal transformation (MAT.) transformação conforme

conformity assessment (ELECTRÓN.) avaliação de conformidade

confusion (T.IMAG.) confusão

congé (ARQ.) moldura vazada em forma de quarto de círculo

congelifraction (GEO.) fracturação causada pelo gelo

congeliturbation (GEO.) perturbação causada pelo gelo

congeneric (ZOO.) congénere

congenic (IMUN.) congénito

congenital (ZOO.) congénito; conatural

congenital deformity (MED.) deformidade congénita

congestion (MED.) congestão; hiperemia

conglomerate (GEO.) conglomerado

Congo red (QUÍM.) vermelho do Congo; vermelho-congo (corante azóico)

congruence (MAT.) congruência

congruent (MAT.) congruente

congruent figures (MAT.) números congruentes; figuras congruentes

congruent matrices (MAT.) matrizes congruentes

congruent melting (MEC.) fusão congruente

congruent melting point (MEC.) ponto de fusão congruente

congruent numbers (MAT.) números congruentes

congruent transformation (MAT.) transformação congruente

conic (MAT.) cónica; secção cónica; coniforme

conical beam (FÍS.) feixe cónico

conical camber (AERO.) curvatura cónica; empenamento cónico

conical drum (MINAS) tambor cónico

conical horn (FÍS.) corneta acústica; corneta cónica

conical pivot (RELOJ.) pivô cónico

conical projections (GEO.) projecções cónicas

conical refraction (FÍS.) refracção cónica

conical scanning (RADAR) exploração cónica

conical section (MEC.) secção cónica

conical surface (MAT.) superfície cónica; cone

conidial (BOT.) conidial

conidiophore (BOT.) conidióforo

conidiosporangium (BOT.) conidiosporângio

Coniferales (BOT.) Coniferales; Coníferas

Coniferopsida (BOT.) Coniferópsidas

coniferous (BOT.) conífera

conifuge (QUÍM.) conífugo

coning angle (AERO.) ângulo de conicidade

Coniophora (BOT.) Conióforas

conjugate acid and base (QUÍM.) ácido e base conjugados

conjugate algebric numbers (MAT.) números algébricos conjugados

conjugate angles (MAT.) ângulos conjugados

conjugate axis (MAT.) eixo conjugado

conjugate axis of hyperbola (MAT.) eixo conjugado da hipérbole

conjugate Bertrand curves (MAT.) curvas conjugadas de Bertrand

conjugate branches (FÍS.) ramais conjugados; condutores conjugados

conjugate complex number (MAT.) número complexo conjugado

conjugate curve (MAT.) curva conjugada; curva de Bertrand

conjugate deviation (MED.) desvio conjugado

conjugate diameters (MAT.) diâmetros conjugados

conjugate directions (MAT.) direcções conjugadas

conjugate division (BOT.) divisão conjugada

conjugate double bonds (QUÍM.) ligações duplas conjugadas

conjugate dyadac (MAT.) binário combinado

conjugate elements of a determinant (MAT.) elementos conjugados de um determinante

conjugate elements of a group (MAT.) elementos conjugados de um grupo

conjugate foci (MAT.) focos conjugados

conjugate function (MAT.) funções harmónicas conjugadas

conjugate image (HIDRO.) imagem conjugada

conjugate impedance (FÍS.) impedância conjugada

conjugate lines (MAT.) linhas conjugadas; rectas conjugadas

conjugate matrix (MAT.) matriz conjugada

conjugate momentum (FÍS.) momento conjugado

conjugate planes (FÍS.) planos conjugados

conjugate point (MAT.) ponto conjugado

conjugate points (of a conic) (MAT.) pontos conjugados (de uma cónica)

conjugate solutions (QUÍM.) soluções conjugadas

conjugate subgroup (MAT.) subgrupo conjugado

conjugate system of curves (MAT.) sistema conjugado de curvas

conjugate triangles (MAT.) triângulos conjugados

conjugation (BIO.; BOT.) conjugação

conjugation tube (BOT.) tubo de conjugação

conjunction (ASTRO.) conjunção

conjunctiva (ZOO.) conjuntiva

conjunctive tissue (BOT.) tecido conjuntivo

conjunctivitis (MED.) conjuntivite

connate (BOT.; ZOO.) conato

connate water (GEO.) água inata

connected domain (MAT.) domínio conexo

connected load (ELECT.) carga conectada; carga acoplada

connecting-rod (MEC.) biela; barra de união

connecting thread (BOT.) tecido de conexão; plasmodesmo

connection (ELECT.) conexão; ligação

connection box (ELECT.) caixa de ligação; caixa de conexão

connection machine (INF.) máquina de conexão (MC de um computador de processamento paralelo)

connective (ZOO.) conectivo

connective tissue (ZOO.) tecido conjuntivo

connective tissues disease (MED.) doença do tecido conjuntivo

connectivity (ECO.) grau de ligação; nível de ligação

connector (E.CIV.) viga de ligação

connector (MEC.) conector

connector bar (ELECT.) barra de ligação

connivent (BOT.) conivente

conomyoidin (BIO.) conomioídina

consanguinity (PSICO.) consanguinidade

consciousness (PSICO.) consciência; atenção

consequent (MAT.) consequente

consequent drainage (GEO.) drenagem consequente

consequent pole (ELECT.) pólo consequente (no galvanómetro de Broca)

conservancy system (E.CIV.) sistema de preservação

conservation (GERAL) conservação; preservação

conservation laws (GERAL) leis da conservação

conservation of matter (QUÍM.) conservação da matéria

conservation of momentum (Fís.) conservação do momento

conservation of movement of the centre of gravity (Fís.) conservação do momento do centro de gravidade

conservative field (Fís.) campo de conservação

conservative field of force (Fís.) campo de conservação de força

conservative system (Fís.) sistema conservador

conservator tank (Elect.) tanque conservador; tanque de expansão

conservatory (Arq.) estufa

consistency (Geral) consistência

consistent equations (Mat.) equações compatíveis

consociation (Eco.) consociação

consocies (Eco.) consociados

console (Geral) mesa de comando; consola

console (E.Civ.) consola

consolidated species list (Eco.) lista consolidada das espécies

consolidation (Geo.) consolidação

consolidation of learning (Psico.) consolidação de aprendizagem

consolidation of memory (Psico.) consolidação da memória

consolidation pile (E.Civ.) pilar de consolidação

consonance (Fís.) consonância

conspecific (Bio.) co-específico

constancy (Eco.) constância

constant (Mat.) constante

constant-amplitude recording (Fís.) registo de amplitude constante; gravação de amplitude constante

constantan (Elect.) «constantan» (liga metálica para resistências eléctricas)

constant angular velocity (Geral) velocidade angular constante

constant boiling mixture (Quím.) mistura de ebulição contínua

constant-current characteristic (Electrón.) característica de corrente contínua

constant-current charging (Electrón.) carregamento a corrente constante

constant-current modulation (Elect.) modulação de corrente contínua

constant-current motor (Elect.) motor de corrente contínua

constant-current source (Elect.) fonte de corrente constante

constant-current system (Elect.) sistema de corrente contínua

constant-current transformer (Elect.) transformador de corrente contínua

constant directivity horn (Telecom.) corneta de directividade constante

constant-frequency oscillator (Elect.) oscilador de corrente contínua

constant-K filter (Telecom.) filtro de K corrente

constant-K network (Telecom.) rede de K constante

constant-level chart (Meteo.) carta de nível constante; carta de nível fixo

constant-level tube (Topo.) tubo de nível constante

constant motion (Fís.) movimento constante; movimento contínuo

constant of aberration (Fís.) constante de aberração

constant of absorption (Fís.) constante de absorção

constant of equilibrium (Fís.) constante de equilíbrio

constant of gravitation (Fís.) constante de gravitação

constant of integration (Mat.) constante de integração

constant of inversion (Mat.) constante de inversão

constant of motion (Fís.) constante de movimento

constant power (Fís.) potência constante

constant-power generator (Elect.) gerador de potência constante

constant-pressure chart (Meteo.) carta de pressão constante; carta isobárica

constant-pressure cycle (Auto.) ciclo de pressão constante

constant proportions (Quím.) proporções constantes

constant region (Imun.) região constante

constant-resistance network (Telecom.) rede de resistência constante

constant-speed airscrew (Aero.) hélice de velocidade constante

constant-speed propeller (Aero.) hélice de velocidade constante

constant time-lag (Elect.) tempo de atraso constante

constant velocity recording (Fís.) gravação a velocidade constante

constant velocity scanning (T.Imag.) velocidade de varrimento constante

constant-voltage source (Elect.) fonte de tensão constante

constant-voltage system (Elect.) sistema de voltagem constante

constant-voltage transformer (Elect.) transformador de tensão constante

constant-volume amplifier (Telecom.) amplificador de volume constante

constellation (Astro.) constelação

constipation (Med.) obstipação; prisão de ventre

constituent (Geral) constituinte

constituent (Mat.) constituinte; elemento

constituent (Quím.) constituinte; componente

constitution (Geral) constituição

constitutional ash (Minas) cinza de constituição

constitutional formula (Quím.) fórmula de constituição

constitution changes (Quím.) mudanças de constituição; alterações de constituição

constitution diagram (Eng.) diagrama de constituição

constitution water (Quím.) água de constituição

constitutive enzyme (Bot.) enzima constitutiva

constitutive gene (Bio.) gene constituinte

constitutive heterochromatin (Bio.) heterocromatina constitutiva

constitutive mutant (Bio.) mutante constituinte

constriction (Bio.; Med.) constrição; estenose; aperto

constriction resistance (Fís.) resistência à constrição

constrictive pericarditis (Med.) pericardite constritiva

constrictor (Zoo.) constritor (músculo)

constringence (Fís.) constringência

constructive interference (Electrón.) interferência construtiva

constructive wave (Geo.) onda construtiva

consumers (Eco.) consumidores

consummable resource (Inf.) recurso de consumo; recurso utilizável

consummatory act (Psico.) acto consumatório

consumption (Med.) consumpção (termo obsoleto para tuberculose)

contact (Aero.) contacto; proximidade

contact (Geral) contacto

contact angle (Geral) ângulo de contacto

contact bed (E.Civ.) leito de contacto

contact bounce (Inf.) salto de contacto

contact bounce suppression (Electrón.) supressor do ressalto dos contactos

contact breaker (Elect.) interruptor de contacto; disjuntor

contact chatter (Telecom.) trepidação de contacto; vibração de contacto eléctrico

contact clamp (Mec.) placa de contacto

contact clip (Elect.) pinça de contacto

contact electromotive force (Elect.) força electromotriz de contacto; potencial de contacto; efeito de Volta

contact fingers (Elect.) lâminas de contacto

contact flight (Aero.) voo por contacto; voo visual; voo VFR

contact herbicide (Bot.) herbicida de contacto

contact hypersensitivity (Imun.) hipersensibilidade de contacto

contact inhibition (Bio.) inibição de contacto

contact insecticide (Quím.) insecticida de contacto

contact ionization (Electrón.) ionização de contacto

contact jaw (Elect.) maxila de contacto; mandíbula de contacto

contact lens (Fís.) lente de contacto

contact light (Aero.) luz de contacto; luz de pista de aterragem

contact maker (Elect.) distribuidor de contacto

contact metal (Telecom.) metal de contacto

contact metamorphism (Geo.) metamorfismo de contacto

contact noise (ELECT.) ruído de contacto

contact operator (INF.) comando de contacto; operador de contacto

contactor (ELECT.) contactor

contactor controller (ELECT.) controlador de interruptor

contactor starter (ELECT.) arranque de interruptor

contactor switching starter (ELECT.) arrancador de comutação

contact point (MEC.) platinado

contact potential (ELECT.) potencial de contacto

contact-potential barrier (ELECT.) barreira de potencial de contacto

contact pressure (TELECOM.) pressão de contacto

contact print (T.IMAG.) cópia por contacto

contact process (QUÍM.) processo de contacto

contact-radiation therapy (RADIOL.) terapia por radiação de contacto

contact rectifier (MEC.) rectificador de contacto

contact resistance (ELECT.) resistência de contacto

contact scanning (MEC.) varredura de contacto; visualização de contacto

contact screen (MEC.) tela de contacto

contact segment (ELECT.) segmento de contacto

contact sense (INF.) detecção de contacto

contact shoe (ELECT.) porta-contacto

contact spring (ELECT.) mola de contacto

contact spring (HIDRO.) fonte de contacto; nascente de contacto

contact strip (ELECT.) fita de contacto

contact stud (ELECT.) botão de contacto

contact switch (ELECT.) interruptor de contacto; comutador de contacto

contact terminal (ELECT.) terminal de contacto

contact thermography (FÍS.) termografia de contacto

contact vein (MINAS) veio de contacto

contact wire (ELECT.) condutor de contacto; fio de contacto

contact wire chord (ELECT.) corda de fio de contacto; trólei

contagion (MED.) contágio

contagious bovine pleuro-pneumonia (VET.) pleuro-pneumonia contagiosa do gado bovino

contagious catarrh (VET.) catarro contagioso; rinite crónica contagiosa; coriza infecto-contagiosa

contagious distribution (ECO.) distribuição de contágio

contagious equine abortion (VET.) aborto equino contagioso

contagious equine metritis (VET.) metrite equina contagiosa

contagious ophthalmia (VET.) oftalmia contagiosa

contagious pustular dermatitis (VET.) dermatite pustular contagiosa

containment (NUCL.) contenção

contaminated rock (GEO.) rocha contaminada

contamination (BIO.) contaminação

contamination meter (RADIOL.) contador de contaminação; contador Geiger-Muller; medidor de contaminação

Content Addressable Memory [CAM] (INF.) Memória de Conteúdo de Endereço

content-address storage (INF.) armazenamento de conteúdo de endereço

contention (INF.) contenção

contention system (INF.) sistema de contenção

context-free language (INF.) linguagem de contexto livre

context saving (INF.) reserva de contexto

context-sensitive language (INF.) linguagem de contexto sensível

contiguous (INF.) contíguo

contiguous grids (ECO.) grelha contínua; malha

continental air (METEO.) ar continental

continental-air mass (METEO.) massa de ar continental

continental anticyclone (METEO.) anticiclone continental; alta continental

continental borderland (GEO.) limite continental

continental climate (METEO.) clima continental

continental code (TELECOM.) código continental; código Morse

continental crust (GEO.) crusta continental; crosta continental

continental deposit (GEO.) depósito continental

continental drift (GEO.) deriva continental; deriva dos continentes

continental glacier (GEO.) glaciar continental; geleira continental

continental heat flow (METEO.) fluxo de calor continental

continental ice (GEO.) gelo continental; geleira continental

continental island (GEO.) ilha continental

continentality (ECO.) continentalidade

continental mass (GEO.) massa continental

continental massif (GEO.) maciço continental

continental plateau (GEO.) planalto continental; planalto

continental polar (METEO.) polar continental

continental polar air (METEO.) massa de ar polar continental

continental relief (GEO.) relevo continental

continental rise (ECO.) declive continental

continental salt lake (GEO.) lago continental salgado

continental segment (GEO.) planalto continental; meseta continental

continental shelf (GEO.) plataforma continental

continental shoulder (GEO.) talude continental

continental slope (GEO.) declive continental; talude continental

continental talus (GEO.) talude continental

continental terrace (GEO.) terraço continental

continental tropical (METEO.) tropical continental

continental tropical air-mass (METEO.) massa de ar tropical continental

continental winds (METEO.) ventos continentais

contingency table (EST.) tabela de casualidade

continued fraction (MAT.) fracção contínua

continuity (GERAL) continuidade

continuity-bond (ELECT.) trilho de continuidade

continuity-fitting (ELECT.) montagem de continuidade

continuous (MAT.) contínua (função)

continuous absorption (QUÍM.) absorção contínua

continuous at a point (MAT.) contínua num ponto (função)

continuous beam (MEC.) viga contínua

continuous beam modulation (ELECT.) modulação contínua de feixe

continuous brake (MEC.) travão contínuo

continuous casting (MEC.) fundição contínua

continuous charge furnace (MEC.) forno de carregamento contínuo

continuous control (TELECOM.) controlo contínuo

continuous creation (ASTRO.) criação contínua (da matéria)

continuous culture (BOT.) cultura contínua

continuous current (ELECT.) corrente contínua

continuous-current arc (ELECT.) arco de corrente contínua

continuous-current armature (ELECT.) induzido de corrente contínua; rotor de corrente contínua

continuous-current circuit (ELECT.) circuito de corrente contínua

continuous-current converter (ELECT.) conversor de corrente contínua

continuous-current motor (ELECT.) motor eléctrico de corrente contínua

continuous-current plant (ELECT.) instalação de corrente contínua

continuous diffusion (GERAL) difusão contínua

continuous-disc (disk) winding (ELECT.) enrolamento de disco contínuo

continuous distillation (QUÍM.) destilação contínua

continuous disturbance (ELECT.) perturbação contínua

continuous duty (ELECT.) uso contínuo

continuous electrode (ELECT.) eléctrodo contínuo

continuous extraction (QUÍM.) extracção contínua

continuous feeder (IMP.; MEC.) alimentador contínuo

continuous filament yarn (Têxt.) fio de fibra contínuo

continuous filter (E.Civ.) filtro contínuo

continuous form (Inf.) formulário contínuo

continuous furnace (Mec.) forno contínuo; forno rolante

continuous girder (Mec.) viga contínua

continuous impost (E.Civ.) imposta contínua

continuous loading (Elect.) carga contínua

continuous mill (Mec.) moinho contínuo; laminador contínuo

continuous oscillations (Telecom.) oscilações contínuas

continuous output power (Elect.) rendimento contínuo em potência

continuous phase modulation [CPM] (Telecom.) modulação em fase contínua

continuous plankton recorder (Eco.) registador contínuo de plancton

continuous printing (T.Imag.) impressão contínua

continuous processing machine (T.Imag.) máquina de processamento contínuo

continuous projector (T.Imag.) projector contínuo

continuous radiation (Fís.) (ir)radiação contínua

continuous rating (Elect.) regime contínuo

continuous reinforcement (Psico.) reforço contínuo

continuous reverse voltage (Elect.) tensão contínua inversa

continuous running shaft (Mec.) eixo de rotação contínua

continuous sections (Imp.) secções contínuas

continuous spectrum (Fís.) espectro contínuo

continuous stationary (Inf.) formulário estacionário

continuous-strip camera (T.Imag.) câmara de película contínua

continuous variable (Mat.) variável contínua

continuous vent (E.Civ.) respirador contínuo

continuous wave (Elect.) onda contínua

continuous wave doppler radar (Radar) radar doppler de onda contínua

continuous wave magnetron (Elect.) magnetrão de onda contínua

continuous wave modulation (Elect.) modulação de ondas contínuas

continuous-wave radar (Radar) radar de ondas contínuas

continuous weld (Mec.) soldagem contínua

continuous welded rail (E.Civ.) carril contínuo soldado

continuous winding (Elect.) enrolamento contínuo

continuous X-rays (Elect; Fís.) raios-X contínuos

continuum (Eco.; Mat.) contínuo

contorted (Bot.) retorcido

contour (Topo.) contorno; curva de nível

contour acuity (Fís.) acuidade de contorno

contour chart (Meteo.) carta de contorno; carta de pressão constante

contour check (Hidro.) dique de curva de nível (tipo)

contour curve (Topo.) tira-linhas para curvas de nível

contour diagram (Eco.) diagrama de densidade

contour elevation (Topo.) cota

contour fringes (Fís.) franjas de contorno

contour gradient (Topo.) gradiante de contorno

contour integral (Mat.) integral curvilínea; integral de linha

contour interval (Topo.) intervalo entre curvas de linha; intervalo entre contornos

contour level (Topo.) plano da curva de nível

contour line (Topo.) curva de nível

contour mapping (Topo.) mapeamento com curvas de nível

contour microclimate (Meteo.) microclima de contorno

contour survey (Topo.) levantamento topográfico

contraception (Med.) contracepção

contraceptive (Med.) contraceptivo

contraclockwise (Geral) levogiro; sinistrogiro; em sentido contrário ao dos ponteiros do relógio

contracted weir (Hidro.) vertedor de lâmina contraída

contractile root (Bot.) raiz contráctil

contractile tissue (Zoo.) tecido contráctil

contractile vacuole (Zoo.) vácuolo contráctil

contractility (Zoo.) contractilidade

contracting star (Astro.) estrela em contracção

contraction (Nucl.) contracção

contraction and expansion (Fís.) contracção e expansão

contraction axis (Meteo.) eixo de contracção

contraction cavities (Mec.) cavidades de contracção

contraction coefficient (Elect.; Hidro.) coeficiente de contracção

contraction in area (Mec.) contracção de secção transversal

contraction joint (E.Civ.) junta de contracção

contraction limit (Eco.) limite de contracção

contraction ratio (Aero.) razão de contracção

contracture (Med.; Zoo.) contractura

contrails (Meteo.) abr. de *condensation trails* — rastos de condensação

contralateral (Zoo.) contralateral

Contran (Inf.) abr. de *CONtrol TRANslator* — tradutor de controlo (linguagem de programação do computador)

contrast (Geral) contraste

contrast amplification (Fís.) amplificação de contraste

contrastes (Meteo.) contrastes (ventos separados que sopram de quadrantes opostos na Primavera e Outono no Mediterrâneo Ocidental)

contrast medium (Med.; Quím.) meio de contraste

contrast of luminance (Meteo.) contraste de luminância

contrast range (T.Imag.) faixa de contraste; gama de contraste

contrast threshold (Meteo.) limiar de contraste

contrast wheel (Reloj.) roda de encontro; roda de contraste

contra wire (Elect.) fio «constantan» (V. *constantan*)

control (Geral) controlo; comando; verificação

control absorber (Nucl.) absorvedor de controlo

control accuracy (Electrón.) exactidão de controlo

control ampere-turns (Elect.) controlo de amperes-espiras

control area split (Inf.) divisão na área de controlo

control bit (Inf.) bit de controlo

control block (Inf.) bloco de controlo

control-board (Elect.) painel de comando; painel de controlo

control break (Inf.) quebra de controlo; mudança de controlo

control bus (Inf.) barramento de controlo

control cascade (Inf.) controlo em cascata

control character (Electrón.; Inf.) carácter de controlo

control characteristic (Electrón.; Inf.) característica de controlo

control circuit (Elect.) circuito de controlo; circuito de comando

control column (Aero.) alavanca de controlo; coluna de comando

control computer (Inf.) computador de controlo

control-configured vehicle (Aero.) veículo de controlo configurado

control counter (Inf.) contador de controlo

control cycle (Inf.) ciclo de controlo

control data (Inf.) dados de controlo

control design (Inf.) projecto de controlo

control desk (Elect.) mesa de controlo

control device (Inf.) dispositivo de controlo

control diagram (Electrón.) diagrama de controlo

control electrode (Elect.) eléctrodo de controlo

control element (Electrón.) elemento de controlo

control field (Inf.) campo de controlo

control function (Inf.) função de controlo

control grid (Elect.) grelha de controlo; grelha de comando

control hole (Inf.) perfuração de controlo

control hysteresis (ELECT.) histerese de controlo

control impedance (FÍS.) impedância de controlo

control key (TELECOM.) chave de controlo

controllable airscrew (AERO.) hélice de passo variável

controllable pitch (AERO.) passo variável; passo controlável

controllable-pitch propeller (AERO.) hélice de passo variável, hélice de passo orientável

controllable tab (AERO.) compensador ajustável

controllable tail wheel (AERO.) bequilha orientável

control lamp (GERAL) lâmpada de controlo

controlled air space (AERO.) espaço aéreo controlado

controlled basin (HIDRO.) bacia controlada

controlled carrier (TELECOM.) portadora controlada

controlled carrier modulation (TELECOM.) modulação controlada da transportadora

controlled cooling (MEC.) arrefecimento controlado

controlled mosaic (T.IMAG.) mosaico controlado

controlled motion (FÍS.) movimento controlado

controlled net (INF.) rede controlada

controlled pollination (ECO.) polinização controlada

controlled variable (MEC.) variável controlada

controller (GERAL) controlador

control limit-switch (ELECT.) comutador de limite de controlo

control line (ELECT.) linha de controlo

control lock (MEC.) bloqueio de controlo; bloqueio de comando

control logic (INF.) lógica de controlo; circuito lógico de comando

control magnet (ELECT.) magnete de controlo; electro-íman de controlo

control memory (INF.) memória de controlo

control mode (INF.) modo de controlo

control module (INF.) módulo de controlo

control objectives (INF.) objectivos de controlo

control operation (INF.) operação de controlo

control operator's terminal (INF.) terminal de operador de controlo

control panel (ELECT.) painel de controlo; quadro de controlo

control program (INF.) programa de controlo

control punch (INF.) perfuração de controlo

control range (INF.) intervalo de controlo

control record (INF.) registo de controlo; gravação de controlo

control register (INF.) registo de controlo

control relay (INF.) relé de comando

control reversal (INF.) inversão de controlo

control rod (NUCL.) barra de controlo; barra de absorção

control rod worth (NUCL.) valor da barra de absorção

control stack (INF.) dispositivo de controlo

control statement (INF.) instrução de controlo

control storage (INF.) armazenamento de controlo

control switch (ELECT.) chave de comando; chave de controlo

control total (INF.) total de controlo

control turns (ELECT.) voltas de controlo (enrolamento)

control unit (INF.) unidade de controlo; unidade de comando

control voltage (ELECT.) voltagem de controlo

control wheel (MEC.) roda de comando

control winding (ELECT.) enrolamento de controlo; indutor de controlo

control word (INF.) palavra de controlo

control zone (AERO.) zona de controlo; zona de navegação controlada

conus (ZOO.) cone

conus arteriosus (ZOO.) cone arterial; infundíbulo

conus medullaris (ZOO.) cone medular

convalutional interleaving (ELECTRÓN.) interposição convolucional

convection (GEO.) convecção

convection current (FÍS.) corrente de convecção

convection of heat (FÍS.) convecção de calor

convective cell (GEO.) célula de convecção

convective instability (GEO.) instabilidade convectiva

convective transfer (ASTRO.) transferência convectiva

convector (MEC.) convector

conventional current flow (ELECT.) sentido convencional de circulação de corrente

conventional definition television [CDTV] (T.IMAG.) televisão de definição normal

conventional signs (E.CIV.; TOPO.) sinais convencionais

convention of signs (FÍS.) convenção de sinais

convergence (GERAL) convergência

convergence angle (FÍS.) ângulo de convergência

convergence circuit (ELECT.) circuito de convergência

convergence coil (ELECT.) bobina de convergência

convergence electrode (ELECT.) eléctrodo de convergência

convergence magnet (ELECT.) magnete de convergência; íman de feixe

convergence surface (ELECTRÓN.) superfície de convergência

convergence zone (GEO.) zona de convergência

convergent (MAT.) convergente

convergent beam (FÍS.) feixe convergente

convergent-divergent nozzle (condi nozzle) (AERO.; MEC.) bocal convergente-divergente; bocal supersónico; tubeira convergente-divergente

convergent evolution (BIO.) evolução convergente

convergent lens (FÍS.) lente convergente

convergent thinking (PSICO.) pensamento convergente

converging-beam therapy (RADIOL.) terapia de feixes convergentes

converging-field therapy (RADIOL.) terapia de campo convergente

converse magnetostriction (FÍS.) magnetoestricção inversa

conversion (QUÍM.) conversão

conversion analogue/digital (ELECTRÓN.) conversão analógica-digital

conversion coating (MEC.) revestimento de conversão

conversion code (INF.) código de conversão

conversion coefficient (FÍS.) coeficiente de conversão

conversion detector (TELECOM.) detector de conversão

conversion digital/analogue (ELECTRÓN.) conversão digital-analógica

conversion disorder (PSICO.) distúrbio de conversão

conversion efficiency (ELECTRÓN.) eficiência de conversão

conversion electron (ELECTRÓN.) electrão de conversão

conversion factor (FÍS.) factor de conversão

conversion gain (TELECOM.) ganho de conversão

conversion loss (ELECTRÓN.) perdas de conversão

conversion loss (TELECOM.) perda de conversão

conversion mixer (TELECOM.) misturador de conversão

conversion rate (NUCL.) razão de conversão; factor de conversão

converter (GERAL) transformador; conversor

converter reactor (NUCL.) reactor conversor; reactor transformador

convertible machine (IMP.) máquina conversível

converting (GERAL) conversão

converting station (ELECT.) estação de conversão

convertiplane (AERO.) avião conversível (que combina as características de avião comum com as de um helicóptero)

convex lens (FÍS.) lente convexa

convex mirror (FÍS.) espelho convexo

convex programming (INF.) programação convexa

convex slope (ECO.) declive convexo

conveyor (MEC.) transportador; carregador

convolute (BOT.; ZOO.) convoluto; convolutivo; espiralado

convolution (MED.) convolução

convolutional code (INF.) código convolucional

convolutional integral (MAT.) convolução integral

convolution coding (ELECTRÓN.) codificação por convolução; codificação de Viterbi

convulsion (MED.) convulsão

coolant (MEC.) refrigerante; líquido de refrigeração

coolant pump (MEC.) bomba de refrigeração

cooled-anode valve (ELECT.) válvula de ánodo resfriado

cooling (GERAL) refrigeração; arrefecimento; congelação

cooling body (FÍS.) corpo em arrefecimento

cooling coil (MEC.) serpentina de refrigeração

cooling curve (MEC.) curva de refrigeração

cooling drag (AERO.) arrastamento de refrigeração; arrasto de refrigeração

cooling duct (MEC.) tubo de refrigeração

cooling pond (MEC.) depósito de refrigeração

cooling tower (MEC.) torre de refrigeração

Coombs reaction (BIO.) reacção de Coombs

cooperation (ECO.) cooperação

Cooper-Hewitt lamp (ELECT.) lâmpada de Cooper-Hewitt; lâmpada de vapor de mercúrio

Cooper pairs (FÍS.) pares de Cooper

coordinate (GERAL) coordenada (V. *co-ordinate*)

co-ordinate axes (MAT.) eixo das coordenadas

co-ordinate bond (QUÍM.) ligação covalente

co-ordinate potentiometer (ELECT.) potenciómetro coordenado

co-ordinates (MAT.) coordenadas

co-ordinate transposition (TELECOM.) transposição coordenada

co-ordinating gap (ELECT.) intervalo de coordenação

co-ordination compound (QUÍM.) composto de coordenação

co-ordination number (QUÍM.) número de coordenação

cop (TÊXT.) bobina; maçaroca

copaline (MINER.) copalina; resina de Highgate

copalite (MINER.) V. *copaline*

cope (ARQ.) cimalha

cope (MEC.) cúpula (em fundição)

Copepoda (ZOO.) Copépodos; Copépodes

Copernican System (ASTRO.) Sistema de Copérnico

Cope's rule (ECO.) regra de Cope

coping (E.CIV.) cimalha; cumeeira; coroa; crista

coping brick (E.CIV.) tijolo de cimalha

coping saw (E.CIV.) serra de recortar; serra tico-tico

coplanar forces (FÍS.) forças coplanares

coplanar vectors (MAT.) vectores coplanares

coplanar waveguide (TELECOM.) guia de onda coplanar

co-polar signal (ELECTRÓN.) sinal co-polar

copolymer (QUÍM.) copolímero

copper (QUÍM.) cobre

copperas (MINER.) melanterite; vitríolo-verde

copper brushes (ELECT.) escovas de cobre

copper-clad (MEC.) revestido a cobre

copper-clad steel conducter (ELECT.) condutor de aço cobreado

copper data distributed interface (TELECOM.) cabo de dados de cobre

copper factor (ELECT.) factor cobre; percentagem de cobre

copper filings (MEC.) limalha de cobre

copper-free (MEC.) isento de cobre

copper-free alloy (MEC.) liga sem cobre

copper glance (MINER.) calcosite; calcosina; redrutite; cobre vítreo

copper glazing (E.CIV.) envidraçamento a cobre

copper loss (ELECT.) perda de cobre; perda provocada pela resistência do cobre

copper nickel (MINER.) cuproníquel

copper nose (VET.) rinofima

copper-oxide rectifier (ELECTRÓN.) rectificador de óxido de cobre

copper pyrite (MINER.) calcopirite; pirite de cobre

copper-sheathed cable (ELECT.) cabo revestido de cobre

coppersmith's hammer (MEC.) martelo de caldeireiro

copper sulphate (sulfate) (QUÍM.) sulfato de cobre

copper tail (TELECOM.) ramal de cobre

copper uranite (MINER.) torbernite; cuprouranita

coppice (BOT.; ECO.) pequena mata de árvores que se cortam de 10-15 anos

coppice shoot (ECO.) reprodução por estolhos

coprecipitation (FÍS.) coprecipitação

coprodaeum (ZOO.) copródio

coprolalia (PSICO.) coprolalia

coprolite (GEO.) coprólito

coprophagous (ZOO.) coprófago

coprophagy (ZOO.) coprofagia

coprophilia (PSICO.) coprofilia

coprophilic (BOT.) coprófilo

coprophilous (BOT.) V. *coprophilic*

coprozoic (ZOO.) coprozóico; coprófilo

copula (ZOO.) cópula

copulation (ZOO.) copulação

copulation tube (BOT.) tubo copulador

copy (GERAL) cópia

copy control (INF.) controlo de cópia; controlo de reprodução

copy counter (INF.) contador de cópias

copy-function (INF.) função de cópia

copyholder (IMP.) auxiliar de revisor

copying machine (MEC.) máquina de reprodução; máquina de cópia

copy lens (T.IMAG.) lente de reprodução

copy number (BIO.) número de cópia

coquilhe (VIDR.) lentilha (lente esférica com espessura uniforme)

coquimbite (MINER.) coquimbite

coracidium (BIO.) coracídio

Coraciiformes (ZOO.) Coraciiformes

coracoacromial (MED.) coraco-acromial

coracobrachialis (MED.) coraco-braquial

coracohumeral (MED.) coraco-humeral

coracoid (ZOO.) coracóide

CORAL (INF.) CORAL (linguagem de programação)

coral (ZOO.) coral

coral growth lines (GEO.) linha de crecimento dos corais

coral ooze (GEO.) vasa coralina

coral reef (GEO.) recife coralino

coral sand (GEO.) areia coralina

corbeille (ARQ.) cesta; cesto

corbel (E.CIV.) mísula; consola

corbel-piece (E.CIV.) suporte de mísula

corbicula (ZOO.) corbícula

corble-step gable (E.CIV.) frontão de lanços

cord (BOT.) no RU, medida de lenha cortada, com 36 metros cúbicos

cord (MED.) cordão

cordate (BOT.) cordada

cordectomy (MED.) cordectomia

corded way (E.CIV.) escaleira

cordierite (MINER.) cordierite

cordillera (GEO.) cordilheira

cordless telephone (TELECOM.) telefone sem fios

cords (IMP.) fitas

Cordtex (E.CIV.) Cordtex (MC de rastilho têxtil)

corduroy (TÊXT.) veludo cotelé

cordwood (BOT.) lenha empilhada ou vendida em «cords» — V. *cord*

core (MEC.) macho (em fundição)

core (GERAL) núcleo; centro; coração

core (MINAS) testemunho; tarolo; carote (amostra de formação)

core-balance protective system (ELECT.) sistema protector de equilíbrio do núcleo

core bar (MEC.) barra de núcleo

coreboard (E.CIV.) régua de rapar areia

core boundary (INF.) limite de memória

core box (MEC.) caixa de machos (em fundição)

corecleisis (MED.) coreclise (oclusão da pupila)

coreclisis (MED.) V. *corecleisis*

corectasia (MED.) corectasia (dilatação patológica da pupila)

corectasis (MED.) V. *corectasia*

corectomedialysis (MED.) corectome-diálise

corectopia (MED.) corectopia

corediastasis (MED.) corediastase

core loss (ELECTRÓN.) perdas do núcleo

coremium (BOT.) corémio

coreomorphosis (MED.) coreomorfose

core oven (MEC.) forno de núcleo

coreplasty (MED.) coreoplastia; coroplastia

core plate (ELECT.; MEC.) placa de núcleo

corepraxy (MED.) corepraxia

coreprints (MEC.) marcas de macho (em fundição)

core register (MEC.) registo de macho (em fundição)

core sample (MINAS) amostra de núcleo

core sand (MEC.) areia para machos (em fundição)

core saturation (ELECTRÓN.) saturação do núcleo

core spindle (MEC.) árvore de macho (em fundição)

corestenoma (MED.) corestenoma; estreitamento da pupila

core store (INF.) memória principal

core-type induction furnace (ELECT.) forno de indução de núcleo

core-type transformer (ELECT.) transformador de núcleo

core wrap mode (INF.) modo de reinício ciclíco da memória

coriaceous (BOT.; ZOO.) coriáceo

Coriolis acceleration (METEO.) aceleração de Coriolis

Coriolis correction (METEO.) correcção de Coriolis

Coriolis deflection (METEO.) deflexão de Coriolis; efeito de Coriolis

Coriolis effect (METEO.) efeito de Coriolis; força de Coriolis

Coriolis error (METEO.) efeito de Coriolis

Coriolis error (NAV.) erro de Coriolis

Coriolis observation error (NAV.) erro de observação de Coriolis

Coriolis parameter (METEO.) parâmetro de Coriolis

corious (BOT.; ZOO.) coriáceo

corium (ZOO.) cório; derme

cork (BOT.) cortiça

cork cambium (BOT.) câmbio cortical; câmbio da casca; felogénio

corkscrew antenna (ELECT.) antena em espiral

corkscrewing (AERO.) voo em espiral

corkscrew rule (FÍS.) regra do saca-rolhas

corkscrew staircase (ARQ.) escada em caracol

Corliss valve (MEC.) válvula de Corliss

corm (BOT.) cormo

cormophyte (BOT.) cormófita

corn (BOT.) grão; cereal (no geral)

corn (BOT.) trigo (em Inglaterra)

corn (BOT.) aveia (na Escócia)

corn (BOT.) milho (nos EUA)

corn (MED.; VET.) calo

cornea (ZOO.) córnea

cornelian (MINER.) cornalina

corneoblepharon (MED.) corneobléfaro (ligação da margem palperal à córnea)

corneous (BOT.; ZOO.) córneo

corner (IMP.) canto

corner (TELECOM.) cantoneira; curvatura

corner bead (E.CIV.) cantoneira

corner cramp (ENG.CIV.) grampo de canto; grampo de esquadria

corner-lap joint (E.CIV.) junta sobreposta

corner reflector (RADAR) reflector angular

corner tool (MEC.) canto-redondo; ferramenta de bolear ou quebrar cantos (em fundição)

cornice (ARQ.) cornija

corniculate (ZOO.) corniculado; cornudo

Cornish boiler (MEC.) caldeira de Cornish

corn oil (QUÍM.) óleo de milho

cornstone (GEO.) calcário gresífero

cornu (ZOO.) corno (qualquer substância semelhante a um corno, em forma, ou composta de uma substância córnea, e ainda as principais subdivisões do ventrículo lateral no hemisfério cerebral)

cornua (ZOO.) cornos (plural do latim *cornu, cornus*)

Cornu prism (ZOO.) prisma de Cornu

Cornu's spiral (MAT.) espiral de Cornu; espiral de Euler; clotóide

cornute (ZOO.) cornudo; corniculado

corolla (BOT.) corola

corona (ARQ.) coroa; cimásio

corona (GERAL) coroa

corona discharge (ELECT.) descarga em coroa

corona discharge (NAV.) fogo de Santelmo; descarga em coroa

corona radiata (ZOO.) coroa radiada (do oócito)

coronary bypass (MED.) bypass coronário; desvio coronário

coronary heart disease (MED.) doença cardíaca coronária

coronary sinus (MED.) seio coronário

coronary thrombosis (MED.) trombose coronária

corona voltmeter (ELECT.) voltímetro de coroa

coronene (QUÍM.) coroneno

coronet (ZOO.) coroa do casco; coroa

coronograph (ASTRO.) coronógrafo

coronoid (ZOO.) coronóide; coronóideo

co-routine (INF.) co-rotina

corpora (BIO.; MED.; ZOO.) corpos (plural do latim *corpus, corporis* — corpo)

corpora allata (ZOO.) corpos alados

corpora bigemina (ZOO.) corpos bigémeos

corpora cardiaca (ZOO.) corpos cardíacos

corpora cavernosa (ZOO.) corpos cavernosos

corpora geniculata (ZOO.) corpos geniculados

corpora lutea (BIO.) corpos lúteos

corpora pedunculata (ZOO.) corpos pedunculados

corpora quadrigemina (ZOO.) corpos quadrigémeos

cor pulmonale (MED.) coração pulmonar

corpus (BIO.; MED.; ZOO.) corpo (plural = *corpora*)

corpus adiposum (ZOO.) corpo adiposo

corpus albicans (ZOO.) corpo lutéico atrésico

corpus atreticum (ZOO.) corpo atrésico

corpus calosum (BIO.; MED.; ZOO.) corpo caloso

corpuscle (ZOO.) corpúsculo

corpuscular radiation (FÍS.) radiação corpuscular

corpuscular theory of light (FÍS.) teoria corpuscular da luz

corpus luteum (BIO.; MED.; ZOO.) corpo lúteo

corpus mamillare (BIO.; MED.; ZOO.) corpo mamilar

corpus spongiosum (BIO.; MED.; ZOO.) corpo esponjoso

corpus sterni (BIO.; MED.; ZOO.) corpo esternal

corpus striatum (BIO.; MED.; ZOO.) corpo estriado

corpus tibiae (ZOO.) corpo tibial

corpus trapezoideum (BIO.; MED.; ZOO.) corpo tibial

corpus ulnae (ZOO.) corpo da ulna; corpo do cúbito

corpus unguis (ZOO.) corpo da unha

corpus uteri (ZOO.) corpo uterino

corpus ventriculi (BIO.) corpo ventricular; corpo do estômago

corpus vitreum (BIO.) corpo vítreo; corpo hialóide

corrasion (GEO.) corrasão; corrosão eólica; corrosão mecânica

correction of angles (TOPO.) correcção angular

correction of buoyancy (FÍS.) correcção de força ascensional

correlated response (GERAL) resposta correlacionada

correlation (GERAL) correlação

correlation coefficient (EST.) coeficiente de correlação

correlation curve (EST.) curva de correlação

correlation detection (TELECOM.) detecção de correlação

correlation detector (ELECTRÓN.) detector de correlações

correlation factor (EST.) factor de correlação

correlation of noise sources (ELECTRÓN.) correlação de fontes de ruído

correlogram (GERAL) diagrama de correlação

correspondence principle (FÍS.) princípio de correspondência

corresponding states (FÍS.) estados correspondentes

corridor (AERO.) corredor

corridor disease (VET.) doença da passagem do gado (na Rodésia e África do Sul)

corrie (GEO.) circo de erosão

corrosion (GEO.) corrosão; desgaste

corrosion (QUÍM.) corrosão

corrosion-fatigue (MEC.) fadiga com corrosão

corrosion voltmeter (ELECT.) voltímetro de corrosão

corrosive sublimate (QUÍM.) sublimado corrosivo

corrugated board (PAPEL) papelão corrugado; papelão canelado

corrugated iron (E.CIV.) ferro corrugado; ferro ondulado

corruption (INF.) corrupção

cortex (BOT.) córtex; casca primária; cortiça

cortex (GERAL) córtex

cortex (ZOO.) córtex; zona cortical

cortical (BOT.; ZOO.) cortical

cortical cytoplasm (BIO.) citoplasma cortical

cortical reaction (BIO.) reacção cortical

cortical vesicles (BIO.) vesículas corticais

corticate (Bot.) cortical

corticolous (Bot.) cortícula

corticosteroids (Med.) corticosteróides

corticotrophin (Merd.) corticotropina

cortisone (Bio.; Med.; Quím.) cortisona

Corti's organ (Zoo.) orgão de Corti

corundum (Miner.) corindo

corymb (Bot.) corimbo

Corynebacteriaceae (Bio.) Corinebacteriáceas (bactérias em forma de bastão ou clava)

coryza (Med.; Vet.) coriza; rinite aguda; resfriado

COS (Inf.) abr. de *class of service* — classe de serviço

cos (Mat.) abr. de *cosine* — co-seno (forma preferível); coseno (mais usada); cos

cosec (Mat.) abr. de *cosecant* — co-secante (forma preferível); cosecante (mais usada); cosec

cosecant (Mat.) co-secante (forma preferível); cosecante (mais usada); cosec

cosh (Mat.) abr. de *hyperbolic cosine* — co-seno hiperbólico (forma preferível); coseno hiperbólico (mais usada); ch

cosine law (Fís.) lei do co-seno (coseno) (de Lambert)

cosine potentiometer (Elect.) potenciómetro de co-seno (coseno)

cosmic abundance (Astro.) abundância cósmica

cosmic background radiation (Astro.) radiação cósmica de fundo

cosmic noise (Telecom.) ruído cósmico; interferência cósmica

cosmic radiation (Geo.) radiação cósmica

cosmic rays (Astro.) raios cósmicos

cosmic string (Astro.) cordão cósmico

cosmine (Zoo.) cosmina

cosmogenic (Fís.) cosmogénico

cosmogony (Astro.) cosmogonia

cosmoid scale (Zoo.) escama cosmóide

cosmological constant (Astro.) constante cosmológica

cosmological principle (Astro.) princípio cosmológico

cosmological redshift (Astro.) desvio para o vermelho cosmológico

cosmology (Astro.) Cosmologia

COSMOS (Inf.; Telecom.) Cosmos (satélites soviéticos com diversos objectivos)

COSMOS (Inf.) o mesmo que *CMOS*, abr. de *COmplementary Metal Oxide Semiconductor* — semicondutor complementar de óxido metálico

cosmotron (Fís.) cosmotrão

costa (Bio.) bastão basal (em determinados parasitas flagelados)

costa (Med.) costela (plural = *costae*)

costal (Zoo.) costal

cost-benefit analysis (Bot.) análise de gasto-benefício

costeaning (Minas) trabalho de exploração; exploração (com perfuração)

cot (Mat.) abr. de *cotangent* — cotangente

cotangent (Mat.) cotangente

COTe (Med.) abr. de *Cathodal Opening Tetanus* — tetania catódica de abertura

coterminal angles (Mat.) ângulos coterminais

coterminous (Zoo.) co-terminal; de distribuição similar

coth (Mat.) abr. de *hyperbolic cotangent* — cotangente hiperbólica; cotg h; coth; cth

cotidal line (Geo.) linhas de maré

cotransduction (Bio.) cotransdução

cotransformation (Bio.) cotransformação

cotransport (Bio.) transporte activo; co-transporte

co-trimoxazole (Med.; Quím.) co-trimoxazole; bactrim (agente bactericida de largo espectro)

cotter (Mec.) chaveta; cavilha

cotter pin (Mec.) contrapino

cotter way (Mec.) rosca de chaveta

cotton (Têxt.) algodão

Cotton balance (Elect.) balança de Cotton

cotton ball (Miner.) ulexite

cotton-ball clouds (Meteo.) nuvens semelhantes a flocos de algodão (cúmulos e alto-cúmulos)

Cotton-Mouton effect (Fís.) efeito Cotton-Mouton; fenómeno de Cotton-Mouton

cottonseed oil (Quím.) óleo de semente de algodão

cotton sheeting (Aero.) revestimento de algodão

cotton wool (Med.; Têxt.) algodão em rama

cotton-wool patches (Med.) «Placas brancas» (na retinite exsudativa)

Cottrell precipitator (Mec.) precipitador de Cottrell

cotyledon (Bot.; Zoo.) cotilédone

cotyledonary placentation (Zoo.) placentação cotiledonar

cotyloid (Zoo.) cotilóide

cotype (Zoo.) cótipo

couching (Med.) cataratopiese (termo obsoleto e cirurgia ultrapassada)

couch roll (Papel) rolo de amassar

Coudé telescope (Astro.) telescópio de Coudé

Coulomb (Fís.) Coulomb (unidade SI de carga eléctrica)

Coulomb attraction (Fís.) atracção de Coulomb; atracção electrostática

Coulomb balance (Elect.) balança de Coulomb

Coulomb barrier (Fís.) barreira de Coulomb

Coulomb energy (Fís.) energia de Coulomb

Coulomb field (Fís.) campo de Coulomb

Coulomb force (Fís.) força de Coulomb

Coulomb potential (Fís.) potencial de Coulomb

Coulomb repulsion (Fís.) repulsão de Coulomb

Coulomb scattering (Fís.) dispersão de Coulomb

Coulomb's law (Fís.) lei de Coulomb

Coulomb's law for magnetism (Fís.) lei de Coulomb para o magnetismo

coulometer (Elect.) voltímetro

Coulter counter (Bio.) contador (de) Coulter

coumalic acid (Quím.) ácido cumálico

coumaric acid (Quím.) ácido cumárico

coumarin (Quím.) cumarina; anidrido cumárico

coumarone (Quím.) cumarona

count down (Esp.) contagem regressiva; contagem decrescente

counter (Geral) contador

counter (Nav.) painel da popa

counter (Nucl.) contador (de radiação)

counter-arched (E.Civ.) contra-arcada

counterboring (Mec.) escareamento

counterbracing (Mec.) reforço em diagonal

counter-conditioning (Psico.) contracondicionamento

countercurrent contact (Quím.) contacto de contracorrente

countercurrent distribution (Quím.) distribuição de contracorrente

countercurrent treatment (Minas) tratamento de contracorrente

counter efficiency (Nucl.) eficiência de contagem

counter e.m.f. (Elect.) contador de força electromotriz

counter-flap hinge (E.Civ.) dobradiça de charneira

counter floor (E.Civ.) falso soalho

counterflow jet condenser (Mec.) condensador de jacto contracorrente

counterfort (E.Civ.) contraforte

counterglow (Astro.) luz anti-solar

counter lathing (E.Civ.) contrafasquiado

countermeasures (Radar) contramedidas

counterpoise (Telecom.) contrapeso; massa artificial

countershaft (Mec.) contra-eixo; contraveio; transmissão intermediária

countersink (Mec.) escareador

counter-stern (Nav.) contrapopa

countersunk head (Mec.) cabeça rebaixada

counter-transference (Psico.) contratransferência

counter-vault (E.Civ.) contra-arco; arco reversivo

counting A/D converter (Electrón.) conversor analógico-digital integrador

counting chain (Fís.) cadeia de contagem

counting chamber (Nucl.) câmara de contagem

counting efficiency (Fís.) rendimento de contagem

counting ionization chamber (Nucl.) câmara contadora de ionização

counting loss (Nucl.) perda de contagem

counting machine (Geral) máquina de calcular

counting rate (Geral) relação de contagem; razão de contagem

counting tube (Elect.) válvula contadora de radiações; válvula electrónica de contador

count rate (Electrón.) taxa de contagem
country rock (Minas) rocha de formação; rocha de encaixe
coup (Med.) síncope
coupe (Eco.) talhão
couple (Fís.) binário
couple-close roof (E.Civ.) telhado de duas águas
coupled (Elect.) acoplado
coupled aerial (Elect.) antena acoplada
coupled antenna (Elect.) antena acoplada
coupled circuit (Elect.) circuito acoplado
coupled field vectors (Elect.) vectores de campo acoplados
coupled flutter (Aero.) flutuador acoplado
coupled of forces (Fís.) binário conjugado de forças
coupled oscillators (Electrón.) osciladores acoplados
coupled pontoons (Eng.) pontões acoplados
coupled power (Elect.) potência de acoplamento
coupled rangefinder (T.Imag.) telémetro acoplado
coupled receiver (Elect.) receptor acoplado
coupled switches (Elect.) comutadores acoplados
coupled transistors (Elect.) transístores acoplados
coupled tuned circuits (Telecom.) circuitos sintonizadores acoplados
coupled vibrations (Fís.) vibrações acopladas
coupled wheel (Mec.) roda conjugada
couple roof (E.Civ.) telhado de duas águas sem vigamento de apoio
coupler plug (Elect.) tomada de acoplamento; acoplador
couplers (T.Imag.) acopladores
coupler socket (Elect.) encaixe de acoplador
coupling (Bio.) ligação
coupling (Geral) junção; ligação; engate; acoplamento
coupling (Med.) bigeminismo
coupling adjusting screw (Mec.) parafuso conjugador ajustável
coupling box (Elect.) caixa de acoplamento
coupling capacitor (Electrón.) condensador de acoplamento
coupling chain (Mec.) cadeia de acoplamento
coupling circuit (Elect.) circuito de acoplamento
coupling coefficient (Telecom.) coeficiente de acoplamento
coupling coil (Telecom.) bobina de acoplamento
coupling constant (Telecom.) constante de acoplamento
coupling element (Telecom.) elemento de acoplamento
coupling factor (Telecom.) factor de acoplamento
coupling factors (Bio.) factores de acoplamento

coupling gear (Mec.) engrenagem de acoplamento
coupling loop (Telecom.) mola de acoplamento
coupling probe (Telecom.) vareta de acoplamento
coupling resistance (Telecom.) resistência de acoplamento
coupling transformer (Elect.) transformador de acoplamento
courbaril (Bot.; E.Civ.) courbaril; a sua madeira
course (Aero.) rumo; rota; trajectória
course (E.Civ.) camada
course (Nav.) rota
course (Têxt.) fiada
course (Topo.) percurso; via
course angle (Nav.) rumo de rota; rumo magnético; rumo verdadeiro; ângulo de rumo
course beam (Nav.) feixe de rumo
course by dead (Nav.) rota estimada
course correction (Aero.; Esp.; Nav.) correcção de rumo; correcção de trajectória
course-finding (Aero.; Nav.) orientação
course followed (Aero.; Nav.) rumo seguido
course indicator (Aero.; Nav.) indicador de rota; indicador de rumo
course length (Têxt.) extensão de fiada
course of aircraft (Aero.) rumo de aeronave; rota de aeronave
coursing joint (E.Civ.) leito de assentamento
Courtelle (Têxt.) Courtelle (MC de fibra sintética)
courtship behaviour (Zoo.) ritual de acasalamento
covalency (Quím.) covalência
covalent bond (Quím.) ligação covalente
covalently closed circular DNA (Bio.) anel de ADN fechado de modo covalente
covalent radius (Quím.) raio covalente
covariance (Inf.) covariância
cove (E.Civ.) moldura côncava
coved ceiling (Arq.) tecto volteado
covelline (Miner.) covelina; covelite
covellite (Miner.) V. *covelline*
cover (Geral) cobertura
coverage (Geral) cobertura
coverage angle (Telecom.) ângulo de cobertura
covered electrode (Elect.) eléctrodo revestido
cover glass (T.Imag.) vidro de cobertura
covering power (T.Imag.) poder de cobertura
cover iron (E.Civ.) ferro de capa
cover paper (Papel) cartão para capas
cover slip (Bio.) lamela de cobertura
cover-sociability scale (Eco.) escala de sociabilidade do coberto (vegetal)
cover stones (E.Civ.) pedras de cobertura; capa de cobertura
coverts (Zoo.) cobertura (penas); tetrizes
co-volume (Quím.) co-volume

cow-hocked (Vet.) com jarretes de vaca
cowl (E.Civ.) capelo
cowl flaps (Aero.) abas da capota
cowling (Aero.) capota do motor; cobertura do motor
cowling compartment (Aero.) compartimento da capota
cowling flap (Aero.) aba da capota do motor
cowling hood (Mec.) anel de fixação da capota
cowling ring (Mec.) anel do motor; anel da capota
Cowper's gland (Zoo.) glândula de Cowper
cow-pox (Med.; Vet.) varíola
coxa (Zoo.) coxa
coxalgia (Med.) coxalgia
coxa valga (Med.) coxa-valga
coxa vara (Med.) coxa-vara
cp (Aero.) abr. de *centre of pression* — centro de pressão (CP)
cp (Quím.) abr. de *chemically pure* — quimicamente puro
cP (Fís.) abr. de *centiPoise* — centi-poise
CPI (Inf.) abr. de *characters per inch* — caracteres por polegada
CPL (Aero.) abr. de *Commercial Pilot's Licence* — Licença de Piloto Comercial
CPLD (Electrón.) abr. de *complex programmable logic device* — equipamento de programação lógica complexa
CPM (Mec.) abr. de *Critical Path Method* — método do caminho crítico
cps (Inf.) abr. de *characters per second* — caracteres por segundo
cps (CPS; c/s) (Fís.) abr. de *cycles per second* — ciclos por segundo
CPU (Inf.) abr. de *Central Processing Unit* — unidade central de processamento
CR (Med.; Psicol.) abr. de *Conditioned Reflex* — reflexo condicionado
Cr (Quím.) símbolo químico do *chromium* — crómio
crab (T.Imag.) guindaste
Crab nebula (Astro.) nebulosa do Caranguejo
crabwood (Bot.) carapa; a sua madeira
crachin (Geo.) nevoeiro de advecção
crack detector (Elect.) detector de fissuras
cracked heel (Vet.) calcanhar rachado
cracking (Minas) destilação
crackled (Vidr.) estalado
crack stopper (Aero.) amortecedor de crepitação
cradle (E.Civ.) cavalete; suporte
cradle (Vet.) tala de pescoço
cradle scaffold (E.Civ.) andaime de berço
crag (Geo.) depósito de arenitos conquíferos
cramp (E.Civ.) grampo de ferro; gato de ferro
cramp (Med.) cãibra
cramp-iron (E.Civ.) grampo de ferro; gato de ferro; cantoneira
crampon (E.Civ.) gancho de unha
crampoon (E.Civ.) V. *crampon*

Crampton's muscle (Zoo.) músculo de Crampton; músculo de Bruck
crane barge (Minas) batelão de guindaste
crane magnet (Elect.) magnete de suspensão; electroíman de suspensão
crane motor (Elect.) motor de guindaste
crane post (Mec.) coluna do guindaste
crane rating (Elect.) regime do guindaste; capacidade do guindaste
cranial flexures (Zoo.) flexuras cranianas
Craniata (Zoo.) Craniotas; Craniados
cranioclasis (Med.) cranioclasia
cranioclast (Med.) cranioclasto
craniodidymus (Med.) craniodídimo
craniofenestria (Med.) craniofenestria; craniolacunia
craniognomy (Med.) craniognomia
craniomalacia (Med.) craniomalacia
craniometry (Med.) craniometria
craniopagus (Med.) craniópago
craniosacral system (Zoo.) sistema craniossacral
craniotomy (Med.) craniotomia
cranium (Zoo.) crânio
crank (Mec.) manivela
crank arm (Mec.) braço da manivela
crank axle (Mec.) eixo da manivela
crank brace (E.Civ.) braço da manivela
crankcase (Mec.) cárter; caixa do eixo da manivela
crankcase sludging (Mec.) formação de impurezas de óleo no cárter
crank effort (Mec.) esforço do cárter
crank pin (Mec.) pino da manivela; espiga da manivela
crank pivot (Mec.) articulação da manivela
crank plate (Mec.) chapa da manivela; disco da manivela
crank rod (Mec.) biela da manivela
crankshaft (Mec.) eixo da manivela; eixo da cambota
crank throw (Mec.) raio da manivela
crank web (Mec.) flange da manivela; braço da manivela
crash dive (Nav.) submersão rápida de um submarino; mergulho rápido
crash helmet (Aero.; Auto.) capacete de segurança
crash recorder (Aero.) caixa-preta; gravador de voo; gravador de queda
Crassulaceae (Bot.) Crassuláceas
crassulacean acid metabolism [CAM] (Bot.) metabolismo ácido das crassuláceas
crater (Geral) cratera
crater lake (Geo.) lago de cratera
crater lamp (Electrón.) lâmpada de cratera
craton (Geo.) cratão
crawl (Imp.) arrastamento; avanço lento
crawling (E.Civ.) corrugação; arrastamento
craze (E.Civ.) racha; fissura
crazing (E.Civ.) V. *craze*
crazy chick disease (Vet.) doença do pinto louco; encefalomalacia nutricional dos pintos

CRC (Telecom.) abr. de *cyclic redundancy check* — verificação de redundância cíclica
C reactive protein (Imun.) proteína C reactiva
cream-laid (Papel) papel rugoso
cream of tartar (Quím.) cremor tártaro; tartarato ácido de potássio
crease-resist finish (Têxt.) acabamento anti-ruga
creatine phosphate (Bio.) fosfato de creatina
creatinuria (Med.) creatinúria
creation 'science' (Geral) ciência criacionista
creationism (Geral) criacionismo
creativity (Psico.) criatividade
creatorrhea (Med.) creatorreia (presença anormal de fibras musculares nas fezes)
creatorrhoea (Med.) V. *creatorrhea*
credits (T.Imag.) créditos
creel (Têxt.) urdidor
creep (Geral) desvio; deformação; deslocamento
creep (Minas) deslocamento; desmoronamento
creep limit (Mec.) limite de deformação
creep mechanisms (Geo.) mecanismo de deslizamento
creep path (Hidro.) trajecto de filtragem
creep ratio (Hidro.) factor de filtragem
creep resistance (Mec.) resistência a contracção
creep strength (Mec.) resistência à deformação
creep tests (Mec.) testes de deformação
cremaster (Zoo.) cremáster
cremone bolte (E.Civ.) espigão de cremona
crenate (Bot.) crenada
creosote oil (Quím.) óleo de creosoto; óleo de creosote
crêpe (Têxt.) crepe
crêpe de chine (Têxt.) crepe-da-china
crêpe paper (Papel) papel-crepe
crêpe rubber (Quím.) crepe de borracha
crepitation (Geral) crepitação
crepuscular (Zoo.) crepuscular (actividade)
crepuscular arch (Meteo.) arco crepuscular
crepuscular clarity (Meteo.) claridade crepuscular
crepuscular rays (Meteo.) raios crepusculares
cresol red (Quím.) vermelho de cresol
cresol resins (Plást.) resinas de cresol
crest (E.Civ.) crista; cimeira
crest (Zoo.) crista
crest cloud (Meteo.) nuvem de crista
crest factor (Elect.) factor de crista; factor de pico; factor de amplitude
cresting (E.Civ.) cimeira; cumeeira
crest tile (E.Civ.) telha de cimeira
crest value (Elect.) valor de pico; valor de crista
crest voltmeter (Elect.) voltímetro de crista; voltímetro de pico
Cretaceous (Geo.) Cretácico
cretin (Med.) cretino

cretinism (Med.) cretinismo
cretonne (Têxt.) cretone
Creutzfeldt-Jacob disease (Med.) doença de Creutzfeldt-Jacob
crevasse (Geo.) crevasse; fenda
crevasse deposit (Geo.) preenchimento da crevasse
crevice corrosion (Mec.) corrosão de fissura
crib (Minas) armazém
cribbing (E.Civ.) revestimento; escoramento
crib-biting (Vet.) aerofagia; vício de engolir
cribellum (Zoo.) cribelo
cribiform (Zoo.) cribiforme
cribrose (Bot.) crivoso
cribwork (E.Civ.) caixa de cimento para fundação
cricoid (Zoo.) cricóide
cri du chat syndrome (Med.) síndroma do grito do gato
crimp (Têxt.) encrespamento; enrugamento
crimping (Elect.) compressão
crimp stability (Têxt.) estabilidade de enrugamento
crinanite (Geo.) crinanite
Crinoidea (Zoo.) Crinóides
crisis (Med.) crise; ataque convulsivo
crispate (Bot.) crispado
crisped (Bot.) V. *crispate*
crispening (T.Imag.) acentuação do contraste
crissum (Zoo.) crisso
crista (Geral) crista (V.também *crest*)
crista acustica (Zoo.) crista acústica
cristate (Bot.) cristado
cristobalite (Miner.) cristobalita
crit (Fís.) abr. de *critical mass* — massa crítica
crith (Fís.) abr. de *critical mass of hydrogen* — massa crítica do hidrogénio (a pressão e temperatura normais)
crithidia (Zoo.) critídia; epimastigoto
Crithidia (Zoo.) Critídia
critical adjustment (Mec.) regulação exacta; ajuste perfeito
critical altitude (Aero.; Meteo.) altitude crítica
critical angle (Geral) ângulo crítico; ângulo limite
critical anode voltage (Elect.) voltagem crítica do ânodo
critical breakdown (Mec.) limite crítico
critical coefficient (Quím.) coeficiente crítico
critical concentration (Bio.) concentração crítica
critical corona voltage (Elect.) voltagem crítica de coroa
critical coupling (Elect.) acoplamento crítico
critical current (Elect.) corrente crítica
critical damping (Fís.) amortecimento crítico
critical density (Fís.) densidade crítica
critical depth (Hidro.) profundidade crítica
critical discharge (Hidro.) caudal crítico; descarga crítica

critical erosion velocity (Geo.) velocidade de erosão crítica

critical field (Electrón.) campo crítico

critical flow (Hidro.) fluxo crítico; escoamento crítico

critical frequency (Telecom.) frequência crítica; frequência de penetração

critical grid voltage (Elect.) voltagem crítica de grade; tensão crítica de grade

critical heat (Fís.) calor crítico

critical humidity (Quím.) humidade crítica

critical inductance (Elect.) indutância crítica

criticality (Nucl.) estado crítico

critical Mach number [M/crit] (Aero.) número Mach crítico

critical magnetic field (Elect.) campo magnético crítico

critical mass [crit] (Nucl.) massa crítica

critical path method (Mec.) método do caminho crítico

critical period (Psico.) período crítico; regime crítico

critical point (Geral) ponto crítico

critical point method (Bio.) método do ponto crítico

critical potential (Fís.) potencial crítico; voltagem crítica

critical pressure (Fís.) pressão crítica; pressão máxima

critical pressure ratio (Fís.) razão de pressão crítica

critical range (Mec.) limite crítico; ponto crítico; gama de temperaturas críticas

critical rate (Mec.) relação crítica

critical reactor (Nucl.) reactor crítico

critical Reynolds number (Fís.) número de Reynolds crítico

critical size (Nucl.) tamanho crítico

critical solution temperature (Quím.) temperatura crítica da solução

critical speed (Aero.; Mec.) velocidade crítica

critical temperature (Geral) temperatura crítica; temperatura máxima

critical tuning (Telecom.) sintonização exacta

critical velocity (Geo.) velocidade de erosão crítica

critical voltage (Elect.) voltagem crítica; tensão crítica

critical volume (Fís.) volume crítico

critical wavelength (Fís.) comprimento de onda crítica

crizzling (Vidr.) imperfeição

CRO (Electrón.) abr. de *cathode ray oscilloscope* — osciloscópio de raios catódicos

CRO bandwidth (Electrón.) gama de frequência do osciloscópio

crocidolite (Miner.) crocidolite; crocidolito

Crocodilia (Zoo.) Crocodília

Crocodilian (Zoo.) Crodilianos

crocodiling (E.Civ.) rachadura

crocoisite (Miner.) crocoíte; crocoíto; chumbo-vermelho-da-sibéria; crocoisa

crocoite (Miner.) V. *crocoisite*

Cromwell Current (Geo.) corrente de Cromwell

Crookes dark space (Fís.) espaço escuro de Crookes; espaço escuro catódico

Crookes' effect (Fís.) efeito de Crookes

Crookes radiometer (Fís.) radiómetro de Crookes

Crookes tube (Fís.) tubo de Crookes; válvula de Crookes

crop (Geo.) afloramento

crop (Imp.) aparar

cro protein (Bio.) proteína cro

cross (Bio.) cruzamento

cross (E.Civ.) cruzeta; cruz

cross (Hidro.) desvio

cross ampere-turns (Elect.) ampères-voltas transversais

cross arm (Elect.) cruzeta; travessa de tensão

cross-arm brace (Elect.) escora de cruzeta

cross-axle (Mec.) árvore de alavancas opostas

crossbar (Aero.) barra cruzada

crossbar (Mec.) barra transversal

crossbar switch (Telecom.) chave de barra cruzada

crossbar transformer (Elect.) transformador de barra cruzada

cross-bearings (Topo.) levantamentos cruzados

cross-bendings (Geo.) estratificações cruzadas

cross bombardment (Nucl.) bombardeamento cruzado

cross-bonding (Elect.) ligação cruzada à terra

cross bracing (Mec.) ligação cruzada; ligação em diagonal; escora; travessa

cross bracket (Mec.) suporte transversal

cross-breeding (Zoo.) cruzamento

cross configuration (Inf.) configuração cruzada

cross-correlation (Fís.) correlação cruzada

cross-correlation function (Fís.) função de correlação cruzada

cross-coupling (Elect.) acoplamento cruzado; acoplamento recíproco

cross crack (Mec.) fissura transversal

cross cut (Mec.) corte transversal; corte seccional; corte oblíquo

cross cut (Minas) galeria transversal; corte transversal

cross-cut chisel (E.Civ.) cinzel agudo; bedame chato

cross-cut saw (E.Civ.) serrote grande; traçador

cross-dating (Eco.) datação cruzada

cross-domain (Inf.) domínio cruzado

crossed field (Elect.) campo transversal

crossed field accelerator (Elect.) acelerador de campo transversal

crossed field device (Elect.) dispositivo de campo transversal

crossed field tube (Telecom.) tubo de campo transversal

crossed lens (Fís.) lente polarizadora

crossed Nicols (Eng.) nicóis cruzados

crossed Nicols (Fís.) prismas de Nicol

crossette (E.Civ.) ressalto

cross fertilization (Bot.) fertilização cruzada; alogamia

cross field (Elect.) fluxo transversal; campo transversal

crossfire (Inf.) interferência cruzada

cross-firing (Vet.) defeito na marcha de um cavalo trotador (em que a superfície interna do quarto da pata da frente é golpeada pelo artelho da pata traseira oposta)

cross-frog (E.Civ.) cruzamento

cross girders (Mec.) vigas transversais

crosshair (Topo.) cada um dos fios do retículo

crosshair reticle (Topo.) retículo de fios cruzados

crosshead (Imp.) cabeçalho; título

crosshead (Mec.) cruzeta

crossings (E.Civ.) cruzamentos

cross-linking (Quím.) ligações cruzadas

cross luminance (T.Imag.) luminância cruzada

cross-magnetizing (Fís.) magnetização transversal

cross matching (Imun.) reacção cruzada

cross modulation (Telecom.) modulação cruzada; intermodulação

cross neutralization (Electrón.) neutralização cruzada

Crossopterygii (Zoo.) Crossopterígeos

cross-over (Bio.) cromossoma permutado; recombinação

cross-over (Elect.) junção; ligação; cruzamento

cross-over (Geral) desvio; passagem intermediária

cross-over (Hidro.) ponto de cruzamento; vau

cross-over area (Electrón.) área de cruzamento

cross-over frequency (Fís.) frequência de transição; frequência de desvio

cross-over network (Fís.) rede de desvio; rede divisora

cross-over voltage (Elect.) voltagem intermediária

cross-pane hammer (E.Civ.) martelo de embutir

cross-ply (Auto.) pneu de lona

cross pollination (Bot.) polinização cruzada

cross-product (Mat.) produto vectorial

cross protection (Bot.) protecção cruzada

cross-ratio (Mat.) razão não harmónica; razão anarmónica

cross-section (Fís.; Nucl.) secção transversal

cross-section (Geral) corte transversal; secção transversal

cross-section (Meteo.) corte vertical

cross-section per atom (Fís.) secção transversal por átomo

cross-sill (E.Civ.) dormente

cross-slide (Mec.) cursor transversal

cross-staff (Topo.) esquadro de agrimensor; alidade de marcar

cross-talk (Telecom.) indutómetro; inclinómetro

cross-tie (E.Civ.) dormente; travessa

cross-tongue (E.Civ.) lingueta transversal

cross-tree (Nav.) curvatões
cross vault (Arq.) abóbada de aresta
crosswind (Meteo.) vento cruzado; vento de través
crosswind gustiness (Meteo.) rajadas de vento cruzado
crotonaldehyde (Quím.) aldeído crotónico; butanal 2; crotonaldeído
crotonic acid (Quím.) ácido crotónico
crotonil (Quím.) crotonil
croup (Med.) laringite aguda diftérica; garrotilho
croup (Vet.) garupa
crowbar (E.Civ.) pé-de-cabra
Crowe process (Minas) processo de Crowe
crown (Arq.) chave; espigão
crown (Bot.) coroa; copa
crown (E.Civ.) cúpula; vértice; tecto de galeria
crown (Geral) coroa
crown (Mat.) vértice; coroa
crown (Mec.) céu de fornalha
crown bar (E.Civ.) viga suporte de tecto; escora de tecto; cavalete
crown glass (Vidr.) vidro comum; vidro leve; vidro sem chumbo
crown octavo (Imp.) oitavo crown (formato de livro: 18,6cm x 12,3cm)
crown of aberration (Astro.) círculo de aberração; coroa de aberração
crown of arch (Arq.) vértice de arco; chave de túnel
crown-tile (E.Civ.) telha plana; telha lisa
crown-wheel (Mec.) engrenagem de coroa dentada
crown-wheel (Reloj.) roda de escape
crow-step gable (E.Civ.) frontespício com degraus
crow steps (Arq.) lanços de frontão
croy (E.Civ.) barreira protectora
crozier (Bot.) encurvamento em ansa (extremidade de um asco jovem)
CRT (Electrón.) abr. de *Cathode-Ray Tube* — tubo de raios catódicos; válvula de raios catódicos; TRC
CRT aluminium film (Electrón.) tubo de raios catódicos de filme de alumínio
CRT spot (Elect.) ponto catódico
CRT tuning indicator (Elect.) indicador de sintonia de raios catódicos; olho mágico
cruciate (Bot.) crucial; cruciforme
crucible (Quím.; Minas) cadinho; crisol
crucible furnace (Mec.) forno de cadinho
crucible steel (Mec.) aço de cadinho
crucible tongs (Mec.; Quím.) tenazes de cadinho; pinças de cadinho
Cruciferae (Bot.) Crucíferas
cruciform (Bot.) cruciforme; crucial
cruciform structure (Bio.) estrutura cruciforme
crude (Geral) «crude» (referindo-se impropriamente ao petróleo em bruto)
crude (Quím.) não refinado; não rectificado; bruto
crude acid (Quím.) ácido bruto
crude coaltar (Quím.) alcatrão bruto; alcatrão não refinado
crude ethylene (Quím.) etileno bruto
crude fluorene (Quím.) fluoreno bruto

crude iron (Mec.) ferro bruto
crude naphta (Quím.) nafta bruta
crude oil (Quím.) óleo bruto; óleo pesado; óleo cru; crude
crude product (Quím.) produto não refinado; produto bruto
crude rubber (Quím.) borracha crua; borracha bruta
crude solvent (Quím.) solvente bruto; dissolvente bruto
crude spirit (Quím.) álcool bruto
crude tar (Quím.) alcatrão bruto
crude tar acid (Quím.) ácido de alcatrão bruto
crude turpentine (Quím.) terebintina não refinada; terebintina bruta
cruise control (Auto.) controlo de cruzeiro
cruise missile (Aero.) míssil de cruzeiro
cruise range (Aero.) autonomia de voo em cruzeiro
cruise speed (Aero.; Nav.) velocidade de cruzeiro
cruise stern (Nav.) popa de cruzador
crump (Minas) friável
crunode (Mat.) crunoidal
cruor (Zoo.) cruor; sangue coagulado
crura (Med.) pedúnculos
crura cerebri (Med.) pedúnculos cerebrais
crural (Zoo.) crural
crureus (Zoo.) músculo crural; músculo vasto interno
crus (Zoo.) perna (o segmento do membro inferior do joelho ao tornozelo)
crush (Minas) compressão
crush breccia (Geo.) bréscia de compressão
crush conglomerate (Geo.) conglomerado de compressão
crusher (E.Civ.) trituradora; britadeira
crusher (Minas) triturador
crushing (T.Imag.) desintegração
crushing strain (Fís.) esforço de esmagamento
crushing strength (E.Civ.) resistência à trituração
crushing test (E.Civ.) prova de esmagamento; teste de fragmentação
crush syndrome (Med.) síndroma de esmagamento
crust (E.Civ.) casca; incrustação
crust (Geo.) crusta; crosta
Crustacea (Zoo.) Crustáceos
crust of the earth (Geo.) crusta da terra
crustose (Bot.) crustoso
cryergic (Geo.) periglacial
cryo- (Geral) crio-; do grego *kryos* — frio
cryoaerotherapy (Med.) terapia pelo ar frio
cryoanesthesia (Med.) anestesia pelo frio; crioanestesia
cryobiology (Med.) criobiologia
cryocautery (Med.) cauterização pelo frio
cryogenic (Fís.) criogénico; criogénio
cryogenic gyro (Fís.) giro criogénico; volta criogénica
cryogenics (Fís.) Criogenia
cryoglobulin (Imun.) crioglobulina

cryoglobulinemia (Med.) crioglobulinemia
cryohydrate (Quím.) crioidrato
cryolite (Miner.) criólito; criolite
cryometer (Fís.) criómetro (termómetro para medir baixas temperaturas)
cryopathy (Med.) criopatia
cryopediment (Geo.) sedimento periglacial
cryophilic (Eco.) criofílico
cryopill (Med.) criopilha (cilindro sólido de dióxido de carbono comprimido)
cryopreservation (Bio.) crioconservação; criopreservação
cryoprobe (Med.) criossonda
cryosar (Electrón.) abr. de *CRYOgenic Switching by Avalanche and Recombination* — comutação criogénica por avalanche e recombinação
cryoscope (Quím.) crioscópio
cryoscopic method (Quím.) método crioscópico
cryostat (Fís.) crióstato
cryosurgery (Med.) criocirurgia
cryotherapy (Med.) crioterapia; terapia a frio
cryotron (Electrón.) criotrão
cryoturbation (Eco.) perturbação periglacial
crypt (Zoo.) cripta
cryptanalysis (Inf.) análise criptográfica; criptoanálise
cryptanamnesia (Psico.) criptoanamnésia
cryptic coloration (Zoo.) coloração críptica
cryptic plasmid (Bio.) plasmídeo críptico
cryptitis (Med.) criptite
crypto-, cript- (Geral) cripto-; cript-; do grego *kriptos* — escondido, obscuro e cripta
cryptobiosis (Bio.) criptobiose
Cryptococus (Bot.) Criptococo
cryptocrystalline (Miner.) criptocristalino
cryptodidymus (Bio.) criptodídimo
cryptogam (Bot.) criptogâmica
cryptogenetic (Bio.) criptogenético
cryptogenic (Bio.) criptogénico
cryptolith (Med.) criptólito
cryptomenorrhea (Med.) criptomenorreia
cryptometer (E.Civ.) criptómetro
cryptomnesia (Psico.) criptomnésia
Cryptophyceae (Bot.) Criptofíceas
cryptophyte (Bot.) criptófito
cryptorchid (Vet.; Zoo.) criptorquídeo
cryptorchidectomy (Vet.) criptoquidectomia
cryptosystem (Inf.) criptossistema
cryptozoa (Bio.) criptozoa
cryptozoic (Zoo.) criptozóico
crystal (Elect.) cristal; galena
crystal (Geral) cristal
crystal (Mec.) grão
crystal anysotropy (Crist.) anisotropia do cristal
crystal axes (Crist.) eixos do cristal
crystal boundaries (Crist.) superfícies do cristal
crystal control (Telecom.) controlo (de frequência) por cristal

crystal counter (ELECTRÓN.) contador de cristal

crystal cutter (ELECTRÓN.) cortador de cristal

crystal detector (ELECT.) detector de galena

crystal detector (ELECTRÓN.) detector de cristal

crystal diamagnetism (ENG.) diamagnetismo de cristal

crystal diffraction (FÍS.) difracção de cristal

crystal diode (ELECTRÓN.) diodo de cristal

crystal dislocation (CRIST.) desvio de cristal

crystal drive (ELECTRÓN.) accionador de cristal

crystal dynamics (ELECT.) dinâmica de cristal

crystal electrostriction (FÍS.) electrostrição de cristal

crystal face (CRIST.) face de cristal

crystal filter (ELECT.) filtro de cristal

crystal filter circuit (ELECT.) circuito de filtro de cristal

crystal frequency (ELECT.) frequência de cristal

crystal fuse (ELECT.) fusível de circuito de cristal

crystal-gate receiver (TELECOM.) receptor de porta de cristal

crystal glass (VIDR.) cristal artificial

crystal goniometer (CRIST.) goniómetro de cristal

crystal holder (ELECT.) porta-cristal

crystal impedance (ELECT.) impedância de cristal

crystal impurity (ELECT.) impureza de cristal

crystal laser (ELECT.) laser de cristal

crystal lattice (MINER.) grade de cristal; retículo cristalino

crystalline (GERAL) cristalino

crystalline aggregate (QUÍM.) agregado cristalino

crystalline anysotropy (CRIST.) anisotropia cristalina

crystalline basalt (GEO.) basalto cristalino

crystalline clinker (MEC.) escória cristalina; clínquer cristalino

crystalline compound (QUÍM.) composto cristalino

crystalline cone (ZOO.) cone cristalino

crystalline constituent (QUÍM.) componente cristalino; constituinte cristalino

crystalline continuity (GEO.) continuidade cristalina

crystalline deposit (GEO.; MINAS; QUÍM.) depósito cristalino

crystalline efflorescence (GEO.) eflorescência cristalina

crystalline form (GEO.; MINAS.) forma cristalina

crystalline gypsum (GEO.; MINAS) gesso cristalino

crystalline lava (GEO.) lava cristalina

crystalline lens (ZOO.) cristalino

crystalline limestone (GEO.) calcário cristalino

crystalline mass (GEO.) massa cristalina

crystalline modification (GEO.) modificação cristalina

crystalline phase (QUÍM.) fase cristalina

crystalline rock (GEO.) rocha cristalina

crystalline salt (QUÍM.) sal cristalino

crystalline state (QUÍM.) estado cristalino

crystalline structure (QUÍM.) estrutura cristalina

crystalline style (ZOO.) estilete cristalino

crystallinity (GERAL) cristalinidade

crystallites (MINER.; QUÍM.) cristalites; cristalitos

crystallization (QUÍM.) cristalização

crystalloblastic texture (GEO.) textura cristaloblástica

crystallographic axes (CRIST.) eixos cristalográficos

crystallographic notation (CRIST.) notação cristalográfica

crystallographic planes (CRIST.) planos cristalográficos

crystallographic system (CRIST.) sistema cristalográfico

crystallography (GERAL) Cristalografia

crystalloid (BOT.) cristalóide

crystal loudspeaker (FÍS.) altifalante a cristal; altifalante piezoeléctrico

crystal microphone (FÍS.) microfone de cristal; microfone piezoeléctrico

crystal mixer (ELECTRÓN.) misturador de cristal

crystal momentum (FÍS.) momento do cristal

crystal nuclei (QUÍM.) núcleos de cristal

crystal oscillator (ELECTRÓN.) oscilador a cristal

crystal oven (TELECOM.) forno do cristal; envólucro aquecido

crystal pick-up (FÍS.) pickup a cristal; fonocaptador a cristal

crystal receiver (ELECT.) receptor a cristal

crystal rectifier (ELECT.) rectificador a cristal

crystal sac (BOT.) saco de cristais; célula com cristais de oxalato de cálcio

crystal seed (ELECTRÓN.) germe cristalino

crystal selectivity (ELECT.) selectividade do cristal

crystal set (TELECOM.) receptor a cristal; receptor a galena

crystal shutter (ELECT.) obturador de cristal

crystal spectrometer (FÍS.) espectrómetro de cristal

crystal system (CRIST.) sistema cristalino

crystal texture (CRIST.) textura cristalina

crystal triode (TELECOM.) tríodo de cristal

crystal violet (QUÍM.) violeta genciana; cristal violeta; metilo violeta; cloreto de metilo-rosanilina

Cs (QUÍM.) símbolo químico do *caesium* — césio

CS (INF.) abr. de *Communication Services* — serviços de comunicação

c/s (FÍS.) abr. de *cycles per second* — ciclos por segundo; c/s

CsCl centrifugation (BIO.) centrifugação de gradiente de clorito de sódio

CSDI (INF.) abr. de *compressed serial data interface* — interface série comprimida de dados

CSECT (INF.) abr. de *Control SECTion* — secção de controlo

CSF (MED.) abr. de *CerebroSpinal Fluid* — líquido cérebro-espinhal; líquido encefalorraquidiano

CS mode (INF.) abr. de *Continue-Specific mode* — modo contínuo específico

C-spanner (MEC.) chave de gancho

C-spring (MEC.) mola em arco; mola em C

CTC (GERAL) abr. de *carbon tetrachloride* — tetracloreto de carbono

CTD (GEO.) abr. de *condutividade-temperatura-depth* — equipamento de registo de condutividade-temperatura-profundidade

ctDNA (BIO.) ADN cloroplástico

ctene (ZOO.) cteno

ctenidium (ZOO.) ctenídio

ctenoid (ZOO.) ctenóide

Ctenophora (ZOO.) Ctenóforos

CTR (NUCL.) abr. de *Controlled Thermonuclear Reactor (Reaction)* — Reactor Termonuclear Controlado (ou Reacção)

CTS (TELECOM.) abr. de *clear to send* — pronto a enviar

Cu (QUÍM.) símbolo químico de *copper* — cobre (do latim *cuprum*)

Cuban 8 (AERO.) dupla curva de Immelmann; oito cubano; oito deitado

Cuban mahogany (BOT.; E.CIV.) mogno-de-Cuba; a sua madeira

cube (MAT.) cubo

cubical antenna (TELECOM.) antena cúbica

cubical epithelium (ZOO.) epitélio cubóide

cubic equation (MAT.) equação do 3º grau

cubic system (CRIST.) sistema cúbico

cubing (E.CIV.) cubagem

cubital (ZOO.) cubital

cubital remiges (ZOO.) remiges secundárias

cuboid (MAT.) cubóide

Cuboni test (VET.) teste de Cuboni; prova de Kober

cucculate (BOT.; ZOO.) cuculado

cud (VET.) matéria regurgitada da pança para a ruminação

cue lights (ELECT.) luzes de sinalização; luzes de código

cue marks (T.IMAG.) marcas indicadoras

cuesta (GEO.) escarpa; alcantilada (termo comum nos EUA)

cuirasse (MED.) tórax (em sintomatologia e patologia)

cuirasse respirator (MED.) respirador de tórax

cullet (VIDR.) sucata de vidro

culm (BOT.) colmo

culm (GEO.) pó de carvão; antracite fragmentada; hulha moída; cisco; carvão fino

Culmann's method (Fís.) método de Culmann

culmination (Astro.) culminação

cultivar (Bot.) cultivar

cultural landscape (Eco.) paisagem cultural

culture (Bio.) cultura

culture medium (Bio.) meio de cultura

culvert (E.Civ.) galeria de drenagem; galeria de saneamento

culvert (Hidro.) aqueduto; pontilhão

cumarone (Quím.) cumarona; benzofurano

cumene (Quím.) cumeno

cummingtonite (Miner.) cummingtonite

cumulative distribution (Geral) distribuição cumulativa

cumulative distribution function (Est.) função de distribuição acumulada

cumulative dose (Radiol.) dose cumulativa; dose acumulada

cumulative energy (Fís.) energia cumulativa

cumulative error (E.Civ.; Mat.) erro cumulativo; erro constante

cumulative excitation (Elect.) excitação cumulativa

cumulative percentage curve (Geral) curva de percentagem cumulativa

cumulonimbus (Meteo.) cúmulonimbo

cumulus (Meteo.) cúmulo

cumulus (Zoo.) montículo; acumulação de células

cumulus oophorus (Zoo.) disco prolígero; montículo ovariano

cuneate (Bot.) cuneado

cuneiform (Bot.) cuneiforme

cunneal (Bot.) cuneal

Cunningham correction (Fís.) correcção de Cunningham

cup (Elect.) câmpanula de isolador

cup (Mec.) bucha de torno

cup (Med.) cálice; cúpula

cupel (Mec.) copela (soleira de forno na Metalurgia do chumbo)

cupellation (Mec.) copelação

cup head (Mec.) cabeça redonda; cabeça hemisférica

cupid's darts (Miner.) «cabelos de Vénus» (variedade de quartzo com incrustações de amianto; não deve ser confundido com o quartzo rutilado)

cup joint (E.Civ.) articulação esférica; junta esférica

cup leather (Mec.) couro embutido; couro da bomba

cupola (E.Civ.) cúpula; zimbório

cupola (Geo.) cúpula

cupola (Geral) cúpula; abóbada

cupola furnace (Mec.) forno de cúpula

cupric (Quím.) cúprico

cupriferous pyrites (Miner.) pirites de cobre

cuprite (Miner.) cuprite; cuprita

cupro-nickel (Mec.) cuproníquel

cupro-uranite (Miner.) cuprouranite

cuprous (Quím.) cuproso

cup shake (Bot.) fenda anular; racha anular

cupula (Geral) cúpula

cup wheel (Mec.) esmeriladora

curare (Med.) curare

curarine (Med.) curarina

curb (E.Civ.) muro de protecção

curb (Minas) revestimento

curb (Vet.) alifafe; tumor sinovial do jarrete

curb-plate (E.Civ.) frechal circular; frechal elíptico

curb-roof (E.Civ.) telhado de duas águas quebradas

curettage (Med.) curetagem

curie (Fís.) curie (unidade de radioactividade, de uso temporariamente admitido)

Curie balance (Fís.) balança de Curie

Curie point (Fís.) ponto de Curie; temperatura magnética de transição

Curies' law (Fís.) lei dos Curie

Curie-Weiss law (Fís.) Lei de Curie-Weiss

curine (Quím.) curina

curing (Geral) consolidação

curing (Quím.) cura

curium (Quím.) cúrio

curl (Mat.) rotacional

current (Geral) corrente

current amplification (Elect.) amplificação de corrente

current amplifier (Electrón.) amplificador de corrente

current antinode (Elect.) antinodo de corrente; crista de corrente

current attenuation (Elect.) atenuação de corrente

current balance (Elect.) equilíbrio de corrente

current balance (Mec.) balança de corrente

current bedding (Geo.) estratificação cruzada

current branch (Elect.) ramo de corrente; bifurcação de corrente

current carrier (Elect.) portadora de corrente

current-carrying capacity (Elect.) capacidade transportadora de corrente; capacidade portadora de corrente; condutibilidade

current circuit (Elect.) circuito de corrente

current coil (Elect.) bobina de corrente

current collector (Elect.) colector de corrente

current control (Elect.) controlo de corrente

current curve (Elect.) curva de corrente

current cutoff (Elect.) corte de corrente; falta de corrente

current cycle (Elect.) ciclo de corrente

current density (Elect.) densidade de corrente

current differencing amplifier [CDA] (Electrón.) amplificador de corrente diferencial; amplificador de Norton

current divider (Elect.) divisor de corrente

current drain (Elect.) drenagem de corrente; consumo de corrente

current draw (Elect.) rendimento de corrente

current dumping circuit (Electrón.) circuito atenuador de corrente

current feed (Elect.) realimentação por corrente

current feedback (Elect.) realimentação de corrente

current gain (Elect.) ganho de corrente

current generator (Elect.) gerador de corrente

current indicator (Elect.) indicador de corrente

current induced (Elect.) corrente induzida

current intensity (Elect.) intensidade de corrente

current intermittent (Elect.) corrente intermitente

current law (Electrón.) lei da corrente de Kirchoff

current limiter (Elect.) limitador de corrente

current local (Elect.) corrente local

current magnetic effect (Electrón.) corrente de indução magnética

current margin (Elect.) margem de corrente; limite de corrente

current meter (Elect.) medidor de corrente; amperímetro

current meter clamp (Electrón.) pinça

current niode (Elect.) nodo de corrente; ponto zero de corrente

current overload (Elect.) sobrecarga de corrente

current path (Elect.) percurso de corrente

current probe (Electrón.) ponta de corrente

current pulse amplifier (Elect.) amplificador de impulso de corrente

current ratio (Elect.) razão de corrente; relação de transformação

current regulator (Elect.) regulador de corrente

current relay (Elect.) relé de corrente

current ripple (Elect.) ondulações de corrente

current rush (Elect.) aumento brusco de corrente; salto de corrente

current saturation (Elect.) saturação de corrente

current sensitivity (Elect.) sensibilidade de corrente

current sinking (Electrón.) sumidoiro de corrente

current source (Electrón.) fonte de corrente

current surge (Electrón.) impulso de corrente

current transformer (Elect.) transformador de corrente

current unit (Electrón.) unidade de intensidade de corrente

current/voltage graph (Electrón.) gráfico tensão-corrente

current wave (Elect.) onda de corrente

cursor (Geral) cursor

cursorial (Zoo.) corredor

curtail step (E.Civ.) degrau de volta; degrau de convite

curtain antenna (Telecom.) antena de cortina

curtain wall (E.Civ.) muro de vedação; cortina

curtain walling (E.Civ.) vedação
curtate cycloid (Mat.) ciclóide reduzida
curtate trochoid (Mat.) trocóide reduzida
Curtis winding (Elect.) enrolamento (de) Curtis
curvature (Geral) curvatura
curvature correction (E.Civ.) correcção de curvatura
curvature of field (Fís.) curvatura de campo
curvature of spectrum lines (Fís.) curvatura de linhas de espectro
curve (Geral) curva; arco
curve beam (Fís.) feixe luminoso curvo
curve beam (Mec.) viga curta
curve of pursuit (Aero.) curva de perseguição
curve ranging (Topo.) traçado de curvas; balizamento
curvilinear asymptote (Mat.) assintota curvilínea
curvilinear co-ordinates (Mat.) coordenadas curvilíneas
curvilinear distortion (T.Imag.) distorção curvilinear
Cushing syndrome (Med.) síndroma de Cushing
cushion (E.Civ.) coxim; almofada
cushion craft (Nav.) hovercraft de almofada de ar
cushion plant (Bot.) camefita
cushion steam (Mec.) colchão de vapor
cusp (Geral) cúspide
cusp (Nav.) restinga
cuspidate (Eco.) forma de cúspida
cut (Hidro.) canal
cut (Imp.) gravura; chapa gravada
cut (Minas) fracção de petróleo
cut (T.Imag.) corte
cutan (Geo.) argilito
cut-and-fill (E.Civ.) desmonte e terraplenagem
cut and splice editing (Inf.) edição por corte e colagem
cutaneous (Zoo.) cutâneo
cuticle (Geral) cutícula
cuticular transpiration (Bot.) transpiração cuticular
cuticulin (Zoo.) cuticulina
cutin (Bio.) cutina
cutinization (Bot.; Zoo.) cutinização
cut-in notes (Imp.) notas intercaladas
cut-off (Eco.) braço de rio
cut-off (Geral) corte directo
cut-off bias (Elect.) polarização de corte
cut-off field (Electrón.) campo crítico; campo de intervenção
cut-off frequency (Elect.) frequência de corte
cut-off high (Meteo.) alta segregada; anticiclone segregado
cut-off low (Meteo.) baixa segregada; depressão segregada
cut-off relay (Elect.) relé de corte
cut-off voltage (Elect.) voltagem de corte; tensão de corte
cut-off wavelength (Elect.) comprimento de onda de corte; comprimento de onda crítico

cut-off wheel (Mec.) roda de corte; disco de corte
cut-out (Elect.) interruptor; fora de circuito; fusível; corte; interruptor de circuito; cortacircuito
cut-out half-tone (Imp.) meio-tom cortado
cut-stone (E.Civ.) silhar; canto
cutter (Elect.) cabeça de gravação
cutter (Mec.) máquina de cortar
cutter block (E.Civ.) mandril
cutter loader (Minas) cortadora-carregadora
cutters (E.Civ.) tijolo arenoso
cutting (Bot.) muda; renova
cutting (E.Civ.) corte; desaterro
cutting (Vet.) incisão
cutting compound (Mec.) pasta abrasiva
cutting cylinder (Imp.) cilindro de facas; cilindro de corte
cutting disc (disk) (Imp.) disco de corte
cutting gauge (E.Civ.) calibre de corte
cutting list (E.Civ.) lista de corte
cutting marks (Imp.) marcas de corte
cutting pliers (Mec.) alicates de corte
cuttings [CTGS] (Minas) aparas; amostras brocadas; amostras trazidas pela lama
cutting speed (Mec.) velocidade de corte
cutting stroke (Mec.) curso de corte
cutting tool (Mec.) ferramenta de corte
cutting wind (Meteo.) vento penetrante; vento cortante
cutting zone (Mec.) zona de corte
cuttling (Têxt.) preguear
cut-water (E.Civ.) quebra-mar; talhamar
cutway (Arq.) vista esquemática
Cuverian ducts (Zoo.) canais de Cuvier
cuvette (Bio.; Quím.) cuvete
cv (Bot.) abr. de *cultivar* — cultivar
CVBS signal (T.Imag.) abr. de *colour, video, blanking and syncs* — sinal composto de vídeo
CVS (Med.) abr. de *Chorionic Villus Sampling* — amostra de vilosidade coriónica
CW (Elect.) abr. de *Continuous Wave* — onda contínua
CW (Geral) abr. de *ClockWise* — sentido directo; no sentido dos ponteiros do relógio
CW amplifier (Elect.) amplificador de ondas contínuas
C-wire (Elect.) condutor C
cwm (Geo.) circo (glaciar)
CW output (Elect.) débito de ondas contínuas; saída de ondas contínuas
CW radar (Radar) radar de ondas contínuas
CW reception (Elect.) recepção de ondas contínuas
CW selectivity (Elect.) selectividade de ondas contínuas
CW signal (Elect.) sinal de ondas contínuas
CW switch (Elect.) comutador de ondas contínuas
Cyan (Geral) azul
cyanamide (Quím.) cianamida

cyanamide molding (Quím.) moldagem da cianamida
cyanamide process (Quím.) processo cianamídico; processo da cianamida
cyanate (Quím.) cianato
cyanauric (Quím.) ciano-áurico
cyanemia (Med.) cianemia
cyanephidrosis (Med.) cianefidrose; cianidrose
cyanhydrins (Quím.) cianidrinas
cyanicide (Minas) cianicida
cyanide (Quím.) cianeto
cyanide hardening (Mec.) têmpera a cianeto
cyanidine (Bot.) cianidina
cyanidric acid (Quím.) ácido cianídrico
cyanine dyes (Bio.) corante de cianina
cyanite (Miner.) cianite
cyanobacteria (Bio.; Eco.) cianobactéria
cyanogen (Quím.) cianogéneo
cyanogenesis (Bot.) cianogénese
cyanogenic (Eco.) cianogénico
cyanohydrins (Quím.) cianidrinas
Cyanophyceae (Bot.) Cianofíceas; mixofíceas
cyanopsia (Med.) cianopsia
cyanotic (Med.) cianótico
cyanotype (T.Imag.) cianotipo
cyanuria (Med.) cianúria
cyanuric acid (Quím.) ácido cianúrico
Cybernetics (Geral) Cibernética
Cycadales (Bot.) Cicadales
Cycadopsida (Bot.) Cicadópsidas
cyclamate (Quím.) ciclamato
cycle (Geral) ciclo; período; circuito
cycle counter (Mec.) conta-rotações
cycle index (Elect.) índice de ciclo
cycle of erosion (Geo.) ciclo de erosão
cycle reset (Inf.) restauração de ciclo
cycle shift (Elect.) deslocamento de ciclo
cycle stealing (Elect.) transferência de ciclo
cycle-time (Inf.) tempo de ciclo
cycle timer (Elect.) regulador de ciclo
cyclic (Geral) cíclico
cyclic adenosine monophosphate [cAMP] (Bio.) ácido adenílico; fosfato cíclico de adenosina
cyclic AMP [cAMP] (Bio.) AMP cíclica; monofosfato de adesina cíclico
cyclic check (Inf.) teste cíclico
cyclic compounds (Quím.) compostos cíclicos
cyclic distortion (Inf.) distorção cíclica
cyclic GMP (Bio.) GMP cíclica; monofosfato de guanosina cíclico
cyclic group (Mat.) grupo cíclico
cyclic memory (Electrón.) memória cíclica
cyclic motion (Fís.) movimento cíclico; movimento periódico
cyclic nuclear reaction (Nucl.) reacção nuclear cíclica
cyclic pitch control (Aero.) controlo de passo cíclico
cyclic shift (Inf.) deslocamento cíclico
cyclic storage (Inf.) armazenamento cíclico
cyclic test (Geral) teste periódico; teste cíclico

cyclin (Bio.; Med.) ciclina
cyclitis (Med.) ciclite (inflamação do corpo ciliar)
cyclo- (Geral) ciclo-; do grego *kyklos* — círculo, indicando círculo, ciclo, associação com o corpo ciliar, uma cadeia fechada ou anel de carbono
cycloalkanes (Quím.) cicloalcanos
cyclobutane (Quím.) ciclobutano
cyclodialysis (Med.) ciclodiálise; cirurgia de Heine
cyclogenesis (Eco.) ciclogénese
cyclogyro (Aero.) ciclogiro
cyclohexamine (Quím.) ciclo-hexamina
cyclohexanamine (Quím.) ciclo-hexanamina
cyclohexane (Quím.) ciclo-hexano
cyclohexanol (Quím.) ciclo-hexanol
cyclohexanone (Quím.) ciclo-hexanona
cyclohexylamine (Quím.) ciclo-hexilamina
cycloid (Geral) ciclóide
cycloidal teeth (Mec.) dentes cicloidais
cyclolysis (Eco.) ciclólise
cyclone (Meteo.) ciclone; depressão; faixa de baixa pressão
cyclone (Minas) exaustor
cyclonite (Quím.) ciclonite; RDX
cyclo-octadiene (Quím.) cioctadieno
cycloparaffins (Quím.) cicloparafinas
cyclopean (E.Civ.) ciclópica (alvenaria)
cyclopentane (Quím.) ciclopentano
cyclophon (Electrón.) ciclofão
cyclophoria (Med.) cicloforia
cyclophosphamide (Imun.; Med.) ciclofosfamida
cycloplegia (Med.) cicloplegia
cyclopropene (Quím.) ciclopropeno
cyclosilicates (Miner.) ciclossilicatos
cyclosis (Bio.) ciclose
cyclospondylous (Zoo.) ciclospondiloso
cyclosporin A (Imun.) ciclosporina A
Cyclostomata (Zoo.) Cyclostomata; Ciclóstomos
cyclostrophic wind (Meteo.) vento ciclostrófico
cyclotron (Fís.) ciclotrão
cyclotron frequency (Fís.) frequência de ciclotrão
cyclotron resonance (Fís.) ressonância de ciclotrão
cyclotron resonance heating (Fís.) aquecimento por ressonância de ciclotrão
cyclotron wave (Fís.) onda de ciclotrão
cydes per second [CPS] (Electrón.) ciclos por segundo
cyesis (Med.) ciese
Cygnus A (Astro.) Cisne A (radiogaláxia, situada na constelação Cisne)
cylinder (Geral) cilindro
cylinder barrel (Mec.) corpo do cilindro
cylinder base (Mec.) base de cilindro
cylinder bit (E.Civ.) broca cilíndrica
cylinder block (Mec.) bloco; bloco de cilindros; bloco do motor
cylinder bore (Mec.) diâmetro do cilindro; alma do cilindro

cylinder caisson (E.Civ.) caixão cilíndrico
cylinder cover (Mec.) tampa de cilindro
cylinder escapement (Reloj.) escape cilíndrico
cylinder head (Mec.) cabeça de cilindro
cylinder liner (Mec.) camisa
cylinder milling (Mec.) fresagem de cilindro
cylinder reboring (Mec.) rectificação de cilindro
cylinder seat (Mec.) base de cilindro
cylinder stop (Mec.) batente de cilindro; espera de cilindro
cylinder wear (Mec.) desgaste do cilindro
cylinder wrench (E.Civ.) chave de tubos
cylindrical armature (Elect.) induzido cilíndrico; rotor cilíndrico
cylindrical bearing (Mec.) mancal cilíndrico
cylindrical co-ordinates (Mat.) coordenadas cilíndricas; semipolares no espaço
cylindrical cutter (Mec.) fresa cilíndrica
cylindrical die (Mec.) matriz cilíndrica
cylindrical dielectric (Elect.) dieléctrico cilíndrico
cylindrical gauge (Mec.) calibrador cilíndrico
cylindrical grinding (Mec.) esmerilamento cilíndrico
cylindrical helicoidal coil (Mec.) mola helicoidal cilíndrica
cylindrical hip (Arq.) vertente cilíndrica
cylindrical inductor (Elect.) indutor cilíndrico
cylindrical intrusion (Geo.) intrusão cilíndrica
cylindrical ionization chamber (Nucl.) câmara de ionização cilíndrica
cylindrical lens (Fís.) lente cilíndrica
cylindrical reactor (Nucl.) reactor cilíndrico
cylindrical record (Fís.) registo cilíndrico
cylindrical rotor (Elect.) rotor cilíndrico
cylindrical strip lens (Mec.) lente em forma de régua
cylindrical wave (Fís.) onda cilíndrica
cylindrical winding (Elect.) enrolamento cilíndrico
cyma (Arq.) cimalha de cornija
cyme (Bot.) cimeira
cymene (Quím.) cimeno
cymophane (Miner.) cimofana; olho-de-gato
cymose inflorescence (Bot.) inflorescência cimosa; cimeira
cynocephalus (Med.) cinocéfalo
cynophobia (Med.) cinofobia
Cyperaceae (Bot.) Ciperáceas
Cypriniformes (Zoo.) Cipriniformes
Cys (Quím.) abr. de *cysteine* — cisteína
cyst (Med.; Zoo.) quisto; cisto
cysteine (Quím.) cisteína
cystic (Med.; Zoo.) cístico

cystic adenoma (Med.) adenoma cístico
cystic duct (Zoo.) canal cístico
cysticercosis (Med.) cisticercose
cysticercus (Zoo.) cisticerco
cystic fibrosis (Med.) fibrose cística
Cystic Fibrosis Transmembrane Conductance Regulator [CFTR] (Bio.) fibrose quistosa reguladora da conductância transmenbrana
cystidium (Bot.) cistídio
cystine (Quím.) cistina
cystinemia (Med.) cistinemia
cystinosis (Med.) cistinose; síndroma de Fanconi
cystinuria (Med.) cistinúria
cystites (Med.) cistite
cystocele (Med.) cistocele
cystofibroma (Med.) cistofibroma
cystogenous (Zoo.) cistóide
cystography (Radiol.) cistografia (raio-X da bexiga após injecção de substância opaca)
cystolith (Bot.) cistólito
cystolith (Med.) cistólito; cálculo vesical
cystoscope (Med.) cistoscópio
cystostome (Zoo.) cistostoma
cystostomy (Med.) cistostomia
cystotome (Med.) cistótomo
cystotomy (Med.) cistotomia
cystozooid (Zoo.) cistozóide
cytase (Bio.) citase
cytidine monophosphate [CMP] (Bio.) monofosfato de citidina
cytidine triphosphate [CTP] (Bio.) trifosfato de citidina
cytochimera (Bot.) citoquimera
cytochromes (Bio.) citócromos; somatócromos
cytogenesis (Bio.) citogénese
cytogenetic map (Bio.) mapa citogenético
cytogenetics (Bio.) Citogenética
cytokeratins (Bio.) citoqueratina; citoceratina
cytokinesis (Bio.) citocinese
cytokinin (Quím.) citocinina
cytology (Bio.) Citologia
cytolysine (Bio.) citolisina
cytolysis (Bio.) citólise
cytomegalovirus [CMV] (Bio.) citamegalovirus
cytopathogenic (Bio.) citopatogénico
cytopenia (Med.) citopenia
cytopharynx (Zoo.) citofaringe
cytophil (cytophile) (Bio.) citófilo
cytophilic antibody (Imun.) anticorpo citofílico
cytoplasm (Bio.) citoplasma
cytoplasmatic male sterility (Bot.) esterilidade masculina citoplasmática
cytoplasmic inheritance (Bio.) herança citoplasmática
cytopyge (Zoo.) citopígio
cytorrhysis (Bot.) citorrise
cytosine (Quím.) citosina
cytoskeleton (Bio.) citoesqueleto
cytosmear (Med.) citoesfregaço; esfregaço citológico
cytosol (Bio.) citossol (complementos solúveis do citoplasma)
cytosome (Bio.) citossoma

cytotaxis (MED.) citotaxia
cytotaxonomy (BIO.) citotaxonomia
cytothesis (BIO.) citótese
cytotoxic (IMUN.) citotóxico
cytotoxic antibiotic (MED.) antibiótico citotóxico
cytotoxic drug (MED.) medicamento citotóxico; fármaco citotóxico

cytotoxic T cell (BIO.) célula T citotóxica
cytotoxin (BIO.) citotoxina
cytotrophoblast (ZOO.) citotrofoblasto; camada de Langhams
cytotropic (BIO.) citotrópico
cytotropism (BIO.) citotropismo
cytozoic (BIO.) citozóico

cytozoid (BIO.) citozóide
cytozoon (BIO.) citozoário
cytula (BIO.) cítula
cyturia (MED.) citúria

Dd

d (ELECT.) abr. de *distortion* — distorção

D (ELECT.) abr. de *delay* — atraso

D (ELECTRÓN.) abr. de *drain* — dreno (terminal de um transístor de efeito de campo)

D (INF.) carácter alfanumérico

D (QUÍM.) símbolo químico do *deuterium* — deutério

D/A (ELECTRÓN.) abr. de *digital/analog* — digital-analógico

D-A; D/A (INF.) abr. de *Digital to Analog* — digital para analógico

DAA (INF.) abr. de *Data Access Arrangement* — adaptação para acesso a dados

DAB (TELECOM.) abr. de *digital audio broadcasting* — telefonia digital

dabbing (E.CIV.) pintura grosseira

DAC (INF.) abr. de *Digital to Analog Converter* — conversor digital para analógico

dacite (GEO.) dacite; dacito

Dacron (QUÍM.) Dacron (MC de fibra sintética)

dacryo-adenitis (MED.) dacriadenite

dacryocystitis (MED.) dacriocistite

dacryocystorhinostomy (MED.) dacriocistorrinostomia

dactyl (ZOO.) dáctilo

dactylitis (MED.) dactilite

dado (ARQ.) plinto

dado capping (E.CIV.) lambrim

dado plane (E.CIV.) plaina de moldar lambrins

dado rail (E.CIV.) rodapé

dagalas (ECO.) chouso de lava (Itália)

daguerreotype (T.IMAG.) daguerreótipo

dailies (T.IMAG.) primeira cópia de um filme para crítica

daisy-wheel printer (INF.) impressora de «margarida»

D'Alembert's principle (FÍS.) princípio de D'Alembert

D'Alembert's ratio test (MAT.) teste de D'Alembert

Dalitz pair (FÍS.) par de Dalitz

Dall-Kirkham telescope (FÍS.) telescópio de Dall-Kirkham

DALR (METEO.) abr. de *Dry Adiabatic Lapse Rate* — média do espaço adiabático seco

Dalradian Series (GEO.) série Dalradiana

Daltonism (MED.) daltonismo

Dalton's atomic theory (QUÍM.) teoria atómica de Dalton

Dalton's law (QUÍM.) lei de Dalton

Dalton's law of partial pressure (QUÍM.) lei de Dalton; lei das proporções múltiplas

Dalton's temperature scale (FÍS.) escala de temperatura de Dalton

Dalton's theory (FÍS.) teoria de Dalton

dam (GERAL) dique; barragem; represa

damask (TÊXT.) damasco

DAM CD (TELECOM.) abr. de *digital automatic music CD* — CD de música mp3

damped (GERAL) amortecido

damped oscillation (MEC.) oscilação amortecida

dampener (MEC.) amortecedor

dampening roller (IMP.) rolo de humedecimento

damper (GERAL) amortecedor

damping (GERAL) amortecimento; humedecimento

damping block (MEC.) bloco amortecedor

damping circuit (ELECT.) circuito amortecedor

damping coefficient (FÍS.) coeficiente de amortecimento

damping constant (FÍS.) constante de amortecimento

damping diode (ELECT.) diodo de amortecimento

damping down (MEC.) paragem momentânea

damping effect (FÍS.) efeito amortecedor

damping factor (FÍS.) factor de amortecimento; coeficiente de amortecimento

damping magnet (ELECT.) magneto amortecedor; íman amortecedor

damping-off (BOT.) apodrecimento

damp-proof course (E.CIV.) silhar impermeável

damp-proofing (E.CIV.) impermeabilização

danburite (MINER.) damburite

dance language (ECO.) dança das abelhas

dancing step (E.CIV.) degrau de balanço

dandy roll (PAPEL) rolo de filigrana; marca de água

dangerous semicircle (METEO.) semicírculo perigoso

Daniel cell (QUÍM.) pilha de Daniel

dannemorite (MINER.) danemorite

dansyl chloride (BIO.) cloreto de dansil

DAP (INF.) abr. de *Distributed Array Processor* — processador de matriz distribuída

daphnite (MINER.) dafnita

dapsone (MED.) dapsona; diaminodifenilsulfona

daraf (FÍS.) daraf

darby (E.CIV.) talocha

Darcy's law (NUCL.) lei de Darcy

dark area (FÍS.) área escura

dark cloud (METEO.) nuvem escura

dark current (FÍS.; T.IMAG.) corrente escura

dark discharge (ELECT.) descarga escura

dark-field (T.IMAG.) campo escuro

dark glass (VIDR.) vidro corado

dark ground illumination (BIO.) iluminação de fundo escuro

dark heater (ELECTRÓN.) cátodo de baixa temperatura

dark light (FÍS.) raios infravermelhos

dark lightning (FÍS.) relâmpago escuro; efeito de Cleyden

dark lines (FÍS.) linhas escuras; riscas de Fraunhofer

dark nebulae (ASTRO.) nebulosas escuras

dark pulses (ELECTRÓN.) impulsos de corrente escura

dark ray (FÍS.) radiação escura

dark reactions (BOT.) reacções à fase escura (da fotossíntese)

dark red heat (MEC.) chama vermelho-escura; luminescência rubra

dark red silver ore (MINER.) pirargirite

dark resistance (ELECTRÓN.) resistência escura

dark-room camera (IMP.) máquina de câmara escura

dark slide (T.IMAG.) porta-chapas

dark space (ELECTRÓN.) espaço negro

dark spot (ELECTRÓN.) mancha escura

dark star (ASTRO.) estrela negra

dark trace screen (ELECTRÓN.) tela de traço escuro

dark trace tube (ELECTRÓN.) tubo de traço escuro

Darlington amplifier (ELECTRÓN.) amplificador de Darlington

Darlington pair (ELECTRÓN.) par de Darlington

dart (ZOO.) ferrão; estrutura semelhante a um dardo

Darwinian theory (BIO.) teoria de Darwin; teoria darwiniana

DAS (ELECT.) abr. de *Data Acquisition System* — sistema de aquisição de dados

DASD (INF.) abr. de *Direct Access Storage Device* — dispositivo de armazenamento de acesso directo

dash pot (MEC.) cilindro amortecedor; amortecedor

dasmatrophy (ECO.) dasmatrofia

DASS (TELECOM.) abr. de *data access signalling system* — sistema de sinalização de acesso de dados

DAT (Telecom.) abr. de *digital audio tape* — fita de áudio digital

data (Geral) dados; informações

data abstraction (Inf.) abstracção de dados

data access arrangement [DAA] (Inf.) adaptação para acesso a dados

data acquisition (Inf.) aquisição de dados

data aggregate (Inf.) agregado de dados

data analysis (Inf.) análise de dados

data analyzer (Electrón.) analisador de dados

data area (Inf.) área de dados

data attribute (Inf.) atributo de dados

data bank (Inf.) banco de dados

data base call (Inf.) chamada de base de dados

data base management (Inf.) gestão de base de dados

data base management system (Inf.) sistema de gestão de base de dados

data base record (Inf.) registo de base de dados

data base typesetting (Imp.) composição de base de dados

data block (Inf.) bloco de dados

data break (Inf.) quebra de dados

data buffer (Inf.) memória tampão; memória intermédia

data bus (Inf.) barramento de dados; « bus » de dados

data cable (Inf.) cabo de dados

data capture (Inf.) captura de dados; recolha de dados

data cell (Inf.) célula de dados

data chaining (Inf.) encadeamento de dados

data channel (Inf.) canal de dados

data code (Inf.) código de dados

data collection (Inf.) recolha de dados

data communication (Inf.) comunicação de dados

data communication network (Inf.) rede de comunicação de dados

data compactation (Inf.) compactação de dados

data compression (Inf.) compressão de dados

data conversion (Inf.) conversão de dados

data dictionary (Inf.) dicionário de dados

data digital (Inf.) dados digitais

data-directed formation (Inf.) formatação controlada

data display (Inf.) exibição de dados

Data Encryption Standard (Inf.) padrão criptográfico de dados

data file (Inf.) ficheiro de dados

data flow (Inf.) fluxo de dados

data flowchart (Inf.) fluxograma de dados

data flow level (1, 2, 2+3) (Inf.) fluxo de dados de nível (1, 2, 2+3)

data generator (Inf.) gerador de dados

data handling (Inf.) tratamento de dados

data-handling capacity (Inf.) capacidade de tratamento de dados

data-handling system (Inf.) sistema de tratamento de dados

data header (Inf.) início de dados; cabeçalho de dados

data integrity (Inf.) integridade de dados

data item (Inf.) item de dados

data link (Inf.) ligação de dados

data locking (Inf.) segurança de dados

data logger (Inf.) armazenagem de dados

datamation (Inf.) automatização de dados

data matrix (Inf.) matriz de dados

data model (Inf.) modelo de dados

data name (Inf.) nome de dados

data net (Inf.) rede de dados

data organization (Inf.) organização de dados

data packet (Telecom.) pacote de dados

data path (Inf.) trajectória de dados; caminho de dados

data pointer (Inf.) indicador de dados

data preparation (Inf.) preparação de dados

data processing (Inf.) processamento de dados

data protection (Inf.) protecção de dados

data receiver (Inf.) receptor de dados

data record (Inf.) registo de dados

data reduction (Inf.) redução de dados

data retrieval (Inf.) recuperação de dados

data set (Electrón.) determinador de dados

data set (Inf.) conjunto de dados

data signal (Inf.) sinal de dados

data signalling rate (Inf.) razão de sinalização de dados

data sink (Inf.) colector de dados

data storage (Inf.) armazenamento de dados

data stream (Inf.) fluxo de dados; corrente de dados

data structure (Inf.) estrutura de dados

data tablet (Inf.) dispositivo de entrada gráfica de dados

data terminal (Inf.) terminal de dados

data test (Inf.) teste de dados

data transmission (Inf.) transmissão de dados

data type (Inf.) tipo de dados

data unit (Inf.) unidade de dados

data validation (Inf.) validação de dados

data word (Inf.) palavra-dado

DATEL (Inf.) DATEL (rede de transmissão por telefone, no RU)

dating methods (Eco.) métodos de datação

dative bond (Quím.) ligação covalente

datolite (Miner.) datolite

datum (Aero.) nível de referência; plano de referência

datum (Mec.) dado de referência; ponto de referência

datum level (Eco.) nível de datum

daughter (Bio.) filha

daughter product (Fís.) produto de decomposição

Davis apparatus (Nav.) aparelho de Davis

Davisson-Germer experiment (Electrón.) experiência de Davisson-Germer

Davy lamp (Minas) lâmpada de Davy

day degrees (Eco.) graus dia

daylight (Astro.) luz diurna; luz natural

daylight saving time (Meteo.) horário de Verão

daylight sensor (Electrón.) sensor de luminosidade; sensor crepuscolar

dB (Fís.) abr. de *decibel* — decibel; dB

DBB (Electrón.) abr. de *Detector Balanced Bias* — detector de polarização automática

DBC (Inf.) abr. de *Digital-Binary Converter* — conversor digital-binário

DBS (Telecom.) abr. de *direct broadcasting by satelite* — emissão directa por satélite

DC (Elect.) abr. de *Direct Current* — corrente contínua; CC

DC amplifier (Elect.) amplificador de corrente contínua

DC arc (Elect.) arco de corrente contínua

DC armature (Elect.) induzido de corrente contínua

DC bias (Elect.) polarização de corrente contínua

DC bridge (Elect.) ponte de corrente contínua

DCC (Telecom.) abr. de *digital data channel* — canal de dados digitais

DC circuit (Elect.) circuito de corrente contínua

DC coil (Elect.) bobina de corrente contínua

DC commutator (Elect.) comutador de corrente contínua

DC component (T.Imag.) componente de corrente contínua

DC converter (Elect.) conversor de corrente contínua

DC coupling (Elect.) acoplamento de corrente contínua

DC/DC converter (Elect.) transformador de corrente contínua

DC dump (Elect.) descarga de corrente contínua

DC dynamo (Elect.) dínamo de corrente contínua

DC field (Elect.) campo de corrente contínua

DC flow (Elect.) fluxo de corrente contínua

DC gain (Elect.) ganho de corrente contínua

DC generator (Elect.) gerador de corrente contínua

DC load (Elect.) carga de corrente contínua

DC meter (Elect.) medidor de corrente contínua

DC motor (Elect.) motor de corrente contínua

DC noise (Elect.) ruído de corrente contínua

DC oscilloscope (Elect.) osciloscópio de corrente contínua

DC potencial (Elect.) potencial de corrente contínua

DC power supply (Elect.) fonte de corrente contínua

DC resistance (ELECT.) resistência de corrente contínua

DC restoration (ELECT.) restabelecimento de corrente contínua

DC solenoid (ELECT.) solenóide de corrente contínua

DCT (ELECTRÓN.) abr. de *discrete cosine transform* — transformada do cosseno discreta

DCTL (ELECTRÓN.) abr. de *Directed Coupled Transistor Logic* — lógica de transístor directamente acoplado

DC transformer (ELECT.) transformador de corrente contínua

DC transmission (ELECT.) transmissão de corrente contínua

DC voltage (ELECT.) tensão de corrente contínua

DC winding (ELECT.) enrolamento de corrente contínua

DC wiring (ELECT.) ligação de corrente contínua

DDA (INF.) abr. de *Digital Differential Analyzer* — analisador diferencial digital

DDC (INF.) abr. de *Direct Digital Control* — controlo digital directo

DDL (INF.) abr. de *Data Description Language* — linguagem de descrição de dados

DDT (QUÍM.) DDT; abr. de *DichloroDiphenylTrichloroethane* — diclorodifeniltricloroetano

deacidification (QUÍM.) desacidificação

deactivation (QUÍM.) desactivação

dead (GERAL) morto; inerte; inactivado

dead abutment (ARQ.) contraforte interior

dead ahead (AERO.; NAV.) directamente à frente

dead angle (MEC.) ângulo morto

dead astern (AERO.; NAV.) directamente atrás

dead bank (ELECTRÓN.) zona de insensibilidade

dead bank (MEC.) forno abafado

dead-beat compass (NAV.) bússola aperiódica

dead-beat escapement (ELECT.) escape aperiódico

dead centre (MEC.) ponto fixo; ponto morto; centro morto

dead circuit (ELECT.) circuito inactivo

dead coil (ELECT.) enrolamento inactivo

dead earth (ELECT.) terra; ligação perfeita à terra

dead end (TELECOM.) ponta morta; ponta inactiva; terminal sem saída

dead-ended feeder (ELECT.) alimentador de ponta inactiva

dead-end effect (ELECT.) efeito de bobina inactiva

dead-end tower (ELECT.) torre terminal

dead engine (ELECT.) motor parado; motor desligado

deadening (E.CIV.) amortecimento

dead eye (MEC.) bigota ferrada; olhal de cabo

dead fingers (MED.) dedos brancos; dedos entorpecidos; doença dos operadores de martelos pneumáticos

dead finish (E.CIV.) acabamento semibrilhante

dead ground (MINAS) zona morta; terra morta

dead letters (IMP.) letras mortas

dead load (E.CIV.) carga morta; carga estática

deadman (MINAS) bloco de ancoragem

dead-man's handle (ELECT.) punho de segurança

dead neap (GEO.) maré morta

dead needle (FÍS.) agulha morta; agulha inactiva (magnetismo)

dead oil (MINAS) petróleo fóssil; petróleo sólido (sem as fracções gasosa e líquida)

dead point (MEC.) ponto morto

dead rise (AERO.) ângulo de quilha (hidroavião)

dead roasting (MEC.) cocção a fundo; calcinação completa

dead room (FÍS.) câmara à prova de som; câmara antieco

deads (MINAS) escombros; resíduos

dead segment (ELECT.) segmento inactivo

dead shore (E.CIV.) escora vertical temporária

dead short (ELECTRÓN.) curto-circuito

dead-smooth file (MEC.) lima-murça fina

dead spot (TELECOM.) ponto morto; zona sem recepção

dead time (FÍS.) tempo morto

dead-time correction (NUCL.) correcção para o tempo morto

dead water (MEC.) água morta

dead weight (NAV.) peso morto; tonelagem de carga

dead-weight pressure (MEC.) pressão de peso morto

dead-weight safety valve (MEC.) válvula de segurança de peso morto

dead well (MINAS) poço morto

dead wind (NAV.) vento contrário; vento de frente

dead wire (ELECT.) condutor inactivo; condutor sem corrente

dead zone (ELECT.) zona morta; faixa morta

de-aerator (MEC.) eliminador de ar; expurgador de ar

deaf aid (FÍS.) aparelho auditivo

deafening (E.CIV.) amortecimento

deaf-mute (MED.) surdo-mudo

deafness (MED.) surdez

deamination (BIO.) desaminação

death (BIO.) morte

deathnium centre (ELECTRÓN.) centro de recombinação

death phase (BIO.) fase de declínio

death-rattle (MED.) estertor da morte

debacle (METEO.) degelo

Debenham level (ECO.) nível de Debenham

debouncing circuit (ELECTRÓN.) circuito supressor de ressaltos

débridement (MED.) excisão de tecido contundido da superfície ferida

debris (GEO.) detritos

debris cone (GEO.) cone de detritos

debris flow (GEO.) fluxo de detritos

debris ice (METEO.) gelo com detritos (conchas, pedras, etc.)

debris slide (GEO.) escombreira

de Broglie equation (FÍS.) equação de Broglie

de Broglie relation (FÍS.) relação de de Broglie

de Broglie theory (FÍS.) teoria de de Broglie

de Broglie wavelength (FÍS.) comprimento de onda de de Broglie

debug (INF.) depurar

debunching (ELECTRÓN.) desagrupamento

deburring (TÊXT.) rebarbar

Debye (FÍS.) debye (unidade de momento dipolar eléctrico, usada correntemente no âmbito da Física molecular)

Debye and Scherrer method (CRIST.) método de Debye e Scherrer

Debye effect (ELECT.) efeito de Debye

Debye equation for polarization (ELECT.) equação de Debye para polarização

Debye frequency (ELECT.) frequência de Debye

Debye-Huckel theory (QUÍM.) teoria de Debye-Huckel

Debye-Jauncey scattering (FÍS.) dispersão de Debye-Jauncey

Debye length (ELECT.) distância de Debye

Debye potentials (FÍS.) potenciais de Debye

Debye-Sears ultrasonic cell (FÍS.) pilha ultra-sónica de Debye-Sears

Debye specific heat (FÍS.) calor específico de Debye

Debye temperature (FÍS.) temperatura de Debye

Debye theory (FÍS.) teoria de Debye

Debye unit (FÍS.) unidade de (de) Debye

Debye-Waller factor (FÍS.) factor de Debye-Waller

decade (FÍS.) década

decade box (ELECT.) caixa de décadas

decade counter (ELECTRÓN.) contador de décadas

decahydro-naphtalene (QUÍM.) decaidronaftaleno; decalina (nome comercial)

decalcification (MED.) descalcificação

decalcomania paper (PAPEL) decalcomania; papel de decalcomania

decalescence (MEC.) decalescência

decalin (QUÍM.) decalina (nome comercial); decaidronaftaleno

decametric waves (TELECOM.) ondas decamétricas

decant (QUÍM.) decantar

decantation (QUÍM.) decantação

decanter (QUÍM.) vaso de decantar

Decapoda (ZOO.) Decápodes

decapsulation (MED.) descapsulação

decarboxylase (BOT.) descarboxilase

decarburization (MEC.) descarborização

decay (RADIOL.) queda; desintegração

decay chain (ELECTRÓN.) cadeia de desintegração

decay constant (FÍS.) factor de desintegração

decay curve (Eco.) curva de decaimento

decay factor (Fís.) factor de desintegração

decay heat (Nucl.) calor de desintegração

decay law (Fís.) lei de desintegração

decay particle (Fís.) partícula de desintegração

decay product (Fís.) produto de desintegração

decay series (Eco.) séries de decaimento

decay time (Fís.) tempo de desintegração

Decca (Aero.; Nav.) radio-auxílio de alcance médio

Decca Navigator (Aero.; Nav.) navegador Decca

decelerating electrode (Electrón.) eléctrodo de desaceleração

deceleration (Fís.) desaceleração

deceleration time (Fís.) tempo de desaceleração

decerebrate (Zoo.) descerebrado

decerebrate rigidity (Med.) rigidez de descerebração

decerebrate tonus (Zoo.) tónus descerebrado

deci-ampere balance (Elect.) balança de deciampere

decibel (Fís.) decibel

decibel meter (Fís.) decibelímetro; medidor de decibéis

decidua (Zoo.) decíduo

deciduate (Zoo.) deciduado

deciduous (Bot.; Med.) decíduo; decídual; caduco

decimal fraction (Mat.) fracção decimal

decimal system (Mat.) sistema decimal

decimation filter (Electrón.) filtro decimador; filtro dizimador

decimator (Electrón.) filtro decimador; filtro dizimador

decimetric waves (Telecom.) ondas decimétricas

decimolar calomel electrode (Quím.) eléctrodo de calomelano decimolar

decineper (Fís.) decineper

decision speed (Aero.) velocidade de decisão; velocidade crítica

deck (Nav.) convés; coberta

deck beam (Nav.) vau do convés

deck crane (Nav.) guindaste de convés

deck house (Nav.) casa de navegação; superestrutura de convés

decking (E.Civ.) piso

deckle edge (Papel) camada de papel não cortado

deck stringer (Nav.) escoa de convés

declaration (Inf.) declaração

declared efficiency (Elect.) eficiência declarada

declination (Geral) declinação

declination angle (Astro.; Topo.) ângulo de declinação

declination axis (Astro.; Topo.) eixo de declinação

declination chart (Topo.) carta de declinação

declination circle (Astro.) círculo de declinação

declination compass (Nav.) bússola de declinação

declination point (Astro.) ponto de declinação

decline phase (Bio.) fase de declínio

declinimeter (Elect.) declinómetro

declutch (Mec.) desembraiar

decoction (Quím.) decocção

decoder (Electrón.) descodificador

decoding (Telecom.) descodificação

decollator (Inf.) separador/a de cópias

decolorize (Quím.) descoloração

decolorizers (Vidr.) descolorantes

decompensation (Med.) descompensação

decomposition (Quím.) decomposição

decomposition voltage (Elect.) voltagem de decomposição

decondensed chromatin (Bio.) cromatina dispersa

deconjugation (Bio.) não conjunção

decontamination (Nucl.) descontaminação

decontamination factor (Nucl.) factor de descontaminação

decorative laminate (Plást.) laminado decorativo

de-correlation (Electrón.) descorrelação

decorticate (Eco.) descasque

decorticated (Bot.) descortiçado; descascado

decortication of the lung (Med.) descorticação do pulmão; remoção da camada externa do pulmão

decoupling (Electrón.) desacoplamento

decrement (Geral) decréscimo

decrepitation (Geral) decrepitação

decryption key (Telecom.) chave descodificadora

decubitus (Med.) decúbito

decubitus ulcer (Med.) úlcera de decúbito

decumber (Bot.) decumbente

decurrent (Bot.) decorrente

decussate (Bot.) decussado; cruzado

decussation (Zoo.) decussação

Dedekind cut (Mat.) corte de Dedekind

Dedekind test (Mat.) teste de Dedekind

dedendum (Mec.) altura de dente de engrenagem

dedicated computer (Inf.) computador dedicado; computador exclusivo

dedicated line (Telecom.) linha dedicada

dedicated port (Telecom.) porta dedicada

de-emphasis (Telecom.) pós-ênfase; pós-equalização

de-energize (Elect.) desligar

deep-drawing (Mec.) repuxamento profundo

deep dredging (Eng.) dragagem de fundo

deep etch (Imp.) gravação profunda

deep harden (Mec.) endurecer a fundo; temperar a fundo

deep hardening (Mec.) têmpera profunda; endurecimento profundo

deep level (Minas) galeria de fundo

deep scattering layer (Geo.) nível profundo de dispersão

deep-sea deposits (Geo.) depósitos de mar profundos; depósitos pelágicos

deep-sea lead (Topo.) sonda de mar profundo

deep space (Astro.) espaço profundo

deep-space probe (Astro.) sonda de exploração espacial

deep tank (Nav.) poço profundo

deep therapy (Radiol.) terapia (de raios X) em profundidade

deep well (Minas) poço profundo

deer-fly fever (Med.) tularemia; febre do coelho

deerite (Miner.) deerite

dee(s) (Electrón.) eléctrodo/s D

defaecation (Med.) defecação

default option (Inf.) opção por defeito; opção por omissão

defecation (Med.) defecação

defect (Geral) falha; defeito

defective equation (Mat.) equação imperfeita

defective structure (Crist.) estrutura imperfeita

defective virus (Bio.) vírus imperfeito

defense mechanism (Psico.) mecanismo de defesa

deferent (Geral) deferente

deferred exit (Inf.) saída diferida

defervescence (Med.) defervescência

defibrillator (Med.) desfibrilhador

deficiency (Geral) deficiência

deficiency disease (Med.) doença de deficiência

deficient (Geral) deficiente; imperfeito

defined medium (Bio.) meio definido

definite (Bot.) definido

definite integral (Mat.) integral definida

definite proportions (Quím.) proporções definidas

definite time-lag (Elect.) atraso de fecho; atraso constante; atraso definido

definition (Geral) definição

definitive (Zoo.) definitivo

deflagration (Quím.) deflagração

deflation (Geo.) deflação; erosão eólica

deflecting electrodes (Elect.) eléctrodos deflectores

deflecting plate (Elect.) placa de desvio; placa de deflexão

deflection (Elect.) deflexão

deflection angle (Electrón.; Topo.) ângulo de deflexão

deflection coil (Electrón.) bobina de deflexão

deflection defocusing (Electrón.) desfocagem de deflexão

deflection plates (Electrón.) placas de deflexão; eléctrodos de deflexão

deflection sensitivity (Electrón.) sensibilidade de deflexão

deflection voltage (Electrón.) tensão por deflexão

deflection yoke (Electrón.) bobina de deflexão; culatra de deflexão

deflector (Elect.; Nav.) deflector

deflector coil (ELECTRÓN.) bobina deflectora; bobina de desvio

deflector plates (ELECTRÓN.) placas deflectoras

deflexed (BOT.) deflectido

defoaming agent (QUÍM.) agente antiespuma

defoliation (ECO.) desfoliação

deforestation (ECO.) desflorestação

deformable wing (AERO.) asa deformável

deformation (GERAL) deformação; distorção

deformation axis (MEC.) eixo de deformação

deformation field (METEO.) campo de deformação

deformation limit (FÍS.) limite de deformação

deformation point (FÍS.) ponto de deformação

deformation potential (ELECTRÓN.) potencial de deformação

defroster (MEC.) descongelador

degassing (ELECTRÓN.; QUÍM.) desgasificação; desgaseificação

degaussing (FÍS.) desmagnetização

degeneracy (FÍS.) degeneração; deterioração

degenerate (FÍS.) degenerado

degenerate code (BIO.) código degenerado

degenerate gas (ELECTRÓN.) gás degenerado

degenerate phase (ECO.) fase degenerada

degenerate semiconductor (ELECTRÓN.) semicondutor degenerado

degeneration (BIO.) degeneração

degenerative disorders (PSICO.) distúrbios degenerativos

degenerative feedback (ELECTRÓN.) realimentação degenerativa; retroacção negativa

deglutition (ZOO.) deglutinação

degradation (FÍS.) degradação

degreasing (TEXT.) desengorduramento

degreasing agent (ELECTRÓN.) agente desengordurante

degree (GERAL) grau

degree above zero (FÍS.) grau acima de zero

degree below zero (FÍS.) grau abaixo de zero

degree Celsius (FÍS.) grau centígrado; grau Celsius

degree Fahrenheit (FÍS.) grau Fahrenheit

degree of a bank (AERO.) grau de uma inclinação

degree of absorption (FÍS.) grau de absorção

degree of a curve (TOPO.) grau de uma curva

degree of damping (FÍS.) grau de amortecimento

degree of dissociation (QUÍM.) grau de dissociação

degree of freedom (QUÍM.) grau de libertação

degree of ionization (QUÍM.) grau de ionização

de Haas-van-Alphen effect (FÍS.) efeito de de Haas-van-Alphen

dehiscence (BOT.) deiscência

dehydration (BIO.) desidratação

dehydration-condensation reaction (BIO.; QUÍM.) reacção de desidratação-condensação

dehydrogenase (BIO.) desidrogenase

dehydrogenation (BIO.; QUÍM.) desidrogenação

de-icing (AERO.) descongelamento

Deimos (ASTRO.) Deimos (satélite natural de Marte)

de-individuation (PSICO.) desindividualização

de-ionized water (QUÍM.) água desionizada

Deka-ampere-balance (ELECT.) balança de decamperes

delamination (BIO.) separação por lâminas

De la Rue cell (ELECT.) pilha de De la Rue (pilha de cloreto de prata)

delay (GERAL) atraso; demora; retardo

delay action (ELECT.) acção retardadora

delay action circuit-breaking (ELECT.) interruptor de acção retardada

delay circuit (TELECOM.) circuito de retardamento

delay counter (ELECTRÓN.) contador de retardamento

delay distortion (TELECOM.) distorção de retardamento

delayed action (ELECT.) acção retardada

delayed AGC (ELECTRÓN.) controlo de ganho automático diferido

delayed automatic gain control (TELECOM.) controlo de ganho automático retardado

delayed automatic volume control (TELECOM.) controlo automático de volume diferido

delayed critical (FÍS.) crítico retardado

delayed drop (AERO.) abertura retardada; abertura lenta

delayed fission neutron (FÍS.) neutrão de fissão retardada

delayed neutron (FÍS.) neutrão retardado

delayed opening (AERO.) abertura retardada

delayed type hypersensitivity (IMUN.) hipersensibilidade de tipo retardado

delay element (INF.) elemento de atraso; elemento de demora

delay line (GERAL) linha de atraso

delay period (MEC.) período de atraso

Delbruck scattering (FÍS.) dispersão de Delbruck

delection (BIO.) delecção

delection mutation (BIO.) mutação de delecção

delessite (MINER.) delessite; terraverde

deleterious mutation (ECO.) mutação degenerescente

deletion mutation (BIO.) mutação por eliminação

Delhi boil (MED.) úlcera tropical; furúnculo de Delhi; leishmaníase cutânea

delinquency (PSICO.) delinquência

delinquent (PSICO.) delinquente

deliquescence (QUÍM.) deliquescência

delirium (MED.; PSICO.) delírio; perturbação; demência

delirium tremens (MED.) «delirium tremens» (sempre grafado em latim); DT

delivery (MEC.) descarga; expulsão

Dellinger fade-out (TELECOM.) enfraquecimento Dellinger

delta (GERAL) delta; triângulo

delta (GEO.) delta

delta circuit (ELECTRÓN.) circuito em triângulo

delta connection (ELECT.) ligação em triângulo; conexão em triângulo

delta front (GEO.) talude do delta

deltaic deposit (GEO.) depósito deltaico

delta impulse function (TELECOM.) função de impulso delta

delta iron (MEC.) ferro delta

delta matching transformer (TELECOM.) transformador de adaptação em delta

delta modulation (TELECOM.) modulação delta

delta network (TELECOM.) rede em delta

delta particle (FÍS.) partícula em delta

delta plain (GEO.) planície do delta

delta-rays (FÍS.) raios delta

delta-ray spectrometer (NUCL.) espectrómetro de raios delta

delta-sigma modulation [DSM] (TELECOM.) modulação delta-sigma

delta-star transformer (ELECTRÓN.) transformador delta-estrela

delta voltages (ELECT.) voltagens delta

delta wave (MED.) onda delta

delta wing (AERO.) asa delta

deltoid (BOT.; MAT.) deltóide; triangular

deltoid (MED.; ZOO.) deltóide (músculo)

delusion (MED.) delírio

demagnetization (ELECT.; FÍS.; MINER.) desmagnetização

demagnetization factor (ELECT.) factor de desmagnetização

demagnetization force (ELECT.) força de desmagnetização

demagnetizing coil (ELECTRÓN.) bobina desmagnetizante

demagnetizing effect (ELECT.) efeito desmagnetizante

demagnetizing force (ELECT.) força desmagnetizante

demand (ELECT.) necessidade; exigência; solicitação

demand factor (ELECT.) factor de solicitação; factor de simultaneidade

demand indicator (ELECT.) indicador de necessidade

demand limiter (ELECT.) limitador de necessidade; limitador de corrente

demand meter (ELECT.) medidor de solicitação

demantoid (MINER.) demantóide (variedade de andradito verde)

dementia (MED.) demência

dementia praecox (PSICO.) demência precoce

demersal (Zoo.) pelágico
demifacet (Zoo.) semifaceta
demijohn (VIDR.) contentor de vidro com cerca de 9 litros
demineralization (QUÍM.) desmineralização
demodectic mange (VET.) sarna demodéctica
demodulation (TELECOM.) desmodulação
demodulation of an exalted carrier (TELECOM.) desmodulação de uma portadora amplificada
demodulator (TELECOM.) desmodulador
demography (ECO.) demografia
De Moivre's theorem (MAT.) teorema de De Moivre
demonstrator (AERO.) demonstrador
Demospongiae (Zoo.) Demospôngias
demountable (FÍS.) desmontável; desarmável
demulcent (MED.) demulcente
demultiplexer (INF.) desmultiplexor
demux (TELECOM.) desmultiplexador
denary notation (INF.; MAT.) notação denária; notação decimal
denaturant (FÍS.) desnaturalizador
denaturation (BIO.) desnaturação
denaturation of DNA (BIO.) desnaturação do ADN
denaturation of proteins (BIO.) desnaturação de proteínas
denaturing (QUÍM.) desnaturação
denaturing meam (QUÍM.) meio de desnaturação
dendogram (BOT.) dendrograma
dendr-, dendro- (GERAL) dendr-, dendro-; do grego *dendra* — árvore, relacionado ou semelhante a árvore
dendrite (GERAL) dendrito
dendrite (GEO.) dendrite
dendritic cell (IMUN.) célula dendrítica
dendritic crystallization (MEC.) cristalização dendrítica
dendritic deposit (GEO.) depósito dendrítico
dendritic drainage (ECO.) escoamento dendrítico
dendritic glacier (GEO.) geleira dendrítica
dendritic graphite (MINER.) grafite dendrítica
dendritic markings (GEO.) marcas dendríticas
dendritic power (MEC.) pó dendrítico
dendritic ulcer (MED.) úlcera dendrítica
dendritic valley (GEO.) vale dendrítico
dendrochronology (ECO.) dendrocronologia
dendroclimatology (ECO.) dendroclimatologia
dendrogeomorphology (ECO.) dendrogeomorfologia
dendrograph (ECO.) dendrógrafo
dendrohydrology (ECO.) dendrohidrografia
dendroid (BOT.) dendróide
dendron (Zoo.) dendrito
denervated (MED.) desnervado
dengue (MED.) dengue; febre de 3 dias; rosália

Denhardt's solution (BIO.) solução de Denhardt
denial (PSICO.) negação
Denier (TÊXT.) denier (unidade de medida de fios de seda e rayon)
Denier system (TÊXT.) sistema (de) Denier
denim (TÊXT.) sarja de Nîmes; tecido pesado de algodão
denitrification (BIO.) desnitrificação
denominator (MAT.) denominador
dense (VIDR.) denso (com alto índice refractivo)
dense binary code (INF.; MAT.) código binário denso
dense cloud (METEO.) nuvem densa
dense-media process (MINAS) processo de meio-denso
dense metal (MEC.) metal denso; metal compacto
dens epistrophei (Zoo.) apófise odontoideia; dente do axis
dense set (MAT.) conjunto denso
dense star (ASTRO.) estrela densa
densification (NUCL.) densificação
densi-tensimeter (QUÍM.) densitensímetro
densithene (QUÍM.) Densiteno (MC de polieteno)
densitometer (FÍS.; T.IMAG.) densitómetro
density (GERAL) densidade
density altitude (METEO.) altitude da densidade
density bottle (FÍS.) areómetro
density change method (NUCL.) método de mudança de densidade
density character (INF.) carácter de densidade
density current (GEO.) corrente de densidade
density-dependence (ECO.) densidade-dependência
density-frequency-dominance [DFD measure] (ECO.) densidade-frequência-dominância
density function (FÍS.) função de densidade
density gradient centrifugation (BIO.) centrifugação de gradiente de densidade
density indicator (ELECT.) indicador de densidade
density modulated tube (ELECTRÓN.) tubo de densidade modulada
density modulation (ELECT.) modulação de densidade
density of an electron beam (ELECTRÓN.) densidade de um feixe electrónico
density of energy (ELECTRÓN.) densidade de energia
density of gases (FÍS.; QUÍM.) densidade dos gases
density of moist air (METEO.) densidade de ar húmido
density of packing (ELECT.) densidade de armazenamento
density of snow (METEO.) densidade de neve; densidade de camada de neve
density of states (FÍS.) densidade dos estados

density range (IMP.) escala de densidade
density recording (INF.) densidade de gravação; densidade de registo
dent (MEC.) dente; entalhe; mossa
dental caries (MED.) cárie dentária
dental formula (Zoo.) fórmula dentária
dentary (Zoo.) dentária
dentate (BOT.) dentado
denticles (Zoo.) dentículos
denticulate (ECO.) denticulado
denticulated (E.CIV.) denticulado; recortado
dentigerous cyst (VET.) quisto dentígero
dentil (ARQ.; E.CIV.) dentículo
dentine (MED.; Zoo.) dentina
dentirrostral (Zoo.) dentirrostro
dentition (Zoo.) dentição
denudation (GEO.) desnudação; erosão (impropriamente)
denuded quadrat (BOT.) superfície nua (no solo)
deodar (BOT.; E.CIV.) cedro-do-Himalaia; a sua madeira
deodorizing (QUÍM.) desodorização
deoxidation (ENG.) desoxidação
deoxidizer (MEC.) desoxidante
deoxidizer copper (MEC.) cobre desoxidante
deoxyribonuclease [DNase] (BIO.) desoxirribonuclease
deoxyribonucleic acid [DNA] (BIO.) ácido desoxirribonucléico
deoxyribonucleotide (BIO.) desoxirribonucleótido
departure time (AERO.) tempo de partida; hora de partida
dependent contact (ELECTRÓN.) contacto dependente ou secundário
dependent exchange (TELECOM.) central telefónica auxiliar
dependent function (MAT.) função dependente
dependent node (ELECTRÓN.) nódulo dependente
dependent segment (INF.) segmento dependente
dependent variable (MAT.) variável dependente
depersonalization (PSICO.) despersonalização
dephlogisticated air (QUÍM.) ar desflogisticado
dephosphorization (MEC.) desfosforação
depilate (MED.) depilar
depilatories (QUÍM.) depilatórios
deplected material (ELECTRÓN.) material deplectivo
deplected uranium (QUÍM.) urânio deplectivo
depletion (FÍS.) depleção
depletion layer (ELECTRÓN.) camada de depleção
depletion-layer capacitance (ELECTRÓN.) capacitância da camada de depleção
depletion-layer transistor (ELECTRÓN.) transístor da camada de depleção
depletion rate (HIDRO.) taxa de depleção; taxa de recessão

depletion region (ELECTRÓN.) região de depleção; zona de depleção

depocentre (GEO.) centro de deposição

depolarization (ELECT.) despolarização

depolarizing muscle relaxant (MED.) relaxante muscular despolarizante

deposit (GERAL) depósito

deposit (GEO.) depósito; jazida

deposition (GEO.) deposição; sedimentação

depositional remanent magnetization [DRM] (GEO.) magnetização remanescente de deposição

deposit of mud (GEO.) depósito de lama

deposit of ores (MINAS) jazida de minérios

deposit of snow (METEO.) depósito de neve

depreciation factor (ELECT.) factor de depreciação; factor de deteriorização

depressant (MED.) depressivo

depressed agent (MINAS) agente depressivo

depression (GERAL) depressão

depression of freezing point (FÍS.) depressão do ponto de congelamento

depression of land (GEO.) depressão de terra

depressor (ZOO.) depressor

depth dose (FÍS.) dose de profundidade (radiação)

depth finder (RADAR) indicador de profundidade

depth gauge (ENG.) manómetro de profundidade

depth ice (GEO.) gelo de profundidade

depth of arch (ARQ.) espessura de abóbada ou de arco

depth of compensation (GEO.) profundidade de compensação

depth of definition (FÍS.) profundidade de definição

depth of field (T.IMAG.) profundidade de campo

depth of focus (T.IMAG.) profundidade de foco

depth of fusion (ENG.) profundidade de fusão

depth of hardening (FÍS.) espessura de têmpera

depth of heating (FÍS.) profundidade de aquecimento

depth of immersion (HIDR.) profundidade de imersão

depth of iron core (ELECT.) altura do núcleo de ferro

depth of modulation (TELECOM.) profundidade de modulação

depth of penetration (ELECT.) profundidade de penetração

depth of soil (GEO.) espessura do solo

depth of strata (GEO.) espessura dos estratos

depth of submersion (HIDRO.) profundidade de imersão

depth-psychology (MED.; PSICO.) psicologia profunda

depuration (BIO.) despurinização

deputy (MINAS) delegado

DEQUE (INF.) abr. de *double ended-queue* — fila de duplos extremos

dequeue (INF.) remover da fila (items)

de-rate (derate) (ELECTRÓN.) redução de regime

de-rating (ELECT.) redução da capacidade normal

Derbyshire neck (MED.) doença de Basedow; bócio tóxico; doença de Derbyshire

Derbyshire spar (MINER.) fluorite; espato de Derbyshire

deric (MED.) externo; ectodérmico

derivation sequence (INF.) sequência de derivação

derivation tree (INF.) árvore de derivação

derivative (MAT.) derivada

derived fossils (GEO.) fósseis derivados

derived function (MAT.) função derivada

derived units (FÍS.) unidades derivadas

derm (ZOO.) derme

dermad (ZOO.) na direcção do tegumento externo

dermal (BOT.; ZOO.) dérmico

dermal branchiae (ZOO.) vesículas branquiais; pápulas

dermatitis (MED.) dermatite

dermatogen (BOT.) dermatogene

dermatographia (MED.) dermatografia

dermatology (MED.) dermatologia

dermatomyositis (MED.) dermatomiosite

dermatoneurosis (MED.) dermatoneurose

dermatophobia (MED.) dermatofobia

dermatophone (MED.) dermatofone

dermatophyte (BOT.) dermatófito

dermatosclerosis (MED.) dermatosclerose; esclerose cutânea

dermi; dermis (ZOO.) derme

dermography (MED.) dermografia

dermoid (MED.) dermóide; dermatóide

dermomuscular layer (ZOO.) camada dermomuscular

derrick (ENG.) guindaste

derris (QUÍM.) «derris» (tipo de cipó da Índia, de cuja raiz se extrai a rotenona)

DES (INF.) abr. de *Data Encryption Standard* — norma de criptação de dados

desalination (QUÍM.) dessalinização

desalting (BIO.) dessalinização

de-scaling (MEC.) descamar; desencrostar

Descartes' rule of signs (MAT.) regra dos sinais de Descartes

descending (ZOO.) descendente

descending node (ESP.) nodo descendente; nodo de N para S

descloizite (MINER.) descloízite

describer (E.CIV.) sinalizador

desensitization (MED.) dessensibilização

desensitize (GERAL) dessensibilizar

desert biome (ECO.) bioma desértico

desertification (ECO.) desertificação

desert pavement (GEO.) pavimento desértico

desert rose (MINER.) «rosa-do-deserto» (concreção de barita ou baritina, com forma de rosa)

desiccants (QUÍM.) dessecantes

desiccator (QUÍM.) dessecador

design (GERAL) desenho; projecto; estilo; esboço

designator (INF.) designador

design element (ENG.) elemento de projecto

design impedance (ELECTRÓN.) impedância de projecto

desilveration (MEC.) desprateação

Deslandes equation (FÍS.) equação de Deslandes

de-sliming (MINAS) desenlamear

desmids (BOT.) desmídios

desmine (MINER.) desmina

Desmodur (PLÁST.) Desmodur (MC de isocianatos)

desmognathous (ZOO.) desmognato

desmosome (BIO.) desmossoma

desmotropism (QUÍM.) desmotropismo

desquamation (MED.) descamação

Destriau effect (FÍS.) efeito de Destriau

destruction by freezing (BIO.) destruição ou morte pelo frio

destructive distillation (QUÍM.) destilação destrutiva

destructive interference (ELECTRÓN.) interferencia destrutiva

destructive read-out (INF.) leitura destrutiva

destructive wave (GEO.) ondas destrutivas

destructor station (ELECT.) estação destruidora

desulphurizing (QUÍM.) dessulfuração

desuperheater (MEC.) resfriador a vapor; arrefecedor

detachable blades (MEC.) pás destacáveis

detachable drill (MINAS) sonda removível

detachable dual control (AERO.) duplo comando desmontável

detachable plugging (ELECT.) ligação removível

detail assembly (ENG.) montagem de peças pequenas

detail drawing (ENG.CIV.) desenho pormenorizado

detector (GERAL) detector

detent (GERAL) espera; escora; retem

detergent (QUÍM.) detergente

determinant (MAT.) determinante

determinate (GERAL) determinado; definido

determinate cleavage (ZOO.) clivagem determinada

deterministic (INF.) determinística

deterministic language (INF.) linguagem determinística

de-tinning (MEC.) retirar o estanho

detonation (GERAL) explosão; detonação; deflagração

detonation fuse (MINAS) detonador

detorsion (ZOO.) rotação para trás

detrital mineral (GEO.) mineral detrítico

detrital remanent magnetization [DRM] (GEO.) magnetização remanescente dos detritos

detrition (GEO.) detrição; produção de detritos

detritus (BIO.) detrito

detrusor (MED.) músculo vesical; camada muscular da bexiga

detumescence (MED.) detumescência; desinchação

detune (TELECOM.) dessintonizar

detuning (TELECOM.) assintonia

deut-; deuto-; deutero- (GERAL) prefixo do grego *deuteros* — segundo, ou dois, numa série

deuteranopic (FÍS.) deuteranópico

deuteranopy (MED.) deuteranopia

deuterium (QUÍM.) deutério

deuterium atom (QUÍM.) átomo de deutério

deuterium compound (QUÍM.) composto de deutério

deuterium gas (QUÍM.) gás de deutério

deuterium-loaded (NUCL.) carregado de deutério

deuterium-loaded emulsion (NUCL.) emulsão carregada de deutério

deuterium oxide (NUCL.) óxido de deutério

deuterium reaction (NUCL.) reacção de deutério

deutero- (GERAL) V. também *deut-; deuto-; deutero-*

deutero- (QUÍM.) deutero-; prefixo indicando «que contém deutério»

deuterocerebron (ZOO.) deutencéfalo; diencéfalo

deuterocerebrum (ZOO.) diencéfalo; deutencéfalo

deuteroky (ZOO.) deuterotoquia (forma de partogénese em que a fêmea tem descendentes de ambos os sexos)

Deuteromycotina (BOT.) Deuteromicetos

deuteron (QUÍM.) deuterão; deutão

deuteron accelarator (NUCL.) acelerador de deutões

deuteron beam (NUCL.) feixe de deutões

deuteron formation (NUCL.) formação de deutões

deuterostoma (ZOO.) deuterostoma

developable surface (MAT.) superfície desenvolvível; superfície planificável

developer (T.IMAG.) revelador; banho revelador

developing agent (T.IMAG.) agente revelador

developing bath (T.IMAG.) banho revelador

development (METEO.) intensificação

development drift (MINAS) galeria em desenvolvimento

development drilling (MINAS) perfuração de desenvolvimento

development well (MINAS.) poço de desenvolvimento; poço exploratório

deviance (EST.) desvio

deviation (GERAL) desvio; divergência

deviation bridge (ELECT.) ponte de desvio

deviation card (NAV.) carta de desvio; bússola de desvio

deviation correction (NAV.) correcção de desvio

deviation distortion (TELECOM.) distorção de desvio

deviation factor (ELECT.) factor de desvio

deviation IQ (PSICO.) desvio do quociente intelectual (QI)

deviation ratio (TELECOM.) razão de desvio

deviation sensibility (ELECTRÓN.) sensibilidade de desvio

device (GERAL) dispositivo; unidade

device address (INF.) endereço de dispositivo

device backup (INF.) recuperação de dispositivos

device control unit (INF.) unidade de controlo de dispositivo

device-dependent (INF.) dependente de dispositivo

device field (INF.) campo de dispositivo

device handler (INF.) gestor de dispositivo

device-independent (INF.) independente de dispositivo

device input format (INF.) formato de entrada de dispositivo

device line (INF.) linha de dispositivo

device output format (INF.) formato de saída de dispositivo

device parameter list (INF.) lista de parâmetros do dispositivo

device pool management (INF.) administração de conjunto de dispositivos

device processor (INF.) processador de dispositivo

device spanning (INF.) divisão de dispositivos; separação de dispositivos

device type (INF.) tipo de dispositivo; classe de dispositivo

device vector table (INF.) tabela de vector de dispositivo

device work queue (INF.) fila de trabalho de dispositivo

devil (METEO.) redemoinho de poeira («Diabo», na Índia e África do Sul)

devitrification (GEO.; MINAS; QUÍM.) desvitrificação

Devonian (GEO.) Devónico

DEW (ELECTRÓN.) abr. de *Distant Early Warning* — Alerta Antecipado Distante (radar explorador a distância); V. *DEW line*

dew (METEO.) orvalho

Dewar bulb (FÍS.) frasco de Dewar; vaso de Dewar

Dewar flask (QUÍM.) frasco de Dewar; vaso de Dewar

Dewar vessel (QUÍM.) vaso de Dewar

dewatering (ECO.) dessicação

de-watering (MINAS) secagem; esgotamento

dew-blown (VET.) inchaço ou edema no gado bovino; timpanismo do ruminadouro

dew-claw (ZOO.) dedo rudimentar

Dewey decimal classification (INF.) classificação decimal de Dewey

Dewey decimal system (INF.) sistema decimal de Dewey

dewfall (METEO.) orvalhada; formação de orvalho

dewgauge (METEO.) drosómetro

DEW line (RADAR) linha de alerta antecipado distante; linha de aviso rápido antecipado (linha de radares de defesa nos EUA, seguindo o círculo árctico, desde o Alasca à Groenlândia — V. *DEW*)

dew-point (FÍS.; METEO.) ponto de orvalho; ponto de condensação

dew-point hygrometer (METEO.) higrómetro de condensação

dew-point lapse rate (METEO.) gradiente de ponto de congelação

dew-point spread (METEO.) afastamento do ponto de congelação

dew-point temperature (METEO.) temperatura do ponto de congelação

dexiocardia (MED.) dexiocardia; dextrocardia

dexiotropic (ZOO.) dextrotrópico

dextral (GERAL) dextrorso

dextran (QUÍM.) dextrano; dextrana

dextranase (BIO.) dextranase

dextrin (QUÍM.) dextrina

dextrocardia (MED.) dextrocardia

dextrorotatory (FÍS.) dextrorrotativo

dextrorse (BIO.) dextrorse

dextrose (QUÍM.) dextrose

df (ELECT.) abr. de *direction finder* — goniómetro; radiogoniómetro

DF (ELECTRÓN.; INF.) abr. de *Digital Filter* — filtro digital

df antenna (ELECT.) antena radiogonométrica

DFB (ELECTRÓN.) abr. de *Distributed Feedback* — realimentação distribuída

DFC (ELECTRÓN.) abr. de *Double-Frequency Changing* — dupla mudança de frequência

DFC (INF.) abr. de *Data Flow Control* — controlo de fluxo de dados

DFCN (INF.) abr. de *Disc (Disk) Data File Conversion Program* — programa de conversão de arquivo de dados em disco

DFD measure (ECO.) medição da densidade-frequência-dominância

DFLD (INF.) abr. de *Device FieLD* — campo de dispositivo

DFT (ELECTRÓN.) abr. de *Discrete Fourier Transform* — transformação discreta de Fourier

DFT (INF.) abr. de *Diagnostic Function Test* — teste com função de diagnóstico

DFU (INF.) abr. de *Data File Utilitary* — utilitário de arquivo de dados

DG (ELECT.) abr. de *Differential Generator* — gerador diferencial

DGPS (GERAL) abr. de *diferential GPS* — GPS diferencial

DHDTV (T.IMAG.) abr. de *digital high definition TV* — televisão digital de alta definição

DIA (INF.) abr. de *Data In Accumulator* — dados no acumulador

diabantite (MINER.) diabantite; diabantacronine

diabase (Geo.) diabase
diabetes insipidus (Med.) diabetes insípida
diabetes mellitus (Med.) diabetes mellitus
diabetic coma (Med.) coma diabético
diabetic keto-acidosis (Med.) cetoacidose diabética
Diac (Elect.) abr. de *Diode alternating current* — diodo de corrente alternada; diodo disparador
diacetone alcohol (Quím.) álcool diacetónico
diacetyl (Quím.) diacetil
diachronism (Geo.) diacronismo
diachronous (Eco.) diacrónico
diaclase (Geo.) diaclase
diacritic (Elect.) diacrítico
diacritical current (Elect.) corrente diacrítica
diacritic mark (Elect.) marca diacrítica; sinal diacrítico
diacritic point (Elect.) ponto diacrítico
diadelphous (Bot.) diadelfo
diadochokinesia (Med.) diadococinésia
diadochokinesis (Med.) diadococinésia
diadromous (Eco.) diadrómico
diagenesis (Med.) diagénese
diagenetic alteration (Geo.) alteração diagenética
diagenetic change (Geo.) mudança diagenética
diagenetic deposit (Geo.) depósito diagenético
diagenetic ironstone (Geo.) minério de ferro diagenético
diagenetic process (Geo.) processo diagenético
diageotropism (Eco.) diageotropismo
diagnosis (Geral) diagnose; diagnóstico
diagnostic (Geral) diagnóstico
diagnostic characters (Zoo.) caracteres de análise
diagnostic horizon (Eco.) horizonte de diagnóstico
diagnostic test (Bio.; Med.) teste de diagnóstico
diagonal (Geral) diagonal
diagonal eyepiece (Topo.) ocular diagonal
diagonal matrix (Mat.) matriz diagonal
diagonal pitch (Mec.) passo diagonal; afastamento diagonal
diagonal tension (Mec.) tensão diagonal; tensão transversal
diagram (Diag) (Geral) diagrama
dial (Elect.) indicador de sintonização
dial (Minas) quadrante
dial (Reloj.) mostrador
dial (Telecom.) disco
dial card (Nav.) rosa-dos-ventos
dialdehydes (Quím.) dialdeídos
dial gauge (Mec.) calibre com mostrador
dialkanones (Quím.) dialcetonas; dicetonas
dialkenes (Quím.) dialcenos; diolefinas
diallage (Miner.) diálage

dial line (Inf.) linha de marcação
dialling (Minas; Topo.) gnomónica
dialogite (Miner.) dialogito; espato mangânico ou manganoso
dial plate (Reloj.) mostrador de relógio
dial pulse (Inf.) impulso de marcação
dial rotary (Inf.) indicador rotativo
dial set (Inf.) conjunto comutado
dial switch (Elect.) interruptor de quadrante
dial tone (Inf.) sinal para marcação
dial up (Inf.) marcação manual
dialypetalous (Bot.) dialipétalo
dialysate (Quím.) dialisado
dialyser (Quím.) dialisador
dialysis (Quím.) diálise
dialysis retinae (Med.) diálise retiniana; retinodiálise
diamagnetic (Fís.) diamagnético
diamagnetic polarity (Fís.) polaridade diamagnética
diamagnetic resonance (Fís.) ressonância diamagnética
diamagnetism (Fís.) diamagnetismo
diameter (Fís.; Mat.) diâmetro
diameter of a conic (Mat.) diâmetro de uma (secção) cónica
diameter of a set (Mat.) diâmetro de um conjunto
diameter of bolt (Mec.) diâmetro de cavilha
diameter of bore (Mec.) diâmetro interno; calibre da alma
diameter of screw (Mec.) diâmetro externo de rosca
diametral line (Mat.) linha diametral
diametral plane (Mat.) plano diametral
diametral surface (Mat.) superfície diametral
diametral-winding (Elect.) enrolamento diametral
diametrical pitch (Mec.) passo diametral; módulo de engrenagem
diametrical tippings (Elect.) derivações diametrais
diametrical voltage (Elect.) voltagem diametral
diametric system (Crist.) sistema tetragonal; sistema diametral
diamine (Quím.) diamina
diaminoethanetetraacetic acid (Quím.) ácido etilenodiaminotetracético (EDTA); ácido edético; edatamil
diamino oxydase (Quím.) diaminooxidase; amino-oxidase (com piridoxal)
diamino-pymelic acid (Quím.) ácido diaminopimélico
diamond (Imp.) diamante (tipo de corpo 4 1/2)
diamond (Mat.) losango
diamond (Miner.) diamante
diamond antenna (Telecom.) antena romboidal
diamond bit (Minas) broca de diamantes
diamond boring (Minas) perfuração a diamante; sondagem a diamante
diamond cut (Mec.) facetado
diamond cutting wheel (Mec.) disco de corte a diamante

diamond die (Mec.) fieira de diamante
diamond drawing (Mec.) trefilação a diamante
diamond dresser (Mec.) rectificadora a diamante
diamond drill (Minas) sonda a diamante; broca a diamante
diamond dust (Minas) pó de diamante
diamond grinding (Mec.) rectificação a diamante
diamond grinding wheel (Mec.) disco de rectificação a diamante
diamond mesh (Minas) malha romboidal
diamond point (Mec.) ponta de diamante
diamond point drill (Mec.; Minas) broca com ponta de diamante
diamond point tool (Mec.) ferramenta com ponta de diamante
diamond powder (Mec.) pó de diamante; diamante pulverizado
diamond saw (E.Civ.) serra a diamante; serra com dentes de diamante
diamond-skin disease (Med.) doença de pele diamantina; erisipela suína
diamond tool (Mec.) ferramenta a diamante
diamond wheel (Mec.) disco a diamante
diapause (Zoo.) diapausa
diapedesis (Zoo.) diapedese
diaphen hydrochloride (Quím.) cloridrato de diafeno; hidrocloreto de diafeno
diaphoresis (Med.) diaforese
diaphoretic (Med.) diaforético
diaphototropism (Eco.) diafototropismo
diaphragm (Geral) diafragma
diaphragmalgia (Med.) diafragmalgia; diafragmodinia
diaphragm cell (Quím.) pilha de diafragma
diaphragm pump (Mec.) bomba de diafragma
diaphysectomy (Med.) diafisectomia
diaphysis (Zoo.) diáfise
diaphysitis (Med.) diafisite
diapir (Geo.) diapir; tifão
diapir fold (Geo.) dobra diapírica
diaplasis (Med.) diaplasia; diaplase
diapnoic (Med.) diapnóico
diapnotic (Med.) diapnóico
diapophysis (Zoo.) diapófise
diapositive (T.Imag.) diapositivo
diapsid (Zoo.) diápside; diapsídeo
diarrhea (Med.) diarreia
diarrhoea (Med.) diarreia
diarrhoea ablactatorum (Med.) diarreia do latente
diarrhoea alba (Med.) diarreia alba; diarreia branca
diarthrosis (Zoo.) diartrose
diaschisis (Med.) diasquise
diaspore (Minas) diásporo
diastase (Bio.) diástase
diastasis (Bio.) diástase
diastema (Zoo.) diastema
diaster (Bio.) diáster
diastereoisomer (Quím.) diastereoisómero
diastole (Bot.; Zoo.) diástole

diastolic murmur (MED.) murmúrio diastólico

diastrophism (GEO.) diastrofismo

diathermal (FÍS.) diatérmico

diathermanous (FÍS.) diatérmano

diathermic knife (MED.) bisturi eléctrico; bisturi diatérmico

diathermic surgery (MED.) cirurgia diatérmica

diathermo coagulation (MED.) diatermo-coagulação; diatermia cirúrgica

diathermy (MED.) diatermia

diathesis (MED.) diátese

diatomaceous earth (MINER.) terra diatomácea; diatomito; farinha fóssil

diatomite (MINER.) V. *diatomaceous earth*

diatom ooze (MINER.) vasa diatomácea

diatoms (BIO.) diatomas

diatropism (BOT.) diatropismo

diazepam (MED.) diazepam; valium

diazo- (QUÍM.) diazo- (indicando um composto com ligações duplas -azoto-azoto, -N = N-)

diazo compounds (QUÍM.) compostos diazóicos

diazo dyes (QUÍM.) corantes diazóicos

diazomethane (QUÍM.) diazometano

diazonium salts (QUÍM.) sais de diazómio

diazo process (T.IMAG.) processo diazo

diazotization (QUÍM.) diazotização

diazoxide (QUÍM.) diazóxido

DIB (INF.) abr. de *Data Integrity Block* — bloco de integridade de dados

dibasic acids (QUÍM.) ácidos dibásicos

dibenzoyl (QUÍM.) dibenzoílo

dibenzoyl-peroxide (QUÍM.) peróxido de dibenzoílo

dibenzyl (QUÍM.) dibenzilo

dibenzyl group (QUÍM.) grupo dibenzilo

dibit (INF.) dibit; dois bits

diborane (QUÍM.) diborano

dibranchiate (ZOO.) dibrânquios; dibranquiados

DIC (ELECTRÓN.) abr. de *Dielectrically Isolated Integrated Circuit* — circuito integrado isolado dielectricamente

dice (ELECT.) dado (peça de material semicondutor para construção de transístor, diodo ou outro dispositivo semicondutor)

dicentric (BIO.) dicêntrico

dicentric chromosome (BIO.) cromossoma bicêntrico

dicephalus (MED.) dicéfalo

dichasial cyme (BOT.) dicásio; cimeira bípara

dichasium (BOT.) dicásio; cimeira bípara

dichlamydeous (BOT.) com cálice e corola distintos; biclamidado; biperiantado

dichlorodifluoromethane (QUÍM.) diclorodifluorometano; fréon 12

dichlorodiphenyltrichloroetane (QUÍM.) diclorodifeniltricloroetano; DDT

dichloroethylene (QUÍM.) dicloroetileno; dicloreteno; diofórmio

dichloromethane (QUÍM.) diclorometano; dicloreto de metileno

dichlorophen (QUÍM.) diclorofeno

dichlorophenoxyacetic acid (QUÍM.) ácido diclorofenoxiacético

dichloropropane (QUÍM.) dicloropropano

dichlorotetrafluorethane (QUÍM.) diclorotetrafluoretano; fréon 114

dichogamy (BOT.) dicogamia

dichorial (MED.) dicoriónico

dichorionic (MED.) dicoriónico

dichotomy (GERAL) dicotomia

dichroic (MINER.; QUÍM.) dicróico

dichroic crystal (MINER.) cristal dicróico

dichroic filter (T.IMAG.) filtro dicróico

dichroic fog (T.IMAG.) nevoeiro dicróico

dichroic lens (T.IMAG.) lente dicróica

dichroic mirror (FÍS.) espelho dicróico

dichroism (CRIST.) dicroísmo

dichroite (MINER.) dicroíte; cordierite; iolita

dichromates (QUÍM.) dicromatos; bicromatos

dichromatism (MED.) dicromatismo

Dicke's radiometer (TELECOM.) radiómetro de Dicke

dickite (MINER.) dickita; diquita

dicliny (BOT.) diclina; dióica

dicophane (QUÍM.) dicofano; DDT

Dicotyledones (BOT.) Dicotiledóneas

dicrotic (MED.) dícroto

dicrotism (MED.) dicrotismo

dicty-; dyctio- (GERAL) dicti-, dictio-; do grego *diktyon* — rede

dictyoma (MED.) dictioma (tumor na retina)

dictyosome (BOT.) dictiosoma

dictyostele (BOT.) dictiostélio

dicyclic (BOT.) bicíclico

didactyl (ZOO.) didáctilo

didelphic (MED.) didélfico

Didot point system (IMP.) sistema de ponto Didot

didymious (BOT.) didímio

didynamous (BOT.) didinâmico

die (ARQ.) base; cubo

die (MEC.) matriz; molde; cunha; fieira

die block (MEC.) bloco de matriz

die carriage (MEC.) carro do molde

diecasting (MEC.) fundição sob pressão; fundição em molde

dieldrin (QUÍM.) dieldrina

dielectric (FÍS.; ELECT.) dieléctrico

dielectric absorption (ELECT.) absorção dieléctrica

dielectric amplifier (ELECT.) amplificador dieléctrico

dielectric antenna (ELECT.) antena dieléctrica

dielectric breakdown (ELECT.) ruptura eléctrica

dielectric capacity (ELECT.) capacidade dieléctrica

dielectric coat (ELECT.) capa dieléctrica

dielectric coefficient (ELECT.) coeficiente dieléctrico

dielectric constant (ELECT.) constante dieléctrica

dielectric current (FÍS.) corrente dieléctrica

dielectric diode (ELECT.) diodo dieléctrico

dielectric displacement (ELECT.) deslocamento dieléctrico

dielectric dissipation (ELECT.) dissipação dieléctrica

dielectric dissipation factor (ELECT.) factor de dissipação dieléctrica

dielectric fatigue (ELECT.) fadiga dieléctrica

dielectric fluid (ELECT.) fluido dieléctrico

dielectric flux (ELECT.) fluxo dieléctrico

dielectric gas (ELECT.) gás dieléctrico

dielectric gradient (ELECT.) gradiente dieléctrico

dielectric guide (ELECT.) guia dieléctrico

dielectric heating (ELECT.) aquecimento dieléctrico

dielectric hysteresis (ELECT.) histerese dieléctrica

dielectric lens (TELECOM.) lente dieléctrica

dielectric lens antenna (TELECOM.) antena de lente dieléctrica

dielectric loss (FÍS.) perda dieléctrica

dielectric loss angle (ELECT.) ângulo de perda dieléctrica

dielectric medium (ELECT.) meio dieléctrico

dielectric phase angle (ELECT.) ângulo de fase dieléctrica

dielectric polarization (ELECT.) polarização dieléctrica

dielectric-rod antenna (ELECT.) antena de haste dieléctrica

dielectric sheath (ELECT.) bainha dieléctrica

dielectric sheet (ELECT.) chapa dieléctrica

dielectric spark (ELECT.) centelha de dieléctrico

dielectric strain (ELECT.) esforço dieléctrico

dielectric strength (ELECT.) resistência dieléctrica

dielectric susceptibility (ELECT.) susceptibilidade dieléctrica

dielectric test (ELECT.) teste dieléctrico

dielectric waveguide (ELECT.) guia de onda dieléctrica

dielectric wedge (ELECT.) cunha dieléctrica

dielectric wire (ELECT.) condutor dieléctrico

Diels-Alder reaction (QUÍM.) reacção de Diels-Alder

diencephalon (ZOO.) diencéfalo

diene (QUÍM.) dieno

diene synthesis (QUÍM.) síntese de dieno

die nut (MEC.) porca de aperto

die out (MINAS) terminar em bisel (uma camada)

diesel cycle (AUTO.) ciclo Diesel; ciclo de pressão constante

diesel-electric-car (ENG.) carro Diesel eléctrico; automotora Diesel eléctrica

diesel-electric drive (MEC.) accionamento Diesel-eléctrico; impulsão Diesel-eléctrica

diesel-electric locomotive (ENG.) locomotiva Diesel eléctrica

diesel engine (ENG.) motor Diesel

diesel fuel (MEC.) combustível Diesel

diesel generator (MEC.) gerador Diesel

diesel-hydraulic locomotive (ENG.) locomotiva Diesel hidráulica

diesel locomotive (ENG.) locomotiva Diesel

diesel principle (MEC.) princípio Diesel

diesel turbine (ENG.) turbina Diesel

die sinking (MEC.) gravação de matrizes

Dieterici's equation (QUÍM.) equação de Dieterici

diethanolamine (QUÍM.) dietanolamina

diethylbarbituric acid (QUÍM.) ácido dietilbarbitúrico; barbital

diethylcarbamazine citrate (QUÍM.) citrato de dietilcarbamazina

diethyldithiocarbamic acid (QUÍM.) ácido dietilditiocarbâmico

diethylene glycol (QUÍM.) glicol dietilénico

diethylenetriaminepentaacetic acid (QUÍM.) ácido dietileno-triamino-pentacético; pentanil

diethylether (QUÍM.) éter dietílico

difference (GERAL) diferença; dissemelhança; diversidade; contraste

difference (MAT.) diferença; resto; subtracção

difference amplifier (ELECT.) amplificador de diferença

difference channel (TELECOM.) canal diferencial

difference detector (ELECT.) detector de diferença

difference frequency (ELECT.) frequência de diferença

difference limen (ELECTRÓN.) aumento perceptível

difference of phase (ELECT.) diferença de fase

difference of potential (ELECT.) diferença de potencial

difference of pressure (MEC.) diferença de pressão

difference threshold (PSICO.) limiar diferencial

difference tone (FÍS.) tom de diferença; tom de combinação

difference transfer function (ELECTRÓN.) função de transferência complementar

differentiable function (MAT.) função diferenciável

differential (GERAL) diferencial

differential absorption ratio (RADIOL.) taxa de absorção diferencial

differential adjustment (ELECT.) ajustamento diferencial

differential aileron (AERO.) aileron diferencial

differential amplifier (ELECT.) amplificador diferencial

differential analyser (ELECT.) analisador diferencial

differential assembly (MEC.) conjunto diferencial; conjunto do diferencial

differential atomic weight (FÍS.) peso atómico diferencial

differential booster (ELECT.) intensificador diferencial

differential calculus (MAT.) cálculo diferencial

differential capacitor (ELECT.) condensador diferencial

differential centrifugation (BIO.; QUÍM.) centrifugação diferencial

differential chain block (MEC.) roldana (talha, moitão) para corrente diferencial

differential circuit (ELECTRÓN.) circuito diferencial

differential circuit-breaker (ELECT.) disjuntor diferencial

differential coefficient (MAT.) coeficiente diferencial

differential compounded (ELECT.) máquina de excitação diferencial

differential control (ELECT.) controlo diferencial

differential cross-section (FÍS.) secção transversal diferencial

differential current (HIDRO.) corrente diferencial

differential delay (ELECT.) atraso diferencial

differential discriminator (ELECTRÓN.) discriminador diferencial

differential dyeing (TÊXT.) tintagem diferencial

differential energy (FÍS.) energia diferencial

differential equation (MAT.) equação diferencial

differential excitation (ELECTRÓN.) excitação diferencial

differential flotation (ELECT.) flutuação diferencial

differential flotation (MINAS) flutuação selectiva

differential gain (ELECT.) ganho diferencial

differential gain control (ELECTRÓN.) controlo diferencial de ganho

differential galvanometer (ELECTRÓN.) galvanómetro diferencial

differential gear (ELECT.) engrenagem diferencial; diferencial

differential global positioning system [DGPS] (GERAL) GPS diferencial; sistema global de posicionamento diferencial

differential grinding (MINAS) trituração diferencial

differential hardening (T.IMAG.) endurecimento diferencial

differential input (ELECT.) entrada diferencial

differential instrument (ELECT.) instrumento diferencial

differential ionization chamber (FÍS.) câmara de ionização diferencial

differential iron test (ELECT.) instrumento diferencial

differential leakage flux (ELECT.) fluxo de escapamento diferencial

differential link (MEC.) elo do diferencial

differential lock (MEC.) travão do diferencial; fecho do diferencial

differential loss (FÍS.) perda de diferencial

differentially compound-wound machine (ELECT.) máquina de motor bobinado diferencialmente

differentially controlled aileron (AERO.) aileron diferencialmente controlado

differentially permeable membrane (ECO.) membrana de permiabilidade diferencial

differentially-wound motor (ELECT.) motor bobinado diferencialmente

differential method (FÍS.) método diferencial

differential-mode signal (TELECOM.) sinal de diferencial de modo

differential modulation (ELECTRÓN.) modulação diferencial

differential motion (FÍS.) movimento diferencial

differential motor (ELECT.) motor diferencial

differential null detector (ELECTRÓN.) detector diferencial de corrente nula

differential PCM (INF.) modulação de código de impulso diferencial

differential permeability (ELECT.) permeabilidade diferencial

differential phase (ELECT.) fase diferencial

differential phase shift keying [DPSK] (TELECOM.) codificação por desfasamento diferencial; codificação por deslocamento de fase diferencial

differential pressure (FÍS.) pressão diferencial

differential protection (ELECT.) protecção diferencial; relé diferencial

differential protective system (ELECTRÓN.) sistema de protecção diferencial

differential pulse (ELECT.) impulso diferencial

differential pulse-code modulation (ELECT.) modulação de código de impulso diferencial

differential quenching (MEC.) esfriamento diferencial

differential radiation (NUCL.) (ir)radiação diferencial

differential recovery rate (NUCL.) taxa de recuperação diferencial

differential regulator (MEC.) regulador diferencial

differential relay (ELECT.) relé diferencial

differential resistance (ELECT.) resistência diferencial

differential retaining (MEC.) retenção diferencial

differential selsyn (MEC.) motor autosíncrono diferencial

differential sign (MAT.) sinal de diferencial

differential stain (Zoo.) coloração diferencial

differential susceptibility (Elect.) susceptibilidade diferencial

differential synchro (Elect.) sincrodiferencial

differential thermal analysis (Quím.) análise térmica diferencial

differential thermoelement (Quím.) elemento térmico diferencial

differential titration (Quím.) titulação diferencial

differential transducer (Elect.) transdutor diferencial

differential transformer (Elect.) transformador diferencial

differential-transformer transducer (Elect.) transdutor de transformador diferencial

differential-tuned (Elect.) sintonizado diferencialmente

differential voltmeter (Elect.) voltímetro diferencial

differential wind (Meteo.) vento diferencial

differential winding (Meteo.) enrolamento diferencial

differentiating circuit (Elect.) circuito de diferenciação

differentiating network (Elect.) rede de diferenciação

differentiating solvent (Quím.) solvente de diferenciação

differentiation (Geral) diferenciação

differentiation antigen (Bio.) antigene de diferenciação

diffluence (Meteo.) difluência

diffraction (Fís.) difracção

diffraction analysis (Crist.) análise de difracção

diffraction angle (Fís.) ângulo de difracção

diffraction grating (Fís.) rede de difracção

diffraction loss (Elect.) perda por difracção

diffraction pattern (Fís.) padrão de difracção

diffraction phenomenon (Meteo.) fenómeno de difracção

diffraction scattering (Fís.) dispersão por difracção

diffractometer (Fís.) difractómetro

diffuse cloud (Meteo.) nuvem difusa

diffuse coma (Astro.) coma difusa; cabeleira difusa

diffuse density (T.Imag.) densidade difusa

diffused front (Meteo.) frente difusa

diffused junction (Elect.) contacto difuso

diffused luminous body (Meteo.) corpo luminoso difuso

diffused nebula (Meteo.) nebulosa difusa

diffused nebulosity (Meteo.) nebulosidade difusa

diffuse growth (Bot.) crescimento difuso

diffuse placentation (Zoo.) placentação difusa

diffuse porous (Bot.) poroso difuso

diffuser (Geral) difusor

diffuse radiation (Fís.) radiação difusa

diffuse reflection (Meteo.) reflexão difusa

diffuse-reflection factor (Fís.) factor de reflexão difusa

diffuse series (Fís.) série difusa

diffuse sound (Fís.) som difuso

diffuse tissue (Bot.) tecido difuso

diffuse transmittance (Fís.) transmitância difusa

diffusibility (Fís.) difusibilidade

diffusion (Quím.) difusão

diffusion activation energy (Fís.) energia de activação por difusão

diffusion area (Nucl.) área de difusão

diffusion barrier (Fís.) barreira de difusão

diffusion beam (Fís.) feixe de difusão

diffusion capacitance (Elect.) capacitância de difusão

diffusion cloud chamber (Elect.) câmara de difusão de neve

diffusion-coating (Mec.) revestimento de difusão

diffusion coefficient (Quím.) coeficiente de difusão

diffusion constant (Fís.) constante de difusão

diffusion current (Elect.) corrente de difusão

diffusion equation (Fís.) equação de difusão

diffusion gradient (Fís.) gradiente de difusão

diffusion kernel (Eletrón.) nódulo de difusão

diffusion law (Quím.) lei da difusão

diffusion length (Fís.) alcance de difusão; extensão de difusão

diffusion of particles (Fís.) difusão de partículas

diffusion of solids (Fís.) difusão dos sólidos

diffusion plant (Nucl.) instalação de difusão

diffusion potential (Elect.) potencial de difusão

diffusion pump (Mec.; Quím.) bomba de difusão

diffusion theory (Nucl.) teoria de difusão

diffusion time (Elect.) tempo de difusão

diffusion transistor (Elect.) transístor de difusão

diffusion velocity (Elect.) velocidade de difusão

diffusion welding (Mec.) soldadura por difusão

difluorophosphoric acid (Quím.) ácido difluorofosfórico

digametic (Zoo.) digamético; heterogamético

digastric (Zoo.) digástrico

digenesis (Zoo.) digénese

digenetic reproduction (Zoo.) reprodução digenética

digenite (Miner.) digenite; neodigenite

di George's syndrome (Imun.) síndroma de di George; síndroma da 3ª e 4ª bolsa faríngica; hipoplasia tímica

digestion (Geral) digestão

digestion (Minas) exposição a ataque químico

digestive gland (Zoo.) glândula digestiva

DIGICOM (Inf.) abr. de *DIGItal COMmunication* — Comunicação Digital

dig-in (Elect.) ângulo de corte anterior

digit (Geral) dígito; dedo

digit (Zoo.) dedo

digit-absorbing selector (Telecom.) selector absorvente de dígitos

digital (Geral) digital

digital computer (Inf.) computador digital

digital converter (Elect.) conversor digital

digital cordless telephone [DCT] (Telecom.) telefone sem fio digial

digital data (Inf.) dados digitais

digital differential analyser (Inf.) analisador diferencial digital

digital display (Inf.) visualização digital

digital distortion (T.Imag.) distorção digital; distorção numérca

digital error (Inf.) erro digital

digital filter (Telecom.) filtro digital

digital generator noise (Electrón.) gerador digital de ruído

digital high definition television [DHDTV] (T.Imag.) televisão digital de alta definição

digital IC (Electrón.) circuito integrado digital

digital information display (Electrón.) painel de informação digital

digitalis (Med.; Quím.) digitális; digital; dedaleira

digitalization (Med.) digitalização

digital light processor [DLP] (Electrón.) processador digital de luz

digital logic (Inf.) lógica digital

digital meter (Elect.) medidor digital

digital modulation (Inf.) modulação digital

digital multimeter [DMM] (Electrón.) multímetro digital

digital oscilloscope (Electrón.) osciloscópio digital

digitalose (Med.) digitalose

digital plotter (Inf.) marcadora digital; traçadora digital

digital radio (Telecom.) radio digital

digital signal processing [DSP] (Telecom.) processamento digital de sinal

digital storage oscilloscope [DSO] (Electrón.) osciloscópio de memória digital

digital subscriber line [DSL] (Telecom.) linha telefónica

digital subset (Inf.) subconjunto digital

digital subtraction angiography (Radiol.) angiografia de subtracção digital

digital TV (T.Imag.) televisão digital

digital versatile disc [DVD] (T.Imag.) disco versátil digital [DVD]

digital video broadcasting [DVB] (T.Imag.) difusão de video digital

digital video cassette [DVC] (T.Imag.) cassete de vídeo digital

digital voltmeter [DVM] (ELECTRÓN.) voltímetro digital

digital watch (INF.; RELOJ.) relógio digital

digital zoom (T.IMAG.) zoom digital; ampliação digital

digitate (BOT.) digitado

digitigrade (BOT.) digitígrado

digitin (QUÍM.) digitina; digitonina

digitize (INF.) digitação

digitized image (T.IMAG.) imagem digitalizada; imagem numerizada

digitonin (QUÍM.) digitonina; digitina

digitoxicity (MED.) digitoxidade

digitoxin (QUÍM.) digitoxina

digitoxose (QUÍM.) digitoxose

digitule (ZOO.) digitífero

diglossia (MED.) diglossia

dignatus (MED.) dignato (feto mal formado com a mandíbula inferior dupla)

digonal (CRIST.; MAT.) digonal

digoxin (QUÍM.) digoxina

dihedral (MAT.) diédrico

dihedral angle (AERO.) ângulo diedro

diheptal (ELECTRÓN.) referente a catorze

dihybrid (BIO.) diíbrido

dihydroxyacetone (QUÍM.) diidroxiacetona

dikaryon (BOT.) dicário

dikaryophase (BOT.) dicariofase; fase de dicário

dike (HIDRO.) dique

diketen (QUÍM.) diceteno

diketones (QUÍM.) dicetonas

diketopiperazines (QUÍM.) dicetopiperazinas

dikkop (VET.) doença equina africana

dilapidation (E.CIV.) delapidação

dilatancy (QUÍM.) dilatabilidade

dilatometer (QUÍM.) dilatómetro

dilatometry (QUÍM.) dilatometria

dilator (ZOO.) dilatador

di litho (IMP.) abr. de *DIrect LITHOgraphy* — litografia directa

Dilleniidae (BOT.) Dileniáceas

diluent (QUÍM.) diluente

diluent air (E.CIV.) ar diluente

dilute (QUÍM.) diluído; dissolvido

dilute solution (QUÍM.) solução diluída

dilution (QUÍM.) diluição

dilution gauging (HIDRO.) medição de diluição

dilution law (QUÍM.) lei da diluição

dilution refrigerator (FÍS.) refrigerador de diluição

diluvium (GEO.) dilúvio; inundação (termo obsoleto)

dimensional analysis (FÍS.) análise dimensional

dimensional change (FÍS.) mudança dimensional

dimensional formula (MAT.) fórmula dimensional; equação dimensional

dimensional stability (MEC.) estabilidade dimensional

dimensional theory (FÍS.) teoria dimensional

dimension analysis (GERAL) análise dimensional

dimension stone (E.CIV.) pedra de alvenaria

dimer (QUÍM.) dímero

dimethicone (MED.; QUÍM.) dimeticona

dimethylaminoazobenzene (QUÍM.) dimetilaminoazobenzeno

dimethylarsinic acid (QUÍM.) ácido dimetilarsínico; ácido cacodílico

dimethylcarbinol (QUÍM.) dimetilcarbinol; álcool isopropílico

dimethyl ether (QUÍM.) éter dimetílico

dimethylformamide (QUÍM.) dimetilformamida; formamida dimetílica

dimethyl glyoxime (QUÍM.) dimetilglioxima

dimethyl phtalate (QUÍM.) dimetilftalato

dimethylpropiothetin (QUÍM.) dimetilpropriotetina

dimethyl sulphate (sulfate) (QUÍM.) sulfato de dimetilo

dimethyl sulphoxide (sulfoxide) (QUÍM.) sulfóxido de dimetilo

dimethyl tubocurarine iodide (QUÍM.) iodeto de dimetiltubocurarina

dimidium bromide (QUÍM.) brometo de dimídio

dimity (TÊXT.) fustão

dimmer (ELECT.) redutor de tensão

dimmer wheel (ELECT.) disco amortecedor

dimming resistance (ELECT.) resistência reduzida

dimorphic (BIO.; QUÍM.) dimórfico; dimorfo

dimorphism (GERAL) dimorfismo

dimorphous (BIO.; QUÍM.) dimórfico; dimorfo

DI/MOS (ELECTRÓN.) abr. de *DIelectric/Metal Oxide Semiconductor* — dieléctrico/metal-óxido-semicondutor

DIMPLE (NUCL.) abr. de *Deuterium Moderated Pile, Low Energy* — Reactor Experimental de Água Pesada

Dinantian (GEO.) Dinanciano

dineutron (ELECTRÓN.) dineutrão

dinitrocresol (QUÍM.) dinitrocresol; dinitro-o-cresol

dinitrophenol (QUÍM.) dinitrofenol

dinitrophenylamino acids (QUÍM.) dinitrofenilaminoácidos

Dinoflagellata (ZOO.) dinoflagelados

Dinophyceae (BOT.) Dinofíceas

Din plug/socket (TELECOM.) ficha/tomada DIN

dio (ELECT.) abr. de *diode* — diodo

diode (ELECTRÓN.) diodo

diode action (ELECTRÓN.) acção de diodo

diode amplifier (ELECTRÓN.) amplificador de diodo

diode-capacitor storage (ELECT.) armazenamento diodo-condensador

diode characteristic (ELECT.) característica de diodo

diode circuit (ELECTRÓN.) circuito de diodo

diode clamp (ELECTRÓN.) circuito de sujeição de diodo

diode clipper (ELECTRÓN.) truncador de diodo

diode constant (ELECT.) constante de diodo

diode coupling (ELECTRÓN.) acoplamento de diodo

diode detector (ELECT.) detector de diodo

diode function generator (ELECT.) gerador de função de diodo

diode gate (ELECTRÓN.) porta de diodo

diode isolation (ELECTRÓN.) isolamento de diodo

diode laser (ELECTRÓN.) laser de diodo; diodo-laser

diode limiter (ELECT.) limitador de diodo

diode load (ELECT.) carga de diodo

diode mixer (ELECTRÓN.) modulador de díodos

diode modulator (ELECT.) modulador de diodo

diode peak detector (ELECT.) detector de pico de diodo

diode-pentode (ELECT.) diodo-pentodo

diode plate (ELECT.) placa de diodo

diode rectifier (ELECT.) rectificador de diodo

diode reverse voltage (ELECTRÓN.) tensão de retorno do díodo

diode transformer (ELECT.) transformador de diodo

diode-transistor logic (INF.) lógica de diodo-transistor

diode valve (ELECTRÓN.) válvula dipolar

diode voltmeter (ELECT.) voltímetro de diodo

dioecius (BOT.) dióico

dioestrus (ZOO.) diestro; anestro; descanso sexual

diol (QUÍM.) diol; dialcool

-diol (QUÍM.) -diol; sufixo relativo ao prefixo «diidroxi-»

diolefins (QUÍM.) diolefinas

Dione (ASTRO.) Dione (4º satélite de Saturno)

Dione B (ASTRO.) Dione B (12º satélite de Saturno)

diophantine equations (MAT.) equações de Diofanto

diopside (MINER.) diopside

dioptase (MINER.) dioptase

dioptre (FÍS.) dioptria

dioptre lens (FÍS.) lente dióptrica

dioptric mechanism (FÍS.) mecanismo dióptrico

dioptric system (FÍS.) sistema dióptrico

diorite (GEO.) diorito

diotron (ELECTRÓN.; INF.) diotrão (circuito de computador que utiliza um diodo de emissão limitada)

dioxan (QUÍM.) dioxana; dióxido de 1,4-dietileno

dioxin (BIO.; QUÍM.) dioxinas

DIP (ELECTRÓN.) abr. de *Dual In-line Package* — conjunto em linha dupla

dip (GEO.) depressão

dip (GERAL) inclinação

dip (MINAS) ângulo de inclinação (em relação à horizontal)

dip angle (MINAS) ângulo de inclinação

dip brazing (MEC.) soldadura forte por imersão

dip circle (FÍS.) círculo de inclinação; bússola de inclinação

dip compass (Nav.) bússola de inclinação
dipentene (Quím.) dipenteno
dip fault (Geo.) falha de mergulho
diphallus (Med.) difalo; pénis duplo; pénis bífido
diphase (Elect.) bifásico
diphasic (Elect.) bifásico
diphenyl eter (Quím.) éter difenílico
diphenylmethane (Quím.) difenilometano
diphosgene (Quím.) difosgénio; cloroformato de triclorometilo; surpalite
diphosphopyridine nucleotide (DPN) (Med.; Quím.) difosfopiridinanucleótido
diphtheria (Med.) difteria
diphtheria toxin (Imun.) toxina diftérica; difterina
diphtheria toxoid (Imun.) toxóide diftérico
diphtherin (Quím.) difterina; toxina diftérica
diphtherotoxin (Imun.) difterotoxina; toxina diftérica
diphycercal (Zoo.) dificerco
diphyletic (Bio.) difilético
diphyodont (Zoo.) difiodonte
diplegia (Med.) diplegia; hemiplagia dupla
diplex (Telecom.) diplex; duplex
diplexer (Telecom.) misturador de antenas
diplobiont (Bot.) diplobionte
diploblastic (Zoo.) diploblástico
diplococcus (Bio.) diplococo
diplocoria (Med.) diplocoria
diploe (Med.) diploé
diplogangliate (Zoo.) diploganglionado
diploganglionate (Zoo.) diplogangliado
diplohaplont (Bot.) haplo-diplóide; haplo-diplonte
diploid (Bio.) diplóide
diplonema (Bio.) diplonema
diplont (Bot.) diplonte
diplophase (Bio.) diplofase
diplopia (Med.) diplopia
Diplopoda (Zoo.) Diplópodes; Diplópodos
diplospondyly (Zoo.) diplospondilia
diplostemonous (Bot.) diplóstemo; diplonema
diplotene (Bio.) diploteno; diplonema
diplozoic (Zoo.) diplozóico
dip needle (Fís.) bússola de inclinação
Dipneusti (Zoo.) V. *Dipnoi*
Dipnoi (Zoo.) Dipnóicos; Dipneus; Dipneustas
dipole (Geral) dipolar
dipole antenna (Telecom.) antena bipolar
dipole field (Eco.) campo dipolar
dipole molecule (Fís.) molécula bipolar
dipole moment (Fís.) momento bipolar
dipping (Geral) imersão
dipping needle (Topo.) agulha de imersão; bússola de imersão
dipping refractometer (Quím.) refractómetro de imersão

dip plating (Electrón.) revestimento electrolítico por imersão
dip pole (Geo.) pólo magético
diprotodont (Zoo.) diprotodonte
dip soldering (Mec.) soldadura por imersão
dipsomania (Med.) dipsomania
dip stick (Mec.) barra de imersão; barra «de altura»
Diptera (Zoo.) Dípteros
dipygus (Med.) dípigo
dipyre (Miner.) dipiro; dipirito
Dirac's constant (Fís.) constante de Dirac
Dirac's equation (Fís.) equação de Dirac
Dirac's theory (Fís.) teoria de Dirac
direct access device (Inf.) dispositivo de acesso directo
direct access-storage (Inf.) armazenamento de acesso directo
direct-acting motor (Mec.) motor de acesso directo
direct-acting pump (Mec.) bomba de acesso directo
direct-arc furnace (Elect.) forno de arco directo
direct broadcasting by satellite [DBS] (Telecom.) emissão directa por satélite
direct capacitance (Fís.) capacitância directa
direct chill casting (Mec.) fundição dura directa
direct circuit (Elect.) circuito directo
direct circulation (Geo.) circulação directa
direct connection (Elect.) conexão directa
direct-conversion reactor (Elect.) reactor de conversão directa
direct cooling (Elect.) refrigeração directa
direct-coupled amplifier (Elect.) amplificador acoplado directamente
direct-coupled exciter (Elect.) excitador acoplado directamente
direct-coupled generator (Elect.) gerador acoplado directamente
direct coupling (Elect.) acoplamento directo
direct current (Elect.) corrente directa; corrente contínua
direct-current amplifier (Elect.) amplificador de corrente contínua
direct-current arc (Elect.) arco de corrente contínua
direct-current arc welding (Elect.) soldadura a arco de corrente contínua
direct-current armature (Elect.) induzido de corrente contínua
direct-current breaker (Elect.) interruptor de corrente contínua
direct-current circuit (Elect.) circuito de corrente contínua
direct-current coil (Elect.) bobina de corrente contínua
direct-current converter (Elect.) conversor de corrente contínua
direct-current core (Elect.) núcleo de corrente contínua
direct-current drive (Elect.) transmissão de corrente contínua

direct-current electron-stream resistance (Elect.) resistência à corrente contínua de fluxo de corrente
direct-current field (Elect.) campo de corrente contínua
direct-current flow (Elect.) fluxo de corrente contínua
direct-current fuse (Elect.) fusível de corrente contínua
direct-current generator (Elect.) gerador de corrente contínua
direct-current magnet (Elect.) magneto de corrente contínua
direct-current motor (Elect.) motor de corrente contínua
direct-current potential (Elect.) potencial de corrente contínua
direct-current restoration (Elect.) restauração de corrente contínua
direct-current transmission (Elect.) transmissão de corrente contínua
direct-current voltage (Elect.) voltagem de corrente contínua
direct cycle (Nucl.) ciclo directo
direct-cycle reactor (Nucl.) reactor de ciclo directo
direct data entry (Inf.) entrada de dados directa
direct data set (Inf.) conjunto de dados directo
direct de-activation (Fís.) desactivação directa
direct digital control (Electrón.) controlo digital directo
directed speciation (Eco.) especiação directa
direct field (Electrón.) campo directo
direct-fired (Mec.) sob fogo directo
direct grid bias (Electrón.) polarização contínua de grade
directing stimulus (Psico.) estímulo directo
direct injection (Aero.; Mec.) injecção directa
direct-injection pump (Aero.) bomba de injecção directa
direct interaction (Fís.) interacção directa
direction (Geral) direcção
direction aerial (Telecom.) antena direccional
directional antenna (Esp.; Telecom.) antena direccional
directional beam (Elect.) feixe direccional
directional circuit-breaker (Elect.) interruptor direccional
directional coil (Elect.) bobina direccional
directional coupler (Telecom.) acoplador direccional
directional derivative (Mat.) derivada direccional
directional drilling (Minas) perfuração direccional (controlada)
directional effects (T.Imag.) efeitos direccionais
directional filter (Telecom.) filtro direccional
directional gain (Telecom.) ganho direccional
directional lighting fittings (Elect.) encaixes de luz direccional

directional loudspeaker (Fís.) altifalante direccional

directional microphone (Fís.) microfone direccional

directional pattern (Electrón.) modelo direccional

directional phase shifter (Elect.) desviador direccional de fase

directional power relay (Elect.) relé para potência direccional

directional receiver (Elect.) receptor direccional

directional relay (Elect.) relé direccional

directional transmitter (Telecom.) transmissor direccional

directional wave (Fís.) onda direccional; onda dirigida

directional waveguide components (Elect.) componentes direccionais de guias de onda

direction angles (Mat.) ângulos direccionais

direction coupling (Elect.) acoplamento de direcção

direction finder (Telecom.) radiogoniómetro

direction-finding (Telecom.) radiogoniometria

direction-finding aerial (Telecom.) goniómetro

direction of a curve (Mat.) direcção de uma curva

direction of polarization (Elect.) direcção de polarização

direction receiver (Elect.) receptor direccional

direction rectifier (Elect.) rectificador direccional

direction switch (Elect.) comutador de direcção

directive efficiency (Telecom.) eficiência directiva

directive force (Elect.) força directiva

directive gain (Elect.) ganho directivo

directivity (Electrón.) directividade

directivity angle (Electrón.) ângulo de directividade

directivity factor (Electrón.) factor de directividade

directivity index (Electrón.) índice de directividade

directivity ionizing particles (Nucl.) partículas directamente ionizantes

directivity pattern (Electrón.) diagrama direccional de irradiação

direct labour (E.Civ.) trabalho directo

direct lithography (Imp.) litografia directa

directly-heated cathode (Electrón.) cátodo de aquecimento directo

direct manipulation (Inf.) manipulação directa

direct memory access [DMA] (Inf.) acesso directo à memória

direct metamorphosis (Zoo.) metamorfose directa

director (Geral) director; orientador

director (Med.) guia do bisturi cirúrgico

director circle (Mat.) círculo ortóptico; círculo director

director system (Telecom.) sistema director

directory (Inf.) directório

directory contents (Inf.) conteúdo de directório

directory file (Inf.) ficheiro de directório

directory key (Inf.) chave de directório

direct printing (Imp.) impressão directa

direct process (Mec.) processo directo

direct radiation (Fís.) radiação directa

direct-reading instrument (Elect.) instrumento de leitura directa

direct-recorded disc (disk) (Fís.) disco gravado directamente

directrix (Mat.) directriz

direct rope haulage (Minas) cabo de tracção directa

direct sequence spread spectrum (Telecom.) espectro espalhado de sequência directa

direct sound (Fís.) som directo

direct stress (Mec.) tensão directa; esforço directo

direct-switching starter (Elect.) arranque de ligação directa

direct-trip (Elect.) disparo directo

direct vernier (Topo.) nónio directo

direct-vision prism (Fís.) prisma de visão directa

direct-vision spectroscope (Fís.) espectroscópio de visão directa

direct vision viewfinder (T.Imag.) visor de visão directa

direct wave (Telecom.) onda dirigida

dirigible (Aero.) dirigível

dirt (Minas) ganga

dis (Elect.) abr. de *discontinuity* — descontinuidade

disaccharides (Quím.) dissacarídeos; dissacáridos; di-holósidos

disadvantage factor (Nucl.) factor de desvantagem

disafforestation (Eco.) desflorestação

disarticulation (Med.) desarticulação

disassembler (Inf.) descodificador; desmontador; desassemblador

disc (Geral) disco; V. também *disk*

disc (Electrón.) abr. de *disconnect* — desconectar; desligar

discal (Zoo.) discal

disc electrophoresis (Bio.; Quím.) electroforese de disco

discharge (Geral) descarga

discharge bridge (Elect.) ponte de descarga

discharge circuit (Elect.) circuito de descarga

discharge current (Elect.) corrente de descarga

discharge curve (Hidro.) curva de descarga

discharge electrode (Elect.) eléctrodo de descarga

discharge filter (Elect.) filtro de descarga

discharge head (Hidro.) pressão estática de descarga

discharge head (Minas) altura de descarga

discharge hydrograph (Geo.) hidrógrafo de descarga

discharge ionization (Fís.) ionização de descarga

discharge lamp (Elect.) lâmpada de descarga

discharge of a capacitor (Elect.) descarga de um condensador

discharger (Elect.) descarregador

discharge rate (Elect.) regime de descarga

discharge resistance (Elect.) resistência de descarga

discharge ring (Elect.) janela de descarga; anel de saída

discharge switch (Elect.) disjuntor de descarga (pára-raios)

discharge tube (Electrón.) tubo de descarga; válvula de descarga

discharge valve (Mec.) válvula de descarga; válvula de escoamento

discharging tongs (Elect.) pinças de descarga

discission (Med.) discisão

disclimax (Eco.) clímax alterado

disclination (Med.) concussão

discogenic (Med.) discogénico

Discolichenes (Bot.) Discolíquenes

discomposition effect (Fís.) efeito de decomposição; efeito de Wigner

Discomycetes (Bot.) Discomicetes

discone (Electr.) discone (contracção de *disc* + *cone*)

discone antenna (Telecom.) antena discone; antena bicónica

disconformity (Geo.) desconformidade

disconnection (Elect.) desconexão; interrupção; separação

discontinuity (Elect.; Mat.) descontinuidade

discontinuous amplifier (Elect.) amplificador descontínuo

discontinuous function (Mat.) função descontínua

discontinuous variation (Bio.) variação descontínua

discordance (Geo.) discordância

discordant drainage (Geo.) drenagem discordante

discovery well (Minas) poço-revelação; poço-descoberta

discrasite (Miner.) discrasite; discrase; prata antimonial

discrete circuit (Electrón.) circuito discreto; circuito de componentes

discrete components (Electrón.) componentes discretas

discrete cosine transform (Electrón.) transformada de cosseno discreta

discrete Fourier transform [DFT] (Electrón.) transformada de Fourier discreta

discrete multi tone modulation [DMT] (Telecom.) modelação discreta em multi frequência

discrete variable (Mat.) variável discreta

discrete wavelet multi tone modulation [DVIMT] (Telecom.) modulação em frequência por ôndula discreta

discriminant (Mat.) discriminante

discriminant analysis (EST.) análise discriminante

discriminant function (MAT.) função discriminante

discriminating circuit-breakers (ELECT.) interruptores discriminadores

discriminating protective system (ELECT.) sistema de protecção discriminador

discriminating relay (ELECT.) relé discriminador

discriminating satellite exchange (TELECOM.) central telefónica auxiliar

discriminating selector (TELECOM.) selector discriminador

discriminating transformer (ELECT.) transformador discriminador

discrimination (GERAL) discriminação

discrimination training (PSICO.) treino de discriminação

discriminator (ELECT.) discriminador

discus proligerous (ZOO.) disco prolígero

dish (T.IMAG.) antena direccional de disco

dish (TELECOM.) antena de prato; reflector parabólico

disharmony (ZOO.) discordância

dished (MEC.) côncavo

dish wheel (MEC.) rebolo oco; rebolo de vaso

disinfectant (QUÍM.) desinfectante

disinfection (MED.) desinfecção

disinfestation (MED.) desinfestação

disintegrating mill (MINAS) moinho de desintegração

disintegration (FÍS.) desintegração

disintegration chain (FÍS.) cadeia de desintegração

disintegration constant (FÍS.) constante de desintegração

disintegration energy (FÍS.) energia de desintegração

disintegration family (FÍS.) família de desintegração

disintegration of filament (ELECT.) desintegração de filamento

disintegration rate (ELECTRÓN.) taxa de desintegração

disintegration series (FÍS.) série de desintegração

disintegration voltage (ELECT.) voltagem de desintegração; tensão de desintegração

disjunct (BOT.; ZOO.) disjunto

disjunction (GERAL) disjunção

disjunctor (GERAL) disjuntor

disk (GERAL) disco

disk-and-drum turbine (MEC.) turbina de impulso-reacção; turbina de combinação; turbina de disco e tambor

disk area (AERO.) área do disco (área gerada pela hélice em movimento)

disk armature (ELECT.) induzido de disco

disk brakes (AERO.; AUTO.) travões a disco

disk camera (T.IMAG.) câmara de disco

disk capacitor (ELECT.) condensador de disco

disk cartridge (INF.) cartucho de disco

disk channel (INF.) canal de disco

disk code (INF.) código de disco

disk controller (INF.) controlador de disco

disk copy (INF.) cópia de disco

disk copy program (INF.) programa de cópia de disco

disk data (INF.) dados em disco

disk data file (INF.) ficheiro de dados em disco

disk drive (INF.) unidade de disco

disk filter (MINAS) filtro de disco

disk floret (BOT.) flósculo de disco

disk format (INF.) formato de disco

disk friction (MEC.) fricção de disco

diskless workstation (INF.) estação de trabalho sem disco

disk loading (AERO.) carga de disco (em rotor de helicóptero)

disk operating system [DOS] (INF.) sistema operativo em disco (DOS)

disk pack (INF.) pilha de discos

disk pile (E.CIV.) estaca de disco

disk record (INF.) registo de ficheiro em disco

disk-seal tube (ELECTRÓN.) válvula de discos lacrados; megatrão

disk valve (MEC.) válvula de disco

disk wheel (MEC.) roda de disco

disk winding (ELECTR.) enrolamento de disco

disk wound (MEC.) disco giratório; roda de disco

dislocation (CRIST.) deslocação

dislocation (MED.) deslocação; luxação

dispensary (MED.) dispensário

dispenser cathode (ELECTRÓN.) cátodo auto-regenerado

dispermy (ZOO.) dispermia

dispersal (ECO.) dispersivo

dispersal barrier (ECO.) barreira ecológica

dispersal gettering (ELECTRÓN.) adsorção por dispersão

dispersal mechanism (ECO.) mecanismo de dispersão

dispersed fission (FÍS.) fissão dispersa

dispersion (GERAL) dispersão

dispersion coefficient (ELECT.) coeficiente de dispersão

dispersion curve (FÍS.) curva de dispersão

dispersion equation (FÍS.) equação de dispersão; fórmula de dispersão

dispersion forces (QUÍM.) forças de dispersão

dispersion hardening (MEC.) endurecimento de dispersão

dispersion lens (FÍS.) lente divergente

dispersion medium (QUÍM.) meio de dispersão

dispersive filter (ELECTRÓN.) filtro dispersivo

dispersive power (FÍS.) poder dispersivo

dispersivity quotient (FÍS.) quociente de dispersão

disphotic zone (ECO.) zona afótica

displaced terranes (GEO.) terrenos deslocados

displacement activity (PSICO.) actividade de deslocamento

displacement current (ELECT.) corrente de deslocamento

displacement flux (FÍS.) fluxo de deslocamento

displacement law (FÍS.) lei de deslocamento

displacement pump (MINAS) bomba de deslocamento

displacement series (QUÍM.) série de deslocamento

displacement vector (ELECTRÓN.) vector deslocamento

display adapter (INF.) placa gráfica

display behaviour (PSICO.) comportamento de exibição; comportamento exibicionista

display loss (T.IMAG.) perda de imagem; factor de visibilidade

display panel (ELECT.) painel indicador

display primaries (ELECT.) primários de recepção

display storage tube (ELECTRÓN.) tubo de armazenamento de apresentação visual

display window (ELECTRÓN.) painel de apresentação; circuito de impulsos periódicos de exposição

disposable fuel tank (AERO.) tanque de combustível descartável

disposable load (AERO.) carga disponível; carga descartável

disposable well (E.CIV.) fossa séptica

disproportion (GERAL) desproporção

disruptive discharge (ELECT.) descarga disruptiva; disparo disruptivo

disruptive strength (ELECTRÓN.) resistência dieléctrica; potencial disruptivo

disruptive voltage (ELECT.) tensão disruptiva; voltagem disruptiva

dissect (GEO.) dividir

dissect (MED.) dissecar

dissecting aneurysm (MED.) aneurisma dissecante

dissection (MED.) dissecação

disseminated values (MINAS) valores disseminados

dissemination (BOT.; ZOO.) disseminação

disseminute (BOT.) propágulo

dissimilar terms (MAT.) termos dissemelhantes

dissipation (GERAL) dissipação

dissipation coefficient (FÍS.) coeficiente de dissipação; coeficiente de dissipação

dissipation constant (FÍS.) constante de dispersão

dissipation factor (ELECT.) factor de dissipação

dissipationless line (TELECOM.) linha sem perda

dissipation line (TELECOM.) linha de dissipação

dissipation losses (TELECOM.) perdas por dissipação

dissipation trails (METEO.) trilho de dissipação; «distrail»

dissipative network (TELECOM.) rede dissipadora

dissociation (Quím.) dissociação

dissociation constant (Quím.) constante de dissociação

dissociation of gases (Mec.) dissociação de gases

dissociative disorder (Psico.) distúrbio dissociativo

dissolution (Quím.) dissolução

dissolved load (Eco.) carga dissolvida

dissolved oxygen level (Eco.) nível de oxigénio dissolvido

dissolving pulp (Papel) polpa dissolvida

dissomic (Bio.) dissómico

dissonance (Fís.) dissonância

dissymmetrical (Geral) dissimétrico; assimétrico

dist (E.Civ.) abr. de *distemper* — destemperar; caiar

dist (E.Civ.) abr. de *distributed* — repartido

distal (Bio.) distal

distance (Geral) distância

distance block (E.Civ.) peça de ligação

distance control (Elect.) controlo a distância; controlo remoto

Distance Early Warning [DEW] (Radar) Radar Explorador a Distância

distance mark (Radar) marca de distância

Distance-Measure Equipment [DME] (Aero.) Equipamento Medidor de Distância

distance protection (Elect.) protecção a distância

distance relay (Elect.) relé de distância

distant-reading compass (Eng.) bússola de leitura a distância

distant-reading instrument (Eng.) instrumento de leitura a distância

distemper (E.Civ.) pintura a têmpera

disthene (Miner.) distena; cianite

distichia (Med.) distiquíase

distichiasis (Med.) distiquíase

distillation (Quím.) destilação

distillation flask (Quím.) balão de destilação

distomatosis (Vet.) distomatose; distomíase

distomiasis (Vet.) distomíase; distomatose

distorted wave (Elect.) onda deformada; onda distorcida

distorting network (Telecom.) rede de distorção

distortion (Geral) distorção; torção; deformação

distortion analyser (Fís.) analisador de distorção

distortion factor (Elect.) factor de distorção

distortion free (Elect.) sem distorção

distortion measurement (Elect.) medição da distorção

distortion of field (Elect.) distorção de campo

distortion of image (Electrón.) distorção de imagem

distortion of magnetic field (Elect.) deformação do campo magnético

distortion reduction (Elect.) redução da distorção

distraction display (Psico.) exibição de diversão

distrails (Meteo.) abr. de *dissipation trails* — rota de dissipação; trilho de dissipação

distribute (Geral) distribuir

distributed amplifier (Telecom.) amplificador distribuído

distributed architecture (Electrón.) arquitectura distribuída

distributed capacitance (Fís.) capacitância distribuída

distributed computing (Inf.) computação distribuída

distributed constants (Elect.) constantes distribuídas

distributed force (Aero.) força distribuída

distributed force (Mec.) carga distribuída

distributed inductance (Fís.) indutância distribuída

distributed winding (Elect.) enrolamento distribuído

distributing adjustment (Mec.) regulação de distribuição

distributing board (Elect.) quadro de distribuição

distributing centre (Elect.) centro de distribuição

distributing frame (Inf.) quadro de distribuição

distributing main (Elect.) rede de distribuição

distributing point (Elect.) ponto de distribuição; ponto de alimentação

distributing power (Elect.) potência de distribuição

distribution (Geral) distribuição

distribution amplifier (Elect.) amplificador de distribuição

distribution board (Elect.) quadro de distribuição

distribution box (Elect.) caixa de distribuição

distribution cable (Elect.) cabo de distribuição

distribution coefficient (Fís.) coeficiente de distribuição

distribution control (Elect.) controlo de distribuição

distribution factor (Elect.) factor de distribuição

distribution feeder (Elect.) alimentador de distribuição

distribution frame (Telecom.) quadro de distribuição

distribution-free methods (Est.) métodos de livre distribuição

distribution law (Quím.) lei de distribuição

distribution of weights (Aero.) distribuição de pesos; balanceamento

distribution pillar (Elect.) pilar de distribuição

distribution reservoir (Hidro.) reservatório de distribuição

distribution switchboard (Elect.) quadro de ligações de distribuição

distributive (Mat.) distributivo

distributive lattice (Inf.) rede distributiva; rede L

distributor (Geral) distribuidor

distributor valve (Mec.) válvula distribuidora

districhiasis (Med.) distriquíase

district (Minas) secção (em mina de carvão)

distrix (Med.) distriquia

disturbance (Telecom.) perturbação

disturbance compass (Fís.) bússola perturbada

disturbance compass-needle (Nav.) agulha de bússola perturbada; agulha louca

disturbance days (Meteo.) dias perturbados; dias de perturbação

disturbance sample (Hidro.) amostra alterada; amostra perturbada

disturbance weather (Meteo.) tempo perturbado; condições meteorológicas perturbadas

disturbed-sun noise (Telecom.) ruído de perturbação solar

disuse atrophy (Med.) atrofia por inacção; atrofia por desuso

ditch canal (Hidro.) canal de vala

ditching (Aero.) pouso de emergência sobre a água

dither (Elect.) acção vibratória

dithering (Elect.) oscilações

dithio (Quím.) ditio (um composto que contém o grupo -S-S-)

dithionic acid (Quím.) ácido ditiónico; ácido hipossulfúrico

dithionous acid (Quím.) ácido ditionoso

ditrematous (Zoo.) ditremado

Dittus-Boelter equation (Mec.) equação de Dittus-Boelter

diuresis (Med.) diurese

diuretics (Med.) diurético

diurgin disodium (Quím.) diurgina dissódica

diurnal (Astro.) diurno

diurnal liberation (Astro.) liberação diurna

diurnal parallax (Astro.) paralaxe diurna

diurnal range (Meteo.) amplitude diurna

diurnal temperature variation (Eco.) variação diurna de temperatura

diurnal variation (Fís.) variação diurna

divalent (Quím.) bivalente

divaricate (Bot.; Zoo.) divaricado

dive (Aero.) mergulho

dive (Minas) sonda

divergence (Geral) divergência

divergence angle (Electrón.) ângulo de divergência

divergence line (Meteo.) linha de divergência

divergence loss (Fís.) perda por divergência

divergence Mach number (Aero.) número Mach de divergência

divergence of a vector (Mat.) divergência de um vector

divergence speed (Aero.) velocidade de divergência

divergent (GERAL) divergente

divergent beam (FÍS.) feixe divergente

divergent evolution (BOT.) evolução divergente

divergent integral (MAT.) integral divergente

divergent junction (GEO.) junção divergente

divergent lens (FÍS.) lente divergente

divergent lines (MAT.) linhas divergentes

divergent nozzle (MEC.) tubulação divergente; tubeira divergente

divergent reaction (NUCL.) reacção divergente

divergent sequence (MAT.) sucessão divergente

divergent series (MAT.) série divergente

divergent strabismus (MED.) estrabismo divergente; exotropia

divergent thinking (PSICO.) pensamento divergente

divergent yaw (AERO.) guinada divergente

diversion channel (HIDRO.) canal de derivação

diversion-cut (E.CIV.) corte de diversão

diversion dam (HIDRO.) eclusa de derivação; represa; barragem

diversion sluice (HIDRO.) eclusa de desvio

diversion tunnel (HIDRO.) túnel de derivação

diversity (ECO.) diversidade

diversity antenna (ELECT.) antena de diversidade

diversity factor (ELECT.) factor de diversidade

diversity gain (ELECT.) ganho de diversidade

diversity radar (RADAR) radar de diversidade

diversity receiver (ELECT.) receptor de diversidade

diversity reception (TELECOM.) recepção de/em diversidade; recepção múltipla

diver's paralysis (MED.) paralisia do mergulhador; mal dos mergulhadores

diverter (ELECT.) desviador

diverter relay (ELECT.) relé desviador

diverter resistance (ELECT.) resistência desviadora

diverticulitis (MED.) diverticulite

divertor (NUCL.) diversor

divicine (QUÍM.) divicina

divide (ECO.) linha de crista

divide and conquer sorting (INF.) classificação de resultados por divisão

divided bearing (MEC.) mancal dividido

divided slit scan (INF.) intervalo para exame de caracteres

divided winding (ELECT.) enrolamento bifilar

divider (MEC.) compasso divisor

dividing box (ELECT.) caixa divisora

dividing engine (ELECT.) máquina de dividir

dividing fillet (ELECT.) filete divisor

dividing head (MEC.) aparelho divisor; cabeça divisora

dividing network (FÍS.) rede divisora

diving-bell (E.CIV.) sino de mergulho; sino de imersão

division (GERAL) divisão

division plate (MEC.) placa de separação

division surface (FÍS.) superfície de divisão

division wall (E.CIV.) parede divisória

divisor (MAT.) divisor

dizygotic twins (BIO.) gémeos dizigóticos

DL (ELECT.) abr de *Delay Line* — linha de atraso

DL (ELECTRÓN.) abr. de *Diode Laser* — laser de diodo

DLA (INF.) abr. de *Data Link Adapter* — adaptador de ligações de dados

D-layer (TELECOM.) camada D (a mais baixa da atmosfera)

DLP (ELECTRÓN.) abr. de *digital light processor* — processador digital de luz

DMA (INF.) abr. de *Direct Memory Access* — acesso directo à memória

DME (AERO.) abr. de *Distance-Measuring Equipment* — equipamento medidor de distâncias

DMF (QUÍM.) abr. de *DiMethilFormamide* — dimetilformamide

DML (INF.) abr. de *Data Manipulation Language* — linguagem de manipulação de dados

DMOS (ELECTRÓN.) abr. de *Diffused MetalOxide Semiconductor* — semicondutor de metal-óxido de dupla difusão; transístor de efeito de campo de dupla difusão

DMPP (QUÍM.) abr. de *DiMethylPhenylpiperazinium* — dimetilfenilpiperazínio

DMSO (QUÍM.) abr. de *DiMethyl SulfOxide* — sulfóxido de dimetilo

DMT (TELECOM.) abr. de *discrete multi tone modulation* — modulação discreta em multi frequência

DNA (BIO.; QUÍM.) abr. de *DeoxyriboNucleic Acid* — ácido desoxirribonucleico; ADN

DNA binding proteins (BIO.) proteínas de ligação do ADN

DNA polymerase (BIO.) polimerase de ADN

DNA probe (BIO.) sonda de ADN

DNA-RNA hybrid (BIO.) híbrido ADN-ARN

DNase (BIO.) abr. de *DeoxyriboNucleASE* — desoxirribonuclease

DNA sequencing (BIO.) sequenciação do ADN

DNA transformation (BIO.) transformação do ADN

DNC (QUÍM.) abr. de *DiNitroCresol* — dinitrocresol (insecticida)

DNOC (QUÍM.) o mesmo que *DNC*

DNP (IMUN:) abr. de *DiNitroPhenyl* — dinitrofenil

DO; D/O (MINAS) abr. de *dilled out* — perfurado

Doba's network (ELECT.) rede de Doba

Dobson spectrometer (METEO.) espectrofotómetro de Dobson

DOC (MED.) abr. de *DesOxyCorticosterone* — desoxicorticosterona; substância Q de Reichstein

DOC (MED.) abr. de *7-deoxycholic acid* — ácido 7-desoxicólico; ácido biliar

docimasy (MED.) docimasia

docking (ESP.) acoplamento

docking protein [DP] (BIO.) proteína de acoplamento; proteína receptora

docosenoic acid (QUÍM.) ácido docosenóico

Doctor test (QUÍM.) teste de Doctor

doctrine of specific nerve energies (PSICO.) doutrina das energias do nervo específico

documentation (INF.) documentação

document copying (IMP.) cópia de documentos

document reader (INF.) leitor de documentos

document retrieval (INF.) recuperação de documentos

docuterm (INF.) termo-chave de um documento

dodar (ELECTRÓN.) abr. de *determination of direction and range* — determinação de direcção e faixa; radar ultrasónico

dodecagon (MAT.) dodecágono

dodecahedron (MAT.) dodecaedro

DOF (INF.) abr. de *Device Output Format* — formato de saída do dispositivo

doffer (TÊXT.) removedor

doffing tube (TÊXT.) tubo de remoção

dog (E.CIV.) barra de gancho para levantar; garra; cão

dog clutch (MEC.) embraiagem de garras

Dogger (GEO.) Dogger (vocábulo alemão); Jurássico Médio

doggers (GEO.) concreções calcárias ou ferruginosas do Jurássico Médio; doggers

dog house (MINAS) guarita das ferramentas

dog leg (MINAS) «Perna de cão»; mudança brusca de direcção na perfuração de um poço

dog-legged stair (E.CIV.) escada de lanços paralelos

dog-nail (E.CIV.) prego de cabeça excêntrica

dog's tooth (E.CIV.) cinzel de ponta

dog-tooth spar (MINER.) espato dente-de-cão (forma de calcite); espato calcário

Doherty modulation (TELECOM.) modulação em amplitude de Doherty

Doherty transmitter (TELECOM.) transmissor de Doherty

Dolby (FÍS.) Dolby; sistema Dolby (MC); sistema redutor de ruído

Dolby system (TELECOM.) sistema Dolby

doldrums (METEO.) calmarias equatoriais; calmarias

dolerite (GEO.) dolerito

Dolezalek quadrant electrometer (ELECT.) electrómetro de quadrante de Dolezalek

dolichocephalic (MED.) dolicocefálico

dolichocolon (MED.) dolicocólon
dolichoderous (MED.) dolicódero
doliiform (dolioform) (ZOO.) doliforme
dollar (NUCL.) dólar (unidade de radioactividade nos EUA)
dollar spots (VET.) manchas do maldo-coito; máculas de daurina; máculas da sífilis equina; daurina
dolly (E.CIV.) peça de encosto
dolly (MEC.) encosto para rebitar
dolly (MINAS) crivo de finos
dolly (T.IMAG.) plataforma móvel
dolly tub (MINAS) celha para lavar minérios
dolomite (MINER.) dolomite (carbonato duplo de cálcio e magnésio)
dolomitic limestone (GEO.) calcário dolomítico
dolomitization (GEO.) dolomitização
dolostone (GEO.) dolomite (rocha dolomítica com 90 a 100% de dolomite); dolomito
dolphin (E.CIV.) poste de amarração
DOM (MED.; QUÍM.) abr. de *2,5 dymethoxy-4-methyamphetamine* — 2,5 dimetil-4-metilanfetamina
domain (ECO.) domínio
domain (ELECTRÓN.) domínio magnético
domain operator (INF.) operador de domínio
dome (ARQ.) cúpula; domo; zimbório
dome (BOT.) coifa
dome (CRIST.) doma
dome (E.CIV.) cúpula de locomotiva
dome (GEO.) cume; domo
dome crown (ARQ.) fundo de cúpula
dome hole (ARQ.) orifício de cúpula
dome manhole (ARQ.) abertura de cúpula
dome nut (MEC.) porca de cobertura
dome plate (ARQ.) chapa de cúpula
dome-shaped roof (ARQ.) telhado em cúpula
dome shell (ARQ.) corpo de cúpula
domical (ARQ.) abobadado
dominal groin (ARQ.) luneta esférica
dominal vault (ARQ.) cúpula; abóbada de cúpula
dominance (CRIST.) dominância
dominance hierarchy (PSICO.) hierarquia dominante
dominance vector (ELECTRÓN.) vector dominância
dominant (GERAL) dominante
dominant control regions [DCRs] (BIO.) regiões de controlo dominantes
dominant wave (ELECT.) onda dominante
dominant wavelength (FÍS.) comprimento de onda dominante
dominant wind (METEO.) vento dominante
dominating integral (MAT.) integral dominante
dominating series (MAT.) série dominante
Domin scale (ECO.) escala de Domin
donkey boiler (MEC.) caldeira auxiliar
donkey pump (MEC.) bomba auxiliar
donor (GERAL) doador

donor (INF.) estação doadora; estação de transmissão
donor impurity (ELECT.) impureza doadora
donor level (ELECTRÓN.) nível doador
donovanosis (MED.) donovanose
donut (ELECT.; NUCL.) câmara toroidal
donutron (ELECTRÓN.) donutrão (magnetrão regulável inteiramente metálico)
door case (E.CIV.) ombreira de porta; caixilho de porta
door check (E.CIV.) amortecedor de porta (ferramenta)
door closer (ELECT.) amortecedor de porta
door contact (ELECT.) contacto de porta; contacto de janela
door interlock (ELECT.) tranca-portas automático
door-knob transformer (TELECOM.) transformador de maçaneta
door post (E.CIV.) umbral
door step (E.CIV.) soleira de porta; degrau de porta
door switch (ELECT.) interruptor de porta
DOPA; dopa (QUÍM.) dopa; abr. de *3,4-dihydroxyphenylalanine* — 3,4-diidroxifenilalanina
dopamine (MED.) dopamina; dopa descarboxilada
dopa quinone (QUÍM.) dopaquinona
dope (MED.) narcótico; estimulante (do holandês *doop* — suco)
doped crystal (ELECTRÓN.) cristal dopado
doped junction (ELECTRÓN.) junção revestida (com impurezas)
doping (AERO.; ELECTRÓN.) acréscimo de impurezas para obtenção de características desejadas
Doppler broadening (FÍS.) alargamento da frequência de Doppler
Doppler effect (FÍS.) efeito de Doppler
Doppler equation (FÍS.) equação de Doppler
Doppler error (FÍS.) erro Doppler
Doppler frequency (FÍS.) frequência Doppler
Doppler navigation (AERO.) navegação Doppler; navegador Doppler
Doppler principle (FÍS.) princípio de Doppler
Doppler radar (RADAR) radar Doppler
Doppler range (TELECOM.) telémetro Doppler
Doppler shift (ELECTRÓN.) variação de frequência devido ao efeito Doppler
Doppler spectrum (ELECTRÓN.) espectro de Doppler
Doppler system (RADAR) sistema Doppler
Doppler variation (ASTRO.) variação Doppler
doran (RADAR) abr. de *Doppler ranging* — medição de trajectória pelo efeito Doppler; DORAN
doré silver (MEC.) prata dourada
doric (IMP.) dórico; gótico
dormancy (BIO.) dormência
dormant state (INF.) estado inactivo
dormer (E.CIV.) água furtada

dormin (BOT.) dormin; ácido abcísico
Dorn effect (QUÍM.) efeito Dorn
dorsad (MED.) dorsal; em direcção ao dorso
dorsal (GERAL) dorsal
dorsal fin (AERO.) estabilizador dorsal; parte do estabilizador vertical
dorsalgia (MED.) dorsalgia; dorsodinia
dorsalis (ZOO.) dorsal
dorsal suture (BOT.) sutura dorsal
dorsiferous (ZOO.) dorsífero
dorsiflexion (MED.) dorsiflexão
dorsiventral (BOT.) dorsiventral
dorsocephalad (ZOO.) dorsocefálico
dorsodynia (MED.) dorsodinia; dorsalgia
dorsolateral (MED.) dorso-lateral
dorsoventrad (MED.) dorso-ventral; em direcção da face dorsal para a ventral
dorsum (ZOO.) dorso
Dortmund tank (E.CIV.) tanque Dortmund
DOS (INF.) abr. de *Disc (Disk) Operating System* — Sistema Operativo em Disco; DOS
dosage (NUCL.) dosagem; dose
dosage effect (BIO.) efeito de dosagem
DOS debug (INF.) programa de depuração do DOS
dose (GERAL) dose; dosagem
dose equivalent (RADIOL.) equivalente de dose
dosemeter (RADIOL.) dosímetro
dose rate (RADIOL.) taxa de dosagem
dose reduction factor (RADIOL.) factor de redução de dose
dotage (MED.) caducidade; senilidade
dot-and-dash (TELECOM.) ponto e traço (alfabeto Morse)
dot angel (RADAR) eco-fantasma pontual
dot cycle (ELECTRÓN.) ciclo de um ponto e um intervalo
dot cycle (INF.) ciclo de um ponto
dot frequency (TELECOM.) frequência de pontos
dot generator (ELECTRÓN.) gerador de pontos
dot interface scanning (ELECTRÓN.) análise ponto por ponto entrelaçada
dot-matrix printer (INF.) impressora de matriz de ponto; impressora matricial
dot pattern (ELECTRÓN.) padrão de pontos
dot pitch (T.IMAG.) separação entre pontos; separação entre píxeis
dot printer (INF.) impressora de pontos
dot product (MAT.) produto interno; produto escalar
dot sequential (T.IMAG.) sequência de pontos
dot size (T.IMAG.) tamanho do ponto; tamanho do pixel
dots per inch (T.IMAG.) pontos por polegada
dot system (ELECT.) sistema de pontos
double (ASTRO.) estrela dupla
double (GERAL) duplo
double-acting engine (MEC.) motor de dupla acção

double-acting press (MEC.) prensa de dupla acção

double-acting pump (MEC.) bomba de dupla acção; bomba aspirante-premente

double address (INF.) endereço duplo

double altitudes (METEO.) altitudes duplas; altitudes iguais

double-amplification circuit (ELECT.) circuito reflexo

double amplitude (FÍS.) amplitude dupla

double-angle radar (RADAR) radar de ângulo duplo

double articulation arch (ARQ.) arco de duas rótulas; arco de dupla articulação

double-base diode (ELECT.) diodo de base dupla; transístor de barra

double-base junction diode (ELECT.) diodo de união de base dupla

double base propellant (NUCL.) propelente de base dupla

double-bead (E.CIV.) filete duplo; rebordo duplo

double-beam cathode-ray tube (ELECTRÓN.) tubo de raios catódicos de feixe duplo

double-beam CRT (ELECTRÓN.) tubo de raios catódicos de feixe duplo

double beta decay (FÍS.) dupla desintegração beta

double-break (ELECT.) ruptura dupla; dupla interrupção

double-break contact (ELECT.) contacto de dupla interrupção

double break switch (ELECT.) interruptor de duplo corte

double bridge (ELECT.) ponte dupla; ponte de Kelvin

double buffering (INF.) armazenamento tampão duplo

double-button carbon microphone (ELECTRÓN.) microfone de carvão de dupla cápsula

double cassette deck (TELECOM.) leitor-gravador de cassetes duplo

double-catenary construction (ELECT.) construção de dupla catenária

double ceiling (E.CIV.) tecto falso; tecto suplementar

double-channel duplex (ELECT.) duplex de dois canais

double circuit (ELECT.) circuito duplo

double coated (ELECT.) de duas capas

double-coated film (T.IMAG.) filme duplamente emulsionado

double-coil loudspeaker (FÍS.) altifalante de dupla bobina

double cone antenna (ELECT.) antena bicónica

double-cone loudspeaker (ELECT.) altifalante de duplo cone

double contact switch (ELECT.) comutador de duplo contacto

double contraction (MEC.) contracção dupla (em fundição)

double-conversion receiver (ELECT.) receptor de dupla conversão

double cotton covered wire (ELECT.) fio de dupla camada de algodão

double-cover butt joint (MEC.) junta de topo de dupla cobertura

double crossover (BIO.) transferência dupla

double-current furnace (ELECT.) forno de dupla corrente

double-current generator (ELECT.) gerador de dupla corrente

double-current telegraphy (TELECOM.) telegrafia de dupla corrente (polaridade)

double-cylinder knitting machine (TÊXT.) máquina de tricotar de duplo cilindro

double decomposition (QUÍM.) decomposição dupla

double-delta connection (ELECT.) conexão de duplo triângulo

double density recording (INF.) registo de densidade dupla

double-diffused transistor (ELECT.) transístor de dupla difusão

double diffusion (IMUN.) dupla difusão

double diode (ELECTRÓN.) diodo duplo

double-diode limiter (ELECTRÓN.) limitador de duplo diodo

double-diode triode (ELECTRÓN.) triodo duplo diodo

double-disc (disk) winding (ELECT.) enrolamento de disco duplo

double dome (ARQ.) dupla cúpula

double earth fault (ELECT.) falha de dupla terra

double embedding (BIO.) dupla fixação

double-ended amplifier (ELECTRÓN.) amplificador de dois extremos

double-ended boiler (MEC.) caldeira de duas fornalhas

double-entry compressor (AERO.) compressor de entrada dupla

double exposure (T.IMAG.) dupla exposição

double-faced hammer (MEC.) martelo de duas faces

double fertilization (BOT.) dupla fertilização

double Flemish bond (E.CIV.) ligação flamenga dupla

double floor (E.CIV.) pavimento duplo

double-flow turbine (MEC.) turbina de duplo fluxo

double flue boiler (MEC.) caldeira de duplo tubo de chama

double-focus triode (ELECT.) tubo de dois focos (raios X)

double frequency changing (ELECT.) mudança dupla de frequência

double-gate MOSFET (ELECTRÓN.) MOSFET de porta dupla

double-glazing (E.CIV.) envidraçamento duplo

double-helical gear (MEC.) engrenagem helicoidal dupla

double helix (BIO.) hélice dupla

double-hump effect (TELECOM.) efeito de dupla inflexão

double-hump response (TELECOM.) resposta de dupla inflexão

double-hung window (E.CIV.) janela de corrediça

double-image micrometer (BIO.; MINER.) micrómetro de dupla imagem

double-insulated (ELECT.) duplamente isolado

double insulation (ELECTRÓN.) isolamento duplo

double integral (MAT.) integral dupla

double jersey (TÊXT.) jersey duplo

double junction (E.CIV.) dupla união; dupla ligação

double-junction photosensitive semiconductor (ELECT.) semicondutor fotossensível de dupla acção

double-layer winding (ELECT.) enrolamento de camada dupla

double-length number (INF.) número de comprimento duplo

double-length register (INF.) registo de comprimento duplo

double-length word (INF.) palavra de comprimento duplo

double lever (ELECT.) alavanca dupla

double local oscillator (ELECT.) oscilador duplo

double lock (HIDRO.) duplo fecho

double moding (ELECTRÓN.) duplo deslizamento de frequência; salto de modo

double modulation (TELECOM.) modulação dupla

double nebula (ASTRO.) nebulosa dupla

double negative (INF.) dupla negação

double oblique crystals (CRIST.) cristais de dupla obliqua

double partition (E.CIV.) parede dupla; duplo tabique

double-phantom circuit (ELECTRÓN.) circuito-fantasma duplo

double-phase (ELECT.) bifásico

double-phase motor (ELECT.) motor bifásico

double pica (IMP.) pica duplo

double-pole break (ELECT.) ruptura bipolar

double-pole double-throw [DPDT] (ELECTRÓN.) comutador bipolar de duas posições

double-pole-piece magnetic head (ELECTRÓN.) cabeça magnética de dupla peça polar

double-pole single-throw [DPST] (ELECTRÓN.) interruptor bipolar

double precision (INF.) dupla precisão

double-precision arithmetic (INF.) aritmética de dupla precisão

double-precision hardware (INF.) hardware de dupla precisão

double-precision number (INF.) número de dupla precisão

double-precision variable (INF.) variável de dupla precisão

double pulse reading (INF.) leitura de impulso duplo

doubler (TELECOM.) duplicador

double-radial engine (AERO.) motor radial de fila dupla

double rail logic (INF.) lógica de grade dupla

double-rate meter (ELECT.) medidor de velocidade dupla

doubler circuit (ELECT.) circuito duplicado

double reception (Telecom.) dupla recepção

double refraction (Fís.) dupla refracção

double register (Inf.) registo duplo

double roof (E.Civ.) telhado duplo

double salts (Quím.) sais duplos

double scalp (Vet.) osteodistrofia fibrosa

double series (Mat.) série dupla

double sheet detector (Inf.) detector de folha dupla

double shrinkage (Eng.) dupla contracção

double sideband [DSB] (Electrón.) banda lateral dupla; faixa lateral dupla

double sideband modulation (Electrón.) modulação de faixa lateral dupla

double sideband system (Telecom.) sistema de faixa lateral

double-sideband transmission (Telecom.) transmissão de portadora lateral dupla

double-sided PCB (Electrón.) placa impressa de face dupla

double-six array (Telecom.) antena de 6 pares de elementos

double stars (Astro.) estrelas duplas

double stream amplifier (Electrón.) amplificador de fluxo duplo

double-stub tuner (Elect.) sintonizador de secção dupla

double superhet receiver (Telecom.) receptor de dupla acção superheteródina

doublet (Fís.; Inf.) par

doublet (T.Imag.) par (de lentes conjugadas)

doublet antenna (Telecom.) antena bipolar; antena dupla

double tenons (E.Civ.) espigas duplas

double-threaded screw (Mec.) parafuso de rosca dupla

double-throw switch (Elect.) chave bipolar dupla

double thrust-bearing (Mec.) mancal axial duplo

double-tone ink (Imp.) tinta de tom duplo

double-track tape recorder (Elect.) gravador de fita de pista dupla

double-track tape recording (Elect.) gravação (registo) de fita de pista dupla

double trigger (Elect.) circuito de duplo disparo

double triode (Electrón.) duplo triodo

double trolley system (Elect.) sistema de duplo trólei

double-tuned circuit (Elect.) circuito de dupla sintonização

double-tuned detector (Elect.) detector de dupla sintonia

double wall (Fís.) parede dupla

double-wall coffer dam (E.Civ.) dique de dupla parede

double-wedge aerofoil (Aero.) aerofólio de dupla cunha

double window (E.Civ.) janela dupla

double-wire system (Elect.) sistema bifilar

doubling (Elect.) duplicação

doubling (Têxt.) dobramento; dobradura

doubling time (Nucl.) tempo de duplicação

doubly-ionized (Elect.) duplamente ionizado

doughnut (Electrón.) câmara toroidal

Douglas bag (Med.) bolsa de Douglas

Douglas fir (Bot.; E.Civ.) abeto-de-Douglas; a sua madeira

dourine (Vet.) daurina; sífilis equina

dovetail (E.Civ.) malhete em rabo de andorinha

dovetail halving (E.Civ.) malhete à meia madeira

dovetail joint (E.Civ.) junta em malhete

dovetail key (E.Civ.) travessa de calha

dovetail saw (E.Civ.) serra de malhetar; serra de molduras

dowel (Geral) cavilha; prego; pino; espiga; bucha

dowelling jig (E.Civ.) guia de encavilhar

dowel screw (E.Civ.) parafuso de encaixe

Dow metal (Mec.) metal Dow (designação comercial de liga de magnésio e alumínio)

down (Inf.) «em baixo»; morto; inactivo

down (Zoo.) lanugem; cabelos (pêlos) finos e delicados

downcast (Minas) poço de ventilação

downcomer (E.Civ.) tubo vertical descendente; tubo de descida

down-counter (Electrón.) contador decrescente

down dip side (Minas) zona mais baixa; depressão

down doppler (Radar) doppler descendente

downdraught (Auto.) carburador invertido

downdraught (Meteo.) corrente descendente

down feathers (Zoo.) plúmulas

downhole work (Minas) furos verticais a céu aberto

down lead (Telecom.) baixada de antena; condutor de antena

downloading (Inf.) descarga de ficheiros (da internet)

down lock (Aero.) travão do trem de aterragem baixado

down operation (Inf.) tempo morto; tempo improdutivo

down path (Elect.) trajecto descendente; via descendente; trajecto espaço-terra

downpipe (E.Civ.) tubo de descarga (de água das chuvas)

downrange (Radar) alcance horizontal

downspout (E.Civ.) tubo de descarga

Down's process (Eng.) processo Down

Down's syndrome (Bio.; Med.) síndroma de Down

downstream (Bio.) jusante

downstream (Electrón.) a jusante

downstream processing (Bio.) processamento a jusante

downthrow (Geo.) deslocamento descendente; tecto de falha

down time (Inf.) tempo parado; tempo de avaria; tempo de espera; tempo de inactividade

down time (Mec.) tempo de indisponibilidade

Downtonian (Geo.) Downtoniano

downward compatibility (Inf.) compatibilidade descendente

downward modulation (Telecom.) modulação descendente

downward reference (Inf.) referência descendente

downwash (Aero.) deflexão; fluxo descendente

Dow oscillator (Elect.) oscilador Dow; oscilador de acoplamento electrónico

doxapram hydrochloride (Med.; Quím.) cloridrato de doxapram

doxycycline (Quím.) doxiciclina

doxylamine succinate (Quím.) succinato de doxilamina

DP (Elect.) abr. de *Double Pole* — duplo pólo; bipolar

DP (Inf.) abr. de *Data Processing* — processamento de dados

DPB (Inf.) abr. de *Dynamic Pool Block* — bloco de conjunto dinâmico

DPCM (Elect.) abr. de *Differential Pulse Code Modulation* — modulação por código diferencial de impulsos

DPDT (Elect.) abr. de *Double Pole Double Throw* — comutador bipolar de duas direcções

DPI (Inf.) abr. de *dots per inch* — pontos por polegada

DPLL (Electrón.) abr. de *Digital Phase Locked Loop* — malha de fase digital

DPN (Med.; Quím.) abr. de *Diphospho-Pyridine Nucleotide* — nucleotídeo de difosfopiridina

DPO (Electrón.) abr. de *Digital Processing Oscilloscope* — osciloscópio com memória digital

DPP (Minas) abr. de *DownPipe Protector* — protector de tubagem de perfuração

DPP (Minas) abr. de *Drill Pipe Pressure* — pressão na tubagem de perfuração

DPST (Telecom.) abr. de *diferential phase shift keying* — codificação por desfasamento diferencial, codificação por deslocamento de fase diferencial

draft (Geral) desenho; projecto

draftsman (Mec.) projectista; desenhador

draft tube (Mec.) tubo de tiragem; tubo de aspiração

drag (Aero.) resistência ao avanço; resistência aerodinâmica; arrasto

drag (Mec.) secção inferior de caixa de molde de fundição

drag angle (Mec.) ângulo de deriva

drag axis (Aero.) eixo de arrasto; eixo de fricção

drag-bar (Mec.) barra de tracção; barra de engate

drag classifier (Minas) classificador de correia sem fim; classificador de arrasto

drag conveyor (Mec.) transportador de freio

drag fold (Geo.) dobra de arrastamento

dragging beam (E.Civ.) viga de encaixe

drag line (Minas) cabo de arrasto

dragline excavator (E.Civ.) draga escavadora; escavadora de cadeia de arrasto

drag link (Auto.) barra de direcção

drag link (Mec.) barra de arrasto; barra de direcção

dragon-beam (E.Civ.) viga de encaixe

dragon's blood (E.Civ.; Imp.) sangue de dragão (matéria resinosa obtida do dragoeiro e utilizada como adstringente e agente de coloração)

drag strut (Aero.) montante de atrito; montante horizontal da fuselagem

drain (Electrón.) elemento de saída de um transístor de efeito de campo

drain (Geral) dreno

drainage (Geral) drenagem

drainage basin (Geo.) bacia de drenagem

drainage basin shape index (Geo.) índice de forma da bacia de drenagem

drainage coil (Elect.) bobina de drenagem

drainage density (Geo.) densidade de drenagem

drainage level (Minas) nível de drenagem

drainage pattern (Geo.) padrão de drenagem

drainage wind (Geo.) vento catabático

drainer (Papel) escoadouro

drain plug (E.Civ.) furo de drenagem

drain tiles (E.Civ.) telhas de drenagem

Dralon (Quím.) Dralon (MC de fibra sintética)

DRAM (Inf.) abr. de *dynamic RAM* — RAM dinâmica

Drapper effect (Quím.) efeito de Drapper

Drapper's law (Quím.) lei de Drapper

draught (E.Civ.) tiragem

draught (Nav.) calado

draught-bar (Mec.) barra de engate; barra de tracção

draughtsman (Mec.) projectista; desenhador

dravite (Miner.) dravite

draw (Minas) galeria de extracção

draw-bar (Mec.) barra de engate; barra de tracção

draw-bar cradle (Mec.) berço de barra de tracção

draw-bar plate (Mec.) placa de fixação de barra de tracção

draw-bar pull (Mec.) força de barra de tracção

draw-bridge (E.Civ.) ponte levadiça

drawdown (Minas) descida de nível

draw-filing (Mec.) limar lateralmente

draw-gate (Elect.; Hidro.) comporta de levantar

drawing (Mec.) estiramento; trefilação; laminagem; desenho

drawing die (Mec.) matriz de embutir; matriz de estirar; fieira

drawing drum (Mec.) tambor de estiramento

drawing plate (Mec.) fieira para metais

drawing press (Mec.) prensa de laminar

drawing steel (Mec.) aço laminado

drawing-temper (Mec.) têmpera

drawing tool (Mec.) ferramenta de trefilar; ferramenta de estirar

draw-in pit (Elect.) caixa para puxar cabos

draw-in system (Elect.) sistema de puxar cabos

draw knife (E.Civ.) plaina de volta

drawlink (Mec.) barra de tracção

drawn ore (Minas) minério extraído

drawn steel (Mec.) aço estirado

drawn tube (Mec.) tubo estirado

drawn-wire filament (Elect.) filamento de arame estirado

draw off the melting water (Mec.) retirar a água de fusão

draw-off valve (Mec.) válvula de extracção

draw works [DWKS] (Minas) guincho de extracção de minério

dream-interpretation (Psico.) interpretação dos sonhos

dredge (Minas) draga

dredge excavator (Eng.) draga escavadora

D region (Imun.) região D (de *diversity* — diversidade)

dreikanter (Geo.) ventifacto

dressed ore (Minas) minério não preparado; mineral concentrado

dressed timber (E.Civ.) madeira aparelhada

dresser (Geral) desbastador; alisador

dressing (Med.) compressa

dressing (Minas) tratar o minério; preparar o minério

drier (Geral) secador; secante

dries (Geo.) recifes semiocultos

drift (Aero.) deriva; orientação; rumo

drift (Electrón.) desvio; flutuação

drift (Geo.) deriva

drift (Geral) desvio; orientação

drift (Hidro.) força de corrente

drift (Minas) galeria de avanço

drift angle (Aero.; Nav.) ângulo de deriva

drift axis (Aero.; Nav.) eixo de deriva

drift-cancelling oscillator (Electrón.) oscilador de deriva nula

drift chamber (Fís.) câmara de desvio

drift currents (Meteo.) correntes de superfície

drift down (Aero.) descida progressiva; descida em cruzeiro

drifter (Minas) máquina perfuradora de coluna; perfuradora de coluna

drift glacier (Meteo.) glaciar de deriva

drift ice (Geo.) gelo à deriva; banquisa

drift indicator (Nav.) indicador de deriva

drifting (Mec.) alargamento à broca

drifting dust (Meteo.) nuvem de poeira

drifting of aircraft (Aero.) deriva de avião

drifting of snow (Meteo.) acumulação de neve

drifting pick (Minas) picareta de mineiro

drifting sand (Meteo.) nuvem de areia

drifting snow (Meteo.) tempestade

drifting test (Mec.) teste de punção

drift mobility (Electrón.) mobilidade de deslocação; mobilidade

drift of current (Geo.) deriva de corrente

drift of stratum (Meteo.) orientação de corrente; orientação de camada

drift plug (E.Civ.) obturador de cavilha

drift sight (Aero.) mira de deriva

drift space (Electrón.) espaço de corrente; espaço de desvio

drift transistor (Electrón.) transístor de desvio; transístor de gradiente de campo

drift tube (Electrón.) tubo de desvio

drill (Geral) broca; perfuradora

drill (Têxt.) brim

drill bit (E.Civ.) pua; perfurador de ponta

drill bit (Minas) broca de perfuração

drill bush (Mec.) guiador de broca; boquilha de broca

drill chuck (Mec.) mandril para broca; verruma

drill collar (Minas) tubo-mestre

driller (Minas) perfurador; sondador

drill extractor (Mec.) extractor de brocas

drill feed (Mec.) alimentador de brocas

drilling (Minas) sondagem; perfuração

drilling bit (Minas) broca de perfuração

drilling break (Minas) quebra na velocidade de perfuração

drilling contractor (Minas) empreiteiro de perfuração

drilling derrick (Minas) torre de perfuração

drilling fluid (Minas) lama de perfuração

drilling jig (Mec.) gabarito de furar; calibre de furo

drilling line (Minas) cabo de perfuração

drilling machine (Mec.) máquina de furar

drilling mud (Minas) lama de perfuração

drilling out (Minas) perfuração do cimento residual na parte inferior da tubagem de revestimento, após cimentação do poço

drill(ing) pipe (Minas) tubagem de perfuração

drilling platform (Minas) plataforma de perfuração

drilling rate (Minas) avanço; média ou velocidade de perfuração

drilling tools (Minas) equipamento de perfuração

drilling under pressure (Minas) perfuração sob pressão

drilling valve (Minas) válvula-mestra (de perfuração)

drilling weight indicator (Minas) indicador de peso (sobre a broca)

drill pipe [DP] (Minas) tubagem de perfuração

drill rod (Minas) haste de perfuração; trem de perfuração

drill shifts (Minas) turnos de sonda

Drill Stem Test [DST] (Minas) teste de formação

drill string (Minas) trem de perfuração; haste de perfuração

Drinker respirator (MED.) respirador Drinker

drip (E.CIV.) goteira

drip-feed lubricator (MEC.) lubrificador compassado

drip fog (METEO.) nevoeiro de gotejamento

dripping eave (E.CIV.) beiral de gotejamento

drip-proof (ELECT.) impermeável ao gotejamento; estanque; hermético

drip-proof burner (MEC.) queimador à prova de água

drip-sheet (MED.) escalda-pés

dripstone (E.CIV.) pingadouro de pedra

drive (ELECT.) excitação; condução; transporte

drive (MINAS) galeria; túnel

drive (PSICO.) impulso

drive (TELECOM.) mecanismo impulsor

drive amplifier (INF.) pré-amplificador

drive belt (MEC.) correia accionadora; correia transmissora

drive capacity (INF.) capacidade de disco duro

drive chain (MEC.) correia accionadora; correia motriz

drive circuit (ELECT.) circuito de excitação

drive clutch (MEC.) embraiagem accionadora

drive controller (INF.) controlador

drive-in (T.IMAG.) cinema ao ar livre, com parque de estacionamento automóvel

driven elements (ELECT.) elementos comandados

driven roller (IMP.) rolo-movido

drive-pipe (MINAS) tubo guia; tubo piloto

drive pulse (ELECT.) impulso de excitação

drive pulse (INF.) impulso de excitação

driver (INF.) controlador

drive-reduction hypothesis (PSICO.) hipótese de redução de impulso

driver plate (MEC.) mandril de torno

driver stage (TELECOM.) estádio excitador; etapa excitadora

drive shaft (MEC.) eixo de accionamento; eixo motor

drive sprocket (MINAS) roda dentada de mesa rotativa

drive winding (INF.) enrolamento de condução; anel de excitação

driving axle (MEC.) eixo motor; eixo motriz; eixo de transmissão

driving chain (MEC.) corrente de transmissão

driving fit (MEC.) ajuste bloqueado normal

driving gear (MEC.) engrenagem de accionamento

driving point impedance (ELECT.) impedância de ponto motriz

driving pulse (ELECT.) impulso excitador

driving side (MEC.) lado motor; lado accionador

driving unit (INF.) unidade directora; unidade de comando

driving voltage (ELECT.) tensão excitadora

driving wheel (MEC.) roda de transmissão; roda motriz

drizzle (GEO.) cacimbo; chuvisco

DRO (INF.) abr. de *destructive readout* — leitura destrutiva

drogue (AERO.) âncora flutuante

drogue parachute (AERO.; ESP.) pára-quedas de desaceleração; pára-quedas de travagem

dromic (MED.) drómico

dromotropic (MED.) dromotrópico

drone (ZOO.) zangão

droop (TELECOM.) quebra de sinal

drop (ELECT.) queda de tensão

drop (INF.) aberração

drop (MINAS) deslocamento vertical

drop arch (ARQ.) arco ogival rebaixado; arco gótico rebaixado

drop-down curve (HIDRO.) curva descendente; curva de transição

drop elbow (E.CIV.) cotovelo pendente

drop foot (MED.) pé-em-gota; pé caído

drop forging (MEC.) forjamento a martinete; forjamento a martelo mecânico

drop hammer (MEC.) martinete; martelo mecânico; martelo pilão

drop hammer test (PAPEL) teste do martinete

drop-in (INF.) erro de leitura por excesso; bit espúrio

drop of potential (ELECTRÓN.) queda de potencial

drop-out (T.IMAG.) desvanecimento; queda de acção

drop-out (TELECOM.) falta de sinal

drop-out current (ELECTRÓN.) corrente de retorno ao repouso

drop-outs (ELECT.) não excitação

dropout value (ELECT.) valor de não excitação

dropped beat (MED.) batimento solto

dropping mercury electrode (QUÍM.) eléctrodo de escoamento de mercúrio

dropping metal (MEC.) metal fundente

dropping resistor (ELECT.) resistência de queda de tensão

drop shutter (T.IMAG.) obturador de guilhotina

drop stamping (MEC.) forjadura a martinete; forjadura estampada; estampagem entre moldes a quente

dropsy (MED.) hidropisia

drop tank (AERO.) tanque alijável

drop valve (MEC.) válvula de tubo

drop window (E.CIV.) janela de guilhotina

drop work (E.CIV.) trabalho de desbaste

drop wrist (MED.) punho caído; mão caída; carpoptosia

drosometer (METEO.) drosímetro

Drosophila heat-shock proteins (BIO.) proteínas de choque térmico da Drosófila

dross (MEC.) escória; resíduo

dross (MINAS) ganga

drossing (MEC.) remoção de escórias de metais derretidos

drought (METEO.) seca; estiagem

drought cycle (ECO.) ciclo de seca

drove (E.CIV.) escopro de canteiro; escopro de desbaste

drowned (MINAS) inundada; afogada (mina)

drowned valleys (GEO.) vales inundados

drowning pipe (E.CIV.) tubo silenciador

Drude law (FÍS.) lei de Drude

drug (MED.) droga; medicamento

drug resistance (MED.) resistência à droga

drum (E.CIV.) barril; tambor

drum (ELECTRÓN.) tambor

drum (GERAL) tambor

drum armature (ELECT.) induzido em anel; induzido em tambor

drum armature core (ELECT.) núcleo de induzido de tambor

drum controller (ELECT.) controlador de tambor

drum drive (INF.) mecanismo impulsor do tambor

drum filter (MINAS) filtro de tambor

drumlin (GEO.) monte de aluvião glaciar oval ou longo, de pouca altura

Drumm accumulator (ELECT.) acumulador de Drumm

drum mark (INF.) marca de tambor

drum movement (RELOJ.) movimento de tambor

drum parity (ELECT.) paridade de tambor

drum scanner (ELECTRÓN.) analisador de tambor

drum shaft (MEC.) eixo de tambor

drum speed (ELECT.) velocidade de tambor

drum starter (ELECT.) arranque de tambor

drum storage (INF.) armazenamento em tambor

drum switch (ELECT.) comutador de tambor

drum unit (INF.) unidade de tambor

drum washer (PAPEL) lavador de tambor

drum weir (E.CIV.) barragem de tambor

drum winding (ELECT.) enrolamento em tambor; enrolamento cilíndrico

drunken saw (E.CIV.) serra circular oscilante

drunken thread (MEC.) rosca oscilante; rosca empenada

drup (AERO.) aterragem violenta

drupe (BOT.) drupa

drupel (BOT.) drupéola

druse (BOT.) drusa

druse (MINER.) drusa; geode

drusy (MINAS) drusiforme

dry accumulator (ELECT.) acumulador seco

dry adiabatic (METEO.) adiabática seca

dry adiabatic lapse rate (METEO.) gradiente vertical adiabático seca; adiabática seca

dry air tongue (METEO.) língua de ar seco

dry area (E.CIV.) área seca

dry assay (QUÍM.) análise a seco

dry battery (ELECT.) bateria seca; pilha seca

dry blowing (MINAS) ventilação seca

dry bone (MINER.) smithsonite

dry box (NUCL.) caixa seca

dry brushing (TÊXT.) escovagem a seco

dry-bulb thermometer (GEO.) termómetro seco

dry burning coal (MINAS) carvão seco; hulha seca; hulha magra

dry cell (ELECT.) pilha seca

dry circuit (ELECTRÓN.) circuito seco

dry coal (QUÍM.) carvão seco

dry compass (NAV.) bússola seca; agulha seca

dry concentration (MINAS) concentração seca

dry construction (E.CIV.) construção seca

dry contact (INF.) contacto seco

dry copper (MEC.) cobre seco

dry-core cable (TELECOM.) cabo de núcleo seco; cabo de isolamento de ar

dry deposition (ECO.) deposição seca

dry-disc rectifier (ELECT.) rectificador de discos secos

dry distillation (QUÍM.) distilação seca

dry dock (E.CIV.) doca seca

dry electrolytic (ELECTRÓN.) condensador furado

dry electrolytic capacitor (ELECT.) condensador electrolítico seco

dry flashover voltage (ELECT.) tensão disruptiva a seco; voltagem para centelha com isolador seco

dry fog (METEO.) névoa seca

dry fruit (BOT.) fruto seco

dry hole (MINAS) poço seco

dry ice (QUÍM.) «gelo seco»; dióxido de carbono sólido

dry ice chamber (QUÍM.) câmara de dióxido de carbono

dry indicator test (PAPEL) teste indicador de secagem

drying cabinet (E.CIV.) cabina de secagem

drying cylinder (GERAL) cilindro de secagem

drying oils (E.CIV.) óleos secantes; óleos secativos

drying oven (GERAL) estufa para secagem

dry mass (AERO.) massa seca; peso básico

dry moulding (MEC.) moldagem a seco

dry mounting (T.IMAG.) montagem a seco

dry pipe (MEC.) tubo fendido; cano fendido

dry plate (T.IMAG.) chapa seca

dry-plate rectifier (ELECT.) rectificador de placa seca; rectificador metálico

dry reed switch (ELECT.) interruptor seco de lâminas

dry rot (BOT.; E.CIV.) fungo da madeira húmida (fungo do género *Merulius*)

dry run (INF.) execução preliminar; execução a seco

dry sand (MEC.) areia seca (em fundição)

Drysdale permeameter (ELECT.) permeâmetro de Drysdale

Drysdale potentiometer (ELECT.) potenciómetro de Drysdale

dry season· (ECO.) estação seca

dry shelf life (ELECTRÓN.) duração de uma célula em seco

dry solenoid (ELECT.) solenóide seco

dry sparkover voltage (ELECT.) voltagem disruptiva seca

dry spell (METEO.) período de seca

dry spinning (TÊXT.) fiação a seco

dry-spun flax (TÊXT.) linha de fiação a seco

dry steam (MEC.) vapor a seco

dry sump (AUTO.) cárter a seco

dry valley (GEO.) vale seco

dry weight (AERO.; ESP.) peso vazio; peso sem combustível

dry well (MINAS) poço seco

DS (INF.) abr. de *Data Set* — conjunto de dados

DSA (ELECTRÓN.) abr. de *Digital Signal Analizer* — analisador de sinais digital

DSB (TELECOM.) abr. de *double sideband transmission* — transmissão de portadora lateral dupla

DSCB (INF.) abr. de *Data Set Control Block* — bloco de controlo de conjunto de dados

DSECT (INF.) abr. de *dummy control section* — secção de controlo fictício

DSL (TELECOM.) abr. de *digital subscriber line* — linha de telefone digital

DSM (TELECOM.) abr. de *delta-sigma modulation* — modulação delta-sigma

DSO (ELECTRÓN.) abr. de *digital storage oscilloscope* — osciloscópio de memória digital

DSP (ELECTRÓN.) abr. de *digital signal processing* — tratamento digital de sinal

DSSS (TELECOM.) abr. de *direct sequence spread spectrum* — espectro espalhado de sequência directa

DSX (INF.) abr. de *Distributed System eXecutive* — sistema executivo distribuído

DTA (INF.) abr. de *Disc (Disk) Transfer Area* — área de transferência de disco

DTE (INF.) abr. de *Data Terminal Equipment* — equipamento terminal de dados

DTF (TELECOM.) abr. de *dynamic track following* — seguimento de pista dinâmico

DTH (TELECOM.) abr. de *direct to home* — emissão de satélite pública

DTL (ELECTRÓN.) abr. de *Diode Transistor Logic* — lógica de diodo transístor

DTM (GERAL) abr. de *digital terrain model* — modelo digital do terreno

DTMF (TELECOM.) abr. de *dual tone multi-frequency dialling* — marcação multi-frequência

DTR (INF.) abr. de *Distribution Tape Reel* — fita de distribuição

DTV (T.IMAG.) abr. de *digital television* — televisão digital

DTX (TELECOM.) abr. de *discontinuous transmission* — transmissão descontínua

dual (GERAL) dual; duplo

dual attenuator (ELECT.) atenuador duplo

dual beam oscillator (ELECT.) oscilador de duplo feixe

dual capacitance (ELECT.) capacitância dupla

dual combustion cycle (ENG.) ciclo de combustão dupla

dual control (AERO.) duplo comando; duplo controlo

dual-converter (ELECTRÓN.) conversor duplo

dual cycle (FÍS.) ciclo duplo

dual density (INF.) densidade dupla

dual-diversity receiver (ELECTRÓN.) receptor de dupla diversidade

dual feed (ELECTRÓN.) entrada dupla

dual-fuel engine (ASTRO.; ESP.) motor para dois combustíveis

dual gate MOSFET (ELECTRÓN.) MOSFET de porta dupla; transístor de efeito de campo metal-óxido-semicondutor de porta dupla

dual-grid (ELECT.) de dupla grade

dual-in-line [DIL] (ELECTRÓN.) invólucro de duas linhas de pinos

dual-inline memory module [DIMM] (INF.) memória (RAM) de 168 pinos

dual in-line package (ELECTRÓN.) invólucro duplo

dual ion (QUÍM.) duplo ião

duality (ARQ.) dualidade

dual laser (FÍS.) laser duplo

dual log (INF.) registo de anotação duplo; registo cronológico duplo

dual modulation (TELECOM.) modulação dupla

dual operation (INF.) operação dual

dual post memory (INF.) memória de porta (entrada dupla)

dual processor (ELECTRÓN.) processador duplo

dual spectrum (IMP.) duplo espectro; duplo fantasma

dual tone multi-frequency dialling [DTMF] (TELECOM.) marcação multi-frequência

dual-trace oscilloscope (ELECTRÓN.) osciloscópio de entrada dupla

dual track (FÍS.) pista dupla

Duane and Hunt's law (FÍS.) lei de Duane e Hunt

dubbing (E.CIV.) engessar; preparar uma parede; estucar

dubbing (T.IMAG.) mistura de sons

Du Bois balance (ELECT.) balança de Du Bois

Duchemin's formula (AERO.) fórmula de Duchemin

Duchenne-Erb paralysis (MED.) paralisia de Duchenne-Erb; paralisia de Erb; paralisia obstétrica braquial

Duchenne muscular dystrophy (MED.) distrofia muscular de Duchenne; paralisia muscular infantil

duchess (E.CIV.) «duquesa» (placa de ardósia de 60x30cm)

duck (TÊXT.) lona

duck cholera (VET.) cólera dos patos

duck virus hepatitis (VET.) hepatite por vírus dos patos

duct (GERAL) tubo; cano; canal; calha; tubagem

ducted cooling (AERO.) resfriamento canalizado

ducted fan (AERO.) turbofan; hélice de fluxo canalizado

duct height (METEO.) altura de canal
ductile cast iron (MEC.) ferro fundido maleável
ductility (MEC.) ductilidade
ductless glands (ZOO.) glândulas sem canais
duct propulsion (AERO.) propulsão por tubeira
ductule (ZOO.) canalículo
ductus (ZOO.) canal; ducto
ductus arteriosus (MED.) canal arterial
ductus caroticus (MED.) canal carotídeo
ductus Cuvieri (ZOO.) canal de Cuvier
ductus cysticus (ZOO.) canal cístico
ductus ejaculatorius (ZOO.) canal ejaculatório
ductus endolymphaticus (ZOO.) canal endolinfático
ductus epididymidis (ZOO.) canal epididímico
ductus excretorius (ZOO.) canal excretor
ductus lactiferi (MED.) canal lactífero
ductus lingualis (ZOO.) canal lingual
ductus mesonephricus (MED.) canal mesonéfrico; canal de Wolff
ductus nasolacrimalis (MED.) canal nasolacrimal; canal nasal
ductus pneumaticus (ZOO.) canal pneumático
ductus utriculosaccularis (MED.) canal utriculossacular
duct waveguide (FÍS.) guia de ondas de canal
DUF (MINAS) abr. de *Dull Eneven Fluorescence* — fluorescência fosca irregular
duff (MINAS) carvão miúdo; carvão pulverizado
duffel (TÊXT.) baeta
duffle (TÊXT.) V. *duffel*
Duhring's rule (QUÍM.) regra de Duhring
duke (PAPEL) «duque» (papel de carta de 18x15cm)
Dukler theory (QUÍM.) teoria de Dukler
dulcin (QUÍM.) dulcina
dull (MED.) som obtuso; não ressonante na percussão
dull coal (MINAS) hulha morta; carvão mate
Dulong and Petit's law (QUÍM.) lei de Dulong e Petit
dulosis (ZOO.) escravatura; dulose
dumb antenna (ELECT.) antena não ressonante
dumb-bell wave guide (TELECOM.) guia de ondas bicircular
dumb buddle (MINAS) pia de minério
dumb compass (NAV.) bússola de rota
dummy (INF.) simulador; artificial
dummy (IMP.) «mono»; modelo de livro
dummy antenna (TELECOM.) antena artificial; antena fantasma
dummy argument (INF.) argumento fictício
dummy coil (ELECT.) bobina fictícia
dummy data set (INF.) conjunto fictício de dados
dummy entry (INF.) entrada fictícia
dummy instruction (INF.) instrução fictícia

dummy leads (ELECTRÓN.) terminais de compensação
dummy load (ELECT.) carga fictícia; carga artificial
dummy piston (MEC.) pistão compensador; pistão de equilíbrio
dummy program (INF.) programa fictício
dummy variable (INF.) variável fictícia
dump (INF.) descarga
dump (MINAS) vazadouro; escorial
dump and restart (INF.) descarga e reinicialização
dump change (INF.) substituição por descarga
dump check (INF.) comprovação por descarga
dump condenser (NUCL.) condensador de descarga
dump dynamic (INF.) dinâmica de descarga
dumper (E.CIV.) carro basculante
dump memory (INF.) memória de descarga
dump static (INF.) estática de descarga
dump valve (AERO.) válvula de descarga
dumpy level (TOPO.) nível de telescópio fixo
dune (GEO.) duna
dungannonite (GEO.) dunganonito
dungaree (TÊXT.) tecido pesado de algodão
dunite (GEO.) dunito
dunkop (VET.) doença equina africana
dunnage (NAV.) almofada de estiva; calço para firmar cargas
Dunning process (T.IMAG.) processo Dunning
duobinary code (INF.) codificação duobinária
duodecimal number (INF.) número duodecimal
duodecimal system (MAT.) sistema duodecimal
duodecimo (IMP.) duodécimo (página de 12,5x18,5cm)
duodenal ulcer (MED.) úlcera duodenal
duodenectomy (MED.) duodenectomia
duodenin (QUÍM.) duodenina
duodenitis (MED.) duodenite
duodenocholescystostomy (MED.) duodenocolescistostomia
duodenojejunostomy (MED.) duodenojejunostomia
duodenolysis (MED.) duodenólise
duodenorrhaphy (MED.) duodenorrafia
duodenoscopy (MED.) duodenoscopia
duodenostomy (MED.) duodenostomia
duodenotomy (MED.) duodenotomia
duodenum (ZOO.) duodeno
duolateral coil (ELECT.) bobina bilateral; bobina favo de mel
duophase (ELECT.) bifásico
duotone (IMP.) impressão em duas tonalidades da mesma cor
DUP (INF.) abr. de *Disk (Disc) Utility Program* — programa utilitário de disco
dupe (T.IMAG.) abr. de *duplicate negative* — negativo duplicado
Duperry's lines (FÍS.) linhas de Duperry
duplex (GERAL) duplex; duplo
duplex burner (AERO.) queimador duplo

duplex cable (ELECT.) cabo bifilar
duplex chaine (MEC.) cadeia dupla
duplex channel (ELECT.) canal duplex
duplex circuit (ELECT.) circuito duplex
duplexer (RADAR; TELECOM.) duplexer; montagem duplex
duplex escapement (RELOJ.) roda de escape duplo
duplex lathe (MEC.) torno duplo
duplex operation (TELECOM.) operação duplex
duplex outlet (ELECT.) saída dupla
duplex paper (PAPEL) papel duplex
duplex process (MEC.) processo duplex
duplex pump (MEC.) bomba duplex; bomba de dois cilindros
duplex set (IMP.) conjunto duplex
duplex steel (ENG.) aço duplex
duplex tube (ELECTRÓN.) válvula dupla
duplex winding (ELECT.) enrolamento duplo
duplicate feeder (ELECT.) alimentador duplo
duplicating (GERAL) duplicação
duplicating check (INF.) teste de duplicação
duplicator factor (INF.) factor de duplicação
duplicator paper (PAPEL) papel duplicador; papel-carbono
duplicident (ZOO.) duplicidentado
Dupuit relation (NUCL.) relação de Dupuit
Dupuytren's contraction (MED.) contracção de Dupuytren; contractura de Dupuytren
durable press (IMP.) impressão firme
dura mater (ZOO.) dura-máter
duramen (BOT.) durâmen; durame; cerne
durene (QUÍM.) dureno
duric horizon (GEO.) horizonte duro
Durosier's murmur (MED.) sopro de Durosier; sinal Durosier
dusk (METEO.) crepúsculo
dust (NUCL.) poeira
dust chamber (MEC.) câmara de poeira
dust cloud (METEO.) nuvem de poeira
dust core (FÍS.) núcleo magnético de poeira
dust core (NUCL.) núcleo de pó
dust counter (METEO.) conímetro; contador de poeira; pulvímetro
dust counter (MINAS) pulvímetro; conímetro
dust cover (IMP.) sobrecapa de livro
duster (MINAS) poço seco
dust explosion (MEC.) explosão de pó
dust fringer (FÍS.) eliminador de pó
dust-ignition proof (ELECT.; MEC.) à prova de pó e de fogo
dust monitor (NUCL.) monitor de poeira
dust nebula (ASTRO.) nebulosa de poeira
dust-proof (ELECT.) à prova de pó
dust-proof ball bearing (MEC.) rolamento de esferas à prova de poeira
dust storm (METEO.) tempestade de poeira
dust strip (AERO.) pista de aterragem de terra batida
Dutch barn (ARQ.) celeiro holandês
Dutch brass (MEC.) tombaque (liga de cobre e zinco)

Dutch clinker (E.Civ.) tijolo amarelo e duro

Dutch door (E.Civ.) porta ajanelada; porta holandesa

Dutch elm disease (Bot.) doença do ulmeiro-holandês

Dutch gold (Mec.) ouropel

dutchman (E.Civ.) cunha de ajuste; guarnição de ajuste

Dutch oil (Quím.) cloreto de etileno

Dutch process (Quím.) processo holandês

Dutch roll (Aero.) jogo holandês; balanço holandês

duty (Mec.) rendimento efectivo de uma máquina

duty cycle (Electrón.) ciclo de actividade

duty factor (Elect.) factor de actividade

duty ratio (Elect.) coeficiente de trabalho

DV (T.Imag.) abr. de *digital video* — vídeo digital

DVB (T.Imag.) abr. de *digital video broadcasting* — emissão de vídeo digital

DVC (T.Imag.) abr. de *digital video cassette* — casste de vídeo digital

DVD-RAM (Inf.) abr. de *DVD random access memory* — DVD de memória de acesso aleatório

DVD (T.Imag.) abr. de *digital versatile disk* — disco versátil digital

DVD recorder (T.Imag.) gravador de DVD

DVM (Electrón.) abr. de *digital voltmeter* — voltímetro digital

dwang (E.Civ.) barra de aperto; pé-de-cabra

dwarfism (Med.) nanismo

dwarf male (Zoo.) macho anão

dwarf shoot (Bot.) rebento anão

dwarf star (Astro.) estrela anã

dwell (Mec.) ângulo excêntrico

Dwight Lloyd machine (Minas) máquina de Dwight Lloyd

DX (Elect.) distância de recepção

Dy (Quím.) símbolo químico de *dysprosium* — disprósio

dyad (Bio.) díade; díada; par

dyad (Mat.) binário; díada

dyadac Boolean operation (Inf.) operação booleana diádica

dyadac operation (Inf.) operação diádica

dyadic (Mat.) binário; díada

dyadic operation (Inf.) operação diádica

dyad symmetry of DNA (Bio.) simetria dupla do ADN

dye (Têxt.) corante; tinta

dye laser (Fís.) laser de gás; laser colorido

dyenin (Bio.) dienina

dye polymer technology (Electrón.) tecnologia de polímero colorido

dyestuffs (Quím.) corantes

dying shift (Minas) «Turno do cemitério»; turno da noite

dyke (Geo.) dique (solidificação de magma eruptiva na fenda das rochas)

dyke (Minas) veio mineral

dyke phase (Geo.) fase de dique

dyke swarm (Geo.) aglomerado de diques

dynamic allocation (Inf.) afectação dinâmica

dynamic allotropy (Quím.) alotropia dinâmica

dynamical stability (Nav.) estabilidade dinâmica

dynamic amplitude modulation [DAM] (Telecom.) modulação em amplitude dinâmica

dynamic balance (Aero.) equilíbrio dinâmico

dynamic balancing (Fís.) equilíbrio dinâmico

dynamic behaviour (Elect.) comportamento dinâmico

dynamic buffering (Inf.) armazenamento dinâmico em memória intermediária

dynamic carrier control [DCC] (Telecom.) controlo dinâmico da portadora

dynamic characteristic (Elect.) característica dinâmica

dynamic check (Inf.) teste dinâmico; verificação dinâmica

dynamic convergence (Elect.) convergência dinâmica

dynamic cooling (Fís.) arrefecimento dinâmico

dynamic damper (Elect.) amortecedor dinâmico

dynamic diode (Elect.) diodo dinâmico

dynamic dump (Inf.) descarga dinâmica

dynamic effect (Fís.) efeito dinâmico

dynamic electricity (Elect.) electricidade dinâmica

dynamic electrode potential (Electrón.) tensão dinâmica de um eléctrodo

dynamic equilibrium (Elect.) equilíbrio dinâmico

dynamic error (Inf.) erro dinâmico

dynamic factor (Elect.) factor dinâmico

dynamic fatigue (Fís.) fadiga dinâmica

dynamic focusing (Electrón.) focalização dinâmica

dynamic head (Hidro.) carga dinâmica

dynamic heating (Aero.) aquecimento dinâmico

dynamic height (Fís.) altitude dinâmica; altura dinâmica

dynamic instability (Aero.) instabilidade dinâmica

dynamic isomerism (Quím.) isomerismo dinâmico

dynamic lift (Aero.) sustentação dinâmica

dynamic lift (Fís.) suspensão dinâmica

dynamic log (Inf.) diário dinâmico

dynamic loudspeaker (Fís.) altifalante dinâmico

dynamic magnification (Geo.) amplificação dinâmica

dynamic memory (Inf.) memória dinâmica

dynamic memory relocation (Inf.) reafectação dinâmica da memória

dynamic microphone (Electrón.) impedância dinâmica

dynamic RAM [DRAM] (Inf.) RAM dinâmica

dynamic range (Telecom.) amplitude dinâmica

dynamic resistance (Electrón.) resistência dinâmica

dynamic routing strategy (Telecom.) estratégia de encaminhamento dinâmico

dynamic track following [DTF] (Telecom.) seguimento de pista dinâmico

dynamic tracking filter demodulation (Telecom.) desmodulação dinâmica de filtro de seguimento

dynamo (Elect.) dínamo

dynamo principle (Elect.) princípio do dínamo

dynode (Electrón.) dínodo

dynode chain (Electrón.) cadeia de dínodos

dysdiadokokinesia (Med.) disdiadococinesia

dysentery (Med.) disenteria

dysergia (Med.) disergia

dysgenic (Zoo.) disgénico

dysgraphia (Med.) disgrafia

dyskinesia (Med.) discinésia

dyslalia (Med.) dislalia

dysmelia (Med.) dismelia

dysmenorrhea (Med.) dismenorreia

dysmenorrhoea (Med.) dismenorreia

dysmetria (Med.) dismetria

dysostosis (Med.) disostose

dyspareunia (Med.) dispareunia

dyspepsia (Med.) dispepsia

dysphagia (Med.) disfagia; aglutinação

dysphasia (Med.) disfasia

dysphonia (Med.) disfonia

dysphoria (Med.) disforia

dysphotic zone (Eco.) zona disfótica

dysplasia (Med.) displasia

dyspnea (Med.) dispneia

dyspnoea (Med.) dispneia

dysprosium (Quím.) disprósio

dyssynergia (Med.) ataxia

dystocia (Med.) distocia; parto laborioso; parto difícil

dystokia (Med.) V. *distocia*

dystome (Miner.) de clivagem difícil

dystrophia (Med.) distrofia

dystrophia adiposogenitalis (Med.) distrofia adiposogenital; síndroma hipofisiário

dystrophia myotonic (Med.) distrofia miótica

dystrophic (Eco.) distrófico

dystrophin (Bio.) distrofina

dystrophy (Med.) distrofia

dysuria (Med.) disúria

dysury (Med.) disúria

dysversion (Med.) disversão

e (Elect.) símbolo de *electromotive force* — força electromotriz

e (Fís.) símbolo de *electron* — electrão, ou de *positron* — positrão, conforme o expoente seja negativo ou positivo

e (Mat.) símbolo da base de logaritmos naturais ou neperianos

E (Elect.) símbolo de voltagem

E (Fís.) símbolo de energia; símbolo de trabalho

E (Fís.) símbolo de diferença de potencial

E (Inf.) símbolo de carácter alfanumérico (o dígito representando o 14 no sistema hexadecimal)

E (Med.) símbolo de emetropia

E (Med.) índice de gás expirado

Eagle (Astro.) Eagle (Águia — nome do módulo lunar da Apollo 11; cratera do planeta Marte)

eagle pliers (Mec.) alicate águia

eagre (Geo.) maremoto

EAN (Inf.) abr. de *European Academic Network* — Rede Académica Europeia

EAN networks (Inf.) redes da EAN (V. *EAN*)

EAPROM (Inf.) abr. de *electrically alterable programmable ROM* — memória só de leitura alterável e programável electricamente

ear (E.Civ.) ressalto

ear (Mec.) asa; alça

ear (Zoo.) ouvido

ear defenders (Fís.) protectores de ouvido

ear drum (Med.) membrana do tímpano; tímpano

Early Bird (Telecom.) «Early Bird» (Pássaro Madrugador — o 1.º satélite de comunicações soviético)

early development (Bio.) desenvolvimento precoce

early-failure period (Electrón.) período de falha inicial

early genes (Bio.) genes precoces

early replicating regions (Bio.) regiões de replicação iniciais

early-warning radar (Radar) radar de alerta antecipado

early wood (Bot.) lenho primaveril

ear muffs (Fís.) protectores de ouvidos

EAROM (Inf.) abr. de *electrically alterable ROM* — memória só de leitura alterável electricamente

Earth (Astro.) Terra (o planeta)

earth (Elect.; Fís.) terra (solo); massa

earth aerial (Elect.) antena de terra

earth bonding (Electrón.) ligação à terra

earth cable (Elect.) condutor de terra; fio de terra

earth capacitance (Elect.) capacitância de terra

earth circuit (Elect.) circuito de terra

earth closet (E.Civ.) latrina inodora de terra

earth coil (Elect.) bobina de terra; indutor de terra

earth colours (E.Civ.) cores terra

earth conductor (Elect.) condutor de terra

earth connection (Elect.) ligação à terra

earth contact (Elect.) contacto terra

earth continuity conductor (Elect.) condutor de continuidade de terra

earth core (Geo.) núcleo da Terra

earth crust (Geo.) crosta da Terra; crusta terrestre

earth currents (Elect.) correntes de terra

earth dam (E.Civ.) dique de terra; represa de terra

earthed aerial (Telecom.) antena de terra

earthed cathode (Elect.) cátodo de terra

earthed circuit (Elect.) circuito de terra; circuito de massa

earthed concentric wiring system (Elect.) sistema de ligamento concêntrico à terra

earthed detector (Elect.) detector de terra

earthed neutral (Elect.) terra neutro; neutro ligado à terra

earthed pole (Elect.) pólo de terra

earthed switch (Elect.) comutador de terra

earthed system (Elect.) sistema terra

earth electrode system (Elect.) sistema de eléctrodo de massa; sistema eléctrodo-massa

earth fault (Elect.) falha de terra

earthflow (Geo.) escorregamento de terras

earth impedance (Fís.) impedância de terra

earth induction compass (Fís.) bússola de indução terrestre; bússola de indução à massa

earth inductor (Elect.) indutor de terra

earthing (Electrón.) ligação à terra

earthing autotransformer (Elect.) autotransformador de terra

earthing resistor (Elect.) resistência de terra

earthing tyres (Aero.) pneus de terra

earth lead (Elect.) fio de terra

earth leakage (Elect.) fuga à terra; passagem à terra

earth-leakage contact breaker [ELCB] (Elect.) disjuntor diferencial

earth leakage protection (Elect.) protecção de fuga à terra

earth light (Meteo.) luz terrestre; luz cinzenta

earth line (Geral) linha de terra

earth loop impedance (Electrón.) impedância da ligação à terra

earth magnetic field (Elect.) campo magnético terrestre

earth moving (E.Civ.) terraplenagem

earth-pillars (Geo.) pilares de terra

earth plate (Elect.) placa de terra

earth potential (Fís.) potencial da terra

earth pressure (E.Civ.) pressão de terra

earthquake (Geo.) sismo; tremor de terra; terramoto; abalo sísmico

earthquake intensity (Geo.) intensidade de sismo

earthquake magnitude (Geo.) magnitude de sismo

earthquake prediction (Geo.) previsão de sismos

earth radiation (Fís.) radiação terrestre

earth radius factor (Telecom.) factor de correcção do raio da terra

earth rate (Astro.; Fís.) velocidade angular da terra

earth reactor (Elect.) reactor de terra; compensador neutro

earth resistance (Elect.) resistência de terra (massa)

earth-return circuit (Elect.) circuito de retorno pela terra

earth science (Geo.) Ciência da Terra (no geral, Geologia, mas também Geografia, Meteorologia, Oceanografia, etc.)

earth shadow (Meteo.) sombra da Terra

earthshine (Astro.) luz terrestre; luz cinzenta

earth's magnetic field (Fís.) campo magnético da Terra

Earth station (Telecom.) estação terrestre

earth system (Telecom.) sistema terra (massa)

earth terminal (Elect.) terminal de terra; borne de terra

earth thermometer (Meteo.) termómetro de solo

earthwork (E.Civ.) vala; terraplenagem

earthy (Elect.) com terra

earthy cobalt (Miner.) cobalto terroso; asbolita; asbolana; etalite

EAS (Aero.) abr. de *Equivalent Air-Speed* — velocidade equivalente; velocidade equivalente relativa

easement curve (Topo.) curva de transição

easement exit (AERO.) saída em espiral

easing (GERAL) suavização

easing of the controls (AERO.) aplicação suave e contínua dos comandos

East Coast fever (VET.) febre da Costa Oriental (doença do gado em África)

easterly wave (GEO.) onda de leste

East Indian satinwood (BOT.; E.CIV.) pau-cetim; a sua madeira

easting (TOPO.) avanço para este

eave (ARQ.) cimalha

eave (E.CIV.) beiral

eave-board (E.CIV.) listão

eave-lead (E.CIV.) goteira de chumbo do beiral

eaves gutter (E.CIV.) goteira

eaves lath (E.CIV.) contrafeito de sanca

eaves plate (E.CIV.) placa de beiral

eaves slate (E.CIV.) ardósia do beiral

eaves strut (E.CIV.) escora de beiral

eaves trough (E.CIV.) calha do beiral

EAX (INF.) abr. de *Electronic Automatic Exchange* — intercomunicação automática electrónica

Ebam (INF.) abr. de *Electron Beam Access Memory* — memória de acesso por feixe de electrões

ebb tide (GEO.) maré vazante

EBCDIC (INF.) abr. de *extended binary coded decimal interchange code* — código decimal de transferência de codificação binária extensa

E-bend (TELECOM.) cotovelo em E; curva em E

Eberhard effect (T.IMAG.) efeito de Eberhard

EBICON (ELECTRÓN.) abr. de *Electron Bombardment Induced CONductivity* — condução induzida por bombardeamento electrónico

EBM (AERO.; MEC.) abr. de *Electron Beam Machining* — tratamento de feixe electrónico

EBNA (IMUN.) abr. de *Epstein-Barr virus Nuclear Antigen* — antigénio nuclear do vírus Epstein-Barr

ebola disease (MED.) febre hemorrágica africana

ebonite (QUÍM.) ebonite

ebony (BOT.; E.CIV.) ébano; a sua madeira

EBR (T.IMAG.) abr. de *Electron Beam Recording* — registo por feixe de electrões

EBU (TELECOM.) abr. de *European Broadcasting Union* — União Europeia de Radiodifusão; UER

ebullator (FÍS.) ebulidor

ebulliometer (FÍS.) ebuliómetro

ebullioscopy (QUÍM.) ebulioscopia

ebullition (FÍS.) ebulição

eburnation (MED.) eburnação

EBW (AERO.; MEC.) abr. de *Electron Beam Welding* — soldadura por feixe de electrões

ECAC (ELECT.) abr. de *Electromagnetic Compatibility Analysis Center* — Centro de análise de compatibilidade electromagnética

ECAC (AERO.) abr. de *European Civil Aviation Conference* — Conferência Europeia de Aviação Civil

ECC (ELECT.) abr. de *Earth Continuity Conductor* — condutor de continuidade de terra

ECC (INF.) abr. de *Error Changing and Correction* — teste e correcção de erro

eccentric angle (MAT.) ângulo excêntrico

eccentric fitting (E.CIV.) montagem excêntrica

eccentric groove (FÍS.) estria excêntrica; sulco excêntrico

eccentricity (E.CIV.) excentricidade; descentragem

Eccentric line (TELECOM.) cabo coaxial excêntrico

eccentric load (E.CIV.) carga excêntrica

eccentric orbit (ASTRO.) órbita excêntrica

eccentric pole (ELECT.) pólo excêntrico

eccentric rod (MEC.) haste do excêntrico

eccentric sheave (MEC.) disco do excêntrico

eccentric station (TOPO.) estação excêntrica

eccentric strap (MEC.) anel do excêntrico

ecchimosis (MED.) equimose

ecchondroma (MED.) econdroma

ecchondrosis (MED.) econdrose

Eccles-Jordan circuit (ELECTRÓN.) circuito de Eccles-Jordan

eccrine (MED.) ecrina

Eccritic temperature (ECO.) temperatura crítica dos ectotérmicos

ecdemic (ZOO.) ecdémico

ecdysis (ZOO.) ecdise; descamação; mudança de pele

E-cell (ELECTRÓN.) temporizador electrolítico

ECFA (IMUN.) abr. de *Eosinophil Chemotactic Factor of Anaphylaxis* — factor quimiotáctico eosinófilo de anafilaxia

ECG (MED) abr. de *ElectroCardioGram* — electrocardiograma

echelon grating (FÍS.) grade escalonada

echelon lens (ELECT.) reflector escalonado

echin-; echino- (BOT.) equin-; equino-; do grego *echinos* — espinho

echinococcosis (VET.) equinocose

echinococcus (ZOO.) equinicoco

Echinodermata (ZOO.) Equinodermes

Echinoidea (GEO.; ZOO.) Equinóides

echinus (ARQ.) equino

Echiuroidea (ZOO.) Equiurídeos

ECHO (MED.) abr. de *Entero Cytopathogenic Human Orphan* — orfão enterocitopatogénico humano

echo (GERAL) eco

echo (RADAR) eco; onda reflectida; ressonância

echo (TELECOM.) onda secundária; eco

echo area (RADAR) área de eco

echo attenuation (INF.) atenuação de eco

echo cancelling (TELECOM.) supressão de eco

echo cancellor (FÍS.) supressor de eco

echocardiography (MED.) ecocardiografia

echo chamber (FÍS.) câmara de eco; câmara de reverberação

echoencephalography (MED.) ecoencefalografia

echo flutter (RADAR) flutuação de eco

echography (MED.) ecografia

echoic memory (PSICO.) memória ecóica

echokinesis (MED.) ecocinesia

echolalia (MED.) ecolalia

echolocation (MED.) ecolocação

echomatism (MED.) ecomatismo; ecopraxia

echoprasia (MED.) ecopraxia; ecocinesia; ecomatismo

echopraxis (MED.) V. *echophrasia*

echo ranging sonar (FÍS.) sonar de localização de eco

echo sounding (FÍS.) sondagem de eco; ecossondagem

echo studio (FÍS.) estúdio de eco

echo supression (TELECOM.) supressão de eco

ECHO virus (MED.) vírus ECHO (V. *ECHO*)

eckermannite (MINER.) eckermannita

Eckman convergence (GEO.) convergência de Eckman; camada de Eckman

Eckman spiral (GEO.) espiral de Eckman

eclampsia (MED.) eclampsia

E-class insulation (ELECT.) isolamento da classe E

eclipse (GERAL) eclipse

eclipse wind (ASTRO.) vento de eclipse (num eclipse solar)

eclipse year (ASTRO.) ano de eclipse (= 346,6 dias siderais)

eclipsing binary (ASTRO.) binário eclipsante; estrelas binárias em eclipse

ecliptic (ASTRO.) eclíptica

eclogite (GEO.) eclogito

eclosion (ZOO.) eclosão

ECM (ELECTRÓN.) abr. de *Electronic CounterMeasures* — contramedidas electrónicas

ECM (MEC.) abr de *ElectroChemical Machining* — tratamento electroquímico

ecocline (ECO.) ecocline

ecological amplitude (ECO.) amplitude ecológica

ecological association (ECO.) associação ecológica

ecological barrier (ECO.) barreira ecológica

ecological climatology (ECO.) climatologia ecológica; ecoclimatologia

ecological effect (ECO.) efeito ecológico

ecological efficiency (ECO.) eficiência ecológica

ecological energetics (ECO.) energética ecológica

ecological factor (BOT.; ECO.) factor ecológico

ecological gradient (ECO.) gradiente ecológico; ecoclina

ecological indicators (ECO.) indicadores ecológicos

ecological niche (Eco.) nicho ecológico

ecological pyramid (Eco.) pirâmide ecológica

ecological succesion (Eco.) sucessão ecológica

ecological system (Eco.) sistema ecológico

ecology (Geral) Ecologia

ecomorph (Eco.) ecomorfismo

econometry (Est.) Econometria

economic geology (Geo.) Geologia económica

economizer (Mec.) economizador

Economo's disease (Med.) doença de von Economo; encefalite letárgica; encefalite epidémica

economy resistance (Elect.) resistência de economia

ecophysiology (Eco.) ecofisiologia

E-core (Electrón.) núcleo (de transformador) tipo E

ecospecies (Bot.) ecospécie

ecosphere (Eco.) ecosfera; biosfera

ecostratigraphy (Eco.) ecoestratigrafia

ecosystem (Eco.) ecossistema

ecotone (Eco.) ecótono

ecotourism (Eco.) ecoturismo; turismo ecológico

ecotype (Eco.) ecotipo

ECRH (Nucl.) abr. de *Electron Cyclotron Resonance Heating* — aquecimento de ressonância ciclotrão-electrão

ecru (Téxt.) linho cru

ECT (Eco.) abr. de *Environment control table* — tabela de controlo do meioambiente

ECT (Med.) abr. de *ElectroConvulsive Therapy* — terapia electroconvulsiva; terapia de electrochoque

ect-, ecto- (Geral) ect-, ecto-; do grego *ektos* — fora, indicando para fora, do lado de fora

ectethmoid (Zoo.) ectoetmóide

ecthyma (Med.) éctima

ecthymatiform (Med.) ectimatiforme

ecthymiform (Med.) ectimiforme

ectoblast (Zoo.) ectoblasto

ectocardia (Med.) ectocardia; exocardia

ectocrine (Bot.) ectócrino

ectoderm (Zoo.) ectoderme

ectogenesis (Zoo.) ectogénese

ectogenous (Eco.) ectogénico

ectohormone (Eco.) ecto-hormona

ectolecithal (Zoo.) ectolécito

ectomorph (Psico.) ectomorfo

-ectomy (Geral) -ectomia; do grego *ektomé* — excisão; forma usada como sufixo indicando a extracção cirúrgica de qualquer orgão ou glândula

ectomycorrhiza (Bot.) ectomicorriza; micorriza ectotrófica

ectoparasite (Bot.; Zoo.) ectoparasita

ectophyte (Bot.) ectófito

ectopia; ectopy (Med.) ectopia

ectopia cordis (Med.) ectopia do coração

ectopia lentis (Med.) ectopia do cristalino

ectopia pupillae congenita (Med.) ectopia congénita da pupila

ectopia testis (Med.) ectopia do testículo

ectopia vesicae (Med.) ectopia da bexiga; exostrofia da bexiga

ectopic gestation (Med.) gravidez ectópica

ectoplacental (Med.) ectoplacentário

ectoplasm (Bio.) ectoplasma

ectoplasmatic (Bio.) ectoplasmático

ectopy; ectopia (Med.) ectopia

ectostosis (Med.) ectostose

ectotherm (Eco.) ectotérmico

ectothrix (Med.) ectótrico

ectotoxin (Bio.) ectotoxina; toxina extracelular

ectozoon (Zoo.) ectozoário

ectromelia (Bio.) ectromelia

ectropion, ectropium (Med.) ectrópio

ectrotic (Med.) ectrótico (nome aplicado a certas espécies de fungos que afectam os pêlos e algumas vezes a pele)

eczema (Imun.) eczema

eczematous conjunctivitis (Med.) conjuntivite flictenular

ED (Med.; Vet.) abr. de *Effective Dose* — dose eficaz

edaphic (Eco.) edáfico

edaphic climax (Bot.) clímax edáfico

edaphic factor (Bot.) factor edáfico

eddy (Geral) remoinho; turbilhão; contra-corrente

eddy current (Electrón.) corrente de indução

eddy-current brake (Elect.) travão magnético; freio magnético

eddy currents (Elect.) correntes parasitas; correntes de Foucault

eddy-current speed indicator (Elect.) indicador de velocidade de corrente parasita

eddy difusion (Quím.) difusão de turbulência

Eddy's theorem (Mec.) teorema de Eddy

edema (Med.) edema

edematous (Med.) edematoso

edenite (Miner.) edenite

Edentata (Zoo.) Desdentados

edentate (Zoo.) desdentado

edentulous (Zoo.) desdentado

edeomania (Med.) edeomania

edetate (Quím.) edetato; sal do ácido edético

edetic acid (Quím.) ácido edético; ácido etilenodiaminotetracético; etilenodiamina-tetracetato; EDTA

edge (Aero.) bordo

edge effect (Fís.) efeito de orla

edge flare (Elect.) brilho marginal

edge plane (E.Civ.) plaina de cantos

edge planing (Imp.) esquinar

edge rolled (Imp.) borda laminada

edge tool (Mec.) ferramenta afiada; ferramenta cortante

edge trimming plane (E.Civ.) plaina de recortar cantos

edge water (Geo.) limite de água

edge winding (Elect.) enrolamento de canto; enrolamento de perfil

EDI (Telecom.) abr. de *electronic data interchange* — partilha electrónica de dados

Edison accumulator (Elect.) acumulador de Edison; acumulador de ferro-níquel

Edison cell (Elect.) bateria Edison; bateria de ferro-níquel

Edison effect (Elect.) efeito de Edison

Edison phonograph (Fís.) fonógrafo de Edison

Edison screw-cap (Elect.) base Edison; rosca de lâmpada eléctrica; casquilho

Edison screw-holder (Elect.) suporte Edison; suporte de lâmpada eléctrica

editing (T.Imag.) compor

editing terminal (Inf.) terminal de edição

edition (Imp.) tiragem; edição

editor (Geral) editor

Edman degradation (Bio.) processo de degradação de Edman

EDP (Electrón.; Inf.) abr. de *Electronic Data Processing* — processamento electrónico de dados

EDPM (Electrón.) abr. de *Electronic Data Processing Machine* — máquina electrónica de processamento de dados

edrophonium chloride (Quím.) cloridrato de edrofónio

Edser and Butler's bands (Fís.) bandas de Edser e Butler

EDTA (Bio.; Quím.) abr. de *Ethylene Diamine Tetra-Acetic acid* — ácido etilenodiaminotetracético; ácido edético; edatamil

edulcorant (Med.) edulcorante; que adoça

Edwards' roaster (Minas) calcinador de Edwards

EEG (Med.) abr. de *ElectroEncephaloGraph/Gram* — electroencefalógrafo/grama

eel (Zoo.) enguia

eel-grass (Bot.) zostera

EEPROM (Inf.) abr. de *electrically erasable programable ROM* — memória só de leitura programável apagável electricamente

effective actuation time (Electrón.) tempo efectivo de actuação

effective address (Inf.) endereço efectivo

effective ampere (Elect.) ampere efectivo

effective antenna height (Telecom.) altura efectiva de antena

effective area (Electrón.) área efectiva

effective bandwidth (Telecom.) largura de banda efectiva

effective capacitance (Elect.) capacitância efectiva

effective collision cross section (Elect.) secção eficaz de choque

effective column length (E.Civ.) comprimento efectivo de coluna

effective coverage (Elect.) cobertura eficaz

effective current (Elect.) corrente eficaz

effective cutoff frequency (Elect.) frequência efectiva de corte

effective depth (E.Civ.) altura efectiva; altura útil
effective dose (Radiol.) dose eficaz
effective energy (Radiol.) energia eficaz; energia efectiva
effective field intensity (Elect.) intensidade efectiva de campo
effective half-life (Fís.) meia-vida efectiva
effective heating surface (Mec.) superfície de aquecimento efectivo
effective height (Elect.) altura eficaz
effective horsepower (Mec.) potencial efectivo
effective mass (Electrón.) massa efectiva; massa útil
effective nocturnal radiation (Astro.) radiação nocturna efectiva
effective output impedance (Elect.) impedância efectiva de saída
effective particle density (Nucl.) densidade de partícula efectiva
effective permeability (Fís.) permeabilidade efectiva
effective pilot ceiling (Aero.) tecto-piloto efectivo
effective pitch (Aero.; Mec.) passo efectivo; passo real (de hélice)
effective population size (Eco.) dimensão populacional efectiva
effective porosity (T.Imag.) porosidade efectiva; rendimento efectivo
effective precipitation (Geo.) precipitação efectiva
effective profile drag (Aero.) resistência de perfil efectiva
effective radiated power (Telecom.) potência irradiada efectiva
effective range (Mec.) alcance eficaz; alcance efectivo; alcance útil
effective resistance (Elect.) resistência efectiva; resistência real
effective resistivity (Electrón.) resistividade efectiva; resistividade em corrente alterna
effective span (E.Civ.) envergadura real
effective speed (Elect.) velocidade efectiva
effective temperature (Astro.) temperatura efectiva
effective value (Geral) valor efectivo; valor real; valor eficaz
effective wavelength (Fís.) comprimento de onda efectivo
effective wavelength (Radiol.) comprimento de onda eficaz
effector (Zoo.) efector
effector neurone (Zoo.) neurónio efector
efferent (Zoo.) eferente
effervescence (Quím.) efervescência; ebulição
efficiency (Geral) eficiência
efficiency diode (Electrón.) diodo de ganho
efficiency of airscrew (Aero.) eficiência de hélice
efficiency of impaction (Nucl.) eficiência de impacto
efficiency ratio (Mec.) grau de eficiência
effleurage (Med.) roçar levemente

efflorescence (Geral) eflorescência
effluent (E.Civ.) efluente
effluent monitor (Nucl.) monitor de efluência; monitor de emanação
effluve (Elect.) eflúvio
efflux (Aero.) efluxo; emanação; efusão; saída
effort syndrome (Med.) síndroma de esforço; astenia neuro-circulatória; coração irritável; coração de soldado
effused (Eco.) efusão
effusiometer (Quím.) efusiómetro
effusion (Geral) efusão; derrame
effusive rock (Geo.) rocha efusiva
EFP (Inf.) abr. de *Electronic Field Production* — produção de campo electrónico
EFT (Inf.) abr. de *Electronic Fund Transfer* — transferência electrónica de fundos
egest (Zoo.) esvaziar; defecar
EGFR (Bio.) abr. de *epidermal growth factor receptor* — receptor de factor de crescimento epidérmico
egg (Bot.; Zoo.) ovo
egg and anchor (Arq.) «óvulo e âncora» (ornamento grego constituído por óvulos e âncoras)
egg and dart (Arq.) «óvulo e lança» (ornamento grego constituído por óvulos e lanças)
egg-bound (Vet.) ovo cativo; ovo atravessado
egg-cell (Zoo.) célula-ovo; ovo não fertilizado
egg coat (Bio.) membrana vitelina
egg-eating (Vet.) ovofagia
egg glair (E.Civ.) albumina do ovo; clara do ovo
egg membrane (Eco.) membrana vitelina
egg nucleus (Zoo.) núcleo do ovo; pronúcleo feminino
eggshell finish (E.Civ.) acabamento casca de ovo
Egnell's law (Meteo.) lei de Egnell
ego (Psico.) ego; eu
egocentrism (Psico.) egocentrismo
egophony (Med.) egofonia
ego psychology (Psico.) psicologia do ego
EGT (Aero.) abr. de *Exhaust Gas Temperature* — temperatura do gás de escape
Egyptian base (Arq.) pedestal egípcio; base egípcia
Egyptian jasper (Miner.) jaspe egípcio
EH (Quím.) potencial redox
EHF (Telecom.) abr. de *Extremely High Frequency* — frequência extremamente alta
EHP (Elect.) abr. de *Electrical Horse-Power* — cavalo-vapor eléctrico; potência eléctrica
EHP (Mec.) abr. de *Effective HorsePower* — cavalo-vapor efectivo; potência efectiva
EHT (Elect.) abr. de *extra high tension* — extra alta tensão
EI (T.Imag.) abr. de *Exposure Index* — índice de exposição
EIA (Eco.) abr. de *environmental impact assessment* — estudo de impacto ambiental

eidetic imagery (Psic.) imaginação idética
eidograph (Topo.) eidógrafo
Eiffel wind tunnel (Aero.) túnel de vento Eiffel
eigenfrequency (Fís.) autofrequência
eigenfunction (Fís.; Mat.) função própria
eigentones (Telecom.) frequência própria sonora
eigenvalues (Mat.) raízes características; valores característicos; valores próprios
eighteen-electron rule (Quím.) regra dos 18 electrões
eight-millimetre (8mm) (T.Imag.) 8 milímetros; 8mm
eight track (Telecom.) fita de oito pistas
Eikmeyer coil (Elect.) bobina de Eikmeyer
eiloid (Med.) eilóide (semelhante a uma espiral ou rolo)
Einstein-Bohr equation (Fís.) equação de Einstein-Bohr
Einstein-Bose statistic (Fís.) estatística de Einstein-Bose
Einstein condensation (Fís.) condensação de Einstein
Einstein-de Haas effect (Fís.) efeito de Einstein-de Haas
Einstein-de Haas method (Fís.) método de Einstein-de Haas
Einstein diffusion equation (Quím.) equação de difusão de Einstein
Einstein elevator (Fís.) elevador de Einstein
Einstein energy (Fís.) energia de Einstein
Einstein equation for the specific heat of a solid (Quím.) equação de Einstein para o calor específico de um sólido
Einstein equations (Fís.) equações de Einstein
Einstein frequency (Fís.) frequência de Einstein
Einstein frequency conditions (Fís.) condições de frequência de Einstein
einsteinium (Quím.) einsténio (também *einsteinum* em inglês)
Einstein law of photochemical equivalent (Quím.) lei de Einstein da equivalência fotoquímica
Einstein mass-energy relation (Fís.) relação de massa-energia de Einstein
Einstein number (Fís.) número de Einstein
Einstein partition function (Fís.) função de partição de Einstein
Einstein photoelectric equation (Quím.) equação fotoeléctrica de Einstein
Einstein photoelectric law (Fís.) lei fotoeléctrica de Einstein
Einstein-Planck law (Fís.) lei de Einstein-Planck
Einstein relation (Fís.) relação de Einstein
Einstein's equation (Fís.) equação de Einstein

Einstein's equation for specific heat (QUÍM.) equação de Einstein para o calor específico

Einstein's equivalency principle (FÍS.) princípio de equivalência de Einstein

Einstein's field equation (FÍS.) equação de campo de Einstein; lei da gravitação de Einstein

Einstein shift (ASTRO.) desvio de Einstein

Einstein's principle of relativity (FÍS.) princípio da relatividade de Einstein

Einstein's unified field theories (FÍS.) teorias do campo unificado de Einstein

Einstein theory of specific heat of solids (QUÍM.) teoria de Einstein do calor específico dos sólidos

einsteinium (QUÍM.) einsténio (também *einsteinium* em inglês)

Einstein viscosity equation (FÍS.) equação de viscosidade de Einstein

Einsthoven galvanometer (ELECT.) galvanómetro de Einsthoven

EISA (GERAL) abr. de *electronics industry standards association* — associação de normalização da indústria electrónica

ejaculatory duct (ZOO.) canal ejaculatório

ejecta (GEO.) ejecção; expulsão; matérias lançadas por um vulcão

ejection capsule (AERO.) cápsula de ejecção

ejector (GERAL) ejector; expulsor

ejector seat (AERO.) assento ejectável; banco ejectável

Ekman depth (GEO.) profundidade de Ekman; nível de ekman

Ekman spiral (GEO.) espiral de Ekman

ektodactylia (MED.) ectodactilia

elaeolite (MINER.) eleolite

elaiosome (BOT.) eleossoma

elapsed time (INF.) tempo decorrido

Elasmobranchii (ZOO.) Elasmobrânquios; Elasmobranquiados

elastance (FÍS.) elastância (a recíproca de capacitância)

elastase (BIO.) elastase; pancreatopepsidase E; elastinase

elastic bitumen (MINER.) elaterite

elastic center (MEC.) centro de elasticidade; centro elástico

elastic collision (FÍS.) colisão elástica

elastic constant (FÍS.) módulo de elasticidade; constante elástica

elastic deformation (MEC.) deformação elástica

elastic fabric (TÊXT.) tecido elástico

elastic fatigue (FÍS.; MEC.) fadiga elástica

elastic fibres (ZOO.) fibras elásticas

elastic fibrocartilage (ZOO.) fibrocartilagem elástica

elasticity (FÍS.) elasticidade

elasticity of bulk (FÍS.) elasticidade de compressão

elasticity of elongation (FÍS.) elasticidade de alongamento; elasticidade de tracção; elasticidade de tensão

elasticity of gases (FÍS.) elasticidade dos gases

elastic limit (FÍS.; MEC.) limite de elasticidade; limite de ruptura

elastic medium (FÍS.) meio elástico

elastic scattering (FÍS.) difusão elástica

elastic strain (FÍS.) deformação elástica

elastic tissue (ZOO.) tecido elástico

elastin (BIO.) elastina

elastivity (FÍS.) elasticidade (eléctrica)

elastometer (QUÍM.) elastómetro

elaterite (MINER.) elaterite

E-layer (FÍS.) camada-E (camada iomosférica a aproximadamente 100Km acima da superfície terrestre)

elbaite (MINER.) elbaíte

elbow (GERAL) cotovelo; esquina; canto; ângulo

elbow-bone (MED.) olécrano (forma correcta); olecrânio (forma mais usual)

elbow of capture (ECO.) braço de rio

ELCB (ELECT.) abr. de *earth leakage contact breaker* — disjuntor diferencial

Electra complex (PSICO.) complexo de Electra

electret (ELECT.) electreto

electric (FÍS.) eléctrico

electrical (FÍS.) eléctrico

electrical absorption (FÍS.) absorção eléctrica

electrical analogy (FÍS.) analogia eléctrica

electrical angle (ELECT.) ângulo eléctrico

electrical balance (ELECT.) equilíbrio eléctrico; balança eléctrica

electrical balance sheet (ELECT.) camada de equilíbrio eléctrico

electrical battery (ELECT.) bateria eléctrica; acumulador eléctrico

electrical bias (TELECOM.) polarização eléctrica

electrical brain (INF.) cérebro electrónico

electrical brazing (MEC.) soldadura forte eléctrica

electrical capacity (ELECT.) capacidade eléctrica

electrical conductivity (FÍS.) condutividade eléctrica

electrical conductivity analyzer (ELECT.) analisador da condutividade eléctrica

electrical connection (ELECT.) conexão eléctrica; ligação eléctrica

electrical cutout (FÍS.) disjuntor eléctrico

electrical cycle (ELECT.) ciclo eléctrico

electrical declination (ELECT.; FÍS.) declinação eléctrica

electrical deflection (ELECT.) deflexão eléctrica

electrical degree (ELECT.) grau eléctrico

electrical delay line (ELECTRÓN.) linha de retardamento eléctrico

electrical depth finder (GEO.) sonda eléctrica

electrical dipole (ELECT.) dipolo eléctrico

electrical dipole moment (ELECT.) momento de dipolo eléctrico

electrical discharge (ELECT.) descarga eléctrica

electrical discharge band (ELECT.) faixa metálica de descarga

electrical discharge gear (ELECT.) pára-raios

electrical discharge machining (ELECT.) tratamento de descarga eléctrica

electrical dischargers (AERO.) descarregadores eléctricos

electrical distance (ELECT.) distância eléctrica

electrical-double layer (QUÍM.) dupla camada eléctrica

electrical engineering (ELECT.) engenharia eléctrica; electrotecnia

electrical equilibrium (ELECT.) equilíbrio eléctrico

electrical eye (ELECTRÓN.) célula fotoeléctrica; olho eléctrico

electrical fan (ELECT.) ventilador eléctrico

electrical field (ELECT.) campo eléctrico

electrical furnace (ELECT.; MINER.) forno eléctrico

electrical generator (ELECT.) gerador eléctrico

electrical hauling (ELECT.; MEC.) tracção eléctrica

electrical heat (ELECT.) aquecimento eléctrico

electrical hoist (MEC.) guincho eléctrico; guindaste eléctrico

electrical inertia starter (MEC.) arranque eléctrico a inércia

electrical layout (ELECT.) esquema de circuito eléctrico

electrically alterable programmable read-only memory [EAPROM] (INF.) memória só de leitura programável apagável electricamente

electrical magnet (ELECT.) electroíman; electromagneto

electrical overload (ELECT.) sobrecarga eléctrica

electrical power distribution (ESP.) distribuição de energia eléctrica

electrical prospecting (MINAS) prospecção eléctrica

electrical reset (ELECT.) reposição eléctrica

electrical resistivity (FÍS.) resistividade eléctrica

electrical resonance (ELECT.) ressonância eléctrica

electrical thermograph (ELECT.) termógrafo eléctrico

electrical twinning (ELECT.) geminação eléctrica

electrical welding (ELECT.; MEC.) soldadura eléctrica

electric-arc furnace (ELECT.) forno de arco voltaico

electric-arc welding (ELECT.; MEC.) soldadura por arco eléctrico

electric axis (ELECT.) eixo eléctrico

electric balance (ELECT.) equilíbrio eléctrico; balança eléctrica

electric bell (ELECT.) campainha eléctrica

electric braking (ELECT.) travagem eléctrica

electric calamine (MINER.) calamina; hemimorfita; smithsonita

electric cautery (MED.) electrocautério

electric circuit (ELECT.) circuito eléctrico

electric conduction (ELECT.) condução eléctrica

electric dipole (FÍS.) dipolo eléctrico

electric dipole moment (FÍS.) momento de dipolo eléctrico

electric discharge (FÍS.) descarga eléctrica

electric-discharge lamp (ELECT.) lâmpada de descarga eléctrica

electric double layer (ELECT.) dupla descarga eléctrica

electric doublet (ELECT.) dipolo eléctrico

electric dynamometer (MEC.) dinamómetro eléctrico

electric eye (TELECOM.) célula fotoeléctrica

electric field (FÍS.) campo eléctrico

electric field strength (ELECT.) intensidade de campo eléctrico

electric flux (FÍS.) fluxo eléctrico

electric flux density (FÍS.) densidade de fluxo eléctrico

electric generator (ELECT.) gerador eléctrico; dínamo

electric harmonic analyzer (ELECT.) analisador harmónico eléctrico

electricity (GERAL) electricidade

electricity meter (ELECT.) medidor de electricidade; contador eléctrico

electric lamp (ELECT.) lâmpada eléctrica

electric-light ophthalmia (MED.) foto-oftalmia; oftalmia eléctrica (oftalmia causada pela irritação de luz actínica na soldadura eléctrica)

electric locomotive (ELECT.; MEC.) locomotiva eléctrica

electric machine (ELECT.) máquina eléctrica; motor eléctrico

electric moment (ELECT.) momento eléctrico

electric motor (ELECT.; MEC.) motor eléctrico

electric organ (ZOO.) orgão eléctrico

electric oscillation (TELECOM.) oscilação eléctrica

electric polarization (TELECOM.) polarização eléctrica

electric potential (ELECT.) potencial eléctrico; potência electrostática

electric propulsion (ESP.) propulsão eléctrica

electric resistance welded tube (MEC.; QUÍM.) resistência eléctrica de tubo soldado

electric shielding (ELECT.) blindagem eléctrica

electric storm (METEO.) trovoada

electric strength (ELECT.) intensidade eléctrica

electric susceptibility (ELECT.) susceptibilidade eléctrica

electric traction (ELECT.) tracção eléctrica

electric wind (ELECT.) vento eléctrico; descarga convectiva

electrification (ELECT.) electrificação

electroacoustics (FÍS.) electroacústica

electroacoustic transducer (ELECTRÓN.) transdutor electro-acústico

electroanalysis (QUÍM.) electroanálise

electroanesthesia (MED.) anestesia eléctrica; electroanestesia

electroarteriograph (MED.) electroarteriógrafo

electroaxonography (MED.) electroaxonografia

electrobiology (BIO.) electrobiologia

electrobioscopy (MED.) electrobioscopia

electrocalorimetric (FÍS.) electrocalorimétrico

electrocapillary effect (QUÍM.) efeito electrocapilar

electrocapillary maximum (QUÍM.) máximo electrocapilar

electrocardiogram [ECG; EKG] (MED.) electrocardiograma

electrocardiograph (GERAL) electrocardiograma

electrocardiography (MED.) electrocardiografia

electrocardiophonography (MED.) electrocardiofonografia

electrocardioscope (MED.) electrocardioscópio

electrocatalysis (MED.) electrocatálise

electrocataphoresis (FÍS.) electrocataforese

electrocautery (MED.) electrocautério

electrochemical constant (QUÍM.) constante electroquímica

electrochemical energy (ELECT.) energia electroquímica

electrochemical equivalent (FÍS.) equivalente electroquímico

electrochemical gauging (HIDRO.) método de medição electroquímica; método de medição por diluição

electrochemical machining (MEC.) tratamento electroquímico

electrochemical treatment (MEC.) tratamento electroquímico

electrochemistry (QUÍM.) Electroquímica

electrochronograph (ELECT.) electrocronógrafo

electrocoagulation (MED.) electrocoagulação

electroconvulsive therapy [ECT] (MED.) terapia electroconvulsiva; terapia por choque eléctrico; terapia por electrochoque

electrocution (MED.) electrocussão

electrocyte (ZOO.) electrócito

electrode (ELECT.) eléctrodo

electrode admittance (ELECT.) admitância de eléctrodo (recíproca de impedância de eléctrodo)

electrode boiler (ELECT.) caldeira de eléctrodos

electrode characteristic (ELECT.) característica de eléctrodo

electrode conductance (ELECT.) condutância eléctrodica; condutância de grade

electrode current (ELECT.) corrente de eléctrodo

electrode dark current (ELECT.) corrente electródica escura

electrode differential resistance (ELECT.) resistência diferencial de eléctrodo

electrode dissipation (ELECT.) dissipação electródica

electrode drop (ELECT.) queda de tensão ao eléctrodo; queda de voltagem de eléctrodo

electrode efficiency (ELECTRÓN.) eficiência de eléctrodo

electrode holder (ELECT.) porta-eléctrodos

electrode impedance (ELECT.) impedância de eléctrodo

electrode inverse current (ELECT.) corrente inversa de eléctrodo

electrodeless discharge (ELECTRÓN.) descarga sem eléctrodo

electrodeposition (ELECT.) electrodeposição

electrode potential series (QUÍM.) série de potencial de eléctrodo

electrode reactance (ELECT.) reatância de eléctrodo

electrode resistance (ELECT.) resistência de eléctrodo

electrodermal effect (MED.) efeito electrodérmico

electrodesiccation (MED.) electrodessecação

electrodiagnosis (MED.) electrodiagnose

electrodialysis (MED.; QUÍM.) electrodiálise

electrodiffusion (BIO.; QUÍM.) electrodifusão

electrodisintegration (FÍS.) electrodesintegração

electrodissolution (ELECT.) electrodissolução

electroduct (ELECT.) canalização eléctrica subterrânea

electrodynamic instrument (ELECT.) instrumento electrodinâmico

electrodynamic loudspeaker (FÍS.) altifalante electrodinâmico

electrodynamic microphone (FÍS.) microfone electrodinâmico

electrodynamic wattmeter (ELECT.) wattímetro electrodinâmico

electroencephalogram [EEG] (MED.) electroencefalograma

electroencephalograph (MED.) electroencefalógrafo

electroendosmosis (QUÍM.) electroendosmose

electroextraction (MED.) extracção eléctrica; electroextracção

electrofacing (ELECT.) revestimento eléctrico

electrofluor (FÍS.) electrofluorescente

electrofluorescence (FÍS.) electrofluorescência

electroforming (ELECTRÓN.) electroformação (deposição electrolítica de metal sobre o eléctrodo)

electroforming (MEC.) galvanoplastia

electrogenic pump (BOT.) bomba electrogénea

electrogram (ELECT.) electrograma

electrograph (ELECT.) electrógrafo

electrographite (FÍS.) electrografite

electrohemostasis (MED.) electro-hemostase; electro-hemostasia

electroimmunodiffusion (BIO.; QUÍM.) electro-imunodifusão

electrokinetic effect (QUÍM.) efeito electrocinético

electrokinetic potential (QUÍM.) potencial electrocinético; potencial zeta

electrokinetics (FÍS.) electrocinética

electroluminescence (FÍS.) electroluminescência

electroluminescent lamp (ELECT.) lâmpada electroluminescente

electrolysis (GERAL) electrólise

electrolyte (ELECT.) electrólito

electrolyte leakage (ELECTRÓN.) fuga de electrólito

electrolytic capacitor (ELECT.) condensador electrolítico

electrolytic cell (QUÍM.) pilha electrolítica

electrolytic conductivity (ELECT.) condutividade electrolítica

electrolytic copper (MEC.) cobre electrolítico

electrolytic corrosion (MEC.) corrosão electrolítica

electrolytic depolarization (ELECT.) despolarização electrolítica

electrolytic dissociation (ELECT.) dissociação electrolítica

electrolytic effect (ELECT.) efeito electrolítico

electrolytic excess voltage (ELECT.) supertensão electrolítica

electrolytic inductance (ELECTRÓN.) inductância do electrólito

electrolytic lead (ELECT.) chumbo electrolítico

electrolytic leakage current (ELECT.) corrente de fuga do electrólito

electrolytic lightning arrester (ELECT.) pára-raios electrolítico

electrolytic machining (ELECTRÓN.) tratamento electrolítico

electrolytic meter (ELECT.) medidor electrolítico

electrolytic polarization (ELECT.) polarização electrolítica

electrolytic process (ELECT.) processo electrolítico

electrolytic refining (MEC.) refinamento electrolítico

electrolytic rheostat (ELECT.) reóstato electrolítico

electrolytic tank (ELECT.) tanque electrolítico

electrolytic valve (ELECT.) válvula electrolítica

electrolytic zinc (MEC.) zinco electrolítico

electromagnet (ELECT.) electroíman; electromagneto

electromagnetic blow-out (ELECT.) disjunção electromagnética

electromagnetic brake (ELECT.) travão electromagnético; freio electromagnético

electromagnetic cathode-ray tube (ELECTRÓN.) tubo electromagnético de raios catódicos

electromagnetic clutch (AUTO.; MEC.) embraiagem electromagnética

electromagnetic compatibility (ELECT.) compatibilidade electromagnética

electromagnetic component (TELECOM.) componente electromagnético

electromagnetic control (ELECT.) controlo electromagnético

electromagnetic coupling (ELECT.) acoplamento electromagnético

electromagnetic damping (ELECT.) amortecimento electromagnético

electromagnetic deflection (ELECTRÓN.) deflexão electromagnética

electromagnetic energy (ELECT.) energia electromagnética

electromagnetic field theory (FÍS.) teoria de campo electromagnético

electromagnetic focusing (ELECTRÓN.) focalização electromagnética

electromagnetic generator (ELECT.) gerador electromagnético

electromagnetic horn (TELECOM.) antena tipo funil; antena tipo cone invertido

electromagnetic induction (ELECT.) indução electromagnética

electromagnetic inertia (ELECT.) inércia electromagnética

electromagnetic instruments (ELECT.) instrumentos electromagnéticos

electromagnetic interaction (FÍS.) interacção electromagnética

electromagnetic interference (TELECOM.) interferência electromagnética

electromagnetic lens (ELECTRÓN.) lente electromagnética

electromagnetic location (ECO.) localização electromagnética

electromagnetic loudspeaker (FÍS.) altifalante electromagnético

electromagnetic microphone (FÍS.) microfone electromagnético

electromagnetic mirror (ELECT.) espelho electromagnético

electromagnetic noise (ELECTRÓN.) ruído electromagnético

electromagnetic oscillograph (ELECT.) oscilógrafo electromagnético

electromagnetic pickup (TELECOM.) agulha de gira-discos

electromagnetic polarizing (ELECT.) polarização electromagnética

electromagnetic potential (ELECT.) potencial electromagnético

electromagnetic prospecting (GEO.) prospecção electromagnética

electromagnetic pulse [EMP] (ELECTRÓN.) impulso electromagnético

electromagnetic pump (ELECT.) bomba electromagnética

electromagnetic radiation (FÍS.) radiação electromagnética

electromagnetic reaction (FÍS.) reacção electromagnética

electromagnetic relay (ELECT.) relé electromagnético

electromagnetics (GERAL) Electromagnetismo

electromagnetic separation (MINAS; NUCL.) separação electromagnética

electromagnetic spectrum (FÍS.) espectro electromagnético

electromagnetic switch (ELECT.) interruptor electromagnético

electromagnetic theory (FÍS.) teoria electromagnética

electromagnetic units (FÍS.) unidades electromagnéticas

electromagnetic vibrator (ELECT.) vibrador electromagnético

electromagnetic wave (FÍS.) onda electromagnética; onda hertziana

electromagnetism (ELECT.) electromagnetismo

electromechanical brake (ELECT.) travão electromecânico

electromechanical circuit (ELECT.) circuito electromecânico

electromechanical recorder (ELECT.) gravador electromecânico

electromechanical relay (ELECT.) relé electromecânico

electrometallization (MEC.) electrometalização

electrometallurgy (MEC.) electrometalurgia

electrometer (ELECT.) electrómetro

electrometric titration (QUÍM.) titulação electrométrica

electromotive force (ELECT.) força electromotriz

electromotive series (QUÍM.) série electromotriz

electromyography (MED.) electromiografia

electron (FÍS.) electrão

electron affinity (QUÍM.) afinidade de electrão

electronarcosis (MED.) electronarcose

electron avalanche (ELECT.) avalanche electrónica

electron beam (ELECTRÓN.) feixe de electrões; feixe electrónico

electron-beam analysis (MEC.) análise de feixe de electrões

electron-beam generator (ELECTRÓN.) gerador de feixe electrónico

electron-beam machining (ELECTRÓN.) tratamento por feixe de electrões

electron-beam microfabricator [EBMF] (ELECTRÓN.) microprodutor de feixe de electrões

electron beam tube (ELECTRÓN.) válvula de feixe electrónico

electron beam voltage (ELECTRÓN.) tensão do feixe de electrões

electron camera (T.IMAG.) câmara electrónica

electron capture (FÍS.) captura de electrões

electron carrier (BIO.; QUÍM.) transportador de electrões

electron charge (ELECTRÓN.) carga de electrões

electron cloud (QUÍM.) nuvem de electrões

electron conduction (ELECTRÓN.) condução de electrões

electron-coupled oscillator (ELECTRÓN.) oscilador de acoplamento electrónico

electron density (FÍS.) densidade electrónica

electron device (ELECTRÓN.) dispositivo electrónico

electron diffraction (ELECTRÓN.) difracção electrónica

electron discharge (ELECTRÓN.) descarga electrónica

electron-discharge tube (ELECTRÓN.) válvula de descarga electrónica

electron dispersion curve (FÍS.) curva de dispersão electrónica

electron drift (ELECTRÓN.) desvio electrónico

electronegative (FÍS.) electronegativo

electronegativity (BIO.) electronegatividade

electron emission (ELECTRÓN.) emissão de electrões

electroneurography (MED.) electroneurografia

electroneurolysis (MED.) electroneurólise

electron gas (ELECTRÓN.) gás electrónico

electron gun (ELECTRÓN.) canhão electrónico; disparador electrónico

electronic (GERAL) electrónica

electronic absorption coefficient (ELECTRÓN.) coeficiente de absorção electrónica

electronic automatic exchange [EAX] (TELECOM.) intercomunicação automática electrónica

electronic charge (FÍS.) carga electrónica

electronic configuration (QUÍM.) configuração electrónica

electronic data interchange [EDI] (INF.) partilha electrónica de da-dos

electronic engineering (ELECT.) engenharia electrónica; mecânica electrónica

electronic engraving (IMP.) gravação electrónica

electronic flash (GERAL) relâmpago electrónico; «flash» electrónico

electronic funds transfer system (INF.) sistema electrónico de transferência de fundos

electronic ignition (AUTO.) ignição electrónica

electronic intelligence (TELECOM.) serviço de informação electrónica

electronic interference (TELECOM.) interferência electrónica

electronic keying (TELECOM.) manipulação electrónica

electronic mail (INF.) correio electrónico

electronic memory (INF.) memória electrónica

electronic microphone (FÍS.) microfone electrónico

electronic music (FÍS.) música electrónica

electronic oscillation (TELECOM.) oscilação electrónica

electronic pacemaker (MED.) pacemaker electrónico; marca-passo electrónico

electronic paramagnetic resonance (QUÍM.) ressonância paramagnética electrónica

electronic photometer (ELECT.) fotómetro electrónico

electronic point of sale [EPOS] (INF.) ponto de venda electrónico

electronic potential (BIO.) potencial electrónico

electronic rectifier (ELECT.) rectificador electrónico

electronic register control (IMP.) controlo de registo electrónico

electronic security (ELECTRÓN.) segurança electrónica

electronic shutter (T.IMAG.) obturador electrónico

Electronics Industry Standards Association [EISA] (GERAL) associação de normalização da indústria electrónica

electronic storage (INF.) memória electrónica

electronic switch (ELECT.) interruptor electrónico; comutador electrónico

electronic theory of valency (QUÍM.) teoria electrónica da valência

electronic traction control (AUTO.) controlo de tracção electrónica

electronic tuning (ELECTRÓN.) sintonia electrónica

electronic voltmeter (ELECT.) voltímetro electrónico

electronic wattmeter (ELECT.) wattímetro electrónico

electron lens (ELECTRÓN.) lente electrónica; lente de electrões

electron mass (FÍS.) massa de electrão (em repouso)

electron micrograph (BIO.) micrógrafo de electrões

electron microscope (BIO.) microscópio de electrões

electron microscopy (FIS.) microscopia de electrões; microscopia electrónica

electron mirror (ELECTRÓN.) espelho electrónico

electron mobility (ELECTRÓN.) mobilidade electrónica

electron multiplier (ELECTRÓN.) multiplicador electrónico

electron octet (FÍS.; QUÍM.) octeto de electrões

electron optics (FÍS.) óptica electrónica

electron pair (QUÍM.) par electrónico

electron-phonon scattering (FÍS.) dispersão electrão-fonão

electron probe analysis (QUÍM.) análise de sonda electrónica

electron radius (FÍS.) raio do electrão

electron runaway (ELECTRÓN.) fuga de electrão

electron scanning (T.IMAG.) exploração de electrões

electron sheath (ELECTRÓN.) camada electrónica; parede electrónica

electron shell (FÍS.) invólucro de electrões; capa de electrões

electron spin (ELECTRÓN.) spin do electrão; rotação do electrão

electron spin ressonance (FÍS.) ressonância do spin do electrão

electron-stream potential (ELECTRÓN.) potencial de corrente electrónica

electron synchrotron (ELECTRÓN.) sincrotrão de electrões

electron telescope (GERAL) telescópio electrónico

electron transit time (ELECTRÓN.) tempo de trânsito dos electrões

electron transport (BIO.) transporte de electrões

electron transport chain (BIO.) cadeia de transporte de electrões

electron tube (ELECTRÓN.) tubo electrónico; válvula electrónica

electron-volt (FÍS.; RADIOL.) electrão-volt; ev

electro-optical effect (ELECT.) efeito electróptico

electro-osmosis (QUÍM.) electrosmose

electroparting (ELECT.) separação electrolítica

electrophil(e) (MED.) electrófilo

electrophonic effect (FÍS.) efeito electrofónico

electrophonic music (FÍS.) música electrofónica; música ultrassónica

electrophoresis (QUÍM.) electroforese

electrophoretic blotting (BIO.) absorção electroforética

electrophorus (ELECT.) electróforo

electrophysiology (BIO.) electrofisiologia

electroplaque (ZOO.) placa eléctrica

electroplating (ELECT.) electrogalvanização; galvanização

electroplating generator (ELECT.) gerador de galvanização

electroplexy (MED.) electroplexia

electropneumatic (ELECT.) electropneumático

electropneumatic brake (E.CIV.) travão electropneumático; freio electropneumático

electropneumatic contactor (ELECT.) contacto electropneumático

electropneumatic control (ELECT.) controlo electropneumático

electropneumatic signalling (ELECT.) sinalização electropneumática

electropolishing (MEC.) polimento galvânico

electropositive (FÍS.) electropositivo

electroradiometer (FÍS.) electrorradiómetro

electroreceptor (ZOO.) electrorreceptor

electrorefining (MEC.) refinamento electrolítico

electroscision (MED.) electrocisão

electroscope (ELECT.) electroscópio

electrosmosis (QUÍM.) electrosmose

electrosonic music (FÍS.) música electrónica

electrostatic accelerator (ELECT.) acelerador electrostático

electrostatic actuator (FÍS.) actuador electrostático

electrostatic adhesion (QUÍM.) adesão electrostática

electrostatic bonding (QUÍM.) ligação electrostática

electrostatic capacitor (ELECT.) resistência electrostática

electrostatic cathode-ray tube (ELECT.) tubo electrostático de raios catódicos

electrostatic charge (ELECT.) carga electrostática

electrostatic copier (GERAL) copiador electroestático

electrostatic coupling (ELECTRÓN.) acoplamento electrostático

electrostatic deflection (ELECTRÓN.) deflexão electrostática

electrostatic discharge (ELECTRÓN.) descarga electroestátca

electrostatic energy (ELECTRÓN.) energia electrostática

electrostatic field (ELECT.) campo electrostático

electrostatic focusing (ELECTRÓN.) focagem electrostática

electrostatic generator (ELECT.) gerador electrostático

electrostatic induction (ELECT.) indução electrostática

electrostatic instrument (ELECT.) instrumento electrostático

electrostatic Kerr effect (ELECT.) efeito electrostático de Kerr

electrostatic lens (ELECTRÓN.) lente electrostática

electrostatic loudspeaker (FÍS.) altifalante electrostático

electrostatic memory (ELECT.) memória electrostática

electrostatic microphone (FÍS.) microfone electrostático

electrostatic oscillograph (ELECT.) oscilógrafo electrostático

electrostatic precipitation (ELECT.) precipitação electrostática

electrostatic printer (INF.) impressora electrostática

electrostatic printing (IMP.) impressão electrostática

electrostatics (GERAL) Electrostática

electrostatic scanning (ELECTRÓN.) exploração electrostática

electrostatic separator (ELECT.) separador electrostático

electrostatic shield (ELECT.; TELECOM.) blindagem electrostática

electrostatic spray (E.CIV.) vaporização electrostática

electrostatic storage (INF.) memória electrostática

electrostatic tweeter (ELECTRÓN.) altifalante de agudos electrostáticos

electrostatic voltmeter (ELECT.) voltímetro electrostático

electrostatic wattmeter (ELECT.) wattímetro electrostático

electrostriction (FÍS.) electrostricção

electrotaxis (ZOO.) electrotaxia

electrotellurograph (ELECT.) electrotelurógrafo

electrotherapeutics (MED.) electroterapêutica

electrotherapy (MED.) electroterapia

electrothermic (ELECT.) electrotérmico

electrothermoluminescence (FÍS.) electrotermoluminescência

electrotonus (MED.) electrotónus

electrotropism (ZOO.) electrotropismo

electrotype (IMP.) electrótipo

electrovalence (QUÍM.) electrovalência

electrovalent bond (QUÍM.) ligação electrovalente

electroviscosity (QUÍM.) electroviscosidade

electrum (MEC.) electro

electuary (MED.) electuário

Elektron alloys (MEC.) ligas Elektron (MC de ligas de magnésio)

element (GERAL) elemento

elemental analysis (QUÍM.) análise elementar

elementary bodies (MED.) corpos elementares

elementary colours (FÍS.) cores elementares

elementary particle (FÍS.) partícula elementar

elements of an orbit (ASTRO.) elementos de uma órbita

elephantiasis (MED.) elefantíase; paquidermia; lepra de Malabar

eleutherodactyl (ZOO.) eleuterodáctilo

elevation (AERO.; ASTRO.) altitude

elevation (GERAL) elevação

elevation (TOPO.) cota

elevation of boiling point (QUÍM.) elevação do ponto de ebulição

elevation potential energy (QUÍM.) energia potencial

elevator (AERO.) leme de profundidade

elevator (MEC.) elevador

elevator chain (MEC.) cadeia elevadora; cadeia do elevador

elevon (AERO.) elevon (abr. de *ELEVator* — elevador e *ailerON* — aileron)

elimination (QUÍM.) eliminação

eliminator filter (TELECOM.) filtro de eliminação

ELINT (TELECOM.) abr. de *ELectronic INTelligence* — Serviço de Informações Electrónicas de Segurança

ELISA (BIO.) abr. de *enzyme linked immunosorbent assay* — teste de enzima ligada a inuno-absorvente

elixir (IMUN.) elixir

ell (E.CIV.) cotovelo

ellipse (MAT.) elipse

ellipsoid (MAT.) elipsóide

elliptical arch (E.CIV.) arco elíptico

elliptical galaxies (ASTRO.) galáxias elípticas

elliptical point on a surface (MAT.) ponto elíptico numa superfície

elliptical polarization (TELECOM.) polarização elíptica

elliptic approximation filter (ELECTRÓN.) filtro de aproximação eliptica

elliptic functions (MAT.) funções elípticas

elliptic geometry (MAT.) geometria elíptica

elliptic integral (MAT.) integral elíptica

elliptic polarization (FÍS.) polarização elíptica

elliptic trammel (MEC.) instrumento para traçar elipses

elm (BOT.; E.CIV.) olmo; ulmeiro; a sua madeira

Elmo's fire (METEO.) fogo-de-Santelmo

elongation (ASTRO.) elongação

elongation factor (BIO.) factores de elongamento

Eltonian pyramid (ECO.) pirâmide ecológica

eluant (BIO.; QUÍM.) eluente; líquido de eluição

elution volume (BIO.; QUÍM.) volume de eluição

elutriation (QUÍM.) decantação; elutriação

eluvial (GEO.) eluvial

eluviation (GEO.) lexiviação

eluvium gravels (GEO.) cascalhos eluviais

ELV (ESP.) abr. de *Expandable Launch Vehicle* — Veículo de Lançamento não Recuperável

elytra (ZOO.) élitros

elytritis (MED.) elitrite; vaginite; colpite

emaciation (MED.) emaciação; emagrecimento

emagram (METEO.) emagrama; diagrama aerológico de Refsdal

email (INF.) abr. de *electronic mail* — correio electrónico

emanation (QUÍM.) emanação

emarginate (BOT.; ZOO.) emarginado; seccionado

emasculation (BOT.; MED.) emasculação; castração

emasculator (VET.) castrador

embankment wall (E.CIV.) parede de aterro lateral; talude; dique

embedded column (ARQ.) coluna embutida

embedded temperature detector (ELECT.) detector de temperatura embutido

embedded thermistor (ELECTRÓN.) termistor embebido

embedding (BIO.) fixação

embellishment (ARQ.) embelezamento; adorno

EMBL (BIO.) abr. de *European Molecular Biology Laboratory* — Laboratório Europeu de Biologia Molecular

embolic gastrulation (ZOO.) gastrulação embólica

embolism (GERAL) embolismo

embolus (MED.) êmbolo

emboly (ZOO.) invaginação

embrasure (ARQ.) vão de janela; vão de porta

embrittlement (MEC.) friabilidade

embroidery (TÊXT.) bordado

embryo (GERAL) embrião

embryo culture (BOT.) cultura embriónica

embryogenesis (BOT.) embriogénese

embryogeny (BOT.) embriogenia

embryoid (BOT.) embrióide

embryology (BIO.) embriologia

embryoma (MED.) embrioma

embryonic fission (ZOO.) fissão embriónica

embryonic tissue (BOT.) tecido embriónico

embryophyte (BOT.) embriófita

embryo sac (BOT.) saco embrionário

embryotomy (MED.) embriotomia

EMC (TELECOM.) abr. de *electromagnetic compatibility* — compatibilidade electromagnética

emerald (MINER.) esmeralda

emerald copper (MINER.) esmeralda-de-cobre (designação comercial da dioptase usada como gema)

emergence (Bot.) emergência; aparecimento; emersão

emergency brake (Mec.) travão de emergência; freio de emergência

emergency release-push (Elect.) accionador de emergência

emergency shutdown (Nucl.) corte de emergência

emergency shutdown system (Nucl.) sistema de corte de emergência

emergency stop (Elect.) interruptor de segurança

emergency switch (Elect.) interruptor de emergência

emergent ray point (Radiol.) ponto de raio emergente

emersed (Bot.) emerso

emersion (Astro.) emergência; saída

emery (Miner.) esmeril

emery buff (Mec.) lixa de ferro

emery cloth (Mec.) lixa fina; esmeril fino

emery paper (Mec.) lixa; papel de lixa

emery wheel (Mec.) roda de esmeril; rebolo

emesis (Med.) emese

emetic (Med.) emético

emetine (Quím.) emetina; éter metilado da cefalina

e.m.f. (Elect.) abr. de *ElectroMotive Force* — força electromotriz

EMI (Inf.) abr. de *Electro-Magnetic Interference* — interferência electromagnética

emigration (Eco.) emigração

eminentia (Med.) eminência; proeminência; área elevada e circunscrita

emissary (Zoo.) emissário

emission (Fís.) emissão

emission current (Electrón.) corrente de emissão

emission efficiency (Electrón.) eficiência de emissão

emission spectrum (Fís.) espectro de emissão

emission tomography (Radiol.) tomografia por emissão

emissive power (Fís.) poder emissivo; potência emissiva

emissivity (Fís.) emissividade; poder emissivo

emitter (Electrón.) emissor

emitter bias (Electrón.) polarização de emissor

emitter current (Electrón.) corrente de emissão

emitter efficiency (Electrón.) eficiência de emissor

emitter junction (Electrón.) junção emissora

emitter semiconductor (Electrón.) semicondutor emissor

emmetropia (Med.) emetropia

emollient (Med.) emoliente

EMP (Electrón.) abr. de *electromagnetic pulse* — impulso electromagnético

empennage (Aero.) empenagem; conjunto da cauda

emphasizer (Telecom.) acentuador de intensidade de sinais

emphysema (Med.) enfisema

emphysematous chest (Med.) tórax enfisematoso

empire cloth (Elect.) cambraia envernizada

empirical formula (Geral) fórmula empírica

empirism (Geral) empirismo

emplastrum (Med.) emplastro

emprosthotonos (Med.) emprostótono; tétano anterior; «tetanus anticus»

empty band (Fís.) faixa vazia; banda vazia

empyesis (Med.) empiese

emu (Geral) unidades electromagnéticas

emulgent (Med.) emulgente

emulsification (Imp.) emulsão

emulsified coolant (Mec.) refrigerante de emulsão

emulsifier (Quím.) emulsionador

emulsifying agents (Quím.) agentes emulsionantes

emulsion (Geral) emulsão

emulsion paint (E.Civ.) tinta de emulsão

emulsion technique (Fís.) técnica de emulsão

emunctory (Med.) emunctório

enabling pulse (Electrón.) pulso habilitador

enamel (Geral) esmalte

enamel cell (Zoo.) ameloblasto; célula de esmalte

enamel-insulated wire (Elect.) fio isolado com esmalte; fio esmaltado

enamelled brick (E.Civ.) tijolo esmaltado

enamelled slate (Elect.) ardósia esmaltada

enamel paint (E.Civ.) tinta de esmalte

enanthem(a) (Med.) enantema

enantiomerism (Quím.) enantiomerismo

enantiomers (Bio.) enantiomorfos; substâncias enantiomórficas

enantiomorphism (Quím.) enantiomorfismo

enargite (Miner.) enargite

enarthrosis (Zoo.) enartrose

encapsulation (Mec.) capsulação; encapsulação

encase (E.Civ.) encaixotar

encastré (E.Civ.) encastrado; encaixado

encaustic painting (E.Civ.) pintura encáustica

encaustic tile (E.Civ.) telha encáustica

Enceladus (Astro.) Encelado (o 2º satélite natural de Saturno)

enceph-; encephalo- (Geral) encef-; encefalo-; do grego *enkephalos* — cérebro

encephalagia (Med.) encefalagia; cefalgia; cefaleia

encephalitis (Med.) encefalite

encephalitis lethargica (Med.) encefalite letárgica; encefalia epidémica; doença de von Economo

encephalitis neonatorum (Med.) encefalite do recém-nascido

encephalitis periaxialis concentrica (Med.) encefalite periaxial concêntrica; doença de Baló

encephalitis periaxialis diffusa (Med.) encefalite periaxial difusa; esclerose difusa; doença de Flatau-Schilder; doença de Schilder

encephalitis postvaccinal (Med.) encefalite pós-vacina

encephalitogen (Imun.) encefalitógeno

encephalocele (Med.) encefalocele; craniocele

encephalogram (Radiol.) encefalograma

encephalography (Radiol.) encefalografia

encephalomalacia (Med.) encefalomalacia; amolecimento cerebral

encephalomyelitis (Med.) encefalomielite

encephalon (Zoo.) encéfalo; cérebro

encephalonarcosis (Med.) encefalonarcose

encephalopathy (Med.) encefalopatia

encephalopsy (Med.) encefalopsia

encephalopsychosis (Med.) encefalopsicose

encephalospinal (Zoo.) encefalospinhal; cérebro-espinhal; encefalorraquidiano

enchondroma (Med.) encondroma

enclitic (Med.) enclítico

enclosed fuse (Elect.) fusível blindado

enclosed self-cooled machine (Elect.) máquina blindada de autoresfriamento

encode (Telecom.) codificar

encoder (Electrón.) transdutor

encoding (Psico.) codificação

encoding altimeter (Aero.) altímetro de codificação

encounter group (Psico.) grupo de encontro

encrinal limestone (Geo.) calcário encrino

encrypted text (Telecom.) texto codificado

encryption key (Telecom.) chave de codificação

encysted (Med.) enquistado

encystment (Geral) enquistamento

endangered species (Eco.) espécies em risco

endarteritis (Med.) endarterite

endarteritis obliterans (Med.) endarterite obliterante; doença de Friedlander

end-artery (Med.) artéria terminal

endbrain (Med.) cérebro terminal; telencéfalo

end-bulb (Med.) bulbo terminal

end cell (Elect.) elemento de regulação

end connection (Elect.) ligação terminal; junção terminal

end correction (Fís.) correcção final

endellionite (Miner.) endellionite (de «Endellion» — Inglaterra); Bournonita (de «Bournon», mineralogista francês)

endemic (Eco.; Med.) endémico

endemoepidemic (Eco.; Med.) endemoepidémico

endergonic (Bot.; Quím.; Zoo.) endergónico

endergonic reaction (Bio.; Quím.) reacção endoenergética
enderon (Med.) cório; derme
end-fire array (Radar; Telecom.) rede de antenas de radiação longitudinal
endgut (Med.) intestino posterior
end impedance (Elect.) impedância terminal; impedância de extremo
ending (Geral) terminação; finalização; acabamento
ending address (Inf.) endereço final
end-joint connection (Mec.) união de canto
endless belt (Mec.) correia sem fim
endless bolt (E.Civ.) parafuso sem fim
endless saw (Mec.) serra-sem-fim; serra de fita
end link (Mec.) elo final
end matter (Imp.) assunto final
end mill (Mec.) fresa de topo; fresa universal
end moraine (Geo.) morena terminal
endo- (Geral) endo-; prefixo do grego *endon* — dentro, indicando interior, conteúdo, absorvido
endoabdominal (Med.) endoabdominal
endo-aneurysmorrhaphy (Med.) endoaneurismorrafia
endoangiitis (Med.) endoangiite
endobiotic (Bot.) endobiótico
endoblast (Zoo.) endoblasto
endobronchial (Med.) endobrônquico
endocardiac (Med.) endocardíaco
endocarditis (Med.) endocardite
endocardium (Zoo.) endocárdio
endocarp (Bot.) endocarpo
endocervicitis (Med.) endocervicite
endochondral (Zoo.) endocôndrico; intracartilaginoso
endocranium (Zoo.) endocrânio
endocrine (Zoo.) endócrino
endocrinology (Med.) endocrinologia
endocrinoma (Med.) endocrinoma
endocrinopathic (Med.) endocrinopático
endocrinopathy (Med.) endocrinopatia
endocuticle (Zoo.) endocutícula
endocyclic (Quím.) endocíclico
endocyma (Med.) endocima
endocytic vesicle (Bio.) vesículo endocítico
endocytosis (Bio.) endocitose
endoderm (Zoo.) endoderme
endodermis (Bot.) endoderme
endodyocyte (Bio.) endodiócito; merozoíto
endodyogeny (Bio.) endodiogenia
endoenteritis (Med.) endoenterite
endoenzyme (Bio.) endoenzima
endo-ergic process (Fís.) processo endoenergético; processo endotérmico
end of file marker (Inf.) marcador de fim de ficheiro
endogamy (Bot.; Zoo.) endogamia
endogenetic (Eco.) endogenético
endogenote (Bio.) endogenota (genoma originário de um merozigoto)
endogenous (Bot.; Psico.; Zoo.) endógeno
endogenous infection (Eco.) infecção endógena

endogenous variables (Mat.) variáveis endógenas
endogenous virus (Bio.; Med.) vírus endógeno
endoglycosidase (Bio.) endoglicosidase
endognathion (Bio.) endognátio
endolithic (Bot.) endolítico
endolymph (Zoo.) endolinfa
endolymphangial (Zoo.) endolinfático
endolymphatic (Zoo.) endolinfático
endolysine (Med.) endolisina
endomeninx (Med.) endomeninge
endomerogony (Bio.) endomerogonia
endometrial (Med.) endométrico
endometrioma (Med.) endometrioma; adenomioma
endometriosis (Med.) endometriose
endometritis (Med.) endometrite
endometrium (Med.) endométrio; mucosa uterina
endomitosis (Bot.) endomitose
endomorph (Psico.) endomorfo; braquitipo
endomorphy (Psico.) endomorfia
endomotorsonde (Med.) endomotorsonda
endomyocardial (Med.) endomiocárdico
endomyocardial fibrosis (Med.) fibrose endomiocárdica
endomyocarditis (Med.) endomiocardite
endomysium (Zoo.) endomísio
endoneuritis (Med.) endoneurite
endoneurium (Zoo.) endoneuro; bainha de Henle; bainha de Key e Retzius
endonuclease (Bio.) endonuclease
endonucleolus (Bio.) endonucléolo
endoparasite (Bot.; Zoo.) endoparasita
endopeptidase (Bio.) endopeptidase
endoperiarteritis (Med.) endoperiarterite
endophlebitis (Med.) endoflebite
endophtalmitis (Med.) endoftalmite
endophyte (Bot.) endófita; endófito
endophytic (Bot.) endófita
endophytic mycorrhiza (Bot.) micorriza endófita
endopite (Zoo.) endópodo
endoplasm (Bio.) endoplasma
endoplasmic reticulum [ER] (Bio.) retículo endoplásmico
endopolygenia (Bio.) endopoligenia
endopolyphosphatase (Quím.) endopolifosfatase; metafosfatase
endopolyploid (Bot.) endopoliplóide
endopolyploidy (Bio.) endopoliploidia
Endoprocta (Zoo.) Endoproctos
Endopterygota (Zoo.) Endopterigotos
endoradiosonde (Electrón.; Med.) endorradiosonda
endorhachis (Zoo.) dura-máter medular
endorphins (Bio.; Med.) endorfinas
endosarc (Zoo.) endossarco
endoscope (Mec.; Med.) endoscópio
endoscopic embryology (Bot.) embriologia endoscópica
endoskeleton (Zoo.) endosqueleto
endosome (Bio.) endossoma (inicialmente endoplasto)

endosperm (Bot.) endosperma
endospermic (Bot.) endospérmico
endospermous (Bot.) endospérmico
endospore (Bot.) endósporo
endosporic (Bot.) endospórico
endosteum (Med.) endósteo; membrana medular
endostyle (Zoo.) endostilo; goteira ventral (nos leptocardos)
endosymbiont (Bio.; Eco.) endossimbionte
endosymbiosis (Bot.) endossimbiose
endosymbiotic hypothesis (Bot.) hipótese endossimbiótica
endothecium (Bot.) endotécio
endothelial cells (Bio.) células endoteliais
endothelial growth factors (Bio.) factores de crescimento endotelial
endotheliochorial placenta (Zoo.) placenta endoteliocoriónica
endothelioma (Med.) endotelioma
endotherm (Eco.) endotérmico
endothermic (Quím.) endotérmico
endotoxin (Geral) endotoxina
endotoxin shock (Imun.) choque de endotoxinas
endotrophic mycorrhiza (Bot.) micorriza endotrófica
endozoic (Bot.) endozóico
end plate (Zoo.) placa terminal; placa motora
end-point (Quím.) temperatura final; ponto final
end product (Fís.) produto final
end-quench test (Mec.) teste de têmpera final
end sheet (Elect.) chapa final
end shield (Elect.) blindagem final; blindagem lateral
end speed (Aero.) velocidade final
end spring (Elect.) mola final
endurance (Aero.) autonomia; raio de acção; «endurance»
endurance limit (Mec.) limite de resistência; limite de fadiga
endurance range (Mec.) faixa de resistência
end window counter (Elect.) contador de janela
enediol (Quím.) enediol
enema (Med.) enema; clister; injecção rectal
energetics (Quím.) Energética
energy (Geral) energia
energy amplification (Elect.) amplificação de energia
energy balance (Geral) equilíbrio energético
energy band (Fís.) faixa de energia
energy barrier (Quím.) barreira energética
energy budget (Eco.) balanço energético
energy component (Elect.) componente energético; componente activo
energy confinement time (Nucl.) tempo de restrição de energia
energy curve (T.Imag.) curva de energia
energy density (Elect.) densidade de energia
energy distribution (Elect.) distribuição de energia

energy flow (Eco.) fluxo energético

energy gap (Fís.) faixa sem energia

energy level (Electrón.) nível de energia

energy level diagram (Electrón.) diagrama de níveis de energia

energy level of a particle (Fís.) nível energético de uma partícula

energy loss per ion pair (Electrón.) perda de energia por par de iões (formados)

energy management (Aero.) utilização de energia

energy-mass equation (Fís.) equação energia-massa

energy of a charge (Elect.) energia de uma carga

energy of activation (Eco.) energia de activação

energy quantum (Electrón.) quantum de energia

energy state (Electrón.) estado de energia

eng (Bot.; E.Civ.) Dipterocarpo; a sua madeira (árvore da Birmânia usada na construção de casas)

ENG (T.Imag.) abr. de *Electronic News Gathering* — recolha electrónica de notícias

engaging speed (Aero.) velocidade de engate

Engel process (Plást.) processo Engel

engine (Mec.) máquina; motor

engine cylinder (Mec.) cilindro do motor

engineer (Eng.; Mec.) engenheiro; mecânico; maquinista; técnico

engineering brick (E.Civ.) tijolo semivítreo

engineering geology (Geo.) Geologia mecânica

engineer's chain (Topo.) cadeia de agrimensor

engine friction (Mec.) fricção do motor

engine piston (Mec.) pistão do motor

engine pod (Aero.) cabina do motor

engine speed (Mec.) velocidade do motor; regime do motor

engine supercharger (Mec.) compressor do motor; superalimentador do motor

engine torque (Mec.) motor binário; binário-motor

englacial (Geo.) dentro de uma geleira

Engler distillation (Quím.) destilação de Engler

Engler flask (Quím.) frasco de Engler; balão de Engler

English (Imp.) Inglês (tipo de composição)

English bond (E.Civ.) ligação inglesa (de tijolos)

English cross bond (E.Civ.) ligação cruzada à inglesa (de tijolos)

English lever (Reloj.) alavanca inglesa

English roof truss (E.Civ.) armação de telhado à inglesa

engorgement (Med.) engorgitamento

engrailed gene (Bio.) gene entalhado

enhanced-carrier demodulation (Elect.) desmodulação por portadora acrescentada

enhancement (Bio.) aumento

enhancement-type transistor (Electrón.) transístor do tipo de enriquecimento

enhancer (Bio.) aumentador; realçador

ENIAC (Inf.) abr. de *Electronic Numerical Integrator And Calculator* — integrador e calculador numérico electrónico

enkephalins (Bio.) encefalinas

enlarger (T.Imag.) ampliador

enlarging lens (T.Imag.) lente de ampliação

enneagon (Mat.) eneágono

enol (Quím.) enol

enolase (Quím.) enolase

enophtalmos (Med.) enoftalmo; enoftalmia

enophtalmus (Med.) V. *enophtalmos*

enostosis (Med.) enostose

enriched medium (Bio.) meio enriquecido

enriched reactor (Nucl.) reactor enriquecido

enriched uranium (Nucl.) urânio enriquecido

enrichment (Arq.) enfeite

enrichment (Geral) enriquecimento

enrichment factor (Nucl.) factor de enriquecimento

enrockment (Hidro.) enrocamento

ensemble (Fís.) conjunto; totalidade

ensiform (Geral) ensiforme

ensiform process (Zoo.) processo ensiforme

ensilage (Geral) ensilagem

ENSO (Geo.) abr. de *El Nino Southern Oscillation* — oscilação setentrional El Nino

enstatite (Miner.) enstatite

ENT (Med.) abr. de *Ear, Nose, and Throat* — ouvidos, nariz e garganta; otorrinolaringologia

entablature (Arq.; Mec.) entablamento

entamoebiasis (Med.) entamebíase

entasis (Arq.) êntase

enter-; entero- (Geral) enter-; entero-; do grego *enteron* — intestino

enteral (Zoo.) entérico

enterectasis (Med.) enterectasia

enterectomy (Med.) enterectomia

enterelcosis (Med.) enterelcose

enteric (Med.) entérico

enteric organism (Bio.) organismo entérico

entering edge (Elect.) bordo de ataque; aresta de ataque

enteritis (Med.) enterite

entero-anastomosis (Med.) enteroanastomose

Enterobacteriacea (Bio.) Enterobacteriáceas

enterobiasis (Med.) enterobíase; enterobiose; oxiuríase

enterocele (Med.) enterocele

enterocentesis (Med.) enterocentese

enterocolitis (Med.) enterocolite

enterocystocele (Med.) enterocistocele

entero-enterostomy (Med.) enteroenterostomia; enteroanastomose

enterogenous cyaniosis (Med.) cianose enterógena

enterolith (Med.) enterólito

enteromycosis (Med.) enteromicose

enteron (Zoo.) intestino (nos Celenterados)

enteronitis (Med.) enteronite; enterite; inflamação do intestino delgado

Enteropneusta (Zoo.) Enteropneustos

enteroproctia (Med.) enteroproctia

enterostomy (Med.) enterostomia

enterosympathetic (Zoo.) enterossimpático

enterotomy (Med.) enterotomia

enterotoxaemia (Vet.) enterotoxemia

enterotoxemia (Vet.) enterotoxemia

enterotoxin (Bio.) enterotoxina

enterotropic (Med.) enterotrópico

enterovirus (Bio.) enterovírus; vírus entérico

enthalpy (Fís.) entalpia

entire (Bot.) inteiro

entire function (Mat.) função inteira

ento-; ent- (Geral) ento-; ent-; prefixo do grego *entos* — dentro, com o significado de interior ou mais interno

entoblast (Bio.) entoblasto

entocele (Med.) entocele; hérnia interna

entocone (Med.) entocone

entoconid (Med.) entoconídio

entoderm (Zoo.) entoderme

entoectad (Med.) de dentro para fora

entogastric (Zoo.) entogástrico

entognathous (Eco.) entognatos

entoma (Med.) entoma (a fenda vulvar formada pela aproximação dos grandes lábios)

entomology (Zoo.) entomologia

entomophagus (Zoo.) entomófago

entomophily (Bot.) entomofilia

Entoprocta (Zoo.) Entoproctos

entoretina (Med.) entorretina; camada nervosa de Henle

Entozoa (Zoo.) Entozoários

entozoon (Zoo.) entozoário

entrain (Fís.; Quím.) arrastar

entrainment (Quím.) arrastamento

entrance lock (Hidro.) entrada de eclusa

entrenched meander (Geo.) meandro encaixado

entresol (Arq.) sobreloja

entropy (Fís.) entropia

entropy of fluids (Fís.) entropia dos líquidos

entropy of fusion (Fís.) entropia de fusão

entry point (Electrón.) ponto de entrada

entry portal (Radiol.) área de entrada; zona de entrada; porta de entrada

enucleate (Bot.) enuclear; tirar o núcleo; tirar o caroço

enucleation (Med.) enucleação; extirpação de tumor sem ruptura

enucleation (Zoo.) enucleação; retirada ou destruição do núcleo de uma célula

enumerable set (Mat.) conjunto numerável

enuresis (Med.; Psico.) enurese

envelope (Aero.) invólucro

envelope (Bio.; Bot.) tegumento; cálice

envelope (MAT.; TELECOM.) envolvente

envelope (PAPEL) sobrescrito

envelope delay (TELECOM.) atraso de envolvente

envelope-delay distortion (TELECOM.) distorção de atraso de envolvente; distorção de fase

envelope demodulation (TELECOM.) desmodulação da envolvente

envelope distortion (TELECOM.) distorção da envolvente

envelope velocity (TELECOM.) velocidade de envolvente (ou grupo)

env gene (BIO.) gene env

ENV glycoproteins (BIO.) glicoproteínas ENV

environment (ECO.) ambiente; meio; meio-ambiente

environmental geology (GEO.) geologia ambiental

environmental impact assessment (ECO.) estudo de impacto ambiental

environmentalist (ECO.) ambientalista

environmental lapse rate [ELR] (ECO.) gradiente térmico ambiental

environmental pathway (NUCL.) trajectória ambiental

environmental science (ECO.) ciência ambiental

environmental variance (BIO.) divergência ambiental; variação ambiental

environment control (ESP.) controlo ambiental

enzootic (VET.) enzoótico

enzootic ataxia (VET.) ataxia enzoótica; lordose

enzootic bovine leukosis (VET.) leucose bovina enzoótica

enzootic marasmus (VET.) marasmo enzoótico

enzootic ovine abortion (VET.) aborto enzoótico das ovelhas

enzygotic (BIO.) enzigótico

enzyme (BIO.) enzima

enzyme derepression (BIO.) desrepressão enzimática; indução de actividade enzimática

enzyme engineering (BIO.) engenharia enzimática

enzyme immobilization (BIO.) imobilização enzimática

enzyme-linked immunosorbent assay [ELISA] (IMUN.) análise imuno-absorvente ligada a enzimas; teste Elisa

enzyme stabilization (BIO.) estabilização enzimática

Eocene (GEO.) Eoceno

EOD (INF.) abr. de *End Of Data* — fim de dados

EOE (INF.) abr. de *End Of Extent* — fim de limite (extensão)

EOF (INF.) abr. de *End Of File* — fim de ficheiro

EOL (INF.) abr. de *End Of List* — fim de lista

eolian (ECO.) eólico

eolian deposits (GEO.) depósitos eólicos

eolith (GEO.) eólito

Eolithic Period (GEO.) Período Eolítico

eon (GEO.) Eon; Eão

EOS (GERAL) abr. de *earth observation satellite* — satélite de observação da terra

eosin (QUÍM.) eosina

eosinophil (BIO.) eosinófilo

eosinophilia (IMUN.; MED.) eosinofilia

eosinophil leucocyte (IMUN.) leucócito eosinófilo

Eotvos balance (MINAS) balança de Eotvos; balança de torção

Eotvos equation (QUÍM.) equação de Eotvos

Eozoic (GEO.) Eozóico

eozoon (GEO.) Eozoon

eparterial (MED.) eparterial (sobre ou acima de uma artéria)

epaxial (ZOO.) epaxial (acima ou atrás de qualquer eixo)

epaxonic (ZOO.) epaxial

epeiric sea (GEO.) mar epicontinental

epeirogenesis (GEO.) epigénese

epeirogenic earth movements (GEO.) movimentos epirogénicos da terra

epencephalon (ZOO.) epencéfalo

ependyma (ZOO.) epêndimo; epêndima

ependymal (ZOO.) ependimário

ependymitis (MED.) ependimite

ependymoblast (MED.) ependimoblasto

ependymocyte (MED.) ependimócito

ependymoma (MED.) ependimoma

Ephedra (BOT.; MED.) Efedra (em especial a planta «Efedra vulgaris» de onde se extrai a efedrina)

ephedrine (MED.) efedrina

ephemeral (BOT.) efémero

ephemeral fever (VET.) febre efémera; febre dos 3 dias

ephemeral stream (GEO.) linha de água temporária

ephemeris (ASTRO.) efeméride

ephemeris time (ASTRO.) hora de efeméride

Ephemeroptera (ZOO.) Efemeropteros

ephrins (BIO.) efrinas

epi- (GERAL) epi-; do grego *epi* — sobre, perto de, subsequente a

epibiontic (ECO.) epibiontico

epibiosis (ECO.) epibiose

epibiotic (ECO.) epibiótico

epiblast (ZOO.) epiblasto

epiblem rhizodermis (BOT.) epiblema da raiz

epiboly (ZOO.) epibolia

epicalyx (BOT.) epicálice

epicanthus (MED.) epicanto; prega palpebro-nasal

epicardium (ZOO.) epicárdio

epicentre (GEO.) epicentro

epichlorhydrin (QUÍM.) epicloridrina

epicondyle (ZOO.) epicôndilo

epicontinental sea (ECO.) mar epicontinental

epicormic shoot (BOT.) raiz epicórmica

epicotyl (BOT.) epicótilo

epicritic (ZOO.) epicrítico

epicuticle (BOT.; ZOO.) epicutícula

epicycle (ASTRO.) epiciclo

epicycle gear (MEC.) engrenagem epicicloidal

epicyclic train (MEC.) sistema de engrenagem epicicloidal

epicycloid (MAT.) epiciclóide

epidemic (MED.) epidémico

epidemic parotitis (MED.) parotite epidémica; papeira

epidemic tremor (VET.) tremor epidémico; encefalomielite infecciosa das aves

epidemiology (MED.) epidemiologia

epidermal (BOT.; ZOO.) epidérmico

epidermal growth factor [EGF] (BIO.) factor de crescimento epidérmico

epidermatic (BOT.; ZOO.) epidérmico

epidermis (BOT.; ZOO.) epiderme

epidermoid cyst (MED.) quisto epidermóide

epidermolysis bullosa (MED.) epidermólise bolhosa

epidermolysis necroticans combustiformis (MED.) epidermólise necrótica combustiforme

epidiascope (FÍS.) epidiascópio

epididymectomy (MED.) epididimectomia

epididymis (ZOO.) epidídimo

epididymo-orchitis (MED.) epididimorquite

epididymotomy (MED.) epididimotomia

epididymovasostomy (MED.) epididimovasostomia

epidosites (MINER.) epidosites (rochas metamórficas compostas de epídoto e quartzo)

epidotization (GEO.) epidotização

epidural anaesthesia (MED.) anestesia epidural

epiduroghraphy (MED.) epidurografia

epifascial (MED.) epifascial (sobre a superfície de uma fáscia)

epigaeous (BOT.) epígeo

epigamic (ZOO.) epigâmico

epigastric (ZOO.) epigástrico

epigastrium (ZOO.) epigastro

epigeal (BOT.) epígeo

epigene (GEO.) epigénico

epigenesis (BIO.) epigénese

epigenetic (MINER.) epigenético

epigenetic drainage (GEO.) drenagem epigénica

epiglottidectomy (MED.) epiglotidectomia

epiglottis (ZOO.) epiglote

epignathous (ZOO.) epígnato

epignathus (ZOO.) epígnato

epilation (MED.) depilação

epilepsy (MED.) epilepsia

epileptiform (MED.) epileptiforme

epileptogenic (MED.) epileptogénico

epilimnion (ECO.) epilímnico; epilimnético

epilithic (BOT.) epilítico

epiloia (MED.) esclerose tuberosa; doença de Bourneville

epimenorrhagia (MED.) epimenorragia

epimenorrhoea (MED.) epimenorreia

epimer (QUÍM.) epímero

epimerase (BIO.) epimerase

epimere (ZOO.) epímero

epimerization (QUÍM.) epimerização

Epimetheus (ASTRO.) Epimeteu (11º satélite de Saturno); Epimeteu (asteróide 1.810)

epimorph (MINER.) epimorfo

epimysium (ZOO.) epimísio

epinasty (BOT.) epinastia

epinephrine (BIO.) epinefrina

epinephros (ZOO.) epinefro; corpo supra-renal

epineural (ZOO.) epineural

epineurium (ZOO.) epineuro

epiparasite (ZOO.) epiparasita

epipelagic zone (ECO.) zona epipelágica

epipetalous (BOT.) epipétalo

epipharynx (ZOO.) epifaringe

epiphenomenon (MED.; PSICO.) epifenómeno

epiphora (MED.) epífora; olho lacrimejante

epiphragm (ZOO.) epifragma

epiphyllous (BOT.) epifilo

epiphysis (ZOO.) epífise

epiphysis cerebri (ZOO.) epífise cerebral; corpo pineal

epiphyte (BOT.; ECO.) epífito

epiphytotic (BOT.) epifítico

epipleura (ZOO.) epipleura

epiplocele (MED.) epiplocele

epiploic foramen (ZOO.) foramen ou forame epiplóico; foramen de Duverney; foramen de Winslow

epiploon (MED.) epíploo

epipubic (ZOO.) epipúbico

episclera (MED.) episclera (tecido conjuntivo entre a esclerótica e a conjuntiva)

episcleritis (MED.) esclerite

episcope (FÍS.) episcópio

episematic (ZOO.) epissemático

episepalous (BOT.) epissépalo

episiostenosis (MED.) episiostenose

episiotomy (MED.) episiotomia

episodic memory (PSICO.) memória episódica

episome (BIO.) epissoma

epispadias (MED.) epispádias (usado só no plural)

epispore (BOT.) episporo

epistasis (BIO.) epistasia

epistatic (BIO.) epistático

epistatic gene (BIO.) gene epistásico

epistaxis (MED.) epistaxe

epistilbite (MINER.) epistilbite

epistomatal (BOT.) epiestomático

epistomatic (BOT.) epiestomático

epistropheus (ZOO.) epistrofeu; axis (vértebra)

epistyle (ARQ.) epistílio; arquitrave

epitaxial (ELECTRÓN.) epitaxial

epitaxial film (ELECTRÓN.) camada epitaxial

epitaxial growth (ELECTRÓN.) crescimento epitaxial

epitaxial transistor (ELECTRÓN.) transistor epitaxial

epitaxy (GERAL) epitaxia

epithalamus (ZOO.) epitálamo

epithelial (BIO.) epitelial

epithelioid (MED.) epitelióide

epithelioma (MED.) epitelioma

epithelioma contagiosa (MED.) epitelioma contagioso; varicela

epithelium (BOT.; ZOO.) epitélio

epithermal neutrons (NUCL.) neutrões epitérmicos

epithermal reactor (FÍS.) reactor epitérmico

epitrichium (ZOO.) epitríquio

epitrochlea (MED.) epitróclea

epitrochoid (MAT.) epiciclóide

epituberculosis (MED.) epituberculose

epixylous (BOT.) epíxilo

epizoic (BOT.) epizóico

epizoon (ZOO.) epizoário

epizootic (VET.) epizoótico

epizootic catarrhal fever (VET.) febre catarral epizoótica; gripe equina

epizootic lymphangitis (VET.) linfangite epizoótica

epoch (GEO.) época

EPOS (GERAL) abr. de *electronic point of sale* — ponto de venda electrónico

epoxy resins (QUÍM.) resinas epóxicas

EPROM (INF.) abr. de *Erasable Programmable Read-Only Memory* — memória programável apenas de leitura e apagável

Epsin salt (QUÍM.) sal de Epson; sulfato de magnésio

epsomite (MINER.) epsomite; sulfato hidratado de magnésio

Epstein-Barr virus (BIO.) vírus de Epstein-Barr

epulis (MED.) epúlide; fibroma periférico

epulotic (MED.) epulótico

EPUT (ELECTRÓN.) abr. de *Events Per Unit Time* — acontecimentos por unidade de tempo

EQ gate (INF.) porta de equivalência

equal-area criterion (ELECT.) critério de área equivalente

equal energy source (ELECT.) fonte de energia constante

equal-energy white (TELECOM.) branco ideal

equality ratio (FÍS.) rendimento volumétrico

equalization (TELECOM.) compensação; igualização; equalização

equalization of boundaries (TOPO.) equalização de limites; nivelamento de limites

equalizer (ELECTRÓN.) equalizador; compensador

equalizing bed (E.CIV.) cama de equilíbrio; cama compensadora

equalizing current (ELECT.) corrente compensadora

equalizing network (TELECOM.) rede de compensação

equalizing pulse (T.IMAG.) impulso de equilíbrio; impulso de compensação

equalizing signals (AERO.; TELECOM.) sinais de compensação

equation (GERAL) equação

equation of combination (QUÍM.) equação de combinação; fórmula química

equation of condition (FÍS.) equação de estado; equação de condição

equation of continuity (FÍS.) equação de continuidade

equation of maximum work (QUÍM.) equação de trabalho máximo; fórmulas de Gibbs-Helmotz

equation of state (QUÍM.) equação de estado

equation of time (ASTRO.) equação de tempo

equator (ASTRO.) equador

equatorial (ASTRO.; GEO.) equatorial

Equatorial Countercurrent (GEO.) contra-corrente equatorial

Equatorial Current (GEO.) corrente equatorial

equatorial horizontal parallax (ASTRO.; TOPO.) paralaxe horizontal equatorial

equatorial jet stream (METEO.) corrente de jacto equatorial

equatorial orbit (TELECOM.) órbita equatorial

equatorial radius (GEO.) raio equatorial

equatorial rainforest (GEO.) floresta de chuva equatorial

equatorial tide (METEO.) maré equatorial; onda equatorial

equatorial trough (METEO.) cavado equatorial

Equatorial Undercurrent (GEO.) corrente de Cromwell

equi- (GERAL) equi-; do latim *aequus* — igual

equi-angled (MAT.) equiangular; equiângulo

equiangular spiral (MAT.) espiral equiangular; espiral logarítmica

equiaxial (MAT.) equiaxial

equibalance (GERAL) equilíbrio; contrabalanço

equilateral arch (ARQ.; E.CIV.) arco ogival; arco gótico; arcada ogival; abóbada gótica; arco agudo

equilateral roof (E.CIV.) telhado ogival

equilateral triangle (MAT.) triângulo equilateral

equilibration (GERAL) equilíbrio; compensação

equilibrium centrifugation (BIO.; QUÍM.) centrifugação de equilíbrio

equilibrium constant (QUÍM.) constante de equilíbrio

equilibrium diagram (MEC.) diagrama de equilíbrio

equilibrium drawdown (HIDRO.) rebaixamento estabilizado

equilibrium electrode potential (ELECTRÓN.) tensão de equilíbrio de um eléctrodo

equilibrium energy (ELECT.) energia de equilíbrio

equilibrium moisture (QUÍM.) mistura de equilíbrio

equilibrium of floating bodies (FÍS.) equilíbrio de corpos flutuantes

equilibrium of forces (FÍS.) equilíbrio de forças

equilibrium of radiation (FÍS.) equilíbrio de radiação

equilibrium potential (BIO.; QUÍM.) potencial de equilíbrio

equilibrium reaction potential (ELECT.) potencial de reacção de equilíbrio

equine contagious catarrh (VET.) catarro contagioso equino; garrotilho; esgana

equine encephalomyelitis (VET.) encefalomielite equina; encefalite equina

equine infectious anemia (VET.) anemia infecciosa equina; febre dos pântanos

equine influenza (VET.) gripe catarral; febre do embarque; conjuntivite aguda; queratite infecciosa; tosse equina

equine viral arteritis (VET.) arterite viral equina

equine virus abortion (VET.) aborto equino por vírus

equine virus rhinopneumonitis (VET.) rinopneumonite equina

equinoctial equator (GEO.) equador celeste; equador equinocial

equinoctial gale (GEO.) tempestade equinocial

equinoctial line (GEO.) linha equinocial; equador

equinoctial points (ASTRO.) pontos equinociais

equinovalgus (MED.) equinovalgo

equinovarus (MED.) equinovaro

equinox (GEO.) ponto equinocial

equipotent (ZOO.) equipotente

equipotential cathode (ELECT.) cátodo equipotencial; cátodo de aquecimento indirecto

equipotential connection (ELECT.) conexão equipotencial

equipotential space (ELECT.) espaço equipotencial

equipotential winding (ELECT.) enrolamento equipotencial

Equisetales (BOT.) Equisetales

equisetosis (VET.) equisetose

equitant (BOT.) equitante

equitonic scale (FÍS.) escala equitónica

equivalence class (MAT.) classe de equivalência

equivalence gate (INF.) porta de equivalência

equivalence operation (INF.) operação de equivalência

equivalence relation (MAT.) relação de equivalência

equivalent (GERAL) equivalente

equivalent absorption area (QUÍM.) área de absorção equivalente

equivalent air speed (AERO.) velocidade (do ar) equivalente; velocidade relativa equivalente

equivalent-binary-digit-factor (INF.) factor equivalente de dígito binário

equivalent binary digits (INF.) dígitos binários equivalentes

equivalent circuit (ELECTRÓN.) circuito equivalente

equivalent conductance (QUÍM.) condutância equivalente

equivalent current (ELECT.) corrente equivalente

equivalent current-density (ELECT.) densidade de corrente equivalente

equivalent drag (AERO.) resistência aerodinâmica equivalente; arrastamento equivalente; arrasto equivalente

equivalent electrons (ELECT.) electrões equivalentes

equivalent flat-plate (MEC.) placa plana equivalente

equivalent focal length (FÍS.) comprimento focal equivalente

equivalent four-wire system (INF.) sistema equivalente de quatro fios

equivalent free-falling diameter (FÍS.) diâmetro de queda livre equivalente

equivalent height (TELECOM.) altura equivalente; altura virtual

equivalent lens (FÍS.) lente equivalente

equivalent loudness (ELECTRÓN.) força sonora equivalente

equivalent network (TELECOM.) rede equivalente

equivalent noise resistance (ELECTRÓN.) resistência equivalente de ruídos

equivalent permeability (ELECTRÓN.) permeabilidade equivalente

equivalent points (FÍS.) pontos equivalentes

equivalent potential temperature (METEO.) temperatura potencial equivalente

equivalent proportions (QUÍM.) porções equivalentes

equivalent reactance (ELECT.) reatância equivalente

equivalent resistance (ELECT.) resistência equivalente

equivalent simple pendulum (FÍS.) pêndulo simples equivalente

equivalent sine wave (ELECT.) senóide equivalente; sinusóide equivalente

equivalent surface diameter (FÍS.) diâmetro de superfície equivalente

equivalent temperature (METEO.) temperatura equivalente

equivalent T-networks (TELECOM.) redes em T equivalentes

equivalent tube (ELECT.) tubo equivalente; válvula equivalente

equivalent volt (ELECT.) volt equivalente

equivalent volume diameter (FÍS.) diâmetro de volume equivalente

equivalent volumetric change (QUÍM.) mudança volumétrica equivalente

equivalent wave length (ELECT.) comprimento de onda equivalente

equivalent weight (QUÍM.) peso equivalente

equivalve (ZOO.) equivalve

ER (BIO.) abr. de *Endosplasmic Reticulum* — retículo endoplasmático

ER (INF.) abr. de *Explicit Route* — caminho explícito

Er (QUÍM.) símbolo químico do *erbium* — érbio

era (GEO.) Era

erasable programmable device (INF.) dispositivo programável apagável

erasable programmable read-only memory (INF.) memória só de leitura apagável e programável; memória só de leitura reprogramável

erasable storage (INF.) armazenamento apagável

erase (INF.) apagar; limpar; pôr a zeros

erasing head (INF.) cabeça de apagamento

erasing rate (ELECTRÓN.) velocidade de apagamento; velocidade de limpeza

erasion (MED.) raspagem; curetagem

erathem (ECO.) unidade cronoestratigráfica da era

ERBF (MED.) abr. de *Effective Renal Blood Flow* — fluxo sanguíneo renal efectivo

erbium (QUÍM.) érbio

erbium laser (FÍS.) laser de érbio

erect (BOT.; ZOO.) erecto

erectile tissue (BIO.; MED.) tecido eréctil; tecido cavernoso

erecting prism (FÍS.) prisma de Dove; prisma para eliminar a inversão da imagem

erecting shop (MEC.) oficina de montagem

erection (ZOO.) erecção

erector (ZOO.) erector

erg (FÍS.) erg (unidade de trabalho ou energia no sistema CGS)

ergasia (MED.) ergasia

ergasiophobia (MED.) ergasiofobia

ergastic substances (BOT.) substâncias ergásticas

ergastoplasma (ZOO.) ergastoplasma

ergate (ZOO.) obreira (formiga fêmea estéril)

ergatogyne (ZOO.) formiga rainha áptera

ergin (MED.) ergina

ergonomics (PSICO.) ergonomia

ergonomy (MED.) ergonomia

ergosterol (QUÍM.) ergosterol

ergot (BOT.) cravagem do centeio; esporão do centeio

ergotamine tartarate (MED.) tartarato de ergotamina

ergotherapy (MED.) ergoterapia

ergotism (MED.) ergotismo

ergotoxine (MED.) ergotoxina

ergotropic (MED.) ergotrópico

Ericaceae (BOT.) Ericáceas

ericaceous (BOT.) ericáceo (semelhante a urze)

Erichsen test (MEC.) teste de Erichsen

ericoid (BOT.) ericóide

erionite (MINER.) erionite

eriophorus (BOT.) erióforo

Erlenmeyer flask (QUÍM.) balão de Erlenmeyer

Ernie (INF.) abr. de *Electronic Random Number Indicating Equipment* — equipamento electrónico de números aleatótios (sistema usado na extracção da lotaria britânica)

eros (PSICO.) Eros

erose (BIO.) dilaceração (referido especialmente às colónias bacterianas)

erosin (MED.) erosão; acto de destruir ou corroer

erosion (GERAL) erosão

ERP (ELECT.) abr. de *Effective Radiated Power* — potência efectiva irradiada

ERP (INF.) abr. de *Error Recovery Procedures* — procedimentos de recuperação de erro

ERR (INF.) abr. de *ERRor* — erro

erratics (GEO.) erráticas

error (GERAL) erro

error (ELECT.) erro; desvio

error analysis (INF.) análise de erro

error checking (ELECTRÓN.) verificação de erro

error checking code (INF.) código de teste de erro; código de verificação de erro

error classes (ELECTRÓN.) classes de erro

error code (INF.) código de erro

error condition (INF.) condição de erro

error control (INF.) controlo de erro

error control code (INF.) código de controlo de erro

error-correcting code (INF.) código de correcção de erro

error-correcting routine (INF.) rotina de correcção de erro

error-correcting telegraph code (ELECTRÓN.) código corrector de erros

error correction (ELECTRÓN.) correcção de erro

error data (INF.) dados de erro

error detecting (INF.) detecção de erros

error detecting code (INF.) código de detecção de erro

error detection (INF.) detecção de erro

error detective (INF.) identificador de erro

error diagnostic (INF.) diagnóstico de erro

error estimative (INF.) estimativa de erros

error function (ELECTRÓN.) função erro

error interrupt (INF.) interrupção por erro

error lock (INF.) paralização por erro

error log (INF.) registo de anotação de erro

error message (INF.) mensagem de erro

error notch (INF.) corte indicador de erro

error of closure (INF.) erro de fecho

error parameter (INF.) parâmetro de erro

error-prone repair (BIO.) reparação de emergência

error range (INF.) amplitude de erro

error rate (INF.) taxa de erro

error ratio (INF.) relação de erro

error record (INF.) registo de erro

error recovery (INF.) recuperação de erro

error routine (INF.) rotina de erro

error signal (TELECOM.) sinal de erro

error span (INF.) amplitude de erro

error spread (ELECTRÓN.) propagação de erro

error trap (INF.) armadilha de erro

error voltage (ELECTRÓN.) voltagem de erro

error volume analysis (INF.) análise de volume de erro

Ertel potential vorticity (METEO.) vorticidade potencial de Ertel

ERTS (ASTRO.) Erts; abr. de *Earth Resources Technology Satellite* — Satélite Tecnológico de Recursos da Terra (nome original do programa Landsat da NASA)

erubescite (MINER.) erubescite; bornite

erucic acid (QUÍM.) ácido erúcico

eructation (MED.) eructação

eruptive rocks (GEO.) rochas eruptivas

ERV (MED.) abr. de *Expiratory Reserve Volume* — volume de reserva expiratória

erysipelas (MED.) erisipela

erysiphake (MED.) erisifaco

erythema (MED.) eritema

erythema ab igne (MED.) eritema do fogo; eritema calórico

erythema circinatum (MED.) eritema circinado

erythema keratodes (MED.) eritema queratóide

erythema multiforme (MED.) eritema multiforme

erythema nodosum (MED.) eritema nodoso

erythema polymorphe (MED.) eritema polimorfo

erythraemia (MED.) eritremia

erythrasma (MED.) eritrasma

erythremia (MED.) eritremia

erythrite (MINER.) eritrite

erythritol (QUÍM.) eritritol; eritrol

erythroblast (ZOO.) eritroblasto

erythroblastosis foetalis (IMUN.) eritroblastose fetal; doença hemolítica do recém-nascido

erythrocatalysis (MED.) eritrocatálise; fagocitose dos eritrócitos

erythroclasia (MED.) eritroclasia

erythrocruorin (BIO.) eritrocruorina

erythrocyanosis (MED.) eritrocianose

erythrocyte (MED.) eritrócito

erythrocyte ghosts (BIO.) fantasmas eritrócitos

erythrocythemia (MED.) eritrocitemia

erythrocytic (MED.) eritrocítico

erythrocytolysin (MED.) eritrocitolisina

erythrocytopenia (MED.) eritrocitopenia

erythrocytopoiesis (MED.) eritrocitopoese

erythrocytorrhexis (MED.) eritrocitorrexia

erythrocytoschisis (MED.) eritrocistosquise

erythrocytosis (MED.) eritrocitose

erythrocyturia (MED.) eritrocitúria

erythroderma (MED.) eritrodermia; eritrodermatite

erythrodermatitis (MED.) eritrodermatite; eritrodermia

erythrogonium (MED.) eritrogónio

erythroid (MED.) eritróide

erythrokinetics (MED.) eritrocinética

erythrolysin (MED.) eritrolisina

erythrolysis (MED.) eritrólise

erythromelalgia (MED.) eritromelalgia; doença de Mitchell

erythromycin (MED.) eritromicina

erythropenia (MED.) eritropenia

erythrophage (MED.) eritrófago

erythrophagocytosis (MED.) eritrofagocitose

erythrophil (BIO.) eritrófilo

erythrophore (BIO.) eritróforo

erythropoetin (BIO.) eritropoietina

erythropoiesis (MED.) eritropoiese; eritropoese

erythropoietin (MED.) eritropoietina; eritropoetina

erythropsia (MED.) eritropsia; eritropia

erythropterin (ZOO.) eritropterina

erythrose (QUÍM.) eritrose

Es (QUÍM.) símbolo químico do *einsteinium* — einsténio

ESA (ESP.) abr. de *European Space Agency* — Agência Espacial Europeia

Esaki diode (ELECTRÓN.) diodo Esaki

escape behaviour (PSICO.) comportamento de evasão (fuga)

escape conditioning (PSICO.) condicionamento de evasão

escapement (MEC.) escape (sistema de)

escape pinion (RELOJ.) carreto do escape

escape velocity (ASTRO.; ESP.) velocidade de escape

escape wheel (RELOJ.) roda de escape

escarpment (GEO.) escarpa

eschar (MED.) escara

escharatomy (MED.) escarotomia

Eschka's reagent (QUÍM.) reagente de Eschka

escribed circle of a triangle (MAT.) círculo ex-inscrito de um triângulo

escutcheon (E.CIV.) espelho; escudo

esker (GEO.) moreia

Esmarch's bandage (MED.) faixa de Esmarch

esophagalgia (MED.) esofagalgia; dor no esófago

esophagism (MED.) esofagismo

esophagocele (MED.) esofagocele

esophagomalacia (MED.) esofagomalácia

esophagoplasty (MED.) esofagoplastia

esophagoscopy (MED.) esofagoscopia

esophagospasm (MED.) esofagospasmo

esophagostenosis (MED.) esofagostenose; estenose esofágica

esophagostomiasis (MED.) esofagostomíase

esophagostomy (MED.) esofagostomia

esophagus (ZOO.) esófago [plural *esophagi*]

esophoria (MED.) esoforia

esophylaxis (MED.) esofilaxia

esotropia (MED.) esotropia; estrabismo convergente

ESP (MED.) abr. de *ExtraSensory Perception* — percepção extra-sensorial

espagnolette (E.CIV.) tranca

esparto (PAPEL) esparto

ESPRIT (INF.) abr. de *European Strategic Programme for Research in Information Technology* — Programa Estratégico Europeu de Pesquisa em Tecnologia da Informação

espundia (MED.) espundia; doença de Breda

ESR (ELECTRÓN.) abr. de *Equivalent Series Resistance* — resistência de série equivalente

ESR (INF.) abr. de *Electronic Switching System* — sistema de comutação electrónica

ESR (MED.) abr. de *Erytrocite Sedimentation Rate* — velocidade de sedimentação dos eritrócitos

ESR (Quím.) abr. de *Electron Spin Resonance* — ressonância do spin do electrão

ESSCC (Electrón.) abr. de *European Solid State Circuits Conference* — Conferência Europeia de Circuitos de Estado Sólido

essence (Geral) essência

essential amino acid (Bio.) aminoácido essencial

essential element (Bot.) elemento essencial

essential gene (Bio.) gene essencial

essential mineral (Geo.) mineral essencial

essential oils (Bot.) óleos essenciais

essential organs (Bot.) orgãos essenciais

essexite (Geo.) essexite

Esson coefficient (Elect.) coeficiente de Esson

essonite (Miner.) essonite; grossulária

ester (Quím.) éster

esterase (Bio.) esterase

esterification (Quím.) esterificação

esterolysis (Quím.) esterólise

ester value (Quím.) valor de éster

esthesia (Med.; Psico.) estesia

esthiomene (Med.) estiomeno

estivation (Eco.) estivação

estradiol (Med.) estradiol

estrogen (Med.) estrogénio

estrus cycle (Bio.; Med.) ciclo menstrual

estuarine deposition (Geo.) deposição de estuário

estuarine muds (Geo.) lamas de estuário

estuary (Eco.) estuário

Et (Quím.) símbolo do radical etilo (monovalente, não isolado)

ETA (Aero.) abr. de *Estimated Time of Arrival* — hora estimada de chegada

etalon (Fís.) interferómetro de Fabry-Perot

Etard's reaction (Quím.) reacção de Etard

etchant (Quím.) cáustico; corrosivo

etched printed circuit (Electrón.) circuito impresso por ataque químico (ou corrosivo)

etching (Electrón.) ataque químico

etching by transmitted light (Electrón.) ataque químico por luz transmitida

ETD (Aero.) abr. de *Estimated Time of Departure* — hora estimada de partida

etesian (Meteo.) etésios

etesian winds (Geo.) vento de norte no Mar Egeu (Grécia)

ethacrynate sodium (Quím.) etacrinato de sódio

ethacrynic acid (Quím.) ácido etacrínico

ethanal (Quím.) etanal; aldeído acético

ethanamide (Quím.) acetamida; amida do ácido acético; etanamida

ethane (Quím.) etano

ethanediamine (Quím.) etanodiamina

ethanoic acid (Quím.) ácido etanóico; ácido acético

ethanol (Quím.) etanol; álcool etílico; álcool ordinário

ethanolamines (Quím.) etanolaminas

ethanoyl (Quím.) acetil

ethanoylation (Quím.) acetilação

ethene (Quím.) eteno; etileno

ethenoid resins (Quím.) resinas etilénicas

ether (Fís.) éter (fluido hipotético)

ether (Quím.) éter

Ethernet (Inf.) Rede Ethernet (rede de área local)

ethmo- (Geral) etmo-; do grego *ethmos* — crivo, significando etmóide ou relativo ao osso etmóide

ethmocephalus (Med.) etmocéfalo

ethmoid (Zoo.) etmóide

ethmoidal (Zoo.) etmoidal

ethmoidectomy (Med.) etmoidectomia

ethmoiditis (Med.) etmoidite

ethmolacrimal (Med.) etmoidolacrimal

ethmosphenoid (Med.) etmosfenóide

ethmoturbinal (Zoo.) etmoturbinado

ethocline (Eco.) etoclina

ethogram (Psico.) etograma

ethology (Psico.) etologia

ethoxyl group (Quím.) grupo etoxilo

ethyl acetate (Quím.) acetato de etilo

ethyl aceto-acetate (Quím.) acetoacetato de etilo

ethyl acrylate (Quím.) acrilato de etilo

ethyl alcohol (Quím.) álcool etílico

ethylamine (Quím.) etilamina

ethyl aminobenzoate (Quím.) aminobenzoato de etilo; benzocaína

ethylate (Quím.) etilato

ethyl butyrate (Quím.) butirato de etilo

ethyl chloride (Quím.) cloreto de etilo

ethylene (Quím.) etileno; eteno; gás de iluminação

ethylene diamine (Quím.) etilenodiamina; etanodiamina

ethylene diamine tartrate (Electrón.; Quím.) tartarato de etilenodiamina

ethylene diamine tetra-acetic acid [EDTA] (Quím.) ácido etilenodiaminotetracético; ácido edético; edatamil

ethylene glycol (Quím.) etilenoglicol; etanodiol

ethylene oxide (Med.; Quím.) óxido de etileno (usado na esterilização de instrumentos cirúrgicos)

ethylene-propilene rubber (Plást.) borracha de etileno-propileno

ethyl group (Quím.) grupo etil

ethylidene (Quím.) etilidene

ethyl mercaptan (Quím.) etanatiol

ethyne (Quím.) etino; acetileno

etiane (Quím.) etiano; 5b-androstan

etianic acids (Quím.) ácidos etiânicos

etiolation (Bot.) estiolamento

etiology (Med.) etiologia

etiopathic (Med.) etiopático

etioplast (Bot.) etioplasto

Etruscan (Arq.) Etrusco

Ettinghausen coefficient (Fís.) coeficiente de Ettinghausen

Ettinghausen effect (Fís.) efeito de Ettinghausen

Ettinghausen-Nernst coefficient (Fís.) coeficiente de Ettinghausen-Nernst

Ettinghausen-Nernst effect (Fís.) efeito de Ettinghausen-Nernst

Eu (Quím.) símbolo químico do *europium* — európio

eu- (Geral) eu-; ev-; prefixo do grego *eu* — bom, bem

Eubacteriales (Bio.) Eubactérias

eubiotics (Bio.) Eubiótica

euchromatin (Bio.) eucromatina

euclase (Geo.) euclase

Euclidean algoritm (Mat.) algoritmo euclidiano

Euclidean geometry (Mat.) geometria euclidiana

Euclidean norm (Mat.) norma euclidiana

eucrite (Geo.) eucrite

eucryptite (Miner.) eucriptite

eudialite, eudyalite (Miner.) eudialite

eudiometer (Quím.) eudiómetro

eugamic (Zoo.) eugâmico

eugenics (Bio.) Eugenia

eugenol (Quím.) eugenol

euglenoid movement (Zoo.) movimento euglenóide

Euglenophyceae (Bot.) Euglenofíceas; Euglenófitas

euhedral crystals (Geo.) cristais euédricos

eukaryote (Bio.) eucariota

eukaryotic cell (Bio.) célula eucariótica

Euler cycle (Inf.) ciclo de Euler

Euler equation (Mat.) equação de Euler

Euler equations of motion (Mec.) equações de Euler do movimento

Euler force (Mec.) força de Euler

Eulerian angles (Mat.) ângulos de Euler

Eulerian coordinates (Mat.) coordenadas de Euler

Eulerian correlation (Mat.) correlação de Euler

Eulerian current measurement (Geral) medição de corrente euleriana

Eulerian equations (Mat.) equações de Euler

Eulerian functions (Mat.) funções de Euler

Eulerian numbers (Mat.) números de Euler

Eulerian wind (Meteo.) vento de Euler; vento euleriano

Euler-Lagrange equation (Mat.) equação de Euler-Lagrange

Euler-Lagrange method (Mat.) método de Euler-Lagrange

Euler number 1 (Mat.) número 1 de Euler

Euler number 2 (Mat.) número 2 de Euler

Euler's constant (Mat.) constante de Euler

Euler's equation (Mat.) equação de Euler

Euler's expansion (Mat.) desenvolvimento de Euler

Euler's formula (Mat.) fórmula de Euler

Euler's method (Inf.; Mat.) método de Euler

Euler's numbers (MAT.) números de Euler

Euler's theorem (MAT.) teorema de Euler

eulittoral zone (ECO.) zona entre marés

eumerism (ZOO.) eumerismo

EUMETSAT (ESP.) abr. de *European Meteorological Satellite Organisation* — Organização Europeia de Satélites Meteorológicos

eumorphism (BIO.) eumorfismo

Eumycota (BOT.) Fungos; Eumicetas (segundo a classificação de Engler)

eunuch (MED.) eunuco

eunuchoid (MED.) eunocóide

Euphausiaceae (ZOO.) Eufausídeos

Euphorbiaceae (BOT.) Euforbiáceas

euphoria, euphory (MED.) euforia

euphotic depth (ECO.) profundidade eufótica

euphotic zone (ECO.) zona eufótica

euploid (BIO.) euplóide

euploidy (BIO.) euploidia

eupnea (MED.) eupneia

Euratom (NUCL.) abr. de *European Atomic Energy Community* — Comunidade Europeia de Energia Atómica (Mercado Comum)

EUREKA (ESP.) abr. de *European Retrievable Carrier* — Transportador Europeu Recuperável; Vaivém Espacial Europeu

eureka (ELECT.) liga de cupro-níquel

Eureka (RADAR) Eureka (farol terrestre de radar do sistema de navegação «Rebeca-Eureka»)

Euro AV connector (T.IMAG.) ligação SCART

Euronet (INF.) abr. de *EUROpean NETwork* — Rede de Telecomunicações Europeia

Europa (ASTRO.) Europa (2º satélite de Júpiter)

European Bioinformatics Institute [EBI] (BIO.) Instituto Europeu de Bioinformática

European broadcasting union [EBU] (GERAL) união europeia de radiodifusão

European Molecular Biology Lab [EMBL] (BIO.) Laboratório Europeu de Biologia Molcular

europium (QUÍM.) európio

Eurovision (T.IMAG.) Eurovisão

euryhaline (ECO.) eurihalina; eurisalina

Eurypterida (GEO.; ZOO.) Euripterídeos

eurythermal (ECO.) euritérmica

eusporangium (BOT.) esporângio

Eustachian tube (ZOO.) tubo de Eustáquio

Eustachian valve (ZOO.) válvula de Eustáquio

eustatic movements (GEO.) movimentos eustáticos

eustyle (ARQ.) eustilo

eutaxitic (GEO.) eutaxítico

eutectic (QUÍM.) eutéctico

eutectic alloy (GERAL) liga eutética

eutectic change (MEC.) mudança eutéctica

eutectic point (MEC.; MINER.) ponto eutéctico

eutectic structure (MEC.) estrutura eutéctica

eutectic system (MEC.) sistema eutéctico

eutectic welding (MEC.) soldadura eutéctica

eutectoid (MEC.) eutectóide

EUTELSAT (ESP.) abr. de *European Telecommunications Satellite Organisation* — Organização Europeia de Comunicações por Satélite

eutexia (MEC.) eutexia

euthanasia (MED.) eutanásia

Eutheria (ZOO.) Eutéria

euthrophic (ECO.) eutrófico

euthyroidism (MED.) eutiroidismo

eutrophic (ECO.) eutrófica

eutrophication (ECO.) eutrofização

euxenite (MINER.) euxenite

euxinic (ECO.) anaeuróbico

eV (FÍS.) símbolo de *electron-Volt* — electrão-volt

EVA (ESP.) abr. de *Extra-Vehicular Activity* — actividade extra-veicular

EVA (INF.) abr. de *Error Volume Analysis* — análise de volume de erro

evaginate (BOT.; ZOO.) evaginado

evagination (MED.; ZOO.) evaginação

evanescent mode (TELECOM.) modo evanescente (abaixo da sua frequência crítica)

evanescent waves (FÍS.) ondas evanescentes

evaporated coating (GERAL) deposição por evaporação

evaporation (GERAL) evaporação

evaporative capacity (MEC.) capacidade de evaporação

evaporative cooling (AERO.; MEC.; QUÍM.) resfriamento por evaporação

evaporator (QUÍM.) evaporador

evaporimeter (METEO.) evaporímetro

evaporite (GEO.) evaporito

evapotranspiration (ECO.) evapotranspiração

evection (ASTRO.) evecção

even-even nuclei (FÍS.) núcleos estáveis

even function (MAT.) função par

evening star (ASTRO.) Estrela da tarde; Estrela vespertina (denominação popular dos planetas Vénus ou Mercúrio)

even-odd nuclei (FÍS.) núcleos par-ímpar

even parity (INF.) paridade par

even-parity check (INF.) teste de paridade par

event horizon (ASTRO.) horizonte de acontecimento (evento)

eventration (MED.) eventração

Everest theodolite (TOPO.) teodolito Everest

evergreen forest (ECO.) floresta

eversible (ECO.) eversível

evisceration (MED.) evisceração

evocation (BOT.) evocação

evolute (BIO.; MAT.) evoluta

evolution (GERAL) evolução

evolutionarily stable strategy (BOT.) estratégia evolucionariamente estável

evolutionary allometry (ECO.) alometria evolucionária

evolutionary determinism (ECO.) determinismo evolutivo

evolutionary lineage (ECO.) linhagem evolutiva

evolutionary operation (MINAS) operação evolucionária

evolutionary stable strategy (ECO.) estratégia evolutiva estável

evolutionary trend (ECO.) tendência evolutiva

EVR (ELECTRÓN.) abr. de *Electronic Video Recording* — gravação de vídeo electrónica

evulsion (MED.) evulsão

EW (ELECTRÓN.) abr. de *Early Warning* — alerta antecipado

EW (TELECOM.) abr. de *Electronic Warfare* — guerra electrónica

E-wave (TELECOM.) onda-E (onda magnética transversal)

Ewing curve tracer (ELECT.) traçador de curva de Ewing

Ewing permeability bridge (ELECT.) ponte de permeabilidade de Ewing

Ewing theory of ferromagnetism (ELECT.) teoria de Ewing do ferromagnetismo

exacerbation (MED.) exacerbação

exact equation (MAT.) equação exacta

exalbuminous (BOT.) exalbuminado

exalted carrier (TELECOM.) portadora estimulada

exanthem, exanthema (MED.) exantema

except gate (INF.) circuito selectivo

excess-3 code (INF.) código de excesso 3

excess air (MEC.) ar de excesso

excess code (INF.) código de excesso

excess conduction (ELECTRÓN.) condução excessiva

excess electron (ELECTRÓN.) electrão de excesso

excess feed (IMP.) alimentação excessiva

excess meter (ELECTRÓN.) medidor de excesso

excess minority carriers (ELECTRÓN.) portadores minoritários em excesso

excess noise (ELECTRÓN.) ruído em excesso; ruído excedente

excess noise temperature (ELECTRÓN.) temperatura do ruído excedente

excess-three bed (ELECTRÓN.) excesso de três decimais de código binário

exchange (FÍS.) troca; transferência; variação; mudança

exchangeable disc (disk) pack (INF.) conjunto de discos intermutável

exchangeable ions (QUÍM.) iões de troca

exchange capacity (ECO.) capacidade de troca

exchange force (FÍS.) força de intercâmbio

excipient (MED.) excipiente

excision (MED.) excisão

excision repair (BIO.) reparação por excisão

excitable tissue (ZOO.) tecido excitável

excitant (ELECT.) excitante
excitation (GERAL) excitação
excitation anode (ELECTRÓN.) ânodo de excitação
excitation band (ELECTRÓN.) banda de excitação
excitation energy (ELECTRÓN.) energia de excitação
excitation frequency (ELECTRÓN.) frequência de excitação
excitation loss (ELECT.) perda de excitação
excitation potential (ELECT.) potencial de excitação
excitation response (ELECT.) resposta de excitação
excitation voltage (ELECT.) voltagem de excitação
excitation winding (ELECT.) enrolamento de excitação
excited atom (FÍS.) átomo excitado
excited ion (FÍS.) ião excitado
excited nucleus (FÍS.) núcleo excitado
excited state (ELECTRÓN.) estado de excitação
exciter (ELECT.) excitador
exciter field circuit (ELECT.) circuito de campo excitador
exciter field rheostat (ELECT.) reóstato de campo do excitador
exciter generator (ELECT.) gerador excitador; excitador
exciter lamp (ELECT.) lâmpada do excitador
exciter plate (ELECT.) placa do excitador
exciter rheostat (ELECT.) reóstato do excitador
exciter set (ELECT.) conjunto excitador; conjunto de excitadores
exciter stage (ELECT.) estágio de excitação; ponto de excitação
exciter voltage (ELECT.) voltagem do excitador
exciting circuit (ELECT.) circuito excitador
exciting coil (ELECT.) bobina excitadora; bobina de excitação
exciting current (ELECT.) corrente excitadora
exciting isotope (NUCL.) isótopo excitador
exciting signal (ELECT.) sinal de excitação
exciting winding (ELECT.) enrolamento de excitação
exclusion principle (FÍS.) princípio de exclusão
exclusive circuit (ELECTRÓN.) circuito exclusivo
exclusive line (ELECTRÓN.; TELECOM.) linha exclusiva
exclusive OR gate (ELECTRÓN.) porta de OU exclusivo
exconjugant (BIO.) exconjugante (na reprodução sexual de protozoários ciliados)
excoriation (MED.) excoriação; escoriação
excrescence (MED.) excrescência
excreta (ZOO.) excreções
excreter (ZOO.) excretor
excretory (ZOO.) excretório

excurrent (BOT.; ZOO.) prolongado
excursion (FÍS.) amplitude
excursion (MEC.) desvio (de posição central ou de eixo)
excursion (NUCL.) aumento súbito de potência de um reactor acima do nível estabelecido
EXEC (exec) (INF.) abr. de *EXECutor* — executor
exec procedure (INF.) procedimento executável
execute (INF.) execução; executar
execute cycle (INF.) ciclo de execução
execution cycle (INF.) ciclo de execução
execution error (INF.) erro de execução
executive program (INF.) programa executivo
exempted spaces (NAV.) espaços livres
exenteration (MED.) exenteração; evisceração
exergonic (BOT.) exergónico
Exeter hammer (E.CIV.) martelo de embutir
exfoliation (GERAL) exfoliação; descamação
exhalant (ZOO.) exalante
exhalation (GERAL) exalação
exhaust (MEC.) escape; exaustão; jacto
exhaust cone (AERO.) cone de descarga (em turbo-jacto)
exhaust-driven supercharger (AERO.) turbo-compressor; superalimentador comandado por descarga
exhaust event (MEC.) tempo de exaustão
exhaust fan (MEC.) exaustor; ventilador de descarga
exhaust gas (MEC.) gás de descarga; gás de escape
exhaust-gas analyser (AUTO.) analisador de mistura
exhaustive analysis (QUÍM.) análise exaustiva
exhaustive methylation (QUÍM.) metilação exaustiva
exhaustive sampling (QUÍM.) amostragem exaustiva
exhaust lap (MEC.) recobertura de escape; recobrimento interior
exhaust line (MEC.) linha de escape
exhaust manifold (AUTO.) tubulação de descarga
exhaust pipe (AUTO.) tubo de escape
exhaust port (MEC.) orifício de descarga
exhaust stator blades (AERO.) lâminas do estator de exaustão
exhaust steam (MEC.) vapor de escape
exhaust stroke (MEC.) curso de escape; curso de descarga
exhaust valve (MEC.) válvula de descarga; válvula de escape
exhaust velocity (MEC.) velocidade de escape; velocidade de descarga
exhibitionism (PSICO.) exibicionismo
exhumed topography (GEO.) topografia exumada; topografia revelada
exine (BOT.) exina
exinite (GEO.) exinite
exit (GERAL) saída

exit domain (BIO.) domínio de saída
exit list [EXLIST] (INF.) lista de saída
exit point (INF.) ponto de saída
exit portal (RADIOL.) porta de saída; saída
exit pupil (FÍS.) pupila de saída (no diafragma de abertura)
Exner function (METEO.) função de Exner
Exner's barrier theory (METEO.) teoria da barreira de Exner
Exner's theory (METEO.) teoria de Exner
exo- (GERAL) exo-; do grego *exo* — exterior, externo ou fora de
exobiology (BIO.) exobiologia
exocardiac (ZOO.) exocardíaco
exocarp (BOT.) exocarpo
exocataphoria (MED.) exocataforia
exoccipital (ZOO.) exooccipital
exocellular (BIO.) exocelular
exocoelkar (ZOO.) exocelómico
exocoelom (ZOO.) exoceloma
exocrine (MED.; ZOO.) exócrina
exocuticle (ZOO.) exocutícula
exocyclic (QUÍM.) exocíclico
exocytosis (BIO.) exocitose
exodermis (BOT.) exoderme
exo-electron (ELECTRÓN.) exoelectrão
exo-ergic process (FÍS.) processo exoérgico; processo exoenergético
exogamete (ZOO.) exogâmeta
exogamy (BOT.; ZOO.) exogamia
exogenetic (ECO.) exogenético
exogenous (BOT.; ZOO.) exógeno; exogenético
exomphalos (MED.) exonfalia
exonuclease (BIO.) exonuclease
exopathy (MED.) exopatia
exopatic (MED.) exopático
exopeptidase (MED.) exopeptidase
exophoria (MED.) exoforia
exophthalmic goitre (MED.) bócio exoftálmico; doença de Graves
exophyte (BOT.) exófito
exoplasm (BIO.) exoplasma
exopodite (ZOO.) exópode
Exopterygota (ZOO.) Exopterigotas
exorheic lake (ECO.) lago exoreico
exoscopic embryology (BOT.) embriologia exoscópica
exoskeleton (ZOO.) exosqueleto
exosphere (ASTRO.) exosfera
exospore (BOT.) exósporo
exostosis (MED.) exostose
exosymbiont (ECO.) exosimbionte
exoteric (MED.) exotérico
exotherm (ECO.) exotérmico
exothermic (QUÍM.) exotérmico
exotic (BOT.; ZOO.) exótico
exotic species (ECO.) espécies exóticas
exotoxin (BIO.) exotoxina
exotropia (MED.) exotropia
expanded (E.CIV.) expandido; dilatado
expanded-center display (RADAR) indicador com ampliação de zona central
expanded contact (ELECT.) contacto dilatado
expanded metal (E.CIV.; MEC.) metal expandido
expanded plastic (PLÁST.) plástico expandido

expanded sweep (Electrón.) varrimento ampliado; exploração compensada

expander (Fís.) expansor; amplificador; extensor

expanding arbor (Mec.) mandril de expansão; árvore de expansão

expanding bit (E.Civ.) broca ajustável

expanding brake (Mec.) travão de expansão

expanding mandrel (Mec.) mandril de expansão

expanding reamer (Mec.) alargamento de expansão

expanding universe (Astro.) Universo de expansão

expansion (Geral) expansão

expansion bus (Inf.) barramento de expansão

expansion chamber (Electrón.) câmara de expansão; câmara de ionização; câmara de Wilson

expansion cloud chamber (Elect.) câmara de nuvem de expansão; câmara de Wilson

expansion curve (Mec.) curva de expansão

expansion cycle (Fís.) ciclo de expansão

expansion engine (Mec.) motor de expansão

expansion gear (Mec.) distribuidor de expansão; aparelho de expansão

expansion joint (E.Civ.; Mec.) junta de expansão; junta de dilatação

expansion line (Mec.) linha de expansão

expansion loop (Mec.) curva de expansão

expansion of gas (Fís.) expansão de gás

expansion of steam (Fís.) expansão de vapor

expansion pipe (E.Civ.) tubo de expansão; tubo de dilatação

expansion ratio (Aero.) razão de expansão

expansion rollers (Mec.) rolos de expansão

expansion tank (E.Civ.) tanque de expansão

expansion valve (Mec.) válvula de expansão

expectancy (Psico.) expectativa

expectation (Est.) probabilidade

expectoration (Med.) expectoração

expendable launch vehicle [ELV] (Esp.) veículo de lançamento não recuperável

experimental allergic encephalomyelitis (Imun.) encefalomielite alérgica experimental

experimental embryology (Zoo.) Embriologia experimental

experimental error (Geral) erro experimental

experimental mean pitch (Aero.) passo eficaz de uma hélice

experimental petrology (Geo.) petrologia experimental

expert system (Inf.) sistema pericial

expiration (Zoo.) expiração

explantation (Bio.; Zoo.) explantação

explant (Bot.) explante

explicit function (Mat.) função explícita

exploding star (Astro.) estrela explosiva

exploitation well (Minas) poço de exploração

exploitative competition (Eco.) competição pelos recursos

exploratory behaviour (Psic.) comportamento exploratório

Explorer (Esp.) «Explorer» (série de satélites artificiais dos EUA)

exploring brush (Elect.) escova exploratória

exploring coil (Elect.) bobina exploratória

explosion (Geral) explosão

explosion pot (Elect.) cadinho de explosão; pote de explosão

explosion-proof (Geral) à prova de explosão

explosion wave (Meteo.) onda de explosão

explosion welding (Mec.) soldadura explosiva

explosive cotton (Quím.) algodão-pólvora

explosive D (Quím.) explosivo D; picrato de amónio

explosive evolution (Eco.) evolução explosiva; salto evolutivo

explosive forming (Mec.) formação explosiva

explosive fracturing (Minas) fracturação explosiva

explosive rivet (Mec.) rebite explosivo

exponent (Mat.) expoente

exponential (Geral) exponencial

exponential baffle (Fís.) deflector exponencial

exponential curve (Electrón.) curva exponencial

exponential function (Mat.) função exponencial

exponential growth phase (Bio.) fase de crescimento exponencial

exponential horn (Fís.) corneta exponencial

exponential reactor (Nucl.) reactor exponencial

exponential rise (Electrón.) crescimento exponencial

exponential series (Mat.) série exponencial

exponential wave form (Electrón.) forma de onda exponencial

exposure (Geral) exposição

exposure (Inf.) exposição; probabilidade

exposure (T.Imag.) exposição; pose

exposure dose (Nucl.; Radiol.) dose de exposição

exposure dose rate (Nucl.; Radiol.) taxa de exposição

exposure learning (Psico.) aprendizagem de exposição

exposure meter (T.Imag.) fotómetro

exposure rate (Nucl.) taxa de exposição

exposure speed (Nucl.) velocidade de exposição; duração de exposição

exposure suit (Nucl.) trajo de exposição; trajo à prova de radiação

exposure value (T.Imag.) valor de exposição

expression evaluation (Inf.) avaliação de expressão

Expressionism (Arq.) Expressionismo

expression site (Bio.) biblioteca de expressão

expression vector (Bio.) vector de expressão; valor de expressão

expulsion cutout (Elect.) disjuntor de fusível de expulsão

expulsion fuse (Elect.) fusível de expulsão

expulsion gap (Elect.) entreferro de expulsão

exsanguination (Med.) sangria; grave perda de sangue

exsect (Med.) excisar

exserted (Bot.) protuso

exsiccant (Quím.) exsicante; secante; absorvente

exsiccation (Eco.) excicante

exstrophy, extrophy (Med.) extrofia

ext (Med.) abr. de *extractum* — extracto

extant (Eco.) extante

extasia, ectasis (Med.) ectasia

extended binary (Inf.) binário ampliado

extended control mode (Inf.) modo de controlo ampliado (ou estendido)

extender (Geral) diluente

extending bandwidth (Telecom.) aumento de largura de banda

extension of flaps (Aero.) extensão dos flaps; abaixamento dos flaps de travagem

extension of foundation (E.Civ.) alargamento de alicerce (fundação)

extension spring (Mec.) mola tensora

extension tripod (T.Imag.) tripé ajustável

extension tubes (T.Imag.) tubos de extensão

extensometer (Mec.) extensómetro

extensor (Zoo.) extensor

exterior angle (Geral) ângulo externo

exterior of a set (Mat.) exterior de um conjunto

exterior wiring (Elect.) ligação externa

external angle (Mat.) ângulo externo

external armature (Elect.) armadura externa

external characteristic (Elect.) característica externa

external circuit (Elect.) circuito externo

external compensation (Quím.) compensação externa

external conductor (Elect.) condutor externo

external digestion (Zoo.) digestão externa

external feedback (Electrón.) realimentação externa

external firing (Mec.) fogo externo

external force (Fís.) força externa

external galaxy (Astro.) galáxia exterior

external indicator (Quím.) indicador externo

external indicators (Inf.) indicadores externos

external interruption (INF.) interrupção externa
external line (TELECOM.) linha externa
external modem (INF.) modem (modulador/desmodulador) externo
external path length (INF.) comprimento de caminho externo
external programme parameter (INF.) parâmetro de programa externo
external respiration (ZOO.) respiração externa
external routine (INF.) rotina externa
external screw-thread (MEC.) rosca-macho
external secretion (ZOO.) secreção externa
external sort (INF.) classificação externa
external storage (INF.) armazenamento externo
exteroceptor (ZOO.) receptor externo; êxtero-receptor
extinct (ECO.) extinto
extinction (GERAL) extinção
extinction coefficient (QUÍM.) coeficiente de extinção
extinction point (ECO.) ponto de extinção
extinction potential (ELECT.) potencial de extinção
extinction voltage (ELECT.) voltagem de extinção
extirpation (ECO.) extirpação
extra- (GERAL) extra-; do latim *extra* — fora de
extra-articular (ZOO.) extra-articular
extracellular (BIO.) extracelular
extracellular enzyme (BIO.) enzima extracelular
extracellular fluid (BIO.) flúido extracelular
extracellular matrix (BIO.) matriz extracelular
extrachromosomal DNA (BIO.) ADN extracromossómico
extrachromosomal inheritance (BIO.) herança extracromossómica
extracorporeal (BIO.) extracorpóreo
extraction (QUÍM.) extracção
extraction fan (MEC.) ventilador de extracção

extraction funnel (MINAS) funil de extracção
extraction metallurgy (MINAS) metalurgia de extracção
extraction thimble (QUÍM.) vaso de extracção
extraction turbine (MEC.) turbina de extracção
extractive distillation (QUÍM.) destilação extractiva
extract ventilator (E.CIV.) ventilador de extracção
extrados (E.CIV.) extradorso
extradural (MED.) extradural
extra-embryonic (ZOO.) extra-embrionário
extra-floral nectary (BOT.) nectário extra-floral
extra-heavy (E.CIV.) extraforte
extra high tension (ELECT.) extra alta tensão
extra-high voltage (ELECT.) voltagem extra-alta
extra-lateral rights (MINAS) direitos extra-laterais
extraneous ash (MINAS) cinza espúria
extra-nuptial nectary (BOT.) nectário extra-floral
extraordinary ray (FÍS.) raio extraordinário
extrapolation (MAT.) extrapolação
extrasensory perception (PSICO.) percepção extra-sensorial
extrasystole (MED.) extra-sístole
extratarsal (ZOO.) extratársico
extraterrestrial (ASTRO.) extraterrestre
extratubal (MED.) extratubário
extra-uterine (MED.) extra-uterino
extravaginal (MED.) extravaginal
extravasation (BOT.) extravasão
extravascular (ZOO.) extravascular
extraversion (MED.) extroversão
extraversion/introversion (PSICO.) extroversão/introversão
extreme breadth (NAV.) boca externa
extreme dimensions (NAV.) dimensões extremas
extremely high frequency [EHF] (TELECOM.) frequência extremamente alta

extremely low frequency [ELF] (TELECOM.) frequeência extremamente baixa
extreme pressure lubricant (MEC.) lubrificante de pressão máxima
extremital (MED.) extremo; distal
extremophile (ECO.) extremófilo
extrinsic (GERAL) extrínseco
extrinsic protein (BIO.) proteína extrínseca
extrinsic semiconductor (ELECTRÓN.) semicondutor extrínseco
extrophy (MED.) extrofia
extrorse (BOT.) extrorso
extrovert (ZOO.) extrovertido
extrusion (MEC.) extrusão
extrusive rocks (GEO.) rochas extrusivas
exudate (MED.) exsudato
exudation pressure (BOT.) pressão de exsudação
exudative diathesis of chicks (VET.) diatese exsudativa dos pintos
eye (BOT.) botão
eye (E.CIV.) clarabóia
eye (GERAL) olho
eye (MEC.) olho; olhal
eye (METEO.) centro (de furacão)
eye (VIDR.) olhal (no fundo de um forno de cadinho)
eyeball (MEC.) globo ocular
eye bolt (MEC.) parafuso de asa; cavilha com olhal; pitão
eye-ground (MED.) fundo do olho
eye lens (FÍS.) lente ocular
'eye' of storm (GEO.) olho (centro) da tempestade
eyepiece (FÍS.) ocular
eye spot (BOT.; ZOO.) estigma
eye spot (MED.) mancha do olho
eye-stalk (ZOO.) pedúnculo com olho (nos Crustáceos)
eyestrain (MED.) fadiga ocular; astenopia
eye tube (FÍS.) tubo telescópico; ocular de telescópio
eyot (GEO.) lezíria
Eyring formula (FÍS.) fórmula de Eyring

f (ELECT.) símbolo de *frequency* - frequência

f (MED.) símbolo de *respiratory frequency* - frequência respiratória

f (MINAS) símbolo de *fine* - fino; e de *fluid* - fluido

f (QUÍM.) símbolo de *activity coefficient* - coeficiente de actividade (em concentração molar)

F (BIO.) símbolo de *filial generation* - geração filial

F (ELECT.) símbolo de: *flag* - indicador; *direct* - directo; *Farad* - farad

F (FÍS.) símbolo de: *force* - força; *Fahrenheit* - Fahrenheit

F (MED.) abr. de *visual field* - campo visual

F (MINAS) abr. de: *fluorescence* - fluorescência; e de *formation factor* - factor de formação

F (QUÍM.) símbolo de *fluorine* - flúor

[F] (FÍS.) risca F de Fraunhofer

FAA (AERO.) abr. de *Federal Aviation Administration* - Administração Federal de Aviação (EUA)

FAB (MINAS) abr. de *Faint Air Blow* - sopro fraco de ar

Fab fragment (IMUN.) fragmento Fab

fabric (E.CIV.) edifício; construção

fabric (GEO.) orientação dos elementos de uma rocha

fabric (TÊXT.) tecido

fabrication yard (MINAS) local de montagem de estruturas

Fabry's disease (BIO.; MED.) doença de Fabry

Fabry-Pérot interferometer (FÍS.) interferómetro de Fabry-Pérot

façade (ARQ.) fachada; frontispício; frontaria

face (CRIST.) face; superfície plana

face (E.CIV.) fachada

face (GERAL) face

face (MINAS) talude; cabeceira

face-airing (MINAS) ventilação

face arch (ARQ.) arco frontal; arcada frontal

face chuck (MEC.) chapa universal (torno)

faced crystal (ELECT.) cristal facetado

face-hammer (E.CIV.) martelo de alisar

face lathe (MEC.) torno de facear

face mark (E.CIV.) marca de rectificação

face miller (MEC.) fresadora plana; fresadora de topo

face milling (MEC.) faceamento com fresa

face mix (E.CIV.) mistura de face

face mould (E.CIV.) molde de superfície

face plate (ELECTRÓN.) janela

face plate (MEC.) placa lisa (torno)

face-plate breaker controller (ELECT.) controlador de interruptor de placa

face-plate breaker starter (ELECT.) arranque de interruptor de placa

face-plate controller (ELECT.) controlador de placa

face-plate coupling (MEC.) acoplamento de placa

face-plate starter (ELECT.) arrancador de placa

face shovel (E.CIV.) escavadora de superfície

facet (ARQ.) listel; faceta

facet (GERAL) faceta

facetectomy (MED.) facetectomia (excisão de uma faceta)

facette (ARQ.) listel; faceta

face-wall (E.CIV.) fachada

facial (ZOO.) facial

facies (GEO.) fácies

facies (MED.) face; rosto; aparência; superfície

facies fossil (GEO.) fácies fóssil

facilitated diffusion (BIO.) difusão facilitada

facilitation (ZOO.) facilitação

facility (INF.) facilidade; recurso

facing (E.CIV.) forro; revestimento

facing (ELECT.) revestimento

facing (MEC.) alisamento; faceamento

facing board (MINAS) estaca de guarnecimento

facing bond (E.CIV.) ligação de superfície

facing brick (E.CIV.) tijolo de superfície

facing lathe (E.CIV.) torno de placas; torno de facear

facing paviors (E.CIV.) tijolos de pavimentação; ladrilhos; tijoleira

facing sand (MEC.) areia de fundição; areia de moldagem

facing tool (E.CIV.) ferramenta de facear

FACS (BIO.) abr. de *Fluorescent Activated Cell Sorter* - separador de células activado por fluorescência

facsimile (TELECOM.) facsimile; telefoto; fototelegrafia; telefotografia; FAX

facsimile bandwidth (TELECOM.) largura de banda de facsimile

facsimile converter (TELECOM.) conversor de facsimile

facsimile modulation (TELECOM.) modulação de facsimile

facsimile receiver (TELECOM.) receptor de facsimile

facsimile signal (TELECOM.) sinal de facsimile

facsimile transmitter (TELECOM.) transmissor de facsimile

F-actin (BIO.) actina F

factor (GERAL) factor

factor (BIO.) factor; gene

factor I (MED.) factor I; fibrinogénio (na coagulação do sangue)

factor II (MED.) factor II; protrombina (na coagulação do sangue)

factor III (MED.) factor III; tromboplastina (na coagulação do sangue)

factor analysis (PSICO.) análise factorial

factorial n (MAT.) factorial de n

factor of attenuation (FÍS.) factor de atenuação

factor of merit (ELECT.) factor de qualidade

factor of safety (E.CIV.; MEC.) factor de segurança

faculae (ASTRO.) fáculas

facultative (BIO.) facultativa

facultative anaerobe (BIO.) anaeróbio facultativo

facultative heterochromatin (BIO.) heterocromatina facultativa

facultative microoganisms (BIO.) microorganismos facultativos

FAD (MED.) abr. de *Flavin Adenine Dinucleotide* - dinucleotídeo de adenina flavina

fade (TELECOM.) desvanecimento; diminuição gradual

fade-in (T.IMAG.) intensificação; aparecimento gradual

fade-out (T.IMAG.) diminuição gradual; enfraquecimento

fader (T.IMAG.) atenuador

fading (AUTO.) falha de travões devido a aquecimento

fading (GERAL) desvanecimento; diminuição gradual

fading area (TELECOM.) área de desvanecimento

fading margin (ELECTRÓN.) margem de atenuação

fading reducing aerial (TELECOM.) antena antidesvanecimento

faecal pellets (GEO.) pelotas; coprólitos

faeces (ZOO.) fezes

Fagaceae (BOT.) Fagáceas

faggot (E.CIV.) molho; feixe

fagopyrism (VET.) fagopirismo; intoxicação pelo trigo-sarraceno

Fahrenheit degree (FÍS.) grau Fahrenheit

Fahrenheit scale (FÍS.) escala Fahrenheit

Fahrenheit temperature (FÍS.) temperatura Fahrenheit

Fahrenheit thermometer (FÍS.) termómetro Fahrenheit

FAI (E.Civ.) abr. de *Fresh-Air Inlet* - admissão de ar fresco

faience (E.Civ.) faiança

fail-operational (Aero.) operacional de falha

fail safe (Nucl.) antifalhas (sistema de segurança)

fail safe circuit (Elect.) circuito de segurança

fail safe operation (Elect.) operação de segurança

fail-soft (Inf.) degradação progressiva

failure (Med.) falha; insuficiência

failure commutation (Elect.) falha de comutação

failure mode (Elect.) modo de avaria

failure modes and effects analysis (Aero.) análise de falha de modos e efeitos

failure rate (Electrón.) taxa de falha

Fairchild advanced Schottky transistor-transistor logic (Electrón.) lógica transístor-transístor de efeito Schottky avançado da Fairchild

fair cutting (E.Civ.) corte limpo

fair ends (E.Civ.) acabamentos limpos

fairfieldite (Miner.) fairfieldite

fairing (Aero.; Nav.) carenagem

Fair's graticules (Fís.) retículos de Fair

fair show (Minas) indícios razoáveis de petróleo

Fajans-Soddy law of radioactive displacement (Quím.) lei de Fajans-Soddy da desintegração radioactiva

falcate (Bot.) falcado; falcato

falciform (Bot.) falciforme

falciform ligament (Zoo.) ligamento falciforme

Falconbridge process (Mec.) processo de Falconbridge

falcula (Med.; Zoo.) foice do cérebro

falicain (Quím.) falicaína

fall (E.Civ.) desnível; declividade

fall (Hidro.) cascata; queda de água

fall (Mec.) cabo de içar

falling barometer (Fís.) barómetro descendente (com queda de pressão)

falling body (Fís.) corpo cadente; corpo em queda livre

falling latch (Mec.) tranqueta

falling of humidity (Meteo.) diminuição de humidade

falling of potential test (Elect.) teste de queda de potencial

falling star (Meteo.) estrela cadente; meteoro; meteorito

falling wind (Meteo.) corrente de ar descendente; vento descendente

Fallopian aqueduct (Med.) aqueduto de Falópio

Fallopian arch (Med.) arco de Falópio; ligamento inguinal

Fallopian tube (Zoo.) trompa de Falópio; trompa uterina; oviducto

fall-out (Eco.; Fís.) poeira residual; precipitação radioactiva; precipitação atómica; poeira radioactiva; queda de partículas radioactivas

fall pipe (E.Civ.) tubo de descarga

fall time (Telecom.) tempo de diminuição; tempo de queda

false amethyst (Miner.) falso ametista; ametista-oriental (variedade violeta de corindo)

false amnion (Zoo.) falso âmnio; cório secundário

false annual ring (Bot.) falso anel anual (no lenho ou xilema)

false bedding (Geo.) estratificação cruzada; estratificação oblíqua

false bottom (Mec.) fundo falso; fundo duplo

false cirrus (Meteo.) falso cirro; cirro de trovoada

false colour (T.Imag.) cor falsa

false curvature (Fís.) falsa curvatura

false diamond (Miner.) falso diamante

false-echo device (Electrón.) dispositivo de falso eco

false ellipse (E.Civ.) falsa elipse

false fruit (Bot.) falso fruto

false header (E.Civ.) tijolo de topo

false hemlock (Bot.; E.Civ.) abeto-de-Douglas; a sua madeira

false key (Mec.) chaveta falsa

false pregnancy (Med.; Zoo.) falsa gravidez; pseudociese; gravidez fantasma; gravidez espúria

false ribs (Zoo.) costelas falsas

false ruby (Miner.) falso rubi

false septum (Bot.) falso septo

false tissue (Bot.) pseudo parênquima

false topaz (Miner.) falso topázio; quartzo citrino

falsework (E.Civ.) madeiramento; molde; andaime

false-zero test (Elect.) teste de falso-zero

falx (Zoo.) foice; estrutura falciforme

falx cerebri (Zoo.) foice do cérebro

FAM (Elect.) abr. de *Frequency Allocation Multiplex* - multiplex sobre frequências diferentes

familial Mediterranean fever (Bio.; Med.) febre mediterrânica familiar

family (Geral) família

family therapy (Psico.) terapia familiar

fan (Aero.) fan; palheta; pá de hélice

fan (Geo.) cone aluvial

fan (Mec.) ventilador

fan (Zoo.) rectrizes

fan antenna (Telecom.) antena em leque

fan beam (Fís.) feixe em leque

fan blade (Mec.) pá do ventilador

fan blower (Mec.) ventilador centrífugo

fancier (Zoo.) criador

Fanconi's anaemia (Bio; Med.) anemia de Fanconi

Fanconi's syndrome (Med.) síndroma de Fanconi

fan cooling (Auto.) resfriamento a ventilador

fancy flying (Aero.) voo de acrobacia

fancy yarn (Têxt.) tecido de fantasia

fan discharging obliquely (Mec.) ventilador com descarga de ar oblíqua

fanfold (Geo.; Minas) dobra em leque

fan-guard (E.Civ.) guarda protectora (de ventilador)

fan-in (Elect.) circuito de entradas; leque de entrada

fanjet (Aero.) palheta de jacto (em turbojacto); fanjet

fanlight (E.Civ.) clarabóia; bandeira circular de porta ou janela

fan marker (Elect.) marcador em leque; radiofarol em leque

fan marker beacon (Aero.) radiofarol de feixe vertical; radiofarol em leque

fanned-out beam (Elect.) feixe de saída em leque

fan of the steam jet (Mec.) dispersão do jacto a vapor

fan pressure (Mec.) pressão de ventilador

fan scaffolding (E.Civ.) andaime triangular de grade

fan shaft (Minas) eixo da pá do ventilador

fantasy (phantasy) (Psico.) fantasia; fantasma

fan vaulting (Arq.) abóbada em leque; abóbada normanda; abóbada anglo-saxónica

farad (Elect.) farad

Faraday cage (Elect.) gaiola de Faraday

Faraday dark space (Fís.) espaço negro de Faraday

Faraday disk (Fís.) disco de Faraday

Faraday effect (Fís.) efeito de Faraday

Faraday's constant (Fís.) constante de Faraday

Faraday's generator (Elect.) gerador de Faraday; máquina de disco de Faraday

Faraday's ice bucket experiment (Fís.) experiência do balde de gelo de Faraday

Faraday's law (Fís.) lei de Faraday

Faraday's law of electromagnetic induction (Fís.) lei de Faraday da indução electromagnética

Faraday's law of induction (Fís.) lei de Faraday da indução

Faraday's laws of electrolysis (Fís.) leis de Faraday da electrólise

Faraday's net (Fís.) rede de Faraday

Faraday's rotation (Fís.) rotação de Faraday

Faraday's rule (Fís.) regra de Faraday

Faraday's screen (Fís.) blindagem de Faraday; gaiola de Faraday

Faraday's shield (Fís.) blindagem de Faraday; gaiola de Faraday

faradic current (Med.) corrente farádica; corrente induzida

faradic electricity (Fís.) electricidade farádica; electricidade induzida

faradism (Fís.) faradismo; electricidade induzida

farcy (Med.; Vet.) farcinose; mormo; sarna

far-end cross-talk (Telecom.) telediafonia; diafonia remota

far field (Fís.) campo longínquo; região distante

far field region (Fís.) região distante; região de Fraunhofer

farina (Geral) farinha

farinose (BOT.) farinhoso

farmer's lung (IMUN.) pulmão de fazendeiro; alveolite alérgica extrínseca

far point (FÍS.) ponto distante; ponto extremo

Farror's process (MEC.) processo de Farror

fascia (ARQ.; E.CIV.) platibanda; faixa; aba

fascia (AUTO.) quadro de instrumentos; painel

fascia (ZOO.) fáscia; aponeurose

fasciation (BOT.) fasciação

fascicle (BOT.) fascículo

fascicular cambium (BOT.) câmbio fascicular

fasciculus (ZOO.) fascículo

fasciitis, fascitis (MED.) fasciíte; inflamação numa fáscia

fasciola (ZOO.) fascíola; pequena fáscia; grupo de fibras

fasciola hepatica (ZOO.) fascíola hepática; trematódeo do fígado

fascioliasis (MED.; VET.) fascilíase

fasciotomy (MED.) fasciotomia

fassaite (MINER.) fassaite; augite

fast (GERAL) firme; fixo; rápido

fast-access storage (INF.) memória de acesso rápido; armazenamento de acesso rápido

fast-acting relay (TELECOM.) relé de acção rápida

fast core (INF.) memória rápida de núcleos

fast coupling (MEC.) acoplamento rápido; acoplamento fixo

fast dive (AERO.) voo de mergulho a grande velocidade

fast effect (FÍS.) efeito rápido

fastener (MEC.) grampo; fecho; fixador

fast fission (FÍS.) fissão rápida

fast fission factor (FÍS.) factor de fissão rápida

fast Fourier transform (ELECT.) transformação rápida de Fourier; modificação rápida de Fourier

fast growing (ZOO.) precoce

fast half wave rectifier (ELECTRÓN.) rectificador de meia onda rápido

fast head (MEC.) maxila fixa (de um torno)

fastigiate (BOT.) fastigiado

fastigium (BOT.) fastígio

fastness (TÊXT.) firmeza (de cores)

fast neutrons (FÍS.) neutrões rápidos

fast pulley (MEC.) polia fixa

fast reaction (FÍS.; QUÍM.) reacção rápida

fast reactor (FÍS.; NUCL.) reactor rápido

fast running engine (MEC.) motor acelerado

fast spiral (ELECT.) sulco espiral; sulco rápido

faststore (INF.) armazenamento rápido

fast-time constant (ELECT.) constante de tempo rápida; constante de tempo curto

fast time gain control (ELECT.) controlo diferencial de ganho

fast to light (E.CIV.) firmes à luz

Fast Wind [FW] (ELECTRÓN.) bobinagem rápida

FAT (INF.) abr. de *File Allocation Table* - tabela de atribuição de ficheiros

fat (QUÍM.) gordura

fat (ZOO.) gordura; tecido adiposo; banha

fat alcohol (QUÍM.) álcool gorduroso

fata morgana (METEO.) «Fada Morgana»; miragem

fat body (ZOO.) corpo gorduroso

fat coal (MINAS) carvão gordo; hulha gorda

fat dipole (ELECTRÓN.) dipolo grosso; dipolo de grande diâmetro

father (INF.) pai; predecessor; anterior

father data file (INF.) arquivo de dados anterior

father file (INF.) arquivo pai

fathom (GERAL) braça (medida de comprimento = 1,828m)

fathom curve (METEO.) curva isobárica; isobática; curva de nível

fathometer (FÍS.) ecobatímetro; ecossonda

fatigue (GERAL) fadiga; perda de resistência

fatigue breakage (MEC.) ruptura por fadiga

fatigue crack (MEC.) fractura por fadiga

fatigue failure (MEC.) falha devido a fadiga

fatigue life (MEC.) período de fadiga

fatigue limit (MEC.) limite de fadiga; limite de resistência

fatigue of metal (MEC.) fadiga do metal

fatigue resistance (MEC.) resistência à fadiga

fatigue strength (MEC.) resistência à fadiga; força de fadiga

fatigue test (MEC.) teste de fadiga; teste de resistência

fatigue-testing machine (MEC.) máquina de teste de fadiga; máquina de verificação de fadiga

fat lime (E.CIV.) cal gorda

fat-necrosis (MED.) necrose gordurosa; morte do tecido adiposo

fats (QUÍM.) gorduras

fat-soluble (QUÍM.) solúvel em gordura

fat solvent (QUÍM.) solvente gordo; dissolvente gordo

fatty acid (BIO.) ácido gordo

fatty acid oxidation cycle (QUÍM.) ciclo de oxidação do ácido gordo

fatty acids (QUÍM.) ácidos gordos

fatty degeneration (MED.) degeneração gordurosa

fatty oil (QUÍM.) óleo gordo; óleo animal

faucet (E.CIV.) torneira; bica

faujasite (MINER.) faujasita

fault (ELECT.) falha; falta; fuga

fault (GEO.) falha

fault block (GEO.) bloco de falha

fault breccia (GEO.) bréscia de falha

fault current (ELECT.) corrente de falha

fault electrode current (ELECT.) corrente de fuga de eléctrodo; corrente anormal de eléctrodo

fault-finder (ELECT.) detector de falhas; detector de fugas

fault indicator (ELECT.) indicador de falha

fault line (GEO.; MINAS) linha de falha

fault plane (GEO.; MINAS) plano de falha; plano de fractura

fault resistance (ELECT.) resistência de falha

fault scarp (GEO.; MINAS) escarpa de falha

fault spring (HIDRO.) nascente de falha; fonte de falha

fault strike (GEO.; MINAS) linha de falha; direcção de falha

fault tolerance (ELECT.; INF.) tolerância de falha

fault tolerant (ELECTRÓN.) tolerante a falhas

fault tolerant system (INF.) sistema tolerante de falha

fault trace (INF.) rastreio ou despistagem de falhas

faulty-free (ELECTRÓN.) à prova de falhas

fauna (GERAL) fauna

faunal (ECO.) fauniano

faunal province (ECO.) província faunaiana

fauna region (ZOO.) região faunística

faunizone (ECO.) zona fauniana

faveolate (BOT.; ZOO.) faveolado

favism (MED.) favismo

favose (BOT.; ZOO.) favose

favus (MED.) favo; tinha vera; micose favosa; tinha favosa

fax (TELECOM.) abr. de *facsimile* - facsimile

fax modem (TELECOM.) modem de fax

fayalite (MINER.) faialite

faying face (MEC.) superfície de contacto

FBH (MINAS) abr. de *Flowing By Heads* - fluindo pelo topo

fc (MINAS) abr. de *float collar* - anel flutuante; colar flutuante

FC (ELECT.) abr. de *Front Connected* - conexão frontal

FC (MINAS) abr. de *Filter Cake* - rebolo; bolo; «queque»

FCC (TELECOM.) abr. de *Federal Communications Comission* - Comissão Federal de Comunicações (EUA)

Fc fragment (IMUN.) fragmento Fc; porção Fc

FCIP (MINAS) abr. de *Final Close-In Pressure* - pressão de fecho final

Fc receptor (IMUN.) receptor Fc

FCS (ELECT.) abr. de *Frame Check Sequence* - sequência de comprovação de estrutura

FDC (ELECTRÓN.) abr. de *Floppy Disc (Disk) Controller* - controlador de disco flexível

FDD (TELECOM.) abr. de *frequency division duplex* — duplex por divisão de frequência

F-diagram (QUÍM.) diagrama F

F-display (RADAR) exibição F

FDM (TELECOM.) abr. de *frequency division multiplex* — multiplex por divisão de frequência

FDP (AERO.; INF.) abr. de *Flight Data Processing* - Processamento de Dados de Voo

FDS law (FÍS.) lei de Fermi-Dirac-Sommerfeld

Fe (Quím.) símbolo químico de *iron* - ferro (do latim *ferrum*)
fear (Psico.) medo
feather (E.Civ.) lingueta; barbela
feather (Mec.) cunha; chaveta paralela
feather (Radar) eco artificial em forma de pena
feather (Zoo.) pena
Feather analysis (E.Civ.) análise de Feather
feather eater (Vet.) comedor de penas
feather-edge brick (E.Civ.) tijolo de canto de bisel
feather-edge coping (E.Civ.) pedra de cobertura chanfrada
feather flange (E.Civ.) aba de assentamento (de cantoneira)
feathering paddle-wheel (Mec.) roda de pás articuladas
feathering pitch (Aero.) passo de bandeira
feathering propeller (Aero.) hélice de passo de bandeira
feathering pump (Aero.) bomba de neutralização
feather joint (E.Civ.) junta de cavilha
feather ore (Miner.) mineral plumoso quebradiço (referindo-se ou à jamesita ou à estibinita)
feathers (Zoo.) penas
feature (Minas) configuração
febrifuge (Med.) febrífugo; antipirético
febrile (Med.) febril; pirético
FEC (Telecom.) abr. de *forward error control* — controlo de erro avançado
fecalith (Bio.; Med.) fecalito; coprólito
fecaloid (Med.) fecalóide
fecaloma (Med.) fecaloma
Fechner colours (Fís.) cores de Fechner
Fechner law (Med.) lei de Fechner; lei de Fechner-Weber; lei de Weber
fecundity (Eco.) fecundidade
Federal Communications Commission [FCC] (Telecom.) Comissão Federal de Comunicações (E.U.A.)
feebly hydraulic lime (E.Civ.) cal hidráulica fraca
feed (Geral) alimentação
feed (Mec.) admissão; avanço
feedback (Geral) realimentação; retroalimentação; retorno
feedback admittance (Telecom.) admissão de realimentação
feedback amplifier (Elect.) amplificador de realimentação
feedback balance (Electrón.) balança electrónica activa
feedback characteristic (Electrón.) característica de realimentação
feedback circuit (Elect.) circuito de realimentação
feedback control (Elect.) controlo de realimentação
feedback control loop (Electrón.) ciclo de controlo de realimentação
feedback control signal (Telecom.) sinal de controlo de realimentação
feedback control system (Telecom.) sistema de controlo de realimentação
feedback coupling (Electrón.) acoplamento reactivo

feedback equalization (Electrón.) realimentação equalizada
feedback factor (Telecom.) factor de realimentação
feedback inhibition (Bio.) inibição de realimentação
feedback loop (Electrón.) circuito de realimentação
feedback mechanism (Eco.) mecanismo de realimentação
feedback oscillator (Elect.) oscilador de realimentação
feedback path (Telecom.) trajecto de realimentação; curso de realimentação
feedback queue (Inf.) fila de realimentação
feedback regulation (Eco.) regulação por realimentação; auto-regulação
feedback regulator (Electrón.) regulador de realimentação
feedback signal (Telecom.) sinal de realimentação
feedback transducer (Electrón.) transdutor de realimentação
feedback windings (Elect.) enrolamento de realimentação
feed-check valve (Mec.) válvula de alimentação
feeder (Geral) alimentador
feeder bus-bar (Elect.) barras de distribuição
feeder cable (Elect.) cabo alimentador
feeder distribution center (Elect.) centro de distribuição do alimentador
feeder ear (Elect.) orelha de alimentação
feeder layer (Bio.) camada alimentar
feeder main (Elect.) tubulação alimentadora
feeder panel (Elect.) painel de alimentação; quadro de alimentação
feeder pillar (Elect.) pilar de alimentação; coluna de alimentação
feeder reactor (Elect.) reactor de alimentação
feed forward (Electrón.) realimentação adiantada
feedforward circuit (Electrón.) circuito de realimentação avançada
feedforward control (Bio.) controlo regenerativo; controlo de realimentação positiva
feeding head (Mec.) boca de carga; alimentador
feeding holes (Elect.) buracos de alimentação
feeding point (Elect.) ponto de alimentação
feeding rod (Mec.) barra de alimentação
feed mechanism (Elect.) mecanismo de alimentação
feed pipe (Mec.) tubo de alimentação; canal de alimentação
feed reel (T.Imag.) rolo de alimentação; filme de alimentação
feed roller (Impr.) rolo de alimentação
feed screw (Mec.) parafuso de avanço; parafuso de alimentação
feedthrough (Elect.) alimentação de passagem

feedthrough insulator (Elect.) isolador de alimentação de passagem; isolador de passagem
feed-water (Mec.) água de adução; água de alimentação
feed-water heater (Mec.) aquecedor de água de adução
feel (Têxt.) tacto
feeler (Têxt.) calibrador
feeler gauge (Mec.) calibrador de folgas
feeler-switch (Elect.) interruptor-calibrador
FEFO (Inf.) abr. de *First-Ended, First-Out* - primeiro a terminar, primeiro a sair
Fehling's solution (Quím.) licor de Fehling; líquido de Fehling
feldspar, felspar (Miner.) feldspato
feldspathic grit (Geo.) cascalho feldspático; saibro feldspático
feldspathic rock (Geo.) rocha feldspática
feldspathic sand (Geo.) areia feldspática
feldspathic sandstone (Geo.) arenito feldspático
feldspathic sediment (Geo.) sedimento feldspático
feldspathoid (Geo.) feldspatóide
Felici balance (Elect.) equilíbrio de Felici
Felici generator (Elect.) gerador de Felici
feline distemper (Vet.) enterite infecciosa felina; agranulocitose felina; febre do gato
feline enteritis (Vet.) V. *feline distemper*
feline infectious anemia (Vet.) anemia felina infecciosa
feline influenza (Vet.) gripe felina
feline leukemia (Vet.) leucemia felina
feline pneumonitis (Vet.) pneumonite felina
feline sarcoma virus [FSV] (Bio.) vírus de sarcoma felino
feline viral rhinotracheitis (Vet.) rinotraqueíte viral felina
fell field (Eco.) tundra
felloe (E.Civ.) camba
felon, fellon (Vet.) panarício
felsite (Geo.) felsite
felspar (Miner.) feldspato
felt (Geral) feltro
felting (Geral) feltragem; cobertura de feltro
female (Geral) fêmea
female connector (Electrón.) tomada; ligação fêmea
female contact (Elect.) contacto fêmea
female coupling (Mec.) acoplamento fêmea
female die (Mec.) cunho; matriz fêmea
female gauge (Mec.) calibrador anular; anel calibrador
female nozzle (Mec.) bocal fêmea; bocal de rosca interna
female pronucleus (Bio.) pronúcleo fêmea

female screw (Mec.) porca de parafuso; rosca fêmea

female thread (Mec.) rosca interna; rosca fêmea

femerell (E.Civ.) lanternim

femic constituents (Geo.) constituintes fémicos

femto- (Geral) fento-

femtosecond (Geral) fentosegundo

femur (Arq.) fémur (parte de um tríglifo entre caneladuras)

femur (Zoo.) fémur

fen (Eco.) pântano; charco; paúl

fence (Aero.; Radar) radar de avião (para detecção de montanhas)

fence (E.Civ.) guia; limitador; tapume; cerca; guarda

fence (Elect.) protecção; guarda; limitador

fenchone (Quím.) funchona

fender (Elect.) protecção; capa protectora

fenestra (Arq.) fresta; janela

fenestra (Zoo.) janela (abertura anatómica frequentemente fechada por uma membrana

fenestra metotica (Zoo.) janela metótica

fenestra ovalis (Zoo.) janela oval

fenestra pro-otica (Zoo.) janela pró-ótica

fenestra rotunda (Zoo.) janela redonda

fenestrate, fenestrated (Bot.; Zoo.) fenestrado (com janelas ou aberturas)

fenestration (E.Civ.) fenestragem; abertura de janelas ou frestas

fenestration (Med.) fenestração

fen peat (Eco.) turfa

fentanyl (Quím.) fentanil

fentanyl cytrate (Med.; Quím.) citrato de fentanil

FEPROM (Inf.) abr. de *flash erasable programmable ROM* — memória só de leitura apagável e programável por impulso (eléctrico)

feral (Zoo.) feroz

ferberite (Miner.) ferberite

fergusite (Miner.) fergusite

Fermat's last theorem (Mat.) último teorema de Fermat; teorema de Fermat

Fermat's principle of least time (Mat.) princípio de Fermat do tempo mínimo; princípio do tempo mínimo

Fermat's spiral (Mat.) espiral de Fermat

fermentation (Bio.; Quím.) fermentação; enzimólise

fermentor (Bio.; Quím.) cuba de fermentação; reactor de fermentação

fermi (Fís.; Nucl.) fermi (fm = fentómetro; unidade de uso desaconselhado)

Fermi age (Nucl.) idade de Fermi

Fermi characteristic energy level (Electrón.) nível de energia característica de Fermi

Fermi constant (Fís.) constante de Fermi

Fermi decay (Electrón.) desintegração de Fermi

Fermi-Dirac distribution curve (Electrón.) curva de distribuição de Fermi-Dirac

Fermi-Dirac gas (Fís.) gás de Fermi-Dirac

Fermi-Dirac-Sommerfeld law (Fís.) lei de Fermi-Dirac-Sommerfeld

Fermi-Dirac statistics (Fís.) estatística de Fermi-Dirac

Fermi hole (Electrón.) buraco de Fermi

Fermi level (Electrón.) nível de Fermi

fermion (Fís.) fermião

Fermi plot (Fís.) gráfico de Fermi

Fermi potential (Fís.) potencial de Fermi

Fermi selection rules (Fís.) regras de selecção de Fermi

Fermi sphere (Fís.) esfera de Fermi

Fermi surface (Fís.) superfície de Fermi

Fermi temperature (Fís.) temperatura de Fermi

fermium (Quím.) férmio (elemento radioactivo)

fernico (Mec.) férnico (liga de ferro-níquel-cobalto)

ferns (Bot.) Fetos (designação geral atribuída às Filicíneas)

Ferralsols (Eco.) solos férricos

Ferranti effect (Elect.) efeito de Ferranti

Ferranti-Hawkins protective system (Elect.) sistema de protecção de Ferranti-Hawkins

ferredoxin (Bot.) ferredoxina

Ferrel law (Meteo.) lei de Ferrel

ferric chloride (Quím.) cloreto férrico

ferrico sulphate (sulfate) (Quím.) sulfato férrico

ferric oxide (Quím.) óxido férrico

ferricyanide (Quím.) ferrocianeto

ferrimagnetic amplifier (Elect.) amplificador ferromagnético

ferrimagnetic limiter (Elect.) limitador ferromagnético

ferrimagnetic material (Elect.) material ferromagnético

ferrimagnetism (Fís.) ferromagnetismo

ferrimolybdite (Miner.) ferromolibdite

ferrite (Mec.) ferrite

ferrite bead (Telecom.) glóbulo de ferrite

ferrite core (Fís.) núcleo de ferrite

ferrite-core inductor (Electrón.) inductor com núcleo de ferrite

ferrite-core memory (Inf.) memória de núcleo de ferrite

ferrite isolator (Elect.) isolador de ferrite

ferrite memory (Inf.) memória de ferrite

ferrite rod (Electrón.) núcleo de ferrite (de secção) rectangular

ferrite-rod antenna (Telecom.) antena de núcleo de ferrite

ferrite switch (Elerct.) comutador de ferrite

ferritin (Bio.) ferritina

ferro-actinolite (Miner.) ferro-actinolite

ferro-chrome tape (Telecom.) fita magnética de (óxido de) crómio

ferrochromium (Mec.) ferrocromo

ferrocyanide (Mec.) ferrocianeto; cianeto de ferro

ferro-edenite (Miner.) ferro-edenite

ferroelectric materials (Fís.) materiais ferroeléctricos

ferroelectric memory (Inf.) memória ferroeléctrica

ferrogedrite (Miner.) ferrogedrite

ferrohastingsite (Miner.) ferrohastingsita

ferromagnetic (Electrón.) ferromagnético

ferromagnetic amplifier (Elect.) amplificador ferromagnético

ferromagnetic resonance (Elect.) ressonância ferromagnética

ferromagnetism (Elect.) ferromagnetismo

ferromanganese (Mec.) ferromanganês

ferromolybdenum (Mec.) ferromolibdénio

ferronickel (Mec.) ferro-níquel

ferroprussiate (Quím.) ferroprussiato

ferroprussiate paper (Papel) papel de ferroprussiato

ferroresonance (Elect.) ferro-ressonância

ferrosilicon (Mec.) ferro-silício

ferrospinel (Mec.) ferro-espinela; ferro-espinélio

ferrotype (T.Imag.) ferrotipo; ferrotipia

ferrous oxide (Quím.) óxido ferroso

ferrous sulphate (sulfate) (Quím.) sulfato ferroso

ferruginous (Eco.) ferroginoso

ferruginous cement (Geo.) cimento ferruginoso

ferruginous deposit (Geo.) depósito ferruginoso

ferruginous mineral (Minas) mineral ferruginoso

ferruginous sandstone (Geo.) arenito ferruginoso

ferruginous schist (Miner.) xisto ferruginoso

ferrule (E.Civ.) casquilho; aro

ferrule (Mec.) anel

fertile (Geral) fértil; produtivo; fecundo

fertilisin (Zoo.) fertilizina

fertility (Eco.) fertilidade

fertilization (Bio.) fertilização

fertilization cone (Zoo.) cone de fertilização

fertilization tube (Bot.) tubo de fertilização

Fery spectrograph (Fís.) espectrógrafo de Fery

fes (Bio.; Vet.) abr. de *feline sarcoma* — sarcoma felino

Fesseden oscillator (Fís.) oscilador de Fesseden

festination (Med.) festinação

FET (Electrón.) abr. de *Field-Effect Transistor* - transístor de efeito de campo

fetal calf serum [FCS] (Bio.) soro de feto de vitelo

fetch (E.Civ.) comprimento exposto à acção do vento

fetch (Inf.) recuperação; busca

fetch (Meteo.) alcance do vento

fetch-execute cycle (Inf.) ciclo de busca e execução

fetishism (Psico.) fetichismo

fetlock (Vet.) articulação metacarpofalângica; machinho

fettler (Têxt.) rebarbador

fettling (E.Civ.) revestimento

fever (Med.) febre

Feynman diagram (Fís.) diagrama de Feynman

FF (Inf.) abr. de *Form Feed* - alimentação de formulário; alimentação de papel (em impressoras)

f-factor (Radiol.) factor f (razão absorção/exposição)

F-format (Inf.) formato F (formato de um registo lógico de comprimento fixo)

FFT (Fís.) abr. de *Fast Fourier Transform* - transformação rápida de Fourier

FG (Electrón.) abr. de *frequency generator* — gerador de sinal

FGP (Bio.) abr. de *fluorescent green protein* — proteína verde fluorescente

FHP (Fís.) abr. de *Friction HorsePower* - cavalo-vapor de fricção

FHP (Inf.) abr. de *Fixed Header Prefix* - prefixo indicador fixo

Fibonacci series (Geral) série de Fibonacci

fibratus (Geo.) fibroso

fibre (Geral) fibra; filamento

fibre board (E.Civ.) quadro de fibra; placa de fibra

fibre brush (E.Civ.) escova de fibra

fibre bundle (Fís.) feixe de fibras

fibre camera (Fís.) câmara de fibra

fibre channel (Telecom.) canal de fibra óptica

fibre dispersion (Telecom.) dispersão de fibra óptica

fibre metallurgy (Mec.) metalurgia de fibra

fibre optic (Telecom.) fibra óptica

fibre optic cable (Telecom.) cabo de fibra óptica

fibre optics (Telecom.) fibras ópticas

fibre-optics gyro (Aero.) giroscópio de fibras ópticas

fibre-tracheid (Bot.) fibro-traqueído; fibro-traqueídeo

fibril (Bot.) fibrilha

fibrillation (Med.) fibrilhação

fibrin (Bio.) fibrina

fibrinogen (Bio.) fibrinogénio

fibrinoid (Zoo.) fibrinóide

fibrinolysin (Zoo.) fibrinolisina

fibrinolysis (Med.) fibrinólise

fibrino-peptide (Bio.) fibrinopetídeo

fibrinoplastin (Bio.) fibrinoplastina

fibrino-purulent (Bio.) fibrino-purulento

fibro-adenoma (Med.) fibroadenoma; adenoma fibróide

fibroblast (Med.) fibroblasto

fibrocartilage (Med.) fibrocartilagem

fibrocellular (Bio.) fibrocelular

fibrochondroma (Med.) fibrocondroma

fibrocyst (Med.) fibroquisto

fibrocyte (Bio.) fibrócito

fibrofathy (Bio.) fibro-adiposo

fibroid (Bio.) fibróide

fibroin (Têxt.) fibroína

fibrolite (Miner.) fibrolite

fibroma (Med.) fibroma

fibromyectomy (Med.) fibromiectomia

fibromyositis (Med.) fibromiosite

fibrose (Med.) fibrose

fibroserous (Med.) fibrosseroso

fibrosis (Med.) fibrose

fibrositis (Med.) fibrosite

fibrotic (Med.) fibrótico

fibrous concrete (E.Civ.) cimento fibroso

fibrous layer (Bot.) camada fibrosa

fibrous plaster (E.Civ.) gesso fibroso; reboco fibroso

fibrous root (Bot.) raiz fibrosa

fibrous tissue (Zoo.) tecido fibroso

fibrovascular bundle (Bot.) feixe fibrovascular

fibula (Arq.) fíbula

fibula (Zoo.) peróneo

fibulare (Zoo.) peroneal

Fick principle (Med.) princípio de Fick

Fick's law of diffusion (Quím.) lei de Fick da difusão

fidelity (Telecom.) fidelidade

fiducial (Topo.) fiducial; de confiança

fiducial point (Elect.) ponto fiducial

field (Geral) campo

field accelerating (Elect.) aceleração do campo

field amperage (Elect.) amperagem de campo

field approach (Aero.) aproximação de campo

field balance (Elect.) equilíbrio de campo

field blanking (T.Imag.) bloqueio de campo

field book (Topo.) caderneta de campo

field-breaking resistance (Elect.) resistência de interrupção de campo

field-breaking switch (Elect.) interruptor de campo; interruptor de excitação

field capacity (Bot.) capacidade de retenção capilar

field circuit breaker (Elect.) interruptor de campo

field coil (Elect.) bobina de campo; bobina indutora; indutor

field control (Elect.) controlo de campo

field copper (Elect.) cobre de campo

field core (Elect.) núcleo de campo

field density (Fís.) densidade de campo

field discharge (Fís.) descarga de campo

field-discharge resistance (Elect.) resistência de descarga de campo

field-discharge switch (Elect.) interruptor de descarga de campo

field-diverter rheostat (Elect.) reóstato desviador de campo

field-effect diode (Elect.) diodo de efeito de campo

field-effect transistor (Elect.) transístor de efeito de campo

field emission (Electrón.) emissão de campo; emissão fria

field-emission microscope (Fís.) microscópio de emissão de campo

field enhancement (Fís.) intensificação de campo

field excitation (Elect.) excitação de campo

field fluctuation (Elect.) flutuação de campo

field flux distribution (Elect.) distribuição de fluxo de campo; distribuição de intensidade de campo

field frequency (Elect.) frequência de campo

field glass (Fís.) telescópio

field gradient (Elect.) gradiente de campo

field heating (Fís.) aquecimento de campo

field intensity (Elect.) intensidade de campo

field-ion microscope (Fís.) microscópio de iões

field leakage (Elect.) fuga de campo magnético

field length (Inf.) comprimento de campo

field lens (Fís.) lente de campo (microscópio)

field level (Topo.) nível de campo; nível de agrimensor

field magnet (Elect.) electroíman de campo; íman indutor

field of force (Fís.) campo de força

field of view (Fís.) campo de visibilidade

field of vorticity (Meteo.) campo de vorticidade

field oscillator (Elect.) oscilador de campo

field out of phase (Elect.) campo desfasado

field pickup (T.Imag.) transmissão de exteriores

field power (Fís.) potência de campo; intensidade de campo

field radar (Radar) radar de campo; radar de campanha

field relay (Elect.) relé de campo

field resistance (Elect.) resistência de campo

field reversal (Elect.) inversão de campo

field rheostat (Elect.) reóstato de campo

field scan (Electrón.) exploração de campo; varredura de campo

field sequential (T.Imag.) sequencial de campo

field-sequential colour television (T.Imag.) televisão a cor de sequência de campos

field shield (Elect.) blindagem de campo

field star (Astro.) estrela de campo

field strength (Fís.) intensidade de campo

field-strength contour (Electrón.) carta de nível de intensidade (de campo electromagnético)

field strength meter (TELECOM.) medidor de intensidade de campo

field supressor (ELECT.) supressor de campo

field sync pulse (T.IMAG.) impulso de sincronização de campo

field theory (FÍS.) teoria dos campos

field voltage (ELECT.) voltagem de campo

field waveguide (ELECT.) guia de onda de campo

field weakening (ELECT.) atenuação de campo

field winding (ELECT.) enrolamento de campo; enrolamento indutor

fiery mine (MINAS) mina inflamável; mina explosiva

FIFO (INF.) abr. de *First-In-First-Out* - primeiro a entrar, primeiro a sair

FIFO memory (INF.) abr. de *first-in-first-out memory* — memória FIFO, memória sequencial

fifth generation computer (INF.) computador de quinta geração

figure of loss (ELECT.) factor de perda

figure of merit (ELECT.) factor de qualidade

figure pattern (ELECT.) figura padrão

FIH (MINAS) abr. de *Fluid In Hole* - fluido no poço

filament (GERAL) filamento

filament carbon (ELECT.) carvão de filamento

filament clip (ELECT.) arco de filamento

filament current (ELECT.) corrente de filamento

filament display (ELECTRÓN.) mostrador de filamento electrico

filament emission (ELECT.) emissão de filamento

filament emitter (ELECT.) emissor de filamento

filament filtration (ELECT.) filtração de filamento; filtração de corrente para o filamento

filament getter (ELECTRÓN.) absorvente metálico de filamento

filament heating (ELECTRÓN.) aquecimento de filamento

filament lamp (ELECT.) lâmpada de filamento

filamentous bacteriophage (BIO.) bacteriófago filmentoso

filament potential (ELECTRÓN.) potencial de filamento (válvula electrónica)

filament resistance (ELECT.) resistência de filamento

filament return (TELECOM.) retorno de filamento

filament transformer (ELECT.) transformador de filamento

filament voltage (ELECT.) voltagem de filamento

filament winding (ELECT.) enrolamento de filamento

filament wire (ELECT.) fio do filamento; condutor do filamento

filamin (BIO.) filamina

filariasis (VET.) filaríase

filar micrometer (BIO.; BOT.) micrómetro objectivo

file (INF.) ficheiro; arquivo (Brasil)

file access mode (INF.) modo de acesso a ficheiro

file attribute (INF.) atributo de ficheiro

file card (MEC.) escova de aço

file clean-up (INF.) limpeza de ficheiro

file closing (INF.) fecho de ficheiro

file directory (INF.) directório de ficheiros

file expression (INF.) expressão de ficheiro

file gap (INF.) intervalo de ficheiro

file ID (INF.) identificador de ficheiro (ID = *identifier* - identificador)

file identification (INF.) identificação de ficheiro

file name (INF.) nome de ficheiro

file opening (INF.) abertura de ficheiros

file recovery (INF.) recuperação de ficheiro

file reel (INF.) bobina de ficheiros

file saving (INF.) gravação de ficheiro

file server (INF.) servidor de ficheiros

file system (INF.) sistema de ficheiros

file tidying (INF.) limpeza de ficheiros

filet net (TÊXT.) rede de filé

file transfer (INF.) transferência de ficheiros

file updating (INF.) actualização de ficheiro

Filicales (BOT.) Filicíneas; Filicales

Filicopsida (BOT.) Filicópsidas

filiform (BOT.; ZOO.) filiformes

fill (E.CIV.) aterro; terraplenagem

filled band (QUÍM.) faixa ocupada

filler (E.CIV.) massa de enchimento; aparelho

filler block (E.CIV.) bloco de enchimento

filler gate (HIDRO.) comporta-piloto

filler metal (MEC.) metal de soldagem; metal de enchimento

filler rod (ELECT.) vareta de soldagem

filler rod (MEC.) barra de enchimento; barra de forro

fillet (AERO.) filete; nervura

fillet (ARQ.) filete; listel

fillet (E.CIV.) filé; filete

filleting (E.CIV.) filetar

fillet weld (MEC.) solda em filete; soldadura de ângulo

filling (GERAL) enchimento

filling (TÊXT.) trama

fillister (E.CIV.) plaina de rebaixar; ranhura; entalhe

fillister-head (E.CIV.) cabeça cilíndrica; cabeça cilíndrica ranhurada

fillister-head rivet (MEC.) rebite de cabeça cilíndrica

fillister-head screw (MEC.) parafuso de cabeça cilíndrica

film (GERAL) filme; película

film (QUÍM.) película

film badge (RADIOL.) distintivo dosimétrico

film base (T.IMAG.) celulóide

film clip (T.IMAG.) pedaço de filme; trecho de filme; «clip»

film coefficient (QUÍM.) coeficiente de convecção

film frame (T.IMAG.) área útil de filme (microfotografia)

film optical sensing device (T.IMAG.) dispositivo de sensibilidade óptica de filme

film recorder (T.IMAG.) gravador em filme

film recorder/scanner (ELECTRÓN.; T.IMAG.) gravador/explorador de filme; analisador de microfilme

film resistor (ELECTRÓN.) resistência de filme

film ring (NUCL.) anel dosimétrico

film scanner (ELECTRÓN.; T.IMAG.) explorador de filme; varredor de filme

film synchronizer (T.IMAG.) sincronizador de filme

film theory (QUÍM.) teoria da película; teoria da camada-limite

film thickness (T.IMAG.) espessura de película

film water (ECO.) água pelicular

film winding (T.IMAG.) enrolamento de filme

filoplumes (ZOO.) filoplumas (nas Aves); vibrissas

filopodium (BOT.) filopódio

filter (ELECT.) filtro; filtrador; compensador

filter (GERAL) filtro

filter alum (QUÍM.) sulfato de alumínio

filter attenuation (TELECOM.) atenuação de filtro

filter attenuation band (TELECOM.) faixa de frequência com atenuação; banda de frequência com atenuação

filter cake (QUÍM.; MINAS) bolo; reboco; aglomerado endurecido

filter choke (ELECT.) reactor do filtro

filter circuit (FÍS.) circuito do filtro

filter clay (QUÍM.) argila de filtro

filter cloth (QUÍM.) pano de filtro; tela de filtro

filter condenser (ELECT.) condensador de filtro

filter core (ELECT.) núcleo de filtro

filter crystal (FÍS.) cristal de filtro

filter discrimination (ELECT.) discriminação de filtro

filtered current (ELECT.) corrente rectificada

filtered light (FÍS.) luz filtrada

filter efficiency (QUÍM.) rendimento de filtro; eficiência de filtro

filter factor (T.IMAG.) factor de filtro

filter factor (QUÍM.) factor de filtragem

filter feeders (ECO.) alimentadores de filtro

filter glass (T.IMAG.) vidro de filtrar; filtro

filtering basin (HIDRO.) bacia de filtração

filter lens (FÍS.) lente de filtragem; lente de filtro; filtro

filter medium (FÍS.) matéria filtrante; meio filtrante

filter mesh (FÍS.) malha de tela do filtro

filter output (FÍS.) saída de filtro; rendimento de filtro

filter pack (HIDRO.) filtro de cascalho

filter paper (QUÍM.) papel de filtro

filter press (QUÍM.) filtro-prensa

filter pulp (PAPEL) polpa filtrante; polpa de filtro

filter reactor (ELECT.) reactor de filtro

filter resistor (ELECT.) resistência de filtro

filter respirator (MEC.) respirador de filtro

filter sterilize (BIO.) esterilização por filtragem

filter transmission band (TELECOM.) faixa de passagem de filtro; faixa de transmissão de filtro

filtrate (QUÍM.) filtrado

filtration (QUÍM.) filtração

fimbria (BOT.; ZOO.) fímbria; franja

fimbria (MED.) fímbria; corpo franjado; ténia do hipocampo

fimbriate; fimbriated (BOT.; ZOO.) fímbria; fimbriado

fimbriocele (MED.) fimbriocele; hérnia do corpo fimbriado do oviducto (trompa uterina)

fimbrioplasty (MED.) fimbrioplastia

fimicolous (BOT.) fimícola

fin (AERO.) aleta; plano de deriva; estabilizador vertical; leme de direcção

fin (MEC.) rebarba; aleta

fin (ZOO.) barbatana

final amplifier (ELECT.) amplificador final

final approach (AERO.) aproximação final

final limit-switch (ELECT.) chave de limite final

final loop (TELECOM.) ligação ao assinante

final mass (ASTRO.) massa final

final selector (TELECOM.) selector final

final voltage (ELECT.) voltagem final

final winding (ELECT.) enrolamento final

finder (ASTRO.) orientador de telescópio

finder (GERAL) localizador; detector

finder (TELECOM.) detector

finder (T.IMAG.) visor

finder control (RADAR) comando detector

finderscope (ASTRO.) abr. de *finder telescope* - telescópio orientador

finder telescope (ASTRO.) telescópio orientador

finding circuit (RADAR) circuito de busca

fine aggregate (E.CIV.) agregado fino

fine boring (MEC.) brocagem fina

fine-chrominancy primary (ELECTRÓN.) primário de crominância fina

fine etching (IMPR.) frequência fina

fine gear (MEC.) engrenagem fina

fine gold (MEC.) ouro fino

fine-grain developer (T.IMAG.) revelador de grão fino

fine-grained (ECO.) de grão fino; finamente granulado

fine-grain radar (RADAR) radar de alta definição

fine machining (MEC.) torneamento de precisão

fineness (FÍS.; QUÍM.) finura

fineness (MEC.; QUÍM.) pureza; precisão

fineness modulus (E.CIV.) módulo de precisão

fineness of grinding (FÍS.) finura de pulverização

fineness ratio (AERO.) razão de finura; relação de alongamento

fine ore (MINAS) minério pulverulento

fine paper (PAPEL) papel fino

fines (FÍS.) partículas finas

fines (MINAS) finos; minério miúdo; pó de minério

fine silt (GEO.) lodo fino

fine structure (ELECTRÓN.) estrutura fina

fine stuff (ARQ.) reboco fino; segundo reboco

fine stuff (E.CIV.) betume fino

finger nut (E.CIV.) porca de orelhas

finger plate (E.CIV.) espelho de fechadura

fingerprinting (BIO.) identificação

finger stop (MEC.) gancho de paragem

finger-type contact (ELECT.) contacto de protecção; contacto tipo digital

finial (E.CIV.) remate; término

fining (VIDR.) refinação

fining coat (E.CIV.) reboco

fining-off (E.CIV.) reboco

finishing (IMPR.) acabamento

finishing coat (E.CIV.) última demão; demão final

finishing cut (MEC.) corte final; corte de acabamento

finishing stove (IMPR.) caneladura de acabamento

finishing tool (MEC.) ferramenta de acabamento

fin keel (NAV.) quilha de deriva; aleta de lastro

fin rays (ZOO.) ossículos das barbatanas

fin truss (MEC.) armação francesa; armação belga

fiords; fjords (GEO.) fiordes

FIR (AERO.) abr. de *Flight Information Region* - Região de Informação de Voo

fir (BOT.; E.CIV.) abeto; a sua madeira

fireback boiler (E.CIV.) caldeira de lareira; caldeira de parede traseira

fireball (ASTRO.) meteoro; bólide; aerólito

fire bank (MINAS) boca de fogo (em mina)

fire-bar (ELECT.) barra de grelha

fire barrier (E.CIV.) barreira de fogo

fire-box (MEC.) fornalha; câmara de combustão de caldeira

firebrick arch (MEC.) arco de tijolo refractário

fire cement (E.CIV.) cimento refractário

fireclay (GEO.; MEC.) argila refractária

fire climax (ECO.) piroclímax

fire cracks (E.CIV.) rachas (no gesso ou no reboco)

fired (ELECTRÓN.) activado

fire damp (MINAS) grisú

fire-damp cap (MINAS) capa de grisú; cobertura de grisú

fire door (E.CIV.) porta à prova de fogo

fire door (MEC.) porta de fornalha

fire extinguisher (GERAL) extintor de incêndio

firefly (ZOO.) pirilampo

fire foam (GERAL) espuma de incêndios

fireman (MINAS) fogueiro; encarregado das explosões; bombeiro

fire opal (MINER.) opala de fogo; opala flamejante; pirofânio

fireproof aggregates (E.CIV.) agregados à prova de fogo

fire refining (MEC.) refinação a fogo

fire retardant adhesive (MEC.) aderente retardador de fogo

fire retardant paint (E.CIV.) tinta retardadora de fogo

fire ring (MEC.) anel de fogo

fire sand (MEC.) areia de fundição

fire stink (MINAS) cheiro a fogo

fire-stone (GEO.) pederneira; sílex pirómaco

fire stop (E.CIV.) corta-fogo; pára-fogo

fire-tube boiler (MEC.) caldeira de tubo de fogo; caldeira de tubo de chama

firewall (AERO.) pára-fogo; guarda-fogo

firewall (MINAS) barreira de fogo

Firewire (INF.) ligação série de alto desempenho; ligação IEEE 1345

firing (ELECTRÓN.) activação

firing (GERAL) combustível; aquecimento; trepidação

firing angle (ELECTRÓN.) ângulo de activação

firing key (ELECT.) chave de activação

firing order (AUTO.) ordem de ignição

firing point (ELECTRÓN.) ponto de activação

firing potential (ELECTRÓN.) potencial de ignição

firing power (ELECTRÓN.) potencial de ignição

firing stroke (AUTO.) curso de compressão; curso de combustão

firing time (ELECTRÓN.) tempo de disparo

firing tools (MEC.) ferramentas de alimentação (de caldeira)

firmer chisel (E.CIV.) formão reforçado; talhadeira

firmer gouge (E.CIV.) goiva-punção

firmware (INF.) suporte lógico inalterável

firn (GEO.) gelo granulado; neve granulada; parte superior de um glaciar

firn limit (ECO.) linha de neve anual

firn line (ECO.) linha de neve anual

firn snow (GEO.) nevada; neve antiga

firn wind (GEO.) vento glacial

firring (E.CIV.) forro; revestimento (de tábuas)

first detector (ELECT.) primeiro detector; misturadora (válvula)

first-ended-first-out (INF.) primeiro a terminar, primeiro a sair

first fit (INF.) primeira área adequada

first generation computer (INF.) computador da primeira geração

first-in-chain (INF.) primeiro na cadeia

first-in, first-out (INF.) primeiro a entrar, primeiro a sair

first in first out [FIFO] memory (INF.) memória FIFO; memória sequencial

first in last out [FILO] memory (INF.) memória FILO; memória de sequência inversa

first key (INF.) chave principal

first-order kinetics (BIO.) cinética de primeira ordem

first-order reaction (Quím.) reacção de primeira ordem

First Point of Aries (Astro.) primeiro ponto de Carneiro; ponto vernal; equinócio da Primavera

First Point of Libra (Astro.) primeiro ponto de Balança; equinócio do Outono

first quantum number (Nucl.) primeiro núcleo quântico

first running (Quím.) primeiro escoamento

first Townsend discharge (Elect.) primeira descarga de Townsend

firth (Geo.) estuário

FIS (Aero.) abr. de *Flight Information Service* - Serviço de Informação de Voo

Fischer reagent (Quím.) reagente de Fischer

Fischer-Tropsch process (Quím.) processo de Fischer-Tropsch

fish (Minas) «peixe» (qualquer objecto perdido acidentalmente num poço de petróleo ou mina)

fish-beam (E.Civ.) viga armada; viga bojuda

fish bellied (Mec.) bojudo

fishbone antenna (Telecom.) antena espinha-de-peixe

fished joint (E.Civ.) junção de talas; união com talas

Fisher's fundamental theorem (Eco.) teorema fundamental de Fisher

fish-eye lens (T.Imag.) lente olho de peixe

fish glue (Geral) cola de peixe; ictiocola

fishing (Minas) «pesca» [recuperação de peças perdidas acidentalmente num poço ou mina; V. *fish* (Minas)]

fishing tools (Minas) equipamento de «pesca» (V. *fishing*)

fish-paper (Elect.) papel hidrolisado

fish-plate (E.Civ.) placa de união; placa de junção

fish-wire (Elect.) guia de cabo

fissile (Fís.) fissil

fission (Bot.) fissão; fissiparidade; divisão celular

fissionable (Fís.) fissil

fission bomb (Fís.) bomba de fissão; bomba atómica; bomba nuclear

fission chain (Fís.; Nucl.) cadeia de fissão

fission chamber (Nucl.) câmara de fissão

fission factor (Nucl.) factor de fissão

fission gammas (Nucl.) gamas de fissão

fission heat (Nucl.) calor de fissão

fission neutron (Nucl.) neutrão de fissão

fission parameter (Nucl.) parâmetro de fissão

fission poison (Nucl.) veneno de fissão

fission process (Nucl.) processo de fissão

fission product (Nucl.) produto de fissão

fission rate (Nucl.) coeficiente de fissão

fission reaction (Nucl.) reacção de fissão

fission recoil (Nucl.) recuo de fissão

fission spectrum (Nucl.) espectro de fissão

fission theory (Astro.) teoria da divisão

fission theory (Fís.) teoria da fissão

fission yield (Nucl.) rendimento de fissão

fissiped (Zoo.) fissípede

fissure (Geo.; Med.; Minas) fissura

fissure eruption (Geo.) erupção de fissura

fissure vein (Geo.; Minas) veio de fissura; filão de fissura

fistula (Med.) fístula

fistulous withers (Vet.) mal de cernelha

fit (Mec.) ajustamento; montagem; encaixe; engate

fit (Med.) ataque; crise; convulsão

FITC (Imun.) abr. de *Fluorescein IsoThioCyanate* - isotiocianato de fluoresceína (resorcinolftaleína)

fitch (E.Civ.) brocha pequena

fitness (Eco.) aptidão; capacidade

fitter (Mec.) adaptador; montador

fitter's bench (Mec.) bancada de montagem

Fittig's synthesis (Quím.) síntese de Fittig

fitting (Elect.) encaixe

fittings (Mec.) acessórios; guarnições

fitting shop (Mec.) oficina de montagem; oficina mecânica

Fitzgerald-Lorentz contraction (Fís.) contracção de Fitzgerald-Lorentz

five-centred arch (E.Civ.) arco de cinco centros

five electrode tube (Elect.) válvula de 5 eléctrodos

five-level code (Telecom.) código de 5 pontos

five-phase (Elect.) pentafásico

five-pole (Elect.) pentapolar

five-unit code (Telecom.) código de 5 unidades

fix (Geral) fixo; fixo de posição; ponto fixo

fixation (Geral) fixação

fixation of nitrogen (Quím.) fixação do azoto

fixation probability (Eco.) probabilidade de fixação

fixation time (Eco.) tempo de fixação

fixed action pattern (Psico.) padrão de acção fixa

fixed beam (E.Civ.) viga encastrada

fixed bias (Elect.) polarização fixa

fixed-blade propeller (Aero.) hélice de palhetas fixas (turbina)

fixed capacitor (Elect.) condensador fixo

fixed carbon (Mec.) carbono fixo

fixed-charge collector (Elect.) colector de carga fixa

fixed coil (Elect.) bobina fixa

fixed contact (Elect.) contacto fixo

fixed coupling (Elect.; Mec.) acoplamento fixo

fixed crystal (Elect.) cristal fixo

fixed crystal detector (Elect.) detector de cristal fixo

fixed current (Elect.) corrente fixa; corrente invariável

fixed-cycle operation (Elect.) operação de ciclo fixo

fixed eccentric (Mec.) excêntrico fixo

fixed echo (Fís.) eco fixo; eco permanente

fixed end (Elect.) terminal fixo

fixed expansion (Mec.) expansão fixa

fixed frequency (Elect.) frequência fixa

fixed frequency oscillator (Elect.) oscilador de frequência fixa

fixed head disk unit (Inf.) unidade de disco de cabeças fixas

fixed header prefix (Inf.) prefixo iniciador fixo

fixed inductance (Electrón.) indutância fixa

fixed interval schedule (Psico.) tabela de intervalo fixo

fixed landing gear (Aero.) trem de aterragem fixo; trem de aterragem não escamoteável

fixed length record (Inf.) registo de comprimento fixo

fixed light (Fís.) luz fixa

fixed logic (Elect.) lógica fixa (circuito)

fixed-loop aerial (Aero.) antena de volta; antena de quadro fixo; antena de circuito fechado

fixed memory (Inf.) memória fixa

fixed mode (Inf.) modo fixo

fixed pattern noise (Electrón.) ruído de padrão fixo; ruíde de espectro constante

fixed-pitch propeller (Aero.) hélice de passo fixo

fixed point (Fís.; Mat.) ponto fixo

fixed point arithmetic (Inf.) aritmética de ponto (vírgula) fixo

fixed point calculation (Inf.) cálculo de ponto (vírgula) fixo

fixed point constant (Inf.) constante de ponto (vírgula) fixo

fixed point notation (Inf.) notação de ponto (vírgula) fixo

fixed point part (Inf.) parte do ponto (vírgula) fixo

fixed pulley (Mec.) polia fixa

fixed radix system (Inf.) sistema de raiz fixa

fixed ratio schedule (Psico.) tabela de proporção fixa

fixed rotor (Aero.) rotor fixo

fixed sash (E.Civ.) portinhola; vigia de segurança; postigo

fixed time-lag (Elect.) tempo de atraso fixo

fixed-trip (Elect.) disparo fixo

fixed-type metal-clad switchgear (Elect.) mecanismo de distribuição revestido a metal tipo fixo

fixed-voltage regulator (Elect.) estabilizador de tensão

fixed-voltage stabilizer (Elect.) estabilizador de tensão

fixer network (Elect.) rede fixadora

fixing (Radar) marcação; determinação de posição

fixing (T.Imag.) fixação

fixing bath (T.Imag.) banho revelador; banho fixador

fixing block (E.Civ.) bloco de fixação

fixing plug (E.Civ.) bucha; cavilha de fixação

fixings (E.Civ.) fixadores

fixtures (E.Civ.) instalações; acessórios

Fizeau fringes (Fís.) franjas de Fizeau

Fizeau method (Fís.) método de Fizeau

fjords (Geo.) fiordes

flabellate (Bot.) flabelado

flabelliform (Bot.) flabeliforme

flaccid (Bot.; Zoo.) flácido

flag (Inf.) bandeira; indicador de estado

flag alarm (Elect.) sinalizador de alarme; bandeira de alarme

flagella (Bio.) flagelo

flagellar root (Bot.) raiz flagelada

Flagellata (Zoo.) Flagelados

flagellate (Bot.; Zoo.) flagelado

flagellin (Bio.) flagelina

flagellum (Bio.) flagelo

flag indicator (Elect.) sinalizador de alarme; indicador de alarme

flag leaf (Bot.) bandeira; panícula

flail chest (Med.) tórax instável

flail joint (Med.) articulação com perda funcional; articulação instável

flaking (E.Civ.) escamação

flame (Quím.) chama

flame arc (Elect.) arco de chama; arco voltaico

flame-arc lamp (Elect.) lâmpada de arco

flame blow-off factor (Elect.) factor de descarga de chama

flame carbon (Elect.) carvão de chama (eléctrodo)

flame cell (Zoo.) solenócito

flame cleaning (E.Civ.) limpeza à chama

flame cutting (Mec.) corte por chama (de gás)

flame deflector (Mec.) deflector de chamas

flame detector (Elect.) detector de chama

flame dumper (Aero.) amortecedor de chamas de descarga

flame failure (Mec.) queda de chamas; falha de chamas

flame-failure control (Mec.) controlo de falha de chama

flame hardening (Mec.) têmpera a fogo; têmpera superficial a chama

flame ionization gauge (Quím.) medidor de ionização por chama

flame lamp (Elect.) lâmpada de chama; lâmpada semi-incandescente

flame plates (Mec.) placas de chama

flame plating (Mec.) galvanização a chama

flame-proof (Elect.) à prova de fogo; incombustível

flame resistance (Elect.) resistência à chama

flame retention (Mec.) retenção de chama

flame spectrum (Fís.) espectro de chama

flame temperature (Mec.) temperatura de chama

flame test (Mec.) teste de chama

flame trap (Mec.) retentor de chama

flame tube (Aero.) tubo de chama; tubeira

flame welding (Mec.) soldadura a maçarico; soldadura a chama

flammable gas (Geral) gás inflamável

flammable gas sensor (Geral) sensor de gás inflamável

Flandrian (Geo.) Flandriano

flange (Mec.) flange; aresta; aba; rebordo

flange coupling (Mec.) acoplamento por flange; prato de união

flanged branch piece (Mec.) polia de ligação com flange

flanged hexagonal nut (Mec.) porca hexagonal com colar

flanged nozzle (Mec.) bocal com flange

flanged nut (Mec.) porca de colar; porca de arruela

flanged pipe (Mec.) tubo (cano) de flange

flanged pipe joint (Mec.) junta de tubo por flanges

flanged rail (E.Civ.) trilho americano; trilho de base plana (Caminho de Ferro)

flange joint (Mec.) junta de flange; flange de união

flange protection (Elect.) protecção de flange

flank (E.Civ.) aba (de telhado)

flank angle (Mec.) ângulo de flanco; ângulo lateral

flank dispersion (Fís.) dispersão lateral

flanking transmission (Fís.) transmissão lateral

flanking window (E.Civ.) janela lateral

flanks (E.Civ.) flancos; aterros laterais

flannel (Têxt.) flanela

flannelette (Têxt.) flanela de algodão

flanning (E.Civ.) enxalço

flap (Aero.) flap; freio aerodinâmico; aba; aleta

flap angle (Aero.) ângulo do flap

flap attenuator (Telecom.) atenuador de palheta

flapping angle (Aero.) ângulo de batimento (em helicóptero)

flapping hinge (Aero.) dobra dos flaps; charneira dos flaps

flapping wing aircraft (Aero.) avião de asas batentes; ornitóptero

flap setting (Aero.) regulação do flap; fixação do flap

flap tile (E.Civ.) telha flamenga

flap valve (E.Civ.; Mec.) válvula de charneira; válvula de chapeleta

flare (Astro.) erupção solar

flare (Elect.) mancha luminosa; relâmpago

flare (Fís.) alargamento cónico (em Acústica)

flare (Geral) chama

flare (Minas) labareda; chama; combustão propositada e contínua de gases indesejáveis na refinação do petróleo

flare header (E.Civ.) tijolo de topo

flare-out (Aero.) arredondar para aterragem; largar para aterragem

flarescan (Electrón.) exploração de eco

flaring (Fís.) afunilamento

flash (Mec.) rebarba; apara

flash (Plást.) apara

flash (T.Imag.) flash; relâmpago

flashback voltage (Electrón.) voltagem de retrocesso

flash BIOS (Inf.) BIOS reprogramável

flash boiler (Fís.) caldeira de vaporização rápida

flashbulb (T.Imag.) lâmpada de flash; lâmpada de magnésio

flashbulb memory (Psico.) memória retrospectiva

flash burn (Med.) queimadura por radiação térmica instantânea

flash-butt welding (Elect.) soldadura de topo com arco

flash colour (Zoo.) cor flamejante

flash drying (Mec.) secagem rápida

flashed glass (Vidr.) vidro laminado

flasher (Elect.) intermitente; pisca-pisca luminoso

flasher (Radar) reflector angular

flash erasable programmable read-only memory [FEPROM] (Inf.) memória só de leitura apagável e programável por impulso (eléctrico)

flash flood (Geo.) inundação repentina

flashing light (Nav.) luz intermitente

flashlight (T.Imag.) lâmpada de instantâneos

flashover (Elect.) arco; centelha; descarga disruptiva

flashover test (Elect.) teste de disrupção; teste de arco

flashover voltage (Elect.) voltagem disruptiva

flash photolysis (Quím.) fotólise de centelha

flash point (E.Civ.) ponto de centelha; ponto de ignição

flash point (Minas) ponto de centelha

flash roasting (Mec.) calcinação à chama

flash spectrum (Astro.) espectro-relâmpago

flash supressor (Elect.) supressor de centelha; supressor de faísca

flash test (Elect.) ensaio de centelha

flash tube (T.Imag.) tubo detonador

flash welding (Mec.) soldadura autogénea de topo

flask (Mec.) caixa de moldar (em fundição)

flask (Nucl.) barril

flat (T.Imag.) tonalidade uniforme; mate

flat arch (E.Civ.) arco plano; arco rectilíneo; arco abatido

flat band (E.Civ.) imposta corrida

flat bed (Impr.) máquina plana

flat-bottom rail (E.Civ.) trilho de base plana; trilho americano

flat cathode (Elect.) cátodo plano

flat chisel (MEC.) formão plano; talhadeira

flat curve (MEC.) curva aberta; curva plana; curva rebaixada

flat drill (E.CIV.) broca chata; broca francesa

flat fading (ELECTRÓN.) desvanecimento uniforme

flat file (MEC.) lima chata

flat foot (MED.) pé chato

flat four (AERO.) de quatro cilindros opostos dois a dois (motor)

flat gouge (E.CIV.) goiva chata

flat-headed screw (E.CIV.) parafuso de cabeça chata

flat keel (NAV.) quilha chata

flat leakage power (ELECT.) potência máxima transmitida; energia de dispersão uniforme

flat lens (FÍS.) lente plana

flat panel display (T.IMAG.) monitor de ecrã plano

flat pitch (AERO.) passo plano

flat random noise (FÍS.) ruído errático plano; ruído de flutuação plana

flat response (ELECTRÓN.) resposta plana; resposta constante

flat roof (E.CIV.) tecto plano

flats (MEC.) ferro plano; ferro em folhas

flat spot (AUTO.) falha momentânea de potência; falha na carburação

flattener (VIDR.) assentador

flattening material (NUCL.) matéria de compressão

flatter (MEC.) aplainador; alisador; assentador

flatting mill (MEC.) laminador

flatting varnish (E.CIV.) verniz de polimento

flat-top antenna (TELECOM.) antena de tecto plano

flat tuning (TELECOM.) sintonização plana

flat twine cable (ELECT.) cabo duplo achatado; cabo de dois condutores

flatulence (MED.) flatulência

flatus (MED.) flato; gás no estômago; eructação

flatworm (ZOO.) platelminta

flat yarn (TÊXT.) fio chato

flavin(e) (QUÍM.) flavina

flavone (QUÍM.) flavona

flavones (QUÍM.) flavonas

flavonoids (QUÍM.) flavonóides

flavoprotein (BIO.) flavoproteína

flavour (FÍS.; QUÍM.) aroma; aromatizante

flax (TÊXT.) linho

flax-comb (TÊXT.) carda

flax tow (TÊXT.) estopa de linho

flax yard (TÊXT.) fio de linho

F-layer (FÍS.) camada-F; camada de Appleton

FL-BE (ELECTRÓN.) abr. de *Filter-Band Elimination* - eliminação de filtrobanda; filtro tampão; filtro atenuador

fleam (E.CIV.) bisel de fio de dente de serra

fleam-tooth (E.CIV.) dente de fios cortantes de igual comprimento

flèche (ARQ.) flecha

flèche d'amour (MINAS) seta de amor; cabelo de Vénus (variedade de quartzo com inclusões de amianto)

fleece wool (TÊXT.) lã de carneiro, de ovelha ou de cordeiro

fleecy fabric (TÊXT.) tecido lanígero

fleeting tetanus (VET.) tetania de transporte

Fleming diode (ELECTRÓN.) diodo de Fleming

Fleming's rule (ELECTRÓN.) regra de Fleming

Fleming valve (ELECTRÓN.) válvula de Fleming

fletcherism (MED.) fletcherismo (sistema dietético)

fletcherize (MED.) praticar o fletcherismo

Fletcher-Munsen curves (FÍS.) curvas de Fletcher-Munsen

fletz (MINAS) mina; veio horizontal

F-level (FÍS.) nível F

flex (ELECT.) fio eléctrico flexível; condutor flexível

flexibilitas cerea (MED.) flexibilidade cérea

flexible array (INF.) matriz flexível; tabela flexível

flexible cable (ELECT.) cabo flexível; fio flexível

flexible cord (ELECT.) cordão flexível

flexible coupling (MEC.) acoplamento flexível; junta flexível

flexible disc (disk) (INF.) disco flexível; disquete

flexible disc (disk) system (INF.) sistema de discos flexíveis

flexible lamp connection (ELECT.) condutor flexível para lâmpadas

flexible manufacturing system (MEC.) sistema de manufactura flexível

flexible resistor (ELECT.) resistência flexível

flexible shaft (MEC.) eixo flexível; veio flexível

flexible support (ELECT.) suporte flexível

flexible suspension (ELECT.) suspensão flexível

flexible vinyl (PLÁST.) vinilo flexível

flexible waveguide (TELECOM.) guia de onda flexível

flexible wiring (ELECT.) enrolamento flexível

flexor (ZOO.) flexor

flexuose; flexuous (BOT.) flexuoso

flexural rigidity (FÍS.) rigidez à flexão

flexure (E.CIV.) flexura

flex-wing (AERO.) asa flexível

flicker (FÍS.) tremulação; oscilação

flicker effect (ELECTRÓN.) efeito de tremulação

flicker photometer (FÍS.) fotómetro de cintilação

flickers (T.IMAG.) designação dada aos primeiros filmes cinematográficos

flicker shutter (T.IMAG.) obturador de centelha

flick roll (AERO.) «tonneau» rápido

flier (MEC.) volante

flight altitude (AERO.; ASTRO.) altitude de voo

flight analyser (AERO.) analisador de voo

flight assistance service (AERO.) serviço de assistência de voo; serviço de protecção de voo

flight automatic control (AERO.) controlo automático de voo

flight brake (AERO.) freio aerodinâmico; flap

flight calculator (AERO.) computador de voo; calculador de voo

flight ceiling (AERO.) tecto de voo

flight check (AERO.) ensaio de voo; teste de voo

flight chief (AERO.) chefe de hangar

flight clearance (AERO.) autorização de voo

flight communications service (AERO.) serviço de comunicações de voo

flight computer (AERO.) computador de voo; computador de navegação aérea

flight conditions (AERO.) condições de voo

flight conditions between layers (AERO.) condições de voo entre camadas

flight conditions on top (AERO.) condições de voo no topo (sobre nuvens)

flight control (AERO.) controlo de voo; comando de voo; orientação de voo por pontos terrestres

flight control access door (AERO.) porta de acesso aos comandos de voo

flight control instruments (AERO.) instrumentos de controlo de voo

flight controller (AERO.) controlador de voo

flight control system (AERO.) sistema de controlo de voo

flight course (AERO.) rota de voo; curso de voo; curso de pilotagem

flight crew (AERO.) tripulação de voo

flight data (AERO.) dados de voo

flight data center (AERO.) centro de dados de voo

flight data processing (AERO.) processamento de dados de voo

flight deck (AERO.) convés de voo (compartimento superior de um avião de transporte; compartimento de tripulação)

flight diagram (AERO.) diagrama de voo

flight director (AERO.) director de voo (instrumento)

flight discipline (AERO.) disciplina de voo

flight dossier (AERO.) dossier de voo; documentação de voo

flight duty (AERO.) serviço de voo

flight dynamics (AERO.) dinâmica de voo

flight efficiency test (AERO.) teste de eficiência de voo

flight endurance (AERO.) autonomia de voo

flight engineer (AERO.) mecânico de voo; mecânico de bordo

flight envelope (AERO.) esquema de limitações de voo

flight fatigue (AERO.) fadiga de voo

flight fitness (AERO.) aptidão para o voo; capacidade de voo

flight forecast (AERO.) previsão meteorológica de voo

flight heading (AERO.) rumo de voo

flight horizon (AERO.) horizonte de voo

flight hour (AERO.) hora de voo; tempo de voo

flight indicator (AERO.) indicador de voo; horizonte artificial

flight information area (AERO.) área de informação de voo

flight information center (FIC) (AERO.) centro de informação de voo

flight inversion (AERO.) inversão de voo

flight kit (AERO.) caixa de sobressalentes de voo

flight level (AERO.) nível de voo constante

flight line (AERO.) linha de voo

flight-log (AERO.) diário de bordo; traçador de rota; folha de registo de voo

flight Mach number (AERO.) número Mach de voo

flight on top (AERO.) voo no topo; voo sobre nuvens

flight-over (AERO.) sobrevoo

flight path (AERO.) trajectória de voo

flight-path computer (AERO.) computador de trajectória de voo

flight-path deviation (AERO.) desvio de trajectória de voo; deriva de trajectória de voo

flight-path slope (AERO.) ângulo de trajectória de voo

flight plan (AERO.) plano de voo

flight plan aided track (AERO.) trajectória de auxílio de plano de voo

flight plan data (AERO.) dados de plano de voo

flight plan route (AERO.) rota de plano de voo

flight position (AERO.) posição de voo

flight procedure (AERO.) procedimento de voo

flight progress board (AERO.) quadro de progressão de voo

flight recorder (AERO.) gravador de voo; caixa-preta

flight refuelling (AERO.) reabastecimento em voo

flight simulator (AERO.) simulador de voo

flight sounding (METEO.) sondagem de/em voo

flight station (AERO.) cabina de tripulação

flight status (AERO.) categoria de voo; característica especial de voo

flight time (AERO.) tempo de voo; hora de voo

flight trainer (AERO.) simulador de voo

flight visibility (AERO.) visibilidade em voo

flight watch (AERO.) vigilância de voo

flight-weather conditions (AERO.) condições meteorológicas de voo

flight wheel brake (AERO.) travão das rodas do trem de aterragem

flight without power (AERO.) voo sem motor

Flinder's bar (NAV.) barra Flinder

flint (GEO.) sílex; pederneira

flint glass (VIDR.) vidro de chumbo

flint gravel (GEO.) cascalho de sílex

flip-flop (INF.) «flip-flop»; multivibrador biestável; circuito Eccles-Jordan; elemento vaivém

flip-flop oscillation (ELECTRÓN.) oscilador de circuito bi-estável

FLIR (AERO.) abr. de *Forward-Looking Infra Red* - visão infravermelha para a frente

float (AERO.) flutuação

float (E.CIV.) trolha; colher de pedreiro

float (ENG.) flutuador; pontão; dique flutuante

float (TÊXT.) defeito na tecelagem de pano no entrelaçamento dos fios verticais com os horizontais

float bowl (AUTO.) reservatório de nível constante

float chamber (AUTO.) câmara de flutuador; câmara de nível constante

float-cut file (MEC.) lima de picado simples

floating address (INF.) endereço flutuante

floating anchor (NAV.) âncora flutuante

floating asterisk (INF.) asterisco flutuante

floating balance (RELOJ.) balanço flutuante

floating battery (ELECT.) bateria flutuante; bateria ligada em paralelo

floating bridge (E.CIV.) pontão; ponte flutuante

floating-carrier modulation (ELECT.) modulação por portadora flutuante; modulação por portadora controlada

floating-carrier wave (TELECOM.) onda portadora flutuante

floating crane (MEC.) guindaste flutuante

floating dam (HIDRO.) dique flutuante

floating dock (HIDRO.) doca seca flutuante

floating dredge (HIDRO.) draga flutuante

floating floor (FÍS.) chão à prova de som

floating ground (ELECT.) ligação à terra flutuante

floating gudgeon pin (ENG.) eixo flutuante de pistão

floating harbour (HIDRO.) ancoradouro flutuante; porto flutuante

floating kidney (MED.) rim flutuante; rim ectópico

floating-point (INF.) ponto (vírgula) flutuante

floating-point arithmetic (INF.) aritmética de ponto (vírgula) flutuante

floating-point base (INF.) base de ponto (vírgula) flutuante

floating-point feature (INF.) dispositivo de ponto (vírgula) flutuante

floating-point notation (INF.) notação em ponto (vírgula) flutuante

floating-point operation (INF.) operação de vírgula flutuante

floating-point routine (INF.) rotina de ponto (vírgula) flutuante

floating-point variable (INF.) variável de ponto (vírgula) flutuante

floating potential (ELECT.) potencial flutuante

floating reamer (MEC.) alargador oscilante

floating ribs (ZOO.) costelas flutuantes

floating roll (MEC.) rolo móvel; rolo oscilante

floating rule (E.CIV.) nível de pedreiro

floating shaft (MEC.) eixo oscilante

floating temperature control (ENG.) controlo de temperatura flutuante

floating treatment (MEC.; QUÍM.) tratamento de superfície

float seaplane (AERO.) hidroavião; hidroplano

float shoe (MINAS) sapata flutuadora

floatstone (MINER.) quartzo esponjoso; opala esponjosa

float switch (ELECT.) comutador de flutuação

float volume (AERO.) volume de flutuador (em hidroavião ou avião anfíbio)

float-water glider (AERO.) hidroplanador

flocculation (GERAL) floculação

flocculent (QUÍM.) floculento

flocculi (ASTRO.) flóculos

flocculonodular (MED.) floculonodular

flocculus (ASTRO.) flóculo

floccus (ZOO.) tufo; floco

flock (PSICO.) bando; rebanho; grupo

flock (TÊXT.) estopa de lã ou de algodão

flogger (E.CIV.) fustigador (escova)

flogging chisel (MEC.) cinzel de fundidor

flogging hammer (MEC.) martelo de fundidor

flood (METEO.) inundação

flood (T.IMAG.) iluminação intensa; holofote

floodable length (NAV.) vão inundável; comprimento inundável

flood basalts (GEO.) basaltos de torrente

flood basin of the river (HIDRO.) bacia de inundação de rio

flood bridge (HIDRO.) ponte sobre terreno alagadiço

flood flow (HIDRO.) caudal de inundação

flood forecasting (GEO.) previsão de inundações

flood gate (HIDRO.) dique; represa

flood-gun (ELECTRÓN.) canhão de electrões de feixe amplo

flooding (MEC.) afogamento (do carburador)

flooding (E.CIV.) inundação; alagamento

flooding (MED.) hemorragia uterina

flooding (QUÍM.) vazamento

floodlighting (ELECT.) iluminação projectada

floodlight projector (ELECT.) projector luminoso; holofote

floodlight scanning (ELECT.) exploração com iluminação por projectores

flood peak (HIDRO.) pico de enchente; crista de enchente

flood plain (GEO.) planície de inundação; aluvial
flood prediction (GEO.) previsão de inundações
flood tide (GEO.) maré enchente
floodwall (HIDRO.) dique de defesa contra cheias; parede de defesa contra cheias
flood water (HIDRO.) água de enchente; água de cheia
flood zone (ECO.) zona de inundação
floor (E.CIV.) chão; pavimento; soalho; piso
floor (MINAS) chão (lugar abundante em minério)
floor (NAV.) fundo; caverna
floor contact (ELECT.) interruptor de soalho; contacto de soalho
floor grinder (E.CIV.) lixadora de pavimento
flooring slab (E.CIV.) laje de soalho; placa de soalho
floor joist (E.CIV.) viga de sustentação do soalho
floor stone (E.CIV.) piso de pedra
floor switch (ELECT.) comutador de soalho
flop (ELECTRÓN.; INF.) circuito biestável (expressão abreviada de flip-flop)
flop-over (T.IMAG.) quadro instável
floppies (INF.) discos flexíveis; disquetes
floppy disc (disk) (INF.) disco flexível; disquete
FLOPS (INF.) abr. de FLoating-point Operations Per Second - operações de ponto (vírgula) flutuante por segundo; abreviadamente: operações por segundo
flora (BOT.) flora
floral (ECO.) floral
floral diagram (BOT.) diagrama floral
floral envelope (BOT.) invólucro floral
floral formula (BOT.) fórmula floral
floral kingdom (ECO.) reino floral
floral leaf (BOT.) folha floral (bráctea; bractéola; sépala; pétala)
floral mechanism (BOT.) mecanismo floral
floral region (ECO.) região floral
Florence flask (QUÍM.) balão de ebulição; balão de aquecimento
Florentine arch (ARQ.) arco florentino
Florentine blind (E.CIV.) persiana florentina; veneziana florentina
floret (BOT.) flósculo
floriated (ARQ.) floreado
Florida Current (GEO.) corrente da Florida
florigen (BOT.) florígeno
floristic (ECO.) florística
floristic region (ECO.) região florística
flos ferri (MINER.) flosferri (variedade de aragonite)
flotation (MINAS) flutuação
flour (E.CIV.) polvilho; pó
flow analysis (INF.) análise de fluxo
flowchart (INF.) organigrama; fluxograma; diagrama de fluxo
flow control (INF.) controlo de fluxo
flow counter (NUCL.) contador de fluxo
flow cytometry (BIO.) citometria de fluxo

flower (BOT.) flor
flowering plants (BOT.) plantas florescentes; Angiospérmicas
flowers (IMPR.) florões
flowers of sulphur (QUÍM.) óxido de zinco
flow factor (ELECT.) factor de circulação; factor de fluxo
flow field (ELECT.) campo de fluxo; distribuição do fluxo
flowing by heads (MINAS) fluindo pelo topo; produção eruptiva intermitente
flow-line (MINAS) tubo de escoamento; tubo de descarga
flow-line production (MEC.) produção em linha
flowmeter (FÍS.) fluxómetro
flow nipple (MINAS) encaixe tubular no estrangulador
flow noise (FÍS.) ruído de fluxo
flow off (MEC.) vazar; correr (metal em fundição)
flow pattern (HIDRO.) configuração de fluxo
flow pipe (E.CIV.) tubo de fluxo; tubo de alimentação
flow rate (MINAS) débito de um poço; vazão; caudal
flow structure (GEO.) estrutura fluida
flow till (ECO.) vasa
fluctuation (MED.) flutuação
fluctuation analysis (BIO.) análise de flutuações
fluctuation noise (FÍS.) ruído de flutuação
fludrocortisone (QUÍM.) fludrocortisona
fludrocortisone acetate (MED.) acetato de fludrocortisona
flue (MEC.) tubo de chaminé
flue bridge (MEC.) altar de fumeiro
flue gas (MEC.) gás queimado; gás de combustão
flue-gas temperature (MEC.) temperatura de gás de combustão
flue lining (E.CIV.) forro de chaminé
fluid (GERAL) fluido
fluid extract (MED.; QUÍM.) extracto fluido
fluid flywheel (MEC.) transmissão semiautomática e embraiagem hidráulica
fluid friction brake (MEC.) travão de fricção fluida; travão de atrito fluido; travão hidráulico
fluidglycerates (QUÍM.) gliceratos fluidos; fluidogliceratos
fluidics (FÍS.) fluídicos
fluidity (FÍS.) fluidez
fluidization (QUÍM.) fluidificação
fluid lubrication (MEC.) lubrificação líquida
fluid mechanics (FÍS.) mecânica dos fluidos
fluid mosaic model (BIO.) modelo do mosaico fluído
fluid number (FÍS.) número de fluido
fluid resistance (AERO.) resistência fluídica
fluid state (FÍS.) estado fluido
fluke (ZOO.) lobo da cauda (de baleia)
flukes (MED.) trematódeos
flukes (NAV.) unhas da âncora

flume (E.CIV.) calha; caleira
fluor albus (MED.) fluxo branco; leucorreia
fluorapatite (MINER.) fluorapatite
fluorene (QUÍM.) fluoreno
fluorescein (QUÍM.) fluoresceína; resorcinolftaleína
fluorescein isothiocyanate (MED.) isotiocianato de fluoresceína
fluorescence (FÍS.) fluorescência
fluorescence activated cell sorter (BIO.) separador de células activadas por fluorescência
fluorescence in situ hybridization [FISH] (BIO.) hibridização de fluorescência in situ
fluorescence microscopy (BIO.) microscópio de fluorescência
fluorescent brightener (TÊXT.) avivador fluorescente
fluorescent chemical fluid (QUÍM.) fluido químico fluorescente; líquido químico fluorescente
fluorescent compound (QUÍM.) composto fluorescente
fluorescent dye (QUÍM.) corante fluorescente
fluorescent label (BIO.) etiqueta fluorecente
fluorescent lamp (ELECT.) lâmpada fluorescente
fluorescent penetrant inspection (MEC.) inspecção penetrante fluorescente
fluorescent screen (ELECTRÓN.) tela fluorescente
fluorescent tube (ELECT.) lâmpada fluorescente
fluorescent whitening agents (QUÍM.) agentes branqueadores fluorescentes
fluorescent yield (FÍS.) produção fluorescente; rendimento fluorescente
fluoridation (MED.; QUÍM.) fluoretização; fluoretação
fluorimeter (RADIOL.) fluorímetro
fluorimetry (RADIOL.) fluorimetria
fluorination (QUÍM.) fluoretização
fluorine (QUÍM.) flúor
fluorite (MINER.) fluorite
fluoroboric acid (QUÍM.) ácido fluorobórico
fluorocarbon (QUÍM.) fluorocarbono
fluorochrome (QUÍM.) fluorocromo
fluorochroming (BIO.) rotulação com fluorocromo (de anticorpos)
fluorography (RADIOL.) fluorografia
fluorophore (QUÍM.) fluoróforo
fluoroscope (RADIOL.) fluoroscópio; radioscópio
fluoroscopy (RADIOL.) fluoroscopia; radioscopia
fluorosis (MED.) fluorose; ingestão excessiva de flúor
fluorspar (MINER.) espatoflúor; fluorite
flush (ECO.) pântano
flush (E.CIV.) nivelado
flush bead (E.CIV.) rebordo nivelado; filete nivelado
flush bolt (E.CIV.) cavilha de cabeça embutida
flush deck (NAV.) convés corrido
flushing (HIDRO.) remoção por jacto

flushing of ewes (VET.) alimentação rica de ovelhas em idade de procriação

flushing tank (E.CIV.) tanque de descarga

flush joint (E.CIV.) junta em nível; junta em topo

flush panel (E.CIV.) painel à face; painel embutido

flush-plate (ELECT.) chapa do interruptor

flush rivet (MEC.) rebite de cabeça embutida

flush-switch (ELECT.) interruptor embutido; chave embutida

flush valve (E.CIV.) válvula de aspersão; válvula de limpeza automática

flute (ELECTRÓN.) electrão de baixa potência

flute (E.CIV.) caneladura; estria

flute cast (GEO.) molde

fluting (E.CIV.) acanelamento; estriamento

fluting plane (E.CIV.) plaina de acanelar

flutter (AERO.) vibração

flutter (GERAL) trepidação; ondulação

flutter (MED.) agitação; tremulação

flutter critical speed (AERO.) velocidade crítica de vibração aeroelástica

flutter echo (FÍS.) eco de flutuação

flutter effect (AERO.) efeito de vibração; efeito ondulatório

flutter-fibrillation (MED.) agitação-fibrilhação

flutter speed (AERO.) velocidade de vibração

fluvial (ECO.) fluvial

fluviatile (BOT.; ZOO.) fluviátil; fluvial

fluviatile deposit (GEO.) depósito fluvial

fluvic horizon (ECO.) processos fluviais

fluviomarine (ZOO.) fluviomarinho

fluvioterrestrial (ZOO.) fluvioterrestre

flux (GERAL) fluxo

flux (MEC.) castilha (fundição do ferro)

flux (MED.) fluxo; diarreia; corrimento

flux (QUÍM.) dissolvente

flux by-pass (FÍS.) passagem de fluxo (magnetismo)

flux-control coefficient (BIO.) coeficiente de controlo de fluxo

flux density (FÍS.) densidade de fluxo

flux gate (ELECT.) porta de fluxo; circuito de desconexão periódico

flux guidance (ELECT.) guia de fluxo

flux link (ELECT.) acoplamento de fluxo

fluxmeter (ELECT.) fluxómetro

flux quantization (FÍS.) quantização de fluxo

flux study (ECO.) estudo de balanço mássico

fly (AERO.) voar; pilotar

fly (RELOJ.) volante; pêndulo

fly ash (E.CIV.) cinza muito fina

flyback (T.IMAG.; RADAR) tempo de retorno

flyback power supply (ELECT.) potência para o tempo de retorno

fly-blown (VET.) contaminado por lêndeas; afectado por miíase

fly-by (AERO.; ASTRO.) sobrevoo; sobrevoo orbital de um planeta

fly-by-light (AERO.) voo por feixe óptico

fly-by-radar (AERO.) voo por radar

fly-by-wire (AERO.) voo por feixe de sinalização eléctrica/electrónica

fly crosswind (AERO.) voo com vento de través; voo com vento cruzado

fly cutter (MEC.) cortador giratório

fly disease (VET.) nagana (termo indígena; doença da África Austral e Tropical causada por várias espécies de Tripanossomas)

fly downwind (AERO.) voo com vento de cauda; voo a favor do vento

flyer (E.CIV.) degrau simétrico; degrau normal à direcção da escada

flying arc (ELECT.) arco sibilante

flying boat (AERO.) hidroavião

flying buttress (ARQ.) arco botante

flying deck (AERO.) convés de voo; compartimento de tripulação

flying level (TOPO.) nível rápido e aproximado (tipo de nível manual)

flying scaffold (E.CIV.) andaime suspenso

flying speed (AERO.) velocidade de voo

flying-spot microscope (BIO.) microscópio de ponto explorador; microscópio de ponto volante; microscópio de ponto luminoso

flying spot scanner (T.IMAG.) analisador óptico; ponto explorador; explorador de ponto volante

flying weather (AERO.) tempo favorável ao voo

flying wing (AERO.) asa voadora

fly leaf (IMPR.) guarda (de livro)

fly nut (MEC.) porca de orelhas

fly press (MEC.) prensa a volante; prensa de alavanca

flysch (GEO.) «flisch» (complexo sedimentar marinho)

fly shuttle (TÊXT.) lançadeira

flywheel (MEC.) volante

flywheel synchronization (MEC.) sincronização por volante

fly wire (E.CIV.) corda de sustentação; cabo de sustentação

Fm (QUÍM.) símbolo químico do *fermium* - férmio

FM (ELECT.) abr. de *Frequency Modulation* - Modulação de Frequência; FM

FM/AM multiplier (ELECTRÓN.) multiplicador FM/AM

FM automatic noise reduction (ELECTRÓN.) redutor automático de ruído

FM broadcast band (ELECTRÓN.) faixa de frequência modulada

f-m cyclotron; synchrocyclotron (ELECT.) ciclotrão FM; ciclotrão de frequência modulada; sincrociclotrão

FM demodulator (TELECOM.) desmodulador de FM

FM discriminator (ELECTRÓN.) discriminador de frequência

FM front end (TELECOM.) andar de saída do receptor de FM

FM matrix circuit (TELECOM.) circuito matricial, circuito de separação de canais

FM modulator (TELECOM.) modulador de FM; modulador de frequência

FMN (MED.) abr. de *Flavin MonoNucleotide* - mononucleotídeo de flavina

FM stereo (ELECTRÓN.) frequência modulada estéreo

FM stereo decoder (TELECOM.) descodificador de FM estereofónico

FM stereophonic broadcast (ELECTRÓN.) transmissão estereofónica de frequência modulada

FMV (T.IMAG.) abr. de *full motion video* — vídeo codificado de alta velocidade, vídeo mpeg

foam (QUÍM.) espuma

foamed plastics (PLÁST.) plásticos espumosos; plásticos esponjosos

foamed rubber (E.CIV.) borracha esponjosa

foamed slag (E.CIV.) escória esponjosa

foam plug (MINAS) tampão de espuma

foam separation (QUÍM.) separação de espuma

foam sprayer (GERAL) extintor de espuma

focal length (FÍS.) distância focal

focal plane (FÍS.) plano focal

focal-plane shutter (T.IMAG.) obturador de cortina

focal point (FÍS.) ponto focal

focal spot (FÍS.) ponto focal

focometer (FÍS.) focómetro

focus (MAT.; FÍS.) foco

focus coil (T.IMAG.) bobina de focagem

focus electrode (T.IMAG.) eléctrodo de focagem

focus-forming assay (BIO.) teste de formação de focos

focus-forming units [FFU] (BIO.) unidade de formação de focos

focusing (T.IMAG.) focagem

focusing anode (ELECT.) ânodo de focalização

focusing coil (ELECT.) bobina focalizadora

focusing electrode (ELECT.) eléctrodo de focalização

focusing eyepiece (FÍS.) ocular de focalização

focusing field (FÍS.) campo de focalização

focusing plate (FÍS.) placa de focalização

focusing screen (T.IMAG.) visor de focagem

focus-skin distance (RADIOL.) distância foco-pele (raios X)

foehn wall (GEO.) barreira de föhn

foehn wind (GEO.) vento de föhn

foetal membranes (ZOO.) membranas fetais; membranas anexas

foetus (ZOO.) feto

fog (METEO.) nevoeiro; neblina; névoa; cerração

fog (T.IMAG.) nevoeiro; véu

fog aloft (METEO.) nevoeiro alto

fogbow (METEO.) arco-íris de nevoeiro

fog fever (VET.) pneumonia intersticial atípica

fogging (MED.) enfraquecimento de visão; nefelopia

fog signal (E.Civ.) sinal de nevoeiro; sinal detonante de nevoeiro

fog track (Fís.) trajectória de partículas de nevoeiro (em câmara de combustão)

fog-type insulator (Elect.) isolador tipo nevoeiro

foil capacitor (Electrón.) condensador de folhas

foil-shielded twisted pair [FTP] (Inf.) fio blindado de par entraçado

Fokker-Plank equation (Fís.) equação de Fokker-Plank

folate (Quím.) folato

fold (Geo.) dobra

fold (Inf.) compactar; congregar

fold (Med.) prega

folded dipole (Telecom.) dipolo dobrado

folder (Impr.) dobradeira

folding (Geo.) dobra

folding (Inf.) dualidade funcional; desdobramento

folding blade (Impr.) dobrador

folding cylinder (Impr.) cilindro de dobragem

folding roller (Impr.) rolo de dobragem

folding sight (Topo.) mira longa; alça de dobradiça

folding wing (Aero.) asa dobrável; asa retráctil

foliaceous (Bot.) foliáceo

foliar feeding (Bot.) alimentação foliar

foliar gap (Bot.) abertura foliar

foliar trace (Bot.) traço foliar

foliate (Bot.) foliado; foliáceo

foliate (Miner.) foliáceo; laminar; lamelar

foliation (Geo.) foliação

folic acid (Quím.) ácido fólico

folio (Impr.) fólio

foliose (Bot.) folhoso; foliáceo

folium of Descartes (Mat.) folha de Descartes; fólio de Descartes

follicle (Geral) folículo

follicle cells (Bio.) células foliculares

follicle-stimulating hormone (Med.) hormona folículo-estimulante

follicular mange (Vet.) sarna folicular

folliculitis (Med.) foliculite

folliculoma (Med.) foliculoma

follower (E.Civ.) coroa de êmbolo; polia dirigida; guia

follower circuit (Electrón.) circuito de seguimento

follower plate (Mec.) coroa de êmbolo

follower ring (Mec.) anel de aperto; anel seguidor

follower with gain (Electrón.) circuito de seguimento com ganho; circuito de seguimento com amplificação

follow focus (T.Imag.) focagem contínua

following black (Electrón.) efeitos de orla preta

following whites (Electrón.) efeitos de orla preta

follows-scans (Electrón.) fotografias em série (na Tomografia)

folly (Arq.) pitoresca; construção em geral dispendiosa e inútil

fomes (Med.) fomito

font (Impr.) fonte

fontanelle (Zoo.) fontanela; fontículo

food allergy (Med.) alergia alimentar

food body (Bot.) corpo alimentar

food chain (Eco.) cadeia alimentar

food-chain efficiency (Eco.) eficiência da cadeia alimentar

food poisoning (Med.) envenenamento alimentar

food pollen (Bot.) pólen alimentar

food vacuole (Zoo.) vácuolo alimentar

food web (Eco.) rede alimentar; ciclo alimentar

foolscap (Papel) papel almaço; papel de ofício

fool's gold (Miner.) pirite; «ouro dos tolos»

foot (Bot.) pé

foot (Zoo.) pé; pata

footage number (T.Imag.) comprimento total (de filme)

foot-and-mouth disease (Vet.) febre aftosa

foot board (E.Civ.) passadiço; estrado; plataforma

foot bridge (E.Civ.) passadiço; passarela; ponte para pedestres

footing (E.Civ.) base; sapata; pé

footing resistance (Elect.) resistência de terra

foot iron (E.Civ.) degrau de ferro

foot mange (Vet.) sarna do pé; sarna carióptica que afecta o pé

Footner process (E.Civ.) processo (de) Footner

foot-plate (E.Civ.) plataforma

foot-pound (Fís.) libra/pé

footprint (Telecom.) impressão de feixe; zona de feixe; vestígio de feixe

foot rot (Vet.) úlcera do pé das ovelhas

foot run (E.Civ.) pé corrido

foot screws (Topo.) parafusos niveladores

foot-stalk (Bot.) pedúnculo

foot-stall (E.Civ.) pedestal; base; plinto

footstone (E.Civ.) pedra fundamental

foot switch (Elect.) comutador de pé

foot-ton (Fís.) tonelada/pé

foot valve (Mec.) válvula de pé

footwall (Geo.; Minas) jazida

footway (Minas) atalho; trilho

forage mites (Vet.) ácaros perfuradores

foraging (Eco.) caçar (carníveros); pastar (herbívoros)

force cube (Electrón.) sensor de força triaxial

forced convection (Geo.) convecção forçada

forceps (Zoo.) pinça; tenaz

force pump (E.Civ.) bomba premente

force pump (Mec.) bomba de compressão

forebay (Hidro.) bacia de cabeceira; depósito de cabeceira

fore-brain (Zoo.) cérebro anterior; prosencéfalo

forecast (Meteo.) previsão

forecast in plain language (Meteo.) previsão em linguagem clara

fore-dune (Geo.) duna marinha

fore-edge (Impr.) borda dianteira (de livro ou folha de livro)

fore-edge painting (Impr.) pintura na borda de livro

foreground (Inf.) preferencial; de alta prioridade; em primeiro plano

foreground display image (Inf.) imagem de visualização de alta prioridade; imagem de visualização preferencial

foreground-initiated background job (Inf.) trabalho secundário iniciado em primeiro plano

foreground job (Inf.) trabalho preferencial; trabalho prioritário; trabalho em primeiro plano

foreground processing (Inf.) processamento prioritário; processamento em primeiro plano

fore-gut (Zoo.) intestino anterior

forehearth (Mec.) fornalha anterior; crisol dianteiro

forehearth furnace (Mec.) forno de crisol dianteiro

Forensic Medicine (Med.) Medicina Legal; Medicina Forense

forensic science (Geral) ciência forense

fore peak (Nav.) porão da proa; porão da vante

foreplane (Aero.) plano da proa

foreplane (Mec.) garlopa

forepoling (Minas) estacas da frente

fore reef (Geo.) talude costeiro

foreset beds (Geo.) depósitos à frente de um delta

foreshock (Geo.) sismo percursor

foreshore (Eco.) zona inter-marés

foresight (Topo.) ponto de mira; mira anterior

forest (Eco.) floresta

forest formation (Eco.) formação florestal

forestomach (Med.) estômago anterior; antro cardíaco

forestry (Eco.) silvicultura

forfex (Zoo.) fórfex; fórfice; tesoura

forge (Mec.) forja

forge pig (Mec.) ferro fundido branco; gusa

forge steel (Mec.) aço de forja; aço maleável

forge welding (Mec.) caldeamento; soldagem em forja

forging (Mec.) forjamento; forjadura

fork (Reloj.) forquilha

forked lightning (Meteo.) relâmpago ramificado; relâmpago em ziguezague

forked tenon (E.Civ.) malhete em garfo; malhete em forquilha

fork-lift (Geral) empilhadeira

form (E.Civ.) molde; gabarito

form (Geral) forma

formaldehyde (Quím.) formaldeído; aldeído fórmico

formaldehyde resine (Quím.) resina de formaldeído

formalin (Quím.) formalina

formal language theory (Inf.) teoria da linguagem formal

formal logic (Inf.; Mat.) lógica formal

formal operation (Psico.) operação formal

formal parameter (Inf.) parâmetro formal

formal specification (Inf.) especificação formal

formant (Fís.) formador

format (Inf.) formato; formatar

formate (Quím.) formiato

formation (Geo.) formação

formation type (Eco.) tipo de formação vegetal

formative time (Elect.) tempo formativo

format wars (Telecom.) guerras de formato

form block (Mec.) matriz de zinco

form drag (Aero.) resistência de forma; resistência de pressão

forme fruste (Med.) forma atípica

former (Aero.) quadro de fuselagem; padrão; forma

former (Eng.) falsa nervura

former (Mec.) moldador; molde; formador; ferramenta de repuxar

former rib (Eng.) nervura perfilada

former wing rib (Aero.) falsa nervura da asa

form factor (Fís.) factor de forma

formic (Quím.) fórmico

formic acid (Quím.) ácido fórmico; ácido metanóico

formic aldehyde (Quím.) aldeído fórmico

formil (Quím.) formilo

formiminoglutamic acid (Quím.) ácido formiminoglutâmico

forming (Mec.) modelação; formação

forming cutter (Mec.) ferramenta de cortar e formar em torno

forming front (Meteo.) frente de formação

forming roll (Impr.) cilindro de formar

formol titration (Quím.) titulação do formol

formol toxoid (Imun.) toxóide de formol

form taxon (Bot.) taxonomia de forma

form tool (Mec.) ferramenta de moldar; ferramenta de repuxar

formula (Geral) fórmula

formwork (E.Civ.) moldagem (em cimento)

fornacite, furnacite (Miner.) fornacita

Forney formula (Electrón.) fórmula de Forney

fornix (Zoo.) fórnix; trígono cerebral

Forssman antibody (Imun.) anticorpo de Forssman

Forssman antigen (Imun.) antigénio de Forssman

Forssman reaction (Imun.) reacção de Forssman

forsterite (Miner.) forsterite

FORTH (Inf.) FORTH; linguagem de programação de microcomputadores

Fortin's barometer (Meteo.) barómetro de Fortin

FORTRAN (Inf.) abr. de *FORmula TRANslator* - FORTRAN (linguagem de programação científica)

forward AGC (Electrón.) abr. de *forward automatic gain control* — controlo adiantado de ganho automático

forward anode voltage (Elect.) tensão anódica directa

forward-bias (Electrón.) polarização de avanço

forward converter (Electrón.) fonte de alimentação comutada

forward current (Elect.) corrente de avanço

forward direction (Elect.) sentido directo; direcção progressiva

forward eccentric (Mec.) excêntrico de avanço

forward elevator (Aero.) leme de profundidade

forward error correction (Electrón.) correcção de erro por redundância

forward file recovery (Inf.) recuperação de ficheiro antecipado

forward gate voltage (Elect.) tensão de porta no sentido directo

forward lever (Mec.) alavanca de avanço

forward path (Elect.) caminho directo

forward perpendicular (Nav.) perpendicular de proa

forward pitch (Mec.) passo progressivo

forward recovery time (Elect.) tempo de recuperação progressiva; tempo de reactivação directa

forward scatter (Elect.) dispersão frontal; dispersão dianteira

forward speed (Mec.) velocidade de avanço

forward stagger (Aero.) avanço positivo

forward stroke (Mec.) curso de avanço (de pistão)

forward swept wing (Aero.) asa com flecha negativa

forward transfer function (Electrón.) função de transferência directa

forward transfer signal (Telecom.) sinal de transferência directa; sinal de intervenção

forward voltage (Elect.) voltagem directa; tensão directa

forward wave (Telecom.) onda progressiva

fossa (Zoo.) fossa

fossa acetabular (Zoo.) fossa acetabular

fossa rhomboidalis (Zoo.) fossa romboidal

fossette (Zoo.) fosseta

fossil (Geo.) fóssil

fossil coal (Miner.) hulha; carvão fóssil; carvão de pedra

fossil fuel (Eco.) combustível fóssil

fossil ice (Geo.) gelo fóssil

fossilization (Geo.) fossilização

fossil meal (E.Civ.) farinha fóssil; terra diatomácea

fossil permafrost (Geo.) gelo permanentemente fóssil

fossil water (Geo.) água fóssil

fossil zone (Geo.) zona fóssil; zona de fósseis

fossorial (Zoo.) cavador

Foster-Seely discriminator (Elect.) discriminador de Foster-Seely

Foster's formula (Elect.) fórmula de Foster

Fottinger coupling (Elect.) acoplamento de Fottinger

Fottinger hydraulic transformer (Elect.) transformador hidrodinâmico de Fottinger

Fottinger turbine (Elect.) turbina de Fottinger

Foucault currents (Elect.) correntes de Foucault; correntes parasitas

Foucault pendulum (Fís.) pêndulo de Foucault

foul air flue (E.Civ.) tubo de ventilação

foul anchor (Nav.) âncora encepada

foulard (Têxt.) fular

foul berth (Nav.) ancoradouro atravancado

foul bottom (Nav.) fundo sujo

foul coast (Nav.) costa perigosa

foul ground (Hidro.) fundo inseguro

fouling (Nav.) incrustações no fundo de navio

fouling point (E.Civ.) ponto perigoso no cruzamento de vias

foul in the foot (Vet.) pododermatite infecciosa

foul water (E.Civ.) água suja

foul wind (Nav.) vento contrário

foundation beam (E.Civ.) viga de fundação

foundation cylinder (Eng.) cilindro de fundação

foundation girder (E.Civ.) viga de fundação

foundation pile (E.Civ.) pilar de fundação

foundation pit (E.Civ.) cabouco; escavação de fundação

foundation stone (E.Civ.) pedra fundamental

founding (Vidr.) fundição; refinação

foundry (Mec.) fundição (oficina)

foundry coke (Mec.) coque de fundição

foundry crane (Mec.) guindaste de fundição; grua de fundição

foundry cupola (Mec.) cubilote de fundição

foundry pig-iron (Mec.) ferro-gusa de fundição

foundry pit (Mec.) fosso de vazamento

foundry sand (Mec.) areia de fundição

foundry scrap (Mec.) detritos de fundição; escória

foundry traveller (Mec.) ponte rolante de fundição

fount; font (Impr.) fonte

four address code (Inf.) código de quatro endereços

four-bar chain (Mec.) cadeia de quatro barras

four-centred arch (Arq.) arco de quatro centros

fourchette (Med.) forquilha; comissura posterior da vulva

four-colour press (Impr.) impressão a 4 cores

four-colour reproduction (Impr.) reprodução a 4 cores

four factor formula (Nucl.) fórmula de quarto factor

four-head drum (T.Imag.) tambor de quatro cabeças; cabeça de vídeogravador

Fourier analysis (Quím.) análise de Fourier

Fourier-Bessel integrals (Mat.) integrais de Fourier-Bessel

Fourier coefficient (Mat.) coeficiente de Fourier

Fourier expansion (Mat.) desenvolvimento de Fourier

Fourier heat equation (Fís.) equação de Fourier da condutibilidade calorífica; lei de Fourier de condução de calor

Fourier integral (Fís.) integral de Fourier

Fourier number (Fís.) número de Fourier

Fourier optics (Fís.) óptica de Fourier

Fourier principle (Fís.) princípio de Fourier

Fourier representation (Electrón.) representação de Fourier; gráfico de Fourier

Fourier series (Mat.) série de Fourier

Fourier space (Fís.; Mat.) espaço de Fourier

Fourier spectrum (Fís.) espectro de Fourier

Fourier's theorem (Fís.) teorema de Fourier

Fourier transform (Fís.; Mat.) transformação de Fourier

Fourier transform spectroscopy (Fís.) espectroscopia da transformação de Fourier

four-jaw chuck (Mec.) prato de quatro grampos

four phase system (Elect.) sistema tetrafásico; circuito tetrafásico

four-stranded wire (Elect.) cabo de 4 fios

four-stroke motor (Mec.) motor de 4 tempos

fourth generation computer (Inf.) computador de 4ª geração

fourth rail (Elect.) quarto trilho; quarta via

fourth-rail insulator (Elect.) isolador de 4º trilho

four-throw crankshaft (Mec.) eixo de 4 manivelas

fourth ventricle (Zoo.) quarto ventrículo

fourth wire (Elect.) quarto fio (num sistema tetrafilar)

four-way (Elect.) de quatro vias; de quatro contactos

four-wire circuit (Elect.) circuito de quatro condutores; circuito tetrafilar

four-wire repeater (Telecom.) repetidor de 4 condutores

four-wire switching (Elect.) comutação tetrafilar

four-wire system (Elect.) sistema tetrafilar; sistema de 4 condutores

fovea (Zoo.) fóvea

foveola (Zoo.) foveóla; depressão diminuta; pequena fóvea

fowl cholera (Vet.) cólera dos galináceos; cólera dos pintos

Fowler flap (Aero.) flap Fowler

Fowler position (Med.) posição de Fowler

fowl paralysis (Vet.) paralisia dos galináceos; linfomatose das aves

fowl pest (Vet.) peste dos galináceos; peste aviária

fowl pox (Vet.) varicela; difteria das aves

fowl typhoid (Vet.) tifóide aviária

fox encephalitis (Vet.) encefalite da raposa

foyaite (Miner.) foiaíte

fp (Fís.) abr. de *freezing point* - ponto de congelação

FP (Minas.) abr. de *Flowing Pressure* - pressão do fluxo; e também abr. de *Final Pressure* - pressão final

FPS (Geral) abr. de *Feet, Pounds, Seconds* - pés, libras, segundos

FPU (Inf.) abr. de *floating point unit* — unidade (de velocidade de processamento) de vírgula flutuante

Fr (Quím.) símbolo químico do *francium* - frâncio

fraction (Mat.) fracção

fractional crystallization (Quím.) cristalização fraccionária

fractional distillation (Quím.) distilação fraccionária; distilação parcial

fractional distribution (Quím.) distribuição fraccionária; distribuição parcial

fractional pitch (Mec.) passo fraccionário

fractionating column (Quím.) coluna de fraccionamento; coluna de fragmentação

fractionation (Quím.) fraccionamento

fractionation of liquids (Quím.) fraccionamento de líquidos

fracture (Geral) fractura

fracture cleavage (Geo.) clivagem de fractura

fragile sites (Bio.) regiões frágeis; troços frágeis

fragile-X syndrome (Bio.) síndroma do cromossoma X frágil

fragmentation (Geral) fragmentação

framboesia; frambesia (Med.) framboésia; bouba; polipapiloma; granuloma tropical

frame (Aero.) carcaça

frame (E.Civ.) armação; estrutura; esqueleto; andaime

frame (Inf.) estrutura; configuração; célula; enquadramento; moldura

frame antenna (Elect.) antena de quadro

frame blanking (T.Imag.) supressão de quadro; supressão de imagem

frame coil (T.Imag.) bobina de enquadramento da imagem

frame connection (Elect.) ligação à massa

framed (E.Civ.) enquadrado; emoldurado

framed floor (E.Civ.) soalho em frisos

frame frequency (T.Imag.) frequência de quadro; frequência de imagem

frame grounding circuit (Elect.) circuito de terra (de uma máquina)

frame hold (T.Imag.) fixação vertical

frame monitoring tube (Electrón.) tubo monitor de quadro

frame of a survey (Topo.) fundamento de um levantamento

frame saw (E.Civ.) serra de arco

frame slipping (T.Imag.) deslizamento de trama

frame suppression (T.Imag.) supressão de quadro

frame synchronization (T.Imag.) sincronização de imagem

frame synchronizing signal (T.Imag.) sinal de sincronização

frame tilt (T.Imag.) correcção da distorção do quadro

frame wall (E.Civ.) parede de bancada

framework (E.Civ.) armadura; esqueleto

framework of the wing (Aero.) esqueleto da asa

framing (E.Civ.) armação; enquadramento; estrutura

framing (T.Imag.) enquadramento; ajuste de imagem

francium (Quím.) frâncio

Franck-Condon principle (Fís.) princípio de Franck-Condon

Franck-Hertz experiment (Elect.) experiência de Franck-Hertz

franking (E.Civ.) encaixar

franklinite (Miner.) franklinite

Frasch process (Minas) processo de Frasch

Frasnian (Geo.) Frasniano; Frásnico

frass (Zoo.) fezes; excremento

frater (Arq.) refeitório eclesiástico

Fraunhofer corona (Fís.) coroa de Fraunhofer

Fraunhofer diffraction (Fís.) difracção de Fraunhofer

Fraunhofer lines (Fís.) riscas de Fraunhofer

Fraunhofer region (Fís.) região de Fraunhofer

Fraunhofer spectrum (Fís.) espectro de Fraunhofer

frazil ice (Meteo.) cristais de gelo fragmentado; agulhas de gelo

freckle (Med.) sarda; efélide

free (Geral) livre; independente

free-air (Meteo.) atmosfera livre

free-air anomaly (Geo.) anomalia da gravidade ao ar livre

free-air dose (Radiol.) dose de ar livre

free-air thermometer (Fís.) termómetro de ar exterior

free-ash coal (Minas) carvão seco; hulha seca; hulha magra

free association (Psico.) associação livre

free atmosphere (Meteo.) atmosfera livre; ar livre

free atmosphere turbulence (Meteo.) turbulência de atmosfera livre

free atom (Quím.) átomo livre

free balloon (Aero.) balão livre

free-balloon concentration ring (Aero.) anel de sustentação da barquinha

freeboard (Hidro.) cota de segurança

freeboard (Nav.) bordo livre; amurada

freeboard deck (Nav.) coberta de bordo livre; coberta de amurada

free-burning coal (Minas) hulha semigorda

free cell formation (Bot.) formação de célula livre

free cementite (Mec.) cementite livre; carboneto de ferro livre

free central placentation (Bot.) placentação central livre

free charge (Elect.) carga livre

free chloride (Quím.) cloreto natural

free cutting (Mec.) corte livre

free-cutting brass (Mec.) latão de corte livre (fácil)

freedom (Eng.) liberdade

free electron (Elect.) electrão livre

free-electron theory (Electrón.) teoria dos electrões livres

free end (E.Civ.) extremidade livre

free energy (Quím.) energia livre

free fall (Esp.) queda livre

free-falling velocity (Fís.) velocidade de queda livre

free ferrite (Mec.) ferrite livre; ferrite não associada

free field (Fís.) campo livre

free-field emission (Fís.) emissão de campo livre

free-field room (Fís.) sala antieco; câmara antieco

free flight (Astro.) voo livre

free-flight distance (Aero.) distância de voo livre

free-flight wind tunnel (Aero.) túnel de vento de voo livre

free floating anxiety (Psico.) ansiedade de flutuação livre; ansiedade flutuante livre

free-hand (E.Civ.) à mão livre

freemartin (Zoo.) bezerra estéril; vitela estéril

free mine (Minas) mina livre

free molecule (Quím.) molécula livre

free oscillation (Telecom.) oscilação livre

free oxide (Quím.) óxido natural; óxido livre

free path (Fís.) trajectória livre

free pendulum clock (Reloj.) relógio de pêndulo livre

free piston engine (Mec.) máquina de pistão livre

free pole (Elect.) pólo livre

free radical (Quím.) radical livre

free radioisotope (Nucl.) radioisótopo livre

free recall (Psico.) recordação livre; evocação livre

free residual chlorination (Quím.) cloração residual livre

free-running circuit (Elect.) circuito de funcionamento livre; circuito livre

free-running frequency (Elect.) frequência própria; frequência de funcionamento livre

free-running velocity (Elect.) velocidade livre

free space (Telecom.) espaço livre

free space impedance (Fís.) impedância de espaço livre

free space intensity (Telecom.) intensidade de espaço livre

free space wave (Telecom.) onda de espaço livre

freestone (E.Civ.) pedra de cantaria

free surface (Nav.) superfície livre

free turbine (Aero.) turbina livre

free valve (Mec.) válvula livre

free vibration (Fís.) vibração livre

free vortex (Meteo.) vórtice livre

free vortex flow (Aero.) fluxo de vórtice livre

free-wheel (Mec.) roda livre; roda falsa

freeze-drying (Bio.) secagem por congelação; secagem a vácuo

freeze-etch (Bio.) gravura congelada

freeze fracture (Bio.) fractura congelada

freeze frost (Meteo.) geada glacial

freezing (Fís.) congelação

freezing mixture (Quím.) mistura de congelação; mistura congelante

freezing nucleus (Meteo.) núcleo de congelação

freezing-point (Fís.) ponto de congelação

freezing-point (Mec.) solidificação

freezing-point method (Quím.) método do ponto de congelação

fremitus (Med.) frémito

Fremont test (Mec.) teste de Fremont

Frémy's salt (Quím.) sal de Frémy

French bit (E.Civ.) verruma francesa

French chalk (Minas) cré francesa; cré; cal de Viena

French curve (Mec.) régua de curvas

French gold (Mec.) ouropel

French moult (Vet.) muda de pena defeituosa

French polish (E.Civ.) polimento francês; verniz aplicado com boneca

French stuc (E.Civ.) estuque francês

French thread (Mec.) rosca francesa

French truss (E.Civ.) asna francesa

French window (Arq.) janela francesa; janela de batente

Frenet's formulae (Mat.) fórmulas de Frenet

Frenkel defect (Crist.) defeito de Frenkel

frenoplasty (Med.) frenoplastia

frenotomy; fraenotomy (Med.) frenotomia

frenum (Med.) freio

Freon (Quím.) fréon

frequency (Geral) frequência

frequency allocation (Telecom.) dotação de frequência; distribuição de frequências

frequency analyzer (Telecom.) analisador de frequências

frequency array (Telecom.) ordenamento de frequências

frequency band (Telecom.) banda ou faixa de frequências

frequency bias (Elect.) polarização de frequências

frequency bridge (Elect.) ponte de frequências

frequency calibrator (Telecom.) calibrador de frequências

frequency carrier (Elect.; Inf.) portadora de frequência

frequency changer (Elect.) conversor de frequência

frequency channel (Inf.) canal de frequência

frequency compensation (Elect.) compensação de frequência

frequency compensator (Elect.) compensador de frequência

frequency conserver (Elect.) estabilizador de frequência

frequency converter (Elect.) conversor de frequência

frequency converting tube (Telecom.) válvula conversora de frequência

frequency correction (Elect.) correcção de frequência

frequency counter (Electrón.) contador de frequências

frequency cutoff (Elect.) corte de frequência

frequency demodulation (Telecom.) desmodulação de FM

frequency demultiplication (Telecom.) desmultiplicação de frequências

frequency detector (Elect.) detector de frequência

frequency deviation (Elect.) desvio de frequência

frequency discriminator (Telecom.) discriminador de frequência

frequency dispersion (Telecom.) dispersão de frequência

frequency distortion (Fís.) distorção de frequência

frequency distribution (Est.) distribuição de frequência

frequency diversity (Telecom.) diversidade de frequência

frequency divider (Electrón.) divisor de frequência

frequency division (Telecom.) divisão de frequência

frequency division duplex [FDD] (Telecom.) duplex por divisão de frequência

frequency division multiple access (Inf.) acesso múltiplo por divisão de frequência

frequency division multiplexing [FDM] (Telecom.) multiplexagem por divisão de frequência

frequency domain (Telecom.) domínio de frequência; domínio espectral

frequency-domain analysis (Telecom.) análise no domínio da frequência; análise espectral

frequency doubling (Telecom.) duplicação de frequência

frequency drift (Telecom.) desvio de frequência

frequency equation (Elect.) equação de frequência (de dispersão)

frequency exciter (Telecom.) excitador de frequências

frequency factor (Quím.) factor de frequência

frequency frogging (Telecom.) bifurcação de frequência

frequency function (INF.) função de frequência

frequency generator (TELECOM.) gerador de frequências

frequency hopping (TELECOM.) interpenetração em frequência

frequency jumping (ELECT.) salto de frequência

frequency limiter (TELECOM.) limitador de frequência

frequency meter (ELECTRÓN.) frequencímetro

frequency-modulated cyclotron (ELECT.) ciclotrão de frequência modulada

frequency modulation [FM] (TELECOM.) modulação de frequência

frequency-modulation detector (TELECOM.) detector de frequência modulada

frequency-modulation laser (TELECOM.) laser de frequência modulada

frequency-modulation receiver (ELECTRÓN.; TELECOM.) receptor de frequência modulada

frequency monitor (ELECT.) monitor de frequência

frequency multiplier (ELECTRÓN.) multiplicador de frequência

frequency of alternator (ELECT.) frequência de alternador

frequency of gyration (ELECTRÓN.) frequência de rotação

frequency of infinite attenuation (TELECOM.) frequência de atenuação infinita

frequency of penetration (FÍS.) frequência de penetração

frequency of vibration (FÍS.) frequência de vibração

frequency oscillator (ELECT.) oscilador de frequência

frequency overlap (TELECOM.) sobreposição de frequência

frequency pulling (TELECOM.) arrastamento de frequência

frequency range (TELECOM.) gama de frequências; espectro

frequency regulator (TELECOM.) regulador de frequência

frequency relay (ELECT.) relé de frequência

frequency response (FÍS.) resposta de frequência

frequency scan antenna (TELECOM.) antena de exploração de frequência

frequency selector (TELECOM.) selector de frequência

frequency separator (TELECOM.) separador de frequências

frequency shift (TELECOM.) desvio de frequência; deslocamento de frequência

frequency-shift keyer (TELECOM.) chave de desvio de frequência; manipulador de desvio de frequência

frequency-shift keying (TELECOM.) manipulação por desvio de transferência; transmissão por desvio de transferência

frequency-shift transmission (TELECOM.) transmissão por desvio de frequência

frequency-slope modulation (ELECT.) modulação por inclinação de frequência; modulação por variação linear de frequência

frequency spectrum (ELECTRÓN.) espectro de frequência

frequency splitting (TELECOM.) frequências parasitas; ramificação de frequência

frequency stability (TELECOM.) estabilidade de frequência

frequency standard (TELECOM.) padrão de frequência

frequency stimulator (TELECOM.) estimulador de frequência

frequency surface (ELECTRÓN.) superfície de frequência

frequency swing (TELECOM.) oscilação de frequência; salto de frequência

frequency telemetering (TELECOM.) telemetria de frequência

frequency tolerance (TELECOM.) tolerância de frequência

frequency transformer (TELECOM.) transformador de frequência

frequency translation (TELECOM.) conversão de frequência

frequency translator (TELECOM.) conversor de frequência; comutador de frequência

frequency tripler (ELECTRÓN.) triplicador de frequência

frequency variation (TELECOM.) variação de frequência

fresco (E.CIV.) fresco

fresh water (ECO.) água doce; água potável

fresh-water allowance (NAV.) margem de água doce

fresh-water fish (BIO.) peixe de água doce

fresh-water sediments (GEO.) sedimentos de água doce

fresnel (FÍS.) fresnel (unidade de frequência óptica)

Fresnel-Arago laws (FÍS.) leis de Fresnel-Arago

Fresnel biprism (FÍS.) prisma duplo de Fresnel

Fresnel diffraction (FÍS.) difracção de Fresnel

Fresnel ellipsoid (FÍS.) elipsóide de Fresnel

Fresnel integrals (FÍS.) integrais de Fresnel

Fresnel lens (T.IMAG.) lente de Fresnel

Fresnel mirrors (FÍS.) espelhos de Fresnel

Fresnel region (FÍS.) região de Fresnel

Fresnel rhomb (FÍS.) losango de Fresnel

Fresnel spotlight (FÍS.) projector de Fresnel

Fresnel's reflection formula (FÍS.) fórmula da reflexão de Fresnel

Fresnel zone (FÍS.) zona de Fresnel

fret (ARQ.) grega (cercadura)

fret-saw (E.CIV.) serra tico-tico; serra de recortes

fretting corrosion (MEC.) corrosão de contacto; corrosão de colisão

fret-work (E.CIV.) gregas; ornato em relevo

Freudian slip (PSICO.) lapsos; actos falhados

Freudlich isotherm equation (QUÍM.) equação isotérmica de Freudlich

Freudlich's adsorption isotherm (QUÍM.) adsorção isotérmica de Freudlich

Freud's theory of dreams (PSICO.) teoria freudiana dos sonhos

FRF (MED.) abr. de *Follicle-stimulation hormone Releasing Factor* - factor de libertação da hormona folículo-estimulante

friability test (E.CIV.) teste de friabilidade

friable (MINAS) friável

friar (IMPR.) frade; claro

friction (GERAL) fricção; atrito

frictional band (MEC.) faixa de atrito

frictional contact (MEC.) contacto de atrito

frictional damper (MEC.) amortecedor de atrito

frictional drag (FÍS.) arrastamento de atrito

frictional electricity (FÍS.) electricidade de fricção ou de atrito

frictional loss (ELECT.) perda por fricção

frictional machine (ELECT.) máquina electrostática

frictional resistance (FÍS.) resistência de atrito

friction calendering (TÊXT.) lustragem por atrito; calandragem por atrito

friction clutch (MEC.) embraiagem por atrito

friction compensation (ELECT.) compensação por atrito

friction drive (MEC.) accionamento por atrito; transmissão por fricção

friction feeder (INF.) alimentador por fricção

friction gear (MEC.) engrenagem por fricção; transmissão por atrito

friction glazing (PAPEL) polimento por atrito

friction horsepower (MEC.) cavalo-vapor de fricção; cavalo-vapor de atrito

friction layer (METEO.) camada de atrito; camada de fricção

friction loss (ELECT.) perda por atrito; perda por fricção

friction pile (E.CIV.) estaca de fricção

friction roller (MEC.) cilindro de atrito

friction spinning (TÊXT.) fiação por fricção

friction velocity (METEO.) velocidade de atrito

friction welding (MEC.) soldadura por atrito

friction wheel (MEC.) roda de fricção; roda de atrito

Friedel and Crafts' synthesis (QUÍM.) síntese de Friedel e Crafts

Friedreich's ataxia (MED.) ataxia de Friedreich; ataxia espinhal hereditária

frieze (ARQ.) friso; ornato de escultura

frieze (TÊXT.) tecido grosseiro de lã

fright substance (ECO.) substância de alarme

frigid (Eco.) gélido

fringe area (T.Imag.) área-limite

fringe effect (T.Imag.) efeito de franja

fringe howl (Elect.) uivo crítico (em ponto de entrada de oscilações)

fringe medicine (Med.) Medicina marginal; Medicina alternativa

fringes (Geral) franjas; orlas; limites

fringing (Elect.) franjamento

fringing coefficient (Elect.) coeficiente de franjamento

frisket (Impr.) frasqueta

frisking (Nucl.) procura de radiações radioactivas com câmara de ionização portátil

fritting (Mec.) calcinação; fundir parcialmente

frog (E.Civ.) coração; cruzamento

frog (Vet.) ranilha; forquilha; forqueta

frogging repeater (Telecom.) repetidor de cruzamento; repetidor-filtro

Frohlich's syndrome (Med.) síndroma de Frohlich; síndroma de Launois-Cléret; distrofia adipogenital

Froin's syndrome (Med.) síndroma de Froin; síndroma da loculação

frond (Bot.) fronde

frons (Zoo.) fronte; testa

front (Arq.) frente; frontaria; fachada

front (E.Civ.) frente; parte dianteira

front (Meteo.) frente; superfície frontal

frontage line (E.Civ.) frontaria

frontal (Zoo.) frontal

frontal lobes (Zoo.) lobos frontais

frontal plane (Zoo.) plano frontal

frontal sinuses (Zoo.) seios frontais

frontal wave (Geo.) onda frontal

frontal zone (Geo.) zona frontal

front end (Elect.) secção de entrada

front-end processor (Inf.) processador frontal, processador de primeiro plano

front-end system (Inf.) sistema auxiliar

front fender (Auto.) guarda-lama dianteiro

front hearth (E.Civ.) soleira de chaminé

frontispiece (Arq.) frontispício

frontogenesis (Meteo.) frontogénese

frontolysis (Meteo.) frontólise

front porch (T.Imag.) projecção frontal

front-to-back ratio (Telecom.) razão frente-atrás

front wall (Arq.; E.Civ.) muro de fachada

frost (Meteo.) geada

frost belt (Meteo.) cinturão de geadas; cintura de geadas

frost dam (Meteo.) V. *frost belt*

frosted fan (Meteo.) ventilador contra geadas

frosted fog (Meteo.) nevoeiro de cristais de gelo; nevoeiro congelado

frosted haze (Meteo.) névoa glacial; névoa seca de cristais de gelo

frosted hollows (Meteo.) grandes bolsas de geada

frosted lamp (Elect.) lâmpada fosca

frost pocket (Meteo.) bolsas de geada (grandes)

frost point (Meteo.) ponto de geada; ponto de congelamento

frost pull and frost push (Eco.) movimento periglacial

frost shattering (Eco.) fracturação pelo gelo

frost table (Meteo.) lençol de geada; manto de geada

frost wedging (Eco.) fracturação pelo gelo

froth (Quím.) espuma

frother (Minas) espumante

froth flotation (Minas) flutuação de espuma

froth inhibitor (Quím.) inibidor de espuma

froth producer agent (Quím.) agente produtor de espuma

Froude brake (Mec.) freio de Froude

Froude's transition curve (Topo.) curva de transição de Froude

Froude number [Fr] (Geo.) número de Froude

frozen bearing (Mec.) mancal gelado; mancal agarrado

frozen equilibrium (Quím.) equilíbrio gelado

frozen soil (Meteo.) solo gelado; solo congelado

fructification (Bot.) frutificação

fructose (Quím.) frutose

fructoside (Quím.) frutosídeo

fructosuria (Med.) frutosuria

frugivorous (Zoo.) frugívoro

fruit (Bot.) fruto

fruiting body; fruit body (Bot.) corpo de frutificação

frusemide (Med.) frusemida; furosemida; lasix

frustration (Psico.) frustração

frustule (Bot.) frústulo

frustum of a cone (Mat.) tronco de cone

frutescent (Bot.) frutescente

fruticose (Bio.) fruticoso

FSB (Inf.) abr. de *front side bus* — barramento frontal, barramento de dados

F-scale (Psico.) escala F (de escala autoritária)

FSH (Med.) abr. de *Follicle-Stimulating Hormone* - hormona folículo-estimulante

FSK (Elect.) abr. de *Frequency-Shift Keying* - chave de desvio de frequência

fuchsin (Quím.) fucsina; roseína

fuchsite (Miner.) fucsite

fucivorous (Zoo.) fucífero; comedor de algas

fucoxanthin (Bot.) fucoxantina

fuel accumulator (Aero.) acumulador de combustível

fuel assembly (Nucl.) instalação de combustível

fuel cell (Aero.) tanque de combustível

fuel cell (Quím.) célula de combustível

fuel cut-off (Aero.) corte de combustível

fuel cycle (Nucl.) ciclo de combustível

fuel dumping (Aero.) alijamento de combustível

fuel element (Nucl.) elemento de combustível

fuel grade (Aero.) qualidade de combustível; tipo de combustível

fuel injection (Auto.) injecção de combustível

fuel injector (Aero.) injector de combustível

fuel jettison (Aero.) alijador de combustível de emergência

fuelling machine (Nucl.) máquina de carregar combustível; tanque de carregar combustível

fuel manifold (Aero.) tubo de distribuição de combustível

fuel oil (Quím.) óleo combustível; combustível líquido; óleo diesel

fuel ratio (Nucl.) razão de combustível

fuel reprocessing (Nucl.) reprocessamento de combustível

fuel rod (Nucl.) vareta de combustível

fuel tank (Aero.) tanque de combustível

fuel trimmer (Aero.) rectificador de combustível

fugacity (Quím.) fugacidade; volatilidade

fugitive (Geo.) evanescente

fugitive (Quím.) fugitivo

fugitive colours (E.Civ.) cores evanescentes

fugitive molecule (Nucl.) molécula fugitiva

fugitive species (Eco.) espécies oportunistas

fugue (Psico.) fuga

Fujita tornado intensity scale (Geo.) escala (de intensidade dos tornados) de Fujita

fulcrum (Fís.) fulcro

fulguration (Med.) fulguração

fulgurite (Geo.) fulgurite

fuliginous (Bot.) fuliginoso

full adder (Inf.) adicionador completo

full analysis (Geral) análise completa

full annealing (Mec.) recozimento total

full aperture (T.Imag.) abertura total

full assembly (Inf.) montagem completa

full availability (Electrón.) disponibilidade completa

full bearing (Mec.) contacto perfeito

full bound (Impr.) encadernado

full-centre arch (E.Civ.) arco semicircular; abóbada

fuller's earth (Geo.) argila esmética

full excitation (Elect.) excitação total; excitação completa

full-gate (Mec.) abertura total

full-load (Elect.) carga total; carga completa

full moon (Astro.) Lua cheia

full motion video [FMV] (T.Imag.) vídeo codificado de alta velocidade; vídeo mpeg

full out (Mec.) a todo o gás

full-pitch winding (Elect.) enrolamento de um passo completo; enrolamento diametral

full power (Mec.) potência máxima; a todo o motor

full recording mode (Inf.) modo de gravação completo

full-scale deflection (Electrón.) desvio máximo

full spring load (MEC.) carga total da mola

full track recording (ELECTRÓN.) registo de fita completa

full-wave rectification (ELECT.) rectificação de onda completa

full-wave rectifier (ELECTRÓN.) rectificador de onda completa

full-wave vibrator (ELECT.) vibrador de onda completa

fulminates (QUÍM.) fulminatos

fulvic acid (QUÍM.) ácido fulvo

fulvous (ECO.) fulvo

fumarase (BIO.; QUÍM.) fumarase

fumaric acid (QUÍM.) ácido fumárico; ácido transbutenodióico

fumaroles (GEO.) fumarolas

fumarylacetoacetic acid (QUÍM.) ácido fumariloacetoacético

fume cupboard (QUÍM.) câmara de ventilação de fumo

fumigacin (QUÍM.) fumigacina; ácido helvólico

fumigant (QUÍM.) fumigante

fumigation (MED.) fumigação

fuming liquid (QUÍM.) líquido fumegante

fuming [Nordhausen] sulphuric acid (QUÍM.) ácido sulfúrico de Nordhausen; ácido sulfúrico fumegante

function (GERAL) função

functional (BIO.) funcional

functional disease (MED.) doença funcional

Functionalism (ARQ.) Funcionalismo

functional psychosis (PSICO.) psicose funcional

functional testing (ELECTRÓN.) teste funcional

functional type (ECO.) tipo funcional

function code (INF.) código de função

function control (INF.) controlo de função

function data table [FDT] (INF.) tabela de dados de função

function defining statement (INF.) declaração de definição de função

function definition mode (INF.) módulo de definição de função

function evaluation (INF.) avaliação de função

function generator (INF.) gerador de função

function hole (INF.) perfuração de função

functioning value (ELECTRÓN.) valor de funcionamento

function multiplier (ELECTRÓN.) multiplicador de função

function-oriented code (INF.) código orientado à função; código adaptado à função

function permitting failure (ELECTRÓN.) falha que permite a função

function relay (ELECTRÓN.) relé de função

function routine (INF.) rotina de função

function subprogram (INF.) subprograma de função

function switch (INF.) comutador de função

function system (AERO.) sistema funcional

function table (INF.) tabela de função

functor (MAT.) functor

fundamental colours (FÍS.) cores fundamentais

fundamental-component (TELECOM.) componente fundamental

fundamental crystal (ELECTRÓN.) cristal fundamental

fundamental dynamical units (FÍS.) unidades dinâmicas fundamentais

fundamental equations of hydrodynamics (HIDRO.) equações fundamentais da hidrodinâmica

fundamental frequency (TELECOM.) frequência fundamental

fundamental frequency of antenna (TELECOM.) frequência fundamental de antena

fundamental gneiss (GEO.) gneisse fundamental

fundamental harmonic (ELECT.) harmónica fundamental

fundamental interval (FÍS.) intervalo fundamental

fundamental mass (GEO.) massa fundamental

fundamental measure (FÍS.) medida fundamental

fundamental metric tensor (MAT.) tensor métrico fundamental

fundamental mode (TELECOM.) modo fundamental

fundamental niche (ECO.) nicho fundamental

fundamental particle (FÍS.) partícula fundamental

fundamental plane (ASTRO.) plano fundamental

fundamental radiation (NUCL.) radiação fundamental

fundamental resistivity (ELECT.) resistividade fundamental

fundamental series (FÍS.) série fundamental

fundamental state (QUÍM.) estado fundamental

fundamental theorem of arithmetic (MAT.) teorema fundamental da Aritmética

fundamental voltage wave (ELECT.) onda de voltagem fundamental

fundamental wave length (TELECOM.) comprimento de onda fundamental

fundus (MED.) fundo

fungi (BOT.) fungos

fungible (MINAS) fungível

fungicidal paints (E.CIV.) tintas antifungos; tintas fungicidas

fungicide (BOT.) fungicida

fungicidin (QUÍM.) fungicidina

fungicole (ECO.) fungícola

fungiform (BOT.) fungiforme

Fungi imperfecti (BOT.) Fungos imperfeitos; Deuteromicetos

fungistatic (BOT.) micostático

fungitoxic (MED.) micotóxico

fungitoxicity (MED.) micotoxicidade; fungitoxicidade

fungoid (BOT.) fúngico

fungus (BOT.) fungo

funicle (BOT.) funículo

funiculus (ZOO.) funículo

funnel (GERAL) funil

funnel (METEO.) funil; nuvem de tornado

funnel (ZOO.) funil

funnel cloud (METEO.) nuvem de tornado; nuvem-funil

funnel column (METEO.) coluna de tornado; funil de tornado

funnelling (METEO.) afunilamento

FUO (MED.) abr. de *Fever of Unknown Origin* - febre de origem desconhecida

fur (ZOO.) pêlo; penugem

fural (QUÍM.) furaldeído; furfural

furan (QUÍM.) furano

furan group (QUÍM.) grupo furano

furanose (BIO.; QUÍM.) furanose

furca (ZOO.) garfo (qualquer estrutura em forma de garfo de 2 dentes)

furcal (ZOO.) bifurcado

furcocercous (ZOO.) furcocerco (possuindo cauda bifurcada ou bífida)

furcula (ZOO.) fúrcula

fureur genitale (MED.) ninfomania; satiríase; (expressão francesa usada em inglês, cujo significado literal é «raiva genital»)

furfur (MED.) escama; caspa

furfuraceous (MED.) furfuráceo; escamoso

furfural (QUÍM.) furfural; furaldeído

furfurol (QUÍM.) furfurol

furfuryl (QUÍM.) furfuril

furlong (GERAL) furlong (medida inglesa equivalente a 201,1m)

furnace (MEC.) fornalha; forno de fundição

furnace annealing (MEC.) recozimento em forno

furnace atmosphere (MEC.) atmosfera de fornalha

furnace brazing (MEC.) soldadura em fornalha

furnace brick (E.CIV.) tijolo refractário para forno

furnace casting (MEC.) peça fundida para forno

furnace clinker (MEC.) escória de fornalha; clinquer

furnace gate (MEC.) porta de fornalha

furnace lining (MEC.) revestimento de fornalha

furnace roof (MEC.) céu de fornalha

furnace spectrum (FÍS.) espectro de fornalha

furniture (E.CIV.) acessórios; aparelhagem

furring (E.CIV.) tábua de forro; revestimento

furrow (MED.) sulco

furrowed (E.CIV.) sulcado; ranhurado

furuncle (MED.) furúnculo

furunculosis (MED.) furunculose

fusan (MINER.) fusano

fuscous (ECO.) fusco; pardo

fuse (GERAL) fusível

fuse (MINAS) detonador; rastilho; mecha; espoleta

fuse-board (ELECT.) painel de fusíveis; quadro de fusíveis

fuse-box (ELECT.) caixa de fusíveis; caixa do disjuntor

fuse-carrier (ELECT.) porta-fusível

fuse-cutout (ELECT.) corta-circuito de fusível; disjuntor de fusível

fused junction (ELECT.) junção fundida

fuse element (ELECT.) elemento fusível; fio fusível

fuse-holder (ELECT.) porta-fusível

fuselage (AERO.) fuselagem

fuse-link (ELECT.) elo de fusível; elo fusível

fusel oil (QUÍM.) óleo de fúsel; álcool amílico

fuse panel (ELECT.) painel de fusíveis

fuse plug (ELECT.) fusível de rosca

fuse strip (ELECT.) lâmina fusível; placa fusível

fuse switch (ELECT.) comutador de fusível

fushi tarazu gene (BIO.) gene fushi tarazu

fushi tarazu mutation (BIO.) mutação fushi tarazu

fusible alloy (MEC.) liga fusível

fusible cutout (ELECT.) fusível

fusible metal (MEC.) metal fusível

fusible plug (MEC.) bujão fusível; fusível-rolha

fusidic acid (BIO.; QUÍM.) ácido fusídico

fusiform (BOT.) fusiforme

fusing current (ELECT.) corrente de fusão

fusing factor (ELECT.) factor de fusão

fusing point (MEC.) ponto de fusão

fusing temperature (MEC.) temperatura de fusão

fusion (FÍS.) fusão

fusion cones (MEC.) cones de fusão

fusion drilling (MINAS) perfuração de fusão

fusion energy (FÍS.) energia de fusão

fusion-fission hybrid reactor (NUCL.) reactor híbrido de fusão-fissão

fusion point (FÍS; MEC.) ponto de fusão

fusion proteins (BIO.) proteínas de fusão

fusion reaction (NUCL.) reacção de fusão

fusion reactor (NUCL.) reactor de fusão

fusion welding (ELECT.) soldadura por fusão

fusogenic vesicles (BIO.) vesículas fusogénicas

fust (ARQ.) fuste

fustian (TÊXT.) fustão

fusulinid (GEO.; MINAS) fusulinídeo (foraminífero)

futile cycle (BIO.) ciclo fútil

fuzzy logic (ELECTRÓN.) lógica difusa

fuzzy system (INF.) sistema difuso

FV (MINAS) abr. de *Flow Valve* - válvula reguladora do fluxo de fluidos

FW (MINAS) abr. de *Fresh Water* - água fresca

fxin (MINAS) abr. de *finelly crystaline* - finamente cristalino

Fy blood group (MED.) grupo sanguíneo Duffy

FYI (GERAL) abr. de *for your information* — para informação

fynbos (ECO.) chaparral (África do Sul)

Gg

g (ELECTRÓN.) símbolo de *grid* — grelha de válvula electrónica

g (MINAS) símbolo de: *grain* — grão; de *grained* — granulado; de *gas* — gás

g (NUCL.) símbolo de *Fermi constant* — constante de Fermi

g (QUÍM.) símbolo de *gram(me)* — grama (em Inglaterra também *gm*)

G (ELECT.) símbolo de *gain* — ganho

G (FÍS.) símbolo de: *constant of gravitation* — constante de gravidade; de *giga* — giga (prefixo SI); V. *giga*

G (MED.) símbolo de *glucose* — glicose

G (QUÍM.) símbolo de: *thermodynamic potential* — potencial termodinâmico; de *Gibbs free energy* — energia livre de Gibbs

Ga (QUÍM.) símbolo químico de *gallium* — gálio

GaAs FET (ELECTRÓN.) abr. de *Gallium Arsenide FET* — FET de Gálio-Arsénio

gab (E.CIV.) entalhe

GABA (MED.) abr. de *Gamma-Amino Butyric Acid* — ácido gama-aminobutírico

gabbro (GEO.) gabro

gaberdine (TÉXT.) gabardine

gabion (E.CIV.) gabião

gable (E.CIV.) empena

gable board (E.CIV.) aba de empena

gable shoulder (E.CIV.) sobressalto de empena

gable springer (E.CIV.) coxim de empena

gable tiles (E.CIV.) telhas de empena

gaboon (BOT.; E.CIV.) mogno-do-Gabão; a sua madeira

Gabriel synthesis (QUÍM.) síntese de Gabriel

gadding (VET.) excitação por picada de mosca-do-gado

gad-fly (VET.) mosca-do-gado; estro; berne (género Hipoderma)

Gadiformes (ZOO.) Gadiformes

gadoleic acid (MED.; QUÍM.) ácido gadoleico

gadolinite (MINER.) gadolinite

gadolinium (QUÍM.) gadolínio

Gaede diffusion pump (QUÍM.) bomba de difusão de Gaede

Gaede molecular pump (QUÍM.) bomba molecular de Gaede

gag (MED.) fazer esforço para vomitar; evitar a fala; «abre-boca» (instrumento)

gagger (MEC.) atiçador

gagging reflex (MED.) reflexo de vómito

gaging station (ECO.) estação de medição

gahnite (MINER.) ganite

Gaia (ECO.) Gaia; a Terra

Gaian hypothesis (ECO.) hipótese de Gaia

gain (ELECT.; TELECOM.) ganho

gain-bandwidth product (TELECOM.) produto de ganho de largura de faixa

gain control (TELECOM.) controlo de ganho

gain-crossover frequency (TELECOM.) frequência de ganho de transmissão

gain factor (TELECOM.) factor de ganho

gain frequency (TELECOM.) frequência de ganho

gaining stream (ECO.) rio principal

gain ripple (TELECOM.) ondulação de ganho

gait (MED.) marcha

gal (GERAL) abr. de *gallon* — galão; V. *gallon*

Gal (QUÍM.) abr. de *galactose* — galactose

galactan (QUÍM.) galactana

galactaric acid (QUÍM.) ácido galactárico

galactic circle (ASTRO.) círculo galáctico

galactic cluster (ASTRO.) aglomerado galáctico

galactic coordinate (ASTRO.) coordenada galáctica

galactic halo (ASTRO.) halo galáctico

galactic noise (ASTRO.) ruído galáctico

galactic plane (ASTRO.) plano galáctico

galactic rotation (ASTRO.) rotação galáctica

galactidrosis (MED.) galactidrose

galactoblast (ZOO.) galactoblasto

galactobolic (ZOO.) galactobólico

galactocele (MED.) galactocele; galactocelo

galactogen (MED.) galactogénio

galactogog(ue) (MED.) galactogogo; galactopoético

galactokinase (MED.) galactocinase

galactolipid (MED.) galactolípido

galactolipin (MED.) galactolipina

galactophore (MED.) galactóforo

galactophoritis (MED.) galactoforite

galactophorous (MED.) galactóforo

galactopoiesis (MED.) galactopoese

galactorrhoea; galactorrhea (MED.) galactorreia

galactosaemia (MED.) galactosemia

galactoschesia; galactoschesis (MED.) galacosquesia; galactostasia; galactisquia

galactose (QUÍM.) galactose

galactosemia (BIO.; MED.) galactossémia

galactosis (ZOO.) galactose

galactosuria (MED.) galactosúria

galactotoxin (MED.) galactotóxina

galactowaldenase (MED.) galactowaldenase

galactozymase (MED.) galactozimase

galactrophic; galactropic (MED.) galactrópico

galacturia (MED.) galactúria

galalith (MED.) galalito

galaxite (MINER.) galaxita

Galaxy (ASTRO.) Galáxia

gale (METEO.) vento muito forte

galea (MED:) calote

galena (MINER.) galena

galenicals (MED.) galénicos

galet (E.CIV.) lasca; fragmento

Galilean oculars (FÍS.) ocular de Galileu

Galilean transformation (FÍS.) transformação de Galileu; transformação galileana

gall (BOT.) galha

gall (MED.) bílis

gall (VET.) escoriação

gall blader (ZOO.) vesícula biliar

gallery (GERAL) galeria

gallery forest (ECO.) floresta periférica

gallery furnace (MEC.) fornalha de galeria

galley (IMP.) galé

galley press (IMPR.) prensa de graneis

galley proof (IMPR.) prova de graneis

galley rack (IMPR.) cavalete de graneis

gallic acid (QUÍM.) ácido gálico

gallicin (QUÍM.) galicina; metilgalato

Galliformes (ZOO.) Galiformes

gallium (QUÍM.) gálium

gallium arsenide (QUÍM.) arsenieto de gálio

gallium arsenide transistor (ELECTRÓN.) transístor de Gálio-Arsénio

gallon (GERAL) galão; abr. «gal»; (unidade de volume: *US gal* = galão americano = 3,78542 l e *UK gal* ou *Imperial gallon* — galão inglês ou galão imperial = 4,54596 l)

gallop rhythm (MED.) ritmo de galope; ritmo acelerado

Galloway boiler (MEC.) caldeira de Galloway

Galloway tubes (MEC.) tubos de Galloway

gall-sickness (VET.) anaplasmose

gallstone (MED.) cálculo biliar; colélito

galvanic anode (ELECT.) ânodo galvânico

galvanic cell (QUÍM.) elemento galvânico

galvanic corrosion (ELECT.) corrosão galvânica

galvanic coupling (ELECT.) acoplamento galvânico

galvanic current (ELECT.; MED.) corrente galvânica

galvanic series (ELECT.) série galvânica

galvanized iron (E.CIV.) ferro galvanizado

galvanizing (MEC.) galvanização

galvanoluminescence (ELECT.) galvanoluminescência

galvanomagnetic effect (ELECT.) efeito galvanomagnético

galvanometer (ELECT.) galvanómetro

galvanometer constant (ELECT.) constante de galvanómetro; constante galvanométrica

galvanometer shunt (ELECT.) derivação galvanométrica

galvanoscope (ELECT.) galvanoscópio

galvanotaxis (ZOO.) galvanotaxia

galvanotropism (ELEC.) galvanotropismo

gam-; gamo- (GERAL) gam-; gamo-; do grego *gamos* — união

gambrel roof (E.CIV.) telhado de duas águas quebradas

game cropping (ECO.) criação de caça

games paddle (INF.) pesquisador de jogos

gametangium (BOT.) gametângio

gamete (BIO.) gâmeta

game theory (GERAL) teoria dos jogos

gametocide (BIO.) gameticida

gametocyte (BIO.) gametócito

gametogenesis (BIO.) gametogénese

gametogony (BIO.) gametogonia

gametoid (BIO.) gametóide

gametokinetic (BIO.) gametocinética

gametophagy (BIO.) gametofagia

gametophore (BIO.) gametóforo

gametophyte (BIO.) gametófito

gamic (BIO.) gâmico

gamma (GERAL) gama

gamma-absorption gauge (FÍS.) calibrador de absorção gama

gamma activity (NUCL.) actividade gama

gamma-amino butyric acid (MED.) ácido gama-aminobutírico

gamma-benzene hexachloride (QUÍM.) hexacloreto de gama-benzeno

gamma BHC (QUÍM.) «Gammexane» (nome comercial); lindane; hexacloreto de gama-benzeno

gamma bombardment (NUCL.) bombardeamento gama

gamma brass (MEC.) latão gama

gamma camera (RADIOL.) câmara gama; câmara de cintilação

gamma chain (BIO.) cadeia gama; sequência gama

gamma correction (T.IMAG.) correcção gama

gamma counter (ELECTRÓN.; NUCL.) contador de radiação gama

gamma detector (NUCL.; RADIOL.) detector de radiação gama

gamma dosimeter (NUCL.) dosímetro de radiação gama

gamma emitting (NUCL.) emissão de raios gama; emissão de partículas gama

gamma ferric oxide (GERAL) óxido de ferro gama

gamma field (NUCL.) campo gama

gamma fission (NUCL.) fissão gama

gamma function reaction (NUCL.) reacção de fissão gama

gamma gauge (FÍS.) calibrador gama

gamma globulin (IMUN.) gamaglobulina

gamma gun (NUCL.) canhão de radiação gama

gamma infinity (T.IMAG.) infinito gama; gama infinito

gamma intensity (NUCL.) intensidade gama

gamma interferon (BIO.) interferão gama

gamma iron (MEC.) ferro gama

gamma irradiation (NUCL.) irradiação gama

gamma measuring (NUCL.) medição gama

gamma-n (NUCL.) gama-n

gamma-n reaction (NUCL.) reacção gama-n

gamma particle (NUCL.) partícula gama

gamma photometer (NUCL.) fotómetro gama

gamma photometry (NUCL.) fotometria gama

gamma photon (NUCL.) fotão gama

gamma radiation (NUCL.) radiação gama

gamma-ray (FÍS. NUCL.) raio gama

gamma-ray astronomy (ASTRO.) Astronomia de raios gama

gamma-ray capsule (NUCL.) cápsula de raios gama

gamma-ray density (NUCL.) densidade de raios gama

gamma-ray density control (NUCL.) controlo de densidade a/de raios gama

gamma-ray energy (NUCL.) energia de raios gama

gamma-ray inspection (NUCL.) inspecção a raios gama

gamma-ray photon (FÍS.) fotão de raios gama

gamma-ray sensitivity (NUCL) sensibilidade de raios gama

gamma-ray source (FÍS.; RADIOL.; NUCL.) fonte de raios gama

gamma-ray spectrometer (NUCL.) espectrómetro de raios gama

gamma-ray spectrometry (FÍS.) espectometria de raios gama

gamma-ray spectrum (FÍS.) espectro de raios gama

gamma scanning (FÍS.) exploração gama

gamma scintillation (NUCL.) cintilação gama

gamma scintillation photometry (NUCL.) fotometria de cintilação gama

gamma shield (NUCL.) blindagem gama; blindagem contra raios gama

gamma uranium (NUCL.) urânio gama

Gammexane (QUÍM.) «Gammexane» (MC; v. *gama-BHC*)

gamo-; gam- (GERAL) gamo-; do grego *gamos* — união

gamocyte (ZOO.) gamócito

gamone (BOT.) gamona

gamopethalous (BOT.) gamopétalo

gamophyllous (BOT.) gamófilo

Gamow barrier radius (FÍS.) raio de barreira de Gamow

Gamow-Teller selection rules (FÍS.) regras de selecção de Gamow-Teller

gamut (FÍS.) gama; escala

gang (ELECT.) tandem; acoplamento múltiplo

gang (MEC.) conjunto de máquinas; conjunto de ferramentas

gang (MINAS) ganga

gang capacitor (ELECT.) condensador tandem; condensador múltiplo com comando único

ganging (ELECT.) agrupamento múltiplo; agrupamento conjugado; acoplamento mecânico

ganging oscilator (ELECT.) oscilador conjugado

ganglion (MED.; ZOO.) gânglio

ganglionectomy; gangliectomy (MED.) ganglioectomia

ganglioneuroma (MED.) ganglioneuroma; gangioma; neuroma verdadeiro

ganglioneuromatosis (MED.) ganglioneuromatose

ganglionic (MED.) ganglionar

ganglion impar (ZOO.) gânglio ímpar

ganglionitis (MED.) ganglionite

ganglioside (BIO.) gangliosídeo

gang milling (MEC.) fresamento múltiplo

gang mould (E.CIV.) molde múltiplo; molde congregado

gangosa (MED.) fanhosa (voz); rinofaringite mutilante

gang punch (INF.) perfurador múltiplo; perfuração múltipla; perfuradora de grupo

gangrene (MED.) gangrena

gangrenous coryza (VET.) febre catarral maligna; epiteliose bovina

gang saw (MEC.) serra múltipla; serra conjugada

gang switch (ELECT.) chave conjugada; chave de onda

gang tool (MEC.) porta-ferramentas múltiplo

gang tuner (ELECT.) sintonizador em tandem

gangue (MEC.) ganga

gangway (E.CIV.) passadiço

gangway (MINAS) galeria

ganoid (ZOO.) ganóide

ganoin (ZOO.) ganoína

gantry (E.CIV.) guindaste rolante; guindaste de cavalete

gantry (ESP.) ponte; pórtico; guindaste móvel (para colocação de ogiva em foguete)

Gantt chart (MEC.) gráfico de Gantt

Ganymede (ASTRO.) Ganimedes (3º satélite de Júpiter)

gap (ELECT.) distância; entreferro; intervalo

gap (GERAL) espaço: intervalo; vazio

gap admittance (ELECT.) admitância de intervalo

GAPAN (AERO.) abr. de *Guild of Air Pilots And Navigators* — Associação dos Pilotos e Navegadores Aéreos

gap arrester (ELECT.) pára-raios com entreferro múltiplo

gap character (INF.) carácter de intervalo

gap coding (ELECTRÓN.) codificação por intervalos

gap dynamics (ECO.) dinâmica de colonização

gape (GERAL) abertura

gapes (VET.) singamose; gosma

gap factor (ELECT.) factor de intervalo

gap filler (AERO.) radar interlobular; cobridora de intervalos (antena auxiliar)

gap genes (BIO.) genes lacunares

gap junction (BIO.) junção de intervalo

gap lathe (MEC.) torno de bancada; torno de pedal

gap length (FÍS.) comprimento de intervalo

gap mutants (BIO.) mutantes lacunares

gap phase (ECO.) fase de colonização

gap wind (ARQ.) fresta; frestão

garboard strake (NAV.) tábua de revestimento externo

garden city (ARQ.) cidade-jardim

gargoyle (ARQ.; E.CIV.) gárgula

gargoylism (MED.) síndroma de Hurler; disostose múltipla; lipocondrodistrofia

garigue (ECO.) mato mediterrânico

garnet (MINER.) granada

garneting (E.CIV.) incrustação

garnet paper (E.CIV.) papel granada (lixa)

garnierite (MINER.) garnierite

garnish bolt (E.CIV.) parafuso de guarnição

GARP (GEO.) abr. de *Global Atmospheric Research Program* — Programa Global de Investigação da Atmosfera

garret (ARQ.) torre de vigia

garret (E.CIV.) água furtada

garreting (E.CIV.) incrustação

garret window (E.CIV.) janela de água furtada

garter spring (MEC.) mola de liga

garth (ARQ.) pátio; jardim (de mosteiro)

gas (GERAL) gás

gas amplification (FÍS.) amplificação de gás

gas analysis (QUÍM.) análise de gás

gas-and-pressure-air burner (MEC.) queimador de gás e pressão de ar

gas-bag (AERO.) balão de gás; célula de gás

gas bearing formation (MINAS) formação com gás

gas cap (MINAS) gás de cobertura

gas carbon (QUÍM.) carvão de retorta

gas carburizing (MEC.) carburação por gás

gas cell (QUÍM.) célula de gás

gas chromatography (QUÍM.) cromatografia gasosa

gas coal (QUÍM.) carvão betuminoso; hulha gorda

gas colic (VET.) cólica de gás

gas concrete (E.CIV.) betão resistente a gás

gas constant (FÍS.) constante dos gases

gas-cooled reactor (NUCL.) reactor refrigerado a gás

gas core nuclear fission (NUCL.) fissão nuclear de núcleos de gás

gas counter (ELECT.) contador de gás

gas counting (NUCL.) contagem de gás; contagem de fluxo de gás

gas cut mud (MINAS) lama com algum gás; gás emulsionado na lama

gas cut salt water (MINAS) água salgada com algum gás

gas cut water (MINAS) gás emulsionado na água

gas detector (MINAS) detector de gás

gas discharge (ELECTRÓN.) descarga gasosa

gas-discharge lamp (FÍS.) lâmpada de descarga de gás

gas-discharge tube (ELECTRÓN.) tubo de descarga de gás

gas drain (MINAS) dreno de gás

gas drilling (MINAS) perfuração a gás

gas electrode (FÍS.) eléctrodo a gás

gas engine (AUTO.) motor a gás; motor de combustão interna; motor a gasolina

gaseous diffusion (NUCL.) difusão gasosa

gaseous diffusion enrichment (FÍS.) enriquecimento de difusão gasosa

gaseous discharge (FÍS.) descarga gasosa

gaseous exchange (BIO.) troca gasosa

gas equation (FÍS.) equação dos gases

gas equation of state (FÍS.) equação do estado dos gases

gas evolution (MEC.) evolução de gás

gas exchange (BOT.) troca gasosa

gas-filled cable (TELECOM.) cabo com enchimento de gás

gas-filled filament lamp (ELECT.) lâmpada incandescente de gás

gas-filled photocell (ELECTRÓN.) fotocélula de gás

gas-filled radiation-counter tube (ELECTRÓN.) tubo de gás contador de radiações

gas-filled relay (ELECTRÓN.) relé de tubo de gás

gas flow (MINAS) fluxo de gás

gas-flow counter (NUCL.) contador de corrente de gás; contador de fluxo de gás

gas gangrene (MED.) gangrena gasosa

gas generator (GERAL) gerador de gás

gas gland (ZOO.) glândula de gás

gas governor (MEC.) regulador de gás

gas-impregnated cable (TELECOM.) cabo com enchimento de gás

gas injection (MINAS) injecção de gás

gasket (MEC.) junta; vedação; calafetagem

gasket; gaskin (E.CIV.) vedação; empanque; rolha

gas laws (FÍS.) leis dos gases

gas lift (MINAS) elevador de petróleo

gas lime (QUÍM.) cal gasosa

gas-liquid chromatography (QUÍM.) cromatografia gás-líquido

gas mantle (MEC.) manto de gás

gas maser (ELECTRÓN.) maser de gás; amplificação de microonda por emissão estimulada de radiação de gás

gas mask (QUÍM.) máscara de gás

gasohol (BIO.) gasool

gasoline engine (MEC.) motor a gasolina

gas-pipe tong (MEC.) tenaz de cano de gás

gas plasma display (T.IMAG.) ecrã de plasma

gas plier (MEC.) alicate para gás

gas-pressure cable (ELECT.) cabo de pressão de gás

gas-pressure regulator (ELECT.) regulador de pressão de gás

gas producer (AERO.) gerador de gás; gerador; turbo-compressor

gas pump (AUTO.) bomba de gasolina

gas pump (MEC.) bomba de gás

gas regulator (MEC.) regulador de gás

gas scrubber (QUÍM.) depurador de gás; purificador de gás

gas separator (MINAS) separador de gás

gasserectomy (MED.) gasserectomia; retirada do gânglio de Gasser

Gasserian ganglion (ZOO.) gânglio de Gasser

gas show (GEO.) indício de gás

gassing (AERO.) enchimento

gassing (GERAL) gaseificação; gasificação

gassing of copper (MEC.) gasificação do cobre

gas sweetening (MINAS) gás doce

gas tar (QUÍM.) alcatrão de gás

gas temperature (AERO.) temperatura do gás

gaster (ZOO.) estômago

gaster-; gastr-; gastro- (GERAL) gaster-, gastr-, gastro-; formas combinantes do grego *gaster* — estômago

Gasteromycetes (BOT.) Gasteromicetos

gas thread (MEC.) rosca de gás

gas transport (ZOO.) transporte de gás

gastrectomy (MED.) gastrectomia

gastric (ZOO.) gástrico

gastric juice (MED.) suco gástrico

gastrin (MED.) gastrina

gastritis (MED.) gastrite

gastroacephalus (MED.) gastroacéfalo

gastroalbuminorrhea (MED.) gastroalbuminorreia

gastroamorphus (MED.) gastroamorfo

gastroanastomosis (MED.) gastroanastomose

gastrocardiac (MED.) gastrocardíaco

gastrocele (MED.) gastrocele

gastrocentrous (ZOO.) gastrocêntrico

gastrocnemius (ZOO.) gastrocnémio (músculo)

gastrocoel (ZOO.) intestino primitivo; arquêntero

gastrocolic (MED.) gastrocólico

gastrocolitis (MED.) gastrocolite

gastrocoloptosis (MED.) gastrocoloptose

gastrocolostomy (MED.) gastrocolostomia

gastrocolotomy (MED.) gastrocolotomia

gastrodialysis (MED.) gastrodiálise

gastrodiaphane (MED.) gastrodiáfano (instrumento)

gastroduodenal (MED.) gastroduodenal

gastroduodenitis (MED.) gastroduodenite

gastroduodenostomy (MED.) gastroduodenostomia

gastro-enteritis (MED.) gastrenterite; gastro-enterite

gastroenterostomy (MED.) gastrenterostomia; gastro-enterostomia

gastroepiploic (MED.) gastroepiplóico

gastrogastrostomy (MED.) gastrogastrostomia; gastroanastomose

gastrojejunal (MED.) gastrojejunal

gastrojejunostomy (MED.) gastrojejunostomia

gastrolienal (MED.) gastroplénico

gastrolith (GEO.) gastrólito

gastromyotomy (MED.) gastromiotomia

gastropexy (MED.) gastropexia

Gastropoda (ZOO.) Gastrópodos

gastroptosis (MED.) gastroptose

gastroscope (MED.) gastroscópio

gastrotaxis (MED.) gastrotaxe

gastrotomia (MED.) gastrotomia

Gastrotricha (ZOO.) Gasterótricos; Gastrótricos

gastrovascular (ZOO.) gastrovascular

gastrula (ZOO.) gástrula

gastrulation (ZOO.) gastrulação

gas tube (FÍS.) tubo de gás

gas turbine (MEC.) turbina de gás

gas vacuole (BOT.) vacúolo gasoso

gas water contact (MINAS) contacto gás/água

gas welding (MEC.) soldadura a gás

gas well (MINAS) poço de gás

gate (ELECTRÓN.) porta; elemento de controlo; gatilho

gate (GEO.) estreito

gate (GERAL) porta; portão; porta

gate (HIDRO.) comporta; porta

gate (INF.) porta; circuito lógico

gate (MEC.) gito; entrada de coada (em fundição)

gate (T.IMAG.) janela

gate array (ELECTRÓN.) conjunto porta; sistema porta

gate-beam pulse (ELECTRÓN.) impulso de passagem

gate-beam tube (ELECTRÓN.) tubo de válvula de passagem

gate by-pass switch (ELECT.) interruptor de passagem de porta; comutador de passagem de porta

gate-chamber (HIDRO.) câmara de comporta

gate circuit (ELECT.) circuito de porta

gate circuit analysis (ELECTRÓN.) análise de circuito de portas

gate coincidence (INF.) coincidência de porta

gate control block (INF.) bloco de controlo de porta; bloco de controlo de entrada

gate current (ELECT.) corrente de porta

gated-beam tube (ELECTRÓN.) tubo de feixe controlado

gate detector (ELECTRÓN.) detector de porta

gate generator (ELECT.) gerador de porta

gate hoist (HIDRO.) guindaste de comporta; elevador de comporta

gate non trigger current (ELECT.) corrente de porta sem comutação

gate operator (ELECT.) operador de porta

gate pulse (INF.) impulso de porta; controlo de entrada

gate terminal (ELECT.) terminal de porta

gate-trigger diode (ELECT.) diodo de disparo

gate valve (MEC.) válvula de descarga; válvula corrediça

gate voltage (ELECT.) voltagem de porta; tensão de porta

gateway (INF.) porta; portão (em rede de telecomunicações)

gate winding (ELECT.) enrolamento de porta

gather (INF.) acumular

gathering drift (MINAS) linha colectora; tubulação colectora

gathering motor (MINAS) motor de distribuição

gathering pit (MINAS) poço colector; fosso colector

gathering pump (MINAS) bomba secundária

gathering station (MINAS) estação colectora; plataforma colectora

gating (FÍS.) bloqueio de fluxo de electrões

gating (MEC.) canais; gitos (em fundição)

gating (RADAR) selecção de sinais

Gattermann reaction (QUÍM.) reacção de Gattermann

gauche (QUÍM.) oblíquo; não plano; assimétrico

Gaucher disease (MED.) doença de Gaucher; cerebrosidose; lipidose cerebrosídica

gauge (GERAL) calibrador; bitola; gabarito; manómetro

gauge bosons (FÍS.) bosões gauge

gauge box (E.CIV.) caixa de fornada; caixa de medida

gauge cock (MEC.) torneira de manómetro; torneira de regulação

gauge datum (HIDRO.) cota zero de escala

gauge float (E.CIV.) bóia de calibre

gauge glass (E.CIV.) indicador de nível

gauge number (MEC.) número de escala; número de calibre

gauge pressure (MEC.) pressão manométrica

gauge theory (FÍS.) teoria gauge

gauging-board (E.CIV.) plataforma de mistura

Gause's principle (ECO.) princípio de Gause

Gauss' convergence test (MAT.) teste de convergência de Gauss

Gauss' differential equation (MAT.) equação diferencial de Gauss

gauss [G] (GERAL) gauss (G)

Gauss eyepiece (FÍS.) ocular de Gauss

Gaussian complex integers (MAT.) complexos integrais de Gauss

Gaussian constant (MAT.) constante de Gauss

Gaussian curvature (MAT.) curvatura de Gauss

Gaussian distribution (EST.) distribuição gaussiana

Gaussian error (MAT.) erro de Gauss

Gaussian gravitation constant (FÍS.) constante de gravitação de Gauss

Gaussian logarithms (MAT.) logaritmos de Gauss; logaritmos gaussianos

Gaussian noise (FÍS.) ruído gaussiano; ruído fortuito

Gaussian optics (FÍS.) Óptica gaussiana

Gaussian points (FÍS.) pontos de Gauss; pontos gaussianos

Gaussian process (FÍS.) processo de Gauss

Gaussian pulse (FÍS.) impulso gaussiano

Gaussian reduction (FÍS.) redução gaussiana

Gaussian response (FÍS.) resposta gaussiana

Gaussian system (FÍS.) sistema gaussiano; sistema de Gauss

Gaussian units (FÍS.) unidades gaussianas

Gaussian well (FÍS.) poço gaussiano

Gaussian white noise (FÍS.) ruído branco gaussiano

Gauss' laws of electrostatics (ELECT.) leis de Gauss da electrostática

gaussmeter (ELECT.) gaussímetro; aparelho de Gauss

gauze (TÊXT.) gaze

gavage (VET.) gavagem

gavel (E.CIV.) malhete; malho; martelo de pau

gavelock (E.CIV.) alavanca de ferro

Gay-Lussac's alcohometer (FÍS.) alcoómetro de Gay-Lussac

Gay-Lussac's barometer (FÍS.) barómetro de Gay-Lussac

Gay-Lussac's hydrometer (FÍS.) hidrómetro de Gay-Lussac

Gay-Lussac's law (FÍS.) lei de Gay-Lussac; lei da combinação de volumes

Gay-Lussac's tower (FÍS.) torre de Gay-Lussac

gay-lussite (MINER.) gaylussite

gazebo (ARQ.) mirante

gbps (GERAL) abr. de gigabyte per second — gigabytes por segundo, gigaoctetos por segundo

Gbyte (GERAL) gigabyte; gigaocteto

GCA (AERO.; RADAR) abr. de Ground Controlled Approach — aproximação controlada do solo

GCB (INF.) abr. de Gate Control Block — bloco de controlo de porta (entrada)

GCD (INF.) abr. de Greatest Common Divisor — máximo divisor comum

GCI (AERO.; RADAR) abr. de Ground Controlled Interception — intercepção controlada do solo

GCM (MINAS) abr. de Gas Cut Mud — gás emulsionado na lama

GCR (INF.) abr. de Group Code Record — registo de código de grupo

GCR (MINAS) abr. de Gas Condensate Ratio — razão gás/condensado

G cramp (E.Civ.) gancho em G; gato em G

GCW (Minas) abr. de *Gas Cut Water* — gás emulsionado na água

Gd (Quím.) símbolo químico de *gandolínium* — gandolínio

GDG (Inf.) abr. de *Generation Data Group* — grupo de dados da mesma geração

GDP (Med.) abr. de *Guanosine 5'-Diphosphate* — 5'-difosfato de adenosina

Ge (Quím.) síbolo químico de *germanium* — germânio

geanticline (Geo.) geoanticlinal; anticlinorium

gear (Geral) engrenagem; mecanismo

gear-box (Mec.) caixa de transmissão; caixa de engrenagem

gear cluster (Mec.) conjunto de engrenagens

gear cutter (Mec.) fresa de engrenagem

geared locomotive (Elect.) locomotiva a engrenagem

geared turbo-generator (Elect.) turbo-gerador a engrenagem

gearing (Mec.) engrenagem; mecanismo de comando

gearing-down (Mec.) desmultiplicação de velocidade; redução de velocidade

gearing-up (Mec.) multiplicação de velocidade; aumento de velocidade

gearless locomotive (Elect.) locomotiva de tracção directa; locomotiva sem engrenagem

gearless motor (Elect.) motor de tracção directa; motor sem engrenagem

gear lever (Mec.) alavanca de manobra; alavanca de mudanças; alavanca de engrenagem

gear marks (Impr.) marcas de engrenagem

gear train (Mec.) trem de engrenagens; conjunto de engrenagens

gear-wheel (Mec.) roda de engrenagem; roda dentada

gedrite (Miner.) gedrite

gegenschein (Astro.) «gegenschein» (termo alemão); luz anti-solar

gehlenite (Miner.) gehlenita; velardenhita

Geiger characteristic (Fís.) característica (de) Geiger

Geiger counter (Fís.) contador Geiger

Geiger-Muller counter (Fís.) contador Geiger-Muller

Geiger-Muller tube (Nucl.) tubo Geiger-Muller

Geiger-Nuttall relationship (Fís.) relação Geiger-Nuttall

Geiger region (Nucl.) região Geiger

Geiger threshold (Nucl.) limite (de) Geiger; limiar (de) Geiger

Geissler pump (Quím.) bomba de Geissler

Geissler tube (Elect.) tubo (de) Geissler

geitonogamy (Bot.) geitonogamia

gel (Geral) gel

gelasmus (Med.) gelasmo; riso espasmódico; riso histérico

gelatin(e) (Geral) gelatina

gelatin filter (T.Imag.) filtro de gelatina

gelation (Plást.) congelação

gel diffusion test (Imun.) teste de difusão de gel

gel electrophoresis (Bio.; Quím.) electroforese de gel

gel filtration (Bio.; Quím.) filtração por gel

gelifraction (Geo.) fracturação pelo gelo

gelignite (Minas; Quím.) gelinhite

gelivation (Geo.) fracturação pelo gelo

gelose (Med.) gelose

gelosis (Med.) gelose; gelosa

gemete window (Arq.) janela geminada

gem gravel (Geo.) cascalho de gema

geminate (Eco.) geminado

gemma (Bot.) gema; rebento

gemma (Zoo.) gema

gemmation (Bot.) gemação; brotamento

gemmiferous (Zoo.) gemífero

gemmiparous (Zoo.) gemíparo

gemmule (Bot.) gémula

gen-; geno- (Geral) geno-; forma combinante do grego *genos* — nascimento, formação; utilizada como sufixo ou prefixo, em Química e, como sufixo, indicando «precursor de»

gena (Med.; Vet.) bochecha; lado da face

genal (Med.) relativo à face

gender (Med.) género; sexo; o sexo anatómico de um indivíduo

gender identity (Psico.) identidade de género

gender role (Psico.) papel do género

gene (Bio.) gene

genealogy (Bot.; Zoo.) genealogia

gene bank (Bot.) banco de genes

gene cloning (Bio.) clonagem de genes

gene codominant (Bio.) gene codominante

genecology (Eco.) genoecologia; genecologia

gene diversity (Eco.) diversidade genética

gene dominant (Bio.) gene dominante

gene dosage (Bio.) dosagem de genes

gene duplication (Bio.) duplicação de genes; replicação de genes

gene families (Bio.) famílias de genes

gene flow (Eco.) fluxo genético

gene-for-gene co-evolution [GFG coevolution] (Eco.) coevolução genética

gene-for-gene concept (Bot.) conceito gene-a-gene

gene frequency (Bio.) frequência de genes

gene induction (Bio.) indução da transcrição genética

gene library (Eco.) biblioteca de genes; banco de genes

gene mapping (Bio.) carta genética

gene number (Bio.) número genético

gene pool (Eco.) conjunto dos genes

general-adaptation syndrome [GAS] (Eco.) síndroma de adaptação geral

general aviation (Aero.) Aviação geral

general circulation (Geo.) circulação geral

general integral (Mat.) integral geral

generalist (Eco.) generalista

generalization (Psico.) generalização

generalized anxiety disorder (Psico.) distúrbio de ansiedade generalizada

general lighting (Elect.) iluminação geral

general packet radio system [GPRS] (Telecom.) sistema genérico de pacotes via rádio

general paresis (Med.) paresia geral

general-purpose interface bus [GPIB] (Inf.) barramento de interface genérico; barramento HP de interface genérico; barramento IEEE-488

general-purpose port (Inf.) porto genérico

general sexual disfunction (Psico.) disfunção sexual geral

general theory of relativity (Fís.) teoria geral da relatividade

generating circle (Mec.) círculo gerador

generating function (Mat.) função geradora

generating line (Mec.) linha geradora; geratriz

generating set (Elect.) conjunto gerador; grupo electrogénio

generating station (Elect.) estação geradora

generation (Bio.) geração

generation rate (Elect.) taxa de geração

generation time (Fís.) tempo de geração

generative cell (Bot.) célula geradora

generator (Elect.) gerador; dínamo

generator armature (Mec.) induzido do gerador

generator assembly (Mec.) conjunto gerador; gerador completo

generator brush (Mec.) escova do gerador; escova do dínamo

generator code (Electrón.) gerador de código

generator drive (Mec.) accionamento do gerador; comando do gerador

generator efficiency (Elect.) eficiência de gerador

generator field (Elect.) campo do gerador (magnético)

generator-field control (Elect.) controlo de campo do gerador

generator idle gear (Elect.) engrenagem satélite do gerador

generator lead (Mec.) terminal de gerador

generator loop (Mec.) espira metálica do gerador

generator mounting pad (Mec.) almofada de montagem do gerador

generator output (Elect.; Mec.) capacidade efectiva do gerador; rendimento ou débito do gerador; saída do gerador

generator panel (Mec.) painel do gerador

generator potential (Zoo.) potencial de gerador

generator timing (MEC.) regulação do gerador

generator voltage (ELECT.; MEC.) voltagem do gerador

generatrix (MAT.) geratriz

gene recessive (BIO.) gene recessivo

gene sharing (ECO.) partilha de genes

genesis (BIO.) génese

gene splicing (BIO.) fusão de genes

gene substitution (ECO.) substituição de genes

genet (ECO.) genético

gene therapy (BIO.) terapia genética

genetically significant dose (RADIOL.) dose significativa geneticamente

genetic code (BIO.) código genético

genetic correlation (BIO.) correlação genética

genetic disease (BIO.; MED.) doença genética

genetic drift (BIO.) desvio genético; deriva genética

genetic engineering (BIO.) Engenharia genética

genetic equilibrium (BIO.) equilíbrio genético

genetic erosion (ECO.) erosão genética

genetic information (BIO.) informação genética

genetic load (ECO.) carga genética

genetic manipulation (BIO.) manipulação genética

genetic map (BIO.) mapa genético

genetic polymorphism (ECO.) polimorfismo genético

genetics (BIO.) Genética

genetic spiral (BOT.) espiral genética

genetic variance (BIO.) variância genética

genetotrophic (BIO.) genetotrófico

genial (MED.) mentoniano

genicular (ZOO.) genicular

geniculate (BOT.; ZOO.) geniculado

geniculate ganglion (ZOO.) gânglio geniculado

geniculum (MED.) genículo (estrutura angular semelhante a um nó)

genin (QUÍM.) genina

genioglossus (MED.) genioglosso

geniohyoid (MED.) genioideu; genioideo

geniohyoideus (MED.) genioideu

genion (MED.) mento; queixo

genioplasty (MED.) genioplastia

genistein (QUÍM.) genisteína

genistin (QUÍM.) genistina

genitalia; genitalis (ZOO.) genitália

genitality (PSICO.) genitalidade

genitals (MED.) genitais; orgãos genitais; orgãos reprodutores

genital stage (PSICO.) estádio genital

genitocrural (MED.) genitocrural

genito-urinary (MED.) geniturinário; genito-urinário

Gennari's band (MED.) faixa de Gennari

Gennari's fibre (MED.) fibra de Gennari

Gennari's line (MED.) estria de Gennari

genodermatology (MED.) genodermatologia

genodermatosis (MED.) genodermatose

genome (BIO.) genoma

genomic DNA (BIO.) ADN genómico

genomic library (BIO.) biblioteca genómica

genotype (BIO.) genótipo

genotypic adaptation (ECO.) adaptação do genotipo

gentianophil (MED.; QUÍM.) gencianófilo

gentianophobic (MED.; QUÍM.) gencianófobo

gentian violet (QUÍM.) violeta de genciana; cloreto de metilrosanilina; cristal violeta

gentiobiose (QUÍM.) genciobiose; amigdalose

gentisin (QUÍM.) gencianina; ácido genciânico; gentisina

genu (ZOO.) joelho; qualquer estrutura de forma angular que se assemelhe a um joelho

genu of corpus callosum (MED.) joelho do corpo caloso

genu recurvatum (MED.) joelho recurvado

genus (BIO.) género

genu valgum (MED.) joelho valgo; tíbia valga

genu varum (MED.) joelho varo; perna arqueada

genys (ZOO.) maxilar inferior

geo- (GERAL) geo-; do grego *ge* — terra, forma combinante relacionada com terra ou solo

geobiotic (ZOO.) geobiótico

geobotanical anomaly (ECO.) anomalia geobotânica

geobotanical exploration (GEO.) prospecção geobotânica

geobotanical indicator (MINAS) indicador geobotânico

geobotanical surveying (MINAS) levantamento geobotânico

geocarpic (ECO.) frutos subterrâneos

geocarpy (BOT.) geocarpia

geocentric (ASTRO.) geocêntrico

geocentric altitude (TOPO.) altitude geocêntrica

geocentric latitude (ASTRO.) latitude geocêntrica

geocentric parallax (ASTRO.) paralaxe geocêntrica

geochemical prospecting (MINAS) prospecção geoquímica

geochemistry (QUÍM.) Geoquímica

geochronology (GEO.) geocronologia

geochronometry (GEO.) geocronometria

geocline (ECO.) geocline

geode (GEO.; MINAS) geode

geodesic (MAT.) geodésica

geodesic structures (E.CIV.) estruturas geodésicas

geodesy (TOPO.) Geodesia

geodetic construction (AERO.) construção geodésica

geodetic surveying (TOPO.) levantamento geodésico

geo-electric section (GEO.) perfil geo-eléctrico

geognosy (GEO.) geognosia

geographical latitude (ASTRO.) latitude geográfica

geographical mile (GERAL) milha geográfica

geographical race (ZOO.) raça geográfica

geographic information system [GIS] (GERAL) sistema de informação geográfica (SIG)

geoid (TOPO.) geóide

geo-isotherm (METEO.) geoisotérmica

geological column (GEO.) coluna geológica

geological cycle (GEO.) ciclo geológico

geological epoch (GEO.) época geológica

geological period (GEO.) período geológico

geological stratum (GEO.) estrato geológico

geological survey (TOPO.) levantamento geológico

geological time (GEO.) tempo geológico; era geológica; período geológico

geologic time-scale (GEO.) escala de tempo geológico

geology (GEO.) Geologia

geomagnetic effect (FÍS.) efeito geomagnético

geomagnetic field (GEO.) campo geomagnético

geomagnetic latitude (ASTRO.) latitude geomagnética

geomagnetic polarity (GEO.) polaridade geomagnética

geomagnetics (FÍS.) Geomagnética

geometrical attenuation (FÍS.) atenuação geométrica

geometrical cross-section (FÍS.) secção transversal geométrica

geometrical isomerism (QUÍM.) isomerismo geométrico

geometrical optics (FÍS.) Óptica geométrica

geometrical stair (E.CIV.) escada geométrica; escada de leque

geometric capacitance (FÍS.) capacitância geométrica

geometric distortion (T.IMAG.) distorção geométrica

geometric distribution (GERAL) distribuição geométrica

geometric mean (MAT.) média geométrica

geometric series (GERAL) série geométrica

geometry (MAT.) Geometria

geometry factor (FÍS.) factor geométrico

geomorphology (GEO.) geomorfologia

geopathology (MED.) Geopatologia

geophagia (MED.) geofagia

geophagism (MED.) geofagismo

geophagist (MED.) geófago

geophagy (MED.) geofagia

geophilic (BOT.; ZOO.) geofílico

geophone (MINAS) geofone; sismógrafo

geophysical constant (GEO.) constante geofísica

geophysical prospecting (MINAS) prospecção geofísica

geophysical research (Minas) pesquisa geofísica
geophysical test (Minas) teste geofísico
geophysics (Geral) Geofísica
geophyte (Bot.) geófita
geopotential height (Meteo.) altitude potencial; elevação potencial
George (Aero.) «George» (denominação coloquial para piloto automático)
geostationary (Esp.) geoestacionário
geostationary orbit (Telecom.) órbita geoestacionária
geostrophic approximation (Meteo.) aproximação geostrófica
geostrophic current (Geo.) corrente geostrófica
geostrophic force (Meteo.) força geostrófica
geostrophic wind (Meteo.) vento geostrófico
geosynchronous (Topo.) geossíncrono; geossincrónico
geosyncline (Geo.) geossinclinal
geotaxis (Bio.) geotaxia
geotechnical process (E.Civ.) processo geotécnico
geotectonic (Geo.) geotectónico
geothermal gradient (Geo.) gradiente geotérmico
geothermal power (Geo.) poder geotérmico
geothermal survey (Geo.) levantamento geotérmico
geotragia (Med.) geotragia
geotropism (Bio.) geotropismo
geranial (Quím.) geranial; citral
geraniol (Quím.) geraniol
geriatrics (Med.) Geriatria
germ (Zoo.) germe
germacide (Bio.; Med.) germicida
germanium (Quím.) germânio
germanium diode (Electrón.) diodo de germânio
germanium radiation detector (Nucl.) detector de radiação de germânio
germanium rectifier (Elect.) rectificador de germânio
German lapis (Miner.) lápis-lazúli falso; pedra alemã
German measles (Med.) rubéola; roséola epidémica; sarampo alemão
German silver (Miner.) prata alemã; argentão
germ cell (Zoo.) célula germinativa
germinal aperture (Bot.) abertura germinal; pólo germinal
germinal cell (Zoo.) célula germinativa
germinal centre (Imun.) centro germinativo
germinal disk (Zoo.) disco germinativo
germinal epithelium (Zoo.) epitélio germinativo
germinal layer (Bot.; Zoo.) camada germinal
germinal pore (Bot.) poro germinal; abertura germinal
germination (Bot.) germinação
germ line (Bio.) linha germinativa

germ nucleus (Zoo.) núcleo germinativo
germ pore (Bot.) poro germinativo
germ tube (Bot.) tubo germinativo
gerontic (Zoo.) gerôntico
gerontology (Med.) gerontologia
gersdorffite (Miner.) gerdsdorfite (sulfoarsenieto de cobre e germânio)
gesso (E.Civ.) gesso
Gestalt (Psico.) Gestalt (termo alemão)
Gestalt therapy (Psico.) terapia Gestalt
gestation (Zoo.) gestação
get (Minas) tirar minério; arrancar minério
getter (Electrón.) absorvente metálico alcalino
gettering discharge (Electrón.) descarga de absorvente metálico
geyser (Geo.) geiser
geyser (E.Civ.) esquentador a gás
geyserite (Miner.) geiserite
GFG co-evolution (Eco.) coevolução genética
Gflop (Inf.) abr. de *Giga floating point operations per second* — Giga operações de vírgula flutuante por segundo
G-gas (Fís.) gás G (hélio e isobutano)
ghost (T.Imag.) imagem fantasma
ghost cancelling (Telecom.) eliminação de fantasmas
ghost cells (Bio.) células fantasmas; células desnucleadas
ghost crystal (Miner.) cristal secundário
ghost effect (Telecom.) efeito fantasma; imagem fantasma
ghost flare (Fís.) ponto luminoso espectral
ghost image (Telecom.) imagem fantasma
GHz (Geral) abr. de *Giga Hertz* —
giant (Minas) bocal; injector
giant cell (Zoo.) célula gigante
giant fibre (Zoo.) fibra gigante
giantism (Med.) gigantismo
giant powder (Minas) qualquer explosivo de grande potência
giant source (Med.) fonte gigante; fonte de grande potência radioactiva (como o cobalto)
giant star (Astro.) estrela gigante
giardisis (Med.) giardiíse; lamblíase
gib (Mec.) calço; cunha ajustável
Gibb's phenomenon (Telecom.) fenómeno de Gibb; fenómeno de sobreoscilação
gibberellic acid (Bot.) ácido giberélico
gibberellin (Bot.) giberelina
Gibbs' adsorption theorem (Quím.) teorema da adsorção de Gibbs
Gibbs-Duhem equation (Quím.) equação de Gibbs-Duhem
Gibbs' free energy (Quím.) energia livre de Gibbs
Gibbs-Helmholtz equation (Quím.) equação de Gibbs-Helmholtz
gibbsite (Miner.) gibsite; hidragilite
Gibbs-Konowalow rule (Quím.) regra de Gibbs-Konowalow
Gibbs' phase rule (Quím:) regra de fase de Gibbs

gib-heads key (Mec.) chaveta com cabeça
gibous (Astro.;Bot.) giboso
Gies' biuret reagent (Quím.) reagente de biureto de Gies
Giffard's injector (Mec.) injector de Giffard
giga- (Geral) giga-; do grego *gigas* — gigante; prefixo utilizado no sistema métrico que representa mil milhões de vezes a unidade
gigantism (Bot.; Med.) gigantismo
giganto- (Geral) giganto-; do grego *gigas, gigantos* — gigante, indicando gigantesco, imenso
gigantoblast (Med.) gingantoblasto
gigantomastia (Med.) gigantomastia; hipertrofia maciça da mama
gig stick (E.Civ.) barra de tensão
Gilbert-type delta (Eco.) delta do tipo Gilbert; delta lacustre
gilder's cushion (E.Civ.) almofada de dourador
gilder's knife (E.Civ.) faca de dourador; espátula de dourador
gilder's mop (E.Civ.) pincel de pressão de dourador
gilder's tip (E.Civ.) brocha de dourador
gilder's wheel (E.Civ.) roda de dourador
gilding (E.Civ.) douramento
gill (Aero.) aleta
gill (Bot.) lamela
gill (Zoo.) guelra; brânquia
gill arch (Zoo.) arco branquial
gill bars (Zoo.) raios branquiais
gill basket (Zoo.) bolsa branquial
gill book (Zoo.) brânquia lamelar
gill cleft (Zoo.) fenda branquial
gill cover (Zoo.) opérculo
gill pouch (Zoo.) bolsa branquial
gill raker (Zoo.) folheto branquial
gill rod (Zoo.) raio branquial
gills (Aero.) aletas
gill slits (Zoo.) fendas branquiais
gilsonite (Miner.) gilsonite; vintaíte
gimbal mount (Mec.) suspensão de cardan
gimbals; gymbals (Reloj.) balanceiros
gimmick (Elect.) pequeno condensador de fio duplo
gin (Mec.; Minas) sarilho; tripé
gingival (Med.) gengival
gingivectomy (Med.) gengivectomia
gingivitis (Med.) gengivite
gingivosis (Med.) gengivose
ginglymus (Zoo.) gínglimo; articulação em charneira
Ginkgoales (Bot.) Gincgoales
Giomus (Astro.) Giomus (asteróide descoberto em 1950)
Giorgi system (Fís.) sistema de Giorgi
Giotto (Astro.) Giotto (cratera de Mercúrio)
Giotto (Esp.) Giotto (sonda espacial europeia)
girder (Aero.) longarina
girder (Mec.) viga mestra
girderage (E.Civ.) vigamento
girder bridge (E.Civ.) ponte de vigas
girder dogs (E.Civ.) ganchos para içar vigas

girder iron (E.Civ.) ferro de vigas

girdle (Bot.) anel; cinta de incisão

girdle (Zoo.) cintura; cíngulo

girth (Bot.) circunferência; cintura

girth strip (E.Civ.) vigota de reforço

GIS (Geral) SIG

gismondine (Miner.) gismondina

give-and-take lines (Topo.) linhas de tolerância

gizzard (Zoo.) moela; proventrículo

glabrescent; glabrate (Bot.) glabrescente

glabrous (Bot.; Zoo.) glabro

glacial acetic acid (Quím.) ácido acético glacial

glacial action (Geo.) acção glacial

glacial breach (Geo.) desfiladeiro glacial

glacial deposits (Geo.) depósitos glaciais

glacial erosion (Geo.) erosão glacial

glacial gravel (Geo.) cascalho glacial

glacial headwall (Eco.) talude glaciar, frente do glaciar

glacial lake (Geo.) lago glacial

glacial limit (Eco.) limite glacial

glacial period (Geo.) período glacial

glacial phosphoric acid (Quím.) ácido fosfórico glacial

glacial sand (Geo.) areia glacial

glacial stage (Geo.) etapa glacial

glacial stream (Geo.) corrente glacial

glacial till (Geo.) morena glacial

glacial trough (Geo.) vale glacial

glaciation (Geo.) glaciação

glacier (Geo.) glaciar; geleira

glacier creep (Eco.) avanço do glaciar

glacier ice (Eco.) gelo do glaciar

glacier lake (Geo.) lago de glaciar

glacier wind (Geo.) vento glacial

glacifluvial (Eco.) glacifluvial

glacilacustrine (Eco.) glacilacustre

glaciology (Eco.) glaciologia

glaciomarine (Eco.) glaciomarinho

glacis (E.Civ.) aterro inclinado

Gladstone and Dale law (Fís.) lei de Gladstone e Dale

glair (Impr.) «cola» de albumina de ovo e vinagre (usada para folhear a ouro)

glance (Miner.) brilho

glancing angle (Fís.) ângulo oblíquo; ângulo complemento do ângulo de incidência

gland (Mec.) junta; coroa; bucha; colarinho

gland (Zoo.) glândula

gland bolts (Mec.) parafusos de apertar de estopa

gland cell (Zoo.) célula glandular

glanders (Med.) mormo

glandilemma (Med.) glandilema; a cápsula de uma glândula

glandula (Med.; Zoo.) glândula

glandular epithelium (Zoo.) epitélio glandular

glandular fever (Med.) febre glandular; mononucleose infecciosa

glandular tissue (Zoo.) tecido glandular

glans (Bot.) bolota; glande

glans penis (Zoo.) glande peniana

glare (Fís.) ofuscação

glarimeter (Papel) instrumento para medição do brilho de papel

glass (Geral) vidro

glass ambient technology (Electrón.) tecnologia do vidro-ambiente

glass block (Arq.; E.Civ.) bloco de vidro; tijolo de vidro

glass-box testing (Electrón.) teste da caixa de vidro; teste da caixa branca

glass-bulb rectifier (Elect.) rectificador de bolbo de vidro

glassed (E.Civ.) envidraçado; coberto de vidro

glass electrode (Geral) eléctrodo de vidro; sonda da pH

glass envelope tube (Electrón.) tubo electrónico de vidro; válvula electrónica de vidro

Glasser' disease (Vet.) doença de Glasser; foliculite infecciosa dos porcos

glass fibre; glass fiber (Têxt.) fibra de vidro

glass-fibre paper (Papel) papel de fibra de vidro

glass gilding (E.Civ.) douramento de vidro

glassification (Nucl.) vitrificação

glassine (Papel) glassina

glasspaper (Papel) lixa

glass tile (E.Civ.) telha de vidro

glass tube (Elect.) tubo de vidro; válvula de vidro

glass tube (Quím.) tubo de ensaio

glass wool (E.Civ.; Quím.) lã de vidro

glauberite (Miner.) glauberite

Glauber salt (Miner.) sal de Glauber; sulfato de sódio

glaucescent (Bot.) glaucescente

glaucoma (Med.) glaucoma

glauconite (Miner.) glauconite; glaucónia

glaucophane (Miner.) glaucófano

glaucous (Eco.) glauco

glaze (E.Civ.) esmalte; verniz; polimento; acetinado

glaze (Med.) embaciamento (dos olhos)

glaze (Meteo.) geada vidrada; neve gelada

glazed brick (E.Civ.) tijolo vidrado

glazed cotton (Têxt.) algodão mercerizado

glazed door (E.Civ.) porta envidraçada; porta de vidro

glazed earthware pipe (E.Civ.) tubo de argila envidraçada

glazed frost (Meteo.) temporal de chuva glacial; gelo claro

glazed imitation parchment (Papel) imitação de papel pergaminho

glazed morocco (Impr.) marroquim envernizado

glazier (E.Civ.) vidraceiro; vidreiro

glazier's chisel (E.Civ.) cinzel de vidraceiro

glazier's diamond (E.Civ.) diamante de vidraceiro; diamante de cortar vidro

glazier's putty (E.Civ.) massa de vidraceiro

glazing (E.Civ.; T.Imag.) enverniza-mento; acabamento brilhante

glazing bead (E.Civ.) ripa de vidraça; friso de vidraça

GLC (Med.) abr. de Gas-Liquid Chromatography — cromatografia líquida-gasosa

GLc (Quím.) símbolo dos radicais de glicose

GLcA (Quím.) símbolo do radical do ácido glicónico

GLcN (Quím.) símbolo químico do radical glicosamina

GLcNAc (Quím.) símbolo do radical N-acetil-glicoamina

GLcUA (Quím.) símbolo do radical do ácido glicocurónico

gleba (Bot.) gleba

gleet (Med.) corrimento

glenoid (Zoo.) glenóide

glenoid fossa (Zoo.) fossa glenóide; cavidade glenoidal

gley; glei soil (Bot.) solo argiloso

glia (Zoo.) nevróglia; glia

gliacyte (Med.) gliócito

gliadin (Bio.) gliadina (célula da nevróglia)

glial (Bio.) glial

glial cell (Bio.) célula glial

glibenclamide (Med.) glibenclamida

glide path (Aero.) trajectória de voo planado

glide path beacon (Aero.) baliza de voo planado; radiofarol de voo planado

glide path landing beam (Aero.) feixe de descida de voo planado

glider (Aero.) planador

glider endurance (Aero.) permanência no ar (do planador)

glider haulage (Aero.) reboque de planador

glider slope (Aero.) declive de descida (de planador)

glider with dead stick (Aero.) planeio com motor parado

gliding (Aero.) voo planado; planeio; voo em planador

gliding angle (Aero.) ângulo de planeio

gliding planes (Crist.) planos de escorregamento

glimmerite (Geo.) glimerite (rocha micácea, variedade de biotite)

glint (Radar.) cintilação

glioblastoma multiforme (Med.) gliobastoma multiforme

glioblastosis cerebri (Med.) glioblastose cerebral; astrocitose cerebral

glioma (Med.) glioma

gliomatosis (Med.) gliomatose

gliomyxoma (Med.) gliomixoma

glioneuroma (Med.) glioneuroma

gliosarcoma (Med.) gliossarcoma

gliosis (Med.) gliose

glissette (Mat.) curva de deslizamento

Gln (Quím.) símbolo de glutamina

Global Atmospheric Research Programme [GARP] (Geo.) Programa Global de Investigação da Atmosfera

Global Positioning System [GPS] (Geral) Sistema Global de Posicionamento

global register (Electrón.) registo intermédio genérico

global variable (Inf.) variável global
global warming (Eco.) aquecimento global
globe photometer (Fís.) fotómetro de esfera
globigerina ooze (Geo.) lodo de globigerinas; lodo globigerídeo
globin (Bio.) globina
globoid (Bot.) globóide
globose (Eco.) globoso
globular cementite (Mec.) cementite globular
globular cluster (Astro.) aglomerado globular
globular pearlite (Mec.) perlite globular
globule (Astro.) glóbulo
globus (Zoo.) bola; globo; esfera
globus hystericus (Med.) globo histérico; apopnixe
glochidiate (Bot.) com gloquídios
glomera carotica (Med.) glomérulos carotídeos; corpos carotídeos
glomerate (Bot.) aglomerado
glomerulinitis (Med.) glomerulite
glomerulonephritis (Med.) glomérulo-nefrite
glomerulus (Zoo.) glomérulo
glory (Meteo.) auréola
glory-hole (Mec.; Vidr.) abertura em forno de fundir vidro
glory-hole (Minas) tanque de decantação
gloss-; glosso- (Geral) gloss-; glosso-; do grego *glóssa* — língua
glossa (Zoo.) língua
glossectomy (Med.) glossectomia
glossitis (Med.) glossite
glossocele (Med.) glossocele
glossodynia (Med.) glossodinia
glossopharyngeal (Med.) glossofaríngeo
glossoplegia (Med.) glossoplegia
glossospasm (Med.) glossospasmo
gloss paint (E.Civ.) tinta brilhante
glottis (Zoo.) glote
Glover tower (Quím.) torre de Glover
glow discharge (Electrón.) descarga brilhante
glow lamp (Electrón.) lâmpada incandescente
glow plug (Aero.) vela de incandescência
glow potential (Electrón.) potencial de descarga incandescente; voltagem de luminescência
glow switch (Electrón.) interruptor de descarga luminescente
glow tube (Electrón.) tubo luminescente; lâmpada de néon
Glu (Quím.) abr. de: *glucose* — glicose, e de *glutamic acid* — ácido glutâmico
glucagon (Med.) glucagon; factor HG; factor hiperglicémico-glicogenilítico
glucans (Quím.) glicanos
gluco- (Geral) gluco-; V. *glyco*-
glucoamylase (Bio.) glucoamilase
glucocorticoid (Med.) glicocorticóide
gluconic acid (Quím.) ácido glucónico
glucophore (Quím.) glucóforo
glucoronic acid (Quím.) ácido glucorónico
glucoronide (Quím.) glicuronídio

glucose (Bio.; Quím.) glicose
glucose effect (Bio.) efeito glucose
glucose isomerase (Bio.) isomerase da glucose
glucose oxidase (Quím.) glicose-oxidase
glucose-6-phosphatase (Quím.) glicose-6-fosfatase
glucosidases (Quím.) glicosidases
glucoside (Quím.) glicósido
glucosone (Quím.) glicosona
glucosuria (Med.) glicosúria
glue (E.Civ.) grude; cola
glueline (Elect.) linha de colagem
glue sniffing (Med.) inalação dos vapores de colas plásticas
glume (Bot.) glume
glumitocin (Quím.) glumitocina
gluon (Fís.) gluão
glutamate (Quím.) glutamato
glutamic acid (Quím.) ácido glutâmico
glutamine (Quím.) glutamina
glutamine-rich domains (Bio.) domínios ricos em glutamina
glutaric acid (Quím.) ácido glutárico
glutathione (Quím.) glutationa
gluteal (Zoo.) glúteo
glutelin (Bot.; Quím.) glutelina
gluten (Bot.; Med.) glúten
glutenin (Quím.) glutelina
gluteus (Zoo.) glúteo
Gly (Quím.) símbolo de glicina (glicil)
glyceride (Quím.) glicérido
glycerine (Quím.) glicerina; glicerol
glycerine litharge cement (Quím.) cimento de glicerina e litargírio
glycerol (Quím.) glicerol; glicerina
glycerol-phthalic resins (Plást.) resinas gliceroftálicas
glyceryl trinitrate (Med.; Quím.) trinitrato de glicerina; trinitroglicerina
glycine (Quím.) glicina; ácido aminoacético
glyco- (Geral) glico-; do grego *glykys* — doce; forma combinante que indica relação com os glícidos em geral
glycocalyx (Bio.) glicocálice
glycocholate (Bio.) glicocolato
glycocholic acid (Med.; Quím.) ácido glicocólico
glycocin (Med.) glicocina; glicina
glycocyamine (Quím.) glicociamina
glycogelatin (Med.) glicogelatina; glicerogelatina
glycogen (Bot.) glicogénio
glycogenase (Quím.) glicogenase
glycogenesis (Quím.) glicogénese
glycogenosis (Quím.) glicogenose
glycol (Quím.) glicol
glycolipid (Bio.) glicolípido
glycolysis (Bio.) glicólise
glycon (Med.) glicão
glycopeptide (Bio.) glicopeptídeos
glycophyte (Bot.) glicófita
glycoprotein (Bio.) glicoproteína
glycosides (Quím.) glicósidos
glycosidic linkage (Bio.) ligação glicosídica
glycosuria; glucosuria (Med.) glicosúria
glycosyltransferase (Med.) glicosiltransferase; transglicosilase

glycotrophic, glycotropic (Med.) glicotrófico; glicotrópico
glycuronic acid (Quím.) ácido glicurónico
glyoxal (Quím.) glioxal; etanodial
glyoxalic acid (Quím.) ácido etanodial
glyoxalines (Quím.) glioxalinas; imidazolas
glyoxylate cycle (Bot.) ciclo glioxilato
glyoxylic acid (Quím.) ácido glioxílico
glyoxysome; glyoxisome (Bio.) glioxissoma
glyph (Arq.) glifo
glyptal resin (Quím.) resina gliptal
G-M counter (Nucl.) contador G-M; contador Geiger-Muller
gmelinite (Miner.) gmelinite
Gmelin test (Quím.) teste de Gmelin
GMFSK (Telecom.) abr. de *gaussian minimum frequency shift keying* — codificação por deslocamento da frequência mínima de Gauss
GMT (Geral) abr. de *Greenwich Mean Time* — Tempo Médio de Greenwich [TMG]
gnathic (Zoo.) gnático; mandibular
gnathites (Zoo.) gnátides
gnathitis (Med.) gnátide; inflamação das mandíbulas
gnatho-; gnat- (Geral) gnat-; gnato-; do grego *gnathus* — mandíbula
gnathopod (Zoo.) gnatópode
Gnathostomata (Zoo.) Gnatostomados; Gnatostoma
gnathostomatous (Zoo.) gnatostomado
gnathoteca (Zoo.) gnatoteca
gneiss (Geo.) gneiss
gneissose texture (Geo.) textura gnessóide
Gnetopsida (Bot.) Gnetópsidas
GNN (Telecom.) abr. de *global network navigator* — navegador de rede global, navegador de internet
gnomon (Geral) gnómon
gnotobiology (Bio.) gnotobiologia
gnotobiota (Bio.; Imun.) gnotobiota
gnotobiotics (Bio.) gnotobiótica; gnotobiologia
goaf (Minas) vala
goal (Psico.) objectivo; meta
goal-direct behaviour (Psico.) comportamento dirigido ao objectivo
goat pox (Vet.) pústula caprina; varíola caprina
gob (Minas) parte esgotada de mina de carvão; entulheira de mina de carvão
goblet cell (Bio.) célula em taça
gobo (T.Imag.) dispositivo de protecção de objectiva de câmara TV
gob stink (Minas) cheiro a entulho
go-devil (Minas) raspa-tubos
goethite (Miner.) goetite
Goetz size separator (Fís.) separador de partículas de Goetz
goitre (goiter) (Med.) bócio
goitrogenous (Med.) bociogénico
goitrous (Med.) bocioso
Golay cell (Fís.) célula de Golay
gold (Quím.) ouro
gold amalgam (Miner.) amálgama aurífera

gold-bearing (MINAS) aurífero

gold-bearing gravel (GEO.) cascalho aurífero

Gold codes (ELECTRÓN.) código de número pseudo-aleatórios de Gold

golden number (ASTRO.) número de ouro

golden section (ARQ.) divisão áurea, média e extrema razão

gold equivalent (MED.) equivalente em ouro

gold filled (MEC.) folheado a ouro

gold leaf (E.CIV.) folha de ouro

gold leaf (MEC.) lâmina de ouro

gold-leaf electrometer (ELECT.) electrómetro de folha de ouro

gold-leaf electroscope (ELECT.) electroscópio de lâmina de ouro

gold paint (E.CIV.) tinta dourada

Goldschmidt process (QUÍM.) processo de Goldschmidt

gold-size (E.CIV.) verniz de cola de ouro (secante)

Gold slide (METEO.; NAV.) régua de Gold; cursor de Gold

gold soft (MED.) ouro mole (liga de ouro fundido)

gold sol (QUÍM.) ouro coloidal

Golgi apparatus (BIO.) aparelho de Golgi; orgão do tendão de Golgi; orgão neurotendinoso; orgão fusiforme

goliath crane (MEC.) guindaste-golias; guindaste de carga pesada

gomphosis (MED.) gonfose

gonad (ZOO.) gónada

gonadothrophic,   gonadotropic (MED.) gonadotrófico; gonadotrópico

gonadothrophin;   gonadotropin (BIO.) gonadotrofina; gonado tropina

gonaduct (BIO.) gonoducto; canal seminal

Gondwana (GEO.) Gonduana

Gondwanaland (GEO.) Gonduana

gon-; gono- (GERAL) gon-; gono; prefixo do grego *gonos* — sémen, indicando, esperma, semente

goni- (GERAL) goni-; do grego *gónia* — ângulo e de *gony* — joelho

gonidium (BOT.) gonídio

goniocraniometry (MED.) goniocraniometria

goniometer (MEC.) goniómetro

gonioscope (MED.) gonioscópio

gonitis (VET.) gonite

gonnardite (MINER.) gonnardite (de Gonnard)

gonoblast (ZOO.) gonoblasto

gonochorism (ZOO.) gonocorismo

gonochoristic (ZOO.) gonocorístico

gonococci (MED.) gonococos

gonococcus (MED.) gonococo

gonocyte (BIO.) gonocito

gonoduct (ZOO.) gonoducto; canal seminal

gonopod (ZOO.) gonópode

gonopore (ZOO.) gonoporo; poro genital

gonosome (ZOO.) gonossoma

Gooch crucible (QUÍM.) filtro de Gooch; cadinho de Gooch

Good Pasture's (Goodpasture's) syndrome (MED.) síndroma de Goodpasture; glomerulonefrite asso-

ciada ou precedida por hemoptise (do nome do patologista americano Ernest W. Goodpasture)

gooseberry stone (MINER.) gossulária; grossularite; pedra-de-canela; (variedade de granada)

goose flesh (MED.) pele anserina

GOP (T.IMAG.) abr. de *group of pictures* — grupo de imagens

Gordon's formula (E.CIV.) fórmula de Gordon

gore (AERO.) gomo (de pára-quedas ou de cúpula)

gorge (E.CIV.) funil; garganta

gossan (GEO.) capacete de ferro; capacete férrico

GOT (MED.) abr. de *Glutamic Oxalacetic Transaminase* — transaminase glutâmico-oxalacética, actualmente conhecida por aspartato aminotransferase

Gothic (ARQ.) Gótico (estilo)

gothic (IMPR.) gótico (tipo)

Gothic Revival (ARQ.) Neogótico; Revivalismo gótico

gothic wing (AERO.) asa gótica

Gothlandian (GEO.) Gotlandiano

Gottingen wind tunnel (AERO.) túnel de vento de Gottingen

Gott's method (ELECT.) método de Gott

gouache (E.CIV.) guache

gouge (MEC.) goiva

gouge (MED.) goiva (instrumento usado em cirúrgia óssea)

gouge slip (E.CIV.) afia-goivas

Gould's belt (ASTRO.) cinturão de Gould

goundou (MED.) Gundu (termo nativo da África Oriental, designando uma doença endémica caracterizada por exostose de processo maxilar, com entumescimento simétrico das narinas)

gout (MED.) gota; artrite urática

Gouy layer (MINAS) camada de Gouy

governor (ELECT.; MEC.) regulador

GPI (MED.) abr. de *General Paralysis of the Insane* — paralisia geral do insano; demência paralítica

GPP (ECO.) abr. de *gross primary productivity* — produtividade primária bruta

GPRS (TELECOM.) abr. de *general packet radio system* — sistema genérico de pacotes via rádio

GPS (TELECOM.) abr. de *Global Positioning System* — Sistema Global de Posicionamento

GPU (INF.) abr. de *graphics processing unit* — unidade de processamento gráfico

Graafian follicle (ZOO.) folículo de Graaf

grabbing crane (E.CIV.) grua de tenazes

grab-dredger (E.CIV.) draga de tenazes; draga de garras

graben (GEO.) graben; fossa tectónica

grab rope (AERO.) cabo de manobra (de balão)

gracilis (ZOO.) grácil; pequeno adutor da coxa; (músculo)

grade (GERAL) grau

graded-base   transistor (ELECT.) transístor de campo acelerador

graded bedding (GEO.) estratificação escalonada

graded condenser (ELECT.) condensador graduado

graded filter (ELECT.; T.IMAG.) filtro graduado

grade-index fibre (TELECOM.) fibra de índice graduado

grade of service (TELECOM.) grau de qualidade

grade pegs (TOPO.) estacas de nivelamento; estacas de referência

grader (E.CIV.) nivelador; plaina; máquina niveladora

grader machine (E.CIV.) máquina niveladora

grade stack (TOPO.) estaca de nivelamento

gradient (GERAL) gradiente; declive; declividade; inclinação

gradient analysis (ECO.) análise do gradiente

gradient current (GEO.) corrente de gradiente

gradient distance (METEO.) distância de gradiente

gradient flow (METEO.) fluxo de gradiente

gradient meter (METEO.) inclinómetro; clinómetro; eclímetro

gradient microphone (ELECTRÓN.) microfone de gradiente

gradient of free electron density (FÍS.) graduação de densidade de electrões livres

gradient of ionization (FÍS.) gradiente de ionização

gradient of refractive index (FÍS.) gradiente de índice refractivo

gradient of reinforcement (PSICO.) gradiente de reforço

gradient pegs (TOPO.) estacas de referência

gradient post (E.CIV.) poste de referência

gradient wind (METEO.) vento de gradiente; vento gradiente

gradient   wind   in   anticyclone (METEO.) vento gradiente em anticiclone

gradient wind level (METEO.) nível do vento gradiente; nível do vento geostrófico

grading (E.CIV.) dosagem; granulamento

grading (GERAL) nivelamento; aplanamento

grading coefficient (ELECT.) coeficiente de nivelamento

grading group (TELECOM.) grupo de nivelamento

grading instrument (TOPO.) compasso de nivelamento

grading shield (ELECT.) blindagem de nivelamento

gradiometer (FÍS.) inclinómetro; clinómetro

gradometer (MED.) gradómetro

gradualism (ECO.) gradualismo

graduated circle (TOPO.) círculo graduado

graduated gear (Mec.) engrenagem graduada
graduated vessel (Quím.) tina graduada
Graeffe's method (Mat.) método de Graeffe
Graetz number (Fís.) número de Graetz; número Graetz
Graff's 'C' stain (Papel) mancha C de Graff; marca de Graff
graft (Med.) enxerto
graft chimera (Bot.) quimera de enxerto
graft hybrid (Bot.) híbrido de enxerto
grafting (Geral) enxertia
grafting (Med.) enxertia; enxertador
graft-versus-host reaction (Imun.) reacção do enxerto contra o hospedeiro; doença de Hartnup
Graham escapement (Reloj.) escape Graham
grahamite (Miner.) gramite
Graham's law (Quím.) lei de Graham
grain (Bot.) grão; cereal; trigo; fibra (de madeira)
grain (Geo.; Minas) grão; granulação
grain (Quím.) grão (medida de peso equivalente a 0,0648g)
grain (T.Imag.) grão
grain growth (Mec.) crescimento granular; aumento granular
graining (E.Civ.) «fingimento»; pintura a imitar madeira ou mármore
graining comb (E.Civ.) pente de aço para pintura decorativa
graining plates (Impr.) placas de granulação
grain refining (Mec.) refinação a grão
grains (Minas) minério em grão; granalha; granulação
grain size (Geo.; Mec.) tamanho de grão; granulometria
grain-size analysis (Fís.) análise de tamanho de grão; análise granulométrica
grain-size control (Mec.) controlo de grão; controlo granulométrico
grainy colour (T.Imag.) cor granulada
gramicidin (Bio.) gramicidina
graminacious; gramineous (Bot.) gramínácea; gramínea
Graminae (Bot.) Gramíneas
graminicolous (Bot.) graminícola
graminivorous (Zoo.) graminívoro
grammatite (Miner.) gramatite; tremolite; anfíbola calcomagnésica
gram(me) (Fís.) grama
gram(me)-atom (Quím.) átomo-grama
gram(me)-calorie (Fís.) caloriagrama; pequena-caloria
gram(me)-force (Fís.) grama-força; grama-peso
gram(me)-ion (Fís.) ião-grama
gram(me)-mole (Quím.) mole-grama; molécula-grama
gram(me)-molecular (Quím.) grama-molecular (relativo à molécula-grama)
gram(me)-molecular solution (Quím.) solução molar
gram(me)-molecular volume (Quím.) volume da molécula-grama
gram(me)-molecular weight (Quím.) molécula-grama

gram(me) per square metre (Papel) grama por metro quadrado
gram(me)-rad (Radiol.) rad-grama (rad = *radiation absorbed dose* — dose de radiação absorvida)
gram(me)-roentgen (Fís.) roentgen-grama
Gram-negative bacteria (Bio.) bactérias gram-negativas
gramophone (Fís.) gramofone
gramophone audiometer (Fís.) audiómetro de gramofone
gramophone record (Fís.) disco de gramofone
Gram-positive bacteria (Bio.) bactérias gram-positivas
Gram staining (Bio.) teste de Gram
grandfather file (Inf.) ficheiro-avô
grandfather tape (Inf.) banda-avô
grand mal (Med.) epilepsia generalizada; grande mal; epilepsia idiopática
grand period of growth (Bio.) grande período de crescimento
grand swell (Fís.) pedal de crescendos
grand total (Inf.) total geral
Grand Unified Theory [GUT] (Astro.; Fís.) Grande Teoria Unificada
granite (Miner.) granito
granite-aplite (Miner.) granito-aplita (variedade de granito)
granite-porphyry (Geo.) granito porfírico
granite series (Miner.) série granítica
granitic finish (E.Civ.) acabamento granítico
granitic texture (Geo.) textura granítica
granitization (Geo.) granitização
granitoid texture (Geo.) textura granitóide
granoblastic texture (Geo.) textura granoblástica
granodiorite (Miner.) granodiorito
granolithic (E.Civ.) granolítico (pavimentação)
granophyre (Geo.; Minas) granófiro
granular (Fís.) granular
granularity (T.Imag.) granularidade
granulation (Geral) granulação
granulation tissue (Med.) tecido de granulação
granule (Geo.) grânulo
granulite (Geo.) granulite
granulitic texture (Geo.) textura granulítica
granulitization (Geo.) granulação
granuloblast (Bio.) granuloblasto
granuloblastosis (Net.) granuloblastose
granulocyte (Imun.) granulócito
granulocytopenia (Med.) granulocitopenia
granulocytosis (Med.) granulocitose
granuloma (Med.) granuloma
granuloma annulare (Med.) granuloma anular; líquen anular
granuloma gravidarum (Med.) granuloma gravídico
granuloma inguinale (Med.) granuloma inguinal
granuloma sarcomatoides (Med.) granuloma sarcomatoso

granulomatous (Med.) granulomatoso
granulomere (Bio.) granulómero
granuloplasm (Bio.) granuloplasma
granulopoesis (Med.) granulopoese; granulocitopoese
granulosarcoid (Med.) granulosarcóide
granulose (Eco.) granuloso
granum (Bot.) grão
grape-sugar (Quím.) glicose; dextrose
graph (Mat.) grafo
graphecon (Radar) «Grafecon» (tubo de memória electrónica baseado no princípio do iconoscópio; é também usado em computadores)
graphical composition of forces (Fís.) composição gráfica de forças
graphical design (Elect.) projecto gráfico
graphical display device (Inf.) dispositivo de visualização gráfica
graphical display program (Inf.) programa de visualização gráfica
graphical display terminal (Inf.) terminal de visualização gráfica
graphical display unit (Inf.) unidade de visualização gráfica; monitor com capacidades gráficas
graphic equalizer (Electrón.) equalizador gráfico
graphic form (Inf.) forma gráfica
graphic formula (Quím.) fórmula gráfica
graphic granite (Geo.) granito rúnico; runite (granito de fácies pegmatítica)
graphic job processing (Inf.) processamento de tarefas gráficas
graphic language (Inf.) linguagem gráfica
graphic method (Mec.) método gráfico; processo gráfico
graphics (Inf.) gráficos
graphics adapter (Inf.) placa gráfica
graphics card memory (Inf.) memória da placa gráfica
graphics coprocessor (Inf.) coprocessador gráfico
graphic solution (Inf.) solução gráfica
graphics processing unit (Inf.) unidade de processamento gráfico
graphic symbol (Inf.) símbolo gráfico
graphic system (Inf.) sistema gráfico
graphic table (Inf.) tabela gráfica
graphic tablet (Inf.) mesa digitalizadora; mesa gráfica
graphic terminal (Inf.) terminal gráfico
graphic texture (Inf.) textura gráfica
graphite (Miner.; Quím.) grafite
graphite brush (Elect.) escova de grafite
graphite crucible (Mec.) crisol de grafite; cadinho de grafite
graphite die (Mec.) molde de grafite
graphite electrode (Elect.) eléctrodo de grafite
graphite heater (Nucl.) aquecedor de grafite
graphite-moderated (Nucl.) moderado a grafite
graphite-moderated reactor (Nucl.) reactor moderado a grafite

graphite moderator (NUCL.) moderador de grafite

graphite paint (E.CIV.) pintura a grafite

graphite reactor (NUCL.) reactor de grafite

graphite reflector (NUCL.) reflector de grafite

graphite resistance (ELECT.) resistência de grafite

graphite-uranium reactor (NUCL.) reactor de grafite e urânio

graphitic acid (QUÍM.) ácido grafítico

graphitic carbon (MEC.) carvão grafítico

graphitization (QUÍM.) grafitação

grapnel (MEC.) fateixa; gancho

grappel (MEC.) V. *grapnel*

graptolite (GEO.) graptolito

grass (BOT.) gramínea

grass (RADAR) ecos espúrios

grass disease (VET.) hipomagnesemia bovina; intoxicação do trigo; tetania do pasto

grassland (ECO.) planície

grass minimum temperature (GEO.) temperatura mínima na relva

Grassot fluxmeter (ELECT.) fluxómetro de Grassot

grass sickness (VET.) vertigem do pasto

grass staggers (VET.) tetania do pasto; hipomagnesemia bovina

grass table (E.CIV.) cama de fundação

grass tetany (VET.) tetania do pasto; hipomagesemia bovina

grate (MEC.) grelha

grate area (MEC.) área de grelha

graticule (TOPO.) quadrícula; rectículo

grating (FÍS.) grade; gradeamento

grating spectrum (FÍS.) espectro de grade

grattage (MED.) raspagem; curetagem

Gratz rectifier (ELECT.) rectificador de Gratz

graupel (GEO.) granizo

gravel (E.CIV.) areia grossa; saibro; cascalho

gravel (GEO.) cascalho

gravel (GERAL) cascalho

gravel (MED.) cálculo; concreção pequena

gravel (MINAS) rudito; cascalheira

gravel layer (E.CIV.) camada de cascalho

graveolent (BOT.) graveolento

Graves disease (MED.) doença de Graves; doença de Basedow; doença de Parry; bócio tóxico

graveyard (NUCL.) cemitério

gravid (MED.; ZOO.) grávida; prenhe

gravimetric analysis (QUÍM.) análise gravimétrica

graving dock (E.CIV.) doca seca; dique seco

gravipause (ESP.) ponto neutro

graviperception (BOT.) percepção da gravidade

gravitation (FÍS.) gravitação; gravidade

gravitational astronomy (ASTRO.) astronomia gravitacional

gravitational attraction (ASTRO.) atracção gravitacional

gravitational balance (ASTRO.; FÍS.) equilíbrio gravitacional

gravitational collapse (ASTRO.) colapso gravitacional

gravitational constant (FÍS.) constante gravitacional; constante de gravitação

gravitational convection (FÍS.) convecção gravitacional

gravitational differentiation (GEO.) diferenciação gravitacional

gravitational energy (ASTRO.; FÍS.) energia gravitacional; energia potencial gravitacional

gravitational field (FÍS.) campo gravitacional

gravitational-field theory (ASTRO.) teoria de campo gravitacional

gravitational force (ASTRO.; FÍS.) força gravitacional

gravitational law (FÍS.) lei da gravidade

gravitational radiation (FÍS.) radiação gravitacional

gravitational tide (METEO.) maré gravitacional

gravitational water (ECO.) água gravítica

gravitational wave (FÍS.; GEO.) onda gravitacional

gravitropism; geotropism (BOT.) geotropismo

gravity assist (ESP.) auxiliar de gravidade

gravity clock (RELOJ.) relógio de gravidade

gravity-controlled instrument (ELECT.) instrumento de gravidade controlada

gravity conveyor (MEC.) transportador por gravidade

gravity corer (ECO.) amostrador gravítico

gravity dam (E.CIV.) dique por gravidade; comporta por gravidade

gravity diecasting (MEC.) fundição em molde por gravidade

gravity drop hammer (MEC.) martelo mecânico por gravidade

gravity escapement (RELOJ.) escape por gravidade

gravity feed gun (E.CIV.) canhão de alimentação por gravidade

gravity plane (MINAS) plano de gravidade; rampa de gravidade

gravity process (VIDR.) processo de gravidade

gravity roller conveyor (MEC.) transportador rolante por gravidade

gravity scale (MEC.) escala de gravidade

gravity separation (MINAS) separação por gravidade

gravity stabilization (ESP.) estabilização por gravidade

gravity stamp (MINAS) pilão de gravidade

gravity tectonics (GEO.) tectónica por gravidade

gravity transport (GEO.) transporte por gravidade

gravity water system (FÍS.) sistema de água de gravitação

gravity waves (FÍS.) ondas de gravidade

gravure (IMP.) gravura; fotogravura

Grawitz's tumour (MED.) tumor de Grawitz; adenocarcinoma

gray (RADIOL.) gray (unidade SI de dose de radiação recebida)

Gray code (INF.) código Gray; código binário reflectido

Gray-King test (MINAS) teste de Gray-King

Gray-level array (INF.) matriz de nível Gray; ordem de nível Gray

gray-out (MED.) síncope

graywache (GEO.) grauvaque

grazing angle (FÍS.) ângulo raso

grazing food-chain (ECO.) cadeia alimentar herbívora

grazing pathway (ECO.) cadeia alimentar herbívora

grease (VET.) tumor dartroso; eczema dos equídeos; arestim

grease cup (MEC.) caixa de massa; caixa de lubrificação

grease gun (MEC.) pistola de lubrificação

greaseproof paper (PAPEL) papel à prova de gordura

grease table (MINAS) mesa de lubrificação

grease trap (E.CIV.) sifão colector de gorduras

greasy heels (VET.) arestim; dermatite verrugosa nas extremidades dos membros dos solípedes

greasy pig disease (VET.) epidermatite exsudativa dos porcos

great circle (MAT.) círculo máximo

great conveyor (GEO.) grande corrente transportadora

Great Ice Age (GEO.) Idade dos Grandes Gelos

great printer (IMP.) tipo de corpo 18

green (GERAL) verde

green algae (BOT.) Algas verdes; Clorófitas

greenalite (MINER.) grinalita

green brick (E.CIV.) tijolo verde (tijolo não seco)

green carbonate of copper (MINER.) carbonato básico de cobre; malaquite

green flash (METEO.) luminosidade verde; clarão verde-azulado

green glands (ZOO.) glândulas antenais

greenheart (BOT.; E.CIV.) nectandra; a sua madeira

greenhouse effect (ASTRO.) efeito de estufa

greenhouse gas (ECO.) gás de efeito de estufa

Greenland spar (MINER.) Criolito; espato da Groenlândia

green manure (BOT.) fertilizante verde

green monitor (INF.) monitor monocromático

greenockite (MINER.) grinoquite

green sand (MEC.) areia magra; areia seca; areia em estado natural

greensand (GEO.) glauconito; areia glauconítica

green sand casting (MEC.) fundição em areia seca

Green's theorem (MAT.) teorema de Green

greenstick fracture (MED.) fractura em galha verde

greenstone (GEO.) nefrita

green vitriol (MINER.) vitríolo verde; melanterite

Greenwich Mean Time [GMT] (METEO.) Tempo Médio de Greenwich [TMG]

gregaria phase (ZOO.) fase gregária

Gregorian calendar (GERAL) calendário gregoriano

Gregorian telescope (ASTRO.) telescópio gregoriano

Gregory formula (MAT.) fórmula de Gregory

greige (TÊXT.) seda crua

greisen (GEO.) «greisen» (rocha granular eruptiva constituída essencialmente por mica branca e quartzo)

greisenization (GEO.) greisenização

grenz rays (RADIOL.) raios grenz (raios X de baixo poder de penetração)

grey (T.IMAG.) cinzento; cor neutra

grey (TÊXT.) pardo

grey body (FÍS.) corpo cinzento

grey copper ore (MINER.) tetraedrite

grey iron (MEC.) ferro-gusa

grey matter (ZOO.) massa cinzenta

grey scale (T.IMAG.) escala de cinzentos

grey scale image (INF.) imagem de escala de cinzentos

grey scale monitor (INF.) monitor de escala de cinzentos

greywacke (GEO.) grauvaque

grid (E.CIV.) quadriculado

grid (ELECT.; ELECTRÓN.) grade; grelha

grid (TOPO.) gráfico; rede

grid acceptance (ELECT.) tensão admissível de grade

grid amplifier (ELECT.) amplificador de grade

grid battery (ELECT.) bateria de grade; bateria c

grid bearer (MEC.) porta-grelha

grid bias (ELECTRÓN.) polarização de grade

grid-bias battery (ELECT.) bateria de polarização de grade

grid bias capacitor (ELECT.) condensador de polarização de grade

grid bias cell (ELECT.) pilha de polarização de grade

grid bias modulation (ELECTRÓN.) modulação por variação de polarização de grade

grid bias voltage (ELECT.) tensão de polarização de grade

grid blocking (ELECT.) blocagem de grade

grid capacitor (ELECT.) condensador de grade

grid characteristic (ELECT.) característica de grade

grid circuit (ELECT.) circuito de grade

grid conductance (ELECT.) condutância de grade

grid control (ELECT.) controlo de grade

grid-controlled mercury-arc rectifier (ELECT.) rectificador de arco de mercúrio de controlo de grade

grid-control tube (ELECTRÓN.) tubo termiónico de controlo de grade; válvula electrónica de controlo de grelha

grid coupling (ELECT.) acoplamento de grade

grid current (ELECT.) corrente de grade

grid cylinder (ELECTRÓN.) grelha cilíndrica

grid detection (ELECT.) detecção de grade

grid dip meter (ELECT.) oscilador de absorção de grade

grid dissipation (ELECT.) dissipação de grade

grid drive (ELECT.) excitação de grelha

grid driving power (ELECT.) potência de excitação de grade

grid emission (ELECTRÓN.) emissão catódica

grid-glow tube (ELECTRÓN.) válvula electrónica de grade luminescente

grid-iron pendulum (RELOJ.) pêndulo de rede

grid leak (ELECT.) escape de grade

grid limiting (ELECT.) limitação por grade

grid modulation (ELECTRÓN.) modulação por grade

grid navigation (AERO.; NAV.) navegação de gradeado; navegação por sistema G

grid neutralization (ELECT.) neutralização de grade

grid-noise resistance (ELECTRÓN.) resistência fictícia do ruído de grade

grid potential (ELECT.) potencial de grade

grid power supply (ELECT.) fonte de tensão de polarização de grade

grid-pulse modulation (ELECT.) modulação de impulso de grade

grid ratio (RADIOL.) razão de grade

grid resistance (ELECT.) resistência de grelha

grid return (ELECTRÓN.) retorno de grade

grid shield (ELECT.) anteparo de grade

grid therapy (RADIOL.) terapia de rede

grid-to-grid voltage (ELECT.) voltagem de grade a grade

grid tuner (ELECT.) sintonizador de grelha

grid voltage (ELECT.) voltagem de grade; tensão de grade

grid waveform (ELECT.) forma de onda de voltagem de grade

Griebhard's rings (ELECT.) aneis de Griebhard

grief (MED.) tristeza; mágoa; aflição; pesar

grief stem (MINAS) barra de transmissão; barra quadrada giratória

Griffin mill (MINAS) moinho Griffin

Grignard reagent (QUÍM.) reagente de Grignard

grike (GEO.) carste; carso

grillage foundation (E.CIV.) grade de fundação; fundação de gradeamento; gradeamento de reforço

grille (E.CIV.) grade de barras; engradado; gelosia

grindability (MINAS) triturabilidade

grinder (PAPEL) polpadora

grinder's rot (MED.) siderose

grindind (GERAL) moagem; trituração; esmerilhação; pulverização

grinding (MINAS) trituração; pulverização

grinding machine (MEC.) esmeriladora; rectificadora

grinding medium (MEC.) meios para trituração

grinding sand (MEC.) areia de esmeril; areia para esmerilar

grinding slip (E.CIV.) pedra de afiar goivas

grinding stone (MEC.) mó; pedra de amolar

grinding wheel (MEC.) esmeril; rebolo

grip (E.CIV.) valeta

grip (MEC.) garra; alça; pinça

grip (T.IMAG.) montante; escora (de tripé)

gripper edge (IMPR.) fixador; pinça

grippers (IMPR.) pinças

gripper-shuttle (TÊXT.) lançador de pinça

grisaille (ARQ.) grisalha (pintura monocromática decorativa)

griseofulvin (MED.; QUÍM.) griseofulvina

grit (FÍS.) partícula dura

grit (GEO.; MINAS) saibro; areia grossa

grit (MINAS) arenito de granulação grossa; granulação de rocha

grit cell (BOT.) cistólito

grit chamber (E.CIV.) câmara de detritos

grizzle brick (E.CIV.) tijolo mal cozido

grizzly (MINAS) crivo; peneira grossa

grog (E.CIV.) material calcinado para fabrico de refractários

groin (ARQ.) aresta de abóbada; aresta de encontro

groin (MED.) virilha

groined arch (ARQ.) arco de arestas de encontro; abóbadas de encontro

groin rib (ARQ.) nervura de abóbada de encontro; nervura

grommet (MEC.) anel isolador; colar; arruela

groove (E.CIV.) rasgo; entalhe; chanfro

groove (IMPR.) encaixe

groove (MED.) sulco; estria

groove packing density (TELECOM.) densidade de sulcos (disco de vinil)

groove pitch (TELECOM.) separação entre sulcos (disco de vinil)

grooving (MEC.) entalhadura; chanfradura

grooving plane (E.CIV.) goivete; goiva

grooving saw (E.CIV.) serra de abrir rasgos; serra de ranhuras

gros nez (MED.) V. *goundou*

gross information content (ELECTRÓN.) conteúdo informativo bruto

gross primary productivity [GPP] (ECO.) produtividade primária bruta

gross register(ed) tonnage (NAV.) tonelagem de registo bruto

gross tonnage (NAV.) tonelagem bruta; tonelagem inglesa

grossular (MINER.) grossulária

gross weight (AERO.) peso máximo; peso bruto

grosswetterlage (METEO.) magnitude de condições atmosféricas

gross wing area (AERO.) área total da asa

grotesque (IMPR.) grotesco (tipo)

Grotthus-Draper law (QUÍM.) lei de Grotthus-Draper

ground (MINAS) solo; profundidade; terra; terreno

ground (TELECOM.) terra; massa

ground absorption (TELECOM.) absorção da terra; absorção da massa

ground air (E.CIV.) ar do solo

ground auger (E.CIV.) sonda de solo; broca de solo

ground capacitance (ELECT.) capacitância de terra

ground capacity (ELECT.) capacidade de terra

ground clamp (ELECT.) braçadeira de ligação a terra

ground clip (ELECT.) borne de ligação a terra

ground clutter (RADAR) interferência de terra

ground coat (E.CIV.) revestimento de fundo

ground connection (ELECT.) ligação a terra

ground control (RADAR) controlo de terra

ground control interception (RADAR) intercepção controlada do solo

ground-controlled approach [GCA] (AERO.; RADAR) aproximação controlada do solo [ACS]

ground-controlled interception [GCI] (AERO.; RADAR) intercepção controlada do solo [ICS]

ground cover (ECO.) coberto do solo

grounded-base amplifier (ELECTRÓN.) amplificador com base ligada a terra (massa)

grounded-base connection (ELECTRÓN.) ligação da base à terra

grounded-cathode amplifier (ELECTRÓN.) amplificador de cátodo ligado a terra (massa)

grounded circuit (ELECT.) circuito ligado a terra

grounded-collector amplifier (ELECTRÓN.) amplificador com colector a massa

grounded-collector connection (ELECTRÓN.) ligação do colector à terra

grounded-emitter amplifier (ELECTRÓN.) amplificador com emissor a massa

grounded-emitter connection (ELECTRÓN.) ligação do emissor à terra

grounded-grid amplifier (ELECTRÓN.) amplificador de grade de válvula ligada a massa

grounded-grid triode mixer (ELECTRÓN.) triodo misturador de grade ligada a massa

ground engineer (AERO.) mecânico de terra

ground fine pitch (AERO.) passo curto de chão

ground floor (E.CIV.) rés-do-chão

ground frost (METEO.) gelo ao nível do solo; gelo ao nível da relva

ground indication (ELECT.) detecção de terra

grounding (ELECT.) ligação à terra; ligação a massa

grounding electrode (ELECT.) eléctrodo de ligação à terra

grounding insulation (ELECT.) isolamento de terra

grounding switch (ELECT.) interruptor de terra

ground-level (TOPO.) nível do terreno; linha-base; nível do solo

ground loop (AERO.) capotagem

ground loop (ELECT.) elo de terra

ground marl (GEO.) terreno margoso

groundmass (GEO.) massa amorfa

ground meristem (BOT.) meristema apical

ground moraine (GEO.) morena de fundo; morena interna

ground noise (ELECT.) ruído de base

ground noise (FÍS.; GEO.) ruído de terra; ruído de solo (sismo)

ground outlet (ELECT.) tomada de terra

ground plan (E.CIV.) planta; plano horizontal

ground plane (TELECOM.) plano da terra

ground-plane antenna (ELECT.) antena de polarização horizontal

ground plate (E.CIV.) placa de soalho

ground position indicator [GPI] (AERO.) indicador de posição de voo

ground radar (RADAR) radar de solo

ground ray (TELECOM.) raio directo

ground reflection (RADAR) reflexão de terra

ground resistance (ELECT.) resistência de terra; resistência de massa

ground resonance (AERO.) ressonância de terra

ground return (RADAR) retorno à terra

ground roll (GEO.) onda de superfície

ground safety lock (AERO.) dispositivo de segurança no solo

ground sill (E.CIV.) viga fundamental; viga básica

ground sill (HIDRO.) soleira

ground sluice (MINAS) canal

groundspeed (AERO.) velocidade no solo; velocidade relativa ao solo; velocidade verdadeira; velocidade absoluta

ground state (FÍS.) estado fundamental; estado normal

ground support equipment (AERO.) equipamento de apoio terrestre

ground system (TELECOM.) sistema de terra

ground tissue (BOT.) tecido fundamental

ground water (E.CIV.) água de subsolo; água subterrânea

ground-water (GEO.; MINAS) água freática

groundwater facies (ECO.) fácies de água subterrânea

ground-wave (FÍS.) onda de superfície

ground zero (AERO.) ponto zero

group (GERAL) grupo; ordem; série

group (QUÍM.) radical

group address (INF.) endereço de grupo

group authority (INF.) autoridade de grupo

group automatic operation (ELECT.) operação automática de grupo

group code (INF.) código de grupo

group code recording (INF.) registo de código de grupos

group data set (INF.) conjunto de dados de grupo

group delay (TELECOM.) atraso de grupo

group delay characteristic (ELECTRÓN.) característica de tempo de propagação de grupo

group entry (INF.) entrada de grupo

group frequency (ELECTRÓN.) frequência de grupo

group generation data (INF.) dados de geração de grupo

group incoming (INF.) grupo de chegada

group indicate (INF.) indicativo de grupo

group mixer (TELECOM.) misturador de grupo

group modulation (INF.) modulação de grupo

group of pictures (T.IMAG.) grupo de imagens

group outgoing (INF.) saída de grupo

group profile (INF.) perfil de grupo

group reaction (QUÍM.) reacção de grupo

group selection (ECO.) selecção de grupo

group selector (TELECOM.) selector de grupo

group separator (INF.) separador de grupo

group theory (MAT.; NUCL.) teoria dos grupos

group therapy (MED.) terapia de grupo

group velocity (FÍS.) velocidade de grupo

grouse disease (VET.) doença do tetraz; tricostrongilose

grout (E.CIV.) argamassa; cimento

grouting (E.CIV.) cimentação; injecção de argamassa; injecção de cimento

groutnick (E.CIV.) entalhe para argamassa

grove (ECO.) bosque

growing (ELECTRÓN.) produção; aumento

growing point (BOT.) meristema apical

grown diffusion transistor (ELECTRÓN.) transístor de difusão aumentada

grown-junction (ELECTRÓN.) junção incrementada; união por crescimento

growth (BIO.) crescimento

growth (GERAL) crescimento; aumento; produção

growth curvature (BOT.) curvatura de crescimento; curva de crescimento

growth factors (BIO.) factores de crescimento

growth form (BOT.) forma de crescimento

growth hormone (BIO.) hormona do crescimento

growth inhibitor (Bot.) inibidor do crescimento

growth in soft agar (Bio.) crescimento em gel de ágar

growth media (Bio.) meio de crescimento

growth movement (Bot.) movimento de crescimento

growth phases (Bio.) fases de crescimento

growth rate (Bio.) taxa de crescimento

growth regulator (Bot.) regulador de crescimento

growth retardant (Bot.) retardador do crescimento

growth ring (Bot.) anel de crescimento

growth room (Bot.) sala de crescimento; estufa

growth substance (Bot.) substância de crescimento

groyne (Hidro.) quebra-mar

grub axe (E.Civ.) enxadão

grub saw (E.Civ.) serra para mármore

grub screw (Mec.) parafuso sem cabeça

grummet (E.Civ.) anel isolante

Gruneisen's relation (Fís.) relação de Gruneisen

grunerite (Miner.) grunerita

gryke (Geo.) carste; carso

GSE (Aero.) abr. de *Ground Support Equipment* — equipamento de apoio terrestre

GSM (Telecom.) abr. de *global system for mobile communications* — sistema global de comunicações móveis

g-suit (Aero.) fato anti-gravidade (termo coloquial)

g-tolerance (Esp.) tolerância g; tolerância de gravidade

guaiacin (Bio.; Med.) guaiacina

guaiacol (Quím.) guaiacol

guanidine (Quím.) guanidina

guanine (Quím.) guanina

guano (Eco.) guano

guanophore (Zoo.) guanóforo

guanosine (Quím.) guanosina

guanosine monophosphate [GMP] (Bio.) monofosfato de guanosina

guanosine triphosphate [GTP] (Bio.) trifosfato de guanosina

guanyl (Quím.) guanil(a)

guanylate cyclase (Quím.) guanilato ciclase; guanilil ciclase

guanylic acid (Quím.) ácido guanílico

guard (Geral) guarda; protecção

guard band (Telecom.; T.Imag.) banda de protecção

guard cell (Bot.) célula de protecção

guard circle (Elect.) círculo de segurança

guard cradle (Elect.) rede protectora

guard magnet (Minas) magnete de protecção

guard net (Elect.) rede de protecção; rede protectora

guard pin (Reloj.) pino de protecção

guard rail (E.Civ.) grade de protecção

guard ring (Elect.) anel de protecção

guard-ring capacitor (Elect.) condensador de anel de protecção

guards (Impr.) guardas

guard shield (Elect.) blindagem protectora

guard wire (Telecom.) fio de protecção

gubernaculum (Zoo.) gubernáculo

Gudden-Pohl effect (Fís.) efeito de Gudden-Pohl

Guddermanian (Mat.) guddermaniana (função)

gudgeon (E.Civ.) cavilhão; cavilha de ferro

gudgeon pin (Auto.) pino de pistão

Guerin process (Mec.) processo Guerin

guest (Zoo.) parasita

guidance (Aero.) orientação

guide bar (E.Civ.) barra de guia; barra directriz

guided missile (Aero.) míssil guiado; míssil teleguiado

guided wave (Fís.) onda dirigida; onda orientada

guide field (Elect.) campo de guia; campo magnético de guia

guide fin (Aero.) aleta-guia; estabilizador

guide line (Aero.) linha de guia

guide meridian (Topo.) meridiano guia

guide mill (Mec.) moinho de guia

guide nut (Mec.) porca de guia

guide pulley (Mec.) polia de guia

guide rail (E.Civ.) trilho de guia

guide track (T.Imag.) trilho de guia

guide-vane (Aero.) palheta; lâmina-guia; pá fixa (de turbina)

guide wavelength (Fís.) comprimento de onda guiada

guild (Ecol.) corporação

Guillain-Barré syndrome (Med.) síndroma de Guillain-Barré; polineurite infecciosa; radiculoganglionite

Guillemin effect (Fís.) efeito de Guillemin

Guillemin line (Telecom.) linha Guillemin

guillotine (Med.) guilhotina (instrumento cirúrgico para o corte de amígdalas)

guillotine (Impr.; Papel) guilhotina

guinea-pig paralysis (Vet.) paralisia da cobaia; paralisia do porquinho da Índia

Guinea zone (Eco.) zona da Guiné

gula (Zoo.) goela; garganta

gular (Zoo.) gular

gulching (Minas) ruído que procede de desmoronamento

Guldberg and Waage's law (Quím.) lei de Guldberg e Waage

Guldin's theorem (Mat.) teorema de Guldin; teorema de Pappus

Gulf Stream (Geo.) corrente do Golfo

gullet (E.Civ.) entre-dente de serra; escavação em degraus rectos

gullet (Hidro.) canal

gullet (Zoo.) garganta (nos Vertebrados, faringe e esófago, participantes na deglutinação); citofaringe (nos Protozoários)

gulleting (E.Civ.) processo de escavação em degraus rectos

gullet saw (E.Civ.) serrote de decepar

gulley (E.Civ.) canal de drenagem; canal de descarga; sifão

gullose (Quím.) gulose

gum (Bot.) borracha; seiva retirada de várias plantas

gum (Med.; Zoo.) gengiva

gum (Quím.) goma

gum arabic (Quím.) goma arábica

gum-boil (Med.) abscesso gengival

gum dichromate process (T.Imag.) processo de goma dicromatada

gum-lac (Zoo.) goma laca

gumma (Med.) goma; sífilis nodular; sifiloma

gummed paper (Papel) papel gomado

gumming up (Impr.) gomagem

gummosis (Bot.) gomose

gum streaks (Impr.) estrias de goma; riscas de goma

gun (E.Civ.) canhão de ar comprimido; pistola de ar comprimido

gun (Geral) canhão

guncotton (Quím.) algodão pólvora

gun current (Electrón.) corrente de canhão

gun drill (Mec.) broca de canhão

gunmetal (Mec.) bronze vermelho; metal de canhão

Gunn effect (Electrón.) efeito de Gunn

gun perforation (Minas) perfuração a canhão

Gunter's chain (Topo.) cadeia de Gunter; cadeia de agrimensor

gusher (Geo.) geiser

gusher (Minas) poço de petróleo activo (a jorrar)

gusset; gusset plate (E.Civ.) placa de união; placa de reforço

gusset piece (E.Civ.) reforço; madeira de reforço

gust (Geo.) rajada

gustatory calyculus (Zoo.) calículo gustatório; botão gustatório; bulbo gustatório

gust front (Geo.) superfície frontal

gut (Bio.; Zoo.) tubo digestivo embrionário; intestino

gutta (Zoo.) mancha (em gota)

guttae (Arq.) gotas-de-água (ornamentação)

gutta-percha (Telecom.) guta-percha

guttation (Bot.) gutação

Guttenberg discontinuity (Geo.) descontinuidade de Guttenberg

gutter (E.Civ.) goteira; calha

gutter (Hidro.) rego de escoamento

gutter (Impr.) medianiz

gutter (Mec.) canal de descarga

gutter bearer (E.Civ.) suporte de calha

gutter bed (E.Civ.) assento de calha; leito de calha

gutter bolt (E.Civ.) cavilha de segurança de calha

guttural (Zoo.) gutural

guttural pouch (Vet.) bolsa gutural

gutturoliths (Vet.) guturólitos; condróides

Gutzeit test (Quím.) teste Gutzeit

guy (E.Civ.) escora; espia

guy (Telecom.) espia; fio de sustentação

guy derrick (E.CIV.) guindaste de espias

G-value (QUÍM.) valor G (radiação química)

GVH (IMUN.) abr. de *Graft-Versus-Hoist reaction* — reacção do enxerto contra o hospedeiro

gymnemic acid (QUÍM.) ácido gimnémico

gymno- (GERAL) gimn-; gimno-, do grego *gymnos* — nu

gymnocyte (BIO.) gimnócito (termo obsoleto)

Gymnomycota (BIO.) Mixomicetas; Fungos gelatinosos

gymnosperms (BOT.) gimnospérmicas

gyn-; gyno-; ginaeco-; gyneco- (GERAL) gin-; gino-; gineco-; do grego *gyne, gynaikos* — mulher

gynaecium (BOT.) gineceu

gynaecology; gynecology (MED.) ginecologia

gynaminic acid (QUÍM.) ácido ginamínico

gynandrism (ZOO.) ginandrismo

gynandromorph (ZOO.) ginandromorfo

gynandromorphism (ZOO.) ginandromorfismo

gynandrous (BOT.) ginândrico

gynatresia (MED.) ginatrésia

gynecogen (MED.) ginecogénio (termo obsoleto)

gynecography (MED.) ginecografia

gynecomania (MED.; PSIC.) ginecomania

gynecomastia; gynaecomastia; gynecomasty (MED.) ginecomastia

gynobasic (BOT.) ginobásico

gynodiocious (BOT.) ginodióico

gynoecium (BOT.) gineceu

gynomonoecius (BOT.) ginomonóico

gynopathy (MED.) ginopatia

gynoplastics (BOT.) ginoplástica

gypsum (MINER.) gesso

gypsum plate (FÍS.) lâmina de gesso; placa de gesso

gyrator (ELECTRÓN.) giratório

gyratory (MINAS) britador giratório

gyre (GEO.) giro

gyro (MEC.) giroscópio

gyro bearing (MEC.) marcação giroscópica

gyrocompass (MEC.) bússola giroscópica

gyro-frequency (ELECTRÓN.) frequência de giro; frequência de ciclotrão

gyro horizon (AERO.) horizonte artificial; horizonte giroscópico

gyro horizon electric indicator (ELECTRÓN.) indicador eléctrico de horizonte artificial

gyrolite (MINER.) girolito; centralasita

gyro log (AERO.) registo dos desvios do giroscópio

gyromagnetic compass (AERO.) bússola giromagnética

gyromagnetic effect (FÍS.) efeito giromagnético

gyromagnetic radius (FÍS.) raio giromagnético; raio de Larmor

gyromagnetic ratio (FÍS.) razão giromagnética

gyroplane (AERO.) giroplano; autogiro

gyroscope (MEC.) giroscópio

gyrosensor (MEC.) giro-sensor; sensor de giroscópio

gyrostat (MEC.) giróstato

gyrotron (NUCL.) girotrão

gyrus (BIO.; MED.; ZOO.) giro; circunvolução; convolução

gysh (MINAS) abr. de *grayish* — acinzentado

Gzelian (GEO.) Gzeliana (Época)

h (GERAL) símbolo de: *hour* — hora e de *height* — altura

h (FÍS.) símbolo de *Planck's constant* — constante de Planck

h (MINAS) símbolo de: *hole* (as an index) — poço (usado como índice); e de *hardness* — dureza

H (BIO.) símbolo de *Hauch* — (termo alemão que significa «sopro» e é usado para designar o antigénio flagelar de bactérias)

H (ELECT.) símbolo de: *magnetic field strength* — intensidade de campo magnético; e de *high* — alto

[H] (FÍS.) símbolo de *Fraunhofer line H* — linha H de Fraunhofer (no comprimento de onda de 396.8625nm)

H (MED.) símbolo de *hyperopia* — hiperopia

H (RADIOL.) símbolo de *Holzknecht unit* — unidade Holzknecht (unidade de dose radiológica)

H-2 histocompatibility system (IMUN.) sistema de histocompatibilidade H-2

2H (QUÍM.) isótopo de hidrogénio de massa; deutério (também abreviado como D ou d)

3H (NUCL.; QUÍM.) isótopo de hidrogénio (artificial; radioactivo) de massa 3; trítio (abreviado como T ou t)

HAA (MED.) abr. de *Hepatitis-Associated Antigen* — antigénio associado a hepatite

haar (METEO.) nevoeiro marítimo frio e húmido (na Escócia e NE da Inglaterra)

Haas effect (FÍS.) efeito de Haas

habenula (ZOO.) habénula; frénulo

Haber process (QUÍM.) processo de Haber

habit (GERAL) hábito

habitat (BIO.; ECO.) habitat

habitat selection (ECO.) selecção de habitat

habit spasm (MED.) espasmo habitual; tique

habituated culture (BOT.) cultura habituada

habituation (PSICO.) habituação

hachure (TOPO.) tracejado

hack (E.CIV.) grade para secar tijolos

hack-barrow (E.CIV.) padiola para tijolos; carro de mão para tijolos

hack-cap (E.CIV.) cobertura de grade para secar tijolos

hacker (INF.) pirata de informática

hacking (E.CIV.) colocação de tijolos em grade para secagem

hackmanite (MINER.) hackmanita (variedade de sodalita)

hack-saw (MEC.) serra para metais; serrote de metais

Hackworth valve gear (MEC.) distribuição de Hackworth

HAD (ELECTRÓN.) abr. de *hole accumulation diode* — díodo de acumulação de vazios

hadalpelagic zone (ECO.) zona hadicopelágica

hadal zone (ECO.) zona hádica

hade (GEO.) ângulo de falha

Hadley cell (METEO.) célula de Hadley

Hadley regime (METEO.) regime de Hadley

Hadley's principle (METEO.) princípio de Hadley (dos ventos alísios)

hadrom(e) (BOT.) hadroma

hadron (FÍS.) hadrão

Haeckel's law (BIO.) lei de Haeckel

haem- (GERAL) V. *hem-*, *hema-*, *hemo-*

haem (MED.) heme (redução de hematina); ferroprotoporfirina

haemagglutinin (IMUN.) hemaglutinina; hemoglutinina

haemal; haematal; haemic (GERAL) formas combinantes do grego *haima*, *haimat* — sangue

haemal; haematal; haemic (ZOO.) hemal

haemal arch (ZOO.) arco hemal

haemal ridges (ZOO.) hemapófises; cristas do arco hemal

haemal spine (ZOO.) espinha hemal

haemal system (ZOO.) sistema hemal

haemangioma (MED.) hemangioma

haemapoiesis; haemopoiesis (MED.; ZOO.) hemapoese; hematicopoese

haemapophyses (ZOO.) hemapófises

haemarthrosis (MED.) hemartrose

haematemesis (MED.) hematemese

haematinic (MED.) hemático

haematite (MINER.) hematite

haematobium (ZOO.) hematóbio

haematoblast (ZOO.) hematoblasto

haematocele (MED.) hematocele; quisto sanguíneo

haematochlorin (BIO.) hematoclorina

haematochrome (MED.) hematocromo

haematochyluria (MED.) hematoquilúria

haematocolpometry (MED.) hematocolpometria

haematocolpos (MED.) hematocolpia

haematocrit (BIO.) hematócrito

haematocrystallin (BIO.) hematocristalino

haematocyst (MED.) hematoquisto; quisto hemorrágico

haematocystis (MED.) hematocistia

haematocyte (MED.) hematócito; hemócito

haematogenesis (ZOO.) hematogénese; hemopoiese; hemopoese

haematogenous (ZOO.) hematogénico

haematologist (MED.) hematologista

haematoma (MED.) hematoma

haematomancy (MED.) hematomancia (diagnóstico feito por vários tipos de exame de sangue e/ou da medula óssea)

haematometry (MED.) hematometria

haematophagous (ZOO.) hematófago

haematozoon (ZOO.) hematozoário

haematuria (MED.) hematuria

haemic (ZOO.) hemal

haemin (QUÍM.) hemina; cloridrato de hematina; cloro-hemina; cloremina

haemochromatosis (MED.) hemocromatose; diabetes bronzeada

haemocoel (ZOO.) hemoceloma

haemocyanin (ZOO.) hemocianina

haemocyte (ZOO.) hemócito; hematócito

haemocytoblast (IMUN.) hemocitoblasto

haemocytolosis (ZOO.) hemocitólise; hematocitólise

haemocytometer (BIO.) hemocitómetro; hemacímetro; hematímetro; hematocitómetro

haemodialysis (MED.) hemodiálise

haemoglobinaemia (MED.) hemoglobinemia

haemoglobin; hemoglobin (BIO.) hemoglobina

haemoglobinometer (MED.) hemoglobinómetro

haemoglobinuria (MED.) hemoglobinúria

haemolymph (ZOO.) hemolinfa

haemolysin (IMUN.) hemolisisna

haemolysis (BIO.) hemólise

haemolytic anaemia (IMUN.) anemia hemolítica

haemolytic disease of newborn animals (VET.) doença hemolítica dos animais recém-nascidos; eritroblastose fetal

haemolytic plaque assay (IMUN.) teste da placa hemolítica

haemopericardium (MED.) hemopericárdio

haemophilia (MED.) hemofilia

haemopneumothorax (MED.) hemopneumotórax

haemoptysis (MED.) hemoptise

haemorrhage (MED.) hemorragia

haemorrhagic disease (VET.) doença hemorrágica; babesiose

haemorrhagic septicemia (VET.) septicemia hemorrágica; febre das ovelhas; pasteurelose bovina

haemorrhoids (MED.) hemorróidas

haemosiderosis (MED.) hemossiderose

haemostasis (MED.) hemostasia; hemostase

haemostatic (MED.) hemostático

haemotropic (Zoo.) hemotrópico

hafnium (Quím.) háfnio

haft (E.Civ.) cabo; punho

hagatalite (Miner.) hagatalita (variedade de zircão)

Hagen-Poiseuille flow (Fís.) fluxo de Hagen-Poiseuille

Hahn-Banach extension theorem (Mat.) teorema de extensão de Hahn--Banach

Haidinger fringes (Fís.) franjas de Haidinger

Haigh fatigue-testing machine (Mec.) testador de fadiga de Haigh

hail; hailstones (Meteo.) saraiva; granizo

hail echo (Radar) eco de saraiva

hail stage (Meteo.) estágio de saraiva

hailstorm (Metreo.) tempestade de saraiva; chuva de pedra

hair (Geral) cabelo; pêlo

hair (Têxt.) fibra

hair cloth (Têxt.) crinolina

hair follicle (Zoo.) folículo capilar; folículo piloso

hair hygrometer (Fís.; Meteo.) higrómetro de cabelo

hairline (Fís.) traço; retícula

hairpin loop (Bio.) dupla hélice

hair plates (Zoo.) placas pilosas

hair space (Imp.) espaço delgado; espaço de cabelo (o menor espaço entre palavras)

hair spring (Reloj.) cabelo de relógio; mola de cabelo

HAL (Electrón.) abr. de hard array logic — circuito lógico programável não editável

halation (Electrón.) halo

halation (T.Imag.) halo; auréola

Haldane apparatus (Quím.) aparelho de Haldane

half-adder (Inf.) somador parcial

half-adjust (Inf.) ajuste de meio; arredondamento de meio

half-blind dovetail (E.Civ.) malhete a meia madeira

half-bound (Imp.) em meia pasta

half-brick wall (E.Civ.) parede de meio tijolo

half-case (Imp.) meia caixa

half-cell (Elect.) meia célula

half-closed slot (Elect.) ranhura meio fechada

half-column (Arq.) meia coluna

half cycle (Elect.) meio ciclo

half-cycle time (Electrón.) tempo de meio ciclo

half-deflection method (Elect.) método de meia deflexão

half duplex (Inf.) semiduplex

half-duplex operation (Electrón.; Inf.) operação semiduplex

half-duplex repeater (Elect.) repetidor semiduplex

half-duplex transmission (Inf.; Telecom.) transmissão semiduplex

half-element (Elect.) semielemento; meioelemento

half-hour rating (Elect.) razão de meia-hora

half-lap joint (E.Civ.) meia-junta de sobreposta

half-lattice girder (E.Civ.) viga em meia-treliça

half-life (Fís.) meia-vida; semiperíodo de desintegração radioactiva

half-line block (Imp.) bloco de meia--linha

half loop half tonneau (Aero.) curva de Immelmann

half-moon (Astro.) semilúnio; meia--lua

half-nut (E.Civ.) meia porca

half-nut lever (Mec.) alavanca de porca dividida (em torno mecânico)

half-period zone (Fís.) zona de meio período; zona de Fresnel

half power (Fís.) meia potência

half-power bandwidth (Telecom.) largura de banda de meia potência

half-power point (Telecom.) ponto de meia potência

half-residence time (Fís.) tempo de meia permanência

half-roll (Aero.) meio-tonneau

half-round bastard file (Mec.) lima bastarda de meia-cana

half-round chisel (Mec.) cinzel de meia-cana

half-round file (Mec.) lima de meia--cana

half-sawn (E.Civ.) malhete sobreposto

half-section (Telecom.) meia-secção

half-sheet work (Imp.) trabalho de meia-folha

half-shift register (Elect.) registo de meio deslocamento

half-shroud (Mec.) meio disco de reforço; meio arco de reforço

half-silvered (Fís.) semiprateado

half-slow roll (Aero.) meio-tonneau rápido

half-snap roll (Aero.) meio-tonneau lento

half-socket pipe (E.Civ.) tubo de meio-encaixe

half-space (E.Civ.) meio-espaço

half-supply voltage principle (Elect.) princípio de meia tensão de alimentação

half-thickness (Fís.) meia-espessura

half-tide (Geo.) meia-maré

half-tide basin (Geo.) bacia de meia--maré

half-tide level (Geo.) nível de meia--maré

half-timbering (E.Civ.) escoramento a meia-madeira

half-title (Imp.) meio-título

half-tone (Telecom.) meio-tom; sombreado

half-tone block (Imp.) bloco de meio--tom; bloco de meia-tinta

half-tone process (Imp.) processo de meia-tinta; processo de meio-tom

half-uncials (Imp.) meios unciais

half-value layer (Fís.) camada de meio valor; camada de meia espessura

half-value period (Fís.) período de meio valor

half-value thickness (Fís.) espessura de meio valor

half-wave antenna (Telecom.) antena de meia-onda; antena dipolo

half-wave circuit (Elect.) circuito de meia-onda

half-wave diode (Elect.) diodo de meia-onda

half-wave dipole (Electrón.) dipolo de meia onda

half-wave feeder (Elect.) alimentador de meia-onda

half-wave length (Elect.) meio comprimento de onda; meia-onda

half-wave rectification (Telecom.) rectificação de meia-onda

half-wave rectified voltage (Elect.) voltagem rectificada de meia-onda

half-wave rectifier (Elect.) rectificador de meia-onda

half-wave supression coil (Telecom.) bobina supressora de meia-onda

half-wave transmission (Elect.) transmissão de meia-onda

half-wave vibrator (Elect.) vibrador de meia-onda

half-width (Fís.) meia-largura; semilargura

hali-; halo- (Geral) hal-; halo-; do grego hals — sal

halides (Quím.) haletos; halogenetos

halinity (Geo.) salinidade; halinidade

halite (Miner.) halite

halitosis (Med.) halitose

Hallade recorder (Mec.) gravador de Hallade

Hall coefficient (Electrón.) coeficiente de Hall

Hall effect (Electrón.) efeito de Hall

Hall-effect sensor (Electrón.) sensor de efeito de Hall

Hall-effect switch (Electrón.) interruptor de efeito de Hall

Hall mobility (Electrón.) mobilidade de Hall

halloysite (Miner.) haloisite

Hall probe (Fís.) teste de Hall

Hall process (Mec.) processo de Hall

hallucination (Psico.) alucinação

hallucinogen (Med.) alucinógeno

hallux (Zoo.) hálux; o dedo grande do pé

hallux flexus (Med.) hálux flectido

hallux rigidus (Med.) hálux rígido

hallux valgus (Med.) hálux valgo

hallux varus (Med.) hálux varo

Hall voltage (Electrón.) tensão de Hall

halo (Astro.) halo; auréola

halobiotic (Zoo.) halobiótico

halocarbon (Eco.) halocarbono

halochromism (Quím.) halocromismo

halocline (Geo.) haloclina; gradiente salino

halogen (Quím.) halogéneo

halogen quenching (Nucl.) têmpera com alogéneos

haloic acids (Quím.) ácidos halóides

halolimnic (Zoo.) halolímnico; halolimnético

haloperidol (Med.; Quím.) haloperidol; serenade

halophile (Eco.) halófilo

halophilic (Eco.) halofílico
halophilic bacteria (Bio.) bactérias halofílicas
halophyte (Bot.) halófito
halophytic vegetation (Bot.) vegetação halofítica
haloplankton (Eco.) haloplâncton
halothane (Quím.) halotano
halotrichite (Miner.) halotriquite; alúmen de ferro
halteres (Zoo.) balanceiros
halving (E.Civ.) meia-madeira; junção à meia-madeira
hamada (Eco.) deserto rochoso
Hamamalidae (Bot.) Hamamelidáceas
hamartoma (Med.) hamartoma
hambergite (Miner.) hambergite
Hamilton's principle (Mat.) princípio de Hamilton
hammer-axe (E.Civ.) martelo de ponta
hammer beam (E.Civ.) espeque; pontalete
hammer-beam roof (E.Civ.) telhado poligonal
hammer blow (Mec.) martelada
hammer break (Elect.) martelo de vibração
hammer-dressed (E.Civ.) com golpe de aresta
hammer-drill (Minas) broca de percussão; martelo de pneumático
hammer-drive screw (Mec.) parafuso de percussão a martelo
hammer-headed (E.Civ.) em forma de martelo
hammerman (Mec.) operador de martelo pilão
hammer mill (Minas) martelo hidráulico
hammer scale (Mec.) incrustração das batidas do martelo
hammer test (Mec.) ensaio a martelo
hammer unit (Inf.) unidade de martelos
Hamming bound (Inf.) limite de Hamming
Hamming code (Inf.) código de Hamming
Hamming distance (Inf.) distância de Hamming; distância de sinal
Hamming metric (Inf.) métrica de Hamming
Hamming radius (Inf.) raio de Hamming
Hamming space (Inf.) espaço de Hamming
Hamming sphere (Inf.) esfera de Hamming
Hamming weight (Inf.) peso de Hamming
Hamming window function (Electrón.) filtro de Hamming; janela de Hamming
Hammond organ (Fís.) orgão de Hammond
Hancock jig (Minas) lança móvel de Hancock
hand brace (E.Civ.) berbequim; arco de pua
hand-cut peat (Minas) turfa extraída à mão
H and D curve (T.Imag.) curva de H (Hurter) e D (Driffield)

hand feed (Mec.) alimentação manual; avanço manual
hand file (Mec.) lima de mão; lima paralela
hand form block (Mec.) bloco de forma manual
hand hole (Mec.) furo manual
handie-talkie (Telecom.) radiotelefone manual
hand jig (Minas) crivo à mão
hand jointer (E.Civ.) plaina mecânica de avanço manual
hand ladle (Mec.) colher de coada (fundição)
hand lathe (Mec.) torno manual
hand lead (Topo.) prumo de mão; sonda manual
handle-type fuse (Elect.) fusível tipo alavanca
hand level (Topo.) nível portátil; nível de mão
hand lever (Mec.) alavanca manual
hand monitor (Radiol.) monitor de mão
hand mould (Papel) molde manual
hand press (Imp.) prensa manual
hand punch (Inf.) perfuradora manual
hand-rail bolt (E.Civ.) barra de corrimão; barra de gradil
hand-rail plane (E.Civ.) plaina de corrimão
hand-rail punch (E.Civ.) ponteira de corrimão
hand-rail screw (E.Civ.) parafuso de corrimão
hand reset (Elect.) reposição manual
hand rest (Mec.) apoio para a mão
hand roller (Imp.) rolo manual
hand-rope operation (Elect.) operação de cabo de mão
hand scanner (Electrón.) digitalizador manual; leitor protátil de código de barras
Hand-Schuller-Christian disease (Med.) doença de Hand-Schuller-Christian; doença de Schuller; histiocitose lipídica óssea generalizada
handscrew (E.Civ.) parafuso de aperto
handset (Telecom.) aparelho telefónico comum
hands free access control (Electrón.) controlo de acessos via rádio
handshake (Inf.) estabelecer contacto
handshaking (Inf.) transmissão por passagem de testemunho
hand shank (Mec.) caçamba de mão
hands off (Inf.) não controlado directamente
hands on (Inf.) controlado directamente
hand specimen (Minas) espécime de mão (fragmento de minério para estudo ou teste)
hand tool (Mec.) ferramenta portátil; ferramenta manual
hand wheel (Reloj.) volante
hand winding (Elect.) enrolamento manual
hang (Electrón.) pendurado
hangar (Aero.) hangar
hanger (Geral) gancho; cavilha; alça
hanger lag screw (Mec.) parafuso de cabeça roscada

hangfire (Astro.) falha na ignição em motor de foguetão
hangfire (Minas) deflagração retardada
hang glider (Aero.) planador de voo livre
hanging (Mec.) pendente; suspensão
hanging compass (Minas) bússola suspensa
hanging drop preparation (Bio.) preparação de gota
hanging post (E.Civ.) poste suspenso
hangings (E.Civ.) cortinados
hanging sash (E.Civ.) vidraça de suspensão; janela de suspensão
hanging scaffold (E.Civ.) andaime suspenso
hanging stairs (E.Civ.) escada suspensa
hanging stile (E.Civ.) umbral de suspensão; couceira de suspensão
hanging valley (Geo.) vale de suspensão
hanging wall (Minas) capa de filão
hang-over (Inf.; Telecom.) remanescente; arrastamento
hang-up (Mec.) suspensão
hank (Têxt.) novelo
Hankel functions of the first and second kind (Mat.) funções de Hankel da primeira e segunda espécie
Hanning window (Electrón.) filtro de hanning; janela de Hanning
hapanthous (Bot.) hapaxântico; monocárpico
hapaxanthic (Bot.) hapaxântico; monocárpico
haplo- (Geral) haplo-; do grego *haplous* — simples; único
haplobiont (Bot.) haplobionte
haplodiploidy (Zoo.) haplodiploidia
haplodont (Zoo.) haplodonte
haploid (Bio.) haplóide
haploidization (Bot.) haploidização
haploid number (Bio.) número haplóide
haplont (Bot.) haplonte
haplophase (Bio.) fase haplóide
haplostele (Bot.) haplostela
haplostemonous (Bot.) haplostémona
haplotype (Bio.) haplótipo
hapten (Imun.) hapteno
haptonema (Bot.) haptonema
haptophore (Bio.; Med.; Quím.) haptóforo
Haptophyceae (Bot.) Haptofíceas
haptotropism (Bot.) haptotropismo; tigmotropismo
Hapug modulation (Electrón.) modulação de Hapug; modulação controlada da transportadora
hard (Geral) sólido; duro; firme; áspero
hard aluminium alloy (Mec.) duralumínio
hard and fast (Nav.) firmemente encalhado
hard and soft acids and bases (Quím.) ácidos e bases duros e macios
hard array logic (Electrón.) circuito lógico programável não editável
hard bast (Bot.) floema duro
hardboard (E.Civ.) cartão de fibra prensada

hard bronze (MEC.) bronze duro
hard copy (INF.) cópia em papel
hard disk (disc) (INF.) disco duro; disco rígido
hard disc recorder (INF.) gravador de disco rígido
hard draw (MEC.) estiramento a frio
hard drive interface standards (INF.) padrões de interface com discos rígidos
hardenability (MEC.) faculdade de ser temperado
hardener (T.IMAG.) banho endurecedor
hardening (MEC.) têmpera; endurecimento
hardening acclimation (ECO.) aclimatação
hardening agent (MEC.) agente de têmpera
hardening by sprinkling (MEC.) têmpera por aspersão
hardening capacity (MEC.) capacidade de têmpera
hardening carbon (MEC.) carvão de têmpera
hardening furnace (MEC.) forno de têmpera
hardening heat (MEC.) calor de têmpera; temperatura de têmpera
hardening medium (MEC.) meio de têmpera; substância de têmpera
hardening of oils (QUÍM.) têmpera de óleos
hardening of steel (MEC.) têmpera de aço
hard error (INF.) erro permanente
Harder's gland (ZOO.) glândula de Harder
hard-facing (MEC.) revestimento duro
hard failure (ELECTRÓN.) falha de equipamento
hard freeze (METEO.) congelamento violento
hard frost (METEO.) geada negra
hard gale (METEO.) temporal feito
hard glass (QUÍM.; VIDR.) vidro duro; vidro temperado
Hardinge mill (MINAS) moinho de Hardinge
hard iron (MEC.) ferro duro
hard lead (MEC.) chumbo duro (liga de chumbo e antimónio)
hard magnetic material (ELECTRÓN.) material magnético duro
hard metal (MEC.) metal duro
hardness (GERAL) dureza; têmpera; resistência
hardness (MEC.) resistência ao corte; abrasão; têmpera
hardness (MINER.) dureza; resistência à abrasão
hardness scale (MINER.) escala de dureza; escala de Mohs
hard pad (VET.) coxim duro; hiperqueratose
hard palate (ZOO.) palato duro
hard pan (HIDRO.) camada dura
hard pan (MINAS) subsolo firme; base sólida
hard paper (IMP.) papelão
hard plaster (E.CIV.) gesso duro
hard radiation (RADIOL.) radiação dura; radiação forte

hard-rock (GEO.; MINAS) rocha dura (ígnea ou metamórfica)
hard-rock geology (GEO.) Geologia das rochas duras (ígneas e metamórficas)
hard-rock mining (MINAS) mineração em rocha dura
hard-rock phosphate (GEO.) fosfato de rocha dura
hard-sectored disk (disc) (INF.) disco de sectores demarcados fisicamente; disco sectorizado por hardware
hard soap (QUÍM.) sabão duro
hard solder (MEC.) solda forte
hard steel (MEC.) aço duro; aço temperado
hard stock (E.CIV.) tijolo duro; clínquer
hard twist (TÊXT.) cordão duro
hardware (GERAL) «hardware»; componente físico; equipamento
hardware check (INF.) teste de hardware; verificação de hardware
hardware circuitry (INF.) conjunto de circuitos de hardware
hardware compatibility (INF.) compatibilidade de hardware
hardware-dependent (ELECTRÓN.) dependente do equipamento
hardware interrupt (ELECTRÓN.) paragem do equipamento; paragem do hardware
hardware language (INF.) linguagem de hardware
hardware piracy (INF.) pirataria de hardware
hardware program(me) (INF.) programa de hardware; programa de máquina; programa em ROM
hardware reliability (INF.) fiabilidade de hardware; segurança de hardware
hardware reset (ELECTRÓN.) reinício por hardware; reinício físico
hardware resources (INF.) recursos de hardware
hardware security (INF.) segurança de hardware
hardware timer (INF.) temporizador do hardware
hard waste (TÊXT.) desperdícios duros
hard water (QUÍM.) água dura; água calcária
hardwire (ELECTRÓN.) ligação por fios
hardwired logic (INF.) lógica por hardware; módulos lógicos de estado sólido
hard wiring (ELECTRÓN.) ligação por fio
hardwood (BOT.) madeira dura (madeira das dicotiledóneas lenhosas)
Hardy and Schulze «law» (MINAS) «Lei» de Hardy e Schulze
Hardy-Weinberg law (BIO.) lei de Hardy-Weinberg
harelip (MED.) lábio leporino
Hare's apparatus (GEO.) aparelho de Hare
Hargelbarger code (ELECTRÓN.) algoritmo de convolução Hargelbarger
Harker diagram (GEO.) diagrama de Harker
Harkin's rule (FÍS.) regra de Harkin
harmattan wind (GEO.) Armatão

H-armature (ELECT.) induzido H
harmonic (FÍS.) harmónico
harmonic absorber (FÍS.) absorvedor harmónico
harmonic amplitude (ELECT.) amplitude harmónica
harmonic analysis (FÍS.) análise harmónica
harmonic antenna (TELECOM.) antena harmónica
harmonic component (FÍS.) componente harmónico
harmonic conjugate (MAT.) conjugado harmónico
harmonic constant (GEO.) constante harmónica (das marés)
harmonic content (TELECOM.) conteúdo harmónico
harmonic curve (ELECT.) curva harmónica
harmonic distortion (FÍS.) distorção harmónica
harmonic doubler (ELECT.) duplicador harmónico
harmonic drive (TELECOM.) transmissão harmónica; excitação harmónica
harmonic excitation (TELECOM.) excitação harmónica
harmonic factor (ELECT.) factor harmónico
harmonic filter (TELECOM.) filtro harmónico
harmonic frequency (ELECT.) frequência harmónica
harmonic function (MAT.) função harmónica
harmonic generator (FÍS.) gerador de harmónicos
harmonic interference (TELECOM.) interferência harmónica
harmonic mean (MAT.) média harmónica
harmonic motion (FÍS.) movimento harmónico
harmonic noise (TELECOM.) ruído harmónico; interferência harmónica
harmonic oscillation (ELECT.) oscilação harmónica
harmonic oscillator (ELECT.) oscilador harmónico
harmonic output (ELECT.) saída harmónica
harmonic progression (MAT.) progressão harmónica
harmonic radiation (FÍS.) radiação harmónica
harmonic ratio (MAT.) razão harmónica
harmonic selective ringing (TELECOM.) chamada selectiva; toque selectivo harmónico
harmonic series (FÍS.) série harmónica
harmonic suppression (TELECOM.) supressão harmónica
harmonic tide plane (GEO.) plano de maré harmónica
harmonic vibration (FÍS.) vibração harmónica
harmonic wave (FÍS.) onda harmónica
harmonic wave analyser (ELECT.) analisador de onda harmónica
harmotome (MINER.) harmotómio

Harnack's theorem (Mat.) teorema de Harnack

harness (Aero.) armadura (do motor)

Harris flow (Elect.) fluxo de Harris

Harris process (Mec.) processo de Harris

HART (Telecom.) abr. de *highway addressable remote transducer* — barramento endereçável de transdutores remotos

hartite (Miner.) hartite

hartley (Inf.; Telecom.) «hartley» (unidade decimal de quantidade de informação)

Hartley bands (Telecom.) faixas de Hartley

Hartley formula (Telecom.) fórmula de Hartley

Hartley oscillator (Electrón.) oscilador Hartley

Hartley principle (Telecom.) princípio de Hartley

Hartley's law (Telecom.) lei de Hartley

Hartley-Shannon law (Electrón.) lei de Hartley-Shannon

Hartmann dispersion formula (Fís.) fórmula de dispersão de Hartmann

Hartmann oscillator (Fís.) oscilador de Hartmann

Hartmann test (Fís.) teste de Hartmann

Hartnell governor (Mec.) regulador Hartnell

Hartree equation (Electrón.) equação de Hartree

Harvard architecture (Inf.) arquitectura (de computadores) de Harvard

Harvard classification (Astro.) classificação de Harvard

harvest mite (Vet.) trombidíase

harvest moon (Astro.) Lua cheia do equinócio do Outono

harvest spider (Zoo.) aranha-navalheira

Harvey process (Mec.) processo de Harvey

harzburgite (Miner.) harzburgite

Harz jig (Minas) crivo de Harz

hash (Elect.) ruído eléctrico (originado pelos contactos de um vibrador ou pelas escovas de um gerador ou motor)

hash (Inf.) informação não válida

hash function (Inf.) função de comprovação aleatória

Hashimoto's disease (Med.) doença de Hashimoto; tiroidite de Hashimoto; bócio linfomatoso; bócio linfadenóide

Hashimoto thyroiditis (Imun.) V. *Hashimoto's disease*

hashing (Inf.) transformação; endereçamento calculado

hashing algorithm (Inf.) algorítmo de comprovação aleatória

hashing method (Inf.) método de prova; método de comparação

hashish (Bot.; Quím.) haxixe (tóxico extraído do cânhamo da Índia — «Canabis indica»)

hash search (Inf.) pesquisa de prova

hash total (Inf.) total de provas; total abstracto

hasp (E.Civ.) gancho; anel de ferro

hastate (Bot.) lanceolado

hastingsite (Miner.) hastingsite

hatch coaming (Nav.) braçola de escotilha

hatchet (E.Civ.) machado; machadinha

Hatch-Stack pathway (Bot.) via Hatch-Stack; ciclo Hatch-Stack

hatchway (Nav.) escotilha

HAT medium (Bio.) meio HAT; meio hipoxantina-aminopterina-timina

haulage drift (Minas) galeria de arrasto; galeria de transporte

haulage level (Minas) piso de arrasto; piso de transporte

haulage rope (Minas) cabo de tracção

haul distance (E.Civ.) distância de transporte

haunch (E.Civ.) dente de cão; samblamento de respiga e mecha

haunched tenon (E.Civ.) respiga a dente de cão

hauncheon (E.Civ.) V. *haunch*

Hausdorff space (Mat.) espaço de Hausdorff

hausmannite (Miner.) haussemanite

haustellate (Zoo.) haustelado

haustellum (Zoo.) haustelo

haustorium (Bot.) haustório

hauyne (Miner.) hauína; hauyna

Haversian canals (Zoo.) canais de Havers

Haversian glands (Zoo.) glândulas de Havers; glândulas sinoviais

Haversian lamella (Zoo.) lâmina de Havers; lamela concêntrica

Haversian space (Zoo.) espaço de Havers

Haversian system (Zoo.) sistema de Havers

haw (Vet.) terceira pálpebra (do cavalo)

hawk (E.Civ.) talocha

hawkeye (Radar) olho de falcão; radar de detecção de submarinos

hawk's eye (Miner.) olho-de-falcão (crocidolite azulada)

hawser (Nav.) espia; amarra

Hawthorne effect (Psico.) efeito de Hawthorne

Hay bridge (Elect.) ponte de Hay

Hayes standards (Inf.) padrões de modem de Hayes

hay fever (Imun.; Med.) asma dos fenos; rinite alérgica; febre dos fenos; polinose; doença de Bostock

haze (Meteo.) bruma; neblina

Hazeltine neutralization (Elect.) neutralização de Hazeltine

Hazen and Williams' formula (Mec.) fórmula de Hazel e Williams

Hazen's uniformity coefficient (Fís.) coeficiente de uniformidade de Hazen

Hb; HB (Quím.; Med.) abr. de *haemoglobin* — hemoglobina

H-band (Telecom.) banda H; faixa H

HBcAg (Med.) abr. de *Hepatite B core Antigen* — antigénio central da hepatite B (c representado também em índice)

HbCo (Med.) abr. de *carboxyhaemoglobin* — carboxi-hemoglobina

H-beam (Mec.) viga em H

H-bend (Telecom.) curva em H

HbS (Med.) abr. de *sickle cell haemoglobin* — hemoglobina da célula falciforme

HBsAg (Med.) abr. de *Hepatite B surface Antigen* — antigénio da hepatite B (s representado também em índice)

HBT-HEMT (Electrón.) abr. de *heterojunction bipolar transistor - high electron mobility transistor* — dispositivo de transistores bipolares de junção heterogénea e de mobilidade de electrões elevada

HC (Elect.) abr. de *High Conductivity* — alta condutividade

HC (Elect.) abr. de *Hybrid Circuit* — circuito híbrido

HCF (Inf.) abr. de *Host Command Facility* — recurso de comando principal

HCG (Med.) abr. de *Human Chorionic Gonadotropin* — gonadotropina coriónica humana

H-class insulation (Elect.) isolamento de classe H

HcT (Med.) abr. de *hematocrit* — hematócrito

HDCD (Telecom.) abr. de *high definition CD* — CD de alta definição

HDD (Inf.) abr. de *hard disk drive* — disco rígido

H-display (Radar) exibição H; disposição H

H DNA (Bio.) ADN tipo H

HDSL (Telecom.) abr. de *high data-rate subscriber line* — linha telefónica de alto débito

HDTV (T.Imag.) abr. de *High Definition TeleVision* — televisão de alta definição

He (Quím.) símbolo químico do *helium* — hélio

head (Arq.) chave de abóbada

head (Bot.) gomo; botão; copa (de árvore)

head (E.Civ.) viga de sustentação

head (Geo.) cabo; promontório

head (Geral) cabeça

head (Hidro.) diferença de nível

head (Minas) boca de galeria de mina

headache (Med.) dor de cabeça; cefaleia; enxaqueca

headache (Minas) «Dor de cabeça» (grito de aviso quando existe perigo de queda de objectos em qualquer ponto da sonda)

headache post (Minas) poste de protecção

head actuator (Inf.) actuador das cabeças de leitura

head amplifier (Electrón.) amplificador de cabeça; amplificador de imagem (TV e VT)

head arm (Inf.) braço das cabeças de leitura

headband (Imp.) tranchefila; tranchefile

head-bay (Hidro.) cabeça de montante de eclusa

head-cap (Imp.) lombada

head crash (Inf.) aterragem de cabeças (de disco rígido)

head demagnetizer (Electrón.) desmagnetizador de cabeça

head drum (T.Imag.) cabeça de vídeo

header (E.Civ.) pedra inicial (no ângulo da parede); travessão

header (INF.) registo de início; cabeçalho

header (MINAS) «cabeça»; «manifold»; tubo central de escoamento de petróleo desde as várias condutas até ao separador

header block (INF.) bloco de cabeçalho

header card (INF.) cartão de cabeçalho

header field (INF.) campo de cabeçalho

header label (INF.) etiqueta de cabeçalho

header record (INF.) registo inicial

header segment (INF.) segmento inicial

header table (INF.) tabela inicial

headframe (MINAS) cavalete de extracção

head gap (INF.) intervalo de cabeça (leitura e gravação)

head-gate (HIDRO.) comporta

headgear (MINAS) cavalete de extracção

head grit (VET.) leptospirose canina

heading (E.CIV.) passagem subterrânea

heading (INF.) cabeçalho

heading (MINAS) galeria de avanço de mina

heading angle (NAV.) ângulo de curso; ângulo de proa

heading bond (E.CIV.) união de travadouros

heading course (E.CIV.) fiada de travadouros

heading indicator (AERO.) indicador de rota; indicador de curso

heading joint (E.CIV.) junta entre dois arcos

headline (IMP.) cabeçalho; título

head line (NAV.) linha de navegação; linha de curso

head motion (MINAS) movimento basculante

head moulding (E.CIV.) moldura de cabeça

head-on collision (ELECTRÓN.) colisão frontal

headphones (TELECOM.) auscultadores

head race (E.CIV.) viga horizontal de sustentação

headroom (E.CIV.) pé direito; altura livre

headstock (MEC.) cabeçote fixo (de torno mecânico)

head tree (E.CIV.) árvore-guindaste

head tree (MINAS) ponte transversal superior (em galeria de mina)

head wall (MEC.) parede de testa; muro de testa; parede frontal

headwater (HIDRO.) nascente

headway (E.CIV.) pé direito; altura livre

headwind (METEO.) vento frontal

headworks (HIDRO.) obras de captação; obras de cabeceira

heald (TÊXT.) liço

healing of chromosome (BIO.) reconstituição de cromossoma por fusão

health physics (RADIOL.) Física de saúde

heap cloud (METEO.) nuvem de desenvolvimento vertical

hearing (FÍS.) audição

hearing adaptive threshold (TELECOM.) limiar de audição adaptativo

hearing impairment (MED.) diminuição de audição

hearing level (FÍS.) nível de audição

hearing loss (FÍS.; MED.) perda de audição; surdez

heart (BOT.) medula

heart (NUCL.) núcleo atómico; núcleo de átomo

heart (ZOO.) coração

heart attack (MED.) ataque de coração; colapso cardíaco; enfarte

heart-block (MED.) bloqueio cardíaco

heart bond (E.CIV.) junção interna; junta interna

heart cam (RELOJ.) came cordiforme

heart failure (MED.) falha cardíaca; insuficiência cardíaca; insuficiência miocárdica

hearth (MEC.) soleira (de alto forno); crisol; fornalha

hearthy-type reverberatory furnace (METEO.) forno de reverberação de soleira

heart sound (MED.) som cardíaco

heart transplant (MED.) transplante de coração; transplante cardíaco

heartwater (VET.) «coração de água»; riquetsiose dos ruminantes

heart wood (BOT.) duramen; durame; cerne

heat (GERAL) calor

heat (MED.) ardência; ardor

heat (ZOO.) estro; cio

heat balance (FÍS.; QUÍM.) equilíbrio térmico

heat balance (MEC.) equilíbrio calorífico

heat capacity (FÍS.) capacidade térmica

heat circuit (FÍS.) circuito térmico

heat coil (ELECT.) bobina térmica; serpentina de aquecimento

heat conductibility (FÍS.) condutibilidade calorífica

heat conduction (ELECTRÓN.) condução de calor

heat conductivity (FÍS.) condutividade calorífica

heat constant (FÍS.) constante calorífica

heat convection (FÍS.) convecção térmica

heat cramp (BIO.) câibra de calor

heat cycle (FÍS.) ciclo térmico

heat density (MEC.) densidade calorífica

heat detector (MEC.) detector térmico; detector de calor

heat dissipation (ELECTRÓN.) dissipação de calor

heat drop (MEC.) queda de calor

heat efficiency (FÍS.) rendimento térmico; rendimento calorífico

heat emissivity (FÍS.) emissividade térmica

heater (ELECTRÓN.) calefactor; filamento aquecedor

heater biasing (ELECT.) polarização de filamento de aquecimento

heater cathode (ELECT.) cátodo de aquecimento

heater circuit (ELECT.) circuito de aquecimento

heater potential (ELECT.) potencial do filamento de aquecimento

heater resistance (ELECT.) resistência de filamento aquecedor

heater transformer (ELECTRÓN.) transformador de filamento de aquecimento

heat exchange (MEC.; QUÍM.) transferência térmica

heat exhaustion (MED.) exaustão por calor

heat filter (T.IMAG.) filtro de calor

heat-flow (FÍS.) fluxo térmico; circulação de calor

heat-flow measurement (GEO.) medida de fluxo térmico

heat flux (MEC.; QUÍM.) fluxo térmico

heather blindness (VET.) riquetsiose conjuntiva; oftalmia contagiosa dos carneiros

heating curves (FÍS.) curvas de aquecimento

heating depth (ELECT.) profundidade de aquecimento

heating effect (ELECT.) efeito térmico

heating element (ELECT.) elemento de aquecimento

heating inductor (ELECT.) indutor de aquecimento

heating limit (ELECT.) limite de aquecimento

heating muff (AERO.) mufla de ar quente; «marmita» de ar quente

heating resistor (ELECT.) resistência de aquecimento

heating time (ELECTRÓN.) tempo de aquecimento

heat-insulating concrete (E.CIV.) betão de isolamento térmico

heat insulation (E.CIV.) isolamento térmico

heat liberation rate (MEC.) razão de libertação de calor

heat of formation (QUÍM.) calor de formação

heat of solution (QUÍM.) calor de solução

heat pipe (ESP.) reservatório de transferência de calor

heat pulse (ESP.) impulso térmico (reentrada na atmosfera)

heat pump (MEC.) bomba de aquecimento

heat radiation (ELECTRÓN.) radiação térmica

heat regenerator (QUÍM.) regenerador térmico

heat-resisting alloy (MEC.) liga resistente ao calor; liga inoxidável a quente

heat-resisting paint (E.CIV.) tinta resistente ao calor

heat run (ELECT.) ensaio de temperatura

heat-shock genes (BIO.) genes de choque térmico

heat-shock proteins [HSPs] (BIO.) proteínas de choque térmico

heat shunt (ELECTRÓN.) ponte térmica

heat sink (ELECT.) dissipador de calor

heat-sink grease (ELECTRÓN.) massa condutora de calor

heat spot (ZOO.) mácula de calor; mancha de calor; ponto da pele sensível ao calor

heat stroke (MED.) hiperpirexia de calor; apoplexia térmica

heat transfer (Fís.) transferência de calor; transmissão térmica

heat transfer coefficient (Quím.) coeficiente de transmissão de calor

heat transfer salt (Quím.) sal de transmissão de calor

heat treatment (Mec.) tratamento térmico; procedimento térmico

heat unit (Fís.) unidade de calor; unidade térmica; caloria

heave (Geo.; Minas) rejeição horizontal de uma falha

heavier-than-air aircraft (Aero.) aeronave mais pesada que o ar

Heaviside layer (Fís.) camada de Heaviside

Heaviside-Lorentz units (Telecom.) unidades de Heaviside-Lorentz

Heaviside unit function (Telecom.) função unitária de Heaviside

heavy-aggregate concrete (Nucl.) cimento de agregados pesados

heavy air (Meteo.) ar denso; ar pesado

heavy central nucleous (Nucl.) núcleo central pesado

heavy chain (Imun.) cadeia pesada

heavy chemicals (Quím.) químicos pesados

heavy ground (Minas) solo denso

heavy hydrogen (Quím.) hidrogénio pesado; deutério

heavy liquids (Minas) líquidos densos

heavy media separation (Minas) separação de meios densos

heavy meson (Fís.) mesão pesado

heavy metal (Bio.) metal pesado (metal de densidade superior a 5)

heavy-metal tolerance (Eco.) tolerância aos metais pesados

heavy mineral (Geo.) mineral pesado; mineral denso

heavy particle (Fís.) partícula pesada; hiperão

heavy spar (Minas) barite

heavy water (Nucl.; Quím.) água pesada; óxido de deutério

heavy water solution (Quím.) solução de água pesada

hebephrenia (Psico.) hebefrenia; esquizofrenia hebefrénica

Heberden's nodes (Med.) nódulos de Heberden

hebetude (Med.) estupidez; letargia

hectare (Topo.) hectare

hecto- (Geral) hect(o)-; do grego *hektaton* — cem

hectocotylized arm (Zoo.) hectocótilo

hectometric waves (Telecom.) ondas hectométricas

hectorite (Miner.) hectorita

hedenbergite (Miner.) hedenbergite (variedade de piroxena)

hedle (Têxt.) liço

Hedley's dial (Topo.) bússola de Hedley

heel (E.Civ.) talão

heel (Nav.) inclinação lateral do navio; adernamento

heeling error (Nav.) erro de bússola devido a inclinação

heel-post (Hidro.) coluna giratória em porta de eclusa; cadaste

heel-post (Nav.) cadaste

Heenan dynamic dynamometer (Mec.) dinamómetro dinâmico de Heenan

Heenan hydraulic torque meter (Mec.) medidor de torção hidráulica de Heenan

Hegman gauge (Fís.) calibrador de Hegman

Hehner's test (Quím.) teste de Hehner

height control (T.Imag.) controlo de altura

height finder (Aero.) altímetro; indicador de altura

height finder radar (Radar) radar calculador de altitude; computador de altitude

height finding radar set (Radar) equipamento de radar de exploração em altura; radar RHI

height gain (Electrón.) ganho elevado

height gauge (Aero.) altímetro

height of a transfer unit (Quím.) altura de uma unidade de transferência

height of instrument (Topo.) altura do instrumento

Heisenberg principle (Fís.) princípio de Heisenberg

Heising modulation (Electrón.) modulação de Heising

HeLa cell (Bio.) células HeLa

held water (Geo.) água livre

helianthine (Quím.) heliantina

heli-arc welding (Mec.) soldadura por arco de hélio

helical antenna (Telecom.) antena helicoidal

helical coil model (Bio.) modelo de cadeia em hélice

helical drill (Electrón.) broca helicoidal; broca em espiral

helical drill (Minas) sonda helicoidal

helical drive (Mec.) transmissão helicoidal

helical gear (Mec.) engrenagem helicoidal

helical hinge (E.Civ.) articulação helicoidal

helical potentiometer (Electrón.) potenciómetro helicoidal; potenciómetro de enrolamento

helical rising (Astro.) ascensão em espiral

helical scan (T.Imag.) exploração helicoidal

helical setting (Astro.) ocaso em espiral

helical spring (Mec.) mola helicoidal

helical vane (Mec.) aleta helicoidal

helical wave guide (Telecom.) guia de onda helicoidal

helicoid (Bot.; Mat.) helicóide

helicoidal beam (Electrón.) feixe helicoidal

helicopter (Aero.) helicóptero

helicotrema (Zoo.) helicotrema; hiato de Scarpa

helictic (Geo.) helicítica

helio- (Geral) helio-; do grego *helios* — sol

heliocentric coordinates (Astro.) coordenadas heliocêntricas

heliocentric declination (Astro.) declinação heliocêntrica

heliocentric motion (Astro.) movimento heliocêntrico

heliocentric opposition (Astro.) oposição heliocêntrica

heliocentric parallax (Astro.) paralaxe heliocêntrica; paralaxe anual

heliocentric system (Astro.) sistema heliocêntrico

heliodor (Miner.) heliodoro (variedade de berilo)

heliograph (Topo.) heliógrafo

heliometer (Astro.) heliómetro

heliophyte (Bot.) heliófita

heliostat (Astro.; Topo.) helióstato

heliotaxis (Bio.) heliotaxia; heliotropismo

heliotherapy (Med.) helioterapia

heliotrope (Miner.) heliotrópio

heliotropic (Eco.) heliotrópico

heliotropin (Quím.) heliotropina; piperonal

heliotropism (Bio.) heliotropismo; heliotaxia

helipot (Electrón.) potenciómetro helicoidal; potenciómetro de enrolamento

helium (Quím.) hélio

helium diving-bell (Mec.) sino de imersão de hélio

helium-neon laser (Fís.) laser de hélio e néon

helium stars (Astro.) estrelas de hélio

helix (Quím.) espiral; hélice

helix aerial (Telecom.) antena em hélice; antena helicoidal

helix angle (Aero.) ângulo da hélice

hell-box (Imp.) caixa onde se lançam os tipos já gastos

Hellesen cell (Elect.) pilha de Hellesen

Helmert's formula (Fís.) fórmula de Helmert

helmet (E.Civ.) capacete

Helmholtz coils (Elect.) bobinas de Helmholtz

Helmholtz double layer (Quím.) dupla camada de Helmholtz

Helmholtz equation (Fís.) equação de Helmholtz

Helmholtz flow (Fís.) fluxo de Helmholtz

Helmholtz free energy (Quím.) energia livre de Helmholtz; função de Helmholtz; potencial de Helmholtz

Helmholtz function (Quím.) função de Helmholtz; energia livre de Helmholtz; potencial de Helmholtz

Helmholtz galvanometer (Elect.) galvanómetro de Helmholtz

Helmholtz instability (Fís.) instabilidade de Helmholtz

Helmholtz resonance (Fís.) ressonância de Helmholtz

Helmholtz resonator (Fís.) ressoador de Helmholtz

Helmholtz's theorem (Elect.) teorema de Helmholtz

Helmholtz wave (Fís.) onda de Helmholtz

Helminthes (Zoo.) Helmintas

helminthiasis (Med.) helmintíase

helophyte (Bot.) helófita
helotism (Eco.) parasitismo
helper T cell (Bio.) célula T ajudante
helper T-lymphocyte (Imun.) linfócito-T auxiliar
helper virus (Bio.) vírus ajudante
helve (E.Civ.) cabo de ferramenta
helve hammer (Mec.) martelo de cabo; martinete
hemagglutinin (Bio.) hemaglutina
hematite; haematite (Miner.) hematite
hemeralopia (Med.) hemeralopia; cegueira diurna
hem-; hema-; hemo- (Geral) hem(a)-; hemo-; do grego *haima* — sangue
hemi- (Geral) hemi-; do grego *hemi* — meio, metade, pela metade
hemianaesthesia; hemianesthesia (Med.) hemianestesia
hemianalgesia (Med.) hemianalgesia
hemianopia; hemianopsia (Med.) hemianopsia
Hemiascomycetes (Bot.) Hemiascomicetos
hemiataxia; hemiataxy (Med.) hemiataxia
hemiatrophy (Med.) hemiatrofia
hemiballism (Med.) hemibalismo
hemibranch (Zoo.) hemibrânquia
hemicellulose (Bio.) hemicelulose
Hemichorda (Zoo.) Hemicordados; Protocordados
hemichorea (Med.) hemicoreia; coreia hemilateral
hemichromosome (Bio.) hemicromossoma
hemicolloid (Med.) hemicolóide; meio-colóide
hemicrania (Med.) hemicrânia; enxaqueca
hemicraniosis (Med.) hemicraniose
hemicryptophyte (Bot.) hemicriptófita
hemicrystalline rock (Geo.) rocha hemicristalina
hemicyclic (Bot.) hemicíclico
hemignathous (Zoo.) hemignato
hemihydrate plaster (E.Civ.) gesso de Paris (sulfato de cálcio hemihidratado)
Hemimetabola (Zoo.) Hemimetábola
hemimetabolic (Zoo.) hemimetabólico
hemimorphism (Miner.) hemimorfismo
hemimorphite (Miner.) hemimorfite
hemiparasite (Bot.) hemiparasita; parasita parcial
hemipenes (Zoo.) cecos copuladores
hemiplegia (Med.) hemiplegia
Hemiptera (Zoo.) Hemípteros
hemisection (Med.) hemissecção
hemisphere (Geral) hemisfério
hemithyroidectomy (Med.) hemitiroidectomia
hemizygous (Bio.) hemizigótico
hemoglobin (Zoo.) hemoglobina; Hb
hemoglobinemia (Med.) hemoglobinemia
hemoglobinophilic (Bio.) hemoglobinofílico
hemolymph (Bio.) hemolinfa

hemolysis (Bio.) hemólise
hemophilia (Bio.) hemofilia
hemorrhage (Med.) hemorragia
hemorrhoid (Med.) hemorróida
hemp (Têxt.) cânhamo
Hempel burette (Quím.) bureta de Hempel
Hempel furnace (Mec.) forno de Hempel
Hempel's explosion pipette (Quím.) pipeta de explosão de Hempel
HEMT (Electrón.) abr. de *high electron mobility transistor* — transistor de mobilidade de electrões elevada
HEM wave (Fís.) abr. de *Hybrid ElectroMagnetic wave* — onda electromagnética híbrida
HE-NE laser (Fís.) laser de Hélio-Néon
henequen (Têxt.) pita; piteira; henequén
Henle's loop (Zoo.) alça de Henle; ansa de Henle
Henneberg's method (Fís.) método de Henneberg; método dos momentos de inércia
Hennig's dilemma (Eco.) dilema de Henning
Henoch-Schoenlein purpura (Med.) púrpura de Henoch-Schoenlein; púrpura anafilactóide; púrpura reumática; púrpura nervosa
Henrici's notation (Mec.) notação de Henrici
henry (Fís.) henri (unidade SI de auto-indutância eléctrica e de relutância magnética)
Henry's law (Quím.) lei de Henry
Henry Williams fishplate (Mec.) chapa de união de trilhos H.W.
HEOD (Quím.) dieldrina (hidrocarboneto em cloro usado como insecticida)
heparin (Med.) heparina
hepat-; hepato- (Geral) hepat-; hepato-; do grego *hepa, hepatos* — fígado
hepatectomy (Med.) hepatectomia
hepatic (Bot.) hepática (planta briófita)
hepatic (Med.; Zoo.) hepático (pertencente ao fígado)
hepatic artery (Zoo.) artéria hepática
hepatic duct (Zoo.) canal hepático
Hepaticopsida; Hepaticae (Bot.) Hepaticopsidas; Hepáticas
hepatic portal system (Zoo.) sistema portal hepático
hepatic portal vein (Zoo.) veia porta hepática
hepatitis (Med.) hepatite
hepatitis contagiosa canis (Vet.) hepatite contagiosa canina; hepatite infecciosa canina
hepatitis externa (Med.) hepatite externa; periepatite
hepatitis virus (Bio.; Med.) vírus da hepatite
hepatization (Med.) hepatização
hepatoblastoma (Med.) hepatoblastoma
hepatocarcinoma (Med.) hepatocarcinoma; carcinoma hepático
hepatocele (Med.) hepatocele; hérnia do fígado

hepatocerebral (Med.) hepatocerebral
hepatocholangioenterostomy (Med.) hepatocolangioenterostomia; hepaticoenterostomia
hepatocholangitis (Med.) hepatocolangite
hepatocirrhosis (Med.) hepatocirrose; cirrose hepática
hepatocuprein (Bio.) hepatocupreína
hepatocystic (Med.) hepatocístico
hepatocyte (Med.) hepatócito; célula parenquimosa do fígado
hepatoduodenostomy (Med.) hepatoduodenostomia; hepaticoduodenostomia
hepatodynia (Med.) hepatodinia
hepatodystrophy (Med.) hepatodistrofia
hepatoenteric (Med.) hepatoentérico
hepatogastric (Med.) hepatogástrico
hepatogenic; hepatogenous (Med.) hepatogénico; hepatógeno
hepatography (Med.) hepatografia; radiografia do fígado; tratado sobre o fígado
hepatohemia (Med.) hepato-hemia; hepatemia; congestão do fígado
hepatoid (Med.) hepatóide
hepatolenticular degeneration (Med.) degeneração hepatolenticular
hepatolith (Med.) hepatólito; cálculo biliar
hepatolithectomy (Med.) hepatolitectomia (remoção cirúrgica de um hepatólito)
hepatolithiasis (Med.) hepatolitíase
hepatologist (Med.) hepatologista
hepatolysin (Med.) hepatolisina
hepatoma (Med.) hepatoma
hepatomalacia (Med.) hepatomalacia
hepatomegalia; hepatomegaly (Med.) hepatomegalia
hepatomelanosis (Med.) hepatomelanose
hepatomphalocele (Med.) hepatomphalocele; hepatônfalo
hepatomphalos (Med.) hepatônfalo
hepatonecrosis (Med.) hepatonecrose
hepatonephric (Med.) hepatonéfrico
hepatopancreas (Zoo.) hepatopâncreas
hepatopathy (Med.) hepatopatia
hepatopexy (Med.) hepatopexia
hepatophyma (Med.) hepatofima; tumor arredondado (ou nodular) do fígado
hepatoportal system (Med.) sistema hepatoportal; sistema portal hepático
hepatoptosis (Med.) hepatoptose
hepatorrhagia (Med.) hepatorragia
hepatorrhaphy (Med.) hepatorrafia
hepatorrhexis (Med.) hepatorrexia
hepatostomy (Med.) hepatostomia
hepatotoxic (Med.) hepatotóxico
Hepatotoxina (Med.) hepatotoxina
hepta- (Geral) hept(a)-; do grego *heptas* — sete
heptano (Quím.) heptano
heptavalent; septavalent (Quím.) heptavalente
heptose (Quím.) heptose
herb (Bot.) erva; herbácea
herbaceous (Bot.) herbáceo

herbaceous perennial (Bot.) herbácea perene
herbarium (Bot.) herbário
herbicide (Eco.) herbicida
herbivore (Eco.) herbívoro
Hercynian orogony (Geo.) orogenia hercínica; orogenia herciniana
hercynite (Miner.) hercinite
hereditary (Bio.) hereditário
hereditary angioneurotic oedema (Imun.) edema angioneurótico hereditário
hereditary ataxia (Med.) ataxia hereditária
hereditary disease (Bio.; Med.) doença hereditária
hereditary haemorragic telangiectasia (Med.) telangiectásia hemorrágica hereditária
heredity (Bio.) hereditariedade
Hereford disease (Vet.) doença de Hereford; hipomagnesemia bovina
hermaphrodite (Geral) hermafrodita
hermaphroditic (Eco.) hermofroditismo
hermatypic (Eco.) hermatipo
HERMES (Esp.) Hermes (nave espacial reutilizável que os Europeus pretendem lançar em 1997)
Hermes (Astro.) Hermes (um dos asteróides Apolo)
hernia (Med.) hérnia
herniation (Med.) herniação
hernio- (Geral) hernio-; do latim *hernia* — ruptura
hernioid (Med.) hernióide
herniology (Med.) Herniologia (ramo da Cirurgia)
hernioplasty (Med.) hernioplastia
herniopuncture (Med.) herniopunctura; herniopunção
herniorrhaphy (Med.) herniorrafia
herniotome (Med.) herniótomo (bisturi para herniotomia)
herniotomy (Med.) herniotomia
heroin (Quím.) heroína; diacetilmorfina
Heron's formula (Mat.) fórmula de Heron (ou Hero)
Hero's formula (Mat.) fórmula de Hero; fórmula de Heron
Héroult process (Mec.) processo Héroult
herpes (Med.) herpes
herpes gestationis (Med.) herpes gestacional; herpes de gestação
herpes simplex (Med.) herpes simples
Herpes simplex virus [HSV] (Bio.) vírus simples do Herpes
herpes tonsurans (Med.) herpes tonsurante
herpes zoster (Med.) herpes zóster
herring-bone ashlar (E.Civ.) silhar em espinha-de-peixe
herring-bone bond (E.Civ.) ligação em espinha-de-peixe; ligação em espiga
herring-bone gear (Mec.) engrenagem de espinha de peixe; engrenagem de dente angular
Herschel formula (Mec.) fórmula de Herschel
hertz (Fís.) hertz (unidade de frequência)

Hertz antenna (Telecom.) antena hertziana
Hertzian dipole (Elect.) dipolo hertziano; dipolo de Hertz
Hertzian echo (Telecom.) eco hertziano
Hertzian oscillator (Telecom.) oscilador hertziano
Hertzian wave (Fís.) onda hertziana
Hertzsprung gap (Astro.) intervalo de Hertzsprung
Hertzsprung-Russell diagram (Astro.) diagrama de Hertzsprung-Russell
Herzberg stain (Papel) mordente de Herzberg
hessian (Mat.) hessiano; hesseano (de Otto Hesse — matemático alemão)
hessian (Têxt.) hesseana (tecido grosseiro e forte de cânhamo ou juta)
hessite (Miner.) hessite
hessonite (Miner.) hessonite
Hess's law (Quím.) lei de Hess
heter-; hetero- (Geral) do grego *heteros* — o outro (com o sentido de diferença)
heteradelphus (Bio.) heteradelfo
heteralius (Bio.) heterálio
heteraxial (Bio.) heteraxial
hetero-agglutination (Bio.) heteroaglutinação
hetero-agglutinin (Bio.) hetero-aglutinina
heteroantibody (Bio.) hetero-anticorpo
heteroatom (Quím.) heterátomo
heteroauxin (Bot.) heteroauxina
heteroblastic (Zoo.) heterobástico
heterocercal (Zoo.) heterocercal
heterochlamydeous (Bot.) heteroclamidado
heterochromatin (Bio.) heterocromatina
heterochromia (Med.) heterocromia
heterochromosome (Bio.) heterocromossoma
heterochron ((Med.) heterocrono
heterocoelus (Zoo.) heterocélico
heterocotylized arm (Zoo.) heterocótilo; hectocótilo
heterocrine (Bio.) heterócrino; alócrino
heterocyclic compounds (Quím.) compostos heterocíclicos
heterodactylous (Zoo.) heterodáctilo
heterodermic (Med.) heterodérmico (enxerto)
heterodesmic structure (Geo.) estrutura heterodésmica; estrutura anisodésmica
heterodont (Zoo.) heterodonte
heterodromous (Bot.) heteródromo
heteroduplex (Bio.) heteroduplex
heteroduplex DNA (Bio.) ADN heteroduplex
heterodyne (Telecom.) heterodino
heterodyne action (Telecom.) acção heterodínica
heterodyne analyser (Elect.) analisador heterodino
heterodyne conversion (Telecom.) conversão heterodina
heterodyne detector (Telecom.) detector heterodino

heterodyne frequency (Electrón.) frequência heterodina
heterodyne-frequency meter (Telecom.) frequencímetro heterodino
heterodyne harmonic (Telecom.) harmónico heterodino
heterodyne interference (Telecom.) interferência heterodina
heterodyne modulator (Telecom.) modulador heterodino
heterodyne oscillator (Telecom.) oscilador heterodino
heterodyne reception (Telecom.) recepção heterodina
heterodyne transmission (Telecom.) transmissão heterodina
heterodyne wavemeter (Telecom.) ondómetro heterodino
heterodyne whistle (Telecom.) síbilo heterodino; interferência heterodina
heteroecious (Bot.; Zoo.) heteroxeno
heterofermentation (Bio.) heterofermentação; fermentação heteroláctica
heterogamete (Bio.) heterogâmeto; anisogâmeto
heterogametic sex (Bio.) sexo heterogamético
heterogametous (Bot.) heterogâmico
heterogamy (Eco.) heterogamia
heterogeneous (Quím.) heterogéneo
heterogeneous nuclear RNA [hnRNA] (Bio.) ARN nuclear heterérgeneo
heterogeneous radiation (Fís.) radiação heterogénea
heterogeneous reactor (Nucl.) reactor heterogéneo
heterogeneous summation (Psico.) somatório heterogéneo; total heterogéneo
heterogenesis (Zoo.) heterogéncse
heterogeny (Zoo.) heterogenia; geração espontânea (doutrina)
heterogony (Zoo.) heterogonia
heterojunction (Electrón.) junção heterogénea
heterokaryon (Bio.) heterocário
heterokaryosis (Bot.) heterocariose
heterokon; heterokontan (Bot.) heterocontas
Heterokontophyta (Bot.) Heterocontas (classe de Crisófitos)
heterolactic fermentation (Bio.) fermentação heteroláctica
heterolecithal (Zoo.) heterolécito; heterovitelo
heteromastigote (Zoo.) heteromastigoto
heteromerous (Bot.) heterómero
heterometabolic (Zoo.) heterometabólico
heterometry (Quím.) heterometria
heteromorphic; heteromorphous (Bot.) heteromórfica; heteromorfa
heteromorphous rock (Geo.) rocha heteromórfica
heteronomous (Zoo.) heterónomo
heterophagous (Eco.) heterófago
heterophil(e) antigen (Imun.) antigénio heterófilo
heterophilly (Bot.) heterofilia
heterophonia (Med.) heterofonia
heterophoria (Med.) heteroforia

heterophyte (Eco.) heterótipo
heteroplasma (Zoo.) heteroplasma
heteroplastic (Zoo.) heteroplástico
heteroplasty (Med.) heteroplastia; haloplasia
heteropolar (Quím.) heteropolar
heteropolar bond (Quím.) ligação heteropolar
heteropolar generator (Elect.) gerador heteropolar
heteropolar liquids (Quím.) líquidos heteropolares
heteropycnosis (Bio.) heteropicnose
heterosaccharide (Quím.) heterossacárido; heterossacarídeo
heteroscopy (Med.) heteroscopia
heterosexual (Psico.) heterossexual
heterosis (Bio.) heterose
heterosphere (Eco.) hetero-esfera
heterospory (Bot.) heterosporia
heterostyly (Bot.) heterostilia
heterosymbiosis (Eco.) heterosimbiose
heterothallism (Bot.) heterotalismo
heterotonia (Med.) heterotonia
heterotopia (Med.) heterotopia
heterotopic (Eco.) heterotópico
heterotrichosis (Med.) heterotricose
heterotrichous (Zoo.) heterótrico
heterotroph (Bio.; Eco.) heterotrofo
heterotrophic (Bot.) heterotrófico
heterotypic (Zoo.) heterotípico
heterotypic division (Bio.) divisão heterotípica
heterozygosis (Bio.) heterozigose; heterozigocidade
heterozygosity (Bio.) V. *heterozygosis*
heterozygote (Bio.) heterozigoto
heterozygous (Bio.) heterozigótico
heulandite (Miner.) heulandite
heuristic (Inf.) heurística
heuristic approach (Inf.) abordagem eurística
heuristic method (Inf.) método eurístico
heuristic program (Inf.) programa eurístico
heuristic routine (Inf.) rotina eurística
Heuristics (Inf.) Eurística
Hewlett disk (disc) insulator (Elect.) isolador de disco Hewlett
Hewlett-Packard interface bus (Inf.) barramento HP de interface genérico; barramento IEEE-488
Hewlett-Packard interface loop (Inf.) interface em anel da HP
hewn stone (E.Civ.) pedra lavrada
hex (Inf.) hexadecimal
hex-; hexa- (Geral) hex-; hexa-; do grego *hex* — seis
hexacanth (Bio.) hexacanto
hexachlorocyclohexane (Quím.) hexaclorociclo-hexano; lindane; «gammexane»
hexachlorophane (Quím.) hexaclorofeno
hexachromic (Fís.) hexacrómico
Hexactinellida (Zoo.) Hexactinelida
hexad (Quím.) hexavalente
hexadecane (Quím.) hexadecano
hexadecimal notation (Inf.; Mat.) notação hexadecimal

hexadecimal scale (Inf.) escala hexadecimal; base hexadecimal
hexafluorenium (Quím.) hexafluorénio
hexafluorophosphoric acid (Quím.) ácido hexafluorofosfórico; ácido fosforofluórico
hexagon (Mat.) hexágono
hexagonal closet packing (Quím.) estrutura hexagonal compacta
hexagonal system (Crist.) sistema hexagonal
hexagon dresser (Mec.) rebarbador hexagonal; desbastador hexagonal
hexagon voltage (Elect.) voltagem hexagonal
hexahydrobenzene (Quím.) hexa-hidrobenzeno
hexahydrophenol (Quím.) hexa-hidrofenol
hexahydropyridine (Quím.) hexa-hidropiridina
hexamerous (Bot.) hexâmero
hexametaphosphate (Quím.) hexametafosfato
hexamethylene (Quím.) hexametileno
hexamethylenediamine (Quím.) hexametilenodiamina
hexamethylenetetramine (Quím.) hexametilenatetramina; hexametilenamina; hexamina; formina; urotropina
hexamitiasis (Vet.) hexametíase; hexamitose; enterite infecciosa catarral dos galináceos
hexane (Quím.) hexano
hexanoic acid (Quím.) ácido hexanóico
hexapod (Zoo.) hexápode
Hexapoda (Zoo.) Hexápoda; Hexapódes; Insectos
hexarch (Bot.) com seis filamentos vasculares
hexastyle (Arq.) com seis pilares; com seis colunas (pórtico)
hexavalent; sexavalent (Quím.) hexavalente
hex coding (Inf.) codificação hexadecimal; codificação de base hexadecimal
hexobarbital sodium (Quím.) hexobarbital sódico
hexodiphosphatase (Quím.) hexodifosfatase
hexogen (Quím.) ciclonite; RDX
hexone bases (Quím.) bases de hexona
hexonic acid (Quím.) ácido hexónico
hexosamine (Quím.) hexosamina
hexosaminidase (Quím.) hexosaminidase
hexose (Quím.) hexose
hexose phosphatase (Quím.) hexosefosfatase
hexphase; hexaphase (Quím.) de 6 fases (hexafásico)
hexuronic acid (Quím.) ácido hexurónico
Heyland diagram (Mec.) diagrama de Heyland
HF (Aero.; Telecom.) abr. de *High Frequency* — alta frequência
Hf (Quím.) símbolo químico do *hafnium* — háfnio

HF saturation (Telecom.) saturação das altas frequências
HF stabilization (Telecom.) estabilização das altas frequências
HG (Quím.) símbolo químico do *mercury* — mercúrio (do latim *hydrargirum*)
HGF (Med.) abr. de *Hiperglycemic-Glycogenolytic Factor (glucagon)* — factor hiperglicémico-glicogenolítico (glucagon)
H-girder (E.Civ.) viga em H
H-hinge (E.Civ.) articulação em H; charneira em H
HI (Topo.) abr. de *Height of Instrument* — altura de instrumento
Hi-8 (Telecom.) auscultadores hi-fi; auscultadores de alta fidelidade
HI Arc (T.Imag.) arco de alta densidade
hiatus (Geo.) hiato; lacuna estratigráfica
hibbernation (Zoo.) hibernação
Hibbert standard (Elect.) norma de Hibbert
hibernation (Eco.) hibernação
hiccup (Med.) soluço
hickory (Bot.; E.Civ.) pacana [Carya illinoensis]; a sua madeira
Hicks hydrometer (Elect.) hidrómetro de Hicks
hiddenite (Miner.) hidenite
hiding power (E.Civ.) poder de encobrir (propriedade de tinta para encobrir as imperfeições de uma superfície)
hidrosis (Zoo.) hidrose
hierarchy (Eco.) hierarquia
hi-fi (Electrón.) abr. de *HIgh FIdelity* — alta fidelidade
high (Geral) alto; elevado; superior
high (Meteo.) alta; anticiclone
high-altitude disease (Aero.; Med.) mal dos aviadores; mal das montanhas; mal das altitudes
high alumina cement (Mec.) cimento de elevado teor de alumina
high-arched (Arq.) de abóbadas altas
high aspect ratio (Aero.) alto alongamento
high bit-rate sequential decoder (Inf.) descodificador sequencial binário de velocidade elevada
high brass (Mec.) latão com elevada percentagem de zinco; alto latão
high built (E.Civ.) elevado (edifício)
high burst (Quím.) alta explosão
high by-pass ratio (Aero.) alta razão de diluição
high-carbon steel (Mec.) aço de alto carbono
high conductivity copper (Mec.) cobre de alta condutividade
high-contrast image (T.Imag.) imagem de alto contraste
high data-rate subscriber's line (Telecom.) linha telefónica de alto débito
high definition (T.Imag.) alta definição
high definition compatible digital (Telecom.) CD de alta definição
high definition developer (T.Imag.) revelador de alta definição
high definition television (T.Imag.) televisão de alta definição
high density gas (Quím.) gás de alta densidade

high density metal (Mec.) metal de alta densidade

high dielectric (Elect.) dieléctrico alto; dieléctrico elevado

high dielectric strength (Electrón.) intensidade dieléctrica elevada

high dissipation (Fís.) alta dissipação

high-dissipation resistor (Electrón.) resistência de cerâmica; resistência de dissipação térmica elevada

high ductility (Mec.) alta ductilidade

high-early-strength cement (E.Civ.) cimento de alta resistência inicial

high electron mobility transistor (Electrón.) transistor de mobilidade de electrões elevada

high emission (Elect.) emissão alta; alta emissão

high emission cathode (Elect.) cátodo de alta emissão

high-energy ignition (Aero.) ignição de alta energia

high energy phosphate compounds (Bio.) compostos de fosfato de alta energia

high-energy physics (Fís.) Física de Alta Energia; Física de Partículas

high-energy radiation (Fís.) radiação de alta energia

high-energy ray (Fís.) raio de alta energia

higher speed slot (Inf.) encaixe de alta velocidade

high explosive (Minas) alto explosivo

high-fidelity (Fís.) alta fidelidade; Hi-Fi

high-fidelity amplifier (Fís.) amplificador de alta fidelidade

high-field emission (Elect.) alta emissão de campo; elevada emissão de campo

high-flux reactor (Nucl.) reactor de alto fluxo

high frequency (Electrón.) alta frequência

high-frequency amplification (Telecom.) amplificação de alta frequência

high-frequency capacitance microphone (Fís.) microfone de capacitância de alta frequência

high-frequency heating (Fís.) aquecimento de alta frequência

high-frequency induction furnace (Mec.) fornalha de indução de alta frequência

high-frequency noise (Telecom.) interferência de alta frequência; ruído de alta frequência

high-frequency oscillation (Elect.) oscilação de alta frequência

high-frequency peaking (Electrón.) compensação de picos de alta frequência

high-frequency radiation (Fís.) radiação de alta frequência

high-frequency radio wave (Telecom.) onda de rádio de alta frequência

high-frequency recombination strain (Bio.) estirpe de alta-frequência de recombinação

high-frequency resistance (Telecom.) resistência de alta frequência

high-frequency resonance (Telecom.) ressonância de alta frequência

high-frequency shock (Elect.) impacto de alta frequência

high-frequency sound (Telecom.) som de alta frequência

high-frequency surge (Telecom.) golpe de sobretensão de alta frequência

high-frequency transformer (Telecom.) transformador de alta frequência

high-frequency transistor (Elect.) transístor de alta frequência

high-frequency transmission (Telecom.) transmissão de alta frequência

high-frequency triode (Electrón.) triodo de alta frequência

high-frequency vibration (Telecom.) vibração de alta frequência

high-frequency welding (Elect.) soldadura por alta frequência

Highgate resin (Miner.) resina de Highgate (copal fóssil)

high-intensity separation (Minas) separação de alta intensidade

high-lead bronze (Mec.) bronze de alto teor de chumbo

high-level language (Inf.) linguagem de alto nível

high-level modulation (Telecom.) modulação de alto nível

high-level RF signal (Radar) sinal de RF de alto nível (RF = rádio-frequência)

high level waste (Nucl.) desperdício de alto nível; lixo de alto nível

highlight (T.Imag.) claro; ponto saliente; ponto iluminado

highly repetitive DNA (Bio.) ADN de repetitividade elevada

high-mobility group protein (Bio.) grupo de proteínas de mobilidade elevada

high-opacity foil (Imp.) lâmina de alta opacidade

high-order conditioning (Psico.) condicionamento de ordem superior

high-pass filter (Telecom.) filtro de alta passagem

high performance serial bus (Inf.) barramento série de alto desempenho

high-power modulation (Telecom.) modulação de alta potência

high-pressure compressor (Aero.) compressor de alta pressão

high-pressure cylinder (Mec.) cilindro de alta pressão

high-pressure hose (Minas) mangueira de alta pressão

high-pressure turbine (Aero.) turbina de alta pressão

high-pressure turbine stage (Aero.) etapa de turbina de alta pressão; período de turbina de alta pressão

high-rate discharge (Elect.) descarga de alto alcance

high-resistance joint (Elect.) junta de alta resistência

high-resistance voltmeter (Elect.) voltímetro de alta resistência

high resolution graphics (Inf.) gráficos de alta resolução

high spaces (Imp.) espaços altos

high-speed circuit-breaker (Elect.) interruptor de circuito de alta velocidade

high-speed electron (Electrón.) electrão de alta velocidade

high-speed printer (Inf.) impressora de alta velocidade

high-speed steam-engine (Mec.) máquina a vapor de alta velocidade

high-speed steel (Mec.) aço rápido

high-speed turbine (Mec.) turbina de alta velocidade

high-speed wind tunnel (Aero.) túnel de vento de alta velocidade

high spot (Radiol.) ponto alto

high-stop filter (Telecom.) filtro de baixa passagem

high-strength brass (Mec.) latão de alta resistência

high-temperature reactor (Nucl.) reactor de alta temperatura

high-tension (Elect.) alta tensão

high-tension battery (Elect.) bateria de alta tensão

high-tension generator (Elect.) gerador de alta tensão

high-tension ignition (Elect.) ignição de alta tensão

high-tension insulator (Elect.) isolador de alta tensão

high-tension lead (Elect.) condutor de alta tensão

high-tension line (Elect.) linha de alta tensão

high-tension magnet (Elect.) magneto de alta tensão

high-tension mains (Elect.) rede de alta tensão

high-tension motor (Elect.) motor de alta tensão

high-tension separation (Elect.) separação de alta tensão; separação electrostática

high-tension shell (Elect.) invólucro de alta tensão

high-tension steel (Elect.) aço de alta tensão

high-tension switch (Elect.) interruptor de alta tensão; chave de alta tensão

high-tension voltage (Elect.) voltagem de alta tensão; potencial de alta tensão; alta tensão

high-vacuum (Electrón.) vácuo de alto grau; alto vácuo

high-vacuum phototube (Electrón.) válvula fotoeléctrica de alto vácuo

high-voltage (Elect.) alta voltagem; alta tensão; alto potencial

high-voltage ammeter (Elect.) amperímetro de alta voltagem

high-voltage gain (Elect.) ganho de alta voltagem

high-voltage supply (Elect.) fonte de alta voltagem; fonte de alta tensão

high-voltage test (Elect.) teste de alta voltagem

highwater (Geo.) maré cheia

highwater (Hidro.) águas cheias

highwater (Quím.) com elevado teor de água

highway (Inf.) canal; via principal; linha principal

highway addressable remote transducer (Inf.) barramento endereçável de transdutores remotos

high-wing monoplane (Aero.) monoplano de asa alta

high-writing speed (Telecom.) exploração rápida

HILAC (Nucl.) abr. de *Heavy Ions Linear ACcelerator* — acelerador linear de iões pesados

Hilbert transformer (Elect.) transformador de Hilbert

Hildebrand electrode (Quím.) eléctrodo de Hildebrand

hill-climbing (Telecom.) máximo de função

hillebrandite (Miner.) hillebrandita

hill fog (Geo.) nevoeiro de convecção

Hill reaction (Bot.) reacção de Hill

Hilt's Law (Geo.) Lei de Hilt

hilum (Bot.; Zoo.) hilo

Himalia (Astro.) Himalia (6º satélite de Júpiter)

HIMAT (Aero.) abr. de *Highly Manoeuvrable Aircraft Technology* — tecnologia de avião altamente manobrável

hind-brain (Zoo.) metencéfalo

hind-gut (Zoo.) intestino posterior

hinge (Zoo.) charneira

hinge fold (Geo.) eixo de dobra

hinge ligament (Zoo.) ligamento de charneira

hinge moment (Aero.) momento de rotação; momento de articulação

hinge region (Imun.) região de charneira

hip (Arq.) viga em esquadria (na aresta do telhado); viga de rincão

hip (Zoo.) anca; quadril

hip rafter (E.Civ.) caibro de espigão

hip replacement (Med.) reposição da anca

hip ridge (E.Civ.) vértice de tecto; espigão

hip roof (E.Civ.) telhado de três águas; telhado em albarda

hip tile (E.Civ.) telha de rincão

Hirschsprung's disease (Med.) doença de Hirschsprung; megacólon congénito

hirsute (Bot.; Zoo.) hirsuto

hirsuties (Med.) hirsutismo

hirsutism (Med.) hirsutismo

hirudin (Zoo.) hirudina

Hirudinea (Zoo.) Hirudíneos

His (Quím.) símbolo de *histidil* — histidil(a)

hispid (Bot.; Zoo.) híspido

hiss (Telecom.) barulho; sibilação; silvo

His's bundle (Med.) feixe de His

histamine (Med.; Quím.) histamina

histidine (Quím.) histidina

histioblast (Bio.) histioblasto

histiocyte (Imun.) histiócito; clasmatócito

histioma; histoma (Med.) histoma

histochemistry (Zoo.) Histoquímica; Citoquímica

histocompatability (Bio.) histocompatibilidade

histocompatibility antigen (Imun.) antigénio de histocompatibilidade

histocompatibility testing (Imun.) teste de histocompatibilidade

histogen (Bot.) histogene

histogenesis (Bio.) histogénese

histology (Zoo.) Histologia

histolysis (Bot.; Med.; Zoo.) histólise

histoma (Med.) histoma

histone (Bio.) histona

histonectomy (Med.) histonectomia

histonomy (Med.) histonomia

histonuria (Med.) histonúria

histopathogenesis (Med.) histopatogénese

histopathology (Med.) histopatologia; histologia patológica

histophysiology (Med.) histofisiologia

histoplasmin (Med.) histoplasmina

histoplasmoma (Med.) histoplasmoma

histoplasmosis (Med.; Vet.) histoplasmose; doença de Darling

historadiography (Med.) historradiografia; radiografia do tecido

Historical Geology (Geo.) Geologia Histórica

historrhexis (Med.) historrexe

history of geology (Geo.) História da Geologia

histotoxic (Med.) histotóxico

histotrophic (Med.) histotrófico

histotropic (Med.) histotrópico

histozoic (Zoo.) histozóico

hit (Elect.) impacto; pancada; impacte

hit (Inf.) sucesso; acerto

hit-and-miss ventilator (E.Civ.) ventilador por admissão periódica; ventilador excêntrico

hitch (Minas) impedimento

hit ratio (Inf.) razão de acertos; relação de acertos

hits (Inf.) distúrbio; ruído

Hittorf dark space (Fís.) espaço escuro de Hittorf

HIV (Imun.) abr. de *Human Immunodeficiency Virus* — vírus da imunodeficiência humana

hives (Med.) erupções da pele

HLA (Med.) abr. de *Human Leucocyte Antigen* — antigénio do leucócito humano; antigénio de transplante

HLB (Quím.) abr. de *Hydrophilic-Lipophilic Balance* — equilíbrio hidrofílico-lipofílico

HMG (Med.) abr. de *Human Menopausal Gonadotropin* — gonadotropina da menopausa humana

HN2 (Quím.) abr. de *nitrogen mustard* — mostarda nitrogenada

H-network (Telecom.) rede H

Hn RNA; heterogenous nuclear RNA (Bio.) ARN nuclear heterogénio

Ho (Quím.) símbolo do elemento *holmium* — hólmio

hoarding (Psico.) armazenamento

hoarding; hoard (E.Civ.) tapume; cercado

hoar frost (Meteo.) geada branca

hob (Mec.) fresa de engrenagem

hobbing machine (Mec.) fresadora para engrenagem

hock (Zoo.) jarrete

Hodgkin's disease (Med.) doença de Hodgkin; anemia linfática; síndroma de Trosseau

hodograph (Fís.) hodógrafo

hodoscope (Nucl.) hodoscópio

Hofmann degradation (Quím.) degradação de Hofmann

Hofmann's reaction (Quím.) reacção de Hofmann

Hofmeister series (Quím.) série de Hofmeister

hogback (Geo.) cadeia de encostas escarpadas

hog-bar girder (E.Civ.) viga de lombada

hog cholera (Vet.) febre suína; cólera dos porcos; peste suína

hogging (E.Civ.) cascalho passado pelo crivo

hogging (Nav.) curvatura

Hohmann orbit (Esp.) órbita de Hohmann

hoist (Minas) guincho

hoisting motor (Elect.) motor de guincho

Holarctic region (Zoo.) região holárctica

hold (Electrón.) conservação

hold (Inf.) manter (informação); retensão; suspensão

hold (Aero.; Nav.) porão

holdback (Nucl.) retentor

hold control (Electrón.) controlo de sincronismo; comando de sincronismo

hold current (Elect.) corrente de manutenção

hold electrode (Elect.) eléctrodo de conservação

Holden permeability bridge (Elect.) ponte de permeabilidade Holden

holder (Elect.) fixador suporte

Holder's inequality (Mat.) desigualdade de Holder

holdfast (Bot.) gavinha

holding altitude (Aero.) altitude de espera; altitude de manutenção

holding anode (Elect.) ânodo de conservação

holding beam (Electrón.) feixe de conservação

holding brake (Electrón.) travagem de manutenção

holding circuit (Elect.) circuito de manutenção

holding current (Electrón.) corrente mínima de condução

holding pattern (Aero.) espera padrão

holding point (Aero.) ponto de espera; fixo de espera

holding power (Elect.) força de conservação

holding power (Mec.) poder de aderência

holding ratio (Elect.) coeficiente de manutenção

holding turn (Aero.) volta de espera; curva de espera

hold-on coil (Mec.) bobina de manutenção

hold-up (Mec.; Quím.) manutenção

hole (Electrón.) vazio móvel; lacuna
hole (Minas) poço; furo
hole accumulation diode (Electrón.) diodo de acumulação de vazios
hole-and-slot anode (Elect.) ânodo de ranhuras e cavidades (de magnetrão)
hole conduction (Elect.) condução no vazio móvel
hole control (Minas) controlo de furo
hole current (Electrón.) corrente de vazio móvel
hole density (Electrón.) densidade de lacuna; densidade de vazio móvel
hole-electron pair (Electrón.) par lacuna-electrão
hole injection (Electrón.) injecção de lacunas
hole mobility (Electrón.) mobilidade de lacuna
hole storage (Electrón.) saturação de vazios
hole theory of liquids (Quím.) teoria do vazio dos líquidos
hole trap (Electrón.) captura de lacunas; armadilha de buraco
holiday (E.Civ.) espaço que escapou sem pintura
holing (E.Civ.) escavação preliminar; entalhe preliminar
holland (Têxt.) holanda (tecido)
hollander beater (Papel) batedeira holandesa
Holliday junction (Bio.) ligação de Holliday
hollow abutment (Arq.) contraforte oco
hollow axle (Mec.) eixo oco
hollow ball (Mec.) flutuador de bola
hollow brick (E.Civ.) tijolo furado
hollow-cathode tube (Electrón.) tubo de cátodo oco
hollow conductor (Electrón.) condutor oco
hollow cone charge (Mec.) carga de fornilho; explosivo de fornilho
hollow core (Elect.) núcleo oco
hollow druse (Minas) drusa; furo
hollow hexagonal steel (Mec.) aço hexagonal oco
hollow mill (Mec.) fresa oca
hollow mould (Mec.) molde oco
hollow newel (E.Civ.) pilar de escada oco
hollow pile (E.Civ.) estaca oca
hollow plane (E.Civ.) plaina oca
hollow punch (Mec.) vazador oco
hollow quoin (Hidro.) canto oco
hollow rivet (Mec.) rebite oco
hollow rod (Mec.) biela oca; vareta oca
hollow roofing tile (E.Civ.) telha árabe; telha de meia-cana
hollow wall (E.Civ.) parede oca
holmquistite (Miner.) holmquistita
holo- (Geral) holo-; do grego *holos* — inteiro, todo (denotando relação a um todo ou integridade)
holoacardius (Med.) holoacárdio
holoacrania (Med.) holoacrania
holoanencephaly (Med.) holoanencefalia
holoaxial (Crist.) holoaxial
holobenthic (Zoo.) holobêntico

holoblastic (Zoo.) holoblástico
holobranch (Zoo.) holobrânquio
holocarpic (Bot.) holocárpico
Holocene (Geo.) Holocénico
holocentric chromosome (Bio.) cromossoma holocêntrico
holocephalic (Med.) holocefálico; holocéfalo
holocephalus (Zoo.) holocéfalo
holocrine (Zoo.) holocrina
holocrystalline rock (Geo.) rocha holocristalina
holodiastolic (Med.) holodiastólico
holoendemic (Merd.) holoendémico
holoenzyme (Med.) holoenzima
hologamy (Bio.) hologamia
hologram (Fís.) holograma
holographic interferometry (Fís.) interferometria holográfica
holography (Fís.) holografia
hologynic (Med.) hologínico
holohedral (Crist.) holoédrico
holomastigote (Zoo.) holomastigote
Holometabola (Zoo.) Holometábola
holometabolic (Zoo.) holometabólico
holomorphic function (Mat.) função holomórfica
holophytic (Bot.) holofítico
holoplankton (Eco.) holoplâncton
holostyly (Zoo.) holostilo
holosystolic (Med.) holossistólico
holotelencephaly (Med.) hololtelencefalia
Holothuroidea (Zoo.) Holoturídeos
holotoxin (Med.) holotoxina
holotrichous (Zoo.) holotríquio; holotrico
holoturin (Quím.) holoturina
holotype (Bot.) holotipo
holozoic (Bot.; Zoo.) holozóico
home channel (Telecom.) canal de programação
home cinema (Telecom.) cinema doméstico; cinema em casa
homeomorph (Eco.) homeomorfo
homeomorphic (Crist.; Miner.) homeomórfico
homeopathy (Med.) homeopatia
homeostasis (Bio.) homeostasia
homeotherm (Eco.) homotérmico
homeotic genes (Bio.) genes homeostáticos
homeotic mutants (Bio.) mutantes homeóticos
homeotic selector genes (Bio.) genes de selecção homeostática
homeotypic division (Bio.) divisão homeotípica
homer (Telecom.) localizador; radiofarol de procura; radar de localização
home range (Eco.) domínio
home recordable DVD (T.Imag.) DVD gravável
HomeRF (Telecom.) comunicação sem fios doméstica
homer station (Nav.) estação localizadora de direcção
homespun (Têxt.) tecido de fio cru
homing (Telecom.) rumo automático; orientação automática
homing aid (Aero.) ajuda automática; auxílio automático
homing beacon (Telecom.) radiofarol

homing behaviour (Psico.) comportamento automático de regresso ao meio (habitat)
homium (Quím.) hómio
homo- (Geral) homo-; do grego *homo* — mesmo, igual
homobiotin (Quím.) homobiotina
homoblastic (Bot.; Zoo.) homoblástico
homocentric (Fís.) homocêntrico
homocercal (Zoo.) homocerco
homochlamydeous (Bot.) homoclamídeo
homocyclic (Quím.) homocíclico
homocystinuria (Med.) homocistinúria
homodesmic structure (Crist.) estrutura homodésmica
homodont (Zoo.) homodonte; isodonte
homodyne receiver (Telecom.) receptor homodínico
homodyne reception (Telecom.) recepção homódina
homoeomerism (Zoo.) homeomerismo
homoeosis (Zoo.) homeose
homogametic (Zoo.) homogâmico; monogâmico
homogametic sex (Bio.) sexo homogâmico
homogamy (Bot.; Zoo.) homogamia
homogeneous (Mat.; Quím.) homogéneo
homogeneous multiplex (Telecom.) multiplexagem homogénea
homogenesis (Zoo.) homogénese
homogenizer (Fís.) homogeneizador
homogenous co-ordinates (Mat.) coordenadas homogéneas
homogenous ionization chamber (Nucl.) câmara de ionização homogénica
homogenous light (Fís.) luz homogénea; luz monocromática
homogenous radiation (Fís.) radiação homogénea
homogenous reactor (Nucl.) reactor homogéneo
homogeny (Zoo.) homogenia
homograft (Imun.) homoenxerto
homoioplastic; homoplastic (Zoo.) homoplástico
homojunction (Electrón.) junção homogénea
homokaryon (Bio.) homonúcleo (híbrido de célula somática contendo núcleos separados da mesma espécie)
homolactic fermentation (Bio.) fermentação homoláctica
homologous (Bot.; Zoo.) homólogo
homologous alternation of generations (Bot.) alternância homóloga de gerações
homologous chromosomes (Bio.) cromossomas homólogos
homologous organs (Bot.) orgãos homólogos
homologous recombination (Bio.) recombinação homóloga
homologous series (Quím.) série homóloga
homologous theory of alternation (Bot.) teoria homóloga de alternância

homologous variation (Bot.) variação homóloga

homology (Geral) homologia

homology group (Mat.) grupo de homologia

homomorphic (Bio.) homomórfico

homomorphous (Bot.; Zoo.) homomorfo

homoplasm (Zoo.) homoplasma

homoplastic (Bot.; Zoo.) homoplástico

homopolar (Elect.; Quím.) homopolar

homopolar generator (Elect.) gerador homopolar

homopolar magnet (Elect.) magnete homopolar

homopolar molecule (Elect.) molécula homopolar

homopolymer (Bio.) homopolímero

homosexuality (Psico.) homossexualidade

homosphere (Eco.) homosfera

homospory (Bot.) homósporo

homostyly (Bot.) com estiletes do mesmo comprimento

homotaxis (Geo.) homotaxia

homothalism (Bot.) homotalismo

homothermous (Zoo.) homotérmico

homotopic mapping (Mat.) mapeamento homotópico

homotypic (Zoo.) homotípico

homozygosis (Bio.) homozigose

homozygosity (Bio.) homozigocidade

homozygote (Bio.) homozigoto

homozygous (Bio.) homozigótico

homunculus (Bio.; Med.) homúnculo

hone; honestone; whetstone (Geo.) pedra de afiar; pedra de amolar

honeycomb (Aero.) filtrador (de túnel de vento)

honeycomb (Mec.) favo; filtro

honeycomb bag (Zoo.) formação em forma de rede; retículo

honeycomb coil (Telecom.) bobina em favo de mel; bobina alveolar

honeycomb radiator (Mec.) radiador alveolar

honeycomb structure (Aero.) estrutura alveolar

honeycomb wall (E.Civ.) parede alveolar

honey dew (Bot.) substância doce e viscosa segregada pelas folhas de certas plantas no Verão

honey dew (Zoo.) substância doce e viscosa segregada por alguns afídeos e expelida pelo ânus

honey guide; nectar guide (Bot.) linhas de mel; linhas de néctar (estas linhas são somente visíveis em raios ultra-violeta)

honing (Mec.) brunidura

honing machine (Mec.) máquina de brunir

hood (E.Civ.) capota de chaminé; tampa de chaminé

hood jettison (Aero.) capota alijável

hoof (Zoo.) casco

hook bolt (E.Civ.) parafuso de gancho; cavilha com gancho

Hooke number (Fís.) número de Hooke; número de Cauchy

Hooke's joint (Mec.) junta universal; cardan

Hooke's law (Fís.) lei de Hooke

hook-out blind (E.Civ.) persiana inclinável

hook transistor (Telecom.) transístor de gancho

hook-up (Minas) acoplamento

hook-up (Telecom.) sistema de ligação; acoplamento

hookworms (Med.; Zoo.) anquilostomídeos

hoop (Telecom.) salto

Hoopes process (Mec.) processo de Hoopes

hooping (E.Civ.) cercadura

hoop iron (E.Civ.) ferro chato; ferro plano

hoop stress (Mec.) esforço tangencial

hoose (Vet.) bronquite verminosa

'Hope sapphire' (Miner.) «safira Hope» (pedra sintética)

Hopkinson test (Elect.) teste de Hopkinson

Hopkinson-Thring torsion meter (Mec.) medidor de torção de Hopkinson-Thring

hopper (Minas) funil de cimentação

hopper crystal (Crist.; Miner.) cristal de cimentação

hopper dredger (E.Civ.) draga com tubulação de aspiração

hopperfeed (Mec.) alimentador automático

hopper output signal (Telecom.) sinal de saída de gerador de oscilações

hopsacking (Têxt.) pano de trança; pano trançado

hordeolum (Med.) hordéolo; terçol

horizon (Geral) horizonte

horizon angle (Aero.) ângulo de horizonte

horizon glass (Topo.) lente de horizonte

horizon lights (Aero.) luzes de horizonte (para auxílio de descolagem)

horizon line (Geral) linha de horizonte

horizon mirror (Topo.) espelho de horizonte (sextante)

horizon prism (Fís.) prisma de horizonte

horizon sensor (Electrón.) sensor de horizonte

horizontal antenna (Telecom.) antena horizontal

horizontal axis (Topo.) eixo horizontal

horizontal beam (Elect.) feixe horizontal

horizontal bed (Geo.) leito horizontal

horizontal blanking (Telecom.) supressão de linhas

horizontal circle (Topo.) círculo horizontal; círculo graduado

horizontal component (Elect.) componente horizontal

horizontal definition (T.Imag.) definição horizontal

horizontal deflection (T.Imag.) deflecção horizontal

horizontal deflection amplifier (Elect.) amplificador de desvio horizontal

horizontal engine (Mec.) motor horizontal

horizontal escapement (Reloj.) escape horizontal

horizontal fault (Geo.; Minas) falha horizontal; falha de deslizamento horizontal

horizontal flyback (T.Imag.) retorno horizontal

horizontal frequency (T.Imag.) frequência horizontal

horizontal hold control (T.Imag.) controlo de deflexão horizontal

horizontal-linearity control (T.Imag.) controlo da linearidade horizontal

horizontal line frequency (T.Imag.) frequência de linha horizontal; frequência horizontal

horizontally polarized aerial (Telecom.) antena de polarização horizontal

horizontally polarized wave (Electrón.) onda polarizada horizontalmente

horizontal parallax (Astro.; Topo.) paralaxe horizontal

horizontal polarization (Fís.; Telecom.) polarização horizontal

horizontal projection (Mat.) projecção horizontal

horizontal propeller thrust (Aero.) tracção horizontal da hélice

horizontal resolution (T.Imag.) resolução horizontal

horizontal scan (T.Imag.) varrimento horizontal

horizontal scanning (Electrón.) exploração horizontal

horizontal scan rate (T.Imag.) velocidade de varrimento horizontal

horizontal sheeting (E.Civ.) cobertura horizontal; escoramento horizontal

horizontal stabilizer (Aero.) estabilizador horizontal

horizontal steam boiler (Mec.) caldeira horizontal de vapor

horizontal stress (Fís.) tensão horizontal

horizontal stub (Telecom.) antena curta horizontal

horizontal sweep (Electrón.) varredura horizontal

horizontal sweep voltage (Electrón.) voltagem de varredura horizontal; tensão de varredura horizontal

horizontal synchronization pulse (Electrón.) pulso de sincronização horizontal

horizontal tail (Aero.) plano horizontal da cauda

horizontal tail area (Mec.) área de empenagem horizontal

horizontal timebase (T.Imag.) base de tempo horizontal

horizontal visibility (Meteo.) visibilidade horizontal

horizontal voltage (Elect.) voltagem horizontal; tensão horizontal

horizontal wind shear (Meteo.) constante horizontal do vento

hormone (Bio.) hormona

hormone response elements [HREs] (Bio.) elementos de resposta da hormona

hormonogenesis (Bio.) homogénese
hormonogenic (Bio.) hormogénico; hormopoético
hormonopoietic (Bio.) hormopoético; hormonogénico
hormonotherapy (Med.) hormonoterapia
horn (Aero.) alavanca
horn (Elect.) corno de excitação
horn (Fís.) corneta acústica; trompa acústica
horn (Geral) corno; chifre; massa queratínica
horn (Zoo.) corno, chifre (nos Mamíferos); tufo de penas na cabeça (nas Aves); antena (nos Insectos)
horn antenna (Telecom.) antena tipo funil; antena de cone invertido
horn arrester (Elect.) pára-raios
horn balance (Aero.) compensação excessiva (para orientação); compensação em ferradura
hornbeam (Bot.) carpa (*Carpinus betelus*); a sua madeira
hornblende (Miner.) horneblenda
hornblende-gneiss (Geo.) gneisse-horneblêndico
hornblende-schist (Geo.) xisto-horneblêndico
hornblendite (Geo.) horneblendite
horn centre (Mec.) centro de compasso (pequeno disco transparente para a colocação do bico do compasso)
Horner muscle (Med.) músculo de Horner; músculo tensor do tarso
Horner's syndrome (Med.) síndroma de Horner; ptose simpática
Horner's teeth (Med.) dentes de Horner
horn feed (Radar) alimentador de trompa
hornfels (Geo.) corneana (rocha metamórfica regional)
horn gap (Elect.) abertura dos eléctrodos; abertura em V
horn lead (Quím.) cloreto de chumbo
horn loudspeaker (Fís.) altifalante de cone
horn ore (Quím.) cloreto natural de prata
horn silver (Minas) cloreto de prata; clorargirita
hornwort (Bot.) ceratófilo
horology (Geral) horologia
horripilation (Med.) horripilação
horse (E.Civ.) cabo de vaivém; cavalete
Horsehead Nebula (Astro.) nebulosa Cabeça de Cavalo
horse latitude (Meteo.) zona de calmas tropicais; zona de anticiclones tropical; cinturão de calmarias; cinturão de altas pressões
horse power (HP) (Mec.) cavalo-vapor; cavalo-força; CV
horse pox (Vet.) varíola do cavalo
horseradish peroxidase (Bio.) peroxidase do rábano silvestre; peroxidase da armorácia
horseshoe curve (Topo.) curva em ferradura
horseshoe filament (Elect.) filamento em ferradura
horseshoe kidney (Med.) rim em ferradura

horseshoe magnet (Elect.) magnete em ferradura
horst (Geo.) «horst» (termo alemão); patamar tectónico
horst fault (Geo.) falha de horst
hosiery (Têxt.) indústria de meias
hospital bus-bars (Elect.) barras condutoras de emergência
hospital switch (Elect.) comutador de emergência
host (Bio.) hospedeiro
host (Fís.) principal
host (Geral) hospedeiro
host (Inf.) primário; principal; hospedeiro
host application program (Inf.) programa de aplicação principal
host cell (Bio.) célula hospedeira
host command facility (Inf.) recurso de comando principal
host computer (Inf.) computador central; computador principal; computador hospedeiro
hostile surroundings (Electrón.) ambiente hostil
host-initiated program (Inf.) programa iniciado sob comando do computador principal
host LU (Inf.) unidade lógica principal
host master key (Inf.) chave-mestra principal
host mode (Inf.) modo principal
host processor (Inf.) processador principal; processador hospedeiro
host rock (Minas) rocha de formação; rocha encaixante
host-vector system (Bio.) sistema hospedeiro-vector
hot (Geral) quente; tórrido; cálido; violento; com alta tensão
hot-air balloon (Aero.; Meteo.) balão de ar quente
hot-air deicer (Mec.) descongelador a ar quente
hot-air gun (E.Civ.) canhão a ar quente
hot-air heater (E.Civ.) aquecedor a ar quente
hot atom (Nucl.) átomo excitado fortemente
hot belt (Meteo.) cinturão quente
hot-blast stove (Mec.) forno de Cowper; forno a jacto de ar quente
hot-box reference (Electrón.) envólucro de alumínio
hot cathode (Electrón.) cátodo emissor; cátodo termoiónico
hot-cathode discharge lamp (Fís.) lâmpada de descarga de cátodo emissor
hot-cathode rectifier (Electrón.) rectificador de cátodo emissor
hot-cathode X-ray tube (Electrón.) tubo de raios-X de cátodo quente
hot crack (Mec.) racha de aquecimento
hot-die steel (Mec.) aço de matriz quente
hot dip (Mec.) banho quente; imersão quente
hot-drawn (Mec.) estirado a quente; trefilado a quente
hot electron (Electrón.) electrão quente; electrão excitado
hot-fluid injection (Minas) injecção de fluido quente

hot galvanizing (Mec.) galvanização a quente; galvanização a fogo
HOTOL (Esp.) abr. de *Horizontal Take-Off and Landing* — descolagem e aterragem horizontal
hot press (Imp.) prensa quente
hot-pressed (Papel) prensado a quente
hot pressing (Fís.) prensagem a quente
hot-press stamping (Imp.) cunhagem a prensa quente; estampagem a prensa quente
hot-short, red-short (Mec.) quebradiço a quente
hot spot (Auto.) ponto de aquecimento
hot spot (Electrón.) ponto quente
hot star (Astro.) estrela quente
hot top (Mec.) cabeça quente
hot well (Mec.) reservatório de ar quente
hot-wire (Elect.) fio aquecido; filamento incandescente; filamento emissor; condutor aquecido
hot-wire ammeter (Elect.) amperímetro térmico
hot-wire anemometer (Meteo.) anemómetro térmico; anemómetro de fio incandescente
hot-wire arc lamp (Elect.) lâmpada de arco de filamento incandescente
hot-wire detector (Elect.) detector de fio incandescente
hot-wire instrument (Elect.) instrumento de fio aquecido
hot-wire microphone (Fís.) microfone de fio aquecido
hot-wire oscillograph (Elect.) oscilógrafo de fio aquecido
hot-wire relay (Elect.) relé de fio aquecido
hot-wire voltmeter (Elect.) voltímetro de fio aquecido
hot-wire wattmeter (Elect.) wattímetro de fio aquecido
hot-working (Mec.) trabalho a quente
Houdry process (Quím.) processo Houdry
Hough transform (Electrón.) transformada de Hough
hour angle (Astro.) ângulo horário
hour circle (Astro.) círculo horário
hour counter (Elect.) contador de horas; medidor de tempo em horas
hour-glass stomach (Med.) contracção em ampulheta (do estômago)
hour-meter (Elect.) V. *hour counter*
hours of darkness (Astro.) horas nocturnas
hours of daylight (Astro.) horas diurnas
hour zone (Geo.) fuso horário
house eave (E.Civ.) goteira de telhado
housekeeping (Inf.) preparação; preparo
housekeeping data (Esp.) dados de preparação
housekeeping gene (Bio.) gene de preparação
housekeeping operation (Inf.) operação preparatória
housemaid's knee (Med.) joelho de criada; bursite pré-patelar
house mites (Med.) ácaros dermatofagóides (ácaros do extracto de pó de casa)

house surgeon (MED.) cirurgião interno de hospital

housing (E.CIV.) encaixe

housing (ELECT.) invólucro

hovercraft (NAV.) hovercraft; veículo de almofada de ar

hovership (NAV.) hovercraft

Hovmüller prospective system (ELECT.) sistema prospectivo de Hovmüller

howieite (MINER.) howieíta (silicato básico de Na, Fe, Mn e Al)

howl (AERO.) rangido; uivo

howl (FÍS.) uivo; chiado (de áudio)

howler (TELECOM.) sinal eléctrico de aviso

Hoyt's metal (MEC.) metal de Hoyt

h.p.; H.P. (FÍS; MEC.) abr. de *horsepower* — cavalo-vapor; h.p.; H.P.

HPFH (BIO.) abr. de *hereditary persistence of fetal hemoglobin* — persistência hereditária de hemoglobina fetal

HPIB (INF.) abr. de *HP interface bus* — barramento HP de interface genérico, barramento IEEE-488, barramento de interface genérico

HPL (MED.) abr. de *Human Placental Lactogen* — lactogénio placentário humano

HPLC (BIO.; QUÍM.) abr. de *high frequency liquid chromatography* — cromatografia líquida de alta frequência

H-radar (AERO.; RADAR) radar H (sistema de navegação)

H-ray (ELECTRÓN.) feixe iónico

HRP (BIO.) abr. de *HorseRadish Peroxidase* — peroxidase da armorácia

HSSI (INF.) abr. de *high speed serial interface* — interface série de alta velocidade

Ht (MED.) abr. de *total hyperopia* — hiperopia total

HTR (NUCL.) abr. de *High-temperature Reactor* — reactor de alta temperatura

H-type pole (ELECT.) polo tipo H

hub (INF.) nó de derivação; centro de derivação

Hubble classification (ASTRO.) classificação de Hubble

Hubble constant (ASTRO.) constante de Hubble

Hubble diagram (ASTRO.) diagrama de Hubble

Hubble effect (ASTRO.) efeito de Hubble

Hubble law (ASTRO.) lei de Hubble

Hubble space telescope (ESP.) telescópio espacial Hubble

hübnerite; huebnerite (MINER.) hubnerite

hue (T.IMAG.) matiz

hue control (TELECOM.) controlo de tom (de cor)

hue, saturation, brightness (T.IMAG.) matiz, saturação, brilho

hue sensibility (FÍS.) sensibilidade à tonalidade

HUF (TELECOM.) abr. de *Highest Useful Frequency* — frequência de utilização máxima

huff-duff (TELECOM.) radiogoniómetro para sinais de alta frequência

Huffman algorithm (ELECTRÓN.) algoritmo de Huffman

Huffman coding (ELECTRÓN.) codificação de Huffman

Huff separator (MINAS) separador de Huff

hull (AERO.) casco; carcaça

hull (NAV.) quilha; casco; carcaça

hullite (MINER.) hullita

hum (FÍS.) zumbido

human growth hormone (BIO.; MED.) hormona de crecimento humano; somatropina

human imunodeficiency virus (IMUN.) vírus da imunodeficiência humana

human oriented language (INF.) linguagem orientada para o homem

hum bars (TELECOM.) barra de zumbido

Humboldt Current (GEO.) corrente de Humbolt

humbucker coil (ELECTRÓN.) bobina supressora de baixas frequências

hum-bucking coil (ELECT.) bobina antizumbido

humectant (QUÍM.) humectante; humificador

humeral (ZOO.) umeral

humeroradial (ZOO.) úmero-radial

humeroscapular (ZOO.) úmero-escapular

humeroulnar (ZOO.) úmero-ulnar; úmero-cubital

humerus (ZOO.) úmero

humic acid (QUÍM.) ácido húmico

humicole; humicolous (BOT.) humícola

humidifier (E.CIV.) humidificador

humidity (METEO.) humidade

humidity mixing ratio (METEO.) razão de mistura de humidade

humification (BOT.) humificação

humite (MINER.) humite

hummer screen (MINAS) crivo zumbidor

humming (ELECTRÓN.) zumbido; zunido

hum modulation (TELECOM.) zumbido de onda portadora; modulação de zumbido

hum note (FÍS.) zumbido

humoral antibody (BIO.) anticorpo humoral

humoral immunity (IMUN.) imunidade humoral

humoralism; humorism (MED.) humorismo

humour; humor (ZOO.) humor; líquido extracelular do corpo

hump (AERO.) ponto crítico

hump (GEO.) monte; elevação

Humphrey gas pump (MEC.) bomba de gás Humphrey

Humphreys spiral (MINAS) espiral de Humphreys

Humphries equation (FÍS.) equação de Humphries

hump speed (AERO.) velocidade de resvalamento; velocidade de maior resistência na água (num hidroavião)

humulene (QUÍM.) humuleno

humus (BOT.) húmus

humus plant (BOT.) planta de húmus

Hund rule (QUÍM.) regra de Hund

Hungarian cat's eye (MINER.) olho-de-gato-húngaro (variedade de crisoberilo)

hung sash (E.CIV.) caixilho de corrediça; vidraça de corrediça

hunting (AERO.; FÍS.) oscilação pendular; movimento pendular

Huntington's disease (BIO.; MED.) doença de Huntington

Huntington mill (MINAS) moinho de Huntington

Huntington's chorea (MED.) coreia de Huntington; coreia hereditária

Huronian (GEO.) Huroniano

hurricane (METEO.) furacão; ciclone; tufão

hurricane band (RADAR) faixa de furacão

hurricane cloud (METEO.) nuvem de furacão

hurricane deck (NAV.) coberta; convés dos escaleres; convés superior

hurricane tide (METEO.) maré de furacão

hurricane tracking (METEO.) rastreio de furacão

hurricane whirlwind (METEO.) turbilhão de furacão

hurter (E.CIV.) protecção; reforço

Hurter and Driffield curve (T.IMAG.) curva H-D; curva de Hurter e Driffield; curva característica

husk (VET.) bronquite verminosa

hutch (MINAS) vagonete

Hutchinson's teeth (MED.) dentes de Hutchinson

Huygens' eyepiece (FÍS.) ocular de Huygens

Huygens' principle (FÍS.) princípio de Huygens

H-wave (TELECOM.) onda H

hyacinth; jacinth (MINER.) jacinto (variedade de zircão usada como gema)

hyades (ASTRO.) Híades (cúmulo estelar da constelação Touro)

hyal-; hyalo- (GERAL) hial-; hialo-; do grego *hyalos* — vidro, denotando transparência ou relativo a hialina

hyaline (BOT.; ZOO.) hialino

hyaline membrane disease (MED.) doença da membrana hialina (dos recém-nascidos)

hyalite (MED.) hialite (inflamação do vítreo)

hyalite (MINER.) hialite (variedade de opala)

hyaloid (ZOO.) hialóide

hyalophane (MINER.) hialófano

hyalopilitic texture (GEO.) textura hialopilítica

hyaloplasm (BOT.) hialoplasma

hyaloserositis (MED.) hialosserosite

hyalosis (MED.) hialose

hyalurato (QUÍM.) hialurato

hyaluronic acid (QUÍM.) ácido hialurónico

Hyatt roller bearing (MEC.) mancal de bastões de Hyatt

hybaroxia (MED.) hibaroxia

hybrid (GERAL) híbrido

hybrid antibodies (IMUN.) anticorpos híbridos

hybrid cell (Bio.) célula híbrida
hybrid circuit (Elect.) circuito híbrido
hybrid coil (Elect.) bobina híbrida
hybrid computers (Inf.) computadores híbridos
hybrid electromagnetic wave [HEM wave] (Fís.) onda electromagnética híbrida
hybrid integrated circuit [HIC] (Fís.) circuito híbrido integrado
hybrid interface (Inf.) interface híbrido
hybridization (Bio.) hibridação
hybridization probe (Bio.) sonda de hidridação
hybridization stringency (Bio.) hibridização estrigente
hybrid junction (Telecom.) junção híbrida
hybrid junction Magic-T (Electrón.) junção híbrida
hybrid network (Electrón.) rede híbrida
hybridoma (Imun.; Med.) hibridoma
hybrid ring (Telecom.) anel híbrido
hybrid rocks (Geo.) rochas híbridas
hybrid set (Telecom.) conjunto híbrido
hybrid spread spectrum system (Electrón.) sistema híbrido de espectro disperso
hybrid sterility (Bot.) esterilidade híbrida
hybrid tee (Telecom.) T híbrido; T mágico
hybrid terminal equipment (Inf.) equipamento terminal híbrido
hybrid vigour (Bio.) energia híbrida; vigor híbrido; vitalidade híbrida
hydathode (Bot.) hidátodo
hydatidocele (Med.) hidatidocele
hydatidoma (Med.) hidatidoma
hydatosis (Med.) hidatose
hydragogue (Med.) hidragogo
hydralazine (Med.; Quím.) hidralazina
hydramnios (Zoo.) hidrâmnio
hydranth (Zoo.) hidrante
hydrargillite (Miner.) hidrargilita
hydrargyrism (Med.) hidrargirismo
hydrarthrosis (Med.) hidrartrose
hydratase (Quím.) hidratase
hydrate (Quím.) hidrato
hydrated electron (Quím.) electrão hidratado
hydrated ion (Quím.) ião hidratado
hydrated lime (E.Civ.) cal hidratada; cal apagada
hydrate of lime (Quím.) V. *hydrated lime*
hydration (Geo.) hidratação
hydraulic (Geral) hidráulico
hydraulic accumulator (Aero.; Mec.) acumulador hidráulico
hydraulic air compressor (Minas) compressor hidráulico
hydraulic amplifier (Mec.) amplificador hidráulico
hydraulic blasting (Minas) explosão hidráulica
hydraulic boundary (Eco.) limite hidráulico
hydraulic brake (Mec.) freio hidráulico; travão hidráulico
hydraulic capacity (Bot.) capacidade hídrica

hydraulic cartridge (E.Civ.) cartucho hidráulico
hydraulic cement (E.Civ.) cimento hidráulico
hydraulic classifier (Minas) classificador hidráulico
hydraulic clutch (Mec.) embraiagem hidráulica
hydraulic conductivity (Eco.) conductividade hidráulica
hydraulic control (Minas) controlo hidráulico
hydraulic corer (Eco.) amostrador hidráulico
hydraulic coupling (Mec.) acoplamento hidráulico
hydraulic crane (E.Civ.) guindaste hidráulico
hydraulic cyclone electriator (Quím.) elutriador de vento hidráulico
hydraulic dredging (Mec.) dragagem hidráulica
hydraulic drilling (Minas) perfuração hidráulica
hydraulic engineering (Mec.) Mecânica hidráulica
hydraulic feedback (Mec.) realimentação hidráulica
hydraulic fill (Mec.) enchimento hidráulico
hydraulic forging (Mec.) forjamento hidráulico
hydraulic fracturing (Minas) fracturamento hidráulico
hydraulic gate (Hidro.) comporta
hydraulic glue (Quím.) cola hidráulica
hydraulic gradient (Eco.) gradiente hidráulico
hydraulic grinder (Mec.) esmeril hidráulico
hydraulic hammer (Mec.) martelo hidráulico
hydraulic hoist (Mec.) guindaste hidráulico
hydraulic hydrated lime (E.Civ.) cal hidratada hidráulica
hydraulic intensifier (Mec.) intensificador hidráulico
hydraulic jack (Mec.) macaco hidráulico
hydraulic leather (Geral) couro hidráulico
hydraulic lift (Mec.) elevador hidráulico
hydraulic lime (E.Civ.) cal hidráulica
hydraulic mining; hydraulicking (Minas) mineração por jorros de água; desmontagem hidráulica
hydraulic mortar (E.Civ.) argamassa hidráulica
hydraulic motor (Mec.) motor hidráulico
hydraulic packing (Mec.) vedação hidráulica
hydraulic piledriver (E.Civ.) bate-estacas hidráulico
hydraulic press (Mec.) prensa hidráulica
hydraulic propeller (Nav.) hélice hidráulica
hydraulic ram (Mec.) aríete hidráulico; carneiro hidráulico

hydraulic reservoir (Aero.) reservatório hidráulico
hydraulic riveter (Mec.) rebitador hidráulico
hydraulics (Geral) Hidráulica
hydraulic scraper (E.Civ.) raspadeira de comando hidráulico; pá hidráulica de arrasto
hydraulic squeezer (Mec.) compressor hidráulico
hydraulic torque converter (Mec.) conversor de binário hidráulico
hydrazides (Quím.) hidrazidas
hydrazine (Quím.) hidrazina; diamina
hydrazine hydrate (Quím.) hidrato de hidrazina
hydrazoic acid (Quím.) ácido hidrazóico
hydrazone (Quím.) hidrazona
hydr-; hidro- (Geral) hidr-; hidr(o)-; formas combinantes do grego *hydor* — água, e também do latim *hydrus* — hidra
hydremia (Med.) hidremia
hydrencephalocele (Med.) hidrencefalocele
hydrencephalus (Med.) hidrencéfalo; hidrocéfalo
hydric (Eco.) hídrico
hydride (Quím.) hidreto
hydriodic acid (Quím.) ácido iodídrico; ácido hidriódico
hydroa (Med.) erupção bolhosa
hydro-acoustics (Fís.) Hidroacústica
hydrobilirubin (Quím.) hidrobilirrubina; urobilina
hydrobromate (Quím.) hidrobromato; brometo
hydrobromic acid (Quím.) ácido hidrobrómico
hydrocarbon (Geo.; Quím.) hidrocarboneto
hydrocele (Med.) hidrocele
hydrocelectomy (Med.) hidrocelectomia
hydrocellulose (Quím.) hidrocelulose
hydrocephaloid (Med.) hidrocefalóide
hydrocephalus (Med.) hidrocrefalia
hydrocerussite (Miner.) hidrocerusite
hydrochloric acid (Quím.) ácido clorídrico; ácido muriático
hydrochloride (Quím.) cloridrato; hidrocloreto
hydrocirsocele (Med.) hidrocirsocele
hydrocoel (Zoo.) hidrocélio
hydrocortisone (Med.; Quím.) hidrocortisona; cortisol; composto F de Kendall; substância M de Reichstein
hydrocyanic acid (Quím.) ácido hidrociânico; ácido prússico; ácido cianídrico; HCN
hydrocyclone (Minas) hidroextractor centrífugo
hydrodynamic lubrication (Mec.) lubrificação hidrodinâmica
hydrodynamic power transmission (Mec.) transmissão de potência hidrodinâmica
hydrodynamic process (Mec.) processo hidrodinâmico
hydrodynamics (Fís.) Hidrodinâmica
hydroelectric generating set (Elect.) (conjunto) gerador hidroeléctrico

hydroelectric generation station (ELECT.) estação geradora hidroeléctrica

hydrofining (QUÍM.) hidrorrefinação

hydrofluorocarbons (ELECTRÓN.) hidrofluorocarbonetos

hydrofoil (AERO.; NAV.) hidrofólio

hydroforming (MEC.) formação hidráulica

hydrofuge (ZOO.) hidrófugo

hydrofuge hair (ECO.) pêlo hidrófugo

hydrogel (QUÍM.) hidrogel

hydrogen (QUÍM.) hidrogénio

hydrogen 1 (QUÍM.) hidrogénio 1; prótio

hydrogen 2 (QUÍM.) hidrogénio 2; hidrogénio pesado; deutério

hydrogen 3 (QUÍM.) hidrogénio 3; trítio

hydrogenation (QUÍM.) hidrogenação

hydrogen bacteria (BIO.) bactérias de hidrogénio

hydrogen bomb (FÍS.) bomba de hidrogénio

hydrogen bond (QUÍM.) ponte de hidrogénio

hydrogen bromide (QUÍM.) brometo de hidrogénio

hydrogen carrier (BIO.) transportador de hidrogénio

hydrogen chamber (ELECT.) câmara de ionização de hidrogénio

hydrogen chloride (QUÍM.) cloreto de hidrogénio

hydrogen cooling (ELECT.) arrefecimento a hidrogénio

hydrogen cyanide (QUÍM.) cianeto de hidrogénio; ácido cianídrico

hydrogen dioxide (QUÍM.) dióxido de hidrogénio; peróxido de hidrogénio; água oxigenada

hydrogen electrode (QUÍM.) eléctrodo de hidrogénio

hydrogen embrittlement (MEC.) fragilidade por hidrogénio

hydrogen exponent (QUÍM.) expoente de hidrogénio

hydrogen fluoride (QUÍM.) fluoreto de hidrogénio

hydrogen-free (GERAL) livre de hidrogénio; isento de hidrogénio

hydrogen I (ASTRO.) hidrogénio neutro

hydrogen II (ASTRO.) hidrogénio ionizado

hydrogen iodide (QUÍM.) iodeto de hidrogénio

hydrogen ion (QUÍM.) ião de hidrogénio; hidrogenião

hydrogen ion concentration (QUÍM.) concentração de hidrogeniões

hydrogenous (FÍS.) rico em hidrogénio

hydrogen oxide (QUÍM.) óxido de hidrogénio; água

hydrogen peroxide (QUÍM.) peróxido de hidrogénio; água oxigenada

hydrogen phosphide (QUÍM.) fosfeto de hidrogénio; hidrogénio fosforetado; fosfina; fosforeto de hidrogénio

hydrogen scale (QUÍM.) escala de hidrogénio

hydrogen sulphide (sulfide) (QUÍM.) sulfeto de hidrogénio; sulfureto de hidrogénio

hydrogeology (GEO.) Hidrogeologia

hydrograph (ECO.) hidrógrafo

hydrographical surveying (TOPO.) Agrimensura hidrográfica

hydrography (GERAL) Hidrografia

hydrogrossular (MINER.) hidrogrossulária; hidrogrossularita

hydrohematite; turgite (MINER.) hidro-hematite; turgite

hydroid (BOT.; ZOO.) hidróide

hydrokinetic (BIO.) hidrocinético

hydrolabile (BIO.; MED.) hidrolábil; instável na presença de água

hydrolapses (METEO.) hidrogradientes

hydrolases (QUÍM.) hidrolases

hydrological circle (METEO.) círculo hidrológico

hydrologic cycle (GEO.) ciclo hidrológico

hydrologic network (ECO.) rede hidrológica

hydrologic simulation (ECO.) modelação hidrológica

hydrology (GERAL) Hidrologia

hydrolysate (BIO.) hidrolisato

hydrolysis (QUÍM.) hidrólise

hydromagnesite (MINER.) hidromagnesite

hydromagnetic (ELECT.) hidromagnético

Hydromedusae (ZOO.) Hidromedusas

hydrometallurgy (MINAS) hidrometalurgia

hydrometeor (FÍS.) hidrometeoro

hydrometer (FÍS.) hidrómetro

hydromyelia (MED.) hidromielia

hydronephrosius (MED.) hidronefrose

hydronium ion (QUÍM.) ião hidrónio; protão hidratado

hydropericardium (MED.) hidropericárdio; hidropisia cardíaca; hidrocardia

hydroperitoneum; hydroperitonia (MED.) hidroperitonite

hydroperoxidases (QUÍM.) hidroperoxidases

hydrophane (MINER.) hidrófano

hydrophilic (BIO.; ECO.; QUÍM.) hidrofílico

hydrophilic colloid (QUÍM.) colóide hidrofílico

hydrophilic-signaling molecule (BIO.) molécula de sinalização hidrofílica

hydrophily (BOT.) hidrofilia

hydrophobia (MED.) hidrofobia

hydrophobic (BIO.; ECO.; QUÍM.) hidrofóbico

hydrophobic cement (E.CIV.) cimento hidrofóbico

hydrophobic colloid (QUÍM.) colóide hidrofóbico

hydrophyte (BOT.) hidrófito

hydroplane (AERO.) hidroavião

hydroplane (NAV.) barco planador; leme de profundidade de submarino

hydroponics (BOT.) Hidropónica

hydropote (BOT.) hidrópota

hydrops folliculi (MED.) hidropisia folicular

hydropyle (ZOO.) hidrópilo

hydroquinone (QUÍM.) hidroquinona

hydrorrhea (MED.) hidrorreia

hydrosalpinx (MED.) hidrossalpingite

hydrosarca (MED.) hidrossarca; anasarca

hydrosere (BOT.) hidrosere

hydroskis (AERO.) hidroesquis; hidroskis

hydrosol (QUÍM.) hidrossol

hydrosphere (ECO.) hidroesfera

hydrostat (QUÍM.) hidróstato

hydrostatic approximation (METEO.) aproximação hidrostática

hydrostatic balance (FÍS.) equilíbrio hidrostático

hydrostatic extrusion (MEC.) extrusão hidrostática

hydrostatic head (HIDRO.) altura de elevação hidrostática

hydrostatic joint (MEC.) junta hidrostática

hydrostatic law (HIDRO.) lei hidrostática

hydrostatic pressure (QUÍM.) pressão hidrostática

hydrostatics (GERAL) Hidrostática

hydrostatic skeleton (ZOO.) esqueleto hidrostático

hydrostatic test (E.CIV.) teste hidrostático

hydrostatic valve (MEC.) válvula hidrostática

hydrosulphuric acid (QUÍM.) ácido hidrossulfúrico; ácido sulfídrico

hydrotaxis (BIO.) hidrotaxia

hydrotherapy (MED.) hidroterapia

hydrothermal metamorphism (GEO.) metamorfismo hidrotérmico

hydrothermal vent (GEO.) fumarola hidrotermal

hydrothorax (MED.) hidrotórax; pleurorreia

hydrotropism (BOT.) hidrotropismo

hydrovane (AERO.) leme horizontal; hidrofólio; aquaplano

hydroxides (QUÍM.) hidróxidos

hydroxonium ion (QUÍM.) ião hidrónio; protão hidratado; ião hidroxónio

hydroxyapatite (MINER.) hidroaxiapatite (variedade de apatite)

hydroxylamine (QUÍM.) hidroxilamina; oxamónio

hydroxylamines (QUÍM.) hidroxilaminas

hydroxyproline (BIO.; QUÍM.) hidroxiprolina

hydrozincite; zinc bloom (MINER.) hidrozincita; calamina

Hydrozoa (ZOO.) Hidrozoários

hyetograph (METEO.) hietómetro; pluviómetro

hygro- (GERAL) higro-; do grego *hygros* — húmido, molhado

hygroma (VET.) higroma; hidroma

hygrometer (FÍS.) higrómetro

hygrometry (FÍS.) higrometria

hygromycin (BIO.) higromicina

hygrophilic (ECO.) higrófilo

hygrophyte (BOT.) higrófito; higrófila

hygroscope (QUÍM.) higroscópico

hygroscopic movement (BOT.) movimento higroscópico

hygroscopic nucleus (ECO.) núcleo higroscópico

hygroscopic water (ECO.) água higroscópica

hygrothermograph (ECO.) higrotermógrafo

Hyl (Quím.) símbolo do radical *hydroxylisine* — hidroxilisina

hyla (Med.) hilos; extensão lateral do aqueduto de Sílvio

hylophagous (Zoo.) hilófago

hymen (Zoo.) hímen; membrana virginal

hymenal (Med.) himenal; himenial

hymenectomy (Med.) himenectomia

hymenitis (Med.) himenite

hymenium (Bot.) himénio

hymenoid (Bio.) himenóide; membranoso

Hymenomycetes (Bot.) Himenomicetos

hymenophore (Bot.) himenóforo

Hymenoptera (Zoo.) Heminópteros

hymenotomy (Med.) himenotomia

hyo- (Geral) hio-; do grego *hyoeides* — semelhante à letra «ípsilon» — com o significado de U ou hióide

hyoid (Zoo.) hióide

hyoid arch (Zoo.) arco hióideo

hyoideus (Zoo.) hióideo; hioideu (menos correcto, mas mais usado)

hyomandibular nerve (Zoo.) nervo hiomandibular

hyosciamine (Quím.) hiosciamina; daturina; duboisina

hyosciamine sulfate (sulphate) (Med.; Quím.) sulfato de hiosciamina

hyoscine (Med.) hioscina; escopolamina; atroscina

hyoscine hydrobromide (Quím.) bromidrato de hioscina; bromidrato de escopolamina; hidrobrometo de hioscina

hyostylic (Zoo.) hiostílica (suspensão)

hypabyssal rocks (Geo.) rochas hipocristalinas

hypaethral (Arq.) hipetro

hypalgesia (Med.) hipalgesia

hypanthium (Bot.) hipanto

hypapophyses (Zoo.) hipapófises; intercentros

hypaxial (Zoo.) hipaxial; ventral

hyper- (Geral) hiper-; do grego *hyper* — acima, denotando excesso

hyperacidity (Med.; Quím.) hiperacidez

hyperacusis (Med.) hiperacusia

hyperadrenalism (Med.) hiperadrenalismo

hyperaemia; hyperemia (Med:) hiperemia

hyperaesthesia (Med.) hiperestesia

hyperalgesia (Med.) hiperalgesia

hyperaphia (Med.) hiperafia; hiperestesia táctil

hyperbaric chamber (Med.; Radiol.) câmara hiperbárica

hyperbarism (Esp.) hiperbarismo

hyperbilirubineamia; hyperbilirubinemia (Med.) hiperbilirrubinemia

hyperbole (Mat.) hipérbole

hyperbolic (Fís.; Mat.) hiperbólica

hyperbolic (Telecom.) hiperbólico (sistema de navegação)

hyperbolic antenna (Telecom.) antena hiperbólica

hyperbolic cosecant (Mat.) co-secante hiperbólica

hyperbolic cosine (Mat.) co-seno hiperbólico

hyperbolic cotangent (Mat.) co-tangente hiperbólica

hyperbolic curve (Mat.) curva hiperbólica

hyperbolic differential equation (Mat.) equação diferencial hiperbólica

hyperbolic equation (Mat.) equação hiperbólica

Hyperbolic function (Mat.) função hiperbólica

hyperbolic geometry (Mat.) geometria de Lobachevski; geometria hiperbólica

hyperbolic guidance (Aero.) direcção hiperbólica

hyperbolic logarithm (Mat.) logaritmo hiperbólico; logaritmo neperiano; logaritmo natural

hyperbolic orbit (Astro.) órbita hiperbólica

hyperbolic paraboloid (Mat.) parabolóide hiperbólica

hyperbolic point (Meteo.) ponto hiperbólico

hyperbolic point on a surface (Mat.) ponto hiperbólico numa superfície

hyperbolic secant (Mat.) secante hiperbólica

hyperbolic sine (Mat.) seno hiperbólico

hyperbolic speed (Astro.) velocidade hiperbólica

hyperbolic spiral (Mat.) espiral hiperbólica

hyperbolic wave (Fís.) onda hiperbólica

hyperboloid (Mat.) hiperbolóide

hypercalcaemia (Med.) hipercalcemia

hypercapnia (Med.) hipercapnia

hypercharge (Fís.) sobrecarga

hyperchlorhydria (Med.) hipercloridria

hyperdactyly (Zoo.) hiperdactilia

hyperdiploidy (Bio.) hiperdiploidia

hyperemesis (Med.) hiperémese

hyperemesis gravidarum (Med.) hiperémese das grávidas

hyperemia (Med.) hiperemia

hyper-eutectoid steel (Mec.) aço hiper-eutético

hyperfocal distance (T.Imag.) distância superfocal

hypergammaglobulinaemia (Med.) hipergamaglobulinemia

hypergasia (Med.) hipergásia; diminuição da actividade funcional

hypergeometric equation (Mat.) equação hipergeométrica; equação diferencial de Gauss

hypergeometric function (Mat.) função hipergeométrica

hypergeometric series (Mat.) série hipergeométrica

hyperglycaemia; hyperglycemia (Med.) hiperglicémia

hypergol (Esp.) hipergol (propelente)

hypergolic (Esp.) hipergólico

hyperhidrosis; hyperidrosis (Med.) hiperidrose

hypericism (Vet.) hipericismo (fotossensibilização no gado pela ingestão de hipericão)

hyperinosis (Med.) hiperinose

hyperinsulinism (Med.) hiper-insulinismo

Hyperion (Astro.) Hiperon (7º satélite de Saturno); Hiperião

hyperkeratosis (Med.) hiperqueratose; hiperceratose

hyperkinesia (Med.) hipercinésia

hyperkinetic state (Bio.) estado hipercinético

hypermetamorphic (Zoo.) hipermetamórfico

hypermetropia (Med.) hipermetropia

hypermnesia (Med.) hipermnesia

hypermutable phenotype (Bio.) fenótipo hipermutável

hypernephroma (Med.) hipernefroma

hyperon (Fís.) hiperão

hyperopia (Med.) hiperopia; hipermetropia

hyper-osmotic (Bio.) hiper-osmótico

hyperparasite (Bot.) hiperparasita

hyperparasitism (Zoo.) hiperparasitismo

hyperphalangy (Zoo.) hiperfalangia

hyperpharyngeal (Zoo.) hiperfaríngico

hyperpituitarism (Med.) hiperpituitarismo

hyperplasia (Bot.; Med.; Zoo.) hiperplasia; hiperplastia; hipertrofia

hyperploid (Bot.) hiperplóide

hyperpnea; hyperpnoea (Med.) hiperpneia

hyperpolarization (Bio.) hiperpolarização

hyperpyrexia (Med.) hiperpirexia

hypersensibilization (T.Imag.) hipersensibilização

hypersensitivity (Bot.) hiper-sensibilidade

hypersonic (Aero.; Esp.) hipersónico

hypersonic aerodynamics (Aero.; Esp.) Aerodinâmica hipersónica

hypersonic airspeed (Aero.; Esp.) velocidade aérea hipersónica

hypersonic flow (Aero.; Esp.) fluxo hipersónico

hypersonic glider (Aero.) planador hipersónico

hypersonic inlet (Aero.) orifício de admissão hipersónico; entrada hipersónica

hypersonic jet (Aero.) jacto hipersónico

hypersonic nozzle (Aero.) tubeira hipersónica

hypersonic plane (Aero.) aeronave hipersónica

hypersonic speed (Aero.) velocidade hipersónica

hypersonic test (Aero.) teste hipersónico

hypersonic velocity (Aero.; Esp.) velocidade hipersónica; velocidade superior a Mach 5

hypersonic wind tunnel (Aero.) túnel de vento hipersónico

hypersound (Fís.) hiper-som

hypersthene (Miner.) hiperstena

hypersthenic (Miner.) hipersténico

hypersthenite (Miner.) hiperstenita

hyperstomatal (Bot.) hiperstómico

hyperteley (Zoo.) hipertélia

hypertelorism (Med.) hipertelorismo; distância anormal entre dois orgãos pares

hypertension (Med.) hipertensão

hyperthermic (Eco.) periglacial

hyperthermophile (Eco.) extremófilo

hyperthyroidism (MED.) hipertiroidismo

hypertonia (MED.) hipertonia

hypertonic (GERAL) hipertónico

hypertonus (MED.) hipertónus; hipertono

hypertrichiasis; hypertrichosis (MED.) hipertriquíase; hipertrose

hypertrophic obstructive cardiomiopathy (MED.) cardiomiopatia obstrutiva hipertrófica

hypertrophic pyloric stenosis (MED.) estenose pilórica hipertrófica

hypertrophy (BOT.; ZOO.) hipertrofia

hypervariable region (BIO.) região hipervariável

hypervitaminosis (MED.) hipervitaminose

hypervolume (ECO.) hipervolume

hypha (BOT.) hifa

hyphopodium (BOT.) hifopódio

hypnagogic (PSICO.) estado hipnagógico

hypnagogic imagery (PSICO.) imaginário hipnagógico; alucinações hipnagógicas

hypnonephrosis (MED.) hipnonefrose

hypnosis (PSICO.) hipnose

hypnospore (BOT.) hipnósporo

hypnotic (MED.) hipnótico

hypo (QUÍM.) hipossulfito de sódio; tiocianato de sódio (linguagem coloquial)

hypoacidity (MED.) hipoacidez

hypoadrenalism (MED.) hipoadrenalismo

hypoblast (ZOO.) hipoblasto

hypobranchial (ZOO.) hipobranquial

hypobranchial space (ZOO.) espaço hipobranquial

hypocalcaemia; hypocalcemia (MED.) hipocalcemia

hypocaust (E.CIV.) hipocausto

hypocercal (ZOO.) hipocerco

hypochlorhydria (MED.) hipocloridria; hipoidrocloridria

hypochlorites (QUÍM.) hipocloretos

hypochlorous acid (QUÍM.) ácido hipocloroso

hypochlorous anhydride (QUÍM.) anidrido hipocloroso

hypochondriasis (MED.; PSICO.) hipocondríase

hypocone (ZOO.) hipocono

hypocotyl (BOT.) hipocótilo

hypocycloid (MAT.) hipociclóide

hypodermic (MED.) hipodérmico

hypodermis; hipoderm (BOT.; MED.; ZOO.) hipoderme

hypodermoclysis (MED.) hipodermóclise

hypo eliminator (T.IMAG.) eliminador de hipossulfito de sódio

hypo-euctectoid steel (MEC.) aço hipo-eutéctico

hypogammaglobulinaemia (IMUN.) hipogamaglobulinemia

hypogastrium (MED.) hipógastro; hipogástrio

hypogeal; hipogeous (BOT.) hipógea

hypogean (ECO.) hipogeia

hypogene (GEO.) hipogénica

hypoglossal (ZOO.) hipoglosso

hypoglottis (ZOO.) hipoglote; hipoglossis

hypoglucaemia; hypoglycemia (MED.) hipoglicemia

hypognathous (ZOO.) hipognato

hypogonadism (MED.) hipogonadismo

hypogonadotropic (MED.) hipogonadotrópico

hypogynous (BOT.) hipogínica; hipogínio; hipógino

hypohepatia (MED.) hipo-hepatia

hypohidrosis (MED.) hipo-hidrose

hypohyal (ZOO.) hipo-hial; hipo-hióide

hypoid bevel gear (MEC.) engrenagem hiperboidal

hypolimnion (ECO.) hipolímnico; hipolimnético

hypolithon (ECO.) hipolítico; subterrânico

hypomania (MED.) hipomania

hypomenorrhea; hypomenorrhoea (MED.) hipomenorreia

hyponnasty (BOT.) hiponastia

hyponome (ZOO.) funil paleal

hypo-osmotic (BIO.) hipo-osmótico

hypopharyngeal (ZOO.) hipofaríngico

hypophosphoric acid (QUÍM.) ácido hipofosfórico

hypophosphorous acid (QUÍM.) ácido hiposfoforoso

hypophysectomy (MED.) hipofisectomia

hypophysis (BOT.; MED.; ZOO.) hipófise

hypopituitarism (MED.) hipopituitarismo

hypoplasia (BOT.; ZOO.) hipoplasia

hypoploid (BOT.) hipoplóide

hypopteronosis cystica (VET.) hipopteronose quística

hypopycnal flow (ECO.) escoamento hipoclinal

hypopyon (MED.) hipópio

hyposensitization (IMUN.) hipo-sensibilização

hypospadias (MED.) hipospadia

hypostasis (MED.) hipóstase

hypostatic (BIO.) hipostático

hypostoma; hypostome (ZOO.) hipóstomo

hypostyle hall (ARQ.) sala hipóstila

hyposulphuric acid (QUÍM.) ácido hipossulfúrico; ácido ditiónico

hyposulphurous acid (QUÍM.) ácido hipossulfuroso; ácido tiossulfúrico

hypotarsus (ZOO.) hipotarso

hypotension (MED.) hipotensão

hypotenuse (MAT.) hipotenusa

hypothalamus (ZOO.) hipotálamo

hypothermia (MED.) hipotermia

hypothesis (GERAL) hipótese

hypothesis-generating method (GERAL) método de geração de hipóteses

hypothesis testing (GERAL) teste de hipóteses

hypothetical earth (GEO.) terra fictícia

hypothetical isotropic radiator (ELECT.) radiador isotrópico fictício

hypothetic reference circuit (ELECT.) circuito fictício de referência

hypothetic reference link (TELECOM.) ligação fictícia de referência

hypothyroidism (MED.) hipotiroidismo

hypotonic (BIO.; QUÍM.) hipotónico

hypotonus (MED.) hipotónus; hipotono

hypotrichous (ZOO.) hipótrico

hypovitaminosis (MED.) hipovitaminose

hypoxanthine (QUÍM.) hipoxantina

hypoxia (MED.) hipoxia

hypso- (GERAL) hipso-; do grego *hypsos* — altura, com a acepção de altura, alto

hypsochromic (QUÍM.) hipsocrómico

hypsodont (ZOO.) hipsodonte

hypsometer (FÍS.) hipsómetro

hypsophyll (BOT.) hipsófilo

Hyracoidea (ZOO.) Hiracóidea

hysteranthous (BOT.) histeranto

hysterectomy (MED.) histerectomia

hysteresis (FÍS.) histerese

hysteresis coefficient (ELECT.) coeficiente de histerese

hysteresis curve (ELECT.) curva de histerese

hysteresis distortion (ELECT.) distorção de histerese

hysteresis error (ELECT.) erro de histerese

hysteresis factor (ELECT.) factor de histerese

hysteresis heat (ELECT.) calor de histerese

hysteresis loop (INF.) ciclo de histerese

hysteresis loss (ELECT.) perda de histerese

hysteresis meter (ELECT.) medidor de histerese

hysteresis motor (ELECT.) motor de histerese

hysteresis tester (ELECT.) testador de histerese

hyster-; hystero- (GERAL) hister-; histero-; do grego *hystera* — útero, matriz, que denotam útero ou histeria, e também do grego *hysteros* — depois de, posterior

hysteriac; hysteric (MED.) histérico

hystericoneuralgic (MED.) histericoneurálgico

hysteritis (MED.) histerite; metrite

hysterocele (MED.) histerocele

hysterocleisis (MED.) histeróclise

hysterocolpectomy (MED.) histerocolpectomia

hysterofrenic (MED.) histerofrénico

hysterogram (MED.) histerograma

hysterolith (MED.) histerólito; cálculo uterino

hysteromyoma (MED.) histeromioma

hysteromyomectomia (MED.) histeromiomectomia

hysteroophorectomy (MED.) histerooforectomia

hysteropathy (MED.) histeropatia

hysteropexy (MED.) histeropexia

hysterorrhexis (MED.) histerorrexe

hysteroscope (MED.) histeroscópio; uteroscópio; metroscópio

hysterotomy (MED.) histerotomia

hysterythrine (BIO.; MED.) histeritrina

HZ (FÍS.) abr. de *Hertz* — hertz

i (Fís.) símbolo de: *luminous intensity* — intensidade luminosa; de *moment of inertia* — momento de inércia

i (Mat.) símbolo de *imaginary number* — número imaginário

i (Med.) símbolo de *inspired gas* — gás inspirado

i (Quím.) símbolo de: *van't Hoff factor* — factor de van't Hoff; de *ionic strength* — intensidade iónica; de *iodine* — iodo

IA (Fís.) abr. de *International Angstrom* — angstrom internacional

IAA (Bot.) abr. de *Indole-3-acetic acid* — ácido indolacético

IACS (Mec.) abr. de *International Annealed Copper Standard* — Padrão Internacional de Cobre Recozido

IAEA (Nucl.) abr. de *International Atomic Energy Agency* — Agência Internacional da Energia Atómica

IAGC (Radar) abr. de *Instantaneous Automatic Gain Control* — controlo automático de ganho instantâneo

IAL (Inf.) abr. de *International Algebraic Language* — Linguagem algébrica internacional

IAL (Inf.) abr. de *International Algorithmic Language* — linguagem algorítmica internacional

Iapetus (Astron.) Japeto (o 8º satélite natural de Saturno)

IAR (Inf.) abr. de *Instructions Address Register* — Registo de Endereço de Instruções

IAS (Aero.) abr. de *Indicated Air Speed* — velocidade do ar indicada; velocidade indicada; velocidade relativa indicada

IASA (Aero.) abr. de *International Air Safety Association* — Associação Internacional de Segurança Aérea

IATA (Aero.) abr. de *International Air Transport Association* — Associação de Transporte Aéreo Internacional

iatrochemistry (Med.) iatroquímica

iatronic disease (Med.) doença iatrogénica

I-beam (E.Civ.) barra em I

IBM compatible computer (Inf.) computador compatível com IBM; computador pessoal

IBP (Eco.) abr. de *International Biological Program* — Programa Biológico Internacional

ibuprofen (Med.) ibuprofeno

IC (Electrón.) abr. de *Internal Connection* — conexão interna

IC (Electrón.) abr. de *Inductance-Capacitance* — indutância-capacitância

IC (Electrón.; Inf.) abr. de *Integrated circuit* — circuito integrado

IC adapter (Electrón.) adaptador de circuito integrado

ICAO (Aero.) abr. de *Internacional Civil Aviation Organization* — Organização Internacional da Aviação Civil

Icarus (Astro.) Ícaro (asteróide descoberto em 1949); Ícaro (cratera lunar)

ICD (Med.) abr. de *International Classification of Diseases* — Classificação Internacional de Doenças (da OMS)

ice (Meteo.) gelo

ice action (Geo.) acção de gelo

ice age (Geo.) idade glaciar; época glaciar; período glaciar

ice bar (Meteo.) barra de gelo

ice bay (Geo.) enseada glaciar

iceberg (Meteo.; Geo.) iceberg

iceberg calving (Eco.) fragmentação dos icebergues

iceblink (Meteo.) resplendor de gelo

ice breaker (E.Civ.) quebra-gelo; esporão

ice breccia (Meteo.) mosaico de gelo

ice calving (Geo.) fragmento de gelo flutuante

icecap (Meteo.) calota glaciar; calota de gelo; neve perpétua

icecap climate (Meteo.) clima polar; clima de gelo perpétuo

ice carapace (Geo.) calota glaciar

ice cloud (Meteo.) nuvem de gelo

ice colours (Quím.) corantes de gelo

ice contact delta (Geo.) delta de contacto de gelo

ice contact slope (Geo.) encosta de contacto de gelo

ice crystal (Meteo.) cristal de gelo; agulha de gelo

ice dam (Geo.) barreira de gelo

ice dome (Eco.) cúpula de gelo

ice-edge (Meteo.) borda de gelo

ice field (Eco.) campo de gelo

ice floe (Meteo.) banco de gelo; bloco de gelo

ice fog (Meteo.) nevoeiro glacial; nevoeiro gelado

ice foot (Meteo.) banqueta costeira

ice fringe (Bot.) gelo vegetal (suor das plantas)

ice frost (Meteo.) frente de gelo

ice guard (Aero.) descongelador

ice guard on the leading edge (Aero.) descongelador de bordo de ataque

Iceland agate (Miner.) ágata da Islândia (designação comercial da obsidiana)

Iceland low (Geo.) centro de baixas pressões da Islândia

Iceland spar (Miner.) espato da Islândia (variedade transparente de calcite)

IC engine (Auto.) abr. de *Internal Combustion engine* — motor de combustão interna

ice pellets (Meteo.) granizo

ice point (Fís.) ponto de congelação; ponto de congelamento; zero da escala termométrica

ice prisms (Meteo.) agulhas de gelo

ice rain (Meteo.) chuva de gelo

ice ribbon (Bot.) gelo vegetal (suor vegetal)

ice rind (Meteo.) crosta de gelo

ice saints (Meteo.) santos de gelo; dias frios de Maio na Europa

ice shelf (Meteo.) falésia de gelo

ice-slush (Meteo.) gelo pastoso

ice storm (Meteo.) tempestade de gelo

ice stream (Geo.) corrente de gelo

ice strip (Meteo.) faixa de gelo

ice water spring (Geo.) fonte de água gelada

ichnofossil (Eco.) vestígio fóssil

ichnology (Eco.) palinologia

ichor (Med.) icor; ícore

ichthyic (Zoo.) ictífico

ichthy-, ichthyo- (Geral) icti-, ictio-; forma combinante relativa a peixe, do grego *ikthys, ikthyos* — peixe

ichthyocola (Geral) ictiocola; cola de peixe

ichthyopterygium (Zoo.) ictiopterígio

ichthyosis (Med.; Vet.) ictiose

iconic memory (Psico.) memória icónica

icosahedron (Mat.) icosaedro

icositetrahedron (Miner.) icositetraedro

IC package (Electrón.) envólucro de circuito integrado

IC power amplifier (Electrón.) circuito integrado de amplificação de potência

ICSH (Med.) abr. de *Interstitial Cell Stimulating Hormone* — hormona estimuladora da célula intersticial

icteric (Med.) ictérico

icterus (Med.) icterícia

IC tuner (Telecom.) circuito integrado de sintonização

ictus (Med.) icto; batimento; golpe; choque; crise; ataque; convulsão; apoplexia cerebral

IC voltage regulator (Electrón.) circuito integrado de regulação de tensão

ICW (Telecom.) abr. de *Interrupted Continuous Waves* — ondas contínuas interrompidas; ondas moduladas

ICZN (Bio.) abr. de *International Commission on Zoological Nomenclature* — Comissão Internacional de Nomenclatura Zoológica

ID (Electrón.) abr. de *Inner Diameter* — diâmetro interno

id (Psico.) id

IDC connector (T.Imag.) ligação IDC; ligação de isolamento móvel

iddingsite (Miner.) idingsite

IDE (Inf.) abr. de *integrated device electronics* — electrónica de integração de dispositivos

ideal (Geral) ideal; perfeito

ideal aerodynamics (Aero.) aerodinâmica ideal

ideal bunching (Elect.) agrupamento ideal

ideal crystal (Crist.) cristal perfeito; cristal ideal

ideal dielectric (Elect.) dieléctrico ideal

ideal diode characteristic (Electrón.) características ideais do diodo

ideal filter (Elect.) filtro ideal

ideal gas (Quím.) gás perfeito

ideal grain (Mec.) granulação ideal (propelente)

ideal network (Elect.) rede ideal

ideal opamp (Electrón.) amplificador operacional ideal

ideal power (Mec.) potência ideal

ideal rate (Mec.) regime ideal; regime óptimo

ideal tracer (Hidro.) traçador ideal

ideal transducer (Elect.) transdutor ideal

ideal transformer (Elect.) transformador ideal

ideas of reference (Psico.) ideias de referência

IDEC (Electrón.) abr. de *Infrared DEcoder* — descodificador de infravermelhos

identification (Geral) identificação

identification beam (Aero.) farol de identificação; radiofarol de identificação

identification dimensions (Nav.) dimensões de identificação

identification field (Inf.) campo de identificação

identification friend or foe [IFF] (Telecom.) identificação de amigo ou inimigo

identification light (Aero.) luz de identificação

identifier (Inf.) identificador

identifier block (Inf.) bloco identificador

identity (Mat.) identidade; igualdade

identity mapping (Mat.) função identidade

ideogram (Bio.) ideograma

idio- (Geral) idio-; prefixo do grego *idios* — próprio, com a acepção de: peculiar a, privado, distintivo

idioblast (Bot.) idioblasto

idioblastic (Geo.) idioblástico (mineral)

idiochromosome (Bio.) idiocromossoma

idiocy (Med.) idiotia

idioglossia (Med.) idioglóssia

idiogram (Bio.) idiograma; cariótipo

idiomorphic crystals (Geo.) cristais idiomórficos

idiopathy (Med.) idiopatia

idiosome (Bio.) idiossoma

idiosyncrasy (Med.) idiossincrasia

idiot (Med.) idiota; deficiente mental

idiothermous (Zoo.) idiotérmico

idiothetic (Eco.) idiotético

idiotope (Imun.) idiótopo

idiot savant (Psico.) idiota-prodígio

idiotype (Imun.) idiótipo

idioventricular (Med.) idioventricular

idle character (Telecom.) carácter de pausa

idler (Imp.) rolo intermediário

idler (Mec.) roda de transmissão; roda intermediária

idler (Reloj.) roda de guia

idler pulley (Mec.) polia tensora

idler wheel (Mec.) roda de transmissão; roda intermediária

idle wire (Elect.) fio inactivo

idling (Auto.) marcha lenta; marcha reduzida

idling adjustment (Auto.) regulação de marcha lenta

idling roller (Imp.) rolo de guia

idocrase (Miner.) idocrase; vesuvianite

idose (Quím.) idose

idoxuridine (Med.) idoxuridina

IDP (Med.) abr. de *Inosine 5'-DiPhosphate* — 5'-difosfato de inosina

iduronic acid (Quím.) ácido idurónico; ácido urónico de idose

IEC (Geral) abr. de *International Electronics Commission* — Comissão Internacional de Electrónica

IEC casing standards (Inf.) padrões IEC de caixas

IEE (Geral) abr. de *Institution of Electrical Engineers* — Instituição dos Engenheiros Eléctricos (R.U.)

IEEE (Geral) abr. de *Institute of Electrical and Electronics Engineers* — Instituto dos Enegenheiros Electricos e Electrónicos (E.U.A.)

IEEE-488 bus (Inf.) barramento IEEE-488; barramento HP de interface genérico; barramento de interface genérico

IF (Telecom.) abr. de *Intermediate Frequency* — frequência intermédia

iff (Mat.) abr. de *if and only if* — se e somente se

IFF (Radar.) abr. de *Identification of Friend or Foe* — identificação de amigo ou inimigo

IF filter (Electrón.) filtro de frequência intermédia

IFIP (Inf.) abr. de *International Federation for Information Processing* — Federação Internacional de Processamento de Informação

IFR (Aero.) abr. de *Instrument Flight Rules* — Regras de Voo por Instrumentos

I-frame (T.Imag.) imagem MPEG-2

IFRB (Telecom.) abr. de *International Frequency Registration Board* — quadro de registo de frequência internacional

Ig (Imun.) abr. de *immunoglobulin* — imunoglobulina

IgA; IgD; IgE; IgG; IgM (Imun.) IgA; IgD; IgE; IgG; IgM (as cinco classes de imunoglobulina)

IGBT (Electrón.) abr. de *isolated gate bipolar transistor* — transistor bipolar de porta isolada

IGFET (Electrón.) abr. de *Isolated Gate Field Effect Transistor* — transístor de efeito de campo de porta isolada

igneous (Geo.) ígneo

igneous complex (Geo.) complexo ígneo

igneous cycle (magmatic cycle) (Geo.) ciclo ígneo (ciclo magmático)

igneous intrusion (Geo.) intrusão ígnea

igneous rocks (Geo.) rochas ígneas

ignimbrite (Geo.) ignimbrito

ignite (Quím.) inflamar

igniter (E.Civ.) inflamador; dispositivo de ignição

igniter plug (Aero.; Auto.) vela de ignição

ignition (Elect.; Auto.) ignição

ignition advance (Auto.) avanço da ignição

ignition coil (Auto.) bobina de ignição

ignition interference (Elect.) interferência de ignição

ignition lag (Auto.) atraso da ignição

ignition rating (Elect.) regime de ignição

ignition spark (Elect.; Mec.) faísca de ignição; chispa de ignição

ignition system (Auto.) sistema de ignição

ignition temperature (Mec.; Nucl.) temperatura de ignição

ignition timing (Auto.) ponto de ignição

ignition voltage (Elect.) voltagem de ignição

ignitor (Electrón.) inflamador; eléctrodo de sustentação de descarga

ignitor discharge (Electrón.) descarga de ignição

ignitor drop (Electrón.) queda de ignição

ignitor firing time (Elect.) tempo de descarga de ignição

ignitor interaction (Elect.) interacção da ignição

ignitron (Electrón.) ignitrão

IGV (Aero.) abr. de *Inlet Guide Vanes* — pás fixas de admissão

IH (Med.) abr. de *Infectious Hepatitis* — hepatite infecciosa

IHP (Mec.) abr. de *Indicated Horse-Power* — potência indicada em HP (rendimento teórico); cavalo-vapor inglês indicado

IIL (Electrón.) abr. de *Integrated Injection Logic* — lógica de injecção integrada

ijolite (Geo.) ijolito

IKBS (Inf.) abr. de *Intelligent Knowledge-Based Systems* — sistemas inteligentes à base de conhecimento

IKE (Electrón.) iconoscópio

IL (Elect.) abr. de *Indicating Light* — luz indicadora

IL (Electrón.) abr. de *Intensity Level* — nível de intensidade

IL-1; IL-2 (Imun.) Interleucina-1; Interleucina-2

ILA (MED.) abr. de *Insulin-Like Activity* — actividade semelhante à da insulina

ILD (ELECT.) abr. de *Injection Laser Diode* — diodo laser de injecção

ile (QUÍM.) símbolo do radical isoleucina

ilegitimate recombination (BIO.) recombinação ilegítima

ileitis (MED.) ileíte

ileocolitis (MED.) ileocolite

ileocolostomy (MED.) ileocolostomia

ileostomy (MED.) ileostomia

ileum (MED.) íleo (porção terminal do intestino delgado)

ileus (MED.) íleo (obstrução mecânica ou adinâmica do intestino com dor, vómitos, febre e desidratação)

ILF (ELECT.) abrev. de *InfraLow Frequency* — frequência infrabaixa

Ilgner system (ELECT.) sistema Ilgner

iliac region (ZOO.) região ilíaca

iliac vein (ZOO.) veia ilíaca

i-link (INF.) ligação firewire; ligação IEEE 1394-1995

ilio- (GERAL) ilio-; do latim *ilium* — flanco, virilha, indicando relacionamento com o ílion

iliocostal (MED.) iliocostal

iliopelvic (MED.) iliopélvico

ilium (ZOO.) ílio; ilion

Ilkovic equation (QUÍM.) equação de Ilkovic

illegitimate pollination (BOT.) polinização ilegítima

illegitimate recombination (BIO.) recombinação ilegítima

illite (MINER.) ilite

illuminance (FÍS.) iluminância; densidade de fluxo luminoso

illuminant D (T.IMAG.) iluminação de temperatura de cor de 6.500K

illuminated diagram (ELECT.) diagrama iluminado

illuminated dial instrument (ELECT.) instrumento de mostrador iluminado

illumination (FÍS.) iluminação

illusion (PSICO.) ilusão

illuviation (ECO.) ilutação

ilmenite (MINER.) ilmenite

ILR (TELECOM.) abr. de *independent local radio* — rádio local independente

ILS (AERO.) abr. de *Instrument Landing System* — sistema de aterragem por instrumentos

ILS (INF.) abr. de *Interrupted Level Subroutine* — sub-rotina de nível de interrupção

ILT (VET.) abr. de *Infectious LaryngoTracheitis* — laringotraqueíte infecciosa

ilvaite (MINER.) ilvaíte

IM (ELECTRÓN.) abr. de *InterModulation* — intermodulação

IM2 (TELECOM.) abr. de *second order intermodulation* — intermodulação de segunda ordem

image (GERAL) imagem

image admittance (FÍS.) admitância de imagem; admissão de imagem

image analysis (T.IMAG.) análise de imagem

image antenna (ELECT.) antena virtual

image attenuation (TELECOM.) atenuação de imagem

image carrier (TELECOM.) portadora de imagem

image charge (FÍS.) carga de imagem

image compression (T.IMAG.) compressão de imagem

image converter tube (FÍS.) tubo transformador de imagem

image curvature (FÍS.) curvatura de imagem

image-dissection camera (T.IMAG.) câmara de dissecação da imagem

image distortion (FÍS.) distorção da imagem

image effect (TELECOM.) efeito de imagem

image element (FÍS.) elemento da imagem

image field (TELECOM.) campo da imagem

image frame [MPEG] (T.IMAG.) fotograma MPEG

image frequency (TELECOM.) frequência de imagem

image iconoscope (ELECTRÓN.) iconoscópio de imagem

image impedance (FÍS.) impedância de imagem

image intensifier (RADIOL.) intensificador de imagem

image interference (TELECOM.) interferência de imagem

image interference ratio (TELECOM.) razão da interferência na imagem

image load (TELECOM.) carga de imagem

image orthicon (T.IMAG.) orticonoscópio de imagem

image phase constant (TELECOM.) constante de fase da imagem

image processing (INF.) processamento de imagem

image recognition (T.IMAG.) reconhecimento de imagem

image rejection (INF.) rejeição de imagem

image response (TELECOM.) resposta de imagem

image space (INF.) espaço de imagem

image stabilizer (T.IMAG.) estabilizador de imagem

image storage space (INF.) espaço de armazenamento de imagem

image synchronizing (ELECTRÓN.) sincronização da imagem

image transducer (T.IMAG.) transdutor de imagem

image transfer (TELECOM.) transferência de imagem

image tube (ELECTRÓN.) tubo de imagem

image viewing tube (ELECTRÓN.) tubo transformador de imagem

imaginal bud (disk) (ZOO.) disco imaginal; histoblasto

imaginary axis (MAT.) eixo imaginário

imaginary circle (MAT.) círculo imaginário

imaginary number (MAT.) número imaginário

imaginary part (MAT.) parte imaginária

imaging system (ESP.) sistema de formação de imagens

imago (ZOO.) imago; insecto perfeito

imbalance (MED.) desequilíbrio

imbecile (MED.) imbecil

imbibition (GERAL) imbibição

imbibition matrix (T.IMAG.) matriz de absorção; matriz de assimilação

imbibition water (GEO.) água de imbibição

imbricate (BOT.; ZOO.) imbricado

imbricated (E.CIV.) imbricado

imbricate structure (GEO.) estrutura imbricada

IMC (AERO.) abr. de *Instrument Meteorological Conditions* — condições meteorológicas por instrumentos (de voo)

IMEP (MEC.) abr. de *Indicated Mean Effective Pressure* — pressão efectiva média indicada

Imhoff tank (E.CIV.) tanque de Imhoff

imidazoles (QUÍM.) imidazolas

imide (QUÍM.) imida

imino group (QUÍM.) grupo imino

imitation (PSICO.) imitação

imitation parchment (PAPEL) pergaminho de imitação

immature cotton (TÊXT.) algodão imaturo

immediate access (INF.) acesso imediato

immediate access store (INF.) armazenamento de acesso imediato

immediate address (INF.) endereço imediato

immediate cancel (INF.) cancelamento imediato

immediate check point (INF.) ponto de teste imediato

immediate command (INF.) comando imediato

immediate data (INF.) dados imediatos

immediate hypersensitivity (IMUN.) hipersensibilidade imediata

immediate instruction (INF.) instrução imediata

immediate mode (INF.) modo imediato

immediate request mode (INF.) modo de resposta imediata

immediate symbol (INF.) símbolo imediato

immediate task (INF.) tarefa imediata

immersed pump (AERO.) bomba imersa

immersible apparatus (ELECT.) aparelho de imersão

immersion (ASTRO.) imersão (desaparecimento de um corpo celeste ao ser ocultado por outro)

immersion foot (MED.) pé de imersão; pé de trincheira

immersion heater (ELECT.) aquecedor de imersão

immigration (ECO.) imigração

immiscibility (QUÍM.) imiscibilidade

immobilised culture (BIO.) cultura imobilizada

immune (BIO.; IMUN.; MED.) imune

immune adherence (IMUN.) imunoaderência

immune bodies (MED.) corpos imunes

immune complex (IMUN.) complexo imunológico

immune response (BIO.; MED.) resposta imunitária

immune system (Bio.; Med.) sistema imunitário
immunity (Imun.) imunidade
immunization (Imun.) imunização
immunoadsorbant (Bio.) adsorvente imunitário
immunoagglutination (Imun.; Med.) imunoaglutinação
immunoassay (Imun.; Med.) teste de imunização; análise imunoquímica; imunoanálise
immunoblot (Imun.) mancha imune
immunochemistry (Imun.) imunoquímica
immunoconglutinin (Bio.; Imun.) imunoconglutinina; auto-anticorpo
immunodeficiency (Imun.) imunodeficiência
immunodepressant (Imun.) imunodepressor
immunodiffusion (Bio.) difusão imunitária
immunoelectrophoresis (Imun.) imunoelectroforese
immunoferritin (Imun.) imunoferritina
immunofluorescence (Imun.) imunofluorescência
immunogen (Imun.) imunogénico
immunoglobulin (Imun.) imunoglobulina
immunoglobulin genes (Imun.) genes de imunoglobulina
immunoglobulin gene switching (Bio.) troca de genes da imunoglobulina
immunohematology (Imun.) imunohematologia
immunological memory (Imun.) memória imunológica
immunological tolerance (Imun.) tolerância imunológica; imunotolerância
immunologic memory (Bio.) memória imunológica
immunology (Bio.) imunologia
immunoreaction (Imun.) imunorreacção; reacção imunológica
immunoselection (Imun.) imunosselecção
immunosuppression (Imun.) imunossupressão
immunosuppressive (Imun.) imunossupressor
immunosurgery (Med.) imunocirurgia
immunotoxin (Imun.) imunotoxina
IMOS (Electrón.) abr. de *Ion implanted MOS* — semicondutor de óxidos metálicos a implantação iónica
IMP (Inf.) abr. de *Interface Message Processor* — processador de mensagens de interface
impact (Fís.) impacto; impacte
impact acceleration (Aero.) aceleração de impacto
impact accelerometer (Aero.) acelerómetro de impacto
impact area (Fís.) área de impacto
impact avalanche and transit time diode (Electrón.) diodo de avalanche de impacto e tempo de trânsito
impact coefficient (Fís.; Mec.) coeficiente de impacto
impact crater (Geo.) cratera de impacto

impact crusher (Minas) esmagador de impacto
impact dot-matrix (Inf.) impressora de impacto
impacted (Med.) impactado; apertado de forma a ficar imóvel
impacter forging hammer (Mec.) martelo de forjar de impacto
impact excitation (Elect.) excitação de impacto
impact extrusion (Mec.) extrusão de impacto
impact fluorescence (Electrón.) fluorescência de impacto
impact force (Fís.) força de impacto
impact ionization (Electrón.) ionização de impacto
impaction sampler (Fís.) classificador de impacto
impact parameter (Fís.) parâmetro de impacto
impact polarization (Elect.) polarização de impacto
impact pressure (Aero.) pressão de impacto; pressão dinâmica
impact printer (Inf.) impressora de impacto
impact radiation (Fís.) radiação de impacto
impact resistance (Mec.) resistência de impacto
impact strength (Mec.) intensidade de impacto; resiliência; energia de impacto
impact striking (Fís.) velocidade de impacto
impact test (Mec.) teste por choque; prova de impacto
impact tube (Aero.) tubo de impacto; tubo pitot
impact velocity (Fís.) velocidade de impacto
impact vibration detector (Electrón.) detector de vibração
impact wave (Elect.) onda de impacto; onda de choque
IMPATT diode (Electrón.) abr. de *impact avalanche and transit time diode* — diodo de avalanche de impacto e tempo de trânsito
impedance (Fís.) impedância
impedance angle (Elect.) ângulo de impedância
impedance bridge (Elect.) ponte de impedância
impedance circle (Elect.) círculo de impedância
impedance coil (Elect.) bobina de impedância
impedance coupling (Elect.) acoplamento de impedância
impedance drop (Elect.) queda de impedância
impedance factor (Elect.) factor de impedância
impedance inverter (Elect.) inversor de impedância
impedance irregularities (Elect.) irregularidades de impedância
impedance losses (Elect.) perdas de impedância
impedance matching (Elect.) combinação de impedâncias

impedance matching transformer (Elect.) transformador de adaptação de impedâncias
impedance mismatch (Elect.) desadaptação de impedância
impedance protective system (Elect.) sistema protector de impedância
impedance relay (Elect.) relé de impedância
impedance rise (Elect.) aumento de impedância
impedance transformation (Electrón.) transformação de impedância
impedance transformer (Electrón.) transformador de impedância; transformador de quarto de onda
impedance transforming filter (Elect.) filtro de transformação de impedância
impedance triangle (Elect.) triângulo de impedância
impedance unbalance (Elect.) desequilíbrio de impedância
impedance voltage (Elect.) voltagem de impedância
impedor (Fís.) realização física de uma impedância; um indutor, condensador ou resistência, ou qualquer combinação destes
impeller (Aero.) rotor
impeller (Mec.) impulsor
impeller arm (Mec.) palheta do impulsor
impeller blade (Mec.) palheta de roda imóvel
impeller drive gear (Mec.) engrenagem de accionamento da ventoinha
imperfect (Geral) imperfeito; defeituoso
imperfect dielectric (Elect.) dieléctrico imperfeito
imperfect flower (Bot.) flor imperfeita
imperfect fungi (Bot.) Fungos imperfeitos; Deuteromicetes
imperfect stage (Bot.) estágio imperfeito
imperforate (Med.) imperfurado; atrético
imperforate (Zoo.) imperfurado; desprovido de abertura
imperial (E.Civ.) imperial (tipo de telha e de telhado)
Imperial Standard Wire Gauge (Mec.) calibre inglês para medir arames e chapas
impermeable (Geo.) impermeável
impermeable junction (Bio.) ligação impermeável
impermeable stratum (Geo.) estrato impermeável
impervious (E.Civ.) estanque
impervious boundary (Hidro.) limite estanque; limite impermeável
impetiginous (Med.) impetiginoso
impetigo (Med.) impetigo
implant (Bio.) implante; enxerto
implant (Radiol.) implante; inserção
implantation (Zoo.) implantação
implementation (Inf.) implementação
implicant (Inf.; Mat.) implicante
implication (Inf.) implicação

implicit address (INF.) endereço implícito

implicit declaration (INF.) declaração implícita

implicit function (MAT.) função implícita

implicit opening (INF.) abertura implícita

imploding linear system (NUCL.) sistema linear de implosão

implosion (MEC.) implosão

implosive therapy (PSICO.) terapia implosiva

imposing stone (IMP.) pedra de impor

imposition (IMP.) imposição

impost (E.CIV.) imposta

impregnation (GERAL) impregnação

impression (IMP.) impressão

impression cylinder (IMP.) cilindro de impressão

impression formation (PSICO.) formação de impressão

imprint (IMP.) marca; impressão; gravação; cunho

imprinter (IMP.) impressor; gravador

imprinting (PSICO.) «imprinting»; impregnação; impressão perceptiva

improper fraction (MAT.) fracção imprópria; fracção composta

improving (MEC.) refinar (o aço)

impsonite (MINER.) impsonite

impulse (GERAL) impulso

impulse accelerator (ELECT.) acelerador de impulsos

impulse amplitude limiter (ELECTRÓN.) limitador de amplitude de impulso; limitador de ruído

impulse circuit (ELECT.) circuito de impulso

impulse circuit breaker (ELECT.) interruptor de impulso

impulse clock (RELOJ.) relógio de impulsão

impulse excitation (ELECTRÓN.) excitação de impulso

impulse flashover voltage (ELECT.) voltagem de arco de impulso

impulse frequency (TELECOM.) frequência de impulso

impulse function (ELECT.) função de impulso

impulse generator (ELECT.) gerador de impulsos

impulse inertia (ELECT.) inércia de impulso

impulse machine (TELECOM.) máquina de impulsos

impulse modulation (TELECOM.) modulação de impulsos

impulse noise (ELECTRÓN.) ruído de impulsos

impulse period (TELECOM.) período de impulsos

impulse pin (RELOJ.) pino de impulsos

impulse plane (RELOJ.) plano de impulsos

impulse radiation (ELECTRÓN.) radiação de choque

impulse ratio (ELECT.) relação de impulso; proporção de impulso

impulse-reaction turbine (MEC.) turbina de impulso-reacção

impulse repeater (TELECOM.) repetidor de impulso

impulse separator (ELECT.) separador de impulsos

impulse speed (TELECOM.) velocidade de impulsos

impulse starter (AERO.) arranque de impulsão

impulse strength (TELECOM.) intensidade de impulso

impulse transmission (ELECTRÓN.) transmissão de impulsos

impulse turbine (MEC.) turbina de impulso; turbina de acção

impulse wheel (MEC.) roda de impulsão; roda de acção

impulsive interference (TELECOM.) interferência impulsiva

impulsive sound (FÍS.) som impulsivo

impulsive turbine (AERO.) turbina de impulsão; turbina de acção

impurity (ELECTRÓN.) impureza

impurity activation energy (ELECTRÓN.) energia de activação por impurezas

impurity density (ELECTRÓN.) densidade de impurezas

impurity elements (ELECTRÓN.) impurezas

impurity levels (ELECTRÓN.) níveis de impureza

impurity semiconductor (ELECTRÓN.) semicondutor de impurezas

imunoassay (BIO.) teste de imunidade

In (QUÍM.) símbolo químico de indium — Índio

in (BOT. E.CIV.) diptocarpo; a sua madeira

in- (GERAL) in-; prefixo do latim in, denotando negação ou acção intensiva, ou situação de posição interna

inactivation (QUÍM.) desactivação; inactivação

inanition (MED.) inanição

inband (E.CIV.) juntoura; junteira

inborn (BIO.) inato

inbred (BIO.) consanguíneo

inbred line (BIO.) linha consanguínea

inbreeding (BIO.) consanguinidade

inbreeding coefficient (BIO.) coeficiente de consanguinidade

inbreeding depression (BIO.) depressão de consanguinidade

inbye (MINAS) para dentro; interior (trabalho)

incandescent (FÍS.) incandescente

incandescent heat (FÍS.) calor incandescente

incandescent lamp (FÍS.) lâmpada incandescente

incandescent particles (QUÍM.) partículas incandescentes

incentive learning (PSICO.) aprendizagem de incentivo

incept (BIO.) absorver

incept (BOT.) incipiente (rudimento de um orgão)

«incertae sedis» (BOT.) de base incerta (expressão latina, referindo posição taxonómica incerta)

incest (MED.) incesto

incest taboo (PSICO.) tabu de incesto

inches per second [ips] (ELECTRÓN.) polegadas por segundo

inching (MEC.) gradual; de contactos intermitentes

inching starter (ELECT.) arrancador inicial

inch-penny weight (MINAS) peso polegada-péni

inch-tool (E.CIV.) cinzel de aço pequeno (de 25 mm. de lâmina)

incidence (MED.) incidência

incidence of fading (ELECT.) incidência dos desvanecimentos

incidental learning (PSICO.) aprendizagem casual

incident angle (ELECT.) ângulo de incidência

incident beam (FÍS.) feixe incidente

incident electron (ELECTRÓN.) electrão incidente

incident field intensity (ELECT.) intensidade do campo incidente

incident particle (FÍS.) partícula incidente

incident radiation (FÍS.) radiação incidente

incident rays (FÍS.) raios incidentes

incident wave (ELECT.) onda incidente

incipient plasmolysis (BOT.) plasmólise incipiente

incise (ARQ.) gravar; entalhar

incised meander (GEO.) meandro inciso

incisiform (ZOO.) em forma de incisivo (dente)

incision (MED.) incisão; corte cirúrgico

incisors (ZOO.) incisivos

incisura (MED.) incisura; incisão; fissura; emarginação

inclination (FÍS.) inclinação

inclination compass (FÍS.) bússola de inclinação; inclinómetro

inclination factor (FÍS.) factor de inclinação

incline (TOPO.) inclinação; declividade

inclined-catenary construction (ELECT.) construção de catenária inclinada

inclined plane (FÍS.) plano inclinado

inclined shaft (MEC.) eixo inclinado

inclined shore (E.CIV.) escora vertical inclinada

inclining experiment (HIDRO.) teste de inclinação

inclinometer (FÍS.; TOPO.) inclinómetro; clinómetro

inclusion (MEC.; MINAS) inclusão

inclusion bodies (MED.) corpos de inclusão

inclusive fitness (ECO.) aptidão inclusiva; capacidade inclusiva

incoherent (FÍS.) incoerente

incoherent light (FÍS.) luz incoerente

incoherent scattering (ELECTRÓN.) dispersão incoerente

incoherent waves (ELECT.) ondas incoerentes

incoming global radiation (METEO.) radiação global de entrada; radiação global recebida

incoming group (INF.) grupo de entrada

incoming radiation (Meteo.) radiação recebida

incoming traffic (Telecom.) tráfego de entrada

incoming water (Hidro.) água afluente

incompatibility (Geral) incompatibilidade

incompatible behaviours (Psico.) comportamentos incompatíveis

incompetence (Med.) incompetência; insuficiência; incapacidade mental de distinção

incomplete flower (Bot.) flor incompleta

incomplete metamorphosis (Zoo.) metamorfose incompleta

incomplete routine (Inf.) rotina incompleta

incomplete sequence relay (Elect.) relé de sequência incompleta

incompressible fluid (Fís.) fluido incompressível

incompressible volume (Quím.) volume incompressível

Inconel (Mec.) Inconel (liga à base de níquel)

inconnector (Inf.) conector de chegada; conector interno

incontinence (Med.) incontinência

incoordination (Med.) incoordenação

in-core subprogram (Inf.) sub-programa na memória principal

incremental backup (Inf.) recuperação incremental

incremental compiler (Inf.) compilador incremental

incremental computer (Inf.) computador incremental

incremental digital recorder (Inf.) gravador digital incremental

incremental hysteresis loss (Elect.) perda de histerese incrementada

incremental induction (Electrón.) indução incrementada

incremental in-flow (Hidro.) vazão incrementada

incremental integrator (Inf.) integrador incrementado

incremental permeability (Elect.) permeabilidade incrementada

incremental plotter (Inf.) traçador incrementado

incremental resistance (Elect.) resistência incrementada

incrustation (E.Civ.) incrustação

incubation (Med.; Psico.) incubação

incudectomy (Med.) incudectomia

incudomalleal (Med.) incudomaleal

incudostapedial (Med.) incudoestapedial

incus (Meteo.) frente de trovoada

incus (Zoo.) bigorna (ossículo do ouvido médio)

indanthrene (Quím.) indantreno

indeciduate (Zoo.) indecíduo

indefinite (Bot.) indefinido

indefinite integral (Mat.) integral indefinida

indehiscent (Bot.) indeiscente

indene (Bot.) indeno

indent (E.Civ.) entalhe

indent (Imp.) entrada

indentation test (E.Civ.) teste de cavado

indented bar (E.Civ.) barra denteada

indented chisel (Mec.) cinzel denteado

indented joint (E.Civ.) junta em dente de serra; ensambladura denteada

indenter (E.Civ.) ferro de marcar; ferrete

independent axle-drive (Elect.) eixo motor independente

independent blast furnace (Mec.) alto-forno independente

independent chuck (Mec.) mandril independente

independent equations (Mat.) equações independentes

independent feeder (Elect.) alimentador independente

independent particle model (Fís.) modelo de partícula independente

independent power unit (Mec.) unidade de força móvel

independent sideband (Telecom.) faixa lateral independente

independent suspension (Auto.) suspensão independente

independent time-lag (Elect.) atraso de fecho independente

independent trip (Elect.) disparo independente

independent variable (Mat.) variável independente

independent windings (Elect.) enrolamentos independentes

indestructibility of matter (Quím.) indestrutibilidade da matéria

indeterminacy principle (Fís.) princípio da indeterminação

indeterminate (Mec.) indeterminado

indeterminate equations (Mat.) equações indeterminadas

index (Geral) índice; indicador; sinal; mostrador

index (Mat.) índice

index (Reloj.) ponteiro

index case (Med.) caso indicador

indexed address (Inf.) endereço indexado

indexed sequential access (Inf.) acesso sequencial indexado

index error (Topo.) erro de índice

index fossil (Geo.) fóssil de índice; fóssil de referência

indexing head (Mec.) cabeçote divisor

index mineral (Geo.) mineral de índice; mineral de referência

index name (Inf.) nome de índice

index of abundance (Eco.) índice de abundância

index of cooperation (Electrón.) índice de cooperação

index of reference (Inf.) índice de referência

index of refraction (Fís.) índice de refracção

index-quantity (Inf.) quantidade-índice

index record (Inf.) registo de índice; gravação de índice

index replication (Inf.) duplicação de índice

index search (Electrón.) busca de marca de índice

index set (Inf.) conjunto de índices

index upgrade (Inf.) actualização de índice

index word (Inf.) palavra de índice

Indian floral region (Eco.) região floral índica

Indian hemp (Bot.) cânhamo indiano

Indian ink (Geral) tinta-da-china; tinta-de-nanquim

Indian Ocean (Eco.) oceano índico

Indian summer (Eco.) onda de calor

Indian topaz (Miner.) topázio oriental; corindo

India paper (Papel) papel-da-china

india-rubber (Quím.) borracha

indicated air speed (Aero.) velocidade do ar indicada; velocidade relativa indicada

indicated horse-power (Mec.) potência indicada; potência teórica

indicated mean effective pressure (IMEP) (Mec.) pressão efectiva média indicada

indicated ore (Minas) minério indicado

indicated thermal efficiency (Mec.) eficiência térmica indicada

indicating instrument (Mec.) instrumento indicador

indication (Mec.) indicação; indício

indicator (Geral) indicador

indicator chart (Mec.) gráfico indicador

indicator check (Inf.) indicador de verificação

indicator diagram (Mec.) diagrama indicador

indicator end of file (Inf.) indicador de fim de ficheiro

indicator gate (Electrón.) grade indicadora

indicator grid (Electrón.) grade indicadora

indicator pencil (Electrón.) estilete do indicador

indicator range (Quím.) amplitude do indicador

indicator species (Eco.) espécie indicadora

indicator species analysis (Eco.) análise de espécies indicadoras

indicator tube (Electrón.) tubo indicador (de feixes electrónicos); válvula electrónica de indicador

indicator vein (Minas) veio indicador

indices of crystal faces (Crist.) índices das faces dos cristais

indicial admittance (Telecom.) admitância indiciante

indicial response (Telecom.) resposta indiciante

indicolite, indigolite (Miner.) indicolite

indifferent species (Eco.) espécie indiferente

indigenous (Zoo.) indígena

indigestion (Med.) indigestão

indigo (Quím.) indigo

indigo copper (Miner.) cobre anilado; covelite; anil de cobre

indigolite (Miner.) indicolite

indirect activation (Inf.) activação indirecta

indirect address (INF.) endereço indirecto

indirect-arc furnace (ELECT.) forno de arco voltaico indirecto

indirect braking method (FÍS.) método de travagem indirecta

indirect collision (FÍS.) colisão indirecta

indirect coupling (ELECT.; MEC.) acoplamento indirecto

indirect cylinder (E.CIV.) cilindro indirecto; caldeira indirecta

indirect deactivation (INF.) desactivação indirecta

indirect echo (ELECTRÓN.) eco indirecto; eco falso

indirect electrostatic process (INF.) processo electrostático indirecto

indirect-fire furnace (MEC.) fornalha de fogo indirecto

indirect heating (MEC.) aquecimento indirecto

indirect immunofluorescence (BIO.) imunofluorescência indirecta

indirect inhibition (ECO.) inibição indirecta

indirect lighting (ELECT.) iluminação indirecta

indirect link (INF.) ligação indirecta

indirectly-heated valve (ELECTRÓN.) válvula aquecida indirectamente

indirect metamorphosis (ZOO.) metamorfose indirecta

indirect operation (INF.) operação indirecta

indirect scanning (ELECTRÓN.) exploração indirecta; exploração por reflexão

indirect wave (TELECOM.) onda indirecta; onda ionosférica

indium (QUÍM.) índio

individual (ZOO.) indivíduo; individual

individual axle-drive (ELECT.) accionamento de eixo independente

individual data support (INF.) suporte individual de dados

individual distance (PSICO.) distância individual

individual drive (ELECT.) accionamento individual

indole (QUÍM.) indol; benzopirrol

indole-3-acetic acid (BOT.) ácido beta-indolacético

indolent (MED.) indolente; inactivo; sem dor ou quase

Indo-Malesian rain forest (ECO.) floresta tropical da Indo-Malaia

indomethacin (MED.) indometacina

induced AC voltage (ELECTRÓN.) tensão induzida

induced charge (FÍS.) carga induzida

induced coil (ELECT.) bobina induzida

induced current (ELECT.) corrente induzida

induced dipole (ELECT.) dipolo induzido

induced dipole moment (ELECT.) momento de dipolo induzido

induced drag (AERO.) resistência induzida; resistência aerodinâmica induzida

induced draught (MEC.) tiragem induzida; tiragem por aspiração

induced e.m.f. (FÍS.) força electromotriz induzida; f.e.m. induzida

induced field (FÍS.) campo induzido

induced magnetism (FÍS.) magnetismo induzido

induced moving-magnet instrument (ELECT.) instrumento de magnete móvel induzido

induced noise (ELECTRÓN.) ruído induzido

induced oscillation (FÍS.) oscilação induzida; vibração induzida

induced polarization (FÍS.) polarização induzida

induced radiation (FÍS.) radiação induzida

induced radioactivity (FÍS.) radioactividade induzida

induced reaction (QUÍM.) reacção induzida

induced recharge (HIDRO.) alimentação induzida; recarga induzida

induced trough (METEO.) cavado induzido

induced voltage (ELECT.) voltagem induzida

inducer (BIO.) indutor

inducible enzyme (BOT.) enzima induzível

inductance (FÍS.) indutância

inductance bridge (ELECT.) ponte de indutância

inductance-capacitance filter (ELECT.) filtro de indutância-capacitância

inductance coefficient (ELECT.) coeficiente de indutância

inductance coil (ELECT.) coeficiente de indutância

inductance coupling (ELECT.) acoplamento indutivo

inductance factor (ELECT.) factor de indutância

inductance tube modulation (ELECT.) modulação por válvula de indutância

induction (GERAL) indução

induction coil (ELECT.) bobina de indução

induction compass (FÍS.) bússola de indução

induction factor (ELECT.) factor de indução

induction field (FÍS.) campo de indução

induction flame damper (AERO.) abafador de admissão

induction flowmeter (ELECTRÓN.) fluxímetro de indutância

induction furnace (ELECT.) forno de indução

induction generator (ELECT.) gerador de indução

induction hardening (MEC.) têmpera por indução

induction heating (ELECT.) aquecimento por indução

induction in air (FÍS.) indução no ar

induction instrument (ELECT.) instrumento de indução

induction lamp (ELECT.) lâmpada de indução

induction machine (ELECT.) máquina de indução; máquina electrostática

induction manifold (AUTO.) caixa de admissão

induction meter (ELECT.) contador de indução

induction microphone (TELECOM.) microfone de indução

induction motor (ELECT.) motor de indução

induction motor-generator (ELECT.) motor-gerador de indução

induction noise (ELECT.) ruído de indução

induction period (QUÍM.) período de indução

induction pipe (MEC.) tubo de admissão

induction port (AUTO.) orifício de admissão

induction regulator (ELECT.) regulador de indução

induction relay (ELECT.) relé de indução

induction spark (ELECT.) centelha de indução; faísca de indução

induction stroke (AUTO.) tempo de admissão; curso de aspiração

induction valve (MEC.) válvula de admissão; válvula de indução

inductive (ELECT.) indutivo

inductive circuit (ELECT.) circuito indutivo

inductive coupling (ELECT.) acoplamento indutivo

inductive drop (ELECT.) queda indutiva

inductive exposure (ELECT.) exposição indutiva

inductive feedback (ELECT.) realimentação indutiva

inductive grounding (ELECT.) ligação à terra indutiva

inductive heating (FÍS.) aquecimento indutivo

inductive interference (ELECT.) interferência indutiva

inductive load (ELECT.) carga indutiva

inductive main (ELECT.) linha indutiva

inductive neutralization (ELECT.) neutralização indutiva

inductive phase shift (ELECTRÓN.) avanço da fase, deslocação de fase indutiva

inductive pick-up (ELECT.) imantação indutiva; magnetização indutiva

inductive proximity switch (ELECT.) interruptor indutivo de proximidade

inductive reactance (ELECT.) reatância indutiva

inductive reaction (ELECT.) reacção indutiva

inductive resistor (ELECT.) resistência indutiva

inductive source (ELECT.) fonte indutiva

inductive susceptance (ELECT.) susceptância indutiva

inductive tuning (TELECOM.) sintonização indutiva

inductive voltage (ELECT.) voltagem indutiva

inductive window (ELECT.) janela indutiva

inductor (FÍS.) indutor

inductor generator (ELECT.) gerador de indutor

inductor loudspeaker (FÍS.) altifalante de indutor

inductor reactance (ELECTRÓN.) reactância do indutor

indumentum (BOT.; ZOO.) indumento

indurated (MEC.) endurecido

induration (GEO.) compacção; litificação

indusium (ZOO.) indúsio

industrial diamond (MINER.) diamante industrial (diamante propriamente dito, borte e diamante negro ou carbonado)

industrial frequency (ELECT.) frequência industrial; frequência de rede

industrialized building (E.CIV.) construção industrializada

industrial melanism (ECO.) melanismo industrial

industry standard architecture (INF.) arquitectura padrão da indústria

inelastic collision (FÍS.) colisão rígida

inelastic scattering (FÍS.) difusão rígida

inequality (ASTRO.) desigualdade (qualquer irregularidade no movimento de um planeta)

inequality (MAT.) desigualdade

inequipotent (ZOO.) inequipotente

inequivalve (ZOO.) inequivalve

inert (QUÍM.) inerte

inert anode (NAV.) ânodo inerte

inert gas (QUÍM.) gás inerte

inertia (FÍS.) inércia

inertia circle (FÍS.) círculo de inércia

inertia current (FÍS.) corrente de inércia

inertia curve (FÍS.) curva de inércia

inertia diagram (FÍS.) diagrama de inércia

inertia effect (FÍS.) efeito de inércia

inertia frequency (FÍS.) frequência de inércia

inertia governor (MEC.) regulador de inércia; regulador por inércia

inertial confinement (NUCL.) limite de inércia

inertial control (ELECTRÓN.) controlo por inércia

inertial damping (FÍS.) amortecimento de inércia

inertial flow (FÍS.) fluxo de inércia

inertial force (FÍS.) força de inércia

inertial fusion system (NUCL.) sistema de fusão por inércia

inertial guidance (AERO.) sistema de voo por inércia

inertial impaction (FÍS.) impacção por inércia

inertial motion (FÍS.) movimento por inércia

inertial orbit (FÍS.) órbita de inércia

inertial switch (ELECT.) interruptor por inércia; chave de inércia

inert metal (FÍS.) metal inerte

I neutrons (FÍS.) neutrões I

infanticide (MED.) infanticídio

infantile paralysis (MED.) paralisia infantil; paralisia anterior infantil; poliomielite

infantilism (MED.) infantilismo

infarct (MED.) enfarte

infarction (MED.) enfarte

infection (MED.) infecção

infectious anemia of horses (VET.) anemia infecciosa equina; febre dos pântanos

infectious avian bronchitis (VET.) bronquite infecciosa das aves

infectious avian encephalomyelitis (VET.) encefalomielite infecciosa das aves; tremor epidémico

infectious bovine rhinotracheitis (VET.) rinotraqueíte infecciosa bovina

infectious bulbar paralysis (VET.) paralisia bulbar infecciosa; doença de Aujeszky; pseudorraiva

infectious canine hepatitis (VET.) hepatite canina infecciosa; doença de Rubarth

infectious coryza (VET.) catarro contagioso; rinite aguda contagiosa

infectious hepatitis (MED.) hepatite infecciosa; hepatite viral do tipo A

infectious icterohaemoglubinuria (VET.) icterohemoglubinúria infecciosa

infectious jaundice (MED.) icterícia infecciosa

infectious keratitis (VET.) queratite infecciosa

infectious laryngotracheitis (ILT) (VET.) laringotraqueíte infecciosa

infectious mononucleosis (MED.) mononucleose infecciosa; febre glandular; linfadenose benigna

infectious ophthalmia (VET.) oftalmia infecciosa; conjuntivite aguda; queratite aguda bovina

infectious parotitis (MED.) parotite infecciosa; papeira

infectious pig paralysis (VET.) paralisia infecciosa dos suínos; doença de Tenschen; encefalomielite suína infecciosa

infectious pododermatitis (VET.) pododermatite infecciosa

infectious sinusitis of turkeys (VET.) sinusite infecciosa dos perus; doença respiratória crónica dos perus

infectious synovitis (VET.) sinovite infecciosa; artromeningite infecciosa

infective endocarditis (MED.) endocardite infecciosa

infective hepatitis (MED.) hepatite infecciosa; hepatite viral do tipo A

inferior (GERAL) inferior

inferior conjunction (ASTRO.) conjunção inferior

inferiority complex (PSICO.) complexo de inferioridade

inferior planets (ASTRO.) planetas inferiores

inferior vena cava (ZOO.) veia cava inferior

inferred-zero instrument (ELECT.) instrumento de zero suprimido

infertility (MED.) infertilidade

infestation (MED.) infestação

infiltration (GERAL) infiltração

infiltration capacity (ECO.) capacidade de infiltração

infimum (MAT.) ínfimo

infinite attenuation (FÍS.) atenuação infinita

infinite baffle (ELECTRÓN.) abafador infinito

infinite impulse response [IIF] filter (ELECTRÓN.) filtro de resposta infinita aos impulsos

infinite integral (MAT.) integral infinita

infinite line (FÍS.) linha infinita

infinite loop (INF.) reversão infinita; laço infinito

infinite set (MAT.) conjunto infinito

infinitesimal (MAT.) infinitesimal

infinity (MAT.) infinito

infinity plug (ELECT.) tomada infinita

infix (INF.) infixo

infix notation (INF.) notação infixa

inflammation (MED.) inflamação

inflatable aircraft (AERO.) avião inflável

inflation (AERO.) enchimento; inflação

inflationary universe (ASTRO.) universo inflacionário; universo em expansão

inflected arch (ARQ.) arco inflectido

inflexion (MAT.) inflexão

inflorescence (BOT.) inflorescência

influence line (E.CIV.) linha de influência

influence machine (ELECT.) máquina de influência

influent stream (ECO.) rio principal; rio influente

influenza (MED.) gripe

information (GERAL) informação

information analysis (GERAL) análise de informação

information bearer channel (INF.) canal portador de informação

information bits (INF.) bits de informação

information center (INF.) centro de informação

information channel (INF.) canal de informação

information contents (TELECOM.) conteúdo de informação

information feedback (INF.) realimentação de informação

information processing (INF.) processamento de informação

information rate (TELECOM.) taxa de informação; velocidade de informação

information retrieval (INF.) recuperação de informação

information statistic (GERAL) informação estatística

information storage and retrieval (INF.) armazenagem e recuperação de informação

information structure (INF.) estrutura de informação

information technology (INF.) tecnologia da informação

information theory (INF.) teoria da informação

informative meiosis (BIO.) meiose informativa

infra- (GERAL) infra-, prefixo do latim *infra* — abaixo, indicando posição inferior

infra-axillary (MED.) infra-axilar

infra-black region (TELECOM.) região do mais preto que o preto; região abaixo do preto

infracerebral (MED.) infracerebral

infraclusion (MED.) infra-oclusão; infraversão

infracortical (MED.) infracortical

infracostal (MED.) infracostal

infracotyloid (MED.) infracotilóide

infradine (TELECOM.) infradino

infraglenoid (MED.) infraglenóide

infrahyoid (MED.) infra-hióideo

infralittoral fringe (ECO.) fronteira sublitoral; limite da plataforma continental

infralittoral zone (ECO.) zona sublitoral; plataforma continental

inframarginal (ZOO.) inframarginal

infraorbital glands (ZOO.) glândulas infra-orbitárias

infrapatelar (MED.) infrapatelar

infrapsychic (MED.; PSICO.) infrapsíquico; automático

infrared (GERAL) infravermelho

infrared absorption (FÍS.) absorção infravermelha

infrared analysis (FÍS.) análise do infravermelho

infrared astronomy (ASTRO.) astronomia de infravermelhos

infrared beam (TELECOM.) feixe de infravermelhos

infrared countermeasures (AERO.) contramedidas de infravermelhos

infrared detectar passive (TELECOM.) detector passivo de infravermelhos

infrared detection (FÍS.) detecção de infravermelhos

infrared emitting diode (ELECT.) diodo emissor de infravermelho

infrared image converter (ELECTRÓN.) conversor de imagem infravermelha

infrared light (FÍS.) luz infravermelha

infrared maser (FÍS.) MASER de infravermelhos

infrared photography (T.IMAG.) fotografia com infravermelhos

infrared radiation (FÍS.) radiação infravermelha

infrared remote control (TELECOM.) controlo remoto de infravermelhos

infrared scanner (ELECT.) explorador de infravermelhos; analisador de infravermelhos

infrared spectrometer (FÍS.) espectrómetro de infravermelhos

infrared waves (FÍS.) ondas infravermelhas; «luz negra»

infrared window (FÍS.) janela de infravermelho

infrasonic (GERAL) infra-sónico

infrasonic frequence (TELECOM.) frequência infra-sónica

infrasound (FÍS.) infra-som; sub-som

infundibulum (ZOO.) infundíbulo; funil

infusible (MEC.) infusível

infusion (QUÍM.) infusão

infusorial earth (MINER.) terra de infusórios; diatomitos

ingate (MEC.) gito; canal do gito; respiradouro

ingestion (ZOO.) ingestão

ingluvies (ZOO.) papo (de uma ave)

ingluvitis (VET.) inflamação do papo (de uma ave)

ingot (MEC.) lingote; barra

ingot iron (MEC.) ferro em lingotes

ingot mould (MEC.) molde para lingote; molde de vazar lingotes; coquilha

ingot saw (MEC.) serra de lingotes

ingot stripper (MEC.) desmoldador de lingotes

ingravescent (MED.) que aumenta gradualmente de gravidade

inguinal (ZOO.) inguinal

inguinodynia (MED.) inguinodínia; dor na virilha

inhalant (ZOO.) inalante

inhalation (MED.) inalação

inhaler (MED.) inalador

inherent distortion (ELECT.) distorção inerente

inherent error (INF.) erro inerente

inherent filtration (RADIOL.) filtração inerente

inherent floatability (MINAS) flutuabilidade inerente

inherent regulation (ELECT.) regulação inerente

inherent stability (AERO.) estabilidade inerente; estabilidade própria

inherited error (INF.) erro herdado; erro recebido

inhibited oil (ELECT.) óleo inibitório; óleo de inibição

inhibition (ZOO.) inibição

inhibitor (BOT.) inibidor

inhibitory (ZOO.) inibitório

inhibitory phase (QUÍM.) fase inibitória

inhibit pin (ELECTRÓN.) pino de inibição

inion (MED.) ínio; ínion

initial (BOT.) inicial

initial algebra (INF.) álgebra inicial

initial chaining value (INF.) valor de encadeamento inicial

initial conditions (INF.; MAT.) condições iniciais

initial consonant articulation (TELECOM.) articulação consonante inicial

initial differential capacitance (ELECT.) capacitância diferencial inicial

initial inverse voltage (ELECT.) voltagem inicial inversa

initialize (INF.) inicializar

initial permeability (ELECT.) permeabilidade inicial

initial reverse voltage (ELECT.) voltagem inicial inversa

initial stability (NAV.) estabilidade inicial

initial velocity current (ELECT.) corrente de velocidade inicial

initiation codon (BIO.) codão de iniciação

initiation factor [IF] (BIO.) factor de iniciação

initiator (QUÍM.) iniciador

initiator codon (BIO.) codão iniciador; codão-«starter»

injected (BOT.) injectado

injection (AUTO.) injecção

injection (GEO.) injecção

injection carburettor (AERO.) carburador por injecção; carburador de injecção

injection complex (GEO.) complexo de injecção

injection condenser (MEC.) condensador de injecção

injection efficiency (ELECTRÓN.) eficiência de injecção

injection grid (ELECT.) rede de injecção

injection lag (AUTO.) atraso de injecção

injection laser (FÍS.) laser de injecção

injection-locked oscillator (ELECTRÓN.) oscilador de microondas

injection moulding (PLÁST.) modelação por injecção

injection pump (AUTO.) bomba de injecção

injection string (MINAS) coluna de injecção; haste de injecção

injection valve (AUTO.) válvula de injecção

injection water (MINAS) água de injecção

injection well (MINAS) poço de injecção

injector (AUTO.) injector

ink (GERAL) tinta

ink (ZOO.) tinta; ferrado

inkblot test (PSICO.) teste de Rorschach; teste das manchas de tinta

inkjet printer (INF.) impressora de jacto de tinta

ink jet printing (INF.) impressão por jacto de tinta

ink pump (IMP.) bomba de tinta

ink sac (ZOO.) bolsa do ferrado

ink table (IMP.) chapa de tinta

inland sea (ECO.) mar interior

inlay (E.CIV.) embutido

inlet guide vanes (AERO.) pás directrizes de admissão

inlet manifold (AUTO.) cano múltiplo de distribuição de admissão; tubulação de admissão

inlet port (AUTO.) abertura de admissão; orifício de admissão

inlet valve (AUTO.) válvula de admissão; válvula de entrada

inlier (GEO.) formação geológica que se encontra coberta e envolvida por outra

in-line assembly (ELECTRÓN.) montagem em linha

in-line engine (AUTO.) motor em linha

INMARSAT (TELECOM.) abr. de *INternational MARitime SATellite organization* — Organização Internacional de Telecomunicações Marítimas por Satélite

innate (PSICO.) inato

innate capacity for increase (ECO.) capacidade inata de crescimento

innate releasing mechanism (IMR) (PSICO.) mecanismo de libertação inato

inner code (INF.) código interno

inner conductor (ELECT.) condutor interno

inner dead-centre (MEC.) centro morto interior

inner ear (MED.) ouvido interno

inner glume (BOT.) gluma interna

inner marker beacon (AERO.) baliza indicadora interna

innervation (ZOO.) inervação

innings (E.CIV.) terras recuperadas do mar

innocent (MED.) benigno

innominate (ZOO.) inominado

inoculation (GERAL) inoculação

inoculum (MED.) inoculado; material introduzido por inoculação

inorganic chemistry (QUÍM.) Química inorgânica

inosilicates (MINER.) ino-silicatos

inosine (BIO.) inosina

inositol (QUÍM.) inositol

in parallel (ELECT.) em paralelo

in phase (ELECT.) em fase

in-phase component (ELECT.) componente em fase

in-phase loss (ELECT.) perda em fase

in-pile test (NUCL.) teste em pilha

input (INF.) entrada

input area (INF.) área de entrada

input assertion (INF.) asserção de entrada

input block (INF.) bloco de entrada

input buffer (INF.) armazenamento intermediário de entrada

input capacitance (FÍS.) capacitância de entrada

input channel (INF.) canal de entrada

input characteristic (ELECTRÓN.) característica de entrada

input circuit (INF.) circuito de entrada

input current (ELECTRÓN.) corrente de entrada

input device (INF.) dispositivo de entrada

input electrode (ELECTRÓN.) eléctrodo de entrada

input field (INF.) campo de entrada

input gap (ELECTRÓN.) abertura de entrada

input header label (INF.) rótulo de cabeçalho de entrada

input impedance (ELECTRÓN.) impedância de entrada

input job queue (INF.) fila de tarefas de entrada

input job stream (INF.) fila de trabalhos de entrada; fluxo de trabalhos de entrada

input/output (ELECTRÓN.) entrada-saída

input/output appendage (INF.) rotina acessória de entrada/saída

input/output controller (ELECTRÓN.) controlador de entrada-saída

input/output control program (INF.) programa de controlo de entrada/saída

input/output processor (INF.) processador de entrada/saída

input queue (INF.) fila de entrada

input resistance (ELECTRÓN.) resistência de entrada

input signal (ELECT.) sinal de entrada

input transformer (ELECT.) transformador de entrada

input voltage (ELECT.) voltagem de entrada

input work queue (INF.) fila de entrada de trabalho

inquartation (MEC.) inquartação

inquiline (ZOO.) inquilino; comensal

insanity (PSICO.) insanidade

Insecta (ZOO.) Insectos

insecticides (QUÍM.) insecticidas

Insectivora (ZOO.) Insectívoros

inselberg (GEO.) inselberg

insemination (ZOO.) inseminação

insequent drainage (ECO.) drenagem inconsequente

insert (MEC.) inserção

inserted tooth cutter (MEC.) fresa de dentes; fresa de navalha

insertion (GERAL) inserção

insertion gain (ELECT.) ganho de inserção

insertion head (MEC.) cabeça de inserção

insertion loss (ELECT.) perda por inserção

insertion mutation (BIO.) mutação por inserção

insertion switch (ELECT.) interruptor de inserção

inset, insert (IMP.) intercalado

inside callipers (MEC.) calibrador de interiores

inside chaser (MEC.) pente de rosca interna

inside cover (MEC.) tampa interna

inside crank (MEC.) manivela de eixo

inside cylinders (MEC.) cilindros internos

inside girder (E.CIV.) viga interna; viga interior

inside lap (MEC.) avanço de escape

inside rivet (MEC.) rebite interno

inside wiring (ELECT.) ligação interna; fios internos

insight learning (PSICO.) aprendizagem perceptiva

in-situ hybridization (BIO.) hibridização in situ

insolation (MED.) insolação

insolation weathering (ECO.) erosão pro insolação; erosão térmica

insoluble (QUÍM.) insolúvel

insoluble electrode (ELECT.) eléctrodo insolúvel

insomnia (MED.) insónia

inspection chamber (E.CIV.) câmara de inspecção; poço de inspecção

inspection fitting (MEC.) instalação de inspecção; montagem de inspecção

inspection gauges (MEC.) calibres de inspecção; calibradores de inspecção

inspection junction (E.CIV.) junção de inspecção

inspection plug (ELECT.) tomada de inspecção

inspiration (ZOO.) inspiração

inspirator (MEC.) inspirador

inspissation (MED.) espessamento

instability (GERAL) instabilidade

instantaneous automatic gain control (RADAR) controlo automático de ganho instantâneo

instantaneous carrying current (ELECT.) corrente de condução instantânea

instantaneous centre (MEC.) centro instantâneo

instantaneous current (ELECTRÓN.) corrente instantânea

instantaneous deviation control (ELECT.) controlo instantâneo de desvio

instantaneous frequency (TELECOM.) frequência instantânea

instantaneous fuse (MINAS) detonador instantâneo

instantaneous overcurrent relay (ELECT.) relé instantâneo de corrente excessiva

instantaneous power (ELECT.) potência instantânea; energia instantânea

instantaneous sound pressure (FÍS.) pressão acústica instantânea

instantaneous specific heat capacity (FÍS.) capacidade de calor específico instantâneo

instantaneous value (GERAL) valor instantâneo

instantaneous velocity of reaction (QUÍM.) velocidade instantânea de reacção

instant photography (T.IMAG.) fotografia instantânea

instar (ZOO.) instar

instep (MED.) arco do pé; parte mais elevada do dorso do pé

in step (ELECT.) sincronizado em fase; em fase

instinct (PSICO.) instinto

Institute of Electrical and Electronic Engineers (GERAL) Instituto dos Engenheiros Eléctricos e Electrónicos (E.U.A.)

institution (PSICO.) instituição; hábito estabelecido

institutionalization (PSICO.) institucionalização

Institution of Electrical Engineers [IEE] (GERAL) Instituição dos Engenheiros Eléctricos (R.U.)

instruction (INF.) instrução

instruction address (INF.) endereço de instrução

instruction address register (INF.) registo de endereço de instrução

instruction breakpoint (INF.) interrupção da instrução

instruction code (INF.) código de instruções

instruction control unit (INF.) unidade de controlo de instrução

instruction cycle (INF.) ciclo de instrução

instruction dummy (INF.) simulador de instrução

instruction length (INF.) comprimento de instrução

instruction logic (INF.) lógica de instrução

instruction number (INF.) número de instrução

instruction set (INF.) conjunto de instruções

instruction statement (INF.) declaração de instrução

instruction stream (INF.) cadeia de instruções

instruction symbolic (INF.) instrução simbólica

instruction transfer (INF.) transferência de instrução

instruction word (INF.) palavra de instrução

instrument (GERAL) instrumento

instrumental sensitivity (ELECT.) sensibilidade instrumental

instrument approach (AERO.) aproximação por instrumentos; aproximação IFR

instrument board (ELECT.) quadro de instrumentos

instrument case (ELECT.) caixa de instrumentos

instrument decoder (INF.) descodificador instrumental

instrument flight (AERO.) voo por instrumentos; voo cego; voo IFR

instrument flight rules (IFR) (AERO.) Regras de Voo por Instrumentos

instrument landing system (AERO.) aterragem por instrumentos; aterragem IFR

instrument range (NUCL.) alcance de medição de instrumento

instrument sensitivity (ELECTRÓN.) sensibilidade do instrumento

instrument shunt (ELECT.) derivação de instrumento

instrument takeoff (AERO.) descolagem por instrumentos

instrument transformer (ELECT.) transformador de instrumento

instrument turn (AERO.) curva por instrumentos

instrument weather (AERO.) condições de voo por instrumento; condições meteorológicas IFR; condições de voo IFR

insufficient bank (AERO.) inclinação insuficiente

insufficient feed (IMP.) alimentação insuficiente

insufflation (MED.) insuflação

insufflator (MED.) insuflador

insula (MED.) ínsula (saliência do hemisfério cerebral)

insula (MED.) ínsula (mancha circunscrita sobre a pele)

insulant (E.CIV.) isolante

insulated (ARQ.) isolado

insulated bolt (ELECT.) parafuso isolado

insulated clip (ELECT.) grampo isolado

insulated contact (ELECT.) contacto isolado

insulated enclosure (ELECT.) invólucro isolado

insulated eye (ELECT.) campo isolado

insulated filament (ELECT.) filamento isolado

insulated gate bipolar transistor (ELECTRÓN.) transistor bipolar de porta isolada

insulated gate FET (ELECTRÓN.) FET de porta isolada; transistor de efeito de campo de porta isolada

insulated hanger (ELECT.) suporte isolado; suspensor isolado

insulated hook (ELECT.) gancho isolado; escápula isolada

insulated metal roofing (E.CIV.) cobertura de metal isolada

insulated neutral (ELECT.) neutro isolado

insulated pliers (ELECT.) alicate isolado

insulated return system (ELECT.) sistema de retorno isolado

insulated screw eye (ELECT.) pitão isolado

insulated stream (HIDRO.) curso de água isolado

insulated system (ELECT.) sistema isolado

insulated terminal (ELECT.) terminal isolado; borne isolado

insulated wire (ELECT.) fio isolado

insulating beads (ELECT.) contas isoladoras

insulating board (E.CIV.) quadro isolador

insulating bolt (ELECT.) parafuso de suspensão com cabeça isoladora

insulating brick (E.CIV.) tijolo isolador

insulating compound (ELECT.) massa isoladora

insulating covering (ELECT.) cobertura isoladora; capa isoladora

insulating joint (ELECT.) junção isoladora

insulating lacquer (ELECT.) verniz isolador

insulating material (ELECT.) material isolador

insulating oil (ELECT.) óleo isolador

insulating resistance (ELECTRÓN.) resistência de isolamento

insulating strength (ELECT.) força isoladora; intensidade isoladora

insulating tape (ELECT.) fita isoladora

insulation (GERAL) isolamento

insulation displacement connector (ELECTRÓN.) ligação de isolamento móvel

insulation resistance (ELECT.) resistência de isolamento

insulation test (ELECT.) teste de isolamento; prova de isolamento

insulation tester (ELECT.) verificador de isolamento

insulator (GERAL) isolador

insulator cap (ELECT.) capacete de isolador

insulator chain (ELECT.) cadeia de isoladores

insulator pin (ELECT.) contacto do isolador; pino do isolador

insulator strain (ELECT.) esforço sobre o isolador

insulator strength (ELECT.) intensidade do isolador; força do isolador

insulin (BIO.; MED.) insulina

intaglio (VIDR.) entalhe; talha

intaglio (IMP.) baixo relevo

intake openings (HIDRO.) aberturas de admissão

intake well (MINAS) poço de injecção

intasome (BIO.) intassoma

integer (INF.; MAT.) número inteiro; inteiro

integer constant (INF.) constante de inteiros

integer data (INF.) dados inteiros

integer digit (INF.) dígito inteiro

integer programming (INF.) programação de inteiros

integer variable (INF.) variável de inteiros

integral (MAT.) integral

integral and differential calculus (MAT.) cálculo diferencial e integral

integral boundary (INF.) limite integral

integral calculus (MAT.) cálculo integral

integral convergence test (MAT.) teste de convergência integral

integral domain (MAT.) domínio integral

integral dose (RADIOL.) dose integral

integral equation (MAT.) equação integral

integral factor (MAT.) factor integral

integral function (MAT.) função integral

integral multiple (MAT.) múltiplo integral

integral number (MAT.) número inteiro

integral sign (MAT.) sinal de integral

integral symbol (MAT.) símbolo integral

integral tank (ASTRO.; AERO.) tanque integral

integrand (MAT.) integrando

integrant cell (BIO.) integrante (célula)

integrated amplifier (ELECT.) amplificador integrado

integrated attachment (INF.) ligação integrada

integrated chamber (NUCL.) câmara de integração

integrated circuit (INF.) circuito integrado

integrated circuit power amplifier (ELECTRÓN.) circuito integrado de amplificação de potência

integrated configuration (INF.) configuração integrada

integrated data processing (INF.) processamento integrado de dados

integrated digital network (INF.) rede digital integrada

integrated digital receiver (TELECOM.) receptor digital integrado; circuito integrado de recepção digital

integrated injection logic (INF.) lógica de injecção integrada

integrated modem (INF.) modulador/desmodulador integrado

integrated pest control (ECO.) controlo de pestes integrado

integrated processing (INF.) processamento integrado

integrated services digital network (TELECOM.) rede digital de serviços integrados; rede RITA; rede ISDN

integrated software (INF.) software integrado

integrated virus (INF.) vírus integrado

integrating ammeter (ELECT.) amperímetro de integração; amperímetro totalizador

integrating amplifier (ELECT.) amplificador de integração

integrating circuit (ELECT.) circuito de integração

integrating factor (MAT.) factor de integração

integrating frequency meter (ELECT.) frequencímetro de integração

integrating ionization chamber (ELECTRÓN.) câmara de ionização integradora

integrating meter (ELECT.) contador integrador; contador totalizador

integrating motor (ELECT.) motor de integração; motor integrador

integrating photometer (FÍS.) fotómetro de integração

integration (BIO.) integração

integration (MAT.) integração; primitivação

integrator (GERAL) integrador

integrity (INF.) integridade

integro-differential equation (MAT.) equação integral diferencial

integument (BOT.; ZOO.) integumento

intelligence quotient (PSICO.) quociente intelectual

intelligence terminal (INF.) terminal inteligente

intelligent time division multiplex (TELECOM.) multiplexagem inteligente por divisão de tempo

intelligibility (FÍS.; PSICO.; TELECOM.) inteligibilidade

INTELSAT (ESP.; TELECOM.) abr. de *INternational TELecommunications SAtellite organization* — Organização Internacional de Telecomunicações por Satélite

intensification (T.IMAG.) intensificação; reforço

intensifier electrode (ELECTRÓN.) eléctrodo do intensificador; eléctrodo de aceleração suplementar

intensifying screen (RADIOL.) camada de intensificação

intensitometer (RADIOL.) medidor de intensidade

intensity amplifier (ELECT.) amplificador de intensidade

intensity control (ELECT.) controlo de intensidade

intensity distribution (FÍS.) distribuição da intensidade

intensity level (FÍS.) nível de intensidade

intensity meter (ELECT.) amperímetro

intensity modulation (T.IMAG.) modulação de intensidade

intensity of field (ELECT.) intensidade do campo

intensity of field meter (ELECTRÓN.) medidor de intensidade de campo

intensity of magnetization (FÍS.) intensidade de magnetização

intensity of precipitation (QUÍM.) intensidade de precipitação

intensity of pressure (FÍS.) intensidade de pressão

intensity of radiation (FÍS.) intensidade de radiação

intensity of sound (FÍS.) intensidade do som

intensity of strain (FÍS.) intensidade de esforço; intensidade de deformação

intensity of wave (ELECT.) intensidade de onda

intensity scale (GEO.) escala de intensidades

intensive observation (ASTRO.) observação intensiva

intensive reflector (ELECT.) reflector intensivo

intentional learning (PSICO.) aprendizagem voluntária

intention movement (PSICO.) movimento voluntário

intention tremor (MED.) tremor intencional; tremor de intenção; tremor de acção

interaction (FÍS.) interacção

interaction factor (ELECT.) factor de interacção

interaction gap (ELECTRÓN.) intervalo de interacção; zona de interacção

interaction space (ELECTRÓN.) espaço de interacção

interactive (T.IMAG.) interactivo

interactive computing (INF.) computação interactiva

interactive debugging (INF.) depuração interactiva

interactive environment (INF.) ambiente interactivo

interactive video (T.IMAG.) video interactivo

interambulacrum (ZOO.) interambulacral

inter-block gap (INF.) intervalo entre blocos

interbranchial septa (ZOO.) septos interbranquiais

intercalare (ZOO.) intercalar; intercalado

intercalary (BOT.; ZOO.) intercalar

intercalary meristem (BOT.) meristema intercalar

intercalate (ZOO.) intercalado

intercalating dyes (BIO.) corantes intercalares

intercavitary x-ray therapy (RADIOL.) terapia de raios-X intercavitários

intercellular (BOT.; ZOO.) intercelular

intercellular spaces (BOT.) espaços intercelulares

intercentra (ZOO.) intercentros; hipapófises

intercentrum (ZOO.) intercentro; hipapófise

interception (ECO.) barreira de depressão (aquíferos); amortecimento pelo coberto vegetal (precipitação)

interceptor (E.CIV.) interceptora

interchange (BIO.) intercâmbio

interchondral (ZOO.) intercondral

interclavicular (ZOO.) interclavicular

intercoccygeal (ZOO.) intercoccígio

intercolumnar (ZOO.) intercolunar

intercolumnation (ARQ.) intercolúnio

intercon (INF.) abr. de *Intercommunicating System* — Sistema de Intercomunicação

interconnection (ELECT.) interconexão; interligação

interconnector (AERO.) tubo intercâmara

intercooler (GERAL) refrigerador intermediário; radiador intercalado

Intercosmos (ESP.) Intercosmos (satélite soviético)

intercostal (ZOO.) intercostal

intercrystalline failure (MEC.) falha intercristalina

interdentil (E.CIV.) interdentículo; entredentes

interdependent function (MAT.) função interdependente

interdigital cyst (VET.) quisto interdigital

interdigital magnetron (ELECTRÓN.) magnetrão interdigital

interdigital structure (ELECTRÓN.) estrutura interdigital

interdigital transductor (ELECTRÓN.) transdutor interdigital

interdorsal (ZOO.) interdorsal

inter-electrode capacitance (ELECTRÓN.) capacitância interelectródica

inter-electrode transit time (ELECTRÓN.) tempo de passagem interelectródico

interface (GERAL) interface; interconexão; junção; superfície entre duas faces

interface (INF.) interface

interface connection (ELECT.) conexão de interface; condutor de passagem

interface processor (INF.) processador de interface

interface standard (INF.) interface-padrão

interfacial film (MINAS) película interfacial

interfacial surface tension (FÍS.) tensão de superfície interfacial

interfascicular cambium (BOT.) câmbio interfascicular

interfascicular region (BOT.) região interfascicular

interference (GERAL) interferência

interference area (TELECOM.) área de interferência

interference band (TELECOM.) faixa de interferência

interference blanker (TELECOM.) supressor de interferências

interference colours (FÍS.) cores de interferência

interference coupling (ELECT.) acoplamento de interferência

interference coupling ration (ELECT.) razão de acoplamento de interferência

interference drag (MEC.) resistência de interferência

interference eliminator (TELECOM.) eliminador de interferências

interference fading (TELECOM.) desvanecimento de interferência

interference field (TELECOM.) campo de interferência

interference figure (CRIST.) imagem de interferência; figura de interferência

interference filter (FÍS.; TELECOM.) filtro de interferência; filtro de interferências

interference fit (MEC.) ajuste fixo; ajustamento fixo; ajustamento por interferência

interference fringes (FÍS.) franjas de interferência; franjas de Fresnel

interference guard band (TELECOM.) espaço livre entre dois canais

interference microscope (BIO.) microscópio de interferência

interference noise (TELECOM.) ruído de interferência

interference pattern (FÍS.) padrão de interferência

interference peak (TELECOM.) pico de interferência

interference pulse (TELECOM.) impulso parasita; impulso de interferência

interference range (TELECOM.) amplitude de interferência

interference shielding (TELECOM.) blindagem contra interferências

interference sound (FÍS.) som de interferência

interference source (FÍS.) fonte de interferência

interference spectrum (FÍS.) espectro de interferência

interference trap (TELECOM.) filtro de interferência

interference wave (FÍS.) onda de interferência

interfering (VET.) escovamento (a percussão do osso da canela pela pata oposta em movimento)

interferometer (MEC.) interferómetro

interferon (IMUN.; MED.) interferon

interferon regulatory factors (BIO.) factores reguladores dos interferões

interfluve (GEO.) interflúvio

intergalactic distance (ASTRO.) distância intergaláctica

intergalactic expansion (ASTRO.) expansão intergaláctica

intergalactic gas (ASTRO.) gás intergaláctico

intergalactic magnetic field (ASTRO.) campo magnético intergaláctico

intergalactic matter (ASTRO.) matéria intergaláctica

intergalactic medium (ASTRO.) meio intergaláctico

intergalactic progression (ASTRO.) progressão intergaláctica

intergalactic space (ASTRO.) espaço intergaláctico

intergalactic spacecraft (ESP.) nave espacial intergaláctica; espaço-nave intergaláctica

intergalactic vehicle (ESP.) veículo intergaláctico

interglacial (ECO.) interglacial

interglacial age (GEO.) idade interglacial

interglacial period (GEO.) período interglacial

interglacial phase (GEO.) fase interglacial

interglacial soil (GEO.) solo interglacial

interglacial stage (GEO.) período interglaciário

intergranular corrosion (MEC.) corrosão intergranular

intergranular texture (GEO.) textura intergranular

interhalogen compound (QUÍM.) composto inter-halogéneo

interkinesis (BIO.) intercinese; interfase

interlaced fencing (E.CIV.) cerca entrelaçada; gradeamento entrelaçado

interlaced scanning (T.IMAG.) exploração entrelaçada

interlay (IMP.) intercalado

interleaved memory (INF.) memória entrelaçada

interleukin (IMUN.) interleucina

interleukin-1; -2; -3; -4 (IMUN.) interleucina-1; -2; -3; -4

interlining (TÊXT.) entretela

interlobar (MED.) interlobar

interlock (ELECT.) bloqueio; aperto

interlock (INF.) conexão

intermediary metabolism (BIO.) metabolismo intermédio

intermediate (QUÍM.) intermediário

intermediate constituent (MEC.) constituinte intermediário

intermediate fallout (METEO.) precipitação radioactiva intermediária

intermediate filaments (BIO.) filamentos intermediários

intermediate frequency (TELECOM.) frequência intermediária

intermediate-frequency amplifier (TELECOM.) amplificador de frequência intermediária

intermediate frequency cathode (TELECOM.) cátodo de frequência intermediária

intermediate-frequency jammer (TELECOM.) interferidor de frequência intermediária

intermediate-frequency jamming (TELECOM.) interferência artificial intermediária

intermediate-frequency oscillator (TELECOM.) oscilador de frequência intermediária

intermediate-frequency passband (TELECOM.) faixa de passagem em frequência intermediária

intermediate-frequency response ratio (TELECOM.) razão de resposta de frequência intermediária

intermediate-frequency strip (TELECOM.) tira de frequência intermediária

intermediate-frequency transformer (TELECOM.) transformador de frequência intermediária

intermediate host (ZOO.) hóspede intermediário; hóspede secundário

intermediate igneous rocks (GEO.) rochas ígneas intermediárias

intermediate level waste (NUCL.) desperdícios de nível intermédio

intermediate longitudinal (AERO.) longarina longitudinal intermédia

intermediate moraine (GEO.) morena intermediária; morena interlobular

intermediate neutrons (FÍS.) neutrões intermédios

intermediate phase (FÍS.) fase intermediária

intermediate pressure compressor (AERO.) compressor de pressão intermédia

intermediate rafter (E.CIV.) caibro intermédio

intermediate reactor (NUCL.) reactor intermediário

intermediate shaft (MEC.) eixo intermediário

intermediate shaft (TOPO.) mira intermediária

intermediate storage (INF.) armazenamento intermediário

intermediate system (INF.) sistema intermediário

intermediate vector boson (ELECT.) bosão de vector intermediário

intermediate wheel (RELOJ.) roda intermediária

intermedin (BIO.) intermedina; hormónio estimulador do melanócito

intermedium (ZOO.) intermédio (osso)

intermenstrual (MED.) intermenstrual

intermetallic compounds (MEC.) compostos intermetálicos

intermingled yarn (TÊXT.) fio misturado; fio de mistura

intermission (MED.) interrupção

intermittent (T.IMAG.) intermitente

intermittent claudication (MED.) claudicação intermitente

intermittent contact (ELECT.) contacto intermitente

intermittent control (TELECOM.) controlo intermitente

intermittent discharge (ELECT.) descarga intermitente

intermittent duty (TELECOM.) serviço intermitente

intermittent earth (ELECT.) contacto intermitente à terra; terra intermitente

intermittent filtration (E.CIV.) filtração intermitente

intermittent jet (AERO.) jacto intermitente

intermittent rating (ELECT.) regime intermitente

intermittent reinforcement (PSICO.) reforço intermitente

intermittent scanning (ELECT.) exploração intermitente

intermittent short (ELECT.) curto-circuito intermitente

intermittent spark (ELECT.) faísca intermitente

intermittent spring (HIDRO.) nascente intermitente

intermittent stream (HIDRO.) corrente intermitente; corrente efémera

intermittent voltage (ELECT.) voltagem intermitente

intermittent welding (MEC.) soldadura intermitente

intermodulation (TELECOM.) intermodulação

intermodulation distortion (FÍS.) distorção de intermodulação

intermodulation interference (TELECOM.) interferência de intermodulação

intermolecular forces (FÍS.) forças intermoleculares

intermontane (ECO.) depressão; bacia sedimentar

intermontane basin (GEO.) bacia entre montanhas

internal capacitance (FÍS.) capacitância interna

internal characteristic (ELECT.) característica interna

internal-combustion engine (MEC.) motor de combustão interna; motor de explosão

internal compensation (QUÍM.) compensação interna

internal conductor (ELECT.) condutor interno

internal conversion (FÍS.) conversão interna

internal e.m.f. (ELECT.) força electromotriz interna; f.e.m. interna

internal energy (GERAL) energia interna

internal excitation (NUCL.) excitação interna

internal-expanding brake (MEC.) travão de expansão interna; freio de expansão interna

internal flue (MEC.) tubo de chama interno

internal focusing telescope (TOPO.) telescópio de focagem interna

internal force (MEC.) força interna

internal friction (MEC.) fricção interna; atrito interno

internal gear (MEC.) engrenagem interna

internal grinding (MEC.) rectificação interna; esmerilhamento interno

internal image (IMUN.) imagem interna

internal impedance (FÍS.) impedância interna

internal indicator (QUÍM.) indicador interno

internally fired boiler (MEC.) caldeira de tubo de chama interior

internally fired furnace (MEC.) fornalha interior

internally stored program (INF.) programa armazenado internamente

internal node (ECO.) nodo de separação (árvore filogenética)

internal pair conversion (FÍS.) formação interna de pares

internal pair production (FÍS.) produção interna de pares

internal phloem (BOT.) floema interno

internal resistance (ELECT.) resistência interna

internal respiration (ZOO.) respiração interna

internal screw-thread (MEC.) rosca interna; rosca fêmea

internal secretion (ZOO.) secreção interna

internal storage (INF.) armazenamento interno

internal store (INF.) armazenamento interno

internal stress (MEC.) tensão interna; tensão residual

internal supercharger (MEC.) compressor interno

internal text (INF.) texto interno

internal timer (INF.) relógio interno

internal voltage (ELECTRÓN.) voltagem interna

internal water (HIDRO.) ciclo hidrológico interno

internal wave (METEO.) onda interna

internal wheel (MEC.) engrenagem interna

internasal septum (ZOO.) septo internasal

International aeronautics (AERO.) Aeronáutica internacional

International Air Law (AERO.) Direito Aéreo Internacional

International Air Transport Association (IATA) (AERO.) Associação Internacional de Transportes Aéreos (IATA)

international algebric language (INF.) linguagem algébrica internacional

international angstroem (FÍS.) angstrom internacional

International Annealed Copper Standard (IACS) (MEC.) Padrão Internacional do Cobre Recozido

International Astronautical Federation (IAF) (ASTRO.; ESP.) Federação Internacional de Astronáutica

International Astronomical Union (IAU) (ASTRO.; METEO.) União Astronómica Internacional

International Atomic Energy Agency (IAEA) (FÍS.) Agência Internacional de Energia Atómica

International Biological Programme [IBP] (ECO.) Programa Biológico Internacional

international candle (FÍS.) candela internacional

International Civil Aviation Organization (ICAO) (AERO.) Organização da Aviação Civil Internacional

international classification of clouds (METEO.) classificação internacional das nuvens

International Code af Botanical Nomenclature (ECO.) Código Internacional de Nomenclatura Botânica

International Critical Tables (FÍS.) Tabelas Críticas Internacionais

international date line (GEO.) linha internacional de data; linha internacional de mudança da data

international electrical units (FÍS.) unidades eléctricas internacionais

International Electrotechnical Commission [IEC] (GERAL) Comissão Electrotécnica Internacional

International Frequency Registration Board (TELECOM.) Comissão Internacional de Registo de Frequência

international geographic mile (GEO.) milha geográfica internacional

International Geophysical Cooperation (IGC) (GEO.) Cooperação Geofísica Internacional

International Meteorological Organization (IMO) (METEO.) Organização Meteorológica Internacional

International Organization for Standardization (INF.) Organização Internacional para Padronização

international practical temperature scale (FÍS.) escala de temperatura prática internacional

International Radium Standard (FÍS.) Medida Internacional de Radioactividade

international screw thread (MEC.) rosca internacional

International Standard Atmosphere (AERO.) Atmosfera Padrão Internacional

International Standards Organization [ISO] (GERAL) Organização Internacional de Normalização

international style (ARQ.) estilo internacional

International System of Units (GERAL) Sistema Internacional de Unidades

International Telecommunication Union (ITU) (TELECOM.) União Internacional de Telecomunicações

International Union for Conservation of Nature and Natural Resources [IUCN] (ECO.) União Internacional para a Conservação da Natureza e Recursos Naturais

Internet (TELECOM.) internet; rede internacional; rede global

internet service provider [ISP] (TELECOM.) fornecedor de serviço de internet

interneuron (ZOO.) interneurónio

internode (BOT.) internódio; entrenó

internode (ZOO.) internódulo

internuncial (BIO.) internuncial

interoceptor (ZOO.) interoceptor

interopercular (ZOO.) interopercular

interparietal (ZOO.) interparietal

interpenetration twins (MINAS) gémeos de interpenetração

interphase (BIO.; MINAS) interfase

interphase transformer (ELECT.) transformador de interfase

interplane strut (AERO.) montante de célula; montante de interplano

interplanetary atmosphere (ASTRO.) atmosfera interplanetária

interplanetary gas (ASTRO.) gás interplanetário

interplanetary magnetic field (ASTRO.) campo magnético interplanetário

interplanetary matter (ASTRO.) matéria interplanetária

interplanetary orbit (ASTRO.) órbita interplanetária

interplanetary space (ESP.) espaço interplanetário

interpluvial (ECO.) interpluvial

interpolated value (GERAL) valor interpolado

interpolation (MAT.) interpolação

interpolation of contours (TOPO.) interpolação de contornos

interpolator (INF.) interpolador; intercalador

interpole (ELECT.) pólo intermediário; pólo auxiliar; interpolo; pólo compensador

interpole motor (ELECT.) motor com pólos auxiliares

interposed vault (ARQ.) abóbada intercalada

interpositional growth (BOT.) crescimento interposicional

interpretative routine (INF.) rotina interpretativa

interpreter (INF.) interpretador

inter-renal body (Zoo.) corpo inter-renal

interrogation (TELECOM.) interrogação

interrupt (GERAL) interrupção

interrupt continuous waves (TELE-COM.) ondas contínuas interrompidas

interrupt control block (INF.) bloco de controlo de interrupção

interrupt enable (INF.) permissão de interrupção

interrupter (ELECT.) interruptor

interrupt request [IRQ] (TELECOM.) pedido de interrupção

interscapular (MED.) interescapular

intersection (MAT.) intersecção

intersection angle (TOPO.) ângulo de intersecção

intersection point (TOPO.) ponto de intersecção

intersegmental membrane (Zoo.) membrana intersegmentar

interseptum (MED.) intersepto; diafragma

intersex (BIO.) intersexo

intersexuality (BIO.) intersexualidade

interspecific (BIO.) interespecífico

interstade (ECO.) interglacial

interstadial (ECO.) interglacial

interstation interference (TELECOM.) interferência de estação intermédia

interstation noise (ELECTRÓN.) ruído de interferência

interstation noise suppression (TE-LECOM.) supressão de ruído de estação intermédia

interstellar absorption (ASTRO.) absorção interestelar

interstellar cloud (ASTRO.) nuvem interestelar

interstellar distance (ASTRO.) distância interestelar

interstellar dust (ASTRO.) poeira interestelar

interstellar gas (ASTRO.) gás interestelar

interstellar hydrogen (ASTRO.) gás interestelar

interstellar matter (ASTRO.) matéria interestelar

interstellar medium (ASTRO.) meio interestelar

interstellar molecule (ASTRO.) molécula interestelar

interstellar orbit (ASTRO.) órbita interestelar

interstellar probe (ASTRO.) sonda interestelar

interstellar space (ASTRO.) espaço interestelar

interstice (QUÍM.) intervalo

interstitial (Zoo.) intersticial

interstitial cell stimulating hormone (MED.) hormona estimulante da célula intersticial; hormona luteinizante

interstitial compounds (ENG.) compostos intersticiais

interstitial fauna (ECO.) fauna intersticial

inter-symbol interference [ISI] (ELECTRÓN.) distorção de deslocamento de fase

intertidal zone (ECO.) zona de maré

intertrack bond (ELECT.) ligação entre trilhos

intertrigo (MED.) intertrigo

intertrochanteric (MED.) intertrocanteriano

intertropical confluence (GEO.) confluência intertropical

intertropical convergence zone [ITCZ] (METEO.) zona de convergência intertropical; zona de convergência equatorial

intertropical discontinuity (METEO.) descontinuidade intertropical

intertropical front (METEO.) frente intertropical; frente tropical

intertropical trades (METEO.) alísios intertropicais; ventos alísios intertropicais

interval (GERAL) intervalo

interval schedules of reinforcement (PSICO.) programas de intervalo de reforço

interventional radiology (RADIOL.) radiologia de intervenção

interwoven fencing (E.CIV.) cerca entrelaçada

intestine (Zoo.) intestino

intine (BOT.) intina

intortus (ECO.) entrosada

intoxication (MED.) intoxicação

intracapsular (MED.) intracapsular

intracavitary (RADIOL.) intracavitário

intracellular (BIO.) intracelular

intracellular enzyme (BIO.) enzima intracelular

intracerebral (MED.) intracerebral

intracervical (MED.) intracervical

intracranial (MED.; Zoo.) intracraniano

intradermal (MED.; Zoo.) intradérmico

intrados (AERO.) intradorso

intrados (ARQ.) intradorso; sofito

intrafusal (Zoo.) intrafusal (termo aplicado a estruturas localizadas dentro do fuso muscular)

intrahepatic (MED.) intra-hepático; dentro do fígado

intramammary (MED.) intramamário

intramedullary (MED.) intramedular

intramembranous (MED.) intramembranoso

intrameningeal (MED.) intrameníngeo

intramural (MED.) intramural; intraparietal

intramuscular (BIO.; MED.) intramuscular

intranasal (MED.) intranasal

intranet (INF.) intranet; rede interna; rede corporativa

intraneural (MED.) intraneural

intranuclear forces (FÍS.) forças intranucleares

intra-ocular (MED.) intra-ocular

intraorbital (MED.) intra-orbitário

intraosseous (MED.) intra-ósseo

intraosteal (MED.) intra-ósseo

intrapelvic (MED.) intrapélvico

intraperitoneal (MED.) intraperitoneal

intrapleural (MED.) intrapleural

intraspecific (Zoo.) intra-específico

intrathecal (MED.) intratecal; dentro de uma bainha

intratubal (MED.) intratubário

intra-uterine device [IUD] (MED.) dispositivo intra-uterino [DIU]

intravenous (MED.) intravenoso

intraventricular (MED.) intraventricular

intra-vitam (MED.) durante a vida (expressão latina)

intra-vitam staining (BIO.) coloração intravitam

intraxilary phloem (BOT.) floema intra-axilar

intrazonal soil (BOT.) solo intrazonal

intrinsic (Zoo.) intrínseco

intrinsic angular momentum (FÍS.) momento angular intrínseco

intrinsic conduction (ELECT.) condução intrínseca

intrinsic crystal (CRIST.) cristal intrínseco

intrinsic equation (MAT.) equação intrínseca

intrinsic factor (MED.) factor intrínseco

intrinsic flux (ELECT.) fluxo intrínseco

intrinsic impedance (ELECT.) impedância intrínseca

intrinsic induction (ELECT.) indução intrínseca

intrinsic-junction transistor (ELECT.) transístor de junção intrínseca

intrinsic mobility (ELECTRÓN.) mobilidade intrínseca

intrinsic permeability (ELECT.) permeabilidade intrínseca

intrinsic rate of natural increase (ECO.) taxa intrínseca de crescimento natural

intrinsic semiconductor (ELEC-TRÓN.) semicondutor intrínseco

introgression (ECO.) introgressão

intron (BIO.; ECO.) intrão

intumescence (MED.) intumescência

intumescent paint (E.CIV.) tinta intumescente

intussusception (MED.) intussuscepção

inulin (MED.; QUÍM.) inulina; alantina; dalina

inulinase (QUÍM.) inulinase; inulase

inunction (MED.) pomada; unguento

invaccination (MED.) invacinação; inoculação acidental de uma doença

invagination (Zoo.) invaginação

invar (ENG.) Invar (MC de uma liga de cobre, níquel e ferro)

invariable plane (ASTRO.) plano invariável

invariant (MAT.) invariante

invariant (QUÍM.) constante; invariável

inventory (NUCL.) inventário

inverse (MAT.) inverso

inverse circular function (MAT.) função circular inversa

inverse co-secant (MAT.) co-secante inversa

inverse cosine (MAT.) co-seno inverso

inverse cotangent (MAT.) co-tangente inversa

inverse current (ELECTRÓN.) corrente inversa

inversed controls (AERO.) inversão de comando; comandos invertidos

inverse electrode current (ELEC-TRÓN.) corrente inversa de eléctrodo; corrente electródica inversa

inverse feedback (ELECT.) realimentação inversa

inverse gain (ELECTRÓN.) ganho inverso; retro-ganho

inverse gate current (ELECT.) corrente inversa de porta

inverse hyperbolic function (MAT.) função hiperbólica inversa

inverse limiter (ELECT.) limitador inverso

inverse logarithm (MAT.) antilogaritmo; logaritmo inverso

inverse network (ELECT.) rede inversa

inverse of a matrix (MAT.) inversa de uma matriz

inverse peak voltage (ELECT.) tensão inversa de crista

inverse power factor (ELECT.) factor de potência inverso

inverse segregation (ENG.) segregação inversa

inverse square law (FÍS.) lei do inverso do quadrado

inverse stratification (ECO.) estratificação inversa

inverse time-lag (ELECT.) atraso de tempo inverso; atraso dependente

inverse trigonometrical function (MAT.) função trigonométrica inversa

inverse voltage (ELECT.) voltagem inversa; tensão inversa

inversion (GERAL) inversão

inversion of relief (GEO.) inversão de relevo

invert (QUÍM.) invertido; sujeito a inversão

invertase (BIO.) invertase

Invertebrata (ZOO.) Invertebrados

inverted arch (ARQ.) arco invertido

inverted-brush contact (ELECT.) contacto de escova invertida

inverted engine (AERO.) motor invertido

inverted-L antenna (TELECOM.) antena em L invertido; antena em L

inverted loop (AERO.) loop invertido

inverted machine (ELECT.) máquina invertida

inverted rectifier (ELECT.) rectificador invertido

inverted relief (ECO.) relevo discordante

inverted rotary converter (ELECT.) conversor de rotativo invertido

inverted speech (TELECOM.) linguagem invertida; conversação invertida

inverted telephoto lens (T.IMAG.) lente de telefoto invertida

inverted-V antenna (TELECOM.) antena em V invertido

inverter (ELECT.) inversor

invertible (MAT.) invertível

inverting signal (ELECTRÓN.) inversão de sinal

invert soap (QUÍM.) sabão invertido

invert sugar (QUÍM.) açúcar invertido

investment (ZOO.) revestimento

investment casting (MEC.) moldagem de revestimento

invisible glass (FÍS.) vidro invisível

in vitro (BIO.) «in vitro»; em tubo de ensaio

in vitro fertilization (BIO.) fertilização «in vitro»

in vitro mutagenesis (BIO.) mutagénese «in vitro»

in vitro protein synthesis (BIO.) síntese de proteínas «in vitro»

in vitro transcription (BIO.) cópia «in vitro»

in vitro translation (BIO.) cópia «in vitro»

in vivo (GERAL) «in vivo»

involucre (BOT.) invólucro

involucrum (MED.) invólucro; membrana envoltória; bainha; bolsa

involuntary muscle (ZOO.) músculo involuntário

involute (BOT.) involuto

involute (MAT.) involuta; envolvente

involute gear tooth (ENG.) dente de engrenagem envolvente

involution (MAT.) involução

Io (ASTRO.) Io (1º satélite natural de Júpiter)

I/O (ELECT.) abr. de *Input/Output* — Entrada/Saída

iodates (QUÍM.) iodatos

I/O device (INF.) abr. de *Input/Output device* — dispositivo de entrada/saída

iodic acid (QUÍM.) ácido iódico

iodic anhydride (QUÍM.) anidrido iódico

iodides (QUÍM.) iodetos

iodimetry (QUÍM.) iodometria

iodine (QUÍM.) iodo

iodine (MED.) iodo (tintura; solução)

iodine-fast (MED.; QUÍM.) resistente ao iodo

iodine monochloride (QUÍM.) monocloreto de iodo

iodine oxides (QUÍM.) óxidos de iodo

iodine pentafluoride (QUÍM.) pentafluoreto de iodo

iodine solution (MED.) tintura de iodo; solução de iodo

iodine trichloride (QUÍM.) tricloreto de iodo

iodine value (QUÍM.) índice de iodo; valor de iodo

iodism (MED.) iodismo; intoxicação pelo iodo

iodoacetamide (QUÍM.) iodoacetamida

iodo compounds (QUÍM.) compostos iódicos

iodoform (QUÍM.) iodofórmio

iodogorgoic acid (QUÍM.) ácido iodogorgóico

iodometric (QUÍM.) iodométrico

iodophilic bacteria (BIO.) bactérias iodofílicas

iodopsin (FÍS.) iodopsina; violeta visual

iodopyracet (QUÍM.) iodopiraceto; acetato de dietanolamina

iodoso compound (QUÍM.) composto iodoso

iodotherapy (MED.) iodoterapia

iodothyronines (QUÍM.) iodotironinas

iodothyrosine (QUÍM.) iodotirosina

iodoxyl (QUÍM.) iodoxil; iodometamato sódico

ioduria (MED.) iodúria; excreção urinária de iodo

iolite (MINER.) iólito

ion (FÍS.) ião

ion accelerator (FÍS.) acelerador de iões

ion beam (FÍS.) feixe de iões; feixe iónico

ion-beam scanning (FÍS.) exploração por feixe iónico

ion bombardment (NUCL.) bombardeamento iónico

ion chamber (FÍS.) câmara iónica

ion cluster (QUÍM.) aglomerado de iões; aglomerado iónico

ion concentration (FÍS.) concentração iónica; densidade de ionização

ion counter (FÍS.) contador de iões; contador de ionização

ion density (FÍS.) densidade de ionização

ion emission (FÍS.) emissão iónica; emissão de iões

ion engine (ELECTRÓN.) motor iónico

ion exchange (MED.; QUÍM.) troca de iões; permuta de iões

ion-exchange capacity (MINAS) capacidade de permuta de iões

ion-exchange chromatography (BIO.; QUÍM.) cromatografia de troca iónica

ion-exchange liquids (MINAS) líquidos de permuta de iões

ion-exchange resins (QUÍM.) resinas de permuta de iões

ion flotation (QUÍM.) flutuação de iões

ionic (FÍS.) iónico

ionic beam (FÍS.) feixe iónico

ionic bombardment (ELECTRÓN.) bombardeamento iónico

ionic bond (QUÍM.) união iónica; ligação iónica

ionic concentration (QUÍM.) concentração iónica

ionic conduction (QUÍM.) condução iónica

ionic conductivity (QUÍM.) condutividade iónica

ionic conductor (QUÍM.) condutor iónico

ionic crystal (CRIST.) cristal iónico

ionic current (ELECTRÓN.) corrente iónica

ionic-heated cathode (ELECTRÓN.) cátodo ionicamente aquecido

ionic migration (QUÍM.) migração iónica

ionic mobility (QUÍM.) mobilidade iónica

ionic mobility of Aitken nuclei (METEO.) mobilidade iónica dos núcleos de Aitken

ionic potential (ELECTRÓN.) potencial iónico

ionic product (QUÍM.) produto iónico

ionic radius (CRIST.) raio iónico

ionic rocket (ASTRO.) foguetão iónico

ionic strength (QUÍM.) força iónica

ionic theory (QUÍM.) teoria iónica

ion implantation (ELECTRÓN.) implantação iónica

ionium (QUÍM.) iónio (nome em desuso); tório 230 (nome actual)

ionization (FÍS.) ionização

ionization arcover (ELECT.) arco de ionização

ionization by collision (Fís.) ionização por colisão; ionização por choque
ionization chamber (Nucl.) câmara de ionização
ionization constant (Fís.) constante de ionização
ionization counter (Fís.) contador de ionização
ionization cross-section (Fís.) secção transversal de ionização; secção eficaz de ionização
ionization current (Fís.) corrente de ionização
ionization density (Fís.) densidade de ionização
ionization gauge (Electrón.) medidor de ionização
ionization manometer (Nucl.) manómetro de ionização
ionization potential (Fís.) potencial de ionização
ionization pressure (Fís.) pressão de ionização
ionization radiation (Fís.) radiação de ionização
ionization rate (Fís.) taxa de ionização
ionization smoke detector (Electrón.) detector de fumo por ionização
ionization source (Fís.) fonte de ionização
ionization spectrometer (Fís.) espectrómetro de ionização; espectrómetro de Bragg; espectrómetro de cristal
ionization temperature (Astro.; Fís.) temperatura de ionização
ionization time (Astro.; Fís.) tempo de ionização
ionization voltage (Electrón.) voltagem de ionização; tensão de ionização
ionized (Fís.; Quím.) ionizado
ionized atmosphere (Astro.) atmosfera ionizada
ionized atmosphere layer (Astro.) camada atmosférica ionizada
ionized atom (Fís.) átomo ionizado
ionized gas (Fís.) gás ionizado
ionized layer (Astro.) camada ionizada; ionosfera; camada de Heaviside; camada de Kennelly-Heaviside
ionized molecule (Quím.) molécula ionizada
ionized region (Astro.) região ionizada; camada de Heaviside
ionized water (Quím.) água ionizada
ionizing collision (Fís.) colisão ionizante
ionizing effect (Fís.) efeito ionizante
ionizing energy (Fís.) energia ionizante
ionizing medium (Fís.) meio ionizante
ionizing medium (Fís.) meio ionizante; meio ionizador
ionizing particle (Fís.) partícula ionizante
ionizing radiation (Fís.) radiação ionizante
ionizing voltage (Electrón.) voltagem ionizante; tensão ionizante
ion life (Fís.) vida do ião
ion mean life (Fís.) meia-vida do ião
ion migration (Quím.) migração iónica
ion mobility (Quím.) mobilidade iónica
ionogram (Quím.) ionograma

ionophone (Fís.) ionofone
ionophore (Bio) ionóforo
ionosonde (Telecom.) sonda ionosférica
ionosphere (Meteo.) ionosfera
ionosphere refraction (Telecom.) refracção ionosférica
ionospheric absorption (Meteo.) absorção ionosférica
ionospheric control points (Telecom.) pontos de controlo ionosférico
ionospheric disturbance (Meteo.) perturbação ionosférica
ionospheric forecast (Meteo.) previsão ionosférica
ionospheric interference (Telecom.) interferência ionosférica
ionospheric layer (Meteo.) camada ionosférica
ionospheric magnetic disturbance (Meteo.) perturbação magnética ionosférica
ionospheric prediction (Meteo.) previsão ionosférica
ionospheric propagation (Telecom.) propagação ionosférica
ionospheric ray (Telecom.) raio ionosférico; onda ionosférica; onda espacial; onda indirecta
ionospheric region (Meteo.) região ionosférica
ionospheric storm (Telecom.) tempestade ionosférica
ionospheric wave (Telecom.) onda ionosférica; onda indirecta; raio ionosférico; onda reflectida
ionospheric wind (Meteo.) vento ionosférico
ion pair (Fís.) par iónico
ion propulsion (Esp.) propulsão iónica; propulsão por iões
ion repeller (Fís.) repulsor de iões
ion-selective electrode (Bio.; Quím.) eléctrodo de selectividade iónica
ion sheath (Fís.) bainha iónica
ion source (Fís.) fonte iónica; fonte de iões
ion spot (Electrón.) ponto (luminoso) iónico
iontophoresis (Quím.) iontoforese
ion trap (Electrón.) arqueador de feixe
ion velocity (Quím.) velocidade iónica
ion yield (Fís.) rendimento iónico
IOP (Inf.) abr. de *Input/Output Processor* — processador de entrada/saída
I/O port (Inf.) abr. de *Input/Output port* — porta de entrada/saída
IOT (Telecom.) sondagem ionosférica
i.p.h. (Imp.) abr. de *impressions per hour* — impressões por hora
IPPB (Med.) abr. de *Intermittent Positive Pressure Breathing* — respiração sob pressão positiva intermitente
IPS (Inf.) abr. de *inches per second* — polegadas por segundo
ipsilateral (Med.) ipsilateral; do mesmo lado (diz-se especialmente de distúrbios motores ou sensitivos)
ipsilateral (Zoo.) do mesmo lado do corpo
IPT thermometer (Quím.) termómetro IPT (*IPT* = Institute of Petroleum

Technologists — Instituto de Técnicos de Petróleo)
IR (Aero.; Quím.) abr. de *Infra Red* — infravermelho
IR (Inf.) abr. de *Information Retrieval* — recuperação de informação
Ir (Quím.) símbolo químico de *Iridium* — Irídio
IRCM (Aero.) abr. de *Infra Red CounterMeasures* — Contramedidas de infravermelho
IrDA (Electrón.) abr. de *infra red data association* — porta de infra-vermelhos
Ir gene (Imun.) abr. de *Immune response gene* — gene de resposta imune (imunitária)
iridalgia (Med.) iridalgia; dor na íris
iridectomy (Med.) iridectomia
iridescence (Fís.) iridescência
iridescent clouds (Meteo.) nuvens iridescentes
irid-, irido- (Geral) irid-, irido-; formas combinantes do grego *iris, iridos* — íris
iridium (Quím.) irídio
iridium anomaly (Eco.) anomalia do Irídio
iridochoroiditis (Med.) iridocoroidite
iridocoloboma (Med.) coloboma da íris; iridocoloboma
iridocyclitis (Med.) iridociclite
iridocyte (Zoo.) iridócito
iridodialysis (Med.) iridodiálise
iridokeratitis (Med.) inflamação da íris e da córnea; iridoqueratite
iridoplegia (Med.) iridoplegia
iridosmine (Miner.) iridosmina
iridotomy (Med.) iridotomia
iris (Med.; Zoo.) íris
iris (T.Imag.) diafragma
irisation (Fís.) irisação
IRM (Psico.) abr. de *Innate Releasing Mechanism* — mecanismo inato de libertação da influência inibidora
iroko (Bot.; E.Civ.) teca-africana (*Chlorophora excelsa* — da África Ocidental); a sua madeira
iron (Geral) ferro
iron alum (Miner.) alume(n) férrico; sulfato férrico de amónio; halotriquite
iron arc (Fís.) arco de ferro
iron bacteria (Bio.; Miner.) bactérias de ferro
ironbark (Bot.; E.Civ.) eucalipto resinoso; a sua madeira
iron-clad electromagnet (Elect.) electromagneto blindado
iron-clad switchgear (Elect.) mecanismo de distribuição blindado: mecanismo de comutação blindado
iron-core coil (Elect.) bobina com núcleo de ferro
iron deficiency anaemia (Med.) anemia por deficiência de ferro
iron-dextran complex (Med.; Quím.) complexo ferro-dextrano
iron dextrin (Med.; Quím.) dextrina férrica
iron dust core (Elect.) núcleo de limalha de ferro
iron glance (Miner.) oligisto especular
iron hat (Geo.; Minas) chapéu de ferro

iron loss (ELECT.) perda do núcleo de ferro; perda por histerese

iron meteorites (GEO.) meteoritos de ferro

iron-nickel accumulator (ELECT.) acumulador de ferro-níquel

iron-olivine (MINER.) faialite

iron ore (GEO.) minério de ferro

iron oxides (QUÍM.) óxidos de ferro

iron pan (GEO.) camada de subsolo férrica

iron pattern (MEC.) matriz de ferro; molde de ferro

iron pentacarbonyl (QUÍM.) ferropentacarbonilo

iron pyrites (MINER.) pirites de ferro

ironspinel (MINER.) ferro-espinélio; hercinita

iron stain (MINAS) mancha ferruginosa

ironstone (GEO.) minério de ferro; rocha sedimentar rica em ferro

ironwood (BOT.; E.CIV.) pau-ferro; a sua madeira

IRQ (ELECTRÓN.) abr. de *interrupt request* — pedido de interrupção

irradiance (FÍS.) irradiação; radiação

irradiating swelling (NUCL.) dilatação por irradiação; aumento por irradiação

irradiation (ELECTRÓN.) irradiação

irrational number (MAT.) número irracional

irregular (GERAL) irregular

irregular galaxy (ASTRO.) galáxia irregular

irregular variables (ASTRO.) variáveis irregulares

irrelevant behaviour (ECO.) comportamento irrelevante

irreversibility (FÍS.) irreversibilidade

irreversible colloids (QUÍM.) colóides irreversíveis

irreversible controls (AERO.) controlos irreversíveis

irreversible reaction (QUÍM.) reacção irreversível

irrigation (E.CIV.) irrigação

irritability (BIO.) irritabilidade

irritant (BIO.) irritante

irrotational field (ELECT.) campo não rotacional; campo vectorial aperiódico

irruption (ECO.) explosão populacional

IRV (MED.) abr. de *Inspiratory Reserve Volume* — volume de reserva inspiratória

ISA (GERAL) abr. de *industry standard architecture* — arquitectura padrão da indústria

ISA (AERO.) abr. de *International Standard Atmosphere* — Atmosfera Padrão Internacional

isallobar (METEO.) isalóbara

isallobaric high and low (METEO.) alta e baixa isalobárica

isallobaric wind (METEO.) vento isalobárico

ischaemia, ischemia (MED.) isquemia

ischiadic; ischial; ischiatic (MED.) isquiático; ciático

ischio- (GERAL) isquio-; do grego *iskhion* — isquion, ísquio

ischiocavernous (MED.) isquiocavernoso

ischiocele (MED.) isquiocele

ischiopagus (MED.) isquiópago

ischiovaginal (MED.) isquiovaginal

ischium (ZOO.) ísquion; ísquio

ischuria (MED.) iscúria

Isherwood system (NAV.) Sistema Isherwood

ISI (GERAL) abr. de *intersymbol interference* — distorção de deslocamento de fase

I signal (T.IMAG.) sinal primário de crominância fina

isinglass (E.CIV.; QUÍM.) ictiocola; cola de peixe

ISIS (ESP.) abr. de *Institute of Space and Aeronautical Science* — Instituto do Espaço e Ciência Aeronáutica, (da Universidade de Tóquio, Japão)

island arc (GEO.) arco insular

island hopping (ECO.) colonização entre ilhas

island universe (ASTRO.) universo-ilha; nebulosa extragaláctica

ISM (GERAL) abr. de *industrial, scientific and medical* — (equipamento) industrial, científico e médico

iso- (GERAL) iso-; prefixo do grego *isos* — igual; semelhante

iso- (QUÍM.) iso- (prefixo indicando isómero)

ISO (INF.) abr. de *International Organization for Standardization* — Organização Internacional para Normalização

ISO7; ISO-7 (INF.) carácter ISO-7

iso-agglutination (BIO.; ZOO.) isoaglutinação

iso-agglutinin (BIO.) isoaglutinina

isoamilase (QUÍM.) isoamilase

iso-antigen (IMUN.) isoantigénio

isobar (FÍS.; METEO.; QUÍM.) isóbara

isobaric charts (METEO.) cartas isobáricas

isobaric spin (FÍS.) spin isobárico

isobaric surface (GEO.) superfície isobárica

isobarometric (METEO.) isobarométrico; isóbaro

isobases (GEO.) isobases

isobucaine hydrochloride (QUÍM.) cloridrato de isobucaína

isobutane (QUÍM.) isobutano

isobuteine (QUÍM.) isobuteína

isobutyl nitrite (QUÍM.) nitrito de isobutil(a)

isobutyric acid (QUÍM.) ácido isobutírico

isocercal (ZOO.) isocercal

isochore (QUÍM.) isocora; isométrica

isochoric (FÍS.) isocórica

isochoric transformation (FÍS.) transformação isocórica

isochromatic (FÍS.) isocromático

isochrone (TELECOM.) isócrono

isochronism (GERAL) isocronismo

isochronous transmission (TELECOM.) transmissão isócrona

isoclinal fold (GEO.) dobra isoclinal

isocline (FÍS.) isóclino

isoclinic (AERO.) isoclínica; isoclinal

isocoria (MED.) isocoria

isocyanate (QUÍM.) isocianato

isocyanides (QUÍM.) isocianetos; isonitrilos

isocyclic compounds (QUÍM.) compostos isocíclicos

isocytolysin (ZOO.) isocitolisina

isodactylism (ZOO.) isodactilismo

isodiametric(al) (GERAL) isodiamétrico

isodomon (E.CIV.) isódomo

isodont (ZOO.) isodonte

isodulcite (QUÍM.) isodulcito

isodynamic lines (FÍS.) linhas isodinâmicas

iso-electric focusing (BIO.) focagem isoeléctrica

iso-electric point (QUÍM.) ponto isoeléctrico

iso-electronic (ELECTRÓN.) isoelectrónico

iso-electronic sequence (ELECTRÓN.) sequência isoelectrónica

iso-enzymes (BIO.) isoenzimas

isogamy (BOT.) isogamia

isogenetic (ZOO.) isogenético

isogenic (BIO.) isogénico

isogonal transformation (MAT.) transformação isógona; transformação isogónica

isogonoic line (FÍS.) linha isogónica

isohel (METEO.) iso-hélico

isohydric (QUÍM.) iso-hídrico

isohyet (METEO.) isoiético

isokinetic sample (FÍS.) amostra isocinética

isokont, isokonton (BOT.) isocontas

isolate (BOT.) isolado

isolated anticlinal (GEO.) anticlinal isolado

isolated cell (RADAR) célula isolada; massa isolada (de ecos)

isolated essential singularity (MAT.) singularidade essencial isolada

isolated phase switchgear (ELECT.) distribuidor de fase isolada

isolated point (MAT.) ponto isolado

isolated wave (GEO.) onda isolada; maremoto

isolating diode (ELECTRÓN.) diodo de isolamento

isolating mechanism (BOT.) mecanismo isolado

isolation (FÍS.) isolamento

isolation diffusion (ELECT.) difusão de isolamento

isolation diode (TELECOM.) diodo de isolamento

isolation transformer (ELECT.) transformador de isolamento

isolator (TELECOM.) isolador

isolecithal (ZOO.) isolécito

isoleucine (QUÍM.) isoleucina

isologous (QUÍM.) isólogo

isolysin (QUÍM.) isolisina

isomagnetic chart (FÍS.) carta isomagnética; mapa isomagnético

isomagnetic line (FÍS.) linha isomagnética

isomagnetic map (FÍS.) mapa isomagnético; carta isomagnética

isomastigote (ZOO.) isomastigoto

isomer (BOT.; QUÍM.) isómero

isomerase (QUÍM.) isomerase

isomerism (FÍS.; QUÍM.) isomerismo

isomerization (QUÍM.) isomerização

isomerized rubber (QUÍM.) borracha isomerizada

isomerous (Bot.) isómero

isomer separation (Fís.) separação isómera

isometric contraction (Zoo.) contracção isométrica

isometric projection (Arq.) projecção isométrica

isometric representation (Mat.) representação isométrica

isometric system (Crist.) sistema isométrico; sistema cúbico

isomodulador (Elect.) modulador-isolador

isomorphic (Mat.; Miner.; Quím.) isomórfico

isomorphic alternation of generations (Bot.) alternância isomórfica de gerações

isomorphic groups (Mat.) grupos isomórficos

isomorphism (Crist.; Mat.) isomorfismo

isomorphous replacement (Crist.) substituição isomórfica

isoneph (Meteo.) isonefa

isoniazid (Med.; Quím.) isoniazida; hidrazida do ácido isoctínico

isonitriles (Quím.) isonitrilos

isonom (Bot.) isónomo

iso-osmotic (Bio.) isoosmótico

isopach (Geo.) de igual espessura

isopag (Meteo.) isópaga

isopathia (Med.) isopatia

isopelletierine (Quím.) isopeletierina

isopentylhydrocupreine (Quím.) isopentil-hidrocupreína

isopiesic (Quím.) isobárico; isóbaro

isopleth (Mat.) isopleta

Isopoda (Zoo.) Isópodos

isopodous (Zoo.) isópode

isoprenaline (Med.; Quím.) isoprenalina

isoprenaline sulphate (sulfate) (Med.; Quím.) sulfato de isoprenalina; sulfato de isopreterenol

isoprene (Quím.) isopreno

isopropyl alcohol (Quím.) álcool isopropílico; isopropanol; dimetilcarbinol

isopropylene vinyl ether (Quím.) éter isopropileno vinílico

isoproterenol sulphate (sulfate) (Quím.) sulfato de isoproterenol; sulfato de isoprenalina

Isoptera (Zoo.) Isópteros

isopycnal (Geo.) isopícnica

isopycnic (Geo.; Meteo.) isópica

isoquinoline (Quím.) isoquinolina

isoriboflavina (Quím.) isoriboflavina (antimetabólico da flavina)

isorrhea (Med.) isorreia; equilíbrio hídrico

isosceles triangle (Mat.) triângulo isósceles

isoseismal line (Geo.) linha isossísmica

ISO sizes (Papel) tamanhos ISO; medidas ISO (ISO = *International Standardization Organization* — Organização Internacional de Normalização)

isosorbide (Med.; Quím.) isosorbida

isosorbide dinitrate (Quím.) dinitrato de isosorbida

isospin (Fís.) isospin; spin isotópico

isostasy (Geo.) isostasia

isostemonous (Bot.) isoestaminoso

isoster (Quím.) isóstero

isosteric (Quím.) isostérico

isotach (Meteo.) isotaca

isotaxy (Quím.) isotaxia

isotherm (Meteo.) isotérmica

isothermal (Fís.) isotérmica

isothermal atmosphere (Meteo.) atmosfera isotérmica

isothermal change (Fís.) alteração isotérmica; mudança isotérmica

isothermal curves (Fís.) curvas isotérmicas; linhas isotérmicas

isothermal efficiency (Elect.) eficiência isotérmica

isothermal layer (Meteo.) camada isotérmica

isothermal lines (Fís.) linhas isotérmicas

isothermal process (Eng.) processo isotérmico

isothermic (Geo.) isotérmica

isothermic transformation (Eng.) transformação isotérmica

isothermic zone (Meteo.) zona isotérmica

isotone (Fís.) isótono

isotonic (Bio.; Quím.) isotónico

isotonic contraction (Zoo.) contracção isotónica

isotonic point (Bio.) ponto isotónico

isotope (Fís.) isótopo

isotope geology (Gero.) geologia de isótopos

isotope hydrology (Eco.) hidrologia isotópica

isotope separation (Fís.) separação de isótopos

isotope structure (Fís.) estrutura de isótopos

isotope therapy (Radiol.) terapia de isótopos

isotope tracer (Eco.) traçamento isotópico

isotopic abundance (Fís.) abundância isotópica

isotopic dating (Eco.) datação isotópica

isotopic dilution (Radiol.) diluição isotópica

isotopic dilution analysis (Radiol.) análise de diluição isotópica

isotopic number (Fís.) número isotópico

isotopic spin (Fís.) spin isotópico

isotopic symbols (Quím.) símbolos isotópicos

isotron (Fís.) isotrão

isotropic (Fís.) isotrópico

isotropic background radiation (Elect.) radiação isotrópica de fundo

isotropic conductor (Elect.) condutor isotrópico

isotropic dielectric (Elect.) dieléctrico isotrópico

isotropic radiation (Meteo.) radiação isotrópica

isotropic radiator (Telecom.) radiador isotrópico

isotropic radiator power (Elect.) potência isotrópica irradiada

isotropic source (Electrón.) fonte isotrópica

isozyme (Bio.) isozima; isoenzima

ISR (Inf.) abr. de *Information Storage and Retrieval* — armazenamento e recuperação de informação

ISRO (Esp.) abr. de *Indian Space Research Organization* — Organização de Investigação Espacial Indiana

IST (Inf.) abr. de *Interrupt Service Task* — tarefa de serviço de interrupção

isthmus (Zoo.) istmo; parte tubular estreita

IT (Inf.) abr. de *Information Technology* — Tecnologia de Informação

Italian asbestos (Miner.) asbesto italiano; tremolite

Italian blind (E.Civ.) persiana italiana

Italian roof (E.Civ.) telhado italiano

italic, italics (Imp.) itálico

itchy leg (Vet.) sarna corióptica

ITCZ (Geo.) abr. de *Intertropical Convergence Zone* — Zona de Convergência Intertropical

iter (Med.) via; caminho; (passagem que leva de uma parte anatómica a outra)

iterated coding (Telecom.) codificação iterativa

iterated fission expectation (Fís.) previsão de fissão iterada; previsão de fissão repetida

iteration (Inf.; Mat.) iteração

iterative array (Elect.) sistema iterativo; formação iterativa

iterative evolution (Eco.) evolução iterativa

iterative filter (Electrón.) filtro iterativo

iterative impedance (Fís.) impedância iterativa

iterative measurement (Electrón.) medição iterativa

iterative operation (Inf.; Mat.) operação iterativa

iterative process (Fís.; Mat.) processo iterativo

iterative routine (Inf.) rotina iterativa

I-Time (Inf.) abr. de *Instruction Time* — tempo de instrução

ITP (Med.) abr. de *Idiopathic Thrombocitopenic Purpura* — púrpura trombocitopénica idiopática; e abr. de *inosine 5'-triphosphate* — 5'-trifosfato de inosina

ITU (Telecom.) abr. de *International Telecommunications Union* — União Internacional de Telecomunicações

I-type semiconductor (Electrón.) semicondutor intrínseco

ITyr (Med.) símbolo de *monoiodotyrosine* — monoiodotirosina

IU (Geral) abr. de *International Unit* — Unidade Internacional; UI

IUCD (Med.) abr. de *IntraUterine Contraceptive Device* — dispositivo anticoncepcional intra-uterino; DIU

IUCN (Eco.) abr. de *International Union for Conservation of Nature and Natural Resources* — União Internacional para a Conservação da Natureza e Recursos Naturais

IUD (Med.) abr. de *Intrauterine Device* — dispositivo intra-uterino; DIU

IUPAC (QUÍM.) abr. de *International Union of Pure and Applied Chemistry* — União Internacional de Química Pura e Aplicada

I.V, i.v. (MED.) abr. de *IntraVenous* — intravenoso; IV

ivory (ZOO.) marfim

ivorywood (BOT.; E.CIV.) pau-marfim-australiano (*Siphonadendron australis*); a sua madeira

IVP (MED.) abr. de *IntraVenous Pyelography* — pileografia intravenosa

IVU (MED.) abr. de *IntraVenous Urography* — urografia intravenosa

IW (QUÍM.) abr. de *Isotopic Weight* — peso isotópico

IX (MINAS; QUÍM.) abr. de *Ion eXchange* — permuta de iões

IXC (INF.) abr. de *Interchange channel* — canal de transferência

Ixodes (ZOO.) Ixodes

ixodiasis (MED.) ixodíase

ixomyelitis (MED.) ixomielite

Izod impact text (ENG.) teste de impacto de Izod

Izod test (ENG.) teste de Izod; ensaio de Izod

Izod value (ENG.) valor de Izod

Jj

J (Aero.) símbolo de: *jet* — jacto; tur-bojacto; de *advance diameter ratio* — razão avanço/diâmetro (de hélice); e de *aircraft icing and turbulence* — formação de gelo em aeronave e tur-bulência

J (Elect.) símbolo de *electric current density* — densidade de corrente eléc-trica

J (Fís.) símbolo de: *Joule* — Joule; de *polar moment of inertia* — momento polar de inércia; e de *magnetic polari-zation* — polarização magnética

J (Mec.) símbolo de: *stiffness factor* — factor de rigidez; e de *torsion constant* — constante de torção

J (Med.) símbolo de *flux* — fluxo

jabber (Telecom.) sinal branco

Jablochkoff candle (Elect.) vela de Jablochkoff

jacaranda (Bot.) jacarandá

jacinth (Miner.) jacinto; zircão

jack (Mec.) macaco

jack (Telecom.) tomada macho

jack arch (E.Civ.) arco com a espessura de apenas um tijolo

jackbit (Miner.) ponta destacável (de broca perfuradora de rocha)

jackbox (Elect.) caixa de tomadas

jacket (Mec.) invólucro; camisa

jackhammer (Minas) martelo pneumá-tico

jack plane (E.Civ.) plaina de desbaste

jack rafter (E.Civ.) viga comum; laroz

jack shaft (Elect.) eixo intermédio

Jacksonian epilepsy (Med.) epilep-sia de Jackson

Jacobian (Mat.) jacobiana

Jacobian determinant (Mat.) deter-minante jacobiana

Jacobian elliptic function (Mat.) função elíptica jacobiana

jacobsite (Miner.) jacobsite

Jacob's ladder (Mec.) escada de corda

Jacobson's glands (Zoo.) glândulas de Jacobson

Jacobson's organs (Zoo.) órgãos de Jacobson

jacquard (Têxt.) jacquard

Jacquet's method (Mec.) método de Jacquet

jactitation (Med.) inquietude extrema; jactação

jacupirangite (Geo.) jacupirangite

jade (Miner.) jade

jadeite (Miner.) jadeíte

jag-bolt (Mec.) chumbador farpado

jail fever (Med.) febre das prisões; tifo

jalousies (E.Civ.) jelosia

jam (Inf.) congestionamento

jamaicin (Quím.) jamaicina

jamb (E.Civ.) ombreira

jamb brick (E.Civ.) tijolo de ombreira

jamb post (E.Civ.) prumo de ombreira

James-Lange theory of emotions (Psico.) teoria das emoções de James-Lange

jamesonite (Miner.) jamesonite

Jamin interferometer (Fís.) interferó-metro de Jamin

jamming (Telecom.) bloqueio

jansky (Astro.) jansky (unidade de fluxo de rádio-emissão)

J-antenna (Telecom.) antena J

Janus (Astro.) Janus (10° satélite na-tural de Saturno)

japan (E.Civ.) laca japonesa

Japan camphor (Quím.) cânfora japo-nesa; cânfora

Japanese paper (Papel.) papel japo-nês

Japanese vellum (Papel.) papel japo-nês

Japanner's gold-size (E.Civ.) verniz de cola de ouro japonês; acharoador

japanning (E.Civ.) acharoar

Japan Trench (Eco.) Fossa do Japão

Japan wax (Quím.) cera do Japão; cera de sumagre

jargon aphasia (Med.) jargonafasia

jargon, jargoon (Miner.) jargão; zir-cão

jarosite (Miner.) jarosite

jarrah (Bot.; E.Civ.) eucalipto-austra-liano (*Eucalyptus marginata/rostrata*); a sua madeira

jasper (Miner.) jaspe

JATO (Aero.) abr. de *Jet-Assisted Take-Off* — descolagem assistida por jacto; descolagem com jacto auxiliar

jaundice (Med.) icterícia

jaundice root (Bot.) hidraste

Java Trench (Eco.) Fossa de Java

Javel water, eau de Javelle (Quím.) água de Javel

jaw (Mec.) mandíbula; garra; maxila

jaw breaker (Minas) britador de man-díbulas

jaws (Zoo.) maxilas, mandíbulas

J chain (Imun.) cadeia J

JCL (Inf.) abr. de *Job Control Language* — linguagem de controlo de tarefa

J-display (Radar) dispositivo J

J & A (Minas) abr. de *Junked and Aban-doned* — com desperdícios e abando-nado (poço abandonado por impossi-bilidade de recuperação de material)

jean (Têxt.) jean; espécie de ganga azul; zuarte; fustão grosso

jedding axe (E.Civ.) machado de pena

jejunal (Med.) jejunal

jejunectomy (Med.) jejunectomia

jejunitis (Med.) jejunite; inflamação do jejuno

jejuno-; jejun- (Geral) jejuno-; jejun-; formas combinantes do latim *jejunus* — vazio, referentes a jejuno

jejunocolostomy (Med.) jejunocolos-tomia

jejunoctomy (Med.) jejunoctomia

jejunoileal (Med.) jejunoileal

jejunoileitis (Med.) jejunoileíte; jejuni-leíte

jejunoileostomy (Med.) jejunoileosto-mia; jejunileostomia

jejunojejunostomy (Med.) jejunojeju-nostomia; ligação entre duas porções de jejuno

jejunoplasty (Med.) jejunoplastia

jejunostomy (Med.) jejunostomia

jejunum (Zoo.) jejuno

jelly (T.Imag.) gel; geleia

jelutong (Bot.; E.Civ.) jelutong; árvore malaia (*Dyera costulata*); a sua ma-deira e a sua resina

jemmy, jimmy (E.Civ.) pé-de-cabra; gazua

Jensen's inequality (Mat.) desigual-dade de Jensen

Jeppesen chart (Aero.) carta Jeppesen

jerk (Med.) movimento reflexo; crispa-ção

jerk line (Minas) cabo agitador

jerk pump (Auto.) bomba reguladora

jerks (Imp.) solavancos

jerks (Med.) coreia; qualquer espécie de tique

jersey fabric (Têxt.) tecido de jersey

jet (Geral) jacto; turbojacto

JET (Meteo.) abr. de *forecast jet-stream data* — dados de previsão da corrente de jacto

jet (Minas) azeviche

jet assisted takeoff (Aero.) descola-gem com jacto auxiliar

jet blower (Mec.) ejector; injector

jet coefficient (Aero.) coeficiente de jacto

jet condenser (Mec.) condensador de injecção

jet deflection (Aero.) deflexão

jet drilling (Minas) perfuração a jacto

jet dyeing (Têxt.) tingidura a jacto

jet engine (Aero.) motor de jacto; motor a reacção; reactor

jet engine guide van (Aero.) pá fixa directora da turbina

jet engine thrust (Aero.) impulso do reactor

jet exhaust (Aero.) escape de avião a jacto

jet exhauster (Aero.) exaustor a jacto

jet flap (Aero.) flap de jacto

jet fuel (Aero.) combustível de jacto

jet lag (Aero.) «jet-lag»; efeitos físicos após longas viagens de avião a jacto

jetlet (Meteo.) pequena corrente de jacto
jet loom (Têxt.) tear a jacto
jet mill (Quím.) moinho a jacto
jet motor (Aero.) motor a jacto; motor de propulsão a jacto
jet noise (Aero.) ruído de jacto
jet nozzle (Mec.) bocal de jacto; bocal injector
jet nozzle process (Nucl.) processo de bocal injector
jet pipe shroud (Aero.) invólucro do tubo injector
jet propulsion (Aero.) propulsão a jacto
jet pump (Minas) bomba de jacto
jet stream (Meteo.) corrente de jacto
jet thrust (Aero.) impulsão de jacto
jetties (Hidro.) molhes; pontões; diques de colmatagem
jetting-out (Arq.) lançamento; projecção
jewel (Reloj.) rubi
jewelled (Reloj.) montado em rubis
JFET (Electrón.) abr. de *Junction Field-Effect Transistor* — junção de transístor de efeito de campo
j gene (Bio.) gene de ligação
jib (Mec.) lança de guindaste
jib cerane (Mec.) grua de lança; guindaste de lança
jib door (E.Civ.) porta falsa; porta disfarçada na parede
jig (Mec.) guia
jig (Minas) calha oscilante
jig borer (Mec.) broca vertical; mandril vertical
jigger (Elect.) transformador de oscilações
jig saw (E.Civ.) serra tico-tico
jim-crow (Mec.) macaco dobra-trilhos
jimmy (E.Civ.) pé de cabra; gazua
jitter (Telecom.) instabilidade
jitterburg (Elect.) gerador de impulsões arrítmicas
jittering HT voltage (Electrón.) instabilidade da tensão
j-j coupling (Fís.) acoplamento j-j
JKFF (Electrón.) abr. de *J-K flip-flop* — biestável J-K
J-K flip-flop (Electrón.) biestável J-K
job (Inf.) tarefa
job accounting (Inf.) contabilização de tarefas
job catalog (Inf.) catálogo de tarefa
job class (Inf.) classe de tarefa
job control (Inf.) controlo de tarefa
job control language (Inf.) linguagem de controlo de tarefas
job control program (Inf.) programa de controlo de tarefas
job file (Inf.) ficheiro de tarefas
job flow control (Inf.) controlo de fluxo de tarefa
job input device (Inf.) dispositivo de entrada de tarefas
job input file (Inf.) ficheiro de entrada de tarefas
job input stream (Inf.) fluxo de entrada de tarefa
job mix (Inf.) mistura de tarefas
job oriented terminal (Inf.) terminal orientado para tarefa

job output file (Inf.) ficheiro de saída de tarefas
job output stream (Inf.) fluxo de saída de tarefa
job pack area (Inf.) área de módulos de tarefa
job priority (Inf.) prioridade de tarefa
job queue (Inf.) lista de tarefas
job queue input (Inf.) entrada na fila de tarefas
job scheduler (Inf.) escalonador de tarefas
job step (Inf.) passo de tarefas
job terminal (Inf.) terminal de tarefas
jockey roller (Imp.) rolo tensor
joggle (E.Civ.) entalhe e saliência; encaixe
joggle (Mec.) perno; espiga
johannsenite (Miner.) johannsenite (de Johannsen); joanesite (silicato de cálcio e manganés)
Johne's disease (Vet.) doença de Johne; paratuberculose
Johnson concentrator (Minas) concentrador de Johnson
Johnson noise (Geral) ruído de Johnson; ruído térmico
Johnston's organ (Zoo.) orgão de Johnston
joiner (E.Civ.) carpinteiro de obra branca; marceneiro
joiner's chisel (E.Civ.) formão de marceneiro
joinery (Geral) carpintaria
joining gene [j gene] (Bio.) gene de ligação
joint (Elect.) junção; união; acoplamento
joint (Med.) articulação
joint chair (E.Civ.) cossinete de junta
jointer (E.Civ.) ensamblador; juntura
jointer gage (Mec.) guia de plaina mecânica
joint fastening (E.Civ.) ligação rápida
joint hinge (E.Civ.) gonzo
joint-ill (Vet.) pioscepticemia
jointing (Geral) ligação; junção
jointing plane (E.Civ.) garlopa
jointing rule (E.Civ.) régua guia
joint mouse (Med.) rato articular
Joint Photographic Expert Group [JPEG] (Geral) Grupo Conjunto de Peritos Fotográficos
joist (E.Civ.) viga; trave; barrote
Jolly balance (Quím.) balança de Jolly
Jolly's apparatus (Quím.) aparelho de Jolly
jolt-ram machine (Mec.) moldadora de percussão
jolt-squeeze machine (Mec.) prensa-percussora de moldagem
Jominy test (Mec.) teste de Jominy
Joosten process (Minas) processo de Joosten
Jordanon species (Bot.) espécies de Jordan (Alexis Jordan); microspécies
Josephson effect (Electrón.) efeito de Josephson
Josephson junction (Electrón.) junção de Josephson
Josephson junction memory (Electrón.) memória de junção de Josephson

Joshi effect (Fís.) efeito de Joshi
joule (Fís.) joule (unidade de trabalho, energia e calor)
Joule constant (Fís.) constante de Joule
Joule cycle (Fís.) ciclo de Joule
Joule effect (Elect.) efeito de Joule
Joule heat gradient (Fís.) gradiente de calor de Joule
joule loss (Electrón.) perda de joule; perdas térmicas
Joule magnetostriction (Fís.) magnetoestricção de Joule
Joule meter (Elect.) medidor de Joule
Joule's constant (Fís.) constante de Joule
Joule's cycle (Fís.) ciclo de Joule
Joule's equivalent (Fís.) equivalente de Joule; equivalente mecânico de calor
Joule's law (Fís.) lei de Joule
Joule-Thomson effect (Fís.) efeito de Joule-Thomson
journal (Inf.) diário; registo cronológico
journal (Mec.) chumaceira
journal file (Inf.) ficheiro de registo cronológico
journal tape (Inf.) fita de registo cronológico; fita de auditoria
joystick (Aero.) alavanca de comando; «manche»; alavanca de direcção
joystick (Inf.) punho de comando
Joy's valve-gear (Mec.) distribuição de Joy
JP (Aero.) abr. de *Jet Propellant* — propelente de jacto
JP-1 (Aero.) primeiro combustível de aviões a jacto
JP-4 (Aero.) combustível de prova de motores a jacto
JP-5 (Aero.) combustível de motores de jacto militares
JP-10 (Aero.) combustível de alta densidade para mísseis
JPEG (Geral) abr. de *Joint Photographic Expert Group* — Grupo Conjunto de Peritos Fotográficos
JPT (Aero.) abr. de *Jet Pipe Temperature* — temperatura de tubulação do jacto
J-shaped growth curve (Eco.) curva de crecimento em J; curva exponencial truncada de crescimento
Juan Fernandez floral region (Eco.) região floral de Juan Fernandez
jugal (Zoo.) jugal
jugomaxillary (Zoo.) jugo-maxilar
jugular (Zoo.) jugular
jugular nerve (Zoo.) nervo jugular
Julian calendar (Astro.) calendário juliano
Julian date (Astro.) data juliana; período juliano
jump (Inf.) salto
jumper (Elect.) ponte; ligação com fio móvel
jumper (E.Civ.) trado; verruma
jumper (Minas) broca de mineração
jumper (Telecom.) ligação em ponte
jumper cable (Telecom.) cabo de ligação em ponte
jumper field (Elect.) espaço reservado a ligações com fios volantes

jumper wire (ELECT.) fio de ligação; fio de ponte; fio de ligação directa

jumping-figure watch (RELOJ.) relógio digital

jumping-up (MEC.) amassamento; esmagamento

jump joint (MEC.) junta a topo; junção a topo

jumps (MED.) crispação nervosa; coreia

junction (ELECTRÓN.) junção; união; junta

junction (TELECOM.) junção

junction amplifier (ELECT.) amplificador de junção

junction barrier (ELECT.) barreira de junção

junction box (ELECT.) caixa de derivação (de junções)

junction capacitance (ELECTRÓN.) capacitância da junção

junction capacitor (ELECT.) condensador de junção

junction chamber (E.CIV.) câmara de junção; câmara de confluência; câmara de bifurcação

junction circuit (TELECOM.) circuito de junção

junction coupling (ELECT.) acoplamento de junção

junction depth (ELECT.) profundidade de junção

junction diode (ELECTRÓN.) diodo de junção

junction FET (ELECTRÓN.) junção FET; junção de efeito de campo

junction field-effect transistor (ELECTRÓN.) transístor de efeito de campo de junção

junction filter (ELECTRÓN.) filtro de junção

junction pole (ELECT.) polo de junção

junction potential (ELECTRÓN.) potencial da junção; potencial de contacto

junction rectifier (ELECTRÓN.) rectificador de junção

junction transistor (ELECTRÓN.) transístor de junção

jungle (ECO.) selva

junior character (INF.) carácter de menor significado

juniper (BOT.) junípero; zimbro

junk DNA (ECO.) lixo de DNA; DNA espúrio

junk ring (MEC.) coroa do êmbolo

Jupiter (ASTRO.) Júpiter

Jurassic (GEO.) Jurássico

jurassic lime (GEO.) calcário jurássico

jurassic sandstone (GEO.) arenito jurássico

jurassic stratum (GEO.) estrato jurássico

jury strut (AERO.) montante provisório (de reforço)

justification (IMP.) justificação; acerto das linhas preparadas na composição

justification (INF.) justificação; ajuste; enquadramento

justification digit (INF.) dígito de justificação

justification digit time interval (INF.) intervalo de tempo de dígito de justificação

justification ratio (INF.) razão de justificação; justificador

justifier (INF.) justificador

justify (INF.) justificar

justify left (INF.) ajustar à esquerda

justify right (INF.) ajustar à direita

just noticeable difference (PSICO.) diferença limitada; diferença quase imperceptível

just scale (FÍS.) escala exacta (Acústica)

just temperament (FÍS.) temperamento igual; temperamento justo (Acústica)

jute (TÊXT.) juta

jutty (ARQ.) varanda fechada; balcão fechado; sacada

juvenile (BOT.) juvenil

juvenile hormone (ZOO.) hormona juvenil; neotenina

juvenile phase (BOT.) fase juvenil

juvenile water (GEO.) água juvenil; água de origem magmática

juxtaglomerular (MED.) justaglomerular; próximo ou adjacente a um glomérulo renal

juxtallocortex (MED.) justalocórtex (regiões do córtex cerebral que ocupam uma posição intermédia entre o isocórtex e o alocórtex)

juxtaposition (GERAL) justaposição

juxtaposition twins (MINER.) gémeos de justaposição; gémeos de sobreposição

K (Elect.) símbolo de: *cathode* — cátodo; de *dielectric cathode constant* — constante dieléctrica do cátodo; de *electrostatic capacity* — capacidade electrostática

K (Fís.) símbolo de: *K* — kelvin (unidade SI de temperatura absoluta); de *specific inductive capacity* — capacidade indutiva específica

K (Inf.) unidade utilizada em computadores, equivalente a 1024 bytes

K (Quím.) símbolo de: *potassium* — potássio (K do latim *kalium*); de *velocity constant* — constante de velocidade (numa reacção química); de *equilibrium constant* — constante de equilíbrio

K-acid (Quím.) ácido K; 1,8-aminonaftol-4,6-ácido dissulfónico

kaersutite (Miner.) kaersutita (de *Kaersut* — Gronelândia; variedade de horneblenda rica em titânio)

Kahn oblique cylindrical projection (Mat.) projecção cilíndrica oblíqua de Kahn

kainite (Miner.) cainite

Kainozoic (Geo.) Cenozóico

kala-azar (Med.) kala-azar; kalazar; forma visceral da leishmaniose

kalidin (Med.) calidina

kaliophilite (Miner.) caliofilita; facelita

kallikrein (Med.) calicreína

Kallmann syndrome protein (Bio.) proteína do síndroma de Kallmann

Kalman filter (Electrón.) filtro de Kalman

kalsilite (Miner.) kalsilita (aminossilicato de potássio)

kamacite (Miner.) camacita

kame (Geo.) «kame»; depósitos glaciários de sedimentos transportados por água corrente

kame delta (Eco.) delta glaciar

kame terrace (Geo.) terraço de kame

kandite (Miner.) candita (de *Kandy* ou *Candy* — Sri Lanka)

Kansas city modulation (Telecom.) codificação por deslocação da frequência

kaolin (Geo.) caulino

kaolinite (Miner.) caulinite

kaolinization (Geo.) caulinização

kaon (Fís.) mesão K

Kaplan water turbine (Mec.) turbina de água Kaplan

kapok (Têxt.) capoca; sumaúma

Kaposi's sarcoma (Med.) sarcoma hemorrágico idiopático múltiplo

kappa chain (Imun.) cadeia K

kappa number (Papel.) número K

Kapp lines (Fís.) linhas de Kapp

Kapp phase advancer (Elect.) avançador de fase Kapp

Kapp vibrator (Elect.) vibrador Kapp

kapur (Bot.) cânfora de Bornéu (*Dryoblanops aromatica*)

karat (Geral) carate

K-Ar method (Eco.) método (de datação) K-Ar

Karnaugh map (Electrón.) mapa de Karnaugh

karren (Geo.) erosão cársica

karri (Bot.) karri; variedade de eucalipto australiano (*Eucalyptus diversicolor*)

karst (Geo.) karst; carso

karstic aquifer (Geo.) aquífero cárstico

kary-; karyo- (Geral) cari-, cario-; formas combinantes do grego *karion* — núcleo. Em inglês também *cary-, carioleo*

karyochrome (Bio.) cariocromo

karyoclasis (Bio.) carioclase

karyocyte (Bio.) cariócito

karyogamy (Bot.) cariogamia

karyogenesis (Bio.) cariogénese

karyogonad (Bio.) cariogónada

karyogram (Bot.) cariograma

karyokinesis (Bio.) cariocinese

karyokinetic (Bio.) cariocinético

karyolisis (Med.) cariólise

karyolymph (Med.) cariolinfa

karyon (Bio.) núcleo celular

karyophage (Zoo.) cariófago

karyoplasm (Bio.) carioplasma

karyoplast (Bio.) carioplasto

karyorrhexis (Med.) cariorrexia

karyosome (Bio.) cariosoma; grão de cromatina

karyotheca (Bio.) carioteca; membrana nuclear

karyotype (Bio.) cariotipo

Kasimovian (Geo.) Kasimoviano (Época do Pensilvaniano)

Kaspar-Hauser experiments (Psico.) experiências de Kaspar-Hauser

kata- (Geral) cata-; prefixo do grego *kata* — em baixo. Em inglês, também *cata-*

katabatic (Meteo.) catabático

katabatic front (Meteo.) frente catabática

katabatic wind (Meteo.) vento catabático

katadromous (Zoo.) catádromo

kata-front (Meteo.) superfície subsidiária

kataklastic (Geo.) cataclástico

kataphorite (Miner.) cataforite

kataplexy (Zoo.) cataplexia

katathermometer (Minas) catatermómetro

Katayama disease (Med.) doença de Katayama; equistossomíase japonesa; bilharzíase japonesa

katophorite, kataphorite, cataphorite (Miner.) cataforite

kauri-butanol value (Quím.) valor cauri-butanol; valor dâmar-butanol

kauri gum (Quím.) goma de dâmar; resina de dâmar

Kaw accumulator (Elect.) acumulador Kaw

Kawasaki's disease (Med.) doença de Kawasaki

Kaye disk centrifuge (Fís.) disco centrífugo de Kaye

Kayser-Fleischer ring (Med.) anel de Kayser-Fleischer

Kazanian (Geo.) Kazaniano

K-band (Radar; Telecom.) banda K

Kbps (Geral) abr. de *Kilo bits per second* — Kilobits por segundo

k-capture (Fís.) captura K; captura de electrão K

K-cell (Imun.) célula K

kCi (Fís.) abr. de *kiloCurie* — quilocurie

k-display (Radar) dispositivo K

kebbing (Vet.) aborto enzoótico das ovelhas

kedge anchor (Nav.) âncora de reboque; âncora de espia

keel block (Mec.) escoras de quilha

keelson (Nav.) sobrequilha; contraquilha

Keene's cement (E.Civ.) cimento de Keene

keep (Mec.) guarda; protecção

keep-alive anode (Elect.) ânodo de manutenção

keep-alive circuit (Elect.) circuito de manutenção

keeper (Elect.) contacto; armadura

keeper (Mec.) retentor

Keewatin group (Geo.) grupo Keewatin

kefir (Quím.) kéfir

keilhauite (Miner.) keilhauita (de Keilhau); itrotitanita

k-electron capture (Fís.) captura de electrão K

Kel-F (Plást.) MC americana de politrifluorocloroetano

Keller furnace (Elect.) forno Keller

Kell factor (Electrón.) factor de Kell

Kelling's test (Quím.) teste de Kelling

kelly (Minas) eixo facetado; eixo quadrado

kelly bushing (KB) (Minas) manga do tubo facetado; bucha do tubo facetado

kelly cock (Minas) válvula de segurança do tubo facetado

kelly sub (Minas) adaptador do tubo facetado

keloid (Med.) quelóide

keloidosis (Med.) queloidose

keloma (MED.) queloma
keloplasty (MED.) queloplastia
kelp (BOT.) sargaço
kelvin (FÍS.) kelvin (unidade SI)
Kelvin absolute temperature scale (FÍS.) escala de temperatura absoluta Kelvin; escala de Kelvin
Kelvin ampere-balance (ELECT.) ampere-balança de Kelvin
Kelvin balance (ELECT.) balança de Kelvin
Kelvin bridge (ELECT.) ponte de Kelvin
Kelvin effect (ELECT.) efeito de Kelvin
Kelvin electrometer (ELECT.) electrómetro de Kelvin
Kelvin equation (FÍS.) equação de Kelvin
Kelvin-Helmholtz contraction (ASTRO.) contracção de Kelvin-Helmholtz
Kelvin network (FÍS.) rede de Kelvin
Kelvin scale (GERAL) escala (de temperatura) de Kelvin
Kelvin's law (ELECT.) lei de Kelvin
Kelvin temperature (GERAL) temperatura Kelvin
Kelvin thermodynamic scale of temperature (FÍS.) escala de temperatura termodinâmica de Kelvin
Kelvin-Varley slide (ELECT.) lâmina de Kelvin-Varley
Kendall effect (ELECTRÓN.) efeito de Kendall; sobreposição de bandas laterias
Kennelly-Heaviside layer (FÍS.) camada Kennelly-Heaviside
kentallenite (GEO.) kentalenito
Kent claw hammer (E.CIV.) martelo de orelhas inglês
kentledge (E.CIV.) lastro de ferro; lastro
kenyte (GEO.) quenite
keplerian ellipse (ASTRO.) elipse kepleriana; órbita kepleriana
keplerian motion (ASTRO.) movimento kepleriano
keplerian orbit (ASTRO.) órbita kepleriana
keplerian system (ASTRO.) sistema kepleriano
keplerian telescope (ASTRO.) telescópio kepleriano
Kepler's equations (ASTRO.) equações de Kepler
Kepler's law (ASTRO.) lei de Kepler
Kepler's laws of planetary motion (ASTRO.) leis de Kepler do movimento planetário
Kepler's nova (ASTRO.) nova de Kepler
kerat-, kerato- (GERAL) querat-, querato-; formas combinantes do grego *keras, keratos* — corno, denotando ou a córnea ou tecidos ou células córneos; usam-se também as formas cerat-, cerato-
keratectasia (MED.) ceratectasia
keratectomy (MED.) ceratectomia
keratin (BIO.) queratina (termo preferível); ceratina
keratinocyte (BIO.) queratinoócito; ceratinoócito

keratinocyte growth factor [KGF] (BIO.) factor de crescimento do queratinoócito
keratitis (MED.) queratite; ceratite
keratitis nummularis (MED.) queratite numular; ceratite numular
keratoacanthoma (MED.) queratoacantoma; ceratoacantoma
keratoangioma (MED.) queratoangioma; ceratoangioma
keratocele (MED.) queratocele; ceratocele
keratochromatosis (MED.) queratocromatose; ceratocromatose
keratoconjunctivitis (MED.) queratoconjuntivite; ceratoconjuntivite
keratoconus (MED.) queratocone; ceratocone
keratodermia blenorrhagica (MED.) queratodermia blenorrágica; ceratodermia blenorrágica
keratogenous (ZOO.) querátogeno; queratogénio; cerátógneo; ceratogénio
keratoma (MED.) queratoma; ceratoma
keratomalacia (MED.) queratomalácia; ceratomalácia
keratophyre (GEO.) queratófiro; ceratófiro
keratoplasty (MED.) queratoplastia; ceratoplastia
keratoprosthesis (MED.) queratoprótese; ceratoprótese
keratorhexis, keratorrhexis (MED.) queratorrexe; ceratorrexe; ruptura da córnea
keratoscleritis (MED.) queratosclerite; ceratosclerite
keratosis (MED.) queratose; ceratose
keratotomy (MED.) queratotomia; ceratotomia
kerf (E.CIV.) corte de serra
kerf (MEC.) entalhe
kerf (MINAS) rebaixamento
kermesite (MINER.) quermesite
kern (IMP.) parte saliente do corpo do tipo
kernel (MAT.) núcleo; centro
kernicterus (MED.) icterícia nuclear
Kernig's sign (MED.) sinal de Kernig
kernite (MINER.) quernigte; quernite
kerogen (GEO.) querogeno
Kerr cell (ELECT.) célula de Kerr
Kerr cell shutter (T.IMAG.) obturador a célula Kerr
Kerr effect (ELECT.; FÍS.) efeito (de) Kerr
kersantite (GEO.) kersantite (de Kersanton — França)
ketene (QUÍM.) ceteno
ketoacid (QUÍM.) cetácido
ketociduria (MED.) cetoacidúria
keto-enolic tautomerism (QUÍM.) tautomerismo cetoenólico
ketogenic (MED.) cetogénico
ketoheptose (QUÍM.) ceto-heptose
ketohexose (QUÍM.) ceto-hexose
ketol (QUÍM.) cetol
ketolytic (QUÍM.) cetolítico
ketonaemia, ketonemia (MED.) cetonemia
ketone (QUÍM.) cetona
ketone body (BIO.) corpo cetónico
ketonic (QUÍM.) cetónico

ketonization (QUÍM.) cetonização
ketonuria (MED.) cetonúria
ketopantoic acid (QUÍM.) ácido cetopantóico
ketopentose (QUÍM.) cetopentose
ketose (QUÍM.) cetose
ketose reductase (QUÍM.) cetose reductase
ketosis (QUÍM.) cetose
kettle (GEO.) caldeira
kettle (MEC.) caldeira
kettle hole (GEO.) caldeira glaciar
kettle lake (ECO.) lago glaciar
keuper (GEO.) keuper (unidade estratigráfica)
keV (FÍS.) abr. de *kilo-electron-Volt* — quilo-electrão-volt
kevel (E.CIV.) cunho; escoteira
kew barometer (GEO.) barómetro de depósito fechado
Keweenawan (GEO.) Kewenariano (andar)
Kew-pattern barometer (METEO.) barómetro padrão de Kew
Kew-pattern magnetometer (ELECT.) magnetómetro padrão de Kew
key (GERAL) chave
key (TELECOM.) chave; manipulador
key bed (MINAS) camada-chave
keyboard (INF.) teclado
keyboard buffer (INF.) memória intermédia do teclado
keyboard connector (INF.) ficha do teclado
keyboard port (INF.) porto do teclado
keyboard storage (INF.) memória tampão de teclado
key boss (MEC.) bossa para chaveta
key chuck (MEC.) chave de mandril
key click (TELECOM.) estalido de manipulador
key compression (INF.) compressão de chave
key course (E.CIV.) fiada chave
key driven (INF.) accionado por chave
key fossil (GEO.) fóssil índice; fóssil chave
Key-Gaskel syndrome (VET.) síndroma de Key-Gaskel; disautonomia felina
keyhole saw (E.CIV.) serra de rodear; serra de ponta fina
keying (GERAL) fixação por chavetas ou cavilhas
keying (TELECOM.) manipulação
keying chirps (TELECOM.) sinais instáveis
keying relay (TELECOM.) relé de manipulação
keying wave (TELECOM.) onda de manipulação
key light (T.IMAG.) luz-chave
keypad (INF.) teclado numérico
key plan (E.CIV.) plano principal
key plate (E.CIV.) placa chave; escudo
key pulse (ELECT.) pulso chave
key seat (MEC.) encaixe de chaveta
key-seating (MEC.) abertura de rasgo de chaveta
key-seating machine (MEC.) máquina de abrir rasgos de chaveta
keystone (E.CIV.) chave de abóbada; pedra angular

keystone distortion (T.Imag.) distorção trapezoidal
key-to-discs (Inf.) codificador de discos
key-to-tape (Inf.) codificador de banda magnética
key way (Mec.) rasgo de chaveta
key-way tool (Mec.) ferramenta de rasgos de chaveta
keyword (Inf.) palavra-chave
keyword parameter (Inf.) parâmetro de palavra-chave
keywords (Inf.) palavras-chave
K factor (Electrón.) factor K; erro tangencial
khamsin (Geo.) vento do sul (Norte de África
kick (E.Civ.) coração; cruzamento
kick (Minas) recuo; coice (manifestação, à superfície, da pressão reservatorial de um poço)
kick-back (Auto.) recuo
kicking well (Minas) poço aos recuos; poço aos coices
kick off [KO] (Minas) desviar da vertical (um poço)
Kick's law (Minas) lei de Kick
kicksorter (Telecom.) analisador de altura de pulso
kick stage (Esp.) estágio propulsivo
kidney (Zoo.) rim
kidney machine (Med.) rim artificial; hemodialisador; máquina de hemodiálise
kidney ore (Miner.) variedade de hematite; minério botrioidal
kidney stone (Med.) cálculo renal
kidney stone (Miner.) nefrite
kidney worm disease (Vet.) doença do verme renal
kier (Têxt.) cuba
kieselghur (Miner.) diatomito
kieserite (Miner.) kieserita (de Kieser — cientista alemão)
kieve (Minas) celha para lavar minério
kieving (Minas) lavagem de minério
kill (Hidro.) canal
killed steel (Mec.) aço morto; aço desoxidado
killer (Fís.) tóxico
killing a well (Minas) «matar um poço»; dominar um poço
killing frost (Geo.) geada
kiln (Minas) fornalha
kilo- (Geral) quilo-; prefixo usado para designar 1 milhar
Kilobase (Bio.) quilobase
Kilo bits per second (Telecom.) Kilo bits por segundo
kilocalorie (Fís.) quilocaloria
kilocurie source (Radiol.) fonte de quilocurie
kilocycles per second (Fís.) quilociclos por segundo
Kilodalton (Bio.) quilodalton
kilo-electron-volt (Fís.) quilo-electrão-volt
kilogram(me) (Geral) quilograma
kilohertz (Fís.) quilohertz [kHz]
kilometric waves (Telecom.) ondas quilométricas
kiloparsec (Astro.) quiloparsec
kiloton (Fís.) quilotonelada [=1000 toneladas de TNT (trinitrotolueno)]

kilovar (Elect.) quilovar; quilovolt-ampere reactivo; kVAr
kilovolt-ampere (Elect.) quilovolt-ampere; kVA
kilowatt (Elect.) quilowatt; kW
kilowatt-hour (Elect.) quilowatt-hora; kWh
Kimball tag (Inf.) marca de Kimball
Kimberley horse disease (Vet.) doença equina de Kimberley
kimberlite (Geo.) kimberlito
kinaesthesis (Psico.) cinestesia
kinaesthetic (Zoo.) cinestético; cinestésico
kinaesthetic orientation (Eco.) orientação cinética
kinase (Bio.) cinase; activadora
kinematic chain (Mec.) cadeia cinemática
kinematics (Mat.) cinemática
kinematic viscosity (Fís.) viscosidade cinemática
kinesalgia (Med.) cinesalgia
kinescope (T.Imag.) Kinescope (MC — EUA); cinescópio
kinesin (Bio.) cinesina
kinesis (Psico.) cinesia
kinetic energy (Fís.) energia cinética
kinetic friction (Fís.) fricção cinética
kinetic heating (Aero.) aquecimento cinético
kinetic pressure (Aero.) pressão cinética; pressão dinâmica
kinetics (Med.) cinética
kinetic theory of gases (Fís.) teoria cinética dos gases
kinetin (Bot.) cinetina; factor de crescimento vegetal
kinetochore (Bio.) centrómero; cinetócoro
kinetodesma (Zoo.) cinetodesma
kinetogenic (Bio.) cinetogénico
kinetoplasm (Bio.) cinetoplasma
kinetoplast (Bio.) cinetoplasto
kinetosome (Bot.) cinetossoma
king closer (E.Civ.) tijolo chanfrado
kingdom (Bot.) reino
king pile (E.Civ.) pendural
king pin (Auto.) pino central
king post (E.Civ.) pendural
king rod (E.Civ.) biela restabelecedora
king's evil (Med.) doença do rei; escrofulose
Kingston valve (Mec.) válvula Kingston
kingswood (Bot.) jacarandá
kinin (Bot.) cinina
kinins (Med.) cininas
kink (Electrón.) dobra
kink instability (Fís.) instabilidade torcida
kino (Bot.) quino (resina do *Pterocarpus marsupium*)
kin selection (Eco.) selecção altruísta
Kipp's apparatus (Quím.) aparelho de Kipp
kipuka (Eco.) chouso de lava (Havái)
Kirchhoff's diffraction theory (Fís.) teoria da difracção de Kirchhoff
Kirchhoff's equation (Fís.) equação de Kirchhoff
Kirchhoff's law (Fís.) lei de Kirchhoff
Kirkendall effect (Mec.) efeito de Kirkendall

kish (Mec.) espuma
kiss of life (Med.) beijo da vida (método de respiração boca-a-boca)
kitchen nidden (Geo.) restos de comida
kite (Aero.) papagaio; balão de ensaio
kite winder (E.Civ.) degrau de volta
Kjellin furnace (Elect.) forno de Kjellin
Kjendahl flask (Quím.) balão de Kjendahl
Kld (Minas) abr. de *killed* — morto; controlado (poço)
Klein bottle (Mat.) garrafa de Klein
Kleine-Levin syndrome (Med.) síndroma de Kleine-Levin
Klein-Gordon equation (Fís.) equação de Klein-Gordon
Klein-Nishina formula (Fís.) fórmula de Klein-Nishina
kleptomania (Med.) cleptomania
kleptoparasitism (Eco.) cleptoparisitismo
Klett unit (Bio.) unidade Klett
Klieg lights (T.Imag.) luzes de Klieg
Klinefelter's syndrome (Med.) síndroma de Klinefelter; síndroma XXY
K-lines (Fís.) linhas K
klinostat; clinostat (Bot.) clinostato
klippe (Geo.) klippe
Klippel-Feil syndrome (Med.) síndroma de Klippel-Feil; síndroma da fusão cervical
klystron (Electrón.) klistron; clístron (válvula electrónica modulada por velocidade)
klystronamplifier (Elect.) amplificador de clístron
klystron frequency multiplier (Electrón.) multiplicador de frequência de clístron
klystron oscillator (Electrón.) oscilador a clístron
knapping hammer (E.Civ.) martelo de britar
knapsack abutments (E.Civ.) contrafortes de mochila
knebelite (Miner.) knebelite
knee (Geral) joelho; cotovelo
knee brace (E.Civ.) escora; braçadeira; chapa de suporte
knee gall (Vet.) distensão do joelho
knee jerk (Med.) reflexo patelar
knee joint (Mec.) articulação de joelho
knee roof (Arq.) telhado em cotovelo; telhado de mansarda
Knee voltage (Electrón.) tensão de descontinuidade
knife edge (Mec.) cutelo; prisma de suspensão
knife switch (Elect.) chave de faca
knife tool (Mec.) ferramenta cortante
Knight shift (Fís.) desvio Knight
knitting (Têxt.) trabalho de malha
knitting machine (Têxt.) máquina de fazer malha
knitwear (Têxt.) malhas; roupa de malha
knock (Mec.) pancada
knock and lochan (Eco.) planície glaciar ondulada (Escócia)
knocker (Mec.) batente
knocker-out (Mec.) dispositivo de reversão

knocking; knock (MEC.) pancada; batimento

knockings (E.CIV.) lascas (de pedra)

knockings (MINAS) minério em pedaços; minério grosso

knock knee (MED.) joelho valgo

knockout (MINAS) separador (tanque ou filtro para separar petróleo e água)

knoll (GEO.) pequeno monte de terra; cimo de monte

knot (AERO.; NAV.) nó (medida)

knot (BOT.) nó

know how (INF.) conhecimento

knowledge-based systems (INF.) sistemas baseados em conhecimento

knuckle (E.CIV.) articulação; suporte; dobradiça

knuckle joint (MEC.) junta articulada

knuckle-joint press (MEC.) prensa de junta articulada

knuckle pin (AUTO.) articulação de direcção; pino central

knuckling (VET.) talípede do cavalo

Knudsen flow (QUÍM.) fluxo de Knudsen; fluxo de molécula livre

Knudsen number (QUÍM.) número de Knudsen

knurling tool (MEC.) disco de recartilhar

KO (MINAS) abr. de *Kicked Off* — desviado direccionalmente (poço)

kobelite (MINER.) kobelita (de Kobell, mineralogista)

Koch resistance (QUÍM.) resistência de Koch

Koch's blue bodies (MED.) corpos azuis de Koch; corpúsculos azuis de Koch

Koch's postulates (MED.) postulados de Koch

Koeppen classification (METEO.) classificação de Koeppen

Kohler's disease (MED.) doença de Kohler; necrose epifisiária asséptica do osso navicular do tarso ou da patela

Kohlrausch's law (QUÍM.) lei de Kohlrausch

koilonychia (MED.) coiloníquia

kona storm (GEO.) tempestade de sul (Havái)

konimeter (FÍS.) coniscópio

Kooman's array (TELECOM.) sistema Kooman

Koplik's spots (MED.) manchas de Koplik; manchas de Filatov

Kopp's law (QUÍM.) lei de Kopp

Kornberg enzyme (BIO.) enzima de Kornberg

Korndorfer starter (ELECT.) arrancador Korndorfer; iniciador Korndorfer

kornerupine (MINER.) kornerupina (de Kornerup, geólogo dinamarquês)

Korotkoff sounds (MED.) sons de Korotkoff

Korsakoff's psychosis (MED.) psicose de Korsakoff; síndroma de Korsakoff

Korsakoff's syndrome (MED.) síndroma de Korsakoff; psicose de Korsakoff

Kosava (GEO.) vento de montanha (Danúbio)

Kovar (ELECT.) Kovar (nome comercial de uma liga de ferro, níquel e cobalto)

Kozeny-Carman equation (FÍS.) equação Koreny-Carman

Kr (QUÍM.) símbolo de *Krypton* — crípton

Kraemer-Sarnow test (E.CIV.) teste de Kraemer-Sarnow

Kramer control (ELECT.) controlo de Kramer

Krantz anatomy (BOT.) anatomia de Krantz

kraton (GEO.) cratão

kraurosis (MED.) craurose da vulva; doença de Breisky

Krebs cycle (BIO.) ciclo de Krebs

Kreutz group (ASTRO.) grupo de Kreutz; família de Kreutz

Kroll's process (MEC.) processo de Kroll

Kronecker delta (MAT.) delta de Kronecker

Kronecker product (MAT.) produto de Kronecker

Kronig-Penny model (FÍS.) modelo de Kronig-Penny

kronism (ECO.) cronismo; canibalismo das crias

Kruger flap (AERO.) flap de Kruger

Krukenberg's tumor (MED.) tumor de Krukenberg

Kruppel gene (BIO.) gene de Kruppel

krypton (QUÍM.) crípton

K-selection (ECO.) selecção K

K-shell (FÍS.) camada K

k-space (FÍS.) espaço k (momento do espaço)

Ku band (TELECOM.) banda (de microondas) Ku

kulaite (GEO.) kulaíte

Kümmell's disease (MED.) doença de Kümmell; espondilose de Kümmell

Kummer's convergence test (MAT.) teste de convergência de Kummer

Kundt constant (FÍS.) constante de Kundt

Kundt's rule (FÍS.) regra de Kundt

Kundt's tube (FÍS.) tubo de Kundt

Kunkar (ECO.) caliche

kunzite (MINER.) kunzita (de Kunz, geólogo)

kupfernickel (MINER.) nicolita; niquelite

Kupffer cell (IMUN.) célula de Kupffer

Kuril Trench (ECO.) Fossa das Curilhas

kuru (MED.) kuru (termo indigena da Melanésia); encefalopatia progressiva e fatal, endémica da Nova Guiné

Kussmaul breathing (MED.) respiração de Kussmaul

kV (FÍS.) abr. de *kiloVolt* — quilovolt

kVA (ELECT.) abr. de *kiloVolt-Ampere* — quilovolt-ampere

k-value (ECO.) valor k

kVAr (ELECT.) abr. de kiloVAr — quilovar

kVp (RADIOL.) abr. de *kiloVolts, peak* — quilovolts, pico

kW (ELECT.) abr. de *kiloWatt* — quilowatt

KW (MINAS) abr. de *Killed Well* — poço controlado; poço morto

kwashiorkor (MED.) pelagra infantil; desnutrição maligna

kWh (ELECT.) abr. de *kiloWatt-hour* — quilowatt-hora

kyanite, cyanite (MINER.) cianite

kyanizing (E.CIV.) cianização; impregnar com cloreto de mercúrio

kymography (RADIOL.) cimografia

kyphoscoliosis (MED.) cifoescoliose

kyphosis (MED.) cifose

kyphotic (MED.) cifótico

kyrtorrhachic (MED.) cirtorráquico

kytoon (METEO.) balão-papagaio

L (Electrón.) símbolo de: *langwelle* — onda longa; de *self inductance* — auto-indutância; de *left* — esquerdo (canal ou altifalante); de *low* — baixo

L (Fís.) símbolo de: *angular momentum*; momento angular; de *luminance* — luminância; de *selfinductance* — auto-indutância; de *linear coefficient of thermal expansion* — coeficiente linear de expansão térmica; de *thermal conductivity* — condutividade térmica; de *radioactive decay constant* — constante de decomposição radioactiva

L (Quím.) símbolo de *molar latent heat* — calor molar latente

l (Geral) abr. de *litre* — litro

l (Mat.) símbolo de *length* — comprimento

l (Quím.) símbolo de *specific latent heat* — calor específico latente

/L (Minas) abr. de *line* — linha; cabo; trem

L/ (Minas) abr. de *lower* — inferior

La (Quím.) símbolo de *lanthanum* — lantânio

labellum (Bot.; Zoo.) labelo

labia (Geral) lábios (*labia* é o plural do latim *labium* — lábio)

labial (Geral) labial

labia majora (Zoo.) grandes lábios

labia minora (Zoo.) pequenos lábios

labiate (Bot.) labiado

labile (Geo.; Quím.) lábil; instável

labile oscillator (Elect.) oscilador lábil

labiochorea (Med.) labiocoreia

labiodental (Med.) labiodental; labidental

labiogingival (Med.) labiogengival

labioglossolaryngeal (Med.) labioglossolaríngeo

labioglossopharyngeal (Med.) labioglossofaríngeo

labiograph (Med.) labiógrafo

labiomental (Med.) labiomentoniano

labiopalatine (Med.) labiopalatino

labioplasty (Med.) labioplastia

labioscrotal (Med.) labioescrotal; labioscrotal

labioversion (Med.) labioversão

labium (Geral) lábio; qualquer estrutura semelhante a um lábio

laboratory sand-bath (Fís.) banho de areia de laboratório

labra (Geral) lábios (*labra* é o plural do latim *labrum* — lábio)

Labrador Current (Geo.) Corrente do Labrador

labradorescence (Miner.) labradorescência (de labradorite)

labradorite (Miner.) labradorite

La Brea Sandstone (Geo.) arenito de La Brea

labrocyte (Bio.) labrócito; mastócito; célula granular do tecido conjuntivo

labrum (Geral) lábio; estrutura em forma de lábio

labyrinth (Geral) labirinto

labyrinthectomy (Med.) labirintectomia

labyrinthine (Geral) labiríntico

labyrinthitis (Med.) labirintite

labyrinthus (Med.) labirinto

lac (Zoo.) leite; qualquer substância esbranquiçada semelhante a leite

lacca (Quím.) laca; goma resinosa

laccase (Quím.) lácase

laccolith (Geo.) lacólito

lace (Têxt.) renda; laceamento

laced walley (E.Civ.) caleira arrendada

lace machine (Têxt.) máquina de fazer renda

lacing (T.Imag.) entrelaçamento

lac repressor protein (Bio.) proteína lac repressora; proteína repressora da lactose

lactam antibiotics (Bio.) antibióticos lactâmicos

lactamase (Bio.) lactamase

lactam ring (Bio.) anél lactâmico

lactate dehyrogenase (Bio.) desidrogenação dos lactatos

lactic acid (Bio.) ácido láctico

lactic acid bacteria (Bio.) bactéria produtora de ácido láctico

lactifuge (Med.) lactífugo

lactigenous (Med.) lactígeno

lactim (Med.) abr. de *lactoneimine* — lactonimina

lactobacillaceae (Bio.) lactobaciláceas

lactobacillic acid (Quím.) ácido lactobacílico

lactobutyrometer (Quím.) lactobutirómetro

lactocele (Bio.) lactocele; galactocele

lactochrome (Bio.) lactocromo

lactoflavin (Quím.) lactoflavina

lactogen (Quím.) lactogénio

lactogenesis (Quím.) lactogénese

lactogenic hormone (Med.) hormona lactogénica; prolactina

lactoglobulin (Quím.) lactoglobulina; globulina do leite

lactonase (Quím.) lactonase

lactone (Quím.) lactona

lactoperoxidase (Quím.) lactoperoxidase

lactoprotein (Bio.) lactoproteína

lactose (Quím.) lactose

lactosuria (Med.) lactosúria

lacuna (Geral) lacuna

lacunar (Arq.) tecto em forma de abóbada

lacus (Geral) lago; pequena colecção de líquido

lacustrine (Geo.) lacustre

LAD (Psico.) abr. de *Language Acquisition Device* — dispositivo de aquisição de fala

LADAR (Telecom.) abr. de *laser detection and ranging* — detecção e medição da distância por laser

ladder attenuator (Elect.) atenuador progressivo

ladder filter (Elect.) filtro de escada

ladder network (Telecom.) rede de derivação em série; rede em escada

ladder oscillator (Electrón.) oscilador em escada; oscilador de deslocação de fase

ladder rack (Mec.) cremalheira de escada

ladies (E.Civ.) tipo de ardósia de 40 x 20 cm.

ladle (Mec.) concha de fundição; caldeiro; crisol; colher de fundição

ladle addition (Med.) adição de colher

ladle car (Mec.) carro porta-crisol

ladle carrier (Mec.) forqueta de panela de fundição; forqueta de colher de fundição

ladle clay (Mec.) argila de fundição

ladle handle (Mec.) braço de cadinho; braço de colher de fundição

ladle hook (Mec.) gancho de suspensão de cadinho

ladle pouring appliance (Mec.) orifício de vazamento de panela de fundição

ladle support (Mec.) braço de colher; suspensão de colher

Laennec's cirrhosis (Med.) cirrose de Laennec; cirrose atrófica

laevo- (Geral) levo-, prefixo do latim *laevus* — esquerda

laevorotatory (Fís.) levogiro

laevulose (Quím.) levulose; frutose

Lafora disease (Bio.) doença de Lafora

lag (Geral) atraso; retardo; demora

lagena (Zoo.) lagena

lagging (Bio.) movimento retardado; movimento diminuído

lagging (E.Civ.) madeira de revestimento; madeira de isolamento

lagging (Mec.) isolamento; revestimento; escoramento

lagging current (Elect.) corrente retardadora; corrente retardada

lagging load (Elect.) carga de retardo; carga indutiva

lagging phase (Elect.) fase de retardo

lagging strand (Bio.) cadeia atrasada

Lagomorpha (Zoo.) Lagomorfos

lagoon (Geo.) lagoa; laguna

lagophtalmia (Med.) lagoftalmia

lagopodous (Zoo.) lagópode

lag phase (Geral) fase de atraso

lagrange function (Mat.) função de Lagrange

Lagrange-Hamilton theory (Mat.) teoria de Lagrange-Hamilton

Lagrange-Helmholtz equation (Mat.) equação de Lagrange-Helmholtz

Lagrange's dynamical equations (Mat.) equações dinâmicas de Lagrange

Lagrange's equations (Mat.) equações de Lagrange

Lagrange's interpollation formula (Mat.) fórmula de interpolação de Lagrange

Lagrange stream function (Mat.) função de corrente de Lagrange

Lagrangian coordinates (Mat.) coordenadas de Lagrange

Lagrangian correlation (Mat.) correlação de Lagrange

Lagrangian current measurement (Geo.) medição de corrente lagrangeana

Lagrangian equation (Mat.) equação de Lagrange

Lagrangian formula (Mat.) fórmula de Lagrange

Lagrangian function (Mat.) função de Lagrange

Lagrangian identity (Mat.) identidade de Lagrange

Lagrangian nutation (Mat.) nutação de Lagrange

Lagrangian point (Astro.) ponto de Lagrange

lahar (Geo.) lahar (termo javanês); corrente de lama de matérias vulcano-clásticas nas encostas de um vulcão

LAI (Bot.) abr. de *Leaf Area Index* — índice de área de folha

laid paper (Papel) papel estriado; papel vergé

laitance (E.Civ.) calda de cimento

lake (Geo.) lago; lagoa

lake breeze (Meteo.) brisa do lago

lake forest (Eco.) floresta de coníferas (leste dos EUA)

lakes (Quím.) pigmentos insolúveis coloridos

lake water (Geo.) água lacustre

Lalande cell (Elect.) pilha de Lalande

lallation (Med.) lalação

lalling (Med.) tartamudez em que a fala é quase ininteligível

lalopathy (Med.) lalopatia

lalorrhea (Med.) lalorreia

Lamarckism (Bio.) lamarquismo

lambda calculus (Inf.) cálculo lambda

lambda chain (Imun.) cadeia lambda

lambda leak (Fís.) fuga lambda; dispersão lambda

lambda light chain (Bio.) cadeia leve lambda

lambda particle (Fís.) partícula lambda

lambda phago (Bio.) fago lambda

lambda point (Fís.) ponto lambda

lamb dysentery (Vet.) disenteria do cordeiro

lambert (Fís.) lambert (unidade de luminância)

Lambert's cosine law (Fís.) lei do coseno de Lambert

Lambert's law (Fís.) lei de Lambert

lambing sickness (ewe) (Vet.) doença da gravidez da ovelha; hipoglicemia

Lamb's dust-veil index (Eco.) índice (de matéria vulcânica suspensa na atmosfera) de Lamb

lamella (Bio.) lamela

laminar flow (Bio.; Fís.) escoamento laminar

laminated glass (Vidr.) vidro laminado; vidraça

laminated magnet (Elect.) magnete de folhas; íman lamelar

laminated paper (Papel) papel laminado

laminated plastics (Plást.) plásticos laminados

laminated pole (Elect.) pólo laminado

laminated pole-shoe (Elect.) peçapolar laminada

laminated record (Fís.) registo laminado

laminated sediment (Geo.) sedimento laminado

laminated shutter (T.Imag.) obturador laminado

laminated spring (Mec.) mola laminada; mola de lâminas

laminated yoke (Elect.) comando de lâminas

lamina terminalis (Zoo.) lâmina terminal; lâmina cinérea

lamination (Elect.) laminação

lamination (Geo.) laminação; estratificação

laminboard (E.Civ.) régua de rapar (o excesso de areia)

laminectomy (Med.) laminectomia

laminin (Bio.) laminina

laminitis (Vet.) laminite

laminography (Radiol.) laminografia; tomografia

laminotomy (Med.) laminotomia

lamins (Bio.) lâminas

Lamont's law (Elect.) lei de Lamont

lampas (Vet.) palatite

lampblack (Quím.) negro de fumo; fuligem

lampbrush chromosome (Bio.) cromossoma de contorno irregular

lamp cap (Elect.) capa de lâmpada

lampholder (Elect.) suporte de lâmpada; base de lâmpada

lamphouse (T.Imag.) caixa de lâmpada (em projectores)

lamping (Minas) iluminação a ultravioleta

lamp man (Minas) encarregado das lâmpadas (portáteis)

lamp rating (Elect.) capacidade de lâmpada

lamp resistance (Elect.) resistência de lâmpada

lamprophyres (Geo.) lamprófiros

lamp socket (Elect.) porta-lâmpadas; suporte de lâmpadas

lamp working (Vidr.) modelagem de vidro com auxílio de chama de gás

lamziekte (Vet.) butolismo; doença lombar

LAN (Inf.) abr. de *Local Area Network* — rede de área local

lanarkite (Miner.) lanarkita (de Lanarkshire, na Escócia)

lanate (Bot.; Zoo.) lanudo

LANC (Inf.) abr. de *LAN controller* — controlador de LAN, controlador de rede de acesso local

Lancashire boiler (Mec.) caldeira Lancashire

lance (E.Civ.) lança

lanceolate (Bot.) lanceolado

lancet arch (Arq.) arco ogival

lancet window (Arq.) janela ogival

lancewood (Bot.) madeira dura da oxandra (*Oxandra lanceolata*)

lancinating (Med.) lancinante

land and sea breezes (Meteo.) brisas da terra e do mar

Landau levels (Fís.) níveis de Landau

Landau theory (Quím.) teoria de Landau

Land camera (T.Imag.) câmara Land; câmara de fotografia instantânea

lander (Astro.) veículo espacial com equipamento de aterragem

Landé splitting factor (Fís.) factor de divisão Landé

landing (Minas) descarga

landing area (Aero.) área de aterragem

landing beacon (Aero.) farol de aterragem; radiofarol de aterragem

landing beam (Aero.; Telecom.) feixe de aterragem; radiofarol de alinhamento; radiofarol de aterragem

landing direction indicator (Aero.) indicador de direcção de aterragem

landing gear (Aero.) trem de aterragem

landing ground (Aero.) campo de aterragem; campo de aviação

landing parachute (Aero.) pára-quedas de aterragem

landing procedure (Aero.) procedimento de aterragem

landing retracting (Aero.) escamoteação do trem de aterragem

landing rocket (Astro.; Esp.) foguete de pouso; foguete secundário que pousa num planeta ou satélite, enquanto o veículo principal orbita em volta desse planeta ou satélite

landing skid (Aero.) patim de aterragem; patim de pouso

landing speed (Aero.) velocidade de aterragem

landing wires (Aero.) tirantes de aterragem; cabos de aterragem

landnam (Eco.) clareira (da floresta do Neolítico)

landrace (Bot.) cultura primitiva

Landsberger apparatus (Quím.) aparelho de Landsberger

landscape (Imp.) panorama

landscape architecture (Eco.) arquitectura paisagística

landscape evaluation (Eco.) valorização (monetária) da paisagem

landscape lens (T.Imag.) lente panorâmica

landslide (Eco.) escorregamento de terras

landslip (Geo.) deslocamento de terreno; desmoronamento

land treatment (E.Civ.) tratamento de terra

Lange coupler (Electrón.) corte galvânico de Lange

Langerhans cell (Imun.) célula de Langerhans
Langevin theory (Fís.) teoria de Langevin
langite (Miner.) langite
lang lay (Mec.) torcedura de fios paralelos; encordoamento
Langmuir adsorption isotherm (Quím.) isotérmica de adsorção de Langmuir
Langmuir-Child equation (Quím.) equação de Langmuir-Child
Langmuir dark space (Electrón.) espaço escuro de Langmuir
Langmuir law (Electrón.) lei de Langmuir; lei de Langmuir-Child
Langmuir probe (Electrón.) sonda de Langmuir
Langmuir's theory (Quím.) teoria de Langmuir
Langmuir trough (Minas) tina de Langmuir; pia de Langmuir
language (Geral) linguagem
language acquisition device (LAD) (Psico.) dispositivo de aquisição de linguagem
language command (Inf.) comando de linguagem
language construct (Inf.) estrutura de linguagem; estrutura linguística
language converter (Inf.) conversor de linguagem
language processor (Inf.) processador de linguagem
language program (Inf.) programa de linguagem
language subset (Inf.) subconjunto de linguagem
language translation (Inf.) tradução de linguagem
laniary (Zoo.) laniar; laniário
lanolin (Quím.) lanolina
lanosterol (Quím.) lanosterol; isocolesterol
LAN server (Inf.) servidor LAN; servidor de rede de acesso local
lansfordite (Miner.) lansfordita (de Lansford, EUA)
lantern (Arq.) torreão de telhado; clarabóia
lantern pinion (Reloj.) roda-lanterna
lanthanides (Quím.) lantanídeos
lanthanide series (Quím.) série dos lantanídeos
lanthanum (Quím.) lantânio
lanthanum glass (Vidr.) vidro de lantânio
lanuginose (Bot.; Zoo.) lanuginoso
lanugo (Zoo.) lanugo
LAP (Inf.) abr. de *link access protocol* — protocolo de acesso a ligação
lap (Vidr.) roda polida
lap (E.Civ.) imbricação
lap (Minas) bainha; aba
lap (Têxt.) fio de algodão pronto para a cardagem
laparocele (Med.) laparocele
laparoscopy (Med.) laparoscopia
laparotomy (Med.) laparotomia
lap dovetail (E.Civ.) malhete sobreposto
lapel microphone (Fís.) microfone de lapela
lapidicolous (Zoo.) lapidícola

lapiés (Geo.) lapiás
lapis lazuli (Miner.) lápis-lazúli; lazulite; lazurite
lap joint (E.Civ.) junta sobreposta
lap joint (Elect.) junta de recobrimento
Laplacean distribution (Geral) distribuição de Laplace
Laplace linear equation (Mat.) equação linear de Laplace
Laplace's equation (Mat.) equação de Laplace
Laplace transform (Mat.) transformada de Laplace
La Pointe picker (Minas) colector de La Pointe
lapping (Geral) polimento
lapping machine (Mec.) máquina de polir
lapse rate (Meteo.) gradiente vertical; queda térmica
laptop (Inf.) computador portátil
lap winding (Elect.) enrolamento imbricado; enrolamento sobreposto
Laramide orogeny (Geo.) orogenia Larâmida
large calorie (Fís.) grande caloria; quilocaloria
large intestine (Zoo.) intestino grosso
large panel construction (E.Civ.) construção de grande painel
large scale integration (LSI) (Inf.) integração em larga escala
large scale situation (Meteo.) situação meteorológica geral
large wind (Nav.) vento de feição; vento favorável
larmier (Arq.) lacrimal
Larmor formula (Fís.) fórmula de Larmor
Larmor frequency (Electrón.) frequência de Larmor
Larmor orbit (Fís.) órbita de Larmor
Larmor precession (Electrón.) precessão de Larmor
Larmor radius (Fís.) raio de Larmor
Larmor theorem (Fís.) teorema de Larmor
larnite (Miner.) larnita (de Larne, Irlanda); belita
larry (E.Civ.) enxada; batedor de argamassa
larrying (E.Civ.) derramar argamassa
larva (Zoo.) larva
larvaceous (Zoo.) larváceo
larval (Zoo.) larval; larvário
larva migrans (Bio.) larva migrans
larvikite (Miner.) larviquito
larviparous (Zoo.) larvíparo
larviphagic (Zoo.) larvófago
larvivorous (Zoo.) larvívoro
laryngeal (Med.) laríngeo
laryngectomy (Med.) laringectomia
larynges (Med.) laringes [*larynges* é o plural de *larynx* (latim moderno, do grego)]
laryngeus (Med.) laríngeo
laryngismus (Med.) laringismo
laryngitis (Med.) laringite
laryngo-, laryng- (Geral) laringo-, laring-; formas combinantes referentes a laringe
laryngocele (Med.) laringocele
laryngofissure (Med.) laringofissura

laryngograph (Med.) laringógrafo
laryngography (Med.) laringografia
laryngology (Med.) laringologia
laryngomalacia (Med.) laringomalacia
laryngopharyngitis (Med.) laringofaringite
laryngopharynx (Med.) laringofaringe
laryngophone (Fís.) laringofone
laryngoscope (Med.) laringoscópio
laryngoscopy (Med.) laringoscopia
laryngospasm (Med.) laringospasmo
laryngostenosis (Med.) laringostenose
laryngostomy (Med.) laringostomia
laryngostroboscope (Med.) laringostroboscópio
laryngotome (Med.) laringótomo
laryngotomy (Med.) laringotomia
laryngotracheal (Med.) laringotraqueal
laryngotracheal chamber (Zoo.) câmara laringotraqueal
laryngotracheitis (Med.) laringotraqueíte
laryngotracheobronchitis (Med.) laringotraqueobronquite
laryngotracheotomy (Med.) laringotraqueotomia
larynx (Med.; Zoo.) laringe
laser (Fís.) acrónimo a partir da expressão *Light Amplification by Stimulated Emission of Radiation* — amplificação da luz pela emissão estimulada de irradiação
laser altimeter (Aero.) altímetro de laser
laser beam (Fís.) feixe de laser
laser-beam cutting (Mec.) corte por laser; corte por feixe de laser
laser-beam machining (Mec.) torneamento por feixe de laser
laser compression (Nucl.) compressão laser
laser diode (Electrón.) diodo de laser
laser drill (Mec.) perfuração a laser
laser emitter (Fís.) emissor laser
laser enrichment (Fís.) enriquecimento a laser
laser fusion (Fís.) fusão a laser
laser fusion reactor (Nucl.) reactor de fusão a laser
laser gyro (Mec.) giroscópio de laser
laser gyroscope (Electrón.) giroscópio laser
laser level (Topo.) nível a laser
laser printer (Inf.) impressora a laser
laser radar (Radar) radar-laser
laser radiation (Fís.) radiação laser
laser ranger (Electrón.; Radar) laser-vigia
laser ray (Fís.) raio laser
laser scanner (Fís.) explorador a laser
laser scanning (Electrón.) exploração a laser
laser threshold (Fís.) limite de laser
laser tracking (Astro.; Fís.) rastreio a laser
laser welding (Mec.) soldadura a laser
lashing (Minas) remoção de entulho; remoção de pedras (após perfuração)
lash-up (Telecom.) arranjo temporário
Lassa fever virus (Bio.; Med.) vírus da febre de Lassa
Lassaigne's test (Quím.) teste de Lassaigne

last-in, first-out (Inf.) último a entrar, primeiro a sair

last mile (Telecom.) ligação ao assinante

last-of-chain (Inf.) último da cadeia

last party release (Telecom.) reposição em linha

last trunk busy (Telecom.) ocupação total

latch (Elect.) engate

latching (Telecom.) travagem; fecho; engate

latching relay (Elect.) relé de travagem

latch mechanism (Mec.) ferrolho

latch voltage (Elect.) voltagem de engate

latency (Inf.) latência

latency (Psico.) latência

latency period (Psico.) período de latência

latency time (Inf.) tempo de latência

latent (Zoo.) latente

latent contents (Psico.) conteúdo latente

latent energy (Fís.) energia latente

latent heat (Fís.) calor latente

latent heat of transition (Geo.) calor latente (de transição de fase)

latent image (Inf.; T.Imag.) imagem latente

latent instability (Meteo.) instabilidade latente

latent learning (Psico.) aprendizagem latente

latent magnetization (Fís.) magnetização latente

latent neutrons (Fís.) neutrões latentes

latent period (Bot.) período latente

latent root (Geral) valor próprio

later (E.Civ.) tijolo; telha

lateral (Geral) lateral

lateral axis (Aero.) eixo lateral

lateral canal (Hidro.) canal lateral

lateral chromatic aberration (T.Imag.) aberração cromática lateral

lateral control (Aero.) controlo lateral

lateral deformation (Mec.) deformação lateral; deformação transversal

lateral instability (Aero.) instabilidade lateral

lateral inversion (Telecom.) inversão lateral

lateralization, laterality (Psico.) lateralização; lateralidade

lateral line (Zoo.) linha lateral

lateral load (Mec.) carga lateral

lateral meristem (Bot.) meristema lateral

lateral moraine (Geo.) morena lateral

lateral motion (Fís.) movimento lateral

lateral movement link (Mec.) elo de movimento lateral

lateral oscillation (Aero.) oscilação lateral

lateral plate (Zoo.) placa lateral

lateral play (Mec.) folga lateral; movimento lateral

lateral pressure (Fís.) pressão lateral

lateral recording (Fís.) gravação lateral

lateral ring (Quím.) anel lateral

lateral shift (Geo.) deslocamento lateral

lateral stability (Aero.) estabilidade lateral

lateral strain (Mec.) esforço lateral

lateral stress (Mec.) tensão lateral

lateral thrust (Fís.) inclinação lateral

lateral tilt (Fís.) inclinação lateral

lateral traverse (Mec.) travessa lateral; viga lateral

lateral trim (Aero.) centragem lateral

lateral velocity (Aero.) velocidade lateral

lateral wind (Meteo.) vento lateral

lateral winding (Elect.) enrolamento lateral

laterigrade (Zoo.) laterígrado

laterite (Miner.) laterito

laterization (Geo.) laterização

latero- (Geral) latero-; forma combinante derivada do latim *lateralis* — lateral, relativo a um lado ou para um lado

lateroabdominal (Med.) latero-abdominal

lateroflexion, lateroflection (Med.) lateroflexão

laterosphenoid (Zoo.) latero-esfenóide; alisfenóide; relativo à asa maior do osso esfenóide

latex (Bot.) látex

lath (E.Civ.) ripa; sarrafo

lath (Minas) estaca

lathe (Mec.) torno mecânico

lathe bed (Mec.) banco do torno; base do torno

lathe carriage (Mec.) carro do torno

lathe carrier (Mec.) grampo do torno

lathe chuck (Mec.) mandril do torno

lathe tools (Mec.) ferramentas para torno

lathe work (Mec.) trabalho de torno

lathing (Minas) escoramento

lathyrism (Med.) latirismo

lati- (Bot.) lati-, do latim *latus* — largo, alto

laticifer (Bot.) laticífero

Latin American mammal region (Eco.) região mamífera da América Latina

latitude (Geral) latitude

latitude celestial (Astro.; Geo.) latitude celeste

latitudinal diversity gradient (Eco.) gradiente de diversidade com a latitude

latitudinal vegetation zone (Eco.) zona de vegetação latitudinal

lattice (Fís.; Nucl.) arranjo regular

lattice (Mat.) reticulado

lattice (Geral) retículo; grade; esqueleto; estrutura; treliça

lattice bar (Mec.) barra de treliça

lattice bridge (Mec.) ponte em treliça

lattice coil (Elect.) bobina de enrolamento reticulado

lattice diagram (Elect.) diagrama reticular

lattice dynamics (Fís.) dinâmica estrutural

lattice filter (Telecom.) filtro de treliça

lattice girder (Mec.) viga de treliça; viga treliçada

lattice network (Telecom.) rede de treliça

lattice structure (Crist.) estrutura reticular

lattice wave (Crist.) onda de estrutura

lattice winding (Elect.) enrolamento em treliça; enrolamento em colmeia

laudanum (Med.) láudano

Laue pattern (Crist.) modelo de Laue

laughing gas (Med.) gás hilariante; óxido nitroso

laumontite (Miner.) laumontite

launching (Telecom.) lançamento

launch pad (Esp.) base de plataforma de lançamento

launch system (Esp.) sistema de lançamento

launch window (Esp.) janela de lançamento; espaço de tempo para lançamento

launder (Minas) canal de descarga

Lauraceae (Bot.) Lauráceas

Laurasia (Geo.) Laurásia

laurdalite, lardalite (Miner.) laurdalito; lardalito

Laurentia (Geo.) Laurencia

Laurentian granites (Geo.) granitos laurentinos; granitos laurencianos (do escudo canadiano)

Laurentian Shield (Geo.) Escudo Laurenciano

Laurent's expansion (Mat.) expansão de Laurent

lauric acid (Quím.) ácido láurico; ácido dedecanóico

laurvikite, larvikite (Geo.) larviquito

lauryl alcohol (Quím.) álcool laurílico; Dodecanol-1

LAV (Bio.; Med.) abr. de *lympho adenopathy virus* — vírus linfo-adenopatia

lava (Geo.) lava

lava cover (Geo.) cobertura de lava

lava debris (Geo.) detrito de lava

lava eruption (Geo.) erupção de lava

lava flow (Geo.) torrente de lava

lavage (Med.) lavagem

Lavalier microphone (Fís.) microfone de Lavalier

law (Geral) lei; princípio; regra

lawn (Têxt.) cambraia de algodão; cambraia de linho

law of Boyle and Mariotte (Fís.) lei de Boyle e Mariotte

law of conservation of matter (Quím.) lei da conservação da matéria

law of constant proportions (Quím.) lei das proporções definidas; lei de Dalton

law of Dulong and Petit (Quím.) lei de Dulong e Petit

law of effect (Psico.) lei do efeito

law of electric charges (Elect.) lei das cargas eléctricas

law of electromagnetic induction (Elect.) lei da indução electromagnética

law of electrostatic attraction (Elect.) lei da atracção electrostática; lei de Coulomb

law of equivalent proportions (Quím.) lei das proporções equivalentes

law of exponents (Mat.) lei dos expoentes

law of gravitation (Fís.) lei da gravitação; lei de Newton

law of gravity (Fís.) lei da gravidade

law of Guldberg and Waage (Quím.) lei de Guldberg e Waage; lei da acção das massas

law of induced current (ELECT.) lei da corrente induzida

law of inertia (FÍS.) lei da inércia

law of isomorphism (QUÍM.) lei do isomorfismo

law of mass action (QUÍM.) lei de acção das massas

law of multiple proportions (QUÍM.) lei das proporções múltiplas

law of octaves (QUÍM.) lei dos oitavos

law of parallel solenoids (FÍS.) lei dos solenóides paralelos

law of partial pressures (FÍS.; QUÍM.) lei das pressões parciais

law of photochemical equivalence (QUÍM.) lei da equivalência fotoquímica

law of propagation of light (FÍS.) lei da propagação da luz

law of rational indices (QUÍM.) lei dos índices racionais

law of reciprocal proportions (QUÍM.) lei das proporções inversas

law of reflection (FÍS.) lei da reflexão

law of refraction (FÍS.) lei da refracção

law of sonic area (AERO.) lei da área sónica

law of superposition of strata (GEO.) lei de sobreposição dos estratos

law of volumes (QUÍM.) lei de Gay-Lussac

lawrencium (QUÍM.) laurêncio

Lawson criterion (NUCL.) critério de Lawson

lawsonite (MINER.) lawsonite

laxative (MED.) laxante; laxativo

layer (ELECTR.) camada

layer (MINAS) camada; fiada

layer cloud (GEO.) estratos (núvens)

layer depth (GEO.) altura da camada; profundidade da camada

layered igneous rocks (GEO.) rochas ígneas em camadas

layered map (TOPO.) mapa em relevo

layering (BOT.) mergulhia

layering (GEO.) estratificação

layer of no motion (GEO.) camada de ausência de movimento

layers (FÍS.) camadas

layer winding (ELECT.) enrolamento em camada

laying (E.CIV.) assentamento

lay out (IMP.) projecto; esboço

layout diagram (ELECTRÓN.) diagrama unifilar

Layrub universal joint (MEC.) junta universal Layrub

lay shaft (MEC.) eixo secundário

lazulite (MINER.) lazulite

lazurite (MINER.) lazurite

lb (GERAL) abr. de *pound* — libra

L-band (TELECOM.) banda L

lb.s.t. (AERO.) abr. de *static thrust in pounds* — impulso estático em libras

L-capture (FÍS.) captura L

L-carrier system (ELECT.) sistema portador L

LCD (INF.) abr. de *Liquid Crystal Display* — dispositivo de cristal líquido

LCD monitor (T.IMAG.) monitor de LCD; monitor de cristais líquidos

LCD projector (T.IMAG.) projector LCD; projector de cristais líquidos

LCN (AERO.) abr. de *Load Classification Number* — número de classificação de carga

L-C network (ELECTRÓN.) malha L-C

L-display (RADAR) exibição L

LDR (ELECTRÓN.) abr. de *light dependent resistor* — resistência dependente da luminosidade

leachate (ECO.) lixiviado

leached zone (MINAS) zona lixiviada

leaching (BOT.; MINAS) lixiviação

lead (ELECT.) fio; terminal

lead (GERAL) chumbo

lead (IMP.) regreta

lead (MEC.) rosca

lead (NAV.) sonda

lead-acid accumulator (ELECT.) acumulador de ácido e chumbo; acumulador de chumbo

lead-acid cell (ELECT.) pilha de (ácido e) chumbo; bateria de (ácido e) chumbo

lead age (MINER.) idade pelo chumbo

lead alloy (MEC.) liga de chumbo

lead anode (ELECT.) ânodo de chumbo

lead azide (QUÍM.) azida de chumbo

lead base alloy (MEC.) liga à base de chumbo

lead burning (E.CIV.) fusão de chumbo

lead carbonate (QUÍM.) carbonato de chumbo

lead casting (MEC.) fundição de chumbo: peça fundida a chumbo

lead cell (ELECT.) elemento de bateria de chumbo

lead chamber (QUÍM.) câmara de chumbo

lead chloride (QUÍM.) cloreto de chumbo

lead chromate (QUÍM.) cromato de chumbo

lead-clad (ELECT.) revestido a chumbo

lead collimator (NUCL.) colimador de chumbo

lead compound (QUÍM.) composto de chumbo

lead disilicate (QUÍM.) dissilicato de chumbo

lead dot (E.CIV.) espigão de chumbo; gato de chumbo

leaded (MEC.) chumbado

leaded brass (MEC.) latão com liga de chumbo

leaded lights (E.CIV.) vidraças com chumbo; vidros chumbados

leaded steel (MEC.) aço com teor de chumbo

lead equivalent (RADIOL.) equivalente de chumbo

leader (BOT.) o ramo mais forte e maior que sai do tronco

leader (IMP.) ponto de condução

leader (MINAS) pequeno veio de minério

leader (T.IMAG.) condutor; a parte inicial, não impressa, de uma fita

leader (TOPO.) guia

leader sequence (BIO.) sequência líder; sequência a montante

lead-free alloys (ELECTRÓN.) liga sem chumbo

lead glance (MINER.) galena

lead glass (VIDR.) vidro de chumbo

lead grip (ELECT.) aperto de chumbo; alça de chumbo

leadhillite (MINER.) leadhillita (de *Leadhill*, Escócia); maxita

lead-in (ELECT.) baixada de antena

lead-in (FÍS.) ponto de entrada

leading circuit (ELECT.) circuito de adiantamento

leading current (ELECT.) corrente adiantada

leading edge (AERO.) bordo de ataque

leading edge (ELECT.) frente de onda

leading edge (METEO.) bordo dianteiro de massa de ar em movimento

leading-edge flap (AERO.) flap de bordo de ataque

leading furnace (MEC.) forno de chumbar

leading-in wire (ELECT.) fio de entrada

leading light (NAV.) luz de orientação de rumo a seguir

leading load (ELECT.) carga adiantada; carga capacitiva

leading-out wire (ELECT.) fio de saída

leading phase (ELECT.) fase adiantada

leading polarity of transformer (ELECT.) polaridade de um transformador

leading pole horn (ELECT.) corno de entrada

lead line (TOPO.) linha de sonda; corda de sonda

lead mine (MINAS) mina de chumbo

lead network (ELECTRÓN.) rede de chumbo

lead of phase (ELECT.) avanço de fase

lead ore (MINER.) minério de chumbo; chumbo virgem

lead out (FÍS.) ponto de saída

lead-out groove (ELECT.) sulco final

lead oxide (QUÍM.) óxido de chumbo

lead (II) oxide (QUÍM.) monóxido de chumbo

lead (IV) oxide (QUÍM.) dióxido de chumbo

lead oxychloride (QUÍM.) oxicloreto de chumbo

lead paint (E.CIV.) tinta à base de chumbo

lead plug (E.CIV.) bujão de chumbo

lead poisoning (MED.) envenenamento por chumbo; saturnismo

lead protection (RADIOL.) protecção de chumbo

lead rubber (RADIOL.) borracha de chumbo

leads (MEC.) filetes de chumbo

lead selenide (QUÍM.) seleneto de chumbo

lead sulphate (sulfate) (QUÍM.) sulfato de chumbo

lead sulphide (sulfide) (MINER.) galena; sulfeto de chumbo

lead sulphide (sulfide) (QUÍM.) sulfeto de chumbo; sulfureto de chumbo

lead tetraethyl (QUÍM.) tetraetilo de chumbo

lead-tin alloy (MEC.) liga de chumbo

lead titanate (QUÍM.) titanato de chumbo

lead tree (QUÍM.) árvore de chumbo

lead washer (MEC.) arruela de chumbo

lead wire (ELECT.) fio de chumbo; arame de chumbo

lead wool (MEC.) palha de chumbo

lead-zinc alloy (MEC.) liga de chumbo e zinco
leaf (BOT.) folha
leaf area index (BOT.) índice de área de folha
leaf filter (MEC.; QUÍM.) filtro de folha
leafing (MEC.) folhear
leaflet (BOT.) folha nova; folha pequena
leaf scale (BOT.) estípula
leaf scar (BOT.) cicatriz de folha
leaf sheath (BOT.) bainha (de folha)
leaf spring (MEC.) mola em folha; mola em lâmina
leaf stalk (BOT.) pecíolo (de folha)
leaf succulent (BOT.) suculenta folhosa
leaf trace (BOT.) vestígio de folha
leak (ELECT.; MEC.) fuga; perda
leakage (NUCL.) escape; diversão
leakage coefficient (ELECT.) coeficiente de dispersão
leakage conductance (ELECT.) condutância de dispersão
leakage constant (ELECT.) constante de dispersão
leakage current (ELECT.) corrente de dispersão
leakage detection (ELECT.) detecção de dispersão
leakage detector (NUCL.) detector de fuga; detector de dispersão
leakage factor (ELECT.) factor de dispersão
leakage flux (ELECT.) fluxo de dispersão
leakage-flux transformer (ELECT.) transformador de dispersão de fluxo
leakage impedance (ELECT.) impedância de dispersão
leakage indicator (ELECT.) indicador de dispersão
leakage inductance (ELECT.) indutância de dispersão
leakage power (ELECTRÓN.) potência de dispersão; potência transmitida
leakage protective system (ELECT.) sistema protector de dispersão
leakage radiation (ELECT.) irradiação de dispersão
leakage reactance (ELECTRÓN.) ractância de fuga
leakage resistance (ELECTRÓN.) resistência de fuga
leakage spectrum (ELECT.) espectro de dispersão; espectro de fuga
leakproof cell (ELECTRÓN.) pilha blindada
leaky mutant (BIO.) mutante de pequena expressão
leaky valve (ELECTRÓN.) válvula com fuga
leaky wave guide (ELECT.) guia de onda com dispersão
lean burn engine (AUTO.) motor de combustão pobre
lean coal (MINAS) hulha magra
lean concrete (E.CIV.) betão fraco
lean mixture (AUTO.) mistura pobre
lean ore (MINAS) mina pobre; mina magra
lean-to roof (ARQ.) telhado de alpendre; telheiro
leap-frog test (INF.) prova de salto de rã; teste a mau funcionamento
leaping weir (E.CIV.) dique de separação

leap second (ASTRO.) segundo intercalar
leap year (ASTRO.) ano bissexto
learned helplessness (PSICO.) incapacidade adquirida
learning set (PSICO.) conjunto de aprendizagem
learning theory (PSICO.) teoria de aprendizagem
learn mode (ELECTRÓN.) modo de aprendizagem
leased channel (TELECOM.) canal alugado
leased circuit (ELECT.) circuito alugado
least common multiple (MAT.) menor múltiplo comum
least distance of distinct vision (BIO.) a menor distância de visão nítida
least energy principle (FÍS.) princípio da energia mínima
least-significant bit (ELECTRÓN.) bit menos significativo
least-significant byte (ELECTRÓN.) byte menos significativo
least-significant digit (ELECTRÓN.) dígito menos significativo
least-work principle (ECO.) princípio da menor energia
leat (MINAS) calha; vala
leather (GERAL) couro
leatherboard (PAPEL.) pasta de couro
leathercloth (TÊXT.) pano-couro; oleado; encerado
leatherhollow (MEC.) meia-cana de couro
Leavers machine (TÊXT.) máquina Leavers
Lebers's disease (MED.) doença de Lebers; atrofia hereditária de Lebers
Lebesgue integral (MAT.) integral de Lebesgue
Leblanc connection (ELECT.) conexão de Leblanc
Leblanc phase advancer (ELECT.) compensador de fase Leblanc
Leblanc process (QUÍM.) processo Leblanc
LE cell (IMUN.) abr. de *Lupus Erythematous cell* — célula do lupus eritematoso
Le Chanteller-Braun principle (QUÍM.) princípio de Chanteller-Braun
lechatelierite (MINER.) chatelierita; fulgito
Le Chatelier test (E.CIV.) teste de Le Chatelier
Lecher bridge (ELECT.) ponte de Lecher
Lecher lines (ELECTRÓN.) linhas de Lecher
Lecher oscillator (ELECT.) oscilador de Lecher
Lecher wire (ELECT.) fio de Lecher
lecith-; lecitho- (GERAL) lecit-; lecito-; prefixo do grego *lekithos* — gema de ovo
lecithal (BIO.) lécito
lecithin (BIO.) lecitina
lecithoblast (BIO.) lecitoblasto
lecithocoele (ZOO.) lecitocele
lecithoprotein (MED.) lecitoproteína
Leclanché cell (ELECT.) pilha de Leclanché
lectin (IMUN.) lectina
LED (INF.) abr. de *Light Emitting Diode* — diodo emissor de luz

Leda (ASTRO.) Leda (13° satélite de Júpiter)
LED display (INF.) dispositivo LED
ledge (E.CIV.) travessa horizontal
ledge (MINAS) veio
ledge door (E.CIV.) porta de travessas pregadas
ledgement (E.CIV.) saliência
ledger (E.CIV.) barrote de suporte de travessões
LED printer (INF.) impressora de LED
Leduc effect (ELECTRÓN.) efeito Leduc
lee (METEO.) sotavento; de sotavento
lee beam (METEO.) altura a sotavento
LEED (FÍS.) abr. de *Low-Energy Electron Diffraction* — difracção de electrão de baixa energia
lee depression (METEO.) depressão a sotavento
lee eddies (METEO.) remoinho a sotavento
lee wave (METEO.) onda de sotavento; onda de montanha; onda de relevo
left-hand airscrew (AERO.) hélice de rotação à esquerda; hélice de passo à esquerda
left-hand drive (MEC.) transmissão à esquerda
left-handed engine (AERO.) motor de passo à esquerda; motor de rotação à esquerda; motor de rotação in-versa
left-handed polarized wave (ELECTRÓN.) onda polarizada à esquerda
left-hand propeller (AERO.) hélice à esquerda; hélice de rotação à esquerda
Left-hand rule (ELECTRÓN.) regra da mão esquerda
left-hand thread (MEC.) rosca à esquerda; filete à esquerda
left-hand tool (MEC.) ferramenta de tornear pela esquerda
left-hand turn (AERO.) viragem à esquerda
leg (BOT.) pé
leg (TELECOM.) perna (de ramal)
legend (IMP.) legenda
Legendre's differential equation (MAT.) equação diferencial de Legendre
Legendre's polynomials (MAT.) polinómios de Legendre
leghaemoglobin (BOT.) lego-hemoglobina; legoglobina
legionnaire's disease (MED.) doença do legionário; pneumonia atípica
legume (BOT.) legume
legumin (BOT.) legumina
Leguminosae (BOT.) Leguminosas
Lehr (VIDR.) Lehr; forno comprido em forma de túnel para recozimento do vidro
Leibnitz's rule (MAT.) regra de Leibnitz
Leibnitz's test (MAT.) teste de Leibnitz
leio- (GERAL) leio-; prefixo do grego *leios* — liso
leiomyoma (MED.) leiomioma
leiomyosarcoma (MED.) leiomiosarcoma; leiomiossarcoma
leiotrichous (ZOO.) leiótrico
leishmaniasis, leishmaniosis (MED.) leishmaniose
Lemberg's stain test (GEO.) teste da mancha de Lemberg
lemma (BOT.) lema; glumela inferior

lemma (MED.) sebo palpebral
lemma (MAT.) lema
lemniscate of Bernoulli (MAT.) lemniscata de Bernoulli
Lempel-Ziv algorithm coding (ELECTRÓN.) codificação do algoritmo de Lempel-Ziv
Lenard rays (ELECT.) raios de Lenard
Lenard tube (ELECTRÓN.) válvula de Lenard
length (GERAL) comprimento
length between perpendiculars (NAV.) distância entre perpendiculares
length indicator (INF.) indicador de comprimento
length modifier (INF.) modificador de comprimento
length of a scanning line (ELECTRÓN.) comprimento de linha de varrimento
length of break (ELECT.) comprimento de rotura
length of overall (NAV.) comprimento total
Lennard-Jones potential (QUÍM.) potencial de Lennard-Jones
leno fabric (TÊXT.) variedade de tecido de algodão
lens (GERAL) lente
lens (ZOO.) cristalino
lens (T.IMAG.) objectiva; lente
lens aberration (FÍS.) aberração de lente
lens aerial (TELECOM.) antena lenticular
lens antenna (TELECOM.) antena de lente
lens aperture (TELECOM.) abertura da lente
lens axis (FÍS.) eixo da lente
lens barrel (T.IMAG.) armação de lente; tubo de lente
lens cap (T.IMAG.) protecção de lente
lens cone (FÍS.) tubo porta-lente
lens element (T.IMAG.) elemento da objectiva
lens formula (FÍS.) fórmula de lente
lens grinding (VIDR.) esmerilamento de lente; rectificação de lente
lens hood (T.IMAG.) pára-sol de lente
lens mount (T.IMAG.) porta-lente
lentic (ECO.) lacunar
lenticel (BOT.) lenticela
lenticle (BOT.) lentícula
lenticonus (MED.) lenticone
lenticular (BOT.; MINER.; ZOO.) lenticular
lenticular girder bridge (MEC.) viga principal lenticular (de ponte)
lenticularis (GEO.) lenticular (núvens)
lenticular process (T.IMAG.) processo lenticular
lentigo (MED.) lentigem; lentigo
lentivirus (BIO.) lentivírus; vírus lento
Lentz valve gear (MEC.) distribuição Lentz
Lenz's law (ELECT.) lei de Lenz
LEO (TELECOM.) abr. de *low earth orbit* — órbita terrestre baixa
Leonids (ASTRO.) Leónidas
leontiasis ossea (MED.) doença de Virchow; leontíase óssea
lepido- (GERAL) lepido-; do grego *lepis, lepidós* — escama
lepidocrocite (MINER.) lepidocrocita
lepidolite (MINER.) lepidolito

lepidomelane (MINER.) lepidomelano
Lepidoptera (ZOO.) Lepidópteros
lepidote (BOT.) lepídoto
lepospondylous (ZOO.) lepospondiloso
leproma (MED.) leproma
lepromin reaction (IMUN.) reacção da lepromina; reacção de Mitsuda
lepromin test (IMUN.) teste de lepromina
leprosy (MED.) leprose
leptin (BIO.) leptinas
leptite (GEO.) leptito
lepto- (GERAL) lepto-; do grego *leptós* — leve, delgado, fino ou frágil
leptocephalus (ZOO.) leptocéfalo
leptocercal, leptocercous (ZOO.) leptocercal
leptochromatic (ZOO.) leptocromático
leptocyte (BIO.) leptócito
leptodactylous (ZOO.) leptodáctilo
leptodermatous (ZOO.) leptodérmico
leptom, leptome (BOT.) leptoma
leptomeningeal (MED.) leptomeníngeo
leptomeningitis (MED.) leptomeningite; aracnoidite; pia-aracnite
lepton (FÍS.) leptão
leptonema (BIO.) leptonema; leptóteno
lepton number (FÍS.) número leptónico
lepton-quark symmetry (FÍS.) simetria leptão-quark
leptospirosis (MED.) leptospirose; doença do criador de porcos; doença de Weil
leptospirosis (VET.) leptospirose; febre canina; icterícia infecciosa
leptosporangium (BOT.) leptosporângio
leptotene (BIO.) leptóteno; leptonema
leptynite (GEO.) leptinite
lesbianism (MED.) lesbianismo
Lesh-Nyhan syndrome (BIO.; MED.) sindroma de Lesh-Nyhan
lesion (MED.) lesão
Leslie matrix model (ECO.) modelo de matriz de Leslie
lesser wing-coverts (ZOO.) coberturas menores da asa (supra-alares)
lessivage (BOT.) lixiviação
leste (GEO.) vento de leste (Madeira e Norte de África)
LET (NUCL.) abr. de *Linear Energy Transfer* — transferência linear de energia
lethal (BIO.) letal
lethal locus (BIO.) locus letal
lethal mutation (BIO.) mutação letal
lethargic encephalitis (MED.) encefalite letárgica; doença de von Econome
lethargy of neutrons (NUCL.) letargia de neutrões
letterpress (IMP.) impressão gráfica só de texto
letter sizes (MEC.) tamanhos por letra
letting down (AERO.) procedimento de descida
letting down (MEC.) tempo de espera
Leu (QUÍM.) símbolo de leucina
leucine (QUÍM.) leucina
leucite (MINER.) leucite
leucitophyre (GEO.) leucitófiro
leuco- (GERAL) leuco-; prefixo do grego *leukos* — branco, implica a ideia de branco ou incolor
leuco-base (QUÍM.) leucobase
leucoblast (ZOO.) leucoblasto
leucocratic (GEO.) leucocrática (rocha)

leucocyte (ZOO.) leucócito
leucocythaemia (MED.) leucocitemia; leucemia
leucocytosis (MED.) leucocitose
leucocytozoonosis (VET.) leucocitozoonose
leucodermia, leucoderma (MED.) leucoderma
leuco-erythroblastic anaemia (MED.) anemia eritoblástica; leucoeritroblastose (forma preferível)
leucopenia, leucocytopenia (MED.) leucopenia; leucocitopenia
leucoplakia (MED.) leucoplasia
leucoplast (BOT.) leucoplastídio
leucopoiesis (MED.) leucopoese
leucorrhoea, leucorrehea (MED.) leucorreia
leucosapphire (MINER.) safira branca; leucosafira
leucotomy (MED.) leucotomia
leukaemia; leukemia (MED.) leucemia
leuko- (GERAL) variante de *leuco-*
leukocyte (BIO.) leucócito
leukopsin (MED.) leucopsina
leukoriboflavin (QUÍM.) leucoriboflavina
leukosarcoma (MED.) leucosarcoma; leucossarcoma
leukothrombin (MED.) leucotrombina
leukotrienes (IMUN.; MED.) leucotrienos
levanter (GEO.) levante; vento de leste (Gibraltar)
levator (ZOO.) elevador
leveche (GEO.) vento do norte de áfrica (Espanha)
levee (GEO.) dique
levee (HIDRO.) dique-represa
level (GERAL) nível
level canal (HIDRO.) canal de represa
level compensator (ELECT.) compensador de nível
level detector (ELECTRÓN.) detector de nível
level indicator (TELECOM.) indicador de nível
levelling (GERAL) nivelamento
levelling agent (QUÍM.) agente de nivelamento
levelling bolt (MEC.) cavilha de nivelamento
levelling bottle (QUÍM.) garrafa de nivelamento; frasco nivelador
levelling bulb (QUÍM.) ampola de nivelamento
levelling compass (TOPO.) bússola de nivelar
levelling rod (TOPO.) régua de nivelar
levelling screw (MEC.) parafuso nivelador
levelling solvent (QUÍM.) solvente nivelador
levelling staff (TOPO.) mira de nivelar; régua de mira para nivelamento
levelling tube (QUÍM.) tubo nivelador
level setting (TELECOM.) marcação de nível
level shaft (MINAS) galeria ao nível do solo
level trier (TOPO.) provador de nível
level triggered (ELECTRÓN.) disparo por nível
level tube (TOPO.) tubo de nível; tubo de bolha

lever (GERAL) alavanca
lever arm (MEC.) braço de alavanca
lever contact (ELECT.) contacto de alavanca
lever driving (MEC.) transmissão a alavanca
lever escapement (RELOJ.) escape de alavanca
lever jack (MEC.) macaco a alavanca
lever key (TELECOM.) chave de alavanca
lever link (MEC.) elo de alavanca
lever pin (MEC.) pino da alavanca
lever pivot (MEC.) articulação da alavanca
lever press (MEC.) prensa a alavanca
lever safety valve (MEC.) válvula de segurança por alavanca
lever switch (ELECT.) chave a alavanca; comutador a alavanca
lever-type brush-holder (ELECT.) porta-escovas tipo alavanca
lever-type starter (ELECT.) arranque tipo alavanca
lever valve (MEC.) válvula a alavanca
levigation (MINAS) levigação
levitation melting (MEC.) fusão de levitação
levitron (NUCL.) levitrão
levodopa (MED.) levodopa; L-dopa
levorotatory isomer (BIO.) isómero levogiro
levyne, levynite (MINER.) levynita; levyna (de Lévy); levinita; levina
lewis (E.CIV.) cunha de expansão de ferro; cunha de expansão de pedreiro
Lewis acids and bases (QUÍM.) ácidos e bases de Lewis
Lewis antenna (ELECT.) antena Lewis
Lewis blood group (MED.) grupo sanguíneo de Lewis
Lewis bolt (E.CIV.) parafuso de fundação; chumbador
Lewis formula (MEC.) fórmula de Lewis
lewisite (MINER.) levisite; lewisite
Lewis number (MEC.) número de Lewis
Lewis phenomenon (MED.) fenómeno de Lewis
Lewis's theorem (QUÍM.) teorema de Lewis
Lewy bodies (MED.) corpos de Lewy
lexical analysis (INF.) análise de léxico
Leyden jar (ELECT.) garrafa de Leyden
Leydig's duct (ZOO.) canal de Leydig; canal de Wolff; canal mesonéfrico
LF (ELECTRÓN.) abr. de *low frequency* — baixa frequência
L-forms (BIO.) formas L
LF signal generator (ELECTRÓN.) gerador de sinal de baixas frequências
LH (IMUN.) abr. de *Luteinizing Hormone* — hormona de luteinização
lherzolite (GEO.) lherzolito
L'Hospital's rule (MAT.) regra de L'Hospital
LH-RF (MED.) abr. de *Luteinizing Hormone-Releasing Factor* — factor de libertação da hormona luteinizante
Li (QUÍM.) símbolo de *lithium* — lítio
liana, liane (BOT.) liana
Lias (GEO.) Lias; Liássico
liberation (MINAS) libertação
libethernite (MINER.) libeternite
libido (PSICO.) líbido

libollite (MINER.) libolite
library (INF.) colecção de programas; colecção de rotinas; colecção de arquivos; biblioteca
library area (INF.) área de biblioteca
library directory (INF.) directório de biblioteca
library program (INF.) programa de biblioteca
libration (ASTRO.) libração; oscilação regular
libration in latitude (ASTRO.) libração em latitude
libration in longitude (ASTRO.) libração em longitude
libriform fiber (BOT.) fibra libriforme
licensed aircraft engineer (AERO.) mecânico de voo autorizado
lichen (BOT.; MED.) líquen
lichenin (QUÍM.) liquenina
lichen woodland (ECO.) floresta de líquens
lichen zone (ECO.) zona de líquens
lid (BOT.) opérculo
lid (METEO.) cobertura
lid (ZOO.) pálpebra
LIDAR (METEO.) abr. de *LIght Detection And Ranging* — detecção e alcance da luz; lidar; radar laser infravermelho
lidocaine (MED.) lidocaína; lignocaína
lidocaine hydrochloride (MED.) cloridrato de lidocaína
lidoflazine (MED.) lidoflazina
lie (MED.) posição; situação (relação entre o eixo longitudinal do feto e da mãe)
Lie algebra (MAT.; FÍS.) álgebra de Lie
Lieberkühn's crypts (ZOO.) criptas de Lieberkühn
Lieberkühn's follicles (ZOO.) folículos de Lieberkühn
Lieberkühn's glands (ZOO.) glândulas de Lieberkühn
Liebermann-Storch test (PAPEL.) teste de Liebermann-Storch
Liebermann test for phenols (QUÍM.) teste de Liebermann para os fenóis
Liebig condenser (QUÍM.) condensador de Liebig
lie detector (GERAL) detector de mentiras; polígrafo
lien-; lieno- (GERAL) lien-; lieno-; do latim *lien* — baço (a maior parte dos termos com este prefixo está obsoleta, sendo preferentemente usadas as formas *splen-, spleno-* — esplen-, espleno-)
lienography (MED.) esplenografia (lienografia é forma obsoleta)
lienotoxin (MED.) esplenotoxina (lienotoxina é forma obsoleta)
lienteric (MED.) lientérico
lientery (MED.) lienteria
lier (VIDR.) lehr; forno comprido, em túnel, para recozimento do vidro em passagem contínua
Liesegang rings (QUÍM.) anéis de Liesegang
Lie's transformation (MAT.) transformação de Lie
life-cycle (BIO.) ciclo de vida
lifeform (BIO.) forma de vida
life span (BIO.) duração da existência (de um indivíduo)
life support (ESP.) suporte de vida

life table (ECO.) tabela de vida
lifetime (FÍS.) tempo de vida
LIFO (INF.) abr. de *Last-In-First-Out* — último a entrar, primeiro a sair
lift (AERO.) sustentação; força de ascensão; força de sustentação
lift (E.CIV.) elevador
lift (T.IMAG.) base
lift angle (AERO.) ângulo de sustentação
lift axis (AERO.) eixo de sustentação
lift balance (AERO.) equilíbrio de sustentação
lift bridge (E.CIV.) ponte levadiça
lift capacity (AERO.) capacidade de sustentação; força ascensional total
lift coeficient (AERO.) coeficiente de sustentação
lift component (AERO.) componente ascensional; componente de sustentação
lift-drag ratio (AERO.) relação sustentação-resistência; eficiência de sustentação; coeficiente de finura
lifter (GERAL) elevador; levantador
lifter (MEC.) limpador (em fundição de moldes)
lift fan (AERO.) força ascensional; esforço de sustentação
lift gate (E.CIV.) comporta levadiça
lifting (E.CIV.) levantamento das camadas inferiores
lifting airscrew (AERO.) rotor de sustentação (em helicóptero); hélice sustentadora
lifting block (MEC.) talha
lifting column (METEO.) coluna ascendente
lifting condensation level (GEO.) nível de condensação
lifting current (METEO.) corrente ascendente
lifting effect (AERO.) efeito ascensional
lifting eye (MEC.) olhal de suspensão
lifting force (AERO.) força de sustentação
lifting magnet (ELECT.) magneto de suspensão; guindaste magnético
lifting off (ESP.) lançamento
lifting of pattern (MEC.) desmoldagem
lifting screw (MEC.) parafuso de levantar; parafuso elevador
lifting surface (AERO.) superfície de sustentação
lifting truck (MEC.) carro elevador
lift-lock (HIDRO.) desnível de eclusa
lift motion (AERO.) movimento ascensional
lift motor (ELECT.) motor elevador
lift-off (AERO.) descolagem
lift-off (ESP.) lançamento
lift-valve (MEC.) válvula cónica; válvula de fecho vertical
ligament (ZOO.) ligamento
ligamentopexis, ligamentopexy (MED.) ligamentopexia
ligand (BIO.) ligando
ligand field theory (QUÍM.) teoria de campo do ligando
ligands (QUÍM.) ligandos
ligase (BIO.) ligase
ligate (MED.) ligação; aplicação de ligadura
ligate (MED.) laquear
ligation (BIO.) união; ligação

ligature (MED.) ligadura
ligature (IMP.) letra ligada
light (E.CIV.) vidraça
light (FÍS.) luz
light (GERAL) luz
light (VIDR.) vidro
light absorbing (FÍS.) absorção de luz
light-adapted (FÍS.) adaptado à luz
light air (FÍS.) ar de baixa pressão
light air (METEO.) aragem leve; brisa leve
light aircraft (AERO.) avião leve
light alloy (MEC.) liga leve
light breeze (METEO.) brisa leve; vento leve
light chain (BIO.) cadeia leve
light cold rolled (MEC.) laminado a molde frio
light-curve (ASTRO.) curva de luz
light-dependent reactions (BIO.) reacções dependentes da luminosidade
light-dependent resistor (ELECTRÓN.) resistor dependente da luminosidade
light detection and ranging (TELECOM.) detecção e medição de distância por luz
light distribution curve (FÍS.) curva de distribuição de luz
light drizzle (METEO.) chuvisco leve; chuvisco fraco
light efficiency (ELECT.) rendimento luminoso
light-emitting diode (ELECTRÓN.) diodo emissor de luz
light energy (FÍS.) energia luminosa
lighter-than-air craft (AERO.) avião mais leve que o ar; aeronave mais leve que o ar; aeróstato
light face (IMP.) tipo claro
light fastness (E.CIV.) fixidez à luz
light filter (T.IMAG.) filtro de luz
light flux (FÍS.) fluxo de luz
light fog (T.IMAG.) velação de luz
light guide (TELECOM.) guia de luz; fibra óptica
light gun (ELECTRÓN.) canhão de luz
light-harvesting complex [LHC] (BIO.) complexo de captura da luz
light-independent reactions (BIO.) reacções independentes da luminosidade
lighting contrast (T.IMAG.) contraste de luz
lighting meter (T.IMAG.) fotómetro
light modulation (FÍS.) modulação de luz
light negative (FÍS.) negativo à luz
lightness (T.IMAG.) claridade
lightning (METEO.) relâmpago; raio
lightning arrester (ELECT.) pára-raios
lightning conductor (ELECT.) fio do pára-raios; condutor de pára-raios
lightning protector (ELECT.) pára-raios
lightning rod (ELECT.) haste de pára-raios; pára-raios
lightning surge (ELECT.) sobretensão devido ao relâmpago ou raio
lightning switch (ELECT.) interruptor de relâmpago
lightning tubes (MINER.) fulgurite
light oil (QUÍM.) óleo fino; óleo leve
light pen (INF.) caneta luminosa

light pen strike (INF.) acesso por caneta luminosa
light pipe (TELECOM.) fibra óptica
light primary colours (GERAL) cores primárias
light quanta (FÍS.) quanta luminosos; fotões
light radiation (FÍS.) radiação luminosa; luz
light railway (E.CIV.) caminho-de-ferro de via estreita; bitola estreita; via estreita
light rain (METEO.) chuva leve
light rainfall (METEO.) chuvas escassas
light ray (FÍS.) raio luminoso
light reaction (BOT.) reacção da fase luminosa (da fotossíntese)
light red silver ore (MINER.) proustite
light relay (TELECOM.) relé fotoeléctrico
light resistance (ELECTRÓN.) resistência à luz
light sensitive (FÍS.) sensível à luz; fotossensível
light spring diagram (MEC.) diagrama de mola leve
light table (IMP.) mesa iluminada; mesa com tampo de vidro iluminado
light threshold frequency (GERAL) frequencia de limiar luminoso
light transducer (ELECTRÓN.) transdutor de luz
light trap (ZOO.) fotóforo
light-up (AERO.) período de ignição
light valve (T.IMAG.) válvula de luz
light valve projector (ELECT.) projector de lâmpada
light water (QUÍM.) água normal; água leve
light-water reactor (NUCL.) reactor a água leve; reactor a água
light watt (FÍS.) watt de luz
lightweight aggregate (E.CIV.) agregado leve
lightweight concrete (E.CIV.) betão leve
lightwood (BOT.) madeira leve (madeira de coníferas com alto teor de resina)
light-year (ASTRO.) ano-luz
ligne (GERAL) linha
ligne (RELOJ.) linha (unidade do sistema métrico inglês = 2,256 mm.)
lignicole, lignicolous (BOT.; ZOO.) lenhícola
lignified (ECO.) lenhificado; lignificado
lignin (BOT.) lenhina
lignite (GEO.) linhite; lignite
lignivorous (ZOO.) lenhívoro
lignocaine (MED.) lignocaína; lidocaína
ligno-cellulose (QUÍM.) ligno-celulose
ligroin (QUÍM.) ligroína
ligulate (BOT.) ligulado
Liliaceae (BOT.) Liliáceas
Liliopsida (BOT.) Liliopsidas
lim (MAT.) abr. de *limit* — limite
limaciform (ZOO.) limaciforme
limaçon (MAT.) limaçon; caracol (termo preferível)
limb (ASTRO.; TOPO.) limbo
limb (BOT.) pernada de árvore
limb (GEO.) flanco de dobra
limb (MED.) extremidade; segmento de qualquer estrutura articulada

limb (ZOO.) extremidade; membro; braço ou perna
limbic (ZOO.) límbico
limburgite (GEO.) limburgite
limbus (BOT.) limbo
limbus (ZOO.) limbo; borda; margem
lime (BOT.; E.CIV.) limeira; a sua madeira
lime (QUÍM.) cal; óxido de cálcio
lime (MINAS) lima, calcário
lime base (MINAS) lama à base de cal
lime-indiced chlorosis (BOT.) clorose pela cal; clorose induzida pela cal
lime juice (MED.) sumo de lima
lime kiln (MEC.) forno de cal
lime light (MEC.) luz de carboneto; luz de Drumond
lime linden (ECO.) tílias
lime milk (QUÍM.) leite de cal
lime mortar (E.CIV.) argamassa de cal
limen (MED.) limiar; entrada; abertura externa de um canal
lime paste (E.CIV.) cal em pasta; pasta de cal
lime powder (E.CIV.) pó de cal
lime sand (MINAS) areia calcária
lime-sand brick (E.CIV.) tijolo de areia calcária
limes convergens (ECO.) fronteira (entre habitats) bem delimitada
limes divergens (ECO.) fronteira (entre habitats) difusa
lime slurry (MINAS) pasta fluida de cal
lime spar (MINER.) espato calcário
limestone (GEO.) calcário
limestone flux (MEC.) fundente calcário; castina; castilha
limestone forest (ECO.) floresta cársica
limestone mortar (E.CIV.) argamassa de cal
limestone pavement (ECO.) campo de lapiás
limestone sand (MINER.) areia calcária
lime stuff (E.CIV.) reboco de argamassa de cal
lime turf (MINER.) turfa calcária
lime wash (E.CIV.) leite de cal; água de cal
lime water (QUÍM.) água de cal
lime whiting (E.CIV.) primeira demão de cal
limicolous (ZOO.) limícola
limit (MAT.) limite
limit check (INF.) teste de limite
limited availability (ELECT.) disponibilidade limitada
limited signal (ELECT.) sinal limitado
limited stability (TELECOM.) estabilidade limitada
limiter (ELECT.) limitador
limiter circuit (ELECT.) circuito limitador
limiter diode (ELECTRÓN.) diodo limitador
limiter gauge (MEC.) calibre limitador; calibre de tolerância
limiting conductivity (QUÍM.) condutividade limitadora
limiting density (QUÍM.) densidade de limitação
limiting factor (ECO.) factor de limitação
limiting frequency (FÍS.) frequência limitadora

limiting friction (Fís.) fricção de limitação

limiting gradient (E.Civ.) gradiente limitador

limiting range stress (Mec.) tensão de escala limitadora

limiting velocity (Aero.) velocidade limite

limit load (Aero.) carga máxima; carga limite

limit of adhesion (Mec.) limite de aderência

limit of error (Fís.) limite de erro

limit of point (Mat.) ponto de limite

limit of priority (Inf.) limite de prioridade

limit of proportionality (Mec.) limite de proporcionalidade

limit switch (Elect.) disjuntor limitador; comutador de limitação

limit value (Fís.; Mat.) valor limite

limnemia (Med.) limnemia; malária crónica

limnivorous (Zoo.) limnívoro

limnobiotic (Zoo.) limnobiótico

limnology (Eco.) limnologia

limnonene (Quím.) limoneno

limnophilous (Zoo.) limnófilo

limonite (Miner.) limonite

limp (Imp.) flexível; não rígido; mole

limping (Med.) claudicação

linarite (Miner.) linarite

linch pin (Mec.) cavilha de roda; chaveta

Lincoln index (Eco.) índice de Lincoln

lincomycin (Bio.) lincomicina; lincocina

Lindeck potentiometer (Elect.) potenciómetro de Lindeck

Lindelof space (Mat.) espaço de Lindelof

Lindemann process (Elect.) processo de Lindemann

Lindeman's efficiency (Eco.) eficiência de Lindeman

Lindé sieve (Quím.) crivo de Lindé

line (Auto.) tubulação

line (E.Civ.) linha (via)

line (Fís.) linha; 1/12 de polegada (Sistema Métrico Inglês)

line (Geo.) linha (Equador; Meridiano; Círculo); linha (limite, fronteira)

line (Geral) linha

line (Imp.) linha; fila de palavras ou números

line (Mat.) linha; traço

line (Nav.) linha; cabo; espia

line (Telecom.) linha; fio telegráfico

lineage (Eco.) linhagem

line alba (Med.) linha alba; linha branca (faixa fibrosa)

lineament (Geo.) lineamento

line amplifier (Telecom.) amplificador de linha

line amplitude (T.Imag.) amplitude de linha

linea nigra (Med.) linha negra; linha alba na gravidez que adquire pigmentação

linear (Geral) linear

linear absorption coefficient (Fís.) coeficiente de absorção linear

linear accelerator (Electrón.) acelerador linear

linear amplifier (Electrón.) amplificador linear

linear anomaly (Astro.) anomalia linear

linear array (Telecom.) antena co-linear; sistema de antenas co-lineares

linear-at-a-time printer (Inf.) impressora de linhas

linear attenuation coefficient (Electrón.) coeficiente de atenuação linear

linear-ball bearing (Mec.) rolamento de esfera linear

linear circuit (Elect.) circuito linear

linear circuit analysis (Electrón.) análise de circuito linear

linear control system (Electrón.) sistema de controlo linear

linear detector (Telecom.) detector linear

linear differential equation of order n (Mat.) equação diferencial linear de ordem n

linear distortion (Elect.) distorção linear

linear electron accelerator (LEA) (Elect.) acelerador linear de electrões

linear energy transfer (Fís.) transferência linear de energia

linear equation (Mat.) equação linear; equação do primeiro grau

linear function (Electrón.) função linear

linear IC (Electrón.) circuito integrado linear

linear integrated circuit (Elect.) circuito linear integrado

linear interpolation (Electrón.) interpolação linear

linearity (Telecom.) linearidade

linearity control (Electrón.) controlo de linearidade

linearity correction (Electrón.) correcção de linearidade

linearly dependent (Mat.) linearmente dependente

linear magnetostriction (Electrón.) magnetoestricção linear

linear mixing (Electrón.) mistura linear

linear momentum (Fís.) momento linear

linear motor (Elect.) motor linear

linear network (Telecom.) rede linear

linear polarization (Elect.) polarização linear

linear potentiometer (Electrón.) potenciómetro linear

linear power amplifier (Elect.) amplificador de potência linear

linear pulse amplifier (Elect.) amplificador de impulso linear

linear rectifier (Elect.) rectificador linear

linear resistor (Elect.) resistência linear

linear scan (Electrón.) exploração linear

linear solenoid (Electrón.) solenóide linear

linear stopping power (Fís.) potência de paragem linear

linear sweep (Electrón.) varredura linear; varrido nuclear

linear taper (Electrón.) potenciómetro linear; potenciómetro de variação linear

linear time-base oscillator (Elect.) oscilador de base de tempo nuclear

linear transformation (Mat.) transformação linear

linear variable differential transformer [LVDT] (Electrón.) transformador diferencial de variação linear; distanciómetro indutivo

lineation (Geo.) contorno

line balance (Elect.) equilíbrio de linha

line block (Mec.) bloco de linha

line-breaker (Elect.) interruptor de linha

line breeding (Zoo.) cruzamento linear

line broadening (Astro.) alargamento de linha

line by line scanning (Electrón.) exploração linha por linha

line charging current (Elect.) corrente de linha de carga

line chocking coil (Elect.) bobina de linha de choque

line code (Inf.) código de linha

line colour (Imp.) cor de linha

line communication (Telecom.) comunicação de linha; comunicação por fio

line control block (Inf.) bloco de controlo de linha

line converter (Telecom.) conversor de linha; conversor de definição

line co-ordinates (Mat.) coordenadas de linha

line coupling (Telecom.) acoplamento de linha

line crawl (Telecom.) tremulação de linha

line defect (Crist.) defeito de linha

line displacement (Astro.) deslocamento de linha

line distortion (Telecom.) distorção de linha

line drop (Telecom.) queda de voltagem de linha

line equalizer (Telecom.) compensador de linha

line feed code (Inf.) código de alimentação de linha

line finder (Inf.) localizador de linha

line flyback (Elect.) retorno horizontal; retorno de linha

line focus (Elect.) linha focal

line-focus beam (Electrón.) feixe linear

line-focus tube (Electrón.) tubo de linha focal

line frequency (T.Imag.) frequência de linha

line-frequency generator (T.Imag.) gerador de frequência de linha

line hit (Inf.) erro na linha

line hit (Telecom.) distúrbio de linha

line impedance (Telecom.) impedância de linha

line integral (Mat.) integral de linha

linen (Têxt.) linho

linen folding (Têxt.) dobragem de linho

line noise (Telecom.) ruído de linha

linen paper (Papel.) papel de linho

linen yard (Têxt.) fio de linho

line of action (Fís.) linha de acção

line of apsides (Astro.) linha dos Ápsides

line of centres (Reloj.) linha de centros

line of collimation (Topo.) linha de colimação

line of flux (Elect.; Fís.; Mec.) linha de fluxo; linha de força

line of force (Fís.; Mec.) linha de força

line of sight (Topo.) linha de mira; linha de colimação

line-of-sight velocity (Astro.) velocidade radial; velocidade de linha visada

line oscillator (Electrón.) oscilador de linha

line pad (Telecom.) atenuador de linha

line printer (Inf.) impressora de linha

line probing (Telecom.) teste da linha; teste do canal

line profile (Fís.) perfil de linha

liner (Mec.) camisa

line reflection (Telecom.) reflexão de linha

line scan (T.Imag.) varrimento da linha; varrimento horizontal

line scanning (T.Imag.) exploração linear

line screen process (T.Imag.) processo de grade de linha

line-sequential (T.Imag.) sequência de linha

line shaft (Mec.) transmissão; eixo de transmissão

line skew (Inf.) inclinação de linha

line slip (T.Imag.) deslizamento de linha

lines of curvature (Mat.) linhas de curvatura

line squall (Meteo.) tormenta em linha; linha de tormenta; linha de instabilidade

line stabilization (Telecom.) estabilização de linha

line-store converter (Inf.) conversor de armazenamento de linha; conversor de memória de linha

line storm (Meteo.) tempestade em linha; tempestade equinocial

line stretcher (Telecom.) tensor de linha; esticador de linha

line support (Elect.) condutor de linha; suporte de linha

line switch (Telecom.) chave de linha; comutador de linha

line switchboard (Elect.) quadro de distribuição de linha

line switching (Telecom.) comutação de linha

line sync (T.Imag.) sincronismo de linha

line synchronization (T.Imag.) sincronização de linha

line synchronizing pulse (T.Imag.) impulso de sincronismo de linha; impulso de sincronização de linha

line synchronizing signal (T.Imag.) sinal de sincronismo de linha

line test (Elect.) teste de linha; prova de linha; ensaio de linha

line the bearing (Mec.) revestir; guarnecer

line thunderstorm echo velocity (Radar) velocidade de eco de linha de trovoada

line tilt (T.Imag.) compensação de linha

line transect (Eco.) amostragem longitudinal

line transformer (T.Imag.) transformador de linha

line-up (Telecom.) alinhar; ajustar; endireitar

line voltage (Elect.) tensão de linha; voltagem de linha

line width (Telecom.) largura de linha; voltagem de linha

line wire (Elect.) fio condutor; condutor

lingering period (Fís.) período de permanência

lingua (Zoo.) língua

linguadental (Med.) linguidental; linguodental

lingual (Zoo.) lingual

linguatuliasis (Vet.) linguatulose

linguatulosis (Vet.) linguatulose

lingulate (Bot.) lingulado

linguogingival (Med.) linguogengival

lining (Geral) revestimento; parede; forro; invólucro

lining bar (Mec.) alavanca para alinhar

lining board (E.Civ.) antabuamento; painel

lining brick (E.Civ.) revestimento de tijolo; tijolo de revestimento interior

lining of artificial stones (E.Civ.) revestimento com pedras artificiais; revestimento com pedras talhadas

lining of door casing (E.Civ.) forro de porta; aduela de porta

lining of slope (E.Civ.) revestimento de talude

lining peg (Topo.) baliza

lining-up (Mec.) alinhamento; ajuste; regulação

link (Elect.) fio terminal

link (Mec.) anel; biela

link (Telecom.) enlace

link (Topo.) elo; anel; elemento (de cadeia)

link access protocol (Telecom.) protocolo de acesso a ligação

link addressing (Inf.) endereçamento de ligação

linkage (Bio.) ligação (em cadeia)

linkage (Elect.) encadeamento; ligação em cadeia

linkage disequilibrium (Bio.) desiquilíbrio de ligação

linkage group (Bio.) grupo de ligação (em cadeia)

linkage map (Bio.) mapa de ligação (em cadeia)

link block (Inf.) bloco de ligação

link control entry (Inf.) registo de controlo de ligação

link coupling (Telecom.) acoplamento de enlace; acoplamento de ligação

linked genes (Bio.) genes ligados

link edit (Inf.) edição de ligação

linked list (Inf.) lista com ligação

linked numbering scheme (Telecom.) esquema de numeração encadeada

linked switches (Elect.) comutadores encadeados

linker (Inf.) ligador

link header (Inf.) cabeçalho de ligação

linking number (Bio.) número de ligações

linking-number paradox (Bio.) paradoxo do número de ligações

link layer (Inf.) nível de ligação (função de protocolo de rede)

link library (Inf.) biblioteca de ligação

link loader (Inf.) carregador de ligações

link mechanism (Mec.) mecanismo articulado

link motion (Mec.) movimento de corrediça; distribuição por sector; distribuição por quadrante

link pin (Mec.) pino de articulação

link resonance (Telecom.) ressonância de ligação

link rivet (Mec.) rebite de elo

link station (Inf.) estação de ligação

link test (Inf.) teste de ligação

link tooth saw (Mec.) serra de dentes articulados

link trailer (Inf.) informação de fim de ligação

lin-log amplifier (Telecom.) amplificador linear-logarítmico

lin-log receiver (Telecom.) receptor linear-logarítmico

lin-log response (Electrón.) resposta linear logarítmica

Linnaean species (Bot.) espécies de Lineu

Linnaean system; Linnean (Bio.) sistema de Lineu

linoleic acid (Quím.) ácido linoleico; ácido octadecadienóico; ácido linólico

linoleum (E.Civ.) linóleo

linoleum cover (E.Civ.) cobertura de linóleo

linoleum floor (E.Civ.) soalho coberto com linóleo

linotype composing machine (Imp.) máquina de composição linótipo; linótipo

linotype metal (Imp.) metal para linotipia

linseed oil (Quím.) óleo de linhaça

lint (Med.) linho (material absorvente e suave utilizado em cirurgia)

lint (Têxt.) fibra de algodão

lintel (E.Civ.) lintel

linters, cotton linters (Têxt.) tomentos de algodão

lintol (E.Civ.) lintel

Linville truss (Mec.) armação Linville

lionism (Med.) lionismo (aspecto característo da lepra lepromatosa)

lip (Mec.) gume de broca

lip (Zoo.) lábio

lipacidemia (Med.) lipacidemia

lipaciduria (Med.) lipacidúria

lipaemia (Med.) lipemia

liparite (Miner.) liparito

liparocele (Med.) liparocele

lipase (Quím.) lipase; fermento lipolítico

lipectomy (Med.) lipectomia

lipid (Bio.) lípido

lipid body (Bot.) corpo lípido

lipids (Quím.) lípidos

lip microphone (Fís.) microfone labial

lipo-, lip- (Geral) lipo-, lip-; grego *lipos* — gordura, relativo a gorduras ou lípidos

lipoblast (Bio.) lipoblasto

lipocaic (Bio.) lipocaico

lipochrome (Quím.) lipocromo

lipocorticoid (Bio.) lipocorticóide

lipocorticotrophic (lipocorticotropic) (Med.) lipocorticotrófico (lipocorticotrópico)

lipofibroma (MED.) lipofibroma
lipogenesis (ZOO.) lipogénese
lipogenous (ZOO.) lipogénico
lipoid (QUÍM.) lipóide
lipoid acid (QUÍM.) ácido lipóico
lipoidosis (MED.) lipoidose
lipolysis (MED.) lipólise
lipoma (MED.) lipoma
lipomatosis (MED.) lipomatose
lipometabolism (MED.) lipometabolismo
lipoplast (BOT.) lipoplasto; corpo lípido
lipopolysaccharidae (LPS) (IMUN.) lipopolisacarídeos
lipoprotein (BIO.) lipoproteína
liposome (BIO.; IMUN.) liposoma; lipossoma
lipothiamide pyrophosphate (QUÍM.) pirofosfato de lipotiamida
lipothymia (MED.) lipotímia
lipotropic (MED.) lipotrópico
lipotropic agents (BIO.) agentes lipotrópicos
lipovaccine (MED.) lipovacina
lipoxeny (MED.) lipoxenia
Lippmann process (T.IMAG.) processo Lippmann
LIPS (INF.) abr. de *Logical Interferences Per Second* — interferências lógicas por segundo
lip seal (MEC.) selo de virola
lip sync (T.IMAG.) pós-sincronização
lipuria (MED.) lipúria; adiposúria
liquation (MEC.) liquação
liquefaction (GERAL) liquefacção
liquefaction of air (FÍS.) liquefacção do ar
liquefaction of gases (FÍS.) liquefacção dos gases
liquefaction temperature (FÍS.) temperatura de liquefacção
liquefied air (FÍS.) ar liquefeito
liquefied gas (FÍS. MEC.) gás liquefeito
liquefying heat (FÍS.) calor de liquefacção
liquefying process (FÍS.) processo de liquefacção
liquid (GERAL) líquido
liquid air (FÍS.) ar líquido
liquid barrel (MEC.) barril para líquidos
liquid basalt (GEO.) basalto líquido; basalto derretido
liquid carburizing (MEC.) carburação por agente líquido
liquid cell (ELECT.) pilha líquida
liquid compass (NAV.) bússola de líquido
liquid cooling (FÍS.) resfriamento a líquido
liquid counter (NUCL.) contador de radioactividade (em líquidos)
liquid crystal (QUÍM.) cristal líquido
liquid crystal display (ELECTRÓN.) dispositivo de cristal líquido
liquid damper (FÍS.) amortecedor por líquido
liquid-drop model (FÍS.) modelo de gota líquida
liquid-flow counter (NUCL.) contador de fluxo de líquido
liquid fuse (ELECTRÓN.) fusível a líquido
liquid helium (QUÍM.) hélio líquido
liquid honing (MEC.) afiação a líquido

liquid-liquid extraction (MEC.; QUÍM.) extracção líquido-líquido
liquid oxygen (QUÍM.) oxigénio líquido
liquid paraffin (QUÍM.) parafina líquida
liquid-penetrant inspection (MEC.) inspecção de líquido penetrante
liquid-phase sintering (MEC.) sinterização em fase líquida
liquid resistance (ELECT.) resistência de líquido
liquid rheostat (ELECT.) reóstato de líquido
liquid scintillator (ELECT.) cintilador a líquido
liquid starter (ELECT.) arranque a líquido
liquid state (FÍS.) estado líquido
liquid suspension (FÍS.) suspensão líquida; suspensão em líquido
liquid suspension reactor (NUCL.) reactor de suspensão líquida
liquidus (QUÍM.) líquido
liquid waste (MEC.) escória líquida
liquid water (FÍS.) água líquida
liquor amnii (MED.) líquido amniótico
L-iron (MEC.) ferro em L; cantoneira de ferro; esquadro de ferro
lisle (TÊXT.) fio francês
LISP (INF.) acrónimo de *LISt Processing* — LISP - linguagem de programação
Lissajou figure (ELECTRÓN.) figuras de Lissajou
Lissajous' curves (FÍS.; MAT.) curvas de Lissajous; figuras de Lissajous
Lissajous' figures (FÍS.; MAT.) figuras de Lissajous; curvas de Lissajous
lissencephalys (ZOO.) lissencefalia; agíria
list (ARQ.) listel
list (E.CIV.) régua; filete
list (INF.) lista
list (NAV.) adernagem; inclinação
listening (TELECOM.) escuta
listening key (TELECOM.) chave de comunicação
listening wave (TELECOM.) onda de escuta; onda de recepção
listerellosis (VET.) listerelose; listeriose
listeriosis (VET.) listeriose; listerelose
listing (INF.) listagem
listing (TÊXT.) listagem; ourela
literal (IMP.) literal
literal calculus (MAT.) cálculo literal
literal fault (IMP.) erro tipográfico
lithagogue (MED.) litagogo
lithargo (E.CIV.; QUÍM.) litargírio; óxido de chumbo
lithia (QUÍM.) lítia; litina
lithia emerald (MINER.) hiderita; hidenita
lithia mica (MINER.) litionita; lepidolita; mica litífera
lithiasis (MED.) litíase
lithic acid (QUÍM.) ácido lítico
lithic arenite (GEO.) arenito lítico
lithification (GEO.) litificação
lithiophilite (MINER.) litiofilita
lithite (ZOO.) litite
lithium (QUÍM.) lítio
lithium aluminum hydride (QUÍM.) tetra-hidreto-aluminato de lítio
lithium bromide (QUÍM.) brometo de lítio

lithium carbonate (QUÍM.) carbonato de lítio
lithium cell (ELECTRÓN.) bateria de lítio
lithium citrate (QUÍM.) citrato de lítio
lithium-draft germanium detector (NUCL.) detector de germânio de desvio de lítio
lithium hydride (QUÍM.) hidreto de lítio
lithium hydroxide (QUÍM.) hidróxido de lítio
lithium-ion cell (ELECTRÓN.) bateria de iões de lítio
lithium isotope (NUCL.) isótopo de lítio
lithium nucleus (NUCL.) núcleo de lítio
lithium oxide (QUÍM.) óxido de lítio
lithium reaction (NUCL.) reacção de lítio
lithium tantalate (QUÍM.) tantalato de lítio
litho (IMP.) abr. de *lithography* — litografia
lithocenosis (MED.) litocenose
lithocholic acid (QUÍM.) ácido litocólico
lithoclast (MED.) litoclasto
lithocyst (ZOO.) litocisto
lithocystoctomy (MED.) litocistotomia; litotomia vesical
lithodialysis (MED.) litodiálise
lithodomous (ZOO.) litódomo
lithogenesis (GEO.) litogénese
lithogenous (ZOO.) litógeno
lithogeny (GEO.) litogénese; litogenia
lithographic oil (IMP.) óleo litográfico
lithographic paper (PAPEL) papel litográfico
lithographic printing (IMP.) impressão litográfica
lithographic stone (GEO.) pedra litográfica
lithographic varnish (IMP.) verniz litográfico
lithography (GEO.; IMP.) litografia
litholapaxy (MED.) litolapaxia; litotrícia; litocenose
lithologic trap (GEO.) armadilha estratigráfica
lithology (GEO.; MED.) litologia
litholosis (MED.) litólise
litholyte (MED.) litólito (instumento cirúrgico)
lithometra (MED.) litometria (calcificação dos tecidos uterinos)
lithomyl (MED.) litomilo (instrumento cirúrgico)
lithonephria (MED.) litonefria; cálculo renal
lithonephritis (MED.) litonefrite
lithopedion, lithopedium (MED.) litopédio; feto pequeno que se calcificou (geralmente extra-uterino)
lithophagous (ZOO.) litófago
lithophile (ZOO.) litófilo
lithophyte (BOT.) litófito
lithosis (MED.) litose
lithosphere (GEO.) litosfera
lithotome (MED.) litótomo (instrumento cirúrgico)
lithotomous (ZOO.) litótomo
lithotomy (MED.) litotomia
lithotripsy (MED.) litotrípsia
lithotrite (MED.) litotritor; litoclasto (instrumento cirúrgico)
lithotrity (MED.) litotrícia
lithotroph (GEO.) litotrófico

litmus (QUÍM.) tornesol; tornassol

litmus paper (QUÍM.) papel de tornesol; papel de tornassol

litre (GERAL) litro

litter (BOT.) cama de palha

litter [L-layer] (ECO.) matéria orgânica em deposição (cobertura do solo)

Little Bear (ASTRO.) Ursa Menor

Little Ice Age (ECO.) Pequena Idade do Gelo

Little's disease (MED.) doença de Little; diplegia espástica

littoral (GERAL) litoral

littoral drift (ECO.) deriva litoral

littoral fringe (ECO.) borda litoral

littoral sea (GEO.) mar litoral

littoral zone (GERAL) zona litoral

Littrow grating mounting (FÍS.) montagem em grade de Littrow

Littrow prism spectrometer (FÍS.) espectrómetro de prisma de Littrow

litz wire (ELECT.) cabo de alta frequência; condutor multifilar

live (ELECT.) ligado; com corrente; activo

live (FÍS.) activo

live (IMP.) pronto para impressão; composto

live (T.IMAG.) ao vivo

live axle (MEC.) eixo motor; eixo móvel

live centre (MEC.) centro de eixo em movimento; centro de rotação

live circuit (ELECT.) centro de rotação; centro de eixo em movimento

livedo (MED.) livedo

live file (INF.) ficheiro activo; arquivo activo

live line (ELECT.) linha activa; linha com corrente

live load (MEC.) carga viva; carga rolante; carga móvel

liver (ZOO.) fígado

liver flukes (MED.; ZOO.) trematódios hepáticos

live ring (MEC.) coroa de rolamento; anel de rolamento

live room (FÍS.) sala activa

liver rot (VET.) decomposição hepática; distomíase hepática

liverworts (BOT.) hepáticas

live spark (ELECT.) centelha viva

live steam (MEC.) vapor vivo; vapor sob pressão

liveware (INF.) elemento vivo

living fossil (ECO.) fóssil vivo

lixiviation (QUÍM.) lixiviação

lixiviation vat (QUÍM.) cuba de lixiviação

lizardite (MINER.) lizardite

llama fiber (TÊXT.) fibra de lama; lã de lama

Llandeilo (GEO.) Landeiliano

Llandovery (GEO.) Landoveriano

llanos (ECO.) savana (Orinoco, Venezuela)

Llanvirn (GEO.) Lanvirniano

L-layer (ECO.) cobertura de matéria orgânica do solo

L-lines (FÍS.) linhas L

Lloyd's mirror (FÍS.) espelho de Lloyd

LLTV (ASTRO.) abr. de *Lunar Landing Training Vehicle* — veículo de treino de pouso lunar (alunagem)

lm (FÍS.) abr. de *lumen* — lúmen (unidade SI de fluxo luminoso)

LMFBR (NUCL.) abr. de *Liquid Metal cooled Fast Breeder Reactor* — reactor de regeneração rápida arrefecido por metal líquido

LMR (NUCL.) abr. de *Liquid Metal Reactor* — reactor de metal líquido

LMT (FÍS.) abr. de *Local Mean Time* — hora média local; hora civil

LNA (ELECT.) abr. de *Low Noise Amplifier* — amplificador de baixo ruído

LNB (ELECTRÓN.) abr. de *low noise block* — bloco de baixo ruído, malha de baixo ruído

LND (AERO.) abr. de *Limiting Nose Dive* — limitação de mergulho de avião; picada limitada

L-network (TELECOM.) rede-L

LNG (QUÍM.) abr. de *Liquefied Natural Gas* — gás natural liquefeito

LNK (ELECT.) abr. de *link* — ligação

LO (AERO.) abr. de *Level Off* — arredondamento para aterragem; nível baixo

LO (ELECT.) abr. de *Local Oscillator* — oscilador local

load (ELECT.) carga; resistência

load (GERAL) carga

load (MEC.) resistência

load address (INF.) endereço de carga

load-and-call (INF.) carrega e chama

load-and-go (INF.) carrega e inicia

load-break rating (ELECT.) carga de rotura

load capacitor (ELECT.) resistência de carga

load capacity (ELECT.) capacidade de carga

load cast (GEO.) molde de carga

load cell (MEC.) pilha de carga

load characteristic (ELECT.) característica de carga

load circuit (ELECT.) circuito de carga

load classification number (AERO.) número de classificação de carga

load coil (ELECT.) bobina de carga

load current (ELECT.) corrente de carga

load curve (ELECT.) curva de carga

load dispatcher (ELECT.) distribuidor de carga

load displacement (NAV.) deslocamento de carga

load draught (NAV.) calado em plena carga

load dumping (ELECT.) esvaziamento de carga

loaded antenna (ELECT.) antena carregada

loaded concrete (NUCL.) cimento carregado; cimento de carga

loaded impedance (TELECOM.) impedância carregada

loader (INF.) carregador

loadstone, loadstone (MINER.) pedra-íman; íman natural

load-extension curve (MEC.) curva de expansão de carga

load facility (INF.) dispositivo de carga

load factor (AERO.) factor de carga; coeficiente de carga

load factor (ELECT.) coeficiente de carga

load governor (ELECT.) regulador de carga

load image (INF.) imagem de carga

load impedance (ELECT.) impedância de carga

loading (FÍS.) saturação cromática

loading (GERAL) carga; carregamento

loading (MED.) administração de substâncias para teste de função múltipla

loading and cg diagram (AERO.) diagrama de carregamento e centragem; folha de carga e centragem

loading berth (MINASM) molhe e desembarcadouro

loading capacity (MINAS) capacidade de carga

loading coil (ELECT.) bobina de carga

loading drift (MINAS) galeria de carga

loading gauge (MEC.) calibre de carga

loading inductor (ELECTRÓN.) indutor de carga; indutor de alimentação

load key (INF.) chave de carga

load leads (ELECT.) condutores de carga

load levelling (INF.) nivelamento de carga

load-levelling relay (ELECT.) relé de nivelamento de carga

load line (ELECTRÓN.) linha de carga

load lines (NAV.) linhas de carga (máxima)

load matching (ELECTRÓN.) ajuste de carga

load module (INF.) módulo de carga

load peak (ELECTRÓN.) pico de carga; crista de carga

load point (ELECT.) ponto de carga

load program (INF.) programa de carga

loadstone (MINER.) íman natural; pedra-íman

loam (GEO.) argila vermelha; marga; greda; terra gredosa

loam brick (E.CIV.) tijolo de argila

loam casting (MEC.) fundição em argila; coada em argila

loam coating (E.CIV.) revestimento de argila

loam mold (mould) (MEC.) molde de argila

loam mortar (E.CIV.) argamassa argilosa

lobar pneumonia (MED.) pneumonia lobar; pneumonia aguda; pneumonia pleural

lobe (GERAL) lobo

lobe (ZOO.) lobo

lobeline (QUÍM.) lobelina

lobe switching (RADAR) variação de orientação de um feixe

lobotomy (MED.) lobotomia

lobule (GERAL) lóbulo

lobule, lobulus (ZOO.) lóbulo

LOCA (NUCL.) abr. de *Loss-Of-Coolant-Accident* — acidente de perda de refrigerante

local action (ELECT.) acção local; descarga espontânea (de bateria)

local area network (INF.; TELECOM.) rede de área local

local area network control (TELECOM.) controlo de rede local

local attraction (FÍS.) atracção local

local bus (INF.) barramento local

local carrier (TELECOM.) transportador local

local exchange (TELECOM.) ligação telefónica local; central local

local group (ASTRO.) grupo local

localization (PSICO.) localização

localized vector (MAT.) vector fixo

localizer beacon (AERO.) radiolocalizador; farol localizador

local junction circuit (TELECOM.) circuito de junção local

local loop (TELECOM.) anel local

local Mach number (AERO.) número local Mach

local magnetic attraction (FÍS.) atracção magnética local

local mean time (LMT) (METEO.) hora média local; tempo médio local; hora civil local

local middle (AERO.) radiofarol de localização intermédio

local noon (METEO.) meio-dia local; meio-dia no meridiano local

local oscillation (TELECOM.) oscilação local

local oscillator [LO] (ELECTRÓN.) oscilador local

local precipitation (METEO.) precipitação local

local program (TELECOM.) programa local

local ray chewing (TELECOM.) comunicações locais

local report (METEO.) boletim local; boletim meteorológico local

local sideral time (ESP.) hora local de veículo espacial

local star cloud (ASTRO.) nuvem de estrelas locais

local star system (ASTRO.) sistema de estrelas locais

local stress concentration (MEC.) concentração de tensão local; criador de tensão

local time (ASTRO.) hora local; tempo local

local value (MAT.) valor local

local variable (INF.) variável local

local vent (E.CIV.) respirador local; ventilador local

local wind (METEO.) vento local

location (INF.) localização

location (T.IMAG.) local de filmagem

locator (FÍS.) localizador

locator beacon (AERO.) radiofarol de localização; radiobaliza de localização

loch (GEO.) lago; lagoa

loch-fjord (GEO.) braço de mar

lochia (MED.) lóquios

lock (HIDRO.) comporta; eclusa; dique; barragem; corpo de eclusa

lock (RELOJ.) travamento; retém

lockage (HIDRO.) eclusa; comporta; barragem; obra de dique

lock-bay head (HIDRO.) cabeça de eclusa

lock bottom (HIDRO.) fundo de eclusa

lock chamber (HIDRO.) câmara de eclusa

lock check gate (HIDRO.) comporta em esporão

locked (ELECT.) bloqueado; fechado

locked armouring (ELECT.) blindagem fechada

locked groove (FÍS.) sulco fechado; estria fechada

locked oscillator (TELECOM.) oscilador bloqueado

locked oscillator detector (TELECOM.) detector de oscilação bloqueado

locked rope (MEC.) cabo revestido

locked-rotor current (ELECT.) corrente de rotor bloqueado

locked test (MINAS) teste cíclico

lock gate (HIDRO.) porta de eclusa; comporta de eclusa

lock-in amplifier (TELECOM.) amplificador de bloqueio

locking (RELOJ.) travamento; retém

locking (T.IMAG.; TELECOM.) travagem; travamento

locking angle (RELOJ.) ângulo de travamento

locking bolt (MEC.) cavilha de travagem; perno de travagem

locking gas cap (AUTO.) tampão de gasolina com chave

locking magnet (MEC.) electroíman de travagem

locking plate (RELOJ.) placa de travagem

locking ratchet (MEC.) dente de paragem; dente de retenção

locking relay (TELECOM.) relé de bloqueio; relé de travagem; relé de engate

lock key (MEC.) porca de fixação; chave de aperto

locus (BIO.) locus

Lodge-Cottrell detarrer (QUÍM.) extractor de alcatrão de Lodge-Cottrell

Lodge-Cottrell precipitator (QUÍM.) precipitador de Lodge-Cottrell

lodicules (BOT.) lodículos

Loeffler's bacilus (MED.) bacilo de Loeffler; bacilo de Klebs-Loeffler

Loeffler's disease (MED.) doença de Loeffler

Loeffler's stain (BIO.) coloração de Loeffler; coloração para flagelos

Loeffler's syndrome (MED.) síndroma de Loeffler; doença de Loeffler

loellingite (MINER.) lolingite

loess (GEO.) loesse

loevogyrate (AERO.) levogiro

loeweite (MINER.) loeweite

log (AERO.; NAV.) diário de bordo; caderneta de navegação

log (BOT.) tronco em bruto

log (MAT.) abr. de *logarithm* — logaritmo

logagraphia (MED.) logagrafia; afasia

logamnesia (MED.) logamnésia; afasia

logarithm (MAT.) logaritmo

logarithm calculation (MAT.) cálculo logarítmico

logarithmic amplifier (FÍS.) amplificador logarítmico

logarithmic array (RADAR; TELECOM.) conjunto logarítmico; sistema logarítmico (de antenas)

logarithmic average (EST.) média geométrica

logarithmic capacitor (ELECT.) condensador logarítmico

logarithmic circuit (ELECT.) circuito logarítmico

logarithmic conversion (ELECT.) conversão logarítmica

logarithmic converter (ELECT.) conversor logarítmico

logarithmic coordinates (MAT.) coordenadas logarítmicas

logarithmic curve (MAT.) curva logarítmica

logarithmic damping ratio (ELECT.) razão de descarga logarítmica

logarithmic decrement (FÍS.) diminuição logarítmica; decréscimo logarítmico

logarithmic differentiation (MAT.) diferenciação logarítmica

logarithmic display (MAT.) representação logarítmica

logarithmic distribution (MAT.) distribuição logarítmica

logarithmic equation (MAT.) equação logarítmica

logarithmic function (MAT.) função logarítmica

logarithmic growth (MAT.) crescimento logarítmico

logarithmic [growth] phase (BIO.) fase de crescimento logarítmica

logarithmic horn (FÍS.) trompa logarítmica

logarithmic law (MAT.) lei logarítmica

logarithmic mean (MAT.) média geométrica

logarithmic potentiometer (ELECT.) potenciómetro logarítmico

logarithmic progression (MAT.) progressão logarítmica

logarithmic ratio (MAT.) razão logarítmica

logarithmic resistor (ELECT.) resistência logarítmica

logarithmic scale (MAT.) escala logarítmica; régua de cálculo logarítmica

logarithmic sine (MAT.) seno logarítmico

logarithmic spiral (MAT.) espiral logarítmica

logarithmic table (MAT.) tabela logarítmica; tábua de logaritmos

logarithmic tangent (MAT.) tangente logarítmica

logarithmic transformation (MAT.) transformação logarítmica

logarithmic velocity profile (METEO.) perfil logarítmico de velocidade

logarithmic voltage scale (ELECT.) escala de voltagem logarítmica

logatom (FÍS.) logátomo (Acústica)

logatom articulation method (FÍS.) método de articulção de logátomos

logatom clarity (FÍS.) nitidez dos logátomos

log books (AERO.) documentos de bordo

log-dec (FÍS.) abr. de *LOgarithm DECrement* — diminuição logarítmica

logger (TELECOM.) registador de medidas de utilização num gráfico

logger task (INF.) tarefa de registo cronológico

loggia (ARQ.) galeria; arcada aberta

logging (INF.) registo cronológico

logging data (INF.) dados de registo cronológico

logging wheels (BOT.) trinquevale; trinquebale (carreta para transporte de madeira)

logic (INF.) lógica
logical access level (INF.) nível de acesso lógico
logical address (INF.) endereço lógico
logical block (INF.) bloco lógico
logical child segment (INF.) segmento lógico dependente; segmento inferior lógico
logical choice (INF.) escolha lógica
logical connection (INF.) conexão lógica; conjunção lógica
logical correction (INF.) correcção lógica
logical data base (INF.) base de dados lógica
logical data base record (INF.) registo de base de dados lógicos
logical data structure (INF.) estrutura de dados lógica
logical design (INF.) projecto lógico
logical diagram (INF.) diagrama lógico
logical editing symbols (INF.) símbolos de edição lógica
logical element (INF.) elemento lógico
logical encoding (INF.) codificação lógica
logical equation (INF.) equação lógica
logical escape symbol (INF.) símbolo de escape lógico
logical factor (INF.) factor lógico
logical file (INF.) ficheiro lógico
logical flowchart (INF.) fluxograma lógico
logical function (ELECTRÓN.) função lógica
logical link (INF.) ligação lógica
logical link path (INF.) percurso de ligação lógica; caminho de ligação lógica
logical logging (INF.) registo lógico de estado da máquina
logical message (INF.) mensagem lógica
logical operation (INF.) operação lógica
logical paging (INF.) paginação lógica
logical product (ELECTRÓN.) produto lógico; função E
logical record (INF.) registo lógico
logical resource (INF.) recurso lógico
logical shift (INF.) deslocamento lógico
logical storage address (INF.) endereço de armazenamento lógico
logical sum (INF.) soma lógica
logical terminal pool (INF.) grupo de terminais lógicos; conjunto de terminais lógicos
logical timer (INF.) cronómetro lógico; relógio lógico; temporizador lógico
logical unit (INF.) unidade lógica
logical value (INF.) valor lógico; valor booleano
logical variable (INF.) variável lógica
logical volume (INF.) volume lógico
logic analyser (INF.) analisador lógico
logic array (QUÍM.) sistema lógico; placa lógica
logic card (INF.) cartão lógico; placa lógica
logic circuit (INF.) circuito lógico
logic comparator (ELECTRÓN.) comparador lógico; comparador de estados lógicos

logic computer (INF.) computador lógico
logic design (INF.) projecto lógico
logic device (INF.) dispositivo lógico
logic diagram (INF.) diagrama lógico
logic double-rail (INF.) lógica de grade dupla
logic element (INF.) elemento lógico
logic error (INF.) erro lógico
logic flowchart (INF.) fluxograma lógico
logic function (INF.) função lógica
logic gate (INF.) porta lógica
logic instruction (INF.) instrução lógica
logic level (ELECTRÓN.) níveis lógicos; nível binário
logic module (INF.) módulo lógico
logic one (ELECTRÓN.) 1 lógico; tensão do estado binário 1
logic operation (INF.) operação lógica
logic probe (INF.) prova lógica; verificador lógico
logic programming (INF.) programação lógica
logic programming languages (INF.) linguagens de programação lógica
logic shift (INF.) deslocamento lógico
logic storage (INF.) armazenamento lógico
logic symbol (INF.) símbolo lógico
logic unit (INF.) unidade lógica
logic variable (INF.) variável lógica
logic variable reference (INF.) referência de variável lógica
log in (login) (INF.) entrada no sistema (identificação)
logistic curve (MAT.) curva logística; curva logarítmica
logistic equation (MAT.) equação logística
logistic model (GERAL) modelo logístico
LOGO (INF.) LOGO [linguagem de programação desenvolvida pelo Instituto de Tecnologia de Massachusetts (MIT), EUA]
logoff (INF.) encerramento da sessão
logon (INF.) abertura da sessão
logon mode (INF.) modo de entrada em comunicação (logon)
logotype (IMP.) logotipo
log out (INF.) o mesmo que *logoff*
log-periodic aerial (TELECOM.) antena logaritmica
lolog (MAT.) logaritmo de logaritmo
lomentum (BOT.) lomento
London equations (QUÍM.) equações de London
London forces (QUÍM.) forças de London (de dispersão); forças de Van der Waals
London plane (BOT.; E.CIV.) plátano (*Platanus acerifolia*); a sua madeira
London screwdriver (E.CIV.) chave de parafusos London
London superconductivity theory (QUÍM.) teoria de supercondutividade de London
London superfluidity theory (QUÍM.) teoria de superfluidez de London
lone-pair (QUÍM.) par simples
long bend (MEC.) torno curvo; torno em cotovelo

long-bodied type (IMP.) tipo de corpo longo
long bridge fuse (ELECT.) fusível de ponte longa
long-day plant (BOT.) planta de dia longo
long delay circuit (ELECT.) circuito de longo tempo de propagação
longeron (AERO.) longarina
longevity (ECO.) longevidade
long float (E.CIV.) régua de aplanar
long haul network (TELECOM.) rede de longa distância
longi- (GERAL) longi-; do latim *longus* — longo
longicorn (ZOO.) longicórneo
long interdispersed element [LINE] (ECO.) elemento longo interdisperso
longipennate (ZOO.) longipene
longirostral (ZOO.) longirrostro
longitude (ASTRO.) longitude
longitude circle (ASTRO.) círculo longitudinal
longitude motion (ASTRO.) movimento longitudinal
longitudinal (GERAL) longitudinal
longitudinal axis (AERO.) eixo longitudinal
longitudinal bar (AERO.) barra longitudinal; longarina
longitudinal baulk (NAV.) longarina de caverna
longitudinal chromatic aberration (T.IMAG.) aberração cromática longitudinal
longitudinal current (ELECT.) corrente longitudinal
longitudinal deformation (FÍS.) deformação longitudinal
longitudinal ditch (HIDRO.) valeta longitudinal
longitudinal drift (GEO.) deriva longitudinal
longitudinal dune (GEO.) duna longitudinal
longitudinal field (FÍS.) campo longitudinal
longitudinal frame (NAV.) armação longitudinal
longitudinal heating (ELECT.) aquecimento longitudinal
longitudinal impact (MEC.) impacto longitudinal
longitudinal inclination (AERO.) inclinação longitudinal
longitudinal induction (FÍS.) indução longitudinal
longitudinal instability (AERO.) instabilidade longitudinal
longitudinal joint (E.CIV.) junta longitudinal
longitudinal magnetization (FÍS.) magnetização longitudinal
longitudinal metacentre (NAV.) metacentro longitudinal
longitudinal oscillation (AERO.) oscilação longitudinal
longitudinal riveting (MEC.) rebitagem longitudinal
longitudinal seam (MEC.) junta longitudinal; costura longitudinal
longitudinal stability (AERO.) estabilidade longitudinal

longitudinal stress (MEC.) esforço longitudinal; pressão longitudinal; tensão longitudinal

longitudinal track (T.IMAG.) seguimento longitudinal

longitudinal valve (ZOO.) válvula longitudinal

longitudinal wave (FÍS.) onda longitudinal

long-leaved (BOT.) de folhas longas

long oil (E.CIV.) com grande percentagem de óleo

long period variables (ASTRO.) variáveis de longo período

long-persistence screen (ELECTRÓN.) tela de alta persistência

long-playing record (TELECOM.) disco de longa duração

longprimer (IMP.) tipo de impressão de 10 pontos

long range (AERO.) longo alcance; longa distância; longo percurso

long range accuracy radar system (RADAR) sistema de radar de precisão de longo alcance

long range beacon (AERO.) radiofarol de longo alcance

long range forecast (METEO.) previsão a longo prazo

long range radar (RADAR) radar de longo alcance

long run (AERO.) percurso longo

long saw (E.CIV.) serra de dois cabos; serra manual para dois homens

long shoot (BOT.) rebento longo; gomo longo; vergôntea longa

longshore bar (GEO.) barra litoral; baixio costeiro

longshore current (GEO.) corrente de litoral; corrente de vaga

longshore drift (GEO.) deriva litoral

long shot (T.IMAG.) plano geral; plano de conjunto

long-shunt (ELECT.) derivação longa

long-shunt compound winding (ELECT.) enrolamento composto de grande derivação

long-sightedness (MED.) hiperopia

long spark (ELECT.) descarga longa

long superstructure (NAV.) superestrutura longa

long-term memory (PSICO.) memória de longa duração

long tom (MINAS) calha longa

long ton (GERAL) tonelada inglesa; longa tonelada (= 1016,05 kg.)

longwall coal-cutting machine (MINAS) máquina de corte de carvão em grandes talhos

long wave (TELECOM.) onda longa

long-wave irradiation (FÍS.) radiação de onda longa; irradiação de onda longa

long wire (ELECT.) condutor longo

Longworth trap (ECO.) armadilha de Longworth

look angles (ELECTRÓN.) ângulos de mira

loom (ASTRO.) fulgor; aparecimento gradual

loom (ELECT.) bainha

loom (NAV.) cabo do remo

loom (TÊXT.) tear

loom efficiency (TÊXT.) eficiência de tear

loom gale (METEO.) vento fresco

looming (FÍS.) miragem distorcida verticalmente

looming (METEO.) miragem emergente

loop (AERO.) «loop»; arco fechado; volta (na vertical)

loop (ELECTRÓN.) circuito fechado

loop (E.CIV.) clarabóia de igreja

loop (FÍS.) arco; arco de uma corda em vibração

loop (INF.) circuito fechado; ciclo

loop (MEC.) lupa (metalurgia)

loop (MEC.) elo de mola

loop (MED.) alça; ansa

loop actuating signal (ELECTRÓN.) sinal actuante de circuito

loop aerial (TELECOM.) antena de quadro

loop antenna (ELECT.) antena de quadro

loop beacon (RADAR) radiofarol de quadro

loop body (INF.) corpo de circuito fechado

loop cable (ELECT.) cabo bifilar

loop circuit (ELECTRÓN.) circuito em anel

loop coupling (ELECT.) acoplamento de malha

loop dialing (TELECOM.) discagem de circuito completo

loop difference signal (ELECTRÓN.) sinal de diferença de circuito

loop-disconnect pulsing (ELECTRÓN.) impulso de circuito desligado

loop diuretics (MED.) diuréticos de alça; diuréticos de ansa; diuréticos de alta potência

looped filament (ELECT.) filamento em arco

loop feedback signal (ELECTRÓN.) sinal de alimentação de retorno

loop feeder (ELECTRÓN.) alimentação em anel

loop gain (ELECTRÓN.) ganho de circuito

loop galvanometer (ELECT.) galvanómetro de arco

loop inductance (ELECTRÓN.) inductância da malha

looping (INF.) enlace

looping mill (MEC.) laminador de arame

loop input signal (ELECTRÓN.) sinal de entrada de circuito em anel

loop output signal (ELECTRÓN.) sinal de saída de circuito em anel

loop pile (TÊXT.) moqueta

loop resistance (ELECTRÓN.) resistência da malha

loopstick antenna (TELECOM.) antena de núcleo de ferrite

loop test (ELECT.) teste de circuito

loop tunnel (E.CIV.) túnel em espiral; túnel helicoidal

loose bearing (MEC.) mancal de roletes

loose butt hinge (E.CIV.) dobradiça desmontável; dobradiça solta

loose coupling (ELECT.) acoplamento livre; ligação fraca

loose eccentric (MEC.) excêntrico livre

loose gland (MEC.) bucha livre; bucha solta

loose headstock (MEC.) cabeçote móvel

loose iron ore (MINAS) minério de ferro não compacto

loose-leaf (IMP.) folha solta

loose leaf gold (E.CIV.) ouro em folha solta

loose nut (MEC.) porca solta

loose pulley (MEC.) polia louca

lop and top (ECO.) ramadas (das árvores) caídas

loparite (MINER.) loparita

loph (ZOO.) crista (de dente molar)

lophobranchiate (ZOO.) lofobrânquio

lophodont (ZOO.) lofodonte

lophophore (ZOO.) lofóforo

lophophorine (QUÍM.) lofoforina

lophotrichous (BIO.) lofótrico

LOPT (ELECTRÓN.) abr. de *line output transformer* — transformador de saída de linha

lordoscoliosis (MED.) lordoscoliose

lordosis (MED.) lordose

lore (ZOO.) loro

Lorenz apparatus (ELECT.) aparelho de Lorenz

Lorenz conductivity (ELECT.) condutividade de Lorenz

Lorenz contraction (FÍS.) contracção de Lorenz

Lorenz electron (FÍS.) electrão de Lorenz

Lorenz force (FÍS.) força de Lorenz

Lorenz-Lorenz equation (QUÍM.) equação de Lorenz-Lorenz

Lorenz-Lorenz molar refraction (QUÍM.) refracção molar de Lorenz-Lorenz

Lorenz number (FÍS.) número de Lorenz

Lorenz relation (FÍS.) relação de Lorenz

Lorenz transformation (FÍS.) transformação de Lorenz

Lorenz unit (FÍS.) unidade de Lorenz

Loschmidt number (QUÍM.) número de Loschmidt (no RU); número de Avogadro por litro (no resto da Europa)

losing stream (ECO.) rio evanescente

loss (ELECT.; TELECOM.) descarga; perda

loss angle (ELECT.) ângulo de perda

Lossev effect (ELECTRÓN.) efeito de Lossev

loss factor (FÍS.) factor de perda

lossless compression (TELECOM.) compressão sem perda

lossless DPCM (TELECOM.) abr. de *lossless differential pulse code modulation* — modulação de impulso diferencial sem perdas

lossless line (TELECOM.) linha sem perdas

loss of charge method (ELECT.) método de perda de carga

loss of head (HIDRO.) perda de carga

loss of lift (AERO.) perda de sustentação

loss of power (FÍS.) perda de potência; perda de força

loss of pressure (ELECT.) queda de tensão; queda de voltagem

loss of pressure (FÍS.) perda de pressão

loss of pressure (HIDRO.) perda de carga

loss of synchronism (ELECTRÓN.) perda de sincronismo

loss of voltage (ELECT.) perda de tensão; perda de voltagem

lossy compression (TELECOM.) compressão com perda

lossy DPCM (TELECOM.) abr. de *lossy differential pulse code modulation* — modulação de impulso diferencial com perdas

lost current (ELECT.) corrente perdida

lost flux (ELECT.) fluxo perdido

lost lead (IMP.) chumbo perdido

lost wax casting (MEC.) moldagem a cera perdida

lotic (ECO.) fluvial

Lotka's equations (ECO.) equações de Lotka

Lotka-Volterra equations (ECO.) Equações de Lotka-Volterra

loud-hailer (FÍS.) megafone

loudness (FÍS.) altura do som; intensidade sonora

loudness level (FÍS.) nível sonoro; nível de sonoridade

loudspeaker (FÍS.) altifalante

loudspeaker cone (ELECT.) cone de altifalante

loudspeaker diaphragm (TELECOM.) diafragma do altifalante

loudspeaker dividing network (FÍS.) rede divisora de altifalante

loudspeaker enclosure (ELECT.) caixa de altifalante

loudspeaker grille (ELECT.) grade para altifalante

loudspeaker hyperbolic horn (TELECOM.) corneta hiperbólica

loudspeaker microphone (FÍS.) microfone de altifalante

loudspeaker moving coil (ELECT.) bobina móvel de altifalante

loudspeaker response (FÍS.) reacção de altifalante

loudspeaker voice coil (ELECT.) bobina móvel do altifalante

loughlinite (MINER.) loughlinita (silicato hidratado de sódio e magnésio; de Loughlin — geólogo norte-americano)

louping ill (MED.) encefalomielite virótica

louping ill (VET.) encefalomielite virótica dos ovinos e bovinos

louvre, louver (E.CIV.) veneziana; persiana

love arrows (MINER.) setas de amor; cabelos de vénus (apresentação do rutilo em finas agulhas com inclusão de quartzo)

Lovibond comparator (QUÍM.) comparador de Lovibond

Lovibond tintometer (QUÍM.) colorímetro de Lovibond

low (AUTO.) primeira velocidade

low (FÍS.) baixo

low (METEO.) baixa pressão; depressão; baixa

low abdomen (ZOO.) baixo abdómen

low activity radioisotope (FÍS.) radioisótopo de baixa actividade

low aloft (METEO.) baixa em altitude; ciclone em altura

low-angle plane (E.CIV.) plaina de pequeno ângulo

low-angle radiation (FÍS.) radiação de pequeno ângulo

low Arctic tundra (ECO.) tundra Árctica setentrional

low aspect ratios (AERO.) alongamentos baixos

low-capacitance probe (ELECTRÓN.) sonda de baixa capacitância

low carbon steel (MEC.) aço doce; aço com baixo teor de carbono; ferro fundido

low contrast filter (ELECTRÓN.) filtro de baixo contraste

low-density lipoprotein [LDL] (BIO.) lipoproteína de baixa densidade

low earth orbit (TELECOM.) órbita terrestre baixa

lower bound (MAT.) limite inferior

lower case (IMP.) caixa baixa

lower culmination (ASTRO.) culminação baixa

lower deck (AERO.) plataforma inferior

lower deck (NAV.) coberta inferior; convés inferior

lower layer (GEO.) camada inferior; estrato inferior

lower limb (ASTRO.) limbo inferior

lower maxilla (mandible) (ZOO.) maxilar (mandíbula) inferior

lower of wing (AERO.) intradorso

lower parhelion (METEO.) parélio inferior

lower pitch limit (FÍS.) limite inferior da altura do som

lower port wing (AERO.) asa esquerda inferior; asa inferior de bombordo

lower reach (HIDRO.) curso inferior; baixo curso

lower right wing (AERO.) asa direita inferior; asa inferior de estibordo

lower sail (NAV.) papa-figos

lower sideband (TELECOM.) banda lateral inferior

lower transit (ASTRO.) passagem inferior; trânsito inferior (de astro)

lower wing (AERO.) asa inferior

lower wing panel (AERO.) intradorso da asa inferior

lowest common multiple (MAT.) menor múltiplo comum

lowest usable frequency (TELECOM.) menor frequência utilizável

low expansion (FÍS.) expansão baixa; de baixa expansão

low-external resistance (FÍS.) resistência externa baixa

low fidelity (FÍS.) baixa fidelidade

low fog (METEO.) nevoeiro baixo

low frequency (TELECOM.) baixa frequência

low frequency amplifier (TELECOM.) amplificador de baixa frequência

low frequency antenna (TELECOM.) antena de baixa frequência

low frequency booster (ELECT.) intensificador de baixa frequência

low frequency bridge (ELECT.) ponte de baixa frequência

low-frequency current (ELECT.) corrente de baixa frequência

low-frequency cutoff (ELECT.) corte em baixa frequência

low gain (ELECT.) de baixo ganho; baixo ganho

low gain amplifier (ELECT.) amplificador de baixo ganho

low gear (AUTO.) engrenagem de baixa velocidade; primeira velocidade

low glow (FÍS.) baixo brilho; de baixo brilho

low head (ELECT.) baixa carga

low hysteresis steel (MEC.) aço de baixa histérese

low insertion force socket (INF.) tomada de pequena força de inserção

low-level language (INF.) linguagem de baixo nível

low-level modulation (TELECOM.) modulação de baixo nível

low-level scheduler (INF.) escalonador de baixo nível

low level waste (NUCL.) desperdício de baixo nível; lixo nuclear de baixo nível

low light level television (AERO.) televisão de baixo nível luminoso

low logic level (ELECTRÓN.) nível lógico inferior

low-melting point alloys (MEC.) ligas de baixo ponto de fusão

low mu (ELECT.) baixo mu; baixo factor de amplificação

low-noise amplifier (ELECT.) amplificador de baixo nível

low-noise temperature aerial (TELECOM.) antena de baixo ruído térmico

low-orbiting of satellite (ASTRO.) órbita baixa de satélite

low-orbiting satellite (ASTRO.) satélite de órbita baixa

low-pass filter (TELECOM.) filtro de passagem baixa

low-power modulation (TELECOM.) modulação de baixa potência

low-power Schottky (ELECTRÓN.) Schotky de baixa potência

low-pressure compressor (AERO.) compressor de baixa pressão

low-pressure cylinder (MEC.) cilindro de baixa pressão

low-pressure stage (AERO.) estágio de baixa pressão

low-pressure turbine (AERO.) turbina de baixa pressão

low red heat (MEC.) calor rubro baixo (entre 550 e 700 graus centígrados)

low resolution (ELECTRÓN.) baixa resolução

low-resolution graphics (INF.) gráficos de baixa resolução

lowry (E.CIV.) vagão aberto

low-stop filter (TELECOM.) filtro de alta frequência

low temperature carbonization (QUÍM.) carbonização a baixa temperatura

low tension (TELECOM.) baixa tensão; baixa voltagem; tensão baixa

low-tension cable (TELECOM.) cabo de baixa tensão

low-tension cutout (ELECT.) disjuntor de baixa tensão

low-tension detonator (ELECT.) detonador de baixa tensão

low-tension ignition (ELECT.) ignição por baixa tensão; inflamação por baixa tensão

low-tension magnet (ELECT.) magneto de baixa tensão

low-tension voltage (ELECT.) voltagem de baixa tensão

low-tension winding (ELECT.) enrolamento de baixa tensão

low tide (GEO.) maré baixa; baixa-mar; vazante

low-velocity scanning (ELECTRÓN.) exploração de baixa velocidade

low voltage (ELECT.) voltagem baixa; tensão baixa

low-volt release (ELECT.) libertação de baixa voltagem; escape de baixa voltagem

low-water (GEO.) baixa-mar; maré vazia

low-water alarm (MEC.) alarme de nível de água baixo

low-water valve (MEC.) válvula de segurança de água baixa

low-wing monoplane (AERO.) monoplano de asa baixa

lox (QUÍM.) abr. de *liquid oxygen* — oxigénio líquido

LP (INF.) abr. de *Linnear Programming* — programação linear

LPA (INF.) abr. de *Link Pack Area* — área condensada de ligação

LPAGE (INF.) abr. de *Logical PAGE* — página lógica

LP compressor (AERO.) abr. de *Low-Pressure compressor* — compressor de baixa pressão

LPG (QUÍM.) abr. de *Liquified Petroleum Gases* — gases de petróleo liquefeitos

LPI (INF.) abr. de *Lines-Per-Inch* — linhas por polegada

LPS (IMUN.) abr. de *LipoPolySaccharide* — lipopolissacáridos

LP video (T.IMAG.) vídeo de longa duração

L-rest (MEC.) apoio em L

LRF (MED.) abr. de *Liver Reside Factor* — factor residual hepático

L+R signal (T.IMAG.) abr. de *left plus right signal* — sinal L+R, sinal esquerdo + direito

L-R signal (T.IMAG.) abr. de *left minus right signal* — sinal L-R, sinal esquerdo-direito

LSB (INF.) abr. de *Least Significant Bit* — bit menos significativo

LSB (ELECTRÓN.) abr. de *Lower SideBand* — banda lateral inferior

LSD (INF.) abr. de *Least Significant Digit* — dígito menor significativo

LSD (MED.) abr. de *Lysergic acid Diethylamide* — dietilamida do ácido lisérgico

L-section (TELECOM.) secção L

L-shell (FÍS.) camada L

LSI (INF.) abr. de *Large Scale Integration* — integração em larga escala

L-system (INF.) sistema L; sistema de Lindenmeyer

LTH (MED.) abr. de *Luteotropic Hormone* — hormona luteotrópica

Lu (QUÍM.) abr. de *Lutheran blood group* — grupo sanguíneo luterano

lubricant (MEC.) lubrificante

lubricant gun (MEC.) pistola de lubrificação; bomba de lubrificação

lubricant pump (MEC.) bomba de lubrificação

lubrication groove (MEC.) ranhura de lubrificação

Lucas theory (QUÍM.) teoria de Lucas

lucid dream (PSICO.) sonho lúcido

luciferase (ZOO.) luciferase

luciferin (ZOO.) luciferina

lucifugal (ZOO.) lucífugo

Luder's lines (MEC.) linhas de Luder; linhas de deformação

Ludwig's angina (MED.) angina de Ludwig

lues (MED.) sífilis

luetic (MED.) luético; sifilítico

LUF (TELECOM.) abr. de *lowest usable frequency* — menor frequência utilizável

luffing-job crane (E.CIV.) guindaste de lança variável

lug (ELECT.) terminal com orelha; borne com orelha

lug (MEC.) orelha; ressalto de reforço; alheta

lug shank (MEC.) espiga de rebordo (aço de broca)

luma keying (T.IMAG.) codificação da luminância

luma signal (T.IMAG.) sinal de luminância

lumbago (MED.) lumbago; lumbalgia

lumbar (ZOO.) lombar

lumbar puncture (MED.) ponção lombar

lumber (BOT.) madeira de construção (termo americano e canadiano)

lumberjack (BOT.) madeireiro (termo americano)

lumen (BOT.) lúmen; cavidade interna de uma célula ou vaso

lumen (FÍS.) lúmen (unidade de fluxo luminoso)

lumen (ZOO.) lúmen (espaço entre as paredes de um vaso)

lumen-hour (FÍS.) lúmen/hora

lumenmeter (FÍS.) medidor de lúmens; contador de lúmens

luminaire (ELECT.) luminar

luminance (FÍS.) luminância

luminance channel (T.IMAG.) canal de luminância

luminance contrast (T.IMAG.) contraste de luminância

luminance factor (FÍS.) factor de luminância; factor de luminosidade

luminance flicker (T.IMAG.) tremulação de luminância

luminance signal (T.IMAG.) sinal de luminância

luminescence (FÍS.) luminescência

luminescent centres (QUÍM.) centros luminescentes

luminometer (FÍS.) luminímetro

luminophore (QUÍM.) luminóforo

luminosity (FÍS.) luminosidade

luminosity coefficient (FÍS.) coeficiente de luminosidade

luminosity curve (FÍS.) curva de luminosidade

luminosity factor (FÍS.) factor de luminosidade

luminosity function (FÍS.) função de luminosidade

luminosity oscillation (FÍS.) oscilação de luminosidade

luminous effect (FÍS.) efeito luminoso

luminous efficiency (FÍS.) eficiência luminosa

luminous envelope (ELECT.) auréola luminosa

luminous flame (FÍS.) chama luminosa

luminous flux (FÍS.) fluxo luminoso

luminous flux density (FÍS.) densidade de fluxo luminoso

luminous gas flame (MEC.) chama de gás luminosa

luminous intensity (FÍS.) intensidade luminosa

luminous night clouds (GEO.) nuvens nocturnas luminescentes

luminous paint (E.CIV.) tinta luminosa; tinta fosforescente

luminous point (FÍS.) ponto luminoso; foco

luminous sensitivity (FÍS.) sensibilidade luminosa

luminous sulphides (QUÍM.) sulfetos luminosos

Lummer-Brodhun photometer (FÍS.) fotómetro de Lummer-Brodhun

Lummer-Gehrcke interferometer (FÍS.) interferómetro de Lummer-Gehrcke

lump (TÊXT.) pedaço grande

lumped capacitance (ELECT.) capacitância concentrada

lumped characteristic (ELECT.) característica composta

lumped components model (ELECTRÓN.) modelo de componentes agregadas

lumped-constant (ELECTRÓN.; FÍS.) constante concentrada; constante englobada

lumped-constant network (ELECTRÓN.) rede de constantes concentradas

lumped impedance (ELECTRÓN.) impedância concentrada

lumped loading (TELECOM.) carregamento descontínuo

lumped parameters (FÍS.) parâmetros descontínuos

lump lime (E.CIV.) cal viva em pedaços

lump ore (MINAS) minério grosso; minério em pedaços

lumpy jaw (VET.) actinomicose; actinofitose

lumpy skin disease (VET.) doença da pele granulosa

lumpy withers (VET.) cernelha fistulosa; cernelha fistulada

lumpy wool (VET.) dermatite micótica do carneiro

lunar (ZOO.) lunar

lunar albedo (ASTRO.) albedo lunar

lunar bows (METEO.) arcos lunares

lunar caustic (QUÍM.) cáustico lunar; pedra infernal; nitrato de prata

lunar day light (ASTRO.) luz diurna lunar

lunar declination (ASTRO.) declinação lunar

lunar dust (ASTRO.) poeira lunar

lunar exploration nodule (ESP.) módulo de exploração lunar

lunar explorer (ASTRO.) explorador lunar

lunar horizon (ASTRO.) horizonte lunar

lunar landing (ESP.) pouso lunar; alunagem

lunar mist (ASTRO.) neblina lunar; nevoeiro lunar

lunar module (ESP.) módulo lunar

lunar month (ASTRO.) mês lunar

lunar motion (ASTRO.) movimento lunar

lunar node (ASTRO.) nodo lunar

lunar orbit (ASTRO.) órbita lunar

lunar orbiter (ESP.) satélite artificial em órbita lunar

lunar phase (ASTRO.) fase lunar

lunar probe (ESP.) sonda lunar

lunar research (ESP.) pesquisa lunar

lunar resource recovery (ESP.) extracção de recursos lunares

lunar satellite (ASTRO.) satélite lunar

lunar surveillance (ASTRO.) reconhecimento lunar

lunar target (ASTRO.) alvo lunar

lunar tide (ASTRO.) maré lunar

lunar trip (ESP.) viagem lunar

lunar unit (ASTRO.) unidade lunar

lunar valley (ASTRO.) vale lunar

lunar volcano (ASTRO.) vulcão lunar

lunate, lunulate (GERAL) lunado; luniforme

lune (MAT.) lúnula

Luneberg lens aerial (TELECOM.) antena lenticular de Luneberg

lunetion (ASTRO.) lunação

lunette (ARQ.) luneta

lung (ZOO.) pulmão

lung book (ZOO.) filotraqueia

Lunge nitrometer (QUÍM.) nitrómetro de Lunge

lung plague (VET.) pleuropneumonia contagiosa bovina

lungworm disease (VET.) bronquite verminosa

lunitidal interval (GERAL) intervalo de marés lunares

lunule, lunula (ZOO.) lúnula

lupinosis (VET.) lupinose

lupus erythemathosus (MED.) lúpus ertitematoso

lupus erythemathous cell (IMUN.) célula de lúpus eritematoso

lupus mutilans (MED.) lúpus mutilante

lupus tuberculosis (MED.) lúpus tuberculoso; lúpus vulgar

lupus verrucosus (MED.) lúpus verrugoso

lupus vulgaris (MED.) lúpus vulgar; lúpus tuberculoso

Lusitanian floral element (ECO.) elemento floral lusitaniano

lustre (E.CIV.) lustro; polimento; brilho

lustre (MINER.) brilho

lute (E.CIV.) raspadeira

lute (MEC.) luto (pasta de argila refractária usada para indutor em fornos)

luteal (ZOO.) lúteo

lutein cells (ZOO.) células de luteína

luteinization (MED.) luteinização

luteinizing hormone (MED.) hormona luteinizante

luteinoma (MED.) luteinoma; luteoma

luteotrophic hormone (MED.) hormona luteotrópica; luteotropina

lutetium (QUÍM.) lutécio

luthern (ARQ.) lucarna

lutidine (QUÍM.) lutidina

lutite (GEO.) lutitos

lux (FÍS.) lux

luxation (MED.) luxação

Luxemburg effect (TELECOM.) efeito de Luxemburg

LVDT (ELECTRÓN.) abr. de *linear variable differential transformer* — transformador diferencial de variação linear

Lw (QUÍM.) símbolo químico de *lawrencium* — laurêncio

LWR (NUCL.) abr. de Light Water Reactor — Reactor a Água (leve)

lych (lich) gate (ARQ.) portão de entrada com alpendre (em cemitério)

Lycopsida (BOT.) Licópsidas

lyddite (QUÍM.) lidite

Lydian stone, lydite (MINER.) lidito; basanita (pedra da Lídia)

lye (QUÍM.) lixívia; potassa

Lyman series (MAT.) série de Lyman

lymph-; lympho- (GERAL) linf-; linfo-; prefixo do latim *lymph* — *água, com acepção de linfa*

lymph (ZOO.) linfa

lymphadenitis (MED.) linfadenite

lymphadenoid (MED.) linfadenóide

lymphangiectasis (MED.) linfangiectasia

lymphangiectomy (MED.) linfangiectomia

lymphangioendothelioma (MED.) linfangioendotelioma

lymphangiology (MED.) linfangiologia

lymphangioma (MED.) linfangioma

lymphangitis (MED.) linfangite

lymphatic gland (ZOO.) glândula linfática

lymphatic heart (ZOO.) coração de linfa

lymphatic leukaemia (MED.) leucemia linfática

lymphatic system (ZOO.) sistema linfático

lymphocyte (IMUN.) linfócito

lymphocythemia (MED.) linfocitemia

lymphocytoblast (MED.) linfocitoblasto

lymphocytoma (MED.) linfocitoma

lymphocytopenia (MED.) linfocitopenia

lymphocytopoiesis (MED.) linfocitopoese

lymphocytosis (MED.) linfocitose

lymphoepithelioma (MED.) linfoepitelioma

lymphogenous (MED.) linfógeno

lymphogranuloma inguinale (MED.) linfogranuloma inguinal

lymphoid tissues (IMUN.) tecidos linfóides

lymphokines (BIO.) linfoquinas

lymphokinesis (IMUN.) linfocinética

lymphoma (IMUN.; MED.) linfoma

lymphosarcoma (MED.) linfossarcoma

lymphotoxin (IMUN.) linfotoxina

lymph sinuses (ZOO.) seios linfáticos

lymph vessels (ZOO.) vasos linfáticos

lyocytosis (ZOO.) liocitose

lyophobic colloid (QUÍM.) colóide liófobo

lyosorption (QUÍM.) liosorção

Lyot filter (ASTRO.) filtro de Lyot

lyotropic (FÍS.) liotrópico

lyotropic series (QUÍM.) série liotrópica

lyra (ZOO.) lira; corpo psalóide; psaltério

lyrate (BOT.) lirado

lyriform organs (ZOO.) orgãos liriformes

Lys (QUÍM.) símbolo internacional de *Lysine* — lisina

lysate (BIO.; QUÍM.) lisato

lyse (BIO.; QUÍM.) lise; destruição

lysergic acid diethylamide (MED.) dietilamida do ácido lisérgico; LSD

Lysholm grid (RADIOL.) grade de Lysholm; rede de Lysholm

Lysholm-Smith torque converter (MEC.) conversor de rotação de Lysholm-Smith

lysigenic, lysigenous (BOT.; ZOO.) lisígeno; lisógeno

lysimeter (ECO.) lisímetro

lysine (BIO.) lisina

lysis (ECO.) simbiose bacteriana

lysogen (BIO.) lisogene

lysogenic (BIO.) lisogénico

lysogeny (BIO.) lisogenia

lysol (QUÍM.) lisol

lysosome (BIO.) lisossoma

lysozyme (BIO.) lisozima

lyssa (ZOO.) raiva; hidrofobia

lytic cycle (BIO.) ciclo lítico; relativo à lisina

lytic infection (BIO.) infecção lítica

lytic virus (BIO.; MED.) vírus lítico

lytta (ZOO.) cartilagem na língua do cão

lyxoflavin (QUÍM.) lixoflavina

lyxose (QUÍM.) lixose

M (AERO.) símbolo de *Mach Number* — Número Mach

M (ELECT.) símbolo de *mutual inductance* — indutância mútua

M (FÍS.) símbolo de: *applied moment* — momento aplicado; de *applied couple* — binário aplicado; de *dimension of mass* — dimensão da massa; de *mass of electron* — massa de electrão; de *moment* — momento

M (MED.) símbolo de: *factor M* — factor M (no grupo sanguíneo MNSs); de *associative memory* — memória associativa; e abr. de *misce* — misturar

M (PSICO.) símbolo de *associative memory* — memória associativa

M (QUÍM.) símbolo de *relative molecular mass* — massa molecular relativa

m- (QUÍM.) abr. de: *meta-* — meta-; e de *meso-* — meso-

Ma (GERAL) abr. de *Million anun* — milhões de anos

maar (GEO.) vulcão embrionário (cratera vulcânica cónica rasa, formada por uma única explosão, sem derramamento de lava)

MAC (INF.) abr. de: *Machine-Aided Cognition* — conhecimento auxiliado por máquina; e de *Multiple Access Computer* — computador de acesso múltiplo

MAC (MED.) abr. de: *minimal alveolar concentration* — concentração alveolar mínima; e de *minimal anesthetic concentration* — concentração anestésica mínima

macadamized road (E.CIV.) estrada macadamizada

Macardle's disease (MED.) doença de Macardle; doença de McArdle; glicogenose do tipo 5

Macaronesian floral region (ECO.) região floral dos Açores, Canárias e Madeira

macchia (ECO.) carrascal (Itália)

maceral (GEO.) macerado

maceration (ZOO.) maceração

Mach angle (AERO.) ângulo Mach

Mach cone (AERO.) cone Mach

Mach effect (AERO.) efeito Mach

Mach front (AERO.) frente Mach; onda Mach

machine (GERAL) máquina

machine address (INF.) endereço-máquina

machine architecture (INF.) arquitectura de máquina; arquitectura de computador

machine-available time (INF.) tempo disponível de máquina

machine code (INF.) código-máquina

machine-code instruction (INF.) instrução de código-máquina

machine-cut peat (MINAS) turfa extraída à máquina

machine cycle (INF.) ciclo de máquina

machine data processing (INF.) máquina de processamento de dados

machine direction (IMP.) direcção de máquina

machine electrical accounting (INF.) contabilidade com máquina eléctrica

machine electronic data processing (INF.) máquina de processamento electrónico de dados

machine equivalence (INF.) equivalência de máquinas

machine error (INF.) erro de máquina

machine finished (PAPEL) acabado à máquina

machine glazed (PAPEL) envernizado a máquina

machine handle (INF.) controlo manual de máquina

machine hardware (ELECTRÓN.; INF.) circuitos de máquina

machine head rivet (MEC.) rebite de cabeça cilíndrica

machine heating (MEC.) aquecimento mecânico

machine instruction (INF.) instrução-máquina

machine interruption (INF.) interrupção-máquina

machine language (INF.) linguagem máquina

machine moulding (ENG.) moldagem de máquina (fundição)

machine proof (IMP.) prova de máquina

machine revise (IMP.) revisão de máquina; segundas provas de máquina

machine ringing (TELECOM.) toque de telefone por máquina

machine riveting (MEC.) rebitagem à máquina; rebitagem mecânica

machine room (IMP.) casa da máquina

machine-sensible information (INF.) informação sensível à leitura por máquina

machine tool (MEC.) máquina-ferramenta

machine vise (MEC.) torno para máquina

machine-washable (TÊXT.) lavável à máquina

machine word (INF.) palavra-máquina

Mach line (AERO.) linha Mach; onda Mach

machmeter (AERO.) indicador Mach

Mach number (AERO.) número Mach

Mach principle (GERAL) princípio de Mach

Mach stem (AERO.) onda Mach; frente de Mach

Mach wave (AERO.) onda Mach; frente de Mach

mackerel sky (METEO.) céu de pequenas formações de cirrocúmulos

Mackereth corer (ECO.) amostrador de Mackereth

Mackie line (T.IMAG.) linha de Mackie

mackle (IMP.) falha de impressão; borrão

Maclaurin-Cauchy test (MAT.) Teste de Maclaurin-Cauchy

Maclaurin expansion (MAT.) desenvolvimento de Maclaurin

Maclaurin series (MAT.) série de Maclaurin

Maclaurin's theorem (MAT.) teorema de Maclaurin

macle (MINER.) macla

MacLeod's equation (QUÍM.) equação de MacLeod

Macnaughten rules (MED.) regras de Macnaughten (ou M'Naughten)

macr-; macro- (GERAL) macr-; macro-; do grego *makro* — grande

macro (INF.) macro

macro assembler (INF.) montador de macro

macro-axis (CRIST.) macro-eixo

macrobacteria (BIO.) macrobactérias

macrobacterium (BIO.) macrobactéria

macrobiosis (BIO.) macrobiose

macrobiote (BIO.) macrobiota

macrobiotic (BIO.) macrobiótico

macrobiotics (BIO.) macrobiótica

macroblast (BIO.) macroblasto

macrocell (TELECOM.) célula (de telemóvel) macro

macrocephaly;   macrocephalia (MED.) macrocefalia

macrocheilia (MED.) macroquilia

macrocheiria (MED.) macroquiria

macroclimate (GEO.) macroclima

macrocode (INF.) macrocódigo

macrocycle (QUÍM.) macrociclo

macrocyte (MED.) macrócito

macrocytosis (MED.) macrocitose

macrodactyly;   macrodactylia (MED.) macrodactilia

macrodont (MED.; ZOO.) macrodonte

macrodontia; macrodontism (MED.; ZOO.) macrodontia; macrodontismo

macroecology (ECO.) macro-ecologia

macroencephalon (MED.) megaloencéfalo

macrofauna (ECO.) macrofauna

macroflora (ECO.) macroflora

macrogamete (ZOO.) macrogâmeta

macrogamy (ZOO.) macrogamia

macroglia (ZOO.) macróglia

macroglobulin (IMUN.) macroglobulina

macroglossia (MED.) macroglossia

macrognathia (MED.) macrognatia

macrograph (T.Imag.) macrografia
macro-instruction (Inf.) macroinstrução; instrução macro
macro lens (T.Imag.) macrolente
macrolides (Bio.) macrólides
macromere (Zoo.) macrómero
macromolecular crystals (Crist.) cristais macromoleculares
macromolecule (Quím.) macromolécula
macronucleus (Zoo.) macronúcleo
macronutrient (Eco.) macronutriente
macrophage (Imun.) macrófago
macrophagous (Zoo.) macrófago
macrophotography (T.Imag.) macrofotografia
macrophyll (Bot.) macrófilo
macrophyric (Geo.) macrofírico
macroporou gel (Bio.) gel macroporoso
macro processing language (Inf.) linguagem de processamento de macro
macroscopic (Geral) macroscópico
macroscopic state (Quím.) estado macroscópico
macrosection (Eng.) macrossecção
macrosmatic (Zoo.) macrosmático
macrosome (Zoo.) macrossoma
macrosplanchnic (Zoo.) macroesplâncnico
macrospore (Bot.) macrósporo
macrosporophyll (Bot.) macrosporófilo
macrostoma (Med.) macrostomia
macrostructure (Eng.) macroestrutura
macrotidal (Geo.) macromarés
macrotous (Zoo.) macroto
macula; macule (Med.) mancha; mácula
macula acustica (Zoo.) mancha acústica (mancha sacular e mancha utricular)
macula lutea (Zoo.) mancha lútea; mancha da retina; mancha amarela
macula saculi (Zoo.) mácula sacular
MAD (Aero.) abr. de *Magnetic Anomaly Detector* — detector de anomalias magnéticas
Madagascan faunal subregion (Eco.) subregião faunica da Madagáscar
Madagascan floral region (Eco.) região floral de Madagáscar
Madagascar aquamarine (Miner.) água-marinha-de-madagascar (variedade de berilo)
Madagascar topaz (Miner.) topázio-de-madagascar; topázio-de-espanha; quartzo citrino
made ground (E.Civ.) aterro
Madeira topaz (Miner.) topázio-da-madeira; quartzo citrino
made land (Eco.) terras drenadas pelo homem
Madelung constant (Quím.) constante de Madelung
MADGE (Aero.) abr. de *Microwave Aircraft Digital Guidance Equipment* — equipamento digital de orientação aérea por microondas
mad itch (Vet.) «prurido furioso»; doença de Aujesky; pseudo-raiva
MADRE (Electrón.) abr. de *MAgnetic Drum Receiving Equipment* — equi-

pamento receptor de tambor magnético
madreporite (Zoo.) madreporita
Madt (Electrón.) abr. de *Microalloy Diffuse Transistor* — transístor de difusão com microligação
Madura foot (Med.) «Pé de Madura»; maduromicose; micetoma escuro de Bouffardi; pé fungoso
maestro (Geo.) vento de noroeste (Mar Adriático)
Mae West (Aero.) colete pneumático salva-vidas
magamp (Fís.) abr. de *magnetic amplifier* — amplificador magnético
magazine (T.Imag.) magazine; carreto de filme
Magellanic Clouds (Astro.) Nuvens de Magalhães
Magendie's foramen (Zoo.) buraco de Magendie
magenta (Quím.) magenta
Maggi-Righi-Leduc effect (Fís.) efeito de Maggi-Righi-Leduc
maggot (Zoo.) larva; larva de mosca
maghemite (Miner.) Maghemite/a (de MAGnetite + HEMatite + ITE/A); sosmanita; oximagnita
magic eye (Telecom.) olho mágico; válvula de sintonia
magic number (Fís.) número mágico
magic T (Electrón.) junção híbrida
magic-tee (Radar) T-mágico
magistral (Mec.) magistral
magma (Geo.) magma
magma chamber (Geo.) câmara de magma
magmatic cycle (Geo.) ciclo magmático
MAGMOD (Elect.) abr. de *MAGnetic MODulator* — modulador magnético
MAGN (Electrón.) abr. de *MAGNetron* — magnetrão
magnesia (Quím.) magnésia; óxido de magnésio
magnesia alba (Quím.) magnésia alba; magnésia carbonatada; carbonato de magnésio
magnesia alum (Miner.) alumen de magnésio; pinckeringuita
magnesia cement (E.Civ.) cimento de magnésia; cimento de Sorel
magnesia levis (Quím.) magnésia leve; óxido de magnésio (RU); V. *magnesium oxide*
magnesia magma (Quím.) leite de magnésia
magnesia ponderosa (Quím.) magnésia pesada; peróxido de magnésio (RU); V. *magnesium oxide*
magnesite (Mec.) magnesite; carbonato de magnésio
magnesite flooring (E.Civ.) pavimentação de magnesite
magnesium (Quím.) magnésio
magnesium carbonate (Quím.) carbonato de magnésio; magnesite
magnesium chloride (Quím.) cloreto de magnésio
magnesium citrate (Quím.) citrato de magnésio
magnesium die-casting (Mec.) fundição a jacto de magnésio

magnesium hydroxide (Miner.) brucita
magnesium hydroxide (Quím.) hidróxido de magnésio
magnesium oxide (Quím.) óxido de magnésio [Os EUA reconhecem com este título tanto a magnésia leve (óxido de magnésio) — *magnesia levis*, como a magnésia pesada (peróxido de magnésio) — *magnesia ponderosa*; no RU porém existem as duas formas separadas]
magnesium oxychloride cement (E.Civ.) cimento de oxicloreto de magnésio
magnesium peroxide (Quím.) peróxido de magnésio
magnet (Fís.) magnete; íman; magneto (motor ou máquina)
magnet arm (Fís.) braço de íman
magnet armature (Fís.) armadura de magnete; armadura de electroíman
magnet carrier (Fís.) porta-íman
magnet coil (Elect.) bobina de electroíman
magnet core (Fís.) núcleo de íman; núcleo de electroíman
magnet crane (Mec.) grua de magneto; grua com gancho magnético
magnetic (Fís.) magnético
magnetic alloy (Mec.) liga magnética
magnetic amplifier (Fís.) amplificador magnético
magnetic annealing (Mec.) recozimento magnético
magnetic anomaly (Geo.) anomalia magnética
magnetic armature (Elect.) armadura magnética
magnetic armature loudspeaker (Elect.) altifalante electromagnético
magnetic axis (Fís.) eixo magnético
magnetic balance (Elect.) balança magnética
magnetic balance method (Fís.) método de compensação magnética
magnetic bearing (Topo.) rumo magnético
magnetic bias (Fís.) polarização magnética
magnetic blowout (Elect.) sopro magnético; extinção magnética
magnetic bottle (Nucl.) frasco magnético; garrafa magnética
magnetic braking (Elect.) travagem magnética
magnetic bubble (Fís.) bolha magnética
magnetic bubble memory (Inf.) memória de bolha magnética
magnetic card (Inf.) cartão magnético
magnetic cell (Inf.) célula magnética
magnetic character (Inf.) carácter magnético
magnetic character reader (Inf.) leitor de caracteres magnético
magnetic chuck (Mec.) mandril magnético
magnetic circuit (Elect.) circuito magnético
magnetic circuit breaker (Elect.) disjuntor magnético
magnetic clutch (Auto.) embraiagem magnética

magnetic coil (ELECT.) bobina magnética

magnetic compensator (ELECT.) compensador magnético

magnetic component (ELECT.) componente magnético

magnetic confinement (NUCL.) restrição magnética

magnetic control (ELECT.) controlo magnético; comando magnético

magnetic core (INF.) tório de ferrite; memória magnética

magnetic core storage (INF.) memória central magnética; memória de toros de ferrite

magnetic coupled interference (ELECTRÓN.) interferencia de acoplamento magnético

magnetic coupling (ELECT.) acoplamento magnético

magnetic creeping (ELECT.) histerese viscosa

magnetic current (FÍS.) corrente magnética

magnetic cutter (FÍS.) interruptor magnético

magnetic damping (ELECT.) amortecimento magnético

magnetic dating (GEO.) datação paleomagnética

magnetic declination (TOPO.) declinação magnética

magnetic deflection (ELECTRÓN.) deflexão magnética

magnetic dependent resistor [MDR] (ELECTRÓN.) resistor magnetodependente

magnetic deviation (TOPO.) desvio magnético

magnetic dip (GEO.) inclinação magnética

magnetic dipole (ELECT.) dipolo magnético

magnetic dipole moment (FÍS.) momento de dipolo magnético

magnetic discontinuity (ELECT.) descontinuidade magnética

magnetic disk (INF.) disco magnético

magnetic disk cartridge (INF.) cartucho de disco magnético

magnetic disk memory (INF.) memória de disco magnético

magnetic disk storage (INF.) armazenamento em disco magnético

magnetic disk unit (INF.) unidade de disco magnético

magnetic displacement (ELECT.) deslocamento magnético; indução magnética

magnetic domain (INF.) domínio magnético

magnetic doublet (ELECT.) dipolo magnético

magnetic drum (INF.) tambor magnético

magnetic drum memory (INF.) memória de tambor magnético

magnetic elongation (ELECT.) alongamento magnético

magnetic energy (ELECT.) energia magnética

magnetic epoch (GEO.) época magnética

magnetic escapement (RELOJ.) escape magnético

magnetic events (GEO.) ocorrências magnéticas

magnetic ferrites (ELECT.) ferrites magnéticas

magnetic field (ELECT.) campo magnético

magnetic field intensity (ELECT.) intensidade de campo magnético

magnetic-field strength (ELECT.) intensidade de campo magnético; força de campo magnético

magnetic film (T.IMAG.) película magnética

magnetic filter (ELECT.) filtro magnético

magnetic flip-flop (ELECT.) amplificador biestável

magnetic flux (ELECT.) fluxo magnético

magnetic flux density (ELECT.) densidade de fluxo magnético; indução magnética

magnetic focusing (ELECTRÓN.) focalização magnética

magnetic forming (ENG.) modelação magnética

magnetic gate (ELECT.) porta magnética

magnetic head (FÍS.) cabeça magnética

magnetic high (GEO.) máximo magnético

magnetic hoist (MEC.) guindaste magnético

magnetic hysteresis (ELECT.) histerese magnética

magnetic hysteresis loop (FÍS.) curva de histerese magnética

magnetic hysteresis loss (ELECT.) perda de histerese magnética

magnetic induction (ELECT.) indução magnética

magnetic ink (IMP.) tinta magnética

magnetic ink character recognition [MICR] (INF.) reconhecimento de caracteres de tinta magnética

magnetic intensity (ELECT.) intensidade magnética

magnetic iron-ore (MINER.) magnetite

magnetic lag (ELECT.) atraso magnético; viscosidade magnética

magnetic latching relay (ELECT.) relé de engate magnético

magnetic leakage (ELECT.) dispersão magnética

magnetic lens (FÍS.) lente magnética

magnetic levitation (FÍS.) levitação magnética

magnetic link (ELECT.) elo magnético

magnetic loss (ELECT.) fuga magnética

magnetic map (FÍS.) mapa magnético

magnetic media (INF.) suportes magnéticos

magnetic memory (INF.) memória magnética

magnetic mirror (NUCL.) espelho magnético

magnetic modulator (ELECT.) modulador magnético

magnetic moment (FÍS.) momento magnético

magnetic monopole (FÍS.) pólo magnético isolado

Magnetic North (FÍS.; GEO.) Norte magnético

magnetic orientation (ECO.) orientação magnética

magnetic oxide of iron (MINER.) magnetite

magnetic oxides (MEC.) óxidos magnéticos (ferromagnéticos)

magnetic particle clutch (MEC.) engate de partícula magnética

magnetic particle inspection (MEC.) inspecção de partícula magnética; teste de partícula magnética

magnetic pendulum (ELECT.) pêndulo magnético

magnetic pickup (TELECOM.) agulha (de giradiscos) magnética

magnetic polarization (FÍS.; QUÍM.) polarização magnética

magnetic pole (ELECT.) pólo magnético

magnetic potential (FÍS.) potencial magnético

magnetic potentiometer (ELECT.) potenciómetro magnético

magnetic pressure (NUCL.) pressão magnética

magnetic printing (IMP.) impressão magnética

magnetic printing (TELECOM.) transferência magnética

magnetic prospecting (MINAS) prospecção magnética

magnetic pull (ELECT.) impulso magnético; tracção magnética

magnetic pulley (MEC.) polia magnética

magnetic pumping (FÍS.) bombeamento magnético

magnetic pyrite (MINER.) pirite magnética; pirrotite

magnetic quantum number (FÍS.) número quântico magnético

magnetic reaction (ELECT.) reacção magnética

magnetic recording (FÍS.) gravação magnética

magnetic reed switch (ELECT.) interruptor reed

magnetic resonance imaging (RADIOL.) representação por ressonância magnética

magnetic reversal (GEO.) inversão magnética

magnetic rigidity (NUCL.) rigidez magnética

magnetic rotation (FÍS.) rotação magnética

magnetic saturation (FÍS.) saturação magnética

magnetic screen (ELECT.) blindagem magnética; tela magnética

magnetic separator (FÍS.) separador magnético

magnetic shell (ELECT.) escudo magnético

magnetic shield (ELECT.) blindagem magnética

magnetic shift register (ELECT.) registo de deslocamento magnético

magnetic shunt (ELECT.) derivação magnética

magnetic slope (Geo.) inclinação magnética

magnetic solenoid (Elect.) solenóide magnética

Magnetic South (Fís.) Sul magnético

magnetic spectrometer (Nucl.) espectrómetro magnético

magnetic stability (Fís.) estabilidade magnética

magnetic storage (Inf.) armazenamento magnético

magnetic storm (Meteo.) tempestade magnética

magnetic strain energy (Fís.) energia de deformação magnética

magnetic surface wave (Radar) onda de superfície magnética

magnetic survey (Topo.) levantamento magnético

magnetic susceptibility (Elect.) susceptibilidade magnética

magnetic suspension (Elect.) suspensão magnética

magnetic tape (Telecom.) fita magnética

magnetic tape adapter (Inf.) adaptador de fita magnética

magnetic tape cartridge (Inf.) cartucho de fita magnética

magnetic tape deck (Inf.) unidade de fita magnética

magnetic tape drive (Inf.) unidade de fita magnética

magnetic tape encoder (Inf.) codificador de fita magnética

magnetic tape leader (Inf.) guia de fita magnética

magnetic tape reader (Inf.) leitor de fita magnética

magnetic track (T.Imag.) trilha magnética

magnetic transition temperature (Fís.) temperatura de transição magnética

magnetic transmission (Auto.) transmissão magnética

magnetic tuning (Elect.) sintonia magnética

magnetic unit (Fís.) unidade magnética

magnetic variables (Astro.) variáveis magnéticas

magnetic variation (Meteo.) variação magnética

magnetic voltage (Fís.) tensão magnética

magnetic wire (Fís.) condutor magnético; fio magnético

magnetism (Fís.) magnetismo

magnetite (Miner.) magnetite

magnetization (Fís.) magnetização

magnetization curve (Elect.) curva de magnetização

magnetize (Fís.) magnetizar

magnetizing coil (Elect.) bobina indutora

magnetizing current (Elect.) corrente indutora; corrente de excitação; corrente magnetizante

magnetizing power (Elect.) potência indutora

magneto (Elect.) magneto

magneto-caloric effect (Fís.) efeito magneto-calórico

magnetochemistry (Quím.) Química magnética

magneto-dependent resistor [MDR] (Electrón.) resistor magneto-dependente

magneto generator (Elect.) magnetogerador; máquina electromagnética

magnetohydrodynamic generator [MHD generator] (Elect.) gerador magneto-hidrodinâmico

magnetohydrodynamic instability (Nucl.) instabilidade magneto-hidrodinâmica

magnetohydrodynamics (Nucl.) magneto-hidrodinâmica

magnetohydrodynamic sensor (Electrón.) sensor magnetohidrodinâmico

magneto ignition (Elect.) ignição a magneto

magneto-ionic (Elect.) magneto-iónica

magnetometer (Topo.) magnetómetro

magnetomotive force (Fís.) força magnetomotriz

magneton (Fís.) magnetão

magneto-optical (T.Imag.) magneto-óptico

magneto-optical drive [MOD] (T.Imag.) disco magneto-óptico

magneto-optical effect (Fís.) efeito magneto-óptico

magneto-optic rotation (Quím.) rotação magneto-óptica

magnetophone (Fís.) magnetofone

magnetoplasmadynamic generator (Elect.) gerador magnetoplasmadinâmico

magnetoresistance (Elect.) magneto-resistência

magneto-resistive [MR] head (Telecom.) cabeça magneto-resistiva

magnetosphere (Astro.) magnetosfera

magnetostatics (Fís.) Magnetostática

magnetostriction (Fís.) magnetoestricção

magnetostriction loudspeaker (Fís.) altifalante de magnetoestricção

magnetostriction microphone (Fís.) microfone de magnetoestricção

magnetostriction transducer (Elect.) transdutor de magnetoestricção

magnetostrictive filter (Elect.) filtro magnetoestrictivo

magnetostrictive transducer (Telecom.) transdutor magneto-restritivo

magnetostrictor (Elect.) transdutor de magnetoestricção; magnetoestrictor

magnetostrictrive oscillation (Fís.) oscilação magnetoestrictiva

magnet pole (Elect.) pólo magnético; pólo de íman

magnetron (Electrón.) magnetrão

magnetron amplifier (Electrón.) amplificador de magnetrão

magnetron arcing (Electrón.) formação de arco num magnetrão

magnetron beam (Electrón.) feixe de magnetrão

magnetron critical field (Electrón.) campo crítico de magnetrão

magnetron critical voltage (Electrón.) voltagem crítica de magnetrão

magnetron furnace (Electrón.) forno de magnetrão

magnetron injection gun (Electrón.) canhão de injecção de magnetrão

magnetron isolator (Electrón.) isolador de magnetrão

magnetron magnet (Electrón.) íman de magnetrão

magnetron modes (Electrón.) modos de magnetrão

magnetron operation (Electrón.) funcionamento de magnetrão

magnetron oscillator (Electrón.) oscilador a magnetrão

magnetron package (Electrón.) magnetrão completo

magnetron pushing (Electrón.) interferência de magnetrão

magnetron vacuum gage (Electrón.) vacuómetro de magnetrão

magnet spool (Elect.) bobina de electroíman

magnet steel (Mec.) aço magnético; aço para íman

magnet wire (Elect.) fio imantado; fio imanizado

magnet yoke (Elect.) cabeçote magnético

magnification (Fís.) aumento; ampliação

magnification factor (Fís.) factor de aumento; factor de ampliação

magnifier (Radiol.) amplificador

magnifying power (Fís.) poder amplificador

Magnistor (Elect.) Magnistor (MC de um reactor toroidal)

magnitude (Astro.) magnitude

magnolia metal (Mec.) metal magnólia (liga de chumbo, antimónio e estanho)

Magnoliophyta (Bot.) Magnoliófitos

Magnollidae (Bot.) Magnoliíneas; magnolídeas

Magnox (Eng.) abr. de *MAGnesium No Oxidation* — Magnésio sem oxidação; Magnox (grupo de ligas de magnésio)

Magnus effect (Fís.) efeito de Magnus

Magnus force (Aero.) força de Magnus

magon (Fís.) onda de spin quantizado

magslip (Elect.) servossincronizador automático

Mahalanobis's D2 (Eco.) D quadrado de Mahalanobis

mahlstick (E.Civ.) tento (vara de apoio)

mahogany (Bot.; E.Civ.) mogno; a sua madeira

maiden (Eco.) árvore semeada

main airway (Minas) ventilador principal

main anode (Elect.) ânodo principal

main band (Bio.) banda principal; faixa principal

main bang (Radar) pulso-piloto

main beacon (Aero.) baliza principal; radiofarol principal

main beam (E.Civ.) viga principal

main beam (Elect.) feixe principal

mainboard (Inf.) placa mãe

main circuit (ELECT.) circuito principal

main connection (ELECT.) conexão principal; ligação principal

main contact (ELECT.) contacto principal

main deck (NAV.) convés principal; primeira coberta; ponte principal

main distribution frame [MDF] (TELECOM.) quadro de distribuição principal; quadro principal

main exchange (TELECOM.) estação principal

main exciter (ELECT.) excitador principal

main feeder (ELECT.) alimentador principal

main field (ELECT.) campo principal

main float (AERO.) flutuador principal

main flow (ELECT.) fluxo principal

mainframe (INF.) computador de grande porte

main fuse (ELECT.) fusível principal

main gear (ELECT.) engrenagem principal

main generator (ELECT.) gerador principal

main girder (E.CIV.) viga-mestra

main line (MINAS) linha principal; linha-tronco

main memory (INF.) memória principal

main network address (INF.) endereço de rede principal

main path (INF.) via principal; caminho principal

main plane (AERO.) asa principal; plano principal; plano de sustentação

main rack (MEC.) cremalheira principal

main rotor (AERO.) rotor principal

mains (ELECT.) linhas de alimentação; rede de energia

main sequence (ASTRO.) sequência principal

mains frequency (ELECT.) frequência de linhas principais

mains hum (ELECTRÓN.) ruído da rede electrica

mains isolation (ELECTRÓN.) isolamento da rede electrica

mains monitor (ELECT.) monitor da rede eléctrica

mainspring (RELOJ.) mola principal; mola-mestra

mainspring hook (RELOJ.) gancho da mola principal

mains ripple (ELECT.) pequena variação da tensão da rede eléctrica

mains supply (ELECT.) rede eléctrica

main storage (INF.) memória principal

mains transformer (ELECTRÓN.) transformador de linhas de alimentação; transformador de rede

mains voltage (ELECTRÓN.) tensão de rede

Main tank (AERO.) tanque principal

main tie (E.CIV.) travessa principal

main title (T.IMAG.) título principal

main transformer (ELECT.) transformador principal

main wall (E.CIV.) parede mestra

main web (AERO.) longarina; viga-mestra

main wheel (RELOJ.) roda principal

main winding (ELECT.) enrolamento principal

maisonette (ARQ.; E.CIV.) pequena casa; moradia

maize oil (QUIM.) óleo do de milho

major axis (MAT.) eixo maior

major depression (PSICO.) depressão grave

major explosion (ASTRO.) explosão maior

major facilitator superfamily [MFS] (BIO.) superfamília maior de facilitadores

major histocompatibility complex (IMUN.) complexo de histocompatibilidade maior

majority carrier (ELECTRÓN.) portador maioritário

majority emitter (ELECTRÓN.) emissor maioritário

majority voting logic (ELECTRÓN.) lógica do voto da maioria

majority voting system (AERO.) sistema de escolha maioritário

major lobe (TELECOM.) lobo maior

majuscule (IMP.) maiúscula

make (TELECOM.) fazer contacto

make-before-break contact (TELECOM.) contacto de fecho seguido de abertura

make-contact (TELECOM.) fazer contacto; fechar circuito

make even (IMP.) nivelar; ajustar

make-ready (IMP.) preparar

make-up (IMP.) composição; disposição gráfica

Maksutov corrector (ASTRO.) corrector de Maksutov

Maksutov telescope (ASTRO.) telescópio de Maksutov

malabsorption (MED.) malabsorção

malachite (MINER.) malaquite

malachite green (QUIM.) verde de malaquite (corante)

malacia (MED.) malacia

malacology (ZOO.) malacologia

malacophily (BOT.) malacófila; malacofília

malacoplakia (MED.) malacoplaquia; malacoplasia

Malacostraca (ZOO.) Malacostráceos

malacostracous (ZOO.) malacostráceo

malar (ZOO.) malar

malaria (MED.) malária

malate-condensing enzyme (BIO.) enzima condensadora do malato

malathion (QUIM.) Malatião [(S-(1,2-dicacarboxietil) O, O- dimetilditiofosfato]; composto organofosforado usado como insecticida e ectoparasiticida veterinário]

malato dehydrogenase (QUIM.) malato desidrogenase

Malaysian floral region (ECO.) região floral malaia

mal de caderas (VET.) «mal das cadeiras» ; tripanossomíase equina (da América do Sul)

mal du coit (VET.) mal do coito; sifilis equina

male (GERAL) masculino; macho

male and female (ELECT.; MEC.) macho e fêmea (cavilha; tomada; tubo)

male connector (ELECTRÓN.) ficha; ligação macho

maleic acid (QUIM.) ácido maleico

maleic anhydride (QUIM.) anidrido maleico

maleic hydrazide (BOT.; QUIM.) hidrazido maleico

male pronucleus (BIO.) pronúcleo masculino

Malesian flora (ECO.) flora malaia

male sterility (BOT.) esterilidade masculina

male thread (MEC.) filete macho; rosca macho

malic acid (QUIM.) ácido málico

malic acid dehydrogenase (QUIM.) desidrogenase ácido málico; enzima málica

malic enzyme (QUIM.) enzima málica; malato desidrogenase

malignant (MED.) maligno

malignant aphtha (VET.) doença pustular contagiosa

malignant catarrhal fever (VET.) febre catarral maligna; epiteliose bovina

malignant oedema (VET.) edema maligno; pústula edematígena

malignant stomatitis (VET.) estomatite maligna; difteria do novilho

malignite (GEO.) malignito

mall (E.CIV.) macete; malho

malleability (MEC.) maleabilidade

malleable cast-iron (MEC.) ferro fundido maleável

malleable iron (MEC.) ferro maleável; ferro doce

malleable metal (MEC.) metal maleável

malleable nickel (MEC.) níquel maleável

malleable steel (MEC.) aço maleável

mallee (ECO.) carrasco (Austrália)

mallein (VET.) maleína

mallenders and sallenders (VET.) malandra (tipo de psoríase)

malleolar (ZOO.) maleolar

malleolus (ZOO.) maléolo

mallet (E.CIV.) maço; macete; marreta

mallet-finger (MED.) dedo em martelo

Mallophaga (ZOO.) Malófagos

malm (E.CIV.) greda

Malm (GEO.) Cretáceo

malm rubber (E.CIV.) tijolo arenoso

malonic acid (QUIM.) ácido malónico

Malpighian body (ZOO.) corpo de Malpighi

Malpighian cell (BOT.) célula de Malpighi

Malpighian corpuscle (ZOO.) corpúsculo de Malpighi

Malpighian layer (ZOO.) camada de Malpighi

Malpighian tubes (ZOO.) tubos de Malpighi

malpresentation (MED.) apresentação deficiente; apresentação imperfeita

Malta fever (MED.) febre de Malta

maltase (BIO.) maltase

Maltese cross (T.IMAG.) cruz de Malta

Malthusianism (ECO.) maltusiana

maltobiose (QUIM.) maltobiose; maltose

maltose (QUIM.) maltose

malt-sugar (QUÍM.) açúcar de malte
Malus' law (FÍS.) lei de Malus
Malvaceae (BOT.) Malváceas
mamilla (ZOO.) mamila; mamilo
mamillary body (ZOO.) corpo mamilar
Mamma (METEO.) mamato-cúmulo; cúmulo-mamato
mamma (ZOO.) mama; glândula mamária
mammal (ECO.) mamífero
Mammalia (ZOO.) Mamíferos
mammalian cell culture (BIO.) cultura de células de mamíferos
mammogenic (MED.) mamogénico
mammography (RADIOL.) mamografia
mammoplasty (MED.) mamoplastia
mammotomy (MED.) mamotomia
mammotropic (MED.) mamotrópico
MAMP (ELECT.) abr. de *Microphone Amplifier* — amplificador de microfone
mamu (FÍS.) abr. de *millimass unit* — unidade de milimassa (um milionésimo de unidade de massa atómica)
Man (ZOO.) o Homem
Manchester brown (QUÍM.) castanho de Manchéster; castanho Bismarck
Manchester code (ELECTRÓN.) código de Manchester
Manchester yellow (QUÍM.) amarelo de Manchéster
mandelate (QUÍM.) mandelato
mandelic acid (QUÍM.) ácido mandélico; ácido fenilglicólico
mandible (ZOO.) mandíbula
mandibular disease (VET.) doença mandibular; bico achatado
mandibular glands (ZOO.) glândulas mandibulares
mandibulectomy (MED.) mandibulectomia
mandibulofacial (MED.) mandibulofacial
mandibulum (MED.; ZOO.) mandíbula
mandrel (MEC.) mandril; árvore
mandrel (RELOJ.) espiga
mangal (ECO.) mangal
manganate (QUÍM.) manganato
manganepidote (MINER.) piemontite (variedade manganésica do epídoto)
manganese (QUÍM.) manganés; manganês; manganésio
manganese alkaline cell (ELECTRÓN.) pilha alcalina de magnésio
manganese alloy (MEC.) liga de manganés
manganese bronze (ENG.) bronze de manganés
manganese dioxide (QUÍM.) dióxido de manganés; dióxido de manganésio
manganese epidote (MINER.) epídoto manganésico; piemontite
manganese garnet (MINER.) espessartina; espessartite
manganese hypophosphite (QUÍM.) hipofosfito de manganés; hipofosfito de manganésio
manganese iron (ENG.) ferro-manganés
manganese lactate (QUÍM.) lactato de manganés; lactato de manganésio
manganese monoxide (QUÍM.) monóxido de manganés; monóxido de manganésio

manganese nodule (GEO.) nódulo de magnésio
manganese nodules (GEO.) nódulos de manganés
manganese spar (MINER.) espato de manganés; rodocrosita; dialogita
manganese steel (ENG.) aço-manganés
manganic (QUÍM.) mangânico
manganin (ELECT.) manganina (liga metálica para resistências eléctricas)
manganin wire (ELECT.) fio de manganina
manganophyllite (MINER.) manganofilite
manganosite (MINER.) manganosite
manganous (QUÍM.) manganoso
manganous oxide (QUÍM.) óxido manganoso
mange (VET.) sarna
mangle (TÊXT.) calandra
mangrove forest (ECO.) mangal
manhole (HIDRO.) porta de inspecção; poço de visita
mania (MED.; PSICO.) mania
maniac-depressive (PSICO.) maníaco-depressivo
maniac-depressive psychosis (MED.; PSICO.) psicose maníaco-depressiva
manifest dream content (PSICO.) conteúdo manifesto do sonho
manifold (MAT.) variedade
manifold (MEC.) tubagem; cano de distribuição
manifold header (MEC.) colector de tubo
manifold heat valve (MEC.) válvula borboleta na tubulação de escape
manifold pressure (AERO.) pressão de admissão; pressão de alimentação
manifold pressure gauge (AERO.) manómetro de sobrepressão
manila (TÊXT.) manila
manilla fiber (TÊXT.) fibra de manila
manilla hemp (TÊXT.) cânhamo de manila
manilla paper (PAPEL) papel de manila
manipulator (NUCL.) manipulador
man lock (E.CIV.) câmara de compressão
man-made fibre (TÊXT.) fibra artificial; fibra sintética
man-made noise (ELECTRÓN.) ruído antropogénico
manna (ZOO.) exsudação doce
mannan (QUÍM.) manana; manosana
manned space flight (ESP.) voo espacial tripulado
Mannerism (ARQ.) Maneirismo
Mannesmann tube (MEC.) tubo Mannesmann; tubo sem costura
Mannheim process (QUÍM.) processo Mannheim
mannitol (QUÍM.) manitol; manita
mannose (QUÍM.) manose
mannosidosis (MED.) manosidose
mannuronic acid (QUÍM.) ácido manurónico
manocryometer (QUÍM.) manocriómetro
manometer (FÍS.) manómetro
manoscope (QUÍM.) manoscópio

manostat (MEC.) manóstato
mansard roof (E.CIV.) telhado de mansarda
mantel tree (E.CIV.) lintel de fogão (de sala)
mantissa (MAT.) mantissa
mantissa-exponent form (GERAL) notação mantissa expoente; notação científica
mantle (GERAL) manto
mantle cavity (ZOO.) cavidade paleal
Manton-Gaulin homogenizer (BIO.) homogenizador de Manton-Gaulin
Mantoux test (IMUN.) teste de Mantoux
manubrium (ZOO.) manúbrio
manufacturing gauge (MEC.) bitola de fabrico
manufacturing lathe (MEC.) torno de produção
manus (ZOO.) mão
MAOI (MED.) abr. de *MonoAmine Oxidase Inhibitor* — inibidor de monoaminoxidase
MAP (BIO.) abr. de *microtubule-associated proteins* — proteínas associadas aos microtúbulos
map (INF.) abr. de *Maintenance Analysis Procedure* — procedimento de análise de manutenção; mapeamento
map (MAT.) mapa; função
map comparison unit (RADAR) unidade de comparação de mapa
maple (BOT.; E.CIV.) bordo; plátano bastardo; a sua madeira
maple syrup; maple sugar (QUÍM.) açúcar de bôrdo
map measurer (TOPO.) curvímetro
mapping (BIO.) mapeamento
mapping memory (INF.) mapeamento da memória; cartografia da memória
maquis (ECO.) carrascal (França)
MAR (INF.) abr. de *Memory Address Register* — registo de endereço de memória
MAR (QUÍM.) abr. de *MicroAnalytical Reagent* — reagente microanalítico
marasmus (MED.) marasmo; atrofia marântica
marble (GEO.) mármore
marble bones (MED.; VET.) ossos marmóreos; osteopetrose; doença de Albers-Schoenberg
Marburg disease (MED.) doença de Marburg; febre hemorrágica africana
Marburg virus (BIO.; MED.) vírus de Marburg
marcasite (MINER.) marcassite
marcescent (BOT.) marcescente
marchioness (E.CIV.) marquesa (telha)
Marconi antenna (TELECOM.) antena Marconi
Marconi-Franklin beam array (TELECOM.) sistema de feixe Marconi-Franklin
Marconi pulse-height analyser (TELECOM.) analisador Marconi de altura de pulso
Marconi system (TELECOM.) sistema Marconi; telégrafo sem fio
mare (GEO.) mar
marekanite (GEO.) marecanite
Marek's disease (VET.) doença de Marek (tipo de linfomatose aviária)

Marezzo marble (E.Civ.) mármore Marezzo (artificial)

Marfan's syndrome (Med.) síndroma de Marfan; carácter autossómico dominante

Marform process (Mec.) processo Marform

margaric acid (Quím.) ácido margárico; ácido heptadecanóico

margarine (Quím.) margarina

margarite (Miner.) margarite; mica calcária

margin (E.Civ.) cercadura

margin (Telecom.) margem

marginal (Bot.) marginal

marginal check (Inf.) teste marginal

marginal meristem (Bot.) meristema marginal

marginal ore (Minas) minério marginal

marginal test (Inf.) teste marginal

marginal value theorem (Geral) teorema do valor marginal

margin lights (E.Civ.) vidraças marginais; vidros marginais

margin of safety line (Nav.) margem de linha de segurança

maria (Astro.) mares (na superfície lunar)

marialite (Miner.) marialite

Marianas Trench (Eco.) Fossa das Marianas

marihuana (Bot.) marijuana

marine boiler (Mec.) caldeira marítima

marine chronometer (Reloj.) cronómetro marítimo

marine clay (Miner.) argila marinha

marine coatings (E.Civ.) revestimentos marítimos

marine compass (Geral) bússola marítima

marine current (Geo.) corrente marinha

marine deposit (Geo.) depósito marinho

marine engine (Mec.) motor marítimo

marine engineering (Eng.) engenharia marítima; engenharia naval

marine erosion (Geo.) erosão marinha

marine fossil (Geo.) fóssil marinho

marine glue (E.Civ.) cola de peixe; ictiocola

marine gravel (Geo.) cascalho marinho

marine limestone (Miner.) pedra calcária marinha; calcário marinho

marine platform (Eco.) plataforma continental

marine propeller (Nav.) hélice de navio; hélice naval

marine screw propeller (Nav.) hélice de navio; hélice naval

marine sediment (Geo.) sedimento marinho

marine sextant (Nav.) sextante náutico

marine surveying (Topo.) levantamento hidrográfico

marine transgression (Geo.) transgressão marinha

Mariotte's law (Fís.) lei de Mariotte; lei de Boyle e Mariotte

maritime air (Geo.) massa de ar marítimo

maritime climate (Geo.) clima marítimo

mark (Telecom.) sinal; marca

Markarian galaxy (Astro.) galáxia de Markarian

marker (Aero.) radiofarol

marker (Radar) marcador

marker antenna (Aero.) antena de radiofarol

marker beacon (Aero.) radiofarol localizador; radiobaliza

marker light (E.Civ.) luz de marcação

marker pulse (Telecom.) pulso marcador; impulso marcador

marker system (Telecom.) sistema marcador

mark flag (Inf.) marca; bandeira

mark function (Inf.) função de marca

mark-hold (Inf.) manutenção de inactividade

marking gauge (E.Civ.) graminho

marking-out (Mec.) marcação; traçado

mark of reference (Imp.) marca de referência

mark sense (Inf.) sentido de marca

marl (Geo.) marga

marl (E.Civ.) calcário argiloso

marlstone (Geo.) calcário argiloso

marmite disease (Vet.) doença do porco gordo; epidermatite exsudativa generalizada (no porco jovem)

marmoration (E.Civ.) marmoreação

marmorization (Geo.) marmorização

marquise (Arq.) alpendre; marquise

marrow (Zoo.) medula

marsh (Eco.) pântano

marsh gas (Eco.) gás dos pântanos; metano

marshy tundra (Eco.) tundra pantanosa

Marsupiala (Zoo.) Marsupiais

marsupium (Zoo.) marsúpio

martensite (Mec.) martensite (constituinte dos aços temperados)

Martin's cement (E.Civ.) cimento Martin

martite (Miner.) martite

martius yellow (Quím.) amarelo de martius; amarelo-manchester (corante)

Martonite (Quím.) martonite (gás lacrimogéneo)

mascon (Astro.) abr. de *MASs CONcentrations* — concentrações de massa

MASER (Fís.) abr. de *Microwave Amplification by Stimulated Emission of Radiation* — amplificação de micro-ondas por emissão estimulada de radiação; MASER

maser noise (Elect.) ruído de maser

mask (Geral) máscara

maskelynite (Miner.) maskelinita (de N. Story-Maskelyne)

masking (Inf.) mascaramento; dissimulação

masking (Telecom.) abafamento

masochism (Psico.) masoquismo

masonry cement (E.Civ.) cimento de alvenaria; argamassa

masonry dam (Hidro.) dique de alvenaria

masonry drill (E.Civ.) ponteiro de furar pedras

mason's brush (E.Civ.) brocha; escova de pedreiro

mason's float (Mec.) desempenadeira; talocha

mason's level (E.Civ.) nível de pedreiro

mass (Fís.) massa

mass absorption coefficient (Fís.) coeficiente de absorção de massa

mass action law (Quím.) lei de acção das massas

mass axis (Mec.) eixo de massa

mass balance (Aero.) equilíbrio de massa

mass burning rate (Aero.; Esp.) velocidade de queima de propelente; velocidade de queima da massa

mass concentration (Fís.) concentração de massa

mass concrete (E.Civ.) betão

mass convergence (Hidro.) convergência de massa

mass conversion (Fís.) conversão de massa

mass density (Fís.) densidade de massa

mass effect (Mec.) efeito de massa

mass-energy equation (Fís.) equação massa-energia; equação de Einstein

masseter (Zoo.) masseter

mass excess (Fís.) excesso de massa

mass flow (Fís.) fluxo de massa

mass-flow hypothesis (Bot.) hipótese de fluxo de massa

mass formula (Fís.) fórmula de massa (atómica)

mass-haul curve (E.Civ.) curva de arrastamento de massa

massicot (Miner.) massicote

massif (Eco.) maciço

mass inertia (Fís.) inércia

masslaw (Fís.) lei da massa

mass luminosity (Astro.) luminosidade de massa

mass luminosity curve (Astro.) curva de luminosidade de massa

mass luminosity law (Astro.) lei de luminosidade de massa

mass moment (Fís.) momento de massa

mass movement (Eco.) movimento gravítico

mass number (Fís.) número de massa; índice de massa

mass of electron (Fís.) massa de electrão

mass of ion (Fís.) massa de ião

mass ratio (Aero.; Esp.) relação de massa

mass resistivity (Elect.) resistividade de massa

mass spectrograph (Fís.) espectrógrafo de massa

mass spectrometer (Fís.) espectrómetro de massa

mass spectrum (Fís.) espectro de massa

mass storage (Inf.) memória de massa

mass storage control (Inf.) controlo de memória de massa

mass storage device (Inf.) dispositivo de memória de massa

mass storage volume (INF.) volume de memória de massa

mass transfer (MEC.; QUÍM.) transferência de massa

mass transfer coefficient (MEC.; QUÍM.) coeficiente de transferência de massa

mass unit (FÍS.) unidade de massa

mass wasting (GEO.) destruição de massa; enfraquecimento de massa

mast (BOT.) glande; bolota

mast (MEC.) mastro; poste

mast cell (IMUN.) mastócito; célula em chicote; célula em flagelo

mastectomy (MED.) mastectomia

master (GERAL) padrão; principal; básico

master alloy (MEC.) liga padrão

master bar (MEC.) barra padrão

master brightness control (T.IMAG.) controlo principal de luminosidade

master clock (ELECT.; INF.) relógio mestre; relógio principal

master connecting-rod (AERO.) biela principal; biela mestra

master control (INF.) controlo principal

master control code (INF.) código de controlo principal

master copy (INF.) cópia principal

master cylinder (MEC.) cilindro principal; cilindro mestre

master data (INF.) dados principais

master directory (INF.) directório principal

master file (INF.) ficheiro principal

master frequency (ELECT.) frequência principal

master gain control (FÍS.) controlo de ganho principal

master gauge (MEC.) calibre padrão; calibrador de referência

master group (TELECOM.) grupo principal

master lode (MINAS) filão principal

master oscillator (TELECOM.) oscilador principal

master-slave flip-flop (ELECTRÓN.) biestável mestre-escravo

master-slave logic (ELECTRÓN.) lógica mestre-escravo

master station (TELECOM.) estação principal; estação padrão

master stream (HIDRO.) corrente principal

master switch (ELECT.) interruptor principal

master tap (MEC.) macho padrão

master timing (MEC.) regulação padrão

mastic (E.CIV.; QUÍM.) mastique

mastic asphalt (E.CIV.) mastique de asfalto

mastication (ZOO.) mastigação

masticator (QUÍM.) triturador

masticatory (ZOO.) mastigador

mastigophora (ZOO.) Mastigóforos

mastitis (MED.; VET.) mastite

mastodynia (MED.) mastodinia

mastoid (BOT.; ZOO.) mastóide

mastoidectomy (MED.) mastoidectomia

mastoiditis (MED.) mastoidite

mastology (MED.) mastologia

mastopathy (MED.) mastopatia

mastopexy (MED.) mastopexia

mastoplasia (MED.) mastoplasia

mastoplasty (MED.) mastoplastia

mastoptosis (MED.) mastoptose

mastorrhagia (MED.) mastorragia

mastotomy (MED.) mastotomia

mast yaw line (AERO.) corda de retenção

mat (IMP.) matriz

match (INF.) concordância

match-board (E.CIV.) tábua de macho e fêmea;tábua aparelhada

matched field (INF.) campo de combinação; campo de concordante

matched filter (ELECTRÓN.) filtro adaptado; filtro comparativo

matched load (TELECOM.) carga ajustada

matched termination (ELECTRÓN.) terminação compensada

matching (E.CIV.) aparelhamento

matching (INF.) comparação selectiva

matching (RADAR) ajustamento

matching network (ELECT.) rede de adaptação

matching records (INF.) registos concordantes; registos coincidentes

matching transformer (ELECTRÓN.) transformador de compensação

matchwood (BOT.) cavaco; estilha

material handling (ENG.) manipulação de material

materialization (FÍS.) materialização

material testing reactor (NUCL.) reactor de teste de materiais

maternal effect (BIO.) efeito maternal

maternal immunity (IMUN.) imunização materna

maternal impression (BIO.) impressão materna

maternal inheritance (BIO.) herança materna; hereditariedade citoplásmica

mathematical analysis (MAT.) análise matemática

mathematical axiom (MAT.) axioma matemático

mathematical calculation (MAT.) cálculo matemático

mathematical check (INF.) teste matemático

mathematical check (MAT.) prova matemática; verificação matemática

mathematical computation (MAT.) cálculo matemático

mathematical constant (MAT.) constante matemática

mathematical equation (MAT.) equação matemática

mathematical expression (MAT.) expressão matemática

mathematical formula (MAT.) fórmula matemática

mathematical function (MAT.) função matemática

mathematical function program (INF.) programa de função matemática

mathematical induction (MAT.) indução matemática

mathematical law (MAT.) lei matemática; regra matemática

mathematical logic (INF.; MAT.) lógica matemática

mathematical model (INF.) modelo matemático

mathematical point (MAT.) ponto matemático; ponto imaginário

mathematical probability (MAT.) probabilidade matemática

mathematical programming (INF.) programação matemática

mathematical routine (INF.) rotina matemática

mathematical subroutine (INF.) subrotina matemática

mathematical symbol (MAT.) símbolo matemático

mathematical term (MAT.) termo matemático

mathematical theorem (MAT.) teorema matemático

mathematical theory (MAT.) teoria matemática

mathematics (GERAL) Matemática

Mathieu equation (MAT.) equação de Mathieu

Mathieu function (MAT.) função de Mathieu

maths coprocessor (INF.) coprocessador matemático; unidade de vírgula flutuante

mating (E.CIV.) emparelhamento

mating jig (MEC.) gabarito de montagem

mating type (BIO.) estado de acasalamento

matorral (ECO.) carrascal (Espanha)

matrix (BOT.) matriz; substância intercelular

matrix (GERAL) matriz

matrix (MEC.) granulação (em Metalurgia)

matrix (ZOO.) útero

matrix addition (INF.) adição matricial

matrix board (ELECTRÓN.) placa matricial

matrix display (T.IMAG.) ecrã matricial

matrix element (INF.) elemento de matriz

matrix inversion (INF.) inversão de matriz

matrix printer (INF.) impressora de matriz; impressora matricial

matrix storage (INF.) memória de matriz

matrix stripboard (ELECTRÓN.) placa matricial

matrix suction (HIDRO.) tensão de humidade

matrix-updating methods (INF.) métodos de actualização de matrizes

matroclinous (BIO.) matróclina

matromorphic (BIO.) matromórfica

matte (MINAS) metal com impurezas sulfurosas

matter (FÍS.) matéria

matter (MED.) pus

Matteuci effect (ELECT.) efeito de Matteuci

matt finish (E.CIV.) acabamento mate

Matthiessen hypothesis (FÍS.) hipótese de Matthiessen

Matthiessen's rule (FÍS.) regra de Matthiessen

matt reflection (FÍS.) reflexão difusa

mattress (E.CIV.) colchão

mattress (HIDRO.) bloco de imersão

Matura diamond (MINER.) diamante-matura (variedade gemológica de zir-cão)

maturation (BOT.; ZOO.) maturação

maturation divisions (BIO.) divisões de maturação

maturation of behaviour (PSICO.) maturação de comportamento

mature phase (ECO.) fase matura

maturity (GEO.) maturidade

MATV (T.IMAG.) abr. de *Master Antenna TeleVision* — televisão de antena prin-cipal

maul (E.CIV.) malho; macete

maulstick (E.CIV.) tento de pintor

Maunder diagram (ASTRO.) diagrama de Maunder

mauveine (QUÍM.) mauveína; malveína

MAVAR (ELECTRÓN.) abr. de *Modula-ting Amplifier Using Variable Reac-tance* — amplificador modular utili-zando uma reactância variável; amplificador paramétrico

max gross (AERO.) peso máximo

maxilla (ZOO.) maxilar (osso do maxi-lar superior)

maxillae (ZOO.) maxilares

maxillary (ZOO.) maxilar (relativo ao maxilar)

maxilliped (ZOO.) maxilípede

maximum and minimum thermo-meter (METEO.) termómetro de má-xima e mínima

maximum angle of attack (AERO.) ângulo máximo de ataque

maximum available gain (ELECT.) ganho máximo disponível

maximum ceiling (AERO.) tecto má-ximo

maximum continuous rating (AERO.) regime máximo contínuo

maximum demand (ELECT.) consumo máximo

maximum-demand indicator (ELECT.) indicador de consumo má-ximo

maximum-deviation sensitivity (ELECT.) sensibilidade de desvio má-ximo

maximum dissipation (ELECTRÓN.) dissipação máxima

maximum distortion (TELECOM.) dis-torção máxima

maximum emission (NUCL.) emissão máxima

maximum energy (FÍS.) energia má-xima

maximum evaporation rate (FÍS.) coeficiente de evaporação máxima

maximum field potential (ELECT.) potencial máximo de campo; voltagem máxima de campo; tensão máxima de campo

maximum flying speed (AERO.) velo-cidade máxima de voo

maximum landing weight [MLW] (AERO.) peso máximo à aterragem

maximum licensed takeoff (AERO.) peso máximo permitido à descolagem

maximum likelihood decoding (ELECTRÓN.) descodificação de seme-lhança máxima

maximum output level (ELECTRÓN.) nível máximo de saída

maximum peak inverse voltage (ELECT.) voltagem máxima inversa de crista (ou pico)

maximum permissible concentra-tion (RADIOL.) concentração máxima permissível

maximum permissible dose (RA-DIOL.) dose máxima permissível

maximum permissible level (RA-DIOL.) nível máximo permissível

maximum point on a curve (MAT.) ponto máximo numa curva

maximum-reading accelerometer (AERO.) acelerómetro de máxima

maximum reservoir capacity (HIDRO.) volume máximo operativo

maximum revolution (MEC.) rotação máxima; máxima de revolução

maximum sustained yield [MSY] (ECO.) produção máxima sustentável

maximum take-off weight [MTOW] (AERO.) peso máximo à descolagem

maximum tensile stress (MEC.) es-forço de tensão máximo

maximum thermometer (GEO.) ter-mómetro de máxima

maximum usable frequency (TELE-COM.) frequência máxima utilizável

maximum-value (ELECT.) valor má-ximo; amplitude

maximum weight (AERO.) peso má-ximo

max level speed (AERO.) velocidade de nível máximo

max take-off weight [MTOW] (AERO.) peso máximo à descolagem

maxwell (ELECT.) maxwell (unidade CGS de fluxo magnético)

Maxwell-Boltzmann density func-tion (FÍS.) função de densidade de Maxwell-Boltzmann

Maxwell-Boltzmann distribution law (FÍS.) lei da distribuição de Max-well-Boltzmann

Maxwell bridge (ELECT.) ponte de Maxwell

Maxwell equal area rule (FÍS.) regra das áreas iguais de Maxwell

Maxwell experiment (T.IMAG.) expe-riência de Maxwell

Maxwellian distribution (GERAL) dis-tribuição de Maxwell

Maxwell primaries (T.IMAG.) primárias de Maxwell

Maxwell's circuital theorems (FÍS.) teorema de circuitos de Maxwell

Maxwell's coefficient of diffusion (FÍS.) coeficiente de difusão de Max-well

Maxwell's demon (QUÍM.) demónio de Maxwell

Maxwell's displacement current (ELECT.) corrente de deslocamento de Maxwell

Maxwell's electromagnetic theory (ELECT.) teoria electromagnética de Maxwell

Maxwell's equations (TELECOM.) equações de Maxwell

Maxwell's field equations (FÍS.) equações de campo de Maxwell

Maxwell's rule (ELECT.) regra de Max-well

Maxwell's theorem (MEC.) teorema de Maxwell

Maxwell's thermodynamic rela-tions (FÍS.) relações termodinâmicas de Maxwell

Maxwell viewing system (T.IMAG.) sistama de visão Maxwell

mayday (TELECOM.) chamada de emer-gência (corresponde ao SOS em tele-grafia)

May's graticule (FÍS.) retículo de May

maze (PSICO.) labirinto

M.b. (MED.) abr. do latim *Misce bene* — misturar bem (usada em prescrições médicas)

MBC (MED.) abr. de *Maximum Breat-hing Capacity* — capacidade máxima respiratória

MBE (GERAL) abr. de *molecular beam epitaxy* — deposição da fase de vapor

MBP (BIO.) abr. de *maltose binding pro-tein* — proteína ligante à maltose

McBurney's point (MED.) ponto de McBurney

McCabe-Thiele diagram (QUÍM.) dia-grama de McCabe-Thiele

McColl protective system (ELECT.) sistema de protecção McColl

McLeod gauge (QUÍM.) medidor McLeod

Mc; mc (GERAL) abr. de *Metric Carat* — quilate métrico

McNally tube (ELECTRÓN.) válvula de McNally

McQuaid-Ehn test (ENG.) teste de McQuaid-Ehn

Mcrit (AERO.) Mach crítico; número Mach crítico (*crit* também usado como índice)

Md (QUÍM.) símbolo químico do *mende-levium* — mendelévio

MDF (TELECOM.) abr. de *Main Distribu-tion Frame* — quadro de distribuição geral

MDS (ELECTRÓN.) abr. de *minimum dis-cernible signal* — menor sinal discer-nível

M & E (T.IMAG.) abr. de *Music & Effects* — música e efeitos

Mealy machine (ELECTRÓN.) máquina lógica de Mealy

mean (MAT.) média; meio

mean aerodynamic chord (ENG.) corda média aerodinâmica

mean anomaly (ASTRO.) anomalia média

mean atomic time scale (FÍS.) escala média de tempo atómico

mean blade-width ratio (AERO.) alongamento médio da pá; razão entre a largura média da pá e o diâmetro da hélice

mean calorie (FÍS.) caloria média

mean chord (AERO.) corda média

mean curvature (MAT.) curvatura média

mean daily motion (ASTRO.) movi-mento médio diário

mean daily temperature (METEO.) temperatura média diária

meander (GEO.) meandro

meander belt (Geo.) cintura de meandros; zona de meandros

meander migration (Eco.) migração dos meandros

meander wavelength (Eco.) comprimento de onda dos meandros

mean draught (Nav.) calado médio

mean effective brake pressure (Mec.) pressão efectiva média ao freio

mean effective pressure (Mec.) pressão efectiva média

mean free path (Fís.) percurso livre médio

mean free time (Fís.) tempo livre médio

mean head (Hidro.) salto médio; queda média

mean hemispherical candle-power (Fís.) vela hemisférica média; poder luminoso esférico médio

mean horizontal candle-power (Fís.) vela horizontal média

mean lethal dose (Radiol.) dose média letal

mean life (Fís.) meia-vida

mean moon (Astro.) Lua média

mean noon (Astro.) meio-dia médio

mean normal curvature (Mat.) curvatura normal média

mean parallax (Astro.) paralaxe média

mean place (Astro.) lugar médio; posição média

mean residence time (Fís.) tempo médio de permanência

mean sea level (Topo.) nível médio do mar

mean solar day (Astro.) dia médio solar

mean solar time (Astro.) tempo médio solar

mean spherical intensity of light (Fís.) intensidade luminosa esférica média

mean square (Electrón.) média quadrada; média do quadrado

mean-square contingency (Est.) contingência quadrática média

mean-square deviation (Est.) desvio médio quadrático; variância

mean-square error (Est.) erro médio quadrático

mean stress (Mec.) tensão média

mean sun (Astro.) Sol médio

mean time (Astro.) tempo médio; hora média

mean time between failures [MTBF] (Electrón.) tempo médio entre falhas

mean time to repair (Electrón.) tempo médio de reparação

mean value (Mat.) valor médio; termo médio; média aritmética

measles (Med.) sarampo

measles of beef (Vet.) sarampo do gado

measles of pork (Vet.) sarampo dos porcos

measured ore (Minas) minério determinado

measuring chain (E.Civ.; Topo.) cadeia de agrimensor

measuring frame (E.Civ.) moldura de medida; «caixa» de medida; gabarito

measuring glass (Quím.) proveta graduada; copo graduado

measuring instrument (Elect.) instrumento de medida

measuring rod (Topo.) mira graduada

measuring tape (E.Civ.; Topo.) fita métrica

measuring weir (Hidro.) fluxímetro de vertedouro

measuring wheel (Topo.) roda medidora; odómetro

meatotomy (Med.) meatotomia

meatus (Zoo.) meato

mechanical action (Mec.) acção mecânica; efeito mecânico

mechanical advantage (Fís.) rendimento mecânico

mechanical analog computer (Inf.) computador analógico mecânico

mechanical analogue (Mec.) análogo mecânico

mechanical astronomy (Astro.) Astronomia Mecânica; Mecânica Celeste

mechanical balance (Fís.) equilíbrio mecânico; balança mecânica

mechanical bias (Elect.) polarização mecânica

mechanical binding (Mec.) ligação mecânica

mechanical bond (E.Civ.) ligação mecânica

mechanical brake (Mec.) freio mecânico; travão mecânico

mechanical characteristic (Elect.) característica mecânica

mechanical composition (Geo.) composição mecânica; composição química

mechanical convection (Meteo.) convecção mecânica

mechanical crystallizing (Quím.) cristalização mecânica

mechanical depolarization (Elect.) despolarização mecânica

mechanical deposit (Geo.) depósito mecânico

mechanical destruction (Geo.) destruição mecânica

mechanical differential analyser (Inf.) analisador diferencial mecânico

mechanical drive (Mec.) accionamento mecânico

mechanical efficiency (Mec.) rendimento mecânico

mechanical energy (Fís.) energia mecânica

mechanical engineering (Mec.) Engenharia mecânica

mechanical equivalent (Fís.) equivalente mecânico

mechanical equivalent of heat (Fís.) equivalente mecânico do calor

mechanical equivalent of light (Fís.) equivalente mecânico da luz

mechanical erosion (Geo.) erosão mecânica

mechanical exfoliation (Geo.) exfoliação mecânica; esfoliação mecânica0

mechanical feed (Mec.) alimentação mecânica

mechanical filter (T.Imag.) filtro mecânico

mechanical finishing (Têxt.) acabamento mecânico

mechanical flight (Aero.) voo com motor

mechanical fracture (Geo.) fractura mecânica

mechanical governor (Mec.) regulador mecânico

mechanical hysteresis (Electrón.) histerese mecânica

mechanical impedance (Fís.) impedância mecânica

mechanical instability (Meteo.) instabilidade mecânica

mechanical latching relay (Elect.) relé de engate mecânico

mechanical law (Astro.) lei mecânica

mechanical lift (Aero.) sustentação mecânica

mechanical lift (Fís.; Mec.) suspensão mecânica

mechanical moulding (Mec.) moldagem mecânica; moldagem à máquina

mechanical orbit (Nucl.) órbita mecânica

mechanical overlay (Imp.) alceamento mecânico

mechanical paper (Papel) papel mecânico

mechanical plating (Mec.) chapeamento mecânico

mechanical rectifier (Elect.) rectificador mecânico

mechanical refrigerator (Mec.) refrigerador mecânico

mechanical replacement (Inf.) substituição mecânica; reposição mecânica

mechanical resonance (Fís.) ressonância mecânica

mechanical scanner (T.Imag.) explorador mecânico

mechanical scanning (T.Imag.) exploração mecânica

mechanical sedimentation (Geo.) sedimentação mecânica

mechanical stipple (Imp.) gravação mecânica

mechanical stoker (Mec.) alimentador mecânico; carregador mecânico

mechanical stripping (Mec.) decapagem mecânica

mechanical tissue (Bio.) tecido mecânico

mechanical translation (Inf.) tradução mecânica

mechanical trip (Mec.) disparo mecânico; desengate mecânico

mechanical tuning (Electrón.) sintonização mecânica

mechanical weathering (Geo.) erosão mecânica

mechanical woodpulp (Papel) polpa de madeira mecânica

mechanical working (Mec.) trabalho mecânico

mechanics (Fís.) Mecânica

mechanomotive force (Fís.) força mecanomotora

mechanoreceptor (Med.) mecanorreceptor

mechanotherapy (Med.) mecanoterapia; terapia mecânica

Meckel's diverticulum (MED.) divertículo de Meckel
meconate (QUÍM.) meconato
meconic acid (QUÍM.) ácido mecónico
meconism (MED.) meconismo
meconium (MED.; ZOO.) mecónio
medi-, medio- (GERAL) medi-, medio-; do latim *medius* — médio
media (INF.) suporte (*media* é o plural de *medium*)
mediad (ZOO.) para a linha média
medial moraine (GEO.) morena mediana
median (EST.) mediano
median filter (ELECTRÓN.) filtro da mediana
median wing-coverts (ZOO.) coberturas medianas; supra-alares
mediastinal (MED.) mediastinal; mediastínico
mediastinitis (MED.) mediastinite
mediastinography (MED.) mediastinografia
mediastinopericarditis (MED.) mediastino-pericardite
mediastinotomy (MED.) mediastinotomia
mediastinum (ZOO.) mediastino
medical model (PSICO.) modelo médico; padrão médico
medieval woodland (ECO.) floresta pristina
Mediterranean climate (ECO.) clima mediterrânico
Mediterranean faunal subregion (ECO.) subregião faunica mediterrânica
Mediterranean fever (MED.) febre do Mediterrâneo; poliserosite recorrente familiar; abdominalgia periódica
Mediterranean fever (VET.) brucelose; febre do aborto; febre caprina
Mediterranean floral region (ECO.) região floral mediterrânica
Mediterranean forest (ECO.) floresta mediterrânica
Mediterranean scrub (ECO.) mato mediterrânico; carrascal
medium (GERAL) meio; veículo; instrumento; média; semi-
medium altitude (AERO.; METEO.) altitude média
medium carbon alloy (MEC.) liga com teor médio de carbono
medium cloud (METEO.) nuvem média
medium drawing (MEC.) trefilagem média
medium energy gamma rays (NUCL.) raios gama de energia média
medium energy of fission (NUCL.) energia média de fissão
medium frequency (TELECOM.) frequência média
medium grain (MINAS) grão médio
medium hard foundry pig iron (MEC.) ferro-gusa de fundição semidura
medium lethal dose (RADIOL.) dose média letal
medium-mu (ELECTRÓN.) factor de ampliação média
medium-mu triode (ELECTRÓN.) triodo de factor de ampliação média

medium octavo (IMP.) meio-oitavo
medium persistence (T.IMAG.) persistência média
medium power output (ELECT.) saída de potência média
medium pressure boiler (MEC.) caldeira de pressão média
medium pressure steam boiler (MEC.) caldeira de vapor a média pressão
medium scale integration (INF.) integração a média escala
medium steel (MEC.) aço médio; aço meio-doce
medium thickness (MEC.) espessura média
medium thickness gauge (MEC.) calibre de espessura média
medium voltage (ELECT.) voltagem média
medium wave (TELECOM.) onda média
medulla (BOT.; ZOO.) medula
medullablastoma (MED.) meduloblastoma
medulla oblongata (ZOO.) medula alongada; bolbo raquidiano; mielencéfalo
medulla ossium (ZOO.) medula óssea
medullary bundle (BOT.) feixe medular
medullary canal (ZOO.) canal medular
medullary fold (ZOO.) prega medular; dobra medular
medullary plate (ZOO.) placa medular
medullary ray (BOT.) raio medular
medullary sheath (BOT.) bainha medular; bainha mielínica
medullated nerve fibres (ZOO.) fibras nervosas mielinizadas
medullated prostele (BOT.) protostela medular
medullate; medullated (BOT.) medular; meduloso
medusa (ZOO.) medusa
meerschaum (MINER.) sepiolite
meeting post (HIDRO.) couceira de batente
meeting rail (E.CIV.) anteparo de encontro
mega- (GERAL) mega-; macro-; prefixo do grego *megas* — grande, com a acepção de grande; e também usado no sistema métrico indicando um milhar
megabacterium (BIO.) megabactéria
megabit (INF.) megabit (um milhão de bits)
megacoccus (BIO.) megacoco
megacolon (MED.) megacólon
megacycle (ELECT.) megaciclo
mega-electron volt [MeV] (FÍS.) megaelectrão-volt
Megafauna (ECO.) megafauna
mega-gramme-roentgen (FÍS.) megagrama-roentgen
megahertz (TELECOM.) megahertz
megalecithal (ZOO.) megalécito
megaloblast (ZOO.) megaloblasto
megaloblastic anaemia (MED.) anemia megaloblástica
megalocyte (ZOO.) megalócito
megamere (ZOO.) macrómero; megamero

megamete (ZOO.) megagâmeta; macrogâmeta
meganucleus (ZOO.) macronúcleo
megaparsec (ASTRO.) megaparsec
megaphanerophyte (BOT.) megafanerófita
megaphone (FÍS.) megafone
megaphyll (BOT.) macrófilo
megaripple (GEO.) macroonda
megascopic (GERAL) visível a olho nu
megasporangium (BOT.) macrosporângio
megaspore (BOT.) macrósporo
megasporophyll (BOT.) macrosporófilo
megathermal climate (ECO.) clima megatérmico
megaton (FÍS.) megatonelada (força explosiva equivalente a 1000000 toneladas de TNT; «unidade» do poder destruidor do armamento nuclear)
megaureter (MED.) megaureter
megavoltage therapy (RADIOL.) terapia de supervoltagem (acima de um milhão de volts)
megawatt days per ton (NUCL.) megawatt-dias por tonelada
meglip (E.CIV.) mistura de óleo de linhaça e mastique
Meibomian glands (ZOO.) glândulas meibomianas; glândulas palpebrais
MEID (TELECOM.) abr. de *mobile equipment ID* — número de identificação de equipamento móvel
meiofauna (ECO.) fauna intersticial
meiomery (BOT.) meiomeria
meionite (MINER.) meionite
meiosis (BIO.) meiose
Meissner effect (FÍS.) efeito de Meissner
Meissner's corpuscules (ZOO.) corpúsculos de Meissner
Meissner's plexus (ZOO.) plexo de Meissner; plexo submucoso
Meissner oscillator (ELECTRÓN.) oscilador de Meissner
MEK (QUÍM.) abr. de *Methyl Ethyl Ketone* — metil-etil-cetona (Butanona-2)
Meker burner (QUÍM.) queimador de Meker
mel (FÍS.) Abr. de *melody* — melodia (unidade subjuctiva de altura de som)
melaconite (MINER.) melaconite
melamine-formaldehyde (QUÍM.) formaldeído de melamina
melamine resin (QUÍM.) resina de melamina
melan-; melano- (GERAL) melan-; melano-; do grego *melas* — preto, com a acepção de preto ou de cor extremamente escura
Melanesian and Micronesian floral region (ECO.) região floral melanésica e micronésia
melange (GEO.) mistura
melanin (BIO.; QUÍM.) melanina
melanism (BIO.; ECO.) melanismo
melanite (MINER.) melanite
melanoblast (ZOO.) melanoblasto
melanodermatitis (MED.) melanodermatite
melanodermia, melanoderma (MED.) melanodermia

melanogen (Quím.) melanógeno
melanoglossia (Med.) melanoglossia
melanoma (Med.) melanoma
melanomatosis (Med.) melanomatose
melanonychia (Med.) melanoníquia
melanopathy (Med.) melanopatia
melanophage (Med.) melanófago; melanóforo
melanophora (Med.) melanóforo (derrame intermitente de melanina livre na conjuntiva)
melanophore (Bio.) melanóforo (célula capaz de formar melanina)
melanophore (Med.) melanóforo (célula fagocítica que contem melanina, mas não forma pigmento)
melanoplakia (Med.) melanoplaquia
melanoprotein (Quím.) melanoproteína
melanorrhagia (Med.) melanorragia
melanosis (Med.) melanose
melanosome (Bio.) melanossoma
melanosporous (Bot.) melanospórico
melanotrichous (Med.) melanótrico
melanotroph (Med.) melanótrofo
melanterite (Miner.) melanterite
melanuria (Med.) melanúria
Melastomaceae (Bot.) Melastomatáceas
melena (Med.) melena
melibiose (Quím.) melibiose
melildosis; melioidosis (Vet.) melioidose; pseudomormo
melilite (Crist.) melilito
melliphagus (Zoo.) melífago
mellitic acid (Quím.) ácido melítico; ácido benzeno-hexacarboxílico
mellivorous (Zoo.) melívoro
meltback transistor (Electrón.) transístor refundido
meltemi (Geo.) vento de norte no Mar Egeu (Turquia)
melting furnace (Mec.) forno de fundição
melting heat (Mec.) calor de fusão
melting point test (E.Civ.; Mec.) teste de ponto de fusão
melting pot (Mec.) cadinho; crisol
melting tank (Mec.) crisol de fusão
melting temperature (Bio.) temperatura de fusão
melting temperature of DNA (Bio.) temperatura de fusão de ADN
melting zone (Mec.) zona de fusão
melton (Têxt.) «Melton» (variedade de tecido de lã fabricado em Melton Mowbray, no Leicestershire, Inglaterra)
melton cloth (Têxt.) tecido de Melton
MEM (Eco.) abr. de *Micro-erosion meter* — medidor de micro-erosão
member (Geral) membro; componente; parte
member (Zoo.) membro
membrana (Med.) membrana
membrana corticalis (Med.) membrana cortical
membrana tympani (Zoo.) membrana timpânica
membrane (Geral) membrana
membrane analog (Hidro.) modelo analógico de membrana
membranectomy (Med.) membranectomia

membrane filter (Quím.) filtro de membrana
membrane filtration (Bio.; Quím.) filtragem por membrana
membranelle (Zoo.) membranela
membrane potential (Bio.; Quím.) potencial de membrana
membraniform (Zoo.) membraniforme
memory (Geral) memória
memory access time (Inf.) tempo de acesso à memória
memory address (Inf.) endereço de memória
memory address register (Inf.) registo de endereço de memória
memory allocation (Inf.) repartição de memória
memory block (Inf.) bloco de memória
memory board (Inf.) placa de memória
memory buffering (Inf.) memória intermédia
memory buffer register (Inf.) registo intermediário de memória
memory cache (Inf.) memória intermédia
memory capacity (Inf.) capacidade de memória
memory card (Inf.) placa de memória
memory cells (Bio.) células de memória
memory chip (Inf.) integrado de memória
memory compactation (Inf.) compactação de memória
memory controller (Inf.) controlador da memória
memory cycle (Inf.) ciclo de memória
memory cycle time (Inf.) tempo de ciclo de memória
memory data register (Inf.) registo de dados de memória
memory dump (Inf.) descarga de memória
memory dynamic (Inf.) memória dinâmica
memory effect (Inf.) efeito de memória
memory element (Inf.) elemento de memória
memory external (Inf.) memória externa
memory fill (Inf.) preenchimento de memória
memory guard (Inf.) protecção de memória; guarda de memória
memory hierarchy (Inf.) hierarquia de memória
memory internal (Inf.) memória interna
memory location (Inf.) localização de memória
memory management (Inf.) gestão de memória; administração de memória
memory management unit (Inf.) unidade de gestão de memória
memory mapping (Inf.) mapeamento de memória; planeamento de memória
memory overlay (Inf.) sobreposição de memória
memory register (Inf.) registo de memória

memory span (Psico.) extensão de memória; alcance de memória
memory trace (Psico.) traço de memória
memory word (Inf.) palavra de memória
menarche (Med.) menarca
Mendeleev's law (Fís.) lei de Mendeleev
Mendeleev's table (Quím.) tabela de Mendeleev; quadro periódico dos elementos
mendelevium (Quím.) mendelévio
Mendelian character (Bio.) carácter mendeliano
Mendelian genetics (Bio.) Genética mendeliana; Genética de Mendel
Mendelian population (Eco.) população mendeliana
Mendel's laws (Bio.) leis de Mendel
Ménière's disease (Med.) doença de Ménière; síndroma de Ménière
menilite (Miner.) menilita
meninges (Med.) meninges (é o plural de *meninx*)
meningioma (Med.) meningioma
meningiomatosis (Med.) meningiomatose
meningism; meningismus (Med.) meningismo
meningitis (Med.) meningite
meningocele (Med.) meningocele
meningococcemia (Med.) meningococemia
meningococcus (Med.) meningococo
meningocyte (Med.) meningócito
meningo-encephalitis (Med.) meningoencefalite
meningo-encephalocele (Med.) meningoencefalocele
meningo-encephalopathy (Med.) meningoencefalopatia
meningomyelitis (Med.) meningomielite
meningomyelocele (Med.) meningomielocele
meningorrhachidian (Med.) meningorraquidiano
meningorrhagia (Med.) meningorragia
meningosis (Med.) meningose
meningovascular (Med.) meningovascular
meniscus (Geral) menisco; estrutura em forma de crescente
meniscus telescope (Astro.) telescópio de menisco
menix (Med.) meninge (qualquer membrana, e especificamente uma das túnicas membranosas do cérebro e do cordão espinhal)
menix primitiva (Bio.; Med.) meninge primitiva
menopause (Med.) menopausa
menorrhagia (Med.) menorragia
mensa (Zoo.) mesa (dentária)
menstruation (Zoo.) menstruação
mental age (Psico.) idade mental
mental retardation (Psico.) atraso mental
mental set (Psico.) disposição mental
menthol (Med.) mentol
mentolabialis (Med.) mentolabial

menton (MED.) queixo
mentum (ZOO.) mento
menu (INF.) menu
menu system (INF.) sistema de menu
mepacrine (MED.; QUÍM.) mepacrina
mepacrine hydrochloride (QUÍM.) cloridrato de mepacrina
mephobarbital (QUÍM.) mefobarbital
meprobamate (QUÍM.) meprobamato
meralgia (MED.) meralgia
meralgia parasthetica (MED.) meralgia parestésica; doença de Bernhardt
meranti (BOT.) merante (termo malaio da madeira da *Shorea wiesneri* da Samatra)
Mercalli scale (GEO.) escala de Mercalli
mercaptans (QUÍM.) mercaptanos
mercaptides (QUÍM.) mercaptetos
mercapturic acid (QUÍM.) ácido mercaptúrico
Mercator's projection (GEO.) projecção de Mercator
mercerization (TÊXT.) mercerização
merchant iron (MEC.) ferro maleável; ferro forjável
mercurial barometer (FÍS.) barómetro de mercúrio
mercurial gauge (MEC.) manómetro de mercúrio
mercurial pendulum (RELOJ.) pêndulo de mercúrio
mercurial thermometer (FÍS.) termómetro de mercúrio
mercuric acetate (QUÍM.) acetato de mercúrio
mercuric chloride (QUÍM.) cloreto de mercúrio
mercuric dichromate (QUÍM.) dicromato de mercúrio
mercuric iodide (QUÍM.) iodeto de mercúrio
mercuric oxide cell (ELECTRÓN.) pilha de óxido de mercúrio
mercuric oxycyanide (QUÍM.) oxicianeto de mercúrio
mercuric telluride (QUÍM.) telureto de mercúrio
mercurous acetate (QUÍM.) acetato mercuroso
mercurous chloride (QUÍM.) cloreto mercuroso; calomelano
mercurous iodide (QUÍM.) iodeto mercuroso
Mercury (ASTRO.) Mercúrio (planeta)
mercury (QUÍM.) mercúrio
mercury arc (ELECTRÓN.) arco de mercúrio
mercury-arc converter (ELECT.) conversor de arco de mercúrio
mercury-arc lamp (ELECT.) lâmpada de arco de mercúrio
mercury-arc rectifier (ELECT.) rectificador de arco de mercúrio
mercury barometer (FÍS.; METEO.) barómetro de mercúrio
mercury battery (ELECT.) bateria de mercúrio
mercury box (FÍS.) reservatório de mercúrio; depósito de mercúrio
mercury cell (QUÍM.) pilha de mercúrio
mercury delay line (TELECOM.) linha de atraso a mercúrio

mercury discharge lamp (ELECTRÓN.) lâmpada de descarga de mercúrio; lâmpada de vapor de mercúrio
mercury fulminate (QUÍM.) fulminato de mercúrio
mercury intrusion method (QUÍM.) método de intrusão de mercúrio
mercury-jet breaker (ELECT.) interruptor a jacto de mercúrio
mercury-jet scanning switch (ELECTRÓN.) comutador a jacto de mercúrio
mercury lamp (ELECT.) lâmpada de mercúrio
Mercury project (ESP.) projecto Mercúrio (primeiro programa espacial norte-americano)
mercury seal (QUÍM.) vedação a mercúrio
mercury switch (ELECT.) interruptor a mercúrio
mercury tilt-switch (ELECT.) interruptor de mercúrio
mercury-vapour cycle (MEC.) ciclo de vapor de mercúrio
mercury-vapour pump (QUÍM.) bomba de vapor por mercúrio
mercury-vapour rectifier (ELECT.) rectificador de vapor de mercúrio
mercury-wetted reed switch (ELECT.) interruptor de lâmina submersa em mercúrio
merge (INF.) intercalar; combinar
merge pass (INF.) passagem de intercalação
merge sort (INF.) classificação por intercalação
mericlinal chimera (BOT.) quimera mericlinal
meridian (ASTRO.) meridiano; apogeu; culminância; auge
meridian (GEO.) meridiano
meridian angle (ASTRO.) ângulo meridiano
meridian circle (ASTRO.) círculo de meridiano
meridian passage (ASTRO.) passagem meridiana; trânsito meridiano
meridional circulation (GEO.) circulação meridional
merino wool (TÊXT.) lã merina
Merioneth (GEO.) Merioneth (época mais recente do Câmbrico)
meristele (BOT.) meristela
meristem (BOT.) meristema
meristem culture (BIO.) cultura de meristema
meristic (ZOO.) merístico
meristic variation (BOT.; ZOO.) variação merística
merlon (ARQ.) merlão
mero- (GERAL) mero-; do grego *meros* — parte
meroblastic (ZOO.) meroblástico
merocele (MED.) merocele
merocrine (MED.) merócrino
merogamy (BOT.) merogamia
merogenesis (ZOO.) merogénese; reprodução por segmentação
merogony (ZOO.) merogonia
merological approach (GERAL) aproximação parcial
meroplankton (ECO.) meroplâncton
merosmia (MED.) merosmia

merozoite (ZOO.) merozoíto
merozygote (BIO.) merozigoto
Merulius lacrymans (E.CIV.) Merúlio (fungo da madeira húmida)
merycism (MED.) mericism
Merz-Hunter protective system (ELECT.) sistema de protecção Merz-Hunter
Merz-Price protective system (ELECT.) sistema de protecção Merz-Price
mesa (ELECTRÓN.) mesa
mesa (GEO.) mesa
mesaconic acid (QUÍM.) ácido mesacónico; ácido metil fumárico
mesad (MED.) em direcção ao centro
mesarch (BOT.) mesarco
mesaxon (ZOO.) mesaxónio
mescaline (MED.; QUÍM.) mescalina
mesectoderm (ZOO.) mesectoderma
mesencephalon (ZOO.) mesencéfalo
mesenchyma (ZOO.) mesênquima
mesenteric (ZOO.) mesentérico
mesenteric caeca (ceca) (ZOO.) cecos mesentéricos; cegos mesentéricos
mesenteron (ZOO.) mesenteron; intestino médio
mesentery (ZOO.) mesentério
mesethmoid (ZOO.) septo internasal
mesh (E.CIV.) rede; metal expandido para reforço de cimento
mesh (TELECOM.) rede; circuito
mesh connection (ELECT.) conexão em malha; conexão poligonal
mesh current (ELECTRÓN.) malha de corrente
mesh impedance (ELECT.) impedância de malha
mesh voltage (ELECT.) voltagem de malha
mesiad (ZOO.) em direcção ao centro
mesial, mesian (ZOO.) mesial; mediano; médio
mesitylene (QUÍM.) mesitileno
mesityl oxide (QUÍM.) óxido de mesitilo
mesmerism (PSICO.) mesmerismo
mes-; meso- (GERAL) mes-; meso-; do grego *mesos* — meio, metade, indicando posição intermédia
mesobenthos (ZOO.) fauna e flora mesobênticas
mesobiota (ECO.) mesobiota
mesoblast (ZOO.) mesoblasto
mesoblastic somites (ZOO.) sómitos mesoblásticos
mesocarp (BOT.) mesocarpo
mesoclimate (ECO.) mesoclima
mesocoele (ZOO.) aqueduto de Sílvio (Sylvius)
mesoderm (ZOO.) mesoderme
mesofauna (ECO.) mesofauna
mesoflora (ECO.) mesoflora
mesogaster (ZOO.) mesogastro; mesogástrio
mesogloea (ZOO.) mesogleia
mesohaline water (ECO.) água mesohalina; água salobra
mesokaryotic (BOT.) mesocariótico
mesolecithal (ZOO.) mesolécito
mesolite (MINER.) mesolite
Mesolithic (GEO.) Mesolítico

mesomerism (Quím.) mesomerismo
mesometrium (Zoo.) mesométrio
mesomorph (Psico.) mesomorfo
mesomorphous (Quím.) mesomorfo
meson (Fís.) mesão
mesonephric duct (Zoo.) canal mesonéfrico
mesonephros (Zoo.) mesonefro; corpo de Wolff; rim primitivo
meson field (Fís.) campo mesónico
mesopause (Meteo.) mesopausa
mesopelagic zone (Eco.) zona mesopelágica
mesophile (Bio.) mesófilo
mesophilic bacteria (Bio.) bactérias mesofilas
mesophyll (Bot.) mesófilo
mesophyte (Bot.) mesófito
mesorchium (Zoo.) mesórquio
mesosphere (Meteo.) mesosfera
mesosternum (Zoo.) mesosterno
mesotarsal (Zoo.) mesotársico
mesothelium (Zoo.) mesotélio
mesotherm (Eco.) mesotérmica
mesothermal climate (Eco.) clima mesotérmico; clima temperado
mesothorax (Zoo.) mesotórax
mesotidal (Eco.) zona de marés médias
mesotrochal (Zoo.) mesotroco
mesotrophic (Eco.) mesotrófico
mesovarium (Zoo.) mesovário
Mesozoic (Geo.) Mesozóico
message address (Inf.) endereço de mensagem
message error (Inf.) erro de mensagem
message header (Inf.) cabeçalho de mensagem
message retrieval (Inf.) recuperação de mensagem
message switching (Inf.) comutação de mensagem
message wire (Elect.) cabo portador
messenger RNA [mRNA] (Bio.) ARN mensageiro
Messier catalogue (Astro.) Catálogo de Messier
mestome (Bot.) mestoma; mesoma
mestome sheath; mestom sheath (Bot.) bainha de mestoma
meta-aldehyde (Quím.) metaldeído
metabiosis (Bio.) metabiose
metabolic pathway (Bio.; Eco.) percurso metabólico
metabolic rate (Eco.) taxa metabólica
metabolism (Zoo.) metabolismo
metabolite (Bio.) metabolito
metaboly (Bot.) metabolia; metabolismo
metaboric acid (Quím.) ácido metabórico
metacarpal; metacarpale (Zoo.) metacárpico
metacarpus (Zoo.) matacarpo
metacentre (Fís.) metacentro
metacentric (Nav.) metacêntrico
metacentric height (Nav.) altura de metacentro
metachronal rhythm (Bio.) ritmo metacrónico
metachrosis (Zoo.) metacrose
metacone (Med.) metacone

metaconid (Med.) metaconídeo
metacresol (Quím.) metacresol; m-cresol
metagenesis (Zoo.) metagénese
metahaemoglobin (Chem.) meta-hemoglobina
metahaemoglobinaemia (Med.) meta-hemoglobinemia
metahaemoglobinuria (Med.) meta-hemoglobinúria
metal (E.Civ.) pedra britada
metal (Geral) metal
metal-arc welding (Elect.) soldadura a arco
metal-clad switchgear (Elect.) mecanismo de distribuição blindado
metaldehyde (Quím.) metaldeído
metal detector (Eng.) detector de metal
metal electrode (Elect.) eléctrodo de metal
metal feeder (Imp.) alimentador de metal
metal filament (Elect.) filamento metálico
metal-filament lamp (Elect.) lâmpada de filamento metálico
metal film (Electrón.) filme metálico; filme de metal
metal-film resistor (Elect.) resistência de película metálica
metal-halide lamp (T.Imag.) lâmpada de halogéneo
metal inert-gas welding (Mec.) soldadura de metal em atmosfera de gás inerte
metal insulator (Telecom.) isolador de metal
metalled road (E.Civ.) estrada empedrada; estrada macadamizada
metallic bond (Quím.) ligação metálica
metallic conduction (Electrón.) condução metálica
metallic-film resistor (Elect.) resistência de película metálica
metallic lens (Telecom.) lente metálica
metallic lustre (Miner.) brilho metálico
metallic packing (Mec.) guarnição metálica
metallization (Quím.) metalização
metallized paper capacitor (Electrón.) condensador de papel metalizado
metallized yarn (Têxt.) fio metálico
metalloenzyme (Bio.) metaloenzima; enzima metálico
metallography (Mec.) metalografia
metalloid (Quím.) metalóide
metallo-organic compounds (Quím.) compostos metalo-orgânicos
metallurgical process (Minas) processo metalúrgico
metallurgy (Mec.) metalurgia
metal matrix composite (Aero.) composto de matriz metálica
metal oxide resistor (Electrón.) resistência de óxido de metal
metal-oxide semiconductor (Elect.) semicondutor de óxido metálico
metal-oxide semiconductor field-effect transistor (Electrón.) tran-

sístor de efeito de campo metal-óxido-semicondutor
metal-oxide semiconductor transistor (Elect.) transístor de semicondutor de óxido metálico
metal-oxide-silicon device (Electrón.) dispositivo metal-óxido-silício
metal pattern (Mec.) metal padrão
metal plate lens aerial (Telecom.) antena lenticular de placa metálica
metal rectifier (Elect.) rectificador de metal
metal rule (Imp.) régua metálica
metal shaper (Mec.) torno limador
metal spinning (Mec.) repuxamento metálico
metal trim (E.Civ.) remate metálico
metal valley (E.Civ.) laroz metálico
metamere (Zoo.) metâmero
metameric match (T.Imag.) adaptação metamérica
metamerism (Zoo.) metamerismo; metamerização
metamict (Miner.) metamíctico
metamorphic facies (Geo.) fácies metamórfico
metamorphic rock (Geo.) rocha metamórfica
metamorphism (Zoo.) metamorfismo
metamorphosis (Zoo.) metamorfose
metanephric duct (Zoo.) canal metanéfrico
metanephridia (Zoo.) metanefrídios
metanephrine (Quím.) metanefrina
metanephros (Zoo.) metanefro; rim posterior
metanilic acid (Quím.) ácido metanílico
metanil yellow (Quím.) amarelo de metanilo
metapeptona (Quím.) metapeptona
metaphase (Bio.) metafase
metaphloem (Bot.) metafloema
metaphosphatase (Quím.) metafosfatase
metaphosphoric acid (Quím.) ácido metafosfórico
metaphysis (Med.) metáfise
metaphysitis (Med.) metafisite
metaplasia (Zoo.) metaplasia
metaplasm (Bot.; Zoo.) metaplasma
metapodium (Zoo.) metapódio
metapophysis (Zoo.) metapófise
metaraminol (Quím.) metaraminol
metaraminol bitartrate (Med.; Quím.) bitartarato de metaraminol
metasitism (Zoo.) metasitismo
metasoma (Zoo.) metassoma
metasomatism (Geo.) metassomatose
metastable (Quím.) metastável; de estabilidade incerta
metastable state (Quím.) estado metastável
metastasic (Fís.) metastático
metastasis (Med.; Zoo.) metástase
metastasize (Med.) metastizar
metatarsal(e) (Zoo.) metatársico
metatarsus (Zoo.) metatarso
Metatheria (Zoo.) Metateria
metathorax (Zoo.) metatórax
metaxylem (Bot.) metaxilema
Metazoa (Zoo.) Metazoários

metencephalon (Zoo.) metencéfalo; cérebro posterior
meteor (Astro.) meteoro
meteor ablation (Astro.) ablação de meteoro
meteor brightness (Astro.) brilho de meteoro
meteor crater (Astro.) cratera de meteoro
meteor detection (Astro.) detecção de meteoro
meteor echo (Radar) eco de meteoro
meteoric dust (Astro.) poeira meteórica
meteoric impact (Astro.) impacto meteórico
meteoric ionization (Astro.) ionização meteórica
meteoric mass (Astro.) massa meteórica
meteoric matter (Astro.) matéria meteórica
meteoric particle (Astro.) partícula meteórica
meteoric shower (Astro.) chuva meteórica; chuva de meteoritos
meteoric water (Astro.) água meteórica
meteorism (Med.; Vet.) meteorismo
meteorite (Astro.) meteorito
meteorological satellite (Meteo.) satélite meteorológico
meteorological tide (Meteo.) maré meteorológica
meteorology (Geral) meteorologia
meteor parameter (Astro.) parâmetro de meteoro
meteor path (Astro.) trajecto de meteoro
meteor scatter (Telecom.) dispersão meteórica
meteor spectrum (Astro.) espectro de meteoro
meteor stream (Astro.) chuva de meteoros
meteor trail (Astro.) trilho de meteoro
meter (Elect.) medidor
meter (Geral) metro
meter resistance (Electrón.) ohmímetro
methacrylic acid (Quím.) ácido metacrílico
methadone (Med.; Quím;) metadona
methadone hydrochloride (Med.; Quím.) cloridrato de metadona
methanal (Quím.) metanal; aldeído fórmico; formaldeído
methane (Quím.) metano
methanides (Quím.) metanidos
methanogen (Eco.) metanogénico
methanogenic bacteria (Bio.) bactéria metanogénica
methanoic acid (Quím.) ácido metanóico; ácido fórmico
methanol (Quím.) metanol; álcool metílico
methene (Quím.) meteno; metileno
methine (Quím.) metino; metenilo
methionine (Quím.) metionina
method study (Eng.) estudo de método; estudo de processo; estudo de sistema
methoxone (Quím.) metoxona

methoxyl group (Quím.) grupo metóxilo
Methylal (Quím.) Metilal (solvente)
methyl alcohol (Quím.) álcool metílico; metanol; álcool de madeira
methyl aldehyde (Quím.) aldeído metílico
methylamines (Quím.) metilaminas
methylated spirit (Quím.) álcool metilado; álcool desnaturado
methylation (Bio.; Quím.) metilação
methylation of nucleic acids (Bio.) metilação dos ácidos nucléicos
methylbenzene (Quím.) metilbenzeno; tolueno
methyl blue (Quím.) azul metil; corante ácido trifenilmetano
methyl bromide (Quím.) brometo de metilo
methyl celullose (Med.; Quím.) metilcelulose; éter metílico da celulose
methyl chloride (Quím.) cloreto de metilo
methyldopa (Med.) metildopa (agente hipotensivo)
methylene (Quím.) metileno
methylene bichloride (Quím.) bicloreto de metileno; diclorometano
methylene blue (Quím.) azul de metileno
methylene chloride (Quim.) cloreto de metileno; clorometano
methylene iodide (Quím.) iodeto de metileno
methylglucamine (Quím.) metilglucamina
methylglyoxal (Quím.) metilglioxal; piruvaldeído; aldeído pirúvico
methyl group (Quím.) grupo metilo
methylkinase (Quím.) metilcinase
methylmalonic aciduria (Med.) acidúria metilmalónica
methylmercaptan (Quím.) metilmercaptano; metanotiol
methylmercury compounds (Quím.) compostos de metil de mercúrio
methylol (Quím.) metilol; hidroximetilo
methyl orange (Quím.) alaranjado de metilo; heliantina
methylose (Quím.) metilose
methylpentose (Quím.) metilpentose
methyl-pyridines (Quím.) metilpiridinas
methyl-rubber (Quím.) borracha butílica
methyl salicylate (Quím.) salicilato de metilo; metilsalicilato; óleo de bétula
methyl sulphate (sulfate) (Quím.) sulfato de metilo
methyl tetrahydrofolate (Bio.) tetra-hidrofolato de metil
methyl violet (Quím.) violeta de metilo
methyl yellow (Quím.) amarelo de metilo; dimetilaminoazobenzeno
methysergide (Med.; Quím.) metisergida (antagonista da serotonina)
Metis (Astro.) Metis (asteróide e também o 16º satélite de Júpiter)
metoecious (Bot.; Zoo.) heteroxeno
metoestrus (Zoo.) anestro
metol (T.Imag.) Metol (MC do p-metilaminofenol)
Metonic cycle (Astro.) ciclo metónico; ciclo metoniano

metope (Arq.) métopa
metoxenous (Bot.; Zoo.) heteroxeno
metre (Fís.) metro
metre bridge (Elect.) ponte de metro
metre-candle (Fís.) lux
metric (Geral) métrico
metric screw thread (Mec.) rosca métrica; filete métrico
metric space (Geral) espaço métrico
metric system (Geral) sistema métrico
metric trait (Bio.) carácter quantitativo
metritis (Med.) metrite; uterite
metrocele (Med.) metrocele; histerocele
metronidazole (Med.; Quím.) metronidazol
metropolitan area network [MAN] (Telecom.) rede metropolitana
metrorrhagia (Med.) metrorragia
metrostaxis (Med.) metrorragia
metyrapone (Med.;Quím.) metirapona; metopirona
MeV (Fís.) abr. de *Mega-Electron-Volt* — megaelectrão volt
mevaldic acid (Quím.) ácido meváldico
mevalonic acid (Quím.) ácido mevalónico
Mexican onyx (Miner.) ónix-do-méxico (variedade de aragonite colorida)
mezzanine (E.Civ.) mezanino
mezzotint (E.Civ.) meia-tinta
MF (Aero.) abr. de *Medium Frequency* — frequência média
MFLOPS (Inf.) abr. de *Mega flops* — mega operações de vírgula flutuante por segundo
MFM (Telecom.) abr. de *Modified Frequency Modulation* — modulação de frequência modificada
MFOB (Aero.) abr. de *Minimum Fuel On Board* — mínimo combustível a bordo
MFP (Aero.) abr. de *Minimum Flight Path* — trajectória mínima de voo
MFR (Inf.) abr. de *MultiFrequency Receiver* — receptor de multifrequência
MFT (Inf.) abr. de *Multiprogramming with a Fixed number of Tasks* — multiprogramação com um número fixo de tarefas (serviços)
Mg (Quím.) símbolo de *magnesium* — magnésio
mg (Fís.) abr. de *milligram(me)* — miligrama
MGCB (Inf.) abr. de *Master Gate Control Block* — bloco de controlo de porta principal
MHC (Imun.) abr. de *Major Histocompatibility Complex* — complexo de histocompatibilidade maior
MHC restriction (Imun.) restrição de complexo de histocompatibilidade maior
MHD generator (Elect.) abr. de *MagnetoHydroDynamic generator* — gerador magneto-hidrodinâmico
mho (Fís.) mho (o recíproco de ohm, no sistema CGS)
mianserin (Med.; Quím.) mianserina (antidepressivo)

mianserin hydrochloride (MED.; QUÍM.) cloridrato de mianserina (anti-histamínico)

miarolitic structure (GEO.) estrutura miarolítica

MIC (TELECOM.) abr. de *microwave integrated circuit* — circuito integrado de micro-ondas

mica (MINER.) mica

mica capacitor (ELECTRÓN.) condensador de mica

micaceous iron-ore (MINER.) minério de ferro micáceo

micaceous porphyry (MINER.) pórfiro micáceo

micaceous sandstone (GEO.) arenito micáceo

micaceous schist (MINER.) xisto micáceo

mica cone (ELECT.) cone de mica

mica dieletric (ELECT.) dieléctrico de mica

micafolium (ELECTR.) papel mica (isolador)

micanite (ELECT.) micanite

mica-schist (GEO.) micaxisto

mica V-ring (ELECT.) anel em V de mica

micelle (BOT.) micélio

micelle (QUÍM.) micela; micélio

Michaelis-Menten constant [KM] (BIO.) constante de Michaelis-Menten

Michell bearing (MEC.) rolamento Michell

Michelson interferometer (FÍS.) interferómetro de Michelson

Michelson-Morley experiment (FÍS.) experiência de Michelson-Morley

MICR (INF.) abr. de *Magnetic Ink Character Recognition* — reconhecimento de carácter de tinta magnética

micro- (GERAL) micro-; do grego *mikros* — pequeno

micro-aerobic (ECO.) micro-aeróbico

microaerobion (BIO.) microaeróbio

microaerophile (BOT.) microaerófilo

microammeter (ELECT.) microamperímetro

microanalysis (QUÍM.) microanálise

microanalytical reagent [MAR] (QUÍM.) reagente microanalítico

microbalance (QUÍM.) microbalança; balança de precisão

microbar (FÍS.) microbar (unidade de pressão)

microbe (BIO.) micróbio

microbial (BIO.) microbial

microbic (BIO.) microbiano

microbiological mining (MINAS) mineração microbiológica; biomineração

microbiota (BIO.) microbiota

microbody (BOT.) microssoma

microbore (E.CIV.) furo micrométrico

microburst (AERO.) microexplosão

microcapsule (BIO.) microcápsula

microcell (ELECTRÓN.) pilha micro

microcephalia; microcephaly (MED.) microcefalia

microchemistry (QUÍM.) Microquímica

microcircuit isolation (ELECT.) isolamento de microcircuito; isolamento de circuito integrado

microcircuits (ELECT.) microcircuitos; circuitos integrados

microclimate (ECO.) microclima

Micrococcaceae (BIO.) Micrococáceas

micrococcin (QUÍM.) micrococcina (antibiótico)

Micrococcus (BIO.) Micrococo

microcode (INF.) microcódigo

microcolon (ZOO.) microcólon

microcomputer (INF.) microcomputador

microconsumer (ECO.) micro consumidor

microcontroller (ELECTRÓN.) microcontrolador

microcrystalline texture (GEO.) textura microcristalina

microdensitometer (T.IMAG.) microdensitómetro

microdissection (BIO.) microdissecção

micro-ecosystem (ECO.) micro ecossistema

microelectronics (ELECTRÓN.) Microelectrónica

micro-environment (ECO.) microambiente

micro-erosion meter (ECO.) medidor de micro-erosão

microfarad (ELECT.) microfarad (unidade de capacitância)

microfibril (BOT.) microfibrilha

microfiche (INF.) microficha

microfilament (BIO.) microfilamento

microfilaria (ZOO.) microfilárias

microfim (T.IMAG.) microfilme

microflora (ECO.) microfauna

microfossils (GEO.) microfósseis

microgamete (BIO.) microgâmeta

microgametocyte (ZOO.) microgametócito

microglia (ZOO.) microglia; microneuróglia; célula de Hortega

microglioma (MED.) microglioma

microgliosis (MED.) microgliose

microglobulin (IMUN.) microglobulina

microglossia (MED.) microglossia

micrognathia (ZOO.) micrognatia

microgram(me) (GERAL) micrograma

microgranite (GEO.) microgranito

micrographic texture (GEO.) textura micrográfica

microgravity (ESP.) microgravidade

microgroove records (FÍS.) discos de microssulcos (acústica)

microgyria (MED.) microcircunvolução

microhabitat (ECO.) microhabitat

microheterogeneity (BIO.) microheterogeneidade

micro-incineration (BIO.) microincineração

microincision (MED.) microincisão

microinvasion (MED.) microinvasão

microlecithal (ZOO.) microlécito

microlight (AERO.) microleve

microlite (GEO.) micrólito

microlux (FÍS.) microlux (unidade de iluminação)

micromanipulator (BIO.) micromanipulador

micromazia (MED.) micromazia

micromere (ZOO.) micrómero

micrometeorite (ASTRO.; ESP.) micrometeorito

micrometer (ASTRO.) micrómetro

micrometer eyepiece (BIO.) ocular micrométrica

micrometer gauge (MEC.) calibre micrométrico

micrometer theodolite (TOPO.) teodolito micrométrico

micrometre (FÍS.) micrómetro (anteriormente micron)

micromicro- (GERAL) pico- (no SI)

micromodule (ELECT.) micromódulo

micron (GERAL) micron; micrómetro (micron é designação incorrecta, actualmente)

micronized coal (MEC.) carvão pulverizado

micronucleus (ZOO.) micronúcleo

micronutrient (ECO.) micronutriente

micro-organism (ECO.) micro-organismo

micropalaeontology (GEO.) Micropaleontologia

microperthite (MINER.) micropertite

microphage (ZOO.) micrófago

microphagous (ZOO.) micrófago

microphanaerophyte (BOT.) microfanerófita

microphone (FÍS.) microfone

microphone acoustic construction (TELECOM.) microfone acústico

microphone amplifier (ELECT.) amplificador de microfone

microphone output (ELECT.) saída de microfone

microphonic (ELECTRÓN.) microfónico

microphonic effect (ELECTRÓN.) efeito de microfone

microphonic noise (ELECTRÓN.) ruído de microfone

microphotography (T.IMAG.) microfotografia

microphyll (BOT.) filóide; filídeo (nos musgos)

Microphyllophyta (BOT.) Microfilófitos

microphyric (GEO.) microfírica

Micropodiformes (ZOO.) Micropodiformes

microporosity (MEC.) microporosidade

micro-porous coatings (E.CIV.) revestimentos microporosos

microporous gel (BIO.) gel microporoso

microprism (T.IMAG.) microprisma

microprocessor (ELECTRÓN.; INF.) microprocessador

microprocessor control section (INF.) secção de controlo do microprocessador

microprocessor fetch-execute cycle (ELECTRÓN.) ciclo busca-executa do microprocessador

microprogram (INF.) microprograma

micro programming (INF.) microprogramação

micropropagation (BOT.) micropropagação

micropsia (MED.) micropsia

micropterous (ZOO.) micróptero

micropyle (BOT.; ZOO.) micrópilo

microradiography (RADIOL.) micro-rradiografia

microscope (FÍS.) microscópio

microscope count method (FÍS.) método de contagem microscópica

microscopic inspection (MEC.) inspecção microscópica

microscopic state (QUÍM.) estado microscópico

microscopic stress (MEC.) tensão microscópica

microsection (MEC.) microssecção

microsmatic (ZOO.) microsmático

microsomes (BIO.) microssomas

microspecies (BOT.) microespécie

microspherulitic texture (GEO.) textura microesferulítica

microsplanchnic (ZOO.) microesplâncnico

microsporangium (BOT.) microsporângio

microspore (BOT.) micrósporo

microsporocyte (BOT.) microsporócito

microsporophyll (BOT.) microsporófilo

microsporophyte (BOT.) microsporófita

microstoma; microstomia (MED.) microstoma; microstomia

microstrip (TELECOM.) microbanda

microstruture (MEC.) microestrutura

microswitch (ELECT.) micro-interruptor

microtidal (ECO.) zona de micromaré; de marés de amplitude pequena

microtome (BIO.) micrótomo

microtubule (BIO.) microtúbulo

microtubule-organizing centre (BOT.) centro de organização de microtúbulos

microvilli (BIO.) microvilosidades

microvillus (BOT.) microvilosidade

microwave (ELECT.) microonda

microwave absorver (ELECT.) absorvedor de microondas

Microwave Amplification by Stimulated Emission of Radiation [MASER] (ELECTRÓN.) MASER; amplificação de microondas por emissão estimulada de radiação

microwave background (ASTRO.) radiação de microondas

microwave band (TELECOM.) faixa de microonda

microwave beam (ELECT.) feixe de microondas

microwave cooker (GERAL) forno micro-ondas

microwave detector (TELECOM.) detector de micro-ondas

microwave dish aerial (TELECOM.) antena de micro-ondas; antena parabólica

microwave frequency (ELECTRÓN.) frequência de microonda

microwave heating (FÍS.) aquecimento de microonda

microwave integrated circuit (TELECOM.) circuito integrado de microondas

microwave resonance (ELECT.) ressonância de microonda

microwave resonator (TELECOM.) ressoador de microondas

microwaves (TELECOM.) microondas

microwave spectrometer (FÍS.) espectrómetro de microondas

microwave spectroscopy (FÍS.) espectroscopia de microondas

microwave spectrum (FÍS.) espectro de microondas

microwave tube (TELECOM.) tubo de micro-ondas

micturition (ZOO.) micção

Mid-Atlantic Ridge (GEO.) Crista Média Átlântica

mid-brain (ZOO.) mesencéfalo

middle conductor (ELECT.) condutor neutro

middle ear (ZOO.) ouvido médio

middle girder (E.CIV.) viga transversal

middle marker (AERO.) baliza média; radiofarol médio

middle oil (QUÍM.) óleo médio; óleo de consistência média

middle rail (E.CIV.) calha média

middle shore (E.CIV.) escora média; pontalete médio

middle temperature error (RELOJ.) erro de temperatura média

middle third (E.CIV.) terço do meio

middle wire (ELECT.) fio neutro

middlings (MINAS) resíduos médios

mid-feather wall (FÍS.) parede de divisão de dois tubos de chama

mid-gear; middle-gear (MEC.) ponto morto de sector

mid-gut (ZOO.) intestino médio; mesogastro

MIDI (INF.) abr. de *musical instrument digital interface* — interface digital para instrumentos musicais

MIDI interface (INF.) interface MIDI; ficha série de 15 pinos

midland tariff (ELECT.) tarifa interior

mid-latitude mixed forest (ECO.) floresta mista de latitudes médias

mid-ocean ridge (GEO.) cordilheira central oceânica

mid-point protective system (ELECT.) sistema protector de ponto médio

mid-rib (BOT.) nervura central

mid-riff (ZOO.) diafragma

mid space (IMP.) meio-espaço

mid-wing monoplane (AERO.) monoplano de asa média

midwinter (METEO.) solstício de Inverno; pleno Inverno

Mie scattering (FÍS.) dispersão de Mie

MIF (IMUN.) abr. de *Migration Inhibition Factor* — factor inibidor de migração; factor de inibição

migmatite (GEO.) migmatite

migraine (MED.) enxaqueca; hemicrânia; cefaleia

migration (FÍS.) migração; transporte

migration (GERAL) migração

migration area (FÍS.) área de migração; área de transporte

migration inhibition factor [MIF] (IMUN.) factor inibidor de migração; factor de inibição

migration route (ECO.) rota de migração

migratory cell (ZOO.) célula migratória

MIG welding (MEC.) abr. de *Metal Inert Gas welding* — soldadura de metal por gás inerte

mike (TELECOM.) microfone

Mikulicz's disease (MED.) doença de Mikulicz; síndroma de Mikulicz-Sjoegren

mil (GERAL) milésima de polegada

Milanese fabric (TÊXT.) milanesa (tecido)

Milankovitch solar radiation curve (GEO.) curva de insolação de Milankovitch

Milankovitch theory of climatic change (METEO.) teoria de Milankovitch da alteração climática

milarite (MINER.) milarite

mild clay (E.CIV.) argila magra

mildew (BOT.) míldio

mild steel (MEC.) aço macio; aço doce

mile (GERAL) milha [milha marítima (*nautical mile*)= 1852m; milha terrestre (*statue mile*) = 1609,4m]

miliaria; miliary (MED.) miliária

miliary tuberculosis (MED.) tuberculose miliar; tuberculose generalizada

milk fever (VET.) febre láctica; febre do leite (do parto); paralisia do parto

milk glands (ZOO.) glândulas mamárias; glândulas lácteas

milk-sugar (QUÍM.) lactose; açúcar do leite

milk teeth (ZOO.) dentes de leite; dentição de leite

milk tetany (VET.) tetania do novilho

Milk Way (ASTRO.) Via Láctea; Estrada de Santiago

mill (INF.) mil (termo obsoleto)

mill (GERAL) moinho; laminador; fábrica; fiação

millboard (PAPEL) papelão

milled (MEC.) laminado; fresado; serrilhado

milled cloth (TÊXT.) tecido laminado

milled file (MEC.) lima fresada

milled lead (E.CIV.) chumbo laminado

milled nut (MEC.) porca serrilhada

milled part (MEC.) peça fresada

milled slot (MEC.) entalhe fresado; sulco fresado

milled tooth (MEC.) dente fresado

Miller bridge (ELECT.) ponte Miller

Miller circuit (ELECTRÓN.) circuito Miller

Miller effect (ELECTRÓN.) efeito Miller

Miller indices (CRIST.) índices Miller

Miller integrator (ELECTRÓN.) integrador de Miller

millerite (capillary pyrite) (MINER.) millerite; milerite

Miller process (MINAS) processo Miller

millers' disease (VET.) osteodistrofia fibrosa

Miller's theorem (ELECTRÓN.) teorema de Miller

milli- (GERAL) mili-; do latim *mill*, abr. de *milesimum*

milliammeter (FÍS.) miliamperímetro

milliamp (ELECTRÓN.) miliampére

millibar (METEO.) milibar

millicurie (Fís.) milicurie

millidarcy (Geo.) milidarcy (unidade de permeabilidade porosa de uma rocha)

milligal (Minas) miligal (unidade de aceleração da gravidade)

milligram (Geral) miligrama

Millikan oil-drop experiment (Fís.) experiência da gota de óleo de Millikan; experiência de Millikan

millilambert (Fís.) mililambert (unidade de luminância)

millilitre (Quím.) mililitro

millilux (Fís.) mililux

millimass unit (Fís.) unidade de milimassa (abr. *mmu*)

millimetre (Geral) milímetro

millimetre pitch (Mec.) passo milimétrico

millimetres of mercury (Geral) milímetros de mercúrio; hectoPascal

millimetric waves (Telecom.) ondas milimétricas

millimicron (Elect.) milimicron (obsoleto)

milling (Mec.) fresagem

milling (Minas) trituração

milling (Têxt.) apisoamento

milling cutter (Mec.) fresa

milling cutter grinding (Mec.) afiamento de fresa; rectificação de fresa

milling head (Mec.) cabeçote de fresa

milling machine (Mec.) fresadora; máquina de fresar

milling shoe (Minas) sapata fresadora

Millington reverberation formula (Fís.) fórmula de reverberação de Millington

milling wheel (Mec.) fresa (ferramenta)

million-electron-volt (Fís.) um milhão de electrões-volts

millions of instructions per second [MIPS] (Inf.) milhões de instruções por segundo

millipede (Zoo.) milípede

Millipore filter (Quím.) filtro de miliporos (MC)

milliradian (Geral) milirradiano

Millon's reaction (Quím.) reacção de Millon

mill race (Mec.) calha de adução; calha

mill scale (E.Civ.) escala de milésimos

mill tail (Mec.) canal de fuga (de moinho)

mill wheel (Mec.) roda de moinho

MILNET (Inf.) MILNET; abr. de *MILitary NETwork* — rede de comunicação militar (EUA)

Milroy's disease (Med.) doença de Milroy; edema hereditário

Mil-Spec (Aero.) Abr. de *MILitary SPECification* — especificação militar

MIL specification (Geral) especificações militares

milt (Zoo.) baço (de mamíferos e outros vertebrados); láctea (líquido seminal dos peixes)

Mimas (Astro.) Mimas (1º satélite de Saturno)

MIMD (Inf.) abr. de *Multiple Instruction stream, Multiple Data stream* — fluxo

de instrução múltipla, fluxo de dados múltiplo

mimetic diagram (Elect.) diagrama mimético

mimetite (Miner.) mimetite; mimetesa

mimicry (Zoo.) mímica; mimetismo

minaret (Arq.) minarete

mine detector (Mec.) detector de base

mineral (Miner.) mineral

mineral caoutchouc (Miner.) elaterite

mineral cycle (Geo.) ciclo mineral

mineral deposit (Geo.) depósito mineral; jazigo mineral

mineral dressing (Minas) desbaste mineral

mineral flax (E.Civ.) lã mineral

mineralization (Geral) mineralização

mineral jelly (Quím.) vaselina

mineral nutrient (Bot.) nutriente mineral

mineral nutrition (Eco.) nutrição mineral

mineralogy (Geral) mineralogia

mineral oil (Quím.) óleo mineral

mineral pitch (E.Civ.) asfalto; betume; pez

mineral substance (Miner.) substância mineral

mineral vein (Minas) veio mineral; veio de minério

mineral wool (Mec.) lã mineral

miner's dip needle (Minas) bússola de mineiro

miner's lamp (Minas) lâmpada de mineiro

mine shaft (Minas) poço de mina (de carvão)

minette (Geo.) ferro oolítico

miniature camera (T.Imag.) câmara miniatura

miniature circuit breakers [MCBs] (Electrón.) disjuntor eléctrico de calha DIN

miniature electron tube (Elect.) válvula electrónica miniatura

minicells (Bio.) minicélula

minichromosome (Bio.) minicromossoma

minicomputer (Inf.) minicomputador

minimal area (Eco.) área de mínima

minimal machine (Inf.) máquina mínima

minimal medium (Bio.) meio mínimo

minimax procedure (Inf.) procedimento de aproximação ao mínimo máximo

minimum access code (Inf.) código de acesso mínimo

minimum access programming (Inf.) programação de acesso mínimo

minimum access routine (Inf.) rotina de acesso mínimo

minimum blowing current (Elect.) corrente mínima de queima (de fusível)

minimum burner pressure valve (Aero.) válvula de pressão mínima de queimador

minimum deviation (Fís.) desvio mínimo

minimum discernible signal (Telecom.) sinal mínimo discernível

minimum flying speed (Aero.) velocidade mínima de sustentação; velocidade mínima de voo; velocidade de voo

minimum ionization (Fís.) ionização mínima

minimum pause (Telecom.) pausa mínima

minimum point of a curve (Mat.) ponto mínimo de uma curva

minimum pressure (Meteo.) pressão mínima

minimum radial distance (Electrón.) distância radial mínima

minimum rate of a grade (Mec.) valor mínimo pendente

minimum temperature (Eco.) temperatura mínima

minimum thermometer (Geo.) termómetro de mínima

minimum wavelength (Fís.) comprimento de onda mínimo

mining (Minas) mineração

mining chain (Minas) cadeia de mineração; corrente de mineração

mining compass (Minas) bússola de mineiro

mining engineering (Geral) Engenharia de Minas

minion (Imp.) tipo de imprensa de 7 pontos

minitrack (Astro.; Telecom.) minirrastreio

Minkowski diagram (Fís.) diagrama de Minkowski

Minkowski electrodynamics (Fís.) Electrodinâmica de Minkowski

Minkowski universe (Fís.) universo de Minkowski

minnesotaite (Miner.) minnesotaíta

minnikin (Imp.) tipo de aproximadamente 3 pontos

minor (Mat.) menor

minor axis (Mat.) eixo menor

minor exchange (Telecom.) central telefónica menor

minor intrusion (Geo.) intrusão menor

minority carrier (Electrón.) portador minoritário

minor planet (Astro.) planeta menor

minuend (Mat.) diminuendo

minus colour (T.Imag.) cor complementar

minuscule (Imp.) minúscula

minus strain (Bot.) estirpe menor; cepa menor

minute (Geral) minuto

minute pinion (Reloj.) carreto dos minutos

minute wheel (Reloj.) roda dos minutos

minverite (Geo.) minverite (rocha básica intrusiva)

Miocene (Geo.) Miocénico

miosis (Med.) miose

MIPS (Inf.) abr. de *Millions of Instructions Per Second* — milhões de instruções por segundo

Mir (Esp.) MIR (estação espacial russa; o nome significa Paz)

mirabilite (Miner.) mirabilite; sal de Glauber; sal admirável

miracidium (Zoo.) miracídio

mirage (GERAL) miragem
Mira Stars (ASTRO.) Estrelas Mira (Mira Ceti e a sua estrela companheira)
mire (ECO.) lodo; pântano; lama
mired (T.IMAG.) abr. de *MIcro-REciprocal Degree* — grau micro-recíproco
mirror (GERAL) espelho
mirror altitude (FÍS.) altitude de reflexão
mirror arc (T.IMAG.) lâmpada de arco de espelho (projector de xénon ou carvão)
mirror drum (T.IMAG.) tambor de espelhos
mirror finish (MEC.) acabamento polido; acabamento espelhado
mirror galvanometer (ELECT.) galvanómetro de espelho
mirror image (FÍS.) imagem reflectida
mirror lens (T.IMAG.) lente reflectora
mirror machine (NUCL.) máquina de fusão de espelho (magnético)
mirror reflector (TELECOM.) reflector de espelho
mirror shutter (T.IMAG.) obturador de espelho
mirror symmetry (FÍS.) simetria especular
miscarriage (MED.) aborto
miscibility (QUÍM.) miscibilidade
miscibility gap (QUÍM.) intervalo de miscibilidade
miser (E.CIV.) perfurador de poços
MISFET (ELECTRÓN.) abr. de *metal insulator semiconductor FET* — semicondutor metal-isolante de efeito de campo
misfire (ELECT.) falha de condução; falha de ignição
misfiring (AUTO.) falha na ignição
mismatch (TELECOM.) desequilíbrio de impedância
mispickel (MINER.) arsenopirite; mispíquel
missil (AERO.; ESP.) míssil
mission (ESP.) missão
mission adaptive wing (AERO.) asa adaptável a missão
mission control centre (ASTRO.; ESP.) centro de controlo de missão
mission satellite (ASTRO.; ESP.) satélite de pesquisa
mission specialist (ESP.) especialista de missão; técnico responsável de missão
Mississipian (GEO.) Mississipiano
mist (METEO.) névoa; bruma; neblina; nevoeiro
mist (QUÍM.) névoa; embaciamento
mistral (GEO.) vento do norte (Mediterrâneo Ocidental)
mitochondrial-DNA [mt-DNA] (BIO.) ADN mitocondrial
mitochondrion (BIO.) mitocôndria
mitogen (IMUN.) mitogénico
mitomycin C (BIO.) mitomicina C
mitosis (BIO.) mitose
mitospore (BOT.) mitospóro
mitotic crossing-over (BOT.) sobrecruzamento
mitotic index (BIO.) índice mitótico
mitotic recombination (BIO.) recombinação mitótica

mitral (MED.) mitral
mitral (ZOO.) mitral; mitriforme
mitral stenosis (MED.) estenose mitral
mitral valve (ZOO.) válvula mitral
mitre (E.CIV.) meia-esquadria; chanfro a 45 graus
mitre box (E.CIV.) caixa de corte a 45 graus
mitre gear (MEC.) engrenagem cónica
mitre joint (E.CIV.) junta a meia-esquadria
mitre post (E.CIV.) couceira de batente
mitre saw (E.CIV.) serra de respigar
mitre sill (HIDRO.) batente de eclusa
mitre square (E.CIV.) suta; esquadro de 45 graus
mitre wheel (E.CIV.) engrenagem cónica; roda cónica dentada
mitriform (ZOO.) mitriforme; mitral
Mitscherlich's law of isomorphism (QUÍM.) lei de Mitscherlich do isomorfismo
mixed (ZOO.) misto
mixed admission turbine (MEC.) turbina de admissão mista
mixed-based notation (MAT.) notação de base mista
mixed-based number (MAT.) número de base mista
mixed bud (BOT.) gomo misto; rebento misto
mixed circulating decimal (MAT.) fracção periódica mista
mixed cloth (TÊXT.) mescla
mixed cloud (METEO.) nuvem mista
mixed crystal (CRIST.) cristal misto
mixed filling (TÊXT.) defeito de tecelagem
mixed-flow water turbine (MEC.) turbina de água de fluxo misto; turbina de água americana
mixed form base (IMP.) base de forma mista
mixed fraction (MAT.) fracção mista
mixed high frequency (T.IMAG.) alta frequência mista
mixed highs (T.IMAG.) mistura de detalhes finos
mixed inflorescence (BOT.) inflorescência mista
mixed iron (MEC.) ferro de mescla; ferro de fusão
mixed melting point (QUÍM.) ponto de fusão misto
mixed-mode expression (INF.) expressão de modo misto
mixed number (MAT.) número misto
mixed oil (QUÍM.) óleo misto
mixed power (QUÍM.) pólvora mista
mixed pressure turbine (MEC.) turbina de pressão mista
mixed radix (MAT.) base mista
mixed ratio (QUÍM.) razão de mistura; relação de mistura
mixed recurring decimal (MAT.) fracção periódica mista
mixed service (TELECOM.) serviço misto (PBX)
mixed spirit (QUÍM.) álcool misturado; álcool mesclado
mixed woodland (ECO.) floresta mista
mixer (E.CIV.; TELECOM.) misturador

mixer amplifier (ELECTRÓN.) amplificador misturador
mixer oscillator (ELECT.) oscilador misturador
mixer-settler (QUÍM.) precipitador misto
mixer stage (ELECT.) estágio misturador
mixer valve (ELECT.) válvula misturadora
mixing (GERAL) mistura; mescla
mixing circuit (ELECT.) circuito de mistura
mixing condensation level (GEO.) nível de condensação de mistura
mixing condenser (TELECOM.) condensador de mistura
mixing depth (ECO.) profundidade de mistura
mixing efficiency (FÍS.) eficiência de mistura; rendimento de mistura
mixing length (METEO.) extensão de mesclamento
mixing ratio (METEO.) razão de mistura; proporção de mistura
mixing valve (MEC.) válvula de mistura
mixotrophic (ZOO.) mixotrópico
mixture (GERAL) mistura
mixture control (AERO.) controlo de mistura; comando de mistura
mizzonite (MINER.) mizonite
MK; MQ (MED.) abr. de *menaquinone* — menaquinona
MKSA system (FÍS.) sistema MKSA (M = Meter — metro; K = Kilogram(me) — quilograma; S = second — segundo; A = ampere — ampere); sistema Giorgi
MKS system (FÍS.) sistema MKS (M = meter — metro; K = Kilogram(me) — quilograma; S = second — segundo)
ml (GERAL) abr. de *millilitre* — mililitro
MLC (IMUN.) abr. de *Mixed Lymphocyte Culture* — cultura de linfócitos mistos
MLD, mld (BIO.) abr. de *Minimum Lethal Dose* ou *Minimal Lethal Dose* — dose mínima letal
MLD, mld (RADIOL.) abr. de *Mean Lethal Dose* — dose média letal
MLD50, mld50 (BIO.) dose mínima letal
M-lines (FÍS.) linhas M; linhas de série M
mm (GERAL) abr. de *millimeter* — milímetro
MMDS (TELECOM.) abr. de *multipoint microwave distribution system* — sistema multiponto de distribuição de micro-ondas
mmf (ELECT.) abr. de *MicroMicroFarad* — micromicrofarad; actualmente substituído por Picofarad (pf)
m.m.f., mmf (FÍS.) abr. de *MagnetoMotive Force* — força magnetomotriz
MMIC (TELECOM.) abr. de *monolithic microwave integrated circuit* — circuito integrado monolítico de micro-ondas
MMU (INF.) abr. de *memory management unit* — unidade de gestão de memória
Mn (QUÍM.) símbolo químico de *manganese* — manganés; manganésio
MN blood group (BIO.; MED.) grupo sanguíneo MN

Mne (Aero.) abr. de *Mach (number) never exceed* — número Mach permitido (ne representado também em índice)

mnemonic, mnemic (Psico.) mnemónico; mnémico

mnemonics (Psico.) mnemónica

Mno (Aero.) abr. de *Mach (number) normal operating* — número Mach operacional normal (no representado também em índice)

MNOS (Electrón.) abr. de *metal nitride oxide semiconductor* — semicondutor de óxido de nitrito de metal

mo (E.Civ.) abr. de *molded* — moldado

mobile antenna (Telecom.) antena móvel

mobile belt (Geo.) cintura móvel

mobile element (Bio.) elemento móvel

mobile irradiator (Nucl.) irradiador móvel; radiador móvel

mobile phase (Quím.) fase móvel

mobile phone (Telecom.) telemóvel

mobility (Geral) mobilidade

Mobius band (Mat.) faixa de Mobius

Mobius function (Mat.) função de Mobius

Mobius strip (Mat.) faixa de Mobius; folha de Mobius

Mobius transformation (Mat.) transformação de Mobius

Mocha stone (Miner.) ágata-musgo; pedra-de-mokha (de Mokha no Iémen)

mock moons (Meteo.) falsas luas; parasselénios

mock-sun ring (Meteo.) halo de parélio; círculo parélico

mock suns (Meteo.) falsos sóis; parélios

modal fibre (Têxt.) fibra modal

modal interval (Est.) intervalo modal

modality (Zoo.) modalidade; uma forma de sensação (tacto,visão, etc.)

modal position (Est.) posição modal

modal value (Est.) valor modal

mode (Geral) modo

mode burst (Inf.) ruptura de modo

mode byte (Inf.) byte de modo

mode command (Inf.) comando de modo

mode conversion (Inf.) conversão de modo

mode data (Inf.) dados de modo

mode dispersion (Telecom.) dispersão de modo

mode field (Inf.) campo de modo (estado)

mode filter (Telecom.) filtro de modo

mode input (Inf.) entrada de modo

model (Eco.) modelo

modelling (Psico.) modelação

mode load (Inf.) carga de modo

modem (Inf.; Telecom.) abr. de *MOdulator/DEModulator* — modulador/desmodulador — MODEM

modem data compression (Telecom.) compressão de dados do modem

mode move (Inf.) movimento de modo

mode name (Inf.) nome de modo

mode number (Electrón.) número de modo

modified chemical vapour deposition (Electrón.) deposição modificada de deposição de vapor

modified frequency modulation [MFM] (Telecom.) modulação em frequência modificada

modified Huffman code (Electrón.) código de Huffman modificado

MO drive (Inf.) abr. de *magneto optic drive* — gravador magneto-óptico

modulated electrode (Electrón.) eléctrodo modulador

modulated stage (Telecom.) estágio modulado

modulated wave (Elect.) onda modulada

modulating voltage (Electrón.) voltagem moduladora; tensão moduladora; potencial modulador

modulation (Geral) modulação

modulation capability (Telecom.) capacidade de modulação

modulation code (Inf.) código de modulação

modulation condition (Telecom.) condição de modulação

modulation control (Telecom.) controlo da modulação

modulation depth (Telecom.) profundidade de modulação

modulation distortion (Telecom.) distorção de modulação

modulation frequency (Telecom.) frequência de modulação

modulation index (Telecom.) índice de modulação; factor de modulação

modulation noise (Telecom.) ruído de modulação

modulation pattern (Telecom.) modelo de modulação; padrão de modulação

modulation rate (Telecom.) razão de modulação

modulation speed (Inf.) velocidade de modulação

modulation transformer (Telecom.) transformador de modulação

modulator (Fís.) modulador

module (Geral) módulo

modulo-n counter (Electrón.) contador de módulo n

modulus (Geral) módulo

modulus of distance (Astro.) módulo de distância

modulus of elasticity (Fís.) módulo de elasticidade

modulus of rigidity (Mec.) módulo de rigidez

modulus of rupture (Mec.) módulo de ruptura

Moebius' disease (Med.) doença de Moebius; paralisia oculomotora periódica

Moebius process (Mec.) processo de Moebius

moellon (E.Civ.) pedra de alvenaria

Moenckeberg's calcification (Med.) calcificação de Moenckeberg; arteriosclerose de Moenckeberg; degeneração de Moenckeberg

Moenckeberg's degeneration (Med.) degeneração de Moenckeberg

Moenckeberg's sclerosis (Med.) esclerose de Moenckeberg

Moerner's test (Quím.) teste de Moerner

Moessbauer (Mossbauer) effect (Fís.) efeito de Mossbauer

mofette (Geo.) mofeta

mogas (Aero.) abr. de *MOtor GASoline* — gasolina de motor (de 91 a 93 octanas)

mohair (Têxt.) mohair; angorá

Mohr balance (Quím.) balança de Mohr

Mohr-Coulomb theory (Minas) teoria de Mohr-Coulomb

Mohr's salt (Quím.) Sal de Mohr; sulfato duplo de amónio e ferro

moiré effect (T.Imag.) efeito ondulado

Moiré pattern (Electrón.) padrão de Moiré

moisture (Geral) humidade

moisture balance (Eco.) balanço de humidade

moisture budget (Eco.) balanço de humidade

moisture content (Têxt.) teor de humidade

moisture expansion (E.Civ.) expansão de humidade

mol (Quím.) mole

molality (Quím.) molalidade (expressa em moles por quilograma de solvente puro)

molal specific heat capacity (Fís.) capacidade de calor específico molar

molar (Bio.; Quím.) molar

molar absorbance (Quím.) absorvência molar

molar conductance (Quím.) condutância molar

molar conductivity (Quím.) condutividade molar

molar heat (Quím.) calor molar

molar heat capacity (Quím.) capacidade de calor molar

molarity (Quím.) molaridade (expressa em moles por litro de solução)

molars (Zoo.) molares

molar surface energy (Quím.) energia de superfície molar; energia superficial molar

molar volume (Quím.) volume molar

molasse (Geo.) molasso

molasses (Quím.) melaço

mold (Bio.) míldio

moldavite (Miner.) moldavite

mold; molding (Mec.) molde; moldagem

mole (E.Civ.) molhe; quebra-mar

mole (Med.) nevo; mancha na pele; mola (massa intra-uterina)

mole (Quím.) molécula

molecular (Quím.) molecular

molecular association (Quím.) associação molecular

molecular attraction (Quím.) atracção molecular

molecular beam (Quím.) feixe molecular; feixe de moléculas

molecular beam epitaxy (Electrón.) deposição molecular da fase de vapor

molecular biology (Bio.) Biologia molecular

molecular bond (Quím.) ligação molecular

molecular chain (Bio.) cadeia molecular

molecular cohesion (Quím.) coesão molecular

molecular concentration (Quím.) concentração molecular

molecular dissociation (Quím.) dissociação molecular

molecular distillation (Quím.) distilação molecular

molecular electronics (Quím.) Electrónica molecular

molecular elevation of boiling point (Quím.) elevação molecular de ponto de ebulição

molecular energy (Fís.) energia molecular

molecular evolution (Bio.) evolução molecular

molecular filter (Quím.) filtro molecular

molecular formula (Quím.) fórmula molecular

molecular genetics (Bio.) Genética molecular

molecular heat (Quím.) calor molecular

molecular heat diffusion (Quím.) difusão de calor molecular

molecular induction (Fís.) indução molecular (magnetismo)

molecular kinetic energy (Fís.) energia cinética molecular

molecular laser (Fís.) laser molecular (Óptica)

molecular models (Crist.) modelos moleculares

molecular orbital (Quím.) orbital molecular

molecular refraction (Quím.) refracção molecular

molecular rotation (Quím.) rotação molecular

molecular scattering (Quím.) dispersão molecular

molecular sieve (Quím.) peneira molecular

molecular specific heat (Fís.) calor específico molecular

molecular spectrum (Quím.) espectro molecular

molecular streaming (Quím.) emissão molecular; afluxo molecular

molecular structure (Quím.) estrutura molecular

molecular symmetries (Bio.) simetria molecular

molecular volume (Quím.) volume molecular

molecular weight (Quím.) peso molecular

molecule (Quím.) molécula

mole drain (Eco.) dreno de toupeira

mole fraction (Quím.) fracção molar

moleskin (Têxt.) espécie de fustão de algodão

mollic horizon (Eco.) horizonte mólico

Mollier diagram (Quím.) diagrama de Mollier

mollites ossium (Med.) moleza dos ossos; osteomalacia

mollusc (Bio.) molusculo

Mollusca (Zoo.) Moluscos

molybdate (Quím.) molibdato

molybdenite (Miner.) molibdenite

molybdenosis (Vet.) molibdenose

molybdenum (Quím.) molibdénio

molybdenum blues (Quím.) azuis de molibdénio

molybdenum oxide (Quím.) óxido de molibdénio

molybdic acid (Quím.) ácido molíbdico

moment (Geral) momento

moment coefficient (Fís.) coeficiente de momento

moment constant (Fís.) constante de momento

moment curve (Fís.) curva dos momentos; diagrama dos momentos

moment distribution (E.Civ.) distribuição de momentos

moment equation (Fís.) equação dos momentos

moment of a couple (Fís.) momento de um binário

moment of a force (Fís.) momento de uma força

moment of a load (Fís.) momento de uma carga

moment of a magnet (Elect.) momento magnético

moment of friction (Fís.) momento de fricção

moment of inertia (Fís.) momento de inércia

moment of momentum (Astro.) momento do momento; momento angular

moment of torsion (Fís.) momento de torção

moment ratio (Fís.) razão dos momentos

momentum (Fís.) momento; quantidade de movimento; força cinética; aceleração

momentum principle (Fís.) princípio do momento; princípio da quantidade de movimento

momentum wheel (Esp.) volante de inércia

monacid (Quím.) monoácido

monad (Bot.) mónada

monadelphous (Bot.) monadelfo

monandrous (Bot.) monandro; monândrico

monarch (Bot.) monarca; de um só protoxilema

monaural (Fís.) monoauricular

monazite (Miner.) monazite

monchiquite (Geo.) monchiquite

Monday morning disease (Vet.) linfangite epizoótica

Mond gas (Quím.) gás Mond

Mond process (Mec.) processo Mond

Monel metal (Mec.) metal Monel (liga para resistências eléctricas)

mongolism (Med.) mongolismo; idiotia mongolóide; síndroma de Down; síndroma da trissomia 21

mongrel (Bot.; Zoo.) híbrido; mestiço

moniliasis (Med.; Vet.) moniliase; candidíase

monitor (Geral) monitor

monitoring (Radiol.) monitorização; vigilância

monitoring amplifier (Elect.) amplificador de monitorização

monitoring loudspeaker (Fís.) altifalante de monitoriação

monitoring receiver (Telecom.) receptor de monitorização; receptor de vigilância

monochlamydeous (Bot.) monoclamídea

monochlamydeous chimera (Bot.) quimera monoclamídea

monochord (Fís.) monocordo; monocórdio

monochorial (Med.) monocorial

monochorionic (Med.) monocoriónico; monocorial

monochromatic (Geral) monocromático

monochromatic aberration (Fís.) aberração monocromática

monochromatic filter (T.Imag.) filtro monocromático

monochromatic light (Fís.) luz monocromática

monochromatic radiation (Fís.) radiação monocromática

monochromatic wave (Fís.) onda monocromática

monochromator (Fís.) monocromador

monochrome (T.Imag.) monocromo; monocromático

monochrome channel (T.Imag.) canal monocromático

monochrome monitor (Inf.) monitor monocromático

monochrome receiver (T.Imag.) receptor monocromático

monochrome signal (T.Imag.) sinal monocromático

monochrome television (T.Imag.) televisão monocromática; televisão a preto e branco

monochrome transmission (T.Imag.) transmissão monocromática

monoclimax theory (Eco.) teoria do monoclímax

monocline (Geo.) monoclinal

monoclinic system (Crist.) sistema monoclínico

monoclinous (Bot.) monóclino

monoclonal antibody (Imun.) anticorpo monoclónico

monocoque (Aero.) monocasco

Monocotyledones (Bot.) Monocotiledóneas

monocotyledonous (Bot.) monocotiledóneo

mono-crystalline (Electrón.) monocristalino

monocule (Zoo.) de ou com um só olho

monoculture (Eco.) monocultura

monocyclic (Bot.) monocíclico

monocyte (Imun.) monócito

monodactylous (Zoo.) monodáctilo

monodisperse system (Quím.) sistema de monodispersão

monodont (Zoo.) monodonte

monoecius (Bot.) monécico; monóico

monoestrous (Zoo.) monoestral

monofilament (Plást.) monofilamento

monogamy (Eco.) monogamia

monogenetic (Zoo.) monogenético

monogenic function (MAT.) função monógena

monogerm (BOT.) monogerme; de um só embrião

monogony (ZOO.) monogonia

monohydric alcohols (QUÍM.) álcoois monoídricos

monoid (MAT.) monóide

monolayer (QUÍM.) monocamada; camada monomolecular

monolith (E.CIV.) monólito

monolithic (E.CIV.) monolítico

monolithic circuit (ELECT.) circuito monolítico

monolithic integrated circuit (ELECTRÓN.) circuito integrado monolítico

monolithic microwave integrated circuit (TELECOM.) circuito integrado monolítico de micro-ondas

monolithic storage (INF.) armazenamento monolítico

monolithic technology (ELECTRÓN.) tecnologia monolítica

monomer (QUÍM.) monómero

monomineralic rocks (GEO.) rochas de um só mineral

monomolecular layer (QUÍM.) camada monomolecular; monocamada

monomolecular reaction (QUÍM.) reacção monomolecular

monomorphic (BIO.) monomórfico

monomorphous (CRIST.) monomórfico

mononuclear phagocyte system (IMUN.) sistema de fagócitos mononucleares

mononucleosis (MED.) mononucleose

monophagus (ZOO.) monófago (que come apenas uma espécie de alimento)

monophasic (ZOO.) monofásico

monophenol monooxygenase (QUÍM.) monofenol monoxigenase; fenol oxidase; cresolase; fenolase; lacase

monophobia (PSICO.) monofobia

monophonic (FÍS.) monofónico

Monophoto (IMP.) Monofoto

monophyletic (BIO.) monofilético

monophyletic group (BOT.) grupo monofilético

monophyletism (BIO.) monofiletismo

monophyly (BOT.) monofilético

monophyodont (ZOO.) monofiodonte

monoplane (AERO.) monoplano

monoplasmatic (BIO.) monoplasmático

monoplegia (MED.) monoplegia

monoploid (BIO.) monoplóide; haplóide verdadeiro

monopodial (ECO.) monopodial; monopódico

monopodial growth (BOT.) crescimento monopódico

monopod platform (MINAS) plataforma monópode; plataforma de uma só perna

monopole aerial (TELECOM.) antena monopolo; antena extensível

monopropellant (ESP.) monopropelente

monopulse (RADAR) monopulso

monorail (ENG.) monocarril

monosaccharides (QUÍM.) monossacarídeos

monosodium glutamate (QUÍM.) glutamato monossódico

monosome (BIO.) monossoma

monosomy (BOT.) monossomia

monospermy (ZOO.) monospermia

monosporous (BOT.) monospórico

monostable (ELECTRÓN.) monoestável

monostichous (BOT.) monóstico

monosymmetric system (CRIST.) sistema monoclínico

monothetic (ECO.) monotípico

monotocous (ZOO.) monótoco; que produz um único filho em cada parto

monotone (MAT.) monótona

monotone function (MAT.) função monótona

monotone nondecreasing function (MAT.) função monótona não decrescente

monotone nonincreasing function (MAT.) função monótona não crescente

Monotremata (ZOO.) Monotrématos; Monotremes

monotrophic (ZOO.) monotrófico; monófago

monotropic (QUÍM.) monotrópico

Monotype (IMP.) Monotipo

monotypic (BOT.; ZOO.) monotípico

monovalent (QUÍM.) monovalente

Monro's foramen (ZOO.) forâmen de Monro; forâmen interventricular

Monro's sulcus (MED.) sulco de Monro; sulco hipotalâmico

monsoon (METEO.) monção

monsoon air (METEO.) massa de ar das monções

monsoon fog (METEO.) nevoeiro de monção

monsoon forest (ECO.) floresta de monção; floresta tropical sazonal

monsoon low (METEO.) baixa de monção

monsoon rain (METEO.) chuva de monção

monsoon wind (METEO.) vento de monção

mons pubis (MED.) monte púbico; monte pubiano; monte de Vénus

monster (BIO.) monstro

mons veneris (MED.) monte de Vénus; monte púbico

montage (T.IMAG.) montagem

montane (ECO.) montanhosa

montane forest (ECO.) floresta de montanha

montebrasite (MINER.) montebrasite

montesite (MINER.) montesita

month (ASTRO.) mês

month degrees (ECO.) graus mês

monticellite (MINER.) monticelite

montmorillonite (MINER.) montmorilonite

monzonite (GEO.) monzonito; monzonite

Moon (ASTRO.) Lua

moon (ASTRO.; ESP.) satélite

moonbeam (ASTRO.) raio de luar

moonbow (ASTRO.) arco lunar

mooncraft (ASTRO.; ESP.) nave lunar

moon landing (ASTRO.; ESP.) alunagem; pouso na Lua

moon messenger (ASTRO.; ESP.) mensageiro lunar; foguete lunar não tripulado e sem retorno

moon period (ASTRO.) fase da Lua

moon pillar (ASTRO.) coluna luminosa lunar

moon rock (ASTRO.) rocha lunar

moon's albedo (ASTRO.) albedo lunar

moon's path (ASTRO.) trajectória da Lua

moonstone (MINER.) selenite

moonwatch (ASTRO.) observação visual de satélites artificiais

moor (AERO.) amarragem

moor (ECO.) pântano; terreno pantanoso

moor (NAV.) ancoragem

Moore code (TELECOM.) código de Moore

Moore lamp (ELECT.) lâmpada de Moore

Moore machine (ELECTRÓN.) máquina lógica de Moore

Moore's law (GERAL) lei de Moore

mooring mast (AERO.) mastro de amarração

mooring tower (AERO.) torre de amarração

moorland (ECO.) pântano; terreno pantanoso

mopboard (E.CIV.) rodapé

moquette (TÊXT.) moqueta

mor (ECO.) mor

moraine (GEO.) morena; moraina; moreia

morass (ECO.) pântano; charco

morbid (MED.; PSICO.) mórbido

morbidity (MED.) morbidez; morbidade; morbilidade

morbilli (MED.) sarampo

morbus (MED.) morbo; doença; mal

morcellation (MED.) fragmentação

mordant (GERAL) mordente; cáustico; corrosivo

mordenite (MINER.) mordenite

Morgagni's syndrome (MED.) síndroma de Morgagni; síndroma de Stewart-Morel; craniopatia metabólica

Morgagni's ventricle (ZOO.) ventrículo de Morgagni

morganite (MINER.) morganite

morion (MINER.) morion; quartzo morion (quartzo de cor quase preta usado como gema)

morning star (ASTRO.) Estrela da Manhã (denominação popular do planeta Vénus, ou do planeta Mercúrio, e ainda, sem grande exactidão, qualquer planeta que tenha o seu trânsito após a meia-noite)

morph (ECO.) forma; estrutura

morphallaxis (ZOO.) morfalaxe; regeneração

morphea; morphoe (MED.) morfeia; esclerodermia circunscrita

morphine (MED.) morfina

morph-; morpho-; -morph (GERAL) morf-; morfo-; -morfo; formas combinantes do grego morphé — forma

morphogenesis (ZOO.) morfogénese; morfogenia

morphogenetic (ZOO.) morfogenético; morfogénico

morphogenetic zone (ECO.) zona morfogenética

morphogens (BIO.) morfogenes; genes morfológicos

morpholine (Quím.) morfolina
morphological mapping (Eco.) cartografia morfológica
morphology (Bot.; Zoo.) morfologia
morphometric analysis (Eco.) análise morfométrica
morphosis (Zoo.) morfose
morphotectonic (Geo.) morfotectónica
Morquio-Brailsford disease (Med.) doença de Morquio-Brailsford; mucopolissacaridose do tipo IV
Morquio's syndrome (Med.) síndroma de Morquio; doença de Morquio-Brailsford
Morquio-Ullrich disease (Med.) doença de Morquio-Ullrich; síndroma de Morquio
Morse alphabet (Telecom.) alfabeto Morse
Morse code (Telecom.) código Morse
Morse demodulator (Telecom.) desmodulador Morse
Morse dot (Telecom.) ponto Morse
Morse equation (Fís.) equação de Morse
Morse key (Telecom.) manipulador Morse; chave Morse; manipulador telegráfico
Morse lamp (Telecom.) projector de sinais Morse
Morse sender (Telecom.) manipulador Morse
Morse taper (Mec.) cone Morse
mortality (Eco.) mortalidade
mortar (E.Civ.) argamassa
mortar (Quím.) almofariz
mortar bath (E.Civ.) banho de argamassa
mortar board (E.Civ.) porta-argamassa; cocho de pedreiro
mortice; mortise (E.Civ.) encaixe; furo; entalhe
mortise-and-tenon joint (E.Civ.) entalhe de espiga e caixa; malhete de respiga e mecha
mortise bolt (E.Civ.) cavilha de encaixe
mortise chisel (E.Civ.) badame; formão
mortise gauge (E.Civ.) graminho
mortise joint (E.Civ.) junta ensamblada; junta emalhetada
mortise lock (E.Civ.) fechadura de embeber; fechadura de embutir
mortuary fat (Med.) adipocíria; adipocera
morula (Zoo.) mórula
MOS (Electrón.) abr. de *Metal-Oxide Semiconductor* — semicondutor de metal óxido; metal-óxido-semicondutor
mosaic (Geral) mosaico
mosaic development (Zoo.) desenvolvimento em mosaico
mosaic egg (Zoo.) ovo de mosaico
mosaic gold (Quím.) sulfureto estânico; sulfureto de estanho
mosaicism (Med.) mosaicismo
mosaic screen (T.Imag.) tela de mosaico; ecrã de mosaico
mosaic structure (Mec.) estrutura em mosaico

MOS capacitor (Electrón.) condensador MOS; condensador de semicondutor de óxido metálico
Moscicki capacitor (Elect.) condensador Moscicki
Moscovian (Geo.) Moscoviano
Moseley's law (Fís.) lei de Moseley
MOSFET (Electrón.) abr. de *Metal-Oxide Semiconductor Field-Effect Transistor* — transístor de efeito de campo metal-óxido-semicondutor
MOS IC (Electrón.) abr. de *metal oxide semiconductor integrated circuit* — circuito integrado de semicondutor de óxido metálico
MOS IG FET (Electrón.) abr. de *Metal-Oxide Semiconductor Insulated Gate Field Effect Transistor* — transístor de efeito de campo de porta isolada metal-óxido-semicondutor
mosquito (Zoo.) mosquito
moss (Bot.) musgo
moss agate (Miner.) ágata-musgo; mokhaíta (de Mokha — Iémen)
Mossbauer (Moessbauer) effect (Fís.) efeito de Mossbauer
mossy forest (Eco.) floresta de montanha tropical
most economical range (Aero.) curso mais económico
MOS transistor (Electrón.) transístor de semicondutor de óxido metálico
most significant bit (Inf.) bit mais significativo
most significant byte (Electrón.) byte mais significativo
most significant digit (Inf.) dígito mais significativo
mother (Fís.) matriz (Acústica)
mother (Geral) mãe; fonte; matriz; origem
mother board (Inf.) placa principal do computador
mother cell (Bot.; Zoo.) célula-mãe
mother liquor (Quím.) água-mãe; líquido-mãe
mother of emerald (Miner.) prásio
mother of pearl (Miner.) madrepérola
motile (Eco.) móvel
motional impedance (Telecom.) impedância de movimentação
motional induction (Electrón.) indução de deslocamento
motion bar (Mec.) barra de movimento; barra de guia
motion compensation (Minas) compensação de movimento
motion detector (Electrón.) detector de movimento
motion picture camera (T.Imag.) câmara cinematográfica; câmara de filmar
motion picture expert group (T.Imag.) Grupo de Peritos em Cinema
motion power (Mec.) força motriz
motion vector (Electrón.) vector movimento
motion work (Mec.) engrenagem de movimento
motivation (Psico.) motivação
motoneuron(e) (Bio.) neurónio motor
motor (Geral) motor; motriz
motor armature (Elect.) induzido a motor

motor-boating (Telecom.) interferência na radiorrecepção
motor bogie (Elect.) bogie do motor
motor cell (Bio.) célula motora
motor converter (Elect.) grupo conversor; grupo moto-conversor
motor end plate (Zoo.) placa motora; placa terminal isolada; junção mioneural
motor generator (Elect.) motor-gerador; grupo conversor
motor habit (Psico.) Hábito motor
motor meter (Elect.) medidor motorizado; medidor a motor
motor muffler (Mec.) silencioso do motor
motor nacelle (Aero.) nacele do motor
motor-operated rheostat (Elect.) reóstato a motor
motor-operated switch (Elect.) interruptor a motor
motor overload (Elect.; Mec.) sobrecarga do motor
motor pulley (Mec.) polia do motor
motor shaft (Mec.) eixo do motor
motor shim (Mec.) calço do motor
motor starter (Elec.) arranque do motor
motor synchronizing (Mec.) sincronização do motor
motor system (Bot.) sistema motor
motor tug (Nav.) rebocador a motor
motor worm (Mec.) sem-fim do motor
motte (Arq.) monte natural ou artificial (ou pequena elevação) sobre a qual se construíam os castelos medievais
mottled iron (Mec.) gusa salpicada; ferro-gusa malhado
mottler (E.Civ.) pincel de mosquear
mottle yarn (Têxt.) fio mosqueado
mottramite (Miner.) motramite
MOU (Aero.) Abr. de *Memorandum Of Understanding* — memorando de entendimento
mould (Arq.) moldura
mould (Bot.) bolor; húmus
mould (Geral) molde
mould acid (Quím.) ácido húmico
mould casting (Mec.) fundição em molde
moulded breadth (Nav.) boca máxima; a maior largura do navio
moulding (Arq.) moldura; ornato
moulding (Geral) modelação moldagem
moulding board (Mec.) placa de moldar
moulding box (Mec.) caixa de moldagem
moulding cutter (E.Civ.) cortador de moldes
moulding machine (Mec.) máquina de moldar; máquina de moldagem
moulding plane (E.Civ.) rebote
moulding powder (Plást.) pó de moldar
mouldings (E.Civ.) molduras; guarnições
moulding sand (Mec.) areia de moldagem; areia de fundição
moult (Zoo.) muda
mount (Geo.) monte
mount (Geral) monte; montanha; elevação

mount (Mec.) engaste; suporte
mount (Telecom.) suporte
mountain (Geo.) montanha
mountain breeze (Geo.) brisa de montanha
mountain cork (Miner.) cortiça-de-montanha (variante de tremolite)
mountain crystal (Miner.) quartzo; cristal de rocha
mountain edge scattering (Telecom.) difusão na crista da montanha
mountain entrapment (Hidro.) capaatação de águas de montanha
mountain hopping (Telecom.) reflexão ionosférica
mountain leather (Miner.) coiro-de-montanha (variedade de asbesto)
mountain wood (Miner.) madeira-de-montanha (variedade de asbesto)
mountant (T.Imag.) cola para provas fotográficas
mouse (Inf.) rato
mouth (Geo.) foz; desembocadura
mouth parts (Zoo.) peças bucais
movable arm (Mec.) braço móvel
movable bearing (Mec.) mancal móvel; mancal oscilante
movable blade (Mec.) lâmina móvel
movable-blade propeller (Aero.) hélice de pás reguláveis (em turbina)
movable dam (Hidro.) represa móvel
movable die (Mec.) matriz móvel
movable lens (Fís.) lente móvel
movable plate (Mec.) placa móvel; chapa móvel
movable plug-board (Elect.) quadro de ligações móvel
movable type (Imp.) tipo móvel
movement (Geral) movimento
movement (Mec.) movimento; jogo
movement area (Aero.) área de movimento
movement contact (Reloj.) contacto de movimento
movie (T.Imag.) cinema
Movietone (T.Imag.) Movietone (MC)
movietone (T.Imag.) filme sonoro
moving coil (Elect.) bobina móvel
moving-coil cartridge (Telecom.) agulha de bobina móvel
moving-coil galvanometer (Elect.) galvanómetro de bobina móvel
moving-coil headphone (Telecom.) auscultadores de bobina móvel
moving-coil instrument (Elect.) instrumento de bobina móvel
moving-coil loudspeaker (Fís.) altifalante de bobina móvel; altifalante electrodinâmico
moving-coil microphone (Telecom.) microfone de bobina móvel
moving-coil principle (Elect.) princípio da indução magnética
moving-coil regulator (Elect.) regulador de bobina móvel
moving-coil relay (Elect.) relé de bobina móvel
moving-coil transformer (Elect.) transformador de bobina móvel
moving-coil voltmeter (Elect.) voltímetro de bobina móvel
moving-conductor loudspeaker (Fís.) altifalante de condutor móvel

moving-conductor microphone (Fís.) microfone de condutor móvel
moving element (Elect.) elemento móvel
moving field (Elect.) campo variável
moving-field therapy (Radiol.) terapia de campo variável
moving film (T.Imag.) película em movimento; película móvel
moving form (E.Civ.) forma móvel; caixa ascendente
moving-iron (E.Civ.) ferro móvel; íman móvel; núcleo móvel
moving-iron headphone (Telecom.) auscultadores de núcleo móvel
moving-iron microphone (Telecom.) microfone de núcleo móvel
moving-iron pickup (Telecom.) agulha de núcleo móvel
moving-iron principio (Elect.) princípio da indução magnética
moving-iron voltmeter (Elect.) voltímetro de núcleo variável
moving load (E.Civ.) carga móvel; carga de trabalho
moving-magnet galvanometer (Elect.) galvanómetro de íman móvel
moving-target indicator [MTI] (Radar) indicador de alvo móvel
moving weir (Hidro.) barragem móvel
MP (Elect.) abr. de MultiPole — multipolo
MP3 (Telecom.) MP3; camada 3 da norma de áudio MPEG
Mpc (Astro.) abr. de Megaparsec — Megaparsec
MPCC (Electrón.) abr. de MultiProtocol Communications Controller — controlador de comunicações multiprotocolo
MPD (Electrón.) abr. de Magnetic Proximity Detector — detector magnético de proximidade
MPD (Radiol.) abr. de Maximum Permissible Dose — dose máxima permissível
MPEG (T.Imag.) abr. de Motion Picture Expert Group — Grupo de Peritos de Cinema
MPEG layer (T.Imag.) camada MPEG
MPEG layer I audio [PASC] (T.Imag.) camada 1 da norma MPEG
MPEG layer II audio coding [MUSICAM] (Telecom.) camada 2 da norma de áudio MPEG
MPEG layer III audio [MP3] (Telecom.) camada 3 da norma de áudio MPEG [MP3]
MPEG sound (Telecom.) som MPEG
MPEG video decoder (T.Imag.) descodificador de vídeo MPEG
mph (Geral) abr. de miles per hour — milhas por hora
m.p.; mp (Quím.) abr. de melting point — ponto de fusão
MPP (Inf.) abr. de Message Processing Program — programa de processamento de mensagem
MQ (Quím.) abr. de manaquine — menaquinona
MR (Electrón.) abr. de magneto resistance — magnetoresistência

MRAM (Inf.) abr. de magnetic random access memory — memória magnética de acesso aleatório
mRNA (Bio.) abr. de messenger RNA — ARN mensageiro; ARNm
MS (Aero.) abr. de Mil-Spec, por sua vez abr. de Military Specification — especificação militar
Msb (Electrón.) abr. de most significant bit — bit mais significativo
MSB (Electrón.) abr. de most significant byte — byte mais significativo
msec (Geral) abr. de millisecond — milissegundo
MSH (Bio.) abr. de Melanocyte-Stimulating Hormone — hormona estimuladora de melanócitos
MSI (Inf.) abr. de Medium Scale Integration — integração em média escala
MSK (Electrón.) abr. de Minimum Shift Keying — manipulação por desvio mínimo
MSU (Electrón.) abr. de Modem Sharing Unit — unidade de modem repartido
MSW (Radar) abr. de Magnetic Surface Wave — onda de superfície magnética
MSY (Eco.) abr. de maximum sustained yield — produção máxima sustentável
MTBF (Aero.) abr. de Mean Time Between Failures — tempo médio entre falhas
mt-DNA (Bio.) abr. de mitochondrial-DNA — DNA mitocondrial
MTF (T.Imag.) abr. de Modulation Transfer Function — função de transferência de modulação
MTI (Radar) abr. de Moving-Target Indicator — indicador de alvo móvel
MTTF (Electrón.) abr. de mean time to failure — tempo médio de falha
MTTR (Inf.) abr. de Mean-Time-To-Repair — tempo médio para reparação
MTU (Inf.) abr. de Magnetic Tape Unit — unidade de fita magnética
muci- (Geral) muci-; do latim mucus — muco, denotando muco ou mucina
mucic acid (Quím.) ácido múcico; ácido galactárico; ácido sacaroláctico
mucigen (Zoo.) mucígeno
mucilage (Quím.) mucilagem
mucilaginous (Bot.; Zoo.) mucilaginoso
mucin (Quím.) mucina
mucinase (Quím.) mucinase; mucase
mucinemia (Med.) mucinemia
mucinogen (Quím.) mucinogénio
mucinuria (Med.) mucinúria
muciparous (Zoo.) mucíparo
muck (Minas) lixo; escória; material removido
mucocele (Med.) mucocele
mucoenteritis (Med.) enterite mucosa
mucomembranous colic (Med.) cólica mucomembranosa
mucopeptide (Quím.) mucopeptídeo
mucopolyssaccharide (Quím.) mucopolissacarídeo
mucoprotein (Quím.) mucoproteína
mucopurulent (Med.) mucopurulento
mucopus (Med.) muco-pus
mucosa (Zoo.) mucosa
mucosal (Med.) mucoso

mucosal disease (MED.) doença da mucosa

mucosal disease (VET.) doença da mucosa; diarreia virótica bovina

mucosanguineous (MED.) mucossanguíneo

mucoserous (MED.; VET.) mucosseroso

mucostatic (MED.; VET.) mucostático

mucous gland (ZOO.) glândula mucosa

mucous membrane (ZOO.) membrana mucosa

muco-viscidosis (MED.) mucoviscidose; fibrose cística

mucro (BOT.) mucro; mucrão

mucronate (BOT.) mucronado

mucus (ZOO.) muco

mud (GEO.) lodo; terra lamacenta; limo

mud (MINAS) lama (de perfuração)

mud acid (MINAS) ácido de lama

mud additives (MINAS) aditivos da lama

mud balance (MINAS) balança da lama (para determinação da densidade da lama)

mud cake (MINAS) reboco de lama

mud column (MINAS) coluna de lama (de perfuração)

mudding off (MINAS) invasão de uma camada geológica pela lama

mud ditch (MINAS) calha de lama (à saída de poço)

mud drape (GEO.) bolsa de lama

mud fever (VET.) febre do lodo; arestim; eczema dos equídeos

mudflat (ECO.) vasa

mud flow (GEO.) corrente de lama

mud flow (MINAS) escoamento de lama

mud flowline (MINAS) conduta de escoamento de lama

mud hole (MEC.) orifício de limpeza; orifício de lavagem

mud hose (MINAS) mangueira da lama

mudline (MINAS) linha de lama

mud logging (MINAS) diagrafia da análise da lama

mud loss (MINAS) perda de lama

mud motor (MINAS) motor da lama

mud pipe (MINAS) tubo de lama

mud pit (MINAS) tanque das lamas

mud pump (MINAS) bomba da lama

mudrock (GEO.) siltito

mudstone (GEO.) arenito

mud system (MINAS) sistema de circulação da lama

mud viscosity (MINAS) viscosidade de lama

mud volcano (GEO.) vulcão de lama

mudwater hydrometer (MINAS) densímetro para lama de perfuração

mud weight (MINAS) densidade da lama

MUF (TELECOM.) abr. de *Maximum Usable Frequency* — frequência máxima utililizável

muffle furnace (MEC.) forno de mufla

muffler (AUTO.) silenciador; amortecedor

mugearite (GEO.) mugearite

mulch (BOT.) palha húmida, folhas, etc. para protecção de plantas recém-plantadas

mule (TÊXT.) máquina de fiar

mull (ECO.) húmus não ácido em solo bem arejado e drenado

Müllerian duct (ZOO.) canal de Müller

Müller's glass (MINER.) hialite

Müller's muscle (ZOO.) músculo de Müller; músculo orbitário

mullion (E.CIV.) mainel; pinázio; barra

mullite (MINER.) mullita (de Mull, na Escócia); porcelanita

multi-access (INF.) acesso múltiplo

multi-address (INF.) endereço múltiplo

multianode tube (ELECTRÓN.) válvula multianódica

multiarticulate (ZOO.) multiarticulado

multiaxial (BOT.) multiaxial; multifaxífero

multiband (TELECOM.) multibanda; multifaixa

multibeam (ELECTRÓN.) de feixe múltiplo

multibeam oscilloscope (ELECT.) osciloscópio de feixe múltiplo

multicarrier operation (ELECT.) operação multiportadora

multicavity magnetron (TELECOM.) magnetrão de multicavidades

multicellular (BIO.) multicelular

multicellular voltmeter (ELECT.) voltímetro multicelular

multi-centred bonding (QUÍM.) ligação multicentral

multichannel (TELECOM.) multicanal

multichannel audio (TELECOM.) áudio multicanal

multichannel communication (TELECOM.) comunicação multicanal

multichip integrated circuit (ELECTRÓN.) circuito integrado de microplaca; circuito integrado microaglomerado

multi-coloured paints (E.CIV.) tintas multicolores

multicuspid (ZOO.) multicúspido

multicuspidate (ZOO.) multicuspidado

multidrug-resistant gene (BIO.) gene resistente a drogas múltiplas

multi-electrode valve (ELECTRÓN.) válvula multielectródica

multi-factorial (BIO.) multifactorial

multifilament lamp (ELECT.) lâmpada de multifilamento

Multifont type tray (IMP.) tabuleiro de tipo Multifont

multifrequency (TELECOM.) multifrequência

multi-frequency dialling (TELECOM.) marcação em multifrequência

multifrequency generator (TELECOM.) gerador de multifrequências

multifrequency transmitter (ELECTRÓN.) transmissor de frequência múltipla

multifrequency transmitter (TELECOM.) transmissor de frequência múltipla

multifunction electron tube (ELECTRÓN.) válvula electrónica de função múltipla; válvula universal

multifurcation (ECO.) multifurcação

multigravida (MED.) gestante que esteve grávida duas ou mais vezes anteriormente

multigroup theory (NUCL.) teoria de multigrupo

multi-head drum (T.IMAG.) tambor de cabeças múltiplas; cabeça de gravação de vídeo

multilayer circuit (ELECT.) circuito de muitas camadas

multilayer winding (ELECT.) enrolamento em muitas camadas

multilobal (TÊXT.) multilobulado

multilocular (BOT.) multilocular

multimeter (ELECTRÓN.) multímetro

multimode fibre (TELECOM.) fibra multiforme

multinucleate (BIO.) multinucleado

multipath cancellation (TELECOM.) anulação de trajectória múltipla

multipath effect (TELECOM.) efeito de trajectórias múltiplas

multipath immunity (TELECOM.) imunidade a percursos múltiplos

multipath propagation (TELECOM.) propagação diversificada

multipath reception (TELECOM.) recepção por muitas trajectórias

multiple (MAT.) múltiplo

multiple access (INF.) acesso múltiplo

multiple access satellite (TELECOM.) satélite de múltiplo acesso

multiple-circuit winding (ELECT.) enrolamento de circuito múltiplo

multiple-contact switch (ELECT.) interruptor de contactos múltiplos

multiple crystal holder (ELECTRÓN.) porta cristais múltiplo

multiple decay (FÍS.) enfraquecimento múltiplo

multiple disintegration (FÍS.) desintegração múltipla

multiple-disk clutch (MEC.) embraiagem de vários discos

multiple duct (ELECT.) canal múltiplo; condutor múltiplo

multiple echo (FÍS.; TELECOM.) eco múltiplo

multiple effect evaporation (QUÍM.) evaporação de efeito múltiplo

multiple-expansion engine (MEC.) motor de expansão múltipla

multiple feeder (ELECT.) alimentador múltiplo

multiple fission (ZOO.) fissão múltipla

multiple fruit (BOT.) fruto múltiplo

multiple function chip (ELECTRÓN.) microplaca de função múltipla

multiple galaxy (ASTRO.) múltipla galáxia

multiple-hearth furnace (MEC.) fornalha de soleira múltipla

multiple-hop transmission (TELECOM.) transmissão de percurso de onda múltipla

multiple image (T.IMAG.) imagem dupla; imagem fantasma

multiple intrusions (GEO.) intrusões múltiplas

multiple land-use strategy (ECO.) estratégia multipla de ordenamento do território

multiple modulation (TELECOM.) modulação múltipla

multiple neuritis (MED.) polinevrite

multiple personality disorder (Psico.) distúrbio de múltipla personalidade

multiple point (Mat.) ponto múltiplo

multiple proportions (Quím.) proporções múltiplas

multiple reflections (Telecom.) reflexões múltiplas

multiple-retort underfeed stoker (Mec.) alimentador inferior de retortas múltiplas (em fornalha)

multiple sclerosis (Med.) esclerose múltipla

multiple-spindle drilling machine (Mec.) furadeira múltipla

multiple star (Astro.) estrela múltipla

multiple-switch starter (Elect.) accionador de interruptor múltiplo

multiplet (Fís.) multiplete (triplete ou múltiplo de singulete)

multiple-thread screw (Mec.) parafuso de rosca de vários filetes; parafuso de rosca múltipla

multiple track radar (Radar) radar de rastreio múltiplo

multiple-tuned antenna (Telecom.) antena de sintonia múltipla

multiple-twin cable (Telecom.) cabo geminado múltiplo

multiple-unit control (Elect.) controlo de unidade múltipla

multiple valve (Electrón.) válvula múltipla

multiple winding (Elect.) enrolamento múltiplo

multiple wing (Aero.) asa múltipla

multiple wire antenna (Elect.) antena multifilar

multiplex (Telecom.) multiplex

multiplex baseband (Inf.) banda básica multiplex

multiplexed display (T.Imag.) ecrã multiplexado

multiplexer (Electrón.) multiplexador

multiplexing (Electrón.) multiplexagem

multiplex link (Inf.) ligação multiplex

multiplexor (Inf.) multiplexador

multiplex transmission (Telecom.) transmissão multiplex

multiplicand (Mat.) multiplicando

multiplication (Electrón.) multiplicação; emissão secundária

multiplication (Geral) multiplicação

multiplication constant (Fís.) constante de multiplicação; factor de multiplicação

multiplier (Electrón.) multiplicador

multiply-connected domain (Mat.) domínio de multiplicação conectada; domínio de múltiplas conexões

multiply defined symbols (Inf.) símbolos definidos de multiplicação

multiplying camera (T.Imag.) câmara multiplicadora

multiplying coil (T.Imag.) bobina multiplicadora

multiplying constant (Topo.) constante multiplicadora

multiplying winding (Elect.) enrolamento multiplicador

multipoint microwave distribution system [MMDS] (Telecom.) sistema multiponto de distribuição de micro-ondas

multipolar (Zoo.) multipolar

multipole moment (Fís.) momento multipolar

multiposition (Telecom.) multiposição

multiprocessor (Inf.) multiprocessador

multiprogramming (Inf.) multiprogramação

multipropellant (Aero.; Esp.) multipropelente

multirow radial engine (Aero.) motor radial de duas ou mais filas de cilindros

multiscan monitor (T.Imag.) monitor de varrimento múltiplo

multi-sensor (Aero.) multi-sensor; de vários sensores

multiseriate (Bot.) multisseriado

multispeed engine (Eng.) motor de múltiplas velocidades

multispeed supercharger (Aero.) supercompressor de diversas velocidades

multistable (Electrón.) multiestável

multistage (Geral) estágio múltiplo; de múltiplos estágios

multistage amplifier (Electrón.) amplificador em cascata

multistage compressor (Aero.) compressor de dois ou mais estágios

multistage rocket (Astro.) foguete de vários estágios

multistage supercharger (Aero.) supercompressor de vários estágios

multistage turbine (Aero.) turbina múltipla; turbina de várias câmaras

multistart thread (Mec.) rosca múltipla

multistart worm (Mec.) sem-fim de rosca múltipla

multitone (Fís.) de sons múltiplos; multitonalidade

multi-trace CRO (Electrón.) osciloscópio multitraço; osciloscópio multisinal

multituberculate (Zoo.) multituberculoso; multicuspidado (dentes)

multi-tum potentiometer (Electrón.) potenciómetro de voltas múltiplas

multi-turn current transformer (Elect.) transformador de corrente multiespiras

multivalent (Bot.) multivalente

multivariate analysis (Est.) análise multivariada

multivibrator (Electrón.) multivibrador

multivoltine (Zoo.) que produz mais do que uma geração por ano

multiway search tree (Inf.) árvore de pesquisa de acessos múltiplos

multiwire (Elect.) multifilar

multiwire antenna (Telecom.) antena multifilar

multiwire triatic aerial (Telecom.) antena multifilar em triângulo

mu-meson (Fís.) mesão-mu; muão

mu-metal (Geral) metal miu; metal de alta permeabilidade magnética

Mummery's plexus (Zoo.) plexo de Mummery

mumps (Med.) parotidite; papeira; parotite

mundic (Miner.) pirite (na Cornualha)

mungo (Têxt.) mengo; mungo

Munsell colour system (E.Civ.) sistema de cor Munsell

Munsell scale (Fís.) escala de Munsell

muntin; munting (E.Civ.) couceira intermédia

Muntz metal (Mec.) metal Muntz; metal patente (latão com 60% de cobre e 40% de zinco)

muon (Fís.) muão

muramic acid (Quím.) ácido murâmico

murexide (Quím.) murexido; sal de amónio do ácido purpúrico

Murex process (Minas) processo Murex

muriatic acid (Quím.) ácido muriático; ácido clorídrico

muricate (Bot.) muricado

murine (Geral) murino

murine leukemia virus [MuLV] (Bio.; Med.) vírus de leucemia murina

murine sarcoma virus (Bio.; Med.) vírus de sarcoma murino

murmur (Med.) murmúrio

Murphree efficiency (Quím.) eficiência de Murphree

Murphy's law (Electrón.) lei de Murphy

Musci (Bot.) Musgos

muscle (Zoo.) músculo

muscle-bound (Med.) ressalto muscular

muscle-trimming (Med.) modelagem muscular

muscone (Quím.) muscona; 3-metil-ciclopentadecanona

muscovite (Geo.; Miner.) moscovite; mica branca

Muscovy glass (Miner.) vidro de moscóvia; moscovite

muscular dystrophy (Med.) distrofia muscular

musculature (Zoo.) musculatura

musculin (Zoo.) musculina

musculocutaneous (Zoo.) musculocutâneo

musculomembranous (Zoo.) musculomembranoso

musculophrenic (Zoo.) musculofrénico

musculoskeletal (Zoo.) musculoesquelético

musculospiral (Med.) musculospiral

musculotendinous (Zoo.) musculotendinoso

musculotropic (Med.) musculotrópico

mush (Aero.) perda de altitude; voo em velocidade mínima

mush (Telecom.) interferência

mush area (Telecom.) área de interferência

mushroom (Bot.) cogumelo (especialmente do género Agárico)

mushroom anchor (Nav.) âncora de sino

mushroom bodies (Zoo.) corpos pedunculares

mushroom cloud (NUCL.) cogumelo; nuvem cogumelo (de explosão atómica)

mushroom construction (E.CIV.) construção em cogumelo

mushroom follower (MEC.) rolete de came em cogumelo

mushroom head rivet (MEC.) rebite de cabeça de cogumelo; rebite de cabeça de tremoço

mushroom rock (GEO.) rocha pedestal

mushroom valve (MEC.) válvula cónica; válvula de cogumelo

musical echo (FÍS.) eco musical

musical instrument digital interface (INF.) interface digital de instrumentos musicais

music and effects (T.IMAG.) música e efeitos

music synthesizer (INF.) sintetizador musical

music wire (MEC.) fio de aço (para molas)

muskeg (BOT.) lodaçal; pântano

musk glands (ZOO.) glândulas de almíscar

muskone (QUÍM.) muscona; almíscar

muslin (TÊXT.) musselina

mustard chlorohydrin (QUÍM.) mostarda cloroidrínica; mostarda hemissulfúrica

mustard oils (QUÍM.) óleos de mostarda

mustine (QUÍM.) mustina

mutagen (BIO.) agente mutagénico

mutagenesis (BIO.) mutagénese

mutagenic (BIO.) mutagénico

mutant (BIO.) mutante

mutarotation (QUÍM.) mutarrotação

mutase (BIO.) mutase

mutation (BIO.) mutação

mutation rate (BIO.) taxa de mutação

mutator loci (BIO.) loci mutatório

mutator phenotype (BIO.) fenótipo mutatório

mute (T.IMAG.) mudo

muteins (BIO.) muteínas; proteínas produzidas por mutagénese

muticate (BOT.) mútico

muticous (BOT.) mútico

muting (ELECTRÓN.) silenciador; amortecedor de ruído de fundo

muting circuit (TELECOM.) circuito silenciador

muting switch (TELECOM.) comutador-silenciador

mutual antagonism (ECO.) antagonismo mútuo

mutual attraction (FÍS.) atracção mútua

mutual broadcast system (TELECOM.) sistema mútuo de radiodifusão

mutual capacitance (FÍS.) capacitância mútua

mutual collision (NUCL.) colisão mútua

mutual conductance (ELECTRÓN.) condutância mútua

mutual coupling (ELECT.) acoplamento mútuo

mutual excitation (FÍS.) excitação mútua (magnetismo)

mutual impedance (ELECT.) impedância mútua

mutual inductance (ELECT.) indutância mútua

mutual inductor (ELECT.) indutor mútuo

mutual interference (ECO.) interferência mútua

mutualism (BIO.) mutualismo

mutual polarization (ELECT.) polarização mútua

mutual repulsion (ELECT.) repulsão mútua

mutual saturation (QUÍM.) saturação mútua

mutual thermal collision (FÍS.) colisão térmica mútua

MUX (TELECOM.) multiplexador

muzzle (ZOO.) focinho

MWE; MWe (NUCL.) abr. de *MegaWatt Electric* — megawatt eléctrico

myalgia (MED.) mialgia

myarian (ZOO.) muscular (baseado na musculatura como sistema de classificação)

myasthenia (MED.) miastenia

myasthenia gravis (IMUN.) miastenia grave; doença de Goldflam; doença de Erb-Goldflam

myatonya; myatony (MED.) miatonia

myatrophy (MED.) miatrofia

myc-; mycet-; myceto-; myco- (GERAL) mic-; mico-; micet-; miceto-; formas combinantes relativas a fungo; do grego *mykés, myketos* — fungo

Mycalex (FÍS.) Mycalex (MC); vidro com mica

mycellium (BOT.) micélio

mycethemia (MED.) micetemia

mycetism (MED.) micetismo

mycetocyte (ZOO.) micetócito

mycetogenetic; mycetogenic (MED.) micetogenético; micetogénico

mycetoma (MED.) micetoma

mycetophagus (ZOO.) micetófago

mycobacteria (BIO.) micobactéria

mycobiont (BOT.) micobionte

mycology (BOT.) micologia

Mycoplasma (MED.) Micoplasma; Asterococo

Mycoplasmatales (BIO.) Mycoplasmatales

mycoplasmosis (VET.) micoplasmose

mycorrhiza (BOT.) micorriza

mycosis (MED.; VET.) micose

mycosis cutis chronica (MED.) dermatomicose crónica

mycosis fungoides (MED.) micose fungóide; doença de Alibert; granulossarcoma

mycotic dermatitis of sheep (VET.) dermatomicose do carneiro

mycotoxin (BOT.) micotoxina

mycotrophic plant (BOT.) planta micotrófica

mycovirus (BIO.) micovírus

mydriasis (MED.) midríase

mydriatic (MED.) midriático

mydriatic alkaloid (QUÍM.) alcalóide midriático

myelencephalon (ZOO.) mielencéfalo

myelin (ZOO.) mielina

myelination (ZOO.) mielinização

myelin basic protein [MBP] (BIO.) proteína básica da mielina

myelin sheath (ZOO.) bainha de mielina

myelitis (MED.) mielite

myel-; myelo- (GERAL) miel-; mielo-; formas combinantes do grego *myelos* — medula, relacionadas com medula óssea, medula espinhal, bulbo ou a bainha de mielina das fibras nervosas

myeloblast (ZOO.) mieloblasto

myelocele (MED.) mielocele

myelocoel (ZOO.) mielocelo

myelocyst (MED.) mielocisto

myelocystocele (MED.) mielocistocele

myelocyte (ZOO.) mielócito

myelodysplasia (MED.) mielodisplasia

myelography (RADIOL.) mielografia

myeloid cell (IMUN.) célula mielóide

myeloidosis (MED.) mieloidose

myeloma (MED.) mieloma

myelomalacia (MED.) mielomalacia

myeloma proteins (BIO.) proteínas do mieloma

myelomatosis (MED.) mielomatose

myelomeningocele (MED.) mielomeningocele

myelomero (MED.) mielómero

myeloneuritis (MED.) mieloneurite

myeloparalysis (MED.) mieloparalisia

myelopathy (MED.) mielopatia

myeloplaque (MED.) mieloplácio; mieloplaxe

myeloplast (ZOO.) mieloplasto

myeloplegia (MED.) mieloplegia

myelopoiesis (MED.) mielopoese

myelorrhagia (MED.) mielorragia

myelosarcoma (MED.) mielossarcoma

myelosclerosis (MED.) mielosclerose

myelosis (MED.) mielose

myelotomy (MED.) mielotomia

myelotoxic (MED.) mielotóxico

myenteric (ZOO.) mientérico

myenteron (ZOO.) mientério

myiasis (VET.) miíase

Mylar (PLÁST.) Mylar (MC da Du Pont, para filmes poliéster, nos EUA; *Melinex* no RU)

mylonite (GEO.) milonito

mylonitization (GEO.) milonitização

myo-; my- (GERAL) mio-; mi-; do grego *mys, myós* — músculo

myoalbumina (QUÍM.) mioalbumina

myoblast (MED.) mioblasto

myoblastoma (MED.) mioblastoma

myobradia (MED.) miobradia

myocardia (MED.) miocardia

myocardial (MED.) miocárdico

myocardial infarction (MED.) enfarte miocárdico

myocarditis (MED.) miocardite

myocardium (ZOO.) miocárdio

myocele (MED.) miocele

myoclonia congenita (MED.) mioclonia congénita

myoclonus (MED.) mioclono; espasmo clónico

myocomma (ZOO.) miocoma

myocute (ZOO.) miócito

myo-edema (MED.) mioedema

myo-edemia (MED.) miodemia

myo-epithelial (ZOO.) mioepitelial

myo-fibril (Bio.) miofibrilha
myofibrilla (Bio.) miofibrilha
myofibrillae (Bio.) miofibrilhas
myofibroma (Med.) miofibroma
myofibrosis (Med.) miofibrose
myogen (Zoo.) miógeno
myogenic (Zoo.) miogénico
myoglobin (Bio.) mioglobina
myoglobulin (Bio.) mioglobulina
myognathus (Med.) miognato
myograph (Med.) miógrafo
myohypertrophy (Med.) hipertrofia muscular
myoidema; myo-edema (Med.) mioedema
myolemma (Zoo.) miolema; sarcolema
myology (Zoo.) miologia
myolysis (Med.) miólise
myoma (Zoo.) mioma
myomectomy (Med.) miomectomia
myomere (Zoo.) miómero
myometrium (Bio.) miómetro; miométrio
myon (Med.; Zoo.) músculo individual; unidade muscular
myoneme (Zoo.) mionema
myoneural (Zoo.) mioneural
myoneurasthenia (Med.) mioneurastenia
myopathy (Med.) miopatia
myophily; myiophily (Bot.) miófilo
myophone (Med.) miofónio
myopia (Med.) miopia

myoplasm (Med.) mioplasma
myoplasty (Med.) mioplastia
myorrhexis (Med.) miorrexe
myosarcoma (Med.) miossarcoma
myoseptum (Zoo.) miossepto; miocoma
myosin (Bio.) miosina
myosis (Med.) miose (*myosis* é grafia obsoleta de *miosis*)
myositis (Med.) miosite
myositis ossificans progressiva (Med.) miosite ossificante progressiva
myositis purulenta tropica (Med.) miosite purulenta trópica; miosite trópica; piomiosite
myotome (Bio.) miótomo
myotonia atrophica (Med.) miotonia atrófica; distrofia miotónica
myotonia congenita (Med.) miotonia congénita; doença de Thomsen
myriametric waves (Telecom.) ondas miriamétricas
myriapod (Zoo.) miriápode
myring-; myringo- (Geral) miring-; miringo-; do latim moderno *myringa* — membrana de percussão, e referente à membrana do tímpano
myringectomy (Med.) excisão da membrana do tímpano
myringitis (Med.) miringite
myringodermatitis (Med.) miringodermatite

myringomycosis (Med.) miringomicose
myringoplasty (Med.) miringoplastia
myringoscope (Med.) miringoscópio
myringotomy (Med.) miringotomia
myristic acid (Quím.) ácido mirístico; ácido tetradecanóico
myrmecochory (Bot.) mirmecócora
myrmecophagous (Zoo.) mirmecófago
myrmecophily (Bot.) mirmecófila
myrmekite (Miner.) mirmequite
Myrtaceae (Bot.) Mirtáceas
mysophobia (Med.) misofobia
myx-; myxo- (Geral) mix-; mixo-; do grego *mixa* — muco
myxamoeba (Bot.) mixamiba
myxobacteria (Bio.) mixobactéria
Myxobacteriales ((Bio.) Myxobacteriales
myxochondroma (Med.) mixocondroma
myxofibroma (Med.) mixofibroma
myxolipoma (Med.) mixolipoma
myxoma (Med.) mixoma
myxomatosis (Vet.) mixomatose
Myxomycetes (Bot.) mixomicetos
Myxophyceae (Bot.) mixofíceas
myxorrhea (Med.) mixorreia
myxosarcoma (Med.) mixossarcoma
myxospore (Bot.) mixósporo
myxovirus (Bio.) mixovírus

N (Elect.) símbolo de *number of turns* — número de espiras (voltas)

N (Fís.) símbolo de: *acceleration factor* — factor de aceleração; de *Newton* — Newton; de *neutron number* — número neutrónico

N (Quím.) símbolo de *Avogadro number* — número de Avogadro; de *number of molecules* — número de moléculas; de *nitrogen* — azoto; nitrogénio

n (Fís.) símbolo *neutron* — neutrão

n (Geral) símbolo de *nano-* — nano-

n (Med.) abr. de *nasal* — nasal

n- (Quím.) abr. *normal* — normal (em concentração)

NA (Fís.) símbolo de *Numerical Aperture* — abertura numérica

Na (Quím.) símbolo químico de *sodium* — sódio (latim *natrium*)

nab (E.Civ.) abr. de *nut and bolt* — porca e parafuso

NAC (Inf.) abr. de *network adaptar card* — placa de rede

nacelle (Aero.) nacela

nacreous (Miner.) nacarado

nacreous cloud (Meteo.) nuvem nacarada; nuvem madrepérola

nacrite (Miner.) nacrite

NAD (Bio.) abr. de *Nicotinamide Adenine Dinucleotide* — dinucleotídeo de nicotinamida-adenina

NAD+ (Bio.) abr. de *Nicotinamide Adenine Dinucleotide (oxidized form)* — dinucleotídeo de nicotinamida-adenina (forma oxidada)

NAD (Med.) abr. de *no appreciable disease* — nenhuma doença apreciável

NADH (Bio.) abr. de *Nicotinamide Adenine Dinucleotide (reduced form)* — dinucleotídeo de nicotinamida-adenina (forma reduzida)

nadir (Astro.) nadir

NADP (Bio.) abr. de *Nicotinamide ADenine Phosphate* — dinucleotídeo de nicotinamida-adenina-fosfato

NADW (Geo.) abr. de *North Atlantic Deep Water* — Água Profunda do Atlântico Norte

naepaine hydrochloride (Quím.) cloridrato de naepaína; hidrocloreto de naepaína

naevus (Med.) nevo; mancha natural da pele

nagana (Vet.) nagana; tripanossomíase africana

nail (Zoo.) unha; garra

nail punch (E.Civ.) punção para bater pregos

NaK (Mec.) Nak; liga de sódio (Na) e potássio (K), usada como refrigerante de reator de metal líquido

naked (Bot.) nu; despido

naked-light mine (Minas) mina aberta

name table (Inf.) tabela de símbolos

Namurian (Geo.) Namuriano

NAND (Inf.) NAND; operador lógico NAND [NAND é uma combinação de *NOT* (NÃO) e *AND* (E)]

NAND gate (Inf.) porta NAND; elemento NAND

NAND operation (Inf.) operação NAND; negação da conjugação

nanism (Med.) nanismo

nano- (Geral) nano-; prefixo indicando a milésima-milionésia parte da unidade

nano- (Geral) nano-; prefixo do grego *nanós* — anão, indicando nanismo

nanoamp (Electrón.) nano ampère

nanocephalia (Med.) nanocefalia

nanocormus (Med.) nanocormo

nanofossil (Eco.) nanofóssil

nanogram (Geral) nanograma

nanomelia (Med.) nanomelia

nanophanerophyte (Bot.) nanofanerófita

nanoplankton (Zoo.) nanoplâncton

nap (Têxt.) pêlo; penugem

napalm (Quím.) napalm; gasolina gelatinosa

nape (Zoo.) nuca

napex (Med.) termo inglês que designa a região do couro cabeludo imediatamente abaixo da protuberância occipital

naphrapathy (Med.) nafrapatia (sistema de manipulação terapêutica)

naphtha (Geral) nafta

naphtha (Minas) nafta; petróleo

naphthalene derivates (Quím.) derivados do naftaleno

naphthenate (Quím.) naftenato

naphthenes (Quím.) naftenos; cicloalcanos

naphthionic acid (Quím.) ácido naftiónico

naphthoic acid (Quím.) ácido naftóico; ácido naflateno-carboxílico

naphthol (Quím.) naftol; fenol de naftaleno

naphtholate (Quím.) naftolato

naphthol yellow (Quím.) amarelo naftol (corante)

naphthoquinone (Quím.) naftoquinona

naphthyl- (Quím.) naftil- (radical do naftaleno)

naphthylamine (Quím.) naftilamina

Napier (Mat.) Neper; Napier; Nepair

Napierian logarithm (Mat.) logaritmo neperiano; logaritmo natural; logaritmo hiperbólico neperiano

Napier's analogies (Mat.) analogias de Neper

Napier's compass (Mec.) compasso de Neper

Napier's rules (Mat.) regras de Neper

napoleonite (Geo.) napoleonite

nappe (Geo.) manto de carreamento

nappe (Hidro.) toalha de água; lâmina de água

nappe (Mat.) superfície de um hiperbolóide de revolução

narceine (Quím.) narceína

narcissism (Psico.) narcisismo

narcoanalysis (Med.) narcoanálise

narcolepsy (Psico.) narcolepsia; hipnolepsia

narcolepsy (Med.) narcolepsia; doença de Friedmann

narcomania (Med.; Psico.) narcomania

narcosis (Med.) narcose

narcotherapy (Med.) narcoterapia

narcotic (Med.) narcótico

narcotine (Quím.) narcotina

narcotize (Med.) narcotizar

nares (Zoo.) narinas

narrow-band (T.Imag.) faixa estreita

narrow-band amplifier (Telecom.) amplificador de faixa estreita

narrowband frequency modulation [NBFM] (Telecom.) modulação em frequência de banda estreita

narrowband noise (Telecom.) ruído de banda estreita

narrow-base tower (Elect.) torre de base estreita

narrow-beam aerial (Telecom.) antena de feixe apertado; antena de pequena abertura

narrow-cut filter (T.Imag.) filtro de corte estreito

narrow gauge (E.Civ.) de bitola estreita

narrow passband carrier (Telecom.) portadora de faixa de passagem estreita

NASA (Esp.) abr. de *National Aeronautics and Space Administration* — Administração Nacional de Aeronáutica e Espaço

nasal (Zoo.) nasal

nasal sinusitis (Med.) sinusite nasal

nascent protein (Bio.) proteína nascente

NASDA (Esp.) abr. de *NAtional Space Development Agency* — Agência Nacional de Desenvolvimento do Espaço

nasofrontal (Zoo.) nasofrontal

nasolabial (Med.) nasolabial

nasolacrimal canal (Zoo.) canal nasolacrimal

nasopalatine duct (Zoo.) canal nasopalatino

nasopharyngeal duct (Zoo.) canal nasofaríngeo

nasopharyngitis (MED.) nasofaringite; rinofaringite

nasosinusitis (MED.) nasossinusite; inflamação das cavidades nasais e seios acessórios

nasoturbinal (Zoo.) nasoturbinal

nastic movement (BOT.) nastia; nastismo

nasty (BOT.) nastia; nastismo

nasute (ECO.) térmita guerreira

natal (MED.; Zoo.) natal; relativo ao nascimento

natality (ECO.) natalidade; taxa de nascimentos

natatorial (Zoo.) natatório

natatory (Zoo.) natatório

nates (MED.) nádegas

National Agency of Space and Aeronautics (NASA) (ESP.) Agência Nacional de Espaço e Aeronáutica (NASA)

National Bureau of Standards (NBS) (GERAL) Agência Nacional de Padrões (EUA)

National Center for Biotechnology Information [NCBI] (BIO.) Centro Nacional para Informação Biotecnológica

National Human Genome Research Institute [NHGRI] (BIO.) Instituto Nacional de Pesquisa do Genoma Humano

National Nature Reserve (ECO.) Reserva Natural Nacional (RU)

national park (ECO.) parque nacional

National Physical Laboratory (GERAL) Laboratório Nacional de Física (RU)

National Television Standards Committee [NTSC] (GERAL) Comité Nacional de Normas de Televisão (E.U.A.)

native (MINAS) nativo

native element (ECO.) elemento nativo

nativism (PSICO.) nativismo

natrojarosite (MINER.) natrojarosite

natrolite (MINER.) natrolite

natron (MINER.) natrão

natron lake (ECO.) lago de natrão; lago salino

nats (GERAL) unidades naturais; unidades eléctricas

natural abundance (Fís.) abundância natural

natural ageing (MEC.) envelhecimento natural

natural antibody (IMUN.) anticorpo natural

natural background (Fís.) radiação de fundo natural; irradiação de fundo natural

natural cast (ECO.) molde natural

natural cement (E.CIV.) cimento natural

natural classification (BOT.) classificação natural

natural draught (MEC.) tiragem natural

natural elastic limit (Fís.) limite natural de elasticidade

natural evaporation (METEO.) evaporação natural

natural frequency (Fís.) frequência natural; frequência própria

natural frequency of antenna (TELECOM.) frequência natural de antena

natural gas (GEO.) gás natural

natural glass (GEO.) vidro natural

natural ground (ECO.) solo natural

natural hardness (MEC.) têmpera natural

natural horizon (NAV.) horizonte natural

natural immunity (IMUN.) imunidade natural

natural interference (ELECTRÓN.) interferencia natural

naturalized (ECO.) naturalizado; introduzido

natural killer cell (IMUN.) célula exterminadora natural

natural language (INF.) linguagem natural

natural load (ELECT.) carga natural

natural logarithm (MAT.) logaritmo natural; logaritmo neperiano

natural magnet (Fís.) íman natural; magnetite

natural mode (TELECOM.) modo natural

natural noise (Fís.) ruído natural

natural number (MAT.) número natural

natural order of colour (E.CIV.) ordem natural de cor

natural oscillation (Fís.) oscilação natural; oscilação fundamental

natural period (TELECOM.) período natural; período próprio

natural power (ELECT.) energia natural

natural radioactivity (Fís.) radioactividade natural

natural remanent magnetism [NRM] (GEO.) magnetização natural remanescente

natural resonance (TELECOM.) ressonância natural

natural scale (Fís.) escala natural (Acústica)

natural scale (TOPO.) escala natural

natural selection (BIO.) selecção natural

natural slope (E.CIV.) declive natural

natural soil (GEO.) solo natural; solo virgem

natural synoptic period (METEO.) período sinóptico natural

natural turnover rate (ECO.) taxa natural de renovação

natural units [nats] (GERAL) unidades naturais; unidades eléctricas

natural uranium (QUÍM.) urânio natural

natural-uranium reactor (NUCL.) reactor de urânio natural

natural water (HIDRO.) água natural

natural wavelength (ELECTRÓN.) comprimento de onda natural

natural wavelength of antenna (TELECOM.) comprimento de onda natural de antena

nature conservation (ECO.) conservação da natureza

nature reserve (ECO.) reserva natural

nauplius (Zoo.) náuplio

Nauta mixer (QUÍM.) misturador Nauta

Nautical Almanach (ASTRO.) Almanaque Náutico

nautical compass (NAV.) bússola náutica

nautical log (NAV.) hodómetro

nautical mile (GERAL) milha marítima (1852 m)

nautical on-course mile (NAV.) milha marítima na rota

nautical twilight (ASTRO.) crepúsculo náutico

nautical year (ASTRO.) ano astronómico; ano solar

Nautiloidea (Zoo.) Nautilóides

naval brass (MEC.) latão naval; bronze naval

naval bronze (NAV.) bronze naval; latão naval

nave (ARQ.) nave

nave (MEC.) cubo (de roda, de hélice); guia (de parafuso)

navel (Zoo.) umbigo

navel-ill (VET.) infecção piémica do coto umbilical

navicular bone (Zoo.) osso navicular; escafóide

navicular disease (VET.) doença navicular

navigable semicircle (METEO.) semicírculo navegável

navigation (GERAL) navegação

navigation (PSICO.) orientação

navigation flame float (AERO.) bóia luminosa de orientação

navigation light (AERO.) luz de navegação; luz de rota

navigation smoke float (AERO.) páraquedas de fumo; sinal de fumo para indicar a direcção do vento

navigation system (TELECOM.) sistema de navegação

Nb (QUÍM.) símbolo do elemento *niobium* — Nióbio

NBFM (TELECOM.) abr. de *narrowband frequency modulation* — modulação em frequência de banda estreita

NBS (GERAL) abr. de *National Bureau of Standards* — Serviço Nacional de Normalização (E.U.A.)

NC (ELECT.) abr. de: *No Connection* — sem conexão; desligado; de *Normally Closed* — normalmente fechado; de *Numeric Control* — controlo numérico

NC (INF.) abr. de *Network Control* — controlo de rede

n-channel (ELECTRÓN.) canal n

NCP (INF.) abr. de *Network Control Protocol* — protocolo de controlo de rede

Nd (QUÍM.) símbolo do elemento Neodímio

ND (AERO.) abr. de *Navigation Display* — indicador de navegação

NDAC (INF.) abr. de *No Data ACcepted* — dados não aceites

NDB (AERO.) abr. de *Non-Directional Beacon* — radiofarol não direccionável

N-display (RADAR) exibição N

NDR (INF.) abr. de *Non-Destructive Read* — leitura não destrutiva

NDT (Mec.) abr. de *Non-Destructive Testing* — teste não destrutivo

Ne (Quím.) símbolo do elemento Néon

NE (Inf.) abr. de *Not Equal to* — não igual a

neanic (Zoo.) estado larvar

neap tides (Astro.) marés de quadratura; marés mortas; marés equinociais

nearctic (Geo.) neoárctico (termo usual); neárctico (neologismo de raro uso)

nearctic fauna (Eco.) fauna neoárctica

Nearctic faunal region (Eco.) região faunica Neárctica

Nearctic Region (Zoo.) Região Neoárctica

near-end cross-talk (Telecom.) paradiafonia; diafonia em direcção contrária à propagação da corrente; diafonia próxima

nearest neighbour analysis (Bio.) análise do vizinho mais próximo

nearest-neighbour sampling method (Eco.) método de amostragem do vizinho mais próximo

near field (Fís.) campo vizinho; campo próximo

nearly-free electron model (Fís.) modelo de electrão quase livre

near point (Fís.) ponto próximo

near-shore current system (Geo.) sistema de correntes costeiras

near vertical incidence propagation (Telecom.) propagação de incidência quase vertical

near video on demand (T.Imag.) quase vídeo a pedido

neat cement (E.Civ.) cimento puro

neat size (E.Civ.) medida no limpo; tamanho exacto

neat work (E.Civ.) trabalho limpo; obra no limpo

nebula (Astro.) nebulosa; névoa

nebula (Med.) névoa; opacidade da córnea

nebular hypothesis (Astro.) hipótese nebular; teoria nebular

nebulous cloud (Astro.) nuvem nebular

nebulous cluster (Astro.) aglomerado nebuloso

nebulous matter (Astro.) matéria nebulosa

nebulous ring (Astro.) anel nebular

neck (Arq.) astrálago

neck (Bot.) colo

neck (Geo.) garganta; desfiladeiro

neck (Mec.) rebaixo

neck (Zoo.) pescoço

neck canal cell (Bot.) célula do canal do colo

neck cell (Bot.) célula do canal

necking (Mec.) estiramento; teste de tensão

neck of the uterus (Med.) colo uterino; cervix uteri

necro- (Geral) necro-; prefixo do grego *nekros* — morte, relativo à morte ou à necrose

necrobacillosis (Vet.) necrobacilose

necrobiosis (Med.) necrobiose

necrocytosis (Med.) necrocitose

necrogenic (Bot.) necrogéneo

necrophagous (Zoo.) necrófago

necrophorous (Zoo.) necróforo

necropsy (Med.) necropsia; autópsia

necrosis (Bio.) necrose

necrospermia (Med.) necrospermia

necrosteosis, necrosteon (Med.) necrosteose

necrotic enteritis of swine (Vet.) enterite necrótica dos suínos; adenomatose intestinal porcina

necrotic stomatitis (Vet.) difteria do novilho; estomatite necrótica

necrotroph (Bot.) necrotrófico; necrófago; saprófita

nectanivorous (Zoo.) nectanívoro

nectar (Bot.) néctar

nectar guide (Bot.) guia do néctar

nectary (Bot.) nectário

necto- (Geral) necto-; prefixo do grego *nektos* — que nada

necton (Bot.; Zoo.) necton; nectão

nectopod (Zoo.) nectópode

need (Psico.) necessidade; carência

needle (Bot.) agulha (folha de conífera)

needle (E.Civ.) ponteiro; ponteira

needle (Elect.) agulha; ponteiro

needle (Fís.) agulha; estilete (Acústica)

needle (Têxt.) agulha

needle bearing (Mec.) mancal de rolos cónicos; rolamento de agulhas

needle chatter (Fís.) trepidação de agulha

needle deviation (Fís.) desvio de agulha

needle galvanometer (Elect.) galvanómetro de agulha

needle gap (Elect.) intervalo de agulha

needle ice (Eco.) estalactites de gelo

needle lubricator (Mec.) lubrificador de agulha

needle nose pliers (Mec.) alicate de bico fino; alicate de ponta fina

needle of balance (Fís.) fiel da balança

needle paper (Papel) papel anti-ferrugem

needle pick-up (Fís.) gira-discos de agulha

needle roller bearing (Mec.) rolamento de agulha

needle stone (Miner.) quartzo rutilado

needle traverse (Topo.) movimento de agulha

needle valve (Mec.) válvula de agulha; válvula de injecção

needling (E.Civ.) escorar com agulhas

needling (Med.) discisão; discissão

Néel temperature (Fís.) temperatura de Néel

NEF (Fís.) abr. de *Noise Exposure Forecast* — previsão de exposição de ruído (Acústica)

NEF (Fís.) abr. de *Noise Effective Forecast* — previsão efectiva de ruído (Acústica)

negater (Inf.) abr. de *Not GATE* — porta NÃO

negative (Geral) negativo

negative acceleration (Fís.) aceleração negativa

negative acknowledge [NAK] (Electrón.) confirmação negativa

negative acknowledgement (Inf.) aviso de recepção negativa

negative after-image (Fís.) pós-imagem negativa; imagem residual negativa

negative bias (Electrón.) polarização negativa

negative booster (Elect.) intensificador negativo

negative buoyance (Aero.) força ascensional negativa

negative carbon (Elect.) carvão negativo

negative catalysis (Quím.) catálise negativa

negative charge (Elect.) carga negativa

negative coincidence switch (Elect.) interruptor inversor

negative conduction (Telecom.) condução negativa

negative coupling (Elect.) acoplamento negativo

negative crystal (Fís.) cristal negativo

negative distortion (Fís.) distorção negativa

negative earth (Electrón.) terra negativa

negative electricity (Fís.) electricidade negativa

negative electrode (Electrón.) eléctrodo negativo

negative electron (Electrón.) electrão negativo

negative feedback (Telecom.) realimentação negativa

negative feeder (Elect.) alimentador negativo

negative frequency modulation (Electrón.) modulação de frequência negativa

negative g (Aero.; Esp.) G-negativo (gravidade negativa)

negative glow (Electrón.) luminescência negativa

negative grid (Electrón.) grade negativa (de válvula electrónica)

negative grid bias (Elect.) polarização negativa de grade

negative high voltage (Elect.) alta voltagem negativa

negative image (Telecom.) imagem negativa

negative impedance (Elect.) impedância negativa

negative ion (Electrón.) ião negativo; anião

negative-ion vacancy (Electrón.) lacuna de ião negativo

negative logic (Electrón.) lógica negativa

negative mineral (Fís.) mineral negativo

negative modulation (Telecom.) modulação negativa

negative mutual inductance (Elect.) indutância mútua negativa

negative phase sequence (Elect.) sequência de fase negativa

negative phase-sequence component (Elect.) componente de sequência de fase negativa

negative phase-sequence relay (ELECT.) relé de sequência de fase negativa

negative plate (ELECT.) placa negativa

negative proton (FÍS.) protão negativo; antiprotão

negative reaction (BIO.) reacção negativa

negative reinforcement (PSICO.) reforço negativo; recompensa negativa

negative resistance (ELECTRÓN.) resistência negativa

negative-resistance oscillator (ELECTRÓN.) oscilador de resistência negativa

negative scanning (T.IMAG.) exploração negativa

negative stagger (AERO.) avanço negativo das asas

negative staining (BIO.) coloração negativa

negative temperature coefficient [NTC] (ELECTRÓN.) coeficiente térmico negativo

negative transconductance (ELECTRÓN.) transcondutância negativa

negative video signal (TELECOM.) sinal de vídeo negativo

negative viscosity (FÍS.) viscosidade negativa

negative voltage (ELECT.) voltagem negativa; tensão negativa

neg-pos (T.IMAG.) abr. de *NEGative-POSitive* — negativo-positivo

Negri's bodies (VET.) corpos de Negri; corpúsculos de Negri

neighborhood (MAT.) vizinhança

Neisseriaceae (BIO.) Neisseriáceas (bactérias)

nekron mud (ECO.) lodo

nekton (BOT.; ZOO.) nectão; necton

nema-, nemat-, nemato- (GERAL) nema-; nemat-; nemato-; do grego *nema* — fio, filiforme

nematic crystal (ELECTRÓN.) cristal nemático

nematoblast (ZOO.) nematoblasto

nematocyst (ZOO.) nematocisto

Nematoda (ZOO.) Nemátodos

nematophagous fungi (BIO.) fungos nematófagos

Nemertea (ZOO.) Nemérteos; nemertes; nemertíneos

neoblast (ZOO.) neoblasto

neocerebellum (MED.) neocerebelo

Neo-Classicism (ARQ.) Neoclassicismo

Neocomian (GEO.) Neocomiano

neo-Darwinism (ZOO.) neodarwinismo

neodymium (QUÍM.) neodímio

neo-Freudian (PSICO.) neofreudiano

neogala (MED.) neógala

neogene (GEO.) neogénico; neogéneo

neogenesis (BIO.) neogénese

neogenetic (BIO.) neogenético

neo-Lamarckism (ECO.) neolamarckismo

Neolithic Period (GEO.) Período Neolítico

neologism (PSICO.) neologismo (forma de lalopatia em algumas esquizofrenias)

neomembrane (MED.) neomembrana

neomorph (BIO.) neomorfo

neomorphism (BIO.) neomorfismo

neomycin (MED.) neomicina

neomycin sulphate (sulfate) (QUÍM.) sulfato de neomicina

neon (QUÍM.) néon

neon approach lights (AERO.) luzes de aproximação de néon

neon-bulb oscillator (ELECT.) oscilador de néon

neon glow lamp (ELECT.) lâmpada de néon

neon-helium laser (ELECTRÓN.) laser de néon-hélio

neon induction lamp (FÍS.) lâmpada de indução a hélio

neon tube (ELECT.) tubo a néon; válvula a néon

neopallium (ZOO.) neopálio

neopathy (MED.) neopatia

neoplasia (MED.) neoplasia

neoplasm (MED.) neoplasma; neoplasia

neoprene (QUÍM.) neopreno

neossoptiles (ZOO.) penugem de ave recém-nascida

neostomy (MED.) neostomia

neotenin (ZOO.) neotenina

neoteny (BIO.) neotenia

Neotropical faunal region (ECO.) região faunica neotropical

neotropical region (ZOO.) região neotropical

neovitalism (ZOO.) neovitalismo

Neozoic (GEO.) Neozóico

NEP (ECO.) abr. de *Net Ecosystem Productivity* — produtividade líquida do ecossistema

neper (TELECOM.) neper (unidade de transmissão = 8,686 decibéis)

nepheline (MINER.) nefelina

nepheline-sienite (GEO.) sienito nefelínico

nephelite (MINER.) nefelite; nefelina

nephelometric analysis (QUÍM.) análise nefelométrica

nephograph (T.IMAG.) nefografo (aparelho para fotografar nuvens)

nephoscope (METEO.) nefoscópio

nephradenoma (MED.) nefradenoma; adenoma do rim

nephralgia (MED.) nefralgia

nephrapostasis (MED.) nefrapóstase

nephrecosis (MED.) nefrecose

nephrectasia (MED.) nefrectásia

nephrectomy (MED.) nefrectomia

nephric (MED.; ZOO.) néfrico; renal

nephridium (MED.) nefrídio

nephrite (MINER.) nefrite; jade imperial

nephritis (MED.) nefrite

Nephr-; Nephro- (GERAL) nefr-; nefro-; do grego *nephros* — rim

nephrocele (MED.) nefrocele

nephrocystis (MED.) nefrocistite

nephrogenic tissue (ZOO.) tecido nefrogénico

nephrolithiasis (MED.) nefrolitíase

nephrolithomy (MED.) nefrolitomia

nephrologist (MED.) nefrologista

nephrolysin (QUÍM.) nefrolisina

nephrolysis (MED.) nefrólise

nephromegaly (MED.) nefromegália

nephromere (BIO.) nefrómero

nephron (MED.) nefrónio

nephropathy (MED.) nefropatia

nephropexy (MED.) nefropexia

nephropore (ZOO.) nefróporo

nephroptosis (MED.) nefroptose

nephrorrhaphy (MED.) nefrorrafia

nephros (ZOO.) rim

nephrostome (ZOO.) nefróstomo

nephrostomy (MED.) nefrostomia

nephrotic syndrome (MED.) síndroma nefrótico

nephrotomy (MED.) nefrotomia

nephrotoxin (MED.) nefrotoxina

nephroureterectomy (MED.) nefroureterectomia

Neptune (ASTRO.) Neptuno

Neptunean dyke (GEO.) dique neptuniano

neptunium (QUÍM.) neptúnio

neptunium series (QUÍM.) série do neptúnio

NEQ gate (INF.) abr. de *Non EQuivalence gate* — porta de negação da equivalência

Nereid (ASTRO.) Nereida

neritic province (ECO.) província nerítica

neritic zone (GEO.) zona nerítica

Nernst approximation formula (FÍS.) fórmula de aproximação de Nernst

Nernst battery (ELECT.) bateria de Nernst

Nernst bridge (ELECT.) ponte de Nernst

Nernst effect (ELECTRÓN.) efeito de Nernst

Nernst equation (BIO.; QUÍM.) equação de Nernst

Nernst glower (ELECT.) lâmpada de Nernst; incandescência de Nernst

Nernst heat theorem (QUÍM.) teorema do calor da lâmpada fluorescente

Nernst lamp (FÍS.) lâmpada de Nernst; lâmpada fluorescente

Nernst's distribution law (QUÍM.) lei da distribuição de Nernst

Nernst theory (QUÍM.) teoria de Nernst

nervation (BOT.) nervação; enervação

nervature (BOT.) enervação; nervação

nerve (BOT.) nervura

nerve (ZOO.) nervo

nerve block (MED.) bloqueio de nervo/s

nerve cell (ZOO.) célula nervosa; neurónio

nerve centre (ZOO.) centro nervoso

nerve ending (ZOO.) ramo terminal do nervo

nerve fibre (ZOO.) fibra nervosa

nerve gas (QUÍM.) gás de nervos (derivado do ácido fluorofosfórico)

nerve impulse (ZOO.) impulso nervoso

nerve net (ZOO.) rede nervosa

nerve plexus (ZOO.) plexo nervoso

nerve root (ZOO.) raiz nervosa

nerve trunk (ZOO.) tronco nervoso

nervous system (ZOO.) sistema nervoso

nervure; nerve (ARQ.) nervura

nervure (ZOO.) nervura (das asas de um insecto)

nesosilicate (MINER.) nesossilicato

Nessler's solution (Quím.) solução de Nessler

nest (Geo.) bolsa

nest (Inf.) introduzir; alinhar; encaixar

nest (Minas) depósito isolado de mineral; bolsa

nest (Zoo.) ninho

nested address space (Inf.) espaço de endereço encaixado

nested block (Inf.) bloco encaixado

nested loop (Inf.) circuito fechado encaixado

nest epiphyte (Bot.) epífito de ninho

net (Têxt.) rede

net assimilation rate (Bot.) índice de assimilação reticular

net dry weight (Mec.) peso seco líquido; peso líquido (vazio)

net ecosystem productivity [NEP] (Eco.) produtividade líquida do ecossistema

net gradient (Aero.) gradiente líquido; gradiente efectivo

net head (Hidro.) queda líquida; carga útil

net information content (Electrón.) conteúdo informativo líquido

net lift (Fís.) flutuabilidade; sustentação efectiva

net primary productivity [NPP] (Eco.) produtividade primária líquida

net production (Eco.) produção líquida; produção efectiva

net radiation (Meteo.) radiação efectiva

net register tonnage (Nav.) tonelagem de registo; tonelagem de arqueação líquida

net tonnage (Nav.) tonelagem líquida

net transport (Nucl.) transporte efectivo

net wing area (Aero.) área de asa efectiva

network (Geral) rede

network adapter card (Inf.) placa de rede

network address (Inf.) endereço de rede

network analysis (Elect.) análise de rede

network architecture (Inf.) arquitectura de rede

network calculator (Inf.) calculador de rede

network control (Inf.) controlo de rede

networking card (Inf.) placa de rede

network layer (Inf.) camada de rede; nível de rede

network path (Inf.) caminho de rede; via de rede

network polymer (Quím.) polímero de rede

network protocol (Inf.) protocolo de rede

network structure (Mec.) estrutura de rede; estrutura reticular

network synthesis (Elect.) síntese de rede

network theory (Imun.) teoria de rede

network topology (Inf.) topologia da rede

network transfer constant (Telecom.) constante de transferência de rede

network transfer function (Telecom.) função de transferência de rede

Neuhoff's diagram (Meteo.) diagrama de Neuhoff

Neumann boundary condition (Mat.) condição limite de Neumann

Neumann function (Mat.) função de Neumann

Neumann lamellae (Mec.) lamelas de Neumann

Neumann line (Mat.) linha de Neumann

Neumann principle (Crist.) princípio de Neumann

Neumann's cells (Med.) células de Neumann

Neumann's disease (Med.) doença de Neumann; pênfigo vegetante

Neumann's law (Quím.) lei de Neumann

Neumann's sheath (Med.) bainha de Neumann

neural (Zoo.) neural

neural arch (Zoo.) arco neural

neural canal (Zoo.) canal neural; cavidade neural

neural crest (Zoo.) crista neural; crista ganglionar

neuralgia (Med.) neuralgia

neural network (Inf.) rede neuronal

neural spine (Zoo.) espinha neural

neural tube (Zoo.) tubo neural; tubo medular

neuraminic acid (Quím.) ácido neuramínico

neuraminidase (Imun.) neuraminidase

neurapophysis (Med.) neurapófise

neurarchy (Med.) neurarquia

neurasthenia (Med.) neurastenia

neuraxis (Zoo.) neuro-eixo

neuraxon, neuraxone (Bio.) neuraxónio

neurectomy (Med.) neurectomia

neurergic (Zoo.) neurérgico

neurilemma (Zoo.) neurilema

neurine (Quím.) neurina

neuritis (Med.) neurite

neur-, neuro- (Geral) neur-, neuro-; forma combinante do grego *neuron* — nervo

neuroallergy (Med.) neuroalergia

neuroanatomy (Med.) neuroanatomia

neuroblast (Zoo.) neuroblasto

neuroblastoma (Med.) neuroblastoma

neuroclonic (Med.) neuroclónico

neurocranium (Zoo.) neurocrânio

neurocrine (Bio.) neurócrino

neurocyte (Zoo.) neurócito; neurónio; célula nervosa

neurodendrite (Bio.) neurodendrito

neurodynia (Med.) neurodínia

neuroendocrinology (Med.) neuroendocrinologia

neurofibroma (Med.) neurofibroma

neurofibromatosis (Med.) neurofibromatose

neurofilament proteins (Bio.) proteínas de neurofilamentos

neurogenesis (Zoo.) neurogénese

neurogenic (Zoo.) neurogénico

neuroglia (Zoo.) neuróglia

neurohaemal organ (Zoo.) orgão neuro-hemal; orgão neurocirculatório

neurohypophysis (Zoo.) neuro-hipófise

neuroid (Zoo.) neuróide

neurolemma, neurilemma (Zoo.) neurilema

neurologist (Med.) neurologista

neurology (Med.) neurologia

neurolymph (Med.) neurolinfa; líquido céfalo-raquidiano

neurolymphomatosis (Med.) neurolinfomatose

neurolysis (Med.) neurólise

neuroma (Med.) neuroma

neuromasts (Zoo.) neuromastos

neuromuscular (Zoo.) neuromuscular

neuromyelitis (Med.) neuromielite

neuromyopathy (Med.) neuromiopatia

neuromyositis (Med.) neuro-miosite

neuron (Zoo.) neurónio; célula nervosa

neuropathology (Med.) neuropatologia

neuropathy (Med.) neuropatia

neurophagia (Med.) neurofagia

neuropil (Zoo.) neurópilo

neuropilemma (Zoo.) neuropilema

neuropore (Zoo.) neuroporo

neurorrhaphy (Med.) neurorrafia

neurosecretory cell (Bot.) célula neurossecretora

neurosis (Med.) neurose

neurosurgery (Med.) neurocirurgia

neurosyphilis (Med.) neurossífilis

neurotoxin (Bio.) neurotoxina

neurotransmitter (Bio.) neurotransmissor

neurotropic (Med.) neurotrópico

neurula (Zoo.) nêurula

neuter (Bot.; Zoo.) neutro

neutral (Geral) neutro

neutral anode magnetron (Elect.) magnetrão de ânodo neutro

neutral autotransformer (Elect.) autotransformador neutro

neutral axis (Geral) eixo neutro

neutral bar (Elect.) barra neutra; condutor de terra

neutral beam (Fís.) feixe neutro

neutral circuit (Elect.) circuito neutro

neutral compensator (Elect.) compensador neutro

neutral conductor (Elect.) condutor neutro

neutral density filter (T.Imag.) filtro de densidade neutra

neutral-earth voltage (Electrón.) tensão terra-neutro

neutral element (Mat.) elemento neutro

neutral equilibrium (Fís.) equilíbrio indiferente

neutral feeder (Elect.) alimentador neutro

neutral flame (Mec.) chama neutra

neutral flux (Mec.) fluxo neutro

neutral ground (Elect.) terra neutro

neutral injection (Nucl.) injecção neutra

neutral instability (Elect.) instabilidade neutra

neutral inversion (ELECT.) inversão neutra

neutralization (GERAL) neutralização

neutralized series motor (ELECT.) motor de série neutralizada

neutralizing (E.CIV.) neutralização

neutralizing capacitor (ELECT.) condensador de neutralização; condensador neutralizador

neutralizing indicator (ELECT.) indicador de neutralização

neutralizing voltage (TELECOM.) voltagem de neutralização

neutral method (ELECT.) método neutralizador

neutral molecule (ELECT.) molécula neutra

neutral occlusion (METEO.) oclusão neutra

neutral point (GERAL) ponto neutro

neutral pump (FÍS.) bomba neutra

neutral relay (ELECT.) relé neutro

neutral salt (QUÍM.) sal neutro

neutral soil (ECO.) solo neutro

neutral solution (QUÍM.) solução neutra

neutral state (FÍS.) estado neutro

neutral substitution (BIO.) substituição neutra

neutral surface (MEC.) superfície neutra

neutral wire (ELECT.) fio neutro

neutral zone (ELECT.) zona neutra

neutrino (FÍS.) neutrino

neutrino astronomy (ASTRO.) astronomia de neutrinos

neutron (FÍS.) neutrão

neutron absorber (FÍS.) absorvedor de neutrões

neutron absorption cross-section (FÍS.) secção eficaz de absorção neutrónica

neutron activation (NUCL.) activação neutrónica

neutron balance (NUCL.) equilíbrio neutrónico

neutron current (NUCL.) corrente de neutrões

neutron detection (NUCL.) detecção neutrónica

neutron diffraction (FÍS.) difracção neutrónica

neutron diffusion (NUCL.) difusão de neutrões

neutron elastic scattering (FÍS.) dispersão elástica de neutrões

neutron energy (FÍS.) energia neutrónica

neutron excess (FÍS.) excesso de neutrões

neutron flux (FÍS.) fluxo de neutrões

neutron hardening (FÍS.) endurecimento neutrónico

neutron leakage (NUCL.) dispersão neutrónica; fuga neutrónica

neutron lifetime (FÍS.) vida de neutrão

neutron logging (HIDRO.) sondagem por neutrões; método dos neutrões

neutron-magnetic scattering (FÍS.) dispersão magneto-neutrónica

neutron nuclear scattering length (FÍS.) comprimento de dispersão magneto-neutrónica

neutron number (FÍS.) número de neutrões

neutron poison (FÍS.) veneno neutrónico

neutron radiography (RADIO.) radiografia de neutrões

neutron rays (NUCL.) raios neutrónicos

neutron reflecting (NUCL.) reflexão de neutrões; reflector neutrónico

neutron scattering method (HIDRO.) método de dispersão de neutrões

neutron shield (NUCL.) escudo de neutrões

neutron slowing (NUCL.) desaceleração de neutrões

neutron source (NUCL.) fonte de neutrões

neutron spectrometer (NUCL.) espectrómetro de neutrões

neutron spectroscopy (FÍS.) espectroscopia neutrónica

neutron star (ASTRO.) estrela de neutrões

neutron therapy (MED.) terapia de neutrões

neutron velocity selector (NUCL.) selector de velocidade neutrónica

neutropenia (MED.) neutropenia

neutrophil, neutrophile (MED.) neutrófilo

Nevadan orogeny (GEO.) Nevádica (fase orogénica)

névé (GEO.) nevado

névé glacier (GEO.) glaciar de nevado; geleira de nevado

névé-line (GEO.) linha das neves persistentes

Neville bridge girder (E.CIV.) viga de ponte Neville

Newall system (MEC.) sistema Newall

New Caledonian floral region (ECO.) região floral da Nova Caledónia

Newcastle disease (VET.) doença de Newcastle; doença de Ranikhet; pneumoencefalite das aves

newel (E.CIV.) pilar de escada

newel cap (E.CIV.) topo de pilar de escada

newel joints (E.CIV.) juntas do pilar da escada

New Forest disease (VET.) oftalmia infecciosa; doença de New Forest (região do sul da Grã Bretanha)

Newlin datum (TOPO.) dado de Newlin (nível médio das águas do mar determinado em Newlin, na Cornualha)

new moon (ASTRO.) Lua nova; novilúnio

New Red Sandstone (GEO.) Grés Vermelhos Recentes

newsprint (PAPEL) papel de imprensa; papel de jornal

new star (ASTRO.) nova; nova estrela

New Style (ASTRO.) Estilo Novo; data escrita no calendário juliano

newton (ELECT.) newton (unidade SI de força — símbolo N)

Newton binomial (MAT.) binómio de Newton

Newton-Cotes formulas (MAT.) fórmulas Newton-Cotes

Newtonian aberration (FÍS.) aberração newtoniana

Newtonian attraction (FÍS.) atracção newtoniana; gravitação newtoniana

Newtonian field (FÍS.) campo newtoniano

Newtonian friction law (FÍS.) lei de fricção de Newton; fórmula de Newton para a tensão

Newtonian mechanics (FÍS.) mecânica newtoniana

Newton's disk (FÍS.) disco de Newton

Newton's equation of motion (FÍS.) equação do movimento de Newton

Newton's formula for the stress (FÍS.) fórmula de Newton para a tensão

Newton's law of cooling (FÍS.) lei do resfriamento de Newton

Newton's law of gravitation (FÍS.) lei da gravitação de Newton

Newton's law of motion (FÍS.) lei do movimento de Newton

Newton's law of viscosity (FÍS.) lei da viscosidade de Newton

Newton's rings (FÍS.) anéis de Newton

Newton's square-root method (MAT.) método da raiz quadrada de Newton

Newton's theory of lift (FÍS.) teoria da sustentação de Newton

Newton's theory of light (FÍS.) teoria da luz de Newton

New Zealand floral region (ECO.) região floral da Nova Zelândia

New Zealand greenstone (MINER.) jade verdadeiro; jade-nefrite

next-available-block register (INF.) registo de bloco disponível seguinte

next sequential instruction (INF.) instrução sequencial seguinte

NGC (ASTRO.) abr. de *New General Catalogue* — Novo Catálogo Geral

Ni (QUÍM.) símbolo de *nickel* — níquel

niacin (MED.) niacina; ácido nicotínico

nib (E.CIV.) ponta

NIB (INF.) abr. de *Node Initializing Block* — bloco de inicialização de nó

nibble (INF.) nibble; meio byte

nibbler (MEC.) cortadora de chapa

NIC (INF.) abr. de *network interface card* — placa de rede

NICAM (T.IMAG.) abr. de *near instantaneous companded audio multiplex* — multiplexagem áudio de compressão-expansão quase instantânea

niccolite (MINER.) niquelite; nicolite

niche (ECO.) nicho

niched column (ARQ.) coluna de nicho

Nicholson hydrometer (FÍS.) hidrómetro de Nicholson

nichrome (MEC.) níquel-cromo (liga para resistências eléctricas)

nichrome wire (ELECT.) condutor de níquel-cromo

nick (BIO.) corte

nick (BOT.) mistura

nick (IMP.) entalhe

nickel (QUÍM.) níquel

nickel alloy (MEC.) liga de níquel

nickel antimony glance (MINER.) brilho de ulmanite (sulfoantimonieto de níquel)

nickel arsenic glance (MINER.) brilho de gersdorfite (sulfoarsenieto de níquel)

nickel bloom (MINER.) anabergita (níquel arseniacal); «flores de níquel»

nickel-cadmium accumulator (ELECT.) acumulador de níquel-cádmio

nickel carbonyl (QUÍM.) carbonilo de níquel

nickel-chromium steel (MEC.) aço níquel-cromo

nickel-cobalt [Ni-Co] cell (ELECTRÓN.) bateria de níquel-cobalto

nickel electro (IMP.) fototipo faceado de níquel

nickel-iron alkaline accumulator (ELECT.) acumulador alcalino de ferro-níquel

nickel iron core (MEC.) núcleo de ferro-níquel

nickel-metal hydride (ELECTRÓN.) bateria de níquel-hidrato metálico

nickel plating (MEC.) niquelagem

nickel salt (QUÍM.) sal de níquel

nickel silver (MEC.) prata alemã; alpaca

nickel steel (MEC.) aço-níquel

nickel-tin bronze (MEC.) bronze de estanho-níquel

nicker (E.CIV.) contra-ponta

Niclauss boiler (MEC.) caldeira de Niclauss

Ni-Co (ELECTRÓN.) bateria de níquel cobalto

Nicol prism (FÍS.) prisma de Nicol

nicotinamide adenine dinucleotide (NAD) (BIO.) dinucleotídeo de nicotinamida-adenina

nicotinamide adenine dinucleotide phosphate (NADP) (BIO.) dinucleotídeo de nicotinamida-adenina-fosfato

nicotinamide mononucleotide (BIO.) mononucleotídeo de nicotinamida

nicotinate (QUÍM.) nicotinado

nicotine (QUÍM.) nicotina

nicotinic acid (QUÍM.) ácido nicotínico

nicotinic receptors (BIO.) receptores nicotínicos

nicotinomimetic (MED.) nicotinomimético

nictitating (ZOO.) nictitante

nidamental (ZOO.) nidamento

nidation (ZOO.) nidação

nidifugous (ZOO.) nidífugo

nidulation (ZOO.) nidificação

nidus (ZOO.) ninho

niello (MEC.) nielo; nigelo (trabalho feito a buril ou a cinzel sobre metal, preenchendo os espaços com esmalte preto)

Niemann-Pick disease (MED.) doença de Niemann-Pick; lipidiose esfingomielínica

Ni-Fe accumulator (ELECT.) acumulador níquel-ferro

nifedipine (MED.) nifedipina

niger morocco (IMP.) marroquim da Nigéria; marroquim negro

night blindness (MED.) cegueira nocturna

night bolt (E.CIV.) fecho de segurança

nightfall detector (ELECTRÓN.) detector crepuscular

night terror (PSICO.) terror nocturno; pavor nocturno

nigrescent (BOT.) em via de adquirir a cor negra

nigrite (MINER.) nigrite

nigrities (MED.) pigmentação negra

nigrities linguae (MED.) língua negra; glossite parasítica

nigrosin, nigrosine (QUÍM.) nigrosina

Ni-hard (MEC.) endurecido pelo níquel

NII (NUCL.) abr. de *Nuclear Installations Inspectorate* — Inspectoria de Instalações Nucleares

nimbostratus (METEO.) nimbostratos

NIMH (ELECTRÓN.) bateria de níquel e hidrato metálico

nimonic (MEC.) nimónico; designação comercial de uma liga de níquel (níquel 80% + cromo 20% + pequena percentagem de titânio e alumínio)

ninhydrin (QUÍM.) niidrina; hidrato de tricetodrindeno

niobite (MINER.) niobite

niobium (QUÍM.) nióbio

nip (MINAS) contracção do filão

Nipkow disk (T.IMAG.) disco de Nipkow

nippers (E.CIV.) torquês; tenaz pequena; alicate

nipple (GERAL) bocal

nipple (ZOO.) mamilo

nisin (QUÍM.) nisina

Nissl bodies (ZOO.) corpos de Nissl

nit (BIO.) ovo do piolho

nit (FÍS.) nit — designação da unidade de luminância luminosa (esta designação não deve ser usada no âmbito do SI, mas sim *candela por metro quadrado*)

niter (QUÍM.) nitro

nitralloy (MEC.) liga de aço-cromo

nitramine (QUÍM.) nitramina

nitrate film (T.IMAG.) película de nitrato; filme de nitrato

nitrate-reducing bacteria (BIO.) bactérias redutoras de nitrato

nitrates (QUÍM.) nitratos

nitration (QUÍM.) nitração

nitrazepan (MED.) nitrazepan; mogadan (hipnótico e sedativo)

nitre (QUÍM.) nitro; nome vulgar do nitrato de potassa; salitre

nitric acid (QUÍM.) ácido nítrico; ácido azótico

nitric anhydride (QUÍM.) anidrido azótico

nitric horizon (ECO.) horizonte nítrico; horizonte azótico

nitric oxide (QUÍM.) óxido azótico; óxido nítrico

nitric oxide reductase (QUÍM.) redutase do óxido nítrico

nitride (QUÍM.) nitreto

nitriding (MEC.) nitruração; transformação em nitreto

nitrification (BOT.) nitrificação

nitrifying bacteria (BIO.) bactéria nitrificante

nitriles (QUÍM.) nitrilos

nitrites (QUÍM.) nitritos

nitroanilines (QUÍM.) nitroanilinas

Nitrobacteriaceae (BIO.; BOT.) Nitrobacteriáceas

nitrobenzene (QUÍM.) nitrobenzeno; essência de Mirbane

nitrocellulose (QUÍM.) nitrocelulose

nitro derivatives (QUÍM.) derivados nitrados; grupo nitro

nitrogen (QUÍM.) azoto; nitrogénio

nitrogenase (BOT.) nitrogenase

nitrogen balance (BIO.) equilíbrio de nitrogénio; equilíbrio nitrogenado

nitrogen case-hardening (MEC.) têmpera a nitrogénio

nitrogen chlorides (QUÍM.) cloretos de nitrogénio; cloretos de azoto

nitrogen cycle (BIO.) ciclo do azoto

nitrogen dioxide (QUÍM.) dióxido de azoto; dióxido de nitrogénio

nitrogen fixation (BOT.) fixação do azoto; fixação do nitrogénio

nitrogen group (QUÍM.) grupo do azoto

nitrogen lag (MED.) demora do nitrogénio

nitrogen monoxide (QUÍM.) monóxido de azoto

nitrogen mustards (QUÍM.) mostardas nitrogenadas; mostardas azotadas

nitrogen narcosis (MED.) narcose de nitrogénio

nitrogen nonproteic (BIO.) azoto não proteico

nitrogen partition (MED.) distribuição do nitrogénio

nitrogen pentoxide (QUÍM.) pentóxido de azoto

nitroglycerin (QUÍM.) nitroglicerina

nitrohydrochloric acid (QUÍM.) ácido nitroclorídrico; água régia

Nitrolime (QUÍM.) «Nitrolime» (nome comercial de um fertilizante à base de cianamida cálcica)

nitromethane (QUÍM.) nitrometana; nitrometano

nitrommanitol (QUÍM.) nitromanitol; nitranitol

nitrophilous (BOT.) nitrófilo

nitroprusside (QUÍM.) nitroprussieto

nitroso compounds (QUÍM.) compostos nitrosos

nitroso dyes (QUÍM.) corantes nitrosos

nitrosoferricyanides (QUÍM.) ferrocianetos nitrosos

nitrotoluene (QUÍM.) nitrotolueno

nitrous acid (QUÍM.) ácido nitroso; ácido azotoso

nitrous ether (QUÍM.) éter nitroso; nitrito de etila

nitrous oxide (QUÍM.) óxido nitroso; protóxido de azoto; monóxido de azoto; gás hilariante; óxido azotoso

nitroxyl (QUÍM.) nitroxila

nitrozation (BIO.; BOT.) nitrogenação

nival (ECO.) niveal

Nivarox (RELOJ.) «Nivarox» (liga de ferro-níquel e berílio)

nivation (ECO.) nevação; nivação

NK cell (IMUN.) abr. de *Natural Killer Cell* — célula assassina natural

NLR (ELECTRÓN.) abr. de *nonlinear resistor* — resistência não linear

nm (GERAL) abr. de *NannoMeter* — nanómetro

NMR (Fís.; Quím.) abr. de *Nuclear Magnetic Resonance* — ressonância magnética nuclear

NNI (Inf.) abr. de *network-network interface* — interface de redes

n-n junction (Electrón.) junção n-n

No (Quím.) símbolo do elemento químico Nobélio

NOAA (Esp.) abr. de *National Oceanic and Atmospheric Administration* — Administração Nacional Oceânica e Atmosférica (EUA)

no address instruction (Inf.) instrução sem endereço

nobelium (Quím.) nobélio

noble gas (Quím.) gás nobre

noble metal (Mec.) metal nobre; metal precioso

no-buffer queue (Inf.) fila sem armazenamento intermédio

nocardia (Bio.) nocardias (género de bactérias)

nocardiasis (Med.) nocardiose

no-charge machine fault time (Inf.) tempo perdido por erro inerente à máquina

noci- (Geral) noci-; prefixo do latim *noceo* — ferir; lesar, relacionado com dor ou lesão

nociceptive (Zoo.) nociceptivo; noci-receptivo

nociceptor (Zoo.) nociceptor; noci-receptor

nocti (Geral) nocti-; prefixo do latim *nox, nocti* — noite; nocturno

noctilucent (Zoo.) noctilúcio; fosforescente

noctilucent clouds (Meteo.) nuvens noctilucentes

Noctovision (T.Imag.) «Noctovision» (marca registada)

nocturia (Med.) noctúria; nictúria

nocturnal radiation (Geo.) radiação nocturna

nodal analysis (Geral) análise nodal

nodal gearing (Mec.) conjunto de engrenagens nodais

nodal line (Nav.) linha nodal

nodal period (Astro.) período nodal

nodal point (Astro.; Elect.; Fís.) ponto nodal

node (Astro.) nodo

node (Geral) nó

node (Mat.) nó; nódulo; ponto duplo de uma curva

node (Med.) nó; nodosidade; tumefacção circunscrita; gânglio

node of Ranvier (Zoo.) nódulo de Ranvier

node voltage (Telecom.) voltagem de nodo

nodose (Bot.) nodoso

nodular (Geral) nodular

nodular cast iron (Mec.) ferro fundido nodular

nodular concretion (Geo.) concreção nodular

nodular mass (Geo.) massa nodular

nodular power (Mec.) pó nodular

nodular structures (Geo.) estruturas nodulares

nodule (Bot.) nódulo

nodulizing (Minas) nodulação

no echos (Radar) sem ecos

no-fines concrete (E.Civ.) betão sem finos

nog (E.Civ.) quadrado de madeira (ladrilho)

nogging (E.Civ.) enchimento com argamassa

noil (Têxt.) resíduos de lã; tomentos

noise (Geral) ruído; barulho

noise abatement (Aero.) supressão de ruído; diminuição de ruído

noise aerial (Telecom.) antena captadora de ruídos

noise audiogram (Fís.) audiograma de ruído

noise audiometer (Fís.) audiómetro de ruído

noise background (Fís.) ruído de fundo

noise bandwidth (Elect.) largura de faixa de ruído

noise bucking antenna (Elect.) antena compensadora de ruídos

noise-cancelling microphone (Telecom.) microfone cancelador de ruído

noise circuit (Telecom.) circuito de interferência

noise control (Fís.) controlo de ruído

noise current (Telecom.) corrente de interferência

noise diode (Elect.) diodo de ruído

noise elimination (Elect.) eliminação de ruído; supressão de ruído

noise exposure forecast (Fís.) previsão de exposição de ruídos

noise factor (Elect.) factor de ruído; factor de interferência

noise field (Telecom.) campo de perturbações; campo de interferências

noise filter (Elect.) filtro de ruído; filtro de interferência

noise generator (Elect.) gerador de ruído; factor de ruído

noise-generator diode (Electrón.) diodo gerador de ruído

noise immunity (Electrón.) imune ao ruído

noise improvement factor (Elect.) factor de melhoria de ruído

noise killer (Telecom.) supressor de ruídos

noiseless amplification (Electrón.) amplificação sem ruído

noiseless recording (Fís.) gravação sem ruído

noise level (Fís.) nível de ruído

noise limiter (Fís.) limitador de ruídos

noise meter (Fís.) medidor de ruídos

noise power (Electrón.) potência de ruído

noise-proof cabin (Aero.) cabina à prova de ruído

noise rating number (Fís.) número de tolerância de ruído

noise ratio (Fís.) relação sinal/ruído

noise reducing (Fís.) redução de ruído

noise reducing antenna (Elect.) antena redutora de ruídos

noise reduction (Fís.; T.Imag.) redução de ruído

noise reduction circuitry (Electrón.) circuito de redução de ruído

noise resistance (Fís.) resistência de ruído

noise source (Elect.; Fís.) fonte de ruído

noise storm (Elect.) tempestade de ruído

noise suppressor (Aero.; Telecom.) supressor de ruídos

noise surge (Telecom.) ruídos de interferência; descarga de ruídos

noise temperature (Electrón.) temperatura de ruídos

noise tester (Electrón.) verificador de ruído

noise transmission impairment (Fís.) enfraquecimento de transmissão devido ao ruído

noise voltage (Fís.) tensão de ruído

noise wave (Fís.) onda de ruído

noisy colour (T.Imag.) cor com ruído

noisy picture (T.Imag.) imagem com neve; imagem com ruído

no-load characteristic (Elect.) característica sem carga; característica em circuito aberto

no-load condition (Electrón.) condições sem carga; condições de carga nula

no-load current (Elect.) corrente em circuito aberto

no-load loss (Elect.) perda sem carga

noma (Med.) noma; estomatite gangrenosa

nomadism (Eco.) nomadismo

nomen triviale (Eco.) nome comum

nominal bandwidth (Telecom.) largura de faixa nominal

nominal candle (Fís.) vela nominal

nominal gas capacity (Aero.) capacidade nominal do gás

nominal impedance (Elect.) impedância nominal

nominal load (Elect.; Mec.) carga nominal

nominal range of radar (Radar) alcance de radar nominal

nominal section (Telecom.) secção nominal

nominal stress (Fís.) tensão nominal; esforço nominal

nominal voltage (Elect.) voltagem nominal; tensão nominal

nomogram (Mat.) nomograma

nonagon (Mat.) eneágono

nonane (Quím.) nonano; nonana

non-aqueous solvents (Quím.) solventes não aquosos

non-aqueous titration (Quím.) titulação não aquosa

non-association cable (Elect.) cabo de não associação

non-bearing wall (E.Civ.) parede não portante

non-bituminous coal (Minas) hulha magra; hulha seca

non-caducous (Zoo.) não caduco; indecíduo

non-coherent demodulation (Telecom.) desmodulação não coerente; desmodulação da envolvente

non-conductor (Electrón.) não condutor; isolador

non-convertible coatings (E.Civ.) revestimentos não conversíveis

non-crystalline (GERAL) não cristalino

non-degenerate gas (ELECTRÓN.) gás não degenerado

non-denominational number system (MAT.) sistema de números não denominativos

non-depolarizing muscle relaxant (MED.) relaxante muscular não despolarizante

non-destructive read (INF.) leitura não destrutiva

non-destructive readout (INF.) leitura não destrutiva

non-destructive testing (AERO.) teste não destrutivo

non-deterministic (INF.) não determinístico

non-deterministic network (TELECOM.) rede não determinística

non-directional aerial (TELECOM.) antena não direccional

non-directional beacon (NAV.) radiofarol não direccional

non-directional microphone (FÍS.) microfone não direccional

non-disjunction (BIO.) não disjunção

non-dissipative network (TELECOM.) rede não dispersiva

non-equivalence gate (INF.) porta não equivalente

non erasable storage (INF.) armazenamento não destrutível

non-essential amino acid (BIO.) amino ácido não essencial

non-essential organ (BOT.) órgão não essencial

non-ferrous alloy (MEC.) liga não ferrosa

non-flam film (T.IMAG.) película não inflamável

non-frontal depression (GEO.) depressão não frontal

non-hierarchical classification method (ECO.) método de classificação não hierárquico

non-hinged arch (ARQ.) abóbada sem articulação

non-homogenous orbit (ASTRO.) órbita não homogénea

non-homologous pairing (BIO.) união não homóloga; junção não homóloga

non-hydrostatic model (METEO.) modelo não hidrostático

non-inductive (GERAL) não inductivo

non-inductive cable (ELECT.) cabo não indutivo

non-inductive capacitor (ELECT.) condensador não indutivo

non-inductive load (ELECT.) carga não indutiva

non-inductive main (ELECT.) linha não indutiva

non-inductive winding (ELECT.) enrolamento não indutivo

non-interlaced monitor (T.IMAG.) monitor não entrelaçado

non-inverting amplifier (ELECTRÓN.) amplificador não inversor

non-ionic detergents (QUÍM.) detergentes não iónicos

non-isolated essential singularity (MAT.) singularidade essencial não isolada

non-leakage probability (FÍS.) probabilidade de não escape

non-linear (ELECT.) não linear

non-linear capacitor (ELECT.) condensador não linear

non-linear distortion (TELECOM.) distorção não linear

non-linear distortion factor (TELECOM.) factor de distorção não linear

non-linear editing (ELECTRÓN.) edição não linear

non-linearity (ELECT.; TELECOM.) não linearidade

non-linearity error (ELECTRÓN.) erro de não linearidade

non-linear mixing (ELECTRÓN.) mistura não linear

non-linear network (ELECT.) rede não linear

non-linear oscillator (ELECT.) oscilador não linear

non-linear programming (INF.) programação não linear

non-linear quantization (INF.) quantização não linear

non-linear regression (INF.) regressão não linear

non-linear resistance (ELECT.) resistência não linear

non-linear resistor (ELECT.) resistência não linear

non-linear scale (ELECTRÓN.) escala não linear

non-linear system (FÍS.) sistema não linear

non-loadable character set (INF.) conjunto de caracteres não carregáveis

non-loaded lines (INF.) linhas não carregadas

non-locking (INF.) não bloqueador

non-lossy compression (TELECOM.) compressão sem perda

non-magnetic compass (FÍS.; NAV.) bússola não magnética

non-magnetic gun (ELECTRÓN.) canhão antimagnético; canhão electrónico de material de baixo magnetismo

non-magnetic steel (ELECT.) aço antimagnético

non-magnetic watch (RELOJ.) relógio antimagnético

non-medullated (ZOO.) não mielinizado

non-metal (QUÍM.) não-metal

non-metallic bearing (MEC.) mancal não metálico

non-metallic extrusion (GEO.; MINAS) extrusão não metálica

non-metallic inclusion (MEC.) inclusão não metálica

non-metallic sheathed cable (ELECT.) cabo de blindagem não metálica

non-Newtonian liquids (FÍS.) líquidos não newtonianos; líquidos de viscosidade anómala

non-, nona- (QUÍM.) non-; nona-; indicando 9 átomos, grupos, etc.

non-ohmic (ELECTRÓN.) não ohmico

non-operable instruction (INF.) instrução não operável

non-overlapped mode (INF.) modo sem superposição

non-overlapped processing (INF.) processamento sem superposição

non-pageable dynamic area (INF.) área dinâmica não paginável

non-parametric techniques (INF.) técnicas não paramétricas

non-parametric test (GERAL) teste não paramétrico

nonpareil (IMP.) tipo de imprensa de corpo 6

non-persistent gas (QUÍM.) gás não persistente

nonpolar group (BIO.) grupo não polar

non-polarized relay (TELECOM.) relé não polarizado

non-procedural language (INF.) linguagem não procedimental

non-quantized (FÍS.) não quantizado

non-radiative energy (FÍS.) energia não radiante; energia não irradiante

non-radioactive element (QUÍM.) elemento não radioactivo

nonreactive (ELECTRÓN.) não reactivo

non-reactive load (ELECT.) carga não reactiva

non-reactive power (ELECT.) poder não reactivo

nonreciprocal recombinant chromosomes (BIO.) cromossomas recombinantes não recíprocos

non-recursive filter (ELECTRÓN.) filtro não recursivo

non-relativistic (FÍS.) não relativístico

non-resonant antenna (TELECOM.) antena não ressonante

nonreturn-flow wind tunnel (AERO.) túnel de vento de circuito aberto; túnel aerodinâmico de corrente sem retorno

non-return to zero (INF.) sem retorno a zero

non-reversible mutation (BIO.) mutação não reversível

non-saturation (ELECTRÓN.) não saturação

nonsense mutation (ECO.) mutação espúria

nonsense syllables (PSICO.) sílabas sem sentido

nonsequence (GEO.) não sequência

non-singular matrix (MAT.) matriz não singular

non-singular transformation (MAT.) transformação não singular

non-sinusoidal (ELECTRÓN.) não sinusóidal

non-specific immunity (IMUN.) imunidade não específica

non-spectral colour (FÍS.) cor não espectral

non-specular reflection (FÍS.) reflexão não especular; reflexão difusa

non-steroidal anti-inflammatory drugs (MED.) drogas (medicamentos) anti-inflamatórios não esteróides

non-storage device (INF.) dispositivo de não armazenamento

non-sweating (VET.) anidrose

non-symmetrical (ELECT.) não simétrico; assimétrico

non-synchronous motor (ELECT.) motor assíncrono
non-tension joint (ELECT.) ligação sem tensão
non-theatrical (T.IMAG.) não cénico
nontronite (MINER.) nontronite
nonviable (BOT.; ZOO.) inviável
non-volatile memory (INF.) memória estável
nonvolatile random access memory (INF.) memória não volátil de acesso aleatório
non-weighted binary code (ELECTRÓN.) código binário não ponderado
non-woven fabrics (TÊXT.) tecidos não urdidos
noon (ASTRO.) meio-dia
no-op instruction (INF.) instrução não operável
no-ops (INF.) abr. de *non-operable instruction* — instrução não operável
nopaline (BOT.) nopalina
NOR (BIO.) abr. de *Nucleolar-Organizing Region* — região de organização nucleolar
NOR (INF.) operador lógico «NOR»
noradrenaline (QUÍM.) noradrenalina
norbergite (MINER.) norbergite
nordmarkite (GEO.) nordmarquito
norepinephrine (QUÍM.) norepinefrina
Norfolk latch (E.CIV.) trinco Norfolk
NOR gate (INF.) porta NÃO-OU
norgine (QUÍM.) norgine (EUA); ácido algínico
norite (GEO.) norite; norito
norm (GERAL) norma
normal (GERAL) normal
normal (MAT.) normal; perpendicular
normal acceleration (FÍS.) aceleração normal
normal analysis (GERAL) análise normal
normal approach (AERO.) aproximação normal
normal atmosphere (FÍS.) atmosfera normal
normal axis (AERO.) eixo normal
normal bend (ELECT.) tubo em cotovelo de canalização
normal calomel electrode (QUÍM.) eléctrodo de calomelano normal
normal charge (MEC.) carga normal
normal climb (AERO.) ascensão normal
normal distribution (EST.) distribuição normal
normal diving angle (AERO.) ângulo normal de mergulho
normal electrode (ELECT.) eléctrodo normal
normal electrode potential (QUÍM.) potencial de eléctrodo normal
normal exposure (T.IMAG.) exposição normal
normal fault (GEO.) falha normal
normal flight (AERO.) voo normal
normal form (MAT.) forma normal; forma canónica
normal frequency (FÍS.) frequência normal
normal functions (MAT.) funções normais
normal glide (AERO.) voo planado normal

normal induction (ELECT.) indução normal
normality (QUÍM.) normalidade
normalize (INF.) normalizar
normalizing (MEC.) recozimento
normal magnetization (ELECT.) magnetização normal
normal modes (TELECOM.) modos normais
normal mode voltage (ELECT.) voltagem de modo normal
normal pressure (QUÍM.) pressão normal
normal radius of curvature (MAT.) raio normal de curvatura
normal salts (QUÍM.) sais normais
normal section of a surface (MAT.) secção normal de uma superfície
normal seggregation (MEC.) segregação normal
normal solution (QUÍM.) solução normal
normal state (FÍS.) estado normal
normal stress (MEC.) tensão normal; esforço normal
normal takeoff (AERO.) descolagem normal
normal temperature (FÍS.) temperatura normal
normal voltage (ELECT.) voltagem normal; tensão normal
normative composition (GEO.) composição normativa
normoblast (BIO.) normoblasto
North Atlantic Drift (GEO.) Deriva do Atlântico Norte; Corrente do Golfo
north bridge (INF.) barramento de alto débito; barramento Norte
norther (GEO.) vento do norte (Golfo do México)
northern blot (BIO.) mancha setentrional; mancha norte
Northern Lights (ASTRO.) Aurora Boreal
northing (TOPO.) declinação boreal
north light roof (ARQ.) clarabóia virada a norte
North Pacific Current (GEO.) Corrente do Pacífico Norte
north pole (FÍS.) pólo norte
Northrup furnace (ELECT.) fornalha Northrup
North Sea gas (ELECT.) gás do Mar do Norte (gás natural)
Norton op-amp (ELECTRÓN.) amplificador operacional de Norton; amplificador de corrente diferencial
Norton's theorem (ELECT.) teorema de Norton
Norwegian quartz (E.CIV.) quartzo norueguês
nor'wester (GEO.) tempestade de convecção (Golfo de Assam e Bengala)
NOS (BIO.) abr. de *nitric oxide synthase* — sintase de óxido nítrico
NOS (ELECTRÓN.) abr. de *network operating system* — sistema operativo de rede
nosean, noselite (MINER.) nosite; noselite
nose bit (E.CIV.) broca de ressalto
nose cone (AERO.) cone do nariz; cone de proa

nose dive (AERO.) mergulho de nariz; voo picado
nose gear (AERO.) trem de aterragem dianteiro
nose heaviness (AERO.) gravidade de nariz
nose ribs (AERO.) nervuras do bordo de ataque
nose suspension (ELECT.) suspensão de nariz
nose-wheel landing gear (AERO.) trem de aterragem de nariz
nosing (E.CIV.) focinho de degrau; nariz de degrau
nosology (MED.) nosologia
nosomycosis (MED.) nosomicose
nosophobia (MED.) nosofobia
nosophyte (BOT.) nosófito
nosopoietic (MED.) nosopoético
nosotaxy (MED.) nosotaxia; nosonomia
nosotoxicosis (MED.) nosotoxicose
nosotropic (MED.) nosotrópico
nostrils (ZOO.) narinas
NOT (INF.) operador lógico NÃO
notch (GERAL) entalhe
notch aerial (AERO.) antena de entalhe
notch board (E.CIV.) dormente de escada
notched-bar impact test (MEC.) teste de choque a entalhe
notched emargination (ZOO.) emarginação de fenda
notch filter (ELECT.) filtro de entalhe
notching (MEC.) entalhadura
notch sensitivity (MEC.) sensibilidade de entalhe
notch toughness (MEC.) dureza de entalhe
NOT gate (INF.) porta NÃO
notochord (ZOO.) notocórdio
notoedric mange (VET.) sarna sarcóptica dos gatos
notum (ZOO.) noto; tergo
nova (ASTRO.) nova
novaculite (GEO.) novaculite
novobiocin (BIO.) novobiocina
Novocain (QUÍM.) Novocaína (nome comercial do cloridrato de p-aminobenzoato de dietilaminodetilo); neocaína
no-voltage coil (ELECT.) bobina de voltagem nula
no-voltage release (ELECT.) escape de voltagem zero; disparo de voltagem nula
no-volt coil (ELECT.) bobina de tensão mínima
no-volt relay (ELECT.) relé de tensão nula
nox (FÍS.) nox (unidade de iluminação obsoleta)
noy (FÍS.) noy (uma unidade de audibilidade)
nozzle (AERO.) tubeira de jacto
nozzle (MEC.) pulverizador; guia de jacto; bocal
nozzle (TELECOM.) guia de onda
nozzle angle (MEC.) ângulo de inclinação de tubeira
nozzle blade (MEC.) palheta de bocal
nozzle blast (MEC.) jacto de ar de bocal
nozzle box (MEC.) caixa do bocal de coada (metalurgia)

nozzle guide vanes (AERO.) lâminas directrizes da turbina

Np (QUÍM.) símbolo do Neptúnio

n-p-i-n transistor (ELECTRÓN.) transístor n-p-i-n

NPK (ECO.) adubo NPK (N = nitrogénio = Azoto; P = Fósforo; K = Potássio)

N.P.L. (FÍS.) abr. de *National Physical Laboratory* — Laboratório Nacional de Física (RU)

N.P.L. type wind tunnel (AERO.) túnel de vento tipo NPL

NPN (MED.) abr. de *NonProteic Nitrogen* — nitrogénio não proteico

n-p-n transistor (ELECTRÓN.) transístor n-p-n

NPP (ECO.) abr. de *Net Primary Productivity* — produtividade primária líquida

NRM (GEO.) abr. de *Natural Remanent Magnetism* — magnetização natural remanescente

NSAID (MED.) abr. de *Non-Steroidal Anti-Inflammatory Drugs* — drogas (medicamentos) anti-inflamatórios não esteróides

N-shell (FÍS.) camada N

nt (FÍS.) nit (unidade de luminância luminosa — nt; esta designação, embora frequentemente utilizada, não o deverá ser no âmbito do SI, devendo, por esse facto, ser usado o seu equivalente: candela por metro quadrado)

NTC (ELECTRÓN.) abr. de *negative thermic coefficient* — coeficiente térmico negativo

NTC thermistor (ELECTRÓN.) termístor de coeficiente térmico negativo

N-terminal network (TELECOM.) rede de *n* terminais

NTI (FÍS.) abr. de *Noise Transmission Impairment* — prejuízo de transmissão devido a ruído de circuito

NTP (QUÍM.) abr. de *Normal Temperature and Pressure* — temperatura e pressão normais

NTS (E.CIV.) abr. de *Not To Scale* — não à escala

NTS (TELECOM.) abr. de *Navigation Technology Satellite* — satélite de tecnologia de navegação

NTSB (AERO.) abr. de *National Transportation Safety Board* — Junta Nacional de Segurança e Transporte (EUA)

NTSC (T.IMAG.) abr. de *National Television System Committee* — Comité do Sistema Nacional de Televisão

NTSC video (T.IMAG.) vídeo NTSC

n-type (ELECTRÓN.) tipo n

n-type crystal rectifier (ELECTRÓN.) rectificador de cristal tipo-n

n-type semiconductor (ELECTRÓN.) semicondutor tipo-n

nucellus (BOT.) nucelo

nuchal (ZOO.) nucal

nuchal crest (ZOO.) crista cervical

nuchal flexure (ZOO.) flexura cervical

nucivorous (ZOO.) nucívero

nuclear absorption (FÍS.) absorção nuclear

nuclear age (GERAL) era nuclear

nuclear airburst (FÍS.) explosão nuclear atmosférica

nuclear battery (FÍS.) bateria nuclear; pilha nuclear

nuclear binding energy (FÍS.) energia de ligação nuclear

nuclear Bohr magneton (FÍS.) magnetão nuclear de Bohr

nuclear bomb (NUCL.) bomba nuclear; bomba atómica

nuclear breeder (NUCL.) auto-regenerador nuclear

nuclear budding (BIO.) germinação nuclear

nuclear cell (FÍS.) pilha nuclear; pilha atómica

nuclear charge (FÍS.) carga nuclear

nuclear chemistry (QUÍM.) química nuclear

nuclear conversion (FÍS.) conversão nuclear

nuclear cooling (FÍS.) arrefecimento nuclear

nuclear cross section (FÍS.) secção eficaz nuclear

nuclear disintegration (FÍS.) desintegração nuclear

nuclear dust (FÍS.) poeira nuclear

nuclear-electric power (FÍS.) energia eléctrica nuclear

nuclear electromagnetic pulse [EMP] (GERAL) impulso electromagnético nuclear

nuclear emission (FÍS.) emissão nuclear

nuclear emulsion (FÍS.) emulsão nuclear

nuclear energy (FÍS.) energia nuclear

nuclear energy level (FÍS.) nível de energia nuclear

nuclear envelope (BOT.) membrana nuclear

nuclear equation (FÍS.) equação nuclear

nuclear explosion (FÍS.) explosão nuclear

nuclear family (BIO.) família nuclear

nuclear field (FÍS.) campo nuclear

nuclear fission (FÍS.) fissão nuclear

nuclear force (FÍS.) força nuclear

nuclear fragmentation (BIO.) fragmentação nuclear

nuclear fuel (FÍS.) combustível nuclear

nuclear fusion (FÍS.) fusão nuclear

nuclear gyromagnetic ratio (ELECTRÓN.) relação giromagnética nuclear

nuclear gyroscope (ELECTRÓN.) giroscópio nuclear

nuclear heat (FÍS.) calor nuclear

nuclear induction (FÍS.) indução nuclear

nuclear isobar (FÍS.) isobárica nuclear

nuclear isomer (FÍS.) isómero nuclear

nuclear isomerism (FÍS.) isomerismo nuclear

nuclear level control (ELECTRÓN.) controlo de nível nuclear

nuclear magnetic moment (FÍS.) momento magnético nuclear

nuclear magnetic resonance (FÍS.; QUÍM.) ressonância magnética nuclear

nuclear magnetic resonance spectroscopy (QUÍM.) espectroscopia de ressonância magnética nuclear

nuclear magneton (ELECTRÓN.) magnetão nuclear

nuclear matrix (BIO.) matriz nuclear

nuclear medicine (MED.) medicina nuclear

nuclear membrane (BIO.) membrana nuclear

nuclear model (FÍS.) modelo nuclear

nuclear number (FÍS.) número nuclear

nuclear packing (FÍS.) concentração nuclear

nuclear paramagnetic resonance (FÍS.; QUÍM.) ressonância paramagnética nuclear

nuclear paramagnetism (FÍS.; QUÍM.) paramagnetismo nuclear

nuclear particle (FÍS.) partícula nuclear

nuclear photodisintegration (FÍS.) fotodesintegração nuclear

nuclear photoeffect (FÍS.) foto-efeito nuclear

nuclear pile (FÍS.) pilha nuclear; pilha atómica

nuclear poison (QUÍM.) veneno nuclear

nuclear polarization (FÍS.) polarização nuclear

nuclear potential (FÍS.) potencial nuclear

nuclear potential energy (FÍS.) energia potencial nuclear

nuclear power (FÍS.) energia nuclear

nuclear-powered engine (FÍS.) motor atómico; motor nuclear

nuclear propellant (FÍS.) combustível nuclear; propelente nuclear

nuclear propulsion (ESP.) propulsão nuclear

nuclear radiation (FÍS.) radiação atómica; radiação nuclear

nuclear radius (FÍS.) raio nuclear

nuclear reaction (FÍS.) reacção nuclear

nuclear reactor (NUCL.) reactor nuclear

nuclear reactor oscillator (NUCL.) oscilador de reactor nuclear

nuclear sap (BIO.) seiva nuclear

nuclear satellite (ESP.) satélite nuclear

nuclear selection rules (BIO.) regras de selecção nucleares

nuclear spin (QUÍM.) spin nuclear

nuclear spindle (BIO.) fuso nuclear

nuclear spontaneous reaction (FÍS.) reacção nuclear espontânea

nuclear structure (FÍS.) estrutura nuclear

nuclear theory (FÍS.) teoria nuclear

nuclear transplantation (BIO.) transplantação nuclear

nuclear turbojet (AERO.) turbojacto nuclear; turborreactor nuclear

nuclear waste (ECO.) lixo nuclear; resíduos nucleares

nuclear winter theory (ECO.) teoria do inverno nuclear

nuclease (BIO.) nuclease

nuclei (GERAL) núcleos

nucleic acid (BIO.) ácido nucleico

nucleogenesis (FÍS.) génese nuclear

nucleolar organizer (BOT.) organizador nucleolar

nucleolar-organizing region (BIO.) região organizadora do nucléolo; zona nucleolar
nucleolus (BIO.) nucléolo
nucleonics (FÍS.) nucleónica
nucleons (FÍS.) nucleões
nucleophilic reagents (QUÍM.) reagentes nucleofílicos
nucleoplasm (BIO.) nucleoplasma
nucleoplasmic ratio (BIO.) relação nucleoplasmática
nucleoplasmin (BIO.) nucleoplasmina
nucleoside (BIO.) nucleosídeo
nucleoside antibiotic (BIO.) antibiótico nucleósido
nucleosome (BIO.) nucleossoma
nucleosynthesis (ASTRO.) síntese do núcleo
nucleotide (BIO.) nucleótido
nucleus (GERAL) núcleo
nuclide (FÍS.) nuclídeo
nudation (ECO.) nudação
nudicaudate (ZOO.) nudicaudato
nuée ardente (GEO.) nuvem negra ardente
nugget (MEC.; MINAS) pepita
null DNA (BIO.) ADN nulo
null geodesic (GEO.) curva geodésica nula
null hypothesis (GERAL) hipótese nula
null indicator (ELECT.) indicador de corrente nula
nullipara (MED.) nulípara
null method (ELECT.) método nulo
null modem (INF.) modem nulo
nullode (ELECTRÓN.) tubo sem eléctrodos
null point (ECO.) ponto neutro; ponto de equilíbrio
null steerable aerial (TELECOM.) antena quase omnidirecional
number (GERAL) número
number attribute (INF.) atributo de número
number base (INF.) base de número

numberpad (INF.) teclado numérico
numerable set (MAT.) conjunto numerável
numerator (MAT.) numerador
numerical analysis (MAT.) análise numérica
numerical aperture (FÍS.) abertura numérica
numerical control (MEC.) controlo numérico
numerical forecast (METEO.) previsão numérica
numerical selector (TELECOM.) selector numérico
numerical taxonomy (BOT.) taxonomia numérica
numeric keypad (INF.) teclado numérico
numeric literal (INF.) literal numérico
numeric ordination (INF.) ordenação numérica
numeric punch (INF.) perfuração numérica
numeric shift (INF.) deslocamento numérico
numeric word (INF.) palavra numérica
nummulites (GEO.) numulite
nunatak (GEO.) nunatak (ponta rochosa que emerge do gelo)
nuptial flight (ZOO.) voo nupcial
nurse cells (ZOO.) células alimentadoras; células de Sertoli
nurse tree (ECO.) árvore de cobertura
Nusselt number (FÍS.) número de Nusselt
nut (BOT.) noz; castanha; avelã; amêndoa
nut (MEC.) porca
nutant antenna (ELECT.) antena de nutação
nutation (GERAL) nutação
nutation field (RADAR) campo de nutação
nutation period (ASTRO.) período de nutação
nutrient (MED.) nutriente

nutrient film technique (BOT.) técnica de película nutriente
nutrient solution (BOT.) solução nutriente
nutrition (ZOO.) nutrição
nutritional encephalomacia (VET.) encefalomacia nutricional dos pintos; doença do pinto louco
nutritional roup (VET.) difteria nutricial das aves
nut runner (MEC.) máquina eléctrica de atarraxar porcas
NVRAM (INF.) abr. de *non volatile RAM* — memória não volátil de acesso aleatório
N-wave (FÍS.) onda N
nyctinastic movement (BOT.) movimento nictinástico
nyctinasty (BOT.) nictinastia
nyctypelagic (ZOO.) nictipelágico
Nylander solution (QUÍM.) solução de Nylander
nymph (ZOO.) ninfa
Nyquist bandwidth (TELECOM.) largura de banda de Nyquist
Nyquist criterion (TELECOM.) critério de Nyquist
Nyquist diagram (TELECOM.) diagrama de Nyquist
Nyquist filter (ELECTRÓN.) filtro de Nyquist
Nyquist interval (TELECOM.) intervalo de Nyquist
Nyquist limit (TELECOM.) limite de Nyquist
Nyquist rate (INF.) taxa de Nyquist
Nyquist stability criterion (ELECTRÓN.) estabilidade de Nyquist
Nyquist theorem (ELECTRÓN.) teorema de Nyquist
nystagmic (MED.) nistágmico
nystagmus (MED.) nistagmo
nystatin (MED.) nistatina
nyxis (MED.) punção; punctura; paracentese

O (Bio.; Med.) abr. do alemão *ohne Hauch* — sem película

O (Electrón.) abr. de *orange* — laranja

O (Med.) símbolo de: um grupo sanguíneo no sistema ABO; e do latim *oculus* — olho

O (Quím.) símbolo de *oxygen* — oxigénio

o- (Quím.) abr. de *ortho-* — orto-

oak (Bot.; E.Civ.) carvalho; a sua madeira

oak-nut (Eco.) nódulo do carvalho

oakum (E.Civ.) estopa

O and C building (Esp.) abr. de *Operations and Check-out Building* — Edifício de Operações e Verificação de Saída

O antigen (Imun.) antigénio O

oarialgia (Med.) oarialgia

oariotomy (Med.) oariotomia; ooforectomia

oasis (Eco.) oásis

OB (T.Imag.) abr. de *Outside Broadcast* — transmissão de exteriores

Obach cell (Elect.) pilha de Obach

obconic (Bot.) obcónico

obconical (Bot.) obcónico

obdiplostemonous (Bot.) obdiplostémona

obduction (Med.) obdução; autópsia médico-legal

obeche (Bot.; E.Civ.) samba; madeira branca africana; triploquitão

obelisk (Arq.) obelisco

obesity (Med.) obesidade

obex (Med.) obex; óbice

Obik Sea (Eco.) Mar de Ural

object architecture (Inf.) arquitectura de objecto

object code (Inf.) código objecto

object configuration (Inf.) configuração de objecto

object definition (Inf.) definição de objecto

objective (Fís.) objectiva

objective analysis (Meteo.) análise objectiva

objective forecast (Meteo.) previsão objectiva

objective lens (Fís.) objectiva

objective prism (Astro.) prisma-objectiva

object language (Inf.) linguagem-objecto

object library (Inf.) biblioteca de programas-objecto

object machine (Inf.) máquina-objecto

object module (Inf.) módulo-objecto

object-oriented language (Inf.) linguagem orientada para objectos

object program (Inf.) programa-objecto

object program preparation (Inf.) preparação de programa-objecto

object routine (Inf.) rotina objecto

oblate (Geral) achatado (nos pólos)

obligate parasite (Bot.) parasita obrigatório

oblique aerial photograph (Topo.) fotografia aérea oblíqua

oblique arch (E.Civ.) abóbada oblíqua

oblique axes (Mat.) eixos obliquos; coordenadas oblíquas

oblique Cartesian coordinates (Mat.) coordenadas cartesianas oblíquas

oblique conical conformal projection (Mat.) projecção cónica oblíqua conforme

oblique cross-section (Mat.) secção transversal oblíqua

oblique cylindrical conformal projection (Mat.) projecção cilíndrica oblíqua conforme

oblique-incidence transmission (Elect.) transmissão de incidência oblíqua; emissão sob incidência oblíqua

oblique line overlap (T.Imag.) fotografia panorâmica estereoscópica

oblique sphere (Astro.) esfera oblíqua

oblique system (Crist.) sistema obliquo; sistema monoclínico

oblique system of coordinates (Mat.) sistema de coordenadas oblíquas

oblique visibility (Meteo.) visibilidade oblíqua; alcance visual oblíquo

oblique winding (Elect.) enrolamento obliquo

obliquity factor (Fís.) factor de obliquidade

obliquity of the ecliptic (Astro.) obliquidade da eclíptica

obliquous (Zoo.) obliquo

oblongata (Zoo.) oblonga

obnubilation (Med.; Psico.) obnubilação

obovate (Bot.) obovado

obovoid (Bot.) obovóide

obscuration (Fís.) obscurecimento

obscured glass (Vidr.) vidro obscurecido

obscured sky (Meteo.) céu obscurecido

observational learning (Psico.) aprendizagem pela observação

observation well (Eco.) furo de observação

obsession (Psico.) obsessão

obsessive-compulsive disorder (Psico.) distúrbio obsessivo-compulsivo

obsidian (Geo.) obsidiana

obstetrician (Med.) obstetra

obstipation (Med.) obstipação

obstruction light (Aero.) luz de obstrução; luz de perigo

obstruction marker (Aero.) baliza de obstrução; marcador de obstrução

obstruent (Med.) obstruente

obturator (Zoo.) obturador

obtuse (Bot.) obtusada

obtuse angle (Mat.) ângulo obtuso

obvolvent (Zoo.) obvolvido

occipital condyle (Zoo.) côndilo occipital

occipitoatloid (Med.) occipitatloideu; occipitatloidiano

occipitoaxial; occipitoaxoid (Med.) occiptotaxóideo

occipitofrontal (Med.) occipitofrontal

occipitothalamic (Med.) occipitotalâmico

occiput (Zoo.) occiput; occipício; occipúcio

occluded front (Geo.) frente oclusa

occlusion (Geral) oclusão

occlusive (Med.) oclusivo

occlusor (Zoo.) obturador

occultation (Astro.) ocultação

occulting light (Nav.) luz de ocultação; luz intermitente

occult precipitation (Geo.) precipitação oculta

ocean (Eco.) oceano

ocean current (Geo.) correntes oceânicas

ocean gyre (Geo.) giro oceânico

oceanic crust (Geo.) crusta oceânica; crosta oceânica

oceanic plateau (Eco.) plataforma continental

oceanic trench (Eco.) fossa oceânica

oceanite (Geo.) oceanito

ocean wave (Geo.) vaga oceânica; vaga de mar alto

ocellus (Zoo.) ocelo

ochrea; ocrea (Bot.) ócrea

ochre codon (Bio.) codão ocre; codão TAA

ochre mutation (Bio.) mutação ocre

ochroleucous (Bot.) ocroleuco

ochronosis (Med.) ocronose

ochrophore (Zoo.) xantóforo

Ockham's razor (Eco.) rasoira de Ockham

OCR (Inf.) abr. de *Optical Character Recognition* — reconhecimento óptico de caracteres

oct-; octa-; octi-; octo- (Geral) oct-; octa-; octi-; octo-; do latim *octo* — oito

octad (Quím.) octavalente

octahedral system (Crist.) sistema octaédrico

octahedrite (MINER.) octaédrite; anátese

octal (INF.) octal

octal digit (INF.) dígito octal

octal notation (INF.) notação octal

octal number (INF.) número octal

octal system (INF.) sistema octal

octan (MED.) octã (termo aplicado a febre que recorre a cada 8 dias)

octane (QUÍM.) octana; octano

octane number (AUTO.) índice de octana; número de octanas

octane value (AUTO.) teor de octana

octatstyle (ARQ.) octastilo; octostilo

octavalent (QUÍM.) octavalente

octave (FÍS.) oitava (Acústica)

octavo (IMP.) oitavo (formato)

octet (QUÍM.) octeto

octodecimo (IMP.) octodécimo (tamanho de formato 18)

octopine (BOT.) octopina

octopod (ZOO.) octópode

octyl alcohol (QUÍM.) álcool octílico

ocular (ZOO.) ocular; visual

ocular image (FÍS.) imagem ocular

ocular micrometer (BIO.) micrómetro ocular

oculate (ZOO.) oculado; ocelado; mosqueado

oculist (MED.) oftalmologista; oculista

oculomotor (ZOO.) oculomotor

oculus (ARQ.) óculo; janela circular ou elíptica

ODA (INF.) abr. de *Office Document Architecture* — arquitectura de documentos de escritório

odd-even check (INF.) teste de paridade par-ímpar; teste de paridade

odd-even nuclei (FÍS.) núcleos ímpar-par

odd function (MAT.) função ímpar

odd legs (MEC.) compasso de espessura (volta e furos)

odd number (MAT.) número ímpar

odd-odd nuclei (FÍS.) núcleos ímpar-ímpar

odd parity (INF.) paridade ímpar

odds (EST.) disparidade; desigualdade; probabilidade

odds ratio (EST.) razão de probabilidade

odograph (TOPO.) odógrafo

odometer (TOPO.) odómetro

Odonata (ZOO.) Odonatos

odontalgia (MED.) odontalgia

odontic (MED.) odôntico; dental

odontoblast (ZOO.) odontoblasto

odontoclast (ZOO.) odontoclasto

odontogeny (ZOO.) odontogenia

odontograph (MEC.) odontógrafo

odontoid (ZOO.) odontóide

odontoid process (ZOO.) processo odontóide

odontolite (MINER.) odontólito

odontology (MED.) odontologia

odontoma (MED.) odontoma

odontophore (ZOO.) odontóforo

odontostomatous (ZOO.) odontóstomo

odorimetry (QUÍM.) odorimetria

odoriphore (QUÍM.) odoríforo

oedema (MED.) edema

oedema disease (VET.) edema intestinal

oedematous (MED.) edematoso

Oedipus complex (PSICO.) complexo de Édipo

OEM (INF.) abr. de *Original Equipment Manufacturer* — fabricante de equipamento original

oersted (FÍS.) oersted (unidade CGS de campo magnético)

oesophagectasia; oesophagectasis (MED.) esofagectasia

oesophagectomy (MED.) esofagectomia

oesophagitis (MED.) esofagite

oesophagoscope (MED.) esofagoscópio

oesophagospasm (MED.) esofagospasmo

oesophagostomy (MED.) esofagostomia

oesophagotomy (MED.) esofagotomia

oesophagus; esophagus (ZOO.) esófago

oestradiol (MED.) estradiol

oestriasis (VET.) estríase

oestriol (MED.) estriol

oestrogen (MED.) estrogénio

oestrum; oestrus (ZOO.) estro

OFDM (TELECOM.) abr. de *orthogonal frequency division multiplex* — multiplexagem por divisão de frequência ortogonal

off-air (T.IMAG.) recebido duma transmissão de radiofusão

off-axis antenna gain (ELECT.) ganho de antena fora de eixo

off-axis response (ELECTRÓN.) fora da linha

off-beam interference (ELECT.) interferência fora de feixe

offhand glass (VIDR.) vidro produzido por processo manual sem uso de formas

offhand grinding (MEC.) esmerilhamento sem preparo

official; officinal (BOT.) oficinal (preparado na farmácia, e usado em Medicina)

offlet (E.CIV.) garra; fixação

off line (INF.) fora de linha

off-line application (INF.) aplicação fora de linha

off-line mode (INF.) modo fora de linha; modalidade fora de linha

off-line operation (INF.) operação fora de linha

off-line processing (INF.) processamento fora de linha

off-peak load (ELECT.) carga fora de pico

offprint (IMP.) separata

offset (BOT.) rebento; renovo; grelo

offset (E.CIV.) ressalto

offset (GEO.) contraforte de montanha

offset (IMP.) «off-set»

offset (TOPO.) distância normal; distância entre duas posições tiradas nos alinhamentos

offset blanker (IMP.) prancheta de off-set

offset buffer (INF.) memória tampão de deslocamento

offset null (ELECTRÓN.) desvio do zero

offset printing (IMP.) impressão a offset

offset rod (TOPO.) mira de distância

offset scale (TOPO.) escala de distância

offset staff (TOPO.) piquete de cadeia de agrimensor

offset temperature drift (ELECTRÓN.) deriva de temperatura da tensão aplicada

offshore bar (ECO.) barreira de mar alto; barreira oceânica

offshore zone (ECO.) zona de mar alto

OFHCC (ENG.) abr. de *Oxygen-Free High-Conductivity Copper* — cobre de alta condutividade sem oxigénio

ogee (ARQ.) arco duplo; cimácio

ogive (ECO.) ogiva

ohm (FÍS.) ohm (unidade SI de resistência eléctrica)

ohm-cm (FÍS.) ohm/cm (unidade CGS de resistividade)

ohmic (FÍS.) óhmico; ómico

ohmic contact (ELECT.) contacto óhmico

ohmic coupling (ELECT.) acoplamento óhmico

ohmic dissipation (ELECT.) dissipação óhmica

ohmic drop (ELECT.) queda óhmica; perda óhmica

ohmic fall (ELECT.) queda óhmica

ohmic loss (ELECT.) perda óhmica

ohmic material (ELECTRÓN.) material óhmico

ohmic resistance (ELECT.) resistência óhmica

ohmic resistor (ELECT.) resistência óhmica

ohmic value (ELECT.) valor óhmico

ohmmeter (ELECTRÓN.) ohmímetro; resistímetro

Ohm's law (FÍS.) lei de Ohm

Ohm's law of hearing (FÍS.) lei de Ohm da audição

-oid (GERAL) -óide; sufixo do grego *eidos* — forma, semelhança

oil (GERAL) óleo

oil (MINAS) petróleo

oil absorption (QUÍM.) absorção de óleo

oil and gas cut mud (MINAS) petróleo e lama com algum gás

oil-base mud (MINAS) lama à base de óleo

oil bearing formation (MINAS) formação petrolífera

oil-blast circuit-breaker (ELECT.) disjuntor de explosão de óleo

oil booster station (MINAS) estação de bombagem de petróleo

oil-break (ELECT.) interruptor a óleo

oilcloth (TÊXT.) pano oleado; pano encerado

oil-control ring (AUTO.) anel de segmento de óleo

oil-cooled (MEC.) arrefecido a óleo

oil cooler (AERO.) refrigerador a óleo

oil cooler (AUTO.) radiador

oil cut mud (MINAS.) lama com algum petróleo

oil-dilution system (AERO.) sistema de diluição a óleo

oiled paper (PAPEL) papel oleado

oil engine (AUTO.) motor a óleo

oil field (MINAS) campo petrolífero

oil-filled cable (ELECT.) cabo cheio de óleo

oil-flame sensor (ELECTRÓN.) sensor de chama

oil flow (MINAS) fluxo de petróleo

oilgas (QUÍM.) gás de óleo

oil gland (ZOO.) glândula de óleo; glândula oleosa

oil hardening (MEC.) têmpera a óleo

oil-hardening steel (MEC.) aço de têmpera no óleo

oil-immersed (ELECT.) mergulhado em óleo

oil-immersed transformer (ELECT.) transformador mergulhado em óleo

oil-immersion objective (BIO.) objectiva de imersão em óleo

oiling (TÊXT.) lubrificação

oiling ring (MEC.) anel de lubrificação

oil-insulated (ELECT.) isolado a óleo

oil length (E.CIV.) percentagem de óleo

oil-less circuit-breaker (PLÁST.) interruptor sem óleo

oil of bitter almonds (QUÍM.) óleo de amêndoas amargas

oil of cloves (QUÍM.) óleo de cravo

oil of turpentine (QUÍM.) óleo de terebintina

oil of vitrol (QUÍM.) óleo de vitríolo; ácido sulfúrico

oil paint (E.CIV.) tinta a óleo

oil pool (MINAS) reservatório petrolífero; jazigo petrolífero; lençol de petróleo

oil pump (AUTO.) bomba de óleo

oil quench (MEC.) têmpera a óleo

oil saturation (MINAS) saturação de petróleo

oil seepage (MINAS) saturação de petróleo; extravazamento de petróleo

oil-shale (GEO.) xisto de óleo

oil stain (MINAS) manchas de petróleo

oilstone (E.CIV.) pedra de afiar a óleo

oil string (MINAS) coluna de óleo

oil sump (AUTO.) cárter a óleo

oil tanker (NAV.) petroleiro

oil varnish (E.CIV.) verniz a óleo

oil-water contact (MINAS) contacto petróleo-água; plano de água

oil well (MINAS) poço petrolífero

oil well acidized (MINAS) poço petrolífero acidificado

Oklo (NUCL.) Oklo; mina de urânio de Oklo (no Gabão)

okta; octa (AERO.; METEO.) oitavo

Olbers' Paradox (ASTRO.) paradoxo de Olbers

Old Age (GEO.) Idade Antiga

Old English (IMP.) Inglês antigo (tipo)

old-growth forest (ECO.) floresta pristina

Oldham coupling (MEC.) acoplamento de Oldham

oldhamite (MINER.) oldamite

Old Red Sandstone (GEO.) Arenito Vermelho Antigo

Old Style (ASTRO.) Estilo Velho (data escrita no calendário gregoriano)

olecranon (ZOO.) olecrânio

olefins (QUÍM.) olefinas

oleic acid (QUÍM.) ácido oleico

olein (QUÍM.) oleína

oleo (AERO.) amortecedor hidráulico

oleo-pneumatic (AERO.) óleo-pneumático

oleo-resin (E.CIV.) oleorresina

oleoresinous (E.CIV.) oleorresinoso

oleum (QUÍM.) Óleum (nome comercial do ácido sulfúrico)

olfactometer (ECO.) olfactómetro

olfactometry (QUÍM.) olfactometria

olfactory (ZOO.) olfactório

olfactory lobes (ZOO.) lobos olfactórios

olig-; oligo- (GERAL) olig-; oligo-; do grego *oligos* — pouco, denotando pouco, algum; diminuto

oligaemia; oligemia (MED.) oligoemia; anemia

Oligocene (GEO.) Oligoceno

Oligochaeta (ZOO.) Oligoquetas

oligoclase (MINER.) oligoclase

oligodendroglia (ZOO.) oligodendróglia

oligodendroglioma (MED.) oligodendroglioma

oligodipsia (MED.) oligodipsia

oligodontia (ZOO.) oligodontia

oligo erythrocythemia (MED.) oligoeritrocitemia

oligohaline (ECO.) salobro

oligolactia (MED.) oligogalaccia

oligolecithal (ZOO.) oligolécito

oligomenorrhea; oligomenorrhoea (MED.) oligomenorreia

oligomerous (BOT.) oligómero

oligonucleotide (BIO.) oligonucleótido

oligopeptides (BIO.) oligopeptidos

oligophotic zone (ECO.) zona oligofótica

oligopod (ZOO.) oligópode

oligosaccharide (QUÍM.) oliogossacarídeo

oligospermia (MED.) oligospermia

oligotokous (ZOO.) oligotoco

oligotrophic (ECO.) oligotrófico

oligotrophication (ECO.) oligotroficação

oligotrophophyte (BOT.) oligotrofófito

oligotrophyte (BOT.) oligotrófito

oligozoospermia (MED.) oligozoospermia

oliguria (MED.) oligúria

oliphagous (ZOO.) olífago

olivary nucleus (ZOO.) corpo olivar

olive knot (ECO.) nódulo da oliveira

olivenite (MINER.) olivenite

olive oil (QUÍM.) azeite

olivine (MINER.) olivina

Olsen ductility test (MEC.) teste de ductilidade de Olsen

Olson microphone (FÍS.) microfone de Olson

omasitis (VET.) omasite; inflamação do folhoso

omasum (ZOO.) omaso; folhoso

ombrogenous (BOT.) ombrogénico

ombrophyle (BOT.) ombrofilo

ombrophyte (BOT.) ombrófito

OMEGA (AERO.) Ómega (sistema de navegação de muito longa distância)

omega-minus particle (FÍS.) partícula ómega menos

omental bursa (ZOO.) bolsa omental

omentopexy (MED.) omentopexia

omentum (ZOO.) omento; epíploon

ommatidium (ZOO.) omatídio

ommatophore (ZOO.) omatóforo

omnibus-bus (ELECT.) barra de colectora

omnidirectional (ESP.) omnidireccional

omnidirectional aerial (TELECOM.) antena omnidirecional

omnidirectional antenna (ESP.) antena omnidireccional

omnidirectional microphone (FÍS.) antena omnidireccional

omnidirectional radio beacon (AERO.) radiofarol omnidireccional

omnivore (ECO.) omnívoro

omnivorous (BOT.) omnívoro (fungo parasita)

omphacite (BOT.) onfacite

omphalectomy (MED.) onfalectomia

omphalic (ZOO.) onfálico

omphalitis (MED.) onfalite

omphaloangiopagus (MED.) onfaloangiópago

omphalocele (MED.) onfalocele

omphaloid (ZOO.) onfalóide

omphalophlebitis (MED.) onfaloflebite

omphalorrhagia (MED.) onfalorragia

omphalorrhea (MED.) onfalorreia

omphalorrhexis (MED.) onphalorrexe

omphalosite (MED.) onfalosito

omphalotripsya (MED.) onfalotripsia

once-only assembly (ELECTRÓN.) montagem única; não reparável

once-through boiler (MEC.) caldeira rápida; caldeira instantânea

onchocerciasis (MED.) oncocercíase; oncocercose

oncogene (BIO.) oncogénio

oncogenic (MED.) oncogénico

oncogenic virus (BIO.) vírus oncogénico

oncogenous (MED.) oncogénico

oncologia (MED.) oncologia

Ondiri disease (VET.) doença de Ondiri; tifo exantemático dos bovinos

ondoscope (ELECTRÓN.) ondoscópio

one-address code (INF.) código de um endereço

one-address instruction (INF.) instrução de um endereço

one-bit system (ELECTRÓN.) sistema de um bit

one condition (INF.) condição «um»

one digit adder (INF.) somador de um dígito

one digit subtractor (INF.) subtractor de um dígito

one dimensional array (INF.) matriz unidimensional

one-dimensional language (INF.) linguagem unidimensional

one-electron bond (ELECT.) ligação de um só electrão

one-for-one (INF.) uma a uma; uma para uma

one-for-one translation (INF.) tradução uma a uma

one-group theory (NUCL.) teoria de um só grupo

one-inch (T.IMAG.) uma polegada

one level address (INF.) endereço de um só nível

one level store (INF.) memória de um só nível

one-light (T.IMAG.) de uma só luz

one-line adapter (INF.) adaptador de uma linha

one output signal (INF.) sinal de saída «um»

one-pass assembler (INF.) assemblador de uma só passagem

one-pass mode (INF.) modo de passagem única; modalidade de passagem única

one-pass operation (INF.) operação de passagem única

one-pass program (INF.) programa de passagem única

one-phase (ELECT.) monofásico

one-phase circuit (ELECT.) circuito monofásico

one-phase unit (ELECT.) unidade monofásica

one-pipe system (E.CIV.) sistema de tubulação inteira

one-plus-one (INF.) uma mais uma (forma de endereço)

one-plus-one instruction (INF.) instrução um mais um

ONERA (AERO.) abr. de *Office National d'Études et de Recherches Aéronautiques* — Centro Nacional de Estudos e Pesquisas Aeronáuticas

one's complement (INF.) complemento de um

one-shot (INF.) de estado único; monoestável

one-shot circuit (INF.) circuito monoestável

one-shot multivibrator (INF.) multivibrador monoestável

one-to-one (MAT.) um para um

one-to-one correspondence (MAT.) correspondência biunívoca

one-to-one slope (E.CIV.) talude de um por um

one-to-one transformer (ELECT.) transformador de um para um

one-way channel (INF.) canal de uma direcção

one-way connection (INF.) conexão numa só direcção

one-way interaction (INF.) interacção unidireccional

onion skin paper (PAPEL) papel-casca-de-cebola (tipo de papel fino)

on line (INF.) em linha

on-line application (INF.) aplicação em linha

on-line batch processing (INF.) processamento por lotes em linha

on-line central file (INF.) ficheiro central em linha

on-line computer system (INF.) sistema de computador em linha

on-line debugging (INF.) depuração em linha

on-line editing (TELECOM.) edição em linha

on-line equipment (INF.) equipamento em linha

on-line mode (INF.) modo em linha; modalidade em linha

on-line operation (INF.) operação em linha

on-line processing (INF.) processamento em linha

on-line system (INF.) sistema em linha

on-line unit (INF.) unidade em linha

online UPS (ELECTRÓN.) fonte de alimentação ininterruptível em linha

on-off control (TELECOM.) controlo on/off; controlo ligar/desligar

on-off cycle (TELECOM.) ciclo on/off; ciclo de manipulação (ligar/desligar)

on-off keying (TELECOM.) interruptor on/off (ligar/desligar)

on/off switch (ELECT.) interruptor de ligar-desligar

Onsager equation (QUÍM.) equação de Onsager

on-screen display (T.IMAG.) texto no ecrã

on-the-fly (ELECTRÓN.) em tempo real

on the fly printer (INF.) impressora de alta velocidade

ontogenesis (BIO.) ontogénese

ontogenetic (BIO.) ontogénico

ontogeny (BIO.) ontogenia; ontogénese

on-top altitude clearance (AERO.) espaço livre em altitude no topo

onych-; onycho- (GERAL) onic-; onico-; do grego *onyx* — unha

onychia (MED.) oníquia

onychitis (MED.) oniquite

onychocryptosis (MED.) onicocriptose

Onychofora (ZOO.) Onicóforos

onychogenic (ZOO.) onicogénico

onychogryphosis (MED.) onicogrifose

onychogryposis (MED.) onicogripose

onycholysis (MED.) onicólise

onychoma (MED.) onicoma

onychomalacia (MED.) onicomalacia

onychomycosis (MED.) onicomicose

onyx (MINER.) ónix

onyx marble (MINER.) alabastro oriental (variedade de calcite estalagmítica)

oo- (GERAL) oo-; do grego *oon* — ovo

ooblast (BOT.) ooblasto

ooblastema (ZOO.) ooblastema

oocist (ZOO.) oocisto

oocyte (ZOO.) oócito

oocytin (BIO.) oocitina

oogamy (BIO.) oogamia

oogenesis (BIO.) oogénese

oogenetic (BIO.) oogenético

oogenic (BIO.) oogénico

oogonium (BOT.) oogónio

OOK (TELECOM.) abr. de *on-off keying* — codificação ligado-desligado

oolemma (ZOO.) oolema; ooleína; membrana do óvulo; zona pelúcida

oolith (GEO.) oólito

oolitic (GEO.) oolítico

oology (GERAL) oologia

Oomycetes (BOT.) Oomicetas

oophoralgia (MED.) ooforalgia

oophorectomy (MED.) ooforectomia

oophoritis (MED.) ooforite; ovarite

oophorocystosis (MED.) ooforocistose

oophoron (BIO.) ooforo

oophoropathy (MED.) ooforopatia

oophorosalpingectomy (MED.) ooforosalpingectomia

oophorostomy (MED.) ooforostomia

oophorotomy (MED.) ooforotomia

oosperm (ZOO.) oosperma

oospore (BOT.) oósporo

ootheca (ZOO.) ooteca

ootocoid (ZOO.) ootóco

ooze (GEO.) lodo; lama; limo

opacity (GERAL) opacidade

opal (MINER.) opala

opal agate (MINER.) opala-ágata

opalescence (GERAL) opalescência

opal glass (VIDR.) vidro opalino

opamp (ELECTRÓN.) amplificador operacional

opaque (FÍS.) opaco

OPCODE (INF.) abr. de *OPeration CODE* — código de operação

open aestivation (BOT.) perfloração aberta; estivação aberta

open antenna (TELECOM.) antena livre

open architecture (INF.) arquitectura aberta

open barrage (HIDRO.) barragem móvel

open box testing (ELECTRÓN.) teste de caixa aberta; teste de caixa branca

opencast (MINAS) pedreira a céu aberto; depósito mineral trabalhado à superfície

open-cast mining (GEO.) exploração (mineira) a céu aberto

open circuit (ELECT.) circuito aberto

open-circuit characteristic (ELECT.) característica de circuito aberto

open-circuit grinding (MINAS) trituração em circuito aberto

open-circuit impedance (FÍS.) impedância de circuito aberto

open-circuit jack (ELECT.) tomada de circuito aberto

open-circuit loss (ELECT.) perda de circuito aberto; perda a vazio

open-circuit parameter (ELECT.) parâmetro de circuito aberto

open-circuit relay (ELECT.) relé de circuito aberto

open-circuit transition (ELECT.) transição de circuito aberto

open-circuit voltage (ELECTRÓN.) tensão de circuito aberto

open clusters (ASTRO.) aglomerados abertos

open community (BOT.) comunidade aberta

open-diaphragm loudspeaker (FÍS.) altifalante de diafragma aberto

open-end spinning (TÊXT.) fiação de extremidade aberta

open-field test (PSICO.) teste de campo aberto

open file (INF.) abrir ficheiro

open floor (E.CIV.) chão aberto

open flow [OF] (MINAS) fluxo aberto; escoamento aberto; fluxo sem estrangulador

open fold (MINAS) dobra aberta

open-frame girder (MEC.) vigamento de estrutura aberta

open-hearth furnace (MEC.) fornalha de soleira aberta; forno Siemens-Martin

open-hearth process (MEC.) processo Siemens-Martin (soleira aberta)

open-hearth steel (MEC.) aço Siemens-Martin

open inequality (MAT.) desigualdade aberta

opening (GERAL) abertura

opening (IMP.) introdução

open interval (MAT.) intervalo aberto

open-jet wind tunnel (AERO.) túnel aerodinâmico de jacto livre

open-loop (INF.) laço aberto

open-loop (TELECOM.) curva

open loop control (ELECTRÓN.) controlo de malha aberta

open loop gain (ELECTRÓN.) ganho de malha aberta

open mine (MINAS) mina a céu aberto

open mortise (E.CIV.) encaixe aberto; entalhe aberto

open pack-ice (METEO.) gelo à deriva aberto; banquise aberta

open-phase (ELECT.) fase aberta

open-phase protection (ELECT.) protecção de fase aberta

open-phase relay (ELECT.) relé de fase aberta

open-pit mining (GEO.) exploração (mineira) a céu aberto

open pore (T.IMAG.) poro aberto

open reel (T.IMAG.) bobina aberta

open roof (E.CIV.) telhado aberto

open routine (INF.) rotina aberta

open sand (MEC.) areia a descoberto

open sand-casting (MEC.) fundição em moldes abertos

open sand mould (MEC.) molde de areia a descoberto

open set (MAT.) conjunto aberto

open shop (INF.) serviço aberto

open slot (ELECT.) fenda aberta

open slot winding (ELECT.) enrolamento com ranhuras abertas

open string (E.CIV.) perna (de escada) com entalhes para os degraus

open subroutine (INF.) sub-rotina aberta

open switch (ELECT.) interruptor aberto; contacto aberto

open systems interconnect [OSI] (ELECTRÓN.) interconexão de sistemas abertos

open-touch gear (MEC.) engrenagem de um só dente

open traverse (TOPO.) curso aberto

open vascular bundle (BOT.) feixe vascular aberto

open water (HIDRO.) água superficial; água a céu aberto

open well (ARQ.) vão aberto; caixa aberta

open white pig (MEC.) fundição branca porosa

open window unit (FÍS.) unidade de janela aberta (Acústica)

open wind tunnel (AERO.) túnel aerodinâmico de jacto livre

open wire (ELECTRÓN.) fio nu

open-wire feeder (TELECOM.) alimentador de condutores separados

operand (INF.; MAT.) operando

operant chain (PSICO.) cadeia operante

operant conditioning (PSICO.) condicionamento operante

operant response (PSICO.) resposta operante

operating characteristic (ELECT.) característica de operação; característica de funcionamento

operating current (ELECT.) corrente de funcionamento

operating diskette (INF.) disquete operacional

operating environment (INF.) ambiente operacional

operating factor (ELECT.) factor de trabalho; factor operacional

operating ratio (INF.) relação operacional; coeficiente operacional

operating space (INF.) espaço operacional

operating state (INF.) estado operacional

operating system (INF.) sistema operacional

operating time (GERAL) tempo de operação

operation (GERAL) operação

operational amplifier (ELECTRÓN.) amplificador operacional

operational immediate message (TELECOM.) mensagem com prioridade de operação

operational label (INF.) rótulo operacional

operational message (INF.) mensagem operacional

operational minima (METEO.) mínimos de operação; condições meteorológicas mínimas

operational sphericity (FÍS.) esfericidade operacional

operational taxonomic units (BOT.) unidades taxonómicas operacionais

operation attended (INF.) operação atendida

operation code (INF.) código de operação

operation decoder (INF.) descodificador de operação

operation ratio (INF.) relação de operação

operation research (INF.) pesquisa operacional

operation use time (INF.) tempo de uso de operação

operator (BIO.) operador; gene operador

operator (GERAL) operador

opercular apparatus (ZOO.) aparelho opercular

operculate (BIO.; ZOO.) operculado

operculum (BOT.; ZOO.) opérculo

operon (BIO.) operão

ophicalcite (GEO.) oficalcite; oficálcio

ophiolite (GEO.) ofiolito

ophitic texture (GEO.) textura ofítica

Ophiuroidea (ZOO.) Ofiurídeos; ofiuróides

ophthalmalgia (MED.) oftalmalgia

ophthalmectomy (MED.) oftalmectomia

ophthalmia (MED.) oftalmia

ophthalmic (MED.) oftálmico; ocular

ophthalmic acid (QUÍM.; VET.) ácido oftálmico

ophthalmodynamometer (MED.) oftalmodinamómetro

ophthalmodynia (MED.) oftalmodinia

ophthalmology (MED.) oftalmologia

ophthalmoscope (MED.) oftalmoscópio

ophthalmostasia; ophthalmostosy (MED.) oftalmostase

ophthalmoxysis (MED.) oftalmoxise

opiate (BIO.) opiatos

opisthion (ZOO.) opístio; opístion

opistho- (GERAL) opisto-; do grego *opisthen* — na rectaguarda; posteriormente, atrás

opisthocoelus (ZOO.) opistocele

opisthoglossal (ZOO.) opistoglóssico

opisthomere (ZOO.) opistómero

opisthosome (ZOO.) opistossoma

opisthotonos; opisthotonus (MED.) opistótono

opium (BOT.; MED.; QUÍM.) ópio

Oppel zone (ECO.) zona de Oppel

Oppenheimer-Phillips process (FÍS.) processo de Oppenheimer-Phillips

opportunistic species (ECO.) espécie oportunista

opposed-cylinder engine (AUTO.) motor de cilindros opostos

opposed-piston engine (AUTO.) motor de pistões opostos

opposed-voltage protective system (ELECT.) sistema de protecção de voltagem oposta

opposite (BOT.) oposto

opposition (ASTRO.) oposição

opsonin (IMUN.) opsonina (anticorpo)

optic (ZOO.) óptico

optical aberration (FÍS.) aberração óptica

optical activity (QUÍM.) actividade óptica

optical assembly (TELECOM.) conjunto óptico

optical axis (TELECOM.) eixo óptico

optical binary (ASTRO.) estrela binária óptica; estrela dupla óptica

optical black (FÍS.) negro óptico

optical bleaches (QUÍM.) brancos ópticos; descolorações ópticas

optical centre of a lens (FÍS.) centro óptico de uma lente

optical character reader (INF.) leitor óptico de caracteres

optical constant (FÍS.) constante óptica

optical crown (VIDR.) coroa óptica

optical crystal (FÍS.) cristal óptico

optical density (METEO.) densidade óptica

optical digitizer (INF.) digitalizador óptico; codificador óptico

optical distance (FÍS.) distância óptica

optical-electronic devices (FÍS.) dispositivos óptico-electrónicos

optical encoder (TELECOM.) codificador óptico; digitalizador óptico

optical fibre (TELECOM.) fibra óptica

optical filter (T.IMAG.) filtro óptico

optical flare (T.IMAG.) luz parasita

optical flat (T.IMAG.) lâmina óptica

optical flint (VIDR.) vidro óptico de alta dispersão

optical glass (VIDR.) vidro óptico

optical grating (TELECOM.) dispersão óptica

optical haze (METEO.) reverberação; cintilação terrestre

optical indicator (AUTO.) indicador óptico

optical isomerism (QUÍM.) isomerismo óptico

optical lathe (MEC.) torno para trabalhos ópticos

optical lens (FÍS.) lente óptica

optical lens grinder (MEC.) polidor de lentes ópticas

optical level (FÍS.) nível óptico

optical maser (FÍS.) maser óptico

optical medium (TELECOM.) meio óptico

optical model of the nucleus (FÍS.) modelo óptico do núcleo

optical mouse (INF.) rato óptico

optical printing (T.IMAG.) impressão óptica

optical pumping (FÍS.) bombeamento óptico

optical pyrometer (FÍS.) pirómetro óptico

optical range (TELECOM.) alcance visual

optical rotary dispersion (QUÍM.) dispersão óptica rotativa

optical rotation (FÍS.) rotação óptica

opticals (T.IMAG.) ópticos; visuais

optical scanning (INF.) exploração óptica

optical smoke detector (ELECTRÓN.) detector de fumo óptico

optical spectrometer (FÍS.) espectrómetro óptico

optical spectrum (FÍS.) espectro óptico

optical square (TOPO.) goniómetro de espelho

optical track (T.IMAG.) pista óptica

optical transfer function (FÍS.) função de transferência óptica

optical transmission (TELECOM.) transmissão óptica

optical whites (QUÍM.) brancos ópticos; agentes branqueadores fluorescentes

optical window (FÍS.) janela óptica

optical zoom (T.IMAG.) zoom óptico

optic athrophy (MED.) atrofia óptica

optic axial angle (MINER.) ângulo axial óptico

optic axis (CRIST.; FÍS.) eixo principal; eixo óptico

optic bench (FÍS.) banco óptico

optic lobes (ZOO.) lobos ópticos; lobos oculares

optic neuritis (MED.) neurite óptica; neuropapilite

optics (FÍS.) Óptica

optic sign (MINER.) sinal óptico; sinal visual

optimal control theory (MAT.) teoria do controlo óptimo

optimal damping (MEC.) amortecimento rápido

optimal proportions (IMUN.) proporções óptimas

optimal yield (HIDRO.) rendimento óptimo

optimum working frequency (ELECTRÓN.) frequência de trabalho óptima

optocoupler (TELECOM.) ligação óptica

opto-electronics (TELECOM.) opto-electrónica; foto-electrónica

opto-isolator (TELECOM.) isolador óptico

optophone (ELECTRÓN.) opticofone; optofone

OR (AERO.) abr. de *Operational Research* — pesquisa operacional

OR (INF.) «OR»; «OU» (operador lógico)

Oracle (INF.) abr. de *Optical Reception of Announcement by Coded Line Electronics* — recepção óptica de comunicações por linhas electrónicas codificadas (sistema de teletexto britânico)

oral (ZOO.) oral; bucal

oral characters (PSICO.) caracteres orais

oral contraception (MED.) contracepção oral

oral stage (PSICO.) estágio oral

orange lead (QUÍM.) zarcão; mínio alaranjado

orange peel (E.CIV.) casca de laranja (defeito na pintura)

ora serrata (ZOO.) ora serrata (margem denteada da porção óptica da retina)

ORB (AERO.) abr. de *Omnidirectional Radio Beacon* — radiofarol omnidireccional

orbicular (BOT.) orbicular

orbit (AERO.) rota; campo de acção

orbit (GERAL) órbita

orbit (ZOO.) órbita (cavidade)

orbital (FÍS.) orbital

orbital quantum number (ELECTRÓN.) número quântico orbital

orbit decay (ESP.) declinação orbital; decaimento de órbita

orbitosphenoid (ZOO.) orbitosfenóide

orbitotomy (MED.) orbitotomia

orcein (QUÍM.) orceína

orchi- (GERAL) orqui-; do grego *órkhis* — testículo

orchialgia (MED.) orquialgia

orchichorea (MED.) orquicoreia

Orchidaceae (BOT.) Orquidáceas

orchidalgia (MED.) orquialgia

orchidectomy (MED.) orquidectomia

orchidoplexy (MED.) orquidoplexia

orchiectomy (MED.) orquiectomia; castração

orchiepididymitis (MED.) orquiepididimite

orchitis (MED.) orquite

ORD (FÍS.) abr. de *Optical Rotatory Dispersion* — dispersão óptica rotatória (Óptica)

order (GERAL) ordem

order-disorder transformation (MEC.) transformação de ordem-desordem

ordered state (MEC.) estado ordenado

order number (MEC.) número de ordem

order of filter (ELECTRÓN.) ordem do filtro

order of reaction (QUÍM.) ordem de reacção

ordinal number (MAT.) número ordinal

ordinary differential equation (MAT.) equação diferencial ordinária

ordinary ray (FÍS.) raio ordinário

ordinate (MAT.) ordenada

ordination (ECO.) ordenação

Ordnance Bench Mark (TOPO.) referência de nível do Serviço Cartográfico e Topográfico oficial (no RU)

Ordnance datum (TOPO.) nível médio da água do mar, estabelecido pelo Serviço Cartográfico e Topográfico (no RU); altura zero da água do mar em Newlin, na Cornualha

Ordnance Survey (TOPO.) Serviço Cartográfico e Topográfico oficial (no RU)

Ordovician (GEO.) Ordovícico; Ordoviciano

ore (MINAS) minério; mineral

ore body (MINAS) jazida maciça de minério

ore briquet(te) (MINAS) aglomerado de minério

ore bunker (MINAS) silo para minerais; silo de minérios

ore concentration (MINAS) concentração de minério; enriquecimento de minérios

ore deposit (MINAS) depósito de minério

ore dressing (MINAS) desbaste de minério

ore dust (MINAS) pó de minério

Oregon pine (BOT.) abeto-de-Douglas; pinheiro-do-Oregão

ore grab (MINAS) colher para minério; caçamba para minério

ore grinder (MINAS) triturador de minério

ore loading crane (MINAS) grua de carga de minério

ore mineral (GEO.) minério

ore mining (MINAS) extracção de minério; mineração

ore raising (MINAS) extracção de minério

ore reserve (MINAS) reserva de minério

ore washing (MINAS) lavagem de minério

orf (MED.; VET.) ectima contagioso; estomatite pustular contagiosa

or function (ELECTRÓN.) função OU; soma lógica

organ (GERAL) órgão

organ culture (BOT.; ZOO.) cultura de órgãos

organdie (TÊXT.) organdi

organelle (BIO.) organela

organ genus (BOT.) género orgânico

organic chemistry (QUÍM.) Química Orgânica

organic disease (MED.) doença orgânica

organic electrical conductor (FÍS.) condutor eléctrico orgânico

organic matter (ECO.) matéria orgânica

organic mental disorder (PSICO.) distúrbio mental orgânico

organic phospor (RADIOL.) fósforo orgânico

organic semiconductor film (ELECTRÓN.) filme semicondutor orgânico

organic soil (ECO.) solo orgânico

organism (Bio.) organismo
organized (Bio.) organizado; estruturado
organochlorine (Quím.) organocloro
organogenesis (Bio.) organogénese
organogeny (Bio.) organogenia
organography (Bio.) organografia
organo-magnesium compounds (Quím.) compostos organomagnesianos
organomercury compounds (Eco.) compostos organomercúricos
organo-metallic compounds (Quím.) compostos organometálicos
organosilicone (Quím.) organosilicona
organosol (Quím.; Plást.) organossol
organotaxis (Bio.) organotaxia
organotroph (Eco.) organotrófico
organotropy (Bio.) organotropia
orgasm (Zoo.) orgasmo
OR gate (Inf.) porta OR; circuito OR (OR = OU)
oriel (Arq.) janela de sacada saliente
Oriental alabaster (Miner.) alabastro-oriental; alabastro-ónix; mármore-ónix
Oriental almandine (Miner.) almandina-oriental; granada-oriental
Oriental amethyst (Miner.) ametista-oriental (variedade violeta de coríndon)
Oriental cat's eye (Miner.) cimofana; olho-de-gato
Oriental emerald (Miner.) esmeralda-oriental; coríndon-verde
Oriental faunal region (Eco.) região faunica oriental
Oriental region (Zoo.) região oriental
Oriental ruby (Miner.) rubi-oriental
Oriental topaz (Miner.) topázio-oriental (variedade de coríndon de cor amarela)
orientation (Geral) orientação
orientation behaviour (Psico.) comportamento de orientação
orienting reflex (Psico.) reflexo de orientação; reflexo de investigação
orifice gauge (Mec.) calibrador de orifícios
origin (Geral) origem
O-ring (Mec.) anel em O; anilha
Orlon (Quím.) Orlon (fibra sintética)
orlop deck (Nav.) convés do porão; estrado do porão
ormolu (Eng.) ouro falso (liga de cobre, zinco e estanho)
ornis (Zoo.) órnis; conjunto zoológico de Aves
ornithine (Quím.) ornitina
ornithology (Zoo.) ornitologia
ornithophily (Bot.) ornitofilia
ornithopter (Aero.) ornitóptero; avião
ornithosis (Med.; Vet.) ornitose; doença do papagaio
ornithuric acid (Quím.) ácido ornitúrico
oro- (Geral) oro-; forma combinante do latim *os, oris* — boca, relativo a boca; e também do grego *óros* — montanha
oroanal (Zoo.) oroanal
orofacial (Zoo.) orofacial
orogenesis (Geo.) orogénese; orogenia
orogenic belt (Geo.) cintura orogénica

orogeny (Geo.) orogenia; orogénese
orographic (Geo.) orográfico
orographic ascent (Meteo.) ascensão orográfica
orographic cloud (Meteo.) nuvem orográfica
orographic deflection (Geo.) deflexão orográfica
orographic depression (Meteo.) depressão orográfica
orographic lifting (Meteo.) levantamento orográfico
orographic precipitation (Meteo.) precipitação orográfica
orographic rain (Meteo.) chuva orográfica
orographic survey (Topo.) levantamento orográfico
orographic thermal (Meteo.) térmica orográfica
orographic wave (Meteo.) onda orográfica; onda de montanha
oroide (Mec.) ouro francês; ouropel
oronasal (Zoo.) oronasal
orotic acid (Bio.) ácido orótico
orpiment (Miner.) ouro-pigmento; ouro-pimento
orrery (Astro.) planetário
orthicon (T.Imag.) orticonoscópio
orthite (Miner.) ortite
ortho- (Geral) orto-; do grego *órthos* — direito; recto
orthoacid (Quím.) ortoácido
orthobiosis (Bio.) ortobiose
orthocentre (Mat.) ortocentro
orthocephalous (Zoo.) ortocéfalo
orthoclase (Miner.) ortoclase
orthodiagraph (Radiol.) ortodiágrafo
orthodromic (Med.) ortodrómico
orthogenesis (Bio.) ortogénese
orthogenial (Med.) ortogenial; ortogénida
orthognathous (Zoo.) ortognático
orthogneiss (Geo.) ortogneisse
orthogonal cutting (Mec.) corte ortogonal
orthogonal frequency division multiplex (Telecom.) multiplexagem por divisão de frequência ortogonal
orthogonal functions (Mat.) funções ortogonais
orthogonal matrix (Mat.) matriz ortogonal
orthogonal vectors (Mat.) vectores ortogonais
orthograde (Zoo.) ortógrado
orthograph (Arq.) ortografia; representação ortogonal
orthographic projection (Mat.; Mec.) projecção ortogonal; projecção ortográfica
orthokinetics (Med.) ortocinética
orthomolecular (Quím.) ortomolecular
orthopaedics; orthopedics (Med.) ortopedia
orthophosphate (Bio.) ortofosfato
orthophosphoric acid (Quím.) ácido ortofosfórico
orthophyric (Geo.) ortofírico
orthopnea; orthopnoe (Med.) ortopneia
Orthopter (Zoo.) Ortópteros

orthoptic circle (Mat.) círculo ortóptico
orthoptic treatment (Med.) tratamento ortóptico
orthopyroxene (Miner.) ortopiroxeno
orthoquartzite (Geo.) ortoquartzito
orthorhombic system (Crist.) sistema ortorrômbico
orthosilicic acid (Quím.) ácido ortossilícico
orthostatic (Med.) ortostático
orthostyle (Arq.) ortostilo
orthotropism (Bot.) ortotropismo
orthotropous (Bot.) ortotrópico
Os (Quím.) símbolo de *osmium* — ósmio
OS (Topo.) abr. de *Ordnance Survey* — Serviço Cartográfico e Topográfico Oficial, no RU
os (Med.; Zoo.) osso (do latim *ossum* — osso); e, orifício, num orgão ou canal oco de margem carnosa (do latim *os, oris* — boca)
osazoines (Quím.) osazonas
oscillating capacitor (Elect.) condensador oscilante
oscillating circuit (Elect.) circuito oscilante
oscillating current (Elect.) corrente oscilante
oscillating die press (Mec.) prensa de matriz oscilante; prensa de cunhar oscilante
oscillating discharge (Elect.) descarga oscilante
oscillating field (Elect.) campo oscilante
oscillating magnetic field (Fís.) campo magnético oscilante
oscillating motion (Fís.) movimento oscilante
oscillating neutral (Elect.) neutro oscilante
oscillating piston (Mec.) pistão oscilante
oscillating-piston meter (Hidro.) medidor de êmbolo oscilante
oscillating sanding (Mec.) lixamento oscilante
oscillating sequence (Mat.) sucessão oscilante
oscillating series (Mat.) série oscilante
oscillation (Geral) oscilação; vibração
oscillation circuit (Fís.) circuito de oscilação; circuito de vibração
oscillation frequency (Telecom.) frequência de oscilação
oscillation period (Fís.) período de oscilação
oscillation ripple (Geo.) marcas onduladas (na areia)
oscillation transformer (Elect.) transformador de corrente oscilante
oscillator (Telecom.) oscilador
oscillator crystal (Telecom.) cristal de oscilador
oscillator drift (Telecom.) desvio de oscilador
oscillator tank (Elect.) tanque oscilador
oscillator tube (Elect.) válvula osciladora
oscillatory circuit (Elect.) circuito oscilatório

oscillatory discharge (Telecom.) descarga oscilatória

oscillatory wave (Geo.) onda oscilatória

oscillatory zoning (Miner.) zonação oscilatória

oscillogram (Electrón.) oscilograma

oscillograph (Electrón.) oscilógrafo

oscilloscope (Elect.) osciloscópio

osculating circle (Mat.) círculo osculador

osculating orbit (Astro.) órbita osculante; órbita osculadora

osculating plane (Mat.) plano osculador

osculating sphere (Mat.) esfera osculadora

osculation (Mat.) contacto

osculum (Zoo.) ósculo

OSD (T.Imag.) abr. de *on screen display* — texto no ecrã

Osgood-Schlatter disease (Med.) doença de Osgood-Schlatter; necrose epifisária asséptica do tubérculo tibial

Osler's nodes (Med.) nódulos de Osler

osmic acid (Quím.) ácido ósmico (nome impróprio do tetróxido de ósmio)

osmiophilic (Quím.) osmiófilo

osmium (Quím.) ósmio

osmium tetroxide (Quím.) tetróxiodo de ósmio (impropriamente também: ácido ósmico); tetraóxido de ósmio

osmolality (Bio.; Quím.) molaridade osmótica

osmometer (Quím.) osmómetro

osmophilic (Eco.) osmofílico

osmoreceptor (Bio.) osmorreceptor; osmo-receptor

osmoregulation (Zoo.) osmorregulação; osmo-regulação

osmosis (Quím.) osmose

osmotic activity (Bio.) actividade osmótica

osmotic coefficient (Quím.) coeficiente osmótico

osmotic potential (Bot.) pressão osmótica

osmotic pressure (Bot.) pressão osmótica

osmotrophic (Eco.) osmotrófico

osmotrophy (Bot.) osmotrofia

os penis (Zoo.) osso do pénis; osso peniano

osphradium (Zoo.) osfrádio

ossa (Zoo.) ossos

osseous (Zoo.) ósseo

ossicle (Zoo.) ossículo

ossification (Zoo.) ossificação

ost-; oste-; osteo- (Geral) ost-; oste-; osteo-; do grego *osteon* — osso

ostearthritis (Med.) osteartrite

osteitis (Med.) osteíte

osteitis deformans (Med.) osteíte deformante; doença de Paget

osteitis fibrosa (Med.) osteíte fibrosa

osteoarthritis (Med.) osteoartrite; osteartrite (forma preferível)

osteoarthropathy (Med.) osteoartropatia

osteoblast (Zoo.) osteoblasto

osteochondritis (Med.) osteocondrite

osteochondritis deformans juvenilis dorsi (Med.) osteocondrite deformante do dorso juvenil

osteochondritis dissecans (Med.) osteocondrite dissecante

osteochondroma (Med.) osteocondroma

osteoclasis (Med.) osteoclásia

osteoclast (Zoo.) osteoclasto

osteocranium (Zoo.) osteocrânio

osteocyte (Bio.) osteócito

osteodermis (Zoo.) osteoderme

osteodystrophia fibrosa (Vet.) osteodistrofia fibrosa; osteíte fibrosa cística

osteofibrosis (Vet.) osteofibrose; osteodistrofia fibrosa

osteogenesis (Zoo.) osteogénese

osteogenesis imperfecta (Med.) osteogénese imperfeita; fragilidade óssea

osteoid (Med.) osteóide

osteologia (Zoo.) osteologia

osteoma (Med.) osteoma

osteomalacia (Med.) osteomalacia

osteomyelitis (Med.) osteomielite

osteopathy (Med.) osteopatia

osteopetrosis (Med.) osteopetrose

osteopetrosis galinarum (Vet.) osteopetrose das galinhas

osteophagia (Vet.) osteofagia

osteophlebitis (Med.) osteoflebite

osteophyte (Med.) osteófito

osteoporosis (Med.; Zoo.) osteoporose

osteosarcoma (Med.) osteossarcoma

osteosclereid (Bot.) osteoesclerito; célula pétrea

osteosclerosis (Med.) osteosclerose

osteotomy (Med.) osteotomia

ostiolate (Bot.) ostiolado

ostiole (Bot.) ostíolo

ostium (Zoo.) óstio

Ostracoda (Zoo.) Ostrácodes

Ostwald colour atlas (T.Imag.) atlas de cor de Ostwald

Ostwald dilution law (Quím.) lei da diluição de Ostwald

Ostwald's theory of indicators (Quím.) teoria dos indicadores de Ostwald

OS & W (E.Civ.) abr. de *Oak, Sunk and Weathered* — carvalho, embutido e tratado

ot-; oto-; ot-; oto- (Geral) do grego *ous, otos* — ouvido

otalgia (Med.) otalgia

OTHR (Telecom.) abr. de *over the horizon RADAR* — radar de muito longo alcance

otic (Med.) ótico

otitis (Med.) otite

otocyst (Zoo.) otocisto

otodectic mange (Vet.) sarna octodéctica; octocaríase parasitária

otolith (Zoo.) otólito

otorhinolaryngology (Med.) otorrinolaringologia

otorrhea; otorrhoea (Med.) otorreia

otosclerosis (Med.) otosclerose

otoscope (Med.) otoscópio

otter (Nav.) paravane

Otto cycle (Auto.) ciclo de Otto; ciclo de combustão; ciclo de 4 tempos

ottrelite (Miner.) otrelite

OTU (Bot.) abr. de *Operational Taxonomic Units* — unidades taxonómicas operacionais

ouadi (Eco.) uádi

Ouchterlony test (Imun.) teste de Ouchterlony; teste da dupla difusão em gel em duas dimensões

Oudin resonator (Elect.) ressoador de Oudin

Oudin test (Imun.) teste de Oudin

outage (Telecom.) baixa; perda de comunicação

outband (E.Civ.) junção ao comprido

outbreak (Geo.) afloramento

outbreeding (Bio.) exogamia

outburst bank (Geo.) afloramento de banco de areia

outcrop (Geo.) afloramento

outcrop belt (Minas) faixa de afloramento

outer (Geral) exterior; externo

outer atmosphere (Meteo.) atmosfera exterior

outer bearing (Mec.) mancal exterior; suporte exterior

outer coating (Elect.) revestimento exterior

outer conductor (Elect.) condutor externo

outer dead centre (Mec.) ponto morto exterior

outer macro-instruction (Inf.) macroinstrução externa

outer marker beacon (Aero.) radiofarol exterior

outer orbit (Astro.; Fís.) órbita externa

outer section (Aero.) secção exterior

outer string (E.Civ.) perna de escada exterior; armação exterior de escada

outfall (E.Civ.) descarga; saída

outfall sewer (E.Civ.) emissário de descarga

outgassing (Esp.) libertação de gás

outgassing (Quím.) extracção de gás

out-gate (Mec.) saída de gás

outgoing feeder (Elect.) alimentador de saída

outgroup (Psico.) grupo de saída

outlier (Geo.) maciço isolado

outline letters (Imp.) letras de contorno; letras de perfil

out of balance (Mec.) fora de equilíbrio

out of band (Telecom.) fora de faixa

out of phase (Elect.) fora de fase

out-of-phase overlapping (Eco.) sobreposição desfasada

outpost well (Minas) poço de confirmação; poço periférico

output (Geral) saída

output amplifier (Elect.) amplificador de saída

output attenuator (Electrón.) atenuador de saída

output block (Inf.) bloco de saída

output buffer (Inf.) memória tampão de saída

output capacitance (Electrón.) capacitância de saída

output characteristic (Electrón.) característica de saída output coefficient (Elect.) coeficiente de saída

output command data set (Inf.) conjunto de dados de comando de saída

output current (Electrón.) corrente de saída

output data (Inf.) dados de saída

output device (Inf.) dispositivo de saída

output display area (Inf.) área de visualização de saída

output equipment (Inf.) equipamento de saída

output field (Inf.) campo de saída

output file (Inf.) ficheiro de saída

output gap (Electrón.) intervalo de saída

output handler (Inf.) manipulador de saída

output impedance (Elect.) impedância de saída

output job queue (Inf.) fila de tarefas de saída

output job stream (Inf.) fluxo de tarefas de saída

output level (Electrón.) nível de saída

output-limited process (Inf.) processo limitado pela saída

output link (Inf.) vínculo de saída

output message (Inf.) mensagem de saída

output noise (Geral) ruído de saída

output power (Inf.) potência de saída

output program (Inf.) programa de saída

output queue (Inf.) fila de saída

output regulation (Elect.) regulação de saída

output request (Inf.) pedido de saída

output resistance (Electrón.) resistência de saída; resistência do andar de saída

output routine (Inf.) rotina de saída

output stacker (Inf.) depósito de saída

output stage (Electrón.) andar de saída

output stream (Inf.) fluxo de saída

output transformer (Elect.) transformador de saída

output unit (Inf.) unidade de saída

output valve (Electrón.) válvula de saída

output winding (Elect.) enrolamento de saída

output work queue (Inf.) fila de saída de trabalho

output work storage (Inf.) armazenamento auxiliar de saída

outside air temperature (Meteo.) temperatura de ar exterior; temperatura exterior

outside broadcast (Telecom.) retransmissão do exterior

outside calipers (Mec.) compasso de volta; compasso de espessura

outside cylinders (Mec.) cilindros exteriores

outside gouge (E.Civ.) goiva de corte exterior

outside lap (Mec.) avanço de admissão

outside lining (E.Civ.) linha externa

outside loop (Aero.) «looping» invertido

outside rivet (Mec.) rebite externo

outside spin (Aero.) parafuso invertido (figura acrobática)

outside wire (Elect.) condutor externo

out-takes (T.Imag.) tomadas exteriores; filmagens exteriores

out-to-out (E.Civ.) de ponta a ponta; fora a fora

outtriger (Aero.) fuselagem lateral

outtriger (E.Civ.) escora de andaime; prolongamento das vigas

outwash (Geo.) cone aluvial glaciar; águas derivadas da fusão glaciar

outwash fan (Geo.) cone aluvial

ova (Bot.; Zoo.) ovos (plural do latim ovum — ovo

ovalbumin (Quím.) ovalbumina

oval piston (Auto.) pistão oval; êmbolo oval

ovals of Cassini (Mat.) ovais de Cassini

oval window (Med.) janela oval

ovarian (Med.) ovariano; ovárico

ovariole (Zoo.) ováríolo

ovary (Bot.; Zoo.) ovário

ovate (Bot.) ovalado

oven-type furnace (Mec.) forno de semi-mufla

overall efficiency (Fís.) eficiência total; rendimento total

overall gama (Telecom.) gama total

overall loss (Fís.) perda total; perda líquida

overall luminosity efficiency (Elect.) eficiência de luminosidade total

overall transmission loss (Telecom.) perda de transmissão total

overblowing (Mec.) soprar forte (no processo Bessemer); oxigenação forte

overburden (E.Civ.) entulho; carga de terra

overburden (Minas) terreno móvel; terreno detrítico

overcast (Meteo.) encoberto

overcast sky (Meteo.) céu encoberto

overclocking (Inf.) excesso de velocidade de relógio

overcompounded motor (Elect.) motor superacoplado

overcurrent relay (Elect.) relé de sobrecarga

overcurrent release (Elect.) escape de sobrecarga

overdamped (Electrón.) sobre-amortecido

overdamping (Elect.) superamortecimento

overdrive (Auto.) supermarcha; superraccionamento

overexcitation (Fís.) sobrexcitação; superexcitação

over-exposure (T.Imag.) excesso de exposição

overflow (Inf.) excesso; «estouro»

overflow area (Inf.) área de excesso

overflow check (Inf.) teste de excesso

overflow data (Inf.) dados de excesso

overflow entry (Inf.) entrada em excesso

overflow error (Inf.) erro de excesso

overflow heading (Inf.) cabeçalho de excesso

overflow line (Inf.) linha de excesso

overflow position (Inf.) posição de excesso de capacidade

overflow record (Inf.) registo de excesso

overfold (Geo.) dobra recumbente; dobra deitada

overgassing (Mec.) sobregasificação

overhand stopes (Minas) escalões inversos; testeira

overhang (Aero.) sobreenvergadura

overlapping sidebands (Telecom.) sobreposição de bandas laterais

overload (Electrón.) sobrecarga

overload circuit-breaker (Elect.) interruptor de sobrecarga

overload cutout (Elect.) disjuntor de sobrecarga

overload level (Inf.) nível de sobrecarga

overload margin (Elect.) margem de sobrecarga

overload on-state current (Elect.) corrente no estado de fecho

overload protection (Elect.) protecção de sobrecarga; chave automática de sobrecarga máxima

overload protective system (Elect.) sistema de protecção de sobrecarga

overload relay (Elect.) relé de sobrecarga

overload running (Elect.) funcionamento em sobrecarga

overman (Minas) inspector de minas

overmodulation (Telecom.) sobremodulação; modulação excessiva

overmodulation indicator (Telecom.) indicador de sobremodulação

overpotential (Elect.) sobrevoltagem

overpowered amplifier (Elect.) amplificador de sobrevoltagem

overproof (Quím.) de alta graduação

overpunch (Inf.) sobreperfuração

overreach (Vet.) andar do cavalo em que a pata traseira bate na da frente

override (Inf.) cancelamento

override (Elect.) ultrapassagem

overriding (Geral) dominante; supremo

overrun (Imp.) recorrer

oversampling (Electrón.) sobreamostragem

oversaturated (Geo.) supersaturado

overscanning (T.Imag.) sobreexploração

overshoot (Aero.) aterragem longa; aproximação longa

overshoot (T.Imag.) sobreoscilação; sobreimpulso

overshot wheel (Mec.) roda hidráulica movida pela água que corre na parte superior

overspeed condition (Aero.) condição de descolagem; potência homologada de descolagem

overspeed device (Mec.) dispositivo limitador de velocidade

overspeed protection (Elect.) protecção de excesso de velocidade

overspun wire (Fís.) fio superestirado

overstrain (Mec.) esforço excessivo; tensão excessiva

overswing (Nav.) oscilação da bússola

overswing of the compass needle (Nav.) oscilação da agulha da bússola

over the horizon RADAR (Telecom.) radar de muito longo alcance; radar de alcance além do horizonte

overthrust (Geo.) carreamento

overtone (Fís.) som harmónico

overtone crystal (Fís.) cristal harmónico

overturned fold (Geo.) dobra tombada

overvoltage (Electrón.) sobrevoltagem; sobretensão

overvoltage alarm (Elect.) alarme contra sobrevoltagem

overvoltage factor (Elect.) factor de sobrevoltagem

overvoltage protection (Elect.) protecção de sobrevoltagem

overvoltage protective device (Elect.) dispositivo protector de sobrevoltagem

overvoltage release (Elect.) interruptor de sobrevoltagem

overwrite (Inf.) sobregravar; gravar por cima

oviduct (Zoo.) oviducto

oviferous (Zoo.) ovífero; ovígero

ovigerous (Zoo.) ovígero; ovífero

oviparous (Zoo.) ovíparo

oviposition (Zoo.) deposição de ovos; ovideposição

ovipositor (Zoo.) ovipositor

ovisac (Zoo.) ovissaco; saco ovígeno

ovocentre (Bio.) ovocentro; centroma do ovo fertilizado; (termo obsoleto)

ovocyte (Bio.) ovócito; oócito

ovoflavina (Bio.) ovoflavina

ovoglobin (Bio.) ovoglobina

ovogonium (Bio.) ovogónio; oogónio

ovolo (Arq.) óvalo

ovotestis (Bio.) ovo-téstis; ovoteste

ovovitelin (Bio.) ovovitelino

ovoviviparous (Zoo.) ovovivíparo

ovulation (Zoo.) ovulação

ovule (Bot.) óvulo

ovule culture (Bot.) cultura de óvulos

ovum (Bio.) ovo

Owen bridge (Elect.) ponte de Owen

Owen's dust counter (Fís.) contador de poeira Owen

oxacid (Quím.) oxácido; oxiácido

oxalate (Quím.) oxalato

oxalemia (Med.) oxalemia

oxalic acid (Quím.) ácido oxálico

oxaloacetic acid (Quím.) ácido oxaloacético; ácido cetodicarboxílico

oxalosis (Med.) oxalose

oxaluria (Med.) oxalúria

oxalyl (Quím.) oxalito

oxamic acid (Quím.) ácido oxâmico; ácido oxamínico

oxamide (Quím.) oxamida

oxarite (Miner.) oxarite

oxbow (Hidro.) meandro antigo; braço morto

oxbow lake (Geo.) lago de meandro

ox-eye (Arq.) olho de boi (abertura)

Oxford shirting (Têxt.) tecido Oxford; variedade de tecido para camisas ou vestidos

oxic (Bio.) óxico

oxidant (Aero.) oxidante

oxidase (Bot.; Zoo.) oxidase

oxidates (Geo.) oxidatos

oxidation (Geral) oxidação

oxidation number (Quím.) número de oxidação

oxidation-reduction indicator (Quím.) indicador de oxirredução

oxidation-reduction potential (Quím.) potencial de oxirredução

oxidation zone (Geo.) zona de oxidação

oxidative decarboxylation (Bio.) descarboxilação oxidativa

oxidative phosphorylation (Bio.) fosforilação oxidativa

oxidative potential (Quím.) potencial oxidante

oxide-coated cathode (Electrón.) cátodo revestido de óxido

oxide-film arrester (Elect.) pára-raios revestido a óxido (de chumbo)

oxide isolation (Electrón.) isolamento a óxido (de silício)

oxides (Quím.) óxidos

oxidizer (Quím.) oxidante

oxidizing agent (Quím.) agente oxidante

oxidizing flame (Quím.) chama oxidante

oxidizing furnace (Mec.) forno de oxidação

oxidoreductase (Bio.) oxiredutases

oxime (Quím.) oxima

oximetry (Quím.) oximetria

oxine (Quím.) oxina; 8-hidroquinona

oxiuriasis (Med.) oxiuríase

oxo- (Quím.) oxo- (prefixo que denota adição de oxigénio, e empregado muitas vezes no lugar de ceto-, na momenclatura sistemática)

oxonium salts (Quím.) sais de oxónio

oxyacetylene cutting (Mec.) corte oxiacetilénico

oxyacetylene welding (Mec.) soldadura oxiacetilénica

oxycellulose (Quím.) oxicelulose

oxychloride cement (E.Civ.) cimento oxiclórico

oxydactylous (Zoo.) oxidáctilo

oxygen (Quím.) oxigénio

oxygen-15 (Fís.) oxigénio-15 (radioisótopo do oxigénio emissor de positrões)

oxygen-16 (Fís.) oxigénio-16 (o isótopo do oxigénio comum)

oxygen-17 (Fís.) oxigénio-17 (o mais raro isótopo do oxigénio estável)

oxygen-18 (Fís.) oxigénio-18

oxygenase (Quím.) oxigenase

oxygen demand (Eco.) procura de oxigénio

oxygen dissociation curve (Med.) curva de dissociação do oxigénio

oxygen-free high-conductivity copper (Elect.) cobre de alta condutibilidade livre de oxigénio

oxygen-isotope determination (Geo.) determinação de isótopos de oxigénio

oxygen-isotope ratio [18O: 16O ratio] (Eco.) taxa isotópica do oxigénio; rácio O18 / O16

oxygen lance (Mec.) maçarico perfurador

oxygen lancing (Mec.) corte a oxigénio

oxygen method (Eco.) método do oxigénio

oxygen quotient (Eco.) quociente de oxigénio; taxa de oxigénio

oxygen sag (Eco.) troço anóxico

oxygen scavenger (Mec.) lavador de motores a oxigénio

oxygon (Mat.) oxígono

oxygon (Zoo.) oxígono (concha angulosa)

oxyhaematoporphyrin (Quím.) oxihematoporfirina

oxyhaemogloblina (Quím.) oxi-hemoglobina

oxyhornblende (Miner.) horneblenda basática

oxyhydrogen welding (Mec.) soldadura oxi-hidrogénica

oxyntic (Zoo.) oxíntico; que forma ácido

oxyopia (Med.) oxiopia

oxyphile (Bot.) oxífilo

oxyphonia (Med.) oxifonia

oxyproline (Quím.) oxiprolina

oxyrhine (Zoo.) oxirrino

oxytetracycline (Med.; Quím.) oxitetraciclina (antibiótico)

oxythiamin (Quím.) oxitiamina

oxytocin (Med.; Quím.) oxitocina; ocitocina

Oyashio Current (Geo.) corrente do Oyashio

oz (Geral) abr. de *ounce* — onça (peso em Farmácia)

ozocerite; ozokerite (Miner.) ozocerite; pez mineral

ozoena (Vet.) ozena

ozone (Quím.) ozónio; ozono

ozone 'hole' (Geo.) buraco do ozono

ozone layer (Geo.) camada do ozono

ozone smell (Electrón.) cheiro a ozono; cheiro da descarga coronal

ozonide (Quím.) ozónido

ozonizer (Quím.) ozonizador

ozonolysis (Quím.) ozonólise

ozonometer (Quím.) ozonómetro

ozonophore (Bio.) ozonóforo

ozonoscope (Meteo.; Quím.) ozonoscópio

ozonostomia (Med.) ozonostomia

ozonotype (T.Imag.) ozonotipia

p (Elect.) símbolo de *electric power* — potência eléctrica

p (Fís.) símbolo de: *particle* — partícula; de *pressure* — pressão

p (Geral) símbolo de *pico* — pico (a bilionésima parte da unidade)

p (Med.) símbolo de *perceptual speed* — velocidade de percepção

p (Meteo.) símbolo de *gust peak speed* — velocidade de rajada máxima

P (Elect.) símbolo de: *plate* — placa; ânodo de válvula electrónica; de *pentode* — pêntodo; de *positive* — positivo; de *potenciometer* — potenciómetro; de *power* — potência; de *permeance* — permeância; de *electric polarization* — polarização eléctrica

P (Fís.) símbolo de *poise* — poise (unidade CGS de viscosidade dinâmica)

P (Med.) designação de grupo sanguíneo; símbolo de *pressure* — pressão

P (Quím.) símbolo do elemento *phosphorus* — fósforo

pA (Elect.) símbolo de *picoampere* — picoampere

Pa (Quím.) símbolo do elemento *protactinium* — protactínio

Pa (Fís.) símbolo de *Pascal* — Pascal (unidade SI de pressão)

PA (Elect.) abr. de *Power Amplifier* — amplificador de potência

PA (Inf.) abr. de *Process Automation* — automação de processo

PAB (Inf.) abr. de *Primary Application Block* — bloco de aplicação primário

PABA (Med.; Quím.) abr. de *p-aminobenzoic acid* — ácido p-aminobenzóico

PABX (Telecom.) abr. de *Private Automatic Branch Exchange* — central telefónica privada

pacemaker (Med.) «pacemaker»; marca-passo

pacemaker region (Med.) região de marca-passo

Pachuca tank (Minas) tanque de Pachuca

pachydermatocele (Med.) paquidermatocele

pachydermatous (Zoo.) paquidérmico

pachydermia; pachyderma (Med.) elefantíase

pachydermia; pachyderma (Vet.) paquidermia

pachytene (Bio.) paquiteno; paquitena

Pacific and Indian Ocean common water [PIOCW] (Geo.) águas profundas do Pacífico e Índico

Pacific-Antarctic Ridge (Geo.) Crista do Pacífico Sul

Pacinian corpuscles (Zoo.) corpúsculos de Pacini; corpúsculos lamelares

pack (Inf.) compactar; condensar; comprimir

pack (Minas) aterro

package (Nucl.) compacto

packaged (Elect.) compactado

package dyeing (Têxt.) tintura em pacote

packed column (Quím.) coluna de enchimento

packer (Minas) isolador; retentor; obturador

packet (Telecom.) pacote

packet identification [PID] (Telecom.) identificador de pacote de dados

packet multiplexer (Telecom.) multiplexador de pacotes de dados

packet switched network (Inf.) rede de pacotes de dados

packet switching (Telecom.) comutação de pacotes

packet switch node (Inf.) servidor de pacote de dados

pack-hardening (Mec.) revestimento duro

packing (Geral) enchimento

packing (Inf.) compactação; enchimento

packing density (Inf.) densidade de armazenamento

packing factor (Inf.) factor de armazenamento

packing ratio (Bio.) taxa de empacotamento; taxa de embalagem

pad (Telecom.) atenuador

pad (Med.) envoltório

padding bit (Inf.) bit de preenchimento

paddle plane (Aero.) avião de rodas de pás

paddler-wheel fan (Mec.) ventilador de roda de pás

paddler-wheel hopper (Mec.) alimentador de roda de pás

padsaw (E.Civ.) serrote de ponta

pad stone (E.Civ.) imposta; pedra de apoio; saimel

paediatrician; pediatrician; pediatrist (Med.) pediatra

paediatric; pediatric (Med.) pediátrico

paedogenesis (Bot.; Zoo.) pedogénese

paedomorphism (Psico.) pedomorfismo

paedophilia (Psico.) pedofilia

PAF (Imun.) abr. de *Platelet Activating Factor* — factor de activação de plaquetas

PAGE (Imun.) abr. de *polyacrylamide gel electrophoresis* — electroforese de gel de poliacrilamida

page-at-a-time-printer (Inf.) impressora página a página

page break (Inf.) quebra de página

page buffer (Inf.) armazenamento intermediário de página

page control block [PCB] (Inf.) bloco de controlo de página

page counter (Inf.) contador de páginas

page data set (Inf.) conjunto de dados de página

page depth control (Inf.) controlo de linhas por página

page description language (Inf.) linguagem de descrição de página

page directory (Inf.) directório de página

Page effect (Elect.) efeito de Page

page fault (Inf.) falta de página; falha de página

page footing (Inf.) rodapé de página

page frame (Inf.) estrutura de página; célula de página

page heading (Inf.) cabeçalho de página

page-in (Inf.) entrada de página

page key (Inf.) chave de página

page locking (Inf.) bloqueio de página

page pool (Inf.) grupo de páginas

page scanner (Inf.) explorador de página

Paget's disease of bone (Med.) doença de Paget do osso; osteíte deformante

Paget's disease of the nipple (Med.) doença de Paget do mamilo

pagination (Imp.) paginação

paging (Imp.) paginar

paging (Inf.) paginação

pagodite (Miner.) pagodite

PAH (Eco.) abr. de *Polyaromatic Hidrocarbon* — hidrocarboneto poli-aromático

paint (E.Civ.) tinta; pintura

paint harling (E.Civ.) reboco a tinta

paint remover (E.Civ.) removedor de tinta

paint stripper (E.Civ.) removedor de tinta

pair (Geral) par

paired-associate learning (Psico.) aprendizagem por pares associados

paired cable (Elect.) cabo de pares

pairing (Bio.) cruzamento; emparelhamento

pairing (Telecom.) emparelhamento

pairing energy (Fís.) energia de emparelhamento

pair production (Electrón.) produção de pares

pair-production absorption (Electrón.) absorção na produção de pares

pair selected ternary (Electrón.) codificação em pares ternários

paisanite (GEO.) paisanite
PAL (BOT.) abr. de *Phenylalanine Ammonia-Lyase* — fenilalanina amonialiase
PAL (T.IMAG.) abr. de *Phase Alternation Line* — linha com alternância de fase; (sistema) PAL
palae-; palaeo-; pale-; paleo- (GERAL) paleo-; do grego *palaiós* — antigo, velho; com acepção também de primário, inicial
Palaearctic region (ZOO.) região paleoárctica
palaeobiology (ECO.) paleobiologia
palaeobotany (GEO.) Paleobotânica
palaeoclimatic indicator (ECO.) indicador paleoclimático
palaeoclimatology (GEO.) Paleoclimatologia
palaeocurrent (GEO.) paleocorrente
palaeocurrent analysis (ECO.) análise de paleocorrentes
palaeoecology (GEO.) Paleoecologia
palaeoethnobotany (ECO.) paleo-endémico
palaeogeography (GEO.) Paleogeografia
palaeolimnology (ECO.) paleolimnologia
Palaeolithic Period (GEO.) Período Paleolítico
palaeomagnetism (GEO.) Paleomagnetismo
palaeopathology (MED.) Paleopatologia
Palaeozoic (GEO.) Paleozóico
palaeozoology (GEO.) Paleozoologia
palagonite (GEO.) palagonite
palama (ZOO.) pálamo
palate (ZOO.) palato; abóbada palatina
palatine (ZOO.) palatino; palatal
palatoglossus (ZOO.) palatoglosso
palatopharyngeus (MED.) palatofaríngeo
palatoplasty (MED.) palatoplastia
palatoplegia (MED.) palatoplegia
pale; palea; palet (BOT.) pálea
Paleocene (GEO.) Paleocénico; Paleoceno
paleocerebellum (MED.) paleocerebelo
paleocortex (MED.) paleocórtex
paleo-encephalon (MED.) paleoencéfalo
Paleogene (GEO.) Paleogénico
paleogenesis (MED.) paleogénese
paleogenetic (GERAL) paleogenético
palichnology (ECO.) paliconologia; palinlogia
palimpsest (ECO.) palimpsesto
palindrome (BIO.) palindroma
palindromic DNA (BIO.) ADN palindrómico
palingenesis (GEO.; ZOO.) palingénese
palisade (BOT.) paliçada
Palladian (ARQ.) Paladiano (estilo arquitectónico do II Renascimento Italiano — de Andrea Palladio)
Palladian window (ARQ.) janela paladiana
palladinized asbestos (QUÍM.) amianto com paládio

palladium (QUÍM.) paládio
pallaesthesia (MED.) palestesia
pallasite (MINER.) palasito
pallescense (BOT.) palescência
pallet (FÍS.) palheta (Acústica)
pallet (GERAL) palheta; paleta; palete
pallet (MEC.) paleta; palete
pallet truck (GERAL) empilhadora
palliative (MED.) paliativo
pallium (ZOO.) pálio; manto
Palmae (BOT.) Palmáceas; Arecáceas
palmar (ZOO.) palmar
palmate (ZOO.) palmado
palmatine (QUÍM.) palmatina
PAL matrix (T.IMAG.) matriz PAL
palmelloid form (BOT.) forma palmelácea; estágio palmeláceo (de Palmela — alga clorofícea)
palmisect (BOT.) palmatifendida
palmitic acid (QUÍM.) ácido palmítico; ácido hexadecanóico
palmitin (QUÍM.) palmitina
palmityl alcohol (QUÍM.) álcool palmitílico
palm-kernel oil (QUÍM.) óleo de coconote
palm oil (QUÍM.) óleo de palma
palp (ZOO.) palpo
palpation (MED.) palpação
palpebra (MED.; ZOO.) pálpebra
palpebral fissure (MED.) fenda palpebral
palpitation (MED.) palpitação
palpus (ZOO.) palpo
palsa mire (ECO.) tundra turfosa
paludal (ECO.) pantanoso
palygorskite (MINER.) paligorsquite
palynology (ECO.) palinologia
PAM (TELECOM.) abr. de *pulse amplitude modulation* — modulação de amplitude de impulso
pamirs (ECO.) pamir (vegetação árida dos Himalaias)
Pampas floral region (ECO.) região floral das Pampas
pampero (GEO.) pampeiro; tempestade de sudoeste (Pampas)
pan (BOT.) substrato de solo
pan (IMP.) parte da prensa que entra na platina
pan (T.IMAG.) tomada de panorama; tomada de vista; efeito panorâmico
pan-and-scan (T.IMAG.) tomada de vista e exploração
pan breeze (E.CIV.) cadinho de coque e escória de fornalha
pancake coil (TELECOM.) bobina achatada
pancaking (AERO.) placagem; aterragem em plano
pancarditis (MED.) pancardite
panchromatic (T.IMAG.) pancromático
panchromatic display (INF.) monitor pancromático
pancreas (ZOO.) pâncreas
pancreatalgy (MED.) pancreatalgia
pancreatectomy (MED.) pancreatectomia
pancreatemphraxis (MED.) pancreatenfraxe
pancreathelcosis (MED.) pancreatelcose
pancreatin (MED.) pancreatina

pancreatitis (MED.) pancreatite
pancreatocholecystostomy (MED.) pancreaticolecistostomia
pancreatocholith (MED.) pancreatocólito
pancreatotomy (MED.) pancreatotomia
pancreozymin (MED.) pancreozimina
pandemic (MED.) pandémico
pandiculation (MED.) pandiculação
pandurate (BOT.) panduriforme
panduriform (BOT.) panduriforme
pane (E.CIV.) pena (de martelo)
panel (ELECT.) painel
panel absorber (FÍS.) absorvedor de painel
panel calculation (MEC.) cálculo de treliça
panel heating (MEC.) painel de aquecimento; calefacção a painel
panelled framing (E.CIV.) armação por painéis
panel mounting (ELECT.) montagem por painéis
panel pins (E.CIV.) prego fino para painéis
panel rod (E.CIV.) barra de treliça; barra de inclinação
panel saw (E.CIV.) serra de painel
panel switch (ELECT.) interruptor de painel
panendemic distribution (ECO.) distribuição panendémica
PAN fibres (TÊXT.) fibras de poliacrinonitrilo
pangamic (ZOO.) pangâmico
Pangea (GEO.) Pangeia; Pangea; Pangaea
panhead rivet (MEC.) rebite de cabeça tronco-cónica
panhysterectomy (MED.) histerectomia total
panic attack (PSICO.) ataque de pânico
panic bolt (E.CIV.) ferrolho de emergência
panic disorder (PSICO.) distúrbio de pânico
panicle (BOT.) pânicula
panidiomorphic (GEO.) panidiomórfico
panmixia; panmixia (BIO.) panmixia
panniculitis (MED.) paniculite
panniculus carnosus (ZOO.) pánículo carnudo
panning (MINAS) batear
panning (T.IMAG.) panorâmica horizontal; tomada panorâmica
pannose (BOT.) felpudo; aveludado
pannus (MED.) pano (membrana de tecido granuloso que cobre uma superfície)
panophtalmia; panophtalmitis (MED.) panoftalmia
panoramic attenuator (FÍS.) atenuador panorâmico
panoramic camera (T.IMAG.) câmara panorâmica
panoramic display (T.IMAG.) monitor paronâmico
panoramic monitor (ELECTRÓN.) monitor panorâmico; espectrógrafo de frequência
panoramic potentiometer (ELECTRÓN.) potenciómetro panorâmico; potenciómetro de balanço de canais

panoramic radar (RADAR) radar panorâmico

panoramic receiver (TELECOM.) receptor panorâmico

panoramic sonic analyser (ELECTRÓN.) analisador sónico panorâmico

panplane (GEO.) peneplanície

panpot (ELECTRÓN.) potenciómetro panorâmico; potenciómetro de balanço de canais

pansinusitis (MED.) pansinusite; sinusite total

panspermia (ASTRO.; BIO.) panspermia

panting (NAV.) trepidação

pantograph (ELECT.) pantógrafo

pantophagous (ZOO.) pantófago; omnívoro

pantothenic acid (BIO.; QUÍM.) ácido pantoténico

panzootic (VET.) panzoótico

papain (QUÍM.) papaína; caricina

papaverine (QUÍM.) papaverina

papaya (BOT.) papaia; mamão

paper (GERAL) papel

paper capacitor (ELECT.) condensador de papel

paper chromatography (QUÍM.) cromatografia de papel (de filtro)

paper-guide (IMP.) guia de papel

paper negatives (T.IMAG.) negativos de papel

paper sizes (PAPEL) tamanhos de papel; padrões de papel

paper tape (INF.) fita de papel

paper-tape punch (INF.) perfuradora de fita de papel

paper-tape reader (INF.) leitora de fita de papel

paper-tape system (INF.) sistema de fita de papel

paper-tape unit (INF.) unidade de fita de papel

paper throw (INF.) salto de papel

papilionaceous (BOT.) papilionácea

papilla (BOT.; ZOO.) papila

papillae foliatae (ZOO.) papilas foliadas

papillitis (MED.) papilite

papilloedema; papilledema (MED.) papiledema; edema da papila

papilloma (MED.) papiloma

papillomatosis (MED.) papilomatose

papilloma virus (BIO.) vírus do papiloma

papilloretinitis (MED.) papilorretinite

papovavirus (MED.) papovavírus

pappus (BOT.) papo

Pappus' theorem (MAT.) teorema de Pappus

papulae (ZOO.) pápulos

papule (MED.) pápula

papulopustular (MED.) papulopustular

papyrus (PAPEL) papiro

PAR (AERO.) abr. de *Precision-Approach Radar* — radar para aproximação de precisão

PAR (BOT.) abr. de *Photosynthetically Active Radiation* — radiação fotossinteticamente activa

para- (GERAL) para-; do grego *para* — na direcção de, perto de, ao longo de, contra

para- (QUÍM.) para-; prefixo utilizado para indicar um composto formado por duas substituições no anel de benzeno simetricamente dispostas (geralmente abreviado como p-)

para-aminossalicylic acid (MED.; QUÍM.) ácido p-aminossalicílico; PAS; ácido para-aminossalicílico

para-appendicitis (MED.) para-apendicite

parabanic acid (QUÍM.) ácido parabânico

parabiosis (BIO.; MED.) parabiose

parabola (MAT.) parábola

parabolic antenna (TELECOM.) antena parabólica

parabolic curve (MAT.) curva parabólica

parabolic differential equation (MAT.) equação diferencial parabólica

parabolic dish (TELECOM.) antena parabólica

parabolic dune (GEO.) duna parabólica

parabolic equation (MAT.) equações parabólicas

parabolic flight (ESP.) voo parabólico

parabolic microphone (FÍS.) microfone parabólico

parabolic mirror (FÍS.; TELECOM.) espelho parabólico

parabolic nozzle (MEC.) bocal parabólico

parabolic reflector (TELECOM.) reflector parabólico

parabolic reflector microphone (TELECOM.) microfone de reflector parabólico

parabolic spiral (MAT.) espiral parabólica

parabolic velocity (ASTRO.) velocidade parabólica

paraboloid (MAT.) parabolóide

paraboloid antenna (ELECT.) antena parabolóide; reflector parabolóide

paraboloid of revolution (MAT.) parabolóide de revolução

parabrake (AERO.) pára-quedas de freio; pára-quedas de desaceleração

paracasein (QUÍM.) paracaseína

paracentesis (MED.) paracentese

paracetamol (MED.; QUÍM.) paracetamol; acetaminofenol; p-acetamidofenol

parachlorophenol (MED.; QUÍM.) paraclorofenol; p-clorofenol

paracholera (MED.) paracólera

parachor (QUÍM.) parachor (grandeza introduzida por Sugden, na Química Orgânica)

parachute (AERO.) pára-quedas

parachute flare (AERO.) pára-quedas luminoso

paracytic (BIO.) paracítico

paradistemper (VET.) para-hiperqueratose

paradoxical sleep (PSICO.) sono paradoxal; fase paradoxal do sono

paraeiopod (ZOO.) pareópode

paraesthesia (MED.) parestesia

paraffin (QUÍM.) parafina

paraffinoma (MED.) parafinoma

paraffin wax (QUÍM.) cera parafínica; cera mineral; cera derivada do petróleo

paraformaldehyde (QUÍM.) paraformaldeído

parafuchsin (QUÍM.) parafucsina

paragammacism (MED.) paragamacismo

paraganglia (ZOO.) paragânglios

paraganglioma (MED.) paraganglioma

paraganglion (MED.) paragânglio

paragenesis (BIO.) paragénese

paraglider (AERO.) planador a pára-quedas

paragnathous (ZOO.) paragnato

paragneiss (GEO.) paragneisse

paragomphosis (MED.) paragonfose

paragonimiasis (MED.) paragonimose

paragonite (MINER.) paragonite

paragraphia (MED.) paragrafia

parahydrogen (QUÍM.) para-hidrogénio

parakeratosis (MED.) paraceratose

paralalia (MED.) paralalia

paraldehyde (QUÍM.) paraldeído

paralexia (MED.) paralexia

paralimnio (ECO.) paralímnio

parallactic angle (ASTRO.) ângulo paraláctico

parallactic displacement (ASTRO.) deslocamento paraláctico

parallactic ellipse (ASTRO.) elipse paraláctica

parallactic inequality (ASTRO.) desigualdade paraláctica

parallactic motion (ASTRO.) movimento paraláctico

parallax (ASTRO.) paralaxe

parallax age (ASTRO.) duração de paralaxe

parallax error (ASTRO.) erro de paralaxe

parallax movement (ASTRO.) movimento de paralaxe

parallax stereogram (T.IMAG.) estereograma de paralaxe

parallel (MAT.) paralelo

parallel adder (ELECTRÓN.) adicionador paralelo

parallel addition (INF.) adição paralela

parallel algorithm (INF.) algoritmo paralelo

parallel arithmetic (INF.) aritmética paralela

parallel arithmetic unit (INF.) unidade de aritmética paralela

parallel-axis theorem (FÍS.) teorema do eixo paralelo

parallel by bit (INF.) paralelo por bit

parallel by character (INF.) paralelo por carácter

parallel by word (INF.) paralelo por palavra

parallel changeover (ELECTRÓN.) comutação paralela

parallel circuit (ELECT.) circuito paralelo

parallel connection (INF.) ligação paralela

parallel data transmission (INF.) transmissão de dados paralelos

parallel descent (BOT.; ZOO.) descendência paralela; evolução paralela

parallelepiped (MAT.) paralelepípedo (forma correcta); paralelipípedo (forma usual)

parallel evolution (Eco.) evolução paralela; co-evolução
parallel feedback (Electrón.) realimentação paralela
parallel-feed protection (Elect.) protecção de alimentação em paralelo
parallel gutter (E.Civ.) goteira paralela
parallel-in parallel-out (Electrón.) entrada paralela-saída paralela
parallel-in serial-out (Electrón.) entrada paralela-saída série
parallel i/o (Inf.) entrada-saída paralela
parallelism (Bot.; Zoo.) paralelismo
parallel link (Inf.) ligação paralela
parallel motion (Mec.) movimento paralelo
parallelodromous (Bot.) paralelinérveo
parallelogram (Mat.) paralelogramo
parallelogram of forces (Fís.) paralelogramo de forças
parallelogram rule for addition of vectors (Mat.) regra do paralelogramo para adição de vectores
parallel-plate capacitor (Fís.) condensador de placas paralelas
parallel-plate chamber (Nucl.) câmara de placas paralelas
parallel-plate waveguide (Telecom.) guia de onda de placas paralelas
parallel port (Inf.) porta paralela
parallel processing (Inf.) processamento em paralelo
parallel programming (Inf.) programação em paralelo
parallel resonance (Elect.) ressonância em paralelo
Parallel Roads (Geo.) Caminhos Paralelos (três terraços horizontais a níveis diferentes à volta de um lago glaciar, em Glen Roy, na Escócia)
parallel ruler (Mec.) régua de paralelas
parallel running (Inf.) execução em paralelo
parallel sailing (Nav.) navegação em longitude
parallel search storage (Inf.) armazenamento de pesquisa paralela
parallel slot (Elect.) ranhura paralela
parallel storage (Inf.) armazenamento em paralelo
parallel-T network (Telecom.) rede em T paralela
parallel transmission (Telecom.) transmissão paralela
parallel wire resonator (Elect.) ressoador de contactos paralelos
paralyser (Quím.) paralisador (agente)
paralysis (Med.) paralisia
paralysis agitans (Med.) paralisia agitante; doença de Parkinson
paralysis time (Nucl.) tempo de bloqueio
paralyssa (Med.) doença de Trinidad (forma paralítica de raiva que ocorre em Trinidad, motivada pela picada de um vampiro)
paralytic ileus (Med.) íleo paralítico
paramagnetism (Fís.) paramagnetismo
paramere (Zoo.) parámero; gonapófise (ou parte desta, para alguns autores)

parameter (Geral) parâmetro
parameter atribute list (Inf.) lista de atributos de parâmetro
parameter field (Inf.) campo de parâmetros
parameter identifier (Inf.) identificador de parâmetros
parameter list (Inf.) lista de parâmetros
parameter program (Inf.) programa de parâmetro
parameter value (Inf.) valor de parâmetro
parameter word (Inf.) palavra de parâmetro
parametric amplifier (Telecom.) amplificador paramétrico
parametric converter (Elect.) conversor paramétrico
parametric curves (Mat.) curvas paramétricas
parametric diode (Electrón.) diodo paramétrico
parametric equalizer (Electrón.) equalizador paramétrico
parametric equations (Mat.) equações paramétricas
parametric frequency converter (Elect.) conversor paramétrico de frequência
parametric test (Geral) teste paramétrico
parametrism (Med.) parametrismo
parametritis (Med.) parametrite
parametrium (Med.) paramétrio
paramimia (Med.; Psico.) paramimia
paramnesia (Psico.) paramnésia
paramo (Eco.) páramo; estepe de altitude (Andes)
paramorph (Bio.; Miner.) paramórfico
paramp (Telecom.) abr. de *parametric amplifier* — amplificador paramétrico
paramphistomiasis (Med.) paranfistomíase
paramyloidosis (Med.) paramiloidose; amiloidose primária
paramylon; paramylum (Bot.) parâmilo
paramyoclonus (Med.) paramioclono
paramyotonia (Med.) paramiotonia
parana pine (Bot.) araucária-do-Brasil (no Brasil: pinheiro-do-Pará; pinheiro-de-São Paulo)
paranephric (Zoo.) paranéfrico
paranephros (Zoo.) paranefro; cápsula suprarrenal
paranoia (Med.) paranóia
paranoid disorder (Psico.) distúrbio paranóide
paranoid schizophrenia (Psico.) esquizofrenia paranóide
paraphase amplifier (Electrón.) amplificador de desfasamento
paraphase coupling (Electrón.) acoplamento de desfasamento
paraphasia (Med.; Psico.) parafasia
paraphilia (Psico.) perversão sexual; desvio sexual
paraphimosis (Med.) parafimose
paraphonia (Med.) parafonia
paraphrenia (Med.) parafrenia
paraphyletic group (Bot.) grupo parafilético

paraphyly (Bot.) parafilo; grupo parafilético
paraphysis (Bot.; Zoo.) paráfise
parapineal organ (Zoo.) órgão parapineal
paraplegia (Med.) paraplegia
parapodium (Zoo.) parapódio; parápode
parapophyses (Zoo.) parapófises
paraprotein (Imun.) paraproteína
parapsid (Zoo.) parapsida
parapsychology (Psico.) parapsicologia
paraquat (Quím.) Paraquat (herbicida)
paraquinones (Quím.) paraquinonas
pararetrovirus (Eco.) pararetrovirus
pararosaniline (Quím.) para-rosanilina; parafucsina (corante biológico vermelho); cloridrato de tri(aminofenil)metano
pararosolic acid (Quím.) ácido p-rosólico; aurina
paraselenae (Meteo.) parasselénios
parasexual (Bio.) parassexual
parasexual cycle (Bot.) ciclo parassexual
parasheet (Aero.) pára-quedas de calota oblonga
parasite (Eco.) parasita
parasitic antenna (Telecom.) antena parasita; antena passiva
parasitic bronchitis (Vet.) bronquite verminosa
parasitic capture (Fís.) captura parasita
parasitic castration (Zoo.) castração parasita
parasitic element (Electrón.) elemento (da antena) parasita
parasitic loss (Elect.) perda parasita
parasitic male (Zoo.) macho parasita
parasitic oscillation (Electrón.) oscilação parasita
parasitic radiator (Electrón.) elemento (da antena) parasita
parasitic stopper (Electrón.) supressor parasita
parasitic suppressor (Electrón.) supressor parasita
parasitism (Eco.; Psico.) parasitismo
parasitoid (Zoo.) parasitóide
parasitology (Geral) parasitologia
parasitosis (Med.; Vet.) parasitose
parasphenoid (Zoo.) parasfenóide
parastas (Arq.) pilastra
parasymbiosis (Bio.) parassimbiose
parasympathetic nervous system (Zoo.) sistema nervoso parassimpático
parasympathomimetic (Med.) parassimpaticomimético
parasynapsis (Bio.) parassinapse
parathion (Quím.) Parathion (insecticida de fosfato orgânico)
parathormone (Zoo.) paratormona
parathyroid (Zoo.) paratiróide; paratiróideo; paratiroideu
parathyroidectomy (Med.) paratiroidectomia
paratonic movement (Bot.) movimento paratónico
paratuberculosis (Vet.) paratuberculose; doença de Johne

paratyphlitis (MED.) paratiflite
paravitelline (BIO.) paravitelina
paravitelline membrane (ZOO.) membrana paravitelina
paraxial (T.IMAG.) paraxial
paraxial focus (FÍS.) foco paraxial
paraxonic foot (ZOO.) pé paraxoniano
Parazoa (ZOO.) Parazoários
Par-C (E.CIV.) abr. de *PARian Cement* — cimento de Paros
parcel (BOT.) feixe
parcel of air (GEO.) massa de ar
parcial pressure suit (AERO.) trajo de pressão parcial
parencephalon (ZOO.) parencéfalo
parenchyma (BIO.; BOT.) parênquima
parent (FÍS.) precursor; pai
parental generation (BIO.) geração ascendente
parentheses (IMP.) parênteses
parent metal (MEC.) metal das peças a serem soldadas
parent peak (FÍS.) pico percursor; pico de origem
paresis (MED.) paresia; párese
paresis juvenillis (MED.) paresia juvenil
paresthesis (MED.) parestesia
pargasite (MINER.) pargasite
pargeting (E.CIV.) cobrir com reboco; cobrir com argamassa
parge-work (E.CIV.) estuque
parging (E.CIV.) estucagem
parhelia (METEO.) parélios
Parian cement (E.CIV.) cimento de Paros
paricarditis (MED.) pericardite
paries (MED.; ZOO.) parede (termo latino, o plural é *parietes*)
parietal (BOT.; ZOO.) parietal
parietal foramen (ZOO.) fossa parietal
parietal organ (ZOO.) órgão parietal
parietal placentation (BOT.) placentação parietal
parietes (MED.; ZOO.) paredes (vide *paries*)
paring chisel (E.CIV.) escopro de aparar; escopro de ebanista
paring gouge (E.CIV.) goiva manual
paripinnate (BOT.) paripinulado
Paris green (QUÍM.) verde de Paris; acetoarsenito cúprico
parison (VIDR.) forma na qual se lança o vidro a moldar
parity (GERAL) paridade
parity bit (INF.) bit de paridade
parity check (INF.) teste de paridade; prova de paridade
parity check bit (INF.) bit de teste de paridade
parity check code (ELECTRÓN.) código de verificação de paridade
parity digit (INF.) dígito de paridade
parity error (INF.) erro de paridade
parity function (INF.) função de paridade
parity unit (INF.) elemento de paridade; unidade de paridade
Parke's process (MEC.) processo de Parke
parking apron (AERO.) faixa de estacionamento
parkinsonism (MED.) parkinsonismo; parquinsonismo

Parkinson's disease (MED.) doença de Parkinson
parliament hinge (E.CIV.) charneira em H; articulação em H
parodynia (MED.) parodinia
paronychia (MED.) paroniquia
parosmia (MED.) parosmia; parosfresia
parotid gland (ZOO.) glândula parótida
parotitis (MED.) parotite
parovirus (VET.) parovírus
parquet (E.CIV.) parqué; parquete
parrot disease (MED.; VET.) psitacose
pars (ZOO.) porção (termo latino, o plural é *partes*)
pars alaris (MED.) porção alar (do músculo nasal)
pars anterior (ZOO.) parte anterior (da comissura anterior do cérebro)
pars ascendens (MED.) porção ascendente (do duodeno)
pars ceca retinae (MED.) porção cega da retina
pars distalis (ZOO.) porção distal
parse (INF.) analisar gramaticalmente
parsec (ASTRO.) Parsec (unidade astronómica)
parsing (INF.) análise
pars intermedia (ZOO.) porção intermédia
pars intralobaris (ZOO.) porção intralobar
pars lateralis (ZOO.) porção lateral
pars medialis (ZOO.) porção medial
pars mediastinalis (MED.) porção mediastínica
pars nervosa (ZOO.) porção nervosa
Parson's steam turbine (MEC.) turbina de vapor de Parson
partes (ZOO.) porções (V. *pars*)
parthen-; partheno- (GERAL) parten- ; parteno-; do grego *párthenos* — virgem
parthenocarpy (BOT.) partenocarpia
parthenogenesis (BIO.) partogénese
parthenospore (BOT.) partenósporo
partial (GERAL) parcial
partial break-in (FÍS.) intervenção parcial (Acústica)
partial capacitance (FÍS.) capacitância parcial
partial common (TELECOM.) comum parcial
partial common trunk (TELECOM.) tronco comum parcial
partial differential coefficient (MAT.) coeficiente diferencial parcial
partial differential equation (MAT.) equação diferencial parcial
partial disintegration (NUCL.) desintegração parcial
partial drop of pressure (FÍS.) queda parcial de pressão
partial earth (ELECT.) terra parcial
partial eclipse (AERO.) eclipse parcial
partial emission (NUCL.) emissão parcial
partial gain (ELECTRÓN.) ganho parcial
partial ground (ELECT.) terra parcial; contacto parcial com a terra
partial heating (FÍS.) aquecimento parcial
partial hip (ARQ.) vertente truncada; semi-vertente

partial integration (MAT.) integração parcial
partial ionization (FÍS.) ionização parcial
partially oriented yarn (TÊXT.) fio orientado parcialmente
partially penetrating well (HIDRO.) poço incompleto; poço imperfeito
partial motion (FÍS.) movimento parcial
partial node (FÍS.) nodo parcial
partial obscuration (METEO.) obscuridade parcial
partial parasite (BOT.) parasita parcial
partial pressure (QUÍM.) pressão parcial
partial pressure drop (AERO.) queda de pressão parcial
partial pyritic smelting (MEC.) fundição piritosa parcial
partial random sample (GERAL) amostra parcialmente aleatória
partial reinforcement (PSICO.) reforço parcial
partial roasting (MINAS) calcinação parcial
partial saturation (QUÍM.) saturação parcial
partial tone (FÍS.) tom parcial
partial umbel (BOT.) umbela parcial
partial vacuum (FÍS.) vácuo parcial
partial veil (BOT.) manto parcial; véu parcial
partial view (T.IMAG.) vista parcial
partial wave (FÍS.) onda parcial
particle (GERAL) partícula
particle accelerator (NUCL.) acelerador de partículas
particle bombardment (BIO.) bombardeamento de partículas
particle collector (NUCL.) colector de partículas
particle concentration (FÍS.) concentração de partículas
particle concentrator (NUCL.) concentrador de partículas
particle energy (FÍS.) energia de partícula
particle exchange (FÍS.) troca de partículas
particle excitation (NUCL.) excitação de partícula
particle physics (FÍS.) Física das Partículas; Física de Alta Energia
particle porosity (FÍS.) porosidade de partícula
particle scattering (FÍS.) dispersão de partículas
particle shape (FÍS.) formato de partícula
particle size (FÍS.; GEO.) dimensão de partícula; tamanho de partícula
particle-size analysis (FÍS.) análise de dimensão de partícula
particle static (ELECT.) estática de partículas
particle track (FÍS.) trajectória de partículas
particle velocity (FÍS.) velocidade de partícula
particular average (NAV.) avaria simples
particular integral (MAT.) integral particular

particulate matter (Eco.) partículas finas

parting bead (E.Civ.) rebordo de separação

parting sand (E.Civ.) areia de separação

parting slip (E.Civ.) tira de separação

partite (Zoo.) partido

partition (Inf.) partição

partition chromatography (Quím.) cromatografia de partição

partition coefficient (Quím.) coeficiente de distribuição; coeficiente de partição

partition noise (Electrón.) ruído de partição

partition wall (E.Civ.) parede divisória

partridge disease (Vet.) doença da perdiz; tricostringilose dos galináceos

parturient (Med.) parturiente

parturient eclampsia (Vet.) eclampsia da parturiente

parturient fever (Vet.) febre do leite; febre láctea

parturient paresis (Vet.) paresia do parturiente

parturition (Zoo.) parturição; parto natural

parvi- (Geral) parvi-; do latim *parvus* — pequeno

parvifoliate (Bot.) parvifólio

PAS (Med.) abr. de *p-aminosalycilic acid* — ácido p-aminossalicílico

PASC (Telecom.) camada 1 de MPEG áudio

pascal (Geral) pascal (unidade SI de pressão)

Pascal (Inf.) Pascal (linguagem de alto nível; linguagem de programação)

Pascal language (Inf.) linguagem Pascal

Pascal-plus (Inf.) Pascal-plus (linguagem de programação derivada de Pascal)

Pascal's theorem (Mat.) teorema de Pascal

Pascal's triangle (Mat.) triângulo de Pascal

Paschen-Back effect (Fís.) efeito de Paschen-Back

Paschen circle (Fís.) círculo de Paschen

Paschen series (Fís.) série de Paschen

Paschen's law (Fís.) lei de Paschen

Pasiphae (Astro.) Pasífae; Pasifae; Pasifeia (8º satélite do planeta Júpiter)

passage bed (Geo.) camada de passagem; estrato de passagem

passage cell (Bot.) célula de passagem

pass band (Telecom.) faixa de passagem

Passeriformes (Zoo.) Passeriformes

passivate (Mec.) tornar passivo

passive (Electrón.) passivo; inerte

passive aerial (Telecom.) antena passiva

passive-aggressive behaviour (Psico.) comportamento passivo-agressivo

passive component (Electrón.) componente passiva

passive cutaneous anaphylaxis (Imun.) anafilaxia cutânea passiva

passive decoder (Telecom.) descodificador passivo

passive dispersal (Eco.) dispersão passiva

passive electrode (Elect.) eléctrodo passivo

passive element (Electrón.) elemento passivo

passive filter (Electrón.) filtro passivo

passive hardness (Mec.) têmpera passiva; têmpera resistente ao desgaste

passive homing guidance (Aero.) guiamento de atracção passiva

passive immunity (Bio.) imunidade passiva

passive immunization (Imun.; Med.) imunização passiva

passive infra-red [PIR] (Electrón.) infravermelhos passivos

passive linear component (Fís.) componente linear passivo

passively operating maser (Elect.) maser de funcionamento passivo

passive margin (Geo.) margem passiva; orla passiva

passive network (Electrón.) rede passiva

passive permeability (Bio.) permeabilidade passiva

passive radar (Radar) radar passivo

passive reflector (Fís.) reflector passivo

passive repeater (Telecom.) repetidor passivo

passive satellite (Esp.) satélite passivo

passive sensor (Electrón.) sensor passivo; detector passivo

passive-spin stabilization (Fís.) estabilização passiva de spin; estabilização giroscópica passiva

passive transport (Bio.) transporte passivo

passivity (Minas) passividade

password (Inf.) «password»; senha; palavra chave; código; sinal confidencial

password security (Inf.) segurança de senha; segurança de código

password security option (Inf.) opção de segurança de senha

paste (E.Civ.) argamassa; pasta

paste (Elect.) material activo

paste (Geral) pasta

pasteboard (Papel) papelão; cartão

pasted filament (Elect.) filamento empastado

pasted plate (Elect.) placa empastada

Pasteur effect (Bio.) efeito de Pasteur

pasteurellosis (Vet.) pasteurelose

Pasteur filter (Quím.) filtro Pasteur; filtro de cerâmica

pasteurization (Med.) pasteurização

past-pointing (Med.) prova do indicador; prova de Bárány

PAT (Electrón.) abr. de *program association table* — tabela de associação de programas

patagium (Zoo.) patágio

Patagonian floral region (Eco.) região floral da Patagónia

patand (E.Civ.) suporte inferior para poste; sapata

patch (Inf.) remendo; conserto

patch (Meteo.) banco de gelo; banco de nevoeiro

patch (Zoo.) malha

patch bay (Telecom.) ponto de conexões

patch board (Inf.) painel de ligação

patchcord (Electrón.) cabo curto

patch dynamics (Eco.) dinâmica de pasto

patching (Inf.) remendar

patch panel (Inf.) painel de ligações

patch test (Med.) teste de sensibilidade cutânea; teste de adesivo

patella (Zoo.) rótula; patela

patent (Bot.) patente

patent glazing (E.Civ.) envidraçamento patente

patent log (Nav.) odómetro

patera (Arq.) pátera

patera block (Elect.) roseta isolante

paternoster (Mec.) elevador de baldes

paternoster lake (Eco.) lago glacial

path (Astro.) percurso; órbita; trajectória

path (Telecom.) percurso; curso

path attenuation (Telecom.) atenuação de trajecto

path current (Elect.) corrente de percurso

path element (Fís.) elemento de trajectória

pathetic muscle (Zoo.) músculo patético

pathetic nerve (Zoo.) nervo patético

pathogen (Bio.) patógeno; patogénico

pathogenesis (Med.) patogénese; patogenesia

pathognomic (Med.) patognómico

pathological (Med.) patológico

pathway (Bio.) percurso

patin (E.Civ.) patim (suporte inferior para poste)

patina (Quím.) pátina

patristic similarity (Bot.) similaridade ancestral

patroclinous (Bot.; Zoo.) patróclino

patten (Arq.) pedestal (de coluna)

patter (E.Civ.) sapata

pattern (Elect.) padrão; diagrama

pattern (Mec.) molde

pattern analysis (Geral) análise de padrões

pattern generator (Electrón.) gerador de padrões

pattern-maker's hammer (E.Civ.) martelo de modelador

pattern-maker's rule (Mec.) régua de modelador

pattern recognition (Inf.) reconhecimento de configuração

Pattinson process (Mec.) processo Pattinson

Paul-Brunnell test (Imun.) teste de Paul-Brunnell; reacção de Paul-Brunnell

Pauli exclusion principle (Fís.) princípio de exclusão de Pauli

paunch (Zoo.) ventre; pança; rúmen

pavement epithelium (Zoo.) epitélio pavimentoso; epitélio escamoso simples

pavement light (E.Civ.) luz de pavimento

pavillon (Arq.) pavilhão

pavings (E.Civ.) lajes de pavimentação

pavior (E.Civ.) calceteiro; empedrador; tijolo de pavimento

PAW (Eco.) abr. de *Plant Available Water* — água disponível para as plantas

pawl (Mec.) lingueta; retem; garra

pax (Aero.) abr. de *passengers* — passageiros

PAX (Telecom.) abr. de *Private Automatic eXchange* — central telefónica privada

Paxolin (Plást.) Paxolin (MC de plástico laminado)

pay (Minas) minério lucrativo

payload (Aero.) carga útil; carga paga

payload (Esp.) carga útil

pay load integration (Esp.) integração de carga útil

payload specialist (Esp.) técnico de carga útil; especialista de carga útil

pay string (Minas) coluna produtiva

pay-TV (T.Imag.) TV-paga

pay zone (Minas) camada produtiva; zona produtiva

PB (Fís.) abr. de *Barometric Pressure* — pressão barométrica

Pb (Quím.) símbolo de *lead* — chumbo (*Pb* do latim *plumbum*)

PBI (Med.) abr. de *Protein-Bound Iodine* — iodo ligado a proteína

PBX (Telecom.) abr. de *Private Branch eXchange* — central de ramal privado; estação automática particular

PC (Inf.) abr. de *Personal Computer* — computador pessoal; PC

PC architecture (Inf.) arquitectura de PC

PCB (Inf.) abr. de *Printed Circuit Board* — placa de circuito impresso

PCB diagram (Electrón.) diagrama de ligações da placa de circuito impresso

PC card (Inf.) placa para PC

PC computer (Inf.) PC; computador PC; computador pessoal

PC convertible (Inf.) PC convertível

PCE (Inf.) abr. de *Processing and Control Element* — elemento de processamento e controlo

PCE (Mec.) abr. de *Pyrometric Cone Equivalent* — equivalente de cone pirométrico

p-channel (Electrón.) canal p

PCI bus (Inf.) abr. de *peripheral components interconnet bus* — barramento de interconexão de componentes periféricas, barramento PCI

PCM (Aero.) abr. de *Pulse Coded Modulation* — modulação de código de impulsos

PCM (Inf.) abr. de *Punch Card Machine* — máquina perfuradora de cartões

PCM (Telecom.) abr. de *Pulse-Code Modulation* — modulação de código de impulsos

PCMCIA (Inf.) abr. de *personal computer memory card international association* — associação internacional de placas de memória para computadores pessoais

PCNB (Quím.) abr. de *PentaChloroNitroBenzene* — pentacloronitrobenzeno

PCP (Inf.) abr. de *Primary Control Program* — programa de controlo primário

PCR (Bio.; Quím.) abr. de *polymerase chain reaction* — reacção em cadeia de polimerase

pd; p.d. (Fís.) abr. de *potential difference* — diferença de potential

Pd (Quím.) símbolo químico de *palladium* — paládio

p.d. (Med.) abr. de *Prism Diopter* — dioptria prismática

PDA (Inf.) abr. de *Physical Device Address* — endereço de dispositivo físico

PD array (Electrón.) abr. de *photodiode array* — matrix de fotodíodos

P-dextrocardiale (Med.) P-dextrocardíaca

PDK (Elect.) abr. de *Phase Delay Keying* — manipulação por atraso de fase

PDL (Inf.) abr. de *Page Description Language* — linguagem de descrição de página

PDL (Inf.) abr. de *Program Design Language* — linguagem de projecto de programação

PDM (Telecom.) abr. de *pulse duration modulation* — modulação por duração do impulso

PDN (Telecom.) abr. de *public data network* — rede de dados pública

PDP (T.Imag.) abr. de *plasma display* — ecrã de plasma

PDR (Electrón.) abr. de *Physical Development by Reduction* — desenvolvimento físico por redução

PE (Eco.) abr. de *Potential Evapotranspiration* — evapotranspiração potencial

PE (Radar) abr. de *Permanent Echo* — eco permanente

peacock ore (Miner.) erubescite (ou bornite); ou calcopirite (ou pirite de cobre)

peak (Fís.) pico; crista

peak amplitude (Electrón.) amplitude de pico

peak anode current (Elect.) corrente de pico do ânodo

peak black (T.Imag.) crista do preto; pico do negro

peak cathode current (Elect.) corrente de crista do cátodo

peak detector (Electrón.) detector de pico

peak discharge (Hidro.) pico de cheia; vazão de pico

peak dose (Radiol.) dose máxima absorvida

peak envelope power (Telecom.) potência envolvente de pico

peak factor (Elect.) factor de pico; factor de crista

peak flow (Hidro.) pico de cheia

peak forward anode voltage (Elect.) tensão máxima directa do ânodo

peaking (Telecom.) sintonização na frequência máxima

peaking network (Telecom.) rede de pico; circuito diferenciador; rede compensadora de pico

peaking transformer (Telecom.) transformador de pico; compensador

peak inverse voltage (Elect.) tensão inversa de pico

peak joint (E.Civ.) junta de topo

peak limiter (Elect.) limitador de pico; limitador de crista

peak load (Elect.) carga máxima; potência de pico

peak power (Telecom.) potência de crista

peak programme meter (Telecom.) voltímetro de cristas; medidor de nível de crista dos programas

peak recorded velocity (Telecom.) velocidade máxima de gravação (disco de vinil)

peak reverse voltage (Electrón.) tensão inversa de pico

peak sensitivity wavelength (Electrón.) comprimento de onda do pico de sensibilidade

peak sideband power (Telecom.) potência de crista de banda lateral

peak-to-peak amplitude (Fís.) amplitude pico-a-pico; amplitude entre picos

peak-to-valley ratio (Elect.) razão entre o máximo e o mínimo

peak value (Fís.) valor de pico; valor máximo

peak voltage (Elect.) voltagem máxima; tensão de crista

peak white (T.Imag.) pico de branco; crista de branco

peak zone (Geo.) estrato de referência

pearl (Imp.) pérola (tipo antigo de aproximadamente 5 pontos)

pearl (Med.) pérola (pequena massa resistente do muco, em asmáticos)

pearl (Zoo.) pérola (concreção de nácar)

pearlite (Mec.) perlite

pearlitic iron (Mec.) ferro perlítico

pearl lightning (Elect.) relâmpago em rosário

pearl oil (Quím.) acetato de amilo

pearl spar (Miner.) espato nacarado; dolomite

pearl white (Quím.) tricloreto de bismuto

peas (Minas) carvão miúdo

peat (Geo.) turfa

peat bog (Geo.) turfeira

peat-borer (Eco.) sonda de turfa

peat moor (Geo.) turfeira

peat podzol (Geo.) podzol turfoso

pebble (Geo.) cascalho; seixo

pebble-bed reactor (Nucl.) reactor de leito de cascalho

pebble-dashing (E.Civ.) reboco rústico

pebble mill (Minas) moinho de cascalho; moinho de granular

pecking order (Eco.) hierarquia alimentar

peckings (E.Civ.) tijolos mal cozidos

pecten (Zoo.) pécten; osso púbico; qualquer estrutura com processos ou projecções semelhantes a um pente; órgãos sensitivos tácteis nos escorpionídeos

pecten ossis pubis (Med.) pécten do osso púbico; linha pectínea do osso púbico

pecten scleras (Zoo.) pécten da esclerótica (em Aves e Répteis)
pectin (Bio.) pectina
pectinate (Bot.; Zoo.) pectíneo; pecti-
nal
pectineal (Zoo.) pectineal
pectins (Quím.) pectinas
pectization (Quím.) coagulação (em
Química coloidal)
pectolite (Miner.) pectólite
pectorales (Zoo.) peitorais
pectoral fin (Zoo.) barbatana peitoral
pectoral girdle (Zoo.) cintura escapular
pectoriloquy (Med.) pectorilóquia
pedate leaf (Bot.) folha pediforme
pedes (Zoo.) pés
pedesis (Fís.) pedesia
pedestal (T.Imag.) pedestal; nível de supressão
pedestal rock (Geo.) rocha pedestal
pediatric (Med.) pediátrico
pedicel (Bot.; Zoo.) pedicelo
pedicellaria (Zoo.) pedicelária
pedicellate (Bot.; Zoo.) pedicelado
pedicle (Zoo.) pedículo
pediculosis (Med.) pediculose
pediment (Arq.; Geo.) pedimento
pedion (Crist.) pédion
pedipalp (Zoo.) pedipalpo
pediplain (Eco.) pediplanície
pedogenesis (Eco.) pedogénese
pedology (Geral) pedologia
pedometer (Topo.) pedómetro
peduncle (Bot.; Zoo.) pedúnculo
pedunculate (Bot.) pedunculado
peeling (Mec.) descascamento; des-
casca
peening (Mec.) martelagem
peer-to-peer [p2p] network (Inf.)
rede inter pares
PEG (Electrón.) abr. de *primary earth
ground* — terra primária
pegmatite (Geo.) pegmatite
pel (T.Imag.) abr. de *picture element,
pixel* — elemento da imagem
pelagic (Zoo.) pelágico
pelagic deposit (Geo.) depósito pelágico
pelagic ooze (Eco.) vasa pelágica; sedimentos pelágicos
pelagic zone (Eco.) zona pelágica
pelargonic acid (Quím.) ácido pelargónico; ácido n-nonanóico
Pelean eruption (Geo.) erupção peleana
Pelecaniformes (Zoo.) Pelicaniformes
Pelecypoda (Zoo.) Pelecípodos
Pélé's hair (Miner.) cabelos da deusa
Pelé (designação dada pelos hawaia-
nos da ilha Mani, aos longos fios de
lava semelhantes a vidro projectados
pelo vulcão Habia-Kava)
pelitic gneiss (Geo.) gneisse pelítico
pelitic schist (Geo.) xisto pelítico
pellagra (Med.) pelagra
pellet (E.Civ.) esfera; pelota
pellet (Minas) caprólito; pelota
pellicle (Bot.) película
pellicle (Fís.) lamela; película
Pellin-Brocca prism (Fís.) prisma de
Pellin-Brocca

pelma (Zoo.) palma; planta do pé
peltate (Bot.) peltado
Peltier coefficient (Elect.) coeficiente
de Peltier
Peltier effect (Elect.) efeito de Peltier
Peltier junction (Electrón.) junção
Peltier
pelvic fin (Zoo.) barbatana ventral
pelvic girdle (Zoo.) cintura pélvica
pelvimetry (Med.) pelvimetria
pelvis (Zoo.) pelve
pelvitomy (Med.) pelvitomia
pemphigus (Med.) pênfigo
pen (Zoo.) concha interna; siba (nos cefalópodes)
pencatite (Geo.) pencatite; pedrazite
pencil (Fís.) feixe estreito de luz
pencil (Mat.) feixe
pendentive (Arq.) pendente de abóbada
pendulous placentation (Bot.) placentação pendular
pendulum (Mec.) pêndulo
pendulum bob (Reloj.) balancim
pendulum damper (Aero.) amortecedor de pêndulo
pendulum effect (Fís.) efeito pendular
pendulum governor (Mec.) regulador
de pêndulo
pendulum lever (Mec.) alavanca oscilante
pendulum rod (Reloj.) haste do pêndulo
pendulum spring (Reloj.) mola oscilante
pendulum wheel (Mec.) roda oscilante
pene- (Eco.) pene-
penecontemporaneous (Geo.) penecontemporâneo
peneplain (Geo.) peneplanície
peneplane (Eco.) peneplanície
penesaline (Eco.) penesalinos
penetrance (Bio.) penetrância
penetrant (Quím.) penetrante
penetrating cosmic radiation (Fís.)
(ir)radiação cósmica penetrante
penetrating drag (Mec.) resistência
passiva
penetrating liquid (Mec.) líquido penetrante
penetrating power (Quím.) poder de
penetração
penetrating shower (Fís.) chuva penetrante (de raios cósmicos)
penetration (Geral) penetração
penetration depth (Telecom.) profundidade de penetração
penetration factor (Fís.) factor de penetração
penetration frequency (Telecom.)
frequência crítica
penetration loss (Fís.) perda de penetração
penetration of dampness (Fís.) penetração de humidade
penetration range (Aero.) alcance de
penetração; alcance visual nocturno
penetration theory (Quím.) teoria de
penetração
penetrometer (Radiol.) penetrómetro
penicillin (Med.) penicilina
penis (Zoo.) pénis

Penmann-Monteith equation (Eco.)
equação de Penman-Monteith
pennae (Zoo.) penas
pennate (Geral) penado; emplumado
pennine; penninite (Miner.) penina;
peninite
Pennsylvanian (Geo.) Pensilvaniano
pennyweight (Geral) vigésima parte
da onça (= 1,552g; abr. *dwt*)
Pensky-Martens test (Quím.) prova
de Pensky-Martens
penstock (Mec.) comporta
pentabasic (Quím.) pentabásico
pentachlorophenol (Quím.) pentaclorofenol; pentacloro-hidroxibenzeno
pentad (Meteo.) período de 5 dias
pentad (Quím.) elemento pentavalente;
radical pentavalente
pentadactyl (Zoo.) pentadáctilo
pentadactyl limb (Zoo.) membro pentadáctilo
pentaerythritol (Quím.) pentaeritritol
pentaerythritol tetranitrate (Quím.)
tetranitrato de pentaeritritol
pentagon (Mat.) pentágono
pentagonal dodecahedron (Crist.)
dodecaedro pentagonal
pentahydric alcohol (Quím.) álcool
pentaídrico
pentamerous (Bot.) pentâmero
pentamethonium bromide (Quím.)
brometo de pentametónio
pentamethylene (Quím.) pentametileno
pentamethylene-diamine (Quím.)
pentametilenodiamina; cadaverina
pentamethylene glicol (Quím.) glicol
de pentametileno
pentanes (Quím.) pentanos
pentaprism (T.Imag.) pentaprisma;
prisma de 5 lados
Pentastomida (Zoo.) Pentástomos;
Pentastomidas
pentavalent (Quím.) pentavalente
pentazocine (Med.) pentazocina
Penthotal (Quím.) pentotal
penthouse (Arq.) apartamento de cobertura
penthouse (Minas) telheiro; alpendre
pentlandite (Miner.) pentlandite
pentode (Electrón.) pêntodo
pentode valve (Electrón.) válvula de
pêntodo
pentosan (Quím.) pentosana
pentose (Quím.) pentose
pentose shunt (Bio.) desvio de pentose
penumbra (Astro.) penumbra
Pepper's ghost (Fís.) fantasma de
Pepper
pepsin (Bio.) pepsina
peptic ulcer (Med.) úlcera péptica
peptidase (Bio.) peptidase
peptide antibiotic (Bio.; Med.) antibiótico peptídico
peptide bond (Bio.) ligação de peptídeos
peptide hormone (Bio.; Med.) hormona peptídica
peptides (Quím.) peptídeos; péptidos
peptization (Quím.) peptização
per- (Quím.) per- (denotando o grau de
substituição do hidrogénio)

peracetate (Quím.) peracetato
peracetic acid (Quím.) ácido peracético; peróxido do ácido acético
per-acid (Quím.) perácido
perambulator (Topo.) odómetro
percentage articulation (Telecom.) articulação percentual
percentage differential relay (Elect.) relé de razão diferencial
percentage modulation (Telecom.) modulação percentual
percentage of modulation (Telecom.) percentagem de modulação
percentage registration (Elect.) registo percentual
percentage regulation (Electrón.) regulação percentual; regulação em percentagem
percentage synchronization (Elect.) sincronização percentual
percentage tachometer (Aero.) tacómetro percentual
percentage tolerance (Electrón.) tolerancia percentual
perception (Psico.) percepção
perceptual defense (Psico.) defesa perceptiva
perceptual learning (Psico.) aprendizagem perceptiva
perched aquifer (Geo.) aquífero suspenso
perched water-table (Geo.) lençol de água suspenso
perchlorate (Quím.) perclorato
perchloric acid (Quím.) ácido perclórico
perchloride (Quím.) percloreto
perchloroethene (Quím.) percloretileno; tetracloreto de etileno; tetracloreteno
perchloroethilene (Quím.) percloretileno; tetracloreteno; tetracloreto de etileno
perchromates (Quím.) percromatos
Perciformes (Zoo.) Perciformes
percolating filter (E.Civ.) filtro para infiltração
percolating water (E.Civ.) água de infiltração
percolation (Geo.) percolação
percussion (Med.) percussão
percussion drill (Mec.) broca de percussão; furador de percussão
percussion feeder (Mec.) alimentador a percussão
percussion figure (Miner.) forma de percussão; figura de percussão
percussion press (Mec.) prensa de percussão
percussion riveter (Mec.) rebitador de percussão
percussion welding (Mec.) soldadura a percussão
percussive boring (E.Civ.) perfuração de percussão; furo de percussão
percussive welding (Elect.) soldadura de percussão
pereiopods (Zoo.) pereiópodes
perennial (Bot.) perene; perenial; perenal
perennial stream (Eco.) linha de água anual; linha de água perene
perfect (Geral) perfeito

perfect balance (Fís.) equilíbrio perfeito
perfect cleavage (Miner.) clivagem perfeita
perfect combustion (Mec.) combustão perfeita; combustão completa
perfect conductor (Elect.) condutor perfeito
perfect crystal (Crist.) cristal perfeito
perfect dielectric (Fís.) dieléctrico perfeito
perfect fluid (Fís.; Quím.) fluido perfeito; fluido não viscoso
perfect frame (Mec.) estrutura perfeita
perfect gas (Fís.) gás perfeito
perfect-gas constant (Fís.) constante dos gases perfeitos
perfect-gas laws (Fís.) leis dos gases perfeitos; leis dos gases
perfect number (Mat.) número perfeito
perfect transformer (Electrón.) transformador perfeito
perfoliate (Bio.) perfoliado
perforate (Bot.; Zoo.) perfurado
perforated brick (E.Civ.) tijolo perfurado
perforating (Minas) perfuração
perforating plate (Bot.) parede de perfuração; placa de perfuração
perforating press (Imp.) prensa de perfuração
perforation (Minas) perfuração
perforations (T.Imag.) perfurações
perforin (Imun.) perforina
performance (Geral) rendimento; realização
performance test (Psico.) teste de rendimento; teste de realização; teste de execução
peri- (Geral) peri-; do grego *peri* — em torno de, em volta de
perianal (Med.; Zoo.) perianal
perianth (Bot.) perianto
perianth segment (Bot.) tépala
periarticular (Med.) periarticular
periastron (Astro.) periastro
periblast (Zoo.) periblasto
periblem (Bot.) periblema
periblepsis (Med.) periblépsia
peribranchial (Zoo.) peribranquial
peribronchitis (Med.) peribronquite
pericardectomy (Med.) pericardectomia
pericardiomediastinitis (Med.) pericardiomediastinite
pericardiotomy (Med.) pericardiotomia
pericardium (Zoo.) pericárdio
pericarp (Bot.) pericarpo
pericellular (Bio.) pericelular
perichaetium (Bot.) periquécio
perichondritis (Med.) pericondrite
perichondrium (Zoo.) pericôndrio
perichord (Zoo.) pericórdio
perichordal (Zoo.) pericondral; relativo ao pericórdio
periclase (Minas) períclase; periclasite
periclinal (Geo.) periclinal
periclinal chimera (Bot.) quimera periclinal
pericline (Miner.) periclina
pericolitis (Med.) pericolite

pericranium (Zoo.) pericrânio
pericycle (Bot.) periciclo
pericycloid (Mat.) periciclóide
periderm (Bot.) periderme
peridesmium (Zoo.) peridésmio
perididymis (Zoo.) peridídimo
peridinin (Bot.) peridinina
peridium (Bot.) perídio
peridot (Miner.) peridoto
peridotite (Geo.) peridotite
perigean (Astro.) amplitude de perigeu
perigean tide (Geo.) maré de perigeu
perigee (Astro.) perigeu
periglacial (Eco.) periglacial
perigynous (Bot.) periginico
perigynyum (Bot.) perígino
perihelion (Astro.; Esp.) periélio
perikinetic (Fís.) pericinético
perilymph (Zoo.) perilinfa
perimedullary zone (Bot.) zona perimedular
perimeter (Geral) perímetro
perimeter (Med.) campímetro (Óptica)
perimetritis (Med.) perimetrite
perimetrium (Med.) túnica serosa do útero
perimysium (Zoo.) perimísio
perinatal (Med.) perinatal; que ocorre antes, durante ou depois do parto
perinate (Med.) perinato; criança no período perinatal
perineal gland (Zoo.) glândula perineal
perineoplasty (Med.) perineoplastia
perineorrhaphy (Med.) perineorrafia
perinephric (Med.) perinéfrico
perinephritis (Med.) perinefrite
perineum; perinaeum (Zoo.) períneo
perineurium (Zoo.) perineuro
perinuclear space (Bio.) espaço perinuclear
period (Geral) período
periodates (Quím.) periodatos
periodic acid (Quím.) ácido periódico
periodic antenna (Telecom.) antena periódica
periodic classification (Quím.) classificação periódica
periodic current (Telecom.) corrente periódica
periodic function (Mat.) função periódica
periodic glaciation (Geo.) glaciação periódica
periodicity (Geral) periodicidade
periodic law (Quím.) lei periódica
periodic line (Elect.) linha periódica
periodic ophthalmia (Vet.) oftalmia periódica; cegueira nocturna; iridociclite aguda dos cavalos
periodic orbit (Astro.) órbita periódica
periodic precipitation (Quím.) precipitação periódica
periodic quantity (Mat.) quantidade periódica
periodic rating (Elect.) regime periódico
periodic resonance (Telecom.) ressonância periódica
periodic respiration (Med.) respiração periódica

periodic reverse (MEC.) inversão periódica

periodic rise (ASTRO.) ascensão periódica

periodic system (QUÍM.) sistema periódico

periodic table (QUÍM.) tabela periódica

periodic wave (FÍS.) onda periódica; onda intermitente

period-luminosity law (ASTRO.) lei período-luminosidade; relação período-luminosidade

period meter (NUCL.) medidor de período

period of decay (FÍS.) período de desintegração (em substância radioactiva)

period of exposure (T.IMAG.) período de exposição; tempo de pose

period of induction (ELECT.) período de indução

period of revolution (ASTRO.) período de revolução

periodontitis (MED.) periodontite

period range (NUCL.) amplitude de período (no procedimento de arranque)

peri-oophoritis (MED.) periooforite; periovarite

periosteum (ZOO.) perióteo

periostitis (MED.) periostite

periotic (ZOO.) periótico (que circunda o ouvido interno)

peripheral (GERAL) periférico

peripheral buffer (INF.) armazenamento interno periférico

peripheral control (INF.) controlo periférico

peripheral device (INF.) dispositivo periférico

peripheral link (INF.) ligação periférica

peripheral processor (INF.) processador periférico

peripheral queue (INF.) fila periférica

peripheral storage (INF.) armazenamento periférico

peripheral transfer (INF.) transferência periférica

peripheral unit (INF.) unidade periférica

peripheral vascular resistance (MED.) resistência vascular periférica

periplasma (BIO.; BOT.; ZOO.) periplasma

periplasmatic space (BOT.) espaço periplasmático

periproct (ZOO.) periprocto

perisarc (ZOO.) perissarco

periscospe (FÍS.) periscópio

perisperm (BOT.) perisperma

perissodactyl (ZOO.) perissodáctilo

Perissodactyla (ZOO.) Perissodáctilos

peristalsis (MED.) peristalse

peristaltic (ZOO.) peristáltico

peristaltic pump (MEC.) bomba peristáltica

peristerite (MINER.) peristerite

peristome (ZOO.) peristoma

peristomium (ZOO.) peristómio

periston (MED.) peristona (substituto de plasma)

peristyle (ARQ.) peristilo

perisystole (ZOO.) perissístole

perithecium (BOT.) peritécio; periteca

peritidal (ECO.) zona entre marés

peritoneal cavity (ZOO.) cavidade peritoneal

peritoneal dialysis (MED.) diálise peritoneal

peritoneum (ZOO.) peritoneu; peritónio

peritonitis (MED.) peritonite

peritrichous (BOT.) perítrico

peritrochoid (MAT.) peritrocóide

peritrophic (ZOO.) peritrófico

perivascular sheath (ZOO.) bainha perivascular

Perkin's mauve (QUÍM.) violeta de Perkin; malveína

Perkin's reaction (QUÍM.) reacção de Perkin

Perkin's synthesis (QUÍM.) síntese de Perkin

perknite (GEO.) perknito

perlite (GEO.) perlite

perlitic structure (GEO.) estrutura perlítica

Perlon (QUÍM.) Perlon (fibra sintética — Nylon 6)

permafrost (GEO.) gelos permanentes

permafrost table (GEO.) soco do permafroste

permalloy (ENG.) permalói (liga magnética de ferro e níquel)

permanent dentition (ZOO.) dentição definitiva

permanent hardness (QUÍM.) dureza permanente (da água)

permanent implant (RADIOL.) enxerto permanente; implante permanente

permanent load (ENG.) carga permanente

permanent magnet (ELECT.) íman permanente

permanent memory (INF.) memória permanente

permanent mould (MEC.) molde permanente

permanent read error (INF.) erro permanente de leitura

permanent storage (INF.) armazenamento permanente

permanent way (E.CIV.) via permanente; material fixo

permanent wilting point (BOT.) ponto de enfraquecimento permanente; ponto murchível permanente

permanent write error (INF.) erro permanente de gravação

permanganate (QUÍM.) permanganato

permanganic acid (QUÍM.) ácido permangânico

permeability (GERAL) permeabilidade

permeability alloy (ENG.) liga com permeabilidade magnética

permeability bridge (ELECT.) ponte permeabilizada

permeability coefficient (FÍS.) coeficiente de permeabilidade

permeability equation (FÍS.) equação de permeabilidade

permeability of free space (ELECTRÓN.) permeabilidade do espaço livre

permeability surface area (FÍS.) área de superfície de permeabilidade

permeability tuning (TELECOM.) sintonia de permeabilidade

permeameter (FÍS.) permeâmetro

permeance (ELECT.) permeância

Permian (GEO.) Pérmico; Permiano

permissible dose (RADIOL.) dose permíssível

permitted explosives (MINAS) explosivos de segurança

permittivity (ELECT.) permitividade

permittivity of free space (ELECTRÓN.) permitividade do espaço livre

permonosulphuric acid (QUÍM.) ácido permonossulfúrico; ácido peroxissulfúrico; ácido sulfúrico de Caro

Permo-Trias (GEO.) Permo-Triásico

permutation (MAT.) permutação

pernicious anaemia (IMUN.; MED.) anemia perniciosa; anemia de Addison; anemia maligna; anemia de Biermer

peroral (ZOO.) peroral

perosis (VET.) perose; doença do tendão solto

perovskite (MINER.) perovskite

peroxidases (BIO.) peroxidases

peroxides (QUÍM.) peróxidos

peroxisome (BIO.) peroxissoma

peroxyacetyl nitrate (QUÍM.) nitrato de peroxiacetila

perpend (E.CIV.) perpianho; junta vertical

perpetual motion (FÍS.) movimento perpétuo

perrhenates (QUÍM.) per-renatos

perrhenic acid (QUÍM.) ácido per-rénico

perron (E.CIV.) patamar no cimo de uma escada

per-salts (QUÍM.) persal (qualquer sal que contenha a maior quantidade possível de radical ácido)

Perseids (ASTRO.) Perseidas

perseveration (MED.) perseveração

persistence (ELECTRÓN.) persistência

persistence characteristic (ELECTRÓN.) característica de persistência

persistence charbation theory (FÍS.) teoria da perturbação

persistence forecast (METEO.) previsão de persistência

persistence of vision (FÍS.) persistência da visão

persistence tendency (METEO.) tendência de persistência

persistent (ZOO.) persistente

persistent current (ELECTRÓN.) corrente persistente

persistent-image device (T.IMAG.) dispositivo de imagem persistente

persistent memory (INF.) memória persistente

person (ZOO.) organismo individual; membro

personal code (INF.) código pessoal

personal computer (INF.) computador pessoal; CP; «PC»

Personal Computer Memory Card International Association (INF.) Associação Internacional de Placas de Memória para Computador Pessoal

personal dosimeter (FÍS.) dosímetro pessoal

personal identification device (INF.) dispositivo de identificação pessoal

personal identification number (INF.) número de identificação pessoal
personality (PSICO.) personalidade
personality disorders (PSICO.) distúrbios de personalidade
personal space (PSICO.) espaço pessoal; espaço individual
personate (BOT.) personado
personnel monitoring (RADIOL.) monotorização de pessoal
Perspex (PLÁST.) Perspex
Perthe's disease (MED.) doença de Perthe; osteocondrite deformante juvenil
perthosite (MINER.) pertosito
perturbation (AERO.; ESP.) trepidação; perturbação; desvio
perturbation (GERAL) perturbação
perturbation calculation (NUCL.) cálculo de perturbação
pertusate (BOT.) pertuso
pertussis (MED.) tosse convulsa
Peru-Chile Trench (ECO.) Fossa do Perú e Chile
Peru Current (GEO.) Corrente do Perú; Corrente de Humbolt
pes (ZOO.) pé
pes cavus (MED.) pé cavo
pes planus (MED.) pé plano; pé chato
pessary (MED.) pessário
pest (ECO.) peste
pestele (QUÍM.) pilão
petal (BOT.) pétala
petalite (MINER.) petalite
petalody (BOT.) petalodia
petaloid (BOT.; ZOO.) petalóide
pet cock (MEC.) torneira de descompressão; torneira de drenagem
petechia (MED.) petéquia
Petersen coil (ELECT.) bobina de Petersen
pethidine (MED.; QUÍM.) petidina
pethidine hydrochloride (MED.; QUÍM.) cloridrato de petidina; hidrocloreto de petidina
petiolate (BOT.) peciolado
petiole (BOT.) pecíolo
petiolule (BOT.) pecíolulo
petit mal (MED.) pequeno mal; epilepsia (forma larvada)
PETN (QUÍM.) abr. de *PentaErythritol TetraNitrate* — tetranitrato de pentaeritritol
petrifaction (GEO.) petrificação; calcificação
petrified (GEO.) petrificado; calcinado
petrified forest (ECO.) floresta petrificada
petrochemicals (QUÍM.) petroquímicos
petrographic province (GEO.) região petrográfica
petrography (GEO.) Petrografia
petrol (AUTO.) gasolina (no RU)
petrol-electric generating set (ELECT.) conjunto gerador gasolina-electricidade
petrol engine (AUTO.) motor a gasolina
petroleum (QUÍM.) petróleo
petroleum jelly (QUÍM.) vaselina
petrol injection (AUTO.) injecção a gasolina
petrology (GEO.) petrologia

petrol pump (AUTO.) bomba a (de) gasolina
petrosal (ZOO.) petroso; relativo ou pertencente ao rochedo (osso temporal)
petrous (ZOO.) pétreo; petroso; relativo ou pertencente ao rochedo (osso temporal)
petticoat (ELECT.) campânula
petzite (MINER.) petzite
Petzval curvature (FÍS.) curvatura de Petzval
pewter (MEC.) peltre (liga de estanho e chumbo)
Peyer's patches (IMUN.) placas de Peyer
P factors (BIO.) factores P
Pferdestaerke; PS (MEC.) cavalo-vapor (termo alemão); CV
PFM (TELECOM.) pulse-frequency modulation; modulação impulso-frequência
Pfund series (FÍS.) série de Pfund
PGR (MED.; PSICO.) abr. de *PsychoGalvanic response* — resposta psicogalvânica
pH (QUÍM.) pH
PHA (IMUN.) abr. de *PhytoHaemAgglutinin* — fito-hemaglutinina
phacocele (MED.) facocele
phacocystectomy (MED.) facocistectomia
phacoidal structure (GEO.) estrutura facóide; estrutura lenticular
phacolith (GEO.) facolite
phacomalacia (MED.) facomalacia
phaeo-; pheo- (GERAL) feo-; do grego *phaios* — pardo, significando pardo, cinzento ou castanho
phaeochromacytoma (MED.) feocromocitoma
Phaeophyseae (BOT.) Feofíceas
phag-; phago-; -phage; -phagy (GERAL) fag-; fago-; -fago; -fagia; do grego *phagein* — comer
phagedaena; phagedena (MED.) fagedena
phage induction (BIO.) indução da produção de bacteriófagos
phagocitosis (IMUN.) fagocitose
phagocyte (BIO.) fagócito
phagocytosis (BIO.) fagocitose
phagosome (BIO.) fagossoma
phagotroph (BIO.) fagócito
phagotrophy (BOT.) fagotrofia
phalanges (ZOO.) falanges
Phalangida (ZOO.) Falângidos
phalanx (ZOO.) falange
phalaris staggers (VET.) doença do carneiro australiano (provocada pela ingestão de uma gramínea falarídea)
phall-; phalli-; phallo- (GERAL) fal-; fali-; falo-; do grego *phallos* — falo (pénis)
phalli (MED.; ZOO.) falos; pénis; (é o plural do latim *phallus*)
phallic stage (PSICO.) estágio fálico
phallodynia (MED.) falodinia
phalloidine (BOT.; QUÍM.) faloidina
phalloplasty (MED.) faloplastia
phallorrhagia (MED.) falorragia
phallorrhea (MED.) falorreia
phallus (MED.; ZOO.) falo; pénis (singular)

phanero- (GERAL) fanero-; do grego *phaneros* — visível, claro
phanerocrystalline (MINER.) fanerocristalino
phanerogam; phanerogamic (BOT.) fanerógama; fanerogâmica
phanerophyte (BOT.) fanerófita
Phanerozoic (GEO.) Fanerozóico
phantom antenna (TELECOM.) antena fantasma
phantom circuit (TELECOM.) circuito fantasma
phantom group (T.IMAG.) grupo fantasma; sinais-fantasma
phantom material (RADIOL.) matéria fantasma; matéria fictícia
phantom ring (FÍS.) halo fantasma
pharmaco- (GERAL) farmaco-; forma combinante do grego *pharmakon* — droga, medicamento
pharmacochemistry (QUÍM.) Farmacoquímica; Química Farmacêutica
pharmacodiagnosis (MED.) farmacodiagnóstico; emprego de drogas ou medicamentos no diagnóstico
pharmacodynamics (MED.) farmacodinâmica
pharmacogenetics (BIO.) farmacogenética
pharmacognosy (BIO.) farmacognosia
pharmacolite (MINER.) farmacolite
pharmacology (MED.) farmacologia
Pharmacopeia (MED.) Farmacopeia
pharmacopeia (MED.) farmacopeia; receituário
pharmacopsychosis (MED.; PSICO.) farmacopsicose
pharmacosiderite (MINER.) farmacossiderite
pharmacotherapy (MED.) farmacoterapia
pharyng-; pharyngo- (GERAL) faring-; faringo-; do grego *pharinx* — faringe, garganta
pharyngeal (ZOO.) faríngeo
pharyngectomy (MED.) faringectomia
pharyngismus (MED.) faringismo
pharyngitis (MED.) faringite
pharyngobranchial (ZOO.) faringobranquial
pharyngocele (MED.) faringocele
pharyngoglossal (ZOO.) faringoglóssico
pharyngolaryngeal (MED.) faringolaríngeo
pharyngology (MED.) faringologia
pharyngomycosis (MED.) faringomicose
pharyngoplasty (MED.) faringoplastia
pharyngoplegia (MED.) faringoplegia
pharyngorhinitis (MED.) faringorrinite
pharyngoscopy (MED.) faringoscopia
pharyngotomy (MED.) faringotomia
pharyngotonsillitis (MED.) faringotonsilite
pharynx (ZOO.) faringe
phase (GERAL) fase
phase advancer (ELECT.) avançador de fase; compensador de fase
phase and amplitude modulation (TELECOM.) modulação de fase e amplitude
phase angle (ELECT.) ângulo de fase

phase balance (ELECT.) equilíbrio de fase

phase-balance relay (ELECT.) relé de equilíbrio de fase

phase change (ELECT.) mudança de fase; comutação de fase

phase coincidence detector (ELECTRÓN.) detector de coincidência de fase

phase compensation (TELECOM.) compensação de fase

phase constant (ELECT.) constante de fase; constante de propagação

phase-contrast microscopy (BIO.) microscópio de contraste de fase

phase converter (ELECT.) conversor de fase

phase correction circuit (ELECTRÓN.) circuito corrector de fase

phase corrector (TELECOM.) corrector de fase

phased array (RADAR) sistema de antenas em fase; rede de antenas em fase

phase defect (ELECT.; TELECOM.) defeito de fase; falha de fase

phase delay (TELECOM.) atraso de fase

phase delay distortion (TELECOM.) distorção de atraso de fase

phase deviation (ELECT.) desvio de fase

phase diagram (ENG.) diagrama de fase; diagrama de constituição

phase difference (ELECT.) diferença de fase

phase discriminator (ELECTRÓN.) descriminador de fase

phase distortion (TELECOM.) distorção de fase

phase equalization (TELECOM.) compensação de fase; igualização de fase

phase equalizer (ELECT.) compensador de fase; igualizador de fase

phase focusing (ELECTRÓN.) focagem de fase

phase inversion (TELECOM.) inversão de fase

phase lag (ELECT.; TELECOM.) atraso de fase

phase lead (ELECT.; TELECOM.) avanço de fase

phase-locked loop (TELECOM.) elo de fase síncrona

phase margin (TELECOM.) margem de fase; limite de fase

phase meter (ELECT.) fasímetro

phase modifier (ELECT.) modificador de fase

phase modulation (ELECT.; TELECOM.) modulação de fase

phase plate (FÍS.) placa de fase

phase regulator (ELECT.) regulador de fase

phase relationship (ELECT.) relação de fase

phase resonance (TELECOM.) ressonância de fase

phase response (ELECT.) resposta de fase

phase retardation (TELECOM.) atraso de fase

phase reversal (ELECT.; TELECOM.) inversão de fase

phase reversal keying (TELECOM.) codificação por reversão da fase

phase rule (QUÍM.) regra das fases

phase-sensitive demodulator (ELECTRÓN.) discriminador de fase

phase sensitive detector (ELECTRÓN.) detector sensível de fase

phase sequence (ELECT.) sequência de fase

phase shift (ELECT.) desfasagem; mudança de fase

phase shifter (TELECOM.) faseador; deslocador de fase; comutador de fase

phase-shifter control (ELECTRÓN.) controlo de comutador de fase

phase-shifting circuit (TELECOM.) circuito comutador de fase

phase-shifting transformer (ELECT.) transformador por comutação de fase

phase-shift keying (TELECOM.) manipulação por comutação de fase; manipulação por deslocamento de fase

phase shift modulation (TELECOM.) modulação por deslocamento da fase

phase shift network (ELECT.) rede de deslocamento de fase

phase-shift oscillator (ELECTRÓN.) oscilador de comutação de fase

phase space (FÍS.) espaço de fase

phase splitter (ELECT.) divisor de fase

phase swinging (ELECT.) flutuação de fase; oscilação de fase; ruptura de sincronismo

phase transformer (ELECT.) transformador de fase

phase variation (BIO.) variação de fase

phase velocity (ELECT.) velocidade de fase

phase voltage (ELECT.) voltagem de fase; tensão de fase

phasing (ELECT.) pôr em fase (acção de)

phasing (T.IMAG.) enquadramento

phasing control (ELECT.) controlo (de correcção) de fase

phasing line (T.IMAG.) linha de ajuste do quadro; enquadramento

phasing signal (ELECT.) sinal de colocação em fase

phasing signal (T.IMAG.) sinal de enquadramento

phasing transformer (ELECT.) transformador de fase

phasor diagram (ELECTRÓN.) diagrama de fase

Phe (QUÍM.) símbolo de *Phenylalanina* — fenilalanina

phellem (BOT.) felema

phelloderm (BOT.) feloderme

phellogen (BOT.) felogénio; câmbio suberoso; câmbio cortical

phenakite (MINER.) fenaquita; fenacite

phenantrene (QUÍM.) fenantreno

phenatos (QUÍM.) fenatos

phenetidine (QUÍM.) fenetidina

phenetidinuria (MED.) fenetidinúria

phengite (MINER.) fengite

phenic acid (QUÍM.) ácido fénico

Phenidone (T.IMAG.) Fenidona (MC de 1-fenil-3-pirazolidinona)

phenobarbital (MED.; QUÍM.) fenobarbital; fenobarbitona; ácido feniletilbarbitúrico

phenobarbitone (MED.; QUÍM.) fenobarbitona; fenobarbital

phenocopy (BIO.) fenocópia

phenocrysts (GEO.) fenocristais

phenogram (BOT.) fenograma

phenol (QUÍM.) fenol; álcool fenílico; ácido fénico; ácido carbólico

phenolic acids (QUÍM.) ácidos fenólicos

phenolic resins (PLÁST.) resinas fenólicas

phenology (ECO.) fenologia

phenol red (QUÍM.) fenol vermelho; fenolsulfonaftaleína

phenols (QUÍM.) fenóis

phenomenology (PSICO.) fenomenologia

phenophthalein (QUÍM.) fenoftaleína

phenotype (BIO.) fenótipo

phenotypic adaptation (BIO.) adaptação fenotípica

phenotypic plasticity (BIO.) plasticidade fenotípica

phenotypic variance (BIO.) variância fenotípica

phenoxyacetic acids (BOT.) ácidos fenoxiacéticos

phenylacetic acid (QUÍM.) ácido fenilacético; ácido alfa-toluílico

phenylalaline   ammonia-lyase (BOT.) amonia-liase de fenilalanina

phenylalanine (QUÍM.) fenilalanina

phenylamine (QUÍM.) fenilamina; anilina; aminobenzeno

phenylbenzine (QUÍM.) fenilbenzeno; difenilo

phenylbutazone (MED.; QUÍM.) fenilbutazona

phenylcyanide (QUÍM.) nitrilo benzóico; benzonitrilo

phenylenediamine (QUÍM.) fenilenodiamina

phenylenediamine hydrochloride (QUÍM.) cloridrato de fenilenodiamina

phenylephrine (QUÍM.) fenilefrina

phenylethanol (QUÍM.) feniletanol

phenylethanone (QUÍM.) feniletanona; acetofenona

phenylglycine (QUÍM.) fenilglicina

phenyl group (QUÍM.) grupo fenil(a)

phenylhydrazine (QUÍM.) fenil-hidrazina

phenylhydrazones (QUÍM.) fenil-hidrazonas

phenylketonuria (MED.) fenilcetonúria (abr. comum *PKU*); doença de Folling

phenyllactic acid (MED.; QUÍM.) ácido feniláctico

phenylmethyl acetone (MED.; QUÍM.) fenilmetil acetona; acetofenona

phenylmethyl ether (QUÍM.) éter metilfenílico; anisol

phenylsulfonic acid (QUÍM.) ácido fenilsulfónico; ácido benzossulfónico

phenylthiourea (BIO.) feniltioureia; feniltiocarbamida

phenylurethan (QUÍM.) feniluretano; carbamato de feniletina; carbanilato etílico

phenytoin (QUÍM.) fenitoína

phenytoin sodium (QUÍM.) fenitoína sódica

pheochrome (BIO.) feocromo

pheochromoblast (BIO.) feocromoblasto

pheochromocyte (Bio.) feocromócito
pheochromocytoma (Med.) feocromocitoma
pheophytin (Bio.) feofitina
pheromone (Zoo.) feromona
Philadelphia chromosome (Bio.) cromossoma Filadélfia
Philips screw (Mec.) parafuso Phillips
Philips screwdriver (Mec.) chave de parafusos Phillips
phillipsite (Miner.) filipsite
phimosis (Med.) fimose
phle-; phlebo- (Geral) fleb-; flebo-; do grego *phleps* — veia
phlebectomy (Med.) flebectomia
phlebectopia; flebectopy (Med.) flebectopia
phlebeurism (Med.) flebeurisma; variz
phlebitis (Med.) flebite
phlebography (Radiol.) flebografia
phlebolith (Med.) flebólito
phlebosclerosis (Med.) flebosclerose
phlebotomus (Zoo.) flebótomo (insecto díptero nocturno)
phlebotomus fever (Med.) febre do flebótomo; febre dos 3 dias
phlebotomy (Med.) flebotomia
phlegmasia (Med.) flegmasia; inflamação aguda e grave
phlegmasia alba dolens (Med.) flebite puerperal; perna de leite
phlegmasia dolens (Med.) flegmasia celulítica
phlegmasia malabarica (Med.) flegmasia de Malabar; elefantíase
phlegmon (Med.) fleimão
phloem (Bot.) floema
phlogisticated air (Quím.) ar flogisticado (Alquimia); azoto
phlogopite (Miner.) flogopite
phloroglucinol (Bot.) floroglucinol
phlycten (Med.) flictena
phlyctenula; phlyctenule (Med.) flicténula
phlyctenular conjunctivitis (Med.) conjuntivite flictenular
pH meter (Fís.; Quím.) medidor de pH; indicador de pH
phobia (Psico.) fobia
phobic disorder (Psico.) distúrbio fóbico
Phobos (Astro.) Fobos (satélite de Marte)
phocomelia (Med.) focomelia
Phoebe (Astro.) Febo (satélite de Saturno)
phoehoe (Geo.) lava cordada
Pholidota (Zoo.) Folidotos
phon (Fís.) fon (unidade de intensidade sonora equivalente a 1 decibel)
phonation (Zoo.) fonação
phonetics (Fís.) Fonética (Acústica)
phonochemistry (Quím.) Química do som; Fonoquímica
phono equalization (Telecom.) equalização de som
phonograph (Fís.) fonógrafo
phonolite (Geo.) fonolite
phonometer (Fís.) fonómetro
phonon (Fís.) fonão
phonon dispersion curve (Fís.) curva de dispersão de fonão
phonon drag (Fís.) arrasto de fonão

phonon-phonon scattering (Fís.) dispersão fonão-fonão
phoresis (Med.) forese
phoresy (Zoo.) foresia
Phoronidea (Zoo.) Foronídeos
phosgene (Quím.) fosgénio; oxicloreto de carbono; cloreto de carboxilo
phosgenite (Miner.) fosgenite
phosphamic acid (Quím.) ácido fosfâmico
phosphamidase (Quím.) fosfamidase
phosphatase (Bio.; Quím.) fosfatase; fosfo-hidrolase
phosphate acetyltransferase (Quím.) fosfato acetiltransferase; fosfoacilase
phosphate fixation (Bot.) fixação de fosfato
phosphatic bed (Geo.) leito fosfático
phosphatic chalk (Geo.) greda fosfática
phosphatic concretion (Geo.) concreção fosfática
phosphatic content (Quím.) teor de fosfato
phosphatic deposit (Geo.) depósito fosfático
phosphatic limestone (Geo.) pedra calcária fosfática
phosphatic nodule (Geo.) nódulo fosfático
phosphatic ore (Minas) minério fosfático
phosphatic pebble (Geo.) cascalho fosfático
phosphatic rock (Geo.) rocha fosfática
phosphatic sediment (Geo.) sedimento fosfático
phosphatides (Quím.) fosfatidos
phosphatidic acid (Quím.) ácido fosfatídico
phosphatidyl choline (Bio.) fosfatidilcolina; lecitina
phosphatidyl ethanolamine (Bio.) fosfatidiletanolamina
phosphatidyl inositol (Bio.) fosfatidilinositol; fosfoinositida
phosphating (Eng.) fosfatagem
phosphaturia (Med.) fosfatúria
phosphene (Med.) fosfena; fosfeno
phosphide (Quím.) fosfeto; fosforeto; fosfamina
phosphine (Quím.) fosfina; fosfeto de hidrogénio
phosphites (Quím.) fosfitos
phosphoamidase (Bio. Quím.) fosfamidase
phosphoamides (Bio.; Quím.) fosfamidas
phosphocholine (Quím.) fosfocolina; fosfato de colina
phosphocreatine (Bio.; Quím.) fosfocreatina
phosphodiesterase (Quím.) fosfodiesterase; fosfodiéster hidrolase
phosphodiester bond (Bio.) ligação fosfodiéster
phosphodihydroxyacetone (Quím.) fosfodiidroxiacetona
phosphoenolpyruvate (Bot.; Quím.) fosfoenolpiruvato
phosphoenolpyruvic acid (Bot.; Quím.) ácido fosfoenolpirúvico

phosphofructaldolase (Bot.; Quím.) fosfofrutoaldolase
phosphoglucokinase (Quím.) fosfoglicocinase
phosphoglycerides (Quím.) fosfoglicerídeos; fosfoglicéridos
phosphohexose isomerase (Quím.) fosfo-hexose isomerase; fosfoexose isomerase
phosphokinase (Quím.) fosfoquinase; fosfocinase
phospholipase (Bio.) fosfolipase
phospholipid (Bio.) fosfolípido
phosphomycin (Bio.) fosfomicina
phosphonium salts (Quím.) sais de fosfónio
phosphoprotein (Bio.) fosfoproteína
phosphor (Quím.) fósforo (substância química que emite luminescência)
phosphor (Electrón.) substância fosforescente (no geral a camada luminescente da parte interna activada de um tubo de raios catódicos)
phosphorated (Quím.) fosforado
phosphor-bronze (Mec.) bronze fosforoso
phosphorescence (Geral) fosforescência
phosphor fatigue (T.Imag.) fatiga do fósforo
phosphoric acid (Quím.) ácido fosfórico
phosphorite (Miner.) fosforite
phosphorized copper (Mec.) cobre fosforizado
phosphorous acid (Quím.) ácido fosforoso
phosphorus (Quím.) fósforo (elemento químico não metálico)
phosphorus oxychloride (Quím.) oxicloreto de fósforo; cloreto de fosforilo
phosphorus pentoxide (Quím.) pentóxido de fósforo
phosphorylase (Bio.) fosforilase (termo geral)
phosphorylase a (Bio.) fosforilase a (enzima)
phosphorylase b (Bio.) fosforilase b (produto de clivagem de uma fosforilase)
phosphoryl bromide (Quím.) brometo de fosforilo
phosphoryl chloride (Quím.) cloreto de fosforilo
phosphoryl fluoride (Quím.) fluoreto de fosforilo
phosphotyrosine (Bio.) fosfotirosina
phot (Fís.) phot (unidade CGS de iluminação); ph
photic zone (Eco.) zona fótica
photoautotroph (Bio.) fotoautotrofo
photobiology (Bio.) fotobiologia
photoblastic (Bio.) fotoblástico
photocatalysis (Quím.) fotocatálise
photocatalyst (Quím.) fotocatalisador
photocathode (Electrón.) fotocátodo
photocautherization (Med.) fotocauterização
photocell (Electrón.) célula fotoeléctrica; fotocélula
photocell daylight sensor (Electrón.) sensor de luminosidade

photocell sensitivity (ELECTRÓN.) sensibilidade fotoeléctrica

photochemical cell (ELECTRÓN.) célula fotoquímica

photochemical equivalence (QUÍM.) equivalência fotoquímica

photochemical induction (QUÍM.) indução fotoquímica

photochemical reaction (QUÍM.) reacção fotoquímica

photochemical smog (GEO.) nevoeiro fotoquímico

photochemistry (QUÍM.) fotoquímica

photochromic (VIDR.) fotocrómico

photochromics (FÍS.) fotocromia

photocomposition (IMP.) fotocomposição

photoconductive camera tube (T.IMAG.) tubo de câmara fotocondutiva

photoconductive cell (ELECTRÓN.) célula fotocondutiva

photoconductivity (ELECTRÓN.) fotocondutividade

photocopying (T.IMAG.) fotocopiar (acção de)

photocurrent (ELECTRÓN.) corrente fotoeléctrica

photodegradation (TÊXT.) fotodegradação

photodetector (ELECTRÓN.) foto-detector; transdutor de luminosidade

photodiode (ELECTRÓN.) fotodiodo; diodo fotocondutor

photodisintegration (FÍS.) fotodesintegração

photodissociation (QUÍM.) fotodissociação

photoelasticity (FÍS.) fotoelasticidade

photoelectric absorption (FÍS.) absorção fotoeléctrica

photoelectric cell (ELECT.) célula fotoeléctrica

photoelectric constant (FÍS.) constante fotoeléctrica

photoelectric effect (ELECTRÓN.) efeito fotoeléctrico

photoelectricity (ELECTRÓN.) fotoelectricidade

photoelectric lighting control (ELECTRÓN.) controlo fotoeléctrico de iluminação

photoelectric multiplier (ELECTRÓN.) multiplicador electrónico

photoelectric photometer (FÍS.) fotómetro fotoeléctrico

photoelectric photometry (ASTRO.) fotometria fotoeléctrica

photoelectric relay (ELECTRÓN.) relé fotoeléctrico

photoelectric threshold (ELECTRÓN.) limiar fotoeléctrico

photoelectric timer (ELECTRÓN.) relógio fotoeléctrico; temporizador fotoeléctrico

photoelectric transducer (ELECTRÓN.) transdutor fotoeléctrico

photoelectric tube (ELECTRÓN.) tubo fotoeléctrioco

photoelectric work function (ELECTRÓN.) função de trabalho fotoeléctrico

photoelectric yield (ELECTRÓN.) rendimento fotoeléctrico

photoelectroluminescence (ELECTRÓN.) fotoelectroluminescência

photoelectrolytic cell (ELECTRÓN.) célula fotoelectrolítica

photoelectromagnetic effect (ELECTRÓN.) efeito fotoelectromagnético

photoelectron (ELECTRÓN.) fotoelectrão

photoelectron spectroscopy (FÍS.; QUÍM.) espectroscopia de fotoelectrões

photoelectron stream (FÍS.) corrente de fotoelectrões

photoemission (ELECTRÓN.) fotoemissão

photoemissive camera tube (ELECTRÓN.) tubo de câmara fotoemissiva

photoemissive cell (ELECTRÓN.) célula fotoemissiva; célula fotoeléctrica

photo-engraving (IMP.) fotogravação; fotogravura

photofission (FÍS.) fotofissão

Photoflood lamp (T.IMAG.) lâmpada de facho

photogenic (BOT.; ZOO.) fotógeno

photogenin (ZOO.) luciferina

photoglow tube (ELECTRÓN.) tubo fotoluminescente

photogrammetry (T.IMAG.) fotogrametria

photographic borehole survey (MINAS; TOPO.) levantamento fotográfico de furo; levantamento fotográfico de poço

photographic efficiency (FÍS.) eficiência fotográfica

photographic-emulsion technique (FÍS.) técnica de emulsão fotográfica

photographic photometry (FÍS.) fotometria fotográfica; fotometria de comparação

photographic recording (FÍS.) registo fotográfico

photographic sound (T.IMAG.) som fotográfico

photographic surveying (TOPO.) levantamento topográfico

photographic zenith tube (ASTRO.) telescópio de zénite fotográfico; telescópio de zénite

photogravure (IMP.) fotogravura

photohalide (QUÍM.) foto-halóide

photo-inhibition (ECO.) foto-inibição

photokinesis (ECO.) fotocinética

photolithography (IMP.) fotolitografia

photolysis (QUÍM.) fotólise

photolysis of water (BOT.) fotólise da água

photolytic cycle (ECO.) ciclo fotolítico

photomagnetoelectric effect (ELECTRÓN.) efeito fotoelectromagnético

Photomaton (T.IMAG.) Photomaton (máquina automática de tirar fotografias)

photomechanical (IMP.) fotomecânico

photomeson (FÍS.) fotomesão

photometer (FÍS.) fotómetro

photometer bench (FÍS.) banco fotométrico; banco óptico

photometer head (FÍS.) cabeça de fotómetro

photometric integrator (FÍS.) integrador fotométrico

photometric intensity (FÍS.) intensidade fotométrica

photometric magnitude (FÍS.) magnitude fotométrica

photometric surface (FÍS.) superfície fotométrica

photometric unit (FÍS.) unidade fotométrica

photometry (GERAL) fotometria

photomicrography (T.IMAG.) fotomicrografia

photomorphogenesis (BIO.) fotomorfogénese

photo-mosaic (T.IMAG.) fotomosaico

photomultiplier (ELECTRÓN.) fotomultiplicador

photon (FÍS.) fotão

photonastic movement (BOT.) fotonastismo

photonasty (BOT.) fotonastia

photonegative (FÍS.) fotonegativo

photon emission spectrum (FÍS.) espectro de emissão fotónica

photoneutron (FÍS.) fotoneutrão

photonics (AERO.) fotónica

photon noise (FÍS.) ruído fotónico

photonuclear (FÍS.) fotonuclear

photopeak (RADIOL.) pico fotónico

photoperiodicity (ECO.) fotoperiodicidade

photoperiodism (BOT.) fotoperiodismo

photophilous (BIO.) fotófilo

photophobia (MED.) fotofobia

photophore (ZOO.) fotóforo

photophoresis (QUÍM.) fotoforese

photophosphorylation (BOT.) fotofosforilação

photophtalmia (MED.) fotoftalmia

photopic luminosity curve (FÍS.) curva de luminosidade fotópica

photopic vision (FÍS.) visão fotópica; fotopia; visão de cone

photopositive (FÍS.) fotopositivo

photoproton (FÍS.) fotoprotão

photopsia; photopsy (MED.) fotopsia

photopsina (MED.) fotopsina

photopsy (MED.) fotopsia

photoreceptor (BOT.; ZOO.) fotorreceptor

photoresistor (ELECTRÓN.) foto-resistor

photoresist process (ELECTRÓN.) processo de fotorresistência

photorespiration (BOT.) fotorrespiração

photosedimentation (FÍS.) fotossedimentação

photosensitive (GERAL) fotossensível

photosensitive film (T.IMAG.) filme fotossensível; película fotossensível

photosensitive glass (VIDR.) vidro fotossensível

photosensitive telescope (ASTRO.) telescópio fotossensível

photosensitizing dye (BIO.) corante fotossensibilizador

photosensor (ELECTRÓN.) transdutor de luminosidade

photosetting (IMP.) fotocomposição

photosphere (ASTRO.) fotosfera

photosynthesis (BOT.) fotossíntese

photosynthetically active radiation (BOT.) radiação fotossinteticamente activa

photosynthetic pigment (Bot.) pigmento fotossintético

photosynthetic quotient (Bot.) quociente fotossintético; quociente de assimilação

photosystem I; II (Bot.) fotossistema I, II

phototaxis (Bio.) fototaxia

phototheodolite (Topo.) fototeodolito

phototopography (Topo.) fototopografia

phototransistor (Electrón.) fototransístor

phototroph (Bio.) fototrópo

phototrophic (Bio.) fototrópico

phototropism (Bot.) fototropismo

phototropy (Quím.) fototropia

phototube (Electrón.) célula fotoeléctrica; válvula fotoeléctrica

phototypesetting (Imp.) fotocomposição

photovaristor (Electrón.) fotorresistência variável

photovoltaic cell (Electrón.) pilha fotovoltaica

photovoltaic effect (Electrón.) efeito fotovoltaico

phragma (Bot.) fragma; parede; tabique

phragmoplast (Bot.) fragmoplasto

phreatic (Eco.) freático

phreatic cycle (Geo.) ciclo freático

phreatic divide (Hidro.) divisor freático

phreatic eruption (Geo.) erupção freática

phreatic gas (Geo.) gás freático

phreatic sheet (Geo.; Minas) lençol freático

phreatic surface (Hidro.) superfície freática

phreatic water (Geo.) água freática

phreatic-water discharge (Hidro.) descarga de água freática

phreatic zone (Geo.; Minas) zona freática; zona de saturação

phreatomagmatic eruption (Eco.) erupção freática

phren-; phreno-; phreni-; phrenico- (Geral) fren-; freno-; freni-; frenico-; do grego *phren, phrenos* — mente, diafragma, denotando relação ou com uma ou com outro

-phrenia (Geral) -frenia; do grego *phren, phrenos* — mente, diafragma, denotando relação ou com uma ou com outro (V. também *phren-*)

phrenicetomy (Med.) frenicectomia

phrenicotomy (Med.) frenicotomia

phrenitis (Med.) frenite

phrenocardia (Med.) frenocardia

phrenogastric (Med.) frenogástrico

phrenolic (Med.) frenólico

phrenology (Psico.) frenologia

phrenoptosia (Med.) frenoptose

phrenosinic acid (Quím.) ácido frenosínico; ácido cerebrónico

phrenosplenic (Med.) frenosplénico

phrynin (Zoo.) frinina

phrynolysin (Zoo.) frinolisina

PHS (Med.) abr. de *Public Health Service* — Serviço de Saúde Pública (EUA)

pH-stat (Med.; Quím.) estabilizador de pH; aparelho que serve para medir continuamente o pH de uma solução, e adicionar automaticamente ácido ou álcali, para manter constante o pH

phthaleins (Quím.) ftaleínas

phthalic acid (Quím.) ácido ftálico

phthalic anhydride (Quím.) anidrido ftálico

phthalic plastic (Plást.) plástico ftálico

phthalic resin (Quím.) resina ftálica

phthalimide (Quím.) ftalimida

phthaline (Quím.) ftalina

phthalocyanine (Quím.) ftalocianina

phthalocyanine blue (Quím.) azul de ftalocianina

phthalonitrile (Quím.) ftalonitrilo

phthioic acid (Quím.) ácido ftióico

phthiriasis (Med.) ftiríase

phthisic (Med.) tísico; tuberculoso

phthisio- (Geral) tisio-; do grego *phtisis* — consumpção, relativo a tísica ou tuberculose

phthisiology (Med.) tisiologia

phthisiotherapy (Med.) tisioterapia

phthisis (Med.) tísica (termo obsoleto); tuberculose pulmonar

pH value (Quím.) valor pH

phyc-; phyco- (Geral) fic-; fico-; do grego *phykos* — alga

phycobilin (Bot.) ficobilina

phycobiont (Bot.) ficobionte

phycochrome (Bot.) ficocromo

phycocyanin (Bio.) ficocianina

phycoerythrin (Bot.) ficoeritrina

phycology (Eco.) ficologia

Phycomycetes (Bot.) Ficomicetes

phycomycosis (Med.) ficomicose

phycovirus (Bio.) ficovirus

phyla (Bot.; Zoo.) filos (divisões primárias do reino animal ou vegetal; é o plural de *phylum*)

phyletic (Eco.) filético

phyletic classification (Bio.) classificação filética

phyletic evolution (Eco.) evolução filética

phyletic gradualism (Eco.) gradualismo filético

phyllid (Bot.) filídio

phyllite (Miner.) filite

phyllo- (Geral) filo-; do grego *phyllon* — folha

phyllobranchia (Zoo.) filobrânquia

phyllochromanol (Quím.) filocromanol; naftocroferol

phylloclade (Bot.) filocládio

phyllode (Bot.) filódio

phyllopodium (Bot.) filopódio

phylloporphyrin (Bot.; Quím.) filoporfirina

phyllopyrrole (Quím.) filopirrol

phylloquinone (Quím.) filoquinona

phyllosphere (Eco.) foli-esfera; ambiente foliar

phyllosylicates (Miner.) filossilicatos

phyllotaxis (Bot.) filotaxia

phyllotaxy (Bot.) filotaxia

phylo- (Geral) filo-; do grego *phylos* — que gosta, que ama, amigo (antes de vogal *phil-* — fil-); também do grego *phylon* — tribo, filo

phylogenesis (Bio.) filogénese; filogenia

phylogenetics (Eco.) filogenética

phylogenetic systematics (Eco.) sistemática filogenética

phylogenetic tree (Eco.) árvore filogenética

phylogeny (Bio.) filogenia; filogénese

phylum (Zoo.) filo (divisão sistemática)

phyma (Med.) fima

phymatosis (Med.) fimatose

physical chemistry (Quím.) Química-Física

physical containment (Bio.) contenção física

physical electronics (Electrón.) Electrónica física

physical metallurgy (Mec.) Metalurgia física

physical optics (Fís.) Óptica física

physio-; physi- (Geral) fisio-; fisi-; do grego *physis* — natureza; formas combinantes com o significado de físico (fisiológico) ou natural (relativo à Física)

physiogenic (Med.) fisiogénico

physiography (Geo.) fisiografia

physiological (Geral) fisiológico

physiological anatomy (Bio.) Anatomia fisiológica

physiological drought (Bio.) aridez fisiológica

physiological ecology (Eco.) ecologia fisiológica

physiological psychology (Psico.) Psicologia fisiológica

physiological race (Bio.) estirpe fisiológica

physocele (Med.) fisocele

physocephalia (Med.) fisocefalia

physoclistous (Zoo.) fisoclistos

physostigmine (Quím.) fisostigmina

physostomous (Zoo.) fisóstomo

phytanate (Quím.) fitanato

phytanic acid (Quím.) ácido fitânico

phytic acid (Bot.) ácido fítico; ácido inositol hexafosfórico

phytil (Quím.) fitil(a)

phytin (Quím.) fitina

phyto-; phyte- (Geral) fito-; do grego *phyton* — planta

phytoagglutinin (Bot.) fitoaglutinina

phytoalexin (Bot.) fitoalexina

phytochemistry (Bot.) Química Vegetal; Fitoquímica

phytochrome (Bot.) fitocromo

phytoferritin (Bot.) fitoferritina

phytohaemagglutinins (Imun.; Med.) fito-hemaglutininas

phytohormone (Bot.) fito-hormona; hormona vegetal

phytology (Geral) Fitologia; Botânica

phytopathology (Bot.) fitopatologia; patologia vegetal

phytophagous (Zoo.) fitófago

phytoplankton (Bot.) fitoplâncton

phytoplankton blooms (Eco.) florescências de fitoplâncton

phytosanitary certificate (Bot.) certificado fitossanitário

phytosociology (Eco.) Fitossociologia

phytotoxic substance (Bot.) substância fitotóxica

phytotoxin (Bot.) fitotoxina; toxina vegetal

pia mater (Zoo.) pia-máter

pian (Med.) bouba; buba; framboésia

piano nobile (Arq.) andar nobre

pi-attenuator (Telecom.) atenuador pi

piazza (Arq.) largo; praça; esplanada

PIB (Plást.) abr. de *polyisobutilene* — polisobutileno; polibuteno

pica (Imp.) pica (medida)

pica (Med.) perversão do apetite

Piciformes (Zoo.) Piciformes

pick (E.Civ.) picareta

pick (Têxt.) fio de trama

pick-axe (E.Civ.) picão

picker (E.Civ.) broca curta (para início de perfuração); picadora

picker (Têxt.) taco (em máquina de tear)

pickeringite (Miner.) pickeringite

picket (E.Civ.) estaca; bandeirola; pique

picket (Topo.) bandeirola; pique

picket fence (Elect.) paliçada

picking (E.Civ.) desbastar

picking belt (Minas) correia de transporte

pickling (Quím.) desoxidação; decapagem; desincrustação

Pick's disease (Med.) doença de Pick; síndroma de Pick (forma de serosite múltipla)

pick-up (Elect.) captador sonoro; fonocaptador

pick-up (T.Imag.) captador de imagens (TV)

pick-up antenna (Elect.) antena de captação

pick-up arm (Elect.) braço do fonocaptador

pick-up circuit (Elect.) circuito do fonocaptador

pick-up coil (Elect.) bobina de captação

pick-up current (Elect.) corrente de excitação magnética

pick-up head (Elect.) captador fonográfico

pick-up needle (Elect.) agulha do fonocaptador

pick-up pump (Minas) bomba colectora

pick-up reaction (Fís.) reacção colectora

pick-up tube (T.Imag.) tubo captador; tubo de imagem

pick-up voltage (Elect.) voltagem de captador; tensão de funcionamento

pico- (Geral) pico-; prefixo do SI, correspondente à bilionésima parte da unidade (símbolo p)

picofarad (Elect.) picofarad

picogram (Geral) picograma

picoline (Quím.) picolina

picolinic acid (Quím.) ácido picolínico

picolinuric acid (Quím.) ácido picolinúrico

picosecond (Geral) picossegundo

picotite (Miner.) picotite

picramic acid (Quím.) ácido picrâmico

picrate (Quím.) picrato

picric acid (Quím.) ácido pícrico

picrocarmin (Quím.) picrocarmim (corante)

picrotin (Quím.) picrotina

picrotoxin (Quím.) picrotoxina

picrotoxinin (Quím.) picrotoxinina

picture (T.Imag.) imagem

picture amplifier (T.Imag.) amplificador de imagem

picture carrier (T.Imag.) portadora de imagem

picture channel (T.Imag.) canal de imagem

picture contrast (T.Imag.) contraste de imagem

picture definition (T.Imag.) definição de imagem

picture dropout (T.Imag.) ausência parcial de imagem

picture element (T.Imag.) elemento de imagem; pixel

picture frequency (T.Imag.) frequência de imagem

picture inversion (T.Imag.) inversão de imagem

picture lock (T.Imag.) fixação de imagem

picture monitor (T.Imag.) monitor de imagem

picture noise (Radar) ecos espúrios; ruído de imagem

picture out-put (T.Imag.) base-tempo de imagem

picture polarity (T.Imag.) polaridade de imagem

picture signal (T.Imag.) sinal de imagem

picture slip (T.Imag.) deslize de imagem

Picturesque (Arq.) Pitoresco

picture synchronism (T.Imag.) sincronização de imagem

picture tube (T.Imag.) tubo de imagem; cinescópio

picture white (T.Imag.) branco de imagem

PID (Med.) abr. de *Pelvic Inflammatory Disease* — doença inflamatória pélvica

PID (Inf.) abr. de *Personal Identification Device* — dispositivo de identificação pessoal

pie (Imp.) pastel

piece (Têxt.) peça

piedmont (Eco.) sopé

piedmont glacier (Geo.) glaciar de sopé

piedmontite (Miner.) piemontite

piedroit (E.Civ.) pé direito

piend (E.Civ.) rincão; canto vivo

piend fillet (E.Civ.) filete de rincão

Pieper system (Elect.) sistema Pieper

pier (E.Civ.) pilastra; pilar; coluna

Pierce oscillator (Electrón.) oscilador de Pierce

piercing (Mec.) perfuração

pieze (Fís.) piezo (unidade de pressão no sistema MTS; símbolo pz)

piezochemistry (Quím.) piezoquímica

piezoelectric crystal (Electrón.) cristal piezoeléctrico

piezoelectric crystal unit (Electrón.) unidade de cristal piezoeléctrica

piezoelectric effect (Electrón.) efeito piezoeléctrico

piezoelectricity (Fís.) piezoelectricidade

piezoelectric loudspeaker (Fís.) altifalante piezoeléctrico

piezoelectric manometer (Electrón.) manómetro piezoeléctrico

piezoelectric microphone (Fís.) microfone piezoeléctrico

piezoelectric oscillator (Fís.) oscilador piezoeléctrico

piezoelectric pickup (Fís.) fonocaptador piezoeléctrico

piezoelectric resonator (Telecom.) ressoador piezoeléctrico

piezoelectric sensor (Electrón.) sensor piezoeléctrico

piezoelectric transducer (Electrón.) transdutor piezoeléctrico

piezoelectric vibration (Fís.) vibração piezoeléctrica

piezoid (Elect.) piezóide

piezomagnetization (Fís.) piezomagnetização

piezometer (Geo.) piezómetro

piezometric surface (Geo.) superfície piezométrica

pig (Mec.) gusa; ferro-gusa; lingote

pig (Minas) raspador para limpeza de oleodutos

pig bed (Mec.) leito de fundição

pig copper (Eng.) cobre em lingotes

pigeonite (Miner.) pigeonite (silicato de magnésio, ferro e cálcio)

pigeon's milk (Zoo.) «leite de pomba» (líquido segregado pelas glândulas alquíferas, que serve de alimento aos borrachos nos seus primeiros dias de vida)

pig iron (Mec.) ferro-gusa

pigment (Bio.) pigmento

pigment (E.Civ.; Quím.) pigmento; corante

pigmentary colours (Zoo.) cores pigmentares

pigment cell (Bio.) célula pigmentar

pigtail (Elect.) condutor flexível de ligação; ponte

pig trap (Minas) recuperador dos raspadores (em oleodutos)

pilaster (E.Civ.) pilastra

pilaster strip (E.Civ.) contraforte de pilastra; reforço de pilastra; ressalto de pilastra

Pilat process (Quím.) processo Pilat

pile (Elect.) pilha (seca)

pile (E.Civ.) estaca; pilar

pile (Geral) pilha

pile (Med.) tumor hemorroidal isolado

pile (Mec.) pilha; monte

pile (Nucl.) pilha; reactor

pileate (Zoo.) com crista; com forma de chapéu

pile block (E.Civ.) estaca falsa

pile cover (E.Civ.) cabeçote de cravação

pile-driver (E.Civ.) bate-estacas; pilão

pile foundation (E.Civ.) fundação de pilares; fundação sobre estacas

pile grating (E.Civ.) gradeamento sobre estacas; grade de estacas

pile hammer (E.Civ.) macete; martelo de bate-estacas

pile leads (E.Civ.) guias de cravação

pile premolded concrete (E.Civ.) estaca de betão pré-moldado; estaca de cimento armado
pile puller (E.Civ.) arranca-estacas
pile shoe (E.Civ.) sapata de estaca; ponteira de estaca
pile timber (E.Civ.) estaca de madeira
pileus (Bot.) píleo
piliferous layer (Bot.) camada pilífera; zona pilífera
pillar (Geral) pilar; coluna
pillar crane (Mec.) grua de coluna
pillar file (Mec.) lima chata grossa
pillar section (E.Civ.) secção de pilar; secção de coluna
pillar switch (Elect.) interruptor de coluna
pillow distortion (Fís.; T.Imag.) distorção em almofada
pillow lava (Geo.) lava em almofada
pillow structure (Geo.) estrutura em almofada
pill-rolling (Med.) «rolar pílulas»; movimento circular das pontas do polegar e indicador, característico numa forma de tremor na paralisia agitante
pilocarpine (Quím.) pilocarpina
pilocystic (Med.) pilocístico
pilomotor (Med.) pilomotor; que move o pêlo
pilose (Bot.) piloso; cabeludo
pilot (Elect.) piloto
pilotaxitic texture (Geo.) textura pilotáxica
pilot balloon (Meteo.) balão-sonda; balão-piloto
pilot carrier (Elect.) portadora-piloto
pilot cell (Elect.) célula piloto
pilot chute (Aero.) pára-quedas piloto
pilot circuit (Elect.) circuito piloto
pilot controller (Elect.) controlador piloto
pilot countersink (Mec.) escareador de guia
pilot electrode (Elect.) eléctrodo piloto
pilot frequency (Elect.) frequência piloto
pilot heading (Minas) galeria de avanço (em túnel)
pilot hole (Minas) furo piloto; furo de guia
pilotis (Arq.) pilares
pimelosis (Med.) pimelose
pi-mode (Electrón.) modo pi
pimple (Med.) bolha; pústula; pápula; espinha cutânea
pin (E.Civ.) pino; cavilha
PIN (Electrón.) abr. de *Position INdicator* — indicador de precisão; e de *Positive/Intrinsic/Negative* — positivo/intrínseco/negativo; p-i-n
PIN (Inf.) abr. de *Personal Identification Number* — número de identificação pessoal
pinacocytes (Zoo.) pinacócitos
pinacoid (Crist.) pinacóide
pinacol (Quím.) pinacol
pinacolone (Quím.) pinacolona
pinacyanol (Quím.) pinacianol
pincers (Zoo.) pinças
pinch (Electrón.) suporte interelectródico

pinch bar (E.Civ.) alavanca; pé-de-cabra
pinchbeck (Mec.) pechisbeque (liga de cobre e zinco); ouro falso
pinchbeck alloy (Mec.) pechisbeque
pinch effect (Nucl.) contrição por força magnética; efeito de compressão
pinch off (Electrón.) corte de drenagem; corte de elemento de saída de um transístor de efeito de campo
pinch-off voltage (Electrón.) tensão de corte; tensão de estricção
pincushion distortion (T.Imag.) distorção em crescente; distorção em almofada
PIN diode (Electrón.) díodo p-i-n
pine (Bot.) pinheiro (qualquer espécie do género *Pinus* ou coníferas similares)
pine (Vet.) anemia dos ovinos e bovinos da Austrália, devido à deficiência de ferro e de cobalto
pineal apparatus (Zoo.) aparelho pineal
pineal body (Zoo.) corpo pineal
pineal ectomy (Med.) ectomia pineal
pineal eye (Zoo.) olho pineal
pineal gland (Zoo.) glândula pineal; epífise
pinealoma (Med.) pinealoma; tumor na glândula pineal
pineal organ (Zoo.) orgão pineal
pinene (Quím.) pineno
pine-needle oil (Med.; Quím.) óleo de agulha de pinheiro
pineoblastoma (Med.) pineoblastoma
pine oil (Minas) óleo de pinheiro
pine tar (Quím.) alcatrão do pinheiro; alcatrão líquido
pi-network (Telecom.) rede em pi (rede de 3 ramais em série formando uma malha)
ping (Fís.) silvo; sibilo
pinguecula (Med.) pinguécula
pin holes (E.Civ.) furos para pinos
pin holes (T.Imag.) pontos pretos
pinholing (E.Civ.) formação de grumos
pin insulator (Elect.) isolador de pino; isolador de haste
pinion (Mec.) carreto; roda dentada; pinhão
pinion gear (Mec.) engrenagem de carreto; engrenagem de pinhão
pinion shaft (Mec.) eixo do pinhão; eixo do carreto
pinite (Miner.) pinite; pinita
pin joint (Mec.) junção de pino; junta de pino
pink-eye (Med.) conjuntivite aguda epidémica
pink-eye (Vet.) queratite bovina infecciosa; queratoconjuntivite contagiosa
pinking (Auto.) batimento do motor
pink-noise generator (Elect.) gerador de ruído «agradável»
pinna (Bot.) pina (divisão de uma folha pinulada)
pinna (Zoo.) pina (nos Peixes, uma barbatana; nos Mamíferos, o pavilhão auricular; nas Aves, uma pena ou asa)
pinnacle reef (Eco.) recife cónico
pinna nasa (Med.) asa do nariz
pinnate (Bot.) pinulado

pinnate (Zoo.) em forma de pena
pinnatifid (Bot.) pinatífido
pinnatiped (Zoo.) palmípede
pinning-in (E.Civ.) colocação de pinos
pinniped (Zoo.) pinípede
pinnule (Bot.) pínula
pinocyte (Med.) pinócito
pinocytosis (Imun.; Med.) pinocitose
pinpoint (Aero.) ponto localizado com precisão
pin-punch (Mec.) punção para pinos; punção de ponta chata
pint (Geral) pinta (medida de capacidade ou volume, no RU equivalente a 568,2 centímetros cúbicos e nos EUA a 473 centímetros cúbicos)
pinta (Med.) pinta; mal das pintas (doença endémica do México e América Central)
pintle (Mec.) pivô; espigão; cavilha; chaveta
pin wheel (Reloj.) roda de pinos
pin wheel escapement (Reloj.) escape de roda de pinos
pinworm (Zoo.) oxiúro
PIO (Electrón.) abr. de *parallel input/output* — entrada-saída paralela
PIOCW (Geo.) abr. de *Pacific and Indian Ocean common water* — águas profundas do Pacífico e Índico
pion (Fís.) mesão pi
pioneer phase (Eco.) fase pioneira
pioneer plant (Eco.) planta pioneira
pioneer species (Bot.) espécie pioneira
pip (Radar) bip; blip (ponto de luz)
pipe (Fís.) eco
pipe (Mec.) oco; bolsa
pipeclay (Geo.) argila plástica
pipe coil (Quím.) serpentina
pipecolic acid (Quím.) ácido pipecólico; ácido pipecolínico; ácido picolínico saturado
pipe coupling (E.Civ.) raccord para canos; anel de ligação de tubos
pipe-culvert (Hidro.) dreno tubular
pipe drain (Hidro.) tubo de drenagem
pipe extractor (E.Civ.) extractor de canos; saca-tubos
pipe fitting (Mec.) ajustamento de tubo
pipe joint (Minas) junta de tubo
pipe line oil [PLO] (Minas) petróleo de oleoduto
pipeline process (Inf.) processo de encadeamento
pipelining (Inf.) encadeamento
pipe moulding (Mec.) moldagem de tubo
pipe rack (Minas) «estaleiro» (local de assentamento de tubagem na plataforma de mesa rotativa de uma sonda)
piperazine (Quím.) piperazina; dietilenodiamina
pipe resonance (Fís.) ressonância de tubo
pipe resonator (Fís.) ressoador de tubo
piperidine (Quím.) piperidina
piperine (Quím.) piperina
piperitone (Quím.) piperitona
piperocaine hydrochloride (Quím.) cloridrato de piperocaína
piperonal (Quím.) piperonal

pipe sample (Minas) amostra de tubo
pipe stopper (E.Civ.) obturador de cano; flange de obturação
pipette (Quím.) pipeta
pipette method (Fís.) método da pipeta
pipe wrench (E.Civ.; Mec.; Minas) chave de tubos
pipkrake (Eco.) gelo filamentar
PIPO (Electrón.) abr. de *parallel-in parallel-out* — entrada-paralela saída paralela
piqué (Têxt.) piqué
PIR (Electrón.) abr. de *passive infra-red* — infra-vermelhos passivos
Pirani gauge (Electrón.) sonda de Pirani
pirn (Têxt.) carretel
piroplasmosis (Vet.) piroplasmose
piscivorous (Zoo.) piscívoro
pi-section filter (Telecom.) filtro de secção pi
pisiform (Zoo.) pisiforme
PISO (Electrón.) abr. de *parallel-in serial-out* — entrada paralela saída série
pisolite (Geo.) pisólito; pisólite
pisolitic (Geo.) pisolítico
pistacite (Miner.) pistacite
pistil (Bot.) pistilo
piston (Geral) pistão; êmbolo
piston action (Elect.) acção de êmbolo
piston attenuator (Elect.) atenuador de pistão
piston boss (Mec.) cubo do pistão
piston buffer (Mec.) amortecedor do pistão
piston clearance (Mec.) folga do pistão
piston corer (Eco.) amostrador de pistão
piston engine (Mec.) motor a pistão
piston pin (Auto.) pino de êmbolo; pino de pistão
piston rod (Auto.) biela; haste de pistão
piston sampler (Eco.) amostrador de pistão
piston skirt (Mec.) saia do pistão
piston slap (Auto.) estalo do pistão
piston snap ring (Mec.) mola de segmento do pistão
piston spring (Mec.) mola do êmbolo
piston stroke (Mec.) curso do pistão; curso do êmbolo
piston valve (Mec.) válvula do êmbolo; distribuidor cilíndrico
piston vane (Mec.) aleta de pistão; aleta de êmbolo
pit (Bot.) depressão
pit (Geo.) depressão; erosão
pit (Minas) contentor de lama; tanque de decantação de lama; poço de mina
pitch (Aero.) passo; inclinação longitudinal; arfagem
pitch (Elect.) passo
pitch (Fís.) altura de som (Acústica); tom
pitch (Inf.) distância; espaçamento (de caracteres);
pitch (Mec.) passo; afastamento (distância entre os dentes de uma roda dentada, por ex.)

pitch (Nav.) arfagem
pitch acceleration (Aero.) aceleração de arfagem
pitch airscrew (Aero.) hélice de passo
pitch altitude (Aero.; Astro.) altitude de arfagem
pitch angle (Aero.; Nav.) ângulo de arfagem; ângulo de inclinação longitudinal
pitch angle of gear (Mec.) ângulo de passo de engrenagem
pitch axis (Aero.) eixo de arfagem
pitchblende (Miner.) pecheblenda
pitch circle (Mec.) círculo primitivo; círculo de furo dos parafusos
pitch coal (Miner.) azeviche; âmbar negro
pitch control (Aero.) comando de passo; controlo de passo
pitch controlling mechanism (Aero.) mecanismo de comando de passo
pitch diameter (Mec.) afastamento; diâmetro de círculo primitivo
pitch-diameter ratio (Aero.) passo geométrico relativo; relação entre o passo geométrico e o diâmetro de uma hélice
pitched roof (E.Civ.) tecto inclinado
pitcher (Bot.) folha modificada em forma de jarro
pitcher (E.Civ.) alvião
pitch error (Aero.) erro de passo; erro de arfagem
pitch face (E.Civ.) com golpe de aresta
pitching (Aero.; Nav.) arfagem
pitching (E.Civ.) pavimentação de estrada com pedra bruta
pitching moment (Aero.) momento de arfagem
pitching period (Nav.) período de arfagem
pitching stability (Aero.) estabilidade longitudinal
pitching tool (E.Civ.) cinzel de calafetagem
pitch line (Mec.) linha do passo; linha do afastamento
pitch of an aircraft (Aero.) arfagem de um avião
pitch of a propeller (Aero.; Nav.) passo de uma hélice
pitch of a screw (Mec.) passo de um parafuso
pitch of a screw thread (Mec.) distância entre os filetes da rosca
pitch of blades (Aero.) passo das hélices
pitch of holes (Mec.) distância entre furos
pitch of propeller (Nav.) passo da hélice
pitch of rivets (Mec.) distância entre rebites
pitch of teeth (Mec.) passo de engrenagem
pitch of tone (Fís.) altura do tom; altura do som (Acústica)
pitch of winding (Elect.) afastamento de enrolamento de espiras; passo de enrolamento das espiras; distância entre espiras
pitch of wires (Elect.) distância entre condutores

pitch pinus (Bot.) pinheiro produtor de pez (resinoso)
pitch row (Inf.) distância de linha; nível de linha
pitch scale (Fís.) escala de tom
pitch setting (Aero.) passo de hélice; graduação do passo da hélice
pitchstone (Geo.) retinito; retinite
pitch wheel (Mec.) roda de engrenagem
pit coal (Miner.) carvão de pedra
pitfall trap (Eco.) fosso; armadilha enterrada
pith (Bot.) medula
pith (Zoo.) medula espinhal; medula oblonga
pith-ball electroscope (Elect.) electroscópio de bolas (de medula de salgueiro)
pith medulla (Bot.) cerne
pith ray (Bot.) raio medular
pitman (Mec.) biela (nos EUA)
pitman (Minas) mineiro; homem encarregado da inspecção e reparação de poços de minas
pit membrane (Bot.) membrana medular
pit moulding (Mec.) moldagem de cinzeiro
Pitot (Aero.; Fís.) pitot; tubo pitot
pitot bomb (Fís.) bomba do pitot; bomba de calibração do pitot
pitot line (Aero.) tubo pitot; pitot
pitot pressure (Aero.) pressão do pitot
pitot-static airspeed meter (Aero.) tubo pitot de velocímetro
pitot-static tube (Aero.) tubo pitot estático; tubo pitot
pitot suction tube (Aero.) antena pitot; tubo estático pitot
Pitot theorema (Mat.) teorema de Pitot
pit-saw (E.Civ.) serra manual; serra grua; serra braçal
pit sinking (Hidro.; Minas) escavação de poço; afundamento de poço
pitting (Mec.) corrosão alveolar; cavidade de corrosão
pitting factor (Mec.) factor de corrosão
pituicyte (Med.) pituicito
pituicytoma (Med.) pituicitoma
pituita (Med.) pituíta; muco viscoso nasal
pituitarism (Med.) pituitarismo
pituitary gland (Zoo.) glândula pituitária
pityriasic (Med.) pitiriásico
pityriasis (Med.) pitiríase
pityriasis maculata (Med.) pitiríase maculata
pityriasis rubra pilaris (Med.) pitiríase vermelha do pilar (folículo piloso); doença de Devergie
pivot (Relój.) pivô; articulação
pivot-bearing (Mec.) mancal axial; mancal articulado
pivot bridge (Mec.) ponte pivô
pivoted brace (Relój.) braço articulado
pivot hinge (Mec.) articulação de pivô
pivoting-bearing (Mec.) apoio basculante

pivot joint (MEC.) junta móvel
pivot joint (ZOO.) articulação em pivô
pivot plate (MEC.) balanceiro
pivot suspension (MEC.) suspensão a pivô
pixel (INF.; T.IMAG.) «pixel»; abr. de *Picture Element* — Elemento de Imagem
pixillation (INF.; T.IMAG.) quantificação de espaço (gráfico)
pK (QUÍM.) pK (o logaritmo negativo da constante de ionização de um ácido)
PKU (MED.) abr. de *PhenylKetonUria* — fenilcetonúria
PL; P/L (INF.) abr. de *Plain Language* — linguagem simples
P.L. (MED.) abr. de *Perception of Light* — percepção da luz
PL (INF.) abr. de *Programming Language* — linguagem de programação
PLA (INF.) abr. de *Programmed Logic Array* — rede lógica programável; matriz lógica programável (ou programada)
placebo (MED.) placebo
place brick (E.CIV.) tijolo mal cozido
placenta (BOT.; ZOO.) placenta
Placentalia (ZOO.) Placentália (segundo a classificação de Owen, que corresponde à Eutéria, segundo a classificação de Huxley)
placentation (BOT.; ZOO.) placentação
placenta vera (ZOO.) placenta verdadeira
placer (GEO.) plácer
placer deposits (GEO.) pláceres
placic horizon (ECO.) horizonte plácico; horizonte férrico
placode (ZOO.) placóide
Placodermi (ZOO.) Placodermes
placoid (ZOO.) placóide
pladarosis (MED.) pladarose
plages (ASTRO.) plagas (flóculos ou áreas luminosas que aparecem em volta das manchas solares ou outros centros activos)
plagio- (GERAL) plagio-; do grego *plagios* — oblíquo, inclinado
plagiocephaly (MED.) plagiocefalia
plagioclase feldspars (MINER.) feldspatos plagioclásicos
plagioclimax (ECO.) plagioclímax
plagiogeotropic (ECO.) plagiogeotrópico
plagotropism (BOT.) plagotropismo
plague (MED.) peste
plain aerial (ELECT.) antena simples
plain angle (MAT.) ângulo diedro
plain bearing (MEC.) mancal plano
plain conduit (ELECT.) tubo plano
plain connecting rod (MEC.) biela simples
plain coupler (ELECT.) acoplador plano
plain fabric (TÊXT.) tecido liso
plain flap (AERO.) flap de curvatura
plain girder (E.CIV.) viga inteiriça
plain language (AERO.) linguagem clara
plain muscle (ZOO.) músculo liso
plain tile (E.CIV.) telha lisa
planar diode (ELECTRÓN.) diodo planar; diodo plano
planar network (ELECTRÓN.) rede plana

planar process (ELECTRÓN.) processo planar
planar transistor (ELECTRÓN.) transistor plano
Planckian colour (FÍS.) cor de Planck
Planckian locus (FÍS.) lugar de Planck
Planck's constant (FÍS.) constante de Planck
Planck's law (FÍS.) lei de Planck
Planck's radiation law (FÍS.) lei de radiação de Planck
plane (AERO.) avião; aeroplano; aerofólio
plane (E.CIV.) plaina
plane (GERAL) plano; liso; chato
plane (MAT.) plano
plane earth factor (FÍS.) factor de plano de terra
plane-iron (E.CIV.) ferro de plaina; lâmina de plaina
plane of collimation (TOPO.) plano de colimação
plane of polarization (FÍS.) plano de polarização
plane of saturation (E.CIV.) plano de saturação
plane of symmetry (CRIST.; MAT.) plano de simetria
plane polarization (FÍS.) polarização linear; polarização plana
plane-polarized wave (ELECTRÓN.) onda de polarização plana
plane problem (MAT.) problema no plano
planer tool (MEC.) ferramenta de torno limador
plane stock (E.CIV.) corpo de plaina
plane surveying (TOPO.) levantamento planimétrico
planet (ASTRO.) planeta
plane table (TOPO.) prancheta de cálculo
planetarium (ASTRO.) planetário
planetary aberration (ASTRO.) aberração planetária
planetary atmosphere (ASTRO.) atmosfera planetária
planetary body (ASTRO.) corpo planetário
planetary boundary layer (ASTRO.) camada-limite planetária
planetary disk (ASTRO.) disco planetário
planetary electron (FÍS.) electrão planetário
planetary evolution (ASTRO.) evolução planetária
planetary fragment (ASTRO.) fragmento planetário
planetary gear (MEC.) engrenagem planetária; engrenagem satélite
planetary landing (ESP.) pouso planetário
planetary motion (ASTRO.) movimento planetário
planetary nebula (ASTRO.) nebulosa planetária
planetary vorticity (METEO.) vorticidade planetária
planetary wheel (MEC.) roda planetária
planetary winds (METEO.) ventos planetários
plane-tile (E.CIV.) telha lisa

planetoid (ASTRO.) planetóide
planetology (GEO.) Planetologia
plane wave (FÍS.) onda plana
planigraphy (RADIOL.) planografia
planimeter (MEC.) planímetro
planing bottom (AERO.) superfície de resvalamento; superfície de deslize (em hidroavião)
planing machine (MEC.) plaina mecânica
planisher (MEC.) aplainador; polidor
planishing (MEC.) aplainamento
plankton (ECO.) plâncton
planktonic deposit (GEO.) depósito planctónico
planktonic geochronology (ECO.) geocronologia planctónica
planning grid (ARQ.) rede de planificação
plano-convex (FÍS.; T.IMAG.) plano-convexo
planogamete (BIO.) planogâmeto
planographic process (IMP.) processo planográfico
planozygote (BOT.) zigoto móvel
plan-position indicator (RADAR) indicador de posição no plano
plant (BOT.) planta
plant (MEC.) fábrica; instalação fabril; aparelhagem; material; maquinaria; instalação industrial; instalação de máquinas eléctricas
planta (ZOO.) planta do pé
Plantae (BOT.) As Plantas; O Reino Vegetal
plant available water [PAW] (ECO.) água disponível para as plantas
Planté accumulator (ELECT.) acumulador de Planté
Planté battery (ELECT.) bateria de Planté
Planté cell (ELECT.) pilha de Planté; acumulador de Planté
Planté plate (ELECT.) placa de Planté
plant factor (HIDRO.) factor de capacidade; produtividade
plantigrade (ZOO.) plantígrado
plant load factor (ELECT.) factor de carga de maquinaria (gerador ou estação geradora); coeficiente de carga de gerador/a
plant pathology (BOT.) fitopatologia; patologia vegetal
planula (ZOO.) plânula
planuria (MED.) planúria
plaque (BIO.) placa
plaque (MED.) placa; plaqueta
plasma (GERAL) plasma
plasma (MINER.) plasma (variedade de calcedónia)
plasma-; plasmo-; -plasm (GERAL) plasma-; plasmo-; -plasma; do grego *plasma; plasmatos* — obra modelada, criatura, ficção
plasma accelerator (ELECTRÓN.) acelerador de plasma
plasma amplifier (ELECTRÓN.) amplificador de plasma
plasma anodizing (ELECTRÓN.) anodização por plasma
plasma-arc coating (ELECTRÓN.) revestimento por arco de plasma
plasma-arc cutting (MEC.) corte por arco de plasma

plasma ball (Electrón.) lâmpada de plasma

plasma cathode (Electrón.) cátodo de plasma

plasma cell (Imun.) célula de plasma; célula plasmática

plasma cloud (Fís.) nuvem de plasma

plasmacytoma (Imun.; Med.) plasmocitoma

plasmacytosis (Med.) plasmocitose

plasma density (Fís.) densidade de plasma

plasma diode (Electrón.) diodo de plasma

plasma display (T.Imag.) ecrã de plasma

plasma engine (Elect.) motor de plasma

plasma frequency (Fís.) frequência de plasma

plasma gel (Bio.; Quím.) gel de plasma

plasma generator (Fís.) gerador de plasma

plasma gun (Fís.) canhão de plasma

plasma heating (Nucl.) aquecimento de plasma

plasma instability (Fís.) instabilidade de plasma

plasma jet (Fís.) jacto de plasma; jacto a plasma; motor a plasma

plasmalemma (Bio.) plasmalema

plasmalogen (Bio.) plasmologénio

plasma membrane (Bio.) membrana plasmática

plasma oscillation (Fís.) oscilação de plasma

plasma oscillator (Fís.) oscilador de plasma

plasma propulsion (Fís.) propulsão por plasma

plasma radiation (Fís.) radiação de plasma

plasma rocket (Astro.) foguete a plasma

plasma screen (T.Imag.) ecrã de plasma

plasma sheath (Fís.) camisa a plasma

plasma torch (Fís.) maçarico a plasma

plasma wave (Fís.) onda de plasma

plasmid (Bio.) plasmídeo

plasmin (Med.) plasmina; fibrinolisina; fibrinase

plasminogen (Med.) plasminogénio

plasmocyte (Zoo.) plasmócito

plasmocytoma (Med.) plasmocitoma

plasmocytosis (Med.) plasmocitose

plasmodesma (Bot.) plasmodesmo

plasmodium (Bio.) plasmódio

plasmogamy (Bio.; Bot.) plasmogamia

plasmoid (Fís.) plasmóide

plasmolysis (Bot.) plasmólise

plasmoma (Med.) plasmoma; plasmocitoma

plasmosome (Bio.) plasmossoma

plastachron (Eco.) plastocronologia

plaster (E.Civ.) reboco; gesso; estuque

plaster board (E.Civ.) gesso em folha com papel

plaster mould casting (Mec.) fundição em molde de gesso

plaster of Paris (Quím.) gesso de Paris

plaster slab (E.Civ.) placa de gesso

plaster's putty (E.Civ.) massa de estucador

plastic (Bio.) plástico; plasmático; formador; capaz de ser formado ou moldado

plastic (Bot.) plástico; moldável; maleável

plastic (Geral) plástico

plastic basalt (Geo.) basalto plástico

plastic bronze (Mec.) bronze maleável

plastic clay (E.Civ.) argila plástica

plastic deformation (Geo.; Mec.) deformação plástica

plastic-film capacitor (Electrón.) condensador de filme plástico

plastic flow (Mec.) fluxo plástico; fluidez plástica

plasticity (Mec.) plasticidade

plastic moulding (Mec.) moldagem plástica

plastic paint (E.Civ.) tinta plástica

plastics (Geral) plásticos

plastic substratum (Geo.) substrato plástico

plastic sulphur (Quím.) enxofre plástico

plastic surgery (Med.) cirurgia plástica

plastid (Bot.) plastídio

plastochron(e) (Bot.) plastocrono

plastocyanin (Bot.; Quím.) plastocianina

plastoquinone (Bot.; Quím.) plastoquinona

plastron (Med.; Zoo.) plastrão

platband (E.Civ.) platibanda

plate (Arq.) frechal

plate (Bio.) placa; lamela; lâmina

plate (Electrón.) placa; ânodo (nos EUA)

plate (Geral) placa; chapa

plate (Imp.) estampa; chapa; estereótipo

plate (T.Imag.) placa

plate (Zoo.) placa; lâmina; lamela

plate amalgamation (Minas) amalgamação em placa

plate arch (E.Civ.) arco de parede inteira

plateau (Geo.) planalto

plateau eruptions (Geo.) erupções de planalto; erupções lineares

plateau glacier (Geo.) glaciar de planalto

plateau gravel (Geo.) cascalho de planalto

plate bridge (Elect.) ponte de ânodo

plate cam (Mec.) came de disco; excêntrico de disco

plate circuit (Elect.) circuito de placa

plate clutch (Mec.) embraiagem de disco

plate coil (Elect.) bobina de placa

plate current (Elect.) corrente de placa; corrente de ânodo

plate dissipation (Elect.) dissipação de placa

plate efficiency (Elect.) eficiência de placa; rendimento de placa

plate feed (Elect.) alimentação de placa

plate feedback (Elect.) realimentação de placa

plate frame (Elect.) armação de placa

plate gauge (Mec.) calibrador de chapas; calibre de chapas

plate girder (Mec.) viga de alma cheia

plate glass (Fís.) cristal de espelho; vidro de espelho

plate-grid (Elect.) de placa e grade

plate-grid capacitor (Elect.) condensador de placa e grade

plate group (Elect.) grupo de placa; placa

platelet activating factor (Imun.) factor de activação das plaquetas; factor activador das plaquetas

plate link chain (Mec.) corrente articulada

plate-lug (Elect.) terminal de placa; patilha de placa

plate modulation (Electrón.) modulação de placa

plate moulding (Mec.) moldagem de placa

platen (Imp.) cilindro de prensa; rolo de impressão

platen (Mec.) mesa de prensa; travessa de prensa hidráulica

platen brake (Imp.) travão do rolo de impressão

plate neutralization (Electrón.) placa de neutralização

plate pulse modulation (Elect.) modulação anódica de impulsos

plate rectifier (Elect.) rectificador de placa

plate saturation (Elect.) saturação de placa; saturação anódica

plate section (Elect.) secção de placa

plate support (Elect.) suporte de placa

plate tectonics (Geo.) Tectónica de placas

plate to plate resistance (Elect.) resistência de carga de placa a placa

platform (Esp.) plataforma

platform gantry (E.Civ.) cavalete de plataforma

platform tree (Minas) «árvore de Natal» completa (conjunto de válvulas e encaixes montados no cimo de um poço, para regular o fluxo da água)

platinammines (Quím.) platinaminas

platinates (Quím.) platinatos

plating (Têxt.) dobragem

platinic oxide (Quím.) óxido platínico; dióxido de platina

platinite (Mec.) platinite

platinized asbestos (Quím.) amianto platinizado

platinoid (Mec.) platinóide

platinous hydroxide (Quím.) hidróxido platinoso

platinous oxide (Quím.) óxido platinoso: protóxido de platina

platinum (Quím.) platina

platinum black (Quím.) negro de platina

platinum dioxide (Quím.) dióxido de platina

platinum group (Quím.) grupo de platina

platinum resistance thermometer (Electrón.) termómetro de resistência de platina platinum tetrachloride (Quím.) tetra-cloreto de platina; cloreto platínico

platinum thermometer (Elect.) termómetro de platina

platinum wire coil (Elect.) bobina de fio de platina

PLATO (Inf.) abr. de *Programmed Logic for Automatic Teaching Operations* — lógica programada para operações de ensino automático

platter (Inf.) placa; prato (substrato metálico de disco magnético rígido)

platter (T.Imag.) disco

platycephalic (Med.) platicefálico

platycephalus (Med.) platicéfalo; platicefálico

platycnemia (Med.) platicnemia

platydactyl (Zoo.) platidáctilo

platyglossal (Zoo.) platiglosso

Platyhelminthes (Zoo.) Platelmintas

platypodia (Med.) platipodia

platysma (Zoo.) platisma

platyspermic (Bot.) platispermo

play (Mec.) folga

playback (Fís.) reprodução; repetição (Acústica)

playback equalizer (Fís.) igualizador de reprodução; compensador de reprodução

playback head (T.Imag.) cabeça de reprodução

playback loudspeaker (T.Imag.) altifalante de fundo

play therapy (Psico.) terapia de jogo; terapia lúdica

PLC (Elect.) abr. de *programmable logic controller* — controlador lógico programável

PLD (Elect.) abr. de *programmable logic device* — dispositivo lógico programável

pleasure principle (Psico.) princípio de prazer

pleated-diaphragm loudspeaker (Fís.) altifalante de diafragma preogueado

Plectomycetes (Bot.) Plectomicetos

plectostele (Bot.) plectostela

plei-; pleio-; pleo-; plio- (Geral) pleo-; plio-; do grego *pleos* abundante, e de *pleion* mais, numeroso

pleiomerous (Bot.) pliómero

pleiomorphic (Bot.) polimórfico

pleiomorphism (Eco.) pleiomorfismo; metamorfismo

pleiotropic (Bio.) pleiotrópico

pleiotropy (Bio.) pleiotropia

Pleistocene (Geo.) Plistoceno; Pleistoceno

Pleistocene age (Geo.) Idade Plistocénica

Pleistocene deposit (Geo.) depósito plistocénico

Pleistocene era (Geo.) Era Plistocénica

Pleistocene glaciation (Geo.) glaciação plistocénica

Pleistocene gravel (Geo.) cascalho plistocénico

Pleistocene ice (Geo.) gelo plistocénico

Pleistocene ice age (Geo.) Idade Glacial Plistocénica

Pleistocene Period (Geo.) Período Plistocénico

plenum chamber (Aero.) câmara de pleno

plenum system (E.Civ.) sistema de pleno

pleochroic haloes (Miner.) halos pleocróicos

pleochroism (Med.) pleocroísmo

pleochromatic (Bio.) pleocromático; pleocróico; pliocrómico; polícromo

pleocytosis (Med.) pleocitose

pleomorphic (Bio.) pleiomórfico

pleomorphism (Zoo.) pliomorfismo

pleomorphous (Zoo.) pliomorfo

pleonaste (Miner.) pleonasto

pleopod (Zoo.) pleopodo

plerome (Bot.) pleroma

plesiomorphic (Eco.) plesiomorfo

plethora (Med.) pletora

plethysmograph (Med.) pletismógrafo

pleur-; pleuro- (Geral) pleur-; pleuro-; do grego *pleura* — pleura, e *pleuron* — flanco, denotando relação com a pleura, o flanco ou a costela

pleura (Zoo.) pleura

pleuracentesis (Med.) pleuracentese

pleurapophysis (Zoo.) pleurapófise

pleurectomy (Med.) pleurectomia; pleurotomia

pleurisy (Med.) pleurite; pleurisia

pleurocarpous (Bot.) pleurocárpico

pleurocarpous moss (Eco.) traça pleurocarposa

pleurodont (Zoo.) pleurodonte

pleurodynia (Med.) pleurodinia

pleurogenous (Bot.) pleurógeno

pleurogenous (Med.) pleurogénico

pleurolith (Med.) pleurólito; cálculo pleural

pleuroparietopexy (Med.) pleuroparietopexia

pleuropericarditis (Med.) pleuropericardite

pleuroperitoneal (Med.) pleuroperitoneal

pleuropneumonia (Med.) pleuropneumonia

pleurothetic (Eco.) pleurotético

pleurothotonos (Med.) pleurotótono

pleurotomy (Med.) pleurotomia

pleurotyphoid (Med.) pleurotifóide

pleurovisceral (Med.) pleurovisceral

plexitis (Med.) plexite

plexus (Zoo.) plexo

plica (Zoo.) prega; dobra; plica

plicate (Bot.) plicado

plimsoll mark (Nav.) linha de carga máxima; marca de sondagem (de profundidade)

Plinian eruption (Geo.) erupção pliniana

plinth (E.Civ.) plinto

plinth block (E.Civ.) viga mestra

plinthic horizon (Eco.) horizonte plíntico

plinthite (Eco.) plintite

Pliocene Period (Geo.) Período Pliocénico

pliomorphic (Bot.) pliomórfico; polimórfico

pliotron (Elect.) Plíotron (termo industrial indicando um tubo de vácuo de cátodo quente com uma ou mais grades)

PLL (Electrón.) abr. de *phase locked loop* — circuito seguidor de fase

ploidy (Bio.) ploidia

plotter (Inf.) traçador(a)

plotting board (Inf.) painel traçador

plotting machine (Inf.) máquina de traçar

plough (Imp.) guilhotina manual

plough carrier (Elect.) portadora de sapata

ploughed-and-tongued joint (E.Civ.) junta de ranhura e lingueta

plow (Imp.) guilhotina manual

plug (Auto.) vela de ignição

plug (Elect.) ficha; tomada; cavilha; contacto

plug (Geral) cavilha; tampão; bucha; obturador

plugboard (Inf.) painel de ligações

plug centre bit (E.Civ.) broca de cabeça cilíndrica

plug centre punch (Mec.) punção de guia

plug cock (Mec.) torneira de encaixe; macho de torneira

plug gauge (Mec.) calibre de furos

plugged program (Inf.) programa ligado em painel

plugged program computer (Inf.) computador de programa ligado em painel

plugging (E.Civ.) encaixe

plugging (Elect.) ligação

plug-in (Electrón.) tomada

plug-in card (Inf.) placa de encaixe

plug-in coil (Elect.) bobina de encaixe; bobina intermutável

plug-in unit (Inf.) unidade conectável

plug program patching (Inf.) pequeno painel de alteração de programa

plug tag (Mec.) macho direito; macho cilíndrico

plug welding (Mec.) soldadura de fechar; soldadura de obturar

plumae (Zoo.) plumas

plumb (E.Civ.) prumo; vertical; perpendicular

plumb- (Quím.) plumb-; forma combinante do latim *plumbum* — chumbo

plumbago (Miner.) plumbagina; grafite

plumb-bob (Topo.) fio de prumo; prumo

plumber's solder (E.Civ.) solda de estanho

Plumbicon (T.Imag.) Plumbicon (MC)

plumbing (E.Civ.) chumbagem; canalização (com chumbo)

plumbing (Telecom.) canalização (termo coloquial)

plumbing unit (E.Civ.) unidade de canalização; conjunto de canalização

plumbism (Med.) saturnismo

plumbite (Quím.) plumbite

plumb level (Topo.) nível de prumo

plumb line (Topo.) fio de prumo; prumo

plumb point (Topo.) nadir

plumb rule (E.Civ.) nível de prumo

plume (Bot.) pluma; plumagem

plume (Geo.) coluna de fumo

plume (METEO.) projecção de coroa solar

plume (ZOO.) pena; pluma; plumagem

plummer block (MEC.) suporte de base; mancal recto

Plummer-Vinson syndrome (MED.) síndroma de Plummer-Vinson; disfagia sideropénica

plummet (TOPO.) prumo; fio de prumo; sonda

plumose (BOT.; ZOO.) plumoso

plumulae (ZOO.) plúmulas

plumule (BIO.) plúmula

plumule (BOT.) plúmula; gémula

plunge angle (TOPO.) ângulo de mergulho; ângulo de depressão

plunge battery (ELECT.) bateria de imersão

plunge in water (MEC.) esfriar bruscamente em água

plunger (MEC.) pistão de compressão; êmbolo mergulhador

plunging breaker (ECO.) rebentação a pique

plunging fold (GEO.) dobra de mergulho

plurilocular (BOT.) plurilocular

plush (TÊXT.) pelúcia

Pluto (ASTRO.) Plutão

plutonic intrusions (GEO.) intrusões plutónicas

plutonites (GEO.) plutonitos; plutonites

plutonium (QUÍM.) plutónio

plutonium activity (NUCL.) actividade de plutónio

plutonium breeder reactor (NUCL.) reactor regenerador de plutónio

plutonium fuel (NUCL.) combustível de plutónio

plutonium production (NUCL.) produção de plutónio

plutonium reactor (NUCL.) reactor de plutónio

plutonium rod (FÍS.) vareta de plutónio

plutonium-thorium reactor (NUCL.) reactor de plutónio e tório

pluvial (GERAL) pluvial

pluvial age (GEO.) idade pluvial

pluvial period (ECO.) período pluvial

pluviograph (METEO.) pluviógrafo

pluviometer (METEO.) pluviómetro

pluviometry (METEO.) pluviometria

plywood (E.CIV.) contraplacado de madeira

PM (ASTRO.) abr. de *Propulsion Module* — módulo de propulsão

PM (ELECTRÓN.) abr. de *Phase Modulation* — modulação de fase

PM (FÍS.) abr. de *Permanent Magnet* — íman permanente

PM (INF.) abr. de *Program Mode* — modo de programa; modalidade de programa

Pm (QUÍM.) símbolo do elemento *promethium* — promécio

PM-10 (ECO.) partículas finas de diâmetro inferior a 10 micrometros

PM-25 (ECO.) partículas finas de diâmetro inferior a 25 micrometros

PMBX (TELECOM.) abr. de *Private Manual Branch eXchange* — instalação (posto) telefónica manual particular

PMOS (ELECTRÓN.) abr. de *p-channel MOSFET* — MOSFET de canal p

PMSG (MED.) abr. de *Pregnant Mare's Serum Gonadotropin* — gonadotropina do soro de égua grávida

PMX (TELECOM.) abr. de *Private Manual eXchange* — central manual particular

pneo- (GERAL) pneo-; do grego *pnéo* ou *pnein* — respirar, indicando a relação com a respiração

pneum-; pneuma- (GERAL) pneum-; pneuma-; do grego *pneuma* — sopro, ar, respiração

pneumathode (BOT.) pneumatódio

pneumathophores (BOT.) pneumatóforos

pneumatic (GERAL) pneumático

pneumatic billet conveyor (MEC.) transportador pneumático de lingotes

pneumatic brake (MEC.) travão pneumático; freio pneumático

pneumatic clutch (MEC.) embraiagem pneumática

pneumatic conveyor (MEC.) transportador pneumático; tapete pneumático

pneumatic diaphragm (MEC.) diafragma pneumático

pneumatic die (MEC.) matriz pneumática

pneumatic drill (MEC.) broca pneumática

pneumatic flotation cell (MINAS) célula de flutuação pneumática

pneumatic loudspeaker (FÍS.) altifalante pneumático

pneumatic pick (MEC.) picareta pneumática; picador pneumático

pneumatic piledriver (E.CIV.) bate-estacas pneumático; pilão pneumático

pneumatic riveter (MEC.) rebitador pneumático

pneumatic starter (MEC.) arranque pneumático

pneumatic tool (MEC.) ferramenta pneumática

pneumatic trough (MINAS) cuba pneumática

pneumatic trough (QUÍM.) tina pneumática

pneumatic tube conveyor (MEC.) transportador de tubo pneumático

pneumatic wheel (AUTO.) tubo pneumático; pneumático; pneu

pneumatocardia (MED.) pneumatocardia

pneumatocele (MED.) pneumatocelo; pneumatocele

pneumatocyst (ZOO.) pneumatocisto

pneumatolysis (GEO.) pneumatólise

pneumatophore (ECO.) pneumatóforo

pneumaturia (MED.) pneumatúria

pneumo-; pneumon-; pneumono- (GERAL) pneumo-; pneumon-; pneumono-; do grego *pneumón, pneumonos* — pulmão

pneumoangiography (MED.) pneumoangiografia; angiopneumografia

pneumobacillin (MED.) pneumobacilina

pneumobacillus (BIO.; MED.) pneumobacilo

pneumobacterine (MED.) pneumobacterina

pneumobulbar (MED.) pneumobulbar

pneumocele (MED.) pneumocele; pneumatocelo

pneumocentesis (MED.) pneumocentese

pneumocephaly (MED.) pneumocefalia

pneumococcal (MED.) pneumocócico

pneumococcemia (MED.) pneumococcemia

pneumococcidal (MED.) pneumococcida; destruidor de pneumococos

pneumococcus (BIO.) pneumococo

pneumocolon (MED.) pneumocólon

pneumoconiosis (MED.) pneumoconiose

pneumocranium (MED.) pneumocrânio

pneumocystosis (MED.) pneumocistose

pneumoderma (MED.) pneumodermia; enfisema cutâneo

pneumoencephalitis (VET.) pneumoencefalite; doença de Newcastle

pneumoenteritis (MED.) pneumoenterite

pneumogalactocele (MED.) pneumogalactocele

pneumogastric (MED.) pneumogástrico

pneumohaemo-pericardium (MED.) pneumo-hemopericárdio

pneumohaemothorax (MED.) pneumo-hemotórax

pneumohydro-pericardium (MED.) pneumo-hidropericárdio

pneumohydrothorax (MED.) pneumo-hidrotórax

pneumohypoderma (MED.) pneumo-hipoderma

pneumolith (MED.) pneumólito; cálculo no pulmão

pneumolithiasis (MED.) pneumolitíase

pneumolysis (MED.) pneumólise

pneumomalacia (MED.) pneumomalacia

pneumomelanosis (MED.) pneumomelanose

pneumomycosis (MED.) pneumomicose

pneumomyelography (MED.) pneumomielografia

pneumonectomy (MED.) pneumonectomia; pneumectomia

pneumonia (MED.) pneumonia

pneumonitis (MED.) pneumonite; pneumonia

pneumo-oil switch (ELECT.) freio a óleo; interruptor a óleo

pneumo-oxygenator (MED.) pneumo-xigenador

pneumopathy (MED.) pneumopatia

pneumopericardium (MED.) pneumopericárdio

pneumopleuritis (MED.) pneumopleurite

pneumopyelography (MED.) pneumopielografia

pneumopyopericardium (MED.) pneumopiopericárdio

pneumopyothorax (MED.) pneumopiotórax

pneumostome (ZOO.) pneumóstoma

pneumothorax (MED.) pneumotórax
pneumoventricle (MED.) pneumoventrículo
pneusis (MED.) pneuse; respiração
p-n junction (ELECTRÓN.) junção p-n
PNPB (MED.) abr. de *Positive-Negative Pressure Breathing* — respiração sob pressão positiva e negativa
p-n-p transistor (ELECTRÓN.) transistor p-n-p
Po (QUÍM.) símbolo de elemento *polonium* — polónio
Poaceae (BOT.) Poáceas
POCC (ESP.) abr. de *Payload Operations Control Centre* — Centro de Controlo de Operações de Carga útil
pock (MED.) pústula (lesão cutânea específica da varíola)
Pockels' cell (ELECT.) pilha de Pockels
Pockels' effect (ELECT.) efeito de Pockel
pocket (AERO.) poço de ar
pocket (E.CIV.) receptáculo; cavidade
pocket (MINAS) bolsa
pocket chamber (RADIOL.) câmara de bolso; câmara de ionização portátil
pocket chisel (E.CIV.) escopro manual
pocket chronometer (RELOJ.) cronómetro de bolso
pod (AERO.) camisa do motor; nacela do motor a jacto
pod (BOT.) vagem (de leguminosa)
pod-; podo-; -pod (GERAL) pod-; podo-; -podo; -pode; do grego *poús, podós* — pé
podagra (MED.) gota; podagra
podal (ZOO.) podal; podálico
podauger (E.CIV.) verruma de meia-cana
podex (ZOO.) pódex; pódice; traseiro; nádega; a região anal
Podicipitiformes (ZOO.) Podicipedidiformes
podite (ZOO.) pódito
podium (ARQ.) pódio
podium (ZOO.) pé
podocarpus (BOT.) podocarpo
podomere (ZOO.) podómero
podsol; podzol (ECO.) podzol
poecilitic (GEO.) poecilítico
Poetsch process (MINAS) processo Poetsch
Poggendorff cell (ELECT.) pilha de Poggendorff
Poggendorff compensation method (QUÍM.) método de compensação de Poggendorff
pogo effect (ESP.) efeito vibratório instável; efeito «pogo»
Pogonophora (ZOO.) Pogonóforas
poikil-; poikilo- (GERAL) poiquil-; poiquilo-; pecilo-; do grego *poikilos* — variado, diverso
poikilitic texture (GEO.) textura poecilítica; textura pecílica
poikiloblastic (GEO.) poiquiloblástico
poikilocyte (MED.) poiquilócito
poikilocytosis (MED.) poiquilocitose
poikilohydric (BOT.) poiquiloídrico
poikilosmotic (ECO.) poiquilosmótico
poikilotherm (ECO.) poiquilotérmico; animal de sangue frio

poikilothermal (ZOO.) poiquilotérmico; poiquilotermo
point (ELECT.) contacto
point (GEO.) cume; pico; cabo; promontório
point (GERAL) ponto
point alignment (INF.) alinhamento de ponto (vírgula)
point binomial (MAT.) termos do binómio
point bivariate distribution (MAT.) distribuição bidimensional descontínua
point circle (MEC.) círculo de altura de cabeça do dente
point-contact diode (ELECTRÓN.) díodo de contacto de ponta
point-contact transistor (ELECTRÓN.) transístor de contacto de ponta
point counter tube (ELECTRÓN.) tubo contador de ponta
point defect (CRIST.) defeito de ponta
pointed arch (E.CIV.) arco ogival
pointer (E.CIV.) apontador
Pointers (ASTRO.) Guardas da Ursa Maior
point gamma (T.IMAG.) ponto-gama
point of inflexion on a curve (MAT.) ponto de inflexão numa curva
point of osculation (MAT.) ponto de osculação
point of sale (INF.) ponto de venda
point-to-point connection (INF.) conexão ponto a ponto
point-to-point transmission (ELECTRÓN.) transmissão ponto a ponto
point welding (MEC.) soldadura por pontos
poise (FÍS.) poise (unidade CGS de viscosidade dinâmica)
poise (RELOJ.) equilíbrio
Poiseuille flow (HIDRO.) fluxo de Poiseuille
Poiseuille's formula (FÍS.) fórmula de Poiseuille
Poiseuille's law (HIDRO.) lei de Poiseuille
poising calliper (RELOJ.) calibrador de equilíbrio
poisoning (GERAL) envenenamento; intoxicação
Poisson binomial trials model (MAT.) modelo das tentativas binomiais de Poisson
Poisson constant (FÍS.) constante de Poisson
Poisson density functions (FÍS.) funções de densidade de Poisson
Poisson distribution (ESTAT.; INF.; MAT.; TOPO.) distribuição de Poisson
Poisson formula (FÍS.) fórmula de Poisson
Poisson integral formula (MAT.) fórmula integral de Poisson
Poisson process (FÍS.) processo de Poisson
Poisson's equation (MAT.) equação de Poisson
Poisson's function (MAT.) função de Poisson
Poisson's law (FÍS.) lei de Poisson
Poisson's number (FÍS.) número de Poisson

Poisson's ratio (FÍS.) relação de Poisson; coeficiente de Poisson
Poisson's transformation (MAT.) transformação de Poisson; transformação potencial
poke (INF.) examinar uma posição de memória para modificá-la
POL (INF.) abr. de *Problem-Oriented Language* — linguagem orientada à resolução de problemas
polar air (METEO.) ar polar
polar-air depression (GEO.) depressão de ar polar
polar air-mass (METEO.) massa de ar polar
polar association (QUÍM.) associação polar
polar axis (ASTRO.; CRIST.) eixo polar
polar body (BIO.) corpo polar; góbulo polar
polar bond (QUÍM.) ligação polar
polar cap (GEO.) calota polar
polar-cap ice (GEO.) gelo da calota polar; gelo polar
polar climate (ECO.) clima polar
polar co-ordinates (MAT.) coordenadas polares
polar crystal (CRIST.) cristal polar
polar curve (FÍS.) curva polar
polar diagram plot (TELECOM.) diagrama polar
polar flux (FÍS.) fluxo polar
polar front (METEO.) frente polar
polar-front jet stream (GEO.) corrente de jacto da frente polar
polar glacier (ECO.) glaciar polar
polar group (BIO.) grupo polar
polar ice (GEO.) gelo polar
polarimeter (QUÍM.) polarímetro
Polaris (ASTRO.) Estrela Polar
polariscope (FÍS.) polariscópio
polarity (FÍS.; GEO.; QUÍM.; ZOO.) polaridade
polarity diversity (TELECOM.) diversidade de polaridade
polarity indicator (ELECT.) indicador de polaridade
polarity inversion (ELECT.) inversão de polaridade
polarity of molecule (FÍS.) polaridade de molécula
polarity of video signal (T.IMAG.) polaridade do sinal de vídeo
polarization (ELECT.; FÍS.; QUÍM.) polarização
polarization angle (FÍS.) ângulo de polarização
polarization brush (FÍS.) crista de polarização; crista de Haidinger
polarization cell (ELECT.) elemento de polarização; pilha de polarização
polarization current (ELECT.) corrente de polarização
polarization diversity (ELECT.) diversidade de polarização
polarization error (TELECOM.) erro de polarização
polarization fading (ELECT.) desvanecimento de polarização
polarization mismatch (ELECT.) desadaptação de polarização
polarization plane rotation (FÍS.) rotação do plano de polarização; rotação de polarização

polarization vector (Fís.) vector de polarização
polarized armature (Elect.) induzido polarizado
polarized beam (Fís.) feixe polarizado
polarized capacitor (Elect.) condensador polarizado
polarized electromagnetic radiation (Fís.) radiação electromagnética polarizada
polarized light (Elect.) luz polarizada
polarized neutrons (Fís.) neutrões polarizados
polarized plug (Elect.) tomada polarizada
polarized radiation (Fís.) radiação polarizada
polarized rays (Fís.) raios polarizados
polarized relay (Elect.) relé polarizado
polarized wave (Fís.) onda polarizada
polarizing angle (Elect.) ângulo polarizado; ângulo de Brewster
polarizing current (Elect.) corrente de polarização
polarizing filter (T.Imag.) filtro de polarização
polarizing lens (T.Imag.) lente de polarização
polarizing material (Electrón.) material polarizante
polarizing monochromator (Astro.) monocromador de polarização
polarizing prism (Fís.) prisma de polarização
polarizing voltage (Electrón.) tensão de polarização
polar jet stream (Meteo.) corrente de jacto polar
polar latitude (Geo.) latitude polar
polar leakage (Fís.) dispersão polar (magnetismo)
polar line and plane (Mat.) linha polar e plano
polar low (Meteo.) baixa polar
polar molecule (Fís.) molécula polar
polar moment (Fís.) momento polar
polar moment of inertia (Fís.) momento polar de inércia
polar mutation (Bio.) mutação polar
polar navigation (Nav.) navegação polar; navegação giroscópica
polar night vortex (Geo.) vórtice nocturno polar
polar nuclei (Bot.) núcleos polares
polarography (Quím.) polarografia
polaroid (Fís.) polaróide
Polaroid (T.Imag.) Polaroid (MC de produtos fotográficos e ópticos)
Polaroid camera (T.Imag.) câmara Polaroid; câmara polaróide
polaroid filter (T.Imag.) filtro polaróide
polaroid lens (T.Imag.) lente polaróide
polar orbit (Astro.) órbita polar
polar outbreak (Meteo.) irrupção polar; invasão de ar polar
polar platform (Esp.) plataforma polar
polar radiation (Fís.) radiação polar
polar reciprocation (Mat.) mutuação polar
polar response curve (Fís.) curva de resposta polar

polar sequence (Astro.) sequência polar
polar stratospheric cloud (Geo.) nuvem estratosférica polar
polar wandering (Geo.) desvio polar
polder (E.Civ.) pólder
pole (Geral) polo
pole (E.Civ.) poste; mastro; baliza
pole arc (Elect.) arco polar
pole bevel (Elect.) inclinação polar
pole-changing control (Elect.) controlo de mudança de polo; controlo de inversão de polo
pole core (Elect.) núcleo do polo
pole end-plate (Elect.) placa terminal do polo
pole face (Elect.) superfície polar
pole face loss (Elect.) perda de superfície polar
pole-finding paper (Elect.) papel busca-polo
pole horn (Elect.) corno polar
pole indicator (Fís.) indicador de polos; indicador de polaridade
pole inductor (Elect.) indução polar
pole jack (E.Civ.) macaco para postes
pole paper (Fís.) papel busca-polos; papel de iodeto de potássio
pole piece (Elect.) peça polar; segmento polar; massa polar
pole pitch (Elect.) passo polar; distância entre polos
pole plate (E.Civ.) placa polar; contrafrechal
pole shank (Elect.) haste polar
pole shim (Elect.) casquilho polar
pole shoe (Elect.) peça polar; armadura de polo com núcleo corrediço
pole star (Astro.; Topo.) Estrela Polar
pole strength (Fís.) intensidade polar; força polar
pole tip (Elect.) bico polar; ponta polar
pole top switch (Elect.) interruptor de topo de polo
pole-zero diagram (Electrón.) diagrama polo-zero
poling (Mec.) refinação
poling (Telecom.) ajuste de polaridade
poling board (E.Civ.) tábua de forro; tábua de forma
poling board (Minas) madeira de revestimento
polio- (Geral) polio-; do grego *polios* — cinzento (relativo à massa cinzenta)
polioclastic (Med.) polioclástico
poliodystrophy (Med.) poliodistrofia
polioencephalitis (Med.) polioencefalite
polioencephalomeningomyelitis (Med.) polioencefalomeningomielite
polioencephalomyelitis (Med.) polioencefalomielite
polioencephalopathy (Med.) polioencefalopatia
poliomyelencephalitis (Med.) poliomielencefalite
poliomyelitis (Med.) poliomielite
poliomyelopathy (Med.) poliomielopatia
polished face (Crist.) superfície polida
polished foil (Imp.) lâmina polida
polished rod (Minas) vareta polida

polished specimen (Minas) espécime polido
polishing bob (Mec.) torno de brunir
polishing head (Mec.) polidor; brunidor
polishing lathe (Mec.) torno de polir; polidor
polishing rubber (E.Civ.) boneca de dar lustro
polishing wheel (Mec.) roda de polir; disco de polir
polje (Geo.) polje; vale cego
pollard (Eco.) poda plana
pollen (Bot.) pólen
pollen analysis (Bot.; Med.) análise do pólen
pollen chamber (Bot.) câmara polínica
pollen count (Med.) contagem polínica
pollen diagram (Eco.) diagrama de pólens
pollen flower (Bot.) flor polínica
pollen mother cell (Bot.) célula-mãe dos grãos de pólen
pollenosis (Med.) polenose; polinose
pollen sac (Bot.) saco polínico
pollen tube (Bot.) tubo polínico
poll-evil (Vet.) doença da bolsa (da nuca craniana-atlantóidea)
pollex (Zoo.) polegar; primeiro dedo da mão
pollination (Bot.) polinização
pollination drop (Bot.) gota de polinização
polling (Inf.) pesquisa (método de controlo de linhas de comunicação)
polling block (Inf.) bloco de concentração
polling list (Inf.) lista de pesquisa
pollinium (Bot.) polínia
pollucite (Miner.) polucite
pollutant (Eco.) substância poluidora
pollution (Eco.) poluição
polonium (Quím.) polónio
poly- (Geral) poli-; do grego *polys* — muito, muitos
poly- (Quím.) poli-; com o significado de «polímero de»
poly (Med.) abr. de *polymorphonuclear leukocyte* — leucócito polimorfonuclear (abreviatura e termo coloquial)
polyacetal (Plást.) poliacetal
polyacid (Quím.) poliácido
polyacrylamide (Bio.; Quím.) poliacrilamido
polyacrylamide gel (Bio.) gel de poliacrilamida
polyacrylamide gel electrophoresis (Bot.) electroforese de gel de poliacrilamida
polyacrylate (Quím.) poliacrilato
polyadelphous (Bot.) poliadelfo
polyadenitis (Med.) poliadenite
polyadenopathy (Med.) poliadenopatia
polyalcohol (Quím.) poliálcool
polyalkane (Quím.) polialcano
polyamide (Quím.; Têxt.) poliamida
polyamine (Quím.) poliamina
poly(amine) (Quím.) poliamina (polímero de uma amina)
polyamine-methylene resin (Quím.) resina de poliamina-etileno

polyandrous (Bot.) poliandro
polyandry (Zoo.) poliandria
polyantibiotic (Med.) poliantibiótico
polyarch (Bot.) poliarco; xilema primário
polyaromatic hydrocarbon (Eco.) hidrocarbonetos poliaromáticos
polyarteritis (Med.) poliarterite
polyarteritis nodosa (Med.) poliarterite nodosa; doença de Kussmall
polyarthritis (Med.) poliartrite
polyarthritis chronic villosa (Med.) poliartrite crónica vilosa
polybasic acids (Quím.) ácidos polibásicos
polybasite (Miner.) polibasite
polyblast (Bio.; Med.) poliblasto
polyblennia (Med.) poliblenia
polybutadienes (Plást.; Quím.) polibutadienos
polybutenes (Quím.; Plást.) polibutenos
polycarbonate capacitor (Electrón.) condensador de policarbonato
polycarbonates (Quím.; Plást.) policarbonatos
polycarpellary (Bot.) policarpelado
polycarpic (Bot.) policárpico
polycarpous (Bot.) policárpico
Polychaeta (Zoo.) Poliquetas
polychasium (Bot.) policásio
polychlorinated biphenyl [PCB] (Eco.) bifenil policlorinado
polychloroprene (Quím.) policloropreno
polychromasia (Med.) policromasia
polychromy (Arq.) policromia
polychronic species (Eco.) espécies policrónicas
polyclimax theory (Eco.) teoria de policlímax
polyclonal activators (Imun.) activadores policlonais
polyclonal antibody (Bio.) anticorpo policlonal
polycormic (Bot.) policormo
polycotyledonous (Bot.) policotiledóneo
polycrystalline silicon (Electrón.) silício policristalino
polycyclic (Geral) policíclico
polycyclic landscape (Eco.) paisagem policíclica
polycyesis (Med.) gravidez múltipla
polycystic (Med.) poliquístico
polycythaemia;polycythemia (Med.) policitémia
polycythemia vera (Med.) policitémia vera; eritremia
polydactylism (Med.; Zoo.) polidactilismo
polydactyly (Med.; Zoo.) polidactilia
polydipsia (Med.) polidipsia
polyelectrolyte (Bio.) polielectrólito
polyembryony (Bot.; Zoo.) poliembrionia
polyene (Quím.) polieno
polyenic acids (Quím.) ácidos poliénicos
polyester (Plást.) poliéster
polyester-film capacitor (Electrón.) condensador de filme de poliéster

polyesthesia (Med.) poliestesia
polyestrous (Zoo.) poliestro
polyether (Quím.) poliéter
polyethylene glycols (Quím.) glicóis de polietileno
polyethylene terephthalate (Plást.) tereftalato de polietileno
polyformaldehydes (Plást.) poliformaldeídos
polygalactia (Med.) poligalactia
polygamous (Bot.; Zoo.) poligâmico
polygamy (Eco.) poligamia
polygen (Bio.) polígeno
polygenic (Bio.) poligénico
polygnathus (Med.) polignata
polygon (Mat.) polígono
polygonal beam (E.Civ.; Arq.) cimbre poligonal; saimel parabólico
polygonal bond (E.Civ.) aparelho poligonal
polygonal bowstring (E.Civ.) cimbre poligonal
polygonal bowstring girder (E.Civ.) viga com aba superior em arco; viga de segmento
polygonal bracing (E.Civ.) escoramento poligonal
polygonal broach roof (Arq.) telhado de torre; telhado piramidal
polygonal of forces (Fís.) polígono de forças; polígono de tensões
polygonal rubble (E.Civ.) alvenaria poligonal
polygonal scaffolding (E.Civ.) andaime poligonal
polygonal truss (E.Civ.) asna poligonal; armação de vigas poligonais
polygraph (Psico.) polígrafo
polygyny (Zoo.) poliginia
polyhaline (Geo.) polihalina; polisalina
polyhalite (Miner.) polialite
polyhedron (Mat.) poliedro
polyhydric (Quím.) poli-hídrico; poliídrico
polyimides (Quím.) poli-imidas
polymastia (Med.) polimastia
polymastism (Med.) polimastismo; politelia
polymer (Plást.) polímero
polymerase (Bio.; Quím.) polimerase
polymerase (Bio.) polimerase
polymerase chain reaction [PCR] (Bio.; Quím.) reacção em cadeia de polimerase
polymeria (Med.) polimeria
polymerization (Quím.) polimerização
polymerous (Bot.) polímero
polymetacarpalia (Med.) polimetacarpalismo; polimetacarpalia
polymetacarpalism (Med.) polimetacarpalismo
polymetatarsalia (Med.) polimetatarsalia; polimetatarsalismo
polymetatarsalism (Med.) polimetatarsalismo
polymethyl methacrylate (Plást.) polimetacrilato de metilo
polymicrobial (Med.) polimicrobiano
polymicrobian (Med.) polimicrobiano
polymorph (Geral) polimorfo
polymorphic (Eco.) polimórfico
polymorphic form (Miner.) forma polimórfica

polymorphic function (Inf.) função polimórfica
polymorphic transformation (Eng.) transformação polimórfica
polymorphism (Geral) polimorfismo
polymorphonuclear leucocyte (Imun.) leucócito polimorfonuclear
polymyoclonus (Bio.) polimioclone; mioclone múltiplo
polymyositis (Med.) polimiosite
Polynesian floral region (Eco.) região floral da Polinésia
polyneuritis (Med.) polineurite
polynomial code (Inf.) código polinomial
polynomial equations (Mat.) equações polinómicas
polynomial interpolation (Mat.) interpolação polinómica
polynomially bounded algorithm (Inf.) algoritmo limitado de forma polinomial
polynomial number (Mat.) número polinómico
polynomial time (Fís.) tempo polinómico
polynucleotide (Bio.) polinucleótido
polyoestrus (Zoo.) poliestral
polyol (Quím.) poliol
polyolefin (Têxt.) poliolefina
polyoma (Bio.) polioma
polyoma virus (Med.) vírus do polioma
polyose (Quím.) poliose
polyoxymethylene resins (Plást.) resinas de polioximetileno; poliformaldeídos
polyp (Med.) pólipo (excrescência carnosa, concrecção sanguínea nas mucosas)
polyp (Zoo.) pólipo (organismo em forma de bolsa ou saco, cuja abertura é rodeada de tentáculos)
polypeptide (Bio.) polipéptido
polypetalous (Bot.) polipétalo
polyphagous (Zoo.) polífago
polyphase (Elect.) polifásico
polyphase alternator (Elect.) alternador polifásico
polyphase armature (Elect.) induzido polifásico
polyphase circuit (Elect.) circuito polifásico
polyphase current (Elect.) corrente polifásica
polyphase field (Elect.) campo polifásico
polyphase generator (Elect.) gerador polifásico
polyphase induction motor (Elect.) motor de indução polifásico
polyphase rectifier (Elect.) rectificador polifásico
polyphase sort (Inf.) classificação polifásica
polyphase switch (Elect.) interruptor de circuito polifásico
polyphase synchronous generator (Elect.) gerador síncrono polifásico
polyphase synchronous motor (Elect.) motor síncrono polifásico
polyphase transformer (Elect.) transformador polifásico

polyphase winding (ELECT.) enrolamento polifásico; bobinagem polifásica

polyphyletic group (BIO.) grupo polifilético

polyphyllous (BOT.) polifilético

polyphyly (BIO.) polifilia

polyphyodont (ZOO.) polifiodonte

polypi (MED.) pólipos (é o plural de *polypus*)

polyplexer (RADAR) poliplexer; poliplexor; plexor múltiplo

polyploid (BIO.) poliplóide

polyposis (MED.) polipose

polyposis coli (MED.) polipose do cólon

polypotome (MED.) polipótomo

polypotrite (MED.) polipotrito

polypragmasy (MED.) polifarmácia; administração de medicamentos diferentes ao mesmo tempo

polypropylene (QUÍM.) polipropileno; propeno polimerizado

polypropylene capacitor (ELECTRÓN.) condensador de polipropileno

polyprotodont (ZOO.) poliprotodonte

polypus (MED.) pólipo

polyribosome (BIO.) poli-ribossoma; polissoma

polyrod antenna (TELECOM.) antena dieléctrica de varetas

polysaccharides (QUÍM.) polissacarídeos; polissacáridos

polysepalous (BOT.) polissépala

polysiloxanes (QUÍM.) polissiloxanos

polysomes (BIO.) polissomas

polysomia (BIO.) polissomia

polyspermy (ZOO.) polispérmia

polyspondyly (ZOO.) polispondilia

polystely (BOT.) polistelia

polystichous (BOT.) polistíquico

polystyrene (PLÁST.) polistireno

polystyrene capacitor (ELECTRÓN.) condensador de poliestireno

polyteny (BIO.) politenia

polytetrafluoroethane (PLÁST.) politretrafluorocloretileno

polytopic evolution (ECO.) evolução politópica

polytopism (ECO.) politopismo

polytrophic (ZOO.) politrófico

polytypism (ECO.) politipismo

polyurethanes (PLÁST.) poliuretanos

polyuria (MED.) poliúria

polyvalent (QUÍM.) polivalente

polyvinyl acetal (QUÍM.) acetal de polivinilo

polyvinyl acetate (PLÁST.) acetato de polivinilo

polyvinyl alcohol (PLÁST.) álcool polivinílico

polyvinyl butyral (PLÁST.) butiral polivinílico

polyvinyl chloride (PLÁST.) cloreto de polivinilo; PVC

polyvinyl chloride resin (QUÍM.) resina de cloreto de polivinilo

polyvinyl fibres (TÊXT.) fibras de polivinilo

polyvinylidene (QUÍM.) polivinilideno

polyvinylidene chloride (QUÍM.) cloreto de polivinilideno

polyvinyl polymers (PLÁST.) polímeros de polivinilo

polyvinyltoluene (QUÍM.) poliviniltolueno

Polyzoa (ZOO.) Polizoários; Briozoários

pome (BOT.) pomo

pommel (E.CIV.) maçaneta

Poncelet wheel (MEC.) roda de Poncelet

pond (HIDRO.) reservatório; bacia; depósito; tanque

ponding (HIDRO.) formação de lagoa

ponente (GEO.) vento de oeste (Mediterrâneo)

pons (ZOO.) ponte

pons Varolli (ZOO.) ponte de Varólio

pontal flexure (ZOO.) flexura de ponte

pontie (VIDR.) pontel; pinceta; ponteiro

pontoon (E.CIV.) pontão; doca flutuante

pontoon bridge (E.CIV.) ponte de pontões; ponte de barcas

Pontryagin's maximum principle (MAT.) princípio de máximo de Pontryagin

pony girder (MEC.) viga auxiliar; travessão auxiliar

pony motor (ELECT.) motor auxiliar de arranque

pony rod (MINAS) trem de perfuração; haste de perfuração

pool cathode (ELECTRÓN.) cátodo líquido; cátodo de piscina

pool reactor (NUCL.) reactor de piscina

pool tube (ELECTRÓN.) tubo de cátodo de mercúrio

poor lime (E.CIV.) cal magra

poor permeability (MINAS) fraca permeabilidade

poor porosity (MINAS) fraca porosidade

poor returns (MINAS) regresso parcial de lama

poor samples (MINAS) amostras pobres

poor show (MINAS) indícios fracos de petróleo; indícios fracos de gás

POP (MINAS) abr. de *Putting On Pump* — pôr em bomba (instalar uma unidade de bombeamento)

poplar (BOT.) choupo

poples (MED.) região poplítea; oco poplíteo; região posterior do joelho

poplin (TÊXT.) popelina; popeline

poppet head (MEC.) cabeçote de torno

poppets (NAV.) toleteiras

poppet valve (MEC.) válvula de gatilho; válvula tubular

popping (E.CIV.) encrespamento

popping (INF.) rebaixamento; extracção de elementos na cabeça de uma lista

popping (MEC.) batimento das válvulas

popping back (AUTO.) detonação no escape; detonação no carburador

Pop rivet (MEC.) rebite Pop

population (BIO.) população

population dynamics (ECO.) dinâmica populacional

population ecology (ECO.) ecologia populacional

population inversion (FÍS.) inversão de população

population regulation (ECO.) regulação populacional

population size (ECO.) dimensão populacional

P/O ratio (BIO.) razão fosfato/oxigénio

population types (ASTRO.) tipos de população

populin (QUÍM.) populina; benzoato de salicina

pop valve (MEC.) válvula de segurança (de acção directa)

porcelain clay (GEO.) caolino

porcelain insulator (ELECT.) isolador de porcelana

porcelain petticoat insulator (ELECT.) isolador de câmpanula de porcelana

porcelain saddle (ELECT.) braçadeira de porcelana

porcelain socket (ELECT.) base de porcelana

porcelain terminal (ELECT.) terminal de porcelana

porcelain water coil (MEC.) serpentina de porcelana para água

porcine encephalomyelitis virus (VET.) vírus da encefalomielite porcina

pore (GERAL) poro

pore distribution (FÍS.) distribuição (dimensional) de poros

porencephalia; porencephaly (MED.) porencefalia

poricidal (BOT.) poricida

Porifera (ZOO.) Esponjiários; Poríferos

porocele (MED.) porocele

porocephaliasis (MED.) porocefalose

porocephalosis (MED.) porocefalose

porogamy (BOT.) porogamia

porokeratosis (MED.) poroceratose

poromeric (QUÍM.) poromérico

porometer (BOT.) porómetro

poroses (MED.) poroses

porosis (MED.) porose

porosity (GERAL) porosidade

porous barrier (FÍS.) barreira porosa

porous bearing (MEC.) mancal poroso

porous clay (GEO.) argila porosa

porous dehiscence (BOT.) deiscência porosa

porous earth (GEO.) terra porosa; terra permeável

porous reactor (NUCL.) reactor poroso

porous rock (MINAS) rocha porosa

porphin (QUÍM.) porfina

porphyria (MED.) porfíria; distúrbio do metabolismo da porfirina

porphyria hepatica (MED.) porfíria hepática; porfiria aguda

porphyrin (QUÍM.) porfirina

porphyrite (GEO.) porfirite

porphyritic (GEO.; MINAS) porfirítico; porfiróide; porfírico

porphyritic crystal (MINER.) cristal porfírico

porphyritic granite (MINER.) granito porfírico

porphyritic plagioclase (MINER.) plagioclase porfírica

porphyritic texture (GEO.) textura porfírica

porphyroblastic (GEO.) porfiroblástico

porphyry (GEO.) pórfiro

porpoising (AERO.) arfagem; movimento ondulatório de um hidroavião

porrect (BOT.) extendido

port (AERO.; NAV.) bombordo; portinhola

port (GEO.) porto

port (GERAL) porta; porto

port (INF.) porta; via de acesso; porta de entrada/saída

port (MEC.) orifício

porta (MED.) porta; hilo; forâmen interventricular

porta (MED.; ZOO.) porta (designativo da veia que conduz o sangue ao fígado)

portable (INF.) portátil; transportável

portable crane (E.CIV.) guindaste portátil

portable engine (MEC.) motor portátil

portable instrument (ELECT.) instrumento portátil

portable oscilloscope (ELECT.) osciloscópio portátil

portable program (INF.) programa portátil; programa transportável

portable substation (ELECT.) subestação portátil

porta hepatis (MED.) porta hepática; fissura hepática

portal (E.CIV.) portal

portal system (ZOO.) sistema portal; sistema porta; veia porta

port concentrator (INF.) concentrador de portas

Porter governor (MEC.) regulador (de) Porter

portico (ARQ.) pórtico; colunata

Portland blast-furnace cement (E.CIV.) cimento Portland de altos fornos

Portland cement (E.CIV.) cimento Portland

Portland clinker (E.CIV.) clínquer Portland

portlandite (MINER.) portlandite

pos (INF.) abr. de *Product Of Sum* — produto de soma

poset (INF.) abr. de *Partially Ordered SET* — conjunto parcialmente ordenado

pos expression (INF.) abr. de *Product Of Sum expression* — expressão de produto de soma

position (GERAL) posição

positional notation (INF.) notação posicional

positional number (INF.) número posicional

positional operand (INF.) operando posicional

positional parameter (INF.) parâmetro posicional

positional representation (INF.) representação posicional

positional system (INF.) sistema posicional

position angle (ASTRO.) ângulo de posição

position block (INF.) bloco de posição

position effect (BIO.) efeito de posição

position error (AERO.) erro de posição

position-finding (TELECOM.) determinação de posição

position-independent code (INF.) código de posição independente

position indicator (INF.) indicador de posição

position macroinstruction (INF.) macroinstrução de posição

position sensor (ELECTRÓN.) sensor de posição

position sign (INF.) sinal de perfuração

position tree (INF.) árvore de posição

positive (GERAL) positivo

positive (MEC.) positivo; de movimento comandado ou forçado

positive acknowledge (FÍS.) reconhecimento positivo

positive after-image (FÍS.) pós-imagem positiva

positive allowance (MEC.) folga positiva; tolerância positiva

positive amplitude modulation (T.IMAG.) modulação de amplitude positiva

positive atmosphere (FÍS.) atmosfera positiva

positive bias (ELECT.) polarização positiva

positive catalist (QUÍM.) catalisador positivo

positive coarse pitch (AERO.) passo largo (da hélice)

positive column (ELECTRÓN.) coluna positiva

positive coupling (ELECT.) acoplamento positivo

positive electricity (ELECT.) electricidade positiva

positive electrode (ELECTRÓN.) eléctrodo positivo

positive electron (FÍS.) electrão positivo

positive emulsion (T.IMAG.) emulsão positiva

positive feedback (TELECOM.) realimentação positiva

positive feeder (ELECT.) alimentador positivo

positive g (ESP.) G positivo (gravidade)

positive geotropism (BIO.) geotropismo positivo

positive ion (FÍS.) ião positivo

positive lead (ELECT.) condutor positivo

positive logic (INF.) lógica positiva

positive magnetostriction (FÍS.) magnetoestricção positiva

positive mineral (MINER.) mineral positivo

positive motion (FÍS.) movimento positivo; movimento comandado

positive ore (MINAS) minério forçado

positive peak (ELECT.) máximo positivo

positive phase (ELECT.) fase positiva

positive phase sequence (ELECT.) sequência de fase positiva

positive reaction (BOT.) reacção positiva

positive reinforcement (PSICO.) reforço positivo

positive response (INF.) resposta positiva

positive taxis (BIO.) taxia positiva; taxismo positivo

positive temperature coefficient (ELECTRÓN.) coeficiente térmico positivo

positive video signal (T.IMAG.) sinal vídeo positivo

positive whole expoent (MAT.) expoente inteiro e positivo

positive wiring (ELECT.) ligação positiva

positron (FÍS.) positrão; eléctrodo positivo

positronium (FÍS.) positrónio

post- (GERAL) post-; pós-; elemento de composição, do latim *post* — depois de, denotando depois, atrás

post (GERAL) poste; coluna

post (MED.) pino (em Odontologia)

postaccessual (MED.) pós-acessual

postaxial (MED.) pós-axial

postbrachial (MED.) pós-braquial

post-capillary venullae (IMUN.) vénulas pós-capilares

postcaval vein (ZOO.) veia cava inferior

postclimax (ECO.) pós-climax

postdam (MED.) selo palatal; fecho palatal posterior

postdeflection acceleration (ELECTRÓN.) aceleração pós-deflexão

postdicroic (MED.) pós-dicróico

postembryonic (BIO.) pós-embrionário

poster (IMP.) anúncio; cartaz

POS terminal (INF.) abr. de *Point-Of-Sale terminal* — terminal de ponto de venda

postern (ARQ.) poterna; porta traseira

post-fertilization stages (BOT.) estágios pós-fertilização

postganglionic (MED.) pós-ganglionar

post-glacial (ECO.) pós glacial

post head (ELECT.) cabeça de pilar; cabeça de poste

postheating (ELECT.) pós-aquecimento

posthitis (MED.) postite; balanite

postholith (MED.) postólito; cálculo prepucial

post-hypnotic suggestion (PSICO.) sugestão pós-hipnótica

postical (BOT.) póstico; posterior

post insulator (ELECT.) isolador de poste

post mortem (MED.) após a morte; autópsia

post mortem; postmortem (INF.) post mortem; póstumo

post mortem dump (INF.) descarga de fim de programa

post mortem program (INF.) programa de descarga (após defeito)

post mortem routine (INF.) rotina de descarga (após defeito)

post partum; postpartum (MED.) pós-parto

post-parturient hemoglobinuria (VET.) hemoglobinúria pós-parto; hemoglobinemia puerperal

post-production (T.IMAG.) pós-produção

post-scoring (T.IMAG.) pós-instrumentação

post-synchronization (T.IMAG.) pós-sincronização

Post-Tertiary (GEO.) Pós-Terciário

post-translational modification (BIO.) modificação póstranslacional

postulate (MAT.) postulado
postzygapophysis (ZOO.) pós-zigapófise; pós-apófise articular
pot (GERAL) pote; vaso
potamodromous (ECO.) potamódromo
potamous (ECO.) potâmico
pot annealing (MEC.) recozimento em cadinho
potash (QUÍM.) potassa
potash mica (MINER.) moscovite; mica branca
potash syenite (MINAS) sienito potássico
potassium (QUÍM.) potássio
potassium acetate (QUÍM.) acetato de potássio
potassium alum (MINER.) alúmen de potássio
potassium aminosalicylate (QUÍM.) aminossalicilato de potássio
potassium antimonyl tartrate (QUÍM.) antimoniltartarato de potássio
potassium-argon dating (GEO.) datação de potássio-árgon
potassium bichromate (QUÍM.) bicromato de potássio
potassium bisulphate (bisulfate) (QUÍM.) bissulfato de potássio
potassium bitartrate (QUÍM.) bitartarato de potássio
potassium bromide (QUÍM.) brometo de potássio
potassium carbonate (QUÍM.) carbonato de potássio
potassium chlorate (QUÍM.) clorato de potássio
potassium chloride (QUÍM.) cloreto de potássio
potassium citrate (QUÍM.) citrato de potássio
potassium cyanide (QUÍM.) cianeto de potássio
potassium dichromate (QUÍM.) dicromato de potássio; bicromato de potássio
potassium dipicrylamine (QUÍM.) dipicrilamina de potássio
potassium ethyl succinate (QUÍM.) succinato etílico de potássio
potassium feldspar (MINER.) feldspato potássico
potassium ferricyanide (ferrocyanide) (QUÍM.) ferrocianeto de potássio
potassium gluconate (QUÍM.) gluconato de potássio
potassium guaiacolsulphonate (guaiacolsulfonate) (QUÍM.) guaiacolsulfonato de potássio
potassium halide (QUÍM.) haleto de potássio
potassium hexachloroplatinate (QUÍM.) hexacloroplatinato de potássio
potassium hydroxide (QUÍM.) hidróxido de potássio; potassa cáustica
potassium hypophosphite (QUÍM.) hipofosfeto de potássio
potassium iodate (QUÍM.) iodato de potássio
potassium iodide (QUÍM.) iodeto de potássio
potassium metaphosphate (QUÍM.) metafosfato de potássio

potassium mica (MINER.) moscovite; mica branca
potassium myronate (QUÍM.) mironato de potássio
potassium nitrate (QUÍM.) nitrato de potássio
potassium nitrite (QUÍM.) nitrito de potássio
potassium oxalate (QUÍM.) oxalato de potássio
potassium penicillin G (MED.; QUÍM.) penicilina G potássica
potassium perchlorate (QUÍM.) perclorato de potássio
potassium permanganate (QUÍM.) permanganato de potássio
potassium phosphate (QUÍM.) fosfato de potássio
potassium propionate (QUÍM.) propionato de potássio
potassium sodium tartrate (QUÍM.) tartarato sódico de potássio; sal de Rochelle
potassium sorbate (QUÍM.) sorbato de potássio
potassium succinate (QUÍM.) succinato de potássio
potassium thiocyanate (QUÍM.) tiocianato de potássio
potential (ELECT.) potencial; voltagem; tensão
potential (GERAL) potencial; latente
potential accuracy (ELECT.) precisão de potencial
potential barrier (FÍS.) barreira de potencial
potential coefficient (FÍS.) coeficiente de potencial
potential curve (ELECT.) curva de potencial
potential density (FÍS.) densidade de potencial
potential-determining ions (MINAS) iões de determinação de potencial
potential difference (FÍS.) diferença de potencial
potential divider (ELECT.) divisor de potencial
potential drop (FÍS.) queda de potencial
potential energy (FÍS.) energia de potencial
potential equalizer (FÍS.) compensador de potencial
potential evapotranspiration (METEO.) evapotranspiração potencial
potential function (MAT.) função potencial
potential fuse (ELECT.) fusível de potencial
potential galvanometer (ELECT.) galvanómetro de potencial
potential gradient (ELECT.) gradiente de potencial
potential heat (FÍS.) calor potencial; calor latente
potential hill (FÍS.) elevação potencial
potential indicator (ELECT.) indicador de potencial; voltímetro
potential instability (METEO.) instabilidade potencial; instabilidade convectiva
potential measuring (ELECT.) medição de potencial

potential node (ELECT.) nodo de potencial; nodo de tensão
potential nova (ASTRO.) nova (em) potencial
potential temperature (METEO.) temperatura potencial
potential theory (MAT.) teoria do potencial
potential transformer (ELECT.) transformador de potencial
potential trough (FÍS.) cavado de potencial
potential vorticity (METEO.) vorticidade potencial
potential wave (FÍS.) onda potencial
potential well (FÍS.) poço potencial
potentiometer (ELECT.) potenciómetro
potentiometer braking (ELECT.) travagem potenciométrica
potentiometer braking controller (ELECT.) controlador de travagem potenciométrica
potentiometer circuit (ELECT.) circuito de potenciómetro
potentiometer coil (ELECT.) bobina de potenciómetro
potentiometer cut (FÍS.) corte de potenciómetro
potentiometer for alternating voltage (ELECT.) potenciómetro de tensão alternada
potentiometer function generator (ELECT.) gerador de função potenciométrica
potentiometer law (ELECTRÓN.) lei do potenciómetro
potentiometer noise (ELECT.) ruído de potenciómetro
potentiometer titration (QUÍM.) graduação potenciométrica
potentiometer-type field rheostat (ELECT.) reóstato de campo de tipo potenciómetro; reóstato de campo potenciométrico
potentiometric surface (ECO.) superfície potenciométrica; superfície piezométrica
pot furnace (MEC.) forno de crisol
pothole (GEO.) caldeira; caldeirão
Potier construction (ELECT.) diagrama de Potier; construção de Potier
Potier diagram (ELECT.) diagrama de Potier
Potier reactance (ELECT.) reatância de Potier
potometer (BOT.) potómetro
POTS (ELECTRÓN.) abr. de power on self test — auto-teste inicial, auto teste no arranque
pot steel process (MEC.) produção de aço de crisol
potstone (MINER.) variedade impura de esteatite
Potter-Bucky grid (RADIOL.) grade de Potter-Bucky
potter's clay (GEO.) argila de oleiro
Pott's disease (MED.) mal de Pott; doença de Pott; espondilite tuberculosa
Pott's fracture (MED.) fractura de Pott
pouch (ZOO.) bolsa; fundo de saco
poughite (MINER.) poughita (sulfato-telurato hidratado de ferro)
pound (GERAL) libra

pound (HIDRO.) tanque; reservatório

poundal (FÍS.) poundal (unidade inglesa de força; abr. *pdl*)

Poupart's ligament (MED.) ligamento de Poupart; ligamento inguinal

pouring (MEC.) coada; vazamento

pouring head (MEC.) jito

pouring level (MEC.) plano de coada; nível de coada

pour point (QUÍM.) ponto de fluidez; ponto de derramamento; ponto de coagulação; ponto de solidificação

powder (GERAL) pó; poeira

powder core (ELECT.) núcleo de pó

powder density (PLÁST.) densidade de pó

powder difraction (FÍS.) difracção do pó

powdered-iron core (ELECTRÓN.) núcleo de ferro pulverizado

powder metallurgy (MEC.) metalurgia do pó

powder method (MINER.) método do pó

powdery mildew (BOT.) oídio

power (GERAL) potência; poder; energia

power (MAT.) potência

power amplification (ELECT.) amplificação de força; amplificação de potência

power amplifier (ELECT.) amplificador de potência

power amplifier stage (ELECT.) estágio amplificador de potência

power approach (AERO.) aproximação com motor

power assistance (MEC.) auxílio hidráulico; assistência hidráulica

power-assisted control system (AERO.) sistema de controlo automático de comando com potência auxiliar

power breeder (NUCL.) gerador de potência

power circuit (ELECT.) circuito de força

power coefficient (NUCL.) coeficiente de potência

power component (ELECT.) componente activo; componente em fase

power connectors (ELECT.) ficha de alimentação

power control rod (NUCL.) barra de comando de potência; barra de controlo de força; barra reguladora de potência

power conversion (ELECT.) conversão de energia

power cord (ELECT.) fio de alimentação

power detector (ELECT.) detector de potência

power disconnect switch (INF.) interruptor de energia

power dump (INF.) descarga de tensão

power efficiency (MEC.) rendimento de potência; rendimento de força

power engine (MEC.) gerador de força motriz

power factor (ELECT.) factor de força; factor de fase

power factor correction (ELECTRÓN.) correcção do factor de potência

power-factor meter (ELECT.) fasímetro

power-fail recovery (INF.) recuperação de falha de energia eléctrica

power feed (MEC.) avanço mecânico; de avanço automático

power frequency (ELECT.) frequência de energia

power gain (TELECOM.) ganho de potência; ganho de força

power governor (FÍS.) regulador de potência

power hammer (MEC.) martelo mecânico

power house (ELECT.) central eléctrica

power level (TELECOM.) nível de força; nível de potência

power-level diagram (TELECOM.) diagrama de nível de potência

power-level indicator (TELECOM.) indicador de nível de potência

power-limited channel (INF.) canal de energia limitada

power line (ELECT.) linha de força; linha de alta tensão; linha de transmissão (nos EUA)

power loading (AERO.) carga de potência

power loss (ELECT.) perda de potência; perda de energia

power MOSFET (ELECTRÓN.) MOSFET de potência

power-off condition (FÍS.) falta de alimentação

power on self test (ELECTRÓN.) autoteste inicial; auto teste no arranque

power output (MEC.) saída de potência; saída de força

power-pack (ELECT.) fonte de alimentação; unidade de alimentação

power package (MEC.) unidade de força

power plant (MINAS) central geradora; sistema motopropulsor

power rating (AERO.) potência nominal; homologação de potência

power ratio (MEC.) razão de potência

power reactor (NUCL.) reactor de potência; reactor de força

power relay (ELECT.) relé de força; relé de sobrecarga

power series (MAT.) série de potências

power shear (MEC.) tesoura mecânica

power shovel (MEC.) escavadora; pá mecânica

power slips (MINAS) cunhas automáticas

power spectral density [PSD] (TELECOM.) densidade de potência espectral

power steer (AUTO.) direcção mecânica

power stroke (MEC.) tempo de expansão; curso de explosão

power supply (FÍS.) fornecimento de energia; fornecimento de força; força motriz

power supply unit (INF.) unidade de alimentação

power transfer (ELECT.) transferência de energia; transferência de força

power transformer (ELECTRÓN.) transformador de potência

power transistor (ELECTRÓN.) transístor de potência

power transmitter (ELECT.) transmissor de potência

power tube (ELECTRÓN.) tubo amplificador de potência; válvula electrónica de força; válvula de potência de saída

power turbine (ELECT.) turbina de força

power turn (AERO.) viragem com motor; curva com motor

power unit (AERO.) gerador; grupo gerador

power unit (MEC.) grupo motor; grupo motopropulsor; gerador

power unit of a jet plane (AERO.) grupo motopropulsor de um avião a jacto

power washer (E.CIV.) lavador mecânico

power water (HIDRO.) água sob pressão

pox (MED.) pústula; doença eruptiva; vulgarmente sífilis

-pox (MED.) variante do plural de *pock* — pústula, usada em vários tipos de doença, como *smallpox* — varíola, *cowpox* — vacínia, etc.; com a acepção de «doença eruptiva»

pox viruses (BOT.) vírus pustular

POY (TÊXT.) abr. de *Partially Oriented Yarn* — fio orientado parcialmente

Poynting-Robertson effect (ASTRO.) efeito de Poynting-Robertson

Poynting's theorem (ELECT.) teorema de Poynting

Poynting vector (ELECT.) vector Poynting

pozzolana; pozzuolana (E.CIV.; GEO.) pozolana

pp (ELECTRÓN.) abr. de *peak to peak* — crista a crista; pico a pico

PP (ELECTRÓN.) abr. de *Push-Pull* — contrafase

PP (INF.) abr. de *Program Product* — programa produto

PP (QUÍM.) abr. de *PyroPhosphate* — pirofosfato

p.p.b. (GERAL) abr. de *Parts Per Billion* — partes por mil milhões

PPC (INF.) abr. de *Programmable Personal Computer* — computador pessoal programável

PPDU (INF.) abr. de *Presentation Protocol Data Unit* — protocolo de apresentação de unidade de dados

PPI (INF.) abr. de *Programmable Peripheral Interface* — acoplador periférico programável

PPI (RADAR) abr. de *Plan-Position Indicator* — indicador de posição de plano

p-p junction (ELECTRÓN.) junção p-p

ppm (QUÍM.) abr. de *parts per million* — partes por milhão

PPM (ELECTRÓN.) abr. de *Pulse Position Modulation* — modulação por posição de impulsos; modulação de impulsos em fase

p.p.m. (GERAL) abr. de *Parts Per Million* — partes por milhões

PPP (INF.) abr. de *point to point protocol* — protocolo ponto a ponto

PPQ bar (ZOO.) abr. de *PterygoPalato-Quadrate Bar* — barra pterigo-palato-quadrado (relativa aos ossos pterigóide, palatino e quadrado, na mandíbula superior dos vertebrados inferiores)

P-protein (Bot.) proteína P; proteína do floema

PPS (Telecom.) abr. de *precise positioning service* — serviço de posicionamento preciso

ppt; ppte (Quím.) abr. de *precipitate* — precipitado

Pr (Quím.) símbolo do elemento químico *praseodymium* — praseodímio

practical units (Fís.) unidades práticas

Prader-Willi syndrome (Bio.; Med.) síndroma Prader-Willi

prae- (Geral) pre-; do latim *prae* — antes de (V. também palavras em *pre-*)

praecoces (Zoo.) precoces

Praesepe (Astro.) Presépio (aglomerado aberto visível à vista desarmada na constelação do Caranguejo)

prairie (Eco.) praria

Prandtl layer (Fís.) camada de Prandtl; camada limite de superfície

Prandtl number (Quím.) número de Prandtl

prase (Miner.) prásio

praseodymium (Quím.) praseodímio

Pratt truss (Mec.) viga Pratt; viga de rótula em N

Prausnitz-Kustner reaction (Imun.) reacção de Prausnitz-Kustner

PRBS (Inf.) abr. de *Pseudo Random Binary Sequence* — sequência binária pseudo-aleatória

preadaptation (Zoo.) pré-adaptação

preamp (Electrón.) pré-amplificador

preamplifier (Fís.) pré-amplificador

prebiotic (Bio.) pré-biótico

Precambriam (Geo.) pré-Câmbrico; pré-Cambriano; Criptozóico

Precambrian age (Geo.) Idade pré-Câmbrica

Precambrian conglomerate (Geo.) conglomerado pré-Câmbrico

Precambrian formation (Geo.) formação pré-Câmbrica

Precambrian limestone (Geo.; Miner.) pedra calcária pré-Câmbrica

Precambrian period (Geo.) Período pré-Câmbrico

Precambrian system (Geo.) Sistema pré-Câmbrico

precast (E.Civ.) pré-moldado

precast stone (E.Civ.) pedra pré-moldada

precaval vein (Zoo.) veia pré-cava (no Homem: veia cava superior)

precession (Fís.; Mec.) precessão; mudança de eixo

precession of the equinoxes (Astro.) precessão dos equinócios

prechordal (Zoo.) pré-cordal

precipitable water (Meteo.) água precipitável; vapor de água precipitável

precipitation (Geral) precipitação

precipitation effectiveness (Bot.) efectividade a precipitação; razão precipitação-evaporação

precipitation-efficiency index (Eco.) índice de eficiência da precipitação

precipitation static (Telecom.) chuva; ruído estático da chuva

precipitin (Bio.; Med.) precipitina; anticorpo precipitante

precipitin test (Bot.) teste de precipitina

precise levelling (Topo.) nivelamento de precisão

precise positioning service (Electrón.) serviço de posicionamento preciso

precision-approach radar (Aero.) radar de aproximação de precisão (PAR)

precision casting (Mec.) fundição de precisão; fundição de resfriamento brusco

precision clutch (Mec.) embraiagem de precisão

precision coupling (Elect.) acoplamento de precisão

precision drop forging (Mec.) estampagem a quente de precisão

precision gear (Mec.) engrenagem de precisão

precision grinding (Mec.) rectificação de precisão

precision lathe (Mec.) torno mecânico de precisão

precision needle (Mec.) agulha de precisão; ponteiro de precisão

precision rectifier (Electrón.) rectificador de precisão

precision shaft (Mec.) eixo de precisão

precision steel roller (Mec.) rolete de aço de precisão

precision tool (Mec.) ferramenta de precisão

precision turning (Mec.) torneamento de precisão

precision winding (Elect.) enrolamento de precisão

preclimax (Eco.) pré-climax

pre-combustion chamber (Auto.) câmara de pré-combustão

precoracoid (Zoo.) pré-coracóide; pré-coracoideu

precordial (Med.) precordial

predation (Eco.) predação

predation analysis (Eco.) análise predatória

predation compensation (Eco.) compensação predatória

predator (Eco.) predador

predentin(e) (Bio.) pré-dentina

predicate calculus (Mat.) cálculo de predicados (em Lógica Matemática)

predictive coding (Telecom.) codificação preditiva

predictive frame (T.Imag.) imagem preditiva

pre-distortion network (Telecom.) rede de pré-distorção

prednisolone (Med.; Quím.) prednisolona

prednisone (Med.; Quím.) prednisona

Preece's formula (Elect.) fórmula de Preece

pre-eclampsia (Med.) pré-eclampsia

pre-emphasis (Telecom.) pré-ênfase

preen gland (Zoo.) glândula uropigial; uropígeno; glândula do óleo

preening (Eco.) impermeabilização

prefabricated building (E.Civ.) edifício pré-fabricado

prefabricated panel (E.Civ.) painel pré-fabricado

prefading (Fís.) pré-desvanecimento

preferential mating (Zoo.) acasalamento preferencial

preferential species (Eco.) espécie preferencial

preferred numbers (Eng.) números preferidos; números optados

preferred orientation (Eng.) orientação preferida; orientação optada

preferred sizes (Eng.) tamanhos preferidos

preferred values (Eng.) valores preferidos

prefloration (Bot.) pré-floração

prefoliation (Bot.) pré-foliação

preformation (Eco.) pré-formação

prefrontal (Med.) prefrontal (no geral); lobotomia prefrontal (no particular)

pregnancy (Med.) gestação; gravidez

pregnancy (Vet.) gravidez; prenhez; ciese

pregnancy test (Med.) teste de gravidez

pregnancy toxaemia (Vet.) toxicose gravídica

pregnane (Quím.) pregnano

pregnanediol (Quím.) pregnanodiol

pregnanetriol (Quím.) pregnanotriol

pregnene (Med.; Quím.) pregneno

pregnenolone (Med.; Quím.) pregnenolona

pregs (Minas) abr. de *pregnant solution* — solução latente

prehallux (Zoo.) pré-halux (dedo supranumerário ao dedo grande do pé)

preheating chamber (Mec.) câmara de pré-aquecimento

preheating time (Electrón.) tempo de pré-aquecimento

prehensile (Zoo.) preênsil

preignition (Auto.) pré-ignição

prelacrimal (Med.) pré-lacrimal

prelacteal (Zoo.) pré-lácteo

preliminary matter (Imp.) matéria preliminar

premature ejaculation (Med.; Psico.) ejaculação prematura; ejaculação precoce

premaxillary (Zoo.) pré-maxilar

premeiotic mitosis (Bio.) mitose pré-meiótica

premiere (T.Imag.) estreia

premix (T.Imag.) pré-mistura

premolar (Zoo.) premolar; pré-molar

premorse (Bot.) premorso

prenatal diagnosis (Bio.; Med.) diagnóstico prénatal

prenhite (Miner.) prenite

pre-operational thinking (Psico.) pensamento pré-operacional

preoperculum (Zoo.) pré-opérculo

prepatellar (Med.) pré-patelar

prephenic acid (Quím.) ácido prefénico

preplacental (Med.) pré-placentário

prepollex (Zoo.) pré-polegar

pre-press proof (Imp.) prova de pré-impressão

pre-prophase band (Bot.) faixa pré-prófase

prepubic (Zoo.) pré-púbico

prepuce (Zoo.) prepúcio

presbyope (Med.) presbíope

presbyopia (Med.) presbiopia

prescaler (Electrón.) divisor de frequência

preselection (T.Imag.) pré-selecção

preselector gearbox (Mec.) caixa de engrenagem de pré-selector

presensitized plate (Imp.) placa pré-sensibilizada

presentation (Med.) apresentação (parte do corpo do feto que precede as outras no nascimento); posição

preset (Electrón.) pré-fixar; pré-ajustar; recomeçar; pré-estabelecer

preset guidance (Aero.) guiamento pré-ajustado (de míssil)

press (Geral) prensa; pressão

press (Imp.) prensa; máquina de impressão

press (Mec.) prensa; compressor

press builder's lead (E.Civ.) chumbo de construção de pressão

press button board (Elect.) quadro de interruptores de botão

pressed amber (Miner.) ambaróide; âmbar sintético

pressed brick (E.Civ.) tijolo prensado

presser (Têxt.) repuxador

press fit (Mec.) ajustagem com montagem forçada; encaixado a prensa

press forging (Mec.) forjamento a prensa

pressing (Têxt.) estampagem

press proof (Imp.) prova de máquina

press roll (Papel) rolo de prensa

pressure (Geral) pressão

pressure accumulator (Elect.) acumulador de pressão

pressure altitude (Aero.) altitude de pressão

pressure anemometer (Fís.) anemómetro de pressão

pressure angle (Eng.) ângulo de pressão

pressure area (Meteo.) área de pressão

pressure average (Fís.) média de pressão

pressure balance (Fís.) equilíbrio de pressão

pressure bar (Mec.) barra de pressão

pressure bearing (Mec.) mancal de pressão

pressure bomb (Minas) bomba de pressão

pressure booster (Aero.) aumentador de pressão; reforçador de pressão

pressure broadening (Fís.) ampliação por pressão; alargamento por pressão

pressure cabin (Aero.) cabina pressurizada

pressure cable (Elect.) cabo de pressão

pressure capsule (Mec.) cápsula de pressão; cápsula aneróide

pressure casting (Mec.) fundição a pressão; fundição a jacto

pressure cell (Fís.) célula de pressão; tanque de pressão

pressure chamber (Fís.) câmara de pressão; câmara pneumática

pressure circuit (Elect.) circuito de pressão; circuito de voltagem

pressure coil (Elect.) bobina de tensão

pressure coil (Mec.) serpentina de pressão

pressure co-ordinates (Meteo.) coordenadas de pressão

pressure diecasting (Mec.) fundição a jacto; fundição de injecção sob pressão

pressure drag (Aero.; Mec.) resistência à pressão

pressure drop (Elect.) queda de tensão

pressure drop (Mec.) queda de pressão

pressure effect (Fís.) efeito de pressão

pressure efficiency (Mec.) rendimento manométrico

pressure fall (Fís.; Mec.) queda de pressão

pressure flange (Mec.) flange de pressão

pressure forging (Mec.) forja a pressão

pressure gauge (Mec.) manómetro

pressure gradient (Meteo.) gradiente de pressão

pressure-gradient force (Meteo.) força de gradiente de pressão

pressure head (Aero.) altura de pressão; altura de carga; altura estática; tubo pitot

pressure helmet (Aero.; Esp.) capacete de pressão

pressure in bubbles (Fís.) pressão em bolhas

pressure ionization (Fís.) ionização por pressão

pressure jet (Aero.) jacto de pressão

pressure jump (Meteo.) salto baramétrico

pressure leaching (Minas) lixiviação por pressão

pressure lever (Mec.) nível de pressão

pressure melting (Eco.) fusão provocada pela pressão

pressure microphone (Fís.) microfone de pressão

pressure of atmosphere (Fís.) pressão atmosférica

pressure-pattern flying (Aero.) voo bárico; navegação bárica; voo de configuração de pressão

pressure potential (Eco.) potencial de pressão; potencial hidroestático

pressure probe (Bot.) prova de pressão; teste de pressão

pressure ratio (Aero.) coeficiente de pressão

pressure regulator (Mec.) regulador de pressão

pressure relay (Elect.) relé de pressão

pressure roller (Mec.) rolo de pressão; cilindro de pressão

pressure screw (Mec.) parafuso de pressão

pressure seal (Mec.) selo à pressão; vedação à pressão

pressure shoe (Mec.) sapata de pressão

pressure spring (Mec.) mola de pressão

pressure suit (Aero.) fato pressurizado

pressure tank (Mec.) tanque de ar comprimido

pressure-tube reactor (Nucl.) reactor de tubo de pressão

pressure unit (Fís.) unidade de pressão

pressure vacuum chamber (Fís.) câmara de vácuo à pressão

pressure vessel (Mec.) recipiente de pressão

pressure waistcoat (Aero.) colete de pressão

pressure wave (Meteo.) onda de pressão

pressure welding (Mec.) soldadura à pressão

pressure wind tunnel (Aero.) túnel aerodinâmico à pressão

pressure zone (Meteo.) zona de pressão

pressurized (Geral) pressurizado

pressurized water reactor (Nucl.) reactor de água pressurizada

presswork (Imp.) impressão

Prestel (Inf.) Prestel; vídeo interactivo

presternum (Zoo.) pré-esterno

prestressed concrete (E.Civ.) betão pré-esforçado

presystolic (Med.) pré-sistólico

pretrematic (Zoo.) pré-tremático (relativo à superfície craniana de uma fenda branquial)

pre-TR tube (Radar) tubo pré-transmissor-receptor; válvula pré-TR

preventative maintenance (Electrón.) manutenção preventiva

preventive chock-coil (Elect.) bobina de choque preventiva

preventive resistance (Elect.) resistência preventiva

prevernal (Eco.) pré-vernal

preview (T.Imag.) ante-estreia

prezygapophysis (Zoo.) pré-zigapófise

PRF (Telecom.) abr. de *Pulse Repetition Frequency* — frequência de repetição de impulsos

priapism (Med.) priapismo

Priapulida (Zoo.) Priapulídeos

Price's guard-wire (Elect.) fio de protecção de Price

pricking-up (E.Civ.) picagem

prickle (Bot.) acúleo

prickly heat (Med.) brotoeja; miliária

prick punch (Reloj.) marca de punção

Pridoli (Geo.) Pridoliana (época geológica)

prima (Imp.) primeira

primacord fuse (Minas) espoleta de rastilho

primacy effect (Psico.) efeito de primazia

primaquine (Med.; Quím.) primaquina

primaquine phosphate (Med.; Quím.) fosfato de primaquina; plasmoquina

primaries (Zoo.) primárias (remiges)

primary (Bot.; Zoo.) primário
primary acids (Quím.) ácidos primários
primary additive colours (Fís.) cores aditivas primárias
primary alcohol (Quím.) álcool primário
primary amine (Quím.) amina primária
primary battery (Elect.) bateria primária
primary block (Inf.) bloco primário
primary body (Astro.) corpo celeste primário
primary body (Bot.) corpo primário
primary body cavity (Zoo.) cavidade do corpo primário
primary bow (Meteo.) arco-íris primário
primary cache (Electrón.) memória intermédia primária
primary cell (Elect.) elemento primário; pilha primária
primary cell wall (Bot.) parede celular primária
primary circuit (Elect.) circuito primário
primary circulation (Meteo.) circulação primária
primary coil (Elect.) bobina primária
primary colours (E.Civ.) cores primárias
primary constants (Elect.) constantes primárias
primary constriction (Bio.) constrição primária
primary coolant (Nucl.) refrigerante primário
primary crushing (Minas) britagem primária
primary culture (Bio.) cultura primária
primary current (Electrón.) corrente primária
primary cyclone (Meteo.) ciclone primário
primary device (Inf.) dispositivo primário
primary dispersion (Minas) dispersão primária
primary earth ground (Electrón.) terra primária; protecção à terra
primary electrons (Electrón.) electrões primários
primary emission (Electrón.) emissão primária
primary era (Geo.) Era primária
primary feeder (Elect.) alimentador primário
primary filter (Fís.) filtro primário
primary flow (Electrón.) fluxo primário
primary forest (Eco.) floresta primária; floresta primeva
primary gneissic banding (Geo.) faixa gnéissica primária
primary great circle (Geo.) grande círculo primário; círculo fundamental
primary growth (Bot.) crescimento primário
primary immune response (Imun.) resposta imune primária; resposta imunitária primária
primary impedance (Elect.) impedância primária

primary ionization (Fís.) ionização primária
primary key (Inf.) chave primária
primary link station (Inf.) estação de ligação primária
primary lithification (Geo.) litificação primária
primary load (Elect.) carga do primário
primary logical unit (Inf.) unidade lógica primária
primary low (Meteo.) baixa primária; baixa de pressão primária
primary memory (Inf.) memória primária
primary meristem (Bot.) meristema primário
primary metal (Mec.) metal primário
primary mineral (Geo.) mineral primário; minério primário
primary node (Bot.) nó primário
primary opening (Geo.) abertura primária
primary operator control (Inf.) controlo de operador primário
primary phloem (Bot.) floema primário
primary production (Eco.) produção primária; produção fundamental
primary productivity (Eco.) produtividade primária
primary radar (Radar) radar primário
primary radiation (Fís.) radiação primária
primary ray (Bot.) raio primário; raio medular
primary reinforcement (Psico.) reforço primário
primary response (Bio.) resposta primária
primary sere (Bot.; Eco.) sere primária
primary service area (Telecom.) área de serviço principal
primary solid solution (Mec.) solução sólida primária
primary space allocation (Inf.) atribuição de espaço primário; fixação de espaço primário
primary station (Inf.) estação primária
primary storage (Inf.) armazenamento primário
primary store (Inf.) memória principal
primary stress (Mec.) tensão primária; tensão inicial
primary structure (Aero.) estrutura principal
primary sucession (Eco.) sucessão primária
primary task (Inf.) tarefa primária
primary terminal (Elect.) terminal primário; borne primário
primary tissue (Bot.) tecido primário
primary track (T.Imag.) pista principal; pista primária
primary transmission (Mec.) transmissão primária
primary turns (Elect.) espiras do primário
primary voltage (Elect.) voltagem primária; voltagem indutora
primary volume (Inf.) volume primário

primary wall (Bot.) parede primária
primary winding (Elect.) enrolamento primário
primary woodland (Eco.) bosque primário; bosque primevo
primary xylem (Bot.) xilema primário
primase (Bio.) primase
Primates (Zoo.) Primatas
prime (E.Civ.) primeira demão
prime (Geral) primeiro; primário; primitivo; fundamental
prime (Mat.) número primo; minuto (1/60 do grau), e também o sinal «'» — linha (ex. a'+ b')
prime area (Inf.) área primária
prime cell (Elect.) pilha primária
prime coat (E.Civ.) base; camada-base; camada primária
prime data area (Inf.) área primária de dados
prime figure (Mat.) número primo
prime focus (Fís.) foco primário
prime meridian (Geo.) meridiano principal
prime mover (Mec.) motor principal; agente-motor
prime number (Mat.) número primo
primeosome (Bio.) primossoma
primer (E.Civ.) base; tinta de base
primer (Minas) espoleta
primigravida (Med.) primigrávida; primigesta
priming (Mec.) entrada da água nos cilindros; ferragem de bomba
priming coat (E.Civ.) aparelho; imprimadura
priming of water (Hidro.) arrasto de água
priming pump (Aero.) bomba injectora
priming valve (Mec.) válvula de segurança
priming water (Hidro.) água arrastada
primipara (Med.) primípara
primitive (Geral) primitivo
primitive equation model (Meteo.) modelo de equação primitiva
primitive equations (Meteo.) equações primitivas; equações gerais
primitive rock (Geo.) rocha primitiva
primitive root (Bot.) raiz primitiva
primitive streak (Zoo.) linha primitiva
primordial germ cells (Zoo.) células de germinação primordial
primordium (Bio.) primórdio
principal (E.Civ.) asna; armação do telhado; vigamento
principal (Geral) principal
principal axes of a body (Fís.) eixos principais de um corpo
principal axis (Fís.) eixo principal
principal component analysis (Inf.) análise de componentes principais
principal dimensions (Fís.) dimensões principais
principal distance (T.Imag.) distância principal
principal equation (Mat.) equação principal
principal focus (Fís.) foco principal
principal front (Meteo.) frente principal
principal ideal (Mat.) ideal principal

principal normal (MAT.) normal principal

principal part (MAT.) parte principal

principal plane (FÍS.; MAT.) plano principal

principal point (FÍS.; MAT.) ponto principal

principal quantum number (FÍS.) número quântico principal

principal radius (FÍS.; MAT.) raio principal

principal series (MAT.) série principal

principal strain (MEC.) esforço principal

principal stress (MEC.) tensão principal

principal value (MAT.) valor principal

principle of equal deflections (MEC.) princípio de deflexões iguais

principle of equivalence (FÍS.) princípio de equivalência

principle of least action (FÍS.) princípio de tempo mínimo

principle of levers (FÍS.) princípio das alavancas

principle of reciprocity (FÍS.) princípio da reciprocidade

principle of reinforcement (PSICO.) princípio de reforço

principle of relativity (FÍS.) princípio da relatividade; teoria da relatividade

principle of superposition (FÍS.) princípio da superposição

print (IMP.) impresso

print (MEC.) marca de macho (em fundição)

print (T.IMAG.) imagem

print bar (INF.) barra de impressão

print barrel (INF.) tambor de impressão

print cloth (TÊXT.) tecido estampado

print contrast ratio (INF.) relação de contraste de impressão

print control character (INF.) carácter de controlo de impressão

print data format (INF.) formato de impressão de dados

printed circuit (ELECTRÓN.) circuito impresso

printed circuit board (ELECTRÓN.) placa de circuito impresso

printed component (ELECTRÓN.) componente impresso

printed wiring board (ELECTRÓN.) placa de circuito impresso

printer (GERAL) impressor

printer connector (INF.) tomada da impressora

printer format (INF.) formato de impressão

printer port (INF.) porta da impressora; porta paralela

print hammer (INF.) martelo de impressão

printhead (INF.) cabeça de impressão

printing (IMP.) impressão

printing (T.IMAG.) tiragem de cópias

printing block (IMP.) cliché

printing counter (INF.) contador de impressão

printing ink (IMP.) tinta de impressão

printing line (INF.) linha de impressão

printing-out paper [POP] (T.IMAG.) papel de enegrecimento directo

print out (INF.) saída impressa; impressão

print-out memory (INF.) memória de impressão

print position (INF.) posição de impressão

print record (INF.) registo de impressão

print speed (INF.) velocidade de impressão

print switch (INF.) comutador de impressão

print wheel (INF.) roda de impressão; cilindro de impressão

prion (BIO.; MED.) príon (forma ou espécie de agente transmissível, ainda não identificado completamente)

prisere (BOT.) sere primária

prism (GERAL) prisma

prismatic (GERAL) prismático

prismatic astrolabe (TOPO.) astrolábio prismático

prismatic binoculars (FÍS.) binóculo prismático

prismatic coefficient (NAV.) coeficiente prismático

prismatic colour (FÍS.) cor prismática

prismatic compass (TOPO.) bússola prismática

prismatic crystal (CRIST.) cristal prismático

prismatic grain (CRIST.) granulação prismática

prismatic layer (ZOO.) camada prismática

prismatic lens (FÍS.) lente prismática

prismatic structure (CRIST.) estrutura prismática

prismatic surface (CRIST.) superfície prismática

prismatic zone (CRIST.) zona prismática

prismoid (MAT.) prismóide

prismoidal (MAT.) prismóide; prismatóide

prismoidal formula (E.CIV.) fórmula prismóide

prism square (TOPO.) esquadro de agrimensor

privacy (INF.) privacidade

privacy protection (INF.) protecção à privacidade

privacy system (TELECOM.) sistema de privacidade; sistema sigiloso; sistema secreto

private automatic branch exchange [PABX] (TELECOM.) estação automática privada (particular)

private automatic exchange [PAX] (TELECOM.) centro automático privativo

private branch exchange [PBX] (TELECOM.) estação automática particular; central automática privada

private circuit (INF.) circuito privado

private code (INF.) código privado

private exchange (TELECOM.) central privada; estação particular

private facility (INF.) recurso privado

private key (INF.) chave primária

private line (TELECOM.) linha privada

private manual branch exchange (TELECOM.) instalação manual particular

private manual exchange (TELECOM.) central privada manual

p.r.n. (MED.) abr. do latim *pro re nata* — de acordo com as necessidades (usada em prescrições)

Pro (QUÍM.) símbolo de *proline* — prolina

pro- (GERAL) pro-; do latim *pro* — antes de, denotando também para a frente

pro- (QUÍM.) pro-; indicando «percursor de»

proaccelerin (MED.) proacelerina

proactinium (NUCL.) protactínio

proactivator (QUÍM.) proactivador

proal (MED.) relativo a um movimento para diante

proamnion (BIO.) proâmnio

proatlas (ZOO.) proatlas

probability density (FÍS.) densidade de probabilidade

probability density function (EST.) função de densidade de probabilidade

probability distributions (INF.) distribuições de probabilidades

probability law (EST.) lei de probabilidade

probability theory (INF.) teoria da probabilidade

probable working life (FÍS.) vida útil provável

proband (BIO.) propósito

probang (VET.) sonda esofágica

probarbital sodium (MED.; QUÍM.) probarbital sódico

probe (ELECT.) ponta de prova; sonda

probe (ASTRO.; FÍS.; MED.) sonda

probe (GERAL) prova; ensaio; teste; sonda

probing point (INF.) ponto de sondagem

problem check (INF.) verificação de problema

problem data (INF.) dados de problema

problem determination (INF.) determinação de problema

problem diagnosis (INF.) diagnose de problema

problem-oriented facility (INF.) recurso orientado para problema

problem oriented language (INF.) linguagem orientada para problema

problem oriented software (INF.) software orientado para problema; software de aplicação

problem solving behaviour (PSICO.) comportamento de resolução de problemas

problem trouble location (INF.) problema para localização de defeitos

Proboscidea (ZOO.) Proboscídeos

proboscis (ZOO.) probóscida; probóscide

procaine (MED.) procaína

procambium (BOT.) procâmbio

procartilage (ZOO.) procartilagem

procaryote (BOT.) procariota

procatarctic (MED.) procatártico

procedural abstraction (INF.) abstracção processual

procedure (INF.) procedimento

procedure analysis (INF.) análise de procedimento

procedure command (INF.) comando de procedimento

procedure-in-stream (INF.) procedimento em linha
procedure member (INF.) membro de procedimento
procedure-oriented language (INF.) linguagem orientada para procedimento
procedure statement (INF.) declaração de procedimento
Procellariiformes (ZOO.) Procelariiformes
process (GERAL) processo
process annealing (MEC.) recozimento de processo
process automation (INF.) automação de processo
process camera (T.IMAG.) câmara de processamento
process chart (MEC.) carta de processamento
process computer (INF.) computador de processos (processamento industrial)
process control (ELECTRÓN.; INF.) controlo de processo
process control block (INF.) bloco de controlo de processo
process factor (FÍS.) factor de processamento
processing (T.IMAG.) processamento; acabamento; tratamento
processing routes (MINAS) vias de processamento
process metallurgy (MEC.) metalurgia de processamento
processor (INF.) processador
processor fan (INF.) ventoínha do processador
process-response system (GERAL) sistema processo-resposta
prochlorite (MINER.) proclorite
Prochlorophyceae (BOT.) proclorofíceas
procidentia (MED.) procidência
procoelous (ZOO.) procélico
proct-; procto- (GERAL) proct-; procto-; do grego *proktos* — ânus
proctal (ZOO.) proctal
proctalgia (MED.) proctalgia
proctatresia (MED.) proctatresia; imperfuração do ânus
proctectasia (MED.) proctectasia
proctectomy (MED.) proctectomia
proctitis (MED.) proctite
proctoclysis (MED.) proctóclise
proctodaem; proctadeum (ZOO.) proctódio
proctodynia (MED.) proctodinia; proctalgia
proctologist (MED.) proctologista
proctopexy (MED.) proctopexia
proctoscope (MED.) proctoscópio
proctosigmoiditis (MED.) proctossigmoidite
proctostomy (MED.) proctostomia
proctotomy (MED.) proctotomia
proctotresia (MED.) proctotresia
procumbent (BOT.) procumbente
procurement (AERO.) aprovisionamento
procuticle (ZOO.) procutícula
prodeconium bromide (QUÍM.) brometo de prodecónio

prodigiosin (QUÍM.) prodigiosina
prodromal (MED.) prodrómico
prodrome (MED.) pródromo
producers (ECO.) produtores
product (GERAL) produto
production (ECO.) produção
production choke (MINAS) estrangulador de produção
production platform (MINAS) plataforma de produção
production rate (MINAS) caudal; produtividade
production reactor (NUCL.) reactor de produção
production/respiration ratio [P/R ratio] (ECO.) taxa produção/respiração
production rock (MINAS) rocha produtiva; rocha armazém; rocha reservatório
production string (MINAS) coluna de produção
productivity (ECO.) produtividade
products of inertia (FÍS.) produtos de inércia
products pipeline (MINAS) oleoduto de produtos
pro-ecdysis (ZOO.) pró-ecdise
pro-embryo (BOT.) pró-embrião
proeminence (MED.) protuberância; proeminência
profile (GERAL) perfil
profile drag (AERO.) resistência de perfil; resistência do aerofólio
profile grinding (MEC.) rectificação de perfil
profile transect (ECO.) perfil de amostragem
profiling (MEC.) perfilamento
proflavine (MED.; QUÍM.) proflavina
profundal zone (ECO.) zona profunda
progenote (ECO.) progénito
progeria (MED.) progéria
progestational (MED.) progestacional
progesterone (MED.) progesterona
progestogen (BIO.) progestogénio; progestógeno
proglacial (ECO.) periglacial
proglottis (ZOO.) proglote
prognathism (ZOO.) prognatismo
prognatous (ZOO.) prognático
prognosis (MED.) prognose
prognostic chart (METEO.) carta de prognóstico; carta de previsão
prognostic map (METEO.) mapa de prognóstico; carta de previsão
program (GERAL) programa
program access code (INF.) código de acesso de programa
program access key (INF.) chave de acesso de programa
program area (INF.) área de programa
program association table (INF.) tabela de associação de programas
program block (INF.) bloco de programa
program check (INF.) teste de programa
program compatibility (INF.) compatibilidade de programa
program counter (INF.) contador de programa
program design (INF.) projecto de programa

program development (INF.) desenvolvimento de programa
program drum (INF.) tambor de programa
program error interrupt (INF.) interrupção por erro de programa
program fetch (INF.) procura e carga de programa
program fetch time (INF.) tempo de procura de programa
program file (INF.) arquivo de programa
program flowchart (INF.) fluxograma de programa
program function key (INF.) tecla de função de programa
program generator (INF.) gerador de programa
program information code (INF.) código de informação de programa
program instruction (INF.) instrução de programa
program key (INF.) chave de programa
program language (INF.) linguagem de programa
program listing (INF.) listagem de programa
program load (INF.) carga de programa
program logic (INF.) lógica de programa
programmable divider (ELECTRÓN.) divisor de frequência programável
programmable frequency synthesizer (ELECTRÓN.) sintetizador de frequência programável
programmable logic array (INF.) rede lógica programável; sistema de lógica programável
programmable logic controller (ELECTRÓN.) controlador lógico programável
programmable logic device (ELECTRÓN.) dispositivo lógico programável
programmable read-only memory (INF.) memória só de leitura programável
programmable storage (INF.) armazenamento programável
programmed halt (INF.) paragem programada
programmed interrupt request vector (INF.) vector de solicitação de interrupção programada
programmed learning (INF.) aprendizagem programada
programmed level (TELECOM.) nível de modulação
programmed polling (INF.) interrogação programada
programmed read only memory (INF.) memória programável somente para leitura
program memory area (INF.) área da memória de programa
programmer (INF.) programador
programming (INF.) programação
programming inputs (INF.) entradas do programa
programming language (INF.) linguagem de programação
programming mathematical (INF.) programação matemática
programming theory (INF.) teoria de programação

program parameter (INF.) parâmetro de programa
progression (MAT.) progressão
progressive attack (E.CIV.) ataque progressivo
progressive coining (MEC.) cunhagem progressiva
progressive die (MEC.) matriz progressiva
progressive disintegration (NUCL.) desintegração progressiva
progressive evolution (ECO.) evolução progressiva
progressive gauge (MEC.) calibrador progressivo
progressive hardening (MEC.) têmpera progressiva
progressive heating (ELECT.) aquecimento progressivo
progressive interlace (T.IMAG.) mistura progressiva
progressive metamorphism (GEO.) metamorfismo progressivo
progressive overflow (INF.) excesso de capacidade progressivo
progressive proofs (IMP.) provas progressivas
progressive scanning (ELECTRÓN.) exploração progressiva
progressive spot weldind (MEC.) soldadura progressiva por pontos
progressive succession (ECO.) sucessão progressiva
progressive tool (MEC.) ferramenta progressiva
projected area (MEC.) área projectada
projected blade area (AERO.) superfície projectada da hélice; projecção da superfície da pá da hélice
projected diameter (FÍS.) diâmetro projectado
projected length (GEO.) extensão projectada
projected propeller-blade area (AERO.) área projectada da pá da hélice
projection (ARQ.) projecção; saliência; ressalto
projection (MAT.) projecção
projection display (T.IMAG.) ecrã de projecção
projection distance (T.IMAG.) distância de projecção
projection lamp (T.IMAG.) lâmpada de projecção
projection lantern (FÍS.) lanterna de projecção; projector
projection lens (FÍS.) lente de projecção
projection machine (T.IMAG.) máquina de projecção
projection room (T.IMAG.) televisão de projecção
projection welding (MEC.) soldadura de projecção
projective group (METEO.) grupo projectivo
projective line (MAT.) linha de projecção
projective optics (FÍS.) Óptica projectiva; Óptica de projecção
projective plane (MAT.) plano de projecção

projective point (MAT.) ponto de projecção
projective space (MAT.) espaço de projecção
projective transformation (MAT.) transformação projectiva
projector (FÍS.) projector
projector-type filament-lamp (ELECT.) lâmpada de filamento tipo projector
prokarionte; prokariote (BIO.) Procarionte; Procariota
prokaryon (BIO.) procarion; pró-núcleo
prokaryote (BIO.) procariota
prolactin (MED.) prolactina
prolactinoma (MED.) prolactinoma
prolamellar body (BOT.) corpo prolamelar
prolan (ZOO.) prolan; prolano (designação obsoleta da hormona gonadotrópica feminina)
prolapse (MED.) prolapso
prolate cycloid (MAT.) ciclóide alongado
prolate ellipsoid (MAT.) elipsóide alongado
prolate filter (ELECTRÓN.) filtro prolato
prolate spheroid (MAT.) esferóide alongado
proleg (ZOO.) falsa pata
proliferation (GERAL) proliferação
proline (QUÍM.) prolina
proline dipeptidase (QUÍM.) prolina dipeptidase; prolidase
PROLOG (INF.) PROLOG; abr. de *PROgramming in LOGic* — programação em lógica
Prolog language (INF.) linguagem PROLOG
PROM (INF.) PROM; acrónimo de *PROgrammable Memory* — memória programável
promenade deck (NAV.) tombadilho de passeio; convés superior de passageiros; coberta de passageiros
promeristem (BOT.) promeristema; meristema primordial
prometaphase (BIO.) prometafase
promethazine (MED.; QUÍM.) prometazina
promethium (QUÍM.) promécio
prominence (GERAL) proeminência; protuberância
promontory (GEO.) promontório
promontory (ZOO.) eminência; projecção
promoter (BIO.; QUÍM.) promotor; estimulador
prompt (INF.) solicitação
prompt critical (NUCL.) crítico imediato
prompt gamma (FÍS.) gama imediata; radiação gama imediata
prompt neutrons (FÍS.) neutrões imediatos
PROM washing (INF.) limpeza da PROM; apagamento da PROM
pronation (ZOO.) pronação
pronation of forearm (MED.) pronação do antebraço
pronatis (MED.) prematuro
pronator (ZOO.) pronador (músculo)
pronephros (ZOO.) prónefro

prong (MED.) raiz cónica de um dente
pronking (ECO.) saltitar
pronograde (ZOO.) pronógrado
pronotum (ZOO.) pronoto
pronucleus (ZOO.) pronúcleo
pro-oestrus (ZOO.) proestro
proof (GERAL) prova; demonstração; ensaio
proof (QUÍM.) tubo de ensaio
proof by contradiction (MAT.) prova por contradição; prova de redução ao absurdo
proof corrections (IMP.) correcções de prova
proofing press (IMP.) prensa de provas
proof load (AERO.) carga de ensaio
proof plane (ELECT.) plano de prova
proof stress (MEC.) carga de prova; tensão de prova
proof test (MEC.) teste de ensaio; teste de resistência
pro-otic (ZOO.) proótico
prop (AERO.) abr. de *propeller* — hélice; propulsor
prop (E.CIV.) escora; apoio; suporte; montante; suspensão
prop (MINAS) escora
propagation (GERAL) propagação; disseminação
propagation attenuation (ELECT.) atenuação de propagação; perda de propagação
propagation channel (FÍS.) canal de propagação
propagation coefficient (TELECOM.) coeficiente de propagação
propagation constant (FÍS.) constante de propagação
propagation curve (FÍS.) curva de propagação
propagation delay (FÍS.) atraso de propagação
propagation factor (FÍS.) factor de propagação
propagation loss (FÍS.) perda de propagação; atenuação de propagação
propagation of heat (FÍS.) propagação de calor
propagation of light (FÍS.) propagação de luz
propagation of sound (FÍS.) propagação do som
propagation prediction (TELECOM.) previsão de propagação
propagation ratio (FÍS.) coeficiente de propagação
propagation time (TELECOM.) tempo de propagação
propagation wave (FÍS.) onda de propagação
propagule (BOT.) propágulo
propane (QUÍM.) propano
propanoic acid (QUÍM.) ácido propanóico
propanol (QUÍM.) propanol; álcool propílico; etilcarbinol
propanone (QUÍM.) propanona; acetona
propantheline bromide (MED.; QUÍM.) brometo de propantelina
propatyl nitrate (MED.; QUÍM.) nitrato de propatila
propellant (AERO.; ESP.) propelente; propulsor

propellant charge (AERO.; ESP.) carga propulsora; carga de propelente
propellant fuel (AERO.; ESP.) combustível propulsor; propelente
propellant gas (AERO.; ESP.) gás propulsor
propellant tank (AERO.; ESP.) tanque de propelente; reservatório de propelente
propeller (GERAL) hélice; propulsor
propeller actual pitch (AERO.) passo real da hélice
propeller arch (NAV.) arco do hélice
propeller balancing (AERO.) equilíbrio da hélice
propeller bearing (NAV.) mancal do hélice
propeller blade (AERO.) pá da hélice
propeller blade angle (AERO.) ângulo da pá da hélice; ângulo da pá
propeller blade aspect ratio (AERO.) alongamento da pá da hélice
propeller blade face (AERO.) intradorso da pá da hélice
propeller boss (AERO.) cubo da hélice
propeller brake (AERO.) freio da hélice
propeller bushing (MEC.) bucha da hélice
propeller-camber ratio (MEC.) relação de curvatura de hélice
propeller cavitation (MEC.) cavitação da hélice; arrastamento de ar pela hélice
propeller clearance (AERO.) distância de segurança da hélice
propeller coefficient (AERO.) coeficiente da hélice
propeller crystallization (AERO.) fadiga da hélice; efeito de vibração da hélice
propeller disk (AERO.) disco da hélice
propeller drag (AERO.) resistência ao avanço da hélice; arrasto da hélice
propeller draught (AERO.) vento da hélice
propeller drive (AERO.) comando da hélice
propeller end (AERO.) lado da hélice
propeller fan (MEC.) ventilador de hélice; ventilador helicoidal
propeller flutter (MEC.) trepidação da hélice; vibração da hélice
propeller hub (AERO.) cubo da hélice
propeller interference (AERO.) interferência da hélice
propeller jet (AERO.) turbo-hélice
propeller load (AERO.) carga da hélice
propeller pitch (MEC.) passo de hélice
propeller post (NAV.) cadaste do hélice; cadaste anterior
propeller pusher (AERO.) hélice propulsora
propeller rake (MEC.) inclinação da hélice
propeller root (MEC.) base da pá da hélice; raiz da hélice
propeller shaft (AUTO.) eixo da hélice; árvore da hélice
propeller tip (MEC.) ponta da hélice
propeller tipping (MEC.) revestimento da ponta da hélice; revestimento da hélice
propeller turbine (MEC.) turbina da hélice

propeller turbine engine (AERO.) turborreactor; turbopropulsor
propeller wash (AERO.) jacto da turbina; esteira da hélice
propelling nozzle (AERO.) tubeira propulsora
propene (QUÍM.) propeno; propileno
propenol (QUÍM.) propenol
propeptone (QUÍM.) propeptona
properdin (IMUN.) properdina
properdin factor A; B; D; E (IMUN.) factor A, B, D, ou E da properdina
proper fraction (MAT.) fracção própria
proper motion (ASTRO.) movimento próprio
proper roasting (MEC.) calcinação perfeita
proper subset (MAT.) subconjunto próprio
prophage (BIO.) probacteriófago; profago
prophase (BIO.) profase
prophlogistic (MED.) proflogístico
prophylactic (MED.) profiláctico
prophylaxes (MED.) profilaxias
prophylaxis (MED.) profilaxia
propiolic acid (QUÍM.) ácido propiólico; ácido propinóico
propionic acid (QUÍM.) ácido propiónico; ácido metilacético
propionyl group (QUÍM.) grupo propionilo
proplastid (BOT.) proplastídio
proportional band (INF.) faixa proporcional
proportional control (INF.) controlo proporcional
proportional counter (NUCL.) contador proporcional
proportional-integral control (ELECTRÓN.) controlo integral proporcional
proportional ionization chamber (FÍS.) câmara de ionização proporcional
proportional region (NUCL.) região proporcional
proportional scale (NUCL.) escala proporcional
proposital calculus (MAT.) cálculo de proposições
proprioceptor (ZOO.) proprioreceptor; proprioceptor
prop root (BOT.) raiz aérea adventícia
proptosis (MED.) proptose
propulsion efficiency (ENG.) eficiência de propulsão
propulsion engine (ENG.) motor de propulsão
propulsion gear (ENG.) engrenagem de propulsão
propulsion reactor (ENG.) reactor de propulsão
propulsion unit (MEC.) unidade de propulsão; grupo propulsor
propulsive charge (ENG.) carga propulsora
propulsive duct (AERO.) tubo propulsor
propulsive efficiency (AERO.) rendimento propulsor; rendimento de tracção da hélice; rendimento de translação da hélice
propulsive screw (NAV.) hélice propulsor; propulsor

propyl alcohol (QUÍM.) álcool propílico; propanol; etilcarbinol
propylene (QUÍM.) propileno; propeno
propylene glycol (QUÍM.) propilglicol
propyl gallate (QUÍM.) galato de propilo
propyne (QUÍM.) propino; propínio
proscapula (ZOO.) clavícula (nos Teleósteos)
proscenium (E.CIV.) proscénio
proscenium lights (ELECT.) luzes do proscénio
proscolex (ZOO.) proscólex; proscolécio
prosecretin (MED.) prossecretina; secretina inactivada
prosector (MED.) prossector
prosectorium (MED.) prossectório
prosencephalon (ZOO.) prosencéfalo
prosoma (ZOO.) prossoma
prospect (GEO.; MINAS) objectivo; perspectiva
prospect hole (GEO.; MINAS) furo de prospecção; furo de sondagem
prospecting (GEO.; MINAS) sondagem; prospecção
prospecting scheme (MINAS) esquema de prospecção
prospecting weir pump (HIDRO.) bomba telescópica; bomba de poço simples
prospective area (MINAS) área de prospecção
prospectometer (GEO.; MINAS) prospectrómetro; contador Geiger de prospecção de minérios radioactivos
prospect pit (GEO.; MINAS) escavação de sondagem; escavação de prospecção
prospect shaft (GEO.; MINAS) furo de sondagem; furo de prospecção
prostaglandins (IMUN.; MED.) prostaglandinas
prostanoic acid (QUÍM.) ácido prostanóico
prostata; prostate (ZOO.) próstata; glândula prostática
prostatalgia (MED.) prostatalgia
prostatectomy (MED.) prostatectomia
prostaticovesical (MED.) prostaticovesical
prostatism (MED.) prostatismo
prostatitis (MED.) prostatite
prostatocystitis (MED.) prostatocistite
prostatodynia (MED.) prostatodinia
prostatolith (MED.) prostatólito
prostatomegaly (MED.) prostatomegalia
prostatorrhea; prostatorrhoea (MED.) prostatorreia
prostatovesiculitis (MED.) prostatovesiculite
prosthesis (MED.) prótese; protésica
prosthetic group (BIO.; QUÍM.) grupo prostético; grupo protético
prostomium (ZOO.) prostómio
protactinium (QUÍM.) protactínio
protalus rampart (GEO.) cascalheira de sopé
protamines (BIO.) protaminas
protandry (BOT.; ZOO.) protândria
protanopia (MED.) protanopia; cegueira ao vermelho

protanopic (MED.) protanópico
protease (BIO.) protease
protected-type (ELECT.) de tipo protegido; de tipo blindado
protection against radiations (FÍS.; MED.) protecção contra radiações
protection cap (ELECT.) capa de protecção; cobertura de protecção
protection diode (ELECTRÓN.) diodo de protecção
protection domain (INF.) domínio de protecção
protection file (INF.) arquivo de protecção
protection key (INF.) chave de protecção
protection memory (INF.) memória de protecção
protection storage (INF.) armazenamento de protecção
protective apron (MED.; RADIOL.) avental de protecção
protective coating (QUÍM.) revestimento de protecção
protective colloid (QUÍM.) colóide protector
protective earth (ELECTRÓN.) terra de protecção; protecção à terra
protective furnace atmosphere (MEC.) atmosfera de forno protectora
protective gap (ELECT.) intervalo protector; entreferro protector
protective gear (ELECT.) engrenagem protectora
protective layer (BOT.) camada protectora
protective relay (ELECT.) relé de segurança
protective system ((ELECT.) sistema de protecção; sistema de segurança
protector (ELECTRÓN.) protector
protein (BIO.) proteína
proteinases (BIO.) proteinases
protein factor (BIO.) factor proteico
proteinosis (MED.) proteinose
protein structure (BIO.) estrutura proteica
protein synthesis (BIO.) síntese de proteínas
proteinuria (MED.) proteinúria
proteoclastic (QUÍM.) proteoclástico
proteolysis (BIO.) proteólise
proteolytic (BIO.; QUÍM.) proteolítico
proteometabolic (BIO.) proteometabólico
proteometabolism (BIO.) proteometabolismo
proteose (BIO.;QUÍM.) proteose
proter-; protero- (GERAL) proter-; protero-; do grego próteros dianteiro, exprimindo a ideia de primeiro, anterior
proterandrous (BOT.; ZOO.) proterândrico
Proterozoic (GEO.) Proterozóico
prothallus (BOT.) protalo
prothorax (ZOO.) protórax
prothrombin (MED.) protrombina; Factor II
prothrombinogen (MED.) protrombinogénio; Factor VII
prothymia (MED.) protimia; precocidade mental
protide (QUÍM.) prótido

protiodide (QUÍM.) proto-iodeto
protist (BIO.) protista
Protista (BOT.) Protista
protium (QUÍM.) prótio
proto- (GERAL) proto-; do grego protos — primeiro, exprimindo a ideia de o primeiro de um grupo ou o mais alto de uma escala
protocercal (ZOO.) protocercal
Protochordata (ZOO.) protocordados
protocol (INF.) protocolo
protocol converter (TELECOM.) conversor de protocolos
protocol hierarchy (INF.) hierarquia de protocolos
protocol translation (INF.) conversão de protocolo; tradução de protocolo
protoderm (BOT.) protoderme; dermatogene; protoderma
protogenic (QUÍM.) protogénico
protogyny (BOT.; ZOO.) protoginia
protomorphic (ZOO.) protomórfico
proton (FÍS.) protão
proton acceleration (FÍS.) aceleração de protões
proton accelerator (FÍS.; NUCL.) acelerador de protões
proton bombardment (FÍS.; NUCL.) bombardeamento de protões
protonema (BOT.) protonema
protonephridial system (ZOO.) sistema protonefridiano
protonephridium (ZOO.) protonefrídio
protoneuron (BIO.) protoneurónio
proton gradient (BIO.) gradiente de protões
protonic solvent (QUÍM.) solvente protónico
proton motive force (BIO.) força motriz protónica
proton-precessional magnetometer (FÍS.) magnetómetro de precessão de protões
proton-proton chain (FÍS.) cadeia protão-protão
proton pump (BIO.) bomba de protões
proton resonance (FÍS.) ressonância de protão
proton synchroton (FÍS.) sincrotrão protónico
proton-translocating ATPase (BOT.) adenosina trifosfatase de translocação de protões
proto-oncogene (BIO.) proto-oncogene
protophloem (BOT.) protofloema
protoplasm (BIO.) protoplasma
protoplasmatic (BIO.) protoplasmático: protoplásmico
protoplasmatic circulation (BIO.) circulação protoplasmática
protoplasmic (BIO.) protoplásmico; protoplasmático
protoplast (BOT.) protoplasto
protoplast culture (BOT.) cultura de protoplastos
protoplast fusion (BOT.) fusão de protoplastos
protoporphyrin (QUÍM.) protoporfirina
protopsis (MED.) protopse; exoftalmo
protostele (BOT.) protostela
Prototheria (ZOO.) Prototéria
prototroph (BIO.) protótrofo

prototrophic (BIO.) prototrófico
prototrophic change (QUÍM.) mudança prototrófica; alteração prototrófica
prototropy (QUÍM.) prototropia
prototype (GERAL) protótipo; modelo; arquétipo
prototype (ZOO.) protótipo; forma primitiva
prototype engine (MEC.) motor protótipo
prototype filter (TELECOM.) filtro protótipo
prototype reactor (FÍS.) reactor protótipo
protovertebra (ZOO.) protovértebra
protoxide (QUÍM.) protóxido
protoxide of iron (QUÍM.) protóxido de ferro
Protozoa (ZOO.) Protozoários
protozoan (ZOO.) protozoário
protractor (MEC.) transferidor
protractor (MED.) protractor; músculo extensor
proud (E.CIV.) saliente
proud flesh (MED.) carne esponjosa
proustite (MINER.) proustite
provascular tissue (BOT.) tecido provascular; procâmbio
proved reserves (MINAS) reservas provadas
proventriculus (ZOO.) proventrículo
provirus (BIO.) provirus
provitamin (QUÍM.) provitamina
Proxima Centauri (ASTRO.) Proxima Centauri; Próxima de Centauro
proximal (BIO.) proximal
proximity detection (ELECTRÓN.) detector de proximidade
proximity fuse (RADAR) detonador de proximidade; espoleta de influência
proximity switch (ELECTRÓN.) interruptor de proximidade
pruinose (BOT.) pruinoso
pruniform (BOT.) pruniforme
pruriginous (MED.) pruriginoso
prurigo (MED.) prurigo
pruritus (MED.) prurido
prussiate (QUÍM.) prussiato
prussic acid (QUÍM.) ácido prússico
PS/2 connector (INF.) ligação PS2; ligação microDIN de 6 pinos
psalterium (ZOO.) folhoso; omaso; saltério
psammitic gneiss (GEO.) gneisse psamítico
psammitic schist (GEO.) xisto psamítico
psammo-littoral zone (ECO.) zona litoral arenosa
psammoma (MED.) psamoma; sarcoma angiolítico; corpos arenosos
psammophyte (BOT.) psamófito
pseud-; pseudo- (GERAL) pseud-; pseudo-; do latim pseudés — falso
pseudactinomycosis (MED.) pseudactinomicose
pseudoacid (QUÍM.) pseudo-ácido
pseudo-alum (QUÍM.) pseudo-alúmen
pseudoaposematic (ZOO.) pseudoapossemático
pseudobacillus (BIO.) pseudobacilo
pseudobacteria (BIO.) pseudobactérias

pseudobacterium (Bio.) pseudobactéria

pseudobase (Quím.) pseudobase

pseudobrachium (Zoo.) pseudobraço; falso braço

pseudobulb (Bot.) pseudo bolbo

pseudobulbar (Med.) pseudobulbar

pseudocarp (Bot.) pseudocarpo

pseudocartilaginous (Zoo.) pseudocartilaginoso; pseudocartilagíneo

pseudocode (Inf.) pseudocódigo

pseudocoele (Zoo.) pseudocele

pseudocolloid (Med.) pseudocolóide

pseudocopulation (Bot.) pseudocopulação

pseudocowpox (Vet.) pseudovacínia; nódulos dos ordenhadores

pseudocubic (Miner.) pseudocúbico

pseudocyesis (Med.) pseudociese

pseudo-dementia (Psico.) pseudodemência

pseudodont (Zoo.) pseudodenticulado

pseudofossil (Eco.) pseudofóssil

pseudofowl plague (Vet.) doença de Newcastle; doença de Ranikhet; pneumoencefalia das aves

pseudogamy (Bot.) pseudogamia

pseudogene (Bio.) pseudogene

pseudogeusia (Med.) pseudogeusia

pseudoglioma (Med.) pseudoglioma

pseudoglobulin (Bio.) pseudoglobulina

pseudogout (Med.) pseudogota

pseudogynecomastia (Med.) pseudoginecosmatia

pseudoheart (Zoo.) falso coração

pseudohermaphroditism (Bio.) pseudo-hermafroditismo

pseudointerference (Eco.) pseudointerferência

pseudoleucite (Miner.) pseudoleucite

pseudomalachite (Miner.) pseudomalaquite; lunuíte

pseudomerism (Quím.) pseudomerismo

pseudometamerism (Bio.) pseudometamerismo

Pseudomonadaceae (Bio.) Pseudomonadáceas

Pseudomonas (Bio.) Pseudomona

pseudomorph (Miner.) pseudomorfo

pseudomorphine (Quím.) pseudomorfina

pseudomucine (Med.; Quím.) pseudomucina

pseudoparenchyma (Bot.) pseudoparênquima

pseudoperianth (Bot.) pseudoperianto; pseudopódio

pseudopericarditis (Med.) pseudopericardite

pseudophyllid (Zoo.) pseudofilídeo

Pseudophyllidea (Zoo.) Pseudofilídeos

pseudopod (Bio.) pseudópodo

pseudopotential method (Fís.) método pseudopotencial

pseudopregnancy (Med.) pseudogravidez; pseudociese

pseudopremature (Med.) pseudoprematuro; falso prematuro

pseudo-pseudohypoparathyroidism (Med.) pseudopseudo-hipoparatiroidismo; síndroma de Albright

pseudopterygium (Med.) pseudopterígio

pseudorabies (Vet.) pseudorraiva; doença de Aujesky's

pseudo-random (Inf.) pseudo-aleatório

pseudo-random binary sequence generator (Electrón.) gerador de sequências binárias pseudo-aleatórias

pseudo-random coding (Inf.) codificação pseudo-aleatória

pseudo-random digit generator (Electrón.) gerador de números pseudo-aleatórios

pseudo-random noise (Inf.) ruído pseudo-aleatório

pseudo-random number sequence (Inf.) sequência numérica pseudo-aleatória

pseudo-random signal (Inf.) sinal-pseudo-aleatório

pseudo-random test sequence (Inf.) sequência de teste pseudo-aleatório

Pseudoscorpionidea (Zoo.) Pseudo-escorpionídeos

pseudosolution (Quím.) pseudo-solução

pseudospecies (Eco.) pseudo-espécie

pseudo-steppe (Eco.) pseudo-estepe

pseudosymmetry (Miner.) pseudo-simetria

pseudotabes (Med.) pseudotabes; pseudo-ataxia; ataxia de Leyden

pseudotachylite (Miner.) pseudotaquilito

pseudo-ternary code (Electrón.) código pseudo-ternário

pseudotropine (Quím.) pseudotropina

pseudouridine (Bio.) pseudo uridina

pseudovilli (Zoo.) pseudovilosidades; pseudovilos (singular pseudovillus)

pseudovitamin (Quím.) pseudovitamina

pseudovitellus (Zoo.) pseudovitelo

pseudoxanthoma elasticum (Med.) pseudoxantoma elástico; elastoma

psilocin (Quím.) psilocina

psilomelane (Miner.) psilomelano

psilosis (Med.) psilose

Psittaciformes (Zoo.) Psitaciformes

psittacosis (Med.; Vet.) psitacose; psitacismo

PSK (Telecom.) abr. de *Phase Shift Keying* — modulação por deslocamento de fase

psoas (Med.) psoas (os músculos da anca)

psophometer (Telecom.) sofómetro (instrumento para medir o ruído em circuitos eléctricos)

psophometric network (Telecom.) rede sofométrica

psophometric power (Telecom.) potência sofométrica

psophometric voltage (Telecom.) tensão sofométrica

psoriasis (Med.) psoríase

psorotic mange (Vet.) sarna psorótica

PSP (Quím.) abr. de *PhenolSulfonPhthalein* — fenolsulfonoftaleína

PSU (Inf.) abr. de *power supply unit* — fonte de alimentação

PSU oscillator (Elect.) fonte comutada

psych-; psyche-: psycho- (Geral) psic-; psico-; psiqu-; do grego *psyché* — alma, mente

psychiatry (Med.; Psico.) psiquiatria

psychism (Bio.; Psico.) psiquismo

psychoallergy (Med.) psico-alergia

psychoanalysis (Psico.) psicanálise

psychobiology (Bio.) psicobiologia (designação de Meyer para a psiquiatria)

psychodrama (Psico.) psicodrama (método de terapia)

psychodynamics (Psico.) Psicodinâmica

psychoexploration (Psico.) psico-exploração; exploração psíquica

psychogalvanic reflex (Psico.) reflexo psicogalvânico

psychogalvanometer (Psico.) psicogalvanómetro

psychogender (Psico.) psicogénero (as atitudes tomadas por um indivíduo em relação à sua identificação pessoal, quer como homem, quer como mulher); identidade de género

psychogenesis (Psico.) psicogénese

psychogenetic (Psico.) psicogenético

psychogenic (Psico.) psicogénico; psicogenético

psychogenic disorders (Psico.) distúrbios psicogenéticos

psychogeny (Psico.) psicogenia; psicogénese

psychognosis (Med.; Psico.) psicognose

psychogony (Bio.) psicogonia; geração progressiva

psychohistory (Psico.) psico-história

psychokinesia; psychokinesis (Psico.) psicocinésia

psychokym (Psico.) onda psíquica; substrato fisiológico do processo psíquico

psycholepsy (Psico.) psicolépsia

psycholinguistics (Psico.) Psicolinguística

psychologic (Psico.) psicológico

psychological (Psico.) psicológico

psychology (Psico.) psicologia

psychometrics (Psico.) Psicometria

psychomotor (Psico.) psicomotor

psychoneurosis (Psico.) psiconeurose

psychonology (Psico.) psiconologia; nosologia psiquiátrica

psychonomy (Psico.) psiconomia

psychonosis (Psico.) psiconose

psychoparesis (Psico.) psicoparesia; fraqueza mental; fraqueza emocional

psychopath (Psico.) psicopata

psychopathia martialis (Med.; Psico.) psicopatia marcial; sinistrose; neurose da guerra

psychopathia sexualis (Med.; Psico.) psicopatia sexual

psychopathology (Psico.) Psicopatologia

psychopathy (Psico.) psicopatia; psicose; psiconosia

psychopharmaceuticals (Med.; Psico.) psicofármacos

psychopharmacology (Psico.) Psicofarmacologia

psychophysics (Psico.) Psicofísica

psychophysiological disorders (Psico.) distúrbios psicofisiológicos

psychophysiology (Psico.) Psicofisiologia

psychoplegia (Med.; Psico.) psicoplegia

psychoprophylaxis (Med.; Psico.) Psicoprofilaxia

psychoreaction (Psico.) reacção psíquica

psychosensorial (Psico.) psicossensitivo

psychosexual development (Psico.) desenvolvimento psicossexual

psychosexual disorders (Psico.) distúrbios psicossexuais

psychosine (Med.) psicosina

psychosis (Psico.) psicose

psychosomatic (Psico.) psicossomático

psychosomatic medicine (Med.) Medicina psicossomática

psychosurgery (Med.; Psico.) Psicocirurgia

psychosynthesis (Psico.) psicossíntese

psychotechnics (Psico.) psicotécnica

psychotherapist (Med.; Psico.) psicoterapeuta

psychotherapy (Psico.) psicoterapia

psychotic (Med.) psicótico

psychotogenic (Med.) psicotogénico

psychotomimetic (Med.) psicotomimético

psychotropic (Med.) psicotrópico

psychro- (Geral) psicro-; do grego *psykhrós* — frio

psychrometer (Meteo.) psicrómetro

psychrophile (Eco.) psicrófilo

psychrophilic (Bot.) psicrofílico; que prefere o frio

psychrophobia (Psico.) psicrofobia

psychrophore (Med.) psicróforo (instrumento cirúrgico)

psychrosphere (Eco.) psicro-esfera

Pt (Quím.) símbolo de *platinum* — platina

PTA (Med.) abr. de *Plasma Thromboplastin Antecedent* — antecedente tromboplastínico do plasma; ATP

ptarmic (Med.) ptármico; esternutatório

PTC (Med.) abr. de *Plasma Thromboplastin Component* — componente tromboplastínico do plasma

PTC resistor (Electrón.) resistor de coeficiente térmico positivo

PTC thermistor (Electrón.) termistor de coeficiente térmico positivo

pteridine (Quím.) pteridina

Pteridophyta (Bot.) Pteridófitos; Pteridófitas

Pteridospermopsida (Bot.) Pteridospermópsidas

pterin (Quím.) pterina

pterion (Bio.) ptério; ptérion

pteropod ooze (Geo.) lodo de pterópodos

pterygial (Zoo.) pterigóide

pterygium (Med.) pterígio

pterygoid (Zoo.) pterigóide

pterygoma (Med.) pterigoma

pterygomaxillary (Med.) pterigomaxilar

pterygopalatine (Med.) pterigopalatino

pterygopalatoquadrate bar [PPQ bar] (Zoo.) barra pterigo-palato-quadrado

pterylosis (Zoo.) pterilose

PTF (Med.) abr. de *Plasma Thromboplastin Factor* — factor tromboplastínico do plasma

PTFCE (Plást.) abr. de *PolyTriFluoroChloroEthene* — politrifluorocloroetano

PTFE (Plást.) abr. de *PolyTetraFluoroEthene* — politetrafluoroetano

PTH (Med.) abr. de *ParaThyroid Hormone* — hormona paratiróide

PTH (Quím.) abr. de *PhenylThioHydantoin* — feniltio-hidantoína

ptilinum (Zoo.) ptilino

PTM (Telecom.) abr. de *pulse time modulation* — modulação impulso-tempo

Ptolemy's theorem (Mat.) teorema de Ptolomeu

ptosis (Med.) ptose

ptyalin (Quím.) ptialina

ptyalism (Med.) ptialismo

p-type (Electrón.) tipo p

p-type conductivity (Electrón.) condutividade p

p-type conductor (Electrón.) condutor tipo p

p-type crystal rectifier (Electrón.) rectificador de cristal tipo p

p-type material (Electrón.) material do tipo p

p-type metal-oxide semiconductor [PMOS] (Electrón.) MOS tipo p; semicondutor de óxido metálico do tipo p

p-type semiconductor (Electrón.) semicondutor tipo p

ptyxis (Bot.) vernação

Pu (Quím.) símbolo do elemento *plutonium* — plutónio

puberty (Med.) puberdade

puberulent (Bot.) puberulento

puberulic acid (Quím.) ácido puberúlico

pubescent (Bot.; Zoo.) pubescente

pubic (Zoo.) púbico

pubiotomy (Med.) pubiotomia

pubis (Zoo.) púbis

public-address system (Fís.) sistema de difusão pública

public data network (Inf.) rede de dados pública

public key (Telecom.) chave pública

public-key encryption (Inf.) criptografia de chave pública

public-key system (Inf.) sistema de chave pública

public network (Inf.) rede pública

puddingstone (Geo.) pudim; conglomerado

puddle (E.Civ.) barro amassado

puddled ball (Mec.) bola pudlada

puddled bar (Mec.) barra de ferro bruto

puddling (Mec.) pudlagem

puddling furnace (Mec.) forno de pudlagem

puerperal (Med.) puerperal

puerperium (Med.) puerpério

puff ball (Bot.) corpo frutífero (das Licoperdáceas)

puffs (Bio.) «puffs»; tufos

pug (Hidro.) argamassa

pugging (E.Civ.) enchimento de argamassa

pug mill (E.Civ.) betoneira

pulaskite (Geo.) pulasquite

Pulfrich refractometer (Fís.) refractómetro de Pulfrich

pull (Fís.) tracção

pull (Imp.) primeira prova

pull chain (Mec.) cadeia de tracção

pullet disease (Vet.) monocitose aviária; leucose monocítica das aves

pulley (Mec.) polia; roldana de retorno; molinete

pulley block (Mec.) talha; cadernal

pulley bushing (Mec.) embraiagem de polia

pulley hook (Mec.) gancho de roldana

pulley mortise (E.Civ.) encaixe de polia

pulley stile (E.Civ.) couceira de polia

pulling (Telecom.) arrastamento

pulling figure (Elect.) índice de arrastamento (num oscilador)

pull-off point (Elect.) ponto de tensão

pullorum disease (Vet.) diarreia alba; diarreia branca; diarreia infecciosa dos pintos e de outras aves

pull-out (Aero.) recuperação; saída; recuperação de saída (da linha de voo)

pull switch (Elect.) interruptor de corrente

pulmonary (Zoo.) pulmonar

pulmonary adenomatosis (Vet.) adenomatose pulmonar (dos ovinos); doença tuberculosa; pneumonia ovina progressiva de Marsh

pulmonary osteoarthropathy (Med.) osteoartropatia pulmonar

pulmonary valvotomy (Med.) valvotomia pulmonar

Pulmonata (Zoo.) Pulmonados

pulmonate (Zoo.) pulmonado

pulmonectomy (Med.) pulmonectomia; pneumonectomia

pulmones (Zoo.) pulmões

pulmonitis (Med.) pulmonite; pneumonite

pulp (Geral) polpa

pulp (Med.) pasta dentária; polpa dentária

pulping (Bot.) polpação

pulpy kidney disease (Vet.) doença do rim pulposo; enterotoxemia

pulsar (Astro.) pulsar

pulsatance (Fís.) pulsação; frequência angular

pulsating current (Elect.) corrente pulsatória

pulsating direct current (Elect.) corrente contínua pulsatória

pulsating exciting current (Elect.) corrente de excitação pulsatória

pulsating load (Elect.) carga pulsatória; carga periódica

pulsating star (Astro.) estrela pulsante

pulsating voltage (ELECT.) tensão pulsativa; voltagem pulsativa

pulsator (MINAS) pulsador; crivo de Harz; vibrador

pulse (ELECT.; T.IMAG.; TELECOM.) pulso; impulso; vibração

pulse (GERAL) pulso; pulsação

pulse amplifier (ELECT.) amplificador de impulso

pulse amplitude (ELECT.) amplitude de impulso

pulse-amplitude modulation (TELECOM.) modulação de amplitude de impulso

pulse analyser (ELECT.) analisador de impulso

pulse-average time (ELECT.) tempo médio de pulsação

pulse bandwidth (TELECOM.) amplitude de faixa de impulso

pulse carrier (ELECT.) portadora de impulsos

pulse code (TELECOM.) código de impulsos

pulse-code modulation (TELECOM.) modulação de código de impulso; modulação por impulso codificado

pulse coder (TELECOM.) codificador de impulsos

pulse columns (QUÍM.) colunas de impulso

pulse compression (RADAR) compressão de impulsos

pulse counter (ELECT.; INF.) contador de impulsos

pulsed Doppler radar (RADAR) radar Doppler de impulsos; radar pulsatório de efeito Doppler

pulse decay time (TELECOM.) tempo de amortecimento de impulso; tempo de extinção de impulso; tempo de saída de impulso

pulse delay circuit (TELECOM.) circuito de atraso de impulso

pulse demoder (TELECOM.) desmodulador de impulso

pulse density modulation (TELECOM.) modulação por densidade de impulsos

pulsed field-gel electrophoresis (BIO.; QUÍM.) electroforese de gel em campo impulsionado

pulse dialling (TELECOM.) marcação por impulsos

pulse discriminator (ELECT.) discriminador de impulso

pulse dispersion (TELECOM.) dispersão de impulsos

pulsed klystron (TELECOM.) clístron de impulsos

pulsed laser (FÍS.) laser de impulsos

pulsed light (FÍS.) luz pulsante

pulsed light energy (FÍS.) energia de luz pulsante

pulsed oscillator (ELECT.) oscilador de impulsos

pulsed-radar system (RADAR) sistema de radar de impulsos

pulse droop (ELECTRÓN.) inclinação de impulso

pulse duration (ELECTRÓN.) duração de tecto de impulso

pulse-duration modulation (TELECOM.) modulação impulso-duração

pulse-duration ratio (ELECTRÓN.) relação de duração de impulsos

pulse duty factor (ELECTRÓN.) factor de trabalho dos impulsos; cadência; relação da sucessão de impulsos

pulse equalizer (ELECTRÓN.) igualizador de impulsos; compensador de impulsos

pulse excitation (ELECTRÓN.) excitação de impulsos

pulse fail time (TELECOM.) tempo de queda de impulso; tempo de saída de impulso

pulse-forming line (RADAR) linha de formação de impulso

pulse frequency (ELECT.) frequência de impulso

pulse-frequency modulation (TELECOM.) modulação de frequência de impulso

pulse gate (INF.) porta de impulso; saída

pulse generator (TELECOM.) gerador de impulso

pulse height (ELECT.) altura de impulso

pulse-height analyser (ELECTRÓN.) analisador de altura de impulso

pulse-height discriminator (TELECOM.) discriminador de altura de impulso

pulse-height selector (ELECTRÓN.) selector de altura de impulso; selector de amplitude

pulse interleaving (TELECOM.) intercalação de impulsos

pulse interrogation (TELECOM.) interrogação de impulsos

pulse-interval modulation (TELECOM.) modulação por intervalo de impulsos

pulse ionization chamber (NUCL.) câmara de ionização de impulsos

pulse jet (AERO.) pulsorreactor; pulsojacto

pulse jitter (TELECOM.) agitação de impulso

pulse labeling (BIO.) etiquetagem de impulso radiactivo

pulse modulated Doppler radar (TELECOM.) radar Doppler de modulação de impulsos

pulse modulation (TELECOM.) modulação de impulsos

pulse-position modulation (TELECOM.) modulação de fase impulso; modulação de posição de impulso

pulse radar (RADAR) radar de impulsos

pulse rate (MED.; ZOO.) ritmo de pulso

pulse regeneration (TELECOM.) regeneração de impulsos; recuperação de impulsos

pulse repeater (TELECOM.) repetidor de impulso

pulse repetition frequency (RADAR) frequência de repetição de impulsos

pulse repetition rate (RADAR) velocidade de repetição de impulsos

pulse rise time (ELECTRÓN.) tempo de subida de impulso; tempo de aumento de impulso

pulse sender (TELECOM.) emissor de impulso

pulse separator (TELECOM.) separador de impulsos

pulse shaping (ELECTRÓN.) formação do impulso

pulse spacing (ELECTRÓN.) separação de impulsos

pulse spectrum (TELECOM.) espectro de impulso

pulse spreading (TELECOM.) dispersão de impulsos; espalhamento de impulsos

pulse stretcher (TELECOM.) corrector de impulso

pulse-suppresser (TELECOM.) supressor de impulsos

pulse-time modulation (TELECOM.) modulação impulso tempo

pulse transformer (TELECOM.) transformador de impulso

pulse wave (MED.) onda de pulso; onda de pulsação

pulse-width (TELECOM.) largura de impulso; duração de impulso

pulse-width modulation (TELECOM.) modulação por duração de impulso

pulse-width modulation-frequency modulation (TELECOM.) modulação de frequência por modulação de largura de impulso

pulsimeter; pulsometer (MED.) pulsímetro; esfigmómetro; pulsómetro

pulsometer (E.CIV.; MEC.) pulsómetro

pulsometer pump (MEC.) pulsómetro; bomba de pulsómetro

pulsus (MED.) pulso

pulsus alternans (MED.) pulso alternante; alternação mecânica

pulsus catacrotus (MED.) pulso catácroto; pulso catacrótico

pulsus celer (MED.) pulso célere; pulso acelerado

pulsus celerimus (MED.) pulso muito acelerado

pulsus paradoxus (MED.) pulso paradoxal; pulso de Kussmaul

pulsus vacuus (MED.) pulso vácuo; pulso muito lento

pulsus venosus (MED.) pulso venoso

pulverulent (ECO.) pulveriforme; pulverulento; poeirento

pulvinate (ECO.) convexo

pulvinated (E.CIV.) pulvinado

pulvinule (BOT.) pulvínula

pulvinus (BOT.) pulvino

pumice (GEO.) pomice; pomes

pumice-stone (GEO.) pedra-pomes

pummel (E.CIV.) pilão; maço de calceteiro

pump (GERAL) bomba

pump barrel (MEC.) corpo da bomba; cilindro da bomba

pump bonnet (MEC.) cobertura de bomba; tampa de bomba

pump brake (MEC.) manivela de bomba; braço de bomba

pump dredger (E.CIV.) draga de aspiração; draga de bombear

pumped flow (HIDRO.) vazão bombeada

pumped hydroelectric storage (HIDRO.) armazenagem hidroeléctrica bombeada

pumped laser (ELECTRÓN.) laser bombeado
pumped-storage plant (HIDRO.) fábrica reversível; instalação reversível
pumped tube (ELECTRÓN.) tubo bombeado; válvula bombeada
pumpellyite (MINER.) pumpelite; pumpeleíte
pump frequency (ELECTRÓN.) frequência de bombeamento
pumping radiation (FÍS.) radiação de bombeamento
pumping speed (FÍS.) velocidade de bombeamento
pump jack (MINAS) motor hidráulico
pump liner (MINAS) revestimento do cilindro de bombeamento
pump rod (MINAS) biela de bomba; haste de bomba
puna (ECO.) puna; vegetação alpina (Andes)
punch (IMP.) punção
punch (INF.) perfuração
punch (MEC.) vazador; punção; furador
punch card (INF.) cartão perfurado
punched paper tape (INF.) fita de papel perfurado
punched screens (MINAS) crivos perfurados
punching (ELECT.) perfuração
punching machine (ELECTRÓN.) máquina de cravar; máquina de perfurar
punch position (INF.) posição de perfuração
punch-through (ELECTRÓN.) perfuração; atravessamento
punch-through voltage (ELECTRÓN.) voltagem de perfuração
punctate (BOT.) pontuado; ponteado; salpicado de pontos
punctate basophilia (MED.) basofília ponteada
punctuated equilibrium (BOT.) equilíbrio ponteado
punctum (ZOO.) ponto; a extremidade de um processo agudo
punctum cecum (MED.) ponto cego; mancha cega
punctum dolorosum (MED.) ponto doloroso; ponto de Valleix
punctum lacrimale (MED.) ponto lacrimal; orifício lacrimal
punctum vasculosum (MED.) ponto vascular
punctura (VET.) punctura
punctured (E.CIV.) picada; perfurada; furada
puncture test (PAPEL) teste de perfuração
pungent (BOT.) pungente; picante; ácido
punishment (PSICO.) castigo; punição
punning (E.CIV.) calcadura; calcamento; batimento com maço
punty; puntee; pontie; ponti (VIDR.) pontel; pinceta
pupa (ZOO.) pupa
puparium (ZOO.) pupário
pupil (ZOO.) pupila
pupilometer (FÍS.) pupilómetro
Pupin coil (ELECT.) bobina de indução; bobina Pupin
pupiparous (ZOO.) pupíparo

purchase (MEC.) alavanca; relação entre os braços de alavanca; vantagem mecânica; força; potência
pure air (METEO.) ar puro
pure bred (ZOO.) raça pura; puro-sangue
pure clay (E.CIV.) argila pura
pure colour (FÍS.) cor pura
pure culture (BOT.) cultura pura
pure fabrics (TÊXT.) tecidos de picote
pure line (BIO.) linhagem pura; linhagem homozogótica
pure metal crystals (MEC.) cristais de metal puro
pure mineral oil (QUÍM.) óleo mineral puro
pure tone (TELECOM.) timbre puro; timbre simples
pure wave form (ELECT.) forma pura de onda
purga (GEO.) vento de nordeste (Rússia e Ásia Central); buran violento
purgative (MED.) purgativo; laxativo; catártico
purge (AERO.) purga; depuração; clarificar; remover
purines (QUÍM.) purinas
purity (T.IMAG.) pureza de cor
Purkinje effect (FÍS.) efeito de Purkinje
purlin (E.CIV.) trave-mestra; viga-mestra
purple boundary (FÍS.) limite púrpura
purple copper ore (MINER.) bornite
purpleheart (BOT.; E.CIV.) peltógino; dalbérgia; amaranto; a sua madeira
purple of Cassius (QUÍM.) púrpura de Cássio
purpose-made brick (E.CIV.) tijolo perfilado
purposive behaviour (PSICO.) comportamento intencional
purpura (MED.) púrpura
purpura angioneurotic (MED.) púrpura angioneurótica
purpura haemorrhagic (MED.) púrpura hemorrágica
purpura symptomatica (MED.) púrpura sintomática
purpuric acid (QUÍM.) ácido purpúrico
purpurin (QUÍM.) purpurina
purpurogallin (QUÍM.) purpurogalhina
purulent (MED.) purulento
pus (MED.) pus
pushbutton (ELECT.) botão de contacto; botão de pressão
pushbutton dialling (INF.) marcação por teclas
pushbutton tuning (T.IMAG.) sintonia automática por botão
pushdown list (INF.) lista inversa; lista de deslocamento descendente
pushdown queue (INF.) fila de rebaixamento
pushdown stack (INF.) pilha de deslocamento descendente; lista de deslocamento descendente
pushdown storage (INF.) armazenamento de deslocamento descendente
pushdown store (INF.) armazenamento de acesso descendente
pusher (AERO.) impulsor; propulsor
push moraine (GEO.) morena frontal

push-pull (FÍS.) amplificação simétrica; montagem em contrafase
push-pull amplifier (ELECTRÓN.) amplificador simétrico; ligação em contrafase
push-pull circuit (ELECTRÓN.) circuito simétrico; circuito em contrafase
push-pull currents (ELECTRÓN.) correntes simétricas; correntes balanceadas
push-pull input transformer (ELECT.) transformador de entrada de amplificador simétrico
push-pull oscillator (ELECTRÓN.) oscilador simétrico
push-pull solenoid (ELECTRÓN.) solenóide puxa-empurra
push-pull sound track (T.IMAG.) pista de som simétrica; pista sonora em oposição
push-push (ELECTRÓN.) montagem em fase; amplificação assimétrica
push-push amplifier (TELECOM.) amplificador assimétrico; amplificador «vaivém»
push rod (AUTO.) haste de compressão; alavanca de compressão; barra de compressão
push-up list (INF.) lista directa; lista do primeiro a entrar primeiro a sair; lista de deslocamento ascendente
push-up storage (INF.) armazenamento de deslocamento ascendente
pustula; pustule (MED.; VET.) pústula
pustular stomatitis (VET.) estomatite pustular; varíola do cavalo
pustule (BOT.) pústula
pustulosis (MED.; VET.) pustulose
puszta (ECO.) praria (Hungria)
putamen (ZOO.) putâmen
putlog (E.CIV.) travessão de andaime; lança de guindaste
putrefaction (MED.; QUÍM.) putrefacção
putrescine (QUÍM.) putrescina
putty (E.CIV.) massa de vidraceiro; betume; massa a óleo; mastique
putty powder (E.CIV.) pó de óxido de estanho
puy (GEO.) puy (pequeno cone vulcânico extinto, na região da Baixa Auvergne, em França)
puzzle box (PSICO.) caixa-problema; caixa puzzle
puzzolano (E.CIV.) puzolana
PVA (PLÁST.) abr. de *PolyVinyl Acetate* — acetato de polivinilo
PVC (PLÁST.) abr. de *PolyVinyl Chloride* — cloreto de polivinilo
PVP (QUÍM.) abr. de *PolyVinylpyrrolidone* — polivinilpirrolidona; povidona; polividona
PWP (ECO.) abr. de *Permanent Wilting Point* — ponto murchível permanente
PWR (NUCL.) abr. de *Pressurized Water Reactor* — reactor a água pressurizada
PX (TELECOM.) abr. de *Private eXchange* — central particular; estação particular
Py (QUÍM.) símbolo do núcleo da piridina
pyaemia (MED.) piemia
pycastyle; pycnostyle (E.CIV.) picnóstilo

pycn-; pycno-; pykn-; pykno- (GERAL) picn-; picno-; do grego *pyknos* — espesso, compacto, condensado (V. em *pykn-; pykno-*)

pycnidiospore (BOT.) picnidiósporo

pycnocline (ECO.) picnoclina

Pycnogonida (ZOO.) Picnogónidas; Pantópodos

pycnometer (E.CIV.; QUÍM.) picnómetro

pycnosis (BIO.) picnose

pycnostyle; pycastyle (E.CIV.) picnóstilo

pyel-; pyel- (GERAL) pielo-; do grego *pyelós* — cavidade, pelve, tubo

pyelitic (MED.) pielítico

pyelitis (MED.) pielite

pyelocistitis (MED.) pielocistite

pyelofluoroscopy (MED.) pielofluoroscopia

pyelography (RADIOL.) pielografia

pyelolithotomy (MED.) pielolitotomia

pyelolymphatic (MED.) pielolinfático

pyelonephritis (MED.) pielonefrite

pyelonephrosis (MED.) pielonefrose

pyeloplasty (MED.) pieloplastia

pyeloplication (MED.) pieloplicação

pyeloscopia (MED.) pieloscopia

pyemesis (MED.) piémese

pyemia (MED.) piemia

pygal (ZOO.) glúteo; relativo às nádegas

pygostyle (ZOO.) pigóstilo

pyinkado (BOT.; E.CIV.) xília; a sua madeira

pyknolepsy (MED.) picnolepsia; «pequeno mal»; picnoepilepsia

pyknometer (QUÍM.) picnómetro

pyknosis (MED.) picnose

pylephlebitis (MED.) pileflebite

pylon (GERAL) poste; mastro; torre; pilar

pylon (MED.) perna artificial temporária

pylorectomy (MED.) pilorectomia; excisão do piloro

pyloric stenosis (MED.) estenose pilórica

pyloroplasty (MED.) piloroplastia

pylorospasm (MED.) pilorospasmo

pylorus (ZOO.) piloro

py-; pyo- (MED.) pio-; do grego *pyon* — pus

pyocelia (MED.) piocelia

pyocolpus (MED.) piocolpos

pyogenic (MED.) piogénico

pyometra (MED.) piometria

pyometritis (MED.) piometrite

pyonephrosis (MED.) pionefrose

pyopneumothorax (MED.) piopneumotórax

pyorrhea; pyorrhoea (MED.) piorreia

pyosalpingitis (MED.) piossalpingite

pyralspite (MINER.) «piralspite» [acrónimo de *PYRope, ALmandine, SPessartine + ITE* — piropo, almandite, espessartite + ite (variedade de granadas)]

pyramid (GERAL) pirâmide

pyramidal broach roof (ARQ.) telhado de torre; telhado piramidal

pyramidal crane (E.CIV.) guindaste piramidal

pyramidal disease (VET.) doença piramidal; exostose piramidal

pyramidal horn (FÍS.) corneta piramidal; trompa piramidal

pyramidal system (CRIST.) sistema piramidal; sistema tetragonal

pyramidal tract (ZOO.) via piramidal; aparelho piramidal

pyramid of biomass (ECO.) pirâmide de biomassa

pyramid of energy (ECO.) pirâmide energética

pyramid of numbers (FÍS.) pirâmide de números

pyran (QUÍM.) pirano

pyranometer (FÍS.; METEO.) piranómetro

pyranone (QUÍM.) piranona

pyranose (QUÍM.) piranose

pyrargyrite (MINER.) pirargirite; argiritrose; aerosite

pyrazinamide (MED.; QUÍM.) pirazinamida; PZA; amida do ácido pirazinóico

pyrazines (QUÍM.) pirazinas

pyrazole (QUÍM.) pirazol

pyrene (QUÍM.) pireno

pyrenocarp (BOT.) pirenocarpo

Pyrenoid (BOT.) pirenóide

Pyrenomycetes (BOT.) Pirenomicetos

pyrethrins (QUÍM.) piretrinas

pyretic (MED.) pirético; febril

pyrexia (MED.) pirexia; estado febril

pyrheliometer (METEO.) pireliómetro

pyribole (MINER.) pirebólio (termo genérico para designar piroxena e anfíbolas)

pyridazines (QUÍM.) piridazinas

pyridine (QUÍM.) piridina

pyridine alkaloids (BOT.) alcalóides da piridina

pyridoxal (BIO.) piridoxal

pyridoxine (QUÍM.) piridoxina

pyriform (BOT.; ZOO.) piriforme

pyrimidine (QUÍM.) pirimidina

pyrite (MINER.) pirite

pyrite smelting (MEC.) fundição pirítica

pyro- (QUÍM.) piro-; do grego *pyr* — fogo; prefixo usado em Química para evidenciar os derivados que são formados pela remoção da água, geralmente pelo calor, a fim de formar anidridos

pyrocalciferol (QUÍM.) pirocalciferol

pyrocatechin (QUÍM.) pirocatequina; pirocatercol

pyrocatechol (QUÍM.) pirocatecol; catecol; pirocatequina

pyrochlore (MINER.) pirocloro

pyroclastic (GEO.) piroclástico

pyroclastic rocks (GEO.) rochas piroclásticas

pyrocondensation (QUÍM.) pirocondensação

pyroelectric (ELECTRÓN.) piroeléctrico

pyroelectric effect (MINAS) efeito piroeléctrico

pyroelectricity (MINER.) piroelectricidade

pyroelectric microphone (TELECOM.) microfone piroeléctrico

pyrogallol (QUÍM.) pirogalhol; pirogalol; ácido pirogálico

pyrogen (MED.; QUÍM.) pirogéneo

pyrogenic (QUÍM.) pirogénico

pyroligneous acid (QUÍM.) ácido pirolenhoso

pyrolusite (MINER.) pirolusite

pyrolysis (QUÍM.) pirólise; decomposição térmica

pyromeride (GEO.) pироméride; piromerido

pyrometallurgy (MEC.) pirometalurgia; metalurgia a quente

pyrometer (FÍS.) pirómetro

pyrometric cone equivalent (MEC.) equivalente do cone pirométrico

pyrometric cones (MEC.) cones pirométricos

pyromorphite (MINER.) piromorfite

pyrone (QUÍM.) pirona

pyronin (QUÍM.) pironina

pyroninophilia (IMUN.) pironinofilia; afinidade pelos corantes básicos da pironina

pyroninophilic cells (IMUN.) células pironinofílicas

pyrope (MINER.) piropo

pyrophilous (BOT.) pirofílico

pyrophoric metal (MEC.) metal pirofórico

pyrophosphatase (QUÍM.) pirofosfatase

pyrophosphoric acid (QUÍM.) ácido pirofosfórico

pyrophyllite (MINER.) pirofilite

pyrophyte (ECO.) pirófito

pyrostibite (MINER.) pirostibite; quermesite

pyrotechny (QUÍM.) pitotecnia

pyroxene (MINER.) piroxena

pyroxene group (MINER.) grupo das piroxenas; piroxenos

pyroxenite (GEO.) piroxenitos

pyroxilin (QUÍM.) piroxilina; nitrato de celulose; algodão-pólvora

pyrrhotine (MINER.) pirrotite

pyrrhotite (MINER.) pirrotite

pyrrole (QUÍM.) pirrol; azol; divinilenimina

pyrrolidine (QUÍM.) pirrolidina; tetrahidropirrol

pyrrolidone (QUÍM.) pirrolidona

pyrroline (QUÍM.) pirrolina; di-hidropirrol

pyruvate (QUÍM.) piruvato

pyruvate carboxylase (BIO.) piruvato carboxilase

pyruvate oxidase (BIO.) piruvato oxidase

pyruvic acid (QUÍM.) ácido pirúvico

pyruvic aldehyde (QUÍM.) aldeído pirúvico

pyrvinium pamoate (MED.; QUÍM.) pamoato de pirvínio

Pythagoras's theorem (MAT.) teorema de Pitágoras

Pythagorean equation (MAT.) equação pitagórica

Pythagorean triangle (MAT.) triângulo de Pitágoras

pyuria (MED.) piúria

pyxidium (BOT.) pixídio; pixide

pyxis (BOT.) pixídio; píxide

p-zone (ECO.) zona p; zona com fósseis pelágicos

q (Elect.) símbolo de: *electrostatic charge* — carga electrostática; de *electric charge* — carga eléctrica

q (Fís.) símbolo de: *disintegration energy* — energia de desintegração; de *dynamic pressure* — pressão dinâmica

Q (Fís.) símbolo de *quantity* — quantidade

Q (Geo.) símbolo de *quadrant* — quadrante

Q (Med.) símbolo de *blood flux* — fluxo sanguíneo

Qa locus (Bio.) locus Qa

qam (Telecom.) abr. de *quadrature amplitude modulation* — modulação de amplitude de quadratura

q-arm (Bio.) braço q

Q-band (Telecom.) banda-Q; faixa-Q

Q-bands (Bio.) faixas Q; faixas A; discos anisotrópicos

Q-code (Aero.) código Q (letras QAA-QNZ)

Q-code (Nav.) código Q (letras QRA-QUZ)

QDIS (Electrón.) abr. de *quick disconnect* — desconexão rápida

QDU (Electrón.) abr. de *quantization distortion units* — unidades de distorção por quantização

Q-factor (Elect.) factor Q; coeficiente de sobretensão

Q-factor (Fís.) factor Q

Q fever (Med.; Vet.) febre Q [uma riquetsiose provocada pela *Rickettsia burneti* ou *Coxiella burneti*; o Q é a abreviatura de «Query» — dúvida, interrogação, e não de Queensland (região da Austrália onde essa doença apareceu pela primeira vez), como muitos pretendem]

QIC (Telecom.) abr. de *quarter inch cartridge* — cassete áudio

Q-meter (Fís.) instrumento para medir as quantidades de factor Q; medidor de factor Q

QO2 (Eco.) abr. de *Oxigen Quotient* — quociente de oxigénio, taxa de oxigénio

QPP (Electrón.) abr. de *Quiescent Push-Pull* — contrafase equilibrada

QPSK (Electrón.) abr. de *QuadriPhase Shift Keying* — manipulação por deslocamento de fase quádrupla

QS (Electrón.) abr. de *Quadreophonic Stereophonic* — estereofónico quadrifónico

QSB (Electrón.) abr. de *Transistor Surface Barrier* — transístor de barreira superficial

Q-signal (Telecom.) sinal Q

QSO (Astro.) abr. de *Quasi-Stellar Object* — objecto quase estelar; quasar

QT (Electrón.) abr. de *transistor tetrode* — transístor tétrodo

Q technique (Geral) técnica Q; análise tabular

QU (Electrón.) abr. de *transistor unijunction* — transístor unijunção

quad (Elect.) quadra

quad (Imp.) quadratim

quad aerial (Telecom.) antena quadracúbica

quadded cable (Inf.) cabo de quadras

quadding (Elect.) montagem de quadras

quadr- (Geral) quadr-; do latim *quattuor* — quatro, traduzindo a ideia de quatro, quadrado, quádruplo

quadrant (Geral) quadrante

quadrantal deviation (Nav.) desvio quadrantal; desvio de quadrante

quadrantal points (Nav.) pontos quadrantais; pontos colaterais

quadrant dividers (E.Civ.) compasso de quadrante; compasso de arco graduado

quadrant electrometer (Elect.) electrómetro de quadrante

quadrant gear (Mec.) engrenagem de quadrante

quadrant slot (Mec.) rasgo de quadrante

quadrat (Geral) quadrado

quadrat (Imp.) quadratim

quadrate (Geral) quadrado; que possui 4 lados

quadrate (Zoo.) quadrado (nome dado a vários acidentes anatómicos, como ligamentos, músculos, ossos, cartilagens)

quadratic equation (Mat.) equação quadrática; equação de segundo grau

quadratic expression (Mat.) expressão quadrática; expressão de segundo grau

quadratic factor (Mat.) factor quadrático

quadratic formula (Mat.) fórmula quadrática

quadratic mean (Mat.) média quadrática

quadratic polynomial (Mat.) polinómio de segundo grau

quadratic programmimg (Inf.) programação quadrática

quadratic system (Crist.) sistema quadrático; sistema tetragonal

quadratic term (Mat.) termo quadrático; termo de segundo grau

quadrature (Geral) quadratura

quadrature amplifier (Elect.) amplificador de quadratura

quadrature amplitude modulation (Telecom.) modulação de amplitude de quadratura

quadrature component (Elect.) componente de quadratura; componente reactivo

quadrature current (Elect.) corrente de quadratura; corrente reactiva

quadrature demodulator (Telecom.) desmodulador de quadratura

quadrature modulation (Elect.) modulação de quadratura

quadrature phase detector (Elect.) detector de fase em quadratura

quadrature reactance (Elect.) reatância de quadratura

quadrature transformer (Elect.) transformador de quadratura

quadratus (Zoo.) quadrado (ex.: músculo quadrado lombar)

quadri- (Geral) quadri; do latim *quattuor* — quatro, traduzindo a ideia de quatro, quadrado, quádruplo

quadric (Mat.) quádrico; quádrica

quadriceps (Zoo.) quadriceps; quadricípede

quadrifilar aerial (Telecom.) antena quadrifilar

quadrilateral (Mat.) quadrilateral; quadrilátero

quadriphonic (T.Imag.) quadrifónico

quadriplegia (Med.) quadriplegia; tetraplegia

quadripole (Telecom.) quadripolo; tetrapolo

quadrivalent (Electrón.) quadrivalente

quadrumanous (Zoo.) quadrúmano

quadruped (Zoo.) quadrúpede

quadruple-expansion engine (Mec.) motor de expansão quádrupla

quadruple point (Quím.) ponto quádruplo

quadruplex (Elect.) quadruplex; quádruplo

quadruplex system (Telecom.) sistema quadrúplex

quadrupole (Fís.) quadripolo; tetrapolo

quadrupole moment (Fís.) momento tetrapolar

qualification test (Esp.) teste de qualificação

qualitative analysis (Quím.) análise qualitativa

qualitative inheritance (Eco.) hereditariedade qualitativa

quality (Geral) qualidade

quality assurance (Inf.) garantia de qualidade

quality audit (Inf.) auditoria de qualidade

quality control (Geral) controlo de qualidade

quality factor (Fís.) factor de qualidade; coeficiente de qualidade

quality of design (INF.) qualidade de projecto

quality of service (INF.) qualidade de serviço

quantitative analysis (QUÍM.) análise quantitativa

quantitative character (BIO.) carácter quantitativo

quantitative genetics (BIO.) genética quantitativa

quantitative inheritance (ECO.) hereditariedade quantitativa

quantitative trait (ECO.) traço quantitativo

quantity of electricity (ELECT.) quantidade de electricidade

quantity of light (FÍS.) quantidade de luz

quantity of radiation (RADIOL.) quantidade de radiação

quantity sensitivity (ELECT.) sensibilidade quantitativa

quantization (GERAL) quantização

quantization distortion (ELECTRÓN.) distorção de quantização

quantization distortion units [QDU] (ELECTRÓN.) unidades de distorção por quantização

quantization level (ELECTRÓN.) nível de quantização

quantization noise (ELECTRÓN.) ruído de quantização

quantized feedback (ELECTRÓN.) realimentação discreta; realimentação quantizada

quantized field theory (ELECTRÓN.) teoria de campo quantizado

quantized pulse modulation (ELECTRÓN.) modulação por impulsos quantificados

quantized system (ELECTRÓN.) sistema quantizado

quantizing (ELECTRÓN.) quantificação

quantizing encoder (ELECTRÓN.) codificador quantificador

quantometer (MEC.) quantímetro

quantum (FÍS.) quantum; quanto [o plural de *quantum* (latim) é *quanta*; daí a *Teoria dos Quanta*]

quantum chromodynamics (FÍS.) cromodinâmica quântica

quantum detector (FÍS.) detector quântico

quantum efficiency (FÍS.) rendimento quântico

quantum electrodynamics (FÍS.) electrodinâmica quântica

quantum electronics (FÍS.) electrónica quântica

quantum energy (FÍS.) energia quântica

quantum evolution (ECO.) evolução quântica

quantum field theory (FÍS.) teoria de campo quântico

quantum Hall effect (FÍS.) efeito de Hall quântico

quantum hydrodynamics (FÍS.) hidrodinâmica quântica

quantum hypothesis (FÍS.) hipótese quântica

quantum kinematics (FÍS.) cinemática quântica

quantum mechanical resonance (FÍS.) ressonância mecânica quântica

quantum mechanics (FÍS.) Mecânica quântica

quantum number (FÍS.) número quântico

quantum of energy (FÍS.) quantum de energia

quantum orbit (FÍS.) órbita quântica

quantum physics (FÍS.) Física quântica

quantum principle (FÍS.) princípio quântico

quantum resonance (FÍS.) ressonância quântica

quantum speciation (ECO.) especiação quântica

quantum state (FÍS.) estado quântico

quantum statistics (FÍS.) estatística quântica

quantum theory (FÍS.) teoria quântica

quantum transition (FÍS.) transição quântica

quantum voltage (FÍS.) tensão quântica

quantum yield (FÍS.) rendimento quântico

quaquaversal fold (GEO.) dobra isoclinal

quarantine (MED.) quarentena

quark (FÍS.) quark

quarry (MINAS) mina; pedreira

quarry stone (E.CIV.) pedra de cantaria

quartation (MEC.) inquartação

quarter (ASTRO.) quarto

quarter (VET.) quarto (parte lateral da parede do casco do cavalo)

quarter bend (E.CIV.) cotovelo em esquadria; curva de 90 graus

quarter binding (IMP.) lombada de couro

quarter-crack (VET.) fenda no casco do cavalo

quarter evil (VET.) antraz sintomático; febre carbuncular

quarter ill (VET.) febre carbuncular; antraz enfisematoso

quartering (GERAL) divisão em quatro

quartering the sample (MINAS) fragmentação de amostra; redução de amostra

quartering wave feeder (ELECT.) alimentador de um quarto de onda

quarter line (NAV.) linha de marcação

quarter period (FÍS.) quarto de período; quarto de ciclo

quarter phase (ELECT.) bifásico

quarter phase current (ELECT.) corrente bifásica

quarter-phase system (ELECT.) sistema bifásico

quarter round (ARQ.) quarto redondo; óvalo

quarter-speed (INF.) quarto de velocidade (transmissão)

quarter turn (E.CIV.) um quarto de volta

quarter-wave (ELECT.) um quarto de onda

quarter-wave antenna (TELECOM.) antena de um quarto de onda

quarter-wave attenuator (TELECOM.) atenuador de um quarto de onda

quarter-wave bar (TELECOM.) linha de um quarto de onda

quarter wavelength aerial (TELECOM.) antena de quarto de onda

quarter-wavelength transformer (TELECOM.) transformador de um quarto de comprimento de onda

quarter-wave line (TELECOM.) linha de um quarto de onda

quarter-wave match (ELECTRÓN.) compensação de quarto de onda

quarter-wave plate (FÍS.) placa de um quarto de onda

quarter-wave resonance (ELECT.) ressonância de um quarto de onda

quarter-wave stub (ELECTRÓN.) adaptador de quarto de onda

quarter-wave termination (ELECTRÓN.) terminal de um quarto de onda

quarter-wave transformer (ELECT.) transformador de um quarto de onda

quarter-wave transmission line (TELECOM.) linha de transmissão de um quarto de onda

quartet (ZOO.) quarteto

quartette (ZOO.) quarteto

quartic equation (MAT.) equação de quarto grau

quarto (IMP.) quarto

quartz (MINER.) quartzo

quartz band supressor (TELECOM.) supressor de faixa de quartzo

quartz crystal (TELECOM.) cristal de quartzo

quartz-crystal clock (RELOJ.) relógio de cristal de quartzo

quartz-crystal resonator (TELECOM.) ressoador de cristal de quartzo

quartz delay line (INF.) linha de atraso de quartzo

quartz-diorite (MINER.) diorito de quartzo

quartz-dolerite (MINER.) dolorito de quartzo

quartz dust (MINER.) quartzo em pó

quartz-fibre balance (QUÍM.) balança de fibra de quartzo

quartz-fibre electroscope (ELECTRÓN.) electroscópio de fibra de quartzo

quartz glass (VIDR.) vidro de quartzo; vidro de sílica

quartzine (MINER.) quartzina

quartz in lumps (MINAS) quartzo em pedaços

quartzite (GEO.; MINER.) quartzito

quartz-keratophyre (GEO.) queratófiro de quartzo; quartzo-queratófiro

quartz-oscillator (TELECOM.) oscilador de quartzo

quartz porphyry (GEO.) pórfiro de quartzo; quartzo porfírico

quartz resonator (TELECOM.) ressoador de quartzo

quartz rock (MINAS) rocha quartzosa; rocha de quartzo; quartzito

quartz sand (MINER.) areia de quartzo; areia quartzosa

quartz thread (MINAS) fio de quartzo

quartz topaz (MINER.) citrino; quartzo citrino; topázio-da-boémia; topázio-de-espanha

quartz wedge (MINER.) cunha de quartzo

quasar (Astro.) quasar (abr. de *quasi-stellar body* — corpo quase estelar)

quasi-analog signal (Telecom.) sinal quase analógico

quasi-antipodal space stations (Telecom.) estações espaciais quase antípodas

quasi-arc welding (Mec.) soldadura em arco cercado de fundente líquido

quasi-biennal oscillation (Meteo.) oscilação quase bienal

quasi-bistable circuit (Elect.) circuito quase biestável

quasi-compact cluster (Astro.) aglomerado quase compacto

quasi-complementary circuit (Electrón.) circuito quase complementar

quasi-continuous tuner (Elect.) sintonizador quase contínuo

quasi-duplex (Telecom.) quase duplex

quasi-Fermi levels (Electrón.) níveis quase de Fermi

quasi-geostrophic approximation (Meteo.) aproximação quase geostrófica; aproximação pseudo-geostrófica

quasi-geostrophic equilibrium (Meteo.) equilíbrio quase geostrófico

quasi-hydrostatic (Fís.) quase hidrostático

quasi-Lagrangian coordinates (Mat.) coordenadas quase lagrangianas

quasi-longitudinal wave (Fís.) onda quase longitudinal

quasi-nondivergent (Fís.) quase não divergente

quasi-optical wave (Fís.) onda ultramicroscópica

quasi-periodic (Fís.) quase periódico

quasi-random code (Inf.) código quase aleatório

quasi-static state (Fís.) estado quase estático

quasi-stationary front (Meteo.) frente quase estacionária; frente estacionária

quasi-stellar (Astro.) quase estelar

quasi-stellar body (Astro.) corpo quase estelar; quasar

quasi-stellar galaxy (Astro.) galáxia quase estelar

quasi-stellar object [QSO] (Astro.) objecto quase estelar; quasar

quasi-stellar radio source (Astro.) fonte de rádio quase estelar

Quaternary (Geo.) Quaternário

quaternary alloy (Mec.) liga quaternária

quaternary ammonium bases (Quím.) bases de amónio quaternário

quaternary climate (Geo.) clima quaternário

quaternary diagram (Mec.) diagrama quaternário

Quaternary Era (Geo.) Era Quaternária

quaternary logic (Inf.) lógica quaternária

quaternary notation (Inf.) notação quaternária

quaternary phase-shift keying (Telecom.) manipulação por comutação de fase quaternária

quaternary signaling (Telecom.) sinalização quaternária

Queckensted's sign (Med.) sinal de Queckensted; teste de Queckensted-Stookey

queen (Geral) rainha

queen (E.Civ.) «Queen» (tipo de laje com 91,4 x 61 cm)

queen-bee (Aero.) avião sem piloto, para exercícios de tiro

queen-bee (Zoo.) abelha-mestra; rainha

queen closer (E.Civ.) meio-tijolo longitudinal

queen post (E.Civ.) pendural lateral; duplo pendural

queen post truss (E.Civ.) asna de duplo pendural

queen truss (E.Civ.) viga armada com dois pendurais

quench (Elect.) apagar; extinguir; amortecer

quench (Mec.) temperar; esfriar por imersão; arrefecer rapidamente

quenched spark (Elect.) faísca apagada; faísca amortecida

quenched spark converter (Elect.) conversor de faíscas amortecidas

quenched spark gap (Elect.) abertura de faísca de amortecimento rápido

quencher (Fís.) amortecedor

quenching (Mec.) esfriamento rápido

quenching circuit (Elect.) circuito de esfriamento

quenching oscillator (Telecom.) oscilador de esfriamento

queue (Inf.) fila; fila de espera

queue access method (Inf.) método de acesso através de filas

queue control block (Inf.) bloco de controlo de fila

queue data set (Inf.) conjunto de dados de fila

queue dead letter (Inf.) fila morta

queue destination (Inf.) fila de destino

queued for connection (Inf.) enfileirado para conexão

queue-driven task (Inf.) tarefa contida numa fila

queued sequential access method (Inf.) método de acesso sequencial por filas

queued telecommunications access method (QTAM) (Inf.) método de acesso por filas

queue element (Inf.) elemento de uma fila

queueing delay (Electrón.) atraso de espera

queue job (Inf.) trabalho de fila

queue message (Inf.) mensagem de fila

queue task (Inf.) trabalho de fila; tarefa de fila telecomunicações através de filas

queuing (Inf.) formação de filas; enfileiramento

quick-access storage (Inf.) armazenamento de acesso rápido; memória de acesso rápido

quick-break (Elect.) interrupção rápida; de interrupção rápida

quick-break switch (Elect.) comutador de interrupção rápida; interruptor de ruptura brusca

quick cell (Inf.) subárea rápida; célula rápida

quick closedown (Inf.) fecho rápido; encerramento rápido

quickersort (Inf.) classificação mais rápida

quickflow (Eco.) escoamento superficial

quicklime (Quím.) cal viva; cal cáustica; óxido de cálcio

quick make-and-break switch (Elect.) chave de ligação rápida; interruptor de interrupção instantânea

quick return mechanism (Mec.) mecanismo de retorno rápido

quicksand (E.Civ.) areia movediça

quicksand (Geo.) rocha sem coesão; rocha aquífera; areia movediça

quick-setting inks (Imp.) tintas de secagem rápida

quick-setting level (Topo.) nível de montagem rápida

quicksilver (Quím.) mercúrio

quick-start fluorescent (Elect.) lâmpada flurescente de arranque rápido

quick sweep (E.Civ.) curva rápida

quiescence (Eco.) quiescente

quiescent (Electrón.) quiescente; inerte; inactivo

quiescent carrier modulation (Telecom.) modulação de portadora quiescente

quiescent carrier transmission (Telecom.) transmissão de portadora quiescente

quiescent current (Telecom.) corrente quiescente

quiescent input voltage (Telecom.) voltagem de entrada quiescente

quiescent period (Electrón.) período quiescente

quiescent point (Electrón.) ponto quiescente

quiescent push-pull amplifier (Telecom.) amplificador de montagem de oposição quiescente

quiescent value (Elect.) valor quiescente

quiet automatic volume control (Telecom.) controlo de volume automático inerte

quieting sensitivity (Telecom.) sensibilidade silenciosa

quiet zone (Telecom.) zona calma

quill (Zoo.) cálamo

quill drive (Elect.) transmissão por eixo tubular

quill feather (Zoo.) pena grande, da asa (rémige) ou da cauda (rectriz)

quillworth (Bot.) isoetes

quinacrine (Bio.) quinacrina

quinacrine fluorescence (Bio.) fluorescência de quinacrina

quinalbarbitone sodium (Quím.) quinalbarbitona sódica

quinaldic acid (Quím.) ácido quináldico; ácido quinaldínico

quinaldine (Quím.) quinaldina

quinamine (Quím.) quinamina

Quincke's method (Fís.) método de Quincke

quincuncial aestivation (Bot.) estivação quincuncial

quinhydrone (Quím.) quinidrona

quinhydrone electrode (Quím.) eléctrodo de quinidrona

quinic acid (Quím.) ácido quínico

quinicine (Quím.) quinicina; quinotoxina

quinidine (Quím.) quinidina; conquinina

quinine (Med.) quinina

quinine (Quím.) quinino

quinol (Quím.) quinol

quinoline (Quím.) quinolina

quinolinic acid (Quím.) ácido quinolínico

quinone (Quím.) quinona

quinone reductase (Quím.) quinona reductase

quinonoid formula (Quím.) fórmula quinónica; fórmula quinonóide

quinotoxine (Quím.) quinotoxina

quinovin (Quím.) quinovina

quinovose (Quím.) quinovose

quinoxaline (Quím.) quinoxalina

quinsy (Med.) abcesso amigdaliano; amigdalite aguda supurosa

quintic equation (Mat.) equação de quinto grau

quintozene (Quím.) pentacloronitrobenzeno (PCNB)

quintuplet (Med:) quintúpleto (uma das 5 crianças do mesmo parto)

quire (Papel) vigésima parte de uma resma de papel (25 folhas)

quirk (E.Civ.) entalhe profundo

quirk-bead (E.Civ.) friso e chanfradura

quittor (Vet.) gavarro; unheiro

quoin (E.Civ.) esquina; canto; pedra angular

quoin (Imp.) cunha

quoin header (E.Civ.) tijolo travado de canto

quoin key (Imp.) chave de cunha

quoin-post (Hidro.) coluna giratória em porta de eclusa; cadaste

quotation marks (Imp.) aspas

quotations (Imp.) aspas

quotient (Mat.) quociente

qv (Med.) abr. do latim *quantum vis* — tanto quanto desejado

Q-value (Nucl.) valor Q

QWERTY keyboard (Inf.) teclado QWERTY

r (MED.; QUÍM.) abr. de *racemic* — racémico

R (ELECT.) símbolo de *resistance* — resistência

R (FÍS.) símbolo de: *Roentgen* — Roentgen; de: Rankine scale — escala de Rankine; de *Reaumur's scale* — escala de Reaumur

Ra (QUÍM.) símbolo do elemento químico *Radium* — rádio

ra- (QUÍM.) símbolo do isótopo radioactivo de um elemento

Raabe's convergence test (MAT.) teste de convergência de Raabe

rabbet (E.CIV.) rebaixo; encaixe

rabbeted lock (E.CIV.) fechadura rebaixada

rabbet for glazing (E.CIV.) rebaixo para vidros; rebaixo de caixilho

rabbit (MINAS) raspador (utilizado para limpeza de oleodutos)

rabbit (NUCL.) «cobaia» (recipiente para exposição de substâncias a irradiações num reactor nuclear)

rabbit septicaemia (VET.) septicemia do coelho

rabble (MINAS) revolvedor

Rabi configuration (BIO.) configuração de Rabi

rabies (MED.) raiva; hidrofobia

race (BOT.; ZOO.) raça; estirpe

race (HIDRO.) calha; corrente rápida

race (MEC.) cama (de roletes)

racemate (QUÍM.) racemase

racemate (QUÍM.) racemato; composto racémico

raceme (BOT.) rácimo; racemo

racemic acid (QUÍM.) ácido racémico

racemic isomers (QUÍM.) isómeros racémicos; racematos

racemization (QUÍM.) racemização

racemose (QUÍM.) racemoso

racemose inflorescence (BOT.) inflorescência racemosa

racephedrine hydrochloride (QUÍM.) cloridrato de racefedrina; hidrocloreto de racefedrina

rachi-; rachio- (GERAL) raqui-; raquio-; do grego *rhachis* — raque, espinha, coluna vertebral

rachial (ZOO.) raquidiano; raquial

rachialgia (MED.) raquialgia

rachidial (ZOO.) raquidiano; vertebral

rachilla (BOT.) ráquis

rachiodont (ZOO.) raquiodonte

rachis (ZOO.) ráquis; coluna vertebral; corpo central de uma pena

rachischisis (MED.) rasquísquise; espinha-bífida

rachitic (MED.) raquítico

rachitis (MED.) raquitismo

racial senescence (ECO.) senescência racial

rack (MEC.) cremalheira

rack (MINAS) estaleiro; local de assentamento da tubagem na plataforma da mesa rotativa de uma sonda

rack-and-pinion (MEC.) cremalheira e carreto; engrenagem de cremalheira

rack-and-pinion jack (MEC.) macaco de cremalheira

rack-and-pinion steering-gear (AUTO.) engrenagem de direcção de cremalheira

rack compasses (MEC.) compasso de cremalheira

rack drive (MEC.) accionamento a cremalheira

rack mounting (TELECOM.) montagem a cremalheira

rack railway (E.CIV.) caminho-de-ferro a cremalheira; via férrea de cremalheira

rack rod (MEC.) cremalheira; haste denteada

rack saw (E.CIV.) serra de dentes afastados

rad (MAT.) abr. de *radian* — radiano

rad (RADIOL.) rad; rd (unidade de uso temporariamente admitido, em conjunto com as unidades SI)

RADAC (ELECTRÓN.) abr. de *RApid Digital Automatic Computation* — computação automática digital rápida

RADAN (AERO.) abr. de *RAdar Doppler Automatic Navigator* — navegador automático por radar Doppler

RADAR (GERAL) abr. de *RAdio Detection And Ranging* — detecção rádio e medição de distância

radar absorbing material (AERO.) material de absorção de radar

radar aid (AERO.) ajuda de radar

radar altimeter (ELECT.) altímetro de radar; radar-altímetro

radar altitude (FÍS.) altitude de radar; altura pelo radar

radar antenna (ELECT.) antena de radar

radar astronomy (ASTRO.) Radioastronomia; Astronomia a radar

radar attenuation (ELECT.) atenuação de radar

radar band (RADAR) banda de radar

radar beacon (RADAR) baliza a radar; racon

radar beacon system (TELECOM.) sistema de feixes de radar

radar beam (RADAR) feixe de irradiação de radar; feixe de radar

radar beam width (RADAR) largura de feixe de radar

radar blip (RADAR) pulso de ponta

radar boresight (RADAR) alvo de orientação de radar

radar calibration (RADAR) calibração de radar

radar ceiling (RADAR) tecto radar; tecto medido por radar

radar cell (RADAR) célula-radar

radar chart (AERO.) carta de radar

radar climatology (METEO.) Climatologia a (com) radar

radar clutter (RADAR) ruído radar; eco parasita do radar

radar command guidance (AERO.) orientação por radar

radar contact (AERO.) contacto radar

radar control (AERO.) controlo radar

radar countermeasure (RADAR) contramedida de radar

radar coverage (RADAR) cobertura por radar; cobertura radar

radar coverage line (AERO.) linha de cobertura radar

radar cross-section (RADAR) secção transversal de radar; área do eco

radar crystal (RADAR) cristal de radar; cristal de frequência de radar

radar data display board (RADAR) painel de informações de dados de radar

radar deception (RADAR) despistamento de radar

radar detection (RADAR) detecção por radar

radar display (RADAR) apresentação de radar; indicador de radar

radar dome (RADAR) cúpula de radar; domo de radar

radar Doppler automatic navigator [RADAM] (RADAR) navegador automático por radar Doppler

radar drift (RADAR) deriva de radar

radar echo (RADAR) eco de radar

radar emergency circuit (AERO.) circuito de emergência radar

radar equation (ELECTRÓN.) equação de radar

radar fence (RADAR) barreira de radar

radar field gradient (RADAR) gradiente de campo de radar

radar fix (AERO.) situação por radar; fixo por radar

radar frequency (RADAR) frequência de radar

radar gear (RADAR) engrenagem a radar

radar homing (AERO.) aproximação por radar

radar homing set (AERO.) equipagem-guia por radar

radar horizon (RADAR) horizonte de radar

radar indicator (RADAR) indicador de radar; tela de radar

radar jamming (RADAR) interferência de radar; interferência proposital de radar

radar map (AERO.; RADAR) mapa-radar

radar mapping (AERO.; RADAR) mapeamento por radar; cartografia por radar

radar nautical mile (NAV.) milha náutica de radar; milha marítima radar

radar netting (RADAR) rede de radares

radar obstacle detector (RADAR) detector de obstáculos por radar

radar performance figure (RADAR) índice de eficácia de radar

radar plot (RADAR) rota radar

radar plotting (RADAR) localização a radar

radar radiation (RADAR) radiação de radar

radar range (RADAR) alcance de radar

radar range equation (RADAR) equação de alcance de radar

radar range marker (RADAR) marca de distância de radar

radar receiver (AERO.) receptor radar

radar reflection (RADAR) reflexão radar; reflexão de radar

radar repeater (RADAR) repetidor de radar

radar research (ASTRO.) pesquisa a radar

radar scan (RADAR) exploração a radar

radar screen (RADAR) ecrã de radar

radar set (RADAR) equipagem de radar

radar shadow (RADAR) sombra de radar

radar silence (RADAR) silêncio de radar

radarsonde (METEO.) radar-sonda; sonda de radar

radar storm detection (METEO.) detecção de tempestades por radar

radar surveillance (AERO.) vigilância por radar

radar surveying (TOPO.) topografia por radar

radar telescope (ASTRO.) telescópio de radar

radar tracking (AERO.; RADAR) seguimento por radar

radar warning net (RADAR) rede de alarme de radar

radar wave (AERO.; RADAR) onda de radar

radiac (NUCL.) abr. de R*Adioactivity, Detection, Identification And Computation* — detecção, identificação e cálculo de radioactividade

radiac computer (NUCL.) computador radiac

radial (GERAL) radial

radial arm (MEC.) braço radial; alavanca em ângulo para mudança de direcção

radial armature (ELECT.) induzido radial

radial-beam tube (ELECTRÓN.) tubo de feixe eléctrónico radial

radial bearing (MEC.) rolamento de esferas radial; mancal radial

radial cam (MEC.) came radial

radial commutator (ELECT.) comutador radial

radial component (ELECT.) componente radial

radial curves (MAT.) curvas radiais

radial deflecting electrode (ELECT.) eléctrodo radial de deflexão

radial die (MEC.) matriz radial

radial Doppler effect (FÍS.) efeito Doppler radial

radial drainage (ECO.) drenagem radial

radial drill (MEC.) broca radial

radial engine (MEC.) motor radial

radial feeder (ELECT.) alimentador radial

radial grating (ELECT.) rede radial; grelha radial

radial immunodiffusion (BIO.) imunodifusão radial

radial lead (ELECT.) fio de ligação radial

radial longitudinal section (BOT.) secção longitudinal radial

radial magnetic field (TELECOM.) campo magnético radial

radial-ply (AUTO.) lona de pneu radial

radial power (MEC.) potência radial; força radial

radial power saw (MEC.) serra mecânica radial

radial recording (FÍS.) gravação radial

radial runout (MEC.) desvio radial

radial symmetry (BIO.) simetria radial

radial system (ELECT.) sistema radial

radial turbine (MEC.) turbina radial

radial variation (ASTRO.) radiação radial

radial velocity (ASTRO.) velocidade radial

radial wire (AERO.) cabo radial

radian (MAT.) radiano

radian frequency (FÍS.) frequência angular

radiant (ASTRO.) radiante; irradiante

radiant energy (FÍS.) energia radiante

radiant flux (FÍS.) fluxo (ir)radiante; fluxo energético

radiant-flux density (FÍS.) densidade de fluxo radiante

radiant heat (FÍS.) calor irradiante

radiant intensity (FÍS.) intensidade (ir)radiante

radiant-tube furnace (MEC.) forno de tubo de irradiação

radiant-type boiler (MEC.) caldeira de tipo irradiante

radiate (BOT.) radiado

radiated power (FÍS.) potência irradiada

radiating brick (E.CIV.) tijolo curvo

radiating circuit (TELECOM.) circuito irradiante; circuito de antena

radiating element (ELECT.) elemento (ir)radiante

radiating power (ELECT.) força irradiante; potência irradiante; poder irradiante

radiating source (FÍS.) fonte de (ir)radiação; ponto de (ir)radiação

radiating surface (FÍS.) superfície de irradiação; superfície irradiante

radiation (FÍS.) radiação; irradiação; energia radiante

radiation absorber (FÍS.) absorvedor de radiação; absorvente de radiação

radiation angle (FÍS.) ângulo de radiação

radiation area (NUCL.) área de (ir)radiação

radiation belt (FÍS.) cintura de radiação; cinturão de radiação

radiation budget (GEO.) balanço radiativo

radiation burn (MED.) queimadura por radiação

radiation chemistry (QUÍM.) Química de (ir)radiação

radiation cone (FÍS.) cone de radiação

radiation counter (NUCL.) contador de radiações

radiation-counter tube (FÍS.; NUCL.) tubo contador de radiação

radiation damage (NUCL.) dano de irradiação; lesão causada por radiação

radiation damping (FÍS.) amortecimento de radiação

radiation danger zone (RADIOL.) zona de perigo de radiação

radiation detector (FÍS.) detector de radiação

radiation diagram (FÍS.) diagrama de radiação

radiation dosage (FÍS.) doseamento de radiação

radiation effect (FÍS.) efeito de radiação

radiation efficiency (TELECOM.) eficiência de radiação; rendimento de radiação; potência de radiação

radiation energy (FÍS.) energia de radiação; radiação de energia

radiation excitation (FÍS.) excitação por radiação

radiation field (FÍS.) campo de radiação

radiation flux density (FÍS.) densidade de fluxo de radiação

radiation-fog (METEO.) nevoeiro de radiação

radiation-free (FÍS.) livre de irradiação; sem irradiação

radiation-free body (FÍS.) corpo sem radiação; corpo livre de radiação

radiation frequency (FÍS.) frequência de radiação

radiation function (TELECOM.) função de radiação

radiation hazard (RADIOL.) perigo de irradiação; risco de irradiação

radiation heat (FÍS.) calor de radiação

radiation impedance (FÍS.) impedância de radiação

radiation intensity (FÍS.) intensidade de radiação

radiation inversion (GEO.) inversão de radiação

radiation ionization (FÍS.) ionização por radiação

radiation law (FÍS.) lei da radiação

radiation length (FÍS.) comprimento de radiação; penetração por radiação; alcance por radiação

radiation loss (FÍS.) perda de irradiação

radiation pattern (FÍS.) modelo de radiação; diagrama de radiação

radiation potential (FÍS.) potencial de radiação

radiation pressure (FÍS.) pressão de radiação

radiation-proof (FÍS.) à prova de radiação

radiation prospecting (MINAS) prospecção por radiação

radiation pyrometer (FÍS.) pirómetro de irradiação

radiation resistance (TELECOM.) resistência à irradiação

radiation shield (FÍS.) blindagem contra radiação; escudo anti-radiação

radiation sickness (MED.) doença da radiação

radiation survey (NUCL.) controlo de radiações

radiation therapy (MED.) terapia de radiação

radiation trap (NUCL.) armadilha de radiação

radiation warning symbol (FÍS.; NUCL.) símbolo de perigo de radiação

radiation window (FÍS.; NUCL.) janela de radiação

radiative capture (FÍS.; NUCL.) captura radioactiva

radiative equilibrium (ASTRO.) equilíbrio radioactivo

radiative transfer (FÍS.) transmissão por radiação

radiator (AUTO.) radiador

radiator (TELECOM.) irradiador

radical (BOT.) radical (pertencente à raiz)

radical (GERAL) radical; primitivo; fundamental; básico; raiz

radical (MAT.) radical; raiz

radical axis (MAT.) eixo radical

radical equation (MAT.) equação radical; equação irracional

radical exponent (MAT.) expoente do radical; expoente de uma raiz

radical expression (MAT.) expressão irracional

radical index (MAT.) índice do radical; expoente da raiz

radical ion (FÍS.) ião radical

radical sign (MAT.) radical; sinal do radical

radicivorous (ZOO.) radicívoro

radicle (BOT.; MED.; ZOO.) radícula

radicotomy (MED.) radicotomia

radiculectomy (MED.) radiculectomia; rizotomia; radicotomia

radiculitis (MED.) radiculite

radio (GERAL) rádio

radio- (MED.; ZOO.) rádio-; prefixo denotando a ideia de rádio (osso do antebraço) ou relação com rádio

radio- (QUÍM.) rádio-; prefixo caracterizando o isótopo radioactivo do elemento ao qual está ligado

radioactinium (QUÍM.) radioactínio; tório-227

radioactivation analysis (FÍS.) análise de radioactivação

radioactive ashes (NUCL.) cinzas radioactivas

radioactive atom (FÍS.) átomo radioactivo

radioactive background (TELECOM.) fundo radioactivo; radiação de fundo

radioactive capture reaction (FÍS.) reacção de captura radioactiva

radioactive chain (FÍS.; NUCL.) cadeia radioactiva

radioactive cloud (NUCL.) nuvem radioactiva

radioactive contamination (NUCL.) contaminação radioactiva

radioactive dating (GEO.) datação radioactiva

radioactive decay (FÍS.) decomposição radioactiva; decadência radioactiva

radioactive decay by ion emission (FÍS.) desintegração radioactiva por emissão iónica

radioactive decay constant (NUCL.) constante de decomposição radioactiva

radioactive decay product (NUCL.) produto de decomposição radioactiva; produto radioactivo de desintegração

radioactive disintegration (FÍS.) desintegração radioactiva

radioactive dust (NUCL.) poeira radioactiva

radioactive energy (NUCL.) energia radioactiva

radioactive equilibrium (FÍS.) equilíbrio radioactivo

radioactive family (FÍS.; NUCL.) família radioactiva; série radioactiva

radioactive fission (FÍS.; NUCL.) fissão radioactiva

radioactive gas emanation (FÍS.) emanação de gás radioactivo

radioactive half-life (FÍS.) meia-vida radioactiva

radioactive iodine (QUÍM.) iodo radioactivo (isótopos instáveis do I127)

radioactive ionization (FÍS.) ionização radioactiva

radioactive isotope (FÍS.) isótopo radioactivo

radioactive metallic compound (NUCL.) composto metálico radioactivo

radioactive mixture (NUCL.) mistura radioactiva

radioactive period (FÍS.) período radioactivo

radioactive rain (FÍS.) chuva radioactiva

radioactive rhodium (NUCL.) ródio radioactivo

radioactive sample (FÍS.) amostra radioactiva

radioactive series (FÍS.) série radioactiva; família radioactiva

radioactive solution (QUÍM.) solução radioactiva

radioactive source (FÍS.) fonte radioactiva

radioactive standard (FÍS.) padrão radioactivo

radioactive stratum (FÍS.) estrato radioactivo

radioactive tracer (BIO.; FÍS.; MED.) marcador radioactivo

radioactive transfer (NUCL.) transferência radioactiva

radioactive vessel (NUCL.) vaso radioactivo; invólucro de reactor; carcaça de reactor; recipiente radioactivo

radioactive waste (NUCL.) lixo radioactivo

radioactive water (NUCL.) água radioactiva

radioactive yttrium (QUÍM.) ítrio radioactivo

radioactivity (FÍS.; NUCL.) radioactividade

radioactivity aid (TELECOM.) ajuda rádio

radioactivity detection (FÍS.) detecção de radioactividade

radioactivity exploration (FÍS.) exploração de/pela radioactividade

radio aerial (TELECOM.) antena de rádio

radio-allergosorbent test [RAST] (IMUN.) teste de imunização para anticorpos IgE; teste radioalergosorvente

radio altimeter (AERO.) radioaltímetro

radio astronomy (ASTRO.) Radioastronomia

radio beacon (TELECOM.) radiofarol

radio beam (TELECOM.) feixe direccional; feixe de onda electromagnética

radio bearing (TELECOM.) marcação radiogonométrica; marcação rádio

radio bearing (NAV.) radiomarcação; radiogoniometria

radio biology (BIO.) radiobiologia

radio blackout (TELECOM.) silêncio rádio

radio broadcasting (TELECOM.) radiodifusão; irradiação por rádio

radiocaesium (QUÍM.) radiocésio (radioisótopo do césio)

radiocalcium (QUÍM.) radiocálcio (radioisótopo do cálcio)

radiocarbon (QUÍM.) radiocarbono; C14; carbono radioactivo

radiocarbon age (GEO.) idade pelo carbono radioactivo

radiocarbon dating (GEO.) datação pelo carbono radioactivo; datação C14

radiocarpal (MED.) radiocárpico

radiochemical purity (QUÍM.) pureza radioquímica

radiochemistry (QUÍM.) Radioquímica

radiochlorine (QUÍM.) radiocloro (radioisótopo do cloro)

radiocobalt (QUÍM.) radiocobalto (radioisótopo do cobalto)

radiocolloid (FÍS.) radicolóide

radio command (TELECOM.) comando por rádio; radiocomando

radio communication (TELECOM.) radiocomunicação; comunicação via rádio

radio compass (TELECOM.) radiogoniómetro; radiobússola

radio-contact (TELECOM.) contacto por rádio

radio control (TELECOM.) radiocontrolo; controlo por rádio; radiocomando

radio countermeasures (TELECOM.) contramedidas por rádio

radio course drift (TELECOM.) desvio de curso de rádio

radio data system (TELECOM.) sistema de dados de rádio

radio detection (TELECOM.) radiodetecção

radio determination (NAV.) radiodeterminação

radio direction-finder (TELECOM.) radiogoniómetro

radio direction-finding (TELECOM.) radiogoniometria

radioelement (FÍS.; QUÍM.) radioelemento; elemento químico radioactivo

radio fadeout (TELECOM.) desvanecimento rádio

radio fan marker (AERO.) radiomarcador em leque

radio fix (NAV.) fixo de rádio; fixo de posição; radiolocalização

radio frequency (TELECOM.) radiofrequência

radio-frequency amplifier (TELECOM.) amplificador de radiofrequência

radio-frequency coil (TELECOM.) bobina de radiofrequência

radio-frequency driver (TELECOM.) accionador de radiofrequência

radio-frequency feeder (TELECOM.) alimentador de radiofrequência

radio-frequency generator (TELECOM.) gerador de radiofrequência

radio-frequency head (RADAR) unidade de radiofrequência do radar

radio-frequency heating (ELECTRÓN.) aquecimento de radiofrequência; aquecimento electrónico

radio-frequency spectrometer (NUCL.) espectrómetro de radiofrequência

radio-frequency spectroscopy (FÍS.) espectroscopia de radiofrequência

radio galaxy (ASTRO.) radiogaláxia; galáxia emissora de ondas de rádio

radiogenic (FÍS.) radiogénico; actinogénico

radiogoniometer (TELECOM.) radiogoniómetro

radiography (RADIOL.) radiografia

radio guidance system (AERO.; TELECOM.) sistema guia-rádio; sistema de rádio direccional; sistema de orientação radioeléctrica

radio homing beacon (TELECOM.) radiofarol de orientação automática

radio horizon (TELECOM.) rádio-horizonte

radioimmunoassay (BIO.) teste de imunidade radiactiva

radioiodine (QUÍM.) radioiodo; iodo radioactivo

radioisotope (FÍS.) radioisótopo

radioisotopic purity (QUÍM.) pureza radioisotópica

Radiolaria (ZOO.) Radiolários

radiolarian chert (GEO.) quartzo radiolário; radiolarito

radiolarian ooze (GEO.) vaza de radiolários

radiolarite (GEO.) radiolarito

radio link (TELECOM.) ligação rádio; ligação radiofónica; ligação radioeléctrica

radiolocation (RADAR) radiolocalização

radiolocator (RADAR) radiolocalizador; radar

radioluminescence (FÍS.) radioluminescência

radiolysis (NUCL.) radiólise

radiolytic decomposition (NUCL.) decomposição radiolítica

radiolytic process (NUCL.) processo radiolítico

radiomagnetic indicator (ELECTRÓN.) indicador radiomagnético

radio marker beacon (AERO.) radiofarol marcador; radiofarol de referência

radio mast (ELECT.) mastro de antena; torre irradiante; torre de antena

radio metal locator (GERAL) radiolocalizador de metais; detector de metais

radiometer (FÍS.) radiómetro

radiometric age (GEO.) idade radiométrica; datação radiométrica

radiomimetic (MED.; QUÍM.) radiomimético

radionuclide (FÍS.) radionúclido

radionuclide imaging (RADIOL.) mapeamento de radionúclido

radiopaque (RADIOL.) radio-opaco; opaco à radiação

radiophare (TELECOM.) radiofarol

radiopharmaceuticals (MED.) radiofármacos

radiophobia (MED.; NUCL.) radiofobia

radiophosphorus (QUÍM.) fósforo radioactivo

radiophotoluminescence (FÍS.) radiofotoluminescência

radiophylaxis (MED.) radiofilaxia

radiopill (MED.) pílula-rádio; cápsula radiotelemétrica; radiossonda

radio pulse (TELECOM.) impulso de rádio

radio range (TELECOM.) faixa de rádio; alcance de rádio

radio receiver (TELECOM.) receptor de rádio; radiorreceptor

radio relay station (TELECOM.) estação de relé de rádio; estação de relés radioeléctricos

radioresistant (RADIOL.) radiorresistente

radiosensitive (RADIOL.) radiossensitivo

radiosodium (QUÍM.) sódio radioactivo

radiosonde (METEO.) radiossonda; rádio-sonda; sonda rádio

radio spectrum (TELECOM.) rádio-espectro; espectro de rádio

radiospermic (BOT.) radiospérmico

radiostrontium (QUÍM.) estrôncio radioactivo

radiosulphur (radiosulfur) (QUÍM.) enxofre radioactivo

radio telegraph (TELECOM.) radiotelégrafo

radiotelemetry (ECO.) telemetria por rádio

radio telephony (TELECOM.) radiotelefonia

radio telescope (ASTRO.) radiotelescópio

radiotherapy (RADIOL.) radioterapia

radiothermoluminescence (FÍS.) radiotermoluminescência

radiothorium (QUÍM.) tório radioactivo

radiothulium (QUÍM.) túlio radioactivo

radio tracking (ECO.) radiolocalização

radioulnar (MED.) radioulnal; radioulnar

radio wave (TELECOM.) onda de rádio

radium (QUÍM.) rádio

radium cell (RADIOL.) pilha de rádio

radium emanation (QUÍM.) emanação de rádio; radão; emanação radioactiva

radium isotope (QUÍM.) isótopo de rádio

radium needle (RADIOL.) agulha de rádio

radium source (FÍS.) fonte de rádio

radium therapy (RADIOL.) terapia por rádio; radioterapia

radius (GERAL) raio

radius bar (MEC.) barra radial; barra de retenção

radius brick (E.CIV.) tijolo curvo

radius of action (AERO.) raio de acção

radius of convergence (MAT.) raio de convergência

radius of curvature (MAT.) raio de curvatura

radius of flight (AERO.) autonomia de voo

radius of gyration (FÍS.) raio de revolução

radius of gyration (MEC.) raio de rotação

radius of inertia (FÍS.) raio de inércia

radius of influence (HIDRO.) raio de influência; raio de acção

radius of inversion (MAT.) raio de inversão

radius of oscillation (FÍS.) raio de oscilação

radius of spherical curvature (MAT.) raio de curvatura esférica

radius of torsion (MAT.) raio de torção

radius of turn (AERO.) raio de viragem; raio de curva

radius of visibility (METEO.) raio de visibilidade

radius rod (E.CIV.) barra radial; biela; tensor; barra de reforço

radius vector (ASTRO.) raio vector; vector de posição

radix (GERAL) raiz

radix (INF.; MAT.) raiz; radical

radix complement (MAT.) complemento da base; complemento da raiz

radix exchange (INF.; MAT.) mudança de raiz

radix notation (MAT.) notação de raiz; notação de base

radix point (MAT.) ponto de base; ponto radical

radome (RADAR) cúpula de antena de radar; radomo

radon (QUÍM.) rádon

radon seed (RADIOL.) cápsula de radão

radula (ZOO.) rádula

radwin (METEO.) abr. de *RADarWINd* — radar-vento; balão de sondagem usado com radar

raffinose (QUÍM.) rafinose; melitriose

rafted ice (METEO.) gelo empilhado

raft foundation (E.CIV.) soleira geral

rag-bolt (MEC.) chumbador; pino com gancho

rag-bolt (NAV.) cavilha farpada

ragging (MINAS) trituração de mineral

ragging frame (MINAS) mesa de trituração

RAG proteins (BIO.) abr. de *recombination activating genes proteins* — proteínas dos genes activadores de recombinação

rag stone (E.CIV.) pedra de afiar; pedra de amolar

RAID (INF.) abr. de *random array of independent disks* — matriz aleatória de discos independentes

rail (E.CIV.) varão; corrimão; balaustrada; viga; carril (CF); trilho (CF)

rail bender (MEC.) máquina para encurvar carris; macaco verga-trilhos (CF)

rail bond (E.CIV.; ELECT.) conexão eléctrica para carris

rail chair (E.CIV.) cossinete de trilho (CF)

rail gauge (MEC.) padrão de trilho; gabarito de trilho (CF)

rail guard (E.CIV.) trilha de guia; carril de segurança (CF)

rail post (E.CIV.) baláustre; mainel; coluna de parapeito

railroad disease (VET.) doença do caminho-de-ferro; tetania de transporte

railway crossing (E.CIV.) cruzamento ferroviário; passagem de nível (CF)

railway curve (MEC.) régua de curvas; curvímetro

rain (GERAL) chuva

rain area (HIDRO.) bacia hidrológica

rain band (METEO.) faixa de chuva

rainbow quartz (MINER.) quartzo irisado; íris

rain chamber (MINAS) câmara de chuva

raindrop (ECO.) gota de chuva

rain fog (METEO.) nevoeiro com precipitação

rain forest (ECO.) floresta chuvosa; floresta tropical

rain gauge (METEO.) pluviómetro

rain glass (FÍS.) barómetro

rain head (METEO.) altura de chuva; altura de água precipitada

rain height (METEO.) altura de chuva

rainmaking (METEO.) chuva artificial; produção de chuva

rain-out (METEO.) lavagem (do ar pela chuva)

rain prints (GEO.) impressões de chuva; marcas de chuva

rain shadow (ECO.) região protegida pela chuva; seca orográfica

rain-splash (ECO.) arrastamento pelo escoamento superficial

rain stage (METEO.) fase de chuva

rain-wash (GEO.) deslizamento por lavagem

rainwater pipe (E.CIV.) colector de descida de água das chuvas

rainy season (METEO.) estação chuvosa; época das chuvas; estação pluvial

rainy winds (METEO.) ventos que trazem chuva

raised arch (ARQ.) arco ogival sobrelevado

raised beach (GEO.) terraço litoral

raised bog (ECO.) pântano de esfagnos; turfeira

raised panel (E.CIV.) painel saliente

raiser (E.CIV.) espelho de degrau

raising (TÊXT.) levantamento de pêlo; cardagem

rake (MEC.) ângulo de incidência

rake (NAV.) inclinação do mastro

RAKE receiver (TELECOM.) receptor de acesso multiplo por divisão de código

raking bond (E.CIV.) aparelho em espiga; ligação diagonal

raking bricks (E.CIV.) tijolos em diagonal; tijolos em espiga

rale (MED.) estertor

RALU (ELECTRÓN.) abr. de *Register Arithmetic Logic Unit* — registo de unidades aritméticas e lógicas

RAM (AERO.) abr. de *Radar Absorbing Material* — material absorvente do radar

RAM (ELECTRÓN.) abr. de *Read And write Memory* — memória de leitura e escrita

RAM (INF.) abr. de *Random Access Memory* — memória de acesso aleatório

RAM (METEO.) abr. de *Research Application Module* — módulo de aplicação em pesquisa

ram (AERO.) amortecedor de ancoragem

ram (MEC.) cabeçote (de torno limador)

Raman amplifier (ELECTRÓN.) amplificador de Raman

Raman effect (ELECTRÓN.) efeito de Raman

Raman scattering (FÍS.) dispersão de Raman

Raman spectroscopy (QUÍM.) espectroscopia de Raman

RAMARK (RADAR) abr. de *RAdar MARKer* — radar marcador

RAM disk (INF.) disco de memória de acesso aleatório; disco de memória paginada

ramentum (BOT.) ramento (escama do caule dos fetos)

ramet (BOT.) clone

rami communicantes (MED.) ramos comunicantes

ramie (TÊXT.) rami; ramie

ramiform (BOT.) ramiforme

ramisection (MED.) ramissecção

ramisectomy (MED.) ramissectomia

ramjet (AERO.) auto-reactor; estato-reactor

ramjet engine (AERO.) ramjet; motor de reacção a ar forçado

rammer (E.CIV.) bate-estacas; maço de calceteiro; ariete

Rammstedt's operation (MED.) operação de Rammstedt; piloromiotomia

ramp (AERO.) rampa; placa

ramp (GERAL) rampa

rampant arch (E.CIV.) arco aviajado

ramp vault (ARQ.) abóbada montante

ramp voltage (ELECT.) voltagem de rampa

RAM; r.a.m. (QUÍM.) abr. de *Relative Atomic Mass* — massa atómica relativa

Ramsar Convention on Wetlands of International Importance Especially as Waterfowl Habitat (ECO.) Convenção de Ramsar sobre Zonas Húmidas de Importância Internacional Especialmente como «habitat» de Aves Aquáticas

Ramsauer effect (FÍS.) efeito de Ramsauer

Ramsay and Young's rule (QUÍM.) regra de Ramsay e Young

Ramsay-Shields-Eotvus equation (FÍS.) equação de Ramsay-Shields-Eotvus

Ramsay-Young's equation (QUÍM.) equação de Ramsay-Young

Ramsden circle (FÍS.) círculo de Ramsden

Ramsden eyepiece (FÍS.; TOPO.) ocular de Ramsden

ramus (ZOO.) ramo

RAN (ELECTRÓN.) sistema de acesso aleatório a endereços discretos

ranalian complex (BOT.) complexo ranaleano (das ranales)

rand (ECO.) encosta de turfa

random (E.CIV.) a esmo; ao acaso

random access (INF.) acesso aleatório

random access files (INF.) ficheiros de acesso aleatório

random access memory (ELECTRÓN.; INF.) memória de acesso aleatório

random access method (INF.) método de acesso aleatório

random access processing (INF.) processamento de acesso aleatório

random access programming (INF.) programação de acesso aleatório

random algorithms (INF.) algoritmos aleatórios

random amplified polymorphic DNA (BIO.) ADN polimórfico de amplificação aleatória

random coil (BIO.) hélice aleatória

random coincidence (NUCL.) coincidência aleatória

random hunting (INF.) pesquisa aleatória

randomize (GERAL) tornar aleatório

random logic (INF.) lógica aleatória

random mating (BIO.) emparelhamento aleatório

random noise (FÍS.) ruído errático; ruído de fundo

random number (INF.) número aleatório

random number series (MAT.) série de números aleatórios

random processing (INF.) processamento aleatório

random sampling (INF.) amostra(gem) aleatória

random scan (INF.) exploração aleatória; análise aleatória

random searching (ECO.) pesquisa aleatória

random sequence welding (MEC.) soldadura de sequência aleatória

random-tooled ashlar (E.CIV.) silhar trabalhado ao acaso

random variable (EST.) variável aleatória

random-walk technique (GERAL) técnica do passeio aleatório

random winding (ELECT.) enrolamento aleatório; enrolamento ao acaso

Raney nickel (QUÍM.) níquel de Raney; catalisador de Raney

range (AERO.) alcance; raio de acção

range (EST.) intervalo de variação

range (FÍS.) amplitude

range (GEO.) cadeia de montanhas

range attenuation (RADAR) diminuição de alcance; atenuação de alcance

range chart (INF.) gráfico de amplitude

rangefinder (T.IMAG.) telémetro

range-height indicator (RADAR) indicador de distância-altura

range light (AERO.) luz de alinhamento; luz de posição

range of action (AERO.) raio de acção

range of flight (AERO.) autonomia; alcance de voo

range of oscillations (FÍS.) amplitude das oscilações

range of stress (MEC.) limite de tensão

range switch (TELECOM.) selector de banda

range tracking (RADAR) rastreamento em distância; rastreio em distância

range zero (AERO.) distância zero; zero de distância

range zone (GEO.) zona de habitat

ranging a curve (MAT.) traçado de uma curva

ranging pole (TOPO.) mira

ranging rod (TOPO.) baliza

ranine (ZOO.) ranino

ranitidine (MED.) ranitidina

rank (EST.) classe; ordem

rank (MAT.) ordem

rank correlation (INF.) correlação de precedência

Rankine cycle (MEC.) ciclo Rankine; ciclo de vapor

Rankine degree (FÍS.) grau Rankine

Rankine efficiency (MEC.) eficiência do motor; rendimento do motor

Rankine scale (FÍS.) escala de Rankine (temperatura)

Rankine's formula (E.CIV.) fórmula de Rankine

Rankine theory (MEC.) teoria de Rankine; teoria principal de esforço

Rankine vortex (FÍS.) vórtice de Rankine

rankinite (MINER.) ranquinita; rankinita

rank of coal (GEO.) graduação de carvão

rank of selectors (TELECOM.) série de selectores

rank test (EST.) teste de ordem

ranula (MED.) ranula

Ranunculaceae (BOT.) Ranunculáceas

Ranvier's node (ZOO.) nódulo de Ranvier

Ranvier's plexus (ZOO.) plexo de Ranvier

Ranvier's segment (ZOO.) segmento de Ranvier; segmento internodal; segmento interanular

Raoult's law (QUÍM.) lei de Raoult

Rapakivi granite (GEO.) granito (de) Rapakivi

RAPD (BIO.) abr. de *Random Amplified Polymorphic DNA* — DNA polimórfico de amplificação aleatória

raphe (BOT.; ZOO.) rafe

raphide (BOT.) ráfide

rapid-access memory (INF.) memória de acesso rápido

rapid memory (INF.) memória rápida

Rapoport's rule (ECO.) regra de Rapoport

rapping (MEC.) batida

raptatory; raptorial (ZOO.) rapinador

rare earth elements (QUÍM.) elementos de terras raras; elementos metálicos de terras raras

rare earths (QUÍM.) terras raras

rarefaction (FÍS.) rarefacção

rarefaction (MED.) rarefacção (processo através do qual algo se torna menos denso)

rare gases (QUÍM.) gases raros

rarity (ECO.) raridade

RAS (MED.) abr. de *Reticular Activating System* — sistema reticular de activação

rash (MED.) exantema; lesão cutânea (termo leigo)

Raspali test (PAPEL) teste de Raspali

RAST (IMUN.) abr. de *RadioAllergoSorbent Test* — teste radioalergosorvente

raster (INF.) quadrícula; quadro; rastreio; exploração

raster burn (T.IMAG.) queima de quadro

raster graphics (INF.) gráficos de exploração

raster grid (INF.) rede de exploração

raster scanning (INF.) exploração de quadro; exploração de quadrícula

ratchet brace (MEC.) roquete; broca de roquete; catraca

ratchet mechanism (MEC.) mecanismo de catraca

ratchet screwdriver (E.CIV.) chave de parafusos de catraca

ratchet shaft (MEC.) eixo de catraca

ratchet wheel (E.CIV.) roda de catraca

ratchet wrench (MEC.) chave de catraca

rate constant (QUÍM.) constante de velocidade

rated altitude (AERO.) altitude especificada; altitude de restabelecimento; altitude específica; altitude nominal

rated coil current (ELECT.) corrente nominal de bobina

rated coil voltage (ELECT.) tensão nominal de bobina

rated current (ELECT.) corrente nominal

rated horsepower (MEC.) potência nominal; potência homologada

rated load (ELECT.) carga nominal; carga de regime

rated output (ELECT.) saída nominal

rated output (MEC.) rendimento nominal

rated power (MEC.) potência nominal

rated revolution (MEC.) rotação homologada; revolução homologada

rated tension (ELECT.) tensão homologada

rated voltage (ELECT.) voltagem nominal; potência nominal

rate-grown junction (ELECTRÓN.) junção por crescimento variável

rate gyro (MEC.) girómetro; giroscópio de velocidade de rotação

ratemeter (NUCL.) indicador de regime; medidor de regime

rate of attenuation (TELECOM.) taxa de atenuação

rate of climb (AERO.) velocidade ascensional

rate of disintegration (NUCL.) regime de desintegração

rate of flux (HIDRO.) caudal

rate of heating (FÍS.) grau de aquecimento

rate of ocurrence (EST.) frequência de ocorrência

rate-of-turn control (ELECT.) controlo de velocidade de rotação

rate of working (FÍS.) intensidade de trabalho

Rathke's diverticulum (ZOO.) divertículo de Rathke; divertículo pituitário

Rathke's pouch (ZOO.) bolsa de Rathke

rating (ELECT.) valor nominal; regime nominal; classificação

rating chart (ELECTRÓN.) curvas de carga

rating curve (HIDRO.) curva de descarga; curva de calibragem

rating flume (HIDRO.) canal de aferição

ratio (MAT.) razão

ratio control (ELECT.) controlo de relação

ratio detector (TELECOM.) detector de proporção; detector de relação

ratio error (ELECT.) erro de relação

rational horizon (TOPO.) horizonte celeste; horizonte verdadeiro

rationalization (PSICO.) racionalização

rationalized units (FÍS.) unidades racionalizadas

rational number (MAT.) número racional

ratio of compression (MEC.) grau de compressão

ratio of conversion (MAT.) razão de conversão

ratio of drift to lift (AERO.) coeficiente de finura

ratio of gearing (MEC.) relação de transmissão

ratio of slenderness (E.CIV.) relação de finura

ratio of slope (E.CIV.) proporção de talude; medida de inclinação de talude

ratio of specific heats (FÍS.) razão de calores específicos

ratio of transformation (FÍS.) razão de transformação

ratio schedule of reinforcement (PSICO.) programa de reforço de razão

RATO (AERO.) abr. de *Rocket Assisted TakeOff* — descolagem com foguete auxiliar

rat-race (TELECOM.) anel híbrido

rat-tail file (E.CIV.) limatão

rattle (PAPEL) ruído áspero

rattle (ZOO.) guizo

Rauber's cells (ZOO.) células de Rauber

Rauber's layer (ZOO.) camada de Rauber; membrana de Rauber

Raunkier system (BOT.) sistema de Raunkier

rauwolfia serpentina (MED.) rauvólfia serpentina (planta utilizada em fins medicinais como hipotensor e sedativo)

ravine wind (GEO.) vento de ravina; vento de vale

raw data (INF.) dados não processados; dados em bruto

rawhide hammer (MEC.) martelo de couro; macete de couro

rawinsonde (GEO.) radiosonda eólica

raw iron ore (MINAS) minério de ferro bruto

raw ore (MINAS) minério bruto; minério cru; minério não calcinado

raw steel (MEC.) aço bruto; aço não refinado

ray (GERAL) raio

rayage (MED.) radiação (dose em radioterapia)

ray initial (BOT.) inicial radial (célula)

Rayleigh atmosphere (FÍS.) atmosfera de Rayleigh

Rayleigh balance (ELECT.) balança de Rayleigh

Rayleigh cycle (ELECT.) ciclo de Rayleigh

Rayleigh disk (FÍS.) disco de Rayleigh

Rayleigh distillation (QUÍM.) distilação de Rayleigh

Rayleigh distributed noise (TELECOM.) ruído de Rayleigh

Rayleigh formula (FÍS.) fórmula de Rayleigh

Rayleigh-Jeans law (FÍS.) lei de Rayleigh-Jeans

Rayleigh law (FÍS.) lei de Rayleigh

Rayleigh limit (FÍS.) limite de Rayleigh

Rayleigh line (FÍS.) linha de Rayleigh

Rayleigh number (METEO.) número de Rayleigh; coeficiente de Rayleigh

Rayleigh reciprocity theorem (ELECT.) teorema da reciprocidade de Rayleigh

Rayleigh refractometer (FÍS.) refractómetro de Rayleigh

Rayleigh region (TELECOM.) região de Rayleigh; região próxima

Rayleigh scattering (FÍS.) dispersão de Rayleigh

Rayleigh's criterion (FÍS.) critério de Rayleigh

Rayleigh wave (FÍS.; GEO.) onda de Rayleigh; onda-R

Raynaud's disease (MED.) doença de Raynaud

Raynaud's phenomenon (MED.) fenómeno de Raynaud

rayon (TÊXT.) raion; rayon

ray theory (FÍS.) teoria do raio

ray tracheid (BOT.) traqueído radial

Rb (QUÍM.) símbolo de *rubidium* — rubídio

rbc; RBC (MED.) abr. de *Red Blood Cells* — hemácias; eritrócitos

RBE (BIO.) abr. de *Relative Biological Effectiveness* — efectividade biológica relativa

RBE (MED.) abr. de *Renal Blood Flow* — fluxo sanguíneo renal

RBI (TELECOM.) abr. de *Radar Blip Identification* — identificação de eco radar

RBMK (NUCL.) tipo de reactor de grande potência com moderador de grafite e água ebuliente (ex: o reactor de Chernobyl, na Rússia)

R/B ratio (ECO.) quociente respiração-biomassa; taxa respiração-biomassa

RC (E.CIV.) abr. de *Reinforced Concrete* — betão reforçado

RC (ELECTRÓN.) abr. de *Resistance-Capacitance* — resistência-capacitância

RCA (GERAL) abr. de *Radio Corporation of America* — Corporação de Rádio da América

RCA connector (TELECOM.) ligação RCA

RCG (ELECT.) abr. de *Reverberation-Controled Gain* — ganho controlado de reverberação

RCM (RADAR) abr. de *Radar Counter-Measure* — contramedida de radar

R-C (RC) network (ELECTRÓN.) malha RC; malha resistor-condensador

R-C oscillator (ELECTRÓN.) oscilador RC; oscilador resistor-condensador

RCS (ELECTRÓN.) abr. de *Remote Control System* — sistema de controlo remoto

RCS (ESP.) abr. de *Reaction Control System* — sistema de controlo de reacção

RCT (ELECTRÓN.) abr. de *Reverse Conduction Thyristor* — tirístor de condução inversa

RC time constant (ELECTRÓN.) constante de tempo de circuito RC

RDAT (TELECOM.) abr. de *rotay-head digital audio tape* — fita de som digital de cabeça rotativa

RDF (TELECOM.) abr. de *Radio Direction-Finding* — radiogoniómetro

rDNA (BIO.) ARN ribossómico

RDRAM (INF.) abr. de *rapid dynamic random access memory* — memória dinâmica de acesso aleatório rápido

RDS (TELECOM.) abr. de *radio data system* — sistema de dados de rádio

RDT (ELECTRÓN.) abr. de *Regenerative Digital Transducer* — transdutor digital regenerativo

RDT & E (AERO.) abr. de *Research, Development, Test and Evaluation* — Pesquisa, Desenvolvimento, Teste e Avaliação (nos EUA)

Re (QUÍM.) símbolo de *rhenium* — rénio

reach (HIDRO.) troço

reach-through voltage (ELECT.) voltagem de penetração; tensão de penetração

reactance (FÍS.) reatância

reactance amplifier (ELECTRÓN.) amplificador de reatância

reactance chart (ELECTRÓN.) diagrama de reatância

reactance coefficient (ELECT.) coeficiente de reatância

reactance coil (ELECT.) bobina de reatância

reactance coupling (ELECT.) acoplamento de reatância

reactance drop (ELECT.) queda de reatância

reactance frequence multiplier (ELECT.) multiplicador de frequência de reatância

reactance grounded (ELECT.) ligado à terra por reatância

reactance modulation (ELECT.) modulação de reatância

reactance relay (ELECT.) relé de reatância

reactance transformer (ELECTRÓN.) transformador de reatância

reactance tube (ELECTRÓN.) válvula de reatância

reactance voltage (ELECT.) potencial de reatância; tensão de reatância

reactant (QUÍM.) reagente

reaction (GERAL) reacção

reaction-and-impulse turbine (MEC.) turbina de acção-reacção

reaction cavity (ELECTRÓN.) cavidade de reacção

reaction chain (QUÍM.) cadeia de reacção; reacção em cadeia

reaction chamber (AERO.) câmara de reacção

reaction control system (ESP.) sistema de controlo de reacção

reaction cycle (NUCL.) ciclo de reacção

reaction engine (ENG.) motor de reacção

reaction formation (PSICO.) formação reactiva

reaction isochore (QUÍM.) isócora de reacção

reaction isotherm (QUÍM.) isotérmica de reacção

reaction jet propulsion (AERO.) propulsão a jacto

reaction motor (MEC.) motor de reacção; motor de regeneração

reaction order (QUÍM.) ordem de reacção

reaction pair (GEO.) par de reacção

reaction principle (GEO.) princípio de reacção

reaction product (QUÍM.) produto de reacção

reaction propulsion (AERO.) propulsão a reacção

reaction rate (FÍS.; NUCL.) coeficiente de reacção; razão de reacção; taxa de reacção

reaction rim (GEO.) aro de reacção; orla de reacção; margem de reacção

reaction series (GEO.) série de reacção

reaction time (PSICO.) tempo de reacção

reaction turbine (ENG.) turbina de reacção

reaction velocity (NUCL.) velocidade de reacção

reactivation (ELECTRÓN.) reactivação

reactive (QUÍM.) reactivo

reactive attenuator (ELECT.) atenuador reactivo

reactive circuit (ELECT.) circuito reactivo

reactive coil (ELECT.) bobina reactiva

reactive component (ELECTRÓN.) componente reactiva

reactive current (ELECT.) corrente reactiva

reactive depression (PSICO.) depressão reactiva

reactive dye (TÊXT.) corante reactivo

reactive factor (ELECT.) factor reactivo

reactive ion etching (ELECTRÓN.) difusão de filme fino por iões ractivos
reactive iron (ELECT.) ferro reactivo
reactive load (ELECT.) carga reactiva
reactive power (ELECT.) potência reactiva
reactive schizophrenia (MED.) esquizofrenia reactiva
reactive voltage (ELECT.) voltagem reactiva; potencial reactivo
reactive volt-ampere hour (ELECT.) volt-ampere-hora reactivo
reactive volt-amperes (ELECTRÓN.) volt-ampéres reactivos; VA reactivos
reactivity (NUCL.) reactividade
reactivity coefficient (NUCL.) coeficiente de reactividade
reactivity disturbance (NUCL.) distúrbio na reactividade
reactivity oscillator (NUCL.) oscilador de reactividade
reactivity reduction (NUCL.) redução na reactividade
reactivity worth (NUCL.) valor de reactividade
reactor (GERAL) reactor
reactor chain (NUCL.) cadeia de reactores
reactor container (NUCL.) contentor do reactor
reactor control (NUCL.) controlo do reactor; comando do reactor
reactor coolant (NUCL.) refrigerante do reactor
reactor core (NUCL.) núcleo do reactor
reactor dynamics (NUCL.) dinâmica do reactor
reactor fuel (NUCL.) combustível nuclear
reactor oscillator (NUCL.) oscilador de reactor
reactor power (NUCL.) potência do reactor; força do reactor
reactor simulator (NUCL.) simulador de reactor
reactor testing (ELECT.; NUCL.) teste de reactor; verificação de reactor
reactor trip (NUCL.) disparo do reactor; redução de potência
reactor vessel (NUCL.) vaso do reactor; recipiente do reactor
reactor winding (ELECT.) enrolamento do reactor
read access time (INF.) tempo de acesso de leitura
read-ahead queue (INF.) fila de leitura antecipada
reader (IMP.) revisor
read in (INF.) leitura para a memória
reading (INF.) leitura; interpretação
reading frame (BIO.) estrutura de leitura; configuração
reading microscope (FÍS.) microscópio de leitura; catetómetro
read instruction (INF.) instrução de leitura
read-only disk (INF.) disco só de leitura
read-only memory [ROM] (INF.) memória só de leitura
read-out (INF.) leitura da memória
read-out pulse (INF.) impulso de leitura de memória
read rate (INF.) velocidade de leitura

read-write head (INF.) cabeça de leitura e escrita
read-write memory (INF.) memória de leitura/escrita
ready-mixed concrete (E.CIV.) betão pronto a aplicar
reafforestation (ECO.) reflorestação
reagent (QUÍM.) reagente
reagent feeder (MINAS) alimentador de reagentes
reagin (IMUN.) reagina
reaginic antibody (IMUN.) anticorpo reagínico
real absorption coefficient (FÍS.) coeficiente de absorção real
real address (INF.) endereço real
real axis (MAT.) eixo real
realgar (QUÍM.) rosalgar; óxido de arsénio
real image (FÍS.) imagem real
reality principle (PSICO.) princípio de realidade
realized niche (ECO.) nicho realizado
real number (INF.) número real
real orthogonal group (MAT.) grupo ortogonal real
real part (MAT.) parte real
real power (ELECT.) potência real
real time (ELECTRÓN.) tempo real
real-time analyser (FÍS.) analisador de tempo real
real-time clock (INF.) relógio de tempo real
real-time input (INF.) entrada em tempo real
real-time output (INF.) saída em tempo real
real-time processing (INF.) processamento em tempo real
real-time satellite computer (INF.) computador satélite em tempo real
real-time simulation (INF.) simulação em tempo real
real-time system (INF.) sistema em tempo real
real-time working (INF.) trabalho em tempo real
ream (PAPEL) resma
ream (VIDR.) imperfeição no vidro laminado (em camadas regulares)
reamer (MEC.) alargador
rear projection (ELECTRÓN.) retroprojecção
reassociation kinetics (BIO.) cinética de reassociação
reassociation of DNA (BIO.) reassociação do ADN
Réaumur degree (FÍS.) grau Réaumur
Réaumur scale (FÍS.) escala Réaumur
Réaumur temperature scale (FÍS.) escala de temperatura Réaumur; escala termométrica de Réaumur
Réaumur thermometer (FÍS.) termómetro Réaumur
rebate (E.CIV.) rebaixo; entalhe
rebate plane (E.CIV.) plaina de rebaixar
rebecca-eureka (RADAR) Rebeca-Eureca (sistema de radar)
reboot switch (ELECTRÓN.) interruptor de re-inicialização
rebore (AUTO.) rectificar; recalibrar

recalcitrant seed (ECO.) semente racalcitrante
recalescence (MEC.) recalescência
recall (PSICO.) lembrar
recapitulation theory (BIO.) teoria da recapitulação
receiver (QUÍM.) receptor; recipiente
receiver (TELECOM.) receptor; radiorreceptor
receiver gate (ELECT.) porta de recepção
receiver gating (TELECOM.) comutação de receptor
receiver noise figure (ELECTRÓN.) factor de ruído de um receptor
receiver radiation (TELECOM.) radiação de um receptor
receiver sensitivity (TELECOM.) sensibilidade de receptor
receiver synchro (TELECOM.) receptor sincronizado
receiving aerial (TELECOM.) antena de recepção
recency effect (PSICO.) efeito de novidade
receptacle (BOT.) receptáculo
receptaculum (ZOO.) receptáculo
receptaculum seminis (ZOO.) receptáculo seminífero; espermateca
reception wall (E.CIV.) parede de recepção; parede de retenção
receptive (BOT.) receptivo
receptor (GERAL) receptor
receptor mediated endocytosis (BIO.) endocitose mediada por receptor
receptors (MED.) receptores (terminais sensitivos nervosos)
recess (ZOO.) recesso
recessional moraine (GEO.) morena recessiva
recessive (BIO.) recessivo
recessive allele (BIO.) aléle recessivo
recessive gene (BIO.) gene recessivo
recharge (GEO.) recarga
recharge area (GEO.) area de recarga; zona de recarga
rechargeable cell (ELECTRÓN.) bateria; pilha recarregável
reciprocal (MAT.) recíproco
reciprocal averaging (ECO.) análise iterativa do gradiente
reciprocal cross (BIO.) cruzamento recíproco
reciprocal diagram (MEC.) diagrama de recíprocas
reciprocal-energy theorem (FÍS.) teorema da energia recíproca
reciprocal hybrids (ZOO.) híbridos recíprocos
reciprocal lattice (FÍS.) arranjo recíproco; ordem recíproca (distribuição atómica)
reciprocal network (ELECT.) circuito recíproco
reciprocal polar triangles (MAT.) triângulos polares recíprocos
reciprocal predation (ECO.) acção dos predadores recíprocos
reciprocal proportion (QUÍM.) proporção recíproca; proporção inversa
reciprocal theorem (MEC:) teorema recíproco

reciprocal translocation (Bio.) translocação recíproca

reciprocating compressor (Mec.) compressor alternado

reciprocating engine (Mec.) motor alternativo; motor a pistão

reciprocating pump (Mec.; Minas) bomba alternativa

reciprocity (Mec.) reciprocidade

reciprocity calibration (Elect.) calibração de reciprocidade

reciprocity constant (Elect.) constante de reciprocidade

reciprocity failure (T.Imag.) falha de reciprocidade

reciprocity principle (Fís.) princípio da reciprocidade

reciprocity theorem (Fís.) teorema da reciprocidade

recirculating fan (Mec.) ventilador de recirculação

recirculating heating system (Mec.) sistema de aquecimento de recirculação

recirculating water pump (Minas) bomba de recirculação de água

reck (Minas) mesa de trituração

recognition (Psico.) reconhecimento; recognição

recoil atom (Fís.) átomo de retrocesso; núcleo de retrocesso

recoil electron (Elect.) electrão de retrocesso

recoil escapement (Reloj.) âncora

recoil nucleus (Fís.) núcleo de retrocesso

recoil particle (Fís.) partícula de retrocesso

recoil radiation (Fís.) radiação de retrocesso

recombinant DNA (Bio.) ADN recombinante

recombinant inbread strains (Imun.) cepas de cruzamento recombinante

recombinant proteins (Bio.) proteínas recombinantes

recombination (Bio.) recombinação

recombination (Fís.; Nucl.) recombinação; recomposição

recombination coefficient (Electrón.) coeficiente de recombinação

recombination radiation (Electrón.) radiação de recombinação

recombination rate (Electrón.) velocidade de recombinação

recombination velocity (Electrón.) velocidade de recombinação

reconcentration (Minas) reconcentração

reconditioned carrier (Electrón.) portadora recondicionada

reconstituted viral envelopes (Bio.) envólucro viral reconstituído

reconstructed stone (E.Civ.) pedra reconstituida

record (Geral) registo; gravação

recordable CD (Telecom.) CD gravável

recordable DVD (T.Imag.) DVD gravável

record address file (Inf.) ficheiro de endereços de registo

record chain (Inf.) cadeia de registos; série de registos

record code (Inf.) código-registo; código de registo

record density (Fís.) densidade de registo

record equalizer (Fís.) igualizador de gravação

recorder (Fís.) gravador

recorder (Mec.) registador; indicador

record gap (Fís.) intervalo na gravação

record head (Fís.) cabeça de gravação

recording altimeter (Aero.) altímetro registador

recording ammeter (Elect.) amperímetro registador

recording amplifier (Fís.) amplificador de registo

recording blank (Electrón.) disco virgem (fonográfico)

recording channel (Fís.) canal de gravação

recording head (Fís.) cabeça gravadora

recording level (Fís.) nível de registo

recording loss (Fís.) perda de gravação

recording noise (Fís.) ruído de gravação

recording of sound (Telecom.) gravação de som

recording of video (T.Imag.) gravação de vídeo

recording spot (Fís.) ponto de registo; ponto de gravação

recording stylus (Fís.) agulha de gravação

record length (Inf.) comprimento de registo

recovery (Inf.) recuperação; restauração

recovery (Mec.) recuperação (da pressão dinâmica)

recovery (Minas) recuperação; REC

recovery capsule (Astro.) cápsula de recuperação

recovery gear (Astro.) equipamento de recuperação

recovery pegs (Topo.) cavilhas de recuperação

recovery procedure (Inf.) procedimento de recuperação

recovery rate (Radiol.) taxa de recuperação

recovery time (Electrón.; Fís.) tempo de restabelecimento; tempo de recuperação

recovery voltage (Elect.) voltagem de restabelecimento

recovery volume (Inf.) volume de recuperação

recreatability (Eco.) capacidade de recuperação recreacional

recreation ecology (Eco.) ecologia recreacional

recrystallization (Geral) recristalização

recrystallization temperature (Mec.) temperatura de recristalização

rect-; recti-; recto- (Geral) rect-; recti-; recto-; do latim *rectus, rectum* — recto, que traduz a ideia de rectilíneo, em geral, e, em linguagem médica, exprime ligação com o recto (porção terminal do aparelho digestivo)

rectal gills (Zoo.) brânquias rectais

rectangle (Mat.) rectângulo

rectangular axes (Mat.) eixos rectangulares

rectangular Cartesian coordinates (Mat.) coordenadas cartesianas rectangulares

rectangular coordinate (Mat.) coordenada rectangular; coordenada cartesiana

rectangular course (Aero.) circuito de pista; rumo rectangular

rectangular drainage (Eco.) drenagem rectangular

rectangular loop hysteresis (Elect.) histerese de circuito rectangular

rectangular notch (E.Civ.) entalhe rectangular

rectangular picture tube (Electrón.) tubo de imagem rectangular

rectangular pulse (Electrón.) impulso rectangular

rectangular scanning (Electrón.) exploração rectangular

rectangular wave (Telecom.) onda rectangular

rectangular waveguide (Elect.) guia de ondas rectangular

rectangular window (Telecom.) janela rectangular

rectification (Quím.) rectificação

rectification efficiency (Elect.) eficiência de rectificação

rectification factor (Elect.) factor de rectificação

rectified airspeed (Aero.) velocidade do ar rectificada

rectified current (Elect.) corrente rectificada

rectified grid current (Elect.) corrente de grade rectificada

rectified spirit (Quím.) álcool rectificado; álcool etílico; etanol; álcool de cereais; espírito rectificado

rectified voltage (Elect.) tensão rectificada; voltagem rectificada

rectifier (Elect.) rectificador

rectifier bridge (Electrón.) ponte rectificadora

rectifier diode (Electrón.) díodo rectificador

rectifier doubling (Elect.) duplicação de rectificador

rectifier filter (Elect.) filtro de rectificador

rectifier instrument (Elect.) instrumento rectificador

rectifier leakage current (Elect.) corrente de dispersão de rectificador

rectifier ripple factor (Elect.) factor de ondulação residual do rectificador

rectifier stack (Elect.) coluna de rectificador

rectifier transformer (Elect.) transformador do rectificador

rectifier tube (Electrón.) válvula electrónica rectificadora

rectifier voltmeter (Elect.) voltímetro rectificador

rectifying action (Quím.) acção rectificadora

rectifying detector (ELECT.) detector rectificador
rectifying grinder (MEC.) esmeril rectificador
rectifying machine (MEC.) máquina rectificadora
rectifying tube (ELECTRÓN.) válvula electrónica rectificadora
rectifying valve (ELECTRÓN.) válvula rectificadora
rectilinear angle (MAT.) ângulo rectilíneo
rectilinear bearing (MEC.) mancal plano
rectilinear coordinates (MAT.) coordenadas ortogonais; coordenadas cartesianas; coordenadas rectangulares
rectilinear lens (T.IMAG.) lente rectilínea
rectilinear motion (FÍS.) movimento rectilíneo; movimento linear
rectilinear scanning (T.IMAG.) exploração rectilínea
rectirostral (ZOO.) rectirrostro
recto- (GERAL) V. rect-; recti-; recto-
recto (IMP.) lado da frente de uma folha
rectoabdominal (MED.) rectoabdominal
rectocele (MED.) rectocele
rectococcygeal (MED.) rectococcígeo
rectococcypexy (MED.) rectococcipexia
rectocolitis (MED.) rectocolite
rectopexy (MED.) rectopexia
rectosigmoid (MED.) rectossigmóide
rectrices (ZOO.) rectrizes
rectum (ZOO.) recto (porção terminal do intestino)
rectus (ZOO.) recto (denominação de vários músculos quando designados em latim, ex. *rectus femoris* — (músculo) recto femoral)
recumbent fold (GEO.) dobra recumbente; dobra deitada
recuperative air heater (MEC.) aquecedor de ar recuperativo
recuperative furnace (MEC.) forno recuperativo; fornalha recuperativa
recuperator (MEC.) recuperador
recurrence (FÍS.) recorrência
recurrence surface (ECO.) superfície de recorrência
recurrent (ZOO.) recorrente; periódico
recurrent code (ELECTRÓN.) código recorrente
recurrent novae (ASTRO.) novas recorrentes; novas periódicas
recurrent vision (FÍS.) visão periódica
recurring decimal (MAT.) decimal periódica
recurring fraction (MAT.) fracção periódica
recursion (MAT.) recorrência; repetição
recursive filter (ELECTRÓN.) filtro rcursivo
recursive function (FÍS.) função recursiva
recursive procedure (INF.) procedimento recursivo
recursive subroutine (INF.) sub-rotina recursiva
recurvirostral (ZOO.) recurvirrostro
recusance (QUÍM.) não conformidade

recycle (FÍS.) reciclagem
red algae (BOT.) Algas vermelhas; Rodófitas
red blood corpuscle (ZOO.) glóbulo vermelho; eritrócito; hemácia
red body (ZOO.) rede maravilhosa; «rete mirabile»; (rede vascular interrompendo a continuidade de uma artéria ou veia)
red brass (MEC.) latão vermelho; bronze vermelho
red clay (GEO.) argila vermelha
red corpuscle (ZOO.) eritrócito; hemácia
redd (ECO.) leito de desova dos salmões
red deal (BOT.; E.CIV.) abeto-vermelho; a sua madeira
reddle (MEC.) ocre vermelho
red gland (ZOO.) rede maravilhosa; «rete mirabile»
red-green-blue (T.IMAG.) vermelho-verde-azul
red hardness (MEC.) dureza ao rubro
red heat (MEC.) calor ao rubro
redia (ZOO.) rédia (forma larvar de alguns trematódios)
redirected behaviour (PSICO.) comportamento redirigido
redistilled zinc (FÍS.) zinco redistilado
red lead (E.CIV.) zarcão
red lead (QUÍM.) óxido vermelho de chumbo; zarcão; mínio
Redler conveyor (MEC.) transportador Redler
red light (BOT.) luz vermelha
red marl (MINAS) marga vermelha
red muscles (ZOO.) músculos vermelhos
redox (QUÍM.) abr. de *oxidation-reduction* — redução-oxidação
red oxide of copper (MINER.) cuprite
red oxide of zinc (MINER.) zincite
redox potential (BIO.; QUÍM.) potencial redox; potencial de oxi-redução
redox reaction (QUÍM.) reacção redox; reacção de oxirredução
red pine (BOT.; E.CIV.) abeto-de-Douglas; a sua madeira
Red Queen effect (ECO.) efeito da Rainha Vermelha
redruthite (MINER.) redutrite; calcosite; calcosina; cobre vítreo
red shift (ASTRO.) desvio para o vermelho
red-short (MEC.) quebradiço ao rubro
red silver ore (MINER.) minério de prata vermelha; pirargirite (quando *dark-red silver ore*) e proustite (quando *light-red silver ore*)
red snow (BOT.) neve vermelha (conjunto de zoósporos da alga *Chlamydomomas nivalis* que coram de vermelho as neves e as águas marinhas)
Red Spot (ASTRO.) Mancha Vermelha (no planeta Júpiter)
red tide (BOT.) maré vermelha
reduced instruction set computer (INF.) computador com conjunto de instruções reduzidas
reduced level (TOPO.) nível de referência
reduced mass (FÍS.) massa reduzida
reduced pressure (METEO.) pressão reduzida

reduced visibility (METEO.) visibilidade reduzida
reduced volume (FÍS.) volume reduzido
reducer (GERAL) redutor
reducing agent (QUÍM.) agente redutor; redutor
reducing atmosphere (MEC.) atmosfera redutora; atmosfera desoxidante
reducing flame (QUÍM.) chama redutora
reducing scale (MAT.) escala redutora
reducing socket (E.CIV.) encaixe de redução
reducing surface (FÍS.) superfície de redução
reductio ad absurdum proof (MAT.) prova por redução ao absurdo
reduction (GERAL) redução
reduction (MINAS) extracção (de ouro de minério)
reduction ascending (MAT.) redução ascendente
reduction descending (MAT.) redução descendente
reduction factor (FÍS.) factor de redução
reduction gear (MEC.) redutor; engrenagem de redução
reduction of level (FÍS.) redução de nível
reduction potential (QUÍM.) potencial de redução
reduction pulley (MEC.) polia de redução
reduction roasting (MEC.) redução de calcinação; redução de ustulação
reduction to soundings (NAV.) redução para sondagens
redundancy (GERAL) redundância
redundancy check (INF.) prova de redundância; teste de redundância
redundancy check bit (INF.) bit de teste de redundância
redundant (MEC.) redundante; superabundante
redundant bits (ELECTRÓN.) bits redundantes
redundant character (INF.) carácter redundante
redundant code (INF.) código redundante
Redux bonding (AERO.) ligação Redux
red variables (ASTRO.) variáveis vermelhas; variáveis de longo período
redwater (VET.) babesiose; piroplasmose
redwood (BOT.; E.CIV.) sequoia (nos EUA); abeto-vermelho (no norte de Inglaterra); a sua madeira
Redwood second (MEC.) segundo de Redwood (unidade viscosimétrica)
Redwood viscometer (MEC.) viscosímetro de Redwood
red zinc ore (MINER.) zincite
Reech number (FÍS.) número de Reech
reed (ARQ.) moldura semicilíndrica
reed (FÍS.) diapasão; palheta; lâmina
reed (TÊXT.) pente do tear
reed (ZOO.) coagulador; coalheira (quarto estômago dos ruminantes)

reed loudspeaker (Fís.) altifalante de lâmina

reed pipe (Fís.) assobio de palheta

reed relay (Elect.) relé de lâmina

Reed-Solomon code (Electrón.) código de Reed-Solomon

reed steel (Têxt.) aço para pentes de tear

reed switch (Elect.) interruptor reed; interruptor magnético de proximidade

reef (Geo.) recife; banco de areia; molhe

reef (Minas) filão; veio metálico

reef cluster (Geo.) aglomeração de recifes; grupo de recifes

reef conglomerate (Geo.) conglomerado recifal

reef flat (Geo.) planície recifal

reef front (Eco.) talude coralígeno

reef growth (Geo.) formação de recifes

reef knolls (Geo.) colinas de recifes

reef trap (Geo.) armadilha (geológica) coralígena

reel (T.Imag.) carreto; rolo; bobina

reel barge (Minas) batelão porta-oleoduto

reel bogie (Imp.) transportador de bobina de papel

re-entrant angle (Mat.) ângulo reentrante

re-entrant horn (Fís.) corneta reentrante; corno reentrante

re-entrant polygon (Mat.) polígono reentrante

re-entrant procedure (Inf.) procedimento reentrante

re-entrant program (Inf.) programa reentrante

re-entrant routine (Inf.) rotina reentrante

re-entrant winding (Elect.) enrolamento reentrante

re-entry (Esp.) reentrada; regresso à atmosfera

re-entry (Minas) readmissão

re-entry capsule (Esp.) cápsula de reentrada

re-entry correction (Esp.) correcção de reentrada

re-entry corridor (Esp.) corredor de reentrada

re-entry in atmosphere (Esp.) reentrada na atmosfera

re-entry module (Esp.) módulo de reentrada

re-entry nose cone (Esp.) cone do nariz de entrada

re-entry ogive (Esp.) ogiva de reentrada

re-entry thermal protection (Esp.) protecção térmica de reentrada

re-entry trajectory (Esp.) trajectória de reentrada

re-entry turbine (Esp.) turbina de reentrada

re-entry window (Esp.) janela de entrada

refection (Zoo.) autocoprofagia

reference acoustic pressure (Fís.) pressão acústica de referência

reference address (Inf.) endereço de referência

reference beam (Fís.) feixe de referência

reference bit (Inf.) bit de referência

reference black level (T.Imag.) nível de referência do negro

reference burst (T.Imag.) aumento súbito do sinal de referência

reference climatological station (Meteo.) estação climatológica de referência

reference diode (Electrón.) diodo de referência

reference dipole (Electrón.) dipolo de referência

reference downwards (Inf.) referência decrescente

reference edge (Inf.) margem de referência

reference electrode (Quím.) eléctrodo de referência

reference equivalent (Telecom.) equivalente de referência

reference frame (Fís.) sistema de referência

reference frame (Mat.) sistema de coordenadas

reference frequency (Electrón.) equivalente de referência

reference generator (Electrón.) gerador de sinal de referência

reference humidity (Meteo.) humidade de referência

reference level (Telecom.) nível de referência

reference mark (Topo.) marca de referência; cota

reference noise (Telecom.) ruído de referência

reference point (Electrón.) ponto de referência

reference signal (Electrón.) sinal de referência

reference spectrum (Fís.) espectro de referência

reference system (Elect.) sistema de referência

reference time (Inf.) tempo de referência

reference voltage (Elect.) voltagem de referência; tensão de referência

reference volume (Elect.) volume de referência

reference white level (T.Imag.) nível de referência do branco

refined clay (Quím.) argila purificada; argila refinada

refined copper (Quím.) cobre purificado

refined iron (Mec.) ferro refinado

refined steel (Mec.) aço refinado; aço purificado; aço nobre

refiner (Papel) refinador

refiner mechanical woodpulp (Papel) polpa de madeira de refinador mecânico

refinery (Eng.) refinaria

refining (Vidr.) fundição

refining of metals (Mec.) refinação de metais

refining tank (Mec.) tanque de refinação

reflectance (Fís.) reflectância; factor de reflexão

reflected (Zoo.) reflectida

reflected binary code (Inf.) código binário reflectido; código cíclico

reflected impedance (Elect.) impedância reflectida

reflected radiation (Fís.) radiação reflectida

reflected ray (Fís.) raio reflectido

reflected wave (Fís.; Telecom.) onda reflectida

reflecting electrode (Elect.) eléctrodo reflector

reflecting galvanometer (Elect.) galvanómetro de reflexão

reflecting level (Topo.) nível de reflexão

reflecting medium (Fís.) meio reflector

reflecting power (Fís.) poder de reflexão

reflecting prism (Fís.) prisma de reflexão

reflecting telescope (Astro.) telescópio de reflexão

reflection (Geral) reflexão

reflection coefficient (Fís.) coeficiente de reflexão

reflection density (T.Imag.) densidade de reflexão

reflection error (Electrón.) antena de matrix reflectora

reflection factor (T.Imag.) factor de reflexão

reflection laws (Fís.) leis da reflexão

reflection layer (Fís.) camada de reflexão

reflection loss (Telecom.) perda de reflexão

reflection point (Telecom.) ponto de reflexão

reflection sounding (Nav.) sondagem por reflexão

reflection square (Fís.) goniómetro de reflexão

reflective display [RD] (Electrón.) ecrã de reflexão

reflectivity (Fís.) reflectividade; poder reflector

reflectometer (Fís.; T.Imag.) reflectómetro

reflector (Geral) reflector

reflector aerial (Telecom.) antena de reflector

reflector electrode (Elect.) eléctrodo reflector

reflector element (Electrón.) elemento reflector

reflector sight (Aero.) mira reflectora

reflex (Psico.) reflexo

reflex action (Zoo.) acção reflexa

reflex arc (Zoo.) arco reflexo

reflex bunching (Electrón.) agrupamento reflexo

reflex cabinet (Telecom.) colunas de som de reflexão

reflex camera (T.Imag.) câmara de espelho; câmara de reflexão

reflexed (Bot.) recurvada; reflectida

reflexive (Mat.) reflexivo

reflex klystron (Electrón.) clístron reflexo

reflex projection (T.Imag.) projecção reflectiva

reflux (GERAL) refluxo
reflux condenser (QUÍM.) condensador de refluxo
reflux oesophagitis (MED.) esofagite de refluxo
reflux ratio (QUÍM.) caudal de refluxo
reflux valve (E.CIV.) válvula de retorno; válvula de contrapressão
reforestation (ECO.) reflorestação
reforming process (QUÍM.) processo de reformação
refracted wave (FÍS.) onda refractada
refracting telescope (ASTRO.) telescópio de refracção
refraction (FÍS.) refracção
refractive index (FÍS.) índice de refracção
refractive modulus (METEO.) módulo de refracção
refractivity (FÍS.; QUÍM.) refractividade
refractometer (FÍS.) refractómetro
refractor (FÍS.) refractor
refractory alloy (ENG.) liga refractária
refractory body (FÍS.) corpo refractário
refractory brick (E.CIV.; MEC.) tijolo refractário
refractory cement (E.CIV.) cimento refractário
refractory clay (E.CIV.) argila refractária
refractory clay cylinder (QUÍM.) vaso de argila refractária
refractory concrete (E.CIV.) betão refractário
refractory dielectric (ELECT.) dieléctrico refractário
refractory metal (MEC.) metal refractário
refractory ore (MINAS) minério refractário
refractory period (PSICO.) período refractário
refractory vessel (QUÍM.) vaso refractário
refrigerant (MEC.) refrigerante
refrigeration cycle (MEC.) ciclo de refrigeração
refrigeration system (MEC.) sistema de refrigeração
refrigerator (MEC.) refrigerador; aparelho de refrigeração
refringent (FÍS.) refringente; refractivo
Refsum's disease (MED.) doença de Refsum; síndroma de Refsum; heredopatia atáxica polineuritiforme
refuge (ECO.) refúgio
refugium (ECO.) refúgio
refusal (IMP.) rejeição; nega
reg (ECO.) deserto rochoso (Sáara)
regelation (FÍS.) congelamento
Regency (ARQ.) Regência
regenerated fibre (TÊXT.) fibra regenerada
regeneration (GERAL) regeneração; recuperação
regeneration niche (ECO.) nicho regenerativo
regenerative air heater (MEC.) aquecedor a ar regenerado
regenerative amplifier (ELECT.) amplificador regenerativo

regenerative braking (ELECT.) travagem regenerativa
regenerative detector (ELECT.) detector regenerativo
regenerative feedback (ELECTRÓN.) realimentação regenerativa; realimentação positiva
regenerative furnace (MEC.) forno regenerador
regenerative receiver (TELECOM.) receptor regenerativo
regenerator (ELECT.; TELECOM.) regenerador
Regge trajectory (FÍS.; NUCL.) trajectória de Regge
region (GERAL) região; zona
region (MAT.) domínio
regionalization (T.IMAG.) codificação regional (DVD)
regional metamorphism (GEO.) metamorfismo regional
region of limited proportionality (FÍS.) região de proporcionalidade limitada
register (GERAL) registo
register (MEC.) registo; contador de rotações; regulador
register-controlled system (TELECOM.) sistema controlado por registo
registered breadth (NAV.) largura registada
registered dimensions (NAV.) dimensões registadas
registered length (NAV.) comprimento registado
registered tonnage (NAV.) tonelagem registada
register marks (IMP.) marcas de registo
register pin (T.IMAG.) estaca-guia
register rollers (IMP.) rolos de registo
register-sender (TELECOM.) registador-transmissor
register sheet (IMP.) folha de registo
register-translator (TELECOM.) registador-tradutor
reglet (ARQ.) filete; listel
reglette (TOPO.) régua pequena
Regnault's constant (FÍS.; METEO.) constante de Regnault
Regnault's hygrometer (METEO.) higrómetro de Regnault
regolith (GEO.) rególito
regrating (E.CIV.) reboco
regression (MED.) regressão
regular (GERAL) regular
regular breeze (METEO.) brisa regular
regular convex solids (MAT.) sólidos convexos regulares
regular-coursed rubble (E.CIV.) aparelho de pedras da mesma altura na mesma fiada
regular function (MAT.) função regular
regular galaxy (ASTRO.) galáxia regular
regular polygon (MAT.) polígono regular
regular reflection factor (FÍS.) factor de reflexão regular
regular satellite (ASTRO.) satélite regular
regular-shaped nebula (ASTRO.) nebulosa de forma regular

regular system (CRIST.) sistema regular
regular transmission (FÍS.) transmissão regular
regular transmission factor (FÍS.) factor de transmissão regular
regulated power supply (ELECTRÓN.) fonte de tensão estabilizada
regulated voltage (ELECTRÓN.) tensão estabilizada
regulating rod (NUCL.) vareta de regulação
regulation (GERAL) regulação; ajustagem
regulator (GERAL) regulador
regulator cell (ELECT.) elemento regulador
regulator gene (BIO.) gene regulador
regulatory enzyme (BIO.) enzima regulador
regulon (BIO.) operador de regulação
regulus of antimony (IMP.; QUÍM.) régulo do antimónio; antimónio
regurgitation (MED.) regurgitação
rehabilitation ecology (ECO.) reabilitação ecológica
reheat (AERO.) reaquecimento
reheating furnace (MEC.) forno de reaquecimento
Reichert-Meissl number (QUÍM.) número de Reichert-Meissl
Reimer-Tiemann reaction (QUÍM.) reacção de Reimer-Tiemann
re-imposition (IMP.) reimposição
reinforced cement (E.CIV.) betão armado
reinforced concrete (E.CIV.) betão reforçado
reinforced plastic (PLÁST.) plástico reforçado
reinforcement (PSICO.) reforço
reinsertion (T.IMAG.) reinserção
reintegration (PSICO.) reintegração
reinversion (MED.) reinversão
Reiss microphone (FÍS.) microfone de Reiss
reiterated (BIO.) repetido; reiterado
reiteration (TOPO.) repetição
Reiter's syndrome (MED.) síndroma de Reiter
rejection (MED.) rejeição
rejection band (TELECOM.) banda de rejeição; faixa de rejeição
rejection filter (ELECTRÓN.) filtro de rejeição
rejector circuit (TELECOM.) circuito supressor
rejuvenation (GEO.) renovação
rejuvenescence (BIO.) rejuvenescimento; rejuvenescência
relapsing fever (MED.) febre recorrente
relation (GERAL) relação
relation (MAT.) relação
relational data base (INF.) base de dados relacional
relational expression (INF.) expressão relacional
relational operator (INF.) operador relacional
relative absorption (FÍS.) absorção relativa

relative abundance (Eco.) abundância relativa

relative address (Inf.) endereço relativo

relative addressing (Inf.) endereçamento relativo

relative age (Eco.) idade relativa

relative atomic mass (Nucl.) massa atómica relativa

relative bearing (Electrón.) demora relativa

relative bearing (Nav.) marcação relativa

relative brightness (Fís.) brilho relativo

relative code (Inf.) código relativo

relative coding (Inf.) codificação relativa

relative contour (Meteo.) contorno relativo

relative coordinate system (Mat.) sistema de coordenadas relativas

relative course (Nav.) rumo relativo; rota relativa

relative dating (Eco.) datação relativa

relative deformation (Fís.) deformação relativa

relative density (Fís.) densidade relativa

relative efficiency (Mec.) eficiência relativa; rendimento relativo

relative error (Mat.) erro relativo

relative frequency shift keying (Electrón.) codificação por deslocação relativa da frequência

relative gravity (Fís.) gravidade relativa

relative growth rate (Eco.) taxa de crescimento relativo

relative humidity (Meteo.) humidade relativa

relative luminescence (Fís.) luminescência relativa

relative molecular mass (Quím.) massa molecular relativa

relative permeability (Elect.) permeabilidade relativa

relative permittivity (Elect.) permissividade relativa; constante dieléctrica

relative pollen frequency (Eco.) frequência relativa dos pólens

relative redundancy (Inf.) redundância relativa

relative visibility factor (Fís.) factor de visibilidade relativa

relative volatility (Quím.) volatilidade relativa

relative wind (Meteo.) vento relativo

relativistic (Fís.) relativista; relativística

relativistic mass equation (Fís.) equação da massa relativística

relativistic particle (Fís.) partícula relativística

relativity (Fís.) relatividade

relativity theory (Fís.) teoria da relatividade

relaxation (Mec.) relaxação; afrouxamento; descanso

relaxation method (E.Civ.) método de relaxação; método de aproximação

relaxation oscillator (Telecom.) oscilador de relaxação; oscilador redutor de tensão

relaxation time (Fís.) tempo de relaxação

relaxin (Bio.) relaxina

relay (Electrón.) relé

relay contact (Elect.) contacto de relé

relay spring (Elect.) mola do relé

relay transmiter (Elect.) transmissor de relé

relay valve (Mec.) válvula de relé

relearning (Psico.) reaprendizagem

release (Mec.) desconexão; desengate; disparo; libertação

release (Telecom.) desconexão

release (T.Imag.) obturador

release bar (Mec.) barra de desengate

release bearing (Mec.) rolamento de desengate

release catch (Mec.) dente de desengate

reliability (Elect.) segurança; fiabilidade

relic (Minas) resíduo; formação

relict (Eco.) espécie animal ou vegetal de período anterior; grupo quase extinto; «relíquia»

relict coppice (Eco.) bosque abandonado

relict sediment (Eco.) paleossedimento

relief frame (Mec.) quadro compensador

relief map (Topo.) mapa em relevo

relief of pressure (Fís.) descarga de pressão; alívio de pressão

relief printing (Imp.) impressão em relevo

relief valve (Hidro.) válvula de descarga

relief well (Minas) poço de descarga

relieving (Mec.) amaciamento; afrouxamento

relieving arch (Arq.) arco de porta; arco de descarga

relight (Aero.) reinflamar (motor turbojacto em voo)

relocatable address (Inf.) endereço recolocável

relocatable coding (Inf.) codificação recolocável

relocatable program (Inf.) programa recolocável

reluctance (Elect.) relutância

reluctance microphone (Elect.) microfone de relutância

reluctance pick-up (Elect.) fonocaptador de relutância

reluctivity (Elect.) relutância específica

rem (Radiol.) abr. de *Roentgen-equivalent-man* — Roentgen-equivalente-homem

REM (Med.) abr. de *Rapid Eye Movement* — movimento rápido dos olhos

remainder (Mat.) resto; remanescente

remanence (Fís.) remanência; remanescência

remanent flux density (Elect.) densidade de fluxo remanescente

remanent induction (Fís.) indução remanescente

remanent magnetization (Geo.) magnetização remanescente

remiges (Zoo.) remiges

remiped (Zoo.) remípede

remission (Med.) remissão

remittent (Med.) remitente

remnant (Minas) remanescente

remodulation (Telecom.) remodulação

remote access (Inf.) acesso remoto

remote batch (Inf.) grupo de processamento remoto

remote computing system (Inf.) sistema de computação remoto

remote control (Elect.) controlo remoto

remote cut-off (Electrón.) corte remoto; interrupção a distância

remote debugging (Inf.) depuração remota

remote handling equipment (Nucl.) equipamento de manipulação remota

remould (Auto.) recauchutado (pneu)

removable arm (Mec.) braço móvel

removable hard drive (Inf.) disco rígido removível

removable isolated singularity (Mat.) singularidade isolada removível

removal time (Eco.) tempo de residência

REM sleep (Psico.) fase «REM» do sono (caracterizada por movimentos rápidos dos olhos)

renaissance (Arq.) Renascença

renal (Zoo.) renal

renal colic (Med.) cólica renal

renal portal system (Zoo.) sistema portal renal

renaturation (Bio.) renaturação

render and set (E.Civ.) emboço e reboco

rendering (E.Civ.) emboço

renewable resource (Eco.) recurso renovável

renewal cycle (Eco.) ciclo de renovação

reniform (Bot.) reniforme

renin (Bio.) renina

rennet (Quím.) coalho

rep; repp (Têxt.) rep; reps

repeater (Mat.) decimal recorrente

repeater (Telecom.) repetidor/a

repeater amplification (Telecom.) amplificação de repetidoras

repeater distribution frame (Telecom.) quadro de distribuição de repetidoras

repetear gain (Telecom.) ganho de repetidora

repetition (Topo.) repetição

repetition coefficient (Telecom.) coeficiente de repetição

repetition compulsion (Psico.) compulsão repetitiva; automatismo compulsivo; repetição-compulsão

repetition cycle (Fís.) ciclo de repetição

repetition factor (Inf.) factor de repetição

repetition instruction (Inf.) instrução de repetição

repetition rate (Telecom.) frequência de repetição; cadência de repetição

repetitive DNA (Bio.) ADN repetitivo

replaceability (Eco.) capacidade de substituição

replaceable hydrogen (Quím.) hidrogénio substituível

replacement (Geo.) substituição; metassomatismo; processo metassomático

replacement ecology (Eco.) substituição ecológica

replay head (Electrón.) cabeça de repetição

replication (Bio.) replicação

replication eye (Bio.) foco de replicação

replication of DNA (Bio.) replicação do ADN

replicon (Bio.) réplicon

replum (Bot.) falso septo

report description entry (Inf.) entrada de descrição de relatório

report file (Inf.) arquivo de relatório

report generation (Inf.) geração de relatório; gerador de relatório

report heading (Inf.) cabeçalho de relatório

report line (Inf.) linha de relatório

report program (Inf.) programa de relatório

repp; rep (Têxt.) rep; reps

representative sample (Minas) amostra representativa

repression (Psico.) repressão

repressor (Bio.) repressor

repressor protein (Bio.) proteína repressora

reprocessing (Nucl.) reprocessamento

reprocessing loss (Nucl.) perda no reprocessamento

reproducer (Geral) reprodutor/a

reproducibility (Geral) reprodutibilidade

reproduction (Geral) reprodução

reproduction proof (Imp.) prova de reprodução

reproductive allocation (Eco.) alocação reprodutiva

reproductive behaviour (Psico.) comportamento reprodutivo

reproductive effort (Eco.) esforço reprodutivo

Reptilia (Zoo.) Répteis; Reptília

repugnatorial glands (Zoo.) órgãos de repulsão; glândulas de repulsão

repulsion (Geral) repulsão; força repulsiva

repulsion-induction motor (Eng.) motor de repulsão-indução

repulsion motor (Elect.) motor de repulsão

repulsion-start induction motor (Elect.) motor de indução de arranque de repulsão

requirements (Esp.) exigências; requisitos

reradiation (Telecom.) reirradiação

rere arch (Arq.) abóbada de descarga

re-run (Inf.) repetição de processamento

re-run mode (Inf.) modo de repetição de processamento

re-run point (Inf.) ponto de repetição de processamento

re-run routine (Inf.) rotina de repetição de processamento

resampling (Electrón.) reamostragem

reseau (Meteo.) rede; rede meteorológica

resection (Med.) ressecção

reserpine (Med.; Quím.) reserpina

reserve (Geo.) reserva (de recursos não renováveis)

reserve buoyance (Aero.; Nav.) flutuabilidade de reserva

reserved variable (Inf.) variável reservada

reserved word (Inf.) palavra reservada

reserve factor (Aero.) factor de reserva

reserve field (Inf.) campo de reserva

reserve group (Inf.) grupo de reserva

reserve power (Mec.) força de reserva; potência de reserva

reserves (Minas) reservas

reservoir (Nucl.) reservatório

reservoir pressure (Minas) pressão de reservatório

reservoir rock (Geo.) rocha reservatório

reset (Imp.) matéria composta

reset (Inf.) restabelecimento; reinicialização

reset action (Mec.) acção de restabelecimento; reposição

reset button (Electrón.) butão de reinício

reset cam (Mec.) came de restabelecimento

reset circuit (Elect.) circuito de restabelecimento

reset clutch (Mec.) embraiagem de restabelecimento

reset contact (Elect.) contacto de restabelecimento

reset input (Electrón.) entrada de reinício

reset mode (Inf.) modo de restabelecimento

reset relay (Elect.) relé de restabelecimento

reshabar (Geo.) vento de sudeste (Curdistão)

residence time (Eco.) tempo de residência

residual activity (Nucl.) actividade residual

residual charge (Electrón.) carga residual

residual current (Electrón.) corrente residual

residual deposits (Geo.) depósitos residuais

residual effect (Fís.) efeito residual

residual error (Mec.) erro residual

residual field (Fís.) campo residual

residual gas (Electrón.) gás residual

residual induction (Fís.) indução residual

residual ionization (Fís.) ionização residual

residual magmatic solution (Geo.) solução magmática residual

residual magnetic induction (Fís.) indução magnética residual

residual magnetism (Electrón.) remanescência; magnetismo remanescente; magnetismo residual

residual magnetization (Fís.) magnetização residual

residual radioactivity (Fís.) radioactividade residual

residual sand (Geo.) areia de resíduos

residual stress (Fís.) tensão residual

residual volume (Mec.) volume residual

residue (Mat.) resto; remanescente

resilience (Geral) resiliência

resin (E.Civ.; Quím.) resina

resinates (Quím.) resinatos

resin canal (Bot.) canal de resina

resin duct (Bot.) tubo resinífero; canal de resina

resin-in-pulp (Minas) resina em polpa

resinous substance (Quím.) substância resinosa

resin poisons (Minas) venenos de resina

resin soap (Quím.) sabão de resina

resistance (Geral) resistência

resistance amplifier (Elect.) amplificador de resistência

resistance box (Elect.) caixa de resistência

resistance bridge (Elect.) ponte de resistência

resistance butt-seam welding (Elect.) soldadura de resistência de costura a topo

resistance butt-welding (Elect.) soldadura topo a topo de resistência

resistance-capacitance coupling (Electrón.) ligação resistência-condensador; ligação RC; acoplamento RC

resistance-capacitance oscillator (Elect.) oscilador de resistência e capacitância

resistance coupling (Elect.) acoplamento por resistência

resistance drop (Elect.) queda por resistência

resistance element (Elect.) elemento de resistência

resistance-flash welding (Elect.) soldadura de arco por resistência

resistance frame (Elect.) resistência de quadro; reóstato

resistance furnace (Elect.) forno de resistência; forno eléctrico

resistance graduation (Elect.) graduação de resistência

resistance grid (Elect.) grelha de resistência

resistance grounding (Elect.) ligação a terra de resistência

resistance heating (Elect.) aquecimento a resistência

resistance hybrid (Electrón.) junção híbrida de resistência

resistance lap-welding (Elect.) soldadura sobreposta por resistência

resistance loss (Electrón.) perda de Joule

resistance noise (Electrón.) ruído de resistência

resistance oven (Elect.) forno de resistência

resistance percussive-welding (ELECT.) soldadura de percussão por resistência; soldadura autogénica com descarga eléctrica

resistance pyrometer (ELECT.) pirómetro de resistência

resistance reversibility (ELECT.) reversibilidade de resistência

resistance seam-welding (ELECT.) soldadura de costura por resistência

resistance spot-welding (ELECT.) soldadura de pontos por resistência

resistance stitch-welding (ELECT.) soldadura de costura por resistência

resistance strain gauge (ELECT.) medidor de esforço da resistência

resistance thermometer (ELECT.) termómetro a resistência

resistance welding (ELECT.) soldadura por resistência

resistance wiring (ELECT.) ligação de resistência

resistant (BIO.; MED.) resistente

resistive attenuator (ELECT.) atenuador de absorção

resistive component (ELECT.) componente de resistência

resistive coupling (ELECT.) acoplamento de resistência

resistive impedance (ELECT.) impedância de resistência

resistivity (ELECT.) resistividade

resistor (ELECT.) resistência (componente)

resistor coding (ELECTRÓN.) codificação das resistências

resistor colour code (ELECTRÓN.) código de cores das resistências

resistor core (ELECT.) núcleo da resistência

resistor element (ELECT.) elemento de resistência

resistor furnace (ELECT.) forno de resistência

resistor-transistor logic (ELECTRÓN.) lógica resistor-transistor

resistor tuning (ELECTRÓN.) sintonização por resistência

resolution (GERAL) resolução

resolution (MAT.) solução; resolução

resolution chart (T.IMAG.) carta de resolução; padrão de definição

resolution of forces (FÍS.) resolução de forças; decomposição de forças

resolution time (FÍS.) tempo de resolução

resolution-time correction (FÍS.) correcção do tempo de resolução

resolvant equation (MAT.) equação resolvente

resolvant kernel (MAT.) integrando resolvente

resolvant set (MAT.) conjunto resolvente

resolving power of a telescope (ASTRO.) poder de resolução de um telescópio

resolving power of the eye (FÍS.) poder de resolução do olho

resolving time (FÍS.) tempo de resolução

resonance (GERAL) ressonância

resonance absorption (ELECT.) absorção por ressonância

resonance amplifier (ELECT.) amplificador de ressonância

resonance bridge (ELECT.) ponte de ressonância

resonance capture (NUCL.) captura por ressonância

resonance chamber (FÍS.) câmara de ressonância

resonance channel (NUCL.) canal de ressonância

resonance curve (FÍS.) curva de ressonância

resonance disintegration (NUCL.) desintegração de ressonância

resonance effect (FÍS.) efeito de ressonância

resonance energy (FÍS.) energia de ressonância

resonance escape (NUCL.) fuga de ressonância

resonance escape probability (NUCL.) probabilidade de fuga de ressonância

resonance form (QUÍM.) forma de ressonância

resonance frequency (ELECT.) frequência de ressonância

resonance heating (ELECT.) aquecimento de ressonância

resonance impedance (ELECT.) impedância de ressonância

resonance lamp (ELECT.) lâmpada de ressonância

resonance level (FÍS.) nível de ressonância

resonance neutron (ELECTRÓN.) neutrão de ressonância

resonance potential (ELECTRÓN.) potencial de ressonância

resonance radiation (FÍS.) radiação de ressonância

resonance region (FÍS.) região de ressonância

resonance scattering (FÍS.) dispersão de ressonância

resonance screen (ELECT.) grade de ressonância

resonance spectrum (ELECTRÓN.) espectro de ressonância

resonance test (AERO.) teste de ressonância

resonance theory (ASTRO.) teoria da ressonância

resonance transformer (ELECTRÓN.) transformador de ressonância

resonant capacitor (ELECT.) condensador ressonante

resonant cavity (TELECOM.) cavidade ressonante

resonant circuit (ELECTRÓN.) circuito ressonante

resonant circuit bandwidth (ELECTRÓN.) gama de frequências de ressonância do circuito

resonant frequency (QUÍM.; TELECOM.) frequência ressonante

resonant gap (RADAR) intervalo ressonante

resonant line (TELECOM.) linha ressonante

resonant mode (ELECTRÓN.) modo de ressonância

resonant reactor (NUCL.) reactor de ressonância

resonant shunt (ELECT.) derivação de ressonância

resonant wavelength (FÍS.) comprimento de onda ressonante

resonant window (ELECTRÓN.) janela ressonante

resonant wire (ELECT.) condutor de ressonância

resonator (ELECTRÓN.) ressoador

resonator grid (TELECOM.) grade do ressoador

resorcin (QUÍM.) resorcina (forma imprópria de resorcinol)

resorcinol (QUÍM.) resorcinol

resorption (GEO.) reabsorção

resource allocation (ECO.) alocação de recursos

respiration (GERAL) respiração

respiration-biomass ratio (ECO.) quociente respiração-biomassa; taxa respiração/biomassa

respiration quotient (ECO.) quociente de respiração

respiratory centre (ZOO.) centro respiratório

respiratory failure (MED.) falha respiratória; insuficiência respiratória

respiratory movement (ZOO.) movimento respiratório

respiratory organ (BIO.) orgão respiratório

respiratory pigment (ZOO.) pigmento respiratório

respiratory quotient (BIO.) quociente respiratório

respiratory substrate (BIO.) substrato respiratório

respiratory system (BIO.) sistema respiratório

respiratory valve (ZOO.) válvula respiratória

respondant (PSICO.) resposta condicionada

responder (RADAR) respondedor; secção transmissora de um radar secundário; responder

response (GERAL) resposta

response analysis program [RAP] (INF.) programa de análise de resposta

response curve (TELECOM.) curva de resposta

response frequency (INF.) frequência de resposta

response function (INF.) função de resposta

response header (INF.) cabeçalho de resposta

response latency (PSICO.) latência de resposta

response position (INF.) posição de resposta

responser (RADAR) responser; secção transmissora de um transmissor-respondedor

response time (INF.) tempo de resposta

rest (MEC.) suporte; apoio

restiform (ZOO.) restiforme

resting nucleus (BIO.) núcleo em repouso

resting potential (BIO.) potencial de descanso

resting spore (BOT.) esporo em repouso

restitution nucleus (Bot.) núcleo de restituição

rest mass (Fís.) massa de repouso

rest-mass energy (Fís.) energia de massa de repouso

restoration ecology (Eco.) recuperação ecológica

restorative (Med.) restaurador; revigorante

restore (Inf.) restaurar; restabelecer

restoring moment (Aero.) momento de restabelecimento

restrainer (T.Imag.) retardador

restriction (Bio.) restrição

restriction and modification (Bio.) restrição e modificação

restriction fragment (Bio.) fragmento de restrição

restriking voltage (Elect.) voltagem de reignição

resultant (Fís.) resultante

resultant force (Fís.) força resultante

resultant wind (Meteo.) vento resultante

resuperheating (Mec.) re-superaquecimento; ressuperaquecimento (mais usado re-)

resupinate (Bot.) ressupinado

resurgence (Eco.) resurgência

resurgent gas (Geo.) gás ressurgente

resuscitation (Med.) ressuscitação

retaining groove (Mec.) ranhura de retenção

retaining mechanism (Mec.) mecanismo de retenção

retaining pawl (Mec.) garra retentora; paleta de retenção

retaining wall (E.Civ.) parede de retenção

retake (T.Imag.) retomada

retardation coil (Elect.) bobina de atraso

retarded field (Elect.) campo retardado

retarded potential (Electrón.) potencial retardado

retarder (Geral) retardador

retarding circuit (Elect.) circuito retardador

retarding field (Electrón.) campo retardador

retarding-field oscillator (Telecom.) oscilador de campo retardado

rete (Zoo.) rede

rete Malpighi (Zoo.) rede de Malpighi; camada de Malpighi

rete mirabile (Zoo.) rede admirável; «rete mirabile»

rete mucosum (Zoo.) rede mucosa

retention (Med.) retenção

retention wall (E.Civ.) parede de retenção

retentivity (Fís.) retentividade

reticul-; reticulo- (Geral) reticul-; reticulo-; do latim *reticulum* — pequena rede, diminutivo de *rete* — rede

reticular (Med.; Zoo.) reticular

reticular tissue (Zoo.) tecido reticular

reticulate evolution (Eco.) evolução reticulada

reticulate method (Geral) método de agregação não hierárquica

reticulate thickening (Bot.) engrossamento reticular

reticulation (Imp.) reticulação

reticule (Topo.) retículo/a

reticulitis (Vet.) reticulite

reticulocytosis (Med.) reticulocitose

reticuloendothelial system (Imun.) sistema reticuloendotelial

reticulum (Zoo.) retículo

retiform (Zoo.) retiforme

retina (Zoo.) retina

retinal fatigue (Med.) fadiga retiniana; fadiga retínica

retinal illumination (Fís.) iluminação retiniana

retinene (Bio.) retineno; retinina

retinite (Miner.) retinito

retinitis (Med.) retinite

retinitis pigmentosa (Med.) retinite pigmentar

retinitis serous (Med.) retinite serosa; retinite simples

retinoblastoma (Med.) retinoblastoma

retinochroiditis (Med.) retinocoroidite; coriorretinite

retinoic acid (Quím.) ácido retinóico

retinopathy (Med.) retinopatia

retinopathy of prematurity (Med.) retinopatia da pré-maturidade

retinopiesis (Med.) retinopiese

retinoschisis (Med.) retinosquise

retinoscopy (Med.) retinoscopia; teste de sombra

retinulae (Zoo.) retínulas

retrace (Radar; T.Imag.) retorno; retrocesso

retrace ghost (Radar) imagem fantasma de retorno

retrace time (Radar) tempo de retorno

retractable landing gear (Aero.) trem de aterragem retráctil

retractable radiator (Aero.) radiador escamoteável

retractile (Zoo.) rectráctil

retread (Auto.) recauchutado

retreat from reality (Psico.) afastamento da realidade

retreating system (Minas) sistema de recuo

retrices (Zoo.) retrizes

retrieval (Psico.) condicionamento de recuperação; rectrospectivo

retrieval cue (Psico.) condicionamento de recuperação; sinal de recuperação

retro- (Geral) retro-; do latim *retro* — atrás, posterior, em direcção posterior

retroauricular (Med.) retroauricular

retrobulbar neuritis (Med.) neurite retrobulbar

retrocaecal; retrocecal (Med.) retrocecal

retrocerebral glands (Zoo.) glândulas retrocerebrais

retrocervical (Med.) retrocervical

retrocession (Med.) retrocessão; deslocamento para trás

retroflexed (Med.) retroflectido; em retroflexão

retrognathia (Med.) retrognatia

retrograde amnesia (Psico.) amnésia retrógrada

retrograde metamorphism (Geo.) metamorfismo retrógrado

retrograde motion (Astro.) movimento retrógrado

retrograde orbit (Astro.) órbita retrógrada

retrograde transport (Bio.) transporte retrógrado

retrograde vernier (Topo.) nónio retrógrado

retrogression (Geral) regressão

retrogressive metamorphism (Geo.) metamorfismo de retrocesso

retrogressive succession (Eco.) sucessão regressiva

retrolental fibroplasia (Med.) fibroplasia retrocristalina

retroperitoneal (Med.) retroperitoneal

retropharangeal (Med.) retrofaríngica

retropulsion (Med.) retropulsão

retrorocket (Esp.) retrofoguete

retroversion (Med.) retroversão

retrovirus (Bio.) retrovirus

retrovirus vector (Bio.) vector de retrovirus

retrusion (Med.) retrusão

return (Arq.) parte lateral de edifício

return (Geral) retorno

return airway (Minas) saída de ar

return bend (E.Civ.) conexão em U

return crank (Mec.) contra-manivela

return feeder (Elect.) alimentador de retorno

return-flow system (Aero.) sistema de fluxo de retorno

return-flow wind tunnel (Aero.) túnel de vento de refluxo

returning charge (Minas) carga de retorno

return interval (Electrón.) intervalo de retorno

return line flyback (Electrón.) linha de retorno

return loss (Telecom.) perda do retorno; perda por reflexão

return period (Electrón.) período de retorno

return signal (Electrón.) sinal de retorno

return time (Electrón.) tempo de retorno

return to bias (Electrón.) retorno à polarização

return trace (Electrón.) traço de retorno; linha de retorno

return wire (Elect.) fio de retorno; condutor de retorno

retuse (Bot.) retuso

Reuben-Mallory cell (Quím.) pilha de Reuben-Mallory

Reuleaux valve diagram (Mec.) diagrama de válvula Reuleaux

reusability (Esp.) reutilizável

revehent (Zoo.) de retorno

revel (E.Civ.) espessura de parede em janela ou porta; umbral

reverberation absorption coefficient (Electrón.) coeficiente de absorção de reverberação

reverberation bridge (Fís.) ponte de reverberação

reverberation chamber (Fís.) câmara de reverberação

reverberation reflection coefficient (Electrón.) coeficiente de reflexão com reverberação

reverberation response (Fís.) resposta de reverberação

reverberation response curve (Fís.) curva de resposta de reverberação

reverberation time (Fís.) tempo de reverberação

reverberation transmission coefficient (Electrón.) coeficiente de transmissão com reverberação

reverberatory furnace (Mec.) forno de revérbero

reversal of control (Aero.) inversão de controlo

reversal of spectrum lines (Fís.) inversão de linhas espectrais

reversal process (T.Imag.) processo de reversão

reversal time-scale (Eco.) escala temporal magneto-estratigráfica; escala temporal de inversões magnéticas

reverse AGC (Electrón.) abr. de *reverse automatic gain control* — controlo de ganho automático inverso

reverse current (Electrón.) corrente inversa; corrente de retorno

reversed fault (Geo.) falha inversa

reversed field pinch (Nucl.) suporte interelectródico de campo invertido

reverse-EMF (Elect.) força electromotriz inversa; força contra-electromotriz

reverse genetics (Bio.) genética de inversão

reverse mutation (Bio.) mutação inversa

reverse osmosis (Bio.) osmose inversa

reverse Polish notation (Inf.) notação polaca inversa; notação por prefixo inversa

reverse saturation current (Electrón.) corrente de saturação inversa

reverse transcriptase (Bio.) transcriptase inversa

reverse transcription (Bio.) transcrição inversa

reverse voltage (Electrón.) tensão inversa

reversible (Fís.) reversível

reversible capacitance (Elect.) capacitância reversível

reversible cell (Elect.) pilha reversível

reversible colloid (Quím.) colóide reversível

reversible pitch (Aero.) passo reversível

reversible pressure curve (Fís.) curva de equilíbrio termodinâmico; curva de pressão reversível

reversible propeller (Aero.) hélice de passo reversível

reversible reaction (Quím.) reacção reversível

reversible saturation-adiabatic process (Meteo.) processo reversível adiabático de saturação

reversible transducer (Telecom.) transdutor reversível

reversible unit (Imp.) unidade reversível

reversing commutator (Elect.) comutador reversível

reversing current (Hidro.) corrente de inversão; corrente alternativa

reversing dump (Mec.) tambor de inversão; tambor inversor

reversing field (Elect.) campo de inversão

reversing gear (Mec.) mecanismo de inversão

reversing layer (Astro.) camada de inversão

reversing lever (Mec.) alavanca de inversão

reversing link (Mec.) elo inversor; quadrante de inversão de marcha

reversing mill (Mec.) laminador reversível

reversing nozzle (Aero.) tubeira de inversão; bocal inversor

reversing press (Imp.) impressora inversora

reversing press (Mec.) prensa inversora

reversing relay (Elect.) relé de inversão

reversing rod (Mec.) alavanca de reversão; barra de marcha

reversing switch (Elect.) comutador inversor

reversing turbine (Eng.) turbina reversível

reversing turn (Aero.) curva em reversão; curva em S

reversion (Bio.) reversão

reversion elbow (Hidro.) curva de inversão

revertive control system (Telecom.) sistema de controlo reversível

revetment (E.Civ.) revestimento; espera

revise (Imp.) segundas provas; revisão

revolute (Bot.) revoluto

revolution (Astro.) revolução; rotação

revolving centre (Mec.) centro rotativo

revolving door (E.Civ.) porta giratória

revolving drum (Mec.) cilindro rotativo; tambor rotativo

revolving hearth (Mec.) soleira rotativa

revolving-reverberation furnace (Mec.) forno de revérbero rotativo

revolving tubular kiln (Mec.) forno tubular giratório

rewritable CD (Telecom.) CD regravável

rewrite (Inf.) reescrita

rexigenous (Bot.) rexígeno (aplicado a um espaço intercelular)

Reynolds effect (Quím.) efeito de Reynolds

Reynolds equation (Quím.) equação de Reynolds

Reynolds model (Quím.) modelo de Reynolds

Reynolds number (Hidro.) coeficiente unitário de resistência aerodinâmica; número de Reynolds

Reynolds number (Quím.) número de Reynolds

Reynolds stress (Meteo.) tensão de Reynolds

RF (Med.) abr. de: *Releasing Factor* — factor de libertação; de *Replicative Forme* — forma replicativa; de *Rheumatoid factor* — factor reumatóide

RF (Telecom.) abr. de *Radio Frequency* — radiofrequência

RF amplifier (Telecom.) amplificador de rádio frequência

RF bands (Telecom.) bandas de rádio frequência

RF connector (Telecom.) ligação de rádio frequência

RF generator (Telecom.) gerador de rádio frequência

RF interference [RFI] (Telecom.) interferência de radio frequência

RF transformer (Telecom.) transformador de rádio frequências

RF transistor (Telecom.) transístor de rádio frequência

RG (Inf.) abr. de *ReGister* — registo

RGB (T.Imag.) abr. de *Red-Green-Blue* — Vermelho-Verde-Azul; VVA

RGB connection (T.Imag.) ligação RGB

RGB guns (T.Imag.) canhões de electrões RGB

RGB matrix (T.Imag.) matriz RGB

RGB projector (T.Imag.) projector RGB

RGB signals (T.Imag.) sinais VVA (V. *RGB*)

Rh (Bio.; Med.) Rh; Factor Rhesus

Rh (Quím.) símbolo do elemento *rhodium* — ródio

RH (Med.) abr. de *Releasing Hormone* — hormona de libertação

rhabdom (Zoo.) rabdoma

rhabdomeres (Zoo.) rabdómeros

rhabdomyoma (Med.) rabdomioma

rhabdomyosarcoma (Med.) rabdomiossarcoma

rhabdosarcoma (Med.) rabdossarcoma

rhabdosphincter (Med.) rabdosfíncter

rhachi-; rhachio- (Geral) raqui-; raquio-; do grego *rhákhis* — raque, coluna vertebral

rhachis (Bot.) ráquis; pecíolo das folhas compostas ou pinuladas; eixo central da espiga das gramíneas

rhachis (Zoo.) ráquis; coluna vertebral; corpo central de uma pena

Rhaetic (Geo.) Retiano; Retiense; Rético (estágio do Triásico)

rhamnose (Quím.) ramnose

rhamnoside (Quím.) ramnosídeo

rhamnoxanthin (Quím.) ramnoxantina; frangulina

rhamphotheca (Zoo.) ranfoteca

rhaphe (Bot.) rafe

Rhea (Astro.) Reia (satélite de Saturno)

Rheiformes (Zoo.) Reiformes

rhenic acid (Quím.) ácido rénico

Rhenish brick (E.Civ.) tijolo alemão; tijolo do Reno

rhenium (Quím.) rénio

rhenium oxides (Quím.) óxidos de rénio

rheo- (GERAL) reo-; do grego *rhéos* — corrente, fluxo
rheobase (MED.) reobase; limiar galvânico
rheology (FÍS.) reologia
rheomorphism (GEO.) reomorfismo
rheoreceptors (ZOO.) reorreceptores
rheostat (ELECT.) reóstato
rhesus blood group system (IMUN.) grupo sanguíneo Rh
rhesus factor (MED.) factor rhesus; Rh
rhesus monkey (ZOO.) macaco reso
rheumatic fever (MED.) febre reumática
rheumatism (MED.) reumatismo
rheumatoid arthritis (MED.) artrite reumatóide; artrite deformante
rheumatoid factor (IMUN.) factor reumatóide
rhexis (MED.) rexe; rotura ou fragmentação de vaso ou órgão
Rh factor (BIO.; MED.) factor Rh; factor rhesus
rhin-; rhino- (GERAL) rino-; do grego *rhis, rhinós* — nariz
rhinal (ZOO.) rinal; nasal
rhinarium (ZOO.) rinário (área da pele, sem pêlos, que rodeia as narinas em certos mamíferos)
rhinencephalon (ZOO.) rinencéfalo
rhinitis (MED.) rinite
rhinocoele (ZOO.) rinocelo
rhinolaryngitis (MED.) rinolaringite
rhinolite; rhinolith (MED.) rinólito
rhinolithiasis (MED.) rinolitíase
rhinomicosis (MED.) rinomicose
rhinonecrosis (MED.) rinonecrose
rhinopharyngitis (MED.) rinofaringite
rhinoplasty (MED.) rinoplastia
rhinorrhea (MED.) rinorreia
rhinoscope (MED.) rinoscópio
rhinotomy (MED.) rinotomia
Rhizobaceae (BIO.) Rizobiáceas
rhizodermis (BOT.) rizoderme; epiderme da raiz primária
rhizoid (BOT.) rizóide
rhizome (BOT.) rizoma
rhizomorph (BOT.) rizomorfo
rhizophagous (ZOO.) rizófago
Rhizopoda (ZOO.) Rizópodos
rhizopodium (BOT.) rizopódio
rhizosphere (BOT.) zona da raiz
rhodamine (BIO.) rodamina
rhodanizing (MEC.) galvanização a ródio
rhodeose (QUÍM.) rodeose; d-fucose
rhodium (QUÍM.) ródio
rhodo-; rhod- (GERAL) rodo-; rod-; do grego *rhódon* — rosa
rhodochrosite (MINER.) rodocrosite
rhodonite (MINER.) rodonite
rhodophane (ZOO.) rodófano
Rhodophyceae (BOT.) Rodofíceas; Algas Vermelhas
rhodopsin (BIO.) rodopsina
rho factor (BIO.) factor rho
rhombencephalon (ZOO.) rombencéfalo
rhombic antenna (TELECOM.) antena rômbica
rhombic aragonite (MINER.) aragonite rômbica

rhombic dodecahedron (CRIST.) dodecaedro rômbico
rhombic system (CRIST.) sistema rômbico
rhombohedral class (CRIST.) classe romboédrica
rhombohedron (CRIST.) romboedro
rhomb-porphyry (GEO.) pórfiro rômbico; pórfiro romboidal
rhomb-spar (MINER.) dolomite
rhombus (MAT.) losango; rombo
rhyncho- (GERAL) rinco-; do grego *rhygkhos* — bico, focinho
Rhynchocephalia (ZOO.) Rincocéfalos
rhynchodont (ZOO.) rincodonte
rhynchophorus (ZOO.) rincóforo
rhyolite (GEO.) riólito
rhythmic crystallization (GEO.) cristalização periódica
rhythmic sedimentation (GEO.) sedimentação periódica
rhytidome (BOT.) ritidoma
ria (ECO.) ria (Galiza)
rib (AERO.) nervura
rib (E.CIV.) nervura; viga; trave; barra de suporte
rib (GERAL) costela; nervura; estria
rib (IMP.) nervura (em lombada de livro)
rib (ZOO.) costela
riband (E.CIV.) faixa; lista
ribbbed arch (E.CIV.) arco de nervuras
ribbon (T.IMAG.) filamento
ribbon (TÊXT.) fita; tira; faixa
ribbon microphone (FÍS.) microfone de fita
ribbon parachute (AERO.) pára-quedas de fitas
ribbons (ECO.) língua de areia
riboflavin (BIO.) riboflavina; lactoflavina
ribonuclease (BIO.) ribonuclease
ribonucleic acid (RNA) (QUÍM.) ácido ribonucleico (ARN)
ribonucleotide (BIO.) ribonucleótido
ribose (QUÍM.) ribose
ribosomal protein (BIO.) proteína ribossomal
ribosomal RNA [rRNA] (BIO.) ARN ribossomático
ribosome (QUÍM.) ribossoma; grânulo de Palade
ribulose (BOT.) ribulose
ribulose bisphosphate (BOT.) ribulosebifosfato
ribulose bisphosphate carboxilase (BOT.) ribulosebifosfato carboxilase; carboxilase dimerizante
Riccati-Bessell functions (MAT.) funções de Riccati-Bessell
Riccati equation (MAT.) equação de Riccati
rice paper (PAPEL) papel de arroz
Richard anemometer (FÍS.) anemómetro de Richard
Richardson-Dushman equation (ELECTRÓN.) equação de Richardson-Dushman
Richardson effect (ELECTRÓN.) efeito de Richardson
Richardson number (ELECTRÓN.) número de Richardson
rich clay (MINER.) argila gorda

rich lime (E.CIV.) cal gorda
rich mixture (AUTO.) mistura rica
richness (ECO.) riqueza
rich ore (MINAS) minério rico; minério com elevado teor de metal
Richter denudation slope (ECO.) escarpa de Richter
richterite (MINER.) richterite
Richter scale (GEO.) escala de Richter
ricin (BIO.) ricina
ricinoleic acid (QUÍM.) ácido ricinoleico; ácido ricinólico; ácido ricínico
rickets (MED.) raquitismo
rickettsiae (MED.) rickettsias; riquétsias
rickettsiosis (MED.) rickettsiose; riquetsiose
rictus (ZOO.) ricto; rictus
riddle (MINAS) crivo; peneira
Rideal-Walker test (QUÍM.) teste de Rideal-Walker
rider (QUÍM.) cursor
rider (MINAS) matriz (de minério)
rider beam (E.CIV.) viga de suspensão
ridge (E.CIV.) cumeeira; cumeada; espigão horizontal; cavalete (de telhado)
ridge (GEO.) cadeia de montanhas; cordilheira
ridge (METEO.) crista
ridge aloft (METEO.) crista em altura
ridge-and-ravine topography (ECO.) topografia de ravina
ridge-board (E.CIV.) tábua de ponto
ridge capping (E.CIV.) cobertura em cumeeira
ridge course (E.CIV.) fiada de topo
ridge covering (ARQ.) cobertura de cumeeira
ridge line (METEO.) linha de crista; eixo de crista
ridge purlin (E.CIV.) pau de fileira; viga de cavalete
ridge rib (E.CIV.) nervura de cumeeira
ridge starting tile (E.CIV.) telha de extremidade de cumeeira
ridge turret (ARQ.) torreão de telhado; cimalhete
ridging (E.CIV.) espigão
ridging (HIDRO.) formação de cristas de gelo
riding lamps (AERO.) luzes de ancoragem; luzes de atracação (hidroaviões)
riebeckite (MINER.) riebequite
Riedel's disease (MED.) doença de Riedel; tiroidite de Riedel
Riedel's lobe (MED.) lobo de Riedel; lobo apendicular
riegel (ECO.) riegel; intrusão rochosa (glaciar)
Rieke diagram (TELECOM.) diagrama de Rieke
Riemann function (MAT.) função de Riemann
Riemann hypothesis (MAT.) hipótese de Riemann
Riemann integral (MAT.) integral de Riemann
Riemann mapping theorem (MAT.) teorema de mapeamento de Riemann
Riemann method (MAT.) método de Riemann
Riemann sphere (MAT.) esfera de Riemann

Riemann surface (MAT.) superfície de Riemann

Riemann tensor (MAT.) tensor de Riemann

Riemann zeta function (MAT.) função zeta de Riemann

rifampicin (MED.) rifampicina (antibiótico)

riffler (MEC.) lima curva

rift (GEO.) fractura; falha de abatimento; fossa

rift valley (GEO.) vale de fractura

Rift Valley (GEO.) Rift Valley (sistema complexo de vales de fractura na África Oriental); Vale do Rift

Rift Valley fever (MED.) febre de Rift Valley; hepatite enzoótica; febre do Vale do Rift

rig (MINAS) sonda

rigging (AERO.) alinhamento; montagem

rigging angle of incidence (AERO.) ângulo de construção da asa; ângulo de incidência

rigging datum line (MEC.) linha de fé

rigging diagram (AERO.) diagrama de montagem

rigging of a ship (NAV.) aparelhagem de um navio

rigging position (AERO.) posição de alinhamento

right angle (MAT.) ângulo recto

right-angled propeller (AERO.) hélice de rotação à direita

right ascension (ASTRO.) ascensão recta

right bank (AERO.) inclinação para a direita

right circular cone (MAT.) cone de revolução

right circular cylinder (MAT.) cilindro de revolução

right-handed coordinates system (MAT.) sistema de coordenadas rectangulares tridimensionais

right-handed engine (AERO.) motor de passo à direita

right-handed winding (ELECT.) enrolamento à direita

right-hand engine (MEC.) motor de rotação à direita

right-hand rule (ELECTRÓN.) regra da mão direita

righting force (MEC.) esforço de recuperação

righting moment (MEC.) momento de recuperação; momento de restauração

righting reflex (PSICO.) reflexo de recuperação

right prism (MAT.) prisma recto

rigid arch (E.CIV.) arco sem articulação; arco rígido

rigid armouring (MEC.) armação rígida

rigid PVC (PLÁST.) PVC rígido

rigid shaft (MEC.) árvore rígida; eixo rígido

rigid support (ELECT.) suporte rígido; suporte fixo

rigor (MED.) calafrio

rigor (ZOO.) rigidez

rigor mortis (MED.) rigidez da morte; rigidez cadavérica

Rijke tube (FÍS.) tubo de Rijke

rille (ASTRO.) canal lunar

rima (ASTRO.) rima (vocábulo latino adoptado pela União Astronómica Internacional, UAI, para designar fenda ou brecha na superfície lunar, planeta ou satélite; o plural é *rimae*); fenda; brecha

rima (ZOO.) fenda; fissura

rima glottidis (MED.) fenda glótica; glote verdadeira

rima vestibuli (MED.) fenda vestibular; falsa glote

rime (GEO.) geada

rim lock (E.CIV.) fechadura de caixa; fechadura de caixão

rimmed steel (MEC.) aço poroso

rimming (MEC.) aço poroso

Rinco process (IMP.) processo Rinco

rinderpest (VET.) peste do gado

ring (GERAL) anel

ring (MAT.) coroa circular

ring armature (ELECT.) induzido anular

ringbone (VET.) sobreosso; exostose da primeira ou segunda falange do cavalo

ring counter (INF.; TELECOM.) contador de anel

ring cowling (MEC.) capota anular

Ring drier (QUÍM.) secador Ring

ring dyke (GEO.) dique em anel

Ringelmann chart (GERAL) carta de Ringelmann

ring fileter (ELECT.) filtro anular

ring fire (ELECT.) anel de activação

ring gauge (MEC.) anel calibrador; calibrador anular

ring gland (BOT.) glândula anular; glândula de Weismann

ringing (TELECOM.) duplicação de imagens

ring laser (FÍS.) laser anular

ring main (ELECT.) canalização em anel fechado; canalização circular

ring modulator (ELECT.) modulador em anel

ring nebula (ASTRO.) nebulosa anular

ring network (TELECOM.) rede em anel

ring oscillator (ELECT.) oscilador em anel

ring shift (INF.) deslocamento circular

ring slot parachute (AERO.) pára-quedas de aberturas circulares

ring spanner (MEC.) chave de luneta

ring species (ECO.) espécies zonais

ring spindle (TÊXT.) fuso para contínuos de anéis

ring spinning frame (TÊXT.) tear de anéis

ring-spot (BOT.) mancha anular

ring structure (QUÍM.) estrutura anular

ring winding (ELECT.) enrolamento em anel

ring winding (TÊXT.) bobinagem em anel

ringworm (MED.) tinha

rip (E.CIV.) serrar madeira ao comprido; serrar madeira na direcção do veio

RIP (MINAS) abr. de *Resin-In-Pulp* — resina em polpa

riparian (ECO.) ripário; relativo às margens fluviais

rip-bit (MINAS) ponta destacável (de broca perfuradora de rocha)

ripcord (AERO.) extractor do pára-quedas; corda de abertura do pára-quedas

rip current (GEO.) corrente de refluxo; agueiro

ripidolite (MINER.) ripidólito; ripidolite

ripper (E.CIV.) arrancador

ripple (ELECT.) ondulação residual

ripple control (ELECT.) controlo de ondas

ripple counter (ELECT.) contador de ondulação

ripple factor (ELECTRÓN.) factor de ondulação

ripple filter (ELECT.) filtro de ondulação

ripple finish (E.CIV.) pintura encrespada

ripple frequency (ELECT.) frequência de ondulação

ripple generator (NUCL.) gerador de ondulação

ripple marks (GEO.) marcas de ondulação; sinais de ondulação

ripple tank (FÍS.) tanque de ondulação

ripple trays (QUÍM.) tinas de oscilação

ripple voltage (ELECT.) tensão de ondulação

rip-rap (GEO.) dispositivos quebra-mar

rip-saw (E.CIV.) serra de fender

RISC (INF.) abr. de *Reduced Instruction Set Computer* — computador com conjunto de instruções reduzido

rise (E.CIV.) flecha de arco; altura de espelho de degrau; flecha

rise and fall system (ECO.) sistema de ascensão e queda

riser (E.CIV.) espelho; pé (de degrau de escada)

riser (MEC.) expurgador

rise time (TELECOM.) tempo de transição; tempo de aumento

rising arch (E.CIV.) arco montante; arco aviajado

rising butt hinge (E.CIV.) dobradiça de suspensão

rising column (METEO.) coluna térmica; corrente de ar ascendente

rising main (E.CIV.) tubo de ascensão; tubo ascendente; tubulação ascendente

rising stage (HIDRO.) fase ascendente

rising wind (METEO.) vento ascendente

RIST (IMUN.) abr. de *RadioImmunoSorbent Test* — teste radioimunosorvente

risus sardonicus (MED.) riso sardónico; trismo sardónico

Ritchie wedge (FÍS.) cunha de Ritchie

Rittinger's law (PSICO.) lei de Rittinger

ritualization (PSICO.) ritualização

river basin (GEO.) bacia hidrográfica

river bend (GEO.) meandro

river capture (ECO.) captura fluvial

river flat (GEO.) fundo de rio

river ice (METEO.) gelo fluvial

river lock (HIDRO.) eclusa de rio; eclusa fluvial

river mouth (GEO.) estuário; foz

river profile (ECO.) perfil fluvial

river slope (GEO.) desnível fluvial

river water (GEO.) água doce; água fluvial

Rivest-Shamir-Adleman algorithm (TELECOM.) algoritmo Rivest-Shamir-Adleman; algoritmo RSA

rivet (MEC.) rebite

rivet gauge (MEC.) calibre para rebites

riveting (MEC.) rebitagem

riveting machine (MEC.) máquina de rebitagem; rebitador

riveting placer (MEC.) pinça de rebitagem

riveting-tongs (MEC.) tenazes para rebites

rivet-point (MEC.) cabeça estampada; cabeça formada (de rebite)

RL differentiator (ELECTRÓN.) diferenciador RL

RL filter (ELECTRÓN.) filtro RL

r.m.m. (QUÍM.) abr. de *Relative Molecular Mass* — massa molecular relativa

RMS (ELECTRÓN.) abr. de *root mean square* — desvio padrão

RMS detector (ELECTRÓN.) detector de desvio padrão

Rn (QUÍM.) símbolo de *radon* — rádon (nome correcto); radão (incorrecto)

RNA (BIO.) abr. de *RiboNucleic Acid* — ARN; ácido ribonucleico

RNA-DNA hybrid[s] (BIO.) híbridos ARN-ADN

RNA interference (BIO.) interferência de ARN

RNA polymerases (BIO.) polimerase de ARN

road bed (E.CIV.) leito de estrada; leito rodoviário

road metal (E.CIV.) cascalho, escória metalúrgica usada na pavimentação de estradas

road scraper (E.CIV.) niveladora de estrada

roak (MEC.) fenda

roaring (VET.) ronco

roaring forties (GEO.) ventos fortes de oeste (entre os 40 e 50° de latitude Sul)

roasting (MEC.) calcinação; ustulação

roasting furnace (MEC.) forno de calcinação

roasting temperature (MEC.) temperatura de calcinação

Robertsonian translocation (BIO.) translocação robertsoniana

Robinson bridge (ELECT.) ponte de Robinson

robot (INF.) robot

robotics (INF.) Robótica

robustness (INF.) capacidade de recuperação; robustez

Roche limit (ASTRO.) limite de Roche

Rochelle salt (QUÍM.) sal de Rochelle (tartarato de sódio e potássio)

rock (GEO.; GERAL) rocha

rock bench (ECO.) escarpa

rock burst (MINAS) explosão de rocha; ruptura de rocha

rock crystal (MINER.) cristal de rocha; quartzo

rock cycle (GEO.) ciclo de rocha

rock drill (MINAS) perfuradora de rocha; broca de rocha

rocker (MINAS) selha oscilante

rocker arm (MEC.) braço basculante

rocker contact (ELECT.) contacto oscilante

rocket (AERO.; ESP.) rocket; foguetão; foguete

rocket-assisted (AERO.) auxiliado por foguete

rocket-borne (AERO.; ESP.) transportado por foguete

rocket equation (ESP.) equação de foguetão

rocket propulsion (AERO.) propulsão a foguetão

rocket ship (AERO.) avião a foguetão; aeronave a foguetão

rocketsonde (METEO.) sonda a foguete; foguete-sonda

rock flour (GEO.) areia de rocha

rock-forming minerals (GEO.) minerais formadores de rocha

Rock Hound (GEO.; MINAS) «Caçador de Rochas» (expressão que designa particularmente o geólogo de petróleo, e também aplicada a coleccionadores de rochas ou minerais)

rock milk (MINAS) leite de rocha (variedade de carbonato de cálcio); agárico

rock pavement (GEO.) bloco de rocha nua

rock phosphate (MINER.) fosforite; rocha fosfatada

rock rose (MINER.) rosa-do-deserto (concreção de barita ou baritina, com a forma de uma rosa)

rock salt (MINER.) sal mineral de rocha; sal-gema; halite

Rockwell hardness number (MEC.) número de dureza de Rockwell

Rockwell test (MEC.) teste de Rockwell

Rocky Mountain fever (MED.) febre das Montanhas Rochosas; febre azul; febre negra

rocky wool (MEC.) lã mineral

Rococo (ARQ.) Rococó

rod (NUCL.) vareta

rod (ZOO.) bastonete

rodaman (TOPO.) porta-mira

rodding (MEC.) transmissão rígida; transmissão por haste

Rodentia (ZOO.) roedores

rodent ulcer (MED.) úlcera corrosiva

Rodriguez formula (MAT.) fórmula de Rodriguez

roentgen (RADIOL.) roentgen (unidade de radiação X ou gama)

roentgen equivalent man [rem] (RADIOL.) roentgen-equivalente-homem, de símbolo *rem* [substituído, actualmente por, dose de radiação equivalente absorvida, cuja unidade SI é o *sievert* de símbolo *Sv*]

roentgenology (RADIOL.) radiologia

roentgen rays (FÍS.) raios roentgen; raios-X

Rogallo wing (AERO.) asa de Rogallo; asa em Delta

roger (AERO.) recebido e entendido! (código rádio)

rogue (BOT.) planta intrusa; planta inferior

role (PSICO.) função na vida real; posição na vida real

roll (AERO.) rolamento; movimento angular de um avião ou aeronave em torno do eixo longitudinal; «tonneau»

roll (ARQ.) espira; voluta

roll (IMP.) aplicar tinta com rolo

roll (NAV.) rolamento; baloiço

roll acceleration (AERO.) aceleração de rolamento

roll damper (AERO.) amortecedor de cilindro

rolled capacitor (ELECTRÓN.) condensador enrolado

rolled edge (MEC.) bordo laminado

rolled gold (MEC.) ouro laminado

rolled iron (MEC.) ferro laminado

rolled metal (MEC.) metal laminado

rolled steel joist (MEC.) viga de aço laminado

rolled-steel sections (MEC.) secções de aço laminado

rolled thread (MEC.) rosca laminada; filete laminado

rolled tube (MEC.) tubulação laminada

rolled wire (MEC.) arame laminado

roller (E.CIV.) rolo

roller bascule bridge (MEC.) ponte basculante de arco de rolamento

roller-bearing (MEC.) mancal de bastões; mancal de roletes

roller bit (MINAS) broca de três pontas

roller chain (MEC.) corrente a roletes; corrente a bastões

roller clutch (MEC.) embraiagem de roletes

roller conveyor (MEC.) esteira rolante; tapete rolante

roller furnace (MEC.) forno de laminador

roller mill (MEC.) moinho a cilindros; triturador a cilindros

roll feed (T.IMAG.) alimentador a rolo; avanço a rolo

roll film (T.IMAG.) filme em rolo

roll forging (MEC.) forjamento a cilindro; forjamento a rolo

roll forming (MEC.) formação a rolos

rolling (AERO.) rolamento

rolling (NAV.) ondulação; balanceamento

rolling bearing (MEC.) rolamento de esferas

rolling instability (AERO.) instabilidade lateral; instabilidade de balanço

rolling load (MEC.) carga viva; carga móvel

rolling mill (MEC.) laminador

rolling moment (AERO.) momento de rolamento; momento de inclinação lateral

rolling period (NAV.) período de balanceamento; período de ondulação

rolling resistance (MEC.) resistência ao rolamento; resistência à tracção

rolling stability (AERO.) estabilidade transversal; estabilidade de rolamento

rolling stock (E.CIV.) material rolante

roll-out (INF.) processo de diagnóstico

rolls (MINAS) rolos; cilindros (de esmagar)

ROM (INF.) abr. de *Read-Only Memory* — memória só de leitura

roman (IMP.) romano

Roman mosaic (E.CIV.) mosaico romano; tessela

Romberg's sign (MED.) sinal de Romberg; rombergismo; sintoma de Romberg

romeite (MINER.) romeíte

rone (E.Cɪᴠ.) goteira de telhado; goteira de aba

roof antenna (Tᴇʟᴇᴄᴏᴍ.) antena de telhado

roof board (E.Cɪᴠ.) caibro do tecto

roof boarding (E.Cɪᴠ.) tabuado do tecto

roof guard (E.Cɪᴠ.) guarda-neve

roofing slate (Gᴇᴏ.) ardósia de capa

roof truss (E.Cɪᴠ.) asna do telhado; vigamento do telhado

root (Bᴏᴛ.) raiz

root cap (Bᴏᴛ.) coifa

root diameter (Mᴇᴄ.) diâmetro da base

rooter (Eʟᴇᴄᴛ.) radicador

rooter amplifier (Eʟᴇᴄᴛʀóɴ.) amplificador radicador

root hair (Bᴏᴛ.) pêlo radicular

rooting compound (Bᴏᴛ.) composto de enraizamento

root locus (Eʟᴇᴄᴛ.) local de raiz

root-mean-square (Esᴛ.) média quadrática; valor médio eficaz

root-mean-square current (Eʟᴇᴄᴛ.) valor eficaz de corrente

root-mean-square particle velocity (Fís.) valor eficaz da velocidade de uma partícula

root-mean-square power (Fís.) valor eficaz de potência

root-mean-square ripple (Eʟᴇᴄᴛ.) ondulação da carga eficaz

root-mean-square sound pressure (Fís.) valor eficaz da pressão sonora

root-mean-square value (Eʟᴇᴄᴛ.; Fís.) valor eficaz

root pressure (Bᴏᴛ.) pressão radicular; pressão da raiz

Roots blower (Mᴇᴄ.) compressor de Roots; supercompressor de Roots

rootstock (Bᴏᴛ.) rizoma

root tuber (Bᴏᴛ.) raiz tuberculosa

rope brake (Mᴇᴄ.) travão de cabo; freio de cabo

ropiness (E.Cɪᴠ.) viscosidade

ropy lava (Gᴇᴏ.) lava cordada

Rorschach inkblot test (Psɪᴄᴏ.) teste da mancha de tinta de Rorschach; teste de Rorschach

rosacea (Mᴇᴅ.) rosácea; acne rosácea; acne eritmatoso

Rosaceae (Bᴏᴛ.) Rosáceas

rosaniline (Qᴜíᴍ.) rosanilina

roscoelite (Mɪɴᴇʀ.) roscoelite

rose (Aʀǫ.) rosa

ROSE (Iɴғ.) abr. de *Research Open Systems in Europe* — sistemas de pesquisa aberta na Europa

Rosenmueller's organ (Zᴏᴏ.) órgão ou corpo de Rosenmueller

roseola (Mᴇᴅ.) roséola; eritema róseo

rose opal (Mɪɴᴇʀ.) opala rosa

rose quartz (Mɪɴᴇʀ.) quartzo róseo

rose topaz (Mɪɴᴇʀ.) topázio rosa

rosette (Zᴏᴏ.) roseta (fase segmentar do parasita *plasmodium malariae*)

Rose-Waaler test (Iᴍᴜɴ.) teste de Rose-Waaler

rose window (Aʀǫ.) rosácea

rosewood (Bᴏᴛ.; E.Cɪᴠ.) dalbergia, jacarandá; a sua madeira

Rosidae (Bᴏᴛ.) Rosíneas

rosin (Qᴜíᴍ.) colofónia; pez louro; colofana; resina

rosinates (Qᴜíᴍ.) resinatos

rosin-cored solder (Eʟᴇᴄᴛʀóɴ.) solda com núcleo de resina

Rosiwal intercept method (Gᴇᴏ.) método de intersecção de Rosiwal

rosolic acid (Qᴜíᴍ.) ácido rosólico

Rossby number (Mᴇᴛᴇᴏ.) número de Rossby

Rossby parameter (Mᴇᴛᴇᴏ.) parâmetro de Rossby

Rossby term (Mᴇᴛᴇᴏ.) termo de Rossby; parâmetro de Rossby

Rossby wave (Mᴇᴛᴇᴏ.) onda de Rossby

Rossi-Forell scale (Gᴇᴏ.) escala de Rossi-Forell

rostellum (Bᴏᴛ.) rostelo

rostrum (Zᴏᴏ.) rostro

rot (Bᴏᴛ.) caruncho

rotachute (Aᴇʀᴏ.) pára-quedas do rotor

rotaplane (Aᴇʀᴏ.) autogiro

rotary amplifier (Eʟᴇᴄᴛ.) amplificador rotativo

rotary combustion engine (Mᴇᴄ.) motor de combustão rotativa

rotary converter (Eʟᴇᴄᴛ.) conversor rotativo

rotary drier (Mɪɴᴀs) secador rotativo

rotary drill (Mɪɴᴀs) broca rotativa; sonda rotativa

rotary engine (Aᴇʀᴏ.) motor rotativo

rotary field (Eʟᴇᴄᴛ.) campo rotativo; indutor giratório

rotary induction system (Eɴɢ.) sistema rotativo de indução

rotary motion (Eɴɢ.) movimento rotativo

rotary pump (Mᴇᴄ.) bomba rotativa

rotary reverberatory furnace (Mᴇᴄ.) forno revérbero rotativo

rotary seal (Mᴇᴄ.) vedação rotativa; selo rotativo

rotary shutter (T.Iᴍᴀɢ.) disparador rotativo

rotary solenoid (Eʟᴇᴄᴛʀóɴ.) solenóide rotativo

rotary spring (Mᴇᴄ.) mola giratória

rotary table (Mɪɴᴀs) mesa rotativa

rotary transformer (Eʟᴇᴄᴛʀóɴ.) transformador rotativo

rotary valve (Mᴇᴄ.) válvula rotativa

rotate (Bᴏᴛ.) rodado

rotating amplifier (Eʟᴇᴄᴛ.) amplificador rotativo

rotating anode (Eʟᴇᴄᴛʀóɴ.) ânodo rotativo

rotating-anode tube (Eʟᴇᴄᴛʀóɴ.) ampola de ânodo rotativo

rotating crystal method (Cʀɪsᴛ.) método de cristal rotativo

rotating field (Eʟᴇᴄᴛ.) campo rotativo; campo giratório

rotating field magnet (Eʟᴇᴄᴛ.) magnete de campo rotativo; indutor rotativo

rotating joint (Tᴇʟᴇᴄᴏᴍ.) junta rotativa; acoplador rotativo

rotation (Gᴇʀᴀʟ) rotação; revolução; volta; giro

rotational anemometer (Fís.) anemómetro de rotação

rotational field (Eʟᴇᴄᴛ.) campo rotacional

rotational moulding (Pʟásᴛ.) moldagem rotacional

rotational speed (Eʟᴇᴄᴛʀóɴ.) velocidade de rotação

rotation clockwise (Nᴀᴠ.) rotação à direita

rotation counterclockwise (Nᴀᴠ.) rotação à esquerda

rotation moment (Fís.) momento de rotação

rotation of a plan (Mᴀᴛ.) rotação de um plano

rotation of a vector (Mᴀᴛ.) rotação de um vector

rotation of the earth (Asᴛʀᴏ.) rotação da Terra

rotation of the plane of polarization (Fís.; Qᴜíᴍ.) rotação do plano de polarização

rotation of the propeller (Aᴇʀᴏ.) rotação da hélice

rotation shift (Iɴғ.) deslocamento de rotação

rotation speed (Aᴇʀᴏ.) velocidade de rotação

rotator (Gᴇʀᴀʟ) rotor

rotatory dispersion (Fís.; Qᴜíᴍ.) dispersão giratória; dispersão rotativa

rotatory evaporator (Qᴜíᴍ.) evaporador giratório; evaporador rotativo

rotavirus (Bɪᴏ.) rotovírus

rotenone (Qᴜíᴍ.) rotenona

Rotifera (Zᴏᴏ.) Rotíferos

rotogravure (Iᴍᴘ.) rotogravura; heliogravura

rotor (Gᴇʀᴀʟ) rotor

rotor cloud (Mᴇᴛᴇᴏ.) nuvem-rolo

rotor coil (Eʟᴇᴄᴛ.) bobina do rotor

rotor conicity (Aᴇʀᴏ.) conicidade do rotor

rotor core (Eʟᴇᴄᴛ.) núcleo do rotor; induzido do rotor

rotorcraft (Aᴇʀᴏ.) autogiro; aeronave de asas giratórias

rotor current (Eʟᴇᴄᴛ.) corrente de rotor; corrente de induzido

rotor hub (Mᴇᴄ.) cubo do rotor

rotor pylon (Aᴇʀᴏ.) mastro do rotor (em autogiro)

rotor shaft (Mᴇᴄ.) eixo do rotor

rotor spinning (Tᴇxᴛ.) fiação a rotor

rotor-tip jets (Aᴇʀᴏ.) jactos de ponta do rotor

rotor vane (Mᴇᴄ.) pá rotativa; pá giratória

rotor wheel (Mᴇᴄ.) roda motora; roda do rotor

rottenstone (Gᴇᴏ.) farinha fóssil; terra de infusórios

rotula (Zᴏᴏ.) rótula

rotunda (Aʀǫ.) rotunda

Rouche's theorem (Mᴀᴛ.) teorema de Rouche

rouge (E.Cɪᴠ.; Qᴜíᴍ.) vermelho inglês; colcotar; sesquióxido de ferro;

rough (Pᴀᴘᴇʟ) áspero

rough ashlar (E.Cɪᴠ.) pedra bruta

rough burning (Aᴇʀᴏ.) queima turbulenta (do propelente)

rough cast (E.Cɪᴠ.) reboco grosso

rough colony (Bɪᴏ.) colónia rugosa; colónia não lisa (colónia de superfície irregular, granulosa, característica de determinado tipo de colónia bacteriana)

rough endoplasmatic recticulum (BIO.) retículo endoplasmático rugoso

roughing (MINAS) desbaste

roughing tool (MEC.) ferramenta de desbastar em grosso

roughneck (MINAS) ajudante de sondador; plataformista

rough string (E.CIV.) perna intermédia (de escada)

roulette (MAT.) roleta

round (E.CIV.) degrau (de escada de mão)

round angle (MAT.) ângulo de giro; ângulo de 360 graus

round dance (PSICO.) dança de roda

rounding (INF.) arredondamento

rounding (IMP.) boleamento

rounding error (INF.) erro de arredondamento

rounding off (MAT.) arredondamento

round key (MEC.) chaveta mecânica

round-off error (INF.) erro de arredondamento por defeito

rounds (MEC.) ferro em barras; barras redondas

round step (E.CIV.) degrau de focinho boleado; degrau boleado

round the world echo (TELECOM.) eco de volta ao mundo

round trip (MINAS) operação de subida e descida do trem de perfuração; vaivém; sobe e desce

roundworm (MED.; ZOO.) nematódio

roup (VET.) difteria aviária

Rous' sarcoma (VET.) sarcoma de Rous; fibrossarcoma de Rous

Rous sarcoma virus [RSV] (BIO.; MED.) vírus do sarcoma de Rous

Rousseau diagram (ELECT.) diagrama de Rousseau

Roussin's salts (QUÍM.) sais de Roussin

rout (E.CIV.) desbaste; rebaixo

router (E.CIV.) máquina de desbastar

router plane (E.CIV.) plaina de rebaixar; plaina de desbaste

Routh's rule (FÍS.) regra de Routh

Routh's rule of inertia (MEC.) regra de Routh de inércia

Routh table (MAT.) tabela de Routh

Routh test (MAT.) prova de Routh; regra de Routh

routine maintenance (INF.) manutenção de rotina

routine maintenance time (INF.) duração de manutenção de rotina

routing (AERO.) rota; curso

routing (INF.) encaminhamento; destino

routing code (INF.) código de destino

routing indicator (INF.) indicador de destino

routing key (INF.) chave de destino

roving (TÊXT.) fiação preliminar

row and column address (ELECTRÓN.) endereço linha-coluna

row binary (INF.) binário em linha

row binary code (INF.) código de binário em linha

Rowland circle (FÍS.) circunferência de Rowland; círculo de Rowland

Rowland grating (FÍS.) rede de Rowland

Rowland ring (FÍS.) anel de Rowland

row pitch (INF.) passo de perfuração

row-ragged (INF.) alinhamento desigual

RPF (ECO.) abr. de *Relative Pollen Frequency* — frequência relativa de pólen

RPN (INF.) abr. de *Reverse Polish Notation* — notação polaca inversa; notação por prefixo inversa

RR Lyrae variable (ASTRO.) variáveis RR de Lira

rRNA (BIO.) abr. de *ribosomal RNA* — ARN ribosssomal

RSA (TELECOM.) abr. de *Rivest-Shamir-Adleman algorithm* — algoritmo RSA, algoritmo de Rivest-Shamir-Adleman

R-S flip-flop (ELECTRÓN.) biestável RS

RSV (BIO.) abr. de *Rous sarcoma virus* — vírus do sarcoma de Rous

R technique (GERAL) técnica R; análise matricial

Ru (QUÍM.) símbolo de *ruthenium* — ruténio

Rubarth's disease (VET.) doença de Rubarth; hepatite canina infecciosa

rubber (QUÍM.) borracha

rubber jaw (VET.) osteodistrofia fibrosa

rubber plates (IMP.) placas de borracha

rubber stippler (E.CIV.) ponteador de borracha

rubbing stone (E.CIV.) pedra de polimento; pedra de fricção

rubble (E.CIV.) cascalho; pedra bruta

rubble concrete (QUÍM.) betão de cascalho

rubeanic acid (QUÍM.) ácido rubiânico

rubella (MED.) rubéola; sarampo alemão; roséola epidémica

rubellite (MINER.) rubelite

Rubiaceae (BOT.) Rubiáceas

rubidium (QUÍM.) rubídio

rubidium-strontium dating (GEO.) datação por rubídio-estrôncio

rubifacient (MED.) rubefaciente

rubric (IMP.) rubrica

ruby (IMP.) rubi (tipo de letra)

ruby (MINER.) rubi

ruby pin (RELOJ.) pino de rubi

ruby silver ore (MINER.) mineral-minério de prata (refere-se ou a pirargirita — sulfoantimonieto de prata; ou a proustite — sulfoarsenieto de prata)

ruby spinel (MINER.) rubi-espinélio; espinélio-nobre

ruche (TÊXT.) rufo

rudaceous (GEO.) rudáceo; psefítico

rudder (AERO.) leme; leme de direcção

rudder (NAV.) timão; leme

rudder bar (AERO.) pedal de direcção

rudder bar (NAV.) cana do leme

rudder post (NAV.) cadaste da popa

rudenture (ARQ.) cordão (moldura cilíndrica)

ruderal (BOT.) ruderal

rudiment (BOT.; ZOO.) rudimento

Rudistes (GEO.) Rudistas

Ruffini's organs (ZOO.) órgãos de Ruffini

rufous (BOT.) rufo

rugose (BIO.) rugoso

rugulose (ECO.) rugosidade fina

rule (GERAL) régua

rule (IMP.) filete; regreta

rule based system (INF.) sistema baseado em regras

ruling (IMP.) pautar

ruling gradient (E.CIV.) gradiente máximo admissível

rumble (FÍS.) estrondo

rumen (ZOO.) rúmen; ruminadouro; pança

rumenotomy (VET.) rumenotomia; incisão no rúmen

rumination (ZOO.) ruminação

run (E.CIV.) cano principal

run (GERAL) marcha; curso; período

run (IMP.) tiragem

run (MINAS) veio de minério

runaway (ELECTRÓN.) em roda livre; perda de controlo

run in (IMP.) inserção

runnel (ECO.) fundão

runner (BOT.) rebento; vergôntea; estolho

runner (MEC.) jito; canal de saída

runners (IMP.) rolos corredores

running head (IMP.) título corrido; título de página

running indicator (MEC.) indicador de funcionamento

running screw (MEC.) parafuso de translacção

running wheel (MEC.) roda de rolamento

runoff (E.CIV.; HIDRO.) escoamento; afluxo; vazão

run-out (MEC.) fluir

runt disease (IMUN.) doença de perda (reacção enxerto contra hospedeiro, em cobaias)

run time (INF.) tempo de execução

run-time error (INF.) erro em tempo de execução

run-time system (INF.) sistema em tempo de execução

Runting syndrome (BIO.; MED.) síndroma de Runting

runway (AERO.) pista (de aterragem e descolagem); rampa (de hidroavião)

runway threshold (AERO.) limiar de pista

runway visual markers (AERO.) balizas visuais de pista

runway visual ranges (AERO.) alcance visual de pista

rupicolous (BOT.; ZOO.) rupícola

rupture (MED.) ruptura

rupturing capacity (ELECT.) capacidade de ruptura

Russell-Saunders coupling (FÍS.) acoplamento de Russell-Saunders

Russell's test (ELECT.) teste de Russell

russet (BOT.) mancha castanho-avermelhada (que aparece na superfície de um fruto ou por doença, picada de insecto ou spray)

Russian borer (ECO.) amostrador de solos

rust (BOT.) ferrugem (doença vegetal); alforra

rust (MEC.) ferrugem

rust joint (E.CIV.) junta oxidante; pasta oxidante

rut (ZOO.) brama (voz de cio, em especial dos veados); estro; cio

ruthenium (QUÍM.) ruténio

ruthenium red (MED.; QUÍM.) ruténio vermelho (usado como corante em histologia)

Rutherford atom (FÍS.) átomo de Rutherford

Rutherford-Bohr atom (FÍS.) átomo de Rutherford-Bohr

Rutherford scattering (FÍS.) dispersão de Rutherford

rutilant (BOT.) rutilante

rutilated quartz (MINER.) quartzo rutilado

rutile (MINER.) rutilo

ruttish (ZOO.) em cio

ruttishness (ZOO.) cio

ruware (ECO.) bloco de rocha nua

R value (GERAL) valor R; coeficente de correlação múltipla

rybat (E.CIV.) junteira; juntoura

Rychlowaski's wind wheel (HIDRO.) roda eólica de Rychlowaski

Rydberg constant (FÍS.) constante de Rydberg

Rydberg formula (FÍS.) fórmula de Rydberg

rymer (MEC.) escareador

R-Y signal (T.IMAG.) sinal R-Y (em que R = Vermelho e Y = Luminância)

Ryukyu Trench (ECO.) Fossa Ryukyu

Ss

s (Quím.) abr. de *solubility* — solubilidade
s (Meteo.) abr. de *scattered* — parcialmente nublado
S (Elect.) símbolo de Siemens (unidade de condutância)
S (Fís.) símbolo de *area* — área; símbolo de *entropy* — entropia
S (Imun.) abr. da unidade de Svedberg
S (Quím.) símbolo químico de *sulphur* — enxofre; símbolo do substrato na hipótese de Michaelis-Menton
SAB (Electrón.) abr. de *self activating bell* — alarme autónomo
sabin (Fís.) sabine — unidade de absorção acústica (obsoleta)
Sabine formula (Fís.) fórmula de Sabine (Acústica)
sable (E.Civ.) pêlo de marta; preto
sabulin (Bot.) sabuloso; arenoso
saburral (Med.) saburroso
sac (Geral) saco
saccadic eye movements (Psico.) movimentos convulsivos dos olhos
saccate (Bot.) sacular; em forma de bolsa ou de saco
saccharase (Quím.) sacarase
saccharate (Quím.) sacarato
saccharic (Quím.) sacárico
saccharides (Quím.) sacáridos; hidratos de carbono (nomenclatura antiga); glúcidos (nomenclatura actual)
saccharimetry (Quím.) sacarimetria
saccharin (Quím.) sacarina
saccharobiose (Quím.) sacarobiose
saccharoidal textures (Geo.) texturas sacaróides; texturas granulosas (como o açúcar)
saccharolytic (Quím.) sacarolítico
saccharometabolic (Bio.) sacarometabólico
saccharometabolism (Bio.) sacarometabolismo
saccharometer (Quím.) sacarómetro
saccharomyces cerevisiae (Bio.) levedura de cerveja
saccule, sacculus (Zoo.) sáculo (*sacculi* = sáculos)
sacculiform (Bio.) saculiforme
saccus (Bot.) saco (*sacci* = sacos)
sacking (Têxt.) tecido grosseiro para sacos; lona; aniagem; linho cru
sacral (Med.) sacral; sagrado; sacro
sacralgia (Med.) sacralgia; hieralgia
sacralization (Med.) sacralização
sacral ribs (Zoo.) costelas sagradas
sacral vertebrae (Zoo.) vértebras sagradas
sacrococcygeal (Med.) sacrococcígeo; sacrocoigiano
sacroiliac (Zoo.) sacro-ilíaco
sacroiliac joint (Zoo.) articulação sacro-ilíaca

sacrolumbalis (Med.) sacrolombar (músculo)
sacrolumbar (Zoo.) sacrolombar
sacrosciatic (Med.) sacrociático
sacrospinal (Zoo.) sacro-espinhal
sacrospinalis (Med.) sacro-espinal (músculo)
sacrotomy (Med.) sacrotomia
sacrovertebral (Med.) sacrovertebral
sacrum (Zoo.) sacro (plural: *sacra* = sacros)
saddle (Mec.) sela; suporte
saddle-back board (E.Civ.) contrafixa; contrafileira
saddle key (Mec.) chaveta de atrito; chaveta côncava
saddle point (Nucl.) ponto neutro; ponto de sela
saddle reef (Minas) facólito
saddle roof (E.Civ.) telhado de duas águas; telhado de duas vertentes
saddle-shaped (Electrón.) em forma de sela; superfície hiperbolóide
saddle stone (E.Civ.) pedra de ápice
sadism (Psico.) sadismo
sadist (Psico.) sádico
sado-masochism (Psico.) sado-masoquismo
SAE (Aero.) abr. de *Society Automotive Engineers* — Sociedade de Técnicos de Automotores (nos EUA); abr. de *Society of Aircraft Engineers* — Sociedade de Técnicos Aeronáuticos
safe altitude (Aero.) altitude de segurança
safe area (T.Imag.) área de segurança
safe climbing angle (Aero.) ângulo de subida de segurança
safe climbing ratio (Aero.) regime de subida de segurança
safe edge (Mec.) bordo liso
safe edge file (Mec.) lima de bordos lisos
safe flying altitude (Aero.) altitude de segurança de voo
safeguard (E.Civ.) protecção; salvaguarda
safe-life (Mec.) duração de segurança
safe light (T.Imag.) luz de segurança
safe load (E.Civ.) carga permissível; tensão permissível; esforço permissível; carga máxima
safe operating area (Electrón.) zona de funcionamento em segurança
safe strain (Mec.) esforço de segurança
safe stress (Mec.) esforço de segurança
safety action (Reloj.) acção de segurança
safety amplifier (Elect.) amplificador de segurança

safety arch (E.Civ.) arco de descarga; arco de segurança
safety barrier (Aero.) barreira de segurança
safety break (Mec.) freio de segurança
safety cage (Minas) gaiola de segurança
safety coil (Elect.) bobina de segurança
safety coupling (Mec.) acoplamento de segurança
safety-critical system (Electrón.) sistema de segurança crítico
safety cut-out (Elect.) corta-circuito de segurança; fusível
safety factor (Nucl.) factor de segurança
safety film (T.Imag.) película de segurança
safety fuse (Elect.) fusível de segurança
safety glass (Vidr.) vidro de segurança; vidro inquebrável
safety guard (Mec.) guarda de segurança
safety head (Minas) cabeçote de segurança
safety height (Aero.) carga admissível
safety lamp (Minas) lâmpada de segurança
safety link (Mec.) elo de segurança
safety lintel (Arq.) lintel de segurança
safety mechanism (Mec.) mecanismo de segurança
safety net (Elect.) rede de segurança
safety nut (Mec.) porca de segurança
safety plug (Elect.) tomada de segurança; fusível
safety plug (Mec.) bujão de segurança
safety pulley (Mec.) polia de segurança
safety rail (E.Civ.) trilho de segurança
safety rod (Nucl.) barra de segurança
safety roller (Reloj.) rolo de segurança
safety seal (Mec.) junta de segurança
safety spring (Mec.) mola de segurança
safety stop (E.Civ.) espera de segurança; batente de segurança
safety switch (Elect.) interruptor de segurança; chave de segurança
safety tab (Electrón.) lingueta de segurança
safety valve (Mec.) válvula de segurança
safety valve spring (Mec.) mola de válvula de segurança
safe working area (Electrón.) zona de funcionamento em segurança
safranines (Quím.) safraninas
safrole (Quím.) safrol

safronophil(e) (Bio.) safranófilo
sag (Electrón.) queda de tensão
sag correction (Topo.) correcção de deflexão
SAGE (Aero.) abr. de *Semi-Automatic Ground Environment* — Sistema de defesa terrestre ambiental semi-automático (sistema de defesa aérea)
saggar (Mec.) caixa de barro refractário para cozer porcelana no forno
sagging (Vidr.) processo de moldar vidro
sagging (Nav.) descaimento (para sotavento)
sagitta (E.Civ.) flecha
sagittal (Zoo.) sagital
sagittal field (Fís.) campo sagital
sagittal focus (Fís.) foco sagital
sagittalis (Med.) sagital
sagittal suture (Med.) sutura sagital
sagittate (Bot.; Zoo.) sagitado
sag pipe (Hidro.) sifão invertido
Sahelian drought (Eco.) seca saeliana; aridez saeliana (do Sahel)
sahlite, salite (Miner.) salite
sailcloth (Têxt.) lona; pano próprio para velas
sailplane (Aero.) planador
Saint Elmo's fire (Fís.) fogo de Santelmo
Saint Elmo's light (Fís.) fogo de Santelmo
Sakmarian (Geo.) Sakmariano
sal ammoniac (Miner.) sal amoníaco; cloreto de amónio
salbutamol (Med.) salbutamol (broncodilatador simpaticomimético)
Salic horizon (Eco.) horizonte sálico
salic minerals (Geo.) minerais sálicos
salicyl (Quím.) salicilo
salicylamide (Quím.) salicilamida
salicylanilide (Quím.) salicilanilido
salicylate (Quím.) salicilato
salicylic acid (Quím.) ácido salicílico
salicylsalicylic acid (Quím.) ácido salicilsalicílico
salicylsulphonic acid (Quím.) ácido salicilsulfónico
salicyluric acid (Quím.) ácido salicilúrico
salient (Topo.) saliente
salient angle (Mat.; Topo.) ângulo saliente
Salientia (Zoo.) Anuros (*Salientia* ou *Ecaudata* em denominação latina)
salient junction (E.Civ.) junção saliente
salient pole (Elect.) pólo saliente
salient-pole generator (Elect.) gerador de pólo saliente
salina (Geo.) salina; lago salgado
saline (Bio.) salina
saline soil (Eco.) solo salino
salinity (Geo.) salinidade
salinometer (Fís.) salinómetro
salite (Miner.) salite
saliva (Zoo.) saliva
salivary glands (Zoo.) glândulas salivares
sallenders (Vet.) malandra (tipo de psoríase)
sally (E.Civ.) desvio
salmonella (Bio.) salmonelas

salmonellosis (Med.) salmonelose
salmoniformes (Zoo.) salmoniformes
salping-, salpingo- (Geral) salping-; salpingo-; do grego *salpinx* — trompa, referindo-se, geralmente, às trompas de Falópio e de Eustáquio
salpingectomy (Med.) salpingectomia
salpingemphraxis (Med.) salpingenfraxe
salpingian (Med.) salpíngico
salpingitis (Med.) salpingite
salpingocele (Med.) salpingocele
salpingocyesis (Med.) salpingociese
salpingo-oophorectomy (Med.) salpingooforectomia
salpingo-oophoritis (Med.) salpingooforite
salpingo-oophorocele (Med.) salpingooforocele; salpingootecocele
salpingo-oothecectomy (Med.) salpingooteetomia
salpingo-oothecitis (Med.) salpingootecite
salpingo-oothecocele (Med.) salpingootecocele
salpingo-ovariectomy (Med.) salpingoovariectomia
salpingopexy (Med.) salpingopexia
salpingopharyngeal (Med.) salpingofaríngeo
salpingopharyngeus (Med.) salpingofaríngeo (feixe muscular)
salpingorrhagia (Med.) salpingorragia
salpingorrhaphy (Med.) salpingorrafia
salpingostomy (Med.) salpingostomia
salpingotomy (Med.) salpingotomia
salpingysterocyesis (Med.) salpingisterociese
salpinx (Med.; Zoo.) salpinge; trompa; tuba (*salpinges* é o plural)
SALR (Geo.) abr. de *Saturated Adiabatic Lapse Rate* — taxa de arrefecimento adiabático saturado
salsuginous (Bot.) salsuginoso
salt (Quím.) sal
saltation (Bio.) mutação
saltatorial (Zoo.) saltador
saltatory (Zoo.) saltador
salt bath (Mec.) banho salino
salt bath furnace (Mec.) forno de banho salino
salt bed (Geo.) leito salino
salt deposit (Geo.) depósito salino
salt dome (Geo.) domo salífero
salt-dome trap (Geo.) armadilha de domo salino
salt flat (Eco.) planície salgada
salt gland (Bot.) glândula de sal
saltigrade (Zoo.) saltígrado
salting (Minas) deposição de minério numa mina para aumentar o seu valor aparente
salt lake (Eco.) lago salgado
salt marsh (Bot.) pântano salino
saltpetre (Miner.) salitre; nitrato de potássio
salt stabilization (Bio.) estabilização salina
salt stress (Eco.) stress halino
salvageability (Eco.) capacidade de tornar salvagem
sal volatile (Quím.) sal volátil; carbonato de amónio

Salyut (Esp.) Salyut (estação espacial russa)
samara (Bot.) sâmara
samariform (Bot.) em forma de sâmara
samarium (Quím.) samário
sample data tracking (Radar) rastreio de dados de ensaio
sampler (Electrón.) amostrador
sampling (Geral) amostragem; amostra; sondagem
sampling (T.Imag.) comutação electrónica de cores
sampling clock (Electrón.) relógio de amostragem
sampling distribution (Est.) distribuição de amostragem
sampling error (Est.) erro de amostragem
sampling fraction (Inf.) fracção de amostragem
sampling gate (Electrón.) porta de amostragem
sampling interval (Inf.) intervalo de amostragem
sampling oscilloscope (Electrón.) osciloscópio de inspecção
sampling pulse generator (T.Imag.) gerador discriminador
sampling rate (Inf.) taxa de amostragem; velocidade de amostragem
sampling switch (Elect.) chave comutadora; chave de amostragem
SAN (Plást.) designação do copolímero entre Estireno e Acrilonitrilo
sandalwood (Bot.; E.Civ.) sândalo; a sua madeira
sand-bag dammings (Hidro.) dique de sacos de areia
sand-blasting (Mec.) tratamento a jacto de areia
sand box model (Hidro.) modelo de tanque de areia
sand-burned (Mec.) queimado com areia
sand casting (Mec.) fundição com moldes de areia
sand colic (Vet.) cólica de areia; cólica por ingestão de areia
sandcrack (Vet.) fissura no casco do cavalo
sand cushion (E.Civ.) leito de areia; almofada de areia
sand dune (Geo.) duna de areia
sand flat (Minas) restinga (Petrologia)
sandfly fever (Med.) febre do flebótomo (*Phlebotomus papatasii*, insecto díptero); febre dos três dias; febre de Pym
Sandmeyer's reaction (Quím.) reacção de Sandmeyer
sandpaper (E.Civ.) lixa
sand pillar (Geo.) tornado de areia; vórtice de areia
sand-pump dredger (E.Civ.) draga de areia
sand ribbon (Eco.) língua de areia
sandrock (Minas) lentículas de areia
sandstone (Geo.) arenito; grés
sandstorm (Geo.) tempestade de areia
sand trap (Imp.) colector de areia
sand tube (Geo.) tubo de areia; fulgurito

sand volcano (GEO.) vulcão de areia
sandy (GERAL) arenoso
sandy clay (GEO.) argila arenosa; marga
sandy delta (GEO.) delta arenoso
sandy deposit (GEO.) depósito arenoso
sandy gravel (GEO.) cascalho arenoso
sandy marl (GEO.) marga arenosa
sandy sediment (GEO.) sedimento arenoso
sandy water (HIDRO.) água arenosa; água saibrosa
Sanger method (BIO.) método de Sanger
sanidine (MINER.) sanidina
sanitary landfill (ECO.) aterro sanitário
santalol (QUÍM.) santalol
Santini's booming sound (MED.) som timpânico de Santini
sap (BOT.) seiva; alburno
sapele (BOT.; E.CIV.) entandrofragma; a sua madeira
saphir d'eau (MINER.) safira d'água (nome dado à safira de cor azul clara e também a uma variedade de cordierite azul escura que ocorre em cascalhos de aluvião, e ainda ao topázio, quartzo e outros, encontrados sob a forma de seixos no Sri Lanka)
sapogenin (QUÍM.) sapogenina
saponification (GERAL) saponificação
saponification agent (QUÍM.) agente de saponificação
saponification number (QUÍM.) número de saponificação
saponins (QUÍM.) saponinas
saponite (MINER.) saponite
sapphire (MINER.) safira
sapphire bearing (MEC.) mancal de safira
sapphire needle (FÍS.) agulha de safira
sapphirine (MINER.) safirina
sapr-; sapro- (GERAL) sapro-; do grego *sapros* — podre, putrefacto
saprobe (ECO.) saprófago
saprogenous (BOT.) saprógeno
saprolite (ECO.) saprólito
sapropel (GEO.) sapropel
sapropelite (GEO.) sapropelito
saprophage (ECO.) saprófago
saprophilous (BOT.) saprófilo
saprophyte (BIO.) saprófito
saprotroph (BIO.) saprótrofo
saprotrophy (BOT.) saprotrofia
saprovore (ECO.) saprófago
saprozoite (ECO.) saprófago
sap wood (BOT.) alburno
SAR (RADAR) abr. de *Synthetic Aperture Radar* — radar de abertura sintética
SARAH (RADAR) abr. de *Search and Rescue Homing* — busca, resgate e condução; radiofarol de socorro
SARAM (ELECTRÓN.) abr. de *sequential acess and random access memory* — memória de acesso aleatório e de acesso sequencial
sarc-; sarco- (GERAL) sarco-; do grego *sarx, sarkos* — carne, polpa
sarcodic (ZOO.) sarcóide; sarcoídeo
sarcodina (ZOO.) Sarcodíneos

sarcodous (ZOO.) sarcóide; sarcoídeo
sarcoid (ZOO.) sarcóide: sarcoídeo
sarcoidosis (MED.) sarcoidose; síndroma de Besnier-Boeck-Schaumann; sarcóide de Boeck
sarcolemma (ZOO.) sarcolema; miolema
sarcoma (MED.) sarcoma
sarcoma-derived growth factor [SGF] (BIO.) factor de crescimento induzido pelo sarcoma
sarcomatosis (MED.) sarcomatose
sarcomatous (MED.) sarcomatoso
sarcomere (BIO.) sarcomério
sarcophagous (ZOO.) sarcófago
sarcoplasmatic reticulum (BIO.) retículo sarcoplasmático
sarcoplast (BIO.) sarcoplasta
sarcoptic mange (VET.) sarna sarcóptica
sarcosine (QUÍM.) sarcosina
sarcosporidiosis (VET.) sarcosporidiose
sarc-, sarco- (GERAL) sarco-; do grego *sarx, sarkos* — carne, polpa
sardonyx (MINER.) sardónica
Sargasso Sea (ECO.) Mar dos Sargassos
Sargent diagram (NUCL.) diagrama de Sargent
sarking (E.CIV.) tábuas finas para forro de telhado
Saros (ASTRO.) Saros
sarsen (GEO.) bloco de arenito; bloco calcário nas planícies de Wiltshire
sartorius (ZOO.) costureiro (músculo)
sash (E.CIV.) caixilho
sash bar (E.CIV.) pinázio
sash blind (E.CIV.) caixilho de persiana
sash door (E.CIV.) porta envidraçada
sash fastener (E.CIV.) tranca
sash saw (E.CIV.) serra de vidraceiro
sash support (E.CIV.) apoio para caixilhos
sash weight (E.CIV.) contrapeso de janela de guilhotina
sassafras (BOT.) sassafrás
sateen (TÊXT.) cetineta
satellite (ASTRO.; BIO.; TELECOM.) satélite
satellite antenna tracking and pointing (TELECOM.) antena de captação e acoplamento por satélite
satellite cartridge (INF.) cartucho satélite
satellite communication band (TELECOM.) faixa de comunicação por satélite
satellite communications (TELECOM.) telecomunicação por satélite
satellite computer (INF.) computador satélite
satellite dish (TELECOM.) antena parabólica
satellite DNA (BIO.) ADN satélite
satellite downlink (INF.) ligação descendente de satélite
satellite earth station system (TELECOM.) sistema de estação terrestre de satélite
satellite exchange (TELECOM.) central satélite
satellite fixed service (INF.) serviço fixo por satélite

satellite link (INF.) ligação por satélite
satellite mobile service (INF.) serviço móvel por satélite
satellite network (INF.) rede de satélite
satellite processor (INF.) processador satélite
satellite station (TELECOM.) estação satélite
satellite system (INF.) sistema satélite
satellite TV (TELECOM.) televisão por satélite
satin (TÊXT.) cetim
satin spar (MINER.) espato calcário acetinado
satinwood (BOT.; E.CIV.) pau-cetim; a sua madeira
saturable reactor (ELECT.) reactor de núcleo saturável
saturable transformer (ELECTRÓN.) transformador de reactância
saturated adiabatic (METEO.) adiabática saturável
saturated adiabatic lapse rate (METEO.) gradiente adiabático saturado; gradiente vertical adiabático saturado
saturated air (GEO.) ar saturado
saturated calomel electrode (QUÍM.) eléctrodo de calomelano saturado
saturated compounds (QUÍM.) compostos saturados
saturated field (FÍS.) campo magnético saturado
saturated fluid (QUÍM.) fluido saturado
saturated flux (FÍS.) fluxo saturado
saturated humidity mixing ratio (METEO.) razão de mistura saturante; razão de mistura de saturação
saturated mode (ELECTRÓN.) modo saturado
saturated point (METEO.) ponto de saturação
saturated solution (QUÍM.) solução saturada
saturated steam (MEC.) vapor saturado
saturated vapour (FÍS.) vapor saturado
saturation (GERAL) saturação
saturation activity (NUCL.) actividade de saturação
saturation adiabatic process (METEO.) processo de saturação adiabática
saturation coefficient (E.CIV.) coeficiente de saturação
saturation current (ELECTRÓN.) corrente de saturação
saturation curve (FÍS.) curva de saturação
saturation deficit (GEO.) défice de saturação
saturation factor (ELECT.) factor de saturação
saturation flux (FÍS.) fluxo de saturação
saturation gain (ELECT.) ganho de saturação
saturation humidity (ELECTRÓN.) humidade de saturação
saturation induction (ELECT.) indução de saturação
saturation limit (ELECT.) limite de saturação

saturation magnetization (Fís.) magnetização de saturação

saturation mixing ratio (Meteo.) razão de mistura de saturação; razão de mistura saturante

saturation moisture content (Geo.) humidade de saturação

saturation of the air (Meteo.) saturação do ar

saturation point (Meteo.; Quím.) ponto de saturação

saturation resistance (Electrón.) resistência de saturação

saturation scale (Fís.) escala de saturação

saturation signal (Electrón.) sinal de saturação

saturation vapour pressure in the pure phase (Meteo.) tensão de vapor de saturação na fase pura

saturation vapour pressure of moist air (Meteo.) tensão de vapor de saturação do ar húmido

saturation vapour pressure over water (Meteo.) tensão de saturação do vapor sobre água

saturation voltage (Elect.) voltagem de saturação

Saturn (Astro.) Saturno (6º planeta do Sistema Solar)

sauconite (Miner.) sauconite

saussurite (Geo.; Miner.) saussurite

savanna (Eco.) savana

savannah woodland (Eco.) arvoredo de savana

saveall (Papel.) tabuleiro

SAW (Radar; Telecom.) abr. de *Surface Acoustic Wave* — onda acústica superficial

SAW delay line (Telecom.) linha de atraso de onda acústica superficial (*V.SAW*)

SAW filter (Telecom.) filtro de onda acústica superficial (*V.SAW*)

saw grinder (Mec.) afiador de serras

saw-horse (E.Civ.) cavalete de serra

saw sharpener (Mec.) afiador de serras

saw sharpening file (Mec.) lima de afiar serras

sawtooth current (Elect.) corrente dente de serra

sawtooth generator (Elect.) gerador de dente de serra

sawtooth modulation jamming (Electrón.) interferência modulada em dente de serra

sawtooth oscillator (Mec.) oscilador em dente de serra

sawtooth roof (E.Civ.) telhado em dente de serra

sawtooth signal (Elect.) sinal em dente de serra

sawtooth thread (Mec.) rosca de perfil em dente de serra

sawtooth truss (Mec.) asna em dente de serra

sawtooth wave (Electrón.) onda em dente de serra; oscilação em dente de serra

sawtooth waveform (Electrón.) onda em dente de serra

sax (E.Civ.) machadinha de ponta (para ardósia)

saxicole (Bot.) saxícola; saxátil

saxicolous (Bot.) saxícola; saxátil

saxifragant (Med.) saxifragante; litotríptico

saxitoxin (Quím.) saxitoxina

saxonite (Miner.) saxonite

Sb (Quím.) símbolo de *antimony* — antimónio ou estíbio (antimónio provém do grego *antimonos* — oposto à solidão, por se encontrar geralmente misturado com outros minerais; estíbio provém do latim *stibium* — marca, e do grego *stibi* — daí o seu símbolo)

Sb (Fís.) abr. de *stilb* — stilb (unidade de luminância fotométrica)

SBA (Aero.) abr. de *Standard Beam Approach* — aproximação por feixe standard; aproximação por feixe normalizado (sistema de aterragem sem visibilidade)

S-band (Telecom.) faixa-S; banda-S (de radiofrequência)

SBC (Inf.) abr. de *single board computer* — computador numa placa

Sc (Quím.) símbolo de *scandium* — escândio

scab (Bot.) sarna; sarna negra da batata

scab (Med.) crosta formada pela coagulação do sangue, pus ou soro, na superfície de uma úlcera ou ferimento; escara; sarna

scab (Vet.) sarna; escara; úlcera; crosta

scabbling (E.Civ.) desbastamento; aparelhamento em grosso

scabbling hammer (E.Civ.) martelo de desbastar

scabellum (Zoo.) escabelo (porção basilar dilatada de um haltere ou balanceiro)

scabicidal (Med.) escabicida

scabicide (Med.) escabicida

scabies (Med.) escabiose; sarcoptídíase; sarna sarcóptica

scabies (Vet.) sarna sarcóptica; ascaridíase cutânea

scabrid (Bot.) escabro; escamoso

scabrous (Bot.) escamoso

scaffold (Bio.) estrutura

scaffold (E.Civ.) andaime

Scalable Processor Architecture (Inf.) arquitectura de processador escalável

scalar (Mat.) escalar

scalar acceleration (Fís.) aceleração escalar

scalar feedhorn (Telecom.) corneta escalar

scalar field (Fís.) campo escalar

scalar function (Fís.) função escalar

scalar matrix (Mat.) matriz escalar

scalar network analyzer (Electrón.) analisador de rede escalar

scalar product (Mat.) produto escalar

scalar speed (Fís.) velocidade escalar

scale (Bot.) bráctea; folha rudimentar

scale (Geral) escala

scale (Fís.) balança; prato de balança ordinária

scale (Mec.) escama (de oxidação)

scale (Zoo.) escama

scale bark (Bot.) córtex escamoso

scalene triangle (Mat.) triângulo escaleno

scale of integration (Electrón.) escala de integração; nível de integração

scale-of-ten (Telecom.) escala decimal

scale-of-two (Electrón.) escala binária

scaler (Electrón.) contador; escala de contagem

scale span (Electrón.) amplitude de escala

scaling (Electrón.) desmultiplicação; graduação

scaling (Fís.) graduação

scaling circuit (Electrón.) circuito de graduação; circuito desmultiplicador

scaling factor (Electrón.) factor de escala

scaling hammer (Mec.) martelo de desencrustar; martelo picador

scaly leg (Vet.) perna escamosa (forma de sarna)

scan (Radar) exploração; rotação de antena de radar

scan coils (Electrón.) bobina de varrimento

scandent (Bot.) trepador

Scandinavian ice sheet (Eco.) plataforma de gelo escandinava

scandium (Quím.) escândio

scanner (Radar) explorador; analisador

scanner amplifier (Radar) amplificador-explorador

scanner monitor (Radar) monitor de explorador

scanning (Radar) exploração; varredura

scanning array (Electrón.) matriz de varrimento direccional; antena direccional de elementos multiplos

scanning coils (T.Imag.) bobinas de exploração

scanning electron microscope (Fís.) microscópio electrónico de exploração

scanning frequency (T.Imag.) frequência de exploração

scanning heating (Fís.) aquecimento de varredura

scanning linearity (T.Imag.) linearidade de exploração

scanning loss (Radar) perda de exploração

scanning microscope (Fís.) microscópio de exploração

scanning pattern (Radar) diagrama de exploração

scanning pitch (Electrón.) passo de exploração

scanning radiometer (Fís.) radiómetro de exploração

scanning shift (Radar) deslocamento de exploração

scanning speed (T.Imag.) velocidade de exploração

scanning spot (T.Imag.) ponto de exploração; ponto analisador (na emissão); ponto de exploração (na recepção)

scanning sweep (Electrón.) linha de exploração; varredura de exploração

scanning transformer (Electrón.) transformador explorador

scanning voltage (ELECTRÓN.) tensão de exploração

scanning yoke (ELECTRÓN.) deflector magnético do tubo de raios catódicos

scansorial (ZOO.) trepador

scantling (E.CIV.) caibro

scape (ARQ.) fuste de coluna

scape (BOT.) escapo

scape (E.CIV.) escapo; nacela; meia-cana

scape (ZOO.) base de antena de insecto; cálamo de pena (de ave)

scaph-; scapho- (GERAL) escafo-; do grego *skaphe* — barco; em Medicina forma combinante com o significado de escafóide

scaphocephalic (MED.) escafocefálico

scaphocephalism (MED.) escafocefalismo; escafocefalia

scaphocephalous (MED.) escafocéfalo

scaphocephaly (MED.) escafocefalia

scaphoid (ZOO.) escafóide

Scaphopoda (ZOO.) Escafópodos

scapolite (MINER.) escapolite

scappling (E.CIV.) desbaste

scapula (ZOO.) omoplata; escápula

scapular (ZOO.) escapular

scapulectomy (MED.) escapulectomia

scapuloclavicular (ZOO.) escápulo-clavicular

scar (MED.) escara; cicatriz

scarcement (E.CIV.) ressalto de reentrância numa parede

scarf (E.CIV.) ensamblamento; escarva

scarfed edge (E.CIV.) aresta chanfrada

scarfed end (E.CIV.) canto chanfrado

scarfed joint (ELECT.) união biselada

scarfing (MEC.) chanfradura; biselamento

scarfing tool (MEC.) ferramenta de biselar

scarification (BOT.) escarificação

scarificator (MED.) escarificador

scarifier (E.CIV.) escareador; escarificador

scarlatina (MED.) escarlatina

scarlatiniform (MED.) escarlatiniforme

scarlet fever (MED.) febre escarlatina; escarlatina

scarp (ECO.) escarpa

scarp-and-vale topography (ECO.) topografia de escarpa

scarp retreat (ECO.) recessão da escarpa

SCART connector (T.IMAG.) ligação EURO AV

scatter diagram (ECO.) diagrama de dispersão

scatterer (FÍS.) dispersor

scattering (FÍS.) dispersão; difusão

scattering amplitude (FÍS.) amplitude de dispersão

scattering angle (FÍS.) ângulo de dispersão

scattering cross-section (FÍS.) secção transversal de dispersão

scattering factor (ELECTRÓN.) factor de espalhamento; factor de dispersão

scattering function (ELECT.) função de dispersão

scattering loss (ELECTRÓN.) perda por dispersão

scattering of radiation (FÍS.) dispersão de radiação

scattering phenomenon (FÍS.) fenómeno de dispersão

scattering source (FÍS.) fonte de dispersão

scatterometer (METEO.) dispersómetro

scatter plot (BIO.) digrama X-Y; diagrama de dispersão

scavenge pump (AUTO.) bomba de expulsão; bomba de limpeza

scavenger (ECO.) necrófago

scavenge stroke (MEC.) tempo de escape; curso de escape

scavenging (MEC.) recuperação; recirculação; expulsão de gases queimados

scavenging (MINAS) lavagem

scenario (T.IMAG.) enredo; estrutura

scending (NAV.) arfagem

scene (T.IMAG.) cena; cenário; quadro

scent-gland (ZOO.) glândula odorífera; glândula de perfume

scent-mark (ZOO.) marcação de território (por secreção glandular)

Schafer's method (MED.) método Schafer (método de ressuscitação obsoleto)

schedule of reinforcement (PSICO.) programa de reforço

scheduling (INF.) escalonamento; planeamento

scheduling priority (INF.) prioridade de escalonamento

Scheele's green (QUÍM.) verde de Scheele; arsenito cúprico

scheelite (MINER.) scheelite

schema (PSICO.) esquema; plano; disposição

schematic (ELECTRÓN.) diagrama esquemático

scheme arch (E.CIV.) arco abatido

Schering bridge (ELECT.) ponte de Schering

Schick test (IMUN.) teste de Schick; prova de Schick; método de Schick

Schiff's bases (QUÍM.) bases de Schiff

Schiff's reagent (QUÍM.) reagente de Schiff

Schimmelbusch's disease (MED.) doença de Schimmelbusch; doença fibrocística das mamas

schist (GEO.) xisto

schistosity (GEO.) xistosidade

schistosomiasis (MED.) esquistosomíase; bilharzíase; schistosomíase

schizo- (GERAL) esquiso-; do grego *skizo* — dividir, clivar, fender

schizocarp (BOT.) esquizocarpo

schizocoel (ZOO.) esquizocele

schizogamy (ZOO.) esquizogamia

schizogenesis (ZOO.) esquizogénese

schizogenous (BOT.) esquizogéneo

schizogony (ZOO.) esquizogonia

schizoid (MED.) esquizóide

schizokinesis (MED.; PSICO.) esquizocinese

Schizomycetes (BOT.) Esquizomicetas

schizomycetic (BOT.) esquizomicético

schizomycosis (MED.) esquizomicose

schizont (ZOO.) esquizonte

schizophrenia (MED.; PSICO.) esquizofrenia

Schmidt camera (ASTRO.:) câmara de Schmidt

Schmidt corrector (ASTRO.) corrector de Schmidt

Schmidt-Lambert net (ECO.) malha de Schmidt-Lambert; malha de igual área

Schmidt lines (NUCL.) linhas de Schmidt

Schmidt optical system (FÍS.) sistema óptico de Schmidt

Schmidt telescope (ASTRO.) telescópio de Schmidt

Schmitt circuit (ELECT.) circuito Schmitt; limitador Schmitt

Schmitt limiter (ELECT.) limitador Schmitt; circuito Schmitt

Schmitt optical system (GERAL) sistema óptico de Schmitt

Schmitt trigger (ELECTRÓN.) disparador Schmitt

Schmitt trigger oscillator (ELECTRÓN.) oscilador de onda quadrada de Schmitt

schnorkel (NAV.) snorquel; respirador submarino

school (ZOO.) cardume

schorlomite (MINER.) escorlomito

schorl-rock (GEO.) rocha turmalinosa (essencialmente de escorlo e quartzo)

Schottky defect (QUÍM.) defeito de Schottky

Schottky diode (ELECTRÓN.) diodo de Schottky

Schottky effect (ELECTRÓN.) efeito de Schottky

Schottky line (ELECT.) linha de Schottky; gráfico de Schottky

Schottky noise (ELECTRÓN.) ruído de Schottky

Schottky theory (ELECTRÓN.) teoria de Schottky

Schrage motor (ELECT.) motor de Schrage

Schroeder-Bernstein theorem (MAT.) teorema de Schroeder-Bernstein

Schroedinger equation (ELECT.) equação de Schroedinger

Schroedinger wave function (ELECTRÓN.) função de onda de Schroedinger

Schüfftan process (T.IMAG.) processo de Schüfftan

Schuler pendulum (FÍS.) pêndulo de Schuler

Schur's lemma (MAT.) lema de Schur

Schwann cell (ZOO.) célula de Schwann

schwannoma (MED.) schwannoma; tumor de Schwann; neurinoma

Schwann sheath (ZOO.) bainha de Schwann

Schwann's substance (ZOO.) substância (branca) de Schwann

Schwann's tumor (MED.) tumor de Schwann; neurinoma; schwannoma

Schwarz's inequality (MAT.) desigualdade de Schwarz

Schwarz's lemma (MAT.) lema de Schwarz

Schwarz's theorem (MAT.) teorema de Schwarz

Schwartzmann reaction (IMUN.) reacção de Schwartzmann; fenómeno de Sanarelli; fenómeno de Sanarelli-Schwartzmann

Schweitzer's reagent (QUÍM.) reagente de Schweitzer; licor de Schweitzer

sciatic (ZOO.) ciático

sciatica (MED.) ciática; doença de Cotunnius

SCID (IMUN.) abr. de *Severe Combined Immuno-Deficiency Syndrome* — síndroma de imunodeficiência combinada grave

science (GERAL) ciência

scientific alexandrite (MINER.) alexandrite sintética

scientific calculator (GERAL) calculadora científica

scientific emerald (MINER.) esmeralda sintética

scientific notation (GERAL) notação científica

scintillation (GERAL) cintilação; brilho

scintillation camera (RADIOL.) câmara de cintilação

scintillation counter (NUCL.) contador de cintilações

scintillation crystal (NUCL.) cristal de cintilação

scintillation crystal spectrometer (FÍS.) espectrómetro de cintilação a cristal

scintillation decay (NUCL.) declínio de cintilação

scintillation detection (NUCL.) detecção de circulação

scintillation efficiency (NUCL.) rendimento de cintilação

scintillation head (NUCL.) cabeça de cintilação

scintillation light (NUCL.) luz de cintilação

scintillation process (NUCL.) processo de cintilação

scintillation spectrometer (NUCL.) espectrómetro de cintilação

scion (BOT.) rebento (destinado a enxerto)

scirocco (sirocco) (GEO.) siroco, vento de Sul (mediterrâneo)

scirrhous carcinoma (MED.) carcinoma cirroso; fibrocarcinoma

scler-; sclero- (GERAL) escler-; esclero-; do grego *skleros* — duro

sclera (ZOO.) esclerótica

sclere (ZOO.) esclerita

sclereid (BOT.) esclereídeo

sclereide (BOT.) esclerito; célula pétrea

sclerencephalia (MED.) esclerencefalia

sclerenchyma (BOT.) esclerênquima

sclerenchyma cell (BOT.) célula do esclerênquima

sclerified (BOT.) esclerosado; endurecido

sclerite (ZOO.) esclerito

scleritis (MED.) esclerite

sclerodactylia (MED.) esclerodactília

scleroderma (MED.) escleroderma

sclerodermia (MED.) esclerodermia

sclerogenous (MED.) esclerógeno

scleroma (MED.) esclerose; escleroma

scleronychia (MED.) escleroniquia

sclerophyll (BOT.) esclerófilo

sclerophyllous vegetation (ECO.) vegetação esclerófila

scleroplasty (MED.) escleroplastia

scleroprotein (BIO.) escleroproteína; proteína fibrosa

scleroscope hardness test (MEC.) teste de dureza por escleroscópio

sclerosed (MED.) esclerosado; esclerótico

sclerosis (BOT.) endurecimento

sclerotic (ZOO.) esclerótica

sclerotic cell (BOT.) esclereídeo

sclerotin (ZOO.) esclerotina

sclerotium (BOT.) esclerócio

sclerotomy (MED.) esclerotomia

SCMS (TELECOM.) abr. de *serial copy management system* — sistema de gestão de cópias em série

scobicular (BOT.) escobiculado

scobiform (BOT.) escobiforme

scoinson arch (E.CIV.) arco de suporte

scolecite (MINER.) escolecite

scolex (ZOO.) escolex

scoliosis (MED.) escoliose

scolophore (ZOO.) escolopídeo

scolopidia (ZOO.) sensilhas cuticulares (Artrópodes)

scontion, sconchion (E.CIV.) recanto de cantaria

scoop (MED.) cureta estreita

scopa (ZOO.) escópula

scope (ELECTRÓN.) termo vulgar para *oscilloscope* — osciloscópio

-scope (GERAL) -scópio; sufixo que indica geralmente um instrumento para observação e outros métodos de exame

-scope (T.IMAG.) -scópio; sufixo usado em cinematografia de ecrã largo ou ecrã panorâmico

scopine (QUÍM.) escopina

scopolamine (MED.) escopolamina; hioscina; atroscina

scopoline (QUÍM.) escopolina; oscina

scopophilia (PSICO.) escopofilia; voyeurismo

scorbutic (MED.) escorbútico

scorched (BOT.) queimado; murcho pelo calor; seco antes de tempo

scoria (GEO.) escória

scorification (MEC.) escorificação

scorifier (MEC.) fragmento de crisol para teste de maçarico

scorodite (MINER.) escorodite

Scorpionidea (ZOO.) Escorpionídeos

scotch (E.CIV.) travão; calço; cunha

Scotch blast furnace (MEC.) alto-forno escocês

Scotch block (E.CIV.) travão de freio; sapata de freio

Scotch boiler (MEC.) caldeira escocesa

Scotch marine boiler (MEC.) caldeira de marinha com fornalha nas duas extremidades

Scotch yoke (ELECT.) cabeçote escocês; jogo de bobinas de deflexão escocês

scotia (ARQ.) escócia (moldura côncava na base de uma coluna)

scoto- (GERAL) escoto-; do grego *skotos* — escuridão, não iluminado

scotoma (MED.) escotoma

scotomization (PSICO.) escotomização

scotophor (ELECT.) escotóforo

scotopic luminosity curve (FÍS.) curva de luminosidade escotópica

scotopic vision (FÍS.) visão escotópica

Scots pine (BOT.; E.CIV.) pinheiro-silvestre; a sua madeira

Scott connection (ELECT.) ligação Scott

Scottish topaz (MINER.) topázio-da-escócia; quartzo fumado

scourer (MEC.) lavador; escovador

scouring (HIDRO.) erosão (causada pelas águas)

scouring (TÊXT.) limpeza

SCPC (TELECOM.) abr. de *Single-Channel Per Carrier* — canal simples por transportadora

SCPI (ELECTRÓN.) abr. de *standard commands for programmable instruments* — comandos normalizados para instrumentos programáveis

SCR (ELECTRÓN.) abr. de *Silicon-Controlled Rectifier* — rectificador controlado de silício

scram (NUCL.) paragem de emergência

scramble competition (ECO.) competição racionada

scrambler (TELECOM.) misturador

scram rod (NUCL.) vareta de segurança; haste de segurança

scrap (MEC.) refugo; sucata

scraper (E.CIV.) raspadora; raspadeira

scraper ring (AUTO.) anel de pistão; anel de segmento

scratch (E.CIV.) raspador; brunidor

scratch (INF.) esboçar

scratch (VET.) inflamação eczematosa do casco

scratch awl (MEC.) punção de marcar

scratch-coat (E.CIV.) reboco

scratch file (INF.) ficheiro transitório; ficheiro temporário

scratch filter (ELECTRÓN.) filtro de ruído atmosférico

scratch pad (INF.) memória transitória

scratch pad memory (INF.) memória-rascunho

scratch pad storage (INF.) memória de rápido acesso

scree (GEO.) base rochosa de uma escarpa; depósito de sopé de escarpa; «talus»

screeching (AERO.) «guincho» (ruído nos motores de turbina)

screed (E.CIV.) faixa comprida de argamassa

screen (ELECT.) grade; alvo; blindagem; anteparo

screen (E.CIV.; MEC.) crivo

screen (FÍS.) câmara acústica

screen (MED.) realizar um exame radioscópico

screen (PSICO.) ocultação

screen (T.IMAG.) tela; alvo;ecrã

screen burning (ELECTRÓN.) queima da grade

screen carriage (HIDRO.) transportador de veneziana

screen circuit (ELECT.) circuito de grade; circuito de blindagem

screen dissipation (ELECT.) dissipação da blindagem

screened antenna (ELECT.) antena blindada

screened cable (ELECTRÓN.) cabo blindado

screened coal (MINAS) carvão crivado; carvão classificado

screened-grid valve (ELECTRÓN.) válvula de grade auxiliar

screen editor (INF.) editor de ecrã

screened memory (MED.) memória de análise

screened ore (MINAS) minério de triagem

screened pair (ELECTRÓN.) par blindado

screening (MINAS) o acto de crivar, de peneirar

screening (RADIOL.) exame radioscópico

screen printing (IMP.) impressão a tela

screen scanning (ELECTRÓN.) exploração da tela

screen shelter (METEO.) abrigo meteorológico

screen voltage (ELECT.) tensão da tela; voltagem da tela

scree slope (ECO.) cascalheira de sopé

screw-and-nut steering gear (AUTO.) mecanismo de direcção de parafuso e porca

screw-auger (E.CIV.) verruma; pua; broca helicoidal; trado

screw axes (MINER.) eixos de rotação

screw cap (ELECT.) rosca de lâmpada eléctrica

screw-chasing (MEC.) pente para abrir roscas

screw conveyor (MEC.) transportador de parafuso; transportador helicoidal

screw core (MEC.) núcleo da rosca

screw-cutting lathe (MEC.) torno de fabricar parafusos

screw-cutting machine (MEC.) máquina de abrir roscas

screw jack (MEC.) macaco de rosca

screwnail (MEC.) parafuso de madeira; prego de rebitar

screw picket (TOPO.) piquete de ponta roscada

screw pile (E.CIV.) estaca helicoidal; estaca de rosca

screw plate (ELECT.) fieira

screw plug (E.CIV.) tampão roscado

screw press (MEC.) prensa a parafuso

screw propeller (MEC.) hélice (propulsora)

screw shackle (MEC.) grilhão de parafuso

screw thread (MEC.) rosca; filete (de parafuso)

screw tool (MEC.) pente de abrir rosca

screw wrench (MEC.) chave de fendas; chave inglesa

scribbler (TÊXT.) carda grossa para cardar lã

scriber (MEC.) marcador; traçador; ponteiro

scribing block (MEC.) graminho

scribing gouge (E.CIV.) goiva de mão

scrieve board (NAV.) chapa de traçado

scrim (E.CIV.) tecido de reforço (de juntas)

scrim (TÊXT.) tecido de linho ou algodão usado para reforço

script (IMP.) cursivo

script (T.IMAG.) guião

scrobiculate (BOT.; ZOO.) escrobiculado; escrobiculoso

scrobiculus (BOT.; ZOO.) escrobículo

scrofula (MED.) escrófula; escrofulose

scrofuloderma (MED.) escrofuloderma; tuberculose cutânea

scrofulodermia (MED.) escrofuloderma; tuberculose cutânea

scrofulosis (MED.) escrofulose

scroll (ARQ.) voluta; espiral

scroll chuck (MEC.) placa universal

scrolling (INF.) desenrolamento; translacção ortogonal

scroop (TÊXT.) estalido

Scrophulariaceae (BOT.) Escrofulariáceas

scrotum (ZOO.) escroto

scrubber (QUÍM.) purificador de gás; depurador de gás

scrub typhus (MED.) tifo rural; doença da ilha (doença que ocorre em algumas regiões do Japão entre os ceifadores de cânhamo)

scrub vegetation (ECO.) vegetação arbustiva

SCS (ELECTRÓN.) abr. de *silicon controlled switch* — interruptor de silício, diodo interruptor

SCSI (INF.) abr. de *small computer systems interface* — interface de sistemas para pequenos computadores

scud (GEO.) estratos fractus

scuffing (MEC.) desgaste; deformação

scum (E.CIV.) espuma; escuma

scum (MEC.) escória; refugo

scum (MED.) escuma; epístase

scumble (E.CIV.) demão de tinta fina e opaca para atenuar a cor; esbatimento

S-curve (TOPO.) curva em S

scurvy (MED.) escorbuto

scutch (E.CIV.) espadela

scute (ZOO.) escudo; lâmina; lâmina fina; placa

scutellum (BOT.) escutelo

scutellum (ZOO.) escutelo; escudete

scybala (MED.) cíbalas

scybalum (MED.) cíbala (massa dura e arredondada de fezes endurecidas)

scyllitol (QUÍM.) cilitol

Scyphomedusae (ZOO.) Cifomedusas

Scyphozoa (ZOO.) Cifozoários

Scythian (GEO.) Cítico

SDA (MED.) abr. de *Specific Dynamic Action* — acção dinâmica específica

SDEL (ELECTRÓN.) abr. de *Schottky Diode Effect transistor Logic* — lógica de transístor de efeito de campo e diodo Schottky

SDI (ESP.) abr. de *Strategic Defence Iniciative* — iniciativa de defesa estratégica

SDLC (INF.) abr. de *synchronous data link control* — controlo síncrono de ligação de dados

SDRAM (INF.) abr. de *synchronous dynamic RAM* — memória dinâmica síncrona de acesso aleatório

SDS (BIO.) abr. de *Sodium Dodecyl Sulphate (Sulfate)* — dodecilsulfato de sódio

Se (QUÍM.) símbolo químico do elemento Selénio

sea (GERAL) mar

sea anchor (NAV.) âncora flutuante; âncora de capa

sea breeze (METEO.) brisa marítima

sea chart (NAV.) carta marítima; carta de marear

sea cliff (GEO.) falésia

sea clutter (RADAR) eco parasita do mar; reflexão do mar

sea-floor (GEO.) fundo do mar; leito do mar

sea-floor spreading (GEO.) expansão do fundo do mar

sea fog (METEO.) nevoeiro marítimo

sea ice (ECO.) gelo marinho

seal (ELECTRÓN.) vedação; selo

seal (E.CIV.) fecho hidráulico; impermeabilização

seal (IMP.) sinete

sealed cell (ELECTRÓN.) pilha selada

sealed cover (E.CIV.) cobertura selada

sealed pressure balance (AERO.) equilíbrio de pressão estanque

sea level (TOPO.) nível do mar

sea-level altitude (METEO.) altitude ao nível do mar

sea-level pressure (METEO.) pressão ao nível do mar

sea-level static thrust (AERO.) impulso estático ao nível do mar

sea lily (ZOO.) crinóide

sealing box (ELECT.) caixa de vedação

seal nut (MEC.) porca de vedação

seal terminal (ELECT.) terminal de vedação

seam (MEC.) rebordo; beira virada; costura

seam (MINAS) veio de metal

sea marker (AERO.) baliza marítima

seamless tube (MEC.) tubo sem costura

seamount (ECO.) monte submarino

seam welding (ELECT.) soldadura ininterrupta; soldadura contínua; soldadura de costura

seaplane (AERO.) hidroavião

seaplane alighting (AERO.) amaragem

seaplane basin (AERO.) pista de descolagem de hidroavião

seaplane glider (AERO.) hidroplanador

seaplane hull (AERO.) casco de hidroavião

seaplane tank (AERO.) tanque de teste de hidroavião; tanque hidrodinâmico (para teste de modelos)

search (ELECTRÓN.) exploração

search coil (ELECT.) bobina de exploração

search lighting (ELECTRÓN.) exploração horizontal; varredura de busca

search radar (RADAR) radar de pesquisa

search strategy (INF.) estratégia de pesquisa

search time (INF.) tempo de pesquisa

search tree (INF.) árvore de pesquisa

search tuning (TELECOM.) sintonização automática

season cracking (MEC.) rachadura espontânea

seasoning (BOT.) envelhecimento; secagem

seat (MEC.) sede (de válvula)

seating (MEC.) base; apoio; suporte
seaweed (BOT.) alga marinha
sebaceous (ZOO.) sebáceo
sebaceous cyst (MED.) quisto sebáceo
sebatic acid (QUÍM.) ácido sebácico
sebiferous (ZOO.) sebífero
sebiparous (ZOO.) sebífero
seborrhea (MED.) seborreia; esteatorreia
seborrhoea (MED.) seborreia
seborrhoeic (MED.) seborreico
sebum (ZOO.) sebo; esmegma
SECAM (T.IMAG.) abr. de *SEquential Couleur à Memoire* — sequência de cor por memória
secchi disc (ECO.) disco de secchi
secodont (ZOO.) secodonte
second (GERAL) segundo
secondary (ZOO.) secundário/a
secondary aerial properties (TELECOM.) propriedades secundárias das antenas
secondary alcohol (QUÍM.) álcool secundário
secondary amines (QUÍM.) aminas secundárias
secondary axis (FÍS.) eixo secundário
secondary battery (ELECT.) bateria secundária
secondary beam (E.CIV.) viga secundária
secondary bending (MEC.) flexão secundária
secondary body cavity (ZOO.) celoma
secondary bow (METEO.) arco-íris secundário
secondary cache (INF.) memória intermédia secundária
secondary cell (ELECT.) pilha secundária; acumulador
secondary circuit (E.CIV.) circuito secundário
secondary coil (ELECT.) bobina secundária; enrolamento secundário
secondary colour (E.CIV.) cor secundária
secondary constants (ELECT.) constantes secundárias
secondary constriction (BIO.) constrição secundária
secondary consumer (ECO.) consumidor secundário; carnívoro
secondary coolant (NUCL.) refrigerante secundário
secondary culture (BIO.) cultura secundária
secondary depression (METEO.) depressão secundária
secondary dispersion (MINAS) dispersão secundária
secondary drive (MEC.) accionamento secundário
secondary electrode (ELECT.) eléctrodo secundário
secondary electron (ELECTRÓN.) electrão secundário
secondary electron conduction (ELECT.) condução de electrão secundário
secondary emission (ELECTRÓN.) emissão secundária
secondary emission (FÍS.) emissão secundária

secondary enrichment (GEO.) enriquecimento secundário
secondary era (GEO.) era secundária
secondary file (INF.) ficheiro secundário
secondary forest (ECO.) floresta secundária; floresta não primeva
secondary front (ECO.) frente secundária
secondary gneissic banding (GEO.) faixa gneissica secundária
secondary growth (BOT.) crescimento secundário
secondary hardness (MEC.) dureza secundária
secondary IDE (INF.) IDE secundário; circuito secundário de ligação de disco rígido
secondary immune response (PSICO.) reacção imune secundária
secondary leakage (ELECT.) dispersão secundária; fuga secundária
secondary link station (INF.) estação de ligação secundária
secondary logical unit (INF.) unidade lógica secundária
secondary low (METEO.) baixa secundária; ciclone secundário
secondary memory (INF.) memória secundária; memória auxiliar
secondary meristem (BOT.) meristema secundário
secondary messenger (BIO.) mensageiro secundário
secondary metabolites (BOT.) metabólitos secundários
secondary metal (MEC.) metal secundário
secondary mineral (GEO.; MINAS) mineral secundário
secondary mirror (FÍS.) espelho secundário
secondary neutral grid (ELECT.) grade neutra secundária
secondary origin (GEO.) origem secundária
secondary phase (ELECT.) fase do secundário (de um transformador)
secondary phloem (BOT.) floema secundário
secondary planet (ASTRO.) planeta secundário; satélite
secondary-process thinking (PSICO.) raciocínio de processo secundário
secondary production (MINAS) produção secundária
secondary productivity (ECO.) produtividade secundária
secondary quartz (GEO.) quartzo secundário
secondary radar (RADAR) radar secundário
secondary radiation (FÍS.) radiação secundária
secondary rainbow (METEO.) arco-íris secundário
secondary reinforcement (PSICO.) reforço secundário
secondary resistance (ELECT.) resistência secundária
secondary river (GEO.) rio secundário
secondary rock (GEO.) rocha secundária

secondary sexual characters (ZOO.) caracteres sexuais secundários
secondary shutdown system (NUCL.) sistema de suspensão secundário; sistema de corte secundário
secondary spectrum (FÍS.) espectro secundário
secondary standard (GERAL) padrão secundário
secondary strata (GEO.) estratos secundários
secondary stress (MEC.) tensão secundária
secondary structure (BIO.) estrutura secundária
secondary substances (ECO.) substâncias secundárias
secondary succession (ECO.) sucessão secundária
secondary surveillance radar (RADAR) radar secundário de vigilância
secondary thickning (BOT.) engrossamento secundário; espessamento secundário
secondary voltage (ELECT.) voltagem secundária; tensão secundária
secondary wall (BOT.) parede secundária
secondary wave (FÍS.) onda secundária
secondary winding (ELECT.) enrolamento secundário
secondary wire (ELECT.) fio secundário; fio do secundário
secondary woodland (ECO.) bosque secundário; bosque não primevo
secondary xylem (BOT.) xilema secundário
second-channel interference (TELECOM.) interferência de segundo canal; interferência de canal alternado
second detector (TELECOM.) segundo detector; desmodulador
second-generation computer (INF.) computador de segunda geração
second moment of area (MEC.) segundo momento de área
second-order kinetics (BIO.) cinética de segunda ordem; cinética bimolecular
second tap (MEC.) macho secundário
second ventricle (ZOO.) segundo ventrículo
secrecy system (TELECOM.) sistema privado
secretagogue (MED.) secretagogo
secret dovetail (E.CIV.) malhete sobreposto
secretion (GERAL) secreção
secretomotor (BIO.) secretomotor
secretor (IMUN.) secretor
secretory (ZOO.) secretório
secretory duct (BOT.) canal secretório
secritin (BIO.) secretina
section (ARQ.) perfil
section (BIO.) corte; secção; divisão
section (BOT.; ZOO.) subgénero; subfamília
section (GERAL) secção
section (MAT.) segmento; segmento de recta
section (MEC.) ferro perfilado

section modulus (Mec.) módulo de secção; módulo de resistência

section mould (E.Civ.) molde seccional

sectionswitch (Elect.) interruptor de secção; chave de secção

sector (Geral) sector

sectoral horn (Fís.) trompa sectorial

sector disk (Fís.) disco de sector

sector display (Radar) apresentação de sector

sectorial (Zoo.) sectorial

sectorial chimera (Bot.) quimera sectorial

sector regulator (E.Civ.) regulador de sector

sector scanning (Radar) exploração de sector

secular acceleration (Astro.) aceleração secular

secular change (Geo.) mudança secular

secular equation (Astro.) equação secular

secular equilibrium (Fís.) equilíbrio secular

secular inequality (Astro.) desigualdade secular

secular parallax (Astro.) paralaxe secular

secular perturbation (Astro.) perturbação secular

secular trend (Meteo.) variação secular; tendência secular

secular variable (Astro.) variável secular

secular variation (Astro.) variação secular

secund (Bot.) unilateral

secundigravida (Med.) secundigrávida

secundina (Med.) secundina (*secundinae* = secundinas)

secundinae (Vet.) secundinas; páreas; membranas fetais

secundines (Bot.; Med.; Vet.) secundinas

secundipara (Med.) secundípara

security (Inf.) segurança

security certification (Inf.) certificado de segurança

security coding (Electrón.) codificação de segurança

security fuse (Electrón.) fusível de segurança

SED (Electrón.) abr. de *single error detection* — detecção de erro único

sedentary (Zoo.) sedentário

SEDEX (Eco.) abr. de *sedimentary exhalative processes* — processos sedimentares expelativo

sediment (Eco.) sedimento

sedimentary basin (Geo.) bacia sedimentar

sedimentary bed (Geo.) leito sedimentar

sedimentary cycle (Eco.) ciclo sedimentar

sedimentary deposit (Geo.) depósito sedimentar

sedimentary deposition (Geo.) deposição sedimentar

sedimentary exhalative processes (Eco.) processos sedimentares expelativo

sedimentary layer (Geo.) camada sedimentar

sedimentary rock (Geo.) rocha sedimentar

sedimentary structure (Geo.) estrutura sedimentar

sedimentation (Quím.) sedimentação

sedimentation balance (Fís.) balança de sedimentação

sedimentation basin (Geo.) bacia de sedimentação

sedimentation chamber (Mec.) câmara de sedimentação

sedimentation potential (Quím.) potencial de sedimentação

sedimentation process (Geo.) processo de sedimentação

sedimentation tank (E.Civ.) tanque de sedimentação

sedimentation techniques (Fís.) técnicas de sedimentação

sedimentation test (Med.) teste de sedimentação

Seeback effect (Elect.) efeito de Seeback

seed (Bot.) semente

seed (Vidr.) «bolha» (no vidro); inclusão gasosa no vidro

seed bank (Eco.) banco de sementes

seed leaf (Bot.) gémula

seed plant (Bot.) espermatófita

seed rain (Eco.) chuva de sementes

seed shadow (Eco.) sombra de sementes

seedy toe (Vet.) dedo poluído (separação da camada córnea da parede da planta do pé, no cavalo)

seepage (Eco.) percolação

seepage velocity (Eco.) velocidade de percolação

seersucker (Têxt.) variedade de linho, com listas brancas e azuis

see-saw amplifier (Electrón.) amplificador oscilante

Seewer governor (Elect.) regulador Seewer

Seger cone (Mec.) indicador Seger; cone de Seger

segment (Geral) segmento

segment (Mat.) segmento; secção cónica

segmental (Zoo.) segmentar; segmentário

segmental arch (E.Civ.) arco segmentar; arco rebaixado; arco abatido

segmental core disk (Elect.) disco de núcleo segmentar

segmental interchange (Bio.) alternância segmentar

segmentation (Geral) segmentação

segmentation cavity (Zoo.) cavidade de segmentação; blastocelo; cavidade de clivagem

Segrè chart (Fís.) carta de Segrè; diagrama de Segrè

segregation (Geral) segregação

seiche (Meteo.) oscilação de onda estacionária

Seidel theorem (Mat.) teorema de Seidel

Seidlitz powder (Quím.) pó de Seidlitz (pó de soda de Seidlitz)

seif dune (Geo.) duna linear; «seif»

seismology (Geo.) sismologia

seismonasty (Bot.) sismonastia

seismotherapy (Med.) sismoterapia; terapia por massagem vibratória

seistan wind (Geo.) vento do norte (Irão)

seizing signal (Telecom.) sinal de ligação efectiva

seizing-up (Mec.) emperramento; gripagem

seizure (Mec.) gripagem; emperramento

SELCAL (Aero.) abr. de *SELective CALling* — chamada selectiva

selectance (Elect.) selectividade específica

selection (Bio.) selecção

selection coefficient (Bio.) coeficiente de selecção

selection differential (Eco.) selecção diferencial

selection pressure (Eco.) pressão selectiva

selection rules (Fís.) regras de selecção

selective absorption (Fís.) absorção selectiva; filtração

selective assembly (Mec.) montagem selectiva

selective calling (Aero.) chamada selectiva; chamamento selectivo

selective dump (Inf.) descarga selectiva; listagem selectiva

selective fading (Telecom.) desvanecimento selectivo

selective fit (Mec.) ajustamento selectivo

selective freezing (Mec.) congelação selectiva

selective interference (Electrón.) interferência selectiva

selective mating (Zoo.) cruzamento selectivo

selective medium (Bio.) meio selectivo

selective network (Telecom.) rede selectiva

selective permeability (Fís.) permeabilidade selectiva

selective protection (Elect.) protecção selectiva

selective range (Elect.) alcance selectivo

selective resonance (Telecom.) ressonância selectiva

selective tuning (T.Imag.) sintonização selectiva

selectivity (Telecom.) selectividade

selector (Telecom.) comutador; selector

selector channel (Inf.) canal selector

selector plug (Telecom.) cavilha de selector

selector switch (Elect.) comutador do selector; chave do selector

selector valve (Aero.) válvula selectora

selenite (Miner.) selenite

selenite (Quím.) selenito

selenium (Quím.) selénio

selenium amplifier (Elect.) amplificador de selénio

selenium bridge (Elect.) ponte de selénio

selenium cell (ELECT.) pilha de selénio

selenium diode (ELECT.) diodo de selénio

selenium halides (QUÍM.) halóides de selénio; halogenetos de selénio; haletos de selénio

selenium rectifier (ELECTRÓN.) diodo rectificador de selénio

selenium salt (QUÍM.) sal de selénio

selenodont (ZOO.) selenodonte

self (GERAL) próprio; auto-

self-absorption (FÍS.) auto-absorção

self-activating bell (ELECTRÓN.) alarme autónomo

self-adapting (INF.) auto-adaptável

self-adjusting (INF.) auto-ajustável

self-aligning ball-bearing (MEC.) rolamento de esferas autocompensador; rolamento de auto-alinhamento

self-annealing (MEC.) auto-recozimento

self-baking electrode (ELECT.) eléctrodo de auto-recozimento

self-balance protection (ELECT.) protecção de auto-equilíbrio

self biasing (ELECTRÓN.) autopolarizável

self-braking worm (MEC.) parafuso sem-fim de autobloqueio

self-capacitance (FÍS.) autocapacitância

self-carrying center (E.CIV.) cimbre sem apoios intermédios

self-centring chuck (MEC.) mandril autocentralizador

self-centring countersink (MEC.) escareador autocentrador

self cleansing (E.CIV.) autodepuração; auto-saneamento

self-compatible (BOT.) autocompatível

self-conjugate directions (MAT.) direcções autoconjugadas

self-conjugate latin square (MAT.) quadrado latino autoconjugado

self-conjugate triangle (MAT.) triângulo autoconjugado

self-consistent field (FÍS.) campo autoconsistente

self cure (IMUN.) autocura; autotratamento

self-demagnetization (ELECTRÓN.) autodesmagnetização

self-discharge (ELECT.) autodescarga

self-dissociation (QUÍM.) autodissociação

self-documenting program (INF.) programa autodocumentado

self-dual (INF.) autodual; dualidade

self-excitation (ELECT.) auto-excitação

self-excited (ELECTRÓN.) auto-excitação

self-feeding (MEC.) auto-alimentador; de avanço automático

self-fertilization (BIO.) autofertilização

self-fusible ore (MINAS) minério autofusível

self-hardening steel (MEC.) aço de auto-endurecimento

self-heterodyne (TELECOM.) autódino

self-incompatible (BIO.) auto-incompatível

self-induced e.m.f. (ELECT.) força electromotriz auto-induzida

self-induced field (FÍS.) campo auto-induzido

self-inductance (FÍS.) auto-indutância

self-inductance coefficient (ELECT.) coeficiente de auto-indutância

selfing (BIO.) autofertilização; autopolinização

self-levelling level (TOPO.) nível autonivelador

self-lubricating bearing (MEC.) mancal autolubrificante

self-parking heads (INF.) cabeças de estacionamento automático

self-pollination (BOT.) autopolinização

self-quenching (FÍS.) auto-interrupção

self-rectifying (RADIOL.) auto-~-rectificação

self-regulating (FÍS.) auto-regulação

self-scattering (FÍS.) autodispersão

self-seek (ELECTRÓN.) sintonização automática

self-shielding (FÍS.) autoblindagem

self-starting (MEC.) com arranque automático

self-starting rotary converter (ELECT.) conversor rotativo de arranque automático

self-sterile (BOT.) auto-estéril

self-sterility (BOT.; ZOO.) auto-esterilidade

self-synchronizing (ELECT.) auto-sincronização; auto-sincronizado

self-tapping screw (MEC.) parafuso-macho; parafuso auto-roscante

self-thinning curve (ECO.) curva de dimuinuição progressiva

self-winding clock (RELOJ.) relógio de corda automática

self-winding watch (RELOJ.) relógio de corda automática (de pulso)

Sellers coupling (MEC.) acoplamento de Sellers; acoplamento cónico

Sellers drive for planer (MEC.) plaina a parafuso sem-fim

Sellers screw thread (MEC.) rosca Sellers

selsyn motor (ELECT.) motor auto-síncrono; gerador síncrono

selva (ECO.) selva

selvedge (TÊXT.) ourela; orla; bainha

SEM (BOT.) abr. de *Scanning Electron Microscope* — microscópio electrónico de varrimento

semantic error (INF.) erro semântico

semantic matrix (INF.) matriz semântica

semantic memory (INF.) memória semântica

semantic network (INF.) rede semântica

semantics (INF.) semântica

sematic (ZOO.) semático

semeiology (MED.) semiologia

semeiotic (MED.) semiótico

semen (ZOO.) sémen; esperma

semi- (GERAL) semi-; do latim *semi-* — metade, meio, quase

semi-arid climate (ECO.) clima semi-árido

semi-automatic (GERAL) semiautomático

semi-automatic exposure control (T.IMAG.) controlo de exposição semiautomática

semicarbazide (QUÍM.) semicarbazida

semicarbazones (QUÍM.) semicarbazonas

semichemical pulp (PAPEL.) polpa semiquímica

semicircular canals (ZOO.) canais semicirculares

semicircular deviation (NAV.) desvio semicircular

semiconductor (ELECTRÓN.) semicondutor

semiconductor amplifier (ELECTRÓN.) amplificador a semicondutor

semiconductor crystal (ELECTRÓN.) cristal semicondutor

semiconductor device (ELECTRÓN.) dispositivo semicondutor

semiconductor diode (ELECTRÓN.) diodo semicondutor

semiconductor diode laser (FÍS.) laser de diodo semicondutor

semiconductor image sensor (ELECTRÓN.) sensor semicondutor de imagem; transdutor semicondutor de imagem

semiconductor junction (ELECTRÓN.) junção de semicondutor

semiconductor laser (ELECTRÓN.) laser de semicondutor

semiconductor radiation detector (ELECTRÓN.) detector de radiação de semicondutor

semiconductor temperature sensor (ELECTRÓN.) sensor semicondutor de temperatura; transdutor semicondutor de temperatura

semiconductor trap (ELECTRÓN.) armadilha de semicondutor; filtro de semicondutor

semiconservative replication (BIO.) replicação semiconservadora

semi-desert scrub (ECO.) arbustos semi-desérticos

semidiameter (ASTRO.) semidiâmetro

semidiscontinuous replication (BIO.) replicação semidescontínua

semi-elliptic spring (AUTO.) mola semielíptica

semi-enclosed (ELECT.) semifechado

semigroup (MAT.) semigrupo

semimetallic compound (QUÍM.) composto semimetálico

semimonocoque (AERO.) semimonocasco; fuselagem do casco endurecido

semimuffle-type furnace (MEC.) forno de semi-mufla

seminal (BOT.) seminal (relativo à semente)

seminal (ZOO.) seminal (relativo ao sémen)

seminal receptacle (ZOO.) receptáculo seminal; vesícula seminal

seminal roots (BOT.) raízes seminais

semination (BOT.) seminação

semination (ZOO.) inseminação; coito

semi-natural community (ECO.) comunidade seminatural

semi-natural woodland (ECO.) bosque seminatural

seminiferous (ZOO.) seminífero

seminoma (MED.) seminoma

semiochemical (ZOO.) semioquímico

semiotics (ZOO.) semiótica; semiologia; sintomatologia

semi-oviparous (Zoo.) semiovíparo; vivíparo

semipalmate (Zoo.) semipalmado

semi-permeable (Eco.) semipermeável

semipermeable membrane (Quím.) membrana semipermeável

semiplacenta (Zoo.) semiplacenta (tipo de placenta dos ruminantes, cavalos e porcos)

semirigid airship (Aero.) dirigível semi-rígido

semisteel (Mec.) aço de meia-têmpera; semi-aço

semitone (Fís.) meio-tom; semitom

semitransparent mirror (T.Imag.) espelho semitransparente

semitransparent photocathode (Electrón.) fotocátodo semitransparente

semitubular rivet (Mec.) rebite semitubular

semiwater gas (Quím.) gás pobre

sempervirent (Bot.) persistente; sempre verde

Sendai virus (Bio.; Med.) vírus Sendai

sender (Telecom.) manipulador; transmissor

Senegal gum (Quím.) goma do Senegal (goma da *Acacia senegal*); goma arábica

senescence (Eco.) senescência

senescent (Bio.) senescente

senile-degenerative disorders (Psico.) distúrbios degenerativos da senilidade

senile dementia (Med.) demência senil

senility (Bio.) senilidade

senonian (Geo.) senoniano; senónico

sensation unit (Fís.) unidade de sensação; unidade de audição (nome inicial do *decibel* — em Acústica)

sense of absolute pitch (Fís.) sentido de tom absoluto

sense of relative pitch (Fís.) sentido de tom relativo

senses (Psico.) sensações; sentidos

sensible heat (Fís.) calor sensível

sensible heat factor (Fís.) factor de calor sensível

sensible horizon (Topo.) horizonte visível; horizonte aparente

sensiferous (Zoo.) que conduz a sensação; sensífero

sensigenous (Zoo.) que origina a sensação; sensígeno

sensigerous (Zoo.) que conduz a sensação

sensillum (Zoo.) sensila; sensilha

sensing (Radar) captura de dados

sensitive (Zoo.) sensível; sensitivo

sensitive drill (Mec.) perfuradora de precisão

sensitive period (Psico.) período sensitivo

sensitive screen (Mec.) tela sensível; escudo sensível

sensitive time (Fís.) tempo sensitivo

sensitive time control (Elect.) controlo sensitivo de tempo

sensitive volume (Fís.) volume sensitivo

sensitivity (Fís.) sensibilidade

sensitivity analysis (Eco.) análise de sensibilidade

sensitivity characteristic (Electrón.) sensibilidade característica

sensitivity guide (Imp.) guia de sensibilidade

sensitivity test (Bio.) teste de sensibilidade

sensitization (Imun.; Quím.) sensibilização

sensitized cheque paper (Papel) papel sensibilizado para cheque

sensitized papel (Papel) papel sensibilizado

sensitizer (Geral) sensibilizador

sensitometer (T.Imag.) sensitómetro

sensitometry (T.Imag.) sensitometria

sensor (Geral) sensor

sensorimotor development (Psico.) desenvolvimento sensorial-motor

sensorimotor intelligence stage (Psico.) estágio de inteligência sensorial-motor

sensorium (Med.; Psico.) consciência

sensorium (Zoo.) sensório

sensory (Zoo.) sensório; sensorial; sensitivo

sensory adaptation (Psico.) adaptação sensorial

sensory deprivation (Psico.) perda sensorial; privação sensorial

sensory store (Psico.) armazenamento sensorial; memória sensorial

sentinel (Inf.) sentinela

sentinel pile (Med.) «hemorróida sentinela»; tumor hemorroidário isolado

sepal (Bot.) sépala

separate excitation (Elect.) excitação independente

separates (Imp.) separatas

separating calorimeter (Mec.) calorímetro de separação

separating drum (Mec.) tambor separador

separating funnel (Quím.) funil separador

separation anxiety (Psico.) ansiedade da separação

separation energy (Fís.) energia de separação

separation factor (Fís.) factor de separação

separation filter (T.Imag.) filtro de separação

separation layer (Bot.) camada de separação; camada de abscisão

separation point (Fís.) ponto de separação

separation potential (Nucl.) potencial de separação

separative efficiency (Nucl.) eficiência separativa

separative element (Nucl.) elemento separativo

separative power (Nucl.) poder de separação

separative work (Nucl.) trabalho de separação

separator (Geral) separador

separator (Minas) separador; classificador

sepia print (Imp.) impressão em sépia

sepsis (Med.) sépsis; sepsia

septa (Geral) septos (V. *septum*)

septaria (Geo.) septários

septarian nodules (Geo.) nódulos septários

septate (Bot.) septado

septate fiber (Bot.) fibra septada

septavalent (Quím.) heptavalente

septechlorites (Miner.) heptacloritos

septicaemia; septicemia (Med.) septicemia

septicidal (Bot.) septicida

septic tank (E.Civ.) fossa séptica

septifragal (Bot.) septifrago

sept-; septi-; septo- (Geral) sept-; septi-; septo-; formas combinantes com o significado de sete, do latim *septem*

septum (Bot.; Zoo.) septo

septum (Geral) membrana; tabique; parede divisória; (do latim *septum* — septo, divisão)

septum accessorium (Med.) septo acessório

septum endovenosum (Med.) septo endovenoso

septum pellucidum (Med.) septo pelúcido; septo transparente

sequence (Geral) sequência

sequence calling (Inf.) chamada em sequência

sequence check (Inf.) verificação de sequência

sequence checking routine (Inf.) rotina de verificação de sequência

sequence conservation (Bio.) conservação da sequência

sequence control register (Inf.) registo de controlo de sequência

sequence counter (Inf.) contador de sequência

sequence error (Inf.) erro de sequência

sequence generator (Inf.) gerador de sequência

sequence homology (Bio.) homologia sequencial

sequence number (Inf.) número de sequência

sequencer (Electrón.) sequenciador

sequence register (Inf.) registo de sequência

sequence valve (Aero.) válvula de sequência

sequencing (Bio.) análise de sequência; processo de sequência

sequential access (Inf.) acesso sequencial

sequential access random access memory (Electrón.) memória de acesso aleatório e de acesso sequencial

sequential access storage (Inf.) memória de acesso sequencial

sequential circuit (Electrón.) circuito sequencial

sequential colour (Electrón.) cor sequencial

sequential colour system (T.Imag.) sistema de sucessão de cores (TV)

sequential computer (Inf.) computador sequencial

sequential copying (Electrón.) copia sequencial

sequential data set (Inf.) conjunto de dados sequencial

sequential element (Inf.) elemento sequencial

sequential function (Inf.) função sequencial

sequential logic element (Inf.) elemento de lógica sequencial

sequential memory (Inf.) memória sequencial

sequential operation (Inf.) operação sequencial

sequential processing (Electrón.) processamento sequencial

sequential scan (Electrón.) varrimento sequencial

sequential scanning (T.Imag.) exploração sequencial; exploração progressiva; exploração contínua

sequential search algorithm (Inf.) algoritmo de pesquisa sequencial

sequential transmission (T.Imag.) transmissão sequencial

sequestering agent (Quím.) agente separador; agente isolador

sequestrectomy (Med.) sequestrectomia

sequestrum (Med.) sequestro (fragmento de tecido necrosado, geralmente ósseo, que se separou do tecido circundante)

sequoia (Bot.; E.Civ.) sequóia; a sua madeira

Ser (Quím.) símbolo da Serina e da sua forma aminoacila (serila)

sera (Geral) soros; uma das formas do plural de *serum* — soro (também *serums*)

serac (Eco.) pináculo de gelo glaciar

seral (Eco.) seral

sere (Eco.) sere

serein (Meteo.) relento; sereno

serge (Têxt.) sarja

serial (Electrón.) em série

serial access (Inf.) acesso em série

serial access memory (Inf.) memória de acesso em série

serial arithmetic unit (Inf.) unidade de aritmética em série

serial ATA [SATA] (Electrón.) abr. de *serial advanced technology attachment* — ligação em série de tecnologia avançada

serial-by-bit (Inf.) série por bit

serial code (Inf.) código em série

serial communication (Inf.) comunicação em série

serial computer (Inf.) computador em série

serial control port (Inf.) porto série de controlo

serial copying management system (Telecom.) sistema de gestão de cópias em série

serial counter (Electrón.) contador em série

serial-digital computer (Inf.) computador digital em série

serial i/o (Electrón.) abr. de *serial input/output* — entrada-saída em série

serial input/output (Electrón.) entrada-saída em série

serial-in serial-out [SISO] register (Electrón.) registo de entrada em série e saída em série

serial interface (Inf.) interface série

serial learning (Psico.) aprendizagem em série ou aprendizagem seriada

serial memory (Inf.) memória em série

serial processing (Inf.) processamento em série

serial programming (Inf.) programação em série

serial radiography (Radiol.) radiografia em série; radiografia serial

serial register (Electrón.) registos em série

serial storage (Inf.) memória em série

serial to parallel converter (Electrón.) conversor série-paralelo

serial transfer (Inf.) transferência em série

serial transmission (Inf.) transmissão em série

sericite (Miner.) sericite

series (Geo.) série

series (Mat.) série

series (Zoo.) família; grupo

series antenna (Elect.) antena em série

series characteristic (Elect.) característica de série

series circuit (Elect.) circuito em série

series coil (Elect.) bobina em série

series current feedback (Electrón.) realimentação em série de corrente

series excitation (Elect.) excitação em série

series feed (Elect.) alimentação em série

series field (Elect.) campo em série; excitação em série

series field resistance (Elect.) resistência de campo em série

series LCR (Electrón.) circuito LCR em série

series motor (Elect.) motor em série

series of a trigonometrical function (Mat.) série de uma função trigonométrica

series-parallel circuit (Elect.) circuito de série paralela

series-parallel controller (Elect.) controlador de série paralela

series-parallel network (Elect.) rede de série paralela

series peaking (Elect.) obtenção de pico em série

series resonance (Elect.) ressonância em série

series stabilization (Telecom.) estabilização em série

series system (Elect.) sistema em série

series transformer (Elect.) transformador em série

series-tuned (Electrón.) sintonizado em série

series voltage feedback (Electrón.) realimentação em série de tensão

series winding (Elect.) enrolamento em série

serine (Quím.) serina

serofast (Med.) serorresistente

serofibrinous (Med.) serofibrinoso

serological determinants (Imun.) determinantes serológicos

serological typing (Bio.) classificação serológica (por tipos)

serologic reactions (Bio.) reacções serológicas

serology (Med.) serologia

serolysin (Med.) serolisina

seromucous (Med.) seromucoso

seronegative (Bio.) seronegativo

serophyte (Med.) serófito

seropositive (Bio.) seropositivo

seropurulent (Med.) seropurulento

seropus (Med.) seropurulento

serosa (Zoo.) serosa; membrana serosa

serositis (Med.) serosite

serosynovial (Med.) serossinovial

serosynovitis (Med.) serossinovite

serotaxis (Med.) serotaxia

serotaxonomy (Bot.) serotaxonomia; taxonomia do soro

serotherapy (Med.) seroterapia

serotina (Med.) serotina (membrana)

serotonin (Imun.) serotonina; trombocitina

serous (Zoo.) seroso

serous membrane (Zoo.) membrana serosa

serovaccination (Med.) serovacinação

serozyme (Med.) serozima (factor VII na coagulação do sangue segundo Bordet)

serpentine (Miner.) serpentina

serpentine-jade (Miner.) serpentina-jade

serpentinization (Geo.) serpentinização

Serpukhovian (Geo.) Serpukhoviana

serpula lacrymans (E.Civ.) sérpula sp. (variedade de fungos basidiomicetas que produz estragos na madeira, quando húmida)

serrate (Bot.) serrada

serrated roller (Imp.) rolo denteado

Serret-Frenet formulae (Mat.) fórmulas de Serret-Frenet

serrulate (Bot.) serrilhado

serum (Med.) soro (plural = *serums* ou *sera*)

serum albumin (Bio.) albumina do soro

serum-fast (Med.) serorresistente

serum hepatitis (Med.) hepatite do soro; hepatite viral tipo B; hepatite B

serum sickness (Imun.) doença do soro

server (Inf.) servidor

service area (Telecom.) área de serviço; área de cobertura efectiva

service band (Telecom.) faixa de serviço

service capacity (Elect.) capacidade de serviço

service ceiling (Aero.) tecto útil; tecto de serviço; tecto utilizável; tecto operacional

service ell (E.Civ.) cotovelo em L de rosca exterior

service-induced fault (Electrón.) falha induzida por reparação

service mains (Elect.) linhas de consumo

service reservoir (Hidro.) reservatório de serviço; reservatório de distribuição

service tank (AERO.) tanque de serviço; depósito de serviço

serving (ELECT.) revestimento; forro

servo (ELECTRÓN.) servomecanismo

servo amplifier (ELECT.) servo-amplificador

servo brake (AUTO.) servo-freio; travão de auto-reforço

servocontrol (AERO.) servocomando; comando auxiliar

servo IC (ELECTRÓN.) circuito integrado de controlo de motor

servomotor (ELECT.) servomotor; motor auxiliar

servo tab (AERO.) aleta do servocomando; servocompensador

sesamoid (ZOO.) sesamóide

sesquioxides (QUÍM.) sesquióxidos

sesquiterpene (QUÍM.) sesquiterpeno

set (ASTRO.) ocaso; pôr do Sol

set (E.CIV.) punção de bater pregos; endurecimento (de argamassa ou cimento); última demão (de reboco)

set (HIDRO.) orientação de uma corrente de água; rumo

set (IMP.) espaço entre letras

set (INF.) fixar; colocar; dispor; conjunto

set (MAT.) conjunto

set (MEC.) montagem; grupo de máquinas

set (MINAS) cavalete; guarnição

set (PSICO.) disposição; atitude que facilita um resultado; atitude que predetermina um resultado

set (T.IMAG.) cenário

seta (BOT.) seda

seta (ZOO.) cerda

setaceous (ZOO.) setáceo

set bolt (MEC.) pino de cabeça; cavilha de travar; perno de travar

set checkpoint data (INF.) conjunto de dados para recuperação

set finger (MEC.) dedo regulador; dedo fixador

set hammer (MEC.) martelo embutidor; embutidor; assentador

set head (MEC.) cabeça de rebite

SETI (ESP.) abr. de *Search for Extra-Terrestrial Intelligence* — procura de inteligência extra-terrestre

setiferous (ZOO.) setífero

setigerous (BOT.) setígero

set lever (MEC.) alavanca reguladora; alavanca fixadora

set of casting (MEC.) jogo de peças de fundição

set of characters (INF.) conjunto de caracteres

set of chromosomes (BIO.) conjunto de cromossomas

set-off (ARQ.) ressalto

set-off (IMP.) decalque acidental de uma folha impressa na outra

set-point (ELECT.) ponto de acerto

set pulse (INF.) impulso de inicialização

set screw (MEC.) parafuso de aperto; parafuso de bloqueio; parafuso de fixação

set spring (MEC.) mola fixadora

sett (E.CIV.) bloco regulador de pedra de pavimentação

set theory (INF.) teoria dos conjuntos

setting (E.CIV.) consolidação (de argamassa ou cimento)

setting (FÍS.) calibragem; regulação; aferição

setting (IMP.) composição

setting (MED.) endurecimento; redução de fractura

setting coat (E.CIV.) acabamento duro; reboco

setting gauge (MEC.) calibre de comprovação

setting point (QUÍM.) ponto de solidificação; ponto de congelamento; ponto de endurecimento

setting rule (IMP.) regreta

setting stick (IMP.) componedor

setting tank (E.CIV.) tanque de decantação

settlement (E.CIV.) assentamento

settling (FÍS.) deposição; sedimento

settling basin (GEO.) baía de sedimentação

settling tank (E.CIV.) tanque de sedimentação

set-top box [STB] (T.IMAG.) descodificador de TV

set-up (T.IMAG.) regulação

set-up (TOPO.) montagem

set-up diagram (INF.) diagrama de preparação

set-up services (INF.) serviços de preparação

set-up time (INF.) tempo de preparação; tempo de espera

seven-layer reference model (INF.) modelo de referência de sete níveis

seven-segment decoder (ELECTRÓN.) descodificador para mostrador de sete segmentos

seven-segment display (ELECTRÓN.) mostrador de sete segmentos

several-for-one (INF.) vários para um (em macroinstruções)

severe combined immunodeficiency syndrome (IMUN.) síndroma de imunodeficiência combinada grave

severe contaminant (NUCL.) contaminante intenso; contaminante forte

severy (ARQ.) sala de tecto abaulado

sewage farm (E.CIV.) fossa de fertilização; terreno onde o conteúdo dos esgotos é utilizado como fertilizante

sewerage (E.CIV.) sistema de esgotos

sewing (IMP.) cosedura

sex (BIO.) sexo

sex cells (BIO.) células sexuais

sex chromosome (BIO.) cromossoma sexual

sex determination (BIO.) determinação do sexo

sex gland (ZOO.) glândula sexual; gónada

sex-limited character (BOT.; ZOO.) carácter limitado pelo sexo

sex-linkage (MED.) ligação sexual; ligação genética

sex mosaic (ZOO.) mosaico sexual

sex reversal (ZOO.) reversão do sexo

sex roles (PSICO.) papéis sexuais

sextant (TOPO.) sextante

sex transformation (ZOO.) transformação sexual

sexual behaviour (PSICO.) comportamento sexual

sexual coloration (ZOO.) coloração sexual

sexual dimorphism (BOT.; ZOO.) dimorfismo sexual

sexual organs (ZOO.) órgãos sexuais

sexual reproduction (BOT.; ZOO.) reprodução sexual

sexual selection (ZOO.) selecção sexual

Seyfert galaxy (ASTRO.) galáxia Seyfert

Sézary cell (MED.) célula de Sézary

Sézary syndrome (IMUN.) síndroma de Sézary

S factor (ECO.) factor S; factor de sedimentação

sferics (METEO.) atmosféricos; interferências atmosféricas

SFN (TELECOM.) abr. de *single frequency network* — rede de frequência única

SGHWR (NUCL.) abr. de *Steam Generating Heavy Water Reactor* — reactor de água pesada com produção de vapor

sgraffito (E.CIV.) esgrafito; grafito

shackle (MEC.) engate

shackle insulator (ELECT.) isolador de suporte duplo

shade (E.CIV.) sombreado

shade (TÊXT.) matiz

shade (TOPO.) disco fumado; quebra-luz

shaded pole motor (ELECT.) motor monofásico de indução

shade error (TOPO.) erro de sombra

shade plant (BOT.) planta de sombra

shading (T.IMAG.) sombreado

shadow (FÍS.) sombra

shadow area (ELECTRÓN.) zona de sombra

shadow band (METEO.) faixa de sombra

shadow casting (FÍS.) «modelagem» de sombra (para finura de partículas)

shadowing technique (BIO.) técnica de obscurecimento

shadow mark (PAPEL) marca de sombra; marca de opacidade

shadow-mask tube (T.IMAG.) tubo de máscara

shadow photography (T.IMAG.) fotografia de sombra

shadow scattering (FÍS.) dispersão de sombra; dispersão difractiva

shadow zone (GEO.) zona de sombra

shaft (ARQ.) fuste de coluna

shaft (MEC.) eixo; árvore

shaft (MED.) diáfise

shaft (MINAS) poço de mina

shaft bearing (MEC.) mancal do eixo

shaft brick (MEC.) tijolo de cuba

shaft coupling (MEC.) acoplamento de eixo

shaft drive (MEC.) transmissão de eixo

shaft furnace (MEC.) forno de cuba

shaft governor (MEC.) regulador axial

shaft horsepower (MEC.) potência de eixo

shafting (MEC.) transmissão por eixo

shaft pillar (MINAS) pilar de poço

shaft stress (FÍS.) esforço desenvolvido no eixo

shaft system (MINAS) sistema de poços

shaft turbine (AERO.) turbina de eixo

shake (BOT.) racha; fenda (na madeira)

shaking grate (MEC.) grade oscilante

shaking table (MINAS) mesa oscilante; oscilador

shale (GEO.) xisto argiloso

shale-base line (MINAS) linha-base das argilas (em diagrafia)

shale oil (MINAS) óleo de xisto

shale out (MINAS) passar a xisto argiloso

shale-shaker (MINAS) peneiro vibrante; vibrador de lama onde são recolhidas amostras brocadas ou aparas

shamal (GEO.) vento de noroeste (Golfo Pérsico)

shank (E.CIV.) fuste de coluna

shank (IMP.) corpo de tipo

shank (MEC.) haste; espiga; cabo

Shannon'slaw (TELECOM.) teorema de Shannon

Shannon's sampling theorem (TELECOM.) teorema de Shannon

Shannon's theorem (TELECOM.) teorema de Shannon

shantung (TÊXT.) xantungue

shaped-beam antenna (ELECT.) antena de feixe perfilado

shaped-conductor cable (ELECT.) cabo de condutor perfilado

shape factor (FÍS.) factor de forma

shaper tool (MEC.) limador; fresador; desbastador

shaping (PSICO.) modelação

shaping machine (MEC.) limador; torno limador; plaina limadora

shaping network (TELECOM.) rede moldadora

shard (GEO.) fragmento de vidro vulcânico; caco

shared-file (INF.) ficheiro compartilhado

shared-frequency band (TELECOM.) faixa de frequências compartilhadas

shared main storage (INF.) armazenamento principal compartilhado

shared memory (INF.) memória compartilhada

shared processing (INF.) processamento compartilhado

shared storage (INF.) armazenamento compartilhado

shared virtual area (INF.) área virtual compartilhada

shared wireless access protocol (TELECOM.) protocolo de acesso sem fios partilhado

sharing (INF.) repartição

sharp (E.CIV.) areia de grãos agudos; afiado; aguçado; cortante

sharp angle (ARQ.) ângulo pronunciado; ângulo agudo

sharp backed angle (E.CIV.) cantoneira de ângulo interno vivo

sharp corner (E.CIV.) aresta viva; canto vivo

sharp-edged gust (AERO.) aceleração viva (devido a rajada)

sharp-edged gust (METEO.) rajada instantânea

sharpening image (IMP.) imagem nítida; imagem perfeita

sharp gas (MINAS) gás vivo (ar de mina contaminado com metano)

sharp light beam (FÍS.) feixe de luz intenso; feixe de luz estreito

sharpness (T.IMAG.) nitidez

sharpness control (T.IMAG.) controlo de definição

sharpness of resonance (FÍS.) nitidez de ressonância

sharpness of tuning (T.IMAG.) precisão de sintonia; exactidão de sintonia

sharp nosed pliers (MEC.) alicate de bico; alicate de ponta fina

sharp ridge (GEO.) cumeada pontiaguda

sharp thread (MEC.) rosca triangular; rosca pontiaguda

sharp wind (METEO.) vento cortante; vento frio

shavehook (E.CIV.) raspador curvo

shear (TÊXT.) tosquia

shear beam (MEC.) longarina de reforço cortante

shear force (MEC.) força cortante; força de cisalhamento

shearing (MEC.) cisalhamento

shear-legs (MEC.) tripé

shear load (MEC.) carga de esforço cortante; carga de cisalhamento

shear nut (MEC.) porca de esforço cortante

shear pin (MEC.) pino cortante; cavilha cortante

shear plan (MEC.) plano cortante

shear steel (MEC.) aço batido; aço de alta qualidade com têmpera especial; aço cimentado soldado

shear strength (FÍS.) resistência ao cisalhamento

shear stress (MEC.) cisalhamento; tensão tangencial; tensão cortante

shear test (MEC.) teste de esforço cortante; teste de cisalhamento

shear wave (FÍS.) onda cortante

shear zone (GEO.) zona de cortante

sheath (BOT.) bainha; vagem

sheath (ELECT.) bainha; cobertura

sheath (GERAL) bainha

sheath (MED.) bainha; prepúcio (dos animais do sexo masculino, em especial do cavalo); vagina

sheath (NUCL.) invólucro; camisa

sheathed thermocouple (ELECTRÓN.) termopar com protecção anticorrosiva

sheathing (ELECT.) blindagem do cabo

sheathing (E.CIV.) cofragem; revestimento

sheathing paper (E.CIV.) forro de papel (betume reforçado a fibra e papel kraft forte); feltro de impermeabilização

sheath of Schwann (ZOO.) bainha de Schwann

sheave (MEC.) roldana; polia; disco

shed (FÍS.) shed (uma unidade de secção transversal)

shed (TÊXT.) abertura de urdidura nos teares

shed roof (E.CIV.) telhado de alpendre; meia-água

sheen (E.CIV.) luminosidade; lustro; reflexão

sheep ked (VET.) piolho do carneiro

sheep pox (VET.) pústula das ovelhas; ovínia

sheep scab (VET.) sarna das ovelhas; sarna psorótica; ronha

sheers (MEC.) cábrea volante

sheestrake (NAV.) cintado

sheet (AERO.) chapa; lâmina

sheet (IMP.) folha

sheet (MEC.) chapa

sheet anchor (NAV.) âncora de salvação

sheet furnace (MEC.) forno de laminar

sheet glass (VIDR.) vidro laminado

sheeting (E.CIV.) escoramento; revestimento (de tábuas); cofragem

sheeting (TÊXT.) pano para lençóis

sheeting board (E.CIV.) tábua de tapume; tábua de tabique; tábua de cofragem

sheet insulator (ELECT.) isolador de chapa

sheet lead (E.CIV.) chumbo laminado; folha de chumbo

sheet lightning (METEO.) relâmpago difuso

sheet pavement (E.CIV.) pavimentação em lâmina

sheet piling (E.CIV.) parede de estacas

sheet piling reinforced concrete (E.CIV.) parede de estacas de betão armado

sheet roll (MEC.) cilindro para chapas

sheet steel plate (MEC.) placa de aço

sheet zinc lining (MEC.) revestimento de chapa de zinco

shelf (ECO.) plataforma continental

shelf zone (ECO.) zona eulitoral

shell (ELECT.) invólucro; capa

shellac (E.CIV.) goma-laca

shell belt (MEC.) virola do corpo da caldeira

Shelldyne (AERO.) Shelldyne (marca de combustível sintético)

shell gland (ZOO.) manto

shell ligament (ZOO.) ligamento

shell model (FÍS.) modelo de camada

shell reamer (MEC.) escareador

shell sac (ZOO.) manto

shell shock (PSICO.) sinistrose; neurose traumática; neurose de guerra

shell star (ASTRO.) estrela granada

shell-type transformer (ELECT.) transformador blindado

shelterbelt (BOT.) pára-vento

shelter deck (NAV.) coberta de abrigo

sherardizing (E.CIV.) revestir pelo processo Sherard; galvanização por imersão a quente

sheridanite (MINER.) sheridanita (de *Sheridan* — Arizona, EUA)

Sherwood number (FÍS.) número de Sherwood

SHF (ELECTRÓN.) abr. de *super high frequency* — frequência super alta

shide (E.CIV.) ripa; sarrafo

shield (BOT.) apotécia (órgão reprodutor dos líquenes)

shield (ELECT.) blindagem

shield (E.CIV.) escudo (em escavação); protecção

shield (GEO.) escudo

shield (GERAL) escudo; blindagem; protecção

shield (NUCL.) escudo

shield (ZOO.) carapaça

shield can (Elect.) tubo de blindagem

shielded box (Nucl.) caixa blindada

shielded line (Elect.; Telecom.) linha blindada

shielded metal-arc welding (Mec.) soldadura de arco metálico blindado

shielded pair (Telecom.) par blindado

shielded switch (Elect.) comutador blindado

shielded tube (Electrón.) válvula electrónica blindada

shielded twisted pair (Electrón.) par entrançado blindado

shielded variable condenser (Elect.) condensador variável blindado

shielded wire (Elect.) fio blindado

shielded X-ray tube (Electrón.) tubo de raios-X blindado

shield grid (Elect.) grade de blindagem

shield-grid valve (Electrón.) válvula de grade protectora; válvula de grade blindada; válvula de grade auxiliar

shielding (Elect.; Nucl.; Radiol.) blindagem

shielding effect (T.Imag.) efeito de escudo; efeito de tela

shielding windows (Nucl.) janelas de blindagem

shift (E.Civ.) junção alternada; junção quebrada

shift (Geral) deslocamento; desvio

shift character (Inf.) carácter de deslocamento

shift counter (Inf.) contador de deslocamentos

shift keying (Inf.) manipulação de deslocamento

shift out (Inf.) deslocamento de saída; deslocamento lateral

shift pulse (Inf.) impulso de deslocamento

shift-reduce parsing (Inf.) análise sintáctica de redução por deslocamento

shift register (Inf.) registo de deslocamento

shift ring (Inf.) deslocamento em anel

shikimic acid (Bot.) ácido chiquímico

shim (E.Civ.) calço; cunha

shim (Fís.) cunha; chapa

shimamushi fever (Med.) febre de shimamushi; febre tutsugamushi; febre ribeirinha japonesa; doença da ilha (doença que ocorre nos apanhadores de cânhamo em algumas regiões do Japão)

shimming (Fís.) colocação de chapas (para ajuste de campo magnético)

shimmy (Aero.) trepidação; vibração (da roda de nariz a determinada velocidade)

shimmy (Auto.) trepidação anormal das rodas dianteiras a determinada velocidade

shimmy damper (Mec.) amortizador de oscilações

shim rod (Nucl.) vareta de oscilações

shin-bone (Zoo.) tíbia

Shine-Delgarno sequences (Bio.) sequências de Shine-Delgarno

shiner (Imp.) mesa iluminada (para retoques fotográficos)

shingle (E.Civ.) ripa; sarrafo

shingle (Geo.) cascalho

shingles (Med.) herpes zoster

shipboard aircraft (Aero.) avião de porta-aviões

ship caisson (E.Civ.; Hidro.) caixão flutuante

shiplap (E.Civ.) respiga com encosto

shipping fever (Vet.) febre do embarque (septicemia hemorrágica, gripe equina e outras)

shipping pneumonia (Vet.) febre das ovelhas; pneumonia do embarque

shiva (Fís.) shiva (laser poderoso usado em fusão nuclear)

shivering (Vet.) afecção espasmódica que afecta os músculos da coxa do cavalo; estremecimento; sapatada

s.h.m. (Fís.) abr. de *Simple Harmonic Motion* — movimento harmónico simples

shoad (Minas) partícula de minério flutuante

shoal (Hidro.) banco de areia

shock (Geral) choque

shock absorber (Aero.) amortecedor

shock absorber (Auto.) pára-choques

shock bending test (Fís.) teste de flexão ao choque

shock component (Fís.) componente de choque

shock heating (Fís.) aquecimento por choque

shock launching (Aero.) lançamento por cordão de choque

Shockley diode (Electrón.) díodo de Schockley

shock load (Mec.) carga de choque

shockproof switch (Elect.) comutador à prova de choque

shockproof watch (Reloj.) relógio à prova de choque

shock stress (Fís.) tensão de choque

shock strut (Mec.) montante de choque

shock tube (Esp.) tubo de choque

shock wave (Geral) onda de choque

shoddy (Têxt.) tecido feito de farrapos; tecido inferior

shoe (E.Civ.) sapata

shoe (Minas) sapata; calço terminal da tubagem de revestimento

Shone ejector (E.Civ.) ejector de Shone

shonkinite (Geo.) shonkinito

shoot (Bot.) rebento; vergôntea

shooting (E.Civ.) aplainamento

shooting (T.Imag.) instantâneo

shooting board (E.Civ.) biseladora; máquina de aplainar

shooting plate (E.Civ.) plaina angular; garlopa

shooting star (Astro.) estrela cadente; meteoro

shoot-tip culture (Bot.) cultura de meristema

shop priming (E.Civ.) primeira demão; subcamada

shop rivet (Mec.) rebite de fábrica

SHORAN (Radar) abr. de SHOrt RANge navigation — sistema de navegação de curto alcance; SHORAN

shore effect (Telecom.) efeito de costa

Shore hardness test (Mec.) teste de dureza de Shore

shore platform (Eco.) plataforma litoral

shoring (E.Civ.) escoramento

short (Elect.) abr. de *short circuit* — curto circuito

short (Minas) quebradiço

short-circuit (Elect.) curto-circuito

short-circuit calculator (Elect.) calculador de curto-circuito

short-circuit characteristic (Elect.) característica de curto-circuito

short-circuit contact (Elect.) contacto de curto-circuito

short-circuit impedance (Elect.) impedância de curto-circuito

short-circuiting device (Elect.) dispositivo de ligação em curto-circuito

short-circuit protection (Elect.) protecção de curto-circuito

short-circuit ratio (Elect.) razão de curto-circuito

short-circuit relay (Elect.) relé de curto-circuito

short-circuit rotor (Elect.) rotor em curto-circuito

short-circuit test (Elect.) teste de curto-circuito

short-circuit voltage (Elect.) tensão de curto-circuito; voltagem de curto-circuito

short column (Mec.) coluna curta; instabilidade plástica

short-cord winding (Elect.) enrolamento em bobina curta

short-day plant (Bot.) planta de dias curtos

shortening capacitor (Telecom.) condensador de encurtamento

short-haul network (Telecom.) rede local

short message service (Telecom.) serviço de mensagens curtas

short-period comet (Astro.) cometa de curto período

short-period fading (Elect.) desvanecimento de curto período

short-period variable (Astro.) variável de curto período

short pitch winding (Elect.) enrolamento de passo curto

short-range forces (Fís.) forças de curto alcance

short-range forecast (Meteo.) previsão a curto prazo

short-sightedness (Med.) miopia

short stack (Mec.) tubulação traseira de escape

short take-off and landing (STOL) (Aero.) descolagem e pouso curtos

short take-off and vertical landing (V/STOL) (Aero.) descolagem e pouso curtos na vertical

short-term memory (Psico.) memória a curto prazo

short-time breakdown voltage (Elect.) tensão de interrupção a curto prazo

short-time rating (Elect.) regime descontínuo; regime intermitente

short-wave (Telecom.) onda curta; de ondas curtas

short-wave band (TELECOM.) faixa de ondas curtas

short-wave converter (TELECOM.) conversor de onda curta

short-wave direction finder (ELECT.) radiogoniómetro de ondas curtas

short-wave radiation (FÍS.) radiação de ondas curtas

short-wave therapy (MED.) terapia de ondas curtas

short-wave tuning (T.IMAG.) sintonia de ondas curtas

shot (T.IMAG.) instantâneo

shot blasting (MEC.) lançamento de fragmentos de chumbo

shot drilling (MINAS) perfuração por rebentamento de carga explosiva

shot effect (TÊXT.) efeito granular

shot hole (E.CIV.) câmara de carga

shot noise (ELECT.) ruído de origem térmica; efeito detonante

shot peening (MEC.) jacto de chumbagem

shot point (MINAS) local de rebentamento de uma carga explosiva

shoulder (MEC.) ressalto

shoulder girdle (ZOO.) cintura escapular

shovel (E.CIV.) escavadora

shovel beak (VET.) doença mandibular

shower (FÍS.) chuveiro; chuva

showerproofing (TÊXT.) à prova de chuva

shrinkage (E.CIV.) contracção; retracção

shrinkage (TÊXT.) encolhimento; ruga

shrinkage allowance (MEC.) tolerância de contracção

shrinkage crack (MEC.) fissura de retracção

shrinkage effect (MEC.) efeito de retracção

shrinkage fit (MEC.) ajustamento com aperto; ajustamento por contracção

shrinkage ratio (MEC.) razão de contracção; razão de retracção

shrinkage rule (MEC.) escala de contracção

shrinkage stress (MEC.) tensão de contracção

shrinking on (MEC.) encaixe a quente; ajuste a quente

shroud (AERO.) protecção; invólucro; envoltório; deflector

shroud (GERAL) blindagem; protecção; reforço

shroud (MEC.) blindagem

shrouded line (AERO.) cabo de sustentação

shrub (ECO.) arbusto

shrub layer (ECO.) coberto arbustivo

shuff (E.CIV.) tijolo rachado, de forma irregular e mal cozido

shunt (ELECT.) derivação

shunt (GERAL) desvio; derivação

shunt (MEC.) agulha; chave (CF)

shunt (MED.) desvio; derivação

shunt antenna (ELECT.) antena em derivação

shunt characteristic (ELECT.) característica de derivação

shunt circuit (ELECT.) circuito em derivação; circuito derivado

shunt control (ELECT.) controlo em derivação

shunt current (ELECT.) corrente derivada

shunt current feedback (ELECTRÓN.) realimentação de corrente em paralelo

shunt excitation (ELECT.) excitação derivada

shunt excited antenna (TELECOM.) antena excitada em derivação

shunt field (ELECT.) campo em derivação

shunt-field relay (TELECOM.) relé de campo em derivação

shunt-field rheostat (ELECT.) reóstato de campo em derivação

shunt generator (ELECT.) gerador em derivação

shunt loading (TELECOM.) carga em derivação

shunt motor (ELECT.) motor em derivação; motor em paralelo

shunt network (ELECTRÓN.) malha em paralelo

shunt neutralization (ELECT.) neutralização em derivação; neutralização indutiva

shunt regulator (ELECT.) regulador em derivação

shunt repeater (TELECOM.) repetidor em derivação

shunt resistance (ELECT.) resistência em derivação

shunt resistance loss (ELECTRÓN.) perda por resistência em paralelo

shunt resistor (ELECTRÓN.) resistência em paralelo

shunt resonance (ELECT.) ressonância em derivação

shunt trip (ELECT.) disparo em derivação

shunt trip attachment (ELECT.) acessório de disparo em derivação

shunt voltage (ELECT.) tensão de derivação; tensão derivada; voltagem de derivação

shunt voltage feedback (ELECTRÓN.) realimentação de tensão em paralelo

shunt winding (ELECT.) enrolamento em derivação; enrolamento em paralelo

shunt wound (ELECT.) enrolado em derivação

shunt wound field (ELECT.) campo em derivação

shunt wound motor (ELECT.) motor em derivação; motor enrolado em derivação

shutdown (NUCL.) paralisação; interrupção; corte (do motor)

shut-down amplifier (NUCL.) amplificador de disparo; amplificador de corte

shuting (E.CIV.) calha; goteira

shutter (T.IMAG.) disparador

shuttering (E.CIV.) trabalho de perfiladura; perfiladura

shutting stile (E.CIV.) ombreira de batente

shuttle (ESP.) Vaivém (abr. de *Space Shuttle* — Vaivém Espacial)

shuttle (NUCL.) «cobaia»

shuttle (TÊXT.) lançadeira

shuttle armature (ELECT.) armadura em duplo T

shuttle box (TÊXT.) caixa de lançadeira; naveta

shuttle guard (TÊXT.) guarda-lançadeiras

shuttleless weaving (TÊXT.) máquina de tecelagem (sem lançadeira)

shuttle vector (BIO.) vector de transporte

Si (QUÍM.) símbolo do elemento *silicon* — silício

SI (GERAL) abr. de *Système International (d'Unités)* — Sistema Internacional (de Unidades); SI

sial (GEO.) sial

sialaden (MED.) glândula salivar

sialadenitis (MED.) sialadenite

sialadenoncus (MED.) sialadenoncose

sialagogue (MED.) sialagogo

sialic acid (QUÍM.) ácido siálico; ácido salivar

sialism (MED.) sialismo

sialolith (MED.) siálólito

sialolithiasis (MED.) sialolitíase

sialolithomy (MED.) sialolitomia

sialoschesis (MED.) sialósquise

sib (BIO.) irmão (um de entre dois ou mais filhos dos mesmos pais)

Siberian high (GEO.) centro de altas pressões siberiano

sibling (BIO.) irmão (Vide *sib*)

sickle cell anaemia (MED.) anemia da célula falciforme; anemia drepanocítica; meniscocitose; anemia africana

SID (TELECOM.) abr. de *sudden ionospheric disturbance* — perturbação súbita da ionosfera

sideband (TELECOM.) faixa lateral; banda lateral

sideband distortion (TELECOM.) distorção da portadora lateral

side bones (VET.) exostose interfalângica

side chains (QUÍM.) cadeias laterais

side draught (AUTO.) tracção lateral

side drift (E.CIV.) desvio lateral

side file (MEC.) lima de canto liso

side frequency (TELECOM.) frequência da portadora lateral

side gearing (MEC.) engrenagem lateral

side keelson (NAV.) sobrequilha lateral

side lines (T.IMAG.) linhas laterais

side lobe (ELECTRÓN.) lóbulo lateral

side lobe blanking (RADAR) supressão dos lóbulos laterais

side-lobe response (TELECOM.) resposta do lóbulo lateral

side pond (HIDRO.) reservatório lateral

side rail (E.CIV.) trilho lateral; trilho de guia

sidereal day (ASTRO.) dia sideral

sidereal hour (ASTRO.) hora sideral

sidereal light (ASTRO.) luz sideral

sidereal month (ASTRO.) mês sideral

sidereal noon (ASTRO.) meio-dia sideral; apogeu sideral

sidereal period (ASTRO.) período sideral

sidereal revolution (ASTRO.) período sideral

sidereal time (ASTRO.) tempo sideral; hora sideral

sidereal year (ASTRO.) ano sideral

side-rebate plane (E.Civ.) guilherme

siderite (Miner.) siderite

sideroblast (Bio.) sideroblasto

siderofibrosis (Med.) siderofibrose

sideropenia (Med.) sideropenia

siderophile (Geo.) siderófilo

siderophyllite (Miner.) siderofilite

siderosis (Med.) siderose

siderostat (Astro.) sideróstato

sideslip (Aero.) derrapagem lateral

sideslip (E.Civ.) deslisamento lateral (em terraplenagem)

side stair (E.Civ.) escada lateral; escada de serviço

side thrust (Fís.) pressão lateral

side tone (Telecom.) efeito local

side tone level (Telecom.) nível de efeito local

side tool (Mec.) ferramenta de facear

side valve (Auto.) válvula lateral

siding (E.Civ.) desvio lateral; ramal

siemens (Fís.) siemens (unidade SI de condutância eléctrica — símbolo S)

Siemens dynamometer (Elect.) dinamómetro de Siemens

Siemen's furnace (Mec.) forno Siemens

Siemens-Halske process (Minas) processo Siemens-Halske

Siemens-Martin process (Mec.) processo Siemens-Martin

Siemens-Martin steel (Mec.) aço Siemens-Martin

Siemen's ozone tube (Quím.) tubo de ozono de Siemen

sieve analysis (E.Civ.; Mec.) análise por crivo

sieve area (Bot.) área crivosa

sieve element (Bot.) elemento de crivo

sieve mesh number (Fís.) número de aberturas do crivo

sieve of Eratosthenes (Mat.) crivo de Eratóstenes

sieve plate (Bot.) placa de crivo

sievert (Radiol.) sievert (nome especial para a unidade SI em dose de radiação absorvida)

sieve shovel (Mec.) pá de crivo

sieve tube (Bot.) tubo crivoso

sig.fig. (Mat.) abr. de *significant figures* — números significativos

sight (Fís.) visão

sight (Topo.) mira

sight bar (Fís.) cursor

sight-feed lubricator (Mec.) lubrificador de copo; lubrificador a gota visível

sight gauge (Topo.) indicador de referência de nível

sight line (Topo.) linha de mira

sight rod (Topo.) vara de agrimensor

sight rule (Topo.) alidade

sigma co-ordinates (Meteo.) coordenadas sigma

sigma factor (Bio.) factor sigma

sigma-particle (Fís.) partícula sigma

SIGMET (Meteo.) abr. de *SIGnificant METeorological information* — informação meteorológica significativa

sigmoid curve (Radio.) curva sigmóide

sigmoidectomy (Med.) sigmoidectomia

sigmoideus (Med.) sigmóide

sigmoid flexure (Zoo.) flexura sigmoideia

sigmoidopexy (Med.) sigmoidopexia

sigmoidoscope (Med.) sigmoidoscópio

sigmoidostomy (Med.) sigmoidostomia

sigmoidotomy (Med.) sigmodotomia

sign (Geral) sinal

sign (Med.) sinal

signal (Electrón.) sinal

signal amplifier (T.Imag.) amplificador de sinal

signal bias (Electrón.) polarização de sinal

signal code (Telecom.) código de sinais

signal component (Telecom.) componente de sinal

signal conditioning (Electrón.) condicionamento do sinal

signal distortion (Fís.) distorção de sinal

signal element (Telecom.) elemento de sinal

signal encoding device (Electrón.) dispositivo de codificação de sinal

signal frequency shift (Telecom.) deslocamento de frequência de sinal

signal generator (Telecom.) gerador de sinal

signal ground (Electrón.) ligação à terra do sinal

signal level (Telecom.) nível do sinal

signal/noise ratio (Fís.) relação sinal/ruído

signal output current (Elect.) corrente de saída de sinal (valor absoluto)

signal polarity (Electrón.) polaridade do sinal

signal relay (Electrón.) relé de sinal

signal separation filter (Electrón.) filtro de separação de sinal

signal shaping network (Electrón.) rede formadora de sinais

signal splitter (Electrón.) intensidade do sinal; potência do sinal

signal strength meter (Electrón.) medidor de intensidade do sinal

signal-to-noise ratio (Electrón.) rácio sinal ruído

signal tracer (Electrón.) traçador de sinal

signal transduction (Bio.) transdução de sinal

signal wave (Electrón.) onda de sinal

signal winding (Elect.) enrolamento de sinal

signature (Imp.) assinatura (letra ou número no final de cada folha de impressão)

signature profile (Electrón.) analizador de assinatura

sign bit (Inf.) bit de sinal

sign check (Inf.) teste de sinal

sign condition (Inf.) condição de sinal

sign digit (Inf.) dígito de sinal

signed minor (Mat.) cofactor; menor complementar

significance (Est.) significado

significant figures (Mat.) números significativos

significant wave height (Geo.) altura de onda significativa

sign stimulus (Psico.) estímulo-sinal

SIL (Electrón.) abr. de *single inline package* — envólucro de fiada única

silage (Geral) silagem

silanes (Quím.) silanos

silencer (Auto.) silencioso; silenciador

silent period (Telecom.) período de silêncio

silent sites (Bio.) locais silenciosos

silent zone (Telecom.) zona silenciosa; zona morta

silex (Minas) sílex

silica (Quím.) sílica

silica gel (Quím.) sílica-gel; gel de sílica

silica glass (Vidr.) vidro silicioso

silica glass (Miner.) tectito (australito; bilitonito; moldavito; etc.)

silicate (Miner.) silicato

silicate rock (Geo.) rocha de silicato

silicate wool (Miner.) lã mineral

silicides (Quím.) silicidas

silicification (Geo.) silicificação

silicious chalk (Miner.) greda siliciosa

silicious deposit (Geo.) depósito silicioso

silicious sand (Miner.) areia quartzosa

silicious sediment (Geo.) sedimento silicioso

silicious sinter (Miner.) estalactite siliciosa

silicious steel (Mec.) aço-silício; aço ao silício

silicole (Bot.) silicola; planta que vive em solo silicioso

silico-manganese steel (Mec.) aço silicomanganés

silicon (Quím.) silício

silicon brass (Mec.) latão silicioso

silicon bronze (Mec.) bronze-silício

silicon carbide (Quím.) carboneto de silício

silicon chip (Electrón.) circuito integrado

silicon-controlled rectifier (Electrón.) rectificador controlado a silício

silicon-controlled switch (Electrón.) diodo interruptor

silicon copper (Mec.) cobre de silício; cobre silicioso

silicon crystal (Elect.) cristal de silício

silicon detector (Telecom.) detector de silício

silicon dioxide (Quím.) dióxido de silício

silicone (Quím.) silicone

silicone resins (E.Civ.) resinas de silicone

silicone rubber (Quím.) borracha de silicone

silicones (Quím.) silicones

silicon etching technique (Mec.) técnica de decapagem do silício

silicon gate (Electrón.) porta de silício

silicon hydrides (Quím.) hidretos de silício

silicon iron (Mec.) ferro silício

silicon rectifier (Electrón.) rectificador de silício

silicon reference diode (ELECTRÓN.) diodo de referência de silício; diodo Zener

silicon resistor (ELECTRÓN.) resistência de silício

silicon tetrachloride (QUÍM.) tetracloreto de silício

silicon tetrafluoride (QUÍM.) tetrafluoreto de silício

silicon transistor (ELECT.) transístor de silício

silicon wafer (ELECT.) pastilha de silício

silicosis (MED.) silicose

silicotuberculosis (MED.) silicotuberculose

siliqua (BOT.) silíqua

silk (MINER.) sedoso; acetinado (brilho peculiar)

silk (TÊXT.) seda

silk (ZOO.) seda

silkaline (TÊXT.) sedalina

silk engine (TÊXT.) máquina de tecer seda

silk-ribbon lightning protector (ELECT.) pára-raios de fita de seda

silk-screen printing (IMP.) impressão em tela de seda; seritipia

sill (E.CIV.) soleira

sill (GEO.) filão-camada

sill (HIDRO.) dique

sillenite (MINER.) silenite

sillimanite (MINER.) silimanite; fibrolite

silo (AERO.) silo

Silsbee rule (ELECT.) regra de Silsbee

silt (GEO.) sedimento; vasa; limo; aluvião; lama; lodo; «silt»

silt box (E.CIV.) caixa de detritos

silt deposit (GEO.) depósito sedimentar; depósito de aluvião

Silurian (GEO.) Silúrico; Siluriano

Silurian Period (GEO.) Período Silúrico

Silurian System (GEO.) Sistema Silúrico

Siluriformes (ZOO.) Siluriformes; Siluroídeos; Siluróides

silver (QUÍM.) prata

silver amalgam (MINER.) amálgama natural de prata; arquerita

silver brazing (MEC.) soldadura a prata

silver bromide (QUÍM.) brometo de prata

silver cadmium battery (ELECT.) bateria de prata e cádmio

silver chloride (QUÍM.) cloreto de prata

silver fluoride (QUÍM.) fluoreto de prata

silver glance (MINER.) argentite

silvering (VIDR.) prateação; estanhagem

silver iodate (QUÍM.) iodato de prata

silver iodide (QUÍM.) iodeto de prata

silver lactate (QUÍM.) lactato de prata

silver lead ore (MINER.) galena argentífera

silver leaf (E.CIV.) folha de prata

silver nitrate (E.CIV.) nitrato de prata

silver ore (MINER.) minério de prata

silver oxide (QUÍM.) óxido de prata

silver picrate (QUÍM.) picrato de prata

silver protein (QUÍM.) proteinato de prata

silver salt (QUÍM.) sal de prata

silver sand (QUÍM.) limalha de prata

silver solder (MEC.) solda de prata

silver steel (MEC.) aço argentífero

silver voltameter (ELECT.) voltímetro de prata

silver-zinc storafe battery (ELECT.) acumulador de prata e zinco

silviculture (BOT.) silvicultura

sima (GEO.) sima

SIMD (INF.) abr. de *Single Instruction-Multiple Data* — uma instrução-múltiplos dados (em tratamento de dados)

simian virus 40 (BIO.) vírus 40 dos símios; SV40; vírus vacuolizante [pequeno vírus de DNA (papovavírus)]

similar figures (MAT.) figuras semelhantes; números semelhantes

similarity coefficient (ECO.) coeficiente de similaridade; coeficiente de semelhança

similarity of triangles (MAT.) semelhança de triângulos

similar polygons (MAT.) polígonos semelhantes

SIMM (INF.) abr. de *single inline memory module* — módulo de memória de fiada simples

Simmonds' disease (MED.) doença de Simmonds; insuficiência da hipófise anterior; caquexia pituitária

simple (BOT.) simples

simple cell (ELECTRÓN.) pilha húmida

simple curve (TOPO.) curva simples; curva de raio constante

simple equation (MAT.) equação de primeiro grau

simple eye (ZOO.) ocelo

simple fruit (BOT.) fruto simples

simple harmonic motion (s.h.m) (FÍS.) movimento harmónico simples

simple harmonic wave (FÍS.) onda harmónica simples; onda harmónica

simple leaf (BOT.) folha simples

simple machine (MEC.) máquina simples

simple motion (FÍS.) movimento simples

simple name (INF.) nome básico

simple oscillator (ELECT.) oscilador simples

simple pendulum (FÍS.) pêndulo simples

simple pit (BOT.) depressão simples

simple press tool (MEC.) ferramenta de calcar simples; calcador simples

simple scanning (T.IMAG.) exploração simples

simple sequence DNA (BIO.) ADN de sequência simples

simple steam-engine (MEC.) máquina a vapor simples

simple still (MEC.) caldeira simples

simple timbering (E.CIV.) entabuamento simples

simple vortex (METEO.) vórtice simples

simplex (INF.) simplex

simplex channel (INF.) canal simplex

simplex code (INF.) código simplex

simplex method (INF.) método simplex

simplex operation (INF.) operação simplex

simplex pile (E.CIV.) estaca simples

simplex winding (ELECT.) enrolamento de circuito simplex

simply-connected domain (MAT.) domínio simplesmente conexo

Simpson's rule (MAT.) regra de Simpson

Sims' speculum (MED.) espéculo de Sims

simulated line (TELECOM.) linha simulada

simulation (GERAL) simulação

simulation by computer (PSICO.) simulação por computador

simulator (ELECTRÓN.) simulador

simulator software (INF.) simulador de aplicação informática

simultaneity (FÍS.) simultaneidade

simultaneous broadcasting (TELECOM.) radioemissão simultânea

simultaneous lobing (RADAR) rastreamento simultâneo

sin; sine (MAT.) sen; seno

sine bar (MEC.) barra de senos

sine condition (FÍS.) condição de senos

sine curve (MAT.) curva de seno; senóide

sine galvanometer (ELECT.) galvanómetro de senos

sine potentiometer (ELECT.) potenciómetro de senos

sine shaped (MAT.) sinusoidal; senoidal

sine wave (FÍS.) onda senoidal; senóide; onda sinusoidal

singing (TELECOM.) zumbido; oscilação parasita

single-acting cylinder (MEC.) cilindro de acção simples

single-acting engine (MEC.) motor de acção simples

single-acting escapement (RELOJ.) escape de acção simples

single address (INF.) endereço simples; endereço único

single address code (INF.) código de endereço único

single address instruction (INF.) instrução de um só endereço

single address message (INF.) mensagem de endereço único

single assignment languages (INF.) linguagem de uma só definição

single-beat escapement (RELOJ.) escape de um só batimento

single boiler (MEC.) caldeira simples; caldeira de um só corpo

single-catenary suspension (ELECT.) suspensão em catenária simples

single-cell protein (BOT.) proteína de célula simples

single channel (INF.) canal simples

single-channel per carrier (TELECOM.) canal único por portadora

single circuit (INF.) circuito simples; circuito semiduplex

single-core cable (ELECT.) cabo unipolar; cabo de um só condutor

single-cut file (MEC.) lima de corte simples: lima de picado recto

single-edge diffraction (FÍS.) difracção sobre uma aresta aguda)

single-electrode system (ELECT.) sistema de eléctrodo único

single-ended (ELECT.) de uma só ponta; de um só terminal

single-entry compressor (AERO.) compressor de uma só admissão

single error detection (ELECTRÓN.) detecção de erro simples

single fission (NUCL.) fissão simples

single Flemish bond (E.CIV.) união flamenga simples

single flex (ELECT.) cordão simples

single-flow turbine (MEC.) turbina de efeito simples

single frequency network [SFN] (TELECOM.) rede de frequencia única

single inline memory module (INF.) módulo de memória de fiada simples

single inline package (ELECTRÓN.) envólucro de fiada única

single-layer coil (ELECT.) bobina de uma só camada (de espiras)

single-lens reflex (T.IMAG.) câmara de reflexão de uma só objectiva

single-lobe cam (MEC.) came de um só ressalto

single-locus probes [SLP] (BIO.) sondas de locus único

single-phase (ELECT.) monofásico; de uma só fase

single-phase circuit (ELECT.) circuito monofásico

single-phase clutch (ELECT.) embraiagem monofásica

single-phase field (ELECT.) campo monofásico

single-phase generator (ELECT.) gerador monofásico

single-phase induction (ELECT.) indução monofásica

single-phase motor (ELECT.) motor monofásico

single-phase rectifier (ELECT.) rectificador monofásico

single pole (ELECT.) pólo simples; unipolar; monopolar

single-pole changeover (ELECTRÓN.) comutador unifilar

single-pole double-throw (ELECTRÓN.) comutador unifilar

single-pole single-throw (ELECTRÓN.) interruptor unifilar

single-pole switch (ELECTRÓN.) interruptor unifilar

single precision (INF.) precisão simples

single reference (INF.) referência simples; acesso aleatório

single reflection path (FÍS.) trajecto por reflexão única

single-revolution (MEC.) de uma só rotação

single-roller bearing (MEC.) apoio de um único rolete

single-sideband (TELECOM.) faixa lateral única

single-sideband communication (TELECOM.) comunicação de faixa lateral única

single-sideband suppressed carrier (ELECT.) banda lateral única, com portadora suprimida

single-sideband system (TELECOM.) sistema de faixa lateral única

single-stack system (E.CIV.) sistema de chaminé única

single-stage-to-orbit (ESP.) de um só estágio até órbita

single station locator (TELECOM.) goniómetro de alta frequência

single-turn coil (ELECT.) bobina de uma só espira

single-wave rectification (ELECT.) rectificação de onda simples

single-wire circuit (ELECT.) circuito monofilar

singularity (MAT.) singularidade

singular point on a curve (MAT.) ponto singular de uma curva

singular solution (MAT.) solução singular

sinistral fault (GEO.) falha inversa

sinistrorse (BOT.; ZOO.) sinistrorso; voltado para a esquerda; torcido para a esquerda

sinistrosis (MED.; PSICO.) sinistrose

sink (ELECTRÓN.) sumidouro

sink (BOT.) depressão; dreno

sink (GEO.) bacia

sink (MINAS) escavação preliminar

sinker (TÊXT.) contrapeso

sinker bar (MINAS) barra de peso; contrapeso

sinking (E.CIV.) aprofundamento; abertura de poços

sinking shaft (MINAS) aprofundamento de poço; escavação de poço

sino-auricular (MED.) sino-auricular (também *sinu-auricular* em inglês)

Sinope (ASTRO.) Sinope (9º satélite do planeta Júpiter)

sinter (GEO.) tufo; depósito (calcário ou silicioso)

sinter (MEC.) escória de altos fornos

sinter (MINAS) concreção calcária; concreção siliciosa; geyserite

sinter (QUÍM.) sinterizar (aquecer uma substância pulverizada sem a dissolver totalmente, fazendo-a fundir numa massa sólida e porosa)

sintered brass (MEC.) latão sinterizado

sintered carbide (MEC.) carboneto sinterizado

sintered crucible (MEC.) crisol sinterizado; cadinho sinterizado

sintering (MEC.) sinterização; concreção

sintering coal (MEC.) hulha magra de chama longa

sintering hearth (MEC.) forno de sinterização

sintering limit (MEC.) limite de concreção

sintering sand coal (MEC.) hulha magra arenosa

sinuate (BOT.) sinuado

sinuitis (MED.) sinusite

sinus (ZOO.) seio; cavidade no osso ou noutro tecido; fístula que leva a uma cavidade supurativa

sinus arrhythmia (MED.) arritmia sinusal; arritmia juvenil

sinusitis (MED.) sinusite

sinusoid (FÍS.; MAT.) sinusóide

sinusoid (ZOO.) sinusóide (semelhante a um seio; canal sanguíneo em certos órgãos revestido por reticuloendotélio, como o baço, por ex.)

sinusoidal (ELECT.) sinusoidal; sinusóide

sinusoidal current (ELECT.) corrente sinusoidal

sinusoidal cycle (MED.) ciclo sinusoidal

Sinusoidal Deviation (Elect.) desvio sinusoidal

sinusoidal field (ELECT.) campo sinusoidal

sinusoidal frequency (ELECT.) frequência sinusoidal

sinusoidal oscillator (ELECT.) oscilador sinusoidal

sinusoidal spiral (MAT.) espiral sinusoidal

sinusoidal wave (FÍS.) onda sinusoidal

sinus venosus (ZOO.) seio venoso

SIO (INF.) entrada-saída em série

siphon (GERAL) sifão

siphon (ZOO.) sifão; sifónulo

Siphonaptera (ZOO.) Sifonápteros; Afanípteros

siphonogamy (BOT.) sifonogamia

siphonostele (BOT.) sifonostela

siphon sluice (HIDRO.) eclusa-sifão

siphon spillway (E.CIV.) vertedor-sifão

sipho-; siphono- (GERAL) sifo-; sifono-; prefixo do grego *siphon, siphonos* — tubo para tirar água, exprimindo a ideia de sifão

siphuncle (ZOO.) sifúnculo

SIPO (INF.) abr. de *serial in parallel out* — registo de entrada série e saída paralelo

Sipunculida (ZOO.) Sipunculídeos

siren (FÍS.) sirene

Sirenia (ZOO.) Sirénios

sisal (TÊXT.) sisal

SISD (INF.) abr. de *Single Instruction — Single Data* — uma só instrução — um só dado

SISO (INF.) abr. de *serial in serial out* — registo de entrada série e saída série

sis oncogene (BIO.) oncogene sis; oncogene de sarcoma símio

sister cell (BIO.) célula irmã

SIT (MEC.) abr. de *Spontaneous Ignition Temperature* — temperatura de ignição espontânea

site error (TELECOM.) erro de localização

Site of Special Scientific Interest (ECO.) Área de Interesse Científico Especial

site rivet (MEC.) rebite colocado na montagem

site separation (FÍS.) separação entre localizações

site-specific drug delivery (BIO.) entrega de substância activa de local específico

site-specific mutagenesis (BIO.) mutagénese de localização específica

site-specific recombination (BIO.) recombinação de local específico

sitfast (VET.) calo cutâneo (no dorso do cavalo, resultante de sela mal ajustada)

sitosterol (QUÍM.) sitosterol

situs inversus (MED.) dextrocardia; transposição das vísceras

SI units (GERAL) unidades SI (sistema internacional)

six-phase (ELECT.) hexafásico; de seis fases

six-phase circuit (ELECT.) circuito hexafásico

Six's thermometer (METEO.) termómetro de Six

six-twelve potential (QUÍM.) potencial Lennard-Jones; potencial 6-12

size (E.CIV.) massa; camada

size (GERAL) dimensão; tamanho; massa

size (TÉXT.) goma

size distribution (FÍS.) distribuição de tamanhos

size-exclusion chromatography (BIO.) cromatografia de exclusão de tamanho

size fraction (FÍS.) fracção de tamanho

size-grading (QUÍM.) graduação de tamanho

Sjogren's disease (MED.) síndroma de Sjogren; doença de Sjogren; síndroma de Sjogren-Mikulicz; doença de Gougerot-Sjogren

Sjogren's syndrome (MED.) Ver *Sjogren's disease*

skarn (GEO.) escarnito

skatole (QUÍM.) escatol

skein (BIO.) meada (os filamentos espiralados da cromatina na profase da mitose)

skelalgia (MED.) esquelalgia

skeletal code (INF.) código estrutural

skeletal muscle (MED.) músculo esquelético

skeletology (MED.) esqueletologia

skeleton (ZOO.) esqueleto

skeleton movement (RELOJ.) movimento esquemático; movimento estrutural

skelp (MEC.) tira para tubos

skene arch (E.CIV.) arco abatido

sketchpad (INF.) gráfico por computador

skew (ELECTRÓN.) atraso de sinal

skew arch (ARQ.; E.CIV.) arco enviesado; arco esconso

skewback (E.CIV.) imposta; saimel

skew bevel gear (MEC.) engrenagem hiperbólica

skew bridge (E.CIV.) ponte oblíqua; ponte enviesada

skew corbel (E.CIV.) modilhão enviesado

skewed pole (ELECT.) pólo oblíquo

skewed slot (ELECT.) ranhura enviesada

skewness (EST.) assimetria

skew notch (E.CIV.) encaixe; ensambladura de espera

skew regression (EST.) regressão curvilínea

skew-symmetric matrix (INF.) matriz de simetria oblíqua

skiagram (RADIOL.) esquigrama (nome obsoleto de *Radiograma*)

skiagraph (RADIOL.) esquiagrafia; (nome obsoleto para *Radiografia*)

skiatron (ELECTRÓN.) esquiatrão; skiatron; tubo osciloscópico de ponto escuro

skids (E.CIV.) calços

ski jump rump (AERO.) rampa de salto de esqui

skillet (MEC.) caçarola de fundição

skimming coat (E.CIV.) camada de deslizamento

skin (AERO.) casvo; revestimento metálico

skin (MEC.) escama de fundição; crosta de fundição

skin (ZOO.) pele

skin depth (FÍS.) profundidade de revestimento

skin dose (RADIOL.) dose cutânea

skin drag (FÍS.) fricção de revestimento

skin effect (FÍS.) efeito pelicular; efeito superficial; efeito pelicular de Kelvin

skin friction (AERO.) atrito superficial

skin friction coefficient (AERO.) coeficiente de atrito superficial

skin friction resistance (AERO.) resistência ao atrito superficial

Skinner box (PSICO.) caixa de Skinner

skin rivet (MEC.) rebite de revestimento

skin sensitizing antibody (IMUN.) anticorpo sensibilizador da pele

skin test (IMUN.) teste cutâneo; reacção cutânea

skin tuberculosis of cattle (VET.) tuberculose cutânea do gado

ski oncogene (BIO.) oncogene ski; oncogene Sloan-Kettering Institute

skip (MINAS) vagoneta de minério

skip (TELECOM.) salto

skip distance (TELECOM.) distância de salto

skip fading (T.IMAG.) desvanecimento de salto

skip instruction (INF.) instrução de salto

skip sequential access method (INF.) método de acesso sequencial por salto

skip zone (ELECTRÓN.) zona morta; zona silenciosa

skirt (GERAL) saia

skirting board (MINAS) rodapé

skot (FÍS.) skot (uma unidade de luminância — OBSOLETA)

Skraup's synthesis (QUÍM.) síntese de Skraup

skull (ZOO.) crânio

skullcap (ZOO.) calota craniana

skutterudite (MINER.) escuterudite

Skylab (ESP.) Skylab (abr. de *SKY LAboratory* — Laboratório Espacial — primeira geração de estações orbitais americanas)

skylight (ASTRO.) luz celeste

skylight (E.CIV.) clarabóia

skyline (AERO.) linha do horizonte

sky mapping (ASTRO.) cartografia celeste; mapeamento celeste

sky noise (ASTRO.) ruído estelar

sky radiation (METEO.) radiação celeste

sky symbol (METEO.) símbolo de nebulosidade

sky vault (METEO.) abóbada celeste

sky wave (TELECOM.) onda reflectida; onda indirecta

slab (E.CIV.) laje; lousa

slab (MEC.) placa

slabbing (E.CIV.) corte de pranchas em placas

slab bloom (MEC.) pacote chato (metalurgia)

slab coil (ELECT.) bobina chata

slab covering (E.CIV.) cobertura de placas; lajeamento

slab roof (E.CIV.) telhado de placas

SLAC (FÍS.) abr. de *Stanford Linear Acceleration Centre* — centro de aceleração linear Stanford

slack (MINAS) carvão fino; carvão granulado; carvão pulverizado

slack-water navigation (E.CIV.) navegação em águas mortas

slag (MEC.) escória; jorra

slag breaker (MEC.) triturador de escória

slag brick (E.CIV.) tijolo de escória

slag cement (E.CIV.) cimento de escória; cimento de jorra

slag hole (MEC.) furo para escórias

slag laddle (MEC.) colher de escória

slag notch (MEC.) furo para escórias

slag wool (MEC.) lã mineral

slaked lime (E.CIV.; QUÍM.) cal apagada

slaking (E.CIV.) caldeação; caldeamento

slamming stile (E.CIV.) couceira de batimento

slant course (NAV.) alinhamento oblíquo

slant distance (TOPO.) distância em declive; distância em linha recta

slant range (TOPO.) distância oblíqua; distância em declive

slant ring (MINAS) anel oblíquo

slat (AERO.) plano auxiliar (do bordo de ataque da asa); perturbador de fluxo

slat (E.CIV.) fasquia; ripa; tapa-juntas

slat conveyor (MEC.) esteira rolante

slate (GEO.) ardósia

slate argillaceous (MINER.) xisto argiloso

slate axe (E.CIV.) picareta

slate clamp (E.CIV.) gato de ardósia

slate coal (MINAS) carvão xistoso; hulha xistosa

slate covering (E.CIV.) cobertura de ardósia

slate slab (E.CIV.) placa de ardósia

slaty cleavage (GEO.) clivagem xistosa

slaty coal (MINAS) carvão xistoso; hulha xistosa

slave circuit (ELECTRÓN.) circuito escravo

slave processor (ELECTRÓN.) coprocessador; processador escravo

SLDRAM (INF.) abr. de *synchronous link dynamic RAM* — RAM dinâmica de ligação síncrona

sledge-hammer (E.CIV.) malho; marreta

sledger (E.CIV.) arrancador; raspador

sleeker (MEC.) alisador

sleep (PSICO.) sono

sleeper (E.CIV.) barrote (construção); dormente; chulipa (CF)

sleeping sickness (MED.) doença do sono; tripanossomíase

sleep movement (BOT.) nictinastia; movimento nictinástico

sleet (METEO.) geada miúda; granizo mole; mistura de neve e granizo

sleeve (ELECT.) camisa; manga

sleeve antenna (TELECOM.) antena de tubo coaxial

sleeve bearing (MEC.) mancal comum

sleeve dipole (TELECOM.) dipolo de tubo coaxial

sleeve joint (ELECT.) manga de junção

sleeve piece (E.CIV.) olhal

sleeve valve (MEC.) válvula tubular; válvula de camisa

sleeving (ELECT.) isolamento em camisa

slenderness ratio (E.CIV.) relação de finura; razão de adelgaçamento

slewing crane (MEC.) guindaste giratório

slew rate (ELECTRÓN.) rapidez de viragem (de voltagem de saída)

sley (TÊXT.) pente de tecelão

slice (RADIOL.) secção

slicing (MINAS) corte; talho

slickenside (GEO.) espelho tectónico; superfície de fricção; superfície de atrito

slicker (MEC.) alisador

slide (BIO.) lâmina porta-objecto; lamela

slide (MINAS) desmoronamento; filão argiloso

slide (QUÍM.) placa polida; lamela; lâmina

slide (T.IMAG.) diapositivo

slide bar (E.CIV.) guia

slide bar (MEC.) cursor

slide bridge (ELECT.) resistência ajustável; ponte deslizante

slide coil (ELECT.) bobina de cursor

slide contact (ELECT.) contacto de deslizamento; contacto por atrito de fricção

slide potentiometer (ELECTRÓN.) potenciómetro de translação

slide rest (MEC.) suporte corrediço

slide rule (GERAL) régua de cálculo

slide-valve (GERAL) válvula distribuidora; válvula de corrediça

slide wire (ELECT.) condutor corrediço; condutor ajustável

sliding bearing (MEC.) mancal corrediço

sliding caisson (HIDRO.) caixão deslizante; pontão deslizante

sliding contact (ELECT.) contacto corrediço

sliding growth (BOT.) crescimento deslizante

sliding keel (NAV.) quilha falsa

sliding sash (E.CIV.) caixilho de janela de guilhotina

sliding ways (NAV.) planos de deslizamento

slime mould (BOT.) mixomicetos

slimes (MINAS) lodos; lamas

sling psychrometer (GEO.) psicrómetro de cabelo

slip (ELECT.) desvio; diferença de velocidade (num motor)

slip (E.CIV.) talão; talude

slip (IMP.) prova de granel

slip (NAV.) curso perdido; doca seca; plano inclinado para navios

slip (T.IMAG.) deslizamento; salto

slip angle (AUTO.) ângulo de deslizamento

slip clutch (MEC.) embraiagem deslizante

slip dock (NAV.) doca deslizante

slip feather (E.CIV.) cunha deslizante; lingueta deslizante

slip flow (AERO.) fluxo deslizante

slip framework (E.CIV.) vigamento de grua para doca seca

slip gauge (MEC.) calibrador de espessura

slip joint (MINAS) junta de dilatação corrediça

slip meter (ELECT.) medidor de desvio

slipped tendon (VET.) tendão solto; perose

slipper (E.CIV.) retardador

slipper (MEC.) patim; sapata

slipper brake (ELECT.) travão de sapata

slipper piston (AUTO.) pistão de sapata

slipper tank (AERO.) tanque alijável

slip planes (CRIST.) planos deslizantes

slip regulator (ELECT.) regulador deslizante

slip relay (ELECT.) relé deslizante

slip-ring rotor (ELECT.) rotor com anéis colectores; induzido com anéis colectores

slip-rings (ELECT.) anéis colectores

slip speed (MEC.) velocidade de rotação; velocidade de regime

slip stone (E.CIV.) pedra de afiar goivas

slip stream (AERO.) corrente de ar produzida pela hélice

slip tank (AERO.) tanque alijável

slipway (NAV.) rampa de desembarque; plano inclinado para navios

slit (MED.) incisão

slit lamp (MED.) lâmpada de fenda

slit scan (INF.) exploração a intervalos regulares

sliver (TÊXT.) banda; cinta; fibra solta

slope (ELECTRÓN.) condutância mútua

slope (E.CIV.) tijolo enviesado

slope (GEO.) declive; encosta

slope (MAT.) declive

slope attenuation (ELECTRÓN.) rampa de atenuação

slope control (ELECTRÓN.) controlo da rampa

slope correction (TOPO.) correcção de desvio

slope cutting (E.CIV.) corte em talude; corte em escarpa

slope detector (ELECTRÓN.) detector da rampa

slope of attenuation (ELECTRÓN.) rampa de atenuação

slope profile (ECO.) perfil da encosta

sloshing (ESP.) movimento oscilatório (oscilações e baixas frequências de um líquido no reservatório, quando o mesmo está parcialmente cheio e submetido a aceleração)

slot (ELECT.) ranhura

slot (INF.) pista; espaço; tomada para ligar placas de expansão

slot (MEC.) fenda; canal de coada (Metalurgia)

slot aerial (TELECOM.) antena de ranhura

slot antenna (TELECOM.) antena fendida

slot cutter (MEC.) fresa de ranhurar

slot field (ELECT.) campo de ranhura

slot field curve (ELECT.) curva de campo de ranhura

slot hole (MEC.) encaixe

slot insulation (ELECT.) isolamento de ranhura

slot jet dilution (HIDRO.) diluição de jacto de fenda

slot leakage (ELECT.) dispersão de ranhura

slot link (MEC.) movimento de corrediça; distribuição por sector; quadrante

slot magnet (ELECT.) magneto de acoplamento

slot opening (ELECT.) abertura de ranhura

slot-pitch (MEC.) passo das ranhuras

slot radiator (MEC.) radiador de fenda

slotted airfoil (AERO.) aerofólio fendido

slotted armature (ELECT.) induzido de ranhura

slotted core (ELECT.) núcleo fendido

slotted flap (AERO.) flap fendido; flap de fenda

slotted head screw (MEC.) parafuso de cabeça entalhada

slotted line (TELECOM.) guia de onda fendida; linha fendida

slotted waveguide (TELECOM.) guia de onda com ranhuras

slotting bit (MEC.) broca de escatelar

slotting machine (MEC.) plaina vertical; escareador

slotting tools (MEC.) ferramentas de corte de escareador

slough (MED.) esfacelo; tecido necrosado separado da estrutura viva; diz-se de uma parte morta ou necrosada

slow (FÍS.) gradual; lento

slow-acting relay (TELECOM.) relé de retardamento; relé de tempo; relé de operação lenta

slow-blo fuse (ELECTRÓN.) fusível lento

slow-break switch (ELECT.) interruptor de ruptura lenta

slow burning (QUÍM.) combustão lenta

slow-butt welding (ELECT.) soldadura a topo lenta

slow discharge (ELECT.) descarga lenta; descarga gradual

slowing down area (NUCL.) superfície de moderação

slowing down curve (FÍS.) curva de inércia

slowing down density (NUCL.) densidade de moderação

slowing down kernel (NUCL.) núcleo de retardamento; nódulo da integral de moderação

slowing down length (NUCL.) longitude de moderação

slowing down power (NUCL.) poder de moderação

slow motion (T.IMAG.) movimento lento

slow neutron (FÍS.) neutrão moderado

slow operated relay (ELECTRÓN.) relé de acção lenta

slow-reacting substance A (IMUN.) substância A de reacção lenta

slow-release relay (ELECTRÓN.) relé de reposição lenta

slow scan television (T.IMAG.) televisão de exploração lenta

slow speed flight (AERO.) voo lento; voo pairado

slow speed landing (AERO.) aterragem a baixa velocidade

slow storage (INF.) armazenamento lento; memória lenta

slow virus (MED.) vírus lento

slow virus disease (MED.) doença do vírus lento

slow-wave (ELECTRÓN.) onda lenta

slow-wave circuit (ELECTRÓN.) circuito de microondas de baixa velocidade de fase

slow-wave sleep (PSICO.) sono calmo

slub (TÊXT.) maçaroca; fio torcido antes da fiacção; mecha

slubbings (TÊXT.) mechas

sludge (E.CIV.) depósito; sedimento

sludge (METEO.) gelo em formação; neve semiderretida

sludge (MINAS) barro de sondagem; sedimento; lama; lodo

sludger (E.CIV.) bomba de areia

slug (NUCL.) cartucho de combustível nuclear; bastão de combustível nuclear; cápsula de combustível nuclear

slug (FÍS.) libra-massa (unidade de massa no sistema britânico)

slug (IMP.) entrelinha; linha composta de linótipo

slug (MINER.) pepita

slug (TELECOM.) núcleo ajustável

slug tuned coil (ELECTRÓN.) bobina de sintonia por núcleo ajustável

slug tuning (TELECOM.) sintonização por permeabilidade magnética; sintonia por lâminas

sluice (HIDRO.) comporta; adufa

sluice board (HIDRO.) painel de comporta

sluice chamber (HIDRO.) câmara de eclusa

sluice gate (HIDRO.) porta de retenção

sluicing (HIDRO.) descarga de comporta

slump (GEO.) depressão; abatimento

slump test (ENG.) teste de consistência

slur (IMP.) borrão; mancha

slurry (MINAS) mistura de cimento e lama; mistura de cal e lama

slurry reactor (NUCL.) reactor com combustível em suspensão

slushing compound (ENG.) composto anticorrosivo de lubrificação; composto antioxidante

Sm (QUÍM.) símbolo do elemento *samarium* — samário

Smads (BIO.) abr. de *signal transduction elements* — elementos de transdução de sinal

small-bore (ENG.) calibre reduzido

small callorie (FÍS.) pequena caloria

small capital (IMP.) pequena maiúscula

small circle (MAT.) círculo menor

small computer systems interface (INF.) interface de sistemas para pequenos computadores

small diurnal range (METEO.) pequena amplitude diurna

small Edison screw-cap (ELECT.) rosca Edison pequena

small gain (ELECT.) ganho débil

small ion (NUCL.) ião pequeno; ião rápido

small pica (IMP.) pica pequeno

smallpox (MED.) varíola

smallpox vaccination (IMUN.) vacinação anti-variólica

smalls (MINAS) finos

small scale integration (INF.) integração em pequena escala

small-signal analysis (ELECTRÓN.) análise de sinais fracos

small-signal gain (ELECTRÓN.) ganho de pequenos sinais

small-signal insertion gains (ELECT.) ganho de inserção para sinais fracos (ou débeis)

small-signal parameters (ELECTRÓN.) parâmetros de sinais fracos

smaragdite (MINER.) esmaragdite

smart (AERO.) inteligente (bomba auto-orientada)

smart battery (ELECTRÓN.) bateria inteligente

smart card (GERAL) cartão inteligente

smart terminal (ELECTRÓN.) terminal inteligente

SMC (AERO.) abr. de *Standard Mean Chord* — Corda Média Padrão

SMD (ELECTRÓN.) abr. de *surface mount device* — dispositivo montado em superfície

smear (BIO.; MED.) esfregaço; exame citológico

smear (T.IMAG.) mancha

smear test (MED.) teste de esfregaço; exame citológico

smectic (FÍS.) esméctico

smectite (MINER.) esmectite

SMEDI (VET.) abr. de *Swine Mummification Embryonic Death and Infertility* — morte do embrião por mumificação e infertilidade dos porcos

smegma (MED.) esmegma

smell (MED.) cheiro

smell-brain (MED.) rinencéfalo

smelting (ENG.) fusão; fundição

Smith chart (ELECT.) diagrama de Smith

smithsonite (MINER.) smithsonite

smog (GEO.) smog; nevoeiro fotoquímico

smoke (GERAL) fumo; fumaça

smoke detector (ELECTRÓN.) detector de fumo

smoke point (QUÍM.) ponto máximo de chama sem fumo

smoke quartz (MINER.) quartzo fumado

smoke sensor (ELECTRÓN.) detector de fumo

smoke test (E.CIV.) teste do fumo

smooth colony (BIO.) colónia lisa

smooth-core rotor (ELECT.) rotor de núcleo liso

smooth endoplasmic reticulum (BIO.) reticulo endoplasmático liso

smoother (ELECT.) alisador

smoothing (ELECTRÓN.) alisamento; suavização

smoothing capacitor (ELECTRÓN.) condensador de alisamento de sinal

smoothing choke (ELECT.) reatância de suavização

smoothing circuit (ELECT.) circuito de suavização; circuito de crista

smoothing factor (ELECTRÓN.) factor de suavização

smoothing filter (ELECTRÓN.) filtro de cristas; filtro de suavização

smoothing hammer (MEC.) martelo de aplainar; alisador

smoothing plane (E.CIV.) plaina de acabamento

smooth landing (AERO.) aterragem suave; pouso suave

smooth muscle (ZOO.) músculo liso; músculo voluntário

SMPS (ELECTRÓN.) abr. de *switch mode power supply* — fonte comutada

SMPTE (T.IMAG.) abr. de *Society of Motion Picture and Television Engineers* — Sociedade de Técnicos de Cinema e Televisão

SMS (TELECOM.) abr. de *short message service* — serviço de mensagens curtas

SMT (ELECTRÓN.) abr. de *surface mount technology* — tecnologia de montagem em superfície

smudge (E.CIV.) fundente (em soldadura)

smut (BOT.) ferrugem (dos cereais)

smut (MINAS) hulha terrosa; carvão terroso

Sn (QUÍM.) símbolo do elemento *tin* — estanho (do latim *stannum*)

S/N (TELECOM.) abr. de *signal to noise* — taxa sinal ruído

snaking (AERO.) ziguezaguear

SNAP (NUCL.) abr. de *Systems for Nuclear Auxiliary Power* — sistemas de potência auxiliar nuclear

snap (ELECT.) ruído súbito

snap (MEC.) punção contra-rebite; embutideira

snap action (ELECT.) acção rápida

snap-action switch (ELECT.) comutador de acção rápida

snap catch (MEC.) engate de mola

snap head rivet (MEC.) rebite de cabeça hemisférica

snap-off diode (ELECT.) diodo de bloqueio rápido

snapped header (E.CIV.) tijolo de travamento cortado ao meio

snapshot (T.IMAG.) instantâneo

snapshot dump (ELECT.) descarga instantânea

snapshot dump (INF.) despejo dinâmico selectivo

snap switch (ELECT.) interruptor instantâneo; comutador instantâneo

snare (MED.) alça; laço; (instrumento cirúrgico para remoção de projecções especialmente em cavidades)

snarl (TÊXT.) emaranhado

sneezewood (BOT.; E.CIV.) mogno-do-Cabo; a sua madeira

Snell's law (FÍS.) lei de Snell

SNIRD (ELECTRÓN.) abr. de *Supposedly Noiseless InfraRed Detector* — detector de infravermelhos supostamente sem ruídos

snow (GERAL) neve; nevada

snow (TELECOM.) efeito de neve; manchas de fundo

snowbank (GEO.) duna de neve; neve amontoada

snowberg (GEO.) icebergue de neve; icebergue de gelo coberto de neve

snow-blindness (MED.) cegueira da neve; nifablepsia; oftalmia da neve

snow board (E.CIV.) guarda-neve; tabuleiro de neve

snowflake (ECO.) floco de neve

snow line (ECO.) limiar da neve

snow load (E.CIV.) carga de neve

snow lying (GEO.) neve jacente

snow pellets (METEO.) neve rolada

snow stage (METEO.) estádio de neve

snow static (TELECOM.) estática de neve

snow trail (RADAR) trilho de neve

SNR (ELECTRÓN.) abr. de *signal to noise ratio* — rácio sinal ruído

S/N ratio (FÍS.) abr. de *Signal/Noise ratio* — relação sinal/ruído

snuffles (MED.) catarro nasal; coriza

snuffles (VET.) coriza

SOA (ELECTRÓN.) abr. de *safe operating area* — zona de funcionamento em segurança

soakage (ELECTRÓN.) tensão remanescente

soaking (GERAL) impregnação

soaking (MEC.) aquecimento a temperatura determinada

soakway (E.CIV.) sarjeta; escoadouro; fossa

soaps (E.CIV.) tijolos (tipo barra de sabão de 19x5x5cm)

soaps (QUÍM.) sabões

soapstone (MINER.) esteatite; talco

soaring (AERO.) planagem

SOC (INF.) abr. de *system on a chip* — sistema num integrado

sociability scale (ECO.) escala de sociabilidade

social facilitation (PSICO.) facilitação social

socialization (PSICO.) socialização

social-learning theory (PSICO.) teoria de aprendizagem social

social organization (PSICO.) organização social

social parasitism (PSICO.) parasitismo social

social perception (PSICO.) percepção social

social phobia (PSICO.) fobia social; antropofobia

social psychology (PSICO.) psicologia social

social symbiosis (PSICO.) simbiose social

society (BOT.) comunidade

society (GERAL) sociedade

sociobiology (ECO.) sociobiologia

sociocentrism (PSICO.) sociocentrismo

sociocosm (PSICO.) sociocosmo; universo social

sociogenesis (PSICO.) sociogenia

sociopath (PSICO.) sociopata

socket (ARQ.) pedestal

socket (ELECT.) casquilho

socket chisel (E.CIV.) cinzel de encaixe

socket-head screw (MEC.) parafuso com encaixe na cabeça; parafuso Allen

socket spanner (MEC.) chave de boca

socket wrench (MEC.) chave de caixa

socle (ARQ.) peanha

soda (QUÍM.) soda

soda-ash (MINAS) carbonato de sódio (comercial); soda calcinada

soda lakes (GEO.) lagos de alto teor de sais de sódio

soda-lime (QUÍM.) cal de soda; soda cálcica

sodalite (MINER.) sodalite

sodamide (QUÍM.) sodamida

soda nitre (MINAS) nitrato de sódio; nitrato do Chile

SODAR (RADAR) abr. de *Sonic Detection and Ranging* — detecção e alcance sónico; radar sónico

sodium (QUÍM.) sódio

sodium acetate (QUÍM.) acetato de sódio

sodium acid phosphate (QUÍM.) fosfato ácido de sódio

sodium adsorptian ratio [SAR] (ECO.) taxa de adsorção do sódio

sodium alginate (QUÍM.) alginato de sódio

sodium aluminate (QUÍM.) aluminato de sódio

sodium antimonylgluconate (QUÍM.) antimonilgliconato de sódio

sodium benzoate (QUÍM.) benzoato de sódio

sodium bicarbonate (QUÍM.) bicarbonato de sódio; carbonato ácido de sódio

sodium bisulfite (QUÍM.) bissulfito de sódio

sodium bromide (QUÍM.) brometo de sódio

sodium cacodylate (QUÍM.) cacodilato de sódio

sodium chloride (QUÍM.) cloreto de sódio

sodium-cooled reactor (NUCL.) reactor arrefecido a sódio

sodium cromoglycate (QUÍM.) cromoglicato de sódio; cromolina sódica

sodium cyanide (QUÍM.) cianeto de sódio

sodium cyclamate (QUÍM.) ciclamato de sódio

sodium dodecyl sulphate (sulfate) (QUÍM.) etacrinato de sódio

sodium fluoride (MED.) fluoreto de sódio

sodium glycerophosphate (QUÍM.) glicerofosfato de sódio

sodium hydroxide (QUÍM.) hidróxido de sódio; soda cáustica

sodium ichthyosulfonate (QUÍM.) ictiossulfato de sódio

sodium iodide (QUÍM.) iodeto de sódio

sodium iodide scintillation crystal (RADIOL.) cristal de cintilação de iodeto de sódio

sodium lactate (QUÍM.) lactato de sódio

sodium methicillin (QUÍM.) meticilina sódica

sodium morrhuate (QUÍM.) morruato de sódio

sodium nitrate (QUÍM.; MINAS) nitrato de sódio; nitrato do Chile

sodium oxacillin (QUÍM.) oxacilina sódica

sodium perborate (QUÍM.) perborato de sódio

sodium polyanhydromannuronic acid sulphate (sulfate) (MED.; QUÍM.) sulfato de sódio do ácido polianidromanurónico (medicamento anticoagulante)

sodium-potassium pump (BIO.) bomba de sódio-potássio

sodium potassium tartrate (QUÍM.) tartarato de sódio e potássio

sodium propionate (QUÍM.) propionato de sódio

sodium psylliate (QUÍM.) psiliato de sódio

sodium pyroborate (QUÍM.) piroborato de sódio

sodium rhodanate (QUÍM.) rodanato de sódio

sodium salicylate (QUÍM.) salicilato de sódio

sodium succinate (QUÍM.) sucinato de sódio

sodium sulfabromomethazine (QUÍM.; VET.) sulfobromometazina sódica

sodium sulfocyanate (QUÍM.) sulfocianato de sódio; tiocianato de sódio

sodium sulphate (sulfate) (QUÍM.) sulfato de sódio; sal de Glauber

sodium tartrate (QUÍM.) tartarato de sódio

sodium thiocyanate (QUÍM.) tiocianato de sódio; sulfocianato de sódio

sodium thiosulphate (thiosulfate) (QUÍM.; T.IMAG.) tiossulfato de sódio; hipossulfito de sódio

sodium vapour lamp (FÍS.) lâmpada a vapor de sódio

sodoku (MED.) febre da mordidela do rato (termo japonês = veneno de rato)

soffit (E.CIV.) intradorso; sofito; tecto de estuque

soffit cusp (E.CIV.) anel de chave; coroa de fecho

soffit scaffolding (ARQ.) cambota; cimbre

soft (GERAL) macio; maleável; brando

soft brown coal (MINAS) linhite

soft cast steel (MEC.) aço doce coado

soft commisure (ZOO.) comissura mole; comissura cinzenta; comissura mediana

softener (E.CIV.) suavizador

softening (MEC.) amolecimento

softening-point test (E.CIV.) teste de ponto de amolecimento

soft error (ELECTRÓN.) erro de leitura

soft failure (ELECTRÓN.) falha de dados

soft-focus lens (T.IMAG.) lente focal difusa

soft iron (MEC.) ferro macio; ferro maleável; ferro doce

soft-iron armature (ELECT.) induzido de ferro macio

soft-iron instrument (ELECT.) instrumento de ferro macio

soft magnetic material (ELECTRÓN.) material magnético de baixa retenção softness (ENG.) maciez; flexibilidade

soft palate (ZOO.) palato mole

soft radiation (FÍS.; RADIOL.) radiação branda

soft-rock geology (GEO.) Geologia das rochas sedimentares

soft root (BOT.) raíz mole

soft sectored disk (INF.) disco sectorizado por software

soft-shelled egg (VET.) ovo de casca mole

soft soap (QUÍM.) sabão macio; sabão de potassa

soft solder (MEC.) solda branda; solda de estanho

soft-start (ELECTRÓN.) arranque suave

software (INF.) software; conjunto de programas; programação geral; documentação

software analysis (INF.) análise de software

software engineering (INF.) engenharia de software; técnica de software

software house (INF.) empresa de software; empresa de produção de software

software layer (INF.) camada de software

software life-cycle (INF.) ciclo de vida do software

software monitor (INF.) monitor de software

software package (INF.) pacote de software; pacote de programa

software reliability (INF.) fiabilidade de software

software specification (INF.) especificação de software

software tool (INF.) ferramenta de software (conjunto de técnicas e recursos)

soft water (QUÍM.) água pura; água potável; água doce

softwood (BOT.) madeira mole; madeira branca (madeira das coníferas)

soft x-ray (ELECTRÓN.) raios X de baixa intensidade

SOI (ELECTRÓN.) abr. de silicon on insulator — silício em isolante

soil (ECO.) solo

soil-acting herbicide (BOT.) herbicida actuante no solo

soil atmosphere (METEO.) atmosfera do solo

soil flora (BOT.) Flora do solo (Algas, Fungos e Bactérias que vivem no solo)

soil formation (ECO.) formação do solo

soil mechanics (ENG.) Mecânica do solo

soil-moisture deficit (ECO.) défice de humidade do solo

soil-moisture index (ECO.) índice de humidade do solo

soil pipe (E.CIV.) tubo de esgoto

soil release agent (TÊXT.) agente de libertação de nódoas

soil sampler (E.CIV.) classificador de solos; extractor de amostra de solos

soil sampling (MINAS) extracção de amostra de solos

soil structure (BOT.) estrutura de solo

soil texture (BOT.) textura do solo

soil-water zone (ECO.) zona não saturada; zona vadosa

sol (QUÍM.) sol; dispersão coloidal de um sólido num líquido

sol. (QUÍM.) abr. de solution — solução

Solanaceae (BOT.) Solanáceas

solar activity (ASTRO.) actividade solar

solar antapex (ASTRO.) antiápice solar

solar array (ESP.) bateria solar

solar attachment (TOPO.) disco fumado; quebra-luz

solar cell (ELECTRÓN.) pilha solar; célula solar

solar constant (ASTRO.) constante solar

solar constant of radiation (ASTRO.) constante solar de radiação

solar corona (ASTRO.) coroa solar

solar cycle (TELECOM.) ciclo solar

solar day (ASTRO.) dia solar

solar declination (ASTRO.) declinação solar

solar disturbance (ASTRO.) perturbação solar

solar eclipse (ASTRO.) eclipse solar

solar energy (FÍS.) energia solar

solar energy utilization (FÍS.) utilização de energia solar

solar faculae (ASTRO.) fáculas solares

solar flare (ASTRO.) chama solar; clarão solar; erupção solar

solar flocculi (ASTRO.) flóculos solares

solar gain (E.CIV.) ganho solar

solar granulation (ASTRO.) granulação solar

solar heating (FÍS.) aquecimento solar

solarimeter (FÍS.; METEO.) solarígrafo; piranómetro

solarization (VIDR.) exposição ao sol; solarização

solar noise (TELECOM.) ruído solar

solar panel (ELECTRÓN.) painel solar

solar parallax (ASTRO.) paralaxe solar

solar plexus (ZOO.) plexo solar

solar probe (ASTRO.) sonda solar

solar radio noise (ASTRO.) ruído solar de rádio

solar rotation (ASTRO.) rotação solar

solar sailing (ASTRO.) movimentos solares (devido a vento solar)

solar satellite (ASTRO.) satélite solar (natural)

Solar System (ASTRO.) sistema solar

solar wind (ESP.) vento solar

solation (QUÍM.) solação

solder (MEC.) solda

solder bridge (ELECTRÓN.) ponte de solda

solder-covered wire (ELECT.) fio (de cobre) revestido de solda

solder dot (E.CIV.) a ponto de solda

solder flux (ELECTRÓN.) solda fluxível; solda fluxo

soldering (MEC.) soldadura

solderless breadboard (ELECTRÓN.) placa de teste

solder paint (MEC.) mistura de solda e resina (decapante)

solder pump (ELECTRÓN.) bomba de soldar; depressor de soldar

solder sucker (ELECTRÓN.) bomba de soldar; depressor de soldar

soldier (E.CIV.) fiada de tijolos ao alto

soldier (ZOO.) guerreiro

sole (E.CIV.) placa de plaina

sole (MEC.) base; apoio; sapata

sole mark (GEO.) marca de base

Solenhofen stone (GEO.) pedra de Solenhofen

solenicyte (ZOO.) solenócito

solenoid (ELECT.) selenóide

solenoidal field (ELECT.) campo solenoidal

solenoidal magnetization (FÍS.) magnetização solenoidal

solenoid case (ELECT.) invólucro de solenóide

solenoid circuit (ELECT.) circuito de solenóide

solenoid core (ELECT.) núcleo de solenóide

solenoid model (BIO.) modelo de solenóide; padrão de solenóide

solenoid-operated switch (ELECT.) comutador operado por solenóide

solenoid relay (ELECT.) relé a solenóide

solenoid valve (ELECT.) válvula de solenóide

solenostele (BOT.) solenostela

sole piece (E.CIV.) sapata; base; peça de base

sole plate (E.CIV.) base de assento; base de fundação; chapa de sapata

solfatara (GEO.) sulfatara

solid (GERAL) sólido

solid angle (MAT.) ângulo sólido

solid axes (MAT.) sistema de coordenadas espaciais

solid cold advection (METEO.) advecção fria maciça

solid crust (GEO.) crusta sólida; crosta sólida

solid diffusion (MEC.) difusão sólida

solid-electrolyte capacitor (ELECTRÓN.) condensador de electrolítico sólido

solid floor (E.CIV.) pavimento maciço

solid frame (E.CIV.) armação inteiriça

solid fuel (FÍS.) combustível sólido

solid head (MEC.) de cabeça maciça

solid homogeneous reactor (NUCL.) reactor sólido homogéneo

solidification range (QUÍM.) faixa de solidificação

solid injection (MEC.) injecção directa

solid matter (IMP.) matéria sólida

solid newel (E.CIV.) pilar central; pilar fixo (de escada de caracol)

solidography (ELECTRÓN.) estereografia

solid panel (E.CIV.) painel maciço

solid pole (E.CIV.) polo maciço

solid propellant (ESP.) propelente sólido

solid solubility (FÍS.; QUÍM.) solubilidade sólida

solid solution (FÍS.; QUÍM.) solução sólida

solid-state (GERAL) estado sólido

solid-state bonding (MEC.) junção de estado sólido

solid-state capacitor (ELECTRÓN.) condensador de estado sólido

solid-state circuit (ELECTRÓN.) circuito de estado sólido; circuito semicondutor

solid-state circuit breaker (ELEC-TRÓN.) interruptor de estado sólido
solid-state computer (ELECTRÓN.) computador de estado sólido
solid-state detector (ELECTRÓN.) detector de estado sólido
solid-state device (INF.) dispositivo de estado sólido
solid-state element (INF.) elemento de estado sólido
solid-state logic (INF.) lógica de estado sólido
solid-state maser (ELECTRÓN.) maser de estado sólido
solid-state memory (INF.) memória de estado sólido
solid-state microwave amplifier (TELECOM.) amplificador de micro-ondas de estado sólido; amplificador semicondutor de micro-ondas
solid-state physics (FÍS.) Física do estado sólido
solid-state relay (ELECTRÓN.) relé digital; relé semicondutor
solid-state static alternator (ELECT.) alternador estático de estado sólido
solid-state switch (ELECTRÓN.) comutador de estado sólido
solid-state tuner (ELECTRÓN.) sintonizador de estado sólido
solid-state voltmeter (ELECTRÓN.) voltímetro de estado sólido
solid-state welding (MEC.) soldadura em sólido
solid tantalum capacitor (ELECTRÓN.) condensador de tântalo sólido
solidus (QUÍM.) sólido (linha de diagrama de constituição abaixo de cuja temperatura todo o metal é sólido)
solidus (IMP.) traço oblíquo [/]; barra
solifluction (GEO.) solifluxão
solitaria phase (ZOO.) fase solitária
solitary wave (GEO.) onda solitária; «tsunami»; vaga sísmica
soliton (ELECTRÓN.) solitão
sollar (E.CIV.) sotão aberto ao sol
solstice (ASTRO.) solstício
solstitial point (ASTRO.) ponto solsticial
solstitial tide (GEO.) maré solsticial
solubility (QUÍM.) solubilidade
solubility curve (QUÍM.) curva de solubilidade
solubility of an equation (MAT.) resolução de uma equação
soluble cellulose nitrate (QUÍM.) nitrato de celulose solúvel; pirroxilina; algodão-pólvora
soluble complex (IMUN.) complexo solúvel
soluble oil (MEC.) óleo solúvel
soluble starch (QUÍM.) amido solúvel
solute (QUÍM.) soluto
solute potential (BOT.) potencial de soluto; potencial osmótico
solution (QUÍM.) solução
solution droplet (QUÍM.) gotícula de solução
solution heat treatment (MEC.) solubilização
solution mining (MINAS) mineração a solução
solutizer process (QUÍM.) processo (dis)solvente

solvation (QUÍM.) solvatação
Solvay's process (QUÍM.) processo Solvay
solvent (E.CIV.) dissolvente
solvent (QUÍM.) solvente; dissolvente
solvent agent (QUÍM.) agente dissolvente
solvent extraction (MINAS) extracção de solvente
solvent naphta (QUÍM.) nafta dissolvente
solvent power (QUÍM.) poder solvente; poder dissolvente
solvent processing (TÊXT.) processamento a solvente
solvolysis (QUÍM.) solvólise; miólise; hólise
soma (ZOO.) soma (parte axial do corpo: cabeça, pescoço, tronco e cauda; e também as partes componentes de um organismo com excepção das células germinativas)
somacional variation (BOT.) variação somática
somat-; somatic-; somatico- (GERAL) somat-; somatico-; somato-; do grego *sôma* — cabeça
somatic (BIO.) somático
somatic cell (ZOO.) célula somática
somatic cell hybrid (BIO.) híbrido de célula somática
somatic cell hybridization (BIO.) hibridação de células somáticas
somatic doubling (BIO.) duplicação somática
somatic hybridization (BOT.) hibridização somática
somatic mutation (IMUN.) mutação somática
somatic pairing (BIO.) cruzamento somático
somatoblast (ZOO.) somatoblasto
somatochrome (BIO.) somatocromo
somatoform disorders (PSICO.) distúrbios somaticoformes; distúrbios somáticos
somatogen (PSICO.) somatogénico
somatoliberin (BIO.; MED.; PSICO.) somatoliberina; factor de libertação da hormona do crescimento
somatology (MED.) somatologia
somatomedin (BIO.; MED.; PSICO.) somatomedina; factor de surfactação
somatopagus (MED.) somatópago
somatoplasm (MED.) somatoplasma
somatopleura (MED.) somatopleura
somatostatin (BIO.) somatostatina
somatotropin (BIO.) somatotropina
somatotropism (BOT.) somatotropismo
somatotype theory (PSICO.) teoria do somatótipo
somatotypology (PSICO.) somatotipologia
somite (ZOO.) somito
sommaite (GEO.) somaíto
Sommerfeld atom (FÍS.) átomo de Sommerfeld
somnambulism (MED.; PSICO.) sonambulismo
somnambulist (MED.; PSICO.) sonâmbulo
somnifacient (MED.) soporífero; hipnótico

somniferous (MED.) sonífero; soporífero; soporífico; hipnótico
SONAR; sonar (AERO.; FÍS.; NAV.) abr. de *SOund NAvigation and Ranging* — Navegação e Localização por Som; SONAR
sonar array (AERO.; FÍS.; NAV.) sistema sonar
sonar beacon (AERO.; FÍS.; NAV.) radiofarol de sonar
sonar countercountermeasures (AERO.; FÍS.; NAV.) anticontramedidas de sonar
sonar countermeasures (AERO.; FÍS.; NAV.) contramedidas de sonar
sonar detector (AERO.; FÍS.; NAV.) detector de sonar
sonar dome (AERO.; FÍS.; NAV.) domo de sonar; cúpula de sonar
sonar equipment (AERO.; FÍS.; NAV.) equipamento de sonar
sonar jamming (AERO.; FÍS.; NAV.) interferência proposital de sonar
sonar modulator (AERO.; FÍS.; NAV.) modulador de sonar
sonar navigation (NAV.) navegação a sonar
sonar projector (FÍS.) projector de sonar
sonar receiver (FÍS.) receptor de sonar; detector de sonar
sonar receiver-transmitter (FÍS.) receptor-transmissor de sonar
sonar self-noise (FÍS.) eco parasita de sonar
sonar window (FÍS.) janela de sonar
sonde (METEO.) sonda
sone (FÍS.) sone (uma unidade de audibilidade)
SONET (TELECOM.) abr. de *synchronous optical network* — rede óptica síncrona
sonic (GERAL) sónico; acústico
sonic altimeter (AERO.) altímetro sónico
sonic applicator (MED.) aplicador sónico
sonic barrier (FÍS.) barreira sónica
sonic boom (AERO.) explosão sónica; estrondo sónico; estampido sónico
sonic cleaning (FÍS.) limpeza sónica
sonic delay line (FÍS.) linha de atraso sónico
sonic depth finder (NAV.) detector sónico de profundidade
sonic fatigue (FÍS.) fadiga sónica
sonic frequencies (FÍS.) frequências sónicas; audiofrequências
sonic line (FÍS.) linha sónica
sonic speed (AERO.) velocidade sónica
sonic surgery (MED.) cirurgia sónica; sonografia
sonic viscometry (FÍS.) viscosimetria sónica
sonic wave (FÍS.) onda sónica; onda acústica
sonobuoy (TELECOM.) bóia radiossónica; bóia radiossonora
sonogram (FÍS.) sonograma
SONOS (ELECTRÓN.) abr. de *silicon oxide nitride oxide semiconductor* — semicondutor de óxido de silício e óxido nítrico

sorbic acid (Quím.) ácido sórbico

sorbite (Mec.) sorbita; temperita; (termos obsoletos)

sorbite (Quím.) sorbite; sorbitol (nome corrente)

sorbitol (Bio.) sorbitol

sorbitose (Quím.) sorbitose; D-sorbose; sorbina; sorbinose

sorbose (Quím.) sorbose

sordes (Med.) sordes

sore (Med.) ferimento; lesão cutânea; úlcera cutânea

sorehead (Vet.) dermatose filarial

sore-heels (Vet.) arestim

Sorel's cement (E.Civ.) cimento Sorel

soremouth (Vet.) éctima contagioso

soremuzzle (Vet.) língua azul (doença infecciosa dos carneiros na África do Sul e EUA)

Sorensen's formol titration (Quím.) titulação de formol de Sorensen

Soret coefficient (Fís.) coeficiente de Soret

Soret effect (Fís.) efeito de Soret

soroban (Mat.) ábaco japonês

sorosilicate (Miner.) sorosilicato

sorption (Quím.) sorção (ligação de uma substância a outra, tanto por absorção como adsorção)

sorting (E.Civ.) distribuição por tamanhos (de telhas de ardósia)

sorting (Mat.) escolha; classificação

sorts (Imp.) tipo; letra

sorus (Bot.) soro

SOS (Med.) abr. do latim *si opus sit* — se a ocasião exigir, se necessário (usado em receituário médico entre profissionais)

SOS (Electrón.) abr. de *silicon on sapphire* — silício em safira

SOS repair system (Bio.) sistema de reparação de emergência

SOS response (Bio.) resposta de emergência

sough (E.Civ.) sarjeta

sound (Fís.) som

sound (Med.) sonda; som

sound absorption coefficient (Fís.) coeficiente de absorção do som

sound absorption factor (Fís.) factor de absorção do som

sound activated lighting (Electrón.) iluminação activado por som

sound analyser (Fís.) analisador do som

sound articulation (Fís.) articulação do som

sound barrier (Aero.) barreira do som; barreira acústica

sound board (Inf.) placa de som

sound bridge (Fís.) ponte de som

sound camera (T.Imag.) câmara sonora

sound card (Inf.) placa de som

sound carrier (T.Imag.) portadora de som

sound channel (T.Imag.) canal de som

sound circuit (Fís.) circuito do som

sound detector (Fís.) detector de som

sound energy (Fís.) energia sonora; energia acústica

sound energy density (Fís.) densidade de energia sonora

sound field (Fís.) campo sonoro; campo acústico

sound film (T.Imag.) película sonora; filme sonoro

sound filmstrip (T.Imag.) faixa de película sonora

sound gate (T.Imag.) entrada de som

sound head (T.Imag.) reprodutor de som; cabeça sonora

sounding (Topo.) sondagem; prumagem

sounding balloon (Meteo.) balão-sonda; balão de sondagem

sounding line (Topo.) linha de sonda; sonda; prumo

sounding rocket (Esp.) foguetão de sondagem

sound insulation (E.Civ.) isolamento de som

sound intensity (Fís.) intensidade sonora

sound intensity level (Fís.) nível de intensidade sonora

sound interval (Fís.) intervalo sonoro

sound level (Fís.) nível sonoro

sound level meter (Fís.) medidor de intensidade sonora

sound locator (Fís.) localizador de som

sound mixer (Inf.) misturador de som

sound motion (Fís.) movimento do som; propagação do som

sound motion picture (T.Imag.) filme sonoro

sound power (Fís.) potência sonora

sound power level (Fís.) nível de potência sonora

sound pressure (Fís.) pressão sonora

sound probe (Fís.) sonda sonora

soundproofing (Fís.) insonorização

sound radar (Fís.) radar acústico

sound ranging (Fís.) localização por meio do som

sound ray (Fís.) raio sonoro

sound recorder (Elect.; Fís.) gravador de som

sound recording (Fís.) gravação de som; registo de som

sound reduction index (Fís.) índice de redução do som

sound reflection coefficient (Fís.) coeficiente de reflexão sonora

sound-reflection factor (Fís.) factor de reflexão do som

sound-reinforcing system (Fís.) sistema de reforço do som

sound-reproducing system (Fís.) sistema reprodutor de som

sound spectrograph (Fís.) espectrógrafo de som

sound speed (Fís.) velocidade do som

sound speed (T.Imag.) velocidade de filme sonoro

sound track (T.Imag.) pista sonora

sound velocity (Fís.) velocidade do som

sound wave (Fís.) onda sonora

source (Elect.) fonte; fonte de tensão; elemento comum de um transístor de efeito de campo

source (Geral) fonte; origem

source alphabet (Inf.) alfabeto fonte

source code (Inf.) código de fonte; código de origem

source code compatibility (Inf.) compatibilidade de código de origem

source-defined symbol set (Inf.) conjunto de símbolos definido na origem

source electromotive force (Elect.) força electromotriz de fonte

source field (Inf.) campo de fonte

source identifier (Inf.) identificador de fonte

source impedance (Elect.) impedância de fonte

source language (Inf.) linguagem-fonte

source module (Inf.) módulo de fonte

source program (Inf.) programa de fonte

source range (Nucl.) margem de fonte

source region (Meteo.) região de origem

source rock (Minas) rocha-mãe (de petróleo ou gás)

sources of neutrons (Nucl.) fontes de neutrões

source zone (Meteo.) zona de origem; região de origem

sour gas (Minas) gás ácido

souring (Têxt.) acidificação

South African jade (Miner.) jade-sul-africano; jade-do-transval (variedade de granada de cor verde)

south bridge (Inf.) processador de barramento lento

Southern blot hybridization (Bio.) hidridação da mancha meridional

Southern Cross (Astro.) Cruzeiro do Sul

Southern hemisphere (Geo.) Hemisfério Sul

Southern latitude (Geo.) latitude sul

Southern lights (Astro.) aurora austral

Southern Ocean (Geo.) Oecano Antártico

Southern oscilation (Meteo.) oscilação meridional

Southern polar front (Meteo.) frente polar meridional

Southern Triangle (Astro.) Triângulo Austral

southing (Topo.) declinação austral

South pole (Fís.) Pólo Sul magnético

Soxhlet apparatus (Quím.) aparelho de Soxhlet

Soxhlet extractor (Quím.) extractor de Soxhlet

Soyuz (Esp.) Soyuz (veículo espacial russo, para voos de longa duração, acoplamento e abordagens)

Soyuz-Apollo (Astro.) Soyuz-Apollo (asteróide 2228, descoberto em 19/07/1977, pelo russo Chernyck)

sp (Bot.) abr. de *species* — espécie (*spp* é a forma plural)

space (Geral) espaço

space (Telecom.) espaço; intervalo

space charge (Electrón.) carga espacial

space-charge barrier (Electrón.) barreira de carga espacial

space-charge debunching (Electrón.) dispersão por carga espacial

space charge density (ELECTRÓN.) densidade de carga espacial

space-charge effect (ELECTRÓN.) efeito de carga espacial

space-charge grid (ELECTRÓN.) grade de carga espacial

space-charge limitation (ELECTRÓN.) limitação de carga espacial

space charge limiting (ELECTRÓN.) limitação de carga espacial

space-charge region (ELECTRÓN.) região de carga espacial

space commercialization (ESP.) comercialização espacial

spacecraft (ESP.) veículo espacial; nave espacial; espaçonave

space current (ELECTRÓN.) corrente electrónica; corrente espacial

spaced antennae (ELECTRÓN.) antenas separadas; antenas espaçadas

space diversity reception (TELECOM.) recepção de diversidade no espaço

spaced-loop direction-finder (TELECOM.) radiogoniómetro de circuito espaçado

space environment (ESP.) ambiente espacial; meio-ambiente espacial

space factor (ELECT.) factor de espaço

space geometry (MAT.) Geometria no espaço

space impact (ASTRO.) impacto espacial

Spacelab (ESP.) abr. de *SPACE LABoratory* — laboratório espacial

space lattice (CRIST.) reticulado

space link (ASTRO.) ligação espacial

space parallax (FÍS.) paralaxe espacial

space parasite (BOT.) parasita espacial

space-reflection symmetry (FÍS.) simetria de reflexão de espaço

space research (ESP.) pesquisa espacial

Space Shuttle (ESP.) vaivém espacial

space station (ESP.) estação espacial

space suit (ESP.) uniforme espacial; trajo espacial; fato espacial

space system (ESP.) sistema espacial

space-time (FÍS.) espaço-tempo

space tracking (ASTRO.) rastreio espacial; rastreamento espacial

space trajectory (ASTRO.; ESP.) trajectória espacial

space tug (ESP.) rebocador espacial

space vehicle (ESP.) veículo espacial; nave interplanetária

space walk (ESP.) passeio espacial (do astronauta fora da nave)

space wave (TELECOM.) onda de espaço

space window (ASTRO.) janela espacial

spacing material (IMP.) material de espaçamento

spadiceous (ZOO.) espadíceo

spadix (BOT.) espadice

spall (E.CIV.) lasca; fragmento

spallation (FÍS.) fragmentação

spallation neutron source (FÍS.) fonte de fragmentação de neutrões

spalling (E.CIV.) trituração; fragmentação

span (AERO.) envergadura

span (E.CIV.) vão; abertura; distância entre apoios

spandrel (E.CIV.) tímpano (de arco)

spandrel wall (ARQ.) muro de ala paralelo

Spanish topaz (MINER.) topázio espanhol; quartzo citrino

span loading (AERO.) carga de envergadura

spanner (E.CIV.) chave inglesa; chave de porcas; chave de boca

span pole (ELECT.) poste de retenção

span saw (E.CIV.) serra de carpinteiro

span wire (E.CIV.) arame tensor

spar (AERO.) longarina (principal da asa)

spar (MINER.) espato

sparagmite (GEO.) esparagmito

SPARC (INF.) abr. de *scalable processor architecture* — arquitectura de processador escalável

spar frame (AERO.) estrutura da longarina (principal da asa)

spark (ELECT.) faísca; centelha

spark absorber (ELECT.) absorvedor de centelha

spark chamber (NUCL.) câmara de ignição

spark coil (ELECT.) bobina de indução; indutor de faísca

spark damper (ELECT.) amortecedor de faísca

spark discharge (ELECT.) descarga de faísca

spark erosion (MEC.) erosão de faísca

spark gap (ELECT.) distância de ruptura do arco; folga entre os eléctrodos

spark-gap generator (ELECT.) gerador de faísca

spark-gap modulation (TELECOM.) modulação por faísca

sparking (ELECT.) formação de faísca; cintilamento

sparking contact (ELECT.) contacto de faísca

sparking plug (AUTO.) vela de ignição; vela

sparking potential (ELECT.) potencial de faísca

sparking voltage (ELECT.) tensão disruptiva

spark killer (ELECT.) supressor de faísca

sparkless commutation (ELECT.) comutação sem faísca

spark quench device (ELECT.) supressor de faíscas

spark resistance (ELECT.) resistência de distância de faísca

spark spectra (FÍS.) espectros de faísca

spark suppression circuit (ELECTRÓN.) circuito supressor de descargas eléctricas

spark time (MEC.) ignição

sparteine (QUÍM.) esparteína; lupidina

spasm (ZOO.) espasmo

spasmodic torticollis (MED.) torcícolo espasmódico; espasmo rotativo

spasmus nutans (MED.) espasmo nutans; tique de Salaam; espasmo de cabeceio

spastic (MED.) espástico; espasmódico

spastic paralysis (MED.) paralisia espástica

spathe (BOT.) espata

spathic iron (MINER.) ferro espático; siderite

spathulate; spatulate (BOT.) espatulado

spatial filtering (FÍS.) filtração espacial

spatial orientation (MED.) orientação espacial; sentido de equilíbrio

spatter finish (E.CIV.) salpico; borrifo

spatula (GERAL) espátula

spatula (ZOO.) espátula (diz-se do bico de certas aves)

spatulate (ZOO.) espatulado

spavin (VET.) esparavão; exostose da face interna do curvilhão (nos cavalos)

spawn (BOT.) micélio

spawn (ZOO.) ovas

spay (VET.) castrar (animal fêmea)

SPCA (BIO.) abr. de *Serum Prothrombin Conversion Acceleration* — aceleração da conversão da protrombina sérica (Factor VII)

SPC exchange (TELECOM.) abr. de *Stored-Program Control exchange* — mudança de controlo de programa armazenado

SPCO (ELECTRÓN.) abr. de *single pole changeover* — comutador unifilar

SPDT (ELECTRÓN.) abr. de *single pole double throw* — comutador unifilar

speaker (TELECOM.) altifalante

spear-grass (BOT.) grama

spear pyrites (MINER.) marcassites

special character (INF.) carácter especial

special effects (T.IMAG.) efeitos especiais

specialist (ECO.) especialista

special relativity (FÍS.) relatividade especial

special rules zone (AERO.) zona de regras especiais

special unitary groups (FÍS.) grupos unitários especiais

speciation (BOT.; ZOO.) especiação

species (BIO.) espécie

species/area curve (ECO.) curva espécie/área

specific (GERAL) específico

specific activity (RADIOL.) actividade específica

specification (ENG.) especificação

specific characters (BIO.) caracteres específicos

specific charge (FÍS.) carga específica

specific code (INF.) código específico

specific coding (INF.) codificação específica

specific depression (FÍS.) depressão específica

specific dielectric strength (ELECT.) intensidade dieléctrica específica

specific drawdown (HIDRO.) abatimento específico

specific dumping (ELECT.) descarga específica

specific dynamic action (BIO.) acção dinâmica específica

specific electric loading (ELECT.) carga eléctrica específica

specific electronic charge (ELECTRÓN.) carga electrónica específica

specific excess power (AERO.) potência de excesso específica

specific fuel consuption (AERO.) consumo de combustível específico

specific gravity (FÍS.) gravidade específica; densidade relativa; peso específico

specific gravity bottle (FÍS.) picnómetro

specific heat (FÍS.) calor específico

specific heat capacities of gases (FÍS.) capacidades térmicas dos gases

specific heat capacity (FÍS.) capacidade térmica; capacidade de calor específico

specific heat of combustion (FÍS.) calor específico de combustão; potência calorífica

specific humidity (FÍS.; METEO.) humidade específica

specific impulse (ESP.) impulso específico

specific inductive capacity (ELECT.) capacidade indutiva específica

specific ionization (FÍS.) ionização específica

specific latent head (FÍS.) calor latente específico

specific magnetic loading (ELECT.) carga magnética específica

specific name (ZOO.) nome específico

specific output (ELECTRÓN.) saída específica

specific permeability (ELECT.) permeabilidade específica

specific power (NUCL.) potência específica

specific production factor (HIDRO.) produtividade; factor de produção específica

specific program (INF.) programa específico

specific reaction (QUÍM.) reacção específica

specific refraction (QUÍM.) refracção específica

specific resistance (ELECT.) resistência específica; resistividade

specific rotation (FÍS.; QUÍM.) rotação específica

specific surface (FÍS.) superfície específica

specific temperature (FÍS.) temperatura específica

specific temperature rise (ELECT.) aumento de temperatura específica

specific torque coefficient (ELECT.) coeficiente de torção específica C; coeficiente de Essen

specific volume (FÍS.) volume específico

speckle interferometry (ASTRO.) interferometria granular

specpure (QUÍM.) abr. de *spectroscopically pure* — espectroscopicamente puro

spectral absorption (FÍS.) absorção espectral

spectral analysis (QUÍM.) análise espectral

spectral characteristic (FÍS.) característica espectral

spectral colour (FÍS.) cor espectral

spectral distribution curve (FÍS.) curva de distribuição espectral

spectral line (FÍS.) linha espectral

spectral ray (FÍS.) raio espectral

spectral response (TELECOM.) resposta espectral; resposta em frequência

spectral sensitivity (T.IMAG.) sensibilidade espectral

spectral series (FÍS.) série espectral

spectral-shift-controlled reactor (NUCL.) reactor de deslocamento espectral controlado

spectral skewing (TELECOM.) distorção espectral; distorção em frequência

spectral transmission (T.IMAG.) transmissão espectral

spectral types (AERO.) tipos espectrais

spectre of the Brocken (METEO.) espectro de Brocken

spectrin (BIO.) espectrine

spectrograph (FÍS.) espectrógrafo

spectroheliogram (ASTRO.) espectroheliograma

spectroheliograph (ASTRO.) espectroheliógrafo

spectrohelioscope (ASTRO.) espectro-helioscópio

spectrometer (FÍS.) espectrómetro

spectrophotometer (FÍS.) espectrofotómetro

spectroradiometer (FÍS.) espectrorradiómetro

spectroscope (FÍS.) espectroscópio

spectroscopic binary (ASTRO.) binário espectroscópico

spectroscopy (FÍS.) espectroscopia

spectroscopy parallax (ASTRO.) paralaxe espectroscópica

spectrum (FÍS.) espectro

spectrum analyser (ELECTRÓN.) analisador do espectro

spectrum analysis (QUÍM.) análise espectral

spectrum colours (FÍS.) cores espectrais; cores do espectro

spectrum line (FÍS.) linha do espectro; linha espectral

spectrum locus (FÍS.) local do espectro

spectrum stripping (ELECTRÓN.) desdobramento espectral

specular density (T.IMAG.) densidade especular

specular iron (MINER.) especularite (variedade de hematite)

specular reflectance (FÍS.) reflectância especular (Óptica)

specular transmittance (FÍS.) transmitância especular (Óptica)

speculum (MEC.) espelho de metal polido

speculum (MED.) espéculo

speech (GERAL) fala

speech amplifier (ELECT.) amplificador vocal; amplificador de microfone

speech bandwidth (TELECOM.) largura de banda da voz

speech clipping (TELECOM.) supressão de frequências vocais

speech frequency (TELECOM.) frequência vocal

speech inverter (TELECOM.) misturador de voz; inversor de voz

speech modulated (TELECOM.) modulado vocalmente

speech recognition (INF.) reconhecimento de voz

speech scrambler (TELECOM.) misturador de voz

speech sound (FÍS.) som vocal

speech synthesis (INF.) síntese da voz

speech synthesiser (INF.) sintetizador da voz

speed (GERAL) velocidade

speed-adjusting rheostat (ELECT.) reóstato de ajustamento de velocidade

speed bulges (AERO.) naceles de velocidade

speed control (ELECT.) controlo de velocidade; comando de velocidade

speed dialling (TELECOM.) marcação rápida

speed-distance curve (MEC.) curva velocidade-distância

speed error (NAV.) erro de velocidade

speed-frequency (ELECT.) frequência-velocidade

speed gear (FÍS.) mecanismo de mudança de velocidade; caixa de velocidades

speed gearing (MEC.) transmissão de velocidade

speed governor (ELECT.) regulador de velocidade

speed indicator (MEC.) indicador de velocidade; velocímetro

speedmeter (MEC.) velocímetro

speed of fading (ELECT.) velocidade de desvanecimento

speed of light (FÍS.) velocidade da luz

speed of rotation (FÍS.) velocidade de rotação

speed of sound (FÍS.) velocidade do som

speed sense (MED.) sentido de velocidade; sensação de velocidade

speed-time curve (MEC.) curva de velocidade-tempo

speed triangle (NAV.) triângulo de velocidade

speedy-cut (VET.) corte na pata do cavalo, entre o casco e o boleto (provocado pelo bordo da pata dianteira do mesmo lado)

speise; speiss (MINAS) fundente (de minérios arsenicais quando fundidos)

spelaelogy; speleology (GEO.) Espeleologia

speleothems (GEO.) incrustações calcárias (carbonato de cálcio) depositadas em grutas pela água corrente

spelt (BOT.) espelta

spelter (MEC.) zinco quase puro (designação comercial do zinco com 97% de pureza)

sperm-; sperma-; spermi-; spermo-; spermato- (GERAL) esperm-; esperma; espermi-; espermo-; espermato-; do grego *sperma, spermatos* — semente, formas relativas a sémen ou espermatozóide

sperm (ZOO.) esperma; sémen; espermatozóide

spermaceti (QUÍM.) espermaceto

spermagonium (Bot.) espermagónio
spermary (Zoo.) testículo
spermatheca (Zoo.) espermateca
spermatic (Zoo.) espermático
spermatid (Zoo.) espermatídeo
spermatoblast (Zoo.) espermatoblasto
spermatocele (Med.) espermatocele
spermatocide (Med.) espermatocida
spermatocyte (Zoo.) espermatócito
spermatogenesis (Zoo.) espermato-génese
spermatogonium (Zoo.) espermato-gónio
spermatophore (Zoo.) espermatóforo
Spermatophyta (Bot.) Espermatófitas
spermatophytic (Bot.) espermatófita
spermatorrhea; spermatorrhoea (Med.) espermatorreia
spermatozoid (Bot.) espermatozóide
spermatozoon (Zoo.) espermatozóide
spermaturia (Med.) espermatúria
sperm cell (Bot.) célula masculina
spermiducal glands (Zoo.) glândulas das vias espermáticas
spermogonium (Bot.) espermogónio
sperrylite (Miner.) sperrylite (de Francis Sperry)
spessartine; spessartite (Miner.) espessartite
SPF (Bio.) abr. de *S-phase promoting factor* — factor promotor da fase S
sp. gr. (Quím.) abr. de *Specific Gravity* — gravidade específica
sphagnicolous (Eco.) esfagnícola
Sphagnum (Bot.) Esfagno; Esfagnidas
sphalerite (Miner.) esfalerite; blenda
S phase (Bio.) fase S (período de síntese de ADN, na interface)
sphen-; spheno- (Geral) esfeno-; do grego *sphên* — cunha, em forma de cunha, ou relativo ao osso esfenóide
sphene (Miner.) esfena; titanite
Sphenisciformes (Zoo.) Esfenisciformes
Sphenodon (Zoo.) Esfenodon (género único dos Rincocéfalos)
sphenoid (Crist.) esfenóide
sphenoidal (Bot.; Zoo.) esfenoidal (em forma de cunha)
sphenoidal (Zoo.) esfenoidal (relativo ao osso esfenóide)
sphenoiditis (Med.) esfenoidite
sphenoidostomy (Med.) esfenoidostomia
sphenoidotomy (Med.) esfenoidotomia
sphenomaxyllary (Med.) esfeno-maxilar
spheno-occipital (Med.) esfeno-occipital
Sphenopsida (Bot.) Esfenópsidas
sphenotic (Zoo.) esfenótico; pós-orbitário; pós-frontal
spherical aberration (Fís.) aberração esférica
spherical aggregate (Geo.) agregado esférico
spherical albedo (Astro.) albedo esférico
spherical astronomy (Astro.) Astronomia esférica
spherical candle-power (Fís.) vela esférica

spherical curvature (Mat.) curvatura esférica
spherical excess (Topo.) excesso esférico
spherical harmonics (Mat.) harmónicas esféricas
spherical head rivet (Mec.) rebite de cabeça esférica
spherical helix (Mat.) linha loxodrómica; loxodroma
spherical lens (Fís.) lente esférica
spherical polar co-ordinates (Mat.) coordenadas polares esféricas
spherical radiator (Telecom.) radiador esférico
spherical roller-bearing (Eng.) rolamento de esferas
spherical triangle (Mat.) triângulo esférico
spherical wave (Telecom.) onda esférica
sphericity (Fís.) esfericidade
spherics (Telecom.) interferências atmosféricas; estática
spherocyte (Med.) esferócito; micrócito; eritrócito esférico e pequeno
spherocytosis (Med.) esferocitose
spheroid (Mat.) esferóide
spheroidal jointing (Geo.) união esferoidal
spheroidal state (Fís.) estado esferoidal
spheroidal structure (Geo.) estrutura esferoidal
spheroidizing (Mec.) esferoidização (processo de modificação da têmpera do ferro)
spherometer (Fís.) esferómetro
spherosome (Bot.) esferossoma
spherule (Bot.) esférula
spherulite (Geo.) esferulite
spherulitic (Geo.; Minas) esferulítico
spherulitic concentration (Geo.) concentração esferulítica; concreção esferulítica
spherulitic crystalization (Geo.) cristalização esferulítica
spherulitic structure (Geo.; Minas) estrutura esferulítica
spherulitic texture (Geo.) textura esferulítica
sphincter (Zoo.) esfíncter
sphincter of Oddi (Oddi's sphincter) (Med.) esfíncter de Oddi; músculo da ampola hepatopancreática
sphingomyelin (Bio.) esfingomielina
sphingosine (Bio.) esfingosina
sphygmogram (Med.) esfigmograma
sphygmograph (Med.) esfigmógrafo
sphygmoid (Med.) esfigmóide
sphygmomanometer (Med.) esfigmomanómetro
sphygmus (Zoo.) pulsação
SPI (Electrón.) abr. de *synchronous parallel interface* — interface paralela síncrona
spica (Med.) espiga (forma de aplicação de ligadura)
spicate (Bot.) espigado; espicular; espiculado; espiciforme
spicule (Bot.; Zoo.) espículo
spiculum (Zoo.) espículo
Spiegeleisen (Eng.) ferro fundido espelhado

spigot (Mec.) ressalto
spike (Bot.) espiga
spike (E.Civ.) cravo; cavilha; escápula
spike (Elect.) impulso transitório
spike (Radar) impulso parasita
spike leakage energy (Elect.) potência de fuga com impulso de ponta
spikelet (Bot.) espícula
spilite (Geo.) espilito
spill (Hidro.) vertedura; extravasamento
spilled acid (Quím.) ácido derramado; ácido vertido
spilled flow (Hidro.) vazão vertida
spillover (Hidro.) vertedura; extravasamento; derrame
spill over loss (Electrón.) perda por radiação
spillway (E.Civ.) calha subsidiária
spillway (E.Civ.) vertedor; evacuador de cheias
spillway dam (E.Civ.) comporta de vertedouro
spin (Aero.) parafuso; «vrille»
spin (Fís.) spin
spin (Nucl.) spin; momento cinético total
spina (Zoo.) espinha
spina bifida (Med.) espinha bífida; raquisquise
spinacene (Quím.) espinaceno; esqualeno
spinal (Zoo.) espinhal
spinal anaesthesia (Med.) anestesia espinhal
spinal canal (Zoo.) canal espinhal; canal vertebral
spinal cord (Zoo.) cordão espinhal; medula espinhal; espinhal medula
spinal muscular atrophy (Bio.; Med.) atrofia muscular espinal
spinal reflex (Zoo.) reflexo espinhal
spin chute (Aero.) pára-quedas de leme; pára-quedas de parafuso
spindle (Bio.) fuso (figura fusiforme característica de uma célula em divisão, ou qualquer célula ou estrutura fusiforme)
spindle (Mec.) eixo; veio; eixo accionador
spindle fibres (Bio.) fibras do fuso
spine (Bot.) espinho
spine (Imp.) lombada de livro
spine (Zoo.) espinha; processo espinhoso; coluna vertebral
spinel (Miner.) espinela
spinel ruby (Miner.) rubi-espinela
spinner (Aero.) cone de hélice; cubo da hélice; rotor da hélice
spinneret (Zoo.) fieira
spinneret; spinnerette (Têxt.) fieira
spinning (E.Civ.) rotação; movimento giratório; repuxamento
spinning (Têxt.) fiação
spinning frame (Têxt.) tear
spinning glands (Zoo.) glândulas fiadeiras
spinning jenny (Têxt.) tipo antigo de máquina de fiar vertical
spinning tunnel (Aero.) túnel de parafuso (túnel aerodinâmico para estudo do parafuso)
spinode (Mat.) cúspide
spin-orbit coupling (Electrón.) acoplamento spin-órbita

spin-orbit multiplet (Fís.) multipleto órbita-spin

spinose; spinous (Zoo.) espinhoso

spinous process (Zoo.) processo espinhoso

spin polarization (Fís.) polarização de spin

spin quantum number (Fís.) número quântico de spin

spin speed (Electrón.) velocidade de rotação

spin-stabilized satellite (Telecom.) satélite de estabilização giroscópica; satélite estabilizado por rotação

spinthariscope (Fís.; Nucl.) espintariscópio

spinule (Bot.; Zoo.) espínula

spin wave (Fís.) onda de spin

spiny vesicle (Bot.) vesícula espinhosa

spiracle (Zoo.) espiráculo; respiradouro

spiral (Bot.) espiral

spiral (Mat.) espiral; espira; helicoidal

spiral beam tube (Electrón.) válvula electrónica de feixe helicoidal

spiral cleavage (Zoo.) clivagem em espiral

spiral distortion (Elect.) distorção em espiral

spiral galaxy (Astro.) galáxia espiral

spiral gear (Eng.) engrenagem helicoidal

spiral instability (Aero.) instabilidade em espiral; auto-rotação

spiral of Archimedes (Fís.) espiral de Arquimedes

spiral orbit (Fís.) órbita em espiral; órbita helicoidal

spiral PDA (Electrón.) abr. de spiral post deflection acceleration — aceleração após deflecção por espiral de filme resistivo

spiral scanning (Electrón.) exploração em espiral

spiral screwdriver (Mec.) chave de parafusos helicoidal

spiral spring (Eng.) mola espiral; mola helicoidal

spiral stairs (E.Civ.) escada de caracol

spiral turn (Aero.) viragem em espiral; curva em voo planado

spiral valve (Zoo.) válvula em espiral

spiral winding (Elect.) enrolamento em espiral

spire (Arq.) torre; pináculo; ápice; vértice

spirillum (Bio.) espirilo (bactéria do género Spirillum)

spirit (Quím.) solução alcoólica ou hidro-alcoólica; qualquer líquido destilado; licor alcoólico concentrado, obtido por destilação

spirit duplicating (Imp.) duplicação a álcool

spirit level (Topo.) nível de bolha de ar

spirit of salt (Quím.) ácido clorídrico; ácido muriático

spirit of wine (Quím.) álcool etílico comercial

spirit varnish (E.Civ.) verniz à base de álcool

spirochaetes (Bio.) espiroquetas

spirochaetosis (Med.) espiroquetose

spirochaetosis icterohaemorrhagica (Med.) espiroquetose icterohemorrágica; ictericía infecciosa; doença de Weil

spirometer (Med.) espirómetro

spironolactone (Med.; Quím.) espironolactona

spit (Geo.) esporão; ponta de terra; restinga

splanchn-; splanchni-; splanchno- (Geral) esplancni-; esplancno-; do grego splanchnon — víscera

splanchnic (Zoo.) esplâncnico

splanchnocoel (Zoo.) esplancnocele

splanchnography (Med.) esplancnografia

splanchnolith (Med.) esplancnólito; cálculo intestinal

splanchnology (Med.) esplancnologia

splanchnomegaly (Med.) esplancnomegalia

splanchnopleure (Zoo.) esplancnopleura

splash baffle (Electrón.) difusor de arco

splayed joint (E.Civ.) junta oblíqua; junta enviesada

splayed retaining wing (Eng.) muro de aba de sustentação oblíqua

spleen (Zoo.) baço

splenectomy (Med.) esplenectomia

splenectopia; splenectopy (Med.) esplenectopia

splenocyte (Med.) esplenocito

splenodynia (Med.) esplenodinia

splenography (Med.) esplenografia

splenology (Med.) esplenologia

splenolysin (Med.) esplenolisina

splenomegaly (Med.) esplenomegalia

splenomyelomalacia (Med.) esplenomielomalácia

splenopexia; splenopexy (Med.) esplenopexia

splenoptosia; splenoptosis (Med.) esplenoptose

splenotomy (Med.) esplenotomia

splints (Vet.) exostoses dos pequenos ossos metatársicos e metacárpicos do cavalo; sobreosso

split-anode magnetron (Electrón.) magnetrão de ânodo dividido

split bearing (Mec.) mancal bipartido

split collector ring (Elect.) anel de colector dividido

split cotter (Mec.) contrapino

split crankcase (Mec.) cárter bipartido

split field motor (Elect.) motor de campo dividido

split flap (Aero.) flape bipartido

split-flow reactor (Nucl.) reactor de fluxo dividido

split integrator (Electrón.) integrador dividido

split-phase current (Elect.) corrente de fase dividida

split-phase motor (Elect.) motor de fase dividida

split projector (Electrón.) projector dividido

split rotor plate (Elect.) lâmina de condensador dividida

split S (Aero.) regressão; meio-tonneau; curva reversa descendente

split-sound system (Electrón.) sistema de som dividido

split stream (Aero.) corrente de ar da hélice

splitter (Electrón.) separador de sinal

splitting (Fís.) decomposição (da luz)

splitting (Quím.) clivagem de uma união covalente, fragmentando a molécula envolvida

spodogenous (Med.) espodógeno

spodogram (Bot.) espodograma

spodumene (Miner.) espodumena

spoil (E.Civ.) aterro; entulho; detrito

spoilage; spoils (Imp.) desperdícios

spoil bank (E.Civ.) depósito de aterros

spoiler (Aero.) redutor de velocidade; perturbador de fluxo

spokeshave (E.Civ.) desbastador

spondyl-; spondylo- (Geral) espondil-; espondilo-; do grego spondylus — vértebra

spondyl (Zoo.) espôndilo

spondylarthritis (Med.) espondilartrite

spondylitis (Med.) espondilite

spondylitis deformans (Med.) espondilite deformante; doença de Bechthrew

spondylitis typhosa (Med.) espondilite tifosa

spondylolisthesis (Med.) espondilolistese

spondyloschisis (Med.) espondilosquise; raquísquise; espondilolise

spondylosis (Med.) espondilose

sponge (Geral) esponja

Sponge (Zoo.) Espongiários; Poríferos

sponge beds (Geo.) leitos poríferos

spongin (Zoo.) esponjina

spongioblast (Med.; Zoo.) espongioblasto

spongioblastoma (Med.) espongioblastoma

spongiocyte (Med.) espongiócito

spongiosis (Med.) espongiose

spongy (Med.) esponjoso; espongiforme

spongy layer (Bot.) camada esponjosa

spongy-mesophyll (Bot.) mesófilo esponjoso

spongy-parenchyma (Bot.) parênquima esponjoso

spongy platinum (Quím.) platina esponjosa; negro de platina; platina porosa

spongy-tissue (Bot.) tecido esponjoso

spongy vynil (Plást.) vinilo esponjoso

sponson (Aero.) estabilizador de flutuação; estabilizador lateral

spontaneous absorption (Fís.) absorção espontânea

spontaneous behaviour (Psico.) comportamento espontâneo

spontaneous combustion (Fís.) combustão espontânea

spontaneous emission (Fís.) emissão espontânea

spontaneous evaporation (Fís.) evaporação espontânea

spontaneous fission (Fís.) fissão espontânea

spontaneous generation (Bio.) geração espontânea

spontaneous ignition (Mec.) ignição espontânea

spontaneous ignition temperature (MEC.) temperatura de ignição espontânea

spontaneous mutation (BIO.) mutação espontânea

spontaneous nucleation (METEO.) nucleação espontânea

spontaneous polarization (FÍS.) polarização espontânea

spontaneous radiation (FÍS.) radiação espontânea

spontaneous recovery (PSICO.) recuperação espontânea

spontaneous remission (PSICO.) remissão espontânea

spool (T.IMAG.) bobina; carreto

sporadic-E (ELECTRÓN.) reflexão esporádica na camada E da ionosfera

sporadic E layer ((TELECOM.) camada esporádica E (camada de intensa radiação que se apresenta esporadicamente no interior da camada E, ou camada de Heaviside)

sporadic lymphangitis (VET.) linfangite epizoótica

spor-; spori-; sporo- (GERAL) espor-; espori-; esporo-; do grego *sporos* — semente, denotando semente ou esporo

sporangia (BOT.) esporângios (V. *sporangium*)

sporangiophore (BOT.) esporangióforo

sporangium (BOT.) esporângio (V. *sporangia*)

spore (BOT.; ZOO.) esporo

spore mother cell (BOT.) célula-mãe dos esporos; esporócito

sporocarp (BOT.) esporocarpo

sporocyst (ZOO.) esporocisto

sporocyte (BOT.) esporócito

sporogenesis (BOT.; ZOO.) esporogénese

sporogenous (BOT.) esporogénio

sporogonium (BOT.) esporogónio

sporogony (ZOO.) esporogonia

sporont (ZOO.) esporonte

sporophore (BOT.) esporóforo

sporophyll (BOT.) esporófilo

sporophyte (BOT.) esporófito

sporopollenin (BOT.) esporopolenina

sporotheca (ZOO.) esporoteca

sporotrichosis (MED.) esporotricose

Sporozoa (ZOO.) Esporozoários

sporozoite (ZOO.) esporozoíto

sport (BOT.) tipo anormal; variedade anormal

sporulation (BIO.) esporulação

spot (ELECT.) ponto luminoso; spot

spot beam (ESP.) feixe pontual; feixe restrito

spot electric welding (MEC.) soldagem eléctrica por pontos

spot face (E.CIV.) facear

spot height (TOPO.) altura cotada

spot jamming (ELECT.) interferência sobre ponto

spot landing (AERO.) aterragem de precisão

spot light (T.IMAG.) projector

spot speed (TELECOM.) velocidade do ponto; velocidade de exploração

spotted gum (BOT.; E.CIV.) variedade de eucalipto-da-Austrália; a sua madeira

spot weld (MEC.) solda ponteada

spot welding (MEC.) soldadura por pontos

spot wobble (T.IMAG.) trepidação de ponto

spp (BOT.) abr. de *species* — espécies (*sp* é a forma singular)

sprag (MINAS) escora; pontalete; cunha

sprain (MED.) entorse

spread (ECO.) expansão

spread (ELECTRÓN.) margem de variação

spreader (TELECOM.) separador

spread factor (FÍS.) factor de difusão

spreading agent (BOT.) agente de dispersão

spread spectrum (TELECOM.) espectro de dispersão

sprig (E.CIV.) prego pequeno sem cabeça

spring (GEO.; HIDRO.) fonte; nascente; manancial; poço

spring (MEC.) mola

spring action (ENG.) acção de mola

spring adjusting (MEC.) regulação de mola

spring adjusting screw (MEC.) parafuso de mola ajustável

spring-back (MEC.) retorno; recuperação elástica

spring-balance (QUÍM.) balança de mola; dinamómetro

spring-bolt (MEC.) pino de mola

spring bows (MEC.) compasso de mola

spring constant (MEC.) constante de mola

spring contact (ELECT.) contacto de mola

spring control (ELECT.) controlo de mola

spring cramp (E.CIV.) pinça de mola; pinça de apertar

springer; springing (E.CIV.) imposta; saimel

springer (VET.) vaca prestes a parir

springing line (ARQ.) linha de imposta

spring-loaded governor (MEC.) regulador de mola

spring lockwasher (MEC.) arruela de pressão

spring loop (MEC.) presilha de mola

spring pawl (MEC.) lingueta de mola

spring pivot bracket (MEC.) suporte do pivô da mola

spring point (E.CIV.) chave (flexível) de mudança de via (CF)

spring pressure (MEC.) pressão de mola

spring rail frog (E.CIV.) cruzamento de contratrilho móvel (CF)

spring safety valve (MEC.) válvula de segurança de mola

spring tab (AERO.) compensador de mola

spring tides (GEO.) marés vivas

spring tongue (E.CIV.) agulha flexível (CF)

spring wood (BOT.) lenho primaveril

sprinkler (E.CIV.) pulverizador

sprocket (E.CIV.) contra-vento; escora diagonal de contra-vento

sprocket (MEC.) engrenagem para corrente

sprocket (T.IMAG.) roda dentada

sprocket noise (T.IMAG.) ruído de avanço; ruído de accionamento

sprocket wheel (MEC.) roda dentada para cadeia

SPS (FÍS.) abr. de *Super Proton Synchrotron* — super sincrotrão de protões (acelerador de partículas do CERN — *Centre Européen de Recherche Nucléaire* — Centro Europeu de Pesquisa Nuclear, em Genebra)

SPST (ELECTRÓN.) abr. de *single pole single throw* — interruptor unifilar

spudding bit (MINAS) broca de início de perfuração

spudding in (MINAS) início de perfuração de um poço

spue (MEC.) gito (em Fundição)

spun silk (TÊXT.) seda fiada

spun yarn (TÊXT.) tecido fiado

spur (BOT.) esporão

spur (E.CIV.) contraforte; escora; espigão

spur (GEO.) pico; esporão; contraforte

spur (ZOO.) esporão; processo de espora

spur gear (MEC.) engrenagem cilíndrica dentada; engrenagem recta

spuriae (ZOO.) espúrias (penas)

spurious coincidence (NUCL.) coincidência espúria

spurious count (NUCL.) contagem espúria

spurious modulation (TELECOM.) modulação espúria

spurious oscillation (TELECOM.) oscilação espúria

spurious pregnancy (MED.) gravidez espúria; falsa gravidez; pseudociese; gravidez fantasma

spurious pulse (NUCL.) impulso espúrio

spurious pulse mode (NUCL.) modo de impulso espúrio

spurious radiation (TELECOM.) radiação espúria; radiação parasita

spurious response (ELECTRÓN.) resposta espúria

spurious response ratio (TELECOM.) relação de resposta espúria

spurious signal (TELECOM.) sinal espúrio

Sputnik (ESP.) Sputnik (abr. do russo *Iskustvenyi Sputnik Zewli* — companheiro artificial da Terra; série de satélites artificiais soviéticos, iniciada em Outubro de 1957)

sputtering (ELECTRÓN.) disposição catódica; estalido; crepitação

sputum (MED.) esputo; cuspo; saliva; espectoração (plural: *sputa*)

Sq (ELECTRÓN.) abr. de *squawker* — altifalante para frequências sonoras médias

SQ (ELECTRÓN.) abr. de *Stereophonic Quadraphony* — estereofónico de quatro canais

squail (METEO.) pé de vento; tormenta; tempestade

squalene (QUÍM.) esqualeno; espinaceno

squama (BOT.) escama

squama (ZOO.) escama; fina lâmina óssea

Squamata (Zoo.) Répteis escamosos

squamiform (Zoo.) escamiforme

squamo- (GERAL) escamo-; do latim *squama* — escama, significando escama ou escamoso

squamomastoid (MED.) escamo-mastóideu

squamous epithelium (Zoo.) epitélio escamoso

squamule (BOT.) escâmula

square (MAT.) quadrado (figura geométrica); quadrado (segunda potência)

square blunt file (MEC.) limatão quadrado paralelo (CF)

square-core oscillator (ELECTRÓN.) oscilador de onda quadrada com núcleo

square course (AERO.) circuito quadrado; circuito rectangular

square fathom (NAV.) braça quadrada

square-foot unit of absorption (FÍS.) unidade de absorção (sonora) por pé quadrado (V. *sabine*)

square-law demodulator (ELECTRÓN.) desmodulador quadrático

square-law detection (ELECTRÓN.) detecção quadrática

square-loop ferrite (ELECTRÓN.) ferrite de ciclo rectangular

squareness ratio (ELECTRÓN.) relação de quadratura

square pier (ARQ.) pilar quadrado; pilastra quadrada

square root (MAT.) raiz quadrada

square set (E.CIV.) marco de entivação de galeria

square shaft (MEC.) eixo quadrado

square thread (MEC.) rosca quadrada; filete quadrado

square tip wind (AERO.) asa de ponta quadrada

square wave (ELECTRÓN.) onda quadrada

square-wave generator (ELECTRÓN.) gerador de onda quadrada

square-wave modulator (ELECTRÓN.) modulador de onda quadrada

square-wave response (ELECTRÓN.) resposta de onda quadrada

square-wave testing (ELECTRÓN.) verificação por onda quadrada

square wire (MEC.) arame de perfil quadrado; arame quadrado

squaring (ELECTRÓN.) truncatura de onda

squaring circuit (ELECTRÓN.) circuito quadrático; circuito de quadratura

squaring shears (E.CIV.) tesoura de esquadrias (CF)

squarrose (BOT.) esquarroso

squash (BIO.) comprimir em massa uniforme (em lamela); comprimir

squeeze (T.IMAG.) rolo de borracha

squeeze box (TELECOM.) guia de ondas compressível

squeezer (MEC.) compressor; prensa de alavanca

squeeze time (TELECOM.) período de pressão

squeeze track (TELECOM.) pista compressível

squegging (ELECTRÓN.) intermitência

squegging oscillator (ELECTRÓN.) oscilador de autobloqueio

squelch (TELECOM.) amortecedor de ruído de fundo

squelch circuit (TELECOM.) circuito silenciador

SQUID (FÍS.) abr. de *Superconducting Quantum Interference Device* — dispositivo de interferência quântica de supercondução

squinch (ARQ.) abóbada de suporte; arco de suporte

squint (E.CIV.) tijolo de quina

squint (MED.) estrabismo

squint (TELECOM.) anomalia angular

squint quoin of wall (E.CIV.) esquina aguda de muro

squirrel-cage induction motor (ELECT.) motor assíncrono de rotor em curto-circuito

squirrel-cage rotor (ELECT.) induzido em curto-circuito

squirrel-cage winding (ELECT.) enrolamento em gaiola

sr (MAT.) símbolo de *steradian* — esterradiano (forma correcta); estereoradiano (usual)

Sr (QUÍM.) símbolo de *strontium* — estrôncio

SRAM (INF.) abr. de *static RAM* — RAM estática

SRF (MED.) abr. de *Somatotropin-Releasing Factor* — factor libertador de somatotropina; somatoliberina

S-R flip-flop (ELECTRÓN.) biestável R S

SRIF (MED.) abr. de *Somatotropin Release-Inhibiting Factor* — factor inibidor da libertação da somatotropina; somatostatina

S-R theory (PSICO.) abr. de *Stimulus and Response theory* — teoria de estímulo-resposta

SSI (ELECTRÓN.) abr. de *small scale integration* — integração de pequena escala

ssp; sspp (BOT.) abr. (formas singular e plural) de *subspecies* — subespécie/s

SSS (MED.; QUÍM.) abr. de *Soluble Specific Substance* — substância solúvel específica

SST (AERO.) abr. de *SuperSonic Transport* — transporte supersónico

S-strap (E.CIV.) sifão em S

stabbing (MINAS) encaminhar a extremidade de um tubo para dentro de outro

stabilator (AERO.) estabilizador; plano móvel

stability (GERAL) estabilidade

stability derivatives (AERO.) derivadas de estabilidade

stability factor (AERO.) factor de estabilidade

stability of roll (AERO.) estabilidade de rolamento

stability test (ELECT.) teste de estabilidade

stabilization (GERAL) estabilização

stabilized feedback (ELECT.) realimentação estabilizada

stabilized flight (AERO.; ESP.) voo estabilizado

stabilized power supply (ELECTRÓN.) fonte estabilizada; alimentação estabilizada

stabilized voltage (ELECTRÓN.) tensão estabilizada

stabilizer (GERAL) estabilizador

stabilizer circuit (ELECT.) circuito estabilizador

stabilizer tube (ELECTRÓN.) tubo estabilizador

stabilizing choke (ELECT.) indutância estabilizadora

stable (GERAL) estável

stable air (METEO.) ar estável

stable air-mass (METEO.) massa de ar estável

stable circuit (ELECTRÓN.) circuito estável

stable element (GERAL) elemento estável

stable equilibrium (FÍS.) equilíbrio estável

stable isotope (FÍS.) isótopo estável

stable orbit (FÍS.) órbita estável

stable oscillation (TELECOM.) oscilação estável

stable platform (TELECOM.) plataforma estável

stable pneumonia (VET.) gripe catarral; tosse equina

stachyose (QUÍM.) estaquiose

stack (GERAL) pilha

stacked array (TELECOM.) rede de antenas sobrepostas

stacked dipoles (ELECT.) dipolos sobrepostos

stacked stereophonic tape (ELECTRÓN.) fita estereofónica de pistas coincidentes

stadia (MED.; Zoo.) estádios; etapas

stadia hairs (TOPO.) linhas taqueométricas

stadia lines (TOPO.) linhas taquiométricas; retículo taqueométrico

stadia rod (TOPO.) mira taqueométrica

stadium (MED.) estádio (fase de evolução numa doença)

stadium (Zoo.) estádio (fase de evolução metamórfica)

staff (E.CIV.) estafe; tipo de estuque

staff (MED.) sonda-guia de bisturi; guia de sonda

staff (TOPO.) mira de nivelamento

staff bead (ARQ.) moldura de perfil semicircular

staff wood (E.CIV.) madeira para aduelas

stag (Zoo.) macho castrado em adulto; ave macho cujo esporão começa a despontar; veado macho

stag-beetle (Zoo.) besouro

stage (E.CIV.) cavalete; estrado

stage (ESP.) estádio (de foguete)

stage (FÍS.) platina de microscópio

stage (GERAL) estádio; período; etapa

stage-by-stage elimination method (ELECT.) método de eliminação etapa por etapa

stage efficiency (ELECT.) rendimento de etapa

stage gain (ELECTRÓN.) ganho do andar

stage micrometer (BIO.) micrómetro de estágio

stage separation factor (NUCL.) factor de separação de estágio

stagger (AERO.) decalage(m); escalonamento (dos planos)

staggered (QUÍM.) escalonado

staggered circuits (ELECT.) circuitos escalonados

staggered tuning (ELECTRÓN.) sintonização escalonada

staggering (ELECT.) escalonamento

staggers (MED.) tonturas

staggers (VET.) celurose; vertigem dos ovinos; estupidez dos ovinos

stagger-tuned amplifier (TELECOM.) amplificador de sintonia escalonada

staging (E.CIV.) andaime; estrado; armação

staging (ESP.) separação de estágios

stagnant glacier (GEO.) geleira inactiva; glaciar morto

stagnation point (AERO.) ponto de estagnação; ponto de paragem

stagnation temperature (AERO.) temperatura de estagnação; temperatura de recuperação adiabática

stagnicolous (ECO.) estagnícola

stain (BIO.) corante (em técnica histológica e bacteriológica)

stain (GERAL) corante; mancha; mordente; estria

stained glass (E.CIV.) vidro colorido; vitral

stainer (E.CIV.) corante

staining (GERAL) coloração

staining power (QUÍM.) poder de coloração

stainless (GERAL) inalterável; puro; inoxidável

stainless alloy (MEC.) liga inoxidável

stainless-clad steel (MEC.) aço doce revestido a aço inoxidável

stainless metal (ENG.) metal inoxidável

stainless steel (ENG.) aço inoxidável

stainless weld (MEC.) solda inoxidável

stalactite (GEO.; MINER.) estalactite

stalagmite (GEO.; MINER.) estalagmite

stalagmometer (FÍS.; QUÍM.) estalagmómetro

stalk (BOT.) haste; caule; tronco; pedúnculo; espiga

stalk (MED.; ZOO.) pedúnculo

stall (AERO.) perda de velocidade; stoll

stall dive (AERO.) mergulho de perda (de velocidade)

stalled landing (AERO.) pouso com velocidade mínima

stalled takeoff (AERO.) descolagem com cauda baixa

stall flutter (AERO.) vibração de perda de velocidade

stalling angle (AERO.) ângulo crítico; ângulo de perda

stalling Mach number (AERO.) número Mach de perda

stalling moment (AERO.) momento de perda; momento de arfagem

stalling speed (AERO.) velocidade de perda; velocidade de pouso; velocidade de aterragem; velocidade crítica

stalling torque (ELECT.) momento de torção máxima do motor

stalling turning (AERO.) curva em perda

stall-warning indicator (AERO.) indicador de perda

stall without power (AERO.) perda sem motor

stall with power (AERO.) perda com motor

stamen (BOT.) estame

staminal (BOT.) estaminal

staminate (BOT.) estaminado

staminode (BOT.) estaminódio

stamp (MINAS) triturar

stamping (ELECT.) laminação

stamping press (IMP.) máquina de estampar; prensa de estampar

stanchion (E.CIV.) balaústre; escora; espeque

standard (GERAL) padrão; norma; critério; tipo; standard

standard atmosphere (AERO.; METEO.) atmosfera padrão; atmosfera tipo

standard atmosphere (FÍS.) atmosfera normal (atm)

standard atmosphere for testing (TÊXT.) atmosfera padrão de teste

standard beam approach system (AERO.) sistema normal de aproximação por feixe (de luz); aproximação por feixe padrão

standard broadcast channel (TELECOM.) banda padrão de radiodifusão

standard calomel electrode (QUÍM.) electrodo de calomelano normal

standard cell (FÍS.) pilha padrão

standard chamber (NUCL.) câmara padrão

standard commands for programmable instruments (INF.) comandos normalizados para instrumentos programáveis

standard deviation (EST.) desvio standard; desvio característico

standard electrode potential (QUÍM.) potencial de electrodo padrão

standard error (EST.) erro padrão

standard filter (T.IMAG.) filtro standard

standard form (MAT.) fórmula canónica

standard frequency (ELECT.) frequência standard; frequência tipo

standard gauge (MEC.) calibrador padrão; calibre normal

standard iluminant (FÍS.) padrão iluminante

standardized mortality ratio [SMT] (MED.) taxa de mortalidade padrão

standard mean chord (AERO.) corda média standard

standard measure (FÍS.) padrão de medida; medida padrão

standard measurement (FÍS.) medição padrão

standard noise temperature (ELECTRÓN.) temperatura de ruído normalizada

standard normal distribution (EST.) distribuição normal standard

standard page (IMP.) página padrão

standard pitch (ELECTRÓN.) tom normal

standard propagation (ELECTRÓN.) propagação normal

standard radio atmosphere (TELECOM.) atmosfera radioeléctrica normal

standard radio horizon (TELECOM.) horizonte rádio padrão

standard refraction (TELECOM.) refracção normal

standard resistor (ELECT.) resistência padrão

standards conversion (GERAL) conversão de padrões

standard solenoid (ELECT.) solenóide padrão

standard solution (QUÍM.) solução tipo

standard specification (MEC.) especificação padrão

standard television signal (T.IMAG.) sinal padrão de televisão

standard temperature and pressure [stp] (GERAL) temperatura e pressão normais (tpn)

standard time (ASTRO.) hora legal; hora padrão

standard track (ELECTRÓN.) pista única

standard TTL (ELECTRÓN.) lógica transístor transístor padrão

stand-by battery (ELECT.) bateria de reserva

stand-by energy (FÍS.) energia de reserva; energia auxiliar

stand-by loss (MEC.) perda de inactividade

standing current (ELECT.) corrente quiescente

standing wave (TELECOM.) onda estacionária

standing wave aerial (TELECOM.) antena de onda estacionária

standing-wave antenna (TELECOM.) antena de onda estacionária

standing-wave detector (TELECOM.) detector de ondas estacionárias

standing-wave indicator (TELECOM.) indicador de ondas estacionárias

standing-wave loss factor (TELECOM.) factor de perda de ondas estacionárias

standing-wave meter (TELECOM.) medidor de ondas estacionárias

standing-wave ratio (TELECOM.) relação de ondas estacionárias

standing-wave-ratio meter (TELECOM.) medidor de relação de ondas estacionárias

standing-wave system (TELECOM.) sistema de ondas estacionárias

standing-wave voltage ratio (TELECOM.) relação de tensão de ondas estacionárias

stand-off isolator (ELECT.) isolador-separador

stand pipe (ENG.) chaminé de equilíbrio; tubo de subida; compensador

standstill (ELECT.) paragem

standstill (MED.) paragem; cessação de actividade

stannates (QUÍM.) estanatos

stannic acid (QUÍM.) ácido estânico

stannic chloride (QUÍM.) cloreto estânico

stannic oxide (QUÍM.) óxido de estanho

stannite (MINER.) estanite

stannite (QUÍM.) estanito

stannous fluoride (QUÍM.) fluoreto estanoso

St.Anthony's fire (MED.) erisepela; ergotismo (denominações antigas)

Stanton number (QUÍM.) número de Stanton

stapedectomy (MED.) estapedectomia

stapedial (MED.) estapédico

stapediotenotomy (MED.) estapediotenotomia

stapediovestibular (MED.) estapediovestibular

stapes (ZOO.) estribo (um dos ossículos do ouvido interno)

staphylococcal (BIO.; MED.) estafilocócico

staphylococcemia (MED.) estafilococemia

staphylococci (BIO.; MED.) estafilococos

staphylococcus (BIO.; MED.) estafilococo

staphyloma (MED.) estafiloma

staphylorrhaphy (MED.) estafilorrafia; palatorrafia

staphylotoxin (BIO.) estafilotoxina

star (GERAL) estrela; astro

star (IMP.) asterisco

starch (QUÍM.) amido

star chart (ASTRO.) carta de estrelas; mapa de estrelas

starch grain (BOT.) grão de amido

starch gum (QUÍM.) dextrina

star cluster (ASTRO.) agrupamento de estrelas

star connection (ELECT.) conexão em estrela

star-delta connection (ELECT.) ligação em estrela-triângulo

star-delta starter (ELECT.) interruptor de arranque estrela-triângulo

star-delta transformation (ELECTRÓN.) transformação estrela-delta

Stark effect (FÍS.) efeito Stark

Stark-Einstein equation (QUÍM.) equação de Stark-Einstein

Stark-Lunelund effect (ELECT.) efeito Stark-Lunelund

star magnitude (ASTRO.) magnitude de estrela; grandeza de astro

star motion (ASTRO.) movimento estelar

star network (ELECT.) rede em estrela

star point (ELECT.) ponto de estrela; ponto neutro

star quad (ELECT.) quadra em estrela

star-streaming (ASTRO.) corrente de estrelas

start codon (BIO.) codão de início

starter (ELECT.) arrancador; eléctrodo accionador

starter gap (ELECT.) intervalo de ignição

starter voltage (ELECTRÓN.) tensão de arrancador

starter voltage drop (ELECTRÓN.) queda de tensão de arrancador

starting anode (ELECT.) ânodo arrancador

starting current (ELECT.) corrente de arranque

starting electrode (ELECTRÓN.) eléctrodo de arranque

starting resistance (ELECT.) resistência de arranque

starting rheostat (ELECT.) reóstato de arranque

starting torque (ELECT.) torção de arranque

starting voltage (ELECT.) tensão de arranque

starting winding (ELECT.) enrolamento de arranque

startle colours (ZOO.) cores atemorizadoras

start pulse (ELECTRÓN.) impulso inicial

star track (ASTRO.) rasto de estrelas

start-stop (TELECOM.) arranque-paragem

start-stop multivibrator (TELECOM.) multivibrador de arranque-paragem

start-up procedure (NUCL.) processo de arranque

star wheel (MEC.) roda de raios

stasis (BIO.) estase (paragem no crescimento)

stasis (MED.) estase (estagnação de sangue ou outros líquidos)

stat- (GERAL) estato- (prefixo obsoleto de unidades do sistema CGS electrostático, de uso limitado praticamente aos países de língua inglesa, como *statampere; statcoulomb; statfarad; stathenry; statohm*)

-stat (GERAL) -estato; do grego *statés* — estacionário

state (GERAL) estado

state-dependent learning (PSICO.) aprendizagem dependente do estado

state-dependent memory (PSICO.) memória dependente do estado

state function (FÍS.) função de estado

state of matter (FÍS.; QUÍM.) estado da matéria

state transition diagram (ELECTRÓN.) diagrama de transição de estados

static (ELECT.; TELECOM.) estática

statical stability (NAV.) estabilidade estática

static balancer (ELECT.) compensador estático

static breeze (ELECT.) excitação estática

static capacitor (ELECT.) condensador estático

static characteristic (ELECT.) característica estática

static charge (ELECT.) carga estática

static-charge damage (ELECTRÓN.) danos por corrente electroestática

static convergence (T.IMAG.) convergência estática

static discharge (ELECT.) descarga estática

static discharge wick (AERO.) mecha de descarga estática

static dump (ELECT.) descarga estática

static electricity (FÍS.) descarga estática

static eliminator (FÍS.) eliminador estático

static focus (ELECT.) foco estático

static frequency converter (ELECT.) conversor de frequência estático

static impedance (ELECT.) impedância estática

static instability (METEO.) instabilidade estática

static inverter (AERO.) inversor estático

static jet thrust (AERO.) tracção de jacto estática

static line (AERO.) corda estática (corda de comando automático do pára-quedas)

static machine (ELECT.) máquina estática; máquina electrostática

static marks (T.IMAG.) marcas estáticas

static memory (INF.) memória estática

static pressure (AERO.) pressão estática

static-pressure tube (AERO.) tubo de pressão estática; pitot; tubo estático

static RAM (INF.) RAM estática

static reverse current (ELECTRÓN.) corrente de retorno estática

statics (FÍS.) Estática

static stability (AERO.) estabilidade estática

static thrust (AERO.) tracção estática

static vent (AERO.) abertura estática

statins (BIO.) estatinas

station (ELECT.) central eléctrica

station (GERAL) estação

station (TELECOM.) estação radiodifusora

station (TOPO.) estação (ponto fixo para medições de levantamento)

stationary orbit (ASTRO.; ESP.) órbita estacionária

stationary phase (QUÍM.) fase estacionária

stationary point (MAT.) ponto fixo

stationary point on a curve (MAT.) ponto fixo numa curva

stationary wave (TELECOM.) onda estacionária

station keeping (ASTRO.) ajuste de órbita (de satélite)

statistic (EST.) estatística

statistical diameters (FÍS.) diâmetros estatísticos

statistical energy analysis (FÍS.) análise estatística de energia

statistical error (FÍS.) erro estatístico

statistical mechanics (FÍS.) Mecânica estatística

statistical multiplexing (ELECTRÓN.) multiplexagem estatística

statistical sampling (ELECTRÓN.) amostragem estatística

statistical weight (FÍS.) peso estatístico

statocyst (ZOO.) estatocisto; otólito

statolith (BOT.) estatólito

stator (AERO.) estator

stator blade (AERO.) lâmina do estator

stator core (ELECT.) núcleo do estator

stator winding (ELECT.) enrolamento do estator

status (MED.) estado; condição

status epilepticus (MED.) estado epiléptico

status hypnoticus (MED.) estado hipnótico

status praesens (MED.) estado presente

staurolite (Miner.) estaurolite

stay (E.Civ.) tirante; esticador; tensor

stay (Elect.) fio de apoio das linhas aéreas

stay falsework (E.Civ.) andaime de escoramento inferior

stay sail (Nav.) vela de estai

stay sill (E.Civ.) calço de apoio do montante

stay tube (E.Civ.) tubo de reforço

STB (T.Imag.) abr. de *set top box* — descodificador de TV

steady (Geral) estável; equilibrado; constante; invariável

steady brightness (Astro.) brilho estável

steady flow (Aero.) fluxo estacionário; fluxo aerodinâmico

steady flow (Elect.) fluxo contínuo; fluxo constante

steadying resistance (Elect.) resistência de amortecimento

steady load (Fís.) carga constante

steady rise of pressure (Fís.) aumento progressivo da pressão

steady-shot (T.Imag.) estabilizador de imagem

steady state (Fís.) estado estacionário; estado de regime

steady-state oscillation (Fís.) oscilação em regime permanente

steady-state vibration (Fís.) vibração em regime permanente

steady turn (Aero.) viragem constante

stealth (Aero.) actuação furtiva

steam (Fís.) vapor de água (por aquecimento artificial)

steam (Geral) vapor; força; energia; exalação

steam accumulator (Mec.) acumulador de vapor

steam admission (Mec.) admissão de vapor

steam blast (Mec.) jacto de vapor

steam boiler (Eng.) caldeira a vapor

steam brake (Mec.) freio a vapor

steam chest (Mec.) caixa de distribuição a vapor

steam coal (Minas) carvão para caldeiras

steam distillation (Quím.) destilação a vapor

steam drive (Mec.) transmissão a vapor

steam economizer (Mec.) economizador de vapor

steam-electric generator (Elect.) gerador eléctrico a vapor

steam engine (Mec.) máquina a vapor

steam gauge (Mec.) manómetro

steam generating station (Elect.) estação geradora de vapor

steam generator (Mec.) gerador a/de vapor; caldeira a vapor

steam injector (Mec.) injector (de vapor)

steam jacket (Mec.) camisa de vapor; câmara de vapor

steam jet blower (Mec.) injector de vapor

steam jet nozzle (Aero.) tubeira de jacto a vapor

steam mist (Meteo.) nevoeiro de vapor

steam nozzle (Mec.) tubeira a vapor

steam port (Mec.) orifício de admissão de vapor

steam reversing gear (Mec.) engrenagem de reversão de vapor

steam tables (Mec.) tabelas de vapor

steam trap (Mec.) colector de água de condensação; purgador de água de condensação; separador de água

steam turbine (Mec.) turbina a vapor

steam valve (Mec.) válvula de vapor

steam working (Mec.) accionamento a vapor

steapsin (Zoo.) esteapsina; lipase pancreática; triacilglicerol lipase

stearic acid (Quím.) ácido esteárico

stearin (Quím.) estearina

steatite (Miner.) esteatite

steatorrhea; steatorrhoea (Med.) esteatorreia; estearreia

steel (Eng.) aço

steel-cored aluminium (Elect.) alumínio de núcleo de aço

steel-cored copper conductor (Elect.) condutor de cobre com núcleo de aço

steel making (Mec.) manufactura de aço

steel-tank rectifier (Elect.) rectificador de tanque de aço

steel tape (Topo.) fita de aço

steel tower (Elect.) torre de aço

steeping (Têxt.) maceração

steerable aerial (Telecom.) antena direccional

steerable antenna (Telecom.) antena móvel; antena dirigida

steering (Telecom.) orientação

steering arm (Mec.) braço de direcção

steering box (Mec.) caixa de direcção

steering gear (Mec.) engrenagem de direcção

steering shaft (Mec.) eixo de direcção

Stefan-Boltzmann constant (Fís.) constante de Stefan-Boltzmann

Stefan-Boltzmann law (Fís.) lei de Stefan-Boltzmann (de radiação)

Stefan number (Fís.) número de Stefan

Stefan's law of radiation (Fís.) lei de radiação de Stefan; lei de Stefan-Boltzmann

Steiner's tricusp (Mat.) hipociclóide tricúspide; hipociclóide triangular; hipociclóide de Steiner

Steinmann trinity (Geo.) grupo de três de Steinmann; trindade de Steinmann

Steinmetz coefficient (Elect.; Fís.) coeficiente de Steinmetz

Steinmetz formula (Elect.; Fís.) fórmula de Steinmetz

Steinmetz law (Elect.; Fís.) lei de Steinmetz

stele (Bot.) estela

stelerator (Nucl.) anagrama de *stellar generator* — gerador estelar

stellar astronomy (Esp.) Astronomia estelar

stellar body (Astro.) corpo estelar; corpo celeste

stellar cluster (Astro.) aglomerado estelar

stellar collision (Astro.) colisão estelar

stellar dust (Astro.) poeira estelar

stellar energy (Astro.) energia estelar

stellar evolution (Astro.) evolução estelar

stellar explosion (Astro.) explosão estelar

stellar image (Astro.) imagem estelar

stellar inertial guidance (Astro.) guiamento estelar de inércia

stellar interferometer (Astro.; Fís.) interferómetro estelar

stellar lightning (Astro.) relâmpago estelar

stellar magnitude (Astro.) magnitude estelar

stellar mass (Astro.) massa estelar

stellar matter (Astro.) matéria estelar

stellar motion (Astro.) movimento estelar

stellar population (Astro.) população estelar

stellar radiation (Astro.) (ir)radiação estelar

stellar scintillation (Astro.) cintilação estelar

stellar spectroscopy (Astro.) Espectroscopia estelar

stellar system (Astro.) sistema estelar

stellar temperature (Astro.) temperatura estelar

stellar velocity (Astro.) velocidade estelar

stellar wind (Astro.) vento estelar

stellate (Bot.; Zoo.) estrelado

stellate hair (Bot.) pêlo estelar; filamento estelar

stem (Bot.) tronco; caule; pedúnculo; pecíolo

stem (Nav.) talha-mar; roda de proa

stem cell (Bio.) célula indiferenciada

stem correction (Fís.) correcção de haste

stem flow (Hidro.) escoamento pelos troncos

stempipe (Minas) tubagem de cachimbo

stem succulent (Bot.) caule suculento

stencil (Imp.) stencil; chapa para estampar

steno- (Geral) esteno-; do grego *stenos* — estreito; denotando aperto ou constrição

stenocardia (Med.) estenocardia

stenocephaly (Med.) estenocefalia

stenochoria (Med.) estenocoria

stenopeic (Med.) estenopeico

stenophyllous (Bot.) estenófilo

stenopodium (Zoo.) estenopódio

stenosis (Med.) estenose; constrição

stenter (Têxt.) bastidor

stentorphone (Fís.) altifalante; megafone

step (Elect.) passo; medida; fase

step (Telecom.) passo

step (Nav.) carlinga

step and continuous (Fís.) gradual e contínuo

step-by-step excitation (Elect.) excitação gradual

step-by-step method (Elect.) método gradual

step-by-step switch (Inf.) comutador passo-a-passo

step-by-step system (ELECT.) sistema passo-a-passo

step change (INF.) mudança de valor

step-down transformer (ELECT.) transformador redutor

step faults (GEO.) falhas em degrau; falhas paralelas

step function (MAT.) função de escada; função simples

step function (TELECOM.) função escalonada

Stephanian (GEO.) estefaniano

stephanite (MINER.) estefanite

Stephenson's link motion (MEC.) distribuição (de vapor) de Stephenson

step-index fibre (TELECOM.) fibra óptica

step iron (E.CIV.) degrau de ferro

stepped (IMP.) escalonado

stepped bed (HIDRO.) fundo escalonado; leito escalonado

stepped flashing (E.CIV.) tapa-juntas em degrau

stepped-index fibre (TELECOM.) fibra de índice escalonado

stepped lens (TELECOM.) lente de Fresnel

stepped lens aerial (TELECOM.) antena de Fresnel

stepper motor (ELECTRÓN.) motor passo a passo; motor de impulsos

stepping (E.CIV.; TOPO.) escalonamento

step program (INF.) etapa de programa; passo de programa

step time (ELECT.) duração do passo

step-up transformer (ELECT.) transformador elevador

step valve (MEC.) válvula escalonada

step wheel (MEC.) roda cónica

steradian (MAT.) esterradiano (forma correcta); estereorradiano (forma usual)

Sterba antenna (TELECOM.) antena Sterba

stercolith (MED.) estercorolito; fecalito

stercoraceous (MED.) estercoral; fecal

stercorolith (MED.) estercorolito; fecalito

stere (GERAL) estere (medida de capacidade para madeiras)

stereo (FÍS.) estéreo

stereo- (GERAL) estereo-; do grego stereos — sólido, denotando condição ou estado sólido e tridimensionalidade

stereoagnosis (MED.) estereoagnosia

stereo amplifier (TELECOM.) amplificador estereofónico

stereoblastula (MED.) mórula; estereoblástula

stereo broadcasts (TELECOM.) radiodifusão estereofónica; emissão estereofónica

stereocamera (T.IMAG.) câmara estéreo

stereochemistry (QUÍM.) estereoquímica

stereognosis (MED.) estereognósia

stereogram (T.IMAG.) estereograma

stereograph (T.IMAG.) estereografia

stereoisomer (BIO.) estéreo-isómeros

stereo-isomerism (QUÍM.) estereoisomeria; isomeria configuracional

stereokinesis (BIO.) estereocinese

stereology (BIO.) estereologia

stereoma (BIO.) estereoma

stereoma cylinder (BOT.) faixa cilíndrica de estereoma

stereomicrophone system (FÍS.) sistema de microfone estéreo

stereophonic recording (FÍS.) gravação estereofónica

stereophony (FÍS.) estereofonia

stereo receiver (TELECOM.) receptor estereofónico

stereoscope (FÍS.) estereoscópio

stereoscopic (ELECTRÓN.) estereoscópico

stereoscopic camera (T.IMAG.) câmara estereoscópica

stereoscopy (FÍS.) estereoscopia

Stereospondyli (ZOO.) Estereospôndilos

stereospondyly (ZOO.) estereospondilia

stereo tape recorder (TELECOM.) gravador magnético estereofónico

stereotaxis (BIO.; MED.) estereotaxia

stereotype (PSICO.) estereótipo

stereotypy (MED.) estereotipia

steric hindrance (QUÍM.) bloqueio espacial; bloqueio estérico (relativo à estereoquímica)

sterigma (BOT.) esterigma

sterile (BOT.) estéril

sterile flower (BOT.) flor estéril

sterile line (ELECT.) linha estéril

sterilization (BIO.) esterilização

sterilization (MED.; VET.) esterilização; castração

sterling silver (MEC.) prata esterlina; prata de lei

sternal (ZOO.) esternal

sternalgia (MED.) esternalgia

sternalis (ZOO.) esternal (normalmente referencia o músculo esternal)

sternebra (ZOO.) esternebra (sternebrae é o plural)

stern frame (NAV.) armação da proa

Stern-Garlach experiment (FÍS.) experiência de Stern-Garlach

stern heaviness (AERO.) peso da cauda

stern post (NAV.) cadaste da popa

sternum (ZOO.) esterno

sternutation (MED.) esternutação; espirro

steroid (QUÍM.) esteróide

steroid nucleus (QUÍM.) núcleo esteróide

sterol (QUÍM.) esterol

stertor (MED.) estertor

stet (IMP.) deixar ficar como está (= let it stand); anulação de emenda feita

stethoscope (MED.) estetoscópio

Stevenson screen (METEO.) abrigo inglês; abrigo de Stevenson

STH (MED.) abr. dew SomaTropic Hormone — hormona de crescimento; somatotropina

sthene (FÍS.) esteno (unidade de força no sistema MTS)

stib- (QUÍM.) estibo-; do grego stibi — antimónio, denotando relação com este

stibamine (QUÍM.) estibamina; hidrogénio antimoniado

stibenyl (QUÍM.) estibenil (antimonial pentavalente)

stibialism (MED.) estibialismo

stibic (QUÍM.) estíbico; antimonial

stibine (QUÍM.) estibina

stibious (QUÍM.) antimonial; estíbico

stibnite (MINER.) estibite; antimonite

stichtite (MINER.) stichtita (carbonato hidratado de magnésio e crómio)

stick (AERO.) alavanca de comando; comando; manche

stick (BOT.) pecíolo

stick (IMP.) compositor

stick circuit (ELECT.) circuito de auto-excitação

stick force (AERO.) esforço sobre a alavanca de comando

stick-force recorder (AERO.) gravador de esforço sobre o comando

sticking (INF.) auto-excitação

sticking picture (T.IMAG.) imagem retida

sticking probability (FÍS.) probabilidade de aderência

sticking relay (TELECOM.) relé de retenção

sticking voltage (ELECTRÓN.) voltagem de retenção

stick pusher (AERO.) impulsor de comando

stick shaker (AERO.) vibrador do comando

sticky ends (BIO.) terminais ligantes

stiction (FÍS.) abr. de STatic frICTION — fricção estática

stiffened expanded metal (E.CIV.) metal expandido reforçado

stiffened suspension bridge (MEC.) ponte de suspensão reforçada

stiffener (AERO.; MEC.) esticador; reforçador

stiff lamb disease (VET.) doença do músculo branco (em carneiros); deficiência em vitamina E e/ou selénio

stiff neck (MED.) pescoço rígido; torcicolo

stiffness (GERAL) rigidez; dureza; inflexibilidade

stiffness control (FÍS.) controlo de rigidez

stiffness criterion (AERO.) critério de rigidez

stiff ship (NAV.) navio estável

stiff sickness (VET.) febre efémera bovina

stiff slag (MEC.) escória pastosa; escória espessa

stifle (VET.) soldra

stigma (BOT.; MED.; ZOO.) estigma (a forma latina stigma tem dois plurais: stigmas e stigmata)

stigmata (MED.) estigmas

stilb (FÍS.) stilb (unidade CGS de luminância luminosa)

stilbene (QUÍM.) estilbeno; difeniletileno

stilbite (MINER.) estilbite

stilboestrol (QUÍM.) estilbestrol; dietilestrilbestrol

stile (E.CIV.) couceira de porta

Stiles-Crawford effect (FÍS.) efeito de Stiles-Crawford

still (QUÍM.) alambique; destilador

stillage (ELECT.) armação para acumulador

still air range (AERO.) alcance de ar calmo

stillborn (MED.) nado-morto

Still's disease (MED.) doença de Still; artrite reumatóide juvenil

still frame (T.IMAG.) imagem parada

still video camera (T.IMAG.) câmara de vídeo de imagens fixas

stilpnomelane (MINER.) estilpnomelano

stilted arch (ARQ.) arco subido

stilt root (BOT.) raiz aérea adventícia (como no milho e no mangue)

stimulated emission (FÍS.) emissão estimulada

stimulation (GERAL) estimulação

stimulatory neuron (BIO.) neurónio estimulador

stimulus (GERAL) estímulo (a forma latina *stimulus* tem como plural *stimuli*)

stimulus control (PSICO.) controlo de estímulo

stimulus generalization (PSICO.) generalização do estímulo

stimulus threshold (PSICO.) limiar do estímulo

sting (ZOO.) ferrão

stinging hair (BOT.) pêlo irritante

stinkdamp (MINAS) hidrogénio sulfurado

stipe (BOT.) estipe

stipel (BOT.) estípula

stipes (ZOO.) estipes (um dos artículos basais das maxilas dos insectos e crustáceos)

stipple (IMP.) gravura a pontilhado

stippling (E.CIV.) pontilhagem

stipular trace (BOT.) traço estipular; sinal estipular

stipule (BOT.) estípula

Stirling's approximation (MAT.) aproximação de Stirling

stirrup (E.CIV.) gancho

stirrup (MED.) estribo (ossículo do ouvido médio)

stishovite (MINER.) stishovita (polimorfo de quartzo)

stitch (TÊXT.) ponto (de costura)

stitch-bonded fiber (TÊXT.) fibra de pontos ligados

stitch density (TÊXT.) densidade de pontos

stitch rivet (MEC.) rebite de ponto

stitch riveting (MEC.) rebitagem de ponto

stitch welding (MEC.) soldadura de pontos

stoa (ARQ.) pórtico

stochastic (EST.) conjecturado; estocástico

stochastic model (GERAL) modelo estocástico

stochastic noise (FÍS.) ruído conjecturado; ruído errático

stock (BOT.) tronco; haste

stock (E.CIV.) cepo; cabo

stock (GEO.) cabeço; massa eruptiva subjacente de tamanho inferior ao de um batólito

stock (IMP.) lote

stockless anchor (NAV.) âncora sem cepo

stock pile (MINAS) pilha de reserva

stock rail (E.CIV.) trilho de encontro; trilho contra-agulha (CF)

stocks (NAV.) estaleiro

stockwork (GEO.) depósito

stoichiometric equivalent (QUÍM.) equivalente estequiométrico

stoichiometry (QUÍM.) estequiometria

stokes (FÍS.) stokes (unidade CGS para a viscosidade cinemática)

Stokes-Adams syndrome (MED.) síndroma de Stokes-Adams; doença de Morgagni

Stokes' law (FÍS.) lei de Stokes

Stokes layer (FÍS.) camada de Stokes

Stokes' line (FÍS.) linha de Stokes

Stokes' theorem (MAT.) teorema de Stokes

STOL (AERO.) abr. de *Short Take-Off and Landing* — descolagem e aterragem curtas; descolagem e pouso curtos

stolon (BOT.) estolho

stoma (BOT.) estoma; estómato

-stoma (GERAL) -estoma; do grego *stoma* — boca, referindo-se em especial ao pequeno orifício, poro ou abertura artificial entre duas cavidades ou canais

stomach (ZOO.) estômago

stomach-insecticide (QUÍM.) insecticida estomacal; insecticida de ingestão

stomalgia (MED.) estomalgia

stomatal (GERAL) estomático

stomatal-complex (BOT.) complexo estomático

stomate (BOT.) estómato; estoma

stomatiferous (GERAL) estomatífero; estomático

stomatitis (MED.) estomatite

stomatitis (VET.) estomatite; estomatite pustular contagiosa equina; varíola equina

stomato-; stom-; stomat- (GERAL) estomato-; estom-; estomat-; formas combinantes do grego *stoma* — boca (V. *-stoma*)

stomatogastric (MED.) estomatogástrico

stomatomycosis (MED.) estomatomicose

stomatonecrosis (MED.) estomatonecrose

stomatoplasty (MED.) estomatoplastia

stomatorrhagia (MED.) estomatorragia

stomatose (MED.) estomatose

stomatous (GERAL) estomatoso; estomático

stomium (BOT.) estómio

-stomy (GERAL) -stomia; do grego *stoma* — boca (V. *-stoma*), com a acepção, especialmente em Medicina, de poro ou abertura artificial

stone (BOT.) caroço; grainha

stone (GERAL) pedra

stone (MED.) pedra; cálculo

stone arching (ARQ.) alvenaria de abóbada

stone cell (BOT.) célula pétrea

stone dam (HIDRO.) dique de pedra; barragem de pedra

stone head (MINAS) cabeceira de pedra; galeria de avanço na rocha

stone reef (GEO.) recife de arenito

stoneware (E.CIV.) faiança; louça de barro vidrado

stoneworts (BOT.) carófitos; carofíceas; carales

stony meteorites (GEO.) meteoritos de pedra

stool (BOT.) pé (de planta)

stool (MED.) fezes

stoop (E.CIV.) terraço ou varanda em frente de uma casa

stop (E.CIV.) calço; escora; retém; alavanca; lingueta

stop (T.IMAG.) diafragma

stop band (TELECOM.) faixa de paragem; faixa de rejeição

stop bit (ELECTRÓN.) bit de paragem

stop-cock (E.CIV.) torneira de interrupção; torneira de passagem

stop codon (BIO.) codão final; codão terminator

stop contact (ELECT.) contacto de paragem

stop down (T.IMAG.) diafragmar

stope (MINAS) escavação em degrau

stoping (GEO.) exploração em degraus

stop instruction (INF.) instrução de paragem

stop key (INF.) tecla de paragem

stoppage (ELECT.) paragem; interrupção; suspensão

stopper (ELECTRÓN.) supressor

stopping (E.CIV.) enchimento

stopping a turbine (MEC.) paragem de uma turbina

stopping down of furnace (MEC.) paragem de alto-forno

stopping equivalent (FÍS.) equivalente de paragem

stopping motions (TÊXT.) movimentos de paragem

stopping potential (ELECT.) potencial de paragem

stopping power (FÍS.) poder de paragem

stop rack (MEC.) cremalheira de paragem; cremalheira de retenção

stop relay (ELECT.) relé de paragem

stop screw (MEC.) parafuso de travagem; parafuso de bloqueio

stop valve (MEC.) válvula de paragem

stop watch (RELOJ.) cronómetro

storage (INF.) armazenamento; memória

storage allocation (INF.) atribuição de memória; partilha de memória

storage and retrieval system (INF.) sistema de armazenamento e recuperação

storage area (INF.) área de memória; zona de memória

storage basin (HIDRO.) açude

storage battery (ELECT.) acumulador; bateria de acumuladores

storage block (INF.) bloco de memória

storage capacity (INF.) capacidade de memória

storage cell (INF.) célula de memória

storage cycle (INF.) ciclo de memória

storage density (INF.) densidade de armazenamento; densidade de memória

storage device (INF.) dispositivo de armazenamento

storage disorder (MED.) distúrbios de armazenamento (acumulação anormal de uma substância no corpo)

storage element (INF.) elemento de memória

storage factor (FÍS.) factor de armazenamento

storage fast access (INF.) memória de acesso rápido

storage fragmentation (INF.) fragmentação de memória

storage function (INF.) função de memória

storage heater (ELECT.) aquecedor de armazenamento

storage key (INF.) chave de memória

storage location (INF.) localização de memória

storage medium (INF.) suporte de memória

storage oscilloscope (ELECTRÓN.) osciloscópio de armazenamento

storage pool (INF.) conjunto de armazenamento

storage program (INF.) programa de armazenamento

storage protection (INF.) protecção de armazenamento

storage register (INF.) registo de armazenamento

storage reservoir (HIDRO.) reservatório de acumulação

storage ripple (INF.) alternância de armazenamento

storage routing (HIDRO.) percurso de enchente

storage surface (INF.) superfície de armazenamento

storage tube (ELECTRÓN.) válvula de armazenamento electrostático

storage tube (INF.) tubo de memória

storage unit (INF.) unidade de memória

storage Williams tube (INF.) tubo Williams de memória

store (INF.) armazenar; unidades em memória

store cycle time (INF.) tempo de ciclo de memória

stored program (INF.) programa armazenado

stored program computer (INF.) computador de programa residente

stored program control (TELECOM.) controlo de programa armazenado

stored routine (INF.) rotina em memória

storey column (E.CIV.) coluna que passa através de todos os andares

storey indicator (E.CIV.) indicador em degraus

storey rod (E.CIV.) poste indicador de andares

storied cork (BOT.) suber estratificado; parênquima suberoso estratificado

storm (TELECOM.) tempestade ionosférica

storm-centre (METEO.) centro de ciclone; centro de tempestade; centro de pressão mínima (de tempestade)

storm cloud (METEO.) nuvem de tempestade

storm gale (METEO.) vendaval; temporal

storm surge (METEO.) vaga de tempestade; maré de tempestade

storm window (E.CIV.) janela dupla (janela adicional à comum para protecção)

stoving (E.CIV.) estufagem

STOVL (AERO.) abr. de *Short Take-Off and Vertical Landing* — descolagem curta e aterragem vertical

stowage factor (NAV.) factor de carga; factor de estiva

STP (ELECTRÓN.) abr. de *shielded twist pair* — par entrançado blindado

stp; STP (GERAL) abr. de *Standard Temperature and Pressure* — temperatura e pressão normais (standard)

strabismus (MED.) estrabismo; heterotropia

strabotomy (MED.) estrabotomia

straddle milling (MEC.) fresagem paralela dupla

straggling (FÍS.) ocorrência esporádica

straight angle (MAT.) ângulo raso

straight arch (E.CIV.) arco recto; abóbada plana; arcada direita

straight barrel vault (ARQ.) abóbada de berço recto

straight beam (FÍS.) feixe de raios paralelos

straight climb (AERO.) ascensão em linha recta

straight dipole (ELECT.) dipolo recto

straight dovetail (E.CIV.) espiga de encaixe recta

straight eight (AUTO.) 8 cilindros em linha (motor de)

straighteners (AERO.) alinhadores

straight-flute reamer (MEC.) alargador de estria recta

straightforward circuit (TELECOM.) circuito de emissão dirigida

straight isobars (METEO.) isóbaras rectas

straight jet (AERO.) avião a jacto sem hélice

straight joint (E.CIV.) junta recta; união recta

straight-line capacitor (TELECOM.) condensador rectilíneo

straight-line frequency capacitor (TELECOM.) condensador de frequência rectilínea

straight-line wavelength capacitor (TELECOM.) condensador de comprimento de onda linear

straight-pane hammer (MEC.) martelo de pena rectilínea

straight receiver (TELECOM.) receptor linear

straight resonator (TELECOM.) ressoador linear

straight scarf with saddle backed ends (E.CIV.) ensambladura recta a meia-madeira

straight stair (E.CIV.) escada recta

straight step (E.CIV.) degrau direito

straight tenon (E.CIV.) espiga recta

straight tongue (E.CIV.) lingueta recta; agulha recta (CF)

strain (BIO.) cepa; raça; linhagem; tendência hereditária

strain (FÍS.) força de tensão; deformação

strain (MED.) distensão

strain-ageing (MEC.) cura por deformação

strain diagram (FÍS.) diagrama de tensão; diagrama de esforço

strain disk (VIDR.) disco de reforço (disco de vidro de birrefrigência calibrada usado como medida de comparação do grau de recozimento do vidro)

strainer (PAPEL) coador; filtro

strain gauge (MEC.) aferidor de tensão; calibre de tensão

strain-hardening (MEC.) endurecimento por deformação

straining chamber (HIDRO.) câmara de filtração; câmara de depuração

strain insulating (FÍS.) isolamento de tensão; isolamento de esforço

strain insulator (ELECT.) isolador de tensão

strain point (FÍS.) ponto de tensão; ponto de deformação; ponto de esforço

strain-slip cleavage (GEO.) clivagem de tensão deslizante

strain viewer (FÍS.) visor de projecção (em polariscópio)

strait work (MINAS) trabalho de garganta

strake (NAV.) fiada de chapas ou tábuas do casco do navio

strand (ELECT.) fio individual de cabo eléctrico

stranded cable (ELECT.) cabo condutor de fios entrançados; cabo de fios entrançados

stranded caisson (E.CIV.) caixão americano

stranded conductor (ELECT.) condutor de fios entrançados

stranding effect (ELECT.) efeito de entrançado

strand plant (BOT.) planta de costa; planta de orla marítima

strangeness (FÍS.) strangeness; «estranheza»; singularidade

stranger anxiety (PSICO.) ansiedade perante estranhos; medo dos estranhos

strangler (AUTO.) estrangulador

strangles (VET.) garrotilho; esgana

strangury (MED.) estrangúria

strap (E.CIV.) grampo; tirante; precinta

strapdown inertial navigation equipment (AERO.) equipamento precintado de navegação por inércia; equipamento sem balanceiro de navegação por inércia

strap hinge (E.CIV.) dobradiça de palheta; gonzo de palheta

strapping (E.CIV.) grampeagem (para assentamento de ripas)

strapping (MINAS) cálculo de capacidade (em barris ou galões, de um tanque por unidade de profundidade)

strapping (TELECOM.) acoplamento; grampeagem

strapping wires (ELECT.) fios de acoplamento

strass (VIDR.) vidro incolor de alto poder refractivo

strata (GERAL) estratos (plural de *stratum*)

strategy (Eco.) estratégia
stratification (Geral) estratificação
stratified (Geral) estratificado
stratified charge combustion (Mec.) combustão de carga estratificada
stratified environmental (Hidro.) ambiente estratificado
stratified epithelium (Zoo.) epitélio estratificado
stratified fluid (Quím.) fluido estratificado
stratified random sample (Geral) amostra aleatória estratificada
stratified rock (Geo.) rocha estratificada
stratified sample (Minas) amostra estratificada
stratiform (Geo.) estratiforme
stratiform cloud (Meteo.) nuvem estratiforme
stratiform echo (Radar) eco estratificado
stratigraphical break (Geo.) fractura estratigráfica
stratigraphical change (Geo.) mudança estratigráfica
stratigraphical level (Geo.) nível estratigráfico
stratigraphical timescale (Geo.) divisão estratigráfica
stratigraphic column (Geo.) coluna estratigráfica
stratigraphic trap (Geo.) armadilha estratigráfica
stratigraphy (Geo.) Estratigrafia
stratocumulus (Meteo.) estratocúmulo
stratopause (Meteo.) estratopausa
stratosphere (Meteo.) estratosfera
stratum (Geral) estrato; camada (plural latino strata)
stratum basal (Med.) estrato basal; camada basal
stratum contours (Geo.) contornos estratigráficos
stratum corneum (Zoo.) estrato córneo; camada córnea
stratum germinativum (Zoo.) estrato germinativo; estrato de Malpighi
stratum granulosum (Zoo.) estrato granuloso
stratum lucidum (Zoo.) estrato lúcido; camada lúcida
stratum Malpighi (Zoo.) estrato de Malpighi; camada germinativa
stratum mucosum (Med.) estrato mucoso
stratum opticum (Med.) camada óptica
stratum spongiosum (Med.) estrato esponjoso
stratum zonal (Med.) estrato zonal; camada zonular
stratus (Meteo.) estrato
strawberry footroot (Vet.) dermatofilíase dos carneiros
stray capacitance (Electrón.) capacitância parasita; capacitância residual
stray coupling (Elect.) acoplamento parasita
stray current (Elect.) corrente parasita
stray field (Elect.) campo parasita

stray flux (Elect.) fluxo disperso; fluxo errático
stray induction (Fís.) indução por dispersão
stray radiation (Fís.) (ir)radiação parasita
stray reaction (Fís.) reacção parasita
stray resonance (Elect.) ressonância por dispersão
strays (Telecom.) dispersões atmosféricas; efeitos parasitas
streak (Bot.) mancha (de doença)
streak (Minas) risca (de mineral)
streaking (T.Imag.) formação de estrias; irregular expansão de linhas horizontais
stream anchor (Nav.) ancoreta; ancorote
stream cable (Nav.) cabo de ancoreta
stream factor (Quím.) factor de corrente
stream feeder (Imp.) alimentador de corrente
stream hardening (Eng.) têmpera a jacto de água
streaming (Geral) afluxo
streaming effect (Nucl.) efeito de emissão; efeito de afluxo
streaming potential (Nucl.) potencial de afluxo; potencial de emissão
streamline (Fís.) linha fusiforme; linha aerodinâmica
streamline burner (Mec.) queimador aerodinâmico
streamline flow (Fís.) fluxo aerodinâmico
streamline motion (Fís.) movimento aerodinâmico
streamlines (Meteo.) linhas aerodinâmicas; linhas de corrente horizontal
streamline wire (Aero.) cabo aerodinâmico
stream sampling (Minas) amostragem de corrente
stream terrace (Eco.) terraço fluvial
stream tin (Miner.) cassiterite (de seixos rolados)
strength of acids (Quím.) força dos ácidos
streptococcus (Bio.) estreptococo
streptokinase (Med.) estreptoquinase; estreptocinase
streptolysin (Med.) estreptolisina
streptomycetes (Bio.; Med.) estreptomicinas
streptomycin (Bio.; Med.; Quím.) estreptomicina
streptomycosis (Med.) estreptomicose
streptose (Quím.) estreptose; estreptofuranose
streptostyly (Zoo.) estreptostele
streptothricosis (Med.) estreptotricose; estreptotriquíase
stress (Fís.) tensão
stress (Psico.) stress; tensão
stress analysis (Mec.) análise de tensão
stress diagram (Fís.) polígono de forças; diagrama de tensões
stress diagram (Mec.) diagrama de tensão
stressed-skin construction (Aero.) construção de revestimento submetido

a tensão; construção com revestimento activo
stress ellipse (Fís.) elipse das tensões
stress fibres (Bio.) fibras de tensão
stress-intensity factor (Mec.) factor de intensidade de tensão
stress marks (T.Imag.) marcas; marcas de tensão
stress-number curve (Mec.) curva de número de tensão
stress proteins (Bio.) proteínas do stress
stress relief (Mec.) alívio de tensão; libertação de tensão
stress-relief annealing (Mec.) recozimento para libertar as tensões
stress-strain curve (Quím.) curva tensão-deformação
stress-strain module (Quím.) módulo tensão-deformação; módulo de Young; coeficiente de elasticidade
stress zone (Minas) zona de tensão
stretch (T.Imag.) extensão
stretch diaphragm (Fís.) diafragma ampliado
stretcher (E.Civ.) tijolo deitado; tijolo assente ao comprido
stretch forming (Mec.) formação por esticador; formação por alongamento
stretching force (Fís.) força de tensão; esforço de tensão
stretching gear (Mec.) aparelho tensor; tensor
stretching ring (Mec.) anel de retenção
stretching screw (Mec.) tensor de corrente
stria (Geral) estria; tira; faixa; linha (plural striae)
striae atrophicae (Med.) estrias atróficas; estrias por distensão da pele
stria glacial (Geo.) estria glaciar
stria medullaris (Zoo.) estria medular; faixa medular
striated muscle (Zoo.) músculo estriado
striation (Geo.) estriamento
strickle board (Mec.) placa de molde; cércea
strict inequality (Mat.) desigualdade estrita
stricture (Med.) estritura; aperto; estenose; estreitamento
stricturotomy (Med.) estriturotomia
striding level (Topo.) tubo de montante do teodolito
stridor (Med.) estridor
stridulation (Zoo.) estridulação
stridulation organs (Zoo.) órgãos estridulatórios
Strigiformes (Zoo.) Estrigiformes
strigose (Bot.) híspido
strike (Geo.) direcção de filão
strike (Vet.) miíase provocada pela mosca varejeira
strike fault (Geo.) falha direccional
strike line (Geo.) linha de direcção
striker-slip fault (Geo.) falha de rejeição direccional; falha transcorrente
strike stream (Geo.) corrente subsequente; rio subsequente; rio direccional
strike valley (Geo.) vale subsequente

striking (Geral) pancada; percussão

striking lever (Mec.) martelete; alavanca de percussão

striking potential (Electrón.) tensão de ignição; potencial de ignição

striking voltage (Electrón.) voltagem de ignição

string (Geral) corda; cordão; filamento; fibra

string (Inf.) grupo; cadeia

string (Med.) nervo; freio da língua

string (Minas) coluna; haste

string electrometer (Electrón.) electrómetro de fio

stringency (Bio.) estringência

stringent response (Bio.) resposta estringente

stringer (Aero.) longarina

stringer (E.Civ.) trave; travessa; madeira de cimbre

stringer (Minas) filamentos; intercalações finas; passagens finas

string galvanometer (Elect.) galvanómetro de fio; galvanómetro de Einthoven

stringhalt (Vet.) esparavão; esparvão

stripe (Bot.) mancha; risca (de doença)

stripe (Med.) linha; faixa; estria; sulco

striped muscle (Zoo.) músculo estriado

strip floor (E.Civ.) soalho de ripas

stripline (Telecom.) linha de fita (de transmissão)

stripline inductor (Electrón.) indutor linear

strip mining (Minas) mineração em filamentos

strip mosaic (T.Imag.) mosaico de fotografias; faixa de mosaicos

strippable coatings (E.Civ.) capas removíveis

strippable plastic coating (E.Civ.) capa plástica descascável

stripper (E.Civ.) removedor

stripper (Nucl.) extractor

strippers (Imp.) separadores; extractores

stripping (Geral) remoção; extracção

stripping tongs (Mec.) tenazes de engatar

stripping winch (Mec.) guincho de tenazes

strip-wound armature (Elect.) induzido de barras

strobe (Electrón.) marca estroboscópica

strobe circuit (Electrón.) circuito estroboscópico

strobe lighting (T.Imag.) iluminação estroboscópica

strobila (Bot.; Zoo.) estróbilos

strobile (Geral) estróbilo; cone; pinha

strobilization (Zoo.) formação de estróbilos

strobilus (Bot.) estróbilo; cone; pinha

strob marker (Electrón.) marcador estroboscópico

stroboscope (Electrón.) estroboscópio

stroke (Mec.) golpe; pancada; curso; deslocamento

stroke (Med.) ataque; crise; golpe; pulsação

stroked (E.Civ.) afagado; alisado

stroma (Bot.; Zoo.) estroma

stroma lamellae (Bot.) lamelas do estroma

stroma ovarii (Zoo.) estroma do ovário

stromata (Bot.; Zoo.) estromas

stromatin (Med.) estromatina

stromatolite (Geo.) estromatólito

stromatolites (Bot.) estromatólitos

stromatoporoid limestone (Geo.) calcário estromatoporídeo

Strombolian eruption (Geo.) erupção estrombólica; erupção estromboliana

strong boiling (Quím.) ebulição violenta

strong clay (E.Civ.) argila dura

strong concentration (Quím.) concentração forte; concentração densa

strong electrolyte (Quím.) electrólito denso

strong gale (Meteo.) vento tempestuoso

strong interaction (Fís.) interacção densa

strong liquor (Quím.) solução forte

strong water (Quím.) água-forte; ácido nítrico

strongyloidiasis (Med.) estrongiloidose

strongyloidosis (Med.) estrongiloidose

strongylosis (Med.) estrongilose

strontium (Quím.) estrôncio

strontium unit (Fís.) unidade de estrôncio

strophiole (Bot.) estrofíolo

Strouhal number (Fís.) número de Strouhal (Acústica)

Strowger system (Telecom.) sistema Strowger; sistema passo-a-passo

struck (E.Civ.) desarmado; desmantelado

struck (Vet.) forma de enterotoxemia ou miíase dos ovinos adultos

structural (Geral) estrutural

structural analysis (Quím.) análise estrutural

structural beam (Aero.) longarina estrutural

structural beam (Mec.) viga estrutural

structural colours (Zoo.) cores estruturais

structural damping (Aero.) amortecimento estrutural

structural density (Fís.) densidade estrutural

structural divergency (Mec.) divergência estrutural

structural failure (Mec.) falha estrutural

structural formula (Mec.) fórmula estrutural

structural gene (Bio.) gene estrutural

structural geology (Geo.) Geologia estrutural

structural isomerism (Quím.) isomeria estrutural

structural resolution (T.Imag.) resolução estrutural; definição-limite

structural trap (Geo.) armadilha estrutural

structure (Geral) estrutura

structure contour (Geo.) contorno de estrutura; curvas de nível

structured analysis (Inf.) análise estruturada

structured coding (Inf.) codificação estruturada

structured language (Inf.) linguagem estruturada

structured programming (Inf.) programação estruturada

structured variable (Inf.) variável estruturada

structure mapping (Inf.) mapeamento de estrutura

structure of the atom (Quím.) estrutura do átomo

struma (Med.) estruma; escrófula; bócio

strut (Aero.) longarina; montante

strut (E.Civ.) escora; contraforte; contrafixa

strut (Mec.) escora; apoio

Struthioniformes (Zoo.) Estrutioniformes

strutting (E.Civ.) escoramento; união de reforço

struvite (Miner.) estruvite

strychnine (Quím.) estricnina

strychnine bases (Quím.) bases de estricnina

STS (Esp.) abr. de *Space Transportation System* — sistema de transporte no espaço

STTL (Electrón.) abr. de *standard transistor transistor logic* — lógica transístor transístor padrão

stub (Zoo.) chifre rudimentar

stub (Electrón.) adaptador

stub aerial (Telecom.) antena de bobina

stub antenna (Telecom.) antena curta

stub-matching (Electrón.) adaptação por braço de reactância

stub plane (Aero.) asa de estabilização; subplano de estabilização

stub-supported line (Telecom.) linha suportada por adaptador

stub tenon (E.Civ.) espiga curta; encaixe; dente invisível

stub-tooth gear (Mec.) engrenagem de dentes curtos

stub tuner (Electrón.) sintonizador de adaptador

stuc (E.Civ.) estuque; reboco (a imitar pedra)

stucco (E.Civ.) estuque

stud (E.Civ.) montante; prumo; caibro

stud (Mec.) rebite; pino; prego de cabeça grossa

Student's test (Est.) teste de Student

stud threading (Mec.) rosqueamento de espiga; rosqueamento de perno

stuff (E.Civ.) forro; betume resinoso; argamassa de reboco

stuffing box (Mec.) caixa de vedação

stugging (E.Civ.) carga de fornalha; alimentação de fornalha

stuke (E.Civ.) estuque

stupor (Med.) estupor; letargia; torpor; inconsciência

sturdy (Vet.) celurose; vertigem dos ovinos

Sturm's theorem (MAT.) teorema de Sturm

Stuttgart disease (VET.) doença de Stuttgart; tifo canino; forma urémica de leptospirose canina

Stuve diagram (METEO.) diagrama de Stuve

St. Vitus's dance (MED.) dança de São Vito; doença de Sydenham; coreia menor; coreia juvenil

style (BOT.; ZOO.) estilo

stylet (BOT.; ZOO.) estilete

styliform (ZOO.) estiliforme

stylo- (GERAL) estilo-; do grego *stylos* — estilo, coluna, poste, pilar

stylobate (ARQ.) estilóbata

styloglossus (MED.) estiloglosso

stylohyal (MED.) estiloidal

stylohyoid (MED.) estiloidal

stylolite (GEO.) estilolite

stylopodium (BOT.) estilopódio (disco nectarífero epigínico da flor das umbelíferas)

stylopodium (ZOO.) estilopódio (segmento intermediário proximal do esqueleto do membro)

stylus (FÍS.) agulha

stylus (MED.) estilete; qualquer estrutura semelhante a um lápis

stylus pressure (TELECOM.) pressão da agulha (de giradiscos)

stypic (MED.) estípico; adstringente

stypsis (MED.) adstringência; estipsia

styracin (QUÍM.) estiracina

styramate (QUÍM.) estiramato

styrene (QUÍM.) estireno; cinamena

styrene-butadiene rubber (PLÁST.) borracha de estireno-butadieno; borracha sintética de butadieno polimerizado

styrene copolymer (QUÍM.) copolímero de estireno

styrene-isobutylene (QUÍM.) estirenoisobutileno

styrene joint (ELECT.) junção de estireno

styrene polymer (QUÍM.) polímero de estireno

styrene resins (QUÍM.) resinas de estireno

styrene rubber (PLÁST.) borracha de estireno

styrene solvent (QUÍM.) (dis)solvente de estireno

sty; stye (MED.) terçol; treçolho; hordéolo

sub- (GERAL) sub-; do latim *sub* — debaixo, por baixo, denotando posição inferior, inferior e quase

subabdominoperitoneal (MED.) subabdominoperitoneal

subacute (FÍS.; MED.) subagudo

sub-additive function (MAT.) função subaditiva

subaqueous loudspeaker (FÍS.) altifalante subaquático

subaqueous sediment (GEO.) sedimento subaquático

subarachnoid haemorrhage (MED.) hemorragia subaracnóidea; hemorragia subaracnoidiana

Subarctic Current (GEO.) corrente Sub Árctica

subassembly (MEC.) subconjunto

subassembly line (MEC.) linha de montagem de subconjuntos

subatomic (QUÍM.) subatómico

subatomic particles (FÍS.) partículas subatómicas

subatomic relativity (FÍS.) relatividade subatómica

subaudio frequency (FÍS.) frequência infra-acústica

subcarrier (TELECOM.) subportadora

subcarrier band (TELECOM.) faixa de subportadora

subcarrier frequency shift (TELECOM.) desvio de frequência de subportadora

subcarrier transmission (TELECOM.) transmissão de subportadora

subcircuit (ELECT.) circuito secundário

subclavian (ZOO.) subclavicular; subclávio

subclavicular (ZOO.) subclavicular; subclávio

subclimax (BOT.) subclímax

subconscious (PSICO.) subconsciente

subcortical (ZOO.) subcortical

subcritical (FÍS.) subcrítico

subcritical reactor (NUCL.) reactor subcrítico

subculture (BOT.) subcultura

subcutaneous (ZOO.) subcutâneo

subdorsal (ZOO.) subdorsal

subduction zone (GEO.) zona de subadução

subdural (MED.) subdural

suberin (BOT.) suberina

suberin lamella (BOT.) lâmina de suberina

suberization (BOT.) suberização

subfactorial (MAT.) subfactorial

sub-floor (E.CIV.) soalho falso

subgenital (ZOO.) subgenital

subgenual organ (ZOO.) órgão subgenicular

subglacial (ECO.) subglacial

subglacial drainage (GEO.) drenagem subglaciar

subgroup (MAT.) subgrupo

subharmonic (FÍS.) sub-harmónico

subhedral (GEO.) hipidiomórfica

subimago (ZOO.) subimago; insecto quase perfeito

subinvolution (MED.) subinvolução

subjective noise meter (FÍS.) medidor de sons subjectivos

sublevel caving (MINAS) abatimento de nível inferior

sublimate (QUÍM.) sublimado

sublimation (GERAL) sublimação

sublimed white lead (QUÍM.) alvaiade sublimado; carbonato de chumbo sublimado

subliminal perception (PSICO.) percepção subliminar

sublimation nucleus (GEO.) núcleo de sublimação

sublingua (ZOO.) sublíngua

sublittoral plant (ECO.) planta sublittoral

sublittoral zone (GEO.) zona sublitteral

subluxation (MED.) subluxação; luxação parcial; luxação incompleta

submarginal ore (MINAS) mina submarginal

submarine cable (TELECOM.) cabo submarino

submarine canyon (GEO.) canyon submarino

submarine fan (GEO.) leque submarino

submarine repeater (TELECOM.) repetidor submarino

submaxillary (ZOO.) submaxilar

submerged arc welding (ELECT.) soldadura a arco submerso

submerged forest (ECO.) floresta submersa

submerged heating (ELECT.) aquecimento de submersão

submicron (FÍS.) submicrónico

sub-millimetric waves (TELECOM.) ondas submilimétricas

subnormal (MAT.) subnormal

subnuclear (FÍS.) subnuclear

subnuclear particle (FÍS.) partícula subnuclear

subpolar glacier (ECO.) glaciar subpolar

subprogram (INF.) subprograma

subroutine (INF.) sub-rotina

subscriber identity module (TELECOM.) cartão SIM; cartão de telemóvel

subscriber's line (TELECOM.) linha de assinante

subscriber's station (TELECOM.) telefone de assinante

subsequent dolomitization (GEO.) dolomitização subsequente; dolomitização em veio

subsequent pick-up (TELECOM.) fonocaptador subsequente

subset (GERAL) subconjunto

subsidence inversion (TELECOM.) inversão de subsidência

subsidiary cell (BOT.) célula subsidiária; célula acessória

subsidence (E.CIV.) afundamento; assentamento; aluimento

subsoil (GEO.) subsolo

subsoil drainage (E.CIV.; HIDRO.) drenagem de subsolo; escavação de subsolo

subsonic (FÍS.) subsónico; infra-sónico

subsonic speed (AERO.) velocidade subsónica

subspecies (BIO.) subespécie

substance (GERAL) substância; matéria

sub-standard (T.IMAG.) infra-standard; infrapadrão

substantia (ZOO.) substância; matéria

substantive dyes (QUÍM.) corantes substantivos; corantes directos

substantive variation (BOT.; ZOO.) variação substantiva

substellar point (ASTRO.) ponto subestelar; ponto subastral

substitution (GERAL) substituição

substitutional resistance (ELECT.) resistência de substituição

substrate (GERAL) substrato

substrate level phosphorylation (BIO.) fosforilação do nível de substrato

substratum (BIO.) substrato

subsurface flow (Eco.) escoamento subsuperficial

subsynchronous (Elect.) subsíncrono

subsystem (Esp.) subsistema

subtangent (Mat.) subtangente

subtectal (Zoo.) subtectório

subtend (Mat.) subtendente

subtense bar (Topo.) mira falante

subtidal (Eco.) sublitoral

subtidal zone (Eco.) zona sublitoral

sub-title (T.Imag.) subtítulo

subtraction (Mat.) subtracção

subtractive colour system (Fís.) sistema subtractivo de cores

subtractive light mixing (T.Imag.) mistura de cor subtractiva

subtractive printer (T.Imag.) impressora subtractiva

subtractive process (T.Imag.) processo subtractivo

subtrahend (Mat.) subtraendo

subtropical high (Geo.) centro de altas pressões subtropical

subulate (Bot.) subulado

subunit (Bio.) subunidade

subunit vaccine (Bio.; Med.) vacina subunitária

sub-woofer (Telecom.) altifalante de infrasons

succession (Eco.) sucessão

succinamic acid (Quím.) ácido succinâmico; ácido sucinamínico

succinic acid (Quím.) ácido sucínico; ácido butanodióico

succinite (Miner.) succinite

succinyl (Quím.) succinilo

succinylcholine bromide (Quím.) brometo de succinilcolina

succinyl-CoA (Quím.) succinil-CoA; abr. de *SUCCINYL-COenzime A* — succinilcoenzima A; succinato activo

succise (Bot.) cortado abruptamente por baixo

succulent (Bot.) suculento

succus (Geral) suco

succus entericus (Zoo.) suco entérico

succus gastricus (Zoo.) suco gástrico

succussion (Med.) sucussão

sucker (Bot.) rebento (de raíz ou de ramo subterrâneo)

sucker (Zoo.) ventosa

sucrol (Quím.) sucrol; dulcina

sucrose (Quím.) sacarose; sacarina

sucrose-density centrifugation (Bio.; Quím.) centrifugação de densidade de sucrose

sucrose gradient (Bio.) gradiente de sacarose

suction box (Papel) caixa de sucção; caixa de aspiração

suction couch roll (Papel) rolo de amassar de sucção

suction dredger (E.Civ.) draga de sucção; draga de aspiração

suction event (Mec.) tempo de admissão; tempo de aspiração

suction head (Hidro.) coluna aspirada

suction lift (Hidro.) altura de aspiração; altura de sucção

suction line (Fís.) curva de aspiração

suction pressure (Bot.) pressão de aspiração (termo obsoleto)

suction roll (Papel) rolo de sucção

suction stroke (Mec.) curso de admissão; tempo de admissão

suction valve (Mec.) válvula de admissão

suctorial (Zoo.) sugador

suctorial mouth-parts (Zoo.) armadura suctória

sudamina (Med.) sudamina

Sudan (Bio.) Sudão (nome de vários corantes da classe dos azóicos)

Sudan brown (Bio.) castanho Sudão; corante castanho para gorduras

Sudan IV (Bio.) Sudão IV; corante vermelho escarlate

sudanophilia (Bio.) sudanofilia

sudden infant death syndrome [SIDS] (Med.) síndroma de morte súbita infantil

sudden ionospheric disturbance (Telecom.) perturbação súbita da ionosfera

sudden warming (Meteo.) aquecimento súbito

sudor (Med.) suor; perspiração

sudoriferous (Zoo.) sudoríparo; sudorífero

suffructescent (Bot.) sufrutescente; subfrutescente

suffructicose (Bot.) subfrutescência

sugar (Quím.) açúcar

sugar berg (Geo.) icebergue poroso

sugar charcoal (Quím.) carvão de açúcar

sugar of lead (Quím.) acetato de chumbo

sugar plant (Bot.) planta de açúcar

Suhl effect (Electrón.) efeito de Suhl

sulcus (Zoo.) sulco

sulcus caroticus (Med.) sulco carotídeo

sulcus hippocampi (Med.) sulco do hipocampo

sulf-; sulfo- (Geral) sulf-; sulfo-; elemento de composição que indica a presença de enxofre num composto; a grafia *sulf-; sulfo-* é geralmente seguida nos EUA; o RU grafa normalmente *sulph-; sulpho-* (este elemento é actualmente substituído pelo prefixo *thio-* — tio-)

sulfa (Med.; Quím.) sulfa; sulfonamida

sulfate (Quím.) sulfato

sulphamic acid (Quím.) ácido sulfâmico; ácido aminosulfónico

sulphamide (Quím.) sulfamida

sulphanilic acid (Quím.) ácido sulfanílico; ácido p- aminobenzenossulfónico

sulphate (Quím.) sulfato

sulphate of ammonium (Quím.) sulfato de amónio

sulphate of barium (Miner.) barita

sulphate of barium (Quím.) sulfato de bário

sulphate of copper (Quím.) sulfato de cobre

sulphate of iron (Miner.) melanterita (sulfato hidratado de ferro)

sulphate of iron (Quím.) sulfato de ferro

sulphate of lead (Miner.) anglesite

sulphate of lead (Quím.) sulfato de chumbo

sulphate of lime (Miner.) anidrite; gipsita; gesso

sulphate of lime (Quím.) sulfato de cálcio

sulphate of magnesium (Med.) sal de Epson

sulphate of magnesium (Quím.) sulfato de magnésio

sulphate of sodium (Med.) sal de Glauber

sulphate of sodium (Quím.) sulfato de sódio

sulphate of strontium (Miner.) celestite; espato de estrôncio

sulphate of strontium (Quím.) sulfato de estrôncio

sulphate pulp (Papel) polpa sulfatada

sulphate-resisting cement (E.Civ.) cimento resistente ao sulfato

sulphating roasting (Mec.) calcinação de sulfatação; ustulação sulfatante

sulphation (Quím.) sulfatação

sulphides (Quím.) sulfuretos

sulphide toning (T.Imag.) primeiro banho de sulfureto

sulphide zone (Minas) zona de sulfureto

sulphinic acids (Quím.) ácidos sulfínicos

sulphite process (Papel) processo sulfito

sulphites (Quím.) sulfitos

sulphitewood pulp (Papel) polpa de madeira em sulfito

sulphocyanide (Quím.) sulfocianeto; tiocianeto

sulphonamides (Med.) sulfonamidas; sulfas

sulphonation (Quím.) sulfonação

sulphones (Quím.) sulfonas

sulphonic acid (Quím.) ácido sulfónico

sulphonium ion (Quím.) ião sulfónico

sulphonylurea compounds (Med.) compostos da sulfonilureia; sulfonilureias

sulphoprotein (Med.) sulfoproteína

sulphosalicylic acid (Quím.) ácido sulfossalicílico

sulphosol (Quím.) sulfossol

sulphotransferase (Quím.) sulfotransferase

sulphoxide (Quím.) sulfóxido

sulphur (Quím.) enxofre

sulphur bacteria (Bio.) bactérias de enxofre

sulphur cement (E.Civ.) cimento sulfuroso

sulphur dioxide (Quím.) dióxido de enxofre; ácido sulfuroso

sulphuretted hydrogen (Quím.) hidrogénio sulfuroso (denominação incorrecta); ácido sulfídrico (forma correcta)

sulphur hydrides (Quím.) hidretos de enxofre

sulphuric acid (Quím.) ácido sulfúrico

sulphuric anhydride (Quím.) anidrido sulfuroso

sulphur oxides (Quím.) óxidos de enxofre

sulphur-reducing organism (Eco.) organismos reductores de enxofre

sulphur trioxide (QUÍM.) trióxido de enxofre

summation (MED.) soma; somatório; totalidade

summation check (INF.) verificação por totalização

summer annual (BOT.) anual de Verão

summer draught (NAV.) calado de Verão

summer egg (ZOO.) ovo de Verão

summer-load waterline (NAV.) linha de água de carga de Verão

summer mastitis (VET.) mastite de Verão; mastite piogénica

summer solstice (ASTRO.) solstício de Verão

summit canal (HIDRO.) canal de cumeada

summit crater (GEO.) cratera de pico

summit level (E.CIV.) de nível mais alto

sum of series (MAT.) soma de série

sump (AUTO.) reservatório (de óleo); cárter

sump (E.CIV.) fossa sanitária

sump (MED.) fossa

sump (MINAS) poço de drenagem; galeria de captação; poço de entrada de mina

Sumpner test (ELECT.) teste de Sumpner

Sumpner wattmeter (ELECT.) voltímetro de Sumpner

Sun (ASTRO.) Sol

sun-and-planet gear (MEC.) engrenagem planetária

sun-and-planet model (GERAL) modelo planetário

sunburn (MED.) eritema solar; queimadura do sol

sun crack (GEO.) fractura solar; racha solar

sun gear (MEC.) engrenagem solar; engrenagem epicíclica

sunk face (E.CIV.) superfície rebaixada

sunk key (MEC.) chaveta embutida

sunk switch (ELECT.) comutador embutido

sun observation (TOPO.) observação solar

sun pillar (METEO.) coluna solar; coluna luminosa

sun plant (BOT.) planta de sol

sun print (IMP.) cópia heliográfica; heliogravura

sun-pumped laser (FÍS.) laser excitado pelo Sol

sun-ray therapy (MED.) terapia de raios solares; helioterapia

sun's corona (ASTRO.) coroa solar

sun's declination (ASTRO.) declinação solar

sunseeker (ESP.) seguidor do Sol (dispositivo fotoeléctrico)

sunshine recorder (GEO.) heliógrafo

sunspot (ASTRO.) mancha solar

sunspot cycle (TELECOM.) ciclo de manchas solares; ciclo de actividade solar

sunstone (MINER.) aventurina

sunstroke (MED.) insolação; febre térmica; siríase

Sun-synchronous orbit (ESP.) órbita síncrona do Sol

sun wheel (MEC.) engrenagem solar

super-; supra- (GERAL) super-; supra; do latim *super* — sobre

super-additive function (MAT.) função superaditiva

super-adiabatic lapse rate (GEO.) gradiente de temperatura super adiabático

superaerodynamics (AERO.) Superaerodinâmica

superaudio frequency (FÍS.) frequência supra-acústica

supercalandered paper (PAPEL) papel supercalandrado

supercharger (AUTO.) supercompressor; superalimentador

supercharging (AERO.) supercompressão

superciliary (ZOO.) superciliar

supercilium (ZOO.) supercílio

super-circulation (AERO.) super-circulação

supercoiled DNA (BIO.) ADN supertorcido

supercompression engine (MEC.) motor de supercompressão; motor diesel

supercomputer (INF.) supercomputador

superconducting amplifier (ELECTRÓN.) amplificador de supercompressão; amplificador supercondutor

superconducting gyroscope (ELECTRÓN.) giroscópio de supercondução

superconducting levitation (FÍS.) levitação de supercondução

superconducting magnet (ELECTRÓN.) magneto de supercondução

superconducting memory (ELECTRÓN.) memória de supercondução

superconductivity (FÍS.) supercondutividade

supercooled (QUÍM.) superarrefecido; super-refrigerado

supercooled cloud (GEO.) nuvem sobrearrefecida

supercooled water (METEO.) água superesfriada

supercritical (FÍS.) supercrítico

superego (PSICO.) superego

superelevation (TOPO.) desnivelamento; superelevação

superfetation (MED.) superfetação

superficial crust (GEO.) crusta superficial; crosta superficial

superficial deposit (GEO.) depósito superficial

superficial expansion (MEC.) expansão superficial

superficial hardening (MEC.) têmpera superficial

superficial layer (GEO.) camada superficial

superficial radiation therapy (RADIOL.) terapia de radiação superficial

superficial sheet (GEO.) lençol de superfície

superficial water (GEO.) água de superfície

superfinishing (MEC.) superacabamento

superfluid (FÍS.) superfluido

superfluidity (FÍS.) superfluidez

superfoetation (MED.) superfetação

supergene enrichment (MINAS) enriquecimento supergénico; enriquecimento secundário

supergiant star (ASTRO.) estrela supergigante; supergigante

supergravity (ASTRO.; FÍS.) super-gravidade

superheat (AERO.) sobreaquecimento; superaquecimento

superheated gas (MEC.) gás superaquecido

superheated steam (MEC.) vapor superaquecido

superheated vapour (FÍS.) vapor superaquecido

superhet (TELECOM.) abr. de *SUPersonic HETerodyne* — heteródino supersónico; super-heteródino

superheterodyne receiver (TELECOM.) receptor superheteródino

superhet receiver (TELECOM.) receptor super-heteródino

super high frequency (ELECTRÓN.) frequências super altas

superimpose (T.IMAG.) sobreposição

superimposed drainage (GEO.) drenagem de sobreposição

superimposed stresses (FÍS.) tensões sobrepostas

superimposition (IMP.) sobreposição

superior (GERAL) superior

superior (MED.) superior; cefálico

superior figures (IMP.) algarismos elevados

superior mirage (METEO.) miragem superior

superior vena cava (ZOO.) veia cava superior

supernatant liquid (QUÍM.) líquido flutuante; sobrenadante

supernormal stimulus (PSICO.) estímulo supernormal

supernova (ASTRO.) supernova

supernova explosion (ASTRO.) explosão de supernova

supernumary chromosome (BOT.) cromossoma acessório

superorganism (ECO.) superorganismo

superovulation (ZOO.) superovulação

superoxide anion (IMUN.) anião de superóxido

superoxides (QUÍM.) superóxidos

superpetrosal (MED.) superpetroso; supertemporal

superphosphate (QUÍM.) superfosfato

superposed circuit (TELECOM.) circuito sobreposto

superposition theorem (ELECT.) teorema de sobreposição

superpressure (AERO.) superpressão

super-refraction (METEO.) super-refracção

super-regeneration (TELECOM.) super-regeneração

super-regenerative amplifier (TELECOM.) amplificador super-regenerativo

super-regenerative circuit (TELECOM.) circuito super-regenerativo

super-regenerative detector (TELECOM.) detector regenerativo

super-regenerative receiver (TELECOM.) receptor regenerativo

supersaturation (QUÍM.) supersaturação

supersonic (FÍS.) supersónico

supersonic aerodynamics (AERO.) Aerodinâmica supersónica

supersonic boom (FÍS.) barreira supersónica

supersonic flow (FÍS.) fluxo supersónico

supersonic sounding (FÍS.) sondagem supersónica

supersonic speed (AERO.) velocidade supersónica

supersonic tunnel (AERO.) túnel supersónico

supersonic waves (FÍS.) ondas supersónicas

supersonic wind tunnel (AERO.) túnel de vento supersónico

super stall (AERO.) superperda de velocidade

superstitious behaviour in animals (PSICO.) comportamento supersticioso nos animais

superstructure (GERAL) superestrutura

supersulphated cement (E.CIV.) cimento supersulfatado

supersymmetry (ASTRO.; FÍS.) supersimetria

supersynchronous satellite (ASTRO.) satélite supersíncrono

supersynchronous signal (TELECOM.) sinal supersíncrono

supervisor (INF.) supervisor

supervisor call (INF.) chamada de supervisor

supervisor control (INF.) controlo de supervisor

supervisor mode (INF.) modo de supervisor

supervisor queue area (INF.) área de fila supervisora

supervisor state (INF.) estado supervisor

supervisory control (INF.) controlo supervisor

supervoltage therapy (RADIOL.) terapia de supervoltagem (em raios-X)

supination (ZOO.) supinação

supinator (ZOO.) supinador

supplemental arcs (MAT.) arcos suplementares

supplemental chords (MAT.) cordas suplementares

supplementary acceleration (MEC.) aceleração suplementar

supplementary angles (MAT.) ângulos suplementares

supplementary features (METEO.) particularidades suplementares

supplementary land station (METEO.) estação terrestre suplementar

supplementary lens (T.IMAG.) lente suplementar

supplementary station (METEO.) estação suplementar

supply channel (HIDRO.) canal de alimentação; canal de adução

supply current (METEO.) corrente de alimentação; corrente de compensação

supply frequency (ELECT.) frequência de alimentação

supply line (ELECT.) linha de abastecimento

supply mains (ELECT.) linhas principais de abastecimento (de energia)

supply meter (ELECT.) medidor de energia eléctrica

supply network (ELECT.) rede de distribuição

supply point (ELECT.) ponto de abastecimento

supply pressure (ELECT.) tensão de regime; tensão de abastecimento

supply station (ELECT.) posto de abastecimento; central eléctrica

supply terminals (ELECT.) terminais de alimentação

supply transformer (ELECT.) transformador alimentador

supply tube (AERO.) tubo de abastecimento

supply voltage (ELECT.) tensão de alimentação

suppository (MED.) supositório

suppressed carrier system (TELECOM.) sistema de portadora suprimida

suppressed-carrier transmission (TELECOM.) transmissão com supressão da portadora

suppressed-zero instrument (ELECT.) instrumento de zero suprimido

suppression (GERAL) supressão

suppression (PSICO.) recalcamento

suppressor (GERAL) supressor

suppressor cell (IMUN.) célula supressora

suppressor gene (BIO.) gene supressor

suppressor grid (ELECTRÓN.) grade supressora

suppressor-grid modulation (ELECTRÓN.) modulação de grade supressora

suppressor mutation (BIO.) mutação supressora

suppressor T cell (BIO.) célula T supressora

suppressor T-cell factor (IMUN.) factor de célula T supressora

suppressor tRNA (BIO.) tARN supressor

suppuration (MED.) supuração

supra-acromial (MED.) supra-acromial

supra-axillary (MED.) supra-axilar

suprabucal (MED.) suprabucal

supracerebellar (MED.) supracerebeloso

suprachoroid (MED.) supracoróide

supracotyloid (MED.) supracotiloideu

supradorsal (ZOO.) supradorsal

supraglacial (ECO.) supraglacial

supraliminal (PSICO.) supraliminal

supralittoral zone (ECO.) zona supralitoral

supramalleolar (MED.) supramaleolar

supra-occipital (ZOO.) supra-occipital

supraorbital (MED.) supra-orbital

supraorbital (ZOO.) supra-orbitário

suprascapular (MED.) supra-escapular

supratidal (ECO.) supralitoral

supraversion (MED.) supraversão

supremum (MAT.) supremo

Suramin (MED.) Suramina (antiparasitário)

surcharge (GERAL) sobrecarga

surd (MAT.) irracional

surd expression (MAT.) expressão irracional

surd number (MAT.) número irracional

surd root (MAT.) raiz irracional

surf (GEO.) ressaca; rebentação

surface absorption coefficient (FÍS.) coeficiente de absorção superficial

surface acoustic wave (RADAR; TELECOM.) onda acústica de superfície

surface activity (QUÍM.) actividade superficial

surface barrier (ELECTRÓN.) barreira superficial

surface barrier diode (ELECT.) diodo de barreira superficial

surface boundary layer (METEO.) camada limite de superfície

surface charge (ELECT.) carga de superfície

surface chart (METEO.) carta de superfície

surface chemistry (QUÍM.) química de superfície

surface combustion (MEC.) combustão superficial

surface compressibility (QUÍM.) compressibilidade superficial

surface concentration excess (QUÍM.) excesso de concentração superficial

surface condenser (MEC.) condensador de superfície

surface conductivity (FÍS.) condutividade superficial

surface converting (MEC.) têmpera de superfície

surface density (FÍS.) densidade superficial

surface duct (TELECOM.) canal de superfície

surface energy (FÍS.) energia superficial

surface erosion (GEO.) erosão superficial

surface evaporation (FÍS.) evaporação superficial

surface flow (HIDRO.) fluxo superficial; fluxo terrestre

surface fog (METEO.) nevoeiro de superfície

surface-friction drag (AERO.) resistência de atrito (de superfície)

surface front (METEO.) frente de superfície

surface gauge (MEC.) graminho; medidor de superfície

surface gravity (FÍS.) gravidade superficial

surface grinding machine (MEC.) máquina de rectificar superfícies planas

surface hardening (MEC.) têmpera superficial (com chama)

surface heating (MEC.) aquecimento de superfície

surface integral (MAT.) integral de superfície; integral de área

surface inversion (METEO.) inversão de superfície

surface irradiation (RADIOL.) irradiação de superfície; radiação de superfície

surface irrigation (Hidro.) irrigação de superfície

surface leakage (Elect.) fuga superficial; descarga superficial

surface lifetime (Electrón.) tempo de vida de superfície

surface loading (Aero.) carga de superfície; carga específica de um aerofólio

surface measure (Bot.) medida de superfície

surface mounted component (Electrón.) componentes montadas em superfície

surface noise (Fís.) ruído de superfície; ruído de agulha

surface observation (Meteo.) observação de superfície

surface of operation (E.Civ.) área de operação

surface of subsidency (Meteo.) superfície de subsidência

surface oil resistance time (Papel) tempo de resistência de óleo de superfície

surface pipe (Minas) tubagem de revestimento superficial de poço

surface plate (Mec.) placa universal (de torno); placa de desempeno

surface pressure (Quím.) tensão superficial; pressão à superfície

surface recombination velocity (Electrón.) velocidade de recombinação superficial

surface resistivity (Fís.) resistividade superficial

surface runoff (Hidro.) fluxo superficial; escoamento superficial

surface search radar (Radar) radar de busca de superfície

surface skin (Aero.) revestimento da empenagem

surface sterilization (Fís.) esterilização superficial

surface tension (Fís.) tensão superficial

surface treatment (Mec.) tratamento de superfície

surface wave (Geral) onda superficial; onda de superfície

surface wave aerial (Telecom.) antena de onda superficial

surface-wave transmission line (Telecom.) linha de transmissão de onda de superfície

surface weir (Hidro.) vertedor à superfície

surface wind (Meteo.) vento de superfície

surface wiring (Elect.) instalação de condutores à vista

surfactant (Med.; Quím.) surfactante

surfactant flooding (Minas) inundação de surfactante

surge (Aero.) sobretensão; pulsação (em turbina de gás)

surge (Elect.) surto; sobretensão momentânea

surge (Meteo.) surto; aumento ou diminuição da pressão

surge absorber (Elect.) absorvedor de sobretensão

surge arrester (Elect.) descarregador de surtos

surge bin (Minas) coluna amortecedora; torre de compensação

surge-crest ammeter (Elect.) amperímetro de crista de surtos

surge current (Electrón.) transiente de corrente

surge current rate (Elect.) corrente máxima de surto

surge generator (Elect.) gerador de surtos

surge impedance (Fís.) impedância de surto; impedância de impulso; impedância característica

surge limiter (Electrón.) limitador de transientes de corrente

surge modifier (Elect.) modificador de surtos

surge protection (Elect.) protecção contra surtos

surge tank (Hidro.) tanque de compressão; tanque de amortecimento

surge tank (Minas) coluna amortecedora

surgical spirit (Quím.) álcool rectificado; etanol; álcool etílico

surging (Auto.) batimentos (coincidência de oscilações)

surging (Elect.) sobretensão

surmounted (Arq.) encimado

surmounted arch (Arq.) arco subido

surmounted vault (Arq.) abóbada pontiaguda

surra (Vet.) morrinha; surra; uma forma de tripanossomíase

surround sound (Electrón.) som envolvente

surveillance radar (Radar) radar de vigilância

surveillance satellite (Telecom.) satélite de vigilância

surveillance TV (T.Imag.) TV de vigilância; TV de controlo

surveying (Topo.) levantamento topográfico; trabalho de agrimensura; levantamento topométrico; agrimensura

surveying wheel (Topo.) odómetro

survival curve (Radiol.) curva de sobrevivência

'survival of the fittest' (Bio.) sobrevivência dos melhor adaptados

survivorship curve (Eco.) curva de sobrevivência; curva de direito de sobrevivência

susceptance (Fís.) susceptância

susceptibility (Elect.) susceptibilidade

susceptibility factor (Nucl.) factor de susceptibilidade

suspended load (Eco.) carga (de matéria) suspensa

suspended scaffold (E.Civ.) andaime suspenso

suspended span (E.Civ.) arco suspenso

suspenser (Geral) suspensor

suspension (Geral) suspensão

suspension band (Aero.) faixa de suspensão

suspension bar (Aero.) barra de suspensão

suspension bridge (E.Civ.) ponte suspensa; ponte pênsil

suspension cable anchor (E.Civ.) âncora de cabo de suspensão

suspension culture (Bio.) cultura de suspensão

suspension insulator (Elect.) isolador de suspensão

suspension spring (Reloj.) mola de suspensão

suspension winch (Aero.) guincho de suspensão

suspensoid (Quím.) suspensóide

suspensory (Zoo.) suspensório

suspensotium (Zoo.) suspensório

sustainability (Eco.) sustentabilidade

sustainable development (Eco.) desenvolvimento sustentável

sustained oscillation (Telecom.) oscilação sustentada; oscilação permanente

sutura (Geral) sutura

sutured (Geral) suturado

Sv (Radiol.) símbolo de *Sievert* (unidade SI de dose de radiação equivalente absorvida)

SV (Bio.) abr. de *Simian Virus* — vírus dos símios

SV 40 (Bio.) abr. de *Simian Virus 40* — vírus 40 dos símios; SV40; vírus vacuolizante dos símios

S value (Eco.) valor S; valor de sedimentação

SVD (Vet.) abr. de *Swine Vesicular Disease* — doença vesicular dos suínos

Svedberg unit (Bio.) unidade de Svedberg

SVGA (Inf.) abr. de *super video graphics array* — super matriz gráfica de vídeo

SWA (Electrón.) abr. de *safe working area* — zona de funcionamento em segurança

swab (Med.) mecha absorvente; bola de algodão ou gaze aplicada à extremidade de uma vareta, para limpar cavidades, aplicar medicamentos ou recolher amostras para exame bacteriológico

swage (Mec.) matriz; molde; macho de estampar

swage (Med.) fixar o filamento de sutura na agulha

swaging (Mec.) estampagem; forjamento em molde

swallowtail (E.Civ.) malhete; rabo de andorinha

swamp (Eco.) pântano; paul

swamp fever (Vet.) febre dos pântanos; anemia infecciosa equina

Swan cube (Fís.) cubo de Swan

swan-neck (E.Civ.) tubo recurvado; mão francesa

SWAP (Inf.) abr. de *shared wireless access protocol* — protocolo de acesso sem fios partilhado

swarf (Mec.) limalhas de ferro

swarm (Zoo.) enxame; grande quantidade de animais em movimento

swash plate (Mec.) placa oscilante

swatch (Têxt.) amostras de tecidos; pedaços de tecidos

swayback (Vet.) lordose

sway brace (E.Civ.) braçadeira de suporte

sweat (Med.) suor; perspiração

sweat cooling (Aero.) resfriamento de transpiração

sweating (E.Civ.) ressumação; sudação

sweat joint (Mec.) ajuste por pressão

Swedish iron (Mec.) ferro sueco

Swedish standards (E.Civ.) padrões suecos

sweep (Electrón.) varrimento; exploração; deflexão

sweepback (Aero.) deflexão; recuo na asa

sweep circuit (Elect.) circuito de deflexão

sweep drive (Electrón.) excitação de varredura

sweeper (Electrón.) varredor; explorador

sweep frequency (Electrón.) frequência de varredura

sweep generator (Electrón.) gerador de varredura

sweep net (Eco.) rede de insectos

sweep oscillator (Elect.) oscilador de deflexão

sweep retrace (Electrón.) traço de retorno de deflexão

sweep-saw (E.Civ.) serra de chanfrar

sweep voltage (Electrón.) tensão de deflexão

sweep waveform (Electrón.) onda em dente de serra

sweet (Vidr.) vidro doce (que pode ser facilmente trabalhado)

sweet clover disease (Vet.) doença do trevo doce

sweetening (T.Imag.) purificação; amenização

sweet roasting (Mec.) calcinação doce; ustulação doce

swell (Fís.) expressão (crescendo e diminuindo, em Acústica; Vide *swell pedal*)

swell (Minas) empolamento; crescimento de terras

swelled head (Vet.) cabeça inchada; toxemia herbívora dos carneiros e cabritos do Texas, México e Novo México, ocasionada pela ingestão de um tipo de agave (*Agave lechuguilla*)

swelling (Arq.) abaulamento

swell pedal (Fís.) pedal de expressão (de órgão)

SWG (Mec.) abr. de *Standard Wire Gauge* — calibre padrão para fios

swim bladder (Zoo.) bexiga natatória

swimmerets (Zoo.) pleópodes; pliópodos

swimming-pool reactor (Nucl.) reactor de piscina

swine erysipelas (Vet.) erisipela do porco; doença da pele diamantina

swine fever (Vet.) febre suína; peste suína; cólera dos porcos

swine influenza (Vet.) gripe suína

swine paratyphoid (Vet.) paratifóide suína

swine plague (Vet.) peste suína

swine pox (Vet.) varíola dos suínos

swine vesicular disease (Vet.) doença vesicular dos suínos

swing (Geral) oscilação; vibração; flutuação

swing back (T.Imag.) oscilação para trás

swing front (T.Imag.) oscilação para a frente

swinging choke (Elect.) reatância de oscilação

swinging door (E.Civ.) porta de vaivém

swinging ground (Elect.) terra intermitente

swinging motion (Fís.) movimento oscilante

swirl sprayers (Aero.) vaporizadores de turbilhão

swirl vanes (Aero.) aletas de turbilhão; ventoinhas de turbilhão

Swiss lapis (Miner.) lápis-lazúli falso

Swiss screw-thread (Mec.) rosca suíça

Swiss-type automatic (Mec.) automático tipo suíço

switch (Elect.; Electrón.) interruptor; comutador; disjuntor

switch (E.Civ.) desvio; chave de agulha; mudança de via (CF); interruptor

switch (Inf.) interruptor; comutador

switch aerial (Elect.) comutador de antena

switch alteration (Inf.) comutação

switch base (Elect.) base de interruptor; base de chave

switch blade (Elect.) lâmina de interruptor

switchboard (Elect.) quadro de ligações; painel de controlo; quadro de distribuição

switchboard panel (Elect.) mesa de distribuição

switch-box (Elect.) caixa do interruptor; caixa de distribuição

switch-desk (Elect.) mesa de distribuição

switch detector (Elect.) detector de chave

switched capacitor filter (Electrón.) filtro capacitivo comutado

switched potentiometer (Electrón.) potenciómetro de comutação

switch-fuse (Elect.) fusível de interruptor; corta-circuito de interruptor

switchgear (Elect.) mecanismo de distribuição; distribuidora

switchgear pillar (Elect.) torre de distribuição

switching (Telecom.) ligação; comutação; conexão

switching center (Elect.) centro de comutação

switching circuit (Elect.) circuito de ligação; circuito de comutação

switching constant (Elect.) constante de comutação

switching control center (Elect.) centro de controlo de ligações

switching diode (Elect.) diodo comutador

switching mode (Elect.) modo de comutação

switching time (Elect.) tempo de comutação

switching transients (Electrón.) transientes de comutação

switch-mode power supply (Electrón.) fonte comutada

switch plate (Elect.) placa do interruptor

switch sleeper (E.Civ.) dormente de desvio (CF)

swivel (Minas) cabeça de injecção; elo móvel; tornel

swivel bridge (E.Civ.) ponte giratória

swivelling propeller (Aero.) hélice giratória

swivel-pin (Auto.) pino articulado

sycamore (Bot.; E.Civ.) sicómoro (*Acer pseudoplatanus*); plátano-bastardo; a sua madeira

sycosis barbae (Med.) sicose da barba

Sydenham's chorea (Med.) coreia de Sydenham; coreia juvenil; doença de São Vito; coreia reumática

syenite (Geo.) sienito

syenite-porphyry (Geo.) sienite porfírica

syenodiorite (Geo.) sienodiorito; monzonito

Sykes hydrometer (Quím.) hidrómetro de Sykes

syllable articulation (Telecom.) articulação silábica

sylphon bellows (Mec.) fole metálico vazio

sylvanite (Miner.) silvanite

Sylvian aqueduct (Zoo.) aqueduto de Sílvio

Sylvian fissure (Zoo.) fissura de Sílvio; sulco cerebral lateral

Sylvian fossa (Zoo.) fossa de Sílvio; fossa lateral do cérebro

Sylvian ventricle (Med.) ventrículo de Sílvio; quinto ventrículo; cavidade do septo pelúcido

sylvine (Miner.) silvite; silvina

sylvinite (Miner.) silvinite

sylvite (Miner.) silvite; silvina

sym-; sin- (Geral) prefixo do grego *syn* — juntamente com, junto de; corresponde ao latim *con-* (em Inglês aparece como *sym-* antes de b, p, ph, ou m)

symbion (Zoo.) simbionte

symbiont (Zoo.) simbionte

symbiosis (Geral) simbiose

symbiote (Zoo.) simbiota

symblepharon (Med.) simbléfaro

symbol (Geral) símbolo

symbolic address (Inf.) endereço simbólico

symbolic code (Inf.) código simbólico

symbolic language (Inf.) linguagem simbólica

symbolic logic (Mat.) lógica simbólica

symbolic notation (Inf.) notação simbólica

symbolic number (Inf.) número simbólico

symbolic programming (Inf.) programação simbólica

symbolic representation (Mat.) representação simbólica

symbol manipulation (Inf.) manipulação de símbolos

symbol mnemonic (Inf.) mnemónica de símbolo

symbol rate (Electrón.) taxa de bit

symbol string (Inf.) cadeia de símbolos

symbol table (Inf.) tabela de símbolos

symmetrical (Geral) simétrico

symmetrical alternating current (Elect.) corrente alternada simétrica

symmetrical binary code (INF.) código binário simétrico
symmetrical channel (TELECOM.) canal simétrico
symmetrical components (ELECT.) componentes simétricos
symmetrical current (ELECT.) corrente simétrica
symmetrical deflection (ELECTRÓN.) deflexão simétrica
symmetrical flutter (AERO.) vibração simétrica
symmetrical grading (TELECOM.) graduação simétrica
symmetrical linear antenna (ELECT.) antena linear simétrica
symmetrical network (ELECT.) rede simétrica
symmetrical short-circuit (ELECT.) curto-circuito simétrico
symmetrical waveform (TELECOM.) forma de onda simétrica
symmetrical winding (ELECT.) enrolamento simétrico
symmetric dyadic (MAT.) diádico simétrico
symmetric relation (MAT.) relação simétrica
symmetric ring (QUÍM.) anel simétrico
symmetry (GERAL) simetria
symmetry axis (CRIST.) eixo de simetria
symmetry class (CRIST.) classe de simetria
symmetry plane (CRIST.) plano de simetria
symmetry point (METEO.) ponto de simetria
sympathectomy (MED.) simpatectomia; simpaticectomia
sympatheticectomy (MED.) simpaticectomia; simpatectomia
sympathetic nervous system (ZOO.) sistema nervoso simpático
sympathetic ophthalmia (IMUN.) oftalmia simpática
sympathetic reaction (QUÍM.) reacção simpática
sympathomimetic (MED.) simpatomimético; simpaticomimético (usual)
sympathomimetics (MED.) simpaticomimética
sympatric (ECO.) simpatria
sympatric speciation (ECO.) especiação por simpatria
sympetalous (BOT.) simpétalo
symphyseotomy (MED.) Vide *symphysiotomy*
symphysiotomy (MED.) sinfisiotomia; sinfisectomia; pubiotomia
symphysis (ZOO.) sínfise
symplastic (BOT.) simplástico
symplastic growth (BOT.) crescimento simpódico
sympodium (BOT.) símpodo
symptom (MED.) sintoma
symptomatology (MED.) sintomatologia
synalbumina (QUÍM.) sinalbumina
synalgia (MED.) sinalgia
synandrium (BOT.) sinândrio
synandrous (BOT.) sinândrico
synangium (BOT.) sinângio

synapse (MED.) sinapse
synapsid (ZOO.) sinapsida
Synapsida (ZOO.) Sinapsídeos
synapsis (BIO.) sinapse
synaptic cleft (BIO.) espaço sináptico
synaptic vesicles (ZOO.) vesículas sinápticas
synaptonemal complex (BIO.) complexo sináptico
synarthrosis (ZOO.) sinartrose
sync (T.IMAG.) abr. de *synchronization* — sincronização
syncarpous (BOT.) sincárpico
synchondrosis (ZOO.) sincondrose
synchondrotomy (MED.) sincondrotomia; sinfisiotomia
synchro (TELECOM.) síncrono; sincronizado
synchro control transformer (ELECTRÓN.) transformador de comando síncrono
synchrocyclotron (FÍS.) sinclociclotrão
synchrolock (T.IMAG.) fixação de sincronismo
synchromesh gear (AUTO.) engrenagem de mudança sincronizada
synchronism (TELECOM.) sincronismo
synchronization (T.IMAG.) sincronização
synchronization generator (MEC.) gerador de sincronização
synchronization of oscillators (TELECOM.) sincronização de osciladores
synchronized clock (RELOJ.) relógio sincronizado
synchronizer (GERAL) sincronizador
synchronizing (ELECT.) sincronização; sincronismo
synchronizing power (ELECT.) potência de sincronização
synchronizing torque (ELECT.) binário de sincronização
synchronometer (ELECT.) indicador de sincronismo
synchronous AC motor (ELECTRÓN.) motor síncrono de corrente alterna
synchronous AM demodulation (ELECTRÓN.) desmodulador síncrono de modelação de amplitude
synchronous-asynchronous motor (ELECT.) motor síncrono-assíncrono
synchronous booster (ELECT.) intensificador síncrono
synchronous capacitor (ELECT.) condensador síncrono; compensador síncrono
synchronous capacity (ELECT.) capacidade síncrona
synchronous carrier system (TELECOM.) sistema de portadora síncrona
synchronous clock (RELOJ.) relógio síncrono
synchronous computer (INF.) computador síncrono
synchronous converter (ELECT.) conversor síncrono
synchronous counter (ELECTRÓN.) contador síncrono
synchronous coupling (ELECT.) acoplamento síncrono
synchronous data link control (ELECTRÓN.) controlo de ligação de dados síncrona

synchronous demodulator (ELECT.) desmodulador síncrono
synchronous detector (ELECT.) detector síncrono
synchronous dynamic random access memory (INF.) memória dinâmica de acesso aleatório síncrono
synchronous gate (ELECT.) porta síncrona
synchronous generator (ELECT.) gerador síncrono
synchronous idle character (INF.) carácter síncrono inactivo
synchronous impedance (ELECT.) impedância síncrona
synchronous induction motor (ELECT.) motor de indução síncrona
synchronous inverter (ELECT.) inversor síncrono
synchronous machine (ELECT.) máquina síncrona
synchronous motor (ELECT.) motor síncrono
synchronous optical network (TELECOM.) rede óptica síncrona
synchronous orbit (ESP.) órbita síncrona
synchronous parallel interface (INF.) interface paralela síncrona
synchronous phase modifier (ELECT.) modificador de fase síncrona
synchronous rectifier (ELECT.) rectificador síncrono
synchronous satellite (ESP.) satélite síncrono
synchronous serial interface (INF.) interface série síncrona
synchronous system (INF.) sistema síncrono
synchronous transmission (INF.) transmissão síncrona
synchronous vibrator (ELECT.) vibrador síncrono
synchronous voltage (ELECT.) voltagem síncrona; tensão síncrona
synchronous watt (ELECT.) watt síncrono
synchroscope (ELECT.) sincroscópio
synchrotron (FÍS.) sincrotrão
synchrotron radiation (FÍS.) radiação de sincrotrão; radiação sincrotrónica
synchysis (MED.) sínquise
syncline (GEO.) sinclinal
synclinorium (GEO.) sinclinório
synclitism (MED.) sinclitismo
sync modulation (T.IMAG.) modulação de sincronização
syncope (MED.) síncope; desmaio; desfalecimento
sync pulse (T.IMAG.) impulso de sincronização
syncytium (ZOO.) sincício
syndactyl (ZOO.) sindáctilo
syndesmochorial placenta (ZOO.) placenta sindesmocorial
syndrome (MED.) síndroma
synechia (MED.) sinéquia
synechiotomy (MED.) sinequiotomia
synechotome (MED.) sinecótomo
synecology (ECO.) sinecologia
syneresis (QUÍM.) sinérese
synergic (ZOO.) sinérgico
synergid (BOT.) sinergídeas

synergism (Bio.) sinergismo
synergist (Quím.) sinergista; adjuvante
syngamiasis (Vet.) singamíase
syngamy (Bio.) singamia
syngeneic (Imun.) singénico; isólogo
syngenesis (Bot.) singénese
syngenetic (Miner.) singenético
syngnathous (Zoo.) singnato
synkinesis (Med.) sincinese; sincinesia
synodic month (Astro.) mês sinódico
synodic period (Astro.) período sinódico
synodic revolution (Astro.) revolução sinódica
synodic satellite (Astro.) satélite sinódico
synoptic analysis (Meteo.) análise sinóptica
synoptic chart (Meteo.) carta sinóptica
synoptic climatology (Meteo.) climatologia sinóptica
synoptic meteorology (Meteo.) meteorologia sinóptica
synoptic weather observation (Meteo.) observação meteorológica sinóptica
synosteosis (Zoo.) sinostose; sinosteose
synovia (Zoo.) sinóvia
synovial membrane (Zoo.) membrana sinovial
synovitis (Med.) sinovite
syntax (Inf.) sintaxe
syntax analysis (Inf.) análise sintáctica
syntax diagram (Inf.) diagrama sintáctico
syntax error (Inf.) erro sintáctico
synthesizer (Electrón.) sintetizador de sinal
synthetic aperture radar (Radar) radar de abertura sintético
synthetic fibre (Têxt.) fibra sintética
synthetic medium (Bio.) meio sintético
synthetic oligonucleotide (Bio.) oligonucleotídeo sintético
synthetic paint (E.Civ.) tinta sintética
synthetic paper (Papel) papel sintético
synthetic peptides (Bio.) péptidos sintéticos
synthetic resin (Quím.) resina sintética
synthetic-resin adhesive (Plást.) adesivo de resina sintética
synthetic rubber (Plást.) borracha sintética
synthetic ruby (Miner.) rubi sintético; rubi artificial
synthetic sands (Mec.) areias sintéticas
synthetic sapphire (Miner.) safira sintética
synthetic spinel (Miner.) espinélio sintético

synthetic theory (Eco.) teoria de síntese
synthetic yarn (Têxt.) fio sintético
syntony (Elect.) sintonia
syntropic (Med.) sintrópico
syntropy (Med.) sintropia
syphilid (Med.) sifilide
syphilide (Med.) sifilide
syphilis (Med.) sífilis
syphiloid (Med.) sifilóide
syphiloma (Med.) sifiloma
syphon (Geral) sifão
syr. (Med.) abr. em receituários de *syrupus* (latim) — xarope
Syrian garnet (Miner.) granada oriental; granada síria; almandita; almandina
syrigmus (Med.) sirigmo; zumbido
syringe (Zoo.) siringe
syringitis (Med.) siringite
syringobulbia (Med.) siringobulbia
syringocele (Med.) siringocele
syringomeningocele (Med.) siringomeningocele
syringomyellia (Med.) siringomielia
syrinx (Zoo.) siringe; órgão fonador das aves
systaltic (Zoo.) sistáltico
system (Geral) sistema
system addressing (Inf.) endereçamento de sistema
system analysis (Inf.) análise de sistema
system-assisted linkage (Inf.) ligação de sistema assistido; ligação de programas de um sistema
systematic (Geral) sistemático
systematic error (E.Civ.; Mat.) erro sistemático
systematics (Bio.) Sistemática
systematic sample (Geral) amostra sistemática
system bandwidth (Elect.) largura de faixa do sistema
system carrier (Inf.) portadora de sistema; sistema transportador
system chart (Inf.) diagrama de sistema
system computing (Inf.) computação de sistema
system control (Electrón.) microprocessador de controlo de sistema
system crash (Inf.) falha de sistema
system crossbar (Inf.) sistema de barra cruzada
system data processing (Inf.) sistema de processamento de dados
system design (Inf.) projecto de sistema
system engineering (Esp.) Engenharia de sistema(s)
system flowchart (Inf.) fluxograma de sistema
systemic (Zoo.) sistémico
systemic arch (Zoo.) arco sistémico
systemic lupus erythematous (Imun.) lupus eritematoso sistémico

system improvement time (Inf.) tempo de aperfeiçoamento de sistema
system information (Inf.) informação de sistema
system information feedback (Inf.) realimentação da informação do sistema
system information retrieval (Inf.) recuperação de informação do sistema
system in-plant (Inf.) sistema centralizado (equipamento)
system integrity (Inf.) integridade de sistema
system interval (Inf.) intervalo de sistema
system life cycle (Inf.) ciclo de vida de sistema
system loading (Inf.) carga de sistema
system macroinstruction (Inf.) macroinstrução de sistema
system management (Inf.) administração de sistema
system monitor (Inf.) monitor de sistema
system multiprocessing (Inf.) multiprocessamento de sistema
system off-line (Inf.) sistema fora de linha
system on-line (Inf.) sistema em linha
system parameters (Electrón.) parâmetros do sistema
system peek-a-boo (Inf.) sistema de recuperação da informação
system programmer (Inf.) programador de sistema
system queue area (Inf.) área reservada do sistema
system real time (Inf.) tempo real de sistema
system reliability (Inf.) fiabilidade do sistema
system request repeat (Inf.) sistema de solicitação de repetição
system resource (Inf.) recurso do sistema
system restart (Inf.) reinício do sistema
systems analysis (Geral) análise de sistemas
systems of crystals (Crist.) sistemas cristalográficos
systems programmer (Inf.) programador de sistemas
systems software (Inf.) «software» de sistemas; suporte lógico de sistema
systems test (Inf.) teste de sistemas
systems theory (Inf.) teoria de sistemas
systole (Bio.; Med.) sístole
systremma (Med.) sistrema; cãibra
systyle (Arq.) sistilo
syzygy (Astro.; Bio.) sizígia
Szilard-Chalmers method (Fís.) método Szilard-Chalmers; processo Szilard-Chalmers
Szilard-Chalmers process (Fís.) processo Szilard-Chalmers; método Szilard-Chalmers

t (Fís.) símbolo de *temperature* — temperatura

t (Geral) símbolo de *tonne* — tonelada (métrica)

T (Elect.; Electrón.) símbolo de: *timer* — temporizador; de *toggle* — multivibrador biestável; de *transformer* — transformador; de *transistor* — transístor; de *triode* — tríodo; de *tweeter* — agudos

T (Fís.) símbolo de: *absolute temperature* — temperatura absoluta; de *tesla* — tesla (unidade SI da indução magnética uniforme); de *time* — tempo

T (Geral) símbolo de *tera* — tera (um bilião de vezes a unidade)

T (Med.) símbolo de: *ribothymidine* — ribotimidina; *tension* — tensão; de *tidal volume* — volume corrente (volume de ventilação pulmonar)

T (Quím.) símbolo de *ribothymidine* — ribotimidina (ribosiltimina)

T-1824 (Quím.) T-1824; azul-de-Evans (corante diazóico)

T6 marker chromosome (Imun.) cromossoma marcador T6

Ta (Quím.) símbolo do *tantalum* — tântalo

tab (Aero.) compensador

tab cable link (Aero.) corrediça do cabo do compensador

tab control (Aero.) comando do compensador

tabes (Med.) tabes; decadência progressiva

tabescent (Bot.) tabescente; tábido

tabes diabetica (Med.) tabes diabética

tabes dorsalis (Med.) tabes dorsal; paralisia espinhal progressiva; doença de Duchenne

tabetic (Med.) tabético; relativo à tabes

table (Arq.) moldura; cornija plana

table (Crist.) mesa (face superior do diamante)

table (E.Civ.) plataforma

table (Geo.) mesa; camada horizontal

table (Geral) mesa; tábua

table-driven algorithm (Inf.) algoritmo de consulta de tabelas

table element (Inf.; Mat.) elemento de tabela

table entry (Inf.) entrada de tabela

table file (Inf.) ficheiro de tabela

table function (Inf.) função de tabela

table of contents (Inf.) índice

table of strata (Geo.) mesa de estratos; camada horizontal de estratos

table press (Mec.) prensa de mesa

table saw (E.Civ.) serra mecânica de mesa

table shore (Geo.) costa nivelada e baixa

tablet (Imp.) bloco de papel

tablet (Inf.) placa de dados

tabloid newspaper (Imp.) tablóide; jornal pequeno

taboo (Psico.) tabu

taboparalysis (Med.) taboparalisia

taboparesis (Med.) taboparesia

tabs (T.Imag.) cortinas

tabular (Bot.) tabular; disposto em lamelas

tabulator (Inf.) tabulador

TAB vaccine (Imun.) vacina TAB; vacina mista antitífica-paratífica AB; vacina tifóide-paratifóide A e B

tacheometer (Topo.) taqueómetro

tacheometry (Topo.) taqueometria

tachitoscope (Psico.) taquitoscópio

tachometer (Eng.) tacómetro; taquímetro

tachycardia (Med.) taquicardia

tachygenesis (Zoo.) taquigénese

tachylite; tachylyte (Geo.) taquilito

tachymeter (Topo.) taquímetro

tachymetry (Topo.) taquimetria

tachyphyllaxis (Med.) taquifilaxia

tachypnea; tachypnoea (Med.) taquipneia

tachysterol (Quím.) taquisterol

tack (E.Civ.) tacha

tack welding (Mec.) soldadura por pontos

tacky (E.Civ.) viscoso; pegajoso

Taconic orogeny (Geo.) orogenia Tacónica; fase orogénica Tacónica

tactic movement (Bot.) tactismo

tactile (Zoo.) táctil

tactile bristle (Bot.) pêlo táctil; seda táctil

tactile perception (Med.) percepção táctil

tactite (Miner.) escarnito (o termo *tactite* é norte-americano)

taenia (Zoo.) ténia

taeniasis (Med.) teníase

taenite (Miner.) tenite

taffeta (Têxt.) tafetá

taffrail log (Nav.) hodómetro

taft joint (E.Civ.) junta sobreposta; junta soldada

tag (Fís.) marca; traço

tag (Inf.) marca; etiqueta

tag byte (Electrón.) byte de identificação

tag converting unit (Inf.) unidade conversora de etiquetas

tagged atom (Nucl.) átomo marcado

tagger (Mec.) ferro em chapa fina; estanho em chapa fina

T-agglutinin (Imun.) aglutinina-T

tagma (Zoo.) tagma

tagmosis (Zoo.) tagmose

taiga (Eco.) taíga

tail (Aero.) cauda (leme de profundidade, leme de dirreção e estabilizador)

tail (E.Civ.) cabo de martelo; cabo de malho

tail (Geral) cauda

tail (Imp.) pé de página

tail-bay (Hidro.) câmara de jusante; canal de partida

tail beam (E.Civ.) vigamento traseiro

tail bearing (Mec.) mancal de cauda; suporte de cauda

tail boom (Aero.) longarina da cauda

tail chute (Aero.) pára-quedas de travagem; pára-quedas de cauda

tail cone (Aero.) cone da cauda

tail drag (Aero.) lastro da cauda; resistência da cauda; contrapeso da cauda

tail drain (Hidro.) canal colector

tail fin (Aero.) deriva; plano de deriva; estabilizador da cauda

tail-first aircraft (Aero.) canard; avião com bico de pato

tail gate (Hidro.) comporta de descarga

tail head (Mec.) cabeça cravada do rebite

tail heaviness (Aero.) cauda pesada; gravidade da cauda

tailings (Minas) produto estéril; resíduos

tailings dam (Minas) represa de resíduos

tail joist (E.Civ.) vigamento traseiro

tailpiece (Imp.) vinheta de fim de capítulo

tail plane (Aero.) plano da cauda; plano estabilizador da cauda

tail race (Hidro.) canal inferior; canal de descarga

tail race (Minas) canal de descarga

tail rotor (Aero.) rotor da cauda

tail rudder (Aero.) leme da cauda

tails (Minas) resíduos (nos EUA)

tail skid (Aero.) bequilha; roda da cauda; suporte da cauda

tail slide (Aero.) cair de cauda (manobra acrobática)

tail spin (Aero.) picada em parafuso; parafuso (manobra acrobática)

tailstock (Mec.) cabeçote móvel; contraponta

tail support (Aero.) suporte da cauda; bequilha

tail unit (Aero.) unidade da cauda; empenagem

tail wheel landing gear (Aero.) trem de aterragem da roda da cauda

tail wheel position lock (Aero.) travão de posição da roda da cauda

tail wheel steering mast (Aero.) balancim orientável da roda da cauda tail wheel strut (AERO.) montante da roda da cauda

tail wheel yoke (AERO.) garfo da roda da cauda

Takayasu's disease (MED.) doença de Takayasu (Takayushu ou Takayoshu); doença sem pulso; síndroma do arco aórtico

take (IMP.) trabalho de uma vez (em composição)

take (T.IMAG.) tomada

takedown (E.CIV.; MEC.) desmontagem

take-off (AERO.) descolagem

take-off acceleration (AERO.) aceleração de descolagem

take-off across wind (AERO.) descolar com vento de través (ou cruzado)

take-off at sea-level (AERO.) descolagem ao nível do mar

take-off boost (AERO.) impulso da descolagem

take-off climb performance (AERO.) capacidade de subida na descolagem

take-off distance available (AERO.) distância de descolagem disponível

take-off flight path (AERO.) trajectória de voo na descolagem

take-off gross (AERO.) (peso) bruto de descolagem

take-off instant (AERO.) momento de descolagem

take-off monitoring system (AERO.) sistema de controlo de descolagem

take-off power (AERO.) potência de descolagem

take-off rating (AERO.) potência homologada de descolagem

take-off rocket (AERO.) foguete de descolagem; foguetão de descolagem

take-off runway (AERO.) pista de descolagem

take-off safety speed (AERO.) velocidade de segurança na descolagem

take-off strip (AERO.) pista de descolagem; faixa de descolagem

take-off threshold (AERO.) limiar de descolagem

take-off weight (AERO.) peso à descolagem

take-up (T.IMAG.) enrolamento de filme

take-up motion (TÊXT.) movimento de enrolamento

talbot (FÍS.) talbot (unidade de energia luminosa em que 1 lúmen é um fluxo de 1 talbot/segundo — no sistema MKS)

talbot process (E.CIV.) processo de Talbot

talc (MINER.) talco

talcosis (MED.) talcose

talipes (MED.) talipe; pé torto

talk-back circuit (T.IMAG.) intercomunicação

talk-down system (RADAR) sistema de radar de aproximação de alta precisão

tallow wood (BOT.; E.CIV.) espécie de eucalipto da Australásia; madeira de sebo (difícil de trabalhar e colar)

tally (TOPO.) marcador

talon (ZOO.) talão

talose (QUÍM.) talose

talus (E.CIV.) rampa

talus (GEO.) escarpa; talude

talus (ZOO.) astrágalo

talus glacier (GEO.) glaciar de talude; geleira de talude

taluvium (ECO.) cascalheira de encosta

talweg (GEO.) talvegue

tamarugite (MINER.) tamarugite

Tamman's temperature (FÍS.) temperatura de Tamman

tamp (E.CIV.) calcar

tampin (E.CIV.) tampão para alargar canos; calcador

tampon (E.CIV.) tampão

tandem (TELECOM.) duplo; tandem; em série

tandem connection (ELECT.) conexão em tandem; conexão em cascata; ligação em série

tandem engine (MEC.) motor em série; máquina em série

tandem exchange (TELECOM.) central em série; central tandem

tandem mill (MEC.) moinho em série

tandem mirror (NUCL.) espelho em cascata

tandem signal unit (TELECOM.) unidade de sinalização ulterior

tandem transistor (ELECT.) transístor em cascata

tandem working (TELECOM.) trabalho em cascata

tang (E.CIV.) espiga (de ferramenta)

tangent (MAT.) tangente

tangent arc (MAT.) arco tangente

tangent circles (MAT.) círculos tangentes

tangent distance (TOPO.) distância tangencial

tangent forming (MEC.) formação em tangente

tangent galvanometer (ELECT.) galvanómetro de tangente

tangential component (FÍS.) componente tangencial

tangential coordinate (MAT.) coordenada tangencial

tangential curvature (MAT.) curvatura tangencial; curvatura linear

tangential error (ELECTRÓN.) erro tangencial

tangential field (FÍS.) campo tangencial

tangential flow turbine (MEC.) turbina de fluxo tangencial

tangential focus (FÍS.) foco tangencial

tangential force (FÍS.) força tangencial; força centrífuga

tangential jet (MEC.) jacto tangencial

tangential longitudinal section (BOT.) secção longitudinal tangencial

tangential motion (FÍS.) movimento tangencial

tangential pressure (FÍS.) pressão tangencial

tangential sensitivity (ELECTRÓN.) sensibilidade tangencial

tangential turbine (ENG.) turbina de fluxo tangencial; turbina tangencial

tangential wave (FÍS.) onda tangencial

tangential wave path (METEO.) trajectória de onda tangencial

tangent line (MAT.) linha de tangente

tangent plane (MAT.) plano de tangência

tangent point (TOPO.) ponto de tangência

tangent scale (ELECT.) escala de tangentes

tangent screw (TOPO.) parafuso tangencial

tanh (MAT.) abr. de hyperbolic tangent — tangente hiperbólica

tank circuit (TELECOM.) circuito tanque; ressoador eléctrico

tank coil (ELECT.) protecção estanque

tank development (T.IMAG.) revelação em tanque

tanker (NAV.) navio-tanque; navio-cisterna; petroleiro

tank farming (BOT.) cultura hidropónica

tank furnace (VIDR.) forno de tanque

tanking (E.CIV.) protecção estanque

tank line (TELECOM.) linha de tanque

tank reactor (NUCL.) reactor de tanque

tank rectifier (ELECT.) rectificador de tanque

tank vent pipe (AERO.) tubo de ventilação de tanque; ventilador de tanque

tannate (QUÍM.) tanato; sal do ácido tânico

tannic acid (QUÍM.) ácido tânico

tannin (QUÍM.) tanino

tanning (ZOO.) taninização

tannin sac (BOT.) bolsa de tanino

tantalite (MINER.) tantalite

tantalum (QUÍM.) tântalo

tantalum capacitor (ELECT.) condensador de tântalo

tantalum detector (ELECT.) detector de tântalo

tantalum electrolytic (ELECTRÓN.) condensador (electrolítico) de tântalo

tantalum electrolytic capacitor (ELECTRÓN.) condensador electrolítico de tântalo

tantalum-slug electrolytic capacitor (ELECTRÓN.) condensador electrolítico de barra de tântalo

T-antenna (TELECOM.) antena em T

T-antigens (IMUN.) antigénios T

tap (ELECT.) derivação; tomada

tap (MEC.) macho para abrir roscas

tap box (ELECT.) caixa de derivação

tap changer (ELECT.) selector de derivação

tap changing (ELECT.) selecção de derivação

tape (E.CIV.) fita

tape (ELECTRÓN.; INF.; T.IMAG.) fita magnética

tape alternation (INF.) alternância de fita

tape bias (TELECOM.) polarização da fita (magnética)

tape cartridge (INF.) cartucho de fita

tape cassette (INF.) cassete de fita

tape code (INF.) código de fita

tape deck (FÍS.) unidade de fita

tape density (INF.) densidade de fita

tape drive (INF.) dispositivo de unidade de fita; transporte de fita

tape equalization (TELECOM.) equalizador da fita (magnética)

tape feed (INF.) alimentador de fita

tape file (INF.) ficheiro em fita

tape guide (Telecom.) guia da fita (magnética)

tape head (Telecom.) cabeça de gravação

tape header (Inf.) cabeçalho de fita

tape joint (E.Civ.) união de fita

tape loop (Electrón.) fita contínua

tape magnetic (Inf.) fita magnética

tape master instruction (Inf.) fita-mestra de instrução

tape memory (Inf.) memória de fita

tape noise (Telecom.) ruído da fita (magnética)

tape program (In.) programa de fita

tape punch (Inf.) perfuradora de fita

taper (E.Civ.) excentricidade; afunilamento

tape recorder (Telecom.) gravador de fita (magnética)

tape recording (Inf.) gravação em fita

tapered feedhorn (Telecom.) corneta piramidal

tape reproducer (Inf.) reprodutor de fita

tape resident system (Inf.) sistema residente em fita

taper key (Mec.) chaveta cónica

taper pin (Mec.) pino cónico

taper plug (Mec.) bujão cónico

taper plug (Elect.) terminal de encaixe cónico

taper reamer (Mec.) alargador cónico

taper roller bearing (Mec.) mancal de roletes cónicos

taper screw (Mec.) parafuso cónico

taper tap (Mec.) macho cónico

taper-turning attachment (Mec.) dispositivo de tornear em cónico (em torno)

tapes (Imp.) cintas; fitas

tape slice (T.Imag.) união de fita

tapestry (Têxt.) tapeçaria; alcatifa; tapete

tapestry brick (E.Civ.) tijolo rústico (tijolo prensado e de textura áspera)

tapetum (Bot.; Zoo.) tapete

tapeworm (Med.; Zoo.) ténia

taphophobia (Med.) tafofobia

taphrogenic (Geo.) tafrogénico (um tipo de tectónica)

tapiolite (Miner.) tapiolite

tappet (Mec.) ressalto; came

TAPPI (Papel) abr. de *Technical Association of the Pulp and Paper Industry* — Associação Técnica da Indústria da Polpa e do Papel

tapping (Elect.) derivação; tomada

tapping (Mec.) sangria; vazamento; coada

tapping (Med.) batimento em cutelo (em massagem); paracentese (esvaziamento por punção)

TAPPI standard methods (Papel) — métodos standard TAPPI

taproot (Bot.) raiz aprumada; raiz terminal; raiz dicotómica

taproot system (Bot.) sistema de raiz aprumada

Taq polymerase (Bio.) polimerase Taq; polimerase Thermus acquaticus

tar (Quím.) alcatrão

tarbuttite (Miner.) tarbutita

Tardigrada (Zoo.) Tardígrados

tare (Geral) tara

target (Elect.) alvo; tela de tubo de raios catódicos

target (Geral) alvo; meta; mira; indicador

target (Inf.) alvo; objecto

target (Nucl.) alvo

target cell (Imun.) célula alvo

target diagram (Elect.) diagrama de alvo

target language (Inf.) linguagem objecto

target program (Inf.) programa objecto

target rod (Topo.) mira corrediça

target routine (Inf.) rotina objecto

target strength (Fís.) intensidade do alvo

target variable (Inf.) variável objecto

target voltage (Elect.) tensão do alvo

tariff (T.Imag.) abr. de *Technical Apparatus for Rectification of Inferior Film* — aparelho técnico para rectificação de filme inferior (mm)

tariric acid (Quím.) ácido tarírico

tarmacadam (E.Civ.) macadame betuminoso

tarn (Geo.) lago pequeno nas montanhas

tarnish (Quím.) embaciamento; oxidação

tar pit (Geo.) afloramento betuminoso

tarsal (Zoo.) társico

tarsalgia (Med.) tarsalgia

tarsia (E.Civ.) embutido de madeira

tarsus (Zoo.) tarso

tartar (Quím.) tártaro

tartar emetic (Quím.) tártaro emético; tartarato potássico de antimónio

tartaric acid (Quím.) ácido tartárico

tartrates (Quím.) tartaratos

tartrazine (Quím.) tartrazina (corante ácido amarelo usado em Medicina)

TAS (Aero.) abr. de *True AirSpeed* — velocidade do ar; velocidade verdadeira

TASI (Telecom.) abr. de *Time-Assignment Speech Interpolation* — dotação de tempo para interpolação de comunicação verbal

tasmanite (Geo.) tasmanite

taste-bud (Zoo.) papila gustativa

tastin (Bio.) tastina

TAT (Imun.) abr. de *Thematic Apperception Test* — T.A.T.; teste de apercepção temática

T-attenuator (Elect.) atenuador em T

tauon (Fís.) mesão tau

tautomerism (Quím.) tautomeria; tautomerismo

tawa (Bot.; E.Civ.) tawa (laurácea da Nova Zelândia); a sua madeira

taxa (Bio.) taxa

taxi-channel markers (Aero.) marcadores de canal de rolamento; luzes indicativas do canal de rolamento

taxis (Bio.; Psico.) taxia

taxi track (Aero.) pista de rolamento

taxi-track lights (Aero.) luzes de pista de rolamento

taxol (Bio.) taxol

taxon (Bot.; Zoo.) grupo taxonómico

taxonomic series (Bio.) série taxonómica

taxonomy (Bio.) taxonomia

Taylor connection (Hidro.) conexão de Taylor

Taylor number (Hidro.) número de Taylor

Taylor process (Mec.) processo Taylor

Taylor's series (Mat.) série de Taylor

Taylor's theorem (Mat.) teorema de Taylor

Tay-Sachs' disease (Med.) doença de Tay-Sachs; esfingolipodose cerebral infantil

Tb (Quím.) símbolo do *terbium* — térbio

TB (Elect.) abr. de *Terminal Block* — régua de terminais; e de *Terminal board* — placa de terminais

tb (Med.) abr. de *tuberculosis* — tuberculose, e de *tubercle bacillus* — bacilo da tuberculose

TBC (T.Imag.) abr. de *Time-Base Corrector* — corrector de base de tempo

T-beam (E.Civ.) viga em T; viga T

T-bolt (Mec.) parafuso em T; parafuso de cabeça em T

TBO [tbo] (Aero.) abr. de *Time Between Overhauls* — tempo entre revisões; tempo entre inspecções

TBP (Med.) abr. de *Thyroxine-Binding Protein* — proteína transportadora de tiroxina

Tc (Quím.) símbolo do *technecium* — tecnécio

T-cell (Imun.) célula T; linfócito T

T-cell growth factor (Imun.) factor de crescimento da célula T

T-cell leukaemia virus (Imun.) vírus da leucémia da célula T

T-cell replacing factor (Imun.) factor de reposição da célula T

TCGF (Imun.) abr. de *T-Cell Growth Factor* — factor de crescimento da célula T

TDI (Aero.) abr. de *Terrain Clearance Indicator* — indicador de terreno livre; altímetro absoluto

t-distribution (Geral) distribuição t de Student

TDM (Telecom.) abr. de *time division multiplexing* — multiplexagem por divisão temporal

TDMA (Telecom.) abr. de *Time-Division Multiple Access* — acesso múltiplo por divisão (distribuição) no tempo

TDRSS (Esp.) abr. de *Tracking and Data Relay Satellite System* — sistema satélite de rastreio e retransmissão de dados

TdT (Imun.) abr. de *Terminal desoxynucleotidyl Transferase* — nucleotidiltransferase terminal

Te (Quím.) símbolo de *tellurium* — telúrio

TEAE-cellulose (Med.; Quím.) celulose com trietilaminoetil

teak (Bot.; E.Civ.) teca; a sua madeira

tear (Geral) lágrima

tear (Med.) lágrima; laceração

tear drop (Têxt.) lágrima; defeito na tecelagem de pano

tear gas (Quím.) gás lacrimogéneo

tear gland (Zoo.) glândula lacrimal

teats (Zoo.) tetas; mamilos

teazle (Têxt.) cardo (para tecidos); semente do cardo-penteador; percha (para tecidos)

technetium (Quím.) tecnécio

technical jack plane (E.Civ.) garlopa calçada

technology (Geral) tecnologia

tectonic (Geo.) tectónica

tectonic activity (Geo.) actividade tectónica

tectonic movements (Geo.) movimentos tectónicos

tectonics (Geo.) Tectónica

tectonic types (Geo.) tipos de tectónica

tectono-eustasy (Geo.) tectono-eustasia

tectorial (Zoo.) tectorial; relativo a um tectório

tectorium (Zoo.) tectório

tee (E.Civ.) T; em T; em forma de T

tee bar (E.Civ.; Mec.) barra em T; barra T

tee-bolt; T-bolt (Mec.) parafuso em T; parafuso de cabeça em T

tee hinge (E.Civ.) gonzo em T

tee joint (Elect.) união em T; junção em T

teem (Vidr.) vazar em moldes

teeming (Mec.) vazamento em moldes; coada em moldes

teeth- (Geral) dentes (singular *tooth*)

Teflon (Quím.) Teflon (resina sintética de politetrafluoretileno)

tegula (E.Civ.) tégula (telha grande de rebordo)

tegulated (Zoo.) tegulado

TEHP (Aero.) abr. de *Total Equivalent Horse-Power* — potência equivalente total

teichoic acids (Quím.) ácidos teicóicos

teichopsia (Med.) teicopsia

Teklan (Plást.) Teklan (nome comercial de fibra sintética)

tektites (Miner.) tectitos

tektosilicates (Miner.) tectossilicatos

tele- (Geral) tele-; do grego *téle* — distante, longe

telecardiography (Med.) telecardiografia

telecardiophone (Med.) telecardiófono

teleceptor; telereceptor (Med.) telerreceptor

telecine (T.Imag.) telecinema

telecommunication (Geral) telecomunicação

teleconferencing (Inf.) teleconferência

teleconverter (T.Imag.) teleconversor

telegony (Zoo.) telegonia

telegraph (Telecom.) telégrafo

telegraph channel (Telecom.) canal telegráfico

telegraph circuit (Telecom.) circuito telegráfico

telegraph code (Inf.) código telegráfico

telegraph communications (Telecom.) comunicações telegráficas

telegraph exchange (Telecom.) central telegráfica

telegraph key (Telecom.) manipulador telegráfico

telegraph-modulated wave (Telecom.) onda telegráfica modulada

telegraph post (Telecom.) poste telegráfico

telegraph receiver (Telecom.) receptor telegráfico

telegraph station (Telecom.) estação telegráfica

telegraph tape (Telecom.) fita telegráfica

telegraphy (Telecom.) telegrafia

teleguided missile (Aero.) míssil teleguiado

teleinformatics (Inf.) teleinformática

telematics (Inf.) telemática

telemeter (Topo.) telémetro

telemetry (Topo.) telemetria

telencephalon (Zoo.) telencéfalo

teleo- (Geral) teleo-; do grego *telos, teleos* — fim, extremidade, termo

teleology (Bio.) teleologia

teleomitosis (Bio.) teleomitose

teleonomy (Bio.) teleonomia

Teleostei (Zoo.) Teleósteos

telepathy (Psico.) telepatia

telephone answering machine (Telecom.) atendedor automático

telephone cable (Telecom.) cabo telefónico

telephone capacitor (Telecom.) condensador telefónico

telephone carrier current (Telecom.) corrente portadora telefónica

telephone channel (Telecom.) canal telefónico

telephone circuit (Telecom.) circuito telefónico

telephone cord (Telecom.) cordão telefónico

telephone current (Telecom.) corrente telefónica

telephone dial (Telecom.) disco telefónico

telephone exchange (Telecom.) central telefónica

telephone interference factor (Telecom.) factor de interferência telefónica

telephone set with battery (Telecom.) aparelho telefónico de bateria

telephony (Telecom.) telefonia

telephoto (Telecom.) telefoto

telephotography (Telecom.) telefotografia

telephoto lens (T.Imag.) lente de telefoto

teleprinter (Telecom.) teleimpressor

teleprocessing (T.Imag.) teleprocessamento

teleradiography (Radiol.) telerradiografia

telerecording (T.Imag.) telegravação

telescience (Esp.) teleciência

telescope (Fís.) telescópio

telescope camera (Fís.) câmara de telescópio

telescope dome (Astro.) cúpula de telescópio

telescope driver (Fís.) motor de telescópio

telescope eyepiece (Fís.) ocular de telescópio

telescope gauge (Fís.) lente de telescópio

telescope lens (Fís.) lente de telescópio

telescope mirror (Fís.) espelho de telescópio; reflector de telescópio

telescope objective (Fís.) objectiva de telescópio

telescopic adjusting (Fís.) regulação telescópica

telescopic aerial (Telecom.) antena de telescópio

telescopic magnification (Fís.) ampliação telescópica

telescopic power (Fís.) poder telescópico; poder de ampliação

telescopic star (Aero.) estrela telescópica

Telesto (Astro.) Telesto (13º satélite de Saturno)

teletext (Telecom.) teletexto

teletherapy (Med.) teleterapia

Teletype (Inf.) teletipo

teletypesetting (Imp.) composição à distância

teletypewriter (Inf.) teleimpressor/a; teletipo

television (Telecom.) televisão

television band (Telecom.) banda de televisão

television broadcast band (Telecom.) banda emissora de televisão

television broadcast station (Telecom.) estação emissora de televisão

television cable (Telecom.) cabo de televisão

television camera (Telecom.) câmara de televisão

television camera tube (Telecom.) tubo de imagem de televisão

television channel (Telecom.) canal de televisão

television film scanner (Telecom.) explorador de película de televisão

television picture tube (Telecom.) tubo de imagem de televisão

television receiver (Telecom.) receptor de televisão

television relay system (Telecom.) sistema de retransmissão de televisão; repetidor de televisão

television repeater (Telecom.) repetidor de televisão

television satellite (Telecom.) satélite de televisão

television scanning (Telecom.) exploração de televisão

television signal (Telecom.) sinal de televisão

television transmitter (Telecom.) transmissor de televisão

television tuner (Telecom.) sintonizador de televisão

television wave form (Telecom.) forma de onda de televisão

telex (Telecom.) telex

teller (Topo.) marcador

telltale clock (Reloj.) relógio de ponto

telltale lamp (Elect.) lâmpada piloto

tellurate (Quím.) telurato

telluric (GEO.) telúrico (relativo a, ou que tem origem na terra)

telluric (QUÍM.) telúrico (relativo ao elemento telúrio)

telluric bismuth (MINER.) bismuto telúrico; tetradimite

telluric current (ELECT.; GEO.) corrente telúrica

telluric line (ASTRO.) linha telúrica

telluric silver (QUÍM.) prata telúrica

tellurides (QUÍM.) teluretos

tellurism (MED.) telurismo

tellurite (QUÍM.) telurito

tellurite (MINER.) telurita

tellurium (QUÍM.) telúrio

tellurobismuth (MINER.) tetradimite; bismuto telúrico

telo- (GERAL) telo-; do grego *telos* — fim, extremidade

teloblast (ZOO.) teloblasto

telocentric (BIO.) telocêntrico

telokinesis (BIO.) telocinese

tolelecithal (ZOO.) telolecítico

telomere (BIO.) telómero

telomeric sequences (BIO.) sequência telomérica

telomorph (BIO.) telomorfo

telophase (BIO.) telofase

telson (ZOO.) telso

Telstar (TELECOM.) Telstar (1º satélite de comunicações transatlânticas)

TEM (MED.; QUÍM.) abr. de *TriEthylene Melanine* — trietilenomelanina

temazepan (MED.; QUÍM.) temazepan (medicamento ansiolítico)

temoin (GERAL) testemunho

temper (VIDR.) têmpera

temperate climate (ECO.) clima temperado

temperate deciduous forest (ECO.) floresta temperada decidua

temperate rain forest (ECO.) floresta temperada chuvosa

temperature (GERAL) temperatura

temperature characteristic (FÍS.) característica de temperatura

temperature coefficient (BIO.) coeficiente de temperatura

temperature coefficient of frequency (ELECT.) coeficiente de temperatura de frequência

temperature coefficient of resistance (ELECT.) coeficiente de temperatura de resistência

temperature coefficient of voltage drop (ELECT.) coeficiente de temperatura de queda de tensão

temperature-compensated reference element (ELECTRÓN.) elemento de referência com temperatura compensada

temperature-compensated zener diode (ELECT.) diodo zener com temperatura compensada

temperature-compensating capacitor (ELECT.) condensador-compensador de temperatura

temperature-compensating network (ELECTRÓN.) rede compensadora de temperatura

temperature compensation capacitor (ELECTRÓN.) condensador atérmico

temperature-controlled crystal unit (ELECT.) unidade de cristal a temperatura controlada

temperature correction (TOPO.) correcção de temperatura

temperature cycle (FÍS.) ciclo de temperatura

temperature derating (ELECT.) degradação térmica

temperature gradient (ELECTRÓN.) gradiente térmico

temperature inversion (METEO.) inversão de temperatura

temperature lapse rate (METEO.) gradiente vertical de temperatura

temperature-limited (ELECT.) limitado pela temperatura

temperature range (METEO.) variação de temperatura; amplitude de temperatura

temperature relay (ELECT.) relé de temperatura

temperature sensor (ELECTRÓN.) sonda de temperatura; sensor de temperatura; transdutor de temperatura

temperature variation (FÍS.) variação de temperatura

temperature wave (FÍS.) onda térmica

temperature wind (METEO.) vento de convecção

temperature zone (METEO.) zona térmica

temper brittleness (MEC.) fragilidade a têmpera

temper colour (MEC.) cor de têmpera

tempered scale (FÍS.) escala temperada (Acústica)

tempered steel (MEC.) aço temperado

temper-hardening (MEC.) endurecimento a têmpera

tempering (MEC.) esfriamento lento; têmpera

tempest (ELECTRÓN.) assinatura electromagnética

template (E.CIV.) suporte de viga

template (MEC.) molde; gabarito

tempolabile (QUÍM.) tempolábil

temporal (ZOO.) temporal (relativo às têmporas)

temporal mask (ELECTRÓN.) máscara temporal

temporal openings (ZOO.) fossas temporais

temporal summation (PSICO.) somatório temporal

temporal vacuities (ZOO.) fossas temporais

temporary film (MEC.) película temporária

temporary memory (INF.) memória temporária

temporary storage (INF.) armazenamento temporário

temporary threshold shift (FÍS.) deslocamento limiar temporário

temporary way (E.CIV.) desvio temporário; ramal temporário

TEM wave (TELECOM.) abr. de *transverse electromagnetic wave* — onda electromagnética transversa, onda electromagnética de polarização transversal

tenacity (MEC.) tenacidade

tendency (PSICO.) tendência

tendinous (ZOO.) tendinoso

tendo calcaneous (ZOO.) tendão calcâneo; tendão de Aquiles; corda magna

tendo cricoesophageus (MED.) tendão cricoesofágico; ligamento suspensor do esófago

tendon (ZOO.) tendão

tendoplasty (MED.) tendoplastia

tendovaginal (MED.) tendovaginal

tendovaginite (MED.) tendovaginite

tendril (BOT.) gavinha

tenebrescence (MINER.) tenebrescência

tenesmus (MED.) tenesmo

tenia (ZOO.) ténia (*teniae* é a forma plural)

teniasis (VET.) teníase

tennantite (MINER.) tenantite

tenon (E.CIV.) macho; cavilha; espiga

tenon joint (E.CIV.) junta de espiga e encaixe

tenon saw (E.CIV.) serra de respigar

tenorite (MINER.) tenorite; melaconite

tenorrhaphy (MED.) tenorrafia; tendinosutura

tenositis (MED.) tenosite

tenosynovitis (MED.) tenossinovite

tenotomy (MED.) tenotomia

tenovaginitis (MED.) tenovaginite

tensile strength (TÊXT.) resistência à força de tracção

tensile stress (MEC.) tensão de tracção

tensile test (MEC.) teste de tensão

tensile testing machine (MEC.) máquina para ensaio de tracção

tensile yield strength (MEC.) resistência à deformação de tracção

tensimeter (QUÍM.) tensímetro

tension (ELECT.) tensão; potencial; voltagem

tension (GERAL) tensão

tension (MEC.) tensão; tracção

tension arm (MEC.) braço de tracção; braço tensor

tension insulator (ELECT.) isolador de tensão; isolador de voltagem

tension lever (MEC.) alavanca de tracção

tension pin (MEC.) pino de tracção

tension pulley (MEC.) polia tensora; esticador

tension rod (MEC.) barra de tensão

tension roll (MEC.) cilindro de tensão

tension screw (MEC.) parafuso de tensão; parafuso de tracção

tension spring (MEC.) mola de tensão; mola de tracção

tensometer (MEC.) tensiómetro

tensor (GERAL) tensor

tensor force (FÍS.) força tensora; força tensorial

tent (MED.) tampão; tenda (de inalação)

tentacle (ZOO.) tentáculo

tenter (TÊXT.) tempereiro; máquina para estender o pano para secagem

tentorium (ZOO.) tentório

tepal (BOT.) tépala

tepee buttes (GEO.) testemunhos cónicos (*butte* é na acção vulgar uma elevação isolada por erosão de um corpo maior, ou o remanescente de uma massa mais extensa; *tepee* é o nome indígena da tenda cónica dos índios dos EUA)

tephrite (GEO.) tefrito

tephro- (GEO.) tefro-; elemento de composição do grego *tephra* — cinza

tephroite (MINER.) tefroíte

tera- (BIO.) tera-; prefixo do grego *teras* — monstro

tera- (GERAL) tera-; prefixo usado no sistema métrico indicando um bilião de vezes a unidade

teratogen (BIO.) teratógeno

teratogenic (BIO.; MED.) teratogénico

teratology (BIO.) teratologia

teratoma (MED.) teratoma

teratophobia (MED.) teratofobia

teratose (BIO.) teratia; teratose

teratospermia (MED.) teratospermia

terbium (QUÍM.) térbio

TERCOM (AERO.) abr. de *TERrain COntour Matching system* — sistema de coincidência de contornos de terreno

terebene (E.CIV.) terebeno

terebrate (ZOO.) terebrante; perfurante

terephtalic acid (QUÍM.) ácido tereftálico

terete (BOT.) cilíndrico; roliço

tergum (ZOO.) tergo

terminal (GERAL) terminal; final

terminal bar (ELECT.) barra terminal; barra de bornes

terminal board (ELECT.) painel de terminais

terminal curve (RELOJ.) curva terminal

terminal deoxynucleotidyl transferase (QUÍM.) desoxinucleotidiltransferase terminal

terminal equipment (TELECOM.) equipamento terminal

terminal impedance (FÍS.) impedância terminal

terminal lag (ELECT.) terminal de orelha

terminal pad (ELECT.) apoio terminal

terminal pair (ELECT.) par terminal

terminal pillar (ELECT.) pilar terminal

terminal plate (ELECT.) placa terminal

terminal pole (ELECT.) poste terminal

terminal pressure (FÍS.) pressão terminal

terminal redundancy (BIO.) redundância terminal

terminal repeater (TELECOM.) repetidor terminal

terminal tower (ELECT.) torre terminal

terminal transferase (BIO.) transferase terminal

terminal velocity (AERO.) velocidade final

terminal velocity-dive (AERO.) mergulho em flecha; mergulho de velocidade final

terminal voltage (ELECT.) voltagem nos terminais; voltagem nos bornes; voltagem final; voltagem de saída

terminal yoke (ELECT.) jogo de bobinas de deflexão terminal; cabeçote

terminated line (TELECOM.) linha terminada

terminating impedance (ELECTRÓN.) impedância terminal

termination (ELECT.) terminação

terminator (ASTRO.) demarcação; linha divisória

terminator (ELECT.) terminador

termitarium (ZOO.) termiteira

termite shield (E.CIV.) escudo antiformiga; barreira antiformigas; escudo anti-térmita

termolecular (QUÍM.) termolecular

ternary (GERAL) ternário

ternary code (ELECTRÓN.) código ternário

ternary diagram (MEC.) diagrama ternário

ternary notation (INF.) notação ternária

ternary system (MAT.) sistema ternário

ternate (BOT.) ternado

terne metal (MEC.) metal revestido a chumbo

terne plate (MEC.) chapa chumbada

TERP (AERO.) abr. de *TERminal instrument Procedures* — procedimento por instrumento da terminal

terpenes (QUÍM.) terpenos

terpenoids (BOT.) terpénicos

terpin (QUÍM.) terpina

terpineol (QUÍM.) terpineol

terpinol (QUÍM.) terpinol; hidrato de terpina

TERPROM (AERO.) abr. de *TERain PROfile Matching* — ajustamento do perfil do terreno

terracotte (E.CIV.) terracota

terra firme (ECO.) terra firme

terrain-avoidance system (AERO.) sistema de evitação de terreno

terrain-clearance system (AERO.) sistema de margem vertical sobre o terreno; sistema de segurança

terra rossa (ECO.) terra rossa; argila calcárea

terrazzo (E.CIV.) lajes de cimento com mármore incrustado; mosaico veneziano

terrestrial coordinates (ASTRO.) coordenadas terrestres

terrestrial crater (GEO.) cratera terrestre

terrestrial digital broadcasting (T.IMAG.) emissão digital terrestre

terrestrial equator (GEO.) equador terrestre

terrestrial gravitation (FÍS.; GEO.) gravitação terrestre

terrestrial magnetism (FÍS.; GEO.) magnetismo terrestre

terrestrial poles (GEO.) pólos terrestres

terrestrial radiation (ASTRO.) (ir)radiação terrestre

terrestrial telescope (FÍS.) telescópio terrestre

terrigenous deposit (GEO.) depósito terrígeno

terrigenous mud (GEO.) lama terrígena; lodo terrígeno

terrigenous sediments (GEO.) sedimentos terrígenos

territoriality (ECO.) territorialidade

territory (GERAL) território

terro-metallic clinkers (MEC.) clínquers metalo-terrosos

terry fabric (TÊXT.) tecido felpudo

Tertiary (GEO.) Terciário

tertiary alcohol (QUÍM.) álcool terciário

tertiary amine (QUÍM.) amina terciária

tertiary coalfield (GEO.; MINAS) campo carbonífero terciário

tertiary colour (E.CIV.) cores terciárias

tertiary consumer (ECO.) consumidor terciário

tertiary era (GEO.) Era Terciária

tertiary igneous rock (GEO.; MINER.) rocha ígnea terciária

tertiary nitro compound (QUÍM.) composto nitrogenado terciário; composto azotado terciário

tertiary production (MINAS) produção terciária

tertiary rock (GEO.; MINER.) rocha terciária

tertiary sediment (GEO.) sedimento terciário

tertiary stratum (GEO.) estrato terciário; camada terciária

tertiary structure (BIO.) estrutura terciária

tertiary wall (BOT.) parede terciária

tertiary winding (FÍS.) enrolamento terciário

tervalent (QUÍM.) trivalente

Teschen disease (VET.) doença de Teschen; encefalomielite suína infecciosa

teschenite (GEO.) teschenito

tesla (FÍS.) tesla (unidade SI de indução magnética)

Tesla coil (ELECT.) bobina de Tesla

Tesla current (ELECT.) corrente de Tesla

tessella (ARQ.) tessela; cubo ou peça de mosaico

tessellated pavement (E.CIV.) pavimento e mosaico

tessera (ARQ.) o mesmo que *tessella*

test (BOT.; ZOO.) ver *testa* (Bot. e Zoo.)

test (GERAL) teste; prova; ensaio

testa (BOT.) testa; parte externa do tegumento; casca

testa (ZOO.) testa; fronte; casca; (em Protozoologia: carapaça de molusco, envoltório de certas formas de Protozoários)

test bed (INF.) suporte de teste

test bed (FÍS.) plataforma de teste; banco de teste

test board (ELECT.) banco de teste

test clip (ELECTRÓN.) pinça de provas

test data (INF.) dados de teste

test desk (TELECOM.) mesa de prova

testes (ZOO.) testículos (forma latina singular: *testis*)

test final selector (TELECOM.) selector de teste final

testicle (ZOO.) testículo

testing machine (MEC.) máquina de prova; máquina de verificação

testing position (TELECOM.) posição de teste; posição de prova

testing set (ELECT.) equipamento de teste

testis (Zoo.) testículo (foram latina plural: *testes*)

test jack (Telecom.) tomada de teste

test lead (Quím.) chumbo puro para ensaio

test leap (Elect.) fio de prova; condutor de prova

testosterone (Bio.; Med.) testosterona

test pattern (T.Imag.) modelo de teste; padrão de teste

test piece (Mec.) peça de teste

test point (Elect.) ponto de teste

test prod (Elect.) ponta de prova; terminal de instrumento de prova

test program (Electrón.) programa de teste

test record (Fís.) gravação de teste

test relay (Elect.) relé de prova; relé de teste

test routine (Inf.) rotina de teste

test run (Inf.) operação de prova; passagem de teste

test selector (Elect.) selector de prova

test set (Elect.) equipamento de verificação; conjunto de teste

test terminal (Elect.) terminal de teste; terminal de prova

test vehicle (Aero.) veículo de teste; veículo de ensaio

tetanic contraction (Zoo.) contracção tetânica

tetanus (Zoo.) tétano

tetanus antitoxin (Imun.) antitoxina tetânica

tetanus toxin (Imun.) toxina tetânica

tetany (Med.) tetania

tetany of alkalosis (Med.) tetania por alcalose

tetany of magnesium deficiency (Med.) tetania por deficiência de magnésio

tethered satellite (Esp.) satélite preso

Tethys (Astro.) Tétis (satélite de Saturno)

tetra- (Geral) tetra-; do grego *tetra* — quatro

tetra-amelia (Med.) amelia completa; tetra-amelia

tetrabasic (Quím.) tetrabásico

tetraboric acid (Quím.) ácido tetrabórico; ácido pirobórico

tetrachirus (Med.) tetraquiro (com 4 mãos)

tetrachloride (Quím.) tetracloreto

tetrachloroethane (Quím.) tetracloroetano

tetrachloromethane (Quím.) tetraclorometano; tetracloreto de carbono

tetrachromic (Fís.) tetracrómico

tetracoccus (Bio.) tetracoco (bactéria)

tetracosanoic acid (Quím.) ácido tetracosanóico

tetracyclic steroid nucleus (Quím.) núcleo esteróide tetracíclico

tetracycline (Quím.) tetraciclina (antibiótico de amplo espectro)

tetrad (Bio.) tétrada

tetradactyl (Zoo.) tetradáctilo

tetrad analysis (Bot.) análise de tétrada; análise tetrádica

tetradymite (Miner.) tetradimite

tetraethyl lead (Quím.) chumbo tetraetílico

tetraethylmonothionopyrophosphate (Med.; Quím.) tetraetil monotionopirofosfato (agente anticolinesterase)

tetraethylpyrophosphate (Quím.) tetraetilpirofosfato; TEPP; (insecticida)

tetragonal system (Crist.) sistema tetragonal

tetragono (Mat.) tetrágono

tetragono lumbar (Med.) tetrágono lumbar; quadrilátero lombar

tetragonous (Bot.) tetragonal; quadrangular

tetrahedral (Mat.) tetraédrico

tetrahedrite (Miner.) tetraedrite

tetrahedron (Mat.) tetraedro

tetrahydrofuran (Quím.) tetra-hidrofurano; óxido de tetrametileno

tetrahydronaphtalene (Quím.) tetrahidronaftaleno; tetralina

tetralin (Quím.) tetralina; tetra-hidronaftaleno

tetramerous (Bot.; Zoo.) tetrâmero

tetramethylammonium iodide (Quím.) iodeto de tetrametilamónio

tetramethylene oxide (Quím.) óxido de tetrametileno; tetra-hidrofurano

tetramethylputrescine (Quím.) tetrametilputrescina

tetranitrol (Quím.) tetranitrol

tetraoses (Quím.) tetroses

tetraploid (Bio.) tetraplóide

tetrapod (Zoo.) tetrápode

tetrapodomorph (Eco.) tetrapodomorfo

tetrapterous (Zoo.) tetráptero

tetrapyrrol (Quím.) tetrapirrol

tetrasaccharide (Quím.) tetrassacárido

tetrasomic (Bio.) tetrassómico

tetrasporophyte (Bot.) tetrasporófito

tetrastichiasis (Zoo.) tetrastiquíase

tetravaccine (Med.) tetravacina

tetravalent (Quím.) tetravalente

tetrazole (Quím.) tetrazol

tetrazolium (Quím.) tetrazólio

tetrode (Elect.) tétrodo

tetrode field-effect transistor (Electrón.) transístor tétrodo de efeito de campo

tetrode junction transistor (Electrón.) transístor tétrodo de união

tetrode point-contact transistor (Electrón.) transístor tétrodo de pontas

tetrode thyristor (Electrón.) tíristor tetrapolar

tetrodo transistor (Electrón.) transístor tétrodo

tetroses (Quím.) tetroses

tetryl (Quím.) tetril; trinitrofenilmetilnitramina

TeV (Elect.) abr. de TT Tera-electron-Volt — tera-electrão-volt

TE-wave (Telecom.) abr. de *Transverse Electric wave* — onda eléctrica transversal

tex (Têxt.) tex (unidade de massa linear usada na indústria têxtil)

Texas fever (Vet.) febre do Texas; babesiose bovina; piroplasmose bovina

text generator (Electrón.) geador de texto

text processing (Inf.) processamento de texto

texture (Geral) textura

TFT (Electrón.) abr. de *Thin Film Transistor* — transístor de película fina

TFTR (Nucl.:) abr. de *Tokamak Fusion Test Reactor* — reactor de teste de fusão de câmara magnética toroidal

TFT screen (Inf.) abr. de *thin-film transistor screen* — ecrã TFT, ecrã de filme fino de transístors

T fuse (Electrón.) fúsivel de resposta lenta

TGA (Quím.) abr. de *Thermal Gravimetric Analysis* — análise gravimétrica térmica

thalamus (Bot.) cálice; receptáculo; frutificação dos líquenes

thalamus (Zoo.) tálamo; camada óptica

thalassaemia; thalassemia (Med.) talassemia

thalasso- (Geral) talasso-; do grego *thalassa* — mar

thalassophyte (Bot.) talassiófito; alga

thalidomide (Med.) talidomida

thallium (Quím.) tálio

thallium-activated sodium iodide detector (Electrón.) detector de iodeto de sódio activado por tálio

thallus (Bot.) talo

thalofide cell (Electrón.) célula de oxissulfeto de tálio

thalweg (Geo.) talvegue

thanatobiologic (Bio.) tanatobiológico

thanatocoenosis (Bio.) tanatocenose

thanatoid (Zoo.) tanatóide

thanatosis (Zoo.) tanatose; necrose

thatching (E.Civ.) cobrir com palha ou colmo

thawing (Fís.) descongelação; degelo

Thebe (Astro.) Tebas (satélite natural de Júpiter descoberto em 1979)

thebesian valve (Zoo.) válvula de Thebesius; válvula do seio coronário

theca (Bot.) asco; lóculo de um esporângio ou de uma antera

theca (Zoo.) teca; bainha; cápsula

theca cordis (Zoo.) teca cardíaca; pericárdio

thecal (Zoo.) tecal

thecodont (Zoo.) tecodonte

thelytoky (Zoo.) telitocia

thematic apperception test (Psico.) teste de percepção temática

thenardite (Miner.) tenardite

theodolite (Topo.) teodolito

theophyline (Med.) teofilina

theorem (Mat.) teorema

theorem of the equipartition of energy (Quím.) teorema da equipartição da energia

theoretical cutoff frequency (Electrón.) frequência teórica de corte

theoretical plate (Quím.) placa teórica

theories of light (Fís.) teorias de luz

theory of differentiation (Eco.) teoria da diferenciação

theory of indicators (Quím.) teoria de indicadores; teoria de Ostwald

theralite (Geo.) teralito

therapeutic (Med.) terapêutica

therapeutic ratio (Radiol.) média terapêutica

Theria (Zoo.) Térios; Mamíferos vivíparos

therm (Fís.) pequena caloria; unidade térmica

thermal agitation (Elect.) agitação térmica

thermal ammeter (Elect.) amperímetro térmico

thermal analysis (Mec.) análise térmica

thermal bond (Elect.) união térmica

thermal breeder reactor (Nucl.) reactor térmico regenerável

thermal capacity (Fís.) capacidade térmica

thermal cell (Electrón.) pilha térmica

thermal circuit (Elect.) circuito térmico

thermal column (Nucl.) coluna térmica

thermal comparator (Fís.) comparador térmico

thermal conductivity (Fís.) condutividade térmica

thermal conductor (Electrón.) condutor de calor; condutor térmico

thermal converter (Elect.) conversor térmico

thermal cross-section (Fís.) secção eficaz térmica

thermal cueing unit (Aero.) unidade de sinalização térmica

thermal cut-out (Elect.) disjuntor térmico

thermal cycle (Fís.) ciclo térmico

thermal death-point (Bio.) ponto de morte térmica

thermal detector (Bio.) detector térmico

thermal diffusion (Fís.) difusão térmica

thermal diffusion method (Elect.) método de difusão térmica

thermal diffusivity (Fís.) difusibilidade térmica

thermal dissociation (Quím.) dissociação térmica

thermal effect (Elect.; Fís.) efeito térmico

thermal efficiency (Mec.) eficiência térmica

thermal effusion (Fís.) efusão térmica; expansão térmica

thermal electromotive force (Elect.) força electromotriz térmica

thermal EMF (Electrón.) abr. de *thermal electromotive force* — força electromotriz térmica

thermal equator (Eco.) equador térmico

thermal excitation (Fís.) excitação térmica

thermal fatigue (Mec.) fadiga térmica

thermal flasher (Fís.) contacto térmico

thermal gravimetric analysis (Quím.) análise gravimétrica térmica

thermal imaging (Fís.) mapeamento térmico

thermal inertia (Nucl.) inércia térmica

thermal instability (Elect.) instabilidade térmica

thermal instrument (Elect.) instrumento térmico

thermal ionization (Fís.) ionização térmica

thermalite (E.Civ.) marca registada de blocos de betão poroso

thermalization (Fís.) termalização

thermal leakage factor (Fís.) factor de dispersão térmica

thermal limit (Elect.) limite térmico

thermal low (Geo.) depressão (de origem) térmica

thermal metamorphism (Geo.) metamorfismo térmico

thermal microphone (Fís.) microfone térmico (Acústica)

thermal neutron (Fís.) neutrão térmico

thermal neutron flux (Electrón.) fluxo de neutrões térmicos

thermal noise (Electrón.) ruído térmico

thermal ohm (Fís.) ohm térmico

thermal paper (Geral) papel térmico

thermal precipitator (Fís.) precipitador térmico

thermal printer (Inf.) impressora térmica

thermal radiation (Med.) radiação térmica

thermal reactor (Nucl.) reactor térmico

thermal receiver (Fís.) receptor térmico (Acústica)

thermal relay (Elect.) relé térmico

thermal resistance (Fís.) resistência térmica

thermal response (Nucl.) resposta térmica

thermal shield ((Nucl.) escudo térmico; blindagem térmica

thermal shock (Fís.) choque térmico

thermal siphon (Fís.) sifão térmico

thermal spray (Mec.) difusor térmico

thermal stability (Electrón.) estabilidade térmica

thermal station (Elect.) estação térmica; central térmica; central termoeléctrica

thermal stratification (Geo.) estratificação térmica

thermal titration (Quím.) titulação térmica

thermal transducer (Electrón.) sensor de temperatura; sonda de temperatura; transdutor de temperatura

thermal tuner (Electrón.) sintonizador térmico

thermal tuning (Electrón.) sintonização térmica

thermal tuning rate (Electrón.) velocidade de sintonização térmica

thermal unit (Fís.) unidade térmica; unidade de calor; caloria

thermal utilization factor (Nucl.) factor de utilização térmica

thermal vibration (Fís.) vibração térmica

thermal wave (Elect.; Meteo.) onda térmica

thermal wind (Meteo.) vento térmico

thermal X-rays (Fís.) raios-X térmicos

thermionic amplifier (Electrón.) amplificador termiónico

thermionic cathode (Electrón.) cátodo termiónico

thermionic converter (Electrón.) conversor termiónico

thermionic current (Electrón.) corrente termiónica

thermionic detector (Electrón.) detector termiónico

thermionic diode (Electrón.) diodo termiónico

thermionic emission (Electrón.) emissão termiónica

thermionic generator (Electrón.) gerador termiónico

thermionic grid emission (Electrón.) emissão termiónica de grelha

thermionic rectifier (Electrón.) rectificador termiónico

thermionics (Electrón.) Termiónica

thermionic valve (Electrón.) válvula termiónica

thermionic work function (Electrón.) função de trabalho termiónico

thermistor (Electrón.) abr. de *THERMal resISTOR* — resistência térmica

thermistor bridge (Electrón.) ponte de termistores

thermite (Eng.) termite (mistura de um óxido metálico e alumínio, em pó, destinada a operações aluminotérmicas)

thermo-; therm- (Geral) termo-; term-; do grego *thermé* — calor, e *thermos* — quente

thermoammeter (Elect.) termoamperímetro

thermochemistry (Quím.) Termoquímica

thermoclastis (Eco.) erosão térmoclástica

thermocline (Eco.) termocline

thermocouple (Fís.) termopar; par termoeléctrico

thermocouple ammeter (Elect.) amperímetro de termopar

thermocouple instrument (Elect.) instrumento de termopar

thermocouple meter (Elect.) medidor de termopar

thermoduric (Bio.) termodúrico; que resiste aos efeitos da exposição a alta temperatura (termo usado especialmente em referência a microorganismos)

thermodynamic concentration (Quím.) concentração termodinâmica

thermodynamic potential (Quím.) potencial termodinâmico

thermodynamics (Fís.) Termodinâmica

thermodynamic scale of temperature (Fís.) escala termodinâmica de temperatura

thermoelectric cooling (Fís.) esfriamento termoeléctrico

thermoelectric effect (Elect.) efeito termoeléctrico

thermoelectricity (Elect.) termoelectricidade

thermoelectric junction (Elect.) união termoeléctrica

thermoelectric material (Elect.) material termoeléctrico

thermoelectric module (Elect.) módulo termoeléctrico

thermoelectric power (ELECT.) potência termoeléctrica

thermoelectric pyrometer (ELECT.) pirómetro termoeléctrico

thermoelectric series (ELECT.) série termoeléctrica

thermoelectric solar cell (ELECT.) pilha termoeléctrica solar

thermoelectroluminescence (FÍS.) termoelectroluminescência

thermoelement (ELECT.) termoelemento; elemento térmico

thermofission (FÍS.) termofissão

thermogalvanometer (ELECT.) termogalvanómetro

thermogenesis (ZOO.) termogénese

thermographic (IMP.) termográfico

thermography (FÍS.; RADIOL.) termografia

thermohaline circulation (GEO.) circulação termohalina

thermo-inducible (BIO.) termo-induzível

thermojunction (ELECT.) termojunção; junção térmica

thermolabile (QUÍM.) termolábil

thermoluminescence (FÍS.) termoluminescência

thermoluminescence dosimeter (RADIOL.) dosímetro de termoluminescência

thermolysis (QUÍM.) termólise

thermomagnetic effect (FÍS.) efeito termomagnético

thermometer (FÍS.) termómetro

thermometric scales (FÍS.) escalas termométricas

thermometry (FÍS.) termometria

thermonasty (BOT.) termonastia; termonastismo

thermonuclear bomb (FÍS.) bomba termonuclear

thermonuclear energy (FÍS.) energia termonuclear

thermonuclear reaction (FÍS.) reacção termonuclear

thermoperiodism (BOT.) termoperiodismo; periodismo térmico

thermophile; thermophilous (BIO.) termófilo

thermophilic (BIO.) termofílico

thermopile (ELECT.) pilha termoeléctrica

thermoplastic (QUÍM.) termoplástico

thermoplastic binding (IMP.) encadernação termoplástica

thermoplastic plates (IMP.) placas termoplásticas

thermoplastic recording (ELECTRÓN.) gravação termoplástica

thermoprinting machine (IMP.) máquina de termoimpressão

thermoregulator (FÍS.) termorregulador

thermoremanent magnetism (GEO.) magnetismo remanescente térmico

thermoscopic (FÍS.) termoscópio

thermosetting composition (PLÁST.) composição de consolidação a quente

thermosiphon (MEC.) termossifão

thermosphere (ASTRO.) termosfera

thermostable (QUÍM.) termoestável

thermostat (FÍS.) termostato

thermostat hysteresis (ELECTRÓN.) histerese do termostato

thermotolerant (BOT.) termotolerante

thermotropic (FÍS.) termotrópico

therophyte (BOT.) terófita

theta polarization (ELECTRÓN.) polarização teta

Thevenin's theorem (ELECT.) teorema de Thevenin

thia- (QUÍM.) tia-; prefixo que indica a substituição de carbono do enxofre num anel ou cadeia

thiamides (QUÍM.) tiamidas; tioamidas

thiamin (BIO.; QUÍM.) tiamina; vitamina B; aneurina

thiaminaze (QUÍM.) tiaminaze

thiamine (BIO.; MED.) tiamina; vitamina B

thiazines (QUÍM.) tiazinas

thiazole (QUÍM.) tiazol

thickener (MINAS) engrossador; espessador

thick ethernet (INF.) rede de cabo coaxial grosso

thick-film lubrication (MEC.) lubrificação de película grossa

thick leg disease (VET.) osteopetrose dos galináceos

thick lens (FÍS.) lente grossa

thickness chart (METEO.) carta de espessura

thickness-chord ratio (AERO.) espessura relativa de um perfil

thickness dummy (IMP.) modelo de livro para verificação da espessura

thickness gauge (ELECT.) calibrador de espessura

thickness moulding (E.CIV.) moldagem de espessura

thickness vibration (ELECTRÓN.) vibração transversal

thick source (FÍS.) fonte densa

thick target (FÍS.) alvo denso

thick-wall chamber (NUCL.) câmara de parede densa

thief sampler (FÍS.) colhedor de amostras

thigmo- (GERAL) tigmo-; do grego *thigma* — contacto; toque

thigmocyte (ZOO.) trombócito; plaqueta sanguínea

thigmotropism (BIO.) tigmotropismo

thimble ionization chamber (NUCL.) câmara reduzida de ionização

thin ethernet (INF.) rede de cabo coaxial fino

thin-film (ELECTRÓN.) película fina

thin-film capacitor (ELECTRÓN.) condensador de película fina

thin-film circuit (ELECTRÓN.) circuito de película fina

thin-film component (ELECTRÓN.) componente de película fina

thin-film ferrite coil (ELECTRÓN.) bobina de ferrite de película fina

thin-film integrated circuit (ELECTRÓN.) circuito integrado de película fina

thin-film lubrication (MEC.) lubrificação de película fina

thin-film magnetoresistor (ELECTRÓN.) resistência magnética de película fina

thin-film material (ELECT.) material de película fina

thin-film memory (INF.) memória de película fina

thin-film microcircuit (ELECTRÓN.) microcircuito de película fina

thin-film resistor (ELECT.) resistência de película fina

thin-film solar cell (ELECT.) pilha solar de película fina

thin-film thermo-electric sensor (ELECTRÓN.) sensor termo-eléctrico de filme fino

thin-film transistor (ELECTRÓN.) transístor de película fina

thin-layer chromatography (QUÍM.) cromatografia de camada fina

thinners (E.CIV.) dissolventes; diluentes

thin source (FÍS.) fonte fina

thin target (FÍS.) alvo fino

thin-wall chamber (NUCL.) câmara de parede fina

thio- (QUÍM.) tio-; prefixo que denota a substituição do oxigénio pelo enxofre, no composto a que está fixado

thio-acids (QUÍM.) tioácidos

thio-alcohol (QUÍM.) tioálcool; tiol; mercaptano

thioamide (QUÍM.) tioamida; tiamida

thioaurin (QUÍM.) tioaurina

thiobarbital (QUÍM.) tiobarbital

thiobarbiturates (QUÍM.) tiobarbituratos

thiobiont (ECO.) tiobionte

thiocarbamide (QUÍM.) tiocarbamida; tioureia

thiocyanates (QUÍM.) tiocianatos

thiocyanic acid (QUÍM.) ácido tiociânico

thioether (QUÍM.) tioéter; sulfeto

thioglycerol (QUÍM.) tioglicerol

thioglycolic acid (QUÍM.) ácido tioglicólico

thiol (QUÍM.) tiol

thiolase (QUÍM.) tiolase

thionic (QUÍM.) tiónico

thionine (QUÍM.) tionina; violeta de Lauth (corante)

thiopanic acid (QUÍM.) ácido tiopânico

thiopental sodium (MED.; QUÍM.) tiopental sódico; Pentotal

thiopentone sodium (MED.; QUÍM.) tiopentona sódica; tiopental sódico

thiophen (QUÍM.) tiofeno

thiophil (QUÍM.) tiófilo

thioridazine hydrochloride (MED.; QUÍM.) cloridrato de tioridazina

thiosulphate (QUÍM.) tiossulfato

thiosulphuric acid (QUÍM.) ácido tiossulfúrico

thio-TEPA (MED.; QUÍM.) tio-Tepa; trietilenotiofosforamida

thiourea (QUÍM.) tioureia; tiocarbamida; sulfoureia; sulfocarbamida

thiourea resins (PLÁST.) resinas de tioureia; resinas de tiocarbamida

third-angle projection (ENG.) projecção nos três ângulos

third-degree equation (MAT.) equação do terceiro grau

third generation computer (INF.) computador de terceira geração third-harmonic distortion (ELEC-TRÓN.) distorção da terceira harmónica

third-rail insulator (ELECT.) isolador de terceiro trilho; isolador de trilho condutor

third-rail system (ELECT.) sistema de terceiro trilho; sistema condutor

third ventricle (ZOO.) terceiro ventrículo

thixotrope (QUÍM.) tixotrópico

thixotropy (QUÍM.) tixotropia

Thomas-Gilchrist process (ENG.) processo de Thomas-Gilchrist

Thomas resistor (ELECT.) resistência de Thomas

Thomas's splint (MED.) aparelho de Thomas

Thomsen's disease (MED.) doença de Thomsen; miotonia congénita

Thomson bridge (ELECT.) ponte de Thomson

Thomson coefficient (ELECT.) coeficiente de Thomson

Thomson compass (NAV.) bússola de Thomson

Thomson cross section (ELECT.) secção eficaz de Thomson

Thomson effect (ELECT.) efeito de Thomson

Thomson formula (ELECT.) fórmula de Thompson

thomsonite (MINER.) tomsonite

Thomson scattering (FÍS.) dispersão de Thomson

Thomson voltage (ELECT.) tensão de Thomson

thoracentesis (MED.) toracentese; toracocentese

thoracicolumbar system (ZOO.) sistema toracolombar

thoracocentesis (MED.) toracocentese; toracentese

thoracoplasty (MED.) toracoplastia

thoracoschisis (MED.) toracósquise

thoracoscope (MED.) toracoscópio

thoracotomy (MED.) toracotomia

thorax (ZOO.) tórax

thorianite (MINER.) torianite

thoriated cathode (ELECTRÓN.) cátodo toriado; cátodo com tório

thoriated emitter (ELECTRÓN.) emissor com tório

thoriated tungsten filament (ELECT.) filamento de tungsténio com tório

thorite (MINER.) torite

thorium (QUÍM.) tório

thorium reactor (NUCL.) reactor de tório

thorium series (FÍS.) série do tório

thorn forest (ECO.) floresta espinhosa

thorn scrub (ECO.) arbusto espinhoso

Thornthwaite climate classification (ECO.) classificação climática de Thornthwaite

thorn woodland (ECO.) arvoredo espinhoso

thoron (FÍS.) radão 220

thoroughpin (VET.) alifafe; tumor sinovial do jarrete

Thr (QUÍM.) símbolo de threonine — treonina

thread (MEC.) rosca; filamento; espira

thread (TÊXT.) fio

thread gauge (MEC.) calibre de rosca

thread grinder (MEC.) rectificadora de rosca

thread rolling (MEC.) laminação de filete; laminação de rosca

thread sealing (MEC.) vedação a rosca

threadworm (MED.) estrongilóide (nematelminta)

threat behaviour (PSICO.) comportamento de ameaça

three-ammeter method (ELECT.) método de três amperímetros

three-beam projector (ELECTRÓN.) projector tricolor

three-body problem (ASTRO.) problema dos três corpos

three-centred arch (ARQ.) arco de três centros

three-colour process (T.IMAG.) processo das três cores

three-core cable (ELECT.) cabo de três condutores; cabo tripolar

three-day sickness (VET.) doença dos três dias; febre efémera

three-junction transistor (ELECTRÓN.) transístor de três uniões

three-layer diode (ELECTRÓN.) diodo de três camadas

three-level laser (ELECTRÓN.) laser de três níveis

three-level maser (ELECTRÓN.) maser de três níveis

three-phase circuit (ELECT.) circuito de três fases

three-phase rectifier (ELECTRÓN.) rectificador trifásico

three-phase six-wire system (ELECT.) sistema (circuito) trifásico de seis condutores

three-phase supply (ELECTRÓN.) alimentação trifásica

three-pin plug (ELECTRÓN.) tomada trifásica

three-point landing (AERO.) aterragem de três pontos; aterragem de cauda baixa

three-point problem (TOPO.) problema dos três pontos

three-pole switch (ELECT.) interruptor tripolar

three-spar wing (AERO.) asa de três longarinas

three-stage missile (AERO.; ESP.) míssil de três estágios

three-throw crankshaft (MEC.) eixo de três manivelas

three-voltmeter method (ELECT.) método dos três voltímetros

three-way propeller (AERO.) hélice de três pás

three-way switch (ELECT.) chave tripolar; comutador de três contactos

three-way system (ELECTRÓN.) sistema de três canais

three-wire generator (ELECT.) gerador trifilar

three-wire system (ELECT.) sistema trifilar; circuito trifilar

threonic acid (QUÍM.) ácido treónico

threonine (QUÍM.) treonina

threose (QUÍM.) treose

threshold (GERAL) limiar; liminar; limite; crítico

threshold amplitude (TELECOM.) amplitude liminar

threshold current (ELECTRÓN.) corrente liminar

threshold dose (RADIOL.) dose liminar; dose crítica

threshold efect (ELECTRÓN.) efeito liminar

threshold energy (FÍS.) energia liminar; energia crítica

threshold field (ELECTRÓN.) campo liminar; campo crítico

threshold frequency (ELECTRÓN.) frequência liminar

threshold lights (AERO.) luzes terminais de pista

threshold of hearing (FÍS.) limite de audibilidade

threshold of pain (FÍS.) limite de desconforto (ou dor)

threshold of sound audibility (FÍS.) limite de audibilidade sonora

thrill (MED.) estremecimento; tremor; frémito

throat (MEC.) boca de alto-forno

throat (ZOO.) garganta

throat microphone (FÍS.) laringofone

thromb-; thrombo- (GERAL) tromb-; trombo; do grego thrombos — coágulo

thrombectomy (MED.) trombectomia

thrombin (BIO.) trombina

thrombocyte (ZOO.) trombócito

thrombocytopenia (MED.) trombocitopenia

thrombopenia (MED.) trombopenia; trombocitopenia

thrombophilia (MED.) trombofilia

thrombophlebitis (MED.) tromboflebite

thromboplastin (BIO.) tromboplastina

thrombosis (MED.) trombose

thrombosis (ZOO.) coagulação

thrombus (MED.) trombo; coágulo

throttle valve (MEC.) válvula de redução; válvula de estrangulamento

throttling (ELECT.) estrangulamento escalonado

throttling calorimeter (MEC.) calorímetro de estrangulamento

through beam (E.CIV.) viga contínua

throughfall (METEO.) precipitação que chega ao solo

through path (TELECOM.) caminho directo total

through-pin (VET.) V. thoroughpin

throughput (QUÍM.) produtividade operacional; produtividade total

through transfer function (ELECTRÓN.) função de transferência directa total

throw (ELECT.) vão (linhas aéreas)

throw (GEO.; MINAS) rejeição vertical

throw (MEC.) curso; tempo

throw away (IMP.) desperdício

throwback (BIO.) reversão a um tipo ancestral; atavismo

throwing (TÊXT.) torcedura de fio

throwing power (QUÍM.) capacidade de sedimentação

throwout (ELECTRÓN.) espiral interior; sulco de saída

thrum (BOT.) franja

thrum (TÊXT.) fio solto; fio que fica no tear

thrums (MEC.) cadilhos

thruput (QUÍM.) produtividade operacional

thrush (MED.) afta; sapinho

thrush (VET.) inflamação da ranilha

thrust (AERO.) empuxo; impulso; propulsão

thrust (E.CIV.; MEC.) pressão; força de compressão

thrust (ESP.) impulso

thrust (GEO.) falha de compressão

thrust bearing (MEC.) mancal de impulso; mancal axilar

thrust canceller (AERO.) anulador de empuxo; anulador de impulso

thrust chamber (AERO.) câmara de empuxo; câmara de combustão

thrust component (AERO.) componente de impulso; componente propulsivo

thrust decay (AERO.) queda de impulso

thrust deflector (AERO.) deflector de impulso

thrust deflexion (AERO.) deflexão de impulso

thrust efficiency (AERO.) rendimento de impulso

thrust indicator (AERO.) indicador de impulso

thrust load (AERO.) carga de impulso

thrust loss indicator (AERO.) indicador de perda de impulso

thrust nozzle (AERO.) tubeira de propulsão

thrust plane (GEO.) plano de falha de compressão

thrust reverser (AERO.) inversor de empucho; inversor de tracção; inversor de jacto; inversor de propulsão

thrust spoiler (AERO.) redutor de velocidade de propulsão

thrust-to-weight ratio (ESP.) razão impulso-peso

thrust-weight ratio (AERO.) razão impulso/peso

thulite (MINER.) tulite

thulium (QUÍM.) túlio

thumb lathe (E.CIV.) trinco de chaveta

thumb nut (MEC.) porca de orelhas

thumbscrew ((E.CIV.) parafuso de orelhas

thunder (METEO.) trovão; trovoada

thunderstorm (METEO.) trovoada; tempestade com trovoada ou relâmpagos

thunderstorm cell (METEO.) célula de trovoada

thunderstorm downdraft (METEO.) corrente descendente de trovoada

thunderstorm echo shape (RADAR) formato de eco de trovoada

thunderstorm electric charge (METEO.) carga eléctrica de trovoada

thunderstorm lightning discharge (METEO.) descarga de relâmpago de trovoada

thunderstorm moment (RADAR) momento de trovoada

thunderstorm turbulence (METEO.) turbulência de trovoada

thunderstorm updraft (METEO.) corrente ascendente de trovoada

thunderstorm with hail (METEO.) trovoada com granizo

thuringite (MINER.) turingite

thurl (MINAS) passagem em mina; comunicação em mina

thymectomy (MED.) timectomia

thymic epithelial cells (IMUN.) células epiteliais tímicas

thymic hypoplasia (IMUN.) hipoplasia tímica

thymidine (BIO.) timidina

thymidine triphosphate (BIO.) trifosfato de timidina

thymine (QUÍM.) timina

thymocyte (IMUN.) timócito

thymol (QUÍM.) timol

thymol blue (QUÍM.) azul timol; timol azul (indicador ácido-básico)

thymol iodide (QUÍM.) iodeto de timol

thymolphthalein (QUÍM.) timolftaleína

thymoma (IMUN.) timoma

thymopoietin (IMUN.) timopoietina; timopoetina

thymosin (IMUN.; QUÍM.) timosina; factor linfopoiético tímico

thymus (IMUN.) timo

thymus dependent antigen (IMUN.) antigénio dependente do timo

thymus dependent area (IMUN.) área dependente do timo

thymus derived cells (IMUN.) células derivadas do timo

thymus independent antigen (IMUN.) antigénio independente do timo

thyratron (ELECTRÓN.) tiratrão

thyratron firing angle (ELECTRÓN.) ângulo de ignição do tiratrão

thyratron inverter (ELECTRÓN.) inversor de tiratrões

thyristor (ELECTRÓN.) tiristor (transístor que apresenta uma característica análoga à de um tiratrão)

thyroacetic acid (QUÍM.) ácido tiroacético

thyroadenitis (MED.) tiroadenite

thyrocalcitonin (MED.) tirocalcitonina

thyroglobulin (MED.) tiroglobulina

thyroglossal (MED.) tiroglosso

thyroid (MED.) tiróide (forma correcta); tiroideia (forma usual)

thyroid antibodies (IMUN.) anticorpos da tiróide

thyroidectomy (MED.) tiroidectomia

thyroid gland (MED.) glândula tiróide; glândula tiroideia

thyroiditis (MED.) tiroidite

thyrotomy (MED.) tirotomia; tirocondrotomia

thyrotoxicosis (MED.) tirotoxicose

thyrotropic (MED.) tirotrófico

Thysanoptera (ZOO.) Tisanópteros

Ti (QUÍM.) símbolo de *titanium* — titânio

tibia (ZOO.) tíbia

tic (MED.) tique

tic douloureux (MED.) tique doloroso; nevralgia do trigémio

tick-born fever (VET.) riquetsiose

tick fever (VET.) febre do gado do Texas; babesiose bovina

tidal bar (GEO.) barra de maré

tidal bedding (GEO.) estratificação de maré

tidal bore (GEO.) onda de maré; macaréu

tidal channel (GEO.) canal de maré

tidal creek (GEO.) enseada de maré

tidal current (GEO.) corrente de maré

tidal cycle (GEO.) ciclo de maré

tidal deltas (GEO.) deltas de maré

tidal estuary (GEO.) estuário de maré

tidal flat (GEO.) planície de maré

tidal friction (ASTRO.; GEO.) atrito de maré

tidal gauge (GEO.) mareógrafo

tidal inlet (GEO.) braço de maré

tidalite (GEO.) tidalito

tidal power (GEO.) energia de maré

tidal range (GEO.) amplitude de maré

tidal rise (GEO.) subida de maré

tidal scour (GEO.) escavação por maré

tidal stream (ECO.) ribeiro de maré

tidal volume (BIO.) volume corrente; volume circulante; ar corrente

tidal wave (GEO.) onda de maré; macaréu

tide (GEO.) maré

tie (E.CIV.) tirante; dormente (CF)

tie-beam (MEC.) tirante horizontal; travessa; caibro

tie line (TELECOM.) linha privada

Tiemann-Reimer reaction (QUÍM.) reacção de Tiemann-Reimer

tie point (ELECT.) ponto de conexão

tie rod (MEC.) esticador; biela; tirante de união

tie wire (ELECT.) fio de união; arame de união; fio de amarração

TIF (TELECOM.) abr. de *Telephone Interference Factor* — factor de interferência telefónica; e de *Telephone Influence Factor* — factor de influência telefónica

tiger's eye (MINER.) olho-de-tigre (variedade de quartzo amarela ou avermelhada com inclusões de crocidolita oxidada em fibras paralelas)

tight coupling (ELECT.) acoplamento forte

tight junction (BIO.) junção forte

tile (ARQ.) moldura superior de capitel

tile (E.CIV.) telha; ladrilho; azulejo

tile (HIDRO.) tubo de drenagem

tile crest (E.CIV.) telha de remate

tile ore (MINER.) óxido vermelho de cobre; variedade de cuprita

till (GEO.) till; sedimento não consolidado argiloso ou arenoso de origem glaciar

tiller (BOT.) rebento de planta; renovo

tillite (GEO.) tilito

tilting (T.IMAG.) inclinação frontal

tilting rotor (AERO.) rotor basculante; rotor inclinável

tilt wing aircraft (AERO.) avião de voo basculante

timber (GERAL) madeira; vigamento

timber cross-tie (E.CIV.) dormente (CF)

timbering (E.CIV.) madeiramento; entabuamento; vigamento

timber line (METEO.) linha de árvores

timbre (FÍS.) timbre

time (GERAL) tempo

time-assignment speech interpola-tion (TELECOM.) interpolação da fala por cessão do tempo
time base (ELECTRÓN.) base de tempo
time base generator (ELECTRÓN.) gerador de base de tempo
time between overhauls (AERO.) tempo entre revisões
time constant (ELECT.) constante de tempo
time-controlled overhaul (AERO.) revisão controlada
time delay (ELECT.) atraso de tempo
time-delay relay (ELECT.) relé de atraso de tempo
time dilation (ESP.; FÍS.) dilatação de tempo
time discriminator ((TELECOM.) discriminador de tempo
time-division multiple access (TELECOM.) acesso múltiplo por divisão de tempo
time-division multiplex (TELECOM.) multiplex por divisão de tempo
time-division multiplexer (ELECTRÓN.) multiplexagem por divisão temporal
time domain (ELECTRON) domínio do tempo; domínio temporal
time-domain analysis (ELECTRÓN.) análise no domínio do tempo; análise temporal
time-domain reflectometer (TELECOM.) reflectómetro com indicação temporal
time exposures (T.IMAG.) exposição de tempo
time flutter (ELECTRÓN.) instabilidade de tempo
time hysteresis (ELECTRÓN.) histerese temporal
time jitter (ELECTRÓN.) flutuação de tempo
time lag (ELECT.) atraso de tempo
time lapse (T.IMAG.) lapso de tempo
time-limit attachment (ELECT.) ligação de tempo limite
time-meter (ELECT.) cronómetro
time multiplexing (ELECTRÓN.) multiplexagem temporal
time of operation (FÍS.) tempo de operação
time of oscillation (FÍS.) tempo de oscilação
timepiece (RELOJ.) relógio; cronómetro (sem batimentos)
timer circuit (ELECTRÓN.) circuito temporizador
time scale (GEO.) escala de tempo
time series (GERAL) série temporal
time-shared amplifier (TELECOM.) amplificador de cotas de tempo
time sharing (INF.) time sharing; tempo compartilhado
time signal (TELECOM.) sinal horário
time switch (ELECT.) comutador de tempo
timing (AUTO.) distribuição
timing (MEC.) regulação; sincronização
timing chain (AUTO.) corrente do distribuidor
timing gear (AUTO.) engrenagem de distribuição

timing of gear (MEC.) regulação de engrenagem
timing wheel (MEC.) roda reguladora
tin (QUÍM.) estanho
tin/lead solder (ELECTRÓN.) solda de estanho
tin 113 (QUÍM.) estanho-113; 113Sn; radioisótopo do estanho
tin alloy (ENG.) liga de estanho
Tinamiformes (ZOO.) Tinamiformes
tincal (MINER.) tincal; bórax
tinea (MED.) tinha
tinman's solder (MEC.) solda de funileiro; solda de latoeiro
tin-nickel (MEC.) estanho e níquel
tinnitus (MED.) tinido
tinnitus aurium (MED.) tinido auditivo
tin-plate (ENG.) folha-de-flandres; chapa de estanho
tin pyrite (MINER.) pirite de estanho; estanite; estanina
tinsel cloth (TÊXT.) brocado
tinsel yarn (TÊXT.) fio de ouropel
tin-stone (MINER.) cassiterite
tint (E.CIV.) tinta; cor; matiz; cor leve; cor diluída
tin-zinc (ENG.) estanho e zinco
tip (MEC.) ponta; bico
tip (MINAS) vazadouro
tip-path plane (AERO.) plano das pontas das lâminas; plano do disco
tipple (MINAS) basculador
tirodite (MINER.) tirodita; tricalcite
T-iron (E.CIV.) ferro em T
tissue (BIO.) tecido
tissue culture (BIO.) cultura de tecido
tissue dose (RADIOL.) dose absorvida pelo tecido
tissue specific antigen (IMUN.) antigénio específico de tecido
tissue tensions (BOT.) tensões teciduais
tissue typing (IMUN.) tipificação de tecido
Titan (ASTRO.) Titã (satélite telescópico de Saturno)
titanates (QUÍM.) titanatos
titanaugite (MINER.) titanaugite
titania (QUÍM.) titânia (liga de estanho, cobre e zinco); óxido de titânio
titaniferous iron ore (MINER.) ilmenita (óxido de ferro e titânio)
titanite (MINER.) titanite; esfena
titanium (QUÍM.) titânio
titanizing (VIDR.) uso do bióxido de titânio; «titanizar»
Titius-Bode law (ASTRO.) lei de Titius-Bode
titration (QUÍM.) titulação
titre (QUÍM.) título (de uma solução)
titubation (MED.) titubeação
T-junction (ELECTRÓN.) junção T; junção híbrida
Tl (QUÍM.) símbolo químico do elemento *thallium* — tálio
TLC (MED.) abr. de *Total Lung Capacity* — capacidade pulmonar total
TLC (QUÍM.) abr. de *Thin-Layer Chromatography* — cromatografia de camada fina
TLE (QUÍM.) abr. de *Thin-Layer Electrophoresis* — electroforese de camada fina

T-lymphocyte antigen receptor (IMUN.) receptor do antigénio do linfócito T
Tm (BIO.) abr. de *melting temperature* — temperatura de fusão ou ponto médio
T-maze (PSICO.) labirinto em T
TMS (QUÍM.) abr. de *TetraMethylSilano* — tetrametilsilano
TM-wave (TELECOM.) abr. de *Transverse Magnetic Wave* — onda magnética transversal
Tn (FÍS.) símbolo de *thoron* — torão
T-network (TELECOM.) rede T
TNT (QUÍM.) abr. de *TriNitroToluene* — trinitrotolueno; TNT
toad's-eye tin (MINER.) «estanho olho-de-sapo» — variedade de cassiterite de estrutura concêntrica e cor avermelhada
toadstone (GEO.) pedra-de-sapo (dente fossilizado, em forma de botão, do «Lepidotes», peixe ósseo do Mesozóico)
tobacco amblyopia (MED.) ambliopia de tabaco
Tobacco mosaic virus [TMV] (BIO.) vírus do mosaico do tabaco
Tobin bronze (ENG.) bronze Tobin; bronze naval
TOC (ELECTRÓN.) abr. de *table of contents* — índice
tocopherol (BIO.) tocoferol; vitamina E
todorokite (MINER.) todorokita (óxido hidratado de manganés, cálcio e magnésio, por vezes com bário e zinco)
toe-in (AUTO.) convergência (das rodas dianteiras)
toggle (TELECOM.) conexão oscilante
toggle joint (MEC.) junta articulada; alavanca articulada
toggle press (MEC.) prensa articulada
toggle switch (ELECTRÓN.) inversor
toggling (ELECTRÓN.) mudança de estado; inversão de estado
toilet (MED.) limpeza (após parto ou de uma ferida para aplicação de curativo)
Tokamak (NUCL.) Tokamak; câmara magnética toroidal
token (INF.) testemunho
token-ring network (INF.) rede em anel com testemunho
tolbutamide (MED.) tolbutamida
tolerance (MEC.) tolerância
tolerance dose (RADIOL.) dose de tolerância
tolerant strategy (ECO.) estratégia tolerante
tolerogenic (IMUN.) que produz tolerância imunológica
toll television (T.IMAG.) televisão paga
Tolu balsam (QUÍM.) bálsamo de Tolu
toluene (QUÍM.) tolueno; metilbenzeno; toluol
toluene di-isocyanate (QUÍM.) di-isocianato de tolueno; TDI
toluenesulphonic acid (QUÍM.) ácido toluenossulfónico
toluenetricarboxylic acid (QUÍM.) ácido toluenotricarboxílico
toluidine (QUÍM.) toluidina; aminotolueno
tombolo (ECO.) tômbolo
tomentum (BOT.) tomento

tommy bar (MEC.) alavanca de parafuso

tomography (RADIOL.) tomografia

-tomy (GERAL) -tomia; do grego *tomé* — incisão, corte

ton (GERAL) tonelada

ton (NAV.) tonelagem

tonalite (GEO.) tonalito

tone (FÍS.) tom; timbre

tone (ZOO.) tónus

tone arm (TELECOM.) braço de giradiscos

tone control (TELECOM.) controlo de tonalidade; controlo de timbre

tone control circuit (TELECOM.) circuito de controlo de tom

tone reversal (TELECOM.) inversão de tonalidade

tongs (E.CIV.) alicate; pinça; torquês

tongue (E.CIV.) lingueta; mecha

tongue (ZOO.) língua

tongue-and-groove joint (E.CIV.) união de macho e fêmea

tongue swallowing (MED.) deglutinação da língua

tongue-tie (MED.) anquiloglossia; língua presa

tongue-worm (VET.) linguatula (parasita)

tonicity (ZOO.) tonicidade; tónus

tonnage (NAV.) tonelagem

tonnage breadth (NAV.) tonelagem de arqueação

tonne (GERAL) tonelada métrica

tonofilament (BIO.) tonofilamento

tonometer (FÍS.; MED.) tonómetro

tonoplast (BIO.) tonoplasto; tonoplastídio

tonsilla (MED.) amígdala; tonsila

tonsillectomy (MED.) tonsilectomia; amigdalectomia

tonsillitis (MED.) tonsilite; amigdalite

tonsillotomy (MED.) tonsilotomia; amigdalotomia

tonsils (ZOO.) amígdalas; qualquer colecção de tecido linfóide

tonus (ZOO.) tónus

tooth (GERAL) dente (plural teeth)

toothache (MED.) dor de dente

toothed armature (ELECT.) induzido denteado

toothed gearing (MEC.) roda dentada; engrenagem

toothed wheel (MEC.) roda dentada

toothing plane (E.CIV.) plaina de ferro dentado

toothing wear (MEC.) desgaste de dente

tooth pitch (MEC.) passo de dente; afastamento de dente

tooth profile (MEC.) perfil de dente (de engrenagem)

tooth root (MEC.) fundo de dente

top (ARQ.) ponta; topo

top (NAV.) gávea

top (QUÍM.) parte mais volátil de um líquido

top arch (ARQ.) topo de arco; topo de arcada

topaz (MINER.) topázio

topazolite (MINER.) topazolite

top beam (E.CIV.) viga de fachada principal

top-capacitor aerial (TELECOM.) antena de carga terminal

top casing (MINER.) cobertura superior

top dead-centre (MEC.) ponto morto superior

tophaceous (MED.) que manifesta as características de, ou relativo a, um tofo (V. *tophus*); arenoso; duro

top hinge (MEC.) articulação de chave

tophus (MED.) tofo (depósito duro no interior de um orgão ou das regiões vizinhas das articulações)

topography (TOPO.) Topografia

topoisomerase (BIO.) topoisomerase

topoisomerase inhibitors (BIO.) inibitores de topoisomerase

topoisomers (BIO.) topoisómeros

topological space (MAT.) espaço topológico

topology (MAT.) Topologia

topside sounder (TELECOM.) sonda ionosférica

topsoil (ECO.) solo arável; solo superficial

torbanite (MINER.) torbanito

torbernite (MINER.) torbernite

torch igniter (AERO.) conjunto de inflamação; escorva de inflamação

torching (AERO.) reignição; produção de chama no escape

tornado (METEO.) tornado

toroid (MAT.) toróide

toroidal coil (ELECT.) bobina toroidal

toroidal core (ELECT.) núcleo toroidal

toroidal field (NUCL.) campo toroidal

toroidal magnetic circuit (ELECT.) circuito magnético toroidal

toroidal surface (FÍS.) superfície toroidal

toroidal winding (ELECT.) enrolamento toroidal

toroid-intake guide vanes (AERO.) palhetas guias de entrada toroidal

torque (AERO.; FÍS.) momento de rotação; momento de torção; binário

torque amplifier (ELECT.) amplificador de binário de torção

torque angle (AERO.) ângulo de torção

torque converter (MEC.) conversor de binário

torque limiter (AERO.) limitador de binário

torquemeter (AERO.) torcímetro

torr (FÍS.) torr (unidade de pressão, de uso desaconselhado)

Torricellian barometer (FÍS.) barómetro de Torricelli

Torricellian vacuum (FÍS.) vácuo de Torricelli; câmara barométrica

Torridonian (GEO.) Torridoniano

torrid zone (ECO.) zona tórrida

torsion (GERAL) torção

torsional wave (FÍS.) onda de torção

torsion balance (FÍS.) balança de torção

torsion bar (MEC.) barra de torção

torsion force (FÍS.) força de torção

torsion galvanometer (ELECT.) galvanómetro de torção

torsion spring (MEC.) mola de torção

torticolis (MED.) torcicolo

torulosis (MED.) torulose

torus (ARQ.; BOT.; ELECT.; MAT.; ZOO.) toro

torus (MED.) tumefacção arredondada e lisa; toro

toss-bombing (AERO.) bombardeio de arremesso

tossing (MINAS) lavagem de minério por agitação

tosyl (QUÍM.) tosil; radical toluenossulfonilo

total absorption coefficient (FÍS.) coeficiente de absorção total

total air-gas misture (MEC.) mistura gás-ar total

total body burden (RADIOL.) carga de corpo total

total cross-section (FÍS.) secção eficaz total

total curvature (MAT.) curvatura total

total differential (MAT.) diferencial total

total electron binding energy (ELECT.) energia total de enlace dos electrões

total emission (ELECTRÓN.) emissão total

total equivalent horsepower (MEC.) potência equivalente total

total harmonic distortion [THD] (ELECTRÓN.) distorção harmónica total

total head (AERO.) energia específica

total impulse (AERO.) impulso total

total internal reflection (FÍS.) reflexão interna total

total losses (ELECT.) perdas totais

totally bounded set (MAT.) conjunto totalmente limitado

total normal curvature (MAT.) curvatura normal total

total parenteral nutrition (MED.) alimentação parenteral total

totipotent (BIO.) totipotente

touchstone (MINER.) pedra de toque; lidite

toughened glass (VIDR.) vidro temperado

tough pitch copper (MEC.) cobre refinado

tourmaline (MINER.) turmalina

tourniquet (MED.) torniquete

tow (TÊXT.) estopa

tower crane (MEC.) guindaste de torre

tower karst (ECO.) torre cársica

Townend ring (AERO.) anel de Townend; anel de velocidade

Townsend avalanche (FÍS.) avalancha de Townsend

Townsend characteristic (ELECT.) característica de Townsend

Townsend coefficient (ELECT.) coeficiente de Townsend

Townsend discharge (ELECT.) descarga de Townsend

Townsend ionization (FÍS.) ionização de Townsend

toxaemia; toxemia (MED.) toxemia

toxicology (MED.) toxicologia

toxin (BIO.) toxina

toxoid (IMUN.) toxóide

toxoplasmosis (VET.) toxoplasmose

TPDF (ELECTRÓN.) abr. de *triangular probability density function* — função densidade de probabilidade triangular

trabecula (Bot.; Zoo.) trabécula

trace (Geral) traço; linha; vestígio; sinal

trace (Inf.) investigação (técnica de diagnóstico)

trace chemistry (Quím.) Microquímica

trace element (Bio.) micronutriente; microelemento

trace element (Geo.) vestígio

trace fossil (Geo.) vestígio fóssil

tracer (Eco.) traçador

tracer atom (Fís.) átomo traçador; átomo radioactivo detector; átomo indicador

tracer chemistry (Quím.) Química dos traçadores; Microquímica

tracer compound (Fís.) composto marcador

tracer element (Fís.) elemento traçador; elemento radioactivo indicador

tracer injection (Nucl.) injecção de traçador

tracer injector (Nucl.) injector de traçador

tracer isotope (Nucl.) isótopo traçador

tracers (Minas) traços

trachea (Bot.) traqueia; vaso lenhoso

trachea (Zoo.) traqueia

tracheal gills (Zoo.) brânquias traqueais

tracheal muscle (Zoo.) músculo traqueal

tracheal system (Zoo.) sistema traqueal

tracheary elements (Bot.) elementos traqueais

tracheid (Bot.) traqueído

tracheitis (Med.) traqueíte

trachelate (Zoo.) traqueliano; traquelino

trachelocele (Med.) traquelocele

trachelorraphy (Med.) traquelorrafia

tracheloschisis (Med.) traquelósquise

tracheobronchitis (Med.; Vet.) traqueobronquite

tracheocele (Med.) traqueocele

tracheopathia osteoplastica (Med.) traqueopatia osteoplástica

tracheopharingeal (Med.) traqueofaríngico

tracheophonesis (Med.) traqueofonese

tracheophony (Med.) traqueofonia

tracheophyte (Bot.) traqueófito

tracheoschisis (Med.) traqueósquise

tracheostomy (Med.) traqueostomia

tracheotomy (Med.) traqueotomia

trachoma (Med.) tracoma

trachyandesite (Geo.) traquiandesito

trachybasalt (Geo.) traquibasalto

trachyte (Geo.) traquito

tracing (Inf.) busca; análise; investigação

track (Aero.) rota

track (Eng.) via de percurso; via férrea

track (Geral) pista; trilha; curso; percurso; trajecto; rota

track (Radar) rastreio

track-circuit signalling (Elect.) sinalização de circuito de via férrea

track crossing (Eng.) cruzamento de via férrea

tracker (Elect.) seguidor

track homing (Electrón.) aproximação por seguimento

tracking (Electrón.) alinhamento; seguimento

tracking (Esp.) rastreamento; localização

tracking (Mec.) decalque

tracking (Radar) rastreamento

tracking beam (Electrón.) feixe de seguimento; feixe de localização

tracking coils (Electrón.) bonine de seguimento

tracking element (Electrón.) elemento de seguimento

tracking error (Electrón.) erro de seguimento; distorção de gravação

tracking filter (Electrón.) filtro de seguimento

tracking jitter (Radar) instabilidade de rastreio

tracking network (Radar) rede de rastreio

tracking radar (Radar) radar de rastreio

tracking servo (Electrón.) servomecanismo de alinhamento

tracking shot (T.Imag.) tomada de movimento

tracking station (Radar) estação de rastreio

track rail bond (Elect.) união de trilho de suporte

track relay (Elect.) relé de trilho

track rod (Auto.) barra de direcção

track-sectioning cabin (Elect.; Eng.) cabina de separação de via

track switch (Elect.) desvio; mudança de direcção

track-to-track access time (Telecom.) tempo de acesso entre pistas

track-while-scan (Radar) exploração durante o rastreio

tract (Zoo.) via; região; área alongada; tracto

traction (Med.) tracção

traction battery (Elect.) bateria de tracção

traction engine (Mec.) motor de tracção; tractor

traction generator (Elect.) gerador de tracção; dínamo de tracção

traction lamp (Elect.) lâmpada de tracção

traction load (Geo.) carga de tracção

traction motor (Elect.) motor de tracção

traction rope (E.Civ.) corda de tracção; cabo de tracção

tractive coil (Elect.) bobina de tracção

tractive force (Mec.) força de tracção

tractive power (Mec.) força de tracção; potência de tracção

tractive resistance (Mec.) resistência à tracção; resistência ao avanço

tractor (Aero.) tractora; hélice tractora

tractor aircraft (Aero.) aeronave com hélice tractora

tractor engine (Mec.) motor tractor

tractor feed (Eng.) alimentador de tracção

tractrix (Mat.) tractriz

tractrix horn (Fís.) corno equitangencial

trade (Geo.) vento alísio; alísio

trade effluent (E.Civ.) efluente de produção

trade off (Aero.) solução de compromisso

trade off study (Esp.) solução preferencial

trade-wind inversion (Geo.) inversão dos alíseos

trade winds (Meteo.) ventos alísios

traffic flow (Telecom.) fluxo de tráfego

traffic unit (Telecom.) unidade de tráfego

tragus (Zoo.) trago

trailer (T.Imag.) enxertos de filme; trailer

trailing axle (Mec.) eixo traseiro

trailing edge (Aero.) bordo de fuga

trailing edge (T.Imag.) frente posterior

trailing edge aileron (Aero.) aileron de bordo de fuga

trailing edge rib (Aero.) nervura do bordo de fuga

trailing edge vortex (Aero.) vórtice de bordo de fuga

train (Mec.) conjunto; jogo; trem

training (Psico.) treino; ensino; instrução; disciplina

training works (Hidro.) trabalhos de condicionamento

trait (Psico.) traço; carácter; característica

trajectory (Geral) trajectória

tram (Minas) vagoneta

trammels (Mec.) compasso de vara; compasso de elipse

tramontana (Geo.) vento de montanha (Mediterrâneo)

trance (Psico.) transe

trance-coma (Psico.) sono profundo após hipnose

trans- (Bio.) trans-, denotando a posição de dois genes em cromossomas opostos de um par homólogo

trans- (Geral) trans-; do latim *trans*, através de, por, além de

trans- (Quím.) trans-, denotando uma forma de isomeria

transaction (Inf.) transacção

transaction code (Inf.) código de transacção

transaction display (Inf.) expositor de transacção

transaction file (Inf.) ficheiro de transacção

transaction processing (Inf.) procedimento de transacção

transaction record (Inf.) registo de transacção

transadmittance (Fís.) transadmitância

transaldolation (Quím.) transaldolação

transaminase (Bio.) transaminase

transamination (Bio.) transaminação

transatmospheric vehicle (Aero.) veículo transatmosférico

transaxial tomography (Radiol.) tomografia transaxial

transcarboxylase (Quím.) transcarboxilase

transceiver (Telecom.) transceptor; emissor-receptor

transcellular transport (Bio.) transporte transcelular

transcendental equation (Mat.) equação transcendental

transcendental function (Mat.) função transcendental

transconductance (Electrón.) transcondutância

transconductance amplifier (Electrón.) amplificador de transconductância

transcortin (Quím.) transcortina

transcription (Bio.) transcrição (transformação de ADN em ARNm)

transcription (Telecom.) transcrição; cópia

transcription complex (Bio.) complexo de transcrição

transcription factor (Bio.) factor de transcrição

transcrystalline failure (Mec.) falha transcristalina

transducer (Elect.; Inf.) transdutor; conversor de energia

transducer gain (Elect.) ganho de transdutor

transducer insertion loss (Electrón.) perda por inserção de transdutor

transducer loss ((Electrón.) perda de transdutor

transducer pulse delay (Electrón.) atraso de impulso de transdutor

transducer translating device (Elect.) dispositivo de tradução de transdutor

transduction (Bio.) transdução

transductor (Elect.) transdutor

transductor scanner (Electrón.) explorador de transdutor

transect (Bot.) corte transversal

transept (Arq.) transepto

trans-equatorial skip (Telecom.) propagação trans-equatorial

transesterification (Quím.) transesterificação

transfection (Bio.) transfecção

transfer (Geral) transferência

transfer accuracy (Elect.) precisão de transferência

transfer admitance (Fís.) admitância de transferência

transfer arm (Mec.) braço de transferência

transferase (Bio.) transferase

transfer cell (Bot.) célula de transferência

transfer characteristic (Elect.) característica de transferência

transfer check (Elect.) prova de transferência

transfer constant (Electrón.) constante de transferência

transfer current (Elect.) corrente de transferência

transfer ellipse (Esp.) órbita de transferência

transference (Psico.) transferência

transfer factor (Imun.; Med.) factor de transferência

transfer function (Elect.; Telecom.) função de transferência

transfer gear (Mec.) engrenagem de transferência

transferimpedance (Fís.) impedância de transferência

transfer instruction (Inf.) instrução de transferência

transfer instrument (Elect.) instrumento de transferência

transfer key (Inf.) chave de transferência

transfer line (Mec.) linha de transferência

transfer machine (Mec.) máquina de transferência

transfer moulding (Plást.) moldagem de transferência

transfer of control (Elect.) transferência de controlo

transfer of training (Psico.) transferência de treino; transferência de educação

transfer orbit (Esp.) órbita de transferência

transfer pawl (Mec.) lingueta de transferência; garra de transferência

transfer port (Nucl.) porta de transferência

transfer printing (Têxt.) impressão de transferência

transfer process (T.Imag.) processo de transferência

transfer rate (Electrón.) taxa de transferência

transfer ratio (Elect.) relação de transferência

transfer ribonucleic acid (Bio.) ácido ribinucleico de transferência

transfer RNA (Bio.) ARN de transferência (ARNt)

transfer-RNA; t-RNA (Bio.) abr. de *transfer ribonucleic acid* — ácido ribinucleico de transferência

transfer switch (Elect.) comutador de transferência

transfer time (Electrón.) tempo de transferência

transfinite induction (Mat.) indução transfinita

transfinite numbers (Mat.) números transfinitos

transfixation (Med.) transfixão; transfixação

transforation (Med.) transforação

transform (Mat.) transformação; alteração; conversão

transformation (Geral) transformação

transformation cancerous (Bio.) transformação cancerosa; transformação neoplástica

transformation constant (Fís.) constante de transformação

transformation definition language [TDL] (Inf.) linguagem de definição de transformação

transformation monoid (Mat.) monóide de transformação

transformation points (Vidr.) pontos de transformação

transformation ratio (Elect.) razão de transformação

transformation semigroup (Mat.) semigrupo de transformação

transformation series (Electrón.) série de transformação

transformation temperature (Mec.) temperatura de transformação

transformation theory (Mec.) teoria de transformação

transformer (Geral) transformador

transformer booster (Elect.) transformador instensificador

transformer bridge (Elect.) ponte de tranformador

transformer core (Elect.) núcleo de transformador

transformer correction factor [TCF] (Elect.) factor de correcção de transformador

transformer-coupled amplifier (Elect.) amplificador com acoplamento por transformador

transformer coupling (Elect.) acoplamento por transformador

transformer equation (Electrón.) equação do transformador

transformer hybrid (Elect.) união híbrida com transformador

transformer law (Electrón.) equação do transformador

transformer loss (Elect.) perda por transformador

transformer oil (Elect.) óleo de transformador

transformer plate (Elect.) placa de transformador; chapa de transformador

transformer rating (Elect.) capacidade normal de transformador

transformer read-only store (Elect.) armazenamento com transformador só para leitura; armazenamento por transformador de leitura única

transformer regulation (Electrón.) regulação electromecânica, estabilização electromecânica

transformer shell (Elect.) blindagem do transformador

transformer switch (Elect.) interruptor de transformador

transformer tank (Elect.) tanque do transformador

transformer tapping (Elect.) derivação do transformador

transformer trimmer (Elect.) compensador do transformador

transformer winding (Elect.) enrolamento do transformador

transform fault (Geo.) falha de transformação; falha de rejeição direccional

transforming station (Elect.) estação de transformação

transfusion (Med.) transfusão

transfusion reaction (Imun.) reacção de transfusão

transfusion tissue (Bot.) tecido de transfusão; tecido de difusão

transgenation (Bio.) mutação genética

transgenic (Imun.) transgénico; mutante

transgenic animal (Bio.) animal mutante; mutante

transgression (Geo.) transgressão

transient (Geral) transiente; transitório; temporário

transient analyser (Telecom.) analisador de transitórios

transient distortion (Telecom.) distorção transitória; distorção por transitórios

transient effects (Fís.) efeitos transitórios

transient equilibrium (Fís.) equilíbrio transitório

transient event (Electrón.) acontecimento transiente; evento transiente

transient flow permeability (Fís.) permeabilidade de fluxo transitório

transient oscillation (Elect.) oscilação momentânea

transient overshoot (Elect.) sobremodulação transitória

transient reactance (Elect.) reatância transitória

transient stability (Elect.) estabilidade transitória

transient state (Elect.) estado transitório; regime transitório

transient voltage (Elect.) voltagem transitória; voltagem momentânea

transillumination (Med.) transiluminação

transistor (Geral) transístor

transistor amplifier (Electrón.) amplificador a transístor

transistor base (Elect.) base de transístor

transistor characteristic (Electrón.) característica de transístor

transistor checker (Elect.) verificador de transístor

transistor chips (Electrón.) microplaquetas de transístor

transistor circuit (Elect.) circuito a transístor

transistor coding (Electrón.) sistema de etiquetagem de transístors; sistema de codificação dos transístors

transistor collector (Elect.) colector do transístor

transistor current gain (Electrón.) ganho de corrente de transístor

transistor emitter (Elect.) emissor do transístor

transistor equivalent circuit (Electrón.) circuito equivalente de transístor

transistor housing (Elect.) caixa de transístor

transistorized relay (Electrón.) relé de transístors; relé digital

transistor oscillator (Elect.) oscilador de transístor

transistor package (Electrón.) envólucro do transístor

transistor parameters (Electrón.) parâmetros de transístor

transistor power-pack (Electrón.) unidade de alimentação de transístor

transistor-transistor logic (Inf.) lógica de transístor-transístor

transit (Geral) trânsito; passagem

transit (Topo.) teodolito de trânsito

transit angle (Electrón.) ângulo de trânsito

transit circle (Astro.) círculo de trânsito

transit compass (Topo.) teodolito de bússola

transition (Geral) transição

transitional epithelium (Zoo.) epitélio de transição

transitional object (Psico.) objecto de transição

transition curve (Topo.) curva de transição

transition effect (Nucl.) efeito de transição

transition element (Fís.) elemento de transição

transition energy (Electrón.) energia de transição

transition factor (Electrón.) factor de transição

transition fit (Mec.) ajustamento variável

transition flow (Mec.) fluxo de transição

transition frequency (Mec.) frequência de transição

transition metal (Fís.) metal de transição

transition point (Geral) ponto de transição

transition point (Quím.) ponto de transição; temperatura de transição

transition probability (Fís.) probabilidade de transição

transition region (Geral) região de transição

transition resistor (Geral) resistência (elemento) de transição

transition rock (Geo.) rocha de transição; grauvaque

transition state (Quím.) estado de transição

transition stop (Elect.) paragem de transição

transition temperature (Electrón.) temperatura de transição

transitive (Mat.) transitivo; activo

transitive group (Mat.) grupo transitivo

transitive relation (Mat.) relação transitiva

transitman (Topo.) operador de teodolito (nos EUA)

transit peptide (Bio.) péptido em trânsito

transit tetany (Vet.) tetania dos transportes; doença dos transportes

transit theodolite (Topo.) teodolito de trânsito

transit time (Electrón.) tempo de trânsito

transketolase (Quím.) transcetolase; glicoaldeído transferase

translation (Bio.) translacção (tradução de ARNm em proteína)

translation (Fís.) translacção

translation (Telecom.) repetição de transmissão; retransmissão automática

translator (Inf.) tradutor

translator (T.Imag.) retransmissor de televisão

transliteration (Electrón.) transliteração; codificação por substituição

translocated herbicide (Bot.) herbicida de translocação

translocated injury (Bio.) lesão de translocação

translocation (Bio.; Bot.) translocação

translucent (Miner.) translúcido

transmembrane protein (Bio.) proteína transmembrana

transmethylase (Quím.) transmetilase; metiltransferase

transmission (Geral) transmissão

transmission band (Telecom.) banda de transmissão

transmission belt (Mec.) correia de transmissão

transmission bridge (Mec.) ponte de transmissão

transmission chain (Mec.) cadeia de transmissão

transmission channel (Inf.; Telecom.) canal de transmissão

transmission code (Inf.) código de transmissão

transmission coefficient (Fís.) coeficiente de transmissão

transmission dynamometer (Mec.) dinamómetro de transmissão

transmission electron microscope [TEM] (Fís.) microscópio electrónico de transmissão

transmission experiment (Fís.) experiência de transmissão

transmission gain (Telecom.) ganho de transmissão

transmission grating (Electrón.) retículo de transmissão

transmission heat by conduction (Fís.) transmissão de calor por condução

transmission level (Telecom.) nível de transmissão

transmission limit (Telecom.) limite de transmissão

transmission line (Elect.) linha de transmissão; linha de alimentação

transmission-line amplifier (Telecom.) amplificador de linha de transmissão

transmission-line coupler (Elect.) acoplador de linha de transmissão

transmission-line trap (Electrón.) eliminador de linha de transmissão

transmission lobe (Telecom.) lóbulo de transmissão

transmission loss (Elect.) perda de transmissão

transmission measuring set (Telecom.) aparelho medidor de transmissão

transmission mode (Telecom.) modo de transmissão

transmission of control (Elect.) transmissão de comando

transmission of energy (Fís.) transmissão de energia; transmissão de força

transmission of heat by radiation (Fís.) transmissão de calor por radiação

transmission of motion (Fís.) transmissão de movimento

transmission of power (Fís.) transmissão de energia

transmission plane (ELECT.) plano de transmissão

transmission primaries (T.IMAG.) primários de transmissão (cores)

transmission range (TELECOM.) alcance de transmissão

transmission ratio (T.IMAG.) relação de transmissão

transmission reference system (TELECOM.) sistema de referência de transmissão

transmission speed (TELECOM.) velocidade de transmissão

transmission standards (T.IMAG.) normas de transmissão

transmission time (ELECT.) tempo de transmissão

transmission tower (ELECT.) torre de transmissão

transmission unit (ELECT.) unidade de transmissão

transmission voltage (ELECT.) voltagem de transmissão

transmission wave (ELECT.) onda de transmissão; onda de emissão

transmissivity (FÍS.) transmissibilidade

transmit-receive switch (TELECOM.) comutador de transmissão/recepção

transmittance (FÍS.) transmitância; transmissão

transmitted carrier system (TELECOM.) sistema de portadora transmitida

transmitted-line scanning (TELECOM.) exploração de linha transmitida

transmitter (TELECOM.) transmissor; emissor; manipulador (telegrafia)

transmitter beam (TELECOM.) feixe de emissor

transmitter carrier (TELECOM.) portadora do transmissor

transmitter current supply (TELECOM.) fonte de força do transmissor

transmitter distortion (ELECT.) distorção de transmissor

transmitter feeder (ELECT.) linha de alimentação de transmissor

transmitter frequency tolerance (TELECOM.) tolerância de frequência de transmissor

transmitter harmonic output power (ELECT.) potência dos harmónicos de saída do transmissor

transmitter input polarity (ELECT.) polaridade de entrada de transmissor

transmitter pulse delay (ELECT.) atraso de impulso de transmissor

transmitter synchro (ELECT.; TELECOM.) sincro-transmissor

transmitting aerial (TELECOM.) antena emissora

transmitting efficiency (TELECOM.) eficiência de trasmissão

transmitting station (TELECOM.) estação transmissora

transmitting valve (TELECOM.) válvula de transmissão

transmitting voltage response (TELECOM.) resposta de tensão de transmissão

transmitting wave (TELECOM.) onda de transmissão; onda de emissão

transmittivity (FÍS.) transmissibilidade

transmutation (FÍS.) transmutação

transom; transome (E.CIV.) barrote; trave; travessa; lintel

transonic barrier (AERO.) barreira supersónica

transonic range (AERO.) alcance supersónico

transonic speed (AERO.) velocidade supersónica

transonic zone (FÍS.) zona supersónica

transparence (GERAL) transparência

transpiration (BOT.; MED.; ZOO.) transpiração

transpiration stream (BOT.) corrente de transpiração

transplant (MED.; ZOO.) transplante

transplantation antigens (BIO.) antigenes de rejeição

transpleural (ZOO.) transpleural

transponder (RADAR) transponder; transmissor-receptor

transponder beacon (AERO.) radiofarol transmissor-receptor

transport (GERAL) transporte

transport bridge (E.CIV.) ponte de transporte

transport crane (E.CIV.) guindaste transportador

transport cross-section (NUCL.) secção eficaz de transporte; secção transversal de transporte

transport mean path (NUCL.) caminho (livre) médio de transporte

transport number (QUÍM.) número de transporte

transport protein (BIO.) proteína de transporte

transport theory (NUCL.) teoria de transporte

transposable element (BIO.) elemento transponível

transpose of a matrix (MAT.) transporte de uma matriz

transposition (GERAL) transposição

transposition immunity (BIO.) imunidade aos transposões

transposition insulator (ELECT.) isolador de transposição

transposition tower (ELECT.) torre de transposição

transposon (BIO.) elemento transponível; elemento de transposição

transreceiver (TELECOM.) transreceptor; transmissor-receptor; «walkie-talkie»

transrectification factor (ELECT.) factor de transrectificação

transresistance amplifier (ELECTRÓN.) amplificador de transresitência

trans-sexualism (PSICO.) transexualismo

transsulfurase (QUÍM.) transulfurase

transsynaptic (MED.) transináptico

transudate (MED.) transudato; transudado

transudation (QUÍM.) transudação

transuranic elements (QUÍM.) elementos transurânicos

Transvaal jade (MINER.) jade-do-transval; jade-sul-africano; (denominação comercial da granada verde)

transversal (BOT.; ZOO.) transversal; transverso

transversal-field travelling-wave tube (ELECTRÓN.) tubo de onda progressiva de campo transversal

transverse (BOT.) transversal

transverse architrave (E.CIV.) arquitrave transversal; viga-mestra transversal

transverse-beam traveling-wave tube (ELECTRÓN.) tubo de onda progressiva de feixe transversal

transverse dune (ECO.) duna transversa

transverse electric wave (TELECOM.) onda eléctrica transversal

transverse electromagnetic wave (TELECOM.) onda electromagnética transversal

transverse frame (AERO.; NAV.) armação principal; armação transversal

transverse heating (ELECT.) aquecimento transversal

transverse joint (E.CIV.) junta transversal

transverse joint-tie (E.CIV.) dormente de junta transversal (caminhos-de-ferro)

transverse joist (E.CIV.) viga transversal; travessa

transverse magnetic wave (TELECOM.) onda magnética transversal

transverse magnetization (FÍS.) magnetização transversal; magnetização oblíqua

transverse metacentre (NAV.) metacentro transverso

transverse pitch (AERO.) passo transversal

transverse ring (MEC.) aro transversal

transverse spring (MEC.) mola transversal; mola oblíqua

transverse wave (FÍS.) onda transversal; onda oblíqua; onda S

trap (ELECTRÓN.) filtro; eliminador

trap (E.CIV.) sifão; ralo

trap (GEO.) trape

trap (MEC.) dreno; purgador

trap (MINAS) porta de ventilação; trapa; retenção

TRAPATT (ELECTRÓN.) abr. de *TRApped Plasma Avalanche Transit-Time* — tempo de trânsito de avalanche de plasma capturado

TRAPATT diode (ELECTRÓN.) diodo TRAPATT

trapezium (MAT.) trapézio (figura geométrica)

trapezium (ZOO.) trapézio (osso; músculo)

trapezium diagram (ELECTRÓN.) diagrama trapezoidal

trapezium distortion (T.IMAG.) distorção em trapézio

trapezium effect (ELECTRÓN.) efeito trapezoidal

trapezoid (MAT.) trapezóide; trapeziforme

trapezoidal rule (TOPO.) régua trapezoidal

trapezoidal wave (FÍS.) onda trapezoidal

trapped mode (FÍS.) modo de captura

trapped radiation (Fís.) radiação capturada

trapping (Electrón.) captura

trapping (Inf.) «armadilha»

trapping region (Fís.) região de retenção

trapping spot (Electrón.) ponto de captura

trappoid breccias (Geo.) brechas de trapes

trash (Têxt.) escória; rebotalho

trass (E.Civ.; Geo.) trasse

trass mortar (E.Civ.) argamassa de trasse

trauma (Med.) trauma

traumatic (Bot.) traumático

traumatic acid (Quím.) ácido traumático; ácido 2-dodecenodióico

traumatic neurosis (Psico.) neurose traumática

traumatology (Med.) traumatologia

traumatopathy (Med.) traumatopatia

travel (Mec.) curso; percurso; deslocamento; marcha; movimento

traveling block (Minas) bloco viajante; talha móvel (de uma sonda)

traveller (Têxt.) fuso para contínuos

traveller granty (E.Civ.) cavalete móvel

travelling block (Minas) o mesmo que *traveling block*

travelling detector (Elect.) detector de ondas progressivas

travelling-image storage tube (Electrón.) tubo de armazenamento de imagem progressiva

travelling plane wave (Elect.) onda plana progressiva

travelling wave (Fís.) onda progressiva

travelling wave accelerator (Electrón.) acelerador de onda progressiva

travelling wave acoustic amplifier (Electrón.) amplificador acústico de onda progressiva

travelling wave amplifier (Telecom.) amplificador de onda progressiva

travelling wave antenna (Telecom.) antena de onda progressiva

travelling-wave interaction (Electrón.) interacção de onda progressiva

travelling-wave interaction circuit (Electrón.) circuito de interacção de tubo de onda progressiva

travelling-wave light modulator (Electrón.) modulador de luz de onda progressiva

travelling wave magnetron (Electrón.) magnetrão de onda progressiva

travelling-wave magnetron oscillation (Electrón.) oscilação de magnetrão de onda positiva

travelling wave maser (Electrón.) maser de onda progressiva

travelling-wave phototube (Electrón.) fototubo de onda progressiva; válvula fotoeléctrica de onda progressiva

travelling-wave tube (Electrón.) tubo de onda progressiva

traverse (Topo.) levantamento por secções transversais

traverse tables (Topo.) tabelas de ponto estimado; tábuas de latitude e afastamento

traversing (Mec.) torneamento paralelo

traversing bridge (Mec.) ponte de translacção

travertine (Geo.) travertino

tread (E.Civ.) piso de degrau; degrau

tread (Mec.) superfície de rolamento; faixa de rolagem (de um pneu)

tread (Vet.) corte (na coroa do casco)

treble (Electrón.) tons altos; agudos

treble (Minas) triplo (3 tubos atarraxados uns nos outros)

treble boost (Telecom.) realce de agudos

treble control (Electrón.) controlo de agudos

treble response (Telecom.) resposta dos agudos

trebles (Minas) pedaços de carvão de 2 a 3 polegadas (no RU)

treble speaker (Electrón.) altifalante de agudos

tree (Bot.) árvore

tree (Elect.) ramificação

tree (Geral) árvore; ramificação

tree-borer (Eco.) furador

tree ferns (Bot.) fetos arbóreos

tree ring (Eco.) anél das árvores

tree-ring analysis (Eco.) dendrocronologia

trefoil arch (Arq.) arco trilobado

trega- (Geral) prefixo com o significado de 1 bilião; substituído no SI pelo prefixo *tera-*

trehala (Zoo.) treala

trehalose (Quím.) trealose

trellis drainage pattern (Eco.) padrão de drenagem em treliça

Tremadoc (Geo.) Tramadociano

Trematoda (Zoo:) Tremátodes; Tremátodos

trembling (Vet.) tremor; mioclonia congénita

tremolite (Miner.) tremolite

tremor (Med.) tremor; estremecimento; agitação

tremor artuum (Med.) tremor das extremidades; tremor dos membros (especialmente das mãos)

tremorine (Med.; Quím.) tremorina

tremor opiophagorum (Med.) tremor dos opiófagos

tremor potatorum (Med.) tremor dos bebedores; tremor dos alcoólicos

trenail (E.Civ.) cavilha de madeira

trench (Eco.) fossa (oceânica)

trench fever (Med.) febre das trincheiras

trenching plane (E.Civ.) plaina de moldar lambris

trepan (Med.) trépano

trepanation (Med.) trepanação

trepanning (Mec.) trepanação

trephine (Med.) trefina; trépano

Treponemataceae (Bio.) Treponematáceas

T-rest (Mec.) espera em T; suporte em T

TRF (Telecom.) abr. de *tuned radio frequency* — receptor rádio de sintonização em frequência

tri- (Geral) tri-; prefixo do latim *tres* e do grego *tria* — três

Triac (Electrón.) Triac (MC da G. Electric para comutadores de semicondutor controlados por porta, projectados para o controlo de energia de c.a.)

triacetate (Quím.; Têxt.) triacetato

triacetic acid (Quím.) ácido triacético

triacetin (Quím.) triacetina; triacetato de gliceril

triacidic (Quím.) triacídico

triacylglicerol (Quím.) triacilglicerol; triglicérido

triad (T.Imag.) tríada

triakaidekaphobia; triskaidekaphobia (Psico.) triscaidecafobia

trial and error learning (Psico.) aprendizagem de tentativa e erro

trial pit (E.Civ.) furo de sondagem; escavação de teste

triamterene (Med.) trianterno (medicamento de efeito hipotensivo e diurético)

triandrous (Bot.) triândrico

triangle (Mat.) triângulo

triangle of error (Topo.) triângulo de erro

triangle of forces (Fís.) triângulo de forças

triangular (Geral) triangular

triangular pulse (Electrón.) impulso triangular

triangular wave (Electrón.) onda triangular

triangulation (Topo.) triangulação

triarch (Bot.) triarco

Triassic (Geo.) Triásico

triazole (Quím.) triazol

tribade (Psico.) tríbade

tribadism (Psico.) tribadismo; safismo

tribady (Psico.) tribadismo

tribasic (Quím.) tribásico

tribe (Bot.) tribo

triboelectricity (Electrón.) triboelectricidade; electricidade (estática) de atrito

tribo-electrification (Fís.) triboelectrificação

tribology (Fís.) tribologia

triboluminescency (Fís.) triboluminescência

tribrachius (Med.) tribráquio

tribromoethanol (Quím.) tribromoetanol

tribromohydrin (Quím.) tribromoidrina

tributyrin (Quím.) tributirina; tributirido

TRIC (Med.) abr. de *TRachoma and Inclusion Conjunctivitis* — tracoma e conjuntivite de inclusão

tricalcium phosphate (Quím.) fosfato tricálcico

tricarboxylic acid cycle (Bio.) ciclo do ácido tricarboxílico

tricarpellary (Bot.) tricarpelar

triceps (Zoo.) tricípite; tríceps

trichiniasis (Med.) triquiníase; triquinose

trichinosis (Med.) triquinose; triquiníase

trichlorethene (Quím.) tricloroeteno; tricloroetileno

trichloroacetic acid (Quím.) ácido tricloroacético; ácido tricloracético

trichloroethane (Quím.) tricloroetano; tricloreto de etanilo; metilclorofórmio; etano triclorado

trichloroethanol (Quím.) tricloroetanol; álcool tricloroetílico

trichloroethylene (Quím.) tricloroetileno; tricloroeteno; trilene

trichlorofluoromethane (Quím.) triclorofluorometano; fréon 11

trichloromethane (Quím.) triclorometano; clorofórmio

trichlorophenol (Quím.) triclorofenol

trichocephaliasis (Med.) tricocefalose; tricuriose; tricuríase

trichocyst (Zoo.) tricocisto

trichoma (Bot.) tricoma

trichoma (Med.) tricoma; tricomatose

trichomoniasis (Med.) tricomoníase; tricomonose

trichonosis (Med.) triconose; tricopatia

trichopathy (Med.) tricopatia; triconose; tricose

trichosis (Med.) tricose

trichotomous (Bot.) tricótomo

trichromatic coefficients (Fís.) coeficientes tricromáticos

trichromatic filter (T.Imag.) filtro tricromático

trichromatic process (T.Imag.) processo tricromático

trich-; tricho- (Geral) trico-; prefixo do grego *trix, trichos* — cabelo

trichuriasis (Med.) tricuríase; tricuriose

tricipital (Zoo.) tricipital

trickle charge (Electrón.) carga lenta

trick valve (Mec.) válvula de canal

triclinic system (Crist.) sistema triclínico

tricolour filters (T.Imag.) filtros tricolores

tricolour picture tube (T.Imag.) tubo tricolor de imagem; tubo de imagem colorida

tricusp (Mat.) hipociclóide de Steiner; hipociclóide tricúspida; hipociclóide triangular

tricuspid (Zoo.) tricúspida; tricúspide

tricycle landing gear (Aero.) trem de aterragem de três rodas

tricyclic anti-depressants (Med.) antidepressivos tricíclicos

tridymite (Miner.) tridimite

triethanolamine (Quím.) trietalonamina

triethylene glicol (Quím.) trietileno glicol

triethylenethiophosphoramide (Quím.) trietilenotiofosforamida; TioTepa

trifacial (Zoo.) trifacial

trifid (Bot.; Zoo.) trífido

trifluorochloroethylene resin (Electrón.) resina de trifluorocloroetileno

trifoliate (Bot.) trifoliado

trifoliolated (Bot.) trifoliolado

trifurcate (Zoo.) trifurcado

trifurcating box (Elect.) caixa de trifurcação

trigatron (Electrón.) trigatron (tipo de comutador electrónico, utilizado em alguns modeladores de radar)

trigeminal (Zoo.) trigémeo

trigeminal neuralgia (Med.) nevralgia do trigémeo

trigger (Elect.) disparo; descarga; disparador

trigger (Geral) gatilho; disparador

trigger circuit (Electrón.) circuito de disparo

trigger control (Electrón.) controlo de disparo

trigger diode (Electrón.) díodo disparador

trigger diseases (Med.) doenças provocadas por estímulo inicial externo (meteorológico)

triggered blocking oscillator (Electrón.) oscilador de bloqueio disparado

trigger electrode (Electrón.) eléctrodo de disparo

trigger factor (Bio.) factor de disparo

triggering (Electrón.) disparo

trigger level (Electrón.) nível de disparo

trigger pulse (Electrón.) impulso de disparo

trigger relay (Telecom.) relé de disparo

trigger switch (Electrón.) interruptor de disparo

trigger valve (Electrón.) válvula de disparo

trigger winding (Electrón.) enrolamento de disparo

triglyceride (Quím.) triglicérido

triglyph (Arq.) tríglifo

trigonal system (Crist.) sistema triangular

trigone (Med.) trígono

trigonitis (Med.) trigonite

trigonometrical function (Mat.) função trigonométrica

trigonometrical levelling (Topo.) nivelamento trigonométrico

trigonometrical series (Mat.) série trigonométrica

trigonometrical setting up (Topo.) triangulação

trigonometrical station (Topo.) estação trigonométrica; estação topográfica

trigonometrical survey (Topo.) levantamento trigonométrico; triangulação

trigonometric table (Topo.) tabela trigonométrica; tábua trigonométrica

trigonous (Bot.) triangular

trihydric alcohol (Quím.) álcool tríídrico

trilateration (Topo.) trilateração

trilene (Quím.) trilene; tricloroeteno; tricloroetileno

trim (Aero.) centragem; equilíbrio longitudinal

trim (E.Civ.) guarnição (de porta ou janela); moldura

trim (Nav.) equilíbrio

trimer (Quím.) trímero

trimeric (Quím.) trímero

trimerous (Bot.) trímero

trimethylamine (Quím.) trimetilamina

trimethyl-aminoethanoid acid (Quím.) ácido trimetilaminoetanóico

trimethylene (Quím.) trimetileno; ciclopropano

trimethylene glycol (Quím.) glicol de trimetileno

trimethylomelamine (Quím.) trimetilomelamina

trim flap (Aero.) flape compensador; compensador de superfície de comando

trimmed joist (Arq.) viga secundária; cadeia (viga de soalho)

trimmer (Elect.) condensador de ajuste

trimmer (E.Civ.) viga secundária; cadeia (viga de soalho)

trimmer (Telecom.) compensador

trimming (E.Civ.) guarnição

trimming (Mec.) rectificação

trimming capacitor (Elect.) condensador de ajustamento

trimming tab (Aero.) compensador de equilíbrio; compensador de plano de comando

trimonoecious (Bot.) triminóico

trimorphic (Bot.) trimorfo

trimorphous (Quím.) trimórfico

trimpot (Electrón.) potenciómetro de ajuste

trims (T.Imag.) extras

trim tab (Aero.) compensador de equilíbrio

triniscope (T.Imag.) triniscópio

trinitrides (Quím.) trinitretos; azidas

trinitrocellulose (Quím.) trinitrocelulose

trinitroglycerine (Quím.) trinitroglicerina; nitroglicerina; trinitroglicerol

Trinitron (T.Imag.) Trinitron (MC)

trinitrophenol (Quím.) trinitrofenol

trinitrotoluene (Quím.) trinitrotolueno; trotil; TNT

trinitroxylene (Quím.) trinitroxileno; zilite

triode (Electrón.) tríodo

triode amplifier (Elect.) pêntodo-tríodo

triode plate (Elect.) placa do tríodo

triode tube (Elect.) válvula tríodo

triode valve (Electrón.) válvula tríodo

trioecious (Bot.) trióico

triolein (Quím.) trioleína; trioleído

triose (Quím.) triose

trip (Minas) percurso (operação de subida e descida do trem de perfuração)

trip (Nucl.) disparo

trip action (Electrón.) acção disjuntiva

trip amplifier (Nucl.) amplificador de disparo

trip circuit (Elect.) circuito de disparo

trip coil (Elect.) bobina de disjunção

trip gear (Mec.) mecanismo de disparo; mecanismo de desengate

triphenylmethane dyes (Quím.) corantes de trifenilmetano; corantes de rosanilina

triphylite (Miner.) trifilite; trifilina

tripinnate (Bot.) tripinulado

triple acting (Geral) de efeito triplo; de acção tripla

triple articulation arch (E.Civ.) arco de tripla articulação

triple-axis neutron spectrometer (Fís.) espectrómetro de neutrões de triplo eixo

triple bar rack (E.Civ.) cremalheira tripla (caminhos-de-ferro)

triple-base propellant (Mec.) propelente de base tripla

triple beat (Electrón.) batimento triplo

triple bond (Quím.) ligação tripla

triple cable (Elect.) cabo trifilar

triple coil (Elect.) bobina tripla

triple concentric cable (Elect.) cabo concêntrico triplo; cabo concêntrico trifilar

triple-conversion receiver (Electrón.) receptor de conversão tripla

triple crossing (Zoo.) cruzamento triplo

triple-cylinder compressor (Mec.) compressor de três cilindros

triple-expansion engine (Mec.) motor de expansão tripla

triple fusion (Bot.) fusão tripla

triple-grid (Elect.) de três grades

triple junction (Geo.) junção tripla; tripla junção

triple point (Fís.) ponto tríplice

triple-pole (Electrón.) tripolar

triple-pole switch (Elect.) comutador tripolar; chave tripolar; interruptor tripolar

triple star (Astro.) estrela tríplice

triple superphosphate (Quím.) superfosfato triplo

triplet (Quím.) tripleto; triplete

triplets (Zoo.) tripletos

triple vaccine (Imun.) vacina tríplice (contra a difteria, o tétano e a tosse convulsa)

triplex (Geral) triplex; triplo; tríplice

triplex winding (Elect.) enrolamento triplex; enrolamento tríplice

triploblastic (Zoo.) triploblástico

triploid (Bio.) triplóide

triploidy (Bio.) estado triplóide

triplopia (Med.) triplopia

tripod (Topo.) tripé; trípode

tripod bush (T.Imag.) rosca para tripé

tripod drill (Minas) broca de tripé

tripod head (T.Imag.) cabeça de tripé

Tripoli powder (Miner.) tripoli; diatomito; randanito; farinha fóssil; bacilárias; Kieselguhr

tripolite (Miner.) diatomito; randanito; farinha fóssil; tripolite

tripping (Reloj.) desengate

tripping battery (Elect.) bateria de disparo

tri-state logic (Electrón.) lógica de três estados

tritium clock (Geral) relógio de trítio

TRM (Geo.) abr. de *thermoremanent magnetism* — magnetismo remanescente térmico

tRNA (Bio.) abr. de *transfer RNA* — ARN de transferência

trophic cascade (Eco.) cascata trófica

trophic fountain (Eco.) fonte trófica

trophic level (Eco.) nível trófico

tropical air (Geo.) massa de ar tropical

tropical cyclone (Geo.) ciclone tropical

tropical forest (Eco.) floresta tropical

tropical moist forest (Eco.) floresta húmida tropical

tropical montane forest (Eco.) floresta tropical de montanha

tropical rain forest (Eco.) floresta pluvial tropical

tropical seasonal forest (Eco.) floresta tropical sazonal

tropical subalpine rain forest (Eco.) floresta tropical subalpina chuvosa

troponins (Bio.) troponinas

tropopause (Geo.) tropopausa

troposcatter (Telecom.) abr. de *tropospheric scatter* — difusão troposférica

troposphere (Geo.) troposfera

tropospheric scatter (Telecom.) difusão troposférica

trough (Geo.) vale depressionário

true age (Eco.) idade verdadeira

true RMS (Electrón.) abr. de *true random mean square* — média quadrada aleatória verdadeira

trunk (Telecom.) ligação principal; ligação de alto débito

trypan blue (Bio.) azul tripano; corante ácido azo

trypanid (Med.) tripânide; tripanossómide (termo preferível)

trypano- (Geral) tripano-: elemento de composição, do grego *trypanon* — verruma, traduzindo a ideia de trépano

trypanocidal (Med.) tripanocida

trypanocyde (Med.) tripanocida; tripanossomicida

Trypanosoma (Zoo.) Tripanossoma

trypanosomes (Zoo.) tripanossomas; tripanossomos

trypanosomiasis (Med.) tripanossomíase (forma preferível); tripanossomose

trypan red (Bio.) vermelho tripano

tryparsamide (Quím.) triparsamida

trypomastigote (Bio.) tripomastigoto (termo substituto da expressão «estádio tripanossómico»)

trypsin (Bio.) tripsina

trypsin inhibitor (Bio.) inibidor de tripsina

trypsinogen (Med.) tripsinogénio

trypsogen (Med.) tripsinogénio

tryptamine (Quím.) triptamina

tryptonemia (Med.) triptonemia

tryptophan (Quím.) triptofana; triptofano

tryptophanuria (Med.) triptofanúria

try square (E.Civ.) esquadro de encosto

TS (Mec.) abr. de *Tool Steel* — aço para ferramentas

TS (Minas) abr. de *Temperature Survey* — levantamento geotérmico

Tschebycheff filter (Electrón.) filtro de Chebichev

Tschebycheff response (Electrón.) resposta (do filtro) de Chebishev

tschermakite (Miner.) tschermakita (albite)

T/sd (Minas) abr. de *Top sand* — topo das areias

T section (Electrón.) filtro T

T-section filter (Telecom.) filtro de secção-T

tsetse (Zoo.) tsétsé (nome nativo sul-africano da mosca do género *Glossina*, imitando o ruído que ela produz ao voar)

tsetse fly disease (Med.) doença do sono; tripanossomíase (humana)

tsetse fly disease (Vet.) doença do sono (animal); nagana

TSH (Med.) abr. de *Thyroid-Stimulating Hormone* — hormona estimuladora da tiróide

TSH-RF (Med.) abr. de *Thyroid-Stimulating Hormone Release Factor* — factor de libertação da tirotropina (também TRF); factor de libertação da hormona estimuladora da tiróide

tsunami (Geo.; Fís.) tsunami

tsutsugamushi fever (Med.) febre de tsutsugamushi; febre ribeirinha japonesa; doença da ilha (doença que ocorre nos apanhadores de cânhamo em algumas regiões do Japão)

TTL (Electrón.) abr. de *Transistor-Transistor Logic* — lógica de transístor-transístor

TTL/S (Electrón.) abr. de *Transistor-Transistor Logic/Schottky* — lógica transístor-transístor Schottky

TTL levels (Electrón.) nível de tensão TTL

TTM (Electrón.) abr. de *Thyristor Trigger Module* — módulo de disparo de tiristores

TTS (Fís.) abr. de *Temporary Threshold Shift* — deslocamento limiar temporário (Acústica)

TU (Radiol.) abr. de *Toxic Unit* — unidade tóxica; dose letal mínima

TU (Telecom.) abr. de *Traffic Unit* — unidade de tráfego

tub (Med.) banhar; tratar por meio de banhos

tub (Minas) cuba; pipa; barril; tubagem; tubular

tuba (Med.) trompa; tuba; canal em forma de tubo

tubal (Med.) tubário

tubber (Minas) picareta de mineiro

tubbing (Minas) tubagem

tube (Bot.) tubo; túbulo

tube (Electrón.) tubo; válvula

tube (Med.) tubo; catéter; sonda; trompa; tubo; túbulo

tube adapter (Elect.) adaptador de válvula

tube beader (Mec.) mandril de roletes para tubos

tube boiler (Mec.) caldeira tubular; gerador tubular

tube capacity (Elect.) capacidade de válvula

tube cathode poisoning (T.Imag.) contaminação do cátodo

tube characteristic (Electrón.) característica da válvula

tube checker (Electrón.) verificador de válvulas

tube direction-finder (Electrón.) radiogoniómetro de raios catódicos

tube drawing (MEC.) estiramento de tubos

tube envelope (ELECT.) ampola de válvula

tube extrusion (MEC.) extrusão de tubos

tube-fed (MED.) alimentado por sonda

tube foot (ZOO.) pé tubular; pé ambulacrário

tube fuse (ELECT.) fusível de cartucho; fusível tubular

tube heater (ELECT.) filamento de válvula

tube impedance (ELECT.) impedância de válvula

tube keying (ELECT.) manipulação por válvula

tubeless tyre (AUTO.) pneu sem câmara

tube mill (MINAS) moinho de tubo

tube of force (FÍS.) tubo de força; magnetismo

tube plate (ELECT.) placa de válvula

tuber (BOT.) tubérculo

tubercle (BOT.; ZOO.) tubérculo

tubercle (MED.) tubérculo

tubercular (MED.) tubercular; nodular

tuberculate (BOT.) tuberculado

tuberculid (MED.) tubercúlide

tuberculin (IMUN.) tuberculina

tuberculoma (MED.) tuberculoma

tuberculosis (MED.) tuberculose

tuberculous (MED.) tuberculoso

tuberose sclerosis (MED.) esclerose tuberosa; epilóia; doença de Bourneville

tuberosity (ZOO.) tuberosidade

tuberous (BOT.) tuberoso

tuberous sclerosis (MED.) esclerose tuberosa; epilóia; doença de Bourneville

tuberous sclerosis complex [TSC] (BIO.) complexo de esclerose tuberina

tube shaft (E.CIV.) poço de túnel

tube socket (ELECT.) suporte de válvula

tube straightening (MEC.) desempenamento de tubo; endireitamento de tubos

tube tester (ELECT.) provador de válvulas; testador de válvulas

tube voltage (ELECT.) tensão de válvula

tubiculous (ZOO.) tubiculado

tubifacient (ZOO.) tubifaciente; construtor de tubos

tubing block (MINAS) moitão de tubulação

tubing catcher (MINAS) fixador de tubos

tubing head (MINAS) cabeçote de tubulação

tubing head pressure (MINAS) pressão à cabeça; pressão no cabeçote

tubular brick (ARQ.) tijolo tubular; cerâmica tubular (para abóbadas)

tubular bridge (E.CIV.) ponte tubular; ponte em caixão

tubular capacitor (ELECTRÓN.) condensador tubular

tubular kiln (MEC.) forno tubular

tubular rivet (MEC.) rebite tubular

tubular scaffold (E.CIV.) andaime tubular

tubular streamer (AERO.) manga de vento

tubule (BOT.; ZOO.) túbulo (também *tubulus*)

tubuli (ZOO.) túbulos (*tubuli* é o plural da palavra latina *tubulus*)

tubuliform (ZOO.) tubuliforme

tubulin (BIO.) tubulina

tubulus (BOT.; ZOO.) túbulo

tucker (IMP.) dobradora

tufa (GEO.) tufo calcário; travertino

tuff (GEO.) tufo vulcânico; rocha piroclástica

tufted (BOT.) tufado

tularaemia (MED.) tularemia; febre do coelho

tularemia (MED.) tularemia

tulipwood (BOT.; E.CIV.) harpúlia (*Harpulia pendula*, árvore da Austrália); a sua madeira

tulle (TÊXT.) tule

Tullgren funnel (ECO.) funil de Tullgen

tumble bob (FÍS.) resistência de alavanca

tumble-home (NAV.) desalinhamento do contorno

tumbler gear (MEC.) engrenagem de inversão

tumbler switch (ELECT.) interruptor de alavanca

tumbling (MEC.) decapagem em tambor rotativo

tumbling-shaft (MEC.) veio de ressaltos

tumbu disease (MED.) doença do tumbu (*tumbou, verme-de-caior ou verme-de-natal*, larva do insecto díptero — *Cardylobia anthropophaga* — da África Ocidental; o termo *tumbu* é de origem banto)

tumefaction (MED.) tumefacção

tumid (BOT.) túmido; intumescido

tumor (MED.) tumor (também *tumour*)

tumorigenesis (BIO.; MED.) tumorização

tumor promoter (BIO.) promotor de tumorização

tumor virus (BIO.) virus tumoral

tumour (MED.) tumor (também *tumor*); neoplasia; neoplasma

tumour necrosis factor (IMUN.) factor de necrose de tumor

tumour specific antigen (IMUN.) antígeno específico de tumor

tunable-cavity filter (ELECT.) filtro de cavidade sintonizável

tunable hum (ELECTRÓN.) zumbido sintonizável

tunable magnetron (TELECOM.) magnetrão sintonizável

tunance (ELECT.) ressonância em derivação

tundra (ECO.; GEO.) tundra

tundra climate (GEO.) clima túndrico

tundra deposit (GEO.) depósito túndrico

Tundra Soil (ECO.) solo da tundra

tune (ELECT.) sintonia

tune (FÍS.) tom; sintonia

tuned aerial (TELECOM.) antena de onda estacionária

tuned amplifier (TELECOM.) amplificador sintonizado

tuned anode (ELECTRÓN.) ânodo sintonizado; placa sintonizada

tuned-anode antenna (ELECTRÓN.) antena de ânodo sintonizado

tuned antenna (TELECOM.) antena sintonizada

tuned-base oscillator (ELECTRÓN.) oscilador de base sintonizada

tuned cavity (ELECTRÓN.) cavidade sintonizada; ressoador sintonizado

tuned cell (TELECOM.) célula sintonizada

tuned circuit (ELECTRÓN.) circuito sintonizado

tuned dipole (ELECTRÓN.) dipolo sintonizado

tuned-emitter oscillator (TELECOM.) oscilador de emissor sintonizado

tuned filter (ELECTRÓN.) filtro sintonizado

tuned frequency (TELECOM.) frequência sintonizada

tuned grid (ELECTRÓN.) grade sintonizada

tuned-grid tuned-anode oscillator (ELECT.) oscilador de placa e grade sintonizada

tuned-plate oscillator (ELECT.) oscilador de placa sintonizada

tuned radiofrequency (TRF) (TELECOM.) radiofrequência sintonizada (RFS)

tuned radiofrequency amplifier (TELECOM.) amplificador de radiofrequência sintonizada

tuned radiofrequency circuit (TELECOM.) circuito de radiofrequência sintonizada

tuned radiofrequency receiver (TELECOM.) receptor de radiofrequência sintonizada

tuned relay (TELECOM.) relé sintonizado

tuned transformer (ELECT.) transformador sintonizado

tuner (TELECOM.) sintonizador

tungsten (QUÍM.) tungsténio; volfrâmio

tungsten alloy (MEC.) liga de tungsténio

tungsten arc (ELECT.) arco de tungsténio (filamento)

tungsten arc lamp (ELECT.) lâmpada de arco de filamento de tungsténio

tungsten bronze (QUÍM.) bronze ao tungsténio

tungsten-halogen lamp (ELECT.) lâmpada halogénica de tungsténio

tungsten inert gas welding (MEC.) soldadura de tungsténio em gás inerte

tungsten lamp (ELECT.) lâmpada de tungsténio; lâmpada de filamento a tungsténio

tungsten steel (MEC.) aço-tungsténio; aço ao tungsténio

tungsten wire crucible (MEC.) cadinho de arame de tungsténio

tungstic (QUÍM.) túngstico

tungstic ochre (MINER.) tungstite; volframina

tungstite (MINER.) tungstite; volframina

tunic (ZOO.) túnica

tunica (Bot.) túnica
Tunicata (Zoo.) Tunicados
tunicate bulb (Bot.) bolbo tunicado
tunicated (Zoo.) tunicado
tunic-corpus-concept (Bot.) conceito corpo-túnica
tuning (Elect.; Telecom.; T.Imag.) sintonia; sintonização
tuning (Geral) sintonização; sintonia; afinação
tuning capacitor (Telecom.) condensador de sintonia
tuning circuit (Telecom.) circuito de sintonia
tuning coil (Telecom.) bobina de sintonia
tuning control (Telecom.) controlo de sintonia
tuning core (Telecom.) núcleo de sintonização
tuning creep (Telecom.) deslizamento de sintonia
tuning curve (Telecom.) curva de sintonia
tuning drift (Electrón.) deriva de frequência
tuning fork (Fís.) diapasão (Acústica)
tuning-in (Telecom.) sintonização
tuning indicator (Telecom.) indicador de sintonia
tuning inductance (Telecom.) indutância de sintonia
tuning memory (Telecom.) memória (de pré-sintonização) de estações (de rádio)
tuning probe (Telecom.) sonda de sintonia
tuning range (Telecom.) margem de sintonia
tuning screw (Electrón.) chave de sintonização
tuning wave (Telecom.) onda de sintonia
tunnel cathode (Elect.) cátodo de túnel
tunnel diode (Electrón.) diodo túnel
tunnel effect (Electrón.) efeito túnel
tunnel furnace (Mec.) forno de túnel; fornalha tubular
tunnel kiln (Mec.) forno tubular; forno-túnel
tunnelling (Fís.) elevação de potencial
tunnelling (E.Civ.) abertura de túnel/eis; perfuração de túnel/eis
tunnel pit (E.Civ.) poço de túnel; acesso de túnel
tunnel rectifier (Electrón.) rectificador-túnel
tunnel test (Aero.) teste de túnel; prova de túnel; ensaio de túnel (aerodinâmico)
tunnel winding (Elect.) enrolamento em túnel
Turbellaria (Zoo.) Turbelários
turbidimeter (Fís.) turbidímetro (Tecnologia do Pó)
turbidimetric analysis (Quím.) análise turbidimétrica
turbidite (Geo.) turbidito
turbidity (T.Imag.) turvação
turbidity current (Geo.) corrente de turbidez; corrente de turbulência
turbinal (Zoo.) turbinal

turbinate (Zoo.) turbinado
turbinate bone (Zoo.) osso turbinado; corneto
turbine (Aero.) turbina
turbine aero-engine (Aero.) motor de avião de turbina
turbine air pump (Mec.) bomba de ar de turbina
turbine blade (Aero.) aleta de turbina
turbine chamber (Hidro.) câmara de turbina
turbinectomy (Med.) turbinectomia
turbine effect (Mec.) efeito de turbina
turbine frame (Mec.) estrutura de turbina
turbine generator (Elect.) gerador a turbina
turbine shaft (Mec.) eixo de turbina; árvore de turbina
turbine shroud ring (Mec.) anel envolvente da turbina
turbine spindle (Mec.) eixo da turbina
turbine stator (Mec.) coroa fixa da turbina; encaixe da turbina
turbine vane (Mec.) palheta da turbina; pá da turbina
turbo airstream (Mec.) fluxo de ar de turborreactor
turbo-blower (Mec.) turboventilador; turbocompressor
turbocharger (Auto.) turbocompressor
turbo combustion chamber (Mec.) câmara de combustão de turborreactor
turbo-dynamo (Elect.) turbodínamo
turbo-electric propulsion (Elect.) propulsão turboeléctrica
turbo-engine (Aero.) motor de turbojacto; turborreactor
turbo en-route descent (Aero.) descida em rota de turbojacto
turbofan (Aero.) turbofan; turborreactor de derivação
turbofan (Aero.) turboventilador
turbofan engine (Aero.) motor turbofan; motor turbojacto com indução de ar
turbo-generator (Elect.) turbogerador
turbojet (Aero.) turbojacto
turboprop (Aero.) turbo-hélice; turbopropulsor (abr. de *turbopropeller*)
turbopropeller (Aero.) turbo-hélice; turbopropulsor
turbopump (Aero.) turbobomba
turboramjet (Aero.) turboramjet; turbo auto-reactor
turboreactor (Aero.) turborreactor
turboreactor turbine (Aero.) turbina de turborreactor
turborocket (Aero.) turbofoguete
turbo-starter (Aero.) arranque turbo
turbo-supercharger (Aero.) turbocompressor
turbulence (Fís.) turbulência
turbulence (Meteo.) turbulência
turbulence chamber (Fís.) câmara de turbulência
turbulence detection (Radar) detecção de turbulência
turbulence inversion (Meteo.) inversão de turbulência
turbulence spectrum (Meteo.) espectro de turbulência

turbulent boundary layer (Meteo.) camada limite turbulenta
turbulent flow (Fís.) fluxo turbulento
turbulent viscosity (Fís.) viscosidade turbulenta
turf (Geo.) turfa; carvão fóssil
turf moss (Geo.) turfeira
turgescence (Med.) turgescência
turgid (Bot.) túrgido
turgometer (Med.) turgómetro
turgor (Med.) turgescência
turgor movement (Bot.) movimento de turgescência
turgor potential (Bot.) potencial de turgescência
turgor pressure (Bot.) pressão de turgescência
Turing machine (Inf.) máquina de «Turing» (simulador matemático de calculador)
turkey-red oil (Quím.) óleo de alizarina
turn (Aero.) curva; virada
turn (Elect.) espira
turn (Geral) volta; giro; curva; revolução; virada
turn (Mec.) torneamento
turn (Meteo.) mudança
turn-and-bank indicator (Aero.) indicador de curva e inclinação; giroclinómetro; indicador de curva e de nível
turn-and-slip indicator (Aero.) indicador de curva e inclinação
turnaround document (Inf.) documento resposta
turnbuckle (Mec.) esticador; tensor
turnbuckle screw (Mec.) parafuso tensor; esticador de parafuso
turned part (Mec.) peça torneada
Turner's syndrome (Bio.) síndroma de Turner; síndroma XO (XO = constituição cromossómica)
turn indicator (Aero.) indicador de curva; indicador de viragem
turning (E.Civ.) arqueamento; arqueadura
turning (Mec.) torneamento
turning bar (E.Civ.) barra de arqueamento
turning-piece (E.Civ.) forma para arco
turning point (Topo.) ponto de reversão; ponto crítico
turning point on a curve (Mat.) ponto crítico numa curva
turnings (Mec.) aparas
turning-saw (E.Civ.) serra de rodear; serra de traçar
turning tool (Mec.) ferramenta de tornear
turnkey system (Inf.) sistema de entrega (definitiva)
turnout (E.Civ.) ramal; bifurcação; desvio (caminhos-de-ferro)
turnover (Elect.) troca
turnover (E.Civ.) rotatividade (de mão de obra)
turnover (Fís.) transbordo; transição
turnover frequency (Fís.) frequência de transição; frequência de troca
turnover number (Bio.) número de rotação
turnover rate (Eco.) taxa de renovação
turnover time (Eco.) tempo de renovação

turnsick (VET.) cenurose

turns ratio (ELECT.) relação de espiras

turnstile antenna (TELECOM.) antena cruzada

turntable (FÍS.) placa giratória; plataforma giratória

turpentine (QUÍM.) terebintina; terebentina; aguarrás

turps (QUÍM.) terebintina (*turps* é o nome popular do óleo de terebintina)

turquoise (MINER.) turquesa

turret (E.CIV.) torre

turret (MEC.) revólver; espera

turret clock (RELOJ.) relógio de torre

turret drill (MEC.) furador-revólver

turret feed lever (MEC.) alavanca de avanço do revólver

turret lathe (MEC.) torno-revólver

turret locking (MEC.) trava de revólver

turret miller (MEC.) fresadora-revólver

turret press (MEC.) prensa-revólver

turret punch (MEC.) perfuradora-revólver; furador-revólver

tursk (E.CIV.) talão (de respiga)

tursk tenon (E.CIV.) espiga reforçada

turtle (INF.) «tartaruga» (robô mecânico ou figura geralmente triangular, no visor, e cujo movimento pode ser controlado por comando do computador)

turtle-shell (ZOO.) concha de tartaruga

turtle trail (INF.) caminho da «tartaruga» (vide *turtle*)

tussah silk (TÊXT.) tussá (seda)

tusses (ENG.) talões

tussive (MED.) tússico

tussore (TÊXT.) tussor (tecido leve de seda)

tuyère (MEC.) algaraviz (também *twyere*)

TV capture card (INF.) placa (receptora) de TV

T vector (BIO.) vector T

TV viewfinder (T.IMAG.) visor TV

TW antenna (TELECOM.) abr. de *Travelling-Wave antenna* — antena de ondas progressivas

tweak (ELECTRÓN.) optimização de desempenho

tweed (TÊXT.) «tweed»

tweeter (FÍS.) altifalante de agudos

twenty-four hour rhythm (PSICO.) ritmo de 24 horas; ritmo circadiano

twilight (ASTRO.) crepúsculo

twilight sleep (MED.) sono crepuscular

twill (GERAL) sarga

twin (GERAL) gémeo

twin arch (ARQ.) arco geminado

twin cable (ELECT.) cabo bifilar; cabo duplo

twin check (INF.) teste por duplicação

twin columns (ARQ.) colunas geminadas

twin-concentric cable (ELECT.) cabo bifilar concêntrico

twin crystal (CRIST.; MINER.) hemítropo

twin crystallization (CRIST.; MINER.) hemitropia

twiner (BOT.) volúvel

twiner (TÊXT.) máquina de torcer fios

twin feeder (TELECOM.) alimentador bifilar

twin lamb disease (MED.) toxicose gravídica da ovelha

twin lens camera (T.IMAG.) máquina fotográfica de duas objectivas

twin line (ELECTRÓN.) fio duplo; cabo de dois condutores

twinning (CRIST.) hemitropia

twins (BIO.) gémeos; duplos; geminados

twin sectors (BIO.) sectores pares

twin-shaft turbine (AERO.) turbina de eixo duplo

twin-six engine (MEC.) motor de 12 cilindros em V

twin-T network (TELECOM.) rede T dupla; rede T paralela

twin-T oscillator (ELECTRÓN.) oscilador de malha T dupla

twin triode (ELECTRÓN.) duplo tríodo

twist (TÊXT.) traça; cordão; corda

twist bit (E.CIV.) broca helicoidal

twist drill (MEC.) broca helicoidal

twisted aestivation (BOT.) estivação deformada; perfloração deformada

twisted cable (ELECT.) cabo torcido

twisted column (ARQ.) coluna torcida; coluna salomónica

twisted growth (BOT.) crescimento em fibras torcidas

twisted joint (MEC.) junção por torção

twisted pair (ELECTRÓN.) par torcido

twister (RADAR) cristal piezoeléctrico que gera tensão ao sofrer torção; cristal piezotorcedor

twisting number (BIO.) número de torção

twitch (VET.) contracção espasmódica muscular

two address (INF.) endereço duplo

two address program (INF.) programa de dois endereços

two-bit-byte (INF.) byte de 2 bits

two body force (FÍS.) força de dois corpos

two-carbon fragment (QUÍM.) fragmento de carbono-dois (comummente designado por acetato ou ácido acético)

two-channel stereo (TELECOM.) estéreo de dois canais

two-circuit winding (ELECT.) enrolamento ondulado; bobinagem ondulada

two-coat work (E.CIV.) trabalho de dois revestimentos; trabalho de duplo revestimento

two-colour process (T.IMAG.) processo bicolor

two-course radio range (RADAR) radiofarol de duas rotas

two dimensional filter (ELECTRÓN.) filtro bidimensional

two-dimensional flow (HIDRO.) fluxo bidimensional

two dimensional gas (QUÍM.) gás bidimensional

two-electrode valve (ELECTRÓN.) válvula de dois eléctrodos; diodo

two-frequency channel (TELECOM.) canal de duas frequências

two-group theory (NUCL.) teoria de dois grupos

two-hinged arch (ARQ.) arco de duas articulações

two-light frame (E.CIV.) armação de duas luzes (de janela); armação de duas partes

two-lobed cam (MEC.) came de dois ressaltos; came de duas pontas

two-moment equation (MEC.) equação de dois momentos

two-motion selector (TELECOM.) selector de dois movimentos (vertical e rotativo)

two-out-of-five code (INF.) código de dois em cinco (bits)

two-phase (ELECT.) bifásico

two-phase alternating current (ELECT.) corrente alternada bifásica

two-phase alternator (ELECT.) alternador bifásico

two-phase circuit (ELECT.) circuito bifásico

two-phase current (ELECT.) corrente bifásica

two-phase field (ELECT.) campo bifásico

two-phase four-wire system (ELECT.) sistema bifásico de quatro condutores; circuito bifásico de quatro condutores

two-phase modulation (ELECT.) modulação em duas fases

two-phase motor (ELECT.) motor bifásico

two-phase three-wire system (ELECT.) sistema trifilar bifásico

two-phase winding (ELECT.) enrolamento bifásico

two-pipe system (E.CIV.) sistema de dois canos

two-pole alternator (ELECT.) alternador bipolar

two-pole relay (ELECT.) relé bipolar

two-reaction theory (ELECT.) teoria de dupla reacção

two's complement (INF.) complemento de dois

two-sided ideal (MAT.) ideal bilateral

two-source frequency keying (ELECT.) manipulação com duas frequências; manipulação de frequência de duas fontes

two-speed belt (MEC.) correia de duas velocidades

two-speed gear (MEC.) mecanismo de duas velocidades; engrenagem de duas velocidades

two-speed propeller (AERO.) hélice de duas velocidades

two-speed supercharger (MEC.) compressor de duas velocidades; compressor bifásico

two-stage blower supercharger (MEC.) compressor de mistura de duas velocidades

two-stage pressure-gas burner (MEC.) queimador de gás sob pressão de dois estágios

two-start thread (MEC.) parafuso de rosca dupla

two-step relay (TELECOM.) relé de duas etapas

two-stroke cycle (AUTO.) ciclo de dois tempos

two-stroke cycle principle (MEC.) princípio de ciclo de dois tempos

two-stroke engine (MEC.) motor de dois tempos

two-terminal network (TELECOM.) rede de dois terminais

two-terminal pair network (TELECOM.) rede de dois pares terminais

two-tone keying (TELECOM.) manipulação de dois tons; manipulação de duas frequências

two-valued capacitor motor (ELECT.) motor de condensador de dois valores

two-valued logic (MAT.) lógica bivalente

two-way (GERAL) bilateral; bidireccional

two-way circuit (TELECOM.) circuito bilateral

two-way communication (TELECOM.) comunicação bilateral; comunicação de duplo sentido

two-way microphone (TELECOM.) código binário

two-way table (GERAL) tabela de duas entradas; tabela de contingência

two-wire circuit (TELECOM.) circuito bifilar

two-wire repeater (TELECOM.) repetidor bifilar

two-wire system (ELECT.) sistema bifilar

TWT (TELECOM.) abr. de *travelling wave tube* — tubo amplificador de micro-ondas

twyere (MEC.) algaraviz (também *tuyère*)

Tyler sieves (MINAS) crivos Tyler

Tyler standard screen scale (MINAS) escala Tyler para crivos; escala americana para crivos

tylose (BOT.) tilose

tylosis (BOT.) tilose

tympan (GERAL) tímpano

tympan (IMP.) tímpano

tympanectomy (MED.) timpanectomia

tympanic bulla (ZOO.) bolha timpânica

tympanism (MED.) timpanismo; timpanite

tympanites (MED.) timpanite; timpanismo

tympanitis (MED.) timpanite

tympanum (ARQ.) tímpano

tympanum (ZOO.) tímpano

Tyndall effect (FÍS.) efeito de Tyndall

tyndallimetry (QUÍM.) tindalimetria

tyndallization (QUÍM.) tindalização; esterilização fraccionada

type (BIO.) tipo

type (GERAL) tipo; protótipo

type (IMP.) tipo

type (MED.) grupo sanguíneo

type face (IMP.) superfície de impressão (de tipo)

type-high (IMP.) tipo alto

type locality (GEO.) região tipo

type metal (MEC.) metal tipo (liga de antimónio, chumbo e estanho que se emprega na fundição de tipos)

typesetting machine (IMP.) máquina de composição; linótipo

type specimen (BIO.) espécime tipo

type II superconductor (FÍS.) supercondutor tipo II

typewriter composition (IMP.) composição em máquina de escrever

typhemia (MED.) tifemia

typhlitis (MED.) tiflite

typhoid (MED.) tifóide

typhomegaly (MED.) tifomegalia

typhoon (METEO.) tufão

typhoon eye (METEO.) centro do tufão; olho do tufão

typhoon warning (METEO.) aviso de tufão

typhoon wind (METEO.) vento de tufão; vento de furacão

typical intensity (PSICO.) intensidade típica

typographer (IMP.) tipógrafo

typographic quality (IMP.) qualidade tipográfica

typography (IMP.) tipografia

Tyr (QUÍM.) símbolo de *tyrosine* — tirosina

tyraminase (QUÍM.) tiraminase

tyramine (QUÍM.) tiramina

tyre (MEC.) pneumático; revestimento de aro; aro

tyremesis (MED.) teremese; vómito de matéria caseosa dos lactentes

tyrocidin (QUÍM.) tirocidina

tyrosinase (QUÍM.) tirosinase

tyrosine (QUÍM.) tirosina

tyrotoxism (MED.) tirotoxismo

Tzaneen disease (VET.) doença de Tzaneen; teileriose branda do gado (africana e causada pelo parasita *Theileria mutans*)

Tzank cells (MED.) células de Tzank

Tzank test (MED.) teste de Tzank; prova de Tzank

Uu

u (GERAL) símbolo de *unit* — unidade
u (QUÍM.) símbolo de *specific internal energy* — energia interna específica
U (FÍS.) símbolo de: *unit* — unidade; de *potential difference* — diferença de potencial; de *tension* — tensão
U (QUÍM.) símbolo de: *uranium* — urânio; de *internal energy* — energia interna; símbolo de *uridine* — uridina, em polímeros
UART (INF.) abr. de *universal asynchronous receiver transmitter* — processador universal de entrada-saída
ubac (ECO.) encosta sul dos vales alpinos
U-bend (E.CIV.) duplo cotovelo; curva em U
ubichromanol (QUÍM.) ubicromanol (forma cromano)
ubichromenol (QUÍM.) ubicromenol (forma cromeno)
ubiquinol (QUÍM.) ubiquinol; ubiidroquinona
ubiquinone (QUÍM.) ubiquinona
ubiquitin (BIO.) ubiquitina
U-bolt (AUTO.) parafuso em U; presilha em U
UCR (PSICO.) abr. de *UnConditioned Reflex* — reflexo não condicionado
UCS (PSICO.) abr. de *UnConditioned Stimulus* — estímulo não condicionado
udder (VET.) úbere
UDMA (INF.) abr. de *ultra DMA* — memória de acesso directo ultra rápido
UDP (QUÍM.) abr. de *Uridine Diphos-Phate* — difosfato de uridina
UDPG (QUÍM.) abr. de *Uridine Diphos-PhoGlucose* — difosfoglicose de uridina
UF (PLÁST.) abr. de *urea-formaldehyde* — ureia-formaldeído
UFO (ASTRO.) abr. de *Unidentified Flying Object* — Objecto Voador Não Identificado; OVNI
Uganda mahogany (BOT.; E.CIV.) mogno-do-Uganda; a sua madeira
ugrandite (MINER.) ugrandita; nome dado às granadas cálcicas (*Uvarovite + GRossular + ANDradite + ITE* — uvarita + grossulária + andradita + ita)
UHF (TELECOM.) abr. de *Ultra-High Frequency* — frequência ultra-elevada; audio-frequência
Uhuru (ASTRO.) Uhuru; nome do 1º satélite astronómico de raios-X (*Uhuru* significa *liberdade* em dialecto queniano)
uintite (MINER.) uintite (de Uinta Valley, EUA); gilsonite
UJT (ELECT.) abr. de *UniJunction Transistor* — transístor de união única

ULA (INF.) abr. de *Uncommitted Logic Array* — rede de lógica livre; rede lógica standard programável
Ulbricht sphere photometer (FÍS.) fotómetro de esfera de Ulbricht
ulcer; ulcus (MED.) úlcera
ulcera (MED.) úlceras
ulceration (MED.) ulceração
ulcerative (MED.) ulcerativo
ulcerative cellulitis (VET.) celulite ulcerativa; linfagite ulcerativa
ulcerative dermal necrosis (VET.) necrose dérmica ulcerativa
ulcerative lymphagitis (VET.) linfagite ulcerativa; celulite ulcerativa
ulcus; ulcer (MED.) úlcera (plural *ulcera* — úlceras)
ulexine (QUÍM.) ulexina; citisina; soforina
ulexite (MINER.) ulexite
uliginose (BOT.) uliginoso
uliginous (BOT.) uliginoso
ullage (NAV.) derrame; perda
ulmanite (MINER.) ulmanite
ulna (ZOO.) ulna (nome antigo do cúbito); osso do cotovelo; cúbito
ulnaris (MED.) cubital
ulo-, ule- (GERAL) ulo-, ule-; do grego *oulé, oulos* — cicatriz, traduzindo a ideia de crespo, frisado; e também do grego *oulon* — gengiva (forma raramente usada)
ulocarcinoma (MED.) ulocarcinoma
ulodermatitis (MED.) ulodermatite
ulotrichous (ZOO.) ulótrico
ultimate analysis (QUÍM.) análise final
ultimate gust (METEO.) rajada final
ultimate load (AERO.) carga máxima
ultimate strain (MEC.) esforço máximo; limite de ruptura
ultimate stress (MEC.) tensão de ruptura
ultimate tensile strength (MEC.) resistência absoluta à tracção
ultor (ELECTRÓN.) ultor; segundo ânodo
ultra- (GERAL) ultra-; do latim *ultra*, que traduz a ideia de: em excesso, além de, extremamente
ultra-basic rocks (GEO.) rochas ultrabásicas
ultracentrifugation (BIO.; QUÍM.) ultracentrifugação
ultracentrifuge (BIO.) ultracentrífugo
ultra-direct memory access (INF.) memória de acesso directo ultra rápido
ultra DMA (INF.) memória de acesso directo ultra rápido
ultra-filtration (QUÍM.) ultrafiltração
ultra-high frequency (TELECOM.) frequência ultra-elevada
ultralinear (ELECT.) ultralinear

ultramafic rocks (GEO.) rochas ultramáficas
ultramicroscope (FÍS.) ultramicroscópio
ultramicrotome (BIO.) ultramicrotomo
ultrasonic (FÍS.) ultra-sónico
ultrasonic cleaning (MEC.) limpeza ultra-sónica
ultrasonic cleaning bath (ELECTRÓN.) banho de limpeza ultrasónica
ultrasonic coagulation (FÍS.) coagulação ultra-sónica
ultrasonic communication (TELECOM.) comunicação ultra-sónica
ultrasonic cross grating (ELECT.) retículo ultra-sónico; retículo de cruz ultra-sónico; retículo múltiplo
ultrasonic delay line (TELECOM.) linha de atraso ultra-sónica
ultrasonic depth finder (MEC.) detector de profundidade ultra-sónico
ultrasonic detector (TELECOM.) detector ultra-sónico
ultrasonic dispersion (QUÍM.) dispersão ultra-sónica
ultrasonic flaw detector (QUÍM.) detector ultra-sónico de fissuras
ultrasonic frequency (ELECTRÓN.) frequência ultra-sónica
ultrasonic generator (ELECT.) gerador ultra-sónico
ultrasonic grating constant (ELECT.) constante de grade ultra-sónica
ultrasonic image converter (T.IMAG.) conversor ultra-sónico de imagem
ultrasonic level detector (ELECTRÓN.) detector ultra-sónico de nível
ultrasonic light diffraction (TELECOM.) difracção ultra-sónica da luz
ultrasonic light valve (ELECTRÓN.) válvula ultra-sónica de luz
ultrasonic machining (MEC.) torneamento ultra-sónico
ultrasonics (FÍS.) Ultra-sónica
ultrasonic soldering (MEC.) soldadura ultra-sónica (com solda fraca)
ultrasonic stroboscope (MEC.) estroboscópio ultra-sónico
ultrasonic testing (MEC.) teste ultra-sónico
ultrasonic therapy (MED.) terapia ultra-sónica
ultrasonic waves (FÍS.) ondas ultra-sónicas
ultrasonic welding (MEC.) soldadura ultra-sónica (com solda forte)
ultrasonography (RADIOL.) ultra-sonografia
ultrasound (FÍS.) ultra-som
ultrastructure (BIO.) ultraestrutura
ultraviolet (T.IMAG.) ultravioleta; UV

ultraviolet astronomy (Astro.) astronomia de ultravioleta

ultraviolet cell (Fís.) célula ultravioleta

ultraviolet fluorescence (Fís.) fluorescência ultravioleta

ultraviolet light (Fís.) luz ultravioleta; radiação ultravioleta

ultraviolet microscope (Bio.) microscópio de ultravioleta

ultraviolet radiation (Fís.) radiação ultravioleta; radiação UV

ultraviolet rays (Fís.) raios ultravioletas

ultraviolet repair (Bio.) reparação ultravioleta

ultraviolet source (Astro.; Fís.) fonte ultravioleta

ultraviolet spectrometer (Fís.) espectrómetro de ultravioleta

ultraviolet spectroscopy (Quím.) espectroscopia de ultravioleta

ultraviolet spectrum (Fís.) espectro ultravioleta

ultraviolet therapy (Med.) terapia por ultravioleta

umbel (Bot.) umbela

umbelliate (Bot.) umbelado

umbellifer (Bot.) umbelífero

Umbelliferae (Bot.) Umbelíferas

umbilectomy (Med.) remoção do umbigo

umbilic (Mat.) umbílico

umbilical cord (Esp.) cordão umbilical; cabo umbilical

umbilical cord (Zoo.) cordão umbilical

umbilical point on a surface (Mat.) ponto umbílico numa superfície; umbílico numa superfície

umbilicate (Med.) umbilicado

umbilicated (Med.) umbilicado

umbilicus (Zoo.) umbigo

umbo (Bot.; Zoo.) bossa; ponto protuberante de uma superfície

umbra (Astro.) sombra; cone de sombra

umbrella (Zoo.) umbrela

umbrella antenna (Telecom.) antena tipo guarda-chuva

umbrella cell (Telecom.) célula de rede de telemóvel

Umkehr effect (Meteo.) efeito de reversão

Umklapp process (Fís.) processo de Umklapp

Umwelt (Psico.) ambiente (termo alemão)

unarmed (Bot.) indefeso

unarmoured cable (Elect.) cabo não blindado

unary (Quím.) unitário

unavailable (Bot.) não disponível; não utilizável

unavailable water (Eco.) água não disponível

unbalanced (Elect.) desequilibrado; assimétrico

unbalanced circuit (Elect.) circuito desequilibrado

unbalanced line (Elect.) linha desequilibrada

unbalanced load (Elect.) carga desequilibrada

unbalanced network (Elect.) rede desequilibrada

unbalanced output (Elect.) saída desequilibrada

unbalanced system (Elect.) sistema desequilibrado

unbleached kraft paper (Papel.) papel de embrulho castanho; papel forte não branqueado

uncate (Zoo.) uncinado; unciforme

uncertainty principle (Fís.) princípio da dúvida; princípio da incerteza

unciform (Bot.; Zoo.) unciforme; uncinado

uncinate (Bot.; Zoo.) uncinado; unciforme

uncinate fit (Med.) ataque uncinado; convulsão uncinada (forma de epilepsia psicomotora)

uncinus (Zoo.) gancho; estrutura em forma de gancho

uncommitted logic array (Inf.) rede lógica livre; rede lógica standard programável

unconditional inequality (Mat.) desigualdade incondicional

unconditional jump (Inf.) salto incondicional

unconditionally stable (Telecom.) incondicionalmente estável

unconfined aquifer (Eco.) aquífero livre; aquífero não confinado

unconformity (Geo.) discordância

unconscious mind (Psico.) mente inconsciente

unconsolidated sediments (Eco.) sedimentos não consolidados

uncoursed (E.Civ.) aleatório

undamped oscillation (Telecom.) oscilação não amortecida

undamped wave (Telecom.) onda não amortecida; onda contínua

underbunching (Electrón.) subagrupamento

undercarriage (Aero.) trem de aterragem; subestrutura

underclay (Geo.) argila sob jazida de carvão

undercliff (Eco.) sopé da escarpa

undercoat (E.Civ.) primeira demão; primário; subcapa

undercommutation (Elect.) subcomutação; comutação insuficiente

undercurrent relay (Electrón.) relé de baixa corrente

undercut (Mec.) rebaixo; corte inferior

underdamping (Telecom.) subamortecimento

under-exposure (T.Imag.) exposição insuficiente

underfeed stoker (Mec.) alimentador pela parte inferior (fornalha de carvão)

underflow (Hidro.) escoamento subfluvial

underflow (Inf.) capacidade excedida inferiormente; «estouro» por número muito pequeno; subvalor

underground gasification (Minas) gasificação subterrânea

underground volatization (Minas) volatilização subterrânea

underhand stopes (Minas) degraus direitos

underlap (Electrón.) falta de justaposição

underlay (Minas) contracamada; camada subjacente

underleaf (Bot.) filóide

undermodulation (Electrón.; T.Imag.; Telecom.) submodulação

underpinning (E.Civ.) escoramento; recondicionamento de fundação

under-ream (Minas) alargar um poço

undersaturated (Geo.) subsaturado

undershoot (Aero.) pouso curto; aterragem curta

undershoot (Mec.) rodas de subimpulsão; rodas de Poncelet

undershoot (Telecom.) subimpulso; distorção por supermodulação

undersize (Minas) submedida

understorey species (Eco.) espécies de sub cobertura florestal

underthrow distortion (Elect.) distorção por submodulação

undertow (Eco.) fluxo de retorno

under-voltage alarm (Electrón.) alarme de subtensão

under-voltage relay (Elect.) relé de tensão mínima; relé de subvoltagem

underwater ambient noise (Telecom.) ruído ambiental submarino

underwater antenna (Elect.) antena submarina

underwater background noise (Elect.) ruído de fundo submarino

underwater burst (Nucl.) explosão submarina

underwater cutting (Mec.) corte submarino

underwater transducer (Fís.) transdutor submarino

underwood (Eco.) subcoberto vegetal

undistorted output (Telecom.) saída não distorcida

undistorted transmission (Telecom.) transmissão não distorcida

undistorted wave (Telecom.) onda não distorcida

undrawn yarn (Têxt.) fio não puxado

unducted fan (Aero.) tubeira sem condutas

undulant fever (Med.) febre ondulante; brucelose; febre de Malta; febre do aborto; febre caprina

undulating membrane (Zoo.) membrana ondulante

undulating motion (Fís.) movimento ondulatório

unequal crossing over (Bio.) transferência desigual

uneven (Mat.) ímpar

uneven numbers (Mat.) números ímpares

unexcited (Fís.) não excitado

unfired (Electrón.) não excitado; não disparado

ungual (Med.) ungueal

unguiculate (Bot.; Zoo.) unguiculado

unguis (Zoo.) unha

ungula (Zoo.) úngula

ungulate (Zoo.) ungulado

unguligrade (Zoo.) unguligrado

uniaxial (Bot.) uniaxial

uniaxial crystal (Miner.) cristal uniaxial

unicellular (BIO.) unicelular

unicentric distribution (GERAL) distribuição concêntrica

unidentified flying object [UFO] (ASTRO.) Objecto Voador Não Identificado; OVNI

unidirectional antenna (TELECOM.) antena unidireccional

unidirectional current (ELECT.) corrente directa; corrente contínua

unidirectional log-periodic antenna (ELECT.) antena unidireccional de período logarítmico

unidirectional pulse (ELECT.) impulso unidireccional

unidirectional valve (ELECT.) válvula unidireccional

unidirectional voltage (ELECT.) voltagem unidireccional

unified atomic mass unit (FÍS.) unidade de massa atómica unificada

unified field theory (FÍS.) teoria do campo unificado

unified model of the nucleus (FÍS.) modelo unificado de núcleo

unified scale (QUÍM.) escala unificada

unified screw thread (MEC.) filete de parafuso unificado

unifilar (ELECT.) unifilar

uniform convergence (MAT.) convergência uniforme

uniform distribution (MAT.) distribuição uniforme

uniform extension (MEC.) extensão uniforme

uniform field (MAT.) corpo uniforme

uniform flow (HIDRO.) fluxo uniforme; escoamento uniforme

uniformitarianism (GEO.) uniformitarianismo

uniform line (ELECT.) linha uniforme

uniform plane (MAT.) plano uniforme

uniform pressure (FÍS.) pressão uniforme

uniform soil (GEO.) solo uniforme

uniform spectrum (ELECTRÓN.) espectro constante; ruído branco

uniform speed (FÍS.) velocidade uniforme

uniform strength (MEC.) resistência uniforme; intensidade uniforme

uniform tension (ELECT.) tensão uniforme

uniform voltage (ELECT.) voltagem uniforme; tensão uniforme

uniform waveguide (TELECOM.) guia de onda uniforme

unilateral-area track (ELECTRÓN.) pista de área unilateral

unilateral conductivity (FÍS.) condutividade unilateral

unilateral impedance (FÍS.) impedância unilateral

unilateralization (FÍS.) unilateralização

unilateral tolerance (ELECT.) tolerância unilateral

unilateral transducer (ELECT.) transdutor unilateral; transdutor unidireccional

unilocular (BOT.) unilocular

unimolecular layer (QUÍM.) camada unimolecular; camada monomolecular

uninsulated conductor (ELECT.) condutor não isolado; condutor sem isolamento

uninterruptible power supply (ELECTRÓN.) fonte de potência ininterruptível

uninucleate (BIO.) uninucleado; monoenergético; monocariótico

union (GERAL) união; ligação; junção

union fabric (TÊXT.) tecido de algodão misturado com linho, seda ou juta

union kraft (PAPEL.) papel kraft duplo impermeável

uniparous (ZOO.) uníparo

unipolar (ELECT.; ZOO.) unipolar

unipolar machine (ELECT.) máquina unipolar; gerador unipolar

unipolar transistor (ELECTRÓN.) transístor unipolar

unipole antenna (TELECOM.) antena unipolar

unipotent (ZOO.) unipotente

unique sequence DNA (BIO.) DNA de sequência única

uniramous (ZOO.) unirramoso; de um único ramo

uniselector (TELECOM.) de um selector

uniselector distribution frame (TELECOM.) armação de distribuição de selector único

uniseptate (BOT.; ZOO.) unisseptado; de um só septo ou divisão

uniseriate (BOT.) unisseriado

unisexual (BOT.; ZOO.) unissexual

unisexual flower (ECO.) flor unisexual

unit (GERAL) unidade

unit (INF.) unidade; elemento de código

unit (MEC.) unidade; conjunto de peças que formam um mecanismo

unit address (INF.) endereço de unidade; endereço unitário

unit angle (MAT.) radiano; unidade de ângulo

unit area (FÍS.) unidade unitária; unidade de superfície

unit area acoustic impedance (ELECT.) impedância acústica por unidade de superfície

unit cell (CRIST.) célula unitária

unit character (BIO.) carácter unitário

unit charge (FÍS.) carga unitária

unit deformation (MEC.) deformação unitária

unit drag coefficient (AERO.) coeficiente unitário de resistência ao avanço

unit exponential signal (FÍS.) sinal exponencial unitário

unit factor (BIO.) factor unitário; factor unidade; gene

unit hydrograph (ECO.) hidrógrafo unitário

unit identity (INF.) unidade de identidade

unit instruction control (INF.) unidade de controlo de instrução

unit interval (INF.) intervalo unitário

unit magnetic tape (ELECTRÓN.) unidade de fita magnética

unit matrix (MAT.) matriz de unidade; matriz de identidade

unit of attenuation (TELECOM.) unidade de atenuação

unit of bond (E.CIV.) unidade de ligação

unit pole (FÍS.) pólo de unidade

unit runoff (HIDRO.) vazão unitária; vazão específica

unit sequence switch (ELECT.) comutador de sequência

unit string (INF.) série unitária

unit system (INF.) sistema de unidades

unit transmission control (TELECOM.) unidade de controlo de transmissão

univalence (QUÍM.) univalência; monovalência

univalent (BIO.) univalente

univalent (QUÍM.) univalente; monovalente

univalent acid (QUÍM.) ácido monovalente

univalent compound (QUÍM.) composto monovalente

univalent metal (QUÍM.) metal monovalente

univariant (QUÍM.) univariante

universal asynchronous receiver transmitter (ELECTRÓN.) processador universal de entrada-saída

universal bridge (ELECT.) ponte universal

universal chuck (MEC.) placa universal

universal combustion burner (MEC.) queimador de combustão universal

universal contact (ELECT.) contacto universal

universal grinder (MEC.) esmeril universal

universal indicator (QUÍM.) indicador universal

universal joint (AUTO.) junta universal

universal milling machine (MEC.) fresadora universal

universal motor (ELECT.) motor universal

universal output transformer (ELECT.) transformador universal de saída

universal pawl (MEC.) garra universal

universal plane (E.CIV.) plaina universal

universal planer (MEC.) plaina mecânica universal

Universal Product Code (INF.) Código de barras

universal serial bus (INF.) USB; barramento série universal

universal set (MAT.) conjunto universal

universal shunt (ELECTRÓN.) derivação universal

universal time (ASTRO.) tempo universal

universal veil (BOT.) véu universal

universal viewfinder (T.IMAG.) visor universal

universal vise (MEC.) torno universal (de bancada)

universe (ASTRO.) universo

univibrator (TELECOM.) monovibrador

UNIX operating system (INF.) sistema operativo UNIX, desenvolvido pelos Laboratórios Bell, utilizando linguagem de programação C

unloaded antenna (TELECOM.) antena sem carga

unloaded Q (ELECT.) factor de qualidade de circuitos abertos

unmod (T.IMAG.) não modulado

unmodulated carrier (TELECOM.) transportadora sinusoidal

unmodulated groove (ELECTRÓN.) sulco não modulado

unmodulated waves (TELECOM.) ondas não moduladas

unpack (ELECTRÓN.) desagrupar

unsaturated (QUÍM.) insaturado

unsaturated flow (HIDRO.) fluxo não saturado

unsaturated zone (ECO.) zona insaturada

unsoundness (MEC.) fraqueza; falta de solidez

unsoundness (MED.) morbidez; fraqueza; debilidade

unstability (ELECT.) instabilidade

unstabilized antenna (ELECT.) antena não estabilizada

unstable (E.CIV.) instável; inseguro

unstable (QUÍM.) instável

unstable acid (QUÍM.) ácido instável

unstable atom (NUCL.) átomo instável

unstable compound (QUÍM.) composto instável

unstable element (NUCL.) elemento instável

unstable equilibrium (FÍS.) equilíbrio instável

unstable isotope (NUCL.) isótopo instável

unstable molecule (NUCL.) molécula instável

unstable nucleus (NUCL.) núcleo instável

unstable oscillation (GERAL) oscilação instável

unstable particle (NUCL.) partícula instável

unstick (AERO.) descolar

unstiffened suspension bridge (E.CIV.; MEC.) ponte pênsil não reforçada

unstirred layer (BOT.) camada não agitada

unstriated muscle (ZOO.) músculo não estriado (músculo liso ou involuntário)

unsymmetrical grading (TELECOM.) grade assimétrica

unsymmetrical oscillations (TELECOM.) oscilações assimétricas

untuned aerial (TELECOM.) antena não sintonizada

untuned amplifier (ELECTRÓN.) amplificador de resposta neutra

untuned antenna (TELECOM.) antena não sintonizada

unvoiced sound (FÍS.) som surdo

up (INF.) para cima; em uso ou pronto a funcionar (computador)

U-packing (MEC.) gaxeta em U

UPC (GERAL) abr. de *universal product code* — código de produto universal

upcast (MINAS) poço de saída de ar

upcast shaft (E.CIV.) chaminé de poço de ventilação; tubo de poço de ventilação

update (INF.) actualizar

up-doppler (ELECT.) doppler ascendente

up, down locks (AERO.) mecanismos de bloqueio das rodas (inferior e superior)

up-down counter (ELECTRÓN.) contador decrescente

updraught (AUTO.) vertical (carburador)

upgrading (ELECTRÓN.) actualização

upholsterer's hammer (E.CIV.) martelo de estofador

uplift (GEO.) levantamento

uploading (INF.) enviar (dados) para a internet

upmake (IMP.) composição

upper air (METEO.) ar superior; alta atmosfera

upper-air chamber (AERO.) colector de ar (do túnel aerodinâmico)

upper-air chart (METEO.) carta de altitude

upper atmosphere (ASTRO.) atmosfera superior

upper band (RADAR) faixa superior

upper bound (MAT.) limite superior

upper case (IMP.) caixa alta

upper culmination (ASTRO.) culminação superior; trânsito superior

upper deck (NAV.) convés superior; coberta superior

upper mean-hemispherical candle-power (FÍS.) vela hemisférica média superior; maior poder luminoso esférico médio

upper quartile (EST.) quartil superior

upper reach (HIDRO.) curso superior

upper ridge (GEO.) crista superior; crista em altitude

upper sideband (TELECOM.) banda lateral superior

upper transit (ASTRO.) trânsito superior

upper wind (METEO.) vento em altura

upright (E.CIV.) vertical; a prumo

UPS (ELECTRÓN.) abr. de *uninterruptible power supply* — fonte de potência ininterruptível

upsetting (MEC.) compressão; recalcamento

upstream injection (AERO.) injecção de fluxo ascendente

uptake (MEC.) coluna de ar ascendente

uptake (RADIO.) captação

upwelling (ECO.) massa de água ascendente

uracil (QUÍM.) uracilo

uracil mustard (QUÍM.) uracilo de mostarda; uramustina

uracil oxidase (QUÍM.) uracilo oxidase

uraemia, uremia (MED.) uremia; azotemia

Uralian emerald (MINER.) esmeralda-uraliana (variedade de andralite verde, usada como gema; não é uma esmeralda)

uralite (MINER.) uralite

uralitization (GEO.) uralitização

Ural Sea (GEO.) Mar de Ural

uranic (QUÍM.) urânico

uranides (QUÍM.) uranetos

uranine (QUÍM.) uranina; designação comercial do sal de sódio da fluoresceína

uraninite (MINER.) uraninite

uranite (MINER.) uranite

uranium (QUÍM.) urânio

uranium II (QUÍM.) urânio II

uranium-235 (QUÍM.) urânio 235 (235U) — isótopo de urânio de ocorrência natural)

uranium-238 (QUÍM.) urânio 238 (238U) — isótopo comum de urânio de ocorrência natural)

uranium enrichment (NUCL.) enriquecimento de urânio

uranium hexafluoride (QUÍM.) hexafluoreto de urânio

uranium-lead dating (GEO.) datação por urânio-chumbo

uranium-radium series (FÍS.) série urânio-rádio

uranium Y (QUÍM.) urânio Y

uranolone (QUÍM.) uranolona

uranoplasty (MED.) uranoplastia

uranous (QUÍM.) uranoso

Uranus (ASTRO.) Urano

uranyl (QUÍM.) uranilo

urate (QUÍM.) urato

urban climate (ECO.) clima urbano

urea (QUÍM.) ureia; carbamida; carbonildoamida

urea cycle (BIO.) ciclo da ureia

urea resins (QUÍM.) resinas de ureia

ured-; uredo- (GERAL) ured-; uredo-; do latim *uredo* — prurido, ardente

urediniospore (BOT.) uredósporo

urediospore (BOT.) uredósporo

uredosorus (BOT.) uredossoro

uredospore (BOT.) uredósporo

ureides (QUÍM.) ureídos

uremia (MED.) uremia

ureotelic (ZOO.) ureotélico; que excreta nitrogénio na forma de areia

ureter (ZOO.) ureter

ureteralgia (MED.) ureteralgia

ureterectomy (MED.) ureterectomia

ureteritis (MED.) ureterite

ureterocele (MED.) ureterocele

ureterocolostomy (MED.) ureterocolostomia

ureterocystanostomosis (MED.) ureterocistanostomose

ureteroenterostomy (MED.) uteroenterostomia

ureterography (MED.) ureterografia

ureterolith (MED.) ureterólito

ureterolithotomy (MED.) ureterolitotomia

ureteronephrectomy (MED.) ureteronefrectomia

ureteropyelitis (MED.) ureteropielite

ureteropyosis (MED.) ureteropiose

ureterorrhaphy (MED.) ureterorrafia

ureterosigmoidostomy (MED.) uterossigmoidostomia

ureterotomy (MED.) ureterotomia

ureterotrigonoenterostomy (MED.) ureterotrigonoenterostomia

ureterovaginal (MED.) ureterovaginal

urethan, urethane (QUÍM.) uretano

urethra (ZOO.) uretra

urethralgia (MED.) uretralgia

urethrectomy (MED.) uretrectomia

urethrism (MED.) uretrismo

urethrismus (MED.) uretrismo

urethritis (MED.) uretrite

urethrocele (MED.) uretrocele
urethrocystitis (MED.) uretrocistite
urethropenile (MED.) uretropeniano
urethroperineoscrotal (MED.) uretroperineoscrotal
urethrospasm (MED.) uretrospasmo
urethrotomy (MED.) uretrotomia
urethrovaginal (MED.) uretrovaginal
uric acid (QUÍM.) ácido úrico
uricemia (MED.) uricemia
uricotelic (ZOO.) uricotélico (que excreta nitrogénio na forma de ácido úrico)
uridine (BIO.) uridina
uridine triphosphate [UTP] (BIO.) trifosfato de uridina
uridrosis (MED.) uridrose
urine (ZOO.) urina
uriniferous (ZOO.) urinífero
uriniparous (ZOO.) uriníparo
urinogenital (ZOO.) urogenital; geniturinário
urinometer (MED.) urómetro; urinómetro
uro- (GERAL) uro-; prefixo do grego *ouron* — urina
urobilin (QUÍM.) urobilina
urobilinaemia (MED.) urobilinemia
urobilinuria (MED.) urobilinúria
urocanase (QUÍM.) urocanase
urocanate hydratase (QUÍM.) urocanato hidratase
urocanic acid (BIO.) ácido urocânico
urocele (MED.) urocele
urochord (ZOO.) urocordado; tunicado
Urochordata (ZOO.) Tunicados; Urocordados
Urodela (ZOO.) Urodelos
urodelous (ZOO.) urodelo
urodynamics (MED.) Urodinâmica
urography (RADIOL.) urografia
urokinase (QUÍM.) urocinase; uroquinase
urolagnia (PSICO.) urolagnia
urolith (MED.) urólito; cálculo urinário
urolithiasis (MED.) urolitíase
urology (MED.) urologia
urolutein (QUÍM.) uroluteína

uropathy (MED.) uropatia
uropod (ZOO.) urópode
uropygial gland (ZOO.) glândula do uropígio; glândula uropigial
uropygium (ZOO.) uropígio
urostyle (ZOO.) urostilo
urotropine (QUÍM.) urotropina; hexametilenatetramina
urticant (ZOO.) urticante
urticaria (IMUN.; MED.) urticária
urticating (ZOO.) urticante
urtite (GEO.) urtito
urushiol (QUÍM.) urusiol
USB connectors (INF.) ficha USB
useful life (ELECT.) vida útil
useful load (AERO.) carga útil; peso útil
useful power (FÍS.) energia útil; força útil; potência útil
U-shaped tool (MEC.) ferramenta em U
usnein (QUÍM.) usneína; ácido úsnico
USS thread (MEC.) abr. de *UNited States Standard Thread* — rosca padrão americana; rosca americana
Ustilaginates (BOT.) Ustilagináceas
UT (ASTRO.) abr. de *UNiversal Time* — tempo universal
UTC (TELECOM.) abr. de *Universal Time Coordinates* — coordenadas de tempo universal
uteralgia (MED.) uteralgia; histeralgia (forma preferível)
uterectomy (MED.) uterectomia; histerectomia (forma preferível)
uterine (MED.) uterino
uterism (MED.) uterismo
uterocervical (MED.) uterocervical
uterocystostomy (MED.) uterocistostomia
uterofixation (MED.) uterofixação
uterolith (MED.) uterólito
utero-ovarian (MED.) uteroovárico
uteroplacental (MED.) uteroplacentário
uteroplasty (MED.) uteroplastia
uterosacral (MED.) uterossacro
uteroscopy (MED.) uteroscopia
uterovaginal (MED.) uterovaginal

uteroverdine (QUÍM.) uteroverdina
uterovesical (MED.) uterovesical
uterus (ZOO.) útero
utility functions (INF.) funções utilitárias
utility program (INF.) programa utilitário
utility routine (INF.) rotina utilitária
utilizable spill (HIDRO.) razão vertida turbinável
utilization factor (ELECT.) factor de utilização; coeficiente de utilização
utilization ratio (INF.) relação de utilização
UTP (QUÍM.) abr. de *Uridine TriPhosphate* — trifosfato de uridina
utricle (BOT.; ZOO.) utrículo
utricular (BOT.; ZOO.) utricular
utriculi (MED.) utrículos
utriculiform (BOT.; ZOO.) utriculiforme
utriculitis (MED.) utriculite (inflamação do ouvido interno ou inflamação do utrículo prostático)
utriculoplasty (MED.) utriculoplastia
utriculosaccular (MED.) utriculossacular
utriculus (MED.) utrículo
utriculus prostaticus (MED.) utrículo prostático
UUCP (INF.) abr. de *UNIX to UNIX Copy* — cópia de UNIX para UNIX
UV (FÍS.; QUÍM.) abr. de *UltraViolet* — ultravioleta
uvala (ECO.) uvala
uvarovite (MINER.) uvarovite
uvea (ZOO.) úvea
uveitides (MED.) uveítes
uveitis (MED.) uveíte
uveoparotid fever (MED.) febre uveoparotídea
U-V filter (T.IMAG.) filtro UV; filtro ultravioleta
uvula (MED.) úvula
uvulaptosis (MED.) uvuloptose
uvulotomy (MED.) uvolotomia
uzarin (QUÍM.) uzarina
uzifur (QUÍM.) uzífur; cinábrio

v (Fís.) símbolo de *velocity* — velocidade; de *specific volume of a gas* — volume específico de um gás

V (Fís.) símbolo de: *Volt* — Volt; de *voltage* — voltagem; de *potential* — potencial; de *potential difference* — diferença de potencial

V (Geral) símbolo de *volume* — volume; de *velocity* — velocidade

V (Quím.) símbolo de *vanadium* — vanádio; de *molar volume* — volume molar

VAB (Esp.) abr. de *Vehicle Assembly Building* — edifício de montagem de veículos (espaciais)

VAC (Elect.) abr. de *Volts Alternating Current* — volts em corrente alternada; tensão em corrente alternada

VAC (Electrón.) abr. de *Video data Acquisition and Control* — controlo e aquisição de dados

vacancy (Fís.) vazio; lacuna

vaccenic acid (Quím.) ácido vacénico; ácido vacínico

vaccinal (Med.) vacinal

vaccination (Imun.) vacinação

vaccine (Imun.; Med.) vacina

vaccinia (Imun.) vacínia; varíola bovina; varíola

vaccinial (Med.) vacinial; relativo a vacínia

vacuolar membrane (Bio.) membrana vacuolar

vacuole (Bio.; Bot.) vacúolo

vacuum (Fís.) vácuo

vacuum activity (Psico.) actividade de vácuo

vacuum-annealed (Mec.) recozido a vácuo

vacuum annealing (Mec.) recozimento a vácuo

vacuum arc furnace (Quím.) forno de arco a vácuo

vacuum arc melting (Mec.) fundidor de arco a vácuo

vacuum augmenter (Mec.) reforçador de vácuo

vacuum brake (Mec.) freio a vácuo

vacuum breaker (Mec.) válvula reguladora de vácuo; interruptor de vácuo

vacuum chamber (Fís.) câmara de vácuo

vacuum concrete (E.Civ.) betão a vácuo

vacuum crystallization (Quím.) cristalização a vácuo

vacuum diode (Electrón.) díodo de válvula termoiónica

vacuum distillation (Quím.) destilação a vácuo

vacuum evaporation (Esp.; Fís.) evaporação a vácuo

vacuum-filament lamp (Elect.) lâmpada de filamento a vácuo

vacuum filtration (Quím.) filtração a vácuo

vacuum forepump (Fís.) bomba rotativa de alto vácuo

vacuum forming (Plást.) formação a vácuo

vacuum furnace (Mec.) fornalha a vácuo

vacuum impregnation (Elect.) impregnação a vácuo

vacuum induction melting (Mec.) fusão de indução a vácuo

vacuum melting (Mec.) fusão a vácuo

vacuum oven (Elect.) forno a vácuo

vacuum photocell (Electrón.) célula fotoeléctrica a vácuo

vacuum pump (Mec.) bomba a vácuo; bomba de vácuo; bomba pneumática

vacuum regulating valve (Mec.) válvula reguladora de vácuo

vacuum seal (Electrón.) selo a vácuo

vacuum space (Fís.) câmara de vácuo

vacuum switch (Elect.) interruptor a vácuo; comutador a vácuo

vacuum tube (Electrón.) tubo a vácuo; válvula a vácuo; válvula electrónica

vacuum tube amplifier (Electrón.) amplificador de válvula a vácuo

vacuum tube electrometer (Electrón.) electrómetro a tubo de vácuo

vacuum tube keying (Electrón.) manipulação por tubo de vácuo

vacuum tube modulator (Electrón.) modulador a tubo de vácuo

vacuum tube oscillator (Elect.) oscilador de tubo de vácuo

vacuum tube rectifier (Electrón.) rectificador a tubo de vácuo

vacuum tube voltmeter (Elect.) voltímetro de tubo de vácuo

vadose zone (Geo.) zona vadosa

vagile (Eco.) móvel

vagility (Eco.) mobilidade das vagens e esporos

vagina (Bot.) bainha

vagina (Zoo.) vagina (como canal genital); bainha (como estrutura em forma de bainha)

vagina bulbi (Med.) bainha do globo ocular

vagina carotida (Med.) bainha carotídea

vaginae (Zoo.) vaginas; bainhas (plural latino de *vagina*)

vaginae vasorum (Zoo.) bainhas dos vasos

vaginalitis (Med.) vaginalite

vaginal plug (Zoo.) tampão vaginal

vaginicoline (Bio.; Med.) vaginícola (refere-se a determinados microorganismos normalmente presentes na vagina)

vaginism (Med.) vaginismo

vaginitides (Med.) vaginites (plural latino de *vaginitis*)

vaginitis (Med.) vaginite

vaginocele (Med.) vaginocele

vaginodynia (Med.) vaginodinia; vaginismo

vaginotomy (Med.) vaginotomia

vaginovulvar (Med.) vaginovulvar

vagitus (Med.) vagido; choro de recém-nascido

vagomimetic (Med.) vagomimético

vagotonia (Med.) vagotonia

vagotony (Med.) vagotonia

vagotropic (Med.) vagotrópico

Val (Quím.) símbolo da valina e seus radicais

valence band (Quím.) camada de valência; nível de valência

valence electron (Quím.) electrão de valência

valence shell (Geral) camada de valência

valency (Quím.) valência

valentinite (Miner.) valentinite

valeral (Quím.) valeral; valeraldeído; aldeído valérico

valerate (Quím.) valerato

valerianate (Quím.) valerianato; valerato

valeric acid (Quím.) ácido valérico; ácido pentanóido

valgus (Med.) valgo

validation (Inf.) validação

valine (Quím.) valina

valinomycin (Bio.) valinomicina

valley (Arq.) calha; caleira

valley (Geo.) vale

valley (Hidro.) goteira

valley bog (Eco.; Geo.) pântano de vale

valley fault (Geo.) vale de falha

valley glacier (Eco.) vale glaciar

valley river (Geo.) rio de vale

valley-side bench (Eco.) escarpa

valley train (Geo.) varva de degelo

valley wind (Geo.) vento do vale; vendaval

value function (Nucl.) função de potência

valvate (Bot.) valvar

valve (Electrón.) válvula; tubo (EUA)

valve (Geral) válvula

valve adjustment (Mec.) regulação de válvula

valve bounce (Mec.) ressalto de válvula

valve box (Mec.) câmara de válvulas; caixa de válvulas

valve characteristic (Elect.) característica de válvula

valve chest (Mec.) caixa de válvulas; câmara de válvulas

valve diagram (Mec.) diagrama de válvula

valve effect (Elect.) efeito de válvula

valve face (Mec.) espelho de distribuidor; face de válvula

valve gear (Mec.) mecanismo de comando de distribuição; distribuidor

valve-in-head engine (Mec.) motor de válvula à cabeça (cilindro)

valve-opening diagram (Auto.) diagrama de abertura de válvula

valve parameters (Electrón.) parâmetros de válvula

valve rectifier (Elect.) rectificador de válvula

valve relay (Elect.) relé de válvula

valve rocker (Auto.) balancim de válvula

valve seal (Aero.) vedação de válvula

valve setting (Mec.) regulação de válvula

valve shaft (Mec.) eixo de válvula

valve timing (Auto.) regulação das válvulas

valve voltmeter (Elect.) voltímetro de válvula

valvular heart disease (Med.) doença cardíaca valvular

valvule (Bot.; Zoo.) válvula

valvulitis (Med.) valvulite

valvuloplasty (Med.) valvuloplastia

valvulotomy (Med.) valvulotomia

VAM (Bot.) abr. de *Vesicular-Arbuscular Mycorrhiza* — micorriza arbustiva-vesicular

vanadate (Quím.) vanadato

vanadic (Quím.) vanádico

vanadinite (Miner.) vanadinite

vanadium (Quím.) vanádio

vanadium bronze (Mec.) bronze-vanádio

vanadium steel (Mec.) aço-vanádio; aço ao vanádio

vanadous (Quím.) vanadoso

vanadyl (Quím.) vanadilo

Van Allen radiation belt (Astro.) cinturão de radiação de Van Allen

Van de Graaff accelerator (Elect.) acelerador de Van de Graaff

Van de Graaff generator (Elect.) gerador de Van de Graaff

Vandermonde determinant (Mat.) determinante de Vandermonde

Vandermonde's theorem (Mat.) teorema de Vandermonde

van der Waals' equation (Quím.) equação de van der Waals

van der Waals' forces (Quím.) forças de van der Waals

van der Waals' surface tension formula (Quím.) fórmula de tensão superficial de van der Waals

vane (Agro.) pínula (de alidade)

vane (Bot.) vexilo; estandarte (de corola papilionácea)

vane (Mec.) palheta

vane (Zoo.) barba de pena; bárbula de pena

vane pump (Mec.) bomba de palhetas móveis

vanes (Aero.) aletas

vane wattmeter (Fís.) wattímetro de palheta; vatímetro de palheta

vanillate (Quím.) vanilato

vanillin (Quím.) vanilina; aldeído vanílico

vanner (Minas) agitador de minério; concentrador de minério; limpador de minério; separador de minério

vanning (Minas) separação de minério

van't Hoff factor (Quím.) factor de van't Hoff

van't Hoff isochore (Quím.) isócora de van't Hoff

van't Hoff's law (Quím.) lei de van't Hoff

van't Hoff's reaction isochore (Quím.) reacção isócora de van't Hoff

van't Hoff's reaction isotherm (Quím.) reacção isotérmica de van't Hoff

Van Valen's 'law' (Eco.) lei de van Valen

vaporization (Quím.) vaporização

vapour (Fís.) vapor

vapour barrier (Quím.) barreira de vapor

vapour compression cycle (Mec.) ciclo de compressão de vapor

vapour concentration (Meteo.) concentração de vapor; humidade absoluta

vapour-liquid-solid mechanism (Quím.) mecanismo de sólido-líquido-vapor

vapour lock (Mec.) bolsa de vapor

vapour permeability (Papel.) permeabilidade a vapor

vapour phase epitaxy (Geral) deposição da fase de vapor

vapour phase inhibitor (Quím.) inibidor de fase de vapor

vapour pressure (Fís.) pressão de vapor; tensão de vapor

VAr (Elect.) abr. de *Volt-Ampere reactive* — volt-ampere reactivo

VAR (Electrón.) abr. de *Visual Aural Range* — alcance audiovisual

varactor (Electrón.) varactor; condensador variável com a tensão

vardar (vardarac) (Geo.) vento de ravina (Morávia-Tessalónica)

variability (Quím.) variabilidade

variable (Inf.; Mat.) variável

variable address (Inf.) endereço variável

variable airscrew (Aero.) hélice de passo variável

variable aperture shutter (T.Imag.) obturador de abertura variável

variable-area propelling nozzle (Aero.) tubeira de propulsão de área variável

variable area track (T.Imag.) pista de área variável

variable capacitor (Electrón.) condensador variável; condensador de facas

variable coupling (Elect.) acoplamento variável

variable cycle engine (Aero.) motor de ciclo variável

variable density sound track (T.Imag.) pista de som de densidade variável (obsoleto)

variable-density wind tunnel (Aero.) túnel aerodinâmico de densidade variável

variable frequency oscillator (Electrón.) oscilador de frequência variável

variable geometry (Aero.) geometria variável

variable inductor (Elect.) indutor variável

variable-inlet guide vanes (Aero.) pás directrizes de admissão variável

variable-interval schedules (Psico.) programas de intervalo variável

variable-length coding (Electrón.) codificação de comprimento variável

variable length record (Inf.) registo de comprimento variável

variable mu tube (Electrón.) tubo de mu variável; válvula com factor de amplificação variável

variable-pitch propeller (Aero.) hélice de passo variável

variable-ratio schedule (Psico.) programa de razão variável

variable-ratio transformer (Elect.) transformador de razão variável

variable region (Imun.) região variável

variable-reluctance pick-up (Fís.) captador de som de relutância variável

variable resistance (Elect.) resistência variável

variable resistor (Electrón.) resistência variável; potenciómetro

variable-speed drive (Elect.) accionamento de velocidade variável

variable-speed motor (Elect.) motor de velocidade variável

variable star (Astro.) estrela variável

variable surface glycoprotein (Bio.) glicoproteína de superfície variável

variable sweep (Aero.) voo de geometria variável

variable transformer (Elect.) transformador variável

variable-voltage control (Elect.) controlo de tensão variável

Variac (Elect.) Variac (MC de transformadores variáveis)

Variac TM (Electrón.) transformador toroidal

variance (Est.) variância

variant (Bio.) variante

variate (Est.) variável

variation (Agro.; Fís.) declinação magnética; variação

variation (Geral) variação

variation factor (Elect.) factor de variação

variation of latitude (Astro.) variação de latitude

variation of longitude (Astro.) variação de longitude

variation of tolerance (Mec.) variação de tolerância

variation of viscosity (Fís.) variação de viscosidade

variation order (E.Civ.) ordem de alteração

variation range (Fís.) limites de variação

varicella (Med.) varicela

varicocele (Med.) varicocele

varicose (Med.) varicose

varicosis (Med.) varicose

varicule (Med.) varícula

variegated copper ore (Miner.) bornite; erubescite
variegation (Bot.) variedade
variety (Bio.) variedade; espécime
varifocal lens (T.Imag.) lente de focagem variável; zoom
variocoupler (Elect.) acoplador variável
variola (Med.) varíola
variola benigna (Med.) varíola benigna; varilóide
variola major (Med.) varíola
variola minor (Med.) alastrim; varíola branca; varíola láctea
variolic (Med.) variólico
variolitic (Geo.) variolítico
variometer (Elect.) variómetro
variscite (Miner.) variscite
varistor (Electrón.) varistor; resistência dependente da tensão
varix (Med.) variz
Varley loop test (Elect.) prova de circuito de Varley
varnish (E.Civ.) verniz
varve (Eco.) varve
varve analysis (Eco.) análise de varve
varve chronology (Eco.) cronologia de varve
varve count (Eco.) contagem de varve
varved clays (Geo.) argilas aluviais
varzea (Eco.) várzea
vas (Bot.; Zoo.) vaso; canal
vasa (Bot.; Zoo.) vasos; canais
vasa efferentia (Zoo.) canais eferentes
vasa vasorum (Zoo.) vasos dos vasos
vascular (Bot.; Zoo.) vascular
vascular area (Zoo.) área vascular
vascular bundle (Bot.) feixe vascular
vascular cylinder (Bot.) cilindro vascular
vascular endothelial growth factor (Bio.) factor de crescimento vascular endotelial
vascular plant (Bot.) planta vascular; traqueófito
vascular ray (Bot.) raio vascular
vascular system (Zoo.) sistema vascular
vasculum (Bot.) vaso (receptáculo para espécies botânicas)
vas deferens (Zoo.) canal deferente
vasectomy (Med.) vasectomia
vaseline (Med.; Quím.) vaselina; geleia de parafina; petrolatum
VASI (Aero.) abr. de *Visual Approach Slope Indicator* — indicador do ângulo de planeio de aproximação visual
vasifactive (Zoo.) vasoformativo (pertencendo à formação de vasos sanguíneos ou linfáticos)
vasoactive intestinal peptide (Bio.) péptido intestinal vasoactivo
vasoformative cell (Zoo.) célula vasoformativa; angioblasto
vasohypertonic (Zoo.) vaso-hipertónico; vasoconstritor
vasohypotonic (Zoo.) vaso-hipotónico; vasodilatador
vasoinhibitory (Zoo.) vaso-inibidor
vasolabil (Zoo.) vasolábil
vasomotion (Zoo.) vasomotricidade
vasomotor (Zoo.) vasomotor
vasoparesis (Med.) vasoparesia

vasopressin (Bio.) vasopressina
vasopressor (Med.) vasopressor
vasosensory (Zoo.) vasossensitivo
vat dye (Têxt.) corante sólido
vaterite (Miner.) vaterita (de Henri Vater — carbonato de cálcio polimorfo hexagonal de calcite, raro)
vault (Arq.) abóbada; subterrâneo; adega
vaulted roof (E.Civ.) tecto abobadado; telhado abobadado
vault light (E.Civ.) clarabóia de abóbada
V band (Telecom.) banda V (de microondas)
V-beam radar (Radar) radar de feixe em V
VCD (T.Imag.) abr. de *video compact disk* — CD de vídeo, disco compacto de vídeo
VCO (Electrón.) abr. de *Voltage Controlled Oscillator* — oscilador de tensão controlada
V-connection (Elect.) conexão em V
Vcr (Minas) abr. de *varicoloured* — multicolor
V-drive belt (Mec.) correia de transmissão em V
VDRL (Med.) abr. de *Venereal Disease Research Laboratory* — Laboratório de Investigação de Doenças Venéreas (EUA)
VDRL test (Imun.) teste VDRL (ver vocábulo anterior); teste de floculação da sífilis; teste de investigação de doenças venéreas
VDU (Inf.) abr. de *Visual Display Unit* — monitor
vector (Geral) vector; vectorial
vector addition (Mat.) adição vectorial
vector algebra (Mat.) álgebra vectorial
vector analysis (Mat.) análise vectorial
vectorcardiography (Med.) cardiografia vectorial; vectorcardiografia
vector diagram (Electrón.) diagrama vectorial
vectored thrust (Aero.) impulso dirigido
vector equation (Mat.) equação vectorial
vector function (Mat.) função vectorial
vector graphic (Inf.) gráfico vectorial
vectorial discharge (Bio.) descarga vectorial
vector potential (Elect.) potencial vectorial
vector product (Mat.) produto vectorial
vectorscope (T.Imag.) vectorescópio (osciloscópio de raios catódicos)
vector space (Mat.) espaço vectorial; espaço linear
vee antenna (Telecom.) antena em V
vee belt (Mec.) correia em V
vee gutter (E.Civ.) calha em V
vee joint (E.Civ.) união em V; chanfradura em V
veering (Meteo.) mudança; mudança de rumo
vee roof (E.Civ.) telhado em V
vee-tail (Aero.) cauda em V
vee thread (Mec.) filete triangular
vegan (Med.) vegetariano total; (indivíduo que não ingere alimentos de ori-

gem animal, nem mesmo leite, ovos, queijo, etc.)
vegetable oil (Quím.) óleo vegetal
vegetable parchment (Papel.) pergaminho vegetal
vegetable pole (Zoo.) pólo vegetativo
vegetation (Med.) vegetação; crescimento ou excrescência
vegetation index (Eco.) índice de vegetação; índice de coberto vegetal
vegetation mosaic (Eco.) mosaico de vegetação
vegetation survey (Minas) levantamento botânico
vegetative (Bot.) vegetativo
vegetative functions (Zoo.) funções vegetativas
vegetative propagation (Bot.) propagação vegetativa
vegetative reproduction (Eco.) reprodução vegetativa
vehicle (E.Civ.) meio de transmissão
vehicle (Geral) veículo
veil (Bot.; Zoo.) véu; manto
veiled cell (Imun.) célula velada
vein (Bot.) nervura (feixe vascular)
vein (Geo.) veio
vein (Minas) veio; filão
vein (Zoo.) veia
vein islet (Bot.) aréola
veld (Eco.) savana de altitude
veliger (Zoo.) velígera
vellum (Papel) velino
vellus (Zoo.) velo
velocity (Fís.) velocidade
velocity amplitude (Fís.) amplitude de velocidade
velocity antiresonance (Elect.) anti-ressonância de velocidade
velocity budget (Esp.) disponibilidade de velocidade
velocity constant (Quím.) constante de velocidade
velocity fluctuation noise (Telecom.) ruído de flutuação de velocidade
velocity microphone (Fís.) microfone de velocidade
velocity-modulated oscillator (Telecom.) oscilador de velocidade modulada
velocity-modulated tube (Electrón.) tubo de velocidade modulada
velocity modulation (Electrón.) modulação de velocidade
velocity modulation transistor [VMT] (Electrón.) transístor de modulação em velocidade
velocity of light (Fís.) velocidade da luz
velocity of propagation (Elect.) velocidade de propagação
velocity of sound (Aero.) velocidade do som; velocidade sónica
velocity rate constant (Quím.) constante de velocidade
velocity ratio (Fís.) relação de velocidade
velocity resonance (Telecom.) ressonância de velocidade
velocity selector (Elect.) selector de velocidade
velocity spectrograph (Elect.) espectrógrafo de velocidade

velour (Têxt.) tecido aveludado; veludilho

velour paper (Têxt.) papel veludo; papel imitando o veludo

velum (Zoo.) véu

velvet (Têxt.) veludo

velvet (Zoo.) aveludado; veludo

velveteen (Têxt.) velvetina

vena (Zoo.) veia

vena basilica (Zoo.) veia basílica

venae (Zoo.) veias (venae é o plural latino de vena)

venae cavae (Zoo.) veias cavas

venation (Bot.) nervação

venation (Med.) venação (arranjo e distribuição das veias)

vendavale (Geo.) vento de sudoeste (Gibraltar)

veneer (E.Civ.) folheado; laminado; compensado

veneered construction (E.Civ.) construção folheada

veneer hammer (E.Civ.) martelo de folhear

veneer saw (E.Civ.) serra de folhear

veneral disease (Med.) doença venérea

Venetian (Imp.) veneziano

Venetian arch (Arq.) arco veneziano

Venetian blind (E.Civ.) veneziana; gelosia; persiana

Venetian blind antena (Elect.) antena de persiana

Venetian mosaic (E.Civ.) mosaico veneziano

Venetian shutter (E.Civ.) gelosia

Venetian window (E.Civ.) janela veneziana

Venice system (Geo.) escala de salinidade de Veneza

Venn diagram (Mat.) diagrama de Venn

venography (Med.) venografia; flebografia

venomous (Zoo.) venenoso

veno-occlusive disease of the liver (Med.) doença venoclusiva do fígado

venosclerosis (Med.) flebosclerose; venosclerose

venous system (Zoo.) sistema venoso

vent (Aero.) abertura; ventilador

vent (Zoo.) ânus

venter (Zoo.) ventre; superfície ventral

vent gleet (Vet.) corrimento anal

ventilated field (Elect.) campo ventilado

ventilated field coil (Elect.) bobina de campo ventilado

ventilated motor (Mec.) motor ventilado; motor arrefecido a ar

ventilated wind tunnel (Aero.) túnel de vento ventilado (para velocidades ultra-sónicas)

ventilating brick (E.Civ.) tijolo de ventilação

ventilating fan (Elect.) respiradouro

ventilating plant (Elect.) instalação de ventilação

venting (Mec.) ventilação

venting channel (Mec.) canal de ventilação; canal de bombeamento

venting side (Mec.) ventilação lateral

vent pipe (E.Civ.) tubo de descarga de ar; tubo de ventilação; tubo de saída de ar

vent pipe (Minas) tubo de escape

ventral (Geral) ventral; abdominal

ventral fin (Aero.) estabilizador vertical ventral

ventral suture (Bot.) sutura ventral

ventral tank (Aero.) tanque ventral

ventricle (Zoo.) ventrículo

ventricose (Bot.; Zoo.) saliente; protuberante

ventricular fibrillation (Med.) fibrilhação ventricular

ventricular septal defect (Med.) malformação septo-ventricular

ventriculography (Radiol.) ventriculografia

ventriculomastoidostomy (Med.) ventriculomastoidostomia

ventriculoplasty (Med.) ventriculoplastia

ventriculous (Zoo.) ventrículo

ventrifixation (Med.) ventrifixação; ventrofixação

ventriloquism (Fís.) ventriloquismo; ventriloquia

ventrisuspension (Med.) ventrisuspensão; ventrosuspensão

ventrofixation (Med.) ventrofixação; ventrifixação

ventrosuspension (Med.) ventrosuspensão; ventrisuspensão

vent stack (E.Civ.) chaminé de ventilação

ventube (Minas) tubo de ventilação

venturi (Aero.) venturi

venturi carrier (Mec.) porta-venturi; porta-difusor

venturi choke (Mec.) estrangulador do difusor; difusor-afogador

Venturi effect (Meteo.) efeito Venturi

Venturi meter (Mec.) contador Venturi; medidor Venturi

venturi-pitot tube (Mec.) tubo venturi-pitot

Venturi tube (Mec.) tubo Venturi

vent wires (Mec.) fios de ventilação

venule (Zoo.) vénula

Venus (Astro.) Vénus

Venus' hair stone (Miner.) cabelos-de-vénus (vide Flèches d'Amour)

veranillo (Geo.) curto período estival (América Central)

verano (Geo.) verão

verapamil (Med.) Verapamil; Isoptin (vasodilatador coronário)

veratrine (Med.) veratrina

verbal test (Psico.) teste verbal; teste oral

Verbanaceae (Bot.) Verbanáceas

verde antico (Quím.) verde antigo; pátina esverdeada em bronze antigo

Verdet's constant (Fís.) constante de Verdet

verdigris (Quím.) verdete

verdite (Miner.) verdito (nome comercial de uma rocha composta de material argiloso e fucsite)

verge (Arq.) fuste

verge (E.Civ.) beiral

verge (Reloj.) âncora (de relógio)

verge board (E.Civ.) platibanda de beiral

verge escapement (Reloj.) escape da âncora

verge tile (E.Civ.) telha de beiral

verification (Geral) verificação; comprovação

vermiculation (E.Civ.) vermiculação

vermicule (Zoo.) vermículo; pequeno verme

vermiculite (Miner.) vermiculite

vermiform (Zoo.) vermiforme

vermifuge (Med.) vermífugo

vermilion (Quím.) vermelhão

vermis (Zoo.) verme

vermix (Zoo.) vérmis; apêndice vermiforme

vernal (Eco.) vernal; primaveril

vernal equinox (Astro.) equinócio da Primavera

vernalization (Bot.) vernalização; primaverização

vernation (Bot.) vernação; prefoliação

Verneuil process (Miner.) processo de Verneuil

vernier (Mec.) nónio; vernier

vernier adjusting (Topo.) nónio de ajustamento

vernier arm (Topo.) braço de nónio

vernier capacitor (Elect.) condensador de nónio

vernier potentiometer (Elect.) potenciómetro a nónio

vernier scale (Fís.) escala de nónio; escala vernier

veronal (Quím.) veronal; barbital; barbitona (hipnótico e sedativo)

verruca (Zoo.) verruga

verrucose (Bot.) verrugoso

versatile (Bot.; Zoo.) versátil

versed sine (E.Civ.) flecha de um arco

versicolourous (Bot.; Zoo.) versicolor

version (Med.) versão; mudança da posição do feto no útero

verso (Imp.) verso

verst (Geral) verstá (medida de comprimento russa = 1067 m)

vertebra (Zoo.) vértebra

vertebrarterial (Zoo.) vertebroarterial

Vertebrata (Zoo.) Vertebrados

vertebrate (Zoo.) vertebrado

vertebrectomy (Med.) vertebrectomia

vertebrochondral (Med.) vertebrocondral

vertebrosacral (Med.) vertebrossacral

vertebrosternal (Med.) vertebroesternal

vertex (Astro.) zénite

vertex (E.Civ.) vértice; cimo

vertex (Geral) vértice

vertical advection (Meteo.) advecção vertical

vertical aerial photograph (Topo.) fotografia aérea vertical

vertical and short takeoff and landing aircraft (Aero.) aeronave de descolagem e pouso curtos na vertical

vertical angles (Mat.) ângulos opostos pelo vértice; ângulos verticais

vertical bank (Aero.) inclinação vertical; viragem vertical

vertical boiler (Mec.) caldeira vertical

vertical circle (Topo.) círculo vertical; círculo de altitude

vertical component (Elect.) componente vertical

vertical curve (Topo.) curva vertical

vertical engine (Mec.) motor vertical; motor de cilindros alinhados

vertical escapement (Reloj.) escape vertical

vertical FET (Electrón.) FET de potência

vertical force instrument (Nav.) instrumento de força vertical

vertical frequency (T.Imag.) frequência vertical; frequência de imagem; frequência de exploração

vertical gust (Aero.) rajada vertical

vertical gust recorder (Aero.) registador de rajadas verticais

vertical hydraulic press (Mec.) prensa hidráulica vertical

vertical input circuit (Elect.) circuito vertical de entrada

vertical interval (T.Imag.) intervalo vertical

vertical interval time-code (T.Imag.) código de tempo de intervalo vertical

vertical keel (Nav.) sobrequilha central

vertical kiln (Mec.) forno vertical

vertical landing (Aero.) aterragem vertical; pouso vertical

vertical lathe (Mec.) torno vertical

vertical-lift bridge (E.Civ.) ponte de elevador vertical

vertically polarized aerial (Telecom.) antena de polarização vertical

vertical milling machine (Mec.) fresadora vertical

vertical polarization (Telecom.) polarização vertical

vertical scanning (T.Imag.) exploração vertical

vertical scanning radar (Radar) radar de exploração vertical

vertical separation (Aero.) separação vertical; separação de altitude

vertical shaft alternator (Elect.) alternador de eixo vertical

vertical speed indicator (Aero.) indicador de velocidade vertical; indicador de razão de subida

vertical spindle motor (Elect.) motor de eixo vertical

vertical takeoff and landing [VTOL] (Aero.) descolagem e aterragem vertical; descolagem e pouso vertical (VTOL)

vertical takeoff jet (Aero.) jacto de descolagem vertical

vertical turbine (Mec.) turbina vertical

vertical turn (Aero.) viragem vertical; curva vertical (curva com inclinação de 70-90 graus)

vertical visibility (Meteo.) visibilidade vertical

vertical whip (Telecom.) antena extensível

vertical wind tunnel (Aero.) túnel aerodinâmico vertical

vertic horizon (Eco.) horizonte vértico

verticil (Bot.) verticilo

verticillaster (Bot.) verticilastro

verticillate (Bot.) verticilado

vertigo (Med.) vertigem; tontura

vertigo (Vet.) vertigo

Vertisols (Eco.) vertisolos

very low frequency amplifier (Electrón.) amplificador de VLF; amplificador de frequência muito baixa

very short patch repair (Bio.) reparação de remendo muito pequeno

VESA (T.Imag.) abr. de *Video Electronics Standards Association* — Associação de Normalização de Vídeo Electronico

vestigial organs (Eco.) orgãos vestigiais

VFET (Electrón.) abr. de *vertical FET* — FET de potência

VFO (Electrón.) abr. de *variable frequency oscillator* — oscilador de frequência variável

VGA (Inf.) abr. de *video graphics adapter* — adaptador gráfico de vídeo

VHF (Telecom.) abr. de *very high frequency* — frequência muito alta

VHS (T.Imag.) abr. de *video home system* — sistema de vídeo doméstico

VHS-C (T.Imag.) abr. de *video home system - compact* — sistema compacto de vídeo doméstico

vicariad (Eco.) vicariante

vicariance biogeography (Eco.) biogeografia vicariante

vicarious distribution (Eco.) distribuição vicariante

vicarious species (Eco.) espécies vicariantes

video (T.Imag.) vídeo

video camera (T.Imag.) câmara de vídeo

video card (Inf.) placa (adaptadora) de vídeo

video cassette recorder (T.Imag.) gravador de vídeo

video compression (T.Imag.) compressão de vídeo

videoconferencing (Telecom.) videoconferência

video graphics card (Inf.) placa gráfica de vídeo

video memory (Inf.) memória de vídeo

video on demand (T.Imag.) vídeo a pedido

video RAM (Inf.) ram de vídeo; memória de vídeo de acesso aleatório

video signal (T.Imag.) sinal de vídeo

video tape (T.Imag.) fita de vídeo; cassete de vídeo

Videotelephony (Telecom.) videotelefone

vimentin (Bio.) vimentina

vinculin (Bio.) vinculina

vinyl disc (Telecom.) disco de vinil

viomycin (Bio.) viomicina

virgin tape (Telecom.) fita virgem; fita não gravada

virion (Bio.) virão

virtual disk (Inf.) disco virtual

virtual earth (Electrón.) terra virtual

virtual memory (Inf.) memória virtual; memória paginada

virtual reality (Inf.) realidade virtual

virulent (Bio.) virulento; virolência

virus (Bio.; Med.) vírus

virus (Inf.) vírus informático

viscosity (Fís.) viscosidade

visible spectrum (Electrón.) espectro visível; espectro luminoso

visual display unit [VDU] (T.Imag.) monitor (de computador)

vitamin (Bio.; Med.) vitamina

vitellarium (Zoo.) reservatório vitelino

vitelligenous (Zoo.) vitelígeno

vitellin (Quím.) vitelina; lecitina

vitelline (Zoo.) vitelina

vitelline membrane (Zoo.) membrana vitelina

vitellus (Zoo.) vitelo; deutoplasma

Viterbi algorithm (Electrón.) algoritmo de Viterbi

vitiligo (Med.) vitiligo; leucodermia adquirida

Viton (Plást.) Viton (MC de borracha sintética)

vitreous body (Zoo.) corpo vítreo

vitreous enamel (Mec.) esmalte vítreo

vitreous humour (Zoo.) humor vítreo

vitreous silica (Vidr.) sílica vítrea

vitreous state (Fís.) estado vítreo

vitric horizon (Eco.) horizonte vítreo

vitrification (Nucl.) vitrificação

vitrinite (Geo.) vitrinite

vitriol (Quím.) vitríolo; ácido sulfúrico

vitriol oil (Quím.) óleo de vitríolo; ácido sulfúrico (comercial)

vitroclastic structure (Geo.) estrutura vitroclástica

vivianite (Miner.) vivianite

viviparous (Zoo.) vivíparo

vivipary (Bot.) viviparidade

vivisection (Zoo.) vivissecção; biotomia

VLBI (Astro.) abr. de *Very Long Baseline Interferometer* — interferómetro de linha base muito longa

VLF (Telecom.) abr. de *Very Long Frequencies* — frequências muito longas

VLSI (Inf.) abr. de *Very Large-Scale Integration* — integração em escala muito grande

VMC (Aero.) abr. de *Visual Meteorological Conditions* — condições meteorológicas de voo visual

VM/CMS (Inf.) abr. de *Virtual Machine/Conversational Monitor System* — máquina virtual/sistema monitor conversacional (sistema operativo IBM)

VMOS (Electrón.) abr. de *Vertical Metal Oxide Semiconductor* — metal-óxido-semicondutor vertical

VMT (Electrón.) abr. de *velocity modulated transistor* — transístor de modulação em velocidade

vocal cords (Zoo.) cordas vocais

vocal sac (Zoo.) saco bucal

vocoder (Fís.) codificador vocal (Acústica); abr. de *voice coder*

VOD (T.Imag.) abr. de *video on demand* — vídeo a pedido

vodas (Telecom.) abr. de *Voice Operated Device Anti-Sing* — dispositivo antimicrofónico activado pela voz

voder (Fís.) abr. de *Voice Operation Demonstrator* — demonstrador de funcionamento vocal

vogad (Telecom.) abr. de *Voice Operated Gain-Adjusting Device* — dispositivo de graduação de ganho accionado pela voz

vogesite (Miner.) vogesito

voice-activated microphone (TELE-COM.) microfone activado pela voz
voice coil (FÍS.) bobina de altifalante
voice filter (FÍS.) filtro de voz
voice frequency (TELECOM.) frequência de fonia; frequência da voz
voice-frequency carrier telegraph (TELECOM.) telegrafia por portadora de frequência vocal
voice-frequency telegraph system (TELECOM.) sistema telegráfico de frequência de voz
voice-frequency telegraphy (TELE-COM.) telegrafia harmónica
voice operated device anti-sing [VODAS] (TELECOM.) dispositivo antimicrofónico activado pela voz; dispositivo antioscilações parasitas operado por fonia
voice operated gain adjusting device [VOGAD] (TELECOM.) dispositivo de graduação de ganho operado pela voz
voice over (T.IMAG.) voz off
void (FÍS.) vazio; espaço entre partículas
voidage (FÍS.) quantidade de vazio
void ratio (ECO.) taxa de porosidade
Voigt effect (FÍS.) efeito de Voigt
voile (TÊXT.) voile
volant (ZOO.) voador
volatile (QUÍM.) volátil
volatile memory (INF.) memória volátil
volatile storage (INF.) armazenamento volátil
volatilization (QUÍM.) volatilização
volcanic agglomerate (GEO.) aglomerado vulcânico
volcanic ash (GEO.) cinza vulcânica
volcanic bomb (GEO.) bomba vulcânica
volcanic cone (GEO.) cratera; cone vulcânico
volcanic conglomerate (GEO.) conglomerado vulcânico
volcanic crater (GEO.) cratera vulcânica
volcanic dust (ECO.) poeira vulcânica
volcanic extrusion (GEO.) extrusão vulcânica
volcanic fissure (GEO.) fissura vulcânica
volcanic lava (GEO.) lava vulcânica
volcanic muds (GEO.) lamas vulcânicas
volcanic neck (GEO.) garganta vulcânica
volcanic pipe (GEO.) chaminé vulcânica
volcanic rock (GEO.) rocha vulcânica
volcanic sands (GEO.) areias vulcânicas
volcanic tuff (GEO.) tufo vulcânico
volcanic vent (GEO.) chaminé vulcânica
volcano (GEO.) vulcão
Volkmann's contracture (MED.) contracção de Volksmann; doença de Volkmann; retracção isquémica tibiotársica; retracção muscular isquémica de Volkmann
volt (ELECT.; FÍS.) volt (unidade SI de diferença de potencial)

Volta effect (FÍS.) efeito de Volta
voltage (FÍS.) voltagem; tensão
voltage adding converter (ELEC-TRÓN.) conversor analógico-digital por adição de tensões
voltage amplification (ELECT.) amplificação de tensão
voltage amplifier (TELECOM.) amplificador de tensão
voltage attenuation (ELECT.) atenuação de tensão
voltage between lines (ELECT.) tensão entre condutores
voltage check (ELECT.) verificação de tensão
voltage circuit (ELECT.) circuito de tensão
voltage coefficient (ELECT.) coeficiente de voltagem
voltage controlled amplifier [VCA] (ELECTRÓN.) amplificador controlado em tensão
voltage controlled oscillator (ELECT.) oscilador de tensão controlada
voltage cutoff (ELECT.) tensão de corte
voltage-derived feedback (ELEC-TRÓN.) realimentação em tensão
voltage divider (ELECT.) divisor de tensão
voltage divider biasing (ELECTRÓN.) polarização por divisão de tensão
voltage doubler (ELECT.) duplicador de tensão
voltage drop (FÍS.) queda de tensão; redução de tensão
voltage dropping resistor (ELECT.) resistência redutora de tensão
voltage-fed antenna (TELECOM.) antena alimentada por tensão
voltage feed (ELECT.) alimentação de tensão
voltage feedback (ELECT.) realimentação de tensão
voltage follower (ELECTRÓN.) seguidor de tensão
voltage gain (ELECT.) ganho de tensão
voltage-gated channel (BIO.) canal comandado por voltagem
voltage generator (ELECT.) gerador de tensão
voltage gradient (ELECT.) gradiente de tensão
voltage indicator (ELECT.) indicador de tensão
voltage jump (ELECT.) salto de tensão
voltage kick (ELECT.) golpe de tensão
voltage level (TELECOM.) nível de tensão
voltage limiter (ELECT.) limitador de tensão
voltage meter (ELECT.) medidor de tensão
voltage multiplier (ELECT.) multiplicador de tensão
voltage node (ELECT.) nodo de tensão; ponto zero de tensão
voltage overload (ELECTRÓN.) sobrecarga de tensão
voltage rating (ELECT.) regime de tensão
voltage ratio (ELECT.) razão de tensão
voltage reference tube (ELECTRÓN.) válvula de referência de tensão

voltage regulation (ELECT.) regulação de tensão
voltage regulator (ELECTRÓN.) estabilizador de tensão
voltage-regulator tube (ELECTRÓN.) válvula de tensão; válvula reguladora de tensão
voltage relay (ELECT.) relé de tensão
voltage resonance (ELECT.) ressonância de tensão
voltage ripple (ELECT.) zumbido de tensão
voltage rise (ELECT.) aumento de tensão
voltage saturation (ELECT.) saturação de tensão
voltage setup (ELECT.) elevação de tensão
voltage source (ELECTRÓN.) fonte de tensão
voltage stabilizer (ELECTRÓN.) estabilizador de tensão
voltage-stabilizing tube (ELECTRÓN.) válvula estabilizadora de tensão
voltage standard (ELECT.) padrão de tensão
voltage standing-wave ratio (TELE-COM.) relação de ondas estacionárias de tensão
voltage surge (ELECTRÓN.) falha de tensão
voltage to frequency converter (ELECTRÓN.) conversor analógico-digital tensão-frequência
voltage to neutral (ELECT.) tensão de fase
voltage transformer (ELECT.) transformador de fase
voltage-variable capacitor (ELECT.) condensador de tensão variável
voltaic arc (ELECT.) arco voltaico
voltaic cell (QUÍM.) célula voltaica; pilha voltaica; elemento voltaico
voltaic couple (ELECT.) par voltaico
voltaic current (FÍS.) corrente voltaica
voltaic electricity (FÍS.) electricidade voltaica; electricidade dinâmica
voltaic pile (ELECT.) pilha voltaica
voltameter (ELECT.) voltâmetro
volt-amp (ELECTRÓN.) abr. de volt-ampere — Volt Ampere
volt-ampere (ELECT.) volt-ampere
volt-ampere-hour (ELECT.) voltamperes; volt-amperes
volt-ampere reactive (FÍS.) volt-ampere reactivo; voltampere reactivo; VAr
volt-box (ELECT.) caixa de voltagens
voltmeter (ELECT.) voltímetro
volt-ohmmeter (ELECT.) volt-ohmímetro
volt-ohm-milliammeter (ELECT.) volt-ohm-miliamperímetro; comprovador universal
volume (FÍS.) intensidade de som
volume (GERAL) volume
volume compression (FÍS.) compressão de volume
volume compressor (FÍS.) compressor de volume
volume control (TELECOM.) controlo de volume
volume expander (TELECOM.) expansor de volume

volume expansion (Fís.) expansão de volume

volume indicator (Fís.) indicador de volume

volume ionization (Fís.) ionização volumétrica

volume lifetime (Electrón.) vida média volumétrica

volume magnetostriction (Elect.) magnetoestricção volumétrica

volume range (Fís.) alcance de volume; dinamismo

volume recombination (Fís.) recombinação volumétrica

volume recombination rate (Fís.) velocidade de recombinação volumétrica

volume resistivity (Elect.) resistividade de volume

volumetric analysis (Quím.) análise volumétrica

volumetric detection (Electrón.) detecção volumétrica

volumetric efficiency (Mec.) eficiência volumétrica; rendimento volumétrico

volumetric expansion (Fís.) expansão volumétrica

volumetric flask (Quím.) balão volumétrico

volumetric gain (Fís.) ganho volumétrico

volumetric heat (Fís.) calor volumétrico; capacidade de calor específico

volumetric loss (Fís.) perda volumétrica

volumetric radar (Radar) radar volumétrico

volumetric solution (Quím.) solução volumétrica

volumetric strain (Mec.) tensão volumétrica

volumetric titration process (Quím.) processo de titulação volumétrica; método volumétrico de análise

volume unit (Fís.) unidade de volume

voluntary muscle (Zoo.) músculo voluntário

volva (Bot.) volva

volvulus (Med.) vólvulo; volvo

vomer (Zoo.) vómer

vomerine teeth (Zoo.) dentes vomerianos

von Karman-Prandtl equation (Geo.) equação de Prandtl; equação de Karman-Prandtl

von Neumann architecture (Electrón.) arquitectura (de computadores) de von Neumann

von Recklinghausen's disease (Med.) doença de von Recklinghausen; neurofibromatose

von Recklinghausen's disease of bone (Med.) osteíte fibrosa cística

von Willebrand disease (Bio.; Med.) doença de von Willebrand

vortex (Aero.) vórtice; remoinho; turbilhão

vortex atom (Fís.) átomo de vórtice

vortex field (Fís.) campo de vórtice

vortex filament (Fís.) tubo de remoinho de diâmetro infinitesimal

vortex generator (Aero.) gerador de turbilhão

vortex line (Hidro.) linha de vórtice

vortex motion (Fís.) movimento de remoinho

vortex street (Aero.) rua de vórtices; estrada de Karman

vorticity equation (Meteo.) equação de vorticidade

Vostok (Esp.) Vostok (série de satélites artificiais tripulados russos, em que o Vostok 1 foi tripulado por Yuri Gagarin em Abril de 1961)

vough (Minas) bolsa

voussoir (E.Civ.) aduela; pedra de abóbada

vowel articulation (Telecom.) articulação de vogais

vowel content of emission (Telecom.) conteúdo em vogais de emissão

Voyager (Esp.) Voyager (programa da NASA para o envio de veículos não tripulados, equipados com instrumentos de observação, às órbitas dos planetas exteriores da Terra; até ao momento, 1993, foram lançados os Voyager I e II)

voyeurism (Psico.) voyeurismo

VPE (Elect.) abr. de *Vapour Phase Epitaxy* — epitaxial de fase vapor

VPI (Quím.) abr. de *Vapour Phase Inhibitor* — inibidor de fase de vapor

V pulley (Mec.) polia de correia em V; polia V

VRAM (Inf.) abr. de *video RAM* — memória de vídeo de acesso aleatório

VRD (Inf.) abr. de *Vertical Redundancy Check* — teste de redundância vertical

VRID (Inf.) abr. de *Virtual Route Identifier* — identificador de rota virtual

VS (Quím.) abr. de *Volumetric Solution* — solução volumétrica

VSI (Aero.) abr. de *Vertical Speed Indicator* — indicador de velocidade vertical

VSM (Inf.) abr. de *Virtual Storage Management* — administração de armazenamento virtual

VSWR (Telecom.) abr. de *Voltage Standing-Wave Ratio* — relação de ondas estacionárias de tensão

VT (Elect.) abr. de *Vacuum Tube* — válvula termoiónica de vazio; válvula de vazio

VTOL (Aero.) abr. de *Vertical TakeOff and Landing* — descolagem e aterragem verticais; descolagem e pouso verticais

VTR (T.Imag.) abr. de *Video Tape Recorder* — gravador de vídeo; gravador de vídeo em fita

VTS (Electrón.) abr. de *Video Tuning System* — sistema de sintonia de vídeo

VTVM (Electrón.) abr. de *Vacuum Tube VoltMeter* — voltímetro electrónico; voltímetro a válvula de vazio

V-type commutator (Elect.) comutador tipo V

VRID (Inf.) abr. de *Virtual Route Identifier* — identificador de rota virtual

VSAM (Inf.) abr. de *Virtual Storage Access Method* — método de acesso à memória virtual

VU (Fís.) abr. de *Volume Unit* — unidade de volume

vug (Minas) bolsa

Vulcan (Astro.) Vulcano (planeta hipotético que, no século XIX, se supunha existir entre o Sol e Mercúrio, e que explicaria, pela sua atracção sobre este, as perturbações orbitais de Mercúrio no seu periélio)

vulcanite (Quím.) vulcanite; ebonite

vulcanites (Geo.) vulcanites; vulcanitos

vulcanization of rubber (Quím.) vulcanização da borracha

vulcanized fibre (Quím.) fibra vulcanizada

vulcanized rubber (Quím.) borracha vulcanizada

vulnerable species (Eco.) espécies vulneráveis

vultex (Quím.) vultex; latex vulcanizado directamente

vulva (Zoo.) vulva; genitália feminina

vulval (Zoo.) vulvar

vulvar (Zoo.) vulvar

vulvectomy (Med.) vulvectomia

vulvism (Med.) vulvismo; vaginismo

vulvitis (Med.) vulvite

vulvocrural (Med.) vulvocrural

vulvouterine (Med.) vulvouterino

vulvovaginal (Med.) vulvovaginal

vulvovaginitis (Med.) vulvovaginite

VU-meter (Fís.) volúmetro; medidor de volume (Acústica)

VVVV (Meteo.) símbolo de *horizontal visibility at surface, in meters* — visibilidade horizontal à superfície, em metros

vWD (Bio.; Med.) abr. de *von Willebrand disease* — doença de von Willebrand

VWS (Meteo.) abr. de *Vertical Wind Shear* — cortante vertical do vento

Ww

W (E.Civ.) símbolo de *total weight* — carga total

W (Elect.) símbolo de *wire* — fio

W (Fís.) símbolo de *weight* — peso

W (Fís.) símbolo de *Work* — trabalho

W (Fís.) símbolo de watt (unidade de potência)

W (Minas) abr. de *well* — poço

W (Quím.) símbolo de *Tungsten* — tungsténio ou volfrâmio [O *W* é indicativo do alemão *wolf* (lobo) + *ram* (negro), pois o mineral de que é componente, a volframite, é de cor negra; tungsténio deriva do sueco *tung* (pesado) + *sten* (pedra)]

WAB (Minas) abr. de *Weak Air Blow* — sopro fraco de ar

wacke (Geo.) wacke; variedade de argila, resultante da decomposição de rocha vulcânica; terra ou massa argilosa

wad (Minas) wad; uade; variedade terrosa dos óxidos hidratados de manganés

Wadell's sphericity factor (Fís.) factor de esfericidade de Wadell

wadi (Eco.) uádi

Wadsworth mounting (Fís.) montagem de Wadsworth

wafer (Inf.) chip; plaqueta

waggle dance (Psico.) dança bamboleante; andar bamboleante

Wagner earth (Elect.) terra de Wagner (ligação à terra)

Wagner ground (Elect.) terra de Wagner (ligação à terra)

wagon boiler (Mec.) caldeira de caixa; caldeira de Watt

wagon ceiling (E.Civ.) tecto semicircular

wagon head boiler (Mec.) caldeira em caixa; caldeira de Watt

wagon roof (E.Civ.) abóbada semicircular

wagon vault (E.Civ.) abóbada semicircular

wainscoting (E.Civ.) forrar de lambris

wainscot oak (E.Civ.) carvalho de lambrim

WAIS (Inf.) abr. de *wide area information server* — servidor de WLAN

waist anchor (Nav.) âncora de meianau; âncora de salvamento

wait time (Inf.) tempo de espera

wake (Aero.) esteira de avião

wake (Nav.) esteira de barco

wake angle (Aero.) ângulo de esteira

wake turbulence (Aero.) turbulência de esteira

Waldegg valve gear (Mec.) engrenagem de válvula Waldegg

Walden inversion (Quím.) inversão de Walden

Waldenstrom's macroglobulinaemia (Imun.) macroglobulinemia de Waldenstrom; macroglobulinemia púrpura

waldgrenze (Eco.) limiar arbóreo

Waldsterben (Eco.) morte das florestas (termo alemão)

wale (Têxt.) nó no pano; saliência na costura

walings (E.Civ.) cintas

walk-about disease (Vet.) doença equina de Kimberley

walkaround (Minas) grade de protecção

walking beam (Mec.) balanceiro; balancim

wall (E.Civ.) parede; muro

wall absorption (Fís.) absorção de parede

Wallace's line (Zoo.) linha de Wallace

wallboard (E.Civ.) papelão para cobertura

wall box (E.Civ.) caixa de embutir na parede

wall effect (Fís.) efeito de muro; efeito de parede

wall energy (Fís.) energia de muro

wall frame (E.Civ.) andaime de parede

wall hanger (E.Civ.) gancho de suporte para parede

wall hook (E.Civ.) gancho de suporte; escápula

wall insulator (Elect.) isolador de parede

Wallis formula (Mat.) fórmula de Wallis

Wallis product (Mat.) produto de Wallis

Wallis theorem (Mat.) teorema de Wallis

Walloon process (Mec.) processo Walloon

wall outlet (Elect.) tomada de parede

wall plate (E.Civ.) viga de guarnição; placa de ancoragem; frechal

wall-rock (Minas) formação (caixa de)

wall-rock alteration (Minas) alteração de formação

wall-saddle (E.Civ.) suporte de muro

wall string (E.Civ.) longarina de escada (junto à parede)

wall tie (E.Civ.) tirante de retenção

walnut (Bot.; E.Civ.) nogueira; a sua madeira

Walschaert's valve gear (Mec.) engrenagem de válvula Walschaert

WAN (Inf.) abr. de *wide area network* — rede local alargada

wandering cells (Zoo.) células errantes

wandering dune (Geo.) duna movediça; duna errante

wandering star (Astro.) estrela errante

wane (Geo.) quarto minguante da Lua

Wankel engine (Auto.) motor Wankel

Wannier function (Mat.) função de Wannier

WAP (Inf.) abr. de *wireless application protocol* — protocolo de aplicações rádio, protocolo de geração 2,5

warble (Vet.) berne; berro (tumor subcutâneo)

warble tone (Fís.) trinado; murmúrio suave (Acústica)

Ward-Leonard control (Elect.) controlo de Ward-Leonard

Ward-Leonard ligner system (Elect.) sistema alinhador de Ward-Leonard

warehouse (Imp.) armazém; loja; depósito

warfarin (Quím.) warfarina

warfarin sodium (Quím.) warfarina sódica; coumadin; warfarina

war gas (Quím.) gás de combate; gás de guerra

warm-blooded (Zoo.) de sangue quente; hematérmico; hemotérmico

warm front (Meteo.) frente quente

warm frontal slope (Meteo.) inclinação de frente quente

warm sector (Eco.) sector quente

warm start (Inf.) arranque a quente

warm temperature rainy climate (Meteo.) clima temperado chuvoso

warm-up (Electrón.) aquecimento

war neurosis (Psico.) neurose de guerra

warning (Reloj.) alarme

warning coloration (Zoo.) coloração de aviso

warning piece (Reloj.) peça de alarme

warning pipe (E.Civ.) tubo de aviso

warning wheel (Reloj.) roda de alarme

warp (Têxt.) urdidura; urdume

warp beam (Têxt.) urdidor

warping (Eco.) fertilização por inundação

warping (Electrón.) distorção geométrica

warp loom (Têxt.) urdideira

warp spool (Têxt.) carretel de urdidura

warp thread (Têxt.) fio da urdidura

Warren girder (E.Civ.) viga de Warren; viga triangular

Warren truss (E.Civ.) armação de Warren

Warrington hammer (E.Civ.) martelo Warrington

wart (Med.) verruga; cravo

wash (Aero.) esteira

wash (Arq.) aguada
wash (Mec.) perturbação aerodinâmica
wash boring (Mec.) sondagem com injecção de água
wash bottle (Quím.) frasco de lavagem
wash box (Minas) caixa de lavagem
washed clay (E.Civ.) argila lavada: argila triturada
washer (E.Civ.) arruela; anilha
wash gravel (Minas) cascalho lavado
wash-in (Aero.) incidência positiva; aumento de incidência na extremidade da asa; deformação positiva da asa
washing (T.Imag.) lavagem
wash-out (Aero.) incidência negativa; deformação negativa da asa
washout (Minas) rotura na tubagem de perfuração (com escape de lama)
wash-out valve (E.Civ.) válvula de lavagem
washover delta (Eco.) baixio
washover fan (Eco.) baixio
washplain (Eco.) lezíria
wash water (Hidro.) água de lavagem; água de arrasto de matérias fecais
Wassermann reaction (Imun.; Med.) reacção de Wassermann
waste (E.Civ.) entulho; resíduos
waste (Geral) lixo; resíduo; escória; entulho
waste (Minas) resíduo
waste (Nucl.) resíduos; lixo
waste heat recovery (Mec.) recuperação de calor perdido
waste instruction (Inf.) instrução inoperada
waste-light factor (Elect.) factor de luz perdida
waster (E.Civ.) desbastador
waste weir (E.Civ.) escoadouro
wasting (E.Civ.) acção de desbastar
WAT (Psico.) abr. de *Word Association Test* — teste de associação de palavras
WAT curves (Aero.) curvas de Peso/Altitude/Temperatura [W = Weight (peso); A = Altitude (altitude); T = Temperature (temperatura)]
water (Geral) água
water analysis (Hidro.) análise de água; teste de água
water balance (Meteo.) equilíbrio hidrológico
water ballast (Nav.) lastro de água
water ballast tank (Nav.) tanque de lastro de água
water bar (E.Civ.) travessa inferior do peitoril da janela; canaleta para a água
water barometer (Fís.) barómetro de água
water battery (Elect.) bateria de água; bateria em que o electrólito é a água
water bearing (Minas) aquífero
water blast (Minas) explosão de água; sopro de água
water boiler (Mec.) caldeira a vapor; caldeira de água
water boiler reactor (Nucl.) reactor de caldeira a vapor
waterbound macadam (E.Civ.) macadame ligado a água
waterbrash (Med.) pirose; azia
water-carriage system (E.Civ.) sistema de transporte de água

water channel (Aero.) canal de água
water check (Hidro.) dique transversal
water circulating pump (Hidro.) bomba de circulação de água
water closet (E.Civ.) WC; sanitário; latrina; retrete
water-cooled engine (Auto.) motor refrigerado a água
water-cooled motor (Elect.) motor refrigerado a água
water-cooled resistance (Elect.) resistência arrefecida a água
water-cooled transformer (Elect.) transformador refrigerado a água
water-cooled valve (Electrón.) válvula refrigerada a água
water culture (Bot.) cultura hidropónica
water cushion (Mec.) amortecedor hidráulico; almofada de água
water cushion (Minas) tampão de água; almofada de água
water-displacing liquid (Quím.) líquido de remoção de água
water driven (Mec.) accionado por água; accionado hidraulicamente
water equivalent (Fís.) equivalente em água
water film (Hidro.) película de água; lâmina de água
water finish (Papel.) acabamento a água
water gauge (Mec.) nível de água
water glass (Quím.) vidro solúvel; silicato solúvel de sódio e potássio
water hammer (Mec.) martelo hidráulico
water-in-oil emulsion adjuvant (Imun.) adjuvante de emulsão de tipo água no petróleo
water inventory (Eco.) balanço hídrico
water-jet driving (E.Civ.) accionamento a jacto de água
water-jet pump (Mec.) bomba de jacto de água
water lime (E.Civ.) cimento hidráulico
water line (Nav.) linha de água; linha de flutuação
watermark (Papel.) marca de água
water/methanol injection (Aero.) injecção de água/metanol
water monitor (Nucl.) monitor de água
water of capillarity (E.Civ.) água de capilaridade
water of crystallization (Quím.) água de cristalização
water of hydration (Quím.) água de hidratação
water paint (E.Civ.) tinta de água
water plane (Nav.) plano de água; linha de flutuação
water pore (Bot.) poro aquífero
water potential (Bot.) potencial aquífero
waterproof paper (Papel.) papel à prova de água
water reactor (Nucl.) reactor a água
water recovery (Aero.) recuperação de água
water resistor (Elect.) resistência de água

water sapphire (Miner.) safira-d'água (vide *saphir d'eau*)
watershed (Eco.) bacia hídrica
waterspout (Meteo.) tromba de água
water stain (E.Civ.) tinta de água para madeira
water stoma (Bot.) poro aquífero
water-storage tissue (Bot.) tecido de armazenamento de água
water table (E.Civ.) pingadouro
water table (Geo.) camada freática
watertight branch box (Elect.) caixa de derivação impermeável
watertight joint (Elect.; Mec.) junta estanque; junta impermeável
watertight layer (Geo.) camada impermeável
watertight roofing (E.Civ.) cobertura de telhado impermeável
watertight stratum (Geo.) estrato impermeável
water tube boiler (Mec.) caldeira com tubos de água
water tunnel (Aero.) túnel hidrodinâmico
water turbine (Mec.) turbina hidráulica
water vapour pressure (Meteo.) pressão de vapor de água; tensão de vapor de água
water-vascular system (Zoo.) sistema vascular aquífero
water wheel (Mec.) roda hidráulica
watt (Fís.) watt (unidade SI de potência)
wattage rating (Electrón.) potência nominal
wattful loss (Elect.) perda óhmica
Watt governor (Mec.) regulador de Watt
Watt-hour (Electrón.) Watt hora (unidade de energia eléctrica)
wave (Geral) onda
waveband (Telecom.) banda de rádio; gama de frequências
wave base (Eco.) base da ondulação
wave baseline (Telecom.) nível de base da onda
wave clouds (Geo.) nuvens de ondulação frontal
wave-cut bench (Eco.) plataforma litoral
wave-cut platform (Eco.) plataforma litoral
wave depression (Geo.) depressão frontal
wave diffraction (Geo.) difracção das ondas
wave filter (Telecom.) filtro de onda
waveform (Telecom.) forma de onda
wavefront (Telecom.) frente de onda
waveguide (Telecom.) guia de onda
wave heating (Telecom.) aquecimento por micro-ondas
wave interference (Telecom.) interferência de ondas
wavelength (Telecom.) comprimento de onda
wavelength and time division multiplex (Telecom.) multiplexagem por divisão no tempo e no comprimento de onda
wavemeter (Telecom.) frequencímetro
wave propagation (Telecom.) propagação da onda

wave refraction (GEO.) refracção das ondas

wave ripple mark (GEO.) marcas onduladas (na areia)

waveshape (TELECOM.) forma de onda

wave train (TELECOM.) trem de ondas

WAV file (INF.) ficheiro WAV; ficheiro de áudio não comprimido

W band (TELECOM.) banda W (de micro-ondas)

WBFM (TELECOM.) abr. de *wide band FM* — FM de banda larga

weathering (ECO.) erosão

weathering front (ECO.) limiar de erosão

weathering profile (ECO.) perfil de erosão

weathering zone (ECO.) zona de erosão

webcam (INF.) câmara web

Weber (ELECTRÓN.) Weber (unidade SI de fluxo magnético)

weed (ECO.) erva daninha

Weighted average (GERAL) média ponderada

weighted checksum (ELECTRÓN.) soma de controlo ponderada

welding (ELECTRÓN.) soldadura

welt (TÊXT.) margem; debrum

Weltanschauung (PSICO.) concepção do mundo (termo alemão)

wen (MED.) quisto sebáceo

Wenlock (GEO.) Wenlockiano

Wenner sedimentation techniques (FÍS.) técnicas de sedimentação Wenner

Wenner winding (ELECT.) enrolamento de Wenner

Werner theory (QUÍM.) teoria de Werner

Wernicke's encephalopathy (MED.) encefalopatia de Wernicke; síndroma de Wernicke; doença de Wernicke; polioencefalite hemorrágica superior

Wernicke-Korsakoff syndrome (BIO.; MED.) síndroma de Wernicke-Korsakoff

Wertheim effect (ELECT.) efeito Wertheim

Wertheim's operation (MED.) operação de Wertheim; operação radical de carcinoma do útero

West African rain-forest floral region (ECO.) região floral da floresta húmida da África Ocidental

West and Central Asiatic floral region (ECO.) região floral da Àsia Central e Ocidental

West Australia Current (GEO.) corrente ocidental da Austrália

Westberg space (MED.) espaço de Westberg

Westcott convention (NUCL.) convenção de Westcott

Westcott flux (NUCL.) fluxo de Westcott

Western blot (BIO.) mancha ocidental

western blotting (IMUN.) absorção ocidental

western duck sickness (VET.) doença alcalina dos patos ocidentais; botulismo do pato selvagem

western intensification (GEO.) intensificação ocidental (dos giros oceânicos)

Westgren method (MED.) método de Westgren

West Indian ebony (BOT.; E.CIV.) ébano-da-Jamaica; a sua madeira

West Indian mammal subregion (ECO.) subregião dos mamíferos das Índias Ocidentais

westing (TOPO.) avanço para oeste; desvio para oeste; compensação para oeste

Westmorland slate (E.CIV.) placa de ardósia de Westmorland

Weston standard cadmium cell (FÍS.) pilha de cádmio modelo Weston

Westphal balance (FÍS.) balança de Westphal

Westphalian (GEO.) Vestefaliano

West Wind Drift (GEO.) corrente circumpolar Antárctica

wet and dry bulb hygrometer (METEO.) higrómetro físico; psicrómetro

wet assay (MINAS) análise por via húmida

wet-bulb depression (GEO.) depressão de termómetro húmido

wet-bulb potential temperature (METEO.) temperatura potencial do bolbo húmido

wet-bulb temperature (METEO.) temperatura do bolbo húmido; temperatura de termómetro húmido

wet-bulb thermometer (GEO.) termómetro (de bolbo) húmido

wet cell (INF.) pilha húmida

wet deposition (ECO.) deposição húmida

wet electrolytic capacitor (ELECT.) condensador electrolítico húmido

wet engine (MEC.) motor com injecção de água

wet expansion (PAPEL) expansão húmida

wetfall (ECO.) queda de nutrientes aerotransportados

wet flashover voltage (ELECT.) tensão disruptiva húmida

wet flong (IMP.) matriz húmida; estereotipia húmida

wet fog (METEO.) nevoeiro húmido

Wetherill's ore separator (MINAS) separador de minérios Wetherill

wetland (ECO.) paúl

wet lease (AERO.) arrendamento de aeronave equipada e abastecida

wetness of insulation (E.CIV.) humidificação de isolamento

wetness of steam (HIDRO.) humidade de vapor

wet-plate process (T.IMAG.) processo de chapa húmida; processo de colódio húmido

wet rot (BOT.) podridão húmida

wet sand (E.CIV.) areia molhada

wet sparkover voltage (ELECT.) tensão disruptiva húmida

wet spinning (TÊXT.) fiação húmida

wet steam (MEC.) vapor húmido

wet sump (MEC.) cárter húmido

wetted area (AERO.) superfície molhada

wetting agent (QUÍM.) agente humedecedor

wettwood (BOT.) madeira húmida

w.f. (IMP.) abr. de *wrong font* — fonte errada

whalebone (ZOO.) barba de baleia

Wharfdale machine (IMP.) máquina de Wharfdale

what-you-see-is-what-you-get [WYSIWYG] (INF.) o que vê é o que obtem

Wheatstone bridge (ELECT.) ponte de Wheatstone

wheel base (MEC.) distância entre eixos

wheel chain (NAV.) corrente do leme

wheeling (MEC.) rodagem

wheeling step (E.CIV.) escada de caracol

wheel-ore (MINAS) bornonite; bertonite

wheel printer (IMP.) impressora de roda

wheel rolling mill (MEC.) laminador de rodas

wheel scoop (MEC.) pá de roda; palheta de roda

wheel window (ARQ.) janela de roda; rosácea

wheel wobble (MEC.) oscilação de roda (angular e periódica)

whelstone (GEO.) grés silicioso

whewellite (MINER.) whevellita (óxido hidratado de cálcio — de *Whewell*)

whin sill (GEO.) dique de rochas duras; filão camada de rochas duras (magmáticas)

whinstone; whin (GEO.) rocha dura (basalto, diorito, arenitos, etc.)

whip aerial (TELECOM.) antena extensível

whiplash (MED.) traumatismo em chicotada; nome vulgar do traumatismo por hiperextensão e hiperflexão do pescoço

whiplash flagellum (BOT.) flagelo de chicote

Whipple-Murphy truss (MEC.) ponte de treliça de Whipple-Murphy

whipstaff (NAV.) manivela da cana do leme; roda do leme

whirl core (METEO.) núcleo de remoinho

whirling arm (AERO.) engenho aerodinâmico

whirling needle (FÍS.) agulha louca (magnetismo)

whirling psychrometer (ECO.) psicrómetro centrífugo; psicrómetro de rotação

whirlwind (METEO.) tufão; turbilhão; furacão

whispering gallery (FÍS.) galeria de sussurros

whistle (FÍS.) silvo; sibilo

whistle filter (ELECTRÓN.) filtro de ruído atmosférico

whistlers (FÍS.) sibilos

whistling (VET.) ronco; silvo

Whitby method (FÍS.) método de Whitby

white arsenic (QUÍM.) arsénico branco; óxido arsenioso; trióxido de arsénio

white balance (T.IMAG.) equilíbrio dos brancos

white bombway (BOT.; E.CIV.) terminália (*Terminalia procera* das Ilhas Andaman — Índia); a sua madeira

white cast iron (Mec.) fundição branca; ferro fundido branco

white cell (Zoo.) leucócito

white comb (Vet.) micose favosa das aves; tinha vera das aves

white copperas (Miner.) goslarita (sulfato hidratado de zinco)

white corundum (Miner.) corindo incolor; safira branca

white damp (Minas) gás venenoso

white dew (Meteo.) orvalho branco

white dwarf (Astro.) anã branca (estrela)

white dwarf star (Astro.) estrela anã branca

white fibres (Zoo.) fibras brancas

white fibrocartilage (Zoo.) fibrocartilagem branca

white frost (Meteo.) geada branca

white glass (Vidr.) vidro incolor transparente

white gold (Mec.) ouro branco

white-heart process (Mec.) processo de núcleo branco

white heat (Mec.) calor branco; incandescência; calor de incandescência

white heifer disease (Vet.) doença branca da bezerra

white iron (Mec.) folha-de-flandres

white iron pyrites (Miner.) marcassites

white lead (Quím.) carbonato de chumbo; alvaiade; hidrocarbonato de chumbo

white lead ore (Miner.) cerusite; carbonato natural de chumbo

white-leg (Med.) perna de leite; flebite puerperal

white level (T.Imag.) nível de branco

white light (Fís.) luz branca

white lime (E.Civ.) cal branca

white matter (Zoo.) matéria branca; substância alba

white metal (Mec.) metal branco; folha estanhada; folha-de-flandres

white muscle disease (Vet.) doença do músculo branco; miopatia nutricional dos animais jovens

white nickel (Miner.) cloantite

white noise (Fís.; Telecom.) ruído branco; ruído aleatório do ruído de distribuição uniforme

white-out (Meteo.) resplendor branco; tempo leitoso

white radiation (Fís.) radiação branca

white rainbow (Meteo.) arco-íris branco; arco-íris de nevoeiro

white reference level (Telecom.) nível de referência branco

whiter-than-white (T.Imag.) mais branco do que o branco; de nível maior que o branco normal

whites (Vet.) leucorreia das vacas

white sapphire (Miner.) safira branca (designação popular); corindo incolor

white scour (Vet.) diarreia branca

white smoker (Geo.) fumarola hidrotermal

white spirit (E.Civ.) essência de petróleo

white vitriol (Miner.) vitríolo branco; sulfato de zinco; goslarite

whitewood (Bot.; E.Civ.) tulipeiro-da-Virgínia; a sua madeira

whitings (Geo.) manchas de aragonite em suspensão

whitlockite (Miner.) whitlockita (fosfato ácido de cálcio e magnésio com ferro; de *Whitlock*, sinónimo de *pirofosforite*)

whitlow (Med.) paroníquia

Whitworth screw-thread (Mec.) rosca de Whitworth

Whitworth standard (Mec.) padrão Whitworth

Whitworth thread (Mec.) rosca Whitworth; passo Whitworth

whole-body monitor (Nucl.) monitor total

whole-brick (E.Civ.) tijolo inteiro

whole-circle bearing (Topo.) marcação de círculo total

whole hip (Arq.) vertente inteira

whole number (Mat.) número inteiro

whooping cough (Med.) tosse convulsa

whorl (Bot.) verticilo

whorl (Zoo.) vórtice; espiral

WI (Mec.) abr. de *wrought iron* — ferro forjado, ferro batido

wick (Têxt.) trança

Widal reaction (Imun.) reacção de Widal

Widal syndrome (Med.) síndroma de Widal; síndroma de Hauem-Widal; icteroanemia

wide-angle lens (T.Imag.) objectiva grande angular; lente grande angular; grande angular

wide area network [WAN] (Inf.) rede de área alargada

wideband (Inf.) banda larga

wide-band amplifier (Elect.) amplificador de banda larga

wideband FM (Telecom.) FM de banda larga

wide deviation (Fís.) grande desvio

wide screen (T.Imag.) tela panorâmica

wide spectrum (Med.) de largo espectro

Widmanstaetten structure (Mec.) estrutura de Widmanstaetten

width (Fís.) largura

Wiedemann effect (Elect.) efeito de Wiedemann

Wiedemann-Franz law (Fís.) lei de Wiedemann-Franz

Wien bridge (Elect.) ponte de Wien

Wien-bridge oscillator (Elect.) oscilador de ponte Wien

Wien effect (Elect.) efeito de Wien

Wien's displacement law (Elect.) lei de deslocamento de Wien

Wien's law for radiation from a black body (Fís.) lei de Wien para radiação de um corpo negro

wi-fi (Inf.) wi-fi; certificação IEEE 802.11

Wigner effect (Nucl.) efeito de Wigner

Wigner energy (Nucl.) energia de Wigner

Wigner force (Fís.) força de Wigner

Wigner nuclides (Fís.) nuclidos de Wigner

Wigner theorem (Fís.) teorema de Wigner

wig-wag (E.Civ.) sinalização por lanterna ou bandeirola

wildcatting (Minas) perfuração

wilderness (Eco.) ambiente selvagem

wildlife (Eco.) vida selvagem

wild shooting (T.Imag.) disparo anormal

wild-type gene (Bio.) gene natural; gene selvagem

Wilfley table (Minas) mesa de Wilfley

willemite (Miner.) vilemite

Williamson amplifier (Elect.) amplificador (de) Williamson

Williams syndrome (Bio.; Med.) síndroma de Williams

Williams tube (Elect.) tubo (de) Williams

Williot diagram (Mec.) diagrama de Williot

Williot-Mohr diagram (Mec.) diagrama de Williot-Mohr

willy-willy (Geo.) ciclone tropical (Austrália)

Wilson chamber (Nucl.) câmara de Wilson

Wilson cycle (Eco.) ciclo de Wilson

Wilson effect (Elect.) efeito de Wilson

Wilson's disease (Med.) doença de Wilson; degeneração hepatolenticular

wilt (Bot.) perda de vigor (doença das plantas ocasionada pela infecção do sistema vascular por fungo ou bactéria)

wilting (Bot.) perda de vigor ocasionada por falta de água

wilting coefficient (Eco.) coeficiente de stress hídrico

wilting point (Eco.) ponto de stress hídrico

Wimshurst machine (Elect.) máquina de Wimshurst

wincey (Têxt.) tecido forte de lã e algodão

winch (Mec.) guincho; guindaste

Winchester device (Inf.) dispositivo de disco Winchester

Winchester disk (Inf.) disco rígido

Winchester technology (Inf.) tecnologia Winchester (de discos rígidos)

winch launch (Aero.) lançamento por guincho

wind (Elect.) espira; volta

wind (Meteo.) vento

wind action (Geo.) acção eólica

windage (Mec.) atrito do vento

wind axes (Aero.) eixos do vento

wind bag (Fís.) saco de vento

wind chill factor (Meteo.) factor de arrefecimento (do vento)

wind dispersal (Bot.) dispersão pelo vento

wind-driven generator (Elect.) gerador movido a vento

winding (Electrón.) bobina

winding resistance (Electrón.) resistência do transformador; resistência do indutor

window (Electrón.) função janela

wind rose (Eco.) rosa dos ventos

windrow (Eco.) detritos flutuantes

wind shear (Eco.) tensão de corte do vento

wind sonde (Geo.) sonda eólica; balão meteorológico reflector

wind T (Aero.) indicador de vento; T de pouso

wind tunnel (Aero.) túnel de vento; túnel aerodinâmico

wind wave (Meteo.) vaga de vento

wing (Aero.) asa; esquadrilha

wing (Arq.) ala

wing (Auto.) pára-lamas (no RU)

wing (Mec.) aleta; crivo

wing (Med.; Zoo.) ala (parte anatómica em forma de asa)

wing area (Aero.) área da asa; superfície da asa

wing car (Aero.) barquinha lateral (de dirigível)

wing compass (E.Civ.) compasso de arco

wing coverts (Zoo.) tectrizes

wing fan (Mec.) ventilador de palhetas

wing fillet (Aero.) filete da asa; união asa-fuselagem

wing flap (Aero.) flap da asa; freio aerodinâmico

wing frame (Aero.) armação da asa; estrutura da asa

wing heavy (Aero.) de asa pesada

wing leading edge (Aero.) bordo de ataque da asa

wing loading (Aero.) carga da asa; carga aplicada à asa

wing nut (E.Civ.) porca de asa; porca borboleta

wing section (Aero.) secção de asa

wing shaft (Aero.) eixo da asa

wing skid (Aero.) patim de asa

wing span (Aero.) envergadura da asa

wing spar (Aero.) longarina da asa

wing spread (Aero.) envergadura da asa

wing-tip float (Aero.) flutuador de ponta de asa

wing truss (Aero.) estrutura da asa

wing trussing (Aero.) conjunto de planos sustentadores

wing valve (Mec.) válvula de sede cónica

wing wall (E.Civ.) ala de talude; muro em ala

wing warp (Aero.) deformação da asa; torção da asa

Winkler method (Eco.) método de Winkler

Winkler reagent for oxygen (Quím.) reagente Winkler de oxigénio

Winslow's foramen (Zoo.) hiato de Winslow; hiato epiplóico

winter annual (Bot.) anual de Inverno

winter disentery (Vet.) disenteria de Inverno; diarreia de Inverno

winter egg (Zoo.) ovo de Inverno

Winter-Eichberg-Latour motor (Elect.) motor Winter-Eichberg-Latour

wintergreen (Quím.) salicilato de metil; óleo de gualtéria; óleo de bétula

winter solstice (Astro.) solstício de Inverno

winze (Minas) chaminé

wire broadcasting (Telecom.) difusão por cabo

wireless (Telecom.) sem fio; via rádio

wireless application protocol (Telecom.) protocolo de aplicações sem fio; protocolo de geração 2;5

wireless microphone (Telecom.) microfone sem fios

wire printer (Inf.) impressora por pontos

wire-wound inductance (Electrón.) indutância da bobina

wire-wound potentiometer (Electrón.) potenciómetro de fio enrolado

wire-wound resistor (Electrón.) resistência de fio enrolado

wiring colour coding (T.Imag.) codificação dos cabos por cor

WLAN (Inf.) abr. de *wireless LAN* — LAN sem fios, rede local sem fios

WLL (Inf.) abr. de *wireless local loop* — anel local de rede sem fios

wobble hypothesis (Bio.) hipótese oscilatória

wood (Bot.) madeira; lenho

wood alcohol (Quím.) metanol; álcool metílico

wood brick (E.Civ.) tijolo de madeira

woodcut (Imp.) xilogravura

wooden tongue (Vet.) actinobacilose

wood fibre (Bot.) fibra de xilema

woodland (Eco.) bosque; região arborizada

wood lathe (E.Civ.) torno mecânico para madeira

wood nog (E.Civ.) ladrilho quadrado de madeira

wood opal (Miner.) opala de madeira; xilopala; opala xilóide

wood-pasture (Eco.) pasto arborizado

wood preservatives (E.Civ.) preservativos de madeira; protectores de madeira

wood pulp (Papel.) polpa de madeira

Woodruff key (Mec.) chave de Woodruff

Wood's glass (Vidr.) vidro de Wood

wood spirit (Quím.) metanol; álcool metílico

wood sugar (Quím.) xilose; açúcar da madeira

wood tar (Quím.) alcatrão de madeira

wood tin (Miner.) variedade de cassiterite; estanho-de-madeira; dneprovkita

wood tissue (Bot.) tecido lenhoso

wood-wool slabs (E.Civ.) chapas de aparas de madeira

woofer (Fís.) altifalante de graves

wool (Geral) lã

woollen (Têxt.) lanifícios

woollen blended yarns (Têxt.) fios com mistura de lã

woolsorter's disease (Med.) doença dos seleccionadores de lã

word (Geral) palavra

word association test (Psico.) teste de associação de palavras

word boundary (Inf.) limite de palavra

word flag (Inf.) marco de palavra

word key (Inf.) chave de palavra

word length (Inf.) comprimento de palavra

word locator (Inf.) localizador de palavra

word-mark (Inf.) marca de palavra

word processor (Inf.) processador de texto

word salad (Psico.) salada de palavras (palavras desprovidas de sentido, em certo tipo de esquizofrenia)

work (Fís.) trabalho

work area (Inf.) área de trabalho

work coil (Elect.) bobina de trabalho

work electrode (Elect.) eléctrodo de trabalho

worker (Zoo.) trabalhador

work function (Fís.) função de trabalho; energia livre

work-hardening (Mec.) trabalho de têmpera

workhead transformer (Elect.) transformador de cabeça

working (Telecom.) funcionamento; operação

working chamber (E.Civ.) câmara de trabalho

working edge (E.Civ.) bordo de trabalho; trabalho utilizável

working face (E.Civ.) face de ataque; frente de ataque; superfície de apoio

working flux (Elect.) fluxo útil

working load (Mec.) carga útil

working point (Fís.) ponto de actuação

working pressure (Fís.) pressão de trabalho

working range (Mec.) alcance útil

working standard (Elect.) modelo de trabalho

working storage (Inf.) memória de trabalho

working stress (Mec.) esforço de trabalho

working voltage (Electrón.) tensão de trabalho

work lead (Mec.) metal contendo ouro ou prata

work queue (Inf.) fila de trabalho

workshop (Inf.) laboratório

work station (Inf.) estação de trabalho

work volume (Inf.) volume de trabalho

WORM (Inf.) abr. de *write once read many times* — escreve uma vez lê muitas vezes

worm (Mec.) rosca helicoidal; parafuso sem-fim; parafuso de Arquimedes

worm (Quím.) serpentina

worm (Zoo.) verme

worm-and-gear steering (Mec.) direcção de parafuso sem-fim e segmento de engrenagem

worm and wheel (Mec.) engrenagem com parafuso sem-fim

worm gear (Mec.) engrenagem helicoidal

worm pipe (Quím.) serpentina

worm screw (Mec.) parafuso sem-fim

worm wheel (Mec.) engrenagem helicoidal para parafuso sem-fim

worsted (Têxt.) lã fiada ou penteada; estambre

worsted yarn (Têxt.) fio de lã penteada

wound core (Electrón.) núcleo enrolado

wound motor (Elect.) rotor enrolado

wound tissue (Bot.) tecido lesionado

woven-screen storage (Electrón.) memória de malha

woven steel fabric (E.Civ.) tecido de malha de aço

wow (Fís.) modulação mecânica de baixa frequência

wrapper plate (Mec.) placa envolvente; invólucro envolvente

wreath (E.Civ.) curva do corrimão

wreath filament (Elect.) filamento de arco

wrench (Mec.) chave inglesa; chave de porcas

wringing (Mec.) ajustamento rotativo duro

wringle finish (E.Civ.) pintura corrugada

wrinkling (Mec.) enrugamento

wrist-drop (Med.) punho caído; mão caída; carpoptosia

write (Inf.) escrever (transferir informação ou armazenar dados)

writer's cramp (Med.) cãibra do escritor

writhing number (Bio.) número de contorções

writing speed (Electrón.) velocidade de escrita

Wronskian (Mat.) wronskiano

wrought iron (Mec.) ferro forjado; ferro batido

wryneck (Med.) torcicolo

WTDM (Telecom.) abr. de *wavelength and time division multiplexing* — multiplexagem por divisão no tempo e no comprimento de onda

wulfenite (Miner.) wulfenite

wurtzite (Miner.) wurtzite

Wurtz synthesis (Quím.) síntese de Wurtz

wye (E.Civ.) peça em Y; garfo

wye level (Topo.) nível em Y

wye rectifier (Elect.) rectificador em Y

wye theodolite (Topo.) teodolito em Y

Wyndom aerial (Telecom.) antena de meia onda

Wyndom antenna (Telecom.) antena de meia onda

wyomingite (Geo.) wyomingito

WYSIWYG (Inf.) V. *what you see is what you get*

X (ELECT.) símbolo de *reactance* — reactância

X (RADIOL.) símbolo de unidade de Kienbock

x band (TELECOM.) banda x (de micro-ondas)

Xc (ELECT.) símbolo de *capacitive reactance* — reactância capacitiva

xalostocite (MINER.) xalostoquita; landerita; rosolita (variedade de grossulária cor de rosa)

xanthaline (QUÍM.) xantalina; papaveraldina

xanthates (QUÍM.) xantatos; xantogenatos; O-ésteres do ácido xântico ou xantogénico

xanthelasma (MED.) xantelasma

xanthene (QUÍM.) xanteno; dibenzeno-y-pirano

xanthene dyestuffs (QUÍM.) corantes de xanteno

xanthic (GERAL) xântico; relativo à cor amarela

xanthic acid (QUÍM.) ácido xântico; ácido xantogénico; ácido ditiocarbónico

xanthin (QUÍM.) xantina; 2,6-purinadiona

xanthin bronchodilators (MED.) brocodilatadores xânticos

xanthinol niacilate (MED.; QUÍM.) xantinol niacinato

xanthinuria (MED.) xantinúria

xanthism (MED.) xantismo; albinismo castanho-avermelhado (anomalia pigmentar dos negros)

xanthochromia (MED.) xantocromia

xanthoderma (MED.) xantoderma

xanthoma (MED.) xantoma

xanthophore (ZOO.) xantóforo; lipóforo

xanthophyceae (BOT.) xantofíceas; xantófitos; algas verde-amareladas

xanthophyll (BOT.; ZOO.) xantófilo

xanthophyll (QUÍM.) xantófila; luteína; luteol

xanthophyllite (MINER.) xantofilite

xanthophylls (BOT.) xantófilas

xanthoproteic (QUÍM.) xantoproteico

xanthoproteic acid (QUÍM.) ácido xantoproteico

xanthoprotein (QUÍM.) xantoproteína

xanthopsia (MED.) xantópsia; visão amarela

xanthosine (QUÍM.) xantosina

xanthosis (MED.) xantose

X-axis (AERO.) eixo X; eixo longitudinal; eixo de rolamento

X-axis (MAT.) eixo X; eixo das abcissas

X-band (RADAR; TELECOM.) banda X

X-chromosome (BIO.) cromossoma X

X cut crystal (ELECTRÓN.) cristal talhado no plano X

x deflection (ELECTRÓN.) deflexão horizontal (num tubo de raios catódicos)

X-disease (VET.) doença X do gado; hiperceratose bovina

Xe (QUÍM.) símbolo do Xénon

xenia (BOT.) xénia

xenobiotic (ECO.) xenobiótico

xenocryst (GEO.) xenocristal

xenodiagnosis (MED.) xenodiagnose (método de diagnóstico biológico)

xenogamy (BOT.) xenogamia

xenogeneic (IMUN.) xenogénico; xenogenético

xenograft (MED.) xenoenxerto; heteroenxerto

xenolith (GEO.) xenólito

xenomorphic (MINER.) xenomórfico

xenon (QUÍM.) xénon

xenon arc lamp (T.IMAG.) lâmpada de arco de xénon; lâmpada de xénon

xenon effect (FÍS.) efeito de xénon

xenon headlamp (ELECTRÓN.) lanterna de xénon

xenon lamp (T.IMAG.) lâmpada de xénon

xenon override (NUCL.) neutralização do xénon

xenon tube (ELECT.) válvula electrónica de xénon

xenoparasite (MED.) xenoparasita

Xenopus test (MED.) teste de Xenopus

xenotime (MINER.) xenotima

xenyl (QUÍM.) xenil; xenila

xenylamine (QUÍM.) xenilamina

xer-; xero- (GERAL) sero-; do grego *xeros* — seco

xeric (BOT.) que cresce em condições secas

xeroderma (MED.) xerodermia

xeroderma pigmentosum (MED.) xerodermia pigmentosa; doença de Kaposi

xerodermia (MED.) xerodermia

xerographic printer (INF.) impressora xerográfica

xerography (GEO.) xerografia (actualmente fora de uso, neste ramo); estereografia

xerography (IMP.) xerografia

xeromenia (MED.) xeromenia

xeromorphic (BOT.) xeromórfico

xeromorphism (BOT.) xeromorfismo

xerophile (ECO.) xerofilo

xerophyte (BOT.) xerófita

xeroradiography (RADIOL.) xerorradiografia

xerosere (BOT.) xero-sere

xerosis (MED.) xerose

xerostomia (MED.) xerostomia

xerotripsis (MED.) xerotripsia; fricção seca

X-guide (ELECT.) guia em X

X-inactivation (BIO.) inactividade do cromossoma X

xiphi-, xipho- (GERAL) xifi-, xifo-, do grego *xiphos* — espada, significando xifóide

xiphisternum (ZOO.) xifisterno; apêndice xifoideu; apêndice xifóide

xiphoid (ZOO.) xifoideu; xifóide

XL (ELECT.) símbolo de *inductive capacitance* — capacitância indutiva

X-linkage (BIO.) ligação X

X-linked diseases (BIO.; MED.) doenças ligadas ao (cromossoma) X

xonotlite (MINER.) xonotlite; xonaltite; xonalite

XOR (ELECTRÓN.) XOR; OU exclusivo

XOR gate (ELECTRÓN.) porta XOR; porta OU exclusivo

X-plate (ELECTRÓN.) placa X

X-raser (ELECT.) raser X (dispositivo de estado sólido que gera raios X intensos, bem apontados e monocromáticos)

x-ray (ELECTRÓN.) raios X

X-ray analysis (GERAL) análise por raios X; análise radiográfica

X-ray crystallography (CRIST.) cristalografia por raios X

X-ray diffraction (FÍS.) difracção por raios X

X-ray diffractometer (CRIST.) medidor da difracção por raios X; difractómetro por raios X

X-ray excitation (FÍS.) excitação por raios X

X-ray fluorescence absorptiometer (ELECT.) medidor de absorção de fluorescência por raios X

X-ray focal spot (ELECTRÓN.) ponto focal de raios X

X-ray hardness (FÍS.) dureza dos raios X

X-ray laser (FÍS.) laser de raios X

X-ray microscope (FÍS.) microscópio de raios X

X-ray photograph (FÍS.) fotografia por raios X

X-ray photon (FÍS.) fotão de raios X

X-ray protective glass (VIDR.) vidro protector de raios X

X-rays (FÍS.) raios X

X-ray sources (ASTRO.) fontes de raios X

X-ray spectrogram (QUÍM.) espectrograma de raios X

X-ray spectrography (QUÍM.) espectrografia de raios X

X-ray spectrometer (CRIST.) espectrómetro de raios X

X-ray spectrum (FÍS.) espectro de raios X

X-ray structure (FÍS.) estrutura por raios X

X-ray telescope (MEC.) telescópio de raios X

X-ray television (FÍS.) televisão por raios X

X-ray therapy (MED.) terapia por raios X

X-ray thicknes gage (FÍS.) calibrador de espessura a raios X

X-ray transformer (RADIOL.) transformador de raios X

X-ray tube (ELECTRÓN.) tubo de raios X

X-ray tube voltage (ELECTRÓN.) tensão de raios X; potencial de raios X

xylegenous (BOT.; ZOO.) xilógene; xilófilo

xylem (BOT.) xilema

xylene (QUÍM.) xileno; xilol; dimetilbenzeno

xylenobacillin (QUÍM.) xilenobacilina

xylenol (QUÍM.) xilenol; dimetilfenol

xylenol resin (QUÍM.) resina de xilenol

xylenols (QUÍM.) xilenóis

xylidine (QUÍM.) xilidina; amonodimetilbenzeno; dimetilanilina

xylol (QUÍM.) xilol; xileno; dimetilbenzeno

xylonite (PLÁST.) xilonite

xylophagus (ZOO.) xilófago

xylophilous (ZOO.) xilófilo

xylopyranose (QUÍM.) xilopiranose

xylose (QUÍM.) xilose

xylotomous (ZOO.) xilótomo

xyl-; xylo- (GERAL) xil-, xilo-, do grego *xylon* — madeira, em formas relativas a madeira ou xilose

xylyl (QUÍM.) xililo

xylyl bromide (QUÍM.) brometo de xililo

xylylene (QUÍM.) xilileno

x-y plotter (ELECTRÓN.) traçadora x-y; registadora em papel contínuo

x-y recorder (MEC.) registador x-y

XYY syndrome (BIO.) síndroma XYY; síndroma de Klinefelter (anomalia cromossómica)

Yy

Y (Fís.) símbolo de *admitance* — admitância

Y (Quím.) símbolo químico do elemento *Yttrium* — ítrio

yagi (Telecom.) antena de televisão; antena dipolar com reflector plano

Yagi antenna (Telecom.) antena Yagi

Y antenna (Elect.) antena em Y

yard (Geral) jarda (medida de comprimento equivalente a 0,9144 m)

yardage (E.Civ.) volume de escavação em jardas cúbicas

yardage (Geral) medição em jardas

yardang (Eco.) afloramento de rocha longitudinal

yard trap (E.Civ.) sifão

Yarrow boiler (Mec.) caldeira de Yarrow

yaw (Aero.) guinada; rotação em torno do eixo vertical; desvio

yaw (Nav.) desvio de rota; guinada

yaw acceleration (Aero.) aceleração de guinada

yaw axis (Aero.) eixo de guinada

yaw damper (Aero.) amortecedor de guinada

yawing drag (Aero.) arrastamento de guinada

yawing moment (Aero.) momento de guinada

yawing moment coefficient (Aero.) coeficiente de momento de guinada

yawing motion (Aero.) movimento de guinada

yawing speed (Aero.) velocidade de guinada

yawing stability (Aero.) estabilidade de guinada; estabilidade direccional

yaw meter (Aero.) medidor de guinada

yaws (Med.) framboésia (boubas ou bubas, nos EUA)

yaw sensor (Aero.) sensor de guinada

yaw vane (Aero.) aleta de guinada

y-axis (Aero.) eixo Y; eixo lateral

y-axis (Mat.) eixo das ordenadas

Yb (Quím.) símbolo químico de *Ytterbium* — itérbio

Y/B ratio (Fís.) relação Am/Az (Y = yellow (amarelo); B = blue (azul)]

Y-class insulation (Elect.) isolamento classe Y (temperatura 90 graus C)

Y-chromosome (Bio.) cromossoma Y

Y connection (Elect.; Electrón.) conexão em Y

year (Astro.) ano

yeast (Bot.) fermento

yeast artificial chromosome (Bio.) cromossoma artificial de levedura

yellowcake (Geral) 'bolo amarelo'; óxido de urânio concentrado

yellow cells (Zoo.) células amarelas

yellow fever (Med.) febre amarela

yellow fibres (Zoo.) fibras amarelas; fibras elásticas

yellow fibrocartilage (Zoo.) fibrocartilagem amarela

yellow ground (Minas) terra amarela

yellowing (Têxt.) amarelecimento

yellow pine (Bot.; E.Civ.) pinheiro amarelo (nome de várias pináceas da América do Norte, como as *Pinus echinata, Pinus rigida, Pinus palustris, Pinus pungens, Pinus ponderosa* e *Pinus arizonica*); as suas madeiras

yellow quartz (Miner.) quartzo citrino; citrino; citrinita; topázio-da-boémia; topázio-de-espanha

yellows (Vet.) icterícia leptospiral canina; leptospirose canina

yellow spot (Zoo.) mancha amarela; mancha lútea; mancha da retina

yellow tellurium (Miner.) silvanita (telureto de ouro e prata)

yellow vision (Med.) visão amarela; xantopsia

yew (Bot.; E.Civ.) teixo; a sua madeira

yield (Fís.) energia libertada

yield (Minas) produção

yield (Nucl.) energia efectiva total libertada por explosão nuclear

yield-depression curve (Geo.) curva extracção-depressão

YIG (Elect.) abr. de *Yttrium Iron Garnet* — Ítrio-ferro-granada (IFG)

YIG device (Electrón.) dispositivo IFG

YIG filter (Electrón.) filtro IFG

Yig-tuned parametric amplifier (Electrón.) ampliador paramétrico sintonizado IFG

YIG-tuned tunnel-diode oscillator (Electrón.) oscilador de diodo túnel sintonizado por IFG

y-input (Electrón.) entrada de sinal de osciloscópio

Y junction (Elect.; Electrón.) junção em Y

Y network (Elect.; Electrón.; Telecom.) rede em Y

ylem (Fís.) matéria primordial hipotética

Y-level (Topo.) nível em Y

Yngel trawl (Geral) rede de arrasto

Yoda's power law (Eco.) curva de Yoda; lei de potência de Yoda

yoderite (Miner.) yoderita (silicato de magnésio e alumínio)

yohimbine (Quím.) ioimbina

yoke (Aero.) alavanca de comando; «manche»

yoke (Electrón.) jogo de bobinas de deflexão

yoke (E.Civ.) braço de ligação

yoke suspension (Elect.) suspensão de barra

yolk (Zoo.) vitelo; deutoplasma

yolk cell (Zoo.) célula vitelina

yolk duct (Zoo.) canal vitelino; conduto vitelino

yolk epithelium (Zoo.) epitélio vitelino

yolk gland (Zoo.) glândula vitelina

yolk plug (Zoo.) tampão vitelino

yolk sac (Zoo.) saco vitelino

yolk stalk (Zoo.) pedículo vitelino

young-fish net (Geral) rede de arrasto

Young-Helmholtz theory of colour vision (Fís.) teoria de visão de cor de Young-Helmholtz

Young's equation (Minas) equação de Young

Young's modulus (Fís.) módulo de Young; coeficiente de elasticidade

yperite (Quím.) iperite; gás de mostarda

Y-pipe (E.Civ.) tubo em Y

ytterbium (Quím.) itérbio

yttrium (Quím.) ítrio

yttrium-iron-garnet (Electrón.) ítrio-ferro-granada

yttrocerite (Miner.) itrocerita

Yukawa kernel (Fís.) nódulo de Yukawa

Yukawa potential (Fís.) potencial Yukawa

Y-valve (Mec.) válvula em Y

Y-winding (Elect.) enrolamento em Y

Zz

Z (ELECT.) símbolo de *impedance* — impedance

Z (FÍS.) símbolo de *atomic number* — número atómico

Z (MAT.) símbolo de quantidade desconhecida

zaffer (MEC.; VIDR.) safra; safre; óxido azul de cobalto

zaffre (MEC.; VIDR.) safre; safra; óxido azul de cobalto

zawn (MINAS) caverna natural ou artificial (na Cornualha, Inglaterra)

Z-axis (AERO.) eixo normal, eixo Z

Z-axis (MAT.) eixo Z

Z-axis modulation (ELECTRÓN.) modulação de eixo Z

Z-chromosome (BIO.) cromossoma Z

Z cut crystal (ELECTRÓN.) cristal talhado no plano Z

z-DNA (BIO.) DNA tipo Z; DNA Z

Zechstein (GEO.) Zechstein (termo alemão; estágio do Permiano)

Zeeman effect (FÍS.) efeito Zeeman

Zeeman splitting constant (FÍS.) constante de divisão de Zeeman

Zeisel's method (QUÍM.) método de Zeisel

Zeiss-Endter particle-size analyser (FÍS.) analisador de tamanho de partículas de Zeiss-Endter

Zener barrier (ELECTRÓN.) barreira Zener

Zener breakdown (ELECTRÓN.) ruptura Zener

Zener diode (ELECTRÓN.) diodo Zener

Zener effect (ELECTRÓN.) efeito Zener

Zener impedance (ELECTRÓN.) impedância Zener

Zener voltage (ELECTRÓN.) tensão Zener

zenith (ASTRO.) zénite

zenithal circle (ASTRO.) círculo zenital

zenith angle (ASTRO.) ângulo zenital

zenith distance (ASTRO.) distância zenital

zenith telescope (ASTRO.) telescópio zenital

Zenker's degeneration (MED.) degeneração de Zenker; necrose de Zenker

Zeno's paradoxes (MAT.) paradoxos de Zenão

zeolite (QUÍM.) zeolite; silicato sódico de alumínio hidratado

zeolite process (QUÍM.) processo de zeolite; processo zeolítico

zeolites (MINER.) zeolitos

zephyr (GEO.) zéfiro; brisa de oeste (Hemisfério Norte)

Zepp antenna (TELECOM.) antena Zeppelin; antena Zepp

Zeppelin aerial (TELECOM.) antena Zeppelin

zero (MAT.) zero

zero access (INF.) acesso zero; possibilidade de acesso imediato

zero-access instruction (INF.) instrução sem endereço

zero access storage (INF.) armazenamento de tempo curto

zero-address (INF.) sem endereço

zero-address instruction (INF.) instrução sem endereço

zero-beat reception (TELECOM.) recepção homódina; recepção de batimento zero

zero cross-over distortion (ELECTRÓN.) distorção de passagem do zero

zero-cut crystal (ELECTRÓN.) cristal de corte zero

zero-energy reactor (NUCL.) reactor de energia zero

zero error (MEC.) desvio de zero; deslocamento de zero

zero frequency (ELECTRÓN.) frequência nula

zero frequency component (ELECT.) componente de corrente contínua

zero fuel weight (AERO.) peso sem combustível

zero-g (ESP.) gravidade zero

zero gravity switch (ELECT.) comutador de gravidade zero

zero IF receiver (ELECTRÓN.) receptor de conversão directa

zeroing (ELECTRÓN.) calibração do zero

zero insertion force socket (ELECTRÓN.) encaixe de força nula

zero level (ELECT.) nível zero

Zerol gear (MEC.) engrenagem Zerol; engrenagem cónica de ângulo helicoidal zero

zero method (ELECT.) método do zero; método nulo

zero order reaction (QUÍM.) reacção de ordem zero

zero pause (ELECT.) pausa zero

zero phase (GERAL) fase zero; fase nula

zero phase-sequence component (ELECT.) componente de sequência de fase nula

zero phase sequence relay (ELECT.) relé de sequência de fase zero

zero-point energy (FÍS.) energia de ponto zero

zero-point entropy (FÍS.) entropia no ponto zero

zero potential (ELECT.) potencial zero; tensão nula

zero power-factor characteristic (ELECT.) característica de factor de tensão zero

zero-power level (TELECOM.) nível de potência zero

zero-power reactor (NUCL.) reactor de potência nula

zero stability (TELECOM.) estabilidade zero

zero-subcarrier chromaticity (ELECTRÓN.) cromaticidade de subportadora zero

zero suppression (INF.) supressão de zeros

zero temperature coefficient crystal (ELECTRÓN.) cristal de coeficiente de temperatura nula; cristal atérmico

zero-valent (QUÍM.) de valência zero

zero visibility (METEO.) visibilidade zero

zeta function (MAT.) função zeta

z.f. (ELECT.) abr. de *zero frequency* — frequência zero

Ziegler catalyst (QUÍM.) catalisador Ziegler

zif socket (INF.) abr. de *zero insertion force socket* — encaixe de força nula

ziggurat (ARQ.) zigurate

zigzag connection (ELECT.) conexão em ziguezague; ligação em ziguezague

zigzag leakage (ELECT.) dispersão em ziguezague

zinc (QUÍM.) zinco

zinc acetate (QUÍM.) acetato de zinco

zinc alkyls (QUÍM.) alquilos de zinco

zinc alloy (MEC.) liga de zinco

zincate (QUÍM.) zincato

zinc blende (MINER.) blenda de zinco; esfalerita; blenda

zinc bloom (MINER.) hidrozincite

zinc caprylate (QUÍM.) caprilato de zinco

zinc carbonate (QUÍM.) carbonato de zinco

zinc-carbon cell (ELECTRÓN.) pilha de zinco-carvão; pilha de carvão

zinc chloride (QUÍM.) cloreto de zinco

zinc chromatic primer (E.CIV.) primário cromático de zinco

zinc dust (MINAS) pó de zinco

zinc finger (BIO.) dedo de zinco

zinc gelatine (QUÍM.) gelatina de zinco

zinc iodide (QUÍM.) iodeto de zinco

zincite (MINER.) zincite

zinckenite (MINER.) zinckenite

zinc-manganese dioxide primary cell (ELECTRÓN.) pilha primária de dióxido de manganés e zinco

zinco (IMP.) zinco

zinc orthosilicate (QUÍM.) ortossilicato de zinco

zinc oxide (MED.) óxido de zinco; alvaiade

zinc oxide and eugenol (MED.) óxido de zinco e eugenol

zinc permanganate (QUÍM.) permanganato de zinco

zinc phosphate (E.Civ.) fosfato de zinco

zinc phosphate coating (E.Civ.) revestimento a fosfato de zinco

zinc protector (Nav.) protector de zinco

zinc-rich paint (E.Civ.) tinta rica em zinco

zinc-silver chloride primary cell (Electrón.) pilha primária de cloreto de prata e zinco

zinc-silver oxide cell (Electrón.) pilha de óxido de prata e zinco

zinc spinel (Miner.) espinélio de zinco; gahnita

zinc telluride (Eng.) telureto de zinco

zinc undecylenate (Quím.) undecilenato de zinco; undecenoato de zinco

zinnwaldite (Miner.) zinnwaldite (de Zinnwald)

zircalloy (Nucl.) liga de zircónio e alumínio

zircon (Miner.) zircão

zirconate (Quím.) zirconato

zirconia (Quím.) zircona; zicorne; bióxido de zircónio

zirconium (Quím.) zircónio

zirconium lamp (Fís.) lâmpada de zircónio

zirconium-niobium scanner (Electrón.) explorador de nióbio-zircónio

Zn (Quím.) símbolo de *zinc* — zinco

Zobel network (Electrón.) circuito de Zobel

Zodiac (Astro.) Zodíaco

zodiacal band (Astro.) faixa zodiacal; Zodíaco

zodiacal cone (Astro.) cone zodiacal; pirâmide zodiacal

zodiacal constellation (Astro.) constelação zodiacal

zodiacal counterglow (Astro.) antélio zodiacal

zodiacal light (Astro.) luz zodiacal

zodiacal ray (Astro.) raio zodiacal

zoisite (Miner.) zoisite

zona (Geral) zona; área; região

zona granulosa (Zoo.) zona granulosa

zonal (Eco.) zonal

zonal circulation (Meteo.) circulação zonal; fluxo zonal

zonal flow (Geo.) circulação zonal

zonal fossil (Eco.) fóssil característico; fóssil indicador

zonal index (Geo.; Meteo.) índice zonal

zona pellucida (Zoo.) zona pelúcida

zona radiata (Zoo.) zona radiada; zona estriada

zonary placentation (Zoo.) placentação zonal

zonation (Bot.) zonação

zone (Geo.) zona

zone levelling (Electrón.) nivelação de zona

zone marker (Aero.) radio-farol de feixe vertical

zone melting (Mec.) fusão por zona

zone of aeration (Eco.) zona de arejamento

zone of audibility (Fís.) zona de audibilidade

zone of cementation (Geo.) zona de cimentação

zone of saturation (Eco.) zona de saturação

zone of silence (Fís.) zona de silêncio

zone of weathering (Geo.) zona de erosão

zone plate (Fís.) placa de zonas

zone plate aerial (Telecom.) antena de Fresnel

zone purification (Elect.) purificação de zonas

zone time (Astro.) hora de zona; hora de fuso horário; tempo do fuso; tempo normal; hora de fuso

zoning (Aero.) disposição por zonas

zonula (Zoo.) zónula; zona

zonula ciliaris (Zoo.) zona ciliar; zona de Zinn

zoo- (Geral) zoo-, zo-; prefixo do green *zoon* — animal

zoobiotic (Bio.) zoobiótico

zooblast (Zoo.) zooblasto

zoochlorellae (Zoo.) Zooclorelas

zoocyst (Zoo.) esporocisto

zooerastia (Psico.) zooerastia

zoofulvin (Quím.) zoofulvina

zoogameta (Zoo.) gâmeta móvel

zoogamy (Zoo.) zoogamia

zoogenesis (Bio.) zoogénese; zoogenia

zoogenetic (Bio.) zoogenético; zoogénico

zoogenic (Bio.) zoogénico; zoogenético

zoogeny (Bio.) zoogenia; zoogénese

zoogeographical region (Eco.) região zoogeográfica

zoogeographical zone (Eco.) zona zoogeográfica

zoogeography (Zoo.) zoogeografia

zoography (Zoo.) zoografia

zooid (Zoo.) zoóide

zooidogamy (Bot.) fertilização por espermatozóides móveis

zoom (T.Imag.) ampliação óptica; «zoom»; focagem variável

zooming (Aero.) subida vertical violenta

zoom lens (T.Imag.) lente zoom; lente de focagem variável

zoonomy (Geral) zoonomia

zoonosis (Vet.) zoonose

zooplankton (Zoo.) zooplâncton

zoosperm (Zoo.) zoosperma; espermatozóide

zoosporangium (Bot.) zoosporângio

zoospore (Bot.) zoósporo

zootaxy (Geral) zootaxia

zootechniques (Geral) zootécnicas

zootomy (Zoo.) zootomia

zootoxin (Bio.) zootoxina; toxina animal

zootrophic (Zoo.) zootrófico

zoster (Med.) zoster; herpes zoster

z-parameters (Telecom.) parâmetros z

Zr (Quím.) símbolo do *zirconium* — zircónio

ZTC crystal (Electrón.) abr. de *zero temperatura coefficient crystal* — cristal de coeficiente de temperatura nulo

zulu time (Telecom.) hora zulu; hora média de Greenwich

zussmanite (Miner.) zussmanita

zwitterion hypothesis (Quím.) hipótese do hibridismo (do alemão *Zwitter* — hermafrodita, mestiço + *ion* — ião)

zyg-; zygo- (Geral) zig-; zigo-; do grego *zygon* — par, duplo

zygapophyses (Zoo.) zigapófise

zygodactylous (Zoo.) zigodáctilo

zygoma (Zoo.) zigoma

zygomatic (Zoo.) zigomático

zygomatic arch (Zoo:) arcada zigomática

zygomatic bone (Zoo.) osso zigomático

zygomorphic (Bot.) zigomórfico

zygomycetes (Bot.) zigomicetes; zigomicetos

zygomycotina (Bot.) zigomicetes; zigomicetos

zygonema (Bot.) zigonema (fase zigotena da meiose)

zygospore (Bot.; Zoo.) zigósporo

zygote (Bot.; Zoo.) zigoto

zygotene (Bio.) zigotena; sinapteno

zygotic (Bot.; Zoo.) zigótico

zym-; zymo- (Geral) zim-; zimo-; do grego *zyme* — fermento

zymogen (Bio.) zimógeno

zymosan (Imun.) zimosan; factor anticomplementar

zymosis (Quím.) zimose; fermentação

zymosterol (Quím.) zimosterol

zymotechny (Quím.) zimotecnia

zynogenetic (Zoo.) zinogenético

zyxin [ZYX] (Bio.) genes de efeito zigótico

Aa

aba (AERO.) flap
aba (MECH.) flange
aba (MINING) lap
ábaco (MATH.) abacus
ábaco japonês (MATH.) soroban
aba corrida (ARCH.) abamurus
ab-actiniano (ZOO.) abactinal
aba da capota do motor (AERO.) cowling flap
aba de adufa (BUILD.) back-flap; back-shutter
aba de assentamento (de cantoneira) (BUILD.) feather flange
aba de empena (BUILD.) gable board
aba de telhado (BUILD.) flank (roof)
abafador (PHYS.) baffle
abafador de admissão (AERO.) induction flame damper
abafador infinito (ELECTRON.) infinite baffle
abafamento (TELECOM.) masking
abaixamento dos flaps (AERO.) extension of flaps
abalo sísmico (GEO.) earthquake; seism
abampere (ELECT.) abampere
abandono (MINING) abandonment
abapical (ZOO.) abapical
abas da capota (AERO.) cowl flaps
abastecido no ar (AERO.) air-supplied
abastecimento no ar (AERO.) air supply
abatimento (GEO.) slump
abatimento de nível inferior (MINING) sublevel caving
abatimento específico (HYDRO.) specific drawdown
abaulamento (ARCH.) swelling
abaxial (BOT.; PHYS.; ZOO.) abaxial
abcesso (MED.) abscess
abcesso amigdaliano (MED.) quinsy
abcesso cerebral (MED.) cerebral abscess
abcesso gengival (MED.) gum-boil
abcesso intracerebral (MED.) cerebral abscess
abcissa (MATH.) abscissa
abdominal (GEN.) abdominal; ventral
abdominalgia periódica (MED.) periodic abdominalgia
abdução (MED.) abduction
abducente (MED.) abducens
abdutor (MED.; ZOO.) abductor
abelha mestra (ZOO.) queen-bee
abelite (CHEM.) abelite
aberração (GEN.) aberration
aberração (COMP.) drop
aberração (MED.) aberration; aberratio
aberração astronómica (ASTRO.) astronomical aberration
aberração cromática (PHYS.; IMAGE TECH.) chromatic aberration

aberração cromática lateral (IMAGE TECH.) lateral chromatic aberration
aberração cromática longitudinal (IMAGE TECH.) longitudinal chromatic aberration
aberração cromossómica (BIO.) chromosomal aberration; chromosome aberration
aberração de imagem (PHYS.) aberration; coma (Optics)
aberração de lente (PHYS.) lens aberration
aberração esférica (PHYS.) spherical aberration
aberração monocromática (PHYS.) monochromatic aberration
aberração newtoniana (PHYS.) Newtonian aberration
aberração óptica (PHYS.) optical aberration
aberração planetária (ASTRO.) planetary aberration
aberrante (BOT.; MED.; ZOO.) aberrant
abertura (AERO.) vent
abertura (ARCH.) bay
abertura (BUILD.) break; span
abertura (GEN.) aperture; gape; opening; port
abertura (MECH.) clearance
abertura (MED.) aperture; gap; mouth; foramen; patency; apertura
abertura da lente (TELECOM.) lens aperture
abertura de admissão (AUTO.) inlet port
abertura de cúpula (ARCH.) dome manhole
abertura de entrada (ELECTRON.) input gap
abertura de faísca de amortecimento rápido (ELECT.) quenched spark gap
abertura de ficheiro (COMP.) file opening
abertura de frestas (BUILD.) fenestration
abertura de janelas (BUILD.) fenestration
abertura de ranhura (ELECT.) slot opening
abertura de rasgo de chaveta (MECH.) key-seating
abertura de sessão (COMP.) logon
abertura de túnel (BUILD.) tunelling
abertura de urdidura (TEXT.) shed (loom)
abertura de ventilação (MINING) air stack
abertura dos eléctrodos (ELECT.) horn gap
abertura em forno de fundir vidro (MECH.; GLASS) glory-hole

abertura em V (ELECT.) horn gap
abertura estática (AERO.) static vent
abertura externa de um canal (MED.) lumen
abertura foliar (BOT.) foliar gap
abertura germinal (BOT.) germinal aperture; germinal pore
abertura implícita (COMP.) implicit opening
abertura lenta (AERO.) delayed drop
abertura numérica (PHYS.) numerical aperture
abertura primária (GEO.) primary opening
abertura retardada (AERO.) delayed drop; delayed opening
aberturas de admissão (HYDRO.) intake openings
aberturas de poços (BUILD.) sinking
abertura total (MECH.) full-gate
abertura total (IMAGE TECH.) full aperture
abfarad (ELECT.) abfarad
abhenry (ELECT.) abhenry
abiogénese (BOT.; ZOO.) abiogenesis
abiótico (BOT.) abiotic
abissal (GEO.) abyssal
abissal-bêntico (GEO.) abyssal-benthic
abissopelágico (ECO.) abyssopelagic
ablação (MED.) ablation
ablação da célula (BIO.) cell abalation
ablação de meteoro (ASTRO.) meteor ablation
abmho (ELECT.) abmho
abóbada (ARCH.) vault; dome; full-centre arch
abóbada anglo-saxónica (ARCH.) fan vaulting
abóbada anular (ARCH.) annular vault
abóbada celeste (METEO.) sky vault
abóbada cilíndrica (BUILD.) barrel vault
abóbada de aresta (ARCH.) cross vault
abóbada de berço recto (ARCH.) straight barrel vault
abóbada de descarga (ARCH.) rere arch
abóbada de encontro (ARCH.) groined arch
abóbada de suporte (ARCH.) squinch
abobadado (ARCH.) domical
abóbada em leque (ARCH.) fan vaulting
abóbada esférica (ARCH.) dome; cupola
abóbada gótica (ARCH.) equilateral arch
abóbada intercalada (ARCH.) interposed vault
abóbada montante (ARCH.) ramp vault

abóbada normanda (ARCH.) fan vaulting

abóbada oblíqua (ARCH.) oblique arch

abóbada palatina (ZOO.) palate

abóbada plana (ARCH.) straight arch

abóbada pontiaguda (ARCH.) surmounted vault

abóbada sem articulação (ARCH.) non-hinged arch

abóbada semicircular (ARCH.) wagon vault; wagon roof

Abohm (ELECT.) Abohm

abomasite (VET.) abomasitis

abomaso (VET; ZOO.) abomasum

aboral (ZOO.) aboral

abordagem eurística (COMP.) heuristic approach

abortivo (MED.) abortient; abortifacient; abortive

aborto (AERO.; ASTRO.; COMP.) abort

aborto (MED.; ZOO.) abortion; abort; abortus; miscarriage

aborto enzoótico das ovelhas (VET.) enzootic ovine abortion; kebbing

aborto equino contagioso (VET.) contagious equine abortion

aborto equino por vírus (VET.) equine virus abortion

abráquio (ZOO.) abrachiate

abrasão (MECH.) hardness

abrasão (MED.) abrasion

abrasivo (MECH.) abradant

abrasivo (CHEM.) abrasive

ab-reacção (PSYCHO.) abreaction

abre-boca (MED.) gag (instrument)

abridor de fardos (TEXT.) bale breaker

abrigo (BUILD.) bunker

abrigo de Stevenson (METEO.) Stevenson screen

abrigo inglês (METEO.) Stevenson screen

abrigo meteorológico (METEO.) screen shelter

abrir ficheiro (COMP.) open file

abscisina II (BOT.) abscisic acid; ABA

ábside (ARCH.) apse

absidíola (ACH.) apsidiole

absoluto (GEN.) absolute

absorção (GEN.) absorption

absorção acústica (PHYS.) acoustic absorption

absorção atmosférica (GEN.) atmospheric absorption

absorção contínua (CHEM.) continuous absorption

absorção da massa (TELECOM.) ground absorption

absorção da terra (TELECOM.) ground absorption

absorção de ar (PHYS.) air absorption

absorção de Compton (PHYS.) Compton absorption

absorção de luz (PHYS.) light absorption

absorção de óleo (CHEM.) oil absorption

absorção de parede (PHYS.) wall absorption

absorção dieléctrica (ELECT.) dielectric absorption

absorção electroforética (BIO.) electrophoretic blotting

absorção espectral (PHYS.) spectral absorption

absorção espontânea (PHYS.) spontaneous absorption

absorção fotoeléctrica (PHYS.) photoelectric absorption

absorção infravermelha (PHYS.) infrared absorption

absorção interestelar (ASTRO.) interstellar absorption

absorção ionosférica (METEO.) ionospheric absorption

absorção na produção de pares (ELECTRON.) pair-production absorption

absorção nuclear (PHYS.) nuclear absorption

absorção ocidental (IMMUN.) Western blotting

absorção por difusão capilar (BIO.) blotting

absorção por ressonância (ELECT.) resonance absorption

absorção relativa (PHYS.) relative absorption

absorção selectiva (PHYS.) selective absorption

absorciómetro (CHEM.) absorptiometer

absorpção eléctrica (PHYS.) electrical absorption

absortividade (PHYS.) absortivity

absorvedor (MECH.) buffer

absorvedor de arco (ELECT.) arc absorber

absorvedor de centelha (ELECT.) spark absorber

absorvedor de controlo (NUCL.) control absorber

absorvedor de microondas (ELECT.) microwave absorver

absorvedor de neutrões (PHYS.) neutron absorber

absorvedor de painel (PHYS.) panel absorber

absorvedor de radiação (PHYS.) radiation absorber

absorvedor de sobretensão (ELECT.) surge absorber

absorvedor harmónico (PHYS.) harmonic absorber

absorvência (PHYS.) absorptance

absorvência (MED.; CHEM.) absorbency; absorbance

absorvência molar (CHEM.) molar absorbance

absorvente (PHYS.) absorber

absorvente (GEN.) absorbent; absorber

absorvente de radiação (PHYS.) radiation absorber

absorvente metálico alcalino (ELECTRON.) getter

absorvente metálico de filamento (ELECTRON.) filament getter

absorver (BIO.) incept

abstração (GEO.) abstraction

abstracção de dados (COMP.) data abstraction

abstracção processual (COMP.) procedural abstraction

abterminal (MED.) abterminal

abundância (CHEM.) abundance

abundância cósmica (ASTRO.) cosmic abundance

abundância isotópica (PHYS.) isotopic abundance

abundância natural (PHYS.) natural abundance

abundância relativa (ECO.) relative abundance

abvolt (ELECT.) abvolt

abwatt (ELECT.) abwatt

acabado à máquina (PAPER) machine finished

acabado antigo (PAPER.) antique

acabamento (GEN.) ending; finish

acabamento (IMAGE TECH.) processing

acabamento (PRINT.) finishing

acabamento a água (PAPER.) water finish

acabamento anti-ruga (TEXT.) crease-resist finish

acabamento baço (BUILD.) matt finish

acabamento brilhante (BUILD.; IMAGE TECH.) glazing

acabamento casca de ovo (BUILD.) eggshell finish

acabamento duro (BUILD.) setting coat

acabamento espelhado (MECH.) mirror finish

acabamento granítico (BUILD.) granitic finish

acabamento mate (BUILD.) matt finish

acabamento mecânico (TEXT.) mechanical finishing

acabamento polido (MECH.) mirror finish

acabamento químico (TEXT.) chemical finishing

acabamento semibrilhante (BUILD.) dead finish

acabamentos limpos (BUILD.) fair ends; neat finishings

acalásia (MED.) achalasia

acalásia da cárdia (MED.) achalasia of the cardia

acanelado de coluna (ARCH.) chamfer

acanelamento (BUILD.) fluting

acantite (MINER.) acanthite

acantocéfalos (ZOO.) Acanthocephala

acantoma (MED.) acanthoma

acantose nigrícia (MED.) acanthosis nigricans

acantozóide (ZOO.) acanthozooid

acaríase (MED.; VET.) acariasis

Acarinos (ZOO.) Acarina

acariócito (ZOO.) akaryocyte

acariose (MED.; VET.) acariasis

acariota (ZOO.) akariote

acarófila (BOT.) acarophily

acarofitismo (BOT.) acarophytism

ácaros dermatofagóides (MED.) house mites

ácaros perfuradores (VET.) forage mites

acasalamento preferencial (ZOO.) preferential mating

acaule (BOT.) acauline

acaulescente (BOT.) acaulescent

acaulose (BOT.) acaulose

acção (GEN.) action

acção de bloqueamento (METEO.) blocking action

acção de desbastar (BUILD.) wasting action

acção de diodo (ELECTRON.) diode action

acção de êmbolo (ELECT.) piston action
acção de gelo (GEO.) ice action
acção de mola (ENG.) spring action
acção de restabelecimento (MECH.) reset action
acção de rodízios (AUTO.) caster action
acção de segurança (HORO.) safety action
acção dinâmica específica (BIO.) specific dynamic action
acção disjuntiva (ELECTRON.) trip action
acção dos predadores recíprocos (ECO.) reciprocal predation
acção eólica (GEO.) wind action
acção glacial (GEO.) glacial action
acção heterodínica (TELECOM.) heterodyne action
acção local (ELECT.) local action
acção mecânica (MECH.) mechanical action
acção microfónica coclear (PHYS.) aural microphonic action
acção rápida (ELECT.) snap action
acção rectificadora (CHEM.) rectifying action
acção reflexa (ZOO.) reflex action
acção retardada (ELECT.) delayed action
acção retardadora (ELECT.) delay action
acção vibratória (ELECT.) dither
accionado a eixo (MECH.) axle driven
accionado a energia nuclear (CHEM.; SPACE) atomic-powered
accionado hidraulicamente (MECH.) water driven
accionado por chave (COMP.) key driven
accionador colectivo (ELECT.) collective drive
accionador de cristal (ELECTRON.) crystal drive
accionador de emergência (ELECT.) emergency release-push
accionador de interruptor múltiplo (ELECT.) multiple-switch starter
accionador de radiofrequência (TELECOM.) radio-frequency driver
accionamento a cremalheira (MECH.) rack drive
accionamento a jacto de água (BUILD.) water-jet driving
accionamento a vapor (MECH.) steam work
accionamento de antena (TELECOM.) antenna drive
accionamento de eixo independente (ELECT.) individual axle-drive
accionamento de velocidade variável (ELECT.) variable-speed drive
accionamento Diesel-eléctrico (MECH.) diesel-electric drive
accionamento do gerador (MECH.) generator drive
accionamento individual (ELECT.) individual drive
accionamento mecânico (MECH.) mechanical drive
accionamento por atrito (MECH.) friction drive

accionamento secundário (MECH.) secondary drive
Accipitriformes (ZOO.) Accipitriformes
acefalia (MED.) acephaly; acephalia; acephalism
acéfalo (MED.; ZOO.) acephalus
aceitante (ELECTRON.;CHEM.) acceptor
aceleração (GEN.) acceleration
aceleração (PHYS.) momentum
aceleração angular (PHYS.) angular acceleration
aceleração centrípeta (PHYS.) centripetal acceleration
aceleração circular (PHYS.) circular acceleration
aceleração da gravidade (GEN.) acceleration of gravity
aceleração de arfagem (AERO.) pitch acceleration
aceleração de Coriolis (METEO.) Coriolis acceleration
aceleração de descolagem (AERO.) take-off acceleration
aceleração de guinada (AERO.) yaw acceleration
aceleração de impacto (AERO.) impact acceleration
aceleração de protões (PHYS.) proton acceleration
aceleração de rolamento (AERO.) roll acceleration
aceleração devido à gravidade (PHYS.) acceleration due to gravity
aceleração do campo (ELECT.) field acceleration
aceleração escalar (PHYS.) scalar acceleration
aceleração negativa (PHYS.) negative acceleration
aceleração normal (PHYS.) normal acceleration
aceleração pós-deflexão (ELECTRON.) postdeflection acceleration
aceleração secular (ASTRO.) secular acceleration
aceleração suplementar (MECH.) supplementary acceleration
aceleração viva (AERO.) sharp-edged gust
acelerador (ELECTRON.) accelerating machine
acelerador (PHYS.) atom smasher
acelerador (GEN.) accelerator
acelerador coaxial de plasma (MED.) coaxial plasma accelerator
acelerador de campo transversal (ELECT.) crossed field accelerator
acelerador de Cockcroff-Walton (ELECT.) Cockcroff and Walton accelerator
acelerador de deutões (deuterões) (NUCL.) deuteron accelerator
acelerador de gradiente alterno (ELECT.) alternating-gradient accelerator
acelerador de impulsos (ELECT.) impulse accelerator
acelerador de iões (PHYS.) ion accelerator
acelerador de onda progressiva (ELECTRON.) travelling wave accelerator

acelerador de partículas (NUCL.) particle accelerator
acelerador de plasma (ELECTRON.) plasma accelerator
acelerador de protões (NUCL.; PHYS.) proton accelerator
acelerador de Van de Graaff (ELECT.) Van de Graaff accelerator
acelerador electrostático (ELECT.) electrostatic accelerator
acelerador linear (ELECTRON.) linear accelerator
acelerador linear de electrões (ELECT.) linear electron accelerator; LEA
acelerógrafo (ELECTR.) accelerograph
acelerómetro (PHYS.) accelerometer
acelerómetro de impacto (AERO.) impact accelerometer
acelerómetro de máxima (AERO.) maximum-reading accelerometer
acelomado (ZOO.) acoelomate; acoelomatous
acelular (BOT.) acellular
acenaftenoquinona (CHEM.) acenaphthenequinone
acêntrico (BIO.; ZOO.) acentric; acentrous
acentuação (TELECOM.) accentuation
acentuação do baixo (PHYS.) bass boost (Acoustics)
acentuação do contraste (IMAGE TECH.) crispening
acentuador (TELECOM.) accentuator
acentuador de intensidade de sinais (TELECOM.) emphasizer
acerto (COMP.) hit
acerto das linhas (PRINT.) justification
acervação (coacervação) (CHEM.) coacervation
acérvulo (BOT.) acervulus
acesso (BUILD.) adit; entry
acesso aleatório (COMP.) random access; single reference
acesso à memória (COMP.) access to store
acesso básico (ELECTRON.) basic rate access [BRA]
acesso condicional (TELECOM.) conditional access [CA]
acesso de túnel (BUILD.) tunnel pit; tube shaft
acesso directo à memória (COMP.) direct memory access [DMA]
acesso em série (COMP.) serial access
acesso imediato (COMP.) immediate access
acesso múltiplo (COMP.) multi-access; multiple access
acesso múltiplo por divisão de código (TELECOM.) code division multiple access [CDMA]
acesso múltiplo por divisão de frequência (COMP.) frequency division multiple access
acesso múltiplo por divisão de tempo (TELECOM.) time-division multiple access
acesso por caneta luminosa (COMP.) light pen strike
acesso remoto (COMP.) remote access
acessório (ZOO.) accessorius; accessory

acessório de compressão (BUILD.) compression fitting

acessório de disparo em derivação (ELECT.) shunt trip attachment

acessórios (BUILD.) furniture; fixtures

acessórios (MECH.) fittings

acessórios de compressão (BUILD.) capillary fittings

acessórios de tubulação (BUILD.) conduit fittings

acessórios e montagens de caldeira (MECH.) boiler fittings and mountings

acesso sequencial (COMP.) sequential access

acesso sequencial indexado (COMP.) indexed sequencial access

acesso zero (COMP.) zero access

acetábulo (ZOO.) acetabulum

acetal (CHEM.) acetal

acetaldeído (CHEM.) acetaldehyde; ethanal

acetal de polivinilo (CHEM.) polyvinyl acetal

acetaldol (CHEM.) acetaldol

acetamida (CHEM.) acetamide; ethanamide

acetamidina (CHEM.) acetamidine

acetaminofenol (CHEM.) acetaminophen; paracetamol; Tylenol [TM]

acetaminofluoreno (CHEM.) acetaminofluorene

acetato (CHEM.) acetate

acetato butílico (CHEM.) butyl acetate

acetato de alumínio (CHEM.) aluminium acetate

acetato de amilo (CHEM.) amyl acetate; pearl oil

acetato de celulose (TEXT.) cellulose acetate

acetato de chumbo (CHEM.) lead acetate; sugar of lead

acetato de dietanolamina (CHEM.; MED.) dyethanolamine acetate; iodopyracet

acetato de etilo (CHEM.) ethyl acetate

acetato de fludrocortisona (MED.) fludrocortisone acetate

acetato de glicerol (CHEM.) acetin; glycerol acetate

acetato de mercúrio (CHEM.) mercuric acetate

acetato de polivinilo (PLAST.) polyvinyl acetate

acetato de potássio (CHEM.) potassium acetate

acetato de sódio (CHEM.) sodium acetate

acetato de zinco (CHEM.) zinc acetate

acetato mercuroso (CHEM.) mercurous acetate

acetificar (CHEM.) acetify

acetil (CHEM.) acetyl; ethanoyl

acetilação (CHEM.) acetylation; ethanoylation

acetilase (CHEM.) acetylase

acetilcelulose (CHEM.) acetylcellulose

acetil-CoA (CHEM.) acetyl-CoA

acetil-CoA acilase (CHEM.) acetyl-CoA acylase

acetil-CoA aciltransferase (CHEM.) acetyl-CoA acyltransferase

acetil-CoA carboxilase (CHEM.) acetyl-CoA carboxylase

acetil-CoA hidrolase (CHEM.) acetyl-CoA hydrolase

acetil-CoA sintetase (CHEM.) acetyl-CoA synthetase

acetil-CoA tiolase (CHEM.) acetyl-CoA thiolase

acetilcoenzima-A (CHEM.) acetyl-coenzime-A; acetyl-CoA

acetilcolina (CHEM.) acetyl choline; acetylcholine

acetilcolinesterase (CHEM.) acetylcholinesterase

acetildigoxina (CHEM.) acetyldigoxin

acetileno (CHEM.) acetylene

acetileto (CHEM.) acetylide

acetilmetilcarbinol (CHEM.) acetoin

acetilsalicilato de alumínio (CHEM.) aluminium acetylsalicylate

acetímetro (CHEM.) acetimeter

acetina (CHEM.) acetin

acetinado (BUILD.) glaze

acetinado (MINING) silk

acetoacetato de etilo (CHEM.) ethyl aceto-acetate

acetoacetil-CoA (CHEM.) acetoacetyl-CoA

acetoacetilcoenzima A (CHEM.) acetoacetilcoenzime-A

acetoarsenito cúprico (CHEM.) copper acetoarsenite; Schweinfurt green; emerald green; Paris green

acetofenona (CHEM.) acetophenone

acetoína (CHEM.) acetoin

acetol (CHEM.) acetol

acetólise (CHEM.) acetolysis

acetómetro (CHEM.) acetimeter

acetona (CHEM.) acetone

acetonemia bovina (VET.) bovine acetonaemia

acetonitrilo (CHEM.) acetonitrile

acetonúria (MED.) acetonuria

acetossolúvel (CHEM.) acetosoluble

acharoador (BUILD.) Japanner's gold-size

acharoar (BUILD.) japanning

achatado (nos pólos) (GEN.) oblate

achatamento (MED.) applanation

acíclica (BOT.; CHEM.) acyclic

acícula (BOT.) acicle

acicular (BOT.;MINER.) acicular

acículo (ZOO.) aciculum

acidez (CHEM.) acidity

acidificação (TEXT.) souring

acidificação de poços de petróleo (MINING) acidizing oil wells

acidimetria (CHEM.) acidimetry

ácido (BOT.) pungent

ácido (GEN.) acid

ácido abscídico (BOT.) abscisic acid; dormin

ácido acético (CHEM.) acetic acid

ácido acético glacial (CHEM.) glacial acetic acid

ácido acetilsalicílico (CHEM.) acetylsalicylic acid

ácido acetoacético (CHEM.) acetoacetic acid

ácido acrílico (CHEM.) acrylic acid; propenoic acid

ácido adenílico (BIO.; CHEM.) adenylic acid; cyclic adenosine monophosphate [cAMP]

ácido adípico (CHEM.) adipic acid

ácido alantóico (CHEM.) allantoic acid

ácido aldárico (CHEM.) aldaric acid; norgine

ácido algínico (CHEM.) alginic acid

ácido aminoacético (CHEM.) aminoacetic acid; glycine

ácido aminocapróico (CHEM.) aminocaproic acid

ácido antranílico (CHEM.) anthranilic acid

ácido apirimidínico (CHEM.) apyrimidinic acid

ácido arábico (CHEM.) arabic acid; arabin

ácido aráquico (CHEM.) arachic acid

ácido araquídico (CHEM.) arachidic acid

ácido argininossuccínico (CHEM.) argininosuccinic acid

ácido arsénico (CHEM.) arsenic acid

ácido arsenioso (CHEM.) arsenious acid

ácido ascórbico (CHEM.) ascorbic acid; vitamin C

ácido aspártico (BIO.; CHEM.) aspartic acid

ácido aspergílico (CHEM.) aspergillic acid

ácido auriclorídrico (CHEM.) chloroauric acid

ácido áurico (CHEM.) auric acid

ácido aurintricarboxílico (CHEM.) aurintricarboxylic acid

ácido azelaico (CHEM.) azeleic acid

ácido azótico (CHEM.) nitric acid

ácido barbitúrico (CHEM.) barbituric acid

ácido bénico (CHEM.) behenic acid

ácido benzenocarboxílico (CHEM.) benzene carboxylic acid

ácido benzenossulfónico (CHEM.) benzene-sulphonic acid

ácido benzóico (CHEM.) benzoic acid; benzenecarboxylic acid

ácido beta-indolacético (BOT.) indole-3-acetic acid

ácido borácico (CHEM.) boracic acid

ácido bórico (CHEM.) boric acid

ácido brómico (CHEM.) bromic acid

ácido bromídrico (CHEM.) hypobromous acid

ácido bruto (CHEM.) crude acid

ácido butanóico (CHEM.) butanoic acid

ácido butírico (CHEM.) butyric acid

ácido canfórico (CHEM.) camphoric acid

ácido cantarídico (CHEM.) cantharidic acid

ácido cáprico (CHEM.) capric acid

ácido caprílico (CHEM.) caprylic acid

ácido carbâmico (CHEM.) carbamic acid

ácido carbólico (CHEM.) carbolic acid; phenic acid; phenol

ácido carbónico (CHEM.) carbonic acid

ácido carboxílico (CHEM.) carboxylic acid; organic acid

ácido cetopantóico (CHEM.) ketopantoic acid

ácido chiquímico (BOT.) shikimic acid

ácido cianídrico (CHEM.) cyanidric acid; hydrogen cyanide; hydrocyanic acid; prussic acid

ácido cianúrico (CHEM.) cyanuric acid
ácido cinâmico (CHEM.) cinnamic acid; 3-phenylpropenoic acid
ácido cinchonínico (CHEM.) cinchoninic acid
ácido cítrico (CHEM.) citric acid
ácido clorídrico (CHEM.) hydrochloric acid; hydrogen chloride; spirit of salt
ácido cloroacético (CHEM.) chloroacetic acid
ácido cloroplatínico (CHEM.) chloroplatinic acid
ácido cloroso (CHEM.) chlorous acid
ácido cobâmico (CHEM.) cobamic acid
ácido cobínico (CHEM.) cobinic acid
ácido colânico (MED.) cholanic acid
ácido cólico (CHEM.) cholic acid
ácido crómico (CHEM.) chromic acid
ácido cromonucleico (CHEM.) chromonucleic acid
ácido crotónico (CHEM.) crotonic acid
ácido cumálico (CHEM.) coumalic acid
ácido cumárico (CHEM.) coumaric acid
ácido de alcatrão bruto (CHEM.) crude tar acid
ácido de Caro (CHEM.) Caro's acid
ácido de lama (MINING) mud acid
ácido derramado (CHEM.) spilled acid
ácido desoxirribonucléico (BIO.) deoxyribonucleic acid [DNA]
ácido diaminopimélico (CHEM.) diamino-pymelic acid
ácido diclorofenoxiacético (CHEM.) dichlorophenoxyacetic acid
ácido dietilbarbitúrico (CHEM.; MED.) diethylbarbituric acid; barbital
ácido dietilditiocarbâmico (CHEM.) diethyldithiocarbamic acid
ácido dietileno-triaminopentacético (CHEM.) diethylenetriaminepentaacetic acid
ácido difluorofosfórico (CHEM.) difluorophosphoric acid
ácido dimetilarsínico (CHEM.) dimethylarsinic acid
ácido ditiónico (CHEM.) dithionic acid
ácido ditionoso (CHEM.) dithionous acid; hydrosulphurous acid
ácido docosenóico (CHEM.) docosenoic acid
ácido e base conjugados (CHEM.) conjugate acid and base
ácido edético (CHEM.) edetic acid
ácido erúcico (CHEM.) erucic acid
ácido estânico (CHEM.) stannic acid
ácido esteárico (CHEM.) stearic acid; octadecanoic acid
ácido etacrínico (CHEM.) ethacrynic acid
ácido etanodial (CHEM.) glyoxalic acid
ácido etanóico (CHEM.) ethanoic acid
ácido etilenodiamino tetracético (CHEM.) ethylene diamine tetra-acetic acid [EDTA]
ácido fénico (CHEM.) phenic acid
ácido fenilacético (CHEM.) phenylacetic acid
ácido feniláctico (CHEM.; MED.) phenyllactic acid
ácido feniletilbarbitúrico (CHEM.; MED.) phenylethylbarbituric acid; phenobarbital; Luminal (USA)
ácido fenilssulfónico (CHEM.) phenylsulfonic acid

acidofílico (ECO.) acidophilic
acidófilo (BIO.; CHEM.) acidophile
ácido fitânico (CHEM.) phytanic acid
ácido fítico (BOT.) phytic acid
ácido fluorídrico (CHEM.) fluoride hydrogen
ácido fluorobórico (CHEM.) fluoroboric acid
ácido fólico (CHEM.) folic acid
ácido fórmico (CHEM.) formic acid
ácido formiminoglutâmico (CHEM.) formiminoglutamic acid
ácido fosfâmico (CHEM.) phosphamic acid
ácido fosfatídico (CHEM.) phosphatidic acid
ácido fosfoenolpirúvico (BOT.; CHEM.) phosphoenolpyruvic acid
ácido fosfórico (CHEM.) phosphoric acid; orthophosphoric acid
ácido fosfórico glacial (CHEM.) glacial phosphoric acid
ácido fosforoso (CHEM.) phosphorous acid
ácido frenosínico (CHEM.) phrenosinic acid
ácido ftálico (CHEM.) phthalic acid
ácido ftióico (CHEM.) phthioic acid
ácido fulvo (CHEM.) fulvic acid
ácido fumárico (CHEM.) fumaric acid
ácido fumariloacetoacético (CHEM.) fumarylacetoacetic acid
ácido fusídico (BIO.; CHEM.) fusidic acid
ácido gadoleico (CHEM.; MED.) gadoleic acid
ácido galactárico (CHEM.) galactaric acid
ácido gálico (CHEM.) gallic acid
ácido gama-aminobutírico (MED.) gamma-amino butyric acid
ácido genciânico (CHEM.) gentianic acid; gentisin
ácido giberélico (BOT.) gibberellic acid
ácido gimnémico (CHEM.) gymnemic acid
ácido ginamínico (CHEM.) gynaminic acid
ácido glicocólico (CHEM.; MED.) glycocholic acid
ácido glicurónico (CHEM.) glycuronic acid
ácido glioxílico (CHEM.) glyoxylic acid
ácido glucónico (CHEM.) gluconic acid
ácido glucorónico (CHEM.) glucoronic acid
ácido glutâmico (CHEM.) glutamic acid
ácido glutárico (CHEM.) glutaric acid
ácido gordo (BIO.) fatty acid
ácido grafítico (CHEM.) graphitic acid
ácido guanílico (CHEM.) guanylic acid
ácido helvólico (CHEM.) helvolic acid; fumigacin
ácido hexafluorofosfórico (CHEM.) hexafluorophosphoric acid
ácido hexanóico (CHEM.) hexanoic acid
ácido hexónico (CHEM.) hexonic acid
ácido hexurónico (CHEM.) hexuronic acid
ácido hialurónico (CHEM.) hyaluronic acid

ácido hidrazóico (CHEM.) hydrazoic acid
ácido hidrobrómico (CHEM.) hydrobromic acid
ácido hidrociânico (CHEM.) hydrocyanic acid
ácido hidrossulfúrico (CHEM.) hydrosulphuric acid
ácido hipocloroso (CHEM.) hypochlorous acid
ácido hipofosfórico (CHEM.) hypophosphoric acid
ácido hipofosforoso (CHEM.) hypophosphorous acid; phosphinic acid
ácido hipossulfúrico (CHEM.) hyposulphuric acid
ácido hipossulfuroso (CHEM.) hyposulphurous acid; sulphininic acid; dithionous acid
ácido húmico (CHEM.) humic acid; mould acid
ácido idurónico (CHEM.) iduronic acid
ácido instável (CHEM.) unstable acid
ácido iódico (CHEM.) iodic acid
ácido iodídrico (CHEM.) hydriodic acid; hydroiodic acid
ácido iodogorgóico (CHEM.) iodogorgoic acid
ácido isobutírico (CHEM.) isobutyric acid
ácido K (CHEM.) K-acid
ácido láctico (CHEM.) lactic acid; 2-hydroxypopanoic acid
ácido lactobacílico (CHEM.) lactobacillic acid
ácido láurico (CHEM.) lauric acid
ácido linoleico (CHEM.) linoleic acid
ácido lipóico (CHEM.) lipoid acid
ácido lítico (CHEM.) lithic acid
ácido litocólico (CHEM.) lithocholic acid
ácido maleico (CHEM.) maleic acid
ácido málico (CHEM.) malic acid; 2-hydroxybutanedioic acid
ácido málico desidrogenase (CHEM.) malic acid dehydrogenase
ácido malónico (CHEM.) malonic acid; propanedioic acid
ácido mandélico (CHEM.) mandelic acid
ácido manurónico (CHEM.) mannuronic acid
ácido margárico (CHEM.) margaric acid
ácido mecónico (CHEM.) meconic acid
ácido melítico (CHEM.) mellitic acid
ácido mercaptúrico (CHEM.) mercapturic acid
ácido mesacónico (CHEM.) mesaconic acid
ácido metabórico (CHEM.) metaboric acid
ácido metacrílico (CHEM.) methacrylic acid
ácido metafosfórico (CHEM.) metaphosphoric acid
ácido metanílico (CHEM.) metanilic acid
ácido metanóico (CHEM.) methanoic acid
ácido metil fumárico (CHEM.) mesaconic acid

ácido meváldico (CHEM.) mevaldic acid

ácido mevalónico (CHEM.) mevalonic acid

ácido mirístico (CHEM.) myristic acid

ácido molíbdico (CHEM.) molybdic acid

ácido monovalente (CHEM.) univalent acid

ácido múcico (CHEM.) mucic acid

ácido murâmico (CHEM.) muramic acid

ácido muriático (CHEM.) muriatic acid

ácido naftiónico (CHEM.) naphthionic acid

ácido naftóico (CHEM.) naphthoic acid

ácido neuramínico (CHEM.) neuraminic acid

ácido nicotínico (CHEM.) nicotinic acid; niacine

ácido nítrico (CHEM.) nitric acid; strong water; aqua fortis

ácido nitroidroclórico (CHEM.) nitrohydrochloric acid

ácido nitroso (CHEM.) nitrous acid

ácido nucleico (BIO.) nucleic acid

ácido oftálmico (CHEM.; VET.) ophtalmic acid

ácido oleico (CHEM.) oleic acid

ácido orgânico (CHEM.) organic acid; carboxylic acid

ácido ornitúrico (CHEM.) ornithuric acid

ácido orótico (BIO.) orotic acid

ácido ortofosfórico (CHEM.) orthophosphoric acid

ácido ortossilícico (CHEM.) orthosilicic acid

ácido ósmico (CHEM.) osmic acid (inc. name for «osmic tetroxide»)

ácido oxálico (CHEM.) oxalic acid; ethanedioic acid

ácido oxaloacético (CHEM.) oxaloacetic acid

ácido oxâmico (CHEM.) oxamic acid

ácido palmítico (CHEM.) palmitic acid; hexadecanioic acid

ácido p-aminossalicílico [PAS] (CHEM.; MED.) para-aminossalicylic acid [PAS]

ácido pantoténico (BIO.; CHEM.) pantothenic acid

ácido parabânico (CHEM.) parabanic acid

ácido pelargónico (CHEM.) pelargonic acid

ácido peracético (CHEM.) peracetic acid

ácido perclórico (CHEM.) perchloric acid

ácido periódico (CHEM.) periodic acid

ácido permangânico (CHEM.) permanganic acid

ácido permonossulfúrico (CHEM.) permonosulphuric acid

ácido per-rénico (CHEM.) perrhenic acid

ácido picolínico (CHEM.) picolinic acid

ácido picolinúrico (CHEM.) picolinuric acid

ácido picrâmico (CHEM.) picramic acid

ácido pícrico (CHEM.) picric acid

ácido pipecólico (CHEM.) pipecolic acid

ácido pirofosfórico (CHEM.) pyrophosphoric acid

ácido pirogálico (CHEM.) pyrogallol

ácido pirolenhoso (CHEM.) pyroligneous acid

ácido pirossulfúrico (CHEM.) pyrosulphuric acid

ácido pirúvico (CHEM.) pyruvic acid

ácido prefénico (CHEM.) prephenic acid

ácido propanóico (CHEM.) propanoic acid

ácido propiólico (CHEM.) propiolic acid

ácido propiónico (CHEM.) propionic acid

ácido p-rosólico (CHEM.) pararosolic acid

ácido prostanóico (CHEM.) prostanoic acid

ácido prússico (CHEM.) prussic acid

ácido puberúlico (CHEM.) puberulic acid

ácido purpúrico (CHEM.) purpuric acid

ácido quenodesoxicólico (CHEM.) chenodeoxycholic acid

ácido quináldico (CHEM.) quinaldic acid

ácido quinaldínico (CHEM.) quinaldic acid

ácido quínico (CHEM.) quinic acid

ácido quinolínico (CHEM.) quinolinic acid

ácido racémico (CHEM.) racemic acid

ácido rénico (CHEM.) rhenic acid

ácido retinóico (CHEM.) retinoic acid

ácido ribonucleico [ARN] (CHEM.) ribonucleic acid [RNA]

ácido ribonucleico de transferência (BIO.) transfer ribonucleic acid

ácido ricínico (CHEM.) ricinoleic acid

ácido ricinoleico (CHEM.) ricinoleic acid

ácido ricinólico (CHEM.) ricinoleic acid

ácido rosólico (CHEM.) rosolic acid

ácido rubiânico (CHEM.) rubeanic acid

ácidos aldónicos (CHEM.) aldonic acids

ácido salicílico (CHEM.) salicylic acid; 2-hydroxybenzoic acid

ácido salicilsalicílico (CHEM.) salicylsalicylic acid

ácido salicilsulfónico (CHEM.) salicylsulphonic acid

ácido salicilúrico (CHEM.) salicyluric acid

ácidos dibásicos (CHEM.) dibasic acids

ácidos do álcool (CHEM.) alcohol acids

acidose (MED.) acidosis

ácido sebácico (CHEM.) sebatic acid

ácidos e bases de Lewis (CHEM.) Lewis acids and bases

ácidos e bases duros e macios (CHEM.) hard and soft acids and bases

ácidos etiânicos (CHEM.) etianic acids

ácidos fenólicos (CHEM.) phenolic acids

ácidos fenoxiacéticos (BOT.) phenoxyacetic acids

ácidos gordos (CHEM.) fatty acids

ácidos halóides (CHEM.) haloid acids

ácido siálico (CHEM.) sialic acid

ácido sórbico (CHEM.) sorbic acid

ácidos polibásicos (CHEM.) polybasic acids

ácidos poliénicos (CHEM.) polyenic acids

ácidos primários (CHEM.) primary acids

ácidos sulfínicos (CHEM.) sulphinic acids

ácidos teicóicos (CHEM.) teichoic acids

ácido sucinâmico (CHEM.) succinamic acid

ácido sucinamínico (CHEM.) succinamic acid

ácido sucínico (CHEM.) succinic acid

ácido sulfâmico (CHEM.) sulphamic acid

ácido sulfanílico (CHEM.) sulphanilic acid

ácido sulfídrico (CHEM.) hydrogen sulphide; sulphuretted hydrogen

ácido sulfínico (CHEM.) sulphinic acid

ácido sulfónico (CHEM.) sulphonic acid

ácido sulfossalicílico (CHEM.) sulphosalicylic acid

ácido sulfúrico (CHEM.) sulphuric acid; vitriol oil; oil of vitriol

ácido sulfúrico de Nordhausen (CHEM.) Nordhausen sulphuric acid

ácido sulfúrico fumegante (CHEM.) fuming sulphuric acid

ácido sulfuroso (CHEM.) sulphurous acid

ácido tânico (CHEM.) tannic acid

ácido tarírico (CHEM.) tariric acid

ácido tartárico (CHEM.) tartaric acid

ácido tereftálico (CHEM.) terephtalic acid

ácido tetrabórico (CHEM.) tetraboric acid

ácido tetracosanóico (CHEM.) tetracosanoic acid

acidótico (MED.) acidotic

ácido tiociânico (CHEM.) thiocyanic acid

ácido tioglicólico (CHEM.) thioglycolic acid

ácido tiopânico (CHEM.) thiopanic acid

ácido tiossulfúrico (CHEM.) thiosulphuric acid

ácido tiroacético (CHEM.) thyroacetic acid

ácido toluenossulfónico (CHEM.) toluenesulphonic acid

ácido toluenotricarboxílico (CHEM.) toluenetricarboxylic acid

ácido traumático (CHEM.) traumatic acid

ácido treónico (CHEM.) threonic acid

ácido triacético (CHEM.) triacetic acid

ácido tricloroacético (CHEM.) trichloroacetic acid

ácido trimetilaminoetanóico (CHEM.) trimethyl-aminoethanoid acid

ácido úrico (CHEM.) uric acid

ácido urocânico (BIO.) urocanic acid

ácido úsnico (CHEM.) usnic acid; usnein

ácido vacénico (CHEM.) vaccenic acid

ácido vacínico (CHEM.) veccenic acid

ácido valérico (CHEM.) valeric acid

ácido xântico (CHEM.) xanthic acid

ácido xantogénico (CHEM.) xanthic acid

ácido xantoproteico (CHEM.) xanthoproteic acid

acidúria metilmalónica (MED.) methylmalonic aciduria

acilação (CHEM.) acylation

acinésia (MED.) akinesia

acineta (acinete; acineto) (MED.) akinete

aciniforme (ZOO.) aciniform

aclimação (BIO.) acclimation

aclimatação (ECO.) hardening acclimation

aclimatização (BIO.;PSYCHO.) acclimatization

acloridria (MED.) achlorhydria

acmite (MINER.) acmite

acne (MED.) acne

acne eritematoso (MED.) acne erythematosous

acne rosácea (MED.) acne rosacea

aço (ENG.) steel

aço ácido (ENG.) acid-steel; Bessemer steel

aço antimagnético (ELECT.) non-magnetic steel

aço ao carbono (MECH.) carbon steel

aço ao silício (MECH.) silicious steel

aço ao tungsténio (MECH.) tungsten steel

aço ao vanádio (MECH.) vanadium steel

aço argentífero (MECH.) silver steel

aço básico (MECH.) basic steel

aço batido (MECH.) shear steel

aço Bessemer (ENG.) Bessemer-steel; acid-steel

aço bruto (MECH.) raw steel

aço-carbono (MECH.) carbon steel

aço cimentado (MECH.) blister steel

aço-cobalto (MECH.) cobalt steel

aço cobaltoso (MECH.) cobalt steel

aço com baixo teor de carbono (MECH.) low carbon steel

aço com teor de chumbo (MECH.) leaded steel

aço de alta tensão (ELECT.) high-tension steel

aço de alto carbono (MECH.) high-carbon steel

aço de auto-endurecimento (MECH.) self-hardening steel

aço de baixa histérese (MECH.) low hysteresis steel

aço de bolha (MECH.) blister steel

aço de cadinho (MECH.) crucible steel

aço de forja (MECH.) forge steel

aço de fundição (MECH.) cast steel

aço de liga (MECH.) alloy steel

aço de matriz quente (MECH.) hot-die steel

aço de meia-têmpera (MECH.) semisteel

aço desoxidado (MECH.) killed steel

aço de têmpera ao ar (MECH.) air-hardening steel

aço de têmpera no óleo (MECH.) oil-hardening steel

aço doce (MECH.) low carbon steel; mild steel

aço doce coado (MECH.) soft cast steel

aço doce revestido a aço inoxidável (MECH.) stainless-clad steel

aço duplex (ENG.) duplex steel

aço duro (MECH.) hard steel

aço empolado (MECH.) blister steel

aço especial (MECH.) compound steel

aço estirado (MECH.) drawn steel

aço fundido (MECH.) cast steel

aço hexagonal oco (MECH.) hollow hexagonal steel

aço hiper-eutéctico (MECH.) hypereutectoid steel

aço hipo-eutéctico (MECH.) hypoeutectoid steel

aço inoxidável (ENG.) stainless steel

aço laminado (MECH.) drawing steel

aço macio (MECH.) mild steel

aço magnético (MECH.) magnet steel

aço maleável (MECH.) malleable steel; forge steel

aço manganés (ENG.) manganese steel

aço médio (MECH.) medium steel

aço meio-doce (MECH.) medium steel

acomia (MED.) acomia; alopecia

acomodação (GEN.) accomodation

aço morto (MECH.) killed steel

acompanhamento de feixe de radar (AERO.; SPACE) beam riding

aço não refinado (MECH.) raw steel

acondicionamento (GEN.) conditioning

acondrito (GEO.) achondrite

acondroplasia (MED.) achondroplasia

aconina (CHEM.) aconine

aço-níquel (MECH.) nickel steel

aço níquel-cromo (MECH.) nickel-chromium steel

aconitase (CHEM.) aconitase

aconitina (CHEM.) aconitine

aço nobre (MECH.) refined steel

Acôntios (ZOO.) Acontia

aço para pentes de tear (TEXT.) reed steel

acoplado (ELECT.) coupled

acoplador (ELECT.) coupler plug

acoplador acústico (COMP.) acoustic coupler

acoplador de barra colectora (ELECT.) bus-wire coupler

acoplador de barra condutora (ELECT.) bus-line coupler

acoplador de cor (IMAGE TECH.) colour coupler

acoplador de linha de transmissão (ELECT.) transmission-line coupler

acoplador direccional (TELECOM.) directional coupler

acoplador direccional de medidas Bethe (ELECT.; PHYS.) Bethe-hole directional coupler

acopladores (IMAGE TECH.) couplers

acoplador plano (ELECT.) plain coupler

acoplador rotativo (TELECOM.) rotating joint

acoplador variável (ELECT.) variocoupler

acoplamento (GEN.) coupling

acoplamento (MINING; TELECOM.) hook-up

acoplamento (SPACE) docking

acoplamento (TELECOM.) strapping

acoplamento auto-indutivo (ELECT.) auto-inductive coupling

acoplamento capacitivo (ELECT.) capacitance coupling; capacitive coupling

acoplamento cónico (MECH.) Sellers coupling

acoplamento crítico (ELECT.) critical coupling

acoplamento cruzado (ELECT.) cross-coupling

acoplamento de autocapacitância (ELECT.) autocapacitance coupling

acoplamento de CA (ELECT.) AC coupling

acoplamento de corrente contínua (ELECT.) d.c. coupling

acoplamento de desfasamento (ELECTRON.) paraphase coupling

acoplamento de diodo (ELECTRON.) diode coupling

acoplamento de direcção (ELECT.) direction coupling

acoplamento de eixo (MECH.) shaft coupling

acoplamento de enlace (TELECOM.) link coupling

acoplamento de fluxo (ELECT.) flux link

acoplamento de Fottinger (ELECT.) Fottinger coupling

acoplamento de garras (MECH.) claw coupling

acoplamento de grade (ELECT.) grid coupling

acoplamento de impedância (ELECT.) impedance coupling

acoplamento de interferência (ELECT.) interference coupling

acoplamento de junção (ELECT.) junction coupling

acoplamento de ligação (ELECT.) link coupling

acoplamento de linha (TELECOM.) line coupling

acoplamento de malha (ELECT.) loop coupling

acoplamento de Oldham (MECH.) Oldham coupling

acoplamento de placa (MECH.) faceplate coupling

acoplamento de precisão (ELECT.) precision coupling

acoplamento de reatância (ELECT.) reactance coupling

acoplamento de resistência (ELECT.) resistive coupling

acoplamento de Russell-Saunders (PHYS.) Russell-Saunders coupling

acoplamento de segurança (MECH.) safety coupling

acoplamento de Sellers (MECH.) Sellers coupling

acoplamento directo (ELECT.) direct coupling

acoplamento electromagnético (ELECT.) electromagnetic coupling

acoplamento electrostático (ELECTRON.) electrostatic coupling

acoplamento em cadeia (MECH.) chain coupling

acoplamento em corrente (MECH.) chain coupling

acoplamento fechado (ELECT.) close coupling

acoplamento fêmea (MECH.) female coupling

acoplamento fixo (ELECT.; MECH.) fixed coupling; fast coupling

acoplamento flexível (MECH.) flexible coupling

acoplamento forte (ELECT.) tight coupling

acoplamento galvânico (ELECT.) galvanic coupling

acoplamento hidráulico (MECH.) hydraulic coupling

acoplamento indirecto (ELECT.; MECH.) indirect coupling

acoplamento indutivo (ELECT.) inductance coupling; inductive coupling

acoplamento j-j (PHYS.) j-j coupling

acoplamento livre (ELECT.) loose coupling

acoplamento magnético (ELECT.) magnetic coupling

acoplamento mecânico (ELECT.) ganging

acoplamento múltiplo (ELECT.) gang

acoplamento mútuo (ELECT.) mutual coupling

acoplamento negativo (ELECT.) negative coupling

acoplamento óhmico (ELECT.) ohmic coupling

acoplamento parasita (ELECT.) stray coupling

acoplamento por bobina de reatância (ELECT.) choke joint

acoplamento por flange (MECH.) flange coupling

acoplamento por resistência (ELECT.) resistance coupling

acoplamento por transformador (ELECT.) transformer coupling

acoplamento positivo (ELECT.) positive coupling

acoplamento rápido (MECH.) fast coupling

acoplamento reactivo (ELECTRON.) feedback coupling

acoplamento síncrono (ELECT.) synchronous coupling

acoplamento spin-órbita (ELECTRON.) spin-orbit coupling

acoplamento variável (ELECT.) variable coupling

aço poroso (MECH.) rimmed steel; rimming

aço purificado (MECH.) refined steel

aço rápido (MECH.) high-speed steel

aços austeníticos (ENG.) austenitic steels

aço Siemens-Martin (MECH.) Siemens-Martin steel; open-hearth steel

aço silício (MECH.) silicious steel

aço silicomanganés (MECH.) silico-manganese steel

aço temperado (MECH.) tempered steel; hard steel

acotiledónio (BOT.) acotyledonous

acotilédono (BOT.) acotyledonous

aço-tungsténio (MECH.) tungsten steel

aço-vanádio (MECH.) vanadium steel

acral (MED.) acral

Acrânios (ZOO.) Acrania

Acraniotas (ZOO.) Acrania

Acrasiomicetas (BOT.) Acrasiomycetes

acre (SURV.) acre

acreção (ASTRO.; GEO.; MED.; ZOO.) accretion

acridina (CHEM.) acridine

Acrilan (CHEM.) Acrilan [TM]

acrilato de etilo (CHEM.) ethyl acrylate

acrilonitrilo (CHEM.) acrylonitrile

acritarca (GEO.) acritarch

acrocarpo (BOT.) acrocarp

acrocêntrico (BIO.) acrocentric

acrocianose (MED.) acrocyanosis

acrodonte (ZOO.) acrodont

acroglobina (ZOO.) achroglobin

acroíte (MINER.) achroite

acroleína (CHEM.) acrolein

acromático (GEN.) achromatic

acromatina (BOT.; CHEM.) achromatin

acromatismo (PHYS.) achromatism

acromatopsia (MED.) achromatopsia

acromegalia (MED.) acromegaly

acrómio (ZOO.) acromion

acron (ZOO.) acron

acrónimo (COMP.) acronym

acroparestesia (MED.) acroparaesthesia; acroparesthesia

acropatia (MED.) acropathy

acrópeto (BOT.) acropetal

acrossoma (ZOO.) acrosome; apical body

acrotério (ARCH.) acroterium

acrotrófico (ZOO.) acrotrophic

ACTH (BIO.) ACTH; adrenocorticotrop(h)ic hormone

actina (BIO.) actin

actina F (BIO.) F-actin

actinídeos (CHEM.) actinides

actiniforme (ZOO.) actinal; actinoid

actinina (BIO.) actinin

actininos alfa (BIO.) alpha-actinin

actínio (CHEM.) actinum

actinobacilose (VET.) actinobacillosis ; wooden tongue

actinobactéria (ECO.) Actinobacteria

Actinobiologia (RADIOL.) Actinobiology

actinodermatite (MED.) actinodermatitis

actinodermite (MED.) actinodermatitis

actinofitose (VET.) lumpy jaw

actinogénico (PHYS.; MED.) actinogenic; radiogenic

actinóide (ZOO.) actinoid

actinolite (MINER.) actinolite

Actinomicetos (BIO.) Actinomycetales

actinomicose (MED.) actinomycosis

actinomicose (VET.) lumpy jaw

actinomorfia (BIO.) actinomorphy

actinomórfico (BIO.) actinomorphic

Actinopterígeos (ZOO.) Actinopterygii

actinostela (BOT.) acinostele

actinoterapia (MED.) actynotherapy

actinoto (MINER.) actinolite

actino-urânio (NUCL.) actinouranium

Actinozoários (ZOO.) Actinozoa; Anthozoa

activação (ELECTRON.) firing

activação (GEN.) activation

activação alfa (CHEM.) alpha activation

activação indirecta (COMP.) indirect activation

activação neutrónica (NUCL.) neutron activation

activado (ELECTRON.) fired

activado (IMMUN.) activated

activador (BIO.) kinase

activador (GEN.) activator

activadores policlonais (IMMUN.) polyclonal activators

actividade (GEN.) activity

actividade beta (PHYS.) beta activity

actividade de deslocamento (PSYCHO.) displacement activity

actividade de plutónio (NUCL.) plutonium activity

actividade de saturação (NUCL.) saturation activity

actividade de vácuo (PSYCHO.) vacuum activity

actividade específica (RADIOL.) specific activity

actividade gama (NUCL.) gamma activity

actividade óptica (CHEM.) optical activity

actividade osmótica (BIO.) osmotic activity

actividade residual (NUCL.) residual activity

actividade solar (ASTRO.) solar activity

actividade superficial (CHEM.) surface activity

actividade tectónica (GEO.) tectonic activity

activo (ELECTRON.) active

activo (MATH.) transitive

activo (PHYS.) live

acto consumatório (PSYCHO.) consummatory act

actos falhados (PSYCHO.) Freudian slip

actuação furtiva (AERO.) stealth

actuador (ELECTRON.) actuator

actuador das cabeças de leitura (COMP.) head actuator

actuador electrostático (PHYS.) electrostatic actuator

actualização (ELECTRON.) upgrading

actualização de ficheiros (COMP.) file updating

actualização de índice (COMP.) index upgrade

actualizar (COMP.) update

açúcar (CHEM.) sugar

açúcar de beterraba (CHEM.) beet sugar

açúcar de bordo (CHEM.) maple syrup; maple sugar

açúcar de cana (CHEM.) cane-sugar

açúcar de malte (CHEM.) malt-sugar

açúcar do leite (CHEM.) lactose; milk-sugar

açúcar do sangue (MED.) blood sugar; glycose

açúcar invertido (CHEM.) invert sugar

açude (HYDRO.) storage basin

acuidade (IMAGE TECH.) acutance

acuidade de contorno (PHYS.) contour acuity

aculeado (Zoo.) aculeate
Aculeados (Zoo.) Aculeata
Aculeatas (Zoo.) Aculeata
acúleo (Bot.) acute; prickle
acuminado (Bot.) acuminate
acumulação de células (Zoo.) cumulus
acumulação de neve (Meteo.) drifting of snow
acumulador (Elect.) storage battery; accumulator; secondary cell
acumulador alcalino de ferro-níquel (Elect.) nickel-iron alkaline accumulator; Edison accumulator
acumulador de ácido e chumbo (Elect.) lead-acid accumulator
acumulador de chumbo (Elect.) lead-acid accumulator
acumulador de combustível (Aero.) fuel accumulator
acumulador de Drumm (Elect.) Drumm accumulator
acumulador de Edison (Elect.) Edison accumulator; iron-nickel accumulator
acumulador de ferro-níquel (Elect.) iron-nickel accumulator
acumulador de níquel-cádmio (Elect.) nickel-cadmium accumulator
acumulador de Planté (Elect.) Planté accumulator; Planté cell
acumulador de prata e zinco (Elect.) silver-zinc storage battery
acumulador de pressão (Elect.) pressure accumulator
acumulador de vapor (Mech.) steam accumulator
acumulador eléctrico (Elect.) electrical battery
acumulador hidráulico (Aero.; Mech.) hydraulic accumulator
acumulador Kaw (Elect.) Kaw accumulator
acumulador níquel-ferro (Elect.) Ni-Fe accumulator
acumulador seco (Elect.) dry accumulator
acumular (Comp.) gather
acupunctura (Med.) acupuncture
Acústica (Phys.) acoustics
Acústica aérea (Phys.) aeroacoustics
Acústica arquitectural (Phys.) architectural acoustics
Acústica atmosférica (Phys.) atmospheric acoustics
acústico (Gen.) acoustic; sonic
acusticofobia (Med.) acousticophobia
adamantino (Miner.) adamantine
adamelito (Geo.) adamellite
adaptação (Gen.) adaptation
adaptação cromática (Bot.) chromatic adaptation
adaptação da visão (Bio.) adaptation of the eye
adaptação do genotipo (Eco.) genotypic adaptation
adaptação fenotípica (Bio.) phenotypic adaptation
adaptação metamérica (Image Tech.) metameric match
adaptação para acesso a dados (Comp.) data access arrangement [DAA]

adaptação por braço de reatância (Electron.) stub-matching
adaptação sensorial (Psycho.) sensory adaptation
adaptado à luz (Phys.) light-adapted
adaptador (Mech.) fitter
adaptador (Elect.; Image Tech.) adapter
adaptador (Electron.) stub
adaptador da broca-tubo (Mining) bit sub
adaptador de canal (Comp.) channel adapter
adaptador de circuito integrado (Electron.) IC adapter
adaptador de comunicação (Comp.) communication adapter
adaptador de fita magnética (Comp.) magnetic tape adapter
adaptador de interface de comunicações assíncronas (Telecom.) asynchronous communications interface adapter [ACIA]
adaptador de linha de comunicação (Comp.) communication line adapter
adaptador de quarto de onda (Electron.) quarter-wave stub
adaptador de uma linha (Comp.) one-line adapter
adaptador de válvula (Elect.) tube adapter
adaptador do tubo facetado (Mining) kelly sub
adaptatividade (Eco.) adaptedness
adaxial (Bot.) adaxial
adelfo (Bot.) adelphous
adendrítico (Zoo.) adendritic
adeniforme (Med.; Zoo.) adenoid
adenina (Chem.) adenine
adenite (Med.) adenitis
adenoblasto (Bio.) adenoblast
adenocarcinoma (Med.) adenocarcinoma
adenocisto (Bot.) adenocyst
adenócito (Zoo.) adenocyte
adenodiastase (Med.) adenodiastasis
adenografia (Med.) adenography
adeno-hipófise (Med.) adenohypophysis
adenóide (Med.; Zoo.) adenoid
adenoma (Med.) adenoma
adenoma cístico (Med.) cystic adenoma
adenoma do rim (Med.) nephradenoma
adenoma fibróide (Med.) fibro-adenoma
adenoma gelatinoso (Med.) colloidal goitre
adenomatose (Med.) adenomatosis
adenomatose intestinal porcina (Vet.) necrotis enteritis of swine
adenomatose pulmonar (Vet.) pulmonary adenomatosis
adenómero (Bio.) adenomere
adenomioma (Med.) adenomyoma
adenopatia (Med.) adenopathy
adenose (Med.) adenosis
adenosina (Bio.; Chem.) adenosine
adenosina trifosfatase de translocação de protões (Bot.) proton-translocating ATPase

adenovírus (Bio.; Med.) adenovirus
aderência (Gen.) adhesion
aderente retardador de fogo (Mech.) fire retardant adhesive
adernagem (Nav.) list
adernamento (Nav.) heel
adesão (Gen.) adhesion; adherence; cohesion
adesão electrostática (Chem.) electrostatic adhesion
adesivo de resina sintética (Plast.) synthetic-resin adhesive
adiabática de condensação (Meteo.) condensation adiabatic
adiabática húmida (Meteo.) wet adiabatic; condensation adiabatic
adiabática saturável (Meteo.) saturated adiabatic
adiabática seca (Meteo.) dry adiabatic; dry adiabatic lapse rate
adiabático (Phys.) adiabatic
adiactínico (Phys.) adiactinic
adição (Gen.) addition
adição (Comp.) addend
adição binária (Electron.) binary addition
adição de colher (Med.) ladle addition
adição matricial (Comp.) matrix addition
adição paralela (Comp.) parallel addition
adição sem transporte (Comp.) addition without carry
adição vectorial (Math.) vector addition
adicionador (Comp.) adder
adicionador completo (Comp.) full adder
adicionador paralelo (Electron.) parallel adder
adicionador-subtractor (Comp.) adder-subtracter
adipamida (Chem.) adipamide
adipocera (Med.) adipocere; mortuary fat
adipocíria (Med.) adipocere; mortuary fat
adipose dolorosa (Med.) adiposis dolorosa; Dercum's disease
adiposúria (Med.) adiposuria; lipuria
Adipren (Plást.) Adiprene [TM]
aditivo (Comp.) augend
aditivos da lama (Mining) mud additives
adjacente à boca (Zoo.) adoral
adjacente ao ambulacro (Zoo.) adambulacral
adjacente ao recto (Zoo.) adrectal
adjuvante (Chem.; Immun.; Med.) adjuvant; synergist
adjuvante completo de Freund (Immun.) complete Freund's adjuvant
adjuvante de emulsão de tipo água no petróleo (Immun.) water-in-oil emulsion adjuvant
adjuvante incompleto de Freund (Immun.) incomplete Freund's adjuvant
adlacrimal (Zoo.) adlacrimal
administração com assistência do computador (Comp.) computer assisted management
administração da instrução por computador (Comp.) computer-managed instruction

administração de comunicação (COMP.) communication management
administração de conjunto de dispositivos (COMP.) device pool management
administração de memória (COMP.) memory management
administração de rede de comunicação (COMP.) communication network management [CNM]
administração de sistema (COMP.) system management
administração de substâncias para teste de função múltipla (MED.) loading
administração do registo auxiliar (COMP.) buffer management
admissão (MECH.) feed
admissão (GEN.) admission
admissão coaxial (ELECT.) coaxial input
admissão de ar (AERO.) air intake
admissão de ar auxiliar (AERO.) auxiliary air intake
admissão de imagem (PHYS.) image admittance
admissão de realimentação (TELECOM.) feedback admittance
admissão de vapor (MECH.) steam admission
admitância (PHYS.) admittance
admitância de eléctrodo (ELECT.) electrode admittance
admitância de imagem (PHYS.) image admittance
admitância de intervalo (ELECT.) gap admittance
admitância de intervalo de um circuito (ELECT.) circuit gap admittance
admitância de transferência (PHYS.) transfer admittance
admitância indiciante (TELECOM.) indicial admittance
ADN [DNA] (BIO.) DNA [DeoxyriboNucleic Acid]
adnato (BOT.) adnate
ADN cloroplástico (BIO.) ctDNA
ADN complementar (BIO.) complementary DNA
ADN de repetitividade elevada (BIO.) highly repetitive DNA
ADN de sequência simples (BIO.) simple sequence DNA
adnexos (anexos) (MED.) adnexa
ADN extracromossómico (BIO.) extrachromosomal DNA
ADN genómico (BIO.) genomic DNA
ADN heteroduplex (BIO.) heteroduplex DNA
ADN mitocondrial (BIO.) mitochondrial-DNA [mt-DNA]
ADN nulo (BIO.) null DNA
ADN palindrómico (BIO.) palindromic DNA
ADN polimórfico de amplificação aleatória (BIO.) random amplified polymorphic DNA
ADN recombinante (BIO.) recombinant DNA
ADN repetitivo (BIO.) repetitive DNA
ADN satélite (BIO.) satellite DNA
ADN supertorcido (BIO.) supercoiled DNA

ADN tipo A (BIO.) A-DNA
ADN tipo H (BIO.) H DNA
adobe (BUILD.) adobe
adoçante (MED.) edulcorant
adorno (ARCH.) embellishment
ADP (BIO.; CHEM.) adenosine diphosphate
ADPase (CHEM.; MED.) ADPase; apyrase; ATP-diphosphatase
Adrástea (ASTRO.) Adrastea
adrenal (ZOO.) adrenal
adrenalina (BIO.) adrenaline
adrenalona (CHEM.) adrenalone
adrenarca (MED.) adrenarch
adrenérgico (MED.) adrenergic
adsorção (CHEM.) adsorption
adsorção coloidal (CHEM.) colloidal adsorption
adsorção isotérmica de Freudlich (CHEM.) Freudlich's adsorption isotherm
adsorção por dispersão (ELECTRON.) dispersal gettering
adsorção química (CHEM.) chemisorption
adsorvente (CHEM.) adsorbent
adsorvente imunitário (BIO.) immunoadsorbant
adsorvido (CHEM.; PHYS.) adsorbate
adstringência (MED.) stypsis
adstringente (MED.) astringent; stypic
adubo NPK (ECO.) NPK fertilizer
adução (CHEM.) adduct
aduela (BUILD.) voussoir
aduela de porta (BUILD.) lining of door casing
adulária (MINER.) adularia
adutor (ZOO.) adductor
advecção (METEO.) advection
advecção fria maciça (METEO.) solid cold advection
advecção vertical (METEO.) vertical advection
adventício (BOT.) adventitious; adventive
adventícios (ZOO.) adventitia
aedagus (ZOO.) aedagus
aeração (MECH.) airing; venting
aerênquima (BOT.) aerating tissue
aeróbio (BIO.; BOT.) aerobic
aeróbio (BIO.) aerobe
Aerobiologia (BIO.) Aerobiology
aerobiose (BIO.) aerobiosis
aerobiótico (BIO.) aerobiotic
aerocelo (MED.) aerocele
aerocolia (MED.) aerocoly
aerocreto (BUILD.) air brick
Aerodinâmica (AERO.) aerodynamics
Aerodinâmica hipersónica (AERO.; SPACE) hypersonic aerodynamics
Aerodinâmica ideal (AERO.) ideal aerodynamics
Aerodinâmica supersónica (AERO.) supersonic aerodynamics
aeródino (AERO.) aerodine
aeroelasticidade (AERO.) aeroelasticity
aeroespaço (PHYS.) aerospace
aerofagia (VET.) aerophagy; crib-biting
aerofólio (AERO.) aerofoil
aerofólio de dupla cunha (AERO.) double-wedge aerofoil
aerofólio fendido (AERO.) slotted airfoil

aerofónio (PHYS.) aerophone
aerogénico (ECO.) aerogenic
aerólito (ASTRO.) fireball
aerólitos (GEO.) aerolites
Aerologia (AERO.; METEO.) aerology
Aeronáutica (AERO.) aeronautics
Aeronáutica Civil (AERO.) Civil Aviation Authority
Aeronáutica internacional (AERO.) International aeronautics
aeronave a foguetão (AERO.) rocket ship
aeronave com hélice tractora (AERO.) tractor aircraft
aeronave de asas giratórias (AERO.) rotorcraft
aeronave de descolagem e pouso curtos na vertical (AERO.) vertical and short takeoff and landing aircraft
aeronave hipersónica (AERO.) hypersonic plane
aeronave mais pesada que o ar (AERO.) heavier-than-air aircraft
Aeronomia (SPACE) aeronomy
aeroplano (GEN.) aeroplane
aerosite (MINER.) pyrargyrite
aerosol (CHEM.) aerosol
aeróstato (AERO.) aerostat; lighter-than-air craft
Aerotermodinâmica (SPACE) aerothermodynamics
aerotolerante (BIO.) aerotolerant
a esmo (BUILD.) random
afagado (BUILD.) stroked
afagia (MED.) aphagia
Afanípteros (ZOO.) Aphaniptera; Siphonaptera
afanise (MED.) aphanisis
afaquia (MED.) aphakia
afasia (MED.) aphasia; logagraphia; logamnesia
afastamento (MECH.) pitch diameter
afastamento circular (MECH.) circular pitch
afastamento da realidade (PSYCHO.) retreat from reality
afastamento de dente (MECH.) tooth pitch
afastamento de enrolamento de espiras (ELECT.) pitch of winding
afastamento diagonal (MECH.) diagonal pitch
afastamento do ponto de congelação (METEO.) dew-point spread
afebril (MED.) afebrile
afectação dinâmica (COMP.) dynamic allocation
afélio (ASTRO.) aphelion
afeliotrópico (BOT.) apheliotropic
aferente (ZOO.) afferent; centripetal
aferição (PHYS.) calibration
aferidor de tensão (MECH.) strain gauge
afiação a líquido (MECH.) liquid honing
afiado (BUILD.) sharp
afiador de serras (MECH.) saw grinder; saw sharpener
afia-goivas (BUILD.) gouge slip
afiamento de fresa (MECH.) milling cutter grinding
afídios (ZOO.) aphids
afim (PHYS.) affine

afinação alíquota (PHYS.) aliquot tuning

afinidade (GEN.) affinity

afinidade de electrão (CHEM.) electron affinity

afinidade química (CHEM.) chemical affinity

aflagelar (ZOO.) aflagellar

aflatoxina (BOT.) aflatoxin

aflição (MED.) grief

afloramento (GEO.) crop; outbreak; outcrop

afloramento betuminoso (GEO.) tar pit

afloramento de banco de areia (GEO.) outburst bank

afloramento de rocha longitudinal (ECO.) yardang

afluxo (GEN.) streaming

afluxo (BUILD.; HYDRO.) runoff

afluxo molecular (CHEM.) molecular streaming

afogamento (MECH.) flooding (carburettor)

afonia (MED.) aphonia

aforismo de Hipócrates (MED.) aphorism of Hippocrates

afototrópico (BOT.) aphototropic

afrouxamento (MECH.) relieving; relaxation

afta (MED.) thrush

Aftoniano (GEO.) Aftonian

afundamento (BUILD.) subsidience

afundamento de poço (HYDRO.; MINING) pit sinking

afunilamento (BUILD.) taper

afunilamento (METEO.) funnelling

afunilamento (PHYS.) flaring

afwilite (afvilite) (MINER.) afwillite

aG (ASTRO.; PHYS.) aG; anti-g; antigravity

agaláctia (MED.) agalactia

agalmatolite (MINER.) agalmatolite

agamaglobulinemia (MED.) agammaglobulinemia

agâmico (ZOO.) agamic

agamogénese (BOT.;ZOO.) agamogenesis

agamogonia (ZOO.) agamogony

Agamonte (ZOO.) Agamont

agamospermia (BOT.) agamospermy

agár (BIO.; CHEM.) agar

agaricida (ECO.) agaricide

agárico (BOT.) agaric

agárico (MINING) rock milk

ágata (MINER.) agate

ágata da Islândia (MINER.) Iceland agate

ágata-musgo (MINER.) Mocha stone; moss agate

Agência Internacional de Energia Atómica (PHYS.) International Atomic Energy Agency (IAEA)

Agência Nacional de Espaço e Aeronáutica (SPACE) National Agency of Space and Aeronautics [NASA _ USA]

Agência Nacional de Padrões (EUA) (GEN.) National Bureau of Standards _ NBS (USA)

agenda (COMP.) agenda

agenesia (MED.) agenesia; agenesis

agente activador (MINING) activating agent

agente aditivo (CHEM.; ENG.) addition agent

agente alquilador (BIO.; CHEM.) alkylating agent

agente antiespuma (CHEM.) defoaming agent

agente antiestático (PHYS.) antistatic agent

agente antipsicótico (MED.) antipsychotic agent

agente catalítico (CHEM.) catalytic agent

agente clarificador (BIO.) clearing agent

agente colector (MINING) collector agent

agente de arrastamento de ar (MECH.) air-entraining agent

agente de brilho (TEXT.) brightening agent

agente de dispersão (BOT.) spreading agent

agente de libertação de nódoas (TEXT.) soil release agent

agente de nivelamento (CHEM.) levelling agent

agente depressivo (MINING) depressed agent

agente de saponificação (CHEM.) saponification agent

agente desengordurante (ELECTRON.) degreasing agent

agente de têmpera (MECH.) hardening agent

agente dissolvente (CHEM.) solvent agent

agente humedecedor (CHEM.) wetting agent

agente isolador (CHEM.) sequestering agent

agente-motor (MECH.) prime mover

agente mutagénico (BIO.) mutagen

agente oxidante (CHEM.) oxidizing agent

agente produtor de espuma (CHEM.) froth producer agent

agente quelante (MED.) chelating agent

agente redutor (CHEM.) reducing agent

agente revelador (IMAGE TECH.) developing agent

agentes branqueadores fluorescentes (CHEM.) fluorescent whitening agents; optical whites

agentes emulsionantes (CHEM.) emulsifying agents

agente separador (CHEM.) sequestering agent

agentes lipotrópicos (BIO.) lipotropic agents

ageotrópico (BOT.) ageotropic

agíria (ZOO.) agyria; lissencephalys

agitação (GEN.) agitation

agitação (MED.) flutter; tremor

agitação de impulso (TELECOM.) pulse jitter

agitação-fibrilhação (MED.) flutter-fibrillation

agitação térmica (ELECT.) thermal agitation

agitador (MINING) agitator

agitador Brown (ENG.) Brown agitator

agitador de minério (MINING) vanner

aglomeração (GEN.) agglomerate

aglomeração de recifes (GEO.) reef cluster

aglomerado (BOT.) glomerate

aglomerado de diques (GEO.) dyke swarm

aglomerado de madeira (BUILD.) chip-board

aglomerado de minério (MINING) ore briquet(te)

aglomerado endurecido (CHEM.; MINING) filter cake

aglomerado estelar (ASTRO.) stellar cluster

aglomerado galáctico (ASTRO.) galactic cluster

aglomerado globular (ASTRO.) globular cluster

aglomerado iónico (CHEM.) ion cluster

aglomerado nebuloso (ASTRO.) nebulous cluster

aglomerado quase compacto (ASTRO.) quasi-compact cluster

aglomerados abertos (ASTRO.) open clusters

aglomerado vulcânico (GEO.) volcanic agglomerate

aglomerular (ZOO.) aglomerular

aglosso (ZOO.) aglossal; aglossate

aglutinação (GEN.) agglutination

aglutinação activada (ENG.) activated sintering

aglutinação atómica (PHYS.; NUCL.) atomic binding

aglutinante (BUILD.) binder; cement

aglutinina (MED.) agglutinin

aglutinina fria (IMMUN.) cold agglutinin

aglutinina-T (IMMUN.) T-agglutinin

aglutinofílico (BIO.) agglutinophilic

aglutinófilo (BIO.) agglutinophilic

aglutinóforo (BIO.) agglutinophore

aglutinogénico (MED.) agglutinogenic

agmatito (GEO.) agmatite

Agnatas (ZOO.) Agnatha

ágnato (ZOO.) agnathous

agnatóstomo (ZOO.) agnathostomatous

agnosia (MED.) agnosia

agorafobia (PSYCHO.) agoraphobia

agradação (GEO.) aggradation

agrafia (MED.) agraphia

agranulocitose (MED.) agranulocytosis

agranulocitose felina (VET.) feline distemper

agregação (ECO.) aggregation

agregado (ELECT.; TELECOM.) array

agregado (GEN.) aggregate; cluster

agregado (CHEM.) cluster

agregado comagmático (GEO.) comagmatic assemblage

agregado cristalino (CHEM.) crystalline aggregate

agregado de dados (COMP.) data aggregate

agregado esférico (GEO.) spherical aggregate

agregado fino (BUILD.) fine aggregate

agregado grosso (BUILD.) coarse aggregate

agregado leve (BUILD.) lightweight aggregate

agregados à prova de fogo (BUILD.) fireproof aggregates

agreste (BOT.) agrestal

agrimensura (SURV.) surveying

agrimensura hidrográfica (SURV.) hydrographical surveying

agro-florestação (ECO.) agroforestry

agronomia (GEO.) agronomy

agrupamento (GEN.) cluster

agrupamento (PSYCHO.) chunking

agrupamento conjugado (ELECT.) ganging

agrupamento de estrelas (ASTRO.) star cluster

agrupamento de memória-tampão (COMP.) buffer pool

agrupamento ideal (ELECTR.) ideal bunching

agrupamento múltiplo (ELECT.) ganging

agrupamento reflexo (ELECTRON.) reflex bunching

agrupamento sanguíneo (MED.) blood grouping; blood typing

água (GEN.) water

água (CHEM.) aqua; hydrogen oxide; water

água a céu aberto (HYDRO.) open water

água ácida de mina (MINING) acid mine water

água acidulada (CHEM.) acidulous water

água activada (CHEM.) activated water

água afluente (HYDRO.) incoming water

água alcalina (CHEM.) alkaline water

água alfa-mesohalina (GEO.) alpha-mesohaline water

água ardente (CHEM.) aqua vinae

água arenosa (HYDRO.) sandy water

água arrastada (HYDRO.) priming water

água artesiana (GEO.) artesian water

água calcária (CHEM.) hard water

água carbonatada (CHEM.) aqua areata

aguaceiro (METEO.) cloudburst

aguada (ARCH.) wash

água de adesão (CHEM.) bound water

água de adução (MECH.) feed-water

água de alimentação (MECH.) feed-water

água de alimentação da caldeira (MECH.) boiler feed-water

água de amónia (CHEM.) ammonia water

água de arrasto de matérias fecais (HYDRO.) wash water

água de barita (CHEM.) baryta water

água de capilaridade (BUILD.) water of capillarity

água de cheia (HYDRO.) flood water

água de compensação (BUILD.) compensation water

água de constituição (CHEM.) constitution water

água de cristalização (CHEM.) water of crystallization

água de enchente (HYDRO.) flood water

água de fundo (GEO.) bottom water

água de hidratação (CHEM.) water of hydration

água de imbibição (GEO.) imbibition water

água de infiltração (BUILD.) percolating water

água de injecção (MINING) injection water

água de Javel (CHEM.) Javel water; eau de Javelle

água de lavagem (HYDRO.) wash water

água de origem magmática (GEO.) juvenile water

água de refluxo (HYDRO.) back-water

água desionizada (CHEM.) de-ionized water

água de solo capilar (BOT.) capillary soil water

água de subsolo (BUILD.) ground water

água de superfície (GEO.) superficial water

água disponível para as plantas (ECO.) plant available water [PAW]

água doce (GEO.) river water

água dura (CHEM.) hard water

água fluvial (GEO.) river water

água-forte (CHEM.) aqua fortis; strong water

água fóssil (GEO.) fossil water

água freática (GEO.; MINING) phreatic water; ground-water

água fria (CHEM.) aqua frigida

água-furtada (BUILD.) dormer; garret

água gravítica (ECO.) gravitational water

água higroscópica (ECO.) hygroscopic water

água inata (GEO.) connate water

água ionizada (CHEM.) ionized water

água juvenil (GEO.) juvenile water

água lacustre (GEO.) lake water

água leve (CHEM.) light water

água limítrofe (BOT.) bound water

água líquida (PHYS.) liquid water

água livre (GEO.) held water; free water (USA)

água-mãe (CHEM.) bittern; mother liquor

água-marinha (MINER.) aquamarine

água-marinha de Madagáscar (MINER.) Madagascar aquamarine

água meteórica (ASTRO.) meteoric water

água morta (MECH.) dead water

água não disponível (ECO.) unavailable water

água natural (HYDRO.) natural water

água negra (VET.) blackwater

água normal (CHEM.) light water

água oxigenada (CHEM.) hydrogen dioxide

água pelicular (ECO.) film water

água pesada (CHEM.; NUCL.) heavy water

água potável (CHEM.) soft water

água precipitável (METEO.) precipitable water

água profunda antárctica (GEO.) Antarctic bottom water [ABW]

água pura (CHEM.) soft water

água radioactiva (NUCL.) radioactive water

água régia (CHEM.) aqua regia; aqua regalis

aguarrás (CHEM.) turpentine

água salgada (MINING) brine

água salgada com algum gás (MINING) gas cut salt water

água salobra (HYDRO.) brackish water

águas cheias (HYDRO.) highwater

águas derivadas de fusão glaciar (GEO.) outwash

águas intermédias antárcticas (GEO.) Antarctic intermediate water [AIW]

água sob pressão (HYDRO.) power water

águas profundas do Pacífico e Índico (GEO.) Pacific and Indian Ocean common water [PIOCW]

água subterrânea (BUILD.) ground water

água suja (BUILD.) foul water

água superesfriada (METEO.) super-cooled water

água superficial (HYDRO.) open water

água-tinta (PRINT.) aquatint

açuçado (BUILD.) sharp

agudo (GEN.) acute

agudos (ELECTRON.) treble

agulha (ARCH.) broach; spire

agulha (GEN.) needle

agulha astática (PHYS.) astatic needle

agulha de barbela (TEXT.) bearded needle

agulha de bobina móvel (TELECOM.) moving-coil cartridge

agulha de bússola perturbada (NAV.) disturbance compass-needle; whirling needle

agulha de gelo (METEO.) ice crystal

agulha de gira-discos (TELECOM.) electromagnetic pickup

agulha de gravação (PHYS.) recording stylus

agulha de imersão (SURV.) dipping needle

agulha de núcleo móvel (TELECOM.) moving-iron pickup

agulha de precisão (MECH.) precision needle

agulha de rádio (RADIOL.) radium needle

agulha de safira (PHYS.) sapphire needle

agulha do fonocaptador (ELECT.) pick-up needle

agulha flexível (BUILD.) spring tongue (railways)

agulha inactiva (PHYS.) dead needle

agulha louca (PHYS.) whirling needle

agulha morta (PHYS.) dead needle

agulha recta (MECH.) straight tongue (railways)

agulhas de gelo (METEO.) ice prisms; frazil ice

agulha seca (NAV.) dry compass

aileron (AERO.) aileron

aileron de bordo de fuga (AERO.) trailing edge aileron

aileron diferencial (AERO.) differential aileron

aileron diferencialmente controlado (AERO.) differentially controlled aileron

Ajax (RADAR) AJAX

ajuda à navegação aérea (AERO.) air navigation aid

ajuda automática (AERO.) homing aid
ajuda de radar (AERO.) radar aid
ajudante de sondador (MINING) roughneck
ajuda rádio (TELECOM.) radioactivity aid
a jusante (ELECTRON.) downstream
ajustagem (GEN.) regulation; adjustment
ajustagem com montagem forçada (MECH.) press fit
ajustamento (MECH.) fit
ajustamento (RADAR) matching
ajustamento central (SURV.) centre adjustment
ajustamento com aperto (MECH.) shrinkage fit
ajustamento de tubo (MECH.) pipe fitting
ajustamento diferencial (ELECT.) differential adjustment
ajustamento por contracção (MECH.) shrinkage fit
ajustamento por interferência (MECH.) interference fit
ajustamento rotativo duro (MECH.) wringing
ajustamento selectivo (MECH.) selective fit
ajustamento variável (MECH.) transition fit
ajustar (PRINT.) make even
ajustar (TELECOM.) line-up
ajustar à direita (COMP.) justify right
ajustar à esquerda (COMP.) justify left
ajuste (COMP.) justification
ajuste (MECH.) lining-up
ajuste a quente (MECH.) shrinking on
ajuste bloqueado normal (MECH.) driving fit
ajuste de banda (TELECOM.) band setting
ajuste de carga (ELECTRON.) load matching
ajuste de imagem (IMAGE TECH.) framing
ajuste de meio (COMP.) half-adjust
ajuste de órbita (ASTRO.) station keeping
ajuste de polaridade (TELECOM.) poling
ajuste fixo (MECH.) interference fit
ajuste perfeito (MECH.) critical adjustment
ajuste por pressão (MECH.) sweat joint
Akulon (PLAST.) Akulon [TM]
ala (ARCH.) wing
ala (MED.; ZOO.) wing
alabastro (MINER.) alabaster
alabastro-ónix (MINER.) onyx marble
alabastro oriental (MINER.) Oriental alabaster; Algerian onyx
ala de talude (BUILD.) wing wall
alado (BOT.;ZOO.) alate
alagamento (BUILD.) flooding
alalia (MED.) alalia
alálico (MED.) alalic
alambique (CHEM.) still
álamo-branco-africano (BOT.) African whitewood
alanina (BIO.; CHEM.) alanine
alanina transaminase (BIO.; CHEM.) alanine transaminase

alanita (MINER.) allanite
alantina (CHEM.; MED.) alantin; inulin
alantóico (ZOO.) allantoic
alantóide (ZOO.) allantoid; allantois
alantoidiano (ZOO.) allantoic
alantoína (MED.) allantoin
alaranjado de metilo (CHEM.) methyl orange
alargador (MECH.) reamer
alargador cónico (MECH.) taper reamer
alargador de estria recta (MECH.) straight-flute reamer
alargador oscilante (MECH.) floating reamer
alargamento à broca (MECH.) drifting
alargamento celular (BOT.) cell enlargement
alargamento cónico (PHYS.) flare (Acoust.)
alargamento da frequência de Doppler (PHYS.) Doppler broadening
alargamento de alicerce (BUILD.) extension of foundation
alargamento de banda (TELECOM.) band-spread; band-spreading
alargamento de expansão (MECH.) expanding reamer
alargamento de linha (ASTRO.) line broadening
alargamento por pressão (PHYS.) pressure broadening
alargar um poço (MINING) under-ream
alarme autónomo (ELECTRON.) self-activating bell
alarme contra sobrevoltagem (ELECT.) overvoltage alarm
alarme de nível de água baixo (MECH.) low-water alarm
alarme de subtensão (ELECTRON.) under-voltage alarm
alarme sonoro (PHYS.) acoustic intrusion detector
alastrim (MED.) alastrim; variola minor
alavanca (AERO.) horn
alavanca (BUILD.) pinch bar
alavanca (GEN.) lever
alavanca angular (MECH.) bell-crank lever
alavanca articulada (MECH.) toggle joint
alavanca de avanço (MECH.) forward lever
alavanca de avanço do revólver (MECH.) turret feed lever
alavanca de comando (AERO.) joystick; stick; yoke; manche
alavanca de compressão (AUTO.) push rod
alavanca de controlo (AERO.) control column
alavanca de engrenagem (MECH.) gear lever
alavanca de ferro (BUILD.) gavelock; lever
alavanca de inversão (MECH.) reversing lever
alavanca de manobra (MECH.) gear lever
alavanca de mudanças (MECH.) gear lever
alavanca de parafuso (MECH.) tommy bar

alavanca de percussão (MECH.) striking lever
alavanca de porca dividida (MECH.) half-nut lever
alavanca de reversão (MECH.) reversing rod
alavanca de tracção (MECH.) tension lever
alavanca dupla (MECH.) compound lever
alavanca dupla (ELECT.) double lever
alavanca em cotovelo (MECH.) bell-crank lever
alavanca fixadora (MECH.) set lever
alavanca inglesa (HORO.) English lever
alavanca manual (MECH.) hand lever
alavanca oscilante (MECH.) pendulum lever
alavanca para alinhar (MECH.) lining bar
alavanca reguladora (MECH.) set lever
albedo (ASTRO.; PHYS.) albedo
albedo esférico (ASTRO.) spherical albedo
albedo lunar (ASTRO.) lunar albedo; moon's albedo
Albert (PAPER) Albert (paper-money)
albertite (MINER.) albertite
Albiano (GEO.) Albian
albinismo (ZOO.) albinism
albinismo castanho-avermelhado (MED.) xanthism
albino (BOT.; ZOO.) albino
albite (MINER.) albite
albitização (GEO.) albitization
albúmen (albume) (ZOO.) albumen
albumina (BIO.) albumin
albumina A (BIO.) albumin A
albumina do ovo (BUILD.) egg glair
albumina do sangue (MED.) blood albumin
albumina do soro (BIO.) serum albumin
albuminato (CHEM.) albuminate
albumina X (BIO.) albumin X
albuminoso (BOT.) albuminous
albuminúria (MED.) albuminuria
albuminúria dos atletas (MED.) albuminuria of athletes
albumose (MED.) albumose
albumosease (MED.) albumosease
albumosemia (MED.) albumosemia
alburno (BOT.) alburnum; sap wood
alça (GEN.) hanger; ring; eye; loop
alça (MECH.) ear; grip
alça (MED.) loop; ansa; snare (instrument)
alça de chumbo (ELECT.) lead grip
alça de dobradiça (SURV.) folding sight
alça de Henle (ZOO.) Henle's loop
alça de mira (SURV.) back sight
alcadieno (CHEM.) alkadiene
alcalescência (CHEM.) alkalescence
alcalescente (CHEM.) alkalescent
álcali (CHEM.) alkali
álcali diluído (CHEM.) aqueous alkali
alcalimetria (CHEM.) alkalimetry
alcalinidade (CHEM.) alkalinity
alcalinizador (CHEM.) alkalizer
alcalino (CHEM.) alkalic

alcalização (CHEM.) alkalization
alcalóide (BIO.; CHEM.) alkaloid
alcalóide midriático (CHEM.) mydriatic alkaloid
alcalóides da piridina (BOT.) pyridine alkaloids
alcalose (MED.) alkalosis
alcaloterapia (MED.) alkalotherapy
alcamina (CHEM.) alkamine
alcance (AERO.) range
alcance de ar calmo (AERO.) still air range
alcance de difusão (PHYS.) diffusion length
alcance de medição de instrumento (NUCL.) instrument range
alcance de memória (PSYCHO.) memory span
alcance de penetração (AERO.) penetration range
alcance de radar (RADAR) radar range
alcance de radar nominal (RADAR) nominal range of radar
alcance de rádio (TELECOM.) radio range
alcance de transmissão (TELECOM.) transmission range
alcance de volume (PHYS.) volume range
alcance do vento (METEO.) fetch
alcance efectivo (MECH.) effective range
alcance eficaz (MECH.) effective range
alcance horizontal (RADAR) downrange
alcance por radiação (NUCL.; PHYS.) radiation length
alcance selectivo (ELECT.) selective range
alcance supersónico (AERO.) transonic range
alcance útil (MECH.) working range; effective range
alcance visual (TELECOM.) optical range
alcance visual de pista (AERO.) runway visual range
alcance visual nocturno (AERO.) penetration range
alcance visual oblíquo (METEO.) oblique visibility
alcaneto (CHEM.) alkanet
alcano (CHEM.) alkane
alcanos (CHEM.) alkanes; paraffins
alcatifa (TEXT.) tapestry
alcatrão (CHEM.) tar; coal-tar
alcatrão bruto (CHEM.) crude tar; crude coaltar
alcatrão de bétula (CHEM.) birch tar
alcatrão de faia (CHEM.) beechwood tar
alcatrão de gás (CHEM.) gas tar
alcatrão de madeira (CHEM.) wood tar
alcatrão do pinheiro (CHEM.) pine tar
alcatrão líquido (CHEM.) pine tar
alcatrão não refinado (CHEM.) crude coaltar
alcatruz (HYDRO.) bucket
alceamento (PRINT.) collate
alceamento mecânico (PRINT.) mechanical overlay
alcenil (CHEM.) alkenyl
alceno (CHEM.) alkene

alcenos (CHEM.) alkenes; olefins
alcino (CHEM.) alkyne
alcinos (CHEM.) alkynes acetylenes
Alclad (MECH.) Alclad
Alcomax (MECH.) Alcomax; Alnico (USA)
álcoois monoídricos (CHEM.) monohydric alcohols
álcool (CHEM.) alcohol
álcool absoluto (CHEM.) absolute alcohol
álcool alílico (CHEM.) allyl alcohol
álcool amílico (CHEM.) amyl alcohol; fusel oil
alcoolato (CHEM.) alcoholate
álcool batílico (CHEM.) batyl alcohol
álcool benzílico (CHEM.) benzyl alcohol
álcool bruto (CHEM.) crude spirit
álcool butílico (CHEM.) butyl alcohol
álcool canfílico (CHEM.) camphyl alcohol
álcool cetílico (CHEM.) cetyl alcohol
álcool de madeira (CHEM.) methyl alcohol
álcool desidrogenase (CHEM.) alcohol dehydrogenase
álcool desnaturado (CHEM.) methylated spirit; denaturated alcohol
álcool diacetónico (CHEM.) diacetone alcohol
álcool diluído (CHEM.) dilute alcohol; aqueous alcohol
álcool etílico (CHEM. ; MED.) ethyl alcohol; rectified spirit; surgical spirit; ethanol; carbinol
álcool etílico comercial (CHEM.) spirit of wine
álcool gorduroso (CHEM.) fat alcohol
alcoólico (CHEM.; MED..) alcoholic
alcoólise (CHEM.) alcoholysis
alcoolismo (MED.; PSYCHO.) alcoholism
álcool isopropílico (CHEM.) isopropyl alcohol; dimethylcarbinol
alcoolização (CHEM.) alcoholization
álcool laurílico (CHEM.) lauryl alcohol
álcool metilado (CHEM.) methylated spirit
álcool metílico (CHEM.) methyl alcohol; carbinol; methanol; wood alcohol; wood spirit
álcool misturado (CHEM.) mixed spirit
álcool não rectificado (CHEM.) aqua vitae
álcool octílico (CHEM.) octyl alcohol
álcool ordinário (CHEM.) ethanol
álcool palmitílico (CHEM.) palmityl alcohol
álcool pentaídrico (CHEM.) pentahydric alcohol
álcool polivinílico (PLÁST.) polyvinyl alcohol
álcool primário (CHEM.) primary alcohol
álcool propílico (CHEM.) propyl alcohol; propanol
álcool rectificado (CHEM.) rectified spirit
álcool secundário (CHEM.) secondary alcohol
álcool terciário (CHEM.) tertiary alcohol

álcool tricloroetílico (CHEM.) trichloroethanol
álcool triídrico (CHEM.) trihydric alcohol
alcoómetro (CHEM.) alcoholimeter
alcoómetro de Gay-Lussac (PHYS.) Gay-Lussac's alcohometer
aldeído (CHEM.) aldehyde
aldeído acético (CHEM.) acetaldehyde
aldeído acrílico (CHEM.) acrylic aldehyde; acrolein; acrylaldehyde
aldeído anísico (CHEM.) anisaldehyde
aldeído benzóico (CHEM.) benzoic aldehyde; benzaldehyde; bitter almond oil
aldeído butírico (CHEM.) butyraldehyde
aldeído cinâmico (CHEM.) cinnamic aldehyde; cinnamaldehyde
aldeído crotónico (CHEM.) crotonaldehyde
aldeído fórmico (CHEM.) formic aldehyde; formaldehyde; methanal
aldeído-liases (CHEM.) aldehyde-lyases
aldeído metílico (CHEM.) methyl aldehyde
aldeído pirúvico (CHEM.) pyruvic aldehyde; methylglyoxal
aldeído tricloroacético (CHEM.) trichloroacetic aldehyde; chloral
aldeído triclorobutílico (CHEM.) butil chloral hydrate
aldeído valérico (CHEM.) valeraldehyde; valeral
aldeído vanílico (CHEM.) vanillin
aldeol (CHEM.) aldehol
aldiminas (CHEM.) aldimines
aldina (CHEM.) aldin
aldo-hexose (CHEM.) aldohexose
aldol (CHEM.) aldol; acetaldol
aldolase (CHEM.) aldolase
aldopentose (CHEM.) aldopentose
aldose (CHEM.) aldose
aldose l-epimerase (CHEM.) aldose l-epimerase; aldose mutarotase
aldose mutarrotase (CHEM.) aldose mutarotase; aldose l-epimerase
aldosida (CHEM.) aldoside
aldosterona (CHEM.) aldosterone
aldoxima (CHEM.) aldoxime
aldrin (CHEM.) aldrin
aleatório (BUILD.) uncoursed
alécito (ZOO.) alecithal
alefe-0 (MATH.) aleph-0
aleganita (MINER.) alleghanyte
aléle recessivo (BIO.) recessive allele
alelismo (BIO.) allelism
alélo antimórfico (BIO.) antimorphic allele
alelomórfico (BIO.) allelomorphic
alelomorfismo (BIO.) allelomorphism
alelomorfo (BIO.) allelomorph
alelopatia (BIO.; ECO.) allelopathy
alelotaxia (BIO.) allelotaxis; allelotaxy
alemontite (MINER.) allemontite
aleno (CHEM.) allene
alenos (CHEM.) allenes
alérgeno (IMMUN.; MED.) allergen; antigen
alergia (IMMUN.; MED.) allergy
alergia alimentar (MED.) food allergy
alérgico (IMMUN.; MED.) allergic

alergina (MED.) allergin
Alergiologia (MED.) allergiology
alergização (IMMUN.; MED.) allergization
alergodermia (IMMUN.; MED.) allergodermia
alergose (IMMUN.; MED.) allergosis
aleta (AERO.) fin; gill; flap
aleta (MECH.) wing; fin
aleta de êmbolo (MECH.) piston vane
aleta de equilíbrio (AERO.) balancing flap
aleta de guinada (AERO.) yaw vane
aleta de lastro (NAV.) fin keel
aleta de pistão (MECH.) piston vane
aleta de turbina (AERO.) turbine blade
aleta do servocomando (AERO.) servo tab
aleta-guia (AERO.) guide fin
aleta helicoidal (MECH.) helical vane
aletas (AERO.) gills; vanes
aletas de turbilhão (AERO.) swirl vanes
aleurona (BOT.) aleurone
alexandrite (MINER.) alexandrite
alexandrite sintética (MINER.) scientific alexandrite
alexia (MED.) alexia
alexina (IMMUN.) alexin
alfa-aminobenzil-penicilina (MED.) ampicillin
alfabeto fonte (COMP.) source alphabet
alfabeto Morse (TELECOM.) Morse alphabet
Alfa de Centauro (ASTRO.) Alpha Centauri
alfanumérico (COMP.) alphameric; alphanumeric
alfa-urânio (CHEM.) alpha uranium
alforra (BOT.) rust; smut
alga (BOT.) thalassophyte
algacultura (GEO.) algaculture
alga marinha (BOT.) seaweed
algarismos elevados (PRINT.) superior figures
Algas (BOT.) Algae
Algas azuis-esverdeadas (BOT.) Cyanophycea; Blue-green algae
Algas castanhas (BOT.) Phaeophycea; Brown algae
Algas siliciosas (BOT.) Bacillariophyceae
Algas verde-amareladas (BOT.) Xanthophyceae; Yellow-green algae
Algas verdes (BOT.) Chlorophyceae; Green algae
Algas vermelhas (BOT.) Rhodophyaceae; Red algae
Álgebra (MATH.) algebra
Álgebra abstracta (MATH.) abstract algebra
Álgebra boleana (COMP.; MATH.) Boolean algebra
Álgebra de conjuntos (MATH.) algebra of sets
Álgebra de estrutura (MATH.) algebra of structure
Álgebra de Lie (MATH.; PHYS.) Lie algebra
Álgebra inicial (COMP.) initial algebra
Álgebra vectorial (MATH.) vector algebra

algesia (MED.) algesis
alginato de cálcio (CHEM.) calcium alginate
alginato de sódio (CHEM.) sodium alginate
algodão (TEXT.) cotton
algodão em rama (MED.; TEXT.) cotton wool
algodão imaturo (TEXT.) immature cotton
algodão mercerizado (TEXT.) glazed cotton
algodão-pólvora (CHEM.) guncotton; explosive cotton; soluble cellulose nitrate; pyroxilin
Algol (ASTRO.) Algol (a star in the constellation of Perseus)
ALGOL-68 (COMP.) ALGOL-68
algologia (BOT.) algology
algorítmico (COMP.) algorithmic
algoritmo (COMP.) algorithm
algoritmo de comprovação aleatória (COMP.) hashing algorithm
algoritmo de consulta de tabelas (COMP.) table-driven algorithm
algoritmo de convolução Hargelbarger (ELECTRON.) Hargelbarger code
algoritmo de Huffman (ELECTRON.) Huffman algorithm
algoritmo de pesquisa sequencial (COMP.) sequential search algorithm
algoritmo de Viterbi (ELECTRON.) Viterbi algorithm
algoritmo euclidiano (MATH.) Euclidean algorithm
algoritmo limitado de forma polinomial (COMP.) polynomially bounded algorithm
algoritmo paralelo (COMP.) parallel algorithm
algoritmos aleatórios (COMP.) random algorithms
algospasmo (MED.) algospasm
algovascular (MED.) algovascular
alheio (BOT.) alien
alheta (MECH.) lug
alheta (NAV.) buttock
aliáceo (BOT.) alliaceous
aliança (GEN.) alliance
alibarbital (CHEM.) allybarbital
alicate (BUILD.) tongs; nippers; pliers
alicate águia (MECH.) eagle pliers
alicate de bico (MECH.) sharp nosed pliers; needle nose pliers
alicate de ponta fina (MECH.) needle nose pliers; sharp nosed pliers
alicate isolado (ELECT.) insulated pliers
alicate para gás (MECH.) gas plier
alicates de corte (MECH.) cutting pliers
alicíclico (CHEM.) alicyclic
alicilsulfeto (CHEM.) allyl sulphide
alidade (SURV.) alidade; sight rule
alidade de marcar (SURV.) cross staff
alifafe (VET.) bog spavin; curb; thoroughpin
alifático (CHEM.) aliphatic
alijador de combustível de emergência (AERO.) fuel jettison
alijamento de combustível (AERO.) fuel dumping

alilamina (CHEM.) allylamine
alilena (CHEM.) allylene
alimentação (GEN.) feed
alimentação anódica (ELECTRON; TELECOM.) anode feed; anode supply
alimentação assíncrona (ELECT.) asynchronous powder supply
alimentação central (ELECT.) centre feed
alimentação de fornalha (BUILD.) stugging
alimentação de indutância (ELECT.) choke feed
alimentação de passagem (ELECT.) feedthrough
alimentação de placa (ELECT.) plate feed
alimentação de tensão (ELECT.) voltage feed
alimentação em anel (ELECTRON.) loop feed
alimentação em série (ELECT.) series feed
alimentação excessiva (PRINT.) excess feed
alimentação foliar (BOT.) foliar feeding
alimentação induzida (HYDRO.) induced recharge
alimentação insuficiente (PRINT.) insufficient feed
alimentação manual (MECH.) hand feed
alimentação mecânica (MECH.) mechanical feed
alimentação parenteral total (MED.) total parenteral nutrition
alimentação rica de ovelhas em idade de procriação (VET.) flushing of ewes
alimentação trifásica (ELECTRON.) three-phase supply
alimentado por sonda (MED.) tube-fed
alimentador (GEN.) feeder
alimentador (MECH.) feeding head
alimentadora (MINING) apron feeder
alimentador a percussão (MECH.) percussion feeder
alimentador a rolo (IMAGE TECH.) roll feed
alimentador automático (MECH.) hopperfeed
alimentador bifilar (TELECOM.) twin feeder
alimentador contínuo (MECH.; PRINT.) continuous feeder
alimentador de antena (TELECOM.) antenna feeder
alimentador de brocas (MECH.) drill feeder
alimentador de cartões (COMP.) card feeder
alimentador de condutores separados (TELECOM.) open-wire feeder
alimentador de corrente (PRINT.) stream feeder
alimentador de distribuição (ELECT.) distribution feeder
alimentador de fita (COMP.) tape feed
alimentador de grelha de cadeia (MECH.) chain grate stoker
alimentador de meia-onda (ELECT.) half-wave feeder

alimentador de metal (Print.) metal feeder

alimentador de ponta inactiva (Elect.) dead-ended feeder

alimentador de radiofrequência (Telecom.) radio-frequency feeder

alimentador de reagentes (Mining) reagent feeder

alimentador de retorno (Elect.) return feeder

alimentador de roda de pás (Mech.) paddler-wheel hopper

alimentador de saída (Elect.) outgoing feeder

alimentador de tambor (Mech.) barrel hopper

alimentador de tracção (Eng.) tractor feeder

alimentador de trompa (Radar) horn feeder

alimentador de um quarto de onda (Elect.) quartering wave feeder

alimentador duplo (Elect.) duplicate feeder

alimentadores de filtro (Eco.) filter feeders

alimentador independente (Elect.) independent feeder

alimentador inferior de retortas múltiplas (Mech.) multiple-retort underfeed stoker

alimentador mecânico (Mech.) mechanical feeder

alimentador múltiplo (Elect.) multiple feeder

alimentador negativo (Elect.) negative feeder

alimentador neutro (Elect.) neutral feeder

alimentador pela parte inferior (Mech.) underfeed stoker

alimentador por fricção (Comp.) friction feeder

alimentador positivo (Elect.) positive feeder

alimentador primário (Elect.) primary feeder

alimentador principal (Elect.) main feeder

alimentador radial (Elect.) radial feeder

alimentar (Med.) alimentary

alínfia (Med.) alymphia

alinfopotente (Med.) alymphopotent

alinhadores (Aero.) straighteners

alinhamento (Build.) bracketing; boxing

alinhamento (Mech.) lining-up

alinhamento (Aero.) rigging

alinhamento (Electron.) tracking

alinhamento (Gen.) alignment

alinhamento da câmara (Image Tech.) camera alignment

alinhamento de carácter (Comp.) character alignment

alinhamento de construções (Build.) building line

alinhamento de modulação em amplitude (Telecom.) AM alignment

alinhamento de ponto (vírgula) (Comp.) point alignment

alinhamento desigual (Comp.) row-ragged alignment

alinhamento de soalho (Build.) backing

alinhamento oblíquo (Nav.) slant course

alinhar (Comp.) nest

alinhar (Telecom.) line-up

alipóide (Chem.) alipoid

alipotrópico (Chem.) alipotropic

aliquanta (Chem.; Immun.; Math.; Phys.) aliquant

alíquota (Chem.; Immun.; Math.; Phys.) aliquot

alisado (Build.) stroked

alisador (Elect.) smoother

alisador (Mech.) sleeker; slicker; flatter; planisher; smoothing hammer

alisamento (Mech.) facing

alisamento do ruído (Electron.) aliasing noise

alisfenóide (Zoo.) alisphenoid

alísio (Geo.) trade

alísios intertropicais (Meteo.) intertropical trades

Alismatáceas (Bot.) Alismatidae

alívio de pressão (Phys.) relief of pressure

alívio de tensão (Mech.) stress relief

alizar (Build.) back band

alizarina (Chem.) alizarin

alizarina cianina (Chem.) alizarin cyanin

alizarina vermelha S (Chem.) alizarin red S

alma (Psycho.) anima; animus

alma de cilindro (Mech.) cylinder bore

Almagesto (Astro.) Almagest

Almanaque Náutico (Astro.) Nautical Almanach

almandina (Miner.) almandine; almandite; Syrian garnet

almandina (Mining) carbuncle; almandine

almandina-oriental (Miner.) Oriental almandine

almandite (Miner.) almandite; almandina

almíscar (Chem.) musk; muskone

almofada (Gen.) cushion

almofada de água (Mining) water cushion

almofada de ar (Mech.) air cushion

almofada de areia (Build.) sand cushion

almofada de dourador (Build.) gilder's cushion

almofada de estiva (Nav.) dunnage

almofada de montagem do gerador (Mech.) generator mounting pad

almofada do travão (Auto.) brake pad

almofariz (Chem.) mortar

almucântara (Astro.) almucantar

Alnico (Eng.) Alnico (an alloy _ USA)

alóbaro (Phys.) allobar

alocação de recursos (Eco.) resource allocation

alocação reprodutiva (Eco.) reproductive allocation

alócrino (Bio.) allocrine

alocroíte (alocroíto) (Miner.) allochroite

alocromático (Electron.) allochromatic

alocromia (Phys.) allochromy

alóctone (Geo.) allochotnous

aloenxerto (Immun.; Med.) allograft

alofanamida (Chem.) allophanamide; biuret

alofânio (Miner.) allophane

alogamia (Bot.) allogamy; cross fertilization

alogénico (Geo.) allogenic

alomérico (Bio.) allomeric

alomerismo (Bio.) allomerism

alometria (Bio.) allometry

alometria evolucionária (Eco.) evolutionary allometry

alomorfismo (Chem.; Miner.) allomorphism

alongamento antes da ruptura (Text.) breaking elongation

alongamento da pá da hélice (Aero.) propeller blade aspect ratio

alongamento de ruptura (Text.) breaking extension

alongamento do avião (Aero.) aspect ratio

alongamento magnético (Elect.) magnetic elongation

alongamento médio da pá (Aero.) mean blade-width ratio

alongamentos baixos (Aero.) low aspect ratios

alopatroclinal (Bot.) allopatric

alopatroclínico (Bot.) allopatric

alopecia (Med.) alopecia; baldness

alopecia circunscrita (Med.) alopecia areata

alopecia em áreas (Med.) alopecia areata

alopécico (Med.) bald

alopoliplóide (Bot.) allopolyploid

alopurinol (Chem.; Med.) allopurinol

aloquímico (Geo.) allochem

alose (Chem.) allose

alossoma (Bio.) allosome

alostérico (Bio.) allosteric

alotético (Eco.) allothetic

alotetraplóide (Bot.) allotetraploid

alotígeno (Geo.) allothigene

alotipo (Immun.; Zoo.) allotype

alotropia (Chem.) allotropy

alotropia dinâmica (Chem.) dynamic allotropy

aloxana (Chem.) alloxan

Aloxite (Eng.) Aloxite [TM]

alpaca (Text.) alpaca

alpendre (Arch.) porch; marquise

alpendre (Mining) penthouse

alpina (Bot.) alpine

alqueno (Chem.) alkyne

alquileno (Chem.) alkylene

alquilo (Chem.) alkyl

alquilos de zinco (Chem.) zinc alkyls

alstonina (Chem.) alstonin; chlorogenin

alstonite (Miner.) alstonite

alta (Meteo.) high; anticyclone

alta atmosfera (Meteo.) upper air

alta continental (Meteo.) continental anticyclone

alta de bloqueamento (Meteo.) blocking high

alta de bolha (Meteo.) bubble

alta definição (Image Tech.) high definition

alta de microfone (Phys.) boom

alta dissipação (Phys.) high dissipation

alta ductilidade (MECH.) high ductility

alta e baixa isalobárica (METEO.) isallobaric high and low

alta emissão (ELECT.) high emission

alta emissão de campo (ELECT.) high-field emission

alta explosão (CHEM.) high burst

alta fidelidade (PHYS.) high-fidelity

alta frequência (ELECTRON.) high frequency

alta frequência misturada (IMAGE TECH.) mixed high frequency

alta razão de diluição (AERO.) high by-pass ratio

altar de fumeiro (MECH.) flue bridge

alta segregada (METEO.) cut-off high

alta tensão (ELECT.) high-tension; high voltage; high-tension voltage

alta voltagem (ELECT.) high-voltage

alta voltagem negativa (ELECT.) negative high voltage

altazimute (ASTRO.) altazimuth

alteração (MATH.) transform

alteração de chave (COMP.) switch alteration

alteração de fita (COMP.) tape alteration

alteração de formação (MINING) wall-rock alteration

alteração de segurança (NUCL.) backfitting

alteração diagenética (GEO.) diagenetic alteration

alteração isotérmica (PHYS.) isothermal change

alteração prototrófica (CHEM.) prototrophic change

alterações de constituição (CHEM.) constitution changes

alternação mecânica (MED.) pulsus alternada (BOT.) alternate

alternador (ELECT.) alternator

alternador bifásico (ELECT.) two-phase alternator

alternador bipolar (ELECT.) two-pole alternator

alternador de eixo vertical (ELECT.) vertical shaft alternator

alternador estático de estado sólido (ELECT.) solid-state static alternator

alternador polifásico (ELECT.) polyphase alternator

alternância (ELECT.) alternation

alternância da fase de cor (IMAGE TECH.) colour phase alternation

alternância das gerações (BIO.) alternation of generations

alternância de armazenamento (COMP.) storage ripple

alternância homóloga de gerações (BOT.) homologous alternation of generations

alternância isomórfica de gerações (BOT.) isomorphic alternation of generations

alternância segmentar (BIO.) segmental interchange

alternante (MATH.) alternant

altifalante (PHYS.) loudspeaker; cone loudspeaker; stentorphone

altifalante a cristal (PHYS.) crystal loudspeaker; piezoeletric loudspeaker

altifalante activo (TELECOM.) active loudspeaker

altifalante coaxial (ELECT.) coaxial loudspeaker

altifalante de agudos (ELECTRON.; PHYS.) treble speaker; tweeter

altifalante de agudos electrostáticos (ELECTRON.) electrostatic tweeter

altifalante de Blatthaller (PHYS.) Blatthaller loudspeaker

altifalante de bobina móvel (PHYS.) moving-coil loudspeaker; electrodynamic loudspeaker

altifalante de condensador (PHYS.) capacitor loudspeaker; electrostatic loudspeaker

altifalante de condutor móvel (PHYS.) moving-conductor loudspeaker

altifalante de cone (PHYS.) horn loudspeaker

altifalante de diafragma aberto (PHYS.) open-diaphragm loudspeaker

altifalante de diafragma pregueado (PHYS.) pleated-diaphragm loudspeaker

altifalante de dupla bobina (PHYS.) double-coil loudspeaker

altifalante de duplo cone (ELECT.) double-cone loudspeaker

altifalante de fundo (IMAGE TECH.) playback loudspeaker

altifalante de graves (PHYS.) woofer

altifalante de indutor (PHYS.) inductor loudspeaker

altifalante de infrasons (TELECOM.) sub-woofer

altifalante de lâmina (PHYS.) reed loudspeaker

altifalante de magnetoestricção (PHYS.) magnetostriction loudspeaker

altifalante de monitorização (PHYS.) monitoring loudspeaker

altifalante dinâmico (PHYS.) dynamic loudspeaker

altifalante direccional (PHYS.) directional loudspeaker

altifalante electrodinâmico (PHYS.) electrodynamic loudspeaker; moving-coil loudspeaker

altifalante electromagnético (ELECT.; PHYS.) electromagnetic loudspeaker; magnetic armature loudspeaker

altifalante electrostático (PHYS.) electrostatic loudspeaker; capacitor loudspeaker

altifalante piezoeléctrico (PHYS.) piezoelectric loudspeaker; crystal loudspeaker

altifalante pneumático (PHYS.) pneumatic loudspeaker

altifalante subaquático (PHYS.) subaqueous loudspeaker

altímetro (AERO. PHYS.) altimeter; height finder; height gauge

altímetro absoluto (AERO.) absolute altimeter

altímetro aneróide (AERO.) aneroid altimeter

altímetro capacitivo (AERO.) capacitance altimeter

altímetro de capacitância (AERO.) capacitance altimeter

altímetro de codificação (AERO.) encoding altimeter

altímetro de laser (AERO.) laser altimeter

altímetro de radar (ELECT.) radar altimeter

altímetro registador (AERO.) recording altimeter

altímetro sónico (AERO.) sonic altimeter

altitude (AERO.; ASTRO.) elevation

altitude (AERO.) aspect

altitude (GEN.) altitude

altitude ao nível do mar (METEO.) sea-level altitude

altitude crítica (AERO.; METEO.) critical altitude

altitude da densidade (METEO.) density altitude

altitude de arfagem (AERO.; ASTRO.) pitch altitude

altitude de cabine (AERO.) cabin altitude

altitude de espera (AERO.) holding altitude

altitude de manutenção (AERO.) holding altitude

altitude de pressão (AERO.) pressure altitude

altitude de radar (PHYS.) radar altitude

altitude de reflexão (PHYS.) mirror altitude

altitude de restabelecimento (AERO.) rated altitude

altitude de segurança (AERO.) safe altitude

altitude de segurança de voo (AERO.) safe flying altitude

altitude de voo (AERO.; ASTRO.) flight altitude

altitude dinâmica (PHYS.) dynamic height

altitude específica (AERO.) rated altitude

altitude especificada (AERO.) rated altitude

altitude geocêntrica (SURV.) geocentric altitude

altitude média (AERO.; METEO.) medium altitude

altitude nominal (AERO.) rated altitude

altitude pelo radar (AERO.; PHYS.) radar altitude

altitude potencial (METEO.) geopotential height

altitudes duplas (METEO.) double altitudes

altitudes por barómetro (PHYS.) altitudes by barometer

alto (GEN.) high

alto alongamento (AERO.) high aspect ratio

altocúmulo (METEO.) altocumulus

alto explosivo (MINING) high explosive

alto-forno (ENG.) blast-furnace

alto-forno escocês (MECH.) Scotch blast furnace

alto-forno independente (MECH.) independent blast furnace

alto latão (MECH.) high brass

alto potencial (ELECT.) high voltage

altostrato (METEO.) altostratus

alto vácuo (ELECTRON.) high-vacuum

altrose (CHEM.) altrose
altruísmo (ECO.) altruism
altura angular (SURV.) angle elevation
altura a sotavento (METEO.) lee beam
altura cotada (SURV.) spot height
altura da camada (GEO.) layer depth
altura de água precipitada (METEO.) rain head
altura de aspiração (HYDRO.) suction lift
altura de canal (METEO.) duct height
altura de carga (AERO.) pressure head
altura de chuva (METEO.) rain head; rain height
altura de dente de engrenagem (MECH.) dedendum
altura de descarga (MINING) discharge head
altura de elevação hidrostática (HYDRO.) hydrostatic head
altura de espelho de degrau (BUILD.) rise
altura de impulso (ELECT.) pulse height
altura de metacentro (NAV.) metacentric height
altura de onda significativa (GEO.) significant wave height
altura de pressão (AERO.) pressure head
altura de som (PHYS.) pitch
altura de sucção (HYDRO.) suction lift
altura de uma unidade de transferência (CHEM.) height of a transfer unit
altura dinâmica (PHYS.) dynamic height
altura do instrumento (SURV.) height of instrument
altura do núcleo de ferro (ELECT.) depth of iron core
altura do som (PHYS.) loudness
altura do tom (PHYS.) pitch of tone
altura efectiva (BUILD.) effective depth
altura efectiva de antena (TELECOM.) effective antenna height
altura eficaz (ELECT.) effective height
altura equivalente (TELECOM.) equivalent height
altura estática (AERO.) pressure head
altura livre (BUILD.) headroom; headway
altura pelo radar (AERO.; PHYS.) radar altitude
altura útil (BUILD.) effective depth
altura vertical (SURV.) angle elevation
altura virtual (TELECOM.) equivalent height
alucinação (PSYCHO.) hallucination
alucinações hipnagógicas (PSYCHO.) hypnagogic images
alucinógeno (MED.) hallucinogen
aluimento (BUILD.) subsidence
aluimento em caldeira (GEO.) cauldron subsidence
alula (ZOO.) alula
alúmen (CHEM.; MINER.) alum
alúmen amoniacal (CHEM.) ammonium alum
alúmen de crómio (CHEM.) chrome alum
alúmen de ferro (MINER.) halotrichite
alúmen de magnésio (MINER.) magnesia alum

alúmen de potássio (MINER.) potassium alum
alúmen férrico (MINER.) iron alum
alúmen-hematoxilina (BIO.; MED.) alum-hematoxylin
alumina (MINER.) alumina; aluminium oxide
alumina hidratada (CHEM.) aluminium hydroxide
aluminato (CHEM.) aluminate
aluminato de bismuto (CHEM.) bismuth aluminate
aluminato de sódio (CHEM.) sodium aluminate
alumínio (CHEM.) aluminium
alumínio de núcleo de aço (ELECT.) steel-cored aluminium
alumínio-lítio (AERO.) allithium (alloy)
alumínio pulverizado (BUILD.) aluminium powder
aluminite (MINER.) alumstone
alumino-silicato (CHEM.; MINER.) alumino-silicate
alunagem (ASTRO.; SPACE) moon-landing; lunar landing
alunite (MINER.) alunite
alunogénio (MINER.) alunogen
aluvial (GEO.) flood plain
aluvião (GEO.) alluvium; silt
alvaiade (CHEM.; MED.) zinc oxide; white lead
alvaiade de chumbo (CHEM.) basic lead carbonate
alvaiade sublimado (CHEM.) sublimed white lead
alvenaria de abóbada (ARCH.) stone arching
alvenaria de enchimento (BUILD.) coffer work; backing
alvenaria poligonal (BUILD.) polygonal rubble
alveolado (BOT.; ZOO.) alveolate
alveolar (BOT.; ZOO.) alveolar
alveolite (MED.) alveolitis
alveolite alérgica extrínseca (IMMUN.) extrinsic allergic alveolitis; farmer's lung
alvéolo (BIO.; ZOO.) alveolus; cell
alveoloclasia (MED.) alveoloclasia
alvéolo-dental (MED.) alveolodental
alvéolo-palatal (MED.) alveolopalatal
alveoloplastia (MED.) alveoloplasty
alveolósquise (MED.) alveoloschisis
Alvey (COMP.) Alvey (British computer programme)
alvião (BUILD.) pitcher
alvo (ELECT.; IMAGE TECH.) screen
alvo (GEN.) target
alvo denso (PHYS.) thick target
alvo de orientação de radar (RADAR) radar boresight
alvo fino (PHYS.) thin target
alvo lunar (ASTRO.) lunar target
amaciamento (MECH.) relieving
amagat (PHYS.) amagat
amálgama (CHEM.) amalgam
amálgama aurífera (MINER.) gold amalgam
amalgamação em barril (MECH.) barrel amalgamation
amalgamação em placa (MINING) plate amalgamation

amalgamador (MINING) amalgam barrel
amálgama natural de prata (MINER.) silver amalgam
Amalteia (ASTRO.) Amalthea (Jupiter's moon)
à mão livre (BUILD.) free-hand
amaragem (AERO.) seaplane alighting
amaranto (BOT.) purpleheart
amarelecimento (TEXT.) yellowing
amarelo Cassel (CHEM.) Cassel's yellow
amarelo de chumbo (CHEM.) basic lead chromate; Austrian cinnabar
amarelo de Manchéster (CHEM.) Manchester yellow; martius yellow
amarelo de martius (CHEM.) martius yellow; Manchester yellow
amarelo de metanilo (CHEM.) metanil yellow
amarelo de metilo (CHEM.) methyl yellow; butter yellow
amarelo naftol (CHEM.) naphthol yellow
amarina (CHEM.; MED.) amarine
amaróide (CHEM.) amaroid
amarra (GEN.) cable; mooring
amarra (NAV.) cable (RU=183m; USA=215m); hawser
amarragem (AERO.) moor
amassamento (MECH.) jumping-up
amastigoto (BIO.) amastigote
amatividade (MED.) amativeness
amatofobia (MED.) amathophobia
amaurose (MED.) amaurosis
amaurose fugaz (MED.) blackout
amazonite (MINER.) amazonite; amazonstone
âmbar (MINER.) amber
âmbar-cinzento (ZOO.) ambergris
âmbar-negro (ZOO.) ambergris; pitch coal
ambaróide (MINER.) amberoid; ambroid; pressed amber
âmbar sintético (MINER.) amberoid; ambroid; pressed amber
ambientalista (ECO.) environmentalist
ambiente (ECO.) environment
ambiente (PSYCHO.) Umwelt (German)
ambiente computacional (COMP.) computer environment
ambiente espacial (SPACE) space environment
ambiente estratificado (HYDRO.) stratified environmental
ambiente hostil (ELECTRON.) hostile surroundings
ambiente interactivo (COMP.) interactive environment
ambiente operacional (COMP.) operating environment
ambiente selvagem (ECO.) wilderness
ambiofonia (PHYS.) ambiphony
ambipolar (ELECTRON.) ambipolar
ambissexual (BIO.) ambisexual; ambosexual
ambivalente (ECO.) ambivalent
ambligonite (MINER.) amblygonite
ambliopia (MED.) amblyopia
ambliopia de tabaco (MED.) tobacco amblyopia
ambulacrário (ZOO.) abambulacral
ambulacros (ZOO.) ambulacra

ambulatório (ARCH.; ZOO.) ambulatory
ameba (amiba) (ZOO.) amoeba; ameba
Amebas (ZOO.) Amoebae; Amebas
amebíase (MED.) amoebiasis
amebócito (ZOO.) amoebocyte
amebóide (BOT.; ZOO.) amoeboid
ameiose (BIO.) ameiosis
amelia (MED.) amelia
amelia completa (MED.) tetra-amelia
amelo (MED.) amelus
ameloblasto (ZOO.) ameloblast; enamel cell
amência (MED.) amentia
amenia (MED.) amenia; amenorrhea
amenização (IMAGE TECH.) sweetening
amenorreia (MED.) amenorrhea; amenorrhoea; amenia
amente (MED.) ament
Amentíferas (BOT.) Amentiferae
amentilho (BOT.) amentum; catkin
amerício (CHEM.) americium
amerismo (MED.) amerism
amerístico (MED.) ameristic
amesita (MINER.) amesite
ametabólico (ZOO.) ametabolic
ametista (MINER.) amethyst
ametista-oriental (MINER.) Oriental amethyst; false amethyst
amianto (MINER.) amianthus; asbestos
amianto com paládio (CHEM.) palladinized asbestos
amianto-do-canadá (MINER.) Canadian asbestos
amianto platinizado (CHEM.) platinized asbestos
amiba (ameba) (ZOO.) amoeba; ameba
Amibas (ZOO.) Amoebae; Amebas
amicofobia (MED.) amychophobia
amícron (CHEM.) amicron
amíctico (MED.) amyctic
amida (CHEM.) amine
amida do ácido pirazinóico (CHEM.; MED.) pyrazinamide
amidase (CHEM.) amidase
amidina (CHEM.) amidine
amidinotransferase (CHEM.) amidinotransferase
amido (CHEM.) starch
amido (BOT.) amylum
amidogénio (CHEM.) amidogen
amido solúvel (CHEM.) soluble starch
amieiro (BOT.) alder
amielia (MED.) amyelia
amielínico (ZOO.) amyelinic
amielinizado (ZOO.) amyelinate
amígdala (MED.; ZOO.) amygdala; tonsilla
amígdalas (ZOO.) amygdalae; tonsillae
amigdalectomia (MED.) tonsillectomy
amigdalina (CHEM.) amygdalin
amigdalite (MED.) tonsillitis
amigdalite aguda supurosa (MED.) quinsy
amigdalóide (GEO.) amygdale; amygdule
amigdalose (CHEM.) amygdalose; gentiobiose
amigdalotomia (MED.) tonsillotomia
amilase (BIO.) amylase
amilo (CHEM.) starch
amilobarbitona (MED.) amylobarbitone; amobarbital
amiloclasto (MED.) amyloclast

amilodextrina (BOT.; CHEM.) amylodextrin
amilogénico (MED.) amylogenic
amilóide (MED.) amyloid
amiloidose (MED.) amyloidosis
amiloidose primária (MED.) primary amyloidosis; paramyloidosis
amilolítico (ZOO.) amylolytic
amilopectina (BOT.) amylopectin
amilose (BOT.; CHEM.) amylose
amina (CHEM.) amine
amina primária (CHEM.) primary amine
amina secundária (CHEM.) secondary amine
amina terciária (CHEM.) tertiary amine
aminoácido essencial (BIO.) essential amino acid
aminoácido não essencial (BIO.) nonessential amino acid
aminoácidos (CHEM.) amino acids
aminoácidos acídicos (BIO.; CHEM.) acidic amino acids
aminobenzeno (CHEM.) aminobenzene
aminobenzoato de etilo (CHEM.) ethyl aminobenzoate; benzocaine
aminossalicilato de cálcio (CHEM.) calcium aminosalicylate
aminossalicilato de potássio (CHEM.) potassium aminosalicylate
aminotolueno (CHEM.) aminotoluene; toluidine
amiodarona (MED.) amiodarone
amiotrofia (MED.) amyotrophy
amitose (BIO.) amitosis
amitriptilina (MED.) amitriptyline
amnésia (MED.) amnesia
amnésia anterógrada (MED.) anterograde amnesia
amnésia retrógrada (PSYCHO.) retrograde amnesia
âmnion (ZOO.) amnion; caul
amniocentese (BIO.) amniocentesis
amnioclepsia (MED.) amnioclepsis
amniocoriónico (BIO.) amniochorial
amniogénese (BIO.) amniogenesis
amniografia (MED.) amniography
amnioma (MED.) amnioma
amnioscópio (MED.) amnioscope
amniota (ZOO.) amniote
Amniotas (ZOO.) Amniota
amniótomo (MED.) amniotome
Amoebida; Amebas (ZOO.) Amoebida
Amok (PSYCHO.) Amok
amolecimento (MECH.) softening
amolecimento (MED.) colliquation
amolecimento cerebral (MED.) encephalomalacia
amónia (CHEM.) ammonia; ammonium hydroxide
amoníaco (CHEM.) ammonia
amónia-liase de fenilalanina (BOT.) phenylalanine ammonia-lyase
amonificação (BOT.) ammonification; ammonization
amónio (ião) (CHEM.) ammonium (ion)
amonite (GEO.) ammonite
amontoamento (MINING) bridging
amorfo (CRIST.) amorphous
amortecedor (AERO.) shock absorber
amortecedor (AUTO.) muffler
amortecedor (CHEM.) buffer reagent
amortecedor (GEN.) damper
amortecedor (MECH.) damper; dash pot

amortecedor (PHYS.) quencher
amortecedor de ancoragem (AERO.) ram
amortecedor de arco (ELECT.) arc absorber
amortecedor de atrito (MECH.) frictional damper
amortecedor de chamas de descarga (AERO.) flame damper
amortecedor de cilindro (AERO.) roll damper
amortecedor de circuito (COMP.) circuit damper
amortecedor de crepitação (AERO.) crack stopper
amortecedor de faísca (ELECT.) spark damper
amortecedor de guinada (AERO.) yaw damper
amortecedor de pêndulo (AERO.) pendulum damper
amortecedor de porta (ELECT.) door closer
amortecedor de porta (BUILD.) door check (tool)
amortecedor de ruído de fundo (TELECOM.) squelch; muting
amortecedor dinâmico (ELECT.) dynamic damper
amortecedor do pistão (MECH.) piston buffer
amortecedor hidráulico (MECH.) water cushion
amortecedor hidráulico (AERO.) oleo
amortecedor pneumático (MECH.) air spring
amortecedor por líquido (PHYS.) liquid damper
amortecido (GEN.) damped
amortecimento (GEN.) damping
amortecimento (BUILD.) deadening; deafening
amortecimento aerodinâmico (AERO.) aerodynamic damping
amortecimento crítico (PHYS.) critical damping
amortecimento da agulha (NAV.) compass damping
amortecimento de inércia (PHYS.) inertial damping
amortecimento de radiação (PHYS.) radiation damping
amortecimento electromagnético (ELECT.) electromagnetic damping
amortecimento estrutural (AERO.) structural damping
amortecimento magnético (ELECT.) magnetic damping
amortecimento rápido (MECH.) optimal damping
amortizador de oscilações (MECH.) shimmy damper
amostra (GERAL) sample
amostra aleatória (COMP.) random sampling
amostra aleatória estratificada (GEN.) stratified random sample
amostra alterada (HYDRO.) disturbance sample
amostra de conjunto (MINING) bulk sample
amostra de fundo (MINING) bottom hole sample

amostra de núcleo (Mining) core sample
amostra de tubo (Mining) pipe sample
amostrador (Electron.) sampler
amostrador de fundo (Geo.) bottom sampler
amostrador de Mackereth (Eco.) Mackereth corer
amostrador de pistão (Eco.) piston sampler
amostrador de solos (Eco.) Russian borer
amostrador gravítico (Eco.) gravity corer
amostrador hidráulico (Eco.) hydraulic corer
amostra estratificada (Mining) stratified sample
amostragem (Gen.) sampling
amostragem aleatória (Comp.) random sampling
amostragem analógica (Comp.) analog sampling
amostragem composta (Hydro.) composite sampling
amostragem de corrente (Mining) stream sampling
amostragem estatística (Electron.) statistical sampling
amostragem exaustiva (Chem.) exhaustive sampling
amostragem longitudinal (Eco.) line transect
amostra isocinética (Phys.) isokinetic sample
amostra parcialmente aleatória (Gen.) partial random sample
amostra radioactiva (Phys.) radioactive sample
amostra representativa (Mining) representative sample
amostras circulando fora das peneiras vibratórias (Mining) bypassed samples
amostras desviadas do curso normal da lama (Mining) by-passed samples
amostras de tecidos (Text.) swatch
amostra sistemática (Gen.) systematic sample
amostras pobres (Mining) poor samples
AMP [MFA] (Bio.; Chem.) AMP [AdenosineMonoPhosphate]
amperagem (Phys.) amperage
amperagem de campo (Elect.) field amperage
ampere absoluto (Phys.) absolute ampere
ampere-balança de Kelvin (Elect.) Kelvin ampere-balance
ampere efectivo (Elect.) effective ampere
ampere-espira (Phys.) ampere-turn
ampere-hora (Phys.) ampere-hour
Ampere por metro (Elect.) ampere per metre
amperes-espiras por metro (Phys.) ampere-turns per meter
amperes-voltas transversais (Elect.) cross ampere-turns
amperímetro (Elect.; Phys.) ammeter; intensity meter; ampere-hour meter; current meter

amperímetro de alta voltagem (Elect.) high-voltage ammeter
amperímetro de corrente alterna (Elect.) alternating current ammeter
amperímetro de crista de surtos (Elect.) surge-crest ammeter
amperímetro de integração (Elect.) integrating ammeter
amperímetro de termopar (Elect.) thermocouple ammeter
amperímetro registador (Elect.) recording ammeter
amperímetro térmico (Elect.) thermal ammeter; hot-wire ammeter
amperímetro totalizador (Elect.) integrating ammeter
ampicilina (Med.) ampicillin
amplexicaule (Bot.) amplexicaul
amplexiforme (Zoo.) amplexiform
amplexo (Zoo.) amplexus
ampliação (Phys.) magnification
ampliação (Image Tech.) blow-up
ampliação angular (Phys.) angular magnification
ampliação óptica (Image Tech.) zoom
ampliação por pressão (Phys.) pressure broadening
ampliação telescópica (Phys.) telescopic magnification
ampliador (Image Tech.) enlarger
amplificação (Bio.) amplification
amplificação assimétrica (Electron.) push-push
amplificação biológica (Eco.) biological amplification
amplificação de alta frequência (Telecom.) high-frequency amplification
amplificação de amperes-espira (Phys.) ampere-turn amplification
amplificação de contraste (Phys.) contrast amplification
amplificação de corrente (Elect.) current amplification
amplificação de energia (Elect.) energy amplification
amplificação de força (Elect.) power amplification
amplificação de gás (Phys.) gas amplification
amplificação de microondas por emissão estimulada de radiação [MASER] (Electron.) Microwave Amplification by Stimulated Emission of Radiation [MASER]
amplificação de potência (Elect.) power amplification
amplificação de repetidoras (Telecom.) repeater amplification
amplificação de tensão (Elect.) voltage amplification
amplificação dinâmica (Geo.) dynamic magnification
amplificação sem ruído (Electron.) noiseless amplification
amplificação simétrica (Phys.) push-pull
amplificador (Aero.) augmentor
amplificador (Elect.; Phys.; Radiol.; Telecom.) amplifier; magnifier; expander
amplificador acoplado directamente (Elect.) direct-coupled amplifier

amplificador acústico (Phys.) acoustic amplifier
amplificador acústico de onda progressiva (Electron.) travelling wave acoustic amplifier
amplificador a semicondutor (Electron.) semiconductor amplifier
amplificador assimétrico (Telecom.) push-push amplifier
amplificador a transístor (Electron.) transistor amplifier
amplificador auxiliar (Comp.) buffer amplifier
amplificador biestável (Elect.) magnetic flip-flop
amplificador bilateral (Elect.) bilateral amplifier
amplificador bipolar (Phys.) bipolar amplifier
amplificador com acoplamento por transformador (Elect.) transformer-coupled amplifier
amplificador com base ligada a terra (Electron.) grounded-base amplifier
amplificador com colector a massa (Electron.) grounded-collector amplifier
amplificador com emissor a massa (Electron.) grounded-emitter amplifier
amplificador compensado (Telecom.) balanced amplifier
amplificador controlado em tensão (Electron.) voltage controlled amplifier [VCA]
amplificador da classe A (Elect.) class-A amplifier
amplificador da classe AB, -B, -C (Elect.) class-AB, -B, -C amplifier
amplificador de alta fidelidade (Phys.) high-fidelity amplifier
amplificador de antena (Telecom.) antennafier
amplificador de áudio (Telecom.) audio amplifier
amplificador de audiofrequência (Telecom.) audiofrequency amplifier
amplificador de baixa frequência (Telecom.) low frequency amplifier
amplificador de baixo ganho (Elect.) low gain amplifier
amplificador de baixo nível (Elect.) low-noise amplifier
amplificador de banda larga (Elect.) wide-band amplifier
amplificador de base comum (Electron.) common base amplifier
amplificador de binário de torção (Elect.) torque amplifier
amplificador de bloqueio (Telecom.) lock-in amplifier
amplificador de cabeça (Electron.) head amplifier
amplificador de cátodo comum (Electron.) common cathode amplifier
amplificador de cátodo ligado à massa (Electron.) grounded-cathode amplifier
amplificador de clístron (Elect.) klystron amplifier
amplificador de coincidência (Telecom.) coincidence amplifier

amplificador de corrente (ELEC-TRON.) current amplifier

amplificador de corrente contínua (ELECT.) d.c. amplifier; direct-current amplifier

amplificador de corte (NUCL.) shut-down amplifier

amplificador de corte estabilizado (ELECTRON.) commutating auto-zero amplifier

amplificador de cotas de tempo (TELECOM.) time-shared amplifier

amplificador de crominância (IMAGE TECH.) chrominance amplifier

amplificador de Darlington (ELEC-TRON.) Darlington amplifier

amplificador de desfasamento (ELECTRON.) paraphase amplifier

amplificador de desvio horizontal (ELECT.) horizontal deflection amplifier

amplificador de diferença (ELECT.) difference amplifier

amplificador de diodo (ELECTRON.) diode amplifier

amplificador de disparo (NUCL.) shut-down amplifier; trip amplifier

amplificador de distribuição (ELECT.) distribution amplifier

amplificador de dois extremos (ELECTRON.) double-ended amplifier

amplificador de faixa estreita (TELE-COM.) narrow-band amplifier

amplificador de fluxo duplo (ELEC-TRON.) double stream amplifier

amplificador de fonte comum (ELECTRON.) common source amplifier

amplificador de frequência intermediária (TELECOM.) intermediate-frequency amplifier

amplificador de frequências audio (TELECOM.) AF amplifier

amplificador de grade (ELECT.) grid amplifier

amplificador de grade de válvula ligada à massa (ELECTRON.) grounded-grid amplifier

amplificador de imagem (IMAGE TECH.) picture amplifier; head amplifier

amplificador de impulso (ELECT.) pulse amplifier

amplificador de impulso de corrente (ELECT.) current pulse amplifier

amplificador de impulso linear (ELECT.) linear pulse amplifier

amplificador de integração (ELECT.) integrating amplifier

amplificador de intensidade (ELECT.) intensity amplifier

amplificador de junção (ELECT.) junction amplifier

amplificador de linha (TELECOM.) line amplifier

amplificador de linha de transmissão (TELECOM.) transmission-line amplifier

amplificador de magnetrão (ELEC-TRON.) magnetron amplifier

amplificador de microfone (ELECT.) microphone amplifier; speech amplifier

amplificador de monitorização (ELECT.) monitoring amplifier

amplificador de montagem de oposição quiescente (TELECOM.) quiescent push-pull amplifier

amplificador de onda progressiva (TELECOM.) travelling wave amplifier

amplificador de ondas contínuas (ELECT.) CW amplifier

amplificador de plasma (ELECTRON.) plasma amplifier

amplificador de ponte (ELECTRON.) bridge amplifier

amplificador de porta comum (ELECTRON.) common gate amplifier

amplificador de portadora (ELECT.) carrier amplifier

amplificador de potência (ELECT.) power amplifier

amplificador de potência linear (ELECT.) linear power amplifier

amplificador de quadratura (ELECT.) quadrature amplifier

amplificador de rádio frequência (TELECOM.) radio-frequency amplifier

amplificador de radio-frequência sintonizada (TELECOM.) tuned radiofrequency amplifier

amplificador de Raman (ELECTRON.) Raman amplifier

amplificador de realimentação (ELECT.) feedback amplifier

amplificador de reatância (ELEC-TRON.) reactance amplifier

amplificador de registo (PHYS.) recording amplifier

amplificador de resistência (ELECT.) resistance amplifier

amplificador de resposta neutra (ELECTRON.) untuned amplifier

amplificador de ressonância (ELECT.) resonance amplifier

amplificador de saída (ELECT.) output amplifier

amplificador descontínuo (ELECT.) discontinuous amplifier

amplificador de segurança (ELECT.) safety amplifier

amplificador de selénio (ELECT.) selenium amplifier

amplificador de separação (COMP.) buffer amplifier

amplificador de sinal (IMAGE TECH.) signal amplifier

amplificador de sintonia escalonada (TELECOM.) stagger-tuned amplifier

amplificador de sobrevoltagem (ELECT.) overpowered amplifier

amplificador de sumidoiro comum (ELECTRON.) common drain amplifier

amplificador de supercompressão (ELECTRON.) superconducting amplifier

amplificador de tensão (TELECOM.) voltage amplifier

amplificador de transconductância (ELECTRON.) transconductance amplifier

amplificador de transresistência (ELECTRON.) transresistance amplifier

amplificador de válvula a vácuo (ELECTRON.) vacuum tube amplifier

amplificador de volume constante (TELECOM.) constant-volume amplifier

amplificador dieléctrico (ELECT.) dielectric amplifier

amplificador diferencial (ELECT.) differential amplifier

amplificador distribuído (TELECOM.) distributed amplifier

amplificador do ângulo de fluxo (ELECTRON.) angle of flow amplifier

amplificador em cascata (ELECT.) multistage amplifier

amplificador em cascata (PHYS.) cascade amplifier

amplificador em ponte (ELECTRON.) bridging amplifier

amplificador equilibrado (TELECOM.) balanced amplifier

amplificador estereofónico (TELE-COM.) stereo amplifier

amplificador explorador (RADAR) scanner amplifier

amplificador ferromagnético (ELECT.) ferrimagnetic amplifier; ferromagnetic amplifier

amplificador ferromagnético (ELECT.) ferromagnetic amplifier

amplificador final (ELECT.) final amplifier

amplificador hidráulico (MECH.) hydraulic amplifier

amplificador integrado (ELECT.) integrated amplifier

amplificador linear (ELECTRON.) linear amplifier

amplificador linear-logarítmico (TELECOM.) lin-log amplifier

amplificador logarítmico (PHYS.) logarithmic amplifier

amplificador magnético (PHYS.) magnetic amplifier

amplificador magnético de ponte (ELECT.) bridge magnetic amplifier

amplificador misturador (ELEC-TRON.) mixer amplifier

amplificador não inversor (ELEC-TRON.) non-inverting amplifier

amplificador operacional (ELEC-TRON.) operational amplifier

amplificador operacional ideal (ELECTRON.) ideal opamp

amplificador oscilante (ELECTRON.) see-saw amplifier

amplificador paramétrico (TELE-COM.) parametric amplifier

amplificador pulsador (ELECT.) chopper amplifier

amplificador-pulsador estabilizado (ELECT.) chopper-stabilized amplifier

amplificador radicador (ELECTRON.) rooter amplifier

amplificador reforçador (PHYS.) booster amplifier

amplificador regenerativo (ELECT.) regenerative amplifier

amplificador rotativo (ELECT.) rotary amplifier; rotating amplifier

amplificador simétrico (ELECTRON.) push-pull amplifier

amplificador sintonizado (TELECOM.) tuned amplifier

amplificador supercondutor (ELEC-TRON.) superconducting amplifier

amplificador super-regenerativo (Telecom.) super-regenerative amplifier

amplificador termiónico (Electron.) thermionic amplifier

amplificador vocal (Elect.) speech amplifier

amplificador Williamson (Elect.) Williamson amplifier

amplificar (Electron.) amplify

amplitude (Elect.) maximum value

amplitude (Gen.) amplitude

amplitude (Phys.) amplitude; range; excursion

amplitude das oscilações (Phys.) range of oscillations

amplitude de banda (Telecom.) bandwidth

amplitude de bússola (Gen.) compass amplitude

amplitude de complexão (Phys.) complex amplitude

amplitude de dispersão (Phys.) scattering amplitude

amplitude de erro (Comp.) error range; error span

amplitude de escala (Electron.) scale span

amplitude de faixa de impulso (Telecom.) pulse bandwidth

amplitude de impulso (Elect.) pulse amplitude

amplitude de interferência (Telecom.) interference range

amplitude de linha (Image Tech.) line amplitude

amplitude de maré (Geo.) tidal range

amplitude de perigeu (Astro.) perigean

amplitude de período (Nucl.) period range

amplitude de pico (Electron.) peak amplitude

amplitude de resposta (Electron.) amplitude response

amplitude de temperatura (Meteo.) temperature range

amplitude de velocidade (Phys.) velocity amplitude

amplitude dinâmica (Telecom.) dynamic range

amplitude diurna (Meteo.) diurnal range

amplitude do indicador (Chem.) indicator range

amplitude dupla (Phys.) double amplitude

amplitude ecológica (Eco.) ecological amplitude

amplitude entre picos (Phys.) peak-to-peak amplitude

amplitude harmónica (Elect.) harmonic amplitude

amplitude liminar (Telecom.) threshold amplitude

amplitude máxima (Telecom.) amplitude peak

amplitude pico-a-pico (Phys.) peak-to-peak amplitude

amplo espectro (Med.) broad-spectrum

ampola (Build.) blub

ampola (Gen.) ampoule

ampola (Med.) ampulla

ampola de ânodo rotativo (Electron.) rotating-anode tube

ampola de nivelamento (Chem.) levelling bulb

ampola de válvula (Elect.) tube envelope

amurada (Nav.) freeboard; bulkwark; ship's rail

anabergita (Miner.) annabergite; nickel bloom

anabiose (Bio.) anabiosis

anabólico (Bio.) anabolic

anabolina (Bio.) anabolin; anabolite

anabolismo (Bio.) anabolism

anabólito (Bio.) anabolite; anabolin

anã branca (Astro.) white dwarf

anacmese (Med.) anakmesis

anádromo (Zoo.) anadromous

anaeróbico (Bio.; Med.) anaerobic

anaeróbio (Bio.) anaerobe

anaeróbio facultativo (Bio.) facultative anaerobe

anaerobiose (Bio.) anaerobiosis

anaeuróbico (Eco.) euxinic

anafase (Bio.) anaphase

anafia (Med.) anaphia

anafilactogénico (Med.) anaphylactogenic

anafilático (Med.) anaphylatic

anafilatoxina (Immun.) anaphylatoxin

anafilaxia (Med.) anaphylaxis

anafilaxia cutânea passiva (Immun.) passive cutaneous anaphylaxis

anaforese (Chem.) anaphoresis

anaforia (Med.) anaphoria

anafrodisia (Med.) anaphrodisia

anafrodisíaco (Med.) anaphrodisiac

anaglifo (Image Tech.) anaglyph

anal (Zoo.) anal

analantoidiano (Zoo.) anallantoidean

analatismo (Surv.) anallatism

análcime (Miner.) analcime; analcite

análcite (Miner.) analcite; analcime

analéptico (Med.) analeptic

analérgico (Med.) anallergic

analgesia (Med.) analgesia

analgesia dolorosa (Med.) analgesia algera

analgésico (Med.) analgesic

analisador (Gen.) analyser; dresser

analisador (Radar) scanner

analisador da condutividade eléctrica (Elect.) electrical conductivity analyser

analisador de altura de impulso (Electron.) pulse-height analyser

analisador de altura de pulso (Telecom.) kicksorter

analisador de audiofrequência (Telecom.) audiofrequency analyser

analisador de circuito (Elect.) circuit analyser

analisador de comunicação (Telecom.) communication scanner

analisador de cores (Image Tech.) colour analyser

analisador de dados (Electron.) data analyzer

analisador de distorção (Phys.) distortion analyser

analisador de feixe (Electron.) beam analyser

analisador de frequências (Telecom.) frequency analyser

analisador de impulso (Elect.) pulse analyser

analisador de infravermelhos (Elect.) infrared scanner

analisador de microfilme (Electron.; Image Tech.) film recorder/scanner

analisador de mistura (Auto.) exhaust-gas analyser

analisador de onda harmónica (Elect.) harmonic wave analyser

analisador de potencia (Elect.) AC power analyzer

analisador de rede escalar (Electron.) scalar network analyzer

analisador de tamanho de partículas de Zeiss-Endter (Phys.) Zeiss-Endter particle-size analyser

analisador de tambor (Electron.) drum scanner

analisador de tempo real (Phys.) real-time analyser

analisador de transitórios (Telecom.) transient analyser

analisador de voo (Aero.) flight analyser

analisador diferencial (Elect.) differential analyser

analisador diferencial digital (Comp.) digital differential analyser

analisador diferencial mecânico (Comp.) mechanical differential analyser

analisador do espectro (Electron.) spectrum analyser

analisador do som (Phys.) sound analyser

analisador harmónico eléctrico (Elect.) electric harmonic analyser

analisador heteródino (Elect.) heterodyne analyser

analisador lógico (Comp.) logic analyser

analisador Marconi de altura de pulso (Telecom.) Marconi pulse-height analyser

analisador óptico (Image Tech.) flying spot scanner

analisador sónico panorâmico (Electron.) panoramic sonic analyser

analisando (Psycho.) analysand

analisar gramaticalmente (Comp.) parse

análise (Comp.) parsing; tracing

análise (Gen.) analysis; assay

análise aleatória (Comp.) random scan

análise a seco (Chem.) dry assay

análise barimétrica (Chem.) gravimetric analysis

análise colorimétrica (Chem.) colorimetric analysis

análise completa (Gen.) complete analysis; full analysis

análise condutimétrica (Chem.) conductimetric analysis

análise criptográfica (Comp.) crypt-analysis

análise de água (Hydro.) water analysis

análise de circuito de portas (Electron.) gate circuit analysis

análise de circuito linear (ELEC-TRON.) linear circuit analysis

análise de circuitos CA (ELECTRON.) AC circuit analysis

análise de componentes principais (COMP.) principal component analysis

análise de dados (COMP.) data analysis

análise de difracção (CRYST.) diffraction analysis

análise de diluição isotópica (RADIOL.) isotopic dilution analysis

análise de dimensão de partícula (PHYS.) particle-size analysis

análise de erro (COMP.) error analysis

análise de espécies indicadoras (ECO.) indicator species analysis

análise de falha de modos e efeitos (AERO.) failure modes and effects analysis

análise de Feather (BUILD.) Feather analysis

análise de feixe de electrões (MECH.) electron-beam analysis

análise de flutuações (BIO.) fluctuation analysis

análise de fluxo (COMP.) flow analysis

análise de Fourier (CHEM.) Fourier analysis

análise de gás (CHEM.) gas analysis

análise de gasto-benefício (BOT.) cost-benefit analysis

análise de grupo (GEN.) cluster analysis

análise de imagem (IMAGE TECH.) image analysis

análise de impacto de falha de componente (COMP.) component failure impact analysis

análise de informação (GEN.) information analysis

análise de léxico (COMP.) lexical analysis

análise de padrões (GEN.) pattern analysis

análise de paleocorrentes (ECO.) palaeocurrent analysis

análise de procedimento (COMP.) procedure analysis

análise de radioactivação (PHYS.) radioactivation analysis

análise de rede (ELECT.) network analysis

análise de sensibilidade (ECO.) sensitivity analysis

análise de sequência (BIO.) sequencing

análise de sinais fracos (ELECTRON.) small-signal analysis

análise de sistemas (GEN.) systems analysis

análise de software (COMP.) software analysis

análise de sonda electrónica (CHEM.) electron probe analysis

análise de tamanho de grão (PHYS.) grain-size analysis

análise de tensão (MECH.) stress analysis

análise de tétrada (BOT.) tetrad analysis

análise de variância (SURV.) analysis of variance

análise de varve (ECO.) varve analysis

análise de volume de erro (COMP.) error volume analysis

análise dimensional (PHYS.) dimensional analysis

análise discriminante (STAT.) discriminant analysis

análise do gradiente (ECO.) gradient analysis

análise do infravermelho (PHYS.) infrared analysis

análise do pólen (BOT.; MED.) pollen analysis

análise do vizinho mais próximo (BIO.) nearest neighbour analysis

análise eléctrica (CHEM.) electro-analysis

análise elementar (CHEM.) elemental analysis

análise espectral (CHEM.) spectral analysis; spectrum analysis

análise estatística de energia (PHYS.) statistical energy analysis

análise estruturada (COMP.) structured analysis

análise estrutural (CHEM.) structural analysis

análise exaustiva (CHEM.) exhaustive analysis

análise factorial (PSYCHO.) factor analysis

análise final (CHEM.) ultimate analysis

análise granulométrica (BOT.) grain-size analysis

análise gravimétrica (CHEM.) gravimetric analysis

análise gravimétrica térmica (CHEM.) thermal gravimetric analysis

análise harmónica (PHYS.) harmonic analysis

análise imuno-absorvente ligada a enzimas [ELISA] (IMMUN.) Enzyme-Linked ImmunoSorbent Assay [ELISA]

análise imunoquímica (IMMUN.; MED.) immunoassay

análise iterativa do gradiente (ECO.) reciprocal averaging

análise matemática (MATH.) mathematical analysis

análise morfométrica (ECO.) morphometric analysis

análise multivariada (STAT.) multivariate analysis

análise nefelométrica (CHEM.) nephelometric analysis

análise nodal (GEN.) nodal analysis

análise normal (GEN.) normal analysis

análise numérica (MATH.) numerical analysis

análise objectiva (METEO.) objective analysis

análise ponto por ponto entrelaçada (ELECTRON.) dot interface scanning

análise por activação (CHEM.) activation analysis

análise por crivo (BUILD.; MECH.) sieve analysis

análise por raios X (GEN.) X-ray analysis

análise por via húmida (MINING) wet assay

análise predatória (ECO.) predation analysis

análise qualitativa (CHEM.) qualitative analysis

análise quantitativa (CHEM.) quantitative analysis

análise radiográfica (GEN.) X-ray analysis

análise sinóptica (METEO.) synoptic analysis

análise sintáctica (COMP.) syntax analysis

análise sintáctica de redução por deslocamento (COMP.) shift-reduce parsing

análise térmica (MECH.) thermal analysis

análise térmica diferencial (CHEM.) differential thermal analysis

análise tetrádica (BOT.) tetrad analysis

análise turbidimétrica (CHEM.) turbidimetric analysis

análise vectorial (MATH.) vector analysis

análise volumétrica (CHEM.) volumetric analysis

analista (GEN.) analyst

analizador de assinatura (ELECTRON.) signature profile

analogia (GEN.) analogy

analogia eléctrica (PHYS.) electrical analogy

analogias de Neper (MATH.) Napier's analogies

analógico (GEN.) analogic; analog; analogue

analógico em tempo real (ELECTRON.) analogue real time [ART]

analógico para digital (IMAGE TECH.) A-D; analogic-digital

análogo (GEN.) analogue; analog; analogic

análogo mecânico (MECH.) mechanical analogue

anamnese (IMMUN.; MED.) anamnesis

anamnésia (IMMUN.; MED.) anamnesis

anamnéstico (IMMUN.; MED.) anamnestic

anamnético (IMMUN.; MED.) anamnestic

anamniano (ZOO.) anamniotic

anamniota (ZOO.) anamniote; anallantoidean

Anamniotas (ZOO.) Anamniota

anamorfo (BOT.) anamorph

anândria (BIO.) anandria

Ananke (ASTRO.) Ananke (satellite of Jupiter)

anaplasia (BIO.; MED.) anaplasia

anaplasmose (VET.) anaplasmose; gall-sickness

anaplerose (MED.) anaplerosis

anaplerótico (MED.) anaplerotic

anapófise (ZOO.) anapophysis

Anapsida (ZOO.) Anapsida

anarmónico (ELECTRON.) anharmonic

anarto (ZOO.) anarthrous

anartria (MED.) anarthria

anasarca (MED.) anasarca

anastomose (BIO.; MED.; ZOO.) anastomosis

anatase (MINER.) anatase; octahedrite

anatásio (MINER.) anatase; octahedrite

Anatomia (GEN.) anatomy
anatomia de Krantz (BOT.) Krantz anatomy
Anatomia fisiológica (BIO.) physiological anatomy
anatopismo (MED.; PSYCHO.) anatopism
anatoxina (MED.) anatoxin
anatrópico (BOT.) anatropous
anaxial (ZOO.) anaxial
anca (ZOO.) hip
ancóneo (ZOO.) anconeus
âncora (HORO.) recoil escapement; verge
âncora de cabo de suspensão (BUILD.) suspension cable anchor
âncora de capa (NAV.) sea anchor; floating anchor
âncora de espia (NAV.) kedge anchor
âncora de meia-nau (NAV.) waist anchor
âncora de reboque (NAV.) kedge anchor
âncora de salvação (NAV.) sheet anchor
âncora de salvamento (NAV.) waist anchor
âncora de sino (NAV.) mushroom anchor
ancoradouro atravancado (NAV.) foul berth
ancoradouro flutuante (HYDRO.) floating harbour
âncora encepada (NAV.) foul anchor
âncora flutuante (AERO.) drogue
âncora flutuante (NAV.) floating anchor; sea anchor
ancoragem (NAV.) moor
âncoras circulares (HORO.) circular pallets
âncora sem cepo (NAV.) stockless anchor
ancoreta (NAV.) stream anchor
ancorote (NAV.) stream anchor
andaime (BUILD.) staging; scaffold; frame; framing; timbering
andaime de assentador de tijolos (BUILD.) bricklayer's scaffold
andaime de berço (BUILD.) cradle scaffold
andaime de escoramento inferior (BUILD.) stay falsework
andaime de parede (BUILD.) wall frame
andaime de pedreiro (BUILD.) bricklayer's scaffold
andaime poligonal (BUILD.) polygonal scaffolding
andaimes de madeira (BUILD.) builder's staging
andaime suspenso (BUILD.) flying scaffold; hanging scaffold; suspended scaffold
andaime triangular de grade (BUILD.) fan scaffolding
andaluzita/e (MINER.) andalusite
andar (BUILD.) floor
andar bamboleante (PSYCHO.) waggle dance
andar complementar (ELECTRON.) complementary stage
andar de amplificação (ELECTRON.) amplifier stage
andar de saída (ELECTRON.) output stage

andar de saída do receptor de FM (TELECOM.) FM front end
andar do cavalo em que a pata traseira bate na da frente (VET.) overreach
andar nobre (ARCH.) piano nobile
andesina (MINER.) andesine
andesite (GEO.) andesite
Andosolos (GEO.) Andosols
andradite (MINER.) andradite
Andriatria (MED.) andriatrics; andriatry
androceu (BOT.) androecium
andrócito (BOT.) androcyte
androconia (ZOO.) androconia
androdióico (BOT.) androdioecious
andróforo (BOT.) androphore
androgénese (BOT.; ZOO.) androgenesis
androgénico (MED.) androgenic
androgénio (BIO.) androgen
andrógeno (BIO.) androgenous
androginia (BIO.) androgyny
andrógino (BIO.) androgynus
androginóforo (BOT.) androgynophore
androginóide (BIO.) androgynoid
andróide (BIO.) android
andromania (MED.) andromania
Andrómeda (ASTRO.) Andromeda Nebula; Chain Fady
andromonóica (BOT.) andromonoecious
androsporângio (BOT.) androsporangium
andrósporo (BOT.) androspore
anecdysis (ZOO.) anecdysis
anéfrico (MED.) anephric
anéis ausentes (GEO.) absent rings
anéis colectores (ELECT.) slip-rings
anéis de Balbiani (BIO.) Balbian rings
anéis de Griebhard (ELECT.) Griebhard's rings
anéis de Newton (PHYS.) Newton's rings
anel (BOT.) girdle
anel (GEN.) ring; annulus; collar
anel (MECH.) ring; link; ferrule
anel (SURV.) link
anel anual (BOT.) annual ring
anel benzénico (CHEM.) benzene ring
anel calibrador (MECH.) ring gauge; female gauge
anel colector (ELECT.) collector ring
anel da capota (MECH.) cowling ring
anél das árvores (ECO.) tree ring
anel de activação (ELECT.) fire ring
anel de ADN fechado de modo covalente (BIO.) covalently closed circular DNA
anel de aperto (MECH.) follower ring
anel de apoio (PRINT.) bearer ring
anel de arco (ELECT.) arcing ring
anel de atrito da pá (AERO.) blade chafing ring
anel de calibração (ELECT.) calibration circle
anel de calibrador (MECH.) female gauge
anel de Cambridge (COMP.) Cambridge ring
anel de chave (BUILD.) soffit cusp
anel de colector dividido (ELECT.) split collector ring
anel de compressão (MECH.) compression ring

anel de crescimento (BOT.) growth ring
anel de excitação (COMP.) drive winding
anel de ferro (BUILD.) hasp; cleat; stirrup; ring
anel de fixação da capota (MECH.) cowling hood
anel de fogo (MECH.) fire ring
anel de Kayser-Fleischer (MED.) Kayser-Fleischer ring
anel de ligação de tubos (BUILD.) pipe coupling
anel de lubrificação (MECH.) oiling ring
anel de pistão (AUTO.) scraper ring
anel de protecção (ELECT.) guard ring
anel de retenção (MECH.) circlip; stretching ring
anel de rolamento de esferas (MECH.) ball race
anel de Rowland (PHYS.) Rowland ring
anel de saída (ELECT.) discharge ring
anel de segmento (AUTO.) scraper ring
anel de segmento de óleo (AUTO.) oil-control ring
anel de sustentação da barquinha (AERO.) free-balloon concentration ring
anel de Townend (AERO.) Townend ring
anel de velocidade (AERO.) Townend ring
anel do colector (ELECT.) collector shoe
anel do comutador (ELECT.) commutator ring
anel do excêntrico (MECH.) eccentric strap
anel do motor (MECH.) cowling ring
anel dosimétrico (NUCL.) film ring
anel em O (MECH.) O-ring
anel em V de mica (ELECT.) mica V-ring
anel envolvente da turbina (MECH.) turbine shroud ring
anel estrutural (AERO.) bulkhead
anel híbrido (TELECOM.) hybrid ring; rat-race
Anelídeos (ZOO.) Annelida
anel isolador (BUILD.; MECH.) grummet; grommet
anél lactâmico (BIO.) lactam ring
anel lateral (CHEM.) lateral ring
anel local (TELECOM.) local loop
anelar (ECO.) annulate
anel nebular (ASTRO.) nebulous ring
anel oblíquo (MINING) slant ring
anel simétrico (CHEM.) symmetric ring
anematopoético (nematopoiético) (MED.) anhematopoietic
anemia (MED.; VET.) anaemia, anemia
anemia assiderótica (MED.) asiderotic anaemia; chlorosis
anemia clorótica (MED.) chlorotic anaemia; chlorosis
anemia da célula falciforme (MED.) sickle cell anaemia
anemia de Addison (MED.) Addison's anaemia; pernicious anaemia
anemia de Biermer (MED.) Biermer's anaemia; pernicious anaemia; malignant anaemia

anemia de Fanconi (Bio; Med.) Fanconi's anaemia

anemia eritoblástica (Med.) erythroblastic anaemia

anemia espástica (Med.) spastic anaemia

anemia felina infecciosa (Vet.) feline infectious anaemia

anemia hemolítica (Immun.) haemolytic anaemia

anemia infecciosa equina (Vet.) equine infectious anaemia; swamp fever

anemia linfática (Med.) anaemia lymphatica; Hodgkin's disease

anemia megaloblástica (Med.) megaloblastic anaemia

anemia perniciosa (Immun.; Med.) pernicious anaemia; Biermer's anaemia; malignant anaemia

anemia por deficiência de ferro (Med.) iron deficiency anaemia

anemia pós-hemorrágica (Med.) posthemorragic anaemia

anemia tóxica (Med.) toxic anaemia

anemia traumática (Med.) traumatic anaemia

anemia tropical (Med.) tropical anaemia

anemócoro (Bot.) anemochorous

anemofilia (Bot.) anemophily

anemófilo (Eco.) anemophilous

anemógrafo (Meteo.) anemograph

anemómetro (Eng.) anemometer

anemómetro de fio incandescente (Meteo.) hot-wire anemometer

anemómetro de pressão (Phys.) pressure anemometer

anemómetro de Richard (Phys.) Richard anemometer

anemómetro de rotação (Phys.) rotational anemometer

anemómetro térmico (Meteo.) hotwire anemometer

anemotaxia (Zoo.) anemotaxis

anencefalia (Med.) anencephalia; anencephaly

anencefaliano (Med.) anencephalus

anencéfalo (Med.) anencephalus

anentéreo (Med.) anenterous

anergasia (Med.) anergasia

anergia (Med.) anergia; anergy

aneróide compensado (Phys.) compensated aneroid

anestesia (Med.) anaesthesia, anesthesia

anestesia eléctrica (Med.) electroanaesthesia

anestesia epidural (Med.) epidural anaesthesia

anestesia espinhal (Med.) spinal anaesthesia

anestesia pelo frio (Med.) cryoanesthesia

anestésico (Med.) anaesthetic, anesthetic

anestesista (Med.) anaesthetist; anaesthesiologist [USA]

anestro (Zoo.) anoestrus

anético (Med.) anetic

anetol (Chem.) anethol

aneuplóide (Bio.) aneuploid

aneuploidia (Bio.) aneuploidy

aneurina (Bio.; Chem.) aneurine; thiamin

aneurisma (Med.) aneurysm

aneurisma cirsóide (Med.) cirsoid aneurysm

aneurisma dissecante (Med.) dissecting aneurysm

aneurisma por anastomose (Med.) aneurysm by anastomosis

anexo (Gen.) appendage

anexo (Med.) adnexum (pl. adnexa)

anfetamina (Med.) amphetamine

anfiáster (Bio.) amphiaster

anfíbio (Bot.; Zoo.) amphibious; amphibian

Anfíbios (Zoo.) Amphibia

anfibiótico (Eco.) amphibiotic

anfiblástico (Zoo.) amphiblastic

anfíbola calco-magnésica (Miner.) grammatite; tremolite

anfíbolas (Zoo.) amphiboles

anfibólico (Zoo.) anphibolic

anfibolite (Geo.) amphibolite

anficeliano (Zoo.) anphicoelus

anficêntrico (Med.) amphicentric

anfícito (Zoo.) amphicyte

anficondilar (Zoo.) amphicondylar

anficôndilo (Zoo.) amphicondylus

anfidiplóide (Bot.) amphidiploid

anfidrómico (Eco.) amphidromous

anfiflóico (Bot.) amphiphloic

anfigenético (Bio.) amphigenetic

anfimicróbio (Bio.) amphimicrobe

anfimixia (Bot.) amphimixis

Anfineuros (Zoo.) Amphineura

anfipático (Chem.) amphiphatic

anfipneusto (Zoo.) amphipneustic

anfípode (Zoo.) amphipodous

Anfípodes (Zoo.) Amphipoda

anfiprótico (Chem.) amphiprotic

anfístomo (Zoo.) amphistomous

anfiteatro (Arch.) amphitheater

anfiteatro de erosão (Geo.) cirque

anfitécio (Bot.) amphithecium

anfítrico (Bot.; Zoo.) amphitrichous

anfitrófico (Eco.) amphitrophic

anfitrópico (anfítropo) (Bot.) amphitropous

anfolinas (Bio.) ampholines

anfólito (Bio.; Chem.) ampholyte

anfórico (Phys.) amphoric

anfotericina B (Med.) amphotericin B

anfotérico (Chem.) amphoteric

anfotonia (Med.) amphotonia; amphotony

Angara (Eco.) Angara

angina de Ludwig (Med.) Ludwig's angina

angina de peito (Med.) angina pectoris

angina pectoris (Med.) angina pectoris

angioblasto (Zoo.) angioblast; vasoformative cell

angiocardiografia (Radiol.) angiocardiography

angioceratoma (Med.) angiokeratoma

angiodema (Med.) angioneurotic oedema (edema)

angiogénese (Bio.) angiogenesis

angiografia (Radiol.) angiography

angiografia de subtracção digital (Radiol.) digital subtraction angiography

angióide (Med.) angioid

angio-invasivo (Med.) angioinvasive

angiologia (Med.) angiology

angioma (Med.) angioma

angioplastia (Med.) angioplasty

angiopneumografia (Med.) pneumoangiography

Angiospérmicas (Bot.) Angiospermae; Flowering Plants

angiospérmicas (Bot.) angiosperms

anglesite (Miner.) anglesite; sulphate (sulfate) of lead

Angliano (Geo.) Anglian

angorá (Text.) angora; mohair

angstrom internacional (Phys.) international angstroem

Anguiliformes (Zoo.) Anguilliformes

ângulo (Build.) cant; corner

ângulo (Gen.) angle; elbow

ângulo agudo (Arch.) sharp angle

ângulo agudo (Math.) acute angle

ângulo alterno (Math.) alternate angle

ângulo anódico (Electron.) anode bend

ângulo ao centro (Math.) central angle

ângulo axial óptico (Miner.) optic axial angle

ângulo azimutal (Surv.) azimuth angle

ângulo complemento do ângulo de incidência (Phys.) glancing angle

ângulo crítico (Gen.) critical angle

ângulo crítico (Aero.) stalling angle; angle of stall; critical angle

ângulo da hélice (Aero.) helix angle

ângulo da pá (Aero.) propeller blade angle

ângulo (de abertura) do feixe (Telecom.) beam angle

ângulo de aceitação (Electron.) acceptance angle

ângulo de activação (Electron.) firing angle

ângulo de adernamento (Náut.) angle of heel

ângulo de apoio (Mech.) angle of relief

ângulo de aproximação (Aero.) approach angle

ângulo de arfagem (Aero; Nav.) pitch angle

ângulo de ataque (Aero.) angle of attack

ângulo de atraso (Elect.) angle of lag

ângulo de avanço (Elect.) angle of lead

ângulo de avanço (Eng.) angle of advance

ângulo de batimento (Aero.) flapping angle (helicopter)

ângulo de Bragg (Phys.) Bragg angle

ângulo de Brewster (Elect.; Phys.; Telecom.) Brewster angle; polarizing angle

ângulo de chegada (Telecom.) angle of arrival

ângulo de cobertura (Telecom.) coverage angle

ângulo de condução (Elect.) angle of flow

ângulo de conicidade (Aero.) coning angle

ângulo de construção da asa (Aero.) rigging angle of incidence ângulo de contacto (PHYS.) angle of contact

ângulo de contracção do filão (MINING) angle of nip

ângulo de convergência (PHYS.) convergence angle

ângulo de corte anterior (ELECT.) dig-in

ângulo de curso (NAV.) heading angle; compass angle

ângulo de declinação (ASTRO.; SURV.) declination angle

ângulo de deflexão (ELECTRON.; SURV.) angle of deflection; deflection angle

ângulo de depressão (SURV.) angle of depression; plunge angle

ângulo de deriva (AERO.; NAV.) drift angle; angle of drift

ângulo de deriva (MECH.) drag angle

ângulo de descida (AERO.) angle of descent

ângulo de descida em voo planado (AERO.) angle of glide

ângulo de deslizamento (AUTO.) slip angle

ângulo de desvio (PHYS.) angle of deviation

ângulo de desvio mínimo (PHYS.) angle of minimum deviation

ângulo de difracção (PHYS.) diffraction angle

ângulo de directividade (ELECTRON.) directivity angle

ângulo de dispersão (PHYS.) scattering angle

ângulo de divergência (ELECTRON.; PHYS.) divergence angle; angle of divergence

ângulo de esteira (AERO.) wake angle

ângulo de extracção (MINING) angle of draw

ângulo de falha (GEO.) hade

ângulo de fase (ELECT.) phase angle

ângulo de fase dieléctrica (ELECT.) dielectric phase angle

ângulo de flanco (MECH.) flank angle

ângulo de fluxo (ELECT.) angle of flow

ângulo de giro (MATH.) round angle

ângulo de horizonte (AERO.) horizon angle

ângulo de ignição do tiratrão (ELECTRON.) thyratron firing angle

ângulo de impedância (ELECT.) impedance angle

ângulo de incidência (AERO.) rigging of incidence

ângulo de incidência (GEN.) angle of incidence; incident angle

ângulo de incidência (MECH.) rake

ângulo de inclinação (GEO.) angle of dip

ângulo de inclinação (MINING) angle of slide; dip angle; dip

ângulo de inclinação de tubeira (MECH.) nozzle angle

ângulo de inclinação lateral (AERO.) angle of roll; angle of bank

ângulo de inclinação longitudinal (AERO.) pitch angle

ângulo de interposição (PHYS.) angle of cut-off

ângulo de intersecção (SURV.) intersection angle

ângulo de lasca (ENG.) back rate

ângulo de ligação (CHEM.) bond angle

ângulo de mergulho (SURV.) plunge angle

ângulo de mergulho (AERO.) angle of dive

ângulo de meridiano (ASTRO.) meridian angle

ângulo de obliquidade (ASTRO.; ENG.) angle of obliquity

ângulo de pá (AERO.) blade angle

ângulo de passo de engrenagem (MECH.) pitch angle of gear

ângulo de perda (AERO.) stalling angle

ângulo de perda (ELECT.) loss angle

ângulo de perda dieléctrica (ELECT.) dielectric loss angle

ângulo de planeio (AERO.) gliding angle

ângulo de polarização (PHYS.) polarization angle

ângulo de posição (ASTRO.) position angle

ângulo de posição (AUTO.) attitude angle

ângulo de pressão (ENG.; MECH.) pressure angle; angle of pressure

ângulo de quilha (AERO.) dead rise (seaplane or flying-boat)

ângulo de radiação (PHYS.) radiation angle

ângulo de recepção (PHYS.) angle of acceptance

ângulo de recepção (antena) (TELECOM.) beamwidth

ângulo de reflexão (PHYS.) angle of reflection

ângulo de refracção (PHYS.) angle of refraction

ângulo de repouso (BUILD.; GEO.) angle of repose; angle of rest

ângulo de rolagem (AERO.) angle of roll

ângulo de rumo (NAV.) course angle

ângulo descendente (SURV.) angle of depression

ângulo de subida de segurança (AERO.) safe climbing angle

ângulo de sustentação (AERO.) lift angle

ângulo de toque (ENG.) angle of bite

ângulo de torção (AERO.) angle of torsion; torque angle

ângulo de torção (ENG.) angle of twist

ângulo de trajectória de voo (AERO.) flight-path slope

ângulo de trânsito (ELECTRON.) transit angle

ângulo de transmissão (ELECT.) conduction angle

ângulo de travamento (HORO.) locking angle

ângulo de 360 graus (MATH.) round angle

ângulo de visão (IMAGE TECH.) angle of view

ângulo de voo (AERO.) angle of flight

ângulo diedro (AERO.; MATH.) dihedral angle; plain angle

ângulo do flap (AERO.) flap angle

ângulo do passo da hélice (AERO.) blade angle

ângulo do rumo da bússola (NAV.) compass course angle

ângulo eléctrico (ELECT.) electrical angle

ângulo excêntrico (MATH.) eccentric angle

ângulo excêntrico (MECH.) dwell angle

ângulo externo (GEN.; MATH.) exterior angle; external angle

ângulo horário (ASTRO.) hour angle

ângulo lateral (MECH.) flank angle

ângulo Mach (AERO.) Mach angle

ângulo máximo de ataque (AERO.) maximum angle of attack

ângulo morto (MECH.) dead angle

ângulo normal de mergulho (AERO.) normal diving angle

ângulo oblíquo (PHYS.) glancing angle

ângulo obtuso (MATH.) obtuse angle

ângulo paraláctico (ASTRO.) parallactic angle

ângulo polarizado (ELECT.) polarizing angle

ângulo pronunciado (ARCH.) sharp angle

ângulo raso (PHYS.) grazing angle

ângulo raso (MATH.) straight angle

ângulo rectilíneo (MATH.) rectilinear angle

ângulo recto (MATH.) right angle

ângulo reentrante (MATH.) re-entrant angle

ângulo saliente (MATH.; SURV.) salient angle

ângulos complementares (MATH.) complementary angles

ângulos conjugados (MATH.) conjugate angles

ângulos co-terminais (MATH.) coterminal angles

ângulos de Euler (MATH.) Eulerian angles

ângulos de mira (ELECTRON.) look angles

ângulos direccionais (MATH.) direction angles

ângulo sólido (MATH.) solid angle

ângulos opostos pelo vértice (MATH.) vertical angles

ângulos suplementares (MATH.) supplementary angles

ângulos verticais (MATH.) vertical angles

ângulo zenital (ASTRO.) zenith angle

aniagem (TEXT.) burlap; sacking

anião (PHYS.) anion; negative ion

anião de superóxido (IMMUN.) superoxide anion

anidrase (CHEM.) anhydrase

anidrase carbónica (BIO.) carbonic anhydrase

anidrido (CHEM.) anhydride

anidrido azótico (CHEM.) nitric anhydride

anidrido carbónico (CHEM.) carbonic anhydride

anidrido cumárico (CHEM.) coumarin anhydride

anidrido ftálico (CHEM.) phthalic anhydride

anidrido hipocloroso (CHEM.) hypochlorous anhydride

anidrido iódico (CHEM.) iodic anhydride

anidrido maleico (CHEM.) maleic anhydride

anidrido sulfuroso (CHEM.) sulphuric anhydride

anidrite (BUILD. ; MINER.) anhydrite; sulphate (sulfate) of lime

anidro (CHEM.) anhydrous

anidrose (MED.) anhidrosis

anidrose (VET.) non-sweating

anil de cobre (MINER.) indigo copper

anilha (BUILD.) washer

anilha (MECH.) O-ring

anilidas (CHEM.) anilides

anilina (CHEM.) aniline

anilina azul (CHEM.) aniline blue

anilina comercial (CHEM.) aniline oil

animação (IMAGE TECH.) animation

Animália (BIO.) Animalia

animal mutante (mutante) (BIO.) transgenic animal ; mutant

animismo (PSYCHO.) animism

aniónico (PHYS.) anionic

aniquilação (PHYS.) annihilation

anisidina (CHEM.) anisidine

anisocercal (ZOO.) anisocercal

anisoconta (BOT.) anisokont

anisodáctilo (ZOO.) anisodactylus

anisogâmeta (BIO.) anisogamete

anisogamia (BIO.) anisogamy

anisognato (ZOO.) anisognathous

anisol (CHEM.) anisole

anisomérico (CHEM.) anisomeric

anisotónico (CHEM.) anisotonic

anisotropia (BOT.; PHYS.; CHEM.) anisotropy

anisotropia cristalina (CRIST.) crystalline anisotropy

anisotropia do cristal (CRIST.) crystal anisotropy

anisotrópico (CHEM.) anisotropic

anita (MINER.) annite

ankerite (MINER.) ankerite

ano (ASTRO.) year

ano anomalístico (ASTRO.) anomalistic year

ano astronómico (ASTRO.) astronomical year; nautical year

ano bissexto (ASTRO.) leap year

ano calendário (GEO.) calendar year

ano climático (METEO.) climatic year

ano de eclipse (ASTRO.) eclipse year

anódino (ELECT.) anodyne

anodização (ELECT.; CHEM.) anodizing; anodization

anodização por plasma (ELECTRON.) plasma anodizing

anodizado (ENG.) anodized

ânodo (ELECTRON.) anode; plate (USA)

ânodo arrancador (ELECT.) starting anode

ânodo de aceleração (ELECT.) accelerating anode

ânodo de carbono (ELECTRON.) carbon anode

ânodo de chumbo (ELECT.) lead anode

ânodo de conservação (ELECT.) holding anode

ânodo de excitação (ELECTRON.) excitation anode

ânodo de focalização (ELECT.) focusing anode

ânodo de manutenção (ELECT.) keep-alive anode

ânodo de ranhuras e cavidades (ELECT.) hole-and-slot anode (magnetron)

ânodo galvânico (ELECT.) galvanic anode

ânodo inerte (NAV.) inert anode

anodôncia (ZOO.) anodontia

anodonte (ZOO.) anodont

anodôntia (ZOO.) anodontia

anodontismo (ZOO.) anodontism

ânodo principal (ELECT.) main anode

ânodo rotativo (ELECTRON.) rotating anode

ânodo sintonizado (ELECTRON.) tuned anode

Anofeles (ZOO.) Anopheles

anofelicida (MED.; VET.; ZOO.) anophelicide

anofelífugo (CHEM.; MED.) anophelifuge

Anofelinos (ZOO.) Anophelinae

anofelismo (ZOO.) anophelism

anoftalmia (MED.) anophthalmia

anoftalmo (MED.) anophthalmus

ano-luz (ASTRO.) light-year

anomalia (GEN.) anomaly

anomalia angular (TELECOM.) squint

anomalia da gravidade ao ar livre (GEO.) free-air anomaly

anomalia de Bouguer (GEO.) Bouguer anomaly

anomalia do Irídio (ECO.) iridium anomaly

anomalia geobotânica (ECO.) geobotanical anomaly

anomalia linear (ASTRO.) linear anomaly

anomalia magnética (GEO.) magnetic anomaly

anomalia média (ASTRO.) mean anomaly

anomalopia (MED.) anomalopia

anomaloscópio (PHYS.) anomaloscope

anomerístico (ZOO.) anomeristic

anómero (CHEM.) anomer

anoniquia (MED.) anonychosis; anonychya

Anopluros (ZOO.) Anoplura

anoréctico (MED.) anorectic

anorexia (MED.) anorexia

anorexia nervosa (MED.; PSYCHO.) anorexia nervosa

anorgânico (MED.) anorganic

anortite (MINER.) anorthite

anortoclase (MINER.) anorthoclase

anortose (MED.) anorthosis

anortosite (GEO.) anorthosite

ano sideral (ASTRO.) sideral year

anosmático (ZOO.) anosmatic

anósmia (MED.) anosmia

anosognosia (MED.) anosognosis

ano solar (ASTRO.) solar year; tropical year

anostose (MED.) anostosis

anotia (MED.) anotia

anoto (MED.) anotus

ano tropical (ASTRO.) tropical year; solar year

anoxemia (MED.; ZOO.) anoxemia; anoxaemia

anóxia (MED.) anoxia

anoxibiose (ZOO.) anoxybiosis

anquiloglossia (MED.) tongue-tie; ankyloglossia

anquilose (MED. ; ZOO.) ankylosis

anquilostomíase (MED.) ankylostomiasis

anquilostomídeos (MED.; ZOO.) hookworms; ankylostoma; ancylostoma

anquilótico (MED.) ankylotic

ansa (BOT.; MED.; ZOO.) ansa; loop

ansa de Henle (MED.) Henle's loop

Anseriformes (ZOO.) Anseriformes

ansiedade (MED.; PSYCHO.) anxiety

ansiedade da separação (PSYCHO.) separation anxiety

ansiedade de flutuação livre (PSYCHO.) free floating anxiety

ansiedade perante estranhos (PSYCHO.) stranger anxiety

ansiolítico (MED.) anxiolytic

antagonismo (BOT.; MED.) antagonism

antagonismo mútuo (ECO.) mutual antagonism

antagonista (BOT.; MED.) antagonist

antapex (antiápex) (ASTRO.) antapex

antebraço (ZOO.) antebrachium; forearm

antecâmara (ENG.) antechamber

antecedente (GEN.) antecedent

antecubital (ZOO.) antecubital

ante-estreia (IMAGE TECH.) preview

antefixo(a) (ARCH.) antefixa

antélio (METEO.) anthelion

antélio zodiacal (ASTRO.) zodiacal counterglow

antema (MED.) anthema

antena (GEN.) antenna

antena (TELECOM.) aerial

antena acoplada (ELECT.) coupled aerial; coupled antenna

antena Adcock (TELECOM.) Adcock antenna

antena Alford (TELECOM.) Alford antenna

antena alimentada por tensão (TELECOM.) voltage-fed antenna

antena anti-desvanecimento (TELECOM.) fading reducing aerial; antifading antenna

antena anti-inteferência (ELECTRON.) anti-interference aerial

antena artificial (TELECOM.) fading reducing antenna; antifading antenna; dummy antenna; phantom antenna

antena Bellini-Tosi (TELECOM.) Bellini-Tosi antenna

antena Beverage (TELECOM.) Beverage antenna

antena bicónica (ELECT.) double cone antenna; discone antenna

antena bilateral (ELECT.) bilateral antenna

antena binomial (RADAR; TELECOM.) binomial array

antena bipolar (TELECOM.) doublet antenna; dipole antenna

antena blindada (ELECT.) screened antenna

antena captadora de ruídos (TELECOM.) noise aerial

antena carregada (ELECT.) loaded antenna

antena Cassegrain (TELECOM.) Cassegrain antenna

antena circular (ELECT.) circular antenna

antena coaxial (TELECOM.) coaxial antenna

antena colinear (TELECOM.) collinear array

antena compensadora de ruídos (ELECT.) noise bucking antenna

antena cónica (ELECT.) cone aerial

antena cruzada (TELECOM.) turnstile antenna

antena cúbica (TELECOM.) cubical antenna

antena curta (TELECOM.) stub antenna

antena curta horizontal (TELECOM.) horizontal stub

antena de alinhamento (TELECOM.) aerial alignment

antena de ânodo sintonizado (ELECTRON.) tuned-anode antenna

antena de baixa frequência (TELECOM.) low frequency antenna

antena de baixo ruído térmico (TELECOM.) low-noise temperature aerial

antena de bobina (TELECOM.) stub aerial

antena de captação (ELECT.) pick-up antenna

antena de captação e acoplamento por satélite (TELECOM.) satellite tracking and pointing antenna

antena de carga terminal (TELECOM.) top-capacitor aerial

antena de circuito fechado (AERO.) fixed-loop aerial

antena de compensação (TELECOM.) balancing antenna

antena de cone invertido (TELECOM.) horn antenna; electromagnetic horn

antena de cortina (TELECOM.) curtain antenna

antena de diversidade (ELECT.) diversity antenna

antena de entalhe (AERO.) notch aerial

antena de excitação central (ELECT.) centre driven antenna

antena de exploração de frequência (TELECOM.) frequency scan antenna

antena de feixe (TELECOM.) beam antenna

antena de feixe em leque (TELECOM.) beavertail antenna

antena de feixe perfilado (ELECT.) shaped-beam antenna

antena de fios paralelos (TELECOM.) cage antenna

antena de Fresnel (TELECOM.) stepped lens aerial

antena de gaiola (TELECOM.) cage antenna

antena de haste dieléctrica (ELECT.) dielectric-rod antenna

antena de lente (TELECOM.) lens antenna

antena de lente dieléctrica (TELECOM.) dielectric lens antenna

antena de matrix reflectora (ELECTRON.) reflection error

antena de meia onda (TELECOM.) half-wave antenna

antena de núcleo de ferrite (TELECOM.) ferrite-rod antenna; loopstick antenna

antena de nutação (ELECT.) nutant antenna

antena de onda estacionária (TELECOM.) standing-wave antenna

antena de onda progressiva (TELECOM.) travelling wave antenna

antena de onda superficial (TELECOM.) surface wave aerial

antena de persiana (ELECT.) venetian blind antena

antena de polarização horizontal (ELECT.) ground-plane antenna

antena de polarização vertical (TELECOM.) vertically polarized aerial

antena de prato (TELECOM.) dish antenna

antena de quadro (ELECT.) frame antenna; loop antenna

antena de quadro equilibrada (ELECT.) balanced loop antenna

antena de quadro fixo (AERO.) fixed loop antenna

antena de quarto de onda (TELECOM.) quarter wavelength aerial

antena de radar (ELECT.) radar antenna

antena de radiação transversal (TELECOM.) broadside antenna

antena de rádio (TELECOM.) radio aerial

antena de radiofarol (AERO.) marker antenna

antena de ranhura (TELECOM.) slot aerial

antena de recepção (TELECOM.) receiving aerial

antena de reflector (TELECOM.) reflector aerial

antena de reflector parabólico entre 2 placas (ELECT.) cheese aerial

antena de seis pares de elementos (TELECOM.) double-six array

antena de sintonia múltipla (TELECOM.) multiple-tuned antenna

antena de tecto plano (TELECOM.) flat-top antenna

antena de telescópio (TELECOM.) telescopic aerial

antena de telhado (TELECOM.) roof antenna

antena de terra (ELECT.) earth aerial; earthed aerial

antena de terra (TELECOM.) earthed aerial

antena de um quarto de onda (TELECOM.) quarter-wave antenna

antena de volta (AERO.) fixed-loop aerial

antena dieléctrica (ELECT.) dielectric antenna

antena dieléctrica de varetas (TELECOM.) polyrod antenna

antena direccional (SPACE; TELECOM.) beam antenna; directional antenna; direction aerial

antena direccional de disco (IMAGE TECH.) dish

antena dirigida (TELECOM.) steerable antenna

antena discone (TELECOM.) discone antenna

antena dupla (TELECOM.) doublet antenna; dipole antenna

antena duplex (TELECOM.) antenna duplexer

antena em derivação (ELECT.) shunt antenna

antena em espiral (ELECT.) corkscrew antenna

antena em hélice (TELECOM.) helix aerial

antena emissora (TELECOM.) transmitting aerial

antena em L (TELECOM.) L-antenna

antena em leque (TELECOM.) fan antenna

antena em L invertido (TELECOM.) inverted-L antenna

antena em série (ELECT.) series antenna

antena em T (TELECOM.) T-antenna

antena em V (TELECOM.) vee antenna

antena em V invertido (TELECOM.) inverted-V antenna

antena em Y (ELECT.) Y antenna

antena espinha-de-peixe (TELECOM.) fishbone antenna

antena excitada em derivação (TELECOM.) shunt excited antenna

antena extensível (TELECOM.) vertical whip

antena fantasma (TELECOM.) artificial antenna; phantom antenna; dummy antenna; artificial aerial

antena fendida (TELECOM.) slot antenna

antena fictícia (TELECOM.) artificial antena; dummy antenna; artificial aerial; phantom antenna

antena harmónica (TELECOM.) harmonic antenna

antena helicoidal (TELECOM.) helix aerial; helical antenna

antena hertziana (TELECOM.) Hertz antenna

antena hiperbólica (TELECOM.) hyperbolic antenna

antena horizontal (TELECOM.) horizontal antenna

antena J (TELECOM.) J-antenna

antena lenticular (TELECOM.) lens aerial

antena lenticular de Luneberg (TELECOM.) Luneberg lens aerial

antena lenticular de placa metálica (TELECOM.) metal plate lens aerial

antena Lewis (ELECT.) Lewis antenna

antena linear simétrica (ELECT.) symmetrical linear antenna

antena livre (TELECOM.) open antenna

antena logaritmica (TELECOM.) log-periodic aerial

antena Marconi (TELECOM.) Marconi antenna

antena móvel (TELECOM.) steerable antenna; mobile antenna

antena multifilar (ELECT.; TELECOM.) multiple wire antenna; multiwire antenna

antena multifilar em triângulo (TELECOM.) multiwire triatic aerial

antena não direccional (TELECOM.) non-directional aerial

antena não estabilizada (ELECT.) unstabilized antenna

antena não ressonante (ELECT.) dumb antenna; non-resonant antenna

antena não sintonizada (TELECOM.) untuned antenna

antena omnidireccional (SPACE) omnidirectional antenna
antena omnidireccional (PHYS.) omnidirectional microfone
antena parabólica (TELECOM.) parabolic antenna
antena parabolóide (ELECT.) paraboloid antenna
antena parasita (TELECOM.) parasitic antenna
antena passiva (TELECOM.) parasitic antena
antena periódica (TELECOM.) periodic antenna
antena pitot (AERO.) pitot suction tube
antena quadra-cúbica (TELECOM.) quad aerial
antena quadrifilar (TELECOM.) quadrifilar aerial
antena quase omnidirecional (TELECOM.) null steerable aerial
antena radiogonométrica (ELECT.) df antenna; direction finder antenna
antena redutora de ruídos (ELECT.) noise reducing antenna
antena rômbica (TELECOM.) rhombic antenna
antena romboidal (TELECOM.) diamond antenna
antena sem carga (TELECOM.) unloaded antenna
antena simples (ELECT.) plain aerial
antena sintonizada (TELECOM.) tuned antenna
antenas separadas (ELECTRON.) spaced antennae
antena Sterba (TELECOM.) Sterba antenna
antena submarina (ELECT.) underwater antenna
antena tipo cone invertido (TELECOM.) horn antenna; electromagnetic horn
antena tipo funil (TELECOM.) electromagnetic horn; horn antena
antena tipo guarda-chuva (TELECOM.) umbrella antenna
antena tubular ranhurada Alford (TELECOM.) Alford slotted tubular antenna
antena unidireccional (TELECOM.) unidirectional antenna
antena unidireccional de período logarítmico (ELECT.) unidirectional log-periodic antenna
antena unipolar (TELECOM.) unipole antenna
antena virtual (ELECT.) image antenna
antena Yagi (TELECOM.) Yagi antenna
antena Zepp (TELECOM.) Zepp antenna, Zeppelin antenna
antena Zeppelin (TELECOM.) Zeppelin antenna; Zepp antenna
anténula (ZOO.) antennula
antepara (GEN.) bulkhead
antepara da popa (NAV.) afterpeak
antepara de colisão (NAV.) collision bulkhead
anteparo (ELECT.) screen
anteparo de encontro (BUILD.) meeting rail
anteparo de grade (ELECT.) grid shield
anteposição (BOT.) anteposition

antera (BOT.) anther
anterídeo (BOT.) antheridium
anteridióforo (BOT.) antheridiophore; antheridial receptacle
anterior (COMP.) rather
anterior (GEN.) anterior
ântero-externo (MED.) anteroexternal
anterógrado (MED.) anterograde
ântero-inferior (MED.) anteroinferior
ântero-interior (MED.) anterointernal
ântero-interno (MED.) anterointernal
ântero-lateral (MED.) anterolateral
ântero-medial (MED.) anteromedial
ântero-mediano (MED.) anteromedian
ântero-posterior (MED.) anteroposterior
ântero-superior (MED.) anterosuperior
anterozóide (BOT.) antherozoid
antes da morte (MED.) ante mortem
antes da refeição (MED.) ante cibum
antese (BOT.) anthesis
antiácido (CHEM.; MED.) antacid; antiacid
antiaglutinina (BIO.) antiagglutinin
anti-aldóxima (CHEM.) anti-aldoxime
antialérgico (MED.) antiallergic
antiamilase (CHEM.) antiamylasis
antianafilaxia (MED.) antianaphylaxis
antiandrógeno (MED.) antiandrogen
Antiano (GEO.) Antiano
antiápex (ASTRO.) antapex
antiápex solar (ASTRO.) solar antapex
antiauxina (BOT.) anti-auxin
antibarião (PHYS.) anti-baryon
antibiose (BIO.) antibiosis
antibiótico (BIO.; MED.) antibiotic
antibiótico citotóxico (MED.) cytotoxic antibiotic
antibiótico nucleósido (BIO.) nucleoside antibiotic
antibiótico peptídico (BIO.; MED.) peptide antibiotic
antibióticos aminoglicósidos (BIO.; MED.) aminoglycoside antibiotics
antibióticos lactâmicos (BIO.) lactam antibiotics
anticatalizador (CHEM.) anticatalyst
anticátodo (PHYS.) anticathode
anticiclogénese (GEO.) anticyclogenesis
anticiclólise (GEO.) anticyclolysis
anticiclone (METEO.) anticyclone; high
anticiclone continental (METEO.) continental anticyclone
Anticiclone das Bermudas (GEO.) Bermuda high
anticiclone de bloqueamento (METEO.) blocking anticyclone; blocking high
anticiclone de bolha (METEO.) bubble
anticiclone dos Açores (GEO.) Azores high
anticiclone segregado (METEO.) cut-off high
anticiclotrão (PHYS.) anticyclotron
anticlinal (BOT.; GEO.) anticlinal; anticline
anticlinal isolado (GEO.) isolated anticlinal
anticlinorium (GEO.) anticlinorium; geanticline
anticoagulante (MED.) anticoagulant

anticoagulina (MED.) anticoagulin
anticodão (BIO.) anticodon
anticódon (BIO.) anticodon
anticolinérgico (MED.) anticholinergic
anticongelante (AERO.) anti-icing
anticongelante (CHEM.) anti-freeze
anticontramedidas de sonar (AERO.; NAV.; PHYS.) sonar countercountermeasures
anticorpo (IMMUN.) antibody
anticorpo citofílico (IMMUN.) cytophilic antibody
anticorpo de Forssman (IMMUN.) Forssman antibody
anticorpo humoral (BIO.) humoral antibody
anticorpo monoclónico (IMMUN.) natural antibody
anticorpo policlonal (BIO.) polyclonal antibody
anticorpo precipitante (BIO.; IMMUN.) precipitin
anticorpo reagínico (IMMUN.) reaginic antibody
anticorpos (BIO.; MED.) antibodies
anticorpos bio-específicos (BIO.) bispecific antibodies
anticorpos da tiróide (IMMUN.) thyroid antibodies
anticorpo sensibilizador da pele (IMMUN.) skin sensitizing antibody
anticorpos híbridos (IMMUN.) hybrid antibodies
antidepressivos tricíclicos (MED.) tricyclic anti-depressants
antidiurético (BIO.; MED.) antidiuretic
antidrómico (BIO.) antidromic
antiduna (GEO.) antidune
anti-estático (ELECTRON.) antistatic
antifalhas (NUCL.) fail safe
antiferromagnetismo (PHYS.) antiferromagnetism
antiflutuação (TELECOM.) antihunting
antifungicida (BIO.) antifungicide
anti-g; anti g (PHYS.) anti-g; antigravity; aG
antigene de diferenciação (BIO.) differentiation antigen
antigenemia (IMUN.; MED.) antigenemia
antigenes de rejeição (BIO.) transplantation antigens
antigenicidade (IMMUN.) antigenicity
antigénio (IMMUN.) antigen
antigénio cardíaco (IMMUN.) heart antigen; cardiolipin
antigénio de Forssman (IMUN.) Forssman antigen
antigénio de histocompatibilidade (IMMUN.) histocompatibility antigen
antigénio dependente do timo (IMMUN.) thymus dependent antigen
antigénio específico de tecido (IMMUN.) tissue specific antigen
antigénio específico de tumor (IMMUN.) tumour specific antigen
antigénio heterófilo (IMMUN.) heterophil(e) antigen
antigénio independente do timo (IMMUN.) thymus independent antigen
antigénio O (IMMUN.) O-antigen
antigénios T (IMMUN.) T-antigens
antígeno (IMMUN.) antigen

antigenoterapia (IMMUN.; MED.) antigenotherapy
antiglobulina (IMMUN.) antiglobulin
Antigo (ARCH.) Antiquarian [style]
antigo (PRINT.) antique
antigorita (MINER.) antigorite
antigravidade (AERO.; PHYS.) antigravity; anti-g; aG
anti-halo (IMAGE TECH.) antihalation
anti-helmíntico (MED.) anthelminthic
anti-histamina (MED.) antihistamine
anti-hormona (MED.) antihormone
anti-ideotipo (IMMUN.) anti-idiotype
anti-incrustador (MECH.) anti-incrustator
antileptão (PHYS.) antilepton
antilisina (MED.) antilysin
antilogaritmo (MATH.) antilogarithm; inverse logarithm
antiluteogénico (MED.) antiluteogenic
antimalárico (MED.) antimalarial
antímero (ZOO.) antimer
antimesão Mu (PHYS.) antimuon
antimetabolite (MED.) antimetabolite
antimetropia (MED.) antimetropia
antimicrobiano (MED.) antimicrobial
antimitótico (MED.) antimitotic
antimongolóide (MED.) antimongoloid
antimonial (CHEM.) antimonial; stibiated; stibious; stibic
antimoniatos (CHEM.) antimoniates
antimonieto de alumínio (CHEM.) aluminium antimonide
antimonilgliconato de sódio (CHEM.) sodium antimonylgluconate
antimonilo (CHEM.) antimonyl
antimoniltartarato de potássio (CHEM.) potassium antimonyl tartrate
antimónio (CHEM.) antimony; aquila nigra; regulus of antimony
antimonite (MINER.) antimonite; stibinite
antimuão (PHYS.) antimuon
antimutador (BIO.) antimutator
antimutagénico (BIO.) antimutagen
antineutrão (PHYS.) antineutron
antineutrino (PHYS.) antineutrino
antinodo (PHYS.) antinode
antinodo de corrente (ELECT.) current antinode
anti-oncogéne (BIO.) anti-oncogene
antiparalelo (GEN.) antiparallel
antiparasita (MED.) antiparasite
antipartícula (PHYS.) antiparticle
antiperiódico (PHYS.) antiperiodic
antiperistalse (ZOO.) antiperistalsis
antiperistáltico (ZOO.) antiperistaltic
antiperistaltismo (ZOO.) antiperistalsis
antipertita (MINER.) antiperthite
antipiogénico (MED.) antipyogenic
antipirese (MED.) antipyresis
antipirético (MED.) antipyretic; febrifuge
antipirina (MED.) antipyrine
antipirótico (MED.) antipyrotic
antípodas (GEO.) antipodes
antípodas (BOT.) antipodal cells
antiporto (BIO.) antiport
antiprotão (PHYS.) antiproton; negative proton
antipsicótico (MED.) antipsychotic
antiquark (PHYS.) antiquark

anti-ruído (ELECTRON.) antinoise
antitiróide (MED.) antithyroid
antitoxina (IMMUN.; MED.) antitoxin
antitoxina tetânica (IMMUN.) tetanus antitoxin
antitranspirante (BOT.) antitranspirant
antitripsina (MED.) antitrypsin
antitrombina (MED.) antithrombin
antitússico (MED.) antitussive
antiurático (CHEM.) antiuratic
antiveneno (MED.) antivenene
antiviral (MED.) antiviral
antivirótico (MED.) antiviral
antivitamina (CHEM.; MED.) antivitamin
antivivissecção (MED.) antivivisection
antivivisseccionista (MED.) antivivisectionist
antixeroftálmico (MED.) antixerophtalmic
Antocerotae (BOT.) Anthocerotae
Antoceróteas (BOT.) Anthocerotae; Anthocerotopsida
Antocerotopsidas (BOT.) Anthocerotopsida; Anthocerotae
antocianina (CHEM.) anthocyanin
antofilito (MINER.) anthophyllite
antofilóide (BOT.) anthophilous
Antófitas (BOT.) Anthophyta; flowering plants
antóforo (BOT.) anthophore
antogénese (ZOO.) anthogenesis
antogenesia (ZOO.) anthogenesis
antorbital (ZOO.) antorbital
Antozoários (ZOO.) Anthozoa; Actinozoa
antraceno (CHEM.) anthracene
antracia (MED.) anthracia
antracina (MED.) anthracin
antracite (GEO.) anthracite
antracite fragmentada (GEO.) culm
antracnose (BOT.) anthracnose
antracóide (MED.) anthracoid
antracómetro (CHEM.) anthracometer
antracose (MED.) anthracosis
antraflavina (CHEM.; MED.) anthraflavine
antragalol (CHEM.; MED.) anthragallol
antral (MED.) antral
antralina (CHEM.; MED.) anthralin
antranilo (CHEM.) anthranil
antrapurpurina (CHEM.) anthrapurpurin
antraquinona (CHEM.) anthraquinone
antraxolita (MINER.) anthraxolite
antraz (MED.; VET.) anthrax ; carbuncle
antraz enfisematoso (VET.) blackleg; quarter evil
antraz sintomático (VET.) quarter evil
Antricida (VET.) Antrycide [TM]
antro (ZOO.) antrum
antro cardíaco (MED.) forestomach
antro de Highmore (MED.) antrum of Highmore; sinus maxillaris
antro maxilar (MED.) antrum of Highmore; sinus maxillaris
antrona (CHEM.) anthrone
antropofílico (ZOO.) anthropophilic
antropófita (BOT.) anthropophyte
antropofobia (PSYCHO.) anthropophobia; social phobia
antropogénese (ECO.) Anthropogene
antropogenia (ZOO.) anthropogeny

antropogénico (BOT.) anthropogenic
antropogeomorfologia (ECO.) anthropogeomorphology
antropóide (ZOO.) anthropoid
Antropóides (ZOO.) Anthropoidea
Antropologia (ZOO.) Anthropology
antropometria (MED.) antropometry
antropómetro (MED.) anthropometer
antropomorfismo (ZOO.) anthropomorphism
antropomorfo (ZOO.) anthropomorph
antroposóis (ECO.) Anthrosols
antrorso (ZOO.) antrorse
anual (BOT.) annual
anual de Inverno (BOT.) winter annual
anual de Verão (BOT.) summer annual
anulação de trajectória múltipla (TELECOM.) multipath cancellation
anulador (PHYS.; MATH.) annihillator
anulador de empuxo (AERO.) thrust canceller
anulador de impulso (AERO.) thrust canceller
ânulo (GEN.) annulus
anunciador (GEN.) annunciator
anúncio (PRINT.) poster
anúncio de livro (PRINT.) blurb
anurese (MED.) anuresis
anurético (MED.) anuretic
anúria (MED.) anuria
anúrico (MED.) anuric
anuro (ZOO.) anural; anurous
Anuros (ZOO.) Anura
ânus (ZOO.) anus; vent
ao acaso (BUILD.) random
aorta (ZOO.) aorta
aorta ascendente (ZOO.) aorta ascendens
aorta descendente (ZOO.) aorta descendens
aórtico (ZOO.) aortal
aortite (MED.) aortitis
aortografia (MED.) aortography
aortograma (MED.) aortogram
aortoilíaco (ZOO.) aortoiliac
aortopatia (MED.) aortopathy
aortotomia (MED.) aortotomy
ao vivo (IMAGE TECH.) live
apagador de memória (COMP.) bulk eraser
apagão parcial (ELECT.) brownout
apagar (COMP.) erase
apagar (ELECT.) quench
apandria (MED.; PSYCHO.) apandria
apantropia (MED.; PSYCHO.) apanthropy
apara (MECH.) chip; flash
apara (PLÁST.) flash
aparadora automática (PRINT.) autoshaver
aparar (PRINT.) crop
aparas (MINING) cuttings [CTGS]
aparas (MECH.) turnings
aparecimento (BOT.) emergence
aparecimento gradual (ASTRO.) loom
aparecimento gradual (IMAGE TECH.) fade-in; intensification
aparelhagem de um navio (NAV.) rigging of a ship
aparelhamento (BUILD.) matching
aparelhamento em grosso (BUILD.) scabbling
aparelho (BUILD.) filler; priming coat

aparelho analógico (ELECTRON.) analogue device

aparelho auditivo (PHYS.) deaf aid; hearing aid

aparelho bipolar (ELECTRON.) bipolar device

aparelho Breathalizer (CHEM.) Breathalizer

aparelho calibrador (PHYS.) calibrating apparatus

aparelho copulador dos insectos machos (ZOO.) aedagus

aparelho de Abel (MINING) Abel flashpoint apparatus

aparelho de Beckmann (MECH.) Beckmann apparatus

aparelho de Davis (NAV.) Davis apparatus

aparelho de elutriação a ar (MINING) air elutriator

aparelho de fiação (ZOO.) arachnidium

aparelho de Gauss (ELECT.) gaussmeter; Gauss apparatus

aparelho de Golgi (BIO.) Golgi apparatus

aparelho de Haldane (CHEM.) Haldane apparatus

aparelho de Hare (GEO.) Hare's apparatus

aparelho de imersão (ELECT.) immersible apparatus

aparelho de Jolly (CHEM.) Jolly's apparatus

aparelho de juntas recortadas (BUILD.) block-in-course

aparelho de Kipp (CHEM.) Kipp's apparatus

aparelho de Landsberger (CHEM.) Landsberger apparatus

aparelho de liquefacção do ar (PHYS.) air liquefier

aparelho de Lorenz (ELECT.) Lorenz apparatus

aparelho de pedras da mesma altura na mesma fiada (BUILD.) regular-coursed rubble

aparelho de refrigeração (MECH.) refrigerator

aparelho de respiração (MED.; MINING) breathing apparatus

aparelho de Soxhlet (CHEM.) Soxhlet apparatus

aparelho de teste de amoníaco de Bunte-Eitner (CHEM.) Bunte-Eitner's ammonia testing apparatus

aparelho de Thomas (MED.) Thomas's splint

aparelho de varredura automática (ELECT.) automatic sweep apparatus

aparelho digestivo (MED.) alimentary system

aparelho divisor (MECH.) dividing head

aparelho em espiga (BUILD.) raking bond

aparelho medidor de transmissão (TELECOM.) transmission measuring set

aparelho opercular (ZOO.) opercular apparatus

aparelho pineal (ZOO.) pineal apparatus

aparelho piramidal (ZOO.) pyramidal tract

aparelho poligonal (BUILD.) polygonal bond

aparelho regular (BUILD.) American bond

aparelho telefónico comum (TELECOM.) handset

aparelho telefónico de bateria (TELECOM.) telephone set with battery

aparelho tensor (MECH.) stretching gear

aparência (MED.) facies

apartamento de cobertura (ARCH.) penthouse

apatite (MINER.) apatite

apatite amarelada (MINER.) asparagus stone

apendectomia (MED.) appendectomy

apêndice (GEN.) appendage

apêndice (ZOO.) appendix; appendix vermiformis

apêndice abdominal (ZOO.) abdominal limb

apendicectomia (MED.) appendicectomy

apêndice frontal inicial do chifre do veado (ZOO.) bosset

apêndice vermiforme (MED.; ZOO.) appendix vermiformis; vermix

apêndice xifóide (ZOO.) xiphisternum

apendicite (MED.) appendicitis

apendicular (ZOO.) appendicular

apercepção (MED.; PSYCHO.) apperception

aperiente (MED.) aperient

aperiódico (PHYS.) aperiodic

aperto (ELECT.) interlock

aperto (BIO.;MED.) stricture; constriction; coartation

aperto a frio (MINING) cold pinch

aperto de chumbo (ELECT.) lead grip

apetência (MED.) appetition; appestat

ápex (GEN.) apex

ápex cego (MINING) blind apex

Apiáceas (BOT.) Apiaceae

ápice (ARCH.) apex; spire

apicólise (MED.) apicolysis

apicotomia (apiceotomia) (MED.) apicotomy

apiculado (BOT.) apiculate

apigenina (CHEM.) apigenin

apirase (MED.; CHEM.) apyrase

apirético (MED.) apyretic; afebrile

apirexia (MED.) apyrexia

apisoamento (TEXT.) milling

apituitarismo (MED.) apituitarism

aplacentário (ZOO.) aplacental

aplainador (MECH.) flatter; planisher

aplainamento (BUILD.) shooting

aplainamento (MECH.) planishing

aplanamento (GEN.) levelling

aplanético (BOT.; PHYS.) aplanetic; aplanatic

aplanogâmeto (BOT.; ZOO.) aplanogamete

aplanometria (MED.) applanometry

aplanósporo (BOT.) aplanospore

aplasia (MED.) aplasia

aplástico (MED.) aplastic

aplicação (TEXT.) appliqué

aplicação de ligadura (MED.) ligation; bandaging

aplicação em linha (COMP.) on-line application

aplicação fora de linha (COMP.) off-line application

aplicação suave e contínua dos comandos (AERO.) easing of the controls

aplicações de computador (COMP.) computer applications

aplicador (ELECT.) applicator

aplicador beta (MED.; PHYS.) beta applicator

aplicador sónico (MED.) sonic applicator

aplicar tinta com rolo (PRINT.) roll

aplita (GEO.) aplite

apneia (MED.) apnea

apneuse (MED.) apneusis

apnêustico (ZOO.) apneustic

apobiose (MED.) apobiosis

apocarpado (BOT.) apocarpous

apocárpico (BOT.) apocarpous

apocrupreína (CHEM.) apocrupreine

apódema (ZOO.) apodeme

ápodo (ápode) (ZOO.) apodal; apodous

ápodo (ápode) (MED.) apus

Ápodos (ZOO.) Apoda

apodrecimento (BOT.) damping-off ; rottering

apoenzima (CHEM.) apoenzyme

apoferritina (CHEM.; MED.) apoferritin

apofilito (MINER.) apophyllite

apófise (GEO.; MED.; ZOO.) apophysis

apófise odontoideia (ZOO.) dense epistrophel

apogamia (BOT.) apogamia; apogamy

apogeu (ASTRO.; SPACE) apogee; meridian

apogeu sideral (ASTRO.) sideral noon; sidereal noon

apoio (BUILD.) prop

apoio (MECH.) rest; seating; sole; strut

apoio basculante (MECH.) pivoting-bearing

apoio de um único rolete (MECH.) single-roller bearing

apoio em ângulo (ENG.) angle bearing

apoio em L (MECH.) L-rest

apoio para a mão (MECH.) hand rest

apoio para caixilhos (BUILD.) sash support

apoios da caldeira (MECH.) boiler stays

apoio terminal (ELECT.) terminal pad

Apollo (SPACE) Apollo (NASA program)

Apolo (ASTRO.) Apollo (Moon crater); Apollo (an asteroid)

apomecómetro (SURV.) apomecometer

apomixia (BOT.) apomixia

apomórfico (ECO.) apomorphic

apomorfina (MED.) apomorphine

aponeurose (MED.) aponeurosis

apontador (BUILD.) pointer

apoplexia (MED.) apoplexy

apoplexia cerebral (MED.) apoplexy; cerebral apoplexy; cerebral ictus; cerebral crisis

apoplexia térmica (MED.) heat stroke

apopnixe (MED.) globus hystericus

apoquinina (CHEM.) apoquinine

aporogamia (Bot.) aporogamy

após a morte (Med.) post mortem

aposematismo (Eco.) aposematism

aposição (Bot.) apposition

aposporia (Bot.) apospory

apotécia (Bot.) shield; apothecium

aprendizagem assistida por computador (Comp.) computer aided learning [CAL]

aprendizagem associativa (Psycho.) associative learning

aprendizagem casual (Psycho.) incidental learning

aprendizagem de exposição (Psycho.) exposure learning

aprendizagem de incentivo (Psycho.) incentive learning

aprendizagem dependente do estado (Psycho.) state-dependent learning

aprendizagem de tentativa e erro (Psycho.) trial and error learning

aprendizagem em série (Psycho.) serial learning

aprendizagem latente (Psycho.) latent learning

aprendizagem pela observação (Psycho.) observational learning

aprendizagem perceptiva (Psycho.) insight learning; perceptual learning

aprendizagem por pares associados (Psycho.) paired-associate learning

aprendizagem programada (Comp.) programmed learning

aprendizagem seriada (Psycho.) serial learning

aprendizagem voluntária (Psycho.) intentional learning

apresentação (Med.) presentation

apresentação A e R (Radar) A and R display

apresentação deficiente (Med.) malpresentation

apresentação de radar (Radar) radar display

apresentação de sector (Radar) sector display

apresentação imperfeita (Med.) malpresentation

aprofeno (Chem.) aprophen

aprofundamento (Build.) sinking

aprofundamento de poço (Mining) sinking shaft

à prova de chuva (Text.) showerproof

à prova de explosão (Gen.) explosion-proof

à prova de falhas (Electron.) faultyfree

à prova de fogo (Elect.) flame-proof

à prova de pó e de fogo (Elect.; Mech.) dust-ignition proof

à prova de poeira (Elect.) dust-proof

à prova de radiação (Phys.) radiation-proof

aprovisionamento (Aero.) procurement

aproximação (Math.) approximation

aproximação com motor (Aero.) power approach

aproximação controlada de avião (Aero.; Radar) carrier-controlled approach

aproximação controlada do solo [ACS] (Aero.; Radar) ground-controlled approach [GCA]

aproximação de Born-Oppenheimer (Phys.) Born-Oppenheimer appproximation

aproximação de Boussinesq (Meteo.) Boussinesq approximation

aproximação de campo (Aero.) field approach

aproximação de Chebyshev (Math.) Chebyshev approximation

aproximação de Stirling (Math.) Stirling's approximation

aproximação final (Aero.) final approach

aproximação geostrópica (Meteo.) geostrophic approximation

aproximação hidrostática (Meteo.) hydrostatic approximation

aproximação IFR (Aero.) IFR approach [Instrument Flight Rules approach]; instrument approach

aproximação longa (Aero.) overshoot

aproximação normal (Aero.) normal approach

aproximação parcial (Gen.) merological approach

aproximação por feixe padrão (Aero.) standard beam approach system

aproximação por instrumentos (Aero.) instrument approach; IFR approach

aproximação por radar (Aero.) radar homing

aproximação por seguimento (Electron.) track homing

aproximação quase geostrófica (Meteo.) quasi-geostrophic approximation

a prumo (Build.) upright

ápside (Arch.) apse

apterígio (Zoo.) apterygial

Apterigotas (Zoo.) Apterygota

apterismo (Zoo.) apterism

áptero (Zoo.) apterous

Aptiano (Geo.) Aptian

aptidão (Eco.) fitness

aptidão (Psycho.) aptitude

aptidão inclusiva (Eco.) inclusive fitness

aptidão para o voo (Aero.) flight fitness

apto a voar com segurança (Aero.) airworthy

apulso (Astro.) appulse

apuramento (Text.) clearing

aquaplano (Aero.) hydrovane

aquático (Bot.) aquatic

aquecedor a ar quente (Build.) hotair heater

aquecedor a ar regenerado (Mech.) regenerative air heater

aquecedor atómico (Chem.) atomic heater

aquecedor de água de adução (Mech.) feed-water heater

aquecedor de ar (Mech.) air heater

aquecedor de armazenamento (Elect.) storage heater

aquecedor de ar recuperativo (Mech.) recuperative air heater

aquecedor de grafite (Nucl.) graphite heater

aquecedor de imersão (Elect.) immersion heater

aquecimento (Gen.) heating; firing

aquecimento aerodinâmico (Space) aerodynamic heating

aquecimento ao rubro (Mech.) blood red heat

aquecimento a resistência (Elect.) resistance heating

aquecimento a temperatura determinada (Mech.) soaking

aquecimento cinético (Aero.) kinetic heating

aquecimento de alta frequência (Phys.) high-frequency heating

aquecimento de campo (Phys.) field heating

aquecimento de filamento (Electron.) filament heating

aquecimento de microonda (Phys.) microwave heating

aquecimento de plasma (Nucl.) plasma heating

aquecimento de radiofrequência (Electron.) radio-frequency heating

aquecimento de ressonância (Elect.) resonance heating

aquecimento de submersão (Elect.) submerged heating

aquecimento de superfície (Mech.) surface heating

aquecimento de varredura (Phys.) scanning heating

aquecimento dieléctrico (Elect.) dielectric heating

aquecimento dinâmico (Aero.) dynamic heating

aquecimento eléctrico (Elect.) electrical heating

aquecimento electrónico (Electron.) radio-frequency heating

aquecimento global (Eco.) global warming

aquecimento indirecto (Mech.) indirect heating

aquecimento indutivo (Phys.) inductive heating

aquecimento longitudinal (Elect.) longitudinal heating

aquecimento mecânico (Mech.) machine heating

aquecimento parcial (Phys.) partial heating

aquecimento por choque (Phys.) shock heating

aquecimento por indução (Elect.) induction heating

aquecimento por micro-ondas (Telecom.) wave heating

aquecimento por ressonância de ciclotrão (Phys.) cyclotron resonance heating

aquecimento preliminar (Elect.) bake-out

aquecimento progressivo (Elect.) progressive heating

aquecimento solar (Phys.) solar heating

aquecimento súbito (Meteo.) sudden warming

aquecimento transversal (Elect.) transverse heating

aqueduto (HYDRO.) culvert; conduit canal; aqueduct

aqueduto (GEN.) aqueduct; conduit canal

aqueduto de Falópio (MED.) Fallopian aqueduct; aqueductus Fallopii

aqueduto de Sílvio (Sylvius) (ZOO.) Sylvian aqueduct; aqueductus Silvii; mesocoele

aqueduto do cérebro (ZOO.) aqueduct of cerebrum; aqueductus cerebri; aqueductus Sylvii

aqueduto vestibular (ZOO.) aqueduct of vestibule; Cotunnius' aqueduct; aqueductus vestibuli

aquénio (BOT.) achene

aquicultura (ZOO.) aquiculture

aquífero (GEO.) aquifer

aquífero (MINING) water bearing

aquífero cárstico (GEO.) karstic aquifer

aquífero confinado (GEO.) confined aquifer

aquífero suspenso (GEO.) perched aquifer

aquilia gástrica (MED.) achylia gastrica

aquíparo (CHEM.) aquiparous

aquisição de dados (COMP.) data acquisition

aquoso (GEN.) aqueous

arabana (CHEM.) araban

arabesco (ARCH.) arabesque

arábico (CHEM.) arabic

arabina (CHEM.) arabin

arabinose (CHEM.) arabinose

arabitol (CHEM.) arabitol

Aracnídeos (ZOO.) Arachnida

aracnodactilia (MED.) arachnodactyly

aracnóide (ZOO.) arachnoid

aracnoidite (MED.) arachnoiditis; leptomeningitis

aragem leve (METEO.) light air

aragonite (MINER.) aragonite

aragonite rômbica (MINER.) rhombic aragonite

Aralac (CHEM.) Aralac [TM]

Araldite (PLÁST.) Araldite [TM]

arame de chumbo (ELECT.) lead wire

arame de liga (MECH.) alloy wire

arame de perfil quadrado (MECH.) square wire

arame de união (ELECT.) tie wire

arame isolado a esmalte e revestido a plástico (ELECT.) bonded wiring

arame laminado (MECH.) rolled wire

arame quadrado (MECH.) square wire

arame tensor (BUILD.) span wire

Araneídeos (ZOO.) Araneae

aranha-navalheira (ZOO.) harvest spider

ar antárctico (GEO.) Antarctic air

ar árctico (GEO.) Arctic air

Araucária (BIO.) Araucaria

araucária-do-Brasil (BOT.) parana pine

arboreto (BOT.; ECO.) arboretum

arboricultura (ECO.) arboriculture

arbovírus (IMMUN.) arbovirus (obsolete)

arbúsculo (BOT.) arbuscule

arbusto (ECO.) shrub

arbusto espinhoso (ECO.) thorn scrub

arbustos semi-desérticos (ECO.) semi-desert scrub

arbutina (CHEM.) arbutin

arcada (ARCH.) arcade

arcada aberta (ARCH.) loggia

arcada cega (BUILD.) blind arcade

arcada cheia com alvenaria (BUILD.) blind arch

arcada direita (BUILD.) straight arch

arcada frontal (ARCH.) face arch

arcada ogival (ARCH.; BUILD.) equilateral arch; lancet arch; pointed arch

arcada zigomática (ZOO.) zygomatic arch

arcicêntrico (ZOO.) arcicentrous

arco (ELECT.) flashover (disruptive discharge); bow

arco (PHYS.) loop

arco (GEN.) arc; arch; curve

arco abatido (BUILD.) scheme arch; skene arch; segmental arch

arco aferente (ZOO.) afferent arc

arco agudo (ARCH.; BUILD.) equilateral arch; lancet arch; pointed arch

arco aórtico (ZOO.) aortic arch

arco auroral (METEO.) auroral arch

arco aviajado (BUILD.) rampant arch; rising arch

arco botante (ARCH.) flying buttress; abutment; counterfort

arco branquial (ZOO.) branchial arc; gill arch

arco cêntrico (ZOO.) aricentrous

arco composto (ARCH.) compound arch

arco concêntrico (ARCH.) concentric arch

arco crepuscular (METEO.) crepuscular arch

arco de alta intensidade (IMAGE TECH.) HI arc

arco de aproximação (ENG.) arc of approach

arco de arestas de encontro (ARCH.) groined arch

arco de balanço (HORO.) balancer rim

Arco de Barnard (ASTRO.) Barnard loop

arco de Brocken (METEO.) Brocken bow

arco de carvão (ELECT.) carbon arc

arco de chama (ELECT.) flame arc

arco de cinco centros (BUILD.) five-centred arch

arco de corrente alterna (ELECT.) alternating current arc

arco de corrente contínua (ELECT.) continuous-current arc; d.c. arc; direct current arc

arco de co-seno (MATH.) arc cos

arco de co-seno hiperbólico (MATH.) arc cosh

arco de descarga (ARCH.; BUILD.) safety arch; relieving arch

arco de duas articulações (ARCH.) two-hinged arch

arco de duas rótulas (ARCH.) double articulation arch

arco de dupla articulação (ARCH.) double articulation arch

arco de Falópio (MED.) Fallopian arch

arco de ferro (PHYS.) iron arc

arco de filamento (ELECT.) filament clip

arco de flecha (ARCH.) camber arch

arco de ionização (ELECT.) ionization arcover

arco de mercúrio (ELECTRON.) mercury arc

arco de nervuras (BUILD.) ribbbed arch

arco de órbita de satélite geostacionário (ASTRO.) arc of geostationary satellite orbit

arco de parede inteira (BUILD.) plate arch

arco de ponte (BUILD.) bridge span

arco de porta (ARCH.) relieving arch

arco de pua (BUILD.) hand brace

arco de quatro centros (ARCH.) four-centred arch

arco de retorno (ELECT.) arc-back

arco de segurança (ARCH.; BUILD.) safety arch; relieving arch

arco de seno de x (MAT.) arc sin x

arco de seno hiperbólico de x (MAT.) arc sinh x

arco de suporte (ARCH.; BUILD.) scoinson arch; squinch

arco de tangente de x (MAT.) arc tan x

arco de tangente hiperbólica de x (MAT.) arc tanh x

arco de tijolo refractário (MECH.) firebrick arch

arco de tijolos em cunha (BUILD.) axed arch

arco de três centros (ARCH.) three-centred arch

arco de tripla articulação (BUILD.) triple articulation arch

arco de tungsténio (ELECT.) tungsten arc

arco do balanço (HORO.) balance arc

arco do hélice (NAV.) propeller arch

arco do pé (MED.) instep

arco duplo (ARCH.) ogee

arco elíptico (BUILD.) elliptical arch

arco enviesado (ARCH.; BUILD.) skew arch

arco esconso (ARCH.; BUILD.) skew arch

arco fechado (AERO.) loop

arco florentino (ARCH.) Florentine arch

arco frontal (ARCH.) face arch

arco geminado (ARCH.) twin arch

arco geostacionário (ASTRO.) geostationary arc

arco gótico (ARCH.; BUILD.) Gothic arch; equilateral arch; lancet arch; pointed arch

arco gótico rebaixado (ARCH.; BUILD.) drop arch

arco hemal (ZOO.) haemal arch

arco hióideo (ZOO.) hyoid arch

arco inflectido (ARCH.) inflected arch

arco insular (GEO.) island arc

arco inverso (ELECT.) arc-back

arco invertido (ARCH.) inverted arch

arco-íris branco (METEO.) white rainbow; fog bow

arco-íris de nevoeiro (METEO.) fog bow; white rainbow

arco-íris primário (METEO.) primary bow

arco-íris secundário (METEO.) secondary bow; secondary rainbow

arco lunar (ASTRO. ; METEO.) moonbow ; lunar bow

arco montante (BUILD.) rising arch

ar comprimido (MECH.) compressed-air

arco neural (ZOO.) neural arch

ar continental (METEO.) continental air

arco ogival (ARCH.; BUILD.) lancet arch; pointed arch

arco ogival rebaixado (ARCH.) drop arch; flat arch

arco ogival sobrelevado (ARCH.) raised arch

arco plano (BUILD.) flat arch; jack arch

arco polar (ELECT.) pole arc

arco rebaixado (BUILD.) flat arch; segmental arch

arco rectilíneo (BUILD.) flat arch

arco recto (BUILD.) straight arch

arco reflexo (ZOO.) reflex arc

arco reversivo (BUILD.) counter-vault

arco rígido (BUILD.) rigid arch

ar corrente (BIO.) tidal volume

arcose (GEO.) arkose

arco segmentar (BUILD.) segmental arch

arco sem articulação (BUILD.) rigid arch

arco semicircular (BUILD.) full-centre arch

arco senil (MED.) arcus senilis

arco sibilante (ELECT.) flying arc

arco sistémico (ZOO.) systemic arch

Arcossáuria (ZOO.) Archosauria

Arcossáurios (ZOO.) Archosauria

arco subido (ARCH.) stilted arch; surmounted arch

arco suplementar (MATH.) supplemental arch

arco suspenso (BUILD.) suspended span

arco tangente (MATH.) tangent arc

arco trilobado (ARCH.) trefoil arch

arco veneziano (ARCH.) Venetian arch

arco voltaico (ELECT.) voltaic arc; flame arc

ar de baixa pressão (PHYS.) light air

ar de excesso (MECH.) excess air

ardência (MED.) heat

ar denso (METEO.) heavy air

ar desflogisticado (CHEM.) dephlogisticated air

ar diluente (BUILD.) diluent air

ardor (MED.) heat

ardósia (GEO.) slate

ardósia de capa (GEO.) roofing slate

ardósia do beiral (BUILD.) eaves slate

ardósia esmaltada (ELECT.) enamelled slate

ar do solo (BUILD.) ground air

área (GEN.) area; zone

área acromática (PHYS.) achromatic locus

área activa (ELECT.) active area

área alongada (ZOO.) tract

área atmosférica de baixa pressão e temperatura (METEO.) cold low

área crivosa (BOT.) sieve area

área da asa (AERO.) wing area

área da memória de programa (COMP.) program memory area

área de absorção equivalente (CHEM.) equivalent absorption area

área de aplicação (COMP.) application area

área de aproximação (AERO.) approach area

área de armazenamento (COMP.) storage area

área de asa efectiva (AERO.) net wing area

área de aterragem (AERO.) landing area

área de biblioteca (COMP.) library area

área de Broca (MED.) Broca's area

área de captação (BUILD.) catchment area

área de cobertura efectiva (TELECOM.) service area

área de comunicação (COMP.) communication area

área de cruzamento (ELECTRON.) cross-over area

área de dados (COMP.) data area

área de desvanecimento (TELECOM.) fading area

área de difusão (NUCL.) diffusion area

área de eco (RADAR) echo area; radar cross-section

área de empenagem horizontal (MECH.) horizontal tail area

área de entrada (RADIOL.) entry portal

área de entrada (COMP.) input area

área de excesso (COMP.) overflow area

área de fila supervisora (COMP.) supervisor queue area

área de grelha (MECH.) grate area

área de impacte (PHYS.) impact area

área de informação de voo (AERO.) flight information area

Área de Interesse Científico Especial (ECO.) Site of Special Scientific Interest

área de interferência (TELECOM.) interference area ; mush area

área de (ir)radiação (NUCL.) radiation area

área de migração (PHYS.) migration area

área de mínima (ECO.) minimal area

área de módulos de tarefas (COMP.) job pack area

área de movimento (AERO.) movement area

área de operação (BUILD.) surface of operation

área dependente do timo (IMMUN.) thymus dependent area

área de pressão (METEO.) pressure area

área de programa (COMP.) program area

área de prospecção (MINING) prospective area

área de radiação (NUCL.) radiation area

área de segurança (IMAGE TECH.) safe area

área de serviço (TELECOM.) service area

área de serviço principal (TELECOM.) primary service area

área de superfície de absorção (IMAGE TECH.) adsorption surface area

área de superfície de BET (PHYS.) BET surface area [Brunauer; Emmett and Teller]

área de superfície de permeabilidade (PHYS.) permeability surface area

área de trabalho (COMP.) work area

área de transporte (PHYS.) migration area

área de visualização de saída (COMP.) output display area

área dinâmica não paginável (COMP.) non-pageable dynamic area

área do disco (AERO.) disk area

área efectiva (ELECTRON.) effective area

área elevada e circunscrita (MED.) eminentia

área escura (PHYS.) dark area

área limite (IMAGE TECH.) fringe area

área oculta (BUILD.) blind area

área opaca (ZOO.) area opaca

área pelúcida (ZOO.) area pellucida; zona pellucida

área primária (COMP.) prime area

área primária de dados (COMP.) prime data area

área projectada (MECH.) projected area

área projectada da pá da hélice (AERO.) projected propeller-blade area

área reservada do sistema (COMP.) system queue area

área seca (BUILD.) dry area

área total da asa (AERO.) gross wing area

área útil de filme (IMAGE TECH.) film frame

área vascular (ZOO.) area vasculosa; vascular area

área virtual compartilhada (COMP.) shared virtual area

Arecáceas (BOT.) Arecaceae

arecaidina (CHEM.) arecaidine

arecaína (CHEM.) arecaine

Arécidas (BOT.) Arecidae

arecolina (CHEM.) arecoline

areia (GEN.) sand

areia a descoberto (MECH.) open sand

areia calcária (MINER.; MINING) lime sand ; limestone sand

areia coralina (GEO.) coral sand

areia de esmeril (MECH.) grinding sand

areia de fundição (MECH.) facing sand; fire sand; foundry sand; moulding sand

areia de grãos agudos (BUILD.) sharp sand

areia de moldagem (MECH.) moulding sand

areia de quartzo (MINER.) quartz sand

areia de resíduos (GEO.) residual sand

areia de rocha (GEO.) rock flour

areia de separação (BUILD.) parting sand

areia em estado natural (MECH.) green sand; dry sand

areia em manto (GEO.) blanket sand

areia feldspática (GEO.) feldspathic sand

areia glacial (GEO.) glacial sand

areia glauconítica (GEO.) greensand

areia grossa (BUILD.) gravel

areia grossa (GEO.; MINING) grid

areia magra (MECH.) green sand ; dry sand

areia molhada (BUILD.) wet sand
areia movediça (BUILD.) quicksand
areia natural (MECH.) green sand; dry sand
areia negra (METEO.) black sand
areia para machos (MECH.) core sand
areia quartzosa (MINER.) silicious sand
areia seca (MECH.) dry sand (foundry) ; green sand
areias sintéticas (MECH.) synthetic sands
areias vulcânicas (GEO.) volcanic sands
arenícola (BOT.; ZOO.) arenicolous
Arenig (GEO.) Arenig
arenito (GEO.) sandstone ; arenite; mudstone
arenito artificial (CHEM.) artificial sandstone
arenito calcário (GEO.) calcarenite; calcilutite
arenito chamosítico (GEO.) chamositic sandstone
arenito de granulação grossa (MINING) grit
arenito de La Brea (GEO.) La Brea sandstone
arenito feldspático (GEO.) feldspathic sandstone
arenito ferruginoso (MINER.) carstone
arenito ferruginoso (GEO.) ferruginous sandstone
arenito hidráulico (CHEM.) artificial sandstone
arenito jurássico (GEO.) jurassic sandstone
arenito lítico (GEO.) lithic arenite
arenito micáceo (GEO.) micaceous sandstone
Arenito Vermelho Antigo (GEO.) Old Red Sandstone
arenoso (BOT.) arenicolous; arenaceous; sabulin
arenoso (ZOO.) arenicolous; arenaceous
arenoso (GEN.) sandy
areograma (ECO.) areagram
aréola (BOT.) areole; vein islet
aréola (ZOO.) areola
areolado (BOT.; ZOO.) areolate
areolar (BOT.; ZOO.) areolar
areómetro (PHYS.) density bottle
areóstilo (ARCH.) araeostyle
aresta (BUILD.) arris
aresta (MECH.) flange
aresta chanfrada (BUILD.) scarfed edge
aresta chanfrada (GLASS) arris edge
aresta de abóbada (ARCH.) groin
aresta de ataque (ELECT.) entering edge
aresta de encontro (ARCH.) groin
ar estável (METEO.) stable air
aresta viva (BUILD.) sharp corner
arestim (VET.) greasy heels; sore-heels; greese; mud fever
arfagem (AERO.; NAV.) porpoising ; pitch; pitching; scending
arfagem de um avião (AERO.) pitch of an aircraft
ar flogisticado (CHEM.) phlogisticated air
arfvedsonite (MINER.) arfvedsonite
argamassa (BUILD.) grout ; paste; mortar; cement

argamassa (HYDRO.) pug
argamassa argilosa (BUILD.) loam mortar
argamassa de bário (BUILD.) barium plaster
argamassa de cal (BUILD.) lime mortar; limestone mortar
argamassa de cimento (BUILD.) cement mortar
argamassa de cimento e areia (BUILD.) compo
argamassa de cinza (BUILD.) black mortar
argamassa de reboco (BUILD.) stuff
argamassa de trasse (BUILD.) trass mortar
argamassa hidráulica (BUILD.) hydraulic mortar
argamassa negra (BUILD.) black mortar
argentão (MINER.) German silver
argênteo (BOT.) argentate
argentífero (MINER.) argentiferous
argentite (MINER.) argentite; silver glance
argila (GEO.) argil; clay ; brick earth
argila amassada (BUILD.) clay puddle
argila arenosa (GEO.) sandy clay
argila batida (BUILD.) clay puddle
argila calcária (BUILD.) calcareous clay
argiláceo (GEO.) argillaceous
argila coloidal (GEO.) colloidal clay
argila de calhaus (GEO.) boulder clay
argila de filtro (CHEM.) filter clay
argila de fundição (MECH.) ladle clay
argila de oleiro (GEO.) potter's clay
argila dura (BUILD.) strong clay
argila esmética (GEO.) fuller's earth
argila gorda (MINER.) rich clay
argila lavada (BUILD.) washed clay
argila magra (BUILD.) mild clay
argila marinha (MINER.) marine clay
argila plástica (GEO.) ball clay ; pipeclay
argila plástica (BUILD.) plastic clay
argila porosa (GEO.) porous clay
argila pura (BUILD.) pure clay
argila purificada (CHEM.) refined clay
argila refinada (CHEM.) refined clay
argila refractária (BUILD.) refractory clay
argila refractária (GEO.; MECH.) fireclay
argila refractária (CHEM.) burned fire clay
argilas aluviais (GEO.) varved clays
argila sob jazida de carvão (GEO.) underclay
argila triturada (BUILD.) washed clay
argila vermelha (GEO.) loam; red clay
argila xistosa (MINING) clunch
argilícola (BOT.) argillicolous
argilite (argilito) (GEO.) argillite; claystone
argilito (GEO.) cutan
arginina (CHEM.) arginine
argininossuccinase (CHEM.) argininosuccinase
argiritrose (MINER.) pyrargyrite
argirodito (MINER.) argyrodite
árgon (CHEM.) argon
Árgon-40 (ECO.; GEO.) argon-40
argumento (GEN.) argument

argumento complexo (COMP.) complex argument
argumento fictício (COMP.) dummy argument
aridez fisiológica (BIO.) physiological drought
aridez saeliana (ECO.) Sahelian drought
aríete (BUILD.) rammer
aríete hidráulico (MECH.) hydraulic ram
arila (CHEM.) aryl
arilamina (CHEM.) aryl amine
arilo (BOT.) aril
aritenóide (aritenoideu) (ZOO.) arytaenoid
Aritmética (GEN.) arithmetic
Aritmética binária (MATH.) binary arithmetic
aritmética de dupla precisão (COMP.) double-precision arithmetic
aritmética de ponto (vírgula) fixo (COMP.) fixed point arithmetic
aritmética de ponto (vírgula) flutuante (COMP.) floating-point arithmetic
aritmética paralela (COMP.) parallel arithmetic
aritmomania (MED.) arithmomania
ar liquefeito (PHYS.) liquified air
ar líquido (PHYS.) liquid air
arma atómica (GEN.) atomic weapon
arma biológica (GEN.) biological weapon
armação (BUILD.) casement ; frame; framing; staging; scaffold
armação belga (MECH.) fin truss
armação da asa (AERO.) wing frame
armação da proa (NAV.) stern frame
armação de acomodação (MINING) accomodation rig
armação de caixa (BUILD.) boxed frame
armação de distribuição de selector único (TELECOM.) uniselector distribution frame
armação de duas luzes (BUILD.) two-light frame (window)
armação de duas partes (BUILD.) two-light frame (window)
armação de lente (IMAGE TECH.) lens barrel
armação de placa (ELECT.) plate frame
armação de telhado (BUILD.) principal frame
armação de telhado à inglesa (BUILD.) English roof truss
armação de vigas poligonais (BUILD.) polygonal truss
armação de Warren (BUILD.) Warren truss
armação em A (MECH.) A-frame
armação exterior de escada (BUILD.) outer string
armação francesa (MECH.) fin truss
armação inteiriça (BUILD.) solid frame
armação Linville (MECH.) Linville truss
armação longitudinal (NAV.) longitudinal frame
armação para acumulador (ELECT.) stillage
armação para bobina (ELECT.) coil-rack

armação por painéis (BUILD.) panelled framing
armação principal (AERO.; NAV.) transverse frame
armação rígida (MECH.) rigid armouring
armação transversal (AERO.; NAV.) transverse frame
armadilha (COMP.) trapping
armadilha de buraco (ELECTRON.) hole trap
armadilha de domo salino (GEO.) salt-dome trap
armadilha de erro (COMP.) error trap
armadilha de Longworth (ECO.) Longworth trap
armadilha de radiação (NUCL.) radiation trap
armadilha de semicondutor (ELECTRON.) semiconductor trap
armadilha estratigráfica (GEO.) lithologic trap
armadilha estratigráfica (GEO.) stratigraphic trap
armadilha estrutural (GEO.) structural trap
armadilha (geológica) coralígena (GEO.) reef trap
armado (BUILD.) armed
armadura (ELECT.) armature
armadura (BUILD.) framework
armadura (AERO.) harness (engine)
armadura anódica (ELECTRON.) anode shield
armadura de electroíman (PHYS.) magnet armature
armadura de magneto (PHYS.) magnet armature
armadura de pólo com núcleo corrediço (ELECT.) pole shoe
armadura em duplo T (ELECT.) shuttle armature
armadura externa (ELECT.) external armature
armadura magnética (ELECT.) magnetic armature
armadura móvel (ELECT.) clapper
armadura suctória (ZOO.) suctorial mouth-parts
Armatão (GEO.) harmattan wind
armazém (PRINT.) warehouse
armazém (MINING) crib
armazenagem associativa (COMP.) associative storage
armazenagem de bolha magnética (COMP.) bubble store
armazenagem de dados (COMP.) data logger
armazenagem e recuperação de informação (COMP.) information storage and retrieval
armazenamento hidroeléctrica bombeada (HYDRO.) pumped hydroelectric storage
armazenamento (COMP.) storage
armazenamento (PSYCHO.) hoarding
armazenamento acústico (PHYS.) acoustic storage
armazenamento a frio (ELECTRON.; COMP.) cold store
armazenamento apagável (COMP.) erasable storage

armazenamento através de raios catódicos (COMP.) cathode-ray storage
armazenamento auxiliar de saída (COMP.) output work storage
armazenamento auxiliar integrado (COMP.) cache
armazenamento cíclico (COMP.) cyclic storage
armazenamento circular (COMP.) circulant storage
armazenamento compartilhado (COMP.) shared storage
armazenamento complementar de grande capacidade (COMP.) bulk storage
armazenamento com transformador só para leitura (ELECT.) transformer read-only store
armazenamento de acesso descendente (COMP.) pushdown storage
armazenamento de acesso directo (COMP.) direct access-storage
armazenamento de acesso imediato (COMP.) immediate access storage
armazenamento de acesso rápido (COMP.) quick-access storage; fast access storage; rapid access memory
armazenamento de conteúdo de endereço (COMP.) content-address storage
armazenamento de controlo (COMP.) control storage
armazenamento de dados (COMP.) data storage
armazenamento de deslocamento ascendente (COMP.) push-up storage
armazenamento de deslocamento descendente (COMP.) pushdown storage
armazenamento de massa (COMP.) bulk storage; mass storage
armazenamento de massa de dispositivo (COMP.) device mass storage
armazenamento de pesquisa paralela (COMP.) parallel search storage
armazenamento de protecção (COMP.) protection storage
armazenamento de rápido acesso (COMP.) scratch pad storage
armazenamento de tempo de acesso zero (COMP.) zero access storage
armazenamento dinâmico em memória intermediária (COMP.) dynamic buffering
armazenamento diodo-condensador (ELECT.) diode-capacitor storage
armazenamento em disco magnético (COMP.) magnetic disk storage
armazenamento em paralelo (COMP.) parallel storage
armazenamento em série (COMP.) serial storage
armazenamento em tambor (COMP.) drum storage
armazenamento em tempo curto (COMP.) zero access storage
armazenamento externo (COMP.) external storage

armazenamento intermediário (COMP.) buffer storage; intermediate storage
armazenamento intermediário de entrada (COMP.) input buffer
armazenamento intermediário de página (COMP.) page buffer
armazenamento intermediário de saída (COMP.) output buffer
armazenamento interno (COMP.) internal store; internal storage
armazenamento interno periférico (COMP.) peripheral buffer
armazenamento lento (COMP.) slow storage
armazenamento lógico (COMP.) logic storage
armazenamento magnético (COMP.) magnetic storage
armazenamento monolítico (COMP.) monolithic storage
armazenamento não destrutível (COMP.) non erasable storage
armazenamento paralelo (COMP.) parallel storage
armazenamento periférico (COMP.) peripheral storage
armazenamento permanente (COMP.) permanent storage
armazenamento por transformador de leitura única (ELECT.) transformer read-only storage
armazenamento primário (COMP.) primary storage
armazenamento principal compartilhado (COMP.) shared main storage
armazenamento programável (COMP.) programmable storage
armazenamento rápido (COMP.) fast-storage
armazenamento sensorial (PSYCHO.) sensory storage
armazenamento tampão duplo (COMP.) double buffering
armazenamento temporário (COMP.) temporary storage
armazenamento temporário intermédio (COMP.) buffer
armazenamento volátil (COMP.) volatile storage
armazenar (COMP.) store
ARMCO (ENG.) ARMCO [TM]
ARN (BIO.) RNA [RiboNucleic Acid]
ARN de transferência [ARNt] (BIO.) transfer RNA
ARN mensageiro (BIO.) messenger RNA [mRNA]
ARN nuclear heterogénio (BIO.) Hn RNA; heterogenous nuclear RNA
ARN ribossómico (BIO.) rDNA; ribosomal RNA
aro (BUILD.) ferrule
aro (MECH.) bush
aro chanfrado (HORO.) bezel
aro de reacção (GEO.) reaction rim
aroma (PHYS.; CHEM.) flavour
aromático (BIO.; CHEM.) aromatic
aromatizante (PHYS.; CHEM.) flavour
aro transversal (MECH.) transverse ring
ar pesado (METEO.) heavy air
ar polar (METEO.) polar air
ar puro (METEO.) pure air

arque- (GEO.) arche-
Arquea (GEO.) Archaea
arqueado (BOT.; ZOO.) arcuate
arqueador de feixe (ELECTRON.) ion trap
arqueadura (BUILD.) turning
arqueamento (BUILD.) turning
arqueamento (GEN.) camber
Arqueano (GEO.) Archaean
Arquebactéria (BIO.) Archaebacteria
arquegónio (BOT.) archegonium
arquegonióforo (BOT.) archegoniophore
arquencéfalo (BIO.; MED.) archencephalon
arquencéfalos (ZOO.) archencephala
arquêntero (ZOO.) archenteron; gastrocoel
arqueomagnetismo (GEO.) archaeomagnetism
Arqueozóico (GEO.) Archean
arquerita (MINER.) silver amalgam
arquespório (BOT.) archesporium
arquétipo (PSYCHO.; ZOO.) archtype; architype; prototype
Arquianelídeos (ZOO.) Archiannelida
arquibentónico (GEO.) archibenthonic
arquiblástico (ZOO.) archiblastic
arquiblástula (ZOO.) archiblastula
arquiencéfalo (BIO.; MED.) archencephalon
arquinefrenético (ZOO.) archinephric
arquinefrídio (ZOO.) archinephridium
arquínefro (ZOO.) archinephros
arquipálio (ZOO.) archipallium
arquipélago (GEO.) archipelago
arquitectura (ELECTRON.) architecture
arquitectura aberta (COMP.) open architecture
arquitectura de computador (COMP.) computer architecture
arquitectura (de computadores) de Harvard (COMP.) Harvard architecture
arquitectura (de computadores) de von Neumann (ELECTRON.) von Neumann architecture
arquitectura de máquina (COMP.) machine arquitecture
arquitectura de objecto (COMP.) object architecture
arquitectura de PC (COMP.) PC architecture
arquitectura de processador escalável (COMP.) Scalable Processor Architecture
arquitectura de rede (COMP.) network architecture
arquitectura distribuída (ELECTRON.) distributed architecture
arquitectura padrão da indústria (COMP.) industry standard architecture
arquitectura paisagística (ECO.) landscape architecture
arquitrave (ARCH.) architrave; epystile
arquitrave transversal (BUILD.) transverse architrave
arquivado (COMP.) filed
arquivolta (ARCH.) archivolt
arrancador (BUILD.) sledger; ripper
arrancador (ELECT.) starter
arrancador de comutação (ELECT.) contactor switching starter

arrancador de placa (ELECT.) faceplate starter
arrancador inicial (ELECT.) inching starter
arrancador Korndorfer (ELECT.) Korndorfer starter
arranca-estacas (BUILD.) pile puller
arrancar (minério) (MINING) get (ore)
arranjo activo (NUCL.) active lattice
arranjo de carácter (COMP.) character arrangement
arranjo de condensadores (ELECTRON.) combination of capacitors
arranjo de lombada (PRINT.) backing
arranjo recíproco (NUCL.; PHYS.) reciprocal lattice
arranjo regular (NUCL.; PHYS.) lattice
arranjo reticulado (MATH.) lattice
arranjo temporário (TELECOM.) lash-up
arranque a autotransformador (ELECT.) autotransformer starter
arranque a frio (COMP.) cold start
arranque a líquido (ELECT.) liquid starter
arranque a quente (COMP.) warm start
arranque automático (ELECT.) automatic starter
arranque centrífugo (ELECT.) centrifugal starter
arranque de impulsão (AERO.) impulse starter
arranque de interruptor (ELECT.) contactor starter
arranque de interruptor de placa (ELECT.) face-plate breaker starter
arranque de ligação directa (ELECT.) direct-switching starter
arranque de tambor (ELECT.) drum starter
arranque do motor (ELEC.) motor starter
arranque eléctrico a inércia (MECH.) electrical inertia starter
arranque-paragem (TELECOM.) start-stop
arranque pneumático (MECH.) pneumatic starter
arranque por ar comprimido (AUTO.) compressed-air start
arranque por cartucho (AERO.) cartridge
arranque por combustão (AERO.) cartridge starter
arranque suave (ELECTRON.) soft-start
arranque tipo alavanca (ELECT.) lever-type starter
arranque turbo (AERO.) turbo-starter
arrastamento (BUILD.) crawling
arrastamento (CHEM.) entrainment
arrastamento (COMP.) hang-over
arrastamento (PRINT.) crawl
arrastamento (TELECOM.) pulling; hang-over
arrastamento de ar pela hélice (AERO.; MECH.) propeller cavitation
arrastamento de atrito (PHYS.) frictional drag
arrastamento de frequência (TELECOM.) frequency pulling
arrastamento de guinada (AERO.) yawing drag
arrastamento de refrigeração (AERO.) cooling drag

arrastamento do ar (SPACE) air drag
arrastamento pelo escoamento superficial (ECO.) rain-splash
arrastar (PHYS.; CHEM.) entrain
arrasto (AERO.) drag
arrasto da hélice (AERO.) propeller drag
arrasto de água (HYDRO.) priming of water
arrasto de fonão (PHYS.) phonon drag
arrasto equivalente (AERO.) equivalent drag
arredondamento (COMP. ; MATH.) rounding ; rounding off
arredondar para aterragem (AERO.) flare-out
arrefecedor (MECH.) desuperheater
arrefecer rapidamente (MECH.) quench
arrefecido a óleo (MECH.) oil-cooled
arrefecimento (GEN.) cooling
arrefecimento a hidrogénio (ELECT.) hydrogen cooling
arrefecimento controlado (MECH.) controlled cooling
arrefecimento dinâmico (PHYS.) dynamic cooling
arrefecimento nuclear (PHYS.) nuclear cooling
arrendamento de aeronave equipada e abastecida (AERO.) wet lease
arrenotocia (arrenotoquia) (ZOO.) arrhenotoky
arritmia (MED.) arrhythmia
arritmia juvenil (MED.) juvenile arrhythmia; sinus arrhythmia
arritmia sinusal (MED.) sinus arrhythmia; juvenile arrhythmia
arroio (GEO.) bourn
arruela (BUILD.) washer
arruela (MECH.) grommet
arruela de chumbo (MECH.) lead washer
arruela de pressão (MECH.) spring lockwasher
ar saturado (GEO.) saturated air
arsénico (CHEM.) arsenic
arsénico branco (CHEM.) white arsenic
arsenieto (CHEM.) arsenide
arsenieto de gálio (CHEM.) gallium arsenide
arsénio (CHEM.) arsenic
arsenito (CHEM.) arsenite
arsenito cúprico (CHEM.) copper aceto arsenite; Schweinfurt green; Scheele's green; Paris green
arsenólito (MINER.) arsenolyte
arsenopirite (mispíquel) (MINER.) arsenopyrite; myspickel
arsina (CHEM.) arsine; arseniuretted hydrogen
ar superior (METEO.) upper air
artefacto (GEN.) artefact ; artifact
arte por computador (COMP.) computer art
artéria (ZOO.) artery
artéria carótida (ZOO.) carotid artery
artéria hepática (ZOO.) hepatic artery
artéria terminal (MED.) end-artery
arteriografia (RADIOL.) arteriography
arteríola (ZOO.) arteriole

arteriolite (MED.) arteriolitis
arteriólito (MED.) arteriolith
arteriologia (MED.) arteriology
arterionecrose (MED.) arterionecrosis
arterionefrosclerose (MED.) arterionephrosclerosis
arteriopatia (MED.) arteriopathy
arteriosclerose (MED.) arteriosclerosis
arteriosclerose de Moenckeberg (MED.) Moenckeberg's sclerosis; Moenckeberg's calcification
arteriotomia (MED.) arteriotomy
arterite (MED.) arteritis
arterite viral equina (VET.) equine viral arteritis
articulação (BUILD.) knuckle
articulação (GEN.) articulation
articulação (HORO.) pivot
articulação (MED.; VET.) joint
articulação (PHYS.) articulation
articulação com perda funcional (MED.) flail joint
articulação consonante inicial (TELECOM.) initial consonant articulation
articulação da alavanca (MECH.) lever pivot
articulação da manivela (MECH.) crank pivot
articulação de chave (MECH.) top hinge
articulação de direcção (AUTO.) knuckle pin
articulação de esfera (MECH.) ball joint
articulação de joelho (MECH.) knee joint
articulação de pivô (MECH.) pivot hinge
articulação de rótula (MECH.) ball joint
articulação de vogais (TELECOM.) vowel articulation
articulação do som (PHYS.) sound articulation
articulação em charneira (ZOO.) ginglymus
articulação em H (BUILD.) H-hinge
articulação em pivô (ZOO.) pivot joint
articulação esférica (MECH.) ball-and-socket joint
articulação esférica (BUILD.) cup joint
articulação esferoidal (MED.) ball-and-socket joint
articulação helicoidal (BUILD.) helical hinge
articulação instável (MED.,.) flail joint
articulação metacarpofalângica (VET.) fetlock
articulação percentual (TELECOM.) percentage articulation
articulação sacro-ilíaca (ZOO.) sacroiliac joint
articulação silábica (TELECOM.) syllable articulation
articulada (BOT.) articulated
articular (MED.; ZOO.) arthral; articular; articulate
artificial (COMP.) dummy
Artinsquiano (GEO.) Artinskian
artiodáctilo (ZOO.) arctiodactyl
Artiodáctilos (ZOO.) Arctiodactila

artralgia (MED.) arthralgia
artrectomia (MED.) arthrectomia
artrite (MED.) arthritis
artrite deformante (MED.) arthritis deformans; rheumatoid arthritis
artrite reumatóide (MED.) rheumatoid arthritis; arthritis deformans
artrite reumatóide juvenil (MED.) juvenile rheumatoid arthritis; Still's disease
artrite urática (MED.) gout
artrite urática das aves (VET.) avian gout
artrítico (MED.) arthritic
artrodese (MED.) arthrodesis
artródia (MED.) arthrodia
Artrófitas (BOT.) Arthrophyta
artrografia (RADIOL.) arthrography
artromeningite infecciosa (VET.) infectious synovitis
Artrópodes (ZOO.) Arthropoda
artrotomia (MED.) arthrotomy
arundináceo (BOT.) arundinaceous
árvore (ENG.; MECH.) arbor; axle; mandrel; chuck
árvore (GEN.) tree ; arbor
árvore binária (COMP.) binary tree
árvore da hélice (AUTO.) propeller shaft
árvore da turbina (MECH.) turbine shaft
árvore de alavancas opostas (MECH.) cross-axle
árvore de chumbo (CHEM.) lead tree
árvore de cobertura (ECO.) nurse tree
árvore de derivação (COMP.) derivation tree
árvore de expansão (MECH.) expanding arbor; expanding mandrel
árvore de macho (MECH.) core spindle
árvore de Natal (MINING) Christmas tree; XT; Xmas T
árvore de Natal completa (MINING) platform tree
árvore de pesquisa (COMP.) search tree
árvore de pesquisa de acessos múltiplos (COMP.) multiway search tree
árvore de posição (COMP.) position tree
árvore do barrilete (HORO.) barrel arbor
árvore filogenética (ECO.) phylogenetic tree
árvore guindaste (BUILD.) head tree
árvore rígida (MECH.) rigid shaft
árvore semeada (ECO.) maiden
arvoredo de savana (ECO.) savannah woodland
arvoredo espinhoso (ECO.) thorn woodland
asa (MECH.) ear
asa (AERO.) wing
asa adaptável a missão (AERO.) mission adaptive wing
asa bastarda (ZOO.) bastard wing ; ala spuria
asa cilíndrica (AERO.) annular wing
asa com flecha negativa (AERO.) forward swept wing
asa de estabilização (AERO.) stub plane

asa deformável (AERO.) deformable wing
asa delta (AERO.) delta wing
asa de ponta quadrada (AERO.) square tip wind
asa de Rogallo (AERO.) Rogallo wing
asa de três longarinas (AERO.) three-spar wing
asa direita inferior (AERO.) lower right wing
asa dobrável (AERO.) folding wing
asa do nariz (MED.) pinna nasa
asa em Delta (AERO.) Rogallo wing
asa espúria (ZOO.) ala spuria
asa esquerda inferior (AERO.) lower port wing
asafia (MED.) asaphia
asa flexível (AERO.) flex-wing
asa gótica (AERO.) gothic wing
asa inferior (AERO.) lower wing
asa inferior de bombordo (AERO.) lower port wing
asa inferior de estibordo (AERO.) lower right wing
asa isoclinal (AERO.) aero-isoclinic wing
asa múltipla (AERO.) multiple wing
asa principal (AERO.) main plane
asa rectráctil (AERO.) folding wing
asa voadora (AERO.) flying wing
asbesto (MINER.) asbestos
asbesto azul (MINER.) blue asbestos
asbesto da África do Sul (MINER.) Cape asbestos
asbesto do Canadá (MINER.) Canadian asbestos
asbesto italiano (MINER.) Italian asbestos
asbestose (MED.) asbestosis
asbolana (MINER.) asbolane; earthy cobalt
asbolita (MINER.) asbolita; earthy cobalt
ascaridíase cutânea (VET.) scabies; sarcoptic mange
ascensão em espiral (ASTRO.) helical rising
ascensão em linha recta (AERO.) straight climb
ascensão normal (AERO.) normal climb
ascensão orográfica (METEO.) orographic ascent
ascensão periódica (ASTRO.) periodic rise
ascensão recta (ASTRO.) right ascension
ascídio (BOT.) ascidium
ascite (MED.) ascites
asco (BOT.) theca; ascus
ascocarpo (BOT.) ascocarp ; ascoma
ascolíquene (BOT.) ascolichen
ascomiceto (BOT.) ascomycete
Ascomicetos (BOT.) Ascomycetes ; Ascomycotina
ascorbato (CHEM.) ascorbate
ascorbato-oxidase (CHEM.) ascorbate oxidase
ascosina (CHEM.) ascosin
ascósporo (BOT.) ascospore
ASDIC (PHYS.) ASDIC [Anti-submarine Detection Investigation Committee]
asfaltenos (CHEM.) asphaltenes
asfaltite (GEO.) asphaltite

asfalto (GEO. ; BUILD.) asphalt; mineral pitch
asfalto (BUILD.) mineral pitch
asférica (PHYS.) aspheric
asfixia (MED.) asphyxia; choke
Ashgiliano (GEO.) Ashgill
asinapse (BOT.) asynapsis
asma (IMMUN.; MED.) asthma
asma cardíaca (MED.) cardiac asthma
asma dos cavalos (VET.) broken wind
asma dos fenos (IMMUN.; MED.) hay fever
asna (BUILD.) principal
asna de duplo pendural (BUILD.) queen post truss
asna de telhado (ARCH.) collar-beam
asna do telhado (BUILD.) roof truss
asna em dente-de-serra (MECH.) sawtooth truss
asna francesa (BUILD.) French truss
asna poligonal (BUILD.) polygonal truss
asparagina (CHEM.) asparagine
asparagólito (MINER.) asparagus stone
aspartame (BIO.; MED.) aspartame
aspas (PRINT.) quotation marks; quotations; quote
aspecto (AERO.; SPACE) attitude
aspecto (GEN.) aspect
aspereza (PHYS.) asperity
Aspergiláceos (BOT.) Aspergillales
aspergilina (CHEM.) aspergillin
Aspergilo (BOT.) Aspergillus
aspergilomicose (MED.) aspergillomycosis
aspergilose (MED.) aspergillosis
aspermatismo (MED.) aspermatism
aspermatogénico (MED.) aspermatogenic
aspermia (MED.) aspermia
áspero (BOT.) asperate
áspero (PAPEL) rough
asperoso (BOT.) asperous
aspersão (MED.) aspersion
aspiração (MED.) aspiration
aspirador (CHEM.) aspirator
aspirador (BOT.) pooter
aspirin (CHEM.) aspirina
asplâncnico (ZOO.) asplanchnic
As Plantas (BOT.) Plantae
assemblador (COMP.) assembler
assemblador de uma só passagem (COMP.) one-pass assembler
assemblagem (COMP.) assembly
assentador (GLASS) flattener
assentador (MECH.) flatter; planisher; set hammer
assentamento (BUILD.) bottoming; laying; settlement; subsidence
assentamento a ar (TEXT.) air laying
assentamento de tijolo em argamassa (BUILD.) bricknogging
assentamento de tijolos (BUILD.) bricking
assento (GEN.) base; seat
assento de calha (BUILD.) gutter bed
assento ejectável (AERO.) ejector seat
assento fixo de vão de janela (BUILD.) carol
assépalo (BOT.) asepalous
assepsia (MED.) asepsis
asseptado (BOT.) aseptate
asséptico (BIO.; MED.) aseptic

asserção de entrada (COMP.) input assertion
assexual (BIO.) asexual
assimetria (STAT.) skewness
assimetria (GEN.) asymmetry
assimétrico (ELECT.) non-symmetrical
assimétrico (CHEM.) gauche
assimétrico (GEN.) asymmetric
assimétrico (ZOO.) anaxial
assímetro (ELECT.) asymmeter
assimilação (GEN.) assimilation
assimptota [assíntota (grafia actual)] (MATH.) asymptote
assinatura (PRINT.) signature
assinatura electromagnética (ELECTRON.) tempest
assíncrono (ELECTRON.) asynchronous
assindese (MED.) asyndesis
assinéquia (MED.) asynechia
assinergia (MED.) asynergia ; asynergy
assinodia (MED.) asynodia
assintaxia (BIO.) asyntaxia
assintomático (MED.) asymptomatic
assintonia (TELECOM.) detuning
assíntota (MATH.) asymptote
assíntota curvilinear (MATH.) curvilinear asymptote
assistemático (MED.) asystematic
assistência hidráulica (MECH.) power-assistance
assístole (MED.) asystole
assistolia (MED.) asystole
assobio de palheta (PHYS.) reed pipe
associação (GEN.) association
associação biótica (ECO.) biotic association
associação de normalização da indústria electrónica (GEN.) Electronics Industry Standards Association [EISA]
Associação de Transporte Aéreo [ATA] (AERO.) Air Transport Association [ATA]
associação ecológica (ECO.) ecological association
Associação Internacional de Placas de Memória para Computador Pessoal (COMP.) Personal Computer Memory Card International Association
Associação Internacional de Transportes Aéreos [IATA] (AERO) International Air Transport Association [IATA]
associação livre (PSYCHO.) free association
associação molecular (CHEM.) molecular association
associação polar (CHEM.) polar association
associativa (MATH.) associative
associativo (GEN.) associative
assunto final (PRINT.) end matter
astaticidade (ELECTRON.) astatic condition
astatínio (CHEM.) astatine
astélico (BOT.) astelic
astenia (MED.) asthenia
astenia neurocirculatória (MED.) neurocirculatory asthenia; effort syndrome
astenopia (MED.) asthenopia; eyestrain
astenópico (MED.) asthenope

astenosfera (GEO.) asthenosphere
áster (BIO.) aster
Asteráceas (BOT.) Asteraceae
astereognose (MED.) astereognosis
astereognosia (MED.) astereognosis
Asterídeos (ZOO.) Asteroidea
asterisco (PRINT.) star
asterisco flutuante (COMP.) floating asterisk
asterismo (ASTRO. ; MINER.) asterism
Asterococo (MED.) Asterococcus
asteróide (ASTRO.) asteroid
Asteróide Apolo (1862 Apolo) (ASTRO.) Apollo asteroid ; 1862 Apollo
asteróides Apolo (ASTRO.) Apollo asteroids
astigmatismo (PHYS.; MED.) astigmatism
ástomo (BOT.; ZOO.) astomatous
astracã (TEXT.) astrakan
astrágalo (ZOO.) astragalus; talus
astrágalo (ARCH.; BUILD.) astragal; neck
astro (GEN.) star
Astrobiologia (BIO.) astrobiology
astroblasto (BIO.) astroblast
astroblema (GEO.) astrobleme
astrócito (ZOO.) astrocyte
astrocitose (MED.) astrocytosis
astrocitose cerebral (MED.) astrocytosis cerebri
astroesclereídeo (astrosclerito) (BOT.) astrosclereide
astrofilite (MINER.) astrophyllite
Astrofísica (ASTRO.) astronomical physics; astrophysics
astróide (MATH.) astroid
astrolábio (ASTRO.) astrolabe
astrolábio prismático (SURV.) prismatic astrolabe
Astrometria (ASTRO.) astrometry
astronauta (SPACE) astronaut
Astronáutica (SPACE) astronautics
Astronomia (GEN.) astronomy
Astronomia a radar (ASTRO.) radar astronomy; radio astronomy
Astronomia de infravermelhos (ASTRO.) infrared astronomy
Astronomia de neutrinos (ASTRO.) neutrino astronomy
Astronomia de raios gama (ASTRO.) gamma-ray astronomy
Astronomia de ultravioleta (ASTRO.) ultraviolet astronomy
Astronomia esférica (ASTRO.) spherical astronomy
Astronomia estelar (SPACE) stellar astronomy
Astronomia gravitacional (ASTRO.) gravitational astronomy
Astronomia Mecânica (ASTRO.) mechanical astronomy
Astrónomo Real (ASTRO.) Astronomer Royal
ATA-2 (COMP.) ATA-2
atacamita (MINER.) atacamite
atalho (MINING) footway
atapulgite (MINER.) attapulgite
ataque (MED.) attack; stroke; ictus; fit
ataque convulsivo (MED.) convulsion; crisis
ataque de coração (MED.) heart attack
ataque de pânico (PSYCHO.) panic attack

ataque isquémico transitório (MED.) transient ischemic attack

ataque progressivo (BUILD.) progressive attack

ataque químico (ELECTRON.) etching

ataque químico anódico (ELECT.) anodic etching

ataque químico por luz transmitida (ELECTRON.) etching by transmitted light

ataque uncinado (MED.) uncinate fit

ataraxia (MED.) ataraxia

atavismo (BIO.) atavism; throwback

ataxia (MED.) ataxia ; ataxy; dyssynergia

ataxia cardíaca (MED.) cardiataxia

ataxia de Friedreich (MED.) Friedreich's ataxia

ataxia de Leyden (MED.) Leyden's ataxia; pseudotabes

ataxia enzoótica (VET.) enzootic ataxia

ataxia espinhal hereditária (MED.) hereditary spinal ataxia; Friedereich's ataxia

ataxia hereditária (MED.) hereditary ataxia

ataxia telangiectásia (BIO.; MED.) ataxia telangiectasia

atelectasia (MED.) atelectasis

atelia (BIO.; MED.) atelia

ateliose (BIO.; MED.) atelia

atelocardia (MED.) atelocardia

ateloglossia (MED.) ateloglossia

atelognatia (MED.) atelognathia

atelopatia (MED.) atelopodia

atelostomia (MED.) atelostomia

atenção (MED.; PSYCHO.) attention; consciousness; sensorium

atendedor automático (TELECOM.) telephone answering machine

atenolol (MED.) atenolol

atenuação (BOT.; PHYS.; TELECOM.) attenuation

atenuação de alcance (RADAR) range attenuation

atenuação de campo (ELECT.) field weakening

atenuação de canal adjacente (TELECOM.) adjacent channel attenuation

atenuação de corrente (ELECT.) current attenuation

atenuação de eco (COMP.) echo attenuation

atenuação de feixe de raios-X (RADIOL.) attenuation of X-rays

atenuação de filtro (TELECOM.) filter attenuation

atenuação de imagem (TELECOM.) image attenuation

atenuação de propagação (ELECT.) propagation attenuation

atenuação de propagação (PHYS.) propagation loss

atenuação de radar (ELECT.) radar attenuation

atenuação de tensão (ELECT.) voltage attenuation

atenuação de trajecto (TELECOM.) path attenuation

atenuação geométrica (PHYS.) geometrical attenuation

atenuação infinita (PHYS.) infinite attenuation

atenuador (IMAGE TECH.) fader

atenuador (TELECOM.) attenuator ; pad

atenuador compensado (ELECTRON.) compensated attenuator

atenuador de absorção (ELECT.) absorptive attenuator; resistive attenuator

atenuador de linha (TELECOM.) line pad

atenuador de palheta (TELECOM.) flap attenuator

atenuador de pistão (ELECT.) piston attenuator

atenuador de saída (ELECTRON.) output attenuator

atenuador de um quarto de onda (TELECOM.) quarter-wave attenuator

atenuador duplo (ELECT.) dual attenuator

atenuador em T (ELECT.) T-attenuator

atenuador intermédio (COMP.) buffer attenuator

atenuador panorâmico (PHYS.) panoramic attenuator

atenuador pi (TELECOM.) pi-attenuator

atenuador progressivo (ELECT.) ladder attenuator

atenuador reactivo (ELECT.) reactive attenuator

atenuar (MED.) attenuate

ateroma (MED.) atheroma

ateronecrose (MED.) atheronecrosis

aterosclerose (MED.) atherosclerosis

aterragem a baixa velocidade (AERO.) slow speed landing

aterragem automática (AERO.) automatic landing

aterragem curta (AERO.) stalled landing

aterragem de cabeça (COMP.) head crash

aterragem de cauda baixa (AERO.) three-point landing

aterragem de precisão (AERO.) spot landing

aterragem de três pontos (AERO.) three-point landing

aterragem em plano (AERO.) pancaking

aterragem IFR (AERO.) instrument landing system

aterragem longa (AERO.) overshoot

aterragem por instrumentos (AERO.) instrument landing system

aterragem suave (AERO.) smooth landing

aterragem vertical (AERO.) vertical landing

aterragem violenta (AERO.) rough landing; hard landing; drup

aterro (BUILD.) fill; made ground; spoil

aterro (GEO.) bedding

aterro (MINING) pack

aterro inclinado (BUILD.) glacis

aterro sanitário (ECO.) sanitary landfill

aterros laterais (BUILD.) flanks

atetose (MED.) athetosis

atiçador (MECH.) gagger

atitude (AERO; SPACE) attitude

Atlas (ASTRO.) Atlas (satellite of Saturn)

atlas (ZOO.) atlas (first cervical vertebra)

atlas de cor de Ostwald (IMAGE TECH.) Ostwald colour atlas

atmólise (CHEM.) atmolysis

atmómetro (BOT.) atmometer

atmosfera (GEO.) atmosphere

atmosfera baroclínica (METEO.) baroclinic atmosphere

atmosfera barotrópica (METEO.) barotropic atmosphere

atmosfera de fornalha (MECH.) furnace atmosphere

atmosfera de forno protectora (MECH.) protective furnace atmosphere

atmosfera de Rayleigh (PHYS.) Rayleigh atmosphere

atmosfera do solo (METEO.) soil atmosphere

atmosfera exterior (METEO.) outer atmosphere

atmosfera interplanetária (ASTRO.) interplanetary atmosphere

atmosfera ionizada (ASTRO.) ionized atmosphere

atmosfera isotérmica (METEO.) isothermal atmosphere

atmosfera livre (METEO.) free atmosphere; free-air

atmosfera normal (PHYS.) normal atmosphere

atmosfera normal (atm) (PHYS.) standard atmosphere [atm]

atmosfera padrão (AERO.; METEO.) standard atmosphere

atmosfera padrão de teste (TEXT.) standard atmosphere for testing

Atmosfera Padrão Internacional (AERO.) International Standard Atmosphere

atmosfera planetária (ASTRO.) planetary atmosphere

atmosfera positiva (PHYS.) positive atmosphere

atmosfera radioeléctrica normal (TELECOM.) standard radio atmosphere

atmosfera redutora (MECH.) reducing atmosphere

atmosfera superior (ASTRO.) upper atmosphere

atmosféricas (interferências) (METEO.) sferics

atocia (MED.) atocia

a todo o gás (MECH.) full out

a todo o motor (MECH.) full power

atol (GEO.) atoll

Atómica (Ciência Atómica) (CHEM.; PHYS.; NUC.) atomics

atomicidade (CHEM.) atomicity

atomizador (MECH.) atomizer; sprayer

átomo (CHEM.; PHYS.) atom

átomo assimétrico (CHEM.) asymmetric atom

átomo de Bohr (PHYS.) Bohr atom

átomo de Bohr-Sommerfeld (PHYS.) Bohr-Sommerfeld atom

átomo de deutério (CHEM.) deuterium atom

átomo de retrocesso (PHYS.) recoil atom

átomo de Rutherford (PHYS.) Rutherford atom

átomo de Rutherford-Bohr (PHYS.) Rutherford-Bohr atom

átomo de Sommerfeld (PHYS.) Sommerfeld atom

átomo de vórtice (PHYS.) vortex atom

átomo excitado (PHYS.) excited atom

átomo excitado fortemente (NUCL.) hot atom

átomo-grama (PHYS.) gram(me)-atom

átomo indicador (PHYS.) trace atom

átomo instável (NUCL.) unstable atom

átomo ionizado (PHYS.) ionized atom

átomo livre (CHEM.) free atom

átomo marcado (NUCL.) tagged atom

átomo radioactivo (PHYS.) radioactive atom

átomo radioactivo detector (PHYS.) trace atom

átomos receptores (ELECTRON.) acceptor atoms

átomo traçador (PHYS.) trace atom

atonia (MED.) atony

atonicidade (MED.) atony

atopia (IMMUN.) atopy

atopognosia (MED.) atopognosia; atopognosis

atosegundo (GEN.) attosecond

ATP (BIO.; CHEM.) Adenosine TriPhosphate

atracção de Coulomb (PHYS.) Coulomb attraction

atracção electrostática (PHYS.) Coulomb attraction

atracção gravitacional (ASTRO.) gravitational attraction

atracção local (PHYS.) local attraction

atracção magnética local (PHYS.) local magnetic attraction

atracção molecular (CHEM.) molecular attraction

atracção mútua (PHYS.) mutual attraction

atracção newtoniana (PHYS.) Newtonian attraction

atraquelocéfalo (BIO.; MED.) atrachelocephalus

atrás (GEN.) back

atraso (GEN.) delay; lag

atraso absoluto (ELECT.) absolute delay

atraso codificado (ELECTRON.) coding delay

atraso constante (ELECT.) definite time-lag

atraso da ignição (AUTO.) ignition lag

atraso de abertura (ELECTRON.) aperture delay

atraso de acesso (ELECT.) access delay

atraso de combustão (METEO.) combustion lag

atraso de envolvente (TELECOM.) envelope delay

atraso de espera (ELECTRON.) queueing delay

atraso de fase (ELECT.; TELECOM.) phase lag ; phase delay; phase retardation

atraso de fecho (ELECT.) definite time-lag

atraso de fecho independente (ELECT.) independent time-lag

atraso definido (ELECT.) definite time-lag

atraso de grupo (TELECOM.) group delay

atraso de impulso de transdutor (ELECTRON.) transducer pulse delay

atraso de impulso de transmissor (ELECT.) transmitter pulse delay

atraso de injecção (AUTO.) injection lag

atraso de memória-tampão (COMP.) buffer delay

atraso dependente (ELECT.) inverse time-lag

atraso de propagação (PHYS.) propagation delay

atraso de sinal (ELECTRON.) skew

atraso de tempo (ELECT.) time delay; time lag

atraso de tempo inverso (ELECT.) inverse time-lag

atraso diferencial (ELECT.) differencial delay

atraso magnético (ELECT.) magnetic lag

atraso mental (PSYCHO.) mental retardation

atravessamento (ELECTRON.) punch-through

atresia (MED.) atresia

atrético (MED.) atreitic; atresic; imperforate

atribuição de armazenamento (COMP.) storage allocation

atribuição de espaço primário (COMP.) primary space allocation

atribuição de um valor (COMP.) assign

atributo de dados (COMP.) data attribute

atributo de ficheiro (COMP.) file attribute

atributo de número (COMP.) number attribute

átrio (ARCH.; BUILD.; MED.; ZOO.) atrium

átrio-ventricular (MED.; ZOO.) atrioventricular

atrito (GEN.) friction

atrito de maré (ASTRO.; GEO.) tidal friction

atrito do vento (MECH.) windage

atrito interno (MECH.) internal friction

atrito superficial (AERO.) skin friction

atrofia (MED.; ZOO.) atrophy

atrofia hereditária de Lebers (MED.) Lebers's disease

atrofia marântica (MED.) marasmus

atrofia muscular espinal (BIO.; MED.) spinal muscular atrophy

atrofia óptica (MED.) optic athrophy

atrofia por desuso (MED.) disuse atrophy

atrofia por inacção (MED.) disuse atrophy

atropina (CHEM.; MED.) atropine

atropinismo (MED.) atropinism

atropinização (MED.) atroponization

átropo (BOT.) atropus

atroscina (CHEM.; MED.) atroscine; scopolamine; hyoscine

audibilidade (PHYS.) audibility

audição (PHYS.) hearing

áudio (TELECOM.) audio

áudio comprimido (TELECOM.) compressed audio

áudio e vídeo intercalados (TELECOM.) audio video interleave

audiofrequência (PHYS.; TELECOM.) audiofrequency; sonic frequence

audiograma (PHYS.) audiogram

audiograma de ruído (PHYS.) noise audiogram

audiologia (MED.) audiology

audiometria (PHYS.) audiometry

audiómetro (PHYS.) audiometer

audiómetro de gramofone (PHYS.) gramophone audiometer

audiómetro de ruído (PHYS.) noise audiometer

áudio multicanal (TELECOM.) multi-channel audio

auditivo (PHYS.) aural

auditivo (ZOO.) auditory; aural

auditoria (COMP.) audit

auditoria de qualidade (COMP.) quality audit

auditoria de sistemas de computador (COMP.) audit of computer systems

auge (ASTRO.) apogee; meridian

augite (augito) (MINER.) augite; fassaite

aulacógeno (GEO.) aulacogen

aumentador (BIO.) enhancer

aumentador de pressão (AERO.) pressure booster

aumento (BIO.) enhancement

aumento (ELECTRON.) growing

aumento (GEN.) growth

aumento (PHYS.) magnification

aumento angular (PHYS.) angular magnification

aumento biológico (ECO.) biological magnification

aumento brusco de corrente (ELECT.) current rush

aumento da resistência das imagens por aquecimento (PRINT.) image baking

aumento de impedância (ELECT.) impedance rise

aumento de incidência na ponta da asa (AERO.) wash-in

aumento de largura de banda (TELECOM.) extending bandwidth

aumento de radiação (RADIOL.) build-up

aumento de temperatura específica (ELECT.) specific temperature rise

aumento de tensão (ELECT.) voltage rise

aumento de velocidade (MECH.) gearing-up

aumento granular (MECH.) grain growth

aumento ou diminuição da pressão (METEO.) surge

aumento perceptível (ELECTRON.) difference limen

aumento por irradiação (CHEM.) irradiating swelling

aumento progressivo da pressão (PHYS.) steady rise of pressure

aumento repentino de sinal (TELECOM.) burst

aumento súbito de potência de um reactor acima do nível estabelecido (NUCL.) excursion

aumento súbito do sinal de referência (IMAGE TECH.) reference burst

aura (MED.) aura

auramina (CHEM.) auramine

auréola (ASTRO.) halo
auréola (GEN.) aureole
auréola (IMAGE TECH.) halation
auréola (METEO.) glory
auréola luminosa (ELECT.) luminous envelope
áurico (CHEM.) aurous
aurícula (BOT.; ZOO.) auricula; auricle
aurícula (MED.; ZOO.) auricula; auricle; atrium
auriculado (ZOO.) auricled ; auriculate
auricular (ZOO.) atrial
auriculária (BOT. ; ZOO.) auricularia
aurículo-ventricular (ZOO.) auriculoventricular
aurífero (MINING) gold-bearing
aurina (CHEM.) aurine
aurona (CHEM.) aurone
aurora (ASTRO.) aurora
aurora austral (ASTRO.) aurora australis; Southern Lights
aurora boreal (ASTRO.) aurora borealis; Northern Lights
auscultação (MED.) ausculation; auscultation
auscultadores (TELECOM.) headphones
auscultadores de bobina móvel (TELECOM.) moving-coil headphone
auscultadores de núcleo móvel (TELECOM.) moving-iron headphone
ausência parcial de imagem (IMAGE TECH.) picture dropout
austenita (ENG.) austenite
austenítico (ENG.) austenitic
austinite (MINER.) austinite
australita (australite) (MINER.) australite
autacóide (MED.) autacoid (obsolete)
autenticidade (PSYCHO.) authenticity
autígeno (autigénico) (GEO.) authigenic
autismo (MED.; PSYCHO.) autism
autístico (MED.; PSYCHO.) autistic
auto- (GEN.) self-
auto-absorção (PHYS.) self-absorption
auto-activação (CHEM.) autoactivation
auto-adaptável (COMP.) self-adapting
auto-aglutinação (BIO.) autoagglutination
auto-aglutinação de eritrócitos (MED.) autohemagglutination
auto-aglutinina (MED.) autoagglutinin ; cold agglutinin
auto-ajustável (COMP.) self-adjusting
auto-alergia (IMMUN.; MED.) autoallergy
auto-alimentador (MECH.) self-feeding
auto-alogamia (BOT.) autoallogamy
auto-anafilaxia (MED.) autoanaphylaxis
auto-análise (MED.; PSYCHO.) auto-analysis; autoassay
auto-anticorpo (BIO.; IMMUN.) autoantibody; immunoconglutinin
autoblasto (BIO.) autoblast
autoblindagem (PHYS.) self-shielding
autocapacitância (PHYS.) self-capacitance
autocarregador (MECH.) bootstrap
autocatálise (CHEM.; ZOO.) autocatalysis
autocentrador para barras (MECH.) bell centre punch

autoceratoplastia (MED.) autokeratoplasty
autocinésia (BIO.) autokinesia; autokinesis
autocitólise (BIO.) autocytolisis
autocitolisina (BIO.) autocytolysin
autocitotoxina (BIO.) autocytototoxin
autoclave (CHEM.; MED.) autoclave
autocódigo (COMP.) autocode
autocolimador (PHYS.) autocollimator
autocompatível (BOT.) self-compatible
autocondução (ELECT.) autoconduction
autoconhecimento (PSYCHO.) autognosis
autoconversor (ELECT.) autoconverter
autocoprofagia (ZOO.) refection
autocorrelação (TELECOM.) autocorrelation
autóctone (ZOO.) autochtonous
autocura (IMMUN.) self cure
autodepuração (BUILD.) self cleansing
autodérmico (MED.) autodermic
autodescarga (ELECT.) self-discharge
autodestruição (BIO.; MED.) autodestruction
auto detecção (ELECTRON.) auto detect
autodesmagnetização (ELECTRON.) self-demagnetization
auto-diagnóstico (ELECTRON.) autodiagnosis
autódino (TELECOM.) autodyne; self-heterodyne
autodiplóide (BIO.; BOT.) autodiploid
autodiploidia (BIO.; BOT.) autodiploidy
autodispersão (PHYS.) self-scattering
autodissociação (CHEM.) self-dissociation
autodrenagem (MED.) autodrainage
autodual (COMP.) self-dual
auto-ecolália (MED.) autoecholalia
auto-ecologia (ECO.) autecology
auto-ensaio (BIO.; MED.) autoassay
auto-enxerto (BIO.; MED.) autograft; autoplast; autotransplantation
auto-erotismo (PSYCHO.) autoerotism
auto-estabilizador (AERO.) autostabilizer
auto-estéril (BOT.) self-sterile
auto-esterilidade (BOT.; ZOO.) self-sterility
auto-estilóide (ZOO.) autostyly
auto-excitação (ELECT.) self-excitation
auto-excitação (COMP.) sticking
autofagia (ECO.) autophagy
autofertilização (BIO.) selfing; self-fertilization
autofluoroscópio (PHYS.) autofluoroscope
autofrequência (PHYS.) eigenfrequency
autofundoscópio (MED.) autofundoscope
autogamia (BIO.; BOT.) autogamy
autogenético (BIO.; BOT.; MED.; ZOO.) autogenetic
autogiro (AERO.) rotorcraft; gyroplane
autognose (PSYCHO.) autognosis
autognosia (PSYCHO.) autognosis
auto-hemaglutinação (MED.) autohemagglutination
auto-hemólise (MED.) autohemolysis

auto-hemolisina (BIO.) autohemolysin
auto-ignição (AUTO.) auto-ignition
auto-imune (BIO.; MED.) autoimmune
auto-imunidade (IMMUN.; MED.) autoimmunity
auto-imunização (IMMUN.; MED.) autoimmunization
auto-incompatível (BIO.) self-incompatible
auto-indutância (PHYS.) self-inductance
auto-infecção (MED.) auto-infection
auto-infusão (MED.) auto-infusion
auto-interrupção (PHYS.) self-quenching
auto-intoxicação (MED.) auto-intoxication
auto-isolisina (MED.) autoisolysin
autólise (BIO.) autolysis
autolisina (BIO.) autolysin
autolitografia (PRINT.) autolithography
autólogo (BIO.; MED.) autologous
automático (MED.; PSYCHO.) infrapsychic
automático tipo suíço (MECH.) Swiss-type automatic
automatismo (PSYCHO.) automatism
automatismo compulsivo (PSYCHO.) repetition compulsion
automatização (GEN.) automation
automatização celular (COMP.) cell automation
automatização de dados (COMP.) datamation
automatização de processo (COMP.) process automation
automisofobia (MED.) automysophobia
automnésia (PSYCHO.) autmnesia
automontagem (IMAGE TECH.) autoassembly
automorfismo (MATH.) automorphism
automotora diesel eléctrica (ENG.) diesel-electric-car
autonomia (AERO.) endurance; range of flight
autonomia de voo (AERO.) flight endurance; radius of flight
autonomia voo em cruzeiro (AERO.) cruise range
autonómico (BOT.; ZOO.) autonomic
autónomo (BOT.; ZOO.) autonomous
autonomotrópico (MED.) autonomotropic
auto-oxidação (CHEM.) auto-oxidation ; autoxidation
auto-oxidador (CHEM.) auto-oxidator ; autoxidator
auto-oxidável (CHEM.) auto-oxidizable; autoxidizable
autoplasma (ZOO.) autoplasma
autoplastia (MED.) autoplastia
autoplástico (MED.) autoplastic
autoplasto (MED.) autoplast ; autograft
autoplóide (BIO.) autoploid
autoploidia (BIO.) autoploidy
autopódio (ZOO.) autopodium
autopolarizável (ELECTRON.) self biasing
autopolimerização (CHEM.; PLAST.) autopolymerization
autopolímero (CHEM.; PLAST.) autopolymer

autopolinização (Bio.) selfing

autopolinização (Bot.) self-pollination

autopoliplóide (Bio.) autopolyploid

autopoliploidia (Bio.) autopolyploidy

autópsia (Med.) autopsy; post mortem; necropsy

autópsia médico-legal (Med.) obduction

auto-radiografia (Bio. ; Miner.) autoradiography

auto-radiógrafo (Image Tech.) autoradiograph

auto-reactor (Aero.) ramjet

auto-recozimento (Mech.) self-annealing

auto-rectificação (Radiol.) self-rectification

auto-regenerador nuclear (Nucl.) nuclear breeder

auto-regulação (Phys.) self-regulation

auto-reprodução (Bio.) autoreproduction

autoridade de grupo (Comp.) group authority

autorização de voo (Aero.) flight clearance

auto-rotação (Aero.) spiral instability

auto-saneamento (Build.) self cleaning

autoscópio (Mining) autoscoper

auto-sincronização (Elect.) self-synchronizing

auto-sincronizador (Elect.) self-synchronizer

autospasia (Zoo.) autospasy

autósporo (Bot.) autospore

autossoma (Bio.) autosome

autossoma dominante (Bio.) autosomal dominant

autotélico (Psycho.) autotelic

autoteste (Med.) autoassay

autotetraplóide (Bio.) autotetraploid

autotifização (Med.) autotyphization

autotomia (Zoo.) autotomy

autotopagnósia (Med.) autotopagnosia

autotoxina (Bio.) autotoxin

autotransdutor (Elect.) autotransductor; compensator

autotransformador (Elect.) autotransformer; balancing coil

autotransformador de terra (Elect.) earthing autotransformer

autotransformador neutro (Elect.) neutral autotransformer

autotransplante (Bio.; Med.) autograft; autoplast; autotransplantation

autotratamento (Immun.) self cure

autotrófico (Bio.) autotrophic

autotrofismo (Bio.) autotrophism

autótrofo (Bio.) autotroph

autótrofo quimiossintético (Bio.) chemosynthetic autotroph

auto-uroterapia (Med.) autourotherapy

autovacinação (Immun.; Med.) autovaccination

autovenenoso (Med.) autopoisonous

autunite (Miner.) autunite

auxanómetro (Bot.) auxanometer

auxiliado por foguete (Aero.) rocket-assisted

auxiliar de gravidade (Space) gravity assist

auxiliar de revisor (Print.) copyholder

auxílio automático (Aero.) homing aid

auxílio hidráulico (Mech.) power-assistance

auxina (Bot.) auxin

auxócito (Bio.) auxocyte

auxocromo (Chem.) auxochrome

auxologia (obsoleto) (Bio.) auxology (obsolete)

auxómetro (Phys.) auxometer

auxotónico (Bot.; Zoo.) auxotonic

auxotrofo (Bio.) auxotroph

avalanche (avalancha) (Phys.) avalanche

avalanche de Townsend (Phys.) Townsend avalanche

avalanche electrónica (Elect.) electron avalanche

avaliação adaptativa em tempo real do canal (Telecom.) adaptive and real time channel evaluation

avaliação de conformidade (Electron.) conformity assessment

avaliação de expressão (Comp.) expression evaluation

avaliação de função (Comp.) function evaluation

avaliação informática (Comp.) computing evaluation

avalvular (Med.) avalvular

avançador de fase (Elect.) phase advancer

avançador de fase Kapp (Elect.) Kapp phase advancer

avanço (Mining) drilling rate

avanço (Gen.) advance

avanço a rolo (Image Tech.) roll feed

avanço automático (Mech.) power feed

avanço axial (Mech.) axial pitch

avanço da ignição (Auto.) ignition advance

avanço de admissão (Mech.) outside lap

avanço de escape (Mech.) inside lap

avanço de fase (Elect.; Telecom.) phase lead; lead of phase

avanço do glaciar (Eco.) glacier creep

avanço lento (Print.) crawl

avanço manual (Mech.) hand feed

avanço mecânico (Mech.) power feed

avanço negativo das asas (Aero.) negative stagger

avanço para este (Surv.) easting

avanço para oeste (Surv.) westing

avanço positivo (Aero.) forward stagger

avaria (Gen.) breakdown; average

avaria (Nav.) average

avaria simples (Nav.) particular average

avasculação (Med.) avasculation

avascular (Med.) avascular

aveia (Bot.) oats; corn (in Scotland)

aveludado (Bot.) pannose

aveludado (Zoo.) velvet

avenina (Chem.) avenin

avental de protecção (Med.; Radiol.) protective apron

aventurina (Miner.) aventurine; sunstone; aventurine quartz ; aventurine feldspar

Aves (Zoo.) Aves

Aviação geral (Aero.) general aviation

aviadora (Aero.) aviatrix

avião (Aero.) plane; aircraft; ornithopter

avião aeroespacial (Aero.;Space) aerospace plane

avião a foguetão (Aero.) rocket ship

avião a jacto (Aero.) air jet

avião a jacto sem hélice (Aero.) straight jet

avião com bico de pato (Aero.) canard

avião comercial ligeiro de cabine (Aero.) cabin job

avião conversível (Aero.) convertiplane

avião de asas batentes (Aero.) flapping wing aircraft

avião de fotografia aérea (Image Tech.) camera plane

avião de porta-aviões (Aero.) shipboard aircraft

avião de rodas de pás (Aero.) paddle plane

avião de voo basculante (Aero.) tilt wing aircraft

avião inflável (Aero.) inflatable aircraft

avião leve (Aero.) light aircraft

avião mais leve que o ar (Aero.) lighter-than-air craft

avião orientado por radar (Aero.; Astro.) beam rider

avião sem piloto, para exercícios de tiro (Aero.) queen-bee

aviário (Med.; Vet.) avian

avidez (Immun.) avidity

avidina (Immun.) avidin

Aviónica (Aero.; Space) avionics

Aviónica (Electrónica aplicada à Aviação) (Aero.) aircraft electronics

avirulento (Med.) avirulent

aviso de colisão (Aero.; Astro.) collision warning

aviso de recepção negativa (Comp.) negative acknowledgement

aviso de tufão (Meteo.) typhoon warning

avitaminose (Med.) avitaminosis

avivador fluorescente (Text.) fluorescent brightner

avivamento (Med.) avivement

avulsão (Med.) avulsion

avultamento (Build.) bulking

axénico (Bot.; Zoo.) axenic

axial (Bot.) axile

axial (Gen.) axial

axifugal (Bot.; Zoo.) axifugal

axila (Med.) axilla

axila (Bot.) axil

axilar (Bot.) axile

axinita (axinite) (Miner.) axinite

axiobucal (Med.) axiobucal

axiobucogengival (Med.) axiobucogingival

axioma (Math.) axiom

axioma matemático (Math.) mathematical axiom

axiomático (Math.) axiomatic

axiomesial (Med.) axiomesial

axiometria (Nav.) axiometry

axiómetro (Nav.) axiometer

axiotrão (Elect.) axiotron

axis (Zoo.) epistropheus
axoaxónico (Bio.) axoaxonic
axodendrítico (Bio.) axodendritic
axógrafo (Math.) axograph
axolema (Zoo.) axolemma
axólise (Zoo.) axolysis
axonema (Zoo.) axoneme
axónio (Zoo.) axon
axonometria (Crist.) axonometry
axonómetro (Arch.) axonometer
axotomia (Zoo.) axotomy
azeite (Chem.) olive oil
azeótropo (Chem.) azeotrope
azeviche (Miner.) pitch coal
azeviche (Mining) jet
azia (Med.) waterbrash; heartburn
azida (Chem.) azide
azida de chumbo (Chem.) lead azide
azigomático (Zoo.) azygomatous
ázigos (Zoo.) azygos
azigosporo (Bot.) azygospore
azimia (Chem.; Med.) azymia
azímico (Chem.) azymic; azimous
azimute (Gen.) azimuth

azimute de bússola (Gen.) compass azimuth
azimute de mira (Surv.) bearing
azimute magnético (Gen.) compass azimuth
azinas (Chem.) azines
azobenzeno (Chem.) azobenzene
Azóica (Geo.) Azoic
azóico (Chem.) azoic
azoímida (Chem.) azoimide
azol (Chem.) azole; pyrrole
azometano (Chem.) azomethane
azoospermia (Med.) azoospermia
azoproteína (Med.) azoprotein
azotar (Chem.) azotize
azotemia (Med.) azotaemia; azotemia; uremia
azoto (Chem.) azote; nitrogen
Azotobactéria (Bio.) Azotobacter
azoto não proteico (Bio.) nitrogen nonproteic
azotúria (Med. Vet.) azoturia
azotúria dos cavalos (Vet.) blackwater

azuis de molibdénio (Chem.) molybdenum blues
azul (Gen.) Cyan
azul-acinzentado (Bot.) caesius; caesious
azul celeste (Meteo.) sky blue
azul de bromotimol (Chem.) bromothymol blue
azul de Evans (Chem.) Evans blue; T-1824 (dye)
azul de ftalocianina (Chem.) phthalocyanine blue
azul de metileno (Chem.) methylene blue
azul do céu (Meteo.) blue of the sky; sky blue
azulejo (Build.) tile
azul metálico (Mech.) blue metal
azul metil (Chem.) methyl blue
azul timol (Chem.) thymol blue
azul tripano (Bio.) trypan blue
azurita (azurite) (Miner.) azurite

Babesia (Vet.) Babesia

babesíase (Vet.) babesiosis; babesiasis; biliary fever; haemorrhagic disease; piroplasmosis; redwater

Babesídeos (Vet.) Babesidae

babesiose (Vet.) babesiosis; babesiasis; redwater; biliary fever; haemorrahagic disease; piroplasmosis

babesiose bovina (Vet.) tick fever; Texas fever

bacia (Geo.) basin; sink

bacia (Hydro.) pond

bacia controlada (Hydro.) controlled basin

bacia de cabeceira (Hydro.) forebay

bacia de captação (Build.) catchment basin

bacia de drenagem (Geo.) drainage basin

bacia de filtração (Hydro.) filtering basin

bacia de inundação de rio (Hydro.) flood basin of the river

bacia de meia-maré (Geo.) half-tide basin

bacia de recepção (Build.) catchment basin

bacia de sangria (Mech.) batching

bacia de sedimentação (Geo.) sedimentation basin

bacia e cordilheira (Geo.) basin-and-range

bacia entre montanhas (Geo.) intermontane basin

bacia hidráulica (Build.) catchment basin

bacia hídrica (Eco.) bolson

bacia hidrográfica (Geo.) river basin

bacia hidrológica (Hydro.) rain area

bacia sedimentar (Geo.) sedimentary basin

baciforme (Bot.) baccate

Baciláceas (Bot.) Bacillaceae

bacilar (Gen.) bacillar ; bacillary

Bacilárias (Bot.) Bacillariophyceae

bacilárias (Miner.) Tripoli powder; tripolite; diatomite; infusorial earth

Bacilarofíceas (Bot.) Bacillariophyceae

bacilemia (Med.) bacillaemia; bacillemia

baciliforme (Bio.) bacilliform

bacilina (Chem.; Med.) bacillin

bacilo (Bio.) bacillus

bacilo de Bang (Bio.) Bang's bacillus; Brucella abortus

bacilo de Calmette-Guérin [BCG] (Med.) Bacille bilié de Calmette-Guérin [BCG]

bacilo de Klebs-Loeffler (Med.) Klebs-Loeffler's bacillus

bacilo de Loeffler (Med.) Loeffler's bacillus

bacilo do aborto (Bio.) Bang's bacillus; Brucella abortus

bacilose (Med.) bacillosis

bacilúria (Med.) bacilluria

bacitracina (Bio.; Med.) bacitracin

baço (Zoo.) spleen

bactéria metanogénica (Bio.) methanogenic bacteria

bactéria nitrificante (Bio.) nitrifying bacteria

bactéria produtora de ácido láctico (Bio.) lactic acid bacteria

Bactérias (Bio.) Bacteria

bactérias autotróficas (Immun.) autotrophic bacteria

bactérias de enxofre (Bio.) sulphur bacteria

bactérias de ferro (Bio.; Miner.) iron bacteria

bactérias de hidrogénio (Bio.) hydrogen bacteria

bactérias gram-negativas (Bio.) Gram-negative bacteria

bactérias gram-positivas (Bio.) Gram-positive bacteria

bactérias halofílicas (Bio.) halophilic bacteria

bactérias iodofílicas (Bio.) iodophilic bacteria

bactérias mesofilas (Bio.) mesophilic bacteria

bactérias redutoras de nitrato (Bio.) nitrate-reducing bacteria

bactericida (Bio.) bactericide

bacterídio (Bio.) bacterioid

bacteriémia (Med.) bacteraemia ; bacteremia

bacteriocídico (Bio.; Med.) bacteriocidal

bacteriocina (Bio.) bacteriocin

bacterioclasia (Bio.) bacterioclasia

bacteriófago (Bio.) bacteriophage

bacteriófago filmentoso (Bio.) filamentous bacteriophage

bacteriófago lambda (Bio.) bacteriophage lambda

bacteriófago miu (Bio.) bacteriophage mu

bacteriófago QB (Bio.) bacteriophage QB

bacteriófago QX174 (Bio.) bacteriophage QX174

bacteriófago T4 (Bio.) bacteriophage T4

bacteriófago T7 (Bio.) bacteriophage T7

bacteriofluorescina (Bio.) bacteriofluorescin

bacteriogénico (Bio.) bacteriogenic

bacterio-hemaglutinina (Bio.) bacteriohemagglutinin

bacterio-hemolisina (Bio.) bacteriohemolysin

bacterióide (Bio.) bacterioid

bacteriolisina (Bio.) bacteriolysin

Bacteriologia (Bio.) bacteriology

bacteriopexia (Bio.) bacteriopexy

bacteriose (Med.) bacteriosis

bacteriostático (Bio.) bacteriostat

bacteriotoxina (Bio.) bacteriotoxin

bacteriotrópico (Bio.) bacteriotropic

bacteriotropina (Bio.) bacteriotropin

bacteriúria (Med.) bacteriuria; bacturia

Bacteroidáceas (Bio.) Bacteroidaceae

bacteróide (Bio.) bacteroid

bacteroidose (Med.) bacteroidosis

bactrim (Chem.; Med.) bactrim; co-trimoxazole

badame (Build.) mortise chisel

baddeleyite (Miner.) baddeleyite

badelsite (Miner.) baddeleyite

baeta (Text.) baize; duffel

baga (Bot.) berry

bagaço (Med.) bagasse

bagaçose (Immun.; Med.) bagassosis

baía (Geo.) bay

baía de sedimentação (Geo.) settling basin

bainha (Elect.) sheath; loom

bainha (Gen.) sheath

bainha (Mining) lap

bainha (Text.) selvedge

bainha (Zoo.) theca; vagina

bainha carotídea (Med.) vagina carotida

bainha de Henle (Zoo.) Henle's sheath; endoneurium

bainha de mestoma (Bot.) mestom(e) sheath

bainha de mielina (Zoo.) myelin sheath

bainha de Neumann (Med.) Neumann's sheath

bainha de Schwann (Zoo.) Schwann sheath

bainha dieléctrica (Elect.) dielectric sheath

bainha do globo ocular (Med.) vagina bulbi

bainha iónica (Phys.) ion sheath

bainha medular (Bot.) medullary sheath

bainha mielínica (Bot.) medullary sheath

bainha perivascular (Zoo.) perivascular sheath

bainhas dos vasos (Zoo.) vaginae vasorum

baixa (Meteo.) low

baixa (Telecom.) outage

baixa carga (Elect.) low head

baixa complexa (Meteo.) complex low

baixada de antena (Telecom.) down lead; lead-in

baixa de monção (Meteo.) monsoon low

baixa em altitude (METEO.) low aloft
baixa fidelidade (PHYS.) low fidelity
baixa frequência (TELECOM.) low frequency
baixa fria (METEO.) cold low
baixa-mar (GEO.) low tide; low-water
baixa polar (METEO.) polar low
baixa pressão (METEO.) low
baixa primária (METEO.) primary low
baixa resolução (ELECTRON.) low resolution
baixa secundária (METEO.) secondary low
baixa segregada (METEO.) cut-off low
baixa tensão (TELECOM.) low tension
baixa voltagem (TELECOM.) low tension
baixio (ECO.; GEO.) bay bar
baixo (TELECOM.) bass
baixo (PHYS.) low
baixo abdómen (ZOO.) low abdomen
baixo brilho (PHYS.) low glow
baixo curso (HYDRO.) lower reach
baixo factor de amplificação (ELECT.) low mu
baixo ganho (ELECT.) low gain
baixo mu (ELECT.) low mu
baixo relevo (PRINT.) intaglio
baixo-relevo (ARCH.) bas relief
balança (PHYS.) scale
balança ajustável (ELECT.) composite balance
balança analítica (PHYS.) analytical balance
balança da lama (MINING) mud balance
balança de corrente (MECH.) current balance
balança de Cotton (ELECT.) Cotton balance
balança de Coulomb (ELECT.) Coulomb balance
balança de Curie (PHYS.) Curie balance
balança de decamperes (ELECT.) deka-ampere-balance
balança de deciamperes (ELECT.) deci-ampere balance
balança de Du Bois (ELECT.) Du Bois balance
balança de ensaio (CHEM.) assay balance
balança de Eotvos (MINING) Eotvos balance
balança de fibra de quartzo (CHEM.) quartz-fibre balance
balança de Jolly (CHEM.) Jolly balance
balança de Kelvin (ELECT.) Kelvin balance
balança de laboratório (PHYS.) analytical balance
balança de Mohr (CHEM.) Mohr balance
balança de mola (CHEM.) spring-balance; dynamometer
balança de precisão (CHEM.) chemical balance
balança de Rayleigh (ELECT.) Rayleigh balance
balança de sedimentação (PHYS.) sedimentation balance
balança de torção (PHYS.) torsion balance

balança de torção (MINING) Eotvos balance
balança de travessão (CHEM.) beam balance
balança de Westphal (PHYS.) Westphal balance
balança eléctrica (ELECT.) electrical balance
balança electrónica activa (ELECTRON.) feedback balance
balança magnética (ELECT.) magnetic balance
balança mecânica (PHYS.) mechanical balance
balanceamento (AERO.) distribution of weights
balanceamento (NAV.) rolling
balanceiro (MECH.) walking beam; pivot plate
balanceiros (HORO.) gimbals; gymbals; balances
balanceiros (ZOO.) halteres
balanceiros da bússola (NAV.) compass gimbals
balancim (MECH.) walking beam
balancim (HORO.) pendulum bob
balancim de válvula (AUTO.) valve rocker
balancim orientável da roda da cauda (AERO.) tail wheel steering mast
balanço (ELECT.; HORO.) balance
balanço (MECH.) bob-weight
balanço bimetálico (HORO.) bimetallic balance
balanço de humidade (ECO.) moisture balance
balanço energético (ECO.) energy budget
balanço flutuante (HORO.) floating balance
balanço hídrico (ECO.) water inventory
balanço radiativo (GEO.) radiation budget
balanite (MED.) balanitis; posthitis
bálano (MED.) balanus
balanocele (MED.) balanocele
balanopostite (MED.) balanoposthitis
balanorragia (MED.) balanorrhagia
balanorreia (MED.) balanorrhea
Balantídeo (BIO.) Balantidium
balantidíase (VET.) balantidiosis
balantidiose (VET.) balantidiosis
balão (GEN.) balloon
balão aerostático (AERO.) balloon
balão auxiliar (AERO.) ballonnet
balão cativo (AERO.) captive balloon
balão de aquecimento (CHEM.) Florence flask; boiling flask
balão de ar quente (AERO.; METEO.) hot-air balloon
balão de barragem (AERO.) barrage balloon
balão de distilação (CHEM.) distillation flask
balão de ebulição (CHEM.) Florence flask; boiling flask
balão de ensaio (AERO.) kite
balão de ensaio (METEO.) sounding balloon; trial balloon
balão de Erlenmeyer (CHEM.) Erlenmeyer flask

balão de gás (AERO.) gas-bag
balão de Kjendahl (CHEM.) Kjendahl flask
balão de sondagem (METEO.) sounding balloon
balão explorador (AERO.; METEO.) sounding balloon
balão livre (AERO.) free balloon
balão meteorológico (METEO.) sounding balloon; meteorological balloon
balão-papagaio (METEO.) kytoon
balão-piloto (METEO.) pilot balloon
balão-sonda (METEO.) pilot balloon; sounding balloon
balão volumétrico (CHEM.) volumetric flask
balastro (BUILD.) ballast
balata (CHEM.) balata
balaustrada (ARCH.) balaustrade; rail
balaustrada (de porta ou janela) (ARCH.) balconet
balaústre (BUILD.) rail post; stanchion
balaústre (ARCH.) baluster
balaústre de suporte (BUILD.) bracket baluster
balbúcio (MED.) balbuties
balcão (ARCH.) balcony
balcão fechado (ARCH.) jutty
baldaquino (ARCH.) baldacchino
balde (HYDRO.) bucket
Balística (PHYS.) ballistics
balistofobia (MED.) ballistophobia
balistósporo (BOT.) ballistospore
baliza (AERO.; NAV.) beacon
baliza (BUILD.) pole
baliza (SURV.) lining peg; ranging rod
baliza a radar (RADAR) radar beacon; racon
baliza de obstrução (AERO.) obstruction marker
baliza de voo planado (AERO.) glide path beacon
baliza indicadora interna (AERO.) inner marker beacon
baliza marítima (AERO.) sea marker
baliza média (AERO.) middle marker
balizamento (SURV.) curve ranging
baliza principal (AERO.) main beacon
balizas de limite (AERO.) boundary marks
balizas visuais de pista (AERO.) runway visual markers
balneologia (MED.) balneology
baloiço (NAV.) roll
balonete (AERO.) ballonnet
balsa (BOT.) balsa wood
bálsamo de Tolu (CHEM.; MED.) balsam of Tolu
bálsamo do Canadá (CHEM.) Canada balsam; balsam of fir
banana (ELECT.; TELECOM.) branch jack
bancada (GEN.) bench
bancada de montagem (MECH.) fitter's bench
banco (GEN.) bench
banco (GEO.) bank
banco de abrasão (GEO.) abrasion bench
banco de areia (GEO.) reef
banco de areia (HYDRO.) shoal
banco de dados (COMP.) data bank
banco de gelo (METEO.) ice floe; patch

banco de genes (Bot.) gene bank

banco de nevoeiro (Meteo.) patch

banco de nuvens (Meteo.) cloud bank

banco de pedreiro (Build.) banker

banco de sementes (Eco.) seed bank

banco de teste (Elect.) test board

banco de teste (Phys.) test bed

banco de tijoleiro (Build.) banker

banco do torno (Mech.) lathe bed

banco fixo no vão de janela (Build.) bay-stall

banco fotométrico (Phys.) photometer bench; optic bench

banco óptico (Phys.) optic bench; photometer bench

banda (Gen.) band

banda (Text.) sliver

banda (Telecom.) frequency band

banda avô (Comp.) grandfather tape

banda básica multiplex (Comp.) multiplex baseband

banda de absorção (Phys.) absorption band

banda de atenuação (Telecom.) attenuation band

banda de Brewster (Phys.) Brewster's band

banda de difusão (Telecom.) broadcast band

banda de excitação (Electron.) excitation band

banda de frequência com atenuação (Telecom.) filter attenuation band

banda (de micro-ondas) Ku (Telecom.) Ku band

banda de passagem (Telecom.) band-pass

banda de passagem de canal (Comp.) channel pass band

banda de protecção (Telecom.; Image Tech.) guard band

banda de radar (Radar) radar band

banda de rejeição (Telecom.) rejection band

banda (de satélite) C (Telecom.) C-band

banda de televisão (Telecom.) television band

banda de transmissão (Telecom.) transmission band

banda do cidadão (Telecom.) citizens' band [CB]

banda em branco (Comp.) clear band

banda emissora de televisão (Telecom.) television broadcast band

banda H (Telecom.) H-band

banda K (Radar; Telecom.) K-band

banda L (Telecom.) L-band

banda larga (Comp.; Telecom.) broadband

banda lateral (Telecom.) sideband

banda lateral dupla (Electron.) double sideband [DSB]

banda lateral inferior (Telecom.) lower sideband

banda lateral superior (Telecom.) upper sideband

banda lateral única (com portadora suprimida) (Elect.) single-sideband suppressed carrier

banda padrão de radiodifusão (Telecom.) standard broadcast channel

banda permitida (Phys.) allowed band

banda Q (Radar.; Telecom.) Q-band

banda S (Telecom.) S-band (radio-frequency)

bandas amadoras (Telecom.) amateur bands

bandas de Edser e Butler (Phys.) Edser and Butler's bands

bandas de rádio frequência (Telecom.) RF bands

banda V (de micro-ondas) (Telecom.) V band

banda W (de micro-ondas) (Telecom.) W band

banda X (Radar; Telecom.) X-band

banda x (de micro-ondas) (Telecom.) x band

bandeira (Bot.) flag leaf

bandeira (Comp.) flag

bandeira circular de janela (Build.) fanlight; eye

bandeira circular de porta (Build.) fanlight; eye

bandeira de alarme (Elect.) alarm flag; flag indicator

bandeira de transporte (Comp.) carry flag

bandeirola (Build.; Surv.) picket

bando (Psycho.) flock

bangaló (Arch.) bungalow

bangue (Bot.) bhang

banhar (Med.) tub

banho ácido (Image Tech.) acid stop

banho de areia de laboratório (Phys.) laboratory sand-bath

banho de argamassa (Build.) mortar bath

banho de arsénio (Chem.) arsenic bath

banho de limpeza ultrasónica (Electron.) ultrasonic cleaning bath

banho endurecedor (Image Tech.) hardener

banho fixador (Image Tech.) fixing bath

banho quente (Mech.) hot dip

banho revelador (Image Tech.) developing bath; fixing bath; colour developer

banho salino (Mech.) salt bath

banisterite (Miner.) bannisterite

banqueta (Arch.; Build.) banquette

banqueta costeira (Meteo.) ice foot

banquisa (Meteo.) pack ice

banquisa aberta (Meteo.) open pack ice

banquisa fechada (Meteo.) close pack ice

banquisa mista (Geo.) compound pack ice

banzo compacto (Build.) close string

baquelite (Plast.) bakelite

bar (Phys.) bar (unit of pressure or stress)

baragnosia (Med.) baragnosis

barba (Bot.) barb

barba de baleia (Zoo.) baleen; whalebone

barba de pena (Zoo.) vane

barbado (Bot.) barbate; bearded

barbatana (Zoo.) fin

barbatana caudal (Bio.) caudal fin

barbatana peitoral (Zoo.) pectoral fin

barbatana ventral (Zoo.) pelvic fin

barbilhão (Zoo.) barbel

barbilho (Zoo.) barbel

barbital (Chem.; Med.) barbital; barbitone; veronal

barbital sódico (Chem.; Med.) barbital sodium

barbitona (Chem.; Med.) barbitone; barbital

barbitona sódica (Chem.; Med.) barbital sodium

barbiturato (Chem.; Med.) barbiturate

bárbula (Zoo.) barbule

bárbula de pena (Zoo.) vane

barcane (Geo.) barchan

barco planador (Nav.) hydroplane

bária (Phys.) barye (unit of pressure)

barião (Phys.) baryon

barifonia (Med.) baryphonia

bariglossia (Med.) baryglossia

barilalia (Med.) barylalia

barimazia (Med.) barymazia

bário (Chem.) barium

barita (Chem.; Miner.; Mining) baryta; barite; barytes; heavy spar

barite (Mining) barite; baryta; heavy spar

baritina (Miner.) barite; baryta; heavy spar

baritite (Miner.) barite; baryta; heavy spar

barito- (Gen.) baryto-

baritocalcite (Miner.) barytocalcite

barn (Nucl.; Phys.) barn

baroclínico (Geo.) baroclinic

barofílico (Bio.) barophilic

barófilo (Bio.) barophil

baroforésia (Chem.) barophoresis

barógrafo (Meteo.) barograph

barómetro (Meteo.; Phys.) barometer; rain glass

barómetro aneróide (Meteo.; Surv.) aneroid barometer

barómetro com queda de pressão (Phys.) falling barometer

barómetro de água (Phys.) water barometer

barómetro de depósito fechado (Geo.) kew barometer

barómetro de escala compensada (Phys.) compensated scale barometer; Tonnelot's barometer

barómetro de Fortin (Meteo.) Fortin's barometer

barómetro de Gay-Lussac (Phys.) Gay-Lussac's barometer

barómetro de mercúrio (Meteo.; Phys.) mercury barometer; mercurial barometer

barómetro descendente (Phys.) falling barometer

barómetro de Tonnelot (Phys.) Tonnelot barometer; compensated scale barometer

barómetro de Torricelli (Phys.) Torricellian barometer

barómetro-padrão de Kew (Meteo.) Kew-pattern barometer

barorreceptor (Med.) baroreceptor

barostático (Aero.) barostatic

baróstato (Aero.) barostat

barotaxia (Med.) barotaxis

barotermógrafo (Geo.) barothermograph

barotrópico (GEO.) barotropic

barquevicite (MINER.) barkevikite

barquinha (AERO.) car

barquinha lateral (AERO.) wing car (air ship)

barra anti-arqueamento (BUILD.) antisag bar

barra anticurvatura (BUILD.) antisag bar

barra boleada (BUILD.) billet

barra colectora (ELECT.) bus-bar

barra condutora (ELECT.) bus-line

barra cruzada (AERO.) crossbar

barra de absorção (NUCL.) absorber rod; control rod

barra de alimentação (MECH.) feeding rod

barra de altura (MECH.) dip stick

barra de aperto (BUILD.) dwang

barra de arbitragem (ENG.) arbitration bar (melting test)

barra de arqueamento (BUILD.) turning bar

barra de arrasto (MECH.) drag link

barra de bornes (ELECT.) terminal bar

barra de cabeceira de baía (GEO.) bayhead bar

barra de cantoneira (BUILD.) angle iron

barra de chaminé (BUILD.) chimney bar

barra de colectora (ELECT.) omnibus-bus

barra de comando de potência (NUCL.) power control rod

barra de compensação (ELECT.) compensating bar

barra de contacto (ELECT.) conductor rail

barra de controlo (NUCL.) control rod

barra de controlo de força (NUCL.) power control rod

barra de cor (PRINT.) colour bar

barra de corrimão (BUILD.) hand-rail bolt

barra de desengate (MECH.) release bar

barra de direcção (AUTO.; MECH.) drag link; track rod; drag line

barra de distribuição (ELECT.) bus-bar

barra de enchimento (MECH.) filler rod

barra de engate (MECH.) draught-bar; draw-bar; drag-bar

barra de equilíbrio (HYDRO.) balance bar

barra de ferro bruto (MECH.) puddled bar

barra de Flinder (NAV.) Flinder's bar; compass corrector

barra de forro (MECH.) filler rod

barra de gancho para levantar (BUILD.) dog

barra de gelo (METEO.) ice bar

barra de gradil (BUILD.) hand-rail bolt

barra de grelha (ELECT.) fire-bar

barra de guia (BUILD.) guide bar

barra de imersão (MECH.) dip stick

barra de impressão (COMP.) print bar

barra de inclinação (BUILD.) panel rod

barra de induzido (ELECT.) armature bar

barra de ligação (ELECT.) connector bar

barra de marcha (MECH.) reversing rod

barra de maré (GEO.) tidal bar

barra de movimento (MECH.) motion bar; guide bar

barra denteada (BUILD.) indented bar

barra de núcleo (MECH.) core bar

barra de peso (MINING) sinker bar

barra de pressão (MECH.) pressure bar

barra de rebentação (GEO.) break-point bar

barra de reforço (BUILD.) radius rod

barra de retenção (MECH.) radius bar

barra de segurança (NUCL.) safety rod

barra de senos (MECH.) sine bar

barra de suporte (BUILD.) rib

barra de suspensão (AERO.) suspension bar

barra de tensão (BUILD.) gig stick

barra de tensão (MECH.) tension rod

barra de torção (AUTO.) antiroll bar

barra de torção (MECH.) torsion bar

barra de tracção (MECH.) drag-bar; draught-bar; drawlink

barra de transmissão (MINING) grief stem

barra de treliça (BUILD.) panel rod

barra de treliça (MECH.) lattice bar

barra de união (MECH.) connecting rod

barra de zumbido (TELECOM.) hum bar

barra directriz (BUILD.) guide bar

barrado (TEXT.) barré

barra do comutador (ELECT.) commutator bar

barra em I (BUILD.) I-beam

barra em T (BUILD.; MECH.) tee bar; T-bar

barra e núcleo (ELECT.) bar-and-yoke (magnetic test)

barra Flinder (NAV.) Flinder's bar; connector bar

barragem (GEN.) dam

barragem (HYDRO.) barrage lock; sluice; lockage; diversion dam; backwater

barragem de balões (AERO.) balloon barrage

barragem de pedra (HYDRO.) stone dam

barragem de tambor (BUILD.) drum weir

barragem fixa (HYDRO.) barrage-fixe

barragem móvel (HYDRO.) moving weir; open barrage

barra longitudinal (AERO.) longitudinal bar

barramento AT (COMP.) AT bus

barramento de bit (COMP.) bit bus

barramento de controlo (COMP.) control bus

barramento de dados (COMP.) data bus

barramento de expansão (COMP.) expansion bus

barramento endereçável de transdutores remotos (COMP.) highway addressable remote transducer

barramento local (COMP.) local bus

barramento série de alto desempenho (COMP.) high performance serial bus

barra metálica (ELECT.; MECH.) metallic strip

barra neutra (ELECT.) neutral bar

barra padrão (MECH.) master bar

barra para endireitar ou curvar (BUILD.) bending iron

barra pterigo-palato-quadrado (ZOO.) pterygopalatoquadrate bar [PPQ bar]

barra quadrada giratória (MINING) grief stem

barra radial (MECH.) radius bar

barra radial (BUILD.) radius rod

barra reguladora de potência (NUCL.) power control rod

barra rendilhada (ARCH.) bar tracery

barras condutoras de emergência (ELECT.) hospital bus-bars

barras de Colby (SURV.) Colby's bars

barras de distribuição (ELECT.) feeder bus-bar

barras do casco (VET.) bars of foot

barras redondas (MECH.) rounds

barra T (BUILD.; MECH.) T-bar; tee bar

barra terminal (ELECT.) terminal bar

barra transversal (MECH.) crossbar

barré (TEXT.) barré

barreira (ELECT.) barrier

barreira acústica (AERO.) sound barrier

barreira antiformigas (BUILD.) termite shield

barreira biogeográfica (ECO.) biogeographical barrier

barreira biótica (ECO.) biotic barrier

barreira de carga espacial (ELECTRON.) space-charge barrier

barreira de Coulomb (PHYS.) Coulomb barrier

barreira de difusão (PHYS.) diffusion barrier

barreira de energia (ELECTRON.) bandgap

barreira de fogo (BUILD.) fire barrier

barreira de fogo (MINING) firewall

barreira de föhn (GEO.) foehn wall

barreira de gelo (GEO.) ice dam

barreira de junção (ELECT.) junction barrier

barreira de nuvens (METEO.) cloud bar

barreira de potencial (PHYS.) potential barrier

barreira de potencial de contacto (ELECT.) contact-potential barrier

barreira de radar (RADAR) radar fence

barreira de segurança (AERO.) safety barrier

barreira de vapor (CHEM.) vapour barrier

barreira do som (AERO.) sound barrier; sonic barrier

barreira ecológica (ECO.) dispersal barrier

barreira energética (CHEM.) energy barrier

barreira porosa (PHYS.) porous barrier

barreira protectora (BUILD.) croy

barreira sónica (AERO.; PHYS.) sonic barrier

barreira superficial (ELECTRON.) surface barrier

barreira supersónica (AERO.; PHYS.) transonic barrier; supersonic boom

barreira Zener (ELECTRON.) Zener barrier
barricada de calhaus (GEO.) boulder barricade
barril (BUILD.) drum
barril (MINING) tub
barril (NUCL.) flask
barril (MINING) barrel (unit of capacity)
barril blindado (NUCL.) cask
barrilete (BUILD.) bench hook
barrilete (HORO.) barrel
barriletes de carrilhão (HORO.) chime barrels
barril para líquidos (MECH.) liquid barrel
barro (GEO.) clay; argil
barro amassado (BUILD.) puddle; clay puddle
Barroco (ARCH.) Baroque
barro de oleiro (GEO.) ball clay
barro de sondagem (MINING) sludge
barro para tijolos (GEO.) brick clay
barrote (BUILD.) transom; transome; sleeper; joist; collar beam
barrote de suporte de travessões (BUILD.) ledger
bartolinite (MED.) bartholinitis
bartonelose (VET.) bartonellosis
barulho (GEN.) noise
barulho (TELECOM.) hiss
basal (GEN.) basal; basad
basalioma (MED.) basalioma
basalto (GEO.) basalt
basalto cristalino (GEO.) crystalline basalt
basalto derretido (GEO.) liquid basalt
basalto líquido (GEO.) liquid basalt
basalto plástico (GEO.) plastic basalt
basaltos de torrente (GEO.) flood basalts
basamento (GEO.; MINING) basement
basanite (GEO.) basanite
basculação (MED.) basculation
basculador (MINING) tipple
base (ARCH.) die
base (BUILD.) footing; footstall; prime coat (paint); primer (paint)
base (COMP.) default
base (GEN.) base; basis; bed
base (IMAGE TECH.) lift
base (MATH.) basis
base (MECH.) seating; sole
base aldeídica (CHEM.) aldehyde base
base coesiva (BIO.) cohesive end
base da ondulação (ECO.) wave base
base da pá da hélice (MECH.) propeller root
base de alicerce (BUILD.) base course
base de antena de insecto (ZOO.) scape
base de assento (BUILD.) sole plate
base de baioneta (ELECT.) bayonet cap; bayonet holder
base de bússola (NAV.) compass base
base de chave (ELECT.) switch base
base de cilindro (MECH.) cylinder base; cylinder seat
base de correcção de bússola (NAV.) compass base
base de dados lógica (COMP.) logical data base
base de dados relacional (COMP.) relational data base

base de ebulição (CHEM.) boiling bed
base de ergol (ASTRO.) ergol base
base de forma mista (PRINT.) mixed form base
base de fundação (BUILD.) sole plate
base de interruptor (ELECT.) switch base
base de lâmpada (ELECT.) lampholder
base de numeração (COMP.) basic number
base de número (COMP.) number base
base de plataforma de lançamento (SPACE) launch pad
base de ponto (vírgula) flutuante (COMP.) floating-point base
base de porcelana (ELECT.) porcelain socket
base de tempo (ELECTRON.) time base
base de tempo circular (ELECTRON.) circular time base
base de tempo horizontal (IMAGE TECH.) horizontal timebase
base de transístor (ELECT.) transistor base
base do crânio (MED.; ZOO.) base of skull; basis cranii
basedóide (MED.) basedoid
base do osso hióide (MED.) basihyal; basihyoid
basedoviano (MED.) basedowian
base Edison (ELECT.) Edison screwcap
base egípcia (ARCH.) Egyptian base
base mista (MATH.) mixed radix
base rochosa de uma escarpa (GEO.) scree
bases complementares (BIO.) complementary base
bases de amónio quaternário (CHEM.) quaternary ammonium bases
bases de cinchona (CHEM.) cinchona bases
bases de estricnina (CHEM.) strychnine bases
bases de hexona (CHEM.) hexone bases
bases de Schiff (CHEM.) Schiff's bases
base sólida (BUILD.) assize
base sólida (MINING) hard pan
base-tempo de imagem (IMAGE TECH.) picture out-put
Bashkiriano (GEO.) Bashkirian
basicidade (CHEM.) basicity
básico (GEN.) basic; master; radical
basicónico (ZOO.) basiconic
basicraniano (MED.; ZOO.) basicranial
basídio (BOT.) basidium
basidiocarpo (BOT.) basidiocarp
basidioma (BOT.) basidioma
Basidiomicetos (BOT.) Basidiomycetes; Basidiomycotina
basidiósporo (BOT.) basidiospore
basifacial (MED.) basifacial
basifixo (BOT.) basifixed
basifobia (MED.; PSYCHO.) basiphobia
basífugo (BOT.) basifugal
basilema (BIO.) basilemma; basement membrane
básio (MED.) basion
basiotripsia (MED.) basiotripsy
basípeto (BOT.) basipetal
basócito (MED.) basocyte
basocitopenia (MED.) basocytopenia

basocitose (MED.) basocytosis
basofilia (MED.) basiphilia
basofília ponteada (MED.) punctate basophilia
basofílico (ECO.) basophillic
basófilo (MED. ; ZOO..) basophil(e); basiphil
basofilócito (IMMUN.; MED.) basophil leucocyte
basófito (IMMUN.; MED.) basophil leucocyte
basometacromofilo (MED) basometachromophil(e)
basoplasma (MED.) basoplasm
bastão basal (BIO.) costa
bastão de combustível nuclear (NUCL.) slug
bastardo (GEN.) bastard
bastidor (TEXT.) stenter
bastite (MINER.) bastite
bastnaesite (MINER.) bastnaesite
bastonete (ZOO.) rod
batear (MINING) panning
batedeira holandesa (PAPER) hollander beater
batedor (PAPER) beater
batedor (TEXT.) beetle
batedor de argamassa (BUILD.) larry
batedor mecânico (MINING) beater mill
bate-estacas (BUILD.) pile-driver; rammer
bate-estacas hidráulico (BUILD.) hydraulic piledriver
bate-estacas pneumático (BUILD.) pneumatic piledriver
batelão de guindaste (MINING) crane barge
batelão porta-oleoduto (MINING) reel barge
batente (BUILD.) casement
batente (MECH.) knocker
batente de cilindro (MECH.) cylinder stop
batente de eclusa (HYDRO.) clap-sill; mitre sill
batente de embraiagem (AUTO.) clutch stop
batente de segurança (BUILD.) safety stop
batentes (BUILD.) architrave jambs
bateria (ELECT.) battery
bateria auxiliar (ELECT.) auxiliary battery
bateria-B (ELECT.) B-battery (USA)
bateria-C (ELECT.) grid battery
bateria compensadora (ELECT.) buffer battery
bateria de ácido e chumbo (ELECT.) lead-acid cell
bateria de acumuladores alcalinos (ELECTRON.) alkaline storage battery
bateria de água (ELECT.) water battery
bateria de alta tensão (ELECT.) high-tension battery; B battery (USA)
bateria de condensadores (ELECT.) capacitor bank; storage battery
bateria de disparo (ELECT.) tripping battery
bateria de ferro-níquel (ELECT.) Edison cell
bateria de garrafa (ELECT.) bottle battery

bateria de grade (ELECT.) grid battery

bateria de imersão (ELECT.) plunge battery

bateria de iões de lítio (ELECTRON.) lithium-ion cell

bateria de lâmpadas (TELECOM.) bank of lamps

bateria de lítio (ELECTRON.) lithium cell

bateria de mercúrio (ELECT.) mercury battery

bateria de Nernst (ELECT.) Nernst battery

bateria de níquel cobalto (ELECTRON.) Ni-Co

bateria de níquel e hidrato metálico (ELECTRON.) NIMH

bateria de Planté (ELECT.) Planté battery

bateria de polarização de grade (ELECT.) grid-bias battery

bateria de prata e cádmio (ELECT.) silver cadmium battery

bateria de reserva (ELECT.) stand-by battery

bateria de tracção (ELECT.) traction battery

bateria Edison (ELECT.) Edison cell

bateria eléctrica (ELECT.) electrical battery

bateria elevadora de tensão (ELECT.) battery booster

bateria flutuante (ELECT.) floating battery

bateria inteligente (ELECTRON.) smart battery

bateria ligada em paralelo (ELECT.) floating battery

bateria nuclear (PHYS.) nuclear battery

bateria primária (ELECT.) primary battery

bateria redundante (ELECTRON.) backup battery

bateria seca (ELECT.) dry battery

bateria secundária (ELECT.) secondary battery

bateria solar (SPACE) solar array

bati- (ECO.) bathy-

batiabissal (GEO.) bathyabyssal

batial (GEO.) bathyal

batíbico (BIO.) bathybic

batida (MECH.) rapping

batilimnético (ZOO.) bathylimnetic

batimento (GEN.) beat

batimento (HORO.; TELECOM.) beat

batimento (MECH.) knocking; knock

batimento (MED.) beat; ictus

batimento apical (MED.) apex beat

batimento audível (ELECTRON.) beat note

batimento com maço (BUILD.) punning

batimento das válvulas (MECH.) popping

batimento de portadora (TELECOM.) carrier beat

batimento do motor (AUTO.) pinking

batimento em cutelo (MED.) tapping

batimentos (ELECTRON.) beating

batimentos (AUTO.) surging

batimento solto (MED.) dropped beat

batimento triplo (ELECTRON.) triple beat

batimetria (GEO.) bathymetry

batimétrico (GEO.) bathymetric

batipelágico (GEO.) bathypelagic

batiplâncton (GEO.) bathyplankton

batique (TEXT.) batik

batista (batiste) (TEXT.) batiste

batocrómico (CHEM.) bathochromic

batocromo (CHEM.) bathochrome

batofílico (ZOO.) bathophilous

batofobia (MED.; PSYCHO.) bathophobia

batólito (GEO.) batholith

batotónico (CHEM.) bathotonic

batótono (CHEM.) bathotonic

batráquio (ZOO.) batrachian

baud (COMP.; TELECOM.) baud

baud automático (TELECOM.) autobaud

Bauhaus (ARCH.) Bauhaus

bauxite (GEO.) bauxite

Baventiano (GEO.) Baventian

bayesiana (STAT.) Bayesian

bayou (GEO.) bayou

BCG (MED.) BCG; Bacille billié de Calmette-Guérin

bebé (IMAGE TECH.) baby (light)

becquerel (PHYS.) becquerel

becquerelita (MINER.) becquerelite

bedame chato (BUILD.) cross-cut chisel

beekita (MINER.) beekite

Beestoniano (GEO.) Beestonian

Begiotoáceas (BIO.) Beggiotoales

behaviorismo (PSYCHO.) behaviourism

beidelite (MINER.) beidellite

beijo da vida (MED.) kiss of life

beira de madeiramento (BUILD.) chantlate

beiral (BUILD.) eave; verge

beiral de empena (BUILD.) barge course

beiral de gotejamento (BUILD.) dripping eave

beira virada (MECH.) seam

bel (PHYS.) bel (unit)

beladona (BOT.; CHEM.) atropa belladona

belemnite (GEO.) belemnite

belemnóide (GEO.) belemnoid

belvedere (ARCH.) belvedere

bendrofluazida (CHEM.; MED.) bendrofluazide

bendroflumetiazida (CHEM.; MED.) bendroflumethiazide

beneficiação (MINING) beneficiation

benigno (MED.) benign; innocent

benitoíte (MINER.) benitoite

bental (GEO.) benthic

bêntico (GEO.) benthic

bentónico (GEO.; MINING) benthonic

bentónico-abissal (GEO.) benthonicabyssal

bentonite (GEO; MINER.; MINING) bentonite

bentos (ECO.) benthon; benthos

benz- (GEN.) benz-

benzalacetofenona (CHEM.) benzalacetophenone

benzaldeído (CHEM.) benzaldehyde

benzaldoximas (CHEM.) benzaldoximes

benzamida (CHEM.) benzamide

benzanilida (CHEM.) benzanilide

benzatraceno (CHEM.) benzathrene

benzatreno (CHEM.) benzathrene

benzeno (CHEM.) benzene

benzidina (CHEM.) benzidine

benzidrol (CHEM.) benzhydrol

benzil (CHEM.) benzyl

benzilamina (CHEM.) benzylamine

benzilaminopurina (CHEM.) benzylaminopurine

benzilpenicilina (CHEM.) benzyl penicillin

benzina (CHEM.) benzyne

benzoato de amónio (CHEM.) ammonium benzoate

benzoato de benzila (CHEM.) benzyl benzoate

benzoato de cálcio (CHEM.) calcium benzoate

benzoato de salicina (CHEM.) benzoyl salicin; populin

benzoato de sódio (CHEM.) sodium benzoate

benzodiazepina (CHEM.) benzodiazepine

benzofenona (CHEM.) benzophenone

benzofurano (CHEM.) benzofuran; cumarone; coumarone

benzóico (CHEM.) benzoic

benzoíla (CHEM.) benzoyl

benzoilacolinesterase (CHEM.) benzoyl cholinesterase

benzoína (CHEM.) benzoin

benzol (AUTO.) benzol

benzol (CHEM.) benzene

benzonitrilo (CHEM.) benzonitrile; cyanobenzene

benzopinacol (CHEM.) benzpinacol

benzopireno (CHEM.) benzpyrene

benzopurpurina (CHEM.) benzopurpurin

benzoquinona (CHEM.) benzoquinone

benzozona (CHEM.) benzozone

bequilha (AERO.) tail skid; tail support

bequilha orientável (AERO.) controllable tail wheel

beraunite (MINER.) beraunite

berbequim (BUILD.) hand brace; brace; drill

berber (TEXT.) berber

berberina (CHEM.) berberine

berço (PRINT.) bank

berço de barra de tracção (MECH.) draw-bar cradle

berço de caldeira (MECH.) boiler cradle

berço de rolamentos de esferas (MECH.) ball race

beribéri (MED.) beri-beri

berilicose (MED.) beryllicosis

berílio (CHEM.) beryllium

beriliose (MED.) beryllicosis

berilo (MINER.) beryl

berilonite (MINER.) beryllonite

berma (BUILD.) berm

berma de praia (GEO.) beach berm

berne (VET.) warble; gadfly

berquélio (CHEM.) berkelium

berro (VET.) warble

bertonita (MINER.) bournonite

bertrandite (MINER.) bertrandite

besouro (ZOO.) beetle; stag-beetle

betacaína (MED.; CHEM.) betacaine

Betacam (IMAGE TECH.) Betacam [TM]

betacaroteno (BIO.; CHEM.) betacarotene

betacetotiolase (Chem.) acetyl-CoA acyltransferase

betacianina (Bot.) betacyanin

betafite (Miner.) betafite

betaína (Chem.) betaine

Betamax (Image Tech.) Betamax [TM]

betão (Build.) concrete; beton; mass concrete

betão armado (Build.) béton armé; reinforced cement

betão a vácuo (Build.) vacuum concrete

betão celular (Build.) cellular concrete

betão de cascalho (Chem.) rubble concrete

betão de isolamento térmico (Build.) heat-insulating concrete

betão fraco (Build.) lean concrete

betão leve (Build.) lightweight concrete

betão pomes (Build.) cellular concrete

betão pré-reforçado (Build.) prestressed concrete

betão pronto a aplicar (Build.) ready-mixed concrete

betão reforçado (Build.) reinforced concrete

betão refractário (Build.) refractory concrete; fire cement

betatópico (Phys.) betatopic

betatrão (Phys.) betatron

betaxantina (Bot.) betaxanthine

betoneira (Build.) concrete mixer; pug mill

bétula (Bot.) birch

betume (Build.) putty; asphalt; mineral pitch

betume (Chem.) bitumen

betume (Geo.) asphalt; mineral pitch

betume fino (Build.) fine stuff

betume resinoso (Build.) stuff

bevatrão (Phys.) bevatron

bexiga (Bot.; Zoo.) bladder

bexiga natatória (Zoo.) air bladder

bexiga natatória (Zoo.) swim bladder

bezerra estéril (Zoo.) freemartin

bezerro de focinho curto e crânio braquicéfalo (Vet.) bulldog calf

bialternante (Math.) bialternant

bi-amplificação (Electron.) bi-amping

biauricular (Phys.) binaural

bibenzoil (Chem.) benzyl

Bíber (Geo.) Biber

biblioteca (Gen.) library

biblioteca combinatória (Bio.) combinatorial library

biblioteca de clones (Bio.) clone library

biblioteca de expressão (Bio.) expression site

biblioteca de genes (Eco.) gene library

biblioteca de ligação (Comp.) link library

biblioteca de programas-objecto (Comp.) object library

biblioteca genómica (Bio.) genomic library

bica (Build.) faucet

bicarbonato (Chem.) bicarbonate

bicarbonato de sódio (Chem.) sodium bicarbonate

bicarpelar (Bot.) bicarpellary

bíceps (bicípite) (Zoo.) biceps

bicíclico (Bot.) dicyclic

bicipital (Zoo.) bicipital

bicípite (Zoo.) biceps

biclamidado (Bot.) dichlamydeous

bicloreto de metileno (Chem.) methylene bichloride

bico (Mech.) tip

bico (Zoo.) beak

bico achatado (Vet.) mandibular disease; shovel beck

bico de Argand (Eng.) Argand burner

bico de bigorna (Mech.) beak iron

bico de Bunsen (Chem.) Bunsen burner

bicôncava (Image Tech.; Phys.;) biconcave

biconvexo (Image Tech.;Phys.;) biconvex

bico polar (Elect.) pole tip

bicromato de potássio (Chem.) potassium bichromate; potassium dicromate

bicuspidado (Zoo.) bicuspidate

bicúspide (Zoo.) bicuspid

bidentado (Chem.) bidentate

bidireccional (Gen.) two-way; bidirectional

bieberita (Miner.) bieberite

bieberite (Miner.) cobalt vitriol

biela (Auto.) piston rod

biela (Build.) radius

biela (Mech.) connecting-rod; link; tie rod; pitman [USA]

biela da manivela (Mech.) crank rod

biela de bomba (Mining) pump rod

biela-mestra (Aero.) master connecting-rod

biela oca (Mech.) hollow rod

biela principal (Aero.) master connecting-rod

biela restabelecedora (Build.) king rod

biela simples (Mech.) plain connecting rod

bienal (Bot.) biennial

biesfenóide (Cryst.; Miner.) bisphenoid

bisporangiado (Bot.) bisporangiate

biestável (Comp.) bistable

biestável J-K (Electron.) J-K flip-flop

biestável mestre-escravo (Electron.) master-slave flip-flop

biestável RS (Electron.) R-S flip-flop

biestável SR (Electron.) S-R flip-flop

bifásico (Elect.) bi-phase; diphase; diphasic; double-phase; duophase; two-phase

bifenil (Chem.) biphenyl

bifenil policlorinado (Eco.) polychlorinated biphenyl [PCB]

bífido (Zoo.) bifid

bifurcação (Build.) turnout (railways)

bifurcação de corrente (Elect.) current branch

bifurcação de frequência (Telecom.) frequency frogging

bifurcado (Bot.; Zoo.) bifurcate

bifurcado (Zoo.) furcal

Big-Bang (Astro.) Big Bang

bigeminismo (Med.) coupling

bigenérico (Zoo.) bigeneric

bigorna (Mech.) anvil

bigorna (Zoo.) anvil; incus

bigota ferrada (Mech.) dead eye

biguanida (Med.) biguanide

Bihariano (Eco.) Biharian

bilabiado (Bot.) bilabiate

bilateral (Gen.) two-way; bilateral

bilateralmente assimétrico (Zoo.) anisopleural

bilharzíaze (bilharziose) (Med.; Vet.) bilharziasis; bilharziosis; schistosomiasis

bilharzíaze japonesa (Med.) Katayama disease

bili- (Comp.) billi-

bilicianina (Med.) bilicyanin (obsolete)

bilirrubina (Med.) bilirubin

bílis (Med.) bile; gall

bilitonito (Geo.) bilitonite

biliverdina (Med.) biliverdin

bilocular (Bot.) bilocular

bímane (bímano) (Zoo.) bimanous

bimástico (Zoo.) bimastic

bimórfico (Elect.) bimorph

binário (Aero.; Phys.) torque

binário (Gen.) binary

binário (Math.) dyad; dyadac

binário (Phys.) couple

binário ampliado (Comp.) extended binary

binário chinês (Comp.) Chinese binary; column binary

binário combinado (Math.) conjugate dyadac

binário conjugado de forças (Phys.) coupled of forces

binário de coluna (Comp.) column binary; Chinese binary

binário de sincronização (Elect.) synchronizing torque

binário eclipsante (Astro.) eclipsing binary

binário em linha (Comp.) row binary

binário espectroscópico (Astro.) spectroscopic binary

binário flector (Mech.) bending moment

binário-motor (Mech.) engine torque

binário simétrico (Math.) symmetric dyadic

binocular (Phys.) binocular

binóculo prismático (Phys.) prismatic binoculars

binómio (Math.) binomial

binómio de Newton (Math.) Newton binomial

binormal (Math.) binormal

bio- (Bio.) bio-

bioanálise (Bio.; Eco.; Med.) bioassay; bio-assay

bioarejamento (Build.) bio-aeration

biocenose (Eco.) biocenosis; biocoenosis

biocida (Eco.) biocide

biocinética (Bio.) biokinetics

bioclasto (Eco.) bioclast

bioclimatologia (Bio.) bioclimatology

biocronologia (Eco.) biochronology

biodegradação (Bio.) biodegradation

biodegradável (Eco.) biodegradable

biodeteriorado (Eco.) biodeterioration

biodisponibilidade (Med.) bio-availability

biodiversidade (Eco.) biodiversity
bioecologia (Eco.) bio-ecology
bioelectricidade (Bio.) bio-electricity
bioengenharia (Chem.) bio-engineering
bioensaio (Bio.; Eco.; Med.) bioassay; bio-assay
bio-esfera (Bio.; Eco.) biosphere
bioespectrometria (Med.) biospectrometry
bioestase (Geo.) biostasy
Bioestática (Bio.; Med.) biostatics
biofácies (Mining) biofacies
biofagia (Bio.) biophagy
biofagismo (Bot.; Med.; Zoo.) biophagism
biófago (Bio.; Med.) biophage; biophagous
Biofarmacêutica (Bio.; Med.; Chem.) biopharmaceutics
biofeedback (Psycho.) biofeedback
biofilia (Psycho.) biophilia
Biofísica (Bio.) biophysics
biofisiografia (Bio.) biophysiography
bióforo (Bio.) biophore
biogás (Bot.) biogas
biógene (Bio.) biogen
biogénese (Bio.) biogenesis
biogenia (Bio.) biogeny
biogénico (Eco.) biogenic
biogeografia (Eco.) biogeography
biogeografia vicariante (Eco.) vicariance biogeography
biogeoquímica (Bio.) biogeochemistry
Biogravimetria (Bio.) biogravics
bioherma (Geo.) bioherm
bioinformática (Bio.) bioinformatics
bioinstrumento (Med.; Zoo.) bioinstrument
biólise (Bio.) biolysis
biolítico (Bio.) biolytic
biolitito (Geo.) biolithite
biolitito de algas (Geo.) algal biolithite
biólito (Geo.) biolith
Biologia molecular (Bio.) molecular biology
bioluminescência (Bio.) bioluminescence
bioma (Eco.) biome
bioma desértico (Eco.) desert biome
biomagnetismo (Bio.) biomagnetism
biomassa (Eco.) biomass
Biomatemática (Bio.) biomathematics
Biomecânica (Bio.) biomechanics
Biomédica (Bio.; Med.) biomedical; biomedics
Biometeorologia (Bio.) biometeorology
biometria (Bio.) biometry
biométrica (Eco.) biometrics
biomicrito (Geo.) biomicrite
biomicroscopia (Bio.) biomicroscopy
biomineração (Mining) biomining; microbiological mining
bíon (Bio.) bion
bionecrose (Bio.; Med.) bionecrosis
Biónica (Gen.) bionics
Bionomia (Bio.; Eco.) bionomics
bionomia (Bio.; Eco.) bionomy
bionose (Bio.; Med.) bionosis
biopiocultura (Med.; Zoo.) biopyoculture

bioplasma (Bio.) bioplasm
bioplasmático (Bio.) bioplasmatic
bioplasmina (Bio.) bioplasmin
biopsia (Med.) biopsy
biopsicologia (Bio.; Med.; Psycho.) biopsychology
bioquímica (Bio.; Chem.) biochemistry
biorbitário (Med.; Zoo.) biorbital
bioreactores (Bio.; Chem.) bioreactors
bioretroacção (Psycho.) biofeedback
bios (Gen.) bios
biosparite (biosparito) (Geo.) biosparite
BIOS reprogramável (Comp.) flash BIOS
bio-sensor (Electron.) Biosensor
biossatélite (Astro.) biosatellite
biossíntese (Bio.) biosynthesis
biossistemática (Bio.) biosystematics
biossoma (Geo.) biosome
biosterina (Chem.; Med .) biosterin
biostroma (Geo.) biostrome
biota (Bio.) biota
biotaxia (Bio.) biotaxis
biotecnologia (Bot.) biotechnology
bioteste (Bio.; Eco.; Med.) bioassay
Biótica (Bio.) biotics
biótico (Bio.) biotic
biotina (Bio.) biotin; coenzyme R
biotinilação (Bio.) biotinylation
biótipo (Bio.) biotype
biotite (Miner.) biotite
biotomia (Zoo.) biotomy; vivisection
biótopo (Eco.) biotope
biotrófico (Bot.) biotroph
bioturbação (Geo.) bioturbation
biozona (Geo.) biozone
bip (Radar) pip
bíparo (Zoo.) biparous
bípede (Zoo.) bipedal
bipenado (Zoo.) bipennate
bipeniforme (Zoo.) bipenniform
bipeptídeo (Chem.) bipeptide
biperiantado (Bot.) dichlamydeous
bipinulado (Bot.) bipinnate
bipirâmide (Cryst.) bipyramid
bipolar (Elect.; Zoo.) bipolar
bipositivo (Chem.; Phys.) bipositive
biprisma (Image Tech.) biprism
bipropulsor (Astro.; Space) bipropellant
biquartzo (Phys.) biquartz
birnessita (Miner.) birnessite
birramoso (Zoo.) biramous
birrectificação (Chem.) birectification
birrefractivo (Phys.) birefractive
birrefringência (Phys.) birefringence
bischofita (Miner.) bischofite
bisel (Print.) bevel
biseladora (Build.) shooting board
biselamento (Mech.) bezel
bisel de fio de dente-de-serra (Build.) fleam
bisfenol A (Plast.) bisphenol A
bismalito (Geo.) bysmalith
bismite (Miner.) bismite
bismutina (Chem.) bismuthine
bismutinite (Miner.) bismuthinite
bismuto (Chem.) bismuth
bismutoca (Miner.) bismite
bismuto telúrico (Miner.) telluric bismuth; tellurobismuth
bissector (Math.) bisector

bissectriz (Math.) bisectrix
bisseriado (Bot.) biseriate
bisserrado (Bot.) biserrate
bissexual (Bot.; Zoo.) bisexual
bissexualidade (Psycho.) bisexuality
bissinose (Immun.) byssinosis
bisso (Zoo.) byssus
bissulfato (Chem.) bisulphate (bisulfate)
bissulfato de potássio (Chem.) potassium bisulphate (bisulfate)
bissulfeto (Chem.) bisulphide (bisulfide)
bissulfeto de arsénio (Chem.) arsenic sulphide (sulfide); realgar
bissulfito (Chem.) bisulphite (bisulfite)
bissulfito de sódio (Chem.) sodium bisulphite (bisulfite)
bisturi (Med.) bistoury; knife
bisturi diatérmico (Med.) diathermic bistoury
bisturi eléctrico (Med.) cautery knife
bit (Comp.) bit (Binary digIT)
bitartarato de metaraminol (Chem.; Med.) metaraminol bitartrate
bitartarato de potássio (Chem.) potassium bitartrate
bit de circulação (Comp.) circulate bit
bit de controlo (Comp.) control bit
bit de dados aplicados (Electron.; Comp.) applied data bit
bit de máscara de canal (Comp.) channel mask bit
bit de paragem (Electron.) stop bit
bit de paridade (Comp.) parity bit
bit de preenchimento (Comp.) padding bit
bit de referência (Comp.) reference bit
bit de sinal (Comp.) sign bit
bit de teste (Comp.) check bit
bit de teste de paridade (Comp.) parity check bit
bit de teste de redundância (Comp.) redundancy check bit
bit de transporte (Comp.) carry bit
bit espúrio (Comp.) drop-in
bit mais significativo (Comp.) most significant bit
bit menos significativo (Electron.) least-significant bit
bitola (Gen.) gauge; caliber; calibre
bitola de fabrico (Mech.) manufacturing gauge
bitola estreita (Build.) light railway
bitola larga (Build.) broad gauge
bits de informação (Comp.) information bits
bits por número (Comp.) bits per number
bits por polegada (Comp.) bits per inch [BPI]
bits por segundo (Comp.) bits per second [BPS]
bits redundantes (Electron.) redundant bits
biureto (Chem.) biuret
bivalente (Gen.) bivalent
bivalente (Chem.) divalent
bivalve (Zoo.) bivalve
Bivalves (Zoo.) Bivalvia
bivariante (Chem.) bivariant
blastema (Zoo.) blastema
blastémico (Zoo.) blastemic

blastina (Bio.) blastin
blastocele (Zoo.) blastocele; segmentation cavity
blastocélio (Zoo.) blastocele; archicoel
blastocisto (Zoo.) blastocyst
blastócito (Zoo.) blastocyte
blastoderme (Zoo.) blastoderm
blastodisco (Zoo.) blastodisc
blastoftoria (Bio.) blastophtoria
blastogénese (Zoo.) blastogenesis
blastogenia (Zoo.) blastogenesis
blastoma (Zoo.) blastoma
blastómero (Zoo.) blastomere
Blastomiceto (Bot.) Blastomyces
blastomicina (Med.) blastomycin
blastomicose (Med.) blastomycosis
blastoneuróporo (Zoo.) blastoneuropore
blastóporo (Bot.; Zoo.) blastopore
blastóquio (Zoo.) blastochyle
blástula (Zoo.) blastula
blastulação (Zoo.) blastulation
blazar (Astro.) blazar
blefaradenite (Med.) blepharadenitis
blefarectomia (Med.) blepharectomy
blefarismo (Med.) blepharism
blefarite (Med.) blepharitis
blefarocálase (Med.) blepharochalasis
blefaroclono (Med.) blepharoclonus
blefarocromidrose (Med.) blepharochromidrosis
blefaroplasto (Med.) blepharoplast; basal body
blefaroplegia (Med.) blepharoplegia
blefarospasmo (Med.) blepharospasm
blefarossinequia (Med.) blepharosynechia
blefarostato (Med.) blepharostat
blenda (Miner.) blend; black jack; spharelite
blenda de zinco (Miner.) zinc blende
blenogénico (Bio.) blennogenic
blenóide (Bio.) blennoid
blenorragia (Med.) blennorrhagia
blenorreia (Med.) blennorrhea; blennorrohea
blenostase (Med.) blennostasis
blenostático (Med.) blennostatic
blenotórax (Med.) blennothorax
blenúria (Med.) blennuria
blindagem (Gen.) shroud; armour; protection; cladding; shield
blindagem (Elect.; Nucl.; Radiol.) shielding; shield; screen
blindagem (Mech.) shroud
blindagem anódica (Electron.) anode shield
blindagem capacitiva (Elect.) capacitive shield
blindagem contra interferências (Telecom.) interference shielding
blindagem contra radiação (Phys.) radiation shield
blindagem contra raios gama (Nucl.) gamma shield
blindagem de bobina (Elect.) coil shielding
blindagem de campo (Elect.) field shield
blindagem de Faraday (Phys.) Faraday's screen; Faraday's shield
blindagem de nivelamento (Elect.) grading shield

blindagem do cabo (Elect.) sheathing
blindagem do transformador (Elect.) transformer shell
blindagem eléctrica (Elect.) electric shielding
blindagem electrostática (Elect.; Telecom.) electrostatic shield
blindagem fechada (Elect.) locked armouring
blindagem final (Elect.) end shield
blindagem gama (Nucl.) gamma shield
blindagem lateral (Elect.) end shield
blindagem magnética (Elect.) magnetic screen; magnetic shield
blindagem para bobina (Elect.) coil shield
blindagem protectora (Elect.) guard shield
blindagem térmica (Nucl.) thermal shield
blip (Radar) blip
blocagem (Comp.) blocking
blocagem de grade (Elect.) grid blocking
bloco (Comp.) batch
bloco (Gen.) block
bloco (Mech.) block; cylinder block
bloco amortecedor (Mech.) dampening block
bloco angular (Build.) angle block
bloco composto (Print.) composite block
bloco de ancoragem (Mining) deadman
bloco de ângulo (Build.) angle block
bloco de arenito (Geo.) sarsen
bloco de armazenamento (Comp.) storage block
bloco de cabeçalho (Comp.) header block
bloco de caracteres (Comp.) character block
bloco de cilindros (Mech.) cylinder block
bloco de cimento (Build.) artificial stone
bloco de concentração (Comp.) polling block
bloco de construção (Build.) building block
bloco de controlo (Comp.) control block
bloco de controlo de armazenamento intermédio (Comp.) buffer control block [BCB]
bloco de controlo de entrada (Comp.) gate control block
bloco de controlo de fila (Comp.) queue control block
bloco de controlo de interrupção (Comp.) interrupt control block
bloco de controlo de linha (Comp.) line control block
bloco de controlo de página (Comp.) page control block [PCB]
bloco de controlo de porta (Comp.) gate control block
bloco de controlo de processo (Comp.) process control block
bloco de dados (Comp.) data block
bloco de enchimento (Build.) filler block

bloco de encosto (Build.) backer
bloco de entrada (Comp.) input block
bloco de estanho (Build.) tin block
bloco de falha (Geo.) fault block
bloco de fixação (Build.) fixing block
bloco de forma manual (Mech.) hand form block
bloco de gelo (Meteo.) ice floe
bloco de imersão (Hydro.) mattress
bloco de ligação (Comp.) link block
bloco de linha (Mech.) line block
bloco de matriz (Mech.) die block
bloco de meia-linha (Print.) half-line block
bloco de meia-tinta (Print.) half-tone block
bloco de meio-tom (Print.) half-tone block
bloco de memória (Comp.) memory block
bloco de papel (Print.) tablet
bloco de posição (Comp.) position block
bloco de programa (Comp.) program block
bloco de programa de canal (Comp.) channel program block [CPB]
bloco de rocha nua (Geo.) rock pavement
bloco de saída (Comp.) output block
bloco de transformadores (Elect.) bank of transformers
bloco de vidro (Arch.; Build.) glass block
bloco do motor (Mech.) cylinder block
bloco do porta-escovas (Elect.) brush-holder block
bloco encaixado (Comp.) nested block
bloco identificador (Comp.) identifier block
bloco lógico (Comp.) logical block
bloco móvel (Mech.) breech block
bloco primário (Comp.) primary block
bloco regulador de pedra de pavimentação (Build.) sett
blocos de betão (Build.) concrete blocks
bloco viajante (Mining) traveling block
bloqueado (Elect.) locked
bloqueador do canal de cálcio (Med.) calcium channel blocking
bloqueadores alfa (Bio.) alpha-blockers
bloqueadores beta (Bio.) beta-blockers
bloqueadores beta-adrenérgicos (Med.) beta-adrenoceptor blocking drugs
bloqueamento (Geral) block out
bloqueamento com corrente codificada (Elect.) code current block
bloquear (Gen.) block out
bloqueio (Elect.) interlock
bloqueio (Gen.) blocking
bloqueio (Telecom.) jamming
bloqueio cardíaco (Med.) heart-block
bloqueio de campo (Image Tech.) field blanking
bloqueio de comando (Mech.) control lock
bloqueio de controlo (Mech.) control lock

bloqueio de fluxo de electrões (PHYS.) gating

bloqueio de nervo/s (MED.) nerve block

bloqueio de página (COMP.) page locking

bloqueio espacial (CHEM.) steric hindrance

bloqueio estérico (CHEM.) steric hindrance

bloqueio para trás (TELECOM.) backward busying

bloqueio traseiro (BUILD.) backlocking

bobina (ELECT.) coil; bobbin

bobina (IMAGE TECH.) spool; reel

bobina (TEXT.) cop; cheek; bobbin

bobina aberta (IMAGE TECH.) open reel

bobina achatada (TELECOM.) pancake coil

bobina alveolar (TELECOM.) honeycomb coil

bobina anti-zumbido (ELECT.) humbucking coil

bobina auxiliar (AERO.) booster coil

bobina bilateral (ELECT.) duolateral coil

bobina chata (ELECT.) slab coil

bobina com isolamento de ar (ELECT.) air-spaced coil

bobina com núcleo de ar (ELECT.) air-core coil

bobina com núcleo de ferro (ELECT.) iron-core coil

bobina de acoplamento (TELECOM.) coupling coil

bobina de altifalante (PHYS.) voice coil

bobina de antena (ELECT.) antenna coil

bobina de arranque (ELECT.) battery booster

bobina de atraso (ELECT.) retardation coil

bobina de audiofrequência (TELECOM.) audiofrequency coil

bobina de campo (ELECT.) field coil

bobina de campo ventilado (ELECT.) ventilated field coil

bobina de captação (ELECT.) pick-up coil

bobina de carga (ELECT.) load coil; loading coil

bobina de carga de antena (ELECT.) antenna loading coil

bobina de cesto (ELECT.) basket coil

bobina de choque (ELECT.) shock coil

bobina de choque preventiva (ELECT.) preventive shock coil

bobina de compensação (ELECT.) compensating coil; balancing coil; bucking coil; baking coil

bobina de convergência (ELECT.) convergence coil

bobina de corrente (ELECT.) current coil

bobina de corrente contínua (ELECT.) d.c. coil; direct-current coil

bobina de cursor (ELECT.) slide coil

bobina de deflexão (ELECTRON.) deflection coil;deflection yoke

bobina de desvio (ELECTRON.) deflector coil

bobina de disjunção (ELECT.) trip coil

bobina de drenagem (ELECT.) drainage coil

bobina de Eikmeyer (ELECT.) Eikmeyer coil

bobina de electroíman (ELECTRON.) magnet spool; magnet coil

bobina de encaixe (ELECT.) plug-in coil

bobina de enquadramento da imagem (IMAGE TECH.) frame coil

bobina de enrolamento reticulado (ELECT.) lattice coil

bobina de equilíbrio (ELECT.) balance coil

bobina de excitação (ELECT.) exciting coil

bobina de exploração (ELECT.) search coil

bobina de extinção (ELECT.) blowout coil

bobina de ferrite de película fina (ELECTRON.) thin-film ferrite coil

bobina de ficheiros (COMP.) file reel

bobina de fio de platina (ELECT.) platinum wire coil

bobina deflectora (ELECTRON.) deflector coil

bobina de focagem (IMAGE TECH.) focus coil

bobina de ignição (AUTO.) ignition coil

bobina de impedância (ELECT.) impedance coil

bobina de indução (ELECT.) induction coil; sparking coil; Pupin coil

bobina de linha de choque (ELECT.) line shocking coil

bobina de manutenção (MECH.) hold-on coil

bobina de Petersen (ELECT.) Petersen coil

bobina de placa (ELECT.) plate coil

bobina de potenciómetro (ELECT.) potentiometer coil

bobina de radiofrequência (TELECOM.) radio-frequency coil

bobina de reacção equilibrada (ELECT.) balanced reaction coil

bobina de reatância (ELECT.) choke coil; reactance coil

bobina de reforço (AERO.) booster coil

bobina de seguimento (ELECTRON.) tracking coils

bobina de segurança (ELECT.) safety coil

bobina de sintonia (TELECOM.) tuning coil

bobina de sintonia por núcleo ajustável (ELECTRON.) slug tuned coil

bobina desmagnetizante (ELECTRON.) demagnetizing coil

bobina de supressão de centelha (ELECT.) blowout coil

bobina de tensão (ELECT.) pressure coil

bobina de tensão mínima (ELECT.) no-volt coil

bobina de terra (ELECT.) earth coil

bobina de Tesla (ELECT.) Tesla coil

bobina de trabalho (ELECT.) work coil

bobina de tracção (ELECT.) tractive coil

bobina de uma só camada (ELECT.) single-layer coil

bobina de uma só espira (ELECT.) single-turn coil

bobina de varrimento (ELECTRON.) scan coils

bobina de voltagem nula (ELECT.) no-voltage coil

bobina direccional (ELECT.) directional coil

bobina do cátodo (ELECT.) cathode coil

bobina do cone (de altifalante) (TELECOM.) cone drive unit

bobina do induzido (ELECT.) armature coil

bobina do rotor (ELECT.) rotor coil

bobina em favo de mel (TELECOM.) honeycomb coil

bobina em série (ELECT.) series coil

bobina excitadora (ELECT.) exciting coil

bobina exploratória (ELECT.) exploring coil

bobina favo de mel (ELECT.) duolateral coil

bobina fictícia (ELECT.) dummy coil

bobina fixa (ELECT.) fixed coil

bobina focalizadora (ELECT.) focusing coil

bobinagem em anel (TEXT.) ring winding

bobinagem ondulada (ELECT.) two-circuit winding

bobinagem polifásica (ELECT.) polyphase winding

bobinagem rápida (ELECTRON.) fast winding [FW]

bobina híbrida (ELECT.) hybrid coil

bobina indutora (ELEC.) magnetizing coil; field coil

bobina induzida (ELECT.) induced coil

bobina intermutável (ELECT.) plug-in coil

bobina magnética (ELECT.) magnetic coil

bobina móvel (ELECT.) moving coil

bobina móvel de altifalante (ELECT.) loudspeaker moving coil; loudspeaker voice coil

bobina multiplicadora (IMAGE TECH.) multiplying coil

bobina primária (ELECT.) primary coil

bobina Pupin (ELECT.) Pupin coil

bobina reactiva (ELECT.) reactive coil

bobinas de exploração (IMAGE TECH.) scanning coils

bobinas de Helmholtz (ELECT.) Helmholtz coils

bobina secundária (ELECT.) secondary coil

bobina supressora de baixas frequências (ELECTRON.) humbucker coil

bobina supressora de meia-onda (TELECOM.) half-wave suppression coil

bobina tanque (ELECT.) tank coil

bobina térmica (ELECT.) heat coil

bobina toroidal (ELECT.) toroidal coil

bobina tripla (ELECT.) triple coil

boca de alto-forno (MECH.) throat

boca de carga (MECH.) feeding head

boca de fogo (MINING) fire bank

boca de galeria de mina (Mining) head

boca de sino (Mech.) bell-mouthed

boca externa (Nav.) extreme breadth

bocal (Gen.) nipple

bocal (Mec.) nozzle

bocal (Mining) giant

bocal com flange (Mech.) flanged nozzle

bocal convergente-divergente (Aero.; Mech.) convergent-divergent nozzle (con-di nozzle)

bocal de ar (Mining) airlance

bocal de jacto (Mech.) jet nozzle

bocal fêmea (Mech.) female nozzle

bocal injector (Mech.) jet nozzle

bocal inversor (Aero.) reversing nozzle

bocal parabólico (Mech.) parabolic nozzle

bocal supersónico (Aero.; Mech.) convergent-divergent nozzle; con-di nozzle

boca máxima (Nav.) moulded breadth

bocel (Build.) cock-bead

bochecha (Med.; Vet.; Zoo.) gena; cheek

bócio (Med.) goitre ; goiter; struma

bócio colóide (Med.) colloidal goitre

bócio exoftálmico (Med.) exophthalmic goitre

bociogénico (Med.) goitrogenous

bócio linfadenóide (Med.) lymphadenoid goitre; Hashimoto's disease

bócio linfomatoso (Med.) lymphomatous goitre

bocioso (Med.) goitrous

bócio tóxico (Med.) toxic goiter; Graves disease; Derbyshire neck

bogie (Mech.) bogie

bogie do motor (Elect.) motor bogie

bohemita (Miner.) boehmite

bóia (Aero.; Nav.) beacon

bóia (Hydro.) buoy

bóia de cabo (Nav.) cable buoy

bóia de calibre (Build.) gauge float

bóia luminosa de orientação (Aero.) navigation flame float

bóia rádiossónica (Telecom.) sonobuoy

bojudo (Mech.) fish bellied

bola (Zoo.) globus

bola (Miner.) boule

bola de gelo (Geo.) ball ice

bola pudlada (Mech.) puddled ball

bolbo (bulbo) (Bot.; Med.; Zoo.) bulb

bolbo aórtico (Med.) aortic bulb; bulbus aortae; arterial bulb; bulbus aortae

bolbo arterial (Med.) arterial bulbus; bulbus arteriosus; aortic bulb; bulbus aortae

bolbo cardíaco (Med.) bulbus cordis

bolbo ocular (Med.) eyeball; bulbus oculi

bolbo peniano (Med.) bulb of penis; bulbus penis

bolbo tunicado (Bot.) tunicate bulb

boleadora (Build.) bead-tool

boleamento (Print.) rounding

boleano (Comp.; Math.) Boolean

boletim local (Meteo.) local report

boletim meteorológico local (Meteo.) local report

bolha (Build.) blow-hole; blub

bolha (Gen.) blister; bubble

bolha (Geo.) blow-hole

bolha (Med.) pimple; ampulla (pl.ampullae)

bolha de ar (Image Tech.) air bell

bolha magnética (Phys.) magnetic bubble

bolha no vidro (Glass) seed

bolha timpânica (Zoo.) tympanic bulla

bólide (Astro.) bolide; fire ball; meteor

bolo (Chem.; Mining) filter cake

bolómetro (Elect.; Telecom.) bolometer

bolor (Bot.) mould

boloscópio (Med.) boloscope

bolota (Bot.) glans; mast

bolsa (Geo.) nest

bolsa (Mech.) blow-hole; pipe

bolsa (Med.; Zoo.) bursa (closed sac); pouch (bottom of sac); involucrum; beg; sac; excavatio; cod

bolsa (Mining) pocket; vough; vug; nest

bolsa acromial (Med.) bursa of acromion

bolsa aquiliana (Med.) bursa achillis

bolsa branquial (Zoo.) gill basket; gill pouch

bolsa copuladora (Zoo.) bursa copulatrix

bolsa de Aquiles (Med.) Achilles bursa; bursa aquillis; bursa tendinis calcanei

bolsa de ar (Mech.) air lock

bolsa de Douglas (Med.) Douglas bag

bolsa de Fabrício (Med.) bursa of Fabricius; bursa fabricii

bolsa de lama (Geo.) mud drape

bolsa de Rathke (Zoo.) Rathke's pouch

bolsa de tanino (Bot.) tannin sac

bolsa de vapor (Mech.) vapour lock

bolsa do ferrado (Zoo.) ink sac

bolsa gutural (Vet.) guttural pouch

bolsa hióidea (Med.) bursa of hyoid

bolsa inguinal (Zoo.) bursa inguinalis

bolsa mucosa (Med.) bursa mucosa

bolsa omental (Med.; Zoo.) omental bursa; bursa omentalis

bolsa ovárica (Med.) bursa ovarica

bolsas de geada (Meteo.) frost pocket

bolsa sinovial (Med.) bursa synovialis

bomba (Gen.) pump

bomba-A (Phys.) A-bomb; atomic bomb

bomba a (de) gasolina (Auto.) petrol pump [UK]; oil pump [USA]

bomba alternativa (Mech.; Mining) reciprocating pump

bomba aspirante (Mech.) suction pump

bomba aspirante-premente (Mech.) double acting pump

bomba atómica (Chem.; Nucl. ; Phys.) A-bomb; atom bomb; atomic bomb; fission bomb; nuclear bomb

bomba auxiliar (Mech.) donkey pump; booster pump

bomba a vácuo (Mech.) vacuum pump

bomba calorimétrica (Mech.) calorimeter bomb

bomba centrífuga (Mech.; Mining) centrifugal pump; rotary pump

bomba circulante (Mech.) circulating pump

bomba colectora (Mining) pick-up pump

bomba compressora (Mech.) pressure pump

bomba da lama (Mining) mud pump

bomba de aceleração (Auto.) accelerator pump

bomba de acesso directo (Mech.) direct-acting pump

bomba de ácido (Chem.) acid egg (with egg-shaped pressure container)

bomba de água do mar (Mech.) brine pump

bomba de Álamogordo (Nucl.) Alamogordo bomb (1st. atomic bomb, dropped June 16th., 1945)

bomba de alimentação (Mech.) feed pump

bomba de alimentação da caldeira (Mining) boiler feed pump

bomba de aquecimento (Mech.) heat pump

bomba de ar (Mech.) air pump; vacuum pump

bomba de ar comprimido (Mining) airlift pump

bomba de ar comprimido (Mech.) compressed air pump

bomba de ar de turbina (Mech.) turbine air pump

bomba de areia (Build.) sludger

bomba de arranque (Mech.) starting pump

bomba de cadeia (Mech.) chain pump

bomba de calibração pitot (Aero.; Phys.) pitot bomb

bomba de circulação de água (Hydro.) water circulating pump

bomba de cobalto (Med.; Phys.) cobalt bomb

bomba de compressão (Mech.) force pump

bomba de deslocamento (Mining) displacement pump

bomba de diafragma (Mech.) diaphragm pump

bomba de difusão (Chem.; Mech.) diffusion pump

bomba de difusão de Gaede (Chem.) Gaede diffusion pump

bomba de dois cilindros (Mech.) duplex pump

bomba de drenagem (Mech.) drainage pump

bomba de dupla acção (Mech.) double-acting pump

bomba de expulsão (Auto.) scavenge pump

bomba de fissão (Phys.) fission bomb; atomic bomb; atom bomb; nuclear bomb

bomba de foles (Hydro.) bag pump

bomba de gás (Mech.) gas pump

bomba de gás Humphrey (Mech.) Humphrey gas pump

bomba de gasolina (Auto.) gas pump

bomba de Geissler (Chem.) Geissler pump

bomba de hidrogénio (Phys.) hydrogen bomb; H-bomb

bomba de injecção (Auto.) injection pump

bomba de injecção directa (AERO.) direct-injection pump

bomba de jacto (MINING) jet pump

bomba de jacto de água (MECH.) water-jet pump

bomba de limpeza (AUTO.) scavenge pump

bomba de lubrificação (MECH.) lubricant pump; lubricant gun; grease gun

bomba de neutralização (AERO.) feathering pump

bomba de óleo (AUTO.) oil pump

bomba de palhetas móveis (MECH.) vane pump

bomba de poço simples (HYDRO.) prospecting well pump

bomba de pressão (MINING) pressure bomb

bomba de protões (BIO.) proton pump

bomba de pulsómetro (MECH.) pulsometer bomb

bomba de recirculação de água (MINING) recirculating water pump

bomba de reforço (AERO.; MECH.) booster pump

bomba de refrigeração (MECH.) coolant pump

bomba de roda (MECH.) chain pump

bomba de rosário (MECH.) chain pump

bomba de sódio-potássio (BIO.) sodium-potassium pump

bomba de tinta (PRINT.) ink pump

bomba de vapor (MECH.) steam pump

bomba de vapor por mercúrio (CHEM.) mercury-vapour pump

bomba do fundo do poço (MINING) bottom-hole pump

bomba do pitot (PHYS.) pitot bomb

bomba duplex (MECH.) duplex pump

bomba electrogénea (BOT.) electrogenic pump

bomba electromagnética (ELECT.) electromagnetic pump

bomba em côdea de pão (GEO.) bread-crust bomb

bomba hidráulica (HYDRO.; MECH.) hydraulic pump

bomba imersa (AERO.) immersed pump

bomba injectora (AERO.) priming pump

bomba molecular de Gaede (CHEM.) Gaede molecular pump

bomba neutra (PHYS.) neutral pump

bomba nuclear (NUCL.) nuclear bomb; atom bomb

bomba peristáltica (MECH.) peristaltic pump

bomba pneumática (MECH.) air pump; vacuum pump; compressed air pump

bomba premente (BUILD.) force pump

bombardeamento (PHYS.) bombardment

bombardeamento cruzado (NUCL.) cross bombardment

bombardeamento de partículas (BIO.) particle bombardment

bombardeamento de protões (NUCL.; PHYS.) proton bombardment

bombardeamento gama (NUCL.) gamma bombardment

bombardeamento iónico (ELECTRON.; NUCL.) ionic bombardment; ion bombardment

bombardeio de arremesso (AERO.) toss-bombing

bomba reguladora (AUTO.) jerk pump

bomba rotativa (MECH.) rotary pump

bomba rotativa de alto vácuo (PHYS.) vacuum forepump

bomba secundária (MINING) gathering pump

bomba telescópica (HYDRO.) prospecting weir pump

bomba termonuclear (PHYS.) thermonuclear bomb

bomba vulcânica (GEO.) volcanic bomb

bombeamento magnético (PHYS.) magnetic pumping

bombeamento óptico (PHYS.) optical pumping

bombeiro (MINING) fireman

bombordo (AERO.; NAV.) port; aport; larboard

boneca de dar lustro (BUILD.) polishing rubber

boom sónico (AERO.) sonic boom

boquilha de broca (MECH.) drill bush

boracite (MINER.) boracite

borano (CHEM.) borane

borato (CHEM.) borate

borato de sódio (MINER.) borax

bórax (MINER.) borax; tincal

borboleta (IMAGE TECH.) butterfly

borda (MED.; ZOO.) border; edge; limb; rim; limbus

bordada (AERO.; NAV.) broadside

borda de gelo (METEO.) ice-edge

borda dianteira (PRINT.) fore-edge (of book or book page)

bordado (TEXT.) embroidery

borda laminada (PRINT.) edge rolled

borda litoral (ECO.) littoral fringe

bordo (AERO.) edge; chine

bordo (BOT.) maple

bordo (BUILD.) breast

bordo (NAV.) broadside; coarse; side

bordo de ataque (AERO.) leading edge; leading edge

bordo de ataque da asa (AERO.) wing leading edge

bordo de fuga (AERO.) trailing edge

bordo de fuga da pá (AERO.) blade trailing edge

bordo de trabalho (BUILD.) working edge

bordo dianteiro (METEO.) leading edge (air mass)

bordo laminado (MECH.) rolled edge

bordo liso (MECH.) safe edge

bordo livre (NAV.) freeboard

boreal (ECO.) boreal

boreto (CHEM.) boride

borne (BOT.) alburnum; sap wood

borne (ELECT.) terminal

borne anódico (ELECTRON.) anode terminal

borne auxiliar (ELECT.) auxiliary terminal

borne com orelha (ELECT.) lug

borne de ligação a terra (ELECT.) ground clip

borne de terra (ELECT.) earth terminal

borneol (CHEM.) borneol; Borneo camphor; camphyl alcohol

borne primário (ELECT.) primary terminal

bornite (MINER.) bornite; variegated copper ore; purple copper ore; peacock ore; erubesvite

bornonite (bertonite) (MINING) wheelore; bournonite

boro (CHEM.) boron

borolanite (GEO.) borolanite

borracha (BOT.) gum

borracha (CHEM.) india-rubber; rubber

borracha (GEN.) caoutchouc; rubber

borracha artificial (PLAST.) artificial rubber

borracha bruta (CHEM.) crude rubber

borracha butílica (CHEM.) methyl-rubber

borracha crua (CHEM.) crude rubber

borracha de chumbo (RADIOL.) lead rubber

borracha de estireno (PLAST.) styrene rubber

borracha de estireno-butadieno (PLAST.) styrene-butadiene rubber

borracha de etileno-propileno (PLAST.) ethylene-propilene rubber

borracha de silicone (CHEM.) silicone rubber

borracha esponjosa (BUILD.) foamed rubber

borracha isomerizada (CHEM.) isomerized rubber

borracha sintética (CHEM.; PLAST.) synthetic rubber; butyl rubber

borracha sintética de butadieno polimerizado (PLAST.) styrene-butadiene rubber

borracha vulcanizada (CHEM.) vulcanized rubber

borrão (PRINT.) slur; mackle

borrifo (BUILD.) spatter finish

bort(e) (MINER.) bort; boart

bosão (PHYS.) boson

bosão de vector intermediário (ELECT.) intermediate vector boson

bosões gauge (PHYS.) gauge bosons

bosque (ECO.) woodland

bosque abandonado (ECO.) relict coppice

bosque primevo (ECO.) ancient woodland

bosque seminatural (ECO.) semi-natural woodland

bossa (BOT.; ZOO.) umbo

bossa (GEO.) boss

bossagem de pedra (BUILD.) bossage

bossa para chaveta (MECH.) key boss

bostonito (MINER.) bostonite

botão (BOT.) eye; head; bud

botão acessório (BOT.) accessory bud

botão colateral (BOT.) collateral bud

botão de contacto (ELECT.) pushbutton; contact stud

botão de pressão (ELECT.) pushbutton

botão gustatório (ZOO.) gustatory calyculus

botoneira (ELECT.) biased switch

botrióide (BOT.; ZOO.) botryoidal; botryoid

botriomicose (VET.) botryomycosis

botrioterapia (MED.) botryotherapy
botrítica (BOT.) botrytic
botulina (MED.) botuline
botulismo (MED.) botulism
botulismotoxina (MED.) botulismo-toxin
bouba (buba) (MED.) yaws; pian; boubas; frambo(e)sia
boudinage (GEO.) boudinage
bourgeois (PRINT.) bourgeois
bournonita (MINER.) bournonite; endellionite
bowenita (MINER.) bowenite
bowlingite (MINER.) bowlingite
bowmanite (MINER.) bowmanite
braça (GEN.) fathom
braçadeira (BUILD.) brace; knee brace
braçadeira (MINING) brace
braçadeira de blindagem (ELECT.) armour clamp
braçadeira de cabo (ELECT.) cable grip
braçadeira de ligação a terra (ELECT.) ground clamp
braçadeira de porcelana (ELECT.) porcelain saddle
braçadeira de suporte (BUILD.) sway brace
braça quadrada (NAV.) square fathom
braço (GEN.) arm; brachium (pl. brachia)
braço articulado (HORO.) pivoted brace
braço basculante (MECH.) rocker arm
braço cromossómico (BIO.) chromosome arm
braço da manivela (BUILD.) crank brace; crank web
braço da manivela (MECH.) crank arm
braço das cabeças de leitura (COMP.) head arm
braço de acesso (COMP.) access arm
braço de alavanca (MECH.) lever arm
braço de bomba (MECH.) pump brake
braço de cadinho (MECH.) ladle handle
braço de colher (MECH.) ladle support; ladle handle
braço de direcção (MECH.) steering arm
braço de giradiscos (TELECOM.) tone arm
braço de íman (PHYS.) magnet arm
braço de ligação (BUILD.) yoke
braço de mar (GEO.) loch-fjord
braço de maré (GEO.) tidal inlet
braço de nónio (SURV.) vernier arm
braço de reatância coaxial (TELECOM.) coaxial stub
braço de rio (ECO.) cut-off
braço de tracção (MECH.) tension arm
braço de transferência (MECH.) transfer arm
braço do balanço (HORO.) balance arm
braço do fonocaptador (ELECT.) pick-up arm
braçola de escotilha (NAV.) hatch coaming
braço morto (HYDRO.) oxbow
braço móvel (MECH.) movable arm ; removable arm
braço porta-escovas (ELECT.) brush-holder arm

braço q (BIO.) q-arm
braço radial (MECH.) radial arm
braços de suporte (ELECT.) bracket arms
braço tensor (MECH.) tension arm
bráctea (BOT.) bract; scale
bracteado (BOT.) bracteate
bractéola (BOT.) bracteole
bradiarritmia (MED.) bradyarrhythmia
bradiartria (MED.) bradyarthria
bradicardia (MED.) bradycardia
bradicinética (MED.) bradykinesia
bradipraxia (MED.) bradypragia
bradipsiquismo (MED.) bradypsychia
bradisfigmia (MED.) bradysphygmia
brama (ZOO.) rut
bramalita (MINER.) brammallite
branco de ceruma (MINER.) white lead; cerussite
branco de imagem (IMAGE TECH.) picture white
branco ideal (TELECOM.) equal-energy white
brancos ópticos (CHEM.) optical bleaches; optical whites
brando (GEN.) mild; soft
branqueamento (BUILD.; IMAGE TECH.; PAPER; TEXT.) bleaching
branqueamento (BUILD.) blushing
branquear (IMAGE TECH.) bleach
brânquia (ZOO.) gill; branchia (pl. branchiae)
brânquia abdominal (ZOO.) abdominal gill
brânquia lamelar (ZOO.) book gill; gill book
brânquias rectais (ZOO.) rectal gills
brânquias traqueais (ZOO.) tracheal gills
Branquiópodos (ZOO.) Branchiopoda
branquióstega (ZOO.) branchiostege
branquiostégio (ZOO.) branchiostege
braquiado (BOT.; ZOO.) brachiate
braquial (ZOO.) brachial
braquialgia (MED.) brachialgia
braquialgia estática parestésica (MED.) brachialgia statica paresthetica
braquianticlinal (GEO.) brachyanticline
braquibasia (MED.) brachybasia
braquicardia (MED.) brachycardia
braquicefalia (MED.) brachycephalia; brachycephaly
braquicefálico (MED.) brachycephalic
braquicefalismo (MED.) brachycephalism
braquicéfalo (MED.) brachycephalous
braquícero (ZOO.) brachycerous
braquicrânico (MED.; ZOO.) brachycranic
braquidactilia (MED.; ZOO.) brachydactylia; brachydactyly
braquidáctilo (MED.; ZOO.) brachydactylic
braquidoma (GEO.; MINING) brachydome
braquiesclereídeo (BOT.) brachyscle-reid
braquífero (BOT.; ZOO.) brachiferous
braquiocefálico (MED.) brachiocephalic
braquiocrural (MED.) brachiocrural
braquiodôntico (ZOO.) brachyodont

Braquiópodos (ZOO.) Brachiopoda
braquipterismo (ZOO.) brachypterism
braquissinclinal (GEO.) brachysyncline
braquitipo (PSYCHO.) brachytype; endomorph
braquiuro (ZOO.) brachyural; brachyurous
brasilite (MINER.) baldeleyite
Brassicáceas (BOT.) Brassicaceae
Brássicas (BOT.) Brassica
braunite (MINER.) braunite
brazeiro de ferro (BUILD.) brazier
brecha (GEO.) breccia
brechas de trapes (GEO.) trappoid breccias
brechiforme (GEO.; MINER.) brecciated
brechóide (GEO.; MINING) brecciated
bregma (MED.) bregma
breithauptita (MINER.) breithauptite
bréscia de compressão (GEO.) crush breccia
bréscia de falha (GEO.) fault breccia
breunnerita (CHEM.; MINER.) breun-nerite
brevet básico de piloto particular (AERO.) A-licence
brevet de piloto comercial (AERO.) B-licence
brevier (PRINT.) brevier
brewsterita (MINER.) brewsterite
brilho (GEN.) brilliance; scintillation; glow; lustre; shine; brightness; glance
brilho (MINER.) glance; lustre
brilho (PHYS.) brightness
brilho (PRINT.) burnishing
brilho anódico (ELECTRON.) anode glow
brilho de gersdorfite (MINER.) nickel arsenic glance
brilho de meteoro (ASTRO.) meteor brightness
brilho de ulmanite (MINER.) nickel antimony glance
brilho estável (ASTRO.) steady brightness
brilho marginal (ELECT.) edge flare
brilho metálico (MINER.) metallic lustre
brilho relativo (PHYS.) relative brightness
brilho residual (ELECTRON.) afterglow
brim (TEXT.) drill
Briófitas (Briófitos) (BOT.) Bryophyta
briófito (briófita) (BOT.) bryophyte
Briopsidáceas (BOT.) Bryopsida
Briozoários (ZOO.) Bryozoa; Polyzoa; Ectoprota
brisa de montanha (GEO.) mountain breeze
brisa do lago (METEO.) lake breeze
brisa leve (METEO.) light breeze; light air
brisa marítima (METEO.) sea breeze
brisa regular (METEO.) regular breeze
brisas da terra e do mar (METEO.) land and sea breezes
brita (BUILD.) broken stone
britadeira (BUILD.) crusher
britador de mandíbulas (MINING) jaw breaker
britador giratório (MINING) gyratory
britagem primária (MINING) primary crushing

broca (BUILD.; GEN.; MECH.; MINING) drill; bit; boring tool; broach; cutter block; auger

broca a diamante (MINING) diamond drill

broca ajustável (BUILD.) expanding bit

broca anular (BUILD.) annular bit

broca anular de pedra (BUILD.) annular borer

broca Banka (MINING) Banka drill

broca batedeira (MINING.) churn drill

broca chata (BUILD.) flat drill

broca cilíndrica (BUILD.) cylinder bit

broca com ponta de diamante (MECH.; MINING) diamond point drill

broca curta (BUILD.) picker

broca de Arquimedes (ENG.) Archimedean drill

broca de cabeça cilíndrica (BUILD.) plug centre bit

broca de canhão (MECH.) gun drill

broca de central (MECH.) centre drill

broca de diamantes (MINING) diamond bit

broca de escatelar (MECH.) slotting bit

broca de início de perfuração (MINING) spudding bit

broca de mineração (MINING) jumper

broca de percussão (MEC.) percussion drill

broca de percussão (MINING) hammer-drill

broca de perfuração (MINING) drill(ing) bit; boring mill

broca de ressalto (BUILD.) nose bit

broca de rocha (MINING) rock drill

broca de roquete (MECH.) ratched brace

broca de solo (BUILD.) ground auger

broca de três pontas (BUILD.) centre bit

broca de três pontas (MINING) roller bit

broca de tripé (MINING) tripod drill

brocado (TEXT.) brocade; tinsel cloth

broca em espiral (ELECTRON.) helical drill

broca francesa (BUILD.) flat drill

brocagem fina (MECH.) fine boring

broca giratória (MINER.) churn drill

broca helicoidal (BUILD.) twist bit; screw-auger

broca helicoidal (ELECTRON.) helical drill

broca helicoidal (MECH.) twist drill

brocantite (MINER.) brochantite

broca para pedra (BUILD.) aiguille

broca pneumática (MECH.) pneumatic drill; air drill

broca radial (MECH.) radial drill

broca rotativa (MINING) rotary drill

broca vertical (MECH.) jig borer

brocha (BUILD.) mason's brush

brocha de dourador (BUILD.) gilder's tip

brocha pequena (BUILD.) fitch

bromação (CHEM.) bromination

bromado (CHEM.) bromated

bromato (CHEM.) bromate

Bromeliáceas (BOT.) Bromeliaceae

brometo (CHEM.) bromide

brometo de alumínio (CHEM.) aluminium bromide

brometo de amónio (CHEM.) ammonium bromide

brometo de benzeno (CHEM.) benzene bromide

brometo de cálcio (CHEM.) calcium bromide

brometo de cetiltrimetilamina (CHEM.) cetyltrimethylamine bromide; cetrimide

brometo de dimídio (CHEM.) dimidium bromide

brometo de fosforilo (CHEM.) phosphoryl bromide

brometo de hidrogénio (CHEM.) hydrogen bromide

brometo de lítio (CHEM.) lithium bromide

brometo de metilo (CHEM.) methyl bromide

brometo de pentametónio (CHEM.) pentamethonium bromide

brometo de potássio (CHEM.) potassium bromide

brometo de prata (CHEM.) silver bromide

brometo de prodecónio (CHEM.) prodeconium bromide

brometo de propantelina (MED.; CHEM.) propantheline bromide

brometo de sódio (CHEM.) sodium bromide

brometo de succinilcolina (CHEM.) succinylcholine bromide

brometo de xililo (CHEM.) xylyl bromide

brómico (CHEM.) bromic

bromidrato de hioscina (CHEM.) hyoscine hydrobromide

bromidrose (CHEM.; MED.) bromidrisis

brominismo (CHEM.) brominism

bromismo (CHEM.) bromism

bromo (CHEM.) bromine

bromoacetona (CHEM.) bromoacetone

bromoanilida (CHEM.) bromoanilide

bromoclorodifluorometano [BCF] (CHEM.) bromochlorodifluoromethane [BCF]

bromocresol purpúreo (CHEM.) brom-cresol purple

bromofórmio (CHEM.) bromoform

bromoformismo (CHEM.) bromoformism

bromoguanida (CHEM.; MED.) bromoguanide

bromoidrosifobia (MED.; PSYCHO.) bromidrosiphobia

bromoiperidrose (MED.) bromohyperhydrosis

bromomania (MED.) bromomania

broncatar (CHEM.) broncatar

broncodilatadores xânticos (MED.) xanthine bronchodilators

broncografia (MED.) bronchography

broncoscopia (MED.) bronchoscopy

bronquial (MED.; ZOO.) bronchial

bronquiarctia (MED.) bronchiarctia

bronquiectasia (MED.) bronchiectasis

bronquiloquia (MED.) bronchiloquy

brônquio (MED.; ZOO.) bronchium (pl. bronchia)

bronquiocele (MED.) bronchiocele

bronquiogénico (MED.) bronchiogenic

bronquiolectasia (MED.) bronchiolectasia

bronquiolite (MED.) bronchiolitis

bronquíolo (MED.; ZOO.) bronchiole; bronchiolus

bronquíolos (MED.; ZOO.) bronchioli

brônquios secundários (GEN.) bronchia

bronquiostenose (MED.) bronchiostenosis

bronquite (MED.) bronchitis

bronquite asmática (MED.) asthmatic bronchitis

bronquite capilar (MED.) capillary bronchitis; bronchopneumonia

bronquite hemorrágica (MED.) hemorrhagic bronchitis

bronquite infecciosa das aves (VET.) infectious avian bronchitis

bronquite verminosa (VET.) hoose; husk; lungworm disease; parasitic bronchitis

bronze (MECH.) bronze ; brass

bronze alfa (ENG.) alpha-bronze

bronze-alumínio (CHEM.) aluminium bronze

bronzeamento (GEN.) bronzing

bronze ao tungsténio (CHEM.) tungsten bronze

bronze de alto teor de chumbo (MECH.) high-lead bronze

bronze de berílio (CHEM.) beryllium bronze

bronze de estanho-níquel (MECH.) nickel-tin bronze

bronze de manganés (ENG.) manganese bronze

bronze de sino (MECH.) bell metal

bronze duro (MECH.) hard bronze

bronze fosforoso (MECH.) phosphor-bronze

bronze maleável (MECH.) plastic bronze

bronze naval (NAV.) naval bronze; Tobin bronze; Admiralty brass

bronze-silício (MECH.) silicon bronze

bronze Tobin (ENG.) Tobin bronze; naval bronze

bronze-vanádio (MECH.) vanadium bronze

bronze vermelho (MECH.) gunmetal; red brass

bronzite (MINER.) bronzite

bronzitite (MINER.) bronzitite

brookite (MINER.) brookite

brotamento (BOT.) gemmation; budding

brotoeja (MED.) prickle heat

Bruceláceas (BIO.) Brucellaceae

brucelas (BIO.) brucella

brucelemia (MED.) brucellemia

brucelergina (MED.) brucellergin

brucelose (MED.) brucelosis; undulant fever

brucelose (VET.) brucellosis; Mediterranean fever

brucelose bovina (VET.) bovine brucellosis; bovine contagious abortion; Bang's disease

brucina (CHEM.) brucine

brucita (MED.) magnesium hydroxide

brucite (MINER.) brucite

bruma (METEO.) haze; mist

brunidor (BUILD.) scratch
brunidor (MECH.) polishing head
brunidura (MECH.) honing
Brutalismo (ARCH.) Brutalism (UK, 1950)
bruto (CHEM.) crude
buba (bouba) (MED.) yaws; pian; boubas; frambo(e)sia
bubo (bubão) (MED.) bubo
bucal (GEN.) buccal; oral
bucha (BUILD.) fixing plug
bucha (GEN.) bushing
bucha (MECH.) brasses; bush; dowel; gland; insert; gasket
bucha da hélice (MECH.) propeller bushing
bucha de torno (MECH.) bell chuck; cup
bucha do tubo facetado (MINING) kelly bushing [KB]
bucha livre (MECH.) loose gland
bucha solta (MECH.) loose gland
bucha universal (MECH.) concentric chuck
buchite (GEO.) buchite
bucinador (MED.) buccinator (muscle)
buckminsterfulereno (CHEM.) buckminsterfullerene
buclé (TEXT.) bouclé
bucoaxial (MED.) buccoaxial
bucomesial (MED.) buccomesial
bujão (HORO.) bouchon
bujão (MECH.) cap screw
bujão cónico (MECH.) taper plug
bujão de chumbo (BUILD.) lead plug
bujão de segurança (MECH.) safety plug
bujão fusível (MECH.) fusible plug
bulbífero (BOT.) bulbiferous
bulbilho (BOT.) bulbil
bulbite (MED.; ZOO.) bulbitis
bulbo (bolbo) (MED.; ZOO.) bulb
bulbo gustatório (ZOO.) gustatory calyculus
bulboso (BOT.) bulbiferous
bulbo terminal (MED.) end-bulb
bulese (PSYCHO.) bulesis
bulimia (MED.) bulimia
bulldozer (BUILD.) bulldozer; angle-dozer
Buna (PLAST.) Buna
bunodonte (MED.; ZOO.) bunodont
bupivacaína (MED.) bupivacaine
buraco biológico (NUCL.) biological hole
buraco de condução (ELECTRON.) conduction hole
buraco de Fermi (ELECTRON.) Fermi hole
buraco de Magendie (ZOO.) Magendie's foramen
buraco do ozono (GEO.) ozone 'hole'
buraco negro (ASTRO.) black hole
buracos de alimentação (ELECT.) feeding holes
Burdigaliano (GEO.) Burdigalian

bureta (CHEM.) buret; burette
bureta de Bunte (CHEM.) Bunte's buret(te)
bureta de Hempel (CHEM.) Hempel burette
burilamento (MECH.) chipping
burmite (MINER.) burmite
bursicon (ZOO.) bursicon
bursite (MED.) bursitis
bursite calcânea (MED.) calcaneal bursite
bursite pré-patelar (MED.) prepatellar bursitis; housemaid's knee
bursólito (MED.) bursolith
busca (COMP.) tracing; fetch
busca de marca de índice (ELECTRON.) index search
bússola (GEN.) compass; box-and-needle; magnetic needle; magnetic compass
bússola aperiódica (NAV.) dead-beat compass
bússola azimutal (SURV.) azimuth compass
bússola de agrimensor (SURV.) surveying compass
bússola de declinação (NAV.) declination compass; declinometer
bússola de desvio (NAV.) deviation card
bússola de Hedley (SURV.) Hedley's dial
bússola de imersão (SURV.) dipping needle
bússola de inclinação (PHYS.) inclination compass; dip needle; dip circle; inclinometer
bússola de inclinação (NAV.) dip compass
bússola de indução (PHYS.) induction compass
bússola de indução terrestre (PHYS.) earth induction compass
bússola de leitura a distância (ENG.) distant-reading compass
bússola de líquido (NAV.) liquid compass
bússola de marcação (NAV.) bearing compass
bússola de mineiro (MINING) miner's dip needle; mining compass
bússola de nivelar (SURV.) levelling compass
bússola de rota (NAV.) dumb compass
bússola de Thomson (NAV.) Thomson compass
bússola giromagnética (AERO.) gyromagnetic compass
bússola giroscópica (MECH.) gyro-compass; gyroscopic compass
bússola marítima (GEN.) marine compass
bússola mestra (NAV.) master compass
bússola não magnética (NAV.; PHYS.) non-magnetic compass

bússola náutica (NAV.) nautical compass
bússola perturbada (PHYS.) disturbance compass
bússola prismática (SURV.) prismatic compass
bússola seca (NAV.) dry compass
bússola suspensa (MINING) hanging compass
bússola topográfica (SURV.) surveying compass
butadieno (CHEM.) butadiene
butanal (CHEM.) butanal
butano (CHEM.) butane
butanol (CHEM.) butanol
butão de reinício (ELECTRON.) reset button
butenos (CHEM.) butenes
butilamina (CHEM.) butylamine
butilenos (CHEM.) butylenes
butilo (CHEM.) butyl
butilo aminobenzoato (CHEM.) butyl aminobenzoate; butamben
butiráceo (CHEM.) butyrous
butiraldeído (CHEM.) butyraldehyde
butiral polivinílico (PLAST.) polyvinyl butyral
butirato (CHEM.) butyrate
butirato de etilo (CHEM.) ethyl butyrate
butírico (CHEM.) butyric
butirilcolin(a)esterase (CHEM.) butyrylcholine esterase
butirocolin(a)esterase (CHEM.) butyrocholinesterase
butirofenona (CHEM.) butyrophenone
butiróide (CHEM.) butyroid
butirómetro (VET.) butyrometer
butistato (CHEM.; MED.) butystat
butobarbital (CHEM.; MED.) butobarbital
butobarbitona (CHEM.; MED.) butobarbitone
butolismo (VET.) botulism; lamziekte
butolismo do pato selvagem (VET.) Western duck sickness
buxina (CHEM.) buxine
buxo (BOT.) boxwood
bypass aortocoronário (MED.) aortocoronary bypass; coronary bypass
bypass cardiopulmonar (MED.) cardiopulmonary bypass
bypass coronário (MED.) coronary bypass
bypass femoropoplíteo (MED.) femoropopliteal bypass
byte (COMP.) byte
byte de 2 bits (COMP.) two-bit-byte
byte de identificação (ELECTRON.) tag byte
byte de modo (COMP.) mode byte
byte mais significativo (ELECTRON.) most significant byte
byte menos significativo (ELECTRON.) least-significant byte
bytownite (bitownite) (MINER.) bytownite

Cc

C14 (CHEM.) carbon-14

cabeça (GEN.) head

cabeça (ZOO.) capitulum (round end); capitellum (bone end); caput

cabeça absorvente (MED.) absorber head

cabeça cilíndrica (BUILD.) fillister-head

cabeça cilíndrica ranhurada (BUILD.) fillister-head

cabeça cravada do rebite (MECH.) tail head

cabeça da biela (AUTO.) big-end

cabeça de apagamento (COMP.) erasing head

cabeça de cerâmica (ELECT.) ceramic cartridge

cabeça de cilindro (MECH.) cylinder head

cabeça de cimentação (MINING) cementing head

cabeça de cintilação (NUCL.) scintillation head

cabeça de eclusa (HYDRO.) lock-bay head

cabeça de fotómetro (PHYS.) photometer head

cabeça de gravação (ELECT.) cutter head

cabeça de gravação (PHYS.) record head

cabeça de impressão (COMP.) print-head

cabeça de injecção (MINING) swivel head

cabeça de inserção (MECH.) insertion head

cabeça de leitura e escrita (COMP.) read-write head

cabeça de Medusa (MED.) caput medusae; Cruveilhier sign

cabeça de montagem (IMAGE TECH.) ball-and-socket head

cabeça de montante de eclusa (HYDRO.) head-bay

cabeça de pilar (ELECT.) post head

cabeça de poste (ELECT.) post head

cabeça de rebite (MECH.) set head

cabeça de repetição (ELECTRON.) replay head

cabeça de reprodução (IMAGE TECH.) playback head

cabeça de tripé (IMAGE TECH.) tripod head

cabeça de vídeo (IMAGE TECH.) head drum

cabeça divisora (MECH.) dividing head

cabeça estampada (MECH.) rivet-point

cabeça formada (MECH.) rivet-point

cabeça gravadora (PHYS.) recording head

cabeça hemisférica (MECH.) cup head

cabeçalho (COMP.) heading; header

cabeçalho (PRINT.) crosshead

cabeçalho de bloco (COMP.) block header

cabeçalho de dados (COMP.) data header

cabeçalho de excesso (COMP.) over-flow heading

cabeçalho de fita (COMP.) tape header

cabeçalho de ligação (COMP.) link header

cabeçalho de mensagem (COMP.) message header

cabeçalho de página (COMP.) page heading

cabeçalho de relatório (COMP.) report heading

cabeçalho de resposta (COMP.) response header

cabeça magnética (PHYS.) magnetic head

cabeça magnética de dupla peça polar (ELECTRON.) double-pole-piece magnetic head

cabeça quente (MECH.) hot top

cabeça rebaixada (MECH.) counter-sunk head

cabeça redonda (MECH.) cup head

cabeças de estacionamento automático (COMP.) self-parking heads

cabeça sonora (IMAGE TECH.) sound head

cabeceira (MINING) face

cabeceira de pedra (MINING) stone head

cabeço (GEO.) stock

cabeço algáceo (GEO.) algal head

cabeçote (ELECT.) terminal yoke

cabeçote (MECH.) ram

cabeçote de cravação (BUILD.) pile cover

cabeçote de fresa (MECH.) milling head

cabeçote de segurança (MINING) safety head

cabeçote de torno (MECH.) poppet head

cabeçote de tubulação (MINING) tubing head

cabeçote divisor (MECH.) indexing head

cabeçote escocês (ELECT.) Scotch yoke

cabeçote fixo (MECH.) headstock

cabeçote magnético (ELECT.) magnet yoke

cabeçote móvel (MECH.) tailstock

cabeçote móvel (BUILD.) chop

cabeçote móvel (MECH.) loose head-stock

cabeleira (ASTRO.) coma

cabeleira difusa (ASTRO.) diffuse coma

cabelo (GEN.) hair

cabelo de relógio (HORO.) hair spring

cabelo de vénus (MINING) flèche d'amour; love arrow

cabelos da deusa Pelé (MINER.) Pélé's hair (lava)

cabeludo (BOT.) pilose

cabina à prova de ruído (AERO.) noise-proof cabin

cabina de secagem (BUILD.) drying cabinet

cabina de separação de via (ELECT.; ENG.) track-sectioning cabin

cabina de tripulação (AERO.) flight station

cabina de voo oblíqua (AERO.) angle deck

cabina do motor (AERO.) engine pod

cabina do piloto (AERO.) cockpit

cabina pressurizada (AERO.) pressure cabin

cabo (BUILD.) haft; stock

cabo (GEO.) cape; head

cabo (GEN.) cable

cabo (NAV.) line

cabo (MECH.) cable; shank

cabo aéreo (COMP.; ELECT.) aerial cable

cabo aéreo de transporte (BUILD.) cable-way

cabo aerodinâmico (AERO.) streamline wire

cabo agitador (MINING) jerk line

cabo alimentador (ELECT.) feeder cable

cabo audiovisual (IMAGE TECH.) AV cable

cabo axial (TELECOM.) coax

cabo bifilar (ELECT.) twin cable; duplex cable; loop cable

cabo bifilar concêntrico (ELECT.) twin-concentric cable

cabo blindado (ELECTRON.) screened cable

cabo cheio de óleo (ELECT.) oil-filled cable

cabo coaxial (ELECTRON.) coaxial cable

cabo coaxial excêntrico (TELECOM.) Eccentric line

cabo com enchimento de gás (TELECOM.) gas-filled cable; gas-impregnated cable

cabo com isolamento de ar (TELECOM.) air-spaced cable

cabo composto (ELECT.) composite cable

cabo concêntrico trifilar (ELECT.) triple concentric cable

cabo concêntrico triplo (ELECT.) triple concentric cable

cabo condutor (ELECT.) cable; bearer cable

cabo condutor de fios entrançados (ELECT.) stranded cable
cabo curto (ELECTRON.) patchcord
cabo de aço-alumínio (ELECT.) aluminium-steel cable
cabo de alta frequência (ELECT.) litz wire
cabo de ancoreta (NAV.) stream cable
cabo de arrasto (MINING) drag line
cabo de baixa tensão (TELECOM.) low-tension cable
cabo de blindagem não metálica (ELECT.) non-metallic sheathed cable
cabo de compressão (TELECOM.) compression cable
cabo de condutor perfilado (ELECT.) shaped-conductor cable
cabo de dados (COMP.) data cable
cabo de dados de cobre (TELECOM.) copper data distributed interface
cabo de distribuição (ELECT.) distribution cable
cabo de dois condutores (ELECT.) flat twine cable
cabo de ferramenta (BUILD.) handle; helve
cabo de fibra óptica (TELECOM.) fibre optic cable
cabo de fios entrançados (ELECT.) stranded cable
cabo de içar (MECH.) fall
cabo de isolamento de ar (TELECOM.) dry-core cable
cabo de ligação em ponte (TELECOM.) jumper cable
cabo de malho (BUILD.) tail
cabo de manobra (AERO.) grab rope
cabo de martelo (BUILD.) tail
cabo de não associação (ELECT.) non-association cable
cabo de núcleo seco (TELECOM.) dry-core cable
cabo de paragem (AERO.) arrester gear
cabo de pares (ELECT.) paired cable
cabo de perfuração (MINING) drilling line
cabo de pressão (ELECT.) pressure cable
cabo de pressão (TELECOM.) compression cable
cabo de pressão de gás (ELECT.) gas-pressure cable
cabo de quadras (COMP.) quadded cable
cabo de quatro fios (ELECT.) four-stranded wire
cabo de sustentação (AERO.) shrouded line
cabo de sustentação (BUILD.) fly wire
cabo de televisão (TELECOM.) television cable
cabo de tracção (BUILD.) traction rope
cabo de tracção (MINING) haulage rope
cabo de tracção directa (MINING) direct rope haulage
cabo de transporte aéreo (BUILD.) aerial ropeway
cabo de três condutores (ELECT.) three-core cable
cabo de um só condutor (ELECT.) single-core cable
cabo de vaivém (BUILD.) horse

cabo do remo (NAV.) loom
cabo duplo (ELECT.) twin cable; duplex cable
cabo duplo achatado (ELECT.) flat twine cable
cabo duplo compensado (TELECOM.) balanced-pair cable
cabo flexível (ELECT.) flexible cable
cabo geminado múltiplo (TELECOM.) multiple-twin cable
cabo misto (ELECT.) composite cable
cabo não blindado (ELECT.) unarmoured cable
cabo não indutivo (ELECT.) non-inductive cable
cabo portador (ELECT.) message wire
cabo radial (AERO.) radial wire
cabo revestido (MECH.) locked rope
cabo revestido de cobre (ELECT.) copper-sheathed cable
cabos de aterragem (AERO.) landing wires
cabo submarino (TELECOM.) submarine cable
cabo subterrâneo (COMP.) buried cable
cabotagem (NAV.) coasting
cabo telefónico (TELECOM.) telephone cable
cabo torcido (ELECT.) twisted cable
cabo trifilar (ELECT.) triple cable
cabo tripolar (ELECT.) three-core cable
cabouco (BUILD.) foundation pit
cabo umbilical (SPACE) umbilical cord
cabo unipolar (ELECT.) single-core cable
cábrea volante (MECH.) sheers
cabrestante (MECH.) capstan
cabrestante-molinete (MINER.) catwork
caçamba de mão (MECH.) hand shank
caçamba para minério (MINING) ore grab
caçarola de fundição (MECH.) skillet
CA/CC (ELECT.) AC/DC
cachemira (TEXT.) cashmere
caco (GEO.) shard
cacodilato (CHEM.) cacodylate
cacodilato de sódio (CHEM.) sodium cacodylate
cacodilo (CHEM.) cacodyl
cacoquimia (MED.) cacochymia
cacos de tijolo (BUILD.) burrs
Cactáceas (BOT.) Cactaceae
cadarço (TEXT.) braid
cadaste (HYDRO.; NAV.) heel-post; quoin post
cadaste anterior (NAV.) propeller post
cadaste da popa (NAV.) rudder post; stern post
cadaste do hélice (NAV.) propeller post
cadáver (GEN.) cadaver; corpse
cadaverina (CHEM.) cadaverine; pentamethylenediamina
cadeia (ARCH.) trimmed joist
cadeia (BUILD.) trimmer; secondary beam
cadeia (COMP.) string
cadeia (GEN.) chain
cadeia (MATH.) chain
cadeia (MINING) chain (16feet=20,12m)
cadeia alfa (IMMUN.) alpha-chain

cadeia alimentar (ECO.) food chain
cadeia alimentar herbívora (ECO.) grazing food-chain
cadeia atrasada (BIO.) lagging strand
cadeia binária (COMP.) bit string
cadeia binária (ELECT.) binary chain
cadeia cinemática (MECH.) kinematic chain
cadeia circular (COMP.) circular queue
cadeia de aceleração (ELECTRON.) accelerating chain
cadeia de acoplamento (MECH.) coupling chain
cadeia de agrimensor (BUILD.; SURV.) measuring chain; engineer's chain; Gunter's chain
cadeia de barreiras (GEO.) barrier chain
cadeia de bits (COMP.) bit string
cadeia de caracteres (COMP.) character string
cadeia de contagem (PHYS.) counting chain
cadeia de desintegração (ELECTRON.) decay chain
cadeia de desintegração (PHYS.) disintegration chain
cadeia de dínodos (ELECTRON.) dynode chain
cadeia de elevador (MECH.) elevator chain
cadeia de encostas escarpadas (GEO.) hogback
cadeia de fissão (NUCL.; PHYS.) fission chain
cadeia de Gunter (SURV.) Gunter's chain; measuring chain
cadeia de instruções (COMP.) instruction stream
cadeia de isoladores (ELECT.) insulator chain
cadeia de mineração (MINING) mining chain
cadeia de montanhas (GEO.) ridge; range
cadeia de números binários (ELECTRON.) binary number stream
cadeia de quatro barras (MECH.) four-bar chain
cadeia de reacção (CHEM.) reaction chain
cadeia de reactores (NUCL.) reactor chain
cadeia de registos (COMP.) record chain
cadeia de retenção (ENG.) backstay
cadeia de símbolos (COMP.) symbol string
cadeia de tracção (MECH.) pull chain
cadeia de transmissão (MECH.) transmission chain
cadeia de transporte de electrões (BIO.) electron transport chain
cadeia dupla (MECH.) duplex chain
cadeia elevadora (MECH.) elevator chain
cadeia J (IMMUN.) J chain
cadeia K (IMMUN.) kappa chain; K chain
cadeia lambda (IMMUN.) lambda chain
cadeia leve (BIO.) light chain
cadeia leve lambda (BIO.) lambda light chain
cadeia molecular (BIO.) molecular chain

cadeia operante (PSYCHO.) operant chain
cadeia pesada (IMMUN.) heavy chain
cadeia pesada da imunoglobulina A [IgA] (IMMUN.) alpha-chain
cadeia protão-protão (PHYS.) proton-proton chain
cadeia radioactiva (PHYS.; NUCL.) radioactive chain
cadeias laterais (CHEM.) side chains
cadeia terrestre de detecção de aviões a baixa altitude (AERO.; RADAR) chain home low
cadeira (CHEM.) chair (the conformation of a six-numbered ring)
cadeira (GEN.) chair
cadência (ELECTRON.) pulse duty factor
cadência de repetição (TELECOM.) repetition rate
cadernal (MECH.) pulley block
caderneta de campo (SURV.) field book
caderneta de navegação (NAV.) log
cadinho (CHEM.; MECH.; MINING) crucible; melting pot
cadinho de amalgamação (MINING) amalgamation pan
cadinho de arame de tungsténio (MECH.) tungsten wire crucible
cadinho de coque e escória de fornalha (BUILD.) pan breeze
cadinho de explosão (ELECT.) explosion pot
cadinho de fundição (MECH.) casting ladle
cadinho de Gooch (CHEM.) Gooch crucible
cadinho de grafite (MECH.) graphite crucible
cadinhos (MECH.) crucibles; ladles; thrums
cadinho sinterizado (MECH.) sintered crucible
caducibrânquio (ZOO.) caducibranchiate
caducidade (MED.) dotage
caduco (BOT.; MED.; ZOO.) caducous; deciduous
cafeína (CHEM.; MED.) caffeine
cafeísmo (MED.) caffeinism
cafeol (CHEM.) caffeol
CAG amplificado (ELECTRON.) amplified AGC (Automatic Gain Control)
cãibra (MED.) cramp; systremma
cãibra de calor (BIO.) heat cramp
cãibra do escritor (MED.) writer's cramp
caibro (BUILD.) common rafter; scantling; stud
caibro (MECH.) tie-beam
caibro de espigão (BUILD.) hip rafter
caibro do tecto (BUILD.) roof board
caibro intermédio (BUILD.) intermediate rafter
cainite (MINER.) kainite
cair de cauda (AERO.) tail slide
cairo (TEXT.) coir
caixa aberta (ARCH.) open well
caixa alta (PRINT.) upper case
caixa ascendente (BUILD.) climbing form; moving form
caixa AT bébé (COMP.) baby AT case
caixa ATX (COMP.) ATX casing

caixa baixa (PRINT.) lower case
caixa blindada (NUCL.) shielded box
caixa da bússola (NAV.) compass box; compass bowl; compass housing
caixa da câmara de combustão (AERO.) can (turbojet)
caixa de acoplamento (ELECT.) coupling box
caixa de admissão (AUTO.) induction manifold
caixa de altifalante (ELECT.) loud-speaker enclosure
caixa de ar (BUILD.) air lock
caixa de aspiração (PAPER) suction box
caixa de barro refractário para cozer porcelana no forno (MECH.) saggar
caixa de cimento para fundação (BUILD.) cribwork
caixa de comutador (ELECT.) commutator hub; commutator bush
caixa de conexão (ELECT.) connection box
caixa de corte a 45 graus (BUILD.) mitre box
caixa de décadas (ELECT.) decade box
caixa de derivação (ELECT.) junction box; conduit box; tap box
caixa de derivação compensada (ELECT.) compensated shunt box
caixa de derivação impermeável (ELECT.) watertight branch box
caixa de detritos (BUILD.) silt box
caixa de direcção (MECH.) steering box
caixa de distribuição (ELECT.) distribution box
caixa de distribuição a vapor (MECH.) steam chest
caixa de embutir na parede (BUILD.) wall box
caixa de engrenagem de pré-selector (MECH.) preselector gearbox
caixa de equilíbrio (MECH.) balance box
caixa de escova (ELECT.) brush box
caixa deflectora (PHYS.) baffle box
caixa de fornada (BUILD.) gauge box
caixa de fusíveis (ELECT.) fuse-box
caixa de instrumentos (ELECT.) instrument case
caixa de lâmpada (IMAGE TECH.) lamphouse
caixa de lançadeira (TEXT.) shuttle box
caixa de lavagem (MINING) wash box
caixa de ligação (ELECT.) connection box
caixa de ligações concêntrica (ELECT.) concentric plug-and-socket
caixa de lubrificação (MECH.) gear box
caixa de machos (MECH.) core box (foundry)
caixa de massa (MECH.) grease cup
caixa de medida (BUILD.) measuring frame
caixa de moldagem (MECH.) moulding box
caixa de moldar (MECH.) flask (foundry)
caixa de resistência (ELECT.) resistance box

caixa de Skinner (PSYCHO.) Skinner box
caixa de sobressalentes de voo (AERO.) flight kit
caixa de sucção (PAPER) suction box
caixa de testemunhos (GEO.) box corer
caixa de tipos (PRINT.) case
caixa de tomadas (ELECT.) jackbox
caixa de transístor (ELECT.) transistor housing
caixa de transmissão (MECH.) gearbox
caixa de trifurcação (ELECT.) trifurcating box
caixa de válvulas (MECH.) valve chest; valve box
caixa de vedação (ELECT.) sealing box
caixa de vedação (MECH.) stuffing box
caixa de velocidades (PHYS.) speed gear
caixa de voltagens (ELECT.) volt-box
caixa divisora (ELECT.) dividing box
caixa do bocal de coada (MECH.) nozzle box
caixa do disjuntor (ELECT.) fuse-box
caixa do eixo da manivela (MECH.) crankcase
caixa do interruptor (ELECT.) switch-box
caixa doseadora (BUILD.) batch box
caixa dos tipos já gastos (PRINT.) hell-box
caixa negra (AERO.) black box; crash recorder; flight recorder
caixão (GEN.) caisson; coffin; coffer
caixão (NUCL.) coffin
caixão americano (BUILD.) American caisson; stranded caisson
caixão cilíndrico (BUILD.) cylinder caisson
caixão deslizante (HYDRO.) sliding caisson
caixão flutuante (BUILD.; HYDRO.) ship caisson
caixa para emenda de cabos (MINING) cable vault
caixa para puxar cabos (ELECT.) draw-in pit
caixa preta (AERO.) black box; crash recorder; flight recorder
caixa preta (COMP.) black box
caixa-problema (PSYCHO.) puzzle box
caixa seca (NUCL.) dry box
caixilho (BUILD.) sash
caixilho de corrediça (BUILD.) hung sash
caixilho de janela de guilhotina (BUILD.) sliding sash
caixilho de persiana (BUILD.) sash blind
caixilho de porta (BUILD.) door case
caixotão (ARCH.) coffer
cal (CHEM.) lime
calado (NAV.) draught
calado de Verão (NAV.) summer draught
calado em plena carga (NAV.) load draught
calado médio (NAV.) mean draught
calafetagem (BUILD.; MECH.) calking; caulking; gasket

calafrio (MED.) chill; rigor
calamina (MED.) calamine
calamina (MINER.) calamine; electric calamine; hydrozincite; zinc bloom
Calamites (BOT.) Calamitales
cálamo (ZOO.) calamus; quill; scape
calandra (CHEM.; ENG.; NUCL.) calandria; calender
calandra (PAPER; TEXT.) calender; mangle
calandragem (TEXT.) calendering
calandragem por atrito (TEXT.) friction calendering
cal anidra (BUILD.) anhydrous lime
cal apagada (BUILD.; CHEM,.) slaked lime; burnt lime; hydrated lime
calasia (MED.) chalasia; chalasis
calaza (BOT.; ZOO.) chalaza
calázio (MED.) chalaza
calazogamia (BOT.) chalazogamy
cal branca (BUILD.) white lime
calçado (ZOO.) braccate (birds)
calçado (ZOO.) booted
calcador (BUILD.) tampin
calcador simples (MECH.) simple press tool
calcadura (BUILD.) punning
calcamento (BUILD.) punning
calcâneo (ZOO.) calcaneum; os calcis
calcanhar (MED.) calx; heel
calcanhar rachado (VET.) cracked heel
calcantite (MINER.) chalcantite
calcar (BUILD.) tamp
calcário (GEN.) calcareous (adj.)
calcário (GEO.) limestone
calcário (MINING) lime
calcário algáceo (GEO.) algal limestone
calcário argiloso (BUILD.; GEO.) cement rock; marl
calcário bioclástico (GEO.) bioclastic limestone
calcário bioconstruído (GEO.) bio-constructed limestone
calcário cristalino (GEO.) crystalline limestone
calcário dolomítico (GEO.) dolomitic limestone
calcário encrino (GEO.) encrinal limestone
calcário estromatoporídio (GEO.) stromatoporoid limestone
calcário gresífero (GEO.) cornstone
calcário jurássico (GEO.) jurassic lime
calcário marinho (MINER.) marine limestone
cal cáustica (CHEM.) quicklime; caustic lime
calcedónia (MINER.; MINING) chalcedony; chal
calcedónia impura (GEO.) chert
calceteiro (BUILD.) pavior
calcícola (BOT.) calcicole; calciphile
calcífero (ZOO.) calcareous; calciferous; calcigerous
calciferol (BIO.) calciferol
calcificação (BOT.) calcification
calcificação (GEO.) petrification
calcificação de Moenckeberg (MED.) Moenckeberg's calcification
calcifilia (MED.) calciphilia
calcífuga (BOT.) calcifuge; calciphobe

calcilutite (GEO.) calcilutite
calcina (MINING) calcine
calcinação (CHEM.) cementation
calcinação (MECH.) fritting; roasting
calcinação (MINING) burning; calcination
calcinação à chama (MECH.) flash roasting
calcinação completa (MECH.) dead roasting
calcinação de sulfatação (MECH.) sulphating roasting
calcinação doce (MECH.) sweet roasting
calcinação parcial (MINING) partial roasting
calcinação perfeita (MECH.) proper roasting
calcinado (GEO.) petrified
calcinador de Edwards (MINING.) Edwards' roaster
calcinose (MED.) calcinosis
cálcio (CHEM.) calcium
calciofilia (MED.) calciphilia
calcite (MINER.) calspar; calcite
calcite fibrosa (GEO.) beef
calcitonina (MED.) calcitonin
calço (BUILD.) shim; stop; scotch
calço (MECH.) gib
calço de apoio do montante (BUILD.) stay sill
calço do motor (MECH.) motor shim
calcofilite (MINER.) chalcophillite
calcófilo (GEO.) chalcophil
calço móvel (MECH.) breech block
calço para firmar (NAV.) dunnage (cargo)
calcopirite (MINER.) peacock ore; erubescite
calços (BUILD.) skids
calcosina (MINER.) calcosina; calcosite;copper glance; redruthite
calcosite (MINER.) calcosite; calcosina; copper glance; redruthite
calço terminal da tubagem (MINING) casing shoe; shoe
calculador (GEN.) computer; calculator
calculadora científica (GEN.) scientific calculator
calculador de curto-circuito (ELECT.) short-circuit calculator
calculador de rede (COMP.) network calculator
calculador de voo (AERO.) flight calculator
cálculo (GEN.) calculus
cálculo (MATH.) calculus; calculation
cálculo (MED.) calculus; stone; gravel
cálculo biliar (MED.) biliary calculus; hepatolith
cálculo boleano (COMP.; MATH.) Boolean calculus
cálculo da média (GEN.) averaging
cálculo das probabilidades (MATH.) calculus of probabilities
cálculo das variações (MATH.) calculus of variations
cálculo de capacidade (MINING) strapping
cálculo de endereço (COMP.) address calculation; address computation
cálculo de perturbação (NUCL.) perturbation calculation
cálculo de predicados (MATH.) predicate calculus

cálculo de proposições (MATH.) proposital calculus
cálculo de treliça (MECH.) panel calculation
cálculo diferencial (MATH.) differential calculus
cálculo diferencial integral (MATH.) integral and differential calculus
cálculo dos vectores (MATH.) calculus of vectors
cálculo em ponto (vírgula) fixo (COMP.) fixed point calculation
cálculo integral (MATH.) integral calculus
cálculo intestinal (MED.) intestinal calculus; splanchnolith
cálculo lambda (COMP.) lambda calculus
cálculo literal (MATH.) literal calculus
cálculo logarítmico (MATH.) logarithm calculation
cálculo matemático (MATH.) mathematical calculation; mathematical computation
cálculo no pulmão (MED.) pneumolith
cálculo pleural (MED.) pleurolith
cálculo prepucial (MED.) preputial calculus; pastholith
cálculo renal (MED.) renal calculus; lithonephria
cálculo urinário (MED.) urinary calculus; urolith; urolite
cálculo uterino (MED.) uterine calculus; hysterolith
cálculo vesical (MED.) vesical calculus; cystolith
calda de cimento (BUILD.) laitance
caldeação (BUILD.) slaking
caldeamento (BUILD.) slaking
caldeamento (MECH.) forge welding
caldeira (BUILD.) boiler; cylinder
caldeira (MECH.) boiler; kettle
caldeira auxiliar (MECH.) donkey boiler
caldeira a vapor (MECH.) steam boiler; water boiler
caldeira com tubos de água (MECH.) water tube boiler
caldeira de água (MECH.) water boiler
caldeira de amálgama (CHEM.) amalgam still
caldeira de aquecimento posterior (BUILD.) back boiler
caldeira de Babcock-Wilcox (CHEM.) Babcock and Wilcox boiler
caldeira de caixa (MECH.) wagon boiler
caldeira de Cornish (MECH.) Cornish boiler
caldeira de duas fornalhas (MECH.) double-ended boiler
caldeira de duplo tubo de chama (MECH.) double flue boiler
caldeira de eléctrodos (ELECT.) electrode boiler
caldeira de Galloway (MECH.) Galloway boiler
caldeira de lareira (BUILD.) fireback boiler
caldeira de marinha com fornalha nas duas extremidades (MECH.) Scotch marine boiler
caldeira de Niclauss (MECH.) Niclauss boiler

caldeira de parede traseira (BUILD.) fireback boiler

caldeira de pressão média (MECH.) medium pressure boiler

caldeira de recuperação térmica (MECH.) boiler for use with waste gas

caldeira de tipo irradiante (MECH.) radiant-type boiler

caldeira de tubo de chama (MECH.) fire-tube boiler

caldeira de tubo de chama interior (MECH.) internally fired boiler

caldeira de tubo de fogo (MECH.) fire-tube boiler

caldeira de um só corpo (MECH.) single boiler; simple still

caldeira de uso dos gases de escape (MECH.) boiler for use with waste gas

caldeira de vapor a média pressão (MECH.) medium pressure steam boiler

caldeira de vapor de Babcock-Wilcox (CHEM.) Babcock and Wilcox boiler

caldeira de vaporização rápida (PHYS.) flash boiler

caldeira de Watt (MECH.) Watt boiler; wagon boiler

caldeira de Yarrow (MECH.) Yarrow boiler

caldeira em caixa (MECH.) wagon head boiler

caldeira escocesa (MECH.) Scotch boiler

caldeira glaciar (GEO.) kettle hole

caldeira horizontal de vapor (MECH.) horizontal steam boiler

caldeira indirecta (BUILD.) indirect cylinder

caldeira instantânea (MECH.) once-through boiler

caldeira Lancashire (MECH.) Lancashire boiler

caldeira marítima (MECH.) marine boiler

caldeirão (GEO.) caldera

caldeirão (MECH.) ladle; cauldron

caldeira rápida (MECH.) once-through boiler

caldeira simples (MECH.) single boiler; simple still

caldeira tubular (MECH.) tube boiler

caldeira vertical (MECH.) vertical boiler

cal de soda (CHEM.) soda-lime

cal de Viena (MINING) French chalk

Caledoniano (GEO.) Caledonian

Caledónico (GEO.) Caledonian

calefacção a painel (IMAGE TECH.) concealed heating

calefacção a painel (MECH.) panel heating

calefactor (ELECTRON.) heater

caleira (ARCH.) valley; walley

caleira (BUILD.) flume; chuting

caleira arrendada (BUILD.) laced walley

caleira geral (BUILD.) raft foundation

cal em pasta (BUILD.) lime paste

calendário gregoriano (GEN.) Gregorian calendar

calendário juliano (ASTRO.) Julian calendar

calfe (PRINT.) calf

cal gasosa (CHEM.) gas lime

cal gorda (BUILD.) fat lime; rich lime

calha (ARCH.) valley; walley

calha (BUILD.) flume; chuting; gutter; drip

calha (GEN.) duct

calha (HYDRO.) race

calha (MECH.) mill race

calha (MINING) leat

calha de adução (MECH.) mill race

calha de canto (BUILD.) arris gutter

calha de condensação (BUILD.) condensation gutter

calha de escoamento (MINING) chute

calha de inspecção (BUILD.) channel pipe

calha de lama (MINING) mud ditch

calha de madeira (BUILD.) box gutter

calha de saída (BUILD.) check throat (window)

calha do beiral (BUILD.) eaves trough

calha em V (BUILD.) vee gutter; arris gutter

calha longa (MINING) long tom

calha média (BUILD.) middle rail

calha oscilante (MINING) jig

calha subsidiária (BUILD.) spillway

calha triangular (BUILD.) arris rail

calhau (GEO.; MINER.) boulder; cobble

cal hidratada (BUILD.) hydrated lime

cal hidratada hidráulica (BUILD.) hydraulic hydrated lime

cal hidráulica (BUILD.) hydraulic lime

cal hidráulica fraca (BUILD.) feebly hydraulic lime

calibite (MINER.) chalybite

calibração (PHYS.) calibration

calibração de radar (RADAR) radar calibration

calibração de reciprocidade (ELECT.) reciprocity calibration

calibração do zero (ELECTRON.) zeroing

calibrador (GEN.) gauge; gauge; caliber; calibre

calibrador (TEXT.) feeler

calibrador anular (MECH.) female gauge; ring gauge

calibrador beta (PHYS.) beta gauge

calibrador cilíndrico (MECH.) cylindrical gauge

calibrador de absorção gama (PHYS.) gamma-absorption gauge

calibrador de Bayard e Albert (PHYS.) Bayard and Albert gauge

calibrador de bloco (MECH.) block gauge

calibrador de chapas (MECH.) plate gauge

calibrador de equilíbrio (HORO.) poising calliper

calibrador de espessura (ELECT.) thickness gauge

calibrador de espessura (MECH.) slip gauge

calibrador de espessura a raios X (PHYS.) X-ray thickness gauge

calibrador de folgas (MECH.) feeler gauge

calibrador de frequências (TELECOM.) frequency calibrator

calibrador de Hegman (PHYS.) Hegman gauge

calibrador de interiores (MECH.) inside callipers

calibrador de orifícios (MECH.) orifice gauge

calibrador de referência (MECH.) master gauge

calibradores (MECH.) callipers

calibradores de inspecção (MECH.) inspection gauges

calibrador gama (PHYS.) gamma gauge

calibrador padrão (MECH.) standard gauge

calibrador progressivo (MECH.) progressive gauge

calibragem (PHYS.) calibrating; setting; gauge; calibration

calibre (ENG.; MECH.) caliber; calibre; gauge

calibre B.S. (ENG.) Brown and Sharp wire gauge

calibre com mostrador (MECH.) dial gauge

calibre de alma (MECH.) diameter of bore

calibre de carga (MECH.) loading gauge

calibre de chapas (MECH.) plate gauge

calibre de comprovação (MECH.) setting gauge

calibre de corte (BUILD.) cutting gauge

calibre de espessura média (MECH.) medium thickness gauge

calibre de furos (MECH.) plug gauge; drilling jig

calibre de medida de arames e fios Birmingham (MECH.) Birmingham Wire Gauge [BWG]

calibre de rosca (MECH.) thread gauge

calibre de tensão (MECH.) strain gauge

calibre de tolerância (MECH.) limiter gauge

calibre inglês para medir arames e chapas (MECH.) Imperial Standard Wire Gauge

calibre limitador (MECH.) limiter gauge

calibre micrométrico (MECH.) micrometer gauge

calibre normal (MECH.) standard gauge

calibre padrão (MECH.) master gauge

calibre para rebites (MECH.) rivet gauge

calibre reduzido (ENG.) small-bore

calibres de carvão (MINING) coal sizes

calibres de inspecção (MECH.) inspection gauges

calibre standard americano de arame (ENG.) American Standard Wire Gauge

cálice (BIO.; BOT.) thalamus; calyx; envelope; coat

cálice (BOT.; ZOO.) calyx; chalice

cálice (MED.) cup

caliche (GEO.) caliche

calicreína (MED.) kallikrein

cálculo (BOT.) calycle

cálculo (ZOO.) calyculus

cálculo gustatório (ZOO.) gustatory calyculus

calidina (MED.) kalidin

califórnio (CHEM.) californium

californite (MINER.) californite; Californian jade

caliofilita (MINER.) kaliophilite

caliper (HORO.) caliper

Calipso (ASTRO.) Calypso (19th satellite of Saturn)

calíptero (ZOO.) calypter; calyptron

caliptra (BOT.) calyptra

caliptrado (ZOO.) calyprate

caliptrogene (BOT.) calyptrogen

Calisto (ASTRO.) Callisto (4th satellite of Jupiter)

cal magra (BUILD.) poor lime

calmante (MED.) anetic

calmarias (METEO.) doldrums

calmarias equatoriais (METEO.) doldrums

calmodulina (BIO.) calmodulin

calo (BOT.) callus

calo (MED.; VET.) corn; callosity

calo cutâneo (VET.) sitfast

calomelano (CHEM.) calomel; mercurous chloride

calor (GEN.) heat

calor ao rubro (MECH.) red heat

calor atómico (PHYS.) atomic heat

calor branco (MECH.) white heat

calor crítico (PHYS.) critical heat

calor de desintegração (NUCL.) decay heat

calor de fissão (NUCL.) fission heat

calor de formação (CHEM.) heat of formation

calor de fusão (MECH.) melting heat

calor de histerese (ELECT.) hysteresis heat

calor de incandescência (MECH.) white heat

calor de liquefacção (PHYS.) liquefying heat

calor de radiação (PHYS.) radiation heat

calor de solução (CHEM.) heat of solution

calor de têmpera (MECH.) hardening heat

calorescência (PHYS.) calorescence

calor específico (PHYS.) specific heat

calor específico de combustão (PHYS.) specific heat of combustion

calor específico de Debye (PHYS.) Debye specific heat

calor específico molecular (PHYS.) molecular specific heat

caloria (PHYS.) calorie; heat unit; thermal unit

caloria-grama (PHYS.) gram(me)-calorie

caloria média (PHYS.) mean calorie

caloricidade (PHYS.) caloricity

calorífero (MECH.) calorifier

calorificação (MECH.) calorizing

calorimetria (PHYS.) calorimetry

calorimetria de Berthelot-Mayer (MECH.) bomb calorimeter; Berthelot-Mayer calorimetry

calorimétrico (PHYS.) calorimetric

calorímetro (PHYS.) calorimeter

calorímetro de bomba (MECH.) bomb calorimeter

calorímetro de estrangulamento (MECH.) throttling calorimeter

calorímetro de separação (MECH.) separating calorimeter

calor incandescente (PHYS.) incandescent heat

calor irradiante (PHYS.) radiant heat

calor latente (PHYS.) latent heat; potential heat

calor latente (de transição de fase) (GEO.) latent heat of transition

caloria (GEN.) calorie

calor latente específico (PHYS.) specific latent head

calor molar (CHEM.) molar heat

calor molecular (CHEM.) molecular heat

calor nuclear (PHYS.) nuclear heat

calor potencial (PHYS.) potential heat

calor residual (NUCL.) afterheat

calor rubro baixo (MECH.) low red heat

calor sensível (PHYS.) sensible heat

calor volumétrico (PHYS.) volumetric heat

calose (BOT.) callose

calosidade (MED.) callosity; callus

calota (BUILD.) calotte

calota craniana (ZOO.) skullcap

calota glaciar (GEO.; METEO.) icecap; ice carapace

calota polar (GEO.) polar cap

calote (MED.) galea

calponina (BIO.) calponin

cal queimada (CHEM.) calx; quicklime; burnt lime; caustic lime

cal química (CHEM.) chemical lime

calvície (MED.) baldness; alopecia

cal virgem (BUILD.; CHEM.) burnt lime

cal viva (CHEM.) quick-lime; caustic lime; burnt lime; anhydrous lime

cal viva em pedaços (BUILD.) lump lime

calvo (MED.) bald

cama (GEN.) bed

cama (MECH.) race

camacita (MINER.) kamacite

cama compensadora (BUILD.) equalizing bed

camada (BUILD.) course; size (glue, etc.)

camada (ELECTR.) layer

camada (MINING) layer

camada (ZOO.) coat

camada 1 de MPEG áudio (TELECOM.) PASC

camada activa (ECO.) active layer

camada algácea (BOT.) algal layer

camada alimentar (BIO.) feeder layer

camada aquosa (CHEM.) aqueous layer

camada atmosférica ionizada (ASTRO.) ionized atmosphere layer

camada atómica (PHYS.) atomic layer

camada azul (ASTRO.) blue sheet

camada basal (GEO.) bottomset bed

camada basal (MED.) basal layer; stratum basale

camada Beilby (MINING) Beilby layer

camada C da ionosfera (TELECOM.) C layer

camada chamosítica (GEO.) chamositic layer

camada chave (MINING) key bed

camada cimentada (BUILD.) case

camada córnea (ZOO.) corneal layer; stratum corneum

camada D (TELECOM.) D-layer

camada de abscisão (BOT.) abscission layer; separation layer

camada de Appleton (PHYS.) Appleton layer; F-layer

camada de ar limite (METEO.) boundary layer

camada de ar primária (METEO.) boundary layer

camada de atrito (METEO.) friction layer

camada de ausência de movimento (GEO.) layer of no motion

camada de barreira (BIO.) blocking layer

camada de cascalho (BUILD.) gravel layer

camada de depleção (BIO.) blocking layer

camada de depleção (ELECTRON.) depletion layer

camada de deslizamento (BUILD.) skimming coat

camada de Eckman (GEO.) Eckman convergence; Eckman layer

camada de equilíbrio eléctrico (ELECT.) electrical balance sheet

camada de fricção (METEO.) friction layer

camada de Gouy (MINING) Gouy layer

camada de Heaviside (PHYS.) Heaviside layer; ionized layer; ionized region

camada de intensificação (RADIOL.) intensifying screen

camada de inversão (ASTRO.) reversing layer

camada de Kennelly-Heaviside (ASTRO.) Kennelly-Heaviside layer; ionized layer

camada de Langhans (ZOO.) Langhans's layer; cytotrophoblast

camada de Malpighi (ZOO.) Malpighian layer; rete Malpighii

camada de meia-espessura (PHYS.) Prandtl layer

camada de meio valor (PHYS.) half-value layer

camada de oclusão (BOT.) closing layer

camada de papel não cortado (PAPER) deckle edge

camada de passagem (GEO.) passage bed

camada de Prandtl (PHYS.) Prandtl layer

camada de protecção (BUILD.) back priming

camada de Rauber (ZOO.) Rauber's layer

camada de rede (COMP.) network layer

camada de reflexão (PHYS.) reflection layer

camada dermomuscular (ZOO.) dermomuscular layer

camada de separação (BOT.) separation layer

camada de software (COMP.) software layer

camada de Stokes (PHYS.) Stokes layer

camada de subsolo férrica (GEO.) iron pan

camada de valência (CHEM.) valence band
camada do ozono (GEO.) ozone layer
camada dura (HYDRO.) hard pan
camada E (PHYS.) E-layer
camada electrónica (ELECTRON.) electron sheath
camada epitaxial (ELECTRON.) epitaxial film
camada esponjosa (BOT.) spongy layer
camada esporádica E ((TELECOM.) sporadic E layer
camada F (PHYS.) F-layer
camada fibrosa (BOT.) fibrous layer
camada freática (GEO.) water table
camada germinal (BOT.; ZOO.) germinal layer
camada germinativa (ZOO.) germinative layer; stratum germinativum; Malpighian layer; stratum Malpighii
camada gordurosa da derme (ZOO.) blubber (cetaceans)
camada horizontal (GEO.) table
camada horizontal de estratos (GEO.) table of strata
camada impermeável (GEO.) watertight layer
camada inferior (GEO.) lower layer
camada ionizada (ASTRO.) ionized layer; Heaviside layer; Kennelly-Heaviside layer
camada ionosférica (METEO.) ionospheric layer
camada isotérmica (METEO.) isothermal layer
camada K (PHYS.) K-shell
camada Kennelly-Heaviside (PHYS.) Kennelly-Heaviside layer
camada L (PHYS.) L-shell
camada limite (AERO.; CHEM.;PHYS.) boundary layer
camada limite (BOT.) boundary layer
camada limite de superfície (METEO.) surface boundary layer
camada limite de superfície (PHYS.) Prandt layer
camada limite planetária (ASTRO.) planetary boundary layer
camada limite turbulenta (METEO.) turbulent boundary layer
camada lúcida (ZOO.) stratum lucidum
camada monomolecular (CHEM.) monomolecular layer; monolayer; unimolecular layer
camada MPEG (IMAGE TECH.) MPEG layer
camada muscular da bexiga (MED.) detrusor (muscle)
camada N (PHYS.) N-shell
camada não agitada (BOT.) unstirred layer
camada nervosa de Henle (MED.) nephronic layer; Henle's layer; Henle's loop
camada óptica (MED.; ZOO.) stratum opticum; thalamus
camada pilífera (BOT.) piliferous layer
camada primária (BUILD.) prime coat
camada prismática (ZOO.) prismatic layer
camada produtiva (MINING) pay zone
camada protectora (BOT.) protective layer

camadas (GEN.) layers
camada sedimentar (GEO.) sedimentary layer
camada subjacente (MINING) underlay
camada superficial (GEO.) superficial layer
camada terciária (GEO.) tertiary stratum
camada unimolecular (CHEM.) unimolecular layer
camada zonular (MED.) zonular stratum; stratum zonal
cama de equilíbrio (BUILD.) equalizing bed
cama de fundação (BUILD.) grass table
cama de palha (BOT.) litter
camafeu (ARCH.) cameo
câmara (GEN.) chamber
câmara (IMAGE TECH.) camera; chamber
câmara aceleradora tubular (ELECTRON.) accelerating tube
câmara acústica (PHYS.) screen
câmara alfa (PHYS.) alpha chamber
câmara anti-eco (PHYS.) dead room; free-field room
câmara à prova de som (PHYS.) dead room
câmara arquegonial (BOT.) archegonial chamber
câmara automática (IMAGE TECH.) automatic camera
câmara automática de raios X (ELECT.) automatic X-ray camera
câmara balística (ASTRO.) ballistic camera
câmara binocular (IMAGE TECH.) binocular camera
câmara branquial (ZOO.) branchial chamber
câmara canelada de combustão (AERO.) cannular combustion chamber
câmara cinematográfica (IMAGE TECH.) motion picture camera
câmara clara (PHYS.) camera lucida
câmara compacta de vídeo digital (IMAGE TECH.) cancellation circuit
câmara contadora de ionização (NUCL.) counting ionization chamber
câmara de absorção (BUILD.) absorbing well
câmara de aceleração (ELECTRON.) accelerating chamber
câmara de altitude (AERO.; PHYS.) altitude chamber
câmara de ar (BUILD.) air lock
câmara de ar (BOT.) air chamber
câmara de ar auxiliar (MECH.) air cell
câmara de bifurcação (BUILD.) junction chamber
câmara de bolha (PHYS.) bubble chamber
câmara de bolso (RADIOL.) pocket chamber (of ionization)
câmara de boro (NUCL.) boron chamber
câmara de Boy (IMAGE TECH.) Boy's camera
câmara de carga (BUILD.) shot hole
câmara de chumbo (CHEM.) lead chamber
câmara de chuva (MINING) rain chamber

câmara de cintilação (RADIO.) scintillation camera; gamma camera
câmara de combustão (AERO.) combustion chamber; thrust chamber
câmara de combustão anular (AERO.) annular combustion chamber
câmara de combustão auxiliar (AERO.) afterburner
câmara de combustão cilíndrica (AERO.) annular combustion chamber
câmara de combustão de caldeira (MECH.) fire-box
câmara de combustão de turborreactor (MECH.) turbo combustion chamber
câmara de combustão dos motores turbojacto (AERO.) cannular combustion chamber
câmara de comporta (HYDRO.) gate-chamber
câmara de compressão (BUILD.) man lock
câmara de compressão (MECH.) compression chamber
câmara de condensação (PHYS.) condensation chamber
câmara de confluência (BUILD.) junction chamber
câmara de contagem (NUCL.) counting chamber
câmara de depleção (ELECTRON.; TELECOM.) barrier layer
câmara de depuração (HYDRO.) straining chamber
câmara de desvio (PHYS.) drift chamber
câmara de detritos (BUILD.) grit chamber
câmara de difusão de neve (ELECT.) diffusion cloud chamber
câmara de dióxido de carbono (CHEM.) dry ice chamber
câmara de disco (IMAGE TECH.) disk camera
câmara de dissecação da imagem (IMAGE TECH.) image-dissection camera
câmara de eclusa (HYDRO.) coffer; lock chamber; sluice chamber
câmara de eco (PHYS.) echo chamber
câmara de empuxo (AERO.) thrust chamber
câmara de espelho (IMAGE TECH.) reflex camera
câmara de expansão (PHYS.) cloud chamber
câmara de expansão (ELECTRON.) expansion chamber
câmara de fibra (PHYS.) fibre camera
câmara de filmar (IMAGE TECH.) motion picture camera
câmara de filtração (HYDRO.) straining chamber
câmara de fissão (NUCL.) fission chamber
câmara de flutuador (AUTO.) float chamber
câmara de fotografia instantânea (IMAGE TECH.) Land camera; instant camera
câmara de ignição (NUCL.) spark chamber
câmara de inspecção (BUILD.) inspection chamber

câmara de integração (NUCL.) integrated chamber

câmara de ionização (ELECTRON.) expansion chamber; ionization chamber

câmara de ionização (NUCL.) ionization chamber

câmara de ionização alfa (PHYS.) alpha chamber

câmara de ionização capacitiva (ELECT.) capacitor ionization chamber; capacitor r-meter

câmara de ionização cilíndrica (NUCL.) cylindrical ionization chamber

câmara de ionização com equivalente do ar (PHYS.) air equivalent ionization chamber

câmara de ionização de condensador (PHYS.) condenser ionization chamber

câmara de ionização de hidrogénio (ELECT.) hydrogen chamber

câmara de ionização de impulsos (NUCL.) pulse ionization chamber

câmara de ionização diferencial (PHYS.) differential ionization chamber

câmara de ionização homogénica (NUCL.) homogenous ionization chamber

câmara de ionização integradora (ELECTRON.) integrating ionization chamber

câmara de ionização portátil (RADIOL.) pocket chamber

câmara de ionização proporcional (PHYS.) proportional ionization chamber

câmara de junção (BUILD.) junction chamber

câmara de jusante (HYDRO.) tail-bay

câmara de magma (GEO.) magma chamber

câmara de nevoeiro (PHYS.) cloud chamber

câmara de nível constante (AUTO.) float chamber

câmara de nuvem de expansão (ELECT.) expansion cloud chamber; Wilson chamber

câmara de parede densa (NUCL.) thick-wall chamber

câmara de parede fina (NUCL.) thin-wall chamber

câmara de película contínua (IMAGE TECH.) continuous-strip camera

câmara de placas paralelas (NUCL.) parallel-plate chamber

câmara de pleno (AERO.) plenum chamber

câmara de poeira (MECH.) dust chamber

câmara de pré-aquecimento (MECH.) preheating chamber

câmara de pré-combustão (AUTO.; MECH.) pre-combustion chamber; antechamber

câmara de pressão (PHYS.) pressure chamber

câmara de processamento (IMAGE TECH.) process camera

câmara de reacção (AERO.) reaction chamber

câmara de reactor (NUCL.) cartridge

câmara de reflexão (IMAGE TECH.) reflex camera

câmara de reflexão de uma só objectiva (IMAGE TECH.) single-lens reflex camera

câmara de ressonância (PHYS.) resonance chamber

câmara de reverberação (PHYS.) reverberation chamber; echo chamber

câmara de Schmidt (ASTRO.) Schmidt camera

câmara de sedimentação (MECH.) sedimentation chamber

câmara de telescópio (PHYS.) telescope camera

câmara de televisão (TELECOM.) television camera

câmara de trabalho (BUILD.) working chamber

câmara de turbina (HYDRO.) turbine chamber

câmara de turbulência (PHYS.) turbulence chamber

câmara de um reactor (NUCL.) can

câmara de vácuo (PHYS.) vacuum chamber; vacuum space

câmara de vácuo à pressão (PHYS.) pressure vacuum chamber

câmara de válvulas (MECH.) valve box; valve chest

câmara de vapor (MECH.) steam jacket

câmara de ventilação de fumo (CHEM.) fume cupboard

câmara de vídeo (IMAGE TECH.) video camera

câmara de vídeo analógica (IMAGE TECH.) analogue camcorder

câmara de Wilson (NUCL.) Wilson chamber; expansion cloud chamber

câmara electrónica (IMAGE TECH.) electron camera

câmara escura (IMAGE TECH.) camera obscura; camera

câmara estanque (BUILD.) coffer-dam

câmara estéreo (IMAGE TECH.) stereocamera

câmara estereoscópica (IMAGE TECH.) stereoscopic camera

câmara gama (RADIOL.) gamma camera

câmara hiperbárica (MED.; RADIOL.) hyperbaric chamber

câmara húmida de Wilson (PHYS.) cloud chamber; Wilson chamber

câmara iónica (PHYS.) ion chamber

câmara Land (IMAGE TECH.) Land camera

câmara laringotraqueal (ZOO.) laryngotracheal chamber

câmara magnética toroidal (NUCL.) Tokomak

câmara miniatura (IMAGE TECH.) miniature camera

câmara multiplicadora (IMAGE TECH.) multiplying camera

câmara padrão (NUCL.) standard chamber

câmara panorâmica (IMAGE TECH.) panoramic camera

câmara pneumática (PHYS.) pressure chamber

câmara Polaroid(e) (IMAGE TECH.) Polaroid camera

câmara polínica (BOT.) pollen chamber

câmara reduzida de ionização (NUCL.) thimble ionization chamber

câmara sonora (IMAGE TECH.) sound camera

câmara toroidal (ELECT.; ELECTRON.; NUCL.) donut; doughnut

câmara vídeo de imagens fixas (IMAGE TECH.) still video camera

câmara web (COMP.) webcam

camartelo (BUILD.) cavil

camba (BUILD.) felloe

câmbio (BOT.) cambium

câmbio cortical (BOT.) cork cambium; phellogen

câmbio da casca (BOT.) cork cambium; phellogen

câmbio fascicular (BOT.) fascicular cambium

câmbio interfascicular (BOT.) interfascicular cambium

câmbio súbero-felogénico (BOT.) cork cambium

câmbio suberoso (BOT.) phellogen

Cambisolos (GEO.) Cambisols

cambota (ARCH.) soffit scaffolding

cambraia (ELECT.) cambric (insulation)

cambraia (TEXT.) cambric

cambraia de algodão (TEXT.) lawn

cambraia de linho (TEXT.) lawn

cambraia envernizada (ELECT.) empire cloth

Câmbrico (GEO.) Cambrian

camcorder (IMAGE TECH.) camcorder

came (MECH.) cam; tappet

came cilíndrico (MECH.) barrel cam

came cordiforme (HORO.) heart cam

came de disco (MECH.) plate cam

came de dois ressaltos (MECH.) two-lobed cam

came de duas pontas (MECH.) two-lobed cam

came de restabelecimento (MECH.) reset cam

came de um só ressalto (MECH.) single-lobe cam

camefita (BOT.) chamaephyte; cushion plant

came radial (MECH.) radial cam

caminho (MED.) iter

caminho-de-ferro a cremalheira (BUILD.) rack railway

caminho-de-ferro de via estreita (BUILD.) light railway

caminho de ligação lógica (COMP.) logical link path

caminho de rede (COMP.) network path

caminho directo (ELECT.) forward path

caminho directo total (TELECOM.) through path

caminho (livre) médio de transporte (NUCL.) transport mean path

Caminhos Paralelos (GEO.) Parallel Roads (Glen Roy, Scotland)

camisa (ELECT.) sleeve

camisa (MECH.) jacket; liner; cylinder liner

camisa (NUCL.) sheath

camisa a plasma (PHYS.) plasma sheath

camisa de vapor (MECH.) steam jacket

camisa do comutador (ELECT.) commutator hub; commutator bush

camisa do motor (AERO.) pod
camomila (BOT.; MED.) chamomile (camomile)
campainha (PHYS.) bell
campainha eléctrica (ELECT.) electric bell
campanário (ARCH.) belfry; bell gable
campaniforme (GEN.) campaniform
campanilo (ARCH.) campanile
campânula (ELECT.) petticoat
câmpanula (PHYS.) bell
câmpanula de isolador (ELECT.) cup
campanulado (BOT.) campanulate
campilotrópico (BOT.) campylotropous
campímetro (MED.) perimeter (Optics)
campina (ECO.) campo
campina densa (ECO.) campo cerrado
campo (GEN.) field
campo acústico (PHYS.) sound field
campo autoconsistente (PHYS.) self-consistent field
campo auto-induzido (PHYS.) self-induced field
campo bifásico (ELECT.) two-phase field
campo carbonífero terciário (GEO.; MINING) tertiary coalfield
campo clarificador (ELECT.) clearing field
campo compensado (SURV.) compensating field
campo concordante (COMP.) matched field
campo crítico (ELECTRON.) cut-off field; critical field; threshold field
campo crítico de magnetrão (ELECTRON.) magnetron critical field
campo da imagem (TELECOM.) image field
campo de acção (AERO.) orbit; routing; track
campo de antena (TELECOM.) antenna field
campo de aterragem (AERO.) landing ground
campo de aviação (AERO.) landing ground, airfield
campo de aviação alternativo (AERO.) alternate airfield
campo de Broca (MED.) Broca's area
campo de cabeçalho (COMP.) header field
campo de cartão (COMP.) card field
campo de combinação (COMP.) matched field
campo de comunicação (COMP.) communication field
campo de comutação (ELECT.) commutating field
campo de conservação (PHYS.) conservative field
campo de conservação de força (PHYS.) conservative field of force
campo de controlo (COMP.) control field
campo de corrente contínua (ELECT.) d.c. field; direct-current field
campo de Coulomb (PHYS.) Coulomb field
campo de deformação (METEO.) deformation field
campo de dispositivo (COMP.) device field

campo de endereço (COMP.) address field
campo de entrada (COMP.) input field
campo de fluxo (ELECT.) flow field
campo de focalização (PHYS.) focusing field
campo de fonte (COMP.) source field
campo de força (PHYS.) field of force
campo de gelo (ECO.) ice field
campo de guia (ELECT.) guide field
campo de identificação (COMP.) identification field
campo de indução (PHYS.) induction field
campo de interferência (TELECOM.) interference field; noise field
campo de intervenção (ELECTRON.) cut-off field
campo de inversão (ELECT.) reversing field
campo de lapías (ECO.) limestone pavement
campo de modo (COMP.) mode field
campo de nutação (RADAR) nutation field
campo de parâmetros (COMP.) parameter field
campo de perturbações (TELECOM.) noise field
campo de radiação (PHYS.) radiation field
campo de ranhura (ELECT.) slot field
campo de reserva (COMP.) reserve field
campo de saída (COMP.) output field
campo desfasado (ELECT.) field out of phase
campo de teste (COMP.) check field
campo de visibilidade (PHYS.) field of view
campo de vórtice (PHYS.) vortex field
campo de vorticidade (METEO.) field of vorticity
campo dipolar (ECO.) dipole field
campo directo (ELECTRON.) direct field
campo do gerador (ELECT.) generator field
campo do induzido (ELECT.) armature field
campo eléctrico (ELECT.) electrical field; electric field
campo electrostático (ELECT.) electrostatic field
campo em derivação (ELECT.) shunt field; shunt wound field
campo em série (ELECT.) series field
campo escalar (PHYS.) scalar field
campo escuro (IMAGE TECH.) dark-field
campo gama (NUCL.) gamma field
campo geomagnético (GEO.) geo-magnetic field
campo giratório (ELECT.) rotating field
campo gravitacional (PHYS.) gravitational field
campo induzido (PHYS.) induced field
campo isolado (ELECT.) insulated eye
campo liminar (ELECTRON.) threshold field
campo livre (PHYS.) free field
campo longínquo (PHYS.) far field
campo longitudinal (PHYS.) longitudinal field

campo magnético (ELECT.) magnetic field
campo magnético crítico (ELECT.) critical magnetic field
campo magnético da Terra (PHYS.) earth's magnetic field
campo magnético de guia (ELECT.) guide field
campo magnético intergaláctico (ASTRO.) intergalactic magnetic field
campo magnético interplanetário (ASTRO.) interplanetary magnetic field
campo magnético oscilante (PHYS.) oscillating magnetic field
campo magnético radial (TELECOM.) radial magnetic field
campo magnético saturado (PHYS.) saturated field
campo magnético terrestre (ELECT.) earth magnetic field
campo mesónico (PHYS.) meson field
campo monofásico (ELECT.) single-phase field
campo motor da fala (MED.) Broca's area; Broca's center
campo não rotacional (ELECT.) irrotational field
campo newtoniano (PHYS.) Newtonian field
campo nuclear (PHYS.) nuclear field
campo oscilante (ELECT.) oscillating field
campo parasita (ELECT.) stray field
campo petrolífero (MINING) oil field
campo polifásico (ELECT.) polyphase field
campo principal (ELECT.) main field
campo próximo (PHYS.) near field
campo residual (PHYS.) residual field
campo retardado (ELECT.) retarded field
campo retardador (ELECTRON.) retarding field
campo rotacional (ELECT.) rotational field
campo rotativo (ELECT.) rotary field ; rotating field
campo sagital (PHYS.) saggital field
campo sinusoidal (ELECT.) sinusoidal field
campo solenoidal (ELECT.) solenoidal field
campo sonoro (PHYS.) sound field
campo tangencial (PHYS.) tangential field
campo toroidal (NUCL.) toroidal field
campo transversal (ELECT.) crossed field; cross field
campo variável (ELECT.) moving field
campo vectorial aperiódico (ELECT.) irrotational field
campo ventilado (ELECT.) ventilated field
campo vizinho (PHYS.) near field
camptonito (GEO.) camptonite
camuflagem (GEN.) camouflage
canabina (CHEM.) cannabin
canábis (BOT.) cannabis
canabismo (MED.) cannabism
cana do leme (NAV.) rudder bar
canais (MECH.) gating
canais de Bellini (ZOO.) Bellini's ducts
canais de Cuvier (ZOO.) Cuvierian ducts; Cuvier's ducts; ductus cuvieri

canais de Havers (Zoo.) Haversian canals

canais eferentes (Zoo.) vasa efferentia

canais semicirculares (Zoo.) semicircular canals

canal (Bot.; Zoo.) vas (pl. vasa)

canal (Gen.) canal; channel; duct; conduit

canal (Hydro.) canal; channel; conduit; cut; gullet; kill

canal (Med. ; Zoo.) duct; canal; ductus; vas

canal (Mining) ground sluice

canal adjacente (Telecom.) adjacent channel

canal adutor (Med.) canal adductor

canal alimentar (Med.) alimentary canal

canal alugado (Telecom.) leased channel

canal analógico (Comp.) analog channel

canal arterial (Med.) ductus arteriosus

canal auditivo (Med.; Phys.; Zoo.) auditory canal

canal biliar (Zoo.) bile duct

canal carotídeo (Med.) ductus caroticus

canal celómico (Zoo.) coelomoduct

canal cístico (Zoo.) cystic duct; ductus cysticus

canal colector (Hydro.) tail drain

canal comandado por voltagem (Bio.) voltage-gated channel

canal da câmara (Image Tech.) camera channel

canal de adução (Hydro.) supply channel

canal de aferição (Hydro.) rating flume

canal de água (Aero.) water channel

canal de alimentação (Hydro.) supply channel

canal de alimentação (Mech.) feed pipe

canal de Bartholin (Med.; Zoo.) Bartholin's duct

canal de bombeamento (Mech.) venting channel

canal de coada (Mech.) slot (metallurgy)

canal de comunicação (Comp.) communication channel

canal de crominância (Image Tech.) chrominance channel

canal de cumeada (Hydro.) summit canal

canal de Cuvier (Zoo.) ductus Cuvieri; Cuvier's ducts; Cuvierian ducts

canal de dados (Comp.) data channel

canal de derivação (Hydro.) by-pass channel; diversion channel

canal de descarga (Build.) gulley

canal de descarga (Hydro.) tail race

canal de descarga (Mech.) gutter

canal de descarga (Mining) launder; tail race

canal de difusão (Telecom.) broadcast channel

canal de disco (Comp.) disk channel

canal de drenagem (Build.) gulley

canal de duas frequências (Telecom.) two-frequency channel

canal de emissão (Telecom.) broadcast channel

canal de energia limitada (Comp.) power-limited channel

canal de entrada (Comp.) input channel

canal de feixe (Nucl.) beam hole

canal deferente (Zoo.) deferent canal; vas deferens

canal de fibra óptica (Telecom.) fibre channel

canal de frequência (Comp.) frequency channel

canal de fuga (Mech.) mill tail

canal de gravação (Phys.) recording channel

canal de Hering (Med.) canal of Hering; cholangiole

canal de imagem (Image Tech.) picture channel

canal de informação (Comp.) information channel

canal de Leydig (Zoo.) Leydig's duct

canal de luminância (Image Tech.) luminance channel

canal de maré (Geo.) tidal channel

canal de Müller (Zoo.) Müllerian duct

canal de partida (Hydro.) tail-bay

canal de portadora (Telecom.) carrier channel

canal de programação (Telecom.) home channel

canal de propagação (Phys.) propagation channel

canal de radiodifusão (Telecom.) broadcast channel

canal de radiotransmissão (Telecom.) broadcast channel

canal de represa (Hydr.) level canal

canal de resina (Bot.) resin canal; resin duct

canal de ressonância (Nucl.) resonance channel

canal de som (Image Tech.) sound channel

canal de superfície (Telecom.) surface duct

canal de televisão (Telecom.) television channel

canal de transmissão (Comp.; Telecom.) transmission channel

canal de uma direcção (Comp.) one-way channel

canal de vala (Hydro.) ditch canal

canal de ventilação (Mech.) venting channel

canal de Wolff (Med.; Zoo.) Wolffian duct; ductus mesonephricus; Leydig's duct

canal diferencial (Telecom.) difference channel

canal do gito (Mech.) ingate

canal duplex (Elect.) duplex channel

canal ejaculatório (Zoo.) ejaculatory duct; ductus ejaculatorius

canal em forma de tubo (Bio.; Med.; Zoo.) tuba

canal endolinfático (Zoo.) ductus endolymphaticus

canal epididímico (Zoo.) ductus epididymidis

canal espinhal (Zoo.) spinal canal

canaleta para a água (Build.) water bar

canal excretor (Zoo.) ductus excretorius

canal facial (Med.) facial canal; canalis facialis; aqueductus fallopii

canal gastr(o-)intestinal (Med.) alimentary canal

canal guia de onda atmosférica (Telecom.) atmospheric wave guide duct

canal hepático (Zoo.) hepatic duct

canaliculado (Bot.) canaliculate

canalículo (Zoo.) ductule; canaliculus

canalina (Chem.) canaline

canal inferior (Hydro.) tail race

canalização (Build.) plumbing; pipeline; piping; main system

canalização (Med.) canalization

canalização (Telecom.) plumbing (colloq.); main system; channelizing

canalização circular (Elect.) ring main

canalização eléctrica subterrânea (Elect.) electroduct

canalização em anel fechado (Elect.) ring main

canal lactífero (Med.) ductus lactiferi

canal lateral (Hydro.) lateral canal

canal lingual (Zoo.) ductus lingualis

canal livre (Elect.) clear channel

canal lunar (Astro.) rille

canal medular (Zoo.) medullary canal

canal mesonéfrico (Med.) mesonephric duct; ductus mesonephricus; Leydig's duct; Wolffian ductus

canal metanéfrico (Zoo.) metanephric duct

canal monocromático (Image Tech.) monochrome channel

canal múltiplo (Elect.) multiple duct

canal n (Electron.) n-channel

canal nasofaríngeo (Zoo.) nasopharyngeal duct

canal nasolacrimal (Med.; Zoo.) nasolacrimal canal; ductus nasolacrimalis

canal nasopalatino (Zoo.) nasopalatine duct

canal neural (Zoo.) neural canal

canal p (Electron.) p-channel

canal para cabos (Elect.) cable channel

canal pneumático (Zoo.) ductus pneumaticus

canal portador de informação (Comp.) information bearer channel

canal secretório (Bot.) secretory duct

canal secundário (Build.) by-channel

canal selector (Comp.) selector channel

canal seminal (Bio.) gonaduct; gonoduct

canal simétrico (Telecom.) symmetrical channel

canal simples (Comp.) single channel

canal simplex (Comp.) simplex channel

canal subsidiário (Build.) byer-channel

canal telefónico (Telecom.) telephone channel

canal telegráfico (Telecom.) telegraph channel

canal único por portadora (Telecom.) single-channel per carrier

canal utriculossacular (MED.) ductus utriculosacularis
canal vertebral (ZOO.) vertebral canal; canalis vertebralis; spinal canal
canal vitelino (ZOO.) yolk duct
canard (AERO.; ASTRO.) tail-first aircraft; canard
canários (IMAGE TECH.) canaries
cancelamento (COMP.) cancellation; override
cancelamento imediato (COMP.) immediate cancel
cancelar (COMP.) cancel
canceração (MED.) canceration
cancericida (MED.) canceridal; cancerocidal
cancerígeno (MED.) cancerigenic; carcinogenic
cancerização (MED.) canceration
cancerofobia (MED.) cancerophobia
cancerogénico (MED.) cancerigenic; carcinogenic
cancerologia (MED.) cancerology
canceroso (MED.) cancerous
cancrinite (MINER.) cancrinite
cancro (BOT.) canker
cancro (GEN.) cancer; canker
cancro (MED.) cancer; chancre; canker; carcinoma; cancrum (pl. cancra)
cancro bucal (MED.) cancrum oris; noma; gangrenous stomatitis
cancro da pele (MED.) carcinoma en cuirasse
cancro epitelial (MED.) epithelial cancer
cancro hematóide (MED.) hematoid cancer
cancro mole (MED.) chancroid
candela (PHYS.) candle; candela
candela internacional (PHYS.) international candle
candela padrão (PHYS.) candle power
candidíase (MED.; VET.) candidiasis; candidosis; moniliasis
canela (ZOO.) shin-bone; cnemis
caneladura (BUILD.) flute
caneladura de acabamento (PRINT.) finishing stove
caneta luminosa (COMP.) light pen
canfano (CHEM.) camphane
canfeno (CHEM.) camphene
cânfora (CHEM.) camphor
canforado (CHEM.) camphorated
cânfora do Bornéu (CHEM.) Borneo camphor; borneol
cânfora japonesa (CHEM.) Japan camphor; camphor
canforismo (CHEM.) camphorism
cânhamo (GEN.) hemp; cannabis
cânhamo (TEXT.) hemp
cânhamo de Manila (TEXT.) manilla hemp
cânhamo indiano (BOT.) Indian hemp
canhão (GEN.) gun
canhão a ar quente (BUILD.) hot-air gun
canhão antimagnético (ELECTRON.) non-magnetic gun
canhão de alimentação por gravidade (BUILD.) gravity feed gun
canhão de ar (GEO.) air gun
canhão de ar comprimido (BUILD.) gun

canhão de argila (MECH.) clay gun
canhão de cimento (BUILD.) cement gun
canhão de electrões de feixe amplo (ELECTRON.) flood-gun
canhão de injecção de magnetrão (ELECTRON.) magnetron injection gun
canhão de luz (ELECTRON.) light gun
canhão de plasma (PHYS.) plasma gun
canhão de radiação gama (NUCL.) gamma gun
canhão electrónico (ELECTRON.) electron gun
canhões de electrões RGB (IMAGE TECH.) RGB guns
canibalismo (VET.) cannibalism
Canícties (ZOO.) Choanichtyes
canino (ZOO.) canine (referring both to dog and tooth)
canion (GEO.) canyon
cano (GEN.) canal; duct; conduit
cano da chaminé (BUILD.) chimney stack
cano de descarga (MECH.) blast pipe
cano de distribuição (MECH.) unifold
cano fendido (MECH.) dry pipe; antipriming pipe (boiler)
cano múltiplo de distribuição de admissão (AUTO.) inlet manifold
canópia (AERO.) canopy
cano principal (BUILD.) run
cantaria comum (BUILD.) common ashlar
cantaridato (CHEM.) cantharidate
cantaridina (CHEM.; MED.) cantharidin
cantilever (BUILD.) cantilever
cantilever de tabuleiro (BUILD.) cantilever-through
canto (BUILD.) cant; corner; quoin; arris; elbow; cut-stone
canto (PRINT.) corner
canto chanfrado (BUILD.) scarfed end
cantoneira (BUILD.) canton; angle bead; corner bead; cramp-iron
cantoneira (TELECOM.) corner
cantoneira de aço (MECH.) angle steel
cantoneira de ângulo interno vivo (BUILD.) sharp backed angle
cantoneira de ferro (BUILD.) angle
cantoneira de ferro (MECH.) L-iron
cantoneiras (PRINT.) angle bars
canto oco (HYDRO.) hollow quoin
canto-redondo (MECH.) corner tool (foundry)
canto vivo (BUILD.) sharp corner; piend
cânula (MED.) cannula
canyon submarino (GEO.) submarine canyon
cão (BUILD.) dog
cão de chaminé (BUILD.) andiron
caolino (CHEM.) aluminium silicate
caolino (GEO.) porcelain clay
caos (GEN.) chaos
capa (ELECT.) case; shell; housing
capa (GEN.) case; cover
capa anódica (ELECTRON.) anode sheath
capação (MED.; VET.) castration; caponizing
capacete (BUILD.) helmet
capacete de contacto central (ELECT.) centre-contact cap

capacete de isolador (ELECT.) insulator cap
capacete de pressão (AERO.; SPACE) pressure helmet
capacete de segurança (AERO.; AUTO.) crash helmet
capacidade (ECO.) fitness
capacidade (ELECT.) capacity
capacidade atractiva (PHYS.) attractive capacity
capacidade calorífica (PHYS.) calorific capacity
capacidade da caldeira (MECH.) boiler capacity
capacidade de abrigo (NAV.) bunker capacity (for guns)
capacidade de armazenamento (COMP.) storage capacity
capacidade de calor específico (PHYS.) volumetric heat
capacidade de calor específico instantâneo (PHYS.) instantaneous specific heat capacity
capacidade de calor específico molar (PHYS.) molar specific heat capacity
capacidade de calor molar (CHEM.) molar heat capacity
capacidade de canal (COMP.; TELECOM.) channel capacity
capacidade de carga (ELECT.) load capacity
capacidade de carga (MINING) loading capacity
capacidade de circuito (COMP.; ELECT.) circuit capacity
capacidade de codificação (BIO.) coding capacity
capacidade de disco duro (COMP.) drive capacity
capacidade de evaporação (MECH.) evaporative capacity
capacidade de guindaste (ELECT.) crane rating
capacidade de infiltração (ECO.) infiltration capacity
capacidade de lâmpada (ELECT.) lamp rating
capacidade de memória (COMP.) memory capacity
capacidade de modulação (TELECOM.) modulation capability
capacidade de permuta de iões (MINING) ion-exchange capacity
capacidade de recuperação (COMP.) robustness
capacidade de recuperação recreacional (ECO.) recreatability
capacidade de retenção capilar (BOT.) field capacity
capacidade de ruptura (ELECT.) breaking capacity; rupturing capacity
capacidade de sedimentação (CHEM.) throwing power
capacidade de serviço (ELECT.) service capacity
capacidade de subida na descolagem (AERO.) take-off climb performance
capacidade de substituição (ECO.) replaceability
capacidade de sustentação (AERO.) lift capacity

capacidade de têmpera (MECH.) hardening capacity

capacidade de terra (ELECT.) ground capacity

capacidade de tornar selvagem (ECO.) salvageability

capacidade de transporte (ECO.) carrying capacity

capacidade de tratamento de dados (COMP.) data-handling capacity

capacidade de troca (ECO.) exchange capacity

capacidade de troca de aniões (BIO.; CHEM.) anion-exchange capacity

capacidade de válvula (ELECT.) tube capacity

capacidade de voo (AERO.) flight fitness

capacidade dieléctrica (ELECT.) dielectric capacity

capacidade efectiva do gerador (ELECT.; MECH.) generator output

capacidade eléctrica (ELECT.) electrical capacity

capacidade em amperes-hora (PHYS.) ampere-hour capacity

capacidade excedida inferiormente (COMP.) underflow

capacidade hídrica (BOT.) hydraulic capacity

capacidade inata de crescimento (ECOL.) innate capacity for increase

capacidade inclusiva (ECO.) inclusive fitness

capacidade indutiva específica (ELECT.) specific inductive capacity

capacidade nominal do gás (AERO.) nominal gas capacity

capacidade normal de transformador (ELECT.) transformer rating

capacidade portadora de corrente (ELECT.) current-carrying capacity

capacidade portadora de corrente em amperes (PHYS.) ampacity

capacidade síncrona (ELECT.) synchronous capacity

capacidades térmicas dos gases (PHYS.) specific heat capacities of gases

capacidade térmica (PHYS.) specific heat capacity; heat capacity; thermal capacity; calorific capacity

capacidade transportadora de corrente (ELECT.) current-carrying capacity

capacitância (PHYS.) capacitance

capacitância acústica (PHYS.) acoustic compliance

capacitância concentrada (ELECT.) lumped capacitance

capacitância corporal (ELECTRON.) body capacitance

capacitância da camada de depleção (ELECTRON.) depletion-layer capacitance; barrier-layer deplection

capacitância da junção (ELECTRON.) junction capacitance

capacitância de colector (ELECT.) collector capacitance

capacitância de compensação (TELECOM.) balancing capacitance

capacitância de difusão (ELECT.) diffusion capacitance

capacitância de entrada (PHYS.) input capacitance

capacitância de saída (ELECTRON.) output capacitance

capacitância de terra (ELECT.) earth capacitance; ground capacitance

capacitância diferencial inicial (ELECT.) initial differential capacitance

capacitância directa (PHYS.) direct capacitance

capacitância distribuída (PHYS.) distributed capacitance

capacitância dupla (ELECT.) dual capacitance

capacitância efectiva (ELECT.) effective capacitance

capacitância geométrica (PHYS.) geometric capacitance

capacitância interelectródica (ELECTRON.) inter-electrode capacitance

capacitância interna (PHYS.) internal capacitance

capacitância mútua (PHYS.) mutual capacitance

capacitância parasita (ELECTRON.) stray capacitance

capacitância parcial (PHYS.) partial capacitance

capacitância residual (ELECTRON.) stray capacitance

capacitância reversível (ELECT.) reversible capacitance

capa de cobertura (BUILD.) cover stones

capa de electrões (PHYS.) electron shell

capa de filão (MINING) hanging wall

capa de grisú (MINING) fire-damp cap

capa de lâmpada (ELECT.) lamp cap

capa dentária (MED.) cap

capa de protecção (ELECT.) protection cap

capa isoladora (ELECT.) insulating covering

capa plástica descascável (BUILD.) strippable plastic coating

capa protectora (AERO.; ENG.; SPACE) apron

capa protectora (ELECT.) fender

caparrosa azul (MINER.) chalcanthite

capas descascáveis (BUILD.) strippable coatings

capataz (BUILD.) foreman; clerk of works

capataz (MINING.) bailiff

capeamento (GEN.) capping

capela (PRINT.) chapel

capelo (BUILD.) cowl

capilar (BIO.; ZOO.) capillary

capilaríase (VET.) capillariasis

capilaridade (PHYS.) capillarity

capital (PRINT.) antique

capitel (BUILD.) cap; capital

capitoso (BOT.; ZOO.) capitate

capítulo (BOT.) capitulum

capoca (TEXT.) kapok

capota alijável (AERO.) hood jettison

capota anular (MECH.) ring cowling

capota de chaminé (BUILD.) hood

capota do motor (AERO.) cowling

capotagem (AERO.) ground loop

caprificação (BOT.; ZOO.) caprification

caprilato de zinco (CHEM.) zinc caprylate

caproílo (CHEM.) caproyl

caproína (CHEM.) caproin

caprólito (MINING) pellet

cápside (BIO.) capsid

capsómero (BIO.) capsomere

cápsula (BIO.) cap; caul; dome; root cap

cápsula (BOT.) boll; dome; capsule

cápsula (GEN.) capsule

cápsula (ZOO.) theca

cápsula aneróide (MECH.) pressure capsule; bellows

cápsula apical (BOT.) apical dome

capsulação (MECH.) encapsulation

cápsula de Bowman (ZOO.) Bowman's capsule

cápsula de cerâmica (ELECT.) ceramic cartridge

cápsula de combustível nuclear (NUCL.) slug

cápsula de ejecção (AERO.) ejection capsule

cápsula de glândula (MED.) glandilemma

cápsula de pressão (MECH.) pressure capsule

cápsula de radão (RADIOL.) radon seed

cápsula de raios gama (NUCL.) gamma-ray capsule

cápsula de recuperação (ASTRO.) recovery capsule

cápsula de reentrada (SPACE) re-entry capsule

cápsula do coração (MED.) pericardium (pl. pericardia)

cápsula radiotelemétrica (MED.) radiopill

cápsula supra-renal (ZOO.) suprarenal capsule; paranephros

capsulite (MED.) capsulitis

captação (PHYS.) capture

captação (RADIO.) uptake

captação de águas de montanha (HYDRO.) mountain entrapment

captação de induzido compensado (PHYS.) balanced-armature pick-up

captador (ELECT.) catcher

captador de imagens [TV] (IMAGE TECH.) pick-up [TV]

captador de som de relutância variável (PHYS.) variable-reluctance pick-up

captador fonográfico (ELECT.) pick-up head

captador sonoro (ELECT.) pick-up

captura (ELECTRON.) trapping

captura (PHYS.) capture

captura de dados (COMP.) data capture

captura de dados (RADAR) sensing

captura de electrão K (PHYS.) k-electron capture; K-capture

captura de electrões (PHYS.) electron capture

captura de lacunas (ELECTRON.) hole trap

captura fluvial (ECO.) river capture

captura K (PHYS.) k-capture

captura L (PHYS.) L-capture

captura parasita (PHYS.) parasitic capture

captura por ressonância (NUCL.) resonance capture

captura radioactiva (NUCL.; PHYS.) radiative capture

caquexia (MED.) cachexia; cacochymia

caquexia pituitária (MED.) pituitary cachexia; Simmond's disease

caracol (MATH.) limaçon

carácter (BIO.) character

carácter (COMP.) character

carácter (PSYCHO.) trait

carácter adquirido (BIO.) acquired character

carácter anal (PSYCHO.) anal character

carácter autossómico dominante (MED.) autosomal dominant character; Marfan's syndrome

carácter binário codificado (COMP.) binary-coded character

carácter codificado em binário (COMP.) binary code character

carácter de cancelamento (COMP.) cancel character [CAN]

carácter de código (COMP.) code character

carácter de controlo (COMP.; ELECTRON.) control character

carácter de controlo de chamada (COMP.) call control character

carácter de controlo de comunicação (COMP.) communication control character

carácter de controlo de impressão (COMP.) print control character

carácter de densidade (COMP.) density character

carácter de deslocamento (COMP.) shift character

carácter de enchimento de memória-tampão (COMP.) buffer pad character

carácter de extensão de código (COMP.) code extension character

carácter de ignorância do bloco (COMP.) block ignore character

carácter de menor significado (COMP.) junior character

carácter de orientação de código (COMP.) code-directing character

carácter de pausa (TELECOM.) idle character

carácter de teste (COMP.) check character

caracteres adicionais (COMP.) additional characters

caracteres de análise (ZOO.) diagnostic characters

caracteres específicos (BIO.) specific characters

caracteres orais (PSYCHO.) oral characters

carácter especial (COMP.) special character

caracteres por segundo (COMP.) characters per second

caracteres sexuais secundários (ZOO.) secondary sexual characters

carácter ISO-7 (COMP.) ISO7; ISO-7

característica (PSYCHO.) trait

característica (ELECT.; MATH.; PHYS.) characteristic curve

característica (GEN.) characteristic

característica anódica (ELECTRON.) anode characteristic

característica composta (ELECT.) lumped characteristic

característica da válvula (ELECTRON.) tube characteristic

característica de atenuação (ELECTRON.) attenuation characteristic

característica de carga (ELECT.) load characteristic

característica de circuito aberto (ELECT.) open-circuit characteristic

característica de controlo (COMP.; ELECTRON.) control characteristic

característica de corrente contínua (ELECTRON.) constant-current characteristic

característica de curto-circuito (ELECT.) short-circuit characteristic

característica de derivação (ELECT.) shunt characteristic

característica de diodo (ELECT.) diode characteristic

característica de eléctrodo (ELECT.) electrode characteristic

característica de entrada (ELECTRON.) input characteristic

característica de factor de tensão zero (ELECT.) zero power-factor characteristic

característica de funcionamento (ELECT.) operating characteristic

característica de gás (PHYS.) characteristic of gas

característica de grade (ELECT.) grid characteristic

característica de minério (MINING) characteristic of ore

característica de operação (ELECT.) operating characteristic

característica de persistência (ELECTRON.) persistence characteristic

característica de realimentação (ELECTRON.) feedback characteristic

característica de saída (ELECTRON.) output characteristic

característica de série (ELECT.) series characteristic

característica de som (PHYS.) characteristic of sound

característica de temperatura (PHYS.) temperature characteristic

característica de tempo de propagação de grupo (ELECTRON.) group delay characteristic

característica de Townsend (ELECT.) Townsend characteristic

característica de transferência (ELECT.) transfer characteristic

característica de transferência disruptiva (ELECT.) breakdown transfer characteristic

característica de transístor (ELECTRON.) transistor characteristic

característica de um logaritmo (MATH.) characteristic of a logarithm

característica de válvula (ELECT.) valve characteristic

característica dinâmica (ELECT.) dynamic characteristic

característica em circuito aberto (ELECT.) no-load characteristic

característica especial de voo (AERO.) flight status

característica espectral (PHYS.) spectral characteristic

característica estática (ELECT.) static characteristic

característica externa (ELECT.) external characteristic

característica Geiger (PHYS.) Geiger characteristic

característica interna (ELECT.) internal characteristic

característica mecânica (ELECT.) mechanical characteristic

características adquiridas (ECO.) acquired characteristics

características balísticas (TELECOM.) ballistic characteristics

característica sem carga (ELECT.) no-load characteristic

características ideais do diodo (ELECTRON.) ideal diode characteristic

carácter limitado pelo sexo (BOT.; ZOO.) sex-limited character

carácter magnético (COMP.) magnetic character

carácter mendeliano (BIO.) Mendelian character

carácter quantitativo (BIO.) quantitative character; metric trait

carácter redundante (COMP.) redundant character

carácter síncrono inactivo (COMP.) synchronous idle character

carácter unitário (BIO.) unit character

Caradociano (GEO.) Caradoc

Caradriiformes (ZOO.) Charadriiformes

Carales (BOT.) Charales; Stoneworts

carapa (BOT.) crabwood

carapaça (ZOO.) carapace; shield

carate (GEN.) karat; carat

carbamato (CHEM.) carbamate

carbamato de feniletila (CHEM.) phenylethyl carbamate; phenylurethan

carbamazepina (CHEM.; MED.) carbamazepine

carbamida (CHEM.) carbamide

carbamilfosfato (CHEM.) carbamyl phosphate

carbanilida (CHEM.) carbanilide

carbapite (MINER.) carbonate-apatite

carbazol (CHEM.) carbazole

carbenos (CHEM.) carbenes

carbenoxalona (CHEM.; MED.) carbenoxalone

carbenoxalona dissódica (CHEM.; MED.) carbenoxalone disodium

carbilaminas (CHEM.) carbylamines

carbimazol (CHEM.; MED.) carbimazole

carbimida de cálcio (CHEM.) calcium carbimide

carbinol (CHEM.) carbinol

carbinol benzílico (CHEM.) benzyl carbinol

carboleína (CHEM.) carbolic oil

carbonado (CHEM.) carbonaceous

carbonado (MINER.) carbonado

carbonatito (GEO.) carbonatite

carbonato (CHEM.) carbonate

carbonato ácido de sódio (CHEM.) baking soda

carbonato-apatite (MINER.) carbonate-apatite

carbonato básico de alumínio (CHEM.) basic aluminium carbonate

carbonato básico de chumbo (CHEM.) basic lead carbonate

carbonato básico de cobre (MINER.) green carbonate of copper

carbonato branco (CHEM.) basic lead carbonate

carbonato de amónio (CHEM.) ammonium carbonate

carbonato de cálcio (CHEM.; MED.) calcium carbonate; chalk

carbonato de chumbo (CHEM.) lead carbonate; white lead

carbonato de chumbo sublimado (CHEM.) sublimed white lead

carbonato de lítio (CHEM.) lithium carbonate

carbonato de magnésio (CHEM.; MINER.) magnesium carbonate; magnesite

carbonato de potássio (CHEM.) potassium carbonate

carbonato de soda cru (MINING) black ash

carbonato de sódio (MINING) soda-ash

carbonato de zinco (CHEM.) zinc carbonate

carbonato natural de chumbo (MINER.) white lead

carboneto (CHEM.) carbide

carboneto aglomerado (MECH.) cement carbide

carboneto de boro (CHEM.) boron carbide

carboneto de cálcio (CHEM.) calcium carbide

carboneto de ferro livre (MECH.) free cementite

carboneto de silício (CHEM.) silicon carbide

carboneto sinterizado (MECH.) sintered carbide

Carbonífero (GEO.) Carboniferous

carbonífero (CHEM.) carbonaceous

carbonilo (CHEM.) carbonyl

carbonilo de cobalto (CHEM.) cobalt carbonyl

carbonilo de níquel (CHEM.) nickel carbonyl

carbonização (CHEM.) carbonization

carbonização a baixa temperatura (CHEM.) low temperature carbonization

carbono (CHEM.) carbon

carbono combinado (MECH.) combined carbon

carbono em pasta (MINING) carbon-in-pulp

carbono fixo (MECH.) fixed carbon

carbono radioactivo (CHEM.) radiocarbon

carborundo (carburandum) (CHEM.; MECH; MINER.; MINING.) carborundum

carboxamina (CHEM.) carboxamide

carboxidismutase (BOT.) carboxydismutase

carbóxi-hemoglobina (CHEM.) carboxy-haemoglobin

carbóxi-hemoglobinemia (MED.) carboxy-haemoglobinaemia

carboxilase (BIO.; BOT.) carboxylase

carboxilase dimerizante (BOT.) ribulose biphosphate carboxilase

carbúnculo (MED.) carbuncle; charbon

carbúnculo (MINER.) carbuncle

carbúnculo (VET.) bradsot; braxy

carbúnculo sintomático (VET.) blackleg

carburação (MECH.) carburizing; carburation

carburação por agente líquido (MECH.) liquid carburizing

carburação por gás (MECH.) gas carburizing

carburador (MECH.) carburettor

carburador invertido (AUTO.) downdraught

carburador por (de) injecção (AERO.) injection carburettor

carburandum (carburandum) (CHEM.; MECH.; MINER.; MINING) carborundum

carbureto de cálcio (CHEM.) calcium carbide

carburização (MECH.) carburizing; carburation

carcaça (AERO.) frame; hull

carcaça (BUILD.) carcass

carcaça de reactor (NUCL.) radioactive vessel

carcinogénese (MED.) carcinogenesis

carcinóide (MED.) carcinoid

carcinoma (MED.) carcinoma

carcinoma broncogénico (MED.) bronchogenic carcinoma

carcinoma cirroso (MED.) scirrhous carcinoma

carcinoma hepático (MED.) hepatocarcinoma; malignant hepatoma

carcinoma intra-epitelial (MED.) carcinoma in situ

carcinomatose (MED.) carcinomatosis; carcinosis

carcinomatoso (MED.) carcinomatous

carcinose (MED.) carcinosis; carcinomatosis

carcinotrão(on) (TELECOM.) carcinotron

carda (TEXT.) comb; flax-comb

cardação (TEXT.) carding

cardadura (TEXT.) carding

cardagem (TEXT.) raising

carda grossa para cardar lã (TEXT.) scribbler

cardan (MECH.) cardan; Hooke's joint

cárdia (MED.) cardia

cardíaco (MED.) cardiac

cardialgia (MED.) cardialgia

cardiectomia (MED.) cardiectomy

cardioangiologia (MED.) cardioangiology; cardiovasology

cardioblasto (ZOO.) cardioblast

cardiocele (cardiocelo) (MED.) cardiocele

cardiocentese (MED.) cardiocentesis

cardiogénico (MED.) cardiogenic

cardioglobina (MED.) cardioglobin

cardiografia vectorial (MED.) vector cardiography

cardiógrafo (MED.) cardiograph

cardiograma (MED.) cardiogram

cardióide (MATH.) cardioid

cardiolipina (IMMUN.) cardiolipin

cardiólise (MED.) cardiolysis; Brauer's operation

cardiologia (MED.) cardiology

cardiomalacia (MED.) cardiomalacia

cardiomiopatia (MED.) cardiomyopathy

cardiomiopatia obstructiva hipertrófica (MED.) hypertrophic obstructive cardiomyopathy

cardiospasmo (MED.) cardiospasm

cardiotacómetro (MED.) cardiotachometer

cardiovascular (MED.) cardiovascular

cardiovasculorrenal (MED.) cardiovasculorenal

cardiovasologia (MED.) cardiovasology

cardioversão (MED.) cardioversion

cardioversor (MED.) cardioverter

cardite (MED.) carditis

cardo (BOT.) burr

cardo (TEXT.) teazle

cardume (ZOO.) school

carena (ZOO.) carina

carenado (BOT.; ZOO.) carinate

carenagem (AERO.; NAV.) fairing

carência (PSYCHO.) need

carga (COMP.) chart

carga (ELECT.) load; burden

carga (GEN.) burden; cargo; charge; load; loading

carga (MINING) burden

carga acoplada (ELECT.) connected load

carga activa (ELECTRON.) active load

carga adiantada (ELECT.) leading load

carga admissível (AERO.) safety height

carga ajustada (TELECOM.) matched load

carga aplicada à asa (AERO.) wing loading

carga artificial (ELECT.) dummy load

carga atómica (PHYS.) atomic charge

carga básica (ELECT.) basic loading

carga capacitiva (ELECT.) capacitance load; capacitive load

carga central (ELECT.) centre load

carga compensada (ELECT.) balanced load

carga completa (ELECT.) full-load

carga concentrada (BUILD.) concentrated load

carga conectada (ELECT.) connected load

carga constante (PHYS.) steady load

carga contínua (ELECT.) continuous loading

carga da asa (AERO.) wing loading

carga da base (do transistor) (ELECTRON.) base stopper

carga da bateria (ELECTRON.) cell stored energy

carga da corda (AERO.) chord load

carga da hélice (AERO.) propeller load

carga da pá (AERO.) blade loading

carga de antena (ELECT.) antenna load

carga de base (ELECT.) base load

carga de bobina (ELECT.) coil loading

carga de choque (MECH.) shock load

carga de circuito (ELECT.) circuit load

carga de cisalhamento (MECH.) shear load

carga de combustão (MECH.) burner loading

carga de condensador (Electron.) capacitor charging

carga de contraforte (Mining) abutment load

carga de corpo total (Radiol.) total body burden

carga de corrente contínua (Elect.) d.c. load

carga de diodo (Elect.) diode load

carga de disco (Aero.) disk loading (helicopter)

carga de electrões (Electron.) electron charge

carga de ensaio (Aero.) proof load

carga de envergadura (Aero.) span loading

carga de esforço cortante (Mech.) shear load

carga de fornalha (Build.) stugging

carga de fornilho (Mech.) hollow cone charge

carga de fundo (Geo.) bed load

carga de imagem (Phys.) image charge

carga de imagem (Telecom.) image load

carga de impulso (Aero.) thrust load

carga (de matéria) suspensa (Eco.) suspended load

carga de modo (Comp.) mode load

carga de neve (Build.) snow load

carga de polarização (Elect.) bound charge

carga de potência (Aero.) power loading

carga de programa (Comp.) program load

carga de propelente (Aero.; Space) propellant charge

carga de prova (Mech.) proof stress

carga de regime (Elect.; Mech.) rated load; nominal load

carga de retardo (Elect.) lagging load

carga de retorno (Mining) returning charge

carga de rotura (Elect.) load-break rating

carga descartável (Aero.) disposable load

carga desequilibrada (Elect.) unbalanced load

carga de sistema (Comp.) system loading

carga de superfície (Aero.) surface loading

carga de superfície (Elect.) surface charge

carga de terra (Build.) overburden

carga de trabalho (Build.) moving load

carga de tracção (Geo.) traction load; bead load

carga dinâmica (Hydro.) dynamic head

carga disponível (Aero.) disposable load

carga dissolvida (Eco.) dissolved load

carga distribuída (Mech.) distributed force

carga do condutor (Elect.) conductor load

carga do primário (Elect.) primary load

carga eléctrica de trovoada (Meteo.) thunderstorm electric charge

carga eléctrica específica (Elect.) specific electric loading

carga electrónica (Phys.) electronic charge

carga electrónica específica (Electron.) specific electronic charge

carga electrostática (Elect.) electrostatic charge

carga em derivação (Telecom.) shunt loading

carga espacial (Electron.) space charge

carga específica (Phys.) specific charge

carga específica de um aerofólio (Aero.) surface loading

carga estática (Build.) dead load

carga estática (Elect.) static charge

carga excêntrica (Build.) eccentric load

carga fictícia (Elect.) dummy load

carga fora de pico (Elect.) off-peak load

carga fundamental (Elect.) base load

carga genética (Eco.) genetic load

carga indutiva (Elect.) inductive load; lagging load

carga induzida (Phys.) induced charge

carga latente (Elect.) bound charge

carga lateral (Mech.) lateral load

carga lenta (Electron.) trickle charge

carga limite (Aero.) limit load; ultimate load

carga livre (Elect.) free charge

carga magnética específica (Elect.) specific magnetic loading

carga máxima (Aero.) limit load; ultimate load

carga máxima (Build.) safe load

carga máxima (Elect.) peak load

carga morta (Build.) dead load

carga móvel (Build.) moving load

carga móvel (Mech.) live load; rolling load

carga não indutiva (Elect.) noninductive load

carga não reactiva (Elect.) non-reactive load

carga natural (Elect.) natural load

carga negativa (Elect.) negative charge

carga nominal (Elect.; Mech.) rated load; nominal load

carga normal (Mech.) normal charge

carga nuclear (Phys.) nuclear charge

carga paga (Aero.) payload; useful load

carga periódica (Elect.) pulsating load

carga permanente (Eng.) permanent load

carga permissível (Build.) safe load

carga propulsora (Aero.; Space) propellant charge

carga propulsora (Eng.) propulsive charge

carga pulsatória (Elect.) pulsating load

carga reactiva (Elect.) reactive load

carga residual (Electron.) residual charge

carga rolante (Mech.) live load; rolling load

carga seca coaxial (Elect.) coaxial dry load

carga total (Elect.) full-load

carga total da mola (Mech.) full spring load

carga unitária (Phys.) unit charge

carga útil (Aero.) payload; useful load

carga útil (Hydro.) net head

carga útil (Space) working load; payload

carga viva (Mech.) live load; rolling load

cariado (Med.) carious

cariátide (Arch.) caryatid

caricina (Chem.) caricin; papain

cárie (Med.) caries

cárie dentária (Med.) dental caries

cariocele (Med.) choriocele

cariocinese (Bio.) karyokinesis

cariocinético (Bio.) karyocinetic

cariócito (Bio.) karyocyte

carioclase (Bio.) karyoclasis

cariocromo (Bio.) karyochrome

cariófago (Zoo.) karyophage

Cariofiláceas (Bot.) Caryophyllaceae

cariofileno (Chem.) caryophyllene

Cariofilíneas (Bot.) Caryophyllidae

cariogamia (Bio.) karyogamy

cariogénese (Bio.) karyogenesis

cariogónada (Bio.) karyogonad

cariograma (Bot.) karyogram

cariolinfa (Med.) karyolymph

cariólise (Med.) karyolisis

carioplasma (Bio.) karyoplasm

carioplasto (Bio.) karyoplast

cariopse (Bot.) caryopsis

cariorrexia (Med.) karyorrhexis

cariosoma (Bio.) karyosome

carioteca (Bio.) karyotheca

cariótipo (Bio.) karyotype; idiogram

carlinga (Aero.) cockpit

carlinga (Nav.) step

Carme (Astro.) Carme (9th satellite of Jupiter)

carminado (Chem.) carminate

carminativo (Med.) carminative

carnalite (Miner.) carnallite

carne do peito (Vet.) brisket

carne esponjosa (Med.) proud flesh

carneliana (Miner.) carnelian

carniceiro (Zoo.) carnassial

carnívoro (Zoo.) carnivorous

Carnívoros (Zoo.) Carnivora

carnotite (Miner.) carnotite

caroço (Bot.) stone

Carófitas (Bot.) Charophyceae

carófitos (Bot.) stoneworts

Caronte (Astro.) Charon (1st satellite of Pluto)

carote (Mining) core

caroteno (Bot.; Chem.) carotene

carotenóides (Bot.) carotenoids

carpelado (Bot.) carpellate

carpelo (Bot.) carpel

cárpico (Zoo.) carpal

carpintaria (Gen.) joinery

carpinteiro de obra branca (Build.) joiner

carpo (Zoo.) carpus

carpoptosia (Med.) drop wrist

carrascal (Espanha) (Eco.) matorral

carrascal (França) (Eco.) maquis

carrascal (Itália) (Eco.) macchia

carrasco (Austrália) (Eco.) mallee

carreamento (Geo.) overthrust

carregado de deutério (Nucl.) deuterium-loaded

carregador (Comp.) loader

carregador (Mech.) conveyor

carregador automático (Mech.) automatic stoker

carregador de ligações (Comp.) link loader

carregador de sistema (Comp.) boostrap

carregador mecânico (Mech.) mechanical stoker

carregamento (Gen.) loading

carregamento (Mining) burden

carregamento a corrente constante (Electron.) constant-current charging

carregamento descontínuo (Telecom.) lumped loading

carregar a EPROM (Comp.) blow EPROM

carregue e chame (Comp.) load-and-call

carregue e inicie (Comp.) load-and-go

carretel (Text.) pirn

carretel de urdidura (Text.) warp spool

carreto (Elect.) bobbin

carreto (Image Tech.) reel

carreto (Imp.) carriage

carreto (Mech.) pinion

carreto automático (Comp.) automatic carriage

carreto de filme (Image Tech.) magazine

carreto do escape (Horo.) escape pinion

carreto dos minutos (Horo.) minute pinion

carril (Build.) rail

carril contínuo soldado (Build.) continuous welded rail

carril de segurança (Build.) rail guard

carro (Aero.) car

carro (Print.) carriage

carro a bateria (Elect.) battery vehicle

carro basculante (Build.) dumper

carro de acumuladores (Elect.) accumulator vehicle

carro de mão para tijolos (Build.) hack-barrow

carro de tracção por cabo (Build.) cablecar

carro Diesel eléctrico (Eng.) diesel-electric-car

carro do molde (Mech.) die carriage

carro do torno (Mech.) lathe carriage

carro elevador (Mech.) lifting truck

carro porta-câmara (Image Tech.) camera dolly

carro porta-crisol (Mech.) ladle car

carso (Geo.) karst; grike; gryke

carta astronómica (Astro.) astronomical chart

carta batimétrica (Geo.) bathymetric chart

carta celeste (Astro.) astronomical chart

carta cromossómica (Bio.) chromosome mapping

carta de altitude (Meteo.) upper-air chart

carta de aproximação (Aero.) approach chart

carta de calibração (Elect.) calibration chart

carta de contorno (Meteo.) contour chart

carta de declinação (Surv.) declination chart

carta de desvio (Nav.) deviation card

carta de espessura (Meteo.) thickness chart

carta de estrelas (Astro.) star chart

carta de marear (Nav.) sea chart

carta (de) Mercator (Geo.) Mercator projection

carta de nível constante (Meteo.) constant-level chart

carta de nível de intensidade (de campo electromagnético) (Electron.) field-strength contour

carta de nível fixo (Meteo.) constant-level chart

carta de pressão constante (Meteo.) constant-pressure chart; contour chart

carta de previsão (Meteo.) prognostic map; prognostic chart

carta de processamento (Mech.) process chart

carta de prognóstico (Meteo.) prognostic chart

carta de radar (Aero.) radar chart

carta de resolução (Image Tech.) resolution chart

carta de Ringelmann (Gen.) Ringelmann chart

carta de Segrè (Phys.) Segrè chart

carta de superfície (Meteo.) surface chart

carta de tomada de campo (Aero.) approach chart

carta estelar (Astro.) stellar chart

carta genética (Bio.) gene mapping

carta hidrográfica (Geo.) hydrographic chart

carta isobárica (Meteo.) isobaric chart; constant-pressure chart

carta isógona (Meteo.) isogonic chart

carta isomagnética (Phys.) isomagnetic chart; isomagnetic map

carta Jeppesen (Aero.) Jeppesen chart

carta loxodrómica (Aero.) loxodromic chart; loxodromic map; airway map

carta marítima (Nav.) sea chart

carta meteorológica (Meteo.) meteorological chart; weather chart

carta náutica (Geo.; Nav.) nautical chart; nautical map; sea chart

cartão (Gen.) card

cartão (Paper) chip-board; board; cardboard; pasteboard

cartão analógico (Electron.) analogue card

cartão Bristol (Paper) Bristol board

cartão de acesso (Electron.) card access

cartão de amianto (Eng.) asbestos board

cartão de bordos perfurados (Comp.) border-punched card

cartão de cabeçalho (Comp.) header card

cartão de fibra para forrar paredes (Build.) beaver board

cartão de fibra prensada (Build.) hardboard

cartão inteligente (Gen.) smart card

cartão lógico (Comp.) logic card

cartão magnético (Comp.) magnetic card

cartão para caixas (Paper) carton board

cartão para capas (Paper) cover paper

cartão perfurado (Comp.) punch card

cartão perfurado contendo um item de agenda (Comp.) agendum call card

carta sinóptica (Meteo.) synoptic chart

cartaz (Print.) broadside; broadsheet

cárter (Mech.) crankcase; housing; case; sump

cárter a óleo (Auto.) oil sump

cárter a seco (Auto.) dry sump

cárter bipartido (Mech.) split crankcase

cárter de tambor (Mech.) barrel-type crankcase

cárter húmido (Mech.) wet sump

cartilagem (Bio.) cartilage

cartilagem na língua do cão (Zoo.) lytta

cartilaginiforme (Bio.) cartilaginoid

cartilaginóide (Bio.) cartilaginoid

cartilaginoso (Bio.) cartilaginous

cartografia (Surv.) cartography

cartografia aérea (Surv.) air cartography

cartografia celeste (Astro.) sky mapping

cartografia morfológica (Eco.) morphological mapping

cartografia por radar (Aero.; Radar) radar mapping

cartolina (Paper) card; Bristol card; cardboard

cartucho (Arch.) cartouch(e) [Egyptian art ornament]

cartucho (Comp.) cartridge

cartucho (Mech.) cartridge; shell

cartucho de combustível nuclear (Nucl.) slug

cartucho de disco (Comp.) disk cartridge

cartucho de disco magnético (Comp.) magnetic disk cartridge

cartucho de fita (Comp.) tape cartridge

cartucho de fita magnética (Comp.) magnetic tape cartridge

cartucho hidráulico (Build.) hydraulic cartridge

cartucho satélite (Comp.) satellite cartridge

cártula (Arch.) cartouch(e) [Renaissance/Baroque ornament]

caruncho (Bot.) rot

carúncula (Bot.; Med.; Zoo.) caruncle

carvacrol (Chem.) carvacrol

carvalho (Bot.) oak

carvalho de lambrim (Build.) wainscot oak

carvão (Gen.) coal; charcoal; carbon; carbo

carvão absorvente (CHEM.) absorbent charcoal
carvão activado (CHEM.:; MED.) activated carbon; activated charcoal
carvão aglomerado (MINING) caking coal
carvão animal (CHEM.; MED.) animal charcoal
carvão betuminoso (CHEM.) gas coal
carvão betuminoso (MINING) boghead coal
carvão bruto (MINING) raw-coal
carvão classificado (MINING) screened coal
carvão crivado (MINING) screened coal
carvão de açúcar (CHEM.) sugar charcoal
carvão de algas (MINING.) boghead coal
carvão de chama (eléctrodo) (ELECT.) flame carbon (electrode)
carvão de filamento (ELECT.) filament carbon
carvão de lâmpada de arco (ELECT.) arc-lamp carbon
carvão de madeira (CHEM.) charcoal; coal
carvão de ossos (MINING) bone
carvão de pedra (MINER.) pit coal; anthracite coal; fossil coal
carvão de retorta (CHEM.) gas carbon
carvão de têmpera (MECH.) hardening carbon
carvão fino (GEO.) culm
carvão fino (MINING) slack
carvão fóssil (GEO.) turf; peat
carvão gordo (MINING) fat coal
carvão grafítico (MECH.) graphitic carbon
carvão granulado (MINING) slack
carvão mate (MINING) dull coal
carvão mineral (MINER.) coal
carvão miúdo (MINING) duff; peas
carvão negativo (ELECT.) negative carbon
carvão ósseo (CHEM.) charcoal
carvão para caldeiras (MINING) steam coal
carvão pulverizado (MECH.) micronized coal
carvão pulverizado (MINING) slack; duff; peas
carvão queimado (MINER.) burnt coal
carvão seco (CHEM.) dry coal
carvão seco (MINING) dry burning coal; free-ash coal
carvão terroso (MINING) smut
carvão vegetal (CHEM.) charcoal
carvão vegetal activado (CHEM.) activated charcoal
carvão xistoso (MINING) slate coal; slaty coal
carvona (CHEM.) carvone
casa da máquina (PRINT.) machine room
casa de campo (BUILD.) country house
casa de navegação (NAV.) deck house
casa do leme (NAV.) bridge house
casamata (ENG.) blockhouse
casa rústica (ARCH.) cottage; chalet
casca (BOT.) bark; cortex; testa
casca (BUILD.) crust
casca (MECH.) chip

casca (ZOO.) testa
casca amarga (MED.) cascara amara
casca das Honduras (MED.) cascara amara
casca de laranja (BUILD.) orange peel (painting fault)
cascalheira (MINING) gravel
cascalheira de encosta (ECO.) taluvium
cascalheira de sopé (GEO.) protalus rampart
cascalho (BUILD.) rubble; broken stone; gravel
cascalho (GEO.) gravel; pebble; shingle
cascalho (GEN.) gravel
cascalho arenoso (GEO.) sandy gravel
cascalho aurífero (GEO.) gold-bearing gravel
cascalho de gema (GEO.) gem gravel
cascalho de planalto (GEO.) plateau gravel
cascalho de sílex (GEO.) flint gravel
cascalho feldspático (GEO.) feldspathic grit
cascalho fosfático (GEO.) phosphatic pebble
cascalho glacial (GEO.) glacial gravel
cascalho lavado (MINING) wash gravel
cascalho marinho (GEO.) marine gravel
cascalho passado pelo crivo (BUILD.) hogging
cascalho plistocénico (GEO.) Pleistocene gravel
cascalhos eluviais (GEO.) eluvium gravels
casca primária (BOT.) cortex
cascara sagrada (MED.) cascara sagrada
cascata (GEN.) cascade
cascata (HYDRO.) fall; water fall; cascade
cascata trófica (ECO.) trophic cascade
casco (AERO.) hull; skin
casco (NAV.) bilge; hull
casco (ZOO.) hoof
casco de hidroavião (AERO.) seaplane hull
caseação (MED.) caseation
casease (BIO.; CHEM.; MED.) casease
caseína (BIO.) casein
caseinase (BIO.) caseinase
caseinato (CHEM.) caseinate
caseose (BIO.) caseose
caseoso (BIO.) caseous
caso (MED.) case
caso indicador (MED.) index case
caspa (MED.) dandruff; furfur
casquete de pilar de escada (BUILD.) newel cap
casquilho (BUILD.) ferrule
casquilho (ELECT.) socket; screw-cap
casquilho (MECH.) bush; bushing
casquilho de ar (BUILD.) air cap
casquilho polar (ELECT.) pole shim
cassete (IMAGE TECH.) cassette
cassete de fita (COMP.) tape cassette
cassete de som (TELECOM.) audio cassette
cassete de vídeo digital (IMAGE TECH.) digital video cassette [DVC]

Cassiopeia (ASTRO.) Cassiopeia
Cassiopeia A (ASTRO.) Cassiopeia A
cassiterite (MINER.) cassiterite; stream tin; tin-stone
castanheiro-da-Austrália (BOT.) black bean
castanho-avermelhado (MED.) xanthism (pigmentary anomaly)
castanho de Bismarck (CHEM.) Bismarck brown
castanho de Manchéster (CHEM.) Manchester brown
castanho Sudão (BIO.) Sudan brown
castigo (PSYCHO.) punishment
castilha (MECH.) flux (iron melting); limestone flux
castina (MECH.) limestone flux
castração (BOT.) emasculation
castração (BOT.; MED.; VET.) castration; sterilization; emasculation ; orchiectomy; caponizing
castração parasita (ZOO.) parasitic castration
castrador (VET.) emasculator
castrar (VET.) spay (female)
catabático (METEO.) katabatic
catabolina (BIO.; MED.) catabolin; catabolite
catabolismo (BIO.; MED.) catabolism
catabólito (BIO.; MED.) catabolite; catabolin
catacáustica (PHYS.) catacaustic
cataclase (GEO.) cataclasis ; kataklasis
cataclástico (GEO.) cataclastic; kataklastic
catacrotismo (MED.) catacrotism
catadicrotismo (MED.) catadicrotism
catadídimo (BIO.) catadidymus
catadióptrico (PHYS.) catadioptric
catadromo (BOT.; ZOO.) katadromous; catadromous
catafilos (BOT.) cataphyl
cataforite (MINER.) kataphorite; cataphorite
catalase (BIO.) catalase
catalepsia (MED.) catalepsy
catalepsiforme (MED.) cataleptoid
cataleptóide (MED.) cataleptoid
catalisador (CHEM.) catalyst; catalyzer; carrier
catalisador de Adam (CHEM.) Adam's catalyst
catalisador de Raney (CHEM.) Raney nickel
catalisador positivo (CHEM.) positive catalyst
catalisador Ziegler (CHEM.) Ziegler catalyst
catálise (CHEM.) catalysis
catálise de adsorção (CHEM.) adsorption catalysis
catálise negativa (CHEM.) negative catalysis
Catálogo de Messier (ASTRO.) Messier catalogue
catálogo de tarefas (COMP.) job catalog
Catálogo Geral de Boss (ASTRO.) Boss General Catalogue
cataplexia (MED ; VET. ZOO.) cataplexy; kataplexy
catapulta (AERO.) catapult
catarata (MED.) cataract

cataratopiese (MED.) couching (obsolete)

catarro (MED.) catarrh

catarro contagioso (VET.) contagious catarrh; infectious coryza

catarro contagioso equino (VET.) equine contagious catarrh

catarro nasal (MED.) snuffles

catártico (MED.) cathartic; purgative; evacuant; eccoprotic

catártico brando (MED.) laxative

catastrofismo (GEO.) catastrophism

catatermómetro (MINING) katathermometer

catecol (CHEM.) catechol; pyrocatechol

catecolaminas (BIO.) catecholamines

catecol oxidase (CHEM.) catechol oxidase; monophenol monooxygenase

categoria de computador (COMP.) computer range

categoria de voo (AERO.) flight status

categute (cat-gut) (MED.) catgut

catelectrotono (MED.) cathelectrotonus

catenação (BIO.) catenation

catenanos (BIO.) catenanes

catenária (MATH.; PHYS.) catenary

catenóide (MATH.) catenoid

caterpillar (ENG.) Caterpillar [TM]

cateter (MED.) catheter

catetómetro (PHYS.) cathetometer; reading microscope

catexe (PSYCHO.) cathexis

catexia (PSYCHO.) cathexis

catião (PHYS.) cation

catinga (ECO.) caatingas

cátodo (ELECT.) cathode

cátodo activado (ELECTRON.) activated cathode

cátodo auto-regenerado (ELECTRON.) dispenser cathode

cátodo com tório (ELECTRON.) thoriated cathode

cátodo de alta emissão (ELECT.) high emission cathode

cátodo de aquecimento (ELECT.) heater cathode

cátodo de aquecimento directo (ELECTRON.) directly-heated cathode

cátodo de aquecimento indirecto (ELECT.) equipotential cathode

cátodo de arco (ELECT.) arc cathode

cátodo de baixa temperatura (ELECTRON.) dark heater

cátodo de frequência intermediária (TELECOM.) intermediate frequency cathode

cátodo de piscina (ELECTRON.) pool cathode

cátodo de plasma (ELECTRON.) plasma cathode

cátodo de terra (ELECT.) earthed cathode

cátodo de túnel (ELECT.) tunnel cathode

cátodo emissor (ELECTRON.) hot cathode

cátodo equipotencial (ELECT.) equipotential cathode

catodofone (PHYS.) cathodophone

cátodo frio (ELECTRON.) cold cathode

cátodo ionicamente aquecido (ELECTRON.) ionic-heated cathode

cátodo líquido (ELECTRON.) pool cathode

catodoluminescência (PHYS.) cathodoluminescence

cátodo plano (ELECT.) flat cathode

cátodo revestido (ELECT.) coated cathode

cátodo revestido de óxido (ELECTRON.) oxide-coated cathode

cátodo term(o)iónico (ELECTRON.) thermionic cathode

cátodo toriado (ELECTRON.) thoriated cathode

catoforite (MINER.) catophorite

católito (PHYS.) catholyte

catraca (MECH.) ratchet brace

cauda (GEN.) tail

cauda (ZOO.) tail; cauda; dock

Caudados (ZOO.) Caudata

cauda em V (AERO.) butterfly tail; vee-tail

caudal (HYDRO.) rate of flux; discharge; flow off; plow

caudal (MINING) production rate; flow rate

caudal crítico (HYDRO.) critical discharge

caudal de inundação (HYDRO.) flood flow

caudal de refluxo (CHEM.) reflux ratio

cauda pesada (AERO.) tail heaviness

cáudice (BOT.) caudex

caule (BOT.) stalk; stem

caulescente (BOT.) caulescent

caule suculento (BOT.) succulent stem

cauliflora (BOT.) cauliflory

caulifloro (BIO.) cauliflorous

caulinar (BOT.) cauline

caulinite (MINER.) kaolinite

caulinização (GEO.) kaolinization

caulino (GEO.; MED.) kaolin; China clay; porcelain clay

causalgia (MED.) causalgia

cáustica (MATH.; PHYS.) caustic curve

cáustico (CHEM.) caustic; etchant; mordant

cáustico (MED.) caustic

cáustico lunar (CHEM.) lunar caustic

cauterização (MED.) burn

cauterização pelo frio (MED.) cryocautery

cavaco (BOT.) matchwood

cavado de potencial (PHYS.) potential trough

cavado equatorial (METEO.) equatorial trough

cavado induzido (METEO.) induced trough

cavador (ZOO.) fossorial

cavalete (BUILD.) cradle; stage; horse; ridge (roof); crown bar

cavalete (MINING) set

cavalete da caldeira (MECH.) boiler saddle; boiler cradle

cavalete de composição (PRINT.) composing frame

cavalete de extracção (MINING) headframe; headgear

cavalete de granéis (PRINT.) galley rack

cavalete de plataforma (BUILD.) platform gantry

cavalete de serra (BUILD.) saw-horse

cavalete móvel (BUILD.) traveller granty

cavalo-força (MECH.) horse-power

cavalo-vapor (MECH.) horse-power (HP); cheval-vapeur (CV); Pferdestaerke (PS)

cavalo-vapor de atrito (MECH.) friction horse-power

cavalo-vapor de fricção (MECH.) friction horse-power

caverna (GEN.) cavern

caverna (NAV.) floor

caverna natural ou artificial (MINING) cavern; zawn (Cornwall, UK)

cavernícula (ECO.) cavernicolous

cavernoso (ZOO.) cavernous; cavernosus

caveta(o) (ARCH.) cavetto

cavidade (BUILD.) blowing; pocket

cavidade (GEO.) blow-hole

cavidade (MED.) cavern

cavidade (ZOO.) sinus (bone or tissue)

cavidade abdominal (MED.) abdominal cavity

cavidade amniótica (ZOO.) amniotic cavity

cavidade biológica (NUCL.) biological hole

cavidade bucal (ZOO.) buccal cavity

cavidade celular (BOT.) cell cavity

cavidade coaxial (ELECT.) coaxial cavity

cavidade corporal (ZOO.) body cavity

cavidade de clivagem (ZOO.) segmentation cavity

cavidade de corrosão (MECH.) pitting

cavidade de reacção (ELECTRON.) reaction cavity

cavidade de segmentação (ZOO.) segmentation cavity

cavidade do corpo primário (ZOO.) primary body cavity

cavidade do septo pelúcido (MED.) Sylvian ventricule

cavidade glenoidal (ZOO.) glenoid fossa

cavidade paleal (ZOO.) mantle cavity

cavidade peritoneal (ZOO.) peritoneal cavity

cavidade ressonante (TELECOM.) resonant cavity

cavidades de contracção (MECH.) contraction cavities

cavidade sintonizada (ELECTRON.) tuned cavity

cavilha (BUILD.) tenon; bolt; pin; hanger; spike

cavilha (ELECT.) plug

cavilha (GEN.) bolt; peg; pin; dowel; brad

cavilha (MECH.) bolt; cotter; pin; pintle

cavilha com gancho (BUILD.) hook bolt

cavilha com olhal (MECH.) eye bolt

cavilha cortante (MECH.) shear pin

cavilha de cabeça embutida (BUILD.) flush bolt

cavilha de encaixe (BUILD.) mortise bolt

cavilha de encaixe (MECH.) dowel pin

cavilha de ferro (BUILD.) gudgeon

cavilha de fixação (BUILD.) fixing plug; anchor bolt

cavilha de madeira (BUILD.) trenail

cavilha de nivelamento (MECH.) levelling bolt
cavilha de rebordo liso (BUILD.) bareface tenon
cavilha de roda (MECH.) linch pin
cavilha de segurança de calha (BUILD.) gutter bolt
cavilha de selector (TELECOM.) selector plug
cavilha de travagem (MECH.) locking bolt; set bolt
cavilha farpada (NAV.) rag-bolt
cavilhão (BUILD.) gudgeon
cavilhas de recuperação (SURV.) recovery pegs
cavitação (BOT.; MED.; MINER.; PHYS.) cavitation
cavitação da hélice (MECH.) propeller cavitation
CD de alta definição (TELECOM.) high definition compatible digital
CD gravável (TELECOM.) recordable CD
CD regravável (TELECOM.) rewritable CD
ceco (cego) (ZOO.) caecum
cecos copuladores (ZOO.) hemipenes
cecos mesentéricos (ZOO.) mesenteric caeca
cecostomia (MED.) caecostomy; cecosthomy
cecotomia (MED.) caecotomy
cedro (BOT.) cedar
cedro-do-Himalaia (BOT.) deodar
cefalado (MED.; ZOO.) cephalad
cefalalgia (MED.) cephalalgia
cefalantina (CHEM.) cephalanthin
cefaledema (MED.) cephaledema
cefaleia (MED.) cephalea; encephalgia; headache; migraine; cephalalgia
cefalgia (MED.) encephalgia; cephalodynia
cefálico (ZOO.) cephalic
cefalina (CHEM.) cephalin
cefalite (MED.) cephalitis
cefalização (ZOO.) cephalization
céfalocaudal (ZOO.) cephalocaudal; cephalocercal
cefalocélio (MED.) cephalocele
cefalocentese (MED.) cephalocentesis
cefalocercal (ZOO.) cephalocercal; cephalocaudal
Cefalocordados (ZOO.) Cephalochordata
cefalocórdio (BIO.) cephalochord
cefalodídimo (MED.) cephalodidymus
cefalodinia (MED.) cephalodynia
cefalogénese (BIO.) cephalogenesis
cefalogírico (MED.) cephalogyric
cefalografia (MED.) cephalography
cefalo-hematocelo (MED.) cephal(o)hematocele
cefalo-hematoma (MED.) cephal(o)hematoma
cefalomegalia (MED.) cephalomegalia
cefalómelo (MED.) cephalomelus
cefalomenia (MED.) cephalomenia
cefalomeningite (MED.) cephalomeningitis
cefalometria (MED.) cephalometry
Cefalópodes (ZOO.) Cephalopoda
cefaloridina (MED.) cephaloridine
cefalosporina (MED.) cephalosporin

cefalotomia (MED.) cephalotomy
cefalótomo (MED.) cephalotome
cefalótórax (ZOO.) cephalotorax
cefalótribo (MED.) cephalotribe
cefalotripsia (MED.) cephalotripsy
Cefeida (ASTRO.) Cepheid variable
cego (ZOO.) caecum (pl. ceca)
cegueira da neve (MED.) snow-blindness
cegueira diurna (MED.) day blindness; hemeralopia
cegueira nocturna (MED.) night blindness; nyctalopia
cegueira nocturna (VET.) periodic ophtalmia
cegueira para as cores (MED.) colour blindness; anomalopia
cegueira para o encarnado (MED.) red blindness; protanopia
cegueira para o verde (MED.) green blindness; deuteranopia
ceilonite (MINER.) ceylonite
celeiro holandês (ARCH.) Dutch barn
Celenterados (ZOO.) Coelenterata
celestina (MINER.) celestine; sulphate (sulfate) of strontium
celestite (MINER.) celestine
celha para lavar minério (MINING) kieve; dolby tub
celíaco (ZOO.) coelic
celite (CHEM.) celite
Cellosolve (MC) (PLAST.) Cellosolve (TM)
celobiose (CHEM.) cellobiose; cellose
celoma (ZOO.) coelom; secondary body cavity
Celomados (ZOO.) Coelomata
Celómatos (ZOO.) Coelomata
celómero (ZOO.) coelomere
celomostómio (ZOO.) coelostome
celose (CHEM.) cellose; cellobiose
celóstato (AERO.) coelostat
celozóico (ZOO.) coelozoic
celsiano (MINER.) celsian
célula (BIO.; COMP.; ELECT.; ZOO.) cell
célula (COMP.) frame
célula (GEN.) cell
célula acessória (BOT.) accessory cell; subsidiary cell
célula aderente (ZOO.) adhesive cell
célula albuminosa (BOT.) albuminous cell
célula alvo (IMMUN.) target cell
célula apical (BOT.; ZOO.) apical cell
célula B (IMMUN.) B-cell
célula basófila (MED.) basophil cell
célula binária (COMP.) binary cell
célula capsular (ZOO.) capsular cell; amphicyte
célula colectora (BOT.) collecting cell
célula companheira (BOT.) companion cell
célula de acumulação (BOT.) collecting cell
célula de ar (MECH.) air cell
célula de carácter (COMP.) character cell
célula de colar (ZOO.) collar cell
célula de combustível (CHEM.) fuel cell
célula de convecção (GEO.) convective cell
célula de dados (COMP.) data cell

célula de esmalte (ZOO.) enamel cell; ameloblast
célula de flutuação pneumática (MINING) pneumatic flotation cell
célula de gás (AERO.) gas-bag
célula de gás (CHEM.) gas cell
célula de Golay (PHYS.) Golay cell
célula de Hadley (METEO.) Hadley cell
célula de Hortega (ZOO.) Hortega cell; microglia
célula de Kerr (ELECT.) Kerr cell
célula de Kupffer (IMMUN.) Kupffer cell
célula de Langerhans (IMMUN.) Langerhans cell
célula de lúpus eritematoso (IMMUN.) lupus erythemathous cell
célula de Malpighi (BOT.) Malpighian cell
célula de memória (COMP.) storage cell
célula de memória B (IMMUN.) B-memory cell
célula dendrítica (IMMUN.) dendritic cell
célula de oxissulfeto de tálio (ELECTRON.) thalofide cell
célula de página (COMP.) page frame cell
célula de passagem (BOT.) passage cell
célula de plasma (IMMUN.) plasma cell
célula de pressão (PHYS.) pressure cell
célula de protecção (BOT.) guard cell
célula de rede de telemóvel (TELECOM.) umbrella cell
célula de Schwann (ZOO.) Schwann cell
célula de Sézary (MED.) Sézary cell
célula (de telemóvel) macro (TELECOM.) macrocell
célula de transferência (BOT.) transfer cell
célula de trovoada (METEO.) thunderstorm cell
célula do canal (BOT.) neck cell
célula do canal do colo (BOT.) neck canal cell
célula do esclerênquima (BOT.) sclerenchyma cell
célula em chicote (IMMUN.) mast cell; mastocyte
célula em flagelo (IMMUN.) masocyte; mast cell
célula em taça (BIO.) goblet cell
célula eucariótica (BIO.) eukaryotic cell
célula exterminadora natural (IMMUN.) natural killer cell
célula fotocondutiva (ELECTRON.) photoconductive cell
célula fotoeléctrica (ELECT.; ELECTRON.; TELECOM.) photocell; photoelectric cell; phototube; electric eye; electrical eye; photo emissive cell
célula fotoeléctrica a vácuo (ELECTRON.) vacuum photocell
célula fotoeléctrica de cádmio (ELECT.) cadmium photocell
célula fotoelectrolítica (ELECTRON.) photoelectrolytic cell
célula fotoemissiva (ELECTRON.) photoemissive cell

célula fotoquímica (ELECTRON.) photochemical cell
célula geradora (BOT.) generative cell
célula germinativa (ZOO.) germ cell; germinal cell
célula gigante (ZOO.) giant cell
célula glandular (ZOO.) gland cell
célula glial (BIO.) glial cell
célula híbrida (BIO.) hybrid cell
célula hospedeira (BIO.) host cell
célula independente (BIO.) autoblast
célula indiferenciada (BIO.) stem cell
célula inicial do câmbio (BOT.) cambial initial
célula irmã (BIO.) sister cell
célula isolada (RADAR) isolated cell
célula K (IMMUN.) K-cell
célula-mãe (BOT.; ZOO.) mother cell
célula-mãe dos esporos (BOT.) spore mother cell
célula-mãe dos grãos de pólen (BOT.) pollen mother cell
célula magnética (COMP.) magnetic cell
célula masculina (BOT.) sperm cell
célula mielóide (IMMUN.) myeloid cell
célula migratória (ZOO.) migratory cell
célula motora (BIO.) motor cell
célula nervosa (ZOO.) nerve cell; neuron; neurocyte
célula neurossecretória (BOT.) neurosecretory cell
célula-ovo (ZOO.) egg-cell; oocium
célula parenquimosa (BOT.) albuminous cell
célula parenquimosa do fígado (MED.) hepatocyte
célula pétrea (BOT.) stone cell; sclereid; osteosclereid
célula pigmentar (BIO.) pigment cell
célula piloto (ELECT.) pilot cell
célula plasmática (IMMUN.) plasma cell
célula-radar (RADAR) radar cell
célula rápida (COMP.) quick cell
células alimentadoras (ZOO.) nurse cells
células amarelas (ZOO.) yellow cells
célula sanguínea (BIO.; MED.) blood cell
células basófilas (MED.) basiphil cells; basophil cells
células cloragogéneas (BIO.) chloragogen cells
células de força contra-electro-motriz (ELECT.) back-e.m.f. cells
células de germinação primordial (ZOO.) primordial germ cells
células de luteína (ZOO.) lutein cells
células de Neumann (MED.) Neumann's cells
células de Rauber (ZOO.) Rauber's cells
células derivadas do timo (IMMUN.) thymus derived cells
células de Sertoli (ZOO.) Sertoli cells; nurse cells
células de Tzank (MED.) Tzank cells
células epiteliais tímicas (IMMUN.) thymic epithelial cells
células errantes (ZOO.) wandering cells
célula sintonizada (TELECOM.) tuned cell

célula solar (ELECTRON.) solar cell
célula somática (ZOO.) somatic cell
células pironinofílicas (IMMUN.) pyroninophilic cells
células sexuais (BIO.) sex cells
célula subsidiária (BOT.) subsidiary cell
célula subsidiária (IMMUN.) accessory cell
célula supressora (IMMUN.) suppressor cell
célula T (IMMUN.) T-cell
célula T ajudante (BIO.) helper T cell
célula T citotóxica (BIO.) cytotoxic T cell
célula T supressora (BIO.) suppressor T cell
células de memória (BIO.) memory cells
células endoteliais (BIO.) endothelial cells
células foliculares (BIO.) follicle cells
células HeLa (BIO.) HeLa cell
células produtoras de anticorpos (BIO.; MED.) antibody-producing cell
celulase (BIO.) cellulase
célula tubular (BOT.) canal cell
célula ultravioleta (PHYS.) ultraviolet cell
célula unitária (CRYST.) unit cell
célula vasoformativa (ZOO.) vasoformative cell
célula velada (IMMUN.) veiled cell
célula vitelina (ZOO.) yolk cell
célula voltaica (CHEM.) voltaic cell
celulite (MED.) cellulitis
celulite ulcerativa (VET.) ulcerative cellulitis
celulítico (BIO.) cellulytic
celulóide (IMAGE TECH.; PLAST.) celluloid; film base
celulose (BOT.) cellulose
celulose com trietilaminoetil (MED.; CHEM.) TEAE-cellulose; TriEthylAminEthyl-cellulose
celurose (VET.) staggers; sturdy
cementite (MECH.) cementite
cementite globular (MECH.) globular cementite
cementite livre (MECH.) free cementite
cemitério (NUCL.) graveyard
cemitério de resíduos nucleares (NUCL.) burial site
cena (IMAGE TECH.) scene
cenário (IMAGE TECH.) set
cenóbio (BOT.) coenobium
cenócito (BOT.; ZOO.) coenocyte; coenocytia
cenogameta (BOT.) coenogamete
cenogénese (ZOO.) caenogenesis
Cenomaniano (GEO.) Cenomanian
cenossarco (ZOO.) coenosarc
cenósteo (ZOO.) coenosteum
Cenozóico (GEO.) Cenozoic; Kainozoic
censor (PSYCHO.) censor
censura (PSYCHO.) censorship
cent(avo) (NUCL.) cent
centelha (ELECT.) spark
centelha de dieléctrico (ELECT.) dielectric spark
centelha de indução (ELECT.) induction spark
centelha viva (ELECT.) live spark

centi- (GEN.) centi-
centimorgan (BIO.) centiMorgan
Centípedes (ZOO.) Centipodes
centipoise (PHYS.) centipoise
centragem (AERO.) trim
centragem (BUILD.) centering
centragem (MECH.) centring
centragem lateral (AERO.) lateral trim
central automática privada (TELECOM.) private branch exchange (PBX)
central eléctrica (ELECT.) power house; station; supply station
central em série (TELECOM.) tandem exchange
central geradora (MINING) power plant
centralização (MECH.) centring
centralizador de administração de comunicações (COMP.) communication management host
central local (TELECOM.) local exchange
central privada (TELECOM.) private exchange
central privada manual (TELECOM.) private manual exchange
central satélite (TELECOM.) satellite exchange
central tandem (TELECOM.) tandem exchange
central telefónica (COMP.) centrex
central telefónica (TELECOM.) telephone exchange
central telefónica auxiliar (TELECOM.) dependent exchange; discriminating satellite exchange
central telefónica menor (TELECOM.) minor exchange
central telegráfica (TELECOM.) telegraph exchange
central térmica (ELECT.) thermal station
central termoeléctrica (ELECT.) thermal station
centrífuga (GEN.) centrifugal
centrifugação de densidade de sucrose (BIO.; CHEM.) sucrose-density centrifugation
centrifugação de equilíbrio (BIO.; CHEM.) equilibrium centrifugation
centrifugação de gradiente de clorito de sódio (BIO.) CsCl centrifugation
centrifugação de gradiente de densidade (BIO.) density gradient centrifugation
centrifugação diferencial (BIO.; CHEM.) differential centrifugation
centrífuga de cesto (BIO.) basket centrifuges
centrifugador (MECH.) centrifuge
centrífugas de lotes (BIO.) batch centrifuges
centrífugo (ZOO.) centrifugal
centríolo (BIO.) centriole
centrípeto (GEN.) centripetal
centro (GEN.) centre (UK); center (USA); core; nucleus
centro (MATH.) kernel
centro (METEO.) eye (of hurricane)
centro (ZOO.) centrum
centro activo (CHEM.) active centre
centro acústico (PHYS.) acoustic centre

centro aerodinâmico (AERO.) aerodynamic centre

centro analático (SURV.) centre of anallatism

centro apnêustico (ZOO.) apneustic centre

centro automático de comutação (COMP.) automatic exchange

centro automático privativo (TELECOM.) private automatic exchange [PAX]

centrocinésia (BIO.) centrokinesia

centrócito (BIO.) centrocyte

centro de acção (METEO.) centre of action

centro de administração de comunicação (COMP.) communication management host

centro de altas pressões siberiano (GEO.) Siberian high

centro de altas pressões subtropical (GEO.) subtropical high

centro de baixas pressões da Islândia (GEO.) Iceland low

centro de ciclone (METEO.) storm-centre; eye

centro de compasso (MECH.) horn centre (compass)

centro de comunicação (COMP.) communication center

centro de comutação (ELECT.) switching center

centro de comutação automática (COMP.) automatic switching centre

centro de comutação de registo e informação (COMP.) centre switching store-and-forward

centro de controlo de ligações (ELECT.) switching control center

centro de controlo de missão (ASTRO.; SPACE) mission control centre

centro de curvatura (MATH.) centre of curvature

centro de dados de voo (AERO.) flight data center

centro de deposição (GEO.) depocentre

centro de distribuição (ELECT.) distributing centre

centro de distribuição do alimentador (ELECT.) feeder distribution center

centro de eixo em movimento (MECH.) live centre

centro de elasticidade (MECH.) elastic center

centro de flutuação (NAV.) centre of buoyance

centro de gravidade (AERO.; PHYS.) centre of gravity; centre of mass

centro de informação (COMP.) information center

centro de informação de voo (AERO.) flight information center (FIC)

centro de inversão (AERO.) centre of inversion

centro de massa (AERO.) centre of mass

centro de organização de microtúbulos (BOT.) microtubule-organizing centre

centro de origem (ECO.) centre of origin

centro de oscilação (PHYS.) centre of oscillation

centro de pressão (PHYS.) centre of pressure

centro de pressão mínima (METEO.) storm-centre

centro de recombinação (ELECTRON.) deathnium centre

centro de rotação (ELECT.) live circuit

centro de selecção automática de mensagens (COMP.) automatic message switching centre

centro de simetria (CRYST.) centre of symmetry

centrodesma (BIO.) centrodesm

centrodesmose (BIO.) centrodesmose

centro de tempestade (METEO.) storm-centre

Centro de tráfego aéreo (AERO.) air-traffic centre

centro do tufão (METEO.) typhoon eye; eye

centro elástico (MECH.) elastic center

centro germinativo (IMMUN.) germinal centre

centróide (MATH.) centroid

centro instantâneo (MECH.) instantaneous centre

centrolécito (ZOO.) centrolecithal

centroma do ovo fertilizado (BIO.) ovocentre (obsolete)

centrómero (BIO.) centromere; kinetochore

centro morto (MECH.) dead centre

centro morto interior (MECH.) inner dead-centre

Centro Nacional para Informação Biotecnológica (BIO.) National Center for Biotechnology Information [NCBI]

centro nervoso (ZOO.) nerve centre

centro óptico (PHYS.) centre of lens

centro óptico de uma lente (PHYS.) optical centre of a lens

centro respiratório (ZOO.) respiratory centre

centro rotativo (MECH.) revolving centre

centros luminescentes (CHEM.) luminescent centres

centrosoma (BIO.) centrosoma; cytocentrum

cenurose (VET.) coenuriasis; coenurosis; turnsick

cepa (BOT.) strain

cepáceo (BOT.) cepaceous

cepa menor (BOT.) minus strain

cepas de cruzamento recombinante (IMMUN.) recombinant inbread strains

cepo (BUILD.) stock

cera (GEN.) wax

cera (MED.) cera; wax

cera (ZOO.) cere (membrane of beak)

cera de abelhas (CHEM.) beeswax

cera de cabo (CHEM.) cable wax

cera derivada do petróleo (CHEM.) paraffin wax

cera de sumagre (CHEM.) Japan wax

cera do Japão (CHEM.) Japan wax

cerâmica (CHEM.) ceramics

cerâmica tubular (ARCH.) tubular brick (for domes)

cera mineral (CHEM.) paraffin wax

cera para cabos (ELECT.) cheek

cera parafínica (CHEM.) paraffin wax

cera perdida (ENG.; GLASS; MECH.) cire perdue

cerargirita (MINER.) cerargyrite

cerat- [querat(o)-] (GEN.) kerat-

ceratectasia (MED.) keratectasia

ceratectomia (MED.) keratectomy

ceratina (BIO.) keratin

ceratite (MED.) keratitis

ceratite actínica (MED.) actinic keratitis

ceratite fascicular (MED.) fascicular keratitis

ceratite micótica (MED.) mycotic keratitis

ceratite numular (MED.) keratitis nummularis;Dimmer's keratitis

ceratoacantoma (MED.) keratoacanthoma

ceratoangioma (MED.) keratoangioma

ceratocele (MED.) keratocele

ceratocone (MED.) keratoconus

ceratoconjuntivite (MED.) keratoconjuntivitis

ceratocromatose (MED.) keratochromatosis

ceratodérmia blenorrágica (MED.) keratodermia blenorrhagica

ceratófilo (BOT.) hornwort

ceratófiro (GEO.) keratophyre

ceratógenio (ZOO.) keratogenous

ceratoma (MED.) keratoma

ceratomalácia (MED.) keratomalacia

ceratoplastia (MED.) keratoplasty

ceratoprótese (MED.) keratoprosthesis

ceratorrexe (MED.) keratorhexis; keratorrhexis

ceratosclerite (MED.) keratoscleritis

ceratose (MED.) keratosis

ceratotomia (MED.) keratotomy

ceraunógrafo (ASTRO.) ceraunograph

cera virgem (CHEM.) beeswax

cerca (BUILD.) fence

cercado (BUILD.) hoarding; hoard

cercadura (BUILD.) hooping; margin

cerca entrelaçada (BUILD.) interlaced fencing; interwoven fencing

cercal (ZOO.) cercal

cercária (ZOO.) cercaria

cércea (MECH.) strickle board

cercos anais (ZOO.) anal cerci

cerda (ZOO.) seta

cereal (BOT.) grain; corn

cerebelo (ZOO.) cerebellum

cerebral (ZOO.) cerebral

cérebro (ZOO.) brain; cerebrum; encephalon

cérebro anterior (ZOO.) fore-brain

cerebrocupreína (CHEM.; MED.) cerebrocuprein

cérebro electrónico (COMP.) electrical brain

cérebro-espinhal (cerebrospinal) (ZOO.) cerebrospinal

cerebroma (MED.) cerebroma

cérebro olfactório (MED.) rhinencephalon

cérebro posterior (ZOO.) afterbrain

cérebro-raquidiano (cerebrorraquidiano) (ZOO.) cerebrospinal; cerebrorachidian

cerebrose (CHEM.) cerebrose
cerebrosídeos (BIO.; CHEM.) cerebrosides
cerebrosidose (MED.) cerebrosidose; Gaucher's disease
cerebrospinal (cérebro-espinhal) (ZOO.) cerebrospinal; cerebrospinant
cérebro terminal (MED.) endbrain
cerebrotomia (MED.) cerebrotomy
cérebro-vascular (cerebrovascular) [CV] (MED.) cerebrovascular [CV]
cerífero (BOT.; ZOO.) ceriferous
cério (CHEM.) Cerium
cerne (BOT.) pith medulla; hearth wood; duramen
cernelha fistulada (VET.) lumpy withers
cerração (METEO.) fog
certificado de Buxton (ELECT.; MINING) Buxton certification
certificado de construção (BUILD.) building certificate
Certificado de Inspecção (AERO.) Certificate of Compliance
Certificado de Manutenção (AERO.) Certificate of Maintenance
Certificado de Navigabilidade (AERO.) Certificate of Airworthiness
Certificado de Registo de Avião (AERO.) Air Registration Board
certificado de segurança (COMP.) security certification
certificado fitossanitário (BOT.) phytosanitary certificate
cerume (cerúmen) (ZOO.) cerumen
cerusite (MINER.) cerussite; white lead ore
cerussite (MINER.) cerussite; white lead ore
cervicectomia (MED.) cervicectomy
cervicite (MED.) cervicitis
cervicodinia (MED.) cervicodynia
cérvico-vesical (cervicovesical) (MED.) cervicovesical
cérvix (MED.) cervix
cesariana (MED.) Caesarean; Cesarean section
césio (CHEM.) cesium; caesium
cespitoso (BOT.) cespitose; caespitose
cessação de actividade (MED.) standstill
cesta (AERO.) car (balloon)
cesta(o) (ARCH.) corbeille
cesto branquial (ZOO.) branchial basket
céstode (céstodo) (ZOO.) cestode
cesto de cimentação (MINING) cementing basket
Céstodos (Cestóides) (ZOO.) Cestoda; Cestoidea
Cetáceos (ZOO.) Cetacea
cetácido (CHEM.) ketoacid
cetano (CHEM.) cetane
ceteno (CHEM.) ketene
cetim (TEXT.) satin
cetineta (TEXT.) sateen
cetoacidose diabética (MED.) diabetic keto-acidosis
cetoacidúria (MED.) ketociduria
cetogénico (MED.) ketogenic
ceto-heptose (CHEM.) ketoheptose
ceto-hexose (CHEM.) ketohexose

cetol (CHEM.) ketol
cetolítico (CHEM.) ketolytic
cetona (CHEM.) ketone
cetonemia (MED.) ketonaemia, ketonemia
cetónico (CHEM.) ketonic
cetonização (CHEM.) ketonization
cetonúria (MED.) ketonuria
cetopentose (CHEM.) ketopentose
cetose (CHEM.) ketose; ketosis
cetose bovina (VET.) bovine cetosis
cetose reductase (CHEM.) ketose reductase
cetoxina (CHEM.) cetoxine
cetrarina (CHEM.) cetrarin
cetrimida (CHEM.) cetrimide
céu de fornalha (MECH.) crown; furnace roof
céu de pequenas formações de cirrocúmulos (METEO.) mackerel sky
céu encoberto (METEO.) overcast sky
céu nublado (METEO.) cloudy sky; broken clouds
céu obscurecido (METEO.) obscured sky
cevadina (CHEM.) cevadine
chabazita (MINER.) chabazite
chalé (ARCH.) chalet
chama (GEN.) flare ; flame
chamada (COMP.; TELECOM.) call
chamada de base de dados (COMP.) data base call
chamada de emergência (TELECOM.) mayday
chamada de supervisor (COMP.) supervisor call
chamada em sequência (COMP.) sequence calling
chamada selectiva (AERO.) selective calling
chamada selectiva (TELECOM.) harmonic selective ringing
chamadas segundo (TELECOM.) call second
chama de gás luminosa (MECH.) luminous gas flame
chama do bico de Bunsen (CHEM.) Bunsen flame
chama luminosa (PHYS.) luminous flame
chama neutra (MECH.) neutral flame
chama oxidante (CHEM.) oxidizing flame
chama redutora (CHEM.) reducing flame
chama rubra (MECH.) dark red heat
chama solar (ASTRO.) solar flare
chama vermelho-escura (MECH.) dark red heat
chaminé (MINING) chimney; winze
chaminé de descarga (MINING) blow-down stack
chaminé de equilíbrio (ENG.) stand pipe
chaminé de poço de ventilação (BUILD.) upcast shaft
chaminé de ventilação (BUILD.) vent stack
chaminé vulcânica (GEO.) volcanic pipe; volcanic vent
chamosite (MINER.) chamosite
chanaral (ECO.) chanaral
chanceria (tipo) (PRINT.) chancery (type)

chanfradura (IMAGE TECH.) bearding
chanfradura (MECH.) scarfing; bezel; grooving
chanfradura em V (BUILD.) vee joint
chanfro (BUILD.) bezel; groove
chão (BUILD.) floor
chão (MINING) floor (plenty of ore)
chão aberto (BUILD.) open floor
chão à prova de som (PHYS.) soundproof floor; floating floor
chapa (GEN.) plate; sheet
chapa (PHYS.) plate; shim
chapa blindada (ELECT.) armour plate
chapa chumbada (MECH.) terne plate
chapa da manivela (MECH.) crank plate
chapa de alumínio (BUILD.) aluminium foil
chapa de amianto (ENG.) asbestos board
chapa de apoio (MECH.) bedplate
chapa de cúpula (ARCH.) dome plate
chapa de escova (MECH.) brush plate
chapa de estanho (ENG.) tin-plate
chapa de isolamento do condensador (ELECT.) condenser bushing
chapa de sapata (BUILD.) sole plate
chapa de suporte (BUILD.) knee brace
chapa de testa (BUILD.) box-staple (lock)
chapa de tinta (PRINT.) ink table
chapa de traçado (NAV.) scrieve board
chapa de transformador (ELECT.) transformer plate
chapa de união de trilhos H. W. (MECH.) Henry Williams fishplate
chapa dieléctrica (ELECT.) dielectric sheet
chapa do condensador (ELECT.) condenser bushing
chapa do interruptor (ELECT.) flush-plate
chapa estriada (MECH.) chequer plate
chapa final (ELECT.) end sheet
chapa gravada (PRINT.) cut
chapa móvel (MECH.) movable plate
chapa para estampar (PRINT.) stencil
chapa para pisos (BUILD.) foot-plate
chaparral (ECO.) chaparral
chaparral (África do Sul) (ECO.) fynbos
chapas de aparas de madeira (BUILD.) wood-wool slabs
chapa seca (IMAGE TECH.) dry plate
chapa universal (MECH.) face chuck (lathe)
chapeamento fechado (ELECT.) close plating
chapeamento mecânico (MECH.) mechanical plating
chapear a chumbo ou outro metal maleável (BUILD.) bossing
chapeleta (MECH.) chaplet
chapéu de ferro (GEO.; MINING) iron hat
charca (ECO.) broad
charco (ECO.) fen; moor; morass; bog; flush; marsh; pool
charm (PHYS.) charm (quarks)
charneira (ZOO.) hinge; cardo
charneira de tecido (PRINT.) cloth joint
charneira em H (BUILD.) H-hinge; parliament hinge

charnoquito (Geo.) charnockite
charriot (Print.) bed
chasmo-cleistogâmicas (Bot.) chasmocleistogamus
chasmogâmicas (Bot.) chasmogamous
chassi (Gen.) chassis
chatelierita (Miner.) lechatelierite
chato (Gen.) flat; plane
chave (Arch.) crown; apex
chave (Comp.; Elect.; Telecom.) key
chave (Gen.) key
chave (Mech.) shunt
chave a alavanca (Elect.) lever switch
chave automática de sobrecarga máxima (Elect.) overload protection
chave bipolar dupla (Elect.) double-throw switch
chave comutadora (Elect.) sampling switch
chave conjugada (Elect.) gang switch
chave criptográfica não codificada (Comp.) clear cryptographic key
chave de abóbada (Arch.; Build.) head; keystone; arch stone
chave de acesso de programa (Comp.) program access key
chave de activação (Elect.) firing key
chave de agulha (Build.) switch (railways)
chave de alavanca (Telecom.) lever key
chave de alta tensão (Elect.) high-tension switch
chave de amostragem (Elect.) sampling switch
chave de aperto (Mech.) lock key
chave de armazenamento (Comp.) storage key
chave de atenção (Comp.) attention key
chave de autorização (Electron.) authorization key
chave de barra cruzada (Telecom.) crossbar switch
chave de boca (Build.) spanner; wrench
chave de boca (Mech.) socket spanner
chave de caixa (Build.) box spanner
chave de caixa (Mech.) socket wrench
chave de cancelamento (Comp.) cancel key
chave de canhão (Build.) box spanner
chave de carga (Comp.) load key
chave de catraca (Mech.) ratchet wrench
chave de codificação (Telecom.) code key
chave de comando (Elect.) control switch
chave de comunicação (Telecom.) listening key
chave de controlo (Elect.) control switch
chave de cores (Image Tech.) color-key
chave de crominância (Image Tech.) chroma-key
chave de cunha (Print.) quoin key

chave de destino (Comp.) routing key
chave de desvio de frequência (Telecom.) frequency-shift keyer
chave de directório (Comp.) directory key
chave de endereço (Comp.) address key
chave de faca (Elect.) knife switch
chave de fendas (Mech.) screw wrench
chave de gancho (Mech.) C-spanner
chave de inércia (Elect.) inertial switch
chave de ligação rápida (Elect.) quick make-and-break switch
chave de limite final (Elect.) final limit-switch
chave de linha (Telecom.) line switch
chave de luneta (Mech.) ring spanner
chave de mandril (Mech.) key chuck
chave de mudança de via (Build.) spring point (railways)
chave de onda (Elect.) gang switch
chave de página (Comp.) page key
chave de palavra (Comp.) word key
chave de parafusos de catraca (Build.) ratchet screwdriver
chave de parafusos de marceneiro (Build.) cabinet screwdriver
chave de parafusos helicoidal (Mech.) spiral screwdriver
chave de parafusos London (Build.) London screwdriver
chave de parafusos Philips (Mech.) Philips screwdriver
chave de porcas (Build.) spanner; wrench
chave de programa (Comp.) program key
chave de protecção (Comp.) protection key
chave de reserva (Comp.) clear key
chave descodificadora (Telecom.) decryption key
chave de secção (Elect.) section switch
chave de segurança (Elect.) safety switch
chave de selector (Elect.) selector switch
chave de sintonização (Electron.) tuning screw
chave de teste (Comp.) check key
chave de transferência (Comp.) transfer key
chave de tubos (Build.; Mech.; Mining) pipe wrench; cylinder wrench
chave de tubos (Build.) cylinder wrench
chave de Woodruff (Mech.) Woodruff key
chave inglesa (Build.; Mech.) spanner; wrench; screw wrench
chave mestra principal (Comp.) host master key
chave Morse (Telecom.) Morse key; Morse sender
chave primária (Comp.) primary key
chave principal (Comp.) first key
chave pública (Telecom.) public key
chave reguladora de bateria (Elect.) battery regulating switch
chaveta (Mech.) cotter; pintle; linch pin

chaveta com cabeça (Mech.) gib-heads key
chaveta côncava (Mech.) saddle key
chaveta cónica (Mech.) taper key
chaveta de atrito (Mech.) saddle key
chaveta embutida (Mech.) sunk key
chaveta falsa (Mech.) false key
chaveta mecânica (Mech.) round key
chaveta paralela (Mech.) feather
chave tripolar (Elect.) three-way switch; triple-pole switch
chave tubular (Build.) box spanner
chedite (Chem.) cheddite
chefe de grupo (Mining) bailiff
chefe de hangar (Aero.) flight chief
chegada da monção (Geo.) 'burst of monsoon'
cheiro (Med.) smell
cheiro a entulho (Mining) gob stink
cheiro a fogo (Mining) fire stink
cheralite (Miner.) cheralite
chernozem (Eco.) chernozem
chiado (Phys.) howl
chiffon (Text.) chiffon
chifre (Gen.) horn
chifre rudimentar (Zoo.) stub
chintze (Text.) chintz
chip (Comp.) wafer
chispa de ignição (Elect.; Mech.) ignition spark
chita (Text.) chintz
choque (Elect.) shock
choque (Gen.) shock; impact; crash; collision; brunt
choque (Med.) shock; choc; ictus
choque aéreo (Aero.) aerial collision
choque anafiláctico (Med.) anaphylactic shock
choque de endotoxinas (Immun.) endotoxin shock
choque de guerra (Med.) war shock
choque em cúpula (Med.) choc en dôme
choque hidráulico (Hydro.) hydraulic impact; water impact
choque térmico (Phys.) thermal shock
choro de recém-nascido (Med.) vagitus
choupo (Bot.) poplar
chouso de lava (Haváí) (Eco.) kipuka
chouso de lava (Itália) (Eco.) dagalas
chulipa (Build.) sleeper (railways)
chumaceira (Mech.) bearing; axle-box; brasses; journal
chumaceira de esferas (Mech.) ball-bearing; bearing
chumbado (Mech.) leaded
chumbador (Build.) Lewis bolt
chumbador (Mech.) rag-bolt
chumbador farpado (Mech.) jag-bolt
chumbagem (Build.) plumbing
chumbo (Gen.) lead
chumbo (Mech.) common lead
chumbo antimonioso (Chem.) antimonial lead
chumbo de construção de pressão (Build.) press builder's lead
chumbo de vidreiro (Build.) came
chumbo duro (Mech.) hard lead
chumbo electrolítico (Elect.) electrolytic lead
chumbo laminado (Build.) sheet lead; milled lead

chumbo perdido (PRINT.) lost lead
chumbo puro para ensaio (CHEM.) test lead
chumbo tetraetílico (CHEM.) tetraethyl lead
chumbo vermelho da Sibéria (MINER.) crocoisite
chumbo virgem (MINER.) lead ore
chuva (GEN.) rain
chuva (PHYS.) rain; shower
chuva ácida (ECO.) acid rain
chuva aérea (SPACE) air shower
chuva artificial (METEO.) rainmaking
chuva de gelo (METEO.) ice rain
chuva de meteoritos (ASTRO.) meteoric shower
chuva de meteoros (ASTRO.) meteor stream
chuva de monção (METEO.) monsoon rain
chuva de pedra (METEO.) hailstorm
chuva de sementes (ECO.) seed rain
chuva leve (METEO.) light rain
chuva meteórica (ASTRO.) meteoric shower
chuva orográfica (METEO.) orographic rain
chuva penetrante (PHYS.) penetrating shower
chuva radioactiva (PHYS.) radioactive rain
chuvas escassas (METEO.) light rainfall
chuveiro (PHYS.) shower ; cascade shower
chuvisco fraco (METEO.) light drizzle
chuvisco leve (METEO.) light drizzle
cianamida (CHEM.) cyanamide
cianamida cálcica (CHEM.) calcium cyanamide
cianato (CHEM.) cyanate
cianefidrose (MED.) cyanephidrosis
cianemia (MED.) cyanemia
cianeto (CHEM.) cyanide
cianeto de bromobenzil (CHEM.) bromobenzyl cyanide
cianeto de ferro (MECH.) ferrocyanide
cianeto de hidrogénio (CHEM.) hydrogen cyanide; hydrocyanic acid; cyanhydric acid
cianeto de potássio (CHEM.) potassium cyanide
cianeto de sódio (CHEM.) sodium cyanide
cianicida (MINING) cyanicide
cianidina (BOT.) cyanidine
cianidrinas (CHEM.) cyanhydrins; cyanohydrins
cianidrose (MED.) cyanhidrosis
cianite (MINER.) cyanite; kyanite; diasthene
cianização (BUILD.) kyanizing
cianobactéria (BIO.) cyanobacteria
Cianofíceas (BOT.) Cyanophyceae
Cianófitas (BOT.) Blue-Green Algae; Cyanophyceae
cianogéneo (CHEM.) cyanogen
cianogénese (BOT.) cyanogenesis
cianogénico (ECO.) cyanogenic
cianopsia (MED.) cyanopsia
cianose enterógena (MED.) enterogenous cyaniosis
cianosita (MINER.) chalcanthite

cianótico (MED.) cyanotic
cianótipo (IMAGE TECH.) cyanotype
cianótipo (PRINT.) blueprint
cianúria (MED.) cyanuria
ciática (MED.) sciatica
ciático (ZOO.) sciatic
cíbala (MED.) scybalum (pl. scybala)
Cibernética (GEN.) Cybernetics
Cicadales (BOT.) Cycadales
Cicadópsidas (BOT.) Cycadopsida
cicatricial (MED.) cicatricial
cicatriz (BIO.; MED.) scar; cicatrix
cicatriz de folha (BOT.) leaf scar
cícero (PRINT.) cicero
ciclamato (CHEM.) cyclamate
ciclamato de cálcio (CHEM.) calcium cyclamate
ciclamato de sódio (CHEM.) sodium cyclamate
cíclico (GEN.) cyclic
ciclina (BIO.; MED.) cyclin
ciclite (MED.) cyclitis
ciclo (GEN.) cycle
cicloalcanos (CHEM.) cycloalkanes; naphtenes
ciclo alimentar (ECO.) food web
ciclo base (COMP.) beat
ciclo Bethe (ASTRO.) Bethe cycle
ciclo biogeoquímico (ECO.) biogeo-chemical cycle
ciclo busca-executa do microprocessador (ELECTRON.) microprocessor fetch-execute cycle
ciclobutano (CHEM.) cyclobutane
ciclo C3 (ECO.) C3 pathway
ciclo celular (BIO.) cell cycle
ciclo contínuo (ELECTRON.) continuos duty
ciclo da ureia (BIO.) urea cycle
ciclo de actividade (ELECTRON.) duty cycle
ciclo de armazenamento (COMP.) storage cycle
ciclo de Atkinson (AUTO.) Atkinson cycle
ciclo de Bouma (GEO.) Bouma cycle
ciclo de Brayton (ENG.) Brayton cycle
ciclo de Brückner (ECO.) Brückner cycle
ciclo de busca e execução (COMP.) fetch-execute cycle
ciclo de Calvin (BOT.) Calvin cycle
ciclo de Carnot (MECH.) Carnot cycle
ciclo de combustão (AUTO.) combustion cycle; Otto cycle
ciclo de combustão dupla (ENG.) dual combustion cycle
ciclo de combustível (NUCL.) fuel cycle
ciclo de compressão de vapor (MECH.) vapour compression cycle
ciclo de controlo (COMP.) control cycle
ciclo de controlo de realimentação (ELECTRON.) feedback control loop
ciclo de corrente (ELECT.) current cycle
ciclo de dois tempos (AUTO.) two-stroke cycle
ciclo de erosão (GEO.) cycle of erosion
ciclo de Euler (COMP.) Euler cycle
ciclo de execução (COMP.) execute cycle; execution cycle

ciclo de expansão (PHYS.) expansion cycle
ciclo de histerese (COMP.) hysteresis loop
ciclo de instrução (COMP.) instruction cycle
ciclo de Joule (ENG.; PHYS.) Joule's cycle; Joule cycle; Brayton cycle
ciclo de Krebs (BIO.) Krebs cycle; citric acid cycle
ciclo de máquina (COMP.) machine cycle
ciclo de maré (GEO.) tidal cycle
ciclo de memória (COMP.) memory cycle
ciclo de Otto (AUTO.) Otto cycle; combustion cycle
ciclo de oxidação do ácido gordo (CHEM.) fatty acid oxidation cycle
ciclo de padrão de ar (AUTO.) air standard cycle
ciclo de pressão constante (AUTO.) constant-pressure cycle; diesel cycle
ciclo de quatro tempos (AUTO.) Otto cycle
ciclo de Rayleigh (ELECT.) Rayleigh cycle
ciclo de reacção (NUCL.) reaction cycle
ciclo de refrigeração (MECH.) refrigeration cycle
ciclo de relógio (ELECTRON.) clock cycle
ciclo de renovação (ECO.) renewal cycle
ciclo de repetição (PHYS.) repetition cycle
ciclo de rocha (GEO.) rock cycle
ciclo de seca (ECO.) drought cycle
ciclo de temperatura (PHYS.) temperature cycle
ciclo de turborreactor (ENG.) Brayton cycle
ciclo de um ponto (COMP.) dot cycle
ciclo de um ponto e um intervalo (ELECTRON.) dot cycle
ciclo de vapor (MECH.) vapour cycle; Rankine cycle
ciclo de vapor de mercúrio (MECH.) mercury-vapour cycle
ciclo de vida (BIO.) life-cycle
ciclo de vida de sistema (COMP.) system life cycle
ciclo de vida do software (COMP.) software life-cycle
ciclo de Wilson (ECO.) Wilson cycle
ciclodiálise (MED.) cyclodyalysis; Heines's operation
ciclo Diesel (AUTO.) diesel cycle
ciclo directo (NUCL.) direct cycle
ciclo do ácido cítrico (BIO.) citric acid cycle
ciclo do ácido tricarboxílico (BIO.) tricarboxylic acid cycle; citric acid cycle; Krebs cycle
ciclo do azoto (BIO.) nitrogen cycle
ciclo do barramento de dados (COMP.) bus cycle
ciclo do carbono (GEN.) carbon cycle
ciclo do carbono-nitrogénio (ASTRO.) carbon-nitrogen cycle
ciclo do dióxido de carbono (BIO.; CHEM.) carbon dioxide cycle

ciclo do glioxilato (Bot.) glyoxylate cycle

ciclo duplo (Phys.) dual cycle

ciclo eléctrico (Elect.) electrical cycle

ciclofão (Electron.) cyclophon

ciclo fechado (Mech.) closed cycle

ciclo fechado (Telecom.) closed loop

cicloforia (Med.) cyclophoria

ciclofosfamida (Immun.; Med.) cyclophosphamide

ciclo fotolítico (Eco.) photolytic cycle

ciclo freático (Geo.) phreatic cycle

ciclo fútil (Bio.) futile cycle

ciclo geológico (Geo.) geological cycle

ciclogiro (Aero.) cyclogyro

ciclo Hatch-Stack (Bot.) Hatch-Stack pathway

ciclo-hexamina (Chem.) cyclohexamine

ciclo-hexanamina (Chem.) cyclo-hexanamine

ciclo-hexano (Chem.) cyclohexane

ciclo-hexanol (Chem.) cyclohexanol

ciclo-hexanona (Chem.) cyclohexanone

ciclo-hexilamina (Chem.) cyclohexylamine

ciclo hidrológico (Geo.) hydrologic cycle

ciclo hidrológico interno (Hydro.) internal water

ciclóide (Gen.) cycloid

ciclóide alongado (Math.) prolate cycloid

ciclóide reduzida (Math.) curtate cycloid

ciclo ígneo (Geo.) igneous cycle; magmatic cycle

ciclo lítico (Bio.) lytic cycle

ciclo magmático (Geo.) magmatic cycle; igneous cycle

ciclo menstrual (Bio.; Med.) estrus cycle

ciclo metoniano (Astro.) Metonic cicle

ciclo metónico (Astro.) Metonic cycle

ciclo mineral (Geo.) mineral cycle

ciclone (Meteo.) hurricane; cyclone

ciclone frio (Meteo.) cold low

ciclone primário (Meteo.) primary cyclone

ciclone secundário (Meteo.) secondary low

ciclone tropical (Austrália) (Geo.) willy-willy

ciclonite (Chem.) cyclonite; hexogen

ciclo-octadieno (Chem.) cyclo-octadiene

ciclo on/off (Telecom.) on-off cycle

cicloparafinas (Chem.) cycloparaffins

ciclo parassexual (Bot.) parasexual cycle

ciclopentano (Chem.) cyclopentane

ciclópica (Build.) cyclopean

cicloplegia (Med.) cycloplegia

ciclopropano (Chem.) cyclopropane

ciclopropeno (Chem.) cyclopropene

ciclo Rankine (Mech.) Rankine cycle

ciclos de praia (Geo.) beach cycles

ciclose (Bio.) cyclosis

ciclo sedimentar (Eco.) sedimentary cycle

ciclo-silicatos (Miner.) cyclosilicates

ciclo sinusoidal (Med.) sinusoidal cycle

ciclo solar (Telecom.) solar cycle

ciclogénese (Eco.) cyclogenesis

ciclólise (Eco.) cyclolysis

ciclone tropical (Geo.) tropical cyclone

ciclospondilosos (Zoo.) cyclospondylous

ciclosporina A (Immun.) cyclosporin A

ciclos por segundo (Electron.) cydes per second [CPS]

Ciclostomata (Zoo.) Cyclostomata

Ciclóstomos (Zoo.) Cyclostomata

ciclo térmico (Phys.) heat cycle; thermal cycle

ciclotrão (Phys.) cyclotron

ciclotrão de frequência modulada (Elect.) frequency-modulated cyclotron; f-m cyclotron; synchrocyclotron

Ciconiiformes (Zoo.) Ciconiiformes

cidade-jardim (Arch.) garden city

ciência (Gen.) science

ciência ambiental (Eco.) environmental science

ciência criacionista (Gen.) creation 'science'

Ciência da Terra (Gen.) Earth science

ciência de computadores (Comp.) computer science

ciência forense (Gen.) forensic science

ciese (Med.) cyesis

ciese (Vet.) pregnancy

cifoescoliose (Med.) kyphoscoliosis

Cifomedusas (Zoo.) Scyphomedusae

cifose (Med.) kyphosis

cifótico (Med.) kyphotic

Cifozoários (Zoo.) Scyphozoa

ciliado (Bot.) ciliate; ciliated

ciliar (Zoo.) ciliar

ciliário (Zoo.) ciliar

cilíndrico (Bot.) terete

cilindro (Gen.) cylinder

cilindro (Mech.) barrel

cilindro amortecedor (Mech.) dash pot

cilindro central (Bot.) central cylinder

cilindro colector (Print.) collecting cylinder

cilindro de acção simples (Mech.) single-acting cylinder

cilindro de alta pressão (Mech.) high-pressure cylinder

cilindro de ar comprimido (Mech.) compressed-air cylinder

cilindro de atrito (Mech.) friction roller

cilindro de baixa pressão (Mech.) low-pressure cylinder

cilindro de bomba (Mech.) pump barrel

cilindro de combinação (Build.) combination cylinder

cilindro de corte (Print.) cutting cylinder

cilindro de dobragem (Print.) folding cylinder

cilindro de facas (Print.) cutting cylinder

cilindro de formar (Print.) forming roll

cilindro de fundação (Eng.) foundation cylinder

cilindro de impressão (Comp.) print wheel

cilindro de impressão (Print.) impression cylinder

cilindro de prensa (Print.) platen

cilindro de pressão (Mech.) pressure roller

cilindro de revolução (Math.) right circular cylinder

cilindro de secagem (Gen.) drying cylinder

cilindro de tensão (Mech.) tension roll

cilindro do motor (Mech.) engine cylinder

cilindro do urdidor (Text.) beam

cilindro indirecto (Build.) indirect cylinder

cilindro mestre (Mech.) master cylinder

cilindro para chapas (Mech.) sheet roll

cilindro principal (Mech.) master cylinder

cilindro rotativo (Mech.) revolving drum

cilindros (Mining) rolls

cilindros de curvar (Print.) bending rolls

cilindros de interrupção (Mech.) break rolls

cilindros de separação (Mech.) break rolls

cilindros exteriores (Mech.) outside cylinders

cilindros giratórios (Print.) cocking rollers

cilindros internos (Mech.) inside cylinders

cilindro vascular (Bot.) vascular cylinder

cílio (Bio.) cilium (pl. cilia)

Ciliofora (Zoo.) Ciliophora

Cilióforos (Zoo.) Ciliophora

ciliógrado (Zoo.) ciliograde

ciglióporo (Zoo.) ciliospore

cilitol (Chem.) scyllitol

cimácio (Arch.) ogee; corona

cimalha (Arch.; Build.) cope; coping; eave

cimalha de cornija (Arch.) cyma

cimalhete (Arch.) ridge turret

cimbre (Arch.) soffit scaffolding

cimbre poligonal (Arch.; Build.) polygonal beam ; polygonal bowstring

cimbre sem apoios intermédios (Build.) self-carrying center

cimeira (Bot.) cyme; cymose inflorescence

cimeira (Build.) cresting; crest

cimeira de fiada de tijolos em cutelo (Build.) brick-on-edge coping

cimeno (Chem.) cymene

cimentação (Build.) grouting; cementation

cimentação (Mech.) cementation; carbonization

cimentação da superfície de rochas porosas devido a evaporação (Mining) case-hardening

cimentado (Geo.) cemented

cimento (BUILD.) grout; cement; concrete

cimento (GEN.) cement; concrete

cimento aluminoso (BUILD.) aluminous cement

cimento-asbesto (BUILD.) asbestos cement

cimento carregado (NUCL.) loaded concrete

cimento chamosítico (GEO.) chamositic cement

cimento de agregados pesados (NUCL.) heavy-aggregate concrete

cimento de alta resistência inicial (BUILD.) high-early-strength cement

cimento de alvenaria (BUILD.) masonry cement

cimento de bário (BUILD.) barium concrete

cimento de barita (NUCL.) barytes concrete

cimento de carga (NUCL.) loaded concrete

cimento de cinzas (BUILD.) breeze concrete

cimento de cor (BUILD.) colour cement

cimento de elevado teor de alumina (MECH.) high alumina cement

cimento de escória (BUILD.) slag cement

cimento de glicerina e litargírio (CHEM.) glycerine litharge cement

cimento de jorra (BUILD.) slag cement

cimento de Keene (BUILD.) Keene's cement

cimento de magnésia (BUILD.) magnesia cement; Sorel's cement

cimento de oxicloreto de magnésio (BUILD.) magnesium oxychloride cement

cimento de Paros (BUILD.) Parian cement

cimento ferruginoso (GEO.) ferruginous cement

cimento fibroso (BUILD.) fibrous concrete

cimento gasoso (BUILD.) aerated concrete

cimento hidráulico (BUILD.) hydraulic cement; water lime

cimento hidrofóbico (BUILD.) hydrophobic cement

cimento Martin (BUILD.) Martin's cement

cimento natural (BUILD.) natural cement

cimento oxiclórico (BUILD.) oxychloride cement

cimento Portland (BUILD.) Portland cement

cimento Portland de alto-forno (BUILD.; ENG.) blast-furnace Portland cement

cimento puro (BUILD.) neat cement

cimento resistente a gás (BUILD.) gas concrete

cimento resistente aos sulfatos (BUILD.) sulphate-resisting cement

cimento sem agregados finos (BUILD.) no-fines concrete

cimento Sorel (BUILD.) Sorel's cement; magnesia cement

cimento sulfuroso (BUILD.) sulphur cement

cimento supersulfatado (BUILD.) supersulphated cement

cimetidina (MED.) cimetidine

cimo (BUILD.) vertex

cimo (BOT.) canopy

cimo (GEN.) apex

cimo de monte (GEO.) knoll

cimo do poço de mina (MINING) brow

cimofana (MINER.) cymophane; cat's eye; Oriental cat's eye; chrysoberil cat's eye

cimografia (RADIOL.) kymography

cinábrio (MINER.) cinnabar; uzifur

cinábrio austríaco (CHEM.) basic lead chromate

cinamaldeído (CHEM.) cinnamaldehyde

cinamato (CHEM.) cinnamate

cinamato de benzil (CHEM.) benzyl cinnamate

cinamena(o) (CHEM.) cinnamene; styrene

cinâmico (CHEM.) cinnamic

cinase (BIO.) kinase

cinchocaína (MED.) cinchocaine

cinchofena (MED.) cinchophen

cinchona (MED.) cinchona

cinchonamina (CHEM.) cinchonamine

cinchonicina (CHEM.) cinchonicin

cinchonidina (CHEM.) cinchonidine

cinchonina (CHEM.) cinchonine

cinchonismo (MED.) cinchonism

cinchotoxina (MED.) cinchotoxine

cinema (IMAGE TECH.) movie

cinema ao ar livre, com parque de estacionamento automóvel (IMAGE TECH.) drive-in

Cinemascope (MC) (IMAGE TECH.) CinemaScope

Cinemascópio (IMAGE TECH.) CinemaScope

cinemática (MATH.) kinematics

cinemática quântica (PHYS.) quantum kinematics

cine-radiografia (COMP.) cine-oriented image

Cinerama (MC) (IMAGE TECH.) Cinerama

cinesalgia (MED.) kinesalgia

cinescópio (IMAGE TECH.) picture tube

cinesia (PSYCHO.) kinesis

cinesina (BIO.) kinesin

cinestesia (PSYCHO.) kinaesthesis

cinestésico (ZOO.) kinaesthetic

cinestético (ZOO.) kinaesthetic

cinética (MED.) kinetics

cinética de primeira ordem (BIO.) first-order kinetics

cinética de reassociação (BIO.) reassociation kinetics

Cinética química (CHEM.) chemical kinetics

cinetina (BOT.) kinetin

cinetócoro (BIO.) kinetochore

cinetodesma (ZOO.) kinetodesma

cinetogénico (BIO.) kinetogenic

cinetoplasma (BIO.) kinetoplasm

cinetoplasto (BIO.) kinetoplast

cinetossoma (BOT.) kinetosome

cíngulo (ZOO.) girdle; cingulum (pl. cingula)

cinina (BOT.) kinin

cininas (MED.) kinins

cinocéfalo (MED.) cynocephalus

cinofobia (MED.) cynophobia

cinomose canina (VET.) canine distemper

cinta (ARCH.) cinture

cinta (MECH.) belt

cinta (TEXT.) sliver

cinta cativa (PRINT.) captive tape

cinta de incisão (BOT.) girdle

cintado (NAV.) sheerstrake

cintas (PRINT.) tapes

cintas (BUILD.) wallings

cintas do freio (PRINT.) brake bands

cintel (ENG.) beam compass

cintilação (GEN.) scintillation

cintilação (RADAR) blinking; glint

cintilação atmosférica (ASTRO.) atmospheric boil

cintilação estelar (ASTRO.) stellar scintillation

cintilação gama (NUCL.) gamma scintillation

cintilação terrestre (METEO.) optical haze

cintilador (ASTRO.) blink comparator

cintilador (PHYS.) sparker; simptherometer; flicker

cintilador a líquido (ELECT.) liquid scintillator

cintilamento (ELECT.) sparkling

cintura (BOT.) girth

cintura (GEO.) belt

cintura (ZOO.) girdle

cintura de geadas (METEO.) frost belt

cintura de meandros (GEO.) meander belt

cintura de radiação (PHYS.) radiation belt

cintura escapular (ZOO.) pectoral girdle; shoulder girdle

cintura móvel (GEO.) mobile belt

cinturão de altas pressões (METEO.) horse latitude

cinturão de calmarias (METEO.) horse latitude

cinturão de geadas (METEO.) frost belt

Cinturão de Gould (ASTRO.) Gould's belt

cinturão de radiação (PHYS.) radiation belt

cinturão de radiação de Van Allen (ASTRO.) Van Allen radiation belt

cinturão quente (METEO.) hot belt

cintura orogénica (GEO.) orogenic belt

cintura pélvica (ZOO.) pelvic girdle

cintura sexual (ZOO.) clitelium

cinza (CHEM.) ash

cinza de constituição (MINING) constitutional ash

cinza muito fina (BUILD.) fly ash

cinzas (BUILD.) breeze (a general term for furnace ashes)

cinzas (GEO.) cinders

cinzas radioactivas (NUCL.) radioactive ashes

cinza vulcânica (GEO.) volcanic ash; volcanic dust

cinzel (BUILD.) chisel

cinzeladura (MECH.) chipping

cinzel agudo (BUILD.) cross-cut chisel

cinzelamento (BUILD.) boasting

cinzel de aço pequeno (BUILD.) inch-tool
cinzel de calafetagem (BUILD.) pitching tool
cinzel de encaixe (BUILD.) socket chisel
cinzel de fundidor (MECH.) flogging chisel
cinzel de garra (BUILD.) claw chisel
cinzel de meia-cana (MECH.) half-round chisel
cinzel denteado (MECH.) indented chisel
cinzel de ponta (BUILD.) dog's tooth
cinzel de vidraceiro (BUILD.) glazier's chisel
cinzel largo (BUILD.) broad tool
cinzento (IMAGE TECH.) grey
cio (ZOO.) ruttishness; heat
Ciperáceas (BOT.) Cyperaceae
cipolino (MINING) cipolin
cipolino (BUILD.) cipolin
Cipriniformes (ZOO.) Cypriniformes
circinado (BOT.; MED.) circinate
circo de erosão (GEO.) cirque; corrie
circo glaciar (GEO.) cirque glacier
circuito (GEN.) circuit; cycle
circuito (TELECOM.) mesh
circuito aberto (ELECT.) open circuit
circuito aceitador (TELECOM.) acceptor circuit
circuito acoplado (ELECT.) coupled circuit
circuito activo (ELECTRON.) active circuit
circuito alugado (ELECT.) leased circuit
circuito amortecedor (ELECT.) damping circuit
circuito analizador de portas (ELECTRON.) analyzing gate circuit
circuito analógico (ELECTRON.) analogue circuit
circuito anódico (ELECT.) anode circuit
circuito anti-ressalto (ELECTRON.) anti-bounce circuit
circuito anti-retorno (ELECTRON.) anti-reversal circuit
circuito astático (ELECTRON.) astable circuit
circuito atenuador de corrente (ELECTRON.) current dumping circuit
circuito a transístor (TELECOM.) transistor circuit
circuito autocarregador (ELECTRON.) bootstrap circuit
circuito auto-elevador (ELECTRON.) bootstrap circuit
circuito biestável (COMP.; ELECTRON:; TELECOM.) flop; flip-flop; bistable circuit
circuito bifásico (ELECT.) two-phase circuit
circuito bifásico de quatro condutores (ELECT.) two-phase four-wire system
circuito bifilar (TELECOM.) two-wire circuit
circuito bifurcado (ELECT.) branch-circuit
circuito bilateral (TELECOM.) two-way circuit

circuito bipolar (ELECT.) bipolar circuit
circuito borboleta (ELECT.) butterfly circuit
circuito capacitivo-resistivo (ELECTRON.) capacitor-resistor circuit
circuito coaxial (ELECT.) coaxial circuit
circuito compensador (PHYS.) buffer circuit
circuito complexo (ELECTRON.) complex circuit
circuito composto (ELECT.) composite circuit
circuito comutador de fase (TELECOM.) phase-shifting circuit
circuito corrector de fase (ELECTRON.) phase correction circuit
circuito de abertura de sinais (ELECT.) clearing circuit
circuito de absorção (ELECT.) absorption circuit
circuito de acoplamento (ELECT.) coupling circuit
circuito de adiantamento (ELECT.) leading circuit
circuito de admissão (TELECOM.) acceptor circuit
circuito de alarme (ELECTRON.) alarm loop
circuito de antena (TELECOM.) radiating circuit
circuito de anticoincidência (COMP.) anticoincidence circuit
circuito de aquecimento (ELECT.) heater circuit
circuito de atraso de impulso (TELECOM.) pulse delay circuit
circuito de auto-excitação (ELECT.) stick circuit
circuito de blindagem (ELECT.) screen circuit
circuito de Boucherot (ELECT.) Boucherot circuit
circuito de busca (RADAR) finding circuit
circuito de CA (ELECTR.) AC circuit
circuito de calibração (ELECT.) calibration circle
circuito de campo excitador (ELECT.) exciter field circuit
circuito de carga (ELECT.) load circuit
circuito de coincidência (TELECOM.) coincidence circuit
circuito de comando (ELECT.) control circuit
circuito de compressão e expansão de ruído (TELECOM.) bilinear compander
circuito de comutação (ELECT.) switching circuit
circuito de comutação de Buck (ELECTRON.) Buck converter
circuito de controlo (ELECT.) control circuit
circuito de controlo de tom (TELECOM.) tone control circuit
circuito de convergência (ELECT.) convergence circuit
circuito de corrente (ELECT.) current circuit
circuito de corrente contínua (ELECT.) continuous-current circuit; d.c. circuit; direct current circuit

circuito de crista (ELECT.) smoothing circuit
circuito de deflexão (ELECT.) sweep circuit
circuito de descarga (ELECT.) discharge circuit
circuito de desconexão periódico (ELECT.) flux gate
circuito de diferenciação (ELECT.) differentiating circuit
circuito de diodo (ELECTRON.) diode circuit
circuito de disparo (ELECT.; ELECTRON.) trip circuit; trigger circuit
circuito de dupla sintonização (ELECT.) double-tuned circuit
circuito de duplo disparo (ELECT.) double trigger
circuito de Eccles-Jordan (ELECTRON.) Eccles-Jordan circuit
circuito de emergência radar (AERO.) radar emergency circuit
circuito de emissão dirigida (TELECOM.) straightforward circuit
circuito de entrada (COMP.) input circuit
circuito de entradas (ELECT.) fan-in
circuito de esfriamento (ELECT.) quenching circuit
circuito de excitação (ELECT.) drive circuit
circuito de filtro de cristal (ELECT.) crystal filter circuit
circuito de fixação (TELECOM.) clamp
circuito de força (ELECT.) power circuit
circuito de funcionamento livre (ELECT.) free-running circuit
circuito de grade (ELECT.) grid circuit; screen circuit
circuito de graduação (ELECTRON.) scaling circuit
circuito de impulso (ELECT.) impulse circuit
circuito de impulsos periódicos de exposição (ELECT.) display window
circuito de integração (ELECT.) integrating circuit
circuito de interacção de tubo de onda progressiva (ELECTRON.) travelling-wave interaction circuit
circuitode interferência (TELECOM.) noise circuit
circuito de junção (TELECOM.) junction circuit
circuito de junção local (TELECOM.) local junction circuit
circuito de ligação (ELECT.) switching circuit
circuito de longo tempo de propagação (ELECT.) long delay circuit
circuito de luminosidade (IMAGE TECH.) black level clamp
circuito de manutenção (ELECT.) keep-alive circuit
circuito de massa (ELECT.) earthed circuit; grounding circuit
circuito de meia-onda (ELECT.) half-wave circuit
circuito de microondas de baixa velocidade de fase (ELECTRON.) slow-wave circuit
circuito de mistura (ELECT.) mixing circuit

circuito de muitas camadas (ELECT.) multilayer circuit

circuito de oscilação (PHYS.) oscillation circuit

circuito de película fina (ELECTRON.) thin-film circuit

circuito de pista (AERO.) rectangular course

circuito de placa (ELECT.) plate circuit

circuito de ponte (ELECT.) bridge circuit

circuito de porta (ELECT.) gate circuit

circuito de potenciómetro (ELECT.) potentiometer circuit

circuito de pressão (ELECT.) pressure circuit

circuito de quadratura (ELECTRON.) squaring circuit

circuito de quatro condutores (ELECT.) four-wire circuit

circuito de radiofrequência sintonizada (TELECOM.) tuned radiofrequency circuit

circuito de realimentação (ELECT.) feedback circuit

circuito de realimentação avançada (ELECTRON.) feedforward circuit

circuito de redução de ruído (ELECTRON.) noise reduction circuitry

circuito de restabelecimento (ELECT.) reset circuit

circuito de retardamento (TELECOM.) delay circuit

circuito de retorno pela terra (ELECT.) earth-return circuit

circuito derivado (ELECT.) branch-circuit

circuito de seguimento (ELECTRON.) follower circuit

circuito de segurança (ELECT.) fail safe circuit

circuito desequilibrado (ELECT.) unbalanced circuit

circuito de série paralela (ELECT.) series-parallel circuit

circuito de sintonia (TELECOM.) tuning circuit

circuito de sintonização automática (TELECOM.) automatic tuning circuit

circuito desmultiplicador (ELECTRON.) scaling circuit

circuito de solenóide (ELECT.) solenoid circuit

circuito de suavização (ELECT.) smoothing circuit

circuito de sujeição de diodo (ELECTRON.) diode clamp

circuito de tensão (ELECT.) voltage circuit

circuito de terra (ELECT.) earthed circuit; frame grounding circuit; earth circuit

circuito de tonalidade de baxandall (TELECOM.) Baxandall tone control

circuito de trânsito (ASTRO.) transit circuit

circuito de três fases (ELECT.) three-phase circuit

circuito de vibração (PHYS.) oscillation circuit

circuito de voltagem (ELECT.) shunt circuit

circuito de Zobel (ELECTRON.) Zobel network

circuito diferenciador (TELECOM.) peaking network

circuito diferencial (ELECTRON.) differential circuit

circuito directo (ELECT.) direct circuit

circuito do filtro (PHYS.) filter circuit

circuito do fonocaptador (ELECT.) pick-up circuit

circuito do som (PHYS.) sound circuit

circuito duplex (ELECT.) duplex circuit

circuito duplicado (ELECT.) doubler circuit

circuito duplo (ELECT.) double circuit

circuito E (COMP.) and circuit

circuito eléctrico (ELECT.) electric circuit

circuito electromecânico (ELECT.) electromechanical circuit

circuito eliminador de efeitos locais (ELECTRON.) antisidetone circuit

circuito em anel (ELECTRON.) loop circuit

circuito em contrafase (ELECTRON.) push-pull circuit

circuito em derivação (ELECT.) shunt circuit

circuito em série (ELECT.) series circuit

circuito em triângulo (ELECTRON.) delta circuit

circuito equilibrado (ELECT.) balanced circuit

circuito equilibrado de admissão (ELECT.) balanced input circuit

circuito equivalente (ELECTRON.) equivalent circuit

circuito equivalente de transístor (ELECTRON.) transistor equivalent circuit

circuito escravo (ELECTRON.) slave circuit

circuito estabilizador (ELECT.) stabilizer circuit

circuito estabilizador (TELECOM.) antihunt circuit

circuito estabilizador de amplitude (ELECTRON.) amplitude-stabilizing circuit

circuito estável (ELECTRON.) stable circuit

circuito estroboscópico (ELECTRON.) strobe circuit

circuito excitador (ELECT.) exciting circuit

circuito exclusivo (ELECTRON.) exclusive circuit

circuito externo (ELECT.) external circuit

circuito fantasma (TELECOM.) phantom circuit

circuito fantasma duplo (ELECTRÓN.) double-phantom circuit

circuito fechado (COMP.; ELECTRON.) loop

circuito fechado (GEN.) closed circuit

circuito fechado (TELECOM.) closed loop

circuito fechado com sinal (COMP.) closed-circuit signalling

circuito fechado encaixado (COMP.) nested loop

circuito fictício de referência (ELECT.) hypothetic reference circuit

circuito hexafásico (ELECT.) six-phase circuit

circuito híbrido (ELECT.) hybrid circuit

circuito híbrido integrado (PHYS.) hybrid integrated circuit [HIC]

circuito impresso (ELECTRON.) printed circuit

circuito impresso por ataque químico (ELECTRON.) etched printed circuit

circuito inactivo (ELECT.) dead circuit

circuito indutivo (ELECT.) inductive circuit

circuito integrado (COMP.) integrated circuit

circuito integrado (ELECT.; ELECTRON.) microcircuit

circuito integrado bipolar (ELECTRON.) bipolar IC

circuito integrado de amplificação de potência (ELECTRON.) IC power amplifier

circuito integrado de controlo de motor (ELECTRON.) servo IC

circuito integrado de frequências audio (TELECOM.) AF IC

circuito integrado de micro-ondas (TELECOM.) microwave integrated circuit

circuito integrado de microplaca (ELECTRON.) multichip integrated circuit

circuito integrado de película fina (ELECTRON.) thin-film integrated circuit

circuito integrado de regulação de tensão (ELECTRON.) IC voltage regulator

circuito integrado de sintonização (TELECOM.) IC tuner

circuito integrado digital (ELECTRON.) digital IC

circuito integrado linear (ELECTRON.) linear IC

circuito integrado microaglomerado (ELECTRON.) multichip integrated circuit

circuito integrado monolítico (ELECTRON.) monolithic integrated circuit

circuito integrado monolítico de micro-ondas (TELECOM.) monolithic microwave integrated circuit

circuito irradiante (TELECOM.) radiating circuit

circuito LCR em série (ELECTRON.) series LCR

circuito ligado a terra (ELECT.) grounded circuit

circuito limitador (ELECT.) limiter circuit

circuito limitador (TELECOM.) clipping circuit

circuito linear (ELECT.) linear circuit

circuito linear integrado (ELECT.) linear integrated circuit

circuito livre (ELECT.) free-running circuit

circuito logarítmico (ELECT.) logarithmic circuit

circuito lógico (COMP.) logic circuit

circuito lógico de comando (COMP.) control logic

circuito lógico programável não editável (ELECTRON.) hard array logic

circuito magnético (ELECT.) magnetic circuit

circuito magnético fechado (ELECT.) closed magnetic circuit

circuito magnético toroidal (ELECT.) toroidal magnetic circuit

circuito Miller (ELECTRON.) Miller circuit

circuito monoestável (COMP.) one-shot circuit

circuito monofásico (ELECT.) one-phase circuit; single-phase circuit

circuito monofilar (ELECT.) single-wire circuit

circuito monolítico (ELECT.) monolithic circuit

circuito neutro (ELECT.) neutral circuit; balanced circuit

circuito OR [OU] (COMP.) OR gate

circuito oscilante (ELECT.) oscillating circuit

circuito oscilatório (ELECT.) oscillatory circuit

circuito paralelo (ELECT.) parallel circuit

circuito parélico (METEO.) mock-sun ring

circuito-piloto (ELECT.) pilot circuit

circuito polifásico (ELECT.) polyphase circuit

circuito por cabo (ELECT.) cable circuit

circuito primário (ELECT.) primary circuit

circuito principal (ELECT.) main circuit

circuito privado (COMP.) private circuit

circuito quadrado (AERO.) square course

circuito quadrático (ELECTRON.) squaring circuit

circuito quase biestável (ELECT.) quasi-bistable circuit

circuito quase complementar (ELECTRON.) quasi-complementary circuit

circuito reactivo (ELECT.) reactive circuit

circuito recíproco (ELECT.) reciprocal network

circuito rectangular (AERO.) square course

circuito reflexo (ELECT.) double-amplification circuit

circuito ressonante (ELECTRON.) resonant circuit

circuito retardador (ELECT.) retarding circuit

circuito Schmitt (ELECT.) Schmitt circuit; Schmitt limiter

circuitos de máquina (COMP.; ELECTRÓN.) machine hardware

circuito seco (ELECTRON.) dry circuit

circuito secundário (ELECT.) subcircuit

circuito secundário (BUILD.) secondary circuit

circuito selectivo (COMP.) except gate

circuito semiduplex (COMP.) single circuit

circuito sequencial (ELECTRON.) sequential circuit

circuito silenciador (TELECOM.) muting circuit; squelch circuit

circuito simétrico (ELECTRON.) push-pull circuit

circuito simples (COMP.) single circuit

circuito sintonizado (ELECTRON.) tuned circuit

circuito sobreposto (TELECOM.) superposed circuit

circuito super-regenerativo (TELECOM.) super-regenerative circuit

circuito supressor (TELECOM.) rejector circuit

circuito supressor de descargas eléctricas (ELECTRON.) spark suppression circuit

circuito supressor de ressaltos (ELECTRON.) debouncing circuit

circuito supressor de sinais parasitas (RADAR) anti-clutter circuit

circuito tanque (TELECOM.) tank circuit

circuito telefónico (TELECOM.) telephone circuit

circuito telefónico privativo (TELECOM.) branch exchange

circuito telegráfico (TELECOM.) telegraph circuit

circuito temporizador (ELECTRON.) timer circuit

circuitos passa-banda (ELECTRON.) band-pass coupled circuits

circuitos sintonizadores acoplados (TELECOM.) coupled tuned circuits

circuito térmico (ELECT.; PHYS.) thermal circuit; heat circuit

circuito tetrafásico (ELECT.) four phase system

circuito tetrafilar (ELECT.) four-wire circuit

circuito trifilar (ELECT.) three-wire system

circuito vertical de entrada (ELECT.) vertical input circuit

circulação (GEN.) circulation

circulação atmosférica (METEO.) atmospheric circulation

circulação de calor (PHYS.) heat-flow

circulação de electrólito (ELECT.) circulation of electrolyte

circulação directa (GEO.) direct circulation

circulação Gen. (GEO.) general circulation

circulação meridional (GEO.) meridional circulation

circulação primária (METEO.) primary circulation

circulação protoplasmática (BIO.) protoplasmatic circulation

circulação termohalina (GEO.) thermohaline circulation

circulação zonal (METEO.) zonal circulation

circulador (RADAR) circulator

circulante (MATH.) circulant

círculo (GEN.) circle; circumference

círculo anual de crescimento (BOT.) annual ring

círculo auxiliar (MATH.) auxiliary circle

círculo azimutal (ASTRO.) azimuth circle

círculo circunscrito (MATH.) circumcircle; circumscribed circle

círculo coaxial (MATH.) coaxial circle

círculo cromático (BUILD.) chromatic circle

círculo de aberração (ASTRO.) crown of aberration

círculo de altitude (RADAR) altitude hole; vertical circle

círculo de altitude (SURV.) vertical circle

círculo de altura de cabeça do dente (MECH.) point circle

círculo de base (MECH.) base circle

círculo de confusão (IMAGE TECH.) circle of confusion

círculo de convergência (MATH.) circle of convergence

círculo de curvatura (MATH.) circle of curvature

círculo de declinação (ASTRO.) declination circle

círculo de furo de parafuso (MECH.) pitch circle

círculo de impedância (ELECT.) impedance circle

círculo de inclinação (PHYS.) dip circle

círculo de inércia (PHYS.) inertia circle

círculo de inversão (MATH.) circle of inversion

círculo de Lufberry (AERO.) Lufberry circle

círculo de meridiano (ASTRO.) meridian circle

círculo de Paschen (PHYS.) Paschen circle

círculo de Ramsden (PHYS.) Ramsden circle

círculo de Rowland (PHYS.) Rowland circle

círculo de segurança (ELECT.) guard circle

círculo de trânsito (ASTRO.) transit circle

círculo de vegetação (ECO.) circle of vegetation

círculo director (MATH.) director circle; orthoptic circle

círculo diurno (ASTRO.) diurnal circle

círculo ex-inscrito de um triângulo (MATH.) escribed circle of a triangle

círculo fundamental (GEO.) primary great circle

círculo galáctico (ASTRO.) galactic circle

círculo gerador (MECH.) generating circle

círculo graduado (SURV.) graduated circle; horizontal circle

círculo hidrológico (METEO.) hydrological circle

círculo horário (ASTRO.) hour circle

círculo horizontal (SURV.) horizontal circle

círculo imaginário (MATH.) imaginary circle

círculo longitudinal (ASTRO.) longitude circle

círculo máximo (MATH.) great circle

círculo menor (MATH.) small circle

círculo ortóptico (MATH.) director circle; orthoptic circle

círculo osculador (MATH.) osculating circle

Círculo Polar Antárctico (GEO.) Antarctic circle

Círculo Polar Árctico (GEO.) Arctic circle

círculo primitivo (MECH.) pitch circle

círculos tangentes (MATH.) tangent circles

círculo vertical (SURV.) vertical circle

círculo zenital (ASTRO.) zenital circle

circum-notação (BOT.) circumnutation

circumpolares (ASTRO.) circumpolar stars

circuncentro de um triângulo (MATH.) circumcentre of a triangle

circuncírculo (MATH.) circumcircle

circuncisão (MED.) circumcision

circunferência (BOT.) girth

circunferência de Rowland (PHYS.) Rowland circle

circunspecção biológica (PSYCHO.) biological constraint

circunvolução (BIO.; MED.; ZOO.) gyrus

cirrífero (BOT.; ZOO.) cirrate; cirriferous

cirro (ZOO.) cirrus

cirrocúmulo (cirro-cúmulo) (METEO.) cirrocumulus

cirro de trovoada (METEO.) false cirrus

cirrose (MED.) cirrhosis

cirrose atrófica (MED.) atrophic cirrhosis; Laennec's cirrhosis

cirrose de Laennec (MED.) Laennec's cirrhosis; portal cirrhosis; atrophic cirrhosis

cirrose hepática (MED.) hepatocirrhosis

cirroso (BOT.; ZOO.) cirrhose

cirrostrato (cirro-estrato) (METEO.) cirrostratus

cirtorráquico (MED.) kyrtorrhachic

cirurgia de Brauer (MED.) Brauer's operation; cardiolysis

cirurgia de Heine (MED.) Heine's operation; cyclodialysis

cirurgia de Simon (MED.) Simon's operation; colpocleisis

cirurgia diatérmica (MED.) diathermic surgery

cirurgião interno de hospital (MED.) house surgeon

cirurgia plástica (MED.) plastic surgery

cirurgia sónica (MED.) sonic surgery

cisalhamento (MECH.) shear stress; shearing

cisco (GEO.) culm

Cisne A (ASTRO.) Cygnus A

cisplatina (MED.) cisplatin

cissóide (MATH.) cissoid

cisteína (CHEM.) cysteine

cisterna (BIO.) cisternum

cisterna de limpeza automática (BUILD.) automatic flushing cistern

cisticerco (ZOO.) cysticercus; bladderworm

cisticercose (MED.) cysticercosis

cístico (MED.; ZOO.) cystic

cistídio (BOT.) cystidium

cistina (CHEM.) cystine

cistinemia (MED.) cystinemia

cistinose (MED.) cystinosis

cistinúria (MED.) cystinuria

cistite (MED.) cystites

cisto [see also quisto] (MED.; ZOO.) cyst

cistocele (MED.) cystocele

cistofibroma (MED.) cystofibroma

cistografia (RADIOL.) cystography

cistóide (ZOO.) cystogenous

cistólito (BOT.) cystolith; grit cell

cistólito (MED.) cystolith

cistoscópio (MED.) cystoscope

cistostoma (ZOO.) cytostome

cistostomia (MED.) cystostomy

cistotomia (MED.) cystotomy

cistótomo (MED.) cytostome

cistozóide (ZOO.) cystozooid

cístron (BIO.) cistron

cis X (MATH.) cis X

citamegalovirus (BIO.) cytomegalovirus [CMV]

citase (BIO.) cytase

Cítico (GEO.) Scythian

citocinese (BIO.) cytokinesis

citocinina (CHEM.) cytokinin

citócromos (BIO.) cytochromes

citoesfregaço (MED.) cytosmear

citoesqueleto (BIO.) cytoskeleton

citofaringe (ZOO.) cytopharynx

citófilo (BIO.) cytophil(e)

citogénese (BIO.) cytogenesis

Citogenética (BIO.) cytogenetics

citólise (BIO.) cytolysis

citolisina (BIO.) cytolysine

Citologia (BIO.) cytology

citometria de fluxo (BIO.) flow cytometry

citopatogénico (BIO.) cytopathogenic

citopenia (MED.) cytopenia

citopígio (ZOO.) cytopyge

citoplasma (BIO.) cytoplasm

citoplasma cortical (BIO.) cortical cytoplasm

citoquimera (BOT.) cytochimera

Citoquímica (ZOO.) histochemistry

citorrise (BOT.) cytorrhysis

citosina (CHEM.) cytosine

citossol (BIO.) cytosol

citossoma (BIO.) cytosome

citotaxia (MED.) cytotaxis

citotaxonomia (BIO.) cytotaxonomy

citótese (BIO.) cythothesis

citotóxico (IMMUN.) cytotoxic

citotoxina (BIO.) cytotoxin

citotrofoblasto (ZOO.) cytotrophoblast; Langhans's layer

citotrópico (BIO.) cytotropic

citotropismo (BIO.) cytotropism

citozoário (BIO.) cytozoon

citozóico (BIO.) cytozoic

citozóide (BIO.) cytozoid

citral (CHEM.) citral; geranial

citrato de bismuto (CHEM.) bismuth citrate

citrato de dietilcarbamazina (CHEM.) diethylcarbamazine citrate

citrato de fentanil (MED.; CHEM.) fentanyl citrate

citrato de lítio (CHEM.) lithium citrate

citrato de magnésio (CHEM.) magnesium citrate

citrato de potássio (CHEM.) potassium citrate

citratos (CHEM.) citrates

citreno (CHEM.) citreno

citrinita (MINER.) yellow quartz; citrine

citrino (MINER.) citrine; yellow quartz; quartz topaz

citronenal (CHEM.) citronellal

cítula (BIO.) cytula

citúria (MED.) cyturia

clade (BIO.) clade

cladística (BIO.) cladistics

cladística regional (BIO.; ECO.) area cladistics

cladódio (BOT.) cladophyl

clamidobacteriales (BIO.) chlamydobacteriales

clamidósporo (BOT.) chlamydospore

claqueta (IMAGE TECH.) clap-board gauge; clapper

clarabóia (BUILD.) fanlight; eye; skylight; lantern

clarabóia de abóbada (BUILD.) vault light

clarabóia de igreja (BUILD.) loop

clarabóia virada a norte (ARCH.) north light roof

clara de ovo (ZOO.) egg clair; albumin; albumen

clarão auroral (ASTRO.) auroral flash

clarão solar (ASTRO.) solar flare

clarão verde-azulado (METEO.) green flash

clareira (da floresta do Neolítico) (ECO.) landnam

claridade (IMAGE TECH.) lightness

claridade crepuscular (METEO.) crepuscular clarity

clarificar (AERO.) purge

claro (IMAGE TECH.) highlight

claro (PRINT.) friar

clasmatócito (IMMUN.) clasmatocyte

classe (GEN.) class

classe (ZOO.) class; caste

classe de amplificador (ELECTRON.) amplifier class

classe de dispositivo (COMP.) device type

classe de equivalência (MATH.) equivalence class

classe de simetria (CRYST.) symmetry class

classe de tarefa (COMP.) job class

classe romboédrica (CRYST.) rhombohedral class

classes de erro (ELECTRON.) error classes

Clássica (ARCH.) Classical

classificação (ELECT.) rating

classificação (MATH.) sorting

classificação (PHYS.) classification

classificação artificial (BOT.; ZOO.) artificial classification

classificação binomial (GEN.) binomial classification

Classificação CIPW (GEO.) CIPW classification [Croos, Iddings; Pirsson, and Washington]

classificação climatérica (GEO.) climate classification

classificação climática de Thornthwaite (ECO.) Thornthwaite climate classification

classificação de arrasto (Mining) drag classifier

classificação de barcos (Nav.) classification of ships

classificação de Bruxelas (Comp.) Brussels classification

classificação decimal de Dewey (Comp.) Dewey decimal classification

classificação decimal universal (Comp.) Brussels classification

classificação de Harvard (Astro.) Harvard classification

classificação de Hubble (Astro.) Hubble classification

classificação de Koeppen (Meteo.) Koeppen classification

classificação de nuvens (Meteo.) classification of clouds

classificação de resultados por divisão (Comp.) divide and conquer sorting

classificação externa (Comp.) external sort

classificação filética (Bio.) phyletic classification

classificação internacional das nuvens (Meteo.) international classification of clouds

classificação mais rápida (Comp.) quickersort

classificação natural (Bot.) natural classification

classificação periódica (Chem.) periodic classification

classificação polifásica (Comp.) polyphase sort

classificação por contagem de comparação (Comp.) comparison counting sort

classificação por intercalação (Comp.) merge sort

classificação serológica (Bio.) serological typing

classificador (Miner.) classifier

classificador cónico (Mining) cone classifier

classificador de correia sem fim (Mining) drag classifier

classificador de impacte (Phys.) impaction sampler

classificador de solos (Build.) soil sampler

classificador hidráulico (Mining) hydraulic classifier

classificador por ar (Mining) air classifier

clástico (Geo.) clastic

clasto (Geo.) clast

clatrina (Bio.) clathrin

claudicação (Med.) claudication; limping

claudicação intermitente (Med.) intermittent claudication

claustro (Arch.) claustrum

claustrofobia (Med.; Psycho.) claustrophobia

claustros (Arch.) claustra

clavícula (Zoo.) clavicle

clavícula (Zoo.) proscapula (in Teleostei)

claviforme (Zoo.) clavate

cleavelandite (Miner.) cleavelandite

cleistocarpo (Bot.) cleistocarp

cleistogamia (Bot.) cleistogamy

cleistotécio (Bot.) cleistothecium

cleptomania (Med.) kleptomania

cleptoparisitismo (Eco.) kleptoparasitism

cleveíte (Miner.) cleveite

cliché (Print.) printing block

clidotomia (Med.) cleidotomy

cliente-servidor (Telecom.) client /server

clima (Meteo.) climate

clima árido (Geo.) arid climate

clima boreal (Eco.) boreal climate

clima condicionado (Meteo.) conditioned climate

clima continental (Meteo.) continental climate

clima de gelo perpétuo (Meteo.) ice-cap climate

climagrafia (Eco.) climograph

clima marítimo (Geo.) maritime climate

clima mediterrânico (Eco.) Mediterranean climate

clima megatérmico (Eco.) megathermal climate

clima polar (Meteo.) icecap climate

clima quaternário (Geo.) quaternary climate

clima semi-árido (Eco.) semi-arid climate

clima temperado (Eco.) temperate climate

clima temperado chuvoso (Meteo.) warm temperature rainy climate

climatérico (Bio.; Bot.; Med.) climateric

climatério (Bio.; Med.) climaterium

climatério precoce (Med.) climaterium precox

climatério viril (Med.) climaterium virile

climatologia (Meteo.) climatology

climatologia agrária (Geo.) agroclimatology

climatologia a radar (Meteo.) radar climatology

climatologia ecológica (Eco.) ecological climatology

climatologia sinóptica (Meteo.) synoptic climatology

clima túndrico (Geo.) tundra climate

clima urbano (Eco.) urban climate

clímax (Eco.) climax

clímax alterado (Eco.) disclimax

clímax biótico (Bot.) biotic climax

clímax climatérico (Eco.) climatic climax

clímax de vegetação (Eco.) climax vegetation

clímax edáfico (Bot.) edaphic climax

climotópo (Eco.) climotope

cline (Eco.) cline

clínico (Med.) clinic

clino- (Eco.) clino-

clinocloro (Miner.) clinochlore

clino-especiação (Eco.) clinal speciation

clinógrafo (Surv.) clinograph

clinóide (Med.) clinoid

clinómetro (Med.; Phys.; Surv.) clinometer; gradiometer; inclinometer

clinómetro (Meteo.) gradient meter

clinopiroxeno (Chem.) clinopyroxene

clinoscópio (Med.) clinoscope

clino-sequência (Eco.) clinosequence

clinostato (Bot.) clinostat; klinostat

clinozoisite(o) (Miner.) clinozoisite

clínquer (Build.) hard stock; clinker

clínquer (Mech.) clinker; furnace clinker

clínquer cristalino (Mech.) crystalline clinker

clínquer Portland (Build.) Portland clinker

clínquers metalo-terrosos (Mech.) terro-metallic clinkers

clintonite (Miner.) clintonite

clinumite (Miner.) clinohumite

clioquinol (Med.) clioquinol

clip (Image Tech.) clip

clique (Phys.) click

clister (Med.) enema

clister de bário (Radiol.) barium enema

clister opaco (Radiol.) barium enema; contrast enema

clístron (Electron.) klystron

clístron de impulsos (Telecom.) pulsed klystron

clístron reflexo (Electron.) reflex klystron

clitelo (Zoo.) clitelium

clitoridectomia (Med.) clitoridectomy

clitoridotomia (Med.) clitoridotomy

clítoris (Zoo.) clitoris

clivagem (Gen.) cleavage

clivagem alternada (Zoo.) alternating cleavage

clivagem bilateral (Zoo.) bilateral cleavage

clivagem de fractura (Geo.) fracture cleavage

clivagem de tensão deslizante (Geo.) strain-slip cleavage

clivagem determinada (Zoo.) determinate cleavage

clivagem em espiral (Zoo.) spiral cleavage

clivagem perfeita (Miner.) perfect cleavage

clivagem xistosa (Geo.) slaty cleavage

cloaca (Build.) cesspool

cloaca (Zoo.) cloaca

cloacite (Vet.) cloacitis

cloantite (Miner.) cloanthite; chloanthite; white nickel

clonagem (Bio.) cloning

clonagem de ADN complementar (Bio.) cDNA cloning

clonagem de genes (Bio.) gene cloning

clone (Bio.) clone

clone (Bot.) ramet

cloração residual livre (Chem.) free residual chlorination

cloral (Chem.) chloral; trichloroacetic aldehyde

cloramina (Chem.) chloramine

cloranfenicol (Chem.) chloramphenicol

clorapatite (Miner.) chlorapatite

clorargirita (Mining) horn silver; cerargyrite

clorato (Chem.) chlorate

clorato de potássio (CHEM.) potassium chlorate

clorazida (CHEM.) chlorazide

clorazina (CHEM.) chlorazine

clorazol negro E (CHEM.) chlorazol black E

clorbutanol (CHEM.) chlorbutanol

clorbutol (CHEM.) chlorbutol

clorela (BOT.) chlorella

clorelina (CHEM.) chlorellin

clorênquima (BOT.) chlorenchyma

cloretil (CHEM.) chlorethyl

cloreto das pilhas de prata (ELECT.) chloride of silver cells

cloreto de acetilo (CHEM.) acetyl chloride

cloreto de alilo (CHEM.) allyl chloride

cloreto de alumínio eneaidratado (enea-hidratado) (CHEM.; MED.) aluminium chloride nonahydrate; malebrina

cloreto de alumínio hexaidratado (hexa-hidratado) (CHEM.) aluminium chloride hexahydrate

cloreto de amónio (CHEM.) ammonium chloride

cloreto de bário (CHEM.) barium chloride

cloreto de benzal (CHEM.) benzal chloride

cloreto de benzil (CHEM.) benzyl chloride

cloreto de benzoíla (CHEM.) benzoyl chloride

cloreto de bismuto (CHEM.) bismuth chloride

cloreto de bornilo (CHEM.) bornyl chloride

cloreto de cal (CHEM.) chloride of lime

cloreto de cálcio (CHEM.) calcium chloride; bleaching powder

cloreto de carbamil (CHEM.) carbamyl chloride

cloreto de carbonilo (QUÍM.) carbonyl chloride

cloreto de carboxilo (CHEM.) carbonyl chloride; phosgene

cloreto de chumbo (CHEM.) horn lead; lead chloride

cloreto de cromilo (CHEM.) chromyl chloride

cloreto de dansil (BIO.) dansyl chloride

cloreto de estanho (CHEM.) tin chloride

cloreto de estanho penta-hidratado (CHEM.; MED.) butter of tin

cloreto de etileno (CHEM.) Dutch oil

cloreto de etilo (CHEM.) ethyl chloride; chloroethane

cloreto de fosforilo (CHEM.) phosphoryl chloride; phosphorus oxychloride

cloreto de hidrogénio (CHEM.) hydrogen chloride

cloreto de magnésio (CHEM.) magnesium chloride

cloreto de mercúrio (CHEM.) mercuric chloride

cloreto de metileno (QUÍM.) methylene chloride

cloreto de metilo (CHEM.) methyl chloride

cloreto de metilrosanilina (CHEM.) methylrosaniline chloride; gentian violet; crystal violet

cloreto de nitrogénio (CHEM.) nitrogen chloride

cloreto de polivinilideno (CHEM.) polyvinylidene chloride

cloreto de polivinilo [PVC] (PLAST.) polyvinyl chloride [PVC]

cloreto de potássio (CHEM.) potassium chloride

cloreto de prata (CHEM.) silver chloride

cloreto de sódio (CHEM.) sodium chloride

cloreto de zinco (CHEM.; MED.) zinc chloride; butter of zinc

cloreto estânico (CHEM.) stannic chloride

cloreto férrico (CHEM.) ferric chloride

cloreto mercuroso (CHEM.) mercurous chloride

cloreto natural (CHEM.) free chloride

cloreto natural de prata (CHEM.) horn ore

cloreto platínico (CHEM.) platinum tetrachloride

cloretos de azoto (CHEM.) nitrogen chlorides

cloridrato (CHEM.) hydrochloride

cloridrato de amidricaína (MED.) amydricaine hydrochloride

cloridrato de azacosterol (CHEM.) azacosterol hydrochloride

cloridrato de clordiazepóxido (CHEM.) chlordiazepoxide hydrochloride

cloridrato de diafeno (CHEM.) diaphen hydrochloride

cloridrato de doxapram (CHEM.; MED.) doxapram hydrochloride

cloridrato de edrofónio (CHEM.) edrophonium chloride

cloridrato de fenilenodiamina (CHEM.) phenylenediamine hydrochloride

cloridrato de hematina (CHEM.) haemin; hydrochloride of haematin

cloridrato de isobucaína (CHEM.) isobucaine hydrochloride

cloridrato de lidocaína (MED.) lidocaine hydrochloride

cloridrato de mepacrina (CHEM.) mepacrine hydrochloride

cloridrato de metadona (CHEM.; MED.) methadone hydrochloride

cloridrato de mianserina (CHEM.; MED.) mianserin hydrochloride

cloridrato de naepaína (CHEM.) naepaine hydrochloride

cloridrato de petidina (CHEM.; MED.) pethidine hydrochloride

cloridrato de piperocaína (CHEM.) piperocaine hydrochloride

cloridrato de racefedrina (CHEM.) racephedrine hydrochloride

cloridrato de tioridazina (CHEM.; MED.) thioridazine hydrochloride

cloridrato de tri(aminofenil)metano (CHEM.) pararosanilin: parafuchsin

cloridria (MED.) chlorhydria

cloridrinas (CHEM.) chlorhydrins

cloridúria (MED.) chloruresis; chloruria

clorinidade (ECO.) chlorinity

clorite (MINER.) chlorite

cloritização (MINING) chloritization

cloritóide (MINER.) chloritoid

clorização (CHEM.; MED.) chlorination

cloro (CHEM.) chlorine

cloroacetonofenona (CHEM.) chloroacetophenona (tear gas)

cloro-apatite (MINER.) chlorapatite

cloroastrolite (MINER.) chlorastrolite

cloroblasto (BIO.) chloroblast

clorobutadieno (CHEM.) chlorobutadiene

Clorococos (BOT.) Chlorococales

clorocruorina (ZOO.) chlorocruorin

cloroetano (CHEM.) chlorethane; ethyl chloride

clorofaíta (MINER.) chlorophaete

cloro-fibra (TEXT.) chlorofibre

Clorofíceas (BOT.) Chlorophyceae

clorofila (BOT.) chlorophyll

clorofilase (BOT.; CHEM.) chlorophyllase

Clorófitas (BOT.) Chlorophyte; Green Algae

cloroformato de triclorometilo (CHEM.) trichloro-methyl chloroformate; diphosgene

clorofórmio (CHEM.) chloroform; trichloromethane

clorogenina (CHEM.) chlorogenin

cloro-hemina (CHEM.) haemin; hydrochlorid of haematin

cloro-hexidina (CHEM.) chlorhexidine

clorometano (CHEM.) chloromethane; methyl chloride

cloropatite (MINER.) chlorapatite

cloropia (MED.) chloropia; chloropsia

cloroplasto (BOT.) chloroplast

cloropreno (CHEM.) chloroprene

cloropsia (MED.) chloropsia

cloroquina (CHEM.) chloroquine

clorose (BOT.; MED.) chlorosis; chlorose

clorose pela cal (BOT.) lime-indiced chlorosis

clorotiazida (MED.) chlorothiazide

clorotiazida sódica (MED.) chlorothiazide sodium

clorótico (MED.) chlorotic

cloroxilo (BOT.) Ceylon satinwood; Indian satinwood (native tree)

clorpromazina (MED.) chlorpromazine

clorpropamida (MED.) chlorpropamide

clortalidona (MED.) chlorthalidone

clorurese (MED.) chloruresis

clorurético (MED.) chloruretic

clorúria (MED.) chloruria; chloruresis

clostrídio (BIO.) clostridium

clotóide (MATH.) clothoid; Cornus's spiral

cloxacilina (CHEM.; MED.) cloxacillin

Clupeiformes (ZOO.) Clupeiformes

CMOS bipolar (ELECTRON.) bipolar CMOS [BiCMOS]

cnemídio (ZOO.) cnemidium

Cnidários (ZOO.) Cnidaria

CoA (BIO.) CoA; Coenzyme A

coada (MECH.) pouring

coada em moldes (MECH.) teeming

coadaptação (BIO.) co-adaptation

coador (PAPER) strainer

coagulação (BIO.; MED.) coagulation

coagulação (CHEM.) coagulation; pectization

coagulação (Zoo.) thrombosis
coagulação ultra-sónica (Phys.) ultrasonic coagulation
coagulador (Zoo.) reed
coágulo (Bio.; Med.) coagulum; clot; thrombus
coalescência (Eco.) coalescence
coalescente (Bot.; Zoo.) coalescent
coalheira (Zoo.) reed
coalho (Chem.) rennet
co-altitude (Astro.) co-altitude
coanócito (Zoo.) choanocyte; collar cell
coanomastigote (Zoo.) choanomastigote
coartação (Med.) coartation
cobaltaminas (Chem.) cobaltamines
cobaltina (Miner.) cobaltite
cobaltite (Miner.) cobaltite
cobalto (Chem.) cobalt
cobalto 58 (Phys.) cobalt-58
cobalto 60 (Med.; Phys.) cobalt-60; cobalt unit
cobalto terroso (Miner.) earthy cobalt
cobamida (Chem.) cobamide
coberta (Nav.) hurricane deck; deck
coberta de abrigo (Nav.) shelter deck
coberta de amurada (Nav.) freeboard deck
coberta de bordo livre (Nav.) freeboard deck
coberta de passageiros (Nav.) promenade deck
coberta inferior (Nav.) lower deck
coberta superior (Nav.) upper deck
coberto arbustivo (Eco.) shrub layer
coberto de vidro (Build.) glassed
coberto do solo (Eco.) ground cover
cobertor (Text.) blanket
cobertura (Elect.) sheath
cobertura (Gen.) cover; coverage
cobertura (Meteo.) cap; lid
cobertura (Print.) book cloth
cobertura (Zoo.) coverts (feathers)
cobertura da caldeira (Mech.) boiler covering
cobertura da célula (Bio.) cell coat
cobertura de ardósia (Build.) slate covering
cobertura de bomba (Mech.) pump bonnet
cobertura de cumeeira (Arch.) ridge covering
cobertura de feltro (Gen.) felting
cobertura de grade para secar tijolos (Build.) hack-cap
cobertura de grisú (Mining) fire-damp cap
cobertura de lava (Geo.) lava cover
cobertura de linóleo (Build.) linoleum cover
cobertura de matéria orgânica do solo (Eco.) L-layer
cobertura de metal isolada (Build.) insulated metal roofing
cobertura de placas (Build.) slab covering
cobertura de protecção (Elect.) protection cap
cobertura de telhado impermeável (Build.) watertight roofing
cobertura do motor (Aero.) cowling
cobertura eficaz (Elect.) effective coverage

cobertura em cumeeira (Build.) ridge capping
cobertura horizontal (Build.) horizontal sheeting
cobertura isoladora (Elect.) insulating covering
cobertura por radar (Radar) radar coverage
cobertura protectora (Eng.) apron
cobertura radar (Radar) radar coverage
cobertura selada (Build.) sealed cover
coberturas medianas (Zoo.) median wing-coverts
coberturas menores da asa (Zoo.) lesser wing-coverts
cobertura superior (Miner.) top casing
cobinamida (Chem.) cobinamide
cobre (Chem.) copper
cobre anilado (Miner.) indigo copper
cobre arsenical (Chem.) arsenical copper
cobre bruto (Mech.) black copper
cobre de alta condutibilidade (Mech.) high conductivity copper
cobre de alta condutibilidade livre de oxigénio (Elect.) oxygen-free high-conductivity copper
cobre de cádmio (Mech.) cadmium copper
cobre de campo (Elect.) field copper
cobre de fundição (Mech.) casting copper
cobre de melhor qualidade (Mech.) best selected copper
cobre de silício (Mech.) silicon copper
cobre desoxidante (Mech.) deoxidizer copper
cobre dissolvido (Mech.) cement copper
cobre electrolítico (Mech.) electrolytic copper
cobre em lingotes (Eng.) pig copper
cobre empolado (Mech.) blister copper
cobre fosforizado (Mech.) phosphorized copper
cobre melhor seleccionado (Mech.) best selected copper
cobre para cátodos (Elect.) cathode copper
cobre purificado (Chem.) refined copper
cobre quase puro (Mech.) best selected copper
cobre refinado (Mech.) tough pitch copper
cobre seco (Mech.) dry copper
cobre silicioso (Mech.) silicon copper
cobre vítreo (Miner.) copper glance
cobrir com argamassa (Build.) pargeting
cobrir com palha ou colmo (Build.) thatching
cobrir com reboco (Build.) pargeting
coca (Bot.; Med.) coca
cocaína (Chem.; Med.) cocaine
cocainidina (Med.) cocainidine
cocainismo (Gen.) cocainism
cocainização (Med.) cocainization
cocarcinógeno (Bio.; Med.) cocarcinogen

cocção (Chem.) burning
cocção a fundo (Mech.) dead roasting
coccialgia (Med.) coccyalgia
coccidinia (Med.) coccydynia
coccidiomicose (Med.; Vet.) coccidiomycosis
coccidiose (Med.) coccidiosis
coccigectomia (Med.) coccygectomy
coccigodinia (Med.) coccygodynia
coccigotomia (Med.) coccygotomy
cocciodinia (Med.) coccyodynia
cóccix (Zoo.) coccyx
Cocheiro (Astro.) Charioteer
cochinilha (Zoo.) coccus cacti
cocho de pedreiro (Build.) mortar board
cochonilha (Zoo.) coccus cacti
cociente (quociente) de assimilação (Bot.) assimilatory quocient
cockpit (Aero.) cockpit
cóclea (Zoo.) cochlea
cocleado (Bot.; Zoo.) cochleate
coco (Bio.) coccus (pl. cocci)
cocóide (Bot.) coccoid
cocólito (Bot.) coccolith
codamina (Chem.) codamine
codão (codon) (Bio.) codon
codão de iniciação (Bio.) initiation codon
codão de início (Bio.) start codon
codão de paragem (Bio.) chain terminator
codão iniciador (Bio.) initiator codon
codão-starter (Bio.) initiator codon
codão terminator (Bio.) stop codon
codeína (Chem.) codeine
codificação (Gen.) coding
codificação (Psycho.) encoding
codificação absoluta (Comp.) absolute coding
codificação automática (Comp.) automatic coding
codificação da luminância (Image Tech.) luma keying
codificação das resistências (Electron.) resistor coding
codificação de comprimento variável (Electron.) variable-length coding
codificação de Huffman (Electron.) Huffman coding
codificação de segurança (Electron.) security coding
codificação do algoritmo de Lempel-Ziv (Electron.) Lempel-Ziv algorithm coding
codificação dos cabos por cor (Image Tech.) wiring colour coding
codificação duobinária (Comp.) duobinary code
codificação em pares ternários (Electron.) pair selected ternary
codificação específica (Comp.) specific coding
codificação estruturada (Comp.) structured coding
codificação iterativa (Telecom.) iterated coding
codificação lógica (Comp.) logical encoding
codificação por deslocação da frequência (Telecom.) Kansas city modulation

codificação por deslocação relativa da frequência (ELECTRON.) relative frequency shift keying

codificação por intervalos (ELECTRON.) gap coding

codificação por mudança de fase binária (ELECTRON.) binary phase shift keying [BPSK]

codificação por reversão da fase (TELECOM.) phase reversal keying

codificação preditiva (TELECOM.) predictive coding

codificação pseudo-aleatória (COMP.) pseudo-random coding

codificação recolocável (COMP.) relocatable coding

codificação regional (DVD) (IMAGE TECH.) regionalization

codificação relativa (COMP.) relative coding

codificador (TELECOM.) coder

codificador de banda magnética (COMP.) key-to-tape

codificador de discos (COMP.) key-to-discs

codificador de fita magnética (COMP.) magnetic tape encoder

codificador de impulsos (TELECOM.) pulse coder

codificador quantificador (ELECTRON.) quantizing encoder

codificar (TELECOM.) encode

código (GEN.) code

código absoluto (COMP.) absolute code

código adaptado à função (COMP.) function-oriented code

código alfabético (COMP.) alphabetic code

código alfanumérico (COMP.) alphanumeric code

código audível (TELECOM.) audible code

código binário (COMP.; MATH.) binary code

código binário denso (COMP.; MATH.) dense binary code

código binário não ponderado (ELECTRON.) non-weighted binary code

código binário reflectido (COMP.) reflected binary code; Gray code

código binário simétrico (COMP.) symmetrical binary code

código biquinário (COMP.; MATH.) biquinary code

código cíclico (COMP.) reflected binary code

código continental (TELECOM.) continental code

código convolucional (COMP.) convolutional code

código corrector de erros (ELECTRON.) error-correcting telegraph code

código de acesso de programa (COMP.) program access code

código de acesso mínimo (COMP.) minimum access code

código de alimentação de linha (COMP.) line feed code

código de autorização (ELECTRON.) authorization code

código de barras (COMP.) bar code; Universal Product Code

código de barras (TELECOM.) barred code

código de barras 49 (GEN.) Code-49

código de barras de 7 dígitos (GEN.) codabar

código de binário em linha (COMP.) row binary code

código de caracteres (COMP.) character code

código decinal binário (ELECTRON.) BCH code

código de cinco pontos (TELECOM.) five-level code

código de cinco unidades (TELECOM.) five-unit code

código de construção (CHEM.) code of construction

código de controlo de erro (COMP.) error control code

código de controlo principal (COMP.) master control code

código de conversão (COMP.) conversion code

código de cores (IMAGE TECH.) colour code

código de cores das resistências (ELECTRON.) resistor colour code

código de cores para condensadores (ELECT.) capacitor colour (color) code

código de correcção de erro (COMP.) error-correcting code

código de dados (COMP.) data code

código de destino (COMP.) routing code

código de detecção de erro (COMP.) error detecting code

código de disco (COMP.) disk code

código de dois em cinco (COMP.) two-out-of-five code

código de encaminhamento de chamadas (COMP.) calling direction code

código de endereço (COMP.) address code

código de endereço único (COMP.) single address code

código de erro (COMP.) error code

código de excesso (COMP.) excess code

código de excesso 3 (COMP.) excess-3 code

código de fita (COMP.) tape code

código de fonte (COMP.) source code

código de função (COMP.) function code

código degenerado (BIO.) degenerate code

código de grupo (COMP.) group code

código de Hamming (COMP.) Hamming code

código de Huffman modificado (ELECTRON.) modified Huffman code

código de impulsos (TELECOM.) pulse code

código de informação de programa (COMP.) program information code

código de instruções (COMP.) instruction code

código de linha (COMP.) line code

código de Manchester (ELECTRON.) Manchester code

código de modulação (COMP.) modulation code

código de Moore (TELECOM.) Moore code

código de nome (COMP.) name code

código de número pseudo-aleatórios de Gold (ELECTRON.) Gold codes

código de operação (COMP.) operation code

código de posição independente (COMP.) position-independent code

código de quatro endereços (COMP.) four address code

código de Reed-Solomon (ELECTRON.) Reed-Solomon code

código de registo (COMP.) record code

código de sinais (TELECOM.) signal code

código de tempo de intervalo vertical (IMAGE TECH.) vertical interval time-code

código de teste de erro (COMP.) error checking code

código de tolerâncias (dos componentes) (ELECTRON.) component tolerance code

código de transacção (COMP.) transaction code

código de transmissão (COMP.) transmission code

código de um endereço (COMP.) one-address code

código de verificação de erro (COMP.) error checking code

código de verificação de paridade (ELECTRON.) parity check code

código em cadeia (COMP.) chain code

código em série (COMP.) serial code

código encadeado (COMP.) chain code

código específico (COMP.) specific code

código estrutural (COMP.) skeletal code

código genético (BIO.) genetic code

código Gray (COMP.) Gray code

código identificador (TELECOM.) answer-back code

Código Internacional de Nomenclatura Botânica (ECO.) International Code af Botanical Nomenclature

código interno (COMP.) inner code

código-máquina (COMP.) machine code

código Morse (TELECOM.) Morse code

código-objecto (COMP.) object code

código orientado à função (COMP.) function-oriented code

código-origem (COMP.) source code

código pessoal (COMP.) personal code

código polinomial (COMP.) polynomial code

código privado (COMP.) private code

código pseudo-ternário (ELECTRON.) pseudo-ternary code

código Q (AERO.) Q-code [letters QAA-QNZ]

código Q (NAV.) Q-code [QRA-QUZ]

código quase aleatório (COMP.) quasi-random code

código recorrente (ELECTRON.) recurrent code

código redundante (COMP.) redundant code

código-registo (COMP.) record code

código relativo (COMP.) relative code

códigos de prática (BUILD.) codes of practice

código simbólico (COMP.) symbolic code

código simplex (COMP.) simplex code

Código Standard Americano para Intercâmbio de Informação (COMP.) American Standard Code for Information Interchange [ASCII]

código telegráfico (COMP.) telegraph code

código ternário (ELECTRON.) ternary code

codilheira (VET.) capped elbow

codominante (GEN.) codominant

codon (codão) (BIO.) codon

coeficiente (GEN.) coefficient

coeficiente absoluto (MATH.) absolute coefficient

coeficiente aerodinâmico (AERO.) aerodynamic coefficient

coeficiente B (ASTRO.) B-coefficient

coeficiente binómico (MATH.) binomial coefficient

coeficiente circular (ELECT.) circle coefficient

coeficiente crítico (CHEM.) critical coefficient

coeficiente da hélice (AERO.) propeller coefficient

coeficiente de absorção (CHEM.; PHYS.) absorption coefficient

coeficiente de absorção acústica (PHYS.) acoustic absorption coefficient

coeficiente de absorção atómica (PHYS.) atomic absorption coefficient

coeficiente de absorção de massa (PHYS.) mass absorption coefficient

coeficiente de absorção de reverberação (ELECTRON.) reverberation absorption coefficient

coeficiente de absorção do som (PHYS.) sound absorption coefficient

coeficiente de absorção electrónica (ELECTRON.) electronic absorption coefficient

coeficiente de absorção linear (PHYS.) linear absorption coefficient

coeficiente de absorção real (PHYS.) real absorption coefficient

coeficiente de absorção superficial (PHYS.) surface absorption coefficient

coeficiente de absorção total (PHYS.) total absorption coefficient

coeficiente de acoplamento (TELECOM.) coupling coefficient

coeficiente de actividade (CHEM.; COMP.) activity coefficient; activity ratio

coeficiente de amortecimento (PHYS.) damping coefficient; damping factor

coeficiente de amplitude (ELECT.) breadth coefficient

coeficiente de aproveitamento (ELECT.) coefficient of utilization

coeficiente de assimetria (STAT.) coefficient of skewness

coeficiente de atenuação (PHYS.) attenuation coefficient

coeficiente de atenuação linear (ELECTRON.) linear attenuation coefficient

coeficiente de atrito estático (PHYS.) coefficient of friction of rest

coeficiente de atrito superficial (AERO.; PHYS.) skin friction coefficient

coeficiente de Auger (PHYS.) Auger coefficient

coeficiente de auto-indutância (ELECT.) self-inductance coefficient

coeficiente de bloco (NAV.) block coefficient

coeficiente de Callier (IMAGE TECH.) Callier coefficient

coeficiente de capacitância (ELECT.) capacitance coefficient

coeficiente de carga (AERO.; ELECT.) load factor

coeficiente de carga de gerador (ELECT.) plant load factor (generator)

coeficiente de colisão (PHYS.) collision rate

coeficiente de compressibilidade (CHEM.; PHYS.) compressibility coefficient

coeficiente de consanguinidade (BIO.) inbreeding coefficient

coeficiente de contracção (ELECT.; HYDRO.) contraction coefficient

coeficiente de controlo de fluxo (BIO.) flux-control coefficient

coeficiente de convecção (CHEM.) film coefficient

coeficiente de conversão (PHYS.) conversion coefficient

coeficiente de correlação (STAT.) correlation coefficient

coeficiente de correlação múltipla (STAT.) coefficient of multiple correlation

coeficiente de desempenho (ENG.) coefficient of performance

coeficiente de desmineralização (MED.) coefficient of demineralization

coeficiente de difusão (CHEM.) diffusion coefficient

coeficiente de difusão de Maxwell (PHYS.) Maxwell's coefficient of diffusion

coeficiente de dilatação (PHYS.) coefficient of expansion

coeficiente de dilatação dos gases (PHYS.) coefficient of gas expansion

coeficiente de dilatação linear (PHYS.) coefficient of linear expansion

coeficiente de dispersão (ELECT.) coefficient of dispersion; dispersion coefficient; leakage coefficient

coeficiente de dissipação (PHYS.) dissipation coefficient

coeficiente de distribuição (CHEM.) partition coefficient

coeficiente de distribuição (PHYS.) distribution coefficient

coeficiente de dureza (MINER.) coefficient of hardness

coeficiente de Einstein (ASTRO.) Einstein coefficient; B-coefficient

coeficiente de elasticidade (CHEM.) stress-strain module

coeficiente de elasticidade (PHYS.) coefficient of elasticity; Young's modulus

coeficiente de equivalência (ENG.) coefficient of equivalence

coeficiente de Esson (ELECT.) Esson coefficient; specific torque coefficient

coeficiente de Ettinghausen (PHYS.) Ettinghausen coefficient

coeficiente de Ettinghausen-Nernst (PHYS.) Ettinghausen-Nernst coefficient

coeficiente de evaporação (PHYS.) coefficient of evaporation

coeficiente de evaporação máxima (PHYS.) maximum evaporation rate

coeficiente de expansão (PHYS.) coefficient of expansion

coeficiente de expansão aparente (PHYS.) coefficient of apparent expansion

coeficiente de expansão linear (PHYS.) coefficient of linear expansion

coeficiente de extinção (CHEM.; PHYS.) extinction coefficient

coeficiente de extinção por difusão (PHYS.) coefficient of extinction by scattering

coeficiente de extinção por dispersão (PHYS.) coefficient of extinction by scattering

coeficiente de finura (AERO.) ratio of drift to lift

coeficiente de finura do plano de flutuação (NAV.) coefficient of fineness of water plane

coeficiente de fissão (NUCL.) fission rate

coeficiente de Fourier (MATH.) Fourier coefficient

coeficiente de franjamento (ELECT.) fringing coefficient

coeficiente de fricção (PHYS.) coefficient of friction

coeficiente de fricção cinética (PHYS.) coefficient of kinetic friction

coeficiente de fricção em repouso (PHYS.) coefficient of friction of rest

coeficiente de fuga (ELECT.) coefficient of leakage

coeficiente de fusão (PHYS.) coefficient of fusion

coeficiente de Hall (ELECTRON.) Hall coefficient

coeficiente de histerese (ELECT.) hysteresis coefficient

coeficiente de impacte (MECH.; PHYS.) impact coefficient

coeficiente de indutância (ELECT.) inductance coefficient; inductance coil

coeficiente de jacto (AERO.) jet coefficient

coeficiente de ligação de feixe (ELECT.) beam-coupling coefficient

coeficiente de luminosidade (PHYS.) luminosity coefficient

coeficiente de manutenção (ELECT.) holding ratio

coeficiente de momento (PHYS.) moment coefficient

coeficiente de momento de guinada (AERO.) yawing moment coefficient

coeficiente de nivelamento (ELECT.) grading coefficient

coeficiente de oscilação (PHYS.) coefficient of oscillation

coeficiente de partição (CHEM.) partition coefficient

coeficiente de Peltier (ELECT.) Peltier coefficient

coeficiente de percepção (PHYS.) coefficient of perception

coeficiente de permeabilidade (PHYS.) coefficient of flow; permeability coefficient

coeficiente de potência (NUCL.) power coefficient

coeficiente de potencial (PHYS.) potential coefficient

coeficiente de pressão (AERO.) pressure ratio

coeficiente de procriação sanguínea (BIO.) coefficient of inbreeding

coeficiente de propagação (PHYS.) propagation ratio

coeficiente de qualidade (PHYS.) quality factor

coeficiente de Rayleigh (METEO.) Rayleigh number

coeficiente de reacção (NUCL.; PHYS.) reaction rate

coeficiente de reactividade (NUCL.) reactivity coefficient

coeficiente de reatância (ELECT.) reactance coefficient

coeficiente de recombinação (ELECTRON.) recombination coefficient

coeficiente de recuperação (PHYS.) coefficient of restitution

coeficiente de reflexão (PHYS.) coefficient of reflection; reflection coefficient

coeficiente de reflexão acústica (PHYS.) acoustic reflection coefficient

coeficiente de reflexão com reverberação (ELECTRON.) reverberation reflection coefficient

coeficiente de reflexão sonora (PHYS.) sound reflection coefficient

coeficiente de regressão (STAT.) coefficient of regression

coeficiente de relação (BIO.) coefficient of relationship

coeficiente de rendimento (ENG.) coefficient of performance

coeficiente de repetição (TELECOM.) repetition coefficient

coeficiente de restituição (PHYS.) coefficient of restitution

coeficiente de rigidez (PHYS.) coefficient of rigidity

coeficiente de saída (ELECT.) output coefficient

coeficiente de saturação (BUILD.) saturation coefficient

coeficiente de selecção (BIO.) selection coefficient

coeficiente de semelhança (ECO.) similarity coefficient

coeficiente de similaridade (ECO.) similarity coefficient

coeficiente de Soret (PHYS.) Soret coefficient

coeficiente de Steinmetz (ELECT.; PHYS.) Steinmetz coefficient

coeficiente de stress hídrico (ECO.) wilting coefficient

coeficiente de sustentação (AERO.) lift coeficient

coeficiente de temperatura (BIO.) temperature coefficient

coeficiente de temperatura de frequência (ELECT.) temperature coefficient of frequency

coeficiente de temperatura de queda de tensão (ELECT.) temperature coefficient of voltage drop

coeficiente de temperatura de resistência (ELECT.) temperature coefficient of resistance

coeficiente de tensão (PHYS.) coefficient of tension

coeficiente de Thomson (ELECT.) Thomson coefficient

coeficiente de torção específica C (ELECT.) specific torque coefficient

coeficiente de Townsend (ELECT.) Townsend coefficient

coeficiente de trabalho (ELECT.) duty ratio

coeficiente de transferência de massa (CHEM.; MECH.) mass transfer coefficient

coeficiente de transmissão (PHYS.) transmission coefficient

coeficiente de transmissão acústica (PHYS.) acoustic transmission coefficient

coeficiente de transmissão com reverberação (ELECTRON.) reverberation transmission coefficient

coeficiente de transmissão de calor (CHEM.) heat transfer coefficient

coeficiente de uniformidade de Hazen (PHYS.) Hazen's uniformity coefficient

coeficiente de utilização (ELECT.) coefficient of utilization: utilization factor

coeficiente de vaporização (PHYS.) coefficient of vaporization

coeficiente de variação (STAT.) coefficient of variation

coeficiente de viscosidade (PHYS.) coefficient of viscosity

coeficiente de viscosidade cinemática (PHYS.) coefficient of kinematic viscosity

coeficiente de viscosidade molecular (CHEM.) coefficient of molecular viscosity

coeficiente de voltagem (ELECT.) voltage coefficient

coeficiente dieléctrico (ELECT.) dielectric coefficient

coeficiente diferencial (MATH.) differential coefficient

coeficiente diferencial parcial (MATH.) partial differential coefficient

coeficiente osmótico (CHEM.) osmotic coefficient

coeficiente prismático (NAV.) prismatic coefficient

coeficientes tricromáticos (PHYS.) trichromatic coefficients

coeficiente térmico negativo (ELECTRON.) negative temperature coefficient [NTC]

coeficiente térmico positivo (ELECTRON.) positive temperature coefficient

coeficiente unitário de resistência aerodinâmica (HYDRO.) Reynolds number

coeficiente unitário de resistência ao avanço (AERO.) unit drag coefficient

coenzima (BIO.) coenzyme

coenzima A [CoA] (BIO.) coenzyme A [CoA]

coenzima I (BIO.) coenzyme I; nicotinamide adenine dinucleotide; NAD

coenzima II (BIO.) coenzyme II; nicotinamide adenine dinucleotide phosphate; NADP

coenzima Q (BIO.) coenzyme Q

coenzima R (BIO.) coenzyme R; biotin

coercibilidade (PHYS.) coercivity

coercímetro (PHYS.) coercimeter

coerência (PHYS.) coherence

coerente (BIO.) coherent

coesão (GEN.) cohesion; coherence

coesão aparente (BUILD.) apparent cohesion

coesão molecular (CHEM.) molecular cohesion

coesite (MINER.) coesite

coespecífico (BIO.) co-specific; cospecific

coevolução genética (ECO.) gene-for-gene co-evolution [GFG coevolution]

cofactor (MATH.) cofactor; signed minor

coferdame (NAV.) coffer dam

cofragem (BUILD.) sheathing

cognição (PSYCHO.) cognition

cogumelo (BOT.) mushroom; toadstool

cogumelo (NUCL.) mushroom cloud

coifa (BIO.; BOT.) cap; caul; dome; root cap; calyptra

coiloníquia (MED.) koilonychia

coincidência acidental (ELECTRON.) accidental coincidence

coincidência aleatória (NUCL.) random coincidence

coincidência de porta (COMP.) gate coincidence

coincidência espúria (NUCL.) spurious coincidence

coiro-de-montanha (MINER.) mountain leather (variety of asbestos)

coito (MED.) coition; coitus

coito (ZOO.) semination; insemination

coitofobia (PSYCHO.) coitophobia

coito interrompido (MED.) coitus interruptus

coito reservado (MED.) coitus reservatus

cola (GEN.) cement; glue

cola de peixe (BUILD.; GEN.) fish glue; ichthyocola; marine glue

colagénio (BIO.) collagen

colagogo (MED.) cholagogue

cola hidráulica (CHEM.) hydraulic glue

colanerese (MED.) cholaneresis

colangiectasia (MED.) cholangiectasis

colangiografia (MED.) cholangiography

colangiol (MED.) cholangiole

colangioma (MED.) cholangioma

colangite (MED.) cholangeitis; cholangitis

colanopoiese (colanopoese) (MED.) cholanopoiesis

cola para provas fotográficas (IMAGE TECH.) mountant

colapso cardíaco (MED.) heart attack; heart stroke

colapso do pulmão (MED.) collapse of lung

colapso gravitacional (ASTRO.) gravitational collapse

colapsoterapia (MED.) collapse therapy

colar (GEN.) collar

colar (MECH.) grommet

colarinho (MECH.) gland

colateral (ZOO.) collateral

colatitude (ASTRO.) co-latitude

colchão (BUILD.) mattress

colchão de vapor (MECH.) cushion steam; steam cushion

colcoptose (MED.) colpoptosia

colcorrafia (MED.) colporrhaphy

colcotar (BUILD.) rouge; red-lead; minium

colecalciferol (CHEM.) cholecalciferol; Vitamin D3

colecção (PRINT.) collection

colecção de arquivos (COMP.) library

colecção de dados (COMP.) data collection

colecção de programas (COMP.) library

colecção de rotinas (COMP.) library

colecistectasia (MED.) cholecystectasia

colecistectomia (MED.) cholecystectomy

colecistenterostomia (MED.) cholecystenterostomy

colecistite (MED.) cholecystitis

colecistocele (MED.) cholecystocele

colecistografia (RADIOL.) cholecystography

colecistomia (MED.) cholecystomy

colecistoquinase (MED.) cholecystokinase

colecistoquinina (MED.) cholecystokinin

colecistostomia (MED.) cholecystostomy

colecromo (MED.) cholechrome

colectomia (MED.) colectomy

colector (BUILD.) catch-water drain

colector (ELECTRON.) collector

colector de água de condensação (MECH.) steam trap

colector de amostras (PHYS.) bomb sampler

colector de ar (AERO.) upper-air chamber

colector de areia (PRINT.) sand trap

colector de carga fixa (ELECT.) fixed-charge collector

colector de corrente (ELECT.) current collector

colector de dados (COMP.) data receiver; data sink

colector de descida de água das chuvas (BUILD.) rainwater pipe

colector de La Pointe (MINING) La Pointe picker

colector de moedas (ELECT.) coin-collector

colector de partículas (NUCL.) particle collector

colector de tubo (MECH.) manifold header

colector do transístor (ELECT.) transistor collector

coledocólito (MED.) choledocholith

coledocolitotomia (MED.) choledocholithotomy

coledocorrafia (MED.) choledochorrhaphy

coledocotomia (MED.) choledochotomy

coledoquite (MED.) choledochitis

colelitíase (MED.) cholelithiasis

colélito (MED.) gallstone

colemanite (MINER.) colemanite

colemia (MED.) cholaemia; cholemia

colênquima (BOT.) collenchyma

coleóptero (ZOO.) beetle

Coleópteros (ZOO.) Coleoptera

coleóptilo (BOT.) coleoptile

coleorriza (BOT.) coleorrhiza

cólera (MED.) cholera

cólera dos galináceos (VET.) fowl cholera

cólera dos patos (VET.) duck cholera

cólera dos pintos (VET.) fowl cholera

cólera dos porcos (VET.) hog cholera; swine fever

colesteatoma (MED.) cholesteatoma

colesteremia (MED.) cholesteraemia; cholesteremia; cholesterolaemia

colesterol (BIO.) cholesterol

colesterose (MED.) cholesterosis

colete de pressão (AERO.) pressure waistcoat

colete pneumático salva-vidas (AERO.) personal lifejacket; Mae West

colhedor de amostras (PHYS.) thief sampler

colheita de vilosidades coriónicas (BIO.) chorionic villus sampling

colher de argamassa (BUILD.) buttering tool

colher de coada (MECH.) hand ladle (foundry)

colher de escória (MECH.) slag ladle

colher de fundição (MECH.) ladle

colher de pedreiro (BUILD.) brick trowel; float

colher para minério (MINING) ore grab

colibacilose (MED.) colibacillosis

cólica (MED.; VET.) colic

cólica de areia (VET.) sand colic

cólica de gás (VET.) gas colic

cólica mucomembranosa (MED.) mucomembranous colic

cólica por ingestão de areia (VET.) sand colic

cólica renal (MED.) renal colic

colicina (BIO.) colicin

colículo (ZOO.) colliculus

colículo inferior (MED.; ZOO.) colliculus inferior

coliforme (BIO.; MED.) coliform

coliformes (BIO.) coliform bacteria

colimação (PHYS.) collimation

colimador (PHYS.) collimator

colimador de chumbo (NUCL.) lead collimator

colina (BIO.; CHEM.) choline

colinas de recifes (GEO.) reef knolls

colineação (MATH.) collineation

colinérgico (MED.) cholinergic

coliotomia (MED.) colliotomy

coliquação (MED.) coliquation

colisão (PHYS.) collision

colisão elástica (PHYS.) elastic collision

colisão estelar (ASTRO.) stellar collision

colisão frontal (ELECTRON.) head-on collision

colisão indirecta (PHYS.) indirect collision

colisão ionizante (PHYS.) ionizing collision

colisão mútua (NUCL.) mutual collision

colisão rígida (PHYS.) inelastic collision

colisão térmica mútua (PHYS.) mutual thermal collision

colite (MED.) colitis

colmo (BOT.) culm

colo (BOT.) neck

colo (MED.) cervix; neck

colo (METEO.) col

colo barométrico (METEO.) col

coloboma (MED.) coloboma

coloboma da íris (MED.) iridocoloboma

colocação da caldeira (MECH.) boiler setting

colocação de chapas (PHYS.) shimming

colocação de pinos (BUILD.) pinning-in

colocação de tijolos em grade para secagem (BUILD.) hacking

colocar (COMP.) set

colocar lambris (BUILD.) wainscoting

colocentese (MED.) colocentesis

colódio (CHEM.; MED.) collodion; collodium

colo do útero (ZOO.) neck of the uterus; cervix uteri

coloenterite (MED.) coloenteritis

colofana (MINER.) collophane

cólofon (PRINT.) colophon; biblio

colofónia (CHEM.) rosin; colophony

colofónio (CHEM.) colophonium

coloidal (CHEM.) colloid; colloidal

colóide (CHEM.) colloid

colóide hidrofílico (CHEM.) hydrophillic colloid

colóide hidrofóbico (CHEM.) hydrophobic colloid

coloide liófobo (CHEM.) lyophobic colloid

cóloide protector (CHEM.) protective colloid

colóide reversível (CHEM.) reversible colloid

colóides irreversíveis (CHEM.) irreversible colloids

coloidina (CHEM.) colloidin

coloidoclasia (MED.) colloidoclasia; colloidoclasis

coloidoclástico (MED.) colloidoclastic

coloidógeno (CHEM.) colloidogen

cololitíase (MED.) chololithiasis

cololito (MED.) chololith

cólon (ZOO.) colon

colónia (GEN.) colony

colónia lisa (BIO.) smooth colony

colónia não lisa (BIO.) rough colony

colónia rugosa (BIO.) rough colony

colonização (ECO.) colonization

colonização entre ilhas (ECO.) island hopping

colopexia (MED.) colopexia; colopexy

colopunção (MED.) colocentesis
coloração (BUILD.) bloom (pigments)
coloração (GEN.) staining ; colour
coloração aposemática (ZOO.) aposematic coloration
coloração críptica (ZOO.) cryptic coloration
coloração de aviso (ZOO.) warning coloration
coloração de Loeffler (BIO.) Loeffler's stain
coloração diferencial (ZOO.) differential stain
coloração intra vitam (BIO.) intra-vitam staining
coloração negativa (BIO.) negative staining
coloração para flagelos (BIO.) Loeffler's stain
coloração química (IMAGE TECH.) chemical toning
coloração sexual (ZOO.) sexual coloration
colorimetria (IMAGE TECH.) colorimetry
colorímetro (PHYS.) colorimeter
colorímetro de Lovibond (CHEM.) Lovibond tintometer
colostomia (MED.) colostomy
colostração (MED.) colostration
colóstrico (BIO.) colostric
colostro (BIO.) colostrom
colostrorreia (MED.) colostrorrhea
colotipia (PRINT.) collotype
colótipo (PRINT.) collotype
colotomia (MED.) colotomy
colpatresia (MED.) colpatresia
colpectasia (MED.) colpectasia
colpite (MED.) colpitis; vaginitis; elytritis
colpocele (MED.) colpocele; colpoptosis
colpocistite (MED.) colpocystitis
colpocistocele (MED.) colpocystocele
colpocistotomia (MED.) colpocystotomy
colpoclise (MED.) colpocleisis
colpodinia (MED.) colpodynia
colpoperineoplastia (MED.) colpoperineoplasty
colpoperineorrafia (MED.) colpoperineorrhaphy
colpopexia (MED.) colpopexy
colposcópio (MED.) colposcope
colpospasmo (MED.) colpospasm
colquicina (BIO.; CHEM.) colchicine
columbite (MINER.) columbite
columela (BOT.; ZOO.) columella
coluna (BUILD.) column; pier; pilaster
coluna (GEN.) column; pillar; post
coluna (MINING) string
coluna amortecedora (MINING) surge bin; surge tank
coluna anelada (ARCH.) annulated column
coluna ascendente (METEO.) lifting column
coluna aspirada (HYDRO.) suction head
coluna curta (MECH.) short column
colunada (ARCH.) colonnade
coluna de alimentação (ELECT.) feeder pillar
coluna de ar (PHYS.) air column

coluna de ar ascendente (MECH.) uptake
coluna de Clusius (NUCL.) Clusius column
coluna de enchimento (CHEM.) packed column
coluna de fraccionamento (CHEM.) fractionating column
coluna de fragmentação (CHEM.) fractionating column
coluna de fumo (GEO.) plume
coluna de injecção (MINING) injection string
coluna de lama (MINING) mud column
coluna de nicho (ARCH.) niched column
coluna de óleo (MINING) oil string
coluna de parapeito (BUILD.) rail post
coluna de produção (MINING) production string
coluna de rectificador (ELECT.) rectifier stack
coluna de tornado (METEO.) funnel column
coluna do guindaste (MECH.) crane post
coluna embutida (ARCH.) embedded column
coluna enviesada (ARCH.) canted column
coluna estratigráfica (GEO.) stratigraphic column
coluna geológica (GEO.) geological column
coluna giratória em porta de eclusa (HYDRO.) heel-post; quoin-post
coluna grupada (ARCH.) clustered column
coluna luminosa (lunar) (ASTRO.; METEO.) moon pillar
coluna luminosa (solar) (ASTRO.; METEO.) sun pilar
coluna positiva (ELECTRON.) positive column
coluna produtiva (MINING) pay string
coluna que passa através de todos os andares (BUILD.) storey column
coluna salomónica (ARCH.) twisted column
colunas de impulso (CHEM.) pulse columns
colunas de som de reflexão (TELECOM.) reflex cabinet
colunas geminadas (ARCH.) twin columns
coluna solar (METEO.) sun pillar
colunata (ARCH.) portico; colonnade
coluna térmica (METEO.) rising column
coluna térmica (NUCL.) thermal column
coluna torcida (ARCH.) twisted column
coluna vertebral (ZOO.) vertebral column; spinal column; backbone; spine
colúria (MED.) choluria
coluros (ASTRO.) colures
coma (BOT.; MED.; PHYS.) coma
coma (PHYS.) comma (Acoustics)
coma diabético (MED.) diabetic coma
coma difuso (ASTRO.; MED.) diffuse coma
coma hepático (MED.) hepatic coma
com ambos os lados da mesma cor (ZOO.) concorolate

comandita (PRINT.) chumship; companionship
comando (GEN.) control; command; yoke
comando automático de brilho (IMAGE TECH.) automatic beam control
comando automático de mistura (AERO.) automatic mixture control
comando automático de modulação (TELECOM.) automatic modulation control
comando da camada limite (AERO.) boundary layer control
comando da hélice (AERO.) propeller drive
comando de canal (COMP.) channel command
comando de contacto (COMP.) contact operator
comando de corte de impulso (AERO.) boost-control over-ride
comando de entrada (COMP.; TELECOM.) bootstrap
comando de jogo (COMP.) joystick
comando de lâminas (ELECT.) laminated yoke
comando de linguagem (COMP.) language command
comando de mistura (AERO.) mixture control
comando de modo (COMP.) mode command
comando de nome (COMP.) name command
comando de passo (AERO.) pitch control
comando de procedimento (COMP.) procedure command
comando de reactor (NUCL.) reactor control
comando de sincronismo (ELECTRON.) hold control
comando detector (RADAR) finder control
comando de velocidade (ELECT.) speed control
comando de voo (AERO.) flight control
comando do compensador (AERO.) tab control
comando imediato (COMP.) immediate command
comando magnético (ELECT.) magnetic control
comando por rádio (TELECOM.) radio command
comandos invertidos (AERO.) inversed controls
comandos normalizados para instrumentos programáveis (COMP.) standard commands for programmable instruments
com arranque automático (MECH.) self-starting
comatoso (MED.) comatose
combinação (COMP.) coalesce
combinação (GEN.) combination
combinação (MECH.) compounding
combinação de impedâncias (ELECT.) impedance matching
combinação de memória-tampão (COMP.) buffer pool
combinações (CHEM.; MATH.) combinations

combinado (GEN.) compound
combinar (COMP.) match; merge
combustão (GEN.) combustion
combustão completa (MECH.) complete combustion; perfect combustion
combustão de carga estratificada (MECH.) stratified charge combustion
combustão de gases indesejáveis (MINING) flare
combustão espontânea (PHYS.) spontaneous combustion
combustão lenta (CHEM.) slow burning
combustão perfeita (MECH.) perfect combustion
combustão retardada (MINING) afterburst
combustão superficial (MECH.) surface combustion
combustível (GEN.) firing
combustível coloidal (MECH.) colloidal fuel
combustível composto (CHEM.) composite propellant
combustível de álcool (BIO.; CHEM.) alcohol fuel
combustível de alta densidade para mísseis (AERO.) JP-10
combustível de jacto (AERO.) jet fuel
combustível de motores de jacto militares (AERO.) JP-5
combustível de plutónio (NUCL.) plutonium fuel
combustível de prova de motores a jacto (AERO.) JP-4
combustível Diesel (MECH.) diesel fuel
combustível fóssil (ECO.) fossil fuel
combustível líquido (CHEM.) fuel oil
combustível nuclear (NUCL.; PHYS.) nuclear propellant; nuclear fuel; reactor fuel
combustível propulsor (AERO.; SPACE) propellant fuel
combustível queimado (AERO.; SPACE) all-burnt
combustível sólido (PHYS.) solid fuel
com cálice e corola distintos (BOT.) dichlamydeous
com crista (ZOO.) pileate
com dois estomas (BOT.) amphistomatal; amphistomatic
com duas narinas (ZOO.) amphirhinal
comedão (MED.) comedo; blackhead
comedor de algas (ZOO.) fucivorous
comedor de penas (VET.) feather eater
com elevado teor de água (CHEM.) highwater
Comelinídeas (BOT.) Commelinidae
comensalismo (BIO.) commensalism
comercialização espacial (SPACE) space commercialization
com estiletes do mesmo comprimento (BOT.) homostyly
cometa (ASTRO.) comet
cometa de curto período (ASTRO.) short-period comet
com excitação central (ELECT.) centre driven
com gloquídios (BOT.) glochidiate
com golpes de aresta (BUILD.) hammer-dressed; pitch face
com grande percentagem de óleo (BUILD.) long oil

cominutivo (MED.) comminuted
Comissão de Energia Atómica [CEA-USA] (NUCL.) Atomic Energy Commission [AEC-USA]
Comissão Electrotécnica Internacional (GEN.) Commission Electrotechnique Internationale [CEI]
Comissão Electrotécnica Internacional (GEN.) International Electrotechnical Commission [IEC]
Comissão Federal de Comunicações (E.U.A.) (TELECOM.) Federal Communications Commission [FCC]
Comissão Internacional de Registo de Frequência (TELECOM.) International Frequency Registration Board [IFRB]
comissura (BOT.; ZOO.) commisure
comissura cinzenta (ZOO.) soft commisure
comissura mole (ZOO.) soft commisure
comissura posterior da vulva (MED.) fourchette
Comité Europeu de Normalização - Comité Europeu de Normalização Electrotécnica (GEN.) Comité Européen de Normalisation-Comité Européen de Normalisation Electrotechniques [CEN-CENELEC]
Comité Nacional de Normas de Televisão (E.U.A.) (GEN.) National Television Standards Committee [NTSC]
com jarretes de vaca (VET.) cowhocked
com nervação radiada (BOT.) actinodromous
comófita (BOT.) chomophyte
compacção (GEO.) compaction; induration
compactação (COMP.) packing
compactação de dados (COMP.) data compactation
compactação de memória (COMP.) memory compactation
compactado (ELECT.) packaged
compactar (COMP.) fold; pack
compacto (GEN.) compact
compacto (NUCL.) package
compacto misto (MECH.) composite compact
comparação (COMP.) matching
comparador (GEN.) comparator
comparador analógico (COMP.) analog comparator
comparador de Lovibond (CHEM.) Lovibond comparator
comparador de tempo (COMP.) clock comparator
comparador térmico (PHYS.) thermal comparator
compartimento da capota (AERO.) cowling compartment
compartimento de tecto abaulado (ARCH.) civery
compartimento de tripulação (AERO.) flying deck; flight deck
compasso (HORO.) caliper
compasso de arco (BUILD.) wing compass
compasso de arco graduado (BUILD.) quadrant dividers

compasso de cremalheira (MECH.) rack compass
compasso de elipse (MECH.) trammels
compasso de espessura (MECH.) odd legs; outside calipers
compasso de lança (ENG.) beam compass
compasso de mola (MECH.) bow compass; bows; spring bows
compasso de Neper (MECH.) Napier's compass
compasso de nivelamento (SURV.) grading instrument
compasso de quadrante (BUILD.) quadrant dividers
compasso de vara (ENG.) beam compass
compasso de vara (MECH.) trammels
compasso de volta (MECH.) outside calipers
compasso divisor (MECH.) divider
compassos (MECH.) callipers (calipers)
compatibilidade de código de origem (COMP.) source code compatibility
compatibilidade de hardware (COMP.) hardware compatibility
compatibilidade de programa (COMP.) program compatibility
compatibilidade descendente (COMP.) downward compatibility
compatibilidade electromagnética (ELECT.) electromagnetic compatibility
compatível (GEN.) compatible
compensação (ELECT.; TELECOM.) balance; equalization; balancing
compensação (GEN.) compensation; balance
compensação (PHYS.) compensation
compensação aerodinâmica (AERO.) aerodynamic compensation
compensação automática de baixa frequência (TELECOM.) automatic bass compensation
compensação da bússola (NAV.) compass compensating; compass correction
compensação de amplitude (ELECTRON.) amplitude compensation
compensação de atenuação (TELECOM.) attenuation compensation
compensação de comando (MECH.) control balance
compensação de fase (TELECOM.) phase equalization; phase compensation
compensação de frequência (ELECT.) frequency compensation
compensação de junção fria (ELECTRON.) cold-junction compensation
compensação de linha (IMAGE TECH.) line tilt
compensação de movimento (MINING) motion compensation
compensação de picos de alta frequência (ELECTRON.) high-frequency peaking
compensação de quarto de onda (ELECTRON.) quarter-wave match
compensação do baixo (PHYS.) bass compensation (Acoustics)

compensação do comprimento do cabo (ELECTRON.) cable length compensation

compensação em ferradura (AERO.) horn balance

compensação excessiva (AERO.) horn balance

compensação externa (CHEM.) external compensation

compensação interna (CHEM.) internal compensation

compensação para oeste (SURV.) westing

compensação por atrito (ELECT.) friction compensation

compensação predatória (ECO.) predation compensation

compensado à terra (ELECT.) balanced to round

compensado para grupo trifilar (TELECOM.) balancer three wire

compensador (AERO.) balance tab; tab

compensador (AUTO.) compensating jet

compensador (GEN.) compensator; tab; trimmer

compensador (MECH.) stand pipe

compensador (TELECOM.) trimmer; peaking transformer

compensador acústico (PHYS.) acoustic compensator

compensador ajustável (AERO.) controllable tab

compensador de atenuação (ELECT.) attenuation equalizer

compensador de Babinet (PHYS.) Babinet compensator

compensador de equilíbrio (AERO.) trimming tab; trim tab

compensador de fase (ELECT.) phase advancer; phase equalizer

compensador de fase Leblanc (ELECT.) Leblanc phase advancer

compensador de frequência (ELECT.) frequency compensator

compensador de impulsos (ELECTRON.) pulse equalizer

compensador de linha (TELECOM.) line equalizer

compensador de mola (AERO.) spring tab

compensador de nível (ELECT.) level compensator

compensador de plano de comando (AERO.) trimming tab; trim tab

compensador de potencial (PHYS.) potential equalizer

compensador de superfície de comando (AERO.) trim flap

compensador do transformador (ELECT.) transformer trimmer

compensador estático (ELECT.) static balancer

compensador magnético (ELECT.) magnetic compensator

compensador neutro (ELECT.) neutral compensator

compensador síncrono (ELECT.) synchronous capacitor

competição (BIO.) competition

competição pelos recursos (ECO.) exploitative competition

competição racionada (ECO.) scramble competition

compilador (COMP.) compiler

compilador incremental (COMP.) incremental compiler

complanado (BOT.) complanate

complementação (GEN.) complementation

complementação boleana (COMP.; MATH.) Boolean complementation

complementar (GEN.) complementary

complementaridade (GEN.) complementarity

complemento (GEN.) complement

complemento cromossómico (BIO.) chromosome complement

complemento da raiz (MATH.) radix complement

complemento de dois (COMP.) two's complement

complemento de um (COMP.) one's complement

complemento de um subconjunto de um conjunto (MATH.) complement of a subset of a set

complexidade (GEN.) complexity

complexidade computacional (COMP.) computational complexity

complexidade de ADN (BIO.) complexity of DNA

complexidade do ARN (BIO.) complexity of RNA

complexo (PSYCHO.) complex

complexo activado (CHEM.) activated complex

complexo de base (GEO.; MINING) basement

complexo de captura da luz (BIO.) light-harvesting complex [LHC]

complexo de Édipo (PSYCHO.) Oedipus complex

complexo de Electra (PSYCHO.) Electra complex

complexo de esclerose tuberina (BIO.) tuberous sclerosis complex [TSC]

complexo de histocompatibilidade maior (IMMUN.) major histocompatibility complex

complexo de inferioridade (PSYCHO.) inferiority complex

complexo de injecção (GEO.) injection complex

complexo de transcrição (BIO.) transcription complex

complexo estomático (BOT.) stomatal-complex

complexo ferro-dextrano (CHEM.; MED.) iron-dextran complex

complexo ígneo (GEO.) igneous complex

complexo imunológico (IMMUN.) immune complex

complexonas (CHEM.) complexones

complexo para solos ácidos (BOT.) acid soil complex

complexo ranaleano (BOT.) ranalian complex

complexo sináptico (BIO.) synaptic complex

complexos integrais de Gauss (MATH.) Gaussian complex integers

complexo solúvel (IMMUN.) soluble complex

componedor (PRINT.) composing stick; setting stick

componente (GEN.) component; member; constituent

componente activo (ELECT.; PHYS.) active component; power component; energy component

componente anabático (METEO.) component anabatic

componente ascensional (AERO.) lift component

componente compulsivo (AERO.) thrust component

componente cristalino (CHEM.) crystalline constituent

componente de choque (PHYS.) shock component

componente de corrente contínua (ELECT.) zero frequency component

componente de corrente contínua (IMAGE TECH.) d.c. component

componente de força (PHYS.) component of force

componente de impulso (AERO.) thrust component

componente de película fina (ELECTRON.) thin-film component

componente de quadratura (ELECT.) quadrature component

componente de resistência (ELECT.) resistive component

componente de sequência de fase negativa (ELECT.) negative phase-sequence component

componente de sequência de fase nula (ELECT.) zero phase-sequence component

componente de sinal (TELECOM.) signal component

componente de um vector (MATH.) component of a vector

componente de velocidade (PHYS.) component of velocity

componente de vórtice (METEO.) componente of whirl

componente electromagnético (TELECOM.) electromagnetic component

componente em fase (ELECT.) in-phase component

componente energético (ELECT.) energy component

componente físico (ENG.) hardware

componente fundamental (TELECOM.) fundamental component

componente harmónico (PHYS.) harmonic component

componente horizontal (ELECT.) horizontal component

componente impresso (ELECTRON.) printed component

componente linear passivo (PHYS.) passive linear component

componente magnético (ELECT.) magnetic component

componente passiva (ELECTRON.) passive component

componente radial (ELECT.) radial component

componente reactiva (ELECTRON.) reactive component

componentes (CHEM.) components

componentes de pedra pré-fabricadas (BUILD.) cast stone

componentes direccionais de guias de onda (ELECT.) directional waveguide components

componentes discretas (ELECTRON.) discrete components

componentes montadas em superfície (ELECTRON.) surface mounted component

componentes simétricos (ELECT.) symmetrical components

componente tangencial (PHYS.) tangential component

componente vertical (ELECT.) vertical component

compor (IMAGE TECH.) editing ; edit

compor (PRINT.) compose

comporta (HYDRO.) gate; lock; sluice; head-gate; lockage; dam; floodgate

comporta (MECH.) penstock

comporta (NAV.) hitch

comporta automática (BUILD.) automatic gate

comporta de descarga (HYDRO.) tail gate

comporta de eclusa (HYDRO.) lock gate

comporta de levantar (ELECT.; HYDRO.) draw-gate

comporta de vertedouro (BUILD.) spillway dam

comporta em esporão (HYDRO.) lock check gate

comporta giratória (HYDRO.) balance gate

comporta hidráulica (HYDRO.) hydraulic gate; sluice

comporta levadiça (BUILD.) lift gate

comportamento adquirido (PSYCHO.) acquired behaviour

comportamento afectivo (PSYCHO.) affective behaviour

comportamento agonístico (PSYCHO.) agonistic behaviour

comportamento agressivo (PSYCHO.) aggressive behaviour

comportamento animal (BIO.; ECO.) animal behaviour

comportamento automático de regresso ao meio (PSYCHO.) homing behaviour

comportamento de ameaça (PSYCHO.) threat behaviour

comportamento de apetência (PSYCHO.) appetitive behaviour

comportamento de conforto (PSYCHO.) comfort behaviour

comportamento de evasão (PSYCHO.) escape behaviour

comportamento de exibição (PSYCHO.) display behaviour

comportamento de orientação (PSYCHO.) orientation behaviour

comportamento de resolução de problemas (PSYCHO.) problem solving behaviour

comportamento de submissão (PSYCHO.) appeasement behaviour

comportamento dinâmico (ELECT.) dynamic behaviour

comportamento dirigido ao objectivo (PSYCHO.) goal-direct behaviour

comportamento espontâneo (PSYCHO.) spontaneous behaviour

comportamento exploratório (PSYCH.) exploratory behaviour

comportamento intencional (PSYCHO.) purposive behaviour

comportamento irrelevante (ECO.) irrelevant behaviour

comportamento passivo-agressivo (PSYCHO.) passive-aggressive behaviour

comportamento redirigido (PSYCHO.) redirected behaviour

comportamento reprodutivo (PSYCHO.) reproductive behaviour

comportamento sexual (PSYCHO.) sexual behaviour

comportamentos incompatíveis (PSYCHO.) incompatible behaviours

comportamento supersticioso nos animais (PSYCHO.) superstitious behaviour in animals

comporta piloto (HYDRO.) filler gate

comporta por gravidade (BUILD.) gravity dam

composição (CHEM.) composition

composição (PRINT.) make-up; upmake; setting

composição à distância (PRINT.) teletypesetting

composição da atmosfera (CHEM.) composition of atmosphere

composição de base de dados (PRINT.) data base typesetting

composição de consolidação a quente (PLAST.) thermosetting composition

composição de forças (PHYS.) composition of forces

composição de forças paralelas (PHYS.) composition of parallel forces

composição de vectores (PHYS.) composition of vectors

composição de velocidades (PHYS.) composition of velocities

composição em máquina de escrever (PRINT.) typewriter composition

composição gráfica de forças (PHYS.) graphical composition of forces

composição mecânica (GEO.) mechanical composition

composição normativa (GEO.) normative composition

composição por computador (PRINT.) computer typesetting

composição química (CHEM.) mechanical composition; mineral composition; chemical composition

compositor (PRINT.) stick

Compostas (BOT.) Compositae

composto (BOT.) compound; compost (soil conditioner)

composto (GEN.) compound

composto (PRINT.) live

composto (TEXT.) composite

composto acíclico (CHEM.) acyclic compound

composto adamantino (CHEM.) adamantine compound

composto alifático (CHEM.) aliphatic compound

composto anticorrosivo de lubrificação (ENG.) slushing compound

composto antidiazóico (CHEM.) antidiazo compound

composto antioxidante (ENG.) slushing compound

composto aquoso (CHEM.) aqueous compound

composto azotado terciário (CHEM.) tertiary nitro compound

composto cetónico (CHEM.) acetone compound

composto cristalino (CHEM.) crystalline compound

composto de chumbo (CHEM.) lead compound

composto de coordenação (CHEM.) co-ordination compound

composto de deutério (CHEM.) deuterium compound

composto de enraizamento (BOT.) rooting compound

composto de matriz metálica (AERO.) metal matrix composite

composto F de Kendall (CHEM.; MED.) Kendall's F compound; hydrocortisone

composto fluorescente (CHEM.) fluorescent compound

composto instável (CHEM.) unstable compound

composto inter-halogéneo (CHEM.) interhalogen compound

composto iodoso (CHEM.) iodoso compound

composto marcador (PHYS.) tracer compound

composto metálico radioactivo (NUCL.) radioactive metallic compound

composto monovalente (CHEM.) univalent compound

composto nitrogenado terciário (CHEM.) tertiary nitro compound

composto químico (CHEM.) chemical compound

composto quiral (BIO.; CHEM.) chiral compound

compostos alicíclicos (CHEM.) alicyclic compounds

compostos aromáticos (CHEM.) aromatic compounds

compostos azóxicos (CHEM.) azoxy compounds

compostos carbocíclicos (CHEM.) carbocyclic compounds

compostos cíclicos (CHEM.) cyclic compounds

compostos da sulfonilureia (MED.) sulphonylurea compounds

compostos de carbono (CHEM.) carbon compounds

compostos de fosfato de alta energia (BIO.) high energy phosphate compounds

compostos de metil de mercúrio (CHEM.) methylmercury compounds

compostos diazóicos (CHEM.) diazo compounds

composto semimetálico (CHEM.) semimetallic compound

compostos heterocíclicos (CHEM.) heterocyclic compounds

compostos intermetálicos (MECH.) intermetallic compounds

compostos intersticiais (ENG.) interstitial compounds

compostos iódicos (CHEM.) iodo compounds

compostos isocíclicos (CHEM.) isocyclic compounds

compostos metalo-orgânicos (CHEM.) metallo-organic compounds

compostos nitrosos (CHEM.) nitroso compounds

compostos organomagnesianos (CHEM.) organo-magnesium compounds

compostos organomercúricos (ECO.) organomercury compounds

compostos organometálicos (CHEM.) organo-metallic compounds

compostos para caldeira (MECH.) boiler compounds

compostos saturados (CHEM.) saturated compounds

compressa (MED.) dressing

compressão (ELECT.) crimping

compressão (MECH.) upsetting

compressão (MINING) crush

compressão automática de volume (TELECOM.) automatic volume compression

compressão com perda (TELECOM.) lossy compression

compressão de chave (COMP.) key compression

compressão de dados (COMP.) data compression

compressão de dados do modem (TELECOM.) modem data compression

compressão de imagem (IMAGE TECH.) image compression

compressão de impulsos (RADAR) pulse compression

compressão de vídeo (IMAGE TECH.) video compression

compressão de volume (PHYS.) volume compression

compressão inicial (IMAGE TECH.) breathing

compressão laser (NUCL.) laser compression

compressão sem perda (TELECOM.) lossless compression

compressibilidade (GEN.) compressibility

compressibilidade dos gases (PHYS.) compressibility of gases

compressibilidade superficial (CHEM.) surface compressibility

compressor (GEN.) compressor

compressor (MECH.) blowing engine; squeezer; press

compressor (MINING) alligator

compressor accionado por correia de transmissão (MECH.) belt drive compressor

compressor alternado (MECH.) reciprocating compressor

compressor axial (MECH.) axial compressor

compressor bifásico (MECH.) two-speed supercharger

compressor centrífugo (MECH.) centrifugal compressor

compressor de alta pressão (AERO.) high-pressure compressor

compressor de ar (ENG.) air compressor

compressor de ar (MINING) blower

compressor de baixa pressão (AERO.) low-pressure compressor

compressor de cabina (AERO.) cabin blower; cabin supercharger

compressor de circulação axial (AERO.) axial-flow compressor

compressor de dois ou mais estágios (AERO.) multistage compressor

compressor de duas velocidades (MECH.) two-speed supercharger

compressor de entrada dupla (AERO.) double-entry compressor

compressor de fluxo centrífugo (AERO.) centrifugal-flow compressor

compressor de mistura de duas velocidades (MECH.) two-stage blower supercharger

compressor de pressão intermédia (AERO.) intermediate pressure compressor

compressor de Roots (MECH.) Roots blower

compressor de três cilindros (MECH.) triple-cylinder compressor

compressor de uma só admissão (AERO.) single-entry compressor

compressor de volume (PHYS.) volume compressor

compressor do motor (MECH.) engine supercharger

compressor hidráulico (MECH.) hydraulic squeezer

compressor hidráulico (MINING) hydraulic air compressor

compressor interno (MECH.) internal supercharger

comprimento (GEN.) length

comprimento característico (ASTRO.) characteristic length

comprimento da ligação (CHEM.) bond length

comprimento de barra de reforço (BUILD.) bond length

comprimento de blocagem (COMP.) block length; blocking length

comprimento de caminho externo (COMP.) external path length

comprimento de campo (COMP.) field length

comprimento de código (COMP.) code length

comprimento de dispersão magneto-neurónica (PHYS.) neutron nuclear scattering length

comprimento de instrução (COMP.) instruction length

comprimento de intervalo (PHYS.) gap length

comprimento de linha de varrimento (ELECTRON.) length of a scanning line

comprimento de onda (TELECOM.) wavelength

comprimento de onda crítica (PHYS.) critical wavelength; cut-off wavelength

comprimento de onda de Compton (PHYS.) Compton wavelength

comprimento de onda de corte (ELECT.) cut-off wavelength

comprimento de onda de de Broglie (PHYS.) de Broglie wavelength

comprimento de onda dominante (PHYS.) dominant wavelength

comprimento de onda do pico de sensibilidade (ELECTRON.) peak sensitivity wavelength

comprimento de onda dos meandros (ECO.) meander wavelength

comprimento de onda efectivo (PHYS.) effective wavelength

comprimento de onda eficaz (RADIOL.) effective wavelength

comprimento de onda equivalente (ELECT.) equivalent wave length

comprimento de onda fundamental (TELECOM.) fundamental wave length

comprimento de onda guiada (PHYS.) guide wavelength

comprimento de onda mínimo (PHYS.) minimum wavelength

comprimento de onda natural (ELECTRON.) natural wavelength

comprimento de onda natural de antena (TELECOM.) natural wavelength of antenna

comprimento de onda portadora (ELECT.) carrier wavelength

comprimento de onda ressonante (PHYS.) resonant wavelength

comprimento de palavra (COMP.) word length

comprimento de radiação (PHYS.) radiation length

comprimento de registo (COMP.) record length

comprimento de rotura (ELECT.) length of break

comprimento de ruptura (PAPER) breaking length

comprimento de verificação (COMP.) check length

comprimento efectivo de coluna (BUILD.) effective column length

comprimento exposto à acção do vento (BUILD.) fetch

comprimento focal equivalente (PHYS.) equivalent focal length

comprimento inundável (NAV.) floodable length

comprimento registado (NAV.) registered length

comprimento total (IMAGE TECH.) footage number (film)

comprimento total (NAV.) length of overall

comprimir (BIO.) squash (slide)

comprimir (COMP.) pack

comprimir (MECH.) collaring

comprimir em massa uniforme (BIO.) squash (slide)

comprovação (GEN.) checking

comprovação por descarga (COMP.) dump check

comprovador (ELECT.) checker

comprovador universal (ELECT.) volt-ohm-milliammeter

compulsão (PSYCHO.) compulsion

compulsão repetitiva (PSYCHO.) repetition compulsion

computabilidade (COMP.; MATH.) computability

computação de endereço (COMP.) address computation

computação de sistema (COMP.) system computing

computação distribuída (COMP.) distributed computing

computação interactiva (COMP.) interactive computing

computador (GEN.) computer

computador analógico (COMP.) analog computer

computador analógico-digital (COMP.) analog-digital computer

computador analógico mecânico (COMP.) mechanical analog computer

computador assíncrono (COMP.) asynchronous computer

computador automático (COMP.) automatic computer

computador central (COMP.) host computer

computador com conjunto de instruções reduzido (COMP.) reduced instruction set computer

computador com memória auxiliar (COMP.) buffered computer

computador da primeira geração (COMP.) first generation computer

computador de código (COMP.) code computer

computador de conjunto de instruções complexo (COMP.) complex instruction set computer [CISC]

computador de controlo (COMP.) control computer

computador dedicado (COMP.) dedicated computer

computador de estado sólido (ELECTRON.) solid-state computer

computador de grande porte (COMP.) mainframe

computador de processos (COMP.) process computer

computador de programa ligado em painel (COMP.) plugged program computer

computador de programa residente (COMP.) stored program computer

computador de quarta geração (COMP.) fourth generation computer

computador de quinta geração (COMP.) fifth generation computer

computador de segunda geração (COMP.) second-generation computer

computador de terceira geração (COMP.) third generation computer

computador de trajectória de voo (AERO.) flight-path computer

computador de valor absoluto (COMP.) absolute value computer

computador de voo (AERO.) flight calculator; flight computer

computador digital (COMP.) digital computer

computador digital em série (COMP.) serial-digital computer

computador em série (COMP.) serial computer

computadores híbridos (COMP.) hybrid computers

computador exclusivo (COMP.) dedicated computer

computador incremental (COMP.) incremental computer

computador lógico (COMP.) logic computer

computador pessoal (COMP.) personal computer

computador portátil (COMP.) laptop

computador principal (COMP.) host computer

computador radiac (NUCL.) radiac computer

computador-satélite (COMP.) satellite computer

computador-satélite de tempo real (COMP.) real-time satellite computer

computador sequencial (COMP.) sequential computer

computador síncrono (COMP.) synchronous computer

computerização (COMP.) computerization

COMSAT (TELECOM.) COMSAT

com seis filamentos vasculares (BOT.) hexarch

com seis pilares (ARCH.) hexastyle

com terra (ELECT.) earthy

comum parcial (TELECOM.) partial common

com um só olho (ZOO.) monocule

comunicação (PSYCHO.) communication

comunicação bilateral (TELECOM.) two-way communication

comunicação de dados (COMP.) data communication

comunicação de duplo sentido (TELECOM.) two-way communication

comunicação de faixa lateral única (TELECOM.) single-sideband communication

comunicação em mina (MINING) thurl

comunicação em série (COMP.) serial communication

comunicação multicanal (TELECOM.) multichannel communication

comunicação sem fios doméstica (TELECOM.) HomeRF

comunicação ultra-sónica (TELE-COM.) ultrasonic communication

comunicações locais (TELECOM.) local ray chewing; local communications

comunicações telegráficas (TELE-COM.) telegraph communications

comunidade (GEN.) community; society

comunidade aberta (BOT.) open community

comunidade fechada (BOT.) closed community

comunidade seminatural (ECO.) semi-natural community

comutação (ELECT.; TELECOM.) switching

comutação de canal (COMP.) channel switching

comutação de fase (ELECT.) phase change

comutação de linha (TELECOM.) line switching

comutação de mensagem (COMP.) message switching

comutação de pacotes (TELECOM.) packet switching

comutação de receptor (TELECOM.) receiver gating

comutação do porta-escovas (ELECT.) brush shifting

comutação electrónica de cores (IMAGE TECH.) sampling

comutação paralela (ELECTRON.) parallel changeover

comutação sem faísca (ELECT.) sparkless commutation

comutação tetrafilar (ELECT.) four-wire switching

comutador (GEN.) commutator; switch

comutador (COMP.) print switch

comutador (TELECOM.) commutation switch; selector

comutador a alavanca (ELECT.) lever switch

comutador a jacto de mercúrio (ELECTRON.) mercury-jet scanning switch

comutador analógico (ELECTRON.) analogue switch

comutador anticapacitância (ELECT.) anticapacitance switch

comutador à prova de choque (ELECT.) shockproof switch

comutador auxiliar (ELECT.) auxiliary switch; auxiliary contact

comutador a vácuo (ELECT.) vacuum switch

comutador axial de transferência (PHYS.) coaxial transfer switch

comutador bipolar de duas posições (ELECTRON.) double-pole double-throw [DPDT]

comutador blindado (ELECT.) shielded switch

comutador coaxial (ELECT.) coaxial switch

comutador de acção rápida (ELECT.) snap-action switch

comutador de acesso (TELECOM.) access selector

comutador de antena (ELECT.) switch aerial

comutador de antena (TELECOM.) antenna changeover switch

comutador de barras colectoras (ELECT.) bus-coupler switch

comutador de CA (ELECT.) AC commutator

comutador de contacto (ELECT.) contact switch

comutador de corrente contínua (ELECT.) d.c. commutator

comutador de direcção (ELECT.) direction switch

comutador de duplo contacto (ELECT.) double contact switch

comutador de emergência (ELECT.) hospital switch

comutador de estado sólido (ELEC-TRON.) solid-state switch

comutador de fase (TELECOM.) phase shifter

comutador de ferrite (ELERCT.) ferrite switch

comutador de flutuação (ELECT.) float switch

comutador de frequência (TELE-COM.) frequency translator; frequency converter

comutador de função (COMP.) function switch

comutador de fusível (ELECT.) fuse switch

comutador de gravidade zero (ELECT.) zero gravity switch

comutador de interrupção rápida (ELECT.) quick-break switch

comutador de inversão (ELECT.) change-over switch

comutador de limitação (ELECT.) limit switch

comutador de limite de controlo (ELECT.) control limit-switch

comutador de linha (TELECOM.) line switch

comutador de ondas contínuas (ELECT.) CW switch

comutador de passagem de porta (ELECT.) gate by-pass switch

comutador de pé (ELECT.) foot switch

comutador de ponto de interrupção (ELECT.) breakpoint switch

comutador de sequência (ELECT.) unit sequence switch

comutador de soalho (ELECT.) floor switch

comutador de tambor (ELECT.) drum switch

comutador de tempo (ELECT.) time switch

comutador de terra (ELECT.) earthed switch

comutador de transferência (ELECT.) transfer switch

comutador de transmissão/recepção (TELECOM.) transmit-receive switch

comutador de três contactos (ELECT.) three-way switch

comutador digital A (TELECOM.) A-digit selector

comutador do selector (ELECT.) selector switch

comutador electrónico (ELECT.) electronic switch

comutador embutido (ELECT.) sunk switch

comutadores acoplados (ELECT.) coupled switches

comutadores encadeados (ELECT.) linked switches

comutador instantâneo (ELECT.) snap switch

comutador inteiramente isolado (ELECT.) all insulated switch

comutador-inversor (ELECT.) reversing switch

comutador operado por solenóide (ELECT.) solenoid-operated switch

comutador passo-a-passo (COMP.) step-by-step switch

comutador radial (ELECT.) radial commutator

comutador reversível (ELECT.) reversing commutator

comutador-silenciador (TELECOM.) muting switch

comutador tipo V (ELECT.) V-type commutator

comutador tripolar (ELECT.) triple-pole switch

comutador unifilar (ELECTRON.) single-pole changeover

comutativa (MATH.) commutative (property)

conato (BOT.; ZOO.) connate

conatural (ZOO.) congenital

concanavalina A (BOT.; IMMUN.) concanavalin A

concatenação (BIO.) catenation

concatenar (COMP.) concatenate

côncavo (GEN.) concave; hollow

côncavo (MECH.) dished

conceito corpo-túnica (BOT.) tunic-corpus-concept

conceito gene-a-gene (BOT.) gene-for-gene concept

concentração (GEN.) concentration

concentração crítica (BIO.) critical concentration

concentração de energia (PHYS.) concentration of energy

concentração de hidrogeniões (CHEM.) hydrogen ion concentration

concentração de massa (PHYS.) mass concentration

concentração de minério (MINING) ore concentration

concentração densa (CHEM.) strong concentration

concentração de partículas (PHYS.) particle concentration

concentração de tensão local (MECH.) local stress concentration

concentração de vapor (METEO.) vapour concentration

concentração dos núcleos de Aitken (METEO.) concentration of Aitken nuclei

concentração esferulítica (GEO.) spherulitic concentration

concentração forte (CHEM.) strong concentration

concentração iónica (CHEM.; PHYS.) ion concentration; ionic concentration

concentração máxima permissível (RADIOL.) maximum permissible concentration

concentração molecular (CHEM.) molecular concentration

concentração nuclear (PHYS.) nuclear packing

concentração seca (MINING) dry concentration

concentração termodinâmica (CHEM.) thermodynamic concentration

concentrado (MINING) concentrate

concentrador de Johnson (MINING) Johnson concentrator

concentrador de minério (MINING) vanner

concentrador de minério accionado a ar (MINING) air jig

concentrador de partículas (NUCL.) particle concentrator

concentrador de portas (COMP.) port concentrator

concêntrico (GEN.) concentric

concepção (MED.) conception

concepção do mundo (PSYCHO.) Weltanschauung (German)

conceptáculo (BOT.) conceptacle

concessão de canal (COMP.) channel grant [CG]

concessão para canal de média prioridade (COMP.) CG med

concessão para canal não prioritário (COMP.) CG lo

concessão para canal prioritário (COMP.) CG hy

concha (ARCH.) concha

concha de fundição (MECH.) ladle

concha de tartaruga (ZOO.) turtle-shell

concha interna (ZOO.) pen

concoidal (MATH.) conchoidal; conchoid

concóide (MATH.) conchoid

concreção (GEO.; MED.) concretion

concreção calcária (MINING) sinter

concreção esferulítica (GEO.) spherulitic concretion

concreção fosfática (GEO.) phosphatic concretion

concreção nodular (GEO.) nodular concretion

concreção pequena (MED.) gravel

concreção siliciosa (MINING) sinter

concreções calcárias (GEO.) doggers

concreções côncavas (GEO.) box stones

concreções ferruginosas (GEO.) doggers

concrescência (BOT.) concrescence

concussão (MED.) concussion; disclination

condão final (BIO.) stop condon

condensação (GEN.) condensation

condensação capilar (CHEM.) capillary condensation

condensação de Claisen (CHEM.) Claisen condensation

condensação de Einstein (PHYS.) Einstein condensation

condensação do aldol (CHEM.) aldol condensation

condensado (GEN.) condensate

condensador (ELECT.) capacitor

condensador (GEN.) condenser

condensador atérmico (ELECTRON.) temperature compensation capacitor

condensador compensado (ELECT.) compensated condenser

condensador-compensador (ELECT.) buffer capacitor

condensador-compensador de temperatura (ELECT.) temperature-compensating capacitor

condensador de absorção (ELECT.) absorption capacitor

condensador de acoplamento (ELECTRON.) coupling capacitor

condensador de ajustamento (ELECT.) trimming capacitor

condensador de ajuste (ELECT.) trimmer

condensador de alisamento de sinal (ELECTRON.) smoothing capacitor

condensador de anel de protecção (ELECT.) guard-ring capacitor

condensador de ar (ELECT.) air capacitor

condensador de ar comprimido (ELECT.; MECH.) compressed-air capacitor

condensador de bloqueio (ELECT.) blocking capacitor

condensador de cerâmica (ELECTRON.) ceramic capacitor

condensador de compensação (ELECT.) balancing condenser

condensador de compensação (TELECOM.) balancing capacitor

condensador de comprimento de onda linear (TELECOM.) straight-line wavelength capacitor

condensador de cones (ELECT.) cone capacitor

condensador de derivação (ELECT.) by-pass capacitor

condensador de desacoplamento anódico (ELECT.) anode bypass capacitor

condensador de descarga (NUCL.) dump condenser

condensador de disco (ELECT.) disk capacitor

condensador de electrolítico sólido (ELECTRON.) solid-electrolyte capacitor

condensador de encurtamento (TELECOM.) shortening capacitor

condensador de estado sólido (ELECTRON.) solid-state capacitor

condensador de filme de poliéster (ELECTRON.) polyester-film capacitor

condensador de filme plástico (ELECTRON.) plastic-film capacitor

condensador de filtro (ELECT.) filter condenser

condensador de folhas (ELECTRON.) foil capacitor

condensador de frequência rectilínea (TELECOM.) straight-line frequency capacitor

condensador de grade (ELECT.) grid capacitor

condensador de injecção (MECH.) injection condenser; jet condenser

condensador de jacto contracorrente (MECH.) counterflow jet condenser

condensador de junção (ELECT.) junction capacitor

condensador de Liebig (CHEM.) Liebig condenser

condensador de mica (ELECTRON.) mica capacitor

condensador de mistura (TELECOM.) mixing condenser

condensador de neutralização (ELECT.) neutralizing capacitor

condensador de nónio (ELECT.) vernier capacitor

condensador de papel (ELECT.) paper capacitor

condensador de papel metalizado (ELECTRON.) metallized paper capacitor

condensador de passagem auxiliar (ELECT.) by-pass capacitor

condensador de passagem do cátodo (ELECT.) cathod bypass condenser

condensador de película fina (ELECTRON.) thin-film capacitor

condensador de placa e grade (ELECT.) plate-grid capacitor

condensador de placas paralelas (PHYS.) parallel-plate capacitor

condensador de polarização de grade (ELECT.) grid bias capacitor

condensador de policarbonato (ELECTRON.) polycarbonate capacitor

condensador de poliestireno (ELECTRON.) polystyrene capacitor

condensador de polipropileno (ELECTRON.) polypropylene capacitor

condensador de refluxo (CHEM.) reflux condenser

condensador de sintonia (TELECOM.) tuning capacitor

condensador de superfície (MECH.) surface condenser

condensador de tântalo (ELECT.) tantalum capacitor

condensador de tântalo sólido (ELECTRON.) solid tantalum capacitor

condensador de tensão variável (ELECT.) voltage-variable capacitor

condensador diferencial (ELECT.) differential capacitor

condensador electrolítico (ELECT.) electrolytic capacitor

condensador electrolítico de barra de tântalo (ELECTRON.) tantalum-slug electrolytic capacitor

condensador electrolítico de tântalo (ELECTRON.) tantalum electrolytic capacitor

condensador electrolítico húmido (ELECT.) wet electrolytic capacitor

condensador electrolítico seco (ELECT.) dry electrolytic capacitor

condensador em série de antena (TELECOM.) antenna series capacitor

condensador enrolado (ELECTRON.) rolled capacitor

condensador estático (ELECT.) static capacitor

condensador fixo (ELECT.) fixed capacitor

condensador furado (ELECTRON.) dry electrolytic

condensador graduado (ELECT.) graded condenser

condensador logarítmico (ELECT.) logarithmic capacitor

condensador Moscicki (ELECT.) Moscicki capacitor

condensador múltiplo com comando único (ELECT.) gang capacitor

condensador não indutivo (ELECT.) non-inductive capacitor

condensador não linear (ELECT.) non-linear capacitor

condensador neutralizador (ELECT.) neutralizing capacitor

condensador oscilante (ELECT.) oscillating capacitor

condensador para ajuste de banda (TELECOM.) band setting condenser

condensador para alargamento de banda (TELECOM.) band-spread condenser

condensador polarizado (ELECT.) polarized capacitor

condensador rectilíneo (TELECOM.) straight-line capacitor

condensador redundante (ELECTRON.) backup capacitor

condensador ressonante (ELECT.) resonant capacitor

condensador síncrono (ELECT.) synchronous capacitor

condensador tandem (ELECT.) gang capacitor

condensador telefónico (TELECOM.) telephone capacitor

condensador tubolar (ELECTRON.) tubular capacitor

condensador variável blindado (ELECT.) shielded variable condenser

condensador variável com a tensão (ELECTRON.) varactor

condensar (COMP.) pack

condição (GEN.) condition

condição (MED.) status

condição de ambiente (PHYS.) ambient condition

condição de descolagem (AERO.) overspeed condition

condição de erro (COMP.) error condition

condição de modulação (TELECOM.) modulation condition

condição de senos (PHYS.) sine condition

condição de sinal (COMP.) sign condition

condição limite de Neumann (MATH.) Neumann boundary condition

condição «um» (COMP.) one condition

condicionalmente estável (TELECOM.) conditionally stable

condicionamento clássico (PSYCHO.) classical conditioning

condicionamento de evasão (PSYCHO.) escape conditioning

condicionamento de ordem superior (PSYCHO.) high-order conditioning

condicionamento de recuperação (PSYCHO.) retrieval cue; retrieval

condicionamento do sinal (ELECTRON.) signal conditioning

condicionamento operante (PSYCHO.) operant conditioning

condicionamento respondente (PSYCHO.) autoshaping

condições de equilíbrio da ponte (ELECTRON.) bridge balance conditions

condições de frequência de Einstein (PHYS.) Einstein frequency conditions

condições de oscilação (ELECTRON.) conditions for oscillation

condições de rigor (ELECT.) conditions of severity

condições de voo (AERO.) flight conditions

condições de voo entre camadas (AERO.) flight conditions between layers

condições de voo IFR (AERO.) instrument weather

condições de voo no topo (AERO.) flight conditions on top

condições de voo por instrumento (AERO.) instrument weather

condições iniciais (COMP.; MATH.) initial conditions

condições meteorológicas de voo (AERO.) flight-weather conditions

condições meteorológicas IFR (AERO.) instrument weather

condições meteorológicas mínimas (METEO.) operational minima

condições meteorológicas perturbadas (METEO.) disturbance weather

côndilo (Zoo.) condyle
condiloma (Med.) condyloma
condilomas (Med.) condylomata
côndilo occipital (Zoo.) occipital condyle
condral (Bio.) chondral
Condrícties (Zoo.) Chondricthyes
condrificação (Bio.) chondrification
condrina (Bio.) chondrin
condrite (Med.) chondritis
condrito (Miner.) chondrite
condroblasto (Bio.) chondroblast
condrocito (Med.) chondrocyte
condroclasto (Bio.) chondroclast
condrocrânio (Zoo.) chondrocranium
condrodermatite nodular crónica helicóide (Med.) chondrodermatitis nodularis cronica helicis
condrodinia (Med.) chondrodynia
condrodite (Miner.) chondrodite
condro-esqueleto (Zoo.) chondroskeleton
condróides (Vet.) chondroids; gutturoliths
condroma (Med.) chondroma
condroplasto (Bio.) chondroplast
condrosamina (Chem.) chondrosamine
condrossarcoma (Med.) chondrosarcoma
condrotrófico (Med.) chondrotrophic
côndrulo (Miner.) chondrule
condução (Elect.) drive
condução aérea (Phys.) air conduction
condução de ar (Phys.) air conduction
condução de calor (Phys.) conduction of heat
condução de electrão secundário (Elect.) secondary electron conduction
condução de electrões (Electron.) electron conduction
condução eléctrica (Elect.) electric conduction
condução excessiva (Electron.) excess conduction
condução intrínseca (Elect.) intrinsic conduction
condução iónica (Chem.) ionic conduction
condução metálica (Electron.) metallic conduction
condução negativa (Telecom.) negative conduction
condução no vazio móvel (Elect.) hole conduction
condução óssea (Med.) bone conduction
condução por defeito (Electron.) conduction by defect
conduplicado (Bot.) conduplicate
conduta de escoamento de lama (Mining) mud flowline
condutância (Phys.) conductance
condutância de dispersão (Elect.) leakage conductance
condutância de grade (Elect.) grid conductance; electrode conductance
condutância de um circuito eléctrico (Elect.) conductance of an electrical circuit
condutância electródica (Elect.) electrode conductance

condutância equivalente (Chem.) equivalent conductance
condutância específica (Elect.) conductivity
condutância molar (Chem.) molar conductance
condutância mútua (Electron.) mutual conductance; slope
condutibilidade (Chem.; Phys.) conductivity; current-carrying capacity
condutibilidade calorífica (Phys.) heat conductibility
condutividade (Elect.) conductivity
condutividade anisotrópica (Phys.) anisotropic conductivity
condutividade assimétrica (Elect.) asymmetrical conductivity
condutividade calorífica (Phys.) heat conductivity
condutividade de Lorenz (Elect.) Lorenz conductivity
condutividade eléctrica (Phys.) electrical conductivity
condutividade electrolítica (Elect.) electrolytic conductivity
condutividade hidráulica (Eco.) hydraulic conductivity
condutividade iónica (Chem.) ionic conductivity
condutividade limitadora (Chem.) limiting conductivity
condutividade molar (Chem.) molar conductivity
condutividade p (Electron.) p-type conductivity
condutividade superficial (Phys.) surface conductivity
condutividade térmica (Phys.) thermal conductivity
condutividade unilateral (Phys.) unilateral conductivity
conduto (Hydro.) conduit; channel; duct; canal
condutor (Elect.) carrier; line wire; cable; bearer cable; lead
condutor (Gen.) conductor; driver; leader; guide
condutor (Image Tech.) leader (of a reel film or tape)
condutor aéreo (Elect.) overhead conductor; overhead wire
condutor ajustável (Elect.) slide wire
condutor aquecido (Elect.) hot wire
condutor assimétrico (Elect.) asymmetric conductor
condutor C (Elect.) C-wire
condutor catalítico (Elect.) catalytic wire
condutor com isolamento de amianto (Elect.) asbestos insulated conductor
condutor comum de endereço (Comp.) address bus
condutor corrediço (Elect.) slide wire
condutor de aço cobreado (Elect.) copper-clad steel conducter
condutor de alta tensão (Elect.) high-tension lead
condutor de antena (Telecom.) down lead
condutor de cabo (Elect.) cable duct
condutor de calor (Phys.) conductor of heat; heat-conductor

condutor de cobre com núcleo de aço (Elect.) steel-cored copper conductor
condutor de contacto (Elect.) contact wire
condutor de continuidade de terra (Elect.) earth continuity conductor
condutor de corrente (Elect.) current conductor
condutor de feixe (Elect.) bundle conductor
condutor de fios entrançados (Elect.) stranded conductor
condutor de linha (Elect.) line support
condutor de níquel-cromo (Elect.) nichrome wire
condutor de pára-raios (Elect.) lightning conductor
condutor de passagem (Elect.) interface connection
condutor de prova (Elect.) test leap
condutor de ressonância (Elect.) resonant wire
condutor de retorno (Elect.) return wire
condutor de terra (Elect.) earth cable; earth conductor; neutral bar
condutor dieléctrico (Elect.) dielectric wire
condutor do filamento (Elect.) filament wire
condutor eléctrico (Elect.) conductor wire
condutor eléctrico orgânico (Phys.) organic electrical conductor
condutores de carga (Elect.) load leads
condutor externo (Elect.) external conductor ; outer conductor; outside wire
condutor flexível (Elect.) flex
condutor flexível de ligação (Elect.) pigtail
condutor flexível para lâmpadas (Elect.) flexible lamp connection
condutor inactivo (Elect.) dead conductor; dead wire
condutor interno (Elect.) inner conductor; internal conductor
condutor iónico (Chem.) ionic conductor
condutor isotrópico (Elect.) isotropic conductor
condutor longo (Elect.) long wire
condutor magnético (Phys.) magnetic wire
condutor misto (Elect.) composite conductor
condutor multifilar (Elect.) litz wire
condutor múltiplo (Elect.) multiple duct
condutor não isolado (Elect.) uninsulated conductor
condutor neutro (Elect.) neutral conductor; middle conductor
condutor nu (Elect.) bare conductor
condutor oco (Electron.) hollow conductor
condutor perfeito (Elect.) perfect conductor
condutor positivo (Elect.) positive lead

condutor sem corrente (ELECT.) dead wire; dead conductor

condutor sem isolamemto (ELECT.) uninsulated conductor

condutor sem revestimento (ELECT.) bare conductor

condutor tipo p (ELECTRON.) p-type conductor

condutor vivo (ELECT.) active conductor

conduto vitelino (ZOO.) yolk duct

cone (BOT.) cone; strobile

cone (GEN.) cone

cone (ZOO.) conus

cone abissal (GEO.) abyssal cone

cone aluvial (GEO.) alluvial cone; fan; outwash fan

cone aluvial glaciar (GEO.) outwash

cone arterial (ZOO.) arterial cone; conus arteriosus; infundibulum

cone circular (MATH.) circular cone

cone cristalino (ZOO.) crystalline cone

conectivo (ZOO.) connective

conector (MECH.) connector

conector boleano (COMP.; MATH.) Boolean connective

conector de chegada (COMP.) inconnector

conector interno (COMP.) inconnector

cone da cauda (AERO.) tail cone

cone de Allen (MINING) Allen cone

cone de altifalante (ELECT.) loudspeaker cone

cone de aluvião (HYDRO.) debris cone

cone de ambiguidade (AERO.) cone of ambiguity

cone de broca (MINING) bit cone

cone de depressão (GEO.) cone of depression

cone de descarga (AERO.) exhaust cone (turboject)

cone de detritos (GEO.) debris cone

cone de dispersão (PHYS.) cone of dispersion; cone of spread

cone de fertilização (ZOO.) fertilization cone

cone de hélice (AERO.) propeller spinner; spinner cone; spinner

cone de Mach (AERO.) Mach cone; bow wave

cone de mica (ELECT.) mica cone

cone de proa (AERO.) nose cone

cone de radiação (PHYS.) radiation cone

cone de radiação nula (NUCL.) cone of nulls

cone de revolução (MATH.) right circular cone

cone de rolamento (ENG.) bearing cone

cone de Seger (MECH.) Seger code

cone de silêncio (TELECOM.; NAV.) cone of silence

cone do nariz (AERO.) nose cone

cone do nariz de entrada (SPACE) reentry nose cone

cone luminoso (PHYS.) cone of light; brush

cone Mach (AERO.) Mach cone

cone medular (ZOO.) conus medullaris

cone Morse (MECH.) Morse taper

cones de fusão (MECH.) fusion cones

cones pirométricos (MECH.) pyrometric cones

cones vulcânicos (GEO.) cone sheets; volcanic cones

conexão (COMP.) interlock

conexão (ELECT.) connection

conexão (TELECOM.) switching

conexão à terra (ELECT.) ground; bonding

conexão de base comum (ELECTRON.) common-base connection

conexão de canal a canal (COMP.) channel-to-channel connection

conexão de colector comum (ELECTRON.) common-collector connection

conexão de duplo triângulo (ELECT.) double-delta connection

conexão de emissor comum (ELECTRON.) common-emitter connection

conexão de interface (ELECT.) interface connection

conexão de Leblanc (ELECT.) Leblanc connection

conexão de Taylor (HYDRO.) Taylor connection

conexão directa (ELECT.) direct connection

conexão eléctrica (ELECT.) electrical connection

conexão eléctrica para carris (BUILD.; ELECT.) rail bond

conexão em cascata (ELECT.) cascade connection; tandem connection

conexão em estrela (ELECT.) star connection

conexão em malha (ELECT.) mesh connection

conexão em tandem (ELECT.) tandem connection; cascate connection

conexão em triângulo (ELECT.) delta connection

conexão em U (BUILD.) return bend

conexão em V (ELECT.) V-connection

conexão em Y (ELECT.; ELECTRON.) Y-connection

conexão em ziguezague (ELECT.) zigzag connection

conexão equipotencial (ELECT.) equipotential connection

conexão lógica (COMP.) logical connection

conexão numa só direcção (COMP.) one-way connection

conexão oscilante (TELECOM.) toggle

conexão poligonal (ELECT.) mesh connection

conexão ponto a ponto (COMP.) point-to-point connection

conexão principal (ELECT.) main connection

cone zodiacal (ASTRO.) zodiacal cone

confabulação (PSYCHO.) confabulation

confervóide (BOT.) confervoid

configuração (CHEM.) configuration

configuração (COMP.) frame

configuração (MINING) feature

configuração (SURV.) feature

configuração absoluta (CHEM.) absolute configuration

configuração cruzada (COMP.) cross configuration

configuração de administração de comunicação (COMP.) communication management configuration

configuração de bits (COMP.) bit pattern

configuração de dispersão de antena (TELECOM.) antenna scattered pattern

configuração de fluxo (HYDRO.) flow pattern

configuração de objecto (COMP.) object configuration

configuração de Rabi (BIO.) Rabi configuration

configuração do solo (SURV.) configuration of ground

configuração do terreno (SURV.) configuration of ground

configuração electrónica (CHEM.) electronic configuration

configuração integrada (COMP.) integrated configuration

confirmação negativa (ELECTRON.) negative acknowledge [NAK]

conflito (PSYCHO.) conflict

confluência intertropical (GEO.) intertropical confluence

confusão (IMAGE TECH.) confusion

congelação (PHYS.) freezing; congelation

congelação (PLAST.) gelation

congelação da água (QUÍM.) freezing of water

congelação selectiva (MECH.) selective freezing

congelamento (PHYS.) congelation; feezing; regelation

congelamento violento (METEO.) hard freeze

congénere (ZOO.) congeneric

congénito (IMMUN.) congenic

congénito (ZOO.) congenital

congestão (MED.) congestion

congestão do fígado (MED.) hepatohemia

congestão sanguínea (MED.) blood shot

congestionamento (COMP.) jam

conglomerado (ASTRO.) conglomerate; cluster

conglomerado (GEO.) conglomerate; blanket; puddingstone

conglomerado de base (GEO.) basal conglomerate

conglomerado de compressão (GEO.) crush conglomerate

conglomerado pré-Câmbrico (GEO.) Precambrian conglomerate

conglomerado recifal (GEO.) reef conglomerate

conglomerado vulcânico (GEO.) volcanic conglomerate

congregar (COMP.) fold; pack

congruência (MATH.) congruence

congruente (MATH.) congruent

conhecimento (COMP.) know-how

conhecimento do computador (COMP.) computer literacy

conhecimento em série (PSYCHO.) serial learning

cónica (MATH.) conic; conical

cónica de Apolónio (MATH.) Apollonius' circle

cónicas confocais (MATH.) confocal conics

conicidade do rotor (AERO.) rotor conicity

conidial (BOT.) conidial

conidióforo (Bot.) conidiophore

conidiosporângio (Bot.) conidiosporangium

conífera (Bot.) coniferous

Coniferales (Bot.) Coniferales

Coníferas (Bot.) Coniferales

Coniferópsidas (Bot.) Coniferopsida

coniform (Math.) conic

conífugo (Chem.) conifuge

conímetro (Meteo.) dust counter; konimeter

Coniófloras (Bot.) Coniophora

coniscópio (Phys.) koniscope; konimeter

conivente (Bot.) connivent

conjecturado (Stat.) stochastic

conjugação (Bio.; Bot.) conjugation

conjugação bacteriana (Bio.) bacterial conjugation

conjugação química (Bio.) chemical conjugation

conjugada (Math.) adjoint ; adjugate; conjugate

conjugado harmónico (Math.) harmonic conjugate

conjunção (Astro.) conjunction

conjunção inferior (Astro.) inferior conjunction

conjunção lógica (Comp.) logical connection

conjuntiva (Zoo.) conjunctiva

conjuntivite (Med.) conjunctivitis

conjuntivite aguda (Vet.) infectious ophtalmia; equine influenza

conjuntivite aguda epidémica (Med.) pink-eye

conjuntivite flictenular (Med.) phlyctenular conjunctivitis

conjunto (Comp.; Math.) set

conjunto (Gen.) set; assembly; combination; whole; unit

conjunto (Mech.) bank; train

conjunto (Phys.) assembly; ensemble; set

conjunto aberto (Math.) open set

conjunto canónico (Phys.) canonical assembly; canonical ensemble

conjunto compacto (Math.) compact set

conjunto complementar (Math.) complementary set

conjunto completo de funções (Math.) complete set of functions

conjunto comutado (Comp.) dial set

conjunto cromossómico (Bio.) chromosome set

conjunto da cauda (Aero.) empennage

conjunto das escoas (Nav.) ceiling

conjunto de aprendizagem (Psycho.) learning set

conjunto de armazenamento (Comp.) storage pool

conjunto de cabos (Telecom.) cabling

conjunto de canalização (Build.) plumbing unit

conjunto de carácter (Comp.) character assembly

conjunto de caracteres (Comp.) character set; set of characters

conjunto de caracteres não carregáveis (Comp.) non-loadable character set

conjunto de circuitos de hardware (Comp.) hardware circuitry

conjunto de código (Comp.) code set

conjunto de cromossomas (Bio.) set of chromosomes

conjunto de dados (Comp.) data set

conjunto de dados de comando de saída (Comp.) output command data set

conjunto de dados de fila (Comp.) queue data set

conjunto de dados de grupo (Comp.) group data set

conjunto de dados de módulo composto (Comp.) composite module data set

conjunto de dados de página (Comp.) page data set

conjunto de dados difundido (Comp.) broadcast data set

conjunto de dados directo (Comp.) direct data set

conjunto de dados fictício (Comp.) dummy data set

conjunto de dados para recuperação (Comp.) checkpoint data set

conjunto de dados sequencial (Comp.) sequential data set

conjunto de discos (Comp.) disk pack

conjunto de discos intermutável (Comp.) exchangeable disc (disk) pack

conjunto de engrenagens (Mech.) gear cluster; gear train

conjunto de engrenagens nodais (Mech.) nodal gearing

conjunto de ferramentas (Mech.) gang

conjunto de índices (Comp.) index set

conjunto de inflamação (Aero.) torch igniter

conjunto de instruções (Comp.) instruction set

conjunto de máquinas (Mech.) gang

conjunto denso (Math.) dense set

conjunto de planos sustentadores (Aero.) wing trussing

conjunto de símbolos definido na origem (Comp.) source-defined symbol set

conjunto de terminais lógicos (Comp.) logical terminal pool

conjunto de teste (Elect.) test set

conjunto (do) diferencial (Mech.) differential assembly

conjunto dos genes (Eco.) gene pool

conjunto duplex (Print.) duplex set

conjunto excitador (Elect.) exciter set

conjunto fechado (Math.) closed set

conjunto gerador (Elect.; Mech.) generating set; generator assembly

conjunto gerador gasolina-electricidade (Elect.) petrol-electric generating set

conjunto híbrido (Telecom.) hybrid set

conjunto infinito (Math.) infinite set

conjunto limitado de números (Math.) bounded set of numbers

conjunto limitado de pontos (Math.) bounded set of points

conjunto logarítmico (Radar; Telecom.) logarithmic array

conjunto misto (Mech.) compound train

conjunto numerável (Math.) enumerable set; numerable set

conjunto óptico (Telecom.) optical assembly

conjunto porta (Electron.) gate array

conjunto resolvente (Math.) resolvant set

conjunto totalmente limitado (Math.) totally bounded set

conjunto universal (Math.) universal set

conjunto zoológico de Aves (Zoo.) ornis

conomioídina (Bio.) conomyoidin

conquiolina (Zoo.) conchiolon

consanguíneo (Bio.) inbred

consanguinidade (Bio.) inbreeding

consanguinidade (Med.; Psycho.) consanguinity

consciência (Med.; Psycho.) consciousness; sensorium

consequente (Math.) consequent

conservação (Electron.) hold

conservação (Gen.) conservation

conservação da matéria (Chem.) conservation of matter

conservação da natureza (Eco.) nature conservation

conservação da sequência (Bio.) sequence conservation

conservação do momento (Phys.) conservation of momentum

conservação do momento do centro de gravidade (Phys.) conservation of movement of the centre of gravity

conservantes de alcatrão para madeira (Build.) coal tar wood preservatives

consistência (Gen.) consistency

consociação (Eco.) consociation

consociados (Eco.) consocies

consola (Build.) console; corbel

consolidação (Build.) compaction; setting (mortar or cement)

consolidação (Gen.) consolidation; compaction; curing

consolidação (Geo.) consolidation

consolidação da memória (Psycho.) consolidation of memory

consolidação de aprendizagem (Psycho.) consolidation of learning

consonância (Phys.) consonance

constância (Eco.) constancy

constante (Chem.) invariant; constant

constante (Gen.) constant; steady; stable

constante (Math.) constant

constante aditiva (Surv.) additive constant

constante arbitrária (Math.) arbitrary constant

constante calorífica (Phys.) heat constant

constante concentrada (Electron.; Phys.) lumped-constant

constante cosmológica (Astro.) cosmological constant

constante de aberração (Phys.) constant of aberration

constante de absorção (Phys.) constant of absorption

constante de acoplamento (TELE-COM.) coupling constant

constante de actividade (CHEM.) activity constant

constante de amortecimento (PHYS.) damping constant

constante de atenuação (TELECOM.) attenuation constant

constante de Boltzmann (PHYS.) Boltzmann's constant

constante de comutação (ELECT.) switching constant

constante de decomposição radioactiva (NUCL.) radioactive decay constant

constante de desintegração (PHYS.) disintegration constant

constante de difusão (PHYS.) diffusion constant

constante de diodo (ELECT.) diode constant

constante de Dirac (PHYS.) Dirac's constant

constante de dispersão (ELECT.) leakage constant

constante de dispersão (PHYS.) dissipation constant

constante de dissociação (CHEM.) dissociation constant

constante de divisão de Zeeman (PHYS.) Zeeman splitting constant

constante de endereço (COMP.) address constant

constante de equilíbrio (CHEM.; PHYS.) constant of equilibrium; equilibrium constant

constante de Euler (MATH.) Euler's constant

constante de Faraday (PHYS.) Faraday's constant

constante de fase (ELECT.) phase constant

constante de fase da imagem (TELECOM.) image phase constant

constante de Fermi (PHYS.) Fermi constant

constante de galvanómetro (ELECT.) galvanometer constant

constante de Gauss (MATH.) Gaussian constant

constante de grade ultra-sónica (ELECT.) ultrasonic grating constant

constante de gravitação (PHYS.) constant of gravitation; gravitational constant

constante de gravitação de Gauss (PHYS.) Gaussian gravitation constant

constante de Hubble (ASTRO.) Hubble constant

constante de integração (MATH.) constant of integration

constante de inteiros (COMP.) integer constant

constante de inversão (MATH.) constant of inversion

constante de ionização (PHYS.) ionization constant

constante de Joule (PHYS.) Joule's constant; Joule constant

constante de Kundt (PHYS.) Kundt constant

constante de Madelung (CHEM.) Madelung constant

constante de Michaelis-Menten (BIO.) Michaelis-Menten constant [KM]

constante de mola (MECH.) spring constant

constante de momento (PHYS.) moment constant

constante de movimento (PHYS.) constant of motion

constante de multiplicação (PHYS.) multiplication constant

constante de pilha (CHEM.) cell constant

constante de Planck (PHYS.) Planck's constant

constante de Poisson (PHYS.) Poisson constant

constante de ponto (vírgula) fixo (COMP.) fixed point constant

constante de propagação (PHYS.) propagation constant; phase constant

constante de propagação acústica (PHYS.) acoustical propagation constant

constante de reciprocidade (ELECT.) reciprocity constant

constante de Regnault (METEO.; PHYS.) Regnault's constant

constante de Rydberg (PHYS.) Rydberg constant

constante de Stefan-Boltzmann (PHYS.) Stefan-Boltzmann constant

constante de tempo (ELECT.) time constant

constante de tempo curta (ELECT.) fast-time constant

constante de tempo de circuito RC (ELECTRON.) RC time constant

constante de tempo rápida (ELECT.) fast-time constant

constante de transferência (ELECTRON.) transfer constant

constante de transferência de rede (TELECOM.) network transfer constant

constante de transformação (PHYS.) transformation constant

constante de velocidade (CHEM.) rate constant; velocity constant; velocity rate constant

constante de Verdet (PHYS.) Verdet's constant

constante dieléctrica (ELECT.) dielectric constant; relative permittivity

constante dos gases (PHYS.) gas constant

constante dos gases perfeitos (PHYS.) perfect-gas constant

constante elástica (PHYS.) elastic constant

constante electroquímica (CHEM.) electrochemical constant

constante englobada (ELECTRON.; PHYS.) lumped-constant

constante fotoeléctrica (PHYS.) photoelectric constant

constante galvanométrica (ELECT.) galvanometer constant

constante geofísica (GEO.) geophysical constant

constante gravitacional (PHYS.) gravitational constant

constante harmónica (GEO.) harmonic constant

constante horizontal do vento (METEO.) horizontal wind shear

constante matemática (MATH.) mathematical constant

constante multiplicadora (SURV.) multiplying constant

constante óptica (PHYS.) optical constant

constantes distribuídas (ELECT.) distributed constants

constante solar (ASTRO.) solar constant

constante solar de radiação (ASTRO.) solar constant of radiation

constantes primárias (ELECT.) primary constants

constantes secundárias (ELECT.) secondary constants

constelação (ASTRO.) cluster; constellation

constelação zodiacal (ASTRO.) zodiacal constellation

constituição (GEN.) constitution

constituição química (CHEM.) chemical constitution

constituinte (CHEM.; MATH.) constituent

constituinte (GEN.) constituent

constituinte cristalino (CHEM.) crystalline constituent

constituinte intermediário (MECH.) intermediate constituent

constituintes fémicos (GEO.) femic constituents

constrangimento biológico (PSYCHO.) biological constraint

constrição (BIO.; MED.) constriction; stenosis

constrição primária (BIO.) primary constriction

constrição secundária (BIO.) secondary constriction

constringência (PHYS.) constringence

constritor (ZOO.) constrictor (muscle)

construção (BUILD.) fabric; building

construção acústica (BUILD.) acoustic construction

construção catenária (BUILD.) catenary construction

construção com revestimento activo (AERO.) stressed-skin construction

construção de catenária inclinada (ELECT.) inclined-catenary construction

construção de dupla catenária (ELECT.) double-catenary construction

construção de grande painel (BUILD.) large panel construction

construção de Potier (ELECT.) Potier construction

construção de revestimento submetido a tensão (AERO.) stressed-skin construction

construção dispendiosa e fútil (ARCH.) folly

construção em catenária composta (ELECT.) compound catenary construction

construção em cogumelo (BUILD.) mushroom construction

construção folheada (BUILD.) veneered construction

construção geodésica (AERO.) geodetic construction

construção industrializada (BUILD.) industrialized building

construção seca (BUILD.) dry construction

construtor de tubos (ZOO.) tubifacient

consumidores (ECO.) consumers

consumidor terciário (ECO.) tertiary consumer

consumo de combustível específico (AERO.) specific fuel consumption

consumo de corrente (ELECT.) current drain

consumo máximo (ELECT.) maximum demand

consumpção (MED.) consumption

contacto (ELECT.) pug; keeper; point

contacto (GEN.) contact

contacto (MATH.) osculation

contacto aberto (ELECT.) open switch

contacto auxiliar (ELECT.) auxiliary contact

contacto bifurcado (ELECT.) bifurcated contact

contacto co-corrente (ELECT.) co-current contact

contacto corrediço (ELECT.) sliding contact

contacto de alavanca (ELECT.) lever contact

contacto de arco (ELECT.) arcing contact; arcing tip

contacto de atrito (MECH.) frictional contact

contacto de carvão (ELECT.) carbon contact

contacto de contracorrente (CHEM.) countercurrent contact

contacto de curto-circuito (ELECT.) short-circuit contact

contacto de deslizamento (ELECT.) slide contact

contacto de dupla interrupção (ELECT.) double-break contact

contacto de escova (ELECT.) brush contact

contacto de escova invertida (ELECT.) inverted-brush contact

contacto de faísca (ELECT.) sparking contact

contacto de fecho seguido de abertura (TELECOM.) make-before-break contact

contacto de induzido (ELECT.) armature contact

contacto de janela (ELECT.) door contact

contacto de mola (ELECT.) spring contact

contacto de movimento (HORO.) movement contact

contacto de paragem (ELECT.) stop contact

contacto dependente (ELECTRON.) dependent contact

contacto de porta (ELECT.) door contact

contacto de protecção (ELECT.; ELECTRON.) finger-type contact

contacto de relé (ELECT.) relay contact

contacto de restabelecimento (ELECT.) reset contact

contacto de ruptura (TELECOM.) break jack

contacto de soalho (ELECT.) floor contact

contacto difuso (ELECT.) diffused junction

contacto dilatado (ELECT.) expanded contact

contacto do isolador (ELECT.) insulator pin

contacto electropneumático (ELECT.) electropneumatic contactor

contacto fêmea (ELECT.) female contact

contacto fixo (ELECT.) fixed contact

contacto gás/água (MINING) gas water contact

contacto intermitente (ELECT.) intermittent contact

contacto intermitente à terra (ELECT.) intermittent earth

contacto isolado (ELECT.) insulated contact

contacto óhmico (ELECT.) ohmic contact

contacto oscilante (ELECT.) rocker contact

contacto parcial com a terra (ELECT.) partial ground; partial earth

contacto perfeito (MECH.) full bearing

contacto petróleo-água (MINING) oil-water contact

contacto por atrito de fricção (ELECT.) slide contact

contacto por escova (ELECT.) brush type contact

contacto por rádio (TELECOM.) radio-contact

contacto principal (ELECT.) main contact

contactor (ELECT.) contactor

contacto radar (AERO.) radar contact

contactos de leitura de códigos (COMP.) code reading contacts [CRC]

contacto seco (COMP.) dry contact

contacto secundário (ELECTRON.) dependent contact

contacto térmico (PHYS.) thermal flasher

contacto terra (ELECT.) earth contact

contacto tipo digital (ELECTRON.) finger-type contact

contacto universal (ELECT.) universal contact

contador (ELECTRON.) scaler; counter

contador (GEN.) counter

contador alfa (PHYS.) alpha counter

contador assíncrono (ELECTRON.) asynchronous counter

contador binário (COMP.) binary counter

contador Cerenkov (NUCL.) Cerenkov counter

contador Coulter (BIO.) Coulter counter

contador de anel (COMP.; TELECOM.) ring counter

contador decimal binário (ELECTRON.) BCD counter

contador de cintilações (NUCL.) scintillation counter

contador de coincidência (TELECOM.) coincidence counter

contador de colónias (BIO.; CHEM.) colony counter

contador de contaminação (RADIOL.) contamination meter

contador de controlo (COMP.) control counter

contador de cópias (COMP.) copy counter

contador de corrente de gás (NUCL.) gas-flow counter

contador decrescente (ELECTRON.) down-counter

contador de cristal (ELECTRON.) crystal counter

contador de décadas (ELECTRON.) decade counter

contador de décadas assíncrono (ELECTRON.) asynchronous decade counter

contador de deslocamentos (COMP.) shift counter

contador de excesso de gás ou de ar (MECH.) air meter

contador de fluxo (NUCL.) flow counter

contador de fluxo de gás (NUCL.) gas-flow counter

contador de fluxo de líquido (NUCL.) liquid-flow counter

contador de força electromotriz (ELECT.) counter e.m.f.

contador de frequências (ELECTRON.) frequency counter

contador de gás (ELECT.) gas counter

contador de horas (ELECT.) hour counter

contador de impressão (COMP.) printing counter

contador de impulsos (COMP.; ELECT.) pulse counter

contador de indução (ELECT.) induction meter

contador de iões (PHYS.) ion counter; ionization counter

contador de ionização (PHYS.) ionization counter; ion counter

contador de janela (ELECT.) end window counter

contador de lúmens (PHYS.) lumen-meter

contador de milhas aéreas (AERO.) air-mileage unit

contador de módulo n (ELECTRON.) modulo-n counter

contador de núcleos de Aitken (ECO.) Aitken nuclei counter

contador de ondulação (ELECT.) ripple counter

contador de páginas (COMP.) page counter

contador de partículas alfa (PHYS.) alpha counter

contador de poeira (METEO.) dust counter

contador de poeira Owen (PHYS.) Owen's dust counter

contador de programa (COMP.) program counter

contador de radiação gama (ELECTRON.; NUCL.) gamma counter

contador de radiações (NUCL.) radiation counter

contador de radioactividade (em líquidos) (NUCL.) liquid counter

contador de relógio (ELECT.) clock meter

contador de retardamento (ELECTRON.) delay counter

contador de sequência (COMP.) sequence counter

contador eléctrico (ELECT.) electricity meter

contador em série (ELECTRON.) serial counter

contador Geiger (PHYS.) Geiger counter

contador Geiger de prospecção de minérios radioactivos (GEO.; MINING) prospectometer

contador Geiger-Muller (NUCL.; PHYS.) Geiger-Muller counter; G-M counter

contador Geiger-Muller (RADIOL.) contamination meter

contador G-M (NUCL.) G-M counter

contador integrador (ELECT.) integrating meter

contador proporcional (NUCL.) proportional counter

contador síncrono (ELECTRON.) synchronous counter

contador totalizador (ELECT.) integrating meter

contador Venturi (MECH.) Venturi meter

contagem da radiação de fundo (ELECTRON.) background count

contagem de coliformes (BIO.) coliform count

contagem decrescente (SPACE) count down

contagem de fluxo de gás (NUCL.) gas counting

contagem de gás (NUCL.) gas counting

contagem de glóbulos sanguíneos (MED.) blood count

contagem de varve (ECO.) varve count

contagem espúria (NUCL.) spurious count

contagem polínica (MED.) pollen count

contagem regressiva (SPACE) count down

contágio (MED.) contagion

contágio de cor (IMAGE TECH.) colour contamination

contaminação (BIO.) contamination

contaminação do cátodo (IMAGE TECH.) tube cathode poisoning

contaminação radioactiva (NUCL.) radioactive contamination

contaminado por lêndeas (VET.) fly-blown

contaminante intenso (NUCL.) severe contaminant

conta-rotações (MECH.) cycle counter

contas isoladoras (ELECT.) insulating beads

contenção (COMP.) contention

contenção (NUCL.) containment; confinement

contenção biológica (BIO.) biological containment

contenção física (BIO.) physical containment

contentor de lama (MINING) pit

contentor de vidro com cerca de 9 litros (GLASS) demijohn

contentor do reactor (NUCL.) reactor container

conteúdo de directório (COMP.) directory contents

conteúdo de informação (TELECOM.) information contents

conteúdo em vogais de emissão (TELECOM.) vowel content of emission

conteúdo harmónico (TELECOM.) harmonic contents

conteúdo informativo bruto (ELECTRON.) gross information content

conteúdo informativo líquido (ELECTRON.) net information content

conteúdo latente (PSYCHO.) latent contents

conteúdo manifesto do sonho (PSYCHO.) manifest dream contents

contíguo (COMP.) contiguous

continentalidade (ECO.) continentality

contingência quadrática média (STAT.) mean-square contingency

contínua (MATH.) continuous (function)

contínua num ponto (função) (MATH.) continuous at a point

continuação analítica (MATH.) analytic continuation

continuidade (GEN.) continuity

continuidade cristalina (GEO.) crystalline continuity

contínuo (ECO.; MATH.) continuum

contínuo aritmético (MATH.) arithmetic continuum

contorno (GEO.) lineation

contorno (SURV.) contour

contorno de estrutura (GEO.) structure contour

contorno relativo (METEO.) relative contour

contornos estratigráficos (GEO.) stratum contours

contra-alíseos (METEO.) antitrades

contra ampere-espira (ELECT.) back ampere-turn

contra-antena (TELECOM.) antenna counterpoise

contra-arcada (BUILD.) counter-arched

contra-arco (BUILD.) counter-vault

contrabalanço (GEN.) equibalance

contracamada (MINING) underlay

contracavilha (BUILD.) blind mortise

contracção (BUILD.) shrinkage

contracção (MED.; ZOO.) contraction; contracture

contracção (NUCL.) contraction

contracção compressiva (TEXT.) compressive shrinkage

contracção de Dupuytren (MED.) Dupuytren's contraction

contracção de Fitzgerald-Lorentz (PHYS.) Fitzgerald-Lorentz contraction

contracção de Kelvin-Helmholtz (ASTRO.) Kelvin-Helmholtz contraction

contracção de Lorenz (PHYS.) Lorenz contraction

contracção de secção transversal (MECH.) contraction in area

contracção de Volksmann (MED.) Volksmann's contracture

contracção do filão (MINING) nip

contracção dupla (MECH.) double contraction (foundry)

contracção e expansão (PHYS.) contraction and expansion

contracção em ampulheta (MED.) hour-glass stomach

contracção espasmódica muscular (VET.) twitch

contracção isométrica (ZOO.) isometric contraction

contracção isotónica (ZOO.) isotonic contraction

contracção tetânica (ZOO.) tetanic contraction

contracepção (MED.) contraception

contracepção oral (MED.) oral contraception

contraceptivo (MED.) contraceptive

contracondicionamento (PSYCHO.) counter-conditioning

contracorrente (BUILD.; HYDRO.) back flow

contracorrente (ELECT.) back current

contracorrente equatorial (GEO.) Equatorial Countercurrent

contractilidade (ZOO.) contractility

contractura (MED.; ZOO.) contracture

contractura de Dupuytren (MED.) Dupuytren contraction

contra-eixo (MECH.) countershaft

contra-emissão (ELECTRON.) back emission

contra-entalhe (BUILD.) blind mortise

contrafasquiado (BUILD.) counter lathing

contrafeito (de sanca) (BUILD.) arris fillet; eaves lath

contraferro (BUILD.) back iron; cap iron

contrafileira (BUILD.) batter post; saddle-back board

contrafixa (BUILD.) batter post; braced girder; strut

contraforte (BUILD.) strut; buttress; abutment; shoulder; spur

contraforte (GEO.) spur

contraforte de montanha (GEO.) offset

contraforte de pilastra (BUILD.) pilaster strip

contraforte em diagonal (BUILD.) angle brace

contraforte interior (ARCH.) dead abutment

contraforte oco (ARCH.) hollow abutment

contrafortes de mochila (BUILD.) knapsack abutments

contrafrechal (BUILD.) pole plate

contralateral (ZOO.) contralateral

contraluz (IMAGE TECH.) back lighting

contramanivela (MECH.) return crank

contramedida (AERO.) chafe (radar)

contramedidas (RADAR) countermeasures

contramedidas de infravermelhos (AERO.) infrared countermeasures

contramedidas de radar (RADAR) radar countermeasures

contramedidas de sonar (AERO.; NAV.; PHYS.) sonar countermeasures

contramedidas electrónicas activas (Electron.) active electronic countermeasures

contramedidas por rádio (Telecom.) radio countermeasures

contrapeso (Elect.) balancer

contrapeso (Mining) sinker bar

contrapeso (Telecom.) counterpoise

contrapeso (Text.) sinker

contrapeso da cauda (Aero.) tail drag

contrapeso de equilíbrio (Mech.) balance box

contrapeso de janela de guilhotina (Build.) sash weight

contrapino (Mech.) cotter pin; split cotter

contraplacado de madeira (Build.) plywood

contraponta (Build.) nicker

contraponta (Mech.) tailstock

contrapopa (Nav.) counter-stern

contraporca (Mech.) check-nut

contrapressão (Build.) back pressure

contraste (Gen.) contrast

contraste de cor (Image Tech.) colour contrast

contraste de imagem (Image Tech.) picture contrast

contraste de luminância (Image Tech.) luminance contrast

contraste de luminância (Meteo.) contrast of luminance

contraste de luz (Image Tech.) lighting contrast

contraste por via húmida (Eng.) assay wet

contrastes (ventos) (Meteo.) contrastes (winds)

contratransferência (Psycho.) counter-transference

contraveio (Mech.) counter shaft

contraveneno (Med.) antivenin; antivenene

contravento (Build.) sprocket

contrição por força magnética (Nucl.) pinch effect

controlado directamente (Comp.) hands on

controlador (Comp.) drive controller

controlador (Gen.) controller

controlador (Comp.) driver

controlador da memória (Comp.) memory controller

controlador de barramento (Comp.) bus driver

controlador de comunicação (Comp.) communication controller

controlador de disco (Comp.) disk controller

controlador de entrada-saída (Electron.) input/output controller

controlador de interruptor (Elect.) contactor controller

controlador de interruptor de placa (Elect.) face-plate breaker controller

controlador de placa (Elect.) face-plate controller

controlador de série paralela (Elect.) series-parallel controller

controlador de tambor (Elect.) drum controller

controlador de tráfego aéreo (Aero.) air-traffic controller

controlador de travagem potenciométrica (Elect.) potentiometer braking controller

controlador de voo (Aero.) flight controller

controlador do eixo transmissor (Elect.) camshaft controller

controlador do regime de cabine (Aero.) cabin rate controller

controlador lógico programável (Electron.) programmable logic controller

controlador piloto (Elect.) pilot controller

controlo (Gen.) control

controlo activo (Gen.) active control

controlo activo de tonalidade (Telecom.) active tone control

controlo a distância (Elect.) distance control

controlo ambiental (Space) environment control

controlo autogénico (Bio.) autogenous control

controlo automático (Gen.) automatic control

controlo automático de brilho (Image Tech.) automatic beam control

controlo automático de contraste (Image Tech.) automatic contrast control

controlo automático de cor (Image Tech.) automatic debit

controlo automático de crominância (Elect.) automatic chrominance control

controlo automático de fase (Image Tech.) automatic phase control

controlo automático de frequência (Elect.) automatic frequency control

controlo automático de ganho (Telecom.) automatic gain control

controlo automático de ganho amplificado (Electron.) amplified automatic gain control

controlo automático de ganho instantâneo (Radar) instantaneous automatic gain control

controlo automático de mistura (Aero.) automatic mixture control

controlo automático de modulação (Telecom.) automatic modulation control

controlo automático de nível (Image Tech.) automatic level control [ALC]

controlo automático de potência (Electron.) automatic power control [APC]

controlo automático de potência de emissão (Elect.) automatic transmit power control

controlo automático de volume (Telecom.) automatic volume control

controlo automático de volume diferido (Telecom.) delayed automatic volume control

controlo automático de voo (Aero.) flight automatic control

controlo automático polarizado de ganho (Electron.) biased automatic gain control

controlo biológico (Eco.) biological control

controlo cartesiano (Astro.; Phys.) cartesian control

controlo contínuo (Telecom.) continuous control

controlo da camada limite (Aero.) boundary layer control

controlo da linearidade horizontal (Image Tech.) horizontal-linearity control

controlo da modulação (Telecom.) modulation control

controlo da rampa (Electron.) slope control

controlo de acesso (Elect.) access control

controlo de acessos via rádio (Electron.) hands free access control

controlo de agudos (Electron.) treble control

controlo de altura (Image Tech.) height control

controlo de amperes-espiras (Elect.) ampere-turns control

controlo de aproximação (Aero.) approach control

controlo de baixos (Phys.) bass control

controlo de brilho (Phys.) brightness control

controlo de brilho (Image Tech.) brilliance control

controlo de campo (Elect.) field control

controlo de campo do gerador (Elect.) generator-field control

controlo de comando (Aero.) command guidance

controlo de combustão (Mech.) combustion control

controlo de comutador de fase (Electron.) phase-shifter control

controlo de configuração (Nucl.) configuration control

controlo de cópia (Comp.) copy control

controlo de corrente (Elect.) current control

controlo de corte de proporção auxiliar (Aero.) boost-control override

controlo de cromaticidade (Image Tech.) chroma control

controlo de cruzeiro (Auto.) cruise control

controlo de definição (Image Tech.) sharpness control

controlo de deflexão horizontal (Image Tech.) horizontal hold control

controlo de densidade a/de raios gama (Nucl.) gamma-ray density control

controlo de disparo (Electron.) trigger control

controlo de distribuição (Elect.) distribution control

controlo de entrada (Comp.) gate pulse

controlo de equilíbrio (Electron.) balance control

controlo de equilíbrio de amplitude (Elect.) amplitude balance control

controlo de equilíbrio (espacial) de canais (Telecom.) channel balance control

controlo de erro (COMP.) error control

controlo de estados (ELECTRON.) bang-bang control

controlo de estímulo (PSYCHO.) stimulus control

controlo de exposição semi--automática (IMAGE TECH.) semiautomatic exposure control

controlo de falha de chama (MECH.) flame-failure control

controlo de fluxo (COMP.) flow control

controlo de fluxo de tarefas (COMP.) job flow control

controlo (de frequência) por cristal (TELECOM.) crystal control

controlo de função (COMP.) function control

controlo de furo (MINING) hole control

controlo de ganho (TELECOM.) gain control

controlo de ganho automático retardado (TELECOM.) delayed automatic gain control

controlo de ganho principal (PHYS.) master gain control

controlo de grade (ELECT.) grid control

controlo de grão (MECH.) grain-size control

controlo de intensidade (ELECT.) intensity control

controlo de Kramer (ELECT.) Kramer control

controlo de ligação de dados síncrona (ELECTRON.) synchronous data link control

controlo de linearidade (ELECTRON.) linearity control

controlo de linhas por página (COMP.) page depth control

controlo de malha aberta (ELECTRON.) open loop control

controlo de memória de massa (COMP.) mass storage control

controlo de mistura (AERO.) mixture control

controlo de mola (ELECT.) spring control

controlo de mudança de pólo (ELECT.) pole-changing control

controlo de nível nuclear (ELECTRON.) nuclear level control

controlo de ondas (ELECT.) ripple control

controlo de operador primário (COMP.) primary operator control

controlo de orientação (ELECT.) attitude control

controlo de passo cíclico (AERO.) cyclic pitch control

controlo de passo contínuo (AERO.) collective pitch control

controlo de pestes integrado (ECO.) integrated pest control

controlo de processo (COMP.; ELECTRON.) process control

controlo de programa armazenado (TELECOM.) stored program control

controlo de propulsão auxiliar (AERO.) boost control

controlo de qualidade (GEN.) quality control

controlo de radiações (NUCL.) radiation survey

controlo de realimentação (ELECT.) feedback control

controlo de rede (COMP.) network control

controlo de rede local (TELECOM.) local area network control

controlo de registo electrónico (PRINT.) electronic register control

controlo de relação (ELECT.) ratio control

controlo de rigidez (PHYS.) stiffness control

controlo de ruído (PHYS.) noise control

controlo de separação de canais (TELECOM.) channel separation control

controlo de sincronismo (ELECTRON.) hold control

controlo de sintonia (TELECOM.) tuning control

controlo de sobrealimentador (MECH.) by-passing

controlo de supervisor (COMP.) supervisor control

controlo de tarefas (COMP.) job control

controlo de temperatura flutuante (ENG.) floating temperature control

controlo de tensão variável (ELECT.) variable-voltage control

controlo de terra (RADAR) ground control

controlo de tom (TELECOM.) hue control

controlo de tracção electrónica (AUTO.) electronic traction control

Controlo de Tráfego Aéreo _ [CTA] (AERO.) air-traffic control _ [ATC]

controlo de unidade múltipla (ELECT.) multiple-unit control

controlo de velocidade (ELECT.) speed control

controlo de velocidade de rotação (ELECT.) rate-of-turn control

controlo de volume (TELECOM.) volume control

controlo de volume audível (PHYS.) aural volume control

controlo de volume automático inerte (TELECOM.) quiet automatic volume control

controlo de voo (AERO.) flight control

controlo de Ward-Leonard (ELECT.) Ward-Leonard control

controlo diferencial (ELECT.) differential control

controlo diferencial de ganho (ELECT.; ELECTRON.) fast time gain control; differential gain control

controlo digital directo (ELECTRON.) direct digital control

controlo dinâmico da portadora (TELECOM.) dynamic carrier control [DCC]

controlo do reactor (NUCL.) reactor control

controlo electromagnético (ELECT.) electromagnetic control

controlo electropneumático (ELECT.) electropneumatic control

controlo em cascata (ELECTRON.) cascade control

controlo em derivação (ELECT.) shunt control

controlo fotoeléctrico de iluminação (ELECTRON.) photoelectric lighting control

controlo hidráulico (MINING) hydraulic control

controlo instantâneo de desvio (ELECT.) instantaneous deviation control

controlo integral proporcional (ELECTRON.) proportional-integral control

controlo intermitente (TELECOM.) intermittent control

controlo lateral (AERO.) lateral control

controlo limitador de ecos parasitas (RADAR) anti-clutter gain control

controlo magnético (ELECT.) magnetic control

controlo manual de máquina (COMP.) machine handle

controlo numérico (MECH.) numerical control

controlo on/off (TELECOM.) on-off control

controlo orçamental (COMP.) budgetary control

controlo periférico (COMP.) peripheral control

controlo por absorvente (PHYS.) absorber control

controlo por autodestruição (ZOO.) autocidal control

controlo por inércia (ELECTRON.) inertial control

controlo principal (COMP.) master control

controlo principal de luminosidade (IMAGE TECH.) master brightness control

controlo proporcional (COMP.) proportional control

controlo radar (AERO.) radar control

controlo remoto (ELECT.) remote control

controlo remoto de infravermelhos (TELECOM.) infrared remote control

controlo sensitivo de tempo (ELECT.) sensitive time control

controlos irreversíveis (AERO.) irreversible controls

controlo supervisor (COMP.) supervisory control

contusão (MED.) bruise

convecção (GEO.) convection

convecção de calor (PHYS.) convection of heat

convecção forçada (GEO.) forced convection

convecção gravitacional (PHYS.) gravitational convection

convecção mecânica (METEO.) mechanical convection

convecção térmica (PHYS.) heat convection

convector (MECH.) convector

Convenção de Ramsar sobre Zonas Húmidas de Importância Internacional Especialmente como «habitat» de Aves Aquáticas (ECO.) Ramsar Convention on

Wetlands of International Importance Especially as Waterfowl Habitat

convenção de sinais (PHYS.) convention of signs

convenção de Westcott (NUCL.) Westcott convention

convergência (GEN.) convergence

convergência antártica (GEO.) Antarctic convergence [AAC]

convergência (das rodas dianteiras) (AUTO.) toe-in (front wheels)

convergência de Eckman (GEO.) Eckman convergence

convergência de massa (HYDRO.) mass convergence

convergência dinâmica (ELECT.) dynamic convergence

convergência estática ((IMAGE TECH.) static convergence

convergência uniforme (MATH.) uniform convergence

convergente (MATH.) convergent

conversação invertida (TELECOM.) inverted speech

conversão (GEN.) conversion; converting

conversão (MATH.) transform

conversão analógica-digital (ELECTRON.) conversion analogue/digital

conversão de binário para decimal (COMP.) binary-to-decimal conversion

conversão de código (COMP.) code conversion

conversão de dados (COMP.) data conversion

conversão de energia (ELECT.) power conversion

conversão de frequência (TELECOM.) frequency translation

conversão de massa (PHYS.) mass conversion

conversão de modo (COMP.) mode conversion

conversão de padrões (GEN.) standards conversion

conversão de protocolo (COMP.) protocol translation

conversão digital-analógica (ELECTRON.) conversion digital/analogue

conversão enviesada de genes (ECO.) biased gene conversion

conversão heterodina (TELECOM.) heterodyne conversion

conversão interna (PHYS.) internal conversion

conversão logarítmica (ELECT.) logarithmic conversion

conversão nuclear (PHYS.) nuclear conversion

conversor (GEN.) converter; transformer

conversor algoritmico (ELECTRON.) algorithmic converter

conversor analógico-digital (COMP.; IMAGE TECH.) analog-digital converter; A-D converter; A/D

conversor analógico-digital integrador (ELECTRON.) counting A/D converter

conversor analógico-digital por adição de tensões (ELECTRON.) voltage adding converter

conversor analógico-digital tensão-frequência (ELECTRON.) voltage to frequency converter

conversor Bessemer (ENG.) Bessemer converter

conversor de analógico para digital (COMP.) analog-to-digital converter; A/D

conversor de antena incorporado (TELECOM.) antennaverter

conversor de arco (ELECT.) arc converter

conversor de arco de mercúrio (ELECT.) mercury-arc converter

conversor de armazenamento de linha (COMP.) line-store converter

conversor de binário (MECH.) torque converter

conversor de binário hidráulico (MECH.) hydraulic torque converter

conversor de código (COMP.) code converter

conversor de corrente contínua (ELECT.) direct-current converter; continuous-current converter; d.c.converter

conversor de energia (COMP.; ELECT.) transducer; transductor

conversor de facsimile (TELECOM.) facsimile converter

conversor de faíscas amortecidas (ELECT.) quenched spark converter

conversor de fase (ELECT.) phase converter

conversor de frequência (ELECT.) frequence converter; frequency changer

conversor de frequência (TELECOM.) frequency translator

conversor de frequência estático (ELECT.) static frequency converter

conversor de imagem infravermelha (ELECTRON.) infrared image converter

conversor de linguagem (COMP.) language converter

conversor de linha (TELECOM.) line converter

conversor de onda curta (TELECOM.) short-wave converter

conversor de protocolos (TELECOM.) protocol converter

conversor de rotação de Lysholm--Smith (MECH.) Lysholm-Smith torque converter

conversor de rotativo invertido (ELECT.) inverted rotary converter

conversor digital (ELECT.) digital converter

conversor duplo (ELECTRON.) dual-converter

conversor logarítmico (ELECT.) logarithmic converter

conversor paramétrico (ELECT.) parametric converter

conversor paramétrico de frequência (ELECT.) parametric frequency converter

conversor rotativo (ELECT.) rotary converter

conversor rotativo de arranque automático (ELECT.) self-starting rotary converter

conversor série-paralelo (ELECTRON.) serial to parallel converter

conversor síncrono (ELECT.) synchronous converter

conversor térmico (ELECT.) thermal converter

conversor termiónico (ELECTRON.) thermionic converter

conversor ultra-sónico de imagem (IMAGE TECH.) ultrasonic image converter

converter em álcool (CHEM.) alcoholize

convés (NAV.) deck

convés aberto (NAV.) awning deck

convés corrido (NAV.) flush deck

convés das anteparas (NAV.) bulkhead deck

convés de voo (AERO.) flying deck; flight deck

convés do porão (NAV.) orlop deck

convés principal (NAV.) main deck

convés superior (NAV.) upper deck

convés superior de passageiros (NAV.) promenade deck

convexo (ECO.) pulvinate

convolução (BIO.; MED.; ZOO.) convulation; gyrus; convultio

convolução integral (MATH.) convolutional integral

convoluto (BOT.; ZOO.) convolute

convulsão (MED.) convulsion; ictus; stroke; fit

cooperação (ECO.) cooperation

Cooperação Geofísica Internacional (GEO.) International Geophysical Cooperation (IGC)

coordenada (MATH.) co-ordinate; coordinate

coordenada galáctica (ASTRO.) galactic co-ordinate

coordenada rectangular (MATH.) rectangular co-ordinate

coordenadas bipolares (MATH.) bipolar co-ordinates

coordenadas cartesianas (MATH.) Cartesian co-ordinates

coordenadas cartesianas oblíquas (MATH.) oblique Cartesian co-ordinates

coordenadas cartesianas rectangulares (MATH.) rectangular Cartesian co-ordinates

coordenadas celestes (ASTRO.) celestial co-ordinates

coordenadas cilíndricas (GEO.; MATH.) cylindrical co-ordinates

coordenadas curvilíneas (MATH.) curvilinear co-ordinates

coordenadas de cor (PHYS.) colour co-ordinates

coordenadas de Lagrange (MATH.) Lagrangian co-ordinates

coordenadas de linha (MATH.) line co-ordinates

coordenadas de pressão (METEO.) pressure co-ordinates

coordenadas espaciais (ASTRO.) space co-ordinates; trilinear co-ordinates

coordenadas eulerianas (MATH.) Eulerian co-ordinates

coordenadas heliocêntricas (ASTRO.) heliocentric co-ordinates coordenadas homogéneas (MATH.) homogenous co-ordinates

coordenadas logarítmicas (MATH.) logarithmic co-ordinates

coordenadas oblíquas (MATH.) oblique axes; oblique co-ordinates

coordenadas ortogonais (MATH.) rectilinear co-ordinates; Cartesian co-ordinates

coordenadas polares (MATH.) polar co-ordinates

coordenadas polares esféricas (MATH.) spherical polar co-ordinates

coordenadas quase lagrangianas (MATH.) quasi-Lagrangian co-ordinates

coordenadas sigma (METEO.) sigma co-ordinates

coordenadas tangenciais (MATH.) tangential co-ordinates

coordenadas terrestres (ASTRO.) terrestrial co-ordinates

coorte (ZOO.) cohort

copa (BOT.) head

copalina (MINER.) copaline

copela (MECH.) cupel

copelação (MECH.) cupellation

Copépodos (ZOO.) Copepoda

cópia (GEN.) copy

cópia (TELECOM.) transcription

cópia de blocos (COMP.) block copy

cópia de CD (TELECOM.) CD ripping

cópia de disco (COMP.) disk copy

cópia de documentos (PRINT.) document copying

cópia de segurança (COMP.) backup

cópia em papel (COMP.) hard copy

cópia heliográfica (PRINT.) blue print; sun print

cópia in vitro (BIO.) in vitro transcription; in vitro translation

cópia por contacto (IMAGE TECH.) contact print

cópia principal (COMP.) master copy

copia sequencial (ELECTRON.) sequential copying

copiador electroestático (GEN.) electrostatic copier

copo graduado (CHEM.) measuring glass

copolímero (CHEM.) copolymer

copolímero de estireno (CHEM.) styrene copolymer

coprecipitação (PHYS.) coprecipitation

co-processador (COMP.) attached processor

co-processador de acesso directo à memória de adição (COMP.) add direct memory access co-processor [ADMA]

co-processador gráfico (COMP.) graphics coprocessor

copródio (ZOO.) coprodaeum

coprofagia (ECO.) coprophagy

coprófago (ZOO.) coprophagous

coprofilia (PSYCHO.) coprophilia

coprófilo (BOT.) coprophilic

coprolalia (PSYCHO.) coprolalia

coprólito (BIO.; MED.) coprolith; fecalith

coprólito (GEO.) coprolite; faecal pellet

coprozóico (ZOO.) coprozoic

cópula (ZOO.) copula

copulação (ZOO.) copulation

coque de fundição (MECH.) foundry coke

coquilha (MECH.) ingot mould

coquimbite (MINER.) coquimbite

cor (BUILD.) colour; tint

cor (GEN.) colour

coração (BUILD.) frog; kick

coração (GEN.) heart; core; nucleus

coração (ZOO.) heart

coração acessório (ZOO.) accessory heart

coração branquial (ZOO.) branchial heart

coração de linfa (ZOO.) lymphatic heart

coração pulmonar (MED.) cor pulmonale

coracídio (BIO.) coracidium

Coraciiformes (ZOO.) Coraciiformes

coraco-acromial (MED.) coracoacromial

coraco-braquial (MED.) coracobrachialis

coraco-humeral (MED.) coracohumeral

coracóide (ZOO.) coracoid

coracromática (PHYS.) achromatic colour

coral (ZOO.) coral

CORAL (COMP.) CORAL

corante (BIO.) stain; pigment

corante (BUILD.) stainer

corante (GEN.) stain; dye

corante (TEXT.) dye

corante de anilina (CHEM.) aniline dye

corante de cianina (BIO.) cyanine dyes

corante diazóico (CHEM.) bis-azo dye

corante fluorescente (CHEM.) fluorescent dye

corante fotossensibilizador (BIO.) photosensitizing dye

corante reactivo (TEXT.) reactive dye

corantes (CHEM.) dyestuffs

corantes azo (CHEM.) azo dyes

corantes de gelo (CHEM.) ice colours

corantes de trifenilmetano (CHEM.) triphenilmethane dyes

corantes de xanteno (CHEM.) xanthene dyestuffs

corantes diazóicos (CHEM.) diazo dyes

corantes intercalares (BIO.) intercalating dyes

corantes nitrosos (CHEM.) nitroso dyes

corante sólido (TEXT.) vat dye

corantes secundários (CHEM.) adjective dyes (acids)

corantes substantivos (CHEM.) substantive dyes

cor apática (ZOO.) apatetic coloration

corbícula (ZOO.) corbicula

cor complementar (IMAGE TECH.) minus colour

cor com ruído (IMAGE TECH.) noisy colour

cor cromática (PHYS.) chromatic colour (color)

corda (GEN.) string; chord; rope

corda (MATH.) chord

corda (TEXT.) twist

corda (ZOO.) chorda

cordacentro (ZOO.) chordacentra

cordada (BOT.) cordate

corda de abertura do pára-quedas (AERO.) ripcord

corda de contacto (MATH.) chord of contact

corda de fibra de coco (TEXT.) coir

corda de fio de contacto (ELECT.) contact wire chord

corda de lançador de cabo (ELECT.) cable-laid rope

corda de retenção (AERO.) mast yaw line

corda de sonda (SURV.) lead line; sounding line

corda de sustentação (BUILD.) fly wire

corda de tracção (BUILD.) traction rope

corda do aerofólio (AERO.) chord of airfoil

Cordados (ZOO.) Chordata

corda estática (AERO.) static line

cordal (BIO.) chordal

corda magna (ZOO.) tendo calcaneous

corda média (AERO.) mean chord

corda média aerodinâmica (ENG.) mean aerodynamic chord

corda média standard (AERO.) standard mean chord

corda mesodérmica (BIO.) chordamesoderm

cordão (ARCH.) rudenture

cordão (MED.) cord

cordão (TEXT.) twist

cordão cósmico (ASTRO.) cosmic string

cordão de pedra (BUILD.) belt

cordão duro (TEXT.) hard twist

cordão espinhal (ZOO.) spinal cord; medulla spinalis

cordão flexível (ELECT.) flexible cord

cordão simples (ELECT.) single flex

cordão telefónico (TELECOM.) telephone cord

cordão umbilical (SPACE.; ZOO.) umbilical cord

cordas suplementares (MATH.) supplemental chords

cordas vocais (ZOO.) vocal cords

cordectomia (MED.) cordectomy

cor de linha (PRINT.) line colour

cor de mistura aditiva (ELECTRON.) colour additive light mixing

cor de películas finas (PHYS.) colours of thin films

cor de Planck (PHYS.) Planckian colour

cor de têmpera (MECH.) temper colour

cordierite (MINER.) cordierite

cordilheira (GEO.) cordillera

cordilheira central oceânica (GEO.) mid-ocean ridge

cor diluída (BUILD.) tint

cordite (MED.) chorditis

cordoma (MED.) chordoma

cordotomia (MED.) chordotomy

coreclise (MED.) corecleisis

corectasia (MED.) corectasia

corectomediálise (MED.) corectomedialysis

corectopia (MED.) corectopia

corediastase (MED.) corediastasis

coreia (MED.; PSYCHO.) chorea; choria
coreia de Huntington (MED.) Huntington's chorea
coreia de Sydenham (MED.) Sydenham's chorea
coreia hemilateral (MED.) hemichorea
coreia juvenil (MED.) juvenile chorea
corémio (BOT.) coremium
coreomorfose (MED.) coreomorphosis
coreoplastia (MED.) coreplasty
corepraxia (MED.) corepraxy
cores aditivas primárias (PHYS.) primary additive colours
cores atemorizadoras (ZOO.) startle colours
cores complementares (GEN.) complementary colours
cores de Fechner (PHYS.) Fechner colours
cores de interferência (PHYS.) interference colours
cores elementares (PHYS.) elementary colours
cores espectrais (PHYS.) spectrum colours
cores estruturais (ZOO.) structural colours
cores evanescentes (BUILD.) fugitive colours
cores fundamentais (PHYS.) fundamental colours
cor espectral (PHYS.) spectral colour
cores pigmentares (ZOO.) pigmentary colours
cores primárias (BUILD.) primary colours
cores primárias (IMAGE TECH.; PRINT.) colour primaries
corestenoma (MED.) corestenoma
cores terciárias (BUILD.) tertiary colours
cores terra (BUILD.) earth colours
cor falsa (IMAGE TECH.) false colour
cor flamejante (ZOO.) flash colour
cor granulada (IMAGE TECH.) grainy colour
coriáceo (BOT.; ZOO.) coriaceous; corious
corimbo (BOT.) corymb
corindo (MINER.) corundum
corindo incolor (MINER.) white corundum
corindo verde (MINER.) Oriental emerald
Corinebacteriáceas (BIO.) Corynebacteriaceae
cor intermédia (IMAGE TECH.) intermediate colour
cório (córion) (MED.; ZOO.) corium; chorium; enderon
corioadenoma (MED.) chorioadenoma
corioalantóico (ZOO.) chorioallantoic
corioalantóide (ZOO.) chorioallantois
coriocarcinoma (MED.) choriocarcinoma
córion (cório) (ZOO.) chorion
Corioptes (ZOO.) Chorioptes
coriorretinite (MED.) chorioretinitis
cório secundário (ZOO.) false amnion
coriza (MED.; VET.) coryza; snuffles
coriza infecto-contagiosa (VET.) contagious catarrh
cor leve (BUILD.) tint

cormo (BOT.) corm
cormófita (BOT.) cormophyte
cornalina (MINER.) cornelian
cor não espectral (PHYS.) non-spectral colour
córnea (ZOO.) cornea
corneana (GEO.) hornfels
córneo (BOT.; ZOO.) corneous
corneobléfaro (MED.) corneoblepharon
corneta acústica (PHYS.) conical horn; horn; acoustic horn
corneta bicónica (TELECOM.) biconical horn
corneta celular (PHYS.) cellular horn
corneta de directividade constante (TELECOM.) constant directivity horn
corneta escalar (TELECOM.) scalar feedhorn
corneta exponencial (PHYS.) exponential horn
corneta hiperbólica (TELECOM.) loudspeaker hyperbolic horn
corneta piramidal (PHYS.) pyramidal horn
corneta reentrante (PHYS.) re-entrant horn
corneto (ZOO.) turbinate bone
corniculado (ZOO.) corniculate
cornija (ARCH.) cornice
cornija plana (ARCH.) table
corniola (MINER.) carnelian
corno (ZOO.) cornu; horn (mammals; crown of feather on bird's heads; insects' antennae)
corno (GEN.) horn
corno de entrada (ELECT.) leading pole horn
corno de excitação (ELECT.) horn
corno equitangencial (PHYS.) tractrix horn
corno polar (ELECT.) pole horn
cornudo (ZOO.) cornute; horned
coro (ARCH.) chancel
coroa (ARCH.) corona
coroa (BOT.) crown
coroa (BUILD.) coping
coroa (GEN.) crown; corona
coroa (MATH.) crown
coroa (MECH.) cone gear; cone drive; gland
coroa (ZOO.) coronet
coroa auroral (ASTRO.) auroral corona
coroa circular (MATH.) ring
coroa da caldeira (MECH.) boiler crown
coroa de aberração (ASTRO.) crown of aberration
coroa de Brocken (METEO.) Brocken Bow
coroa de êmbolo (BUILD.) follower
coroa de êmbolo (MECH.) follower plate
coroa de fecho (BUILD.) soffit cusp
coroa de Fraunhofer (PHYS.) Fraunhofer corona
coroa dentária (MED.) cap
coroa de rolamento (MECH.) live ring
coroa do casco (ZOO.) coronet
coroa do êmbolo (MECH.) junk ring
coroa fixa da turbina (MECH.) turbine stator
coroa óptica (GLASS) optical crown
coroa radiada (ZOO.) corona radiata

coroa solar (ASTRO.) solar corona; sun's corona
coróide (ZOO.) choroid
coroidite (MED.) choroiditis
corola (BOT.) corolla
coroneno (CHEM.) coronene
coronógrafo (ASTRO.) coronograph
coronóide (ZOO.) coronoid
coroplastia (MED.) coreplasty
corotina (COMP.) co-routine
corpo (GEN.) body
corpo adiposo (ZOO.) corpus adiposum
corpo alimentar (BOT.) food body
corpo anexo posterior (SPACE) afterbody
corpo apical (ZOO.) apical body
corpo arenoso (MED.) sand tumor; psammoma
corpo astronómico (ASTRO.) astronomical body; stellar body
corpo atrésico (ZOO.) corpus atreticum
corpo basal (BIO.; BOT.) basal body
corpo cadente (PHYS.) falling body
corpo caloso (BIO.; MED.; ZOO.) corpus calosum
corpo carotídeo (MED.) carotid body; glomus caroticus
corpo celeste (ASTRO.) stellar body; astronomical body
corpo celeste frio (ASTRO.) cold stellar body
corpo celeste primário (ASTRO.) primary body
corpo celular (BOT.) body cell
corpo cetónico (CHEM.) acetone body
corpo cinzento (PHYS.) grey body
corpo cromatínico de Barr (BIO.) Barr body
corpo da bomba (MECH.) pump barrel
corpo da chaminé (BUILD.) chimney shaft
corpo da ulna (ZOO.) corpus ulnae; copus unguis
corpo de Barr (BIO.) Barr body
corpo de circuito fechado (COMP.) loop body
corpo de cúpula (ARCH.) dome shell
corpo de estômago (BIO.) corpus ventriculi
corpo de frutificação (BOT.) fruiting body; fruit body
corpo de Malpighi (ZOO.) Malpighian body
corpo de plaina (BUILD.) plane stock
corpo de tipo (PRINT.) shank
corpo de Wolff (ZOO.) Wolffian body; mesonephros
corpo do avião (AERO.) airframe
corpo do cilindro (MECH.) cylinder barrel
corpo em arrefecimento (PHYS.) cooling body
corpo em queda livre (PHYS.) falling body
corpo esponjoso (BIO.; MED.; ZOO.) corpus spongiosum
corpo estelar (ASTRO.) stellar body
corpo estelar frio (ASTRO.) cold stellar body
corpo esternal (BIO.; MED.; ZOO.) corpus sterni
corpo estriado (BIO.; MED.; ZOO.) corpus striatum

corpo franjado (Bot.; Med.; Zoo.) fimbria

corpo frutífero (Bot.) puff ball

corpo gorduroso (Zoo.) fat body

corpo hialóide (Bio.; Zoo.) hyaloid body; corpus vitreum; vitreous body

corpo inter-renal (Zoo.) inter-renal body

corpo lípido (Bot.) lipid body; lipoplast

corpo luminoso difuso (Meteo.) diffused luminous body

corpo lutécio atrésico (Zoo.) corpus albicans

corpo lúteo (Bio.; Med.; Zoo.) corpus luteum

corpo mamilar (Bio.; Med.; Zoo.) mamillary body; corpus mamillare

corpo morto (Gen.) corpse; cadaver

corpo negro (Phys.) black body

corpo olivar (Zoo.) olivary nucleus

corpo pineal (Zoo.) pineal body

corpo planetário (Astro.) planetary body

corpo polar (Bio.) polar body

corpo primário (Bot.) primary body

corpo prolamelar (Bot.) prolamellar body

corpo psalóide (Zoo.) lyra

corpo quadrigémio posterior (Med.; Zoo.) colliculus inferior

corpo quase estelar (Astro.) quasi-stellar body; quasar

corporação (Ecol.) guild

corpo refractário (Phys.) refractory body

corpos alados (Zoo.) corpora allata

corpos azuis de Koch (Med.) Koch's blue bodies

corpos bigémeos (Zoo.) bigeminal bodies; corpora bigemina

corpos cardíacos (Zoo.) corpora cardiaca

corpos carotídeos (Med.) carotid bodies, glomera carotica

corpos cavernosos (Zoo.) cavernous bodies; corpora cavernosa

corpos de Aschoff (Med.) Aschoff's bodies

corpos de Bollinger (Vet.) Bollinger bodies

corpos de Borrel (Vet.) Borrel bodies

corpos de inclusão (Med.) inclusion bodies

corpos de Lewy (Med.) Lewy bodies

corpos de Negri (Vet.) Negri's bodies

corpos de Nissl (Zoo.) Nissl bodies

corpos elementares (Med.) elementary bodies

corpo sem radiação (Phys.) radiation-free body; black body

corpos imunes (Med.) immune bodies

corpos lúteos (Bio.) yellow bodies; corpora lutea

corpos pedunculados (Zoo.) corpora pedunculata

corpos pedunculares (Zoo.) mushroom bodies

corpos quadrigémeos (Zoo.) corpora quadrigemina

corpo supra-renal (Zoo.) epinephros

corpo tibial (Bio.; Med.; Zoo.) corpus trapezoideum; corpus tibiae

corpo traseiro da fuselagem (Aero.) afterbody

corpo uniforme (Math.) uniform field

corpo uterino (Zoo.) corpus uteri

corpo ventricular (Bio.) corpus ventriculi

corpo vítreo (Bio. Zoo.) vitreous body; corpus vitreum

cor predominante (Image Tech.) colour cast

cor prismática (Phys.) prismatic colour

cor pura (Phys.) pure colour

corpúsculo (Zoo.) corpuscle

corpúsculo basal (Bot.; Zoo.) basal corpuscle; basal body

corpúsculo de Malpighi (Zoo.) Malpighian corpuscle

corpúsculo sanguíneo (Med.) blood corpuscle

corpúsculos azuis de Koch (Med.) Koch's blue bodies

corpúsculos colóstricos (Zoo.) colostrum-corpuscles

corpúsculos de Meissner (Zoo.) Meissner's corpuscles

corpúsculos de Negri (Vet.) Negri's bodies

corpúsculos de Pacini (Zoo.) Pacinian corpuscles

corpúsculos lamelares (Zoo.) lamellated corpuscles; Pacinian corpuscles

corrasão (Geo.) corrasion

correame (Mech.) belting

correcção angular (Surv.) correction of angles

correcção automática de erros (Comp.) automatic error correction

correcção barométrica (Meteo.) barometric correction

correcção da bússola (Nav.) compass correction

correcção da distorção do quadro (Image Tech.) frame tilt

correcção de abertura (Image Tech.) aperture correction

correcção de coincidência acidental (Electron.) accidental coincidence correction

correcção de cor (Print.) colour correction

correcção de Coriolis (Meteo.) Coriolis correction

correcção de Cunningham (Phys.) Cunningham correction

correcção de curvatura (Build.) curvature correction

correcção de deflexão (Surv.) sag correction

correcção de desvio (Nav.) deviation correction

correcção de desvio (Surv.) slope correction

correcção de erro (Electron.) error correction

correcção de erro por redundância (Electron.) forward error correction

correcção de força ascensional (Phys.) correction of buoyancy

correcção de frequência (Elect.) frequency correction

correcção de haste (Phys.) stem correction

correcção de linearidade (Electron.) linearity correction

correcção de reentrada (Space) re-entry correction

correcção de rumo (Aero.; Space; Nav.) course correction

correcção de temperatura (Surv.) temperature correction

correcção de trajectória (Aero.; Nav.; Space) course correction

correcção do factor de potência (Electron.) power factor correction

correcção do tempo de resolução (Phys.) resolution-time correction

correcção final (Phys.) end correction

correcção gama (Image Tech.) gamma correction

correcção lógica (Comp.) logical correction

correcção para o tempo morto (Nucl.) dead-time correction

correcções de prova (Print.) proof corrections

corrector da bússola (Nav.) compass corrector

corrector de fase (Telecom.) phase corrector

corrector de impulso (Telecom.) pulse stretcher

corrector de Maksutov (Astro.) Maksutov corrector

corrector de Schmidt (Astro.) Schmidt corrector

corrediça do cabo do compensador (Aero.) tab cable link

corredor (Aero.) corridor

corredor (Zoo.) cursorial

corredor de reentrada (Space) re-entry corridor

corredor lateral de nave (Arch.) aisle

correia (Mech.) belt

correia accionadora (Mech.) drive chain; drive belt

correia de duas velocidades (Mech.) two-speed belt

correia de transmissão (Mech.) transmission belt; belt

correia de transmissão em V (Mech.) V-drive belt

correia de transporte (Mining) picking belt; belt

correia do freio (Print.) brake band

correia em V (Mech.) vee belt

correia motriz (Mech.) drive chain

correia sem fim (Mech.) endless belt

correia transmissora (Mech.) drive chain

correia transportadora (Mech.) band conveyor; belt conveyor

correio electrónico (Comp.) electronic mail; computer mail

correlação (Gen.) correlation

correlação cruzada (Phys.) cross-correlation

correlação de Euler (Math.) Eulerian correlation

correlação de fontes de ruído (Electron.) correlation of noise sources

correlação de Lagrange (Math.) Lagrangian correlation

correlação de precedência (Comp.) rank correlation

correlação genética (Bio.) genetic correlation

corrente (Gen.) current

corrente (Mech.) chain

corrente a bastões (Mech.) roller chain

corrente activa (Phys.) active current

corrente acústica (Phys.) acoustic streaming

corrente adiantada (Elect.) leading current

corrente alternada (CA) (Elect.) alternating current; AC

corrente alternada bifásica (Elect.) two-phase alternating current

corrente alternada simétrica (Elect.) symmetrical alternating current

corrente anódica (Elect.) anode current

corrente anormal de eléctrodo (Elect.) fault electrode current

corrente a roletes (Mech.) roller chain

corrente articulada (Mech.) plate link chain

corrente ascendente (Meteo.) lifting current

corrente ascendente de trovoada (Meteo.) thunderstorm updraft

corrente auroral (Astro.) auroral stream

corrente bifásica (Elect.) two-phase current; quarter phase current

corrente circulante (Elect.) circulating current

corrente circumpolar Antárctica (Geo.) West Wind Drift

corrente compensadora (Elect.) equalizing current

corrente contínua (Elect.) continuous current

corrente contínua pulsatória (Elect.) pulsating direct current

corrente contrária (Build.; Hydro.) back flow

corrente costeira (Geo.) boundary current

corrente crítica (Elect.) critical current

corrente da Califórnia (Geo.) California Current

corrente da Florida (Geo.) Florida Current

corrente das Agulhas (Geo.) Agulhas current

corrente das Canárias (Geo.) Canaries Current

corrente das Caraíbas (Geo.) Caribbean Current

corrente de acção (Elect.) action current

corrente de alimentação (Meteo.) supply current

corrente de ânodo (Elect.) plate current

corrente de apoio (Elect.) bearing current

corrente de ar ascendente (Meteo.) rising column

corrente de ar da hélice (Aero.) split stream

corrente de ar descendente (Meteo.) falling wind

corrente de ar produzida pela hélice (Aero.) slip stream

corrente de arranque (Elect.) starting current

corrente de avanço (Elect.) forward current

corrente de baixa frequência (Elect.) low-frequency current

corrente de base (Electron.) base current

corrente de Benguela (Geo.) Benguela Current

corrente de cabo (Elect.; Telecom.) cable current

corrente de canhão (Electron.) gun current

corrente de carga (Elect.) charging current; load current

corrente de colector (Elect.) collector current

corrente de compensação (Meteo.) supply current

corrente de condução (Electron.) conduction current

corrente de condução instantânea (Elect.) instantaneous carrying current

corrente de convecção (Phys.) convection current

corrente de corte de um colector (Elect.) collector cutoff current

corrente de crista do cátodo (Elect.) peak cathode current

corrente de Cromwell (Geo.) Cromwell Current

corrente de dados (Comp.) data stream; data flow

corrente de densidade (Geo.) density current

corrente de descarga (Elect.) discharge current

corrente de deslocamento (Elect.) displacement current

corrente de deslocamento de Maxwell (Elect.) Maxwell's displacement current

corrente de difusão (Elect.) diffusion current

corrente de dispersão (Elect.) leakage current

corrente de dispersão de rectificador (Elect.) rectifier leakage current

corrente de drenagem (Electron.) bleeder current

corrente de eléctrodo (Elect.) electrode current

corrente de emissão (Electron.) emission current; emitter current

corrente de entrada (Electron.) input current

corrente de estrelas (Astro.) star-streaming

corrente de excitação (Elect.) magnetizing current

corrente de excitação magnética (Elect.) pick-up current

corrente de excitação pulsatória (Elect.) pulsating exciting current

corrente de falha (Elect.) fault current

corrente de fase dividida (Elect.) split-phase current

corrente de feixe (Electron.) beam current

corrente de filamento (Elect.) filament current

corrente de fotoelectrões (Phys.) photoelectron stream

corrente de fuga de eléctrodo (Elect.) fault electrode current

corrente de fuga do electrólito (Elect.) electrolytic leakage current

corrente de funcionamento (Elect.) operating current

corrente de fundo (Geo.) bottom current

corrente de fusão (Elect.) fusing current

corrente de gelo (Geo.) ice stream

corrente de grade (Elect.) grid current

corrente de grade rectificada (Elect.) rectified grid current

corrente de gradiente (Geo.) gradient current

corrente de Humbolt (Geo.) Humboldt Current

corrente de indução (Electron.) eddy current

corrente de indução magnética (Electron.) current magnetic effect

corrente de induzido (Elect.) rotor current

corrente de inércia (Phys.) inertia current

corrente de interferência (Telecom.) noise current

corrente de interrupção (Elect.) breaking current

corrente de inversão (Hydro.) reversing current

corrente de ionização (Phys.) ionization current

corrente de jacto (Meteo.) jet stream

corrente de jacto da frente polar (Geo.) polar-front jet stream

corrente de jacto equatorial (Meteo.) equatorial jet stream

corrente de jacto polar (Meteo.) polar jet stream

corrente de lama (Geo.) mud flow

corrente de lama vulcânica (Geo.) lahar; lava flow

corrente de linha de carga (Elect.) line charging current

corrente de litoral (Geo.) longshore current

corrente de manutenção (Elect.) hold current

corrente de maré (Geo.) tidal current

corrente de maré de apogeu (Geo.) apogean tidal current

corrente de mineração (Mining.) mining chain

corrente de neutrões (Nucl.) neutron current

corrente dente-de-serra (Elect.) sawtooth current

corrente de percurso (Elect.) path current

corrente de pico do ânodo (Electr.) peak anode current

corrente de placa (Elect.) plate current

corrente de polarização (Elect.; Electron.) polarization current; polarizing current; bias current

corrente de porta (ELECT.) gate current

corrente de porta sem comutação (ELECT.) gate non trigger current

corrente de quadratura (ELECT.) quadrature current

corrente de raios catódicos (ELECT.) cathode-ray current

corrente de retorno ao repouso (ELECTRON.) drop-out current

corrente de retorno estática (ELECTRON.) static reverse current

corrente derivada (ELECT.) shunt current

corrente de rotor (ELECT.) rotor current

corrente de rotor bloqueado (ELECT.) locked-rotor current

corrente de ruptura (ELECT.) breaking current

corrente de saída (ELECTRON.) output current

corrente de saída de sinal (ELECT.) signal output current

corrente de saturação (ELECTRON.) saturation current

corrente de saturação inversa (ELECTRON.) reverse saturation current

corrente descendente (METEO.) downdraught

corrente descendente de trovoada (METEO.) thunderstorm downdraft

corrente de Tesla (ELECT.) Tesla current

corrente de transferência (ELECT.) transfer current

corrente de transmissão (MECH.) driving chain

corrente de transpiração (BOT.) transpiration stream

corrente de turbidez (GEO.) turbidity current

corrente de turbulência (GEO.) turbidity current

corrente de vaga (GEO.) longshore current

corrente de vazio móvel (ELECTRON.) hole current

corrente de velocidade inicial (ELECT.) initial velocity current

corrente diacrítica (ELECT.) diacritical current

corrente dieléctrica (PHYS.) dielectric current

corrente diferencial (HYDRO.) differential current

corrente directa (c.d.) (ELECT.) direct current; d.c.; unidirectional current

corrente do Alasca (GEO.) Alaska Current

Corrente do Brasil (GEO.) Brazil Current

corrente do distribuidor (AUTO.) timing chain

corrente do Golfo (GEO.) Gulf Stream

Corrente do Labrador (GEO.) Labrador Current

corrente do leme (NAV.) wheel chain

corrente do Oyashio (GEO.) Oyashio Current

Corrente do Pacífico Norte (GEO.) North Pacific Current

corrente efémera (HYDRO.) intermittent stream

corrente eficaz (ELECT.) effective current

corrente electródica escura (ELECT.) electrode dark current

corrente electródica inversa (ELECTRON.) electrode inverse current

corrente electrónica (ELECTRON.) space current

corrente em circuito aberto (ELECT.) no-load current

corrente equatorial (GEO.) Equatorial Current

corrente equivalente (ELECT.) equivalent current

corrente escura (IMAGE TECH.; PHYS.) dark current

corrente espacial (ELECTRON.) space current

corrente excitadora (ELECT.) exciting current

corrente farádica (MED.) faradic current

corrente fixa (ELECT.) fixed current

corrente fotoeléctrica (ELECTRON.) photocurrent

corrente galvânica (ELECT.; MED.) galvanic current

corrente geostrófica (GEO.) geostrophic current

corrente glacial (GEO.) glacial stream

corrente indutora (ELECT.) magnetizing current

corrente induzida (ELECT.) induced current; faradic current

corrente instantânea (ELECTRON.) instantaneous current

corrente intermitente (ELECT.) intermittent current

corrente intermitente (HYDRO.) intermittent stream

corrente invariável (ELECT.) fixed current

corrente inversa (ELECTRON.) inverse current

corrente inversa de eléctrodo (ELECT.; ELECTRON.) electrode inverse current

corrente inversa de porta (ELECT.) inverse gate current

corrente iónica (ELECTRON.) ionic current

corrente liminar (ELECTRON.) threshold current

corrente local (ELECT.) local current

corrente longitudinal (ELECT.) longitudinal current

corrente magnética (PHYS.) magnetic current

corrente magnetizante (ELECT.) magnetizing current

corrente marinha (GEO.) marine current

corrente máxima de surto (ELECT.) surge current rate

corrente média (ELECT.) average current

corrente mínima de condução (ELECTRON.) holding current

corrente mínima de queima (ELECT.) minimum blowing current

corrente no estado de fecho (ELECT.) overload on-state current

corrente nominal (ELECT.) rated current

corrente nominal de bobina (ELECT.) rated coil current

corrente ocidental da Austrália (GEO.) West Australia Current

corrente oscilante (ELECT.) oscillating current

corrente parasita (ELECT.) stray current

corrente perdida (ELECT.) lost current

corrente periódica (TELECOM.) periodic current

corrente persistente (ELECTRON.) persistent current

corrente polar antárctica (GEO.) Antarctic polar current

corrente polifásica (ELECT.) polyphase current

corrente portadora (ELECT.) carrier current

corrente portadora telefónica (TELECOM.) telephone carrier current

corrente primária (ELECTRON.) primary current

corrente principal (HYDRO.) master stream

corrente pulsatória (ELECT.) pulsating current

corrente quiescente (ELECT.; TELECOM.) standing current; quiescent current

corrente rápida (HYDRO.) race

corrente reactiva (ELECT.) reactive current; quadrature current

corrente rectificada (ELECT.) rectified current; filtered current

corrente residual (ELECTRON.) residual current

corrente retardadora (ELECT.) lagging current

corrente sanguínea (MED.) bloodstream; bloodstream

corrente sanguínea cerebral (MED.) cerebral blood flow

correntes balanceadas (ELECTRON.) push-pull currents

correntes de Foucault (ELECT.) Foucault currents; eddy currents

correntes de superfície (METEO.) drift currents

correntes de terra (ELECT.) earth currents

corrente simétrica (ELECT.) symmetrical current

corrente sinusoidal (ELECT.) sinusoidal current

correntes oceânicas (GEO.) ocean current

correntes parasitas (ELECT.) eddy currents; Foucault currents

correntes simétricas (ELECTRON.) push-pull currents

corrente Sub Árctica (GEO.) Subarctic Current

corrente subsequente (GEO.) strike stream

corrente telefónica (TELECOM.) telephone current

corrente telúrica (ELECT.; GEO.) telluric current

corrente termiónica (ELECTRON.) thermionic current

corrente transportadora (ELECT.) carrying current

corrente voltaica (PHYS.) voltaic current

correr (MECH.) flow-off (foundry)

correspondência biuniforme (MATH.) bi-uniform correspondence

correspondência biunívoca (MATH.) one-to-one correspondence

corrimão (BUILD.) rail

corrimento (MED.) flux; gleet

corrimento anal (VET.) vent gleet

corrosão (GEN.) corrosion

corrosão algácea (AERO.) algal corrosion

corrosão alveolar (MECH.) pitting

corrosão de colisão (MECH.) fretting corrosion

corrosão de contacto (MECH.) fretting corrosion

corrosão de fissura (MECH.) crevice corrosion

corrosão electrolítica (MECH.) electrolytic corrosion

corrosão galvânica (ELECT.) galvanic corrosion

corrosão intergranular (MECH.) intergranular corrosion

corrosão mecânica (GEO.) corrasian

corrosivo (CHEM.) etchant

corrosivo (GEN.) corrosivo; mordant

corrosivo (MED.) caustic

corrugação (BUILD.) crawling

corrupção (COMP.) corruption

cor secundária (BUILD.) secondary colour

cor sequencial (ELECTRON.) sequential colour

corta-circuito de fusível (ELECT.) fuse-cutout

corta-circuito de interruptor (ELECT.) switch fuse

corta-circuito de ponte (ELECT.) bridge fuse

corta-circuito de segurança (ELECT.) safety cut-out

cortado abruptamente por baixo (BOT.) succise

cortadora-carregadora (MINING) cutter loader

cortadora de chapa (MECH.) nibbler

cortador de bigorna (MECH.) anvil cutter

cortador de cristal (ELECTRON.) crystal cutter

cortador de moldes (BUILD.) moulding cutter

cortador giratório (MECH.) fly cutter

corta-fogo (BUILD.) fire stop

corta-frio (MECH.) cold sate; cold sett; cold set

cortante (BUILD.) sharp

corta-tubos (MINING) casing outer

corte (BIO.) section; nick

corte (VET.) brushing; tread (horse's hoof injury)

corte (BUILD.) cutting

corte (NUCL.) shutdown (engine)

corte (IMAGE TECH.) cut

corte (MINING) slicing

corte a contra-fio (BUILD.) back edging

corte a oxigénio (MECH.) oxygen lancing

corte automático (ELECT.) automatic cut-off

corte automático de bateria (ELECT.) battery cut-out

corte bastardo (BUILD.) bastard-cut

corte cirúrgico (MED.) incision

corte de acabamento (MECH.) finishing cut

corte de combustão (PHYS.) Brennschluss

corte de combustível (AERO.) fuel cut-off

corte de corrente (ELECT.) current cut-off

corte de Dedekind (MATH.) Dedekind cut

corte de diversão (BUILD.) diversion-cut

corte de dorso (BUILD.) slope cutting

corte de drenagem (ELECTRON.) pinch off

corte de emergência (NUCL.) emergency shutdown

corte de frequência (ELECT.) frequency cutoff

corte de potenciómetro (PHYS.) potentiometer cut

corte de pranchas em placas (BUILD.) slabbing

corte de serra (BUILD.) kerf

corte directo (GEN.) cut-off

corte em baixa frequência (ELECT.) low-frequency cutoff

corte em escarpa (BUILD.) slope cutting

corte em talude (BUILD.) slope cutting

corte final (MECH.) finishing cut

corte galvânico de Lange (ELECTRON.) Lange coupler

corte indicador de erro (COMP.) error notch

corte limpo (BUILD.) fair cutting

corte livre (MECH.) free cutting

corte na pata do cavalo, entre o casco e o boleto (VET.) speedy-cut

corte no circuito (COMP.) circuit dropout

corte oblíquo (MECH.) cross cut

corte ortogonal (MECH.) orthogonal cutting

corte oxiacetilénico (MECH.) oxy-acetylene cutting

corte por arco de plasma (MECH.) plasma-arc cutting

corte por chama (MECH.) flame cutting

corte por feixe de laser (MECH.) laser-beam cutting

corte por laser (MECH.) laser-beam cutting

corte remoto (ELECTRON.) remote cut-off

corte seccional (MECH.) cross cut

corte submarino (MECH.) underwater cutting

corte transversal (BOT.) transect

corte transversal (MECH.; MINING) cross-cut

corte transversal (GEN.) cross-section cut

corte vertical (METEO.) cross-section

córtex (BOT.) bark; cortex

córtex (GEN.) cortex

córtex escamoso (BOT.) scale bark

córtex supra-renal (ZOO.) adrenal cortex

cortiça (BOT.) cork; bark

cortiça-de-montanha (MINER.) mountain cork (variety of asbestos)

cortical (BOT.; ZOO.) cortical; corticate

corticosteróides (MED.) corticosteroids

corticotrofina (MERD.) corticotrophin

cortícula (BOT.) corticolous

cortina (BUILD.) curtain wall

cortina de ar (MECH.) air seal

cortinados (BUILD.) hangings

cortinas (IMAGE TECH.) tabs

cortisol (MED.) cortisol; hydrocortisone

cortisona (BIO.; CHEM.; MED.) cortisone

cosec (MATH.) cosec; cosecant

co-secante (MATH.) cosecant; cosec

co-secante hiperbólica (MATH.) hyperbolic cosecant

co-secante inversa (MATH.) inverse cosecant

cosedura (PRINT.) sewing

co-seno hiperbólico (MATH.) hyperbolic cosine

co-seno inverso (MATH.) inverse cosine

cosmina (ZOO.) cosmine

cosmogénico (PHYS.) cosmogenic

cosmogonia (ASTRO.) cosmogony

Cosmologia (ASTRO.) cosmology

Cosmos (COMP.; TELECOM.) COSMOS (Soviet satellites)

cosmotrão (PHYS.) cosmotron

cossinete de junta (BUILD.) joint chair

cossinete de trilho (BUILD.) rail chair (railways)

costa biogenética (GEO.) biogenetic coast

costa de abrasão (GEO.) abrasion coast

costa de gelo (METEO.) ice rind

costado (NAV.) broadside

costal (ZOO.) costal

costa nivelada e baixa (GEO.) table shore

costa perigosa (NAV.) foul coast

costas (GEN.) back

costeagem (NAV.) coasting

costeamento (NAV.) coasting

costela (GEN.) rib

costelas falsas (ZOO.) false ribs

costelas flutuantes (ZOO.) floating ribs

costelas sagradas (ZOO.) sacral ribs

costura longitudinal (MECH.) longitudinal seam

costureiro (músculo) (ZOO.) sartorius (muscle)

cot (MATH.) cot; cotangent

cota (SURV.) contour elevation; elevation ; reference mark

cota de débito de cheia (GEO.) bankfull stage

cota de segurança (HYDRO.) freeboard

co-tangente (MATH.) cotangent

co-tangente hiperbólica (MATH.) hyperbolic cotangent

co-tangente inversa (MATH.) inverse cotangent

cota zero de escala (HYDRO.) gauge datum

coterminal (ZOO.) coterminous

cotilédone (Bot.; Zoo.) cotyledon
cotilóide (Zoo.) cotyloid
cótipo (Zoo.) cotype
cotovelo (Build.) ell
cotovelo (Gen.) elbow; knee
cotovelo em E (Telecom.) E-bend
cotovelo em esquadria (Build.) quarter bend
cotovelo em L de rosca exterior (Build.) service ell
cotovelo pendente (Build.) drop elbow
cotransdução (Bio.) cotransduction
cotransformação (Bio.) cotransformation
co-transporte (Bio.; Elect.) cotransport; active transport
cotrimoxazole (Chem.; Med.) co-trimoxazole
couceira de batente (Build.; Hydro.) mitre post; meeting post
couceira de batimento (Build.) slamming stile
couceira de polia (Build.) pulley stile
couceira de porta (Build.) stile
couceira de suspensão (Build.) hanging stile
couceira intermédia (Build.) muntin; munting
Coulomb (Phys.) Coulomb
courbaril (Bot.) courbaril
couro (Gen.) leather
couro de bomba (Mech.) cup leather
couro embutido (Mech.) cup leather
couro hidráulico (Gen.) hydraulic leather
Courtelle (MC) (Text.) Courtelle (TM)
covalência (Chem.) covalency
covariância (Comp.) covariance
covelina (Miner.) covelline
covelite (Miner.) covelline; indigo copper
covolume (Chem.) co-volume
coxa (Zoo.) coxa; thigh
coxalgia (Med.) coxalgia
coxa-valga (Med.) coxa valga
coxa-vara (Med.) coxa vara
coxim (Build.) cushion; chair
coxim de empena (Build.) gable springer
coxim duro (Vet.) hard pad
crancóide (Med.) chancroid
Craniados (Zoo.) Craniata
craniano (Zoo.) cephalic
crânio (Zoo.) skull; cranium
craniocele (Med.) encephalocele
cranioclasia (Med.) cranioclasis
cranioclasto (Med.) cranioclast
craniodídimo (Med.) craniodidymus
craniofenestria (Med.) craniofenestria
craniognomia (Med.) craniognomy
craniolacunia (Med.) craniofenestria
craniomalacia (Med.) craniomalacia
craniometria (Med.) craniometry
craniópago (Med.) craniopagus
Craniotas (Zoo.) Craniata
craniotomia (Med.) craniotomy
Crassuláceas (Bot.) Crassulaceae
cratão (Geo.) craton; kraton
cratera (Gen.) crater
cratera (Geo.) volcanic cone; crater
cratera de arco (Elec.) arc crater

cratera de impacte (Geo.) impact crater
cratera de meteoro (Astro.) meteor crater
cratera de pico (Geo.) summit crater
cratera terrestre (Geo.) terrestrial crater
cratera vulcânica (Geo.) volcanic crater
craurose da vulva (Med.) kraurosis
cravação (Mech.) closing-up (rivet)
cravagem do centeio (Bot.) ergot
cravar (Mech.) clinch
cravo (Build.) spike
cravo (Med.; Zoo.) wart; verruca
cré (Geo.) chalk
creatinúria (Med.) creatinuria
creatorreia (Med.) creatorrhea
créditos (Image Tech.) credits
cré francesa (Mining) French chalk
cremalheira (Mech.) rack rod; rack
cremalheira de escada (Mech.) ladder rack
cremalheira de paragem (Mech.) stop rack
cremalheira de retenção (Mech.) stop rack
cremalheira e carreto (Mech.) rack-and-pinion
cremalheira principal (Mech.) main rack
cremalheira tripla (Build.) triple bar rack (railways)
cremáster (Zoo.) cremaster
cremor tártaro (Chem.) cream of tartar
crenada (Bot.) crenate
crepe (Text.) crêpe
crepe da China (Text.) crêpe de chine
crepe de borracha (Chem.) crêpe rubber
crepitação (Electron.) sputtering
crepitação (Gen.) crepitation
crepitação do cátodo (Elect.) cathodic sputtering
crepuscular (Zoo.) crepuscular (activity)
crepúsculo (Astro.) twilight
crepúsculo (Meteo.) dusk
crepúsculo astronómico (Astro.) astronomical twilight
crepúsculo civil (Astro.) civil twilight
crepúsculo náutico (Astro.) nautical twilight
crescimento (Gen.) growth
crescimento (Med.) vegetation
crescimento aloméríco (Bio.) allomeric growth
crescimento anisométrico (Eco.) anisometric growth
crescimento apical (Bot.) apical growth
crescimento deslizante (Bot.) sliding growth
crescimento de terras (Mining) swell
crescimento difuso (Bot.) diffuse growth
crescimento em fibras torcidas (Bot.) twisted growth
crescimento em gel de ágar (Bio.) growth in soft agar
crescimento epitaxial (Electron.) epitaxial growth

crescimento exponencial (Electron.) exponential rise
crescimento granular (Mech.) grain growth
crescimento interposicional (Bot.) interpositional growth
crescimento logarítmico (Math.) logarithmic growth
crescimento monopódico (Bot.) monopodial growth
crescimento primário (Bot.) primary growth
crescimento secundário (Bot.) secondary growth
crescimento simpódico (Bot.) symplastic growth
cresol (Chem.) cresol
cresolase (Chem.) cresolase; monophenol monooxygenase
Cretácico (Geo.) Cretaceous
cretinismo (Med.) cretinism
cretino (Med.) cretin
cretone (Text.) cretonne
crevasse (Geo.) crevasse
criação automática de registo auxiliar (Comp.) automatic buffer creation
criação contínua (Astro.) continuous creation (matter)
criação de animais (Zoo.) animal husbandry
criação de caça (Eco.) game cropping
criação de registo auxiliar (Comp.) buffer creation
criacionismo (Gen.) creationism
criador (Zoo.) fancier
criador de tensão (Mech.) local stress concentration
criança no período perinatal (Med.) perinate
criatividade (Psycho.) creativity
cribelo (Zoo.) cribellum
cribiforme (Zoo.) cribiform
cricóide (Zoo.) cricoid
crinanite (Geo.) crinanite
crinóide (Zoo.) sea lily
Crinóides (Zoo.) Crinoidea
crinolina (Text.) hair cloth
crioanestesia (Med.) cryoanesthesia
criobiologia (Med.) cryobiology
criocirurgia (Med.) cryosurgery
criofílico (Eco.) cryophilic
Criogenia (Phys.) cryogenics
criogénico (Phys.) cryogenic
criogénio (Phys.) cryogen
crioglobulina (Immun.) cryoglobulin
crioglobulinemia (Med.) cryoglobulinemia
crioidrato (Chem.) cryohydrate
criolite (Miner.) cryolite
criolito (Miner.) Greenland spar
criómetro (Phys.) cryometer
criopatia (Med.) cryopathy
criopilha (Med.) cryopill
crioscópio (Chem.) cryoscope
criossonda (Med.) cryoprobe
crióstato (Phys.) cryostat
crioterapia (Med.) cryotherapy
criotrão (Electron.) cryotron
cripta (Zoo.) crypt
criptas de Lieberkühn (Zoo.) Lieberkühn's crypts
criptite (Med.) cryptitis
criptoanálise (Comp.) cryptanalysis

criptoanamnésia (Psycho.) cryptanamnesia

criptobiose (Bio.) cryptobiosis

Criptococo (Bot.) Cryptococus

criptocristalino (Miner.) cryptocrystalline

criptodídimo (Bio.) cryptodidymus

Criptofíceas (Bot.) Cryptophyceae

criptófito (Bot.) cryptophyte

criptogâmica (Bot.) cryptogam

criptogénico (Bio.) cryptogenetic; criptogenic

criptografia de chave pública (Comp.) public-key encryption

criptólito (Med.) cryptolith

criptomenorreia (Med.) cryptomenorrhea

criptómetro (Build.) cryptometer

criptomnésia (Psycho.) cryptomnesia

crípton (Chem.) krypton

criptorquidectomia (Vet.) cryptorchidectomy

criptorquídeo (Vet.; Zoo.) cryptorchid

cripto-sistema (Comp.) cryptosystem

criptozoa (Bio.) cryptozoa

criptozóico (Zoo.) cryptozoic

crisálida (Zoo.) chrysalis

crise (Med.) crisis; fit; stroke; ictus

criseno (Chem.) chrysene

crisoberilo (Miner.) chrysoberyl

crisocol (Miner.) chrysocolla

Crisofíceas (Bot.) Chrysophyceae

crisol (Chem.; Mech.; Mining) crucible; melting pot; ladle

crisol de fusão (Mech.) melting tank

crisol de grafite (Mech.) graphite crucible

crisol dianteiro (Mech.) forehearth

crisólita (Miner.) chrysolite

crisólito de Ceilão (Miner.) Ceylon chrysolite

crisólito oriental (Miner.) Ceylon chrysolite

crisol sinterizado (Mech.) sintered crucible

crisoprásio (Miner.) chrysoprase

crisopraso (Miner.) chrysoprase

crisoterapia (Med.) chrysotherapy

crisótilo (Miner.) chrysotile

crispação (Med.) jerk

crispação nervosa (Med.) jumps

crispado (Bot.) crispate

crisso (Zoo.) crissum

crista (Build.) crest; coping

crista (Meteo.) ridge

crista (Zoo.) crest; comb (bird); loph (molar tooth)

crista acústica (Zoo.) crista acustica

crista algácea (Geo.) algal ridge

crista azul (Vet.) blue comb

crista cervical (Zoo.) nuchal crest

crista de absorção (Phys.) absorption edge

crista de acção (Electron.) action spike

crista de acreção (Geo.) accretionary ridge

crista de branco (Image Tech.) peak white

crista de calhaus (Geo.) boulder ridge; cobble ridge

crista de carga (Electron.) load peak

crista de corrente (Elect.) current antinode

crista de enchente (Hydro.) flood peak

crista de polarização (Phys.) polarization brush

crista de praia (Geo.) beach ridge

cristado (Bot.) cristate

Crista do Pacífico Sul (Geo.) Pacific-Antarctic Ridge

cristado preto (Image Tech.) peak black

crista em altitude (Geo.) upper ridge

crista em altura (Meteo.) ridge aloft

crista ganglionar (Zoo.) neural crest

cristais de dupla oblíqua (Cryst.) double oblique crystals

cristais de gelo fragmentado (Meteo.) frazil ice

cristais de metal puro (Mech.) pure metal crystals

cristais euédricos (Geo.) euhedral crystals

cristais idiomórficos (Geo.) idiomorphic crystals

cristais macromoleculares (Cryst.) macromolecular crystals

cristal (Gen.) crystal

cristal artificial (Glass) crystal glass

cristal clinorrômbico (Cryst.) clinorhomboidal crystal

cristal com espaço de ar (Electron.) air-gap crystal

cristal de cimentação (Cryst.; Miner.) hopper crystal

cristal de cintilação (Nucl.) scintillation crystal

cristal de cintilação de iodeto de sódio (Radiol.) sodium iodide scintillation crystal

cristal de corte zero (Electron.) zero-cut crystal

cristal de diidrofosfato de amoníaco (Radar) ammonia dihydrogen phosphate crystal

cristal de diidrofosfato de amónio (Electron.) ADP crystal; Ammonium DihydroPhosphate crystal

cristal de espelho (Phys.) plate glass

cristal de filtro (Phys.) filter crystal

cristal de frequência de radar (Radar) radar crystal

cristal de gelo (Meteo.) ice crystal

cristal de oscilador (Telecom.) oscillator crystal

cristal de quartzo (Telecom.) quartz crystal

cristal de radar (Radar) radar crystal

cristal de resfriamento (Mech.) chill crystal

cristal de rocha (Miner.) rock crystal; quartz

cristal de silício (Elect.) silicon crystal

cristal dicróico (Miner.) dichroic crystal

cristal facetado (Elect.) faced crystal

cristal fixo (Elect.) fixed crystal

cristal fundamental (Electron.) fundamental crystal

cristal harmónico (Phys.) overtone crystal

cristal ideal (Cryst.) ideal crystal; perfect crystal

cristalinidade (Gen.) cristallinity

cristalino (Gen.) crystalline

cristalino (Zoo.) crystalline lens; lens

cristal intrínseco (Cryst.) intrinsic crystal

cristal iónico (Cryst.) ionic crystal

cristalites (Chem.; Miner.) crystallites

cristalização (Chem.) crystallization

cristalização a vácuo (Chem.) vacuum crystallization

cristalização dendrítica (Mech.) dendritic crystallization

cristalização esferulítica (Geo.) spherulitic crystallization

cristalização fraccionária (Chem.) fractional crystallizing

cristalização mecânica (Chem.) mechanical crystallizing

cristalização periódica (Geo.) rhythmic crystallization

cristal líquido (Chem.) liquid crystal

cristal misto (Cryst.) mixed crystal

cristal negativo (Phys.) negative crystal

Cristalografia (Gen.) crystallography

cristalografia por raios X (Cryst.) X-ray crystallography

cristalóide (Bot.) crystalloid

cristal óptico (Phys.) optical crystal

cristal perfeito (Cryst.) ideal crystal; perfect crystal

cristal piezoeléctrico (Electron.) piezoelectric crystal

cristal piezotorcedor (Radar) twister

cristal polar (Cryst.) polar crystal

cristal porfírico (Miner.) porphyritic crystal

cristal prismático (Cryst.) prismatic crystal

cristal prismático (Mech.) columnar crystal

cristal secundário (Miner.) ghost crystal

cristal semicondutor (Electron.) semiconductor crystal

cristal uniaxial (Miner.) uniaxial crystal

cristal violeta (Chem.) gentian violet; methylrosaniline chloride (USA)

Crista Média Átlântica (Geo.) Mid-Atlantic Ridge

cristal dopado (Electron.) doped crystal

cristal nemático (Electron.) nematic crystal

cristal talhado no plano X (Electron.) X cut crystal

cristal talhado no plano Z (Electron.) Z cut crystal

crista neural (Zoo.) neural crest

cristas de Haidinger (Phys.) Haidinger fringes; polarization brush

cristas do arco hemal (Zoo.) haemal ridges

crista superior (Geo.) upper ridge

cristobalita (Miner.) cristobalite

critério (Gen.) standard

critério de área equivalente (Elect.) equal-area criterion

critério de Lawson (Nucl.) Lawson criterion

critério de Nyquist (Telecom.) Nyquist criterion

critério de Rayleigh (Phys.) Rayleigh's criterion

critério de rigidez (Aero.) stiffness criterion

crítico imediato (Nucl.) prompt critical

crítico retardado (Phys.) delayed critical

critídia (Zoo.) crithidia

Critídia (Zoo.) Crithidia

Critridiomicetos (Bot.) Chrytridiomicetes

crivo (Build.; Mech.) screen; wing

crivo (Mining) grizzly; riddle

crivo à mão (Mining) hand jig

crivo de Eratostenes (Math.) sieve of Eratosthenes

crivo de finos (Mining) dolly

crivo de Harz (Mining) Harz jig; pulsator

crivo de Lindé (Chem.) Lindé sieve

crivoso (Bot.) cribrose

crivos perfurados (Mining) punched screens

crivos Tyler (Mining) Tyler sieves

crivo zumbidor (Mining) hummer screen

crocidolite(o) (Miner.) crocidolite; Cape asbestos; blue asbestos

crocidolite azulada (Miner.) hawk's eye

Crocodília (Zoo.) Crocodilia

crocoísa (Miner.) crocoisite

crocoíte(o) (Miner.) crocoisite

Crodilianos (Zoo.) Crocodilian

croma (Phys.) chroma

cromafim (Med.) chromaffin

cromafinoma (Med.) chromaffinoma

cromano (Chem.) chroman; chromane

cromanol (Chem.) chromanol

Cromática (Phys.) chromatics

cromaticidade (Phys.) chromaticity

cromaticidade de subportadora zero (Electron.) zero-subcarrier chromaticity

cromatídeo (Bio.) chromatid

cromatina (Bio.) chromatin

cromatina activa (Bio.) active chromatin

cromatina condensada (Bio.) condensed chromatin

cromatina dispersa (Bio.) decondensed chromatin

cromatismo (Bio.; Image Tech.; Phys.) chromatism

cromatização (Mech.) chromatizing

cromato (Chem.) chromate

cromato básico de chumbo (Chem.) basic lead chromate

cromato de chumbo (Chem.) lead chromate

cromatófilo (Bio.) chromatophil

cromatóforo (Bio.) chromatophore

cromatogénico (Nio.) chromatogenous

cromatografia (Chem.) chromatography

cromatografia de adsorção (Chem.) adsorption chromatography

cromatografia de camada fina (Chem.) thin-layer chromatography

cromatografia de exclusão de tamanho (Bio.) size-exclusion chromatography

cromatografia de papel (Chem.) paper chromatography

cromatografia de partição (Chem.) partition chromatography

cromatografia de troca iónica (Bio.; Chem.) ion-exchange chromatography

cromatografia gás-líquido (Chem.) gas-liquid chromatography

cromatografia gasosa (Chem.) gas chromatography

cromatóide (Bio.) chromatoid

cromatólise (Bio.) chromatolysis

cromatopsia (Med.) chromatopsia

cromatose (Bio.) chromatosis

cromatrão (Elect.) chromatron

cromatúria (Med.) chromaturia

cromel (Mech.) chromel

cromídio (Bio.) chromidium

cromídios (Bio.) chromidia

crominância (Image Tech.) chrominance

crómio (Chem.) chrome; chromium

cromite (Miner.) chromite; chrome iron ore

cromoblasto (Zoo.) chromoblast

cromocentro (Bio.) chromocenter; chromocentre

cromócito (Bio.) chromocyte

cromodinâmica quântica (Phys.) quantum chromodynamics

cromófilo (Bio.) chromophil; chromophilic

cromóforo (Chem.) chromophore

cromofosia (Med.) chromophose

cromogénio (Chem.) chromogen

cromoglicato de sódio (Chem.) sodium chromoglycate

cromoisomerismo (Chem.) chromoisomerism

cromolina sódica (Chem.) chromolyn sodium; sodium chromoglycate

cromólise (Med.) chromolysis

cromolitografia (Print.) chromolithography

cromómero (Bio.) chromomere

cromona (Bot.) chromone

cromonema (Bio.) chromonema

cromóparo (Bio.) chromoparic

cromoplastídio (Bot.) chromoplastid

cromoplasto (Bot.) chromoplast

cromoproteína (Bio.) chromoprotein

cromoptómetro (Phys.) chromoptometer

cromosfera (Astro.) chromosphere

cromossoma (Bio.) chromosome

cromossoma acessório (Bio.) accessory chromosome

cromossoma acessório (Bot.) supernumary chromosome

cromossoma artificial de levedura (Bio.) yeast artificial chromosome

cromossoma B (Bio.) B-chromosome

cromossoma bicêntrico (Bio.) dicentric chromosome

cromossoma de contorno irregular (Bio.) lampbrush chromosome

cromossoma Filadélfia (Bio.) Philadelphia chromosome

cromossoma heterotrópico (Bio.) accessory chromosome

cromossoma holocêntrico (Bio.) holocentric chromosome

cromossoma marcador T6 (Immun.) T6 marker chromosome

cromossoma permutado (Bio.) cross-over

cromossoma satélite (Bio.) chromosome satellite

cromossoma sexual (Bio.) sex chromosome

cromossomas homólogos (Bio.) homologous chromosomes

cromossomas recombinantes não recíprocos (Bio.) nonreciprocal recombinant chromosomes

cromossoma X (Bio.) X-chromosome

cromossoma Y (Bio.) Y-chromosome

cromossoma Z (Bio.) Z-chromosome

cromotipia (Print.) colour print

cronaxia (Med.) chronaxia; chronaxis; chronaxy

crónico (Med.) chronic

cronobiologia (Med.) chronobiology

crono-espécie (Geo.) chronospecies

crono-estratigrafia (Geo.) chronostratigraphy

cronognose (Psycho.) chronognosis

cronógrafo (Horo.) chronograph

cronograma (Comp.) charge

cronologia de varve (Eco.) varve chronology

cronómetro (Elect.) time-meter

cronómetro (Horo.) chronometer; stop watch

cronómetro de bolso (Horo.) pocket chronometer

cronómetro de caixa (Nav.) box chronometer

cronómetro lógico (Comp.) logical timer

cronómetro marítimo (Horo.) marine chronometer

cronoscópio (Elect.; Horo.) chronoscope

crono-sequência (Geo.) chronosequence

cronozona (Geo.) chronozone

Crossopterígeos (Zoo.) Crossopterygii

crosta (Geo.) crust

crosta continental (Geo.) continental crust

crosta de fundição (Mech.) skin (foundry)

crosta oceânica (Geo.) oceanic crust

crosta sólida (Geo.) solid crust

crosta superficial (Geo.) superficial crust

crotonil (Chem.) crotonil

CRT a cores (Image Tech.) colour CRT

crucial (Bot.) cruciate; cruciform

Crucíferas (Bot.) Cruciferae

cruciforme (Bot.) cruciform; crucial; cruciate

crude (Chem.) crude oil

crunoidal (Math.) crunode

cruor (Zoo.) cruor

crural (Zoo.) crural

crusta (Geo.) crust

Crustáceos (Zoo.) Crustacea

crusta continental (Geo.) continental crust

crusta da terra (Geo.) crust of the earth

crusta oceânica (Geo.) oceanic crust

crusta sólida (Geo.) solid crust

crusta superficial (GEO.) superficial crust

crustoso (BOT.) crustose

cruz (GEN.) cross

cruzamento (BIO.) pairing; cross

cruzamento (BUILD.) cross-frog; frog; kick

cruzamento (ELECT.) cross-over

cruzamento (ZOO.) cross-breeding

cruzamento de contratrilho móvel (BUILD.) spring rail frog (railways)

cruzamento de via férrea (ENG.) track crossing (railways)

cruzamento ferroviário (BUILD.) railway crossing

cruzamento linear (ZOO.) linebreeding

cruzamento recíproco (BIO.) reciprocal cross

cruzamento reversivo (BIO.) backcross

cruzamentos (BUILD.) crossings

cruzamento selectivo (ZOO.) selective mating

cruzamento somático (BIO.) somatic pairing

cruzamento triplo (ZOO.) triple crossing

Cruz de Malta (IMAGE TECH.) Maltese cross

Cruzeiro do Sul (ASTRO.) Southern Cross

cruzeta (BUILD.) cross

cruzeta (ELECT.) cross arm

cruzeta (MECH.) crosshead

ctenídio (ZOO.) ctenidium

cteno (ZOO.) ctene

Ctenóforos (ZOO.) Ctenophora

ctenóide (ZOO.) ctenoid

cuba (MINING) tub

cuba (TEXT.) kier

cuba da bússola (NAV.) compass bowl

cuba de lixiviação (CHEM.) lixiviation vat

cubagem (BUILD.) cubing

cuba pneumática (MINING) pneumatic trough

cúbica de Agnesi (MATH.) Agnesi; witch of Agnesi

cubicagem (MINING) blocking-out

cubicar (MINING) blocking-out

cubilote de fundição (MECH.) foundry cupola

cubital (MED.ZOO.) ulnaris

cúbito (ZOO.) ulna

cubo (ARCH.) die; tessella (small piece of stone, mosaic, etc.)

cubo (MATH.) cube

cubo (MECH.) nave; hub

cubo da hélice (AERO.) propeller boss; propeller hub; spinner

cubo de células (COMP.) cell cube

cubo de Swan (PHYS.) Swan cube

cubo do pistão (MECH.) piston boss

cubo do rotor (MECH.) rotor hub

cubóide (MATH.) cuboid

cuculado (BOT.; ZOO.) cucculate

culatra (MECH.) breech block

culatra de deflexão (ELECTRON.) deflection yoke

culminação (ASTRO.) culmination

culminação baixa (ASTRO.) lower culmination

culminação superior (ASTRO.) upper culmination

culminância (ASTRO.) meridian

cultivar (BOT.) cultivar

cultura (BIO.) culture

cultura contínua (BOT.) continuous culture

cultura de algas (GEO.) algaculture

cultura de anteras (BOT.) anther culture

cultura de células (BIO.) cell culture

cultura de células de mamíferos (BIO.) mammalian cell culture

cultura de meristema (BOT.) shoot-tip culture

cultura de órgãos (BOT.; ZOO.) organ culture

cultura de óvulos (BOT.) ovule culture

cultura de protoplastos (BOT.) protoplast culture

cultura de suspensão (BIO.) suspension culture

cultura de tecido (BIO.) tissue culture

cultura embriónica (BOT.) embryo culture

cultura habituada (BOT.) habituated culture

cultura hidropónica (BOT.) tank farming; water culture

cultura imobilizada (BIO.) immobilised culture

cultura intermitente (BIO.) batch culture

cultura por etapas (BIO.) batch culture

cultura primária (BIO.) primary culture

cultura primitiva (BOT.) landrace

cultura pura (BOT.) axenic culture; pure culture

cultura secundária (BIO.) secondary culture

cumarina (CHEM.) coumarin

cumarona (CHEM.) coumarone; cumarone

cume (GEO.) dome; point

cumeada (BUILD.) ridge

cumeada pontiaguda (GEO.) sharp ridge

cumeeira (BUILD.) ridge; coping; cresting

cumeeira (MINING) capping

cumeno (CHEM.) cumene

cummingtonite (MINER.) cummingtonite

cúmulo (METEO.) cumulus

cúmulo-mamato (METEO.) mamma

cúmulo-nimbo (METEO.) cumulonimbus

cúmulos e alto-cúmulos (METEO.) cotton-ball clouds

cuneado (BOT.) cuneate

cuneal (BOT.) cunneal

cuneiforme (BOT.) cuneiform

cunha (BUILD.) shim; stop; scotch

cunha (MECH.) feather; die

cunha (MINING) sprag

cunha (PHYS.) shim

cunha (PRINT.) quoin

cunha ajustável (MECH.) gib

cunha de ajuste (BUILD.) dutchman

cunha de expansão de ferro (BUILD.) lewis

cunha de expansão de pedreiro (BUILD.) lewis

cunha de quartzo (MINER.) quartz wedge

cunha de Ritchie (PHYS.) Ritchie wedge

cunha deslizante (BUILD.) slip feather

cunha dieléctrica (ELECT.) dielectric wedge

cunhagem (MECH.) coining

cunhagem a prensa quente (PRINT.) hot-press stamping

cunhagem progressiva (MECH.) progressive coining

cunhas automáticas (MINING) power slips

cunho (BUILD.) kevel

cunho (MECH.) female die

cunho (PRINT.) imprint

cúprico (CHEM.) cupric

cuprita(e) (MINER.) cuprite; red oxide of copper

cuproníquel (MECH.) cupro-nickel; copper nickel

cuproso (CHEM.) cuprous

cuprouranite (MINER.) cupro-uranite; copper uranite; torbernite

cúpula (ARCH.) dome; dominal vault

cúpula (BOT.) canopy

cúpula (BUILD.) crown; cupola

cúpula (GEN.) cupola; dome; vault

cúpula (GEO.) cupola

cúpula (MECH.) cope (foundry)

cúpula (MED.) cup

cúpula de antena de radar (RADAR) radome

cúpula de gelo (ECO.) ice dome

cúpula de locomotiva (BUILD.) dome

cúpula de radar (RADAR) radar dome

cúpula de sonar (AERO.; NAV.; PHYS.) sonar dome

cúpula de telescópio (ASTRO.) telescope dome

cúpula estelar (AERO.) astrodome

cura (CHEM.) curing

cura pelas uvas (MED.) botriotherapy

cura por deformação (MECH.) strain-ageing

curare (MED.) curare

curarina (MED.) curarine

cureta estreita (MED.) scoop

curetagem (MED.) curettage

curie (PHYS.) curie

curina (CHEM.) curine

cúrio (CHEM.) curium

cursivo (PRINT.) script

curso (GEN.) path; track; run

curso (MECH.) throw; travel; stroke

curso aberto (SURV.) open traverse

curso de admissão (MECH.) suction stroke

curso de água isolado (HYDRO.) insulated stream

curso de água ramificado (GEO.) braided stream

curso de aspiração (AUTO.) induction stroke

curso de avanço (MECH.) forward stroke

curso de combustão (MECH.) combustion stroke; firing stroke

curso de compressão (MECH.) compression stroke; compression event

curso de compressão (AUTO.) firing stroke

curso de compressão-expansão (MECH.) compression-expression stroke
curso de corte (MECH.) cutting stroke
curso de descarga (MECH.) exhaust stroke
curso de êmbolo (MECH.) piston stroke
curso de escape (MECH.) exhaust stroke; scavenge stroke
curso de expansão (AUTO.) combustion stroke
curso de explosão (MECH.) power stroke
curso de realimentação (TELECOM.) feedback path
curso do pistão (MECH.) piston stroke
curso inferior (HYDRO.) lower reach
curso mais económico (AERO.) most economical range
curso perdido (NAV.) slip
cursor (CHEM.) rider
cursor (GEN.) cursor
cursor (MECH.) slide bar
cursor (PHYS.) sight bar
cursor de abertura do diafragma (PHYS.) aperture-stop slide
cursor de endereços (COMP.) addressable cursor
cursor transversal (MECH.) cross-slide
curso superior (HYDRO.) upper reach
curto-circuito (ELECT.) short-circuit
curto-circuito graduável (ELECT.) adjustable short circuit
curto-circuito intermitente (ELECT.) intermittent short circuit
curto-circuito simétrico (ELECT.) symmetrical short circuit
curto período estival (América Central) (GEO.) veranillo
curva (AERO.) turn
curva (GEN.) curve; camber; turn
curva (MECH.; TELECOM.) bend
curva (TELECOM.) open-loop
curva aberta (MECH.) flat curve
curva adiabática (PHYS.) adiabatic curve
curva assintótica (MATH.) asymptotic curve
curva batimétrica (GEO.) bathymetric curve
curva C (ELECT.; MATH.; PHYS.) C-curve; characteristic curve
curva característica (ELECT.; PHYS.; MATH.) characteristic curve
curva característica (IMAGE TECH.) Hurter and Driffield curve
curva característica do colector (ELECTRON.) collector characteristic curve
curva catenária (MATH.) catenary curve
curva cáustica (MATH.; PHYS.) caustic curve
curva com motor (AERO.) power turn
curva conjugada (MATH.) conjugate curve; Bertrand curve
curva da escova (ELECT.) brush curve
curva de absorção (PHYS.) absorption curve
curva de actividade (ELECT.) activity curve

curva de arrastamento de massa (BUILD.) mass-haul curve
curva de aspiração (PHYS.) suction line
curva de atenuação (HYDRO.; PHYS.) rating curve; attenuation curve
curva de Bertrand (MATH.) Bertrand curve; conjugate curve
curva de Bragg (PHYS.) Bragg curve
curva de Brotherton (COMP.) Brotherton curve
curva de calibragem (HYDRO.) rating curve
curva de campo de ranhura (ELECT.) slot field curve
curva de carga (ELECT.) load curve
curva de cinza (MINING) ash curve
curva de correlação (STAT.) correlation curve
curva de corrente (ELECT.) current curve
curva de crescimento (BOT.) growth curvature
curva de crescimento bifásica (BIO.; CHEM.) biphasic growth curve
curva de decaimento (ECO.) decay curve
curva de descarga (HYDRO.) rating curve; discharge curve
curva de deslizamento (MATH.) glissette
curva de diminuição progressiva (ECO.) self-thinning curve
curva de direito de sobrevivência (ECO.) survivorship curve
curva de dispersão (PHYS.) dispersion curve
curva de dispersão de fonão (PHYS.) phonon dispersion curve
curva de dispersão electrónica (PHYS.) electron dispersion curve
curva de dissociação do oxigénio (MED.) oxygen dissociation curve
curva de distribuição de Fermi-Dirac (ELECTRON.) Fermi-Dirac distribution curve
curva de distribuição de luz (PHYS.) light distribution curve
curva de distribuição espectral (PHYS.) spectral distribution curve
curva de energia (IMAGE TECH.) energy curve
curva de enfraquecimento (PHYS.) attenuation curve
curva de equilíbrio termodinâmico (PHYS.) reversible pressure curve
curva de espera (AERO.) holding turn
curva de expansão (MECH.) expansion curve; expansion loop
curva de expansão de carga (MECH.) load-extension curve
curva de H (Hurter) e D (Driffield) (IMAGE TECH.) H and D curve
curva de histerese (ELECT.) hysteresis curve
curva de histerese magnética (PHYS.) magnetic hysteresis loop
curva de Immelmann (AERO.) half loop; half tonneau
curva de inércia (PHYS.) inertia curve; slowing down curve
curva de insolação de Milankovitch (GEO.) Milankovitch solar radiation curve

curva de inversão (HYDRO.) reversion elbow
curva de luminosidade (PHYS.) luminosity curve
curva de luminosidade de massa (ASTRO.) mass luminosity curve
curva de luminosidade escotópica (PHYS.) scotopic luminosity curve
curva de luminosidade fotópica (PHYS.) photopic luminosity curve
curva de luz (ASTRO.) light-curve
curva de magnetização (ELECT.) magnetization curve; B/H curve; B/H loop
curva de nível (METEO.) fathom curve
curva de nível (SURV.) contour line
curva de noventa graus (BUILD.) quarter bend
curva de número de tensão (MECH.) stress-number curve
curva de percentagem cumulativa (GEN.) cumulative percentage curve
curva de perseguição (AERO.) curve of pursuit
curva de potencial (ELECT.) potential curve
curva de pressão reversível (PHYS.) reversible pressure curve
curva de propagação (PHYS.) propagation curve
curva de raio constante (SURV.) simple curve
curva de refluxo (HYDRO.) back-water curve
curva de refrigeração (MECH.) cooling curve
curva de resposta (TELECOM.) response curve
curva de resposta de reverberação (PHYS.) reverberation response curve
curva de resposta polar (PHYS.) polar response curve
curva de ressonância (PHYS.) resonance curve
curva de saturação (PHYS.) saturation curve
curva descendente (HYDRO.) drop-down curve
curva de seno (MATH.) sine curve
curva de sintonia (TELECOM.) tuning curve
curva de sobrevivência (ECO.) survivorship curve
curva de sobrevivência (RADIO.) survival curve
curva de solubilidade (CHEM.) solubility curve
curva de transição (HYDRO.) drop-down curve
curva de transição (SURV.) easement curve; transition curve
curva de transição de Froude (SURV.) Froude's transition curve
curva de velocidade-tempo (MECH.) speed-time curve
curva do corrimão (BUILD.) wreath
curva dos momentos (PHYS.) moment curve
curva em E (TELECOM.) E-bend
curva em ferradura (SURV.) horseshoe curve
curva em H (TELECOM.) H-bend
curva em perda (AERO.) stalling turning

curva em reversão (AERO.) reversing turn

curva em S (AERO.) reversing turn

curva em S (SURV.) S-curve

curva em U (BUILD.) U-bend

curva em voo planado (AERO.) spiral turn

curva espécie/área (ECO.) species / area curve

curva exponencial (ELECTRON.) exponential curve

curva extração-depressão (GEO.) yield-depression curve

curva geodésica nula (GEO.) null geodesic

curva harmónica (ELECT.) harmonic curve

curva H-D (IMAGE TECH.) Hurter and Driffield curve

curva hiperbólica (MATH.) hyperbolic curve

curva inclinada (AERO.) banked turn

curva isobárica (METEO.) fathom curve

curva logarítmica (MATH.) logarithmic curve

curva logística (MATH.) logistic curve

curva parabólica (MATH.) parabolic curve

curva plana (MECH.) flat curve

curva polar (PHYS.) polar curve

curva por instrumentos (AERO.) instrument turn

curva rápida (BUILD.) quick sweep

curva rebaixada (MECH.) flat curve

curvas associadas de Bertrand (MATH.) associate Bertrand curves

curvas cartesianas (MATH.) cartesian ovals

curvas conjugadas de Bertrand (MATH.) conjugate Bertrand curves

curvas de aquecimento (PHYS.) heating curves

curvas de carga (ELECTRON.) rating chart

curvas de Cassini (MATH.) Cassini's ovals

curvas de Fletcher-Munsen (PHYS.) Fletcher-Munsen curves

curvas de Lissajous (PHYS.; MATH.) Lissajous' curves; similar figures

curvas de nível (GEOI.) structure contour

curvas de Peso/Altitude/Temperatura (AERO.) Weight/Altitude/Temperature curves; WAT curves

curva sigmóide (RADIO.) sigmoid curve

curva simples (SURV.) simple curve

curvas isotérmicas (PHYS.) isothermal curves

curvas paramétricas (MATH.) parametric curves

curvas radiais (MATH.) radial curves

curva tensão-deformação (CHEM.) stress-strain curve

curva terminal (HORO.) terminal curve

curvatões (NAV.) cross-tree

curvatura (GEN.) curvature; camber

curvatura (MECH.) buckle; bend

curvatura (NAV.) hogging

curvatura (NUCL.) buckling

curvatura (TELECOM.) bend; corner

curvatura cónica (AERO.) conical camber

curvatura da asa (AERO.) camber

curvatura de crescimento (BOT.) growth curvature

curvatura de Gauss (MATH.) Gaussian curvature

curvatura de imagem (PHYS.) image curvature

curvatura de linhas de espectro (PHYS.) curvature of spectrum lines

curvatura de Petzval (PHYS.) Petzval curvature

curvatura esférica (MATH.) spherical curvature

curvatura linear (MATH.) tangential curvature

curvatura média (MATH.) average curvature; mean curvature

curvatura normal média (MATH.) mean normal curvature

curvatura normal total (MATH.) total normal curvature

curvatura ou dobra dos estratos (GEO.) bending of strata

curvatura tangencial (MATH.) tangencial curvature

curvatura total (MATH.) total curvature

curva velocidade-distância (MECH.) speed-distance curve

curva vertical (AERO.) vertical turn

curva vertical (SURV.) vertical curve

curvímetro (SURV.) map measurer

cúspide (GEN.) cusp

cúspide (MATH.) spinode

cúspide de praia (GEO.) beach cusp

cutâneo (ZOO.) cutaneous

cutelo (MECH.) knife edge

cutícula (GEN.) cuticle

cuticulina (ZOO.) cuticulin

cutina (BIO.) cutin

cutinização (BOT.; ZOO.) cutinization

cuvete (BIO.; CHEM.) cuvette

CV (MECH.) HP; horse-power

CV (MED.) CV; cerebrovascular

Dd

dacite(o) (GEO.) dacite
dacriadenite (MED.) dacryo-adenitis
dacriocistite (MED.) dacryocystitis
dacriocistorrinostomia (MED.) dacryocystorhinostomy
Dacron (CHEM.) Dacron (TM)
dactilite (MED.) dactylitis
dáctilo (ZOO.) dactyl
dado (ELECT.) dice
dado analógico (COMP.) analog datum
dado de Newlin (SURV.) Newlin datum
dado de referência (MECH.) datum
dador de sangue (MED.) blood donor
dados (GEN.) data
dados de controlo (COMP.) control data
dados de disco (COMP.) disk data
dados de erro (COMP.) error data
dados de excesso (COMP.) overflow data
dados de geração de grupo (COMP.) group generation data
dados de modo (COMP.) mode data
dados de plano de voo (AERO.) flight plan data
dados de preparação (SPACE) housekeeping data
dados de problema (COMP.) problem data
dados de registo cronológico (COMP.) logging data
dados de saída (COMP.) output data
dados de teste (COMP.) test data
dados de voo (AERO.) flight data
dados digitais (COMP.) digital data
dados imediatos (COMP.) immediate data
dados inteiros (COMP.) integer data
dados não processados (COMP.) raw data
dados principais (COMP.) master data
dafnita (MINER.) daphnite
daguerreótipo (IMAGE TECH.) daguerreotype
dalbergia (BOT.) rosewood; purpleheart
dalina (CHEM.; MED.) dahlin; inulin
daltonismo (MED.) Daltonism
damasco (TEXT.) damask
damburite (MINER.) danburite
dança bamboleante (PSYCHO.) waggle dance
dança das abelhas (ECO.) dance language
dança de roda (PSYCHO.) round dance
dança de São Guido (MED.) Saint Guy's dance; chorea
dança de São Modesto (MED.) Saint Modestus' dance; chorea
dança de São Vito (MED.) Saint Vitus's dance; chorea
danemorite (MINER.) dannemorite

dano de irradiação (NUCL.) radiation damage
danos por corrente electroestática (ELECTRON.) static-charge damage
dapsona (MED.) dapsone
daraf (PHYS.) daraf
dasmatrofia (ECO.) dasmatrophy
datação (CHEM.) dating
datação absoluta (GEO.) absolute dating
datação C-14 (CHEM.;GEO.) radiocarbon dating; carbon-14 dating
datação cruzada (ECO.) cross-dating
datação de potássio-árgon (GEO.) potassium-argon dating
datação isotópica (ECO.) isotopic dating
datação paleomagnética (GEO.) magnetic dating
datação pelo carbono radioactivo (GEO.) radiocarbon dating
datação por carbono (PHYS.) carbon dating
datação por rubídio-estrôncio (GEO.) rubidium-strontium dating
datação por urânio-chumbo (GEO.) uranium-lead dating
datação radioactiva (GEO.) radioactive dating
datação radiométrica (GEO.) radiometric age
datação relativa (ECO.) relative dating
data juliana (ASTRO.) Julian date
DATEL (COMP.) DATEL (UK phone transmission net)
datolite (MINER.) datolite
daturina (CHEM.) daturine; hyosciamine
daurina (VET.) dourine; dollar spots
DDT (CHEM.) DDT; dichlorodiphenyltrichloroethane
de abóbadas altas (ARCH.) high-arched
de alta graduação (CHEM.) overproof
de alta prioridade (COMP.) foreground
de asa pesada (AERO.) wing heavy
de baixo ganho (ELECT.) low gain
de base incerta (BOT.) incertae sedis (taxonomy)
debilidade (MED.) unsoundness
débito coaxial (ELECT.) coaxial input
débito de cheia (GEO.) bankfull flow
débito de ondas contínuas (ELECT.) CW output
débito de um poço (MINING) flow rate
débito equilibrado (ELECT.) balanced output
de bitola estreita (BUILD.) narrow gauge
debrum (TEXT.) welt
debye (PHYS.) debye
de cabeça maciça (MECH.) solid head
década (PHYS.) decade

decadência progressiva (MED.) tabes
decadência radioactiva (PHYS.) radioactive decay
decaidronaftaleno (CHEM.) decahydro-naphtalene
decaimento de órbita (SPACE) orbit decay
decalage(m) (AERO.) stagger
decalcomania (PAPER) decalcomania paper
decalescência (MECH.) decalescence
decalina (CHEM.) decalin; decahydronaphtalene
decalque (MECH.) tracking
decalque acidental de uma folha impressa na outra (PRINT.) set-off
decantação (CHEM.) decantation; elutriation
decantar (CHEM.) decant
decapagem (CHEM.) pickling
decapagem (em tambor rotativo) (MECH.) tumbling
decapagem mecânica (MECH.) mechanical stripping
Decápodes (ZOO.) Decapoda
decibel (PHYS.) decibel
decibelímetro (PHYS.) decibel meter
decídua (BOT.) deciduous
deciduado (ZOO.) deciduate
decidual (MED.) deciduous
decíduo (MED.) deciduous
decíduo (ZOO.) decidua
decimal codificado em binário (COMP.) binary-coded decimal
decimal periódica (MATH.) recurring decimal
decimal recorrente (MATH.) repeater decimal
decineper (PHYS.) decineper
declaração (COMP.) declaration
declaração de definição de função (COMP.) function defining statement
declaração de instrução (COMP.) instruction statement
declaração de procedimento (COMP.) procedure statement
declaração implícita (COMP.) implicit declaration
declinação (GEN.) declination
declinação austral (SURV.) southing
declinação boreal (SURV.) northing
declinação da bússola (NAV.) compass variation
declinação eléctrica (ELECT.; PHYS.) electrical declination
declinação heliocêntrica (ASTRO.) heliocentric declination
declinação lunar (ASTRO.) lunar declination
declinação magnética (AERO.; PHYS.; SURV.) magnetic declination; variation
declinação orbital (SPACE) orbit decay

declinação solar (Astro.) solar declination; sun's declination

declínio de cintilação (Nucl.) scintillation decay

declinómetro (Elect.) declinimeter

declinómetro de bússola (Nav.) compass declinimeter

declivagem difícil (Miner.) dystome

declive (Gen.) gradient; slope; descent

declive (Geo.) slope

declive (Math.) slope

declive (Surv.) cant

declive continental (Geo.) continental slope

declive convexo (Eco.) convex slope

declive de descida (Aero.) glider slope

declive natural (Build.) natural slope

declividade (Build.) fall

declividade (Gen.) gradient; declivity

declividade (Surv.) incline

decocção (Chem.) decoction

decocção aquosa (Chem.) aqueous decoction

decomposição (Chem.) decomposition

decomposição (da luz) (Phys.) splitting

decomposição de Cholesky (Comp.) Cholesky decomposition

decomposição de forças (Phys.) resolution of forces

decomposição dupla (Chem.) double decomposition

decomposição hepática (Vet.) liver rot

decomposição química (Geo.) chemical weathering

decomposição radioactiva (Phys.) radioactive decay

decomposição radiolítica (Nucl.) radiolytic decomposition

decomposição térmica (Chem.) pyrolysis

de contactos intermitentes (Mech.) inching

decorrente (Bot.) decurrent

de cor uniforme (Bot.; Zoo.) concolor; concolours

decrepitação (Gen.) decrepitation

decréscimo (Gen.) decrement

decréscimo logarítmico (Phys.) logarithmic decrement

decúbito (Med.) decubitus

decumbente (Bot.) decumber

decussação (Zoo.) decussation

decussado (Bot.) decussate

dedaleira (Bot.; Chem.; Med.) digitalis

de dentro para fora (Med.) entoectad

dedo (Zoo.) digit

dedo de zinco (Bio.) zinc finger

dedo em martelo (Med.) mallet-finger

dedo fixador (Mech.) set finger

dedo grande do pé (Zoo.) halux

dedo poluído (Vet.) seedy toe

dedo regulador (Mech.) set finger

dedo rudimentar (Zoo.) dew-claw

dedos brancos (Med.) dead fingers

dedos em banqueta (Med.) clubbing of the fingers

dedos entorpecidos (Med.) dead fingers

de duas capas (Elect.) double coated

de dupla audição (Phys.) binaural

de dupla grade (Elect.) dual-grid

de efeito triplo (Gen.) triple acting

de enrolamento composto (Mech.) compound-wound

deerite (Miner.) deerite

de estabilidade incerta (Chem.) metastable

de estado único (Comp.) one-shot

defecação (Med.) defaecation; defecation

defecar (Zoo.) egest; defecate

defeito (Gen.) defect; fault

defeito de cabo (Elect.) cable fault

defeito de fase (Elect.; Telecom.) phase defect

defeito de Frenkel (Cryst.) Frenkel defect

defeito de fundição (Mech.) cold shut

defeito de linha (Cryst.) line defect

defeito de ponta (Cryst.) point defect

defeito de Schottky (Chem.) Schottky defect

defeito de tecelagem (Text.) mixed filling; tear drop

defeituoso (Gen.) imperfect; faulty

de feixe múltiplo (Electron.) multibeam

deferente (Gen.) deferent

defervescência (Med.) defervescence

defesa de margem (Hydro.) bank protector

defesa do nariz (Aero.; Nav.) bow stiffener

defesa perceptiva (Psycho.) perceptual defense

défice de humidade do solo (Eco.) soil-moisture deficit

défice de saturação (Geo.) saturation deficit

deficiência (Comp.) bug

deficiência (Gen.) deficiency

deficiência de complemento (Immun.) complement deficiency

deficiência em adenosina deaminase (Bio.) adenosine deaminase deficiency [ADA]

deficiências admissíveis (Aero.) allowable deficiencies

deficiente (Gen.) deficient

deficiente mental (Med.) idiot

definição (Gen.) definition

definição de imagem (Image Tech.) picture definition

definição de objecto (Comp.) object definition

definição horizontal (Image Tech.) horizontal definition

definição limite (Image Tech.) structural resolution

definido (Bot.) definite

definitivo (Zoo.) definitive

deflação (Geo.) deflaction

deflagração (Gen.) detonation; explosion

deflagração (Chem.) deflagration

deflagração a/no ar (Mining) air shooting

deflagração retardada (Mining) hangfire

deflecção horizontal (Image Tech.) horizontal deflection

deflectido (Bot.) deflexed

deflector (Aero.) baffle; clangbox; shroud

deflector (Elect.; Nav.) deflector

deflector de arco (Elect.) arc deflector

deflector de chamas (Mech.) flame deflector

deflector de impulso (Aero.) thrust deflector

deflector exponencial (Phys.) exponential baffle

deflector magnético do tubo de raios catódicos (Electron.) scanning yoke

deflexão (Elect.) deflection; sweep

deflexão (Aero.) jet deflection; downwash; sweepback

deflexão de Coriolis (Meteo.) Coriolis deflection

deflexão de feixe (Electr.) beam deflection

deflexão de impulso (Aero.) thrust deflexion

deflexão do feixe (tubo de raios catódicos) (Telecom.) beam bending

deflexão eléctrica (Elect.) electrical deflection

deflexão electromagnética (Electron.) electromagnetic deflection

deflexão electrostática (Electron.) electrostatic deflection

deflexão horizontal (num tubo de raios catódicos) (Electron.) x deflection

deflexão magnética (Electron.) magnetic deflection

deflexão orográfica (Geo.) orographic deflection

deflexão simétrica (Electron.) symmetrical deflection

de folhas longas (Bot.) long-leaved

deformação (Gen.) deformation

deformação (Phys.) compliance; strain; warp

deformação da asa (Aero.) wing warp

deformação do campo magnético (Elect.) distortion of magnetic field

deformação elástica (Mech.; Phys.) elastic deformation; elastic strain

deformação lateral (Mech.) lateral deformation

deformação longitudinal (Phys.) longitudinal deformation

deformação negativa da asa (Aero.) wash-out

deformação plástica (Geo.; Mech.) plastic deformation

deformação positiva da asa (Aero.) wash-in

deformação relativa (Phys.) relative deformation

deformação transversal (Mech.) lateral deformation

deformação unitária (Mech.) unit deformation

deformidade congénita (Med.) congenital deformity

defunto (Gen.) cadaver; corpse

degelo (Meteo.) debacle

degelo (Phys.) thawing

degeneração (Bio) degeneration

degeneração (Phys.) degeneracy

degeneração de Moenckeberg (Med.) Moenckeberg's degeneration; Moenckeberg's calcification

degeneração de Zenker (MED.) Zenker's degeneration

degeneração gordurosa (MED.) fatty degeneration

degeneração hepatolenticular (MED.) hepatolenticular degeneration; Wilson's disease

degenerado (GEN.) bastard

degenerado (PHYS.) degenerate

deglutinação (ZOO.) deglutition

deglutinação da língua (MED.) tongue swallowing

degradação (PHYS.) degradation

degradação de Hofmann (CHEM.) Hofmann degradation

degradação progressiva (COMP.) fail-soft

degradação térmica (ELECT.) temperature derating

de grão fino (ECO.) fine-grained

degrau (GEN.) step; thread

degrau boleado (BUILD.) round step

degrau com suporte (BUILD.) bracketed step

degrau de balanço (BUILD.) dancing step

degrau de convite (BUILD.) curtail step

degrau de ferro (BUILD.) foot iron; step iron

degrau de focinho boleado (BUILD.) round step

degrau de porta (BUILD.) door step

degrau de volta (BUILD.) curtail step

degrau de volta (BUILD.) kite winder

degrau direito (BUILD.) straight step

degrau inverso (MINING) back stope

degrau redondo (BUILD.) bottle-nosed step

degraus direitos (MINING) underhand stopes

degraus em suspenso (BUILD.) cantilevered steps

degrau simétrico (BUILD.) flyer

de gravidade nula (PHYS.) agravic

de igual espessura (GEO.) isopach

Deimos (ASTRO.) Deimos (natural satellite of Mars)

de interrupção rápida (ELECTR.) quick-break

deiscência (BOT.) dehiscence

deiscência porosa (BOT.) porous dehiscence

delapidação (BUILD.) dilapidation

de largo espectro (MED.) wide spectrum

delecção (BIO.) delection

delegado (MINING) deputy

delessite (MINER.) delessite

delimitação de caracteres (COMP.) character boundary

delinquência (PSYCHO.) delinquency

delinquente (PSYCHO.) delinquent

deliquescência (CHEM.) deliquescence

delírio (MED.; PSYCHO.) delirium; delusion

delirium tremens (MED.) delirium tremens [DT]

delta (GEN.) delta

delta (GEO.) delta

delta arenoso (GEO.) sandy delta

delta construtivo lobado (GEO.) birdfoot delta

delta de baía (GEO.) baydelta

delta de cabeceira de baía (GEO.) bayhead delta

delta de contacto de gelo (GEO.) ice contact delta

delta de Kronecker (MATH.) Kronecker delta

delta glaciar (ECO.) kame delta

delta pé-de-pássaro (GEO.) birdfoot delta

deltas de maré (GEO.) tidal deltas

deltóide (MED.; ZOO.) deltoid (muscle)

deltóide (BOT.; MATH.) deltoid

demantóide (MINER.) demantoid

demão final (BUILD.) finishing coat

demarcação (ASTRO.) terminator

demência (MED.) dementia

demência precoce (PSYCHO.) dementia praecox

demência senil (MED.) senile dementia

demografia (ECO.) demography

demolição (MINING) breaking down

demónio de Maxwell (CHEM.) Maxwell's demon

demonstrador (AERO.) demonstrator

demora do nitrogénio (MED.) nitrogen lag

demora relativa (ELECTRON.) relative bearing

Demospôngias (ZOO.) Demospongiae

demulcente (MED.) demulcent

dendrite (GEO.) dendrite

dendrito (GEN.) dendrite

dendrito (ZOO.) dendron

dendroclimatologia (ECO.) dendroclimatology

dendrocronologia (ECO.) dendrochronology

dendrogeomorfologia (ECO.) dendrogeomorphology

dendrógrafo (ECO.) dendrograph

dendrograma (BOT.) dendrogram

dendrohidrografia (ECO.) dendrohydrology

dendróide (BOT.) dendroid

dengue (MED.) dengue

denier (TEXT.) denier

de nível mais alto (BUILD.) summit level

denominador (MATH.) denominator

densidade (GEN.) density

densidade calorífica (MECH.) heat density

densidade crítica (PHYS.) critical density

densidade da lama (MINING) mud weight

densidade de ar húmido (METEO.) density of moist air

densidade de armazenamento (COMP.) storage density; packing density

densidade de armazenamento (ELECT.) density of packing

densidade de bits (COMP.) bit density

densidade de camada de neve (METEO.) density of snow

densidade de campo (PHYS.) field density

densidade de carácter (COMP.) character density

densidade de carga (ELECTRON.) charge density

densidade de carga espacial (ELECTRON.) space charge density

densidade de corrente (ELECT.) current density

densidade de corrente equivalente (ELECT.) equivalent current-density

densidade de drenagem (GEO.) drainage density

densidade de energia (ELECT.; ELECTRON.) energy density; density of energy

densidade de energia sonora (PHYS.) sound energy density

densidade de fita (COMP.) tape density

densidade de fluxo (PHYS.) flux density

densidade de fluxo de radiação (PHYS.) radiation flux density

densidade de fluxo eléctrico (PHYS.) electric flux density

densidade de fluxo luminoso (PHYS.) luminous flux density; illuminance

densidade de fluxo magnético (ELECT.) magnetic flux density

densidade de fluxo radiante (PHYS.) radiant-flux density

densidade de fluxo remanescente (ELECT.) remanent flux density

densidade de gravação (COMP.) density recording

densidade de impurezas (ELECTRON.) impurity density

densidade de ionização (PHYS.) ion density; ionization density; ion concentration

densidade de lacuna (ELECTRON.) hole density

densidade de limitação (CHEM.) limiting density

densidade de massa (PHYS.) bulk density; mass density

densidade de moderação (NUCL.) slowing down density

densidade de neve (METEO.) density of snow

densidade de partícula efectiva (NUCL.) effective particle density

densidade-dependência (ECO.) density-dependence

densidade de plasma (PHYS.) plasma density

densidade de pó (PLÁST.) powder density

densidade de pontos (TEXT.) stitch density

densidade de potência espectral (TELECOM.) power spectral density [PSD]

densidade de potencial (PHYS.) potential density

densidade de probabilidade (PHYS.) probability density

densidade de raios gama (NUCL.) gamma-ray density

densidade de reflexão (IMAGE TECH.) reflection density

densidade de registo (COMP.; PHYS.) record density; density recording

densidade de sulcos (disco de vinil) (TELECOM.) groove packing density

densidade de um feixe electrónico (ELECTRON.) density of an electron beam

densidade de vazio móvel (ELECTRON.) hole density

densidade difusa (IMAGE TECH.) diffuse density

densidade dos componentes (ELECTRON.) component density

densidade dos estados (PHYS.) density of states

densidade dos gases (CHEM.; PHYS.) density of gases

densidade dupla (COMP.) dual density

densidade electrónica (PHYS.) electron density

densidade especular (IMAGE TECH.) specular density

densidade estrutural (PHYS.) structural density

densidade-frequência-dominância (ECO.) density-frequency-dominance [DFD measure]

densidade óptica (METEO.) optical density

densidade relativa (PHYS.) relative density; specific gravity

densidade superficial (NUCL.) areal density

densidade superficial (PHYS.) surface density

densificação (NUCL.) densification

densímetro (ELECT.) cell tester

densímetro para lama de perfuração (MINING) mudwater hydrometer

Densiteno (CHEM.) Densithene (TM)

densitensímetro (CHEM.) densi-tensimeter

densitómetro (IMAGE TECH. ; PHYS..) densitometer

denso (GLASS) dense (with high refractive rate)

denso (GEN.) thick; compact

dentado (BOT.) dentate

dental (MED.) dental; odontic

dentária (ZOO.) dentary

dente (GEN.) tooth (pl. teeth)

dente (MECH.) dent; cog; tooth

dente de cão (BUILD.) haunch

dente de desengate (MECH.) release catch

dente de engrenagem (MECH.) cog

dente de engrenagem envolvente (ENG.) involute gear tooth

dente de fios cortantes de igual comprimento (BUILD.) fleam-tooth

dente de paragem (MECH.) locking ratchet

dente de retenção (MECH.) locking ratchet

dente de roda (MECH.) sprocket; cam

dente do axis (ZOO.) dens epistrophei

dente fresado (MECH.) milled tooth

dente invisível (BUILD.) stub tenon

dentes cicloidais (MECH.) cycloidal teeth

dentes de Horner (MED.) Horner's teeth

dentes de Hutchinson (MED.) Hutchinson's teeth

dentes de leite (ZOO.) milk teeth

dentes de travagem (ELECT.) braking notches

dentes vomerianos (ZOO.) vomerine teeth

dentição (ZOO.) dentition

dentição definitiva (ZOO.) permanent dentition

dentição de leite (ZOO.) milk teeth

denticulado (BUILD.) denticulated

dentículo (ARCH.; BUILD.) dentil

dentículos (ZOO.) denticles

dentina (MED.; ZOO.) dentine

dentirrostro (ZOO.) dentirrostral

dentro de uma geleira (GEO.) englacial

de ondas curtas (TELECOM.) short-wave

dependente de dispositivo (COMP.) device-dependent

dependente do equipamento (ELECTRON.) hardware-dependent

depilação (MED.) epilation

depilar (MED.) depilate

depilatórios (CHEM.) depilatories

de placa e grade (ELECT.) plate-grid

depleção (PHYS.) deplection

de ponta a ponta (BUILD.) out-to-out

deposição (GEO.) deposition

deposição (PHYS.) settling

deposição da fase de vapor (GEN.) vapour phase epitaxy

deposição de estuário (GEO.) estuarine deposition

deposição de minério (MINING) salting (to increase value of mine)

deposição de ovos (ZOO.) oviposition

deposição húmida (ECO.) wet deposition

deposição modificada de deposição de vapor (ELECTRON.) modified chemical vapour deposition

deposição molecular da fase de vapor (ELECTRON.) molecular beam epitaxy

deposição por evaporação (GEN.) evaporated coating

deposição química de vapor (ELECTRON.) chemical vapour deposition [CVD]

deposição seca (ECO.) dry deposition

deposição sedimentar (GEO.) sedimentary deposition

depósito (BUILD.) sludge

depósito (GEN.) deposit

depósito (GEO.) deposit; stockwork; sinter

depósito (HYDRO.) pond

depósito abissal (GEO.) abyssal deposit

depósito aluvial (GEO.) alluvial deposit

depósito arenoso (GEO.) sandy deposit

depósito argiloso (GEO.) argilleous deposit

depósito aurífero (GEO.) auriferous deposit

depósito brilhante (CHEM.) bright deposit

depósito continental (GEO.) continental deposit

depósito cristalino (CHEM.; GEO.; MINING) crystalline deposit

depósito de água salobra (GEO.) brackish water deposit

depósito de alimentação de cartões (COMP.) card hopper

depósito de aluvião (GEO.) silt deposit

depósito de ar (BUILD.) air trap

depósito de arenitos conquíferos (GEO.) crag

depósito de aterros (BUILD.) spoil bank

depósito de cabeceira (HYDRO.) forebay

depósito de lama (GEO.) deposit of mud

depósito deltaico (GEO.) deltaic deposit

depósito de mercúrio (PHYS.) mercury box

depósito de minério (MINING) ore deposit

depósito dendrítico (GEO.) dendritic deposit

depósito de neve (METEO.) deposit of snow

depósito de refrigeração (MECH.) cooling pond

depósito de saída (COMP.) output stacker

depósito de serviço (AERO.) service tank

depósito de sopé de escarpa (GEO.) scree

depósito diagenético (GEO.) diagenetic deposit

depósito eolítico (GEO.) aeolian deposit

depósito ferruginoso (GEO.) ferruginous deposit

depósito fluvial (GEO.) fluviatile deposit

depósito fosfático (GEO.) phosphatic deposit

depósito isolado de mineral (MINING) nest

depósito marinho (GEO.) marine deposit

depósito mecânico (GEO.) mechanical deposit

depósito mineral (GEO.) mineral deposit

depósito pelágico (GEO.) pelagic deposit

depósito planctónico (GEO.) planktonic deposit

depósito plistocénico (GEO.) Pleistocene deposit

depósito queimado (ELECT.) burnt deposit

depósitos à frente de um delta (GEO.) foreset beds

depósito salino (GEO.) salt deposit

depósitos biomecânicos (GEO.) biomechanical deposits

depósitos de mar profundos (GEO.) deep-sea deposits

depósito sedimentar (GEO.) silt deposit; sedimentary deposit

depósitos eólicos (GEO.) eolian deposits

depósitos glaciais (GEO.) glacial deposits

depósito silicioso (GEO.) silicious deposit

depósitos pelágicos (GEO.) deep-sea deposits

depósitos residuais (GEO.) residual deposits

depósito superficial (GEO.) superficial deposit

depósito terrígeno (GEO.) terrigenous deposit

depósito túndrico (GEO.) tundra deposit

depressão (BOT.) sink; pit

depressão (GEN.) depression

depressão (GEO.) slump; dip; pit

depressão (METEO.) low; cyclone

depressão (MINING) down dip side

depressão a sotavento (METEO.) lee depression

depressão complexa (METEO.) complex low

depressão de ar polar (GEO.) polar-air depression

depressão de consanguinidade (BIO.) inbreeding depression

depressão (de origem) térmica (GEO.) thermal low

depressão de termómetro húmido (GEO.) wet-bulb depression

depressão de terra (GEO.) depression of land

depressão diminuta (ZOO.) foveola

depressão do ponto de congelamento (PHYS.) depression of freezing point

depressão específica (PHYS.) specific depression

depressão frontal (GEO.) wave depression

depressão grave (PSYCHO.) major depression

depressão não frontal (GEO.) non-frontal depression

depressão orográfica (METEO.) orographic depression

depressão reactiva (PSYCHO.) reactive depression

depressão revestida (BIO.) coated pit

depressão secundária (METEO.) secondary depression

depressão segregada (METEO.) cut-off low

depressão simples (BOT.) simple pit

depressivo (MED.) depressant

depressor (ZOO.) depressor

depuração (AERO.) purge

depuração em linha (COMP.) on-line debugging

depuração interactiva (COMP.) interactive debugging

depuração remota (COMP.) remote debugging

depurador de benzol (CHEM.) benzol scrubber

depurador de gás (CHEM.) gas scrubber; scrubber

depurar (COMP.) debug

de quatro cilindros opostos dois a dois (AERO.) flat four

de quatro contactos (ELECT.) four-way

de quatro vias (ELECT.) four-way

de retorno (ZOO.) revehent

deriva (AERO.) drift; tail fin

deriva (GEO.) drift

deriva absoluta (ELECT.) absolute drift

deriva aparente (ASTRO.) apparent wander

derivação (ELECT.) tap; tapping; bridging; shunt

derivação (GEN.) branch; shunt; bypass

derivação (PHYS.) branching

derivação anódica (ELECTRON.) anode tap

derivação cardiopulmonar (MED.) cardiopulmonary bypass

derivação de instrumento (ELECT.) instrument shunt

derivação de ressonância (ELECT.) resonant shunt

derivação do transformador (ELECT.) transformer tapping

derivação galvanométrica (ELECT.) galvanometer shunt

derivação longa (ELECT.) long-shunt

derivação magnética (ELECT.) magnetic shunt

derivação universal (ELECTRON.) universal shunt

derivações diametrais (ELECT.) diametrical tippings

deriva continental (GEO.) continental drift

derivada (MATH.) derivative

derivada direccional (MATH.) directional derivative

derivadas de estabilidade (AERO.) stability derivatives

deriva de avião (AERO.) drifting of aircraft

deriva de corrente (GEO.) drift of current

deriva (de detritos) ao longo da paraia (ECO.) beach drift

deriva de frequência (ELECTRON.) tuning drift

deriva de radar (RADAR) radar drift

deriva de temperatura da tensão aplicada (ELECTRON.) offset temperature drift

deriva de trajectória de voo (AERO.) flight path deviation

deriva dos continentes (GEO.) continental drift

derivados do ácido carbónico (CHEM.) carbonic acid derivatives

derivados do naftaleno (CHEM.) naphthalene derivates

derivados nitrados (CHEM.) nitro derivatives

deriva genética (BIO.) genetic drift

deriva litoral (GEO.) longshore drift

deriva longitudinal (GEO.) longitudinal drift

dermatite (MED.) dermatitis

dermatite alérgica (IMMUN.; MED.) allergodermia

dermatite micótica do carneiro (VET.) lumpy wool

dermatite pustular contagiosa (VET.) contagious pustular dermatitis

dermatofiliáse dos carneiros (VET.) strawberry footroot

dermatófito (BOT.) dermatophyte

dermatofobia (MED.) dermatophobia

dermatofone (MED.) dermatophone

dermatogene (BOT.) dermatogen; protoderm

dermatografia (MED.) dermatographia

dermatóide (MED.) dermatoid; dermoid

dermatologia (MED.) dermatology

dermatomicose crónica (MED.) mycosis cutis chronica

dermatomicose do carneiro (VET.) mycotic dermatitis of sheep

dermatomiosite (MED.) dermatomyositis

dermatoneurose (MED.) dermatoneurosis

dermatosclerose (MED.) dermatosclerosis

dermatose filarial (VET.) sorehead

derme (ZOO.) derm; dermi; dermis; enderon; corium

dérmico (BOT.; ZOO.) dermal; dermic

dermografia (MED.) dermography

dermóide (MED.) dermoid; dermic

derramamento de bílis (MED.) cholascos

derramar argamassa (BUILD.) larrying

derrame (GEN.) effusion

derrame (HYDRO.) spillover

derrame (NAV.) ullage

derrapagem lateral (AERO.) sideslip

derris (BOT.; CHEM.) derris

desaceleração (PHYS.) deceleration

desaceleração de neutrões (NUCL.) neutron slowing

desacidificação (CHEM.) deacidification

desacoplamento (ELECTRON.) decoupling

desactivação (CHEM.) inactivation; deactivation

desactivação directa (PHYS.) direct de-activation

desactivação indirecta (COMP.) indirect de-activation

desadaptação de impedância (ELECT.) impedance mismatch

desadaptação de polarização (ELECT.) polarization mismatch

desagrupamento (ELECTRON.) debunching

desagrupar (ELECTRON.) unpack

desalinhamento do contorno (NAV.) tumble-home

desaminação (BIO.) deamination

de sangue frio (ZOO.) cold-blooded

de sangue quente (ZOO.) warm-blooded

desarmado (BUILD.) struck

desarticulação (MED.) disarticulation

desatarraxar (MINING) back-off

desaterro (BUILD.) cutting

desbastador (BUILD.) spokeshave; waster

desbastador (GEN.) dresser

desbastador (MECH.) shaper tool

desbastador hexagonal (MECH.) hexagon dresser

desbastamento (BUILD.) scabbling

desbastar (BUILD.) picking

desbaste (BUILD.) rout; scappling

desbaste (MINING) roughing

desbaste de minério (MINING) ore dressing

desbaste mineral (MINING) mineral dressing

desbloqueado (TELECOM.) clear

descaimento (NAV.) sagging (leewards)

descalcificação (MED.) decalcification

descamação (GEN.) exfoliation; desquamation; scaling off
descamação (MED.) desquamation
descamação (ZOO.) ecdysis
descamar (MECH.) de-scaling
descanso (MECH.) relaxation
descanso sexual (ZOO.) dioestrus
descapado (MECH.) bare
descapsulação (MED.) decapsulation
descarborização (MECH.) decarburization
descarboxilação oxidativa (BIO.) oxidative decarboxylation
descarboxilase (BOT.) decarboxylase
descarga (BUILD.) outfall
descarga (COMP.) dump
descarga (ELECT.; TELECOM.) loss
descarga (GEN.) discharge
descarga (MECH.) delivery
descarga (MINING) landing
descarga aéra (TELECOM.) air discharge
descarga automática de hardware (COMP.) automatic hardware dump
descarga binária (COMP.) binary dump
descarga brilhante (ELECTRON.) glow discharge
descarga convectiva (ELECT.) electric wind
descarga crítica (HYDRO.) critical discharge
descarga de absorvente metálico (ELECTRON.) gettering discharg
descarga de água freática (HIDRO.) phreatic-water discharge
descarga de alterações (COMP.) change dump
descarga de alto alcance (ELECT.) high-rate discharge
descarga de arco (ELECT.) arc discharge
descarga de CA (ELECTRON.) AC dump
descarga de campo (PHYS.) field discharge
descarga de comporta (HIDRO.) sluicing
descarga de condensador (ELECTRON.) capacitor discharging
descarga de corrente contínua (ELECT.) d.c. dump
descarga de faísca (ELECT.) spark discharge
descarga de ficheiros (da internet) (COMP.) downloading
descarga de fim de rotina (COMP.) post mortem dump
descarga de ignição (ELECTRON.) ignitor discharge
descarga de memória (COMP.) memory dump
descarga de pressão (PHYS.) relief of pressure
descarga de relâmpago de trovoada (METEO.) thunderstorm lightning discharge
descarga de ruídos (TELECOM.) noise surge
descarga de tensão (COMP.) power dump
descarga de Townsend (ELECT.) Townsend discharge
descarga de um condensador (ELECT.) discharge of a capacitor

descarga dinâmica (COMP.) dynamic dump
descarga disruptiva (ELECT.) disruptive discharge; flash over
descarga eléctrica (ELECT.; PHYS..) electrical discharge; electric discharge
descarga electroestátca (ELECTRON.) electrostatic discharge
descarga electrónica (ELECTRON.) electron discharge
descarga em avalanche (ELECT.) avalanche breakdown
descarga em coroa (ELECT.) corona discharge; brush discharge
descarga em leque (ELECT.) brush(ing) discharge
descarga e reinicialização (COMP.) dump and restart
descarga escura (ELECT.) dark discharge
descarga específica (ELECT.) specific dumping
descarga estática (ELECT.) static discharge; static dump
descarga estática (PHYS.) static electricity
descarga gasosa (PHYS.) gaseous discharge
descarga gradual (ELECT.) slow discharge
descarga instantânea (ELECT.) snapshot dump
descarga intermitente (ELECT.) intermittent discharge
descarga lenta (ELECT.) slow discharge
descarga longa (ELECT.) long spark
descarga luminosa anormal (ELECTRON.) abnormal glow discharge
descarga mista (METEO.) composite flash; composite stroke
descarga múltipla (METEO.) composite stroke
descarga oscilante (ELECT.) oscillating discharge
descarga oscilatória (TELECOM.) oscillatory discharge
descarga selectiva (COMP.) selective dump
descarga sem eléctrodo (ELECTRON.) electrodeless discharge
descarga superficial (ELECT.) surface leakage
descarga vectorial (BIO.) vectorial discharge
descarregador (ELECT.) discharger
descarregador de surtos (ELECT.) surge arrester
descarregadores eléctricos (AERO.) electrical dischargers
descascado (BOT.) decorticated
descascamento (MECH.) peeling
descasque (ECO.) decorticate
descendência paralela (BOT.; ZOO.) parallel descent
descendente (ZOO.) descending
descentragem (BUILD.) eccentricity
descerebrado (ZOO.) decerebrate
descida de nível (MINING) drawdown
descida do aileron (AERO.) aileron drop
descida em cruzeiro (AERO.) drift down

descida em rota de turbojacto (AERO.) turbo en-route descent
descida entre conveses (NAV.) companionway
descida progressiva (AERO.) drift down
descloízite (MINER.) descloizite
descodificação (TELECOM.) decoding
descodificação de semelhança máxima (ELECTRON.) maximum likelihood decoding
descodificador (ELECTRON.) decoder
descodificador (COMP.) disassembler
descodificador de canal (TELECOM.) channel decoder
descodificador de cor (IMAGE TECH.) colour decoder
descodificador de disco compacto (ELECTRON.) compact disc decoder
descodificador de endereço (ELECTRON.) address decoder
descodificador de FM estereofónico (TELECOM.) FM stereo decoder
descodificador de operação (COMP.) operation decoder
descodificador de vídeo MPEG (IMAGE TECH.) MPEG video decoder
descodificador decimal binário (ELECTRON.) BCD decoder
descodificador instrumental (COMP.) instrument decoder
descodificador para mostrador de sete segmentos (ELECTRON.) seven-segment decoder
descodificador passivo (TELECOM.) passive decoder
descodificador sequencial de velocidade binária elevada (COMP.) high bit-rate sequential decoder
descolagem (AERO.) lift-off; take-off
descolagem ao nível do mar (AERO.) take-off at sea-level
descolagem assistida (AERO.) assisted take-off
descolagem com cauda baixa (AERO.) stalled takeoff
descolagem com jacto auxiliar (AERO.) jet assisted take-off
descolagem e aterragem vertical (VTOL) (AERO.) vertical takeoff and landing [VTOL]
descolagem e pouso curtos (AERO.) short take-off and landing (STOL)
descolagem e pouso curtos na vertical (AERO.) short take-off and vertical landing (V/STOL)
descolagem normal (AERO.) normal takeoff
descolagem por instrumentos (AERO.) instrument takeoff
descolar (AERO.) unstick ; take-off
descolar com vento cruzado (AERO.) take-off across wind
descolar com vento de través (AERO.) take-off against wind
descoloração (CHEM.) decolorization
descolorações ópticas (CHEM.) optical bleaches
descolorantes (GLASS) decolorizers
descompensação (MED.) decompensation

desconectado (Telecom.) clear
desconexão (Elect.) disconnection
desconexão (Mech.; Telecom.) release
desconexão automática de tempo (Elect.) automatic time cutout
desconformidade (Geo.) disconformity
descongelação (Phys.) thawing
descongelador (Aero.) ice guard
descongelador (Mech.) defroster
descongelador a ar quente (Mech.) hot-air deicer
descongelador de bordo de ataque (Aero.) ice guard on the leading edge
descongelamento (Aero.) de-icing
descontaminação (Nucl.) decontamination
descontinuidade (Elect.; Math.) discontinuity
descontinuidade da absorção (Phys.) absorption discontinuity
descontinuidade de Guttenberg (Geo.) Guttenberg discontinuity
descontinuidade intertropical (Meteo.) intertropical discontinuity
descontinuidade magnética (Elect.) magnetic discontinuity
descorrelação (Electron.) de-correlation
descorticação do pulmão (Med.) decortication of the lung
descorticado (Bot.) decorticated
descriminador de fase (Electron.) phase discriminator
descuido humano (Comp.) bust
desdentado (Zoo.) edentate; edentulous
Desdentados (Zoo.) Edentata
desdobramento espectral (Electron.) spectrum stripping
desdobrável (Print) broadside
de seis fases (Chem.) hexphase; hexaphase
desembocadura (Geo.) mouth
desembraiar (Mech.) declutch
desempenadeira (Mech.) mason's float
desempenamento de tubo (Mech.) tube straightening
desencravar (Mining) back-off
desencrostar (Mech.) de-scaling
desengate (Mech.) release; break-out (melting)
desengate (Horo.) tripping
desengate mecânico (Mech.) mechanical trip
desengorduramento (Text.) degreasing
desenhador (Gen.) draftsman; draughtsman
desenho (Gen.) design; drawing; draft
desenho pormenorizado (Build.) detail drawing
desenlamear (Mining) de-sliming
desenvolvimento de Euler (Math.) Euler's expansion
desenvolvimento de Fourier (Math.) Fourier expansion
desenvolvimento de Maclaurin (Math.) Maclaurin expansion
desenvolvimento de programa (Comp.) program development

desenvolvimento em mosaico (Zoo.) mosaic development
desenvolvimento precoce (Bio.) early development
desenvolvimento psicossexual (Psycho.) psychosexual development
desenvolvimento sensorial-motor (Psycho.) sensorimotor development
desenvolvimento sustentável (Eco.) sustainable development
desequilibrado (Elect.) unbalanced
desequilíbrio (Med.) imbalance
desequilíbrio de impedância (Elect.) impedance unbalance
desequilíbrio de impedância (Telecom.) mismatch
desertificação (Eco.) desertification
deserto rochoso (Eco.) hamada
deserto rochoso (Sáara) (Eco.) reg
desfalecimento (Med.) syncope; coup; gray-out
desfasagem (Elect.) phase shift
desfibrilhador (Med.) defibrillator
desfiladeiro (Geo.) canyon; neck
desfiladeiro glacial (Geo.) glacial breach
desflorestação (Eco.) deforestation
desfocagem de deflexão (Electron.) deflection defocusing
desfoliação (Eco.) defoliation
desfosforação (Mech.) dephosphorization
desgasificação (desgaseificação) (Chem.; Electron.) degassing
desgastar (Mech.) abrade; scuffing
desgaste (Geo.) corrosion
desgaste de dente (Mech.) toothing wear
desgaste do cilindro (Mech.) cylinder wear
desidratação (Bio.) dehydration
desidrogenação (Bio.; Chem.) dehydrogenation
desidrogenação dos lactatos (Bio.) lactate dehydrogenase
desidrogenase (Bio.) dehydrogenase
designação de uma unidade (Comp.) assigning
designador (Comp.) designator
desigualdade (Astro.) inequality (movement of planets)
desigualdade (Math.) inequality
desigualdade (Stat.) odds
desigualdade aberta (Math.) open inequality
desigualdade de Cauchy (Math.) Cauchy's inequality
desigualdade de Chebyshev (Math.) Chebyshev inequality
desigualdade de Clausius (Phys.) Clausius' inequality
desigualdade de Holder (Math.) Holder's inequality
desigualdade de Jensen (Math.) Jensen's inequality
desigualdade de Schwarz (Math.) Schwarz's inequality
desigualdade estrita (Math.) strict inequality
desigualdade fechada (Math.) closed inequality
desigualdade incondicional (Math.) unconditional inequality

desigualdade paraláctica (Astro.) parallactic inequality
desigualdade secular (Astro.) secular inequality
desincrustação (Chem.) pickling
desindividualização (Psycho.) de-individuation
desinfecção (Med.) disinfection
desinfectante (Chem.) disinfectant
desinfestação (Med.) disinfestation
desintegração (Image Tech.) crushing
desintegração (Phys.) disintegration; fission; annihilation
desintegração (Radiol.) decay
desintegração alfa (Phys.) alpha decay
desintegração artificial (Phys.) artificial disintegration
desintegração atómica (Phys.) atomic disintegration
desintegração beta (Phys.) beta disintegration
desintegração catalítica (Mining) catalytic cracking
desintegração de Fermi (Electron.) Fermi decay
desintegração de filamento (Elect.) disintegration of filament
desintegração de ressonância (Nucl.) resonance disintegration
desintegração em blocos (Geo.) block disintegration
desintegração múltipla (Phys.) multiple disintegration
desintegração nuclear (Phys.) nuclear disintegration
desintegração parcial (Nucl.) partial disintegration
desintegração progressiva (Nucl.) progressive disintegration
desintegração radiactiva (Phys.) radioactive disintegration
desintegração radioactiva por emissão iónica (Phys.) radioactive decay by ion emission
desiquilíbrio de ligação (Bio.) linkage disequilibrium
desligar (Elect.) de-energize
desligar (Mining) back-off
deslizamento (Image Tech.) slip
deslizamento de linha (Image Tech.) line slip
deslizamento de sintonia (Telecom.) tuning creep
deslizamento de trama (Image Tech.) frame slipping
deslizamento lateral (Build.) sideslip
deslizamento por lavagem (Geo.) rain-wash
deslize de imagem (Image Tech.) picture slip
deslize freudiano (Psycho.) Freudian slip
deslocação (Cryst.) dislocation
deslocação (Med.) dislocation; dislocatio
deslocador de fase (Telecom.) phase shifter
deslocamento (Gen.) shift
deslocamento (Mech.) stroke
deslocamento (Mining) creep
deslocamento aritmético (Comp.) arithmetic(al) shift

deslocamento cíclico (Comp.) cyclic shift

deslocamento circular (Comp.) circuit shift; circular shift; ring shift

deslocamento de carga (Nav.) load displacement

deslocamento de ciclo (Elect.) cycle shift

deslocamento de circuito fechado (Comp.) circuit shift

deslocamento de exploração (Radar) scanning shift

deslocamento de frequência (Telecom.) frequence shift

deslocamento de frequência de sinal (Telecom.) signal frequency shift

deslocamento de linha (Astro.) line displacement

deslocamento de rotação (Comp.) rotation shift

deslocamento de saída (Comp.) shift out

deslocamento descendente (Geo.) downthrow

deslocamento de terreno (Geo.) landslip

deslocamento dieléctrico (Elect.) dielectric displacement

deslocamento em anel (Comp.) shift ring

deslocamento lateral (Comp.) shift out

deslocamento lateral (Geo.) lateral shift

deslocamento limiar temporário (Phys.) temporary threshold shift

deslocamento lógico (Comp.) logic(al) shift

deslocamento magnético (Elect.) magnetic displacement

deslocamento numérico (Comp.) numeric shift

deslocamento paraláctico (Astro.) parallactic displacement

deslocamento para trás (Med.) retrocession

deslocamento vertical (Mining) drop

desmagnetização (Elect.; Miner.; Phys.) demagnetization

desmagnetização (Phys.) degaussing

desmagnetização adiabática (Phys.) adiabatic demagnetization

desmagnetizador de cabeça (Electron.) head demagnetizer

desmaio (Med.) syncope; coup; gary-out

desmídios (Bot.) desmids

desmina (Miner.) desmine

desmineralização (Chem.) demineralization

desmodulação (Telecom.) demodulation

desmodulação analógica (Telecom.) analogue demodulation

desmodulação ASK (Telecom.) ASK demodulation

desmodulação coerente (Telecom.) coherent demodulation

desmodulação da envolvente (Telecom.) envelope demodulation

desmodulação de FM (Telecom.) frequency demodulation

desmodulação de modulação em amplitude (Telecom.) AM demodulation

desmodulação de uma portadora amplificada (Telecom.) demodulation of an exalted carrier

desmodulação dinâmica de filtro de seguimento (Telecom.) dynamic tracking filter demodulation

desmodulação por portadora acrescentada (Elect.) enhanced-carrier demodulation

desmodulador (Telecom.) demodulator; second detector

desmodulador de FM (Telecom.) FM demodulator

desmodulador de impulso (Telecom.) pulse demoder

desmodulador de quadratura (Telecom.) quadrature demodulator

desmodulador Morse (Telecom.) Morse demodulator

desmodulador quadrático (Electron.) square-law demodulator

desmodulador síncrono (Elect.) synchronous demodulator

desmodulador síncrono de modelação de amplitude (Electron.) synchronous AM demodulation

Desmodur (Plást.) Desmodur [TM]

desmognato (Zoo.) desmognathous

desmoldador de lingotes (Mech.) ingot stripper

desmoldagem (Mech.) lifting of pattern

desmontador (Comp.) disassembler

desmontagem (Build.; Mech.) take-down

desmontagem hidráulica (Mining) hydraulic mining; hydraulicking

desmontável (Phys.) demountable

desmonte e terraplenagem (Build.) cut-and-fill

desmoronamento (Geo.; Mining) landslip; slide; creep

desmossoma (Bio.) desmosome

desmotropismo (Chem.) desmotropism

desmultiplexador (Telecom.) demux

desmultiplexor (Comp.) demultiplexer

desmultiplicação (Electron.) scaling

desmultiplicação de frequências (Telecom.) frequency demultiplication

desmultiplicação de velocidade (Mech.) gearing-down

desnaturação (Bio.) denaturation

desnaturação (Chem.) denaturing

desnaturação de proteínas (Bio.) denaturation of proteins

desnaturação do ADN (Bio.) denaturation of DNA

desnaturalizador (Phys.) denaturant

desnervado (Med.) denervated

desnitrificação (Bio.) denitrification

desnível (Build.) fall

desnivelamento (Surv.) superelevation

desnível de eclusa (Hidro.) lift-lock

desnível fluvial (Geo.) river slope

desnudação (Geo.) denudation

desnutrição maligna (Med.) kwashiorkor

desodorização (Chem.) deodorizing

de sons múltiplos (Phys.) multitone

de sotavento (Meteo.) lee

desoxidação (Chem.) pickling

desoxidação (Eng.) deoxidation

desoxidante (Mech.) deoxidizer

desoxinucleotidiltransferase terminal (Chem.) terminal deoxynucleotidyl transferase

desoxirribonuclease (Bio.) deoxyribonuclease [DNase]

desoxirribonucleótido (Bio.) deoxyribonucleotide

despejo dinâmico selectivo (Comp.) dump snapshot

desperdício de alto nível (Nucl.) high level waste

desperdício de baixo nível (Nucl.) low level waste

desperdícios (Print.) spoilage; spoils; throw-away

desperdícios de nível intermédio (Nucl.) intermediate level waste

desperdícios duros (Text.) hard waste

despersonalização (Psycho.) depersonalization

despido (Bot.) naked

despistamento de radar (Radar) radar deception

despolarização (Elect.) depolarization

despolarização electrolítica (Elect.) electrolytic depolarization

despolarização mecânica (Elect.) mechanical depolarization

desprateação (Mech.) desilveration

despressurizar um poço (Mining) blowing a well

desproporção (Gen.) disproportion

desprovido de abertura (Zoo.) imperforate

despurinização (Bio.) depurination

dessalinização (Chem.) desalination

dessecador (Chem.) desiccator

dessecantes (Chem.) desiccants

dessensibilização (Med.) desensitization

dessensibilizar (Gen.) desensitize

dessicação (Eco.) dewatering

dessincronização horizontal (Image Tech.) banding

dessintonizar (Telecom.) detune

dessulfuração (Chem.) desulphurizing

destaca-corta-empilha (Comp.) burster-trimmer-stacker _ BTS _ (printing system)

destilação (Chem.) distillation

destilação (Gen.) distillation

destilação (Mining) cracking

destilação a vácuo (Chem.) vacuum distillation

destilação a vapor (Chem.) steam distillation

destilação azeotrópica (Chem.) azeotropic distillation

destilação contínua (Chem.) continuous distillation

destilação de Engler (Chem.) Engler distillation

destilação de Rayleigh (Chem.) Rayleigh distillation

destilação destrutiva (Chem.) destructive distillation

destilação extractiva (CHEM.) extractive distillation

destilação fraccionária (CHEM.) fractional distillation

destilação molecular (CHEM.) molecular distillation

destilação parcial (CHEM.) fractional distillation

destilação por etapas (CHEM.) batch distillation

destilação seca (CHEM.) dry distillation

destilador (CHEM.) still

destino (COMP.) routing

destruição de massa (GEO.) mass wasting

destruição de matéria (PHYS.) annihilation of matter

destruição do alvéolo (MED.) alveoloclasia

destruição mecânica (GEO.) mechanical destruction

destruição pelo frio (BIO.) destruction by freezing

destruidor de pneumococos (MED.) pneumococcidal

desvanecimento (IMAGE TECH.) dropout; fading

desvanecimento (TELECOM.) fade

desvanecimento auroral (ASTRO.) auroral blackout

desvanecimento de curto período (ELECT.) short-period fading

desvanecimento de interferência (TELECOM.) interference fading

desvanecimento de polarização (ELECT.) polarization fading

desvanecimento de salto (IMAGE TECH.) skip fading

desvanecimento rádio (TELECOM.) radio fadeout

desvanecimento selectivo (TELECOM.) selective fading

desvanecimento uniforme (ELECTRON.) flat fading

desviador (ELECT.) diverter

desviador direccional de fase (ELECT.) directional phase shifter

desviar da vertical (MINING) kick off ; KO (a well)

desvio (AERO.; SPACE) yaw; perturbation; shimmy

desvio (BUILD.) sally; switch (railways); turn out (railways)

desvio (ELECT.) slip (engine); track switch; error

desvio (ELECTRON.) drift

desvio (GEN.) deviation; shunt; drift; shift; cross-over; by-pass; creep

desvio (HYDRO.) cross

desvio (MECH.) excursion

desvio (MED.) shunt; by-pass

desvio (STAT.) deviance

desvio angular (PHYS.) angular displacement

desvio axial (MECH.) axial runout

desvio beta (PHYS.) beta decay

desvio característico (STAT.) standard deviation

desvio cardiopulmonar (MED.) cardiopulmonary bypass

desvio conjugado (MED.) conjugate deviation

desvio coronário (MED.) coronary bypass

desvio de agulha (PHYS.) needle deviation

desvio de bússola (NAV.) compass deflection

desvio de cloreto (BIO.; MED.) chloride shift

desvio de cristal (CRYST.) crystal dislocation

desvio de curso de rádio (TELECOM.) radio course drift

desvio de Einstein (ASTRO.) Einstein shift

desvio de fase (ELECT.) phase deviation

desvio de frequência (ELECT.) frequency deviation

desvio de frequência (TELECOM.) frequency shift; frequency drift

desvio de frequência de suportadora (TELECOM.) subcarrier frequency shift

desvio de oscilador (TELECOM.) oscillator drift

desvio de pentose (BIO.) pentose shunt

desvio de quadrante (NAV.) quadrantal deviation

desvio de rota (NAV.) yaw

desvio de trajectória de voo (AERO.) flight-path deviation

desvio de zero (MECH.) zero error

desvio do quociente intelectual (QI) (PSYCHO.) IQ deviation

desvio do zero (ELECTRON.) offset null

desvio electrónico (ELECTRON.) electron drift

desvio genético (BIO.) genetic drift

desvio Knight (PHYS.) Knight shift

desvio lateral (BUILD.) siding; side drift

desvio magnético (SURV.) magnetic deviation

desvio máximo (ELECTRON.) full-scale deflection

desvio médio quadrático (STAT.) mean-square deviation

desvio mínimo (PHYS.) minimum deviation

desvio para o azul (ASTRO.) blueshift

desvio para o vermelho (ASTRO.) red shift

desvio para o vermelho cosmológico (ASTRO.) cosmological redshift

desvio polar (GEO.) polar wandering

desvio quadrantal (NAV.) quadrantal deviation

desvio químico (PHYS.) chemical shift

desvio radial (MECH.) radial runout

desvio semicircular (NAV.) semicircular deviation

desvio sexual (PSYCHO.) paraphilia

desvio sinusoidal (ELECT.) sinusoidal deviation

desvio standard (STAT.) standard deviation

desvio temporário (BUILD.) temporary way

desvitrificação (CHEM.; GEO.; MINING.) devitrification

detecção anódica (ELECTRON.) anode detection

detecção automática do nível de ruído (ELECTRON.) automatic noise level sensing

detecção de circulação (NUCL.) scintillation detection

detecção de coincidência (RADIOL.) coincidence detector

detecção de contacto (COMP.) contact sense

detecção de correlação (TELECOM.) correlation detection

detecção de dispersão (ELECT.) leakage detection

detecção de erro (COMP.) error detection; error detecting

detecção de erro simples (ELECTRON.) single error detection

detecção de grade (ELECT.) grid detection

detecção de infravermelhos (PHYS.) infrared detection

detecção de meteoro (ASTRO.) meteor detection

detecção de portadora (TELECOM.) carrier detect

detecção de radioactividade (PHYS.) radioactivity detection

detecção de tempestades por radar (METEO.) radar storm detection

detecção de terra (ELECT.) ground indication

detecção de turbulência (RADAR) turbulence detection

detecção e medição de distância por luz (TELECOM.) light detection and ranging

detecção infravermelha activa (ELECTRON.) active infrared detection

detecção neutrónica (NUCL.) neutron detection

detecção por radar (RADAR) radar detection

detecção quadrática (ELECTRON.) square-law detection

detecção volumétrica (ELECTRON.) volumetric detection

detector (GEN.) detector; finder

detector (TELECOM.) finder

detector acústico de intrusão (PHYS.) acoustic intrusion detector

detector beta (NUCL.) beta detector

detector crepuscular (ELECTRON.) nightfall detector

detector da rampa (ELECTRON.) slope detector

detector de activação (ELECT.) activation detector

detector de base (MECH.) mine detector

detector de calor (MECH.) heat detector

detector de capacitância (ELECTRON.) capacitance detector

detector de chama (ELECT.) flame detector

detector de chave (ELECT.) switch detector

detector de CO (ELECTRON.) CO detector

detector de coincidência de fase (ELECTRON.) phase coincidence detector

detector de conversão (TELECOM.) conversion detector

detector de correlações (ELECTRON.) correlation detector

detector de cristal (ELECTRON.) crystal detector

detector de cristal fixo (ELECT.) fixed crystal detector

detector de desvio padrão (ELECTRON.) RMS detector

detector de diferença (ELECT.) difference detector

detector de diodo (ELECT.) diode detector

detector de dispersão (NUCL.) leakage detector

detector de dupla sintonia (ELECT.) double-tuned detector

detector de estado sólido (ELECTRON.) solid-state detector

detector de falhas (ELECT.) faultfinder

detector de fase em quadratura (ELECT.) quadrature phase detector

detector de fio incandescente (ELECT.) hot-wire detector

detector de fissuras (ELECT.) crack detector

detector de folha dupla (COMP.) double sheet detector

detector de frequência (ELECT.) frequency detector

detector de frequência modulada (TELECOM.) frequency-modulation detector

detector de fuga (ELECT.) fault-finder

detector de fuga (NUCL.) leakage detector; burst-can detector; burst-cartridge detector

detector de fumo (ELECTRON.) smoke sensor

detector de fumo óptico (ELECTRON.) optical smoke detector

detector de fumo por ionização (ELECTRON.) ionization smoke detector

detector de galena (ELECT.) crystal detector

detector de gás (MINING) gas detector

detector de germânio de desvio de lítio (NUCL.) lithium-draft germanium detector

detector de intrusão capacitivo (ELECT.) capacitance-operated intrusion detector

detector de iodeto de sódio activado por tálio (ELECTRON.) thallium-activated sodium iodide detector

detector de média (ELECTRON.) average detector

detector de metais (GEN.) radio metal locator

detector de metal (ENG.) metal detector

detector de micro-ondas (TELECOM.) microwave detector

detector de modulação em amplitude (TELECOM.) AM detector

detector de monóxido de carbono (ELECTRON.) carbon monoxide detector

detector de movimento (ELECTRON.) motion detector

detector de nível (ELECTRON.) level detector

detector de obstáculos por radar (RADAR) radar obstacle detector

detector de ondas estacionárias (TELECOM.) standing-wave detector

detector de ondas progressivas (ELECT.) travelling detector

detector de oscilação bloqueado (TELECOM.) locked oscillator detector

detector de partículas alfa (PHYS.) alpha particle detector

detector de pico (ELECTRON.) peak detector

detector de pico de diodo (ELECT.) diode peak detector

detector de porta (ELECTRON.) gate detector

detector de potência (ELECT.) power detector

detector de profundidade ultra-sónico (MECH.) ultrasonic depth finder

detector de proporção (TELECOM.) ratio detector

detector de proximidade (ELECTRON.) proximity detection

detector de radiação (PHYS.) radiation detector

detector de radiação de germânio (NUCL.) germanium radiation detector

detector de radiação de semicondutor (ELECTRON.) semiconductor radiation detector

detector de radiação gama (NUCL.; RADIOL.) gamma detector

detector de raios alfa (PHYS.) alpha-ray detector

detector de relação (TELECOM.) ratio detector

detector de silício (TELECOM.) silicon detector

detector de som (PHYS.) sound detector

detector de sonar (AERO.; NAV.; PHYS.) sonar detector; sonar receiver

detector de sulfeto de cádmio (RADIOL.) cadmium-sulphide detector

detector de tântalo (ELECT.) tantalum detector

detector de temperatura embutido (ELECT.) embedded temperature detector

detector de terra (ELECT.) earthed detector

detector de vazamento (NUCL.) burst-can detector

detector de vibração (ELECTRON.) impact vibration detector

detector diferencial de corrente nula (ELECTRON.) differential null detector

detector equilibrado (ELECT.) balanced detector

detector heteródino (TELECOM.) heterodyne detector

detector linear (TELECOM.) linear detector

detector passivo (ELECTRON.) passive sensor

detector passivo de infravermelhos (TELECOM.) infrared detectar passive

detector quântico (PHYS.) quantum detector

detector rectificador (ELECT.) rectifying detector

detector regenerativo (ELECT.) regenerative detector

detector regenerativo (TELECOM.) super-regenerative detector

detector sensível de fase (ELECTRON.) phase sensitive detector

detector síncrono (ELECT.) synchronous detector

detector sónico de profundidade (NAV.) sonic depth finder

detector térmico (BIO.) thermal detector

detector térmico (MECH.) heat detector

detector termiónico (ELECTRON.) thermionic detector

detector ultra-sónico (TELECOM.) ultrasonic detector

detector ultra-sónico de fissuras (CHEM.) ultrasonic flaw detector

detector ultra-sónico de nível (ELECTRON.) ultrasonic level detector

detergente (CHEM.) detergent

detergente catiónico (CHEM.) cationic detergent

detergentes não iónicos (CHEM.) non-ionic detergents

deterioração (PHYS.) degeneracy

determinação (BIO.) ascertainment (genetics)

determinação calorimétrica (PHYS.) calorimetric determination

determinação de isótopos de oxigénio (GEO.) oxygen-isotope determination

determinação de posição (RADAR) fixing

determinação de posição (TELECOM.) position-finding

determinação de problema (COMP.) problem determination

determinação do sexo (BIO.) sex determination

determinado (GEN.) determinate

determinador de dados (ELECTRON.) data set

determinais fechados (COMP.) closed ended

determinante (MATH.) determinant

determinante antigénico (IMMUN.) antigenic determinant

determinante de Vandermonde (MATH.) Vandermonde determinant

determinante jacobiana (MATH.) Jacobian determinant

determinantes serológicos (IMMUN.) serological determinants

determinismo evolutivo (ECO.) evolutionary determinism

determinística (COMP.) deterministic

de tipo blindado (ELECT.) protected-type

de tipo protegido (ELECTR.) protected-type

detonação (GEN.) detonation; explosion

detonação (PHYS.) boom

detonação no carburador (AUTO.) popping back

detonação no escape (AUTO.) popping back

detonador (MINING) fuse; blasting cap; detonation fuse

detonador de baixa tensão (ELECT.) low-tension detonator
detonador de proximidade (RADAR) proximity fuse
detonador instantâneo (MINING) instantaneous fuse
de três grades (ELECT.) triple-grid
detrição (GEO.) detrition
detrito (BIO.) detritus
detrito (BUILD.) spoil
detrito de lava (GEO.) lava debris
detritos (GEO.) debris
detritos de fundição (MECH.) foundry scrap
detritos flutuantes (ECO.) windrow
detumescência (MED.) detumescence
de uma só luz (IMAGE TECH.) one-light
de uma só ponta (ELECT.) single-ended
de uma só rotação (MECH.) single-revolution
de um selector (TELECOM.) uniselector
de um só estágio até órbita (SPACE) single-stage-to-orbit
de um só olho (ZOO.) monocle
de um só terminal (ELECT.) single-ended
deutão (CHEM.) deuton; deuteron
deutencéfalo (ZOO.) deutencephalon
deuteranopia (MED.) deuteranopy; deuteranopia
deuteranópico (PHYS.) deuteranopic
deuterão (CHEM.) deuteron; deuton
deutério (CHEM.) deuterium; hydrogen-2; 2H; ; heavy hydrogen
Deuteromicetos (BOT.) Deuteromycotina; Fungi imperfecti; imperfect fungi
deuterostoma (ZOO.) deuterostoma
deuterotoquia (ZOO.) deuteroky
deutoplasma (ZOO.) deutoplasm; deuteroplasm; vitellus; yolk
de valência zero (CHEM.) zero-valent
Devónico (GEO.) Devonian
dexiocardia (MED.) dexiocardia; dextrocardia
dextranase (BIO.) dextranase
dextrano (CHEM.) dextran
dextrina (CHEM.) dextrin; starch gum
dextrina férrica (CHEM.; MED.) iron dextrin
dextrocardia (MED.) dextrocardia; situs inversus
dextrorrotativo (PHYS.) dextrorotatory
dextrorse (BIO.) dextrorse
dextrorso (GEN.) dextral
dextrose (CHEM.) dextrose
dextrotrópico (ZOO.) dexiotropic
d-fucose (CHEM.) rhodeose
dia astronómico (ASTRO.) astronomical day
diabantite (MINER.) diabantite
diabase (GEO.) diabase
diabetes bronzeada (MED.) bronze diabetes; haemochromatosis
diabetes insípida (MED.) diabetes insipidus
diabetes mellitus (MED.) diabetes mellitus
diacetato de alumínio (CHEM.) aluminium diacetate
diacetil (CHEM.) diacetyl
diacetilmorfina (CHEM.) diacetylmorphine; heroin

diaclase (GEO.) diaclase
diacrítico (ELECT.) diacritic
diacrónico (ECO.) diachronous
diacronismo (GEO.) diachronism
díade(a) (BIO.) dyad
diadelfo (BOT.) diadelphous
diadococinésia (MED.) diadochokinesia; diadochokinesis
diadrómico (ECO.) diadromous
diáfise (MED.; ZOO.) diaphysis; shaft
diafisectomia (MED.) diaphysectomy
diafisite (MED.) diaphysitis
diafonia de antena (TELECOM.) antenna crosstalk
diafonia próxima (TELECOM.) near-end cross-talk
diafonia remota (TELECOM.) far-end cross talk
diaforese (MED.) diaphoresis
diaforético (MED.) diaphoretic
diafototropismo (ECO.) diaphototropism
diafragma (GEN.) diaphragm
diafragma (IMAGE TECH.) iris ; stop
diafragma (MED.) diaphragm; interseptum
diafragma (ZOO.) mid-riff
diafragma ampliado (PHYS.) stretch diaphragm
diafragma cónico (PHYS.) cone diaphragm
diafragma de compensação (SURV.) compensating diaphragm
diafragma do altifalante (TELECOM.) loudspeaker diaphragm
diafragma fechado (PHYS.) closed diaphragm
diafragmalgia (MED.) diaphragmalgia
diafragma pneumático (MECH.) pneumatic diaphragm
diafragmar (IMAGE TECH.) stop down
diafragmodinia (MED.) diaphragmalgia
diagénese (MED.) diagenesis
diageotropismo (ECO.) diageotropism
diagnose (GEN.) diagnosis
diagnose de problema (COMP.) problem diagnosis
diagnóstico (GEN.) diagnosis
diagnóstico de erro (COMP.) error diagnostic
diagnóstico prénatal (BIO.; MED.) prenatal diagnosis
diagonal (GEN.) diagonal
diagrafia da análise da lama (MINING) mud logging
diagrama (GEN.) diagram (Diag)
diagrama ACF (GEO.) ACI diagram (Aluminium; Calcium and Iron)
diagrama aerológico (METEO.) aerological diagram
diagrama aerológico de Refsdal (METEO.) emagram
diagrama borboleta (ASTRO.) butterfly diagram
diagrama circular (ELECT.) circle diagram
diagrama cladístico (BIO.) cladogram
diagrama de abertura de válvula (AUTO.) valve-opening diagram
diagrama de alvo (ELECT.) target diagram
diagrama de Applegate (PHYS.) Applegate diagram

diagrama de Argand (MATH.) Argand diagram
diagrama de blocos (COMP.; MECH.) block diagram
diagrama de carregamento e centragem (AERO.) loading and cg diagram
diagrama de constituição (ENG.) constitution diagram
diagrama de controlo (ELECTRON.) control diagram
diagrama de correlação (GEN.) correlogram
diagrama de cromaticidade (IMAGE TECH.) chromaticity diagram
diagrama de densidade (ECO.) contour diagram
diagrama de dispersão (ECO.) scatter diagram
diagrama de equilíbrio (MECH.) equilibrium diagram
diagrama de esforço (PHYS.) strain diagram
diagrama de exploração (RADAR) scanning pattern
diagrama de fase (ENG.) phase diagram
diagrama de Feynman (PHYS.) Feynman diagram
diagrama de Harker (GEO.) Harker diagram
diagrama de Hertzsprung-Russell (ASTRO.) Hertzsprung-Russell diagram
diagrama de Heyland (MECH.) Heyland diagram
diagrama de Hubble (ASTRO.) Hubble diagram
diagrama de inércia (PHYS.) inertia diagram
diagrama de ligações da placa de circuito impresso (ELECTRON.) PCB diagram
diagrama de Maunder (ASTRO.) Maunder diagram
diagrama de McCabe-Thiele (CHEM.) McCabe-Thiele diagram
diagrama de Minkowski (PHYS.) Minkowski diagram
diagrama de mola leve (MECH.) light spring diagram
diagrama de Mollier (CHEM.) Mollier diagram
diagrama de momento de flexão (MECH.) bending moment diagram
diagrama de montagem (AERO.) rigging diagram
diagrama de Neuhoff (METEO.) Neuhoff's diagram
diagrama de níveis de energia (ELECTRON.) energy level diagram
diagrama de nível de potência (TELECOM.) power-level diagram
diagrama de Nyquist (TELECOM.) Nyquist diagram
diagrama de pólens (ECO.) pollen diagram
diagrama de Potier (ELECT.) Potier construction; Potier diagram
diagrama de preparação (COMP.) set-up diagram
diagrama de radiação (PHYS.) radiation diagram; radiation pattern
diagrama de reactância (ELECTRON.) reactance chart

diagrama de recíprocas (Mech.) reciprocal diagram
diagrama de Rieke (Telecom.) Rieke diagram
diagrama de Rousseau (Elect.) Rousseau diagram
diagrama de Sargent (Nucl.) Sargent diagram
diagrama de Segrè (Phys.) Segrè chart
diagrama de sistema (Comp.) system chart
diagrama de Smith (Elect.) Smith chart
diagrama de Stuve (Meteo.) Stuve diagram
diagrama de tensão (Phys.) strain diagram
diagrama de tensão (Mech.) stress diagram
diagrama de transição de estados (Electron.) state transition diagram
diagrama de válvula (Mech.) valve diagram
diagrama de válvula Reuleaux (Mech.) Reuleaux valve diagram
diagrama de Venn (Math.) Venn diagram
diagrama de voo (Aero.) flight diagram
diagrama de Williot (Mech.) Williot diagram
diagrama de Williot-Mohr (Mech.) Williot-Mohr diagram
diagrama direccional de irradiação (Electron.) directivity pattern
diagrama do circuito (Elect.) circuit diagram
diagrama dos momentos (Phys.) moment curve
diagrama esquemático (Electron.) schematic
diagrama F (Chem.) F-diagram
diagrama floral (Bot.) floral diagram
diagrama iluminado (Elect.) illuminated diagram
diagrama indicador (Mech.) indicator diagram
diagrama lógico (Comp.) logic diagram; logical diagram
diagrama mimético (Elect.) mimetic diagram
diagrama polar (Telecom.) polar diagram plot
diagrama polo-zero (Electron.) pole-zero diagram
diagrama quaternário (Mech.) quaternary diagram
diagrama reticular (Elect.) lattice diagram
diagrama sintáctico (Comp.) syntax diagram
diagrama ternário (Mech.) ternary diagram
diagrama trapezoidal (Electron.) trapezium diagram
diagrama unifilar (Electron.) layout diagram
diagrama vectorial (Electron.) vector diagram
diálage (Miner.) diallage
dialcenos (Chem.) dialkenes
dialdeídos (Chem.) dialdehydes

dialipétalo (Bot.) dialypetalous
dialisado (Chem.) dyalysate
dialisador (Chem.) dialyser
diálise (Chem.) dialysis
diálise peritoneal (Med.) peritoneal dialysis
diálise retiniana (Med.) dialysis retinae
dialogito (Miner.) dialogite; manganese spar
diamagnetismo (Phys.) diamagnetism; diamagnetic
diamagnetismo de cristal (Eng.) crystal diamagnetism
diamante (Miner.) diamond
diamante (Print.) diamond
diamante-bristol (Miner.) Bristol diamond
diamante de vidraceiro (Build.) glazier's diamond
diamante-do-cabo ((Miner.) Cape diamond
diamante industrial (Miner.) industrial diamond
diamante-matura (Miner.) Matura diamond
diamante negro (Miner.) black diamond; carbonado
diamante pulverizado (Mech.) diamond powder
dia médio solar (Astro.) mean solar day
diametilaminoazobenzeno (Chem.) methyl yellow; butter yellow
diâmetro (Math.; Phys.) diameter
diâmetro angular (Astro.) angular diameter
diâmetro da base (Mech.) root diameter
diâmetro de cavilha (Mech.) diameter of bolt
diâmetro de círculo primitivo (Mech.) pitch diameter
diâmetro de colisão (Chem.) collision diameter
diâmetro de queda livre equivalente (Phys.) equivalent free-falling diameter
diâmetro de superfície equivalente (Phys.) equivalent surface diameter
diâmetro de uma cónica (Math.) diameter of a conic
diâmetro de um conjunto (Math.) diameter of a set
diâmetro de volume equivalente (Phys.) equivalent volume diameter
diâmetro do cilindro (Mech.) cylinder bore
diâmetro externo de rosca (Mech.) diameter of screw
diâmetro interno (Mech.) diameter of bore; caliber; calibre; inside diameter
diâmetro projectado (Phys.) projected diameter
diâmetros conjugados (Math.) conjugate diameters
diâmetros estatísticos (Phys.) statistical diameters
diamina (Chem.) diamine
diaminodifenilsulfona (Chem.; Med.) dapsone; DDS
diamino-oxidase (Chem.) diamino oxydase

diapasão (Phys.) reed; turning fork (Acoustics)
diapausa (Zoo.) diapause
diapedese (Zoo.) diapedesis
diapir (Geo.) diapir
diaplase (diaplasia) (Med.) diaplasis
diapnóico (Med.) diapnoic; diapnotic
diapófise (Zoo.) diapophysis
diapositivo (Image Tech.) diapositive; slide
diápside (diapsídeo) (Zoo.) diapsid
diário de actividades (Comp.) accounting journal
diário de bordo (Aero.) flight-log; log
diário de bordo (Nav.) log
diário dinâmico (Comp.) dynamic log
diarreia (Med.) diarrhea; diarrhoea; flux
diarreia alba (Med.) diarrhoea alba; celiac disease
diarreia alba (Vet.) diarrhoea alba; pullorum disease; bacillar white diarrhoea; white scour
diarreia branca (Med.) diarrhoea alba; celiac disease
diarreia branca (Vet.) diarrhoea alba; pullorum disease; bacillar white diarrhoea; white scour
diarreia do latente (Med.) diarrhoea ablactatorum
diartrose (Zoo.) diarthrosis
dias frios de Maio (Meteo.) ice saints (in Europe)
dia sideral (Astro.) sidereal day
dia solar (Astro.) solar day
dia solar aparente (Astro.) apparent solar day
dias perturbados (Meteo.) disturbance days
diásporo (Mining) diaspore
diasquise (Med.) diaschisis
diástase (Bio.) diastase; diastasis
diastema (Zoo.) diastema
diáster (Bio.) diaster
diastereoisómero (Chem.) diastereoisomer
diástole (Bot.; Zoo.) diastole
diastrofismo (Geo.) diastrophism
diatérmano (Phys.) diathermanous
diatermia (Med.) diathermy
diatermia cirúrgica (Med.) surgical diathermy; diathermo coagulation
diatermia clínica (Med.) medical diathermy
diatermia de onda curta (Med.) short wave diathermy
diatérmico (Phys.) deathermal
diatermo-coagulação (Med.) diathermo coagulation; surgical diathermy
diatese (Med.) diathesis
diatese exsudativa (Vet.) exudative diathesis
diatese úrica (Med.) uric acid diathesis
diatomas (Bio.) diatoms
diatomito (Miner.) diatomite; infusorial earth; tripolite; kieselgur; diatomaceous earth; Tripoli powder
diatropismo (Bot.) diatropism
diazepam (Chem.; Med.) diazepam; Valium
diazometano (Chem.) diazomethane
diazotização (Chem.) diazotization
diazóxido (Chem.) diazoxide

dibenzilo (CHEM.) dibenzyl
dibenzoílo (CHEM.) dibenzoyl
dibenzopiridina (CHEM.) dibenzopyridine; acridine
dibenzo-y-pirano (CHEM.) xanthene H
dibit (dois bits) (COMP.) dibit
diborano (CHEM.) diborane
dibranquiados (ZOO.) dibranchiate
dibrânquios (ZOO.) dibranchiate
dicário (BOT.) dikaryon
dicariofase (BOT.) dicaryophase
dicásio (BOT.) dichasial cyme; dichasium
dicéfalo (MED.) dicephalus
dicêntrico (BIO.) dicentric
diceteno (CHEM.) diketen
dicetonas (CHEM.) diketones
dicetopiperazinas (CHEM.) diketopiperazines
dicionário automático (COMP.) automatic dictionary
dicionário de dados (COMP.) data dictionary
dickita (diquita) (MINER.) dickite
diclina (BOT.) dicliny
dicloreto de metileno (CHEM.) dichloromethane
diclorodifeniltricloroetano [DDT] (CHEM.) dichlorodiphenyltrichloroethane [DDT]
diclorodifluorometano (CHEM.) dichlorodifluoromethane; freon-12
dicloroetano (CHEM.) dichloroethane; ethylene dichloride
diclorofeno (CHEM.) dichlorophen
diclorometano (CHEM.) dichloromethane; methylene chloride
dicloropropano (CHEM.) dichloropropane
diclorotetrafluoretano (CHEM.) dichlorotetrafluorethane; freon 114
dicofano (CHEM.) dicophane [DDT]
dicogamia (BOT.) dichogamy
dicoriónico (MED.) dichorial; dichorionic
Dicotiledóneas (BOT.) Dicotyledones
dicotomia (GEN.) dichotomy
dicróico (CHEM.; MINER.) dichroic
dicroísmo (CRYST.) dichroism
dicroíte (MINER.) dichroite
dicromatismo (MED.) dichromatism
dicromato (bicromato) (CHEM.) dichromate
dicromato de mercúrio (CHEM.) mercuric dichromate
dicromato de potássio (CHEM.) potassium dichromate
dicrotismo (MED.) dicrotism
dícroto (MED.) dicrotic
dictioma (MED.) dictyoma
dictiosoma (BOT.) dictyosome
dictiostélio (BOT.) dictyostele
didáctilo (ZOO.) didactyl
didélfico (MED.) didelphic
didímio (BOT.) didymious
didinâmico (BOT.) didynamous
diédrico (MATH.) dihedral
diedro da asa (AERO.) anhedral
dieldrina (CHEM.) dieldrin; HEOD
dieléctrico (PHYS.) dielectric
dieléctrico alto (ELECT.) high dielectric
dieléctrico anisotrópico (PHYS.) anisotropic dielectric
dieléctrico cilíndrico (ELECT.) cylindrical dielectric

dieléctrico de mica (ELECT.) mica dieletric
dieléctrico do condensador (ELECT.) condenser dieletric
dieléctrico elevado (ELECT.) high dielectric
dieléctrico ideal (ELECTR.) ideal dielectric
dieléctrico imperfeito (ELECT.) imperfect dielectric
dieléctrico isotrópico (ELECT.) isotropic dieletric
dieléctrico perfeito (PHYS.) perfect dielectric
dieléctrico refractário (ELECT.) refractory dielectric
diencéfalo (ZOO.) diencephalon; deuterocerebrum; deuterocerebron
dienina (BIO.) dyenin
dieno (CHEM.) diene
diestro (ZOO.) dioestrus
dietanolamina (CHEM.) diethanolamine
diétese (MED.) diathesis
dietilamida do ácido lisérgico [LSD] (MED.) lysergic acid diethylamide [LSD]
dietilenodiamina (CHEM.) diethylenediamine; piperazine
dietilestrilbestrol (CHEM.) strilboestrol
difalo (MED.) diphallus
difenilcarbinol (CHEM.) benzydrol
difenileniamida (CHEM.) carbazole
difeniletileno (CHEM.) stilbene
difenilglioxal (CHEM.) benzil
difenilo (CHEM.) phenylbenzene
difenilometano (CHEM.) diphenylmethane
difenil ureia-simétrica (CHEM.) carbanilide
diferença (GEN.) difference
diferença de fase (ELECT.) difference of phase; phase difference
diferença de nível (HIDRO.) head
diferença de potencial (ELECT.; PHYS.) difference of potential; potential difference
diferença de pressão (MECH.) difference of pressure
diferença de velocidade (ELECT.) slip
diferença limitada (PSYCHO.) just noticeable difference
diferenciação (GEN.) differentiation
diferenciação gravitacional (GEO.) gravitational differentiation
diferenciação logarítmica (MATH.) logarithmic differentiation
diferenciador RL (ELECTRON.) RL differentiator
diferencial (ELECT.) differential gear
diferencial (GEN.) differential
diferencial total (MATH.) complete differential; total differential
diferopirrol (CHEM.) carbazole
dificerco (ZOO.) diphycercal
difilético (BIO.) diphyletic
difiodonte (ZOO.) diphyodont
difluência (METEO.) diffluence
difosfato de adenosina (BIO.; CHEM.) adenosine diphosphate [ADP]
difosfopiridina-nucleótido (CHEM.; MED.) diphosphopyridine nucleotide (DPN)
difosgénio (CHEM.) diphosgene

difracção (PHYS.) diffraction
difracção das ondas (GEO.) wave diffraction
difracção de Bragg (PHYS.) Bragg diffraction
difracção de cristal (PHYS.) crystal diffraction
difracção de Fraunhofer (PHYS.) Fraunhofer diffraction
difracção de Fresnel (PHYS.) Fresnel diffraction
difracção do pó (PHYS.) powder diffraction
difracção electrónica (ELECTRON.) electron diffraction
difracção neutrónica (PHYS.) neutron diffraction
difracção por raios X (PHYS.) X-ray diffraction
difracção sobre uma aresta aguda (PHYS.) single-edge diffraction
difracção ultra-sónica da luz (TELECOM.) ultrasonic light diffraction
difractómetro (PHYS.) diffractometer
difractómetro por raios X (CRYST.) X-ray diffractometer
difteria (MED.) diphtheria
difteria aviária (VET.) avian diphtheria; roup; fowl pox
difteria do novilho (VET.) necrotic stomatitis; calf diphtheria; malignant stomatitis
difteria nutricial das aves (VET.) nutricional roup
difterina (CHEM.) diphtherin; diphtheria toxin
difterotoxina (IMMUNOL.) diphtherotoxin
difusão (CHEM.) diffusion
difusão (TELECOM.) broadcasting
difusão capilar (BIO.) capillary diffusion
difusão contínua (GEN.) continuous diffusion
difusão de calor molecular (CHEM.) molecular heat diffusion
difusão de filme fino por iões ractivos (ELECTRON.) reactive ion etching
difusão de frequência comum (TELECOM.) common-frequency broadcasting
difusão de isolamento (ELECT.) isolation diffusion
difusão de neutrões (NUCL.) neutron diffusion
difusão de partículas (PHYS.) diffusion of particles
difusão de turbulência (CHEM.) eddy diffusion
difusão de video digital (IMAGE TECH.) digital video broadcasting [DVB]
difusão dos sólidos (PHYS.) diffusion of solids
difusão elástica (PHYS.) elastic scattering
difusão facilitada (BIO.) facilitated diffusion
difusão gasosa (NUCL.) gaseous diffusion
difusão imunitária (BIO.) immunodiffusion
difusão na crista da montanha (TELECOM.) mountain edge scattering

difusão por cabo (TELECOM.) wire broadcasting

difusão rígida (PHYS.) inelastic scattering

difusão sólida (MECH.) solid diffusion

difusão térmica (PHYS.) thermal diffusion

difusão troposférica (TELECOM.) tropospheric scatter

difusibilidade (PHYS.) diffusibility

difusibilidade térmica (PHYS.) thermal diffusivity

difusor (AUTO.; MECH.) choke

difusor (GEN.) diffuser

difusor-afogador (MECH.) Venturi choke

difusor de arco (ELECT.; ELECTRON.) arc baffle; splash baffle

difusor térmico (MECH.) thermal spray

digamético (ZOO.) digametic

digástrico (ZOO.) digastric

digénese (ZOO.) digenesis

digenite (MINER.) digenite

digestão (GEN.) digestion

digestão externa (ZOO.) external digestion

digitação (COMP.) digitize

digitado (BOT.) digitate

digital (GEN.) digital

digital (BOT.; CHEM.; MED.) digitalis

digitalina (CHEM.) digitalin

digitális (BOT.; CHEM.; MED.) digitalis

digitalismo (MED.) digitalism

digitalização (MED.) digitalization

digitalose (MED.) digitalose

digitífero (ZOO.) digitule

digitígrado (BOT.) digitigrade

digitina (CHEM.) digitin

dígito (GEN.) digit

dígito binário (COMP.) binary digit

dígito binário (em teoria da informação) (ELECTRON.) binit

dígito codificado em binário (COMP.) binary code digit

dígito decimal de código (COMP.; ELECTRON.) code decimal digit

digito de comprovação (COMP.) check digit

dígito de intervalo (COMP.) gap character

dígito de justificação (COMP.) justification digit

dígito de paridade (COMP.) parity digit

dígito de sinal (COMP.) sign digit

dígito de teste (COMP.) check digit

dígito de transporte (COMP.) carry digit

dígito inteiro (COMP.) integer digit

dígito mais significativo (COMP.) most significant digit

dígito menos significativo (ELECTRON.) least-significant digit

digitonina (CHEM.) digitonin; digitin

dígito octal (COMP.) octal digit

dígitos binários equivalentes (COMP.) equivalent binary digits

digitoxidade (MED.) digitoxicity

digitoxina (CHEM.) digitoxin

digitoxose (CHEM.) digitoxose

diglossia (MED.) diglossia

dignato (MED.) dignatus

digonal (CRYST.; MATH.) digonal

digoxina (CHEM.) digoxin

diíbrido (BIO.) dihybrid

diidrofosfato de amoníaco (CHEM.) ammonia dihydrogen phosphate

diidropirrol (CHEM.) pyrroline

diidroxiacetona (CHEM.) dihydroxyacetone

diisocianato de tolueno (CHEM.; PLAST.) toluene di-isocyanate; TDI

dilaceração (BIO.) erose (bacteria)

dilatabilidade (CHEM.) dilatancy

dilatação da banda (TELECOM.) bandspread

dilatação da vesícula biliar (MED.) cholecystectasia

dilatação de tempo (PHYS.; SPACE) time dilation

dilatação por irradiação (NUCL.) irradiating swelling

dilatação superficial (PHYS.) areal expansion

dilatado (BUILD.) expanded

dilatador (ZOO.) dilator

dilatometria (CHEM.) dilatometry

dilatómetro (CHEM.) dilatometer

dilema de Henning (ECO.) Hennig's dilemma

Dileniáceas (BOT.) Dilleniidae

diluente (GEN.) diluent; thinner; extender

diluente (CHEM.) diluent

diluição (CHEM.) dilution

diluição de jacto de fenda (HYDRO.) slot jet dilution

diluição isotópica (RADIOL.) isotopic dilution

diluído (CHEM.) dilute

dilúvio (GEO.) diluvium

dimensão (GEN.) size; dimension

dimensão da matriz (COMP.) array dimension

dimensão de partícula (GEO.; PHYS.) particle size

dimensão populacional (ECO.) population size

dimensão populacional efectiva (ECO.) effective population size

dimensões de identificação (NAV.) identification dimensions

dimensões extremas (NAV.) extreme dimensions

dimensões principais (PHYS.) principal dimensions

dimensões registadas (NAV.) registered dimensions

dímero (CHEM.) dimer

dimeticona (CHEM.; MED.) dimethicone

dimetilaminoazobenzeno (CHEM.) dimethylaminoazobenzene; butter yellow

dimetilanilina (CHEM.) xylidina

dimetilbenzeno (CHEM.) xylene; xylol

dimetilcarbinol (CHEM.) dimethylcarbinol

dimetilfenol (CHEM.) xilenol

dimetilformamida (CHEM.) dimethylformamide

dimetilftalato (CHEM.) dimethyl phtalate

dimetilglioxima (CHEM.) dimethyl glyoxime

dimetilpropriotetina (CHEM.) dimethylpropiothetin

diminuendo (MATH.) minuend

diminuição da actividade funcional (MED.) hypergasia

diminuição de alcance (RADAR) range attenuation

diminuição de audição (MED.) hearing impairment

diminuição de humidade (METEO.) falling of humidity

diminuição do ruído (AERO.) noise abatement

diminuição gradual (IMAGE TECH.; TELECOM.) fade-out; fading

diminuição logarítmica (PHYS.) logarithmic decrement

dimórfico (BIO.; CHEM.) dimorphic; dimorphous

dimorfismo (GEN.) dimorphism

dimorfismo sexual (BOT.; ZOO.) sexual dimorphism

dimorfo (BIO.; CHEM.) dimorphous; dimorphic

dinâmica de colonização (ECO.) gap dynamics

dinâmica de cristal (ELECT.) crystal dynamics

dinâmica de descarga (COMP.) dump dynamics

dinâmica de pasto (ECO.) patch dynamics

dinâmica de voo (AERO.) flight dynamics

dinâmica do reactor (NUCL.) reactor dynamics

dinâmica estrutural (PHYS.) lattice dynamics

dinamica populacional (ECO.) population dynamics

dinamismo (PHYS.) volume range

dinamitação (BUILD.) blasting

dínamo (ELECT.) dynamo; electric generator; generator

dínamo de compensação (ELECT.) balancer

dínamo de corrente contínua (ELECT.) d.c. dynamo

dínamo de tracção (ELECT.) traction generator

dínamo elevador (ELECT.) battery booster

dinamómetro (CHEM.; PHYS.) spring balance; dynamometer

dinamómetro de absorção (ENG.) absorption dynamometer

dinamómetro de Siemens (ELECT.) Siemens dynamometer

dinamómetro de transmissão (MECH.) transmission dynamometer

dinamómetro dinâmico de Heenan (MECH.) Heenan dynamic dynamometer

dinamómetro eléctrico (MECH.) electric dynamometer

Dinanciano (GEO.) Dinantian

dineutrão (ELECTRON.) dineutron

dinitrato de isosorbida (CHEM.) isosorbide dinitrate

dinitrocresol (CHEM.) dinitrocresol

dinitrofenol (CHEM.) dinitrophenol

dínodo (ELECTRON.) dynode

Dinofíceas (BOT.) Dinophyceae

dinoflagelados (ZOO.) Dinoflagellata

dintel (BUILD.) bressumer

dinucleotídeo de nicotinamida-adenina (BIO.) nicotinamide adenine dinucleotide (NAD)

dinucleotídeo de nicotinamida-adenina-fosfato (BIO.) nicotinamide adenine dinucleotide phosphate (NADP)

diodo (Electron.) diode; two-electrode valve

diodo-avalanche (Electreon.) avalanche diode; Zener diode

diodo coaxial (Elect.) coaxial diode

diodo comutador (Elect.) switching diode

diodo de acumulação de vazios (Electron.) hole accumulation diode

diodo de amortecimento (Elect.) damping diode

diodo de avalanche de impacto e tempo de trânsito (Electron.) impact avalanche and transit time diode

diodo de barreira de energia (Electron.) bandgap diode

diodo de barreira superficial (Elect.) surface barrier diode

diodo de base dupla (Elect.) double-base diode

diodo de bloqueio rápido (Elect.) snap-off diode

diodo de contacto de ponta (Electron.) point-contact diode

diodo de controlo automático de volume (Elect.) automatic volume diode

diodo de cristal (Electron.) crystal diode

diodo de disparo (Elect.) gate-trigger diode

diodo de efeito de campo (Elect.) field-effect diode

diodo de fixação (Elect.) clamping diode

diodo de Fleming (Electron.) Fleming diode

diodo de ganho (Electron.) efficiency diode

diodo de germânio (Electron.) germanium diode

diodo de interrupção (Electron.) breakdown diode

diodo de isolamento (Telecom.) isolation diode

diodo de junção (Electron.) junction diode

diodo de laser (Electron.) laser diode

diodo de meia-onda (Elect.) half-wave diode

diodo de plasma (Electron.) plasma diode

diodo de protecção (Electron.) protection diode

diodo de referência (Electron.) reference diode

diodo de referência de silício (Electron.) silicon reference diode

diodo de retorno (Electron.) backward diode

diodo de ruído (Elect.) noise diode

díodo de Schockley (Electron.) Shockley diode

diodo de Schottky (Electron.) Schottky diode

diodo de selénio (Elect.) selenium diode

diodo de três camadas (Electron.) three-layer diode

diodo de união de base dupla (Elect.) double-base junction diode

díodo de válvula termoiónica (Electron.) vacuum diode

diodo dieléctrico (Elect.) dielectric diode

diodo dinâmico (Elect.) dynamic diode

diodo disparador (Electron.) trigger diode

diodo duplo (Electron.) double diode

diodo emissor de infravermelho (Elect.) infrared emitting diode

diodo emissor de luz (Electron.) light-emitting diode

diodo Esaki (Electron.) Esaki diode

diodo fotocondutor (Electron.) photodiode

diodo gerador de ruído (Electron.) noise-generator diode

diodo interruptor (Electron.) silicon-controlled switch

diodo-laser (Electron.) diode laser

diodo limitador (Electron.) limiter diode

diodo paramétrico (Electron.) parametric diode

diodo-pêntodo (Elect.) diode-pentode

diodo P-I-N (Electron.) PIN diode

diodo planar (Electron.) planar diode

diodo plano (Electron.) planar diode

díodo rectificador (Electron.) rectifier diode

diodo rectificador de selénio (Electron.) selenium rectifier

diodo semicondutor (Electron.) semiconductor diode

diodo termiónico (Electron.) thermionic diode

diodo TRAPATT (Electron.) TRAPATT diode

diodo túnel (Electron.) tunnel diode

diodo Zener (Electron.) Zener diode; silicon reference diode

diodo zener com temperatura compensada (Elect.) temperature-compensated zener diode

dióico (Bot.) dioecius; dicliny

diol (Chem.) diol

diolefinas (Chem.) diolefins

Dione (Astro.) Dione (4th satellite of Saturn)

Dione B (Astro.) Dione B (12th satellite of Saturn)

diopside (Miner.) diopside

dioptase (Miner.) dioptase

dioptria (Phys.) dioptre; diopter (Optics); dioptry (obsolete)

diorito (Geo.) diorite

diorito de quartzo (Miner.) quartz-diorite

diotrão (Comp.; Electron.) diotron

dioxana (Chem.) dioxan

dióxido de azoto (Chem.) nitrogen dioxide

dióxido de carbono (Chem.) carbon dioxide; carbonic acid gas

dióxido de carbono sólido (Chem.) dry ice

dióxido de chumbo (Chem.) lead dioxide; lead(IV)oxide

dióxido de crómio (Chem.) chromium dioxide

dióxido de enxofre (Chem.) sulphur(IV)dioxide

dióxido de hidrogénio (Chem.) hydrogen dioxide; hydrogen peroxide

dióxido de manganés (Chem.) manganese dioxide

dióxido de platina (Chem.) platinum dioxide; platinic oxide

dióxido de silício (Chem.) silicon dioxide

dioxinas (Bio.) dioxin

dipenteno (Chem.) dipentene

dipicrilamina de potássio (Chem.) potassium dipicrylamine

dípigo (Med.) dipygus

dipirito (Miner.) dipyre

dipiro (Miner.) dipyre

diplegia (Med.) diplegia

diplegia espástica (Med.) spastic diplegia; Little's disease

diplex (Telecom.) diplex

diplobionte (Bot.) diplobiont

diploblástico (Zoo.) diploblastic

diplococo (Bio.) diplococcus

diplocoria (Med.) diplocoria

diploé (Med.) diploe

diplofase (Bio.) diplophase

diplogangliado (Zoo.) diploganglionate; diplogangliate

diploganglionado (Zoo.) diploganglionate; diplogangliate; diploganglionate

diplóide (Bio.) diploid

diplonema (Bio.) diplonema; diplotene

diplonte (Bot.) diplont

diplopia (Med.) diplopia

Diplópodes (Diplópodos) (Zoo.) Diplopoda

diplospondilia (Zoo.) diplospondyly

diplóstemo (Bot.) diplostemonous

diplotene (Bio.) diplotene

diplozóico (Zoo.) diplozoic

Dipneus (Zoo.) Dipnoi; Dipneusti

Dipneustas (Zoo.) Dipnoi; Dipneusti

Dipnóicos (Zoo.) Dipnoi; Dipneusti

dipolar (Gen.) dipole

dipolo de Hertz (Elect.) Hertzian dipole

dipolo de meia onda (Electron.) half-wave dipole

dipolo de referência (Electron.) reference dipole

dipolo de tubo coaxial (Telecom.) sleeve dipole

dipolo dobrado (Telecom.) folded dipole

dipolo eléctrico (Elect.; Phys.) electric doublet; electric dipole

dipolo grosso (Electron.) fat dipole

dipolo hertziano (Elect.) Hertzian dipole

dipolo induzido (Elect.) induced dipole

dipolo magnético (Elect.) magnetic dipole; magnetic doublet

dipolo recto (Elect.) straight dipole

dipolo sintonizado (Electron.) tuned dipole

dipolos sobrepostos (Elect.) stacked dipoles

diprotodonte (Zoo.) diprotodont

dipsomania (Med.) dipsomania

dipterocarpo (Bot.) eng (Burmese tree)

Dípteros (Zoo.) Diptera

diptocarpo (Bot.) in (Burmese tree)

dique (Build.) embankment

dique (GEN.) dam; lock; dyke

dique (GEO.) levee; dike; dyke

dique (HYDRO.) flood gate; dike; sill; lock; sluice; head-gate

dique (NAV.) bulkhead

dique de alvenaria (HYDRO.) masonry dam

dique de curva de nível (HYDRO.) contour check

dique de defesa contra cheias (HYDRO.) floodwall

dique de dupla parede (BUILD.) double-wall coffer dam

dique de pedra (HYDRO.) stone dam

dique de rochas duras (GEO.) whin sill (magma)

dique de sacos de areia (HYDRO.) sand-bag dammings

dique de separação (BUILD.) leaping weir

dique de terra (BUILD.) earth dam

dique em anel (GEO.) ring dyke

dique flutuante (HYDRO.) floating dam; coffer; float; caisson; coffer

dique neptuniano (GEO.) Neptunean dyke

dique por gravidade (BUILD.) gravity dam

dique provisório de caixa (BUILD.) box dam

dique represa (HYDR.) levee

diques de colmatagem (HYDRO.) jetties

dique transversal (HYDRO.) water check

direcção (GEN.) direction

direcção Ackermann (AUTO.) Ackermann steering

direcção Charniânica (GEO.) Charnoid direction

direcção de falha (GEO.; MINING) fault strike; fault line

direcção de filão (GEO.) strike

direcção de máquina (PRINT.) machine direction

direcção de parafuso sem-fim e segmento de engrenagem (MECH.) worm-and-gear steering

direcção de polarização (ELECT.) direction of polarization

direcção de uma curva (MATH.) direction of a curve

direcção hiperbólica (AERO.) hyperbolic guidance

direcção mecânica (AUTO.) power steer

direcção progressiva (ELECT.) forward direction

direcções assintóticas (MATH.) asymptotic directions

direcções autoconjugadas (MATH.) self-conjugate directions

direcções conjugadas (MATH.) conjugate directions

directamente à frente (AERO.; NAV.) dead ahead

directamente atrás (AERO.; NAV.) dead astern

directividade (ELECTRON.) directivity

directividade cardióide (PHYS.) cardioid directivity

director (GEN.) director

director de voo (AERO.) flight director (instrument)

directório (COMP.) directory

directório de biblioteca (COMP.) library directory

directório de ficheiros (COMP.) file directory

directório de página (COMP.) page directory

directório principal (COMP.) master directory

directriz (MATH.) directrix

Direito Aéreo Internacional (AERO.) International Air Law

direito de acesso (COMP.) access right

direitos extra-laterais (MINING) extra-lateral rights

dirigível (AERO.) airship; dirigible

dirigível não-rígido (AERO.) blimp

dirigível semi-rígido (AERO.) semi-rigid airship

disautonomia felina (VET.) Key-Gaskel syndrome; feline dysautonomia

discal (ZOO.) discal

discinésia (MED.) dyskinesia

disciplina (PSYCHO.) training

disciplina de voo (AERO.) flight discipline

discisão (discissão) (MED.) needling; discission

disco (GEN.) disc; disk; wheel

disco (IMAGE TECH.) platter

disco (MECH.) sheave

disco (TELECOM.) dial

disco a diamante (MECH.) diamond wheel

disco amortecedor (ELECT.) dimmer wheel

disco bimetálico (ELECTRON.) bimetallic disc

disco centrífugo de Kaye (PHYS.) Kaye disk centrifuge

disco compacto (PHYS.) compact disc

disco compacto de vídeo (IMAGE TECH.) compact disc video

disco compensador (ELECT.) balancing ring

disco da hélice (AERO.) propeller disk

disco de acreção (ASTRO.) accretion disc

disco de Airy (IMAGE TECH.) Airy disc

disco de Arago (PHYS.) Arago's disc

disco de Bernoulli (COMP.) Bernoulli disc

disco de código binário (COMP.) binary code disc

disco de corte (MECH.) cut off wheel

disco de corte (PRINT.) cutting disc

disco de corte a diamante (MECH.) diamond cutting wheel

disco de Faraday (PHYS.) Faraday disc

disco de gramofone (PHYS.) gramophone record

disco de longa duração (TELECOM.) long-playing record

disco de manivela (MECH.) crank plate

disco de Newton (PHYS.) Newton's disc

disco de Nipkow (IMAGE TECH.) Nipkow disc

disco de núcleo segmentar (ELECT.) segmental core disc

disco de polir (MECH.) polishing wheel

disco de Rayleigh (PHYS.) Rayleigh disc

disco de recartilhar (MECH.) knurling tool

disco de rectificação a diamante (MECH.) diamond grinding wheel

disco de reforço (GLASS) strain disc

disco de ruptura (ELECT.) bursting disc

disco de secchi (ECO.) secchi disc

disco de sector (PHYS.) sector disc

disco de sectores demarcados fisicamente (COMP.) hard-sectored disc

disco de vinil (TELECOM.) vinyl disc

disco do excêntrico (MECH.) eccentric sheave

disco do travão (MECH.) brake drum

disco duro (COMP.) hard disc

disco exclusivo de leitura (COMP.) read-only disc

disco flexível (COMP.) flexible disc; floppy disc

disco fumado (SURV.) shade; solar attachment

discogénico (MED.) discogenic

disco germinativo (ZOO.) germinal disc

disco giratório (MECH.) wound disc

disco gravado directamente (PHYS.) direct-recorded disc

disco imaginal (ZOO.) imaginal bud (disc)

Discolíquenes (BOT.) Discolichenes

disco magnético (COMP.) magnetic disc

disco magneto-óptico (IMAGE TECH.) magneto-optical drive [MOD]

Discomicetes (BOT.) Discomycetes

disco planetário (ASTRO.) planetary disc

disco prolígero (ZOO.) cumulus oophorus; discus proligerous

discordância (GEO.) discordance; unconformity

discordância (ZOO.) disharmony; discordance

disco rígido (COMP.) hard disc

disco rígido removível (COMP.) removable hard drive

discos de microssulcos (PHYS.) microgroove records (Acoustics)

discos flexíveis (COMP.) floppies

disco sectorizado por software (COMP.) soft sectored disc

disco supressor (ELECT.) chopper disc

disco telefónico (TELECOM.) telephone dial

disco virgem (ELECTRON.; PHYS.) blank; recording blank

disco virtual (COMP.) virtual disk

discrasite (MINER.) discrasite

discriminação (GEN.) discrimination

discriminação de filtro (ELECT.) filter discrimination

discriminador (ELECT.) discriminator

discriminador de altura de impulso (TELECOM.) pulse-height discriminator

discriminador de amplitude (TELECOM.) amplitude discriminator

discriminador de fase (ELECTRON.) phase-sensitive demodulator

discriminador de Foster-Seely (ELECT.) Foster-Seely discriminator

discriminador de frequência (Electron.) FM discriminator

discriminador de frequência (Telecom.) frequency discriminator

discriminador de impulso (Elect.) pulse discriminator

discriminador de tempo ((Telecom.) time discriminator

discriminador diferencial (Electron.) differential discriminator

discriminante (Math.) discriminant

disdiadococinesia (Med.) dysdiadokokinesia

disenteria (Med.) dysentery

disenteria de Inverno (Vet.) winter dysentery

disenteria do cordeiro (Vet.) lamb dysentery

disergia (Med.) dysergia

disfagia (Med.) dysphagia

disfagia sideropénica (Med.) Plummer-Vinson syndrome; sideropenic dysphagy

disfagocitose congénita (Immun.) chronic granulomatous disease

disfasia (Med.) dysphasia

disfonia (Med.) dysphonia

disforia (Med.) dysphoria

disfunção sexual geral (Psycho.) general sexual disfunction

disgénico (Zoo.) dysgenic

disgrafia (Med.) dysgraphia

disinteria amébica (Bio.) amoebic dysentery

disjunção (Gen.) disjunction

disjunção electromagnética (Elect.) electromagnetic blow-out

disjunto (Bot.; Zoo.) disjunct

disjuntor (Elect.) breaker; circuit breaker; contact breaker

disjuntor (Gen.) disjunctor

disjuntor automático (Elect.) automatic circuit-breaker; automatic cut-off

disjuntor de ar (Elect.) air break

disjuntor de Bailey (Elect.) Bailey clamp

disjuntor de baixa tensão (Elect.) low-tension cutout

disjuntor de comutação (Telecom.) commutation switch; selector

disjuntor de descarga (Elect.) discharge switch

disjuntor de explosão de óleo (Elect.) oil-blast circuit-breaker

disjuntor de fusível (Elect.) fuse-cutout

disjuntor de fusível de expulsão (Elect.) expulsion cutout

disjuntor de pressão de ar (Elect.) air-blast circuit-breaker

disjuntor de sobrecarga (Elect.) overload cutout

disjuntor diferencial (Elect.) differential circuit-breaker

disjuntor eléctrico (Phys.) electrical cutout

disjuntor eléctrico de calha DIN (Electron.) miniature circuit breakers [MCBs]

disjuntor limitador (Elect.) limit switch

disjuntor magnético (Elect.) magnetic circuit breaker

disjuntor térmico (Elect.) thermal cut-out

dislalia (Med.) dyslalia

dismelia (Med.) dysmelia

dismenorreia (Med.) dysmenorrhea; dysmenorrhoea

dismetria (Med.) dysmetria

disostose (Med.) dysostosis

disostose múltipla (Med.) dysostosis multiplex; gargoylism; Hurler's syndrome

disparador (Gen.) trigger

disparador (Image Tech.) shutter

disparador de cabo (Image Tech.) cable release

disparador electrónico (Electron.) electron gun

disparador rotativo (Image Tech.) rotary shutter

disparador Schmitt (Electron.) Schmitt trigger

dispareunia (Med.) dyspareunia

disparidade (Stat.) odds

disparo (Elect.; Electron.) trigger; triggering; discharge; trip

disparo (Mech.) release

disparo (Nucl.) trip

disparo (Telecom.) burst

disparo anormal (Image Tech.) wild shooting

disparo de voltagem nula (Elect.) no-voltage release

disparo directo (Elect.) direct-trip

disparo disruptivo (Elect.) disruptive discharge

disparo do reactor (Nucl.) reactor trip

disparo em derivação (Elect.) shunt trip

disparo fixo (Elect.) fixed-trip

disparo independente (Elect.) independent trip

disparo mecânico (Mech.) mechanical trip

disparo por nível (Electron.) level triggered

dispensário (Med.) dispensary

dispepsia (Med.) dyspepsia

dispermia (Zoo.) dispermy

dispersão (Gen.) dispersion

dispersão (Phys.) scattering

dispersão activa (Eco.) active dispersal

dispersão acústica (Phys.) acoustic dispersion; acoustic scattering

dispersão angular (Geo.) angular spreading

dispersão anómala (Phys.) anomalous dispersion; anomalous scattering

dispersão atómica (Phys.) atomic scattering

dispersão clássica (Phys.) classical scattering; Thomson scattering

dispersão clonal (Eco.) clonal dispersal

dispersão coerente (Radar) coherent scattering

dispersão coloidal de um sólido num líquido (Chem.) sol

dispersão de Brillouin (Phys.) Brillouin scattering

dispersão de Compton (Radiol.) Compton scattering

dispersão de Coulomb (Phys.) Coulomb scattering

dispersão de Debye-Jauncey (Phys.) Debye-Jauncey scattering

dispersão de Delbruck (Phys.) Delbruck scattering

dispersão de fibra óptica (Telecom.) fibre dispersion

dispersão de frequência (Telecom.) frequency dispersion

dispersão de impulsos (Telecom.) pulse dispersion

dispersão de Mie (Phys.) Mie scattering

dispersão de modo (Telecom.) mode dispersion

dispersão de partículas (Phys.) particle scattering

dispersão de radiação (Phys.) scattering of radiation

dispersão de Raman (Phys.) Raman scattering

dispersão de ranhura (Elect.) slot leakage

dispersão de Rayleigh (Phys.) Rayleigh scattering

dispersão de ressonância (Phys.) resonance scattering

dispersão de Rutherford (Phys.) Rutherford scattering

dispersão de sombra (Phys.) shadow scattering

dispersão de Thomson (Phys.) Thomson scattering; classical scattering

dispersão dianteira (Elect.) forward scatter

dispersão difractiva (Phys.) shadow scattering

dispersão do induzido (Elect.) armature leakage

dispersão do jacto a vapor (Mech.) fan of the steam jet

dispersão elástica de neutrões (Phys.) neutron elastic scattering

dispersão electrão-fonão (Phys.) electron-phonon scattering

dispersão em arco (Eng.) arc spraying

dispersão em ziguezague (Elect.) zigzag leakage; ziguezague leakage

dispersão fonão-fonão (Phys.) phonon-phonon scattering

dispersão frontal (Elect.) forward scatter

dispersão giratória (Chem.; Phys.) rotatory dispersion

dispersão incoerente (Electron.) incoherent scattering

dispersão lambda (Phys.) lambda leak

dispersão lateral (Phys.) flank dispersion

dispersão magnética (Elect.) magnetic leakage

dispersão magneto-neutrónica (Phys.) neutron-magnetic scattering

dispersão meteórica (Telecom.) meteor scatter

dispersão molecular (Chem.) molecular scattering

dispersão neutrónica (Nucl.) neutron leakage

dispersão óptica (Telecom.) optical grating

dispersão óptica rotativa (CHEM.) optical rotary dispersion

dispersão passiva (ECO.) passive dispersal

dispersão pelo vento (BOT.) wind dispersal

dispersão polar (PHYS.) polar leakage (magnetism)

dispersão por carga espacial (ELECTRON.) space-charge debunching

dispersão por difracção (PHYS.) diffraction scattering

dispersão posterior (PHYS.) back scatter

dispersão primária (MINING) primary dispersion

dispersão secundária (ELECT.) secondary leakage

dispersão secundária (MINING) secondary dispersion

dispersão ultra-sónica (CHEM.) ultrasonic dispersion

dispersivo (ECO.) dispersal

dispersões atmosféricas (TELECOM.) strays

dispersómetro (METEO.) scatterometer

dispersor (PHYS.) scatterer

displasia (MED.) dysplasia

dispneia (MED.) dyspnea; dyspnoea

disponibilidade (ELECTRON.) availability

disponibilidade completa (ELECTRON.) full availability

disponibilidade de velocidade (SPACE) velocity budget

disponibilidade limitada (ELECT.) limited availability

dispor (COMP.) set

disposição (MED.; PSYCHO.) set (attitude); bulesis; mood

disposição catódica (ELECTRON.) sputtering

disposição cromossomática básica (BOT.) basic chromosome set

disposição de filas em xadrês (SURV.) check-row planting

disposição gráfica (PRINT.) make-up; setting; upmake

disposição H (RADAR) H-display

disposição mental (PSYCHO.) mental set

disposição por zonas (AERO.) zoning

dispositivo (GEN.) device; appliance

dispositivo activo (ELECTRON.) active device

dispositivo analógico (COMP.) analog device

dispositivo antimicrofónico activado pela voz (TELECOM.) voice operated device anti-sing [VODAS]

dispositivo automático de mudança de derivação (ELECT.) automatic tap-changing equipment

dispositivo de acesso directo (COMP.) direct access device

dispositivo de adaptação (ELECTRON.) adaptive device

dispositivo de aquisição de linguagem (PSYCHO.) language acquisition device (LAD)

dispositivo de campo transversal (ELECT.) crossed field device

dispositivo de canal (COMP.) channel device

dispositivo de carga (COMP.) load facility

dispositivo de codificação de sinal (ELECTRON.) signal encoding device

dispositivo de controlo (COMP.) control device; control stack

dispositivo de cristal líquido (ELECTRON.) liquid crystal display

dispositivo de disco Winchester (COMP.) Winchester device

dispositivo de entrada (COMP.) input device

dispositivo de entrada de tarefa (COMP.) job input device

dispositivo de estado sólido (COMP.) solid-state device

dispositivo de falso eco (ELECTRON.) false-echo device

dispositivo de graduação de ganho operado pela voz (TELECOM.) voice operated gain adjusting device [VOGAD]

dispositivo de identificação pessoal (COMP.) personal identification device

dispositivo de ignição (BUILD.) igniter

dispositivo de imagem persistente (IMAGE TECH.) persistent-image device

dispositivo de ligação em curto-circuito (ELECT.) short-circuit protection; short-circuiting device

dispositivo de memória (COMP.) storage device

dispositivo de memória de massa (COMP.) mass storage device

dispositivo de não armazenamento (COMP.) non-storage device

dispositivo de ponto (vírgula) flutuante (COMP.) floating-point feature

dispositivo de protecção de objectiva de câmara TV (IMAGE TECH.) gobo

dispositivo de reversão (MECH.) knocker-out

dispositivo de saída (COMP.) output device

dispositivo de segurança no solo (AERO.) ground safety lock

dispositivo de sensibilidade óptica de filme (IMAGE TECH.) film optical sensing device

dispositivo de tornear em cónico (MECH.) taper-turning attachment

dispositivo de tradução de transdutor (ELECT.) transducer translating device

dispositivo de transferência de carga (ELECTRON.) charge transfer device [CTD]

dispositivo de transmissão de carga (ELECTRON.) bucket brigade

dispositivo de unidade de fita (COMP.) tape drive

dispositivo de valor absoluto (COMP.) absolute value device

dispositivo de visualização de caracteres (COMP.) character display device

dispositivo de visualização gráfica (COMP.) graphical display device

dispositivo electrónico (ELECTRON.) electron device

dispositivo emissor-receptor automático (COMP.) automatic send-receive set

dispositivo IFG (ELECTRON.) YIG device

Dispositivo intra-uterino [DIU] (MED.) intra-uterine device [IUD]

dispositivo J (RADAR) J-display

dispositivo K (RADAR) k display

dispositivo LED (COMP.) LED display

dispositivo limitador de velocidade (MECH.) overspeed device

dispositivo lógico (COMP.) logic device

dispositivo lógico programável (ELECTRON.) programmable logic device

dispositivo metal-óxido-silício (ELECTRÓN.) metal-oxide-silicon device

dispositivo para acoplamento de cargas (ELECTRON.) charge-coupled-device [CCD]

dispositivo periférico (COMP.) peripheral device

dispositivo primário (COMP.) primary device

dispositivo programável apagável (COMP.) erasable programmable device

dispositivo protector de sobrevoltagem (ELECT.) overvoltage protective device

dispositivos de armazenamento (COMP.) storage devices

dispositivos de comunicação (COMP.) communication devices

dispositivo semicondutor (ELECTRON.) semiconductor device

dispositivos óptico-electrónicos (PHYS.) optical-electronic devices

dispositivos quebra-mar (GEO.) riprap

disposto em lamelas (BOT.) tabular

disprósio (CHEM.) dysprosium

disquete operacional (COMP.) operating diskette

dissacarídeos (CHEM.) disaccharides

dissacáridos (CHEM.) disaccharides

dissecação (MED.) dissection

dissecar (MED.) dissect

dissecção (MED.) autopsy

disseminação (BOT.; ZOO.) dissemination

disseminação (GEN.) propagation; spreading

dissilicato de chumbo (CHEM.) lead disilicate

dissimétrico (GEN.) dissymmetrical

dissimulação (GEN.) dissimulation; camouflage

dissipação (GEN.) dissipation

dissipação anódica (ELECTRON.) anode dissipation

dissipação da blindagem (ELECT.) screen dissipation

dissipação de calor (ELECTRON.) heat dissipation

dissipação de grade (ELECT.) grid dissipation

dissipação de placa (ELECT.) plate dissipation

dissipação dieléctrica (ELECT.) dielectric dissipation

dissipação electródica (ELECT.) electrode dissipation

dissipação máxima (ELECTRON.) maximum dissipation

dissipação óhmica (ELECT.) ohmic dissipation

dissipador de calor (ELECT.) heat sink

dissociação (CHEM.) dissociation

dissociação de feixe (IMAGE TECH.) beam splitter

dissociação de gases (MECH.) dissociation of gases

dissociação electrolítica (ELECT.) electrolytic dissociation

dissociação molecular (CHEM.) molecular dissociation

dissociação térmica (CHEM.) thermal dissociation

dissolução (CHEM.) dissolution

dissolução calcária (ECO.) carbonation

dissolvente (BUILD.) solvent

dissolvente (CHEM.) solvent; flux

dissolvente bruto (CHEM.) crude solvent

dissolvente gordo (CHEM.) fat solvent

dissolventes (BUILD.) thinners

dissómico (BIO.) dissomic

dissonância (PHYS.) dissonance

dissonância cognitiva (PSYCHO.) cognitive dissonance

dissulfeto de carbono (CHEM.) carbon disulphide (disulfide)

dissulfonato de hexaidroxiantraquinona (CHEM.) alizarin cyanin

distal (BIO.) distal

distal (MED.) distal; extremital

distância (COMP.) pitch

distância (ELECT.) gap

distância (GEN.) distance

distância aceleração-paragem (AERO.) accelerate-stop distance

distância angular entre estrelas (ASTRO.) angular distance of stars

distância anormal entre dois orgãos pares (MED.) hypertelorism

distância de Arago (PHYS.) Arago's distance

distância de Debye (ELECT.) Debye length

distância de descolagem disponível (AERO.) take-off distance available

distância de explosão de faísca auxiliar (ELECT.) auxiliary spark gap

distância de gradiente (METEO.) gradient distance

distância de Hamming (COMP.) Hamming distance

distância de ligação (CHEM.) bond distance

distância de linha (COMP.) pitch row

distância de projecção (IMAGE TECH.) projection distance

distância de ruptura (PAPER) breaking length

distância de ruptura do arco (ELECT.) spark gap

distância de salto (TELECOM.) skip distance

distância de segurança da hélice (AERO.) propeller clearance

distância de transporte (BUILD.) haul distance

distância de voo livre (AERO.) free-flight distance

distância eléctrica (ELECT.) electrical distance

distância em declive (SURV.) slant distance

distância entre apoios (BUILD.) span

distância entre condutores (ELECT.) pitch of wires

distância entre eixos (MECH.) wheel base

distância entre espiras (ELECT.) pitch of winding

distância entre furos (MECH.) pitch of holes

distância entre os filetes da rosca (MECH.) pitch of a screw thread

distância entre perpendiculares (NAV.) length between perpendiculars

distância entre pólos (ELECT.) pole pitch

distância entre rebites (MECH.) pitch of rivets

distância focal (PHYS.) focal length

distância focal posterior (IMAGE TECH.) back focus

distância foco-pele (raios X) (RADIOL.) focus-skin distance

distância individual (PSYCHO.) individual distance

distância interestelar (ASTRO.) interstellar distance

distância intergaláctica (ASTRO.) intergalactic distance

distância média de arrastamento (BUILD.) average haul distance

distância normal (SURV.) offset

distância oblíqua (SURV.) slant range

distância óptica (PHYS.) optical distance

distância principal (IMAGE TECH.) principal distance

distância radial mínima (ELECTRON.) minimum radial distance

distância superfocal (IMAGE TECH.) hyperfocal distance

distância tangencial (SURV.) tangent distance

distância zenital (ASTRO.) co-altitude

distância zenital (ASTRO.) zenith distance

distância zero (AERO.) range zero

distena (MINER.) diasthene

distensão (MED.) strain

distensão do joelho (VET.) knee gall

distintivo dosimétrico (RADIOL.) film badge

distiquíase (MED.) distichia; distichiasis

distocia (MED.) dystocia

distomatose (VET.) distomatosis; distomiasis

distomíase (VET.) distomiasis; distomatosis

distomíase hepática (VET.) liver rot

distomo (ZOO.) amphistomous

distorção (GEN.) distortion; deformation

distorção (IMAGE TECH.) buckling

distorção (PHYS.) blasting

distorção acústica (PHYS.) acoustic distortion

distorção áudio (TELECOM.) audio distortion

distorção cíclica (COMP.) cyclic distortion

distorção curvilinear (IMAGE TECH.) curvilinear distortion

distorção da envolvente (TELECOM.) envelope distortion

distorção da imagem (PHYS.) image distortion

distorção da portadora lateral (TELECOM.) sideband distortion

distorção da terceira harmónica (ELECTRON.) third-harmonic distortion

distorção de abertura (IMAGE TECH.) aperture distortion

distorção de amplitude (TELECOM.) amplitude distortion

distorção de amplitude-frequência (TELECOM.) amplitude-frequency distortion

distorção de atenuação (PHYS.) attenuation distortion

distorção de atraso de envolvente (TELECOM.) envelope-delay distortion

distorção de atraso de fase (TELECOM.) phase delay distortion

distorção de campo (ELECT.) distortion of field

distorção de corte do amplificador (ELECTRON.) amplifier crossover distortion

distorção de deslocamento de fase (ELECTRON.) inter-symbol interference [ISI]

distorção de desvio (TELECOM.) deviation distortion

distorção de fase (TELECOM.) phase distortion

distorção de frequência (PHYS.) frequency distortion

distorção de gravação (ELECTRON.) tracking error

distorção de histerese (ELECT.) hysteresis distortion

distorção de imagem (ELECTRON.) distortion of image

distorção de intermodulação (PHYS.) intermodulation distortion

distorção de linha (TELECOM.) line distortion

distorção de modulação (TELECOM.) modulation distortion

distorção de passagem do zero (ELECTRON.) zero cross-over distortion

distorção de polarização (ELECT.) bias distortion

distorção de quantização (ELECTRON.) quantization distortion

distorção de retardamento (TELECOM.) delay distortion

distorção de sinal (PHYS.) signal distortion

distorção de transmissor (ELECT.) transmitter distortion

distorção em almofada (IMAGE TECH.; PHYS.) pillow distortion; pin-cushion distortion

distorção em barril (IMAGE TECH.) barrel distortion

distorção em crescente (IMAGE TECH.) pincushion distortion

distorção em espiral (ELECT.) spiral distortion

distorção em trapézio (IMAGE TECH.) trapezium distortion

distorção geométrica (IMAGE TECH.) geometric distortion

distorção harmónica (PHYS.) harmonic distortion

distorção harmónica de audiofrequência (TELECOM.) audiofrequency harmonic distortion

distorção harmónica total (ELECTRON.) total harmonic distortion [THD]

distorção inerente (ELECT.) inherent distortion

distorção linear (ELECT.) linear distortion

distorção máxima (TELECOM.) maximum distortion

distorção não linear (TELECOM.) nonlinear distortion

distorção negativa (PHYS.) negative distortion

distorção por submodulação (ELECT.) underthrow distortion

distorção por supermodulação (TELECOM.) undershoot

distorção telegráfica polarizada (TELECOM.) bias telegraph distortion

distorção transitória (TELECOM.) transient distortion

distorção trapezoidal (IMAGE TECH.) keystone distortion

distrail (METEO.) dissipation trail

distribuição (AUTO.) timing

distribuição (GEN.) distribution

distribuição angular (PHYS.) angular distribution

distribuição bidimensional descontínua (MATH.) point bivariate distribution

distribuição bimodal (GEN.) bicentric distribution

distribuição binómica (STAT.) binomial distribution

distribuição circunsetentrional (ECO.) circumaustral distribution

distribuição concêntrica (GEN.) unicentric distribution

distribuição cumulativa (GEN.) cumulative distribution

distribuição da intensidade (PHYS.) intensity distribution

distribuição de amostragem (STAT.) sampling distribution

distribuição de Cauchy (MATH.) Cauchy's distribution

distribuição de contágio (ECO.) contagious distribution

distribuição de contracorrente (CHEM.) countercurrent distribution

distribuição de energia (ELECT.) energy distribution

distribuição de energia eléctrica (SPACE) electrical power distribution

distribuição de fluxo (ELECT.) flow field

distribuição de fluxo de campo (ELECT.) field flux distribution

distribuição de frequência (STAT.) frequency distribution

distribuição de frequências (TELECOM.) frequency allocation

distribuição de Hackworth (MECH.) Hackworth valve gear

distribuição de Joy (MECH.) Joy's valve-gear

distribuição de Laplace (GEN.) Laplacean distribution

distribuição de Maxwell (GEN.) Maxwellian distribution

distribuição de momentos (BUILD.) moment distribution

distribuição de pesos (AERO.) distribution of weights

distribuição de Poisson (COMP.; SURV.) Poisson distribution

distribuição de poros (PHYS.) pore distribution

distribuição de probabilidade condicional (STAT.) conditional probability distribution

distribuição de qui-quadrado (STAT.) chi-square distribution

distribuição de Stephenson (MECH.) Stephenson's link motion (steam)

distribuição de tamanhos (PHYS.) size distribution

distribuição do nitrogénio (MED.) nitrogen partition

distribuição etária (ECO.) age distribution

distribuição fraccionária (CHEM.) fractional distribution

distribuição gaussiana (STAT.) Gaussian distribution

distribuição geométrica (GEN.) geometric distribution

distribuição Lentz (MECH.) Lentz valve gear

distribuição logarítmica (MATH.) logarithmic distribution

distribuição normal (STAT.) normal distribution

distribuição normal standard (STAT.) standard normal distribution

distribuição panendémica (ECO.) panendemic distribution

distribuição por quadrante (MECH.) link motion

distribuição por sector (MECH.) link motion

distribuição por tamanhos (BUILD.) sorting

distribuição t de Student (GEN.) t-distribution

distribuição uniforme (MATH.) uniform distribution

distribuição vicariante (ECO.) vicarious distribution

distribuições de probabilidades (COMP.) probability distributions

distribuidor (GEN.) distributor

distribuidor (MECH.) valve gear

distribuidor (TELECOM.) alloter

distribuidora (ELECTR.) switchgear

distribuidor cilíndrico (MECH.) piston valve

distribuidor de carga (ELECT.) load dispatcher

distribuidor de contacto (ELECT.) contact maker

distribuidor de expansão (MECH.) expansion gear

distribuidor de fase isolada (ELECT.) isolated phase switchgear

distribuir (GEN.) distribute

distributivo (MATH.) distributive

distriquia (MED.) distrix

distriquíase (MED.) districhiasis

distrofia (MED.) dystrophia; dystrophy

distrofia adiposogenital (MED.) dystrophia adiposogenitalis; Frohlich's syndrome

distrofia miótica (MED.) myotonic dystrophia

distrofia miotónica (MED.) myotonia atrophica

distrofia muscular (MED.) muscular dystrophy

distrofia muscular de Duchenne (MED.) Duchenne muscular dystrophy

distrófico (ECO.) dystrophic

distrofina (BIO.) dystrophin

distúrbio (COMP.) hits

distúrbio afectivo (PSYCHO.) affective disorder

distúrbio bipolar (COMP.) bipolar disorder

distúrbio de ansiedade generalizada (PSYCHO.) generalized anxiety disorder

distúrbio de conversão (PSYCHO.) conversion disorder

distúrbio de linha (TELECOM.) line hit

distúrbio de múltipla personalidade (PSYCHO.) multiple personality disorder

distúrbio de pânico (PSYCHO.) panic disorder

distúrbio dissociativo (PSYCHO.) dissociative disorder

distúrbio do metabolismo da porfirina (MED.) porphyria

distúrbio fóbico (PSYCHO.) phobic disorder

distúrbio mental orgânico (PSYCHO.) organic mental disorder

distúrbio na linha (COMP.) line hit

distúrbio na reactividade (NUCL.) reactivity disturbance

distúrbio obsessivo-compulsivo (PSYCHO.) obsessive-compulsive disorder

distúrbio paranóide (PSYCHO.) paranoid disorder

distúrbios de armazenamento (MED.) storage disorder

distúrbios de comportamento (PSYCHO.) conduct disorders

distúrbios degenerativos (PSYCHO.) degenerative disorders

distúrbios degenerativos da senilidade (PSYCHO.) senile-degenerative disorders

distúrbios de personalidade (PSYCHO.) personality disorders

distúrbios psicofisiológicos (PSYCHO.) psychophysiological disorders

distúrbios psicogenéticos (PSYCHO.) psycogenic disorders

distúrbios psicossexuais (PSYCHO.) psychosexual disorders

distúrbios somaticoformes (PSYCHO.) somatoform disorders

disúria (MED.) dysuria; dysury

disversão (MED.) dysversion

ditio (Chem.) dithio

ditranol (Chem.; Med.) dithranol; anthralin

ditremado (Zoo.) ditrematous

diurese (Med.) diuresis

diurético (Med.) diuretics

diuréticos de alça (Med.) loop diuretics

diuréticos de alta potência (Med.) loop diuretics

diuréticos de ansa (Med.) loop diuretics

diurgina dissódica (Chem.) diurgin disodium

diurno (Astro.) diurnal

divaricado (Bot.; Zoo.) divaricate

divergência (Gen.) divergence; deviation

divergência aeroelástica (Aero.) aeroelastic divergence

divergência ambiental (Bio.) environmental variance

divergência angular (Bot.) angular divergence

divergência de um vector (Math.) divergence of a vector

divergência estrutural (Mech.) structural divergency

divergente (Gen.) divergent

diversidade (Eco.) diversity

diversidade alfa (Eco.) alpha diversity

diversidade beta (Eco.) beta diversity

diversidade de frequência (Telecom.) frequency diversity

diversidade de polaridade (Elect.; Telecom.) polarity diversity; polarization diversity

diversidade genética (Eco.) gene diversity

diversor (Nucl.) divertor

diversor de feixe (Nucl.) bundle diversor

diverticulite (Med.) diverticulitis

divertículo de Meckel (Med.) Meckel's diverticulum

divertículo de Rathke (Zoo.) Rathke's diverticulum

divertículo pituitário (Zoo.) pituitary diverticulum

divicina (Chem.) divicine

dividir (Geo.) dissect

divisão (Bio.) section

divisão (Gen.) division

divisão amitótica (Bio.) amitotic division

divisão áurea (Arch.) golden section

divisão celular (Bio.) cell division

divisão celular (Bot.) fission

divisão conjugada (Bot.) conjugate division

divisão de Cassini (Astro.) Cassini's division

divisão de dispositivos (Comp.) device spanning

divisão de frequência (Telecom.) frequency division

divisão em quatro (Gen.) quartering

divisão estratigráfica (Geo.) stratigraphical timescale

divisão heterotípica (Bio.) heterotypic division

divisão homeotípica (Bio.) homeotypic division

divisão na área de controlo (Comp.) control area split

divisões de maturação (Bio.) maturation divisions

divisor (Math.) divisor

divisor analógico (Comp.) analog divider

divisor de corrente (Elect.) current divider

divisor de fase (Elect.) phase splitter

divisor de frequência (Electron.) frequency divider

divisor de frequência programável (Electron.) programmable divider

divisor de potencial (Elect.) potential divider

divisor de tensão (Elect.) voltage divider; bleeder resistor

divisor de tensão ajustável (Elect.) adjustable voltage divider

divisor freático (Hidro.) phreatic divide

divisória (Gen.) bulkhead

DNA de sequência única (Bio.) unique sequence DNA

dneprovkita (Miner.) wood tin

doador (Gen.) donor

dobra (Electron.) kink

dobra (Geo.) fold; folding

dobra (Zoo.) plica

dobra aberta (Mining) open fold

dobra de arrastamento (Geo.) drag fold

dobradeira (Print.) folder

dobra deitada (Geo.) overfold; recumbent fold

dobra de mergulho (Geo.) plunging fold

dobra diapírica (Geo.) diapir fold

dobradiça (Build.) butt hinge ; knuckle

dobradiça de adufa (Build.) back-flap hinge; back-fold

dobradiça de charneira (Build.) counter-flap hinge

dobradiça de palheta (Build.) strap hinge

dobradiça desmontável (Build.) loose butt hinge

dobradiça de suspensão (Build.) rising butt hinge

dobrador (Print.) folding blade

dobradora (Print.) tucker

dobra dos flaps (Aero.) flapping hinge

dobradura (Text.) doubling

dobra em acordeão (Print.) accordion fold

dobra em concertina (Print.) concertina fold

dobra em leque (Geo.; Mining) fanfold

dobragem (Text.) plating

dobragem a frio (Mech.) cold bend

dobragem de linho (Text.) linen folding

dobra isoclinal (Geo.) isoclinal fold; quaquaversal fold

dobra medular (Zoo.) medullary fold

dobramento (Text.) doubling

dobra recumbente (Geo.) overfold; recumbent fold

dobra tombada (Geo.) overturned fold

doca deslizante (Nav.) slip dock

doca flutuante (Build.) pontoon

doca seca (Build.) graving dock; dry dock

doca seca (Nav.) slip

doca seca flutuante (Hydro.) floating dock

docimasia (Med.) docimasy

documentação (Comp.) documentation; software

documentação de voo (Aero.) flight dossier

documento resposta (Comp.) turnaround document

documentos de bordo (Aero.) log books

dodecaedro (Math.) dodecahedron

dodecaedro pentagonal (Cryst.) pentagonal dodecahedron

dodecaedro rômbico (Cryst.) rhombic dodecahedron

dodecágono (Math.) dodecagon

Dodecanol-1 (Chem.) lauryl alcohol

doença (Gen.) disease; illness; morbus

doença alcalina (Vet.) alkali disease

doença alcalina dos patos ocidentais (Vet.) western duck sickness

doença auto-imune (Immun.; Med.) auto-immune disease

doença aviária do fígado grande (Vet.) avian big liver disease

doença branca da bezerra (Vet.) white heifer disease

doença cardíaca coronária (Med.) coronary heart disease

doença cardíaca valvular (Med.) valvular heart disease

doença celíaca (Med.) coelic disease

doença da bolsa (Vet.) poll-evil

doença da Califórnia (Med.; Vet.) California disease; coccidiomycosis

doença da gravidez da ovelha (Vet.) lambing sickness (ewe)

doença da ilha (Med.) scrub typhus (occurring in Japan)

doença da membrana hialina (Med.) hyaline membrane disease

doença da mucosa (Med.; Vet.) mucosal disease

doença da passagem do gado (Vet.) corridor disease (Rhodesia and South Africa)

doença da pele diamantina (Vet.) swine erysipelas

doença da pele granulosa (Vet.) lumpy skin disease

doença da perdiz (Vet.) partridge disease

doença da radiação (Med.) radiation sickness

doença das Aleutas (Vet.) Aleutian disease

doença de Addison (Med.) Addison's disease

doença de Albers-Schoenberg (Med.) Albers-Schoenberg disease; marble bones

doença de Alibert (Med.) Alibert's disease; mycosis fungoides

doença de Alzheimer (Med.) Alzheimer's disease

doença de Aujesky (Vet.) Aujesky's disease; mad itch; pseudorabies

doença de Baló (MED.) Baló's disease; encephalitis periaxialis concentrica

doença de Bang (VET.) Bang's disease; bovine brucellosis

doença de Basedow (MED.) Basedow's disease; Derbyshire neck

doença de Bechthrew (MED.) Bechthrew's disease; spondylitis deformans

doença de Bernhardt (MED.) Bernhardt's disease; meralgia parasthetica

doença de Borna (VET.) Borna disease; infectious bovine encephalomyelitis

doença de Bostok (MED.) Bostok's disease; hay fever

doença de Bourneville (MED.) Bourneville's disease; epiloia; tuberous sclerosis

doença de Breda (MED.) Breda's disease; espundia

doença de Breisky (MED.) Breisky's disease; kraurosis

doença de Bright (MED.) Bright's disease

doença de bronze (MED.) Addison's disease

doença de Calvé (MED.) Calvé's disease

doença de Chagas (MED.) Chagas' disease

doença de Copper (VET.) brown nose disease

doença de Cotunnius (MED.) Cotunnius's disease; sciatica

doença de Creutzfeldt-Jacob (MED.) Creutzfeldt-Jacob disease

doença de Darling (MED.; VET.) Darling's disease; histoplasmosis

doença de deficiência (MED.) deficiency disease

doença de Derbyshire (MED.) Derbyshire's disease; Derbyshire neck; goitre

doença de Dercum (MED.) adiposis dolorosa

doença de Devergie (MED.) Devergie's disease; pityriasis rubra pilaris

doença de Duchenne (MED.) Duchenne's disease; tabes dorsalis; childhood muscular distrophy

doença de Erb-Goldflam (MED.) Erb-Goldflam's disease; myasthenia gravis

doença de Fabry (BIO.; MED.) Fabry's disease

doença de Flatau-Schilder (MED.) Flatau-Schilder disease; encephalitis periaxilis diffusa

doença de Folling (MED.) Folling's disease; phenylketonuria [PKU]

doença de Friedlander (MED.) Friedlander's disease; endarteritis obliterans

doença de Gaucher (MED.) Gaucher disease

doença de Glasser (VET.) Glasser' disease

doença de Gougerot-Sjogren (MED.) Sjogren's disease; keratoconjuntivitis sicca

doença de Graves (MED.) Graves disease; exophtalmic goitre

doença de Hand-Schuller-Christian disease (MED.) Hand-Schuller--Christian disease

doença de Hartnup (IMMUN.) Hartnup's disease; graft-versus-host reaction

doença de Hashimoto (MED.) Hashimoto's disease

doença de Hereford (VET.) Hereford disease; bovine hypomagnesaemia

doença de Hirschsprung (MED.) Hirschsprung's disease

doença de Hodgkin (MED.) Hodgkin's disease

doença de Huntington (BIO.; MED.) Huntington's disease

doença de Johne (VET.) Johne's disease; paratuberculosis

doença de Kaposi (MED.) Kaposi's disease; xeroderma pigmentosum

doença de Katayama (MED.) Katayama disease

doença de Kawasaki (MED.) Kawasaki's disease

doença de Kohler (MED.) Kohler's disease

doença de Kümmell (MED.) Kümmell's disease

doença de Kussmall (MED.) Kussmall's disease; polyarteritis nodosa

doença de Lafora (BIO.) Lafora disease

doença de Lebers (MED.) Lebers disease

doença de Little (MED.) Little's disease

doença de Loeffler (MED.) Loeffler's disease; Loeffler's endocarditis

doença de Macardle [McArdle] (MED.) Macardle's disease

doença de Marburg (MED.) Marburg disease

doença de Marek (VET.) Marek's disease

doença de Ménière (MED.) Ménière's disease

doença de Mikulicz (MED.) Mikulicz's disease

doença de Milroy (MED.) Milroy's disease

doença de Mitchell (MED.) Mitchell's disease; erythromelalgia

doença de Moebius (MED.) Moebius' disease

doença de Morgagni (MED.) Morgagni's disease; Adams-Stokes syndrome

doença de Morquio-Brailsford (MED.) Morquio-Brailsford disease (syndrome); type IV mucopolysaccharidosis

doença de Morquio-Ullrich (MED.) Morquio-Ullrich disease; Morquio-Brailsford disease

doença de Neumann (MED.) Neumann's disease; pemphigus vegetans

doença de Newcastle (VET.) pseudo-fowl plague; Newcastle disease; Ranikhet disease; pneumoencephalitis

doença de New Forest (VET.) New Forest disease; infectious ophthalmia

doença de Niemann-Pick (MED.) Niemann-Pick disease; sphingomyelin lipidosis

doença de Ondiri (VET.) Ondiri disease; bovine infectious petechial fever

doença de Osgood-Schlatter (MED.) Osgood-Schlatter disease

doença de Paget do mamilo (MED.) Paget's disease of the nipple

doença de Paget do osso (MED.) Paget's disease of bone; osteitis deformans

doença de Parkinson (MED.) Parkinson's disease; paralysis agitans

doença de pele diamantina (MED.) diamond-skin disease

doença de perda (IMMUN.) runt disease

doença de Perthe (MED.) Perthe's disease; epiphysial aseptic necrosis

doença de Pick (MED.) Pick's disease; Pick's syndrome

doença de Pott (MED.) Pott's disease; tuberculous spondylitis

doença de Ranikhet (VET.) Ranikhet's disease; Newcastle disease; pseudo-fowl plague

doença de Raynaud (MED.) Raynaud's disease; fingers cyanosis

doença de Refsum (MED.) Refsum's disease; heredopathia atactica polineuritiformis

doença de Riedel (MED.) Riedel's disease; struma

doença de Rubarth (VET.) Rubarth's disease; infectious canine hepatitis

doença de Schilder (MED.) Schilder's disease; encephalitis periaxialis diffusa

doença de Schimmelbusch (MED.) Schimmelbusch's disease; fibrocystic disease of the breasts

doença de Simmonds (MED.) Simmonds' disease; hypophyseal cachexia

doença de Sjogren (MED.) Sjogren's disease

doença de Still (MED.) Still's disease; juvenile rheumatoid arthritis

doença de Stuttgart (VET.) Stuttgart's disease; canine typhus

doença de S. Vito (MED.) Huntington's chorea

doença de Sydenham (MED.) Sydenham's disease; juvenil chorea

doença de Takayasu (Takayushi ou Takayoshu) (MED.) Takayasu's disease; pulseless disease

doença de Tay-Sachs (MED.) Tay-Sachs' disease; cerebral sphingolipidosis of infants

doença de Teschen (VET.) Teschen disease; infectious pig paralysis

doença de Thomsen (MED.) Thomsen's disease; myotonia congenita

doença de Trinidad (MED.) paralyssa

doença de Virchow (MED.) Virchow's disease; leontisis ossea

doença de Volkmann (MED.) Volkmann's contracture

doença de von Economo (MED.) Economo's disease; encephalitis letargica; encephalitis

doença de von Recklinghausen (MED.) von Recklinghausen's disease; neurofibromatosis

doença de von Willebrand (BIO.; MED.) von Willebrand disease

doença de Weil (MED.) Weil's disease; spirochaetosis icterohaemorrhagica; infectious jaundice; leptospirosis

doença de Wernicke (MED.) Wernicke's disease; Wernicke's encephalopathy

doença de Wilson (MED.) Wilson's disease; degeneration hepatolenticular; exfoliative dermatitis

doença de Winkler (MED.) Winkler's disease; chondrodermatitis nodularis chronica helicis

doença do caminho-de-ferro (VET.) railroad disease

doença do carneiro australiano (VET.) phalaris staggers

doença do criador de porcos (MED.) leptospirosis

doença do edema intestinal (VET.) bowel oedema disease

doença do farelo (VET.) bran disease

doença do legionário (MED.) legionnaire's disease

doença do músculo branco (VET.) stiff lamb disease; white muscle disease

doença do nariz azul (VET.) blue nose disease

doença do papagaio (MED.; VET.) ornithosis

doença do pinto louco (VET.) crazy chick disease; nutritional encephalomalacia

doença do porco gordo (VET.) marmite disease

doença do rei (MED.) king's evil

doença do rim pulposo (VET.) pulpy kidney disease; overeating disease

doença dos mergulhadores (MED.) compressed-air disease; compressed-air illness

doença do sono (MED.) sleeping sickness; tsetse fly disease

doença do sono (VET.) tsetse fly disease; nagana

doença do sono africana (BIO.; MED.) African sleeping sickness

doença do soro (IMMUN.) serum sickness

doença dos seleccionadores de lã (MED.) woolsorter's disease

doença dos três dias (VET.) three-day sickness

doença do tecido conjuntivo (MED.) connective tissues disease

doença do tendão solto (VET.) perosis

doença do tetraz (VET.) grouse disease

doença do trevo doce (VET.) sweet clover disease

doença do ulmeiro-holandês (BOT.) Dutch elm disease

doença do verme renal (VET.) kidney worm disease

doença do vírus lento (MED.) slow virus disease

doença equina africana (VET.) dikkop; dunkop

doença equina de Kimberley (VET.) Kimberley horse disease; walk-about disease

doença fibrocística das mamas (MED.) Schlimmelbusch's disease

doença funcional (MED.) functional disease

doença genética (BIO.; MED.) genetic disease

doença granulomatosa crónica (IMMUN.) chronic granulomatous disease

doença hemolítica do recém-nascido (IMMUN.; MED.) erythroblastosis foetalis

doença hemolítica dos animais recém-nascidos (VET.) haemolitic disease of newborn animals

doença hemorrágica (VET.) haemorrhagic disease

doença hereditária (BIO.; MED.) hereditary disease

doença iatrogénica (MED.) iatronic disease

doença lombar (VET.) lamziekte

doença mandibular (VET.) mandibular disease; shovel beak

doença navicular (VET.) navicular disease

doença negra (VET.) black disease

doença orgânica (MED.) organic disease

doença piramidal (VET.) pyramidal disease

doença pustular contagiosa (VET.) malignant aphtha

doença respiratória crónica dos galináceos (VET.) chronic respiratory disease of fowl

doença respiratória crónica dos perus (VET.) big head disease of turkeys; infectious sinusitis of turkeys

doença sem pulso (MED.) Takayasu's disease

doenças ligadas ao (cromossoma) X (BIO.; MED.) X-linked diseases

doença venérea (MED.) venereal disease

doença veno-oclusiva do fígado (MED.) veno-occlusive disease of the liver

doença verde (MED.) chlorose

doença vesicular dos suínos (VET.) swine vesicular disease

doença X do gado (VET.) X-disease; bovine hiperkeratosis

Dogger (GEO.) Dogger (middle jurassic)

dogma central (BIO.) central dogma

dólar (NUCL.) dollar (USA: radiactivity unit)

Dolby (PHYS.) Dolby

dolerito (GEO.) dolerite

dolicocefálico (MED.) dolichocephalic

dolicócolon (MED.) dolichocolon

dolicódero (MED.) dolichoderous

dolicostenomelia (MED.) dolichostenomelia; arachnodactyly

doliforme (ZOO.) doliiform; dolioform

dolomite (MINER.) dolomite

dolomite (MINER.) rhomb-spar

dolomite(o) (GEO.) dolostone

dolomitização (GEO.) dolomitization

dolomitização em veio (GEO.) subsequent dolomitization

dolomitização subsequente (GEO.) subsequent dolomitization

dolorito de quartzo (MINER.) quartz-dolerite

doma (CRYST.) dome

do mesmo lado do corpo (ZOO.) ipsilateral

dominância (CRYST.) dominance

dominância apical (BOT.) apical dominance

dominante (GEN.) overriding; dominant

dominar um poço (MINING) killing a well

domínio (ECO.) home range

domínio (MATH.) region

domínio conexo (MATH.) connected domain

domínio cruzado (COMP.) cross-domain

domínio de multiplicação conectada (MATH.) multiply-connected domain

domínio de protecção (COMP.) protection domain

domínio de saída (BIO.) exit domain

domínio integral (MATH.) integral domain

domínio magnético (ELECTRON.) domain

domínio magnético (COMP.) magnetic domain

domínio simplesmente conexo (MATH.) simply-connected domain

domínios ricos em glutamina (BIO.) glutamine-rich domains

domo (GEN.) dome

domo basáltico (GEO.) castle koppie

domo de radar (RADAR) radar dome

domo de sonar (AERO.; NAV.; PHYS.) sonar dome

domo granítico (GEO.) bornhardt

domo salífero (GEO.) salt dome

donovanose (MED.) donovanosis

donutrão (ELECTRON.) donutron

dopa descarboxilada (MED.) dopamine

dopamina (MED.) dopamine

dopaquinona (CHEM.) dopa quinone

doppler ascendente (ELECT.) up-doppler

doppler descendente (RADAR) down doppler

dor de cabeça (MED.) headache

dor de dente (MED.) toothache

dores pós-parto (MED.) after-pains

dórico (PRINT.) doric

dormência (BIO.) dormancy

dormente (BUILD.) cross-tie; cross-sill; sleeper (railway); timber cross-tie; tie

dormente de desvio (BUILD.) switch sleeper (railway)

dormente de escada (BUILD.) bridge board; notch board

dormente de junta transversal (BUILD.) transverse joint-tie (railway)

dormina (BOT.) dormin; abscisic acid; ABA

dor na íris (MED.) iridalgia

dor na virilha (MED.) inguinodynia

dor no esófago (MED.) esophagalgia

dorsal (GEN.) dorsal

dorsal (MED.) dorsal; dorsad

dorsal (ZOO.) dorsalis

dorsalgia (MED.) dorsalgia

dorsífero (ZOO.) dorsiferous

dorsiflexão (MED.) dorsiflexion

dorsiventral (BOT.) dorsiventral

dorso (GEN.) back

dorso (ZOO.) dorsum

dorsocefálico (ZOO.) dorsocephalic; dorsocephalad

dorsodinia (MED.) dorsodynia; dorsalgia
dorso-lateral (MED.) dorsolateral
dorso-ventral (MED.) dorsoventral; dorsoventrad
dosagem (BUILD.) grading
dosagem (NUCL.) dosage
dosagem de genes (BIO.) gene dosage
dose (GEN.) dose
dose absorvida (RADIOL.) absorbed dose
dose absorvida pelo tecido (RADIOL.) tissue dose
doseamento de radiação (PHYS.) radiation dosage
dose crítica (RADIOL.) threshold dose
dose cumulativa (RADIOL.) cumulative dose
dose cutânea (RADIOL.) skin dose
dose de ar livre (RADIOL.) free-air dose
dose de exposição (NUCL.; RADIOL.) exposure dose
dose de profundidade (PHYS.) depth dose
dose de radiação X no ar (RADIOL.) air dose
dose de tolerância (RADIOL.) tolerance dose
dose de tolerância do osso (RADIOL.) bone tolerance dose
dose eficaz (RADIOL.) effective dose
dose excessiva (MED.) overdose
dose integral (RADIOL.) integral dose
dose liminar (RADIOL.) threshold dose
dose máxima absorvida (RADIOL.) peak dose
dose máxima permissível (RADIOL.) maximum permissible dose
dose média letal (RADIOL.) medium lethal dose
dose mínima letal (RADIOL.) mean lethal dose
dose significativa geneticamente (RADIOL.) genetically significant dose
dosímetro (RADIOL.) dosemeter
dosímetro de radiação gama (NUCL.) gamma dosimeter
dosímetro de termoluminescência (RADIOL.) thermoluminescence dosimeter
dosímetro pessoal (PHYS.) personal dosimeter
dossier de voo (AERO.) flight dossier
dotação de frequência (TELECOM.) frequency allocation
douramento (BUILD.) gilding
douramento de vidro (BUILD.) glass gilding
doutrina das energias do nervo específico (PSYCHO.) doctrine of specific nerve energies
Downtoniano (GEO.) Downtonian
doxiciclina (CHEM.) doxycycline
D quadrado de Mahalanobis (ECO.) Mahalanobis's D2
draga (MINING) dredge
draga com tubulação de aspiração (BUILD.) hopper dredger
draga de alcatruzes (MINING) bucket-dredge
draga de areia (BUILD.) sand-pump dredger
draga de aspiração (BUILD.) pump dredger; suction dredger

draga de bombear (BUILD.) pump dredger
draga de garras (BUILD.) grab-dredger
draga de rosário (BUILD.) bucket-ladder dredger
draga de sucção (BUILD.) suction dredger
draga de tenazes (BUILD.) grab-dredger
draga escavadora (BUILD.) dragline excavator; dredge excavator
draga flutuante (HIDRO.) floating dredge
dragagem de fundo (ENG.) deep dredging
dragagem hidráulica (MECH.) hydraulic dredging
draga mista (BUILD.) compound dredger
Dralon (CHEM.) Dralon (TM)
dravite (MINER.) dravite
drenagem (AERO.) bleeding
drenagem (BOT.) bleeding
drenagem (GEN.) drainage
drenagem antecedente (GEO.) antecedent drainage
drenagem consequente (GEO.) consequent drainage
drenagem de corrente (ELECT.) current drain
drenagem de sobreposição (GEO.) superimposed drainage
drenagem de subsolo (BUILD.; HYDRO.) subsoil drainage
drenagem discordante (GEO.) discordant drainage
drenagem em barril (BUILD.) barrel drain
drenagem epigénica (GEO.) epigenetic drainage
drenagem inconsequente (ECO.) insequent drainage
drenagem radial (ECO.) radial drainage
drenagem rectangular (ECO.) rectangular drainage
drenagem subglaciar (GEO.) subglacial drainage
dreno (BOT.) sink
dreno (BUILD.) catch-water drain
dreno (GEN.) drain
dreno (MECH.) trap
dreno de caixa (BUILD.) box drain
dreno de gás (MINING) gas drain
dreno de toupeira (ECO.) mole drain
dreno rectangular aberto (BUILD.) box culvert
dreno tubular (HYDRO.) pipe-culvert
droga (MED.) drug
droga alquilante (MED.) alkylating drug
drogas anti-inflamatórias não esteróides (MED.) non-steroidal anti-inflammatory drugs
drómico (MED.) dromic
dromotrópico (MED.) dromotropic
drosímetro (METEO.) drosometer
drosómetro (METEO.) dewgauge
drupa (BOT.) drupe
drupéola (BOT.) drupel
drusa (BOT.) druse
drusa (MINER.) druse
drusa (MINING) hollow druse

drusiforme (MINING) drusy
D-sorbose (CHEM.) sorbitose
d.t. (MED.) d.t.; delirium tremens
dual (GEN.) dual
dualidade (ARCH.) duality
dualidade (COMP.) self-dual
dualidade funcional (COMP.) folding
duboisina (CHEM.) duboisine; hyosciamine
ductilidade (MECH.) ductility
ducto (ZOO.) duct; ductus
dulcina (CHEM.) dulcin; sucrol
dulose (ZOO.) dulosis
duna (GEO.) dune
duna activa (GEO.) active dune
duna de areia (GEO.) sand dune
duna de deflação (GEO.) blowout dune
duna de neve (GEO.) snowbank
duna em crescente (GEO.) barchan
duna errante (GEO.) wandering dune
duna linear (GEO.) seif dune
duna longitudinal (GEO.) longitudinal dune
duna marinha (GEO.) fore-dune
duna movediça (GEO.) wandering dune
duna parabólica (GEO.) parabolic dune
duna transversa (ECO.) transverse dune
dunganonito (GEO.) dungannonite
dunito (GEO.) dunite
duodécimo (PRINT.) duodecimo
duodenectomia (MED.) duodenectomy
duodenina (CHEM.) duodenin
duodenite (MED.) duodenitis
duodeno (ZOO.) duodenum
duodenocolescistostomia (MED.) duodenocholecystostomy
duodenojejunostomia (MED.) duodenojejunostomy
duodenólise (MED.) duodenolysis
duodenorrafia (MED.) duodenorrhaphy
duodenoscopia (MED.) duodenoscopy
duodenostomia (MED.) duodenostomy
duodenotomia (MED.) duodenotomy
dupla camada de Helmholtz (CHEM.) Helmholtz double layer
dupla camada eléctrica (CHEM.) electrical-double layer
dupla contracção (ENG.) double shrinkage
dupla cúpula (ARCH.) double dome
dupla curva de Immelmann (AERO.) Cuban 8
dupla descarga eléctrica (ELECT.) electric double layer
dupla desintegração beta (PHYS.) double beta decay
dupla difusão (IMMUN.) double diffusion
dupla exposição (IMAGE TECH.) double exposure
dupla fertilização (BOT.) double fertilization
dupla fixação (BIO.) double embedding
dupla hélice (BIO.) hairpin loop
dupla interrupção (ELECT.) double-break
duplamente dobrado (BOT.) conduplicate
duplamente ionizado (ELECT.) doubly-ionized

duplamente isolado (ELECT.) double-insulated

dupla negação (COMP.) double negative

dupla precisão (COMP.) double precision

dupla recepção (TELECOM.) double reception

dupla refracção (PHYS.) double refraction; birefringence

dupla união (BUILD.) double junction

duplex (GEN.) duplex

duplex de dois canais (ELECT.) double-channel duplex

duplexer (RADAR; TELECOM.) duplexer

duplex por divisão de frequência (TELECOM.) frequency division duplex [FDD]

duplicação (ELECT.) doubling

duplicação (GEN.) duplicating

duplicação a álcool (PRINT.) spirit duplicating

duplicação de frequência (TELECOM.) frequency doubling

duplicação de imagens (TELECOM.) ringing

duplicação de índice (COMP.) index replication

duplicação de rectificador (ELECT.) rectifier doubling

duplicação somática (BIO.) somatic doubling

duplicador (TELECOM.) doubler

duplicador de tensão (ELECT.) voltage doubler

duplicador harmónico (ELECT.) harmonic doubler

duplicidentado (ZOO.) duplicident

duplo (GEN.) double; dual; duplex; tandem

duplo (TELECOM.) tandem

duplo alburno (BOT.) blown

duplo comando (AERO.) dual control

duplo comando desmontável (AERO.) detachable dual control

duplo controlo (AERO.) dual control

duplo cotovelo (BUILD.) U-bend

duplo deslizamento de frequência (ELECTRON.) double moding

duplo diplóide (BOT.) amphidiploid

duplo espectro (PRINT.) dual spectrum

duplo fantasma (PRINT.) dual spectrum

duplo fecho (HYDRO.) double lock

duplo ião (CHEM.) dual ion

duplo pendural (BUILD.) queen post

duplos (BIO.) twins

duplo tabique (BUILD.) double partition

duplo triodo (ELECTRON.) double triode ; twin triode

Duque (PAPER) Duke (letter paper)

duquesa (placa de ardósia) (BUILD.) duchess

duração da existência (BIO.) life span

duração de atenuação (PHYS.) attenuation length

duração de exposição (NUCL.) exposure speed

duração de impulso (TELECOM.) pulse-width

duração de manutenção de rotina (COMP.) routine maintenance time

duração de paralaxe (ASTRO.) parallax age

duração de segurança (MECH.) safe-life

duração de tecto de impulso (ELECTRON.) pulse duration

duração de uma célula em seco (ELECTRON.) dry shelf life

duração do passo (ELECT.) step time

duralumínio (MECH.) hard aluminium alloy

dura-máter (ZOO.) dura mater

dura-máter medular (ZOO.) endorhachis

durame(n) (BOT.) heart wood; duramen

durante a vida (MED.) intra-vitam

dureno (CHEM.) durene

dureza (GEN.) hardness; stiffness; toughness

dureza ao rubro (MECH.) red hardness

dureza de Brinell (ENG.) Brinell hardness

dureza de entalhe (MECH.) notch toughness

dureza dos raios X (PHYS.) X-ray hardness

dureza permanente (CHEM.) permanent hardness (water)

dureza secundária (MECH.) secondary hardness

duro (GEN.) hard

duro (MED.) hard; tophaceous; scirrhous

DVD gravável (IMAGE TECH.) recordable DVD

E (Comp.) AND (logical operator)

Eagle (Astro.) Eagle (lander of Apollo 11; crater in Mars)

Eão (Eon) (Geo.) Eon

ébano (Bot.) ebony

ébano-americano (Bot.) cocuswood; West Indian ebony

ébano-da-Austrália (Bot.) blackwood

ébano-da-Jamaica (Bot.) West Indian ebony; cocuswood

ebonite (Chem.) ebonite; vulcanite

ebulição (Chem.; Phys.) ebullition; boiling; effervescence

ebulição violenta (Chem.) strong boiling

ebulidor (Phys.) ebullator

ebuliómetro (Phys.) ebulliometer

ebulioscopia (Chem.) ebullioscopy

eburnação (Med.) eburnation

ecdémico (Zoo.) ecdemic

ecdise (Zoo.) ecdysis

ecídio (Bot.) aecium; cluster cup

ecídio (Bot.) aecidium

ecidióiósporo (Bot.) aecidiospore; aeciospore

eckermannita (Miner.) eckermannite

eclampsia (Med.) eclampsia

eclampsia da parturiente (Vet.) parturient eclampsia

eclipse (Gen.) eclipse

eclipse anular (Astro.) annular eclipse

eclipse parcial (Aero.) partial eclipse

eclipse solar (Astro.) solar eclipse

eclíptica (Astro.) ecliptic

eclogito (Geo.) eclogite

eclosão (Zoo.) eclosion

eclusa (Hydro.) lockage; lock; sluice; head-gate

eclusa de derivação (Hydro.) diversion dam

eclusa de desvio (Hydro.) diversion sluice

eclusa de rio (Hydro.) river lock

eclusa fluvial (Hydro.) river lock

eclusa-sifão (Hydro.) siphon sluice

eco (Gen.) echo

eco (Phys.) pipe

eco (Radar) echo

eco artificial em forma de pena (Radar) feather

ecobatímetro (Phys.) fathometer

ecocardiografia (Med.) echocardiography

ecocinesia (Med.) echokinesis; echokinesia; ecopraxia

ecoclimatologia (Eco.) ecological climatology

ecocline (Eco.) ecocline

eco coerente (Phys.) coherent echo

eco de flutuação (Phys.) flutter echo

eco de meteoro (Radar) meteor echo

eco de radar (Radar) radar echo

eco de retorno (Electron.) backward echo

eco de saraiva (Radar) hail echo

eco de volta ao mundo (Telecom.) round the world echo

ecoclina (Eco.) coenocline

ecoencefalografia (Med.) echoencephalography

eco-energia (Eco.) ecoenergy

eco estratificado (Radar) stratiform echo

ecoestratigrafia (Eco.) ecostratigraphy

eco falso (Electron.) indirect echo

eco fantasma pontual (Radar) dot angel

ecofisiologia (Eco.) ecophysiology

eco fixo (Phys.) fixed echo

ecofrasia (Med.) echophrasia; echolalia

ecografia (Med.) echography

eco hertziano (Telecom.) Hertzian echo

eco identificado (Radar) blip

eco indirecto (Electron.) indirect echo

ecolalia (Med.) echolalia

ecolocação (Med.) echolocation

Ecologia (Gen.) ecology

ecologia comportamental (Eco.) behavioural ecology

ecologia fisiológica (Eco.) physiological ecology

ecologia populacional (Eco.) population ecology

ecologia recreacional (Eco.) recreation ecology

ecomatismo (Med.) echomatism; echopraxia

ecomorfismo (Eco.) ecomorph

eco múltiplo (Phys.; Telecom.) multiple echo

eco musical (Phys.) musical echo

econdroma (Med.) ecchondroma

econdrose (Med.) ecchondrosis

Econometria (Stat.) econometry

economizador (Mech.) economizer

economizador de vapor (Mech.) steam economizer

eco parasita de radar (Radar) radar clutter

eco parasita de sonar (Phys.) sonar self-noise

eco parasita do mar (Radar) sea clutter

eco permanente (Phys.) fixed echo

ecopraxia (Med.) echopraxia; echokinesis

ecos espúrios (Radar) grass; picture noise

ecosistema agrário (Eco.) agro-ecosystem

eco-sondagem (Eco.) echosounding

ecospécies (Bot.) ecospecies

ecossistema (Eco.) ecosystem

ecossonda (Phys.) fathometer

ecossondagem (Phys.) echo sounding

ecotipo (Eco.) ecotype

ecótono (Eco.) ecotone

ecrã de alumínio (Comp.) aluminized screen

ecrã de matriz activa (Comp.) active matrix screen

ecrã de mosaico (Image Tech.) mosaic screen

ecrã de plasma (Image Tech.) (gas) plasma display

ecrã de projecção (Image Tech.) projection display

ecrã de tungstato de cálcio (Electron.) calcium tungstate screen

ecrã matricial (Image Tech.) matrix display

ecrã multiplexado (Image Tech.) multiplexed display

ecrina (Med.) eccrine

ectasia (Med.) ectasia; ectasis

éctima (Med.) ecthyma

ectima contagioso (Med.; Vet.) orf; soremouth

ectimatiforme (Med.) ecthymatiform

ectimiforme (Med.) ecthymiform

ectoblasto (Zoo.) ectoblast

ectocardia (Med.) ectocardia

ectócrino (Bot.) ectocrine

ectodactilia (Med.) ektodactylia

ectoderme (Zoo.) ectoderm

ectodérmico (Bio.; Med.; Zoo.) ectodermal; ectodermic; deric

ectoetmóide (Zoo.) ectethmoid

ectófito (Bot.) ectophyte

ectogénese (Zoo.) ectogenesis

ectogénico (Ecto.) ectogenous

ecto-hormona (Eco.) ectohormone

ectolécito (Zoo.) ectolecithal

ectomia pineal (Med.) pineal ectomy

ectomicorriza (Bot.) ectomycorrhiza

ectomorfo (Psycho.) ectomorph

ectoparasita (Bot.; Zoo.) ectoparasite

ectopia (Med.) ectopia; ectopy

ectopia congénita da pupila (Med.) ectopia pupillae congenita

ectopia da bexiga (Med.) ectopia vesicae

ectopia do coração (Med.) ectopia cordis

ectopia do cristalino (Med.) ectopia lentis

ectopia do testículo (Med.) ectopia testis

ectoplacentário (Med.) ectoplacental

ectoplasma (Bio.) ectoplasm

ectoplasmático (Bio.) ectoplasmatic

ectostose (MED.) ectostosis
ectotérmico (ECO.) ectotherm
ectotoxina (BIO.) ectotoxin
ectótrico (MED.) ectothrix
ectozoário (ZOO.) ectozoon
ectromelia (BIO.) ectromelia
ectrópio (MED.) ectropion, ectropium
ectrótico (MED.) ectrotic
eczema (IMMUN.) eczema
eczema dos equídeos (VET.) mud fever; grease
edáfico (ECO.) edaphic
edema (MED.) edema; oedema
edema angioneurótico (MED.) angioneurotic oedema
edema angioneurótico hereditário (IMMUN.) hereditary angioneurotic oedema
edema da cabeça (MED.) cephaledema
edema da papila (MED.) papilloedema; papilledema
edema hereditário (MED.) hereditary oedema; Milroy's disease
edema intestinal (VET.) oedema disease; bowel oedema disease
edema maligno (VET.) malignant oedema
edematoso (MED.) edematous; oedematous
edenite (MINER.) edenite
edeomania (MED.) edeomania
edetato (CHEM.) edetate
edição (PRINT.) edition; run
edição assistida por computador (COMP.) computer-aided editing
edição de ligação (COMP.) link edit
edição em linha (TELECOM.) on-line editing
edição não linear (ELECTRON.) non-linear editing
edição por corte e colagem (COMP.) cut and splice editing
edículo (ARCH.) aedicule
edifício (BUILD.) building; fabric
edifício pré-fabricado (BUILD.) pre-fabricated building
editor (GEN.) editor; publisher
editor de ecrã (COMP.) screen editor
edulcorante (MED.) edulcorant
efectividade a precipitação (BOT.) precipitation effectiveness
efector (ZOO.) effector
Efedra (BOT.; MED.) Ephedra
efedrina (MED.) ephedrine
efeito amortecedor (PHYS.) damping effect
efeito ascensional (AERO.) lifting effect
efeito audível (PHYS.) audible effect
efeito biauricular (PHYS.) binaural effect
efeito-canal (TELECOM.) channel effect
efeito Cotton-Mouton (PHYS.) Cotton-Mouton effect
efeito da radiação de travagem (PHYS.) Bremsstrahlung
efeito da Rainha Vermelha (ECO.) Red Queen effect
efeito de abertura (ELECTRON.) aperture effect
efeito de aceleração (PHYS.) acceleration effect
efeito de afluxo (NUCL.) streaming effect

efeito de antena (TELECOM.) antenna effect
efeito de Auger (PHYS.) Auger effect
efeito de avalanche (ELECTRON.) avalanche effect
efeito de Barkhausen (PHYS.) Barkhausen effect
efeito de Barnett (PHYS.) Barnett effect
efeito de bobina inactiva (ELECT.) dead-end effect
efeito de Brems (PHYS.) Bremsstrahlung
efeito de Buchmann-Meyer (PHYS.) Buchmann-Meyer effect
efeito de Callier (IMAGE TECH.) Callier effect
efeito de canal (TELECOM.) channel effect
efeito de carga espacial (ELECTRON.) space-charge effect
efeito de cascata (ECO.) cascade effect
efeito de cavidade (PHYS.) cavity effect
efeito de Clayden (IMAGE TECH.) Clayden effect; dark lightning
efeito de Coanda (AERO.) Coanda effect
efeito de coesão química (PHYS.) chemical binding effect
efeito de compressão (NUCL.) pinch effect
efeito de Compton (PHYS.) Compton effect
efeito de Compton-Getting (ASTRO.) Compton-Getting effect
efeito de Coriolis (METEO.) Coriolis effect; Coriolis error; Coriolis deflection
efeito de costa (TELECOM.) shore effect
efeito de Crookes (PHYS.) Crookes' effect
efeito de Debye (ELECT.) Debye effect
efeito de decomposição (PHYS.) discomposition effect
efeito de de Haas-van Alphen (PHYS.) de Haas-van Alphen effect
efeito de Destriau (PHYS.) Destriau effect
efeito de Doppler (PHYS.) Doppler effect
efeito de dosagem (BIO.) dosage effect
efeito de Drapper (CHEM.) Drapper effect
efeito de dupla inflexão (TELECOM.) double-hump effect
efeito de Eberhard (IMAGE TECH.) Eberhard effect
efeito de Edison (ELECT.) Edison effect
efeito de Einstein-de Haas (PHYS.) Einstein-de Haas effect
efeito de emissão (NUCL.) streaming effect
efeito de entrançado (ELECT.) stranding effect
efeito de escudo (IMAGE TECH.) shielding effect
efeito de estufa (ASTRO.) greenhouse effect

efeito de Ettinghausen (PHYS.) Ettinghausen effect
efeito de Ettinghausen-Nernst (PHYS.) Ettinghausen-Nernst effect
efeito de Faraday (PHYS.) Faraday effect
efeito de Ferranti (ELECT.) Ferranti effect
efeito de franja (IMAGE TECH.) fringe effect
efeito de Gudden-Pohl (PHYS.) Gudden-Pohl effect
efeito de Guillemin (PHYS.) Guillemin effect
efeito de Gunn (ELECTRON.) Gunn effect
efeito de Haas (PHYS.) Haas effect
efeito de Hall (ELECTRON.) Hall effect
efeito de Hall quântico (PHYS.) quantum Hall effect
efeito de Hawthorne (PSYCHO.) Hawthorne effect
efeito de homogeneidade (NUCL.) channelling effect
efeito de Hubble (ASTRO.) Hubble effect
efeito de imagem (TELECOM.) image effect
efeito de inércia (PHYS.) inertia effect
efeito de Josephson (ELECTRON.) Josephson effect
efeito de Joshi (PHYS.) Joshi effect
efeito de Joule (ELECT.) Joule effect
efeito de Joule-Thomson (PHYS.) Joule-Thomson effect
efeito de Kelvin (ELECT.) Kelvin effect
efeito de Kirkendall (MECH.) Kirkendall effect
efeito de Lossev (ELECTRON.) Lossev effect
efeito de Luxemburg (TELECOM.) Luxemburg effect
efeito de Maggi-Righi-Leduc (PHYS.) Maggi-Righi-Leduc effect
efeito de Magnus (PHYS.) Magnus effect
efeito de margem (IMAGE TECH.) border effect
efeito de massa (MECH.) mass effect
efeito de Matteuci (ELECT.) Matteuci effect
efeito de Meissner (PHYS.) Meissner effect
efeito de memória (COMP.) memory effect
efeito de microfone (ELECTRON.) microphonic effect
efeito de Mössbauer (PHYS.) Mössbauer effect
efeito de muro (PHYS.) wall effect
efeito de Nernst (ELECTRON.) Nernst effect
efeito de neve (TELECOM.) snow effect
efeito de novidade (PSYCHO.) recency effect
efeito de orla (PHYS.) edge effect
efeito de Page (ELECT.) Page effect
efeito de parede (PHYS.) wall effect
efeito de Paschen-Back (PHYS.) Paschen-Back effect
efeito de Pasteur (BIO.) Pasteur effect
efeito de patamar posterior (ELECT.) back-porch effect

efeito de Peltier (ELECT.) Peltier effect

efeito de Pockel (ELECT.) Pockel's effect

efeito de posição (BIO.) position effect

efeito de Poynting-Robertson (ASTRO.) Poynting-Robertson effect

efeito de pressão (PHYS.) pressure effect

efeito de primazia (PSYCHO.) primacy effect

efeito de Purkinje (PHYS.) Purkinje effect

efeito de radiação (PHYS.) radiation effect

efeito de Raman (ELECTRON.) Raman effect

efeito de Ramsauer (PHYS.) Ramsauer effect

efeito de ressonância (PHYS.) resonance effect

efeito de retracção (MECH.) shrinkage effect

efeito de reversão (METEO.) Umkehr effect

efeito de Reynolds (CHEM.) Reynolds effect

efeito de Richardson (ELECTRON.) Richardson effect

efeito de Schottky (ELECTRON.) Schottky effect

efeito de Seeback (ELECT.) Seeback effect

efeito desmagnetizante (ELECT.) demagnetizing effect

efeito de Soret (PHYS.) Soret effect

efeito de Stiles-Crawford (PHYS.) Stiles-Crawford effect

efeito de Suhl (ELECTRON.) Suhl effect

efeito de tela (IMAGE TECH.) shielding effect

efeito de Thomson (ELECT.) Thomson effect

efeito detonante (ELECT.) shot noise

efeito de trajectórias múltiplas (TELECOM.) multipath effect

efeito de transição (NUCL.) transition effect

efeito de tremulação (ELECTRON.) flicker effect

efeito de turbina (MECH.) turbine effect

efeito de Tyndall (PHYS.) Tyndall effect

efeito de válvula (ELECT.) valve effect

efeito de vibração (AERO.) flutter effect

efeito de vibração da hélice (AERO.) propeller crystallization

efeito de Voigt (PHYS.) Voigt effect

efeito de Volta (PHYS.) Volta effect; contact electromotive force

efeito de Wiedemann (ELECT.) Wiedemann effect

efeito de Wien (ELECT.) Wien effect

efeito de Wigner (NUCL.) Wigner effect; discomposition effect

efeito de Wilson (ELECT.) Wilson effect

efeito de xénon (PHYS.) xenon effect

efeito de Zener (ELECTRON.) base-emitter Zener effect

efeito dinâmico (PHYS.) dynamic effect

efeito Doppler radial (PHYS.) radial Doppler effect

efeito Dorn (CHEM.) Dorn effect

efeito ecológico (ECO.) ecological effect

efeito electrocapilar (CHEM.) electrocapillary effect

efeito electrocinético (CHEM.) electrokinetic effect

efeito electrodérmico (MED.) electrodermal effect

efeito electrofónico (PHYS.) electrophonic effect

efeito electrolítico (ELECT.) electrolytic effect

efeito electro-óptico (electróptico) (ELECT.) electro-optical effect

efeito electrostático de Kerr (ELECT.) electrostatic Kerr effect

efeito fantasma (TELECOM.) ghost effect

efeito fotoeléctrico (ELECTRON.) photoelectric effect

efeito fotoeléctrico atómico (PHYS.) atomic photoelectric effect

efeito fotoelectromagnético (ELECTRON.) photoelectromagnetic effect

efeito fotovoltaico (ELECTRON.) photovoltaic effect

efeito galvanomagnético (ELECT.) galvanomagnetic effect

efeito geomagnético (PHYS.) geomagnetic effect

efeito giromagnético (PHYS.) gyromagnetic effect

efeito glucose (BIO.) glucose effect

efeito granular (TEXT.) shot effect

efeito ionizante (PHYS.) ionizing effect

efeito Kerr (ELECT.; PHYS.) Kerr effect

efeito Leduc (ELECTRON.) Leduc effect

efeito liminar (ELECTRON.) threshold efect

efeito local (TELECOM.) side tone

efeito luminoso (PHYS.) luminous effect

efeito Mach (AERO.) Mach effect

efeito magneto-calórico (PHYS.) magneto-caloric effect

efeito magneto-óptico (PHYS.) magneto-optical effect

efeito maternal (BIO.) maternal effect

efeito Miller (ELECTRON.) Miller effect

efeito ondulado (IMAGE TECH.) moiré effect

efeito ondulatório (AERO.) flutter effect

efeito panorâmico (IMAGE TECH.) pan

efeito pelicular (PHYS.) skin effect

efeito pelicular de Kelvin (PHYS.) Kelvin skin effect

efeito pendular (PHYS.) pendulum effect

efeito piezoeléctrico (ELECTRON.) piezoelectric effect

efeito piroeléctrico (MINING) pyroelectric effect

efeito Pogo (SPACE) Pogo effect

efeito rápido (PHYS.) fast effect

efeito residual (PHYS.) residual effect

efeito de orla preta (ELECTRON.) following black; following whites

efeitos direccionais (IMAGE TECH.) directional effects

efeitos especiais (IMAGE TECH.) special effects

efeitos parasitas (TELECOM.) strays

efeito Stark (PHYS.) Stark effect

efeito Stark-Lunelund (ELECT.) Stark-Lunelund effect

efeitos transitórios (PHYS.) transient effects

efeito superficial (PHYS.) skin effect

efeito térmico (ELECT.; PHYS.) thermal effect; heating effect

efeito térmico da radiação solar (PHYS.) calorific effect of solar radiation

efeito termoeléctrico (ELECT.) thermoelectric effect

efeito termomagnético (PHYS.) thermomagnetic effect

efeito trapezoidal (ELECTRON.) trapezium effect

efeito túnel (ELECTRON.) tunnel effect

efeito Venturi (METEO.) Venturi effect

efeito vibratório instável (SPACE) Pogo effect

efeito Wertheim (ELECT.) Wertheim effect

efeito Zeeman (PHYS.) Zeeman effect

efeito Zener (ELECTRON.) Zener effect

efélide (MED.) freckle

efemérides (ASTRO.) ephemeris

Efemérides astronómicas (ASTRO.) astronomical Ephemeris

efémero (BOT.) ephemeral

Efemeropteros (ZOO.) Ephemeroptera

eferente (ZOO.) efferent; centrifugal

efervescência (CHEM.) effervescence

eficácia de combustão (AERO.; MECH.) combustion efficiency

eficiência (GEN.) efficiency

eficiência absoluta (ELECT.) absolute efficiency

eficiência anódica (ELECTRON.) anode efficiency

eficiência catódica (ELECT.) cathode efficiency

eficiência da cadeia alimentar (ECO.) food-chain efficiency

eficiência da caldeira (MECH.) boiler efficiency

eficiência de abertura (IMAGE TECH.) aperture efficiency

eficiência de antena (TELECOM.) antenna efficiency

eficiência declarada (ELECT.) declared efficiency

eficiência de colector (ELECT.) collector efficiency

eficiência de combustão (AERO.; MECH.) combustion efficiency

eficiência de contagem (NUCL.) counter efficiency

eficiência de conversão (ELECTRON.) conversion efficiency

eficiência de eléctrodo (ELECTRON.) electrode efficiency

eficiência de emissão (ELECTRON.) emission efficiency

eficiência de emissor (ELECTRON.) emitter efficiency

eficiência de feixe (ASTRO.) beam efficiency

eficiência de filtro (CHEM.) filter efficiency

eficiência de gerador (Elect.) generator efficiency

eficiência de hélice (Aero.) efficiency of airscrew

eficiência de impacto (Nucl.) efficiency of impaction

eficiência de injecção (Electron.) injection efficiency

eficiência de Lindeman (Eco.) Lindeman's efficiency

eficiência de luminosidade total (Elect.) overall luminosity efficiency

eficiência de mistura (Phys.) mixing efficiency

eficiência de Murphree (Chem.) Murphree efficiency

eficiência de padrão de ar (Auto.) air standard efficiency

eficiência de placa (Elect.) plate efficiency

eficiência de potência utilizável (Elect.) available power efficiency

eficiência de propulsão (Eng.) propulsion efficiency

eficiência de radiação (Telecom.) radiation efficiency

eficiência de rectificação (Elect.) rectification efficiency

eficiência de sustentação (Aero.) lift-drag ratio

eficiência de tear (Text.) loom efficiency

eficiência de transmissão (Telecom.) transmitting efficiency

eficiência directiva (Telecom.) directive efficiency

eficiência do motor (Mech.) Rankine efficiency

eficiência ecológica (Eco.) ecological efficiency

eficiência em amperes-hora (Phys.) ampere-hour efficiency

eficiência fotográfica (Phys.) photographic efficiency

eficiência isotérmica (Elect.) isothermal efficiency

eficiência luminosa (Phys.) luminous efficiency

eficiência relativa (Mech.) relative efficiency

eficiência separativa (Nucl.) separative efficiency

eficiência térmica (Mech.) thermal efficiency

eficiência térmica do travão (Mech.) brake thermal efficiency

eficiência térmica indicada (Mech.) indicated thermal efficiency

eficiência total (Phys.) overall efficiency

eficiência volumétrica (Mech.) volumetric efficiency

eflorescência (Gen.) efflorescence

eflorescência cristalina (Geo.) crystalline efflorescence

efluente (Build.) effluent

efluente de produção (Build.) trade effluent

eflúvio (Elect.) effluve

efluxo (Aero.) efflux

efrinas (Bio.) ephrins

efusão (Aero.) efflux

efusão (Gen.) effusion

efusão térmica (Phys.) thermal effusion

efusiómetro (Chem.) effusiometer

egirina (Miner.) aegirine

egirina-augite (Miner.) aegirine-augite

egitognata (Zoo.) aegithognathous

ego (Psycho.) ego

egocentrismo (Psycho.) egocentrism

egofonia (Med.) aegophony

eidógrafo (Surv.) eidograph

eilóide (Med.) eiloid

eixo (Gen.) axis; axle; spindle; shaft; arbor; (Pl. axes)

eixo (Mech.) shaft; spindle; axle; arbor

eixo capacitivo (Elect.) capacitor shaft

eixo cardan (Mech.) cardan axis

eixo celeste (Astro.) celestial axis

eixo comando de válvulas (Mech.) camshaft

eixo conjugado (Math.) conjugate axis

eixo conjugado da hipérbole (Math.) conjugate axis of hyperbola

eixo da asa (Aero.) wing shaft; wing axis

eixo da cambota (Mech.) crankshaft

eixo da escova (Elect.) brush spindle

eixo da hélice (Auto.) propeller shaft

eixo da lente (Phys.) lens axis

eixo da linha de barca (Nav.) chip log

eixo da manivela (Mech.) crankshaft; crank axle

eixo da pá do ventilador (Mining) fan shaft

eixo das abcissas (Math.) x-axis

eixo das ordenadas (Math.) y-axis

eixo da turbina (Mech.) turbine spindle

eixo de abcissa (Math.) abscissa axis

eixo de accionamento (Mech.) drive shaft

eixo de arfagem (Aero.) pitch axis

eixo de arrasto (Aero.) drag axis

eixo de cames (Mech.) camshaft

eixo de catraca (Mech.) ratchet shaft

eixo de contracção (Meteo.) contraction axis

eixo de coordenadas (Math.) axis of co-ordinates

eixo de crista (Meteo.) ridge line

eixo de declinação (Astro.; Surv.) declination axis

eixo de deformação (Mech.; Meteo.) deformation axis

eixo de depressão (Meteo.) axis of depression

eixo de deriva (Aero.; Nav.) drift axis

eixo de direcção (Mech.) steering shaft; diving shaft

eixo de distribuição (Mech.) camshaft

eixo de dobra (Geo.) hinge fold

eixo de embraiagem (Mech.) clutch shaft

eixo de engrenagem de accionamento (Mech.) drive gear shaft

eixo de fricção (Aero.) drag axis

eixo de guinada (Aero.) yaw axis

eixo de lente (Phys.) axis of lens

eixo de massa (Mech.) mass axis

eixo de ordenada (Math.) ordinate axis; axis of y

eixo de precisão (Mech.) precision shaft

eixo de quatro manivelas (Mech.) four-throw crankshaft

eixo de rolamento (Aero.) x-axis; roll axis

eixo de rotação contínua (Mech.) continuous running shaft

eixo de simetria (Cryst.) symmetry axis

eixo de simetria (Math.) axis of symmetry

eixo de sustentação (Aero.) lift axis

eixo de tambor (Mech.) drum shaft

eixo de transmissão (Mech.) driving axle; line shaft

eixo de três manivelas (Mech.) three-throw crankshaft

eixo de turbina (Mech.) turbine shaft

eixo de válvula (Mech.) valve shaft

eixo dianteiro (Mech.) front axle

eixo do carreto (Mech.) pinion shaft

eixo do motor (Mech.) motor shaft

eixo do pinhão (Mech.) pinion shaft

eixo do rotor (Mech.) rotor shaft

eixo eléctrico (Elect.) electric axis

eixo excêntrico (Mech.) eccentric shaft

eixo facetado (Mining) kelly

eixo flexível (Mech.) flexible shaft

eixo flutuante de pistão (Eng.) floating gudgeon pin

eixo horizontal (Surv.) horizontal axis

eixo imaginário (Math.) imaginary axis

eixo inclinado (Mech.) inclined shaft

eixo intermediário (Mech.) intermediate shaft

eixo intermédio (Elect.) jack shaft

eixo lateral (Aero.) lateral axis; y-axis

eixo longitudinal (Aero.) longitudinal axis ; x-axis

eixo magnético (Phys.) magnetic axis

eixo maior (Math.) major axis

eixo menor (Math.) minor axis

eixo motor (Mech.) driving axle; live axle; drive shaft

eixo motor independente (Elect.) independent axle-drive

eixo móvel (Mech.) live axle

eixo neutro (Gen.) neutral axis

eixo normal (Aero.) normal axis; z-axis

eixo oco (Mech.) hollow axle

eixo óptico (Cryst.; Phys.) optic axis; principal axis

eixo oscilante (Mech.) floating shaft

eixo polar (Astro.; Cryst.) polar axis

eixo principal (Cryst.; Phys.) optic axis; principal axis

eixo quadrado (Mech.) square shaft

eixo quadrado (Mining) kelly

eixo radical (Math.) radical axis

eixo real (Math.) real axis

eixo rígido (Mech.) rigid shaft

eixos cristalográficos (Cryst.) crystallographic axes

eixos de rotação (Miner.) screw axes

eixos do gráfico (Gen.) axes of graph

eixos do vento (Aero.) wind axes

eixo secundário (Mech.) lay shaft

eixo secundário (Phys.) secondary axis

eixos oblíquos (Math.) oblique axes

eixos principais de um corpo (Phys.) principal axes of a body

eixos rectangulares (MATH.) rectangular axes
eixo traseiro (AUTO.) banjo axle
eixo traseiro (MECH.) trailing axle
eixo x (AERO. ; MATH.) x-axis
eixo y (AERO.; MATH.) y-axis
eixo z (AERO.) z-axis
ejaculação prematura (MED.; PSYCHO.) premature ejaculation
ejecção (GEN.) ejection
ejecção (GEO.) ejecta
ejecção orbital (ASTRO.) orbital ejection
ejector (GEN.) ejector
ejector (MECH.) jet blower
ejector de ar (MECH.) air ejector
ejector de Shone (BUILD.) Shone ejector
Elasmobrânquia (ZOO.) Elasmobranchii
elastância (PHYS.) elastance
elastase (BIO.) elastase; elastinase; pancreatopeptidase E
elasticidade (PHYS.) elasticity
elasticidade de alongamento (PHYS.) elasticity of elongation
elasticidade de cisalhamento (PHYS.) transverse elasticity
elasticidade de compressão (PHYS.) elasticity of bulk
elasticidade de tensão (PHYS.) elasticity of elongation
elasticidade de tracção (PHYS.) elasticity of elongation
elasticidade dos gases (PHYS.) elasticity of gases
elasticidade (eléctrica) (PHYS.) elastivity (electric)
elastina (BIO.) elastin
elastinase (BIO.) elastinase; elastase
elastoma (MED.) elastom; pseudoxanthoma elasticum
elastómetro (CHEM.) elastometer
elaterite (MINER.) elaterite; elastic bitumen; mineral caoutchouc
elbaite (MINER.) elbaite
eleanorite (MINER.) beraunite
electrão (PHYS.) electron
electrão de alta velocidade (ELECTRON.) high-speed electron
electrão de Auger (PHYS.) Auger electron
electrão de baixa potência (ELECTRON.) flute
electrão de Compton (PHYS.) Compton electron
electrão de condução (ELECTRON.) conduction electron
electrão de conversão (ELECTRON.) conversion electron
electrão de excesso (ELECTRON.) excess electron
electrão de ligação (PHYS.) bonding electron
electrão de Lorenz (PHYS.) Lorenz electron
electrão de recúo de Compton (PHYS.) Compton recoil electron
electrão de retrocesso (ELECT.) recoil electron
electrão de valência (CHEM.) valence electron
electrão excitado (ELECTRON.) hot electron

electrão hidratado (CHEM.) hydrated electron
electrão incidente (ELECTRON.) incident electron
electrão ligado (ELECT.) bound electron
electrão livre (ELECT.) free electron
electrão negativo (ELECTRON.) negative electron
electrão planetário (PHYS.) planetary electron
electrão positivo (PHYS.) positive electron
electrão quente (ELECTRON.) hot electron
electrão secundário (ELECTRON.) secondary electron
electrão-volt [ev] (PHYS.; RADIOL.) electron-volt [ev]
electreto (ELECT.) electret
electricidade (GEN.) electricity
electricidade animal (ZOO.) animal electricity
electricidade atmosférica (METEO.) atmospheric electricity
electricidade de atrito (PHYS.) frictional electricity
electricidade de fricção (PHYS.) frictional electricity
electricidade dinâmica (ELECT.) dynamic electricity; voltaic electricity
electricidade farádica (PHYS.) faradic electricity
electricidade induzida (PHYS.) faradic electricity; faradism
electricidade negativa (PHYS.) negative electricity
electricidade positiva (ELECT.) positive electricity
electricidade voltaica (PHYS.) voltaic electricity
eléctrico (PHYS.) electric; electrical
electrificação (ELECT.) electrification
electro (MECH.) electrum
electroacústica (PHYS.) electroacoustics
electroanálise (CHEM.) electroanalysis
electroanestesia (MED.) electroanaesthesia; electroanesthesia
electroarteriógrafo (MED.) electroarteriograph
electroaxonografia (MED.) electroaxonography
electrobiologia (BIO.) electrobiology
electrobioscopia (MED.) electrobioscopy
electrocalorimétrico (PHYS.) electrocalorimetric
electrocardiofonografia (MED.) electrocardiophonography
electrocardiografia (MED.) electrocardiography
electrocardiograma (MED.) electrocardiogram [ECG; EKG]
electrocardioscópio (MED.) electrocardioscope
electrocataforese (PHYS.) electrocataphoresis
electrocatálise (MED.) electrocatalysis
electrocautério (MED.) electric cautery; electrocautery
electrocinética (PHYS.) electrokinetics
electrocisão (MED.) electroscision

electrócito (ZOO.) electrocyte
electrocoagulação (MED.) electrocoagulation
electrocondutor (ELECT.) cable duct
electrocronógrafo (ELECT.) electrochronograph
electrocução (MED.) electrocution
electrodeposição (ELECT.) electrodeposition
electrodesintegração (PHYS.) electrodisintegration
electrodessecação (MED.) electrodesiccation
electrodiagnose (MED.) electrodiagnosis
electrodiálise (CHEM.; MED.) electrodialysis
electrodifusão (BIO.; CHEM.) electrodiffusion
Electrodinâmica de Minkowski (PHYS.) Minkowski electrodynamics
Electrodinâmica quântica (PHYS.) quantum electrodynamics
electrodissolução (ELECT.) electrodissolution
eléctrodo (ELECT.) electrode
eléctrodo accionador (ELECT.) starter
eléctrodo activo (ELECT.) active electrode
eléctrodo a gás (PHYS.) gas electrode
eléctrodo bipolar (ELECT.) bipolar electrode
eléctrodo colector (ELECT.) collecting electrode
eléctrodo contínuo (ELECT.) continuous electrode
eléctrodo D (ELECTRON.) dee
eléctrodo de aceleração (ELECTRON.) accelerating electrode
eléctrodo de aceleração suplementar (ELECTRON.) intensifier electrode
eléctrodo de arranque (ELECTRON.) starting electrode
eléctrodo de auto-recozimento (ELECT.) self-baking electrode
eléctrodo de base (ELECT.) base electrode
eléctrodo de calomelano decimolar (CHEM.) decimolar calomel electrode
eléctrodo de calomelano normal (CHEM.) normal calomel electrode; standard calomel electrode
eléctrodo de calomelano saturado (CHEM.) saturated calomel electrode
eléctrodo de carvão (ELECT.) arc carbon; carbon electrode
eléctrodo de conservação (ELECT.) hold electrode
eléctrodo de controlo (ELECT.) control electrode
eléctrodo de convergência (ELECT.) convergence electrode
eléctrodo de desaceleração (ELECTRON.) decelerating electrode
eléctrodo de descarga (ELECT.) discharge electrode
eléctrodo de disparo (ELECTRON.) trigger electrode
eléctrodo de entrada (ELECTRON.) input electrode
eléctrodo de escoamento de mercúrio (CHEM.) dropping mercury electrode

eléctrodo de focagem (Image Tech.) focus electrode

eléctrodo de focalização (Elect.) focusing electrode

eléctrodo de formação de feixe (Electron.) beam-forming electrode

eléctrodo de grafite (Elect.) graphite electrode

eléctrodo de hidrogénio (Chem.) hydrogen electrode

eléctrodo de Hildebrand (Chem.) Hildebrand electrode

eléctrodo de ligação à terra (Elect.) grounding electrode

eléctrodo de metal (Elect.) metal electrode

eléctrodo de quinidrona (Chem.) quinhydrone electrode

eléctrodo de referência (Chem.) reference electrode

eléctrodo de sangria (Mech.) burning stick

eléctrodo de selectividade iónica (Bio.; Chem.) ion-selective electrode

eléctrodo de sustentação de descarga (Electron.) ignitor

eléctrodo de trabalho (Elect.) work electrode

eléctrodo do intensificador (Electron.) intensifier electrode

eléctrodo insolúvel (Elect.) insoluble electrode

eléctrodo modulador (Electron.) modulated electrode

eléctrodo negativo (Electron.) negative electrode

eléctrodo normal (Elect.) normal electrode

eléctrodo nu (Elect.) bare electrode

eléctrodo passivo (Elect.) passive electrode

eléctrodo piloto (Elect.) pilot electrode

eléctrodo positivo (Electron.) positive electrode; positron

eléctrodo radial de deflexão (Elect.) radial deflecting electrode

eléctrodo reflector (Elect.) reflecting electrode; reflector electrode

eléctrodo revestido (Elect.) covered electrode

eléctrodos deflectores (Elect.) deflecting electrodes

eléctrodo secundário (Elect.) secundary electrode

eléctrodo sem revestimento (Elect.) bare electrode

electroencefalógrafo (Med.) electroencephalograph

electroencefalograma (Med.) electroencephalogram [EEG]

electroendosmose (Chem.) electroendosmosis

electrões cromóforos (Elect.) chromophoric electrons

electrões equivalentes (Elect.) equivalent electrons

electrões primários (Electron.) primary electrons

electroextracção (Med.) electroextraction

electrófilo (Med.) electrophil(e)

electrofisiologia (Bio.) electrophysiology

electrofluorescência (Phys.) electrofluorescence

electroforese (Chem.) electrophoresis

electroforese de disco (Bio.; Chem.) disc electrophoresis

electroforese de gel (Bio.; Chem.) gel electrophoresis

electroforese de gel de poliacrilamida (Bot.) polyacrilamide gel electrophoresis

electroforese de gel em campo impulsionado (Bio.; Chem.) pulsed field-gel electrophoresis

electroforese em gel de acrilamida (Bio.) acrylamide gel electrophoresis

electroforese em gel de agarose (Bio.) agarose gel electrophoresis

electroformação (Electron.) electroforming

electróforo (Elect.) electrophorus

electrogalvanização (Elect.) electroplating

electrografite (Phys.) electrographite

electrógrafo (Elect.) electrograph

electrograma (Elect.) electrogram

electro-hemostase (Med.) electrohemostasis

electroíman (Elect.) electrical magnet; electromagnet

electroíman de campo (Elect.) field magnet

electroíman de controlo (Elect.) control magnet

electroíman de suspensão (Elect.) crane magnet

electroíman de travagem (Mech.) locking magnet

electro-imunodifusão (Bio.; Chem.) electroimmunodiffusion

electrólise (Gen.) electrolysis

electrólito (Elect.) electrolyte

electrólito anfotérico (Bio.; Chem.) ampholyte

electrólito coloidal (Phys.) colloidal electrolyte

electrólito denso (Chem.) strong electrolyte

electroluminescência (Phys.) electroluminescence

Electromagnetismo (Gen.) electromagnetics

electromagnetismo (Elect.) electromagnetism

electromagneto (Elect.) electromagnet; electrical magnet

electromagneto blindado (Elect.) iron-clad electromagnet

electrometalização (Mech.) electrometallization

electrometalurgia (Mech.) electrometallurgy

electrómetro (Elect.) electrometer

electrómetro absoluto (Elect.) absolute electrometer

electrómetro a tubo de vácuo (Electron.) vacuum tube electrometer

electrómetro capilar (Chem.) capillary electrometer

electrómetro de disco (Elect.) attracted-disk electrometer

electrómetro de fio (Electron.) string electrometer

electrómetro de folha de ouro (Elect.) gold-leaf electrometer

electrómetro de Kelvin (Elect.) Kelvin electrometer

electrómetro de quadrante (Elect.) quadrant electrometer

electrómetro de quadrante de Dolezalek (Elect.) Dolezalek quadrant electrometer

electromiografia (Med.) electromyography

electronarcose (Med.) electronarcosis

electronegatividade (Bio.) electronegativity

electronegativo (Phys.) electronegative

electroneurografia (Med.) electroneurography

electroneurólise (Med.) electroneurolysis

Electrónica (Gen.) electronics

Electrónica aeroespacial (Electron.) aerospace electronics

Electrónica física (Electron.) physical electronics

Electrónica molecular (Chem.) molecular electronics

Electrónica quântica (Phys.) quantum electronics

electroplexia (Med.) electroplexy

electropneumático (Elect.) electropneumatic

electropositivo (Phys.) electropositive

Electroquímica (Chem.) electrochemistry

electrorradiómetro (Phys.) electroradiometer

electrorreceptor (Zoo.) electroreceptor

electroscópio (Elect.) electroscope

electroscópio de bolas (Elect.) pithball electroscope

electroscópio de fibra de quartzo (Electron.) quartz-fibre electroscope

electroscópio de lâmina de ouro (Elect.) gold-leaf electroscope

electrosmose (Chem.) electro-osmosis; electrosmosis

Electrostática (Gen.) electrostatics

electrostricção (Phys.) electrostriction

electrostricção de cristal (Phys.) crystal electrostriction

electrotaxia (Zoo.) electrotaxis

electrotecnia (Elect.) electrical engineering

electrotelurógrafo (Elect.) electrotellurograph

electroterapêutica (Med.) electrotherapeutics

electroterapia (Med.) electrotherapy

electrotérmico (Elect.) electrothermic

electrotermoluminescência (Phys.) electrothermoluminescence

electrótipo (Print.) electrotype

electrótipos de impressão College (Print.) College electros

electrótonus (Med.) electrotonus

electrotropismo (Zoo.) electrotropism

electrovalência (Chem.) electrovalence

electroviscosidade (Chem.) electroviscosity

electuário (MED.) electuary
elefantíase (MED.) elephantiasis; pachydermia; pachyderma; phlegasia malabarica
elemento (GEN.) element
elemento (MATH.) element; constituent
elemento activo (COMP.) active element
elemento catóptrico (PHYS.) catoptric element
elemento (da antena) parasita (ELECTRON.) parasitic element
elemento da imagem (PHYS.) image element
elemento da objectiva (IMAGE TECH.) lens element
elemento de acoplamento (TELECOM.) coupling element
elemento de anticoincidência (COMP.) anticoincidence element
elemento de aquecimento (ELECT.) heating element
elemento de armazenamento (COMP.) storage element
elemento de atraso (COMP.) delay element
elemento de bateria (ELECT.) cell
elemento de bateria de chumbo (ELECT.) lead cell
elemento de cadeia (SURV.) link
elemento de código (COMP.) code element; unit
elemento de combustível (NUCL.) fuel element
elemento de condutividade (ELECT.) conductivity cell
elemento de controlo (ELECTRON.) control element; gate
elemento de crivo (BOT.) sieve element
elemento de demora (COMP.) delay element
elemento de dissipação acústica (PHYS.) acoustic dissipation element
elemento de estado sólido (COMP.) solid-state element
elemento de lógica sequencial (COMP.) sequential logic element
elemento de matriz (COMP.) matrix element
elemento de memória (COMP.) memory element
elemento de paridade (COMP.) parity unit
elemento de polarização (ELECT.) polarization cell
elemento de projecto (ENG.) design element
elemento de referência com temperatura compensada (ELECTRON.) temperature-compensated reference element
elemento de regulação (ELECT.) end cell
elemento de resistência (ELECT.) resistance element; resistor element
elemento de seguimento (ELECTRON.) tracking element
elemento de sinal (TELECOM.) signal element
elemento de tabela (COMP.; MATH.) table element
elemento de trajectória (PHYS.) path element

elemento de transição (PHYS.) transition element
elemento de transposição (BIO.) transposon; transposable element
elemento de uma fila (COMP.) queue element
elemento de vaivém (COMP.) flip-flop
elemento E (COMP.) and element
elemento essencial (BOT.) essential element
elemento estável (GEN.) stable element
elemento floral lusitaniano (ECO.) Lusitanian floral element
elemento fusível (ELECT.) fuse element
elemento galvânico (CHEM.) galvanic cell
elemento instável (NUCL.) unstable element
elemento (ir)radiante (ELECT.) radiating element
elemento lógico (COMP.) logic element; logical element; functor
elemento longo interdisperso (ECO.) long interdispersed element [LINE]
elemento móvel (BIO.) mobile element
elemento móvel (ELECT.) moving element
elemento NAND (COMP.) NAND gate
elemento não radioactivo (CHEM.) non-radioactive element
elemento nativo (ECO.) native element
elemento neutro (MATH.) neutral element
elemento passivo (ELECTRON.) passive element
elemento pentavalente (CHEM.) pentad
elemento primário (ELECT.) primary cell
elemento primário (MATH.) cell
elemento químico (CHEM.) chemical element
elemento químico radioactivo (CHEM.; PHYS.) radioelement
elemento radiante (ELECT.) radiating element
elemento radioactivo indicador (PHYS.) tracer element
elemento reflector (ELECTRON.) reflector element
elemento regulador (ELECT.) regulator cell
elementos comandados (ELECT.) driven elements
elementos conjugados de um determinante (MATH.) conjugate elements of a determinant
elementos conjugados de um grupo (MATH.) conjugate elements of a group
elementos de resposta da hormona (BIO.) hormone response elements [HREs]
elementos de terras raras (CHEM.) rare earth elements
elementos de uma órbita (ASTRO.) elements of an orbit
elemento separativo (NUCL.) separative element
elemento sequencial (COMP.) sequential element

elementos metálicos de terras raras (CHEM.) rare earth elements
elementos transurânicos (CHEM.) transuranic elements
elementos traqueais (BOT.) tracheary elements
elemento térmico (ELECT.) thermoelement
elemento térmico diferencial (CHEM.) differential thermoelement
elemento traçador (PHYS.) tracer element
elemento transponível (BIO.) transposon; transposable element
elemento vivo (COMP.) liveware
elemento voltaico (CHEM.) voltaic cell
eleolite (MINER.) elaeolite
eleossoma (BOT.) elaiosome
eleuterodáctilo (ZOO.) eleutherodactyl
elevação (GEN.) elevation; increase; hill; hump
elevação de potencial (PHYS.) tunelling
elevação de tensão (ELECT.) voltage setup
elevação do nível de água (HYDRO.) banked up water level
elevação do ponto de ebulição (CHEM.) elevation of boiling point
elevação molecular de ponto de ebulição (CHEM.) molecular elevation of boiling point
elevação potencial (METEO.) geopotential height
elevação potencial (PHYS.) potential hill
elevada emissão de campo (ELECT.) high-field emission
elevador (BUILD.) lift
elevador (GEN.) lifter; elevator
elevador (MECH.) elevator
elevador (BIO.; MED.; ZOO.) levator (a surgical instrument or a muscle)
elevador de baldes (MECH.) paternoster
elevador de comporta (HYDRO.) gate hoist
elevador de Einstein (PHYS.) Einstein elevator
elevador de esgotos Adams (BUILD.) Adams sewage lift
elevador de petróleo (MINING) gas lift
elevador hidráulico (MECH.) hydraulic lift
eliminação (CHEM.) elimination; removal
eliminação de fantasmas (TELECOM.) ghost cancelling
eliminação de ruído (ELECT.) noise elimination
eliminador (ELECTRON.) trap
eliminador de antena (TELECOM.) antenna eliminator
eliminador de ar (MECH.) de-aerator
eliminador de hipossulfito de sódio (IMAGE TECH.) hypo eliminator (hypo =sodium hyposulfite or sodium thiosulfate)
eliminador de interferências (TELECOM.) interference eliminator
eliminador de linha de transmissão (ELECTRON.) transmission-line trap
eliminador de perturbações (TELECOM.) antijamming

eliminador de pó (Phys.) dust fringer
eliminador estático (Phys.) static eliminator
elipse (Math.) ellipse
elipse das tensões (Phys.) stress ellipse
elipse kepleriana (Astro.) keplerian ellipse
elipse paraláctica (Astro.) parallactic ellipse
elipsóide (Math.) ellipsoid
elipsóide alongado (Math.) prolate ellipsoid
elipsóide de Fresnel (Phys.) Fresnel ellipsoid
elitrite (Med.) elytritis
élitro (Zoo.) elytrum (pl. elytra)
elitroptose (Med.) elytroptosia; colpotopsia
elixir (Immun.) elixir
elo (Surv.) link
elo de alavanca (Mech.) lever link
elo de comunicação (Comp.) communication link
elo de fase síncrona (Telecom.) phase-locked loop
elo de fusível (Elect.) fuse-link
elo de mola (Mech.) loop
elo de movimento lateral (Mech.) lateral movement link
elo de segurança (Mech.) safety link
elo de suspensão (Mech.) lifting link
elo de terra (Elect.) ground loop
elo do diferencial (Mech.) differential link
elo final (Mech.) end link
elo fusível (Elect.) fuse-link
elo inversor (Mech.) reversing link
elo magnético (Elect.) magnetic link
elo móvel (Mining) swivel
elongação (Astro.) elongation
elutriação (Chem.) elutriation
elutriador de vento hidráulico (Chem.) hydraulic cyclone elutriator
eluvial (Geo.) eluvial
emaciação (Med.) emaciation
emagrama (Meteo.) emagram
emagrecimento (Med.) emaciation
em ambos os sentidos (Telecom.) both ways
emanação (Aero.) efflux
emanação (Chem.) emanation
emanação de gás radioactivo (Phys.) radioactive gas emanation
emanação de rádio (Chem.) radium emanation
emanação radioactiva (Chem.) radium emanation
emaranhado (Text.) snarl
emarginação (Med.) incisura; notch; emargination
emarginação de fenda (Zoo.) notched emargination
emarginado (Bot.; Zoo.) emarginate
emasculação (Bot.; Med.) emasculation
embaciamento (Build.) clouding
embaciamento (Chem.) tarnis; mist
embaciamento (dos olhos) (Med.) glaze (eyes)
embelezamento (Arch.) embellishment
embocadura posterior de fossa (Build.) back inlet gulley

emboço (Build.) rendering
emboço e reboco (Build.) render and set
embolia gasosa (Aero.; Med.) aeroembolism
embolismo (Gen.) embolism
êmbolo (Mech.) piston
êmbolo (Med.) embolus
êmbolo mergulhador (Mech.) plunger
êmbolo oval (Auto.) oval piston
embraiagem (Mech.) clutch
embraiagem accionadora (Mech.) drive clutch
embraiagem centrífuga (Mech.) centrifugal clutch
embraiagem de bloco (Mech.) block clutch
embraiagem de disco (Mech.) plate clutch
embraiagem de fita (Mech.) band clutch
embraiagem de garras (Mech.) dog clutch; claw clutch
embraiagem dentada (Mech.) claw clutch
embraiagem de polia (Mech.) pulley bushing
embraiagem de precisão (Mech.) precision clutch
embraiagem de restabelecimento (Mech.) reset clutch
embraiagem de roletes (Mech.) roller clutch
embraiagem de sapata (Mech.) block clutch
embraiagem deslizante (Mech.) slip clutch
embraiagem de vários discos (Mech.) multiple-disk clutch
embraiagem electromagnética (Auto.; Mech.) electromagnetic clutch
embraiagem hidráulica (Mech.) hydraulic clutch
embraiagem magnética (Auto.) magnetic clutch
embraiagem monofásica (Elect.) single-phase clutch
embraiagem pneumática (Mech.) pneumatic clutch
embraiagem por atrito (Mech.) friction clutch
embrião (Gen.) embryo
embriófita (Bot.) embryophyte
embriogénese (Bot.) embryogenesis
embriogenia (Bot.) embryogeny
embrióide (Bot.) embryoid
embriologia (Bio.) embryology
embriologia endoscópica (Bot.) endoscopic embryology
embriologia exoscópica (Bot.) exoscopic embryology
Embriologia experimental (Zoo.) experimental embryology
embrioma (Med.) embryoma
embriotomia (Med.) embryotomy
embutideira (Mech.) snap
embutido (Build.) inlay
embutido (Comp.) built in
embutido de madeira (Build.) tarsia
embutidor (Mech.) set hammer
em cio (Zoo.) ruttish
em direcção à cauda (Zoo.) caudad

em direcção ao centro (Med.; Zoo.) mesad; mesiad
emenda de cabo (Elect.) cable joint
emergência (Astro.) emersion
emergência (Bot.) emergence
emersão (Bot.) emergence
emerso (Bot.) emersed
emese (Med.) emesis
emético (Med.) emetic
emetina (Chem.) emetine
emetropia (Med.) emmetropia
em fase (Elect.) in phase; in step
em forma de barcã (Geo.) barchanoid
em forma de bolsa (Bot.) bursiform
em forma de incisivo (Zoo.) incisiform
em forma de leito (Geo.) bedform
em forma de martelo (Build.) hammer-headed
em forma de pena (Zoo.) pinnate
em forma de sâmara (Bot.) samariform
em forma de T (Build.) tee
emigração (Eco.) emigration
em imersão (Chem.; Phys.) submerged
eminência (Med.) eminentia; promontory; projection
eminência (Zoo.) promontory; colliculus
eminência pélvica (Zoo.) pelvic promontory
emissão (Phys.) emission
emissão (Telecom.) broadcasting
emissão alta (Elect.) high emission
emissão associada (Electron.) associated emission
emissão catódica (Electron.) grid emission
emissão de campo (Electron.) field emission
emissão de campo livre (Phys.) free-field emission
emissão de electrões (Electron.) electron emission
emissão de filamento (Elect.) filament emission
emissão de iões (Phys.) ion emission
emissão de partículas gama (Nucl.) gamma emitting; gamma emission
emissão de raios gama (Nucl.) gamma emitting; gamma emission
emissão de retorno (Electron.) back emission
emissão digital terrestre (Image Tech.) terrestrial digital broadcasting
emissão directa por satélite (Telecom.) direct broadcasting by satellite [DBS]
emissão do sinal bruto (Electron.) baseband distribution
emissão espontânea (Phys.) spontaneous emission
emissão estimulada (Phys.) stimulated emission
emissão fria (Electron.) field emission
emissão iónica (Phys.) ion emission
emissão máxima (Nucl.) maximum emission
emissão molecular (Chem.) molecular streaming
emissão nuclear (Phys.) nuclear emission

emissão parcial (NUCL.) partial emission

emissão primária (ELECTRON.) primary emission

emissão secundária (ELECTRON.; PHYS.) secondary emission; multiplication

emissão sob incidência oblíqua (ELECT.) oblique-incidence transmission

emissão solicitada (TELECOM.) broadcast requested

emissão termiónica (ELECTRON.) thermionic emission

emissão termiónica de grelha (ELECTRON.) thermionic grid emission

emissão total (ELECTRON.) total emission

emissário (ZOO.) emissary

emissário de descarga (BUILD.) outfall sewer

emissividade (PHYS.) emissivity

emissividade térmica (PHYS.) heat emissivity

emissor (ELECTRON.) emitter

emissor (TELECOM.) transmitter

emissor alfa (PHYS.) alpha emitter

emissor-antena (ELECT.) antennamitter

emissor beta (NUCL.) beta emitter

emissor com tório (ELECTRON.) thoriated emitter

emissor de brilho (ELECT.) bright emitter

emissor de carácter (COMP.) character emitter

emissor de cátodo frio (ELECTRON.) cold cathode emitter

emissor de filamento (ELECT.) filament emitter

emissor de impulso (TELECOM.) pulse sender

emissor de raios alfa (PHYS.) alpha-ray emitter

emissor do transístor (ELECT.) transistor emitter

emissor laser (PHYS.) laser emitter

emissor maioritário (ELECTRON.) majority emitter

emissor-receptor (TELECOM.) transceiver

em linha (COMP.) on line

em meia pasta (PRINT.) half-bound

emoldurado (BUILD.) framed

emoliente (MED.) emollient

empanque (BUILD.) gasket; gaskin

em paralelo (ELECT.) in parallel

emparelhamento (BIO.) pairing; cross

emparelhamento (BUILD.) mating

emparelhamento (TELECOM.) pairing

emparelhamento aleatório (BIO.) random mating

emparelhamento de bases complementares (BIO.) complementary base pairing

emparelhamento de cabo (COMP.) cable pairing

empedrador (BUILD.) pavior

empedramento (BUILD.) bottoming; paving

empena (BUILD.) gable

empenagem (AERO.) empennage; tail unit

empenamento (MECH.) buckle; seizing-up; warpening

empenamento cónico (AERO.) conical camber

emperramento (MECH.) seizure

empiese (MED.) empyesis

empilhadeira (GEN.) fork-lift

empilhadora (GEN.) pallet truck

empirismo (GEN.) empirism

emplastro (MED.) emplastrum

emplumado (GEN.) pennate

empolado (BOT.) bullate

empolamento (MINING) swell

empreiteiro de perfuração (MINING) drilling contractor

empresa de software (COMP.) software house

empréstimo (COMP.) borrow

emprostótono (MED.) emprosthotonos

empuxo (AERO.) thrust

em retroflexão (MED.) retroflexed

em série (ELECTRON.) serial

em tempo real (ELECTRON.) on-the-fly

em tubo de ensaio (BIO.) in vitro

emulgente (MED.) emulgent

emulsão (GEN.) emulsion

emulsão (PRINT.) emulsification

emulsão carregada de deutério (NUCL.) deuterium-loaded emulsion

emulsão nuclear (PHYS.) nuclear emulsion

emulsão positiva (IMAGE TECH.) positive emulsion

emulsionador (CHEM.) emulsifier

emunctório (MED.) emunctory

em via de adquirir a cor negra (BOT.) nigrescent

enantema (MED.) enanthem(a)

enantiomerismo (CHEM.) enantiomerism

enantiomorfismo (CHEM.) enantiomorphism

enargite (MINER.) enargite

enartrose (ZOO.) enarthrosis

encabeçamento a frio (MECH.) cold-head

encadeamento (ELECT.) linkage

encadeamento (COMP.) chaining; pipelining

encadeamento de dados (COMP.) data chaining

encadear (COMP.) concatenate

encadernação de combate (PRINT.) combat binding

encadernação termoplástica (PRINT.) thermoplastic binding

encadernado (PRINT.) full bound

encadernar (PRINT.) bookbinding

encaixado (BUILD.) encastré

encaixado a prensa (MECH.) press fit

encaixar (BUILD.) franking

encaixar (COMP.) nest

encaixe (BUILD.) mortice; mortise; boxing; skew notch; housing; plugging; joggle; stub tenon

encaixe (ELECT.) fitting

encaixe (MECH.) slot hole; fit

encaixe (PRINT.) groove

encaixe aberto (BUILD.) open mortise

encaixe a quente (MECH.) shrinking on

encaixe da turbina (MECH.) turbine stator

encaixe de acoplador (ELECT.) coupler socket

encaixe de alta velocidade (COMP.) higher speed slot

encaixe de chaveta (MECH.) key seat

encaixe de força nula (ELECTRON.) zero insertion force socket

encaixe de polia (BUILD.) pulley mortise

encaixe de redução (BUILD.) reducing socket

encaixe de turbina (MECH.) turbine

encaixes de luz direccional (ELECT.) directional lighting fittings

encaixe tubular no estrangulador (MINING) flow nipple

encaixotar (BUILD.) encase

encaminhamento (COMP.) routing

encaminhar a extremidade de um tubo para dentro de outro (MINING) stabbing

encapsulação (MECH.) encapsulation

encaracolado (TEXT.) bouclé

encarregado da inspecção dos poços (MINING) pitman

encarregado das explosões (MINING) fireman

encarregado das lâmpadas (MINING) lamp man

encastrado (BUILD.) encastré

encefalagia (MED.) encephalagia

encefalia epidémica (MED.) encephalitis letargica; lethargic encephalitis; von Economo's disease

encefalinas (BIO.) enkephalins

encefalite (MED.) encephalitis

encefalite da raposa (VET.) fox encephalitis

encefalite do recém-nascido (MED.) encephalitis neonatorum

encefalite dos equinos (VET.) blind staggers

encefalite epidémica (MED.) epidemic encephalitis; von Economo's disease

encefalite equina (VET.) equine encephalomyelitis

encefalite letárgica (MED.) encephalitis lethargica; lethargic encephalitis; von Economo's disease

encefalite periaxial concêntrica (MED.) encephalitis periaxialis concentrica; Baló's disease

encefalite periaxial difusa (MED.) encephalitis periaxialis diffusa; Shilder's disease; Flatau-Schilde's disease; diffuse sclerosis

encefalite pós-vacina (MED.) encephalitis postvaccinal

encefalitógeno (IMMUN.) encephalitogen

encéfalo (ZOO.) encephalon; brain

encefalocele (MED.) encephalocele; cranium bifidum

encefalografia (RADIOL.) encephalography

encefalograma (RADIOL.) encephalogram

encefalomacia nutricional dos pintos (VET.) nutritional encephalomacia; crazy chick disease

encefalomalacia (MED.) encephalomalacia

encefalomielite (MED.) encephalomyelitis

encefalomielite alérgica experimental (IMMUN.) experimental allergic encephalomyelitis

encefalomielite equina (VET.) equine encephalomyelitis

encefalomielite infecciosa das aves (VET.) epidemic tremor; infectious avian encephalomyelitis

encefalomielite suína infecciosa (VET.) Teschen disease; infectious equine encephalomyelitis; infectious pig paralysis

encefalomielite virótica (MED.; VET.) louping ill

encefalonarcose (MED.) encephalonarcosis

encefalopatia (MED.) encephalopathy

encefalopatia da Nova Guiné (MED.) kuru

encefalopatia de Wernicke (MED.) Wernicke's encephalopathy; Wernicke syndrome

encefalopsia (MED.) encephalopsy

encefalopsicose (MED.) encephalopsychosis

encefalorraquidiano (ZOO.) encephalorrhachidian

encefalospinhal (ZOO.) encephalospinal

Encelado (ASTRO.) Enceladus (2nd satellite of Saturn)

encerramento de sessão (COMP.) logoff

encerramento rápido (COMP.) quick closedown

enchimento (AERO.) inflation; gassing

enchimento (BUILD.) stopping

enchimento (COMP.) packing

enchimento (GEN.) filling; packing

enchimento com argamassa (BUILD.) nogging; pugging

enchimento de travejamento (BUILD.) beam-filling

enchimento hidráulico (MECH.) hydraulic fill

encimado (ARCH.) surmounted

enclítico (MED.) enclitic

encoberto (METEO.) overcast

encolhimento (TEXT.) shrinkage

encondroma (MED.) enchondroma

encordoamento (MECH.) lang ray

encosta de contacto de gelo (GEO.) ice contact slope

encosta de turfa (ECO.) rand

encosta norte (solarenga) dos vales alpinos (ECO.) adret

encosta sul dos vales alpinos (ECO.) ubac

encosto (MECH.) back rest; back-stay

encosto para rebitar (MECH.) dolly

encrespamento (BUILD.) popping

encrespamento (TEXT.) crimp

encriptação B (TELECOM.) B-Crypt

encurvamento em ansa (BOT.) crozier

endarterite (MED.) endarteritis

endarterite obliterante (MED.) endarteritis obliterans

endellionite (MINER.) endellionite

endémico (ECO.; MED.) endemic

endemoepidémico (ECO.; MED.) endemoepidemic

endereçamento (COMP.) addressing

endereçamento absoluto (COMP.) absolute addressing

endereçamento de carácter (COMP.) character addressing

endereçamento (de DRAM) por colunas e linhas (COMP.) column and row numbers

endereçamento de ligação (COMP.) link addressing

endereçamento de sistema (COMP.) system addressing

endereçamento relativo (COMP.) relative addressing

endereço (COMP.) address

endereço absoluto (COMP.) absolute address

endereço aritmético (COMP.) arithmetic address

endereço de armazenamento lógico (COMP.) logical storage address

endereço de base (COMP.) base address

endereço de bloco (COMP.) block address

endereço de carga (COMP.) load address

endereço de difusão (COMP.) broadcast address

endereço de dispositivo (COMP.) device address

endereço de grupo (COMP.) group address

endereço de instrução (COMP.) instruction address

endereço de memória (COMP.) memory address

endereço de mensagem (COMP.) message address

endereço de rede (COMP.) network address

endereço de rede principal (COMP.) main network address

endereço de referência (COMP.) reference address

endereço de um só nível (COMP.) one level address

endereço de unidade (COMP.) unit address

endereço duplo (COMP.) double address

endereço efectivo (COMP.) effective address

endereço final (COMP.) ending address

endereço flutuante (COMP.) floating address

endereço imediato (COMP.) immediate address

endereço implícito (COMP.) implicit address

endereço indexado (COMP.) indexed address

endereço indirecto (COMP.) indirect address

endereço linha-coluna (ELECTRON.) row and column address

endereço lógico (COMP.) logical address

endereço-máquina (COMP.) machine address

endereço múltiplo (COMP.) multiaddress

endereço real (COMP.) real address

endereço recolocável (COMP.) relocatable address

endereço relativo (COMP.) relative address

endereço simbólico (COMP.) symbolic address

endereço simples (COMP.) single address

endereço único (COMP.) single address

endereço unitário (COMP.) unit address

endereço variável (COMP.) variable address

endergónico (BOT; CHEM.; ZOO.) endergonic

endireita (MED.) bone-setter

endireitamento de tubos (MECH.) tube straightening

endireitar (TELECOM.) line-up

endoabdominal (MED.) endoabdominal

endoaneurismorrafia (MED.) endoaneurysmorrhaphy

endoangiite (MED.) endoangiitis

endobiótico (BOT.) endobiotic

endoblasto (ZOO.) endoblast

endobrônquico (MED.) endobronchial

endocardíaco (MED.) endocardiac

endocárdio (ZOO.) endocardium

endocardite (MED.) endocarditis

endocardite infecciosa (MED.) infective endocarditis

endocarpo (BOT.) endocarp

endocervicite (MED.) endocervicitis

endocíclico (CHEM.) endocyclic

endocima (MED.) endocyma

endocitose (BIO.) endocytosis

endocitose mediada por receptor (BIO.) receptor mediated endocytosis

endocrânio (ZOO.) endocranium

endócrina (ZOO.) endocrine

endocrinologia (MED.) endocrinology

endocrinoma (MED.) endocrinoma

endocrinopatia (MED.) endocrinopathy

endocrinopático (MED.) endocrinopathic

endocutícula (ZOO.) endocuticle

endoderme (BOT.; ZOO.) endodermis; endoderm

endodiócito (BIO.) endodyocyte

endodiogenia (BIO.) endodyogeny

endoenterite (MED.) endoenteritis

endoenzima (BIO.) endoenzyme

endófita/o (BOT.) endophyte; endophytic

endoflebite (MED.) endophlebitis

endoftalmite (MED.) endophtalmitis

endogamia (BOT.; ZOO.) endogamy

endogenético (ECO.) endogenetic

endógeno (BOT.; PSYCHO.; ZOO.) endogenous

endogenota (BIO.) endogenote

endoglicosidase (BIO.) endoglycosidase

endognátio (BIO.) endognathion

endolinfa (ZOO.) endolymph

endolinfático (ZOO.) endolymphangial; endolymphatic

endolisina (MED.) endolysine

endolítico (BOT.) endolithic

endomeninge (MED.) endomeninx

endomerogonia (BIO.) endomerogony

endométrico (MED.) endometrial

endométrio (MED.) endometrium

endometrioma (MED.) endometrioma

endometriose (MED.) endometriosis

endometrite (MED.) endometritis
endomiocárdico (MED.) endomyocardial
endomiocardite (MED.) endomyocarditis
endomísio (ZOO.) endomysium
endomitose (BOT.) endomitosis
endomorfia (PSYCHO.) endomorphy
endomorfo (PSYCHO.) endomorph
endomotorsonda (MED.) endomotorsonde
endoneurite (MED.) endoneuritis
endoneuro (ZOO.) endoneurium
endonuclease (BIO.) endonuclease
endonucléolo (BIO.) endonucleolus
endoparasita (BOT.; ZOO.) endoparasite
endopeptidase (BIO.) endopeptidase
endoperiarterite (MED.) endoperiarteritis
endoplasma (BIO.) endoplasm
endópodo (ZOO.) endopite
endopolifosfatase (CHEM.) endopolyphosphatase
endopoligenia (BIO.) endopolygenia
endopoliplóide (BOT.) endopolyploid
endopoliploidia (BIO.) endopolyploidy
Endoproctos (ZOO.) Endoprocta
Endopterigotos (ZOO.) Endopterygota
endorfinas (BIO.; MED.) endorphins
endorradiossonda (ELECTRON.; MED.) endoradiosonde
endoscópio (MECH.; MED.) endoscope
endosperma (BOT.) endosperm
endospérmico (BOT.) endospermic; endospermous
endospórico (BOT.) endosporic
endósporo (BOT.) endospore
endosqueleto (ZOO.) endoskeleton
endossarco (ZOO.) endosarc
endossimbionte (BIO.) endosymbiont
endossimbiose (BOT.) endosymbiosis
endossoma (BIO.) endosome
endósteo (MED.) endosteum
endostilo (ZOO.) endostyle
endotécio (BOT.) endothecium
endotelioma (MED.) endothelioma
endotérmico (CHEM.) endothermic
endotoxina (GEN.) endotoxin
endozóico (BOT.) endozoic
endrocôndrico (ZOO.) endochondral
endurance (AERO.) endurance
endurecer a fundo (MECH.) deep harden
endurecido (BOT.) sclerified
endurecido (MECH.) indurated
endurecido pelo níquel (MECH.) Ni-hard
endurecimento (BOT.) sclerosis
endurecimento (BUILD.) set (mortar or concrete)
endurecimento (MECH.) hardening
endurecimento (MED.) setting
endurecimento a têmpera (MECH.) temper-hardening
endurecimento de dispersão (MECH.) dispersion hardening
endurecimento diferencial (IMAGE TECH.) differential hardening
endurecimento neutrónico (PHYS.) neutron hardening
endurecimento por deformação (MECH.) strain-hardening

endurecimento por envelhecimento (MECH.) age hardening
endurecimento profundo (MECH.) deep hardening
endurecimento superficial (BOT.) case-hardening
eneágono (MATH.) enneagon; nonagon
enediol (CHEM.) enediol
enegrecido (BOT.) atrate; atratous
enema (MED.) enema; clister
enema de bário (RADIOL.) barium enema
Energética (CHEM.) energetics
energética ecológica (ECO.) ecological energetics
energia (GEN.) energy; power; steam
energia acústica (PHYS.) sound energy
energia armazenada (ELECTRON.) capacitor stored energy
energia atómica (PHYS.) atomic energy; atomic power
energia auxiliar (PHYS.) stand-by energy
energia calorífica (PHYS.) calorific energy
energia cinética (PHYS.) kinetic energy
energia cinética molecular (PHYS.) molecular kinetic energy
energia crítica (PHYS.) threshold energy
energia cumulativa (PHYS.) cumulative energy
energia de activação (CHEM.) activation energy
energia de activação por difusão (PHYS.) diffusion activation energy
energia de activação por impurezas (ELECTRON.) impurity activation energy
energia de coesão (ELECTRON.) binding energy
energia de coesão de um núcleo (PHYS.) binding energy of a nucleus
energia de Coulomb (PHYS.) Coulomb energy
energia de deformação magnética (PHYS.) magnetic strain energy
energia de desintegração (PHYS.) disintegration energy
energia de desintegração alfa (PHYS.) alpha disintegration energy
energia de desintegração beta (PHYS.) beta disintegration energy
energia de dispersão uniforme (ELECT.) flat leakage power
energia de Einstein (PHYS.) Einstein energy
energia de emparelhamento (PHYS.) pairing energy
energia de equilíbrio (ELECT.) equilibrium energy
energia de excitação (ELECTRON.) excitation energy
energia de fusão (PHYS.) fusion energy
energia de impacte (MECH.) impact strength
energia de ligação (CHEM.) bonded energy
energia de ligação nuclear (PHYS.) nuclear binding energy
energia de limite de faixa (ELECTRON.) band-edge energy

energia de luz pulsante (PHYS.) pulsed light energy
energia de maré (GEO.) tidal power
energia de massa de repouso (PHYS.) rest-mass energy
energia de muro (PHYS.) wall energy
energia de partícula (PHYS.) particle energy
energia de ponto zero (PHYS.) zero-point energy
energia de potencial (PHYS.) potential energy
energia de radiação (PHYS.) radiation energy
energia de raios gama (NUCL.) gamma-ray energy
energia de reserva (PHYS.) stand-by energy
energia de ressonância (PHYS.) resonance energy
energia de separação (PHYS.) separation energy
energia de superfície molar (CHEM.) molar surface energy
energia de transição (ELECTRON.) transition energy
energia de uma carga (ELECT.) energy of a charge
energia de união de partícula alfa (PHYS.) alpha particle binding energy
energia de Wigner (NUCL.) Wigner energy
energia diferencial (PHYS.) differential energy
energia efectiva (RADIOL.) effective energy
energia efectiva total libertada por explosão nuclear (NUCL.) yield
energia eficaz (RADIOL.) effective energy
energia eléctrica nuclear (PHYS.) nuclear-electric power
energia electromagnética (ELECT.) electromagnetic energy
energia electroquímica (ELECT.) electrochemical energy
energia electrostática (ELECTRON.) electrostatic energy
energia específica (AERO.) total head
energia estelar (ASTRO.) stellar energy
energia gravitacional (ASTRO.; PHYS.) gravitational energy
energia híbrida (BIO.) hybrid vigour
energia instantânea (ELECT.) instantaneous power
energia interna (GEN.) internal energy
energia ionizante (PHYS.) ionizing energy
energia latente (PHYS.) latent energy
energia libertada (PHYS.) yield
energia liminar (PHYS.) threshold energy
energia livre (CHEM.) free energy
energia livre (PHYS.) work function
energia livre de Gibbs (CHEM.) Gibbs'free energy
energia livre de Helmholtz (CHEM.) Helmholtz free energy; Helmholtz function
energia luminosa (PHYS.) light energy
energia magnética (ELECT.) magnetic energy
energia máxima (PHYS.) maximum energy

energia mecânica (PHYS.) mechanical energy

energia média de fissão (NUCL.) medium energy of fission

energia molecular (PHYS.) molecular energy

energia não irradiante (PHYS.) non-radiative energy

energia não radiante (PHYS.) non-radiative energy

energia natural (ELECT.) natural power

energia neutrónica (PHYS.) neutron energy

energia nuclear (PHYS.) nuclear energy; atomic power

energia potencial (CHEM.) elevation potential energy

energia potencial gravitacional (ASTRO.; PHYS.) gravitational energy

energia potencial nuclear (PHYS.) nuclear potential energy

energia potencial utilizável (METEO.) available potential energy

energia quântica (PHYS.) quantum energy

energia química (CHEM.) chemical energy

energia radiante (PHYS.) radiant energy; radiation

energia radioactiva (NUCL.) radioactive energy

energia solar (PHYS.) solar energy

energia sonora (PHYS.) sound energy

energia superficial (PHYS.) surface energy

energia termonuclear (PHYS.) thermonuclear energy

energia total de enlace dos electrões (ELECT.) total electron binding energy

energia útil (PHYS.) useful power

enervação (BOT.) nervature; nervation; venation

enfarte (MED.) infarct; infarction; heart attack

enfarte miocárdico (MED.) myocardial infarction

enfeite (ARCH.) enrichment

enfileirado para conexão (COMP.) queued for connection

enfileiramento (COMP.) queuing

enfisema (MED.) emphysema

enfisema cutâneo (MED.) pneumoderma; (sub)cutaneous emphysema

enfisema pulmonar (MED.) pulmonary emphysema

enfisema pulmonar dos cavalos (VET.) broken wind

enfraquecimento (IMAGE TECH.) fade-out

enfraquecimento Dellinger (TELECOM.) Dellinger fade-out

enfraquecimento de massa (GEO.) mass wasting

enfraquecimento de transmissão devido ao ruído (PHYS.) noise transmission impairment

enfraquecimento de visão (MED.) fogging; nephelopia

enfraquecimento múltiplo (PHYS.) multiple decay

engaste (MECH.) mount

engate (BUILD.) clutch

engate (ELECT.) latch

engate (GEN.) coupling

engate (MECH.) shackle; fit

engate (TELECOM.) latching

engate de forquilha (AERO.) clevis joint

engate de mola (MECH.) snap catch

engate de partícula magnética (MECH.) magnetic particle clutch

engate em U (MECH.) clevis

engenharia aeronáutica (AERO.) aeronautical engineering

engenharia assistida por computador (COMP.) computer aided engineering [CAE]

engenharia de minas (GEN.) mining engineering

engenharia de sistema (SPACE) system engineering

engenharia de software (COMP.) software engineering

engenharia eléctrica (ELECT.) electrical engineering

engenharia electrónica (ELECTRON.) electronic engineering

engenharia enzimática (BIO.) enzyme engineering

engenharia genética (BIO.) genetic engineering

engenharia marítima (ENG.) marine engineering

engenharia mecânica (MECH.) mechanical engineering

engenharia naval (ENG.) marine engineering

engenheiro (ENG.; MECH.) engineer

engenho aerodinâmico (AERO.) whirling arm

engenho especial autónomo (AERO.) autonomous spacecraft

engessar (BUILD.) dubbing

engorgitamento (MED.) engorgement

engradado (BUILD.) grille

engrenagem (GEN.) gear

engrenagem (MECH.) gearing; toothed gearing

engrenagem anular (ENG.) annular gear

engrenagem a radar (RADAR) radar gear

engrenagem cardan (MECH.) cardan gear

engrenagem cilíndrica dentada (MECH.) spur gear

engrenagem com parafuso sem-fim (MECH.) worm and wheel

engrenagem cónica (BUILD.; MECH.) mitre wheel; cone drive; mitre gear; cone gear

engrenagem cónica de ângulo helicoidal zero (MECH.) zerol gear

engrenagem cónica de transmissão (MECH.) bevel gear

engrenagem de accionamento (MECH.) driving gear

engrenagem de accionamento da ventoinha (MECH.) impeller drive gear

engrenagem de acoplamento (MECH.) coupling gear

engrenagem de baixa velocidade (AUTO.) low gear

engrenagem de carreto (MECH.) pinion gear

engrenagem de coroa dentada (MECH.) crown-wheel

engrenagem de cremalheira (MECH.) rack-and-pinion

engrenagem de dente angular (MECH.) herring-bone gear

engrenagem de dentes curtos (MECH.) stub-tooth gear

engrenagem de direcção (MECH.) steering gear

engrenagem de direcção de cremalheira (AUTO.) rack-and-pinion steering-gear

engrenagem de distribuição (AUTO.) timing gear

engrenagem de duas velocidades (MECH.) two-speed gear

engrenagem de escovas (ELECT.) brush gear

engrenagem de espinha de peixe (MECH.) herring-bone gear

engrenagem de inversão (MECH.) tumbler gear

engrenagem de movimento (MECH.) motion work

engrenagem de mudança sincronizada (AUTO.) synchromesh gear

engrenagem de pinhão (MECH.) pinion gear

engrenagem de precisão (MECH.) precision gear

engrenagem de propulsão (ENG.) propulsion gear

engrenagem de quadrante (MECH.) quadrant gear

engrenagem de redução (MECH.) reduction gear

engrenagem de reversão de vapor (MECH.) steam reversing gear

engrenagem de transferência (MECH.) transfer gear

engrenagem de um só dente (MECH.) open-touch gear

engrenagem de válvula Waldegg (MECH.) Waldegg valve gear

engrenagem de válvula Walschaert (MECH.) Walschaert's valve gear

engrenagem diferencial (ELECT.) differential gear

engrenagem do porta-escovas (ELECT.) brush-holder gear

engrenagem epicíclica (MECH.) sun gear

engrenagem epicicloidal (MECH.) epicycle gear

engrenagem fina (MECH.) fine gear

engrenagem graduada (MECH.) graduated gear

engrenagem helicoidal (ENG.; MECH.) helical gear; spiral gear; worm gear

engrenagem helicoidal dupla (MECH.) double-helical gear

engrenagem helicoidal para parafuso sem-fim (MECH.) worm wheel

engrenagem hiperboidal (MECH.) hypoid bevel gear

engrenagem hiperbólica (MECH.) skew bevel gear

engrenagem interna (MECH.) internal gear; internal wheel

engrenagem lateral (MECH.) side gearing

engrenagem para corrente (MECH.) sprocket

engrenagem planetária (MECH.) planetary gear; sun-and-planet gear

engrenagem por fricção (MECH.) friction gear

engrenagem principal (ELECT.) main gear

engrenagem protectora (ELECT.) protective gear

engrenagem recta (MECH.) spur gear

engrenagem satélite (MECH.) planetary gear

engrenagem satélite do gerador (ELECT.) generator idle gear

engrenagem solar (MECH.) sun gear; sun wheel

engrenagem Zerol (MECH.) Zerol gear

engrossador (MINING) thickener

engrossamento (MECH.) coarsening

engrossamento reticular (BOT.) reticulate thickening

engrossamento secundário (BOT.) secondary thickening

enguia (ZOO.) eel

enigmatite (MINER.) aenigmatite

enlace (COMP.) looping

enlace (TELECOM.) link

enoftalmia (MED.) enophtalmos

enoftalmo (MED.) enophtalmos

enol (CHEM.) enol

enolase (CHEM.) enolase

enostose (MED.) enostosis

enquadrado (BUILD.) framed

enquadramento (BUILD.) frame; bracketing; boxing

enquadramento (COMP.) justification

enquadramento (IMAGE TECH.) framing; phasing; phasing line

enquistado (MED.) encysted

enquistamento (GEN.) encystment

enredo (IMAGE TECH.) scenario

enriquecimento (GEN.) enrichment

enriquecimento a laser (PHYS.) laser enrichment

enriquecimento centrífugo (PHYS.) centrifuge enrichment

enriquecimento de difusão gasosa (PHYS.) gaseous diffusion enrichment

enriquecimento de minérios (MINING) ore concentration

enriquecimento de urânio (NUCL.) uranium enrichment

enriquecimento secundário (GEO.) secondary enrichment

enriquecimento supergénico (MINING) supergene enrichment

enrocamento (HYDRO.) enrockment

enrolado em derivação (ELECT.) shunt wound

enrolamento (ELECT.) coil; winding

enrolamento à direita (ELECT.) right-handed winding

enrolamento aleatório (ELECT.) random winding

enrolamento antipolarizante (ELECT.) antipolarizing winding

enrolamento ao acaso (ELECT.) random winding

enrolamento auxiliar (ELECT.) auxiliary winding; auxiliary wiring

enrolamento bifásico (ELECT.) two-phase winding

enrolamento bifilar (ELECT.) bifilar winding; divided winding

enrolamento cilíndrico (ELECT.) cylindrical winding; drum winding; barrel winding

enrolamento composto de grande derivação (ELECT.) long-shunt compound winding

enrolamento com ranhuras abertas (ELECT.) open slot winding

enrolamento concêntrico (ELECT.) concentric winding

enrolamento contínuo (ELECT.) continuous winding

enrolamento Curtis (ELECT.) Curtis winding

enrolamento de arranque (ELECT.) starting winding

enrolamento de baixa tensão (ELECT.) low-tension winding

enrolamento de camada dupla (ELECT.) double-layer winding

enrolamento de campo (ELECT.) field winding

enrolamento de canto (ELECT.) edge winding

enrolamento de circuito múltiplo (ELECT.) multiple-circuit winding

enrolamento de circuito simplex (ELECT.) simplex winding

enrolamento de compensação (ELECT.) compensating winding

enrolamento de condução (COMP.) drive winding

enrolamento de controlo (ELECT.) control winding

enrolamento de corrente contínua (ELECT.) d.c. winding

enrolamento de disco (ELECTR.) disk winding

enrolamento de disco contínuo (ELECT.) continuous-disc (disk) winding

enrolamento de disco duplo (ELECT.) double-disc (disk) winding

enrolamento de disparo (ELECTRON.) trigger winding

enrolamento de excitação (ELECT.) excitation winding; exciting winding

enrolamento de filamento (ELECT.) filament winding

enrolamento de filme (IMAGE TECH.) film winding; take-up

enrolamento de gaiola (ELECT.) cage winding

enrolamento de passo curto (ELECT.) short pitch winding

enrolamento de perfil (ELECT.) edge winding

enrolamento de polarização (ELECT.) bias winding

enrolamento de porta (ELECT.) gate winding

enrolamento de precisão (ELECT.) precision winding

enrolamento de realimentação (ELECT.) feedback winding

enrolamento de saída (ELECT.) output winding

enrolamento de sinal (ELECT.) signal winding

enrolamento de um passo completo (ELECT.) full-pitch winding

enrolamento de Wenner (ELECT.) Wenner winding

enrolamento diametral (ELECT.) diametral-winding; full-pitch winding

enrolamento diferencial (METEO.) differential winding

enrolamento distribuído (ELECT.) distributed winding

enrolamento do estator (ELECT.) stator winding

enrolamento do induzido (ELECT.) armature winding

enrolamento do reactor (ELECT.) reactor winding

enrolamento do transformador (ELECT.) transformer winding

enrolamento duplo (ELECT.) duplex winding

enrolamento em anel (ELECT.) ring winding

enrolamento em barra (ELECT.) bar winding

enrolamento em bobina (ELECT.) bobbin winding

enrolamento em bobina curta (ELECT.) short-cord winding

enrolamento em cadeia (ELECT.) basket coil

enrolamento em camada (ELECT.) layer winding

enrolamento em camadas sobrepostas (ELECT.) banked wiring

enrolamento em circuito fechado (ELECT.) closed-coil winding

enrolamento em colmeia (ELECT.) lattice winding

enrolamento em derivação (ELECT.) shunt winding

enrolamento em espiral (ELECT.) spiral winding

enrolamento em gaiola (ELECT.) squirrel-cage winding

enrolamento em muitas camadas (ELECT.) multilayer winding

enrolamento em paralelo (ELECT.) shunt winding

enrolamento em série (ELECT.) series winding

enrolamento em tambor (ELECT.) drum winding; barrel winding; cylindrical winding

enrolamento em treliça (ELECT.) lattice winding

enrolamento em túnel (ELECT.) tunnel winding

enrolamento em Y (ELECT.) Y-winding

enrolamento equipotencial (ELECT.) equipotential winding

enrolamento final (ELECT.) final winding

enrolamento flexível (ELECT.) flexible wiring

enrolamento imbricado (ELECT.) lap winding

enrolamento inactivo (ELECT.) dead coil

enrolamento indutor (ELECT.) field winding

enrolamento lateral (ELECT.) lateral winding

enrolamento manual (ELECT.) hand winding

enrolamento multiplicador (ELECT.) multiplying winding
enrolamento múltiplo (ELECT.) multiple winding
enrolamento não indutivo (ELECT.) non-inductive winding
enrolamento oblíquo (ELECT.) oblique winding
enrolamento ondulado (ELECT.) two-circuit winding
enrolamento polifásico (ELECT.) polyphase winding
enrolamento primário (ELECT.) primary winding
enrolamento principal (ELECT.) main winding
enrolamento reentrante (ELECT.) re-entrant winding
enrolamento secundário (ELECT.) secondary winding; secondary coil
enrolamento simétrico (ELECT.) symmetrical winding
enrolamentos independentes (ELECT.) independent windings
enrolamento sobreposto (ELECT.) lap winding
enrolamento terciário (PHYS.) tertiary winding
enrolamento toroidal (ELECT.) toroidal winding
enrolamento triplex (ELECT.) triplex winding
enrolamento tríplice (ELECT.) triplex winding
enrugamento (MECH.) wrinkling
enrugamento (PAPER) cockling
enrugamento (TEXT.) crimp
ensaio (GEN.) assay; test; trial; experiment
ensaio a martelo (MECH.) hammer test
ensaio atómico (CHEM.; NUCL.; PHYS.) atomic test
ensaio da caldeira (MECH.) boiler trial
ensaio de centelha (ELECT.) flash test
ensaio de Izod (ENG.) Izod test
ensaio de linha (ELECT.) line test
ensaio de polarização (COMP.) bias testing
ensaio de temperatura (ELECT.) heat run
ensaio de túnel (AERO.) tunnel test
ensaio de voo (AERO.) flight check
ensaio nuclear (CHEM.; NUCL.; PHYS.) atomic test
ensamblador (BUILD.) jointer
ensambladura (BUILD.) common dovetail
ensambladura de espera (BUILD.) skew notch
ensambladura denteada (BUILD.) indented joint
ensambladura recta a meia--madeira (BUILD.) straight scarf with saddle backed ends
ensamblamento (BUILD.) scarf
enseada (GEO.) bight
enseada de maré (GEO.) tidal creek
enseada glaciar (GEO.) ice bay
ensecadeira (BUILD.) coffer-dam
ensiforme (GEN.) ensiform
ensilagem (GEN.) ensilage
ensino (PSYCHO.) training
ensino baseado em computador (COMP.) computer-based learning [CBL]

enstatite (MINER.) enstatite
entablamento (ARCH.; MECH.) entablature
entabuamento (BUILD.) timbering
entabuamento simples (BUILD.) simple timbering
entalhadura (MECH.) grooving; notching
entalhar (ARCH.) incise
entalhe (BUILD.) gab; indent; notch; mortise; skew notch; housing; fillister; groove; rebate; chase
entalhe (GEN.) notch
entalhe (GLASS) intaglio
entalhe (MECH.) kerf; dent
entalhe (PRINT.) nick
entalhe aberto (BUILD.) open mortise
entalhe cego (BUILD.) blind mortise
entalhe de respiga e caixa (BUILD.) mortise-and-tenon joint
entalhe e saliência (BUILD.) joggle
entalhe fresado (MECH.) milled slot
entalhe para argamassa (BUILD.) groutnick
entalhe preliminar (BUILD.) holing
entalhe profundo (BUILD.) quirk
entalhe rectangular (BUILD.) rectangular notch
entalpia (PHYS.) enthalpy
entamebíase (MED.) entamoebiasis
entandrofragma (BOT.) sapele (an African tree)
êntase (ARCH.) entasis
enterectasia (MED.) enterectasis
enterectomia (MED.) enterectomy
enterelcose (MED.) enterelcosis
enterepiplocele (MED.) enterepiplocele
entérico (MED.; ZOO.) enteric; enteral
enterite (MED.) enteritis; enteronitis
enterite infecciosa catarral dos galináceos (VET.) hexamitiasis
enterite infecciosa felina (VET.) feline distemper; panleukopenia
enterite mucosa (MED.) mucoenteritis
enterite necrótica dos suínos (VET.) necrotic enteritis of swine
enteroanastomose (MED.) entero-anastomosis; entero-enterostomy
Enterobacteriáceas (BIO.) Enterobacteriacea
enterobíase (MED.) enterobiasis
enterobiose (MED.) enterobiasis
enterocele (MED.) enterocele
enterocentese (MED.) enterocentesis
enterocistocele (MED.) enterocystocele
enterocolite (MRED.) enterocolitis; coloenteritis
enteroenterostomia (MED.) entero-enterostomy; entero-anastomosis
entero-hepatite infecciosa (VET.) blackhead
enterólito (MED.) enterolith
enteromicose (MED.) enteromycosis
enteronite (MED.) enteronitis
Enteropneustos (ZOO.) Enteropneusta
enteroproctia (MED.) enteroproctia
enterossimpático (ZOO.) enterosympathetic
enterostomia (MED.) enterostomy
enterotomia (MED.) enterotomy
enterotoxemia (VET.) enterotoxaemia; enterotoxemia; pulpy kidney disease

enterotoxina (BIO.) enterotoxin
enterotrópico (MED.) enterotropic
enterovírus (BIO.) enterovirus
enterozoário (BIO.) enterozoon
enterozóico (BIO.) enterozoic
entivação (MINING) batching
entoblasto (BIO.) entoblast
entocele (MED.) entocele
entocone (MED.) entocone
entoconídio (MED.) entoconid
entoderme (ZOO.) entoderm
entogástrico (ZOO.) entogastric
entognatos (ECO.) entognathous
entoma (MED.) entoma
entomófago (ZOO.) entomophagus
entomofilia (BOT.) entomophily
entomologia (ZOO.) entomology
Entoproctos (ZOO.) Entoprocta
entorretina (MED.) entoretina
entorse (MED.) sprain
entozoário (ZOO.) entozoon
Entozoários (ZOO.) Entozoa
entrada (BUILD.) adit; entry
entrada (COMP.; ELECT.; ELECTRON.) input
entrada (GEN.) input
entrada (MED.) limen; inlet; penetration
entrada (PRINT.) indent
entrada coaxial (ELECT.) coaxial input
entrada com armazenamento temporário (COMP.) buffered input
entrada da água nos cilindros (MECH.) priming
entrada de antena (TELECOM.) antenna input
entrada de ar auxiliar (AERO.) auxiliary air intake
entrada de audiofrequência (TELECOM.) audiofrequency input
entrada de canal (COMP.) channel gate
entrada de coada (MECH.) gate (foundry)
entrada de cor (IMAGE TECH.) colour gate
entrada de dados directa (COMP.) direct data entry
entrada de descrição de relatório (COMP.) report description entry
entrada de eclusa (HYDRO.) entrance lock
entrada de grupo (COMP.) group entry
entrada de modo (COMP.) mode input
entrada de página (COMP.) page-in
entrada de reinício (ELECTRON.) reset input
entrada de sinal de osciloscópio (ELECTRON.) y-input
entrada de som (IMAGE TECH.) sound gate
entrada de tabela (COMP.) table entry
entrada diferencial (ELECT.) differential input
entrada dupla (ELECTRON.) dual feed
entrada E (COMP.) and gate
entrada em excesso (COMP.) overflow entry
entrada em tempo real (COMP.) real-time input
entrada fictícia (COMP.) dummy entry
entrada hipersónica (AERO.) hypersonic inlet
entrada no sistema (COMP.) log in (login)

entrada paralela-saída paralela (ELECTRON.) parallel-in parallel-out

entrada paralela-saída série (ELECTRON.) parallel-in serial-out

entrada por choque (ELECT.) shoke input

entrada/saída do adaptador de canal (COMP.) channel adaptor input/output

entradas do programa (COMP.) programming inputs

entrada-saída (ELECTRON.) input/output

entrada-saída em série (ELECTRON.) serial input/output

entrada-saída paralela (COMP.) parallel i/o

entrançamento (TEXT.) braiding

entredente de serra (BUILD.) gullet

entredentes (BUILD.) interdentil

entreferro (ELECT.) gap

entreferro de expulsão (ELECT.) expulsion gap

entreferro protector (ELECT.) protective gap

entrega de substância activa de local específico (BIO.) site-specific drug delivery

entrelaçamento (IMAGE TECH.) lacing

entrelinha (PRINT.) slug

entrenó (BOT.) internode

entre perpendiculares (NAV.) between perpendiculars [BP]

entretela (TEXT.) interlining

entropia (PHYS.) entropy

entropia condicional (COMP.) conditional entropy

entropia de fusão (PHYS.) entropy of fusion

entropia dos líquidos (PHYS.) entropy of fluids

entropia no ponto zero (PHYS.) zero-point entropy

entrosada (ECO.) intortus

entulheira de mina de carvão (MINING) gob

entulho (BUILD.) overburden; waste; spoil; debris

entupimento (MINING) bridging

enucleação (MED.; ZOO.) enucleation

enuclear (BOT.) enucleate

enurese (MED.; PSYCHO.) enuresis

envelhecimento (ELECTRON.) burn-in

envelhecimento (BOT.) seasoning

envelhecimento (GEN.) ageing

envelhecimento natural (MECH.) natural ageing

envenenamento (GEN.) poisoning

envenenamento (MED.) poisoning; intoxication; venenation; envenomation

envenenamento alimentar (MED.) food poisoning

envenenamento pelo feto-vulgar (VET.) bracken poisoning

envenenamento por algas (VET.) algae poisoning

envenenamento por chumbo (MED.) lead poisoning; saturnism

envergadura (AERO.) span

envergadura da asa (AERO.) wing span; wing spread

envergadura real (BUILD.) effective span

envernizado (BUILD.) glaze; glazed

envernizado a máquina (PAPER) machine glazed

envernizamento (BUILD.; IMAGE TECH.) glazing

enviar (dados) para a internet (COMP.) uploading

envidraçado (BUILD.) glassed

envidraçamento a cobre (BUILD.) copper glazing

envidraçamento duplo (BUILD.) double-glazing

envidraçamento patente (BUILD.) patent glazing

enviesamento de tripletos (ECO.) codon bias

envoltório (AERO.) shroud

envoltório (GEN.) case; cover; envelope; wrapper

envoltório (MED.) pad; envelope; pack

envoltório alfa (IMAGE TECH.) alpha-wrap

envólucro de alumínio (ELECTRON.) hot-box reference

envólucro de circuito integrado (ELECTRON.) IC package

envólucro de fiada única (ELECTRON.) single inline package

envólucro do transístor (ELECTRON.) transistor package

envólucro viral reconstituído (BIO.) reconstituted viral envelopes

envolvente (MATH.) involute; envelope

envolvente (TELECOM.) envelope

enxada (BUILD.) hoe; spade; larry

enxadão (BUILD.) grub axe; mattock

enxalço (BUILD.) flanning

enxame (ZOO.) swarm

enxaqueca (MED.) migraine; megrim; hemicrania

enxertador (MED.) grafter

enxertia (GEN.) grafting

enxerto (BIO.) graft; implant

enxerto (GEN.) graft

enxerto (MED.) graft; inlay; outlay; transplantation

enxerto alogénico (MED.) homograft

enxerto autólogo (MED.) autograft

enxerto autoplásico (BIO.; MED.) autograft

enxerto da córnea (MED.) keratoplasty

enxerto de medula óssea (MED.) bone-marrow grafting

enxerto homólogo (MED.) homograft

enxerto homoplástico (MED.) homograft

enxerto permanente (RADIOL.) permanent implant

enxertos de filme (IMAGE TECH.) trailer

enxó (BUILD.) adze; chip-axe

enxofre (CHEM.) sulphur

enxofre amorfo (CHEM.) amorphous sulphur

enxofre plástico (CHEM.) plastic sulphur

enxofre radioactivo (CHEM.) radio-sulphur

enzigótico (BIO.) enzygotic

enzima (BIO.) enzyme

enzima acetil-activadora (CHEM.) acetyl-activating enzyme

enzima condensadora do malato (BIO.) malate-condensing enzyme

enzima constitutiva (BOT.) constitutive enzyme

enzima de Kornberg (BIO.) Kornberg enzyme

enzima extracelular (BIO.) extracellular enzyme

enzima induzível (BOT.) inducible enzyme

enzima intracelular (BIO.) intracellular enzyme

enzima málica (CHEM.) malic enzyme

enzima regulador (BIO.) regulatory enzyme

enzimas adaptativos (BIO.) adaptive enzymes

enzimas aloesteróis (BIO.; MED.) allosterone

enzimólise (BIO.; CHEM.) fermentation; enzymolysis

enzoótico (VET.) enzootic

Eoceno (GEO.) Eocene

eólico (ECO.) eolian

eólito (GEO.) eolith

Eon (Eão) (GEO.) eon

eosina (CHEM.) eosin

eosinofilia (IMMUN.; MED.) eosinophilia

eosinófilo (BIO.) eosinophil

Eozóico (GEO.) Eozoic

Eozoon (GEO.) eozoon

eparterial (MED.) eparterial

epaxial (ZOO.) epaxial; epaxonic

epencéfalo (ZOO.) epencephalon; cerebellum

ependimário (ZOO.) ependymal

ependimite (MED.) ependymitis

epêndimo (ZOO.) ependyma

ependimoblasto (MED.) ependymoblast

ependimócito (MED.) ependymocyte

ependimoma (MED.) ependymoma

epibiontico (ECO.) epibiontic

epibiose (ECO.) epibiosis

epibiótico (ECO.) epibiotic

epiblasto (ZOO.) epiblast

epiblema da raiz (BOT.) epiblem rhizodermis

epibolia (ZOO.) epiboly

epicálice (BOT.) epicalyx

epicanto (MED.) epicanthus

epicárdio (ZOO.) epicardium

epicentro (GEO.) epicentre

epiciclo (ASTRO.) epicycle

epiciclóide (MATH.) epicycloid; epitrochoid

epicloridrina (CHEM.) epichlorhydrin

epicôndilo (ZOO.) epicondyle

epicótilo (BOT.) epicotyl

epicrítico (MED.) epicritic

epicutícula (BOT.; ZOO.) epicuticle

epidémico (MED.) epidemic

epidemiologia (MED.) epidemiology

epidermatite exsudativa dos porcos (VET.) greasy pig disease

epiderme (BOT.; ZOO.) epidermis

epiderme da raiz primária (BOT.) rhizodermis

epidérmico (BOT.; ZOO.) epidermal; epidermatic

epidermólise bolhosa (MED.) epidermolysis bullosa

epidermólise necrótica combustiforme (MED.) epidermolysis necroticans combustiformis

epidiascópio (Phys.) epidiascope
epididimectomia (Med.) epididymectomy
epidídimo (Zoo.) epididymis
epididimorquite (Med.) epididymoorchitis
epididimotomia (Med.) epididymotomy
epididimovasostomia (Med.) epididymovasostomy
epidotita(e) (Miner.) epidotite
epidotização (Geo.) epidotization
epídoto manganésico (Miner.) manganese epidote
epidurografia (Med.) epiduroghraphy
epiestomático (Bot.) epistomatal; epistomatic
epifaringe (Zoo.) epipharynx
epifascial (Med.) epifascial
epifenómeno (Med.; Psycho.) epiphenomenon
epifilo (Bot.) epiphyllous
epífise (Zoo.) epiphysis; pineal gland
epífise cerebral (Zoo.) epiphysis cerebri; corpus pineale
epifítico (Bot.) epiphytotic
epífito (Bot.; Eco.) epiphyte; air plant
epífito de ninho (Bot.) nest epiphyte
epífora (Med.) epiphora
epifragma (Zoo.) epiphragm
epigâmico (Zoo.) epigamic
epigástrico (Zoo.) epigastric
epigastro (Zoo.) epigastrium
epigénese (Bio.) epigenesis
epigenético (Miner.) epigenetic
epigénico (Geo.) epigene
epígeo (Bot.) epigaeous; epigeal
epiglote (Zoo.) epiglottis
epiglotidectomia (Med.) epiglottidectomy
epígnato (Zoo.) epignathous; epignathus
epígrafe (Print.) caption
epilepsia (Med.) epilepsy; petit mal
epilepsia de Jackson (Med.) Jacksonian epilepsy
epilepsia generalizada (Med.) generalized epilepsy; grand mal
epilepsia idiopática (Med.) idiopathic epilepsy; generalized epilepsy
epileptiforme (Med.) epileptiform
epileptogénico (Med.) epileptogenic
epilimnético (Eco.) epilimnion
epilímnico (Eco.) epilimnion
epilítico (Bot.) epilithic
epilóia (Med.) epiloia; tuberose sclerosis; tuberous sclerosis
epimastigoto (Zoo.) epimastigote; crithidia
epimenorragia (Med.) epimenorrhagia
epimenorreia (Med.) epimenorrhoea
epimerase (Bio.) epimerase
epimerização (Chem.) epimerization
epímero (Chem.) epimer
epímero (Zoo.) epimere
Epimeteu (Astro.) Epimetheus (Satellite of Saturn; 1810 asteroid)
epimísio (Zoo.) epimysium
epimorfo (Miner.) epimorph
epinastia (Bot.) epinasty
epinefrina (Bio.) epinefrine; adrenaline (UK)
epinefro (Zoo.) epinephros; glandula suprarenalis

epineural (Zoo.) epineural
epineuro (Zoo.) epineurium
epiparasita (Zoo.) epiparasite
epipétalo (Bot.) epipetalous
epipleura (Zoo.) epipleura
epiplocele (Med.) epiplocele
epíploo (Med.) epiploon; omentum majus
epipúbico (Zoo.) epipubic
episclera (Med.) episclera
esclerite (Med.) episcleritis
episcópio (Phys.) episcope
episiostenose (Med.) episiostenosis
episiotomia (Med.) episiotomy
espádias (Med.) epispadias (only plural)
esporo (Bot.) epispore
essemático (Zoo.) episematic
essépalo (Bot.) episepalous
eissoma (Bio.) episome
epístase (Med.) scum; epistasis
epistasia (Bio.) epistasis
epistático (Bio.) epistatic
epistaxe (Med.) epistaxis
epistilbite (Miner.) epistilbite
epistílio (Arch.) epistyle
epistrofeu (Zoo.) epistropheus; axis
epitálamo (Zoo.) epithalamus
epitaxia (Gen.) epitaxy
epitaxial (Electron.) epitaxial
epitelial (Bio.) epithelial
epitélio (Bot.; Zoo.) epithelium
epitélio cubóide (Zoo.) cubical epithelium
epitélio de transição (Zoo.) transitional epithelium
epitélio escamoso (Zoo.) squamous epithelium
epitélio escamoso simples (Zoo.) pavement epithelium
epitélio estratificado (Zoo.) stratified epithelium
epitélio germinativo (Zoo.) germinal epithelium
epitélio glandular (Zoo.) glandular epithelium
epitelióide (Med.) epithelioid
epitelioma (Med.) epithelioma
epitelioma contagioso (Med.) epithelioma contagiosa; fowl pox
epitelioma coriónico (Med.) choriocarcinoma
epitélio pavimentoso (Zoo.) pavement epithelium
epitélio prismático (Zoo.) columnar epithelium
epiteliose (Med.; Vet.) epitheliosis
epiteliose bovina (Vet.) bovine epitheliosis; malignant catarrhal fever; gangrenous coryza
epitélio vitelino (Zoo.) yolk epithelium
epitríquio (Zoo.) epitrichium
epitróclea (Med.) epitrochlea
epituberculose (Med.) epituberculosis
epíxilo (Bot.) epixylous
epizoário (Zoo.) epizoon
epizóico (Bot.) epizoic
epizoótico (Vet.) epizootic
época (Geo.) epoch
época das chuvas (Meteo.) rainy season
época geológica (Geo.) geological epoch

época glaciar (Geo.) ice age
época magnética (Geo.) magnetic epoch
epsomite (Miner.) epsomite
epúlide (Med.) epulis
epulótico (Med.) epulotic
equação (Gen.) equation
equação adiabática (Phys.) adiabatic equation
equação anual do tempo (Astro.) annual equation
equação biharmónica (Math.) biharmonic equation
equação canónica (Math.) canonical equation
equação característica de uma equação diferencial ordinária (Math.) characteristic equation of an ordinary differential equation
equação característica de uma matriz (Math.) characteristic equation of a matrix
equação cartesiana (Math.) cartesian equation
equação certa (Chem.) balanced equation
equação compatível (Math.) compatible equation
equação da massa relativística (Phys.) relativistic mass equation
equação de alcance de radar (Radar) radar range equation
equação de Allen (Mining) Allen equation
equação de Beattie-Bridgeman (Phys.) Beattie-Bridgeman equation
equação de Bernoulli (Math.) Bernoulli equation
equação de Biot-Fourier (Eng.) Biot-Fourier equation
equação de Boltzmann (Phys.) Boltzmann equation
equação de Boltzmann-Vlasov (Phys.) Boltzmann-Vlasov equation
equação de Boussinesq (Meteo.) Boussinesq equation
equação de campo de Einstein (Phys.) Einstein's field equation
equação de Cauchy-Riemann (Math.) Cauchy-Riemann equation
equação de Child-Langmuir (Electron.) Child-Langmuir equation
equação de Clausius-Clapeyron (Chem.) Clausius-Clapeyron equation
equação de Clausius-Mosotti (Phys.) Clausius-Mosotti equation
equação de combinação (Chem.) equation of combination
equação de condição (Phys.) equation of condition
equação de continuidade (Phys.) equation of continuity
equação de de Broglie (Phys.) de Broglie equation
equação de Debye para polarização (Elect.) Debye equation for polarization
equação de Deslandes (Phys.) Deslandes equation
equação de Dieterici (Chem.) Dieterici's equation
equação de difusão (Phys.) diffusion equation

equação de difusão de Einstein (CHEM.) Einstein diffusion equation

equação de Dirac (PHYS.) Dirac's equation

equação de dispersão (PHYS.) dispersion equation

equação de Dittus-Boelter (MECH.) Dittus-Boelter equation

equação de dois momentos (MECH.) two-moment equation

equação de Doppler (PHYS.) Doppler equation

equação de Einstein (PHYS.) Einstein's equation; mass-energy equation

equação de Einstein-Bohr (PHYS.) Einstein-Bohr equation

equação de Einstein para o calor específico (CHEM.) Einstein's equation for the specific heat

equação de Eotvos (CHEM.) Eotvos equation

equação de equilíbrio (METEO.) balance equation

equação de estado (CHEM.; PHYS.) equation of condition; equation of state

equação de Euler (MATH.) Euler's equation; Euler equation

equação de Euler-Lagrange (MATH.) Euler-Lagrange equation

equação de foguetão (SPACE) rocket equation

equação de Fokker-Plank (PHYS.) Fokker-Plank equation

equação de Fourier da condução de calor (PHYS.) Fourier heat equation

equação de Fourier da condutibilidade calorífica (PHYS.) Fourier heat equation

equação de frequência (ELECT.) frequency equation

equação de Gibbs-Duhem (CHEM.) Gibbs-Duhem equation

equação de Gibbs-Helmholtz (CHEM.) Gibbs-Helmholtz equation

equação de Hartree (ELECTRON.) Hartree equation

equação de Helmholtz (PHYS.) Helmholtz equation

equação de Humphries (PHYS.) Humphries equation

equação de Ilkovic (CHEM.) Ilkovic equation

equação de Kelvin (PHYS.) Kelvin equation

equação de Kirchhoff (PHYS.) Kirchhoff's equation

equação de Klein-Gordon (PHYS.) Klein-Gordon equation

equação de Lagrange (MATH.) Lagrangian equation

equação de Lagrange-Helmholtz (MATH.) Lagrange-Helmholtz equation

equação de Langmuir-Child (CHEM.) Langmuir-Child equation

equação de Laplace (MATH.) Laplace's equation

equação de Lorenz-Lorenz (CHEM.) Lorenz-Lorenz equation

equação de MacLeod (CHEM.) MacLeod's equation

equação de Mathieu (MATH.) Mathieu equation

equação de Morse (PHYS.) Morse equation

equação de Nernst (BIO.; CHEM.) Nernst equation

equação de Onsager (CHEM.) Onsager equation

equação de Penman-Monteith (ECO.) Penman-Monteith equation

equação de permeabilidade (PHYS.) permeability equation

equação de Poisson (MATH.) Poisson's equation

equação de primeiro grau (MATH.) simple equation; linear equation

equação de quarto grau (MATH.) quartic equation

equação de quinto grau (MATH.) quintic equation

equação de radar (ELECTRON.) radar equation

equação de Ramsay-Shields--Eotvus (PHYS.) Ramsay-Shields--Eotvus equation

equação de Ramsay-Young (CHEM.) Ramsay-Young's equation

equação de Reynolds (CHEM.) Reynolds equation

equação de Riccati (MATH.) Riccati equation

equação de Richardson-Dushman (ELECTRON.) Richardson-Dushman equation

equação de Schroedinger (ELECT.) Schroedinger equation

equação de segundo grau (MATH.) quadratic equation

equação de Stark-Einstein (CHEM.) Stark-Einstein equation

equação de tempo (ASTRO.) equation of time

equação de trabalho máximo (CHEM.) equation of maximum work

equação de van der Waals (CHEM.) van der Waals' equation

equação de vida (NUCL.) age equation

equação de viscosidade de Einstein (PHYS.) Einstein viscosity equation

equação de vorticidade (METEO.) vorticity equation

equação de Young (MINING) Young's equation

equação diferencial (MATH.) differential equation

equação diferencial de Airy (MATH.) Airy's differential equation

equação diferencial de Bessel (MATH.) Bessel's differential equation

equação diferencial de Clairaut (MATH.) Clairaut's differential equation

equação diferencial de Gauss (MATH.) Gauss' differential equation; hypergeometric equation

equação diferencial de Legendre (MATH.) Legendre's differential equation

equação diferencial hiperbólica (MATH.) hyperbolic differential equation

equação diferencial linear de ordem n (MATH.) linear differential equation of order n

equação diferencial ordinária (MATH.) ordinary differential equation

equação diferencial parabólica (MATH.) parabolic differential equation

equação diferencial parcial (MATH.) partial differential equation

equação dimensional (MATH.) dimensional equation

equação do estado dos gases (PHYS.) gas equation of state

equação do movimento de Newton (PHYS.) Newton's equation of motion

equação dos gases (PHYS.) gas equation

equação dos momentos (PHYS.) moment equation

equação do terceiro grau (MATH.) third-degree equation; cubic equation

equação do transformador (ELECTRON.) transformer equation

equação energia-massa (PHYS.) energy-mass equation

equação exacta (MATH.) exact equation

equação fotoeléctrica de Einstein (CHEM.) Einstein photoelectric equation

equação hiperbólica (MATH.) hyperbolic equation

equação hipergeométrica (MATH.) hypergeometric equation

equação imperfeita (MATH.) defective equation

equação integral (MATH.) integral equation

equação integral diferencial (MATH.) integro-differential equation

equação intrínseca (MATH.) intrinsic equation

equação isotérmica de Freudlich (CHEM.) Freudlich isotherm equation

equação Koreny-Carman (PHYS.) Koreny-Carman equation

equação linear (MATH.) linear equation

equação linear de Laplace (MATH.) Laplace linear equation

equação logarítmica (MATH.) logarithmic equation

equação lógica (COMP.) logical equation

equação logística (MATH.) logistic equation

equação massa-energia (PHYS.) mass-energy equation

equação matemática (MATH.) mathematical equation

equação nuclear (PHYS.) nuclear equation

equação pitagórica (MATH.) Pythagorean equation

equação principal (MATH.) principal equation

equação química (CHEM.) chemical equation

equação radical (MATH.) radical equation

equação resolvente (MATH.) resolvant equation

equação secular (ASTRO.) secular equation

equação transcendental (MATH.) transcendental equation

equação vectorial (MATH.) vector equation

equações canónicas do movimento (PHYS.) canonical equations of motion

equações compatíveis (MATH.) consistent equations

equações de campo de Maxwell (PHYS.) Maxwell's field equations

equações de Diofanto (MATH.) diophantine equations

equações de Einstein (PHYS.) Einstein equations

equações de Euler (MATH.) Eulerian equations

equações de Euler do movimento (MECH.) Euler equations of motion

equações de Hamilton do movimento (PHYS.) canonical equations of motion

equações de Kepler (ASTRO.) Kepler's equations

equações de Lagrange (MATH.) Lagrange's equations

equações de London (CHEM.) London equations

equações de Lotka (ECOL.) Lotka's equations

Equações de Lotka-Volterra (ECO.) Lotka-Volterra equations

equações de Maxwell (TELECOM.) Maxwell's equations

equações dinâmicas de Lagrange (MATH.) Lagrange's dynamical equations

equações fundamentais da hidrodinâmica (HYDRO.) fundamental equations of hydrodynamics

equações gerais (METEO.) primitive equations

equações independentes (MATH.) independent equations

equações indeterminadas (MATH.) indeterminate equations

equações parabólicas (MATH.) parabolic equations

equações paramétricas (MATH.) parametric equations

equações polinómicas (MATH.) polynomial equations

equações primitivas (METEO.) primitive equations

equador (ASTRO.; GEO.) equator; equinotial line

equador astronómico (ASTRO.) astronomical equator

equador celeste (ASTRO.) celestial equator; equinoctial equator

equador equinocial (ASTRO.; GEO.) equinoctial equator; celestial equator

equador magnético (GEO.) magnetic equator

equador térmico (ECO.) thermal equator

equador terrestre (GEO.) terrestrial equator

equador verdadeiro (GEO.) equator; geographical equator

equalização (TELECOM.) equalization

equalização de limites (SURV.) equalization of boundaries

equalização de som (TELECOM.) phono equalization

equalizador adaptativo (TELECOM.) adaptive equalizer

equalizador da fita (magnética) (TELECOM.) tape equalization

equalizador gráfico (ELECTRON.) graphic equalizer

equalizador paramétrico (ELECTRON.) parametric equalizer

equatorial (ASTRO.; GEO.) equatorial

equiangular (MATH.) equi-angled

equiângulo (MATH.) equi-angled

equiaxial (MATH.) equiaxial

equilibrado (GEN.) steady; stable; balanced

equilibrador (ELECT.) balancing network

equilibrador de CA (ELECT.) AC balancer

equilibrador-elevador de tensão (TELECOM.) balancer booster

equilíbrio (AERO.; NAV.) trim

equilíbrio (GEN.) equibalance; equilibration; balance

equilíbrio (HORO.) poise

equilíbrio (IMAGE TECH.) balancing

equilíbrio ácido-base (BIO.) acid-base balance

equilíbrio aerodinâmico (AERO.) aerodynamic balance

equilíbrio automático de cor (TELECOM.) automatic white balance [AWB]

equilíbrio calorífico (MECH.) heat balance

equilíbrio condicional (COMP.) conditional equilibrium

equilíbrio da hélice (AERO.) propeller balancing

equilíbrio de campo (ELECT.) field balance

equilíbrio de cor (IMAGE TECH.) colour balance

equilíbrio de corpos flutuantes (PHYS.) equilibrium of floating bodies

equilíbrio de corrente (ELECT.) current balance

equilíbrio de fase (ELECT.) phase balance

equilíbrio de Felici (ELECT.) Felici balance

equilíbrio de forças (PHYS.) equilibrium of forces

equilíbrio de linha (ELECT.) line balance

equilíbrio de massa (AERO.) mass balance

equilíbrio de nitrogénio (BIO.) nitrogen balance

equilíbrio de pressão (PHYS.) pressure balance

equilíbrio de pressão estanque (AERO.) sealed pressure balance

equilíbrio de radiação (PHYS.) equilibrium of radiation

equilíbrio de sustentação (AERO.) lift balance

equilíbrio dinâmico (AERO.; ELECT.; PHYS.) dynamic balance; dynamic equilibrium; dynamic balancing

equilíbrio dos brancos (IMAGE TECH.) white balance

equilíbrio eléctrico (ELECT.) electric(al) balance; electrical equilibrium

equilíbrio energético (GEN.) energy balance

equilíbrio estável (PHYS.) stable equilibrium

equilíbrio gelado (CHEM.) frozen equilibrium

equilíbrio genético (BIO.) genetic equilibrium

equilíbrio gravitacional (ASTRO.; PHYS.) gravitational balance

equilíbrio hídrico (MED.) isorrhea

equilíbrio hidrológico (METEO.) water balance

equilíbrio hidrostático (PHYS.) hydrostatic balance

equilíbrio indiferente (PHYS.) neutral equilibrium

equilíbrio instável (PHYS.) unstable equilibrium

equilíbrio longitudinal (AERO.) trim

equilíbrio mecânico (PHYS.) mechanical balance

equilíbrio neutrónico (NUCL.) neutron balance

equilíbrio nitrogenado (BIO.) nitrogen balance

equilíbrio perfeito (PHYS.) perfect balance

equilíbrio ponteado (BOT.) punctuated equilibrium

equilíbrio quase geostrófico (METEO.) quasi-geostrophic equilibrium

equilíbrio químico (CHEM.) chemical equilibrium

equilíbrio radioactivo (ASTRO.; PHYS.) radiative equilibrium; radioactive equilibrium

equilíbrio secular (PHYS.) secular equilibrium

equilíbrio sedimentar de Bostock (PHYS.) Bostock sedimentary balance

equilíbrio térmico (CHEM.; PHYS.) heat balance

equilíbrio transitório (PHYS.) transient equilibrium

equimose (MED.) ecchimosis

equino (ARCH.) echinus

equinócio da Primavera (ASTRO.) vernal equinox; First Point of Aries

equinócio do Outono (ASTRO.) autumnal equinox; First Point of Libra

equinococo (ZOO.) echinococcus

equinocose (VET.) echinococcosis

Equinodermes (ZOO.) Echinodermata

Equinóide (GEO.; ZOO.) Echinoidea

equinovalgo (MED.) equinovalgus

equinovaro (MED.) equinovarus

equipagem de radar (RADAR) radar set

equipagem-guia por radar (AERO.) radar homing set

equipamento (MINING) drilling tools

equipamento (COMP.) hardware

equipamento acessório (ELECT.) ancillary equipment

equipamento antigravidade (AERO.) anti-g suit

equipamento auxiliar (COMP.) auxiliary equipment

equipamento de apoio terrestre (AERO.) ground support equipment

equipamento de cimentação (MINING) cementing tools

equipamento de comutação automática (COMP.) automatic switching equipment

equipamento de diagnóstico (ELECTRON.) computer diagnostic equipment

equipamento de escovas (COMP.) brush station

equipamento de manipulação remota (NUCL.) remote handling equipment

equipamento de onda acústica (TELECOM.) acoustic wave device

equipamento de programação lógica complexa (ELECTRON.) complex programmable logic device [CPLD]

equipamento de radar de exploração em altura (RADAR) height finding radar set

equipamento de recuperação (ASTRO.) recovery gear

equipamento de saída (COMP.) output equipment

equipamento de sonar (AERO.; NAV.; PHYS.) sonar equipment

equipamento de teste (ELECT.) testing set

equipamento de teste automático (ELECTRON.) automatic test equipment [ATE]

equipamento de verificação (ELECT.) test set

equipamento em linha (COMP.) on-line equipment

equipamento medidor de distância (AERO.) distance-measure equipment [DME]

equipamento precintado de navegação por inércia (AERO.) strapdown inertial navigation equipment

equipamento sem balanceiro de navegação por inércia (AERO.) strapdown inertial navigation equipment

equipamento terminal (TELECOM.) terminal equipment

equipamento terminal híbrido (COMP.) hybrid terminal equipment

equipotente (ZOO.) equipotent

Equisetales (BOT.) Equisetales

equisetose (VET.) equisetosis

equistossomíase (MED.) schistosomiasis

equistossomíase japonesa (MED.) Japanese schistosomiasis; Katayama's disease; Asiatic schistosomiasis

equitante (BOT.) equitant

Equiurídeos (ZOO.) Echiuroidea

equivalência de máquinas (COMP.) machine equivalence

equivalência fotoquímica (CHEM.) photochemical equivalence

equivalente (GEN.) equivalent

equivalente de chumbo (RADIOL.) lead equivalent

equivalente de dose (RADIOL.) dose equivalent

equivalente de dose colectiva (RADIOL.) collective dose equivalent

equivalente de Joule (PHYS.) Joule's equivalent

equivalente de paragem (PHYS.) stopping equivalent

equivalente de referência (ELECTRON.) reference frequency

equivalente de referência (TELECOM.) reference equivalent

equivalente do ar (PHYS.) air equivalent

equivalente do cone pirométrico (MECH.) pyrometric cone equivalent

equivalente electroquímico (PHYS.) electrochemical equivalent

equivalente em água (PHYS.) water equivalent

equivalente em ouro (MED.) gold equivalent

equivalente estequiométrico (CHEM.) stoichiometric equivalent

equivalente mecânico (PHYS.) mechanical equivalent

equivalente mecânico da luz (PHYS.) mechanical equivalent of light

equivalente mecânico do calor (PHYS.) mechanical equivalent of heat; Joule's equivalent

equivalve (ZOO.) equivalve

era (GEO.) era

era atómica (PHYS.) atomic age

era geológica (GEO.) geological time

era nuclear (GEN.) nuclear age

era Plistocénica (GEO.) Pleistocene Era

era Primária (GEO.) Primary Era

era Quaternária (GEO.) Quaternary Era

era Secundária (GEO.) Secondary Era

era Terciária (GEO.) Tertiary Era

érbio (CHEM.) erbium

erecção (ZOO.) erection

erecto (BOT.; ZOO.) erect

erector (ZOO.) erector

erectores do pêlo (ZOO.) arrectores pilorum

erg (PHYS.) erg

ergasia (MED.) ergasia

ergasiofobia (MED.) ergasiophobia

ergastoplasma (ZOO.) ergastoplasma

ergina (MED.) ergin

ergonomia (PSYCHO.) ergonomics

ergonomia (MED.) ergonomy

ergosterol (CHEM.) ergosterol

ergoterapia (MED.) ergotherapy

ergotismo (MED.) ergotism; St. Anthony's fire (former name)

ergotoxina (MED.) ergotoxine

ergotrópico (MED.) ergotropic

Ericáceas (BOT.) Ericaceae

ericáceo (BOT.) ericaceous

ericóide (BOT.) ericoid

erinite (MINER.) chalcophillite

erióforo (BOT.) eriophorus

erionite (MINER.) erionite

erisepela (MED.) crysipelas; St. Francis fire

erisifaco (MED.) erysiphake

erisipela (MED.) erysipelas

erisipela do porco (VET.) swine erysipelas

eritema (MED.) erythema

eritema calórico (MED.) erythema ab igne

eritema circinado (MED.) erythema circinatum

eritema do fogo (MED.) erythema ab igne

eritema multiforme (MED.) erythema multiforme

eritema nodoso (MED.) erythema nodosum

eritema pérnio (MED.) childblains

eritema polimorfo (MED.) erythema polymorphe

eritema queratóide (MED.) erythema keratodes

eritema róseo (MED.) roseola

eritema solar (MED.) sunburn

eritema telangiectásico congénito (BIO.) Bloom's syndrome

eritrasma (MED.) erythrasma

eritremia (MED.) erythraemia; erythremia; polycythemia vera

eritrita(e) (MINER.) erythrite; cobalt bloom

eritritol (CHEM.) erythritol; erythrol

eritroblasto (ZOO.) erythroblast

eritroblastose aviária (VET.) avian erythroblastosis

eritroblastose fetal (IMMUN.) erythroblastosis foetalis; haemolitic disease of newborn animals

eritrocatálise (MED.) erythrocatalysis

eritrocianose (MED.) erythrocyanosis

eritrocinética (MED.) erythrokinetics

eritrocitemia (MED.) erythrocythemia

eritrocítico (MED.) erythrocytic

eritrócito (BIO.; MED.; ZOO.) erythrocyte; red blood cell; red corpuscle

eritrócito esférico e pequeno (BIO.) spherocyte; microcyte

eritrocitolisina (MED.) erythrocytolysin

eritrocitopenia (MED.) erythrocytopenia

eritrocitopoese (MED.) erythrocytopoiesis

eritrocitorrexia (MED.) erythrocytorrhexis

eritrocitose (MED.) erythrocytosis

eritrocitosquise (MED.) erythrocytoschisis

eritrocitúria (MED.) erythrocyturia

eritroclasia (MED.) erythroclasia

eritrocruorina (BIO.) erythrocruorin

eritrodermatite (MED.) erythrodermatitis; erythroderma

eritrodermia (MED.) erythroderma; erythrodermatitis

eritrófago (MED.) erythrophage

eritrofagocitose (MED.) erythrophagocytosis

eritrófilo (BIO.) erythrophil

eritróforo (BIO.) erythrophore

erltrogónio (MED.) erythrogonium

eritróide (MED.) erythroid

eritrol (CHEM.) erythrol; erythritol

eritrólise (MED.) erythrolysis

eritrolisina (MED.) erythrolysin

eritromelalgia (MED.) erythromelalgia; Mitchell's disease

eritromicina (MED.) erythromycin

eritropenia (MED.) erythropenia

eritropia (MED.) erythropia; erythropsia

eritropo(i)ese (MED.) erythropoiesis

eritropo(i)etina (MED.) erythropoietin

eritropsia (MED.) erythropsia; erythropia

eritropterina (ZOO.) erythropterin

eritrose (CHEM.) erythrose

ernita (MINER.) cinnamon stone

Eros (PSYCHO.) eros

erosão (GEN.) erosion

erosão (GEO.) erosion; pit

erosão (MED.) erosin

erosão (HYDRO.) scouring

erosão cársica (GEO.) karren

erosão catódica (ELECT.) cathodic etching

erosão de faísca (MECH.) spark erosion

erosão de praia (GEO.) beach erosion

erosão eólica (GEO.) deflation; eolation; wind abrasion

erosão fluvial (ECO.; GEO.) river erosion

erosão genética (ECO.) genetic erosion

erosão glacial (GEO.) glacial erosion

erosão marinha (GEO.) marine erosion

erosão mecânica (GEO.) mechanical erosion

erosão química (GEO.) chemical erosion

erosão superficial (GEO.) surface erosion

erosão térmoclástica (ECO.) thermoclastis

erráticas (GEO.) erratics

erro (COMP.) error; bug (slang)

erro (ELECT.) error

erro (GEN.) error

erro absoluto (COMP.; MATH.) absolute error

erro balanceado (COMP.) balance error

erro barométrico (METEO.) barometric error

erro circular (HORO.) circular error

erro constante (BUILD.; MATH.) cumulative error

erro controlado (COMP.) burst error

erro cumulativo (BUILD.; MATH.) cumulative error

erro de aceleração (AERO.) acceleration error

erro de alinhamento (TELECOM.) azimuth error

erro de ambiguidade (COMP.) ambiguity error

erro de amostragem (STAT.) sampling error

erro de arfagem (AERO.) pitch error

erro de arredondamento (COMP.) rounding error

erro de arredondamento por defeito (COMP.) round-off error

erro de bússola (NAV.) compass error

erro de bússola devido a inclinação (NAV.) heeling error

erro de colimação (SURV.) collimation error

erro de compensação (SURV.) compensating error

erro de compilação (COMP.) compilation error

erro de Coriolis (NAV.) Coriolis error

erro de correcção automática (COMP.) automatically corrected error

erro de excesso (COMP.) overflow error

erro de execução (COMP.) execution error

erro de fecho (COMP.) error of closure

erro de fecho (SURV.) closing error

erro de Gauss (MATH.) Gaussian error

erro de histerese (ELECT.) hysteresis error

erro de índice (SURV.) index error

erro de leitura (ELECTRON.) soft error

erro de leitura por excesso (COMP.) drop-in

erro de localização (TELECOM.) site error

erro de máquina (COMP.) machine error

erro de mensagem (COMP.) message error

erro de não linearidade (ELECTRON.) non-linearity error

erro de observação de Coriolis (NAV.) Coriolis observation error

erro de paralaxe (ASTRO.) parallax error

erro de paridade (COMP.) parity error

erro de passo (AERO.) pitch error

erro de polarização (TELECOM.) polarization error

erro de posição (AERO.) position error

erro de relação (ELECT.) ratio error

erro de seguimento (ELECTRON.) tracking error

erro de sequência (COMP.) sequence error

erro de sombra (SURV.) shade error

erro de temperatura média (HORO.) middle temperature error

erro de velocidade (NAV.) speed error

erro digital (COMP.) digital error

erro dinâmico (COMP.) dynamic error

erro Doppler (PHYS.) Doppler error

erro em tempo de execução (COMP.) run-time error

erro equilibrado (COMP.) balanced error

erro estatístico (PHYS.) statistical error

erro experimental (GEN.) experimental error

erro herdado (COMP.) inherited error

erro inerente (COMP.) inherent error

erro lógico (COMP.) logic error

erro médio quadrático (STAT.) mean-square error

erro na transcrição de informações (COMP.) clerical error

erro no bit (COMP.) bit error

erro padrão (STAT.) standard error

erro permanente (COMP.) hard error

erro permanente de gravação (COMP.) permanent write error

erro permanente de leitura (COMP.) permanent read error

erro recebido (COMP.) inherited error

erro relativo (MATH.) relative error

erro residual (MECH.) residual error

erro semântico (COMP.) semantic error

erro sintáctico (COMP.) syntax error

erros sistemáticos (BUILD.; MATH.) systematic errors

erro tangencial (ELECTRON.) tangential error

erro tipográfico (PRINT.) literal fault

erubescite (MINER.) erubescite; bornite; peacock ore; variagated copper ore

eructação (MED.) eructation; flatus

erupção (MINING) blow; blowout

erupção bolhosa (MED.) hydroa

erupção de fissura (GEO.) fissure eruption

erupção de lava (GEO.) lava eruption

erupção estromboliana (GEO.) Strombolian eruption

erupção estrombólica (GEO.) Strombolian eruption

erupção freática (GEO.) phreatic eruption

erupção incontrolada de um poço (MINING) blowing in wind

erupção peleana (GEO.) Palean eruption

erupção pliniana (GEO.) Plinian eruption

erupção solar (ASTRO.) flare; solar flare

erupções da pele (MED.) hives

erupções de planalto (GEO.) plateau eruptions

erupções lineares (GEO.) plateau eruptions

erva (BOT.) herb

erva daninha (ECO.) weed

esbatimento (BUILD.) scumble (paint)

esboçar (COMP.) scratch

esboço (GEN.) draft

esboço (PRINT.) lay out

escabelo (ZOO.) scabellum

escabicida (MED.) scabicidal; scabicide

escabiose (MED.; VET.) scabies; acarinosis; mange

escabro (BOT.) scabrid

escada de caracol (BUILD.) caracole; spiral stairs; wheeling step

escada de corda (MECH.) Jacob's ladder

escada de lanços paralelos (BUILD.) dog-legged stairs

escada de leque (BUILD.) geometrical stairs

escada de serviço (BUILD.) side stairs

escada em caracol (ARCH.) corkscrew staircase

escada geométrica (BUILD.) geometrical stairs

escada lateral (BUILD.) side stairs

escada recta (BUILD.) straight stairs

escadas de caracol (ARCH.) cockle stairs

escada suspensa (BUILD.) hanging stairs

escafocefalia (MED.) scaphocephaly; scaphocephalism

escafocefálico (MED.) scaphocephalic

escafocefalismo (MED.) scaphocephalism; scaphocephaly

escafocéfalo (MED.) scaphocephalous

escafóide (ZOO.) scaphoid ; navicular bone

Escafópodos (ZOO.) Scaphopoda

escala (GEN.) scale; gamut (musical)

escala alíquota (PHYS.) aliquot scaling

escala americana para crivos (MINING) Tyler standard screen scale

escala B do potenciómetro (ELECTRON.) B-law

escala binária (ELECTRON.) scale-of-two

escala binária (MATH.) binary scale

escala centesimal (PHYS.) Centigrade scale; Celsius scale

escala centígrada (PHYS.) Centigrade scale; Celsius scale

escala de atitudes (PSYCHO.) attitude scale

escala de Baumé (PHYS.) Baumé hydrometer scale

escala de Beaufort (METEO.) Beaufort scale

escala de Brix (CHEM.) Brix scale (of densities in sugar industry)

escala de Celsius (PHYS.) Celsius scale; Centigrade scale

escala decimal (TELECOM.) scale-of-ten

escala de cinzentos (IMAGE TECH.) grey scale

escala de contagem (ELECTRON.) scaler

escala de contracção (MECH.) shrinkage rule

escala de Dalton (PHYS.) Dalton scale

escala de densidade (PRINT.) density range

escala de distância (SURV.) offset scale

escala de Domin (ECO.) Domin scale

escala de dureza (MINER.) hardness scale; Mohs scale

escala de gravidade (MECH.) gravity scale

escala de hidrogénio (CHEM.) hydrogen scale

escala (de intensidade dos tornados) de Fujita (GEO.) Fujita tornado intensity scale

escala de intensidades (GEO.) intensity scale

escala de Kelvin (PHYS.) Kelvin scale; Kelvin absolute temperature scale

escala de Mercalli (GEO.) Mercalli scale

escala de milésimos (BUILD.) mill scale

escala de Mohs (MINER.) Mohs scale; hardness scale

escala de Munsell (PHYS.) Munsell scale

escala de nónio (PHYS.) vernier scale

escala de Rankine (PHYS.) Rankine scale

escala de Réaumur (PHYS.) Réaumur scale

escala de Richter (GEO.) Richter scale

escala de Rossi-Forell (GEO.) Rossi-Forell scale

escala de salinidade de Veneza (GEO.) Venice system

escala de saturação (PHYS.) saturation scale

escala de sociabilidade (ECO.) sociability scale

escala de sociabilidade do coberto (vegetal) (ECO.) cover-sociability scale

escala de tangentes (ELECT.) tangent scale

escala de temperatura absoluta (de) Kelvin (PHYS.) Kelvin absolute temperature scale

escala de temperatura de Dalton (PHYS.) Dalton's temperature scale

escala (de temperatura) de Kelvin (GEN.) Kelvin scale

escala de temperatura prática internacional (PHYS.) international practical temperature scale

escala de temperatura Réaumur (PHYS.) Réaumur temperature scale

escala de temperatura termodinâmica de Kelvin (PHYS.) Kelvin thermodynamic scale of temperature

escala de tempo (GEO.) time scale

escala de tempo geológico (GEO.) geologic time-scale

escala de tom (PHYS.) pitch scale

escala de voltagem logarítmica (ELECT.) logarithmic voltage scale

escala equitónica (PHYS.) equitonic scale (Acoustics)

escala exacta (PHYS.) just scale

escala F (PSYCHO.) F-scale

escala Fahrenheit (PHYS.) Fahrenheit scale

escala logarítmica (MATH.) logarithmic scale

escala média de tempo atómico (PHYS.) mean atomic time scale

escala não linear (ELECTRON.) non-linear scale

escala natural (PHYS.) natural scale (Acoustics)

escala natural (SURV.) natural scale

escalão inverso (MINING) back stop

escala proporcional (NUCL.) proportional scale

escalar (MATH.) scalar

escala Réaumur (PHYS.) Réaumur scale

escala redutora (MATH.) reducing scale

escalas termométricas (PHYS.) thermometric scales

escala temperada (PHYS.) tempered scale (Acoustics)

escala termodinâmica de temperatura (PHYS.) thermodynamic scale of temperature

escala Tyler para crivos (MINING) Tyler standard screen scale

escala unificada (CHEM.) unified scale

escalda-pés (MED.) drip-sheet

escaleira (BUILD.) corded way

escalões inversos (MINING) overhand stopes

escalonado (PRINT.) stepped

escalonado (CHEM.) staggered

escalonador de baixo nível (COMP.) low-level scheduler

escalonador de tarefas (COMP.) job scheduler

escalonamento (AERO.) stagger

escalonamento (COMP.) scheduling

escalonamento (BUILD.; SURV.) stepping

escalonamento (ELECT.) staggering

escama (BOT.) squama

escama (MECH.) scale

escama (MED.) scute; squama; squame

escama (ZOO.) squama; scale

escamação (BUILD.) flaking

escama cosmóide (ZOO.) cosmoid scale

escama de fundição (MECH.) skin

escama do caule dos fetos (BOT.) ramentum

escama epidérmica (MED.) furfur; dandruff; scurf

escamiforme (ZOO.) squamiform

escamo-mastóideu (MED.) squamo-mastoid

escamoso (BOT.) scabrous

escamoso (MED.) furfuraceous

escamoteação do trem de aterragem (AERO.) landing retracting

escâmula (BOT.) squamule

escândio (CHEM.) scandium

escape (MECH.) exhaust; escapement (system)

escape (NUCL.) leakage

escape aperiódico (ELECT.) dead-beat escapement

escape cilíndrico (HORO.) cylinder escapement

escape da âncora (HORO.) verge escapement

escape de acção simples (HORO.) single-acting escapement

escape de alavanca (HORO.) lever escapement

escape de âncora (HORO.) anchor escapement

escape de ar (C.CIV.) air escape

escape de avião a jacto (AERO.) jet exhaust

escape de baixa voltagem (ELECT.) low-volt release

escape de cronómetro (HORO.) chronometer escapement

escape de grade (ELECT.) grid leak

escape de roda de pinos (HORO.) pin wheel escapement

escape de sobrecarga (ELECT.) over-current release

escape de um só batimento (HORO.) single-beat escapement

escape de voltagem zero (ELECT.) no-voltage release

escape Graham (HORO.) Graham escapement

escape horizontal (HORO.) horizontal escapement

escape incontrolável de água (MINING) blow

escape incontrolável de gás (MINING) blow

escape magnético (HORO.) magnetic escapement

escape por gravidade (HORO.) gravity escapement

escape vertical (HORO.) vertical escapement

escapo (BUILD.) scape

escapo (BOT.) scape

escapolite (MINER.) scapolite

escápula (BUILD.) wall hook; spike

escápula (ZOO.) scapula

escapular (ZOO.) scapular

escapulectomia (MED.) scapulectomy

escápulo-clavicular (ZOO.) scapulo-clavicular

escara (MED.; VET.) scar; eschar; scab

escaravelho (ZOO.) beetle

escaravelho da batata do Colorado (ZOO.) Colorado beetle

escareador (BUILD.) scarifier

escareador (MECH.) countersink; rymer; shell reamer; slotting machine

escareador autocentrador (MECH.) self-centring countersink

escareador de Broughton (BUILD.) Broughton countersink

escareador de guia (MECH.) pilot countersink

escareamento (MECH.) counterboring

escarificação (BOT.) scarification

escarificador (BUILD.) scarifier

escarificador (MECH.) scarificator

escarlatina (MED.) scarlatina; scarlet fever

escarlatiniforme (MED.) scarlatiniform

escarnito (GEO.) skarn

escarotomia (MED.) escharatomy

escarpa (GEO.) talus; escarpment; cuesta (USA)

escarpa de falha (GEO.; MINING) fault scarp

escarpa de praia (GEO.) beach scarp

escarpa de Richter (ECO.) Richter denudation slope

escarpa em cunha (GEO.) bevelled cliff

escarva (BUILD.) scarf

escatofagia (MED.; PSYCHO.) scatofagia

escatol (CHEM.) skatole

escavação de acesso (MECH.) approach cutting

escavação de empréstimo de terra (BUILD.) borrow pit

escavação de fundação (BUILD.) foundation pit

escavação de poço (HYDRO.; MINING) pit sinking; sinking shaft

escavação de prospecção (GEO.; MINING) prospect pit

escavação de sondagem (GEO.; MINING) prospect pit

escavação de subsolo (BUILD.; HYDRO.) subsoil drainage

escavação de teste (BUILD.) trivial pit

escavação em degrau (MINING) stope

escavação em degraus rectos (BUILD.) gullet

escavação por maré (GEO.) tidal scour

escavação preliminar (BUILD.) holing

escavação preliminar (MINING) sink

escavadora (BUILD.) shovel

escavadora (MECH.) power shovel

escavadora de cadeia de arrasto (BUILD.) draglined excavator

escavadora de rosário (BUILD.) bucket-ladder excavator

escavadora de superfície (BUILD.) face shovel

esclereídeo (BOT.) sclereid; sclerotic cell

esclerencefalia (MED.) sclerencephalia

esclerênquima (MED.) sclerenchyma

esclerita (ZOO.) sclere; sclerite

esclerite (MED.) scleritis

esclerito (BOT.) sclereide

esclerócio (BOT.) sclerotium

esclerodactilia (MED.) sclerodactylia

escleroderma (MED.) scleroderma

esclerodermia (MED.) sclerodermia

esclerodermia circunscrita (MED.) circumscribed sclerodermia; morphea; morphoe

esclerófilo (BOT.) sclerophyll

esclerógeno (MED.) sclerogenous

escleroma (MED.) scleroma

escleroniquia (MED.) scleronychia

escleroplastia (MED.) scleroplasty

escleroproteína (BIO.) scleroprotein

esclerosado (BOT.) sclerified

esclerosado (MED.) sclerosed

esclerose (MED.) sclerosis

esclerose amiotrófica lateral (MED.) amyotrophic lateral sclerosis

esclerose cutânea (MED.) sclerosis cutanea; scleroderma; dermatosclerosis

esclerose de Moenckeberg (MED.) Moenckeberg's sclerosis; arteriosclerosis

esclerose difusa (MED.) diffuse sclerosis; encephalitis periaxialis diffusa

esclerose múltipla (MED.) multiple sclerosis

esclerose nodular (MED.) nodular sclerosis; atherosclerosis

esclerose tuberosa (MED.) tuberous sclerosis; tuberose sclerosis; epiloia; Bourneville's disease

esclerótica (ZOO.) sclera; sclerotic(a)

esclerotina (ZOO.) sclerotin

esclerotomia (MED.) sclerotomy

escoa de convés (NAV.) deck stringer

escoadouro (BUILD.) chute; waste weir; cesspool; soakway; sough

escoadouro (PAPER) drainer

escoadouro de caixa (BUILD.) box drain

escoamento (BUILD.; HYDRO.) runoff

escoamento (COMP.) bleed

escoamento aberto (MINING) open flow [OF]

escoamento centrípeto (GEO.) centripetal drainage

escoamento crítico (HYDRO.) surface runoff

escoamento de lama (MINING) mud flow

escoamento dendrítico (ECO.) dendritic drainage

escoamento do ar (ELECTRON.) airflow

escoamento hipoclinal (ECO.) hypopycnal flow

escoamento laminar (BIO.; PHYS.) laminar flow

escoamento pelos troncos (HYDRO.) stem flow

escoamento subfluvial (HYDRO.) underflow

escoamento subsuperficial (ECO.) subsurface flow

escoamento superficial (ECO.) quickflow

escoamento uniforme (HYDRO.) uniform flow

escobiculado (BOT.) scobicular

escobiforme (BOT.) scobiform

escócia (ARCH.) scotia

escoda (BUILD.) bush-hammering

Escola de Bergen (ECO.) Bergen School

escolecite (MINER.) scolecite

escolex (ZOO.) scolex

escolha (MATH.) sorting

escolha de divisória (ECO.) choice chamber

escolha lógica (COMP.) logical choice

escoliose (MED.) scoliosis

escólito (ZOO.) ambrosia beetle

escolopídeo (ZOO.) scolophore; scolopidium

escombreira (GEO.) debris slide

escombros (MINING) deads

escopina (CHEM.) scopine

escopofilia (PSYCHO.) scopophilia

escopolamina (MED.) scopolamine

escopolina (CHEM.) scopoline

escopro chanfrado (BUILD.) bevelled-edge-chisel

escopro de aparar (BUILD.) paring chisel

escopro de canteiro (BUILD.) drove; bolster

escopro de desbaste (BUILD.) bolster; drove

escopro de ebanista (BUILD.) paring chisel

escopro manual (BUILD.) pocket chisel

escopro triangular (BUILD.) burr

escópula (ZOO.) scopa

escora (BUILD.) guy; knee brace; prop; strut; stanchion; buttress; stop; bracket

escora (GEN.) detent

escora (MECH.) cross bracing; shore; support

escora (MINING) sprag; prop

escora (SURV.) grip (tripod)

escora de andaime (BUILD.) outtriger

escora de beiral (BUILD.) eaves strut

escora de cruzeta (ELECT.) cross-arm brace

escora de fundo (BUILD.) bottom shore

escora de tecto (BUILD.) crown bar

escora diagonal de contra-vento (BUILD.) sprocket

escora média (BUILD.) middle shore

escoramento (BUILD.) sheeting; strutting; underpinning; camp sheeting; shoring

escoramento (BUILD.) cribbing

escoramento (MINING) lathing; lagging

escoramento a meia-madeira (BUILD.) half-timbering

escoramento compacto (BUILD.) close timbering

escoramento de cobertura protectora (BUILD.) apron lining

escoramento horizontal (BUILD.) horizontal sheeting

escoramento poligonal (BUILD.) polygonal bracing

escora pneumática (MINING) air leg

escorar com agulhas (BUILD.) needling

escora saliente (BUILD.) cant; corner

escoras de quilha (MECH.) keel block

escoras dianteiras (MINING) catch props

escora traseira (BUILD.) back shore

escora vertical inclinada (BUILD.) inclined shore

escora vertical temporária (BUILD.) dead shore

escorbútico (MED.) scorbutic

escorbuto (MED.) scurvy

escória (GEO.) scoria; cinders

escória (MECH.) dross; scum; slag; foundry scrap; clincker

escória (MINING) muck

escória (TEXT.) trash

escória ácida (CHEM.; ENG.; MECH.) acid sludge; acid slag

escória básica (ENG.; MECH.) basic slag

escoriação (MED.; VET.) excoriation; gall

escória cristalina (MECH.) crystalline clinker

escória de altos fornos (MECH.) sinter

escória de fornalha (MECH.) furnace clinker

escória espessa (MECH.) stiff slag

escória esponjosa (BUILD.) foamed slag

escória líquida (MECH.) liquid waste

escória moída (MECH.) broken slag

escória pastosa (MECH.) stiff slag

escória Thomas (ENG.) basic slag
escória triturada (MECH.) broken slag
escorificação (MECH.) scorification
escorlomito (MINER.) schorlomite
escorodite (MINER.) scorodite
Escorpionídeos (ZOO.) Scorpionidea
escorregamento (GEO.) block glide
escorregamento basal (ECO.) basal sliding
escorregamento da fita (TELECOM.) belt slipping
escorregamento de terras (GEO.) earthflow
escorva (MECH.) igniter
escorva de bomba (HYDRO.) pump primer
escorva de combustível (MECH.) fuel primer
escorva de inflamação (AERO.) torch igniter
escoteira (BUILD.) kevel
escotilha (NAV.) hatchway
escotóforo (ELECT.) scotophor
escotoma (MED.) scotoma
escotomização (PSYCHO.) scotomization
escova (COMP.) brush
escova colectora (ELECT.) collector brush
escova composta (ELECT.) compound brush
escova de aço (MECH.) file card
escova de dínamo (MECH.) generator brush
escova de fibra (BUILD.) fibre brush
escova de grafite (ELECT.) graphite brush
escova do gerador (MECH.) generator brush
escovador (MECH.) scourer
escova em pêlo de texugo (BUILD.) badger softener
escova exploratória (ELECT.) exploring brush
escovagem a seco (TEXT.) dry brushing
escovamento (VET.) interfering
escova pneumática (COMP.) air brush
escovas de cobre (ELECT.) copper brushes
escravatura (ZOO.) dulosis; helotism
escrever (COMP.) write (transference of information or data storage)
escrobiculado (BOT.; ZOO.) scrobiculate
escrobículo (BOT.; ZOO.) scrobiculus
escrobiculoso (BOT.; ZOO.) scrobiculate
escrófula (MED.) scrofula; struma; goiter
Escrofulariáceas (BOT.) Scrophulariaceae
escrofulodermia (MED.) scrofuloderma; scrofulodermia
escrofulose (MED.) scrofulosis; scrofula; King's evil
escroto (VET.; ZOO.) scrotum; cod
escudete (ZOO.) scutellum
escudo (BUILD.) escutcheon; key plate
escudo (GEN.) shield; blindage
escudo (ZOO.) scute
escudo antiformiga (BUILD.) termite shield

escudo anti-radiação (PHYS.) radiation shield
Escudo Báltico (GEO.) Baltica
escudo biológico (BIO.) biological shield
escudo canadiano (GEO.) Canadian shield
escudo de blindagem (GEN.) armor shield
escudo de neutrões (NUCL.) neutron shield
Escudo Laurenciano (GEO.) Laurentian Shield
escudo magnético (ELECT.) magnetic shield
escudo sensível (NUCL.) sensitive screen
escudo térmico (NUCL.) thermal shield
escuma (MED.) scum
escurecimento (PAPER) blackening
escuta (TELECOM.) listening; bugging
escutelo (BOT.; ZOO.) scutellum
escuterudite (MINER.) skutterudite
esfacelo (MED.) slough
esfagnícola (ECO.) sphagnicolous
Esfagnidas (BOT.) Sphagnum
Esfagno (BOT.) Sphagnum
esfalerite (MINER.) sphalerite; blende; zinc blend
esfena (MINER.) sphene; titanite
Esfenisciformes (ZOO.) Sphenisciformes
Esfenodon (ZOO.) Sphenodon
esfenoidal (BOT.; ZOO.) sphenoidal (wedge shaped)
esfenoidal (ZOO.) sphenoidal (bone)
esfenóide (CRYST.) sphenoid
esfenoidite (MED.) sphenoiditis
esfenoidostomia (MED.) sphenoidostomy
esfenoidotomia (MED.) sphenoidotomy
esfeno-maxilar (MED.) sphenomaxyllary
esfeno-occipital (MED.) spheno-occipital
Esfenópsidas (BOT.) Sphenopsida
estenótico (ZOO.) sphenotic
esfera (BUILD.) pellet
esfera (ZOO.) globus
esfera armilar (ASTRO.) armillary sphere
esfera celeste (ASTRO.) celestial sphere
esfera de dosificação (MINING) batching sphere
esfera de Fermi (PHYS.) Fermi sphere
esfera de Hamming (COMP.) Hamming sphere
esfera de Riemann (MATH.) Riemann sphere
esfera oblíqua (ASTRO.) oblique sphere
esfera osculadora (MATH.) osculating sphere
esferas de calcite (GEO.) calcispheres
esfericidade (PHYS.) sphericity
esfericidade operacional (PHYS.) operational sphericity
esferócito (MED.) spherocyte
esferocitose (MED.) spherocytosis
esferóide (MATH.) spheroid
esferóide alongado (MATH.) prolate spheroid
esferoidização (MECH.) spheroidizing

esferómetro (PHYS.) spherometer
esferossoma (BOT.) spherosome
esférula (BOT.) spherule
esferulite (GEO.) spherulite
esferulítico (GEO.; MINING) spherulitic
esfigmógrafo (MED.) sphygmograph
esfigmograma (MED.) sphygmogram
esfigmóide (MED.) sphygmoid
esfigmomanómetro (MED.) sphygmomanometer; pulsimeter; pulsometer
esfíncter (ZOO.) sphincter
esfíncter cardíaco (MED.) cardiac sphincter
esfíncter de Oddi (MED.) sphincter of Oddi;Oddi's sphincter
esfingolipidose cerebral infantil (MED.) cerebral sphingolipidosis of infants; Tay-Sachs's disease
esfingomielina (BIO.) sphingomyelin
esfingosina (BIO.) sphingosine
esforço (GEN.) effort; stress; strain; force
esforço alternado (PHYS.) alternating stress
esforço aplicado (BUILD.) applied stress
esforço de aceleração (SPACE) acceleration stress
esforço de compressão (MECH.) compression strain
esforço de esmagamento (PHYS.) crushing strain
esforço de expulsão (MED.) bearing down (2nd phase of delivery)
esforço de flexão (MECH.) bending strain
esforço de recuperação (MECH.) righting force
esforço de ruptura (MECH.) breaking stress; ultimate stress
esforço de segurança (MECH.) safe strain; safe stress
esforço desenvolvido no eixo (PHYS.) shaft stress
esforço de sustentação (AERO.) lift fan; buoyuancy
esforço de tensão (PHYS.) stretching force
esforço de tensão máximo (MECH.) maximum tensile stress
esforço de trabalho (MECH.) working stress
esforço dieléctrico (ELECT.) dielectric strain
esforço directo (MECH.) direct stress
esforço do cárter (MECH.) crank effort
esforço excessivo (MECH.) overstrain
esforço lateral (MECH.) lateral strain
esforço longitudinal (MECH.) longitudinal stress
esforço máximo (MECH.) ultimate strain
esforço nominal (PHYS.) nominal stress
esforço permissível (BUILD.) safe load
esforço principal (MECH.) principal strain
esforço reproductivo (ECO.) reproductive effort
esforço sobre a alavanca de comando (AERO.) stick force
esforço sobre o isolador (ELECT.) insulator strain

esforço tangencial (MECH.) hoop stress

esfregaço (BIO.; MED.) smear

esfregaço cervical (MED.) cervical smear

esfregaço citológico (MED.) cytosmear

esfriamento diferencial (MECH.) differential quenching

esfriamento lento (MECH.) tempering

esfriamento rápido (MECH.) quenching

esfriamento termoeléctrico (PHYS.) thermoelectric cooling

esfriar bruscamente em água (MECH.) plug in water

esfriar por imersão (MECH.) quench

esgana (VET.) strangles; equine contagious catarrh

esgotador (MINING) bailer

esgotamento (MINING) de-watering

esgotamento de combustível (SPACE) burnout

esgrafito (BUILD.) sgraffito

esmagador de impacto (MINING) impact crusher

esmagamento (MECH.) jumping-up

esmalte (BUILD.) glaze

esmalte (GEN.) enamel

esmalte vítreo (MECH.) vitreous enamel

esmaragdite (MINER.) smaragdite

esméctico (PHYS.) smectic

esmectite (MINER.) smectite

esmegma (MED.) smegma

esmegma (ZOO.) sebum

esmeralda (MINER.) emerald

esmeralda brasileira (MINER.) Brazilian emerald

esmeralda-da-tarde (MINER.) Ceylon pteridot

esmeralda-de-cobre (MINER.) emerald copper

esmeralda-oriental (MINER.) Oriental emerald

esmeralda sintética (MINER.) scientific emerald

esmeralda-uraliana (MINER.) Uralian emerald

esmeril (MECH.) grinding wheel

esmeril (MINER.) emery

esmeril fino (MECH.) emery cloth

esmeril(h)ação (GEN.) grinding

esmeril(h)adora (MECH.) grinding machine; cup wheel

esmeril(h)amento cilíndrico (MECH.) cylindrical grinding

esmeril(h)amento de lente (GLASS) lens grinding

esmeril(h)amento interno (MECH.) internal grinding

esmeril(h)amento sem preparo (MECH.) offhand grinding

esmeril(h)ar (MECH.) abrade; grind; sharpen

esmeril hidráulico (MECH.) hydraulic grinder

esmeril rectificador (MECH.) rectifying grinder

esmeril universal (MECH.) universal grinder

esofagalgia (MED.) (o)esophagalgia

esofagectasia (MED.) (o)esophagectasia; (o)esophagectasis

esofagectomia (MED.) (o)esophagectomy

esofagismo (MED.) (o)esophagism

esofagite (MED.) (o)esophagitis

esofagite de refluxo (MED.) reflux (o)esophagitis

esófago (ZOO.) oesophagus; esophagus

esofagocele (MED.) (o)esophagocele

esofagomalácia (MED.) (o)esophagomalacia

esofagoplastia (MED) (o)esophagoplasty

esofagoscópio (MED.) (o)esophagoscope

esofagospasmo (MED.) (o)esophagospasm

esofagostenose (MED.) (o)esophagostenosis

esofagostomia (MED.) (o)esophagostomy

esofagostomíase (MED.) (o)esophagostomiasis

esofagotomia (MED.) (o)esophagotomy

esofilaxia (MED.) (o)esophylaxis

esoforia (MED.) esophoria

esotropia (MED.) esotropia

espaço (AERO.; ASTRO.; SPACE) space

espaço (COMP.) slot

espaço (GEN.) space; gap; interval; duration; time

espaço aéreo (AERO.; PHYS.) aerospace; air space

espaço aéreo controlado (AERO.) controlled air space

espaço anular (MINING) annular space

espaço axilar (MED.) axilla

espaço biológico (NUCL.) biological hole

espaço compacto (MATH.) compact space

espaço de aceleração (PHYS.) acceleration space

espaço de ar (GEN.) air space

espaço de ar intercelular (BOT.) air space

espaço de armazenamento de imagem (COMP.) image storage space

espaço de byte (COMP.) byte space

espaço de cabelo (PRINT.) hair space

espaço de corrente (ELECTRON.) drift space

espaço de desvio (ELECTRON.) drift space

espaço de endereço (COMP.) address space

espaço de endereço encaixado (COMP.) nested address space

espaço de fase (PHYS.) phase space

espaço de Fourier (MATH.; PHYS.) Fourier space

espaço de Hamming (COMP.) Hamming space

espaço de Hausdorff (MATH.) Hausdorff space

espaço de Havers (ZOO.) Haversian space

espaço de imagem (COMP.) image space

espaço de interacção (ELECTRON.) interaction space

espaço delgado (PRINT.) hair space

espaço de Lindelof (MATH.) Lindelof space

espaço de projecção (MATH.) projective space

espaço de tempo para lançamento (SPACE) launch window

espaço de Westberg (MED.) Westberg space

espaço em branco (COMP.) blank

espaço entre escoras de uma trave (BUILD.) bearing

espaço entre letras (PRINT.) set

espaço entre partículas (PHYS.) void

espaço equipotential (ELECT.) equipotential space

espaço escuro catódico (PHYS.) Crookes dark space

espaço escuro de Crookes (PHYS.) Crookes dark space

espaço escuro de Hittorf (PHYS.) Hittorf dark space

espaço escuro de Langmuir (ELECTRON.) Langmuir dark space

espaço escuro do ânodo (ELECTRON.) anode dark space

espaço hipobranquial (ZOO.) hypobranchial space

espaço individual (PSYCHO.) personal space

espaço interestelar (ASTRO.) interstellar space

espaço intergaláctico (ASTRO.) intergalactic space

espaço interplanetário (SPACE) interplanetary space

espaço k (PHYS.) k-space

espaço linear (MATH.) vector space

espaço livre (TELECOM.) free space

espaço livre em altitude no topo (AERO.) on-top altitude clearance

espaço livre entre dois canais (TELECOM.) interference guard band

espaço métrico (GEN.) metric space

espaço métrico completo (MATH.) complete metric space

espaço-nave (SPACE) spacecraft; space vehicle; spaceship

espaço-nave intergaláctica (SPACE) intergalactic spacecraft

espaço negro (ELECTRON.) dark space

espaço negro de Aston (ELECTRON.) Aston dark space

espaço negro de Faraday (PHYS.) Faraday dark space

espaço operacional (COMP.) operating space

espaço perinuclear (BIO.) perinuclear space

espaço periplasmático (BOT.) periplasmatic space

espaço pessoal (PSYCHO.) personal space

espaço profundo (ASTRO.) deep space

espaço reservado a ligações com fios volantes (ELECT.) jumper field

espaços altos (PRINT.) high spaces

espaço sem pintura (BUILD.) holiday (missing paint)

espaço sináptico (BIO.) synaptic cleft

espaços intercelulares (BOT.) intercellular spaces

espaços livres (NAV.) exempted spaces

espaço-tempo (PHYS.) space-time

espaço topológico (MATH.) topological space

espaço vectorial (MATH.) vector space
espadela (BUILD.) scutch
espadice (BOT.) spadix
espadíceo (ZOO.) spadiceous
esparagmito (GEO.) sparagmite
esparavão (VET.) spavin; stringhalt
esparteína (CHEM.) sparteine
esparto (PAPER) esparto
espasmo (ZOO.) spasm
espasmo cardíaco (MED.) cardiospasm
espasmo clónico (MED.) myoclonus
espasmo de cabeceio (MED.) nodding spasmus; spasmus nutans
espasmódico (MED.) spasmodic; spastic
espasmo doloroso (MED.) algospasm
espasmo funcional (MED.) functional spasm
espasmo habitual (MED.) habit spasm; tic
espasmo nutans (MED.) spasmus nutans; nodding spasmus
espasmo rotativo (MED.) spasmodic torticollis
espástico (MED.) spastic
espata (BOT.) spathe
espato (MINER.) spar
espato calcário (MINER.) lime spar
espato calcário acetinado (MINER.) satin spar
espato da Groenlândia (MINER.) Greenland spar
espato da Islândia (MINER.) Iceland spar; calcspar; calcite
espato de Derbyshire (MINING) Derbyshyre spar; fluorite; fluorspar
espato de manganés (MINER.) manganese spar; dialogite; rhodochrosite
espato dente-de-cão (MINER.) dogtooth spar (a form of calcite)
espátula (GEN.) spatula
espátula (ZOO.) spatula (beak)
espátula de dourador (BUILD.) gilder's knife
espatulado (BOT.; ZOO.) spatulate; spathulate
especiação (BOT.; ZOO.) speciation
especiação centrífuga (ECO.) centrifugal speciation
especiação de efeito regional (ECO.) area-effect speciation
especiação directa (ECO.) directed speciation
especiação por simpatria (ECO.) sympatric speciation
especiação quântica (ECO.) quantum speciation
especialista (ECO.) specialist
especialista de missão (SPACE) mission specialist
espécie (BIO.) species (sing. and pl.)
espécie agregada (BOT.) aggregate species
espécie animal ou vegetal de período anterior (ECO.) relict
espécie casual (BOT.) casual species
espécie indicadora (ECO.) indicator species
espécie indiferente (ECO.) indifferent species
espécie ocasional (BOT.) casual species

espécie pioneira (BOT.) pioneer species
espécie preferencial (ECO.) preferential species
espécies acidentais (ECO.) accidental species
espécies anfitrópicas (ECO.) amphitropical species
espécies árctico-alpinas (ECO.) Arctic-alpine species
espécies biológicas (BIO.) biospecies
espécies de Jordan (BOT.) Jordanon species
espécies de Lineu (BOT.) Linnaean (Linnean) species
espécies de sub cobertura florestal (ECO.) understorey species
espécies em risco (ECO.) endangered species
espécies exóticas (ECO.) exotic species
espécies oportunistas (ECO.) opportunistic species
espécies policrónicas (ECO.) polychronic species
espécies vicariantes (ECO.) vicarious species
espécies vulneráveis (ECO.) vulnerable species
espécies zonais (ECO.) ring species
especificação (ENG.) specification
especificação de cor (IMAGE TECH.) colour specification
especificação de software (COMP.) software specification
especificação formal (COMP.) formal specification
especificação padrão (MECH.) standard specification
especificações militares (GEN.) MIL specification
específico (GEN.) specific
espécime (BIO.) specimen; variety
espécime axial (ZOO.) axial pattern
espécime de mão (MINING) hand specimen
espécime polido (MINING) polished specimen
espécime tipo (BIO.) type specimen
espectativa (PSYCHO.) expectancy
espectometria de raios gama (PHYS.) gamma-ray spectrometry
espectrine (BIO.) spectrin
espectro (PHYS.) spectrum
espectro acústico (PHYS.) acoustic spectrum
espectro atómico (PHYS.) atomic spectrum
espectro característico (PHYS.) characteristic spectrum
espectro contínuo (PHYS.) continuous spectrum
espectro cromático (PHYS.) chromatic spectrum
espectro de absorção (PHYS.) absorption spectrum
espectro de acção (BOT.) action spectrum
espectro de arco (PHYS.) arc spectrum
espectro de banda (PHYS.) band spectrum
espectro de Brocken (METEO.) Brocken spectrum; spectre of the Brocken

espectro de carga (ASTRO.) charge spectrum
espectro de chama (PHYS.) flame spectrum
espectro de dispersão (ELECT.; TELECOM.) leakage spectrum; spread spectrum
espectro de Doppler (ELECTRON.) Doppler spectrum
espectro de emissão (PHYS.) emission spectrum
espectro de emissão fotónica (PHYS.) photon emission spectrum
espectro de faixa (PHYS.) band spectrum
espectro de fissão (NUCL.) fission spectrum
espectro de fornalha (PHYS.) furnace spectrum
espectro de Fourier (PHYS.) Fourier spectrum
espectro de Fraunhofer (PHYS.) Fraunhofer spectrum
espectro de grade (PHYS.) grating spectrum
espectro de impulso (TELECOM.) pulse spectrum
espectro de interferência (PHYS.) interference spectrum
espectro de massa (PHYS.) mass spectrum
espectro de meteoro (ASTRO.) meteor spectrum
espectro de microondas (PHYS.) microwave spectrum
espectro de partículas alfa (PHYS.) alpha particle spectrum
espectro de rádio (TELECOM.) radio spectrum
espectro de raios alfa (PHYS.) alpha-ray spectrum
espectro de raios beta (PHYS.) beta-ray spectrum
espectro de raios gama (PHYS.) gamma-ray spectrum
espectro de raios X (PHYS.) X-ray spectrum
espectro de referência (PHYS.) reference spectrum
espectro de ressonância (ELECTRON.) resonance spectrum
espectro descontínuo (METEO.) Brocken spectrum
espectro de transmissão (TELECOM.) broadcast spectrum
espectro de turbulência (METEO.) turbulence spectrum
espectro electromagnético (PHYS.) electromagnetic spectrum
espectro espalhado de sequência directa (TELECOM.) direct sequence spread spectrum
espectrofotómetro (PHYS.) spectrophotometer
espectrofotómetro de Dobson (METEO.) Dobson spectrometer
espectrografia de raios X (CHEM.) X-ray spectrography
espectrógrafo (PHYS.) spectrograph
espectrógrafo de Fery (PHYS.) Fery spectrograph
espectrógrafo de frequência (ELECTRON.) panoramic monitor

espectrógrafo de massa (PHYS.) mass spectrograph

espectrógrafo de massa de Aston (PHYS.) Aston mass spectrograph

espectrógrafo de som (PHYS.) sound spectrograph

espectrógrafo de velocidade (ELECT.) velocity spectrograph

espectrograma de raios X (CHEM.) X-ray spectrogram

espectro-heliógrafo (ASTRO.) spectroheliograph

espectro-heliograma (ASTRO.) spectroheliogram

espectro-helioscópio (ASTRO.) spectrohelioscope

espectrometria (GEN.) spectrometry

espectrometria clínica (MED.) biospectrometry

espectrómetro (PHYS.) spectrometer

espectrómetro acústico (PHYS.) acoustic spectrometer

espectrómetro automático de cintilação (NUCL.) automatic scintillation spectrometer

espectrómetro de Bragg (PHYS.) ionization spectrometer

espectrómetro de cintilação (NUCL.) scintillation spectrometer

espectrómetro de cintilação a cristal (PHYS.) scintillation crystal spectrometer

espectrómetro de cristal (PHYS.) crystal spectrometer; ionization spectrometer

espectrómetro de infravermelhos (PHYS.) infrared spectrometer

espectrómetro de ionização (PHYS.) ionization spectrometer

espectrómetro de massa (PHYS.) mass spectrometer

espectrómetro de microondas (PHYS.) microwave spectrometer

espectrómetro de neutrões (NUCL.) neutron spectrometer

espectrómetro de neutrões de triplo eixo (PHYS.) triple-axis neutron spectrometer

espectrómetro de prisma de Littrow (PHYS.) Littrow prism spectrometer

espectrómetro de radiofrequência (NUCL.) radio-frequency spectrometer

espectrómetro de raios alfa (PHYS.) alpha-ray spectrometer

espectrómetro de raios beta (NUCL.) beta-ray spectrometer

espectrómetro de raios delta (NUCL.) delta-ray spectrometer

espectrómetro de raios gama (NUCL.) gamma-ray spectrometer

espectrómetro de raios X (CRYST.) X-ray spectrometer

espectrómetro de ultravioleta (PHYS.) ultraviolet spectrometer

espectrómetro magnético (NUCL.) magnetic spectrometer

espectrómetro óptico (PHYS.) optical spectrometer

espectromolecular (CHEM.) molecular spectrum

espectro óptico (PHYS.) optical spectrum

espectro relâmpago (ASTRO.) flash spectrum

espectrorradiómetro (PHYS.) spectroradiometer

espectroscopia (PHYS.) spectroscopy

espectroscopia da transformação de Fourier (PHYS.) Fourier transform spectroscopy

espectroscopia de absorção (PHYS.) absorption spectroscopy

espectroscopia de fotoelectrões (PHYS.; CHEM.) photoelectron spectroscopy

espectroscopia de microondas (PHYS.) microwave spectroscopy

espectroscopia de radiofrequência (PHYS.) radio-frequency spectroscopy

espectroscopia de Raman (CHEM.) Raman spectroscopy

espectroscopia de ressonância magnética nuclear (CHEM.) nuclear magnetic resonance spectroscopy

espectroscopia de ultravioleta (CHEM.) ultraviolet spectroscopy

espectroscopia estelar (ASSTRO.) stellar spectroscopy

espectroscopia neutrónica (PHYS.) neutron spectroscopy

espectroscópio (PHYS.) spectroscope

espectroscópio de visão directa (PHYS.) direct-vision spectroscope

espectros de faísca (PHYS.) spark spectra

espectro secundário (PHYS.) secondary spectrum

espectro ultravioleta (PHYS.) ultraviolet spectrum

specularite (MINER.) specular iron (variety of hematite)

espéculo (MED.) speculum

espéculo de Sims (MED.) Sims' speculum

espéculo ocular (MED.) blepharostat

Espeleologia (GEO.) spelaelogy; speleology

espelho (BUILD.) escutcheon; riser (step)

espelho (GEN.) mirror

espelho antiencadeamento (AUTO.) antidazzle mirror

espelho antiparalaxe (PHYS.) antiparallax mirror

espelho astronómico (ASTRO.) astronomical mirror

espelho côncavo (PHYS.) concave mirror

espelho convexo (PHYS.) convex mirror

espelho de degrau (BUILD.) raiser; riser

espelho de distribuidor (MECH.) valve face

espelho de fechadura (BUILD.) finger plate

espelho de horizonte (SURV.) horizon mirror

espelho de Lloyd (PHYS.) Lloyd's mirror

espelho de metal polido (MECH.) speculum

espelho de telescópio (PHYS.) telescope mirror

espelho dicróico (PHYS.) dichroic mirror

espelho electromagnético (ELECT.) electromagnetic mirror

espelho electrónico (ELECTRON.) electron mirror

espelho em cascata (NUCL.) tandem mirror

espelho frio (IMAGE TECH.) cold mirror

espelho magnético (NUCL.) magnetic mirror

espelho parabólico (PHYS.; TELECOM.) parabolic mirror

espelhos de Fresnel (PHYS.) Fresnel mirrors

espelho secundário (PHYS.) secondary mirror

espelho semitransparente (IMAGE TECH.) semitransparent mirror

espelho tectónico (GEO.) slickenside

espelta (BOT.) spelt

espeque (BUILD.) hammer beam; shelt; prop; stay; stanchion; stop

espeque (NAV.) heaver

espera (GEN.) detent; holding; revetment

espera (MECH.) turret

espera de bancada (BUILD.) bench hook

espera de cilindro (MECH.) cylinder stop

espera de segurança (BUILD.) safety stop

espera de torno composta (MECH.) compound slide rest

espera em T (MECH.) T-rest

espera padrão (AERO.) holding pattern

esperma (ZOO.) sperm; sperma; semen

espermacete (CHEM.; ZOO.) cetaceum

espermaceto (CHEM.) spermaceti

espermagónio (BOT.) spermagonium

espermateca (ZOO.) spermatheca; receptaculum seminis

espermático (ZOO.) spermatic

espermatídeo (ZOO.) spermatid

espermatoblasto (ZOO.) spermatoblast; spermatogonium

espermatocele (MED.) spermatocele

espermatocida (MED.) spermatocide

espermatócito (ZOO.) spermatocyte

espermatófita (BOT.) seed plant; spermatophyte; spermatophytic

Espermatófitas (BOT.) Spermatophyta; Magnoliophyta

espermatóforo (ZOO.) spermatophore

espermatogénese (ZOO.) spermatogenesis

espermatogónio (ZOO.) spermatogonium

espermatorreia (MED.) spermatorrhea; espermatorrhoea

espermatozóide (BOT.) spermatozoid

espermatozóide (ZOO.) spermatozoon; sperm; zoosperm

espermatúria (MED.) spermaturia

espermogónio (BOT.) spermogonium

espermoteca (ZOO.) receptaculum seminis

espessador (MINING) thickener

espessamento (MED.) inspissation

espessamento secundário (BOT.) secondary thickening

espessartina (MINER.) spessartine; spessartite; manganese garnet

espessartite (MINER.) spessartine; spessartite; manganese garnet

espessura (GEN.) thickness; bulk; density; depth

espessura (PAPER) bulk

espessura de abóbada (ARCH.) depth of arch

espessura de arco (ARCH.) depth of arch

espessura de dente (MECH.) chordal thickness

espessura de meio valor (PHYS.) half-value thickness

espessura de parede em janela ou porta (BUILD.) revel

espessura de película (IMAGE TECH.) film thickness

espessura de têmpera (PHYS.) depth of hardening

espessura dos estratos (GEO.) depth of strata

espessura do solo (GEO.) depth of soil

espessura média (MECH.) medium thickness

espessura relativa de um perfil (AERO.) thickness-chord ratio

espia (GEN.) spy

espia (NAV.) hawser; spy; guy rope; line

espia (TELECOM.) guy

espiciforme (BOT.) spicate

espícula (BOT.) spikelet

espiculado (BOT.) spicate

espicular (BOT.) spicate

espículo (BOT.; ZOO.) spicule; spiculum

espiga (BOT.) spike; ear (of corn)

espiga (BUILD.) cog ; tang (tool)

espiga (HORO.) mandrel

espiga (MECH.) dowel; shank; joggle

espiga (MED.) spica (bandage)

espiga curta (BUILD.) stub tenon

espiga de encaixe recta (BUILD.) straight dovetail

espiga de manivela (MECH.) crank pin

espiga de rebordo (MECH.) lug shank

espigado (BOT.) spicate

espigão (BUILD.) ridging; crown

espigão (GEO.) crest; spur; cog

espigão (HYDRO.) spur

espigão (MECH.) dowel; pintle

espigão (MINING) cog

espigão de chumbo (BUILD.) lead dot

espigão de cremona (BUILD.) cremone bolt

espigão de leito de pedra (BUILD.) bed dowel

espigão de telhado (BUILD.) arris

espigão horizontal (BUILD.) ridge

espiga recta (BUILD.) straight tenon

espiga reforçada (BUILD.) tursk tenon

espigas duplas (BUILD.) double tenons

espilito (GEO.) spilite

espinaceno (QUÍM.) spinacene; squalene

espinela (MINER.) spinel

espinela-almandina (MINER.) almandine spinel

espinela de zinco (MINER.) zinc spinel; gahnite

espinela sintética (MINER.) synthetic spinel

espinha (ZOO.) spina; spine, thorn

espinha bífida (MED.) spina bifida; rachischisis

espinha cutânea (MED.) pimple

espinha hemal (ZOO.) haemal spine

espinhal (ZOO.) spinal; spinalis

espinha neural (ZOO.) neural spine

espinhas negras (MED.) acanthosis nigricans

espinho (BOT.) spine

espinhoso (ZOO.) spinose; spinous

espintariscópio (PHYS.; NUCL.) spinthariscope

espínula (BOT.; ZOO.) spinule

espira (ARCH.) roll

espira (ELECT.) wind; turn; coil

espira (MAT.) spiral

espira (MECH.) thread

espiráculo (ZOO.) spiracle

espirais de Airy (PHYS.) Airy spirals

espiral (ARCH.) scroll

espiral (GEN.) spiral; helical; helix

espiral (MECH.) volute

espiral (ZOO.) whorl

espiralado (BOT.; ZOO.) convulute

espiral de Arquimedes (MATH.; PHYS.) spiral of Archimedes

espiral de bismuto (ELECT.) bismuth spiral

espiral de Cornu (MATH.) Cornu's spiral

espiral de Eckman (GEO.) Eckman spiral

espiral de Euler (MATH.) Euler's spiral

espiral de Fermat (MATH.) Fermat's spiral

espiral de Humphreys (MINING) Humphreys spiral

espiral equiangular (MATH.) equiangular spiral; logarithmic spiral

espiral genética (BOT.) genetic spiral

espiral hiperbólica (MATH.) hyperbolic spiral

espiral interior (ELECTRON.) throwout spiral

espiral logarítmica (MATH.) logarithmic spiral; equiangular spiral

espiral metálica do gerador (MECH.) generator loop

espiral parabólica (MATH.) parabolic spiral

espiral sinusoidal (MATH.) sinusoidal spiral

espiras do primário (ELECT.) primary turns

espírito (CHEM.) spirit

espírito (COMP.) anima; animus

espírito (MED.; PSYCHO.) spirit; spiritus

espirómetro (MED.) spirometer

espironolactona (MED.; CHEM.) spironolactone

espiroquetas (BIO.) spirochaetes

espiroquetose (MED.) spirochaetosis

espiroquetose aviária (VET.) avian spirochaetosis

espiroquetose ictero-hemorrágica (MED.) spirochaetosis icterohaemorrhagica; infectious juandice; Weil's disease

espirro (MED.) sternuation; sneeze

esplanada (ARCH.) piazza

esplâncnico (ZOO.) splanchnic

esplancnocele (ZOO.) splanchnocoel

esplancnografia (MED.) splanchnography

esplancnólito (MED.) splanchnolith

esplancnologia (MED.) splanchnology

esplancnomegalia (MED.) splanchnomegaly

esplancnopleura (ZOO.) splanchnopleure

esplenectomia (MED.) splenectomy

esplenectopia (MED.) splenectopia; splenectopy

esplenocito (MED.) splenocyte

esplenodinia (MED.) splenodynia

esplenografia (MED.) splenography

esplenografia (MED.) splenography; lienography (obsolete)

esplenolisina (MED.) splenolysin

esplenologia (MED.) splenology

esplenomegalia (MED.) splenomegaly

esplenomielomalácia (MED.) splenomyelomalacia

esplenoptose (MED.) splenoptosia; splenoptosis

esplenotomia (MED.) splenotomy

esplenotoxina (MED.) splenotoxin; lienotoxin (obsolete)

espodógeno (MED.) spodogenous

espodograma (BOT.) spodogram

espodumena (MINER.) spodumene

espoleta (BUILD.) blasting fuse

espoleta (MINING) primer; fuse

espoleta de influência (RADAR) proximity fuse

espoleta de rastilho (MINING) primacord fuse

espondilartrite (MED.) spondylarthritis

espondilite (MED.) spondylitis

espondilite anquilosante (MED.) ankylosing spondylitis; Marie's disease

espondilite deformante (MED.) spondylitis deformans; Bechthrew's disease

espondilite tifosa (MED.) spondylitis typhosa; typhoid spine

espondilite tuberculosa (MED.) tuberculous spondylitis; Pott's disease

espôndilo (ZOO.) spondyl

espondilólise (MED.) spondylolysis

espondilolistese (MED.) spondylolisthesis

espondilose (MED.) spondylosis

espondilose de Kummell (MED.) Kummell's disease; Kummell's spondylitis

espondilosquise (MED.) spondyloschisis; rachischisis

Espongiários (ZOO.) Sponge; Porifera

espongiforme (MED.) spongy

espongina (ZOO.) spongin

espongioblasto (MED.; ZOO.) spongioblast

espongioblastoma (MED.) spongioblastoma

espongiócito (MED.) spongiocyte

espongiose (MED.) spongiosis

esponja (GEN.) sponge

Esponjas (ZOO.) Porifera; Sponge

esponjoso (MED.) spongy

esporângio (BOT.) sporangium (pl. sporangia)

esporangióforo (BOT.) sporangiophore

esporão (BOT.; ZOO.) spur

esporão (BUILD.) ice breaker

esporão (GEO.) spit; spur

esporão (HYDRO.) cheekgate

esporão (METEO.) ram

esporão cuspidado de abrasão (GEO.) abrasional cuspate spit

esporão cuspidado posicional (GEO.) accumulative cuspidate spit

esporão de barreira (GEO.) barrier spit

esporão do centeio (BOT.) ergot

esporo (BOT.; ZOO.) spore

esporocarpo (BOT.) sporocarp

esporocisto (ZOO.) zoocyst; sporocyst

esporócito (BOT.) sporocyte

esporo em repouso (BOT.) resting spore

esporófilo (BOT.) sporophyll

esporófito (BOT.) sporophyte

esporóforo (BOT.) sporophore

esporogénese (BOT.; ZOO.) sporogenesis

esporogénio (BOT.) sporogenous

esporogonia (ZOO.) sporogony

esporogónio (BOT.) sporogonium

esporonte (ZOO.) sporont

esporopolenina (BOT.) sporopollenin

esporoteca (ZOO.) sporotheca

esporotricose (MED.) sporotrichosis

Esporozoários (ZOO.) Sporozoa

esporozoíto (ZOO.) sporozoite

esporulação (BIO.) sporulation

espruce-do-Canadá (BOT.) Canadian spruce

espuma (BUILD.) scum

espuma (CHEM.) foam; froth

espuma (MECH.) kish

espuma (METEO.) scum

espuma de incêndios (GEN.) fire foam

espumante (MINING) frother

espundia (MED.) espundia; Breda's disease

espúrias (ZOO.) spuriae (feathers)

esquadria (MECH.) angle plate

esquadrilha (AERO.) wing

esquadro de agrimensor (SURV.) cross-staff; prism square

esquadro de centros (MECH.) centre square

esquadro de encosto (BUILD.) try square

esquadro de ferro (MECH.) L-iron

esquadro de quarenta e cinco graus (BUILD.) mitre square

esquadro universal múltiplo (MECH.) combination set

esqualeno (CHEM.) squalene; spinacene

esquarroso (BOT.) squarrose

esquelalgia (MED.) skelalgia

esqueleto (BUILD.) carcass; frame; framework

esqueleto (ZOO.) skeleton; framework; stroma

esqueleto axial (ZOO.) axial skeleton

esqueleto da asa (AERO.) framework of the wing

esqueleto hidrostático (ZOO.) hydrostatic skeleton

esqueletologia (MED.) skeletology

esquema (PSYCHO.) schema

esquema de circuito eléctrico (ELECT.) electrical layout

esquema de cores análogas (BUILD.) analogous colour scheme

esquema de limitações de voo (AERO.) flight envelope

esquema de numeração encadeada (TELECOM.) linked numbering scheme

esquema de prospecção (MINING) prospecting scheme

esquentador a gás (BUILD.) geyser; gas heater

esquiatrão (ELECTRON.) skiatron

esquina (BUILD.) quoin; corner; angle ; angle stone

esquina (GEN.) corner; cant; elbow; angle

esquina aguda de muro (BUILD.) squint quoin of wall

esquinar (PRINT.) edge planing

esquistosomíase (MED.) schistosomiasis

esquizocarpo (BOT.) schizocarp

esquizocele (ZOO.) schizocoel

esquizocinese (MED.; PSYCHO.) schizokinesis

Esquizofíceas (BOT.) Schizophyceae; Myxophyceae

esquizofrenia (MED.; PSYCHO.) schizophrenia

esquizofrenia hebefrénica (MED.; PSYCHO.) hebephrenic schizophrenia; hebephrenia

esquizofrenia infantil (PSYCHO.) childhood schizophrenia

esquizofrenia paranóide (PSYCHO.) paranoid schizophrenia

esquizofrenia reactiva (MED.) reactive schizophrenia

esquizogamia (ZOO.) schizogamy

esquizogéneo (BOT.) schizogenous

esquizogénese (ZOO.) schizogenesis

esquizogonia (ZOO.) schizogony

esquizóide (MED.) schizoid

Esquizomicetas (BOT.) Schizomycetes

esquizomicético (BOT.) schizomycetic

esquizomicose (MED.) schizomycosis

esquizonte (ZOO.) schizont; agamont

essência (GEN.) essence

essência de petróleo (BUILD.) white spirit

essexite (GEO.) essexite

essonite (MINER.) essonite; hessonite

estabelecer comunicação (COMP.) handshake

estabilidade (GEN.) stability

estabilidade de atitude (AERO.; SPACE) attitude stability

estabilidade de enrugamento (TEXT.) crimp stability

estabilidade de frequência (TELECOM.) frequency stability

estabilidade de guinada (AERO.) yawing stability

estabilidade de Nyquist (ELECTRON.) Nyquist stability criterion

estabilidade de rolamento (AERO.) stability of roll; rolling stability

estabilidade dimensional (MECH.) dimensional stability

estabilidade dinâmica (NAV.) dynamical stability

estabilidade direccional (AERO.) yawing stability

estabilidade estática (AERO.; NAV.) static(al) stability

estabilidade inerente (AERO.) inherent stability

estabilidade inicial (NAV.) initial stability

estabilidade lateral (AERO.) lateral stability

estabilidade limitada (TELECOM.) limited stability

estabilidade longitudinal (AERO.) longitudinal stability; pitching stability

estabilidade magnética (PHYS.) magnetic stability

estabilidade própria (AERO.) inherent stability

estabilidade térmica (ELECTRON.) thermal stability

estabilidade transitória (ELECT.) transient stability

estabilidade transversal (AERO.) rolling stability

estabilidade zero (TELECOM.) zero stability

estabilização (GEN.) stabilization

estabilização (SURV.) balancing

estabilização (TELECOM.) balancing; antihunting

estabilização das altas frequências (TELECOM.) HF stabilization

estabilização de linha (TELECOM.) line stabilization

estabilização de polarização (ELECT.) bias stabilization

estabilização em série (TELECOM.) series stabilization

estabilização enzimática (BIO.) enzyme stabilization

estabilização giroscópica passiva (PHYS.) passive-spin stabilization

estabilização passiva de spin (PHYS.) passive-spin stabilization

estabilização por gravidade (SPACE) gravity stabilization

estabilização salina (BIO.) salt stabilization

estabilizador (AERO.) stabilator; guide fin

estabilizador (GEN.) stabilizer

estabilizador automático (AERO.) automatic stabilizer; autostabilizer

estabilizador da cauda (AERO.) all-moving tail; tail fin

estabilizador de flutuação (AERO.) sponson

estabilizador de frequência (ELECT.) frequency conserver

estabilizador de imagem (IMAGE TECH.) image stabilizer

estabilizador de ph (CHEM.; MED.) ph-stat

estabilizador de tensão (ELECTRON.) voltage stabilizer

estabilizador dorsal (AERO.) dorsal fin

estabilizador horizontal (AERO.) horizontal stabilizer

estabilizador lateral (AERO.) sponson

estabilizador vertical (AERO.) fin

estabilizador vertical ventral (AERO.) ventral fin

estaca (BUILD.) picket; prop; pile; pike; post; pole

estaca (MINING) lath

estaca de betão pré-moldado (BUILD.) premolded concrete pile

estaca de cimento armado (BUILD.) premolded concrete pile

estaca de disco (BUILD.) disk pile

estaca de fricção (BUILD.) friction pile

estaca de guarnecimento (MINING) facing board

estaca de madeira (BUILD.) pile timber

estaca de nivelamento (SURV.) grade stack

estaca de rosca (BUILD.) screw pile

estaca falsa (BUILD.) pile block

estaca-guia (IMAGE TECH.) register pile

estaca helicoidal (BUILD.) screw pile

estaca inclinada (BUILD.) batter pile

estação (GEN.) station

estação (SURV.) station

estação automática particular (TELECOM.) private branch exchange [PBX]

estação automática privada (TELECOM.) private automatic branch exchange [PABX]

estação auxiliar (ELECT.) auxiliary plant

estaca oca (BUILD.) hollow pile

estação chuvosa (METEO.) rainy season

estação climatológica de referência (METEO.) reference climatological station

estação colectora (MINING) gathering station

estação de amplificação (TELECOM.) booster station

estação de base (TELECOM.) base station

estação de bombagem de petróleo (MINING) (oil) booster station

estação de conversão (ELECT.) converting station

estação de ligação (COMP.) link station

estação de ligação primária (COMP.) primary link station

estação de ligação secundária (COMP.) secondary link station

estação de medição (ECO.) gaging station

estação de nivelamento (GEO.) bench mark

estação de radiofusão (TELECOM.) broadcast station

estação de rastreio (RADAR) tracking station

estação de reforço (TELECOM.) booster station

estação de relé de rádio (TELECOM.) radio relay station

estação de relés radioeléctricos (TELECOM.) radio relay station

estação destruidora (ELECT.) destructor station

estação de trabalho (COMP.) work station

estação de trabalho sem disco (COMP.) diskless workstation

estação de transformação (ELECT.) transforming station

estação de transmissão (COMP.) donor

estação doadora (COMP.) donor

estação emissora (TELECOM.) broadcast station

estação emissora de televisão (TELECOM.) television braoadcast station

estação espacial (SPACE) space station

estação excêntrica (SURV.) eccentric station

estação geradora (ELECT.) generating station

estação geradora de vapor (ELECT.) steam generating station

estação geradora hidro-eléctrica (ELECT.) hydroelectric generation station

estação localizadora de direcção (NAV.) homer station

estação meteorológica automática (METEO.) automatic weather station

estação padrão (TELECOM.) master station

estação particular (TELECOM.) private exchange

estação pluvial (METEO.) rainy season

estação primária (COMP.) primary station

estação principal (TELECOM.) master station; main exchange

estação radiodifusora (TELECOM.) station

estação satélite (TELECOM.) satellite station

estação seca (ECO.) dry season·

estação suplementar (METEO.) supplementary station

estação telegráfica (TELECOM.) telegraph station

estação térmica (ELECT.) thermal station

estação terrestre (TELECOM.) Earth station

estação terrestre suplementar (METEO.) supplementary land station

estação topográfica (SURV.) topographic station

estação transmissora (TELECOM.) transmitting station

estação trigonométrica (SURV.) trigonometrical station

estacas da frente (MINING) forepoling

estacas de nivelamento (SURV.) grade pegs

estacas de referência (SURV.) gradient pegs; grade pegs

estaca simples (BUILD.) simplex pile

estações espaciais quase antípodas (TELECOM.) quasi-antipodal space stations

estádio (GEN.) stage

estádio (MED.) stadium (of disease)

estádio (SPACE) stage (of rocket)

estádio (ZOO.) stadium (metamorphic evolution)

estádio anal (PSYCHO.) anal phase

estádio de neve (METEO.) snow stage

estádio erótico-anal (PSYCHO.) anal character

estádio excitador (TELECOM.) driver stage

estádio genital (PSYCHO.) genital stage

estádio paquiteno (BIO.) bouquet stage

estádios (MED.; ZOO.) stadia

estado (GEN.) state

estado (MED.) status

estado coloidal (CHEM.) colloidal state

estado cristalino (CHEM.) crystalline state

estado crítico (NUCL.) criticality

estado da matéria (CHEM.; PHYS.) state of matter

estado de acasalamento (BIO.) mating type

estado de energia (ELECTRON.) energy state

estado de excitação (ELECTRON.) excited state

estado de regime (PHYS.) steady state

estado de transição (CHEM.) transition state

estado epiléptico (MED.) status epilepticus

estado esferoidal (PHYS.) spheroidal state

estado estacionário (PHYS.) steady state

estado febril (MED.) pyrexia

estado fluido (PHYS.) fluid state

estado fundamental (CHEM.) fundamental state

estado fundamental (PHYS.) ground state

estado hipercinético (BIO.) hyperkinetic state

estado hipnagógico (PSYCHO.) hypnagogic state

estado hipnótico (MED.) status hypnoticus

estado inactivo (COMP.) dormant state

estado larvar (ZOO.) neanic state

estado limite (PHYS.) bound state

estado líquido (PHYS.) liquid state

estado macroscópico (CHEM.) macroscopic state

estado metastável (CHEM.) metastable state

estado microscópico (CHEM.) microscopic state

estado neutro (PHYS.) neutral state

estado normal (PHYS.) normal state; ground state

estado operacional (COMP.) operating state

estado ordenado (MECH.) ordered state

estado presente (MED.) status praesens

estado quântico (PHYS.) quantum state

estado quase estático (PHYS.) quasi-static state

estados correspondentes (PHYS.) corresponding states

estado sólido (GEN.) solid-state

estado supervisor (COMP.) supervisor state

estado transitório (ELECT.) transient state

estado triplóide (BIO.) triploidy

estado vítreo (PHYS.) vitreous state

estafe (BUILD.) staff

estafilococemia (MED.) staphylococcemia

estafilocócico (BIO.; MED.) staphylococcal

estafilococo (Bio.; Med.) staphylo-coccus

estafilococos (Bio.; Med.) staphylo-cocci

estafiloma (Med.) staphyloma

estafilorrafia (Med.) staphylorrhaphy

estafilotoxina (Bio.) staphylotoxin

estágio amplificador de potência (Elect.) power amplifier stage

estágio anal (Psycho.) anal stage

estágio de baixa pressão (Aero.) low-pressure stage

estágio de excitação (Elect.) exciter stage

estágio de inteligência sensorial--motor (Psycho.) sensorimotor intelligence stage

estágio de saraiva (Meteo.) hail stage

estágio fálico (Psycho.) phallic stage

estágio imperfeito (Bot.) imperfect stage

estágio misturador (Elect.) mixer stage

estágio modulado (Telecom.) modulated stage

estágio múltiplo (Gen.) multistage

estágio neutralizador (Telecom.) buffer stage

estágio oral (Psycho.) oral stage

estágio palmeláceo (Bot.) palmelloid form

estágio propulsivo (Space) kick stage

estágio separador (Telecom.) buffer stage

estágios pós-fertilização (Bot.) post-fertilization stages

estagnícola (Eco.) stagnicolous

estalactite (Geo.; Miner.) stalactite

estalactites de gelo (Eco.) needle ice

estalactite siliciosa (Miner.) silicious sinter

estalado (Glass) crackled

estalagmite (Geo.; Miner.) stalagmite

estalagmómetro (Chem.; Phys.) stalagmometer

estaleiro (Mining) rack; pipe rack

estaleiro (Nav.) shipyard; stocks

estalido (Elect.) sputtering

estalido (Phys.) click

estalido (Text.) scroop

estalido de manipulador (Telecom.) key click

estalo do pistão (Auto.) piston slap

estambre (Text.) worsted

estame (Bot.) stamen

estaminado (Bot.) staminate

estaminal (Bot.) staminal

estaminódio (Bot.) staminode

estampa (Print.) plate

estampagem (Mech.) swaging

estampagem (Text.) pressing

estampagem a prensa quente (Print.) hot-press stamping

estampagem a quente de precisão (Mech.) precision drop forging

estampagem entre moldes a quente (Mech.) drop stamping

estampido (Phys.) boom

estampido sónico (Aero.) sonic boom

estanatos (Chem.) stannates

estandarte (Bot.) vane

estanhagem (Glass) silvering

estanho (Chem.) tin

estanho-de-madeira (Miner.) wood tin

estanho em chapa fina (Mech.) tagger

estanho e níquel (Mech.) tin-nickel

estanho e zinco (Eng.) tin-zinc

estanho olho de sapo (Miner.) toad's-eye tin

estanina (Chem.; Miner.) stannite; bell-metal ore; tin pyrite

estanite (Chem.; Miner.) stannite; bell-metal ore; tin pyrite

estanque (Build.) impervious

estanque (Elect.) drip-proof

estapedectomia (Med.) stapedectomy

estapédico (Med.) stapedial

estapediotenotomia (Med.) stape-diotenotomy

estapediovestibular (Med.) stape-diovestibular

estaquiose (Chem.) stachyose

estase (Bio.; Med.) stasis

estática (Elect.; Telecom.) statics

Estática (Phys.) statics

estática (Telecom.) atmospherics; statics; atmospheric noise

estática de descarga (Comp.) dump statics

estática de neve (Telecom.) snow statics

estática de partículas (Elect.) particle statics

estatinas (Bio.) statins

Estatística (Stat.) statistic

estatística de Einstein-Bose (Phys.) Einstein-Bose statistics

estatística de Fermi-Dirac (Phys.) Fermi-Dirac statistics

estatística quântica (Phys.) quantum statistics

estatocisto (Zoo.) statocyst

estatólito (Bot.) statolith

estator (Aero.) stator

estatorreactor (Aero.) ramjet

estaurolite (Miner.) staurolite

estável (Gen.) steady; stable

esteapsina (Zoo.) steapsin

estearina (Chem.) stearin

estearreia (Med.) stearrhea; steatorrhea

esteatite (Miner.) steatite; soapstone

esteatorreia (Med.) steatorrhea; steatorrhoea; seborrhea

estefaniano (Geo.) Stephanian

estefanite (Miner.) stephanite; brittle silver ore

esteio (Build.) bracket

esteira (Aero.) wash

esteira da hélice (Aero.) propeller wash

esteira de avião (Aero.) wake

esteira de barco (Nav.) wake

esteira rolante (Mech.) roller conveyor; slat conveyor; apron conveyor

estela (Bot.) stele

esteno (Phys.) sthene [MTS system]

estenocardia (Med.) stenocardia

estenocefalia (Med.) stenocephaly

estenocoria (Med.) stenochoria

estenófilo (Bot.) stenophyllous

estenopeico (Med.) stenopeic

estenopódio (Zoo.) stenopodium

estenose (Bio.; Med.) stenosis; stricture; constriction; arctaction

estenose esofágica (Med.) esopha-gostenosis

estenose mitral (Med.) mitral stenosis

estenose pilórica (Med.) pyloric stenosis

estenose pilórica hipertrófica (Med.) hypertrophic pyloric stenosis

estepe ácida (Eco.) acidic grassland

estequiometria (Chem.) stoichiometry

éster (Chem.) ester

éster ácido (Chem.) acid ester

éster acrílico (Chem.) acrylic ester

esterase (Bio.) esterase

estercólito (Med.) stercolith; stercorolith; fecalith

estercoral (Med.) stercoraceous

estercorolito (Med.) stercorolith; stercolith; fecalith

éster de celulose (Chem.) cellulose ester

estere (Gen.) stere

estéreo (Electron.) FM stereo

estéreo (Phys.) stereo; binaural

estereoagnosia (Med.) stereoagnosis

estereoblástula (Med.) stereoblastula

estereocinese (Bio.) stereokinesis

estéreo de dois canais (Telecom.) two-channel stereo

estereofonia (Phys.) stereophony; binaural effect

estereognósia (Med.) stereognosis

estereografia (Electron.) solidography

estereografia (Image Tech.) stereography

estereograma (Image Tech.) stereogram

estereograma de paralaxe (Image Tech.) parallax stereogram

estereoisomeria (Chem.) stereo-isomerism

estéreo-isómeros (Bio.) stereoisomer

estereologia (Bio.) stereology

estereoma (Bio.) stereoma

estereoquímica (Chem.) stereochemistry

estereoscopia (Phys.) stereoscopy

estereoscópico (Electron.) stereoscopic

estereoscópio (Phys.) stereoscope

estereospondilia (Zoo.) stereospondyly

Estereospôndilos (Zoo.) Stereospondyli

estereotaxia (Bio.; Med.) stereotaxis

estereotipia (Med.) stereotypy

estereotipia húmida (Print.) wet flong

estereótipo (Print.) plate

estereótipo (Psycho.) stereotype

esterificação (Chem.) esterification

esterigma (Bot.) sterigma

estéril (Bio.; Geo.; Med.) barren

estéril (Bot.) sterile

esterilidade híbrida (Bot.) hybrid sterility

esterilidade masculina (Bot.) male sterility

esterilidade masculina citoplasmática (Bot.) cytoplasmatic male sterility

esterilização (Bio.; Med.; Vet.) sterilization

esterilização fraccionada (CHEM.) tyndallization

esterilização por filtragem (BIO.) filter sterilize

esterilização superficial (PHYS.) surface sterilization

esternal (MED.; ZOO.) sternal; sternalis

esternalgia (MED.) sternalgia

esterno (ZOO.) breast bone; sternum

esternutação (MED.) sternutation

esternutatório (MED.) sternutatory; sternutator; ptarmic

esteróide (CHEM.) steroid

esterol (CHEM.) sterol

esterólise (CHEM.) esterolysis

esterradiano (MATH.) steradian

estertor (MED.) rale; stertor; rattle

estertor da morte (MED.) death-rattle

estesia (MED.; PSYCHO.) esthesia

estetoscópio (MED.) stethoscope; auscultoscope

estiagem (METEO.) drought

estibamina (CHEM.) stibamine

estibenil (CHEM.) stibenyl

estibialismo (MED.) stibialism

estíbico (CHEM.) stibic; stibious

estibina (CHEM.) stibine

estibnite (MINER.) stibnite; antimony glance; antimonite

esticador (AERO.; BUILD.; MECH.) stiffener; tie rod ; turnbuckle; brace; tension pulley; idler pulley; stay; binding-beam

esticador de linha (TELECOM.) line stretcher

esticador de parafuso (MECH.) turnbuckle screw

estigma (BOT.; ZOO.) eye spot

estigmas (MED.) stigmata

estilbeno (CHEM.) stilbene

estilbestrol (CHEM.) stilboestrol

estilbite (MINER.) stilbite

estilete (BOT; MED.; ZOO.) stylet; stylus; style

estilete (PHYS.) stylet; needle

estilete cristalino (ZOO.) crystalline style

estilete do indicador (ELECTRON.) indicator pencil

estilha (BOT.) matchwood

estilhaço (MECH.) chip

estiliforme (ZOO.) styliform

estilo (ARQ.) style; design

estilo (BOT.; ZOO.) style

estilóbata (ARCH.) stylobate

estiloglosso (MED.) styloglossus

estiloidal (MED.) stylohyal; stylohyoid

estilo internacional (ARCH.) international style

estilolite (GEO.) stylolite

Estilo Novo (ASTRO.) New Style (Julian calendar)

estilopódio (BOT. ; ZOO.) stylopodium

Estilo Velho (ASTRO.) Old Style (Gregorian calendar)

estilpnomelano (MINER.) stilpnomelane

estimativa de erros (COMP.) error estimative

estimulação (GEN.) stimulation

estimulador (BIO.) promoter

estimulador de frequência (TELECOM.) frequency stimulator

estímulo acromático (PHYS.) achromatic stimulus

estímulo aversivo (PSYCHO.) aversive stimulus

estímulo cerebral (PSYCHO.) brain stimulation

estímulo de aversão (PSYCHO.) aversive stimulus

estímulo directo (PSYCHO.) directing stimulus

estímulo-sinal (PSYCHO.) sign stimulus

estímulo supernormal (PSYCHO.) supernormal stimulus

estiolamento (BOT.) etiolation

estiomeno (MED.) esthiomene

estipe (BOT.) stipe

estipes (ZOO.) stipes

estípico (MED.) stypic

estipsia (MED.) stypsis

estípula (BOT.) leaf scale; stipel; stipule

estiracina (CHEM.) styracin

estirado a quente (MECH.) hot-drawn

estiramato (CHEM.) styramate

estiramento (MECH.) drawing; necking

estiramento a frio (MECH.) cold-drawing; hard draw

estiramento de tubos (MECH.) tube drawing

estireno (CHEM.) styrene; phenylethene

estireno-isobutileno (CHEM.) styrene-isobutylene

estirpe (BOT.; ZOO.) stirp; race

estirpe de alta-frequência de recombinação (BIO.) high-frequency recombination strain

estirpe fisiológica (BIO.) physiological race

estirpe menor (BOT.) minus strain

estivação (BOT.) aestivation; preloration

estivação (ZOO.) aestivation (summer torpor in Insects)

estivação aberta (BOT.) open aestivation

estivação deformada (BOT.) twisted aestivation

estivação quincuncial (BOT.) quincuncial aestivation

estival (BOT.; ZOO.) aestival

estocástico (STAT.) stochastic

estoiro (COMP.) overflow

estoiro por número muito pequeno (COMP.) underflow

estolho (BOT.) stolon; runner

estoma (BOT.) stoma; stomate

estômago (ZOO.) gaster; stomach

estômago anterior (MED.) forestomach

estomalgia (MED.) stomalgia

estomático (GEN.) stomatal; stomatous; stomatiferous

estomatífero (GEN.) stomatiferous

estomatite (MED.; VET.) stomatitis

estomatite gangrenosa (MED.) cancrum oris; noma; gangrenous stomatitis

estomatite maligna (VET.) malignant stomatitis

estomatite necrótica (VET.) necrotic stomatitis

estomatite pustular (VET.) pustular stomatitis

estomatite pustular contagiosa (MED.; VET.) orf; soremouth

estomatogástrico (MED.) stomatogastric

estomatomicose (MED.) stomatomycosis

estomatonecrose (MED.) stomatonecrosis; cancrum oris; noma

estomatoplastia (MED.) stomatoplasty

estomatorragia (MED.) stomatorrhagia

estomatose (MED.) stomatose

estomatoso (GEN.) stomatous

estómio (BOT.) stomium

estopa (BUILD.) oakum

estopa (TEXT.) tow

estopa de lã ou de algodão (TEXT.) flock

estopa de linho (TEXT.) flax tow

estores interiores (BUILD.) boxing shutters

estrabismo (MED.) strabismus ; squint; heterotropy

estrabismo convergente (MED.) convergent strabismus; esotropia

estrabismo divergente (MED.) divergent strabismus; exotropia

estrabotomia (MED.) strabotomy

estrada asfaltada (BUILD.) asphalted road

estrada de Karman (AERO.) vortex street; vortex path

Estrada de Santiago (ASTRO.) Milk Way

estrada empedrada (BUILD.) metalled road

estrada macadamizada (BUILD.) macadamized road; metalled road

estradiol (MED.) estradiol; oestradiol

estrado (BUILD.) staging; scaffold; foot board; bed

estrado de ponte (BUILD.) bridging floor

estrado do porão (NAV.) orlop deck

estrangulador (AUTO.; MECH.) choke; strangler

estrangulador de fundo (MINING) bottom hole choke

estrangulador de produção (MINING) production choke

estrangulador do difusor (MECH.) venturi choke

estrangulamento (ECO.) bottleneck

estrangulamento escalonado (ELECT.) throttling

estrangúria (MED.) strangury

estranheza (PHYS.) strangeness

estratégia (ECO.) strategy

estratégia competitiva (ECO.) competitive strategy

estratégia de encaminhamento dinâmico (TELECOM.) dynamic routing strategy

estratégia de pesquisa (COMP.) search strategy

estratégia evolucionariamente estável (BOT.) evolutionarily stable strategy

estratégia multipla de ordenamento do território (ECO.) multiple land-use strategy

estratégia tolerante (ECO.) tolerant strategy

estratificação (GEN.) stratification

estratificação (GEO.) bedding; layering; lamination

estratificação concordante (Geo.) conformable strata

estratificação cruzada (Geo.) current bedding; false bedding

estratificação de maré (Geo.) tidal bedding

estratificação escalonada (Geo.) graded bedding

estratificação inversa (Eco.) inverse stratification

estratificação oblíqua (Geo.) false bedding

estratificação térmica (Geo.) thermal stratification

estratificações cruzadas (Geo.) cross-bendings

estratificado (Gen.) stratified

estratiforme (Geo.) stratiform

Estratigrafia (Geo.) stratigraphy

estratigrafia climatérica (Geo.) climatostratigraphy

estrato (Geo.) bedding plane

estrato (Meteo.) stratus

estrato basal (Med.) stratum basal

estrato córneo (Zoo.) stratum corneum

estratocúmulo (Meteo.) stratocumulus

estrato de Malpighi (Zoo.) Malpighian layer; stratum Malpighii; stratum germinativum; rete Malpighii

estrato de passagem (Geo.) passage bed

estrato de referência (Geo.) peak zone

estrato esponjoso (Med.) stratum spongiosum

estrato geológico (Geo.) geological stratum

estrato germinativo (Zoo.) stratum germinativum; stratum Malpighii; rete Malpighii; Malpighian layer

estrato granuloso (Zoo.) stratum granulosum

estrato impermeável (Geo.) impermeable stratum; watertight stratum

estrato inferior (Geo.) lower layer

estrato jurássico (Geo.) jurassic stratum

estrato lúcido (Zoo.) stratum lucidum

estrato mucoso (Med.) stratum mucosum

estratopausa (Meteo.) stratopause

estrato radioactivo (Phys.) radioactive stratum

estratos (núvens) (Geo.) layer cloud

estratosfera (Meteo.) stratosphere

estratos fractus (Geo.) scud

estratos secundários (Geo.) secondary strata

estrato terciário (Geo.) tertiary stratum

estratótipo de fronteira (Geo.) boundary stratotype

estrato zonal (Med.) stratum zonal

estreia (Image Tech.) premiere

estreitamento (Med.) stricture

estreito (Geo.) gate

estreito abissal (Geo.) abyssal gap

estrela (Gen.) star

estrela anã (Astro.) dwarf star

estrela anã branca (Astro.) white dwarf star

estrela binária (Astro.) binary star

estrela binária óptica (Astro.) optical binary

estrela cadente (Meteo.) falling star; shooting star

estrela componente (Astro.) component of star

Estrela da manhã (Astro.) morning star

Estrela da tarde (Astro.) evening star

estrela de Barnard (Astro.) Barnard's star (Velox Barnardi)

estrela de campo (Astro.) field star

estrela de carbono (Astro.) carbon star

estrela de neutrões (Astro.) neutron star

estrela densa (Astro.) dense star

estrelado (Bot.; Zoo.) stellate

estrela dupla (Astro.) double star; double

estrela dupla óptica (Astro.) optical binary

estrela em contracção (Astro.) contracting star

estrela errante (Astro.) wandering star

estrela explosiva (Astro.) exploding star

estrela fria (Astro.) cold stellar body

estrela gigante (Astro.) giant star

estrela granada (Astro.) shell star

estrela múltipla (Astro.) multiple star

estrela negra (Astro.) dark star

Estrela Polar (Astro.; Surv.) pole star; Polaris

estrela pulsante (Astro.) pulsating star

estrela quente (Astro.) hot star

estrelas binárias em eclipse (Astro.) eclipsing binaries

estrelas de hélio (Astro.) helium stars

estrelas duplas (Astro.) double stars

Estrelas Mira (Astro.) Mira Stars (Mira Ceti and companion)

estrela supergigante (Astro.) supergiant star

estrela telescópica (Aero.) telescopic star

estrela tríplice (Astro.) triple star

estrela variável (Astro.) variable star

estrela vespertina (Astro.) evening star

estremecimento (Med.) thrill; tremor

estreptocinase (Med.) streptokinase

estreptococo (Bio.) streptococcus

estreptolisina (Med.) streptolysin

estreptomicina (Bio.; Chem.; Med.) streptomycin

estreptomicose (Med.) streptomycosis

estreptoquinase (Med.) streptokinase

estreptose (Chem.) streptose

estreptostele (Zoo.) streptostyly

estreptotricose (Med.) streptothricosis; streptothrichiasis

estreptotricose cutânea dos bovinos (Vet.) bovine cutaneous streptothricosis

estreptotriquíase (Med.; Vet.) streptothrichiasis; streptothricosis

estria (Build.) flute

estria (Gen.) flute; groove; rib

estria (Med.) stria; stripe; streak; groove; furrow

estria de Gennari (Med.) Gennari's line

estria excêntrica (Phys.) eccentric groove

estria glaciar (Geo.) stria glacial

estria medular (Zoo.) stria medullaris

estriamento (Build.) fluting

estriamento (Geo.) striation

estrias atróficas (Med.) striae atrophicae

estrias da gravidez (Med.) striae gravidarum

estrias de goma (Print.) gum streaks

estríase (Vet.) oestriasis

estrias por distensão da pele (Med.) striae cutis distense; striae atrophicae

estribo (Med.; Zoo.) stirrup; stapes

estricnina (Chem.) strychnine

estridor (Med.) stridor

estridulação (Zoo.) stridulation

Estrigiformes (Zoo.) Strigiformes

estringência (Bio.) stringency

estriol (Med.) oestriol

estritura (Med.) stricture

estriturotomia (Med.) stricturotomy

estro (Vet.) gadfly

estro (Zoo.) oestrum; oestrus; heat; rut

estróbilo (Gen.) strobilus; strobile (pl. strobila); cone

estroboscópio (Electron.) stroboscope

estroboscópio ultra-sónico (Mech.) ultrasonic stroboscope

estrofíolo (Bot.) strophiole

estrogénio (Med.) estrogen; oestrogen

estroma (Bot.; Zoo.) stroma (pl. stromata)

estroma do ovário (Zoo.) stroma ovarii

estromatina (Med.) stromatin

estromatólito (Geo.) stromatolite

estromatólitos (Bot.) stromatolites

estrôncio (Chem.) strontium

estrôncio radioactivo (Chem.) radiostrontium

estrondo (Phys.) rumble

estrondo sónico (Aero.) sonic boom

estrongilóide (Med.) threadworm

estrongiloidose (Med.) strongyloidiasis; strongyloidosis

estrongilose (Med.) strongylosis

estruma (Med.) struma

Estrutioniformes (Zoo.) Struthioniformes

estrutura (Build.) carcass; frame; framing; structure

estrutura (Comp.) frame

estrutura (Gen.) structure; frame

estrutura (Image Tech.) scenario

estrutura activa (Nucl.) active lattice

estrutura algácea (Geo.) algal structure

estrutura alveolar (Aero.) honeycomb structure

estrutura anisodésmica (Geo.) anisodesmic structure; heterodesmic structure

estrutura anular (Chem.) ring structure

estrutura atmosférica (Geo.) atmospheric structure

estrutura atómica (PHYS.) atomic structure

estrutura celular (MECH.) cellular structure

estrutura colunar (GEO.) columnar structure

estrutura cone-em-cone (GEO.) cone-in-cone structure

estrutura cristalina (CHEM.) crystalline structure

estrutura cruciforme (BIO.) cruciform structure

estrutura da asa (AERO.) wing truss; wing frame

estrutura da longarina (AERO.) spar frame (wing)

estrutura de Balkan (MED.) Balkan frame

estrutura de bioturbação (GEO.) bioturbation structure

estrutura de contrapesos (BUILD.) cased frame (window)

estrutura de dados (COMP.) data structure

estrutura de dados lógica (COMP.) logical data structure

estrutura de informação (COMP.) information structure

estrutura de isótopos (PHYS.) isotope structure

estrutura de leitura (BIO.) reading frame

estrutura de linguagem (COMP.) language construct

estrutura de página (COMP.) page frame

estrutura de rede (MECH.) network structure

estrutura de solo (BOT.) soil structure

estrutura de turbina (MECH.) turbine frame

estrutura de Widmanstaetten (MECH.) Widmanstaetten structure

estruturado (BIO.) organized

estrutura do átomo (CHEM.) structure of the atom

estrutura do avião (AERO.) airframe

estrutura em almofada (GEO.) pillow structure

estrutura em forma de asa (ZOO.) ala

estrutura em mosaico (MECH.) mosaic structure

estrutura esferoidal (GEO.) spheroidal structure

estrutura esferulítica (GEO.; MINING) spherulitic structure

estrutura etária (GEN.) age structure

estrutura eutéctica (MECH.) eutectic structure

estrutura facóide (GEO.) phacoidal structure

estrutura falciforme (ZOO.) falx

estrutura fina (ELECTRON.) fine structure

estrutura fluida (GEO.) flow structure

estrutura heterodésmica (GEO.) heterodesmic structure; anisodesmic structure

estrutura hexagonal compacta (CHEM.) hexagonal closed packing

estrutura hexagonal fechada (MECH.) close-packed hexagonal structure

estrutura homodésmica (CRYST.) homodesmic structure

estrutura imbricada (GEO.) imbricate structure

estrutura imperfeita (CRYST.) defective structure

estrutura interdigital (ELECTRON.) interdigital structure

estrutural (GEN.) structural

estrutura lamelar (GEO.) banded structure

estrutura lenticular (GEO.) phacoidal structure

estrutura linguística (COMP.) language construct

estrutura miarolítica (GEO.) miarolitic structure

estrutura mista (MECH.) composite structure

estrutura mista da asa (AERO.) composite wing structure

estrutura molecular (CHEM.) molecular structure

estrutura nuclear (PHYS.) nuclear structure

estrutura perfeita (MECH.) perfect frame

estrutura perlítica (GEO.) perlitic structure

estrutura por raios X (PHYS.) X-ray structure

estrutura principal (AERO.) primary structure

estrutura prismática (CRYST.) prismatic structure

estrutura proteica (BIO.) protein structure

estrutura reticular (CRYST.) lattice structure

estrutura reticular (MECH.) network structure

estrutura secundária (BIO.) secondary structure

estrutura sedimentar (GEO.) sedimentary structure

estruturas geodésicas (BUILD.) geodesic structures

estruturas nodulares (GEO.) nodular structures

estrutura terciária (BIO.) tertiary structure

estrutura vitroclástica (GEO.) vitroclastic structure

estruvite (MINER.) struvite

estuário (GEO.) river mouth; firth; estuary

estuário de maré (GEO.) tidal estuary

estucagem (BUILD.) parging

estucar (BUILD.) dubbing

estúdio de eco (PHYS.) echo studio

estudo de balanço mássico (ECO.) flux study

estudo de impacto ambiental (ECO.) environmental impact assessment

estudo de método (ENG.) method study

estudo de processo (ENG.) method study

estudo de sistema (ENG.) method study

estudo dos insectos (paleoclima) (ECO.) beetle analysis

estufa (ARCH.) conservatory

estufa (GEN.) stove; oven; greenhouse; heater; growth room

estufagem (BUILD.) stoving

estufa para secagem (GEN.) drying oven

estupidez (MED.) hebetude

estupidez dos ovinos (VET.) staggers; sturdy

estupor (MED.) stupor

estuque (BUILD.) stuc; stucco; stuke; parge-work; plaster

estuque acústico (BUILD.) acoustic plaster

estuque de bário (BUILD.) barium plaster

estuque francês (BUILD.) French stuc

esvaziamento de carga (ELECT.) load dumping

esvaziamento de registo auxiliar (COMP.) buffer deplection

esvaziar (ZOO.) egest

etacrinato de sódio (CHEM.) sodium ethacrynate; ethacrynate sodium (USA)

etalage (MECH.) bosh

etalite (MINER.) earth cobalt

etanal (CHEM.) ethanal; acetaldehyde

etanamida (CHEM.) ethanamide; acetamide

etanatiol (CHEM.) ethyl mercaptan

etano (CHEM.) ethane

etanoato (CHEM.) ethanoate; acetate

etanodiamina (CHEM.) ethanediamine; ethylenediamine

etanol (CHEM.) ethanol; ethyl alcohol

etanolamina (CHEM.) ethanolamine

etanol puro (CHEM.) absolute alcohol

etano triclorado (CHEM.) trichloroethane

etapa (GEN.) stage; step; stadium

etapa de programa (COMP.) step program

etapa de turbina de alta pressão (MECH.) high-pressure stage

etapa excitadora (TELECOM.) driver stage

etapa glacial (GEO.) glacial stage

etapas (MED.; ZOO.) stadia

eteno (CHEM.) ethene; ethylene

éter (GEN.) ether; aether

éter dietílico (CHEM.) diethylether; ethoxyethane

éter difenílico (CHEM.) diphenyl eter

éter dimetílico (CHEM.) dimethyl ether

éter etilvinílico (CHEM.) ethylvinyl ether

éter isopropileno vinílico (CHEM.) isopropylene vinyl ether

éter metilado da cefalina (CHEM.) emetine

éter metilfenílico (CHEM.) phenylmethyl ether

éter nitroso (CHEM.) nitrous ether; ethyl nitrite

etésios (METEO.) etesian

etiano (CHEM.) etiane; 5b-androstane

etilamina (CHEM.) ethylamine ; aminoethane

etilato (CHEM.) ethylate

etilcanforato de bismuto (CHEM.) bismuth ethylcamphorate

etileno (CHEM.) ethylene ; ethene

etileno bruto (CHEM.) crude ethylene

etilenodiamina (CHEM.) ethylenediamine; ethanediamine
etilenoglicol (CHEM.) ethylene glycol
etilideno (CHEM.) ethylidene
etino (CHEM.) ethyne; acetylene
etiologia (MED.) aethiology
etiologia (MED.) etiology
etiopático (MED.) etiopathic
etioplasto (BOT.) etioplast
etiqueta cromogénica (BIO.) chromogenic label
etiqueta de cabeçalho (COMP.) header label
etiqueta de início de uma secção de ficheiro (COMP.) beginning of file section label
etiqueta de início de um ficheiro (COMP.) beginning of file label
etiqueta de início de volume (COMP.) beginning of volume label
etiqueta fluorecente (BIO.) fluorescent label
etiquetagem de impulso radioactivo (BIO.) pulse labeling
etmocéfalo (MED.) ethmocephalus
etmoidal (ZOO.) ethmoidal
etmóide (ZOO.) ethmoid
etmoidectomia (MED.) ethmoidectomy
etmoidite (MED.) ethmoiditis
etmoidolacrimal (MED.) ethmolacrimal
etmosfenóide (MED.) ethmosphenoid
etmoturbinado (ZOO.) ethmoturbinal
etoclina (ECO.) ethocline
etograma (PSYCHO.) ethogram
etologia (PSYCHO.) ethology
etologia cognitiva (PSYCHO.) cognitive ethology
Etrusco (ARCH.) Etruscan
eu (PSYCHO.) ego
Eubactérias (BIO.) Eubacteriales
Eubiótica (BIO.) eubiotics
eucalipto-da-Austrália (BOT.) blue gum; blackbutt
eucalipto resinoso (BOT.) ironbark
eucariota (BIO.) eukariote
euclase (GEO.) euclase
eucriptite (MINER.) eucryptite
eucrite (GEO.) eucrite
eucromatina (BIO.) euchromatin
eudialite (MINER.) eudialite, eudyalite
eudiómetro (CHEM.) eudiometer
Eufausídeos (ZOO.) Euphausiaceae
Euforbiáceas (BOT.) Euphorbiaceae
euforia (MED.) euphoria, euphory
eugâmico (ZOO.) eugamic
Eugenia (BIO.) eugenics
eugenol (CHEM.) eugenol
Euglenofíceas (BOT.) Euglenophyceae
eumerismo (ZOO.) eumerism
Eumicetas (BOT.) Eumicota
eumorfismo (BIO.) eumorphism
eunuco (MED.) eunuch
eunucóide (MED.) eunuchoid
euplóide (BIO.) euploid
euploidia (BIO.) euploidy
eupneia (MED.) eupnea
Eureka (RADAR.) Eureka (fixed beacon responder)
Euripterídeos (GEO.; ZOO.) Eurypterida
Eurística (COMP.) Heuristics
euritérmica (ECO.) eurythermal
Europa (ASTRO.) Europa (2nd satellite of Jupiter)

európio (CHEM.) europium
Eurovisão (IMAGE TECH.) Eurovision
eustilo (ARCH.) eustyle
eutanásia (MED.) euthanasia
eutaxítico (GEO.) eutaxitic
eutéctico (CHEM.) eutectic
eutectóide (MECH.) eutectoid
Eutéria (ZOO.) Eutheria
eutexia (MECH.) eutexia
eutiroidismo (MED.) euthyroidism
eutrófica (ECO.) eutrophic
eutroficação (ECO.) eutrophication
eutrófico (ECO.) euthrophic
euxenite (MINER.) euxenite
evacuador de cheias (BUILD.) spillway
evaginação (MED.; ZOO.) evagination
evaginado (BOT.; ZOO.) evaginate
evanescente (GEO.) fugitive
evaporação (GEN.) evaporation
evaporação a vácuo (PHYS.; SPACE) vacuum evaporation
evaporação de buraco negro (ASTRO.) black hole evaporation
evaporação de efeito múltiplo (CHEM.) multiple effect evaporation
evaporação espontânea (PHYS.) spontaneous evaporation
evaporação natural (METEO.) natural evaporation
evaporação superficial (PHYS.) surface evaporation
evaporador (CHEM.) evaporator
evaporador giratório (CHEM.) rotatory evaporator
evaporímetro (METEO.) evaporimeter
evaporito (GEO.) evaporite
evapotranspiração (ECO.) evapotranspiration
evapotranspiração potencial (METEO.) potential evapotranspiration
evapotranspiração real (GEO.) actual evapotranspiration
evecção (ASTRO.) evection
eventração (MED.) eventration
eversão do lábio (MED.) cheilectropion; eclabium
eversível (ECO.) eversible
evisceração (MED.) evisceration; exenteration
evocação (BOT.) evocation
evocação livre (PSYCHO.) free recall
evolução (GEN.) evolution
evolução catastrófica (ECO.) catastrophic evolution
evolução convergente (BIO.) convergent evolution
evolução de gás (MECH.) gas evolution
evolução divergente (BOT.) divergent evolution
evolução estelar (ASTRO.) stellar evolution
evolução filética (ECO.) phyletic evolution
evolução iterativa (ECO.) iterative evolution
evolução molecular (BIO.) molecular evolution
evolução paralela (BOT.; ZOO.) parallel descent
evolução planetária (ASTRO.) planetary evolution

evolução politópica (ECO.) polytopic evolution
evolução progressiva (ECO.) progressive evolution
evolução quântica (ECO.) quantum evolution
evolução reticulada (ECO.) reticulate evolution
evoluta (BIO.; MATH.) evolute
evulsão (MED.) evulsion
exacerbação (MED.) exacerbation
exactidão (COMP.) accuracy
exactidão de controlo (ELECTRON.) control accuracy
exactidão de sintonia (IMAGE TECH.) sharpness of tuning
exalação (GEN.) exhalation; steam
exalante (ZOO.) exhalant
exalbuminado (BOT.) exalbuminous
exame antes da morte (MED.) ante-mortem examination
exame citológico (BIO.; MED.) smear; smear test
exame radioscópico (RADIOL.) screening
exantema (MED.) exanthem, exanthema; rash
exantema do trigo-sarraceno (VET.) buckwheat rash
exantema facial (MED.) barber's rash
exaustão (MECH.) exhaust
exaustão por calor (MED.) heat exhaustion
exaustor (MECH.) exhaust fan
exaustor (MINING) cyclone
exaustor a jacto (AERO.) jet exhauster
exaustor de ar (MECH.) air exhauster
excentricidade (BUILD.) eccentricity; taper
excêntrico (MECH.) cam; eccentric
excêntrico de avanço (MECH.) forward eccentric
excêntrico de disco (MECH.) plate cam
excêntrico fixo (MECH.) fixed eccentric
excêntrico livre (MECH.) loose eccentric
excesso (BUILD.) bat
excesso (COMP.) overflow
excesso aritmético (COMP.) arithmetic overflow
excesso de capacidade progressivo (COMP.) progressive overflow
excesso de característica (COMP.) characteristic overflow
excesso de concentração superficial (CHEM.) surface concentration excess
excesso de cor (ASTRO.) colour excess
excesso de exposição (IMAGE TECH.) overt-exposure
excesso de massa (PHYS.) mass excess
excesso de neutrões (PHYS.) neutron excess
excesso de três decimais (ELECTRON.) excess-three bed (binary code)
excesso de velocidade de relógio (COMP.) overclocking
excesso esférico (SURV.) spherical excess
excicante (CHEM.) exsiccant

excipiente (MED.) excipient
excisão (MED.) excision
excisão da membrana do tímpano (MED.) myringectomy
excisão de tecido contundido de superfície ferida (MED.) débridement
excisão de uma faceta (MED.) facetectomy
excisão do piloro (MED.) pylorectomy
excisar (MED.) exsect
excitação (ELECT.) drive
excitação (GEN.) excitation
excitação central (ELECT.) centre drive
excitação completa (ELECT.) full excitation
excitação cumulativa (ELECT.) cumulative excitation
excitação de campo (ELECT.) field excitation
excitação de colisão (FÍS.) collisional excitation
excitação de grelha (ELECT.) grid drive
excitação de impacte (ELECT.) impact excitation
excitação de impulso (ELECTRON.) impulse excitation; pulse excitation
excitação de partícula (NUCL.) particle excitation
excitação derivada (ELECT.) shunt excitation
excitação de varredura (ELECTRON.) sweep drive
excitação diferencial (ELECTRON.) differential excitation
excitação em série (ELECT.) series excitation; series field
excitação estática (ELECT.) static breeze
excitação gradual (ELECT.) step-by-step excitation
excitação harmónica (TELECOM.) harmonic excitation; harmonic drive
excitação independente (ELECT.) separate excitation
excitação interna (NUCL.) internal excitation
excitação mútua (PHYS.) mutual excitation (magnetism)
excitação por picada de mosca-do-gado (VET.) gadding
excitação por radiação (PHYS.) radiation excitation
excitação por raios X (PHYS.) X-ray excitation
excitação térmica (PHYS.) thermal excitation
excitação total (ELECT.) full excitation
excitador (ELECT.) exciter; exciter generator
excitador acoplado directamente (ELECT.) direct-coupled exciter
excitador de frequências (TELECOM.) frequency exciter
excitador principal (ELECT.) main exciter
excitante (ELECT.) excitant
exconjugante (BIO.) exconjugant
excoriação (MED.; VET.) excoriation; gall
excreção urinária de iodo (MED.) ioduria

excreções (ZOO.) excreta
excremento (ZOO.) frass; faeces
excrescência (MED.) excrescence; vegetation
excretor (ZOO.) excreter
excretório (ZOO.) excretory
execução (COMP.) execute
execução em paralelo (COMP.) parallel running
execução preliminar (COMP.) dry run
exenteração (MED.) exenteration
exergónico (BOT.) exergonic
exfoliação (GEN.) exfoliation
exfoliação mecânica (GEO.) mechanical exfoliation
exibição (PSYCHO.) advertisement
exibição de dados (COMP.) data display
exibição de diversão (PSYCHO.) distraction display
exibição F (RADAR) F-display
exibição H (RADAR) H-display
exibição L (RADAR) L-display
exibição N (RADAR) N-display
exibicionismo (PSYCHO.) exhibitionism
exigência (ELECT.) demand
exigências (SPACE) requirements
exina (BOT.) exine
exinite (GEO.) exinite
ex-libris (PRINT.) book plate
exobiologia (BIO.) exobiology
exocardia (MED.) exocardia; ectocardia
exocardíaco (ZOO.) exocardiac
exocarpo (BOT.) exocarp
exocataforia (MED.) exocataphoria
exoccipital (exoccipital) (ZOO.) exoccipital
exoceloma (ZOO.) exocoelom
exocelómico (ZOO.) exocoelkar
exocelular (BIO.) exocellular
exocíclico (CHEM.) exocyclic
exocitose (BIO.) exocytosis
exócrina (MED.; ZOO.) exocrine
exocutícula (ZOO.) exocuticle
exoderme (BOT.) exodermis
exoelectrão (ELECTRON.) exo-electron
exófito (BOT.) exophyte
exoforia (MED.) exophoria
exoftalmo (MED.) exophtalmos; exophthalmus; protopsis
exogâmeta (ZOO.) exogamete
exogamia (BIO.) outbreeding
exogamia (BOT.; ZOO.) exogamy
exogenético (BOT.; ZOO.) exogenetic; exogenous
exógeno (BOT.; ZOO.) exogenous
exonfalia (MED.) exomphalos
exonuclease (BIO.) exonuclease
exopatia (MED.) exopathy
exopático (MED.) exopathic
exopeptidase (MED.) exopeptidase
exoplasma (BIO.) exoplasm
exópode (ZOO.) exopodite
Exopterigotas (ZOO.) Exopterygota
exosfera (ASTRO.) exosphere
exosimbionte (ECO.) exosymbiont
exósporo (BOT.) exospore
exosqueleto (ZOO.) exoskeleton
exostose (MED.) exostosis
exostose da face interna do curvilhão (VET.) spavin (horse)

exostose interfalângica (VET.) side bones
exostose piramidal (VET.) pyramidal disease
exostoses dos pequenos ossos metatársicos e metacárpicos do cavalo (VET.) splints
exostrofia da bexiga (MED.) ectopia vesicae
exotérico (MED.) exoteric
exotérmico (CHEM.) exothermic
exótico (BOT.; ZOO.) exotic
exotoxina (BIO.) exotoxin
exotropia (MED.) exotropia; divergent strabismus
expandido (BUILD.) expanded
expansão (ECO.) spread
expansão (GEN.) expansion
expansão adiabática (PHYS.) adiabatic expansion
expansão aparente (PHYS.) apparent expansion
expansão automática de volume (TELECOM.) automatic volume expansion
expansão baixa (PHYS.) low expansion
expansão celular (BOT.) cell enlargement; cell extension; cell expansion
expansão de gás (PHYS.) expansion of gas
expansão de humidade (BUILD.) moisture expansion
expansão de Laurent (MATH.) Laurent's expansion
expansão de vapor (PHYS.) expansion of steam
expansão de volume (PHYS.) volume expansion
expansão do fundo do mar (GEO.) sea-floor spreading
expansão fixa (MECH.) fixed expansion
expansão húmida (PAPER) wet expansion
expansão intergaláctica (ASTRO.) intergalactic expansion
expansão irregular de linhas horizontais (IMAGE TECH.) streaking
expansão superficial (PHYS.) superficial expansion; areal expansion
expansão térmica (PHYS.) thermal expansion
expansão volumétrica (PHYS.) volumetric expansion
expansibilidade absoluta (PHYS.) absolute expansivity
expansor (PHYS.) expander
expansor de volume (TELECOM.) volume expander
expectoração (MED.) expectoration
experiência (GEN.) assay; test; experiment; trial
experiência clínica (MED.) clinical trial
experiência da gota de óleo de Millikan (PHYS.) Millikan oil-drop experiment
experiência de Cavendish (PHYS.) Cavendish experiment
experiência de Davisson-Germer (ELECTRON.) Davisson-Germer experiment

experiência de feixes de colisão (PHYS.) colliding-beam experiment

experiência de Franck-Hertz (ELECT.) Franck-Hertz experiment

experiência de Maxwell (IMAGE TECH.) Maxwell experiment

experiência de Michelson-Morley (PHYS.) Michelson-Morley experiment

experiência de Millikan (PHYS.) Millikan experiment; Millikan oil-drop experiment

experiência de Stern-Garlach (PHYS.) Stern-Garlach experiment

experiência de transmissão (PHYS.) transmission experiment

experiência do balde de gelo de Faraday (PHYS.) Faraday's ice bucket experiment

experiências de Kaspar-Hauser (PSYCHO.) Kaspar-Hauser experiments

expiração (ZOO.) expiration

explantação (BIO.; ZOO.) explantation

explante (BOT.) explante

exploração (COMP.) raster

exploração (ELECTRON.) search

exploração (MINING) costeaning

exploração (RADAR) scan; scanning

exploração A e R (RADAR) A and R scanning

exploração a intervalos regulares (COMP.) slit scanning

exploração a laser (ELECTRON.) laser scanning

exploração aleatória (COMP.) random scanning

exploração a radar (RADAR) radar scanning

exploração a raios catódicos (ELECT.) cathode-ray scanning

exploração com iluminação por projectores (ELECT.) floodlight scanning

exploração compensada (ELECT.) compensated scanning

exploração compensada (RADAR) coarse scanning

exploração cónica (RADAR) conical scanning

exploração contínua (IMAGE TECH.) sequential scanning

exploração da tela (ELECTRON.) screen scanning

exploração de baixa velocidade (ELECTRON.) low-velocity scanning

exploração de campo (ELECTRON.) field scanning

exploração de eco (ELECTRON.) flarescan

exploração de electrões (T.IMAG.) electron scanning

exploração de linha transmitida (TELECOM.) transmitted-line scanning

exploração de quadrícula (COMP.) raster scanning

exploração de quadro (COMP.) raster scanning

exploração de/pela radioactividade (PHYS.) radioactivity exploration

exploração de sector (RADAR) sector scanning

exploração de televisão (TELECOM.) television scanning

exploração durante o rastreio (RADAR) track-while-scanning

exploração electrostática (ELECTRON.) electrostatic scanning

exploração em degraus (GEO.) stopping

exploração em espiral (ELECTRON.) spiral scanning

exploração entrelaçada (IMAGE TECH.) interlaced scanning

exploração gama (PHYS.) gamma scanning

exploração helicoidal (IMAGE TECH.) helical scanning

exploração horizontal (ELECTRON.) search lighting; horizontal scanning

exploração indirecta (ELECTRON.) indirect scanning

exploração intermitente (ELECT.) intermittent scanning

exploração linear (ELECTRON.; IMAGE TECH.) linear scanning; line scanning

exploração linha por linha (ELECTRON.) line by line scanning

exploração mecânica (IMAGE TECH.) mechanical scanning

exploração (mineira) a céu aberto (GEO.) open-pit mining

exploração negativa (IMAGE TECH.) negative scanning

exploração óptica (COMP.) optical scanning

exploração por feixe iónico (PHYS.) ion-beam scanning

exploração por reflexão (ELECTRON.) indirect scanning

exploração progressiva (ELECTRON.; IMAGE TECH.) progressive scanning; sequential scanning

exploração psíquica (PSYCHO.) psychoexploration

exploração rápida (TELECOM.) high-writing speed

exploração rectangular (ELECTRON.) rectangular scanning

exploração rectilínea (IMAGE TECH.) rectilinear scanning

exploração sequencial (IMAGE TECH.) sequential scanning

exploração simples (IMAGE TECH.) simple scanning

exploração vertical (IMAGE TECH.) vertical scanning

explorador (ELECTRON.) sweeper; scanner

explorador (RADAR) scanner

explorador a laser (PHYS.) laser scanner

explorador de comunicação (TELECOM.) communication scanner

explorador de feixe (ELECTRON.) beam analyser

explorador de filme (ELECTRON.; IMAGE TECH.) film scanner

explorador de infravermelhos (ELECT.) infrared scanner

explorador de nióbio-zircónio (ELECTRON.) zirconium-niobium scanner

explorador de página (COMP.) page scanner

explorador de película de televisão (TELECOM.) television film scanner

explorador de ponto volante (IMAGE TECH.) flying spot scanner

explorador de transdutor (ELECTRON.) transductor scanner

explorador lunar (ASTRO.) lunar explorer

explorador mecânico (IMAGE TECH.) mechanical scanner

Explorer (SPACE) Explorer (a series of artificial satellites _ USA)

explosão (BUILD.) blasting

explosão (COMP.) burn

explosão (GEN.) detonation; explosion

explosão (MINING) blowout; burst; blast

explosão (PHYS.) burst; boom

explosão aérea (NUCL.) air burst

explosão atómica (PHYS.) atomic explosion

explosão atómica de superfície (NUCL.) atomic surface test

explosão atómica no ar (PHYS.) atomic air burst

explosão atómica submarina (NUCL.) atomic underwater burst

explosão atómica subterrânea (NUCL.) atomic underground burst

explosão de água (MINING) water blast

explosão de buraco negro (ASTRO.) black hole explosion

explosão de pó (MECH.) dust explosion

explosão de rocha (MINING) rock burst

explosão de supernova (ASTRO.) supernova explosion

explosão estelar (ASTRO.) stellar explosion

explosão hidráulica (MINING) hydraulic blasting

explosão maior (ASTRO.) major explosion

explosão nuclear (PHYS.) nuclear explosion

explosão nuclear atmosférica (PHYS.) nuclear airburst

explosão populacional (ECO.) irruption

explosão prematura (AUTO.) back-fire

explosão sónica (AERO.) sonic boom

explosão submarina (NUCL.) underwater burst

explosivo D (CHEM.) explosive D; ammonium picrate

explosivo de fornilho (MECH.) hollow cone charge

explosivo de grande potência (MINING) giant power

explosivos de segurança (MINING) permitted explosives

expoente (MATH.) exponent

expoente de hidrogénio (CHEM.) hydrogen exponent

expoente de uma raiz (MATH.) radical exponent

expoente do radical (MATH.) radical exponent

expoente inteiro e positivo (MATH.) positive whole exponent

exponencial (GEN.) exponential

exposição (GEN.) exposure

exposição (IMAGE TECH.) exposure

exposição A (RADAR) A-display

exposição a ataque químico (MINING) digestion

exposição aguda (NUCL.) acute exposure (radiation)

exposição ao sol (GLASS) solarization

exposição automática (IMAGE TECH.) automatic exposure

exposição de tempo (IMAGE TECH.) time exposure

exposição indutiva (ELECT.) inductive exposure

exposição insuficiente (IMAGE TECH.) under-exposure

exposição normal (IMAGE TECH.) normal exposure

expositor de transacção (COMP.) transaction display

expressão booleana (ELECTRON.) Boolean expression

expressão de ficheiro (COMP.) file expression

expressão de modo misto (COMP.) mixed-mode expression

expressão de segundo grau (MATH.) quadratic expression

expressão gráfica assistida por computador (COMP.) computer aided graphic expression

expressão irracional (MATH.) radical expression; surd expression

expressão matemática (MATH.) mathematical expression

expressão quadrática (MATH.) quadratic equation; quadratic expression

expressão relacional (COMP.) relational expression

Expressionismo (ARCH.) Expressionism

expulsão (GEO.) ejecta

expulsão (MECH.) delivery

expulsão de gases queimados (MECH.) scavenging

expulsor (GEN.) ejector

expurgador (MECH.) riser

expurgador de ar (MECH.) de-aerator

exsudação (BOT.) bleeding; exudation

exsudação doce (ZOO.) manna

exsudato (MED.) exudate

extante (ECO.) extant

extensão (IMAGE TECH.) stretch

extensão celular (BOT.) cell extension

extensão de fiada (TEXT.) course length

extensão de memória (PSYCHO.) memory span

extensão de mesclamento (METEO.) mixing length

extensão dos flaps (AERO.) extension of flaps

extensão por difusão (PHYS.) diffusion length

extensão projectada (GEO.) projected length

extensão uniforme (MECH.) uniform extension

extensómetro (MECH.) extensometer

extensor (PHYS.) expander

extensor (ZOO.) extensor

exterior (GEN.) outer; exterior; external

exterior de um conjunto (MATH.) exterior of a set

externo (GEN.) outer; external; exterior

externo (MED.) external; ectodermic; ectodermal; deric

extero-receptor (ZOO.) exteroreceptor

extinção (GEN.) extinction

extinção de feixe (ELECTRON.; IMAGE TECH.) blanking

extinção magnética (ELECT.) magnetic blowout

extinto (ECO.) extinct

extintor de espuma (GEN.) foam sprayer

extintor de incêndio (GEN.) fire extinguisher

extirpação (ECO.) extirpation

extra alta tensão (ELECT.) extra high tension

extra-articular (ZOO.) extra-articular

extracção (CHEM.) extraction

extracção (GEN.) remotion; stripping

extracção (MINING) reduction (of gold from ore)

extracção contínua (CHEM.) continuous extraction

extracção de amostra de solos (MINING) soil sampling

extracção de elementos na cabeça de uma lista (COMP.) popping

extracção de gás (CHEM.) outgassing

extracção de minério (MINING) ore mining; ore raising

extracção de recursos lunares (SPACE) lunar resource recovery

extracção de solvente (MINING) solvent extraction

extracção do gânglio de Gasser (MED.) gasserectomy

extracção eléctrica (MED.) electroextraction

extracção líquido-líquido (CHEM.; MECH.) liquid-liquid extraction

extracelular (BIO.) extracellular

extracorpóreo (BIO.) extracorporeal

extracto fluido (CHEM.; MED..) fluid extract

extractor (NUCL.; PRINT.) stripper

extractor de alcatrão de Lodge-Cottrell (CHEM.) Lodge-Cottrell detarrer

extractor de amostra de solos (BUILD.) soil sampler

extractor de amostras (MINING) bailer

extractor de areia (MINING) bailer

extractor de brocas (MECH.) drill extractor

extractor de canos (BUILD.) pipe extractor

extractor de lama (MINING) bailer

extractor de rolamentos (MECH.) ball-bearing puller

extractor de Soxhlet (CHEM.) Soxhlet extractor

extractor do pára-quedas (AERO.) ripcord

extracto sem células (BIO.) cell-free extract

extradorso (BUILD.) extrados

extradural (MED.) extradural

extra-embrionário (ZOO.) extra-embryonic

extraforte (BUILD.) extra-heavy

extrapolação (MATH.) extrapolation

extras (IMAGE TECH.) trims

extra-sístole (MED.) extrasystole

extratársico (ZOO.) extratarsal

extraterrestre (ASTRO.) extraterrestrial

extratubário (MED.) extratubal

extrauterino (MED.) extra-uterine

extravaginal (MED.) extravaginal

extravasamento (HYDRO.) spill; spillover

extravasamento de petróleo (MINING) oil seepage; oil saturation

extravasão (BOT.) extravasation

extravascular (ZOO.) extravascular

extremidade (MED.; ZOO.) limb

extremidade de um processo agudo (ZOO.) punctum

extremidade livre (BUILD.) free end

extremo (MED.) extremital; distal

extremófilo (ECO.) extremophile

extrínseco (GEN.) extrinsic

extrofia (MED.) exstrophy, extrophy

extrorso (BOT.) extrorse

extroversão (MED.) extroversion

extroversão/introversão (PSYCHO.) extroversion/introversion

extrovertido (ZOO.) extrovert

extrusão (MECH.) extrusion

extrusão de impacte (MECH.) impact extrusion

extrusão de tubos (MECH.) tube extrusion

extrusão hidrostática (MECH.) hydrostatic extrusion

extrusão não metálica (GEO.; MINING) non-metallic extrusion

extrusão vulcânica (GEO.) volcanic extrusion

Ff

fábrica (GEN.) plant; mill; factory; manufacture

fabricação assistida por computador (COMP.) computer aided machining [CAM]

fábrica reversível (HYDRO.) pumped-storage plant

fabrico integrado por computador (COMP.) computer integrated manufacturing [CIM]

faca de dourador (BUILD.) gilder's knife

face (GEN.) face

face (MED.) facies

faceamento (MECH.) facing

faceamento com fresa (MECH.) face milling

facear (BUILD.) spot face

face de ataque (BUILD.) working face

face de cristal (CRYST.) crystal face

face de válvula (MECH.) valve face

face dianteira do carácter (PRINT.) belly

facelita (MINER.) kaliophilite

faceta (ARCH.) facette

faceta (GEN.) facet

facetado (MECH.) diamond cut

facetectomia (MED.) facetectomy

fachada (ARCH.) façade; front

fachada (BUILD.) face-wall; face; front; portal

facial (ZOO.) facial

fácies (GEO.) facies

fácies de água subterrânea (ECO.) groundwater facies

fácies fóssil (GEO.) facies fossil

fácies metamórfico (GEO.) metamorphic facies

facilidade (COMP.) facility

facilitação (ZOO.) facilitation

facilitação social (PSYCHO.) social facilitation

facioplegia (MED.) facioplegia; Bell's palsy

facocele (MED.) phacocele

facocistectomia (MED.) phacocystectomy

facolita (MINER.) chabazite

facolite (GEO.) phacolith

facólito (MINING) saddle reef

facomalacia (MED.) phacomalacia

facsimile (TELECOM.) facsimile; FAX

factor (GEN.) factor

factor A, B, D, E da properdina (IMMUN.) properdin factor A; B; D; E

factor abiótico (BIO.) abiotic factor

factor anticomplementar (IMMUN.) zymosan

factor antinuclear (IMMUN.) antinuclear factor

factor anual de carga (ELECT.) annual load factor

factor biótico (BOT.) biotic factor

factor climático (BOT.) climatic factor

factor cobre (ELECT.) copper factor

factor de absorção acústica (PHYS.) acoustic absorption factor

factor de absorção do som (PHYS.) sound absorption factor

factor de aceleração (GEN.) acceleration factor

factor de acoplamento (TELECOM.) coupling factor

factor de activação das plaquetas (IMMUN.) platelet activating factor

factor de actividade (ELECT.) duty factor

factor de actividade do passo da hélice (AERO.) blade activity factor

factor de amortecimento (PHYS.) damping factor

factor de ampliação (PHYS.) magnification factor

factor de ampliação média (ELECTRON.) medium-mu

factor de amplificação (ELECT.) amplification factor

factor de amplitude (ELECT.) breadth factor; crest factor

factor de armazenamento (COMP.) packing factor

factor de armazenamento (PHYS.) storage factor

factor de arrefecimento (METEO.) wind chill factor

factor de atenuação (PHYS.; TELECOM.) attenuation factor; factor of attenuation; attenuation constant

factor de aumento (PHYS.) magnification factor

factor de blocagem (COMP.) blocking factor

factor de calor sensível (PHYS.) sensible heat factor

factor de capacidade (HYDRO.) plant factor

factor de carga (AERO.) load factor

factor de carga (NAV.) stowage factor

factor de carga de maquinaria (ELECT.) plant load factor (generator)

factor de célula T supressora (IMMUN.) suppressor T-cell factor

factor de circulação (ELECT.) flow factor

factor de coagulação sanguínea (BIO.) blood clotting factor

factor de compressibilidade (PHYS.) compressibility factor

factor de comutação (ELECTRON.) commutation factor

factor de concentração (CHEM.) concentration factor

factor de conversão (NUCL.) conversion rate

factor de conversão (PHYS.) conversion factor

factor de conversão de massa atómica (PHYS.) atomic mass conversion factor

factor de conversão universal de Boltzmann (PHYS.) Boltzmann's universal conversion factor

factor de correcção de transformador (ELECT.) transformer correction factor [TCF]

factor de correcção do raio da terra (TELECOM.) earth radius factor

factor de correlação (STAT.) correlation factor

factor de corrente (CHEM.) stream factor

factor de corrosão (MECH.) pitting factor

factor de crescimento da célula T (IMMUN.) T-cell growth factor

factor de crescimento do queratinoócito (BIO.) keratinocyte growth factor [KGF]

factor de crescimento epidérmico (BIO.) epidermal growth factor [EGF]

factor de crescimento induzido pelo sarcoma (BIO.) sarcoma-derived growth factor [SGF]

factor de crescimento vascular endotelial (BIO.) vascular endothelial growth factor

factor de crescimento vegetal (BOT.) kinetin

factor de crista (ELECT.) crest factor; peak factor

factor de Debye-Waller (PHYS.) Debye-Waller factor

factor de depreciação (ELECT.) depreciation factor

factor de descarga de chama (ELECT.) flame blow-off factor

factor de descontaminação (NUCL.) decontamination factor

factor de desintegração (PHYS.) decay constant; decay factor

factor de desmagnetização (ELECT.) demagnetization factor

factor de desvantagem (NUCL.) disadvantage factor

factor de desvio (ELECT.) deviation factor

factor de difusão (PHYS.) spread factor

factor de directividade (ELECTRON.) directivity factor

factor de disparo (BIO.) trigger factor

factor de dispersão (ELECT.) leakage factor

factor de dispersão atómica (PHYS.) atomic scattering factor

factor de dispersão térmica (PHYS.) thermal leakage factor

factor de dissipação (ELECT.) dissipation factor

factor de dissipação dieléctrica (ELECT.) dielectric dissipation factor

factor de distorção (ELECT.) distortion factor

factor de distorção não linear (TELECOM.) non-linear distortion factor

factor de distribuição (ELECT.) distribution factor

factor de diversidade (ELECT.) diversity factor

factor de divisão Landé (PHYS.) Landé splitting factor

factor de duplicação (COMP.) duplicator factor

factor de efeito de homogeneidade (NUCL.) channelling effect factor

factor de enriquecimento (NUCL.) enrichment factor

factor de escala (ELECTRON.) scaling factor

factor de esfericidade de Wadell (PHYS.) Wadell's sphericity factor

factor de espaço (ELECT.) space factor

factor de estabilidade (AERO.) stability factor

factor de estiva (NAV.) stowage factor

factor de fase (ELECT.) power factor

factor de filtragem (CHEM.) filter factor

factor de filtragem (HYDRO.) creep ratio

factor de filtro (IMAGE TECH.) filter factor

factor de fissão (NUCL.) fission factor

factor de fissão rápida (PHYS.) fast fission factor

factor de fluxo (ELECT.) flow factor

factor de força (ELECT.) power factor

factor de forma (PHYS.) form factor; shape factor

factor de frequência (CHEM.) frequency factor

factor de fusão (ELECT.) fusing factor

factor de ganho (TELECOM.) gain factor

factor de histerese (ELECT.) hysteresis factor

factor de impedância (ELECT.) impedance factor

factor de inclinação (PHYS.) inclination factor

factor de indução (ELECT.) induction factor

factor de indutância (ELECT.) inductance factor

factor de inibição (IMMUN.) inhibition factor

factor de iniciação (BIO.) initiation factor [IF]

factor de integração (MATH.) integrating factor

factor de intensidade de tensão (MECH.) stress-intensity factor

factor de interacção (ELECT.) interaction factor

factor de interferência (ELECT.) noise factor

factor de interferência telefónica (TELECOM.) telephone interference factor

factor de intervalo (ELECT.) gap factor

factor de Kell (ELECTRON.) Kell factor

factor de libertação da hormona do crescimento (BIO.; MED.; PSYCHO.) somatoliberin

factor de ligação dos centrómeros (BIO.) centromere binding factor

factor de limitação (ECO.) limiting factor

factor de luminância (PHYS.) luminance factor

factor de luminosidade (PHYS.) luminosity factor; luminance factor

factor de luz perdida (ELECT.) wastelight factor

factor de massa (PLAST.) bulk factor

factor de melhoria de ruído (ELECT.) noise improvement factor

factor de modulação (TELECOM.) modulation index

factor de multiplicação (PHYS.) multiplication factor; multiplication constant

factor de necrose de tumor (IMMUN.) tumour necrosis factor

factor de obliquidade (PHYS.) obliquity factor

factor de ondulação (ELECTRON.) ripple factor

factor de ondulação residual do rectificador (ELECT.) rectifier ripple factor

factor de penetração (PHYS.) penetration factor

factor de perda (ELECT.) figure of loss

factor de perda (PHYS.) loss factor

factor de perda de ondas estacionárias (TELECOM.) standing-wave loss factor

factor de pico (ELECT.) peak factor; crest factor

factor de plano de terra (PHYS.) plane earth factor

factor de potência inverso (ELECT.) inverse power factor

factor de processamento (PHYS.) process factor

factor de produção específica (HYDRO.) specific production factor

factor de propagação (PHYS.) propagation factor

factor de qualidade (ELECT.) factor of merit; figure of merit

factor de qualidade (PHYS.) quality factor

factor de qualidade de circuitos abertos (ELECT.) unloaded Q

factor de realimentação (TELECOM.) feedback factor

factor de rectificação (ELECT.) rectification factor

factor de redução (PHYS.) reduction factor

factor de redução de dose (RADIOL.) dose reduction factor

factor de reflexão (IMAGE TECH.) reflection factor

factor de reflexão difusa (PHYS.) diffuse-reflection factor

factor de reflexão do som (PHYS.) sound-reflection factor

factor de reflexão regular (PHYS.) regular reflection factor

factor de repetição (COMP.) repetition factor

factor de reposição da célula T (IMMUN.) T-cell replacing factor

factor de reserva (AERO.) reserve factor

factor de ruído (ELECT.) noise factor; noise generator

factor de ruído de um receptor (ELECTRON.) receiver noise figure

factor de ruído médio (ELECTRON.) average noise factor

factor de saturação (ELECT.) saturation factor

factor de segurança (GEN.) safety factor; factor of safety

factor de separação (PHYS.) separation factor

factor de separação de estágio (NUCL.) stage separation factor

factor de sobrevoltagem (ELECT.) overvoltage factor

factor de suavização (ELECTRON.) smoothing factor

factor de surfactação (BIO.; MED.; PSYCHO.) somatomedin

factor de susceptibilidade (NUCL.) susceptibility factor

factor de trabalho (ELECT.) operating factor

factor de trabalho dos impulsos (ELECTRON.) pulse duty factor

factor de transcrição (BIO.) transcription factor

factor de transferência (IMMUN.; MED.) transfer factor

factor de transição (ELECTRON.) transition factor

factor de transmissão regular (PHYS.) regular transmission factor

factor de transrectificação (ELECT.) transrectification factor

factor de utilização (ELECT.) utilization factor

factor de utilização térmica (NUCL.) thermal utilization factor

factor de vantagem (NUCL.) advantage factor

factor de van't Hoff (CHEM.) van't Hoff factor

factor de variação (ELECT.) variation factor

factor de visibilidade (IMAGE TECH.) display loss

factor de visibilidade relativa (PHYS.) relative visibility factor

factor dinâmico (ELECT.) dynamic factor

factor ecológico (BOT.; ECO.) ecological factor

factor edáfico (BOT.) edaphic factor

factor equivalente de dígito binário (COMP.) equivalent-binary-digit-factor

factores de acoplamento (BIO.) coupling factors

factores de crescimento (BIO.) growth factors

factores de crescimento endotelial (BIO.) endothelial growth factors

factores de elongamento (BIO.) elongation factor

factores de revestimento sanguíneo (MED.) blood-clotting factors

factores estimulantes da colónia (IMMUN.) colony stimulating factors

factores estimulantes do clone (IMMUN.) colony stimulating factors

factores P (BIO.) P factors

factores reguladores dos interferões (BIO.) interferon regulatory factors

factor f (RADIOL.) f-factor

factor geométrico (PHYS.) geometry factor

factor harmónico (ELECT.) harmonic factor

factor Hg (MED.) glucagon

factor hiperglicémico-glicogenilítico (MED.) glucagon; Hg factor

factor I (MED.) factor I (fibrinogen, in blood coagulation); prothrombin

factor II (MED.) factor II (prothrombin, in blood coagulation); prothrombinogen

factor III (MED.) factor III (thromboplastin, in blood coagulation)

factorial de n (MATH.) factorial n

factor inibidor de migração (IMMUN.) migration inhibition factor [MIF]

factor integral (MATH.) integral factor

factor intrínseco (MED.) intrinsic factor

factor linfopoiético tímico (CHEM.; IMMUN.) thymosin

factor lógico (COMP.) logical factor

factor operacional (ELECT.) operating factor

factor proteico (BIO.) protein factor

factor Q (ELECT.; PHYS.) Q-factor

factor quadrático (MATH.) quadratic factor

factor reactivo (ELECT.) reactive factor

factor reumatóide (IMMUN.) rheumatoid factor

factor rhesus [Rh] (MED.) rhesus factor [Rh]

factor rho (BIO.) rho factor

factor sigma (BIO.) sigma factor

factor unidade (BIO.) unit factor

factor unitário (BIO.) unit factor

factor W (BIO.) W-factor; biotin; coenzyme R

fáculas (ASTRO.) faculae

fáculas solares (ASTRO.) solar faculae

faculdade de ser temperado (MECH.) hardenability

facultativa (BIO.) facultative

Fada Morgana (METEO.) fata morgana

fadiga (GEN.) fatigue

fadiga com corrosão (MECH.) corrosion-fatigue

fadiga da hélice (AERO.) propeller crystallization

fadiga de cor (PHYS.) colour fatigue

fadiga de voo (AERO.) flight fatigue

fadiga dieléctrica (ELECT.) dielectric fatigue

fadiga dinâmica (PHYS.) dynamic fatigue

fadiga do metal (MECH.) fatigue of metal

fadiga elástica (MECH.; PHYS.) elastic fatigue

fadiga ocular (MED.) eyestrain; asthenopia

fadiga retiniana (MED.) retinal fatigue

fadiga retínica (MED.) retinal fatigue

fadiga sónica (PHYS.) sonic fatigue

fadiga térmica (MECH.) thermal fatigue

Fagáceas (BOT.) Fagaceae

fagedena (MED.) phagedaena; phagedena

fagócito (BIO.) phagocyte

fagócito Caronte (BIO.) Charon phage

fagocitose (IMMUN.) phagocytosis

fagocitose dos eritrócitos (MED.) erythrocatalysis

fago lambda (BIO.) lambda phago

fagopirismo (VET.) fagopyrism; buckheat rash

fagossoma (BIO.) phagosome

fagotrofia (BOT.) phagotrophy

faia (BOT.) beech

faialite (MINER.) fayalite; iron-olivine

faiança (BUILD.) stoneware; faience

fairfieldite (MINER.) fairfieldite

faísca (ELECT.) spark

faísca amortecida (ELECT.) quenched spark

faísca apagada (ELECT.) quenched spark

faísca de ignição (ELECT.; MECH.) ignition spark

faísca de indução (ELECT.) induction spark

faísca intermitente (ELECT.) intermittent spark

faixa (ARCH.; BUILD.) riband ; fascia; platband

faixa (GEN.) band; channel

faixa (MED.; ZOO.) stria; band; stripe

faixa (TEXT.) ribbon

faixa auroral (ASTRO.) auroral band

faixa-base (TELECOM.) baseband

faixa cilíndrica de estereoma (BOT.) stereoma cylinder

faixa comprida de argamassa (BUILD.) screed

faixa de afloramento (MINING) outcrop belt

faixa de atrito (MECH.) frictional band

faixa de baixa pressão (METEO.) cyclone

faixa de Bloch (PHYS.) Bloch band

faixa de Brewster (PHYS.) Brewster's band

faixa de Caspary (BOT.) casparian band; casparian strip

faixa de chamas (MECH.) flame failure

faixa de chuva (METEO.) rain band

faixa de comunicação por satélite (TELECOM.) satellite communication band

faixa de condução (ELECTRON.) conduction band

faixa de contraste (IMAGE TECH.) contrast range

faixa de descolagem (AERO.) take-off strip; take-off runway

faixa de energia (PHYS.) energy band

faixa de Esmarch (MED.) Esmarch's bandage

faixa de estacionamento (AERO.) parking apron

faixa de flutuação (NAV.) boot tapping

faixa de frequência (TELECOM.) frequency band

faixa de frequência com atenuação (TELECOM.) filter attenuation band

faixa de frequência modulada (ELECTRON.) FM broadcast band

faixa de frequências compartilhadas (TELECOM.) shared-frequency band

faixa de furacão (RADAR) hurricane band

faixa de gelo (METEO.) ice strip

faixa de Gennari (MED.) Gennari's band

faixa de interferência (TELECOM.) interference band

faixa de microonda (TELECOM.) microwave band

faixa de Mobius (MATH.) Mobius strip; Mobius band

faixa de mosaicos (IMAGE TECH.) mosaic strip

faixa de ondas curtas (TELECOM.) short-wave band

faixa de paragem (TELECOM.) stop band

faixa de passagem (TELECOM.) pass band

faixa de passagem de filtro (TELECOM.) filter transmission band

faixa de passagem em frequência intermediária (TELECOM.) intermediate-frequency passband

faixa de película sonora (IMAGE TECH.) sound filmstrip

faixa de rádio (TELECOM.) radio range

faixa de rejeição (TELECOM.) stop band; rejection band

faixa de resistência (MECH.) endurance range

faixa de rolagem (MECH.) tread (tyre)

faixa de segurança (ELECT.) clear band

faixa de serviço (TELECOM.) service band

faixa de solidificação (CHEM.) solidification range

faixa de sombra (METEO.) shadow band

faixa de subportadora (TELECOM.) subcarrier band

faixa de suspensão (AERO.) suspension band

faixa de transmissão de filtro (TELECOM.) filter transmission band

faixa estreita (IMAGE TECH.) narrowband

faixa gnéissica primária (GEO.) primary gneissic banding

faixa gnéissica secundária (GEO.) secondary gneissic banding

faixa H (TELECOM.) H-band

faixa larga de sintonização (TELECOM.) broadband

faixa lateral (TELECOM.) sideband

faixa lateral dupla (ELECTR.) sible sideband

faixa lateral independente (TELECOM.) independent sideband

faixa lateral única (TELECOM.) single-sideband

faixa medular (ZOO.) stria medullaris

faixa metálica de descarga (ELECT.) electrical discharge band

faixa morta (ELECT.) dead zone

faixa ocupada (CHEM.) filled band

faixa pré-prófase (BOT.) pre-prophase band

faixa proporcional (COMP.) proportional band

faixa Q (TELECOM.) Q-band
faixa rádio de cone de silêncio (AERO.) cone of silence marker
faixa-S (TELECOM.) S-band
faixas de Hartley (TELECOM.) Hartley bands
faixa sem energia (PHYS.) energy gap
faixas Q (BIO.) Q-bands
faixa superior (RADAR) upper band
faixa transversal (BOT.) belt transect
faixa vazia (PHYS.) empty band
faixa zodiacal (ASTRO.) zodiacal band
fala (GEN.) speech
falange (ZOO.) phalanx (pl. phalanges)
Falângidos (ZOO.) Phalangida
falcado (BOT.) falcate
falcato (BOT.) falcate
falciforme (BOT.) falciform
falésia (GEO.) sea cliff
falésia de gelo (METEO.) ice shelf
falésia marinha (GEO.) bluff (active and non active)
falésia marinha activa (GEO.) active sea cliff
falésia marinha viva (GEO.) active sea cliff
falha (BUILD.) break; checking (paint)
falha (COMP.) bug
falha (ELECT.) fault; balking; break
falha (GEN.) defect; break
falha (GEO.) fault; blow-hole
falha (MED.) failure
falha (MINING) break
falha adiabática (ELECT.) adiabatic damping
falha antitética (GEO.) antithetic fault
falha cardíaca (MED.) heart failure
falha composta (GEO.) compound fault
falha corrigida automaticamente (COMP.) automatically cleared failure
falha de abatimento (GEO.) rift
falha de base (ELECTR.; TELECOM.) phase defect
falha de carburação (AUTO.) flat spot
falha de compressão (GEO.) thrust
falha de comutação (ELECT.) failure commutation
falha de condução (ELECT.) misfire
falha de dados (ELECTRON.) soft failure
falha de deslizamento horizontal (GEO.; MINING) horizontal fault
falha de dupla terra (ELECT.) double earth fault
falha de equipamento (ELECTRON.) hard failure
falha de horst (GEO.) horst fault
falha de ignição (ELECT.) misfire
falha de impressão (PRINT.) mackle
falha de mergulho (GEO.) dip fault
falha de modo comum (NUCL.) common mode failure
falha de página (COMP.) page fault
falha de reciprocidade (IMAGE TECH.) reciprocity failure
falha de rejeição direccional (GEO.) striker-slip fault; transform fault
falha de sistema (COMP.) system crash
falha de tensão (ELECTRON.) voltage surge
falha de terra (ELECT.) earth fault
falha de transformação (GEO.) transform fault

falha de travões devido a aquecimento (AUTO.) fading; brake-fade
falha devido a fadiga (MECH.) fatigue failure
falha direccional (GEO.) strike fault
falha estrutural (MECH.) structural failure
falha horizontal (GEO.; MINING) horizontal fault
falha humana (COMP.) bust
falha induzida por reparação (ELECTRON.) service-induced fault
falha intercristalina (MECH.) intercrystalline failure
falha inversa (GEO.) reversed fault; sinistral fault
falha momentânea de potência (AUTO.) flat spot
falha na ignição (AUTO.) misfiring
falha na ignição em motor de foguetão (ASTRO.) hangfire
falha normal (GEO.) normal fault
falha que permite a função (ELECTRON.) function permitting failure
falha respiratória (MED.) respiratory failure
falhas em degrau (GEO.) step faults
falhas paralelas (GEO.) step faults
falha transcorrente (GEO.) striker-slip fault
falha transcristalina (MECH.) transcrystalline failure
falicaína (CHEM.) falicain
falo (MED.; ZOO.) phallus
falodinia (MED.) phallodynia
faloidina (BOT.; CHEM.) phalloidine
faloplastia (MED.) phalloplasty
falorragia (MED.) phalorrhagia
falorreia (MED.) phalorrhea
falsa chaminé (ARCH.) cipher tunnel
falsa curvatura (PHYS.) false curvature
falsa elipse (BUILD.) false ellipse
falsa glote (MED.) false glottis; rima vestibuli
falsa gravidez (MED.; ZOO.) false pregnancy; spurious pregnancy
falsa nervura (ENG.) former
falsa nervura da asa (AERO.) former wing rib
falsa pata (ZOO.) proleg
falsas luas (METEO.) mock moons
falso alburno (BOT.) blown
falso ametista (MINER.) false amethyst
falso âmnio (ZOO.) false amnion
falso anel anual (BOT.) false annual ring
falso arco (BUILD.) cocket centring
falso asbesto (MINER.) Canadian asbestos
falso braço (ZOO.) pseudobrachium
falso cirro (METEO.) false cirrus
falso coração (ZOO.) pseudoheart
falso diamante (MINER.) false diamond
falso fruto (BOT.) false fruit
falso prematuro (MED.) pseudopremature
falso rubi (MINER.) false ruby ; balas rubi
falso septo (BOT.) false septum; replum
falso soalho (BUILD.) counter floor
falsos sóis (METEO.) mock suns
falso topázio (MINER.) false topaz ; citrine

falta (ELECT.) fault
falta de alimentação (PHYS.) power-off condition
falta de corrente (ELECT.) current cutoff
falta de justaposição (ELECTRON.) underlap
falta de página (COMP.) page fault
falta de sinal (TELECOM.) drop-out
falta de solidez (MECH.) unsoundness
família (GEN.) family
família (GEO.) clan
família (ZOO.) series
família de desintegração (PHYS.) disintegration family
família (de) Kreutz (ASTRO.) Kreutz group
família nuclear (BIO.) nuclear family
família radioactiva (NUCL.; PHYS.) radioactive family ; radioactive series
famílias de genes (BIO.) gene families
fan (AERO.) fan
fanerocristalino (MINER.) phanerocrystalline
fanerófita (BOT.) phanerophyte
fanerógama (BOT.) phanerogam; phanerogamic
fanerogâmica (BOT.) phanerogamic; phanerogam
Fanerogâmicas (BOT.) Spermatophyta; Anthophyta; flowering plants
Fanerozóico (GEO.) Phanerozoic
fanhosa (MED.) gangosa
fantasia (PSYCHO.) fantasy; phantasy
fantasma de Brocken (METEO.) Broken spectrum
fantasma de Pepper (PHYS.) Pepper's ghost
fantasma pontual (RADAR) pontual angel
fantasmas (RADAR) angels
fantasmas eritrócitos (BIO.) erythrocyte ghosts
farad (ELECT.) farad
faradismo (PHYS.) faradism
farcinose (MED.; VET.) farcy; glanders
farcinose bovina (VET.) bovine farcy
farelo (MED.) bran
faringe (ZOO.) pharynx
faringectomia (MED.) pharyngectomy
faríngeo (ZOO.) pharyngeal
faringismo (MED.) pharyngismus
faringite (MED.) pharyngitis
faringobranquial (ZOO.) pharyngobranchial
faringocele (MED.) pharyngocele
faringoglóssico (ZOO.) pharyngoglossal
faringolaríngeo (MED.) pharyngolaryngeal
faringologia (MED.) pharyngology
faringomicose (MED.) pharyngomycosis
faringoplastia (MED.) pharyngoplasty
faringoplegia (MED.) pharyngoplegia
faringorrinite (MED.) pharyngorhinitis
faringoscopia (MED.) pharyngoscopy
faringotomia (MED.) pharyngotomy
faringotonsilite (MED.) pharyngotonsillitis
farinha (GEN.) flour
farinha fóssil (BUILD.) fossil meal
farinha fóssil (GEO.) fossil meal; rottenstone; tripolite; diatomaceous earth; Tripoli power

farinhoso (Bot.) farinose

fármaco citotóxico (Med.) cytotoxic drug

farmacodiagnóstico (Med.) pharmacodiagnosis

farmacodinâmica (Med.) pharmacodynamics

farmacogenética (Bio.) pharmacogenetics

farmacognosia (Bio.) pharmacognosy

farmacolite (Miner.) pharmacolite

farmacologia (Med.) pharmacology

Farmacopeia (Med.) Pharmacopeia

farmacopsicose (Med.; Psycho.) pharmacopsychosis

Farmacoquímica (Chem.) pharmacochemistry

farmacossiderite (Miner.) pharmacosiderite

farmacoterapia (Med.) pharmacotherapy

farol (Aero.; Nav.) beacon

farol anticolisão (Aero.) anticollision beacon

farol de ancoragem (Aero.) anchor light

farol de aterragem (Aero.) landing beacon

farol de identificação (Aero.) identification beam

farol localizador (Aero.) localizer beacon

farpa (Bot.) barb

fáscia (Zoo.) fascia

fasciação (Bot.) fasciation

fascículo (Bot.; Med.; Zoo.) bundle; fascicle; fasciculus

fasciíte (Med.,) fasciitis, fascitis

fascíola (Zoo.) fasciola

fascíola hepática (Zoo.) fasciola hepatica

fascioliase (Med.; Vet.) fascioliasis

fasciotomia (Med.) fasciotomy

fase (Gen.) phase

fase aberta (Elect.) open-phase

fase adiantada (Elect.) leading phase

faseador (Telecom.) phase shifter

fase anal (Psycho.) anal phase; anal stage

fase artificial (Elect.) artificial phase

fase ascendente (Hydro.) rising stage

fase auxiliar (Elect.) artificial phase

fase binuclear (Bot.) binucleate phase

fase clonal (Bio.) clonic phase

fase compensada (Telecom.) balanced phase

fase cristalina (Chem.) crystalline phase

fase da Lua (Astro.) moon period

fase de atraso (Gen.) lag phase

fase de chuva (Meteo.) rain stage

fase de colonização (Eco.) gap phase

fase de crescimento exponencial (Bio.) exponential growth phase

fase de crescimento logaritmica (Bio.) logarithmic [growth] phase

fase de declínio (Bio.) death phase

fase de dique (Geo.) dyke phase

fase degenerada (Eco.) degenerate phase

fase de retardo (Elect.) lagging phase

fase diferencial (Elect.) differential phase

fase do secundário (Elect.) secondary phase (transformer)

fase estacionária (Chem.) stationary phase

fase gregária (Zoo.) gregaria phase

fase haplóide (Bio.) haplophase

fase inibitória (Chem.) inhibitory phase

fase interglacial (Geo.) interglacial phase

fase intermediária (Phys.) intermediate phase

fase juvenil (Bot.) juvenile phase

fase lunar (Astro.) lunar phase

fase matura (Eco.) mature phase

fase móvel (Chem.) mobile phase

fase nula (Gen.) zero phase

fase orogénica Tacónica (Geo.) Taconic orogeny

fase pioneira (Eco.) pioneer phase

fase positiva (Elect.) positive phase

fase «REM» do sono (Psycho.) REM sleep

fase S (Bio.) S phase

fases de crescimento (Bio.) growth phases

fase solitária (Zoo.) solitaria phase

fase zero (Gen.) zero phase

fasímetro (Elect.) phase meter; power-factor meter

fasquia (Build.) slat

fasquiado (Build.) brandering

fassaite (Miner.) fassaite

fastigiado (Bot.) fastigiate

fastígio (Bot.) fastigium

fateixa (Mech.) grapnel

fatiga do fósforo (Image Tech.) phosphor fatigue

fato antigravidade (Aero.) g-suit (colloquial); anti-g suit

fato espacial (Space) space unit

fato pressurizado (Aero.) pressure suit

faujasita (Miner.) faujasite

fauna (Gen.) fauna

fauna e flora mesobênticas (Zoo.) mesobenthos

fauna Intersticial (Eco.) interstitial fauna

fauna neoárctica (Eco.) nearctic fauna

fauniano (Eco.) faunal

faveolado (Bot.; Zoo.) faveolate

favismo (Med.) favism

favo (Mech.) honeycomb

favo (Med.) favus

favo (Zoo.) honeycomb

favose (Bot.; Zoo.) favose

fax (Telecom.) fax; facsimile

fazer contacto (Telecom.) make-contact; make

fazer esforço para vomitar (Med.) gag

Febo (Astro.) Phoebe (satellite of Saturn)

febre (Med.) fever

febre aftosa (Vet.) aphtous fever; foot-and-mouth disease

febre amarela (Med.) yellow fever

febre azul (Med.) Rocky Mountain spotted fever; blue fever; black fever

febre biliar (Vet.) biliary fever

febre biliosa hemoglobinúrica (Vet.) blackwater fever

febre canícola (Vet.) canicola fever; leptospirosis

febre caprina (Vet.) Malta fever; undulant fever; Mediterranean fever

febre carbuncular (Vet.) quarter ill; black leg

febre catarral epizoótica (Vet.) epizootic catarrhal fever

febre catarral maligna (Vet.) gangrenous coryza; malignant catarrhal fever

febre da África Ocidental (Vet.) West African fever; malarial hemoglobinuria

febre da Costa Oriental (Vet.) East Coast fever

febre da mordidela do rato (Med.) sodoku (Japanese word = rat poison)

febre das Montanhas Rochosas (Med.) Rocky Mountain Fever; black fever; blue fever

febre das ovelhas (Vet.) shipping pneumonia; hemorrhagic septicemia

febre das prisões (Med.) jail fever; typhus

febre das trincheiras (Med.) trench fever

febre de Malta (Med.) Malta fever; undulant fever

febre de Rift Valley (Med.) Rift Valley fever

febre de shimamushi (Med.) shimamushi fever

febre de três dias (Med.) dengue

febre de tsutsugamushi (Med.) tsutsugamushi fever

febre do aborto (Vet.) Mediterranean fever; brucellosis

febre do coelho (Med.) deer-fly fever; tularaemia; tularemia

febre do embarque (Vet.) shipping fever ; equine influenza

febre do flebótomo (Med.) phlebotomus fever; Pym fever

febre do gado do Texas (Vet.) Texas fever; tick fever

febre do gato (Vet.) feline distemper

febre do leite (Vet.) parturient fever; milk fever

febre do lodo (Vet.) mud fever; blue comb

febre do Mediterrâneo (Med.) Mediterranean fever; brucellosis

febre dos fenos (Med.) hay fever

febre dos pântanos (Vet.) swamp fever; equine infectious anaemia; infectious anaemia of horses

febre do Vale do Rift (Med.) Rift Valley fever

febre efémera (Vet.) ephemeral fever; three-day sickness

febre efémera bovina (Vet.) stiff sickness

febre escarlatina (Med.) scarlet fever

febre glandular (Med.) glandular fever; infectious mononucleosis

febre hemorrágica africana (Med.) ebola disease; Marburg disease

febre láctica (Vet.) milk fever ; parturient fever; calvin fever

febre malárica catarral dos carneiros (Vet.) blue tongue

febre mediterrânica familiar (Bio.; Med.) familial Mediterranean fever

febre negra (Med.) black fever; Rocky Mountain spotted fever; blue fever

febre ondulante (MED.) undulant fever

febre petequial infecciosa dos bovinos (VET.) bovine infectious petechial fever

febre recorrente (MED.) relapsing fever

febre reumática (MED.) rheumatic fever

febre suína (VET.) hog cholera; swine fever

febre térmica (MED.) sunstroke; insolation; heliosis

febre uveoparotídea (MED.) uveoparotid fever

febrifugo (MED.) febrifuge

febril (MED.) febrile ; pyretic

fecal (MED.) fecal; feculent; stercoraceous

fecalito (BIO.; MED.) fecalith; stercorolith

fecalóide (MED.) fecaloid

fecaloma (MED.) fecaloma

fechadura de caixa (BUILD.) rim lock

fechadura de embeber (BUILD.) mortise lock

fechadura de embutir (BUILD.) mortise lock

fechadura de esfera (BUILD.) ball catch; bullet catch

fechadura rebaixada (BUILD.) rabbeted lock

fechar circuito (TELECOM.) make contact

fecho (MECH.) fastener

fecho (TELECOM.) latching

fecho a frio (MINING) cold pitch

fecho automático (ELECT.) automatic shutoff

fecho de ficheiro (COMP.) file closing

fecho de segurança (BUILD.) night bolt

fecho do diferencial (MECH.) differential lock

fecho em ângulo (BUILD.) angle closer

fecho hidráulico (BUILD.) seal

fecho palatal posterior (MED.) postdam

fecho rápido (COMP.) quick closedown

fecundidade (ECO.) fecundity

fecundo (GEN.) fertile

Federação Internacional de Astronáutica (ASTRO.; SPACE) International Astronautical Federation (IAF)

feixe (BOT.; MED.; ZOO.) bundle

feixe (BUILD.) faggot

feixe (GEN.) bundle; beam; band

feixe (MATH.) pencil

feixe amplo (RADIOL.) broad beam

feixe anfivasal (BOT.) amphivasal bundle

feixe atómico (PHYS.) atomic beam

feixe bicolateral (BOT.) bicollateral bundle

feixe colateral (BOT.) collateral bundle

feixe comissural (BOT.) commisural bundle

feixe comum (BOT.) common bundle

feixe cónico (PHYS.) conical beam

feixe convergente (PHYS.) convergent beam

feixe de aterragem (AERO.; TELECOM.) landing beam

feixe de conservação (ELECTRON.) holding beam

feixe de descida de voo planado (AERO.) glide path landing beam

feixe de deutões (NUCL.) deuteron beam

feixe de difusão (PHYS.) diffusion beam

feixe de electrões (ELECTRON.) electron beam

feixe de emissor (TELECOM.) transmitter beam

feixe de fibras (PHYS.) fibre bundle

feixe de His (MED.) bundle of His; His's bundle

feixe de infravermelhos (TELECOM.) infrared beam

feixe de iões (PHYS.) ion beam

feixe de irradiação de radar (RADAR) radar beam

feixe de laser (PHYS.) laser beam

feixe de localização (ELECTRON.) tracking beam

feixe de luz intenso (PHYS.) sharp light beam

feixe de magnetrão (ELECTRON.) magnetron beam

feixe de microondas (ELECT.) microwave beam

feixe de onda electromagnética (TELECOM.) radio beam

feixe de radar (RADAR) radar beam

feixe de raios catódicos (ELECT.) cathode-ray beam

feixe de raios paralelos (PHYS.) straight beam

feixe de referência (PHYS.) reference beam

feixe de rumo (NAV.) course beam

feixe de saída em leque (ELECT.) fanned-out beam

feixe de seguimento (ELECTRON.) tracking beam

feixe de tubos crivosos (BOT.) amphicribal bundle

feixe direccional (ELECT.) directional beam

feixe direccional (TELECOM.) radio beam; directional beam

feixe divergente (PHYS.) divergent beam

feixe electrónico (ELECTRON.) electron beam

feixe electrónico amplo (RADIOL.) broad beam

feixe em leque (PHYS.) fan beam

feixe estreito de luz (PHYS.) pencil

feixe explorador (RADAR) beam

feixe fibrovascular (BOT.) fibrovascular bundle

feixe helicoidal (ELECTRON.) helicoidal beam

feixe horizontal (ELECT.) horizontal beam

feixe incidente (PHYS.) incident beam

feixe iónico (ELECTRON.) H-ray ; ion beam

feixe iónico (PHYS.) ionic beam; ion beam

feixe linear (ELECTRON.) line-focus beam

feixe luminoso curvo (PHYS.) curve beam

feixe medular (BOT.) medullary bundle

feixe molecular (CHEM.) molecular beam

feixe neutro (PHYS.) neutral beam

feixe polarizado (PHYS.) polarized beam

feixe pontual (SPACE) spot beam

feixe principal (ELECT.) main beam

feixe restrito (SPACE) spot beam

feixes hertzianos (ELECT.) wireless beams

feixe vascular (BOT.) vascular bundle

feixe vascular aberto (BOT.) open vascular bundle

feixe vascular concêntrico (BOT.) concentric vascular bundle

feixe vascular fechado (BOT.) closed vascular bundle

feldspato (MINER.) feldspar, felspar

feldspato de bário (MINER.) barium feldspar

feldspatóide (GEO.) feldspathoid

feldspato potássico (MINER.) potassium feldspar

feldspatos plagioclásicos (MINER.) plagioclase feldspars

felema (BOT.) phellem

feloderme (BOT.) phelloderm

felogénio (BOT.) phellogen

felpudo (BOT.) pannose

felsite (GEO.) felsite

feltragem (GEN.) felting

feltro (GEN.) felt

f.e.m. (PHYS.) e.m.f.; electromotive force

fêmea (GEN.) female

fémur (ARCH.) femur

fémur (ZOO.) femur

fenacite (MINER.) phenakite

fenantreno (CHEM.) phenantrene

fenaquita (MINER.) phenakite

fenatos (CHEM.) phenatos

fenda (BOT.) shake

fenda (BUILD.) break

fenda (GEN.) crack; slat; fissure; gap; split; groove

fenda (GEO.; HYDRO.) crevasse; crevice

fenda (MECH.) slot; roak

fenda (ZOO.) rima; vent; crena; chasma

fenda aberta (ELECT.) open slot

fenda anular (BOT.) cup shake

fenda branquial (ZOO.) branchial cleft; gill cleft

fenda do pré-palato (MED.) cheiloalveoloschisis

fenda glótica (MED.) rima glottidis

fenda no casco do cavalo (VET.) quarter-crack

fenda palatina (MED.) cleft palate

fenda palpebral (MED.) palpebral fissure

fendas branquiais (ZOO.) gill slits

fenda vestibular (MED.) rima vestibuli

fenestração (MED.) fenestration

fenestrado (BOT.; ZOO.) fenestrate, fenestrated

fenestragem (BUILD.) fenestration

fenetidina (CHEM.) phenetidine

fenetidinúria (MED.) phenetidinuria

fengite (MINER.) phengite

Fenidona (IMAGE TECH.) Phenidone (TM)

fenilalanina (CHEM.) phenylalanine

fenilamina (CHEM.) phenylamine

fenilbenzeno (CHEM.) phenylbenzine
fenilbutazona (CHEM.; MED.) phenylbutazone
fenilcetonúria (MED.) phenylketonuria [PKU]; Folling's disease
fenilefrina (CHEM.) phenylephrine
fenilenodiamina (CHEM.) phenylenediamine
feniletanol (CHEM.) phenylethanol
feniletanona (CHEM.) phenylethanone
fenilglicina (CHEM.) phenylglycine
fenil-hidrazina (CHEM.) phenylhydrazine
fenil-hidrazonas (CHEM.) phenylhydrazones
fenilmetanol (CHEM.) phenylmethanol; benzyl alcohol
fenilmetil acetona (CHEM.; MED.) phenylmethyl acetone
feniltiocarbamida (CHEM.) phenylthiocarbamide; phenylthiourea
feniltioureia (BIO.) phenylthiourea; phenyltiocarbamide
feniluretano (CHEM.) phenylurethan
fenitoína (CHEM.) phenytoin
fenitoína sódica (CHEM.) phenytoin sodium
fenobarbital (CHEM.; MED.) phenobarbital; phenobarbitone
fenobarbitona (CHEM.; MED.) phenobarbitone; phenobarbital
fenocópia (BIO.) phenocopy
fenocristais (GEO.) phenocrysts
fenoftaleína (CHEM.) phenophthalein
fenograma (BOT.) phenogram
fenóis (CHEM.) phenols
fenol (CHEM.) phenol
fenolase (CHEM.) phenolase; monophenol monooxygenase
fenol canforado (CHEM.) camphorated phenol
fenol do naftaleno (CHEM.) naphtol
fenologia (ECO.) phenology
fenol oxidase (CHEM.) monophenol monooxygenase
fenolsulfonaftaleína (CHEM.) phenolsulfonphthalcin, phenol red
fenoltetracloroftaleína sódica (CHEM.) phenoltetrachlorophthalein sodium
fenolúria (CHEM.; MED.) phenoluria
fenol vermelho (CHEM.) phenol red
fenómeno de Babinski (MED.) Babinski's sign
fenómeno de coincidência (PHYS.) coincidence phenomenon
fenómeno de Cotton-Mouton (PHYS.) Cotton-Mouton effect
fenómeno de difracção (METEO.) diffraction phenomenon
fenómeno de dispersão (PHYS.) scattering phenomenon
fenómeno de intercâmbio de carga (ELECT.) charge-exchange phenomenon
fenómeno de Lewis (MED.) Lewis phenomenon
fenómeno de Raynaud (MED.) Raynaud's phenomenon
fenómeno de Sanarelli (IMMUN.) Sanarelli's sign; Babinki's sign
fenómeno de Sanarelli-Schwartzmann (IMMUN.) Schwartzmann's sign

fenomenologia (PSYCHO.) phenomenology
fenómeno tudo-ou-nada (GEN.) all-or-nothing phenomenon
fenossulfonato de alumínio (CHEM.) aluminium phenosulphonate (phenosulfonate)
fenótipo (BIO.) phenotype
fenótipo hipermutável (BIO.) hypermutable phenotype
fenótipo mutatório (BIO.) mutator phenotype
fentanil (CHEM.) fentanyl
fento- (GEN.) femto-
fentosegundo (GEN.) femtosecond
feocromo (BIO.) pheochrome
feocromoblasto (BIO.) pheochromoblast
feocromócito (BIO.) pheochromocyte
feocromocitoma (MED.) pheochromacytoma
Feofíceas (BOT.) Phaeophyseae; Brown Algae
Feófitas (BOT.) Phaeophyta; Brown Algae
feofitina (BIO.) pheophytin
ferberite (MINER.) ferberite
fergusite (MINER.) fergusite
ferida (MED.) wound; main
ferimento (MED.) sore; wound; injury
fermentação (BIO.; CHEM.) fermentation; enzymolysis ; zymosis
fermentação acética (CHEM.) fermentation; acetic fermentation
fermentação acetona-butanol (BIO.; CHEM.) acetone-butanol fermentation
fermentação aeróbica (CHEM.) aerobic fermentation
fermentação alcoólica (BOT.; CHEM.) alcohol fermentation
fermentação heteroláctica (BIO.) heterolactic fermentation
fermentação homoláctica (BIO.) homolactic fermentation
fermento (BIO.; MED.) ferment; enzyme
fermento (BOT.) yeast
fermento lipolítico (CHEM.) lipase
fermi (PHYS.; NUCL.) fermi
fermião (PHYS.) fermion
férmio (CHEM.) fermium
férnico (MECH.) fernico [alloy]
feromona (ZOO.) pheromone
feroz (ZOO.) feral
ferrado (ZOO.) ink
ferragem de bomba (MECH.) priming
ferramenta a diamante (MECH.) diamond tool
ferramenta afiada (MECH.) edge tool
ferramenta com ponta de carboneto (MECH.) carbide tool
ferramenta com ponta de diamante (MECH.) diamond point tool
ferramenta cortante (MECH.) knife tool; edge tool
ferramenta de acabamento (MECH.) finishing tool
ferramenta de biselar (MECH.) scarfing tool
ferramenta de bolear (MECH.) corner tool (foundry)
ferramenta de calafetar (MECH.) caulking tool
ferramenta de calcar composta (MECH.) compound press tool

ferramenta de calcar simples (MECH.) simple press tool
ferramenta de cortar e formar em torno (MECH.) forming cutter
ferramenta de corte (MECH.) cutting tool
ferramenta de desbastar em grosso (MECH.) roughing tool
ferramenta de estirar (MECH.) drawing tool
ferramenta de facear (BUILD.) facing tool
ferramenta de facear (MECH.) side tool
ferramenta de formar círculos (MECH.) circular form tool
ferramenta de moldar (MECH.) form tool
ferramenta de precisão (MECH.) precision tool
ferramenta de quebrar cantos (MECH.) corner tool (foundry)
ferramenta de rasgos de chaveta (MECH.) key-way tool
ferramenta de repuxar (MECH.) form tool; former
ferramenta de tornear (MECH.) turning tool
ferramenta de tornear pela esquerda (MECH.) left-hand tool
ferramenta de torno limador (MECH.) planer tool
ferramenta de trefilar (MECH.) drawing tool
ferramenta em U (MECH.) U-shaped tool
ferramenta manual (MECH.) hand tool
ferramenta pneumática (MECH.) pneumatic tool
ferramenta portátil (MECH.) hand tool
ferramenta progressiva (MECH.) progressive tool
ferramentas a ar comprimido (MECH.) compressed-air tools
ferramentas de alimentação (MCOII.) firing tools (boller)
ferramentas de corte de escareador (MECH.) slotting tools
ferramantas de software (COMP.) software tool
ferramentas para torno (MECH.) lathe tools
ferramentas pneumáticas (MECH.) compressed-air tools
ferrão (ZOO.) dart; sting
ferredoxina (BOT.) ferredoxin
ferrete (BUILD.) indenter
ferrite (MECH.) ferrite
ferrite de ciclo rectangular (ELECTRON.) square-loop ferrite
ferrite livre (MECH.) free ferrite
ferrite não associada (MECH.) free ferrite
ferrites magnéticas (ELECT.) magnetic ferrites
ferritina (BIO.) ferritin
ferro (GEN.) iron
ferro-actinolite (MINER.) ferro-actinolite
ferro-alfa (ENG.) alpha iron
ferro batido (MECH.) wrought iron
ferro-beta (MECH.) beta-iron
ferro bruto (MECH.) crude iron

ferro chato (BUILD.) hoop iron
ferrocianeto (MECH.) ferrocyanide; ferricyanide
ferrocianeto de potássio (CHEM.) potassium ferricyanide
ferrocianetos nitrosos (CHEM.) nitrosoferricyanides
ferro corrugado (BUILD.) corrugated iron
ferro-cromo (MECH.) ferrochromium
ferro de capa (BUILD.) cover iron ; back iron
ferro de fusão (MECH.) mixed iron
ferro-delta (MECH.) delta iron
ferro de marcar (BUILD.) indenter
ferro de mescla (MECH.) mixed iron
ferro de plaina (BUILD.) plane-iron
ferro de vigas (BUILD.) girder iron
ferro-doce (MECH.) soft iron; malleable iron
ferro-duro (MECH.) hard iron
ferro-edenite (MINER.) ferro-edenite
ferro em ângulo (ENG.) angle
ferro em barras (MECH.) rounds
ferro em chapa fina (MECH.) tagger
ferro em folhas (MECH.) flats
ferro em L (MECH.) L-iron
ferro em lingotes (MECH.) ingot iron
ferro espático (MINER.) spathic iron
ferro-espinela (MECH.) ferrospinel
ferro-espinela (MINER.) ironspinel
ferro forjado (MECH.) cast wrought iron
ferro forjado (MECH.) wrought iron; cast wrought iron
ferro forjável (MECH.) merchant iron
ferro fundido (MECH.) cast iron
ferro fundido branco (MECH.) forge pig
ferro fundido em moldes (MECH.) chilled iron
ferro fundido espelhado (ENG.) Spiegeleisen
ferro fundido maleável (MECH.) ductile cast-iron; malleable cast-iron
ferro fundido nodular (MECH.) nodular cast-iron
ferro galvanizado (BUILD.) galvanized iron
ferro-gama (MECH.) gamma iron
ferro-gedrite (MINER.) ferrogedrite
ferroginoso (MECH.) ferruginous
ferro-gusa (MECH.) pig; pig iron; grey iron
ferro-gusa a carvão vegetal (MECH.) charcoal pig iron
ferro-gusa Bessemer (MECH.) Bessemer pig iron
ferro-gusa de fundição (MECH.) foundry pig-iron
ferro-gusa de fundição semi-dura (MECH.) medium hard foundry pig iron
ferro-gusa malhado (MECH.) mottled iron
ferro-hastingsita (MINER.) ferrohastingsite
ferro-heme (MED.) haem
ferro laminado (MECH.) rolled iron
ferrolho (BUILD.) bolt; barrel bolt
ferrolho (MECH.) latch mechanism
ferrolho de emergência (BUILD.) panic bolt
ferro macio (MECH.) soft iron

ferromagnético (ELECTRON.) ferromagnetic
ferromagnetismo (ELECT.; PHYS.) ferromagnetism; ferrimagnetism
ferro maleável (MECH.) malleable iron; merchant iron
ferro maleável americano (MECH.) black heart
ferro manganês (ENG: MECH.) manganese iron; ferromanganese
ferromolibdénio (MECH.) ferromolybdenum
ferromolibdite (MINER.) ferrimolybdite
ferro móvel (BUILD.) moving-iron
ferro-níquel (MECH.) ferronickel
ferro ondulado (BUILD.) corrugated iron
ferro oolítico (GEO.) minette
ferro pentacarbonilo (CHEM.) iron pentacarbonyl
ferro perfilado (MECH.) section
ferro perlítico (MECH.) pearlitic iron
ferro plano (MECH.) flats
ferroprotoporfirina (MED.) ferroprotoporphyrin; haem
ferroprussiato (CHEM.) ferroprussiate
ferro reactivo (ELECT.) reactive iron
ferro refinado (MECH.) refined iron
ferro refinado a carvão vegetal (MECH.) charcoal iron
ferro-ressonância (ELECT.) ferroresonance
ferro-silício (MECH.) ferrosilicon; silicon metal
ferro sueco (MECH.) Swedish iron
ferrotipia (IMAGE TECH.) ferrotype
ferrótipo (IMAGE TECH.) ferrotype
ferrugem (BOT.) rust; smut
ferrugem (MECH.) rust
fértil (GEN.) fertile
fértil (ZOO.) fertile; uberous; fecund
fertilidade (ECO.; ZOO.) fertility; uberty
fertilização (BIO.) fertilization
fertilização cruzada (BOT.) cross fertilization
fertilização in vitro (BIO.) in vitro fertilization
fertilização por espermatozóides móveis (BOT.) zooidogamy
fertilização por inundação (ECO.) warping
fertilizante verde (BOT.) green manure
fertilizina (ZOO.) fertilisin
festinação (MED.) festination
FET de potência (ELECTRON.) vertical FET
fetichismo (PSYCHO.) fetishism
feto (BOT.) fern
feto (ZOO.) foetus
feto calcificado (MED.) lithopedion; lithopedium
fetoproteína alfa (IMMUN.) alphafetoprotein
Fetos (BOT.) Ferns; Filicales
fetos arbóreos (BOT.) tree ferns
fezes (MED.) stool; feces; faeces
fezes (ZOO.) faeces; feces; frass
fiabilidade (ELECT.) reliability
fiabilidade da comunicação (COMP.) communication reliability
fiabilidade de circuito (COMP.) circuit reliability

fiabilidade de hardware (COMP.) hardware reliability
fiabilidade de sistema (COMP.) system reliability
fiabilidade de software (COMP.) software reliability
fiação (TEXT.) spinning
fiação a jacto de ar (TEXT.) air jet spinning
fiação a rotor (TEXT.) rotor spinning
fiação a seco (TEXT.) dry spinning
fiação de extremidade aberta (TEXT.) open-end spinning
fiação húmida (TEXT.) wet spinning
fiação por fricção (TEXT.) friction spinning
fiação preliminar (TEXT.) roving
fiada (TEXT.) course
fiada-chave (BUILD.) key course
fiada de chapas do casco (NAV.) strake
fiada de tijolos ao alto (BUILD.) soldier
fiada de topo (BUILD.) ridge course
fiada de travadouros (BUILD.) heading course
fibra (GEN.) fibre
fibra (TEXT.) hair; fibre
fibra acrílica (TEXT.) acrylic fibre
fibra artificial (TEXT.) man-made fibre
fibra da casca (TEXT.) bast fibre
fibra de acetato (CHEM.) acetate fibre
fibra de algodão (TEXT.) lint
fibra de boro revestida com carboneto de sílica (AERO.) borsic
fibra de carbono (CHEM.; TEXT.) carbon fibre
fibra de dois componentes (TEXT.) bicomponent fibre
fibra de Gennari (MED.) Gennari's fibre
fibra de índice escalonado (TELECOM.) stepped-index fibre
fibra de índice graduado (TELECOM.) grade-index fibre
fibra de lama (TEXT.) llama fiber
fibra de madeira (BOT.) grain
fibra de manila (TEXT.) manilla fiber
fibra de pontos ligados (TEXT.) stitch-bonded fiber
fibra de vidro (TEXT.) glass fibre; glass fiber
fibra de xilema (BOT.) wood fibre
fibra do liber (TEXT.) bast fiber
fibra gigante (ZOO.) giant fibre
fibra libriforme (BOT.) libriform fiber
fibra modal (TEXT.) modal fibre
fibra multiforme (TELECOM.) multimode fibre
fibra nervosa (ZOO.) nerve fibre
fibra óptica (TELECOM.) optical fibre
fibra regenerada (TEXT.) regenerated fibre
fibras amarelas (ZOO.) yellow fibres
fibras brancas (ZOO.) white fibres
fibras cromatínicas (BIO.) chromatin beads
fibras de poliacrinonitrilo (TEXT.) PAN fibres
fibras de polivinilo (TEXT.) polyvinyl fibres
fibras de tensão (BIO.) stress fibres
fibras do fuso (BIO.) spindle fibres

fibras elásticas (Zoo.) elastic fibres; yellow fibres

fibra septada (Bot.) septate fiber

fibra sintética (Text.) synthetic fibre; man-made fibre

fibras nervosas mielinizadas (Zoo.) medullated nerve fibres

fibra solta (Text.) sliver

fibras ópticas (Telecom.) optic fibres

fibra vulcanizada (Chem.) vulcanized fibre

fibrilha (Bot.) fibril

fibrilhação (Med.) fibrillation

fibrilhação auricular (Med.) atrial fibrillation

fibrilhação ventricular (Med.) ventricular fibrillation

fibrina (Bio.) fibrin

fibrinase (Chem.) fibrinase; plasmin; fibrination

fibrinogénio (Bio.) fibrinogen

fibrinóide (Zoo.) fibrinoid

fibrinólise (Med.) fibrinolysis

fibrinolisina (Zoo.) fibrinolysin ; plasmin

fibrinopeptídeo (Bio.) fibrino-peptide

fibrinoplastina (Bio.) fibrinoplastin

fibrino-purulento (Bio.) fibrino-purulent

fibroadenoma (Med.) fibro-adenoma

fibroadiposo (Bio.) fibrofatty; fibroadipose

fibroblasto (Med.) fibroblast

fibrocarcinoma (Med.) fibrocarcinoma; scirrhous carcinoma

fibrocartilagem (Med.) fibrocartilage

fibrocartilagem amarela (Zoo.) yellow fibrocartilage

fibrocartilagem branca (Zoo.) white fibrocartilage

fibrocartilagem elástica (Zoo.) elastic fibrocartilage

fibrocelular (Bio.) fibrocellular

fibrocimento (Build.) asbestos cement

fibrócito (Bio.) fibrocyte

fibrocondroma (Med.) fibrochondroma

fibróide (Bio.) fibroid

fibroína (Text.) fibroin

fibrolite (Miner.) fibrolite; sillimanite

fibroma (Med.) fibroma

fibroma periférico (Med.) epulis

fibromiectomia (Med.) fibromyectomy

fibromiosite (Med.) fibromyositis

fibroplasia retrocristalina (Med.) retrolental fibroplasia

fibroquisto (Med.) fibrocyst

fibrose (Med.) fibrose; fibrosis

fibrose cística (Med.) cystic fibrosis ; muco viscidosis

fibrose endomiocárdica (Med.) endomyocardial fibrosis

fibrose quistosa reguladora da conductância transmenbrana (Bio.) Cystic Fibrosis Transmembrane Conductance Regulator [CFTR]

fibrosite (Med.) fibrositis

fibroso (Geo.) fibratus

fibrossarcoma de Rous (Vet.) Rous' sarcoma

fibrosseroso (Med.) fibroserous

fibrótico (Med.) fibrotic

fibro-traqueído (Bot.) fibre-tracheid

fíbula (Arch.) fibula

ficha (Elect.) plug

ficha áudio (Telecom.) audio connector

ficha audiovisual (Image Tech.) AV connector

ficha de alimentação (Elect.) power connectors

ficha de banana (Elect.) banana plug

ficha do teclado (Comp.) keyboard connector

ficha/tomada DIN (Telecom.) Din plug/socket

ficha USB (Comp.) USB connectors

ficheiro (Comp.) file

ficheiro activo (Comp.) live file

ficheiro arquivado (Comp.) archived file

ficheiro-avô (Comp.) grandfather file

ficheiro central em linha (Comp.) on-line central file

ficheiro compartilhado (Comp.) shared-file

ficheiro de correcções (Comp.) amendment file

ficheiro de dados (Comp.) data file

ficheiro de dados anterior (Comp.) father data file

ficheiro de dados de disco (Comp.) disk data file

ficheiro de directório (Comp.) directory file

ficheiro de endereço de registo (Comp.) record address file

ficheiro de entrada de tarefas (Comp.) job input file

ficheiro de formato áudio (Comp.) audio file format

ficheiro de movimento (Comp.) change file

ficheiro de programa (Comp.) program file

ficheiro de protecção (Comp.) protection file

ficheiro de registo cronológico (Comp.) journal file

ficheiro de relatório (Comp.) report file

ficheiro de saída (Comp.) output file

ficheiro de saída de tarefas (Comp.) job output file

ficheiro de tabela (Comp.) table file

ficheiro de tarefas (Comp.) job file

ficheiro de transacção (Comp.) transaction file

ficheiro em fita (Comp.) tape file

ficheiro fechado (Comp.) close file

ficheiro lógico (Comp.) logical file

ficheiro-pai (Comp.) father file

ficheiro principal (Comp.) master file

ficheiro repartido (Comp.) shared-file

ficheiros de acesso aleatório (Comp.) random access files

ficheiro secundário (Comp.) secondary file

ficheiro temporário (Comp.) scratch file

ficheiro transitório (Comp.) scratch file

ficobilina (Bot.) phycobilin

ficobionte (Bot.) phycobiont

ficocianina (Bio.) phycocyanin

ficocromo (Bot.) phycochrome

ficoeritrina (Bot.) phycoerythrin

ficologia (Eco.) algology

Ficomicetes (Bot.) Phycomycetes

ficomicose (Med.) phycomycosis; bursattee

ficovirus (Bio.) phycovirus

fidelidade (Telecom.) fidelity

fiducial (Surv.) fiducial

fieira (Elect.) screw plate

fieira (Mech.) die; drawing die

fieira (Text.) spinneret; spinnerette

fieira (Zoo.) spinneret

fieira de diamante (Mech.) diamond die

fieira para metais (Mech.) drawing plate

fiel da balança (Phys.) needle of balance

fígado (Zoo.) liver

figura de interferência (Cryst.) interference figure

figura de percussão (Miner.) percussion figure

figura padrão (Elect.) pattern figure

figuras de Bitter (Phys.) Bitter pattern

figuras de Chladini (Phys.) Chladini figures

figuras de Lissajous (Math.; Phys.) Lissajous' figures; Lissajous' curves

figuras semelhantes (Math.) similar figures

fila (Comp.) queue

fila (Elect.) array

fila (Mech.) bank

fila (Telecom.) bank ; array

fila circular (Comp.) circular queue

fila de destino (Comp.) queue destination

fila de entrada (Comp.) input queue

fila de entrada de tarefas (Comp.) job input queue

fila de entrada de trabalho (Comp.) work input queue

fila de espera (Comp.) queue

fila de leitura antecipada (Comp.) read-ahead queue

fila de números (Print.) line

fila de palavras (Print.) line

fila de pedra (Build.) blocking course

fila de realimentação (Comp.) feedback queue

fila de rebaixamento (Comp.) pushdown queue

fila de saída (Comp.) output queue

fila de saída de trabalho (Comp.) output work queue

fila de tarefas (Comp.) job queue

fila de tarefas de entrada (Comp.) input job queue

fila de tarefas de saída (Comp.) output job queue

fila de trabalho (Comp.) work queue

fila de trabalho de dispositivo (Comp.) device work queue

fila de trabalhos de entrada (Comp.) job input stream

fila de transformadores (Elect.) bank of transformers

filamento (Elect.) filament

filamento (Gen.) filament; fibre; thread ; string

filamento (Image Tech.) ribbon

filamento (Mech.) thread

filamento (Zoo.) chorda
filamento aquecedor (ELECTRON.) heater
filamento carbonizado (ELECTRON.) carbonized filament
filamento de arame estirado (ELECT.) drawn-wire filament
filamento de arco (ELECT.) wreath filament
filamento de tungsténio com tório (ELECT.) thoriated tungsten filament
filamento de válvula (ELECT.) tube heater
filamento em arco (ELECT.) looped filament
filamento em ferradura (ELECT.) horseshoe filament
filamento emissor (ELECT.) hot wire
filamento empastado (ELECT.) pasted filament
filamento espiralado (ELECT.) coiled filament
filamento estelar (BOT.) stellate hair
filamento incandescente (ELECT.) hot wire
filamento isolado (ELECT.) insulated filament
filamento metálico (ELECT.) metal filament
filamentos (MINING) stringer
filamentos intermediários (BIO.) intermediate filaments
filamina (BIO.) filamin
fila morta (COMP.) queue dead letter
filão (GEO.) bed
filão (MINING) reef; vein
filão camada (GEO.) sill
filão cego (MINING) blind load
filão de fissura (GEO.; MINING) fissure vein
filão principal (MINING) master lode
filão rico em minério (MINING) bonanza
fila periférica (COMP.) peripheral queue
filaríase (VET.) filariasis
fila sem armazenamento intermédio (COMP.) no-buffer queue
filé (BUILD.) fillet
filetar (BUILD.) filleting
filete (AERO.) fillet
filete (ARCH.; BUILD.) fillet; reglet; list
filete (ENG.) angular thread
filete (MECH.) thread; screw thread
filete (PRINT.) rule
filete à esquerda (MECH.) left-hand thread
filete cimentado (BUILD.) cemented fillet
filete da asa (AERO.) wing fillet
filete de parafuso unificado (MECH.) unified screw thread
filete de rincão (BUILD.) piend fillet
filete divisor (ELECT.) dividing fillet
filete duplo (BUILD.) double-bead
filete laminado (MECH.) rolled thread
filete macho (MECH.) male thread
filete métrico (MECH.) metric screw thread
filete nivelado (BUILD.) flush bead
filete quadrado (MECH.) square thread
filetes de chumbo (MECH.) leads
filete triangular (MECH.) vee thread
filético (ECO.) phyletic

filha (BIO.) daughter
Filicales (BOT.) Filicales; Ferns
Filicíneas (BOT.) Filicineae
Filicópsidas (BOT.) Filicopsida
filídio (BOT.) phyllid
filiformes (BOT.; Zoo.) filiform
filipsite (MINER.) phillipsite
filite (MINER.) phyllite
filmagens exteriores (IMAGE TECH.) out-takes
filme (GEN.) film
filme anodizado (IMAGE TECH.) anodized film
filme de alimentação (IMAGE TECH.) feed reel
filme de argila (GEO.) clay films
filme de nitrato (IMAGE TECH.) nitrate film
filme duplamente emulsionado (IMAGE TECH.) double-coated film
filme em rolo (IMAGE TECH.) roll film
filme fotossensível (IMAGE TECH.) photosensitive film
filme semicondutor orgânico (ELECTRON.) organic semiconductor film
filme sonoro (IMAGE TECH.) movietone; sound motion picture; sound film
filo (Zoo.) phylum
filobrânquia (Zoo.) phyllobranchia
filocládio (BOT.) phylloclade
filocromanol (CHEM.) phyllochromanol
filódio (BOT.) phyllode
filogénese (BIO.) phylogenesis
filogenética (ECO.) phylogenetics
filogenia (BIO.) phylogeny
filóide (BOT.) underleaf
filóide (BOT.) microphyll
filopirrol (CHEM.) phyllopyrrole
filoplumas (Zoo.) filoplumes
filopódio (BOT.) filopodium
filoporfirina (BOT.; CHEM.) phylloporphyrin
filoquinona (CHEM.) phyloquinone
filossilicatos (MINER.) phyllosylicates
filotaxia (BOT.) phyllotaxis; phyllotaxy
filotraqueia (Zoo.) lung book; book lung
filtração (CHEM.; MED.) filtration; percolation
filtração a vácuo (CHEM.) vacuum filtration
filtração de corrente para o filamento (ELECT.) filament filtration
filtração de filamento (ELECT.) filament filtration
filtração espacial (PHYS.) spatial filtering
filtração inerente (RADIOL.) inherent filtration
filtração intermitente (BUILD.) intermittent filtration
filtração por gel (BIO.; CHEM.) gel filtration
filtrado (CHEM.) filtrate
filtrador (AERO.) honeycomb (wind tunnel)
filtragem de audiofrequência (TELECOM.) audiofrequency filtering
filtragem por membrana (BIO.; CHEM.) membrane filtration
filtro (ELECT.) filter
filtro (ELECTRON.) trap

filtro (GEN.) filter; screen
filtro (MECH.) screen; honeycomb
filtro (PAPER) strainer
filtro (PHYS.) filter lens
filtro (IMAGE TECH.) filter glass; filter
filtro activo (ELECTRON.) active filter
filtro acústico (PHYS.) acoustic filter
filtro adaptado (ELECTRON.) matched filter
filtro adaptativo (TELECOM.) adaptive filter
filtro americano (MINING) American filter (disks)
filtro analógico (TELECOM.) analog filter
filtro anular (ELECT.) ring filter
filtro atenuador de banda (TELECOM.) band-stop filter
filtro Berkefeld (BUILD.) Berkefeld filter
filtro bidimensional (ELECTRON.) two dimensional filter
filtro capacitivo comutado (ELECTRON.) switched capacitor filter
filtro coaxial (ELECT.) coaxial filter
filtro comparativo (ELECTRON.) matched filter
filtro complexo (ELECTRON.) complex filter
filtro contínuo (BUILD.) continuous filter
filtro da mediana (ELECTRON.) median filter
filtro de alta frequência (TELECOM.) low-stop filter
filtro de alta passagem (TELECOM.) high-pass filter
filtro de aproximação eliptica (ELECTRON.) elliptic approximation filter
filtro de ar (AUTO.) air cleaner; air filter
filtro de baixa passagem (TELECOM.) high-stop filter
filtro de baixo contraste (ELECTRON.) low contrast filter
filtro de banda (TELECOM.) band filter
filtro de banda de passagem (TELECOM.) band-pass filter
filtro de Bessel (ELECTRON.) Bessel approximation
filtro de birrefringência (PHYS.) birefringence filter
filtro de Butterworth (TELECOM.) Butterworth filter
filtro de calor (IMAGE TECH.) heat filter
filtro de cascalho (HYDRO.) filter pack
filtro de cavidade sintonizável (ELECT.) tunable-cavity filter
filtro de cerâmica (BIO.) ceramic filter; Pasteur filter
filtro de Chebyshev (TELECOM.) Chebyshev filter
filtro de compensação (ELECT.) compensating filter
filtro de cor (PHYS.) colour filter
filtro de cor (IMAGE TECH.) colour screen
filtro de corte estreito (IMAGE TECH.) narrow-cut filter
filtro de cristal (ELECT.) crystal filter
filtro de cristas (ELECTRON.) smoothing filter
filtro de densidade neutra (IMAGE TECH.) neutral density filter

filtro de descarga (Elect.) discharge filter

filtro de disco (Mining) disk filter

filtro de eliminação (Telecom.) eliminator filter

filtro de entalhe (Elect.) notch filter

filtro de entrada capacitiva (Elect.) capacitor-input filter

filtro de escada (Elect.) ladder filter

filtro de esgoto (Build.) bacteria bed

filtro de folha (Chem.; Mech.) leaf filter

filtro de frequência intermédia (Electron.) IF filter

filtro de gelatina (Image Tech.) gelatin filter

filtro de Gooch (Chem.) Gooch crucible

filtro de indutância-capacitância (Elect.) inductance-capacitance filter

filtro de interferência (Phys.; Telecom.) interference filter; interference trap; noise filter

filtro de junção (Electron.) junction filter

filtro de Kalman (Electron.) Kalman filter

filtro de K corrente (Telecom.) constant-K filter

filtro de luz (Image Tech.) light filter

filtro de luz ambiente (Image Tech.; Phys.) ambient light filter

filtro de Lyot (Astro.) Lyot filter

filtro de membrana (Chem.) membrane filter

filtro de miliporos (Chem.) Millipore filter [TM]

filtro de modo (Telecom.) mode filter

filtro de Nyquist (Electron.) Nyquist filter

filtro de onda (Telecom.) wave filter

filtro de ondulação (Elect.) ripple filter

filtro de passagem baixa (Telecom.) low-pass filter

filtro de pente (Image Tech.; Telecom.) comb filter

filtro de polarização (Image Tech.) polarizing filter

filtro de portadora (Telecom.) carrier filter

filtro de rectificador (Elect.) rectifier filter

filtro de rejeição (Electron.) rejection filter

filtro de resposta infinita aos impulsos (Electron.) infinite impulse response [IIF] filter

filtro de ruído (Electron.) noise filter

filtro de ruído atmosférico (Electron.) scratch filter

filtro de secção pi (Telecom.) pi-section filter

filtro de secção-T (Telecom.) T-section filter

filtro de seguimento (Electron.) tracking filter

filtro de semicondutor (Elect.) semiconductor trap

filtro de separação (Image Tech.) separation filter

filtro de separação de sinal (Electron.) signal separation filter

filtro de suavização (Electron.) smoothing filter

filtro de tambor (Mining) drum filter

filtro de transformação de impedância (Elect.) impedance transforming filter

filtro de treliça (Telecom.) lattice filter

filtro de voz (Phys.) voice filter

filtro dicróico (Image Tech.) dichroic filter

filtro digital (Telecom.) digital filter

filtro direccional (Telecom.) directional filter

filtro dispersivo (Electron.) dispersive filter

filtro graduado (Elect.; Image Tech.) graded filter

filtro harmónico (Telecom.) harmonic filter

filtro ideal (Electr.) ideal filter

filtro IFG (Electron.) YIG filter

filtro iterativo (Electron.) iterative filter

filtro magnético (Elect.) magnetic filter

filtro magnetoestrictivo (Elect.) magnetostrictive filter

filtro mecânico (Image Tech.) mechanical filter

filtro molecular (Chem.) molecular filter

filtro monocromático (Image Tech.) monochromatic filter

filtro não recursivo (Electron.) non-recursive filter

filtro óptico (Image Tech.) optical filter

filtro para infiltração (Build.) percolating filter

filtro passa tudo (Telecom.) all-pass filter [APF]

filtro passivo (Electron.) passive filter

filtro Pasteur (Chem.) Pasteur filter; ceramic filter

filtro polaróide (Image Tech.) polaroid filter

filtro-prensa (Chem.) filter press

filtro primário (Phys.) primary filter

filtro prolato (Electron.) prolate filter

filtro protótipo (Telecom.) prototype filter

filtro rcursivo (Electron.) recursive filter

filtro RL (Electron.) RL filter

filtro sintonizado (Electron.) tuned filter

filtro standard (Image Tech.) standard filter

filtros tricolores (Image Tech.) tricolour filters

filtro T (Electron.) T section

filtro tricromático (Image Tech.) trichromatic filter

filtro ultravioleta (Image Tech.) ultraviolet filter; U-V filter

filtro UV (Image Tech.) U-V filter; ultraviolet filter

fima (Med.) phyma

fimatose (Med.) phymatosis

fímbria (Bot.; Med.; Zoo.) fimbria; fringe

fimbriado (Bot.; Zoo.) fimbriate; fimbriated

fimbriocele (Med.) fimbriocele

fimbrioplastia (Med.) fimbrioplasty

fim de combustão (Space) burnout

fimícola (Bot.) fimicolous

fimose (Med.) phymosis

final (Gen.) terminal

finalização (Gen.) ending

finamente granulado (Eco.) finely-grained

fingimento (Build.) graining (paint)

finos (Mining) smalls; fines

finura (Phys.; Chem.) fineness

finura de pulverização (Phys.) fineness of grinding

fio (Elect.) wire; lead (terminal)

fio (Text.) thread

fio aquecido (Elect.) hot-wire

fio blindado (Elect.) shielded wire

fio blindado de par entraçado (Comp.) foil-shielded twisted pair [FTP]

fio cardado (Text.) carded yarn

fio chato (Text.) flat yarn

fio composto (Text.) composite yarn

fio condutor (Elect.) line wire

fio da urdidura (Text.) warp thread

fio de aço (Mech.) music wire (for springs)

fio de algodão para pavio de velas (Text.) candlewick

fio de algodão pronto para a cardagem (Text.) lap

fio de alimentação (Elect.) power cord

fio de amarração (Elect.) tie wire

fio de apoio das linhas aéreas (Elect.) stay

fio de chumbo (Elect.) lead wire

fio de contacto (Elect.) contact wire

fio de descida de antena (Telecom.) antenna download

fio de entrada (Elect.) leading-in wire

fio de equilíbrio do induzido (Elect.) armature equalizer connection

fio de ferramenta (Mech.) tool edge

fio de fibra contínuo (Text.) continuous filament yarn

fio de lã penteada (Text.) worsted yarn

fio de Lecher (Elect.) Lecher wire

fio de liga (Mech.) alloy wire

fio de ligação (Elect.) binding wire; jumper wire

fio de ligação directa (Elect.) jumper wire

fio de ligação radial (Elect.) radial lead

fio de linho (Text.) flax yard; linen yard

fio de manganina (Elect.) manganin wire

fio de mistura (Text.) intermingled yarn

fio de ouropel (Text.) tinsel yarn

fio de ponte (Elect.) jumper wire

fio de protecção (Telecom.) guard wire

fio de protecção de Price (Elect.) Price's guard-wire

fio de prova (Elect.) test leap

fio de prumo (Surv.) plumb-bob; plumb line; plummet

fio de quartzo (MINING) quartz thread

fio de retorno (ELECT.) return wire

fio de saída (ELECT.) leading-out wire

fio de sustentação (BUILD.; TELECOM.) guy

fio de terra (ELECT.) earth lead ; earth cable; earth conductor

fio de trama (TEXT.) pick

fio de união (ELECT.) tie wire

fio do filamento (ELECT.) filament wire

fio do induzido (ELECT.) armature conductor

fio do pára-raios (ELECT.) lightning conductor

fio do secundário (ELECT.) secondary wire

fio eléctrico com braçadeiras (ELECT.) cleat wiring

fio eléctrico flexível (ELECT.) flex

fio esmaltado (ELECT.) enamel-insulated wire

fio flexível (ELECT.) flexible cable

fio francês (TEXT.) lisle

fio fusível (ELECT.) fuse element

fio imanizado (ELECT.) magnet wire

fio imantado (ELECT.) magnet wire

fio inactivo (ELECT.) idle wire

fio individual de cabo eléctrico (ELECT.) strand

fio isolado (ELECT.) insulated wire

fio isolado com esmalte (ELECT.) enamel-insulated wire

fio magnético (PHYS.) magnetic wire

fio metálico (TEXT.) metallized yarn

fio misturado (TEXT.) intermingled yarn

fio mosqueado (TEXT.) mottle yarn

fio não puxado (TEXT.) undrawn yarn

fio neutro (ELECT.) middle wire

fio neutro (ELECT.) neutral wire

fio nu (ELECT.) bare wire

fio orientado parcialmente (TEXT.) partially oriented yarn

fio penteado (TEXT.) carded yarn

fiordes (GEO.) fiords; fjords

fio revestido de solda (ELECT.) solder-covered wire

fios com mistura de lã (TEXT.) woollen blended yarns

fios de acoplamento (ELECT.) strapping wires

fios de ventilação (MECH.) vent wires

fio secundário (ELECT.) secondary wire

fios internos (ELECT.) inside wiring

fio sintético (TEXT.) synthetic yarn

fio solto (TEXT.) thrum

fio superestirado (PHYS.) overspun wire

fio telegráfico (TELECOM.) line

fio tensor (AERO.) bracing wire

fio terminal (ELECT.) link

fio torcido antes da fiação (TEXT.) slub

firme (GEN.) firm; fast; stiff; fixed; hard

firmemente encalhado (NAV.) hard and fast

firmes à luz (BUILD.) fast to light

firmeza (TEXT.) fastness (of colours)

firmeza de cor (TEXT.) colour fastness

Física atómica (PHYS.) atomic physics

Física das Partículas (PHYS.) particle physics

Física de alta energia (PHYS.) high-energy physics

Física de saúde (RADIOL.) health physics

Física do estado sólido (PHYS.) solid-state physics

Física quântica (PHYS.) quantum physics

fisiogénico (MED.) physiogenic

fisiografia (GEO.) physiography

fisiológico (GEN.) physiological

fisocefalia (MED.) physocephalia

fisocele (MED.) physocele

fisoclistos (ZOO.) physoclistous

fisostigmina (CHEM.) physostigmine

fisóstomo (ZOO.) physostomous

fissão (GEN.) fission

fissão atómica (PHYS.) atomic fission; nuclear fission; radioactive fission

fissão binária (BIO.) binary fission

fissão dispersa (PHYS.) dispersed fission

fissão embriónica (ZOO.) embryonic fission

fissão em cadeia (NUCL.) chain fission

fissão espontânea (PHYS.) spontaneous fission

fissão gama (NUCL.) gamma fission

fissão múltipla (ZOO.) multiple fission

fissão nuclear (PHYS.) nuclear fission; atomic fission; radioactive fission

fissão nuclear de núcleos de gás (NUCL.) gas core nuclear fission

fissão radioactiva (NUCL.; PHYS.) radioactive fission ; atomic fission; nuclear fission

fissão rápida (PHYS.) fast fission

físsil (PHYS.) fissile; fissionable

fissiparidade (BOT.) fissiparity; fission

fissípede (ZOO.) fissiped

fissura (BUILD.) craze

fissura (GEO.; MED.; MINING) fissure

fissura (MED.; ZOO.) fissure; sulcus; gap; cleft; incisura; rima

fissura de retracção (MECH.) shrinkage crack

fissura de Sílvio (ZOO.) Sylvian fissure

fissura do dedo do pé (MED.) toe-crack

fissura hepática (MED.) fissure of liver; porta hepatis

fissura no casco do cavalo (VET.) sandcrack

fissuras do fígado (MED.) fissures of liver

fissura transversal (MECH.) cross crack

fissura vulcânica (GEO.) volcanic fissure

fístula (MED.) fistula; burrow

fita (GEN.) ribbon; strip; tape

fita (PRINT.) tape

fita (TEXT.) ribbon

fita contínua (ELECTRON.) tape loop

fita de aço (SURV.) steel tape

fita de aço com graduações (SURV.) band chain

fita de alimentação avançada (COMP.) advance feed tape

fita de alimentação central (COMP.) centre feed tape

fita de auditoria (COMP.) journal tape

fita de contacto (ELECT.) contact strip

fita de correcções (COMP.) amendment tape

fita de oito pistas (TELECOM.) eight track

fita de papel (COMP.) paper tape

fita de papel perfurado (COMP.) punched paper tape

fita de registo cronológico (COMP.) journal tape

fita estereofónica de pistas coincidentes (ELECTRON.) stacked stereophonic tape

fita isoladora (ELECT.) insulating tape

fita magnética (COMP.; ELECTRON.; IMAGE TECH.) tape ; magnetic tape

fita magnética de (óxido de) crómio (TELECOM.) ferro-chrome tape

fita-mestra de instrução (COMP.) instruction master tape

fita métrica (BUILD.; SURV.) tape; measuring tape

fitas (PRINT.) cords

fita telegráfica (TELECOM.) telegraph tape

fitil(a) (CHEM.) phytil

fitina (CHEM.) phytin

fitoaglutinina (BOT.) phytoagglutinin

fitoalexina (BOT.) phytoalexin

fitocromo (BOT.) phytochrome

fitófago (ZOO.) phytophagous

fitoferritina (BOT.) phytoferritin

fito-hemaglutininas (IMMUN.; MED.) phytohaemagglutinins

fito-hormona (BOT.) phytohormone

Fitologia (GEN.) phytology

Fitopatologia (BOT.) phytopathology; plant pathology

Fitoplâncton (BOT.) phytoplankton

Fitoquímica (BOT.) phytochemistry

Fitossociologia (ECO.) phytosociology

fitotoxina (BOT.) phytotoxin

fixação (ELECTRON.) clamping

fixação (BUILD.) grip; offlet

fixação (BIO.) embedding

fixação (GEN.) fixation

fixação (IMAGE TECH.) fixing

fixação de banda (TELECOM.) band setting

fixação de complemento (IMMUN.) complement fixation

fixação de espaço primário (COMP.) primary space allocation

fixação de fosfato (BOT.) phosphate fixation

fixação de imagem (IMAGE TECH.) picture lock

fixação de sincronismo (IMAGE TECH.) synchrolock

fixação do azoto (BOT.) nitrogen fixation

fixação do carbono (BOT.) carbon fixation

fixação do flap (AERO.; SPACE) flap setting

fixação do nitrogénio (CHEM.) fixation of nitrogen

fixação por chavetas (GEN.) keying

fixação posterior (BUILD.) backlocking

fixação vertical (IMAGE TECH.) frame hold

fixador (BUILD.) binder; fixing; fastener

fixador (GEN.) fixing; fixative
fixador (PRINT.) gripper edge
fixador de ácido (IMAGE TECH.) acid fixer
fixador de bancada (BUILD.) bench stop
fixador de faixa (BUILD.) band cramp
fixador de tapete (BUILD.) carpet strip
fixador de tubos (MINING) tubing catcher
fixador suporte (ELECT.) holder
fixar (COMP.) set
fixar o filamento de sutura na agulha (MED.) swage
fixidez à luz (BUILD.) light fastness
fixo (GEN.) fix; fast; fixed
fixo de espera (AERO.) holding point
fixo de posição (NAV.) radio fix
fixo de rádio (NAV.) radio fix
flabelado (BOT.) flabellate
flabeliforme (BOT.) flabelliform
flácido (BOT.; ZOO.) flaccid
flagelado (BOT.; ZOO.) flagellate
Flagelados (ZOO.) Flagellata
flagelina (BIO.) flagellin
flagelo (BIO.) flagellum
flagelo de chicote (BOT.) whiplash flagellum
flanco de dobra (GEO.) limb
flancos (BUILD.) flanks
Flandriano (GEO.) Flandrian
flanela (TEXT.) flannel
flanela de algodão (TEXT.) flannelette
flange (MECH.) flange; rim; shoulder
flange angular (MECH.) angle flange
flange cega ((MECH.) blank flange
flange da manivela (MECH.) crank web
flange de obturação (BUILD.) pipe stopper
flange de pressão (MECH.) pressure flange
flange de união (MECH.) flange joint
flap(e) (AERO.) flap; flight brake; air brake
flap bipartido (AERO.) split flap
flap compensador (AERO.) trim flap
flap da asa (AERO.) wing flap
flap de bordo de ataque (AERO.) leading-edge flap
flap de curvatura (AERO.) plain flap
flap de equilíbrio (AERO.) balancing flap
flap de escape (AERO.) blown flap
flap de fenda (AERO.) slotted flap
flap de jacto (AERO.) jet flap
flap de Kruger (AERO.) Kruger flap
flap fendido (AERO.) slotted flap
flap Fowler (AERO.) Fowler flap
flash (IMAGE TECH.) flash; blue-glass lamp
flato (MED.) flatus
flatulência (MED.) flatulence
flavina (CHEM.) flavin(e)
flavona (CHEM.) flavone
flavonóides (CHEM.) flavonoids
flavoproteína (BIO.) flavoprotein
flebectomia (MED.) phlebectomy
flebectopia (MED.) phlebectopia; flebectopy
flebeurisma (MED.) phlebeurism
flebite (MED.) phlebitis
flebite puerperal (MED.) phlegmasia alba dolens; white-leg

flebografia (RADIOL.) phlebography ; venography
flebólito (MED.) phlebolith
flebosclerose (MED.) venosclerosis, phlebosclerosis
flebotomia (MED.) phlebotomy
flebótomo (ZOO.) phlebotomus
flecha (ARCH.) broach; flèche; campanile
flecha (BUILD.) sagitta; rise
flecha da fuselagem (AERO.) camber of the body
flecha de arco (BUILD.) rise
flecha de um arco (BUILD.) versed sine
flegmasia (MED.) phlegmasia
flegmasia celulítica (MED.) phlegmasia dolens
flegmasia de Malabar (MED.) phlegmasia malabarica; elephantiasis
fleimão (MED.) phlegmon
fletcherismo (MED.) fletcherism (dietetics)
flexão (MECH.; TELECOM.) bend
flexão a frio (MECH.) cold bend
flexão secundária (MECH.) secondary bending
flexibilidade (ENG.) softness
flexibilidade cérea (MED.) flexibilitas cerea
flexível (PRINT.) limp
flexor (ZOO.) flexor
flexuoso (BOT.) flexuose; flexuous
flexura (BUILD.) flexure
flexura caudal (ZOO.) caudal flexure; sacral flexure
flexura cefálica (ZOO.) cephalic flexure; cerebral flexure; mesencephalic flexure
flexura cerebral (ZOO.) cerebral flexure; cephalic flexure
flexura cervical (ZOO.) cervical flexure; nuchal flexure
flexura craniana (ZOO.) cranial flexure; cerebral flexure
flexura de ponte (ZOO.) pontal flexure
flexura sigmoideia (ZOO.) sigmoid flexure
flexura telencefálica (ZOO.) telencephallic flexure
flictena (MED.) phlycten; bleb
flicténula (MED.) phlyctenula; phlyctenule
flip-flop (COMP.) flip-flop
flisch (GEO.) flysch
floco (ZOO.) floccus
floco de neve (ECO.) snowflake
floculação (GEN.) flocculation
floculento (CHEM.) flocculent
flóculo (ASTRO.) flocculus
floculonodular (MED.) flocculonodular
flóculos (ASTRO.) flocculi
flóculo solar (ASTRO.) solar flocculus
floema (BOT.) phloem
floema duro (BOT.) hard bast
floema interno (BOT.) internal phloem
floema intra-axilar (BOT.) intraxillary phloem
floema primário (BOT.) primary phloem
floema secundário (BOT.) secondary phloem
flogopite (MINER.) phlogopite

flor (BOT.) flower
flora (BOT.) flora
floração (BOT.) bloom
floração prematura (BOT.) bolting
flora do solo (BOT.) soil flora
floral (ECO.) floral
flor alotrópica (BOT.) allotropous flower
flora malaia (ECO.) Malesian flora
florão de tecto (ELECT.) ceiling rose
floreado (ARCH.) floriated
florescência (GEN.) bloom
florescências de fitoplâncton (ECO.) phytoplankton blooms
flores de níquel (MINER.) nickel bloom; annabergite
floresta (ECO.) forest
floresta cársica (ECO.) limestone forest
floresta chuvosa (ECO.) rain forest; tropical forest
floresta das chuvas (ECO.) cloud forest
floresta de chuva equatorial (GEO.) equatorial rainforest
floresta de coníferas (leste dos EUA) (ECO.) lake forest
floresta de líquens (ECO.) lichen woodland
floresta de montanha (ECO.) montane forest
floresta de montanha tropical (ECO.) mossy forest
floresta de turfa (ECO.) bog forest
floresta espinhosa (ECO.) thorn forest
floresta húmida tropical (ECO.) tropical moist forest
floresta mediterrânica (ECO.) Mediterranean forest
floresta mista (ECO.) mixed woodland
floresta mista de latitudes médias (ECO.) mid-latitude mixed forest
floresta periférica (ECO.) gallery forest
floresta petrificada (ECO.) petrified forest
floresta pluvial tropical (ECO.) tropical rain forest
floresta pristina (ECO.) medieval woodland
floresta submersa (ECO.) submerged forest
floresta temperada chuvosa (ECO.) temperate rain forest
floresta temperada decidua (ECO.) temperate deciduous forest
floresta tropical (ECO.) tropical forest; rain forest
floresta tropical da Indo-Malaia (ECO.) Indo-Malesian rain forest
floresta tropical de montanha (ECO.) tropical montane forest
floresta tropical húmida africana (ECO.) African rain forest
floresta tropical húmida americana (ECO.) American rain forest
floresta tropical sazonal (ECO.) tropical seasonal forest
floresta tropical subalpina chuvosa (ECO.) tropical subalpine rain forest
flor estéril (BOT.) sterile flower
florígeno (BOT.) florigen
flor imperfeita (BOT.) imperfect flower; incomplete flower

florística (Eco.) floristic
florões (Print.) flowers
floroglucinol (Bot.) phloroglucinol
flor polínica (Bot.) pollen flower
flor polinizada por borboletas (Bot.) butterfly flower
flor unisexual (Eco.) unisexual flower
flósculo (Bot.) floret
flósculo de disco (Bot.) disk floret
flosferri (Miner.) flos ferri
fludrocortisona (Chem.) fludrocortisone
fluidez (Phys.) fluidity
fluidez plástica (Mech.) plastic flow
fluídico (Phys.) fluidic
fluidificação (Chem.) fluidization
fluido (Gen.) fluid
fluido anti-estático (Phys.) antistatic fluid
fluido dieléctrico (Elect.) dielectric fluid
fluido estratificado (Chem.) stratified fluid
flúido extracelular (Bio.) extracellular fluid
fluidogliceratos (Chem.) fluidglycerates
fluido incompressível (Phys.) incompressible fluid
fluido não viscoso (Chem.; Phys.) perfect fluid
fluido negro (Paper) black liquor
fluido perfeito (Chem.; Phys.) perfect fluid
fluido químico fluorescente (Chem.) fluorescent chemical fluid
fluidos anti-incrustadores (Mech.) boiler compositions
fluido saturado (Chem.) saturated fluid
fluindo pelo topo (Mining) flowing by heads
fluir (Mech.) run-out
flúor (Chem.) fluorine
fluorapatite (Miner.) fluorapatite
fluoreno (Chem.) fluorene
fluoreno bruto (Chem.) crude fluorene
fluosceína (Chem.) fluorescein
fluorescência (Phys.) fluorescence
fluorescência de impacte (Electron.) impact fluorescence
fluorescência de quinacrina (Bio.) quinacrine fluorescence
fluorescência ultravioleta (Phys.) ultraviolet fluorescence
fluoretação (Chem.; Med.) fluoridation; fluorination
fluoretar (Chem.; Med.) fluoridate
fluoretização (Chem.; Med.) fluoridation; fluorination
fluoreto de boro (Chem.) borofluoride
fluoreto de cálcio (Chem.) calcium fluoride
fluoreto de fosforilo (Chem.) phosphoryl fluoride
fluoreto de hidrogénio (Chem.) hydrogen fluoride
fluoreto de prata (Chem.) silver fluoride
fluoreto de sódio (Med.) sodium fluoride
fluoreto estanoso (Chem.) stannous fluoride
fluorimetria (Radiol.) fluorimetry

fluorímetro (Radiol.) fluorimeter
fluorite (Miner.) fluorite; Derbyshire spar; fluorspar
fluorocarbono (Chem.) fluorcarbon
fluorocromo (Chem.) fluorochrome
fluorografia (Radiol.) fluorography; photofluorography
fluoroscopia (Radiol.) fluorescopy; radioscopy; roentgenoscopy
fluoroscópio (Radiol.) fluoroscope; radioscope; roentgenoscope
fluorose (Med.) fluorosis
fluróforo (Chem.) fluorophore
flutuabilidade (Phys.) buoyance; net lift
flutuabilidade de reserva (Aero.; Nav.) reserve buoyance
flutuabilidade inerente (Mining) inherent floatability
flutuação (Aero.) float
flutuação (Elect.) drift
flutuação (Med.) fluctuation
flutuação (Mining) flotation
flutuação aérea (Telecom.) aircraft flutter [VHF]
flutuação climática (Meteo.) climatic fluctuation
flutuação de campo (Elect.) field fluctuation
flutuação de eco (Radar) echo flutter
flutuação de espuma (Mining) froth flotation
flutuação de fase (Elect.) phase swinging
flutuação de iões (Chem.) ion flotation
flutuação de massa (Plast.) bulk flotation
flutuação de tempo (Electron.) time jitter
flutuação diferencial (Elect.) differential flotation
flutuação selectiva (Mining) differential flotation
flutuador (Aero.) pontoon
flutuador (Eng.) float
flutuador acoplado (Aero.) coupled flutter
flutuador de bola (Mech.) hollow ball
flutuador de cabo submarino (Telecom.) cable float
flutuador de ponta de asa (Aero.) wing-tip float
flutuador principal (Aero.) main float
fluvial (Eco.) fluvial
fluvial (Bot.; Zoo.) fluvial; fluviatile
fluviátil (Bot.; Zoo.) fluvial; fluviatile
fluvio-marinho (Zoo.) fluviomarine
fluvio-terrestre (Zoo.) fluvioterrestrial
fluxímetro de indutância (Electron.) induction flowmeter
fluxímetro de vertedouro (Hydro.) measuring weir
fluxo (Gen.) flux; flow
fluxo (Med.) flux; flow; flumen
fluxo aberto (Mining) open flow [OF]
fluxo aerodinâmico (Aero.; Phys.) streamline flow; steady flow
fluxo bidimensional (Hydro.) two-dimensional flow
fluxo branco (Med.) fluor albus
fluxo constante (Elect.) steady flow
fluxo contínuo (Elect.) steady flow

fluxo crítico (Hydro.) critical flow
fluxo de ar de turborreactor (Mech.) turbo airstream
fluxo de Bingham (Phys.) Bingham flow
fluxo de bits (Comp.) bitstream
fluxo de calor continental (Meteo.) continental heat flow
fluxo de corrente contínua (Elect.) d.c. flow; direct current flow
fluxo de dados (Comp.) data stream; data flow
fluxo de dados de nível (1, 2, 2+3) (Comp.) data flow level (1, 2, 2+3)
fluxo de deslocamento (Phys.) displacement flux
fluxo de detritos (Geo.) debris flow
fluxo de dispersão (Elect.) leakage flux
fluxo de entrada de tarefas (Comp.) job input stream
fluxo de escapamento diferencial (Elect.) differential leakage flux
fluxo de fundo originado pela pressão de fundo (Mining) bottom hole pressure flow(ing)
fluxo de gás (Mining) gas flow
fluxo de gradiente (Meteo.) gradient flow
fluxo de Hagen-Poiseuille (Phys.) Hagen-Poiseuille flow
fluxo de Harris (Elect.) Harris flow
fluxo de Helmholtz (Phys.) Helmholtz flow
fluxo de inércia (Phys.) inertial flow
fluxo de Knudsen (Chem.) Knudsen flow
fluxo de luz (Phys.) light flux
fluxo de massa (Phys.) mass flow
fluxo de molécula livre (Chem.) Knudsen flow
fluxo de neutrões (Phys.) neutron flux
fluxo de neutrões térmicos (Electron.) thermal neutron flux
fluxo de petróleo (Mining) oil flow
fluxo de Poiseuille (Hydro.) Poiseuille flow
fluxo de retorno (Eco.) undertow
fluxo de saída (Comp.) output stream
fluxo de saída de tarefas (Comp.) job output stream
fluxo de saturação (Phys.) saturation flux
fluxo descendente (Aero.) downwash
fluxo deslizante (Aero.) slip flow
fluxo de tarefas de saída (Comp.) output job stream
fluxo de trabalhos de entrada (Comp.) input job stream
fluxo de tráfego (Telecom.) traffic flow
fluxo de transição (Mech.) transition flow
fluxo de vórtice livre (Aero.) free vortex flow
fluxo de Westcott (Nucl.) Westcott flux
fluxo dieléctrico (Elect.) dielectric flux
fluxo disperso (Elect.) stray flux
fluxo do induzido (Elect.) armature flux

fluxo eléctrico (Phys.) electric flux
fluxo energético (Eco.) energy flow
fluxo energético (Phys.) radiant flux
fluxo errático (Elect.) stray flux
fluxo estacionário (Aero.) steady flow
fluxo genético (Eco.) gene flow
fluxograma (Comp.) chart; flowchart
fluxograma de dados (Comp.) data flowchart
fluxograma de programa (Comp.) program flowchart
fluxograma de sistema (Comp.) system flowchart
fluxograma lógico (Comp.) logic flowchart; logical flowchart
fluxo hipersónico (Aero.; Space) hypersonic flow
fluxo intrínseco (Elect.) intrinsic flux
fluxo (ir)radiante (Phys.) radiant flux
fluxo luminoso (Phys.) luminous flux
fluxo magnético (Elect.) magnetic flux
fluxómetro (Elect.) fluxmeter
fluxómetro (Phys.) flowmeter
fluxómetro de Grassot (Elect.) Grassot fluxmeter
fluxo não saturado (Hydro.) unsaturated flow
fluxo neutro (Mech.) neutral flux
fluxo perdido (Elect.) lost flux
fluxo plástico (Mech.) plastic flow
fluxo primário (Electron.) primary flow
fluxo principal (Elect.) main flow
fluxo radiante (Phys.) radiant flux
fluxo saturado (Phys.) saturated flux
fluxo sem estrangulador (Mining) open flow [OF]
fluxo superficial (Hydro.) surface flow ; surface runoff
fluxo supersónico (Phys.) supersonic flow
fluxo térmico (Chem.; Mech.; Phys.) heat-flow; heat flux
fluxo terrestre (Hydro.) surface flow
fluxo transversal (Elect.) cross field
fluxo turbulento (Phys.) turbulent flow
fluxo uniforme (Hydro.) uniform flow
fluxo útil (Elect.) working flux
fluxo zonal (Meteo.) zonal circulation
FM de banda larga (Telecom.) wideband FM
fobia (Psycho.) phobia
fobia social (Psycho.) social phobia
Fobos (Astro.) Phobos (satellite of Mars)
focagem (Image Tech.) focusing
focagem automática (Image Tech.) automatic focusing
focagem de fase (Electron.) phase focusing
focagem de gradiente alterno (Electron.) alternating-gradient focusing
focagem electrostática (Electron.) electrostatic focusing
focagem isoeléctrica (Bio.) iso-electric focusing
focagem variável (Image Tech.) zoom
focagens contínuas (Image Tech.) follows focus

focalização dinâmica (Electron.) dynamic focusing
focalização electromagnética (Electron.) electromagnetic focusing
focalização magnética (Electron.) magnetic focusing
focinho (Zoo.) chuff; muzzle
focinho do degrau (Build.) nosing
foco (Math.; Phys.) focus
foco (Phys.) focus (Optics); luminous point
foco de replicação (Bio.) replication eye
foco do cátodo (Elect.) cathode spot
foco estático (Elect.) static focus
focomelia (Med.) phocomelia
focómetro (Phys.) focometer
foco paraxial (Phys.) paraxial focus
foco primário (Phys.) prime focus
foco principal (Phys.) principal focus
foco sagital (Phys.) saggital focus
focos conjugados (Math.) conjugate foci
foco tangencial (Phys.) tangential focus
fogo de Santelmo (Meteo.; Nav.; Phys.) corona discharge; Saint Elmo's fire; Saint Elmo's light; Elmo's fire
fogo externo (Mech.) external firing
fogueiro (Mining) fireman
foguetão (Aero.; Space) rocket
foguetão de descolagem (Aero.) take-off rocket
foguetão de sondagem (Space) sounding rocket
foguetão de travagem (Aero.; Phys.) braking rocket
foguetão iónico (Astro.) ionic rocket
foguete (Aero.; Space) rocket
foguete a plasma (Astro.) plasma rocket
foguete atómico (Phys.) atomic rocket
foguete auxiliar (Aero.) booster rocket; booster
foguete de descolagem (Aero.) take-off rocket
foguete de pouso (Astro.; Space) landing rocket
foguete de vários estágios (Astro.) multistage rocket
foguete nuclear (Phys.) atomic rocket
foguete-sonda (Meteo.) rocketsonde
foiaíte (Miner.) foyaite
foice (Zoo.) falx
foice do cérebro (Med.; Zoo.) falcula; falx cerebri
folato (Chem.) folate
fole (Mech.) bellows; blower
fole (Image Tech.) bellows
fole metálico vazio (Mech.) sylphon bellows
foles da câmara (Image Tech.) camera bellows
folga (Mech.) allowance; clearance; play ; backlash
folga do pistão (Mech.) piston clearance
folga lateral (Mech.) lateral play
folga positiva (Mech.) positive allowance
folha (Bot.) leaf; blade
folha (Gen.) leaf; blade; sheet; lamina; foil

folha (Print.) sheet
folha bifacial (Bot.) bifacial leaf
folha de alumínio (Build.) aluminium leaf ; aluminium foil
folha de bloqueamento (Print.) blocking foil
folha de carga e centragem (Aero.) loading and cg diagram; load and trim sheet
folha de chumbo (Build.) lead sheet
folha de Descartes (Math.) folium of Descartes
folha-de-Flandres (Eng.) tin-plate; white iron ; white metal
folha-de-Flandres ao coque (Mech.) cokes
folha de Mobius (Math.) Mobius strip; Mobius band
folha de ouro (Build.) gold leaf
folha de prata (Build.) silver leaf
folha de registo (Print.) register sheet
folha de registo de voo (Aero.) flight-log
folha dorsiventral (Bot.) bifacial leaf
folha estanhada (Mech.) white metal
folha floral (Bot.) floral leaf
folha grande de papel impressa de um só lado (Print.) broadsheet
folha modificada em forma de jarro (Bot.) pitcher
folha nova (Bot.) leaflet
folha pediforme (Bot.) pedate leaf
folha pequena (Bot.) leaflet
folha rudimentar (Bot.) scale
folhas cêntricas (Bot.) centric leaves
folha simples (Bot.) simple leaf
folha solta (Print.) loose-leaf
folheado (Build.) veneer
folheado a ouro (Mech.) gold filled
folhear (Mech.) leafing
folheto branquial (Zoo.) gill raker
folhoso (Bot.) foliose
folhoso (Zoo.) psalterium; omasum
foliação (Geo.) foliation
foliáceo (Bot.; Miner.) foliate, foliaceous; foliose
foliado (Bot.) foliate; foliaceous
foliculite (Med.) folliculitis
foliculite infecciosa dos porcos (Vet.) Glasser's disease
folículo (Gen.) follicle
folículo capilar (Zoo.) hair follicle
folículo de Graaf (Zoo.) Graafian follicle
foliculoma (Med.) folliculoma
folículo piloso (Zoo.) hair follicle
folículos de Lieberkühn (Zoo.) Lieberkühn's follicles
Folidotos (Zoo.) Pholidota
fólio (Print.) folio
fólio de Descartes (Math.) folium of Descartes
fomito (Med.) fomes
fon (Phys.) phon
fonação (Zoo.) phonation
fonão (Phys.) phonon
Fonética (Phys.) phonetics
fonocaptador (Phys.) pickup
fonocaptador a cristal (Phys.) crystal pick-up
fonocaptador acústico (Phys.) acoustic pickup

fonocaptador capacitivo (PHYS.) capacitor pickup

fonocaptador de relutância (ELECT.) reluctance pick-up

fonocaptador piezoeléctrico (PHYS.) piezoelectric pickup

fonocaptador subsequente (TELECOM.) subsequent pick-up

fonógrafo (PHYS.) phonograph

fonógrafo de Edison (PHYS.) Edison phonograph

fonolite (GEO.) phonolite

fonolite (MINING) clink-stone

fonómetro (PHYS.) phonometer

Fonoquímica (CHEM.) phonochemistry

fontanela (ZOO.) fontanelle

fonte (ELECT.) source

fonte (GEN.) source; mother

fonte (GEO.; HYDRO.) spring

fonte (PRINT.) font; fount

fonte compensada (ELECTRON.) balanced feeder

fonte comutada (ELECTRON.) switch-mode power supply

fonte de água gelada (GEO.) ice water spring

fonte de alimentação (ELECT.) power-pack

fonte de alimentação compensada (ELECTRON.) balanced power supply

fonte de alimentação comutada (ELECTRON.) forward converter

fonte de alimentação ininterruptível em linha (ELECTRON.) online UPS

fonte de alta tensão (ELECT.) high-voltage supply

fonte de alta voltagem (ELECT.) high-voltage supply

fonte de carbono (BIO.; CHEM.) carbon source

fonte de contacto (HYDRO.) contact spring

fonte de corrente (ELECTRON.) current source

fonte de corrente constante (ELECT.) constant-current source

fonte de corrente contínua (ELECT.) DC power supply

fonte de dispersão (PHYS.) scattering source

fonte de energia constante (ELECT.) equal energy source

fonte de falha (HYDRO.) fault spring

fonte de força do transmissor (TELECOM.) transmitter current supply

fonte de fragmentação de neutrões (PHYS.) spallation neutron source

fonte de grande potência radioactiva (MED.) giant source

fonte de interferência (PHYS.) interference source

fonte de iões (PHYS.) ion source

fonte de ionização (PHYS.) ionization source

fonte de irradiação (PHYS.) radiating source

fonte de neutrões (NUCL.) neutron source

fonte densa (PHYS.) thick source

fonte de polarização (ELECT.) bias pack

fonte de potência ininterruptível (ELECTRON.) uninterruptible power supply

fonte de quilo-curie (RADIOL.) kilo-curie source

fonte de radiação (PHYS.) radiation source

fonte de rádio (PHYS.) radium source

fonte de rádio Cas A (ASTRO.) Cassiopeia A

fonte de rádio quase estelar (ASTRO.) quasi-stellar radio source

fonte de raios gama (NUCL.; PHYS.; RADIOL.) gamma-ray source

fonte de ruído (ELECT.; PHYS.) noise source

fonte de tensão (ELECTRON.) voltage source

fonte de tensão constante (ELECT.) constant-voltage source

fonte de tensão de polarização de grade (ELECT.) grid power supply

fonte de tensão estabilizada (ELECTRON.) regulated power supply

fonte de voz artificial (PHYS.) artificial voice source

fonte fina (PHYS.) thin source

fonte gigante (MED.) giant source

fonte inductiva (ELECT.) inductive source

fonte iónica (PHYS.) ion source

fonte isotrópica (ELECTRON.) isotropic source

fonte radioactiva (PHYS.) radioactive source

fontes coerentes (TELECOM.) coherent sources

fontes de composição (PRINT.) composition founts

fontes de neutrões (NUCL.) sources of neutrons

fontes de raios X (ASTRO.) X-ray sources

fonte trófica (ECO.) trophic fountain

fonte ultravioleta (ASTRO.; PHYS.) ultraviolet source

fontículo (ZOO.) fontanelle

fora da linha (ELECTRON.) off-axis response

fora de equilíbrio (MECH.) out of balance

fora de faixa (TELECOM.) out of band

fora de fase (ELECT.) out of phase

fora de linha (COMP.) off line

forame (ZOO.) foramen (pl. foramina)

forâmen (ZOO.) foramen

forâmen de Duverney (ZOO.) Duverney's foramen; epiploic foramen

forâmen de Monro (ZOO.) Monro's foramen

forâmen de Winslow (ZOO.) Winslow's foramen; epiploic foramen

forâmen epiplóico (ZOO.) epiploic foramen

forâmen intraventricular (ZOO.) intraventricular foramen; Monro's foramen

força (GEN.) force; strength; stem; power

força ascensional (AERO.) lift fan; buoyancy

força ascensional negativa (AERO.) negative buoyancy

força ascensional total (AERO.) lifty capacity

força atómica (PHYS.) atomic power

força atractiva (PHYS.) attractive force; attractive power

força auricular (PHYS.) aural power

força central (PHYS.) central force

força centrífuga (PHYS.) centrifugal force; tangential force

força centrípeta (PHYS.) centripetal force

força cinética (PHYS.) kinetic energy; momentum

força circunferencial (PHYS.) circumferential force

força coerciva (PHYS.) coercive force

força contra-electromotriz (ELECT.) back e.m.f.; back electromotive force

força cortante (MECH.) shear force

força de ascensão (AERO.) lifting force; lift

força de barra de tracção (MECH.) draw-bar pull

força de campo magnético (ELECT.) magnetic-field strength; magnetic-field intensity

força de cisalhamento (MECH.) shear force

força de compressão (BUILD.; MECH.) thrust

força de conservação (ELECT.) holding power

força de Coriolis (METEO.) Coriolis effect

força de corrente (HYDRO.) drift

força de Coulomb (PHYS.) Coulomb force

força de desmagnetização (ELECT.) demagnetization force

força de dois corpos (PHYS.) two body force

força de Euler (MECH.) Euler force

força de fadiga (MECH.) fatigue strength; fatigue resistance

força de gradiente de pressão (METEO.) pressure-gradient force

força de impacte (PHYS.) impact force

força de inércia (PHYS.) inertial force

força de intercâmbio (PHYS.) exchange force

força de Lorenz (PHYS.) Lorenz force

força de Magnus (AERO.) Magnus force

força de reserva (MECH.) reserve power

força desmagnetizante (ELECT.) demagnetizing force

força de sustentação (AERO.) buoyance; lifting force; lift

força de tensão (PHYS.) strain; stretching force

força de torção (PHYS.) torsion force

força de tracção (MECH.) tractive power; tractive force

força de Wigner (PHYS.) Wigner force

força directiva (ELECT.) directive force

força distribuída (AERO.) distributed force

força do isolador (ELECT.) insulator strength

força do reactor (NUCL.) reactor power

força dos ácidos (CHEM.) strength of acids

força electromotriz (ELECT.) electromotive force; e.m.f.

força electromotriz auto-induzida (ELECT.) self-induced e.m.f.

força electromotriz de contacto (ELECT.) contact electromotive force

força electromotriz de fonte (ELECT.) source electromotive force

força electromotriz induzida (PHYS.) induced e.m.f.

força electromotriz interna (ELECT.) internal e.m.f.

força electromotriz térmica (ELECT.) thermal electromotive force

força externa (PHYS.) external force

força geostrófica (METEO.) geostrophic force

força gravitacional (ASTRO.; PHYS.) gravitational force

força interna (MECH.) internal force

força iónica (CHEM.) ionic strength

força irradiante (ELECT.) radiating power

força isoladora (ELECT.) insulating strength

força magnetomotriz (PHYS.) magnetomotive force

força mecanomotora (PHYS.) mechanomotive force

força motriz (MECH.) motion power; power supply

força motriz protónica (BIO.) proton motive force

força periférica (PHYS.) circumferencial force

força radial (MECH.) radial power

força repulsiva (GEN.) repulsion

força resultante (PHYS.) resultant force

forças componentes (PHYS.) component forces

forças coplanares (PHYS.) coplanar forces

forças de curto alcance (PHYS.) short-range forces

forças de dispersão (CHEM.) dispersion forces

forças de London (CHEM.) London forces; van der Waals' forces

forças de van der Waals (CHEM.) van der Waals' forces; London forces

forças intermoleculares (PHYS.) intermolecular forces

forças intranucleares (PHYS.) intranuclear forces

força sonora equivalente (ELECTRON.) equivalent loudness

força tangencial (PHYS.) tangential force

força tensora (PHYS.) tensor force

força tensorial (PHYS.) tensor force

força útil (PHYS.) useful power

forese (MED.) phoresis

foresia (ZOO.) phoresy

fórfex (ZOO.) forfex

fórfice (ZOO.) forfex

forja (MECH.) forge; furnace; foundry

forja a pressão (MECH.) pressure forging

forjadura (MECH.) forging

forjadura a martinete (MECH.) drop stamping

forjadura estampada (MECH.) drop stamping

forjamento (MECH.) forging

forjamento a cilindro (MECH.) roll forging

forjamento a martelo mecânico (MECH.) drop forging

forjamento a martinete (MECH.) drop forging

forjamento a prensa (MECH.) press forging

forjamento a rolo (MECH.) roll forging

forjamento em molde (MECH.) swaging

forjamento hidráulico (MECH.) hydraulic forging

forma (GEN.) form; shape; pattern; configuration; figure

forma atípica (MED.) forme fruste

forma biológica (BOT.) biological form

forma canónica (MATH.) normal form

formação (GEO.) formation

formação (MECH.) forming

formação (MINING) wall-rock ; relic

formação alopatroclínica (BOT.) allopatric speciation

formação a rolos (MECH.) roll forming

formação a vácuo (PLAST.) vacuum forming

formação com gás (MINING) gas bearing formation

formação de arco (ELECT.) arcing

formação de arco num magnetrão (ELECTRON.) magnetron arcing

formação de bolas (MECH.) balling

formação de célula livre (BOT.) free cell formation

formação de cristas de gelo (HYDRO.) ridging

formação de deutões (NUCL.) deuteron formation

formação de esmalte (ZOO.) amelification

formação de estrias (IMAGE TECH.) streaking

formação de estróbilos (ZOO.) strobilization

formação de faísca (ELECT.) sparking

formação de filas (COMP.) queuing

formação de grumos (BUILD.) pinholing

formação de impressão (PSYCHO.) impression formation

formação de impurezas de óleo no cárter (MECH.) crankcase sludging

formação de lagoa (HYDRO.) ponding

formação de nuvens compostas (METEO.) composite cloud formation

formação de orvalho (METEO.) dewfall

formação de recifes (GEO.) reef growth

formação do impulso (ELECTRON.) pulse shaping

formação do solo (ECO.) soil formation

formação dos icebergs (GEO.) calving

formação em forma de rede (ZOO.) honeycomb bag

formação em tangente (MECH.) tangent forming

formação explosiva (MECH.) explosive forming

formação florestal (ECO.) forest formation

formação hidráulica (MECH.) hydroforming

formação interna de pares (PHYS.) internal pair conversion

formação iteractiva (ELECT.) iteractive array

formação petrolífera (MINING) oil bearing formation

formação por alongamento (MECH.) stretch forming

formação por esticador (MECH.) stretch forming

formação Pré-Câmbrica (GEO.) Precambrian formation

formação reactiva (PSYCHO.) reaction formation

formações carboníferas (GEO.) coal measures

formações hulhíferas (GEO.) coal measures

forma cristalina (GEO.; MINING.) crystalline form

forma de Backus-Naur (COMP.) Backus-Naur form

forma de crescimento (BOT.) growth form

forma de cúspida (ECO.) cuspidate

forma de onda (TELECOM.) waveform

forma de onda assimétrica (TELECOM.) asymmetrical waveform

forma de onda bidireccional (TELECOM.) bidirectional waveform

forma de onda complexa (ELECTRON.) complex waveform

forma de onda de televisão (TELECOM.) television wave form

forma de onda de voltagem de grade (ELECT.) grid waveform

forma de onda exponencial (ELECTRON.) exponential wave form

forma de onda simétrica (TELECOM.) symmetrical waveform

forma de percussão (MINER.) percussion figure

forma de ressonância (CHEM.) resonance form

forma de vida (BIO.) lifeform

formador (MECH.) former

formador (PHYS.) formant

forma gráfica (COMP.) graphic form

forma integral de Poisson (MATH.) Poisson integral formula

formaldeído (CHEM.) formaldehyde; methanal

formaldeído de melamina (CHEM.) melamine-formaldehyde

formalina (CHEM.) formalin

formamida dimetílica (CHEM.) dimethylformamide

forma móvel (BUILD.) moving form

forma na qual se lança o vidro a moldar (GLASS.) parison

forma normal (MATH.) normal form

formão (BUILD.) mortise chisel

formão (MECH.) chisel; cold chisel

formão de marceneiro (BUILD.) joiner's chisel; carpenter's chisel

formão plano (MECH.) flat chisel

formão reforçado (BUILD.) firmer chisel

forma palmelácea (BOT.) palmelloid form

forma para arco (BUILD.) turning-piece

forma polimórfica (MINER.) polymorphic form

forma primitiva (ZOO.) prototype

forma pura de onda (ELECT.) pure wave form

formas L (BIO.) L-forms

formatação controlada (COMP.) data-directed formation

formato (CHEM.) formate

formato (COMP.) format; methanoate

formato de disco (COMP.) disk format

formato de eco de trovoada (RADAR) thunderstorm echo shape

formato de endereço (COMP.) address format

formato de entrada de dispositivo (COMP.) device input format

formato de impressão (COMP.) printer format

formato de impressão de dados (COMP.) print data format

formato de instrução sem endereço (COMP.) addressless instruction format

formato de partícula (PHYS.) particle shape

formato de saída de dispositivo (COMP.) device output format

formato de transferência de informações de memória para o cartão (COMP.) card core-image format

formato F (COMP.) F-format

fórmico (CHEM.) formic

formiga rainha áptera (ZOO.) ergatogyne

formilo (CHEM.) formil

formina (CHEM.) hexamethylenetetramine; hexamine; urotropin

fórmula (GEN.) formula

fórmula canónica (MATH.) standard form

fórmula da reflexão de Fresnel (PHYS.) Fresnel's reflection formula

fórmula de altitude de Babinet (PHYS.) Babinet's formula for altitude

fórmula de Apjohn (PHYS.) Apjohn's formula

fórmula de aproximação de Nernst (PHYS.) Nernst approximation formula

fórmula de Attwood (NAV.; PHYS.) Attwood's formula

fórmula de Breit-Wigner (PHYS.) Breit-Wigner formula

fórmula de Brillouin (PHYS.) Brillouin formula

fórmula de Campbell (ELECT.) Campbell's formula

fórmula de constituição (CHEM.) constitutional formula

fórmula de dispersão (PHYS.) dispersion formula

fórmula de dispersão de Cauchy (PHYS.) Cauchy's dispersion formula

fórmula de dispersão de Hartmann (PHYS.) Hartmann dispersion formula

fórmula de Duchemin (AERO.) Duchemin's formula

fórmula de Euler (MATH.) Euler's formula

fórmula de Eyring (PHYS.) Eyring formula

fórmula de Forney (ELECTRON.) Forney formula

fórmula de Foster (ELECT.) Foster's formula

fórmula de Gordon (BUILD.) Gordon's formula

fórmula de Gregory (MATH.) Gregory formula

fórmula de Hartley (TELECOM.) Hartley formula

fórmula de Hazel e Williams (MECH.) Hazen and Williams' formula

fórmula de Helmert (PHYS.) Helmert's formula

fórmula de Hero(n) (MATH.) Hero(n)'s formula

fórmula de Herschel (MECH.) Herschel formula

fórmula de Klein-Nishina (PHYS.) Klein-Nishina formula

fórmula de Lagrange (MATH.) Lagrangian formula

fórmula de Larmor (PHYS.) Larmor formula

fórmula de lente (PHYS.) lens formula

fórmula de Lewis (MECH.) Lewis formula

fórmula de massa (PHYS.) mass formula

fórmula de Newton para a tensão (PHYS.) Newton's formula for the stress; Newtonian friction law

fórmula dentária (ZOO.) dental formula

fórmula de Poiseuille (PHYS.) Poiseuille's formula

fórmula de Poisson (PHYS.) Poisson formula

fórmula de Preece (ELECT.) Preece's formula

fórmula de quarto factor (NUCL.) four factor formula

fórmula de Rankine (BUILD.) Rankine's formula

fórmula de Rayleigh (PHYS.) Rayleigh formula

fórmula de reverberação de Millington (PHYS.) Millington reverberation formula

fórmula de Rodriguez (MATH.) Rodriguez formula

fórmula de Rydberg (PHYS.) Rydberg formula

fórmula de Sabine (PHYS.) Sabine formula (Acoustics)

fórmula de Steinmetz (ELECT.; PHYS.) Steinmetz formula

fórmula de tensão superficial de van der Waals (CHEM.) van der Waals' surface tension formula

fórmula de Thomson (ELECT.) Thomson formula

fórmula de Wallis (MATH.) Wallis formula

fórmula dimensional (MATH.) dimensional formula

fórmula do benzeno (CHEM.) benzene formula

fórmula empírica (GEN.) empirical formula; composition formula

fórmula estrutural (MECH.) structural formula

fórmula floral (BOT.) floral formula

fórmula gráfica (CHEM.) graphic formula

fórmula integral de Cauchy (MATH.) Cauchy's integral formula

fórmula matemática (MATH.) mathematical formula

fórmula molecular (CHEM.) molecular formula

fórmula prismóide (BUILD.) prismoidal formula

fórmula quadrática (MATH.) quadratic formula

fórmula química (CHEM.) equation of combination; chemical formula

fórmula quinónica (CHEM.) quinonoid formula

formulário contínuo (COMP.) continuous form

formulário estacionário (COMP.) continuous stationary

fórmulas de Frenet (MATH.) Frenet's formulae

fórmulas de Gibbs-Helmetz (CHEM.) equation of maximum work; Gibbs-Helmetz equation; Gibbs-Helmetz formula

fórmulas de interpolação de Lagrange (MATH.) Lagrange's interpolation formula

fórmulas de Serret-Frenet (MATH.) Serret-Frenet formulae

fórmulas Newton-Cotes (MATH.) Newton-Cotes formulae

fornacita (MINER.) fornacite, furnacite

fornalha (BUILD.) back hearth

fornalha (MECH.) fire-box; furnace ; hearth

fornalha (MINING) kiln

fornalha anterior (MECH.) forehearth

fornalha a vácuo (MECH.) vacuum furnace

fornalha de fogo indirecto (MECH.) indirect-fire furnace

fornalha de galeria (MECH.) gallery furnace

fornalha de indução de alta frequência (MECH.) high-frequency induction furnace

fornalha de soleira aberta (MECH.) open-hearth furnace

fornalha de soleira múltipla (MECH.) multiple-hearth furnace

fornalha interior (MECH.) internally fired furnace

fornalha Northrup (ELECT.) Northrup furnace

fornalha recuperativa (MECH.) recuperative furnace

fornalha tubular (MECH.) tunnel furnace

fornecedor de serviço de internet (TELECOM.) internet service provider [ISP]

fornecimento de energia (PHYS.) power supply

fornecimento de força (PHYS.) power supply

fórnix (ZOO.) fornix; trigono cerebrale

forno (MECH.) oven; furnace; kiln

forno abafado (MECH.) dead bank

forno a jacto de ar quente (MECH.) hot-blast stove; Cowper stove

forno a vácuo (ELECT.) vacuum oven

forno contínuo (MECH.) continuous furnace

forno de arco a vácuo (CHEM.) vacuum arc furnace

forno de arco directo (ELECT.) direct-arc furnace

forno de arco voltaico (ELECT.; ENG.) arc furnace; electric-arc furnace

forno de arco voltaico indirecto (ELECT.) indirect-arc furnace

forno de Baily (ELECT.) Baily's furnace

forno de banho salino (MECH.) salt bath furnace

forno de cadinho (MECH.) crucible furnace

forno de cal (MECH.) lime kiln

forno de calcinação (MECH.) roasting furnace

forno de carregamento contínuo (MECH.) continuous charge furnace

forno de chumbar (MECH.) leading furnace

forno de combustão de tubo (MECH.) combustion tube furnace

forno de Cowper (MECH.) Cowper stove; hot-blast stove

forno de crisol (MECH.) pot furnace

forno de crisol dianteiro (MECH.) forehearth furnace

forno de cuba (MECH.) shaft furnace

forno de cúpula (MECH.) cupola furnace

forno de dupla corrente (ELECT.) double-current furnace

forno de fundição (MECH.) melting furnace

forno de Hempel (MECH.) Hempel furnace

forno de indução (ELECT.) induction furnace

forno de indução de núcleo (ELECT.) core-type induction furnace

forno de Kjellin (ELECT.) Kjellin furnace

forno de laminador (MECH.) roller furnace

forno de laminar (MECH.) sheet furnace

forno de magnetrão (ELECTRON.) magnetron furnace

forno de mufla (MECH.) muffle furnace

forno de núcleo (MECH.) core oven

forno de oxidação (MECH.) oxidizing furnace

forno de pudlagem (MECH.) puddling furnace

forno de reaquecimento (MECH.) reheating furnace

forno de recozimento (MECH.) annealing furnace

forno de resistência (ELECT.) resistance furnace; resistance oven; resistor furnace

forno de reverberação de soleira (METEO.) hearthy-type reverberatory furnace

forno de revérbero (MECH.) reverberatory furnace

forno de revérbero rotativo (MECH.) revolving-reverberation furnace

forno de semi-mufla (MECH.) oven-type furnace; semimuffle-type furnace

forno de sinterização (MECH.) sintering hearth

forno de tanque (GLASS) tank furnace

forno de têmpera (MECH.) hardening furnace

forno de tubo de irradiação (MECH.) radiant-tube furnace

forno de túnel (MECH.) tunnel furnace

forno eléctrico (ELECT.; MINER.) electrical furnace ; resistance furnace

forno intermitente (ENG.) batch furnace

forno Keller (ELECT.) Keller furnace

forno micro-ondas (GEN.) microwave cooker

forno recuperativo (MECH.) recuperative furnace

forno regenerador (MECH.) regenerative furnace

forno revérbero rotativo (MECH.) rotary reverberatory furnace

forno rolante (MECH.) continuous furnace

forno Siemens (MECH.) Siemens's furnace

forno Siemens-Martin (MECH.) open-heart furnace

forno tipo câmpanula (MECH.) bell-type furnace

forno tubular (MECH.) tunnel kiln; tubular kiln

forno tubular giratório (MECH.) revolving tubular kiln

forno-túnel (MECH.) tunnel kiln

forno vertical (MECH.) vertical kiln

Foronídeos (ZOO.) Phoronidea

forqueta (VET.) frog

forqueta de colher de fundição (MECH.) ladle carrier

forqueta de panela de fundição (MECH.) ladle carrier

forquilha (BUILD.) bird's mouth

forquilha (GEN.) fork; clevis; yoke

forquilha (HORO.) fork

forquilha (MED.) clevis

forquilha (MED.) fourchette

forquilha (VET.) frog

forrar de lambris (BUILD.) wainscoting

forro (BUILD.) facing; firring; stuff

forro (GEN.) covering; plating; lining; sheathing

forro (NAV.) ceiling

forro de capa (ELECT.) close plating

forro de chaminé (BUILD.) flue lining

forro de papel (BUILD.) sheathing paper

forro de porta (BUILD.) lining of door casing

forsterite (MINER.) forsterite

FORTH (COMP.) FORTH (software language)

fosfamidas (BIO.; CHEM.) phospho-amides

fosfamidase (BIO.; CHEM.) phospho-amidase; phosphamidase

fosfatagem (ENG.) phosphating

fosfatase (BIO.; CHEM.) phosphatase

fosfatase alcalina (BIO.) alkaline phosphatase

fosfatidilcolina (BIO.) phosphatidyl choline

fosfatidiletanolamina (BIO.) phosphatidyl ethanolamine

fosfatidilinositol (BIO.) phosphatidyl inositol

fosfatidos (CHEM.) phosphatides

fosfato acetiltransferase (CHEM.) phosphate acetyltransferase

fosfato ácido de sódio (CHEM.) sodium acid phosphate

fosfato de carbamil (CHEM.) carbamyl phosphate

fosfato de cloroquina (CHEM.) chloroquine phosphate

fosfato de colina (CHEM.) phosphocoline

fosfato de creatina (BIO.) creatine phosphate

fosfato de potássio (CHEM.) potassium phosphate

fosfato de primaquina (CHEM.; MED.) primaquine phosphate

fosfato de rocha dura (GEO.) hard-rock phosphate

fosfato de zinco (BUILD.) zinc phosphate

fosfato diidróxido de amónio (CHEM.) ammonium dihydroxide phosphate

fosfato tricálcico (CHEM.) tricalcium phosphate

fosfatúria (MED.) phosphaturia

fosfena(o) (MED.) phosphene

fosfeto (CHEM.) phosphide

fosfeto de hidrogénio (CHEM.) hydrogen phosphide; phosphine

fosfina (CHEM.) phosphine; hydrogen phosphide

fosfitos (CHEM.) phosphites

fosfoacilase (CHEM.) phosphate acetyl-transferase

fosfocinase (CHEM.) phosphokinase

fosfocolina (CHEM.) phosphocholine

fosfocreatina (BIO.; CHEM.) phosphocreatine

fosfodiesterase (CHEM.) phosphodi-esterase

fosfodiidroxiacetona (CHEM.) phosphodihydroxyacetone

fosfoenolpiruvato (BOT.; CHEM.) phosphoenolpyruvate

fosfofrutoaldolase (BOT.; CHEM.) phosphofructaldolase

fosfoglicerídeos (CHEM.) phospho-glycerides

fosfoglicéridos (CHEM.) phosphoglycerides

fosfoglicocinase (CHEM.) phospho-glucokinase

fosfo-hexose isomerase (CHEM.) phosphohexose isomerase

fosfolipase (BIO.) phospholipase

fosfolípido (BIO.) phospholipid

fosfomicina (BIO.) phosphomycin

fosfonositida (BIO.) phosphatidyl inositol

fosfoproteína (BIO.) phosphoprotein

fosfoquinase (CHEM.) phosphokinase

fosforado (CHEM.) phosphorated

fosforescência (GEN.) phosphorescence

fosforescente (ZOO.) noctilucent

fosforilação do nível de substrato (BIO.) substrate level phosphorylation

fosforilação oxidativa (BIO.) oxidative phosphorylation

fosforilase (BIO.) phosphorylase

fosforite (MINER.) phosphorite; rock phosphate

fósforo (Chem.) phosphorus (non metallic element); phosphor (chemical substance emitting luminescence)
fósforo orgânico (Radiol.) organic phospor
fósforo radioactivo (Chem.) radiophosphorus
fosfotirosina (Bio.) phosphotyrosine
fosgénio (Chem.) phosgene; carbonyl chloride
fosgenite (Miner.) phosgenite
fossa (Build.) cesspool ; soakway
fossa (Gen.) pit; deep; trench; sump
fossa (Geo.) rift; deep; trench
fossa (Med.) sump
fossa (Zoo.) fossa
fossa acetabular (Zoo.) fossa acetabular
fossa craniana (Zoo.) cerebellar fossa; cerebral fossa
Fossa das Curilhas (Eco.) Kuril Trench
Fossa das Marianas (Eco.) Marianas Trench
fossa de drenagem (Build.) catch pit
fossa de fertilização (Build.) sewage farm
Fossa de Java (Eco.) Java Trench
fossa de Sílvio (Zoo.) Sylvian fossa
Fossa do Japão (Eco.) Japan Trench
Fossa do Perú e Chile (Eco.) Peru-Chile Trench
fossa glenóide (Zoo.) glenoid fossa
fossa lateral do cérebro (Zoo.) Sylvian fossa
fossa (oceânica) (Eco.) trench
fossa parietal (Zoo.) parietal foramen
fossa romboidal (Zoo.) fossa rhomboidalis
Fossa Ryukyu (Eco.) Ryukyu Trench
fossa sanitária (Build.) sump
fossa séptica (Build.) disposable well; septic tank
fossas temporais (Zoo.) temporal openings; temporal vacuities
fossa tectónica (Geo.) graben
fósseis derivados (Geo.) derived fossils
fosseta (Zoo.) fossette
fóssil (Geo.) fossil
fóssil chave (Geo.) key fossil
fóssil de índice (Geo.) index fossil
fóssil de referência (Geo.) index fossil
fóssil índice (Geo.) key fossil
fóssil marinho (Geo.) marine fossil
fóssil vivo (Eco.) living fossil
fossilização (Geo.) fossilization
fosso (Gen.) pit; ditch; trench; foss(e)
fosso colector (Mining) gathering pit
fosso de berma (Build.) berm ditch
fosso de vazamento (Mech.) foundry pit
fotão (Phys.) photon
fotão de aniquilação (Phys.) annihilation photon
fotão de raios gama (Phys.) gamma-ray photon
fotão de raios X (Phys.) X-ray photon
fotão gama (Nucl.) gamma photon
fotoautotrofo (Bio.) photoautotroph
fotobiologia (Bio.) photobiology
fotoblástico (Bio.) photoblastic

fotocatalisador (Chem.) photocatalyst
fotocatálise (Chem.) photocatalysis
fotocátodo (Electron.) photocathode
fotocátodo bialcalino (Elect.) bialkali photocathode
fotocátodo semitransparente (Electron.) semitransparent photocathode
fotocauterização (Med.) photocauterization
fotocélula (Electron.) photocell
fotocélula de cádmio (Elect.) cadmium photocell
fotocélula de gás (Electron.) gas-filled photocell
fotocinética (Eco.) photokinesis
fotocomposição (Print.) photocomposition; photosetting; phototypesetting
fotocondutividade (Electron.) photoconductivity
fotocondutor adesivo (Electron.) binder-type photoconductor
fotocopiar (Image Tech.) photocopying
fotocromia (Phys.) photochromics
fotocrómico (Glass) photochromic
fotodegradação (Text.) photodegradation
fotodesintegração (Phys.) photodisintegration
fotodesintegração nuclear (Phys.) nuclear photodisintegration
fotodiodo (Electron.) photodiode
fotodíodo de avalanche (Electron.) avalanche photodiode [APD]
fotodissociação (Chem.) photodissociation
fotoefeito nuclear (Phys.) nuclear photoeffect
fotoelasticidade (Phys.) photoelasticity
fotoelectrão (Electron.) photoelectron
fotoelectricidade (Electron.) photoelectricity
fotoelectroluminescência (Electron.) photoelectroluminescence
fotoemissão (Electron.) photoemission
fotões (Phys.) light quanta
fotófilo (Bio.) photophilous
fotofissão (Phys.) photofission
fotofobia (Med.) photophobia
fotoforese (Chem.) photophoresis
fotóforo (Phys.) light trap; photophore
fotofosforilação (Bot.) photophosphorylation
fotoftalmia (Med.) photophtalmia
fotógeno (Bot.; Zoo.) photogenic
fotografia aérea oblíqua (Surv.) oblique aerial photograph
fotografia aérea vertical (Surv.) vertical aerial photograph
fotografia com infravermelhos (Image Tech.) infrared photography
fotografia composta (Image Tech.) composite photography
fotografia de sombra (Image Tech.) shadow photography
fotografia instantânea (Image Tech.) instant photography
fotografia panorâmica estereoscópica (Image Tech.) oblique line overlap

fotografia por raios X (Phys.) X-ray photograph
fotografia sem luz artificial (Image Tech.) available light photography
fotografias em série (Electron.) follows-scans
fotograma MPEG (Image Tech.) image frame [MPEG]
fotogrametria (Image Tech.) photogrammetry
fotogravação (Print.) photo-engraving; photogravure
fotogravura (Print.) photogravure; photo-engraving
fotohalóide (Chem.) photohalide
foto-inibição (Eco.) photo-inhibition
fotólise (Chem.) photolysis
fotólise da água (Bot.) photolysis of water
fotólise de centelha (Chem.) flash photolysis
fotolitografia (Print.) photolithography
fotomecânico (Print.) photomechanical
fotomesão (Phys.) photomeson
fotometria (Gen.) photometry
fotometria de cintilação gama (Nucl.) gamma scintillation photometry
fotometria de comparação (Phys.) photographic photometry
fotometria fotoeléctrica (Astro.) photoelectric photometry
fotometria fotográfica (Phys.) photographic photometry
fotometria gama (Nucl.) gamma photometry
fotómetro (Image Tech.) exposure meter; photometer; lighting meter
fotómetro (Phys.) photometer
fotómetro de Bunsen (Phys.) Bunsen photometer
fotómetro de cintilação (Phys.) flicker photometer
fotómetro de esfera (Phys.) globe photometer
fotómetro de esfera de Ulbricht (Phys.) Ulbricht sphere photometer
fotómetro de integração (Phys.) integrating photometer
fotómetro de Lummer-Brodhun (Phys.) Lummer-Brodhun photometer
fotómetro electrónico (Elect.) electronic photometer
fotómetro fotoeléctrico (Phys.) photoelectric photometer
fotómetro gama (Nucl.) gamma photometer
fotomicrografia (Image Tech.) photomicrography
fotomorfogénese (Bio.) photomorphogenesis
fotomosaico (Image Tech.) photomosaic
fotomultiplicador (Electron.) photomultiplier
fotonastia (Bot.) photonasty
fotonastismo (Bot.) photonastic movement
fotonegativo (Phys.) photonegative
fotoneutrão (Phys.) photoneutron
fotónica (Aero.) photonics

fotonuclear (PHYS.) photonuclear
foto-oftalmia (MED.) electric-light ophthalmia
fotoperiodicidade (ECO.) photoperiodicity
fotoperiodismo (BOT.) photoperiodism
fotopia (MED.) photopic vision
fotopositivo (PHYS.) photopositive
fotoprotão (PHYS.) photoproton
fotopsia (MED.) photopsia; photopsy
fotopsina (MED.) photopsina
fotoquímica (CHEM.) photochemistry
fotorreceptor (BOT.; ZOO.) photoreceptor
fotorresistência variável (ELECTRON.) photovaristor
fotorresistor (ELECTRON.) photoresistor
fotorrespiração (BOT.) photorespiration
fotosfera (ASTRO.) photosphere
fotossedimentação (PHYS.) photosedimentation
fotossensível (GEN.) photosensitive
fotossensível (PHYS.) light sensitive
fotossíntese (BOT.) photosynthesis
fotossistema I, II (BOT.) photosystem I; II
fototaxia (BIO.) phototaxis
fototelegrafia (TELECOM.) facsimile; fax
fototeodolito (SURV.) phototheodolite
fotótipo faceado de níquel (PRINT.) nickel electro
fototopografia (SURV.) phototopography
fototransístor (ELECTRON.) phototransistor
fototropia (CHEM.) phototropy
fototrópico (BIO.) phototrophic
fototropismo (BOT.) phototropism
fototrópo (BIO.) phototroph
fototubo de onda progressiva (ELECTRON.) travelling-wave phototube
fóvea (ZOO.) fovea
fovéola (ZOO.) foveola
foz (GEO.) mouth; firth
foz (HYDRO.) outfall
fraca permeabilidade (MINING) poor permeability
fraca porosidade (MINING) poor porosity
fracasso (AERO.; ASTRO.; COMP.) abort
fracção (MATH.) fraction
fracção composta (MATH.) improper fraction
fracção contínua (MATH.) continued fraction
fracção de amostragem (COMP.) sampling fraction
fracção decimal (MATH.) decimal fraction
fracção de petróleo (MINING) cut
fracção de tamanho (PHYS.) size fraction
fracção imprópria (MATH.) improper fraction
fracção mista (MATH.) mixed fraction
fracção molar (CHEM.) mole fraction
fracção periódica (MATH.) recurring fraction
fracção periódica mista (MATH.) mixed circulating decimal; mixed recurring decimal

fracção própria (MATH.) proper fraction
fraccionamento (CHEM.) fractionation
fraccionamento catalítico (MINING) catalytic cracking
fraccionamento da célula (BIO.) cell fractionation
fraccionamento de líquidos (CHEM.) fractionation of liquids
fractura (GEN.) fracture
fractura (GEO.) rift
fractura (MINING) break
fracturação explosiva (MINING) explosive fracturing
fractura concoidal (MINER.) conchoidal fracture
fractura concóide (MINER.) conchoidal fracture
fractura congelada (BIO.) freeze fracture
fracturação causada pelo gelo (GEO.) congelifraction
fracturação pelo gelo (ECO.) frost shattering
fractura de Colles (MED.) Colles's fracture
fractura de Pott (MED.) Pott's fracture
fractura em galha verde (MED.) greenstick fracture
fractura estratigráfica (GEO.) stratigraphical break
fractura instável (MECH.) brittle fracture
fractura mecânica (GEO.) mechanical fracture
fracturamento hidráulico (MINING) hydraulic fracturing
fractura por fadiga (MECH.) fatigue crack
fractura solar (GEO.) sun crack
frade (PRINT.) friar
frágil (GEO.; MINING) brittle; brit (brt)
fragilidade (MECH.) brittleness
fragilidade a têmpera (MECH.) temper brittleness
fragilidade azul (MECH.) blue brittleness
fragilidade cáustica (MECH.) caustic embrittlement
fragilidade por hidrogénio (MECH.) hydrogen embrittlement
fragma (BOT.) phragma
fragmentação (BUILD.) spalling
fragmentação (GEN.) fragmentation
fragmentação (MED.) morcellation
fragmentação (MINING) comminution
fragmentação (PHYS.) spallation
fragmentação de amostra (MINING) quartering the sample
fragmentação de armazenamento (COMP.) storage fragmentation
fragmentação de bactérias (BIO.) bacterioclasia
fragmentação dos icebergues (ECO.) iceberg calving
fragmentação nuclear (BIO.) nuclear fragmentation
fragmento (BUILD.) galet; spall
fragmento acentrómero (BIO.) acentric fragment
fragmento de carbono-dois (CHEM.) two-carbon fragment
fragmento de crisol para teste de maçarico (MECH.) scorifier

fragmento de gelo flutuante (GEO.) ice calving
fragmento de restrição (BIO.) restriction fragment
fragmento de vidro vulcânico (GEO.) shard
fragmento Fab (IMMUN.) Fab fragment
fragmento Fc (IMMUN.) Fc fragment
fragmento planetário (ASTRO.) planetary fragment
fragmentos bioclásticos (GEO.) bioclastic fragments
fragmoplasto (BOT.) phragmoplast
framboésia (MED.) framboesia; frambesia; pian; yaws (USA)
frâncio (CHEM.) francium
frangulina (CHEM.) frangulin; rhamnoxanthin
franja (BOT.) thrum ; fimbria
franja (GEN.) fringe
franja (MED.; ZOO.) fimbria
franja de cores (TELECOM.) colour fringing
franjamento (ELECT.) fringing
franjas de contorno (PHYS.) contour fringes
franjas de Fizeau (PHYS.) Fizeau fringes
franjas de Fresnel (PHYS.) Fresnel fringes; interference fringes
franjas de Haidinger (PHYS.) Haidinger fringes
franjas de interferência (PHYS.) interference fringes
franklinite (MINER.) franklinite
fraqueza (GEN.) weakness
fraqueza (MECH.) unsoundness
fraqueza (MED.) unsoundness
fraqueza emocional (PSYCHO.) psychoparesis
fraqueza mental (PSYCO.) psychoparesis
frasco de Dewar (PHYS.) Dewar bulb; Dewar flask
frasco de Engler (CHEM.) Engler flask
frasco de lavagem (CHEM.) wash bottle
frasco magnético (NUCL.) magnetic bottle
frasco nivelador (CHEM.) levelling bottle
Frasniano (GEO.) Frasnian
Frásnico (GEO.) Frasnian
frasqueta (PRINT.) frisket
freático (GEO.) phreatic
frechal (ARCH.; BUILD.) plate; wall plate
frechal circular (BUILD.) curb-plate
frechal elíptico (BUILD.) curb-plate
freio (PRINT.) brake
freio (MECH.) brake; stop
freio (MED.) frenum
freio aerodinâmico (AERO.) flight brake; air brake; flap
freio a óleo (ELECT.) pneumo-oil switch
freio a vácuo (MECH.) vacuum brake
freio a vapor (MECH.) steam brake
freio cónico (MECH.) cone brake
freio da hélice (AERO.) propeller brake
freio da língua (MED.) string
freio de cabo (MECH.) rope brake
freio de cinta (MECH.) band brake
freio de emergência (MECH.) emergency brake

freio de expansão interna (MECH.) internal-expanding brake

freio de Froude (MECH.) Froude brake

freio de segurança (MECH.) safety break

freio electromagnético (ELECT.) electromagnetic brake

freio electropneumático (BUILD.) electropneumatic brake

freio hidráulico (MECH.) hydraulic brake

freio magnético (MECH.) eddy-current brake

freio mecânico (MECH.) mechanical brake

freio pneumático (MECH.) pneumatic brake

freixo (BOT.) ash

frémito (MED.) fremitus; thrill

frenicetomia (MED.) phrenicetomy

frenicotomia (MED.) phrenicotomy

frenite (MED.) phrenitis

frenocardia (MED.) phrenocardia

frenogástrico (MED.) phrenogastric

frenólico (MED.) phrenolic

frenologia (PSYCHO.) phrenology

frenoplastia (MED.) frenoplasty

frenoptose (MED.) phrenoptosia

frenosplénico (MED.) phrenosplenic

frenotomia (MED.) frenotomy; fraenotomy

frente (GEN.) front

frente (PRINT.) belly

frente antárctica (GEO.) Antarctic front

frente árctica (GEO.) Arctic front

frente catabática (METEO.) katabatic front

frente de ataque (BUILD.) working face

frente de formação (METEO.) forming front

frente de gelo (METEO.) ice frost

frente de onda (ELECT.) leading edge

frente de superfície (METEO.) surface front

frente de trovoada (METEO.) incus

frente difusa (METEO.) diffused front

frente estacionária (METEO.) stationary front

frente fria (METEO.) cold front

frente intertropical (METEO.) intertropical front

frente Mach (AERO.) Mach front; Mach stem; Mach wave

frente oclusa (GEO.) occluded front

frente polar (METEO.) polar front

frente polar antárctica (GEO.) Antarctic polar front

frente polar meridional (METEO.) Southern polar front

frente posterior (IMAGE TECH.) trailing edge

frente principal (METEO.) principal front

frente quase estacionária (METEO.) quasi-stationary front

frente quente (METEO.) warm front

frente secundária (ECO.) secondary front

frente tropical (METEO.) tropical front

frénulo (ZOO.) habenula; frenelum; vinculum

fréon (CHEM.) freon

fréon 11 (CHEM.) freon 11; trichlorofluoromethane

fréon 12 (CHEM.) freon 12; dichlorodifluoromethane

fréon 114 (CHEM.) freon 114; dichlorotetrafluoroethane

frequência (GEN.) frequency

frequência absoluta de corte (ELECT.) absolute cutoff frequency

frequência angular (PHYS.) angular frequency; radian frequency; pulsatancy

frequência atómica (PHYS.) atomic frequency

frequência atribuída (TELECOM.) assigned frequency

frequência central (TELECOM.) centre frequency

frequência compensada (ELECT.) compensated frequency

frequência crítica (TELECOM.) critical frequency; penetration frequency

frequência da portadora lateral (TELECOM.) side frequency

frequência da voz (TELECOM.) voice frequency

frequência de alimentação (ELECT.) supply frequency

frequência de alternador (ELECT.) frequency of alternator

frequência de anti-ressonância (ELECTRON.) antiresonant frequency

frequência de atenuação infinita (TELECOM.) frequency of infinite attenuation

frequência de base (TELECOM.) basic frequency

frequência de batimento (TELECOM.) beat frequency

frequência de bombeamento (ELECTRON.) pump frequency

frequência de Brunt-Valsala (METEO.) Brunt-Valsala frequency

frequência de campo (ELECT.) field frequency

frequência de canal (COMP.) channel pass band

frequência de ciclotrão (PHYS.) cyclotron frequency ; gyrofrequency

frequência de classe (STAT.) class frequency

frequência de corte (ELECT.) cut-off frequency

frequência de corte alfa (ELECTRON.) alpha cut-off

frequência de corte beta (ELECTRON.) beta cutoff frequency

frequência de cristal (ELECT.) crystal frequency

frequência de Debye (ELECT.) Debye frequency

frequência de desvio (PHYS.) cross-over frequency

frequência de diferença (ELECT.) difference frequency

frequência de Einstein (PHYS.) Einstein frequency

frequência de energia (ELECT.) power frequency

frequência de excitação (ELECTRON.) excitation frequency

frequência de exploração (IMAGE TECH.) scanning frequency ; vertical frequency

frequência de fonia (TELECOM.) voice frequency

frequência de funcionamento livre (ELECT.) free-running frequency

frequência de ganho (TELECOM.) gain frequency

frequência de ganho de transmissão (TELECOM.) gain-crossover frequency

frequência de genes (BIO.) gene frequency

frequência de giro (ELECTRON.) gyrofrequency

frequência de grupo (ELECTRON.) group frequency

frequência de imagem (IMAGE TECH.) image frequency; frame frequency; vertical frequency

frequência de impulso (ELECT.) pulse frequency

frequência de impulso (TELECOM.) impulse frequency

frequência de inércia (PHYS.) inertia frequency

frequência de Larmor (ELECTRON.) Larmor frequency

frequencia de limiar luminoso (GEN.) light threshold frequency

frequência de linha (IMAGE TECH.) line frequency

frequência de linha horizontal (IMAGE TECH.) horizontal line frequency

frequência de linhas principais (ELECT.) mains frequency

frequência de microonda (ELECTRON.) microwave frequency

frequência de modulação (TELECOM.) modulation frequency

frequência de ocorrência (STAT.) rate of ocurrence

frequência de ondulação (ELECT.) ripple frequency

frequência de operação (COMP.) clock frequency

frequência de oscilação (TELECOM.) oscillation frequency

frequência de penetração (PHYS.; TELECOM.) frequency of penetration ; critical frequency

frequência de plasma (PHYS.) plasma frequency

frequência de ponto (COMP.) dot frequency

frequência de pontos (TELECOM.) dot frequency

frequência de quadro (IMAGE TECH.) frame frequency

frequência de radar (RADAR) radar frequency

frequência de radiação (PHYS.) radiation frequency

frequência de rede (PHYS.) natural frequency

frequência de relógio (COMP.; ELECT.) clock frequency

frequência de repetição (TELECOM.) repetition rate

frequência de repetição de impulsos (RADAR) pulse repetition frequency

frequência de resposta (COMP.) response frequency

frequência de ressonância (ELECT.) resonance frequency

frequência de ressonância de antena (TELECOM.) antenna resonant frequency

frequência de rotação (ELECTRON.) frequency of gyration

frequência de trabalho óptima (ELECTRON.) optimum working frequency

frequência de transição (MECH.; PHYS.) turnover frequency; cross-over frequency; transition frequency

frequência de troca (PHYS.) turnover frequency

frequência de varredura (ELECTRON.) sweep frequency

frequência de vibração (PHYS.) frequency of vibration

frequência do baixo (PHYS.) bass frequency

frequência Doppler (PHYS.) Doppler frequency

frequência dos alélos (BIO.) allele frequency

frequência efectiva (ELECT.) actual frequency

frequência efectiva de corte (ELECT.) effective cutoff frequency

frequência extremamente alta (TELECOM.) extremely high frequency [EHF]

frequência extremamente baixa (TELECOM.) extremely low frequency [ELF]

frequência fina (PRINT.) fine etching

frequência fixa (ELECT.) fixed frequency

frequência fundamental (TELECOM.) fundamental frequency

frequência fundamental de antena (TELECOM.) fundamental frequency of antenna

frequência harmónica (ELECT.) harmonic frequency

frequência heterodina (ELECTRON.) heterodyne frequency

frequência horizontal (IMAGE TECH.) horizontal frequency; horizontal line frequency

frequência industrial (ELECT.) industrial frequency

frequência infra-acústica (PHYS.) subaudio frequency

frequência infra-sónica (TELECOM.) infrasonic frequence

frequência instantânea (TELECOM.) instantaneous frequency

frequência intermediária (TELECOM.) intermediate frequency

frequência liminar (ELECTRON.) threshold frequency

frequência limitadora (PHYS.) limiting frequency

frequência máxima utilizável (TELECOM.) maximum usable frequency

frequência média (TELECOM.) medium frequency

frequência modulada (ELECTRON.) frequency modulation; FM

frequência modulada estéreo (ELECTRON.) FM stereo

frequência natural (PHYS.) natural frequency

frequência natural de antena (TELECOM.) natural frequency of antenna

frequência normal (PHYS.) normal frequency

frequência nula (ELECTRON.) zero frequency

frequência piloto (ELECT.) pilot frequency

frequência portadora (ELECT.) carrier frequency

frequência principal (ELECT.) master frequency

frequência própria (ELECT.) free-running frequency

frequência própria sonora (TELECOM.) eigentones

frequência relativa dos pólens (ECO.) relative pollen frequency

frequência ressonante (CHEM.; TELECOM.) resonant frequency

frequência sintonizada (TELECOM.) tuned frequency

frequência sinusoidal (ELECT.) sinusoidal frequency

frequências parasitas (TELECOM.) frequency splitting

frequências sónicas (PHYS.) sonic frequencies

frequências super altas (ELECTRON.) super high frequency

frequência standard (ELECT.) standard frequency

frequência supra-acústica (PHYS.) superaudio frequency

frequência teórica de corte (ELECTRON.) theorical cutoff frequency

frequência tipo (ELECT.) standard frequency

frequência ultra-elevada (TELECOM.) ultra-high frequency

frequência ultra-sónica (ELECTRON.) ultrasonic frequency

frequência-velocidade (ELECT.) speed-frequency

frequência vertical (IMAGE TECH.) vertical frequency

frequência vocal (TELECOM.) speech frequency

frequencímetro ((ELECTRON.) frequency meter

frequencímetro de absorção (TELECOM.) absorption frequency meter

frequencímetro de cavidade (ELECTRON.) cavity-frequency meter

frequencímetro de integração (ELECT.) integrating frequency meter

frequencímetro heteródino (TELECOM.) heterodyne-frequency meter

fresa (MECH.) milling cutter; milling wheel

fresa cilíndrica (MECH.) cylindrical cutter

fresa cónica (PAPER) angle cutter

fresa de ângulo (PAPER.) angle cutter

fresa de dentes (MECH.) inserted tooth cutter

fresa de engrenagem (MECH.) gear cutter; hob

fresa de navalha (MECH.) inserted tooth cutter

fresa de ranhurar (MECH.) slot cutter

fresa de topo (MECH.) end mill

fresado (MECH.) milled

fresador (MECH.) shaper tool

fresadora (MECH.) milling machine

fresadora de topo (MECH.) face miller

fresadora para engrenagem (MECH.) hobbing machine

fresadora plana (MECH.) face miller

fresadora-revólver (MECH.) turret miller

fresadora universal (MECH.) universal milling machine

fresadora vertical (MECH.) vertical milling machine

fresagem (MECH.) milling

fresagem de cilindro (MECH.) cylinder milling

fresagem paralela dupla (MECH.) straddle milling

fresamento com movimento na mesma direcção (MECH.) climb cutting

fresamento múltiplo (MECH.) gang milling

fresa oca (MECH.) hollow mill

fresa universal (MECH.) end mill

fresco (BUILD.) fresco

fresnel (PHYS.) fresnel

fresta (ARCH.) fenestra; gap wind

frestão (ARCH.) gap wind

friabilidade (MECH.) embrittlement

friável (MINING) friable; brittle; brit (brt)

fricção (GEN.) friction; attrition

fricção (MECH.) clutch; friction; attrition

fricção cinética (PHYS.) kinetic friction

fricção de disco (MECH.) disk friction

fricção de limitação (PHYS.) limiting friction

fricção de revestimento (PHYS.) skin drag

fricção do motor (MECH.) engine friction

fricção interna (MECH.) internal friction

fricção molecular (CHEM.) molecular friction

fricção seca (MED.) xerotripsis

frieiras (MED.) chilblains

frieza sexual (MED.) anaphrodisia

frinina (ZOO.) phrynin

frinolisina (ZOO.) phrynolysin

frio intenso do ar (METEO.) air frost; frost

friso (ARCH.) frieze

friso de vidraça (BUILD.) glazing bead

friso e chanfradura (BUILD.) quirk-bead ; bead-and-quirk

fronde (BOT.) frond

frontal (ZOO.) frontal

frontão de lanços (BUILD.) corble-step gable

frontaria (ARCH.; BUILD.) façade; frontage line ; front

fronte (ZOO.) frons ; testa

fronteira aerotermodinâmica (SPACE) aerothermodynamic border

fronteira (entre habitats) bem delimitada (ECO.) limes convergens

fronteira (entre habitats) difusa (ECO.) limes divergens

frontispício (ARCH.) frontispiece; façade

frontispício com degraus (BUILD.) crow-step gable

frontogénese (METEO.) frontogenesis
frontólise (METEO.) frontolysis
frugívero (ZOO.) frugivorous
frusemida (MED.) frusemide
frustração (PSYCHO.) frustration
frústulo (BOT.) frustule
frutescente (BOT.) frutescent
fruticoso (BIO.) fruticose
frutificação (BOT.) fructification
frutificação dos líquenes (BOT.) thalamus
fruto (BOT.) fruit
fruto agregado (BOT.) aggregate fruit
fruto múltiplo (BOT.) collective fruit; multiple fruit
frutose (CHEM.) fructose; levulose
fruto seco (BOT.) dry fruit
frutosídeo (CHEM.) fructoside
fruto simples (BOT.) simple fruit
frutos subterrâneos (ECO.) geocarpic
frutosúria (MED.) fructosuria
ftaleínas (CHEM.) phthaleins
ftalimida (CHEM.) phthalimide
ftalina (CHEM.) phthaline
ftalocianina (CHEM.) phthalocyanine
ftalonitrilo (CHEM.) phthalonitrile
ftiríase (MED.) phthiriasis
fucífero (ZOO.) fucivorous
fucoxantina (BOT.) fucoxanthin
fucsina (CHEM.) fuchsin
fucsite (MINER.) fuchsite
fuga (ELECT.; MECH.) leak; fault
fuga (GEN.) escape; leakage
fuga (PSYCHO.) fugue
fuga à terra (ELECT.) earth leakage
fugacidade (CHEM.) fugacity
fuga de campo magnético (ELECT.) field leakage
fuga de electrão (ELECTRON.) electron runaway
fuga de electrólito (ELECTRON.) electrolyte leakage
fuga de ressonância (NUCL.) resonance escape
fuga lambda (PHYS.) lambda leak
fuga magnética (ELECT.) magnetic loss
fuga neutrónica (NUCL.) neutron leakage
fuga secundária (ELECT.) secondary leakage
fuga superficial (ELECT.) surface leakage
fugitivo (CHEM.) fugitive
fular (TEXT.) foulard
fulcro (PHYS.) fulcrum
fulgito (MINER.) lechatelierite
fulgor (ASTRO.) loom
fulgor (GEN.) glow; glare; loom
fulguração (MED.) fulguration
fulgurite (GEO.) fulgurite; sand tube
fulgurite (MINER.) lightning tubes
fuligem (CHEM.) lampback
fuliginoso (BOT.) fuliginous
fulminato de mercúrio (CHEM.) mercury fulminate
fulminatos (CHEM.) fulminates
fulvo (BOT.) cervine
fumarase (BIO.; CHEM.) fumarase
fumarola hidrotermal (GEO.) hydrothermal vent
fumarolas (GEO.) fumaroles
fumarola submarina hidrotermal (GEO.) black smoker

fumigação (MED.) fumigation
fumigacina (CHEM.) fumigacin
fumigante (CHEM.) fumigant
fumo (GEN.) smoke; vapour; spray
função (GEN.) function
função aditiva (MATH.) additive function
função algébrica (MATH.) algebraic function
função alterna (MATH.) alternating function
função alternada (MATH.) antisymmetric function
função analítica (MATH.) analytic function
função beta (MATH.) beta function
função característica (MATH.) characteristic function
função característica de um conjunto (MATH.) characteristic function of a set
função circular inversa (MATH.) inverse circular function
função complementar (MATH.) complementary function
função computacionável (COMP.) computable function
função da complexidade (COMP.) complexity function
função de armazenamento (COMP.) storage function
função de autocorrelação (ELECTRON.) auto correlation function
função de Bloch (PHYS.) Bloch function
função de Brillouin (PHYS.) Brillouin function
função de comprovação aleatória (COMP.) hash function
função de controlo (COMP.) control function
função de cópia (COMP.) copy-function
função de correlação cruzada (PHYS.) cross-correlation function
função de corrente de Lagrange (MATH.) Lagrange stream function
função de densidade (PHYS.) density function
função de densidade de Maxwell-Boltzmann (PHYS.) Maxwell-Boltzmann density function
função de densidade de probabilidade (STAT.) probability density function
função de dispersão (ELECT.) scattering function
função de distribuição acumulada (STAT.) cumulative distribution function
função de erro complementar (ELECTRON.) complementary error function [erfc]
função de estado (PHYS.) state function
função de Exner (METEO.) Exner function
função de frequência (COMP.) frequency function
função de Helmholtz (CHEM.) Helmholtz function; Helmholtz free energy
função de impulso (ELECT.) impulse function

função de impulso delta (TELECOM.) delta impulse function
função de Lagrange (MATH.) Lagrange function; Lagrangian function
função de luminosidade (PHYS.) luminosity function
função de marca (COMP.) mark function
função de Mathieu (MATH.) Mathieu function
função de Mobius (MATH.) Mobius function
função de Neumann (MATH.) Neumann function
função de onda de Schroedinger (ELECTRON.) Schroedinger wave function
função de paridade (COMP.) parity function
função de partição de Einstein (PHYS.) Einstein partition function
função dependente (MATH.) dependent function
função de Poisson (MATH.) Poisson's function
função de potência (NUCL.) value function
função de radiação (TELECOM.) radiation function
função de resposta (COMP.) response function
função de Riemann (MATH.) Riemann function
função derivada (MATH.) derived function
função descontínua (MATH.) discontinuous function
função de tabela (COMP.) table function
função de trabalho (PHYS.) work function
função de trabalho fotoeléctrico (ELECTRON.) photoelectric work function
função de trabalho termiónico (ELECTRON.) thermionic work function
função de transferência (ELECT.; TELECOM.) transfer function
função de transferência complementar (ELECTRON.) difference transfer function
função de transferência de rede (TELECOM.) network transfer function
função de transferência directa (ELECTRON.) forward transfer function
função de transferência directa total (ELECTRON.) through transfer function
função de transferência óptica (PHYS.) optical transfer function
função de Wannier (MATH.) Wannier function
função diferenciável (MATH.) differentiable function
função discriminante (MATH.) discriminant function
função elíptica jacobiana (MATH.) Jacobian elliptic function
função em escada (MATH.) step function
função erro (ELECTRON.) error function
função escalar (PHYS.) scalar function

função escalonada (TELECOM.) step function

função explícita (MATH.) explicit function

função exponencial (MATH.) exponential function

função geradora (MATH.) generating function

função harmónica (MATH.) harmonic function

função hiperbólica (MATH.) hyperbolic function

função hiperbólica inversa (MATH.) inverse hyperbolic function

função hipergeométrica (MATH.) hypergeometric function

função holomórfica (MATH.) holomorphic function

função identidade (MATH.) identity mapping

função ímpar (MATH.) odd function

função implícita (MATH.) implicit function

função incorporada (COMP.) built-in function

função integral (MATH.) integral function

função inteira (MATH.) entire function

função interdependente (MATH.) interdependent function

função janela (ELECTRON.) window

função limitada (MATH.) bounded function

função linear (ELECTRON.) linear function

função logarítmica (MATH.) logarithmic function

função lógica (COMP.) logic function

função matemática (MATH.) mathematical function

função monógena (MATH.) monogenic function

função monótona (MATH.) monotone function

função monótona não crescente (MATH.) monotone nonincreasing function

função monótona não decrescente (MATH.) monotone nondecreasing function

função na vida real (PSYCHO.) role function

função par (MATH.) even function

função periódica (MATH.) periodic function

função polimórfica (COMP.) polymorphic function

função potencial (MATH.) potential function

função própria (MATH.) eigenfunction

função recorrente (PHYS.) recursive function

função regular (MATH.) regular function

função sequencial (COMP.) sequential function

função simples (MATH.) step function

função subaditiva (MATH.) sub-additive function

função superaditiva (MATH.) super-additive function

função transcendental (MATH.) transcendental function

função trigonométrica (MATH.) trigonometrical function

função trigonométrica inversa (MATH.) inverse trigonometrical function

função unitária de Heaviside (TELECOM.) Heaviside unit function

função vectorial (MATH.) vector function

função zeta (MATH.) zeta function

função zeta de Riemann (MATH.) Riemann zeta function

funchona (CHEM.) fenchone

funcional (BIO.) functional

Funcionalismo (ARCH.) Functionalism

funcionamento (TELECOM.) working

funcionamento da bússola (NAV.) compassing

funcionamento de magnetrão (ELECTRON.) magnetron operation

funcionamento em sobrecarga (ELECT.) overload running

funcionamento por inércia (MECH.) coasting

funcionamento por manipulação intercalada (ELECT.) break-in operation

funções circulares (MATH.) circular functions

funções de Bessel (MATH.) Bessel functions

funções de densidade de Poisson (PHYS.) Poisson density functions

funções de Euler (MATH.) Eulerian functions

funções de Hankel da primeira e segunda espécie (MATH.) Hankel functions of the first and second kind

funções de Riccati-Bessell (MATH.) Riccati-Bessell functions

funções elípticas (MATH.) elliptic functions

funções harmónicas conjugadas (MATH.) conjugate functions

funções hiperbólicas complexas (MATH.; PHYS.) complex hyperbolic functions

funções normais (MATH.) normal functions

funções ortogonais (MATH.) orthogonal functions

funções utilitárias (COMP.) utility functions

funções vegetativas (ZOO.) vegetative functions

functor (MATH.) functor

fundação (BUILD.) bedding; base course

fundação de gradeamento (BUILD.) grillage foundation

fundação de pilares (BUILD.) pile foundation

fundação em bancada (BUILD.) benched foundation

fundação sobre estacas (BUILD.) pile foundation

fundamental (GEN.) fundamental; prime; radical

fundamental (ZOO.) cardinal

fundamento de um levantamento (SURV.) frame of a survey

fundão (ECO.) runnel

fundente (MINING) speise; speiss (metallic arsenides and antimonides)

fundente (BUILD.) smudge flux (welding)

fundente calcário (MECH.) limestone flux

fundição (MECH.) founding; foundry; casting; melting; smelting

fundição (GLASS) refining

fundição a jacto (MECH.) pressure diecasting ; pressure casting

fundição a jacto de magnésio (MECH.) magnesium diecasting

fundição a pressão (MECH.) pressure casting

fundição branca (MECH.) white cast iron

fundição branca porosa (MECH.) open white pig

fundição com moldes de areia (MECH.) sand casting

fundição contínua (MECH.) continuous casting

fundição de chumbo (MECH.) lead casting

fundição de injecção sob pressão (MECH.) pressure diecasting

fundição de precisão (MECH.) precision casting

fundição de resfriamento brusco (MECH.) precision casting

fundição dura directa (MECH.) direct chill casting

fundição em areia seca (MECH.) green sand casting

fundição em argila (MECH.) loam casting

fundição em molde (MECH.) mould casting ; diecasting

fundição em molde de gesso (MECH.) plaster mould casting

fundição em molde por gravidade (MECH.) gravity diecasting

fundição em moldes abertos (MECH.) open sand-casting

fundição pirítica (MECH.) pyrite smelting

fundição piritosa parcial (MECH.) partial pyritic smelting

fundição porosa (MECH.) blown casting

fundição sob pressão (MECH.) diecasting

fundidor de arco a vácuo (MECH.) vacuum arc melting

fundir parcialmente (MECH.) fritting

fundo (GEN.) bottom; base

fundo (IMAGE TECH.) backing

fundo (MED.) fundus

fundo (MINING) bot

fundo (NAV.) floor

fundo (PHYS.) background

fundo abissal (GEO.) abyssal floor

fundo de cúpula (ARCH.) dome crown

fundo de dente (MECH.) tooth root

fundo de eclusa (HYDRO.) lock bottom

fundo de ergol (ASTRO.) ergol base

fundo de rio (GEO.) river flat

fundo de saco (ZOO.) pouch

fundo do mar (GEO.) sea-floor

fundo do olho (MED.) eye-ground

fundo duplo (MECH.) false bottom

fundo duplo celular (NAV.) cellular double bottom

fundo escalonado (HYDRO.) stepped bed
fundo falso (MECH.) false bottom
fundo inseguro (HYDRO.) foul ground
fundo sujo (NAV.) foul bottom
fungicida (BOT.) fungicide
fungicidina (CHEM.) fungicidin
fúngico (BOT.) fungoid
fungícola (ECO.) fungicole
fungiforme (BOT.) fungiform
fungitoxicidade (MED.) fungitoxicity
fungível (MINING) fungible
fungo (BOT.) fungus
fungo celular «Acrasieae» (BOT.) cellular slime mould
Fungos (BOT.) Eumycota (Engler's classification); Fungi
fungos (BOT.) fungi
fungos de prateleira (BOT.) bracket fungi
Fungos gelatinosos (BOT.) Gymnomycota
Fungos imperfeitos (BOT.) Fungi imperfecti; Imperfect fungi; Deuteromycetes
fungos nematófagos (BIO.) nematophagous fungi
funículo (BOT.; ZOO.) funicle; funiculus
funil (BUILD.) gorge
funil (GEN.) funnel
funil (METEO.) funnel; spout
funil (ZOO.) funnel ; infundibulum
funil de Baermann (ECO.) Baermann funnel
funil de Buchner (CHEM.) Buchner funnel
funil de cimentação (MINING) hopper
funil de extracção (MINING) extraction funnel
funil de Tullgen (ECO.) Tullgren funnel
funil paleal (ZOO.) hyponome
funil separador (CHEM.) separating funnel
furacão (METEO.) hurricane; typhoon; whirlwind
furadeira múltipla (MECH.) multiple-spindle drilling machine
furador (ECO.) tree-borer
furador (BUILD.) bradawl
furador (MECH.) punch
furador de percussão (MECH.) percussion drill
furador-revólver (MECH.) turret drill ; turret punch
furaldeído (CHEM.) fural; furaldehyde; furfural
furano (CHEM.) furan
furanose (BIO.; CHEM.) furanose
furcocerco (ZOO.) furcocercous

fúrcula (ZOO.) furcula
furfuráceo (MED.) furfuraceous
furfural (CHEM.) furfural ; furaldehyde; fural
furfuril (CHEM.) furfuryl
furfurol (CHEM.) furfurol
furlong (GEN.) furlong
furo (BUILD.) blowing
furo (GEN.) hole; pit; bore; punch; boring
furo (MECH.) bore
furo (METEO.) break
furo (MINING) bore
furo coaxial (MECH.) coaxial spindle
furo com folga (MECH.) clearing hole
furo de drenagem (BUILD.) drain plug
furo de guia (MINING) pilot hole
furo de observação (ECO.) observation well
furo de percussão (BUILD.) percussive boring
furo de prospecção (GEO.; MINING) prospect hole
furo de sondagem (GEO.; MINING) prospect shaft
furo de sondagem (BUILD.) trial pit
furo manual (MECH.) hand hole
furo micrométrico (BUILD.) microbore
furo para escórias (MECH.) slag hole; slag notch
furo piloto (MINING) pilot hole
furos de fundição (MECH.) cast holes
furosemida (MED.) furosemide
furos para pinos (BUILD.) pin holes
furos verticais a céu aberto (MINING) downhole work
furúnculo (MED.) boil; furuncle
furúnculo de Delhi (MED.) Delhi boil
furunculose (MED.) furunculosis
fusano (MINER.) fusan
fusão (ENG.) melting; smelting
fusão (GEN.) fusion; melting; coalescence
fusão (PHYS.) fusion
fusão a laser (PHYS.) laser fusion
fusão atómica (PHYS.; NUCL.) atomic fusion
fusão a vácuo (MECH.) vacuum melting
fusão celular (BIO.) cell-fusion
fusão congruente (MECH.) congruent melting
fusão de chumbo (BUILD.) lead burning
fusão de genes (BIO.) gene splicing
fusão de indução a vácuo (MECH.) vacuum induction melting
fusão de levitação (MECH.) levitation melting
fusão de protoplastos (BOT.) protoplast fusion

fusão nuclear (PHYS.) nuclear fusion
fusão por zona (MECH.) zone melting
fusão provocada pela pressão (ECO.) pressure melting
fusão tripla (BOT.) triple fusion
fuselagem (AERO.) fuselage
fuselagem do casco endurecido (AERO.) seminocoque
fuselagem lateral (AERO.) outrigger
fusiforme (BOT.) fusiform
fusível (ELECT.) fusible cutout; safety plug
fusível (GEN.) fuse
fusível a líquido (ELECTRON.) liquid fuse
fusível bimetálico (ELECT.) bimetal-fuse
fusível blindado (ELECT.) enclosed fuse
fusível de cartucho (ELECT.) tube fuse
fusível de circuito de cristal (ELECT.) crystal fuse
fusível de corrente contínua (ELECT.) direct-current fuse
fusível de expulsão (ELECT.) expulsion fuse
fusível de interruptor (ELECT.) switch-fuse
fusível de ponte (ELECT.) bridge fuse
fusível de ponte longa (ELECT.) long bridge fuse
fusível de potencial (ELECT.) potential fuse
fúsível de resposta lenta (ELECTRON.) T fuse
fusível de rosca (ELECT.) fuse plug
fusível de segurança (ELECT.) safety fuse
fusível lento (ELECTRON.) slow-blo fuse
fusível principal (ELECT.) main fuse
fusível tipo alavanca (ELECT.) handle-type fuse
fusível tubular (ELECT.) tube fuse
fuso (BIO.) spindle
fuso horário (GEO.) hour zone
fuso nuclear (BIO.) nuclear spindle
fuso para contínuos (TEXT.) traveller
fuso para contínuos de anéis (TEXT.) ring spindle
fustão (TEXT.) dimity; festian
fustão grosso (TEXT.) jean
fuste (ARCH.) fust; verge
fuste de chaminé (BUILD.) chimney shaft
fuste de coluna (ARCH.; BUILD.) scape; shaft; shank
fustigador (BUILD.) flogger
fusulinídeo (GEO.; MINING) fusulinid

Gg

gabardine (Text.) gaberdine
gabarito (Build.) form; gauge
gabarito (Gen.) gauge
gabarito (Mech.) gauge; template
gabarito de furar (Mech.) drilling jig
gabarito de montagem (Mech.) mating jig
gabarito de trilho (Mech.) rail gauge (railways)
gabião (Build.) gabion
gabro (Geo.) gabbro
Gadiformes (Zoo.) Gadiformes
gadolínio (Chem.) gadolinium
gadolinite (Miner.) gadolinite
gagueio (Med.) balbuties; stammering
gahnita (ganite) (Miner.) gahnite; zinc spinel
Gaia (Eco.) Gaia (Earth)
gaiola de Faraday (Elect.) Faraday cage; Faraday's screen
gaiola de segurança (Mining) safety cage
galactana (Chem.) galactan
galactidrose (Med.) galactidrosis
galactisquia (Med.) galactoschesia; galactochesis
galactoblasto (Zoo.) galactoblast
galactobólico (Zoo.) galactobolic
galactocele(o) (Med.) galactocele
galactocinase (Med.) galactokinase
galactoforite (Med.) galactophoritis
galactóforo (Med.) galactophore; galactophorous
galactogénio (Med.) galactogen
galactogogo (Med.) galactogog(ue)
galactolípido (Med.) galactolipid
galactolipina (Med.) galactolipin
galactopoese (Med.) galactopoiesis
galactopoético (Med.) galactopoietic
galactorreia (Med.) galactorrhoea; galactorrhea
galactose (Chem.; Zoo.) galactose; galactosis
galactosemia (Med:) galactosaemia
galactosquesia (Med.) galactoschesia; galactoschesis
galactossémia (Bio.; Med.) galactosemia
galactosúria (Med.) galactosuria
galactotóxina (Med.) galactotoxin
galactowaldenase (Med.) galactowaldenase
galactozimase (Med.) galactozymase
galactrópico (Med.) galactrophic; galatropic
galactúria (Med.) galacturia
galalito (Med.) galalith
galão (Text.) braid
galato de propilo (Chem.) propyl gallate
Galáxia (Astro.) Galaxy

galáxia de Markarian (Astro.) Markarian galaxy
galáxia emissora de ondas de rádio (Astro.) radio galaxy
galáxia espiral (Astro.) spiral galaxy
galáxia espiralada M31 (Astro.) Andromeda nebula
galáxia espiral barrada (Astro.) barred spiral galaxy
galáxia exterior (Astro.) external galaxy
galáxia irregular (Astro.) irregular galaxy
galáxia quase estelar (Astro.) quasi-stellar galaxy
galáxia regular (Astro.) regular galaxy
galáxias elípticas (Astro.) elliptical galaxies
galáxia Seyfert (Astro.) Seyfert galaxy
galaxita (Miner.) galaxite
galé (Print.) galley
galena (Chem.; Miner.) galena; lead sulphide; blue lead; lead glance
galena argentífera (Miner.) silver lead ore
galena de cobalto (Miner.) cobaltite
galénicos (Med.) galenicals
galeria (Arch.) loggia
galeria (Gen.) gallery
galeria (Mining) gangway ; drive; shaft
galeria ao nível do solo (Mining) level shaft
galeria de arrasto (Mining) haulage drift
galeria de avanço (Mining) pilot heading ; drift; heading
galeria de avanço na rocha (Mining) stone head
galeria de captação (Mining) sump
galeria de carga (Mining) loading drift
galeria de drenagem (Build.) culvert
galeria de extracção (Mining) draw
galeria de fundo (Mining) deep level
galeria de mina (Mining) adit
galeria de saneamento (Build.) culvert
galeria de sussurros (Phys.) whispering gallery
galeria de transporte (Mining) haulage drift
galeria em desenvolvimento (Mining) development drift
galeria transversal (Mining) cross cut
galha (Bot.) gall
galicina (Chem.) gallicin
Galiformes (Zoo.) Galliformes
gálio (Chem.) gallium
galvanização (Elect.; Mech.) electroplating; galvanizing
galvanização a chama (Mech.) flame plating

galvanização a fogo (Mech.) hot galvanizing
galvanização a frio (Mech.) cold galvanizing
galvanização a quente (Mech.) hot galvanizing
galvanização a ródio (Mech.) rhodanizing
galvanização por imersão a quente (Build.) sherardizing
galvanizado a cádmio (Chem.) cadmium plate
galvanoluminescência (Elect.) galvanoluminescence
galvanómetro (Elect.) galvanometer
galvanómetro de agulha (Elect.) needle galvanometer
galvanómetro de arco (Elect.) loop galvanometer
galvanómetro de bobina móvel (Elect.) moving-coil galvanometer
galvanómetro de Einthoven (Elect.) Einthoven galvanometer; string galvanometer
galvanómetro de espelho (Elect.) mirror galvanometer
galvanómetro de fio (Elect.) string galvanometer; Einthoven galvanometer
galvanómetro de Helmholtz (Elect.) Helmholtz galvanometer
galvanómetro de íman móvel (Elect.) moving-magnet galvanometer
galvanómetro de potencial (Elect.) potential galvanometer
galvanómetro de reflexão (Elect.) reflecting galvanometer
galvanómetro de senos (Elect.) sine galvanometer
galvanómetro de tangente (Elect.) tangent galvanometer
galvanómetro de torção (Elect.) torsion galvanometer
galvanómetro diferencial (Electron.) differential galvanometer
galvanoplastia (Mech.) electroforming
galvanoscópio (Elect.) galvanoscope
galvanotaxia (Zoo.) galvanotaxis
galvanotropismo (Elect.) galvanotropism
gama (Phys.) gamut
gama (Gen.) gamma; range
gama áudio (Telecom.) audio range
gama de audiofrequência (Telecom.) audiofrequency range
gama de contraste (Image Tech.) contrast range
gama de frequência do osciloscópio (Electron.) CRO bandwidth
gama de frequências de ressonância do circuito (Electron.) resonant circuit bandwidth

gama de temperaturas críticas (MECH.) critical range

gamaglobulina (IMMUN.) gamma globulin

gama imediata (PHYS.) prompt gamma (radiation)

gama infinito (IMAGE TECH.) gamma infinity

gama-n (NUCL.) gamma-n

gamas de fissão (NUCL.) fission gammas

gama total (TELECOM.) overall gama

gâmeta (BIO.) gamete

gâmeta móvel (ZOO.) zoogameta

gametângio (BOT.) gametangium

gameticida (BIO.) gametocide

gametocinética (BIO.) gametokinetic

gametócito (BIO.) gametocyte

gametofagia (BIO.) gametophagy

gametófito (BIO.) gametophyte

gametóforo (BIO.) gametophore

gametogénese (BIO.) gametogenesis

gametogonia (BIO.) gametogony

gametóide (BIO.) gametoid

gâmico (BIO.) gamic

Gammexane (CHEM.) Gammexane (TM); gamma BHC; hexachlorocyclohexane

gamócito (ZOO.) gamocyte

gamófilo (BOT.) gamophyllous

gamona (BOT.) gamone

gamopétalo (BOT.) gamopetalous

gancho (BUILD.) hanger; hasp; cleat; stirrup

gancho (GEN.) hanger; hook

gancho (MECH.) grapnel

gancho (ZOO.) uncinus

gancho da mola principal (HORO.) mainspring hook

gancho de cabine (BUILD.) cabin hook

gancho de fixação (BUILD.) anchor bolt

gancho de paragem (AERO.) arrester hook

gancho de paragem (MECH.) finger stop

gancho de roldana (MECH.) pulley hook

gancho de suporte (BUILD.) wall hook

gancho de suporte para parede (BUILD.) wall hanger

gancho de suspensão de cadinho (MECH.) ladle hook

gancho de unha (BUILD.) crampon; crampoon

gancho em G (BUILD.) G cramp

gancho isolado (ELECT.) insulated hook

ganchos para içar vigas (BUILD.) girder dogs

ganga (MECH.) gangue

ganga (MINING) dirt; dros; gang

ganga azul (TEXT.) jean

gânglio (MED.; ZOO.) ganglion; node

gânglio de Gasser (ZOO.) Gasserian ganglion

ganglioectomia (MED.) ganglionectomy; gangliectomy

gânglio geniculado (ZOO.) geniculate ganglion

gânglio ímpar (ZOO.) ganglion impar

ganglioma (MED.) ganglioma; ganglioneuroma

ganglionar (MED.) ganglionic

ganglioneuroma (MED.) ganglioneuroma; ganglioma

ganglioneuromatose (MED.) ganglioneuromatosis

ganglionite (MED.) ganglionitis

gânglios basais (MED.; ZOO.) basal ganglia

gangliosídeo (BIO.) ganglioside

gangrena (MED.) gangrene

gangrena gasosa (MED.) gas gangrene

ganho (ELECT.; TELECOM.) gain

ganho beta (ELECTRON.) beta gain

ganho de alta voltagem (ELECT.) high-voltage gain

ganho de antena (TELECOM.) antenna gain

ganho de antena fora de eixo (ELECT.) off-axis antenna gain

ganho de audiofrequência (ELECT.) audio gain

ganho débil (ELECT.) small gain

ganho de campo de antena (TELECOM.) antenna field gain

ganho de circuito (ELECTRON.) loop gain

ganho de circuito fechado (ELECTRON.) closed-loop gain

ganho de conversão (TELECOM.) conversion gain

ganho de corrente (ELECT.) current gain

ganho de corrente contínua (ELECT.) d.c. gain

ganho de corrente de transístor (ELECTRON.) transistor current gain

ganho de derivação (ELECT.) branch gain

ganho de diversidade (ELECT.) diversity gain

ganho de força (TELECOM.) power gain

ganho de inserção (ELECT.) insertion gain

ganho de inserção para sinais fracos (ELECT.) small-signal insertion gain

ganho de largura de banda (TELECOM.) band merit

ganho de malha aberta (ELECTRON.) open loop gain

ganho de pequenos sinais (ELECTRON.) small-signal gain

ganho de ponte (ELECT.) bridging gain

ganho de potência (TELECOM.) power gain

ganho de potência disponível (TELECOM.) available power gain

ganho de potência útil (TELECOM.) available power gain

ganho de regeneração (NUCL.) breeding gain

ganho de repetidora (TELECOM.) repeater gain

ganho de saturação (ELECT.) saturation gain

ganho de tensão (ELECT.) voltage gain

ganho de transdutor (ELECT.) transducer gain

ganho de transmissão (TELECOM.) transmission gain

ganho diferencial (ELECT.) differential gain

ganho direccional (TELECOM.) directional gain

ganho directivo (ELECT.) directive gain

ganho do andar (ELECTRON.) stage gain

ganho elevado (ELECTRON.) height gain

ganho máximo disponível (ELECT.) maximum available gain

ganho parcial (ELECTRON.) partial gain

ganho solar (BUILD.) solar gain

ganho volumétrico (PHYS.) volumetric gain

Ganimedes (ASTRO.) Ganymede (3th satellite of Jupiter)

ganite (gahnita) (MINER.) gahnite; zinc spinel

ganóide (ZOO.) ganoid

ganoína (ZOO.) ganoin

garantia de qualidade (COMP.) quality assurance

garfo (BUILD.) wye; bird's mouth

garfo (MECH.) clevis

garfo (ZOO.) furca

garfo da roda da cauda (AERO.) tail wheel yoke

garganta (BUILD.) gorge

garganta (GEO.) neck ; canyon

garganta (ZOO.) throat; gula ; gullet

garganta vulcânica (GEO.) volcanic neck

gárgula (ARCH.; BUILD.) gargoyle

garlopa (BUILD.) jointing plane; shooting plane

garlopa (MECH.) foreplane

garlopa calçada (BUILD.) technical jack plane

garnierite (MINER.) garnierite

garra (GEN.) claw

garra (BUILD.) offlet; dog ; claw; clutch

garra (MECH.) grip; jaw; pawl

garra cárpica (BIO.) carpal spur

garra de transferência (MECH.) transfer pawl

garrafa de ar comprimido (MECH.) compressed-air bottle

garrafa de Klein (MATH.) Klein bottle

garrafa de Leyden (ELECT.) Leyden jar

garrafa de nivelamento (CHEM.) levelling bottle

garrafa magnética (NUCL.) magnetic bottle

garrafão empalhado para ácidos (GLASS) carboy

garra retentora (MECH.) retaining pawl

garras (IMAGE TECH.) claws

garra universal (MECH.) universal pawl

garrotilho (MED.) croup

garrotilho (VET.) strangles ; equine contagious catarrh

garupa (VET.) croup

gás (GEN.) gas

gás ácido (MINING) sour gas

gás barotrópico (ASTRO.; METEO.) barotropic gas

gás bidimensional (CHEM.) two dimensional gas

gás carbónico (CHEM.) carbonic acid gas

gás de ácido carbónico (CHEM.) carbonic acid gas

gás de alta densidade (CHEM.) high density gas
gás de Clayton (CHEM.) Clayton gas
gás de cobertura (MINING) cap gas
gás de combate (CHEM.) war gas
gás de combustão (MECH.) flue gas
gás de descarga (MECH.) exhaust gas
gás de deutério (CHEM.) deuterium gas
gás de efeito de estufa (ECO.) greenhouse gas
gás de escape (MECH.) exhaust gas
gás de Fermi-Dirac (PHYS.) Fermi-Dirac gas
gás degenerado (ELECTRON.) degenerate gas
gás de guerra (CHEM.) war gas
gás de iluminação (CHEM.) ethylene; ethyne
gás de mostarda (CHEM.) yperite
gás de nervos (CHEM.) nerve gas
gás de óleo (CHEM.) oilgas
gás dieléctrico (ELECT.) dielectric gas
gás doce (MINING) sweetening gas
gás do Mar do Norte (ELECT.) North Sea gas ; natural gas
gaseificação (gasificação) (GEN.) gassing
gás electrónico (ELECTRON.) electron gas
gás emulsionado na água (MINING) gas cut water
gás emulsionado na lama (MINING) gas cut mud
gases raros (CHEM.) rare gases
gás freático (GEO.) phreatic gas
gás-G (PHYS.) G-gas
gás hilariante (MED.) laughing gas ; nitrous oxide
gasificação (GEN.) gassing
gasificação do cobre (MECH.) gassing of copper
gasificação subterrânea (MINING) underground gasification
gás inerte (CHEM.) inert gas
gás inflamável (GEN.) flammable gas
gás interestelar (ASTRO.) interstellar gas ; interstellar hydrogen
gás intergaláctico (ASTRO.) intergalactic gas
gás interplanetário (ASTRO.) interplanetary gas
gás ionizado (PHYS.) ionized gas
gás lacrimogéneo (CHEM.) tear gas
gás liquefeito (PHYS.; MECH.) liquefied gas
gás Mond (CHEM.) Mond gas
gás não degenerado (ELECTRON.) non-degenerate gas
gás não persistente (CHEM.) non-persistent gas
gás natural (GEO.) natural gas
gás nobre (CHEM.) noble gas
gasolina (AUTO.) petrol [UK]
gasolina de aviação (AERO.) aviation spirit
gasolina gelatinosa (CHEM.) napalm
gasool (BIO.) gasohol
gás perfeito (CHEM.; PHYS.) ideal gas; perfect gas
gás pobre (CHEM.) semiwater gas
gás pós-emanação (MINING) afterdamp
gás propulsor (AERO.; SPACE) propellant gas

gás queimado (MECH.) flue gas
gás recuperado (MINING) casinghead gas
gás residual (ELECTRON.) residual gas
gás ressurgente (GEO.) resurgent gas
gasserectomia (MED.) gasserectomy
gás superaquecido (MECH.) superheated gas
Gasteromicetos (BOT.) Gasteromycetes
Gasterótricos (ZOO.) Gastrotricha
gastrectomia (MED.) gastrectomy
gastrenterite (MED.) gastro-enteritis
gastrenterostomia (MED.) gastroenterostomy
gástrico (ZOO.) gastric
gastrina (MED.) gastrin
gastrite (MED.) gastritis
gastroacéfalo (MED.) gastroacephalus
gastroalbuminorreia (MED.) gastroalbuminorrhea
gastroamorfo (MED.) gastroamorphus
gastroanastomose (MED.) gastroanastomosis
gastrocardíaco (MED.) gastrocardiac
gastrocele (MED.) gastrocele
gastrocêntrico (ZOO.) gastrocentrous
gastrocnémio (ZOO.) gastrocnemius (muscle)
gastrocólico (MED.) gastrocolic
gastrocolite (MED.) gastrocolitis
gastrocoloptose (MED.) gastrocoloptosis
gastrocolostomia (MED.) gastrocolostomy
gastrocolotomia (MED.) gastrocolotomy
gastrodiáfano (MED.) gastrodiaphane (instrument)
gastrodiálise (MED.) gastrodialysis
gastroduodenal (MED.) gastroduodenal
gastroduodenite (MED.) gastroduodenitis
gastroduodenostomia (MED.) gastroduodenostomy
gastroenterite (MED.) gastro-enteritis
gastroenterostomia (MED.) gastroenterostomy
gastroepiplóico (MED.) gastroepiploic
gastrogastrostomia (MED.) gastrogastrostomy
gastrojejunal (MED.) gastrojejunal
gastrojejunostomia (MED.) gastrojejunostomy
gastrólito (GEO.) gastrolith
gastromiotomia (MED.) gastromyotomy
gastropexia (MED.) gastropexy
gastroplénico (MED.) gastrolienal
Gastrópodos (ZOO.) Gastropoda
gastroptose (MED.) gastroptosis
gastroscópio (MED.) gastroscope
gastrotaxe (MED.) gastrotaxis
Gastróticos (ZOO.) Gastrotrich
gastrotomia (MED.) gastrotomy
gastrovascular (ZOO.) gastrovascular
gástrula (ZOO.) gastrula
gastrulação (ZOO.) gastrulation
gastrulação embólica (ZOO.) embolic gastrulation
gás venenoso (MINING) white damp; black damp

gás vivo (MINING) sharp gas
gatilho (ELECTRON.) gate
gatilho (GEN.) trigger
gato (BUILD.) clamp
gato de ardósia (BUILD.) slate clamp
gato de chumbo (BUILD.) lead dot
gato de ferro (BUILD.) cramp
gato em barra (BUILD.) bar cramp
gato em G (BUILD.) G cramp
gauss (G) (GEN.) gauss [G]
gaussímetro (ELECT.) gaussmeter
gavagem (VET.) gavage
gavarro (VET.) quittor
gávea (NAV.) top
gavinha (BOT.) tendril; holdfast
gaxeta em U (MECH.) U-packing
gaylussite (MINER.) gay-lussite
gaze (TEXT.) gauze
gaze impregnada de cera antiséptica (MED.) cerecloth
gazua (BUILD.) jemmy; jimmy
geada (METEO.) air frost; frost
geada branca (METEO.) hoar frost; white frost
geada glacial (METEO.) freeze frost
geada miúda (METEO.) sleet
geada negra (METEO.) black frost; hard frost
geada vidrada (METEO.) glaze
gearador de texto (ELECTRON.) text generator
gedrite (MINER.) gedrite
gegenschein (ASTRO.) gegenschein
gehlenita (MINER.) gehlenite
geiser (GEO.) geyser ; gusher
geiserite (MINER.) geyserite
geitonogamia (BOT.) geitonogamy
gel (GEN.) gel
gel (IMAGE TECH.) jelly
gelasmo (MED.) gelasmus
gelatina (GEN.) gelatin(e)
gelatina de zinco (CHEM.) zinc gelatine
gel de plasma (BIO.; CHEM.) plasma gel
gel de poliacrilamida (BIO.) polyacrylamide gel
gel de sílica (CHEM.) silica gel
geleia (GEN.) jelly
geleia (IMAGE TECH.) jelly
geleia de parafina (CHEM.; MED.) vaseline; mineral jelly; petroleum jelly
geleira continental (GEO.) continental glacier; continental ice
geleira dendrítica (GEO.) dendritic glacier
geleira de nevado (GEO.) névé glacier
geleira de talude (GEO.) talus glacier
geleira inactiva (GEO.) stagnant glacier
gélido (ECO.) frigid
gelinhite (CHEM.; MINING) gelignite
gel macroporoso (BIO.) macroporou gel
gel microporoso (BIO.) microporous gel
gelo (METEO.) ice
gelo à deriva (GEO.) drift ice
gelo à deriva aberto (METEO.) open pack-ice
gelo ao nível do solo (METEO.) ground frost
gelo artificial (CHEM.) artificial ice

gelo claro (METEO.) glazed frost

gelo com detritos (METEO.) debris ice

gelo continental (GEO.) continental ice

gelo da calota polar (GEO.) polar-cap ice

gelo de profundidade (GEO.) depth ice

gelo do glaciar (ECO.) glacier ice

gelo em formação (METEO.) sludge

gelo empilhado (METEO.) rafted ice

gelo filamentar (ECO.) pipkrake

gelo fluvial (METEO.) river ice

gelo fóssil (GEO.) fossil ice

gelo granulado (GEO.) firn

gelo marinho (ECO.) sea ice

gelo pastoso (METEO.) ice-slush

gelo permanentemente fóssil (GEO.) fossil permafrost

gelo plistocénico (GEO.) Pleistocene ice

gelo polar (GEO.) polar ice ; polar-cap ice

gelosa(e) (MED.) gelosis ; gelose

gelo seco (CHEM.) dry ice

gelosia (BUILD.) venetian shutter ; grille; louvre; louver; venetian blind; blind

gelos permanentes (GEO.) permafrost

gelo vegetal (BOT.) ice fringe; ice ribbon

gema (BOT.) gemma ; bud

gema (ZOO.) gemma

gemação (BOT.) gemmation ; budding

gemas da Boémia (MINER.) Bohemian gem-stone

gémeo (GEN.) twin

gémeos de interpenetração (MINING) interpenetration twins

gémeos de justaposição (MINER.) juxtaposition twins

gémeos de sobreposição (MINER.) juxtaposition twins

gémeos dicoriónicos (MED.) binovular twins

gémeos diovulares (MED.) binovular twins

gémeos dizigóticos (BIO.) dizygotic twins

gémeos heterólogos (MED.) binovulate twins; dizygotic twins

gemífero (ZOO.) gemmiferous

geminação eléctrica (ELECT.) electrical twinning

geminados (BIO.) twins

gemíparo (ZOO.) gemmiparous

gémula (BOT.) gemmule; plumule; seed leaf

gencianina (CHEM.) gentisin

gencianófilo (CHEM.; MED.) gentianophil

gencianófobo (CHEM.; MED.) gentianophobic

genciobiose (CHEM.) gentiobiose

gene (BIO.) gene; factor; unit factor

genealogia (BOT.; ZOO.) genealogy

gene codominante (BIO.) gene codominant

genecologia (BIO.) genecology

gene constituinte (BIO.) constitutive gene

gene de Kruppel (BIO.) Kruppel gene

gene de ligação (BIO.) joining gene [j gene]

gene de preparação (BIO.) horsekeeping gene

gene dominante (BIO.) gene dominant

gene entalhado (BIO.) engrailed gene

gene env (BIO.) env gene

gene epistásico (BIO.) epistatic gene

gene essencial (BIO.) essential gene

gene estrutural (BIO.) structural gene

gene fushi tarazu (BIO.) fushi tarazu gene

gene operador (BIO.) operator gene; operator

generalista (ECO.) generalist

generalização (PSYCHO.) generalization

generalização do estímulo (PSYCHO.) stimulus generalization

gene recessivo (BIO.) recessive gene

gene regulador (BIO.) regulator gene

gene resistente a drogas múltiplas (BIO.) multidrug-resistant gene

género (BIO.) genus

género (BOT.; ZOO.) race; gender

género (MED.) gender

género orgânico (BOT.) organ genus

genes complementares (BIO.) complementary genes

genes de imunoglobulina (IMMUN.) immunoglobulin genes

génese (BIO.) genesis

génese nuclear (PHYS.) nucleogenesis

gene supressor (BIO.) suppressor gene

genes de choque térmico (BIO.) heat-shock genes

genes de efeito zigótico (BIO.) zyxin [ZYX]

genes de selecção homeostática (BIO.) homeotic selector genes

genes do ciclo de divisão celular (BIO.) cell-division-cycle genes

genes homeostáticos (BIO.) homeotic genes

genes lacunares (BIO.) gap genes

genes ligados (BIO.) linked genes

genes precoces (BIO.) early genes

genes resistentes aos antibióticos (BIO.; MED.) antibiotic-resistance genes

Genética (BIO.) genetics

Genética biométrica (BIO.) biometrical genetics

Genética celular (BIO.) cell genetics

Genética de inversão (BIO.) reverse genetics

Genética mendeliana (BIO.) Mendelian genetics

Genética molecular (BIO.) molecular genetics

genética quantitativa (BIO.) quantitative genetics

genético (ECO.) genet

genetotrófico (BIO.) genetotrophic

gengiva (MED.; ZOO.) gum

gengival (MED.) gingival

gengivectomia (MED.) gingivectomy

gengivite (MED.) gingivitis

gengivose (MED.) gingivosis

geniculado (BOT.; ZOO.) geniculate

genicular (ZOO.) genicular

genículo (MED.) geniculum

genina (CHEM.) genin

genioglosso (MED.) genioglossus

genioideu (MED.) genihyoid; geniohyoideus

genioplastia (MED.) genioplasty

genisteína (CHEM.) genistein

genistina (CHEM.) genistin

genitais (MED.) genitals

genitália (ZOO.) genitalia; genitalis

genitália feminina (ZOO.) vulva

genitalidade (PSYCHO.) genitality

genitocrural (MED.) genitocrural

genito-urinário (MED.) genito-urinary

geniturinário (MED.) genito-urinary

genodermatologia (MED.) genodermatology

genodermatose (MED.) genodermatosis

genoecologia (ECO.) genecology

genoma (BIO.) genome

genómica comparativa (BIO.) comparative genomics

genótipo (BIO.) genotype

gentisina (CHEM.) gentisin

geoanticlinal (GEO.) geanticline

geobiótico (ZOO.) geobiotic

geocarpia (BOT.) geocarpy

geocêntrico (ASTRO.) geocentric

geocline (ECO.) geocline

geocronologia (GEO.) geochronology

geocronologia planctónica (ECO.) planktonic geochronology

geocronometria (GEO.) geochronometry

geode (GEO.; MINING) geode; druse

Geodesia (SURV.) geodesy

geodésica (MATH.) geodesic

geoestacionário (SPACE) geostationary

geofagia (MED.) geophagia; gheophagy

geofagismo (MED.) geophagism

geófago (MED.) geophagist

geofílico (BOT.; ZOO.) geophilic

Geofísica (GEN.) geophysics

geófita (BOT.) geophyte

geofone (MINING) geophone

geognosia (GEO.) geognosy

geóide (SURV.) geoid

geoisotérmica (METEO.) geo-isotherm

Geologia (GEO.) geology

geologia ambiental (GEO.) environmental geology

Geologia aplicada (GEO.) applied geology

Geologia das rochas duras (GEO.) hard-rock geology

Geologia das rochas sedimentares (GEO.) soft-rock geology

Geologia de isótopos (GEO.) isotope geology

Geologia económica (GEO.) economic geology

Geologia estrutural (GEO.) structural geology

Geologia histórica (GEO.) Historical Geology

Geologia mecânica (GEO.) engineering geology

Geomagnética (PHYS.) geomagnetics

Geometria (MATH.) geometry

geometria analítica (MATH.) analytical geometry

geometria cartesiana (MATH.) cartesian geometry

geometria de Bolyai (MATH.) Bolyai geometry

geometria de Lobachevski (MATH.) hyperbolic geometry ; Lobachevski geometry

geometria elíptica (MATH.) elliptic geometry

geometria euclidiana (MATH.) Euclidean geometry

geometria hiperbólica (MATH.) hyperbolic geometry

Geometria no espaço (MATH.) space geometry

geometria variável (AERO.) variable geometry

geomorfologia (GEO.) geomorphology

geomorfologia climatérica (GEO.) climatic geomorphology

Geopatologia (MED.) geopathology

Geoquímica (CHEM.) geochemistry

geossinclinal (GEO.) geosyncline

geossincrónico (SURV.) geosynchronous

geossíncrono (SURV.) geosynchronous

geotaxia (BIO.) geotaxis

geotectónico (GEO.) geotectonic

geotragia (MED.) geotragia

geotropismo (BIO.) geotropism

geotropismo (BOT.) gravitropism; geotropism

geotropismo positivo (BIO.) positive geotropism

geração (BIO.) generation

geração ascendente (BIO.) parental generation

geração assexual (ECO.) asexual generation

geração de computadores (COMP.) computer generation

geração de endereços (COMP.) address generation

geração de relatório (COMP.) report generation

geração espontânea (BIO.) spontaneous generation; heterogeny

geração progressiva (BIO.) psychogony

gerador (ELECT.) generator; dynamo

gerador (AERO.) power unit; generator; gas producer

gerador (NUCL.) breeder

gerador accionado a cixo (ELECT.) axle driven generator

gerador acoplado directamente (ELECT.) direct-coupled generator

gerador a turbina (ELECT.) turbine generator

gerador auxiliar (AERO.) auxiliary power unit [APU]

gerador a/de vapor (MECH.) steam generator

gerador completo (MECH.) generator assembly

gerador composto (ELECT.) compound generator

gerador de alta tensão (ELECT.) high-tension generator

gerador de audiofrequência (ELECT.) audio generator

gerador de audiofrequência (TELECOM.) audiofrequency generator

gerador de barras (IMAGE TECH.) bar generator

gerador de base de tempo (ELECTRON.) time base generator

gerador de CA (ELECT.) AC generator

gerador de código (ELECTRON.) generator code

gerador de corrente (ELECT.) current generator

gerador de corrente contínua (ELECT.) d.c. generator ; direct-current generator

gerador de dados (COMP.) data generator

gerador de dente-de-serra (ELECT.) sawtooth generator

gerador de dupla corrente (ELECT.) double-current generator

gerador de faísca (ELECT.) spark-gap generator

gerador de Faraday (ELECT.) Faraday's generator

gerador de feixe electrónico (ELECTRON.) electron-beam generator

gerador de Felici (ELECT.) Felici generator

gerador de força motriz (MECH.) power engine

gerador de frequência de linha (IMAGE TECH.) line-frequency generator

gerador de frequências (TELECOM.) frequency generator

gerador de função (COMP.) function generator

gerador de função arbitrária (ELECT.) arbitrary function generator

gerador de função de diodo (ELECT.) diode function generator

gerador de função potenciométrica (ELECT.) potentiometer function generator

gerador de funções analíticas (COMP.) analytical function generator

gerador de galvanização (ELECT.) electroplating generator

gerador de gás (GEN.) gas generator ; gas producer

gerador de harmónicos (PHYS.) harmonic generator

gerador de impulso (TELECOM.) pulse generator

gerador de impulsões arrítmicas (ELECT.) jitterburg

gerador de impulsos (ELECT.) impulse generator

gerador de indução (ELECT.) induction generator

gerador de indutor (ELECT.) inductor generator

gerador de multifrequências (TELECOM.) multifrequency generator

gerador de números pseudo-aleatórios (ELECTRON.) pseudo-random digit generator

gerador de onda quadrada (ELECTRON.) square-wave generator

gerador de ondulação (NUCL.) ripple generator

gerador de padrões (ELECTRON.) pattern generator

gerador de plasma (PHYS.) plasma generator

gerador de pólo saliente (ELECT.) salient-pole generator

gerador de pontos (ELECTRON.) dot generator

gerador de porta (ELECT.) gate generator

gerador de potência (NUCL.) power breeder

gerador de potência constante (ELECT.) constant-power generator

gerador de programa (COMP.) program generator

gerador de radiofrequência (TELECOM.) radio-frequency generator

gerador de relatório (COMP.) report generator

gerador de ruído (ELECT.) noise generator

gerador de ruído «agradável» (ELECTR.) pink-noise generator

gerador de sequência (COMP.) sequence generator

gerador de sequências binárias pseudo-aleatórias (ELECTRON.) pseudo-random binary sequence generator

gerador de sinal (TELECOM.) signal generator

gerador de sinal áudio (TELECOM.) audio signal generator

gerador de sinal de baixas frequências (ELECTRON.) LF signal generator

gerador de sinal de referência (ELECTRON.) reference generator

gerador de sincronização (MECH.) synchronization generator

gerador de surtos (ELECT.) surge generator

gerador de tensão (ELECT.) voltage generator

gerador de tracção (ELECT.) traction generator

gerador de turbilhão (AERO.) vortex generator

gerador de Van de Graaff (ELECT.) Van de Graaff generator

gerador de varredura (ELECTRON.) sweep generator

gerador Diesel (MECH.) diesel generator

gerador digital de ruído (ELECTRON.) digital generator noise

gerador discriminador (IMAGE TECH.) sampling pulse generator

gerador eléctrico (ELECT.) electric generator ; electrical generator; dynamo

gerador eléctrico a vapor (ELECT.) steam-electric generator

gerador electromagnético (ELECT.) electromagnetic generator

gerador electrostático (ELECT.) electrostatic generator

gerador em cascata (ELECTRON.) cascade generator

gerador em derivação (ELECT.) shunt generator

gerador excitador (ELECT.) exciter generator

gerador heteropolar (ELECT.) heteropolar generator

gerador hidroeléctrico (ELECT.) hydroelectric generating set

gerador homopolar (ELECT.) homopolar generator

gerador magneto-hidrodinâmico (ELECT.) magnetohydrodynamic generator [MHD generator]

gerador magnetoplasmadinâmico (ELECTR.) magnetoplasmadynamic generator

gerador misto (ELECT.) compound generator

gerador monofásico (ELECT.) single-phase generator

gerador movido a vento (ELECT.) wind-driven generator

gerador polifásico (ELECT.) polyphase generator

gerador principal (ELECT.) main generator

gerador síncrono (ELECT.) synchronous generator ; selsyn motor

gerador síncrono polifásico (ELECT.) polyphase synchronous generator

gerador termiónico (ELECTRON.) thermionic generator

gerador trifilar (ELECT.) three-wire generator

gerador tubular (MECH.) tube boiler

gerador ultra-sónico (ELECT.) ultrasonic generator

gerador unipolar (ELECT.) unipolar machine

geranial (CHEM.) geranial

geraniol (CHEM.) geraniol

geratriz (MATH.) generatrix

geratriz (MECH.) generating line

gerdsdorffite (MINER.) gersdorffite

Geriatria (MED.) geriatrics

germânio (CHEM.) germanium

germe (ZOO.) germ

germe cristalino (ELECTRON.) crystal seed

germicida (BIO.; MED.) germacide

germinação (BOT.) germination

germinação bipolar (BOT.) bipolar germination

germinação nuclear (BIO.) nuclear budding

gerôntico (ZOO.) gerontic

gerontologia (MED.) gerontology

gesso (BUILD.) plaster; gesso

gesso (GEO.; MINER.) gypsum; chalk; sulphate (sulfate) of lime

gesso cristalino (GEO.; MINING) crystalline gypsum

gesso de Paris (BUILD.; CHEM.) plaster of Paris ; hemihydrate plaster

gesso duro (BUILD.) hard plaster

gesso em folha com papel (BUILD.) plaster board

gesso fibroso (BUILD.) fibrous plaster

gestação (MED.) pregnancy

gestação (ZOO.) gestation

Gestalt (PSYCHO.) Gestalt (German)

gestão de base de dados (COMP.) data base management

gestão de memória (COMP.) memory management

gestor de dispositivo (COMP.) device handler

geyserite (MINING) sinter

giardíase (MED.) giardisis

giberelina (BOT.) gibberellin

giboso (ASTRO.; BOT.) gibous

gibsite (MINER.) gibbsite

gigantismo (BOT.; MED.) gigantism; giantism

gigantoblasto (MED.) gigantoblast

gigantomastia (MED.) gigantomastia

gilsonite (MINER.) gilsonite

gimnócito (BIO.) gymnocyte (obsolete)

gimnospérmicas (BOT.) gymnosperms

ginândrico (BOT.) gynandrous

ginandrismo (ZOO.) gynandrism

ginandromorfismo (ZOO.) gynandromorphism

ginandromorfo (ZOO.) gynandromorph

ginatrésia (MED.) gynatresia

Gincgoales (BOT.) Ginkgoales

gineceu (BOT.) ginoecium; gynaecium

ginecogénio (MED.) gynecogen (obsolete)

ginecografia (MED.) gynecography

ginecologia (MED.) gynaecology; gynecology

ginecomania (MED.; PSYCHO.) gynecomania

ginecomastia (MED.) gynecomastia; gynaecomastia; gynecomasty

gínglimo (ZOO.) ginglymus

ginobásico (BOT.) gynobasic

ginodióico (BOT.) gynodiocious

ginomonóico (BOT.) gynomonoecius

ginopatia (MED.) gynopathy

ginoplástica (BOT.) gynoplastics

giobertita (CHEM.; MINER.) breunnerite

Giomus (ASTRO.) Giomus

Giotto (ASTRO.) Giotto (Mercury's crater)

Giotto (SPACE) Giotto (American space sound)

gipsita (MINER.) sulphate (sulfate) of lime; gypsum; anhydrite

gira-discos de agulha (PHYS.) needle pick-up

giratório (ELECTRON.) gyrator

giro (GEO.) gyre

giro (BIO.; MED.; ZOO.) gyrus ; gyre

giro (GEN.) rotation

giroclinómetro (AERO.) turn-and-bank indicator; turn-and-slip indicator

giro criogénico (PHYS.) cryogenic gyro

girolito (MINER.) gyrolite

girómetro (MECH.) rate gyro

giro oceânico (GEO.) ocean gyre

giroplano (AERO.) gyroplane

giroscópio (MECH.) gyro; gyroscope

giroscópio de fibras ópticas (AERO.) fibre-optics gyro

giroscópio de laser (MECH.) laser gyro

giroscópio de supercondução (ELECTRON.) superconducting gyroscope

giroscópio laser (ELECTRON.) laser gyroscope

giroscópio nuclear (ELECTRON.) nuclear gyroscope

giro-sensor (MECH.) gyrosensor

giróstato (MECH.) gyrostat

girotrão (NUCL.) gyrotron

gismondina (MINER.) gismondine

gito (MECH.) gate; gating; ingate; spue

giz (GEO.) chalk

giz catódico (ELECT.; NAV.) cathodic chalk

glabrescente (BOT.) glabrescent; glabrate

glabro (BOT.; ZOO.) glabrous

glaciação (GEO.) glaciation

glaciação periódica (GEO.) periodic glaciation

glaciação plistocénica (GEO.) Pleistocene glaciation

glaciar (GEO.) glacier

glaciar continental (GEO.) continental glacier

glaciar de deriva (METEO.) drift glacier

glaciar de nevado (GEO.) névé glacier

glaciar de planalto (GEO.) plateau glacier

glaciar de sopé (GEO.) piedmont glacier

glaciar de talude (GEO.) talus glacier

glaciar morto (GEO.) stagnant glacier

glaciar polar (ECO.) polar glacier

glaciar subpolar (ECO.) subpolar glacier

glacifluvial (ECO.) glacifluvial

glacilacustre (ECO.) glacilacustrine

glaciologia (ECO.) glaciology

glaciomarinho (ECO.) glaciomarine

glande (BOT.) glans; mast

glande peniana (ZOO.) glans penis

glandilema (MED.) glandilemma

glândula (MED.; ZOO.) gland; glandula

glândula anular (BOT.) ring gland; Weissmann's gland

glândula apócrina (BIO.) apocrine gland

glândula de Bartholin (MED.; ZOO.) Bartholin's gland

glândula de Bowman (ZOO.) Bowman's gland

glândula de cálcio (BOT.) chalk gland

glândula de Cowper (ZOO.) Cowper's gland

glândula de gás (ZOO.) gas gland

glândula de Harder (ZOO.) Harder's gland

glândula de óleo (ZOO.) oil gland; uropygial gland; sebaceous gland

glândula de perfume (ZOO.) scent-gland

glândula de sal (BOT.) salt gland

glândula de Weissmann (BOT.) Weissmann's gland; ring gland

glândula digestiva (ZOO.) digestive gland

glândula do óleo (ZOO.) preen gland; uropygial gland

glândula lacrimal (ZOO.) tear gland

glândula linfática (ZOO.) lymphatic gland

glândula mamária (ZOO.) mammary gland; mamma

glândula mucosa (ZOO.) mucous gland

glândula odorífera (ZOO.) scent-gland

glândula oleosa (ZOO.) oil gland; uropygial gland; sebaceous gland

glândula parótida (ZOO.) parotid gland

glândula perineal (ZOO.) perineal gland

glândula pineal (ZOO.) pineal gland

glândula pituitária (ZOO.) pituitary gland

glândula prostática (ZOO.) prostata; prostate

glândulas acessórias (ZOO.) accessory glands

glândulas acessórias do aparelho genital (ZOO.) colletrial glands

glândula salivar (MED.) sialaden

glândulas antenais (ZOO.) green glands

glândulas bucais (Zoo.) buccal glands
glândulas calcíferas (Zoo.) calcigerous glands
glândulas ceruminosas (Zoo.) ceruminous gland
glândulas das vias espermáticas (Zoo.) spermiducal glands
glândulas de almíscar (Zoo.) musk glands
glândulas de Havers (Zoo.) Haversian glands
glândulas de Jacobson (Zoo.) Jacobson's glands
glândulas de Lieberkühn (Zoo.) Lieberkühn's glands
glândulas de repulsão (Zoo.) repugnatorial glands
glândula sexual (Zoo.) sex gland; gonad
glândulas fiadeiras (Zoo.) spinning glands
glândulas infra-orbitárias (Zoo.) infraorbital glands
glândulas lácteas (Zoo.) milk glands
glândulas mamárias (Zoo.) milk glands
glândulas maxilares (Zoo.) antennal glands (Crustacea)
glândulas meibomianas (Zoo.) Meibomian glands ; palpebral glands
glândulas palpebrais (Zoo.) palpebral glands; Meibomian glands
glândulas retrocerebrais (Zoo.) retrocerebral glands
glândulas salivares (Zoo.) salivary glands
glândulas sem canais (Zoo.) ductless glands
glândulas sinoviais (Zoo.) synovial glands; Haversian glands; Havers's glands
glândula supra-renal (Zoo.) adrenal gland
glândula tiróide (Med.) thyroid gland
glândula uropigial (Zoo.) uropygial gland; preen gland
glândula vitelina (Zoo.) yolk gland
glassina (Paper) glassine
glauberite (Miner.) glauberite
glaucescente (Bot.) glaucescent
glauco (Eco.) glaucous
glaucófano (Miner.) glaucophane
glaucoma (Med.) glaucoma
glaucónia (Miner.) glauconite
glauconite (Miner.) glauconite
glauconito (Geo.) greensand
gleba (Bot.) gleba
glenóide (Zoo.) glenoid
glia (Zoo.) glia
gliadina (Bio.) gliadin
glial (Bio.) glial
glibenclamida (Med.) glibenclamide
glicanos (Chem.) glucans
glicão (Med.) glycon
gliceratos fluidos (Chem.) fluidglycerates
glicérido (Chem.) glyceride
glicerina (Chem.) glycerine; glycerol; propane-1,2,3,-triol
glicerofosfato de sódio (Chem.) sodium glycerophosphate
glicerogelatina (Med.) glycerogelatin; glycogelatin

glicerol (Chem.) glycerol; glycerine; propane-1,2,3,-triol
glicina (Chem.) glycine; glycocin
glicocálice (Bio.) glycocalyx
glicociamina (Chem.) glycocyamine
glicocina (Med.) glycocin; glycin
glicocolato (Med.) glycocholate
glicocorticóide (Med.) glycocorticoid; glucocorticoid
glicófita (Bot.) glycophyte
glicogelatina (Med.) glycogelatin; glycerogelatin
glicogenase (Chem.) glycogenase
glicogénese (Chem.) glycogenesis
glicogénio (Chem.) glycogen ; animal starch
glicogenose (Chem.) glycogenosis
glicóis de polietileno (Chem.) polyethylene glycols
glicol (Chem.) glycol
glicol de pentametileno (Chem.) pentamethylene glycol
glicol de trimetileno (Chem.) trimethylene glycol
glicol dietilénico (Chem.) diethylene glycol
glicolípido (Bio.) glycolipid
glicólise (Bio.) glycolysis
glicólise (Chem.) glycolysis; Embden-Meyerhof pathway
glicopeptídeos (Bio.) glycopeptide
glicoproteína (Bio.) glycoprotein; glucoprotein
glicoproteína de superfície variável (Bio.) variable surface glycoprotein
glicoproteínas ENV (Bio.) ENV glycoproteins
glicose (Bio.; Chem.) glucose; grapesugar
glicose-6-fosfatase (Chem.) glucose-6-phosphatase
glicose-oxidase (Chem.) glucose oxidase
glicosidases (Chem.) glucosidases
glicósido (Chem.) glycoside
glicósidos (Chem.) glycosides
glicosiltransferase (Med.) glycosyltransferase
glicosona (Chem.) glucosone
glicosúria (Med.) glucosuria; glycosuria
glicotrófico (Med.) glycotrophic, glycotropic
glicotrópico (Med.) glycotropic; glycotrophic
glicuronídio (Chem.) glucoronide
glifo (Arch.) glyph
glimerite (Geo.) glimmerite
glioblastoma multiforme (Med.) glioblastoma multiforme
glioblastose cerebral (Med.) glioblastosis cerebri
gliócito (Med.) gliacyte
glioma (Med.) glioma
gliomatose (Med.) gliomatosis
gliomixoma (Med.) gliomyxoma
glioneuroma (Med.) glioneuroma
gliose (Med.) gliosis
gliossarcoma (Med.) gliosarcoma
glioxal (Chem.) glyoxal
glioxalina (Chem.) glyoxalines ; imidazole
glioxissoma (Bio.) glyoxysome; glyoxisome

globina (Bio.) globin
globo histérico (Med.) globus hystericus
globóide (Bot.) globoid
globo ocular (Med.) eyeball; bulbus oculi
globoso (Eco.) globose
globulina (Bio.) globulin
globulina no músculo (Med.) myosin
globulinúria (Med.) globulinuria
glóbulo (Astro.) globule; globulus
glóbulo de Bok (Astro.) Bok globule
glóbulo de ferrite (Telecom.) ferrite bead
glóbulo polar (Bio.) polar body
glóbulo vermelho (Zoo.) red blood corpuscle; hamatid
glomerulite (Med.) glomerulinitis
glomérulo (Zoo.) glomerulus
glomérulo-nefrite (Med.) glomerulonephritis
glomérulos carotídeos (Med.) glomera carotica; carotid bodies
glossectomia (Med.) glossectomy
glossite (Med.) glossitis
glossite parasítica (Med.; Vet.) nigrities linguae; black-tongue
glossocele (Med.) glossocele
glossodinia (Med.) glossodynia
glossofaríngeo (Med.) glossopharyngeal
glossofitia (Vet.) black-tongue
glossoplegia (Med.) glossoplegia
glossospasmo (Med.) glossospasm
glossulária (Miner.) essonite
glote (Zoo.) glottis
gluão (Phys.) gluon
glucagon (Med.) glucagon
glúcidos (Chem.) saccarides; glucides
glucoamilase (Bio.) glucoamylase
glucóforo (Chem.) glucophore
gluconato de potássio (Chem.) potassium gluconate
gluma interna (Bot.) inner glume
glume (Bot.) glume
glumela inferior (Bot.) lemma
glumitocina (Chem.) glumitocin
glutamato (Chem.) glutamate
glutamato monossódico (Chem.) monosodium glutamate
glutamina (Chem.) glutamine
glutationa (Chem.) glutathione
glutelinas (Bot.; Chem.) glutelins
glúten (Bot.; Med.) gluten
gluteninas (Bot.; Chem.) glutenins
glúteo (Zoo.) pygal; gluteal; gluteus
gmelinite (Miner.) gmelinite
gnático (Zoo.) gnathic
gnátide (Med.) gnathitis
gnátides (Zoo.) gnathites
gnatópode (Zoo.) gnathopod
Gnatostoma (Zoo.) Gnathostomata
gnatostomado (Zoo.) gnathostomatous
Gnatostomados (Zoo.) Gnathostomata
gnatoteca (Zoo.) gnathoteca
G-negativo (Aero.; Space) negative g
gneisse (Geo.) gneiss
gneisse fundamental (Geo.) fundamental gneiss
gneisse-horneblêndico (Geo.) hornblende-gneiss

gneisse pelítico (GEO.) pelitic gneiss
gneisse psamítico (GEO.) psammitic gneiss
Gnetópsidas (BOT.) Gnetopsida
gnómon (GEN.) gnomon
gnomónica (MINING; SURV.) dialling
gnotobiologia (BIO.) gnotobiology ; gnotobiotics
gnotobiota (BIO.; IMMUN.) gnotobiota
gnotobiótica (BIO.) gnotobiotics
goela (ZOO.) gula
goetite (MINER.) goethite
goiasita (MINER.) browmanite
goiva (BUILD.) bent chisel; grooving plane; gouge
goiva (MED.) gouge (bone surgery)
goiva acotovelada (BUILD.) bent gouge
goiva chata (BUILD.) flat gouge
goiva de corte exterior (BUILD.) outside gouge
goiva de mão (BUILD.) scribing gouge
goiva de meia-cana (BUILD.) bent gouge
goiva manual (BUILD.) paring gouge
goiva-punção (BUILD.) firmer gouge
goivete (BUILD.) grooving plane
golpe (MECH.) stroke
golpe (MED.) fit; stroke
golpe de sobretensão de alta frequência (TELECOM.) high-frequency surge
golpe de tensão (ELECT.) voltage kick
goma (MED.) gumma; gum; syphiloma
goma (CHEM.) gum
goma (TEXT.) size
goma-arábica (CHEM.) acacia gum; arabic gum
goma de dâmar (CHEM.) kauri gum
gomagem (PRINT.) gumming up
goma-laca (BUILD.) shellac
goma-laca (ZOO.) gum-lac
goma resinosa (CHEM.) japan
gomo (AERO.) gore (parachute)
gomo (BOT.) bud; head ; shoot
gomo longo (BOT.) long shoot
gomo misto (BOT.) mixed bud
gomose (BOT.) gummosis
gónada (ZOO.) gonad ; sex gland
gonadotrófico (MED.) gonadothrophic, gonadotropic
gonadotrofina (BIO.) gonadothrophin; gonadotropin
gonadotrópico (MED.) gonadothropic; gonadothrophic
gonadotropina (BIO.) gonadothropin; gonadothrophin
gonapófise (ZOO.) gonapophyse; paramere
gôndola (AERO.) car
Gonduana (GEO.) Gondwanaland
gonfose (MED.) gomphosis
gonídio (BOT.) gonidium
goniocraniometria (MED.) goniocraniometry
goniómetro (TELECOM.) direction-finding aerial
goniómetro (BUILD.) angle gauge
goniómetro (MECH.) goniometer
goniómetro de alta frequência (TELECOM.) single station locator
goniómetro de cristal (CRYST.) crystal goniometer

goniómetro de espelho (SURV.) optical square
goniómetro de reflexão (PHYS.) reflection square
gonioscópio (MED.) gonioscope
gonite (VET.) gonitis
gonnardite (MINER.) gonnardite
gonoblasto (ZOO.) gonoblast
gonócito (BIO.) gonocyte
gonococo (MED.) gonococcus
gonococos (MED.) gonococci
gonocorismo (ZOO.) gonochorism
gonocorístico (ZOO.) gonochoristic
gonoducto (BIO.; ZOO.) gonaduct
gonópode (ZOO.) gonopod
gonóporo (ZOO.) gonopore
gonossoma (ZOO.) gonosome
gonzo (BUILD.) joint hinge
gonzo de palheta (BUILD.) strap hinge
gonzo em T (BUILD.) tee hinge
gordura (CHEM.; MED.; ZOO.) fat; lipid; adeps
gorduroso (MED.) adipose; unctuous
gorgulho (BOT.) bunt; weevil
goslarita (MINER.) white copperas
gosma (VET.) gapes
gota (GEN.) drop; drip; bead
gota (MED.) gout; podagra
gota de ar frio (METEO.) cold pool
gota de chuva (ECO.) raindrop
gota de polinização (BOT.) pollination drop
gota fria (METEO.) cold pool
gotas-de-água (ARCH.) guttae (ornament)
goteira (BUILD.) gutter ; drip; chute; eaves gutter
goteira (HYDRO.) valley
goteira ambulacrária (ZOO.) ambulacral groove
goteira de aba (BUILD.) rone
goteira de chumbo do beiral (BUILD.) eave-lead
goteira de condensação (BUILD.) condensation gutter
goteira de telhado (BUILD.) house eave; rone
goteira paralela (BUILD.) parallel gutter
goteira tipo garrafa (BUILD.) bottlenose drip
goteira ventral (ZOO.) endostyle
Gótico (ARCH.) Gothic
gótico (PRINT.) gothic
gotícula de solução (CHEM.) solution droplet
Gotlandiano (GEO.) Gothlandian
G-positivo (SPACE) positive g
graben (GEO.) graben
grácil (ZOO.) gracilis (muscle)
grade (ELECT.; ELECTRON.; PHYS.) grating ; grid; screen
grade (GEN.) grid; lattice
gradeado (ZOO.) cancellated
gradeado de Bravais (CRYST.) Bravais lattice
gradeamento (PHYS.) grating
gradeamento de reforço (BUILD.) grillage foundation
gradeamento entrelaçado (BUILD.) interlaced fencing
gradeamento sobre estacas (BUILD.) pile grating

grade anódica (ELECTRON.) anode grid
grade assimétrica (TELECOM.) unsymmetrical grading
grade circular (ELECT.) circular waveguide
grade coaxial (ELECT.) coaxial grid
grade de acumulador (ELECT.) accumulator grid
grade de barras (BUILD.) grille
grade de blindagem (ELECT.) shield grid
grade de carga espacial (ELECTRON.) space-charge grid
grade de cristal (MINER.) crystal lattice
grade de esferas de rolamento (MECH.) ball-bearing cage
grade de estacas (BUILD.) pile grating
grade de fundação (BUILD.) grillage foundation
grade de Lysholm (RADIOL.) Lysholm grid
grade de Potter-Bucky (RADIOL.) Potter-Bucky grid
grade de protecção (BUILD.) guard rail
grade de protecção (MINING) walkaround
grade de ressonância (ELECT.) resonance screen
grade do radiador (AUTO.) apron
grade do ressoador (TELECOM.) resonator grid
grade escalonada (PHYS.) echelon grating
grade indicadora (ELECTRON.) indicator gate ; indicator grid
grade negativa (ELECTRON.) negative grid
grade neutra secundária (ELECT.) secondary neutral grid
grade oscilante (MECH.) shaking grate
grade para altifalante (ELECT.) loudspeaker grille
grade para secar tijolos (BUILD.) hack
grade sintonizada (ELECTRON.) tuned grid
grade supressora (ELECTRON.) suppressor grid
gradiante de contorno (SURV.) contour gradient
gradiente (GEN.) gradient
gradiente adiabático saturado (METEO.) saturated adiabatic lapse rate
gradiente alterno (ELECT.) alternating-gradient
gradiente complexo (ECO.) complex gradient
gradiente de calor de Joule (PHYS.) Joule heat gradient
gradiente de campo (ELECT.) field gradient
gradiente de campo de radar (RADAR) radar field gradient
gradiente de difusão (PHYS.) diffusion gradient
gradiente de diversidade com a latitude (ECO.) latitudinal diversity gradient
gradiente de índice refractivo (PHYS.) gradient of refractive index
gradiente de ionização (PHYS.) gradient of ionization

gradiente de ponto de congelação (METEO.) dew-point lapse rate

gradiente de potencial (ELECT.) potential gradient

gradiente de pressão (METEO.) pressure gradient

gradiente de protões (BIO.) proton gradient

gradiente de reforço (PSYCHO.) gradient of reinforcement

gradiente de sacarose (BIO.) sucrose gradient

gradiente de temperatura super adiabático (GEO.) super-adiabatic lapse rate

gradiente de tensão (ELECT.) voltage gradient

gradiente dieléctrico (ELECT.) dielectric gradient

gradiente efectivo (AERO.) net gradient

gradiente geotérmico (GEO.) geothermal gradient

gradiente hidráulico (ECO.) hydraulic gradient

gradiente limitador (BUILD.) limiting gradient

gradiente líquido (AERO.) net gradient

gradiente máximo admissível (BUILD.) ruling gradient

gradiente térmico (ELECTRON.) temperature gradient

gradiente térmico ambiental (ECO.) environmental lapse rate [ELR]

gradiente vertical (METEO.) lapse rate

gradiente vertical adiabático (METEO.) adiabatic lapse rate

gradiente vertical adiabático saturado (METEO.) saturated adiabatic lapse rate

gradiente vertical adiabático seco (METEO.) dry adiabatic lapse rate

gradiente vertical de temperatura (METEO.) temperature lapse rate

gradómetro (MED.) gradometer

graduação (PHYS.) scaling; calibration

graduação capacitiva (ELECT.) capacitance grading

graduação de carvão (GEO.) rank of coal

graduação de densidade de electrões livres (PHYS.) gradient of free electron density

graduação de resistência (ELECT.) resistance graduation

graduação de tamanho (CHEM.) size-grading

graduação do passo da hélice (AERO.) pitch setting

graduação potenciométrica (CHEM.) potentiometer titration

graduação simétrica (TELECOM.) symmetrical grading

gradual (MECH.) inching

gradual (PHYS.) slow

gradual e contínuo (PHYS.) step and continuous

gradualismo (ECO.) gradualism

gradualismo filético (ECO.) phyletic gradualism

grafecon (RADAR) graphecon

gráfica de alinhamento (MATH.) alignment chart

gráfico (SURV.) grid

gráfico de amplitude (COMP.) range chart

gráfico de Fermi (PHYS.) Fermi plot

gráfico de Gantt (MECH.) Gantt chart

gráfico de linha tracejada (MATH.) broken line graph

gráfico de mistura de cores (PHYS.) colour mixture curve

gráfico de rotina (COMP.) flowchart

gráfico de Schottky (ELECT.) Schottky line

gráfico indicador (MECH.) indicator chart

gráfico por computador (COMP.) computer graphic; sketchpad

gráfico rectangular de composição (STAT.) component bar chart

gráficos (COMP.) graphics

gráficos de alta resolução (COMP.) high resolution graphics

gráficos de baixa resolução (COMP.) low-resolution graphics

gráficos de exploração (COMP.) raster graphics

gráfico tensão-corrente (ELECTRON.) current/voltage graph

gráfico vectorial (COMP.) vector graphic

grafitação (CHEM.) graphitization

grafite (CHEM.; MINER.) graphite; plumbago; black lead

grafite coloidal (MECH.) colloidal graphite

grafite dendrítica (MINER.) dendritic graphite

grafito (BUILD.) sgraffito

grafo (MATH.) graph

grainha (BOT.) stone

grama (BOT.) spear-grass

grama (PHYS.) gram(me)

grama-força (PHYS.) gram(me)-force

grama-molecular (CHEM.) gram(me)-molecular

grama-peso (PHYS.) gram(me)-force

grama por metro quadrado (PAPER) gram(me) per square metre

gramatite (MINER.) grammatite

gramicidina (BIO.) gramicidin

gramínea (BOT.) grass; graminacious; gramineous

Gramíneas (BOT.) Graminae

graminho (BUILD.) marking gauge; mortise gauge

graminho (MECH.) scribing block ; surface gauge

graminho para dobradiças (BUILD.) butt gauge

graminícola (BOT.) graminicolous

graminívoro (ZOO.) graminivorous

gramite (MINER.) grahamite

gramofone (PHYS.) gramophone

grampeagem (BUILD.) strapping

grampo (BUILD.) strap; clamp

grampo (MECH.) fastener

grampo de canto (BUILD.) corner cramp

grampo de duas pontas (BUILD.) bitch

grampo de esquadria (BUILD.) corner cramp

grampo de ferro (BUILD.) cramp; cramp-iron

grampo do torno (MECH.) lathe carrier

grampo em barra (BUILD.) bar cramp

grampo isolado (ELECT.) insulated clip

granada (MINER.) garnet

granada da Boémia (MINER.) Bohemian garnet

granada nobre (MINER.) carbuncle; Oriental almandine; Bohemian garnet

granada oriental (MINER.) Syrian garnet; Oriental almandine ; Cape ruby; Colorado ruby

granada síria (MINER.) Syrian garnet

granalha (MINING) grains

grande angular (IMAGE TECH.) wide-angle lens

grande caloria (PHYS.) large calorie; kilocalorie; kilogram calorie

grande círculo primário (GEO.) primary great circle

grande corrente transportadora (GEO.) great conveyor

grande desvio (PHYS.) wide deviation

Grande Explosão (ASTRO.) Big Bang

grande mal (MED.) grand mal; generalized epilepsy

grande período de crescimento (BIO.) grand period of growth

grandes bolsas de geada (METEO.) frosted hollows

grandes lábios (ZOO.) labia majora

Grande Teoria Unificada (ASTRO.; PHYS.) Grand Unified Theory [GUT]

grandeza de astro (ASTRO.) star magnitude

granitização (GEO.) granitization

granito (MINER.) granite

granito alcalino (GEO.) alkali granite

granito-aplita (MINER.) granite-aplite

granito de duas micas (biotite e muscovite) (MINING) binary granite

granito de Rapakivi (GEO.) Rapakivi granite

granito porfírico (GEO.) granite-porphyry

granito porfírico (MINER.) porphyritic granite

granito rúnico (GEO.) graphic granite; runite

granitos laurencianos (GEO.) Laurentian granites

granitos laurentinos (GEO.) Laurentian granites

granizo (METEO.) ice pellets; hail; hailstones

granizo mole (METEO.) sleet

granodiorito (MINER.) granodiorite

granófiro (GEO.; MINING) granophyre

granolítico (BUILD.) granolithic (paving)

granulação (BUILD.) bittiness

granulação (GEN.) granulation

granulação (GEO.) granulitization ; grain

granulação (MECH.) matrix (metallurgy)

granulação (MINING) grain; grains

granulação de rocha (MINING) grit

granulação ideal (MECH.) ideal grain (propellent)

granulação prismática (CRYST.) prismatic grain

granulação solar (ASTRO.) solar granulation

granular (Phys.) granular
granularidade (Image Tech.) granularity
granulite (Geo.) granulite
grânulo (Geo.) granule
grânulo basal (Bio.; Bot.) basal body
granuloblasto (Bio.) granuloblast
granuloblastose (Vet.) granuloblastosis
granuloblastose das aves (Vet.) avian granuloblastosis
granulócito (Immun.) granulocyte
granulocitopenia (Med.) granulocytopenia
granulocitopoese (Med.) granulopoiesis
granulocitose (Med.) granulocytosis
grânulo de Palade (Chem.) Palade granule; ribosome
granuloma (Med.) granuloma
granuloma anular (Med.) granuloma annulare
granuloma gravídico (Med.) granuloma gravidarum
granuloma inguinal (Med.) granuloma inguinale
granuloma sarcomatoso (Med.) granuloma sarcomatoides
granulomatoso (Med.) granulomatous
granuloma tropical (Med.) framboesia; frambesia
granuloma venéreo canino (Vet.) canine venereal granulomata
granulómero (Bio.) granulomere
granulometria (Geo.; Mech.) grain size
granuloplasma (Bio.) granuloplasm
granulopoese (Med.) granulopoesis
granulosarcóide (Med.) granulosarcoid
grânulos de sangue (Med.) blood dust
granuloso (Eco.) granulose
granulossarcoma (Med.) granulosarcoma; mycosis fungoides
grão (Bot.) grain ; corn; granum
grão (Chem.) grain (weight measure = 0,0648g)
grão (Geo.; Mining) grain
grão (Image Tech.) grain
grão de amido (Bot.) starch grain
grão de cromatina (Bio.) karyosome
grão médio (Mining) medium grain
graptolito (Geo.) graptolite
grau (Gen.) degree ; grade
grau abaixo de zero (Phys.) degree below zero
grau acima de zero (Phys.) degree above zero
grau Celsius (Phys.) degree Celsius
grau centígrado (Phys.) degree Celsius;
grau de absorção (Phys.) degree of absorption
grau de amortecimento (Phys.) degree of damping
grau de aquecimento (Phys.) rate of heating
grau de compressão (Mech.) ratio of compression
grau de dissociação (Chem.) degree of dissociation
grau de eficiência (Mech.) efficiency ratio

grau de ionização (Chem.) degree of ionization
grau de libertação (Chem.) degree of freedom
grau de qualidade (Telecom.) grade of service
grau de reacção absoluta (Chem.) absolute reaction rate
grau de uma curva (Surv.) degree of a curve
grau de uma inclinação (Aero.) degree of a bank
grau eléctrico (Elect.) electrical degree
grau Fahrenheit (Phys.) degree Fahrenheit
grau Rankine (Phys.) degree Rankine
grau Réaumur (Phys.) degree Réaumur
graus dia (Eco.) day degrees
graus mês (Eco.) month degrees
grauvaque (Geo.) graywacke; greywacke; transition rock
gravação (Gen.) record
gravação (Print.) imprint
gravação a ácido (Chem.) acid etching
gravação a velocidade constante (Phys.) constant velocity recording
gravação azimutal (Telecom.) azimuth recording
gravação de amplitude constante (Phys.) constant-amplitude recording
gravação de controlo (Comp.) control record; control register
gravação de ficheiro (Comp.) file saving
gravação de fita de pista dupla (Elect.) double-track tape recording
gravação de índice (Comp.) index record
gravação de matrizes (Mech.) die sinking
gravação de som (Phys.) sound recording
gravação de teste (Phys.) test record
gravação de vídeo (Image Tech.) recording of video
gravação electrónica (Print.) electronic engraving
gravação em fita (Comp.) tape recording
gravação estereofónica (Phys.) stereophonic recording
gravação lateral (Phys.) lateral recording
gravação magnética (Phys.) magnetic recording
gravação mecânica (Print.) mechanical stipple
gravação profunda (Print.) deep etch
gravação radial (Phys.) radial recording
gravação sem ruído (Phys.) noiseless recording
gravação termoplástica (Electron.) thermoplastic recording
gravador (Phys.) recorder
gravador (Print.) imprinter
gravador de CD (Telecom.) CD recorder
gravador de CD e leitor de DVD (Comp.) combi drive
gravador de disco (Phys.) disk recorder

gravador de disco rígido (Comp.) hard disc recorder
gravador de DVD (Image Tech.) DVD recorder
gravador de esforço sobre o comando (Aero.) stick-force recorder
gravador de fita de Blatter (Telecom.) Blattnerphone
gravador de fita de pista dupla (Elect.) double-track tape recorder
gravador de fita (magnética) (Telecom.) tape recorder
gravador de Hallade (Mech.) Hallade recorder
gravador de queda (Aero.) crash recorder
gravador de som (Elect.; Phys.) sound recorder
gravador de vídeo (Image Tech.) video cassette recorder
gravador de voo (Aero.) flight recorder; crash recorder; black box
gravador digital incremental (Comp.) incremental digital recorder
gravador electromecânico (Elect.) electromechanical recorder
gravador em filme (Image Tech.) film recorder
gravador/explorador de filme (Electron.; Image Tech.) film recorder/scanner
gravador magnético estereofónico (Telecom.) stereo tape recorder
gravar (Arch.) incise
gravar por cima (Comp.) overwrite
graveolento (Bot.) graveolent
grave perda de sangue (Med.) exsanguination; bloodletting
grávida (Med.; Zoo.) gravid
gravidade (Phys.) gravity; gravitation
gravidade artificial (Phys.) artificial gravity
gravidade da cauda (Aero.) tail heaviness
gravidade de nariz (Aero.) nose heaviness
gravidade específica (Phys.) specific gravity
gravidade relativa (Phys.) relative gravity
gravidade superficial (Phys.) surface gravity
gravidade zero (Space) zero-g
gravidez (Vet.) pregnancy
gravidez ectópica (Med.) ectopic gestation
gravidez espúria (Med.) spurious pregancy; false pregnancy
gravidez fantasma (Med.) false pregnancy; spurious pregnancy
gravidez múltipla (Med.) polycyesis
gravitação (Phys.) gravitation; gravity
gravitação terrestre (Geo.; Phys.) terrestrial gravitation
gravura (Print.) gravure; cut
gravura a pontilhado (Print.) stipple
gravura congelada (Bio.) freeze-etch
gray (Radiol.) gray
greda (Build.) malm
greda (Geo.) clay; loam; argillaceous earth
greda branca (Geo.) chalk

greda fosfática (Geo.) phosphatic chalk
greda siliciosa (Miner.) silicious chalk
grega (Arch.) fret (garniture)
gregas (Build.) fret-work
greisen (Geo.) greisen
greisenização (Geo.) greisenization
grelha (Elect.; Electron.) grid
grelha (Mech.) grate
grelha anódica (Electron.) anode grid
grelha cilíndrica (Electron.) grid cylinder
grelha circular (Elect.) circular waveguide
grelha coaxial (Elect.) coaxial grid
grelha de abertura (Electron.) aperture grille
grelha de aceleração (Electron.) accelerating grid
grelha de comando (Elect.) control grid
grelha de controlo (Elect.) control grid
grelha de resistência (Elect.) resistance grid
grelha radial (Elect.) radial grating
grelo (Bot.) offset; shoot
grés (Geo.) sandstone
grés ferruginoso (Miner.) carstone
grés silicioso (Geo.) whelstone
Grés Vermelhos Recentes (Geo.) New Red Sandstone
greta (Build.) checking (paint)
grilhão de parafuso (Mech.) screw shackle
grinalita (Miner.) greenalite
grinoquite (Miner.) greenockite
gripagem (Mech.) seizure; seizing-up
gripe (Med.) influenza
gripe catarral (Vet.) equine influenza; stable pneumonia
gripe equina (Vet.) epizootic catarrhal fever
gripe felina (Vet.) feline influenza
gripe suína (Vet.) swine influenza
grisalha (Arch.) grisaille
griseofulvina (Chem.; Med.) griseofulvin
grisú (Mining) fire damp
grossos (Mining) lumps
grossulária (Miner.) grossular; cinnamon stone; gooseberry stone
grossularite (Miner.) gooseberry stone
grossura (Paper) bulk
grotesco (Print.) grotesque
grua (Mech.) crane
grua com gancho magnético (Mech.) magnet crane
grua de carga de minério (Mining) ore loading crane
grua de coluna (Mech.) pillar crane
grua de fundição (Mech.) foundry crane
grua de lança (Mech.) jib crane
grua de magneto (Mech.) magnet crane
grua de manutenção (Build.) breakdown crane
grua de tenazes (Build.) grabbing crane
grude (Build.) glue
grunerita (Miner.) grunerite

grupo (Comp.) string ; batch
grupo (Gen.) group ; cluster
grupo (Mech.) bank
grupo (Stat.) cluster
grupo (Zoo.) series
grupo abeliano (Math.) Abelian group
grupo acetilo (Chem.) acetyl group
grupo acetóxilo (Chem.) acetoxyl group
grupo acilo (Chem.) acyl group
grupo alilo (Chem.) allyl group
grupo amida (Chem.) amido group
grupo amila (Chem.) amyl group
grupo amina (Chem.) amino group
grupo azo (Chem.) azo group
grupo butilo (Chem.) butyl group
grupo carbonilo (Bio.; Chem.) carbonyl group
grupo carboxilo (Chem.) carboxyl group
grupo cíclico (Math.) cyclic group
grupo compensador (Telecom.) balancer set
Grupo Conjunto de Peritos Fotográficos (Gen.) Joint Photographic Expert Group [JPEG]
grupo conversor (Elect.) motor converter ; motor generator
grupo das piroxenas (Miner.) pyroxene group
grupo de caracteres (Comp.) character string
grupo de cartões (Comp.) card deck
grupo de chegada (Comp.) group incoming
grupo de código (Comp.) code group
grupo de encontro (Psycho.) encounter group
grupo de entrada (Comp.) incoming group
grupo de fibras (Zoo.) fasciola
grupo de homologia (Math.) homology group
grupo de imagens (Image Tech.) group of pictures
grupo de Kreutz (Astro.) Kreutz group
grupo de ligação (Bio.) linkage group
grupo de máquinas (Mech.) set
grupo de nivelamento (Telecom.) grading group
grupo de páginas (Comp.) page pool
Grupo de Peritos em Cinema (Image Tech.) motion picture expert group
grupo de placa (Elect.) plate group
grupo de platina (Chem.) platinum group
grupo de processamento remoto (Comp.) remote batch
grupo de proteínas de mobilidade elevada (Bio.) high-mobility group protein
grupo de recifes (Geo.) reef cluster
grupo de reserva (Comp.) reserve group
grupo de saída (Psycho.) outgroup
grupo de terminais lógicos (Comp.) logical terminal pool
grupo de três de Steinmann (Geo.) Steinmann trinity
grupo dibenzilo (Chem.) dibenzyl group
grupo do alumínio (Chem.) aluminium group

grupo do nitrogénio (Chem.) nitrogen group
grupo electrogénio (Elect.) generation set
grupo etil (Chem.) ethyl group
grupo etoxilo (Chem.) ethoxyl group
grupo fantasma (Image Tech.) phantom group
grupo fenil(a) (Chem.) phenyl group
grupo furano (Chem.) furan group
grupo gerador (Aero.) power unit
grupo imino (Chem.) imino group
grupo Keewatin (Geo.) Keewatin group
grupo local (Astro.) local group
grupo metilo (Chem.) methyl group
grupo metóxilo (Chem.) methoxyl group
grupo monofilético (Bot.) monophyletic group
grupo motoconversor (Elect.) motor converter
grupo motopropulsor (Mech.) power unit
grupo motopropulsor de um avião a jacto (Aero.) power unit of a jet plane
grupo motor (Mech.) power unit
grupo não polar (Bio.) nonpolar group
grupo nitro (Chem.) nitro derivatives
grupo ortogonal real (Math.) real orthogonal group
grupo parafilético (Bot.) paraphyletic group
grupo polar (Bio.) polar group
grupo polifilético (Bio.) polyphyletic group
grupo principal (Telecom.) master group
grupo projectivo (Meteo.) projective group
grupo propionilo (Chem.) propionyl group
grupo propulsor (Mech.) propulsion unit
grupo prostético (Bio.; Chem.) prosthetic group
grupo protético (Bio.; Chem.) prosthetic group
grupo quase extinto (Eco.) relict
grupo sanguíneo (Med.) blood group; blood type; type
grupo sanguíneo de Lewis (Med.) Lewis blood group
grupo sanguíneo Duffy (Med.) Duffy blood group
grupo sanguíneo MN (Bio.; Med.) MN blood group
grupo sanguíneo Rh (Immun.) rhesus blood group system
grupos isomórficos (Math.) isomorphic groups
grupos unitários especiais (Phys.) special unitary groups
grupo taxonómico (Bot.; Zoo.) taxon
grupo transitivo (Math.) transitive group
gruta (Geo.) cavern; cave
guache (Build.) gouache
guaiacina (Bio.; Med.) guaiacin
guaiacol (Chem.) guaiacol
guaiacolsulfonato de potássio (Chem.) potassium guaiacolsulfonate

guanidina (CHEM.) guanidine
guanil(a) (CHEM.) guanyl
guanilato ciclase (CHEM.) guanylate cyclase
guanina (CHEM.) guanine
guano (ECO.) guano
guanóforo (ZOO.) guanophore
guanosina (CHEM.) guanosine
guarda (BUILD.) fence
guarda (ELECT.) face; fender
guarda (GEN.) guard
guarda (MECH.) keep
guarda (PRINT.) fly leaf (book)
guarda de berma (BUILD.) berm ditch
guarda de memória (COMP.) memory guard
guarda de segurança (MECH.) safety guard
guarda-fogo (AERO.) firewall
guarda-lama dianteiro (AUTO.) front fender
guarda-lançadeiras (TEXT.) shuttle guard
guarda-neve (BUILD.) snow board; roof guard
guarda protectora (BUILD.) fan-guard
guardas (PRINT.) guards
Guardas da Ursa Maior (ASTRO.) Pointers
guarita das ferramentas (MINING) dog house
guarnecer (MECH.) line the bearing
guarnição (BUILD.) trimming ; moulding
guarnição de ajuste (BUILD.) dutchman
guarnição metálica (MECH.) metallic packing
gubernáculo (ZOO.) gubernaculum
guddermaniana (MATH.) Guddermanian (function)
guelra (ZOO.) gill
guerra atómica (GEN.) atomic war; nuclear war
guerra biológica (GEN.) biological warfare
guerra nuclear (GEN.) nuclear war; atomic war
guerras de formato (TELECOM.) format wars
guerreiro (ZOO.) soldier
guia (BUILD.) fence ; slide bar
guia (MECH.) jig ; nave (screw)
guia (SURV.) leader
guia da fita (magnética) (TELECOM.) tape guide
guia de cabo (ELECT.) fish-wire
guia de cores (PRINT.) colour guide
guia de encavilhar (BUILD.) dowelling jig
guia de fita magnética (COMP.) magnetic tape leader
guia de fluxo (ELECT.) flux guidance
guia de onda (TELECOM.) nozzle
guia de onda circular (ELECT.) circular waveguide
guia de onda com dispersão (ELECT.) leaky wave guide

guia de onda com ranhuras (TELECOM.) slotted waveguide
guia de onda coplanar (TELECOM.) coplanar waveguide
guia de onda de campo (ELECT.) field waveguide
guia de onda de placas paralelas (TELECOM.) parallel-plate waveguide
guia de onda dieléctrica (ELECT.) dielectric waveguide
guia de onda fendida (TELECOM.) slotted line
guia de onda flexível (TELECOM.) flexible waveguide
guia de onda helicoidal (TELECOM.) helical wave guide
guia de ondas bicircular (TELECOM.) dumb-bell wave guide
guia de ondas compressível (TELECOM.) squeeze box
guia de ondas de canal (PHYS.) duct waveguide
guia de ondas rectangular (ELECT.) rectangular waveguide
guia de onda uniforme (TELECOM.) uniform waveguide
guia de papel (PRINT.) paper-guide
guia de plaina mecânica (MECH.) jointer gage
guia de sensibilidade (PRINT.) sensitivity guide
guia de sonda (MED.) staff
guia dieléctrico (ELECTR.) dielectric guide
guia do bisturi cirúrgico (MED.) director
guia do néctar (BOT.) nectar guide
guiador de broca (MECH.) drill bush
guia em X (ELECT.) X-guide
guiamento de atracção passiva (AERO.) passive homing guidance
guiamento estelar de inércia (ASTRO.) stellar inertial guidance
guiamento pré-ajustado (AERO.) preset guidance (missile)
guião (IMAGE TECH.) script
guias de cravação (BUILD.) pile leads
guilherme (BUILD.) side-rebate plane; badger plane
guilhotina (PAPER; PRINT.) guillotine
guilhotina (MED.) guillotine (surgical instrument)
guilhotina manual (PRINT.) plough; plow
guinada (AERO.; NAV.) yaw
guinada divergente (AERO.) divergent yaw
guincho (AERO.) screeching
guincho (MECH.) winch; hoist
guincho (MINING) hoist
guincho a cabo (BUILD.) cable winch
guincho de corrente (MINING) chain hoist
guincho de extracção de minério (MINING) draw works [DWKS]
guincho de suspensão (AERO.) suspension winch

guincho de tenazes (MECH.) stripping winch
guincho eléctrico (MECH.) electrical hoist
guindaste (ENG.) derrick
guindaste (IMAGE TECH.) crab
guindaste (MECH.) winch; hoist; derrick; crane
guindaste de braços horizontais (BUILD.) cantilever crane
guindaste de carga pesada (MECH.) goliath crane
guindaste de cavalete (BUILD.) gantry
guindaste de comporta (HYDRO.) gate hoist
guindaste de contrapeso (ENG.) balance crane
guindaste de convés (NAV.) deck crane
guindaste de espias (BUILD.) guy derrick
guindaste de fundição (MECH.) foundry crane
guindaste de lança variável (BUILD.) luffing-job crane
guindaste de torre (MECH.) tower crane
guindaste eléctrico (MECH.) electrical hoist
guindaste flutuante (MECH.) floating crane
guindaste giratório (MECH.) slewing crane
guindaste golias (MECH.) goliath crane
guindaste hidráulico (BUILD.) hydraulic crane
guindaste hidráulico (MECH.) hydraulic hoist
guindaste magnético (ELECT.; MECH.) magnetic hoist ; magnetic lifting
guindaste móvel (SPACE) gantry
guindaste piramidal (BUILD.) pyramidal crane
guindaste pneumático (MINING) air hoist
guindaste portátil (BUILD.) portable crane
guindaste rolante (BUILD.) gantry
guindaste transportador (BUILD.) transport crane
guizo (ZOO.) rattle
gular (ZOO.) gular
gulose (CHEM.) gullose
gume de broca (MECH.) lip
Gundu (MED.) goundou (East African disease)
gurupés (NAV.) bowsprit
gusa (MECH.) pig iron; pig ; forge pig
gusa em escórias (MECH.) cinder pig
gusa salpicada (MECH.) mottled iron
gutação (BOT.) guttation
guta-percha (TELECOM.) gutta-percha
gutural (ZOO.) guttural
guturólitos (VET.) gutturoliths
Gzeliana (GEO.) Gzelian

habénula (Zoo.) habenula
habitat (Bio.; Eco.) habitat
hábito (Gen.) habit
hábito motor (Psycho.) motor habit
habituação (Psycho.) habituation
habronemíase (Vet.) bursattee
hackmanita (Miner.) hackmanite
hadrão (Phys.) hadron
hadroma (Bot.) hadrom(e)
háfnio (Chem.) hafnium
hagatalita (Miner.) hagatalite
haleto de potássio (Chem.) potassium halide
haletos (Chem.) halides
halite (Miner.) halite; rock salt
halitose (Med.) halitosis
halo (Image Tech.) halation
halo (Astro.) halo
halo (Electron.) halation
halobiótico (Zoo.) halobiotic
halocarbono (Eco.) halocarbon
halocromismo (Chem.) halochromism
halo de parélio (Meteo.) mock-sun ring
halo fantasma (Phys.) phantom ring
halofílico (Eco.) halophilic
halófilo (Eco.) halophile
halófito (Bot.) halophyte
halogaláctico (Astro.) galactic halo
halogéneo (Chem.) halogen
halogenetos (Chem.) halides
halóide de antimónio (Chem.) antimony halide
halóides de selénio (Chem.) selenium halides
halóides do arsénio (Chem.) arsenic halides
haloisite (Miner.) halloysite
halolimnético (Zoo.) halolimnic
halolímnico (Zoo.) halolimnic
haloperidol (Chem. ; Med.) haloperidol
haloplâncton (Eco.) haloplankton
haloplasia (Med.) haloplasia; heteroplasia
halos pleocróicos (Miner.) pleochroic haloes
halotano (Chem.) halothane
halotriquite (Miner.) halotrichite
hálux (Zoo.) hallux
hálux flectido (Med.) hallux flexus
hálux rígido (Med.) hallux rigidus
hálux valgo (Med.) hallux valgus
hálux varo (Med.) hallux varus
Hamamelidáceas (Bot.) Hamamalidae
hamartoma (Med.) hamartoma
hambergite (Miner.) hambergite
hangar (Aero.) hangar
hapaxântico (Bot.) hapaxanthic
hapaxântico (Bot.) hapanthous
haplobionte (Bot.) haplobiont

haplo-diplóide (Bot.) diplohaplont
haplodiploidia (Zoo.) haplodiploidy
haplodonte (Zoo.) haplodont
haplóide (Bio.) haploid
haploidização (Bot.) haploidization
haplonte (Bot.) haplont
haplostela (Bot.) haplostele
haplostémona (Bot.) haplostemonous
haplótipo (Bio.) haplotype
Haptofíceas (Bot.) Haptophyceae
haptóforo (Bio.; Chem. ; Med.) haptophore
haptonema (Bot.) haptonema
haptotropismo (Bot.) haptotropism
hardware (Gen.) hardware
hardware de dupla precisão (Comp.) double-precision hardware
harmónica fundamental (Elect.) fundamental harmonic
harmónicas esféricas (Math.) spherical harmonics
harmónico (Phys.) harmonic
harmónico heteródino (Telecom.) heterodyne harmonic
harmónio acústico (Phys.) aural harmonic
harmotómio (Miner.) harmotome
hartite (Miner.) hartite
hartley (Comp.) hartley
harzburgite (Miner.) harzburgite
haste (Bot.) stalk; stem
haste (Mech.) shank
haste de bomba (Mining) pump rod
haste de compressão (Auto.) push rod
haste de injecção (Mining) injection string
haste denteada (Mech.) rack rod; rack
haste de pára-raios (Elect.) lightning rod
haste de perfuração (Mining) drill rod; drill string; pony rod
haste de segurança (Nucl.) scram rod
haste do balanço (Horo.) balance staff
haste do excêntrico (Mech.) eccentric rod
haste do pêndulo (Horo.) pendulum rod
haste do pistão (Auto.) piston rod
haste polar (Elect.) pole shank
hastingsite (Miner.) hastingsite
hauína (hauyna) (Miner.) hauyne
haussemanite (Miner.) hausmannite
haustelado (Zoo.) haustellate
haustelo (Zoo.) haustellum
haustório (Bot.) haustorium
haxixe (Bot.; Chem.) hashish; cannabis
HbCO (Chem.) carboxy-haemoglobin
hebefrenia (Psycho.) hebephrenia

hectare (Surv.) hectare
hectocótilo (Zoo.) hectocotylized arm
hectorita (Miner.) hectorite
hedenbergite (Miner.) hedenbergite
hegemonia aérea (Aero.) air supremacy
heliantina (Chem.) helianthine
hélice (Aero.) airscrew; propeller
hélice (Chem.) helix
hélice (Gen.) propeller
hélice à esquerda (Aero.) left-hand propeller
hélice aleatória (Bio.) random coil
hélice anómala (Electr.) anomalous helix
hélice de duas velocidades (Aero.) two-speed propeller
hélice de fluxo canalizado (Aero.) ducted fan; turbofan
hélice de navio (Nav.) marine propeller; marine screw propeller
hélice de palhetas fixas (Aero.) fixed-blade propeller
hélice de pás reguláveis (Aero.) movable-blade propeller
hélice de passo (Aero.) pitch airscrew
hélice de passo à esquerda (Aero.) left-hand airscrew
hélice de passo ajustável (Aero.) adjustable-pitch propeller
hélice de passo de bandeira (Aero.) feathering propeller
hélice de passo fixo (Aero.) fixed-pitch propeller
hélice de passo orientável (Aero.) controllable-pitch propeller
hélice de passo reversível (Aero.) reversible propeller
hélice de passo variável (Aero.) controllable airscrew; adjustable-pitch propeller; variable airscrew; variable-pitch propeller
hélice de proa (Nav.) bow propeller
hélice de rotação à direita (Aero.) right-angled propeller
hélice de rotação à esquerda (Aero.) left-hand airscrew
hélice de sustentação (Aero.) lifting airscrew
hélice de três pás (Aero.) three-way propeller
hélice de velocidade constante (Aero.) constant-speed airscrew; constant-speed propeller
hélice dupla (Bio.) double helix
hélice giratória (Aero.) swivelling propeller
hélice hidráulica (Nav.) hydraulic propeller
hélice naval (Nav.) marine propeller
hélice propulsor (Nav.) propulsive screw

hélice propulsora (AERO.) propeller pusher
hélice (propulsora) (MECH.) screw propeller
hélices coaxiais (AERO.) coaxial propellers
hélice tractora (AERO.) tractor
helicítica (GEO.) helictic
helicoidal (MATH.) helicoidal; spiral
helicoidal (MECH.) helical; helicoid; screw-shaped
helicóide (BOT.; MATH.) helicoid
helicóptero (AERO.) helicopter
helicotrema (ZOO.) helicotrema; Scarpa's hiatus
hélio (CHEM.) helium
heliodoro (MINER.) heliodor
heliófita (BOT.) heliophyte
heliógrafo (SURV.) heliograph
heliógrafo de Campbell-Stokes (METEO.) Campbell-Stokes recorder
heliogravura (PRINT.) rotogravure; sun print
hélio líquido (CHEM.) liquid helium
heliómetro (ASTRO.) heliometer
helióstato (ASTRO.; SURV.) heliostat
heliotaxia (BIO.) heliotaxis
helioterapia (MED.) heliotherapy; sun-ray therapy
heliotrópico (ECO.) heliotropic
heliotropina (CHEM.) heliotropin
heliotrópio (MINER.) heliotrope
heliotropismo (BIO.) heliotropism; heliotaxis
hélix alfa (BIO.) alpha helix
Helmintas (ZOO.) Helminthes
helmintíase (MED.) helminthiasis
helófita (BOT.) helophyte
hema- (GEN.) haema-; hema-; hemo-
hemácia (ZOO.) erythrocyte; red (blood) corpuscle
hemacímetro (BIO.) haemacytometer
hemacitozoário (ZOO.) haemacytozoon
hemaglutina (BIO.) hemagglutinin
hemaglutinina (hemoglutinina) (IMMUN.) haemagglutinin
hemal (ZOO.) haemal; haematal; haemic
hemangioma (MED.) haemangioma
hemapoese (MED.; ZOO.) haemapoiesis
hemapófises (ZOO.) haemapophyses; haemal ridges
hemartrose (MED.) haemarthrosis
hematemese (MED.) haematemesis
hematérmico (ZOO.) warm-blooded
hemático (MED.) haematinic
hematicopoiese (hemapoese) (MED.; ZOO.) haemapoiesis
hematimetria (MED.) blood count
hematímetro (BIO.) haematimeter; haemocytometer
hematite (MINER.) haematite; hematite; bloodstone
hematóbio (ZOO.) haematobium
hematoblasto (ZOO.) haematoblast
hematocele (MED.) haematocele
hematocistia (MED.) haematocystis
hematócito (MED.) haematocyte; haemocyte
hematocitólise (ZOO.) haematocytolisis
hematocitómetro (BIO.) haematocytometer

hematoclorina (BIO.) haematochlorin
hematocolpia (MED.) haematocolpos
hematocolpometria (MED.) haematocolpometry
hematocristalino (BIO.) haematocrystallin
hematócrito (BIO.) haematocrit
hematocromo (MED.) haematochrome
hematófago (ZOO.) haematophagous
hematogénese (ZOO.) haematogenesis; hemopoiesis
hematogénico (ZOO.) haematogenic; hematogenous
hematologista (MED.) haematologist
hematoma (MED.) haematoma; hematoma
hematomancia (MED.) haematomancy
hematometria (MED.) haematometry
hematoquilúria (MED.) haematochyluria
hematoquisto (MED.) haematocyst
hematozoário (ZOO.) haematozoon
hematuria (MED.) haematuria
hematúria cística dos bovinos (VET.) bovine cystic haematuria
heme (MED.) haem; heme
hemeralopia (MED.) hemeralopia
hemianalgesia (MED.) hemianalgesia
hemianestesia (MED.) hemianaesthesia; hemianesthesia
hemianopsia (MED.) hemianopia; hemianopsia
Hemiascomicetos (BOT.) Hemiascomycetes
hemiataxia (MED.) hemiataxia; hemiataxy
hemiatrofia (MED.) hemiatrophy
hemibalismo (MED.) hemiballism
hemibrânquia (ZOO.) hemibranch
hemicelulose (BIO.) hemicellulose
hemicíclico (BOT.) hemicyclic
hemicolóide (MED.) hemicolloid
Hemicordados (ZOO.) Hemichorda; Hemichordata
hemicoreia (MED.) hemichorea
hemicrânia (MED.) hemicrania; hemicephalgia; migraine
hemicraniectomia (MED.) hemicraniectomy
hemicraniose (MED.) hemicraniosis
hemicraniotomia (MED.) hemicraniotomia
hemicriptófita (BOT.) hemicryptophyte
hemicromossoma (BIO.) hemichromosome
hemiglobina (MED.) hemiglobin
hemignato (ZOO.) hemignathous
Hemimetábola (ZOO.) Hemimetabola
hemimetabólico (ZOO.) hemimetabolic
hemimorfismo (MINER.) hemimorphism
hemimorfite(a) (MINER.) hemimorphite; calamine or electric calamine (USA)
hemina (CHEM.) haemin; hemin
Heminópteros (ZOO.) Hymenoptera
hemiparasita (BOT.) hemiparasite
hemiplegia (MED.) hemiplegia
hemiplegia dupla (MED.) diplegia
hemiplégico (MED.) hemiplegic
Hemípteros (ZOO.) Hemiptera
hemisfério (GEN.) hemisphere

hemisférios cerebrais (ZOO.) cerebral hemispheres
hemisfério sul (GEO.) Southern hemisphere
hemissecção (MED.) hemisection
hemitiroidectomia (MED.) hemithyroidectomy
hemitropia (CRYST.; MINER.) twin crystallization; twinning
hemítropo (CRYST.; MINER.) twin crystal
hemizigótico (BIO.) hemizygous
hemo- (GEN.) hema-; hemo-; haemo-
hemoceloma (ZOO.) haemocoel
hemocianina (ZOO.) haemocyanin
hemócito (ZOO.) haemocyte; hematocyte
hemocitoblasto (IMMUN.) haemocytoblast
hemocitólise (ZOO.) haemocytolosis
hemocitómetro (BIO.) haemocytometer
hemocónia (MED.) blood dust
hemocromatose (MED.) haemochromatosis
hemodialisador (MED.) kidney machine; artificial kidney
hemodiálise (MED.) haemodialysis
hemofilia (MED.) haemophilia
hemoglobina (BIO.) haemoglobin; hemoglobin
hemoglobina [Hb] (BIO.; MED.; ZOO.) haemoglobin; hemoglobin
hemoglobinemia (MED.) haemoglobinaemia; hemoglobinemia
hemoglobinemia do monóxido de carbono (MED.) carbon monoxide-haemoglobinaemia
hemoglobinemia puerperal (VET.) post-parturient hemoglobinaemia
hemoglobinofílico (BIO.) hemoglobinophilic
hemoglobinómetro (MED.) haemoglobinometer
hemoglobinúria (MED.) haemoglobinuria
hemoglobinúria pós-parto (VET.) post-parturient hemoglobinuria
hemoglubinúria africana (VET.) blackwater fever
hemolinfa (ZOO.) haemolymph
hemólise (BIO.) haemolysis
hemolisina (IMMUN.) haemolysin
hemopericárdio (MED.) haemopericardium
hemopneumotórax (MED.) haemopneumothorax
hemoptise (MED.) haemoptysis
hemorragia (MED.) haemorrhage; hemorrhage
hemorragia cerebral (MED.) cerebral haemorrhage
hemorragia subaracnóidea (subaracnoidiana) (MED.) subarachnoid haemorrhage
hemorragia uterina (MED.) flooding
hemorróida (MED.) hemorrhoid
hemorróida sentinela (MED.) sentinel pile
hemossiderose (MED.) haemosiderosis
hemostase (MED.) hemostasis
hemostasia (MED.) haemostasis; hemostasia

hemostático (MED.) haemostatic
hemotérmico (Zoo.) warm-blooded
hemotrópico (Zoo.) haemotropic
hemozoína (BIO.) hemozoin
henequén (TEXT.) henequen
henri (PHYS.) henry (SI unit)
heparina (MED.) heparin
hepatectomia (MED.) hepatectomy
hepática (BOT.) hepatic; liverwort
Hepáticas (BOT.) Hepaticae; Hepaticopsida
hepático (MED.; Zoo.) hepatic
hepaticoduodenostomia (MED.) hepat(ic)oduodenostomy
hepaticoenterostomia (MED.) hepat(ico)enterostomy
Hepaticopsidas (BOT.) Hepaticopsida; Hepaticae
hepatite (MED.) hepatitis
hepatite A (MED.) hepatitis A; viral hepatitis type A; infectious hepatitis
hepatite B (MED.) hepatitis B; viral hepatitis type B; serum hepatitis
hepatite canina infecciosa (VET.) infectious canine hepatitis; Rubarth's disease
hepatite contagiosa canina (VET.) infectious canine hepatitis; hepatitis contagiosa canis
hepatite crónica do carneiro (VET.) black disease
hepatite do soro (MED.) serum hepatitis; perihepatitis
hepatite enzoótica (MED.) enzootic hepatitis; Rift Valley fever
hepatite externa (MED.) hepatitis externa
hepatite infecciosa (MED.) infectious hepatitis ; viral hepatitis type A; infective hepatitis
hepatite por vírus dos patos (VET.) duck viral hepatitis; virus hepatitis of ducks
hepatização (MED.) hepatization
hepatoblastoma (MED.) hepatoblastoma
hepatocarcinoma (MED.) hepatocarcinoma
hepatocele (MED.) hepatocele
hepatocerebral (MED.) hepatocerebral
hepatocirrose (MED.) hepatocirrhosis
hepatocístico (MED.) hepatocystic
hepatócito (MED.) hepatocyte
hepatocolangioenterostomia (MED.) hepatocholangioenterostomy
hepatocolangite (MED.) hepatocholangitis
hepatocupreína (BIO.) hepatocuprein
hepatodinia (MED.) hepatodynia
hepatodistrofia (MED.) hepatodystrophy
hepatoduodenostomia (MED.) hepatoduodenostomy
hepatoentérico (MED.) hepatoenteric
hepatofima (MED.) hepatophyma
hepatogástrico (MED.) hepatogastric
hepatogénico (MED.) hepatogenic; hepatogenous
hepatógeno (MED.) hepatogenous; hepatogenic
hepatografia (MED.) hepatography
hepato-hemia (hepatemia) (MED.) hepatohemia

hepatóide (MED.) hepatoid
hepatolisina (MED.) hepatolysin
hepatolitectomia (MED.) hepatolithectomy
hepatolitíase (MED.) hepatolithiasis
hepatólito (MED.) hepatolith
hepatologista (MED.) hepatologist
hepatoma (MED.) hepatoma
hepatomalacia (MED.) hepatomalacia
hepatomegalia (MED.) hepatomegalia; hepatomegaly
hepatomelanose (MED.) hepatomelanosis
hepatonecrose (MED.) hepatonecrosis
hepatonéfrico (MED.) hepatonephric
hepatônfalo (MED.) hepatomphalos; hepatomphalocele
hepatonfalocele (MED.) hepatomphalocele
hepatopâncreas (Zoo.) hepatopancreas
hepatopatia (MED.) hepatopathy
hepatopexia (MED.) hepatopexy
hepatoptose (MED.) hepatoptosis
hepatorrafia (MED.) hepatorrhaphy
hepatorragia (MED.) hepatorrhagia
hepatorrexia (MED.) hepatorrhexis
hepatostomia (MED.) hepatostomy
hepatotóxico (MED.) hepatotoxic
hepatotoxina (MED.) hepatotoxina
heptacloritos (MINER.) septchlorites
heptano (CHEM.) heptano
heptavalente (CHEM.) heptavalent; septavalent
heptose (CHEM.) heptose
herança citoplasmática (BIO.) cytoplasmic inheritance
herança extracromossómica (BIO.) extrachromosomal inheritance
herança materna (BIO.) maternal inheritance
herbácea perene (BOT.) herbaceous perennial
herbáceo (BOT.) herbaceous
herbário (BOT.) herbarium
herbicida (ECO.) herbicide
herbicida actuante no solo (BOT.) soil-acting herbicide
herbicida de contacto (BOT.) contact herbicide
herbicida de translocação (BOT.) translocated herbicide
herbívoro (ECO.) herbivore
hercinite (MINER.) hercynite; iron-spinel
hereditariedade (BIO.) heredity
hereditariedade citoplasmática (BIO.) maternal inheritance
hereditariedade qualitativa (ECO.) qualitative inheritance
hereditariedade quantitativa (ECO.) quantitative inheritance
hereditário (BIO.) hereditary
heredopatia atáxica polineuritiforme (MED.) heredopathia atactica polyneuritiformis; Refsun's disease
hermafrodita (BIO.) androgynous; androgynus
hermafrodita (GEN.) hermaphrodite
hermafroditismo (GEN.) hermaphroditism
hermatipo (ECO.) hermatypic
Hermes (ASTRO.) Hermes (asteroid of Apollo)

Hermes (SPACE) HERMES (European spaceship planned to be launched in 1997)
hermofroditismo (ECO.) hermaphroditic
hérnia (MED.) hernia
herniação (MED.) herniation
hérnia do corpo fimbriado do oviducto (MED.) fimbriocele
hérnia do fígado (MED.) hepatocele
hérnia epiplóica (MED.) liparocele
hérnia interna (MED.) entocele
hernióide (MED.) hernioid
Herniologia (MED.) herniology
hernioplastia (MED.) hernioplasty
herniopunção (MED.) herniopuncture
herniopunctura (MED.) herniopuncture
herniorrafia (MED.) herniorrhaphy
herniotomia (MED.) herniotomy
herniótomo (MED.) herniotome
heroína (CHEM.) heroin
herpes (MED.) herpes
herpes gestacional (MED.) herpes gestationis
herpes simples (MED.) herpes simplex; cold sores
herpes tonsurante (MED.) herpes tonsurans
herpes zóster (MED.) herpes zoster; zoster; shingles
hertz (PHYS.) hertz (SI unit)
hesseana (TEXT.) hessian
hesseano (hessiano) (MATH.) hessian
hessite (MINER.) hessite
hessonite (MINER.) hessonite
heteradelfo (BIO.) heteradelphus
heterálio (BIO.) heteralius
heterátomo (CHEM.) heteroatom
heteraxial (BIO.) heteraxial
heteroaglutinação (BIO.) heteroagglutination
heteroaglutinina (BIO.) hetero-agglutinin
heteroanticorpo (BIO.) heteroantibody
heteroauxina (BOT.) heteroauxin
heteroblástico (Zoo.) heteroblastic
heterocário (BIO.) heterokaryon
heterocariose (BOT.) heterokaryosis
heterocélico (Zoo.) heterocoelus
heterocercal (Zoo.) heterocercal
heteroclamidado (BOT.) heterochlamydeous
heterocontas (BOT.) heterokon; heterokontam
Heterocontas (BOT.) Heterokontophyta
heterocótilo (Zoo.) heterocotylized arm
heterócrino (BIO.) heterocrine
heterocromatina constitutiva (BIO.) constitutive heterochromatin
heterocromatina facultativa (BIO.) facultative heterochromatin
heterocromia (MED.) heterochromia
heterocromossoma (BIO.) heterochromosome
heterocrono (MED.) heterochron
heterodáctilo (Zoo.) heterodactylous
heterodérmico (MED.) heterodermic
heterodino (TELECOM.) heterodyne
heterodonte (Zoo.) heterodont
heteródromo (BOT.) heterodromous
heteroduplex (BIO.) heteroduplex
heteroenxerto (MED.) xenograft

hetero-esfera (Eco.) heterosphere

heterófago (Eco.) heterophagous

heterofilia (Bot.) heterophilly

heterofonia (Med.) heterophonia

heteroforia (Med.) heterophoria

heterogamético (Zoo.) heterogametic

heterogâmeto (Bio.) heterogamete

heterogamia (Eco.) heterogamy

heterogâmico (Bot.) heterogametous

heterogéneo (Chem.) heterogeneous

heterogénese (Zoo.) heterogenesis

heterogenia (Zoo.) heterogeny; heterogony

heterolécito (Zoo.) heterolecithal

heteromastigoto (Zoo.) heteromastigote

heterómero (Bot.) heteromerous

heterometabólico (Zoo.) heterometabolic

heterometria (Chem.) heterometry

heteromorfa (Bot.) heteromorphic; heteromorphous

heteromórfica (Bot.) heteromorphic; heteromorphous

heterónomo (Zoo.) heteronomous

heteropicnose (Bio.) heteropycnosis

heteroplasma (Zoo.) heteroplasma

heteroplastia (Med.) heteroplasty

heteroplástico (Zoo.) heteroplastic

heteropolar (Chem.) heteropolar

heteroscopia (Med.) heteroscopy

heterose (Bio.) heterosis

heterossimbiose (Eco.) heterosymbiosis

heterosporia (Bot.) heterospory

heterossacárido (heterossacarídeo) (Chem.) heterosaccharide

heterossexual (Psycho.) heterosexual

heterostilia (Bot.) heterostyly

heterotalismo (Bot.) heterothallism

heterotípico (Zoo.) heterotypic

heterótipo (Eco.) heterophyte

heterotonia (Med.) heterotonia

heterotopia (Med.) heterotopia

heterotópico (Eco.) heterotopic

heterótrico (Zoo.) heterotrichous

heterotricose (Med.) heterotrichosis

heterotrofia (Med.) heterotrophy; heterotrophia; strabismus

heterotrófico (Bot.) heterotrophic

heterotrofo (Bio.) heterotroph

heterovitelo (Zoo.) heterolecithal

heteroxeno (Bot.; Zoo.) heteroecious; digenetic

heterozigose (Bio.) heterozygosis; heterozygosity

heterozigosidade (Bio.) heterozygosity; heterozygosis

heterozigótico (Bio.) heterozygous

heterozigoto (Bio.) heterozygote; heterozygous

heulandite (Miner.) heulandite

heurística (Comp.) heuristic

hexacanto (Bio.) hexacanth

hexacloreto de benzeno (Chem.) benzene hexachloride

hexacloreto de gama-benzeno (Chem.) gamma-benzene hexachloride

hexaclorociclo-hexano (Chem.) hexachlorocyclohexane; Gammexane (TM)

hexaclorofeno (Chem.) hexachlorophene; hexachlorophane

hexacloro-hexaidrometanonaftaleno (Chem.) Aldrin (TM); hexachlorohydromethanenaphtalene

hexacloroplatinato de potássio (Chem.) potassium hexachloroplatinate

hexacrómico (Phys.) hexachromic

Hexactinelida (Zoo.) Hexactinellida

hexadecano (Chem.) hexadecane

hexadecimal (Comp.) hex

hexafásico (Chem.) hexaphase

hexafásico (Elect.) six-phase

hexafluorénio (Chem.) hexafluorenium

hexafluoreto de urânio (Chem.) uranium hexafluoride

hexágono (Math.) hexagon

hexa-hidrobenzeno (Chem.) hexahydrobenzene

hexa-hidrofenol (Chem.) hexahydrophenol

hexa-hidropiridina (Chem.) hexahydropyridine

hexâmero (Bot.) hexamerous

hexametafosfato (Chem.) hexametaphosphate

hexametíase (Vet.) hexamitiasis

hexametilenamina (Chem.) methenamine; hexamethylenamine

hexametilenatetramina (Chem.) hexamethylenetetramine

hexametileno (Chem.) hexamethylene

hexametilenodiamina (Chem.) hexamethylenediamine

hexamina (Chem.) hexamine; methenamine; hexamethylenetetramine

hexamitose (Vet.) hexamitiasis; hexamitosis

hexano (Chem.) hexane

Hexápoda (Hexápodes) (Zoo.) Hexapoda

hexápode (Zoo.) hexapod

hexavalente (Chem.) hexavalent; hexad; sexavalent

hexobarbital sódico (Chem.) hexobarbital sodium

hexodifosfatase (Chem.) hexodiphosphatase

hexosamina (Chem.) hexosamine

hexosaminidase (Chem.) hexosaminidase

hexose (Chem.) hexose

hexose-fosfatase (Chem.) hexose phosphatase

Híades (Astro.) hyades (star cluster)

hialino (Bot.; Zoo.) hyaline

hialite (Med.) hyalite; hyalitis

hialite (Miner.) hyalite (variety of opal); Müller's glass

hialófano (Miner.) hyalophane

hialóide (Zoo.) hyaloid

hialoplasma (Bot.) hyaloplasm

hialose (Med.) hyalosis

hialosserosite (Med.) hyaloserositis

hialurato (Chem.) hyalurato

hiato (Geo.) hiatus

hiato (Gen.) hiatus; gap

hiato de Scarpa (Zoo.) Scarpa's hiatus; helicotrema

hiato de Winslow (Zoo.) Winslow's foramen

hiato epiplóico (Zoo.) Winslow's foramen; foramen epiploicum

hibaroxia (Med.) hybaroxia

hibernação (Zoo.) hibernation

hibridação (Bio.) hybridization

hibridação de células somáticas (Bio.) somatic cell hybridization

hibridização de fluorescência in situ (Bio.) fluorescence in situ hybridization [FISH]

hibridização estrigente (Bio.) hybridization stringency

hibridização in-situ (Bio.) in-situ hybridization

hibridização somática (Bot.) somatic hybridization

híbrido (Bot.; Zoo.) mongrel

híbrido (Gen.) hybrid

híbrido ADN-ARN (Bio.) DNA-RNA hybrid

híbrido bigenérico (Bot.) bigeneric hybrid

híbrido de célula somática (Bio.) somatic cell hybrid

híbrido de enxerto (Bot.) graft hybrid

hibridoma (Immun.; Med.) hybridoma

híbridos ARN-ADN (Bio.) RNA-DNA hybrid[s]

híbridos recíprocos (Zoo.) reciprocal hybrids

hidatidocele (Med.) hydatidocele

hidatidoma (Med.) hydatidoma

hidátodo (Bot.) hydathode

hidatose (Med.) hydatosis

hidenite (Miner.) hiddenite

hiderita (Miner.) lithia emerald

hidragogo (Med.) hydragogue

hidralazina (Chem.; Med.) hydralazine

hidrâmnio (Zoo.) hydramnios; hydramnion

hidrante (Zoo.) hydranth

hidrargilita (Miner.) hydrargillite; gibbsite

hidrargirismo (Med.) hydrargyrism

hidrartrose (Med.) hydrarthrosis

hidraste (Bot.) jaundice root

hidratação (Geo.) hydration

hidratase (Chem.) hydratase

hidrato (Chem.) hydrate

hidrato de cálcio (Chem.) calcium hydrate

hidrato de cloral (Chem.) chloral hydrate

hidrato de hidrazina (Chem.) hydrazine hydrate

hidrato de terpina (Chem.) terpinol

hidratos de carbono (Chem.) carbohydrates; saccharides

Hidráulica (Gen.) hydraulics

hidráulico (Gen.) hydraulic

hidrazida do ácido isoctínico (Med.; Chem.) isoniazid

hidrazidas (Chem.) hydrazides

hidrazido maleico (Bot.; Chem.) maleic hydrazide

hidrazina (Chem.) hydrazine; hydrazid(e)

hidrazona (Chem.) hydrazone

hidremia (Med.) hydremia

hidrencéfalo (hidrocéfalo) (Med.) hydrencephalus

hidrencefalocele (Med.) hydrencephalocele

hidreto (Chem.) hydride

hidreto arsenioso (Chem.) arsine; arseniuretted hydrogen

hidreto de antimónio (CHEM.) antimony hydride; stibamine

hidreto de bismuto (CHEM.) bismuth hydride; bismuthine

hidreto de lítio (CHEM.) lithium hydride

hidretos de enxofre (CHEM.) sulphur hydrides

hidretos de silício (CHEM.) silicon hydrides

hídrico (ECO.) hydric

hidridação da mancha meridional (BIO.) Southern blot hybridization

Hidroacústica (PHYS.) hydro-acoustics

hidroavião (AERO.) float seaplane; flying boat; hydroplane; seaplane

hidroaxiapatite (MINER.) hydroxyapatite

hidrobilirrubina (CHEM.) hydrobilirubin

hidrocarboneto (CHEM. ; GEO.) hydrocarbon

hidrocarboneto de benzeno (CHEM.) benzene hydrocarbon

hidrocarbonetos poliaromáticos (ECO.) polyaromatic hydrocarbon

hidrocardia (MED.) hydrocardia; hydropericardium

hidrocefalia (MED.) hydrocephalus

hidrocefalóide (MED.) hydrocephaloid

hidrocele (MED.) hydrocele

hidrocelectomia (MED.) hydrocelectomy

hidrocélio (ZOO.) hydrocoel

hidrocelulose (CHEM.) hydrocellulose

hidrocerusite (MINER.) hydrocerussite

hidrocinético (BIO.) hydrokinetic

hidrocirsocele (MED.) hydrocirsocele

hidrocortisona (CHEM.; MED.) hydrocortisone

Hidrodinâmica (PHYS.) hydrodynamics

Hidrodinâmica quântica (PHYS.) quantum hydrodynamics

hidro-esfera (ECO.) hydrosphere

hidroesquis (hidro-skis) (AERO.) hydroskis

hidro-extractor centrífugo (MINING) hydrocyclone

hidrófano (MINER.) hydrophane

hidrofilia (BOT.) hydrophily

hidrofílico (BIO.; CHEM.) hydrophilic

hidrófilo (AERO.) hydrovane

hidrófito (BOT.) hydrophyte

hidrofluorcarbonetos (ELECTRON.) hydrofluorocarbons

hidrofobia (MED.) hydrophobia; rabies

hidrofobia (VET.) hydrophobia; lyssa

hidrofóbico (BIO.; CHEM.) hydrophobic

hidrofólio (AERO.; NAV.) hydrofoil

hidrófugo (ZOO.) hydrofuge

hidrogel (CHEM.) hydrogel

hidrogenação (CHEM.) hydrogenation

hidrogenação aromática (CHEM.) aromatic hydrogenation

hidrogenião (CHEM.) hydrogen ion

hidrogénio (CHEM.) hydrogen

hidrogénio 1 (CHEM.) hydrogen 1; protium

hidrogénio 2 (CHEM.) hydrogen 2; deuterium; heavy hydrogen

hidrogénio 3 (CHEM.) hydrogen 3; tritium

hidrogénio activo (CHEM.) active hydrogen; atomic hydrogen

hidrogénio arseniuretado (CHEM.) arseniuretted hydrogen; arsine

hidrogénio atómico (CHEM.) atomic hydrogen; active hydrogen

hidrogénio fosforetado (CHEM.) hydrogen phosphide

hidrogénio ionizado (ASTRO.) hydrogen II

hidrogénio pesado (CHEM.) hydrogen 2; deuterium; heavy hydrogen

hidrogénio sulfurado (MINING) stinkdamp

hidrogénio sulfuroso (CHEM.) sulphuretted hydrogen; hydrogen sulphide (correct)

Hidrogeologia (GEO.) hydrogeology

hidrogradientes (METEO.) hydrolapses

Hidrografia (GEN.) hydrography

hidrógrafo (ECO.) hydrograph

hidrógrafo de descarga (GEO.) discharge hydrograph

hidrógrafo unitário (ECO.) unit hydrograph

hidrogrossulária (MINER.) hydrogrossular

hidro-hematite (MINER.) hydrohematite; turgite

hidróide (BOT.; ZOO.) hydroid

hidrolábil (BIO.; MED.) hydrolabile

hidrolases (CHEM.) hydrolases

hidrolisato (BIO.) hydrolysate

hidrólise (CHEM.) hydrolysis

Hidrologia (GEN.) hydrology

hidrologia isotópica (ECO.) isotope hydrology

hidroma (VET.) hydroma; hygroma

hidromagnesite (MINER.) hydromagnesite

hidromagnético (ELECT.) hydromagnetic

Hidromedusas (ZOO.) Hydromedusae

hidrometalurgia (MINING) hydrometallurgy

hidrometeoro (PHYS.) hydrometeor

hidrómetro (PHYS.) hydrometer

hidrómetro cartesiano (NAV.) cartesian hydrometer

hidrómetro de Beck (PHYS.) Beck hydrometer

hidrómetro de Casogrande (PHYS.) Casogrande hydrometer

hidrómetro de Gay-Lussac (PHYS.) Gay-Lussac's hydrometer

hidrómetro de Hicks (ELECT.) Hicks hydrometer

hidrómetro de Nicholson (PHYS.) Nicholson hydrometer

hidrómetro de Sykes (CHEM.) Sykes hydrometer

hidromielia (MED.) hydromyelia

hidronefrose (MED.) hydronephrosis

hidroparagonita (MINER.) brammallite

hidropericárdio (MED.) hydropericardium

hidroperitonite (MED.) hydroperitoneum; hydroperitonia

hidroperoxidases (CHEM.) hydroperoxidases

hidrópilo (ZOO.) hydropyle

hidropisia (MED.) dropsy

hidropisia folicular (MED.) hydrops folliculi

hidroplanador (AERO.) float-water glider; seaplane glider

hidropónica (BOT.) hydroponics

hidrópota (BOT.) hydropote

hidroquinona (CHEM.) hydroquinone

hidro-refinação; hidrorrefinação (CHEM.) hydrofining

hidrorreia (MED.) hydrorrhea

hidrose (ZOO.) hidrosis

hidrosere (BOT.) hydrosere

hidrossalpingite (MED.) hydrosalpinx

hidrossarca (MED.) hydrosarca

hidrossol (CHEM.) hydrosol

Hidrostática (PHYS.) hydrostatics

hidróstato (CHEM.) hydrostat

hidrotaxia (BIO.) hydrotaxis

hidroterapia (MED.) hydrotherapy

hidrotórax (MED.) hydrothorax

hidrotropismo (BOT.) hydrotropism

hidroxicloreto de alumínio (CHEM.) aluminium hydroxychloride

hidróxido de alumínio (CHEM.) aluminium hydroxide

hidróxido de amónio (CHEM.) ammonium hydroxide

hidróxido de bário (CHEM.) barium hydroxide; barita water

hidróxido de lítio (CHEM.) lithium hydroxide

hidróxido de magnésio (CHEM.) magnesium hydroxide

hidróxido de potássio (CHEM.) potassium hydroxide; caustic potash

hidróxido de sódio (CHEM.) sodium hydroxide; caustic soda

hidróxido platinoso (CHEM.) platinous hydroxide

hidróxidos (CHEM.) hydroxides

hidroxilamina (CHEM.) hydroxylamine

hidroximetilo (CHEM.) methylol

hidroxiprolina (BIO.; CHEM.) hydroxyproline

hidrozincite(e) (MINER.) hydrozincite; zinc bloom

Hidrozoários (ZOO.) Hydrozoa

hieralgia (MED.) sacralgia; hieralgia

hierarquia (ECO.) hierarchy

hierarquia alimentar (ECO.) pecking order

hierarquia de Chomsky (COMP.) Chomsky hierarchy

hierarquia de memória (COMP.) memory hierarchy

hierarquia de protocolos (COMP.) protocol hierarchy

hierarquia dominante (PSYCHO.) dominance hierarchy

hietómetro (METEO.) hyetograph

hifa (BOT.) hypha

Hi-Fi (PHYS.) high-fidelity

hifopódio (BOT.) hyphopodium

higrófila (BOT.) hygrophyle; hygrophylic

higrófilo (ECO.) hygrophilic

higrófito (BOT.) hygrophyte

higroma (VET.) hygroma; hydroma

higrometria (PHYS.) hygrometry

higrómetro (PHYS.) hygrometer

higrómetro de absorção (METEO.) absorption hygrometer; chemical hygrometer

higrómetro de cabelo (PHYS.; METEO.) hair hygrometer

higrómetro de condensação (METEO.) dew-point hygrometer; frost-point hygrometer

higrómetro de Regnault (METEO.) Regnault's hygrometer

higrómetro físico (METEO.) wet and dry bulb hygrometer; psychrometer

higrómetro químico (METEO.) chemical hygrometer; absorption hygrometer

higrómetro registador (PHYS.; METEO.) hygrograph; self-recording hygrometer

higromicina (BIO.) hygromycin

higroscópico (CHEM.) hygroscopic

higrostomia (MED.) hygrostomy; sialism

higrotermógrafo (ECO.) hygrothermograph

hillebrandita (MINER.) hillebrandite

hilo (BOT.; MED.; ZOO.) hilum; porta

hilófago (ZOO.) hylophagous

hilos (MED.) hyla

Himalia (ASTRO.) Himalia (6th satellite of Jupiter)

hímen (ZOO.) hymen

himenal (MED.) hymenal

himenectomia (MED.) hymenectomy

himénio (BOT.) hymenium

himenite (MED.) hymenitis

himenóforo (BOT.) hymenophore

himenóide (BIO.) hymenoid

Himenomicetos (BOT.) Hymenomycetes

himenotomia (MED.) hymenotomy

hióide (ZOO.) hyoid

hióideo (ZOO.) hyoideus

hiosciamina (CHEM.; MED.) hyosciamine

hioscina (CHEM.; MED.) hyoscine; scopolamine

hiostílico (ZOO.) hyostylic

hipacusia (MED.) hypacusia; hypacusis

hipalgesia (MED.) hypalgesia

hipanto (BOT.) hypanthium

hipapófise (ZOO.) hypapophyse; intercentrum (pl. intercentra)

hipaxial (ZOO.) hypaxial; ventral

hiper-acidez (MED.) hyperacidity

hiperacusia (MED.) hyperacusis

hiperadrenalismo (MED.) hyperadrenalism

hiperafia (MED.) hyperaphia

hiperalgesia (MED.) hyperalgesia

hiperão (PHYS.) hyperon; heavy particle

hiperbarismo (SPACE) hyperbarism

hiperbilirrubinemia (MED.) hyperbilirubinaemia; hyperbilirubinemia

hipérbole (MATH.) hyperbole

hiperbólica (PHYS.; MATH.) hyperbolic

hiperbólico (TELECOM.) hyperbolic (navigation system)

hiperbolóide (MATH.) hyperboloid

hipercalcemia (MED.) hypercalcaemia

hipercapnia (MED.) hypercapnia

hiperceratose bovina (VET.) bovine hyperkeratosis; X-disease

hipercinésia (MED.) hyperkinesia

hipercloridria (MED.) hyperchlorhydria

hiperdactilia (ZOO.) hyperdactyly

hiperdiploidia (BIO.) hyperdiploidy

hiperémese (MED.) hyperemesis

hiperémese das grávidas (MED.) hyperemesis gravidarum

hiperemia (MED.) hyperaemia; hyperemia; congestion

hiperestesia (MED.) hyperaesthesia

hiperestesia táctil (MED.) hyperaphia

hiperfalangia (ZOO.) hyperphalangy

hiperfaríngico (ZOO.) hyperpharyngeal

hipergamaglobulinemia (MED.) hypergammaglobulinaemia

hipergásia (MED.) hypergasia

hiperglicémia (MED.) hyperglycaemia; hyperglycemia

hipergol (SPACE) hypergol

hipergólico (SPACE) hypergolic

Hiperião (ASTRO.) Hyperion (7th satellite of Saturn)

hipericismo (VET.) hypericism

hiperidrose (MED.) hyperhidrosis; hyperidrosis

hiperinose (MED.) hyperinosis

hiperinsulinismo (MED.) hyperinsulinism

hiperluminosidade de imagem (ELECTRON.; IMAGE TECH.) blooming

hipermetamórfico (ZOO.) hypermetamorphic

hipermetropia (MED.) hypermetropia; hyperopia

hipermnésia (MED.) hypermnesia

hipernefroma (MED.) hypernephroma

hiperopia (MED.) hyperopia; long sightedness; far-sightedness

hiperosmótico (BIO.) hyper-osmotic

hiperparasita (BOT.) hyperparasite

hiperparasitismo (ZOO.) hyperparasitism

hiperpirexia (MED.) hyperpyrexia

hiperpirexia de calor (MED.) heat stroke

hiperpituitarismo (MED.) hyperpituitarism

hiperplasia (BOT.; MED.; ZOO.) hyperplasia

hiperplastia (BOT.; MED.; ZOO.) hyperplasia

hiperplóide (BOT.) hyperploid

hiperpneia (MED.) hyperpnea; hyperpnoea

hiperpolarização (BIO.) hyperpolarization

hiperqueratose (VET.) hyperkeratosis; hard pad

hiperqueratose (hiperceratose) (MED.) hyperkeratosis

hipersensibilidade (BOT.) hypersensitivity

hipersensibilidade de contacto (IMMUN.) contact hypersensitivity

hipersensibilidade de tipo retardado (IMMUN.) delayed type hypersensitivity

hipersensibilidade imediata (IMMUN.) immediate hypersensitivity

hipersensibilização (IMAGE TECH.) hypersensibilization

hipersístole (MED.) hypersystole

hipersom (PHYS.) hypersound

hipersomatotropismo (MED.) hypersomatotropism

hipersónico (AERO.; SPACE) hypersonic

hiperstena (MINER.) hypersthene

hipersténico (MED.) hypersthenic

hiperstenita (MINER.) hypersthenite

hiperstómico (BOT.) hyperstomatal

hipertélia (ZOO.) hyperteley

hipertelorismo (MED.) hypertelorism

hipertensão (MED.) hypertension

hipertensão do pescoço (MED.) whiplash

hipertiroidismo (MED.) hyperthyroidism

hipertonia (MED.) hypertonia

hipertónico (GEN.) hypertonic

hipertónus (hipertono) (MED.) hypertonus

hipertriquíase (MED.) hypertrichiasis; hypertrichosis

hipertrofia (BOT.; ZOO.) hyperthrophy; hyperthrophy; enlargement

hipertrofia da mama (MED.) barymazia

hipertrofia maciça da mama (MED.) gigantomastia

hipertrofia muscular (MED.) myohypertrophy; hypermyotrophy

hipertrose (MED.) hypertrichiasis; hypertrichosis

hipervitaminose (MED.) hypervitaminosis

hipervolume (ECO.) hypervolume

hipetro (ARCH.) hypaethral

hipidiomórfica (GEO.) subhedral

hipnolepsia (PSYCHO.) narcolepsy

hipnonefrose (MED.) hypnonephrosis

hipnose (PSYCHO.) hypnosis

hipnósporo (BOT.) hypnospore

hipnótico (MED.) hypnotic; somniferous; somnifacient

hipoacidez (MED.) hypoacidity

hipoadrenalismo (MED.) hypoadrenalism

hipobaropatia (MED.) chokes

hipoblasto (ZOO.) hypoblast

hipobranquial (ZOO.) hypobranchial

hipocalcemia (MED.) hypocalcaemia; hypocalcemia

hipocausto (BUILD.) hypocaust

hipocerco (ZOO.) hypocercal

hipociclóide (MATH.) hypocycloid

hipociclóide de Steiner (MATH.) Steiner's tricusp

hipociclóide triangular (MATH.) Steiner's tricusp; tricusp

hipociclóide tricúspida (MATH.) Steiner's tricusp; tricusp

hipocloreto de cálcio (CHEM.) calcium hypochloride

hipocloretos (CHEM.) hypochlorides

hipocloridria (MED.) hypochlorhydria

hipocondríase (MED.; PSYCHO.) hypochondriasis

hipocono (ZOO.) hypocone

hipocótilo (BOT.) hypocotyl

hipoderme (BOT.; MED.; ZOO.) hypodermis; hypoderm

hipodérmico (MED.) hypodermic

hipodermóclise (MED.) hypodermoclysis

hipofaríngico (ZOO.) hypopharyngeal

hipófise (BOT.; MED.; ZOO.) hypophysis

hipofisectomia (MED.) hypophysectomy

hipogamaglobulinemia (IMMUN.) hypogammaglobulinaemia

hipogástrio (MED.) hypogastrium

hipogastro (MED.) hypogastrium
hipógea (BOT.) hypogeal; hipogeous
hipogénica (GEO.) hypogene
hipogínica (BOT.) hypogynous
hipogínio (BOT.) hypogynous
hipógino (BOT.) hypogynous
hipoglicemia (MED.) hypoglucaemia; hypoglycemia
hipoglossia (ZOO.) hypoglottis
hipoglosso (ZOO.) hypoglossal
hipoglote (ZOO.) hypoglottis
hipognato (ZOO.) hypognathous
hipogonadismo (MED.) hypogonadism
hipogonadotrópico (MED.) hypogonadotropic
hipo-hepatia (MED.) hypohepatia
hipo-hial (ZOO.) hypohyal
hipo-hidrose (MED.) hypohidrosis
hipo-hióide (ZOO.) hypohyal
hipoidrocloridria (MED.) hypochlorhydria
hipolimnético (ECO.) hypolimnion
hipolímnico (ECO.) hypolimnion
hipomagnesemia bovina (VET.) bovine hypomagnesaemia; grass disease; Hereford's disease; grass staggers; grass tetany
hipomania (MED.) hypomania
hipomenorreia (MED.) hypomenorrhea; hypomenorrhoea
hiponastia (BOT.) hyponnasty
hipo-osmótico (BIO.) hypo-osmotic
hipópio (MED.) hypopyon
hipopituitarismo (MED.) hypopituitarism
hipoplasia (BOT.; ZOO.) hypoplasia
hipoplasia tímica (IMMUN.) thymic hypoplasia; di George's syndrome
hipoplóide (BOT.) hypoploid
hipopteronose quística (VET.) hypopteronosis cystica
hipospadia (MED.) hypospadias
hipossensibilização (IMMUN.) hyposensitization
hipossulfito de sódio (CHEM.) sodium hyposulfite; sodium thiosulfate; hypo (colloq.)
hipóstase (MED.) hypostasis
hipostático (BIO.) hypostatic
hipóstomo (ZOO.) hypostoma; hypostome
hipotálamo (ZOO.) hypothalamus
hipotarso (ZOO.) hypotarsus
hipotensão (MED.) hypotension
hipotenusa (MATH.) hypotenuse
hipotermia (MED.) hypothermia
hipótese (GEN.) hypothesis
hipótese de adaptador (BIO.) adaptor hypothesis
hipótese de crescimento por ácido (BOT.) acid growth hypothesis
hipótese de fluxo de massa (BOT.) mass-flow hypothesis
hipótese de Gaia (ECO.) Gaian hypothesis
hipótese de Matthiessen (PHYS.) Matthiessen hypothesis
hipótese de redução de impulso (PSYCHO.) drive-reduction hypothesis
hipótese de Riemann (MATH.) Riemann hypothesis
hipótese endossimbiótica (BOT.) endosymbiotic hypothesis

hipótese nebular (ASTRO.) nebular hypothesis
hipótese nula (GEN.) null hypothesis
hipótese oscilatória (BIO.) wobble hypothesis
hipótese quântica (PHYS.) quantum hypothesis
hipotiroidismo (MED.) hypothyroidism
hipotónico (BIO.; CHEM.) hypotonic
hipotónus (hipotono) (MED.) hypotonus
hipótrico (ZOO.) hypotrichous
hipovitaminose (MED.) hypovitaminosis
hipoxantina (CHEM.) hypoxanthine
hipoxia (MED.) hypoxia
hipsocrómico (CHEM.) hypsochromic
hipsodonte (ZOO.) hypsodont
hipsófilo (BOT.) hypsophyll
hipsómetro (PHYS.) hypsometer
Hiracóidea (ZOO.) Hyracoidea
hirsutismo (MED.) hirsuties; hirsutism
hirsuto (BOT.; ZOO.) hirsute
hirudina (ZOO.) hirudin
Hirudíneos (ZOO.) Hirudinea
híspido (BOT.; ZOO.) hispid; strigose
histamina (CHEM.; MED.) histamine
histeralgia (MED.) hysteralgia; uteralgia
histeranto (BOT.) hysteranthous
histerectomia (MED.) hysterectomy; uterectomy
histerectomia total (MED.) panhysterectomy
histerese (PHYS.) hysteresis
histerese de circuito rectangular (ELECT.) rectangular loop hysteresis
histerese de controlo (ELECT.) control hysteresis
histerese dieléctrica (ELECT.) dielectric hysteresis
histerese do termostato (ELECTRON.) thermostat hysteresis
histerese magnética (ELECT.) magnetic hysteresis
histerese mecânica (ELECTRON.) mechanical hysteresis
histerese temporal (ELECTRON.) time hysteresis
histerese viscosa (ELECT.) magnetic creeping
histérico (MED.) hysteric; hysteriac; hysterical; vaporish
histerico-neurálgico (MED.) hystericoneuralgic
histerite (MED.) hysteritis; metritis
histeritrina (BIO.; MED.) hysterythrine
histerocele (MED.) hysterocele; metrocele
histeróclise (MED.) hysterocleisis
histerocolpectomia (MED.) hysterocolpectomy
histerofrénico (MED.) hysterofrenic
histerograma (MED.) hysterogram
histerólito (MED.) hysterolith
histeromioma (MED.) hysteromyoma
histeromiomectomia (MED.) hysteromyomectomia
histerooforectomia (MED.) hysteroophorectomy
histeropatia (MED.) hysteropathy
histeropexia (MED.) hysteropexy
histerorrexe (MED.) hysterorrhexis

histeroscópio (MED.) hysteroscope
histerossalpingooforectomia (MED.) hysterosalpingo-oophorectomy
histerossístole (MED.) hysterosystole
histerotomia (MED.) hysterotomy
histidina (CHEM.) histidine
histioblasto (BIO.) histioblast
histiócito (IMMUN.) histiocyte
histiocitose lipídica (MED.) lipid histiocytosis
histióde (MED.) histioid; histoid
histoblasto (histioblasto) (ZOO.) histoblast; histioblast; imaginal bud (disk)
histocompatibilidade (BIO.) histocompatability
histofisiologia (MED.) histophysiology
histogene (BOT.) histogen
histogénese (BIO.) histogenesis
histólise (BOT.; MED.; ZOO.) histolysis
Histologia (ZOO.) histology
Histologia patológica (MED.) histopathology
histoma (MED.) histioma; histoma
histomoníase (VET.) histomoniasis; blackhead
histona (BIO.) histone
histonectomia (MED.) histonectomy
histonomia (MED.) histonomy
histonúria (MED.) histonuria
histopatogénese (MED.) histopathogenesis
histopatologia (MED.) histopathology
histoplasmina (MED.) histoplasmin
histoplasmoma (MED.) histoplasmoma
histoplasmose (MED.; VET.) histoplasmosis; Darling's disease
Histoquímica (ZOO.) histochemistry; cyrochemistry
historadiografia (MED.) historadiography
História da Geologia (GEO.) history of geology
historrexe (MED.) historrhexis
histotóxico (MED.) histotoxic
histotrófico (MED.) histotrophic
histotrópico (MED.) histotropic
histozóico (ZOO.) histozoic
hodógrafo (PHYS.) hodograph
hodómetro (NAV.) nautical log; taffrail log
hodoscópio (NUCL.) hodoscope
holanda (TEXT.) holland
holmquistita (MINER.) holmquistite
holoacárdio (MED.) holoacardius
holoacrania (MED.) holoacrania
holoanencefalia (MED.) holoanencephaly
holoaxial (CRYST.) holoaxial
holobêntico (ZOO.) holobenthic
holoblástico (ZOO.) holoblastic
holobrânquio (ZOO.) holobranch
holocárpico (BOT.) holocarpic
holocefálico (MED.) holocephalic
holocéfalo (ZOO.) holocephalus; holocephalic
Holocénico (GEO.) Holocene
holocrina (ZOO.) holocrine
holodiastólico (MED.) holodiastolic
holoédrico (CRYST.) holohedral
holoendémico (MED.) holoendemic
holoenzima (MED.) holoenzyme
holofítico (BOT.) holophytic
holofote (ELECT.; IMAGE TECH.) floodlight projector; flood

hologamia (Bio.) hologamy
hologínico (Med.) hologynic
holografia (Phys.) holography
holograma (Phys.) hologram
holomastigote (Zoo.) holomastigote
Holometábola (Zoo.) Holometabola
holometabólico (Zoo.) holometabolic
holoplâncton (Eco.) holoplankton
holossistólico (Med.) holosystolic
holostilo (Zoo.) holostyly
holotelencefalia (Med.) holotelencephaly
holótipo (Bot.) holotype
holotoxina (Med.) holotoxin
holótrico (Zoo.) holotrichous
holotríquio (Zoo.) holotrichous
Holoturídeos (Zoo.) Holothuroidea
holoturina (Chem.) holoturin
holozóico (Bot.; Zoo.) holozoic
homálio-da-Birmânia (Bot.) Burma lancewood
homeomerismo (Zoo.) homoeomerism
homeomórfico (Cryst.; Miner.) homeomorphic
homeomorfo (Eco.) homeomorph
homeopatia (Med.) homeopathy
homeose (Zoo.) homoeosis
homeostasia (Bio.) homeostasis
hómio (Chem.) homium
homobiotina (Chem.) homobiotin
homoblástico (Bot.; Zoo.) homoblastic
homocêntrico (Phys.) homocentric
homocerco (Zoo.) homocercal
homocíclico (Chem.) homocyclic
homocistinúria (Med.) homocystinuria
homoclamídeo (Bot.) homochlamydeous
homodonte (Zoo.) homodont
homoenxerto (Immun.) homograft
homoenxerto alogénico (Immun.; Med.) allograft
homogamia (Bot.; Zoo.) homogamy
homogâmico (Zoo.) homogametic
homogeneizador (Phys.) homogenizer
homogéneo (Chem.; Math.) homogeneous
homogénese (Bio.; Zoo.) homogenesis
homogenia (Zoo.) homogeny
homogenizador de Manton-Gaulin (Bio.) Manton-Gaulin homogenizer
homologação de potência (Aero.) power rating
homologia (Gen.) homology
homologia sequêncial (Bio.) sequence homology
homólogo (Bot.; Zoo.) homologous
homomórfico (Bio.) homomorphic
homomorfo (Bot.; Zoo.) homomorphous
homonúcleo (Bio.) homokaryon
homoplasma (Zoo.) homoplasm
homoplástico (Bot.; Zoo.) homoplastic; homoioplastic
homopolar (Chem.; Elect.) homopolar
homopolímero (Bio.) homopolymer
homoquinina (Chem.) homoquinine
homosfera (Eco.) homosphere
homósporo (Bot.) homospory
homossexualidade (Psycho.) homosexuality

homotalismo (Bot.) homothalism
homotaxia (Geo.) homotaxis
homotérmico (Zoo.) homothermous
homotípico (Zoo.) homotypic
homozigocidade (Bio.) homozygosity
homozigose (Bio.) homozygosis; homozygosity
homozigótico (Bio.) homozygous
homozigoto (Bio.) homozygote
homúnculo (Bio.; Med.) homunculus
hora civil local (Meteo.) local mean time
hora de chegada (Aero.) time of arrival
hora de efeméride (Astro.) ephemeris time
hora de fuso (Astro.) zone time
hora de fuso horário (Astro.) zone time
hora de Greenwich (Gen.) Greenwich time
hora de partida (Aero.) departure time
hora de voo (Aero.) flight time; flying hour
hora estimada de chegada (Aero.) expected time of arrival _ ETA
hora estimada de partida (Aero.) expected time of departure _ ETD
hora legal (Astro.) standard time; legal time
hora local (Astro.) local time
hora local de veículo espacial (Space) local vehicle time
hora média de Greenwich (Gen.) Greenwich mean time; GMT; zulu time
hora média local (Meteo.) local mean time (LMT)
hora padrão (Astro.) standard time
horário de Verão (Meteo.) daylight saving time
horas diurnas (Astro.) hours of daylight
hora sideral (Astro.) sidereal hour
horas nocturnas (Astro.) hours of darkness
hora solar aparente (Astro.) apparent solar time
hora solar verdadeira (Astro.) absolute hour
hora verdadeira (Astro.) true time
hora zulu (Aero.; Telecom.) zulu time; Greenwich time; Z-hour; zebra hour
hordéolo (Med.) sty; stye; hordeolum
horizonte (Gen.) horizon
horizonte agrícola (Geo.) agric horizon
horizonte antrópico (Eco.) anthropic horizon
horizonte aparente (Surv.) apparent horizon; sensible horizon
horizonte artificial (Aero.) artificial horizon; gyro horizon; flight indicator
horizonte biológico (Eco.) biohorizon
horizonte cálcico (Geo.) calcic horizon
horizonte câmbico (Geo.) cambic horizon
horizonte celeste (Topo.) celestial horizon; rational horizon
horizonte de acontecimento (Astro.) event horizon
horizonte de bolha (Surv.) bubble horizon

horizonte de diagnóstico (Eco.) diagnostic horizon
horizonte de névoa (Meteo.) haze horizon
horizonte de poeira (Meteo.) dust horizon
horizonte de radar (Radar) radar horizon
horizonte de voo (Aero.) flight horizon
horizonte duro (Geo.) duric horizon
horizonte giroscópico (Aero.) gyro horizon
horizonte lunar (Astro.) lunar horizon
horizonte mólico (Eco.) mollic horizon
horizonte natural (Nav.) natural horizon; real horizon; visible horizon
horizonte plíntico (Eco.) plinthic horizon
horizonte rádio padrão (Telecom.) standard radio horizon
horizonte sálico (Eco.) Salic horizon
horizonte verdadeiro (Surv.) rational horizon; celestial horizon
horizonte vértico (Eco.) vertic horizon
horizonte visível (Surv.) visible horizon; sensible horizon; natural horizon
horizonte vítreo (Eco.) vitric horizon
hormogénico (Bio.) hormonogenic
hormona (Bio.) hormone
hormona adrenocorticotrófica [ACHT] (Bio.) adrenocorticotrophic hormone; corticotrop(h)in
hormona antidiurética (Med.) antidiuretic hormone [ADH]; vasopressin
hormona do crescimento (Bio.) growth hormone; somatotropin
hormona estimuladora do melanócito (Bio.) intermedin
hormona estimulante da célula intersticial (Med.) interstitial cell stimulating hormone; luteinizing hormone [LSH]
hormona folículo-estimulante (Med.) follicle-stimulating hormone [FSH]
hormona juvenil (Zoo.) juvenile hormone
hormona lactogénica (Med.) lactogenic hormone
hormona luteinizante (Med.) luteinizing hormone; interstitial cell stimulating hormone
hormona luteotrópica (Med.) luteotrophic hormone
hormona peptídica (Bio.; Med.) peptide hormone
hormonas de alarme (Bio.) alarmones
hormona vegetal (Bot.) phytohormone
hormonogénico (Bot.) hormonopoietic
hormonoterapia (Med.) hormonotherapy
hormopoético (Bio.) hormonopoietic; hormonogenic
horneblenda (Miner.) hornblende
horneblenda basáltica (Miner.) basaltic hornblende
horneblenda basática (Miner.) oxyhornblende

horneblendite (GEO.) hornblendite
horologia (GEN.) horology
horripilação (MED.) horripilation
horst (GEO.) horst
hospedeiro (BIO.) host
hospedeiro intermediário (ZOO.) intermediate host
hospedeiro secundário (ZOO.) intermediate host
hovercraft (NAV.) hovercraft; hovership
hovercraft de almofada de ar (NAV.) cushion craft
howieíta (MINER.) howieite
hubnerite (MINER.) hübnerite; huebnerite
hulha (GEO.) coal
hulha (MINER.) fossil coal
hulha com baixo teor de cinzas (MINING) free-ash coal
hulha gorda (CHEM.; MINING) gas coal; fat coal
hulha magra (MINING) non-bituminous coal; lean coal; dry burning coal; free-ash coal
hulha magra arenosa (MECH.) sintering sand coal

hulha magra de chama longa (MECH.) sintering coal
hulha moída (GEO.) culm
hulha morta (MINING) dull coal
hulha seca (MINING) dry burning coal; free-ash coal; non-bituminous coal
hulha semi-gorda (MINING) free burning coal
hulha terrosa (MINING) smut
hulha xistosa (MINING) slate coal; slaty coal
hullita (MINER.) hullite
humectante (CHEM.) humectant
humícola (BOT.) humicole; humicolous
humidade (GEN.) moisture
humidade (METEO.) humidity
humidade absoluta (PHYS.; METEO.) absolute humidity; vapour concentration
humidade capilar (ECO.) capillary moisture
humidade crítica (CHEM.) critical humidity
humidade de referência (METEO.) reference humidity
humidade de saturação (ELECTRON.) saturation humidity

humidade de saturação (GEO.) saturation moisture content
humidade de vapor (HYDRO.) wetness of steam
humidade específica (PHYS.; METEO.) specific humidity
humidade relativa (METEO.) relative humidity
humidificação de isolamento (BUILD.) wetness of insulation
humidificador (BUILD.) humidifier
humificação (BOT.) humification
humificador (CHEM.) humectant
humite (MINER.) humite
humor (ZOO.) humour; humor
humor aquoso (ZOO.) aqueous humour
humorismo (MED.) humorism; humoralism
humor vítreo (ZOO.) vitreous humour
humuleno (CHEM.) humulene
húmus (BOT.) humus
húmus não ácido (ECO.) mull
Huroniano (GEO.) Huronian

ião (Phys.) ion
ião complexo (Chem.) complex ion
ião de hidrogénio (Chem.) hydrogen ion
ião excitado (Phys.) excited ion
ião-grama (Phys.) gram(me)-ion
ião hidratado (Chem.; Phys.) aquoion; hydrated ion
ião hidrónio (Chem.) hydroxonium ion; hydronium ion
ião negativo (Electron.) negative ion; anion
ião pequeno (Nucl.) small ion
ião positivo (Phys.) positive ion; cation
ião radical (Phys.) radical ion
ião rápido (Phys.) small ion
ião sulfónico (Chem.) sulphonium ion
iatroquímica (Med.) iatrochemistry
ibuprofeno (Med.) ibuprofren
Ícaro (Astro.) Icarus (asteroid discovered in 1949; moon crater)
icebergue (Geo.; Meteo.) iceberg
icebergue de neve (Geo.) snowberg
icebergue poroso (Geo.) sugar berg
iconoscópio (Electron.) iconoscope; ike
iconoscópio de imagem (Electron.) image iconoscope
icor (ícore) (Med.) ichor
icosaedro (Math.) icosahedron
icositetraedro (Miner.) icositetrahedron
ictamol (Chem.) ammonium ichthosulfonate
icteremoglobinúria infecciosa (Vet.) infectious icterohaemoglubinuria
icterícia (Med.) icterus; jaundice
icterícia acolúrica (Med.) acholuric jaundice
icterícia infecciosa (Med.) infectious jaundice; spirochaetosis icterohaemorragic; Weil's disease
icterícia leptospiral canina (Vet.) yellows; canine leptospiral jaundice; leptospirosis
icterícia nuclear (Med.) kernicterus
ictérico (Med.) icteric
ictíico (Zoo.) ichthyic
ictiocola (Gen.) ichthyocola; isinglass; fish glue; marine glue
ictiopterígio (Zoo.) ichthyopterygium
ictiose (Med.; Vet.) ichthyosis
ictiossulfato de sódio (Chem.) sodium ichthyosulfonate
icto (Med.) ictus
ictossulfonato de amónio (Chem.) ammonium ichtosulphonate (ichtosulfonate)
id (Psycho.) id
idade (Gen.) age
idade absoluta (Geo.) absolute age

Idade Antiga (Geo.) Old Age
idade aparente (Eco.) apparent age
idade de Fermi (Nucl.) Fermi age
idade do nível marinho mais alto (Geo.) age of higher sea level
Idade dos Grandes Gelos (Geo.) Great Ice Age
idade dos invertebrados marinhos (Geo.) age of marine invertebrates
idade glacial Plistocénica (Geo.) Pleistocenic ice age
idade glaciar (Geo.) ice age
idade interglacial (Geo.) interglacial age
idade mental (Psycho.) mental age
idade pelo carbono radioactivo (Geo.) radiocarbon age
idade pelo chumbo (Miner.) lead age
idade Plistocénica (Geo.) Pleistocene age
idade pluvial (Geo.) pluvial age
idade Pré-Câmbrica (Geo.) Precambrian age
idade radiométrica (Geo.) radiometric age
idade relativa (Eco.) relative age
idade verdadeira (Eco.) true age
ideal (Gen.) ideal
ideal bilateral (Math.) two-sided ideal
ideal principal (Math.) principal ideal
ideias de referência (Psycho.) ideas of reference
identidade (Math.) identity
identidade de género (Psycho.) gender identity
identidade de Lagrange (Math.) Lagrangian identity
identificação (Bio.) fingerprinting
identificação (Gen.) identification
identificação de amigo ou inimigo (Telecom.) identification friend or foe [IFF]
identificação de arquivo (Comp.) file identification
identificação de chamada (Telecom.) caller ID
identificação de particulas alfa (Phys.) alpha particle identification
identificador (Comp.) identifier
identificador de erro (Comp.) error detective
identificador de fonte (Comp.) source identifier
identificador de parâmetros (Comp.) parameter identifier
ideograma (Bio.) ideogram
idingsite (Miner.) iddingsite
idioblástico (Geo.) idioblastic
idioblasto (Bot.) idioblast
idiocromossoma (Bio.) idiochromosome
idioglóssia (Med.) idioglossia

idiograma (Bio.) idiogram
idiopatia (Med.) idiopathy
idiossincrasia (Med.) idiosyncrasy
idiossoma (Bio.) idiosome
idiota (Med.) idiot; ament
idiota-prodígio (Psycho.) idiot savant
idiotérmico (Zoo.) idiothermous
idiotético (Eco.) idiothetic
idiotia (Med.) idiocy; amentia
idiótipo (Immun.) idiotype
idiótopo (Immun.) idiotope
idioventricular (Med.) idioventricular
idocrase (Miner.) idocrase; vesuvianite
idose (Chem.) idose
idoxuridina (Med.) idoxuridine
IgA; IgD; IgE; IgG; IgM (Immun.) IgA; IgD; IgE; IgG; IgM (classes of immunoglobulin)
ígneo (Geo.) igneous
ignição (Auto.; Elect.) ignition
ignição (Mech.) spark time
ignição a magneto (Elect.) magneto ignition
ignição de alta energia (Aero.) high-energy ignition
ignição de alta tensão (Elect.) high-tension ignition
ignição electrónica (Auto.) electronic ignition
ignição espontânea (Mech.) spontaneous ignition
ignição por baixa tensão (Elect.) low-tension ignition
ignição por bateria (Auto.) battery coil ignition; coil ignition
ignição por bobina (Auto.) coil ignition
ignimbrito (Geo.) ignimbrite
ignitrão (Electron.) ignitron
igualdade (Math.) equality; uniformity; equation; identity
igualização (Telecom.) equalization
igualização de fase (Telecom.) phase equalization; phase compensation
igualizador de gravação (Phys.) record equalizer
igualizador de impulsos (Electron.) pulse equalizer
igualizador de reprodução (Phys.) playback equalizer
ijolito (Geo.) ijolite
ileíte (Med.) ileitis
íleo (Med.) ileus (obstruction)
íleo (Med.) ileum (portion of the small intestine of mammalians)
ileocolite (Med.) ileocolitis
ileocolostomia (Med.) ileocolostomy
íleo paralítico (Med.) paralytic ileus
ileostomia (Med.) ileostomy
ilha artificial (Geo.) artificial island
ilha continental (Geo.) continental island

ilha de barreira (GEO.) barrier island

ilha de coral (GEO.) cay

ilhas Bam (BIO.) Bam islands

ilhota sanguínea (ZOO.) blood island

ílio (ílion) (ZOO.) ilium

iliocostal (MED.) iliocostal

iliopélvico (MED.) iliopelvic

ilite (MINER.) illite

ilmenita(e) (MINER.) tilmenite; titaniferous iron ore

iluminação (PHYS.) illumination

iluminação activado por som (ELECTRON.) sound activated lighting

iluminação ambiente (IMAGE TECH.) ambient illumination

iluminação artificial (ELECT.) artificial lighting

iluminação a ultravioleta (MINING) lamping

iluminação de campo brilhante (BOT.) bright-field illumination

iluminação de fundo escuro (BIO.) dark ground illumination

iluminação de temperatura de cor de 6.500K (IMAGE TECH.) illuminant D

iluminação estroboscópica (IMAGE TECH.) strobe lighting

iluminação geral (ELECT.) general lighting

iluminação indirecta (ELECT.) indirect lighting

iluminação intensa (IMAGE TECH.) flood

iluminação posterior (IMAGE TECH.) back lighting

iluminação projectada (ELECT.) floodlightning

iluminação retiniana (PHYS.) retinal illumination

iluminação traseira (IMAGE TECH.) back lighting

iluminância (PHYS.) illuminance

ilusão (PSYCHO.) illusion; delusion

ilutação (ECO.) illuviation

ilvaíte (MINER.) ilvaite

imagem (GEN.) image

imagem (IMAGE TECH.) picture; print

imagem binária (COMP.) binary image

imagem conjugada (HYDRO.) conjugate image

imagem consecutiva (PHYS.) after-image

imagem de alto contraste (IMAGE TECH.) high-contrast image

imagem de carga (COMP.) load image

imagem de endereçamento digital (IMAGE TECH.) bit mapping

imagem de escala de cinzentos (COMP.) grey scale image

imagem de interferência (CRYST.) interference figure

imagem de visualização de alta prioridade (COMP.) foreground display image

imagem de visualização preferencial (COMP.) foreground display image

imagem dupla (IMAGE TECH.) multiple image

imagem estelar (ASTRO.) stellar image

imagem fantasma (IMAGE TECH.; TELECOM.) ghost image; ghost effect; ghost; multiple image

imagem fantasma de retorno (RADAR) retrace ghost

imagem interna (IMMUN.) internal image

imagem latente (COMP.; IMAGE TECH.) latent image

imagem MPEG-2 (IMAGE TECH.) I-frame

imagem negativa (TELECOM.) negative image

imagem nítida (PRINT.) sharpening image

imagem ocular (PHYS.) ocular image

imagem parada (IMAGE TECH.) still frame

imagem perfeita (PRINT.) sharpening image

imagem preditiva (IMAGE TECH.) predictive frame

imagem real (PHYS.) real image

imagem reflectida (PHYS.) mirror image

imagem residual (PHYS.) after-image

imagem retida (IMAGE TECH.) sticking picture

imaginação idética (PSYCHO.) eidetic imagery

imaginário hipnagógico (PSYCHO.) hypnagogic imagery

imago (ZOO.) imago

íman (GEN.) magnet; loadstone

íman amortecedor (ELECT.) damping magnet

íman composto (ELECT.) compound magnet

íman de barra (ELECT.) bar magnet

íman de compensação (ELECT.) compensating magnet

íman de compensação (NAV.) compass corrector

íman de feixe (ELECT.) convergence magnet

íman de magnetrão (ELECTRON.) magnetron magnet

íman indutor (ELECT.) field magnet

íman lamelar (ELECT.) laminated magnet

íman móvel (BUILD.) moving iron

íman natural (MINER.; PHYS) natural magnet; loadstone

íman permanente (PHYS.) permanent magnet

íman permanente de esferas (ELECT.) ball-ended magnet

íman solenoidal (PHYS.) solenoidal magnet

imantação indutiva (ELECT.) inductive pick-up

imbecil (MED.) imbecile

imbibição (GEN.) imbibition

imbricação (BUILD.) lap

imbricado (BOT.; ZOO.) imbricate

imbricado (BUILD.) imbricated

imersão (GEN.) dipping

imersão (ASTRO.) immersion

imersão para superfície brilhante (CHEM.) bright dipping

imersão quente (MECH.) hot dip

imida (CHEM.) imide

imidazolas (CHEM.) imidazoles; glyoxalines

imigração (ECOL.) immigration

imiscibilidade (CHEM.) immiscibility

imitação (PSYCHO.) imitation

imitação de papel pergaminho (PAPER) glazed imitation parchment

imobilização enzimática (BIO.) enzyme immobilization

impacção por inércia (PHYS.) inertial impaction

impactado (MED.) impacted

impacte/o (GEN.) striking; impact; shock

impacto (ELECT.) hit

impacto (PHYS.) impact

impacto de alta frequência (ELECT.) high-frequency shock

impacto espacial (ASTRO.) space impact

impacto longitudinal (MECH.) longitudinal impact

impacto meteórico (ASTRO.) meteoric impact

ímpar (MATH.) uneven

impedância (PHYS.) impedance

impedância acústica (PHYS.) acoustic impedance

impedância acústica por unidade de superfície (ELECT.) unit area acoustic impedance

impedância anódica (ELECTRON.) anode impedance

impedância anódica de carga (ELECTRON.) anode load impedance

impedância bilateral (ELECT.) bilateral impedance

impedância bloqueada (PHYS.) blocked impedance

impedância característica (PHYS.) characteristic impedance; surge impedance

impedância carregada (TELECOM.) loaded impedance

impedância concentrada (ELECTRON.) lumped impedance

impedância conjugada (PHYS.) conjugate impedance

impedância da ligação à terra (ELECTRON.) earth loop impedance

impedância de antena (TELECOM.) antenna impedance

impedância de avalanche (ELECT.) avalanche impedance

impedância de carga (ELECT.) load impedance

impedância de circuito aberto (PHYS.) open-circuit impedance

impedância de controlo (PHYS.) control impedance

impedância de cristal (ELECT.) crystal impedance

impedância de curto-circuito (ELECT.) short-circuit impedance

impedância de dispersão (ELECT.) leakage impedance

impedância de eléctrodo (ELECT.) electrode impedance

impedância de entrada (ELECTRON.) input impedance

impedância de espaço livre (PHYS.) free space impedance

impedância de extremo (ELECT.) end impedance

impedância de fonte (ELECT.) source impedance

impedância de imagem (PHYS.) image impedance

impedância de impulso (PHYS.) surge impedance

impedância de linha (TELECOM.) line impedance

impedância de malha (ELECT.) mesh impedance

impedância de movimentação (TELECOM.) motional impedance

impedância de ponto motriz (ELECT.) driving point impedance

impedância de projecto (ELECTRON.) design impedance

impedância de radiação (PHYS.) radiation impedance

impedância de resistência (ELECT.) resistive impedance

impedância de ressonância (ELECT.) resonance impedance

impedância de ruptura (ELECT.) breakdown impedance

impedância de saída (ELECT.) output impedance

impedância de surto (PHYS.) surge impedance

impedância de terra (PHYS.) earth impedance

impedância de transferência (PHYS.) transfer impedance

impedância de válvula (ELECT.) tube impedance

impedância dinâmica (ELECTRON.) dynamic microphone

impedância do induzido (ELECT.) armature impedance

impedância efectiva de saída (ELECT.) effective output impedance

impedância estática (ELECT.) static impedance

impedância interna (PHYS.) internal impedance

impedância intrínseca (ELECT.) intrinsic impedance

impedância iterativa (PHYS.) iterative impedance

impedância mecânica (PHYS.) mechanical impedance

impedância mútua (ELECT.) mutual impedance

impedância negativa (ELECT.) negative impedance

impedância nominal (ELECT.) nominal impedance

impedância primária (ELECT.) primary impedance

impedância reflectida (ELECT.) reflected impedance

impedância síncrona (ELECT.) synchronous impedance

impedância terminal (ELECT.; PHYS.) end impedance; terminal impedance

impedância unilateral (PHYS.) unilateral impedance

impedância Zener (ELECTRON.) Zener impedance

impedimento (MINING) hitch

imperfeição (GLASS) crizzling

imperfeição no vidro laminado (GLASS) ream

imperfeito (GEN.) imperfect

imperfurado (MED.; ZOO.) imperforate

imperial (BUILD.) imperial (tile and roof type)

impermeabilização (BUILD.) dampproofing

impermeabilização (ECO.; ZOO.) preening

impermeável (GEO.) impermeable

impermeável ao gotejamento (ELECT.) drip-proof

impetiginoso (MED.) impetiginous

impetigo (MED.) impetigo

implantação (ZOO.) implantation; implant

implantação iónica (ELECTRON.) ion implantation

implante (BIO.; RADIOL.) implant; implantation

implante permanente (RADIOL.) permanent implant

implementação (COMP.) implementation

implicação (COMP.) implication

implicante (COMP.; MATH.) implicant

implosão (MECH.) implosion

imposição (PRINT.) imposition

imposta (BUILD.) pad stone; skewback; springer; springing; impost

imposta contínua (BUILD.) continuous impost

imposta corrida (BUILD.) flat band

impregnação (GEN.) impregnation; soaking

impregnação (PSYCHO.) imprinting

impregnação a vácuo (ELECT.) vacuum impregnation

impregnar com álcool (CHEM.) alcoholize

impressão (COMP.) print out

impressão (PRINT.) impression; press work; printing; imprint

impressão a 4 cores (PRINT.) fourcolour press

impressão a anilina (PRINT.) aniline printing

impressão a azul (PRINT.) blueprint

impressão a cores (PRINT.) colour printing

impressão a offset (PRINT.) offset printing

impressão a tela (PRINT.) screen printing

impressão com rolos A & B (IMAGE TECH.) A & B roll printing

impressão contínua (IMAGE TECH.) continuous printing

impressão de feixe (TELECOM.) footprint

impressão de linhas (COMP.) linear-at-a-time printer

impressão de transferência (TEXT.) transfer printing

impressão directa (PRINT.) direct printing

impressão electrostática (PRINT.) electrostatic printing

impressão em duas tonalidades da mesma cor (PRINT.) duotone

impressão em massa (COMP.) bulk print

impressão em relevo (PRINT.) relief printing

impressão em sépia (PRINT.) sepia print

impressão em tela de seda (PRINT.) silk-screen printing

impressão firme (PRINT.) durable press

impressão gráfica (PRINT.) letterpress

impressão litográfica (PRINT.) litographic printing

impressão magnética (PRINT.) magnetic printing

impressão materna (BIO.) maternal impression

impressão óptica (IMAGE TECH.) optical printing

impressão por jacto de tinta (COMP.) ink jet printing

impresso (PRINT.) print

impressões de chuva (GEO.) rain prints

impressor (PRINT.) imprinter

impressor (GEN.) printer

impressora aditiva (IMAGE TECH.) additive printer

impressora a laser (COMP.) laser printer

impressora carácter-a-carácter (COMP.) character-at-a-time printer

impressora de alta velocidade (COMP.) high-speed printer; on the fly printer

impressora de caracteres (COMP.) character printer

impressora de impacto (COMP.) impact printer

impressora de jacto de tinta (COMP.) inkjet printer

impressora de LED (COMP.) LED printer

impressora de linha (COMP.) line printer

impressora de «margarida» (COMP.) daisy-wheel printer

impressora de matriz (COMP.) matrix printer

impressora de pontos (COMP.) dot printer

impressora de roda (PRINT.) wheel printer

impressora de tambor (COMP.) barrel printer

impressora electrostática (COMP.) electrostatic printer

impressor/a em cadeia (COMP.) chain printer

impressora inversora (PRINT.) reversing press

impressora página a página (COMP.) page-at-a-time-printer

impressoras alfanuméricas (PRINT.) alphanumeric printers

impressora subtractiva (IMAGE TECH.) subtractive printer

impressora térmica (COMP.) thermal printer

impressora xerográfica (COMP.) xerographic printer

imprimidura (BUILD.) priming coat

imprinting (PSYCHO.) imprinting

improdutivo (COMP.) down

impsonite (MINER.) impsonite

impulsão de jacto (AERO.) jet thrust

impulsão Diesel-eléctrica (MECH.) diesel-electric drive

impulso (AERO.) thrust

impulso (GEN.) pulse; impulse; thrust

impulso (MED.; TELECOM.) beat

impulso (PSYCHO.) impulse; drive

impulso (SPACE) thrust
impulso da descolagem (AERO.) take-off boost
impulso de brilho (ELECT.) brightening pulse
impulso de circuito desligado (ELECTRON.) loop-disconnect pulsing
impulso de compensação (IMAGE TECH.) equalizing pulse
impulso de condução (COMP.) drive pulse
impulso de corrente (ELECTRON.) current surge
impulso de deslocamento (COMP.) shift pulse
impulso de disparo (ELECTRON.) trigger pulse
impulso de equilíbrio (IMAGE TECH.) equalizing pulse
impulso de excitação (ELECT.) drive pulse
impulso de identificação (ELECT.) brightening pulse
impulso de inicialização (COMP.) set pulse
impulso de interferência (TELECOM.) interference pulse
impulso de interrupção (TELECOM.) break impulse
impulso de leitura de memória (COMP.) read-out pulse
impulso de marcação (COMP.) dial pulse
impulso de passagem (ELECTRON.) gate-beam pulse
impulso de porta (COMP.) gate pulse
impulso de rádio (TELECOM.) radio pulse
impulso de sincronismo de linha (IMAGE TECH.) line synchronizing pulse
impulso de sincronização (IMAGE TECH.) synchronizing pulse; sync pulse
impulso de sincronização de campo (IMAGE TECH.) field sync pulse
impulso diferencial (ELECT.) differential pulse
impulso dirigido (AERO.) vectored thrust
impulso do reactor (AERO.) jet engine thrust
impulso electromagnético (ELECTRON.) electromagnetic pulse [EMP]
impulso electromagnético nuclear (GEN.) nuclear electromagnetic pulse [EMP]
impulso específico (SPACE) specific impulse
impulso espúrio (NUCL.) spurious pulse
impulso estático ao nível do mar (AERO.) sea-level static thrust
impulso excitador (ELECT.) driving pulse
impulso gaussiano (PHYS.) Gaussian pulse
impulso inicial (ELECTRON.) start pulse
impulso magnético (ELECT.) magnetic pull
impulso nervoso (ZOO.) nerve impulse
impulso parasita (TELECOM.) interference pulse

impulso parasita (RADAR) spike
impulsor (AERO.) pusher
impulsor (MECH.) impeller
impulsor de comando (AERO.) stick pusher
impulso rectangular (ELECTRON.) rectangular pulse
impulso regulador (ELECT.) clock pulse
impulsos de corrente escura (ELECTRON.) dark pulses
impulso térmico (SPACE) heat pulse
impulso total (AERO.) total impulse
impulso transitório (ELECT.) spike
impulso triangular (ELECTRON.) triangular pulse
impulso unidireccional (ELECT.) unidirectional pulse
impureza (ELECTRON.) impurity
impureza aceitadora (ELECTRON.) acceptor impurity
impureza de cor da tinta (BUILD.) blooming
impureza de cristal (ELECT.) crystal impurity
impureza doadora (ELECT.) donor impurity
impurezas (ELECTRON.) impurity elements
imune (BIO.; IMMUN.; MED.) immune
imune ao ruído (ELECTRON.) noise immunity
imunidade (IMMUN.) immunity
imunidade adquirida (IMMUN.) acquired immunity
imunidade a percursos múltiplos (TELECOM.) multipath immunity
imunidade activa (ECO.) active immunity
imunidade adoptiva (BIO.; MED.) adoptive immunity
imunidade alógena (BIO.; MED.) allograft immunity
imunidade aos transposões (BIO.) transposition immunity
imunidade celular (IMMUN.) cell-mediated immunity
imunidade humoral (IMMUN.) humoral immunity
imunidade mediada celularmente (IMMUN.) cell-mediated immunity
imunidade não específica (IMMUN.) non-specific immunity
imunidade natural (IMMUN.) natural immunity
imunidade passiva (BIO.) passive immunity
imunização (IMMUN.) immunization
imunização materna (IMMUN.) maternal immunity
imunização passiva (IMMUN.; MED.) passive immunization
imunoaderência (IMMUN.) immune adherence
imunoaglutinação (IMMUN.; MED.) immunoagglutination
imunoanálise (IMMUN.; MED.) immunoassay
imunocirurgia (MED.) immunosurgery
imunoconglutinina (BIO.; IMMUN.) immunoconglutinin
imunodeficiência (IMMUN.) immunodeficiency

imunodepressor (IMMUN.) immunodepressant
imunodifusão radial (BIO.) radial immunodiffusion
imunoelectroforese (IMMUN.) immunoelectrophoresis
imunoferritina (IMMUN.) immunoferritin
imunofluorescência (IMMUN.) immunofluorescence
imunofluorescência indirecta (BIO.) indirect immunofluorescence
imunogénico (IMMUN.) immunogen
imunógeno (IMMUN.; MED.) antigen
imunoglobulina (IMMUN.) immunoglobulin
imuno-hematologia (IMMUN.) immunohematology
imunologia (BIO.) immunology
imunoquímica (IMMUN.) immunochemistry
imuno-reacção (IMMUN.) immunoreaction
imuno-selecção (IMMUN.) immunoselection
imunossupressão (IMMUN.) immunosuppression
imunossupressor (IMMUN.) immunosuppressive
imunotolerância (IMMUN.) immunological tolerance
imunotoxina (IMMUN.) immunotoxin
inactivação (CHEM.) inactivation
inactividade do cromossoma X (BIO.) X-inactivation
inactivo (ELECTRON.) quiescent
inactivo (MED.) indolent
inalação (MED.) inhalation
inalação dos vapores de colas plásticas (MED.) glue sniffing
inalador (MED.) inhaler
inalante (ZOO.) inhalant
inalterável (GEN.) unalterable; stainless; pure
inanição (MED.) inanition
inato (BIO.) inborn
inato (PSYCHO.) innate
incandescência (MECH.) white heat
incandescência catódica (ELECT.) cathode glow
incandescência de Nernst (ELECT.) Nernst glow
incandescente (PHYS.) incandescent
incapacidade adquirida (PSYCHO.) learned helplessness
incapacidade mental de distinção (MED.) incompetence
incesto (MED.) incest
inchaço (VET.) bloat; dew-blown
incidência (MED.) incidence
incidência dos desvanecimentos (ELECT.) incidence of fading
incidência negativa (AERO.) wash-out
incidência positiva (AERO.) wash-in
incipiente (BOT.) incept
incisão (MED.) incision; slit; incisura
incisão (VET.) cutting; brushing
incisão no rúmen (VET.) rumenotomy
incisivos (ZOO.) incisors
incisura (MED.) incisura
inclinação (GEN.) dip; gradient; inclination; bend; slope

inclinação (MECH.; TELECOM.) bend; canting

inclinação (PHYS.) inclination

inclinação (SURV.) incline

inclinação da hélice (MECH.) propeller rake

inclinação de frente quente (METEO.) warm frontal slope

inclinação de impulso (ELECTRON.) pulse droop

inclinação de linha (COMP.) line skew

inclinação do mastro (NAV.) rake

inclinação frontal (IMAGE TECH.) tilting

inclinação insuficiente (AERO.) insufficient bank

inclinação lateral (AERO.) banking

inclinação lateral (PHYS.) lateral thrust; lateral tilt

inclinação lateral do avião (AERO.) bank

inclinação lateral do navio (NAV.) heel

inclinação longitudinal (AERO.) longitudinal inclination

inclinação magnética (GEO.) magnetic dip; magnetic slope

inclinação para a direita (AERO.) right bank

inclinação polar (ELECT.) pole bevel

inclinação vertical (AERO.) vertical bank

inclinado lateralmente (AERO.) banked

inclinómetro (METEO; PHYS.; SURV.) gradient meter; gradiometer; inclinometer; inclination compass

inclinómetro (TELECOM.) cross-talk

inclusão (MECH.; MINING) inclusion

inclusão de salmoura (GEO.) brine pocket

inclusão gasosa no vidro (GLASS) seed

inclusão não metálica (MECH.) non-metallic inclusion

incoerente (PHYS.) incoherent

incombustível (ELECT.) flame-proof

incómodo (PHYS.) annoyance (Acoustics)

incompatibilidade (GEN.) incompatibility

incompetência (MED.) incompetence

incondicionalmente estável (TELECOM.) unconditionally stable

Inconel (MECH.) Inconel (TM)

inconsciente colectivo (PSYCHO.) collective unconscious

incontinência (MED.) incontinence

incoordenação (MED.) incoordination

incorporado (COMP.) built-in

incremento contínuo na corrente do colector (ELECT.) collector-current runway

incrustação (BUILD.) crust; garneting; incrustation; garreting

incrustação das batidas do martelo (MECH.) hammer scale

incrustação de caldeira (MECH.) boiler scale

incrustações calcárias (GEO.) speleothems

incrustações no fundo de navio (NAV.) fouling

incubação (MED.; PSYCHO.) incubation

incudectomia (MED.) incudectomy

incudoestapedial (MED.) incudostapedial

incudomaleal (MED.) incudomalleal

indantreno (CHEM.) indanthrene

indecíduo (ZOO.) indeciduate

indefeso (BOT.) unarmed

indefinido (BOT.) indefinite

indeiscente (BOT.) indehiscent

indeno (BOT.) indene

independente de carga (NUCL.) charge independent

independente de dispositivo (COMP.) device-independent

indestrutibilidade da matéria (CHEM.) indestructibility of matter

indeterminado (MECH.) indeterminate

indicação (MECH.) indication

indicação (COMP.) prompt

indicação da agulha (NAV.) compass bearing

indicador (GEN.) indicator; index; annunciator; target

indicador (MECH.) recorder

indicador antropogénico (ECO.) anthropogenic indicator

indicador B (RADAR) B-display

indicador com ampliação de zona central (RADAR) expanded-center display

indicador de absorção (CHEM.) absorption indicator

indicador de altitude (SPACE) aspect indicator

indicador de altura (AERO.) height finder; altimeter; height gauge

indicador de alvo móvel (RADAR) moving-target indicator [MTI]

indicador de ângulo de ataque (AERO.) angle-of-attack indicator

indicador de ângulo do cabo (AERO.) cable-angle indicator (glider)

indicador de aproximação (AERO.) approach indicator

indicador de atitude (AERO.) attitude indicator

indicador de carga (ELECT.) charge indicator

indicador de chamada (ELECT.) call-indicator

indicador de comando de direcção (COMP.) change-direction-command indicator

indicador de comprimento (COMP.) length indicator

indicador de consumo máximo (ELECT.) maximum-demand indicator

indicador de corrente (ELECT.) current indicator

indicador de corrente nula (ELECT.) null indicator

indicador de curso (AERO.) heading indicator

indicador de curva (AERO.) turn indicator

indicador de curva e inclinação (AERO.) turn-and-bank indicator; turn-and-slip indicator

indicador de dados (COMP.) data pointer

indicador de densidade (ELECT.) density indicator

indicador de deriva (NAV.) drift indicator

indicador de destino (COMP.) routing indicator

indicador de direcção de aterragem (AERO.) landing direction indicator

indicador de dispersão (ELECT.) leakage indicator

indicador de distância-altura (RADAR) range-height indicator

indicador de distância exacta (AERO.) accuracy range marker

indicador de erro (COMP.) check indicator

indicador de espessura de raios gama (NUCL.) gamma thickness gauge

indicador de falha (ELECT.) fault indicator

indicador de fim de ficheiro (COMP.) indicator end of file

indicador de funcionamento (MECH.) running indicator

indicador de impulso (AERO.) thrust indicator

indicador de Mach (AERO.) machmeter

indicador de necessidade (ELECT.) demand indicator

indicador de neutralização (ELECT.) neutralizing indicator

indicador de nível (BUILD.) gauge glass

indicador de nível (TELECOM.) level indicator

indicador de nível de potência (TELECOM.) power-level indicator

indicador de ondas estacionárias (TELECOM.) standing-wave indicator

indicador de orientação (AERO.) attitude indicator

indicador de oxirredução (CHEM.) oxidation-reduction indicator

indicador de percurso aéreo (AERO.) air log

indicador de perda (AERO.) stall-warning indicator

indicador de perda de impulso (AERO.) thrust loss indicator

indicador de peso (MINING) drilling weight indicator

indicador de plano de posição com azimute estabilizado (RADAR) azimuth stabilized PPI (Plan Position Indicator)

indicador de polaridade (ELECT.; PHYS.) polarity indicator; pole indicator

indicador de posição (COMP.) position indicator

indicador de posição de voo (AERO.) ground position indicator [GPI]

indicador de posição do avião no ar (AERO.) air-position indicator

indicador de posição no plano (RADAR) plan-position indicator

indicador de potencial (ELECT.) potential indicator; voltmeter

indicador de profundidade (RADAR.) depth finder

indicador de radar (RADAR) radar indicator; radar display

indicador de radiações beta e gama (NUCL.; PHYS.) beta-gamma survey meter

indicador de raios beta (PAPER) beta-ray gauge

indicador de raios catódicos (ELECT.) cathode-ray indicator

indicador de razão de subida (AERO.) vertical speed indicator

indicador de referência de nível (SURV.) sight gauge

indicador de regime (NUCL.) ratemeter

indicador de rota (AERO.; NAV.) heading indicator; course indicator

indicador de rumo (AERO.; NAV.) course indicator

indicador de segurança (ELECT.) alarm flag

indicador de sincronismo (ELECT.) synchrometer

indicador de sintonia (TELECOM.) tuning indicator

indicador de sintonia de raios catódicos (ELECT.) CRT tuning indicator

indicador de sintonização (ELECT.) dial

indicador de sobremodulação (TELECOM.) overmodulation indicator

indicador de solicitação de mudança (COMP.) change-direction-request indicator

indicador de tensão (ELECT.) voltage indicator

indicador de vazio de partícula alfa (PHYS.) alpha-ray vacuum gauge

indicador de velocidade (MECH.) speed indicator; speedometer; tachometer; speed gauge

indicador de velocidade de corrente parasita (ELECT.) eddy-current speed indicator

indicador de velocidade vertical (AERO.) vertical speed indicator

indicador de vento (AERO.) flight indicator; wind T

indicador de verificação (COMP.) check indicator

indicador de viragem (AERO.) turn indicator

indicador de viragem e de inclinação (AERO.) bank and turn indicator

indicador de volume (PHYS.) volume indicator

indicador de voo (AERO.) flight indicator

indicador eléctrico de horizonte artificial (ELECTRON.) gyro horizon electric indicator

indicador em degraus (BUILD.) storey indicator

indicadores ecológicos (ECO.) ecological indicators

indicadores externos (COMP.) external indicators

indicador externo (CHEM.) external indicator

indicador geobotânico (MINING) geobotanical indicator

indicador interno (CHEM.) internal indicator

indicador óptico (AUTO.) optical indicator

indicador paleoclimático (ECO.) palaeoclimatic indicator

indicador radiomagnético (ELECTRON.) radiomagnetic indicator

indicador rotativo (COMP.) dial rotary

indicador Seger (MECH.) Seger cone

indicador universal (CHEM.) universal indicator

indicativo de chamada (TELECOM.) call sign

indicativo de grupo (COMP.) group indicate

índice (GEN.) index; table of contents; rate

índice (MATH.) index

índice (MECH.) pointer

índice (METEO.) lapse

índice Barker (CRYST.) Barker index

índice cefálico (MED.) cephalic index

índice de abundância (ECO.) index of abundance

índice de afinidade (ECO.) affinity index

índice de área de folha (BOT.) leaf area index

índice de aridez (GEO.) aridity index

índice de arrastamento (ELECT.) pulling figure (oscillator)

índice de assimilação reticular (BOT.) net assimilation rate

índice de ciclo (ELECT.) cycle index

índice de cooperação (ELECTRON.) index of cooperation

índice de cor (ASTRO.) colour index

índice de directividade (ELECTRON.) directivity index

índice de eficácia de radar (RADAR) radar performance figure

índice de eficiência da precipitação (ECO.) precipitation-efficiency index

índice de forma da bacia de drenagem (GEO.) drainage basin shape index

índice de humidade do solo (ECO.) soil-moisture index

índice de iodo (CHEM.) iodine value

índice de Lincoln (ECO.) Lincoln index

índice de linha de código (COMP.) code line index

índice (de matéria vulcânica suspensa na atmosfera) de Lamb (ECO.) Lamb's dust-veil index

índice de modulação (TELECOM.) modulation index

índice de octana (AUTO.) octane number

índice de redução do som (PHYS.) sound reduction index

índice de referência (COMP.) index of reference

índice de refracção (PHYS.) index of refraction; refractive index

índice do radical (MATH.) radical index

índice mitótico (BIO.) mitotic index

índices bióticos (ECO.) biotic indices

índices das faces dos cristais (CRIST.) indices of crystal faces

índices Miller (CRYSTAL.) Miller indices

índice zonal (GEO.; METEO.) zonal index

indício de gás (GEO.) gas show

indícios fracos de gás (MINING) poor show

indícios fracos de petróleo (MINING) poor show

indícios razoáveis de petróleo (MINING) fair show

indicolite (MINER.) indicolite; indigolite

indígena (ZOO.) indigenous

indigestão (MED.) indigestion

indigo (CHEM.) indigo

índio (CHEM.) indium

individual (ZOO.) individual

indivíduo (ZOO.) individual

indol (CHEM.) indole

indolente (MED.) indolent

indometacina (MED.) indomethacin

indução (GEN.) induction

indução cruzada (ELECTRON.) babble

indução da produção de bacteriófagos (BIO.) phage induction

indução da transcrição genética (BIO.) gene induction

indução de deslocamento (ELECTRON.) motional induction

indução de saturação (ELECT.) saturation induction

indução electromagnética (ELECT.) electromagnetic induction

indução electrostática (ELECT.) electrostatic induction

indução fotoquímica (CHEM.) photochemical induction

indução incrementada (ELECTRON.) incremental induction

indução intrínseca (ELECT.) intrinsic induction

indução longitudinal (PHYS.) longitudinal induction

indução magnética (ELECT.) magnetic induction; magnetic displacement

indução magnética residual (PHYS.) residual magnetic induction

indução matemática (MATH.) mathematical induction

indução molecular (PHYS.) molecular induction

indução monofásica (ELECT.) single-phase induction

indução no ar (PHYS.) induction in air

indução normal (ELECT.) normal induction

indução nuclear (PHYS.) nuclear induction

indução polar (ELECT.) pole inductor

indução por dispersão (PHYS.) stray induction

indução remanescente (PHYS.) remanent induction

indução residual (PHYS.) residual induction

indução transfinita (MATH.) transfinite induction

indumento (BOT.; ZOO.) indumentum

indúsio (ZOO.) indusium

indústria de meias (TEXT.) hosiery

indutância (PHYS.) inductance

indutância crítica (ELECT.) critical inductance

indutância da bobina (ELECTRON.) wire-wound inductance

indutância da malha (ELECTRON.) loop inductance

indutância de dispersão (ELECT.) leakage inductance

indutância de sintonia (TELECOM.) tuning inductance

indutância distribuída (PHYS.) distributed inductance

indutância do electrólito (ELECTRON.) electrolytic inductance

indutância estabilizadora (ELECT.) stabilizing choke

indutância fixa (ELECTRON.) fixed inductance

indutância mútua (ELECT.) mutual inductance

indutância mútua negativa (ELECT.) negative mutual inductance

indutivo (ELECT.) inductive

indutómetro (TELECOM.) cross-talk

indutor (BIO.) inducer

indutor (ELECT.) field coil; inductor

indutor (PHYS.) inductor

indutor cilíndrico (ELECT.) cylindrical inductor

indutor com núcleo de ferrite (ELECTRON.) ferrite-core inductor

indutor de absorção (ELECT.) absorption inductor

indutor de aquecimento (ELECT.) heating inductor

indutor de controlo (ELECT.) control winding

indutor de faísca (ELECT.) spark coil

indutor de terra (ELECT.) earth inductor; earth coil

indutor giratório (ELECT.) rotary field

indutor linear (ELECTRON.) stripline inductor

indutor mútuo (ELECT.) mutual inductor

indutor rotativo (ELECT.) rotating field magnet

indutor variável (ELECT.) variable inductor

induzido (ELECT.) armature; rotor

induzido a motor (ELECT.) motor armature

induzido anular (ELECT.) ring armature

induzido centrado (ELECT.) balanced armature

induzido cilíndrico (ELECT.) cylindrical armature

induzido com anéis colectores (ELECT.) slip-ring rotor

induzido compensado (ELECT.) balanced armature

induzido de barras (ELECT.) bar-wound armature;strip-wound armature

induzido de corrente contínua (ELECT.) continuous-current armature

induzido de corrente contínua (ELECT.) d.c. armature; direct-current armature

induzido de disco (ELECT.) disk armature

induzido de ferro macio (ELECT.) soft-iron armature

induzido denteado (ELECT.) toothed armature

induzido de ranhura (ELECT.) slotted armature

induzido do gerador (MECH.) generator armature

induzido em anel (ELECT.) drum armature; armature ring

induzido em curto-circuito (ELECT.) squirrel-cage rotor

induzido em forma de tambor (ELECT.) drum armature

induzido H (ELECT.) H-armature

induzido polarizado (ELECT.) polarized armature

induzido polifásico (ELECT.) polyphase armature

induzido radial (ELECT.) radial armature

inequipotente (ZOO.) inequipotent

inequivalve (ZOO.) inequivalve

inércia (PHYS.) inertia; mass inertia

inércia acústica (PHYS.) acoustic inertance; acoustical inertia

inércia de impulso (ELECT.) impulse inertia

inércia electromagnética (ELECT.) electromagnetic inertia

inércia térmica (NUCL.) thermal inertia

inert (ELECTRON.) quiescent

inerte (CHEM.) inert

inertes (ECO.) bulk minerals

inervação (ZOO.) innervation

infanticídio (MED.) infanticide

infantilismo (MED.) infantilism

infecção (MED.) infection

infecção endógena (ECO.) endogenous infection

infecção lítica (BIO.) lytic infection

infecção piémica do coto umbilical (VET.) navel-ill

inferior (GEN.) inferior

infertilidade (MED.) infertility

infestação (MED.) infestation

infiltração (GEN.) infiltration

ínfimo (MATH.) infimum

infinitesimal (MATH.) infinitesimal

infinito (MATH.) infinity

infinito gama (IMAGE TECH.) gamma infinity

infixo (COMP.) infix

inflação (AERO.) inflation

inflamação (MED.) inflammation

inflamação aguda e grave (MED.) phlegmasia

inflamação da íris e da córnea (MED.) iridokeratitis

inflamação da ranilha (VET.) thrush

inflamação das mandíbulas (MED.) gnathitis

inflamação de uma fáscia (MED.) fasciitis; fascitis

inflamação do intestino delgado (MED.) enteronitis

inflamação do jejuno (MED.) jejunitis

inflamação do papo (VET.) ingluvitis

inflamação eczematosa do casco (VET.) scratch

inflamador (BUILD.) igniter

inflamador (ELECTRON.) ignitor

inflamar (CHEM.) ignite

inflexão (MATH.) inflexion

inflexibilidade (GEN.) stiffness

inflorescência (BOT.) inflorescence

inflorescência cimosa (BOT.) cymose inflorescence

inflorescência mista (BOT.) mixed inflorescence

inflorescência racemosa (BOT.) racemose inflorescence

informação (GEN.) information

informação de fim de ligação (COMP.) link trailer

informação de sistema (COMP.) system information

informação estatística (GEN.) information statistic

informação genética (BIO.) genetic information

informação não válida (COMP.) hash

informação sensível à leitura por máquina (COMP.) machine-sensible information

informação telegráfica (TELECOM.) cable report

informática (COMP.) computer science

informatização (COMP.) computerization

infra-axilar (MED.) infra-axillary

infra-cerebral (MED.) infracerebral

infra-cortical (MED.) infracortical

infra-costal (MED.) infracostal

infra-cotilóide (MED.) infracotyloid

infradino (TELECOM.) infradine

infra-glenóide (MED.) infraglenoid

infra-hióideo (MED.) infrahyoid

inframarginal (ZOO.) inframarginal

infra-oclusão (MED.) infraclusion

infra-padrão (IMAGE TECH.) sub-standard

infra-patelar (MED.) infrapatelar

infra-psíquico; infrapsíquico (MED.; PSYCHO.) infrapsychic

infra-som (PHYS.) infrasound

infra-sónico (GEN.) infrasonic

infra-sónico (PHYS.) subsonic

infra-standard (IMAGE TECH.) sub-standard

infravermelho (GEN.) infrared

infravermelhos passivos (ELECTRON.) passive infra-red [PIR]

infra-versão (MED.) infraversion; infraclusion

infundíbulo (ZOO.) infundibulum; conus arteriosus

infusão (CHEM.) infusion

infusível (MECH.) infusible

ingestão (ZOO.) ingestion

ingestão excessiva de flúor (MED.) fluorosis

Inglês (PRINT.) English (type)

Inglês antigo (PRINT.) Old English (type)

íngua (MED.) bubo

inguinal (ZOO.) inguinal

inguinodínia (MED.) inguinodynia

inibição (ZOO.) inhibition

inibição competitiva (BIO.) competitive inhibition

inibição de contacto (BIO.) contact inhibition

inibição de realimentação (BIO.) feedback inhibition

inibição indirecta (ECO.) indirect inhibition

inibidor (BOT.) inhibitor

inibidor de espuma (CHEM.) froth inhibitor

inibidor de fase de vapor (CHEM.) vapour phase inhibitor

inibidor de tripsina (BIO.) trypsin inhibitor

inibidor do crescimento (BOT.) growth inhibitor

inibidores da enzima conversora de angiotensina (MED.) angiotensin-converting enzyme inhibitors; ACE inhibitors

inibidores ECA (MED.) ACE inhibitors

inibitores de topoisomerase (BIO.) topoisomerase inhibitors

inibitório (ZOO.) inhibitory

iniciador (CHEM.) initiator

iniciador Korndorfer (ELECT.) Korndorfer starter

inicial (BOT.) initial

inicializar (COMP.) initialize

inicial radial (BOT.) ray initial (cell)

início de dados (COMP.) data header

início de perfuração de um poço (MINING) spudding in

ínio(n) (MED.) inion

injecção (GEN.) injection

injecção a gasolina (AUTO.) petrol injection

injecção de água/metanol (AERO.) water/methanol injection

injecção de argamassa (BUILD.) grouting

injecção de cimento (BUILD.) grouting

injecção de combustível (AUTO.) fuel injection

injecção de fluido quente (MINING) hot-fluid injection

injecção de fluxo ascendente (AERO.) upstream injection

injecção de gás (MINING) gas injection

injecção de lacunas (ELECTRON.) hole injection

injecção de traçador (NUCL.) tracer injection

injecção directa (AERO.; MECH.) direct injection; solid injection

injecção neutra (NUCL.) neutral injection

injecção rectal (MED.) enema

injecção sem ar (MECH.) airless injection

injecção sólida (MECH.) airless injection

injectado (BOT.) injected

injector (AUTO.) injector

injector (MECH.) steam injector

injector (MINING) giant

injector de ar comprimido (MECH.) compressed-air inspirator

injector de cimento (BUILD.) cement gun

injector de combustível (AERO.) fuel injector

injector de Giffard (MECH.) Giffard's injector

injector de traçador (NUCL.) tracer injector

injector de vapor (MECH.) steam jet blower

inoculação (GEN.) inoculation

inoculação acidental de uma doença (MED.) invaccination

inoculado (MED.) inoculum

inominado (ZOO.) innominate

inorgânico (MED.) anorganic

ino-silicatos (MINER.) inosilicates

inosina (BIO.) inosine

inositol (CHEM.) inositol

inoxidável (GEN.) stainless

inquartação (MECH.) inquartation; quartation

inquietude extrema (MED.) jactitation

inquilino (ZOO.) inquiline

insanidade (PSYCHO.) insanity

insaturado (CHEM.) unsaturated

insecticida de contacto (CHEM.) contact insecticide

insecticida estomacal (CHEM.) stomach-insecticide

insecticida por ingestão (CHEM.) stomach-insecticide

insecticidas (CHEM.) insecticides

Insectívoros (ZOO.) Insectivora

insecto perfeito (ZOO.) imago

insecto quase perfeito (ZOO.) subimago

Insectos (ZOO.) Insecta

inseguro (GEN.) unsafe; unstable

inselberg (GEO.) inselberg

inseminação (ZOO.) semination; insemination

inseminação artificial (VET.) artificial insemination

inserção (GEN.) insertion; graft; inset

inserção (MECH.) insert

inserção (PRINT.) run in

insolação (MED.) sunstroke; insolation; heliosis

insolúvel (CHEM.) insoluble

insónia (MED.) insomnia; pervigilium; vigil; vigilance

insonorização (PHYS.) soundproofing

inspecção a raios gama (NUCL.) gamma-ray inspection

inspecção de líquido penetrante (MECH.) liquid-penetrant inspection

inspecção de partícula magnética (MECH.) magnetic particle inspection

inspecção microscópica (MECH.) microscopic inspection

inspecção penetrante fluorescente (MECH.) fluorescent penetrant inspection

inspector de minas (MINING) overman

inspiração (ZOO.) breath; inspiration

inspirador (MECH.) inspirator

instabilidade (GEN.) instability; unstability

instabilidade (TELECOM.) jitter

instabilidade condicional (METEO.) conditional instability

instabilidade condicional de segunda ordem (METEO.) conditional instability of the second kind [SISK]

instabilidade convectiva (METEO.) potential instability

instabilidade da potência azimutal (NUCL.) azimuthal power instability

instabilidade da tensão (ELECTRON.) jittering HT voltage

instabilidade de equilíbrio (AERO.) rolling instability

instabilidade de Helmholtz (PHYS.) Helmholtz instability

instabilidade de plasma (PHYS.) plasma instability

instabilidade de rastreio (RADAR) tracking jitter

instabilidade de tempo (ELECTRON.) time flutter

instabilidade dinâmica (AERO.) dynamic instability

instabilidade em espiral (AERO.) spiral instability

instabilidade estática (METEO.) static instability

instabilidade latente (METEO.) latent instability

instabilidade lateral (AERO.) rolling instability; lateral instability

instabilidade longitudinal (AERO.) longitudinal instability

instabilidade magneto-hidrodinâmica (NUCL.) magnetohydrodynamic instability

instabilidade mecânica (METEO.) mechanical instability

instabilidade neutra (ELECT.) neutral instability

instabilidade plástica (MECH.) short column

instabilidade potencial (METEO.) potential instability

instabilidade térmica (ELECT.) thermal instability

instabilidade torcida (PHYS.) kink instability

instalação de absorção (MINING) absorption plant

instalação de combustível (NUCL.) fuel assembly

instalação de condutores à vista (ELECT.) surface wiring

instalação de corrente contínua (ELECT.) continuous-current plant

instalação de difusão (NUCL.) diffusion plant

instalação de inspecção (MECH.) inspection fitting

instalação de máquinas eléctricas (MECH.) plant

instalação de ventilação (ELECT.) ventilating plant

instalação fabril (MECH.) plant

instalação manual particular (TELECOM.) private manual branch exchange

instalação reversível (HYDRO.) pumped-storage plant

instalações (BUILD.) fixtures

instantâneo (IMAGE TECH.) shooting; shot; snapshot

instar (ZOO.) instar

instável (GEN.) unstable; labile; instable

instável na presença de água (BIO.; MED.) hydrolabile

instinto (PSYCHO.) instinct

institucionalização (PSYCHO.) institutionalization

instituição (PSYCHO.) institution

Instituição dos Engenheiros Eléctricos (R.U.) (GEN.) Institution of Electrical Engineers [IEE]

Instituto dos Engenheiros Eléctricos e Electrónicos (E.U.A.) (GEN.) Institute of Electrical and Electronic Engineers

Instituto Europeu de Bio-informática (BIO.) European Bioinformatics Institute [EBI]

Instituto Nacional Americano de Normalização (ANSI) (GEN.) American National Standards Institute [ANSI]

Instituto Nacional de Pesquisa do Genoma Humano (BIO.) National

Human Genome Research Institute [NHGRI]

instrução (COMP.) instruction

instrução (PSYCHO.) training

instrução alfanumérica (COMP.) alphanumeric instruction

instrução aritmética (COMP.) arithmetical instruction

instrução assistida por computador (COMP.) computer assisted instruction; computer aided instruction [CAI]

instrução básica (COMP.) basic instruction

instrução de chamada (COMP.) call instruction

instrução de código-máquina (COMP.) machine-code instruction

instrução de controlo (COMP.) control statement

instrução de interrupção (COMP.) breakpoint instruction

instrução de leitura (COMP.) read instruction

instrução de paragem (COMP.) stop instruction

instrução de programa (COMP.) program instruction

instrução de repetição (COMP.) repetition instruction

instrução de salto (COMP.) skip instruction

instrução de transferência (COMP.) transfer instruction

instrução de transferência condicional (COMP.) conditional transfer instruction

instrução de um só endereço (COMP.) one-address instruction; single address instruction

instrução fictícia (COMP.) dummy instruction

instrução imediata (COMP.) immediate instruction

instrução inoperada (COMP.) waste instruction

instrução lógica (COMP.) logic instruction

instrução macro (COMP.) macro instruction

instrução-máquina (COMP.) machine instruction

instrução ministrada por computador (COMP.) computed assisted instruction; computer aided instruction [CAI]

instrução não operável (COMP.) no-op instruction; non-operable instruction

instrução para ramificação (COMP.) branch instruction

instrução sem endereço (COMP.) no address instruction; zero-access instruction

instrução sequencial seguinte (COMP.) next sequential instruction

instrução simbólica (COMP.) symbolic instruction

instrução um mais um (COMP.) one-plus-one instruction

instrumento (GEN.) instrument

instrumento absoluto (PHYS.) absolute instrument

instrumento atómico (PHYS.) atomic instrument

instrumento de bobina móvel (ELECT.) moving-coil instrument

instrumento de desvio bilateral (ELECT.) centro-zero instrument

instrumento de ferro macio (ELECT.) soft-iron instrument

instrumento de fio aquecido (ELECT.) hot-wire instrument

instrumento de força vertical (NAV.) vertical force instrument

instrumento de gravidade controlada (ELECT.) gravity-controlled instrument

instrumento de indução (ELECT.) induction instrument

instrumento de leitura a distância (ENG.) distant-reading instrument

instrumento de leitura directa (ELECT.) direct-reading instrument

instrumento de magneto móvel induzido (ELECT.) induced moving-magnet instrument

instrumento de medida (ELECT.) measuring instrument

instrumento de mostrador iluminado (ELECT.) illuminated dial instrument

instrumento de termopar (ELECT.) thermocouple instrument

instrumento de transferência (ELECT.) transfer instrument

instrumento de zero suprimido (ELECT.) inferred-zero instrument; suppressed-zero instrument

instrumento diferencial (ELECT.) differential instrument; differential iron test

instrumento electrodinâmico (ELECT.) electrodynamic instrument

instrumento electrostático (ELECT.) electrostatic instrument

instrumento indicador (MECH.) indicating instrument

instrumento para medição do brilho de papel (PAPER) glarimeter

instrumento para medir as quantidades de factor Q (PHYS.) Q-meter

instrumento para traçar elipses (MECH.) elliptic trammel

instrumento portátil (ELECT.) portable instrument

instrumento rectificador (ELECT.) rectifier instrument

instrumentos de controlo de voo (AERO.) flight control instruments

instrumentos electromagnéticos (ELECT.) electromagnetic instruments

instrumento térmico (ELECT.) thermal instrument

insuficiência (MED.) failure; insufficiency; incompetency; incompetence

insuficiência aórtica (MED.) aortic incompetence

insuficiência cardíaca (MED.) cardiac insufficiency; heart failure

insuficiência da hipófise anterior (MED.) Simmond's disease

insuficiência de característica (COMP.) characteristic underflow

insuficiência do córtex supra-renal (MED.) Addison's disease; chronic adrenocortical insufficiency

insuficiência miocárdica (MED.) heart failure; cardiac insufficiency

insuficiência pulmonar (MED.) pulmonary insufficiency

insuficiência respiratória (MED.) respiratory insufficiency

insuflação (MED.) insufflation

insuflador (MED.) insufflator

ínsula (MED.) insula (skin spot)

ínsula (MED.) insula (brain)

insulina (BIO.; MED.) insulin

intassoma (BIO.) intasome

integração (GEN.) integration

integração a média escala (COMP.) medium scale integration

integração aproximada (MATH.) approximate integration

integração de carga útil (SPACE.) pay load integration

integração em larga escala (COMP.) large scale integration (LSI)

integração em pequena escala (COMP.) small scale integration

integração parcial (MATH.) partial integration

integrado de memória (COMP.) memory chip

integrado endereçável (ELECTRON.) addressable chip

integrador (GEN.) integrator

integrador de capacitância (ELECT.) capacitance integrator

integrador de Miller (ELECTRON.) Miller integrator

integrador dividido (ELECTRON.) split integrator

integrador fotométrico (PHYS.) photometric integrator

integrador incrementado (COMP.) incremental integrator

integrador por condensador (ELECT.) capacitor integrator

integrais de Fourier-Bessel (MATH.) Fourier-Bessel integrals

integrais de Fresnel (PHYS.) Fresnel integrals

integral (MATH.) integral

integral circular (MATH.) circulator integral

integral completa (MATH.) complete integral

integral curvilínea (MATH.) contour integral

integral de área (MATH.) surface integral

integral definida (MATH.) definite integral

integral de Fourier (PHYS.) Fourier integral

integral de Lebesgue (MATH.) Lebesgue integral

integral de linha (MATH.) line integral; contour integral

integral de Riemann (MATH.) Riemann integral

integral de superfície (MATH.) surface integral

integral divergente (MATH.) divergent integral

integral dominante (MATH.) dominating integral

integral dupla (MATH.) double integral

integral elíptica (MATH.) elliptic integral

integral geral (MATH.) general integral

integral indefinida (MATH.) indefinite integral

integral infinita (MATH.) infinite integral

integral particular (MATH.) particular integral

integrando (MATH.) integrand

integrando resolvente (MATH.) resolvent kernel

integrante (célula) (BIO.) integrant cell

integridade (COMP.) integrity

integridade de dados (COMP.) data integrity

integridade de sistema (COMP.) system integrity

integumento (BOT.; ZOO.) integument

inteiro (BOT.) entire

inteligência artificial (COMP.) artificial intelligence

inteligente (AERO.) smart (auto-guided pump)

inteligibilidade (PHYS.; PSYCHO.; TELECOM.) intelligibility

intensidade de campo (ELECT.; PHYS.) field intensity; field strength

intensidade de campo eléctrico (ELECT.) electric field strength

intensidade de campo magnético (ELECT.) magnetic-field strength; magnetic field intensity

intensidade de cor (IMAGE TECH.) chroma

intensidade de corrente (ELECT.) current intensity

intensidade de deformação (PHYS.) intensity of strain

intensidade de esforço (PHYS.) intensity of strain

intensidade de espaço livre (TELECOM.) free space intensity

intensidade de impacte (MECH.) impact strength

intensidade de impulso (TELECOM.) impulse strength

intensidade de magnetização (PHYS.) intensity of magnetization

intensidade de onda (ELECT.) intensity of wave

intensidade de precipitação (CHEM.) intensity of precipitation

intensidade de pressão (PHYS.) intensity of pressure

intensidade de radiação (PHYS.) intensity of radiation; radiation intensity

intensidade de sismo (GEO.) earthquake intensity

intensidade de som (PHYS.) volume

intensidade de trabalho (PHYS.) rate of working

intensidade dieléctrica elevada (ELECTRON.) high dielectric strength

intensidade dieléctrica específica (ELECT.) specific dielectric strength

intensidade do alvo (PHYS.) target strength

intensidade do campo (ELECT.) intensity of field

intensidade do campo incidente (ELECT.) incident field intensity

intensidade do feixe (TELECOM.) beam intensity

intensidade do isolador (ELECT.) insulator strength

intensidade do sinal (ELECTRON.) signal splitter

intensidade do som (PHYS.) intensity of sound

intensidade efectiva de campo (ELECT.) effective field intensity

intensidade eléctrica (ELECT.) electric strength

intensidade fotométrica (PHYS.) photometric intensity

intensidade gama (NUCL.) gamma intensity

intensidade (ir)radiante (PHYS.) radiant intensity

intensidade isoladora (ELECT.) insulating strength

intensidade luminosa (PHYS.) luminous intensity; candle power

intensidade luminosa esférica média (PHYS.) mean spherical intensity of light

intensidade magnética (ELECT.) magnetic intensity

intensidade polar (PHYS.) pole strength

intensidade sonora (PHYS.) sound intensity; loudness

intensidade típica (PSYCHO.) typical intensity

intensidade uniforme (MECH.) uniform strength

intensificação (IMAGE TECH.) fade-in; intensification

intensificação (METEO.) development

intensificação (RADIOL.) build-up

intensificação de campo (PHYS.) field enhancement

intensificação ocidental (dos giros oceânicos) (GEO.) western intensification

intensificador (AERO.) augmenter

intensificador de baixa frequência (ELECT.) low frequency booster

intensificador de brilho (ELECT.) brightner

intensificador de imagem (RADIOL.) image intensifier

intensificador diferencial (ELECT.) differential booster

intensificador hidráulico (MECH.) hydraulic intensifier

intensificador negativo (ELECT.) negative booster

intensificador síncrono (ELECT.) synchronous booster

interacção (COMP.; MATH.; PHYS.) interaction

interacção da ignição (ELECT.) ignitor interaction

interacção densa (PHYS.) strong interaction

interacção de onda progressiva (ELECTRON.) travelling-wave interaction

interacção directa (PHYS.) direct interaction

interacção electromagnética (PHYS.) electromagnetic interaction

interacção unidireccional (COMP.) one-way interaction

interactivo (IMAGE TECH.) interactive

interambulacral (ZOO.) interambulacrum

intercalação de impulsos (TELECOM.) pulse interleaving

intercalado (PRINT.) inset, insert; interlay

intercalado (ZOO.) intercalate

intercalador (COMP.) interpolator

intercalar (BOT.; ZOO.) intercalary

intercalar (COMP.) collate; merge

intercalar (ZOO.) intercalare (cartilage or ossification)

intercâmbio (BIO.) interchange

intercelular (BOT.; ZOO.) intercellular

intercentro (ZOO.) intercentrum (pl. intercentra); hypapophyse

intercepção aérea (AERO.) air interception

intercepção controlada do solo [ICS] (AERO.; RADAR) ground control interception; ground-controlled interception [GCI]

intercepção de área (TELECOM.) broadcast-controlled air interception

intercepção de emissora de radiofusão (TELECOM.) broadcast-controlled air interception

interceptora (BUILD.) interceptor

intercinese (BIO.) interkinesis

interclavicular (ZOO.) interclavicular

intercoccígio (ZOO.) intercoccygeal

intercolunar (ZOO.) intercolumnar

intercolúnio (ARCH.) intercolumnation

intercomunicação (IMAGE TECH.) talk-back circuit

intercomunicação automática electrónica (TELECOM.) electronic automatic exchange [EAX]

intercondral (ZOO.) interchondral

interconexão (ELECT.) interconnection

interconexão de sistemas abertos (ELECTRON.) open systems interconnect [OSI]

Intercosmos (SPACE) Intercosmos (Soviet satellite)

intercostal (ZOO.) intercostal

interdentículo (BUILD.) interdentil

interdorsal (ZOO.) interdorsal

interescapular (MED.) interscapular

interespecífico (BIO.) interspecific

interface (AERO.; BOT.; CHEM.; PHYS.) boundary layer

interface (COMP.; ELECTRON.) interface

interface avançada de periféricos SCSI (COMP.) advanced SCSI peripheral interface [ASPI]

interface de sistemas para pequenos computadores (COMP.) small computer systems interface

interface digital de instrumentos musicais (COMP.) musical instrument digital interface

interface em anel da HP (COMP.) Hewlett-Packard interface loop

interface híbrido (COMP.) hybrid interface

interface padrão (COMP.) standard interface

interface paralela síncrona (COMP.) synchronous parallel interface

interface série (COMP.) serial interface

interface série assíncrona (TELECOM.) asynchronous serial interface [ASI]

interface série de dados comprimidos (COMP.) compressed serial data interface [CSDI]

interface série síncrona (COMP.) synchronous serial interface

interfase (BIO.; MINING) interphase; interkinesis

interferão gama (BIO.) gamma interferon

interferência (GEN.) interference

interferência (TELECOM.) mush

interferência acidental (TELECOM.) accidental jamming

interferência artificial intermediária (TELECOM.) intermediate-frequency jamming

interferência atmosférica (RADAR) clutter

interferência atmosférica (TELECOM.) atmospheric noise; atmospherics

interferência construtiva (ELECTRON.) constructive interference

interferência cósmica (TELECOM.) cosmic noise

interferência cruzada (COMP.) crossfire

interferência da hélice (AERO.) propeller interference

interferencia de acoplamento magnético (ELECTRON.) magnetic coupled interference

interferência de alta frequência (TELECOM.) high-frequency noise

interferência de ARN (BIO.) RNA interference

interferência de canal adjacente (TELECOM.) adjacent channel interference

interferência de canal alternado (TELECOM.) second-channel interference

interferência de cor (IMAGE TECH.) colour crosstalk

interferência de estação intermédia (TELECOM.) interstation interference

interferência de fundo (PHYS.) background noise (Acoustics)

interferência de ignição (ELECT.) ignition interference

interferência de imagem (TELECOM.) image interference

interferência de intermodulação (TELECOM.) intermodulation interference

interferência de magnetrão (ELECTRON.) magnetron pushing

interferência de ondas (TELECOM.) wave interference

interferência de radar (RADAR) radar jamming

interferência de radio frequência (TELECOM.) RF interference [RFI]

interferência de segundo canal (TELECOM.) second-channel interference

interferencia destrutiva (ELECTRON.) destructive interference

interferência de terra (RADAR) ground clutter

interferência electromagnética (TELECOM.) electromagnetic interference

interferência electrónica (TELECOM.) electronic interference

interferência fora de feixe (ELECT.) off-beam interference

interferência harmónica (TELECOM.) harmonic interference; harmonic noise

interferência heteródina (TELECOM.) heterodyne interference; heterodyne whistle

interferência impulsiva (TELECOM.) impulsive interference

interferência indutiva (ELECT.) inductive interference

interferência ionosférica (TELECOM.) ionospheric interference

interferência modulada em dente-de-serra (ELECTRON.) sawtooth modulation jamming

interferência mútua (ECO.) mutual interference

interferência na emissão (TELECOM.) broadcast interference

interferência na radiodifusão (TELECOM.) broadcast interference

interferência na radiorrecepção (TELECOM.) motor-boating

interferência natural (ELECTRON.) natural interference

interferência proposital de radar (RADAR) radar jamming

interferência proposital de sonar (AERO.; NAV.; PHYS.) sonar jamming

interferências atmosféricas (TELECOM.) spherics

interferência selectiva (ELECTRON.) selective interference

interferência sobre ponto (ELECT.) spot jamming

interferidor de frequência intermediária (TELECOM.) intermediate-frequency jammer

interferometria granular (ASTRO.) speckle interferometry

interferometria holográfica (PHYS.) holographic interferometry

interferómetro (MECH.) interferometer

interferómetro acústico (PHYS.) acoustic interferometer

interferómetro de Fabry-Pérot (PHYS.) Fabry-Pérot interferometer; etalon

interferómetro de Jamin (PHYS.) Jamin interferometer

interferómetro de Lummer-Gehrcke (PHYS.) Lummer-Gehrcke interferometer

interferómetro de Michelson (PHYS.) Michelson interferometer

interferómetro estelar (ASTRO.; PHYS.) stellar interferometer

interferon (IMMUN.; MED.) interferon

interflúvio (GEO.) interfluve

interglacial (ECO.) interglacial

interleucina (IMMUN.) interleukin

interleucina-1; -2; -3; -4 (IMMUN.) interleukin-1; -2; -3; -4; IL-1; IL-2; IL-3; IL-4

interligação (ELECT.) interconnection

interlobar (MED.) interlobar

intermediário (CHEM.) intermediate

intermedina (BIO.) intermedin

intermédio (ZOO.) intermedium (bone)

intermenstrual (MED.) intermenstrual

intermitência (ELECTRON.) squegging

intermitente (ELECT.) flasher

intermitente (IMAGE TECH.) intermittent

intermodulação (TELECOM.) intermodulation

interneurónio (ZOO.) interneuron

internódio (BOT.) internode

internódulo (ZOO.) internode

internuncial (BIO.) internuncial

interoceptor (ZOO.) interoceptor

interopercular (ZOO.) interopercular

interparietal (ZOO.) interparietal

interpenetração em frequência (TELECOM.) frequency hopping

interpluvial (ECO.) interpluvial

interpolação (MATH.) interpolation

interpolação da fala por cessão do tempo (TELECOM.) time-assignment speech interpolation

interpolação de contornos (SURV.) interpolation of contours

interpolação linear (ELECTRON.) linear interpolation

interpolação polinómica (MATH.) polynomial interpolation

interpolador (COMP.) interpolator

interposição convolucional (ELECTRON.) convalutional interleaving

interpretação (COMP.) reading

interpretação dos sonhos (PSYCHO.) dream-interpretation

interpretador (COMP.) interpreter

interrogação (COMP.) polling

interrogação (TELECOM.) interrogation

interrogação de impulsos (TELECOM.) pulse interrogation

interrogação programada (COMP.) programmed polling

interrupção (ELECT.) break; disconnection

interrupção (GEN.) interrupt

interrupção (MED.) intermission

interrupção a distância (ELECTRON.) remote cut-off

interrupção automática (COMP.) automatic interrupt

interrupção automática de programa (COMP.) automatic program interrupt

interrupção da instrução (COMP.) instruction breakpoint

interrupção de circuito (COMP.) circuit-dropout

interrupção de saída (COMP.) break output

interrupção externa (COMP.) external interruption

interrupção-máquina (COMP.) machine interruption

interrupção na respiração (MED.) breath-holding

interrupção por erro (COMP.) error interrupt

interrupção por erro de programa (COMP.) program error interrupt

interrupção rápida (ELECT.) quick-break

interruptor (ELECT.; ELECTRON.) breaker; circuit breaker; cut-out; switch; interruptor; chopper

interruptor aberto (ELECT.) open switch

interruptor a jacto de mercúrio (ELECT.) mercury-jet breaker

interruptor a mercúrio (ELECT.) mercury switch

interruptor a motor (ELECT.) motor-operated switch

interruptor a óleo (ELECT.) oil-break; pneumo-oil switch

interruptor a vácuo (ELECT.) vacuum switch

interruptor bimetálico (ELECTRON.) bimetallic switch

interruptor bipolar (ELECTRON.) double-pole single-throw [DPST]

interruptor-calibrador (ELECT.) feeler-switch

interruptor de acção retardada (ELECT.) delay action circuit-breaker

interruptor de aceleração (ELECTRON.) accelerating contactor

interruptor de alavanca (ELECT.) tumbler switch

interruptor de alta tensão (ELECT.) high-tension switch

interruptor de alternativa (COMP.) alternation switch

interruptor de altitude (AERO.) altitude switch

interruptor de ar (ELECT.) air break

interruptor de arranque estrela-triângulo (ELECT.) star-delta starter

interruptor de bobina (ELECT.) coil switch

interruptor de campo (ELECT.) field-breaking switch; field-circuit breaker

interruptor de circuito de alta velocidade (ELECT.) high-speed circuit-breaker

interruptor de circuito polifásico (ELECT.) polyphase switch

interruptor de coluna (ELECT.) pillar switch

interruptor de contacto (ELECT.) contact breaker; contact switch

interruptor de contactos múltiplos (ELECT.) multiple-contact switch

interruptor de corrente (ELECT.) pull switch

interruptor de corrente contínua (ELECT.) direct-current breaker

interruptor de derivação (ELECT.) branch switch

interruptor de descarga de campo (ELECT.) field-discharge switch

interruptor de descarga luminescente (ELECTRON.) glow switch

interruptor de disparo (ELECTRON.) trigger switch

interruptor de duplo corte (ELECT.) double break switch

interruptor de efeito de Hall (ELECTRON.) Hall-effect switch

interruptor de emergência (ELECT.) emergency switch

interruptor de energia (COMP.) power disconnect switch

interruptor de estado sólido (ELECTRON.) solid-state circuit breaker

interruptor de excitação (ELECT.) field-breaking circuit; field-circuit breaker

interruptor de impulso (ELECT.) impulse circuit breaker

interruptor de inserção (ELECT.) insertion switch

interruptor de interrupção instantânea (ELECT.) quick make-and-break switch

interruptor de lâmina submersa em mercúrio (ELECT.) mercury-wetted reed switch

interruptor de ligar-desligar (ELECT.) on/off switch

interruptor de linha (ELECT.) line-breaker

interruptor de mercúrio (ELECT.) mercury tilt-switch

interruptor de painel (ELECT.) panel switch

interruptor de passagem de porta (ELECT.) gate by-pass switch

interruptor de porta (ELECT.) door switch

interruptor de proximidade (ELECTRON.) proximity switch

interruptor de quadrante (ELECT.) dial switch

interruptor de re-inicialização (ELECTRON.) reboot switch

interruptor de relâmpago (ELECT.) lightning switch

interruptor de ruptura brusca (ELECT.) quick-break switch

interruptor de ruptura lenta (ELECT.) slow-break switch

interruptor de secção (ELECT.) section switch

interruptor de segurança (ELECT.) safety switch; emergency stop

interruptor de soalho (ELECT.) floor contact

interruptor de sobrecarga (ELECT.) overload circuit-breaker

interruptor de sobrevoltagem (ELECT.) overvoltage release

interruptor de tecto (ELECT.) ceiling switch

interruptor de terra (ELECT.) grounding switch

interruptor de topo de pólo (ELECT.) pole top switch

interruptor de transformador (ELECT.) transformer switch

interruptor de vácuo (MECH.) vacuum breaker; vacuum regulating valve

interruptor direccional (ELECT.) directional circuit-breaker

interruptor electromagnético (ELECT.) electromagnetic switch

interruptor electrónico (ELECT.) electronic switch

interruptor embutido (ELECT.) flush-switch

interruptores discriminadores (ELECT.) discriminating circuit-breakers

interruptor indutivo de proximidade (ELECT.) inductive proximity switch

interruptor instantâneo (ELECT.) snap switch

interruptor inversor (ELECT.) negative coincidence switch

interruptor magnético (PHYS.) magnetic cutter

interruptor on/off (ligar/desligar) (TELECOM.) on-off keying

interruptor por inércia (ELECT.) inertial switch

interruptor principal (ELECT.) master switch

interruptor reed (ELECT.) magnetic reed switch

interruptor rotativo (ELECTRON.) chopper

interruptor seco de lâminas (ELECT.) dry reed switch

interruptor sem óleo (PLAST.) oil-less circuit-breaker

interruptor tripolar (ELECT.) three-pole switch; triple-pole switch

interruptor unifilar (ELECTRON.) single-pole single-throw

intersecção (MATH.) intersection

intersepto (MED.) interseptum; diaphragm

intersexo (BIO.) intersex

intersexualidade (BIO.) intersexuality

intersticial (ZOO.) interstitial

intertrigo (MED.) intertrigo

intertrocanteriano (MED.) intertrochanteric

intervalo (GEN.) interval; gap; space

intervalo (CHEM.) interstice

intervalo (MECH.) gap; interval; clearance; space

intervalo aberto (MATH.) open interval

intervalo de agulha (ELECT.) needle gap

intervalo de amostragem (COMP.) sampling interval

intervalo de cabeça (COMP.) head gap

intervalo de classe (STAT.) class interval

intervalo de confiança (STAT.) confidence interval

intervalo de controlo (COMP.) control range

intervalo de coordenação (ELECT.) co-ordinating gap

intervalo de ficheiro (COMP.) file gap

intervalo de Hertzsprung (ASTRO.) Hertzsprung gap

intervalo de ignição (ELECT.) starter gap

intervalo de interacção (ELECTRON.) interaction gap

intervalo de marés lunares (GEN.) lunitidal interval

intervalo de miscibilidade (CHEM.) miscibility gap

intervalo de Nyquist (TELECOM.) Nyquist interval

intervalo de retorno (ELECTRON.) return interval

intervalo de saída (ELECTRON.) output gap

intervalo de sistema (COMP.) system interval

intervalo de tempo de dígito de ajuste (COMP.) justification digit time interval

intervalo de variação (STAT.) range

intervalo entre a cabeça e o meio de gravação (ELECT.) head gap

intervalo entre blocos (COMP.) inter-block gap

intervalo entre curvas de linha (SURV.) contour interval

intervalo fechado (MATH.) closed interval

intervalo fundamental (PHYS.) fundamental interval

intervalo modal (STAT.) modal interval
intervalo na gravação (PHYS.) record gap
intervalo para exame de caracteres (COMP.) divided slit scan
intervalo protector (ELECT.) protective gap
intervalo ressonante (RADAR) resonant gap
intervalo sonoro (PHYS.) sound interval
intervalo unitário (COMP.) unit interval
intervalo vertical (IMAGE TECH.) vertical interval
intervenção parcial (PHYS.) partial break-in (Acoustics)
intestino (BIO.; ZOO.) intestine; gut
intestino (nos Celentrados) (ZOO.) enteron (Coelenterata)
intestino anterior (ZOO.) fore-gut
intestino grosso (ZOO.) large intestine
intestino médio (ZOO.) mid-gut
intestino posterior (MED.) endgut
intestino posterior (ZOO.) hind-gut
intestino primitivo (ZOO.) gastrocoel
intina (BOT.) intine
intoxicação (MED.) intoxication; poisoning
intoxicação do cátodo (ELECT.) cathode poisoning
intoxicação pela canábis (MED.) cannabism
intoxicação pela cânfora (MED.) camphorism
intoxicação pelo iodo (MED.) iodism
intoxicação pelo trigo (VET.) grass disease
intoxicação pelo trigo-sarraceno (VET.) fagopyrism
intracapsular (MED.) intracapsular
intracartilaginoso (ZOO.) endochondral
intracavitário (RADIOL.) intracavitary
intracelular (BIO.) intracellular
intracerebral (MED.) intracerebral
intracervical (MED.) intracervical
intracraniano (MED.; ZOO.) intracranial
intradérmico (MED.; ZOO.) intradermal
intradorso (ARCH.) intrados
intradorso (AERO.) intrados; lower of wing
intradorso (BUILD.) soffit
intradorso da asa inferior (AERO.) lower wing panel
intradorso da pá da hélice (AERO.) propeller blade face
intra-específico (ZOO.) intraspecific
intrafusal (ZOO.) intrafusal
intra-hepático (MED.) intrahepatic
intramamário (MED.) intramammary
intramedular (MED.) intramedullary
intramembranoso (MED.) intramembranous
intrameníngeo (MED.) intrameningeal
intramural (MED.) intramural
intramuscular (BIO.; MED.) intramuscular
intranasal (MED.) intranasal
intraneural (MED.) intraneural
intrão (BIO.) intron
intra-ocular (MED.) intra-ocular

intra-orbitário (MED.) intraorbital
intra-ósseo (MED.) intraosseous; intraosteal
intraparietal (MED.) intramural
intrapélvico (MED.) intrapelvic
intraperitoneal (MED.) intraperitoneal
intrapleural (MED.) intrapleural
intratecal (MED.) intrathecal
intratubário (MED.) intratubal
intravenoso (MED.) intravenous
intraventricular (MED.) intraventricular
intrincado (BOT.; ZOO.) complicate
intrínseco (ZOO.) intrinsic
introdução (PRINT.) opening
introduzir (COMP.) nest
introgressão (ECO.) introgression
intrusão (GEO.) boss; intrusion
intrusão cilíndrica (GEO.) cylindrical intrusion
intrusão de rocha (GEO.) cog
intrusão ígnea (GEO.) igneous intrusion
intrusão menor (GEO.) minor intrusion
intrusões múltiplas (GEO.) multiple intrusions
intrusões plutónicas (GEO.) plutonic intrusions
intumescência (MED.) intumescence
intumescido (BOT.) tumid
intussuscepção (MED.) intussusception
inulase (CHEM.) inulase; inulinase
inulina (CHEM.; MED.) inulin
inulinase (CHEM.) inulinase
inundação (BUILD.) flooding
inundação (METEO.) flood
inundação de surfactante (MINING) surfactant flooding
inundação repentina (GEO.) flash flood
inundada (MINING) drowned
invacinação (MED.) invaccination
invaginação (ZOO.) invagination; emboly
invalidação de registo auxiliar (COMP.) buffer invalidation
Invar (ENG.) Invar [TM]
invariante (CHEM., MATH.) invariant
invariável (GEN.) steady; stable; constant; fixed; invariable
invasão biológica (ECO.) biological invasion
invasão de ar polar (METEO.) polar outbreak
invasão de uma camada geológica pela lama (MINING) mudding off
inventário (NUCL.) inventory
inversa de uma matriz (MATH.) inverse of a matrix
inversão (GEN.) inversion
inversão de campo (ELECT.) field reversal
inversão de comando (AERO.) inversed controls
inversão de controlo (AERO.) reversal of control
inversão de controlo (COMP.) control reversal
inversão de fase (ELECT.; TELECOM.) phase reversal; phase inversion
inversão de imagem (IMAGE TECH.) picture inversion
inversão de linhas espectrais (PHYS.) reversal of spectrum lines

inversão de matriz (COMP.) matrix inversion
inversão de polaridade (ELECT.) polarity inversion
inversão de população (PHYS.) population inversion
inversão de radiação (GEO.) radiation inversion
inversão de relevo (GEO.) inversion of relief
inversão de sinal (ELECTRON.) inverting signal
inversão de subsidência (TELECOM.) subsidence inversion
inversão de superfície (METEO.) surface inversion
inversão de temperatura (METEO.) temperature inversion
inversão de tonalidade (TELECOM.) tone reversal
inversão de turbulência (METEO.) turbulence inversion
inversão de voo (AERO.) flight inversion
inversão de Walden (CHEM.) Walden inversion
inversão dos alíseos (GEO.) trade-wind inversion
inversão lateral (TELECOM.) lateral inversion
inversão magnética (GEO.) magnetic reversal
inversão neutra (ELECT.) neutral inversion
inversão no arranque por contra-explosão (MECH.) back-kick
inversão periódica (MECH.) periodic reverse
inverso (MATH.) inverse
inversor (ELECT.) inverter; change-over switch
inversor automático de «troley» (ELECT.) automatic trolley reverser
inversor de empucho (AERO.) thrust reverser
inversor de impedância (ELECT.) impedance inverter
inversor de jacto (AERO.) thrust reverser
inversor de tiratrões (ELECTRON.) thyratron inverter
inversor de tracção (AERO.) thrust reverser
inversor estático (AERO.) static inverter
inversor síncrono (ELECT.) synchronous inverter
invertase (BIO.) invertase
Invertebrados (ZOO.) Invertebrata
invertido (CHEM.) invert
invertível (MATH.) invertible
investigação (COMP.) trace; tracing
investigação aplicada (GEN.) applied research
inviável (BOT.; ZOO.) nonviable
in vitro (BIO.) in vitro
in vivo (BIO.) in vivo
involução (MATH.) involution
invólucro (AERO.) envelope; hull
invólucro (BOT.) involucre
invólucro (ELECT.) shell; housing
invólucro (GEN.) case; covering; jacket; envelope; enclosure; package; wrapping

invólucro (MECH.) jacket; case

invólucro (MED.) involucrum

invólucro (NUCL.) sheath; case

invólucro de alta tensão (ELECT.) high-tension shell

invólucro de cabo (ELECT.) cable casing

invólucro de duas linhas de pinos (ELECTRON.) dual-in-line [DIL]

invólucro de electrões (PHYS.) electron shell

invólucro de reactor (NUCL.) radioactive vessel

invólucro de solenóide (ELECT.) solenoid case

invólucro do tubo injector (AERO.) jet pipe shroud

invólucro duplo (ELECTRON.) dual in-line package

invólucro floral (BOT.) floral envelope

invólucro isolado (ELECT.) insulated enclosure

involuta (MATH.) involute

involuto (BOT.) involute

Io (ASTRO.) Io (1st. natural satellite of Jupiter)

iodato de potássio (CHEM.) potassium iodate

iodato de prata (CHEM.) silver iodate

iodatos (CHEM.) iodates

iodeto de amónio (CHEM.) ammonium iodide

iodeto de cádmio (CHEM.) cadmium iodide

iodeto de dimetiltubocurarina (CHEM.) dimethyl tubocurarine iodide

iodeto de hidrogénio (CHEM.) hydrogen iodide

iodeto de mercúrio (CHEM.) mercuric iodide

iodeto de metileno (CHEM.) methylene iodide

iodeto de potássio (CHEM.) potassium iodide

iodeto de prata (CHEM.) silver iodide

iodeto de sódio (CHEM.) sodium iodide

iodeto de tetrametilamónio (CHEM.) tetramethylammonium iodide

iodeto de timol (CHEM.) thymol iodide

iodeto de zinco (CHEM.) zinc iodide

iodeto mercuroso (CHEM.) mercurous iodide

iodetos (CHEM.) iodides

iodismo (MED.) iodism

iodo (CHEM.) iodine (nonmetallic element)

iodo (MED.) iodine (disinfectant)

iodoacetamida (CHEM.) iodoacetamide

iodofórmio (CHEM.) iodoform

iodometria (CHEM.) iodometry

iodométrico (CHEM.) iodometric

iodopiraceto (CHEM.) iodopyracet

iodopsina (PHYS.) iodopsin

iodo radioactivo (CHEM.) radioactive iodine

iodoterapia (MED.) iodotherapy

iodotironinas (CHEM.) iodothyronines

iodotirosina (CHEM.) iodothyrosine

iodoxil (CHEM.) iodoxyl

iodúria (MED.) ioduria

iões de determinação de potencial (MINING) potential-determining ions

iões de troca (CHEM.) exchangeable ions

ioimbina (CHEM.) yohimbine

iolita (MINER.) iolite; cordierite; dichroite

iónico (PHYS.) ionic

iónio (CHEM.) ionium (thorium 230 _ present name)

ionização (PHYS.) ionization

ionização de avalanche (PHYS.) avalanche ionization

ionização de contacto (ELECTRON.) contact ionization

ionização de descarga (PHYS.) discharge ionization

ionização de impacte (ELECTRON.) impact ionization

ionização de Townsend (PHYS.) Townsend ionization

ionização específica (PHYS.) specific ionization

ionização meteórica (ASTRO.) meteoric ionization

ionização mínima (PHYS.) minimum ionization

ionização parcial (PHYS.) partial ionization

ionização por choque (PHYS.) ionization by collision

ionização por colisão (PHYS.) ionization by collision

ionização por pressão (PHYS.) pressure ionization

ionização por radiação (PHYS.) radiation ionization

ionização primária (PHYS.) primary ionization

ionização radioactiva (PHYS.) radioactive ionization

ionização residual (PHYS.) residual ionization

ionização térmica (PHYS.) thermal ionization

ionização volumétrica (PHYS.) volume ionization

ionizado (CHEM.; PHYS.) ionized

ionofone (PHYS.) ionophone; cathophone

ionograma (CHEM.) ionogram

ionosfera (METEO.) ionosphere; ionized layer

iontoforese (CHEM.) iontophoresis

iperite (CHEM.) yperite (mustard gas)

ipsilateral (MED.) ipsilateral

iridalgia (MED.) iridalgia

iridectomia (MED.) iridectomy

iridescência (PHYS.) iridescence

irídio (CHEM.) iridium

iridociclite (MED.) iridocyclitis

iridócito (ZOO.) iridocyte

iridocoloboma (MED.) iridocoloboma

iridocoroidite (MED.) iridoichroiditis

iridodiálise (MED.) iridodialysis

iridoplegia (MED.) iridoplegia

iridosmina (MINER.) iridosmine

iridotomia (MED.) iridotomy

íris (MED.; ZOO.) iris

íris (MINER.) rainbow quartz

irisação (PHYS.) irisation

irmão (COMP.) brother

irmão (BIO.) sib

irracional (MATH.) surd

irradiação (PHYS.) radiation; irradiation

irradiação atómica (PHYS.) atomic radiation

irradiação característica (PHYS.) characteristic radiation

irradiação Cerenkov (PHYS.) Cerenkov radiation

irradiação contínua (PHYS.) continuous radiation

irradiação cósmica penetrante (PHYS.) penetrating cosmic radiation

irradiação de aniquilação (PHYS.) annihilation radiation

irradiação de dispersão (ELECT.) leakage radiation

irradiação de fundo natural (PHYS.) natural background radiation

irradiação de onda longa (PHYS.) long-wave irradiation

irradiação de superfície (RADIOL.) surface irradiation

irradiação diferencial (NUCL.) differential radiation

irradiação estelar (ASTRO.) stellar radiation

irradiação gama (NUCL.) gamma irradiation

irradiação parasita (PHYS.) stray radiation

irradiação por rádio (TELECOM.) radio broadcasting

irradiação terrestre (ASTRO.) terrestrial radiation

irradiador (TELECOM.) radiator

irradiador acústico (PHYS.) stray radiation

irradiador móvel (NUCL.) mobile irradiator

irradiante (ASTRO.) radiant

irregular (GEN.) irregular

irregularidades de impedância (ELECT.) impedance irregularities

irreversibilidade (PHYS.) irreversibility

irrigação (BUILD.) irrigation

irrigação de superfície (HYDRO.) surface irrigation

irrigação dupla (BUILD.) broad irrigation

irritabilidade (BIO.) irritability

irritante (BIO.) irritant

irritante (MED.) amytic

irrupção polar (METEO.) polar outbreak

isalóbara (METEO.) isallobar

iscúria (MED.) ischuria

isento de cobre (MECH.) copper-free

isento de hidrogénio (GEN.) hydrogen-free

isento de irradiação (PHYS.) radiation-free

isoaglutinação (BIO.; ZOO.) iso-agglutination

isoaglutinina (BIO.) iso-agglutinin

isoamilase (CHEM.) isoamilase

isoantigénio (IMMUN.) iso-antigen

isóbara (CHEM.; METEO.; PHYS.) isobar

isóbaras rectas (METEO.) straight isobars

isobárica nuclear (PHYS.) nuclear isobar

isobárico (CHEM.) isopiesic

isóbaro (CHEM.) isopiesic

isobarométrico (METEO.) isobarometric

isobases (GEO.) isobases

isobática (METEO.) fathom curve; isobathic line

isobutano (Chem.) isobutane
isobuteína (Chem.) isobuteine
isocercal (Zoo.) isocercal
isocianato (Chem.) isocyanate
isocianida (Chem.) isocyanide
isocitolisina (Zoo.) isocytolysin
isoclinal (Aero.) isoclinic
isoclínica (Aero.) isoclinic
isóclino (Phys.) isocline
isocolesterol (Chem.) isocholesterol; lanosterol
isocontas (Bot.) isokont; isokonton
isócora (Chem.) isochore
isócora de reacção (Chem.) reaction isochore
isócora de van't Hoff (Chem.) van't Hoff isochore
isocoria (Med.) isochoria
isocórica (Phys.) isochoric
isocromático (Phys.) isochromatic
isocronismo (Gen.) isochronism
isócrono (Telecom.) isochrone
isodactilismo (Zoo.) isodactylism
isodiamétrico (Gen.) isodiametric(al)
isódomo (Build.) isodomon
isodonte (Zoo.) isodont
isodulcito (Chem.) isodulcite
isoelectrónico (Electron.) iso-electronic
isoenzimas (Bio.) iso-enzymes; isozymes
isoestaminoso (Bot.) isostemonous
isoetes (Bot.) quillwort
isogamia (Boty.) isogamy
isogenético (Zoo.) isogenetic
isogénico (Bio.) isogenic
iso-hélico (Meteo.) isohel
iso-hídrico (Chem.) isohydric
isoiético (Meteo.) isohyet
isolado (Arch.) insulated
isolado (Bot.) isolate
isolado a óleo (Elect.) oil-insulated
isolador (Elect.) cleat; isolator; insulator; non-conductor
isolador (Gen.) insulator
isolador (Mining) packer
isolador (Telecom.) isolator; insulator
isolador da barra de contacto (Elect.) conductor-rail insulator
isolador de 4° trilho (Elect.) fourth-rail insulator
isolador de alimentação de passagem (Elect.) feedthrough insulator
isolador de alta tensão (Elect.) high-tension insulator
isolador de câmpanula de porcelana (Elect.) porcelain petticoat insulator
isolador de cerâmica (Elect.) ceramic insulator
isolador de chapa (Elect.) sheet insulator
isolador de disco Hewlett (Elect.) Hewlett disk (disc) insulator
isolador de ferrite (Elect.) ferrite isolator
isolador de haste (Elect.) pin insulator
isolador de magnetrão (Electron.) magnetron isolator
isolador de metal (Telecom.) metal insulator

isolador de parede (Elect.) wall insulator
isolador de passagem (Elect.) feedthrough insulator
isolador de pino (Elect.) pin insulator
isolador de porcelana (Elect.) porcelain insulator
isolador de poste (Elect.) post insulator
isolador de suporte duplo (Elect.) shackle insulator
isolador de suspensão (Elect.) chain insulator; suspension insulator
isolador de tensão (Elect.) tension insulator; strain insulator
isolador de terceiro trilho (Elect.) third-rail insulator
isolador de transposição (Elect.) transposition insulator
isolador de trilho condutor (Elect.) third-rail insulator
isolador de voltagem (Elect.) tension insulator
isoladores em cascata (Elect.) cascading of insulators
isolador óptico (Telecom.) opto-isolator
isolador-separador (Elect.) stand-off insulator
isolador tipo nevoeiro (Elect.) fog-type insulator
isolamento (Gen.) insulation
isolamento (Mech.) lagging
isolamento (Phys.) insulation
isolamento a óxido (Electron.) oxide insulation
isolamento da rede electrica (Electron.) mains insulation
isolamento de circuito integrado (Elect.) microcircuit insulation
isolamento de classe A (Elect.) A-class insulation
isolamento de classe B (Elect.) B-class insulation
isolamento de classe C (Elect.) C-class insulation
isolamento de classe E (Elect.) E-class insulation
isolamento de classe H (Elect.) H-class insulation
isolamento de classe Y (Elect.) Y-class insulation
isolamento de diodo (Electron.) diode insulation
isolamento de esforço (Phys.) strain insulating
isolamento de microcircuito (Elect.) microcircuit insulation
isolamento de ranhura (Elect.) slot insulation
isolamento de som (Build.) sound insulation
isolamento de tensão (Phys.) strain insulating
isolamento de terra (Elect.) grounding insulation
isolamento duplo (Electron.) double insulation
isolamento em camisa (Elect.) sleeving
isolamento térmico (Build.) heat insulation
isolante (Build.) insulant

isolécito (Zoo.) isolecithal
isoleucina (Chem.) isoleucine
isolisina (Chem.) isolysin
isólogo (Chem.) isologous
isólogo (Immun.) syngeneic
isomastigoto (Zoo.) isomastigote
isomerase (Chem.) isomerase
isomerase da glucose (Bio.) glucose isomerase
isomeria configuracional (Chem.) stereoisomerism
isomeria estrutural (Chem.) structural isomerism
isomerismo (Chem.; Phys.) isomerism
isomerismo dinâmico (Chem.) dynamic isomerism
isomerismo geométrico (Chem.) geometrical isomerism
isomerismo nuclear (Phys.) nuclear isomerism
isomerismo óptico (Chem.) optical isomerism
isomerização (Chem.) isomerization
isómero (Bot.; Chem.) isomer; isomerous
isómero levogiro (Bio.) levorotatory isomer
isómero nuclear (Phys.) nuclear isomer
isómeros racémicos (Chem.) racemic isomers
isométrico (Chem.) isometric
isomórfico (Chem.; Math.; Miner.) isomorphic
isomorfismo (Cryst.; Math.) isomorphism
isonefa (Meteo.) isoneph
isoniazida (Chem.; Med.) isoniazid
isonitrilos (Chem.) isonitriles; carbylamines
isónomo (Bot.) isonom
isoosmótico (Bio.) iso-osmotic
isópaga (Meteo.) isopag
isopatia (Med.) isopathia
isopeletierina (Chem.) isopelletierine
isopontil-hidrocupreína (Chem.) isopentylhydrocupreine
isópica (Geo.; Meteo.) isopycnic
isopícnica (Geo.) isopycnal
isopleta (Math.) isopleth
isópode (Zoo.) isopodous
Isópodos (Zoo.) Isopoda
isoprenalina (Chem.; Med.) isoprenaline
isopreno (Chem.) isoprene
isopropanol (Chem.) isopropyl alcohol
Isópteros (Zoo.) Isoptera
isopurpurina (Chem.) anthrapurpurin
isoquinolina (Chem.) isoquinoline
isoriboflavina (Chem.) isoriboflavina
isorreia (Med.) isorrhea
isosorbida (Chem.; Med.) isosorbide
isospin (Phys.) isospin
isostasia (Geo.) isostasy
isostérico (Chem.) isosteric
isóstero (Chem.) isoster
isotaca (Meo.) isotach
isotaxia (Chem.) isotaxy
isotérmica (Phys.) isothermal
isotérmica (Meteo.) isotherm
isotérmica de adsorção de Langmuir (Chem.) Langmuir adsorption isotherm

isotérmica de reacção (CHEM.) reaction isotherm

isotiocianato de fluoresceína (MED.) fluorescein isothiocyanate

isotónico (BIO.; CHEM.) isotonic

isótono (PHYS.) isotone

isótopo de hidrogénio de massa (CHEM.) 2H; deuterium

isótopo de hidrogénio de massa 3 (CHEM.; NUCL.) 3H; tritium

isótopo de lítio (NUCL.) lithium isotope

isótopo de rádio (CHEM.) radium isotope

isótopo estável (PHYS.) stable isotope

isótopo excitador (NUCL.) exciting isotope

isótopo instável (NUCL.) unstable isotope

isótopo radioactivo (PHYS.) radioactive isotope

isótopo traçador (NUCL.) tracer isotope

isotrão (PHYS.) isotron

isotrópico (PHYS.) isotropic

isozima (BIO.) isozyme

isquémia (MED.) ischaemia, ischemia

isquiático (MED.) ischiadic; ischial; ischiatic

isquiocavernoso (MED.) ischiocavernous

isquiocele (MED.) ischiocele

ísquio (ísquion) (ZOO.) ischium

isquiópago (MED.) ischiopagus

isquiovaginal (MED.) ischiovaginal

istmo (ZOO.) isthmus

itálico (PRINT.) italic, italics

item de dados (COMP.) data item

itérbio (CHEM.) ytterbium

ítrio (CHEM.) yttrium

ítrio-ferro-granada (ELECTRON.) yttrium-iron-garnet

ítrio radioactivo (CHEM.) radioactive yttrium

itrocerita (MINER.) yttrocerite

Ixodes (ZOO.) Ixodes

ixodíase (MED.) ixodiasis

ixomielite (MED.) ixomyelitis

Jj

jacarandá (Bot.) jacaranda; kingswood; rosewood

jacinto (Miner.) jacinth; hyacinth

jacobiana (Math.) Jacobian

jacobsite (Miner.) jacobsite

jacquard (Text.) jacquard

jactação (Med.) jactitation

jacto (Mech.) blast; exhaust

jacto (Gen.) jet

jacto a plasma (Phys.) plasma jet

jacto da turbina (Aero.) propeller wash

jacto de ar (Mech.) air jet

jacto de ar de bocal (Mech.) nozzle blast

jacto de bolha (Comp.) bubblejet

jacto de chumbagem (Mech.) shot peening

jacto de compensação (Auto.) compensating jet

jacto de descolagem vertical (Aero.) vertical takeoff jet

jacto de luz (Phys.) beam

jacto de plasma (Phys.) plasma jet

jacto de pressão (Aero.) pressure jet

jacto de vapor (Mech.) steam blast

jacto explosivo (Mining) blow; blowout

jacto hipersónico (Aero.) hypersonic jet

jacto intermitente (Aero.) intermittent jet

jactos de ponta do rotor (Aero.) rotor-tip jets

jacto tangencial (Mech.) tangential jet

jacupirangite (Geo.) jacupirangite

jade (Miner.) jade

jade-da-califórnia (Miner.) Californian jade; californite

jade-do-transval (Miner.) Transvaal jade

jade imperial (Miner.) nephrite

jadeíte (Miner.) jadeite

jade nefrite (Miner.) New Zealand greenstone

jade sul africano (Miner.) South Africa jade

jade verdadeiro (Miner.) New Zealand greenstone

jamaicina (Chem.) jamaicin

jamesonite (Miner.) jamesonite

janela (Arch.) fenestra

janela (Electron.) face plate

janela (Image Tech.) gate

janela (Zoo.) fenestra (anatomic opening)

janela basculante (Build.) balanced sash

janela circular (Arch.) oculus

janela de água furtada (Build.) garret window

janela de ângulo com 3 lados (Arch.) cant bay

janela de Bartlett (Electron.) Bartlett window

janela de batente (Build.) French window

janela de Brewster (Phys.) Brewster window

janela de colisão (Electron.) collision window

janela de corrediça (Build.) double-hung window

janela de descarga (Elect.) discharge ring

janela de entrada (Space) re-entry window

janela de guilhotina (Build.) drop window

janela de infravermelho (Phys.) infrared window

janela de lançamento (Space) launch window

janela de radiação (Nucl.; Phys.) radiation window

janela de roda (Arch.) wheel window

janela de sacada saliente (Arch.) oriel

janela de sonar (Phys.) sonar window

janela de suspensão (Build.) hanging sash

janela dupla (Build.) double window; storm window

janela elíptica (Arch.) oculus

janela espacial (Astro.) space window

janela francesa (Arch.) French window

janela geminada (Arch.) gemete window

janela indutiva (Elect.) inductive window

janela lateral (Build.) flanking window

janela metótica (Zoo.) fenestra metotica

janela ogival (Arch.) lancet window

janela óptica (Phys.) optical window

janela oval (Med.) oval window

janela oval (Zoo.) fenestra ovalis

janela paladiana (Arch.) Palladian window

janela pró-ótica (Zoo.) fenestra pro-otica

janela rectangular (Telecom.) rectangular window

janela redonda (Zoo.) fenestra rotunda

janela ressonante (Electron.) resonant window

janelas de blindagem (Nucl.) shielding windows

janela veneziana (Build.) venetian window

jansky (Astro.) jansky

Janus (Astro.) Janus (10th satellite of Saturn)

Japeto (Astron.) Iapetus (8th satellite of Saturn)

jarda (Gen.) yard

jardim (Arch.) garden; garth (monastery)

jargão (zircão) (Miner.) jargon, jargoon

jargonafasia (Med.) jargon aphasia

jarosite (Miner.) jarosite

jarrete (Zoo.) hock

jaspe (Miner.) jasper

jaspe egípcio (Miner.) Egyptian jasper

jazida (Geo.; Mining) footwall; deposit; bed

jazida de minérios (Mining) deposit of ores

jazida maciça de minério (Mining) ore body

jazida mineral (Geo.) mineral deposit

jazidas de carvão (Geo.) coal measures

jazigo petrolífero (Mining) oil pool

jean (Text.) jean

jejunal (Med.) jejunal

jejunectomia (Med.) jejunectomy

jejunite (Med.) jejunitis

jejuno (Zoo.) jejunum

jejunocolostomia (Med.) jejuno-colostomy

jejunoctomia (Med.) jejunoctomy

jejunoileal (Med.) jejunoileal

jejunoileíte (jejunileíte) (Med.) jejunoileitis

jejunoileostomia (jejunileostomia) (Med.) jejunoileostomy

jejunojejunostomia (Med.) jejunoje-junostomy

jejunoplastia (Med.) jejunoplasty

jejunostomia (Med.) jejunostomy

jelosia (Build.) jalousies

jersey duplo (Text.) double jersey

jito (Mech.) runner; pouring head

joanete (Med.) bunion

joelho (Zoo.) genu

joelho (Gen.) knee

joelho de criada (Med.) housemaid's knee

joelho do corpo caloso (Med.) genu of corpus callosum

joelho recurvado (Med.) genu recurvatum

joelhos arqueados (Vet.) bent knees

joelho valgo (Med.) genu valgum; knock knee

joelho varo (Med.) genu varum

jogo (Mech.) movement; train

jogo de bobinas de deflexão (Electron.) yoke

jogo de bobinas de deflexão terminal (Elect.) terminal yoke

jogo de peças de fundição (Mech.) set of casting

jogo holandês (Aero.) Dutch roll

johannsenite (joanesite) (Miner.) johannsenite

jornal (Comp.) journal
jornal pequeno (Print.) tabloid newspaper
jorra (Mech.) slag
Joule (Phys.) Joule
jugal (Zoo.) jugal
jugo-maxilar (Zoo.) jugomaxillary
jugular (Zoo.) jugular
junção (Build.) clutch
junção (Elect.; Electron.; Telecom.) junction; joint; cross-over
junção (Gen.) coupling; bond; joint; union
junção a frio (Phys.) cold junction
junção a liga (Electron.) alloy junction
junção alternada (Build.) shift
junção à meia-madeira (Build.) halving
junção ao colector (Elect.) collector junction
junção ao comprido (Build.) outband
junção a topo (Mech.) jump junction; butt joint
junção de cabo (Elect.) cable joint
junção de estado sólido (Mech.) solid-state bonding
junção de estireno (Elect.) styrene joint
junção de inspecção (Build.) inspection junction
junção de intervalo (Bio.) gap junction
junção de Josephson (Electron.) Josephson junction
junção de liga (Electron.) alloyed junction
junção de pino (Mech.) pin joint
junção de semicondutor (Electron.) semiconductor junction
junção de talas (Build.) fished joint
junção divergente (Geo.) divergent junction
junção emissora (Electron.) emitter junction
junção em T (Elect.) tee joint; T-joint
junção em Y (Elect.; Electron.) Y junction
junção forte (Bio.) tight junction
junção fundida (Elect.) fused junction
junção heterogénea (Electron.) heterojunction
junção híbrida (Telecom.) hybrid junction
junção híbrida de resistência (Electron.) resistance hybrid
junção homogénea (Electron.) homojunction
junção incrementada (Electron.) grown-junction
junção interna (Build.) heart bond
junção isoladora (Elect.) insulating joint
junção mioneural (Zoo.) motor and plate
junção não homóloga (Bio.) non-homologous pairing
junção n-n (Electron.) n-n junction

junção Peltier (Electron.) Peltier junction
junção p-n (Electron.) p-n junction
junção por crescimento variável (Electron.) rate-grown junction
junção por torção (Mech.) twisted joint
junção p-p (Electron.) p-p junction
junção quebrada (Build.) breaking joint; shift
junção revestida (Electron.) doped junction
junção saliente (Build.) salient junction
junção térmica (Elect.) thermojunction
junção terminal (Elect.) end connection
junção tripla (Geo.) triple junction
junípero (Bot.) juniper
junta (Mech.) gasket; gland
junta a meia-esquadria (Build.) mitre joint
junta a meia-madeira biselada (Build.) bevelled halving
junta articulada (Mech.) toggle joint; knuckle joint
junta a topo (Mech.) jump joint
junta cardan (Mech.) cardan joint
junta de alta resistência (Elect.) high-resistance joint
junta de argamassa (Build.) bed joint
junta de cadeia (Build.) chain bond
junta de carbono (Mech.) carbon gland
junta de cavilha (Build.) feather joint
junta de contracção (Build.) contraction joint
junta de dente-de-serra (Build.) indented joint
junta de dilatação (Build.; Mech.) expansion joint
junta de dilatação corrediça (Mining) slip joint
junta de esfera (Mech.) ball joint
junta de espiga e encaixe (Build.) tenon joint
junta de espigão e cone (Build.) bell-and-spigot joint
junta de expansão (Build.; Mech.) expansion joint
junta de flange (Mech.) flange joint
junta de pino (Mech.) pin joint
junta de ranhura e lingueta (Build.) ploughed-and-tongued joint
junta de recobrimento (Elect.) lap joint
junta de segurança (Mech.) safety seal
junta desencontrada (Build.) break joint
junta de topo (Build.) butt joint; peak joint
junta de topo de dupla cobertura (Mech.) double-cover butt joint
junta de trilho envolvida por material soldado (Build.) cast welded rail joint

junta de tubo (Mining) pipe joint
junta de tubo por flanges (Mech.) flanged pipe joint
junta emalhetada (Build.) mortise joint
junta em malhete (Build.) dovetail joint
junta em nível (Build.) flush joint
junta em topo (Build.) flush joint
junta ensamblada (Build.) mortise joint
junta entre dois arcos (Build.) heading joint
junta enviesada (Build.) splayed joint
junta esférica (Build.; Mech.) ball joint; cup joint
junta estanque (Elect.; Mech.) watertight joint
junta hidrostática (Mech.) hydrostatic joint
junta impermeável (Elect.; Mech.) watertight joint
junta interna (Build.) heart bond
junta longitudinal (Build. ; Mech.) longitudinal joint; longitudinal seam
junta móvel (Mech.) pivot joint
junta oblíqua (Build.) splayed joint
junta oxidante (Build.) rust joint
junta posterior (Build.) back joint
junta recta (Build.) straight joint
junta rotativa (Telecom.) rotating joint
junta saliente (Build.) abutting joint
juntas do pilar da escada (Build.) newel joints
junta sobreposta (Build.) taft joint; corner-lap joint; lap joint
junta soldada (Build.) welded joint; taft joint
junta transversal (Build.) transverse joint
junta triangular com dentes (Build.) bridle joint
junta universal (Mech.) universal joint ; cardan; Hooke's joint; ball-and-socket joint
junta universal Layrub (Mech.) Layrub universal joint
junta vertical (Build.) perpend
junta vertical (Mech.) butt joint
junteira (Build.) rybat; imband
juntoura (Build.) imband; rybat
juntura (Build.) jointer
Júpiter (Astro.) Jupiter
Jurássico (Geo.) Jurassic
jusante (Bio.) downstream
justaglomerular (Med.) juxtaglomerular
justalocórtex (Med.) juxtallocortex
justaposição (Gen.) juxtaposition
justificação (Print.) justification
justificação (Comp.) justification
justificador (Comp.) justifier
justificar (Comp.) justify
juta (Text.) jute
juvenil (Bot.) juvenile

kalazar (MED.) kala-azar
kalsilita (MINER.) kalsilite
kame (GEO.) kame
karst (carso) (GEO.) karst
Kasimoviano (GEO.) Kasimovian
Kazaniano (GEO.) Kazanian
kéfir (CHEM.) kefir
keilhauita (MINER.) keilhauite
kelvin (PHYS.) kelvin
kentalenito (GEO.) kentallenite
kersantite (GEO.) kersantite
keuper (GEO.) keuper
Kewenariano (GEO.) Keweenawan

Kieselguhr (MINER.) Kieselguhr; Tripoli powder
kieserita (MINER.) kieserite
Kilo bits por segundo (TELECOM.) Kilo bits per second
kimberlito (GEO.; MINING) kimberlite; blue ground
Kinescope (MC-USA) (IMAGE TECH.) kinescope
klippe (GEO.) klippe
klistron (clístron) (ELECTRON.) klystron
knebelite (MINER.) knebelite

kobelita (MINER.) kobelite
kornerupina (MINER.) kornerupine
Kovar (ELECT.) Kovar (TM)
kulaíte (GEO.) kulaite
kunzita (MINER.) kunzite
kuru (MED.) kuru (Melanesian progressive encephalopathy)
kVA (ELECT.) kilovolt-ampere
kVAr (ELECT.) kilovar
kW (ELECT.) kilowatt
kWh (ELECT.) kilowatt-hour

LI

lã (GEN.) wool
labareda (MINING) flare
labelo (BOT.; ZOO.) labellum
labiado (BOT.) labiate
labial (GEN.) labial
labidental (MED.) labiodental
lábil (CHEM.; GEO.) labile
lábio (GEN.) lip; labium; labrum
labiocoreia (MED.) labiochorea
labiodental (MED.) labiodental
labioescrotal (MED.) labioscrotal
labiogengival (MED.) labiogingival
labioglossofaríngeo (MED.) labioglossopharyngeal
labiógrafo (MED.) labiograph
lábio leporino (MED.) harelip;
 cheiloschisis
labiomentoniano (MED.) labimental
labiopalatino (MED.) labiopalatine
labioplastia (MED.) labioplasty
labioscrotal (MED.) labioscrotal
labioversão (MED.) labioversion
labirintectomia (MED.) labyrinthectomy
labiríntico (GEN.) labyrinthine
labirintite (MED.) labyrinthitis
labirinto (GEN.) labyrinth
labirinto (MED.) labyrinthus
labirinto (PSYCHO.) maze
labirinto em T (PSYCHO.) T-maze
laboratório (COMP.) workshop
Laboratório Europeu de Biologia
 Molcular (BIO.) European Molecular
 Biology Lab [EMBL]
Laboratório Nacional de Física
 (RU) (GEN.) National Physical Laboratory [UK]
labradorescência (MINER.) labradorescence
labradorite (MINER.) labradorite
labrócito (BIO.) labrocyte
laca (CHEM.) lacca
laca japonesa (BUILD.) japan
lácase (CHEM.) laccase; monophenol
 monooxygenase
laceamento (TEXT.) lace
laceração (TEXT.) laceration
laço (GEN.) tie; bond; loop; snare; trick
laço (MED.) snare
laço aberto (COMP.) open-loop
laço infinito (COMP.) infinite loop
lacólito (GEO.) laccolith
lacólito de feição lenticular (GEO.)
 cedar-tree laccolith
lacólito em forma de cedro (GEO.)
 cedar-tree laccolith
laço químico covalente (CHEM.) linkage
lacrimal (ARCH.) larmier
lactamase (BIO.) lactamase
lactase (CHEM.) lactase
lactato de manganés (CHEM.) manganese lactate

lactato de prata (CHEM.) silver lactate
lactato de sódio (CHEM.) sodium lactate
láctea (ZOO.) milt (seminal fluid of fish)
láctico (BIO.; CHEM.; ZOO.) lactic
lactífugo (MED.) lactifuge
lactígeno (MED.) lactigenous
lactobaciláceas (BIO.) lactobacillaceae
lactobutirómetro (CHEM.) lactobutyrometer
lactocele (BIO.) lactocele
lactocromo (BIO.) lactochrome
lactoflavina (CHEM.) lactoflavin;
 riboflavin
lactogénese (CHEM.) lactogenesis
lactogénio (CHEM.) lactogen
lactoglobulina (CHEM.) lactoglobulin
lactona (CHEM.) lactone
lactonase (CHEM.) lactonase; gluconolactonase
lactoperoxidase (CHEM.) lactoperoxidase
lactoproteína (BIO.) lactoprotein
lactose (CHEM.) milk-sugar; lactose;
 saccharum
lactosúria (MED.) lactosuria
lacuna (ELECTRON.) hole
lacuna (GEN.) lacuna; gap
lacuna (PHYS.) vacancy; void
lacuna de ião negativo (ELECTRON.)
 negative-ion vacancy
lacuna estratigráfica (GEO.) hiatus
lacunar (ECO.) lentic
lacustre (GEO.) lacustrine
lã de camelo (TEXT.) camel hair
lã de carneiro (ovelha ou cordeiro)
 (TEXT.) fleece wool
lã de lama (TEXT.) llama fiber
lã de vidro (BUILD.; CHEM.) glass wool
lado accionador (MECH.) driving side
lado-a-lado (ECO.) biserial
lado da bobina (ELECT.) coil-side
lado da frente de uma folha (IMP.)
 recto
lado da hélice (AERO.) propeller end
lado motor (MECH.) driving side
ladrilho (BUILD.) tile
ladrilho quadrado de madeira
 (BUILD.) wood nog
ladrilhos (BUILD.) facing paviors
lã fiada (penteada) (TEXT.) worsted
lagarta (GEN.) caterpillar
lagarta de tractor (MECH.) caterpillar
 tread
lagena (ZOO.) lagena
lago (GEN.) lake; lacus; loch
lagoa (GEO.) lagoon; fen
lagoa (HYDRO.) pond; pool
lagoa de atol (GEO.) atoll lagoon
lagoa de barreira (GEO.) barrier lagoon
lago continental salgado (GEO.) continental salt lake

lago de cratera (GEO.) crater lake
lago de glaciar (GEO.) glacier lake
lago de meandro (GEO.) oxbow lake
lago exoreico (ECO.) exorheic lake
lagoftalmia (MED.) lagophtalmia
lago glacial (ECO.) paternoster lake
lago glacial (GEO.) glacial lake
Lagomorfos (ZOO.) Lagomorpha
lago pequeno nas montanhas
 (GEO.) tarn
lagópode (ZOO.) lagopodous
lago salgado (GEO.) salina; salt lake
lagos de alto teor de sais de sódio
 (GEO.) soda lakes
lágrima (GEN.) tear
lágrima (TEXT.) tear drop
laguna (GEO.) lagoon
lahar (GEO.) lahar (Javanese name)
laje (BUILD.) slab
laje de soalho (BUILD.) flooring slab
lajes de cimento com mármore
 incrustado (BUILD.) terrazzo
lajes de pavimentação (BUILD.)
 pavings
lalação (MED.) lallation
lalopatia (MED.) lalopathy
lalorreia (MED.) lalorrhea
lama (MINING) mud; sludge; silt
lama à base de cal (MINING) lime base
 mud
lama à base de óleo (MINING) oil-base
 mud
lama activada (BUILD.) activated sludge
lama anódica (ELECTRON.) anode mud;
 anode slime
lama azul (GEO.) blue mud
lama castanha (GEO.) brown mud
lama chamosítica (GEO.) chamositic
 mud
lama coloidal (MINER.) colloidal mud
lama com algum gás (MINING) gas cut
 mud
lama com algum petróleo (MINING.)
 oil cut mud
lama de aragonite (GEO.) aragonite
 mud
lama de perfuração (MINING) drilling
 fluid; drilling mud
lama negra (GEO.) black mud
lamarquismo (BIO.) Lamarckism
lamas (MINING) slimes
lamas de estuário (GEO.) estuarine
 muds
lamas vulcânicas (GEO.) volcanic
 muds
lama terrígena (GEO.) terrigenous mud
lambert (PHYS.) lambert
lamblíase (MED.) lambliasis; giardiasis
lambrim (BUILD.) dado capping
lamela (BIO.) slide; plate; plaque
lamela (BOT.) gill
lamela (CHEM.) slide; plate

lamela (GEN.) lamella; slide; plate; cover-glass

lamela (PHYS.) pellicle

lamela (ZOO.) lamella; plate

lamela concêntrica (ZOO.) Haversian lamella

lamela de cobertura (BIO.) cover slip

lamelar (MINER.) foliate

lamelas de Neumann (MECH.) Neumann lamellae

lamelas do estroma (BOT.) stroma lamellae

lã merina (TEXT.) merino wool

lâmina (AERO.) sheet

lâmina (ELECT.) blade

lâmina (GEN.) plate; leaf; blade; slide; ledge; lamina

lâmina (PHYS.) plate; slide; lamina; reed

lâmina absorvedora (NUCL.) catcher foil

lâmina basal (BIO.) basement membrane; basal lamina

laminação (ELECT.) lamination; stamping

laminação (GEO.) lamination

laminação a bruto (MECH.) cogging

laminação de filete (MECH.) thread rolling

laminação de rosca (MECH.) thread rolling

lâmina cinérea (ZOO.) lamina terminalis

lâmina de água (HYDRO.) water film; nappe

lâmina de alta opacidade (PRINT.) high-opacity foil

lâmina de anilina (PRINT.) aniline foil

lâmina de condensador dividida (ELECT.) split rotor plate

lâmina de gesso (PHYS.) gypsum plate

lâmina de Havers (ZOO.) Haversian lamella

lâmina de interruptor (ELECT.) switch blade

lâmina de Kelvin-Varley (ELECT.) Kelvin-Varley slide

lâmina de ouro (MECH.) gold leaf

lâmina de plaina (BUILD.) plane-iron

lâmina de suberina (BOT.) suberin lamella

laminado (BUILD.) veneer

laminado (MECH.) milled

laminado a frio (MECH.) cold rolled

laminado a molde frio (MECH.) light cold rolled

lâmina do comutador (ELECT.) commutator segment

laminado decorativo (PLAST.) decorative laminate

lâmina do estator (AERO.) stator blade

laminador (GEN.) mill

laminador (MECH.) flatting mill; rolling mill

laminador contínuo (MECH.) continuous mill

laminador de arame (MECH.) looping mill

laminador de barra (MECH.) bar mill

laminador de lingotes (MECH.) billet mill

laminador de rodas (MECH.) wheel rolling mill

laminador-desbastador (MECH.) blooming mill

laminador de seis cilindros (MECH.) cluster mill

laminador reversível (MECH.) reversing mill

lâmina fina (ZOO.) scute

lâmina fusível (ELECT.) fuse strip

laminagem (MECH.) drawing

lâmina-guia (AERO.) guide-vane

lâmina móvel (MECH.) movable blade

lâmina óptica (IMAGE TECH.) optical flat

lâmina óssea fina (ZOO.) squama

lâmina polida (PRINT.) polished foil

lâmina porta-objecto (BIO.) slide

laminar (MINER.) foliate

lâmina resistente ao ácido (MECH.) acid resist foil

lâminas (BIO.) lamins; plates

lâminas basais (ZOO.) basal plates

lâminas de contacto (ELECT.) contact fingers

lâminas directrizes da turbina (AERO.) nozzle guide vanes

lâminas do estator de exaustão (AERO.) exhaust stator blades

lâmina terminal (ZOO.) lamina terminalis

laminectomia (MED.) laminectomy

lã mineral (BUILD.) mineral flax

lã mineral (MECH.) mineral wool; rocky wool; slag wool

lã mineral (MINER.) silicate wool

laminina (BIO.) laminin

laminite (VET.) laminitis

laminografia (RADIOL.) laminography

laminotomia (MED.) laminotomy

lâmpada (GEN.) lamp; bulb; light; valve

lâmpada (ELECT.) bulb; lamp

lâmpada a vapor de sódio (PHYS.) sodium vapour lamp

lâmpada clara (ELECT.) clear lamp

lâmpada compensadora (ELECTR.) ballast lamp

lâmpada de arco (ELECT.) flame-arc lamp

lâmpada de arco (PHYS.) arc lamp

lâmpada de arco automática (ELECT.) automatic arc lamp

lâmpada de arco Bremer (ELECT.) Bremer arc lamp

lâmpada de arco de carvão (ELECT.) carbon-arc lamp

lâmpada de arco de espelho (IMAGE TECH.) mirror arc

lâmpada de arco de filamento de tungsténio (ELECT.) tungsten arc lamp

lâmpada de arco de filamento incandescente (ELECT.) hot-wire arc lamp

lâmpada de arco de mercúrio (ELECT.) mercury-arc lamp

lâmpada de arco de xénon (IMAGE TECH.) xenon arc lamp

lâmpada de ar comprimido (MINING) compressed-air lamp

lâmpada de argon (PHYS.) argon glow lamp

lâmpada de cátodo frio (ELECT.) aeolight

lâmpada de chama (ELECT.) flame lamp

lâmpada de comparação (PHYS.) comparison lamp

lâmpada de controlo (GEN.) control lamp

lâmpada de Cooper-Hewitt (ELECT.) Cooper-Hewitt lamp

lâmpada de cratera (ELECTRON.) crater lamp

lâmpada de Davy (MINING) Davy lamp

lâmpada de descarga (ELECT.) discharge lamp

lâmpada de descarga com cátodo frio (PHYS.) cold-cathode discharge lamp

lâmpada de descarga de cátodo emissor (PHYS.) hot-cathode discharge lamp

lâmpada de descarga de gás (PHYS.) gas-discharge lamp

lâmpada de descarga de mercúrio (ELECTRON.) mercury discharge lamp

lâmpada de descarga eléctrica (ELECT.) electric-discharge lamp

lâmpada de descarga luminosa (ELECT.) aeolight

lâmpada de facho (IMAGE TECH.) Photoflood lamp

lâmpada de fenda (MED.) slit lamp

lâmpada de filamento (ELECT.) filament lamp

lâmpada de filamento a tungsténio (ELECT.) tungsten lamp

lâmpada de filamento a vácuo (ELECT.) vacuum-filament lamp

lâmpada de filamento metálico (ELECT.) metal-filament lamp

lâmpada de filamento tipo projector (ELECT.) projector-type filament-lamp

lâmpada de fim de conversação (TELECOM.) clear lamp

lâmpada de flash (IMAGE TECH.) flash-bulb

lâmpada de halogéneo (IMAGE TECH.) metal-halide lamp

lâmpada de indução (ELECT.) induction lamp

lâmpada de indução a hélio (PHYS.) helium induction lamp

lâmpada de instantâneos (IMAGE TECH.) flashlight

lâmpada de magnésio (IMAGE TECH.) flashbulb

lâmpada de mercúrio (ELECT.) mercury lamp

lâmpada de mineiro (MINING) miner's lamp

lâmpada de Moore (ELECT.) Moore lamp

lâmpada de multifilamento (ELECT.) multifilament lamp

lâmpada de néon (ELECT.; ELECTRON.) neon glow lamp; glow tube

lâmpada de Nernst (ELECT.; PHYS.) Nernst glower; Nernst lamp

lâmpada de plasma (ELECTRON.) plasma ball

lâmpada de projecção (IMAGE TECH.) projection lamp

lâmpada de recepção (TELECOM.) answer lamp

lâmpada de resposta (TELECOM.) answer lamp

lâmpada de ressonância (ELECT.) resonance lamp

lâmpada de segurança (MINING) safety lamp

lâmpada de teste (PHYS.) comparison lamp

lâmpada de tracção (ELECT.) traction lamp

lâmpada de tungsténio (ELECT.) tungsten lamp

lâmpada de vapor de mercúrio (ELECT.) Cooper-Hewitt lamp; mercury-discharge lamp

lâmpada de vidro azul (IMAGE TECH.) blue-glass lamp; flash

lâmpada de xénon (IMAGE TECH.) xenon lamp; xenon arc lamp

lâmpada de zircónio (PHYS.) zirconium lamp

lâmpada do excitador (ELECT.) exciter lamp

lâmpada eléctrica (ELECT.) electric lamp

lâmpada electroluminescente (ELECT.) electroluminescent lamp

lâmpada fluorescente (ELECT.) fluorescent lamp

lâmpada flurescente de arranque rápido (ELECT.) quick-start fluorescent

lâmpada fosca (ELECT.) frosted lamp

lâmpada halogénica de tungsténio (ELECT.) tungsten-halogen lamp

lâmpada incandescente (ELECTRON.; PHYS.) glow lamp; incandescent lamp

lâmpada incandescente de gás (ELECT.) gas-filled filament lamp

lâmpada para inspeccionar elementos (ELECTRON.) cell inspection lamp

lâmpada piloto (ELECT.) telltale lamp

lâmpada regulável (ELECT.) ballast lamp

lâmpada semi-incandescente (ELECT.) flame lamp

lâmpada tipo vela (ELECT.) candle-lamp

lamprófiros (GEO.) lamprophyres

lanarkita (MINER.) lanarkite

lança (BUILD.) lance

lança de guindaste (MECH.) jib; pulog

lançadeira (TEXT.) fly shuttle; shuttle

lançador de pinça (TEXT.) gripper-shuttle

lançamento (AERO.) launching; jettisoning; lift-off

lançamento (ARCH.) jetting-out

lançamento (GEN.) throwing; laying; ejection

lançamento (SPACE) lift-off; lifting-off

lançamento (TELECOM.) launching

lançamento à água (NAV.) launching

lançamento de fragmentos de chumbo (MECH.) shot blasting

lançamento por cordão de choque (AERO.) shock launching

lançamento por guincho (AERO.) winch launch

lança móvel de Hancock (MINING) Hancock jig

lanceolado (BOT.) hastate; lanceolate

lancinante (MED.) lancinating

lanços de frontão (ARCH.) crow steps

Landeiliano (GEO.) Llandeilo

landerita (MINER.) landerite; xalostocite

landoveriano (GEO.) llandovery

langite (MINER.) langite

laniar (laniário) (ZOO.) laniary

lanifícios (TEXT.) woollen

lanolina (CHEM.) lanolin

lanosterol (CHEM.) lanosterol

lansfordita (MINER.) lansfordite

lantanídeos (CHEM.) lanthanides

lantânio (CHEM.) lanthanum

lanterna de Aristóteles (ZOO.) Aristotle's lantern

lanterna de projecção (PHYS.) projection lantern

lanterna de xénon (ELECTRON.) xenon headlamp

lanternim (BUILD.) femerell

lanudo (BOT.; ZOO.) lanate

lanugem (ZOO.) down

lanuginoso (BOT.; ZOO.) lanuginose

lanugo (ZOO.) lanugo

lanvirniano (GEO.) llanvirn

laparocele (MED.) laparocele

laparoscopia (MED.) laparoscopy

laparotomia (MED.) laparotomy

lapiás (GEO.) lapiés

lapidícola (ZOO.) lapidicolous

lápis-lazúli (MINER.) lapis lazuli

lápis-lazúli falso (MINER.) German lapis; Swiss lapis

lapso de tempo (IMAGE TECH.) time lapse

lapsos (PSYCHO.) Freudian slip

laquear (MED.) ligate

largar para a aterragem (AERO.) flare-out

largo (ARCH.) piazza

largo espectro (CHEM.; MED.) broad-spectrum

largura (PHYS.) width

largura de banda (TELECOM.) bandwidth

largura de banda da antena (TELECOM.) aerial bandwidth

largura de banda da voz (TELECOM.) speech bandwidth

largura de banda de facsimile (TELECOM.) facsimile bandwidth

largura de banda de meia potência (TELECOM.) half-power bandwidth

largura de banda de Nyquist (TELECOM.) Nyquist bandwidth

largura de banda do barramento de dados (COMP.) bus width

largura de banda efectiva (TELECOM.) effective bandwidth

largura de faixa de ruído (ELECT.) noise bandwidth

largura de faixa do sistema (ELECT.) system bandwidth

largura de faixa nominal (TELECOM.) nominal bandwidth

largura de feixe de radar (RADAR) radar beam width

largura de impulso (TELECOM.) pulse-width

largura de linha (TELECOM.) line width

largura do canal (COMP.; TELECOM.) channel width

largura do feixe de antena (TELECOM.) antenna beam width

largura registada (NAV.) registered breadth

laringe (MED.; ZOO.) larynx

laringe artificial (MED.) artificial larynx

laringectomia (MED.) laryngectomy

laríngeo (MED.) laryngeal; laryngeus

laringismo (MED.) laryngismus

laringite (MED.) laryngitis

laringite aguda diftérica (MED.) croup

laringocele (MED.) laryngocele

laringofaringe (MED.) laryngopharynx

laringofaringite (MED.) laryngopharyngitis

laringofissura (MED.) laryngofissure

laringofone (PHYS.) laryngophone; throat microphone

laringografia (MED.) laryngography

laringógrafo (MED.) laryngograph

laringologia (MED.) laryngology

laringomalacia (MED.) laryngomalacia

laringoscopia (MED.) laryncoscopy

laringoscópio (MED.) laryngoscope

laringospasmo (MED.) laryngospasm

laringostenose (MED.) laryngostenosis

laringostomia (MED.) laryngostomy

laringostroboscópio (MED.) laryngosthromboscope

laringotomia (MED.) laryngotomy

laringótomo (MED.) laryngotome

laringotraqueal (MED.) laryngotracheal

laringotraqueíte (MED.) laryngotracheitis

laringotraqueíte infecciosa (VET.) infectious laryngotracheitis (ILT)

laringotraqueobronquite (MED.) laryngotracheobronchitis

laringotraqueotomia (MED.) laryngotracheotomy

larnita (MINER.) larnite

laroz (BUILD.) jack rafter

laroz metálico (BUILD.) metal valley

larva (ZOO.) larva

larva ápode (ZOO.) apodous larva

larváceo (ZOO.) larvaceous

larva da mosca do verme (VET.) bot

larva de mosca (ZOO.) maggot

larval (larvário) (ZOO.) larval

larva migrans (BIO.) larva migrans

larvíparo (ZOO.) larviparous

larviquito (GEO.:; MINER.) laurvikite, larvikite

larvívoro (ZOO.) larvivorous

larvófago (ZOO.) larviphagic

lasca (BUILD.) galet; spall; knocking

lasca (MINER.) lasca

laser anular (PHYS.) ring laser

laser azul (IMAGE TECH.) blue laser

laser bombeado (ELECTRON.) pumped laser

laser colorido (PHYS.) dye laser

laser de árgon (PHYS.) argon laser

laser de captação (ELECTRON.) acquisition laser

laser de cristal (ELECT.) crystal laser

laser de diodo (ELECTRON.) diode laser

laser de diodo semicondutor (PHYS.) semiconductor diode laser

laser de dióxido de carbono (PHYS.) carbon-dioxide laser

laser de érbio (PHYS.) erbium laser

laser de frequência modulada (TELECOM.) frequency-modulation laser

laser de gás (PHYS.) dye laser
laser de hélio e néon (PHYS.) helium-neon laser; HE-NE laser
laser de impulsos (PHYS.) pulsed laser
laser de injecção (PHYS.) injection laser
laser de raios X (PHYS.) X-ray laser
laser de semicondutor (ELECTRON.) semiconductor laser
laser de substrato canalizado (GEN.) channelled substrate laser
laser de três níveis (ELECTRON.) three-level laser
laser duplo (PHYS.) dual laser
laser excitado pelo Sol (PHYS.) sun-pumped laser
laser molecular (PHYS.) molecular laser
laser-vigia (ELECTRON.; RADAR) laser ranger
lastro (BUILD.) kentledge
lastro (NAV.) ballast
lastro da cauda (AERO.) tail drag
lastro de água (NAV.) water ballast
lastro de ferro (BUILD.) kentledge
latão (MECH.) brass
latão alfa (ENG.) alpha-brass
latão arsenical (CHEM.) arsenical brass
latão com elevada percentagem de zinco (MECH.) high brass
latão com liga de chumbo (MECH.) leaded brass
latão de alta resistência (MECH.) high-strength brass
latão de alumínio (MECH.) aluminium-brass
latão de corte livre (MECH.) free-cutting brass
latão gama (MECH.) gamma brass
latão naval (MECH.) naval brass; Admiralty brass
latão para cartuchos (MECH.) cartridge brass
latão silicioso (MECH.) silicon brass
latão sinterizado (MECH.) sintered brass
latão vermelho (MECH.) red brass
latência (GEN.) latency
latência de resposta (PSYCHO.) response latency
latente (ZOO.) latent
lateral (GEN.) lateral
lateralidade (PSYCHO.) lateralization; laterality
lateralização (PSYCHO.) lateralization, laterality
laterígrado (ZOO.) laterigrade
laterito (MINER.) laterite
laterização (GEO.) laterization
látero-abdominal (MED.) lateroabdominal
látero-esfenóide (ZOO.) laterosphenoid
lateroflexão (MED.) lateroflexion, lateroflection
látex (BOT.) latex
látex vulcanizado directamente (CHEM.) vultex
laticífero (BOT.) laticifer
latirismo (MED.) lathyrism
latitude (GEN.) latitude
latitude celeste (ASTRO.; GEO.) celestial latitude

latitude geocêntrica (ASTRO.) geo-centric latitude
latitude geográfica (ASTRO.) geo-graphical latitude
latitude geomagnética (ASTRO.) geo-magnetic latitude
latitude polar (GEO.) polar latitude
latitude sul (GEO.) Southern latitude
latrina (BUILD.) water closet
latrina inodora de terra (BUILD.) earth closet
láudano (MED.) laudanum
laumontite (MINER.) laumontite
Lauráceas (BOT.) Lauraceae
Laurásia (GEO.) Laurasia
laurdalito (lardalito) (MINER.) lau-rdalite, lardalite
Laurencia (GEO.) Laurentia
laurêncio (CHEM.) lawrencium
lava (GEO.) lava
lava cordada (GEO.) phoehoe; ropy lava
lava cristalina (GEO.) crystalline lava
lavador (MECH.) scourer
lavadora de carvão (MINING) coal washery
lavador Baum (MINING) Baum jig
lavador de metais (MINING) buddle
lavador de motores a oxigénio (MECH.) oxygen scavenger
lavador de tambor (PAPER) drum washer
lavador mecânico (BUILD.) power washer
lava em almofada (GEO.) pillow lava
lava em bloco (GEO.) block lava
lavagem (MED.) lavage
lavagem (METEO.) rain-out
lavagem (MINING) buddle-work; scav-enging
lavagem (IMAGE TECH.) washing
lavagem de minério (MINING) kieving; ore washing
lavagem de minério por agitação (MINING) tossing
lavável à máquina (TEXT.) machine-washable
lavrita (MINER.) carbonado
lawsonite (MINER.) lawsonite
laxativo (MED.) laxative; eccoprotic; purgative
lazulite (MINER.) lazulite; lazurite; lapis lazuli
lazurite (MINER.) lazulite; lazurite; lapis lazuli
LCD a cores (IMAGE TECH.) colour LCD
lecitina (BIO.) lecithin
lécito (BIO.) lecithal
lecitoblasto (BIO.) lecithoblast
lecitocele (ZOO.) lecithocoele
lecitoproteína (MED.) lecithoprotein
lectina (IMMUN.) lectin
Leda (ASTRO.) Leda (13th satellite of Jupiter)
legenda (PRINT.) legend; caption
lego-hemoglobina (BOT.) leghaemo-globin
legume (BOT.) legume; vegetable
legumina (BOT.) legumin
Leguminosas (BOT.) Leguminosae
Lehr (GLASS) Lehr (furnace); lier
lei (GEN.) law

lei antilogaritmíca (ELECTRON.) antilog law
lei biogenética (BIO.) biogenetic law
lei da absorção de Bouguer (PHYS.) Bouguer law of absorption
lei da acção da massa (CHEM.) mass action law; law of Gulberg and Waage
lei da área (ASTRO.) area rule
lei da área sónica (AERO.) law of sonic area
lei da atracção electrostática (ELECT.) law of electrostatic attraction
lei da combinação de volumes (PHYS.) Gay-Lussac's law
lei da conservação da matéria (CHEM.) law of conservation of matter
lei da corrente de Kirchoff (ELECTRON.) current law
lei da corrente induzida (ELECT.) law of induced current
lei da deformação plástica do metal (MECH.) Batba's law
lei da difusão (CHEM.) diffusion law
lei da diluição (CHEM.) dilution law
lei da diluição de Ostwald (CHEM.) Ostwald dilution law
lei da distribuição de Bose-Einstein (PHYS.) Bose-Einstein distribution law
lei da distribuição de Maxwell-Boltzmann (PHYS.) Maxwell-Boltzmann distribution law
lei da distribuição de Nernst (CHEM.) Nernst's distribution law
lei da equivalência fotoquímica (CHEM.) law of photochemical equiva-lence
lei da gravidade (PHYS.) gravitational law; law of gravity
lei da gravitação (PHYS.) law of grav-itation; law of gravity
lei da gravitação de Einstein (PHYS.) Einstein's field equation
lei da gravitação de Newton (PHYS.) Newton's law of gravitation
lei da indução electromagnética (ELECT.) law of electromagnetic induc-tion
lei da inércia (PHYS.) law of inertia
lei da massa (PHYS.) mass law
lei da propagação da luz (PHYS.) law of propagation of light
lei da radiação (PHYS.) radiation law
lei da recapitulação (BIO.) biogenetic law
lei da reflexão (PHYS.) law of reflection
lei da refracção (PHYS.) law of refrac-tion
lei das cargas eléctricas (ELECT.) law of electric charges
lei das pressões parciais (CHEM.; PHYS.) law of partial pressures
lei das proporções definidas (CHEM.) law of constant proportions
lei das proporções equivalentes (CHEM.) law of equivalent proportions
lei das proporções inversas (CHEM.) law of reciprocal proportions
lei das proporções múltiplas (CHEM.) law of multiple proportions; Dalton's law of partial pressure
lei da viscosidade de Newton (PHYS.) Newton's law of viscosity
lei de Abney (PHYS.) Abney law

lei de Abram (BUILD.) Abram's law
lei de acção das massas (CHEM.) law of mass action; mass action law
lei de Amagat de combinação de volumes (CHEM.) Amagat's law of combining volumes
lei de Ampère (PHYS.) Ampère's law
lei de Avogadro (CHEM.) Avogadro's law
lei de Babo (PHYS.) Babo's law
lei de Barba (MECH.) Barba's law
lei de Beer (CHEM.) Beer's law
Lei de Beer-Lamberts (PHYS.) Beer-Lambert law
lei de Bergmann (ZOO.) Bergmann's law
lei de Bernoulli (PHYS.) Bernoulli's law
lei de Biot-Savart (PHYS.) Biot-Savart's law
lei de Blagden (CHEM.) Blagden's law
lei de Blondel-Ray (PHYS.) Blondel-Ray law
lei de Bode (ASTRO.) Bode's law
lei de Boyle (PHYS.) Boyle's law
lei de Boyle e Mariotte (PHYS.) law of Boyle and Mariotte; Boyle-Mariotte's law
lei de Bravais (CRYST.) Bravais' law
lei de Brewster (PHYS.) Brewster law
lei de Bunsen-Kirchoff (PHYS.) Bunsen-Kirchoff law
lei de Buys-Ballot (METEO.) Buys-Ballot's law
lei de Cailletet e Mathias (CHEM.) Cailletet's and Mathias' law
lei de Charles (PHYS.) Charles's law
lei de Coulomb (PHYS.) Coulomb's law; law of electrostatic attraction
lei de Coulomb para o magnetismo (PHYS.) Coulomb's law for magnetism
lei de Curie-Weiss (PHYS.) Curie-Weiss law
lei de Dalton (CHEM.) Dalton's law; law of constant proportions
lei de Darcy (NUCL.) Darcy's law
lei de desintegração (PHYS.) decay law
lei de deslocamento (PHYS.) displacement law
lei de deslocamento de Wien (ELECT.) Wien's displacement law
lei de distribuição (CHEM.) distribution law
lei de Drapper (CHEM.) Drapper's law
lei de Drude (PHYS.) Drude law
lei de Duane e Hunt (PHYS.) Duane and Hunt's law
lei de Dulong e Petit (CHEM.) Dulong and Petit's law
lei de Egnell (METEO.) Egnell's law
lei de Einstein da equivalência fotoquímica (CHEM.) Einstein law of photochemical equivalent
lei de Einstein-Planck (PHYS.) Einstein-Planck law
lei de Fajans-Soddy da desintegração radioactiva (CHEM.) Fajans-Soddy law of radioactive displacement
lei de Faraday (PHYS.) Faraday's law
lei de Faraday da indução (PHYS.) Faraday's law of induction
lei de Faraday da indução electromagnética (PHYS.) Faraday's law of electromagnetic induction

lei de Fechner (MED.) Fechner law
lei de Fechner-Weber (MED.) Fechner-Weber law; Fechner law; Weber law
lei de Fermi-Dirac-Sommerfeld (PHYS.) Fermi-Dirac-Sommerfeld law
lei de Ferrel (METEO.) Ferrel law
lei de Fick da difusão (CHEM.) Fick's law of diffusion
lei de Fourier de condução do calor (PHYS.) Fourier heat equation
lei de fricção de Newton (PHYS.) Newtonian friction law
lei de Gay-Lussac (PHYS.) Gay-Lussac's law; law of volumes
lei de Gladstone e Dale (PHYS.) Gladstone and Dale law
lei de Graham (CHEM.) Graham's law
lei de Grotthus-Draper (CHEM.) Grotthus-Draper law
lei de Guldberg e Waage (CHEM.) Guldberg and Waage's law
lei de Haeckel (BIO.) Haeckel's law; biogenetic law
lei de Haeckel-Muller (BIO.) Haeckel-Muller law; biogenetic law
lei de Hardy e Schulze (MINING) Hardy and Schulze law
lei de Hardy-Weinberg (BIO.) Hardy-Weinberg law
lei de Hartley (TELECOM.) Hartley's law
lei de Hartley-Shannon (ELECTRON.) Hartley-Shannon law
lei de Henry (CHEM.) Henry's law
lei de Hess (CHEM.) Hess's law
lei de Hilt (GEO.) Hilt's Law
lei de Hooke (PHYS.) Hooke's law
lei de Hubble (ASTRO.) Hubble law
lei de Joule (PHYS.) Joule's law
lei de Kelvin (ELECT.) Kelvin's law
lei de Kepler (ASTRO.) Kepler's law
lei de Kick (MINING) Kick's law
lei de Kirchhoff (PHYS.) Kirchhoff's law
lei de Kohlrausch (CHEM.) Kohlrausch's law
lei de Kopp (CHEM.) Kopp's law
lei de Lambert (PHYS.) Lambert's law
lei de Lamont (ELECT.) Lamont's law
lei de Langmuir (ELECTRON.) Langmuir law
lei de Langmuir-Child (ELECTRON.) Langmuir-Child law; Langmuir law
lei de Lenz (ELECT.) Lenz's law
lei de luminosidade de massa (ASTRO.) mass luminosity law
lei de Malus (PHYS.) Malus' law
lei de Mariotte (PHYS.) Mariotte's law
lei de Mendeleev (PHYS.) Mendeleev's law
lei de Mitscherlich do isomorfismo (CHEM.) Mitscherlich's law of isomorphism
lei de Moore (GEN.) Moore's law
lei de Moseley (PHYS.) Moseley's law
lei de Murphy (ELECTRON.) Murphy's law
lei de Neumann (CHEM.) Neumann's law
lei de Newton (PHYS.) Newton's law; law of gravitation
lei de Ohm (PHYS.) Ohm's law
lei de Ohm da audição (PHYS.) Ohm's law of hearing

lei de Paschen (PHYS.) Paschen's law
lei de Planck (PHYS.) Planck's law
lei de Poiseuille (HYDRO.) Poiseuille's law
lei de Poisson (PHYS.) Poisson's law
lei de probabilidade (STAT.) probability law
lei de radiação de Planck (PHYS.) Planck's radiation law
lei de radiação de Stefan (PHYS.) Stefan's law of radiation
lei de Raoult (CHEM.) Raoult's law
lei de Rayleigh (PHYS.) Rayleigh law
lei de Rayleigh-Jeans (PHYS.) Rayleigh-Jeans law
lei de Rittinger (PSYCHO.) Rittinger's law
lei de Snell (PHYS.) Snell's law
lei de sobreposição dos estratos (GEO.) law of superposition of strata
lei de Stefan-Boltzmann (PHYS.) Stefan-Boltzmann law
lei de Steinmetz (ELECT.; PHYS.) Steinmetz law
lei de Stokes (PHYS.) Stokes's law
lei de Titius-Bode (ASTRO.) Titius-Bode law
lei de van't Hoff (CHEM.) van't Hoff's law
lei de van Valen (ECO.) Van Valen's 'law'
lei de Weber (MED.) Weber's law; Fechner law; Fechner-Weber law
lei de Wiedemann-Franz (PHYS.) Wiedemann-Franz law
lei de Wien para radiação de um corpo negro (PHYS.) Wien's law for radiation from a black body
lei do co-seno (PHYS.) cosine law
lei do co-seno de Lambert (PHYS.) Lambert's cosine law
lei do efeito (PSYCHO.) law of effect
lei do inverso do quadrado (PHYS.) inverse square law
lei do isomorfismo (CHEM.) law of isomorphism
lei do movimento de Newton (PHYS.) Newton's law of motion
lei do ponto de congelamento (CHEM.) Bladgen's law
lei do potenciómetro (ELECTRON.) potentiometer law
lei do resfriamento de Newton (PHYS.) Newton's law of cooling
lei dos Curie (PHYS.) Curies' law
lei dos expoentes (MATH.) law of exponents
lei dos gases (PHYS.) perfect-gas law
lei dos índices racionais (CHEM.) law of rational indices
lei dos oitavos (CHEM.) law of octaves
lei dos solenoides paralelos (PHYS.) law of parallel solenoids
lei do vento bárico (METEO.) Buys-Ballot's law
lei fotoeléctrica de Einstein (PHYS.) Einstein photoelectric law
lei hidrostática (HYDRO.) hydrostatic law
lei logarítmica (MATH.) logarithmic law
lei matemática (MATH.) mathematical law
lei mecânica (ASTRO.) mechanical law

leiomioma (MED.) leiomyoma
leiomiossarcoma (MED.) leiomyosarcoma
leiótrico (ZOO.) leiotrichous
lei periódica (CHEM.) periodic law
lei período-luminosidade (ASTRO.) period-luminosity law
leis da conservação (GEN.) conservation laws
leis da reflexão (PHYS.) reflection laws
leis de absorção (MATH.) absorption laws
leis de Biot (PHYS.) Biot laws
leis de Faraday da electrólise (PHYS.) Faraday's laws of electrolysis
leis de Fresnel-Arago (PHYS.) Fresnel-Arago laws
leis de Gauss da electrostática (ELECT.) Gauss' laws of electrostatics
leis de Kepler do movimento planetário (ASTRO.) Kepler's laws of planetary motion
leis de Mendel (BIO.) Mendel's laws
leis dos gases (PHYS.) gas laws
leis dos gases perfeitos (PHYS.) perfect-gas laws
leishmaníase (MED.) leishmaniasis; leishmaniosis
leishmaníase cutânea (MED.) cutaneous leishmaniasis; Delhi boil
leishmaniose (MED.) leishmaniasis, leishmaniosis
leite (ZOO.) lac; milk
leite de cal (BUILD.) lime wash
leite de cal (CHEM.) lime milk
leite de magnésia (CHEM.) magnesia magma
leite de pomba (ZOO.) pigeon's milk
leite de rocha (MINING) rock milk
leito (GEO.) bed
leito calcário (GEO.) bone bed
leito de areia (BUILD.) sand cushion
leito de assentamento (BUILD.) coursing joint
leito de calha (BUILD.) gutter bed
leito de contacto (BUILD.) contact bed
leito de desova dos salmões (ECO.) redd
leito de estrada (BUILD.) road bed
leito de fundição (MECH.) pig bed
leito de fundo arenoso (GEO.) bottomset bed
leito de rocha (MINING) bedrock
leito do mar (GEO.) sea-floor
leito escalonado (HYDRO.) stepped bed
leito fosfático (GEO.) phosphatic bed
leito horizontal (GEO.) horizontal bed
leitora de fita de papel (COMP.) paper-tape reader
leitor de baixa prioridade (COMP.) background reader
leitor de caracteres (COMP.) character reader
leitor de caracteres magnéticos (COMP.) magnetic character reader
leitor de cartões (COMP.) card reader
leitor de cassetes com inversão de pista automática (TELECOM.) auto-reverse cassette player
leitor de código de barras (COMP.) bar code reader; bar code scanner
leitor de documentos (COMP.) document reader

leitor de fita magnética (COMP.) magnetic tape reader
leitor-gravador de cassetes duplo (TELECOM.) double cassette deck
leito rodoviário (BUILD.) road bed
leitor óptico de caracteres (COMP.) optical character reader
leitor para etiquetas (COMP.) badge reader
leitor/perfurador de cartões (COMP.) card reader/punch
leito salino (GEO.) salt bed
leito sedimentar (GEO.) sedimentary bed
leitos poríferos (GEO.) sponge beds
leitura (COMP.) reading
leitura de impressão dupla (COMP.) double pulse reading
leitura destrutiva (COMP.) destructive read-out
leitura em armazenamento (COMP.) read-out
leitura não destrutiva (COMP.) non-destructive readout
leitura para a memória (COMP.) read in
lema (BOT.) lemma
lema (GEN.) lemma; proposition; theme
lema (MATH.) lemma
lema de Schur (MATH.) Schur's lemma
lema de Schwarz (MATH.) Schwarz's lemma
lembrar (PSYCHO.) recall
leme (AERO.) rudder
leme compensado(r) (AERO.) balanced rudder
leme da cauda (AERO.) tail rudder
leme de direcção (AERO.) rudder; fin
leme de direcção compensado (AERO.) compensated rudder
leme de profundidade (AERO.) forward elevator; elevator
leme de profundidade de submarino (NAV.) hydroplane
leme horizontal (AERO.) hydrovane
lemniscata de Bernoulli (MATH.) lemniscate of Bernoulli
lençol de água suspenso (GEO.) perched water-table
lençol de geada (METEO.) frost table
lençol de petróleo (MINING) oil pool
lençol de superfície (GEO.) superficial sheet
lençol freático (GEO.; MINING) phreatic sheet
lençol freático de praia (GEO.) beach water table
lenhícola (BOT.; ZOO.) lignicole, lignicolous
lenhina (BOT.) lignin
lenhívoro (ZOO.) lignivorous
lenho (BOT.) wood
lenho outonal (BOT.) autumn wood
lenho primaveril (BOT.) early wood; spring wood
lente (GEN.) lens
lente acromática (PHYS.) achromatic lens
lente acústica (PHYS.) acoustic lens
lente analática (SURV.) anallatic lens
lente anamórfica (IMAGE TECH.) anamorphic lens
lente anastigmática (PHYS.) anastigmatic lens

lente apocromática (PHYS.) apochromatic lens
lente asférica (IMAGE TECH.) aspheric lens
lente astigmática (IMAGE TECH.) astigmatic lens
lente Barlow (PHYS.) Barlow lens
lente catóptrica (PHYS.) catoptric lens
lente cilíndrica (PHYS.) cylindrical lens
lente Coddington (PHYS.) Coddington lens
lente côncava (PHYS.) concave lens
lente convergente (PHYS.) convergent lens; condenser
lente convexa (PHYS.) convex lens
lente de ampliação (IMAGE TECH.) enlarging lens
lente de campo (PHYS.) field lens
lente de captação (IMAGE TECH.) collecting lens
lente de clivagem de Billet (PHYS.) Billet split lens
lente de contacto (PHYS.) contact lens
lente de correcção de cor (IMAGE TECH.; PHYS.) colour-corrected lens
lente de electrões (ELECTRON.) electron lens
lente de filtragem (PHYS.) filter lens
lente de filtro (PHYS.) filter lens
lente de focagem variável (IMAGE TECH.) varifocal lens; zoom lens; zoom
lente de Fresnel (IMAGE TECH.) Fresnel lens
lente de horizonte (SURV.) horizon glass
lente de polarização (IMAGE TECH.) polarizing lens
lente de projecção (PHYS.) projection lens
lente de reprodução (IMAGE TECH.) copy lens
lente de telefoto (IMAGE TECH.) telephoto lens
lente de telefoto invertida (IMAGE TECH.) inverted telephoto lens
lente de telescópio (PHYS.) telescope lens; telescope gauge
lente dicróica (IMAGE TECH.) dichroic lens
lente dieléctrica (TELECOM.) dielectric lens
lente dióptrica (PHYS.) dioptre lens
lente divergente (PHYS.) divergent lens; dispersion lens
lente electromagnética (ELECTRON.) electromagnetic lens
lente electrónica (ELECTRON.) electron lens
lente electrostática (ELECTRON.) electrostatic lens
lente em forma de régua (MECH.) cylindrical strip lens
lente equivalente (PHYS.) equivalent lens
lente esférica (PHYS.) spherical lens
lente focal difusa (IMAGE TECH.) soft-focus lens
lente grande angular (IMAGE TECH.) wide-angle lens
lente grossa (PHYS.) thick lens
lente magnética (PHYS.) magnetic lens
lente metálica (TELECOM.) metallic lens

lente móvel (PHYS.) movable lens
lente ocular (PHYS.) eye lens
lente olho de peixe (IMAGE TECH.) fish-eye lens
lente óptica (PHYS.) optical lens
lente panorâmica (IMAGE TECH.) landscape lens
lente plana (PHYS.) flat lens
lente polarizadora (PHYS.) crossed lens
lente polaróide (IMAGE TECH.) polaroid lens
lente prismática (PHYS.) prismatic lens
lente rectilínea (IMAGE TECH.) rectilinear lens
lente reflectora (IMAGE TECH.) mirror lens
lente revestida (PHYS.; IMAGE TECH.) coated lens
lente suplementar (IMAGE TECH.) supplementary lens
lente zoom (IMAGE TECH.) zoom lens; zoom; varifocal lens
lenticela (BOT.) lenticel
lenticone (MED.) lenticonus
lentícula (GEO.) lenticle
lenticular (BOT.; MINER.; ZOO.) lenticular
lenticular (núvens) (GEO.) lenticularis
lentículas de areia (MINING) sandrock
lentigem (MED.) lentigo
lentilha (GLASS) coquilhe
lento (PHYS.) slow
Leónidas (ASTRO.) Leonids (swarm of meteors)
leontíase óssea (MED.) leontiasis ossea
lepidocrocita (MINER.) lepidocrocite
lepidolita(e) (MINER.) lepidolite; lithia mica
lepidomelano (MINER.) lepidomelane
Lepidópteros (ZOO.) Lepidoptera
lepídoto (BOT.) lepidote
lepospondiloso (ZOO.) lepospondylous
lepra (MED.) lepra; leprosy
lepra de Malabar (MED.) elephantiasis
leproma (MED.) leproma
leprose (MED.) leprosy
leptão (PHYS.) lepton
leptinas (BIO.) leptin
leptinite (GEO.) leptynite
leptito (GEO.) leptite
leptocéfalo (ZOO.) leptocephalus
leptocercal (ZOO.) leptocercal; leptocercous
leptócito (BIO.) leptocyte
leptocromático (ZOO.) leptochromatic
leptodáctilo (ZOO.) leptodactylous
leptodérmico (ZOO.) leptodermatous
leptoma (BOT.) leptom; leptome
leptomeníngeo (MED.) leptomeningeal
leptomeningite (MED.) leptomeningitis
leptonema (BIO.) leptonema
leptospirose (MED.; VET.) leptospirosis
leptospirose canina (VET.) canine typhus; canine leptospirosis; head grit; yellows; canine leptospiral jaundice
leptosporângio (BOT.) leptosporangium
leptóteno (BIO.) leptotene
leque abissal (GEO.) abyssal fan
leque aluvial (GEO.) alluvial fan
leque de entrada (ELECT.) fan-in

leque submarino (GEO.) submarine fan
lesão (MED.) lesion
lesão cutânea (MED.) sore
lesão de translocação (BIO.) translocated injury
lesão por radiação (NUCL.) radiation damage
lesbianismo (MED.) lesbianism
letal (BIO.) lethal
letal condicional (BIO.) conditional lethal
letargia (MED.) stupor; hebetude
letargia de neutrões (NUCL.) lethargy of neutrons
letra gótica (PRINT.) black letter
letra inicial maior que as outras (PRINT.) cock-up
letra ligada (PRINT.) ligature
letras ascendentes (PRINT.) ascending letters
letras de contorno (PRINT.) outline letters
letras de perfil (PRINT.) outline letters
letras maiúsculas (PRINT.) caps
letras mortas (PRINT.) dead letters
leucemia (MED.) leukaemia; leukemia
leucemia felina (VET.) feline leukemia
leucemia linfática (MED.) lymphatic leukaemia
leucina (CHEM.) leucine
leucite (MINER.) leucite
leucitófiro (GEO.) leucitophyre
leucobase (CHEM.) leuco-base
leucoblasto (ZOO.) leucoblast
leucocitemia (MED.) leucocythaemia
leucócito (ZOO.) leucocyte; white cell
leucócito basófilo (IMMUN.; MED.) basophil leucocyte
leucócito eosinófilo (IMMUN.) eosinophil leucocyte
leucocitopenia (MED.) leucocytopenia; leucopenia
leucócito polimorfonuclear (IMMUN.) polymorphonuclear leucocyte
leucocitose (MED.) leucocytosis
leucocitozoonose (VET.) leucocytozoonosis
leucocrática (GEO.) leucocratic (rock)
leucoderma (MED.) leucodermia, leucoderma
leucodermia adquirida (MED.) acquired leucodermia; vitiligo
leucoeritroblastose (MED.) leuco-erythroblastica anaemia
leucopenia (MED.) leucopenia, leucocytopenia
leucoplasia (MED.) leucoplakia
leucoplastídio (BOT.) leucoplast
leucopoese (MED.) leucopoiesis
leucopsina (MED.) leukopsin
leucoriboflavina (CHEM.) leukoriboflavin
leucorreia (MED.) leucorrhoea, leucorrhea; fluor albus
leucorreia das vacas (VET.) whites
leucosafira (MINER.) leucosapphire; white sapphire
leucose aviária (VET.) avian leucosis
leucose bovina enzoótica (VET.) enzootic bovine leukosis
leucose eritróide das aves (VET.) avian erythroid leucosis

leucose monocítica aviária (VET.) avian monocytosis; pullet disease
leucossarcoma (MED.) leukosarcoma
leucotomia (MED.) leucotomy
leucotrienos (IMMUN.; MED.) leukotrienes
leucotrombina (MED.) leukothrombin
levantador (GEN.) lifter; elevator
levantamento (SURV.) bearing
levantamento (GEO.) uplift
levantamento a cadeia (SURV.) chaining
levantamento aéreo (SURV.) aerial surveying
levantamento batimétrico (GEO.) bathymetric survey
levantamento botânico (MINING) vegetation survey
levantamento cadastral (SURV.) cadastral survey
levantamento com bússola (SURV.) compass survey
levantamento completo (SURV.) complete survey
levantamento das camadas inferiores (BUILD.) lifting
levantamento de furo (MINING) borehole survey
levantamento de pêlo (TEXT.) raising
levantamento de planos em cadeia (SURV.) chain survey
levantamento fotográfico de furo (MINING; SURV.) photographic borehole survey
levantamento geobotânico (MINING) geobotanical surveying
levantamento geodésico (TOPO.) geodetic surveying
levantamento geológico (TOPO.) geological survey
levantamento geotérmico (GEO.) geothermal survey
levantamento hidrográfico (SURV.) marine surveying
levantamento magnético (SURV.) magnetic survey
levantamento orográfico (METEO.) orographic lifting
levantamento orográfico (SURV.) orographic survey
levantamento planimétrico (SURV.) plane surveying
levantamento por secções transversais (SURV.) traverse
levantamentos cruzados (SURV.) cross-bearings
levantamento topográfico (SURV.) surveying; contour survey; photographic surveying
levantamento topométrico (SURV.) surveying
levantamento trigonométrico (SURV.) trigonometrical survey
levedura da cerveja (BOT.) bottom yeast; saccharomyces cerevisie
levigação (MINING) levigation
levina (levinita) (MINER.) levyne; levynite
levisite (lewisite) (MINER.) lewisite
levitação de supercondução (PHYS.) superconducting levitation
levitação magnética (PHYS.) magnetic levitation

levitrão (NUCL.) levitron
levodopa (MED.) levodopa; L-dopa
levogiro (AERO.) loevogyrate
levogiro (GEN.) counterclockwise; levorotatory
levogiro (METEO.) anticlockwise; backing
levogiro (PHYS.) laevorotatory
levulose (CHEM.) levulose; D-fructose; laevulose
levyna (levynita) (MINER.) levyne, levynite
lewisite (levisite) (MINER.) lewisite
lexiviação (GEO.) eluviation
lezíria (GEO.) eyot
lezíria (ECO.) washplain
lherzolito (GEO.) lherzolite
liana (BOT.) liana, liane
Lias (GEO.) Lias
Liássico (GEO.) Lias
liberação diurna (ASTRO.) diurnal liberation
liberdade (ENG.) freedom
libertação (MECH.) release
libertação (MINING) liberation
libertação de baixa voltagem (ELECT.) low-volt release
libertação de gás (SPACE) outgassing
libertação de tensão (MECH.) stress relief
libertar (COMP.) clear
libethernite (MINER.) libethernite
líbido (PSYCHO.) libido
libolite (MINER.) libollite
libra (GEN.) pound
libração (ASTRO.) libration
libração em latitude (ASTRO.) libration in latitude
libração em longitude (ASTRO.) libration in longitude
libra-massa (PHYS.) slug (unit of mass in gravitational system of units)
libra/pé (PHYS.) foot-pound
Licença A (AERO.) A-licence
liço (TEXT.) heald; hedle
licopódio (BOT.) club moss
Licópsidas (BOT.) Lycopsida
licor alcoólico concentrado (CHEM.) spirit
licor de Fehling (CHEM.) Fehling's solution
licor de Schweitzer (CHEM.) Schweitzer's reagent
lidite (CHEM.) lyddite; basanite
lidito (MINER.) Lydian stone; lydite; touchstone
lidocaína (CHEM.) lidocaine
lidoflazina (CHEM.) lidoflazine
lienteria (MED.) lientery
lientérico (MED.) lienteric
liga (CHEM.; ENG.; MECH.) alloy
liga à base de chumbo (MECH.) lead base alloy
ligação (BIO.) coupling; linkage; ligation
ligação (COMP.) hussback
ligação (ELECT.) connection; plugging
ligação (GEN.) bond; joint; link; connection; union
ligação (MED.) ligate (bandage)
ligação (TELECOM.) switching; connection
ligação à massa (AERO.) bonding

ligação à massa (ELECT.) frame connection; grounding; earth connection; ground connection; bonding
ligação anódica (TELECOM.) anode strap
ligação ao assinante (TELECOM.) final loop
ligação assíncrona (TELECOM.) asynchronous connection
ligação à terra (ELECTRON.) earth bonding
ligação à terra (AERO.) bonding
ligação a terra de resistência (ELECT.) resistance grounding
ligação a terra do sinal (ELECTRON.) signal ground
ligação a terra flutuante (ELECT.) floating ground
ligação a terra indutiva (ELECT.) inductive grounding
ligação atómica (CHEM.) atomic bond
ligação áudio (TELECOM.) audio coupling
ligação básica (COMP.) basic linkage
ligação BNC (IMAGE TECH.) BNC connector
ligação coaxial (TELECOM.) coaxial connector
ligação com fio móvel (ELECT.) jumper
ligação covalente (CHEM.) covalent bond; co-ordinate bond; dative bond
ligação cruzada (MECH.) cross bracing
ligação cruzada à inglesa (BUILD.) English cross bond
ligação cruzada à terra (ELECT.) cross-bonding
ligação da base à terra (ELECTRON.) grounded-base connection
ligação da chaminé (BUILD.) chimney bond
ligação de compensação (ELECT.) balancing connection
ligação de comunicação (COMP.) communication link
ligação de contacto múltipla (TELECOM.) bank multiple
ligação de corrente contínua (ELECT.) d.c. wiring
ligação de dados (COMP.) data link
ligação de equilíbrio (ELECT.) balancing connection
ligação de Holliday (BIO.) Holliday junction
ligação de isolamento móvel (ELECTRON.) insulation displacement connector
ligação de peptídeos (BIO.) peptide bond
ligação de programas de um sistema (COMP.) system-assisted linkage
ligação de rádio frequência (TELECOM.) RF connector
ligação de resistência (ELECT.) resistance wiring
ligação descendente de satélite (COMP.) satellite downlink
ligação de sistema assistido (COMP.) system-assisted linkage
ligação de superfície (BUILD.) facing bond
ligação de tempo limite (ELECT.) time-limit attachment

ligação de um só electrão (ELECT.) one-electron bond
ligação de válvulas em paralelo (ELECTRON.) back-to-back
ligação diagonal (BUILD.) backing bond
ligação do colector à terra (ELECTRON.) grounded-collector connection
ligação do condensador (ELECT.) condenser connection
ligação do emissor à terra (ELECTRON.) grounded-emitter connection
ligação eléctrica (ELECT.) electrical connection
ligação electrostática (CHEM.) electrostatic bonding
ligação electrovalente (CHEM.) electrovalent bond
ligação em cadeia (ELECT.) linkage
ligação em contrafase (ELECT.) push-pull amplifier
ligação em diagonal (MECH.) cross bracing
ligação em espiga (BUILD.) herringbone bond
ligação em espinha(-de-peixe) (BUILD.) herring-bone bond
ligação em estrela-triângulo (ELECT.) star-delta connection
ligação em ponte (TELECOM.) jumper
ligação em série (ELECT.) tandem connection
ligação em triângulo (ELECT.) delta connection
ligação em ziguezague (ELECT.) zigzag connection
ligação entre trilhos (ELECT.) inter-track bond
ligação espacial (ASTRO.) space link
ligação EURO AV (IMAGE TECH.) SCART connector
ligação externa (ELECT.) exterior wiring
ligação fictícia de referência (TELECOM.) hypothetic reference link
ligação final do induzido (ELECT.) armature end connection
ligação flamenga dupla (BUILD.) double Flemish bond
ligação fosfodiéster (BIO.) phosphodiester bond
ligação genética (BIO.) sex-linkage
ligação glicosídica (BIO.) glycosidic linkage
ligação heteropolar (CHEM.) heteropolar bond
ligação impermeável (BIO.) impermeable junction
ligação indirecta (COMP.) indirect link
ligação inglesa (BUILD.) English bond
ligação integrada (COMP.) integrated attachment
ligação interna (ELECT.) inside wiring
ligação iónica (CHEM.) ionic bond
ligação lógica (COMP.) logical link
ligação mecânica (BUILD.) mechanical bond
ligação mecânica (MECH.) mechanical binding
ligação metálica (CHEM.) metallic bond
ligação molecular (CHEM.) molecular bond

ligação multicentral (CHEM.) multi-centred bonding
ligação multiplex (COMP.) multiplex link
ligação óptica (TELECOM.) optocoupler
ligação paralela (COMP.) parallel link
ligação perfeita à terra (ELECT.) dead earth
ligação periférica (COMP.) peripheral link
ligação polar (CHEM.) polar bond
ligação por canais (COMP.) channel-to-channel connection
ligação por fio (ELECTRON.) hard wiring
ligação por satélite (COMP.) satellite link
ligação positiva (ELECT.) positive wiring
ligação principal (ELECT.) main connection
ligação química (CHEM.) chemical bond
ligação rádio (TELECOM.) radio link
ligação radioeléctrica (TELECOM.) radio link
ligação radiofónica (TELECOM.) radio link
ligação rápida (BUILD.) joint fastening
ligação RCA (TELECOM.) RCA connector
ligação Redux (AERO.) Redux bonding
ligação removível (ELECT.) detachable plugging
ligação resistente à vibração (ELECTRON.) beam lead
ligação RGB (IMAGE TECH.) RGB connection
ligação SCART (IMAGE TECH.) Euro AV connector
ligação Scott (ELECT.) Scott connection
ligação sem tensão (ELECT.) non-tension joint
ligação sexual (MED.) sex-linkage
ligaçao telefónica local (TELECOM.) local exchange
ligação terminal (ELECT.) end connection
ligação tripla (CHEM.) triple bond
ligação X (BIO.) X-linkage
ligações compensadas (ELECTRON.) balanced connections
ligações cruzadas (CHEM.) cross-linking
ligações duplas conjugadas (CHEM.) conjugate double bonds
liga com permeabilidade magnética (ENG.) permeability alloy
liga com teor médio de carbono (MECH.) medium carbon alloy
liga de aço-cromo (MECH.) nitralloy
liga de alumínio (MECH.) aluminium alloy
liga de antimónio (ENG.) antimony alloy
liga de chumbo (MECH.) lead alloy; lead-tin alloy
liga de chumbo e zinco (MECH.) lead-zinc alloy
liga de cobre e zinco (ENG.; MECH.) beta brass; alpha-beta brass

liga de cupro-níquel (ELECT.) eureka
liga de estanho (ENG.) tin alloy
liga de ferro fundido (ENG.) alloy cast-iron
liga de manganés (MECH.) manganese alloy
liga de níquel (MECH.) nickel alloy
liga de ouro fundido (MECH.) gold soft
liga de tungsténio (MECH.) tungsten alloy
liga de zinco (MECH.) zinc alloy
liga de zircónio e alumínio (NUCL.) zircalloy
ligado (ELECT.) live
ligado à terra por reatância (ELECT.) reactance grounded
ligador (COMP.) linker
ligadura (MED.) ligature
liga eutética (GEN.) eutectic alloy
liga fusível (MECH.) fusible alloy
liga inoxidável (MECH.) stainless alloy
liga inoxidável a quente (MECH.) heat-resisting alloy
liga leve (MECH.) light alloy
liga magnética (MECH.) magnetic alloy
ligamento (ZOO.) ligament; shell ligament; catch muscle (in bivalve Molluscs)
ligamento de charneira (ZOO.) hinge ligament
ligamento de Poupart (MED.) Poupart's ligament; inguinal ligament
ligamento falciforme (ZOO.) falciform ligament
ligamento inguinal (MED.) inguinal ligament; Poupart's ligament; Fallopian arch
ligamentopexia (MED.) ligamentopexis, ligamentopexy
liga metálica para cátodos (ELECT.) cathode alloy
liga metálica para resistências eléctricas (MECH.) advance metal
liga não ferrosa (MECH.) non-ferrous alloy
ligando (BIO.) ligand
ligando de ponte (CHEM.) bridging ligand
ligandos (CHEM.) ligands
liga padrão (MECH.) master alloy
liga quaternária (MECH.) quaternary alloy
liga refractária (ENG.) refractory alloy
liga resistente ao calor (MECH.) heat-resisting alloy
ligas de baixo ponto de fusão (MECH.) low-melting point alloys
ligase (BIO.) ligase
ligas Elektron (MECH.) Elektron alloys [TM]
liga sem chumbo (ELECTRON.) lead-free alloys
liga sem cobre (MECH.) copper-free alloy
lignina (BOT.) lignin
lignite(o) (GEO.; MINING) lignite; soft brown coal
lignocaína (MED.) lignocaine; lidocaine
ligno-celulose (CHEM.) ligno-cellulose
ligroína (CHEM.) ligroin
ligulado (BOT.) ligulate
Liliáceas (BOT.) Liliaceae

Liliopsidas (BOT.) Liliopsida
lima bastarda de meia-cana (MECH.) half-round bastard file
lima chata (MECH.) flat file
lima chata grossa (MECH.) pillar file
limaciforme (ZOO.) limaciform
limaçon (MATH.) limaçon
lima curva (MECH.) riffler
lima de afiar serras (MECH.) saw sharpening file
lima de bordos lisos (MECH.) safe edge file
lima de canto liso (MECH.) side file
lima de corte simples (MECH.) single-cut file
lima de mão (MECH.) hand file
lima de meia-cana (BUILD.) cabinet-file
lima de meia-cana (MECH.) half-round file
lima de picado recto (MECH.) single-cut file
lima de picado simples (MECH.) float-cut file
limador (MECH.) shaper tool; shaping machine
lima fresada (MECH.) milled file
limalha (AERO.) chafe
limalha (MECH.) filing; file-dust
limalha de bronze (BUILD.) bronze powders
limalha de cobre (MECH.) copper filings
limalha de prata (CHEM.) silver sand
limalhas de ferro (MECH.) swarf
lima-murça fina (MECH.) dead-smooth file
lima paralela (MECH.) hand file
limar lateralmente (MECH.) draw-filing
limatão (BUILD.) rat-fail file
limatão quadrado paralelo (MECH.) square blunt file
límbico (ZOO.) limbic
limbo (BOT.; ZOO.) limbus; blade
limbo (ASTRO.; SURV.) limb
limbo de folha (BOT.) blade
limbo inferior (ASTRO.) lower limb
limburgite (GEO.) limburgite
limeira (BOT.) lime
limiar (GEN.) threshold
limiar (MED.) limen; threshold
limiar absoluto (COMP.) absolute threshold
limiar adaptativo (ECO.) adaptive threshold
limiar arbóreo (ECO.) waldgrenze
limiar da neve (ECO.) snow line
limiar de audição adaptativo (TELECOM.) hearing adaptive threshold
limiar de contraste (METEO.) contrast threshold
limiar de cor (PHYS.) colour threshold
limiar de descolagem (AERO.) take-off threshold
limiar de erosão (ECO.) weathering front
limiar de pista (AERO.) runway threshold
limiar diferencial (PSYCHO.) difference threshold
limiar do estímulo (PSYCHO.) stimulus threshold

limiar fotoeléctrico (ELECTRON.) photoelectric threshold

limiar galvânico (MED.) rheobase

limiar Geiger (NUCL.) Geiger threshold

limícola (ZOO.) limicolous

limitação (NUCL.) confinement

limitação biológica (BIO.) biological containment

limitação da corrente do feixe (tubo de raios catódicos) (TELECOM.) beam current limiting

limitação de carga espacial (ELECTRON.) space-charge limitation

limitação de modulação de amplitude (ELECTRON.) amplitude-modulation limiter

limitação por grade (ELECT.) grid limiting

limitador (ELECT.) automatic peak limiter; limiter

limitador (GEN.) fence

limitador (MECH.) throttle gate

limitador (TELECOM.) clipping

limitador automático de ruído (ELECTRON.) automatic noise limiter

limitador de amplitude (IMAGE TECH.) amplitude limiter

limitador de binário (AERO.) torque limiter

limitador de broca (BUILD.) bit gauge

limitador de corrente (ELECT.) current limiter; demand limiter

limitador de crista (ELECT.) peak limiter

limitador de diodo (ELECT.) diode limiter

limitador de duplo diodo (ELECTRON.) double-diode limiter

limitador de frequência (TELECOM.) frequency limiter

limitador de necessidade (ELECT.) demand limiter

limitador de pico (ELECT.) peak limiter

limitador de ruídos (PHYS.) noise limiter

limitador de tensão (ELECT.) voltage limiter

limitador de transientes de corrente (ELECTRON.) surge limiter

limitador ferromagnético (ELECT.) ferrimagnetic limiter

limitador inverso (ELECT.) inverse limiter

limitador Schmitt (ELECT.) Schmitt limiter; Schmitt circuit

limite (GEN.) limit; boundary; fringe

limite (MATH.) limit

limite cg à ré (AERO.) aft cg limit

limite continental (GEO.) continental borderland

limite crítico (MECH.) critical range; critical breakdown

limite da gravidade (AERO.) cg limit

limite de aderência (MECH.) limit of adhesion

limite de água (GEO.) edge water

limite de aquecimento (ELECT.) heating limit

limite de audibilidade (PHYS.) threshold of hearing

limite de audibilidade sonora (PHYS.) threshold of sound audibility

limite de Chandrasekhar (ASTRO.) Chandrasekhar limit

limite de concreção (MECH.) sintering limit

limite de contracção (ECO.) contraction limit

limite de corrente (ELECT.) current margin

limite de deformação (PHYS.) deformation limit

limite de deformação (MECH.) creep limit

limite de desconforto (PHYS.) threshold of pain

limite de elasticidade (MECH.; PHYS.) elastic limit

limite de endereço (COMP.) address limit

limite de erro (PHYS.) limit of error

limite de fadiga (MECH.) fatigue limit

limite de Hamming (COMP.) Hamming bound

limite de inércia (NUCL.) inertial confinement

limite de laser (PHYS.) laser threshold

limite de memória (COMP.) core boundary

limite de Nyquist (TELECOM.) Nyquist limit

limite de palavra (COMP.) word boundary

limite de prioridade (COMP.) limit of priority

limite de proporcionalidade (MECH.) limit of proportionality

limite de Rayleigh (PHYS.) Rayleigh limit

limite de reacção da liga (ENG.) alloy reaction limit

limite de resistência (MECH.) endurance limit

limite de Roche (ASTRO.) Roche limit

limite de ruptura (MECH.) ultimate strain; elastic strain

limite de saturação (ELECT.) saturation limit

limite de tensão (MECH.) range of stress

limite de transmissão (TELECOM.) transmission limit

limite de trepidação (AERO.) buffet boundary

limite de zona de sombra de antena (TELECOM.) antenna shadow boundary

limite estanque (HYDRO.) impervious boundary

limite Geiger (NUCL.) Geiger threshold

limite glacial (ECO.) glacial limit

limite hidráulico (ECO.) hydraulic boundary

limite impermeável (HYDRO.) impervious boundary

limite inferior (MATH.) lower bound

limite inferior da altura do som (PHYS.) lower pitch limit

limite integral (COMP.) integral boundary

limite médio de gelo (GEO.) average limit of ice

limite natural de elasticidade (PHYS.) natural elastic limit

limite púrpura (PHYS.) purple boundary

limites da matriz (COMP.) array bounds

limites de Atterberg (ECO.) Atterberg limits

limites de codificação (COMP.) coding bounds

limites de confiança (GEN.) confidence limits

limites de uma função (MATH.) bounds of a function

limites de variação (PHYS.) variation range

limites do centro de gravidade (AERO.) cg limits

limite superior (MATH.) upper bound

limite térmico (ELECT.) thermal limit

limnemia (MED.) limnemia

limnívoro (ZOO.) limnivorous

limnobiótico (ZOO.) limnobiotic

limnófilo (ZOO.) limnophilous

limnologia (ECO.) limnology

limo (BOT.) moss

limo (GEO.) ooze

limo (GEN.) lime; slime

limo (HYDRO.) silt

limoneno (CHEM.) limnonene

limonite (MINER.) limonite; brown hematite

limonite porosa (MINING) bog iron ore

limpador (MECH.) lifter (mould foundry)

limpador centrífugo de polpa (PAPER) centrifugal pulp cleaner

limpador de minério (MINING) vanner

limpar (COMP.) erase

limpeza (MED.) toilet

limpeza (TEXT.) scouring

limpeza à chama (BUILD.) flame cleaning

limpeza a jacto abrasivo (BUILD.) abrasive blast cleaning

limpeza de ficheiro (COMP.) file clean-up; file tidying

limpeza de impressora (COMP.) cleaning down

limpeza de memória (COMP.) clear memory

limpeza sónica (PHYS.) sonic cleaning

limpeza ultra-sónica (MECH.) ultrasonic cleaning

linarite (MINER.) linarite

lindane (CHEM.) lindane; gamma BHC; gama-benzeno hexachloride

lineamento (GEO.) lineament

linear (GEN.) linear

linearidade (TELECOM.) linearity

linearidade de exploração (IMAGE TECH.) scanning linearity

linearmente dependente (MATH.) linearly dependent

linfa (ZOO.) lymph

linfadenite (MED.) lymphadenitis

linfadenite caseosa (VET.) caseous lymphadenitis

linfadenóide (MED.) lymphadenoid

linfadenose benigna (MED.) benign lymphadenosis; infectious mononucleosis

linfagite ulcerativa (VET.) ulcerative lymphagitis

linfangiectasia (MED.) lymphangiectasis

linfangiectomia (MED.) lymphangiectomy

linfangioendotelioma (MED.) lymphangioendothelioma
linfangiologia (MED.) lymphangiology
linfangioma (MED.) lymphangioma
linfangite (MED.) lymphangitis
linfangite epizoótica (VET.) epizootic lymphangitis; Monday morning disease; sporadic lymphangitis
linfocinética (IMMUN.) lymphokine
linfocitemia (MED.) lymphocythemia
linfócito (IMMUN.) lymphocyte
linfócito B (IMMUN.) B-lymphocyte; B-cell
linfocitoblasto (MED.) lymphocytoblast
linfocitoma (MED.) lymphocytoma
linfocitopenia (MED.) lymphocytopenia
linfocitopoese (MED.) lymphocytopoiesis
linfocitose (MED.) lymphocytosis
linfócito-T auxiliar (IMMUN.) helper T-lymphocyte
linfoepitelioma (MED.) lymphoepithelioma
linfógeno (MED.) lymphogenous
linfogranuloma inguinal (MED.) lymphogranuloma inguinale
linfoma (IMMUN.; MED.) lymphoma
linfoma de Burkitt (IMMUN.; MED.) Burkitt lymphoma
linfomatose aviária (VET.) avian big liver disease
linfomatose visceral aviária (VET.) avian visceral lymphomatosis; fowl paralysis
linfoquinas (BIO.) lymphokines
linfossarcoma (MED.) lymphosarcoma
linfotoxina (IMMUN.) lymphotoxin
lingote (MECH.) casting; ingot; billet; pig
língua (ZOO.) tongue; glossa; lingua
língua azul (VET.) blue tongue; soremuzzle
língua de areia (ECO.) sand ribbon
língua de ar frio (METEO.) cold tongue
língua de ar seco (METEO.) dry air tongue
linguagem (GEN.) language
linguagem algébrica internacional (COMP.) international algebric language
linguagem algorítmica (COMP.) algorithmic language
linguagem básica (COMP.) basic language
linguagem clara (AERO.) plain language
linguagem de alto nível (COMP.) high-level language
linguagem de assemblador (COMP.) assembly language
linguagem de baixo nível (COMP.) low-level language
linguagem de comando (COMP.) command language
linguagem de comando comum (COMP.) common command language
linguagem de contexto livre (COMP.) context-free language
linguagem de contexto sensível (COMP.) context-sensitive language
linguagem de controlo de tarefas (COMP.) job control language

linguagem de definição de transformação (COMP.) transformation definition language [TDL]
linguagem de descrição de página (COMP.) page description language
linguagem de encaixe (COMP.) assembly language
linguagem de hardware (COMP.) hardware language
linguagem dependente de computador (COMP.) computer dependent language
linguagem de processamento de macro (COMP.) macro processing language
linguagem de programa (COMP.) program language
linguagem de programação (COMP.) programming language
linguagem determinística (COMP.) deterministic language
linguagem de uma só definição (COMP.) single assignment language
linguagem estruturada (COMP.) structured language
linguagem fonte (COMP.) source language
linguagem gráfica (COMP.) graphic language
linguagem invertida (TELECOM.) inverted speech
linguagem-máquina (COMP.) machine language
linguagem não procedimental (COMP.) non-procedural language
linguagem natural (COMP.) natural language
linguagem objecto (COMP.) target language
linguagem-objecto (COMP.) object language
linguagem orientada à aplicação (COMP.) application-oriented language
linguagem orientada para objecto (COMP.) object-oriented language
linguagem orientada para o homem (COMP.) human-oriented language
linguagem orientada para problema (COMP.) problem-oriented language
linguagem orientada para procedimento (COMP.) procedure-oriented language
linguagem orientada por computador (COMP.) computer-oriented language
linguagem Pascal (COMP.) Pascal language
linguagem PROLOG (COMP.) Prolog language
linguagem simbólica (COMP.) symbolic language
linguagem unidimensional (COMP.) one-dimensional language
linguagens de programação lógica (COMP.) logic programming languages
lingual (ZOO.) lingual
língua negra (MED.; VET.) black-tongue; nigrities linguae
língua presa (MED.) tongue-tie
linguatula (VET.) tongue-worm
linguatulose (VET.) linguatuliasis; linguatulosis

lingueta (BUILD.) barrel bolt; feather; bolt; tongue
lingueta (MECH.) pawl; catch; ratchet
lingueta de fechadura (BUILD.) catch-bolt
lingueta de mola (MECH.) spring pawl
lingueta de segurança (ELECTRON.) safety tab
lingueta deslizante (BUILD.) slip feather
lingueta de transferência (MECH.) transfer pawl
lingueta recta (BUILD.) straight tongue (railways)
lingueta transversal (BUILD.) cross-tongue
linguidental (MED.) linguadental
lingulado (BOT.) lingulate
linguodental (MED.) linguadental
linguogengival (MED.) linguogingival
linha (PHYS.) line (1/12 inch, BMS)
linha (PRINT.) line
linha (GEN.) line; ligne
linha (MED.) line; stripe
linha aclínica (GEO.) aclinic line
linha activa (ELECT.) live line
linha aerodinâmica (AERO.; PHYS.) streamline
linha agónica (GEO.) agonic line
linha alba (MED.) line alba
linha anti-Stokes (PHYS.) anti-Stokes line
linha artificial (TELECOM.) artificial line
linha balanceada (TELECOM.) balanced line
linha base (PRINT.) baseline
linha base (SURV.) ground-level
linha base das argilas (MINING) shale-base line
linha blindada (ELECT.; TELECOM.) shielded line
linha branca (MED.) line alba
linha catenária (BUILD.) catenary construction
linha celular (BIO.) cell line
linha coaxial (ELECT.) coaxial line
linha colectora (MINING) gathering drift
linha com corrente (ELECT.) live line
linha composta de linótipo (PRINT.) slug
linha consanguínea (BIO.) inbred line
linha costeira artificial (GEO.) artificial shoreline
linha da corda (AERO.) chord line
linha das ábsides (ápsides) (ASTRO.) apse line
linha das neves persistentes (GEO.) névé-line
linha de abastecimento (ELECT.) supply line
linha de absorção (PHYS.) absorption line
linha de acção (PHYS.) line of action
linha de adução de ar (PHYS.) airline
linha de água (NAV.) water line
linha de água alogénica (ECO.) allogenic stream
linha de água de carga de Verão (NAV.) summer-load waterline
linha de água temporária (GEO.) ephemeral stream
linha de ajuste do quadro (IMAGE TECH.) phasing line

linha de alimentação (Elect.) transmission line; feeding line
linha de alimentação de transmissor (Elect.) transmitter feeder
linha de alta tensão (Elect.) high-tension line; power line
linha de andesito (Geo.) andesite line
linha de árvores (Meteo.) timber line
linha de assinante (Telecom.) subscriber's line
linha de assinante digital assimétrica (Telecom.) asymmetric digital subscriber line [ADSL]
linha de atraso (Gen.) delay line
linha de atraso a mercúrio (Telecom.) mercury delay line
linha de atraso de quartzo (Comp.) quartz delay line
linha de atraso sónico (Phys.) sonic delay line
linha de atraso ultra-sónica (Telecom.) ultrasonic delay line
linha de base (Surv.) baseline
linha de Becke (Miner.) Becke line
linha de carga (Electron.) load line
linha de carga máxima (Nav.) plimsoll mark
linha de centros (Horo.) line of centres
linha de cobertura radar (Aero.) radar coverage line
linha de código (Comp.) code line
linha de colagem (Elect.) glueline
linha de colimação (Surv.) line of collimation; sight line
linha de comunicação (Comp.) communication line
linha de contacto (Elect.) collector strip
linha de controlo (Elect.) control line
linha de crecimento dos corais (Geo.) coral growth lines
linha de crista (Meteo.) ridge line
linha de curso (Nav.) head line
linha dedicada (Telecom.) dedicated line
linha de direcção (Geo.) strike line
linha de dispositivo (Comp.) device line
linha de dissipação (Telecom.) dissipation line
linha de divergência (Meteo.) divergence line
linha de drenagem (Mining) bleed line
linha de escape (Mech.) exhaust line
linha de estabilização de voo (Aero.) bow steadying line
linha de excesso (Comp.) overflow line
linha de expansão (Mech.) expansion line
linha de exploração (Electron.) scanning sweep
linha de falha (Geo.; Mining) fault strike; fault line
linha de fé (Mech.) rigging datum line
linha de fiação a seco (Text.) dry-spun flax
linha de fita (Telecom.) stripline
linha de flutuação (Nav.) water line; water plane
linha de fluxo (Elect.; Mech.; Phys.) line of flux

linha de força (Elect.) power line; line of flux
linha de força (Mech.; Phys.) line of force; line of flux
linha de formação de impulso (Radar) pulse-forming line
linha de guia (Aero.) guide line
linha de horizonte (Gen.) horizon line
linha de imposta (Arch.) springing line
linha de impressão (Comp.) printing line
linha de influência (Build.) influence line
linha de instabilidade (Meteo.) line squall
linha de lama (Mining) mudline
linha de Mackie (Image Tech.) Mackie line
linha de marcação (Comp.) dial line
linha de marcação (Nav.) quarter line
linha de mira (Surv.) line of sight; sight line
linha de montagem de subconjuntos (Mech.) subassembly line
linha de navegação (Nav.) head line
linha de Neumann (Math.) Neumann line
linha de neve anual (Eco.) annual snowline
linha de neve climática (Meteo.) climatic snow line
linha de pressão (Mech.) pressure line
linha de pressão (Meteo.) atmospheric line
linha de projecção (Math.) projective line
linha de Rayleigh (Phys.) Rayleigh line
linha de referência (Surv.) baseline
linha de relatório (Comp.) report line
linha de retardamento acústico (Comp.;Telecom.) acoustic delay line
linha de retardamento eléctrico (Electron.) electrical delay line
linha de retorno (Electron.) return line flyback; return trace
linha de Schottky (Elect.) Schottky line
linha desequilibrada (Elect.) unbalanced line
linha de sonda (Surv.) lead line; sounding line
linha de Stokes (Phys.) Stokes' line
linha de tangente (Math.) tangent line
linha de tanque (Telecom.) tank line
linha de terra (Gen.) earth line
linha de tormenta (Meteo.) squall line
linha de traçar (Build.) chalk line
linha de transferência (Mech.) transfer line
linha de transmissão (Elect.) transmission line; power line (USA)
linha de transmissão de onda de superfície (Telecom.) surface-wave transmission line
linha de transmissão de um quarto de onda (Telecom.) quarter-wave transmission line
linha de um quarto de onda (Telecom.) quarter-wave bar; quarter-wave line
linha de voo (Aero.) flight line

linha de vórtice (Hydro.) vortex line
linha de Wallace (Zoo.) Wallace's line
linha diametral (Math.) diametral line
linha divisória (Astro.) terminator
linha do afastamento (Mech.) pitch line
linha do espectro (Phys.) spectrum line
linha do horizonte (Aero.) skyline
linha do passo (Mech.) pitch line
linha dos Ápsides (Astro.) line of apsides
linha equinocial (Geo.) equinoctial line; equator
linha espectral (Phys.) spectral line; spectrum line
linha estéril (Elect.) sterile line
linha estratigráfica (Geo.) boundary zone
linha exclusiva (Electron.; Telecom.) exclusive line
linha externa (Build.) outside line
linha externa (Telecom.) external line
linha fendida (Telecom.) slotted line
linha final (Print.) catch-line
linha focal (Elect.) focus line
linha fusiforme (Phys.) streamline
linhagem (Bio.) strain
linhagem celular (Bio.) cell lineage
linhagem homozigótica (Bio.) pure line
linhagem pura (Bio.) pure line
linha geradora (Mech.) generating line
linha germinativa (Bio.) germ line
linha Guillemin (Telecom.) Guillemin line
linha indutiva (Elect.) inductive main
linha infinita (Phys.) infinite line
linha internacional de (mudança) de data (Geo.) international date line
linha isobárica (Meteo.) isobar
linha isobarométrica (Meteo.) isobarometric line; isobar
linha isobática (Geo.) isobathic line
linha isoclínica (Nav.) isoclinic line
linha isogónica (Phys.) isogonic line
linha isomagnética (Phys.) isomagnetic line
linha isossísmica (Geo.) isoseismal line
linha isotérmica (Phys.) isothermal line; isothermal curve
linha lateral (Zoo.) lateral line
linha loxodrómica (Nav.) loxodromic line; loxodrome
linha Mach (Aero.) Mach line
linha não-indutiva (Elect.) non-inductive main
linha negra (Med.) linea nigra
linha nodal (Nav.) nodal line
linha ortodrómica (Nav.) orthodromic line; orthodrome
linha pectínea do osso púbico (Med.) pecten ossis pubis
linha periódica (Elect.) periodic line
linha polar e plano (Math.) polar line and plane
linha poligonal fechada (Surv.) closed traverse
linha primitiva (Zoo.) primitive streak
linha principal (Comp.) main patch; highway
linha principal (Mining) main line

linha privada (TELECOM.) private line; tie line

linha ressonante (TELECOM.) resonant line

linhas activas (IMAGE TECH.) active lines

linhas aerodinâmicas (METEO.) streamlines

linhas conjugadas (MATH.) conjugate lines

linhas de alimentação (ELECT.) mains

linhas de carga (NAV.) load lines

linhas de consumo (ELECT.) service mains

linhas de corrente horizontal (METEO.) streamlines

linhas de curvatura (MATH.) lines of curvature

linhas de deformação (MECH.) Luder's lines

linhas de Duperry (PHYS.) Duperry's lines

linhas de mel (BOT.) honey guide; nectar guide

linhas de néctar (BOT.) honey guides; nectar guides

linhas de Schmidt (NUCL.) Schmidt lines

linhas de série M (PHYS.) M-lines

linhas de tolerância (SURV.) give-and-take lines

linhas divergentes (MATH.) divergent lines

linhas escuras (PHYS.) dark lines

linha simétrica (TELECOM.) balanced line

linhas isodinâmicas (PHYS.) isodynamic lines

linhas isotérmicas (PHYS.) isothermal lines; isothermal curves

linhas K (PHYS.) K-lines

linhas L (PHYS.) L-lines

linhas laterais (IMAGE TECH.) side lines

linhas M (PHYS.) M-lines

linhas não carregadas (COMP.) non-loaded lines

linha sónica (PHYS.) sonic line

linhas principais de abastecimento (ELECT.) supply mains

linhas sem perda (TELECOM.) dissipationless line; lossless line

linhas taqueométricas (SURV.) stadia hairs; stadia lines

linha suportada por adaptador (TELECOM.) stub-supported line

linha telefónica (TELECOM.) digital subscriber line [DSL]

linha telefónica de alto débito (TELECOM.) high data-rate subscriber's line

linhagem (ECO.) breed

linhagem evolutiva (ECO.) evolutionary lineage

linhas de Lecher (ELECTRON.) Lecher lines

linhas de maré (GEO.) cotidal line

linha telúrica (ASTRO.) telluric line

linha terminada (TELECOM.) terminated line

linha tronco (MINING) main line

linha uniforme (ELECT.) uniform line

linha útil (IMAGE TECH.) available line

linha vermelha do cádmio (PHYS.) cadmium red line

linho (MED.) lint

linho (TEXT.) flax; linen

linho cru (TEXT.) ecru; sacking

linóleo (BUILD.) linoleum

linótipo (PRINT.) typesetting machine; linotyper composing machine

lintel (BUILD.) lintel; lintol; transom(e)

lintel de fogão (de sala) (BUILD.) mantel tree

lintel de segurança (ARCH.) safety lintel

liocitose (ZOO.) lyocytosis

lionismo (MED.) lionism

liosorção (CHEM.) lyosorption

liotrópico (PHYS.) lyotropic

lipacidemia (MED.) lipacidemia

lipacidúria (MED.) lipaciduria

liparito (MINER.) liparite

liparocele (MED.) liparocele

lipase (CHEM.) lipase

lipase pancreática (ZOO.) steapsin

lipectomia (MED.) lipectomy

lipemia (MED.) lipaemia

lípidos (CHEM.) lipids

lipidose cerebrosídica (MED.) cerebroside lipidosis; Gaucher's disease

lipidose esfingomielínica (MED.) sphyngomyelin lipidosis; Niemann-Pick disease

lipoblasto (BIO.) lipoblast

lipocaico (BIO.) lipocaic

lipocondrodistrofia (MED.) lipochondrodystrophy; Hurler's syndrome

lipocorticóide (BIO.) lipocorticoid

lipocorticotrófico (lipocorticotrópico) (MED.) lipocorticotrophic (lipocorticotropic)

lipocromo (CHEM.) lipochrome

lipofibroma (MED.) lipofibroma

lipóforo (ZOO.) lipoferous

lipogénese (ZOO.) lipogenesis

lipogénico (ZOO.) lipogenous

lipóide (CHEM.) lipoid

lipoidose (MED.) lipoidosis

lipólise (MED.) lipolysis

lipoma (MED.) lipoma

lipomatose (MED.) lipomatosis

lipomatose bovina (VET.) bovine lipomatosis

lipomatose neurótica (MED.) adiposis dolorosa; Dercum's disease

lipometabolismo (MED.) lipometabolism

lipoplasto (BOT.) lipoplast

lipopolissacarídeos; lipopolissacáridos (IMMUN.) lipopolysaccharidae (LSP)

lipoproteína (BIO.) lipoprotein

lipoproteína de baixa densidade (BIO.) low-density lipoprotein [LDL]

liposoma (lipossoma) (BIO.; IMMUN.) liposome

lipotímia (MED.) lipothymia

lipotímia dos aviadores (AERO.; MED.) blackout

lipotrópico (MED.) lipotropic

lipovacina (MED.) lipovaccine

lipoxenia (MED.) lipoxeny

lipúria (MED.) lipuria

liquação (MECH.) liquation

liquefacção (GEN.) liquefaction

liquefacção do ar (PHYS.) liquefaction of air

liquefacção dos gases (PHYS.) liquefaction of gases

líquen (BOT.; MED.) lichen

líquen anular (MED.) annularis lichen; granuloma annulare

liquenina (CHEM.) lichenin

líquido (GEN.) liquid; liquidus; fluid; liquor

líquido amniótico (MED.) amniotic fluid; liquor amnii

líquido anisotrópico (CHEM.) anisotropic liquid

líquido cerebro-espinhal (MED.) cerebrospinal fluid; neurolymph; cerebrospinal liquor

líquido de Fehling (CHEM.) Fehling solution

líquido de refrigeração (MECH.) coolant; refrigerant

líquido de remoção de água (CHEM.) water-displacing liquid

líquido extracelular (ZOO.) humour; humor

líquido flutuante (CHEM.) supernatant liquid

líquido fumegante (CHEM.) fuming liquid

líquido para imersão de polir (CHEM.) bright dipping liquid

líquido penetrante (MECH.) penetrating liquid

líquido químico fluorescente (CHEM.) fluorescent chemical liquid

líquidos densos (MINING) heavy liquids

líquidos de permuta de iões (MINING) ion-change liquids

líquidos de viscosidade anómala (PHYS.) non-Newtonian liquids

líquidos heteropolares (CHEM.) heteropolar liquids

líquidos não newtonianos (PHYS.) non-Newtonian liquids

lira (ZOO.) lyra

lirado (BOT.) lyrate

lisato (BIO.; CHEM.) lysate

lise (BIO.; CHEM.) lyse

lisímetro (ECO.) lysimeter

lisina (BIO.) lysine

liso (GEN.) plane; flat

lisogenia (BIO.) lysogeny

lisogénico (BIO.) lysogenic

lisógeno (BOT.; ZOO.) lysogen; lysogenic

lisol (CHEM.) lysol

lisossoma (BIO.) lysosome

lisozima (BIO.) lysozyme

lissencefalia (ZOO.) lissencephaly; lissencephalia

lista (BUILD.) riband

lista (COMP.) list

lista circular (COMP.) circular queue

lista com ligação (COMP.) linked list

lista consolidada das espécies (ECO.) consolidated species list

lista de argumento (COMP.) argument list

lista de assemblagem (COMP.) assembly list

lista de atributos de parâmetro (COMP.) parameter attribute list

lista de corte (BUILD.) cutting list

lista de deslocamento ascendente (COMP.) push-up list; push-up stack

lista de deslocamento descendente (COMP.) push-down list; push-down stack
lista de interrogação (COMP.) polling list
lista de parâmetros (COMP.) parameter list
lista de parâmetros de comunicação (COMP.) communication parameter list
lista de parâmetros do dispositivo (COMP.) device parameter list
lista de saída (COMP.) exit list [EXLIST]
lista directa (COMP.) push-up list
lista do primeiro a entrar primeiro a sair (COMP.) push-up list
listagem (GEN.) listing
listagem de bloco (COMP.) block list
listagem de programa (COMP.) program listing
listagem encadeada (COMP.) chained list
listagem selectiva (COMP.) selective dump
lista inversa (COMP.) push-down list
listão (BUILD.) eave-board
listel (ARCH.; BUILD.) facet; facette; list; fillet; reglet
listerelose (VET.) listerellosis
listeriose (VET.) listerellosis; circling disease
litagogo (MED.) lithagogue
litargírio (BUILD.; CHEM.) lithargo
literal (PRINT.) literal
literal numérico (COMP.) numeric literal
lítia (litina) (CHEM.) lithia; lithium oxide
litíase (MED.) lithiasis
litificação (GEO.) lithification; induration
litificação primária (GEO.) primary lithification
litina (CHEM.) lithia
lítio (CHEM.) lithium
litiofilita (MINER.) lithiophilite
litionita (MINER.) lithia mica; lepidolite
litite (ZOO.) lithite
litocenose (MED.) lithocenosis; litholapaxy
litocisto (ZOO.) lithocyst
litocistotomia (MED.) lithocystoctomy
litoclasto (MED.) lithoclast; lithotrite (surgical instrument)
litodiálise (MED.) lithodialysis
litódomo (ZOO.) lithodomous
litófago (ZOO.) lithophagous
litófilo (GEO.) lithophile
litófito (BOT.) lithophyte
litogénese (GEO.) lithogeny; lithogenesis
litogenia (GEO.) lithogeny; lithogenesis
litógeno (ZOO.) lithogenous
litografia (GEO.; PRINT.) lithography
litografia directa (PRINT.) direct lithography
litolapaxia (MED.) litholapaxy
litólise (MED.) litholosis
litólito (MED.) litholyte (surgical instrument)
litologia (GEO.; MED.) lithology
litometria (MED.) lithometra
litomilo (MED.) lithomyl (surgical instrument)

litonefria (MED.) lithonephria
litonefrite (MED.) lithonephritis
litopédio (MED.) lithopedion, lithopedium
litoral (GEN.) littoral
litose (MED.) lithosis
litosfera (GEO.) lithosphere
litotomia (MED.) lithotomy
litotomia vesical (MED.) lithocystoctomy
litótomo (ZOO.) lithotomous
litótomo (MED.) lithotome (surgical instrument)
litotrícia (MED.) lithotrity
litotrípsia (MED.) lithotripsy
litotritor (MED.) lithotrite (surgical instrument)
litotrófico (GEO.) lithotroph
litro (GEN.) litre
livedo (MED.) livedo
livre (GEN.) free
livre (TELECOM.) clear
livre de células (BIO.) cell-free
livre de hidrogénio (GEN.) hydrogen-free
livre de irradiação (PHYS.) radiation-free
livro encadernado (PRINT.) bound book
lixa (BUILD.) abrasive paper; sand paper
lixa (MECH.) emery paper
lixa (PAPER) glasspaper
lixa de ferro (MECH.) emery buff
lixadora de pavimento (BUILD.) floor grinder
lixa fina (MECH.) emery cloth
lixamento oscilante (MECH.) oscillating sanding
lixívia (CHEM.) lye; lixivium
lixiviação (BOT.; MINING) leaching; lessivage
lixiviação (CHEM.) lixiviation
lixiviação bacteriana (MINING) bacterial leaching
lixiviação por pressão (MINING) pressure leaching
lixiviado (ECO.) leachate
lixo (GEN.) waste
lixo (MINING) muck
lixoflavina (CHEM.) lyxoflavin
lixo nuclear de alto nível (NUCL.) high level waste
lixo nuclear de baixo nível (NUCL.) low level waste
lixo radioactivo (NUCL.) radioactive waste
lixose (CHEM.) lyxose
lizardite (MINER.) lizardite
lobelina (CHEM.) lobline
lobo (GEN.) lobe
lobo (ZOO.) lobe; lobus
lobo anterior da hipófise (MED.) adenohypophysis
lobo apendicular (MED.) Riedel's lobe
lobo da cauda (ZOO.) fluke (whale)
lobo de Riedel (MED.) Riedel's lobe
lobo maior (TELECOM.) major lobe
lobos frontais (ZOO.) frontal lobes
lobos oculares (ZOO.) optic lobes
lobos olfactórios (ZOO.) olfactory lobes
lobos ópticos (ZOO.) optic lobes
lobotomia (MED.) lobotomy

lobotomia prefrontal (MED.) prefrontal lobotomy
lóbulo (GEN.) lobule
lóbulo (ZOO.) lobule; lobulus
lóbulo de transmissão (TELECOM.) transmission lobe
lóbulo lateral (ELECTRON.) side lobe
lóbulo posterior (TELECOM.) back lobe
locais silenciosos (BIO.) silent sites
local de filmagem (IMAGE TECH.) location
local de montagem de estruturas (MINING) fabrication yard
local de raiz (ELECT.) root locus
local de rebentamento de uma carga explosiva (MINING) shot point
local do espectro (PHYS.) spectrum locus
localização (SPACE) tracking
localização (COMP.) location
localização (PSYCHO.) localization
localização a radar (RADAR) radar plotting
localização de armazenamento (COMP.) storage location
localização de bit (COMP.) bit location
localização de memória (COMP.) memory location
localização electromagnética (ECO.) electromagnetic location
localização por meio do som (PHYS.) sound ranging
localizador (GEN.) finder; locator
localizador (PHYS.) locator
localizador (TELECOM.) homer
localizador astronómico (ASTRO.) astronomical locator
localizador automático de faixa (ELECTRON.) automatic track finding [ATF]
localizador de linha (COMP.) line finder
localizador de palavra (COMP.) word locator
localizador de som (PHYS.) sound locator
loci mutatório (BIO.) mutator loci
locomotiva a engrenagem (ELECT.) geared locomotive
locomotiva de tracção directa (ELECT.) gearless locomotive
locomotiva Diesel (ENG.) diesel locomotive
locomotiva Diesel eléctrica (ENG.) diesel-electric locomotive
locomotiva Diesel hidráulica (ENG.) diesel-hydraulic locomotive
locomotiva eléctrica (ELECT.; MECH.) electric locomotive
locomotiva sem engrenagem (ELECT.) gearless locomotive
lóculo no ovário (BOT.) cell
locus (BIO.) locus
locus letal (BIO.) lethal locus
locus Qa (BIO.) Qa locus
lodaçal (BOT.) muskeg
lodículos (BOT.) lodicules
lodo (ECO.) mire
lodo (GEO.) mud; ooze; silt
lodo (MINING) sludge; slime
lodo coloidal (MINER.) colloidal mud
lodo de globigerinas (GEO.) globigerina ooze

lodo de pteropódos (Geo.) pteropod ooze
lodo fino (Geo.) fine silt
lodos (Mining) slimes
lodo terrígeno (Geo.) terrigenous mud
loesse (Geo.) loess
loeweite (Miner.) loeweite
lofobrânquio (Zoo.) lophobranchiate
lofodonte (Zoo.) lophodont
lofoforina (Chem.) lophophorine
lofóforo (Zoo.) lophophore
lofótrico (Bio.) lophotrichous
logagrafia (Med.) logagraphia
logamnésia (Med.) logamnesia
logaritmo (Math.) logarithm
logaritmo de Briggs (Comp.; Math.) Briggsian logarithm; Briggs logarithm
logaritmo de logaritmo (Math.) lolog
logaritmo hiperbólico (Math.) hyperbolic logarithm
logaritmo inverso (Math.) inverse logarithm; antilogarithm
logaritmo natural (Math.) natural logarithm
logaritmo neperiano (Math.) Napierian logarithm
logaritmos de Gauss (Math.) Gaussian logarithms
logátomo (Phys.) logatom (Acoustics)
lógica (Comp.) logic
lógica aleatória (Comp.) random logic
lógica assíncrona (Electron.) asynchronous logic
lógica bivalente (Math.) two-valued logic
lógica boleana (Comp.; Math.) Boolean logic
lógica combinatória (Electron.) combinational logic
lógica de conectado (Comp.) hardwired logic
lógica de controlo (Comp.) control logic
lógica de diodo-transístor (Comp.) diode-transistor logic
lógica de estado sólido (Comp.) solid-state logic
lógica de grade dupla (Comp.) double rail logic
lógica de injecção integrada (Comp.) integrated injection logic
lógica de instrução (Comp.) instruction logic
lógica de programa (Comp.) program logic
lógica de transístor-transístor (Comp.) transistor-transistor logic
lógica de três estados (Electron.) tri-state logic
lógica difusa (Electron.) fuzzy logic
lógica digital (Comp.) digital logic
lógica do voto da maioria (Electron.) majority voting logic
lógica fixa (Elect.) fixed logic (circuit)
lógica formal (Comp.; Math.) formal logic
lógica informática (Comp.) computer logic
lógica matemática (Math.) mathematical logic
lógica mestre-escravo (Electron.) master-slave logic

lógica negativa (Electron.) negative logic
lógica positiva (Comp.) positive logic
lógica quaternária (Comp.) quaternary logic
lógica resistor-transistor (Electron.) resistor-transistor logic
lógica simbólica (Math.) symbolic logic
lógica transistor-transistor de efeito Schottky avançado da Fairchild (Electron.) Fairchild advanced Schottky transistor-transistor logic
lógica transístor transístor padrão (Electron.) standard TTL
LOGO (Comp.) LOGO
logótipo (Print.) logotype
lolingite (Miner.) loellingite
lombada (Print.) head-cap
lombada de couro (Print.) quarter binding
lombada de livro (Print.) spine
lombar (Zoo.) lumbar
lomento (Bot.) lomentum
lona (Nav.; Text.) sailcloth; canvas; duck
lona de pneu radial (Auto.) radial-ply
longa distância (Aero.) long range
longarina (Aero.; Mech.; Nav.) boom; beam
longarina (Aero.) strut; main web; girder; longeron; stringer; spar
longarina da asa (Aero.) wing spar
longarina da cauda (Aero.) tail boom
longarina de caverna (Nav.) longitudinal baulk
longarina de escada (Build.) wall string
longarina de reforço cortante (Mech.) shear beam
longarina estrutural (Aero.) structural beam
longarina longitudinal intermédia (Aero.) intermediate longitudinal
longarina principal (Aero.) main spar; main longitudinal
longarina radial (Mech.) radial spar
longarina rectangular (Aero.) box beam
longa tonelada (Gen.) long ton (1,016.05Kg)
longevidade (Eco.) longevity
longicórneo (Zoo.) longicorn
longipene (Zoo.) longipennate
longirrostro (Zoo.) longirostral
longitude (Astro.) longitude
longitude de moderação (Nucl.) slowing down length
longitudinal (Gen.) longitudinal
longitudinalmente desequilibrado (Aero.) banked
longo alcance (Aero.) long range
longo percurso (Aero.) long range
loop invertido (Aero.) inverted loop
loparita (Miner.) loparite
lóquios (Med.) lochia
lordoscoliose (Med.) lordoscoliosis
lordose (Med.) lordosis
lordose (Vet.) swayback
loro (Zoo.) lore
losango (Math.) rhomb; diamond; rhombus

losango de Fresnel (Phys.) Fresnel rhomb
lote (Comp.) batch
lote (Print.) stock
louça de barro vidrado (Build.) stoneware; faience
loughlinita (Miner.) loughlinite
loxodroma (Math.) spherical helix; loxodrome
LSD (Chem.; Med.) LSD; Lysergic Acid Diethylamine
Lua (Astro.) Moon
Lua cheia (Astro.) full moon
Lua cheia do equinócio de Outono (Astro.) harvest moon
Lua média (Astro.) meran moon
Lua nova (Astro.) new moon
lubrificação (Text.) oiling
lubrificação de película fina (Mech.) thin-film lubrication
lubrificação de película grossa (Mech.) thick-film lubrication
lubrificação hidrodinâmica (Mech.) hydrodynamic lubrication
lubrificação líquida (Mech.) fluid lubrication
lubrificação por banho (Mech.) bath lubrication
lubrificador a gota visível (Mech.) sight-feed lubricator
lubrificador compassado (Mech.) drip-feed lubricator
lubrificador de agulha (Mech.) needle lubricator
lubrificador de copo (Mech.) sight-feed lubricator
lubrificante (Mech.) lubricant
lubrificante de pressão máxima (Mech.) extreme pressure lubricant
lucarna (Arch.) luthern
luciferase (Zoo.) luciferase
luciferina (Zoo.) luciferin; photogenin
lucífugo (Zoo.) lucifugal
luético (Med.) luetic
lugar de Planck (Phys.) Planckian locus
lugar médio (Astro.) mean place
lumbago (Med.) lumbago
lumbalgia (Med.) lumbago
lúmen (Bot.; Zoo.) lumen
lúmen (Phys.) lumen (unit of luminous flux)
lúmen/hora (Phys.) lumen-hour
luminância (Phys.) luminance; brightness; luminosity
luminância cruzada (Image Tech.) cross luminance
luminar (Elect.) luminaire
luminescência (Astro.) airglow
luminescência (Phys.) luminescence
luminescência negativa (Electron.) negative glow
luminescência relativa (Phys.) relative luminescence
luminescência residual (Electron.) afterglow
luminímetro (Phys.) luminometer
luminóforo (Chem.) luminophore
luminosidade (Build.) sheen
luminosidade (Phys.) brightness; luminosity
luminosidade anódica (Electron.) anode glow

luminosidade catódica (ELECT.) cathode glow
luminosidade de massa (ASTRO.) mass luminosity
luminosidade verde (METEO.) green flash
lunação (ASTRO.) lunation
lunado (GEN.) lunate, lunulate
lunar (ZOO.) lunar
luneta (ARCH.) lunette
luneta esférica (ARCH.) dominal groin
luniforme (GEN.) lunate; lunulate
lunuíte (MINER.) pseudomalachite
lúnula (MATH.) lune
lúnula (ZOO.) lunule, lunula
lupa (MECH.) loop
lupidinidina (CHEM.) lupidinidine; sparteine
lupinina (CHEM.) lupinine
lupinose (VET.) lupinosis
lúpus eritematoso (MED.) lupus erythemathosus
lúpus eritematoso sistémico (IMMUN.) systemic lupus erythematous
lúpus mutilante (MED.) lupus mutilans
lúpus tuberculoso (MED.) lupus tuberculosis
lúpus verrugoso (MED.) lupus verrucosus
lúpus vulgar (MED.) lupus vulgaris
lustragem por atrito (TEXT.) friction calendering
lustro (BUILD.) lustre; sheen
luteal (CHEM.) luteal
lutécio (CHEM.) lutetium
luteinização (MED.) luteinization
luteinoma (MED.) luteinoma; luteoma
lúteo (ZOO.) luteal
luteoma (MED.) luteoma; luteinoma
luteotropina (MED.) luteotrophic hormone
lutidina (CHEM.) lutidine
lutitos (GEO.) lutite
luto (MECH.) lute
lux (PHYS.) lux; metre-candle
luxação (MED.) luxation; dislocation; luxatio
luxação incompleta (MED.) subluxation
luxação parcial (MED.) subluxation

luz (GEN.) light; light radiation
luz alternante (NAV.) alternating light
luz ambiente (IMAGE TECH.; PHYS.) ambient light; ambient illumination
luz anti-solar (ASTRO.) counterglow; gegenschein
luz artificial (ELECT.; PHYS.) artificial light
luz auroral (ASTRO.) auroral light
luz beta (PHYS.) beta light
luz branca (PHYS.) white light
luz celeste (ASTRO.) skylight
luz-chave (IMAGE TECH.) key light
luz cinzenta (ASTRO.; METEO.) earthshine; earth light
luz coerente (TELECOM.) coherent light
luz concentrada (PHYS.) concentrated light
luz de alinhamento (AERO.) range light
luz de ancoragem (AERO.) anchor light
luz de ângulo de aproximação (AERO.) angle of approach light
luz de aproximação (AERO.) approach light
luz de carboneto (MECH.) lime light
luz de cintilação (NUCL.) scintillation light
luz de contacto (AERO.) contact light
luz de demarcação (AERO.) boundary light (landing strip)
luz de Drummond (MECH.) lime light
luz de identificação (AERO.) identification light
luz de laser coerente (PHYS.) coherent laser light
luz de marcação (BUILD.) marker light
luz de navegação (AERO.) navigation light
luz de obstrução (AERO.) obstruction light
luz de ocultação (NAV.) occulting light
luz de orientação de rumo a seguir (NAV.) leading light
luz de pavimento (BUILD.) pavement light
luz de perigo (AERO.) obstruction light
luz de pista de aterragem (AERO.) contact light

luz de posição (AERO.) range light
luz de rota (AERO.) navigation light
luz de segurança (IMAGE TECH.) safe light
luz diurna (ASTRO.) daylight
luz diurna lunar (ASTRO.) lunar day light
luzes de ancoragem (AERO.) riding lamps (hydroplanes)
luzes de aproximação de néon (AERO.) neon approach lights
luzes de código (ELECT.) cue lights
luzes de horizonte (AERO.) horizon lights
luzes de Klieg (IMAGE TECH.) Klieg lights
luzes de pista de rolamento (AERO.) taxi-track lights
luzes de sinalização (ELECT.) cue lights
luzes do proscénio (ELECT.) proscenium lights
luzes indicativas do canal de rolamento (AERO.) taxi-channel markers
luzes terminais de pista (AERO.) threshold lights
luz filtrada (PHYS.) filtered light
luz fixa (PHYS.) fixed light
luz fria (PHYS.) cold light
luz homogénea (PHYS.) homogenous light
luz incoerente (PHYS.) incoherent light
luz intermitente (NAV.) flashing light; occulting light
luz monocromática (PHYS.) monochromatic light
luz natural (ASTRO.) daylight
luz negra (PHYS.) infrared waves
luz pálida (ASTRO.) ashen light
luz parasita (IMAGE TECH.) optical flare
luz polarizada (ELECT.) polarized light
luz pulsante (PHYS.) pulsed light
luz sideral (ASTRO.) sidereal light
luz terrestre (ASTRO.; METEO.) earthshine; earth light
luz ultravioleta (PHYS.) ultraviolet light
luz vermelha (BOT.) red light
luz zodiacal (ASTRO.) zodiacal light

macaco (MECH.) jack

macaco a alavanca (MECH.) lever jack

macaco de cremalheira (MECH.) rack-and-pinion jack

macaco de rosca (MECH.) screw jack

macaco dobra-trilhos (MECH.) jim-crow

macaco em forma de garrafa (MECH.) bottle jack

macaco hidráulico (MECH.) hydraulic jack

macaco para postes (BUILD.) pole jack

macaco reso (ZOO.) rhesus monkey

macaco verga-trilhos (MECH.) rail bender (railways)

macadame betuminoso (BUILD.) tarmacadam

macadame ligado a água (BUILD.) waterbound macadam

Maçã de Adão (ZOO.) Adam's apple; prominentia laryngea

maçã do peito (VET.) brisket

maçaneta (BUILD.) pommel

maçaréu (GEO.) tidal wave

maçarico (MECH.) blowing-iron

maçarico a plasma (PHYS.) plasma torch

maçarico perfurador (MECH.) oxygen lance

maçaroca (TEXT.) slub; cop

maceração (TEXT.) steeping

maceração (ZOO.) maceration

macerado (GEO.) maceral

macete (BUILD.) mall; pile hammer; mallet; maul; sledge-hammer; beetle

macete de couro (MECH.) rawhide hammer

machadinha (BUILD.) hatchet; axe

machadinha de ponta (para ardósia) (BUILD.) sax

machado (BUILD.) hatchet; axe

machado de pena (BUILD.) jedding axe

machinho (VET.) fetlock

macho (BUILD.) tenon

macho (GEN.) male

macho (MECH.) core (foundry)

macho anão (ZOO.) dwarf male

macho castrado em adulto (ZOO.) stag

macho cilíndrico (MECH.) plug tag

macho cónico (MECH.) taper tap

macho de estampar (MECH.) die; swage

macho de retracção automático (MECH.) collapsible tap

macho de torneira (MECH.) plug cock

macho direito (MECH.) plug tag

macho e fêmea (ELECT.; MECH.) male and female

macho estufado (MECH.) baked core

macho padrão (MECH.) master tap

macho para abrir roscas (MECH.) tap

macho parasita (ZOO.) parasitic male

macho secundário (MECH.) second tap

maciço (GEN.) massive; bulky; compact

maciço continental (GEO.) continental massif

maciço isolado (GEO.) outlier

maciços (MINING) blocked-out ore

maciez (ENG.) softness

macio (GEN.) soft

macla (MINER.) macle

maço (BUILD.) mallet

maço de aço (MECH.) bloom

maço de calceteiro (BUILD.) pummel; rammer

maço de madeira (BUILD.) beetle

maconha (BOT.) cannabis

Macro (COMP.) Macro

macro-assemblador (COMP.) macro assembler

macrobactéria (BIO.) macrobacterium; megabacterium

macrobiose (BIO.) macrobiosis

macrobiota (BIO.) macrobiote

Macrobiótica (BIO.) macrobiotics

macrobiótico (BIO.) macrobiotic

macroblasto (BIO.) macroblast

macrocefalia (MED.) macrocephaly; macrocephalia

macrocefalia dos carneiros (VET.) big head disease of sheep

macrocefalia dos cavalos (VET.) big head disease of horses

macrociclo (CHEM.) macrocycle

macrócito (MED.) macrocyte

macrocitose (MED.) macrocytosis

macroclima (GEO.) macroclimate

macrocódigo (COMP.) macrocode

macrodactilia (MED.) macrodactyly; macrodactylia

macrodonte (MED.; ZOO.) macrodont

macrodontia (MED.; ZOO.) macrodontia; macrodontism

macrodontismo (MED.; ZOO.) macrodontism; macrodontia

macro-ecologia (ECO.) macroecology

macro-eixo (CRYST.) macro-axis

macroesplâncnico (ZOO.) macrosplanchnic

macroestrutura (ENG.) macrostructure

macrófago (IMMUN.) macrophage

macrófago (ZOO.) macrophagous

macrofauna (ECO.) macrofauna

macrófilo (BOT.) macrophyll; megaphyll

macrofírico (GEO.) macrophyric

macroflora (ECO.) macroflora

macrofotografia (IMAGE TECH.) macrophotography

macrogâmeta (ZOO.) macrogamete

macrogamia (ZOO.) macrogamy

macróglia (ZOO.) macroglia

macroglobulina (IMMUN.) macroglobulin

macroglobulinemia de Waldenström (IMMUN.) Waldenström's macroglobulinaemia; hyperglobulinaemia purpura

macroglobulinemia púrpura (IMMUN.) macroglobulinemia purpura; hyperglobulinaemia purpura; Waldenström's macroglobulinemia

macroglossia (MED.) macroglossia

macrognatia (MED.) macrognathia

macrografia (IMAGE TECH.) macrography

macroinstrução (COMP.) macroinstruction

macroinstrução de posição (COMP.) position macroinstruction

macroinstrução de sistema (COMP.) system macroinstruction

macroinstrução externa (COMP.) outer macro-instruction

macroinstruções de comunicação (COMP.) communication macroinstructions

macrolente (IMAGE TECH.) macro lens

macrólides (BIO.) macrolides

macromarés (GEO.) macrotidal

macrómero (ZOO.) macromere; megamere

macromolécula (CHEM.) macromolecule

macronúcleo (ZOO.) macronucleus; meganucleus

macronutriente (ECO.) macronutrient

macroonda (GEO.) megaripple

macroquilia (MED.) macrocheilia

macroquiria (MED.) macrocheiria

macroscópico (GEN.) macroscopic

macrosmático (ZOO.) macrosmatic

macrosporângio (BOT.) megasporangium

macrósporo (BOT.) macrospore; megaspore

macrosporófilo (BOT.) macrosporophyll; megasporophyll

macrossecção (ENG.) macrosection

macrossoma (ZOO.) macrosome

macrostomia (MED.) macrostoma

macroto (ZOO.) macrotous

mácula (MED.) spot; macula

mácula de calor (ZOO.) heat spot

mácula sacular (ZOO.) macula saculi

máculas de daurina (VET.) dollar spots

madeira (BOT.) wood

madeira (GEN.) wood; timber

madeira aparelhada (BUILD.) dressed timber

madeira artificial (BUILD.) artificial wood

madeira branca (Bot.) softwood
madeira branca africana (Bot.) obeche
madeira da linha de barca (Nav.) chip log
madeira de cimbre (Build.) stringer; balk
madeira de compressão (Bot.) compression wood
madeira de construção (Bot.) lumber (USA and Canada)
madeira de estrutura (Build.) carcassing timber
madeira de isolamento (Build.) lagging
madeira-de-montanha (Miner.) mountain wood (variety of asbestos)
madeira de reforço (Build.) gusset piece
madeira de revestimento (Build.) lagging
madeira de revestimento (Mining) poling board
madeira de sebo (Bot.) tallow wood
madeira dura (Bot.) hardwood
madeira húmida (Bot.) wetwood
madeira leve (Bot.) lightwood
madeiramento (Build.) timbering; falsework
madeiramento compacto (Build.) close timbering
madeira mole (Bot.) softwood
madeira para aduelas (Build.) staff wood
madeira sintética (Build.) artificial wood
madeireiro (Bot.) lumberjack (USA)
madrepérola (Miner.) mother of pearl
madreporita (Zoo.) madreporite
maduromicose (Med.) maduromycosis; Madura foot
mãe (Gen.) mother
magazine (Image Tech.) magazine
magenta (Chem.) magenta
maghemite/a (Miner.) maghemite
magistral (Mech.) magistral
magma (Geo.) magma
magnésia (Chem.) magnesia
magnésia alba (Chem.) magnesia alba
magnésio (Chem.) magnesium
magnesite (Miner.) magnesite; magnesium carbonate
magnetão (Phys.) magneton
magnetão nuclear (Electron.) nuclear magneton
magnetão nuclear de Bohr (Phys.) nuclear Bohr magneton
magnete (magneto) (Phys.) magnet; magneto
magnético (Phys.) magnetic
magnetismo (Phys.) magnetism
magnetismo auroral (Astro.) auroral magnetism
magnetismo induzido (Phys.) induced magnetism
magnetismo remanescente térmico (Geo.) thermoremanent magnetism
magnetismo terrestre (Geo.; Phys.) terrestrial magnetism
magnetite (Miner.) magnetite; magnetic iron-ore; magnetic oxide of iron; natural magnet
magnetização (Phys.) magnetization

magnetização anómala (Elect.) anomalous magnetization
magnetização circular (Phys.) circular magnetization
magnetização de saturação (Phys.) saturation magnetization
magnetização indutiva (Elect.) inductive pick-up
magnetização latente (Phys.) latent magnetization
magnetização longitudinal (Phys.) longitudinal magnetization
magnetização natural remanescente (Geo.) natural remanent magnetism [NRM]
magnetização normal (Elect.) normal magnetization
magnetização remanescente (Geo.) remanent magnetization
magnetização remanescente de deposição (Geo.) depositional remanent magnetization [DRM]
magnetização remanescente dos detritos (Geo.) detrital remanent magnetization [DRM]
magnetização residual (Phys.) residual magnetization
magnetização solenoidal (Elect.) circuital magnetization
magnetização solenoidal (Phys.) solenoidal magnetization
magnetização transversal (Phys.) cross-magnetizing
magnetizar (Phys.) magnetize
magneto (Elect.) magneto
magneto amortecedor (Elect.) damping magnet
magneto artificial (Phys.) artificial magnet
magneto composto (Elect.) compound magnet
magneto de acoplamento (Elect.) slot magnet
magneto de alta tensão (Elect.) high-tension magnet
magneto de baixa tensão (Elect.) low-tension magnet
magneto de barra (Elect.) bar magnet
magneto de CA (Elect.) AC magnet
magneto de campo rotativo (Elect.) rotating field magnet
magneto de compensação (Elect.) compensating magnet
magneto de controlo (Elect.) control magnet
magneto de convergência (Elect.) convergence magnet
magneto de corrente contínua (Elect.) direct-current magnet
magneto de extinção de centelha (Elect.) blowout magnet
magneto de folhas (Elect.) laminated magnet
magneto de protecção (Mining) guard magnet
magneto de pureza de cor (Image Tech.) colour purity magnet
magneto de supercondução (Electron.) superconducting magnet
magneto de suspensão (Elect.) crane magnet; lifting magnet
magneto do travão (Elect.) brake magnet

magneto em ferradura (Elect.) horseshoe magnet
magnetoestrição de Joule (Phys.) Joule magnetostriction
magnetoestricção (Phys.) magnetostriction
magnetoestricção inversa (Phys.) converse magnetostriction
magnetoestricção linear (Electron.) linear magnetostriction
magnetoestricção positiva (Phys.) positive magnetostriction
magnetoestricção volumétrica (Electr.) volume magnetostriction
magnetoestrictor (Elect.) magnetostrictor; magnetostriction transducer
magneto extintor (Elect.) blowout magnet
magnetofone (Phys.) magnetophone
magnetogerador (Elect.) magneto generator
magneto-hidrodinâmica (Nucl.) magnetohydrodynamics
magneto-homopolar (Elect.) homopolar magnet
magneto-iónica (Elect.) magneto-ionic
magnetómetro (Topo.) magnetometer
magnetómetro de precessão de protões (Phys.) proton-precessional magnetometer
magnetómetro-padrão de Kew (Elect.) Kew-pattern magnetometer
magneto-óptico (Image Tech.) magneto-optical
magneto-resistência (Elect.) magnetoresistance
Magnetosfera (Astro.) magnetosphere
Magnetostática (Phys.) magnetostatics
magnetrão (Elect.) magnetron
magnetrão completo (Electron.) magnetron package
magnetrão de ânodo dividido (Electron.) split-anode magnetron
magnetrão de ânodo neutro (Elect.) neutral anode magnetron
magnetrão de Bohr (Phys.) Bohr magnetron
magnetrão de cavidade (Telecom.) cavity magnetron
magnetrão de cilindro coaxial (Elect.) coaxial-cylinder magnetron
magnetrão de multicavidades (Telecom.) multicavity magnetron
magnetrão de onda contínua (Elect.) continuous wave magnetron
magnetrão de onda progressiva (Electron.) travelling wave magnetron
magnetrão interdigital (Electron.) interdigital magnetron
magnetrão sintonizável (Telecom.) tunable magnetron
Magnistor (Elect.) Magnistor [TM]
magnitude (Astro.) magnitude
magnitude absoluta (Astro.) absolute magnitude
magnitude alterna (Elect.) alternating magnitude
magnitude aparente (Astro.) apparent magnitude
magnitude de astro (Astro.) star magnitude

magnitude de condições atmosféricas (METEO.) grosswetterlage (German word)

magnitude de estrela (ASTRO.) star magnitude

magnitude de seca (METEO.) drought magnitude

magnitude de sismo (GEO.) earthquake magnitude

magnitude estelar (ASTRO.) stellar magnitude

magnitude fotométrica (PHYS.) photometric magnitude

Magnolídeas (BOT.) Magnollidae

Magnoliófitos (BOT.) Magnoliophyta

mágoa (MED.) grief

mainel (BUILD.) mullion; rail post

maior poder luminoso esférico médio (PHYS.) upper mean-hemispherical candle-power

mais branco que o branco (IMAGE TECH.) whiter-than-white

maiúscula (PRINT.) majuscule

mal (MED.) morbus; disease; mal

malabsorção (MED.) malabsorption

malacia (MED.) malacia

malacofília (BOT.) malacophily

malacologia (ZOO.) malacology

malacoplaquia (MED.) malacoplakia

malacostráceo (ZOO.) malacostracous

Malacostráceos (ZOO.) Malacostraca

malandra (VET.) sallenders; mallenders and sallenders

malaquite (MINER.) malachite; green carbonate of copper

malar (ZOO.) malar

malária (MED.) malaria

malária crónica (MED.) limnemia

malassimilação (MED.) malassimilation

malatião (CHEM.) malathion

malato desidrogenase (CHEM.) malato dehydrogenase

mal das altitudes (MED.) high-altitude disease

mal das montanhas (MED.) high-altitude disease

mal das pintas (MED.) pinta

mal de cernelha (VET.) fistulous withers

mal de Pott (MED.) Pott's disease; tuberculous spondylitis; spinal caries

mal do coito (VET.) mal du coit; dourine

mal dos aviadores (AERO.; MED.) high-altitude disease

mal dos mergulhadores (MED.) caisson disease; diver's paralysis; compressed-air disease

maleabilidade (MECH.) malleability

maleável (BOT.) plastic

maleável (GEN.) malleable; soft

malebrina (CHEM.) mallebrin; aluminium chloride nonahydrate

maleína (VET.) mallein

maleolar (ZOO.) malleolar

maléolo (ZOO.) malleolus

malformação septo-ventricular (MED.) ventricular septal defect

malha (ZOO.) patch

malha de corrente (ELECTRON.) mesh current

malha de ligações (ELECTRON.) bed of nails

malha de tela do filtro (PHYS.) filter mesh

malha em paralelo (ELECTRON.) shunt network

malha L-C (ELECTRON.) L-C network

malha romboidal (MINING) diamond mesh

malhas (TEXT.) knitwear

malhetar (BUILD.) chase-morting

malhete (BUILD.) gavel; swallowtail

malhete à meia-madeira (BUILD.) dovetail halving; half-blind dovetail

malhete de espiga e mecha (BUILD.) mortise-and-tenon joint

malhete em forquilha (BUILD.) forked tenon

malhete em garfo (BUILD.) forked tenon

malhete em rabo de andorinha (BUILD.) dovetail

malhete sobreposto (BUILD.) half-sawn; lap dovetail; secret dovetail

malho (BUILD.) maul; sledge-hammer; beetle; gavel; mall; pile hammer

malignito (GEO.) malignite

maligno (MED.) malignant

Malófagos (ZOO.) Mallophaga

maltase (BIO.) maltase

maltenos (CHEM.) malthenes

maltobiose (CHEM.) malthobiose

maltose (CHEM.) maltose

maltusiana (ECO.) Malthusianism

Malváceas (BOT.) Malvaceae

malveína (CHEM.) mauveine; Perkin's mauve

mama (MED.) breast; mamma

mama (ZOO.) mamma

mamão (BOT.) papaya

mamato-cúmulo (cúmulo-mamato) (METEO.) mamma

mamífero (ECO.) mammal

Mamíferos (ZOO.) Mammalia

Mamíferos vivíparos (ZOO.) Theria

mamilo (ZOO.) mamilla; nipple; teat

mamogénico (MED.) mammogenic

mamografia (RADIOL.) mammography

mamoplastia (MED.) mammoplasty

mamotomia (MED.) mammotomy

mamotrópico (MED.) mammotropic

manana (CHEM.) mannan

manancial (GEO.; HYDRO.) spring

mancal (MECH.) axle-box; journal

mancal agarrado (MECH.) frozen bearing

mancal articulado (MECH.) pivot-bearing

mancal autolubrificante (MECH.) self-lubricating bearing

mancal axial (MECH.) pivot-bearing; thrust bearing

mancal axial duplo (MECH.) double thrust-bearing

mancal bipartido (MECH.) split bearing

mancal cilíndrico (MECH.) cylindrical bearing

mancal comum (MECH.) sleeve bearing

mancal corrediço (MECH.) sliding bearing

mancal de apoio (MECH.) bearing surface

mancal de bastões (MECH.) roller-bearing

mancal de bastões de Heatt (MECH.) Heatt roller bearing

mancal de cauda (MECH.) tail bearing

mancal de impulso (MECH.) thrust bearing

mancal de pressão (MECH.) pressure bearing

mancal de roletes (MECH.) loose bearing; roller bearing

mancal de roletes cónicos (MECH.) taper roller bearing

mancal de rolos cónicos (MECH.) needle bearing

mancal de safira (MECH.) sapphire bearing

mancal dividido (MECH.) divided bearing

mancal do eixo (MECH.) shaft bearing

mancal do hélice (NAV.) propeller bearing

mancal exterior (MECH.) outer bearing

mancal gelado (MECH.) frozen bearing

mancal móvel (MECH.) movable bearing

mancal não metálico (MECH.) non-metallic bearing

mancal oscilante (MECH.) movable bearing

mancal plano (MECH.) plain bearing; rectilinear bearing

mancal poroso (MECH.) porous bearing

mancal radial (MECH.) radial bearing

mancal recto (MECH.) plummer block

mancha (BOT.) stripe; streak

mancha (GEN.) stain

mancha (IMAGE TECH.) smear

mancha (MED.; ZOO.) blemish; tache; macula; macule

mancha (em gota) (ZOO.) gutta

mancha acústica (ZOO.) macula acustica

mancha amarela (ZOO.) yellow spot; macula flava

mancha anular (BOT.) ring-spot

mancha azul (BOT.) blue stain

mancha castanho-avermelhada (BOT.) russet

mancha C de Graff (PAPER) Graff's C stain

mancha cega (MED.) punctum cecum

mancha do olho (MED.) eye spot

mancha escura (ELECTRON.) dark spot

mancha ferruginosa (MINING) iron stain

mancha imune (IMMUN.) immunoblot

mancha luminosa (ELECT.) flare

mancha lútea (ZOO.) macula lutea; macula retinae

mancha na pele (MED.) mole; naevus

mancha ocidental (BIO.) Western blot

manchas de aragonite em suspensão (GEO.) whitings

manchas de fundo (TELECOM.) snow

manchas de Koplik (MED.) Koplik's spots

manchas de petróleo (MINING) oil stains

manchas do mal-do-coito (VET.) dollar spots

mancha solar (ASTRO.) sunspot

Mancha Vermelha (ASTRO.) Red Spot (Jupiter)

manche (AERO.) manche; joystick; stick; yoke

mandelato (CHEM.) mandelate

mandelato de benzil (CHEM.) benzyl mandelate

mandíbula (MECH.) jaw

mandíbula (MED.; ZOO.) mandible; jaw; mandibulum

mandíbula de contacto (ELECT.) contact jaw

mandibular (ZOO.) gnathic

mandibulectomia (MED.) mandibulectomy

mandibulofacial (MED.) mandibulofacial

mandrágora (BOT.; CHEM.) mandragora; mandrake; atropa mandragora

mandril (MECH.) mandrel; chuck

mandril (BUILD.) broach; cutter block

mandriladora (MECH.) boring mill

mandril autocentralizador (MECH.) self-centring chuck

mandril de expansão (MECH.) expanding arbor; expanding mandrel

mandril de roletes para tubos (MECH.) tube beader

mandril de torno (MECH.) driver plate; lathe chuck

mandril independente (MECH.) independent chuck

mandril magnético (MECH.) magnetic chuck

mandril para broca (MECH.) drill chuck

mandril vertical (MECH.) jig borer

Maneirismo (ARCH.) Mannerism

manga (ELECT.) sleeve

manga (MECH.) bush

manga da tubagem de revestimento (MINING) casing float collar

manga de junção (ELECT.) sleeve joint

manga de vento (AERO.) tubular streamer

manga do tubo facetado (MINING) kelly bushing (KB)

mangal (ECO.) mangal

manganato (CHEM.) manganate

manganés (CHEM.) manganese

mangânico (CHEM.) manganic

manganina (ELECT.) manganin

manganofilite (MINER.) manganophyllite

manganosite (MINER.) manganosite

manganoso (CHEM.) manganous

mangueira da lama (MINING) mud hose

mangueira de alta pressão (MINING) high-pressure hose

mangueira de cimentação (MINING) cementing hose

mania (MED.; PSYCHO.) mania

maníaco-depressivo (PSYCHO.) maniac-depressive

manifold (MINING) header

manila (TEXT.) manila

manilha de retenção da tubagem de revestimento (MINING) casing-landing flange

manipulação (TELECOM.) keying

manipulação anódica (ELECTRON.) anode keying

manipulação catódica (ELECT.) cathode keying

manipulação com duas frequências (ELECT.) two-source frequency keying

manipulação de deslocamento (COMP.) shift keying

manipulação de dois tons (TELECOM.) two-tone keying

manipulação de frequência de duas fontes (ELECT.) two-source frequency

manipulação de material (ENG.) material handling

manipulação de símbolos (COMP.) symbol manipulation

manipulação directa (COMP.) direct manipulation

manipulação electrónica (TELECOM.) electronic keying

manipulação genética (BIO.) genetic manipulation

manipulação intercalada (ELECT.) break-in keying

manipulação por comutação de fase (TELECOM.) phase-shift keying

manipulação por comutação de fase quaternária (TELECOM.) quaternary phase-shift keying

manipulação por deslocamento de fase (TELECOM.) phase-shift keying

manipulação por desvio de transferência (TELECOM.) frequency-shift keying

manipulação por tubo de vácuo (ELECTRON.) vacuum tube keying

manipulação por válvula (ELECT.) tube keying

manipulador (NUCL.) manipulator

manipulador (TELECOM.) sender; transmitter; key

manipulador de desvio de frequência (TELECOM.) frequency-shift lever

manipulador de saída (COMP.) output handler

manipulador de teste de canal (COMP.) channel check handler [CHC]

manipulador Morse (TELECOM.) Morse key; Morse sender

manipulador telegráfico (TELECOM.) bug key; telegraph key

manitol (CHEM.) mannitol

manivela (MECH.) crank

manivela da cana do leme (NAV.) whipstaff

manivela de bomba (MECH.) pump brake

manivela de eixo (MECH.) inside crank

manobra de segurança (ASTRO.) clearing manoeuvre

manobra de visibilidade (ASTRO.) clearing manoeuvre

manocriómetro (CHEM.) manocryometer

manómetro (PHYS.) manometer

manómetro (MECH.) pressure gauge; steam gauge

manómetro de ar comprimido (PHYS.) air manometer

manómetro de Bourdon (MECH.) Bourdon gauge

manómetro de ionização (NUCL.) ionization manometer

manómetro de mercúrio (MECH.) mercurial gauge

manómetro de profundidade (ENG.) depth gauge

manómetro de sobrepressão (AERO.) boost gauge; manifold pressure gauge

manómetro para medir a detonação (MECH.; MINING) bouncing-pin detonation meter

manómetro piezoeléctrico (ELECTRON.) piezoelectric manometer

manoscópio (CHEM.) manoscope

manose (CHEM.) mannose

manosidose (MED.) mannosidosis

manóstato (MECH.) manostat

manta (TEXT.) blanket

manteiga (GEN.) butter

manter (COMP.) hold (information)

mantissa (MATH.) mantissa

manto (BOT.; ZOO.) mantle; veil; velum

manto (GEN.) mantle

manto (NUCL.) blanket

manto (ZOO.) shell gland; shell sac; pallium

manto de carreamento (GEO.) nappe

manto de gás (MECH.) gas mantle

manto de geada (METEO.) frost table

manto parcial (BOT.) partial veil

manúbrio (ZOO.) manubrium

manufactura de aço (MECH.) steel making

manutenção (CHEM.; MECH.) hold-up

manutenção de inactividade (COMP.) mark-hold

manutenção de rotina (COMP.) routine maintenance

manutenção preventiva (ELECTRON.) preventative maintenance

mão (ZOO.) manus

mão caída (MED.) drop wrist

mão em garra (MED.) claw hand

mão francesa (BUILD.) swan-neck

mapa (MATH.) map

mapa batimétrico (GEO.) bathymetric map; bathymetric chart

mapa citogenético (BIO.) cytogenetic map

mapa cognitivo (PSYCHO.) cognitive map

mapa cromossómico (BIO.) chromosome mapping

mapa de estrelas (ASTRO.) star chart

mapa de Karnaugh (ELECTRON.) Karnaugh map

mapa de ligação (BIO.) linkage map

mapa de prognóstico (METEO.) prognostic map

mapa em relevo (SURV.) relief map; layered map

mapa genético (BIO.) genetic map

mapa isomagnético (PHYS.) isomagnetic map; isomagnetic chart

mapa magnético (PHYS.) magnetic map

mapa-radar (AERO.; RADAR) radar map

mapeamento (BIO.) mapping; map

mapeamento (SURV.) cartography; chartography

mapeamento celeste (ASTRO.) sky mapping

mapeamento com curvas de nível (SURV.) contour mapping

mapeamento cromossómico (BIO.) chromosome mapping

mapeamento de estrutura (Comp.) structure mapping

mapeamento de memória (Comp.) memory mapping

mapeamento de radionúclido (Radiol.) radionuclide imaging

mapeamento homotópico (Math.) homotopic mapping

mapeamento por radar (Aero.; Radar) radar mapping

mapeamento térmico (Phys.) thermal imaging

máquina (Gen.) machine

máquina (Mech.) engine

máquina acíclica (Elect.) acyclic machine

máquina atmosférica (Eng.) atmospheric engine

máquina a vapor (Mech.) steam engine

máquina a vapor binária (Mech.) binary vapour-machine

máquina a vapor de alta velocidade (Mech.) high-speed steam-engine

máquina a vapor simples (Mech.) simple steam-engine

máquina blindada de auto-resfriamento (Elect.) enclosed self-cooled machine

máquina conversível (Print.) convertible machine

máquina de abrir rasgos de chaveta (Mech.) key-seating machine

máquina de abrir roscas (Mech.) screw-cutting machine

máquina de aplainar (Build.) shooting board

máquina de ar comprimido (Mech.) air engine

máquina de bobinagem (Elect.) coil-winding machine

máquina de bobinar (Elect.) coil winder

máquina de Brinell (Eng.) Brinell machine

máquina de britar pedra Blake (Mining) Blake crusher

máquina de brunir (Mech.) honing machine

máquina de calcular (Gen.) adding machine; calculator; calculating machine

máquina de câmara escura (Print.) dark-room camera

máquina de carregar combustível (Nucl.) fuelling machine

máquina de centragem (Mech.) balancing machine

máquina de compensar (Mech.) balancing machine

máquina de composição (Print.) typesetting machine; linotype composing machine

máquina de comutação (Elect.) commutating machine

máquina de conexão (Comp.) connection machine

máquina de conferir (Print.) collating machine

máquina de contabilidade (Comp.) accounting machine

máquina de cópia (Mech.) copying machine

máquina de cortar (Mech.) cutter

máquina de cortar carvão (Mining) coal-cutting machinery

máquina de corte de carvão em grandes talhos (Mining) longwall coal-cutting machine

máquina de cravar (Electron.) punching machine

máquina de desbastar (Build.) router

máquina de disco de Faraday (Elect.) Faraday's generator

máquina de dividir (Elect.) dividing engine

máquina de Dwight Lloyd (Mining) Dwight Lloyd machine

máquina de encapar (Paper) coating machine

máquina de encurvar (Mining) bending machine

máquina de enrolar (Text.) coiler

máquina de equilibrar (Mech.) balancing machine

máquina de estampar (Print.) stamping press

máquina de excitação diferencial (Elect.) differential compounded machine

máquina de fazer cavilhas (Mech.) bolt-making machine

máquina de fazer garrafas (Glass) bottle-making machine

máquina de fazer malha (Text.) knitting machine

máquina de fazer renda (Text.) lace machine

máquina de fiar (Text.) mule

máquina de filmar (Image Tech.) cine camera

máquina de fresar (Mech.) milling machine

máquina de furar (Mech.) drilling machine

máquina de furar pneumática (Build.) compressed-air drill

máquina de fusão de espelho (Nucl.) mirror machine

máquina de hemodiálise (Med.) kidney machine

máquina de impressão (Print.) press

máquina de impulsos (Telecom.) impulse machine

máquina de indução (Elect.) induction machine

máquina de influência (Elect.) influence machine

máquina de moldar (Mech.) moulding machine

máquina de motor bobinado diferencialmente (Elect.) differentially compound-wound machine

máquina de perfurar (Electron.) punching machine

máquina de pistão livre (Mech.) free piston engine

máquina de polir (Mech.) lapping machine

máquina de processamento contínuo (Image Tech.) continuous processing machine

máquina de processamento de dados (Comp.) data processing machine

máquina de processamento electrónico de dados (Comp.) electronic data processing machine

máquina de projecção (Image Tech.) projection machine

máquina de prova (Mech.) testing machine

máquina de rebitagem (Mech.) riveting machine

máquina de rectificar superfícies planas (Mech.) surface grinding machine

máquina de reprodução (Mech.) copying machine

máquina de tecelagem (Text.) weaving machine

máquina de tecer seda (Text.) silk engine

máquina de termoimpressão (Print.) thermoprinting machine

máquina de teste de fadiga (Mech.) fatigue-testing machine

máquina de torcer fios (Text.) twiner

máquina de traçar (Comp.) plotting machine

máquina de transferência (Mech.) transfer machine

máquina de tricotar circular (Text.) circular knitting machine

máquina de tricotar de duplo cilindro (Text.) double-cylinder knitting machine

máquina de Turing (Comp.) Turing machine

máquina de verificação (Mech.) test machine

máquina de verificação de fadiga (Mech.) fatigue-testing machine

máquina de Wharfdale (Print.) Wharfdale machine

máquina de Wimshurst (Elect.) Wimshurst machine

máquina eléctrica (Elect.) electric machine

máquina eléctrica de atarraxar porcas (Mech.) nut runner

máquina eléctrica de contagem (Comp.) machine electrical accounting

máquina electrostática (Elect.) frictional machine

máquina em série (Mech.) tandem engine

máquina estática (Elect.) static machine

máquina-ferramenta (Mech.) machine tool

máquina-ferramenta de mandril (Mech.) chuck machine

máquina fotográfica balística (Astro.) ballistic chamber

máquina fotográfica de duas objectivas (Image Tech.) twin lens camera

máquina invertida (Elect.) inverted machine

máquina Leavers (Text.) Leavers machine

máquina lógica de Mealy (Electron.) Mealy machine

máquina lógica de Moore (Electron.) Moore machine

máquina mínima (Comp.) minimal machine

máquina misturadora (BUILD.) blender; mixer

máquina multibanco (TELECOM.) automated teller machine

máquina niveladora (BUILD.) grader machine

máquina-objecto (COMP.) object machine

máquina para encurvar carris (MECH.) rail bender (railways)

máquina para ensaio de tracção (MECH.) tensile testing machine

máquina para estender o pano para secagem (TEXT.) tenter; stenter

máquina perfuradora de coluna (MINING) drifter

máquina plana (PRINT.) flat bed

máquina pneumática (MECH.) air powered machine

máquina rectificadora (MECH.) rectifying machine

máquina refrigerada a ar (ELECT.) air-cooled machine

maquinaria (ENG.) plant

Máquina RISC avançada (COMP.) advanced RISC machine [ARM]

máquinas de composição (PRINT.) composing machines

máquina simples (MECH.) simple machine

máquina síncrona (ELECT.) synchronous machine

máquina sopradora-compressora (GLASS) blow-and-blow machine

máquina unipolar (ELECT.) unipolar machine

máquina virtual de aplicação (COMP.) application virtual machine

maquinista (MECH.) engineer

mar (ASTRO.) mare (pl. maria)

mar (GEO.) sea

mar abissal (GEO.) abyssal sea; deep sea

mar alto (GEO.) open sea; high sea

marasmo (MED.) marasmus

marasmo enzoótico (VET.) bush sickness; enzootic marasmus

marca (COMP.) mark flag; tag

marca (PHYS.) tag

marca (PRINT.) imprint

marca (SURV.) blaze

marca (TELECOM.) mark

marca basal (GEO.) bottom structure

marcação (RADAR) fixing

marcação (MECH.) marking-out

marcação azimutal (TELECOM.) bearing

marcação da bússola (NAV.) compass bearing

marcação de circuito completo (TELECOM.) loop dialing

marcação de círculo total (SURV.) whole-circle bearing

marcação de nível (TELECOM.) level setting

marcação de território (ZOO.) scent-mark

marcação giroscópica (MECH.) gyro bearing

marcação manual (COMP.) dial up

marcação por teclas (COMP.) push-button dialing

marcação rádio (TELECOM.) radio bearing

marcação radiogonométrica (TELECOM.) radio bearing

marcação relativa (NAV.) relative bearing

marca de água (PAPER) watermark; dandy roll

marca de base (GEO.) sole mark

marca de bloco (COMP.) block mark

marca de distância (RADAR) distance mark

marca de distância de radar (RADAR) radar range marker

marca de endereço (COMP.) address mark

marca de escova (BUILD.) brushmark

marca de Graff (PAPER) Graff's C stain

marca de interpolação (PRINT.) caret

marca de Kimbal (COMP.) Kimbal tag

marca de macho (MECH.) print (foundry)

marca de nascimento (MED.) birthmark

marca de opacidade (PAPER) shadow mark

marca de pincel (BUILD.) brushmark

marca de punção (HORO.) prick punch

marca de rectificação (BUILD.) face mark

marca de referência (PRINT.; SURV.) mark of reference; reference mark

marca de sombra (PAPER) shadow mark

marca de sondagem (NAV.) plimsoll mark (depth)

marca de tambor (COMP.) drum mark

marca diacrítica (ELECT.) diacritic mark

marcador (MECH.) scriber

marcador (RADAR) marker

marcador (SURV.) tally; teller

marcadora digital (COMP.) digital plotter

marcador da câmara (IMAGE TECH.) camera marker

marcador de azimute (RADAR) azimuth marker

marcador de calibração (RADAR) calibration marker

marcador de fim de ficheiro (COMP.) end of file marker

marcador de início de informação (COMP.) beginning of information marker

marcador de obstrução (AERO.) obstruction marker

marcador em leque (ELECT.) fan marker

marcadores de canal de rolamento (AERO.) taxi-channel markers

marcador estroboscópico (ELECTRON.) strob marker

marcador radioactivo (BIO.; PHYS.; MED.) radioactive tracer

marca estroboscópica (ELECTRON.) strobe

marca-passo (MED.) pacemaker

marca-passo electrónico (MED.) electronic pacemaker

marcas (IMAGE TECH.) stress marks

marcas de chuva (GEO.) rain prints

marcas de corte (PRINT.) cutting marks

marcas de macho (MECH.) coreprints (foundry)

marcas dendríticas (GEO.) dendritic markings

marcas de ondulação (GEO.) ripple marks

marcas de registo (PRINT.) register marks

marcas de tensão (IMAGE TECH.) stress marks

marcas estáticas (IMAGE TECH.) static marks

marcas indicadoras (IMAGE TECH.) cue marks

marcassite (MINER.) marcasite; cockcomb; spear pyrite; white iron pyrite

marcenaria (BUILD.) cabinet-work

marceneiro (BUILD.) joiner

marcescente (BOT.) marcescent

marcha (GEN.) run

marcha (MED.) gait

marcha com o motor destravado e desembraiado (MECH.) coasting

marcha lenta (AUTO.) idling

marcha reduzida (AUTO.) idling

marco de entivação de galeria (BUILD.) square set

marco de palavra (COMP.) word flag

marcos de limite (AERO.) boundary markers

Mar de Ural (ECO.) Obik Sea

Mar dos Sargassos (ECO.) Sargasso Sea

maré (GEO.) tide

maré alta (GEO.) high tide

maré astronómica (GEO.) astronomic tide

maré baixa (GEO.) low tide

marecanite (GEO.) marekanite

maré cheia (GEO.) highwater

maré de apogeu (GEO.) apogean tide

maré de avalanche (GEO.) landslide surge

maré de furacão (METEO.) hurricane tide

maré de onda (GEO.) wave tide

maré de perigeu (GEO.) perigean tide

maré de quadratura (GEO.) neap tide

maré de sizígia (GEO.) spring tide

maré de tempestade (METEO.) storm tide; storm surge

maré diurna (GEO.) diurnal tide

maré dupla (GEO.) double tide

maré enchente (GEO.) flood tide; rising tide

maré eólica (GEO.) wind tide; wind setup

maré equatorial (METEO.) equatorial tide

maré equinocial (ASTRO.; GEO.) equinotial tide; neap tide

maré gravitacional (METEO.) gravitational tide

maré interna (GEO.) internal tide

maré lunar (ASTRO.) lunar tide

maré meteorológica (METEO.) meteorological tide

maré mista (GEO.) mixed tide

maré morta (GEO.) dead neap; neap tide

maremoto (GEO.) seismic sea-wave; seaquake; tidal wave; tsunami; eagre; isolated wave

mareógrafo (Geo.) tidal gauge
mar epicontinental (Geo.) epeiric sea
mares (Astro.) maria (sing. mare) [Moon]
maré sem corrente (Geo.) slack water
maresia (Geo.) sea-smell; marshy smell
maré solar (Geo.) solar tide
maré solsticial (Geo.) solstitial tide
marés vivas (Geo.) spring tides
maré terrestre (Geo.) earth tide
maré tropical (Geo.) tropic tide
maré vazante (Geo.) fallong tide; ebb tide
maré vazia (Geo.) low water
maré vermelha (Geo.; Bot.) red tide; red water
maré viva (Geo.) spring tide
marfim (Zoo.) ivory
marga (Geo.) marl; sandy clay; loam
marga arenosa (Geo.) sandy marl
marga argilosa (Geo.) argillaceous marl
marga calcária (Geo.) chalk marl
margarina (Chem.) margarine
margarite (Miner.) margarite
marga vermelha (Mining) red marl
margem (Gen.) bank; edge; border; rim
margem (Elect.; Telecom.) margin
margem (Text.) welt
margem activa (Geo.) active margin
margem continental activa (Geo.) active continental margin
margem de água doce (Nav.) freshwater allowance
margem de atenuação (Electron.) fading margin
margem de corrente (Elect.) current margin
margem de fase (Telecom.) phase margin
margem de fonte (Nucl.) source range
margem de linha de segurança (Nav.) margin of safety line
margem de reacção (Geo.) reaction rim
margem de recifes (Geo.) reef margin
margem de recifes externa (Geo.) seaward reef margin
margem de recifes interna (Geo.) landward reef margin
margem de referência (Comp.) reference edge
margem de sintonia (Telecom.) tuning range
margem de sobrecarga (Elect.) overload margin
margem de variação (Electron.) spread
margem passiva (Geo.) passive margin
margem recifal (Geo.) reef margin
marginal (Bot.) marginal
marialite (Miner.) marialite
marijuana (Bot.) marihuana; cannabis
mar interior (Eco.) inland sea
marca de fractura (Eco.) chattermark
marcação automática (Telecom.) auto dial
marcação em multifrequência (Telecom.) multi-frequency dialling
marcação por impulsos (Telecom.) pulse dialling
marcas em cunha (Geo.) chevron marks

maré enchente (Geo.) flood tide
maré vazante (Geo.) ebb tide
marmita de ar quente (Aero.) heating muff
mármore (Geo.) marble
marmoreação (Build.) marmoration
mármore Marezzo (Build.) Marezzo marble
marmorização (Geo.) marmorization
marquesa (Build.) marchioness (tile)
marquise (Arch.) marquise
marreta (Build.) mallet; sledge-hammer
marroquim envernizado (Print.) glazed morocco
marroquim negro (Print.) niger morocco
Marsupiais (Zoo.) Marsupiala
marsúpio (Zoo.) marsupium
martelada (Mech.) hammer blow
martelagem (Mech.) peening
martelete (Mech.) striking lever
martelo (Gen.) hammer
martelo de alisar (Build.) face-hammer
martelo de aplainar (Mech.) smoothing hammer; planishing hammer
martelo de assentador de tijolos (Build.) bricklayer's hammer
martelo de bola (Mech.) ball-pane hammer
martelo de britar (Build.) knapping hammer
martelo de cabo (Mech.) helve hammer
martelo de caldeireiro (Mech.) boilermaker's hammer; coppersmith's hammer
martelo de cortar pedras (Build.) bush-hammering
martelo de couro (Mech.) rawhide hammer
martelo de desbastar (Build.) scabbling hammer
martelo de desencrustar (Mech.) scaling hammer
martelo de duas faces (Mech.) double-faced hammer
martelo de embutlr (Build.) crosspane hammer; Exeter hammer
martelo de estofador (Build.) upholsterer's hammer
martelo de folhear (Build.) veneer hammer
martelo de forjar de impacte (Mech.) impacter forging hammer
martelo de fundidor (Mech.) flogging hammer
martelo de impressão (Comp.) print hammer
martelo de modelador (Build.) pattern-maker's hammer
martelo de orelhas (Build.) claw-hammer
martelo de orelhas curvas e grossas (Build.) Canterbury hammer
martelo de orelhas inglês (Build.) Kent claw hammer
martelo de pau (Build.) gavel
martelo de pedreiro (Build.) bricklayer's hammer
martelo de pena rectilínea (Mech.) straight-pane hammer
martelo de ponta (Build.) hammer-axe

martelo de vibração (Elect.) break hammer
martelo embutidor (Mech.) set hammer
martelo hidráulico (Mech.) hydraulic hammer; water hammer
martelo hidráulico (Mining) hammer mill
martelo mecânico (Mech.) power hammer; drop hammer
martelo mecânico por gravidade (Mech.) gravity drop hammer
martelo percutor (Build.) cartridge-operated hammer
martelo picador (Mech.) scaling hammer
martelo pilão (Mech.) helve hammer
martelo pneumático (Mining) jackhammer; hammer-drill
martelo Warrington (Build.) Warrington hammer
martensite (Mech.) martensite
martinete (Mech.) drop hammer; mechanical hammer; helve hammer
martite (Miner.) martite
martonite (Chem.) martonite (tear gas)
máscara (Gen.) mask
máscara auditiva (Phys.) aural masking
máscara de canal (Comp.) channel mask
máscara de gás (Chem.) gas mask
mascaramento (Comp.) masking
máscaras de cor (Gen.) colour masking
máscara temporal (Electron.) temporal mask
masculino (Gen.) male
MASER (Electron.) MASER [Microwave Amplification by Stimulated Emission of Radiation]
maser de estado sólido (Electron.) solid-state maser
maser de feixe de amoníaco (Phys.) ammonia-beam maser
maser de funcionamento passivo (Elect.) passively operating maser
maser de gás (Electron.) gas maser
maser de hidrogénio atómico (Phys.) atomic hydrogen maser
maser de infravermelhos (Phys.) infrared maser
maser de onda progressiva (Electron.) travelling wave maser
maser de três níveis (Electron.) three-level maser
maser óptico (Phys.) optical maser
maskelinita (Miner.) maskelynite
masoquismo (Psycho.) masochism
massa (Build.) size; cement; mortar; cement; paste
massa (Chem.) charge
massa (Elect.; Phys.) mass; earth; ground
massa (Gen.) mass; bulk; stock; putty
massa (Glass) batch; charge
massa (Mech.) cake
massa (Telecom.) ground; earth; mass
massa activa (Chem.) active mass
massa acústica (Phys.) acoustic(al) mass
massa amorfa (Geo.) groundmass
massa a óleo (Build.) putty

massa artificial (TELECOM.) artificial earth; counterpoise

massa atómica (PHYS.) atomic mass; atomic weight

massa atómica relativa (NUCL.) relative atomic mass

massa cinzenta (ZOO.) grey matter

massa condutora de calor (ELECTRON.) heat-sink grease

massa continental (GEO.) continental mass

massa cristalina (GEO.) crystalline mass

massa crítica (NUCL.) critical mass [crit]

massa de água ascendente (ECO.) upwelling

massa de ar (METEO.) air mass

massa de ar absorvida pelo compressor (AERO.) air mass flow

massa de ar da antárctica (METEO.) antarctic air-mass

massa de ar árctica (METEO.) arctic air-mass

massa de ar continental (METEO.) continental-air mass

massa de ar das monções (METEO.) monsoon air-mass

massa de ar equatorial (METEO.) equatorial air-mass

massa de ar estável (METEO.) stable air-mass

massa de ar fria (METEO.) cold-air; cold air-mass

massa de ar instável (METEO.) unstable air-mass

massa de ar marítimo (METEO.) maritime air-mass

massa de ar polar (METEO.) polar air-mass

massa de ar polar continental (METEO.) continental polar air

massa de ar quente (METEO.) warm air-mass

massa de ar tropical (GEO.) tropical air

massa de ar tropical continental (METEO.) continental tropical air-mass

massa de electrão (PHYS.) electron mass; mass of electron

massa de enchimento (BUILD.) filler

massa de estanho (BUILD.) block tin

massa de estucador (BUILD.) plaster's putty

massa de ião (PHYS.) mass of ion

massa de repouso (PHYS.) rest mass

massa de vidraceiro (BUILD.) putty; glazier's putty

massa efectiva (ELECTRON.) effective mass

massa estelar (ASTRO.) stellar mass

massa final (ASTRO.) final mass

massa fundamental (GEO.) fundamental mass

massagem cardíaca (MED.) cardiac massage

massa isolada (RADAR) isolated cell

massa isoladora (ELECT.) insulating compound

massa meteórica (ASTRO.) meteoric mass

massa molecular relativa (CHEM.) relative molecular mass

massa nodular (GEO.) nodular mass

massa polar (ELECT.) pole piece

massa reduzida (PHYS.) reduced mass

massa seca (AERO.) dry mass

massa útil (ELECTRON.) effective mass

masseter (ZOO.) masseter

massicote (MINER.) massicot

mastectomia (MED.) mastectomy

mastigação (ZOO.) mastication

mastigador (ZOO.) masticatory

mastigóforos (ZOO.) mastigophora

mastique (BUILD.; CHEM.) mastic; putty

mastique de asfalto (BUILD.) mastic asphalt

mastique de isolamento a frio (BUILD.) cold insulation mastic

mastite (MED.; VET.) mastitis

mastite de Verão (VET.) summer mastitis

mastite piogénica (VET.) summer mastitis

mastócito (IMMUN.) mast cell

mastodinia (MED.) mastodynia

mastóide (BOT.; ZOO.) mastoid

mastoidectomia (MED.) mastoidectomy

mastoidite (MED.) mastoiditis

mastologia (MED.) mastology

mastopatia (MED.) mastopathy

mastopexia (MED.) mastopexy

mastoplasia (MED.) mastoplasia

mastoplastia (MED.) mastoplasty

mastoptose (MED.) mastoptosis

mastorragia (MED.) mastorrhagia

mastotomia (MED.) mastotomy

mastro (MECH.) mast; pole

mastro da extremidade da proa (NAV.) bowsprit

mastro de amarração (AERO.) mooring mast

mastro de antena (ELECT.) radio mast

mastro do rotor (AERO.) rotor pylon

mata de plantas lenhosas (BOT.; ECO.) arboretum

matar um poço (MINING) killing a well

mate (IMAGE TECH.) flat

Matemática (GEN.) mathematics

Matemática aplicada (GEN.) applied mathematics

matéria (GEN.) matter; substance

matéria (PHYS.) matter

matéria (ZOO.) matter; substance; substantia

matéria activa (PHYS.) active material

matéria branca (ZOO.) white matter

matéria composta (PRINT.) reset

matéria de compressão (NUCL.) flattening material

matéria estelar (ASTRO.) stellar matter

matéria fantasma (RADIOL.) phantom material

matéria fictícia (RADIOL.) phantom

matéria filtrante (PHYS.) filter medium

matéria interestelar (ASTRO.) interstellar matter

matéria intergaláctica (ASTRO.) intergalactic matter

matéria interplanetária (ASTRO.) interplanetary matter

matéria introduzida por inoculação (MED.) inoculum

materiais de isolamento (ELECT.) insulating materials

materiais ferroeléctricos (PHYS.) ferroelectric materials

material activo (ELECT.) paste

material calcinado para fabrico de refractários (BUILD.) grog

material de absorção (PHYS.) absorbing material

material de absorção de radar (AERO.) radar absorbing material

material de espaçamento (PRINT.) spacing material

material de película fina (ELECT.) thin-film material

material depletivo (ELECTRON.) deplected material

material do tipo p (ELECTRON.) p-type material

material ferromagnético (ELECT.) ferrimagnetic material

material fixo (BUILD.) permanent way

material isolador (ELECT.) insulating material

materialização (PHYS.) materialization

material magnético de baixa retenção (ELECTRON.) soft magnetic material

material magnético duro (ELECTRON.) hard magnetic material

material ohmico (ELECTRON.) ohmic material

material polarizante (ELECTRON.) polarizing material

material rolante (BUILD.) rolling stock

material termoeléctrico (ELECT.) thermoelectric material

matéria meteórica (ASTRO.) meteoric matter

matéria nebulosa (ASTRO.) nebulous matter

Matéria Negra (ASTRO.; SPACE) Black Matter

matéria orgânica (ECO.) organic matter

matéria orgânica em deposição (cobertura do solo) (ECO.) litter [L-layer]

matéria preliminar (PRINT.) preliminary matter

matéria-prima (MECH.) raw material; crude material

matéria primordial hipotética (PHYS.) ylem

matéria regurgitada da pança para a ruminação (VET.) cud

matérias lançadas por um vulcão (GEO.) ejecta

matéria sólida (PRINT.) solid matter

matérias-primas (GLASS) batch; charge

matiz (IMAGE TECH.) hue

matiz (BUILD.) tint

matiz (TEXT.) shade; tint

matiz, saturação, brilho (IMAGE TECH.) hue, saturation, brightness

mato de acácias (ECO.) brigalow scrub

mato mediterrânico (ECO.) brezales

matriz (COMP.) array

matriz (GEN.) matrix; mould; form; mold

matriz (MECH.) die; swage

matriz (MINING) rider

matriz (PHYS.) mother (Acoustics)

matriz (Print.) mat
matriz (Bot.) matrix
matriz cilíndrica (Mech.) cylindrical die
matriz conjugada (Math.) conjugate matrix
matriz de absorção (Image Tech.) imbibition matrix
matriz de assimilação (Image Tech.) imbibition matrix
matriz de cor (Image Tech.) colour matrix
matriz de dados (Comp.) data matrix
matriz de embutir (Mech.) drawing die
matriz de estriar (Mech.) drawing die
matriz de ferro (Mech.) iron pattern
matriz de identidade (Math.) unit matrix
matriz de nível Gray (Comp.) Gray level array
matriz de placa de circuito impresso (Comp.) mother board
matriz de simetria oblíqua (Comp.) skew-symmetric matrix
matriz de unidade (Math.) unit matrix
matriz de zinco (Mech.) form block
matriz diagonal (Math.) diagonal matrix
matriz escalar (Math.) scalar matrix
matrizes congruentes (Math.) congruent matrices
matriz extracelular (Bio.) extracellular matrix
matriz fechada (Comp.) closed array
matriz fêmea (Mech.) female die
matriz flexível (Comp.) flexible array
matriz húmida (Print.) wet flong
matriz móvel (Mech.) movable die
matriz não singular (Math.) non-singular matrix
matriz nuclear (Bio.) nuclear matrix
matriz ortogonal (Math.) orthogonal matrix
matriz PAL (Image Tech.) PAL matrix
matriz pneumática (Mech.) pneumatic die
matriz progressiva (Mech.) progressive die
matriz radial (Mech.) radial die
matriz RGB (Image Tech.) RGB matrix
matriz semântica (Comp.) semantic matrix
matriz unidimensional (Comp.) one dimensional array
matróclina (Bio.) matroclinous
matromórfica (Bio.) matromorphic
maturação (Bot.; Zoo.) maturation
maturação de comportamento (Psycho.) maturation of behaviour
maturidade (Geo.) maturity
mauveína (Chem.) mauveine
maxila (Gen.) jaw; clamp
maxila (Zoo.) maxillar
maxila de contacto (Elect.) contact jaw
maxila fixa (Mech.) fast head (lathe)
maxilar (Zoo.) maxilla (bone of upper jaw); maxillary (adj.)
maxilares (Zoo.) maxillae
maxilar inferior (Zoo.) mandible; lower jaw; genys
maxilípede (Zoo.) maxilliped

máximo de função (Telecom.) hill-climbing
máximo de revolução (Mech.) maximum revolution
máximo electrocapilar (Chem.) electrocapillary maximum
máximo magnético (Geo.) magnetic high
máximo positivo (Elect.) positive peak
maxwell (Elect.) maxwell (CGS unit of magnetic flux)
meada (Bio.) skein
meandro (Geo.) meander; river bend
meandro antigo (Hydro.) oxbow
meandro encaixado (Geo.) entrenched meander
meandro inciso (Geo.) incised meander
meato (Zoo.) meatus
meatotomia (Med.) meatotomy
Mecânica (Phys.) mechanics
Mecânica celeste (Astro.) celestial mechanics
Mecânica dos fluidos (Phys.) fluid mechanics
Mecânica do solo (Eng.) soil mechanics
Mecânica electrónica (Elect.) electronic engineering
Mecânica estatística (Phys.) statistical mechanics
Mecânica hidráulica (Mech.) hydraulic engineering
Mecânica newtoniana (Phys.) Newtonian mechanics
Mecânica quântica (Phys.) quantum mechanics
mecânico (Gen.) engineer
mecânico de bordo (Aero.) flight engineer
mecânico de terra (Aero.) ground engineer
mecânico de voo (Aero.) flight engineer
mecânico de voo autorizado (Aero.) licensed aircraft engineer
mecanismo (Gen.) gear; device; mechanism
mecanismo articulado (Mech.) link mechanism
mecanismo de alimentação (Elect.) feed mechanism
mecanismo de catraca (Mech.) ratchet mechanism
mecanismo de coesão (Bot.) cohesion mechanism
mecanismo de comando (Mech.) gearing
mecanismo de comando de distribuição (Mech.) valve gear
mecanismo de comando de passo (Aero.) pitch controlling mechanism
mecanismo de comutação blindado (Elect.) iron-clad switchgear
mecanismo de defesa (Psycho.) defence (defense) mechanism
mecanismo de desengate (Mech.) trip gear
mecanismo de deslizamento (Geo.) creep mechanisms
mecanismo de direcção de parafuso e porca (Auto.) screw-and-nut steering gear

mecanismo de disparo (Mech.) trip gear
mecanismo de dispersão (Eco.) dispersal mechanism
mecanismo de distribuição (Elect.) switchgear
mecanismo de distribuição blindado (Elect.) metal-clad switchgear; iron-clad switchgear
mecanismo de distribuição revestido a metal tipo fixo (Elect.) fixed-type metal-clad switchgear
mecanismo de distribuição tipo carro (Elect.) carriage-type switchgear
mecanismo de duas velocidades (Mech.) two-speed gear
mecanismo de inversão (Mech.) reversing gear
mecanismo de ligação de blindagem revestida a metal (Elect.) armour-clad switchgear
mecanismo de mudança de velocidade (Phys.) speed gear
mecanismo de paragem (Aero.) arrester gear
mecanismo de realimentação (Eco.) feedback mechanism
mecanismo de retenção (Mech.) retaining mechanism
mecanismo de retorno rápido (Mech.) quick return mechanism
mecanismo de segurança (Mech.) safety mechanism
mecanismo de sólido-líquido--vapor (Chem.) vapour-liquid-solid mechanism
mecanismo dióptrico (Phys.) dioptric mechanism
mecanismo floral (Bot.) floral mechanism
mecanismo impulsor (Telecom.) drive
mecanismo impulsor do tambor (Comp.) drum drive
mecanismo inato de libertação (Psycho.) innate releasing mechanism (IRM)
mecanismo isolado (Bot.) isolating mechanism
mecanismos de bloqueio das rodas (Aero.) up-down locks
mecanismo sensor (Bot.) censer mechanism
mecanorreceptor (Med.) mechanoreceptor
mecanoterapia (Med.) mechanotherapy
mecha (Build.) tongue; blasting fuse
mecha (Mining) fuse
mecha (Text.) slub; slubbing
mecha absorvente (Med.) swab
mecha de descarga estática (Aero.) static discharge wick
mechas (Text.) slubbings
meconato (Chem.) meconate
mecónio (Med.; Zoo.) meconium
meconismo (Med.) meconism
média (Math.) mean; average
média (Gen.) average; mean; medium
média aritmética (Math.) arithmetic mean; mean value

média de perfuração (Mining) drilling rate

média de pressão (Phys.) pressure average

média geométrica (Math.; Stat.) geometrical mean; geometric average

média harmónica (Math.) harmonic mean

medianiz (Print.) gutter

mediano (Stat.) median

média ponderada (Gen.) Weighted average

média quadrática (Math.; Stat.) quadratic mean; root-mean-square

mediastinal (Med.) mediastinal

mediastínico (Med.) mediastinal

mediastinite (Med.) mediastinitis

mediastino (Zoo.) mediastinum

mediastinografia (Med.) mediastinography

mediastino-pericardite (Med.) mediastinopericarditis

mediastinotomia (Med.) mediastinotomy

média terapêutica (Radiol.) therapeutic ratio

medicamento (Med.) drug; medicine

medicamento alquilante (Med.) alkylating drug

medicamento citotóxico (Med.) cytotoxic drug

medição da densidade-frequência--dominância (Eco.) DFD measure

medição da distorção (Elect.) distortion measurement

medição de corrente euleriana (Gen.) Eulerian current measurement

medição de corrente lagrangeana (Geo.) Lagrangian current measurement

medição de diluição (Hydro.) dilution gauging

medição de potencial (Elect.) potential measuring

medição em jardas (Gen.) yardage

medição gama (Nucl.) gamma measuring

medição iterativa (Electron.) iterative measurement

medição padrão (Phys.) standard measurement

Medicina alternativa (Med.) alternative medicine; fringe medicine

Medicina complementar (Med.) complementary medicine

Medicina Legal (Med.) Forensic Medicine

Medicina marginal (Med.) fringe medicine

Medicina nuclear (Med.) nuclear medicine

Medicina psicossomática (Med.) psychosomatic medicine

medida angular (Math.) angular measure

medida circular (Math.) circular measure

medida de arco (Math.) circular measure

medida de fluxo térmico (Geo.) heat-flow measurement

medida de inclinação de talude (Build.) ratio of slope

medida de superfície (Bot.) surface measure

medida fundamental (Phys.) fundamental measure

Medida Internacional de Radioactividade (Phys.) International Radium Standard

medida no limpo (Build.) neat size

medida padrão (Phys.) standard measure

medidor (Elect.) meter

medidor a motor (Elect.) motor meter

medidor analógico (Electron.) analogue meter

medidor Buckley (Electron.) Buckley gauge

medidor da difracção por raios X (Cryst.) X-ray diffractometer

medidor de absorção de fluorescência por raios X (Elect.) X-ray fluorescence absorptiometer

medidor de anticoincidência (Electron.) anticoincidence counter

medidor de audiofrequência (Telecom.) audiofrequency meter

medidor de capacitância (Electron.) capacitance meter

medidor de concentração (Meteo.) concentration meter

medidor de contaminação (Radiol.) contamination meter

medidor de corrente (Elect.) current meter

medidor de corrente contínua (Elect.) d.c. meter

medidor de desvio (Elect.) slip meter

medidor de electricidade (Elect.) electricity meter

medidor de êmbolo oscilante (Hydro.) oscillating-piston meter

medidor de energia eléctrica (Elect.) supply meter

medidor de esforço da resistência (Elect.) resistance strain gauge

medidor de espaço de torção (Mech.) air-gap torsion meter

medidor de excesso (Electron.) excess meter

medidor de factor Q (Phys.) Q-meter

medidor de guinada (Aero.) yaw meter

medidor de histerese (Elect.) hysteresis meter

medidor de intensidade (Radiol.) intensitometer

medidor de intensidade de campo (Telecom.) field strength meter

medidor de intensidade do sinal (Electron.) signal strength meter

medidor de intensidade sonora (Phys.) sound level meter

medidor de ionização (Electron.) ionization gauge

medidor de ionização por chama (Chem.) flame ionization gauge

medidor de Joule (Elect.) Joule meter

medidor de lúmens (Phys.) lumen-meter

medidor de micro-erosão (Eco.) micro-erosion meter

medidor de nível de crista dos programas (Telecom.) peak programme meter

medidor de ondas estacionárias (Telecom.) standing-wave meter

medidor de período (Nucl.) period meter

medidor de pH (Chem.; Phys.) pH meter

medidor de precisão (Elect.) accuracy meter

medidor de raios catódicos (Elect.) cathode-ray meter

medidor de regime (Nucl.) ratemeter

medidor de relação de ondas estacionárias (Telecom.) standing-wave-ratio meter

medidor de ruídos (Phys.) noise meter

medidor de solicitação (Elect.) demand meter

medidor de sons subjectivos (Phys.) subjective noise meter

medidor de superfície (Mech.) surface gauge

medidor de tempo em horas (Elect.) hour counter

medidor de tensão (Elect.) voltage meter

medidor de termopar (Elect.) thermocouple meter

medidor de torção de Hopkinson-Thring (Mech.) Hopkinson-Thring torsion meter

medidor de torção hidráulica de Heenan (Mech.) Heenan hydraulic torque meter

medidor de velocidade dupla (Elect.) double-rate meter

medidor de volume (Phys.) VU-meter

medidor digital (Elect.) digital meter

medidor do fluxo de ar (Aero.) air-flow meter

medidor electrolítico (Elect.) electrolytic meter

medidor McLeod (Chem.) McLeod gauge

medidor motorizado (Elect.) motor meter

medidor-r capacitivo (Elect.) capacitor r-meter (r=roentgen)

medidor Venturi (Mech.) Venturi meter

medo (Psycho.) fear

medo da lama (Med.) amatophobia

medo da poeira (Med.) amatophobia

medo dos estranhos (Psycho.) stranger anxiety

medula (Bot.) heart; pith; medulla

medula (Zoo.) marrow; medulla

medula alongada (Zoo.) medulla oblongata

medula espinhal; medula espinal (Zoo.) spinal marrow; medulla spinalis; spinal cord

medula negra (Bot.) blackheart

medula óssea (Zoo.) medulla ossium

medula óssea amarela (Zoo.) medulla ossium flava

medular (Bot.) medullate; medullated

medula supra-renal (Zoo.) adrenal medulla

meduloblastoma (Med.) medullablastoma

meduloso (Bot.) medullate; medullated

medusa (Zoo.) medusa
mefobarbital (Chem.) mephobarbital
megabactéria (Bio.) megabacterium
megabit (Comp.) megabit
megaciclo (Elect.) megacycle
megacoco (Bio.) megacoccus
megacólon (Med.) megacolon
megaelectrão-volt (Phys.) mega-electron volt [MeV]
megafanerófita (Bot.) megaphanero-phyte
megafauna (Eco.) Megafauna
megafone (Phys.) loud-hailer; mega-phone; loudspeaker; stentorphone
megagâmeta (Zoo.) megagamete; macrogamete
megagrama-roentgen (Phys.) mega-gramme-roentgen
megahertz (Telecom.) megahertz
megalécito (Zoo.) megalecithal
megaloblasto (Zoo.) megaloblast
megalócito (Zoo.) megalocyte
megaloencéfalo (Med.) macroen-cephalon
megamero (Zoo.) megamere
megaparsec (Astro.) megaparsec
megatonelada (Phys.) megaton
megatrão (Electron.) disk-seal tube; megatron
megaureter (Med.) megaureter
megawatt-dias por tonelada (Nucl.) megawatt days per tone
meia-água (Build.) shed roof
meia-caixa (Print.) half-case
meia-cana (Build.) scape
meia-cana de couro (Mech.) leather-hollow
meia célula (Elect.) half-cell
meia coluna (Arch.) half-column
meia espessura (Phys.) half-thickness
meia-esquadria (Build.) mitre
meia-junta de sobreposta (Build.) half-lap joint
meia-laranja (Nav.) companionway
meia largura (Phys.) half-width
meia-lua (Astro.) half-moon
meia-madeira (Build.) halving
meia-maré (Geo.) half-tide
meia onda (Elect.) half-wave length
meia-porca (Build.) half-nut
meia potência (Phys.) half power
meia-secção (Telecom.) half-section
meia-tinta (Build.) mezzotint
meia-vida (Phys.) half-life; mean life
meia-vida biológica (Phys.) biologi-cal half-life
meia-vida do ião (Phys.) ion mean life
meia-vida efectiva (Phys.) effective half-life
meia-vida radioactiva (Phys.) radioactive half-life
meio (Eco.) environment
meio (Gen.) mean; medium
meio-activo (Phys.) active medium
meio-adicionador binário (Comp.) binary half adder
meio ambiente (Eco.) environment
meio ambiente espacial (Space) space environment
meio arco de reforço (Mech.) half-shroud
meio ciclo (Elect.) half cycle
meio-colóide (Med.) hemicolloid

meio comprimento de onda (Elect.) half-wave length
meio condutor (Elect.) conduction medium
meio de comunicação (Comp.) com-munication facility
meio de contraste (Chem.; Med.) contrast medium
meio de cultura (Bio.) culture medium
meio (de cultura) completo (Bio.) complete medium
meio de crescimento (Bio.) growth media
meio de desnaturação (Chem.) dena-turing mean
meio definido (Bio.) defined medium
meio de têmpera (Mech.) hardening medium
meio de transmissão (Build.) vehi-cle
meio-dia (Astro.) noon
meio-dia local (Meteo.) local noon
meio-dia médio (Astro.) mean noon
meio-dia no meridiano local (Meteo.) local noon
meio-dia sideral (Astro.) sidereal noon
meio dieléctrico (Elect.) dielectric medium
meio disco de reforço (Mech.) half-shroud
meio elástico (Phys.) elastic medium
meio-elemento (Elect.) half-element
meio enriquecido (Bio.) enriched medium
meio-espaço (Build.) half-space
meio-espaço (Print.) mid space
meio filtrante (Phys.) filter medium
meio interestelar (Astro.) interstellar medium
meio intergaláctico (Astro.) inter-galactic medium
meio ionizante (Phys.) ionizing medium
meio-looping invertido (Aero.) bunt
melomeria (Bot.) meiomcry
meio mínimo (Bio.) minimal medium
meionite (Miner.) meionite
meio oitavo (Print.) medium octavo
meio óptico (Telecom.) optical medium
meio reflector (Phys.) reflecting medium
meiose (Bio.) meiosis
meio selectivo (Bio.) selective medium
meio sintético (Bio.) synthetic medium
meiose informativa (Bio.) informative meiosis
meios para trituração (Mech.) grind-ing media
meios-unciais (Print.) half-uncials
meio tijolo (Build.) closer
meio tijolo longitudinal (Build.) queen closer
meio título (Print.) half-title
meio tom (Phys.) semitone
meio tom (Telecom.) half-tone
meio tom cortado (Print.) cut-out half-tone
meio tom e linha combinados (Print.) combined half-tone and line
meio-tonneau (Aero.) half-roll; split S

meio-tonneau com inversão (Aero.) split S; half-roll
meio-tonneau lento (Aero.) half-slow roll
meio-tonneau rápido (Aero.) half-snap roll
melaço (Chem.) molasses
melaconite (Miner.) melaconite; tenorite
melanina (Bio.; Chem.) melanin
melanismo (Bio.; Eco.) melanism
melanismo industrial (Eco.) indus-trial melanism
melanite (Miner.) melanite
melanoblasto (Zoo.) melanoblast
melanodermatite (Med.) melanoder-matitis
melanodermia (Med.) melanodermia; melanoderma
melanófago (Med.) melanophage
melanóforo (Bio.; Med.) melanophore; melanophora
melanógeno (Chem.) melanogen
melanoglossia (Med.) melanoglossia
melanoglossia (Vet.) black-tongue
melanoma (Med.) melanoma
melanomatose (Med.) melanomatosis
melanoníquia (Med.) melanonychia
melanopatia (Med.) melanopathy
melanoplaquia (Med.) melanoplakia
melanoproteína (Chem.) melanopro-tein
melanorragia (Med.) melanorrhagia
melanose (Med.) melanosis
melanospórico (Bot.) mela-nosporous
melanossoma (Bio.) melanosome
melanótrico (Med.) melanotrichous
melanótrofo (Med.) melanotroph
melanterite(a) (Miner.) melanterite; copperas of iron; green vitriol
melanúria (Med.) melanuria
Melastomatáceas (Bot.) Melastom-aceae
melena (Med.) melena
melhoria (Mfd.) amelioration
melibiose (Chem.) melibiose
melífago (Zoo.) melliphagus
melilito (Miner.) melilite
melioidose (Vet.) melioidosis; melil-dosis
melitriose (Chem.) melitriose; raffinose
melívoro (Zoo.) mellivorous
membrana (Gen.) membrana; mem-brane
membrana basal (Bio.) basement membrane
membrana basilar (Phys.; Zoo.) basi-lar membrane
membrana branquiostégica (Zoo.) branchiostegal membrane
membrana cortical (Med.) membrana corticalis
membrana da célula (Bio.) cell mem-brane
membrana de permiabilidade difer-encial (Eco.) differentially permeable membrane
membrana de pontuação (Bot.) closing membrane
membrana de Rauber (Zoo.) Rauber's layer
membrana do óvulo (Zoo.) colemma

membrana do tímpano (MED.) ear drum

membrana intersegmentar (ZOO.) intersegmental membrane

membrana medular (BOT.) pit membrane

membrana mucosa (ZOO.) mucous membrane

membrana nuclear (BIO.; BOT.) nuclear membrane; karyotheca; nuclear envelope

membrana ondulante (ZOO.) undulating membrane

membrana paravitelina (ZOO.) paravitelline membrane

membrana plasmática (BIO.) plasma membrane

membranas anexas (ZOO.) foetal membranes

membranas artrodiais (ZOO.) arthrodial membranes

membrana semipermeável (CHEM.) semipermeable membrane

membrana serosa (ZOO.) serous membrane; serosa

membranas fetais (ZOO.) foetal membranes; secundinae

membrana sinovial (ZOO.) synovial membrane

membrana timpânica (ZOO.) membrana tympani

membrana vacuolar (BIO.) vacuolar membrane

membrana virginal (MED.) hymen

membrana vitelina (ZOO.) vitelline membrane

membranectomia (MED.) membranectomy

membranela (ZOO.) membranelle

membraniforme (ZOO.) membraniform

membro (GEN.) member; limb

membro (ZOO.) limb

membro de procedimento (COMP.) procedure member

membro pentadáctilo (ZOO.) pentadactyl limb

memória (COMP.) storage; store

memória (GEN.) memory

memória a curto prazo (PSYCHO.) short-term memory

memória acústica (COMP.) acoustic memory

memória associativa (COMP.) associative memory

memória auditiva (PHYS.) aural memory

memória auxiliar (COMP.) auxiliary store; background memory; bulk memory; secondary memory

memória central de análise (COMP.) central analysis store

memória central magnética (COMP.) magnetic core storage

memória cíclica (ELECTRON.) cyclic memory

memória circulante (COMP.) circulating memory

memória circular (COMP.) circular memory

memória CMOS de acesso aleatório (COMP.) CMOS RAM

memória compartilhada (COMP.) shared memory

memória da placa gráfica (COMP.) graphics card memory

memória de acesso aleatório (ELECTRON.; COMP.) random access memory

memória de acesso aleatório e de acesso sequencial (ELECTRON.) sequential access random access memory

memória de acesso anexa (COMP.) bump

memória de acesso directo ultra rápido (COMP.) ultra-direct memory access

memória de acesso em série (COMP.) serial access memory

memória de acesso rápido (COMP.) fast-access storage; rapid-access memory

memória de acesso sequencial (COMP.) sequential access storage

memória de armazenamento auxiliar integrado (COMP.) cache memory

memória de bolha (COMP.) bubble memory

memória de bolha magnética (COMP.) magnetic bubble memory

memória de conteúdo de endereço (COMP.) content-addressable memory [CAM]

memória de controlo (COMP.) control memory

memória de descarga (COMP.) dump memory

memória de disco magnético (PHYS.) magnetic disk memory

memória de estado sólido (COMP.) solid-state memory

memória de feixe (COMP.) beam store

memória de ferrite (COMP.) ferrite memory

memória de fita (COMP.) tape memory

memória de grande capacidade (COMP.) bulk core storage

memória de impressão (COMP.) print-out memory

memória de junção de Josephson (ELECTRON.) Josephson junction memory

memória de leitura/gravação (COMP.) read-write memory

memória de longa duração (PSYCHO.) long-term memory

memória de malha (ELECTRON.) woven-screen storage

memória de massa (COMP.) bulk store

memória de matriz (COMP.) matrix storage

memória de núcleo de ferrite (COMP.) ferrite-core memory

memória de película fina (COMP.) thin-film memory

memória dependente do estado (PSYCHO.) state-dependent memory

memória (de pré-sintonização) de estações (de rádio) (TELECOM.) tuning memory

memória de protecção (COMP.) protection memory

memória de supercondução (ELECTRON.) superconducting memory

memória de suporte (COMP.) backing store

memória de tambor magnético (COMP.) magnetic drum memory

memória de um só nível (COMP.) one level store

memória de vídeo (COMP.) video memory

memória dinâmica (COMP.) dynamic memory

memória dinâmica de acesso aleatório síncrono (COMP.) synchronous dynamic random access memory

memória do computador (COMP.) computer store

memória ecóica (PSYCHO.) echoic memory

memória electrónica (COMP.) electronic storage

memória electrostática (COMP.) electrostatic storage

memória electrostática (ELECT.) electrostatic memory

memória em série (COMP.) serial memory

memória endereçada (COMP.) addressable memory

memória entrelaçada (COMP.) interleaved memory

memória episódica (PSYCHO.) episodic memory

memória estática (COMP.) static memory

memória estática de acesso aleatório rápido (COMP.) burst static random access memory [BSRAM]

memória estável (COMP.) non-volatile memory

memória exclusiva de leitura (COMP.) read-only memory [ROM]

memória externa (COMP.) external memory

memória ferro-eléctrica (COMP.) ferroelectric memory

memória fixa (COMP.) fixed memory

memória icónica (PSYCHO.) iconic memory

memória imunológica (IMMUN.) immunological memory

memória intermédia (COMP.) memory buffering

memória intermédia do teclado (COMP.) keyboard buffer

memória intermédia primária (ELECTRON.) primary buffer

memória intermediária (COMP.) buffer storage

memória intermédia secundária (COMP.) secondary cache

memória interna (COMP.) internal memory ; main store; core memory; core store

memória lenta (COMP.) slow storage

memória limpa (COMP.) clear memory

memória magnética (COMP.) magnetic memory; magnetic core

memória não volátil de acesso aleatório (COMP.) nonvolatile random access memory

memória permanente (COMP.) permanent memory

memória persistente (COMP.) persistent memory

memória primária (COMP.) primary memory; core store; main store

memória principal (Comp.) main storage

memória programável somente para leitura (Comp.) programmed read only memory

memória (RAM) de 168 pinos (Comp.) dual-inline memory module [DIMM]

memória rápida (Comp.) rapid memory

memória rápida de núcleos (Comp.) fast core

memória rascunho (Comp.) scratch pad memory

memória retrospectiva (Psycho.) flashbulb memory

memória secundária (Comp.) secondary memory

memória semântica (Comp.) semantic memory

memória sensorial (Comp.) sensory store

memória sequencial (Comp.) sequential memory

memória só de leitura apagável e programável por impulso (eléctrico) (Comp.) flash erasable programmable read-only memory [FEPROM]

memória só de leitura programável (Comp.) programmable read-only memory

memória só de leitura programável apagável electricamente (Comp.) electrically alterable programmable read-only memory [EAPROM]

memória subordinada à conversão de endereços (Comp.) address translation slave store

memória-tampão de deslocamento (Comp.) offset buffer

memória-tampão de eclado (Comp.) keyboard storage

memória-tampão de saída (Comp.) output buffer

memória temporária (Comp.) temporary memory

memória transitória (Comp.) scratch pad

memória volátil (Comp.) volatile memory

menarca (Med.) menarche

mendelévio (Chem.) mendelevium

mengo (mungo) (Text.) mungo

menilita (Miner.) menilite

meninge (Med.) meninx

meninge primitiva (Bio.; Med.) meninx primitiva

meningioma (Med.) meningioma

meningiomatose (Med.) meningiomatosis

meningismo (Med.) meningism; meningismus

meningite (Med.) meningitis

meningocele (Med.) meningocele

meningócito (Med.) meningocyte

meningococemia (Med.) meningococcemia

meningococo (Med.) meningococcus

meningoencefalite (Med.) meningoencephalitis

meningoencefalocele (Med.) meningo-encephalocele

meningoencefalopatia (Med.) meningo-encephalopathy

meningomielite (Med.) meningomyelitis

meningomielocele (Med.) meningomyelocele

meningorragia (Med.) meningorrhagia

meningorraquidiano (Med.) meningorrhachidian

meningose (Med.) meningosis

meningovascular (Med.) meningovascular

meniscectomia (Med.) meniscectomy

meniscite (Med.) meniscitis; diskitis

menisco (Gen.) meniscus

meniscocitose (Med.) meniscocytosis

menopausa (Med.) menopause

menor (Math.) minor

menor complementar (Math.) cofactor; signed minor

menor frequência utilizável (Telecom.) lowest usable frequency

menor múltiplo comum (Math.) least common multiple; lowest common multiple

menorragia (Med.) menorrhagia; menorrhea

mensageiro lunar (Astro.; Space) moon messenger

mensageiro secundário (Bio.) secondary messenger

mensagem com prioridade de operação (Telecom.) operational immediate message

mensagem de difusão (Comp.) broadcast message

mensagem de endereço único (Comp.) single address message

mensagem de erro (Comp.) error message

mensagem de fila (Comp.) queue message

mensagem de saída (Comp.) output message

mensagem lógica (Comp.) logical message

mensagem operacional (Comp.) operational message

menstruação (Zoo.) menstruation; menses; courses; flow

mente inconsciente (Psycho.) unconscious mind

mento (Med.; Zoo.) mentum; genion; chin

mentol (Med.) menthol

mentolabial (Med.) mentolabialis

mentoniano (Med.) genial

menu (Comp.) menu

mepacrina (Chem.; Med.) mepacrine

meprobamato (Chem.) meprobamate

meralgia (Med.) meralgia

meralgia parestésica (Med.) meralgia parasthetica; Bernhardt disease

mercaptano (Chem.) mercaptan; thioalcohol

mercaptetos (Chem.) mercaptides

mercerização (Text.) mercerization

Mercúrio (Astro.) Mercury

mercúrio (Chem.) quicksilver; mercury

mercúrio sublimado doce (Chem.) aquila dulcis

mergulhado em óleo (Elec.) oil-immersed

mergulhia (Bot.) layering

mergulhia aérea (Bot.) air layering

mergulho (Aero.) dive

mergulho de nariz (Aero.) nose dive

mergulho de perda (Aero.) stall dive

mergulho de velocidade final (Aero.) terminal velocity dive

mergulho em flecha (Aero.) terminal velocity-dive

mergulho rápido (Nav.) crash dive

mericism (Med.) merycism

meridiano (Astro.; Geo.) meridian

meridiano celeste (Astro.) celestial meridian

meridiano de bússola (Nav.) compass meridian

meridiano de Greenwich (Gen.) Greenwich meridian

meridiano guia (Surv.) guide meridian

meridiano principal (Geo.) prime meridian

meridiano terrestre (Geo.) terrestrial meridian

meridiano zero (Geo.) zero meridian; Greenwich meridian

meridional (Geo.) meridional; southern; south; southerly

Merioneth (Geo.) Merioneth

meristela (Bot.) meristele

meristema (Bot.) meristem

meristema apical (Bot.) apical meristem; ground meristem; growing point

meristema intercalar (Bot.) intercalary meristem

meristema lateral (Bot.) lateral meristem

meristema marginal (Bot.) marginal meristem

meristema primário (Bot.) primary meristem

meristema secundário (Bot.) secondary meristem

merístico (Zoo.) meristic

merlão (Arch.) merlon

meroblástico (Zoo.) meroblastic

merocele (Med.) merocele

merócrino (Med.) merocrine

merogamia (Bot.) merogamy

merogénese (Zoo.) merogenesis

merogonia (Zoo.) merogony

meroplâncton (Eco.; Geo.) meroplankton

merosmia (Med.) merosmia

merozigoto (Bio.) merozygote

merozoíto (Zoo.) merozoite

Merúlio (Build.) Merulius lacrymans; Serpula lacrimans (wood fungus)

mês (Astro.) month

mesa (Cryst.) table (diamond)

mesa (Electron.) mesa

mesa (Gen.) table

mesa (Print.) bed

mesa (Geo.) table; mesa; butte

mesa (Zoo.) mensa

mesa concentradora (Mining) concentrating table

mesa de amalgamação (Mining) amalgamating table

mesa de comando (Gen.) console

mesa de controlo (Elect.) control desk

mesa de distribuição (Elect.) switch-desk; switchboard panel

mesa de ebulição (Elect.) boiling table

mesa de estratos (Geo.) table of strata

mesa de flutuação a ar (Mining) air-float table; air-table

mesa de lubrificação (Mining) grease table

mesa de prensa (Mech.) platen

mesa de prova (Telecom.) test desk

mesa de trituração (Mining) ragging frame; reck

mesa de Wilfley (Mining) Wilfley table

mesa digitalizadora (Comp.) graphic tablet

mesa iluminada (Print.) light table; shiner

mês anomalístico (Astro.) anomalistic month

mesão (Phys.) meson

mesão K (Phys.) kaon

mesão mu (muão) (Phys.) mu-meson

mesão pesado (Phys.) heavy meson

mesão pi (Phys.) pion

mesa oscilante (Mining) shaking table

mesão tau (Phys.) tauon

mesarco (Bot.) mesarch

mesa rotativa (Mining) rotary table

mesaxónio (Zoo.) mesaxon

mês calendário (Geo.) calendar month

mescalina (Chem.; Med.) mescaline

mescla (Gen.) mixture

mescla (Text.) mixed cloth

mesectoderma (Zoo.) mesectoderm

mesencéfalo (Zoo.) mesencephalon; mid-brain

mesênquima (Zoo.) mesenchyma

mesentérico (Zoo.) mesenteric

mesentério (Zoo.) mesentery

meseta continental (Geo.) continental segment

mesial (Zoo.) mesial; mesian

mesitileno (Chem.) mesitylene

mês lunar (Astro.) lunar month

mesmerismo (Psycho.) mesmerism

mesobiota (Eco.) mesobiota

mesoblasto (Zoo.) mesoblast

mesocariótico (Bot.) mesokaryotic

mesocarpo (Bot.) mesocarp

mesoclima (Eco.) mesoclimate

mesoderme (Zoo.) mesoderm

mesofauna (Eco.) mesofauna

mesófilo (Bot.) mesophyll

mesófilo esponjoso (Bot.) spongy-mesophyll

mesófito (Bot.) mesophyte

mesoflora (Eco.) mesoflora

mesogastro (mesogástrio) (Zoo.) mesogaster

mesogleia (Zoo.) mesogloea

mesohalina beta (Geo.) beta-mesohaline

mesolécito (Zoo.) mesolecithal

mesolite (Miner.) mesolite

Mesolítico (Geo.) Mesolithic

mesoma (Bot.) mestome

mesomerismo (Chem.) mesomerism

mesométrio (Zoo.) mesometrium

mesomorfo (Chem.; Psycho.) mesomorphic; mesomorph

mesonefro (Zoo.) mesonephros; Wolffian body

mesopausa (Meteo.) mesopause

mesórquio (Zoo.) mesorchium

mesosfera (Meteo.) mesosphere

mesosterno (Zoo.) mesosternum

mesotársico (Zoo.) mesotarsal

mesotélio (Zoo.) mesothelium

mesotérmica (Eco.) mesotherm

mesotórax (Zoo.) mesothorax

mesotroco (Zoo.) mesotrochal

mesotrófico (Eco.) mesotrophic

mesovário (Zoo.) mesovarium

Mesozóico (Geo.) Mesozoic

mês sideral (Astro.) sidereal month

mês sinódico (Astro.) synodic month

mestiço (Bot.; Zoo.) mongrel

meta (Gen.) target

meta (Psycho.) goal

metabiose (Bio.) metabiosis

metabolia (Bot.) metaboly

metabolismo (Zoo.) metabolism

metabolismo ácido das crassuláceas (Bot.) crassulacean acid metabolism [CAM]

metabolismo intermédio (Bio.) intermediary metabolism

metabolito (Bio.) metabolite

metabólitos secundários (Bot.) secondary metabolites

metacárpico (Zoo.) metacarpal; metacarpale

metacêntrico (Nav.) metacentric

metacentro (Phys.) metacentre

metacentro longitudinal (Nav.) longitudinal metacentre

metacentro transverso (Nav.) transverse metacentre

metacone (Med.) metacone

metaconídeo (Med.) metaconid

metacresol (Chem.) metacresol

metacrose (Zoo.) metachrosis

metadona (Chem.; Med.) methadone

metafase (Bio.) metaphase

metáfise (Med.) metaphysis

metafisite (Med.) metaphysitis

metafloema (Bot.) metaphloem

metafosfatase (Chem.) metaphosphatase

metafosfato de potássio (Chem.) potassium metaphosphate

metagénese (Zoo.) metagenesis

meta-hemoglobina (Med.) methahaemoglobin

meta-hemoglobinemia (Med.) methahaemobinaemia

meta-hemoglobinúria (Med.) methahaemoglobinuria

metal (Gen.) metal

metal alcalino (Chem.) alkali metal

metal alcalino-terroso (Chem.) alkaline earth metal

metal amorfo (Phys.) amorphous metal

metal antifricção (Mech.) bearing metal; Babitt's metal

metal básico (Mech.) base metal

metal branco (Mech.) white metal; Britannia metal

metal com impurezas sulfurosas (Mining) matte

metal compacto (Mech.) dense metal

metal contendo ouro ou prata (Mech.) base bullion; work lead

metal das peças a serem soldadas (Mech.) parent metal

metal de alta densidade (Mech.) high density metal

metal de Babitt (Eng.) Babitt's metal

metal de canhão (Mech.) gunmetal

metal de contacto (Telecom.) contact metal

metal de enchimento (Mech.) filler metal

metal de Hoyt (Mech.) Hoyt's metal

metaldeído (Chem.) metaldehyde; meta-aldehyde

metal denso (Mech.) dense metal

metal de revestimento (Mech.) clad metal

metal de soldagem (Mech.) filler metal

metal de transição (Phys.) transition metal

metal Dow (Mech.) Dow metal

metal duro (Mech.) hard metal

metal expandido (Build.; Mech.) expanded metal

metal expandido para reforço de cimento (Build.) mesh

metal expandido reforçado (Build.) stiffened expanded metal

metal fundente (Mech.) dropping metal

metal fusível (Mech.) fusible metal

metal inerte (Phys.) inert metal

metal inoxidável (Eng.) stainless metal

metalização (Chem.) metallization

metal laminado (Mech.) rolled metal

metal magnólia (Mech.) magnolia metal

metal maleável (Mech.) malleable metal

metal Monel (Mech.) Monel metal

metal monovalente (Chem.) univalent metal

metal Muntz (Mech.) Muntz metal

metal não precioso (Chem.) base metal

metal nobre (Mech.) noble metal

metalografia (Mech.) metallography

metal oxidado por superaquecimento (Mech.) burnt metal

metal padrão (Mech.) metal pattern

metal para linotipia (Print.) linotype metal

metal patente (Mech.) bearing metal; Muntz metal

metal pesado (Bio.) heavy metal

metal pirofórico (Mech.) pyrophoric metal

metal precioso (Mech.) noble metal

metal primário (Mech.) primary metal

metal refractário (Mech.) refractory metal

metal revestido a chumbo (Mech.) terne metal

metal secundário (Mech.) secondary metal

metal superaquecido (Mech.) burnt metal

metal tipo (Mech.) type metal

metalurgia (Mech.) metallurgy

metalurgia de extracção (Mining) extraction metallurgy

metalurgia de fibra (Mech.) fibre metallurgy

metalurgia de processamento (Mech.) process metallurgy

metalurgia do pó (Phys.) powder metallurgy
Metalurgia física (Mech.) physical metallurgy
metamerismo (Zoo.) metamerism
metamerização (Zoo.) metamerism
metâmero (Zoo.) metamere
metamíctico (Miner.) metamict
metamorfismo (Zoo.) metamorphism
metamorfismo barroviano (Geo.) Barrovian metamorphism
metamorfismo de contacto (Geo.) contact metamorphism
metamorfismo de retrocesso (Geo.) retrogressive metamorphism
metamorfismo hidrotérmico (Geo.) hydrothermal metamorphism
metamorfismo progressivo (Geo.) progressive metamorphism
metamorfismo regional (Geo.) regional metamorphism
metamorfismo retrógrado (Geo.) retrograde metamorphism
metamorfismo térmico (Geo.) thermal metamorphism
metamorfose (Zoo.) metamorphosis
metamorfose directa (Zoo.) direct metamorphosis
metamorfose incompleta (Zoo.) incomplete metamorphosis
metamorfose indirecta (Zoo.) indirect metamorphosis
metanal (Chem.) methanal; formaldehyde
metanefrídios (Zoo.) metanephridia
metanefrina (Chem.) metanephrine
metanefro (Zoo.) metanephros
metanidos (Chem.) methanides
metano (Chem.) methane
metanogénico (Eco.) methanogen
metanol (Chem.) methanol; methyl alcohol; wood alcohol; wood spirit
metapeptona (Chem.) metapeptone
metaplasia (Zoo.) metaplasia
metaplasma (Bot.; Zoo.) metaplasm
metapódio (Zoo.) metapodium
metapófise (Zoo.) metapophysis
metaraminol (Chem.) metaraminol
metasitismo (Zoo.) metasitism
metassoma (Zoo.) metasoma
metassomatismo (Geo.) metasomatism; replacement
metassomatose (Geo.) metasomatism
metástase (Med.; Zoo.) metastasis
metastático (Phys.) metastasic
metastável (Chem.) metastable
metastizar (Med.) metastasize
metatársico (Zoo.) metatarsal(e)
metatarso (Zoo.) metatarsus
Metateria (Zoo.) Metatheria
metatórax (Zoo.) metathorax
metaxilema (Bot.) metaxylem
Metazoários (Zoo.) Metazoa
metencéfalo (Zoo.) metencephalon; hind-brain; rhombencephalon
meteno (metileno) (Chem.) methene; methylene
meteorismo (Med.; Vet.) meteorism
meteorito (Astro.) meteorite; falling star; shooting star
meteoritos de ferro (Geo.) iron meteorites

meteoritos de pedra (Geo.) stony meteorites
meteoro (Astro.) meteor; fireball; falling star; shooting star
meteoro aquoso (Meteo.) aqueous meteor
meteorologia (Gen.) meteorology
meteorologia agrária (Geo.) agrometeorology
meteorologia sinóptica (Meteo.) synoptic meteorology
meticilina sódica (Chem.) sodium methicillin
metilação (Bio.; Chem.) methylation
metilação dos ácidos nucléicos (Bio.) methylation of nucleic acids
metilação exaustiva (Chem.) exhaustive methylation
metilal (Chem.) Methylal
metilaminas (Chem.) methylamines
metilbenzeno (Chem.) methylbenzene; toluene
metilcelulose (Chem.; Med.) methyl cellulose
metilcinase (Chem.) methylkinase
metildopa (Med.) methyldopa
metileno (Chem.) methylene
metilglioxal (Chem.) methylglyoxal
metilglucamina (Chem.) methylglucamine
metilmercaptano (Chem.) methylmercaptan
metilol (Chem.) methylol
metilose (Chem.) methylose
metilpentose (Chem.) methylpentose
metilpiridinas (Chem.) methylpyridines
metiltransferase (Chem.) transmethylase
metino (Chem.) methine
metionina (Chem.) methionine
Metis (Astro.) Metis (asteroid; 16th satellite of Jupiter)
metisergida (Chem.; Med.) methysergide
método aerodinâmico (Eco.) aerodynamic method
método aglomerativo (Eco.) agglomerative method
método balístico (Elect.) ballistic method
método Beutler (Image Tech.) Beutler method
método calorimétrico (Phys.) calorimetric method
método crioscópico (Chem.) cryoscopic method
método da clorofila (Eco.) chlorophyll method
método da pipeta (Phys.) pipette method
método da raiz quadrada de Newton (Math.) Newton's square-root method
método de acesso (Comp.) access method
método de acesso aleatório (Comp.) random access method
método de acesso através de filas (Comp.) queue access method
método de acesso por telecomunicações através de filas (Comp.) queued telecommunications access method (QTAM)

método de acesso sequencial por filas (Comp.) queued sequential access method
método de acesso sequencial por salto (Comp.) skip sequential access method
método de agregação não hierárquica (Gen.) reticulate method
método de amostragem do vizinho mais próximo (Eco.) nearest-neighbour sampling method
método de analogia de colunas (Build.) column analogy method
método de aproximação (Build.) relaxation method
método de Armstrong (Electron.) Armstrong method
método de articulação de logátomos (Phys.) logatom articulation method
método de Bergstrom (Aero.) Bergstrom's method
método de classificação não hierárquico (Eco.) non-hierarchical classification method
método de comparação (Comp.) hashing method
método de compensação de Poggendorff (Chem.) Poggendorff compensation method
método de compensação magnética (Phys.) magnetic balance method
método de contagem microscópica (Phys.) microscope count method
método de cristal rotativo (Cryst.) rotating crystal method
método de Culmann (Phys.) Culmann's method
método (de datação) K-Ar (Eco.) K-Ar method
método de Debye e Scherrer (Cryst.) Debye and Scherrer method
método de difusão térmica (Elect.) thermal diffusion method
método de dispersão de neutrões (Hydro.) neutron scattering method
método de Einstein-de Haas (Phys.) Einstein-de Haas method
método de eliminação etapa por etapa (Elect.) stage-by-stage elimination method
método de Euler (Comp.; Math.) Euler's method
método de Euler-Lagrange (Math.) Euler-Lagrange method
método de Fizeau (Phys.) Fizeau method
método de geração de hipóteses (Gen.) hypothesis-generating method
método de Gott (Elect.) Gott's method
método de Graeffe (Math.) Graeffe's method
método de Henneberg (Phys.) Henneberg's method
método de intersecção de Rosiwal (Geo.) Rosiwal intercept method
método de intrusão de mercúrio (Chem.) mercury intrusion method
método de Jacquet (Mech.) Jacquet's method

método de medição electroquímica (HYDRO.) electrochemical gauging

método de medição por diluição (HYDRO.) electrochemical gauging

método de meia deflexão (ELECT.) half-deflection method

método de mudança de densidade (NUCL.) density change method

método de perda de carga (ELECT.) loss of charge method

método de prova (COMP.) hashing method

método de Quincke (PHYS.) Quincke's method

método de relaxação (BUILD.) relaxation method

método de Riemann (MATH.) Riemann method

método de Sanger (BIO.) Sanger method

método de Schick (IMMUN.) Schick test

método de travagem indirecta (PHYS.) indirect braking method

método de três amperímetros (ELECT.) three-ammeter method

método de Westgren (MED.) Westgren method

método de Whitby (PHYS.) Whitby method

método de Winkler (ECO.) Winkler method

método de Zeisel (CHEM.) Zeisel's method

método diferencial (PHYS.) differential method

método do caminho crítico (MECH.) critical path method

método do oxigénio (ECO.) oxygen method

método do pó (MINER.) powder method

método do ponto crítico (BIO.) critical point method

método do ponto de congelação (CHEM.) freezing-point method

método dos momentos de inércia (PHYS.) Szilard-Chalmers process

método dos neutrões (HYDRO.) neutron logging

método dos três voltímetros (ELECT.) three-voltmeter method

método do zero (ELECT.) zero method

método eurístico (COMP.) heuristic method

método gradual (ELECT.) step-by-step method

método gráfico (MECH.) graphic method

método neutralizador (ELECT.) neutral method

método nulo (ELECT.) null method

método pseudopotencial (PHYS.) pseudopotential method

método Schafer (MED.) Schafer's method (obsolete)

métodos de actualização de matrizes (COMP.) matrix-updating methods

métodos de Born-Oppenheimer (PHYS.) Born-Oppenheimer methods

métodos de datação (ECO.) dating methods

métodos de livre distribuição (STAT.) distribution-free methods

método simplex (COMP.) simplex method

método Szilard-Chalmers (PHYS.) Szilard-Chalmers method

método volumétrico de análise (CHEM.) volumetric titration process

metol (IMAGE TECH.) Metol [TM]; 4-methylaminophenol

métopa (ARCH.) metope

metoxona (CHEM.) methoxone

métrica de Hamming (COMP.) Hamming metric

métrico (GEN.) metric

metrite (MED.) metritis

metrite equina contagiosa (VET.) contagious equine metritis

metro (GEN.) meter

metro (PHYS.) metre (SI unit)

metrocele (MED.) metrocele

metronidazol (CHEM.; MED.) metronidazole

metrorragia (MED.) metrorrhagia

mezanino (BUILD.) mezzanine

mho (PHYS.) mho (the reciprocal of the ohm in CGS system)

mialgia (MED.) myalgia

mianserina (CHEM.; MED.) mianserin

miastenia (MED.) myasthenia

miastenia grave (IMMUN.) myasthenia gravis; Goldflam's disease

miatonia (MED.) myatonya; myatony

miatrofia (MED.) myatrophy

mica (MINER.) mica

mica branca (GEO.; MINER.) moscovite; potash mica; potassium mica

mica calcária (MINER.) brittle mica; clintonite; margarite

mica litífera (MINER.) lithia mica

micanite (ELECT.) micanite

mica quebradiça (MINER.) brittle mica

micaxisto (GEO.) mica-shist

micção (ZOO.) micturition

micela (CHEM.) micelle

micélio (BOT.) micelle; mycellium; spawn

micetemia (MED.) mycethemia

micetismo (MED.) mycetism

micetócito (ZOO.) mycetocyte

micetófago (ZOO.) mycetophagus

micetogenético (MED.) mycetogenetic

micetogénico (MED.) mycetogenic

micetoma (MED.) mycetoma

micetoma escuro de Bouffardi (MED.) Bouffardi's black mycetoma; maduromycosis

micobactéria (BIO.) mycobacteria

micobionte (BOT.) mycobiont

micologia (BOT.) mycology

micoplasma (MED.) Mycoplasma

Micoplasmatales (BIO.) Mycoplasmatales

micoplasmose (VET.) mycoplasmosis

micorriza (BOT.) mycorrhiza

micorriza ectotrófica (BOT.) ectomycorrhiza

micorriza endófita (BOT.) endophytic mycorrhiza

micorriza endotrófica (BOT.) endotrophic mycorrhiza

micose (MED.; VET.) mycosis

micose favosa (MED.) favus

micose favosa das aves (VET.) white comb; avian favus

micose fungóide (MED.) mycosis fungoides; granulosarcoma; Alibert's disease

micostático (BOT.) mycostatic; fungistatic

micotoxicidade (MED.) fungitoxicity; mycotoxicity

micotóxico (MED.) fungitoxic; mycotoxic

micotoxina (BOT.) mycotoxin

micovírus (BIO.) mycovirus

micro-aeróbico (ECO.) micro-aerobic

microaeróbio (BIO.) microaerobion

microaerófilo (BOT.) microaerophile

micro-ambiente (ECO.) micro-environment

microamperímetro (ELECT.) microammeter

microanálise (CHEM.) microanalysis

microbalança (CHEM.) microbalance

microbanda (TELECOM.) microstrip

microbar (PHYS.) microbar (unit of pressure)

microbial (BIO.) microbial

microbiano (BIO.) microbic

micróbio (BIO.) microbe

microbiota (BIO.) microbiota

microcápsula (BIO.) microcapsule

microcefalia (MED.) microcephalia; microcephaly

microcircuito (ELECT.) microcircuit

microcircuito de película fina (ELECTRON.) thin-film microcircuit

microcircunvolução (MED.) microgyria

micrócito (BIO.) microcyte; spherocyte

microclima (ECO.) microclimate

microclima de contorno (METEO.) contour microclimate

Micrococáceas (BIO.) Micrococcaceae

micrococcina (CHEM.) micrococcin

Micrococo (BIO.) Micrococcus

microcódigo (COMP.) microcode

microcólon (ZOO.) microcolon

microcomputador (COMP.) microcomputer

micro consumidor (ECO.) microconsumer

microcontrolador (ELECTRON.) microcontroller

microdensitómetro (IMAGE TECH.) microdensitometer

microdissecção (BIO.) microdissection

micro ecossistema (ECO.) microecosystem

Microelectrónica (ELECTRON.) microelectronics

micro-espécie (BOT.) microspecies; Jordanon species

micro-esplâncnico (ZOO.) microsplanchnic

micro-estrutura (MECH.) microstruture

microfanerófita (BOT.) microphanaerophyte

microfarad (ELECT.) microfarad (unit of capacitance)

microfauna (ECO.) microflora

microfibrilha (BOT.) microfibril

microficha (COMP.) microfiche

microfilamento (BIO.) microfilament

microfilárias (ZOO.) microfilaria

microfilme (IMAGE TECH.) microfilm

Microfilófitos (BOT.) Microphyllophyta

microfírica (GEO.) microphyric

microfone (PHYS.) microphone

microfone activado pela voz (TELECOM.) voice-activated microphone

microfone acústico (TELECOM.) microphone acoustic construction

microfone bidireccional (PHYS.) bidirectional microphone

microfone cancelador de ruído (TELECOM.) noise-cancelling microphone

microfone de altifalante (PHYS.) loudspeaker microphone

microfone de bobina móvel (TELECOM.) moving-coil microphone

microfone de botão (PHYS.) button microphone

microfone de capacitância de alta frequência (PHYS.) high-frequency capacitance microphone

microfone de cápsula (TELECOM.) boundary microphone

microfone de carvão (PHYS.) carbon microphone

microfone de carvão de dupla cápsula (ELECTRON.) double-button carbon microphone

microfone de condensador (PHYS.) capacitor microphone; condenser microphone

microfone de condutor móvel (PHYS.) moving-conductor microphone

microfone de cristal (PHYS.) crystal microphone

microfone de cristal de diidrofosfato de amónio (ELECTRON.) ADP microphone

microfone de fio aquecido (PHYS.) hot-wire microphone

microfone de fita (PHYS.) ribbon microphone

microfone de gradiente (ELECTRON.) gradient microphone

microfone de indução (TELECOM.) induction microphone

microfone de lapela (PHYS.) lapel microphone

microfone de Lavalier (PHYS.) Lavalier microphone

microfone de magnetoestricção (PHYS.) magnetostriction microphone

microfone de núcleo móvel (TELECOM.) moving-iron microphone

microfone de Olson (PHYS.) Olson microphone

microfone de pressão (PHYS.) pressure microphone

microfone de reflector parabólico (TELECOM.) parabolic reflector microphone

microfone de Reiss (PHYS.) Reiss microphone

microfone de relutância (ELECT.) reluctance microphone

microfone de velocidade (PHYS.) velocity microphone

microfone direccional (PHYS.) directional microphone

microfone electrodinâmico (PHYS.) electrodynamic microphone

microfone electromagnético (PHYS.) electromagnetic microphone

microfone electrónico (PHYS.) electronic microphone

microfone electrostático (PHYS.) electrostatic microphone; capacitor microphone

microfone labial (PHYS.) lip microphone

microfone não direccional (PHYS.) non-directional microphone

microfone parabólico (PHYS.) parabolic microphone

microfone piezoeléctrico (PHYS.) piezoelectric microphone; crystal microphone

microfone piroeléctrico (TELECOM.) pyroelectric microphone

microfone sem fios (TELECOM.) wireless microphone

microfone térmico (PHYS.) thermal microphone

microfónico (ELECTRON.) microphonic

microfósseis (GEO.) microfossils

microfotografia (IMAGE TECH.) microphotography

microgâmeta (BIO.) microgamete

microgametócito (ZOO.) microgametocyte

microglia (ZOO.) microglia

microglioma (MED.) microglioma

microgliose (MED.) microgliosis

microglobulina (IMMUN.) microglobulin

microglobulina beta (IMMUN.) beta-microglobulin

microglossia (MED.) microglossia

micrognatia (ZOO.) micrognathia

micrografia em computador (COMP.) computer micrographics

micrógrafo de electrões (BIO.) electron micrograph

micrograma (GEN.) microgram(me)

microgranito (GEO.) microgranite

microgravidade (SPACE) microgravity

microhabitat (ECO.) microhabitat

microheterogeneidade (BIO.) microheterogeneity

micro-imagem (COMP.) chip

micro-incineração (BIO.) micro-incineration

micro-incisão (MED.) microincision

micro-interruptor (ELECT.) microswitch

micro-invasão (MED.) microinvasion

microlécito (ZOO.) microlecithal

microleve (AERO.) microlight

micrólito (GEO.) microlite

microlux (PHYS.) microlux

micromanipulador (BIO.) micromanipulator

micromazia (MED.) micromazia

micrómero (ZOO.) micromere

micrometeorito (ASTRO.; SPACE) micrometeorite

micrómetro (PHYS.) micrometre (formerly micron)

micrómetro (ASTRO.) micrometer

micrómetro bifilar (ASTRO.) bifilar micrometer

micrómetro de dupla imagem (BIO.; MINER.) double-image micrometer

micrómetro de estágio (BIO.) stage micrometer

micrómetro objectivo (BIO.; BOT.) filar micrometer

micrómetro ocular (BIO.) ocular micrometer

micromódulo (ELECT.) micromodule

mícron (GEN.) micron (formerly; now micrometer)

microneuróglia (ZOO.) microglia

micronúcleo (ZOO.) micronucleus

micronutriente (BIO.; ECO.) trace element; micronutrient

microonda (ELECT.; TELECOM.) microwave

micro-organismo (ECO.) micro-organism

microorganismos facultativos (BIO.) facultative microoganisms

Micropaleontologia (GEO.) micropalaeontology

micropertite (MINER.) microperthite

micrópilo (BOT.; ZOO.) micropyle

microplaca (COMP.) chip

microplaca de função múltipla (ELECTRON.) multiple function chip

microplaqueta (COMP.) chip

microplaquetas de transístor (ELECTRON.) transistor chips

Micropodiformes (ZOO.) Micropodiformes

microporosidade (MECH.) microporosity

microprisma (IMAGE TECH.) microprism

microprocessador (COMP.; ELECTRON.) microprocessor

microprocessador de controlo de sistema (ELECTRON.) system control

microprodutor de feixe de electrões (ELECTRON.) electron-beam microfabricator [EBMF]

microprograma (COMP.) microprogram

microprogramação (COMP.) micro programming

micropropagação (BOT.) micropropagation

micropsia (MED.) micropsia

micróptero (ZOO.) micropterous

Microquímica (CHEM.) microchemistry; tracer chemistry

microrradiografia (RADIOL.) microradiography

microscópio (PHYS.) microscope

microscópio atómico (PHYS.) atomic microscope

microscópio automático Casella (PHYS.) Casella automatic microscope

microscópio composto (PHYS.) compound microscope

microscópio de cintilação (ASTRO.) blink microscope

microscópio de contraste de fase (BIO.) phase-contrast microscopy

microscópio de electrões (BIO.) electron microscope

microscópio de emissão de campo (PHYS.) field-emission microscope

microscópio de exploração (PHYS.) scanning microscope

microscópio de fluorescência (BIO.) fluorescence microscopy

microscópio de força atómica (PHYS.) atomic-force microscopy [AFM]

microscópio de interferência (BIO.) interference microscope

microscópio de iões (PHYS.) field-ion microscope

microscópio de leitura (PHYS.) reading microscope

microscópio de ponto explorador (BIO.) flying-spot microscope

microscópio de ponto luminoso (BIO.) flying-spot microscope

microscópio de raios X (PHYS.) X-ray microscope

microscópio de ultravioleta (BIO.) ultraviolet microscope

microscópio electrónico de transmissão (PHYS.) transmission electron microscope [TEM]

microscópio electrónico de varrimento (PHYS.) scanning electron microscope

microsmático (ZOO.) microsmatic

microsporângio (BOT.) microsporangium

micrósporo (BOT.) microspore

microsporócito (BOT.) microsporocyte

microsporófilo (BOT.) microsporophyll

microsporófita (BOT.) microsporophyte

microssecção (MECH.) microsection

microssoma (BOT.) microbody

microssomas (BIO.) microsomes

microstoma (MED.) microstoma; microstomia

micrótomo (BIO.) microtome

microtúbulo (BIO.) microtubule

microvilosidade (BOT.) microvillus

microvilosidades (BIO.) microvilli

midríase (MED.) mydriasis

midriático (MED.) mydriatic

mielencéfalo (ZOO.) myelencephalon

mielina (ZOO.) myelin

mielinização (ZOO.) myelination

mielite (MED.) myelitis

mieloblasto (ZOO.) myeloblast

mielocele (MED.) myelocele; myelocoel

mielocisto (MED.) myelocyst

mielocistocele (MED.) myelocystocele

mielócito (ZOO.) myelocyte

mielocitose aviária (VET.) avian myeloblastosis

mielodisplasia (MED.) myelodysplasia

mielografia (RADIOL.) myelography

mieloidose (MED.) myeloidosis

mieloma (MED.) myeloma

mielomalacia (MED.) myelomalacia

mielomatose (MED.) myelomatosis

mielomeningocele (MED.) myelomeningocele

mielómero (MED.) myelomero

mieloneurite (MED.) myeloneuritis

mieloparalisia (MED.) myeloparalysis

mielopatia (MED.) myelopathy

mieloplácio (mieloplaxe) (MED.) myeloplaque

mieloplasto (ZOO.) myeloplast

mieloplegia (MED.) myeloplegia

mielopoese (MED.) myelopoiesis

mielorragia (MED.) myelorrhagia

mielosclerose (MED.) myelosclerosis

mielose (MED.) myelosis

mielossarcoma (MED.) myelosarcoma

mielotomia (MED.) myelotomy

mielotóxico (MED.) myelotoxic

mientérico (ZOO.) myenteric

mientério (ZOO.) myenteron

migmatite (GEO.) migmatite

migração (GEN.) migration

migração atómica (PHYS.) atomic migration

migração dos meandros (ECO.) meander migration

migração iónica (CHEM.) ion migration; ionic migration

miíase (VET.) myiasis

miíase provocada pela mosca varejeira (VET.) strike; blowfly myiasis

milanesa (TEXT.) Milanese fabric

milarite (MINER.) milarite

míldio (BOT.) blight; mildew

milerite (millerite) (MINER.) millerite (capillary pyrite)

milésima de polegada (GEN.) mil

milésimo circular (ELECT.) circular mil

milha aeronáutica (AERO.) aeronautical mile (1853m)

milha geográfica (GEN.) geographical mile

milha geográfica internacional (GEO.) international geographic mile

milha marítima (GEN.) nautical mile (1852m)

milha marítima na rota (NAV.) nautical on-course mile

milha náutica de radar (NAV.) radar nautical mile

milhas aéreas por galão (AERO.) air miles per gallon

milho (BOT.) corn (USA); maize

milhões de instruções por segundo (COMP.) millions of instructions per second [MIPS]

miliampére (ELECTRON.) milliamp

miliamperímetro (PHYS.) milliammeter

miliária (MED.) miliaria; miliary; prickly heat

milibar (METEO.) millibar

milicurie (PHYS.) millicurie

milidarcy (GEO.) millidarcy

miligal (MINING) milligal

miligrama (GEN.) milligram

mililambert (PHYS.) millilambert

mililitro (CHEM.) millilitre

mililux (PHYS.) millilux

milímetro (GEN.) millimetre

milimícron (ELECT.) millimicron (obsolete)

milípede (ZOO.) millipede

milirradiano (GEN.) milliradian

millerite (milerite) (MINER.) millerite (capillary pyrite)

milonitização (GEO.) mylonitization

milonito (GEO.) mylonite

Mimas (ASTRO.) Mimas (1st. satellite of Saturn)

mimetismo (ZOO.) mimicry

mimetismo agressivo (ZOO.) aggressive mimicry

mimetismo batesiano (ZOO.) Batesian mimicry

mimetite (MINER.) mimetite

mímica (ZOO.) mimicry

mina (MINING) fletz; quarry

mina aberta (MINING) naked-light mine

mina a céu aberto (MINING) open mine

mina de chumbo (MINING) lead mine

mina de urânio de Oklo (NUCL.) Oklo (Gabon)

mina explosiva (MINING) fiery mine

mina inflamável (MINING) fiery mine

mina livre (MINING) free mine

mina magra (MINING) lean ore

mina pobre (MINING) lean ore

minarete (ARCH.) minaret

mina submarginal (MINING) submarginal ore

mineiro (MINING) pitman

mineração (MINING) mining

mineração aluvial (MINING) alluvial mining; bar mining

mineração a solução (MINING) solution mining

mineração de câmaras e maciços (MINING) bord-and-pillar

mineração de praia (GEO.) beach mining

mineração em filamentos (MINING) strip mining

mineração em rocha dura (MINING) hard-rock mining

mineração microbiológica (MINING) microbiological mining

mineração por escavação (MINING) block caving

mineração por jorros de água (MINING) hydraulic mining; hydraulicking

minerais formadores de rocha (GEO.) rock-forming minerals

minerais sálicos (GEO.) salic minerals

mineral (MINER.) mineral

mineral (MINING) mineral; ore

mineral acessório (MINER.) accessory mineral

mineral com elevado teor de metal (MINING) rich ore

mineral concentrado (MINING) dressed ore

mineral de índice (GEO.) index mineral

mineral denso (GEO.) heavy mineral

mineral de referência (GEO.) index mineral

mineral detrítico (GEO.) detrital mineral

mineral essencial (GEO.) essential mineral

mineral ferruginoso (MINING) ferruginous mineral

mineralização (GEN.) mineralization

mineral-minério de prata (MINER.) ruby silver ore

mineral negativo (PHYS.) negative mineral

mineralogia (GEN.) mineralogy

mineral pesado (GEO.) heavy mineral

mineral plumoso quebradiço (MINER.) feather ore

mineral positivo (MINER.) positive mineral

mineral primário (GEO.) primary mineral

mineral secundário (GEO.; MINING) secondary mineral

minério (GEO.) ore mineral

minério (Mining) ore
minério autofusível (Mining) self-fusible ore
minério botrioidal (Miner.) botryoidal ore; kidney ore
minério bruto (Mining) raw ore
minério clorítico (Mining) chloritic mineral
minério cru (Mining) raw ore
minério de chumbo (Miner.) lead ore
minério de ferro (Geo.) ironstone; iron ore
minério de ferro bruto (Mining) raw iron ore
minério de ferro diagenético (Geo.) diagenetic ironstone
minério de ferro micáceo (Miner.) micaceous iron-ore
minério de ferro não compacto (Mining) loose iron ore
minério de prata (Miner.) silver ore
minério determinado (Mining) measured ore
minério de triagem (Mining) screened ore
minério em grão (Mining) grains
minério em pedaços (Mining) knockings; lump ore
minério extraído (Mining) drawn ore
minério forçado (Mining) positive ore
minério fosfático (Mining) phosphatic ore
minério grosso (Mining) lump ore; lumps; knockings
minério indicado (Mining) indicated ore
minério lucrativo (Mining) pay
minério marginal (Mining) marginal ore
minério miúdo (Mining) fines
minério não calcinado (Mining) raw ore
minério não preparado (Mining) dressed ore
minério primário (Geo.) primary mineral
minério pulverulento (Mining) fine ore
minério refractário (Mining) refractory ore
minério rico (Mining) rich ore
minicélula (Bio.) minicells
minicomputador (Comp.) minicomputer
minicromossoma (Bio.) minichromosome
mínimos de operação (Meteo.) operational minima
mínimos meteorológicos de aeroporto (Aero.) airport meteorological minima (for landing and take-off)
mínio (Chem.) minium; red lead
mínio alaranjado (Chem.) orange lead
minirrastreio (Astro.; Telecom.) minitrack
minnesotaíta (Miner.) minnesotaite
minúscula (Print.) minuscule
minuto (Gen.) minute
minverite (Geo.) minverite
mioalbumina (Chem.) myoalbumin
mioblasto (Zoo.) myoblast
mioblastoma (Med.) myoblastoma
miobradia (Med.) myobradia

miocardia (Med.) myocardia
miocárdico (Med.) myocardial
miocárdio (Zoo.) myocardium
miocardite (Med.) myocarditis
miocele (Med.) myocele
Miocénico (Geo.) Miocene
miócito (Zoo.) myocyte
mioclonia congénita (Med.; Vet.) myoclonia congenita; trembling
mioclono (Med.) myoclonus
mioclono múltiplo (Bio.) polymyoclonus
miocoma (Zoo.) myocomma; myoseptum
miodemia (Med.) myodemia; myoidemia
mioedema (Med.) myo-edema; myoidema; mounding
mioepitelial (Zoo.) myo-epithelial
miofibrilha (Bio.) myo-fibril; myofibrilla
miofibroma (Med.) myofibroma
miofibrose (Med.) myofibrosis
miófilo (Bot.) myophily; myiophily
miofónio (Med.) myophone
miogénico (Zoo.) myogenic
miógeno (Zoo.) myogen
mioglobina (Bio.) myoglobin
mioglobinúria (Med.) myoglobinuria
mioglobulina (Bio.) myoglobulin
miognato (Med.) myognathus
miógrafo (Med.) myograph
miolema (Zoo.) myolemma
miólise (Med.) myolysis
miologia (Zoo.) myology
mioma (Zoo.) myoma
miomectomia (Med.) myomectomy
miómero (Zoo.) myomere
miómetro (miométrio) (Bio.) myometrium
mionema (Zoo.) myoneme
mioneural (Zoo.) mioneural
mioneurastenia (Med.) myoneurasthenia
miopatia (Med.) myopathy
miopatia cardíaca (Med.) cardiomyopathy
miopia (Med.) myopia; short-sightedness
mioplasma (Med.) myoplasm
mioplastia (Med.) myoplasty
miorrexe (Med.) myorrhexis
miose (Med.) miosis; myosis
miosina (Bio.) myosin
miosite (Med.) myositis
miosite ossificante progressiva (Med.) myositis ossificans progressiva
miosite purulenta trópica (Med.) myositis purulenta tropica
miossarcoma (Med.) myosarcoma
miossepto (Zoo.) myoseptum
miótomo (Bio.) myotome
miotonia atrófica (Med.) myotonia atrophica
miotonia congénita (Med.) myotonia congenita; Thomsen's disease
MIR (Space) Mir (Russian space station, meaning Peace)
mira (Gen.) target
mira (Surv.) ranging pole; sight
mira anterior (Surv.) foresight
mirabilite (Miner.) mirabilite
miracídio (Zoo.) miracidium

mira corrediça (Surv.) target rod
mira de deriva (Aero.) drift sight
mira de distância (Surv.) offset rod
mira de nivelamento (Surv.) staff
mira de nivelar (Surv.) levelling staff
mira falante (Surv.) subtense bar
miragem (Gen.) mirage
miragem (Meteo.) fata morgana
miragem distorcida verticalmente (Phys.) looming
miragem emergente (Meteo.) looming
miragem superior (Meteo.) superior mirage
mira graduada (Surv.) measuring rod
mira intermediária (Surv.) intermediate shaft
mira longa (Surv.) folding sight
mirante (Arch.) belvedere; gazebo
mira reflectora (Aero.) reflector sight
miras de nivelamento (Surv.) boning rods
mira taqueométrica (Surv.) stadia rod
miriápode (Zoo.) myriapod
miringite (Med.) myringitis
miringodermatite (Med.) myringodermatitis
miringomicose (Med.) myringomycosis
miringoplastia (Med.) myringoplasty
miringoscópio (Med.) myringoscope
miringotomia (Med.) myringotomy
mirmecócora (Bot.) myrmecochory
mirmecófago (Zoo.) myrmecophagous
mirmecófila (Bot.) myrmecophily
mirmequite (Miner.) myrmekite
mironato de potássio (Chem.) potassium myronate
Mirtáceas (Bot.) Myrtaceae
miscibilidade (Chem.) miscibility
misofobia (Med.) mysophobia
missão (Space) mission
míssil (Aero.; Space) missile
míssil balístico (Aero.; Space) ballistic missile
míssil de cruzeiro (Aero.) cruise missile
míssil de três estágios (Aero.; Space) three-stage missile
míssil dirigido ar-ar (Aero.) air-to-air guided missile
míssil dirigido ar-terra (Aero.) air-to-surface guided missile
míssil guiado (Aero.) guided missile
míssil teleguiado (Aero.) teleguided missile
Mississipiano (Geo.) Mississippian
misto (Text.) composite
misto (Zoo.) mixed
mistura (Bot.) nick
mistura (Build.) blending
mistura (Chem.) composition
mistura (Gen.) mixing; mixture; compound
mistura (Geo.) melange
mistura (Text.) blend
mistura analógica (de sinais) (Electron.) analogue mixing
mistura anticongelante (Eng.) anti-iocer misture
mistura azeotrópica (Chem.) azeotropic mixture
mistura congelante (Chem.) freezing mixture

mistura de cimento e lama (MINING) slurry

mistura de congelação (CHEM.) freezing mixture

mistura de cor (IMAGE TECH.) colour blending

mistura de cor subtractiva (IMAGE TECH.) subtractive light mixing

mistura de detalhes finos (IMAGE TECH.) mixed highs

mistura de ebulição contínua (CHEM.) constant boiling mixture

mistura de equilíbrio (CHEM.) equilibrium mixture

mistura de face (BUILD.) face mix

mistura de gases pós-emanação (MINING) after damp

mistura de neve e granizo (METEO.) sleet

mistura de óleo de linhaça e mastique (BUILD.) meglip

mistura de serviços (COMP.) job mix

mistura de solda e resina (MECH.) solder paint

mistura de sons (IMAGE TECH.) dubbing

misturador (BUILD.) blender

misturador (BUILD.; TELECOM.) mixer

misturador (TELECOM.) scrambler

misturador áudio (TELECOM.) audio mixer

misturador compensado (ELECT.) balanced mixer

misturador de antenas (TELECOM.) diplexer

misturador de circuitos (ELECT.) circuit mixer

misturador de conversão (TELECOM.) conversion mixer

misturador de cristal (ELECTRON.) crystal mixer

misturador de grupo (TELECOM.) group mixer

misturador de som (COMP.) sound mixer

misturador de voz (TELECOM.) speech inverter; speech scrambler

misturador Nauta (CHEM.) Nauta mixer

mistura gás-ar total (MECH.) total air-gas misture

mistura linear (ELECTRON.) linear mixing

mistura não linear (ELECTRON.) non-linear mixing

mistura pobre (AUTO.) lean mixture

mistura progressiva (IMAGE TECH.) progressive interlace

mistura radioactiva (NUCL.) radioactive mixture

mistura rica (AUTO.) rich mixture

mísula (BUILD.) corbel

mitocôndria (BIO.) mitochondrion

mitogénico (IMMUN.) mitogen

mitomicina C (BIO.) mitomycin C

mitose (BIO.) mitosis

mitose fechada (BOT.) closed mitosis

mitose pré-meiótica (BIO.) premeiotic mitosis

mitosporo (BOT.) mitospore

mitral (MED.; ZOO.) mitral

mitriforme (ZOO.) mitriform

mixamiba (BOT.) mixamoeba

mixobactéria (BIO.) myxobacteria

mixocondroma (MED.) myxochondroma

mixofibroma (MED.) mixofibroma

Mixofíceas (BOT.) Myxophyceae

mixolipoma (MED.) myxolipoma

mixoma (MED.) myxoma

mixomatose (VET.) myxomatosis

Mixomicetas (BIO.) Myxomycetes; Gymnomycota

mixorreia (MED.) myxorrhea

mixósporo (BOT.) myxospore

mixossarcoma (MED.) myxosarcoma

mixotrópico (ZOO.) myxotrophic

mixovírus (BIO.) myxovirus

mizonite (MINER.) mizzonite

mnémico (PSYCHO.) mnemic; mnemonic

mnemónica (PSYCHO.) mnemonics

mnemónica de símbolo (COMP.) symbol mnemonic

mnemónico (PSYCHO.) mnemonic, mnemic

mó (MECH.) grinding stone

moagem (GEN.) grindind

moagem em circuito fechado (CHEM.) closed-circuit grinding

mobilidade (GEN.) mobility

mobilidade das vagens e esporos (ECO.) vagility

mobilidade de deslocação (ELECTRON.) drift mobility

mobilidade de Hall (ELECTRON.) Hall mobility

mobilidade de lacuna (ELECTRON.) hole mobility

mobilidade de portadora (ELECT.) carrier mobility

mobilidade electrónica (ELECTRON.) electron mobility

mobilidade intrínseca (ELECTRON.) intrinsic mobility

mobilidade iónica (CHEM.) ion mobility; ionic mobility

mobilidade iónica dos núcleos de Aitken (METEO.) ionic mobility of Aitken nuclei

modalidade (ZOO.) modality

modalidade de passagem única (COMP.) one-pass mode

modalidade em linha (COMP.) on-line mode

modalidade fora de linha (COMP.) off-line mode

modelação (GEN.) moulding

modelação (MECH.) forming

modelação (PSYCHO.) modelling; shaping

modelação climatérica (GEO.) climate modelling

modelação composta (TELECOM.) compound modulation

modelação discreta em multi frequência (TELECOM.) discrete multi tone modulation [DMT]

modelação hidrológica (ECO.) hydrologic simulation

modelação magnética (ENG.) magnetic forming

modelação por injecção (PLAST.) injection moulding

modelador compensado (ELECT.) balanced modulator

modelagem (PRINT.) casting

modelagem de sombra (PHYS.) shadow casting

modelagem do vidro com auxílio de chama de gás (GLASS) lamp working

modelagem muscular (MED.) muscle-trimming

modelo (GEN.) model; prototype

modelo acústico (PHYS.) acoustic model

modelo analógico de membrana (HYDRO.) membrane analog

modelo colectivo do núcleo (PHYS.) collective model of the nucleus

modelo condutor (ELECTRON.) conductive pattern

modelo das tentativas binomiais de Poisson (MATH.) Poisson binomial trials model

modelo de Arrhenius (ELECTRON.) Arrhenius model

modelo de cadeia em hélice (BIO.) helical coil model

modelo de camada (PHYS.) shell model

modelo de componentes agregadas (ELECTRON.) lumped components model

modelo de dados (COMP.) data model

modelo de electrão quase livre (PHYS.) nearly-free electron model

modelo de equação primitiva (METEO.) primitive equation model

modelo de gota líquida (PHYS.) liquid-drop model

modelo de Kronig-Penny (PHYS.) Kronig-Penny model

modelo de Laue (CRYST.) Laue pattern

modelo de livro (PRINT.) dummy

modelo de livro para verificação da espessura (PRINT.) thickness dummy

modelo de matriz de Leslie (ECOL.) Leslie matrix model

modelo de modulação (TELECOM.) modulation pattern

modelo de partícula independente (PHYS.) independent particle model

modelo de radiação (PHYS.) radiation pattern

modelo de referência de sete níveis (COMP.) seven-layer reference model

modelo de Reynolds (CHEM.) Reynolds model

modelo de solenóide (BIO.) solenoid model

modelo de tanque de areia (HYDRO.) sand box model

modelo de teste (IMAGE TECH.) test pattern

modelo de trabalho (ELECT.) working standard

modelo direccional (ELECTRON.) directional pattern

modelo do mosaico fluído (BIO.) fluid mosaic model

modelo estocástico (GEN.) stochastic model

modelo logístico (GEN.) logistic model

modelo matemático (COMP.) mathematical model

modelo médico (PSYCHO.) medical model

modelo não hidrostático (METEO.) non-hydrostatic model

modelo nuclear (PHYS.) nuclear model

modelo óptico do núcleo (PHYS.) optical model of the nucleus

modelo planetário (GEN.) sun-and-planet model

modelos moleculares (CRYST.) molecular models

modelo unificado de núcleo (PHYS.) unified model of the nucleus

modem de fax (TELECOM.) fax modem

modem externo (COMP.) external modem

modem nulo (COMP.) null modem

moderado a grafite (NUCL.) graphite-moderated

moderador de grafite (NUCL.) graphite moderator

modificação cristalina (GEO.) crystalline modification

modificação de comportamento (PSYCHO.) behaviour modification

modificação de endereço (COMP.) address modification

modificação póstranslacional (BIO.) post-translational modtitication

modificação rápida de Fourier (ELECT.) fast Fourier transform

modificador de comprimento (COMP.) length modifier

modificador de fase (ELECT.) phase modifier

modificador de fase síncrona (ELECT.) synchronous phase modifier

modificador de surtos (ELECT.) surge modifier

modilhão (BUILD.) modillion; cantilever

modilhão enviesado (BUILD.) skew corbel

modo (GEN.) mode

modo acústico (PHYS.) acoustic mode

modo byte (COMP.) byte mode

modo canal (COMP.) channel mode

modo cavitário (PHYS.) cavity mode

modo de accesso a arquivo (COMP.) file access mode

modo de aprendizagem (ELECTRON.) learn mode

modo de avaria (ELECT.) failure mode

modo de captura (PHYS.) trapped mode

modo de comutação (ELECT.) switching mode

modo de controlo (COMP.) control mode

modo de controlo ampliado (COMP.) extended control mode

modo de entrada em comunicação (COMP.) logon mode

modo de impulso espúrio (NUCL.) spurious pulse mode

modo de passagem única (COMP.) one-pass mode

modo de processamento por lotes (COMP.) batch processing mode

modo de rajada (COMP.) burst mode

modo de registo completo (COMP.) full recording mode

modo de reinício cíclico da memória (COMP.) core wrap mode

modo de repetição de processamento (COMP.) re-run mode

modo de resposta imediata (COMP.) immediate request mode

modo de ressonância (ELECTRON.) resonant mode

modo de restabelecimento (COMP.) resert mode

modo de supervisor (COMP.) supervisor mode

modo de transferência assíncrona (TELECOM.) asynchronous transfer mode [ATM]

modo de transmissão (TELECOM.) transmission mode

modo em linha (COMP.) on-line mode

modo evanescente (TELECOM.) evanescent mode

modo fixo (COMP.) fixed mode

modo fora de linha (COMP.) off-line mode

modo fundamental (TELECOM.) fundamental mode

modo imediato (COMP.) immediate mode

modo multiplex (COMP.) byte-mode

modo natural (TELECOM.) natural mode

modo pi (ELECTRON.) pi-mode

modo principal (COMP.) host mode

modo saturado (ELECTRON.) saturated mode

modos de magnetrão (ELECTRON.) magnetron modes

modo sem superposição (COMP.) non-overlapped mode

modos normais (TELECOM.) normal modes

modulação (GEN.) modulation

modulação analógica (ELECTRON.) analogue modulation

modulação angular (TELECOM.) angle modulation

modulação anódica (ELECTRON.) anode modulation

modulação anódica de impulsos (ELECT.) plate pulse modulation

modulação assimétrica (TELECOM.) asymmetrical modulation

modulaçao catódica (ELECT.) cathode modulation

modulação contínua de feixe (ELECT.) continuous beam modulation

modulação controlada da transportadora (TELECOM.) controlled carrier modulation

modulação cruzada (TELECOM.) cross modulation

modulação de alta potência (TELECOM.) high-power modulation

modulação de alto nível (TELECOM.) high-level modulation

modulação de amplitude de impulso (TELECOM.) pulse-amplitude modulation

modulação de amplitude de quadratura (TELECOM.) quadrature amplitude modulation

modulação de amplitude positiva (IMAGE TECH.) positive amplitude modulation

modulação de baixa potência (TELECOM.) low-power modulation

modulação de baixo nível (TELECOM.) low-level modulation

modulação de código de impulso (TELECOM.) pulse-code modulation

modulação de código de impulso diferencial (COMP.; ELECT.) differential pulse-code modulation; differential PCM

modulação de condutividade (ELECTRON.) conductivity modulation

modulação de corrente contínua (ELECT.) constant-current modulation

modulação de densidade (ELECT.) density modulation

modulação de eixo Z (ELECTRON.) Z-axis modulation

modulação de facsimile (TELECOM.) facsimile modulation

modulação de faixa lateral dupla (ELECTRON.) double sideband modulation

modulação de fase (ELECT.; TELECOM.) phase modulation

modulação de fase e amplitude (TELECOM.) phase and amplitude modulation

modulação de fase impulso (TELECOM.) pulse-position modulation

modulação de frequência (PHYS.) frequency modulation

modulação de frequência de impulso (TELECOM.) pulse-frequency modulation

modulação de frequência negativa (ELECTRON.) negative frequency modulation

modulação de frequência por modulação de largura de impulso (TELECOM.) pulse-width modulation-frequency modulation

modulação de grade supressora (ELECTRON.) suppressor-grid modulation

modulação de grupo (COMP.) group modulation

modulação de Heising (ELECTRON.) Heising modulation

modulação de impulso de grade (ELECT.) grid-pulse modulation

modulação de impulsos (TELECOM.) pulse modulation; impulse modulation

modulação de impulsos por ânodo (ELECTRON.) anode pulse modulation

modulação de intensidade (IMAGE TECH.) intensity modulation

modulação delta (TELECOM.) delta modulation

modulação delta adaptativa (TELECOM.) adaptive delta modulation [ADM]

modulação delta-sigma (TELECOM.) delta-sigma modulation [DSM]

modulação de luz (PHYS.) light modulation

modulação de ondas contínuas (ELECT.) continuous wave modulation

modulação de placa (ELECTRON.) plate modulation

modulação de portadora (TELECOM.) carrier modulation

modulação de portadora quiescente (TELECOM.) quiescent carrier modulation

modulação de posição de impulso (TELECOM.) pulse-position modulation

modulação de quadratura (ELECT.) quadrature modulation

modulação de reatância (ELECT.) reactance modulation

modulação descendente (TELECOM.) downward modulation

modulação de sincronização (IMAGE TECH.) sync modulation

modulação de velocidade (ELECTRON.) velocity modulation

modulação de zumbido (TELECOM.) hum modulation

modulação diferencial (ELECTRON.) differential modulation

modulação digital (COMP.) digital modulation

modulação dupla (TELECOM.) double modulation; dual modulation

modulação em amplitude de Doherty (TELECOM.) Doherty modulation

modulação em amplitude dinâmica (TELECOM.) dynamic amplitude modulation [DAM]

modulação em duas fases (ELECT.) two-phase modulation

modulação em fase contínua (TELECOM.) continuous phase modulation [CPM]

modulação em frequência de banda estreita (TELECOM.) narrowband frequency modulation [NBFM]

modulação em frequência modificada (TELECOM.) modified frequency modulation [MFM]

modulação em frequência por ôndula discreta (TELECOM.) discrete wavelet multi tone modulation [DWMT]

modulação espúria (TELECOM.) spurious modulation

modulação excessiva (TELECOM.) overmodulation

modulação impulso-duração (TELECOM.) pulse-duration modulation

modulação impulso tempo (TELECOM.) pulse-time modulation

modulação mecânica de baixa frequência (PHYS.) low frequency modulation; wow

modulação múltipla (TELECOM.) multiple modulation

modulação negativa (TELECOM.) negative modulation

modulação percentual (TELECOM.) percentage modulation

modulação por choque (ELECT.) shock modulation

modulação por densidade de impulsos (TELECOM.) pulse density modulation

modulação por deslocamento da fase (TELECOM.) phase shift modulation

modulação por deslocamento de audiofrequência (TELECOM.) audiofrequency shift modulation

modulação por duração de impulso (TELECOM.) pulse-width modulation

modulação por faísca (TELECOM.) spark-gap modulation

modulação por grade (ELECTRON.) grid modulation

modulação por impulso adaptativa (TELECOM.) adaptive pulse code modulation [APCM]

modulação por impulso codificado (TELECOM.) pulse-code modulation

modulação por impulsos quantificados (ELECTRON.) quantized pulse modulation

modulação por inclinação de frequência (ELECT.) frequency-slope modulation

modulação por intervalo de impulsos (TELECOM.) pulse-interval modulation

modulação por polarização (ELECTRON.) bias modulation

modulação por portadora flutuante (ELECT.) floating-carrier modulation

modulação por válvula de indutância (ELECT.) inductance tube modulation

modulação por variação de polarização de grade (ELECTRON.) grid bias modulation

modulador (PHYS.) modulator

modulador a tubo de vácuo (ELECTRON.) vacuum tube modulator

modulador de crominância (IMAGE TECH.) chrominance modulator

modulador de diodo (ELECT.) diode modulator

modulador de luz de onda progressiva (ELECTRON.) travelling-wave light modulator

modulador de onda quadrada (ELECTRON.) square-wave modulator

modulador/desmodulador (ELECTRON.) modem

modulador/desmodulador integrado (COMP.) integrated modem

modulador de sonar (AERO.; NAV.; PHYS.) sonar modulator

modulador em anel (ELECT.) ring modulator

modulador heteródino (TELECOM.) heterodyne modulator

modulador-isolador (ELECT.) isomodulador

modulador magnético (ELECT.) magnetic modulator

modulado vocalmente (TELECOM.) speech modulated

módulo (GEN.) module; modulus

módulo de acesso condicionado (ELECTRON.) CA module

módulo de Biot (ENG.) Biot modulus

módulo de carga (COMP.) load module

módulo de compressão (ENG.) bulk modulus

módulo de controlo (COMP.) control module

módulo de definição de função (COMP.) function definition mode

módulo de distância (ASTRO.) modulus of distance

módulo de elasticidade (PHYS.) modulus of elasticity; elastic constant

módulo de engrenagem (MECH.) diametrical pitch

módulo de exploração lunar (SPACE) lunar exploration module [LEM]

módulo de fonte (COMP.) source module

módulo de memória de fiada simples (COMP.) single inline memory module

módulo de precisão (BUILD.) fineness modulus

módulo de reentrada (SPACE) re-entry module

módulo de refracção (METEO.) refractive modulus

módulo de reinicialização (ELECTRON.) auto-reset module

módulo de rigidez (MECH.) modulus of rigidity

módulo de ruptura (MECH.) modulus of rupture

módulo de secção (MECH.) section modulus

módulo de teste (COMP.) bring-up test

módulo de Young (PHYS.) Young's modulus

módulo lógico (COMP.) logic module

módulo lunar (SPACE) lunar module

módulo objecto (COMP.) object module

módulos lógicos de estado sólido (COMP.) hardwired logic

módulo tensão-deformação (CHEM.) stress-strain module; Young's modulus

módulo termoeléctrico (ELECT.) thermoelectric module

moedagem (MECH.) coining

moela (ZOO.) gizzard

mofeta (GEO.) mofette

mogno (BOT.) mahogany; baywood

mogno-africano (BOT.) African mahogany

mogno-de-Cuba (BOT.) Cuban mahogany

mogno-do-Brasil (BOT.) Brazilian mahogany

mogno-do-Cabo (BOT.) sneezewood

mogno-do-Gabão (BOT.) gaboon

mogno-do-Uganda (BOT.) Uganda mahogany

mohair (TEXT.) mohair

moinho (GEN.) mill

moinho a cilindros (MECH.) roller mill

moinho a jacto (CHEM.) jet mill

moinho coloidal (CHEM.) colloid mill

moinho concentrador (MINING) concentration plant

moinho contínuo (MECH.) continuous mill

moinho de cascalho (MINING) pebble mill

moinho de combinação (MECH.) combination mill

moinho de desintegração (MINING) disintegrating mill

moinho de esferas (CHEM.) ball mill

moinho de esferas por varredura de ar (MINING) air-swept mill

moinho de esmerilar (MINING) buhr mill; burr mill

moinho de granular (MINING) pebble mill

moinho de guia (MECH.) guide mill

moinho de Hardinge (MINING) Hardinge mill

moinho de Huntington (MINING) Huntington mill

moinho de minério accionado a ar (MINING) aerofall mill

moinho de tubo (MINING) tube mill
moinho doseador (MECH.) batch mill
moinho em série (MECH.) tandem mill
moinho Griffin (MINING) Griffin mill
moitão de corrente (NAV.) chain block
moitão de tubulação (MINING) tubing block
mokhaíta; mokaíta; mocaíta (MINER.) moss agate; Mocha stone
mola (MECH.) spring
mola amortecedora (MECH.) buffer spring
mola Bréguet (HORO.) Bréguet spring
mola compensadora (MECH.) buffer spring
mola da escova (ELECT.) brush spring
mola de acoplamento (TELECOM.) coupling loop
mola de cabelo (HORO.) hair spring
mola de carros (MECH.) carriage spring
mola de compressão (MECH.) compression spring
mola de contacto (ELECT.) contact spring
mola de engrenagem (HORO.) click spring
mola de lâminas (MECH.) laminated spring
mola de liga (MECH.) garter spring
mola de pressão (MECH.) pressure spring
mola de segmento do pistão (MECH.) piston snap ring
mola de segurança (MECH.) safety spring
mola de suspensão (HORO.) suspension spring
mola de tensão (MECH.) tension spring
mola de torção (MECH.) torsion spring
mola de tracção (MECH.) tension spring
mola de vagões (MECH.) carriage spring
mola de válvula de segurança (MECH.) safety valve spring
mola do balanço (HORO.) balance spring
mola do êmbolo (MECH.) piston spring
mola do relé (ELECT.) relay spring
mola em arco (MECH.) C-spring
mola em espiral (MECH.) coil spring
mola em folha (MECH.) leaf spring
mola em lâmina (MECH.) leaf spring
mola espiral (ENG.) spiral spring
mola final (ELECT.) end spring
mola fixadora (MECH.) set spring
mola giratória (MECH.) rotary spring
mola helicoidal (MECH.) helical spring; spiral spring
mola helicoidal cilíndrica (MECH.) cylindrical helicoidal coil
mola laminada (MECH.) laminated spring
molalidade (CHEM.) molality (moles per Kg)
mola oblíqua (MECH.) transverse spring
mola oscilante (HORO.) pendulum spring
mola pneumática (MECH.) air spring
mola principal (HORO.) mainspring
molar (BIO.; CHEM.) molar
molares (ZOO.) molars

molaridade (CHEM.) molarity (moles per liter)
molaridade osmótica (BIO.; CHEM.) osmolality
mola semielíptica (AUTO.) semi-elliptic spring
molasso (GEO.) molasse
mola tensora (MECH.) extension spring
mola transversal (MECH.) transverse spring
moldador (MECH.) former
moldadora de percussão (MECH.) jolt-ram machine
moldagem (BUILD.) formwork (concrete)
moldagem a cera perdida (MECH.) lost wax casting
moldagem a frio (PLAST.) cold moulding
moldagem à máquina (MECH.) mechanical moulding
moldagem a seco (MECH.) dry moulding
moldagem da cianamida (CHEM.) cyanamide moulding
moldagem de cinzeiro (MECH.) pit moulding
moldagem de espessura (BUILD.) thickness moulding
moldagem de máquina (ENG.) machine moulding (foundry)
moldagem de placa (MECH.) plate moulding
moldagem de revestimento (MECH.) investment casting
moldagem de sopro (PLAST.) blow moulding
moldagem de transferência (PLAST.) transfer moulding
moldagem de tubo (MECH.) pipe moulding
moldagem mecânica (MECH.) mechanical moulding
moldagem plástica (MECH.) plastic moulding
moldagem por compressão (PLAST.) compression moulding
moldagem rotacional (PLAST.) rotational moulding
moldável (BOT.) plastic
moldavite (MINER.) moldavite
molde (BUILD.) form
molde (GEO.) cast; flute cast
molde (GEN.) mold; pattern; cast; matrix; die
molde (MECH.) mold; molding; template; pattern; former; die
molde (PRINT.) cliché
molde-caixa (PRINT.) casting box
molde congregado (BUILD.) gang mould
molde de areia a descoberto (MECH.) open sand mould
molde de argila (MECH.) loam mold (mould)
molde de carga (GEO.) load cast
molde de esfriar metal (MECH.) chill
molde de ferro (MECH.) iron pattern
molde de fundição (PRINT.) casting box
molde de grafite (MECH.) graphite die
molde de superfície (BUILD.) face mould

molde de vazar lingotes (MECH.) ingot mould
molde externo (GEO.) bounce mark
molde manual (PAPER) hand mould
molde múltiplo (BUILD.) gang mould
molde natural (ECO.) natural cast
molde oco (MECH.) hollow mould
molde para lingote (MECH.) ingot mould
molde permanente (MECH.) permanent mould
molde seccional (BUILD.) section mould
moldura (ARCH.) moulding; mould; table
moldura côncava (BUILD.) cove
moldura de cabeça (BUILD.) head moulding
moldura de medida (BUILD.) measuring frame
moldura de perfil semicircular (ARCH.) staff bead
moldura e entalhe (BUILD.) bead-and-quirk
moldura friso (BUILD.) bead
molduras (BUILD.) mouldings
moldura semicilíndrica (ARCH.) reed
moldura superior de capitel (ARCH.) tile
moldura vazada em forma de quarto de círculo (ARCH.) congé
mole (CHEM.) mol
molécula (CHEM.) mole; molecule
molécula bipolar (PHYS.) dipole molecule
molécula de sinalização hidrofílica (BIO.) hydrophilic-signaling molecule
molécula fugitiva (NUCL.) fugitive molecule
molécula-grama (CHEM.) gram(me)-molecular weight
molécula homopolar (ELECT.) homopolar molecule
molécula instável (NUCL.) unstable molecule
molécula interestelar (ASTRO.) interstellar molecule
molécula ionizada (CHEM.) ionized molecule
molécula livre (CHEM.) free molecule
molécula neutra (ELECT.) neutral molecule
molécula polar (PHYS.) polar molecule
molecular (CHEM.) molecular
mole-grama (CHEM.) gram(me)-mole
moleirinha (MED.) bregma
moleza dos ossos (MED.) osteomalacia; mollites ossium
molhe (BUILD.) mole; breakwater; cutwater
molhe (GEO.) reef
molhe e desembarcadouro (MINING) loading berth
molhes (HYDRO.) jetties
molho (BUILD.) faggot
molibdato (CHEM.) molybdate
molibdénio (CHEM.) molybdenum
molibdenite (MINER.) molybdenite
molibdenose (VET.) molybdenosis
molinete (MECH.) pulley
Moluscos (ZOO.) Mollusca
momento (GEN.) moment
momento (PHYS.) momentum

momento actuante (PHYS.) applied moment

momento angular (PHYS.; MATH.) angular momentum

momento angular intrínseco (PHYS.) intrinsic angular momentum

momento bipolar (PHYS.) dipole moment

momento canónico (PHYS.) canonical momentum

momento cinético total (NUCL.; PHYS.) spin

momento conjugado (PHYS.) conjugate momentum; aconical moment

momento de aplicação (PHYS.) applied moment

momento de arfagem (AERO.) pitching moment; stalling moment

momento de articulação (AERO.) hinge moment

momento de descolagem (AERO.) take-off instant

momento de dipolo eléctrico (ELECT.; PHYS.) electrical dipole moment

momento de dipolo induzido (ELECT.) induced dipole moment

momento de dipolo magnético (PHYS.) magnetic dipole moment

momento de flexão (MECH.) bending moment

momento de fricção (PHYS.) moment of friction

momento de guinada (AERO.) yawing moment

momento de inclinação lateral (AERO.) rolling moment

momento de inércia (PHYS.) moment of inertia

momento de massa (PHYS.) mass moment

momento de perda (AERO.) stalling moment

momento de recuperação (MECH.) righting moment

momento de restabelecimento (AERO.) restoring moment

momento de restauração (MECH.) righting moment

momento de rolamento (AERO.) rolling moment

momento de rotação (AERO.; PHYS.) hinge moment; torque; rotation moment

momento de torção (PHYS.) moment of torsion; torque

momento de torção máxima do motor (ELECT.) stalling torque

momento de trovoada (RADAR) thunderstorm moment

momento de uma carga (PHYS.) moment of a load

momento de uma força (PHYS.) moment of a force

momento de um binário (PHYS.) moment of a couple

momento do cristal (PHYS.) crystal momentum

momento do momento (ASTRO.) moment of momentum

momento eléctrico (ELECT.) electric moment

momento linear (PHYS.) linear momentum

momento magnético (ELECT.; PHYS.) moment of a magnet; magnetic moment

momento magnético nuclear (PHYS.) nuclear magnetic moment

momento multipolar (PHYS.) multipole moment

momento polar (PHYS.) polar moment

momento polar de inércia (PHYS.) polar moment of inertia

momento tetrapolar (PHYS.) quadrupole moment

mónada (BOT.) monad

monadelfo (BOT.) monadelphous

monândrico (BOT.) monandrous

monandro (BOT.) monandrous

monarca (BOT.) monarch

monazite (MINER.) monazite

monção (METEO.) monsoon

monchiquite (GEO.) monchiquite

monécico; monóico (BOT.) monoecius

mongolismo (MED.) mongolism; Down's syndrome; trisomy 21 syndrome

moniliase (MED.; VET.) moniliasis; candidiasis

monitor (GEN.) monitor

monitor a cores (COMP.) colour display

monitor aéreo (NUCL.) air monitor

monitor analógico (IMAGE TECH.) analogue monitor

monitor brilhante (IMAGE TECH.) brilliant viewfinder

monitor com todos os pontos endereçáveis (COMP.) all-points addressable display [APA]

monitor da rede eléctrica (ELECT.) mains monitor

monitor de água (NUCL.) water monitor

monitor de ar (RADIOL.) air monitor

monitor de área (NUCL.) area monitor

monitor (de computador) (IMAGE TECH.) visual display unit [VDU]

monitor de ecrã plano (IMAGE TECH.) flat panel display

monitor de efluência (NUCL.) effluent monitor

monitor de emanação (NUCL.) effluent monitor

monitor de escala de cinzentos (COMP.) grey scale monitor

monitor de explorador (RADAR) scanner monitor

monitor de frequência (ELECT.) frequency monitor

monitor de gráfico de barras (IMAGE TECH.) bargraph display

monitor de imagem (IMAGE TECH.) picture monitor

monitor de mão (RADIOL.) hand monitor

monitor de matriz activa (COMP.) active matrix display

monitor de matriz activa de cristais líquidos (COMP.) active matrix LCD

monitor de poeira (NUCL.) dust monitor

monitor de sistema (COMP.) system monitor

monitor de software (COMP.) software monitor

monitor de varrimento múltiplo (IMAGE TECH.) multiscan monitor

monitor de zona (NUCL.) area monitor

monitor do ar (NUCL.) air monitor

monitorização (RADIOL.) monitoring

monitorização auditiva (PHYS.) aural monitoring

monitorização de área (RADIOL.) area monitoring

monitor monocromático (COMP.) green monitor

monitor não entrelaçado (IMAGE TECH.) non-interlaced monitor

monitor pancromático (COMP.) panchromatic display

monitor panorâmico (ELECTRON.) panoramic monitor

monitor retro-iluminado (COMP.) backlit display

monitor total (NUCL.) whole-body monitor

mono (PRINT.) dummy

monoácido (CHEM.) monacid

monoauricular (PHYS.) monaural

monocamada (CHEM.) monolayer; monomolecular layer

monocariótico (BIO.) uninucleate

monocarril (ENG.) monorail

monocasco (AERO.) monocoque

monocíclico (BOT.) monocyclic

monócito (IMMUN.) monocyte

monocitose aviária (VET.) avian monocytosis; pullet disease; blue comb

monoclamídea (BOT.) monochlamydeous

monoclinal (GEO.) monocline

monóclino (BOT.) monoclinous

monocloreto de iodo (CHEM.) iodine monochloride

monocordo (monocórdio) (PHYS.) monochord

monocorial (MED.) monochorial; monochorionic

monocoriónico (MED.) monochorionic

Monocotiledóneas (BOT.) Monocotyledones

monocotiledóneo (BOT.) monocotyledonous

monocristalino (ELECTRON.) monocrystalline

monocromador (PHYS.) monochromator

monocromador de polarização (ASTRO.) polarizing monochromator

monocromático (GEN.) monochromatic

monocromo (IMAGE TECH.) monochrome

monocultura (ECO.) monoculture

monodáctilo (ZOO.) monodactylous

monodonte (ZOO.) monodont

monoenergético (BIO.) uninucleate

monoestável (COMP.) one-shot

monoestável (ELECTRON.) monostable

monoestearato de alumínio (CHEM.) aluminium monostearate

monoestral (ZOO.) monoestrous

monófago (ZOO.) monophagus

monofásico (ELECT.) single-phase; one-phase

monofásico (ZOO.) monophasic

monofenol monoxigenase (CHEM.) monophenol monooxygenase

monofilamento (PLAST.) monofilament
monofilético (BIO.) monophyletic
monofilético (BOT.) monophyly
monofiletismo (BIO.) monophyletism
monofiodonte (ZOO.) monophyodont
monofobia (PSYCHO.) monophobia
monofónico (PHYS.) monophonic
monofosfato de adenosina (BIO.; CHEM.) adenosine monophosphate
monofosfato de citidina (BIO.) cytidine monophosphate [CMP]
monofosfato de guanosina (BIO.) guanosine monophosphate [GMP]
Monofoto (PRINT.) Monophoto
monogamia (ECO.) monogamy
monogenético (ZOO.) monogenetic
monogerme (BOT.) monogerm
monogonia (ZOO.) monogony
monóico (BOT.) monoecius
monóide (MATH.) monoid
monóide de transformação (MATH.) transformation monoid
monolítico (BUILD.) monolithic
monólito (BUILD.) monolith
monómero (CHEM.) monomer
monomórfico (BIO.; CRYST.) monomorphic; monomorphous
mononucleose (MED.) mononucleosis
mononucleose infecciosa (MED.) infectious mononucleosis; glandular fever
mononucleotídeo de nicotinamida (BIO.) nicotinamide mononucleotide
monoplano (AERO.) monoplane
monoplano de asa alta (AERO.) high-wing monoplane
monoplano de asa baixa (AERO.) low-wing monoplane
monoplano de asa média (AERO.) mid-wing monoplane
monoplasmático (BIO.) monoplasmatic
monoplegia (MED.) monoplegia
monoplóide (BIO.) monoploid
monopolar (ELECT.) single-pole
monopropelente (SPACE) monopropellant
monopulso (RADAR) monopulse
monospermia (ZOO.) monospermy
monospórico (BOT.) monosporous
monossacarídeos (CHEM.) monosaccharides
monossoma (BIO.) monosome
monossomia (BOT.) monosomy
monóstico (BOT.) monostichous
monotípico (BOT.; ZOO.) monotypic
Monotipo (PRINT.) Monotype [TM]
monótoco (ZOO.) monotocous
monótona (MATH.) monotone
monotorização de pessoal (RADIOL.) personnel monitoring
Monotrématos (ZOO.) Monotremata
monotrófico (ZOO.) monotrophic
monotrópico (CHEM.) monotropic
monovalência (CHEM.) univalence
monovalente (BIO.; CHEM.) monovalent; univalent
monovibrador (TELECOM.) univibrator
monóxido de carbono (CHEM.) carbon monoxide
monóxido de chumbo (CHEM.) lead monoxide
monóxido de manganés (CHEM.) manganese monoxide

monóxido de nitrogénio (CHEM.) nitrogen monoxide; nitric oxide
monstro (BIO.) monster
montado em rubis (HORO.) jewelled
montador (MECH.) fitter
montagem (AERO.) rigging
montagem (IMAGE TCH.) montage
montagem (MECH.) set; fit
montagem (SURV.) set-up
montagem a cremalheira (TELECOM.) rack mounting
montagem a seco (IMAGE TECH.) dry mounting
montagem cardan (MECH.) cardan mount
montagem completa (COMP.) full assembly
montagem de baioneta (ELECT.) bayonet fitting
montagem de continuidade (ELECT.) continuity-fitting
montagem de fundo (MINING) bottom-hole assembly
montagem de inspecção (MECH.) inspection fitting
montagem de peças pequenas (ENG.) detail assembly
montagem de quadras (ELECT.) quadding
montagem de Wadsworth (PHYS.) Wadsworth mounting
montagem duplex (RADAR) duplexer
montagem em contrafase (PHYS.) push-pull
montagem em fase (ELECTRON.) push-push
montagem em grade de Littrow (PHYS.) Littrow grating mounting
montagem em linha (ELECTRON.) in-line assembly
montagem excêntrica (BUILD.) eccentric fitting
montagem por painéis (ELECT.) panel mounting
montagem selectiva (MECH.) selective assembly
montanha (GEO.) mountain
montanhosa (ECO.) montane
montante (AERO.) strut
montante (BUILD.) stud; prop
montante (IMAGE TECH.) grip
montante da roda da cauda (AERO.) tail wheel strut
montante de atrito (AERO.) drag strut
montante de célula (AERO.) interplane strut
montante de choque (MECH.) shock strut
montante de interplano (AERO.) interplane strut
montante horizontal da fuselagem (AERO.) drag strut
montante provisório (AERO.) jury strut
monte (GEN.) mount
monte (GEO.) hump
monte (MECH.) pile
montebrasite (MINER.) montebrasite
monte de aluvião glaciar oval ou longo, de pouca altura (GEO.) drumlin
monte de Vénus (MED.) mons veneris
monte pubiano (MED.) mons pubis

monte púbico (MED.) mons pubis; mons veneris
montesita (MINER.) montesite
monte submarino (ECO.) seamount
monticelite (MINER.) monticellite
montículo (ZOO.) cumulus; colliculus
montículo ovariano (ZOO.) cumulus oophorus
montmorilonite (MINER.) montmorilonite
monzonito (GEO.) monzonite
moqueta (TEXT.) moquette; loop pile
mor (ECO.) mor
morbidez (MED.) morbidity; unsoundness
mórbido (MED.; PSYCHO.) morbid
morbo (MED.) morbus
mordenite (MINER.) mordenite
mordente (GEN.) mordant
mordente de Herzberg (PAPER) Herzberg stain
mordente do arco de pua (BUILD.) braced jaw
moreia (GEO.) moraine; esker
morena (GEO.) moraine; esker
morena de fundo (GEO.) ground moraine
morena frontal (GEO.) push moraine
morena glacial (GEO.) glacial till
morena interlobular (GEO.) intermediate moraine
morena intermediária (GEO.) intermediate moraine
morena interna (GEO.) ground moraine
morena lateral (GEO.) lateral moraine
morena mediana (GEO.) medial moraine
morena recessiva (GEO.) recessional moraine
morena terminal (GEO.) end moraine
morfalaxe (ZOO.) morphallaxis
morfeia (MED.) morphea; morphoe
morfina (MED.) morphine
morfogénese (ZOO.) morphogenesis
morfogenético (ZOO.) morphogenetic
morfogenia (ZOO.) morphogenesis
morfogénico (ZOO.) morphogenic; morphogenetic
morfolina (CHEM.) morpholine
morfologia (BOT.; ZOO.) morphology
morfose (ZOO.) morphosis
morfotectónica (GEO.) morphotectonic
morganite (MINER.) morganite
morion (MINER.) morion
mormo (MED.; VET.) glanders; farcy
mormo africano (VET.) African glanders
morrinha (VET.) surra
morruato de sódio (CHEM.) sodium morrhuate
mortalidade (ECO.) mortality
morte (BIO.) death
morte das florestas (ECO.) Waldsterben (German)
morte do tecido adiposo (MED.) fat necrosis
morte pelo frio (BIO.) destruction by freezing
morto (GEN.) dead
mórula (MED.; ZOO.) stereoblastula; morula

mosaicismo (MED.) mosaicism

mosaico (GEN.) mosaic

mosaico controlado (IMAGE TECH.) controlled mosaic

mosaico de fotografias (IMAGE TECH.) strip mosaic

mosaico de gelo (METEO.) ice breccia

mosaico de vegetação (ECO.) vegetation mosaic

mosaico romano (BUILD.) Roman mosaic

mosaico sexual (ZOO.) sex mosaic

mosaico veneziano (BUILD.) Venetian mosaic

mosca-do-gado (VET.) gad-fly

Moscoviano (GEO.) Moscovian

moscovite (GEO.; MINER.) moscovite; Muscovy glass; potash mica; potassium mica

MOSFET de porta dupla (ELECTRON.) dual gate MOSFET

MOSFET de potência (ELECTRON.) power MOSFET

mosqueado (ZOO.) oculate

mosquito (ZOO.) mosquito

mossa (MECH.) dent

mostarda cloroidrínica (CHEM.) mustard chlorohydrin

mostarda hemissulfúrica (CHEM.) hemisulphur mustard; mustard chlorohydrin

mostardas nitrogenadas (CHEM.) nitrogen mustards

mostrador (HORO.) dial

mostrador de filamento electrico (ELECTRON.) filament display

mostrador de relógio (HORO.) dial plate

mostrador de sete segmentos (ELECTRON.) seven-segment display

motivação (PSYCHO.) motivation

motor (GEN.) motor

motor a autocombustão (MECH.) compression-ignition engine

motor acelerado (MECH.) fast running engine

motor a comutador (ELECT.) commutator motor

motor a gás (AUTO.) gas engine

motor a gasolina (AUTO.; MECH.) petrol engine (UK); gasoline engine (USA); gas motor (USA)

motor a jacto (AERO.) jet motor

motor a jacto com arco eléctrico (ASTRO.) arc-jet engine

motor alternativo (MECH.) reciprocating engine

motor analítico (COMP.) analytical engine

motor a óleo (AUTO.) oil engine

motor a pistão (MECH.) piston engine; reciprocating engine

motor a plasma (PHYS.) plasma jet

motor a reacção (AERO.) jet engine

motor arrefecido a ar (MECH.) ventilated motor

motor assíncrono (ELECT.) asynchronous motor; non-synchronous motor

motor assíncrono de rotor em curto-circuito (ELECT.) squirrel-cage induction motor

motor atómico (PHYS.) nuclear-powered engine

motor auto-síncrono (ELECT.) selsyn motor; autosynchronous motor

motor auto-síncrono diferencial (MECH.) differential selsyn

motor auxiliar (AERO.) booster engine

motor auxiliar (ELECT.) servomotor

motor auxiliar de arranque (ELECT.) pony motor; barring motor

motor axial (AERO.) axial engine

motor bifásico (ELECT.) double-phase motor; two-phase motor

motor binário (MECH.) engine torque

motor bissíncrono (ELECT.) bisynchronous motor

motor bobinado diferencialmente (ELECT.) differentially-wound motor

motor com injecção de água (MECH.) wet engine

motor com pólos auxiliares (ELECT.) interpole motor

motor composto (MECH.) compound engine; compound motor

motor da lama (MINING) mud motor

motor de acção simples (MECH.) single-acting engine

motor de acesso directo (MECH.) direct-acting motor

motor de alta tensão (ELECT.) high-tension motor

motor de apogeu (ASTRO.; SPACE) apogee motor

motor de armação em caixa (ELECT.) box-frame motor

motor de ar quente (MECH.) air engine

motor de arranque por condensador (ELECT.) capacitor start motor

motor de avião (AERO.) aero-engine; aircraft engine

motor de avião de turbina (AERO.) turbine aero-engine

motor de balanceiro (MECH.) beam-engine

motor de CA (ELECT.) AC motor

motor de campo dividido (ELECT.) split field motor

motor de ciclo variável (AERO.) variable cycle engine

motor de cilindros alinhados (MECH.) vertical engine

motor de cilindros opostos (AUTO.) opposed-cylinder engine

motor de combustão (MECH.) combustion engine

motor de combustão interna (MECH.) internal-combustion engine; gas engine

motor de combustão pobre (AUTO.) lean burn engine

motor de combustão rotativa (MECH.) rotary combustion engine

motor de condensador (ELECT.) capacitor motor

motor de condensador de dois valores (ELECT.) two-valued capacitor motor

motor de corrente contínua (ELECT.) constant-current motor

motor de corrente contínua (ELECT.) d.c. motor; direct-current motor

motor de distribuição (MINING) gathering motor

motor de dois tempos (MECH.) two-stroke engine

motor de doze cilindros em V (MECH.) twin-six engine

motor de dupla acção (MECH.) double-acting engine

motor de eixo vertical (ELECT.) vertical spindle motor

motor de elevador auxiliar (ELECT.) auxiliary lift-motor

motor de enrolamento composto (MECH.) compound-wound motor

motor de expansão (MECH.) expansion engine

motor de expansão múltipla (MECH.) multiple-expansion engine

motor de expansão quádrupla (MECH.) quadruple-expansion engine

motor de expansão tripla (MECH.) triple-expansion engine

motor de explosão (MECH.) combustion engine; internal-combustion engine

motor de fase dividida (ELECT.) split-phase motor

motor de fluxo duplo (AERO.) by-pass engine

motor de guincho (ELECT.) hoisting motor

motor de guindaste (ELECT.) crane motor

motor de histerese (ELECT.) hysteresis motor

motor de ignição-compressão (MECH.) compression-ignition engine

motor de indução (ELECT.) induction motor

motor de indução compensada (ELECT.) compensated induction motor

motor de indução de arranque de repulsão (ELECT.) repulsion-start induction motor

motor de indução polifásico (ELECT.) polyphase induction motor

motor de indução síncrona (ELECT.) synchronous induction motor; auto-synchronous motor

motor de integração (ELECT.) integrating motor

motor de jacto (AERO.) jet engine

motor de mudança de pólos (ELECT.) change-pole motor

motor de mudança de velocidade (ELECT.) change-speed motor

motor de múltiplas velocidades (ENG.) multispeed engine

motor de passo à direita (AERO.) right-handed engine

motor de passo à esquerda (AERO.) left-handed engine

motor de pistões opostos (AUTO.) opposed-piston engine

motor de plasma (ELECT.) plasma engine

motor de propulsão (ENG.) propulsion engine

motor de propulsão a jacto (AERO.) jet motor

motor de quatro tempos (MECH.) four-stroke motor

motor de reacção (MECH.) reaction motor; reaction engine

motor de reacção a ar forçado (AERO.) ramjet engine

motor de regeneração (MECH.) reaction motor

motor de repulsão (ELECT.) repulsion motor

motor de repulsão compensada (ELECT.) compensated repulsion motor

motor de repulsão-indução (ENG.) repulsion-induction motor

motor de rotação à direita (MECH.) right-handed engine

motor de rotação à esquerda (AERO.) left-handed engine

motor de rotação inversa (AERO.) left-handed engine

motor de Schrage (ELECT.) Schrage motor

motor de série compensada (ELECT.) compensated series motor

motor de série neutralizada (ELECT.) neutralized series motor

motor desligado (ELECT.) dead motor

motor de supercompressão (MECH.) supercompression engine

motor de telescópio (PHYS.) telescope driver

motor de tracção (MECH.) traction engine; traction motor

motor de tracção directa (ELECT.) gearless motor

motor de turbojacto (AERO.) turbo-engine

motor de turbojacto com derivação de ar (AERO.) by-pass engine

motor de válvula à cabeça (MECH.) valve-in-head engine

motor de velocidade variável (ELECT.) variable-speed motor

motor Diesel (ENG.) diesel engine; compression-ignition engine; supercompression engine

motor diferencial (ELECT.) differential motor

motor eléctrico (ELECT.; MECH.) electric motor; electric engine

motor eléctrico de corrente contínua (ELECT.) continuous-current motor

motor elevador (ELECT.) lift motor

motor em derivação (ELECT.) shunt motor; shunt wound motor

motor em linha (AUTO.) in-line engine

motor em paralelo (ELECT.) shunt motor

motor em série (ELECT.) series motor

motor em série (MECH.) tandem engine

motor em série de CA (ELECT.) AC series motor

motor-gerador (ELECT.) motor generator

motor-gerador de indução (ELECT.) induction motor-generator

motor hidráulico (MECH.) hydraulic motor

motor hidráulico (MINING) pump jack

motor horizontal (MECH.) horizontal engine

motor impulsionador (AERO.) booster engine

motor integrador (ELECT.) nuclear-powered engine

motor invertido (AERO.) inverted engine

motor iónico (ELECTRON.) ion engine

motor linear (ELECT.) linear motor

motor marítimo (MECH.) marine engine

motor misto (ELECT.; MECH.) compound engine

motor monofásico (ELECT.) single-phase motor

motor monofásico de indução (ELECT.) shaded pole motor

motor parado (ELECT.) dead engine

motor para dois combustíveis (ASTRO.; SPACE) dual-fuel engine

motor portátil (MECH.) portable engine

motor principal (MECH.) prime mover

motor protótipo (MECH.) prototype engine

motor radial (MECH.) radial engine

motor radial de duas ou mais filas de cilindros (AERO.) multirow radial engine

motor radial de fila dupla (AERO.) double-radial engine

motor refrigerado a água (AUTO.; ELECT.) water-cooled engine; water-cooled motor

motor refrigerado a ar (AUTO.) air-cooled engine

motor rotativo (AERO.) rotary engine

motor sem engrenagem (ELECT.) gearless motor

motor sem escovas (ELECT.) brushless motor

motor síncrono (ELECT.) synchronous motor

motor síncrono-assíncrono (ELECT.) synchronous-asynchronous motor

motor síncrono de corrente alterna (ELECTRON.) synchronous AC motor

motor síncrono polifásico (ELECT.) polyphase synchronous motor

motor superacoplado (ELECT.) overcompounded motor

motor tractor (MECH.) tractor engine

motor turbofan (AERO.) turbofan engine

motor turbojacto com indução de ar (AERO.) turbofan engine

motor universal (ELECT.) universal motor

motor ventilado (MECH.) ventilated motor

motor vertical (MECH.) vertical engine

motor Wankel (AUTO.) Wankel engine

motor Winter-Eichberg-Latour (ELECT.) Winter-Eichberg-Latour motor

motramite (MINER.) mottramite

moutão de corrente (MECH.) chain block

móvel (ECO.) motile

movido a energia nuclear (PHYS.; SPACE) atomic-powered

Movietone (IMAGE TECH.) Movietone [TM]

movimento (GEN.) movement; motion

movimento acropeto (ECO.) basifugal movement

movimento aerodinâmico (PHYS.) streamline motion

movimento amebóide (ZOO.) amoeboid movement

movimento antónimo (BOT.) autonomic movement; paratonic movement

movimento ascensional (AERO.) lift motion

movimento atómico (PHYS.) atomic motion

movimento autónomo (BOT.) autonomic movement

movimento basculante (MINING) head motion

movimento basipeto (ECO.) basipetal movement

movimento browniano (PHYS.) Brownian movement

movimento cíclico (PHYS.) cyclic motion

movimento coloidal (CHEM.) colloidal movement

movimento comandado (PHYS.) positive motion

movimento compensado (PHYS.) compensated movement

movimento constante (PHYS.) constant motion

movimento contínuo (PHYS.) constant motion

movimento controlado (PHYS.) controlled motion

movimento de agulha (SURV.) needle traverse

movimento de barra (HORO.) bar movement

movimento de corrediça (MECH.) link motion; slot link

movimento de crescimento (BOT.) growth movement

movimento de enrolamento (TEXT.) take-up motion

movimento de guinada (AERO.) yawing motion

movimento de míssil ou foguetão (ASTRO.) coasting (after motors stop)

movimento de modo (COMP.) mode move

movimento de paralaxe (ASTRO.) parallax movement

movimento de remoinho (PHYS.) vortex motion

movimento de tambor (HORO.) drum movement

movimento de turgescência (BOT.) turgor movement

movimento diferencial (PHYS.) differential motion

movimento diminuído (BIO.) lagging

movimento do som (PHYS.) sound motion

movimento esquemático (HORO.) skeleton movement

movimento estelar (ASTRO.) star motion; stellar motion

movimento estrutural (HORO.) skeleton movement

movimento euglenóide (ZOO.) euglenoid movement

movimento eustático (GEO.) eustatic movement

movimento giratório (BUILD.) spinning

movimento gravítico (ECO.) mass movement

movimento harmónico (PHYS.) harmonic motion

movimento harmónico simples (PHYS.) simple harmonic motion (shm)

movimento heliocêntrico (Astro.)
heliocentric motion

movimento higroscópico (Bot.)
hygroscopic movement

movimento kepleriano (Astro.) keplerian motion

movimento lateral (Mech.) lateral play

movimento lateral (Phys.) lateral motion

movimento lento (Image Tech.) slow motion

movimento linear (Phys.) rectilinear motion

movimento longitudinal (Astro.)
longitude motion

movimento lunar (Astro.) lunar motion

movimento médio diário (Astro.)
mean daily motion

movimento nictinástico (Bot.) sleep movement; nyctinasty; nyctinastic movement

movimento nuclear (Phys.) atomic motion

movimento ondulatório (Phys.)
undulating motion

movimento oscilante (Phys.) oscillating motion; swinging motion

movimento oscilatório (Space)
sloshing (of a liquid)

movimento paraláctico (Astro.) parallactic motion

movimento paralelo (Mech.) parallel motion

movimento paratónico (Bot.) paratonic movement

movimento parcial (Phys.) partial motion

movimento periglacial (Eco.) frost pull and frost push

movimento periódico (Phys.) cyclic motion

movimento perpétuo (Phys.) perpetual motion

movimento planetário (Astro.) planetary motion

movimento por inércia (Phys.) inertial motion

movimento positivo (Phys.) positive motion

movimento próprio (Astro.) proper motion

movimento rectilíneo (Phys.) rectilinear motion

movimento reflexo (Med.) jerk

movimento respiratório (Zoo.) respiratory movement

movimento retardado (Bio.) lagging motion

movimento retrógrado (Astro.) retrograde motion

movimento rotativo (Eng.) rotary motion

movimentos convulsivos dos olhos (Psycho.) saccadic eye movements

movimentos de paragem (Text.)
stopping motions

movimentos epirogénicos da terra
(Geo.) epeirogenic earth movements

movimento simples (Phys.) simple motion

movimentos solares (Astro.) solar sailing

movimentos tectónicos (Geo.) tectonic movements

movimento tangencial (Phys.) tangential motion

movimento voluntário (Psycho.)
intention movement

muão (Phys.) muon

mucígeno (Zoo.) mucigen

mucilagem (Chem.) mucilage

mucilaginoso (Bot.; Zoo.) mucilaginous

mucina (Chem.) mucin

mucinase (Chem.) mucinase

mucinemia (Med.) mucinemia

mucinogénio (Zoo.) mucinogen

mucinúria (Med.) mucinuria

mucíparo (Zoo.) muciparous; mucigenous; blennogenic

muco (Zoo.) mucus

mucocele (Med.) mucocele

mucóide (Med.,) mucoid; mucinoid; blennoid; glairy

mucopeptídeo (Chem.) mucopeptide

mucopolissacarídeo (Chem.)
mucopolyssaccharide

mucoproteína (Chem.) mucoprotein

mucopurulento (Med.) mucopurulent

muco-pus (Med.) mucopus

mucosa (Zoo.) mucosa

mucosa uterina (Med.) endometrium

mucoso (Med.) mucosal

mucossanguíneo (Med.) mucosanguineous

mucosseroso (Med.; Vet.) mucoserous

mucostático (Med.; Vet.) mucostatic

mucoviscidose (Med.) muco-viscidosis

muco viscoso nasal (Med.) pituita

mucro (mucrão) (Bot.) mucro

mucronado (Bot.) mucronate

muda (Bot.) cutting

muda (Zoo.) moult

muda de pena defeituosa (Vet.)
French moult

mudança (Meteo.) turn; veering

mudança (Phys.) exchange

mudança de base (Chem.) base exchange

mudança de carga (Elect.) charge exchange

mudança de contacto (Telecom.)
change-over contact

mudança de controlo (Comp.) control break

mudança de direcção (Elect.) track switch

mudança de estado (Phys.) change of state

mudança de fase (Elect.) phase change; phase shift

mudança de pele (Zoo.) ecdysis

mudança de posição do feto no útero (Med.) version

mudança de raiz (Comp.; Math.) radix exchange

mudança de retorno (Electron.)
backward shift

mudança de valor (Comp.) step change

mudança de via (Build.) shift (railways)

mudança diagenética (Geo.) diagenetic change

mudança dimensional (Phys.)
dimensional change

mudança dupla de frequência
(Elect.) double frequency changing

mudança estratigráfica (Geo.) stratigraphical change

mudança eutéctica (Mech.) eutectic change

mudança isotérmica (Phys.) isothermal change

mudança prototrófica (Chem.) prototrophic change

mudanças de constituição (Chem.)
constitution changes

mudança secular (Geo.) secular change

mudança volumétrica equivalente
(Chem.) equivalent volumetric change

mudo (Image Tech.) mute

mufla de ar quente (Aero.) heating muff

mugearito (Geo.) mugearite

mullita (Miner.) mullite

multiarticulado (Zoo.) multiarticulate

multiaxial (Bot.) multiaxial

multibanda (Telecom.) multiband

multicanal (Telecom.) multichannel

multicelular (Bio.) multicellular

multicuspidado (Zoo.) multicuspidate

multicúspido (Zoo.) multicuspid

multiestável (Electron.) multistable

multifactorial (Bio.) multi-factorial

multifilar (Elect.) multiwire

multifrequência (Telecom.) multifrequency

multifurcação (Eco.) multifurcation

multilobulado (Text.) multilobal

multilocular (Bot.) multilocular

multímetro (Electron.) multimeter

multímetro analógico (Electron.)
analogue multimeter

multímetro digital (Electron.) digital multimeter [DMM]

multinucleado (Bio.) multinucleate

múltipla galáxia (Astro.) multiple galaxy

multipleto (Phys.) multiplet

multipleto órbita-spin (Phys.) spin-orbit multiplet

multiplex (Telecom.) multiplex

multiplexador (Comp.) multiplexor

multiplexador de pacotes de dados
(Telecom.) packet multiplexer

multiplexagem (Electron.) multiplexing

multiplexagem codificada por divisão ortogonal de frequência
(Telecom.) coded orthogonal frequency division multiplex [COFDM]

multiplexagem estatística (Electron.) statistical multiplexing

multiplexagem homógenea (Telecom.) homogeneous multiplex

multiplexagem inteligente por divisão de tempo (Telecom.) intelligent time division multiplex

multiplexagem por divisão de código (Telecom.) code division multiplex [CDM]

multiplexagem por divisão de frequência (Telecom.) frequency division multiplexing [FDM]

multiplexagem por divisão de frequência ortogonal (Telecom.)

orthogonal frequency division multiplex

multiplexagem por divisão no tempo e no comprimento de onda (Telecom.) wavelength and time division multiplex

multiplexagem por divisão temporal (Electron.) time-division multiplexer

multiplexagem temporal (Electron.) time multiplexing

multiplex por divisão de tempo (Telecom.) time-division multiplex

multiplicação (Gen.) multiplication

multiplicação de velocidade (Mech.) gearing-up

multiplicador (Electron.) multiplier

multiplicador analógico (Comp.) analog multiplier

multiplicador de frequência (Electron.) frequency multiplier

multiplicador de frequência de clístron (Electron.) klystron frequency multiplier

multiplicador de frequência de reatância (Elect.) reactance frequency multiplier

multiplicador de função (Electron.) function multiplier

multiplicador de tensão (Elect.) voltage multiplier

multiplicador electrónico (Electron.) electron multiplier; photoelectric multiplier

multiplicador fm/am (Electron.) FM/AM multiplier

multiplicando (Math.) multiplicand

múltiplo (Math.) multiple

múltiplo integral (Math.) integral multiple

multipolar (Zoo.) multipolar

multiposição (Telecom.) multiposition

multiprocessador (Comp.) multiprocessor

multiprocessamento de sistema (Comp.) system multiprocessing

multiprogramação (Comp.) multiprogramming

multipropelente (Aero.; Space) multipropellant

multi-sensor; multissensor (Aero.) multi-sensor

multisseriado (Bot.) multiseriate

multituberculoso (Zoo.) multituberculate

multivalente (Bot.) multivalent

multivibrador (Electron.) multivibrator

multivibrador astável (Electron.) astable multivibrator

multivibrador biestável (Comp.) flip-flop; bistable multivibrator

multivibrador de arranque-paragem (Telecom.) start-stop multivibrator

multivibrador monoestável (Comp.) one-shot multivibrator

mungo (mengo) (Text.) mungo

murcho pelo calor (Bot.) scorched

murexido (Chem.) murexide

muricado (Bot.) muricate

murino (Gen.) murine

murmúrio (Med.) murmur

murmúrio diastólico (Med.) diastolic murmur

murmúrio suave (Phys.) warble tone

muro (Build.) wall

muro de aba de sustentação oblíqua (Eng.) splayed retaining wing

muro de ala paralelo (Arch.) spandrel wall

muro de calhaus e argamassa (Build.) boulder wall

muro de fachada (Arch.; Build.) front wall

muro de protecção (Build.) curb

muro de testa (Mech.) head wall

muro de vedação (Build.) curtain wall

muro em alta (Build.) wing wall

muro marinho (Geo.) bulkhead

muscona (Chem.) muscone; muskone

muscular (Zoo.) myarian

musculatura (Zoo.) musculature

musculina (Zoo.) musculin

músculo (Zoo.) muscle

músculo aliforme (Zoo.) aliform muscle

músculo cardíaco (Bio.) cardiac muscle

músculo crural (Zoo.) crureus

musculocutâneo (Zoo.) musculocutaneous

músculo da ampola hepatopancreática (Med.) sphincter of Oddi; Oddi's sphincter

músculo de Crampton (Zoo.) Crampton's muscle

músculo de Horner (Med.) Horner muscle

músculo de Müller (Zoo.) Müller's muscle

musculo espiral (Med.) musculospiral

músculo esquelético (Med.; Zoo.) skeletal muscle; musculoskeletal

músculo estriado (Zoo.) striated muscle; striped muscle

musculofrénico (Zoo.) musculophrenic

músculo individual (Med.; Zoo.) myon

músculo involuntário (Zoo.) involuntary muscle

músculo liso (Zoo.) smooth muscle; plain muscle

musculomembranoso (Zoo.) musculomembranous

músculo não estriado (Zoo.) unstriated muscle

músculo patético (Zoo.) pathetic muscle

músculos alares (Zoo.) alary muscles

músculos vermelhos (Zoo.) red muscles

musculotendinoso (Zoo.) musculotendinous

musculotrópico (Med.) musculotropic

músculo voluntário (Zoo.) voluntary muscle; smooth muscle

musgo (Bot.) moss

Musgos (Bot.) Musci

música e efeitos (Image Tech.) music and effects

música electrofónica (Phys.) electrophonic music

música electrónica (Phys.) electronic music; electrosonic music

musselina (Text.) muslin

mustina (Chem.) mustine

mutação (Bio.) mutation; saltation

mutação âmbar (Bio.) amber mutation

mutação artificial (Bio.; Med.) artificial mutation

mutação condicional (Bio.) conditional mutation

mutação cromossómica (Bio.) chromosomal mutation

mutação de delecção (Bio.) delection mutation

mutação degenerescente (Eco.) deleterious mutation

mutação espontânea (Bio.) spontaneous mutation

mutação espúria (Eco.) nonsense mutation

mutação fushi tarazu (Bio.) fushi tarazu mutation

mutação genética (Bio.) transgenation

mutação inversa (Bio.) reverse mutation

mutação letal (Bio.) lethal mutation

mutação não reversível (Bio.) nonreversible mutation

mutação ocre (Bio.) ochre mutation

mutação polar (Bio.) polar mutation

mutação por eliminação (Bio.) deletion mutation

mutação por inserção (Bio.) insertion mutation

mutação somática (Immun.) somatic mutation

mutação supressora (Bio.) suppressor mutation

mutagénese (Bio.) mutagenesis

mutagénese de localização específica (Bio.) site-specific mutagenesis

mutagénese in vitro (Bio.) in vitro mutagenesis

mutagénico (Bio.) mutagenic

mutante (Bio.) mutant; transgenic animal

mutante constituinte (Bio.) constitutive mutant

mutante de pequena expressão (Bio.) leaky mutant

mutante do ciclo de divisão celular (Bio.) cell-division-cycle mutant

mutantes homeóticos (Bio.) homeotic mutants

mutantes lacunares (Bio.) gap mutants

mutarrotação (Chem.) mutarotation

mutase (Bio.) mutase

mútico (Bot.) muticate; muticous

mutuação polar (Math.) polar reciprocation

mutualismo (Bio.) mutualism

Mycalex (Phys.) Mycalex [TM]

Myxobacteriales ((Bio.) Myxobacteriales

Nn

nacarado (MINER.) nacreous

nacela (AERO.) nacelle; car; cockpit; cabin

nacela (BUILD.) scape

nacela do motor (AERO.) motor nacelle

nacela do motor a jacto (AERO.) pod

nacelas de velocidade (AERO.) speed bulges

nacrite (MINER.) nacrite

nádega (região anal) (ZOO.) podex

nádegas (MED.) nates

nadir (ASTRO.) nadir

nadir (SURV.) plumb point

nado-morto (MED.) stillborn

nafrapatia (MED.) naphrapathy

nafta (GEN.) naphtha

nafta bruta (CHEM.) crude naphtha

nafta dissolvente (CHEM.) solvent naphtha

naftantraceno (CHEM.) naphthanthracene; benzathrene

naftenato (CHEM.) naphthenate

naftenos (CHEM.) naphthenes

naftilamina (CHEM.) naphthylamine

naftol (CHEM.) naphthol

naftolato (CHEM.) naphtholate

naftoquinona (CHEM.) naphthoquinone

nagana (VET.) nagana; tse-tse fly disease; African trypanosomiasis; fly disease

Nak (MECH.) NaK [sodium (Na) and potassium [K] alloy]

Namuriano (GEO.) Namurian

nanismo (MED.) dwarfism; nanism

nano ampére (ELECTRON.) nanoamp

nanocefalia (MED.) nanocephalia

nanocórmico (MED.) nanocormus

nanofanerófita (BOT.) nanophanerophyte

nanofóssil (ECO.) nanofossil

nanograma (GEN.) nanogram

nanomelia (MED.) nanomelia

nanoplâncton (ZOO.) nanoplankton

não bloqueador (COMP.) non-locking

não caduco (ZOO.) non-caducous

não cénico (IMAGE TECH.) non-theatrical

não condutor (ELECTRON.) non-conductor

não conformidade (CHEM.) recusance

não conjugação (COMP.) NAND operation

não conjunção (BIO.) deconjugation

não controlado directamente (COMP.) hands off

não cristalino (GEN.) non-crystalline

não determinístico (COMP.) non-deterministic

não disjunção (BIO.) non-disjunction

não disparado (ELECTRON.) unfired

não disponível (BOT.) unavailable

não excitação (ELECT.) drop-outs

não excitado (ELECTRON.) unfired

não excitado (PHYS.) unexcited

não fototrópica (BOT.) aphototropic

não inductivo (GEN.) non-inductive

não isomérico (CHEM.) anisomeric

não linear (ELECT.) non-linear

não linearidade (ELECT.; TELECOM.) non-linearity

não-metal (CHEM.) non-metal

não mielinizado (ZOO.) non-medullated

não modulado (IMAGE TECH.) unmod

não ohmico (ELECTRON.) non-ohmic

não plano (CHEM.) gauche

não purulento (MED.) apyetous

não quantizado (PHYS.) non-quantized

não reactivo (ELECTRON.) nonreactive

não rectificado (CHEM.) crude

não refinado (CHEM.) crude

não relativístico (PHYS.) non-relativistic

não rígido (PRINT.) limp

não saturação (ELECTRON.) non-saturation

não sequência (GEO.) nonsequence

não simétrico (ELECT.) non-symmetrical

não sinusóidal (ELECTRON.) non-sinusoidal

não supurativo (MED.) apyetous

não utilizável (BOT.) unavailable

napalm (CHEM.) napalm

napoleonite (GEO.) napoleonite

narceína (CHEM.) narceine

narcisismo (PSYCHO.) narcissism

narcoanálise (MED.) narcoanalysis

narcolepsia (MED; PSYCHO.) narcolepsy; Friedmann's disease

narcomania (MED.; PSYCHO.) narcomania

narcose (MED.) narcosis

narcose de nitrogénio (MED.) nitrogen narcosis

narcoterapia (MED.) narcotherapy

narcótico (MED.) narcotic

narcotina (CHEM.) narcotine

narcotizar (MED.) narcotize

narinas (ZOO.) nares; nostrils

nariz (AERO.; NAV.) bow

nariz (ZOO.) nose; nasus

nasal (ZOO.) nasal; rhinal

nascente (GEO.; HYDRO.) headwater; spring

nascente de contacto (HYDRO.) contact spring

nascente de falha (HYDRO.) fault spring

nascente intermitente (HYDRO.) intermittent spring

nasofaringite (MED.) nasopharyngitis; rhinopharyngitis

nasofrontal (ZOO.) nasofrontal

nasolabial (MED.) nasolabial

nasossinusite (MED.) nasosinusitis

nasoturbinal (ZOO.) nasoturbinal

nastia (BOT.) nastic movement; nasty

nastismo (BOT.) nasty; nastic movement

natal (MED.; ZOO.) natal

natalidade (ECO.) natality

natatório (ZOO.) natatorial; natatory

nativismo (PSYCHO.) nativism

nativo (MINING) native

natrão (MINER.) natron

natrojarosite (MINER.) natrojarosite

natrolite (MINER.) natrolite

naturalizado (ECO.) naturalized

náuplio (ZOO.) nauplius

Nautilóides (ZOO.) Nautiloidea

nave (ARCH.) nave

nave espacial (SPACE) spacecraft; spaceship; space vehicle; bus

nave espacial intergaláctica (SPACE) intergalactic spacecraft

navegação (GEN.) navigation

navegação a sonar (NAV.) sonar navigation

navegação astronáutica automática (AERO.; SPACE) automatic celestial navigation

navegação bárica (AERO.) pressure-pattern flying

navegação composta (NAV.) composite sailing

navegação Decca (AERO.; NAV.) Decca navigation

navegação de gradeado (AERO.; NAV.) grid navigation

navegação Doppler (AERO.) Doppler navigation

navegação em águas mortas (BUILD.) slack-water navigation

navegação em longitude (NAV.) parallel sailing

navegação giroscópica (NAV.) polar navigation

navegação polar (NAV.) polar navigation

navegação por sistema G (AERO.; NAV.) grid navigation

navegador automático por radar Doppler (RADAR) radar Doppler automatic navigator [RADAM]

navegador Doppler (AERO.) Doppler navigator

nave interplanetária (SPACE) space vehicle; spaceship; spacecraft

nave lunar (ASTRO.; SPACE) mooncraft

naveta (TEXT.) shuttle box

navio cisterna (NAV.) tanker

navio de construção mista (NAV.) composite ship

navio estável (NAV.) stiff ship

navio lança-cabos (NAV.) cable ship
navio-tanque (NAV.) tanker
neblina (METEO.) haze; fog; mist
neblina lunar (ASTRO.) lunar mist
nebolusidade (GEO.) cloud amount
nebulosa (ASTRO.) nebula
nebulosa anular (ASTRO.) ring nebula
Nebulosa Cabeça de Cavalo (ASTRO.) Horsehead Nebula
Nebulosa de Andrómeda (ASTRO.) Andromeda Nebula
nebulosa de forma regular (ASTRO.) regular-shaped nebula
nebulosa de poeira (ASTRO.) dust nebula
nebulosa difusa (METEO.) diffused nebula
Nebulosa do Caranguejo (ASTRO.) Crab Nebula
nebulosa dupla (ASTRO.) double nebula
nebulosa escura (ASTRO.) dark nebula
nebulosa planetária (ASTRO.) planetary nebula
nebulosidade (METEO.) cloudiness
nebulosidade difusa (METEO.) diffused nebulosity
necessidade (ELECT.) demand
necessidade (PSYCHO.) need
necessidade biológica de oxigénio (CHEM.) biological oxygen demand [BOD]
necessidade química de oxigénio (CHEM.) chemical oxygen demand
necrobacilose (VET.) bacillar necrosis; necrobacillosis
necrobiose (MED.) necrobiosis
necrocitose (MED.) necrocytosis
necrófago (ZOO.) necrophagous
necrófago (BOT.) necrotroph
necróforo (ZOO.) necrophorous
necrogénico (BOT.) necrogenic
necropsia (MED.) necropsy; autopsy
necrose (BIO.; MED.) necrosis; canker; thanatosis
necrose bacilar (VET.) necrobacillosis; bacillar necrosis
necrose coliquativa (MED.) coliquation
necrose dérmica ulcerativa (VET.) ulcerative dermal necrosis
necrose de Zenker (MED.) Zenker's degeneration
necrose gordurosa (MED.) fat-necrosis
necrospermia (MED.) necrospermia
necrosteose (MED.) necrosteosis, necrosteon
necrotrófico (BOT.) necrotroph
nectandra (BOT.) greenheart
nectanívoro (ZOO.) nectanivorous
nectão (BOT.; ZOO.) nekton; necton
néctar (BOT.) nectar
nectário (BOT.) nectary
nectário extrafloral (BOT.) extra-floral nectary; extra-nuptial nectary
necton (BOT.; ZOO.) necton ; nekton
nectópode (ZOO.) nectopod
nefelina (MINER.) nepheline
nefelite (MINER.) nephelite
nefelopia (MED.) nephelopia
nefografo (IMAGE TECH.) nephograph
nefoscópio (METEO.) nephoscope

nefradenoma (MED.) nephradenoma
nefralgia (MED.) nephralgia
nefrapóstase (MED.) nephrapostasis
nefrecose (MED.) nephrecosis
nefrectásia (MED.) nephrectasia
nefrectomia (MED.) nephrectomy
néfrico (MED.; ZOO.) nephric
nefrídio (ZOO.) nephridium
nefrita(e) (GEO.; MINER.) nephrite; greenstone; kidney stone
nefrite (MED.) nephritis
nefrocele (MED.) nephrocele
nefrocistite (MED.) nephrocystitis
nefrólise (MED.) nephrolysis
nefrolisina (CHEM.) nephrolysin
nefrolitíase (MED.) nephrolithiasis
nefrolitomia (MED.) nephrolithomy
nefrologista (MED.) nephrologist
nefromegalia (MED.) nephromegaly
nefrómero (BIO.) nephromere
nefrónio (MED.) nephron
nefropatia (MED.) nephropathy
nefropexia (MED.) nephropexy
nefróporo (ZOO.) nephropore
nefroptose (MED.) nephroptosis
nefrorrafia (MED.) nephrorrhaphy
nefrostomia (MED.) nephrostomy
nefróstomo (ZOO.) nephrostome
nefrotomia (MED.) nephrotomy
nefrotoxina (MED.) nephrotoxin
nefro-ureterectomia (MED.) nephroureterectomy
nega (PRINT.) refusal
negação (PSYCHO.) denial
negação alternativa (COMP.) alternative denial
negativo (GEN.) negative
negativo à luz (PHYS.) light negative
negativo colorido (IMAGE TECH.) colour negative
negativos de papel (IMAGE TECH.) paper negatives
negrito (PRINT.) bold face
negro animal (CHEM.) charcoal (animal)
negro de amido 10B (CHEM.) amido black 10B
negro de anilina (CHEM.) aniline black
negro de antimónio (ENG.) antimony black
negro de fumo (CHEM.) lampblack; carbon black
negro de platina (CHEM.) platinum black; spongy platinum
negro óptico (PHYS.) optical black
Neisseriáceas (BIO.) Neisseriaceae
nematelminta (ZOO.) nemathelminth
Nematelmintas (ZOO.) Nemathelminthes; Aschelminthes
nematoblasto (ZOO.) nematoblast
nematocisto (ZOO.) nematocyst
nematódio (MED.; ZOO.) roundworm ; nematode
Nemátodos (ZOO.) Nematoda
Nemérteos (ZOO.) Nemertea
neoárctico (GEO.) nearctic
neoblasto (ZOO.) neoblast
neocerebelo (MED.) neocerebellum
Neoclassicismo (ARCH.) Neo-Classicism
Neocomiano (GEO.) Neocomian
Neodarwinismo (ZOO.) neo-Darwinism

neodímio (CHEM.) neodymium
Neofreudiano (PSYCHO.) neo-Freudian
neógala (MED.) neogala
neogéneo (GEO.) neogene
neogénese (BIO.) neogenesis
neogenético (BIO.) neogenetic
neogénico (GEO.) neogene
Neogótico (ARCH.) Gothic Revival
neolamarckismo (ECO.) neo-Lamarckism
neologismo (PSYCHO.) neologism
neomembrana (MED.) neomembrane
neomicina (MED.) neomycin
neomorfismo (BIO.) neomorphism
neomorfo (BIO.) neomorph
néon (CHEM.) neon
neopálio (ZOO.) neopallium
neopatia (MED.) neopathy
neoplasia (MED.) neoplasia
neoplasia do tecido esquelético (MED.) chordoma
neoplasma (MED.) neoplasm
neopreno (CHEM.) neoprene
neostomia (MED.) neostomy
neotenia (BIO.) neoteny
neotenina (ZOO.) neotenin; juvenile hormone
neovitalismo (ZOO.) neovitalism
Neozóico (GEO.) Neozoic
Neper (MATH.) Napier; Nepair ; Neper
neper (TELECOM.) neper (unit of attenuation)
neptúnio (CHEM.) neptunium
Neptuno (ASTRO.) Neptune
Nereida (ASTRO.) Nereid
nervação (BOT.) nervation; venation; nervature
nervo (ZOO.) nerve
nervo hiomandibular (ZOO.) hyomandibular nerve
nervo jugular (ZOO.) jugular nerve
nervo patético (ZOO.) pathetic nerve
nervura (AERO.) rib; fillet
nervura (ARCH.) nervure; nerve; groin rib
nervura (BOT.) nerve; vein
nervura (BUILD.) rib
nervura (PRINT.) rib
nervura (ZOO.) nervure
nervura central (BOT.) mid-rib
nervura de abóbada de encontro (ARCH.) groin rib
nervura de compressão (AERO.) compression rib
nervura de compressão da asa (AERO.) compression wing rib
nervura de cumeeira (BUILD.) ridge rib
nervura do bordo de fuga (AERO.) trailing edge rib
nervura-mestra (MECH.) compression rib
nervura perfilada (ENG.) former rib
nervuras do bordo de ataque (AERO.) nose ribs
nesossilicato (MINER.) nesosilicate
neural (ZOO.) neural
neuralgia (MED.) neuralgia
neuraminidase (IMMUN.) neuraminidase
neurapófise (MED.) neurapophysis
neurarquia (MED.) neurarchy
neurastenia (MED.) neurasthenia
neuraxónio (BIO.) neuraxon, neuraxone

neurectomia (MED.) neurectomy
neurérgico (Zoo.) neurergic
neurilema (Zoo.) neurilemma
neurilema (Zoo.) neurolemma, neurilemma
neurina (CHEM.) neurine
neurinoma (MED.) neurinoma; Schwann's tumor
neurite (MED.) neuritis
neurite de Falópio (MED.) Fallopian neuritis; facial palsy ;Bell's palsy
neurite óptica (MED.) optic neuritis
neurite retrobulbar (MED.) retrobulbar neuritis
neuroalergia (MED.) neuroallergy
neuroanatomia (MED.) neuroanatomy
neuroblasto (Zoo.) neuroblast
neuroblastoma (MED.) neuroblastoma
neurocirurgia (MED.) neurosurgery
neurócito (Zoo.) neurocyte
neuroclónico (MED.) neuroclonic
neurocrânio (Zoo.) neurocranium
neurócrino (BIO.) neurocrine
neurodendrito (BIO.) neurodendrite
neurodínia (MED.) neurodynia
neuro-eixo; neuroeixo (Zoo.) neuraxis
neuroendocrinologia (MED.) neuroendocrinology
neurofagia (MED.) neurophagia
neurofibroma (MED.) neurofibroma
neurofibromatose (MED.) neurofibromatosis ; von Recklinghausen's disease
neurogénese (Zoo.) neurogenesis
neurogénico (Zoo.) neurogenic
neuróglia (Zoo.) neuroglia
neurogliomatose (MED.) neurogliomatosis
neuro-hipófise (Zoo.) neurohypophysis
neuróide (Zoo.) neuroid
neurolinfa (MED.) neurolymph
neurolinfomatose (MED.) neurolymphomatosis
neurólise (MED.) neurolysis
neurologia (MED.) neurology
neurologista (MED.) neurologist
neuroma (MED.) neuroma
neuromastos (Zoo.) neuromasts
neuroma verdadeiro (MED.) ganglioneuroma
neuromielite (MED.) neuromyelitis
neuromiopatia (MED.) neuromyopathy
neuromiosite (MED.) neuromyositis
neuromuscular (Zoo.) neuromuscular
neurónio (Zoo.) neuron; neurone; neurocyte; nerve cell
neurónio efector (Zoo.) effector neuron(e)
neurónio estimulador (BIO.) stimulatory neuron
neurónio motor (BIO.) motoneuron(e)
neuropapilite (MED.) optic neuritis; neuropapillitis
neuropatia (MED.) neuropathy
neuropatologia (MED.) neuropathology
neuropilema (Zoo.) neuropilemma
neurópilo (Zoo.) neuropil
neuroporo (Zoo.) neuropore
neurorrafia (MED.) neurorrhaphy
neurose (MED.) neurosis
neurose de guerra (MED.; PSYCHO.) war neurosis; psychopathia martialis; shell shock; sinistrosis

neurose traumática (PSYCHO.) traumatic neurosis
neurossífilis (MED.) neurosyphilis
neurotoxina (BIO.) neurotoxin
neurotransmissor (BIO.) neurotransmitter
neurotrópico (MED.) neurotropic
neurula (Zoo.) neurula
neutralização (BUILD.) neutralizing
neutralização (GEN.) neutralization
neutralização cruzada (ELECTRON.) cross neutralization
neutralização da bobina (ELECT.) coil-neutralization
neutralização de grade (ELECT.) grid neutralization
neutralização de Hazeltine (ELECT.) Hazeltine neutralization
neutralização de ponte (ELECT.) bridge neutralization
neutralização do xénon (NUCL.) xenon override
neutralização em derivação (ELECT.) shunt neutralization
neutralização indutiva (ELECT.) inductive neutralization; coil-neutralization; shunt neutralization
neutralizado (TELECOM.) balanced out
neutralizador (MATH.; PHYS.) annihilator
neutralizador magnético automático (ELECT.) automatic degausser
neutrão (PHYS.) neutron
neutrão de fissão (NUCL.) fission neutron
neutrão de fissão retardada (PHYS.) delayed fission neutron
neutrão de ressonância (ELECTRON.) resonance neutron
neutrão moderado (PHYS.) slow neutron
neutrão retardado (PHYS.) delayed neutron
neutrão térmico (PHYS.) thermal neutron
neutrino (PHYS.) neutrino
neutro (BOT.; Zoo.) neuter
neutro (GEN.) neutral
neutro em relação à terra (ELECTRON.) balanced about earth
neutrões epitérmicos (NUCL.) epithermal neutrons
neutrões I (PHYS.) I neutrons
neutrões imediatos (PHYS.) prompt neutrons
neutrões intermédios (PHYS.) intermediate neutrons
neutrões latentes (PHYS.) latent neutrons
neutrões polarizados (PHYS.) polarized neutrons
neutrões rápidos (PHYS.) fast neutrons
neutrófilo (MED.) neutrophil, neutrophile
neutro isolado (ELECT.) insulated neutral
neutro ligado à terra (ELECT.) earthed neutral; neutral ground
neutro oscilante (ELECT.) oscillating neutral
neutropenia (MED.) neutropenia
nevada (GEN.) snow

nevada (GEO.) firm snow
Nevádica (GEO.) Nevadan orogeny
nevado (GEO.) névé
neve (GEN.) snow
neve amontoada (GEO.) snowbank
neve antiga (GEO.) firm snow
neve gelada (METEO.) glaze
neve granulada (GEO.) firn
neve jacente (GEO.) lying snow
neve perpétua (GEO.; METEO.) icecap; permafrost
neve rolada (METEO.) snow pellets
neve semiderretida (METEO.) sludge
nevo (MED.) mole; naevus ; birth-mark
névoa (ASTRO.) nebula
névoa (IMAGE TECH.) aerial fog
névoa (MED.) nebula
névoa (METEO.) mist; fog
névoa glacial (METEO.) frosted haze
névoa seca (METEO.) dry fog
névoa seca de cristais de gelo (METEO.) frosted haze
nevoeiro (GEN.) fog; mist
nevoeiro alto (NETEO.) fog aloft
nevoeiro baixo (METEO.) low fog
nevoeiro com precipitação (METEO.) rain fog
nevoeiro congelado (METEO.) frosted fog
nevoeiro de advecção (METEO.) advection fog
nevoeiro de cidade (METEO.) combustion fog
nevoeiro de combustão (METEO.) combustion fog
nevoeiro de convecção (GEO.) hill fog
nevoeiro de cristais de gelo (METEO.) frosted fog
nevoeiro de gotejamento (METEO.) drip fog
nevoeiro de monção (METEO.) monsoon fog
nevoeiro de radiação (METEO.) radiation-fog
nevoeiro de superfície (METEO.) surface fog
nevoeiro de vapor (METEO.) steam mist
nevoeiro dicróico (IMAGE TECH.) dichroic fog
nevoeiro fotoquímico (GEO.) photochemical smog
nevoeiro gelado (METEO.) ice fog
nevoeiro glacial (METEO.) ice fog
nevoeiro húmido (METEO.) wet fog
nevoeiro lunar (ASTRO.) lunar mist
nevoeiro marítimo (METEO.) sea fog
nevoeiro marítimo frio e húmido (METEO.) haar (Scotland and NE Britain)
nevoeiro químico (IMAGE TECH.) chemical fog
nevralgia do trigémeo (MED.) trigeminal neuralgia
nevróglia (Zoo.) glia
newton (ELECT.) newton
niacina (MED.) niacin
nibble (COMP.) nibble
nicho (ECO.) niche
nicho ecológico (ECO.) ecological niche
nicho fundamental (ECO.) fundamental niche

nicho realizado (Eco.) realized niche
nicho regenerativo (Eco.) regeneration niche
nicóis cruzados (Eng.) crossed Nicols
nicolite (niquelite) (Miner.) niccolite; knupfernickel; copper nickel
nicotina (Chem.) nicotine
nicotinado (Chem.) nicotinate
nicotinomimético (Med.) nicotinomimetic
nictinastia (Bot.) sleep movement; nyctinasty; nyctinastic movement
nictipelágico (Zoo.) nyctipelagic
nictitante (Zoo.) nictitating
nictúria (Med.) nocturia
nidação (Zoo.) nidation
nidamento (Zoo.) nidamental
nidificação (Zoo.) nidulation
nidífugo (Zoo.) nidifugous
nielo (nigelo) (Mech.) niello
nifablepsia (Med.) snow-blindness; niphablepsia
nifedipina (Med.) nifedipine
nigelo (nielo) (Mech.) niello
nigrite (Miner.) nigrite
nigrosina (Chem.) nigrosin; nigrosine
niidrina (Chem.) ninhydrin
nimbostratos (Meteo.) nimbostratus
nimónico (Mech.) nimonic
ninfa (Zoo.) nymph
ninfomania (Med.) nymphomania; fureur genitale
ninhada (Zoo.) brood
ninho (Zoo.) nest; nidus
nióbio (Chem.) niobium
niobite(o) (Miner.) niobite
níquel (Chem.) nickel
niquelagem (Mech.) nickel plating
níquel-cromo (Mech.) nichrome (alloy)
niquelite (nicolite) (Miner.) niccolite; kupfernickel; copper nickel
níquel maleável (Mech.) malleable nickel
níquel Raney (Chem.) Raney nickel
nisina (Chem.) nisin
nistágmico (Med.) nystagmic
nistagmo (Med.) nystagmus
nistatina (Med.) nystatin
nit (Phys.) nit; nt (unit of luminance)
nitidez (Image Tech.) sharpness
nitidez de ressonância (Phys.) sharpness of resonance
nitidez dos logátomos (Phys.) logatom clarity
nitração (Chem.) nitration
nitramina (Chem.) nitramine
nitrato de amónio (Chem.) ammonium nitrate
nitrato de bário (Chem.) barium nitrate
nitrato de celulose (Chem.) cellulose nitrate; nitrocellulose
nitrato de celulose solúvel (Chem.) soluble cellulose nitrate
nitrato de peroxiacetila (Chem.) peroxyacetyl nitrate
nitrato de potássio (Chem.) potassium nitrate
nitrato de prata (Build.) silver nitrate
nitrato de propatila (Chem.; Med.) propatyl nitrate
nitrato de sódio (Chem.; Mining) sodium nitrate; soda nitre; Chile nitre; Chile saltpetre

nitrato do Chile (Chem.) Chile nitre; sodium nitrate; Chile saltpetre
nitratos (Chem.) nitrates
nitrazepan (Chem.; Med.) nitrazepan
nitreto (Chem.) nitride
nitreto de boro (Chem.) boron nitride
nitrificação (Bot.) nitrification
nitrilos (Chem.) nitriles
nitrito de amilo (Chem.) amyl nitrite
nitrito de isobutil(a) (Chem.) isobutyl nitrite
nitrito de potássio (Chem.) potassium nitrite
nitritos (Chem.) nitrites
nitro (Chem.) nitre; niter; potassium nitrate; saltpetre
nitroanilinas (Chem.) nitroanilines
Nitrobacteriáceas (Bio.; Bot.) Nitrobacteriaceae
nitrobenzeno (Chem.) nitrobenzene
nitroceluloses (Chem.) nitrocelluloses
nitrófilo (Bot.) nitrophilous
nitrogenação (Bio.; Bot.) nitrozation
nitrogenase (Bot.) nitrogenase
nitrogénio (azoto) (Chem.) nitrogen
nitrogénio atómico (Chem.) atomic nitrogen
nitrogénio não proteico (Bio.) non-proteic nitrogen
nitroglicerina (Chem.) nitroglycerin
Nitrolime (MC) (Chem.) Nitrolime (TM _ fertilizer)
nitromanitol (Chem.) nitrommanitol
nitrometano (Chem.) nitromethane
nitrómetro de Lunge (Chem.) Lunge nitrometer
nitroprussieto (Chem.) nitroprusside
nitrotolueno (Chem.) nitrotoluene
nitroxila (Chem.) nitroxyl
nitruração (Mech.) nitriding
Nivarox (Horo.) Nivarox (alloy)
nival (Eco.) nival
níveis de impureza (Electron.) impurity levels
níveis de Landau (Phys.) Landau levels
níveis quase de Fermi (Electron.) quasi-Fermi levels
nível (Gen.) level
nivelação de zona (Electron.) zone levelling
nivelado (Build.) flush
nivelador(a) (Build.) grader
niveladora de estrada (Build.) road scraper
nível a laser (Surv.) laser level
nivelamento (Gen.) grading; levelling
nivelamento (Surv.) boning-in
nivelamento de carga (Comp.) load levelling
nivelamento de limites (Surv.) equalization of boundaries
nivelamento de precisão (Surv.) precise levelling
nivelamento trigonométrico (Surv.) trigonometrical levelling
nivelar (Print.) make even
nível autonivelador (Surv.) self-levelling level
nível de Abney (Geo.) Abney level
nível de acesso (Comp.) access level
nível de acesso lógico (Comp.) logical access level

nível de admissão (Electron.) acceptor level
nível de agrimensor (Surv.) field level
nível de água (Mech.) water gauge
nível de altitude (Surv.) altitude level
nível de audição (Phys.) hearing level
nível de audiofrequência (Telecom.) audiofrequency level
nível de base (Geo.) base level
nível de base da onda (Telecom.) wave baseline
nível de bloqueio (Electron.) blanking level
nível de bolha (Build.) builder's level
nível de bolha de ar (Surv.) spirit level; bubble
nível de branco (Image Tech.) white level
nível de câmara (Surv.) chambered level tube
nível de campo (Surv.) field level
nível de coada (Mech.) pouring level
nível de condensação (Geo.) condensation level
nível de condensação de mistura (Geo.) mixing condensation level
nível de datum (Eco.) datum level
nível de Debenham (Eco.) Debenham level
nível de disparo (Electron.) trigger level
nível de drenagem (Mining) drainage level
nível de efeito local (Telecom.) side tone level
nível de energia (Electron.) energy level
nível de energia atómica (Phys.) atomic energy level
nível de energia característica de Fermi (Electron.) Fermi characteristic energy level
nível de energia nuclear (Phys.) nuclear energy level
nível de Fermi (Electron.) Fermi level
nível de força (Telecom.) power level
nível de inclinação (Surv.) batter level
nível de intensidade (Phys.) intensity level
nível de intensidade sonora (Phys.) sound intensity level
nível de ligação (Comp.) link layer
nível de mão (Surv.) hand level
nível de meia-maré (Geo.) half-tide level
nível de modulação (Telecom.) programmed level
nível de montagem rápida (Agrim.) quick-setting level
nível de oxigénio dissolvido (Eco.) dissolved oxygen level
nível de pedreiro (Build.) mason's level
nível de portadora (Elect.) carrier level
nível de potência (Telecom.) power level
nível de potência sonora (Phys.) sound power level
nível de potência zero (Telecom.) zero-power level

nível de pressão (MECH.) pressure level

nível de prumo (BUILD.) plumb rule

nível de prumo (SURV.) plumb level

nível de quantização (ELECTRON.) quantization level

nível de rede (COMP.) network layer

nível de referência (AERO.) datum

nível de referência (SURV.) reduced level

nível de referência (TELECOM.) reference level

nível de referência branco (TELECOM.) white reference level

nível de referência do branco (IMAGE TECH.) reference white level

nível de referência do negro (IMAGE TECH.) reference black level

nível de reflexão (SURV.) reflecting level

nível de registo (PHYS.) recording level

nível de ressonância (PHYS.) resonance level

nível de ruído (PHYS.) noise level

nível de ruído ambiente (PHYS.) ambient noise level

nível de ruído de circuito (COMP.) circuit noise level

nível de ruído na modulação de amplitude (ELECTRON.) amplitude-modulation noise level

nível de saída (ELECTRON.) output level

nível de saturação (ECO.) base saturation

nível de sobrecarga (COMP.) overload level

nível de sonoridade (PHYS.) loudness level; sound level

nível de suporte automático (SURV.) autoset level

nível de telescópio fixo (SURV.) dumpy level

nível de tensão (TELECOM.) voltage level

nível de tensão TTL (ELECTRON.) TTL levels

nível de transmissão (TELECOM.) transmission level

nível de voo (AERO.) flight level

nível doador (ELECTRON.) donor level

nível do mar (SURV.) sea level

nível do preto (IMAGE TECH.) black level

nível do sinal (TELECOM.) signal level

nível do solo (SURV.) ground-level

nível do terreno (SURV.) ground-level

nível do vento geostrófico (METEO.) gradient wind level

nível do vento gradiente (METEO.) gradient wind level

nível em Y (SURV.) wye level; Y-level

nível energético de uma partícula (PHYS.) energy level of a particle

nível esférico (SURV.) circular level

nível estratigráfico (GEO.) stratigraphical level

nível F (PHYS.) F-level

nível lógico inferior (ELECTRON.) low logic level

nível máximo de saída (ELECTRON.) maximum output level

nível máximo permissível (RADIOL.) maximum permissible level

nível médio da água do mar (SURV.) Ordnance datum (UK)

nível médio de ruído ambiente (PHYS.) average ambient noise level

nível médio do mar (SURV.) mean sea level

nível óptico (PHYS.) optical level

nível portátil (SURV.) hand level

nível profundo de dispersão (GEO.) deep scattering layer

nível rápido e aproximado (SURV.) flying level

nível sonoro (PHYS.) loudness level; sound level

nível trófico (ECO.) trophic level

nível zero (ELECT.) zero level

nó (AERO.; NAV.) knot

nó (BOT.) knot

nó (COMP.) brother

nó (GEN.) node

nobélio (CHEM.) nobelium

nocardias (BIO.) nocardia

nocardiose (MED.) nocardiasis

nociceptivo (noci-receptivo) (ZOO.) nociceptive

nociceptor (noci-receptor) (ZOO.) nociceptor

noci-receptivo (ZOO.) nociceptive

noci-receptor (ZOO.) nociceptor

noctilúcio (ZOO.) noctilucent

Noctovision [MR] (IMAGE TECH.) Noctovision [TM]

noctúria (nictúria) (MED.) nocturia

nó de controlador de comunicação (COMP.) communication controller node

nodo (GEN.) node

nodo de corrente (ELECT.) current node

nodo de N para S (SPACE) descending node

nodo de potencial (ELECT.) potential node

nodo descendente (SPACE) descending node

nodo de separação (árvore filogenética) (ECO.) internal node

nodo de tensão (ELECT.) voltage node; potential node

nodo lunar (ASTRO.) lunar node

nodo parcial (PHYS.) partial node

nodosidade (MED.) node

nodoso (BOT.) nodose

nodulação (MINING) nodulizing

nodular (GEN.) nodular

nodular (MED.) nodular; tubercular

nódulo (GEN.) nodule

nódulo atómico (PHYS.) atomic kernel

nódulo da integral de moderação (NUCL.) slowing down kernel

nódulo da oliveira (ECO.) olive knot

nódulo de alga (GEO.) algal ball

nódulo de cascata (ELECTRON.) cascade node

nódulo de difusão (ELETRON.) diffusion kernel

nódulo dependente (ELECTRON.) dependent node

nódulo de Ranvier (ZOO.) node of Ranvier ; Ranvier's node

nódulo de Yukawa (PHYS.) Yukawa kernel

nódulo do carvalho (ECO.) oak-nut

nódulo fosfático (GEO.) phosphatic nodule

nódulos (GEO.) cecidium

nódulos de Aschoff (MED.) Aschoff's nodes; Aschoff's bodies

nódulos de Heberden (MED.) Heberden's nodes

nódulos de manganés (GEO.) manganese nodules

nódulos de Osler (MED.) Osler's nodes

nódulos radiculares (ECO.) actinorrhiza

nódulos septários (GEO.) septarian nodules

nogueira (BOT.) walnut

nogueira-americana (BOT.) butternut

noma (MED.) cancrum oris; noma

nomadismo (ECO.) nomadism

nome básico (COMP.) simple name

nome comum (ECO.) nomen triviale

nome de elemento matricial (COMP.) array element name

nome de ficheiro (COMP.) file name

nome de índice (COMP.) index name

nome de modo (COMP.) mode name

nome específico (ZOO.) specific name

nomenclatura binómica (BIO.) binomial nomenclature

nomograma (MATH.) nomogram

nonana (CHEM.) nonane

nónio de ajustamento (SURV.) vernier adjusting

nónio directo (SURV.) direct vernier

nónio retrógrado (SURV.) retrograde vernier

nónio (vernier) (MECH.) vernier

nó no pano (TEXT.) wale

nontronite (MINER.) nontronite

nopalina (BOT.) nopaline

nó primário (BOT.) primary node

noradrenalina (CHEM.) noradrenaline

norbergite (MINER.) norbergite

nordmarquito (GEO.) nordmarkite

norepinefrina (CHEM.) norepinephrine

norgine (CHEM.) norgine (USA)

norite (GEO.) norite

norma (GEN.) norm; standard

norma de calibração (PHYS.) calibrating standard

norma de Hibbert (ELECT.) Hibbert standard

norma euclidiana (MATH.) Euclidean norm

norma inglesa (GEN.) British Standard [BS]

normal (GEN.) normal

normalidade (CHEM.) normality

normalizar (COMP.) normalize

normal principal (MATH.) principal normal

normas de transmissão (IMAGE TECH.) transmission standards

Normas Gerais de Aviação (AERO.) Aircraft General Standards _ AGS

normoblasto (BIO.) normoblast

Norte magnético (PHYS.; GEO.) Magnetic North

noselite (MINER.) nosean; noselite

nosite (MINER.) noselite; nosean

nosófito (BOT.) nosophyte
nosofobia (MED.) nosophobia
nosologia (MED.) nosology
nosologia psiquiátrica (PSYCHO.) psychonosology
nosomicose (MED.) nosomycosis
nosonomia (MED.) nosonomy; nosology
nosopoiético (MED.) nosopoietic
nosotaxia (MED.) nosotaxy
nosotoxicose (MED.) nosotoxicosis
nosotrópico (MED.) nosotropic
notação binária (COMP.) binary notation
notação científica (GEN.) scientific notation
notação cristalográfica (CRYST.) crystallographic notation
notação de base (COMP.) base notation
notação de base (MATH.) radix notation
notação de base mista (MATH.) mixed-based notation
notação de Bow (MECH.) Bow's notation
notação decimal (COMP.; MATH.) denary notation
notação decimal codificada em binário (COMP.) binary coded decimal notation
notação de Henrici (MECH.) Henrici's notation
notação denária (COMP.; MATH.) denary notation
notação de ponto (vírgula) fixo (COMP.) fixed point notation
notação de ponto (vírgula) flutuante (COMP.) floating-point notation
notação de raiz (MATH.) radix notation
notação hexadecimal (COMP.; MATH.) hexadecimal notation
notação infixa (COMP.) infix notation
notação octal (COMP.) octal notation
notação polaca inversa (COMP.) reverse Polish notation
notação por prefixo inversa (COMP.) reverse Polish notation
notação posicional (COMP.) positional notation
notação quaternária (COMP.) quaternary notation
notação simbólica (COMP.) symbolic notation
notação ternária (COMP.) ternary notation
nota central (PRINT.) centre note
notas intercaladas (PRINT.) cut-in notes
noto (ZOO.) notum
notocórdio (ZOO.) notochord
nova (ASTRO.) new star; nova (pl. novae)
novaculite (GEO.) novaculite
nova de Kepler (ASTRO.) Kepler's nova
nova em potencial (ASTRO.) potential nova
novas periódicas (ASTRO.) recurrent novae
novas recorrentes (ASTRO.) recurrent novae
novelo (TEXT.) hank

novilúnio (ASTRO.) new moon
novobiocina (BIO.) novobiocin
Novocaína (CHEM.) Novocain [TM]
nox (PHYS.) nox (unit of scotopic illuminance _ obsolete)
noy (PHYS.) noy (unit of perceived noisiness)
noz (BOT.) nut
nu (BOT.) naked
nu (MECH.) bare
nublado (METEO.) broken
nublado para encoberto (METEO.) broken cloud to overcast
nuca (ZOO.) nape
nucal (ZOO.) nuchal
nucelo (BOT.) nucellus
nucívero (ZOO.) nucivorous
nucleação espontânea (METEO.) spontaneous nucleation
nuclease (BIO.) nuclease
núcleo (GEN.) nucleus ; core; center; heart
núcleo (MATH.) kernel
núcleo ajustável (TELECOM.) slug
núcleo atómico (CHEM.;NUCL.;PHYS.) atomic core; heart; atomic nucleus
núcleo benzénico (CHEM.) benzene nucleus
núcleo bimagnético (COMP.) bimag core
núcleo celular (BIO.) karyon
núcleo central pesado (NUCL.) heavy central nucleous
núcleo composto (PHYS.) compound nucleus
núcleo condensado (CHEM.) condensed nucleus
núcleo cromossómico (BIO.) chromosome core
núcleo da bobina (COMP.) bobbin core
núcleo da resistência (ELECT.) resistor core
núcleo da rosca (MECH.) screw core
núcleo da Terra (GEO.) earth core; earth's core
núcleo de Aitken (ECO.) Aitken nucleus
núcleo de ar (TELECOM.) air core
núcleo de armazenamento magnético (COMP.) magnetic core storage
núcleo de átomo (NUCL.) heart
núcleo de benzeno (CHEM.) benzene nucleus
núcleo de campo (ELECT.) field core
núcleo de clivagem (ZOO.) cleavage-nucleus
núcleo de condensação (GEO.) condensation nucleus
núcleo de congelação (METEO.) freezing nucleus
núcleo de corrente contínua (ELECT.) direct-current core
núcleo de electroíman (PHYS.) magnet core
núcleo de ferrite (PHYS.) ferrite core
núcleo de ferrite (de secção) rectangular (ELECTRON.) ferrite rod
núcleo de ferro-níquel (MECH.) nickel iron core
núcleo de ferro pulverizado (ELECTRON.) powdered-iron core
núcleo de filtro (ELECT.) filter core
núcleo de íman (PHYS.) magnet core

núcleo de induzido de tambor (ELECT.) drum armature core
núcleo de limalha de ferro (ELECT.) iron dust core
núcleo de lítio (NUCL.) lithium nucleus
núcleo de partículas alfa (PHYS.) alpha particle nucleus
núcleo de pó (ELECT.) powder core
núcleo de pó (NUCL.) dust core
núcleo de remoinho (METEO.) whirl core
núcleo de restituição (BOT.) restitution nucleus
núcleo de retardamento (NUCL.) slowing down kernel
núcleo de retrocesso (PHYS.) recoil nucleus; recoil atom
núcleo de sintonização (TELECOM.) tuning core
núcleo de solenóide (ELECT.) solenoid core
núcleo de sublimação (GEO.) sublimination nucleus
núcleo de transformador (ELECT.) transformer core
núcleo (de transformador) tipo E (ELECTRON.) E-core
núcleo do benzeno (CHEM.) benzene nucleus
núcleo do estator (ELECT.) stator core
núcleo do induzido (ELECT.) armature core
núcleo do ovo (ZOO.) egg nucleus
núcleo do pólo (ELECT.) pole core
núcleo do reactor (NUCL.) reactor core
núcleo do rotor (ELECT.) rotor core
núcleo em repouso (BIO.) resting nucleus
núcleo enrolado (ELECTRON.) wound core
nucleões (PHYS.) nucleons
núcleo esteróide (CHEM.) steroid nucleus
núcleo esteróide tetracíclico (CHEM.) tetracyclic steroid nucleus
núcleo excitado (PHYS.) excited nucleus
núcleo fendido (ELECT.) slotted core
núcleo germinativo (ZOO.) germ nucleus
núcleo higroscópico (ECO.) hygroscopic nucleus
núcleo instável (NUCL.) unstable nucleus
nucléolo (BIO.) nucleolus
núcleo magnético (COMP.) magnetic core
núcleo magnético biestável (COMP.) bistable magnetic core
núcleo magnético de poeira (PHYS.) dust core
nucleónica (PHYS.) nucleonics
núcleo oco (ELECT.) hollow core
nucleoplasma (BIO.) nucleoplasm
nucleoplasmina (BIO.) nucleoplasmin
núcleos (GEN.) nuclei
núcleos de cristal (CHEM.) crystal nuclei
núcleo seco (MECH.) baked core
núcleos estáveis (PHYS.) even-even nuclei
nucleosídeo (BIO.) nucleoside
núcleos ímpar-ímpar (PHYS.) odd-odd nuclei

núcleos ímpar-par (PHYS.) odd-even nuclei

núcleos par-ímpar (PHYS.) even-odd nuclei

núcleos polares (BOT.) polar nuclei

nucleossoma (BIO.) nucleosome

nucleótido (BIO.) nucleotide

núcleo toroidal (ELECT.) toroidal core

nuclídeo (PHYS.) nuclide

nuclidos de Wigner (PHYS.) Wigner nuclides

nudação (ECO.) nudation

nudicaudato (ZOO.) nudicaudate

nulípara (MED.) nullipara

numa extensão sem limites (MATH.) ad infinitum

numerador (MATH.) numerator

numeral binário (COMP.) binary numeral

número (GEN.) number

número 1 de Euler (MATH.) Euler number 1

número 2 de Euler (MATH.) Euler number 2

número aleatório (COMP.) random number

número algébrico (MATH.) algebraic number

número atómico (PHYS.) atomic number

número básico (GEN.) basic number

número binário (COMP.) binary number

número cardinal (MATH.) cardinal number

número complexo (MATH.) complex number

número complexo conjugado (MATH.) conjugate complex number

número de abertura (IMAGE TECH.) aperture number

número de aberturas do crivo (PHYS.) sieve mesh number

número de Avogadro (CHEM.) Avogadro number

número de bariões (PHYS.) baryon number

número de base mista (MATH.) mixed-based number

número de Bernoulli (MATH.) Bernoulli's number

número de Boussinesq (METEO.) Boussinesq number

número de Brinell (ENG.) Brinell number

número de calibre (MECH.) gauge number

número de cetano (CHEM.) cetane number

número de classificação de carga (AERO.) load classification number

número de Clausius (PHYS.) Clausius number

número de cloro (PAPEL) chlorine number

número de colisão (CHEM.) collision number

número de comprimento duplo (COMP.) double-length number

número de contorções (BIO.) writhing number

número de coordenação (CHEM.) coordination number

número de cópia (BIO.) copy number

número de dupla precisão (COMP.) double-precision number

número de dureza de Rockwell (MECH.) Rockwell hardness number

número de Einstein (PHYS.) Einstein number

número de escala (MECH.) gauge number

número de fluido (PHYS.) fluid number

número de Fourier (PHYS.) Fourier number

número de Froude (GEO.) Froude number [Fr]

número de Graetz (PHYS.) Graetz number

número de Hooke (PHYS.) Hooke number

número de identificação pessoal (COMP.) personal identification number

número de instrução (COMP.) instruction number

número de Knudsen (CHEM.) Knudsen number

número de Lewis (MECH.) Lewis number

número de ligações (BIO.) linking number

número de Lorenz (PHYS.) Lorenz number

número de Loschmidt (CHEM.) Loschmidt number

número de Mach de trepidação irregular (AERO.) buffeting Mach number

número de massa (PHYS.) mass number

número de modo (ELECTRON.) mode number

número de neutrões (PHYS.) neutron number

número de Nusselt (PHYS.) Nusselt number

número de octanas (AUTO.) octane number

número de ordem (MECH.) order number

número de ouro (ASTRO.) golden number

número de oxidação (CHEM.) oxidation number

número de Poisson (PHYS.) Poisson's number

número de Prandtl (CHEM.) Prandtl number

número de Rayleigh (METEO.) Rayleigh number

número de Reech (PHYS.) Reech number

número de Reichert-Meissl (CHEM.) Reichert-Meissl number

número de Reynolds (CHEM.) Reynolds number

número de Reynolds crítico (PHYS.) critical Reynolds number

número de Richardson (ELECTRON.) Richardson number

número de Rossby (METEO.) Rossby number

número de rotação (BIO.) turnover number

número de saponificação (CHEM.) saponification number

número de sequência (COMP.) sequence number

número de Sherwood (PHYS.) Sherwood number

número de Stanton (CHEM.) Stanton number

número de Stefan (PHYS.) Stefan number

número de Strouhal (PHYS.) Strouhal number (Acoustics)

número de Taylor (HYDRO.) Taylor number

número de tolerância de ruído (PHYS.) noise rating number

número de torção (BIO.) twisting number

número de transporte (CHEM.) transport number

número de voltas do induzido (ELECT.) armature speed

número duodecimal (COMP.) duodecimal number

número genético (BIO.) gene number

número haplóide (BIO.) haploid number

número imaginário (MATH.) imaginary number

número ímpar (MATH.) odd number

número inteiro (MATH.) integral number; whole number

número irracional (MATH.) irrational number; surd number

número isotópico (PHYS.) isotopic number

número K (PAPER) kappa number

número leptónico (PHYS.) lepton number

número local Mach (AERO.) local Mach number

número Mach (AERO.) Mach number

número Mach crítico (AERO.) critical Mach number [M/crit]

número Mach de divergência (AERO.) divergence Mach number

número Mach de perda (AERO.) stalling Mach number

número Mach de voo (AERO.) flight Mach number

número mágico (PHYS.) magic number

número misto (MATH.) mixed number

número natural (MATH.) natural number

número nuclear (PHYS.) nuclear number

número octal (COMP.) octal number

número perfeito (MATH.) perfect number

número polinómico (MATH.) polynomial number

número posicional (COMP.) positional number

número primo (MATH.) prime; prime figure; prime number

número quântico (PHYS.) quantum number

número quântico de spin (PHYS.) spin quantum number

número quântico do momento angular (PHYS.) angular-momentum quantum number

número quântico magnético (PHYS.) magnetic quantum number

número quântico orbital (ELECTRON.) orbital quantum number

número quântico principal (PHYS.) principal quantum number

número racional (MATH.) rational number

número real (COMP.) real number

números algébricos conjugados (MATH.) conjugate algebric numbers

números amigos (MATH.) amicable numbers

números árabes (MATH.) arabic numbers

números congruentes (MATH.) congruent figures ; congruent numbers

números de Euler (MATH.) Euler's numbers; Eulerian numbers

número simbólico (COMP.) symbolic number

números ímpares (MATH.) uneven numbers

números preferidos (ENG.) preferred numbers

números romanos de um mostrador de relógio (HORO.) chapters

números semelhantes (MATH.) similar figures

números significativos (MATH.) significant figures

números transfinitos (MATH.) transfinite numbers

numulite (GEO.) nummulite

nunatak (GEO.) nunatak

nutação (GERAL) nutation

nutação de Lagrange (MATH.) Lagrangian nutation

nutrição (ZOO.) nutrition

nutrição mineral (ECO.) mineral nutrition

nutriente (MED.) nutrient

nutriente mineral (BOT.) mineral nutrient

nuvem (METEO.) cloud

nuvem amorfa (ECO.) amorphous cloud

nuvem atómica (NUCL.; PHYS.) atomic cloud

nuvem bigorna (METEO.) anvil cloud

nuvem cogumelo (NUCL.) mushroom cloud

nuvem de areia (METEO.) drifting sand

nuvem de condensação (NUCL.) condensation cloud

nuvem de crista (METEO.) cloud bar crest; crest cloud

nuvem de desenvolvimento vertical (METEO.) heap cloud

nuvem de electrões (CHEM.) electron cloud

nuvem de estrelas locais (ASTRO.) local star cloud

nuvem de furacão (METEO.) hurricane cloud

nuvem de gelo (METEO.) ice cloud

nuvem densa (METEO.) dense cloud

nuvem de plasma (PHYS.) plasma cloud

nuvem de poeira (METEO.) drifting dust; dust cloud

nuvem de tempestade (METEO.) storm cloud

nuvem de tornado (METEO.) funnel cloud; funnel

nuvem difusa (METEO.) diffuse cloud

nuvem escura (METEO.) dark cloud

nuvem estratiforme (METEO.) stratiform cloud

nuvem estratosférica polar (GEO.) polar stratospheric cloud

nuvem-funil (METEO.) funnel cloud

nuvem interestelar (ASTRO.) interstellar cloud

nuvem madrepérola (METEO.) nacreous cloud

nuvem média (METEO.) medium cloud

nuvem mista (METEO.) mixed cloud

nuvem nacarada (METEO.) nacreous cloud

nuvem nebular (ASTRO.) nebulous cloud

nuvem negra ardente (GEO.) nuée ardente

nuvem orográfica (METEO.) orographic cloud

nuvem radioactiva (NUCL.) radioactive cloud

nuvem-rolo (METEO.) rotor cloud

nuvem sobrearrefecida (GEO.) supercooled cloud

Nuvens de Magalhães (ASTRO.) Magellanic Clouds

nuvens de ondulação frontal (GEO.) wave clouds

nuvens fragmentadas (METEO.) broken clouds

nuvens iridescentes (METEO.) iridescent clouds

nuvens lenticulares (GEO.) billow clouds

nuvens noctilucentes (METEO.) noctilucent clouds

nuvens nocturnas luminescentes (GEO.) luminous night clouds

Oo

oarialgia (MED.) oarialgia
oariotomia (MED.) oariotomy
oásis (ECO.) oasis
obcónico (BOT.) obconic(al)
obdiplostémona (BOT.) obdiplostemonous
obdução (MED.) obduction
obelisco (ARCH.) obelisk
obesidade (MED.) obesity
obex (MED.) obex
óbice (MED.) obex
objectiva (IMAGE TECH.; PHYS.) lens;
objective lens ; objective
objectiva apocromática (PHYS.)
aprochromatic objective
objectiva de imersão com óleo
(BIO.) oil-immersion objective
objectiva de telescópio (PHYS.) telescope objective
objectiva grande angular (IMAGE
TECH.) wide-angle lens
objectivo (PSYCHO.) goal
objectivo (GEO.; MINING) prospect
objectivos de controlo (COMP.) control objectives
objecto de Becklin-Neugebauer
(ASTRO.) Becklin-Neugebauer object;
BN object
objecto de transição (PSYCHO.) transitional object
objecto quase estelar [quasar]
(ASTRO.) quasi-stellar object [QSO]
objecto voador não identificado
[OVNI] (ASTRO.) unidentified flying
object [UFO]
obliquidade (BUILD.) bevel
obliquidade (MECH.) canting
obliquidade da eclíptica (ASTRO.)
obliquity of the ecliptic
oblíquo (CHEM.) gauche
oblíquo (ZOO.) obliquous
oblonga (ZOO.) oblongata
obnubilação (MED.; PSYCHO.) obnubilation
obovado (BOT.) obovate
obovóide (BOT.) obovoid
obra no limpo (BUILD.) neat work
obras de cabeceira (HYDRO.) headworks
obras de captação (HYDRO.) headworks
obreira (ZOO.) ergate (female sterile ant)
obscurecimento (PHYS.) obscuration
obscuridade parcial (METEO.) partial
obscuration
observação de superfície (METEO.)
surface observation
observação intensiva (ASTRO.) intensive observation
observação meteorológica sinóptica (METEO.) synoptic weather observation

observação solar (SURV.) sun observation
observação visual de satélites artificiais (ASTRO.) moonwatch
observador automático (AERO.)
automatic observer
obsessão (PSYCHO.) obsession
obsidiana (GEO.) obsidian
obstetra (MED.) obstetrician
obstipação (MED.) constipation; obstipation
obstrução (RADAR) choke
obstrução (VET.) choke
obstruente (MED.) obstruent
obtenção de pico em série (ELECT.)
series peaking
obturador (GEN.) plug; shutter
obturador (IMAGE TECH.) release
obturador (MECH.) blank flange
obturador (MINING) packer
obturador (ZOO.) obturator; occlusor
obturador a célula Kerr (IMAGE
TECH.) Kerr cell shutter
obturador automático (IMAGE TECH.)
automatic shutter
obturador central (IMAGE TECH.)
between-lens shutter
obturador de abertura variável
(IMAGE TECH.) variable aperture shutter
obturador de cano (BUILD.) pipe stopper
obturador de cavilha (BUILD.) drift
plug
obturador de centelha (IMAGE TECH.)
flicker shutter
obturador de cortina (IMAGE TECH.)
focal-plane shutter
obturador de cristal (ELECT.) crystal
shutter
obturador de espelho (IMAGE TECH.)
mirror shutter
obturador de guilhotina (IMAGE
TECH.) drop shutter
obturador de máquina fotográfica
(IMAGE TECH.) camera shutter
obturador de segurança (MINING)
blowout preventer
obturador electrónico (IMAGE TECH.)
electronic shutter
obturador laminado (IMAGE TECH.)
laminated shutter
obtusada (BOT.) obtuse
obvolvido (ZOO.) obvolvent
ocaso (ASTRO.) set; sunset
ocaso em espiral (ASTRO.) helical setting
occipício (occipúcio) (ZOO.) occiput
occipitatloideu (MED.) occipitoatloid
occipitatloidiano (MED.) occipitoatloid
occipitofrontal (MED.) occiptofrontal
occipitotalâmico (MED.) occipitothalamic

occiptotaxóideo (MED.) occipitoaxial;
occipitoaxoid
occiput (ZOO.) occiput
oceanito (GEO.) oceanite
oceano (ECO.) ocean
Oceano Árctico (GEO.) Arctic Ocean
Oceano Atlântico (GEO.) Atlantic Ocean
oceano índico (ECO.) Indian Ocean
ocelado (ZOO.) oculate
ocelo (ZOO.) ocellus; simple eye
oclusão (GEN.) occlusion
oclusão fria (METEO.) cold type occlusion
oclusão neutra (METEO.) neutral
occlusion
oclusão tipo frente fria (METEO.) cold
type occlusion
oclusivo (MED.) occlusive
oco (MECH.) pipe
oco poplíteo (MED.) poples; popliteal
fossa; fossa poplitea
ocorrência de raios cósmicos em
cascata (PHYS.) cascade shower
ocorrência esporádica (PHYS.) straggling
ocorrências magnéticas (GEO.)
magnetic events
ocótea fétida (BOT.) Cape walnut
ócrea (BOT.) ochrea; ocrea
ocre de bismuto (MINER.) bismuth
ochre
ocre queimado (BUILD.) burnt umber
ocre vermelho (MECH.) reddle
ocroleuco (BOT.) ochroleucos
ocronose (MED.) ochronosis
octã (MED.) octan
octaédrite (MINER.) octahedrite; anatase
octal (COMP.) octal
octana (CHEM.) octane
octanoína (CHEM.) caproin
octavalente (CHEM.) octad; octavalent
octeto (CHEM.) octet
octeto de electrões (CHEM.; PHYS.)
electron octet
octodécimo (PRINT.) octodecimo
octopina (BOT.) octopine
octópode (ZOO.) octopod
octóstilo (ARCH.) octastyle
oculado (ZOO.) oculate
ocular (MED.) ocular; ophthalmic
ocular (PHYS.) eyepiece
ocular (ZOO.) ocular
ocular de focalização (PHYS.) focusing eyepiece
ocular de Galileu (PHYS.) Galilean
oculars
ocular de Gauss (PHYS.) Gauss eyepiece
ocular de Huygens (PHYS.) Huygens'
eyepiece
ocular de Ramsden (PHYS.; SURV.)
Ramsden eyepiece

ocular de telescópio (PHYS.) telescope eyepiece; eye tube
ocular diagonal (SURV.) diagonal eyepiece
ocular micrométrica (BIO.) micrometer eyepiece
óculo (ARCH.) oculus
oculomotor (ZOO.) oculomotor
ocultação (ASTRO.) occultation
ocultação (PSYCHO.) screen
ocultação/revelação (IMAGE TECH.) conceal/reveal
ocupação total (TELECOM.) last trunk busy
ocupado (TELECOM.) busy
odógrafo (SURV.) odograph
odómetro (NAV.) patent log
odómetro (SURV.) odometer; perambulator; surveying wheel; measuring wheel
Odonatos (ZOO.) Odonata
odontalgia (MED.) odontalgia
odôntico (MED.) odontic
odontoblasto (ZOO.) odontoblast
odontoclasto (ZOO.) odontoclast
odontóforo (ZOO.) odontophore
odontogenia (ZOO.) odontogeny
odontógrafo (MECH.) odontograph
odontóide (ZOO.) odontoid
odontólito (MINER.) odontolite; bone turquoise
odontologia (MED.) odontology
odontoma (MED.) odontoma
odontóstomo (ZOO.) odontostomatous
odoríforo (CHEM.) odoriphore
odorimetria (CHEM.) odorimetry
oécio (ZOO.) egg cell
oersted (PHYS.) oersted
off-set (PRINT.) offset
oficálcio (GEO.) ophicalcite
oficalcite (GEO.) ophicalcite
oficina de montagem (MECH.) fitting shop; erecting shop
oficinal (BOT.; MED.) official; officinal
oficina mecânica (MECH.) fitting shop; erecting shop
ofiolito (GEO.) ophiolite
Ofiurídeos (ZOO.) Ophiuroidea
Ofiuróides (ZOO.) Ophiuroidea
oftalmalgia (MED.) ophthalmalgia
oftalmectomia (MED.) ophthalmectomy
oftalmia (MED.) ophthalmia
oftalmia contagiosa (VET.) contagious ophthalmia; heather blindness
oftalmia da neve (MED.) snow-blindness
oftalmia infecciosa (VET.) infectious ophthalmia; New Forest disease
oftalmia periódica (VET.) periodic ophthalmia
oftalmia simpática (IMMUN.) sympathetic ophthalmia
oftálmico (MED.) ophthalmic
oftalmodinamómetro (MED.) ophthalmodynamometer
oftalmodinia (MED.) ophthalmodynia
oftalmologia (MED.) ophthalmology
oftalmologista (MED.) ophthalmologist
oftalmoscópio (MED.) ophthalmoscope
oftalmostase (MED.) ophtalhmostasia; ophthalmostosy
oftalmoxise (MED.) ophthalmoxysis

ofuscação (PHYS.) glare
ogiva (ECO.) ogive
ogiva de reentrada (SPACE) re-entry ogive
ohm (PHYS.) ohm
ohm acústico (PHYS.) acoustic ohm
ohm/cm (PHYS.) ohm/cm
óhmico (PHYS.) ohmic
ohmímetro (ELECTRON.) meter resistance
ohm térmico (PHYS.) thermal ohm
oídio (BOT.) powdery mildew
oitava (PHYS.) octave (Acoustics)
oitavo (AERO.; METEO.) okta; octa
oitavo (PRINT.) octavo
oitavo crown (PRINT.) crown octavo
oito cilindros em linha (AUTO.) straight eight
oito cubano (AERO.) Cuban eight
oito deitado (AERO.) Cuban eight
oito milímetros [8mm] (IMAGE TECH.) eight-millimetre [8mm]
Oklo (NUCL.) Oklo (uranium mine in Gabon)
oldamite (MINER.) oldhamite
oleado (TEXT.) tarpaulin; oilcloth; linoleum
olécrano (olecrânio) (MED.; ZOO.) olecranon; elbow-bone
olefinas (CHEM.) olefins
oleína (CHEM.) olein
óleo (GEN.) oil
óleo animal (CHEM.) fatty oil
óleo bruto (CHEM.) crude oil
óleo canforado (CHEM.) camphor liniment; camphorated oil
óleo combustível (CHEM.) fuel oil
óleo cru (CHEM.) crude oil
óleo de agulha de pinheiro (CHEM.; MED.) pine-needle oil
óleo de alizarina (CHEM.) Turkey-red oil
óleo de amêndoa amarga (CHEM.) bitter almond oil
óleo de amêndoas (CHEM.) almond oil
óleo de amendoim (CHEM.) arachis oil
óleo de anilina (CHEM.) aniline oil
óleo de antraceno (CHEM.) anthracene oil
óleo de baleia (CHEM.) blubber-oil
óleo de bergamota (CHEM.) bergamot oil
óleo de bétula (CHEM.) wintergreen oil
óleo de canela-da-china (CHEM.) cassia oil
óleo de cássia (CHEM.) cassia oil
óleo de cinamono (CHEM.) cassia oil
óleo de coco (CHEM.) cocconut oil
óleo de coconote (CHEM.) palm-kernel oil
óleo de cravo (CHEM.) oil of cloves
óleo de creosote (CHEM.) creosote oil
óleo de faia (CHEM.) beech oil
óleo de fígado de bacalhau (CHEM.) cod-liver oil
óleo de fúsel (CHEM.) fusel oil
óleo de gualtéria (CHEM.) wintergreen oil; gualtheria oil
óleo de inibição (ELECT.) inhibited oil
óleo de linhaça (CHEM.) linseed oil; blown oil (after oxidation)
óleo de milho (CHEM.) maize oil; corn oil

óleo de palma (CHEM.) palm oil
óleo de pinheiro (MINING) pine oil
óleo de rícino (CHEM.) castor oil
óleo de semente de algodão (CHEM.) cottonseed oil
óleo de terebintina (CHEM.) oil of turpentine
óleo de transformador (ELECT.) transformer oil
óleo de vitríolo (CHEM.) oil of vitriol; vitriol oil
óleo de xisto (MINING) shale oil
óleo Diesel; óleo diesel (CHEM.; MECH.) fuel oil
oleoduto de produtos (MINING) products pipeline
óleo essencial de amêndoas amargas (CHEM.) benzaldehyde
óleo essencial de rosas (CHEM.) attar of roses
óleo fervido (BUILD.) boiled oil
óleo fino (CHEM.) light oil
óleo gordo (CHEM.) fatty oil
óleo inibitório (ELECT.) inhibited oil
óleo isolador (ELECT.) insulating oil
óleo litográfico (PRINT.) lithographic oil
óleo médio (CHEM.) middle oil
óleo mineral (CHEM.) mineral oil
óleo mineral puro (CHEM.) pure mineral oil
óleo misto (CHEM.) mixed oil
óleo pesado (CHEM.) crude oil
óleo-pneumático (AERO.) oleo-pneumatic
oleorresina (BUILD.) oleo-resin
oleorresinoso (BUILD.) oleoresinous
óleos de mostarda (CHEM.) mustard oils
óleo secativo (BUILD.) drying oil
óleos essenciais (BOT.) essential oils
óleo solúvel (MECH.) soluble oil
óleos secantes (BUILD.) drying oils
óleo vegetal (CHEM.) vegetable oil
óleum (CHEM.) oleum (commercial name of sulphuric acid)
olfactometria (CHEM.) olfactometry
olfactómetro (ECO.) olfactometer
olfactório (ZOO.) olfactory
olhal (BUILD.) sleeve piece
olhal (GLASS; MECH.) eye
olhal de cabo (MECH.) dead eye
olhal de limpeza (BUILD.) cleaning eye
olhal de suspensão (MECH.) lifting eye
olho (GEN.) eye
olho (MED.) eye; oculus; ophthalmus
olho-de-boi (ARCH.) ox-eye
olho-de-falcão (MINER.) hawk's eye (blue form of crocidolite)
olho-de-falcão (RADAR) hawkeye
olho-de-gato (MINER.) cat's eye (variety of fibrous quartz); Oriental cat's eye; cymophane
olho-de-gato-húngaro (MINER.) Hungarian cat's eye (variety of chrysoberyl)
olho-de-tigre (MINER.) tiger's eye
olho de tufão (METEO.) typhoon eye
olho eléctrico (ELECTRON.) electrical eye
olho lacrimejante (MED.) spiphora
olho mágico (ELECT.; TELECOM.) Magic Eye; Crt Tuning Indicator

olho pineal (Zoo.) pineal eye
olhos compostos (Zoo.) compound eyes
olífago (Zoo.) oliphagous
oligisto especular (Miner.) iron glance
Oligoceno (Geo.) Oligocene
oligoclase (Miner.) oligoclase
oligodendróglia (Zoo.) oligodendroglia
oligodendroglioma (Med.) oligodendroglioma
oligodipsia (Med.) oligodipsia
oligodontia (Zoo.) oligodontia
oligoemia (Med.) oligaemia; oligemia
oligoeritrocitemia (Med.) oligo erythrocythemia
oligogalaccia (Med.) oligolactia
oligolécito (Zoo.) oligolecithal
oligomenorreia (Med.) oligomenorrhea; oligomenorrhoea
oligómero (Bot.) oligomerous
oligonucleotídeo sintético (Bio.) synthetic oligonucleotide
oligonucleótido (Bio.) oligonucleotide
oligopeptidos (Bio.) oligopeptides
oligópode (Zoo.) oligopod
Oligoquetas (Zoo.) Oligochaeta
oligospermia (Med.) oligospermia
oligotoco (Zoo.) oligotokous
oligotroficação (Eco.) oligotrophication
oligotrófico (Eco.) oligotrophic
oligotrófito (Bot.) oligotrophyte
oligotrofófito (Bot.) oligotrophophyte
oligozoospermia (Med.) oligozoospermia
oligúria (Med.) oliguria
oliogossacarídeo (Chem.) oligosaccharide
olivenite (Miner.) olivenite
olivina (Miner.) olivine
olmo (Bot; Build.) elm
omasite (Vet.) omasitis
omaso (Zoo.) omasum; psalterium
omatídio (Zoo.) ommatidium
omatóforo (Zoo.) ommatophore
ombreira (Build.) jamb
ombreira de batente (Build.) shutting stile
ombreira de porta (Build.) door case; door jamb
ombrofilo (Bot.) ombrophyle
ombrófito (Bot.) ombrophyte
ombrogénico (Bot.) ombrogenous
Omega (Aero.) OMEGA (long range navigation system)
omento (Zoo.) omentum
omentopexia (Med.) omentopexy
omnidireccional (Space) omnidirectional
omnívoro (Bot.; Eco.) omnivore; omnivorous; pantophagous
omoplata (Zoo.) scapula
omphalorrexe (Med.) omphalorrhexis
onanismo (Med.) onanism; coitus interruptus
oncocercíase (Med.) onchocerciasis
oncocercose (Med.) onchocerciasis
oncogénico (Med.) oncogenic; oncogenous
oncogénio (Bio.) oncogene
oncologia (Med.) oncologia

onda (Phys.) wave; beam
onda acústica (Phys.) acoustic wave; sonic wave
onda acústica de superfície (Radar; Telecom.) surface acoustic wave
onda alfa (Med.) alpha wave; alpha rhythm
onda Alven (Phys.) Alven wave
onda beta (Med.) beta wave
onda capilar (Eco.) capillary wave
onda cilíndrica (Phys.) cylindrical wave
onda coaxial (Telecom.) coaxial wave
onda composta (Phys.) complex wave
onda constructiva (Geo.) constructive wave
onda contínua (Elect.) continuous wave; undamped wave
onda cortante (Phys.) shear wave
onda curta (Telecom.) short-wave
onda de calor (Meteo.) hot wave; heat wave
onda de choque (Aero.) shock wave; bow wave; Mach wave
onda de choque (Astro.) bowshock
onda de choque (Elect.) impact wave
onda de choque (Gen.) shock wave
onda de choque (Phys.) compressibility burble; compressibility stall
onda de ciclotrão (Phys.) cyclotron wave
onda de compressão (Gen.) compression wave
onda de compressibilidade (Meteo.) compressibility wave
onda de corrente (Elect.) current wave
onda de deflexão (Phys.) bending wave
onda de emissão (Elect.; Telecom.) transmission wave
onda de escuta (Telecom.) listening wave
onda de espaço (Telecom.) space wave
onda de espaço livre (Telecom.) free space wave
onda de estrutura (Cryst.) lattice wave
onda de explosão (Phys.) blast wave; explosion wave
onda de explosão (Meteo.) explosion wave
onda deformada (Elect.) distorted wave
onda de Helmholtz (Phys.) Helmholtz wave
onda de impacte (Elect.) impact wave
onda de interferência (Phys.) interference wave
onda de leste (Geo.) easterly wave
onda delta (Med.) delta wave
onda de manipulação (Telecom.) keying wave
onda de maré (Geo.) tidal bore;tidal wave
onda de montanha (Meteo.) lee wave; orographic wave
onda de plasma (Phys.) plasma wave
onda de polarização plana (Electron.) plane-polarized wave

onda de pressão (Meteo.) pressure wave
onda de proa (Aero.) bow wave
onda de propagação (Phys.) propagation wave
onda de pulsação (Med.) pulse wave
onda de pulso (Med.) pulse wave
onda de radar (Aero.; Radar) radar wave
onda de rádio (Telecom.) radio wave
onda de rádio de alta frequência (Telecom.) high-frequency radio wave
onda de Rayleigh (Geo.; Phys.) Rayleigh wave
onda de rebentação (Geo.) breaking wave
onda de recepção (Telecom.) listening wave
onda de relevo (Meteo.) lee wave
onda de retorno (Telecom.) back wave
onda de Rossby (Meteo.) Rossby wave
onda de ruído (Phys.) noise wave
onda de seno equivalente (Elect.) equivalent sine wave
onda de sinal (Electron.) signal wave
onda de sintonia (Telecom.) tuning wave
onda de sotavento (Meteo.) lee wave
onda de spin (Phys.) spin wave
onda de spin quantizado (Phys.) magon
onda de superfície (Gen.) surface wave
onda de superfície (Geo.) ground roll
onda de superfície (Phys.) ground-wave
onda de superfície magnética (Radar) magnetic surface wave
onda de torção (Phys.) torsional wave
onda de transmissão (Elect.; Telecom.) transmission wave; transmitting wave
onda de voltagem fundamental (Elect.) fundamental voltage wave
onda direccional (Phys.) directional wave
onda dirigida (Phys.) guided wave; directional wave
onda dirigida (Telecom.) direct wave
onda distorcida (Elect.) distorted wave
onda dominante (Elect.) dominant wave
onda-E (Telecom.) E-wave
onda eléctrica transversal (Telecom.) transverse electric wave
onda electromagnética (Phys.) electromagnetic wave
onda electromagnética transversal (Telecom.) transverse electromagnetic wave
onda em dente-de-serra (Electron.) sawtooth wave
onda equatorial (Meteo.) equatorial wave; equatorial tide
onda esférica (Telecom.) spherical wave
onda espacial (Telecom.) ionospheric wave; ionospheric ray
onda estacionária (Telecom.) stationary wave

onda fria (METEO.) cold wave
onda frontal (GEO.) frontal wave
onda gravitacional (PHYS.; GEO.) gravitational wave
onda H (TELECOM.) H-wave
onda harmónica (PHYS.) harmonic wave
onda harmónica simples (PHYS.) simple harmonic wave
onda hertziana (PHYS.) Hertzian wave
onda hiperbólica (PHYS.) hyperbolic wave
onda incidente (ELECT.) incident wave
onda indirecta (TELECOM.) indirect wave; sky wave
onda intermitente (PHYS.) periodic wave
onda interna (METEO.) internal wave
onda interrompida (ELECT.) chopped wave
onda ionosférica (TELECOM.) ionospheric wave; indirect wave
onda isolada (GEO.) isolated wave
onda lenta (ELECTRON.) slow-wave
onda limítrofe (GEO.) boundary wave
onda longa (TELECOM.) long wave
onda longitudinal (PHYS.) longitudinal wave
onda Mach (AERO.) Mach stem; Mach wave; Mach front; Mach line
onda magnética híbrida (PHYS.) hybrid electromagnetic wave [HEM]
onda magnética transversal (TELECOM.) transverse magnetic wave
onda média (TELECOM.) medium wave
onda modulada (ELECT.) modulated wave
onda monocromática (PHYS.) monochromatic wave
onda N (PHYS.) N-wave
onda não amortecida (TELECOM.) undamped wave
onda não distorcida (TELECOM.) undistorted wave
onda oblíqua (PHYS.) transverse wave
onda orientada (PHYS.) guided wave
onda orográfica (METEO.) orographic wave
onda oscilatória (GEO.) oscillatory wave
onda parcial (PHYS.) partial wave
onda periódica (PHYS.) periodic wave
onda plana (PHYS.) plane wave
onda plana progressiva (ELECT.) travelling plane wave
onda polarizada (PHYS.) polarized wave
onda polarizada à esquerda (ELECTRON.) left-handed polarized wave
onda polarizada horizontalmente (ELECTRON.) horizontally polarized wave
onda portadora (ELECT.) carrier wave
onda portadora flutuante (TELECOM.) floating-carrier wave
onda potencial (PHYS.) potential wave
onda progressiva (PHYS.) travelling wave
onda psíquica (PSYCHO.) psycho-kym
onda pulsante (ELECT.) chopped wave
onda quadrada (ELECTRON.) square wave

onda quase longitudinal (PHYS.) quasi-longitudinal wave
onda R (GEO.; PHYS.) Rayleigh wave
onda-rádio atmosférica (TELECOM.) atmospheric radio wave
onda rectangular (TELECOM.) rectangular wave
onda reflectida (PHYS.; TELECOM.) reflected wave; sky wave; ionospheric wave
onda reflectida (RADAR.) echo
onda refractada (PHYS.) refracted wave
onda regressiva (ELECTRON.) backward wave
onda retrógrada (ELECTRON.) backward wave
onda S (PHYS.) transverse wave
ondas contínuas interrompidas (TELECOM.) interrupt continuous waves
ondas decamétricas (TELECOM.) decametric waves
ondas decimétricas (TELECOM.) decimetric waves
ondas de gravidade (PHYS.) gravity waves
onda secundária (PHYS.; TELECOM.) secondary wave; echo
onda senoidal (PHYS.) sine wave
ondas evanescentes (PHYS.) evanescent waves
ondas hectométricas (TELECOM.) hectometric waves
ondas infravermelhas (PHYS.) infrared waves
onda sinusoidal (PHYS.) sinusoidal wave; sine wave
ondas milimétricas (TELECOM.) millimetric waves
ondas miriamétricas (TELECOM.) myriametric waves
ondas não moduladas (TELECOM.) unmodulated waves
onda solitária (GEO.) solitary wave; tsunami
onda sónica (PHYS.) sonic wave
onda sonora (PHYS.) sound wave
ondas quilométricas (TELECOM.) kilometric waves
ondas submilimétricas (TELECOM.) sub-millimetric waves
ondas supersónicas (PHYS.) supersonic waves
ondas ultra-sónicas (PHYS.) ultrasonic waves
onda superficial (GEN.) surface wave
onda tangencial (PHYS.) tangential wave
onda telegráfica modulada (TELECOM.) telegraph-modulated wave
onda térmica (ELECT.; METEO.; PHYS.) thermal wave;temperature wave
onda transversal (PHYS.) transverse wave
onda trapezoidal (PHYS.) trapezoidal wave
onda triangular (ELECTRON.) triangular wave
ondas centimétricas (TELECOM.) centimetric waves
ondas destrutivas (GEO.) destructive wave

onda ultramicroscópica (PHYS.) quasi-optical wave
ondómetro absoluto (TELECOM.) absolute wavemeter
ondómetro coaxial (ELECT.) coaxial wavemeter
ondómetro de absorção (ELECT.; TELECOM.) absorption wavemeter; absorption frequency meter
ondómetro heteródino (TELECOM.) heterodyne wavemeter
ondoscópio (ELECTRON.) ondoscope
ondulação (GEN.) flutter
ondulação (NAV.) rolling
ondulação da carga eficaz (ELECT.) root-mean-square ripple
ondulação de ganho (ELECT.; TELECOM.) amplitude ripple; gain ripple
ondulação do comutador (ELECT.) commutator ripple
ondulação frontal (GEO.) cloud street
ondulação residual (ELECT.) ripple
ondulações de corrente (ELECT.) current ripple
onfacite (BOT.) omphacite
onfalectomia (MED.) omphalectomy
onfálico (ZOO.) omphalic
onfalite (MED.) omphalitis
onfaloangiópago (MED.) omphaloangiopagus
onfalocele (MED.) omphalocele
onfaloflebite (MED.) omphalophlebitis
onfalóide (ZOO.) omphaloid
onfalorragia (MED.) omphalorrhagia
onfalorreia (MED.) omphalorrhea
onfalosito (MED.) omphalosite
onfalotripsia (MED.) omphalotripsy
onicocriptose (MED.) onychocryptosis
Onicóforos (ZOO.) Onychofora
onicogénico (ZOO.) onycogenic
onicogrifose (MED.) onychogryphosis
onicogripose (MED.) onychogryposis
onicólise (MED.) onycholysis
onicoma (MED.) onychoma
onicomalacia (MED.) onychomalacia
onicomicose (MED.) onychomycosis
oníquia (MED.) onychia
oniquite (MED.) onychitis
ónix (MINER.) onyx
ónix-da-argélia (MINER.) Algerian onyx; oriental alabaster
ónix-do-méxico (MINER.) Mexican onyx (variety of aragonite)
ontogénese (BIO.) ontogenesis
ontogenia (ontogénese) (BIO.) ontogeny
ontogénico (BIO.) ontogenetic
ooblastema (ZOO.) ooblastema
ooblasto (BOT.) ooblast
oocisto (ZOO.) oocist
oocitina (BIO.) oocytin
oócito (ZOO.) oocyte; ovocyte
ooforalgia (MED.) oophoralgia
ooforectomia (MED.) oophorectomy
ooforite (MED.) oophoritis
oóforo (BIO.) oophoron
ooforocistose (MED.) oophorocystosis
ooforopatia (MED.) oophoropathy
ooforosalpingectomia (MED.) oophorosalpingectomy
ooforostomia (MED.) oophorostomy
ooforotomia (MED.) oophorotomy
oogamia (BIO.) oogamy

oogénese (Bio.) oogenesis
oogenético (Bio.) oogenetic
oogénico (Bio.) oogenic
oogónio (Bot.) oogonium
oolema (Zoo.) oolemma
oolítico (Geo.) oolitic
oólito (Geo.) oolith
oologia (Gen.) oology
Oomicetas (Bot.) Oomycetes
oosperma (Zoo.) oosperm
oósporo (Bot.) oospore
ooteca (Zoo.) ootheca
ootóco (Zoo.) ootocoid
opacidade (Gen.) opacity
opacidade da córnea (Med.) nebula
opaco (Phys.) opaque
opaco à radiação (Radiol.) radiopaque
opala (Miner.) opal
opala-ágata (Miner.) opal agate
opala de fogo (Miner.) fire opal
opala de madeira (Miner.) wood opal
opala esponjosa (Miner.) floatstone
opala flamejante (Miner.) fire opal
opala negra (Miner.) black opal
opala rosa (Miner.) rose opal
opala xilóide (Miner.) wood opal
opalescência (Gen.) opalescence
opalescência (Miner.) adularescence; chatoyancy
opção de segurança de senha (Comp.) password security option
opção por defeito (Comp.) default option
opção por omissão (Comp.) default option
operação (Gen.) operation
operação aritmética (Comp.; Math.) arithmetic operation; arithmetical operation
operação aritmética binária (Comp.; Math.) binary arithmetic operation
operação atendida (Comp.) attended operation
operação automática de grupo (Elect.) group automatic operation
operação bicondicional (Comp.) biconditional operation
operação binária (Comp.) binary operation; dyadac operation
operação boleana (Comp.; Math.) Boolean operation
operação boleana binária (Comp.; Math.) binary Boolean operation; dyadac Boolean operation
operação cesariana (Med.) Cesarean section
operação de anticoincidência (Comp.) anticoincidence operation
operação de Babcock (Med.) Babcock's operation
operação de cabo de mão (Elect.) hand-rope operation
operação de ciclo fixo (Elect.) fixed-cycle operation
operação de controlo (Comp.) control operation
operação de equivalência (Comp.) equivalence operation
operação de passagem única (Comp.) one-pass operation
operação de prova (Comp.) test run
operação de Rammstedt (Med.) Rammstedt's operation

operação de segurança (Elect.) fail safe operation
operação de sistema (Comp.) system operation
operação de subida e descida do trem de perfuração (Mining) round trip
operação de vírgula flutuante (Comp.) floating-point operation
operação de Wertheim (Med.) Wertheim's operation
operação diádica (Comp.) dyadic operation
operação dual (Comp.) dual operation
operação duplex (Telecom.) duplex operation
operação E (Comp.) and operation
operação em linha (Comp.) on-line operation
operação evolucionária (Mining) evolutionary operation
operação fora de linha (Comp.) off-line operation
operação formal (Psycho.) formal operation
operação indirecta (Comp.) indirect operation
operação iterativa (Comp.; Math.) iterative operation
operação lógica (Comp.) logic(al) operation
operação multiportadora (Elect.) multicarrier operation
operação NAND (Comp.) NAND operation
operação preparatória (Comp.) housekeeping operation
operação radical de carcinoma do útero (Med.) Wertheim's operation
operação semiduplex (Comp.; Electron.) half-duplex operation
operação sequencial (Comp.) sequential operation
operação simplex (Comp.) simplex operation
operacional de falha (Aero.) fail-operational
operador (Gen.) operator
operador (Med.) operator; surgeon
operador aritmético (Comp.) arithmetic operator
operador composto (Comp.) composite operator
operador de contacto (Comp.) contact operator
operador de domínio (Comp.) domain operator
operador de martelo pilão (Mech.) hammerman
operador de porta (Elect.) gate operator
operador de regulação (Bio.) regulon
operador de teodolito (Topo.) transitman [USA]
operador lógico NOR (Comp.) NOR
operador lógico NOT (Comp.) NOT
operador relacional (Comp.) relational operator
operando (Comp.; Math.) operand
operando posicional (Comp.) positional operand
operão (Bio.) operon

operculado (Bio.; Zoo.) operculate
opérculo (Bot.) operculum; lid
opérculo (Zoo.) gill cover; operculum
opiatos (Bio.) opiate
ópio (Bot, Chem.; Med.) opium
opístio(n) (Zoo.) opisthion
opistocele (Zoo.) opisthocoelus
opistoglóssico (Zoo.) opisthoglossal
opistómero (Zoo.) opisthomere
opistossoma (Zoo.) opisthosome
opistótono (Med.) opisthotonos; opisthotonus
oposição (Astro.) opposition
oposição de fase (Telecom.) antiphase
oposição heliocêntrica (Astro.) heliocentric opposition
oposto (Bot.) opposite
opsonina (Immun.) opsonin
Óptica (Phys.) optics
Óptica de Fourier (Phys.) Fourier optics
Óptica de projecção (Phys.) projective optics
Óptica electrónica (Phys.) electron optics
Óptica física (Phys.) physical optics
Óptica gaussiana (Phys.) Gaussian optics
Óptica geométrica (Phys.) geometrical optics
Óptica projectiva (Phys.) projective optics
óptico (Zoo.) optic
opticofone (Electron.) optophone
ópticos (Image Tech.) opticals
optimização de banda lateral activa (Telecom.) active sideband optimization
optimização de desempenho (Electron.) tweak
optofone (Electron.) optophone
or [ou] (Comp.) or
oral (Zoo.) oral
ora serrata (Zoo.) ora serrata
orbicular (Bot.) orbicular
orbit (Astro.) orbit; path
órbita (Gen.) orbit
órbita baixa de satélite (Astro.) low-orbiting of satellite
órbita de Hohmann (Space) Hohmann orbit
órbita de inércia (Phys.) inertial orbit
órbita de Larmor (Phys.) Larmor orbit
órbita de transferência (Space) transfer orbit; transfer ellipse
órbita em espiral (Phys.) spiral orbit
órbita equatorial (Telecom.) equatorial orbit
órbita estacionária (Astro.; Space) stationary orbit
órbita estável (Phys.) stable orbit
órbita excêntrica (Astro.) eccentric orbit
órbita externa (Astro.; Phys.) outer orbit
órbita geoestacionária (Telecom.) geostationary orbit
órbita helicoidal (Phys.) spiral orbit
órbita hiperbólica (Astro.) hyperbolic orbit
órbita interestelar (Astro.) interstellar orbit

órbita interplanetária (Astro.) interplanetary orbit
órbita kepleriana (Astro.) Keplerian orbit; Keplerian ellipse
orbital (Phys.) orbital
orbital atómica (Phys.) atomic orbital
orbital molecular (Chem.) molecular orbital
órbita lunar (Astro.) lunar orbit
órbita mecânica (Nucl.) mechanical orbit
órbita não homogénea (Astro.) nonhomogenous orbit
órbita osculante (Astro.) osculating orbit
órbita periódica (Astro.) periodic orbit
órbita polar (Astro.) polar orbit
órbita quântica (Phys.) quantum orbit
órbita retrógrada (Astro.) retrograde orbit
órbita síncrona (Space) synchronous orbit
órbita síncrona do Sol (Space) Sun-synchronous orbit
órbita terrestre baixa (Telecom.) low earth orbit
orbitosfenóide (Zoo.) orbitosphenoid
orbitotomia (Med.) orbitotomy
orçamentar (Comp.) budgeting
orceína (Chem.) orcein
ordem (Gen.) order; group
ordem (Math.; Stat.) rank
ordem de alteração (Build.) variation order
ordem de ignição (Auto.) firing order
ordem de nível Gray (Comp.) Gray-level array
ordem de reacção (Chem.) order of reaction; reaction order
ordem do filtro (Electron.) order of filter
ordem flexível (Comp.) flexible array
ordem natural de cor (Build.) natural order of colour
ordem recíproca (Nucl.; Phys.) reciprocal lattice
ordenação (Eco.) ordination
ordenação numérica (Comp.) numeric ordination
ordenação pelo método de bolha (Comp.) bubble sort
ordenação por blocos (Comp.) block sort
ordenada (Math.) ordinate
ordenamento de frequências (Telecom.) frequency array
Ordovícico (Ordoviciano) (Geo.) Ordovician
orelha (Mech.) lug
orelha de alimentação (Elect.) feeder ear
orelha de martelo (Build.) claw
organdi (Text.) organdie
organela (Bio.) organelle
organismo (Bio.) organism
organismo entérico (Bio.) enteric organism
organismos reductores de enxofre (Eco.) sulphur-reducing organism
Organização da Aviação Civil Internacional (Aero.) International Civil Aviation Organization (ICAO)

organização de dados (Comp.) data organization
Organização Internacional de Normalização (Gen.) International Standards Organization [ISO]
Organização Internacional para Padronização (Comp.) International Organization for Standardization
Organização Meteorológica Internacional (Meteo.) International Meteorological Organization (IMO)
organização social (Psycho.) social organization
organizado (Bio.) organized
organizador nucleolar (Bot.) nucleolar organizer
organocloro (Chem.) organochlorine
organogénese (Bio.) organogenesis
organogenia (Bio.) organogeny
organografia (Bio.) organography
organosilicona (Chem.) organosilicone
organossol (Chem.; Plast.) organosol
organotaxia (Bio.) organotaxis
organotrófico (Eco.) organotroph
organotropia (Bio.) organotropy
órgão (Gen.) organ
órgão aritmético (Comp.) arithmetic organ
órgão barroco (Phys.) baroque organ
órgão de Corti (Zoo.) Corti's organ
órgão de Hammond (Phys.) Hammond organ
órgão de Johnston (Zoo.) Johnston's organ
órgão de Rosenmueller (Zoo.) Rosenmueller's organ
órgão do sentido apical (Zoo.) apical sense organ
órgão do tendão de Golgi (Med.) Golgi apparatus
órgão eléctrico (Zoo.) electric organ
órgão fonador das aves (Zoo.) syrinx; syringe
órgão não essencial (Bot.) non-essential organ
órgão neurocirculatório (Zoo.) neurohaemal organ
órgão neuro-hemal (Zoo.) neurohaemal organ
órgão parapineal (Zoo.) parapineal organ
órgão parietal (Zoo.) parietal organ
órgão pineal (Zoo.) pineal organ
órgão respiratório (Bio.) respiratory organ
órgãos análogos (Bot.) analogous organs
órgãos cordotonais (Zoo.) chordotonal organs
órgãos de Jacob (Zoo.) Jacobson's organs
órgãos de repulsão (Zoo.) repugnatorial glands
órgãos de Ruffini (Zoo.) Ruffini's organs
órgãos essenciais (Bot.) essential organs
órgãos estridulatórios (Zoo.) stridulation organs
órgãos genitais (Med.) genitals
órgãos homólogos (Bot.) homologous organs

órgãos liriformes (Zoo.) lyriform organs
órgãos sensitivos tácteis dos escorpionídeos (Zoo.) pecten
órgãos sexuais (Zoo.) sexual organs
órgão subgenicular (Zoo.) subgenual organ
órgãos vestigiais (Eco.) vestigial organs
orgasmo (Zoo.) orgasm
orientação (Aero.; Space) attitude
orientação (Aero.; Nav.) course-finding; guidance; beacon
orientação (Comp.) prompt
orientação (Gen.) orientation
orientação (Psycho.) navigation
orientação (Telecom.) steering
orientação activa (Radar; Space) active homing
orientação acústica (Phys.) acoustic homing
orientação automática (Telecom.) homing
orientação caledónica (Geo.) Caledonian direction
orientação cinética (Eco.) kinaesthetic orientation
orientação de camada (Meteo.) drift of stratum
orientação de corrente (Meteo.) drift of stratum
orientação de praia (Geo.) beach orientation
orientação de uma corrente de água (Hydro.) set
orientação de voo por pontos terrestres (Aero.) flight control
orientação dos elementos de uma rocha (Geo.) fabric
orientação espacial (Med.) spatial orientation
orientação magnética (Eco.) magnetic orientation
orientação optada (Mech.) preferred orientation
orientação por água reactiva (Nucl.) active water homing
orientação por radar (Aero.) radar command guidance
orientação preferida (Eng.) preferred orientation
orientado para carácter (Comp.) character oriented
orientador de telescópio (Astro.) finder
orifício (Mech.) port
orifício anal (Zoo.) anus; vent
orifício de admissão (Auto.) induction port
orifício de admissão de vapor (Mech.) steam port
orifício de admissão hipersónico (Aero.) hypersonic inlet
orifício de cúpula (Arch.) dome hole
orifício de descarga (Mech.) exhaust port
orifício de lavagem (Mech.) mud hole
orifício de limpeza (Build.) cleaning eye
orifício de limpeza (Mech.) mud hole
orifício de vazamento de panela de fundição (Mech.) ladle pouring appliance

orifício lacrimal (MED.) punctum lacrimale
origem (GEN.) origin; source; mother
origem secundária (GEO.) secondary origin
orla (TEXT.) selvedge
orla de reacção (GEO.) reaction rim
orla passiva (GEO.) passive margin
orlas (GEN.) fringes
Orlon (MR) (CHEM.) Orlon (TM)
ormosia africana (BOT.) afrormosia
ornato (ARCH.) moulding
ornato de escultura (ARCH.) frieze
ornato em relevo (BUILD.) fret-work
órnis (ZOO.) ornis
ornitina (CHEM.) ornithine
ornitofilia (BOT.) ornithophily
ornitologia (ZOO.) ornithology
ornitóptero (AERO.) ornithopter; flapping wing aircraft
ornitose (MED.; VET.) ornithosis
oroanal (ZOO.) oroanal
orofacial (ZOO.) orofacial
orogénese (GEO.) orogenesis
orogenia (GEO.) orogeny
orogenia alpina (GEO.) Alpine orogeny
orogenia Apalachiana (GEO.) Appalachian orogeny
orogenia Herciniana (Hercínica) (GEO.) Hercynian orogeny
orogenia Larâmida (GEO.) Laramide orogeny
orogenia Tacónica (GEO.) Taconic orogeny
orográfico (GEO.) orographic
oronasal (ZOO.) oronasal
orquialgia (MED.) orchialgia
orquicoreia (MED.) orchichorea
Orquidáceas (BOT.) Orchidaceae
orquidalgia (MED.) orchidalgia
orquidectomia (MED.) orchidectomy
orquidoplexia (MED.) orchidoplexy
orquiectomia (MED.) orchiectomy
orquiepididimite (MED.) orchiepididymitis
orquite (MED.) orchitis
orticonoscópio (IMAGE TECH.) orthicon
orticonoscópio de imagem (IMAGE TECH.) image orthicon
ortite (MINER.) orthite
ortoácido (CHEM.) orthoacid
ortobiose (BIO.) orthobiosis
ortocéfalo (ZOO.) orthocephalous
ortocentro (MATH.) orthocentre
ortocinética (MED.) orthokinetics
ortoclase (MINER.) orthoclase
ortodiágrafo (RADIOL.) orthodiagraph
ortodrómico (MED.) orthodromic
ortofírico (GEO.) orthophyric
ortofosfato (BIO.) orthophosphate
ortogénese (BIO.) orthogenesis
ortogenial (MED.) orthogenial
ortogénida (MED.) orthogenial
ortognático (ZOO.) orthognathous
ortogneisse (GEO.) orthogneiss
ortógrado (ZOO.) orthograde
ortografia (ARCH.) orthograph
ortomolecular (CHEM.) orthomolecular
ortopedia (MED.) orthopaedics; orthopedics

ortopiroxeno (MINER.) orthopyroxene
ortopneia (MED.) orthopnea; orthopnoe
Ortópteros (ZOO.) Orthopter
ortoquartzito (GEO.) orthoquartzite
ortossilicato de zinco (CHEM.) zinc orthosilicate
ortostático (MED.) orthostatic
ortostilo (ARCH.) orthostyle
ortotrópico (BOT.) orthotropous
ortotropismo (BOT.) orthotropism
orvalhada (METEO.) dewfall
orvalho (METEO.) dew
orvalho branco (METEO.) white dew
osazonas (CHEM.) osazoines
oscilação (GEN.) oscillation; swing
oscilação (PHYS.) flicker
oscilação amortecida (MECH.) damped oscillation
oscilação da agulha da bússola (NAV.) overswing of the compass needle
oscilação da bússola (NAV.) overswing
oscilação da bússola (SURV.) compass swinging
oscilação de alta frequência (ELECT.) high-frequency oscillation
oscilação de fase (ELECT.) phase swinging
oscilação de frequência (TELECOM.) frequency swing
oscilação de luminosidade (PHYS.) luminosity oscillation
oscilação de magnetrão de onda positiva (ELECTRON.) travelling-wave magnetron oscillation
oscilação de onda estacionária (METEO.) seiche
oscilação de plasma (PHYS.) plasma oscillation
oscilação de roda (MECH.) wheel wobble
oscilação eléctrica (TELECOM.) electric oscillation
oscilação electrónica (TELECOM.) electronic oscillation
oscilação em dente-de-serra (ELECTRON.) sawtooth wave
oscilação em regime permanente (PHYS.) steady-state oscillation
oscilação espúria (TELECOM.) spurious oscillation
oscilação estável (TELECOM.) stable oscillation
oscilação fundamental (PHYS.) natural oscillation
oscilação harmónica (ELECT.) harmonic oscillation
oscilação induzida (PHYS.) induced oscillation
oscilação instável (GEN.) unstable oscillation
oscilação lateral (AERO.) lateral oscillation
oscilação livre (TELECOM.) free oscillation
oscilação local (TELECOM.) local oscillation
oscilação longitudinal (AERO.) longitudinal oscillation
oscilação magnetoestrictiva (PHYS.) magnetostrictive oscillation
oscilação meridional (METEO.) Southern oscillation

oscilação momentânea (ELECT.) transient oscillation
oscilação não amortecida (TELECOM.) undamped oscillation
oscilação natural (PHYS.) natural oscillation
oscilação para a frente (IMAGE TECH.) swing front
oscilação parasita (ELECTRON.) parasitic oscillation
oscilação parasita (TELECOM.) swinging
oscilação para trás (IMAGE TECH.) swing back
oscilação pendular (AERO.; PHYS.) hunting
oscilação permanente (TELECOM.) sustained oscillation
oscilação quase bienal (METEO.) quasi-biennal oscillation
oscilação regular (ASTRO.) libration
oscilação sustentada (TELECOM.) sustained oscillation
oscilações (ELECT.) dithering
oscilações assimétricas (TELECOM.) unsymmetrical oscillations
oscilações atmosféricas (METEO.) atmospheric tides
oscilações contínuas (TELECOM.) continuous oscillations
oscilador (MINING) shaking table
oscilador (TELECOM.) oscillator
oscilador a clístron (ELECTRON.) klystron oscillator
oscilador a cristal (ELECTRON.) crystal oscillator
oscilador a magnetrão (ELECTRON.) magnetron oscillator
oscilador Armstrong (TELECOM.) Armstrong oscillator
oscilador bloqueado (TELECOM.) locked oscillator
oscilador cancelador de desvio (ELECTRON.) Barlow-Wadley loop
oscilador coerente (RADAR) coherent oscillator
oscilador Colpitts (ELECTRON.) Colpitts oscillator
oscilador conjugado (ELECT.) ganging oscillator
oscilador de absorção de grade (ELECT.) grid dip meter
oscilador de acoplamento electrónico (ELECTRON.) electron-coupled oscillator; Dow oscillator
oscilador de autobloqueio (ELECTRON.) squegging oscillator
oscilador de Barkhausen-Kurtz (TELECOM.) Barkhausen-Kurtz oscillator
oscilador de base de tempo nuclear (ELECT.) linear time-base oscillator
oscilador de base sintonizada (ELECTRON.) tuned-base oscillator
oscilador de bloqueamento (ELECT.) blocking oscillator
oscilador de bloqueio disparado (ELECTRON.) triggered blocking oscillator
oscilador de campo (ELECT.) field oscillator
oscilador de campo retardado (TELECOM.) retarding-field oscillator

oscilador de circuito biestável (ELECTRON.) flip-flop oscillation

oscilador de Clapp (TELECOM.) Clapp oscillator

oscilador de comutação de fase (ELECTRON.) phase-shift oscillator

oscilador de corrente contínua (ELECT.) constant-frequency oscillator

oscilador de deflexão (ELECT.) sweep oscillator

oscilador de deriva nula (ELECTRON.) drift-cancelling oscillator

oscilador de diodo-túnel sintonizado por IFG (Ítrio-Ferro--Granada) (ELECTRON.) YIG-tuned tunnel-diode oscillator (Y=yttrium; I=iron; G=garnet)

oscilador de duplo feixe (ELECT.) dual beam oscillator

oscilador de emissor sintonizado (TELECOM.) tuned-emitter oscillator

oscilador de esfriamento (TELECOM.) quenching oscillator

oscilador de Fesseden (PHYS.) Fesseden oscillator

oscilador de frequência (ELECT.) frequency oscillator

oscilador de frequência de batimento (TELECOM.) beat-frequency oscillator

oscilador de frequência fixa (ELECT.) fixed frequency oscillator

oscilador de frequência intermediária (TELECOM.) intermediate-frequency oscillator

oscilador de frequência variável (ELECTRON.) variable frequency oscillator

oscilador de Hartmann (PHYS.) Hartmann oscillator

oscilador de impulsos (ELECT.) pulsed oscillator

oscilador de Lecher (ELECT.) Lecher oscillator

oscilador de linha (ELECTRON.) line oscillator

oscilador de linha coaxial (ELECT.) coaxial line oscillator

oscilador de malha T dupla (ELECTRON.) twin-T oscillator

oscilador de Meissner (ELECTRON.) Meissner oscillator

oscilador de microondas (ELECTRON.) injection-locked oscillator

oscilador de néon (ELECT.) neon-bulb oscillator

oscilador de onda de retorno (TELECOM.) carcinotron

oscilador de onda quadrada com núcleo (ELECTRON.) square-core oscillator

oscilador de onda quadrada de Schmitt (ELECTRON.) Schmitt trigger oscillator

oscilador de Pierce (ELECTRON.) Pierce oscillator

oscilador de placa e grade sintonizada (ELECT.) tuned-grid tuned-anode oscillator

oscilador de placa sintonizada (ELECT.) tuned-plate oscillator

oscilador de plasma (PHYS.) plasma oscillator

oscilador de polarização (ELECTRON.) bias oscillator

oscilador de ponte (ELECT.) bridge oscillator

oscilador de ponte Wien (ELECT.) Wien-bridge oscillator

oscilador de quartzo (TELECOM.) quartz-oscillator

oscilador de reactividade (NUCL.) reactivity oscillator

oscilador de reactor (NUCL.) reactor oscillator

oscilador de reactor nuclear (NUCL.) nuclear reactor oscillator

oscilador de realimentação (ELECT.) feedback oscillator

oscilador de relaxação (TELECOM.) relaxation oscillator

oscilador de resistência e capacitância (ELECT.) resistance-capacitance oscillator

oscilador de resistência negativa (ELECTRON.) negative-resistance oscillator

oscilador de tensão controlada (ELECT.) voltage controlled oscillator

oscilador de transístor (ELECT.) transistor oscillator

oscilador de tubo de vácuo (ELECT.) vacuum tube oscillator

oscilador de velocidade modulada (TELECOM.) velocity-modulated oscillator

oscilador digital A (TELECOM.) A-digit hunter

oscilador Dow (ELECT.) Dow oscillator

oscilador duplo (ELECT.) double local oscillator

oscilador em anel (ELECT.) ring oscillator

oscilador em dente-de-serra (MECH.) sawtooth oscillator

osciladores acoplados (ELECTRON.) coupled oscillators

oscilador harmónico (ELECT.) harmonic oscillator

oscilador Hartley (ELECTRON.) Hartley oscillator

oscilador hertziano (TELECOM.) Hertzian oscillator

oscilador heteródino (TELECOM.) heterodyne oscillator; beat frequency oscillator

oscilador lábil (ELECT.) labile oscillator

oscilador local (ELECTRON.) local oscillator [LO]

oscilador misturador (ELECT.) mixer oscillator

oscilador não linear (ELECT.) non-linear oscillator

oscilador não periódico (ELECTRON.) aperiodic oscillator

oscilador piezoeléctrico (PHYS.) piezoelectric oscillator

oscilador principal (TELECOM.) master oscillator

oscilador redutor de tensão (TELECOM.) relaxation oscillator

oscilador simétrico (ELECTRON.) push-pull oscillator

oscilador simples (ELECT.) simple oscillator

oscilador sinusoidal (ELECT.) sinusoidal oscillator

oscilógrafo (ELECTRON.) oscillograph

oscilógrafo de fio aquecido (ELECT.) hot-wire oscillograph

oscilógrafo de raios catódicos (ELECT.) cathode-ray oscillograph

oscilógrafo electromagnético (ELECT.) electromagnetic oscillograph

oscilógrafo electrostático (ELECT.) electrostatic oscillograph

oscilograma (ELECTRON.) oscillogram

osciloscópio (ELECT.) oscilloscope

osciloscópio analógico (ELECTRON.) analogue oscilloscope

osciloscópio de armazenamento (ELECTRON.) storage oscilloscope

osciloscópio de corrente contínua (ELECT.) d.c. oscilloscope

osciloscópio de entrada dupla (ELECTRON.) dual-trace oscilloscope

osciloscópio de feixe múltiplo (ELECT.) multibeam oscilloscope

osciloscópio de inspecção (ELECTRON.) sampling oscilloscope

osciloscópio de memória digital (ELECTRON.) digital storage oscilloscope [DSO]

osciloscópio de raios catódicos (ELECT.) cathode-ray oscilloscope

osciloscópio digital (ELECTRON.) digital oscilloscope

osciloscópio portátil (ELECT.) portable oscilloscope

oscina (CHEM.) oscine; scopoline

ósculo (ZOO.) osculum

osfrádio (ZOO.) osphradium

ósmio (CHEM.) osmium

osmiófilo (CHEM.) osmiophilic

osmofílico (ECO.) osmophilic

osmómetro (CHEM.) osmometer

osmorreceptor (osmo-receptor) (BIO.) osmoreceptor

osmorregulação (osmo-regulação) (ZOO.) osmoregulation

osmose (CHEM.) osmosis

osmose inversa (BIO.) reverse osmosis

osmose química (BIO.) chemiosmosis

osmotrofia (BOT.) osmotrophy

osmotrófico (ECO.) osmotrophic

ósseo (ZOO.) osseous

ossículo (ZOO.) ossicle

ossículos auditivos (ZOO.) auditory ossicles

ossículos das barbatanas (ZOO.) fin rays

ossificação (ZOO.) ossification

osso (ZOO.) bone

osso acetabular (ZOO.) acetabular bone

osso da canela (ZOO.) cannon bone; shank bone

osso do cotovelo (ZOO.) ulna

osso do pénis (ZOO.) os penis

osso malar (ZOO.) cheek bone

osso navicular (ZOO.) navicular bone

osso peniano (ZOO.) os penis

ossos (ZOO.) ossa

ossos marmóreos (MED.; VET.) marble bones; Albers-Schoenberg's disease; osteopetrosis

osso turbinado (ZOO.) turbinate bone

osso zigomático (Zoo.) zygomatic bone

osteartrite (osteoartrite) (Med.) osteoarthritis

osteíte (Med.) osteitis

osteíte deformante (Med.) osteitis deformans; Paget's disease

osteíte fibrosa (Med.) osteitis fibrosa

osteíte fibrosa cística (Med.) von Recklinghausen's disease of bone; osteitis fibrosa cystica

osteoartrite (osteartrite) (Med.) osteoarthritis

osteoartropatia (Med.) osteoarthropathy

osteoartropatia pulmonar (Med.) pulmonary osteoarthropathy

osteoblasto (Zoo.) osteoblast

osteócito (Bio.) osteocyte

osteoclásia (Med.) osteoclasis

osteoclasto (Zoo.) osteoclast

osteocondrite (Med.) osteochondritis

osteocondrite deformante do dorso juvenil (Med.) osteochondritis deformans juvenilis dorsi

osteocondrite dissecante (Med.) osteochondritis dissecans

osteocondroma (Med.) osteochondroma

osteocrânio (Zoo.) osteocranium

osteoderme (Zoo.) osteodermis

osteodistrofia fibrosa (Vet.) osteodystrophia fibrosa; double scalp; millers' disease; rubber jaw; bran disease

osteoesclerito (Bot.) osteoscleid

osteofagia (Vet.) osteophagia

osteofibrose (Vet.) osteofibrosis

osteófito (Med.) osteophyte

osteoflebite (Med.) osteophlebitis

osteofonia (Med.) bone conduction

osteogénese (Zoo.) osteogenesis

osteogénese imperfeita (Med.) osteogenesis imperfecta

osteóide (Med.) osteoid

osteologia (Zoo.) osteologia

osteoma (Med.) osteoma

osteomalacia (Med.) osteomalacia; mollites ossium

osteomalacia (Vet.) boglame

osteomielite (Med.) osteomyelitis

osteopatia (Med.) osteopathy

osteopetrose (Med.) osteopetrosis; Albers-Schonberg disease; marble bones

osteopetrose dos galináceos (Vet.) thick leg disease; osteopetrosis galinarum

osteoporose (Med.; Zoo.) osteoporosis

osteosclerose (Med.) osteosclerosis

osteossarcoma (Med.) osteosarcoma

osteotomia (Med.) osteotomy

óstio (Zoo.) ostium

ostiolado (Bot.) ostiolate

ostíolo (Bot.) ostiole

Ostrácodes (Zoo.) Ostracoda

otalgia (Med.) otalgia

ótico (Med.) otic

otite (Med.) otitis

otocaríase parasitária (Vet.) octodectic mange

otocisto (Zoo.) otocyst

otólito (Zoo.) otolith; otolite

otorreia (Med.) otorrhea; otorrhoea

otorrinolaringologia (Med.) otorhinolaryngology

otosclerose (Med.) otosclerosis

otoscópio (Med.) otoscope

otrelite (Miner.) ottrelite

ou [or] (Comp.) or

ourela (Text.) selvedge; listing

ouro (Chem.) gold; aurum

ouro branco (Mech.) white gold

ouro coloidal (Chem.) gold sol

ouro dos tolos (Miner.) fool's gold (pyrite)

ouro em folha solta (Build.) loose leaf gold

ouro falso (Eng.) ormolu

ouro fino (Mech.) fine gold

ouro francês (Mech.) oroide

ouro laminado (Mech.) rolled gold

ouro mole (Med.) gold soft (Dental)

ouropel (Mech.) Dutch gold; French gold; oroide

ouro-pigmento (Miner.) orpiment

ouro-pimento (Miner.) orpiment

outonal (Eco.) autumnal

ouvido (Zoo.) ear

ouvido artificial (Phys.) artificial ear

ouvido interno (Med.) inner ear

ouvido médio (Zoo.) middle ear

ova (Zoo.) berry; spawn

ovais de Cassini (Math.) ovals of Cassini

ovalado (Bot.) ovate

ovalbumina (Chem.) ovalbumin

óvalo (Arch.) ovolo; quarter round

ovariano (Med.; Zoo.) ovarian

ovárico (Med.; Zoo.) ovarian

ovário (Bot.; Zoo.) ovary; ovarium; ovarius

ovaríolo (Zoo.) ovariole

ovarite (Med.) ovaritis; oophoritis

ovideposição (Zoo.) ovideposition

oviducto (Zoo.) oviduct; Fallopian tube

ovífero (Zoo.) oviferous

ovígero (Zoo.) ovigerous

ovínia (Vet.) sheep pox

ovíparo (Zoo.) oviparous

ovipositor (Zoo.) ovipositor

ovissaco (Zoo.) ovisac

OVNI (Astro.) UFO (Unidentified Flying Object)

ovo (Bio.) ovum

ovo (Bot.; Zoo.) egg

ovo atravessado (Vet.) egg-bound

ovo cativo (Vet.) egg-bound

ovocentro (Bio.) ovocentre (obsolete)

ovócito (Bio.) ovocyte

ovo cleidóico (Zoo.) cleidoic egg

ovo clidóico (Zoo.) cleidoic egg

ovo de casca mole (Vet.) soft-shelled egg

ovo de Inverno (Zoo.) winter egg

ovo de mosaico (Zoo.) mosaic egg

ovo de Verão (Zoo.) summer egg

ovo do piolho (Bio.) nit

ovofagia (Vet.) egg-eating

ovoflavina (Bio.) ovoflavina

ovoglobina (Bio.) ovoglobin

ovogónio (Bio.) ovogonium

ovoteste (Bio.) ovotestis

ovotéstis (Bio.) ovotestis

ovovitelino (Bio.) ovovitelin

ovovivíparo (Zoo.) ovoviviparous

ovulação (Zoo.) ovulation

óvulo (Bot.) ovule

óvulo e âncora (Arch.) egg and anchor

óvulo e lança (Arch.) egg and dart

óvulos de calcário (Geo.) calcareous ooze

oxácido (Chem.) oxacid

oxacilina sódica (Chem.) sodium oxacillin

oxalato (Chem.) oxalate

oxalato de potássio (Chem.) potassium oxalate

oxalemia (Med.) oxalemia

oxalito (Chem.) oxalyl

oxalose (Med.) oxalosis

oxalúria (Med.) oxaluria

oxamida (Chem.) oxamide

oxamónio (Chem.) hydroxylamine; oxammonium

oxarite (Miner.) oxarite

oxicelulose (Chem.) oxycellulose

oxicianeto de mercúrio (Chem.) mercuric oxycyanide

oxicloreto de bismuto (Chem.) bismuth chloride oxide

oxicloreto de carbono (Chem.) carbonyl chloride; phosgene

oxicloreto de chumbo (Chem.) lead oxychloride

oxicloreto de fósforo (Chem.) phosphorus oxychloride

óxico (Bio.) oxic

oxidação (Chem.) oxidation; oxidization; tarnish

oxidação (Gen.) oxidation

oxidação anódica (Chem.) anodic oxidation

oxidação beta (Bio.) beta-oxidation

oxidáctilo (Zoo.) oxydactylous

oxidante (Aero.) oxidant

oxidante (Chem.) oxidizer

oxidase (Bot.; Zoo.) oxidase

oxidatos (Geo.) oxidates

óxido áurico (Chem.) auric oxide

óxido azólico (Chem.) nitric oxide

óxido azul de cobalto (Glass; Mech.) zaffer; zaffre

óxido crómico (Chem.) chrome oxide

óxido de alumínio (Chem.) aluminium oxide

óxido de bário (Chem.) barium oxide

óxido de berílio (Chem.; Nucl.) beryllium oxide

óxido de bismuto (Chem.) bismuth oxide

óxido de cálcio (Chem.) lime; calcium oxide

óxido de carbono (Chem.) carbon monoxide

óxido de chumbo (Build.) litharge

óxido de chumbo (Chem.) lead oxide

óxido de cobalto (Chem.) cobalt oxide

óxido de crómio (Chem.) chromium oxide

óxido de deutério (Nucl.) deuterium oxide

óxido de estanho (Chem.) stannic oxide

óxido de etileno (Chem.; Med.) ethylene oxide

óxido de ferro gama (Gen.) gamma ferric oxide

óxido de lítio (CHEM.) lithium oxide

óxido de magnésio (CHEM.) magnesia; magnesium oxide

óxido de mesitilo (CHEM.) mesityl oxide

óxido de molibdénio (CHEM.) molybdenum oxide

óxido de prata (CHEM.) silver oxide

óxido de tetrametileno (CHEM.) tetramethylene oxide

óxido de zinco (CHEM.; MED.) zinc oxide; flowers of sulphur

óxido de zinco e eugenol (MED.) zinc oxide and eugenol

óxido férrico (CHEM.) ferric oxide

óxido ferroso (CHEM.) ferrous oxide

óxido livre (CHEM.) free oxide

óxido manganoso (CHEM.) manganous oxide

óxido natural (CHEM.) free oxide

óxido nítrico (CHEM.) nitric oxide; nitrogen monoxide

óxido nitroso (CHEM.) nitrous oxide; dinitrogen oxide

óxido platínico (CHEM.) platinic oxide

óxido platinoso (CHEM.) platinous oxide

óxidos (CHEM.) oxides

óxidos de cloro (CHEM.) chlorine oxides

óxidos de enxofre (CHEM.) sulphur oxides

óxidos de ferro (CHEM.) iron oxides

óxidos de iodo (CHEM.) iodine oxides

óxidos de rénio (CHEM.) rhenium oxides

óxidos magnéticos [ferromagnéticos] (MECH.) magnetic oxides

óxido vermelho de chumbo (CHEM.) red lead

óxido vermelho de cobre (MINER.) tile ore

oxífilo (BOT.) oxyphile

oxifonia (MED.) oxyphonia

oxigenação forte (MECH.) overblowing

oxigenase (CHEM.) oxygenase

oxigénio (CHEM.) oxygen

oxigénio líquido (CHEM.) liquid oxygen

oxígono (MATH.) oxygon

oxi-hematoporfirina (CHEM.) oxyhaematoporphyrin

oxi-hemoglobina (CHEM.) oxyhaemogloblin

oxima (CHEM.) oxime

oximagnita (MINER.) maghemite

oximetria (CHEM.) oximetry

oxina (CHEM.) oxine

oxineurina (CHEM.) oxyneurine; betaine

oxíntico (ZOO.) oxyntic

oxiopia (MED.) oxyopia

oxiprolina (CHEM.) oxyproline

oxiredutases (BIO.) oxidoreductase

oxirrino (ZOO.) oxyrhine

oxitetraciclina (CHEM.; MED.) oxytetracycline

oxitiamina (CHEM.) oxythiamin

oxitocina (ocitocina) (CHEM.; MED.) oxytocin

oxiuríase (MED.) oxiuriasis

oxiúro (ZOO.) pinworm

ozalide (PRINT.) blueprint

ozena (VET.) ozoena

ozocerite (MINER.) ozocerite; ozokerite

ozónido (CHEM.) ozonide

ozónio (ozono) (CHEM.) ozone

ozonizador (CHEM.) ozonizer

ozonóforo (BIO.) ozonophore

ozonólise (CHEM.) ozonolysis

ozonómetro (CHEM.) ozonometer

ozonoscópio (CHEM.; METEO.) ozonoscope

ozonostomia (MED.) ozonostomia

ozonotipia (IMAGE TECH.) ozonotype

pá articulada (AERO.) articulated blade
pacemaker (MED.) pacemaker
pacemaker cardíaco (MED.) cardiac pacemaker
pacemaker electrónico (MED.) electronic pacemaker
pacote (TELECOM.) packet
pacote chato (MECH.) slab bloom
pacote de aplicação (COMP.) application package
pacote de dados (TELECOM.) data packet
pacote de programa (COMP.) software package
pacote de software (COMP.) software package
pacotes de dados digitais celulares (TELECOM.) cellular digital packet data [CDPD]
pá da hélice (AERO.) blade airscrew; propeller blade; fan
pá de crivo (MECH.) sieve shovel
pá de roda (MECH.) wheel scoop
pá de turbina (MECH.) turbine van
padiola para tijolos (BUILD.) hack-barrow
pá do ventilador (MECH.) fan blade
padrão (AERO.) former
padrão (GEN.) master; pattern; standard
padrão americano de calibre de fios e arames (ENG.) Brown and Sharp wire gauge
padrão axial (ZOO.) axial pattern
padrão criptográfico de dados (COMP.) Data Encryption Standard
padrão de acção fixa (PSYCHO.) fixed action pattern
padrão de calibração (PHYS.) calibrating standard
padrão de capacitância (ELECT.) capacitance standard
padrão de conjunto (HYDRO.) bulk sample
padrão de difracção (PHYS.) diffraction pattern
padrão de drenagem (GEO.) drainage pattern
padrão de drenagem em treliça (ECO.) trellis drainage pattern
padrão de emissão (IMAGE TECH.) broadcast standard
padrão de frequência (TELECOM.) frequency standard
padrão de frequência atómica (PHYS.) atomic frequency standard
padrão de frequência de feixe atómico (PHYS.) atomic-beam frequency standard
padrão de interferência (PHYS.) interference pattern
padrão de medida (PHYS.) standard measure

padrão de modulação (TELECOM.) modulation pattern
padrão de Moiré (ELECTRON.) Moiré pattern
padrão de pontos (ELECTRON.) dot pattern
padrão de solenóide (BIO.) solenoid model
padrão de tensão (ELECT.) voltage standard
padrão de teste (IMAGE TECH.) test pattern
padrão de trilho (MECH.) rail gauge (railways)
padrão iluminante (PHYS.) standard illuminant
padrão inglês (GEN.) British Standard (BS)
Padrão Internacional do Cobre Recozido (MECH.) International Annealed Copper Standard (IACS)
padrão médico (PSYCHO.) medical model
padrão radioactivo (PHYS.) radioactive standard
padrão secundário (GEN.) secondary standard
padrão Whitworth (MECH.) Whitworth standard
padrões de cores (IMAGE TECH.) colour standards
padrões de interface com discos rígidos (COMP.) hard drive interface standards
padrões de modem de Hayes (COMP.) Hayes standards
padrões de papel (PAPER) paper sizes
padrões IEC de caixas (COMP.) IEC casing standards
padrões internacionais (GEN.) base standards
padrões suecos (BUILD.) Swedish standards
pá fixa (AERO.) guide-van
pá fixa directora da turbina (AERO.) jet engine guide van
paginação (PRINT.) pagination
paginação (COMP.) paging
paginação lógica (COMP.) logical paging
página padrão (PRINT.) standard page
paginar (PRINT.) paging
pá giratória (MECH.) rotor vane
pagodite (MINER.) pagodite
pá hidráulica de arrasto (BUILD.) hydraulic scraper
pai (COMP.) father
pai (PHYS.) parent
painel (AUTO.) fascia
painel (BUILD.) lining board
painel (ELECT.) panel
painel (TELECOM.) bay

painel à face (BUILD.) flush panel
painel da popa (NAV.) counter
painel de alimentação (ELECT.) feeder panel
painel de apresentação (ELECTRON.) display window
painel de aquecimento (MECH.) panel heating
painel de comando (ELECT.) control-board
painel de comporta (HYDRO.) sluice board
painel de controlo (ELECT.) control panel; control-board
painel de controlo de acumuladores (ELECT.) accumulator switch-board
painel de fusíveis (ELECT.) fuse-board; fuse panel
painel de informação digital (ELECTRON.) digital information display
painel de informações de dados de radar (RADAR) radar data display board
painel de ligação (COMP.) patch board; patch panel; plugboard
painel de terminais (ELECT.) terminal board
painel do altifalante (PHYS.) baffle loudspeaker
painel do gerador (MECH.) generator panel
painel embutido (BUILD.) flush panel; inbuilt panel
painel indicador (ELECT.) display panel
painel maciço (BUILD.) solid panel
painel pré-fabricado (BUILD.) prefabricated panel
painel saliente (BUILD.) raised panel
painel solar (ELECTRON.) solar panel
painel traçador (COMP.) plotting board
paiol da amarra (NAV.) chain lock
paisagem cultural (ECO.) cultural landscape
paisagem policíclica (ECO.) polycyclic landscape
paisagem pristina (ECO.) ancient countryside
paisanite (GEO.) paisanite
Paladiano (ARCH.) Palladian
paládio (CHEM.) palladium
palagonite (GEO.) palagonite
pálamo (ZOO.) palama
palasito (MINER.) pallasite
palatal (ZOO.) palatine
palatino (ZOO.) palatine
palatite (VET.) lampas
palato (ZOO.) palate
palato duro (ZOO.) hard palate
palatofaríngeo (MED.) palatopharyngeus

palatoglosso (Zoo.) palatoglossus
palato mole (Zoo.) soft palate
palatoplastia (MED.) palatoplasty
palatoplegia (MED.) palatoplegia
palatorrafia (MED.) palatorrhaphy
palavra (GEN.) word
palavra chave (COMP.) keyword
palavra dado (COMP.) data word
palavra de comando de canal (COMP.) channel command word
palavra de controlo (COMP.) control word
palavra de duplo comprimento (COMP.) double-length word
palavra de endereçamento de canal (COMP.) channel address word [CAW]
palavra de estado de canal (COMP.) channel status word [CSW]
palavra de índice (COMP.) index word
palavra de instrução (COMP.) instruction word
palavra de memória (COMP.) memory word
palavra de parâmetro (COMP.) parameter word
palavra do computador (COMP.) computer word
palavra impressa em tipo diferente (PRINT.) catch word
palavra índice (COMP.) index-word
palavra-máquina (COMP.) machine word
palavra numérica (COMP.) numeric word
palavra reservada (COMP.) reserved word
palavra reservada de memória (COMP.) clear memory word
pálea (BOT.) pale; palea; palet
paleobiologia (ECO.) palaeobiology
Paleobotânica (GEO.) palaeobotany
Paleocénico (GEO.) Paleocene
Paleoceno (GEO.) Paleocene
paleocerebelo (MED.) paleocerebellum
Paleoclimatologia (GEO.) palaeoclimatology
paleocorrente (GEO.) palaeocurrent
paleocórtex (MED.) paleocortex
Paleoecologia (GEO.) palaeoecology
paleoencéfalo (MED.) paleoencephalon
paleo-endémico (ECO.) palaeoethnobotany
paleogénese (MED.) paleogenesis
paleogenético (GEN.) paleogenetic
Paleogénico (GEO.) Paleogene
Paleogeografia (GEO.) palaeogeography
paleolimnologia (ECO.) palaeolimnology
Paleomagnetismo (GEO.) palaeomagnetism
Paleopatologia (MED.) palaeopathology
paleossedimento (ECO.) relict sediment
Paleozóico (GEO.) Palaeozoic
Paleozoologia (GEO.) palaeozoology
palescência (BOT.) pallescence
palestesia (MED.) pallaesthesia
paleta (palete) (MECH.) pallet
paleta de cores (IMAGE TECH.) colour palette

paleta de retenção (MECH.) retaining pawl
palha de chumbo (MECH.) lead wool
palheta (AERO.) guide-vane; fan
palheta (ELECT.) blade
palheta (GEN.) pallet
palheta (MECH.) vane
palheta (PHYS.) reed; pallet (Acoustics)
palheta da turbina (MECH.) turbine vane
palheta de bocal (MECH.) nozzle blade
palheta de jacto (AERO.) fanjet
palheta de roda (MECH.) wheel scoop
palheta de roda imóvel (MECH.) impeller blade
palheta do impulsor (MECH.) impeller arm
palhetas-guias da admissão de ar (AERO.) air-intake guide vanes
palhetas-guias de entrada toroidal (AERO.) toroid-intake guide vanes
paliativo (MED.) palliative
paliçada (ARCH.) bailey
paliçada (BOT.) palisade
paliçada (ELECT.) picket fence
paligorsquite (MINER.) palygorskite
palimpsesto (ECO.) palimpsest
palindroma (BIO.) palindrome
palingénese (GEO.; ZOO.) palingenesis
palinologia (GEO.) palynology
pálio (ZOO.) pallium
palma (ZOO.) pelma
Palmáceas (BOT.) Palmae
palmado (ZOO.) palmate
palmar (ZOO.) palmar
palmatifendida (BOT.) palmisect
palmatina (CHEM.) palmatine
palmípede (ZOO.) pinnatiped
palmitato cetílico (CHEM.) cetyl palmitate
palmitina (CHEM.) palmitin
palpação (MED.) palpation
pálpebra (MED.; ZOO.) palpebra; lid
palpitação (MED.) palpitation
palpo (ZOO.) palp; palpus
pá mecânica (MECH.) power shovel
pamir (vegetação árida dos Himalaias) (ECO.) pamirs
pamoato de pirvínio (CHEM.; MED.) pyrvinium pamoate
panarício (VET.) felon, fellon
pança (ZOO.) rumen; paunch; venter
pancada (ELECT.) hit
pancada (GEN.) striking; blow; stroke
pancada (MECH.) knock; stroke; knocking
pancardite (MED.) pancarditis
pâncreas (ZOO.) pancreas
pancreatalgia (MED.) pancreatalgy
pancreatectomia (MED.) pancreatectomy
pancreatelcose (MED.) pancreathelcosis
pancreatenfraxe (MED.) pancreatemphraxis
pancreatina (MED.) pancreatin
pancreatite (MED.) pancreatitis
pancreatocolecistostomia (MED.) pancreatocholecystostomy
pancreatocólito (MED.) pancreatocholith
pancreatotomia (MED.) pancreatotomy

pancreozimina (MED.) pancreozymin
pancromático (IMAGE TECH.) panchromatic
pandémico (MED.) pandemic
pandiculação (MED.) pandiculation
panduriforme (BOT.) pandurate; panduriform
pangâmico (ZOO.) pangamic
Pangeia (Pangea; Pangaea) (GEO.) Pangea
pânicula (BOT.) panicle; flag leaf
paniculite (MED.) panniculitis
panículo carnudo (ZOO.) panniculus carnosus
panidiomórfico (GEO.) panidiomorphic
panmixia (BIO.) panmixia; panmixis
pano (MED.) pannus
pano (TEXT.) cloth; fabric
pano-couro (TEXT.) leathercloth
pano de bilhar (TEXT.) billiard cloth
pano de estopa (TEXT.) canvas
pano de filtro (CHEM.) filter cloth
pano de linho alcatroado (MINING) brattice cloth
pano de trança (TEXT.) hopsacking
pano encerado (TEXT.) oilcloth
panoftalmia (MED.) panophtalmia; panophthalmitis
pano oleado (TEXT.) oilcloth
pano para lençóis (TEXT.) sheeting
panorama (PRINT.) landscape
panorâmica horizontal (IMAGE TECH.) panning
pano trançado (TEXT.) hopsacking
pansinusite (MED.) pansinusitis
panspermia (ASTRO.; BIO.) panspermia
pântano (BOT.; ECO.) fen; moor; moorland; morass; bog; flush; marsh; muskeg; mire; mud; ooze
pântano de esfagnos (ECO.) raised bog
pântano de vale (ECOL.; GEO.) valley bog
pântano fértil (ECO.) blanket bog
pântano salino (BOT.) salt marsh
pantanoso (ECO.) paludal
pantófago (ZOO.) pantophagous
pantógrafo (ELECT.) pantograph
Pantópodos (ZOO.) Pycnogonida
panzoótico (VET.) panzootic
papafigo (NAV.) lower sail
papagaio (AERO.) kite
papaia (BOT.) papaya
papaína (CHEM.) papain
papaverina (CHEM.) papaverine
papeira (MED.) mumps; parotitis
papéis sexuais (PSYCHO.) sex roles
papel (GEN.) paper
papel-almaço (PAPER) foolscap
papel anti-ferrugem (PAPER.) needle paper
papelão (PAPER) millboard; board; chip-board; pasteboard
papelão (PRINT.) hard paper
papelão canelado (PAPER) corrugated paper
papelão corrugado (PAPER) corrugated board
papelão para cobertura (BUILD.) wallboard
papel à prova de água (PAPER.) waterproof paper

papel à prova de gordura (PAPER) greaseproof paper

papel baritado (IMAGE TECH.) baryta paper

papel-bíblia (PAPEL) Bible paper

papel-bond (PAPER) bond paper

papel-busca-pólos (ELECT.; PHYS.) pole-finding paper; pole paper

papel calandrado (PAPER) calendered paper

papel-carbono (PAPER) duplicator paper

papel-casca-de-cebola (PAPER) onion skin paper

papel-couché (PAPER) art paper

papel-crepe (PAPER) crêpe paper

papel-cromo (PAPER) chromo paper

papel-da-china (PAPER) India paper

papel-de-arroz (PAPER) rice paper

papel de condensador (PAPER) condenser tissue

papel de decalcomania (PAPER) decalcomania paper

papel de embrulho castanho (PAPER.) unbleached kraft paper

papel de enegrecimento directo (IMAGE TECH.) printing-out paper [POP]

papel de ferroprussiato (PAPER) ferroprussiate paper

papel de fibra de vidro (PAPER) glass-fibre paper

papel de filtro (CHEM.) filter paper

papel de imprensa (PAPER.) newsprint

papel de iodeto de potássio (PHYS.) pole paper

papel de jornal (PAPER) newsprint

papel de linho (PAPER.) linen paper

papel de lixa (MECH.) emery paper

papel de manila (PAPER) manilla paper

papel de ofício (PAPER) foolscap

papel de revestimento (BUILD.) building paper

papel de tornesol (CHEM.) litmus paper

papel do géncro (PSYCHO.) gender role

papel-duplex (PAPER) duplex paper

papel duplicador (PAPER) duplicator paper

papel estriado (PAPER) laid paper

papel fino (PAPER) fine paper

papel forte não branqueado (PAPER) unbleached kraft paper

papel gomado (PAPER) gummed paper

papel granada (BUILD.) garnet paper

papel hidrolisado (ELECT.) fish-paper

papel japonês (PAPER.) Japanese paper; Japanese vellum

papel kraft duplo impermeável (PAPER.) union kraft

papel laminado (PAPER) laminated paper

papel litográfico (PAPER.) lithographic paper

papel-manilha (PAPER) cartridge paper

papel mata-borrão (PAPER) blotting paper

papel mecânico (PAPER) mechanical paper

papel metalizado (AERO.) chafe

papel-mica (ELECT.) micafolium

papel oleado (PAPER) oiled paper

papel para notas de banco (PAPER) bank paper

papel químico (PAPER) carbon paper

papel rugoso (PAPER) cream-laid

papel seco (PAPER) bone-dry paper

papel sensibilizado (PAPER.) sensitized paper

papel sensibilizado para cheque (PAPER.) sensitized cheque paper

papel sintético (PAPER.) synthetic paper

papel supercalandrado (PAPER) supercalandered paper

papel térmico (GEN.) thermal paper

papel-veludo (TEXT.) velour paper

papel vergé (PAPER) laid paper

papila (BOT.; ZOO.) papilla

papila gustativa (ZOO.) taste-bud

papilas foliadas (ZOO.) papillae foliatae

papiledema (MED.) papilloedema; papilledema

papilionácea (BOT.) papilionaceous

papilite (MED.) papillitis

papiloma (MED.) papilloma

papilomatose (MED.) papillomatosis

papilorretinite (MED.) papilloretinitis

papiro (PAPER) papyrus

papo (BOT.) pappus

papo (ZOO.) ingluvies (bird)

papovavirus (MED.) papovavirus

pápula (MED.) pimple; papule

papulopustular (MED.) papulopustular

pápulos (ZOO.) papulae

paquidermatocele (MED.) pachydermatocele

paquidermia (VET.) pachydermia; pachyderma; elephantiasis

paquidérmico (ZOO.) pachydermatous

paquiteno (BIO.) pachytene

par (COMP.; PHYS.) doublet

par (GEN.) pair

par (IMAGE TECH.) doublet

para a linha média (ZOO.) mediad

para-apendicite (MED.) para-appendicitis

parabiose (BIO.; MED.) parabiosis

parábola (MATH.) parabola

parabolóide (MATH.) paraboloid

parabolóide de revolução (MATH.) paraboloid of revolution

parabolóide hiperbólica (MATH.) hyperbolic paraboloid

paracaseína (CHEM.) paracasein

paracentese (MED.) paracentesis; tapping; nyxis

paraceratose (MED.) parakeratosis

paracetamol (CHEM.; MED.) paracetamol

pára-choques (AUTO.) shock absorber; damper

parachor (CHEM.) parachor

paracítico (BIO.) paracytic

paraclorofenol (CHEM.; MED.) parachlorophenol

paracólera (MED.) paracholera

para dentro (MINING) inbye

paradiafonia (TELECOM.) near-end cross-talk

paradoxo de Olbers (ASTRON.) Olbers' paradox

paradoxo do número de ligações (BIO.) linking-number paradox

paradoxos de Zenão (MATH.) Zeno's paradoxes

parafasia (MED.; PSYCHO.) paraphasia

parafilo (BOT.) paraphyly

parafimose (MED.) paraphimosis

parafina (CHEM.) paraffin

parafina líquida (CHEM.) liquid paraffin

parafinoma (MED.) paraffinoma

paráfise (BOT.; ZOO.) paraphysis

pára-fogo (AERO.) firewall

pára-fogo (BUILD.) fire stop

parafonia (MED.) paraphonia

paraformaldeído (CHEM.) paraformaldehyde

parafrenia (MED.) paraphrenia

parafucsina (CHEM.) parafuchsin; pararosaniline

parafuso (AERO.) spin; tail spin

parafuso (MECH.) bolt

parafuso Allen (MECH.) socket-head screw

parafuso auto-roscante (MECH.) self-tapping screw

parafuso com encaixe na cabeça (MECH.) socket-head screw

parafuso cónico (MECH.) taper screw

parafuso conjugador ajustável (MECH.) coupling adjusting screw

parafuso da cabeça do cabrestante (MECH.) capstan-head screw

parafuso de alimentação (MECH.) feed screw

parafuso de aperto (BUILD.) hand-screw

parafuso de aperto (MECH.) set screw

parafuso de Arquimedes (ENG.; HYDRO.; PHYS.) Archimedean screw; worm

parafuso de asa (MECH.) eye bolt

parafuso de avanço (MECH.) feed screw

parafuso de bloqueio (MECH.) set screw; stop screw

parafuso de cabeça chata (BUILD.) flat-headed screw

parafuso de cabeça cilíndrica (MECH.) fillister-head screw

parafuso de cabeça em T (MECH.) T-bolt; tee-bolt

parafuso de cabeça entalhada (MECH.) slotted head screw

parafuso de cabeça esférica (MECH.) button headed screw

parafuso de cabeça quadrada para madeira (MECH.) coach screw

parafuso de cabeça redonda (MECH.) cheese-head screw

parafuso de cabeça roscada (MECH.) hanger lag screw

parafuso de carroça (MECH.) coach bolt

parafuso de corrimão (BUILD.) hand-rail screw

parafuso de encaixe (BUILD.) dowel screw

parafuso de fixação (MECH.) set screw

parafuso de fundação (BUILD.) Lewis bolt

parafuso de gancho (BUILD.) hook bolt

parafuso de guarnição (BUILD.) garnish bolt

parafuso de levantar (MECH.) lifting screw

parafuso de madeira (MECH.) screw-nail

parafuso de mola ajustável (MECH.) spring adjusting screw

parafuso de orelhas (BUILD.) thumb-screw

parafuso de percussão a martelo (MECH.) hammer-drive screw

parafuso de pressão (MECH.) pressure screw

parafuso de rosca de vários filetes (MECH.) multiple-thread screw

parafuso de rosca dupla (MECH.) double-threaded screw; two-start thread

parafuso de rosca múltipla (MECH.) multiple-thread screw

parafuso de suspensão com cabeça isoladora (ELECT.) insulating bolt

parafuso de tampa (MECH.) cap screw

parafuso de tensão (MECH.) tension screw

parafuso de tracção (MECH.) tension screw

parafuso de translacção (MECH.) running screw

parafuso de travagem (MECH.) stop screw

parafuso do carburador (MECH.) air jet screw

parafuso elevador (MECH.) lifting screw

parafuso em T (MECH.) T-bolt; tee-bolt

parafuso em U (AUTO.) U-bolt

parafuso invertido (AERO.) outside spin bolt

parafuso isolado (ELECT.) insulated bolt

parafuso-macho (MECH.) self-tapping screw

parafuso nivelador (MECH.) levelling screw

parafuso nivelador (SURV.) antagonist screw

parafuso Philips (MECH.) Philips screw

parafusos de apertar de estopa (MECH.) gland bolts

parafusos de regulação do batimento (HORO.) beat screws

parafuso sem cabeça (MECH.) grub screw

parafuso sem-fim (BUILD.) endless bolt

parafuso sem-fim (MECH.) worm screw

parafuso sem-fim de autobloqueio (MECH.) self-braking worm

parafusos niveladores (SURV.) foot screws

parafuso tangencial (SURV.) tangent screw

parafuso tensor (MECH.) turnbuckle screw

paragamacismo (MED.) paragam-macism

paragânglio (MED.) paraganglion

paraganglioma (MED.) paraganglioma

paragânglios (ZOO.) paraganglia

paragem (ELECT.) stoppage; standstill

paragem (MED.) standstill

paragem automática (COMP.) automatic stop

paragem automática de comboio (ELECT.) automatic train stop

paragem cardíaca (MED.) cardiac arrest; asystole

paragem codificada (COMP.) code stop

paragem de alto-forno (MECH.) stopping down of furnace

paragem de centelha (MECH.) blowing-out

paragem de emergência (NUCL.) scram

paragem de máquina (COMP.) machine check

paragem de transição (ELECT.) transition stop

paragem de uma turbina (MECH.) stopping a turbine

paragem momentânea (MECH.) damping down

paragem programada (COMP.) programmed halt; code stop

paragénese (BIO.) paragenesis

paragnato (ZOO.) paragnathous

paragneisse (GEO.) paragneiss

paragonfose (MED.) paragomphosis

paragonimose (MED.) paragonimiasis

paragonite (MINER.) paragonite

paragrafia (MED.) paragraphia

para-hidrogénio (CHEM.) parahydrogen

para-hiperqueratose (VET.) paradistemper

paralacrimal (MED.) adlacrimal

paralalia (MED.) paralalia

pára-lamas (AUTO.) wing; fender; mudguard

paralaxe (ASTRO.) parallax

paralaxe anual (ASTRO.) annual parallax; heliocentric parallax

paralaxe Cefeida (ASTRO.) Cepheid parallax

paralaxe diurna (ASTRO.) diurnal parallax

paralaxe espacial (PHYS.) space parallax

paralaxe espectroscópica (ASTRO.) spectroscopy parallax

paralaxe geocêntrica (ASTRO.) geocentric parallax

paralaxe heliocêntrica (ASTRO.) heliocentric parallax

paralaxe horizontal (ASTRO.; SURV.) horizontal parallax

paralaxe horizontal equatorial (ASTRO.; SURV.) equatorial horizontal parallax

paralaxe média (ASTRO.) mean parallax

paralaxe secular (ASTRO.) secular parallax

paralaxe solar (ASTRO.) solar parallax

paraldeído (CHEM.) paraldehyde

paralelepípedo (MATH.) parallelepiped

paralelinérveo (BOT.) parallelodromous

paralelismo (BOT.; ZOO.) parallelism

paralelo (MATH.) parallel

paralelogramo (MATH.) parallelogram

paralelogramo de forças (PHYS.) parallelogram of forces

paralelo por bit (COMP.) parallel by bit

paralelo por carácter (COMP.) parallel by character

paralelo por palavra (COMP.) parallel by word

paralexia (MED.) paralexia

paralímnio (ECO.) paralimnio

paralisação (NUCL.) shutdown

paralisador (CHEM.) paralyser

paralisia (MED.) paralysis

paralisia agitante (MED.) paralysis agitans; Parkinson's disease

paralisia anterior infantil (MED.) infantile paralysis

paralisia bulbar infecciosa (VET.) infectious bulbar paralysis; Aujeszky's disease

paralisia cerebral (MED.) cerebral palsy

paralisia da cobaia (VET.) guinea-pig paralysis

paralisia de Bell (MED.) Bell's palsy

paralisia de Chastek (VET.) Chastek paralysis

paralisia de Duchenne-Erb (MED.) Duchenne-Erb paralysis

paralisia de Erb (MED.) Duchenne-Erb paralysis; Erb's palsy

paralisia do mergulhador (MED.) diver's paralysis

paralisia do parto (VET.) milk fever; parturient fever

paralisia dos galináceos (VET.) fowl paralysis

paralisia espástica (MED.) spastic paralysis

paralisia espinhal progressiva (MED.) tabes dorsalis

paralisia facial (MED.) facioplegia; isthmoparalysis; Bell's palsy

paralisia infantil (MED.) infantile paralysis

paralisia infecciosa dos suínos (VET.) infectious pig paralysis; Tenschen's disease

paralisia obstétrica braquial (MED.) Duchenne-Erb paralysis

paralisia oculomotora periódica (MED.) Moebius disease

paralização por erro (COMP.) error lock

paramagnetismo (PHYS.) paramagnetism

paramagnetismo nuclear (CHEM.; PHYS.) nuclear paramagnetism

parámero (ZOO.) paramere

parámétrio (MED.) parametrium

parametrismo (MED.) parametrism

parametrite (MED.) parametritis

parâmetro (GEN.) parameter

parâmetro de circuito aberto (ELECT.) open-circuit parameter

parâmetro de código (COMP.) code parameter

parâmetro de colisão (ASTRO.) collision parameter

parâmetro de Coriolis (METEO.) Coriolis parameter

parâmetro de erro (COMP.) error parameter

parâmetro de fissão (NUCL.) fission parameter

parâmetro de impacte (PHYS.) impact parameter

parâmetro de meteoro (Astro.) meteor parameter

parâmetro de palavra-chave (Comp.) keyword parameter

parâmetro de programa (Comp.) program parameter

parâmetro de programa externo (Comp.) external program parameter

parâmetro de Rossby (Meteo.) Rossby parameter; Rossby term

parâmetro formal (Comp.) formal parameter

parâmetro posicional (Comp.) positional parameter

parâmetros de circuito (Elect.) circuit parameters

parâmetros descontínuos (Phys.) lumped parameters

parâmetros de sinais fracos (Electron.) small-signal parameters

parâmetros de transístor (Electron.) transistor parameters

parâmetros de válvula (Electron.) valve parameters

parâmetros do sistema (Electron.) system parameters

parâmetros z (Telecom.) z-parameters

parâmilo (Bot.) paramylon; paramylum

paramiloidose (Med.) paramyloidosis

paramimia (Med.; Psycho.) paramimia

paramioclono (Med.) paramyoclonus

paramiotonia (Med.) paramyotonia

paramnésia (Psycho.) paramnesia

paramórfico (Bio.; Miner.) paramorph

paranéfrico (Zoo.) paranephric

paranefro (Zoo.) paranephros

paranfistomíase (Med.) paramphistomiasis

paranóia (Med.) paranoia

paraortoclase (Miner.) anorthoclase

paraplegia (Med.) paraplegia

parapódio (parápode) (Zoo.) parapodium

parapófises (Zoo.) parapophyses

paraproteína (Immun.) paraprotein

parapsicologia (Psycho.) parapsychology

parapsida (Zoo.) parapsid

Paraquat (Chem.) Paraquat

pára-quedas (Aero.) parachute

pára-quedas antiparafuso (Aero.) antispin parachute

pára-quedas auxiliar (Aero.) auxiliary parachute

pára-quedas de abertura automática (Aero.) automatic parachute

pára-quedas de aberturas circulares (Aero.) ring slot parachute

pára-quedas de aterragem (Aero.) landing parachute

pára-quedas de calota oblonga (Aero.) parasheet

pára-quedas de cauda (Aero.) tail chute

pára-quedas de desaceleração (Aero.; Space) drogue parachute; parabrake

pára-quedas de fitas (Aero.) ribbon parachute

pára-quedas de freio (Aero.) parabrake

pára-quedas de fumo (Aero.) navigation smoke float

pára-quedas de leme (Aero.) spin chute

pára-quedas de parafuso (Aero.) spin chute

pára-quedas de travagem (Aero.; Space.) tail chute; brake parachute; drogue parachute

pára-quedas do rotor (Aero.) rotachute

pára-quedas luminoso (Aero.) flare parachute

pára-quedas piloto (Aero.) pilot chute

paraquinonas (Chem.) paraquinones

pára-raios (Elect.) lightning rod; arrester; electrical discharge gear; horn arrester; lightning arrester; lightning protector

pára-raios com entreferro múltiplo (Elect.) gap arrester

pára-raios de fita de seda (Elect.) silk-ribbon lightning protector

pára-raios electrolítico (Elect.) electrolytic lightning arrester

pára-raios revestido a óxido (de chumbo) (Elect.) oxide-film arrester

pararetrovirus (Eco.) pararetrovirus

para-rosanilina (Chem.) pararosaniline

parasfenóide (Zoo.) parasphenoid

parasita (Bot.; Eco.; Zoo.) parasite; guest

parasita espacial (Bot.) space parasite

parasita heteróxeno (Bot.) alternate host; alternative host

parasita necessário (Bot.) obligate parasite

parasita obrigatório (Bot.) obligate parasite

parasita parcial (Bot.) partial parasite; hemiparasite

parasitismo (Eco.; Psycho.) parasitism

parasitismo social (Psycho.) social parasitism

parasitóide (Zoo.) parasitoid

parasitologia (Gen.) parasitology

parasitose (Med.; Vet.) parasitosis

pára-sol de lente (Image Tech.) lens hood

parasselénio (Meteo.) paraselene (pl. paraselenae); mock moon

parassexual (Bio.) parasexual

parassimbiose (Bio.) parasymbiosis

parassimpaticomimético (Med.) parasympathomimetic

parassinapse (Bio.) parasynapsis

Parathion (Chem.) Parathion

paratiflite (Med.) paratyphlitis

paratifóide (Med.) paratyphoid

paratifóide aviária (Vet.) avian parathyphoid

paratifóide suína (Vet.) swine paratyphoid

paratiróide (paratiróideo; paratiroideu) (Zoo.) parathyroid

paratiroidectomia (Med.) parathyroidectomy

paratormona (Zoo.) parathormone

paratuberculose (Vet.) paratuberculosis; Johne's disease

paravane (Nav.) otter

pára-vento (Bot.) shelterbelt

paravitelina (Bio.) paravitelline

paraxial (Image Tech.) paraxial

Parazoários (Zoo.) Parazoa

par base (Bio.) base pair [bp]

par binário (Comp.) binary pair

par blindado (Telecom.) shielded pair

parcial (Gen.) partial

par de agulhas astáticas (Phys.) astatic couple

par de Dalitz (Phys.) Dalitz pair

par de Darlington (Electron.) Darlington pair

par de espelhos (Phys.) bimirror

par de reacção (Geo.) reaction pair

pardo (Text.) grey

páreas (Vet.) secundinae

parede (Bot.) phragma

parede (Build.) wall; lining

parede alveolar (Build.) honeycomb wall

parede cavitária (Zoo.) body wall

parede celular (Bot.) cell wall

parede celular primária (Bot.) primary cell wall

parede de apoio (Build.) bearing wall

parede de ar (Nucl.) air wall

parede de aterro lateral (Build.) embankment wall

parede de bancada (Build.) frame wall

parede de calhaus ligados com argamassa (Build.) boulder wall

parede de carga (Build.) bearing wall

parede de divisão de dois tubos de chama (Phys.) mid-feather wall

parede de estacas (Build.) sheet piling

parede de estacas de betão armado (Build.) sheet piling reinforced concrete

parede de meio-tijolo (Build.) half-brick wall

parede de perfuração (Bot.) perforating plate

parede de recepção (Build.) reception wall

parede de retenção (Build.) retaining wall; retention wall; reception wall

parede de ripas (Build.) battened wall

parede de testa (Mech.) head wall

parede divisória (Build.) division wall; partition wall

parede dupla (Build.) double partition

parede dupla (Phys.) double wall

parede electrónica (Electron.) electron sheath

parede em blocos (Build.) blockwork

parede exterior (de castelo) (Arch.) bailey

parede frontal (Mech.) head wall

parede lateral (Build.) cheek

parede-mestra (Build.) main wall

parede oblíqua (Build.) canted wall

parede oca (Build.) hollow wall

parede portante (Build.) non-bearing wall

parede primária (Bot.) primary wall

parede secundária (Bot.) secondary wall

parede sem vãos (Build.) blank wall

paredes ocas (Build.) cavity walls

parede terciária (Bot.) tertiary wall

par electrónico (Chem.) electron pair

parélio inferior (METEO.) lower parhelion

parélios (METEO.) parhelia; mock suns

parencéfalo (ZOO.) parencephalon

parênquima (BIO.; BOT.) parenchyma

parênquima esponjoso (BOT.) spongy-parenchyma

parênquima suberoso estratificado (BOT.) storied cork

parênteses (PRINT.) parentheses

par entrançado blindado (ELECTRON.) shielded twisted pair

pareópode (ZOO.) paraeiopod

pares de Cooper (PHYS.) Cooper pairs

párese (MED.) paresis

paresia (MED.) paresis

paresia do parturiente (VET.) parturient paresis

paresia geral (MED.) general paresis

paresia juvenil (MED.) paresis juvenillis

parestesia (MED.) paraesthesia; paresthesis

pargasite (MINER.) pargasite

paridade (GEN.) parity

paridade de tambor (ELECT.) drum parity

paridade ímpar (COMP.) odd parity

paridade par (COMP.) even parity

parietal (BOT.; ZOO.) parietal

par iónico (PHYS.) ion pair

paripinulado (BOT.) paripinnate

parkinsonismo (parquinsonismo) (MED.) parkinsonism

par lacuna-electrão (ELECTRON.) hole-electron pair

parodinia (MED.) parodynia

paroníquia (MED.) paronychia; whitlow

parosfresia (MED.) parosphresia; parosmia

parosmia (MED.) parosmia

pá rotativa (MECH.) rotor vane

parotidite (MED.) parotiditis; parotitis; mumps

parotite (MED.) parotitis; parotiditis

parotite epidémica (MED.) epidemic parotitis

parotite infecciosa (MED.) infectious parotitis

parovírus (VET.) parovirus

parqué (parquete) (BUILD.) parquet

parque nacional (ECO.) national park

parquinsonismo (parkinsonismo) (MED.) parkinsonism

parsec (ASTRO.) parsec

par simples (CHEM.) lone-pair

parte (GEN.) part; portion; member

parte alíquota (MATH.; MINING) aliquot part

parte anterior (ZOO.) pars anterior (brain)

parte da prensa que entra na platina (PRINT.) pan

parte de endereço (COMP.) address part

parte dianteira (BUILD.) front

parte do ponto (vírgula) fixo (COMP.) fixed point part

parte esgotada de mina de carvão (MINING) gob

parte externa do tegumento (BOT.) testa

parte imaginária (MATH.) imaginary part

parte lateral de edifício (ARCH.) return

partenocarpia (BOT.) parthenocarpy

partenósporo (BOT.) parthenospore

parte principal (MATH.) principal part

parte real (MATH.) real part

par terminal (ELECT.) terminal pair

par termoeléctrico (PHYS.) thermocouple

parte saliente do corpo do tipo (TIP.) kern

parte superior de um glaciar (GEO.) firn

parte tubular estreita (ZOO.) isthmus

parte volátil de um líquido (CHEM.) top

partição (COMP.) bucket

partição de afinidade (BIO.) affinity partitioning

partícula (GEN.) particle

partícula alfa (PHYS.) alpha particle

partícula atómica (CHEM.) atomic particle

partícula beta (PHYS.) beta particle

partícula de carga (NUCL.) charge particle

partícula de desintegração (PHYS.) decay particle

partícula de minério flutuante (MINING) shoad

partícula de retrocesso (PHYS.) recoil particle

partícula dura (PHYS.) grit

partícula elementar (PHYS.) elementary particle

partícula em cascata (PHYS.) cascade particle

partícula em delta (PHYS.) delta particle

partícula fundamental (PHYS.) fundamental particle

partícula gama (NUCL.) gamma particle

partícula incidente (PHYS.) incident particle

partícula instável (NUCL.) unstable particle

partícula ionizante (PHYS.) ionizing particle

partícula lambda (PHYS.) lambda particle

partícula meteórica (ASTRO.) meteoric particle

partícula nuclear (PHYS.) nuclear particle

partícula omega menos (PHYS.) omega-minus particle

partícula pesada (PHYS.) heavy particle

partícula relativística (PHYS.) relativistic particle

particularidades suplementares (METEO.) supplementary features

partículas directamente ionizantes (NUCL.) directivity ionizing particles

partículas finas (PHYS.) fines

partículas finas de diâmetro inferior a 10 micrometros (ECO.) PM-10

partículas finas de diâmetro inferior a 25 micrometros (ECO.) PM-25

partícula sigma (PHYS.) sigma-particle

partículas incandescentes (CHEM.) incandescent particles

partículas subatómicas (PHYS.) subatomic particles

partícula subnuclear (PHYS.) subnuclear particle

partido (ZOO.) partite

partilha de armazenamento (COMP.) storage allocation

partilha de genes (ECO.) gene sharing

partilha electrónica de dados (COMP.) electronic data interchange [EDI]

parto (MED.) accouchement

partogénese (BIO.) parthenogenesis

partogénese artificial (BIO.) artificial parthenogenesis

parto natural (ZOO.) parturition

par torcido (ELECTRON.) twisted pair

parturição (ZOO.) parturition

parturiente (MED.) parturient

parvifólio (BOT.) parvifoliate

par voltaico (ELECT.) voltaic couple

Pascal (COMP.) Pascal (programming language)

pascal (GEN.) pascal (SI unit of pressure or stress)

Pascal-plus (COMP.) Pascal-plus (programming language)

pás destacáveis (MECH.) detachable blades

pás directrizes de admissão (AERO.) inlet guide vanes

pás directrizes de admissão variável (AERO.) variable-inlet guidevans

Pasífae (Pasifae; Pasifeia) (ASTRO.) Pasiphae (8th satellite of Jupiter)

passadeira rolante (MECH.) apron conveyor

passadiço (BUILD.) foot board; foot bridge; gangway

passagem (GEN.) transit

passagem (IMAGE TECH.) change-over

passagem à terra (ELECT.) earth leakage

passagem de ar (BUILD.) air shaft

passagem de fluxo (PHYS.) flux by-pass (magnetism)

passagem de intercalação (COMP.) merge pass

passagem de nível (BUILD.) railway crossing

passagem de teste (COMP.) test run

passagem em mina (MINING) thurl

passagem inferior (ASTRO.) lower transit

passagem intermediária (GEN.) cross-over

passagem meridiana (ASTRO.) meridian passage

passagem secundária (GEN.) by-pass

passagem subterrânea (BUILD.) heading

passagem terrestre de Bering (ECO.) Bering land bridge

passagens finas (MINING) stringer

passar a xisto argiloso (MINING) shale out

passarela (BUILD.) foot bridge; gangway

passeio espacial (SPACE) space walk

Passeriformes (ZOO.) Passeriformes

passividade (MINING) passivity
passivo (ELECTRON.) passive
passo (AERO.) pitch
passo (ELECT.) step; pitch
passo (MECH.) pitch
passo (TELECOM.) step
passo axial (MECH.) axial pitch
passo circular (MECH.) circular pitch
passo controlável (AERO.) controllable pitch
passo curto de chão (AERO.) ground fine pitch
passo das hélices (AERO.) pitch of blades
passo das ranhuras (MECH.) slot-pitch
passo de bandeira (AERO.) feathering pitch
passo de dente (MECH.) tooth pitch
passo de engrenagem (MECH.) pitch of teeth
passo de enroscamento das espiras (ELECT.) pitch of winding
passo de exploração (ELECTRON.) scanning pitch
passo de hélice (AERO.) pitch setting
passo de hélice (MECH.) propeller pitch
passo de perfuração (COMP.) row pitch
passo de programa (COMP.) step program
passo de tarefas (COMP.) job step; job
passo de um(a) hélice (AERO.; NAV.) pitch of a propeller
passo de um parafuso (MECH.) pitch of a screw
passo diagonal (MECH.) diagonal pitch
passo diametral (MECH.) diametrical pitch
passo efectivo (AERO.; MECH.) effective pitch
passo eficaz de uma hélice (AERO.) experimental mean pitch
passo fraccionário (MECH.) fractional pitch
passo largo (AERO.) positive coarse pitch
passo milimétrico (MECH.) millimetre pitch
passo plano (AERO.) flat pitch
passo polar (ELECT.) pole pitch
passo progressivo (MECH.) forward pitch
passo real (AERO.; MECH.) diametrical pitch (propeller)
passo real da hélice (AERO.) propeller actual pitch
passo reversível (AERO.) reversible pitch
passo transversal (AERO.) transverse pitch
passo Whitworth (MECH.) Whitworth thread
pass word (senha) (COMP.) pass word
pasta (GEN.) paste
pasta abrasiva (MECH.) cutting compound
pasta de cal (BUILD.) lime paste
pasta de cimento (BUILD.) cement grout
pasta de couro (PAPER.) leatherboard
pasta dentária (MED.) pulp

pasta fluida de cal (MINING) lime slurry
pasta oxidante (BUILD.) rust paste
pastel (PRINT.) pie
pasteurelose (VET.) pasteurellosis
pasteurelose bovina (VET.) bovine pasteurellosis
pasteurização (MED.) pasteurization
pastilha de silício (ELECTR.) silicon wafer
pasto arborizado (ECO.) wood-pasture
pata (ZOO.) foot
patágio (ZOO.) patagium
patamar no cimo de uma escada (BUILD.) perron; landing
patamar posterior (ELECT.) back porch
patamar tectónico (GEO.) horst
patela (ZOO.) patella
patente (BOT.) patent
pátera (ARCH.) patera
patilha de placa (ELECT.) plage-lug
patim (MECH.) slipper
patim (BUILD.) patin
patim de asa (AERO.) wing skid
patim de aterragem (AERO.) landing skid
patim de pouso (AERO.) landing skid
pátina (CHEM.) patina
pátina esverdeada em bronze antigo (CHEM.) verde antico
patinagem de correia de transmissão (MECH.) belt slip
pátio (ARCH.) garth
patogénese (MED.) pathogenesis
patógeno (patogénico) (BIO.) pathogen
patognómico (MED.) pathognomic
patologia vegetal (BOT.) phytopathology
patológico (MED.) pathological
patróclino (BOT.; ZOO.) patroclinous
pau-cetim (BOT.) satinwood; East Indian satinwood; Ceylon satinwood
pau de fileira (BUILD.) ridge purlin
pau-ferro (BOT.) ironwood
paúl (ECO.) fen; moor; morass; bog; flush; marsh
pausa mínima (TELECOM.) minimum pause
pausa zero (ELECT.) zero pause
pautar (PRINT.) ruling
pavilhão (ARCH.) pavilion
pavilhão (ZOO.) concha (ear)
pavimentação de estrada com pedra bruta (BUILD.) pitching
pavimentação de magnesite (BUILD.) magnesite flooring
pavimentação em lâmina (BUILD.) sheet pavement
pavimento (BUILD.) floor
pavimento de calhaus (BUILD.) boulder paving
pavimento desértico (GEO.) desert pavement
pavimento duplo (BUILD.) double floor
pavimento e mosaico (BUILD.) tessellated pavement
pavimento maciço (BUILD.) solid floor
PC (COMP.) PC (Personal Computer)
PC convertível (COMP.) PC convertible
P-dextrocardíaca (MED.) P-dextrocardiale

pé (BOT.) foot; leg; stool
pé (BUILD.) footing; raiser (step)
pé (ZOO.) foot; podium; pes
pé ambulacrário (ZOO.) tube foot
peanha (ARCH.) socle
peça (TEXT.) piece
peça de alarme (HORO.) warning piece
peça de encosto (BUILD.) dolly
peça de interrupção (MECH.) breaking piece
peça de ligação (BUILD.) distance block
peça de metal em bruto (MECH.) blank
peça de ruptura (MECH.) breaking piece
peça de suporte (ENG.) backstay
peça de teste (MECH.) test piece
peça em Y (BUILD.) wye
peça fresada (MECH.) milled part
peça fundida (MECH.) casting
peça fundida a chumbo (MECH.) lead casting
peça fundida para forno (MECH.) furnace casting
pé caído (MED.) foot-drop; drop foot
peça polar (ELECT.) pole piece; pole shoe
peça-polar laminada (ELECT.) laminated pole-shoe
peças bucais (ZOO.) mouth parts
peça torneada (MECH.) turned part
pé cavo (MED.) hollow foot; pes cavus
pé chato (MED.) flat foot
pecheblenda (MINER.) pitchblende
pechisbeque (MECH.) pinchbeck alloy; pinchbeck
peciolado (BOT.) petiolate
pecíolo (BOT.) petiole; stick; leaf stalk; stem
pecíolulo (BOT.) petiolule
pé corrido (BUILD.) foot run
pécten (ZOO.) pecten
pécten da esclerótica (ZOO.) pecten scleras (birds and reptiles)
pécten do osso púbico (MED.) pecten ossis pubis
pectinas (CHEM.) pectins
pectineal (ZOO.) pectineal
pectíneo (BOT.) pectinate
pectólite (MINER.) pectolite
pectorilóquia (MED.) pectoriloquy
pedaço de filme (IMAGE TECH.) film clip
pedaço grande (TEXT.) lump
pedaços de carvão de 2 a 3 polegadas (MINING) trebles (UK)
pedal de crescendos (PHYS.) grand swell (Acoustics)
pedal de direcção (AERO.) rudder bar
pedal de expressão (PHYS.) balanced pedal; swell pedal
pé-de-cabra (BUILD.) jimmy; claw bar; crowbar; jemmy; dwang; pinch bar
pé de imersão (MED.) immersion foot
pé de Madura (MED.) Madura foot; maduromycosis
pé de página (PRINT.) tail
pederneira (GEO.) fire-stone; flint
pedesia (PHYS.) pedesis
pedestal (ARCH.) patten (column); socket
pedestal (BUILD.) foot-stall

pedestal (IMAGE TECH.) pedestal
pedestal egípcio (ARCH.) Egyptian base
pé de trincheira (MED.) immersion foot
pé-de-vento (METEO.) squail
pediatra (MED.) paediatrician; pediatrician; pediatrist
pediátrico (MED.) pediatric
pedicelado (BOT.; ZOO.) pedicellate
pedicelária (ZOO.) pedicellaria
pedicelo (BOT.; ZOO.) pedicel
pedículo (ZOO.) pedicle
pediculose (MED.) pediculosis
pedículo vitelino (ZOO.) yolk stalk
pedido de interrupção (TELECOM.) interrupt request [IRQ]
pedido de saída (COMP.) output request
pedimento (ARCH.; GEO.) pediment
pédion (CRYST.) pedion
pedipalpo (ZOO.) pedipalp
pediplanície (ECO.) pediplain
pé-direito (BUILD.) headroom;headway; piedroit
pedofilia (PSYCHO.) paedophilia
pedogénese (BOT.; ZOO.) paedogenesis
pedologia (GEN.) pedology
pedómetro (SURV.) pedometer
pedomorfismo (PSYCHO.) paedomorphism
pedra (GEN.) stone
pedra (MED.) calculus
pedra alemã (MINER.) German lapis; Swiss lapis (false lapis lazuli)
pedra angular (BUILD.) angle stone; quoin; keystone
pedra artificial (BUILD.) artificial stone
pedra britada (BUILD.) metal
pedra bruta (BUILD.) rough ashlar; rubble
pedra calcária fosfática (GEO.) phosphatic limestone
pedra calcária marinha (MINER.) marine limestone
pedra calcária Pré-Câmbrica (GEO.; MINER.) Precambrian limestone
pedra da China (GEO.) China stone
pedra de abóbada (BUILD.) voussoir
pedra de afiar (BUILD.) rag stone
pedra de afiar (GEO.) hone; honestone; whetstone
pedra de afiar a óleo (E.CIV.) oilstone
pedra de afiar de carborundo (MECH.) carborundum wheel
pedra de afiar goivas (BUILD.) grinding slip; slip stone
pedra de alvenaria (BUILD.) dimension stone; moellon; ashlar; cut-stone
pedra de alvenaria trabalhada (BUILD.) boasted ashlar
pedra de amolar (BUILD.) rag stone
pedra de amolar (MECH.) grinding stone
pedra de ápice (BUILD.) saddle stone
pedra de apoio (BUILD.) pad stone
pedra de aspargo (MINER.) asparagus stone (variety of apatite)
pedra de assentamento (BUILD.) bedding-stone
pedra-de-canela (MINER.) cinnamon stone; gooseberry stone

pedra de cantaria (BUILD.) broadstone; freestone; quarry stone
pedra de cobertura chanfrada (BUILD.) feather-edge coping
pedra de fricção (BUILD.) rubbing stone
pedra de fundação (BUILD.) bedding-stone
pedra de impor (PRINT.) imposing stone
pedra-de-moka (mokha, moca) (MINER.) Mocha stone
pedra de pavimentação (BUILD.) cobblestone
pedra de polimento (BUILD.) rubbing stone
pedra de ponte (BUILD.) bridge stone
pedra de sapo (GEO.) toadstone
pedra de Solenhofen (GEO.) Solenhofen stone
pedra de toque (MINER.) touchstone; lydite
pedra de vértice (BUILD.) apex stone
pedra escaravelho (GEO.) beetle-stone
pedra fundamental (BUILD.) footstone; foundation stone
pedra íman (MINER.) loadstone
pedra infernal (CHEM.) lunar caustic
pedra inicial (BUILD.) header
pedra lavrada (BUILD.) hewn stone; broadstone; freestone
pedra litográfica (GEO.) lithographic stone
pedra pomes (GEO.) pumice-stone
pedra que encima a empena (BUILD.) apex stone
pedra reconstituída (BUILD.) precast stone; reconstructed stone
pedra rolada (BUILD.) cobblestone
pedras de cobertura (BUILD.) cover stones
pedra-toque (GEO.) basanite
pedrazite (GEO.) pencatite
pedreira (MINING) quarry
pedreira a céu aberto (MINING) opencast
pedunculado (BOT.) pedunculate
pedúnculo (BOT.; ZOO.) peduncle; stalk
pedúnculo com olho (ZOO.) eye-stalk (Crustacea)
pedúnculos (MED.) crura
pedúnculos cerebrais (MED.) crura cerebri
pé em garra (MED.) claw foot
pé em gota (MED.) drop foot
pé fungoso (MED.) Madura foot; maduromycosis
pegajoso (BUILD.) tacky
pegmatite (GEO.) pegmatite
peitorais (ZOO.) pectorales
peixe (MINING) 'fish'
peixe abissal (GEO.) abyssal fish
peixe anual (BIO.; ECO.) annual fish
peixe bêntico (ECO.) benthic fish
peixe de água doce (BIO.) freshwater fish
peixes batipelágicos (ECO.) bathypelagic fish
pelágico (ZOO.) demersal; pelagic
pelagra (MED.) pellagra
pelagra infantil (MED.) kwashiorkor
pele (ZOO.) skin

pele anserina (MED.) goose flesh
Pelecípodos (ZOO.) Pelecypoda
pele de vitela ou bezerro (PRINT.) calf
Pelicaniformes (ZOO.) Pelecaniformes
película (BOT.; PHYS.) pellicle
película (CHEM.) film
película (ZOO.) coat
película anti-spray (ELECT.) antispray film
película de água (HYDRO.) water film
película de nitrato (IMAGE TECH.) nitrate film
película de segurança (IMAGE TECH.) safety film
película em movimento (IMAGE TECH.) moving film
película fina (ELECTRON.) thin-film
película fotossensível (IMAGE TECH.) photosensitive film
película interfacial (MINING) interfacial film
película magnética (IMAGE TECH.) magnetic film
película móvel (IMAGE TECH.) moving film
película não inflamável (IMAGE TECH.) non-flam film
película sonora (IMAGE TECH.) sound film
película temporária (MECH.) temporary film
pêlo (GEN.) hair; fur
pêlo (TEXT.) nap
pêlo (ZOO.) fur
pêlo de camelo (TEXT.) camel hair
pêlo de marta (TEXT.) sable
pêlo duro (ZOO.) chaeta
pêlo estelar (BOT.) stellate hair
pêlo hidrófugo (ECO.) hydrofuge hair
pêlo irritante (BOT.) stinging hair
pêlo radicular (BOT.) root hair
pelota (BUILD.; MINING) pellet
pêlo táctil (BOT.) tactile bristle
pelotas (GEO.) faecal pellets
peltado (BOT.) peltate
peltógino (BOT.) purpleheart
peltre (MECH.) pewter
pelúcia (TEXT.) plush
pelve (ZOO.) pelvis
pelvimetria (MED.) pelvimetry
pelvitomia (MED.) pelvitomy
pena (BUILD.) pane (hammer)
pena (ZOO.) plume; feather
penado (GEN.) pennate
pena grande, da asa (rémige) ou da cauda (rectriz) (ZOO.) quill feather
penas (ZOO.) feathers; pennae
pencatite (GEO.) pencatite
pendente (MECH.) hanging
pendente de abóbada (ARCH.) pendentive
pêndulo (MECH.) pendulum
pêndulo balístico (PHYS.) ballistic pendulum
pêndulo bifilar (PHYS.) bifilar pendulum
pêndulo composto (PHYS.) compound pendulum
pêndulo de compensação (HORO.) compensation pendulum
pêndulo de Foucault (PHYS.) Foucault pendulum

pêndulo de mercúrio (Horo.) mercurial pendulum
pêndulo de rede (Horo.) grid-iron pendulum
pêndulo de Schuler (Phys.) Schuler pendulum
pêndulo magnético (Elect.) magnetic pendulum
pêndulo simples (Phys.) simple pendulum
pêndulo simples equivalente (Phys.) equivalent simple pendulum
pendurado (Electron.) hang
pendural (Build.) king pile; king post
pendural lateral (Build.) queen post
pene- (Eco.) pene-
penecontemporâneo (Geo.) penecontemporaneous
peneira grossa (Mining) grizzly; riddle
peneiramento (Mining) screening
peneira molecular (Chem.) molecular sieve
peneira vibrante (Mining) shale-shaker
peneplanície (Geo.) peneplain
penesalinos (Eco.) penesaline
penetração (Gen.) penetration
penetração (Mining) breakthrough; perforation
penetração de barreira (Phys.) barrier penetration (Acoustics)
penetração de humidade (Phys.) penetration of dampness
penetração por radiação (Phys.) radiation length
penetrância (Bio.) penetrance
penetrante (Chem.) penetrant
penetrómetro (Radiol.) penetrometer
pênfigo (Med.) pemphigus
pênfigo vegetante (Med.) pemphigus vegetans; Neumann's disease
penicilina (Med.) penicillin
penicilina do alumínio (Chem.; Med.) aluminium penicillin
penicilina G potássica (Chem.; Med.) potassium penicillin G
penina (Miner.) pennine; penninite
peninite (Miner.) penninite; pennine
pénis (Med.; Zoo.) penis; phallus
pénis bífido (Med.) diphallus
pénis duplo (Med.) diphallus
pénis semilunar (Med.) chordee
pensamento concreto (Psycho.) concrete thinking
pensamento convergente (Psycho.) convergent thinking
pensamento divergente (Psycho.) divergent thinking
pensamento pré-operacional (Psycho.) pre-operational thinking
Pensilvaniano (Geo.) Pennsylvanian
pentabásico (Chem.) pentabasic
pentaclorofenol (Chem.) pentachlorophenol
pentacloronitrobenzeno (Chem.) pentachloronitrobenzene [PCNB] ; quintozene
pentadáctilo (Zoo.) pentadactyl
pentaeritritol (Chem.) pentaerythritol
pentafásico (Elect.) five-phase
pentafluoreto de iodo (Chem.) iodine pentafluoride
pentágono (Math.) pentagon
pentalobado (Arch.) cinquefoil

pentâmero (Bot.) pentamerous
pentametileno (Chem.) pentamethylene
pentametilenodiamina (Chem.) pentamethylene-diamine
pentanos (Chem.) pentanes
pentapolar (Elect.) five-pole
pentaprisma (Image Tech.) pentaprisma
Pentástomos (Zoo.) Pentastomida
pentavalente (Chem.) pentavalent
pentazocina (Med.) pentazocine
pente (Gen.) comb
pente de abrir rosca (Mech.) screw tool
pente de aço para pintura decorativa (Build.) graining comb
pente de cardar (Text.) comb
pente de rosca interna (Mech.) inside chaser
pente de tecelão (Text.) sley
pente do tear (Text.) reed
pente para abrir roscas (Mech.) screw-chasing
pentlandite (Miner.) pentlandite
pêntodo (Electron.) pentode
pêntodo-triodo (Elect.) triode amplifier
pentosana (Chem.) pentosan
pentose (Chem.) pentose
Pentotal (Chem.) Pentotal (MC); Penthotal (TM); thiopental sodium
pentóxido de fósforo (Chem.) phosphorus pentoxide
pentóxido de nitrogénio (Chem.) nitrogen pentoxide
penugem (Text.) nap
penugem (Zoo.) down; fur
penugem de ave recém-nascida (Zoo.) neossoptiles
penumbra (Astro.) penumbra
penumbra anticiclónica (Geo.) anticyclonic gloom
penumbra astronómica (Astro.) astronomical twilight
peparaxoniano (Zoo.) paraxonic foot
pepita (Mech.; Mining) nugget
pepita (Miner.) slug
pé plano (Med.) flat foot; pes planus
pepsina (Bio.) pepsin
peptidase (Bio.) peptidase
peptídeos (péptidos) (Chem.) peptides
péptido em trânsito (Bio.) transit peptide
péptido intestinal vasoactivo (Bio.) vasoactive intestinal peptide
péptidos sintéticos (Bio.) synthetic peptides
peptização (Chem.) peptization
pequena amplitude diurna (Meteo.) small diurnal range
pequena barragem (Hydro.) apron
pequena bolsa ou saco (Med.; Zoo.) bursula
pequena caloria (Phys.) small callorie; gram(me)-calorie
pequena casa (Arch.; Build.) maisonette
pequena corrente de jacto (Meteo.) jetlet
pequena fáscia (Zoo.) fasciola
pequena fóvea (Zoo.) foveola

Pequena Idade do Gelo (Eco.) Little Ice Age
pequena maiúscula (Print.) small capital
pequena mata de árvores que se cortam de 10-15 anos (Bot.; Eco.) coppice
pequena variação da tensão da rede eléctrica (Elect.) mains ripple
pequeno adutor da coxa (Zoo.) gracilis (muscle)
pequeno canal (Zoo.) canaliculus
pequeno condensador de fio duplo (Elect.) gimmick
pequeno mal (Med.) petit mal; pyknolepsy
pequeno monte de terra (Geo.) knoll
pequeno painel de alteração de programa (Comp.) plug program patching
pequenos lábios (Zoo.) labia minora
pequeno veio de minério (Mining) leader
peracetato (Chem.) peracetate
perácido (Chem.) per-acid
perborato de sódio (Chem.) sodium perborate
percentagem de carbono (Chem.) carbon value
percentagem de cobre (Elect.) copper factor
percentagem de modulação (Telecom.) percentage of modulation
percentagem de óleo (Build.) oil length
percentagem média (Miner.) average contents
percepção (Psycho.) perception
percepção da gravidade (Bot.) graviperception
percepção extra-sensorial (Psycho.) extrasensory perception
percepção social (Psycho.) social perception
percepção subliminar (Psycho.) subliminal perception
percepção táctil (Med.) tactile perception
percha (Text.) teazle
Perciformes (Zoo.) Perciformes
perclorato (Chem.) perchlorate
perclorato de potássio (Chem.) potassium perchlorate
percloretileno (Chem.) perchloroethilene
percloreto (Chem.) perchloride
percolação (Geo.) percolation
percromatos (Chem.) perchromates
percurso (Gen.) path; track
percurso (Astro.) path
percurso (Mining) trip
percurso (Surv.) course
percurso (Telecom.) path
percurso adaptativo (Eco.) adaptive pathway
percurso catabólico (Bio.) catabolic pathway
percurso de corrente (Elect.) current path
percurso de enchente (Hydro.) storage routing
percurso de ligação lógica (Comp.) logical link path

percurso livre médio (Phys.) mean free path
percurso longo (Aero.) long run
percurso metabólico (Eco.) metabolic pathway
percussão (Gen.) percussion; striking
percussão (Med.) percussion
perda (Elect.; Mech.) leak; fault
perda (Telecom.) loss
perda a vazio (Elect.) open-circuit loss
perda com motor (Aero.) stall with power
perda de absorção (Phys.) absorption loss
perda de altitude (Aero.) mush
perda de audição (Phys.; Med.) hearing loss
perda de carga (Hydro.) loss of head; loss of pressure
perda de circuito aberto (Elect.) open-circuit loss
perda de circulação (Mining.) circulation loss
perda de cobre (Elect.) copper loss
perda de comunicação (Telecom.) outage
perda de contagem (Nucl.) counting loss
perda de conversão (Telecom.) conversion loss
perda de diferencial (Phys.) differential loss
perda de energia (Elect.) power loss
perda de energia por par de iões (Electron.) energy loss per ion pair
perda de excitação (Elect.) excitation loss
perda de exploração (Radar) scanning loss
perda de força (Phys.) loss of power
perda de gravação (Phys.) recording loss
perda de histerese (Elect.) hysteresis loss
perda de histerese incrementada (Elect.) incremental hysteresis loss
perda de histerese magnética (Elect.) magnetic hysteresis loss
perda de imagem (Image Tech.) display loss
perda de inactividade (Mech.) standby loss
perda de irradiação (Phys.) radiation loss
perda de Joule (Electron.) resistance loss
perda de lama (Mining) mud loss
perda de penetração (Phys.) penetration loss
perda de ponte (Elect.) bridging loss
perda de potência (Phys.) loss of power
perda de potência (Elect.) power loss
perda de pressão (Phys.) loss of pressure
perda de propagação (Phys.) propagation loss
perda de queda de arco (Elect.) arc-drop loss
perda de reflexão (Telecom.) reflection loss

perda de sincronismo (Electron.) loss of synchronism
perda de solo (Geo.) soil washing
perda de superfície polar (Elect.) pole face loss
perda de sustentação (Aero.) loss of lift
perda de tensão (Elect.) loss of voltage
perda de transdutor (Electron.) transducer loss
perda de transmissão (Elect.) transmission loss
perda de transmissão total (Telecom.) overall transmission loss
perda de velocidade (Aero.) stall
perda de vigor (Bot.) wilt
perda de vigor ocasionada por falta de água (Bot.) wilting
perda de visão (Med.) blackout
perda de voltagem (Elect.) loss of voltage
perda dieléctrica (Phys.) dielectric loss
perda do núcleo de ferro (Elect.) iron loss
perda do retorno (Telecom.) return loss
perda em fase (Elect.) in-phase loss
perda no cabo (Electron.) cable loss
perda no reprocessamento (Nucl.) reprocessing loss
perda óhmica (Elect.) ohmic loss; wattful loss; ohmic drop; ohmic fall
perda parasita (Elect.) parasitic loss
perda por absorção acústica (Phys.) acoustic absorption loss
perda por atrito (Elect.) friction loss
perda por difracção (Elect.) diffraction loss
perda por dispersão (Electron.) scattering loss
perda por divergência (Phys.) divergence loss
perda por fricção (Auto.) churning loss; friction loss
perda por fricção (Elect.) frictional loss; friction loss
perda por inserção (Elect.) insertion loss
perda por inserção de transdutor (Electron.) transducer insertion loss
perda por radiação (Electron.) spill over loss
perda por resistência em paralelo (Electron.) shunt resistance loss
perda por transformador (Elect.) transformer loss
perdas de conversão (Electron.) conversion loss
perdas de impedância (Elect.) impedance losses
perdas do comutador (Elect.) commutator losses
perdas do núcleo (Electron.) core loss
perda sem carga (Elect.) no-load loss
perda sem motor (Aero.) stall without power
perda sensorial (Psycho.) sensory deprivation
perdas no circuito (Elect.) circuit losses

perdas por dissipação (Telecom.) dissipation losses
perdas totais (Elect.) total losses
perda total (Phys.) overall loss
perda volumétrica (Phys.) volumetric loss
pereiópodes (Zoo.) pereiopods
perene (Bot.) perennial
perenial (perenal) (Bot.) perennial
perfeito (Gen.) perfect; ideal; complete
perfil (Arch.) section
perfil (Gen.) profile
perfiladura (Build.) shuttering
perfilamento (Mech.) profiling
perfil da encosta (Eco.) slope profile
perfil de amostragem (Eco.) profile transect
perfil de dente (Mech.) tooth profile (gear)
perfil de erosão (Eco.) weathering profile
perfil de grupo (Comp.) group profile
perfil de linha (Phys.) line profile
perfil do came (Mech.) cam profile
perfil fluvial (Eco.) river profile
perfil geo-eléctrico (Geo.) geo-electric section
perfil logarítmico de velocidade (Meteo.) logarithmic velocity profile
perfloração (Bot.) aestivation
perfloração aberta (Bot.) open aestivation
perfloração deformada (Bot.) twisted aestivation
perfoliado (Bio.) perfoliate
perforina (Immun.) perforin
perfuração (Comp.) punch
perfuração (Elect.; Electron.) punching; punch-trough
perfuração (Geo.; Mining) drilling; boring; prospecting
perfuração (Mech.) bore; boring; piercing; bore hole
perfuração (Mining) breakthrough; perforation; wildcatting
perfuração a ar (Mining) air drilling
perfuração a canhão (Mining) gun perforation
perfuração a diamante (Mining) diamond boring
perfuração a gás (Mining) gas drilling
perfuração a jacto (Mining) jet drilling
perfuração a laser (Mech.) laser drilling
perfuração biogénica (Geo.) boring
perfuração de controlo (Comp.) control hole; control punch
perfuração de desenvolvimento (Mining) development drilling
perfuração de função (Comp.) function hole
perfuração de fusão (Mining) fusion drilling
perfuração de percussão (Build.) percussive boring
perfuração de tunel (Build.) tunelling
perfuração direccional (Mining) directional drilling
perfuração em ângulo (Mining) angle drilling
perfuração em esquadria (Mining) angle drilling

perfuração hidráulica (Mining) hydraulic drilling

perfuração múltipla (Comp.) gang punch

perfuração numérica (Comp.) numeric punch

perfuração por rebentamento de carga explosiva (Mining) shot drilling

perfuração sob pressão (Mining) drilling under pressure

perfurações (Image Tech.) perforations

perfurações de código (Comp.) code holes

perfurado (Bot.; Zoo.) perforate

perfurado (Build.) punctured

perfurador (Mining) driller

perfuradora (Mech.) boring machine

perfuradora automática (Comp.) automatic punch

perfuradora de alimentação automática (Comp.) automatic feed punch

perfuradora de coluna (Mining) drifter

perfuradora de fita (Comp.) tape punch

perfuradora de fita de papel (Comp.) paper-tape punch

perfuradora de precisão (Mech.) sensitive drill

perfuradora de rocha (Mining) rock drill

perfuradora manual (Comp.) hand punch

perfuradora pneumática (Build.) compressed-air drill

perfuradora-revólver (Mech.) turret punch

perfurador automático de fita (Comp.) automatic tape punch

perfurador automático de fita de papel (Comp.) automatic paper tape punch

perfurador de poços (Build.) miser

perfurador de ponta (Build.) drill bit

perfurador múltiplo (Comp.) gang punch

perfurante (Zoo.) terebrate

pergaminho de imitação (Paper.) imitation parchment

pergaminho vegetal (Paper.) vegetable parchment

perianal (Med.; Zoo.) perianal

perianto (Bot.) perianth

periarticular (Med.) periarticular

periastro (Astro.) periastron

periblasto (Zoo.) periblast

periblema (Bot.) periblem

periblépsia (Med.) periblepsis

peribranquial (Zoo.) peribranchial

peribronquite (Med.) peribronchitis

pericardectomia (Med.) pericardectomy

pericárdio (Zoo.) pericardium; theca cordis

pericardiomediastinite (Med.) pericardiomediastinitis

pericardiotomia (Med.) pericardiotomy

pericardite (Med.) paricarditis

pericardite constritiva (Med.) constrictive pericarditis

pericarpo (Bot.) pericarp

pericelular (Bio.) pericellular

periciclo (Bot.) pericycle

periciclóide (Math.) pericycloid

pericinético (Phys.) perikinetic

periclase(ite) (Mining) periclase

periclina (Miner.) pericline

periclinal (Geo.) periclinal

pericolite (Med.) pericolitis

pericondrial (Zoo.) perichondral; perichondrial

pericôndrio (Zoo.) perichondrium

pericondrite (Med.) perichondritis

pericordal (Zoo.) perichordal

pericórdio (Zoo.) perichord

pericrânio (Zoo.) pericranium

periderme (Bot.) periderm

peridésmio (Zoo.) peridesmium

peridídimo (Zoo.) perididymis

peridinina (Bot.) peridinin

perídio (Bot.) peridium

peridotite (Geo.) peridotite

peridotito (Geo.; Mining) blue ground; peridotite; kimberlite

peridoto (Miner.) peridot

peridoto-brasileiro (Miner.) Brazilian peridot

periélio (Astro.; Space) perihelion

periepatite (Med.) perihepatitis; hepatitis externa

periférico (Gen.) peripheral

perigeu (Astro.) perigee

periginico (Bot.) perigynous

perígino (Bot.) perigynium

periglacial (Geo.) cryergic

periglacial (Eco.) hyperthermic

perigo de irradiação (Radiol.) radiation hazard

perilinfa (Zoo.) perilymph

perimetrite (Med.) perimetritis

perímetro (Gen.) perimeter

perimísio (Zoo.) perimysium

perinatal (Med.) perinatal

perinato (Med.) perinate

perinéfrico (Med.) perinephric

perinefrite (Med.) perinephritis

períneo (Zoo.) perineum; perinaeum

perineoplastia (Med.) perineoplasty

perineorrafia (Med.) perineorrhaphy

perineuro (Zoo.) perineurium

periodatos (Chem.) periodates

periodicidade (Gen.) periodicity

periódico (Zoo.) recurrent

periodismo térmico (Bot.) thermoperiodism

período (Gen.) period; stage; run; cycle

período atlântico (Eco.) Atlantic Period

Período Boreal (Eco.) Boreal Period

período crítico (Psycho.) critical period

período de acção (Comp.) action period

período de arfagem (Nav.) pitching period

período de atraso (Mech.) delay period

período de balanceamento (Nav.) rolling period

período de cinco dias (Meteo.) pentad

período de desintegração (Phys.) period of decay

período de exposição (Image Tech.) period of exposure

período de fadiga (Mech.) fatigue life

período de falha inicial (Electron.) early-failure period

período de ignição (Aero.) light-up

período de impulsos (Telecom.) impulse period

período de indução (Chem.; Elect.) induction period; period of induction

período de latência (Psycho.) latency period

período de meio valor (Phys.) half-value period

período de nutação (Astro.) nutation period

período de ondulação (Nav.) rolling period

período de oscilação (Phys.) oscillation period

período de permanência (Phys.) lingering period

período de pressão (Telecom.) squeeze time

período de retorno (Electron.) return period

período de revolução (Astro.) period of revolution

período de seca (Meteo.) dry spell

período de silêncio (Telecom.) silent period

período de turbina de alta pressão (Aero.) high-pressure turbine stage

Período Eolítico (Geo.) Eolithic Period

período geológico (Geo.) geological period; geological time

período glacial(r) (Geo.) glacial period; ice age

período interglacial (Geo.) interglacial period

período interglaciário (Geo.) interglacial stage

período Juliano (Astro.) Julian date; Julian period

período latente (Bot.) latent period

período natural (Telecom.) natural period

Período Neolítico (Geo.) Neolithic Period

período nodal (Astro.) nodal period

periodontite (Med.) periodontitis

Período Paleolítico (Geo.) Palaeolithic Period

Período Pliocénico (Geo.) Pliocene Period

Período Plistocénico (Pleistocénico) (Geo.) Pleistocene Period

período pluvial (Eco.) pluvial period

Período Pré-Câmbrico (Geo.) Precambrian period

período próprio (Telecom.) natural period

período quiescente (Electron.) quiescent period

período radioactivo (Phys.) radioactive period

período refractário (Psycho.) refractory period

período sensitivo (Psycho.) sensitive period

período sideral (Astro.) sideral period; sidereal revolution

Período Silúrico (Geo.) Silurian Period

período sinódico (Astro.) synodic period

período sinóptico natural (Meteo.) natural synoptic period

periooforite (Med.) peri-oophoritis

periósteo (Zoo.) periosteum

periostite (Med.) periostitis

periótico (Zoo.) periotic

periovarite (Med.) peri-oophoritis

periplasma (Bio.; Bot.; Zoo.) periplasma

periprocto (Zoo.) periproct

periquécio (Bot.) perichaetium

periscópio (Phys.) periscospe

perisperma (Bot.) perisperm

perissarco (Zoo.) perisarc

perissístole (Zoo.) perisystole

perissodáctilo (Zoo.) perissodactyl

Perissodáctilos (Zoo.) Perissodactyla

peristalse (Med.) peristalsis

peristáltico (Zoo.) peristaltic

peristerite (Miner.) peristerite

peristilo (Arch.) peristyle

peristoma (Zoo.) peristome

peristómio (Zoo.) peristomium

peristona (Med.) periston

periteca (Bot.) perithecium

peritécio (Bot.) perithecium

peritoneu (Zoo.) peritoneum

peritónio (Zoo.) peritoneum

peritonite (Med.) peritonitis

perítrico (Bot.) peritrichous

peritrocóide (Math.) peritrochoid

peritrófico (Zoo.) peritrophic

perknito (Geo.) perknite

perlite (Geo.) perlite

perlite (Mech.) pearlite

perlite globular (Mech.) globular pearlite

Perlon (MC) (Chem.) Perlon (TM)

permalói (Eng.) permalloy

permanência no ar (Aero.) glider endurance

permanganato (Chem.) permanganate

permanganato de potássio (Chem.) potassium permanganate

permanganato de zinco (Chem.) zinc permanganate

permeabilidade (Gen.) permeability

permeabilidade absoluta (Elect.) absolute permeability

permeabilidade a vapor (Paper.) vapour permeability

permeabilidade de fluxo transitório (Phys.) transient flow permeability

permeabilidade diferencial (Elect.) differential permeability

permeabilidade do espaço livre (Electron.) permeability of free space

permeabilidade efectiva (Phys.) effective permeability

permeabilidade equivalente (Electron.) equivalent permeability

permeabilidade específica (Elect.) specific permeability

permeabilidade incrementada (Elect.) incremental permeability

permeabilidade inicial (Elect.) initial permeability

permeabilidade intrínseca (Elect.) intrinsic permeability

permeabilidade passiva (Bio.) passive permeability

permeabilidade relativa (Elect.) relative permeability

permeabilidade selectiva (Phys.) selective permeability

permeâmetro (Phys.) permeameter

permeâmetro de Drysdale (Elect.) Drysdale permeameter

permeância (Elect.) permeance

Pérmico (Permiano) (Geo.) Permian

permissão de interrupção (Comp.) interrupt enable

permissividade relativa (Elect.) relative permittivity

permitividade (Elect.) permittivity

permitividade absoluta (Phys.) absolute permittivity

permitividade do espaço livre (Electron.) permittivity of free space

Permo-Carbónico (Geo.) Coal Measures

Permo-Triásico (Geo.) Permo-Trias

permutação (Math.) permutation

permutação circular (Math.) circular permutation

permuta de banda larga (Comp.) broadband exchange [BEX]

permuta de iões (Chem.; Med.) ion exchange

permuta de memória-tampão (Comp.) buffer exchange

perna (Telecom.) leg (branch)

perna (Zoo.) crus (knee to ankle)

perna arqueada (Med.) genu varum; bow-leg; bandy-leg

perna artificial temporária (Med.) pylon

perna com entalhes para os degraus (Build.) open string

pernada de árvore (Bot.) limb

perna de cão (Mining) 'dog leg'

perna de escada exterior (Build.) outer string

perna de leite (Med.) white-leg; milk leg; phlegmasia alba dolens

perna escamosa (Vet.) scaly leg

perna intermédia (Build.) rough string

perno (Build.) brad

perno (Mech.) joggle; bolt

perno de travar (Mech.) set bolt; locking bolt

pernos da cabeça da biela (Mech.) big-end bolts

pérola (Print.) pearl (type)

pérola (Zoo.) pearl (nacre concretion)

pérola (Med.) pearl (mucus)

pérolas de Baily (Astro.) Baily's beads

pérolas de bórax (Chem.) borax beads

peroneal (Zoo.) fibulare

peróneo (Zoo.) fibula

peroral (Zoo.) peroral

perose (Vet.) perosis

perovskite (Miner.) perovskite

peroxidase da ramorácea (Bio.) horseradish peroxidase

peroxidase do rábano silvestre (Bio.) horseradish peroxidase

peroxidases (Bio.) peroxidases

peróxido de benzoíla (Chem.) benzoyl peroxide

peróxido de dibenzoílo (Chem.) dibenzoyl-peroxide

peróxido de hidrogénio (Chem.) hydrogen peroxide

peróxido de magnésio (Chem.) magnesium peroxide

peróxidos (Chem.) peroxides

peroxissoma (Bio.) peroxisome

perpendicular (Build.) plumb

perpendicular (Math.) normal

perpendicular de proa (Nav.) forward perpendicular

perpianha (Build.) bonder; bond-stone

perpianho (Build.) perpend

per-renatos (Chem.) perrhenates

persal (Chem.) per-salts

Perseidas (Astro.) Perseids

perseveração (Med.) perseveration

persiana (Build.) Venetian blind

persiana florentina (Build.) Florentine blind

persiana inclinável (Build.) hook-out blind

persiana italiana (Build.) Italian blind

persistência (Electron.) persistence

persistência da visão (Phys.) persistence of vision

persistência média (Image Tech.) medium persistence

persistente (Bot.) sempervirent; evergreen

persistente (Zoo.) persistent

personado (Bot.) personate

personalidade (Psycho.) personality

personalidade autoritária (Psycho.) authoritarian personality

perspectiva (Geo.; Mining) prospect

perspectiva (Gen.) perspective; panorama; view; prospect

perspectiva acústica (Phys.) acoustic perspective; auditory perspective

Perspex (Plast.) Perspex

perspiração (Med.) sweat; sudor

pertosito (Miner.) perthosite

perturbação (Aero.; Space) perturbation; disturbance

perturbação (Gen.) perturbation

perturbação (Telecom.) disturbance

perturbação aerodinâmica (Mech.) wash

perturbação auroral (Astro.) auroral disturbance

perturbação causada pelo gelo (Geo.) congeliturbation

perturbação contínua (Elect.) continuous disturbance

perturbação ionosférica (Meteo.) ionospheric disturbance

perturbação magnética ionosférica (Meteo.) ionospheric magnetic disturbance

perturbação periglacial (Eco.) cryoturbation

perturbação secular (Astro.) secular perturbation

perturbação solar (Astro.) solar disturbance

perturbação súbita da ionosfera (Telecom.) sudden ionospheric disturbance

perturbador de fluxo (Aero.) spoiler; slat

pertuso (Bot.) pertusate

perversão do apetite (Med.) pica

perversão sexual (PSYCHO.) paraphilia

pés (ZOO.) pedes

pesar (MED.) grief

pescoço (ZOO.) neck; cervicum

pescoço rígido (MED.) stiff neck

peso à descolagem (AERO.) take-off weight

peso atómico (GEN.) atomic weight; at.wt.

peso atómico diferencial (PHYS.) differential atomic weight

peso axial (ENG.) axle weight

peso base (PAPER) basis weight

peso básico (AERO.) basic weight; dry mass

peso bruto (AERO.) gross weight

peso bruto de (à) descolagem (AERO.) take-off gross weight

peso da cauda (AERO.) stern heaviness

peso de compensação (ENG.) balance weight

peso de equilíbrio (MECH.) bobweight; balance weight

peso de farmácia (CHEM.) apothecaries' weight

peso de Hamming (COMP.) Hamming weight

peso equivalente (CHEM.) combining weight

peso equivalente (CHEM.) equivalent weight

peso específico (PHYS.) specific gravity

peso estatístico (PHYS.) statistical weight

peso líquido (MECH.) net dry weight

peso máximo (AERO.) gross weight; maximum weight; max weight; max gross

peso máximo à aterragem (AERO) maximum landing weight [MLW]

peso máximo à descolagem (AERO.) maximum take-off weight; max take-off weight; [MTOW]

peso máximo permitido à descolagem (AERO) maximum licensed takeoff weight

peso molecular (CHEM.) molecular weight

peso morto (NAV.) dead weight

peso polegada-péni (MINING) inch-penny weight

peso seco líquido (MECH.) net dry weight

peso sem combustível (AERO.; SPACE.) zero fuel weight; dry weight

peso vazio (AERO.; SPACE) dry weight

pesquisa aleatória (COMP.) random hunting

pesquisa aleatória (ECO.) random searching

pesquisa a radar (ASTRO.) radar research

pesquisa atómica (CHEM.) atomic research

pesquisa binária (COMP.) binary search

pesquisa de área limitada (ECO.) area-restricted search

pesquisa de prova (COMP.) hash search

pesquisador de jogos (COMP.) games paddle

pesquisador do osso (CHEM.) bone seeker

pesquisa encadeada (COMP.) chaining search

pesquisa espacial (SPACE) space research

pesquisa geofísica (MINING) geophysical research

pesquisa lunar (SPACE) lunar research

pesquisa operacional (COMP.) operation research

pessário (MED.) pessary

peste (ECO.) pest

peste (MED.) plague

peste aviária (VET.) fowl pest

peste bubónica (MED.) bubonic plague

peste do gado (VET.) cattle plague; rinderpest

peste dos galináceos (VET.) fowl pest

peste equina africana (VET.) African horse sickness

Peste Negra (MED.) Black Death (14th Century plague)

peste suína (VET.) swine plague; hog cholera; swine fever

peste suína africana (VET.) African swine fever

pétala (BOT.) petal

petalite (MINER.) petalite

petalodia (BOT.) petalody

petalóide (BOT.; ZOO.) petaloid

petéquia (MED.) petechia

petidina (MED.; CHEM.) pethidine

pé torto (MED.) club foot; talipes

pétreo (ZOO.) petrous (bone)

petrificação (GEO.) petrifaction

petrificado (GEO.) petrified

Petrografia (GEO.; MINING) petrography

petrolatum (CHEM.; MED.) petroleum jelly

petroleiro (NAV.) oil tanker; tanker

petróleo (CHEM.) petroleum

petróleo (MINING) oil; naphta

petróleo de carga (MINING) charge stock

petróleo de oleoduto (MINING) pipe line oil [PLO]

petróleo desviado do seu curso normal (MINING) by-passed oil

petróleo e lama com algum gás (MINING) oil and gas cut mud

petróleo fóssil (MINING) dead oil

petróleo sólido (MINING) dead oil

Petrologia (GEO.; MINING) petrology

petrologia experimental (GEO.) experimental petrology

petroquímicos (CHEM.) petrochemicals

petroso (ZOO.) petrosal; petrous (bone)

pé tubular (ZOO.) tube foot

petzite (MINER.) petzite

pez (BUILD.; GEO.) asphalt; mineral pitch

pez louro (CHEM.) rosin

pez mineral (MINER.) ozocerite; ozokerite

pH (CHEM.) pH

phot (PHYS.) phot; ph (CGS unit of illumination)

Photomaton (IMAGE TECH.) Photomaton

pia de Langmuir (MINING) Langmuir trough

pia de minério (MINING) dumb buddle

pia-máter (ZOO.) pia mater

piaracnite (MED.) leptomeningitis

pica (PRINT.) pica

picada em parafuso (AERO.) tail spin

picadeira (BUILD.) brick-axe

picado (BUILD.) punctured

picadora (BUILD.) picker

picador automático (MECH.) pneumatic pick

pica duplo (PRINT.) double pica

picagem (BUILD.) pricking-up

picante (BOT.) pungent

picão (BUILD.) pick-axe

pica pequeno (PRINT.) small pica

picareta (BUILD.) pick; slate axe

picareta de mineiro (MINING) drifting pick; tubber

picareta pneumática (MECH.) pneumatic pick

Piciformes (ZOO.) Piciformes

pickeringite (MINER.) pickeringite

pickup a cristal (PHYS.) crystal pick-up

picnidiósporo (BOT.) pycnidiospore

picnoclina (ECO.) pycnocline

picnoepilepsia (MED.) pyknolepsy; petit mal

Picnogónidas (ZOO.) Pycnogonida

picnolepsia (MED.) pyknolepsy

picnómetro (BUILD.; CHEM.) pycnometer; pyknometer

picnómetro (PHYS.) specific gravity bottle

picnose (BIO.; MED.) pycnosis; pyknosis

picnóstilo (BUILD.) pycnostyle; pycastyle

pico (PHYS.) peak

pico (GEO.) spur

pico de absorção (ELECT.) absorption peak

pico de amplitude (TELECOM.) amplitude peak

pico de branco (IMAGE TECH.) peak white

pico de carga (ELECTRON.) load peak

pico de cheia (HYDRO.) peak discharge; peak flow

pico de enchente (HYDRO.) flood peak

pico de interferência (TELECOM.) interference peak

pico de origem (PHYS.) parent peak

pico do negro (IMAGE TECH.) peak black

picofarad (ELECT.) picofarad

pico fotónico (RADIOL.) photopeak

picograma (GEN.) picogram

picolina (CHEM.) picoline

pico percursor (PHYS.) parent peak

picossegundo (GEN.) picosecond

picotado (COMP.) chad

picotite (MINER.) picotite; chrome spinel

picrato (CHEM.) picrate

picrato de amónio (CHEM.) explosive D; ammonium picrate

picrato de prata (CHEM.) silver picrate

picrocarmim (CHEM.) picrocarmin

picrotina (CHEM.) picrotin

picrotoxina (CHEM.) picrotoxin

picrotoxinina (CHEM.) picrotoxinin

pielite (MED.) pyelitis

pielítico (MED.) pyelitic

pielocistite (MED.) pyelocystitis

pielofluoroscopia (MED.) pyelofluoroscopy
pielografia (RADIOL.) pyelography
pielolinfático (MED.) pyelolymphatic
pielolitotomia (MED.) pyelolithotomy
pielonefrite (MED.) pyelonephritis
pielonefrite bovina (VET.) bovine pyelonephritis
pielonefrose (MED.) pyelonephrosis
pieloplastia (MED.) pyeloplasty
pieloplicação (MED.) pyeloplication
pieloscopia (MED.) pyeloscopia
piémese (MED.) pyemesis
piemia (MED.) pyaemia; pyemia
piemontite (MINER.) piedmontite; manganepidote
piezo (PHYS.) pieze; pz (MTS unit of pressure)
piezoelectricidade (PHYS.) piezoelectricity
piezóide (ELECTR.) piezoid
piezomagnetização (PHYS.) piezomagnetization
piezómetro (GEO.) piezometer
piezoquímica (CHEM.) piezochemistry
pigeonita (MINER.) pigeonite
pigmentação negra (MED.) nigrities
pigmento (GEN.) pigment
pigmento acessório (BOT.) accessory pigment
pigmento biliar (MED.) cholechrome
pigmento colorido (BUILD.) colouring pigment
pigmento fotossintético (BOT.) photosynthetic pigment
pigmento respiratório (ZOO.) respiratory pigment
pigmentos insolúveis coloridos (CHEM.) lakes
pigóstilo (ZOO.) pygostyle
pilão (BUILD.) pummel; pile-driver
pilão (CHEM.) pestele
pilão californiano (MINING) Californian stamp; gravity stamp
pilão de gravidade (MINING) gravity stamp
pilão pneumático (BUILD.) pneumatic pile-driver
pilar (GEN.) pillar; pile; pier; pilaster
pilar central (BUILD.) solid newel
pilar composto (BUILD.) compound pillar
pilar de alimentação (ELECT.) feeder pillar
pilar de apoio (BUILD.) bearing pile
pilar de barreira (MINING) barrier pillar
pilar de consolidação (BUILD.) consolidation pile
pilar de distribuição (ELECT.) distribution pillar
pilar de escada (BUILD.) newel
pilar de escada oco (BUILD.) hollow newel
pilar de fundação (BUILD.) foundation pile
pilar de guarda (BUILD.) border-pile
pilar de poço (MINING) shaft pillar
pilar de suporte (BUILD.) solid newel
pilares (ARCH.) pilotis; pillars; piers; pilasters
pilares de betão moldados no local (BUILD.) cast-in-situ concrete piles
pilares de terra (GEO.) earth-pillars

pilar inclinado (BUILD.) batter pile
pilar quadrado (ARCH.) square pier
pilar terminal (ELECT.) terminal pillar
pilastra (ARCH.) parastas; pier; pilaster
pilastra (BUILD.) pier; pilaster
pilastra quadrada (ARCH.) square pier
pileflebite (MED.) pylephlebitis
píleo (BOT.) pileus
pilha (ELECT.) cell; pile; battery
pilha (GEN.) pile; stack; cell
pilha (MECH.) pile
pilha (NUCL.) pile; cell
pilha alcalina (ELECTRON.) alkaline cell
pilha alcalina de magnésio (ELECTRON.) manganese alkaline cell
pilha anódica de alumínio (ELECT.) aluminium anode cell
pilha atómica (PHYS.; NUCL.) atomic pile; atomic battery; nuclear pile; nuclear cell
pilha blindada (ELECTRON.) leakproof cell
pilha de (ácido e) chumbo (ELECT.) lead-acid cell
pilha de Becquerel (GEN.) Becquerel cell
pilha de cádmio (ELECTRON.) cadmium cell
pilha de cádmio modelo Weston (PHYS.) Weston standard cadmium cell
pilha de carbono e zinco (ELECTRON.) carbon-zinc cell
pilha de carga (MECH.) load cell
pilha de césio (ELECT.) caesium cell
pilha de césio-oxigénio (ELECT.) caesium-oxygen cell
pilha de concentração (PHYS.) concentration cell
pilha de Daniel (CHEM.) Daniel cell
pilha de De la Rue (ELECT.) De la Rue cell
pilha de deslocamento descendente (COMP.) pushdown stack
pilha de diafragma (CHEM.) diaphragm cell
pilha de Hellesen (ELECT.) Hellesen cell
pilha de Lalande (ELECT.) Lalande cell
pilha de Leclanché (ELECT.) Leclanché cell
pilha de mercúrio (CHEM.) mercury cell
pilha de Obach (ELECT.) Obach cell
pilha de óxido de mercúrio (ELECTRON.) mercuric oxide cell
pilha de óxido de prata e zinco (ELECTRON.) zinc-silver oxide cell
pilha de Planté (ELECT.) Planté cell
pilha de Pockels (ELECT.) Pockels' cell
pilha de Poggendorff (ELECT.) Poggendorff cell
pilha de polarização (ELECT.) bias cell; polarization cell
pilha de polarização de grade (ELECT.) grid bias cell
pilha de rádio (RADIOL.) radium cell
pilha de relógio (ELECTRON.) button cell
pilha de reserva (MINING) stock pile
pilha de Reuben-Mallory (CHEM.) Reuben-Mallory cell
pilha de selénio (ELECT.) selenium cell
pilha electrolítica (CHEM.) electrolytic cell

pilha fotovoltaica (ELECTRON.) photovoltaic cell
pilha húmida (COMP.) wet cell
pilha líquida (ELECT.) liquid cell
pilha micro (ELECTRON.) microcell
pilha nuclear (PHYS.) nuclear cell; nuclear pile; nuclear battery
pilha padrão (PHYS.) standard cell
pilha primária (ELECT.) primary cell; prime cell
pilha primária de cloreto de prata e zinco (ELECTRON.) zinc-silver chloride primary cell
pilha primária de dióxido de manganés e zinco (ELECTRON.) zinc-manganese dioxide primary cell
pilha reversível (ELECT.) reversible cell
pilhas de força contra-electromotriz (ELECT.) back-e.m.f. cells
pilha seca (ELECT.) dry cell; dry battery
pilha secundária (ELECT.) secondary cell
pilha selada (ELECTRON.) sealed cell
pilha solar (ELECTRON.) solar cell
pilha solar de película fina (ELECT.) thin-film solar cell
pilha térmica (ELECTRON.) thermal cell
pilha termoeléctrica (ELECT.) thermopile; thermoelectric cell
pilha termoeléctrica solar (ELECT.) thermoelectric solar cell
pilha ultra-sónica de Debye-Sears (PHYS.) Debye-Sears ultrasonic cell
pilha voltaica (ELECT.) voltaic pile; voltaic cell
pilocarpina (CHEM.) pilocarpine
pilocístico (MED.) pilocystic
pilomotor (MED.) pilomotor
pilorectomia (MED.) pylorectomy
piloro (ZOO.) pylorus
piloromiotomia (MED.) pyloromyotomy; Rammstedt's operation
piloroplastia (MED.) pyloroplasty
pilorospasmo (MED.) pylorospasm
piloso (BOT.) pilose
piloto (ELECT.) pilot
piloto automático (AERO.) automatic pilot; autopilot
piloto automático (NAV.) automatic navigator
pílula-rádio (MED.) radiopill
pimelose (MED.) pimelosis
pina (BOT.) pinna (leaflet)
pina (ZOO.) pinna (a fin in Fish; outer ear in Mammals; a feather or wing in Birds)
pinacianol (CHEM.) pinacyanol
pinacócitos (ZOO.) pinacocytes
pinacóide (CRYST.) pinacoid
pinacol (CHEM.) pinacol
pinacolona (CHEM.) pinacolone
pináculo (ARCH.) spire
pináculo de gelo glaciar (ECO.) serac
pinatífido (BOT.) pinnatifid
pinázio (BUILD.) sash bar; mullion
pinça (ELECTRON.) current meter clamp
pinça (BUILD.) tongs
pinça (MECH.) grip
pinça (PRINT.) gripper edge
pinça (MED.; ZOO.) forceps
pinça crocodilo (ELECT.) alligator clip
pinça de apertar (BUILD.) spring cramp

pinça de aperto (MECH.) collet
pinça de bateria (ELECT.) battery spike
pinça de conexão (ELECT.) alligator clip
pinça de contacto (ELECT.) contact clip
pinça de mola (BUILD.) spring cramp
pinça de parafuso (SURV.) clip screw
pinça de provas (ELECTRON.) test clip
pinça de rebitagem (MECH.) riveting placer
pinça elástica (MECH.) collet chuck
pinças (PRINT.) grippers
pinças (ZOO.) pincers
pinças Burdizzo (VET.) Burdizzo pincers
pinças de cadinho (CHEM.; MECH.) crucible tongs
pinças de castrar (VET.) Burdizzo pincers
pinças de descarga (ELECT.) discharging tongs
pincel de mosquear (BUILD.) mottler
pincel de pressão de dourador (BUILD.) gilder's mop
pincel para argamassa (BUILD.) badger
pinceta (GLASS) pontie; ponti; puntee
pinealoma (MED.) pinealoma
pineno (CHEM.) pinene
pineoblastoma (MED.) pineoblastoma
pingadouro (BUILD.) canting strip; water table
pingadouro de pedra (BUILD.) dripstone
pinguécula (MED.) pinguecula
pinha (BOT.) cone; strobilus
pinha (GEN.) cone
pinhão (MECH.) pinion
pinhão de diferencial (MECH.) transmission pinion gear
pinheiro (BOT.) pine
pinheiro-de-casquinha (BOT.) Baltic redwood
pinheiro-de-riga (BOT.) Baltic redwood
Pinheiro do Chile (ECO.) Chile pine
pinheiro produtor de pez (BOT.) pitch pinus
pinípede (ZOO.) pinniped
pinite (MINER.) pinite
pino (BUILD.) pin
pino (GEN.) pin; dowel; bolt;summit
pino (MECH.) stud
pino (MED.) post (Odontology)
pino articulado (AUTO.) swivel-pin
pino central (AUTO.) king pin; knuckle pin
pino central (HORO.) centre pinion
pinócito (MED.) pinocyte
pinocitose (IMMUN.; MED.) pinocytosis
pino com gancho (MECH.) rag-bolt
pino cónico (MECH.) taper pin
pino cortante (MECH.) shear pin
pino da agulha da bússola (NAV.) compass center pin
pino da alavanca (MECH.) lever pin
pino da manivela (MECH.) crank pin
pino de articulação (MECH.) link pin
pino de cabeça (MECH.) set bolt
pino de êmbolo (AUTO.) piston pin
pino de forquilha (MECH.) clevis pin
pino de impulsos (HORO.) impulse pin
pino de inibição (ELECTRON.) inhibit pin

pino de mola (MECH.) spring-bolt
pino de pistão (AUTO.) gudgeon pin; piston pin
pino de protecção (HORO.) guard pin
pino de rubi (HORO.) ruby pin
pino de tracção (MECH.) tension pin
pino do isolador (ELECT.) insulator pin
pino esticador (MECH.) clevis pin
pinos de batimento (HORO.) beat pins
pinta (MED.) pinta; caraate; mal de los pintos
pinta (GEN.) pint (unit of capacity or volume of Imperial System)
pintura a alta pressão (BUILD.) airless spraying
pintura a (para) cimento (BUILD.) cement paint
pintura a grafite (BUILD.) graphite paint
pintura a imitar madeira ou mármore (BUILD.) graining
pintura a têmpera (BUILD.) distemper
pintura corrugada (BUILD.) wringle finish
pintura encáustica (BUILD.) encaustic painting
pintura encrespada (BUILD.) ripple finish
pintura grosseira (BUILD.) dabbing
pintura na borda de livro (PRINT.) fore-edge painting
pintura rachada (BUILD.) alligatoring
pínula (BOT.) pinnule
pínula (SURV.) vane
pinulado (BOT.) pinnate
piocelia (MED.) pyocelia
piocolpos (MED.) pyocolpus
piogénico (MED.) pyogenic
piolho (MED.) body louse (pl. body lice)
piolho do carneiro (VET.) sheep ked
piometria (MED.) pyometra
piometrite (MED.) pyometritis
piomiosite (MED.) pyomyositis
piomiosite tropical (MED.) tropical pyomyositis; myositis purulenta tropica
pionefrose (MED.) pyonephrosis
piopneumotórax (MED.) pyopneumothorax
piorreia (MED.) pyorrhea; pyorrhoea
piosepticemia (VET.) joint-ill
piossalpingite (MED.) pyosalpingitis
pipa (MINING) tub
piperazina (CHEM.) piperazine
piperidina (CHEM.) piperidine
piperina (CHEM.) piperine
piperitona (CHEM.) piperitone
piperonal (CHEM.) piperonal; heliotropin
pipeta (CHEM.) pipette
pipeta automática graduada (CHEM.) automatic pipette
pipeta de explosão de Hempel (CHEM.) Hempel's explosion pipette
pique (BUILD.; SURV.) picket
piqué (TEXT.) piqué
piquete (SURV.) arrow
piquete de cadeia de agrimensor (SURV.) offset staff
piquete de ponta roscada (SURV.) screw picket
pirâmide (GEN.) pyramid
pirâmide de biomassa (ECO.) pyramid of biomass

pirâmide de cores (IMAGE TECH.) colour pyramid
pirâmide de números (PHYS.) pyramid of numbers
pirâmide ecológica (ECO.) ecological pyramid
pirâmide energética (ECO.) pyramid of energy
pirâmide zodiacal (ASTRO.) zodiacal cone
pirano (CHEM.) pyran
piranómetro (METEO.; PHYS.) pyranometer; solarimeter
piranona (CHEM.) pyranone
piranose (CHEM.) pyranose
pirargirite (MINER.) pyrargyrite; dark red silver ore
pirata de informática (COMP.) hacker
pirataria de hardware (COMP.) hardware piracy
pirazinamida (CHEM.; MED.) pyrazinamide
pirazinas (CHEM.) pyrazines
pirazol (CHEM.) pyrazole
pirebólio (MINER.) pyribole
pireliómetro (METEO.) pyrheliometer
pireno (CHEM.) pyrene
pirenocarpo (BOT.) pyrenocarp
pirenóide (BOT.) Pyrenoid
Pirenomicetos (Pirenomicetíneas) (BOT.) Pyrenomycetes
pirético (MED.) pyretic; febrile
piretrinas (CHEM.) pyrethrins
pirexia (MED.) pyrexia
piridazinas (CHEM.) pyridazines
piridina (CHEM.) pyridine
piridoxal (BIO.) pyridoxal
piridoxina (CHEM.) pyridoxine
piriforme (BOT.; ZOO.) pyriform
pirilampo (ZOO.) firefly
pirimidina (CHEM.) pyrimidine
pirite (MINER.) pyrite; fool's gold; mundic (Cornwall)
pirite arsenical (MINER.) arsenical pyrite
pirite aurífera (MINER.) auriferous pyrite
pirite de cobre (MINER.) copper pyrite; cupriferous pyrite
pirite de estanho (MINER.) tin pyrite
pirite de ferro (MINER.) iron pyrite; cockcomb
pirite magnética (MINER.) magnetic pyrite
piroborato de sódio (CHEM.) sodium pyroborate
pirocalciferol (CHEM.) pyrocalciferol
pirocatecol (CHEM.) pyrocatechol
pirocatequina (CHEM.) pyrocatechin
piroclástico (GEO.) pyroclastic
piroclímax (ECO.) fire climax
pirocloro (MINER.) pyrochlore
pirocondensação (CHEM.) pyrocondensation
piroelectricidade (MINER.) pyroelectricity
piroeléctrico (ELECTRON.) pyroelectric
pirofânio (MINER.) fire opal
pirofílico (BOT.) pyrophilous
pirofilite (MINER.) pyrophyllite
pirófito (ECO.) pyrophyte
pirofosfatase (CHEM.) pyrophosphatase

pirofosfato de lipotiamida (CHEM.) lipothiamide pyrophosphate
pirogalhol (CHEM.) pyrogallol
pirogéneo (CHEM.; MED.) pyrogen
pirogénico (CHEM.) pyrogenic
pirólise (CHEM.) pyrolysis
pirolusite (MINER.) pyrolusite
piroméride (GEO.) pyromeride
pirometalurgia (MECH.) pyrometallurgy
pirómetro (PHYS.) pyrometer
pirómetro de irradiação (PHYS.) radiation pyrometer
pirómetro de resistência (ELECT.) resistance pyrometer
pirómetro óptico (PHYS.) optical pyrometer
pirómetro termoeléctrico (ELECT.) thermoelectric pyrometer
piromorfite (MINER.) pyromorphite
pirona (CHEM.) pyrone
pironina (CHEM.) pyronin
pironinofilia (IMMUN.) pyroninophilia
piroplasma (VET.) piroplasma; babesia
piroplasmose (VET.) piroplasmosis; babesiosis
piroplasmose bovina (VET.) bovine piroplasmosis; Texas fever; red water
piropo (MINER.) pyrope; Bohemian garnet
pirose (MED.) waterbrash
pirostibite (MINER.) pyrostibite
pirotecnia (CHEM.) pyrotechny
piroxena (MINER.) pyroxene
piroxenito (GEO.) pyroxenite
piroxilina (CHEM.) pyroxilin
pirrol (CHEM.) pyrrole
pirrolidina (CHEM.) pyrrolidine
pirrolidona (CHEM.) pyrrolidone
pirrolina (CHEM.) pyrroline
pirrotite (MINER.) pyrrhotine; pyrrhotite
pirroxilina (CHEM.) soluble cellulose nitrate
piruvaldeído (CHEM.) pyruvaldehyde; methylglyoxal
piruvato (CHEM.) pyruvate
piruvato carboxilase (BIO.) pyruvate carboxylase
piruvato oxidase (BIO.) pyruvate oxidase
pisca-pisca luminoso (ELECT.) flasher
piscina (NUCL.) basin; pool
piscívoro (ZOO.) piscivorous
pisiforme (ZOO.) pisiform
piso (BUILD.) floor; decking
piso de arrasto (MINING) haulage level
piso de degrau (BUILD.) tread
piso de pedra (BUILD.) floor stone
piso de transporte (MINING) haulage level
pisolítico (GEO.) pisolitic
pisólito (pisólite) (GEO.) pisolite
pista (AERO.) runway
pista (COMP.) slot
pista (GEN.) track
pista áudio (TELECOM.) audio tracks
pistacite (MINER.) pistacite
pista compressível (TELECOM.) squeeze track
pista de área unilateral (ELECTRON.) unilateral-area track
pista de área variável (IMAGE TECH.) variable area track

pista de aterragem (AERO.) airstrip
pista de aterragem de terra batida (AERO.) dust strip
pista de auditoria (COMP.) audit trail
pista de bits (COMP.) bit track
pista de descolagem (AERO.) take-off strip; take-off runway
pista de descolagem de hidroavião (AERO.) seaplane basin
pista de endereços (COMP.) address track
pista de rolamento (AERO.) taxi track
pista de som de densidade variável (IMAGE TECH.) variable density sound track (obsolete)
pista de som simétrica (IMAGE TECH.) push-pull sound track
pista dupla (PHYS.) dual track
pistão (GEN.) piston
pistão compensador (MECH.) dummy piston; balance piston
pistão de compressão (MECH.) plunger
pistão de equilíbrio (MECH.) dummy piston
pistão de sapata (AUTO.) slipper piston
pistão do motor (MECH.) engine piston
pistão oscilante (MECH.) oscillating piston
pistão oval (AUTO.) oval piston
pista óptica (IMAGE TECH.) optical track
pista primária (IMAGE TECH.) primary track
pista principal (IMAGE TECH.) primary track
pista sonora (IMAGE TECH.) sound track
pista sonora em oposição (IMAGE TECH.) push-pull sound track
pista única (ELECTRON.) standard track
pistilo (BOT.) pistil
pistola de ar comprimido (BUILD.) air gun
pistola de lubrificação (MECH.) lubricant gun; grease gun
pistola lubrificadora a ar comprimido (MECH.) compressed-air grease gun
pita (TEXT.) henequen
pitão (MECH.) eye bolt
pitão isolado (ELECT.) insulated screw eye
piteira (TEXT.) henequen
pitiríase (MED.) pityriasis
pitiríase maculada (MED.) pityriasis maculata
pitiríase vermelha do pilar (MED.) pityriasis rubra pilaris; Devergie's disease
pitiriásico (MED.) pityriasic
pitoresca (ARCH.) folly
Pitoresco (ARCH.) Picturesque
pitot (AERO.; PHYS.) pitot; pitot line; static-pressure tube
pituicito (MED.) pituicyte
pituicitoma (MED.) pituicytoma
pituíta (MED.) pituita
pituitarismo (MED.) pituitarism
piúria (MED.) pyuria
pivô (GEN.) swivel; pivot
pivô (HORO.) pivot
pivô (MECH.) pintle

pivô cónico (HORO.) conical pivot
pixel (COMP.; IMAGE TECH.) pixel
píxidio (BOT.) pyxis; pyxidium
pK (CHEM.) pK
placa (AERO.) ramp
placa (BIO.; MED.) plaque
placa (COMP.) platter
placa (ELECT.; ELECTRON.) plate
placa (GEN.) plate; plaque; chuck; slab; sheet
placa (IMAGE TECH.) plate
placa (MECH.) slab; chuck
placa (ZOO.) plate; scute
placa aceleradora (COMP.) accelerator card
placa acústica (PHYS.) acoustic tile
placa (adaptadora) de vídeo (COMP.) video card
placa apical (ZOO.) apical plate
placa AT bébé (COMP.) baby AT board
placa basal (BIO.) basal lamina
placa bimetálica (PRINT.) bimetallic plate
placa blindada (ELECT.) armour plate
placa celular (BOT.) cell plate
placa chave (BUILD.) key plate
placa colectora (MECH.) catch plate
placa combinada (MECH.) combination chuck
placa da caldeira (MECH.) boiler plate
placa da escova (MECH.) brush plate
placa danificada por aquecimento (ELECTRON.) burnt print
placa de abertura (IMAGE TECH.) aperture plate
placa de aço (MECH.) steel plate; steel sheet
placa de adesão (BIO.) adhesion plaque
placa de ancoragem (BUILD.) wall plate
placa de ardósia (BUILD.) slate slab
placa de ardósia de Westmorland (BUILD.) Westmorland slate
placa de base (PAPER) bedplate
placa de beiral (BUILD.) eaves plate
placa de Cambridge (PRINT.) Cambridge plate
placa de circuito impresso (ELECTRON.) printed wiring board
placa de circuito interno (COMP.) circuit board
placa de computador (COMP.) board [PC]
placa de contacto (MECH.) contact clamp
placa de crivo (BOT.) sieve plate
placa de dados (COMP.) tablet
placa de deflexão (ELECT.) deflecting plate
placa de desvio (ELECT.) deflecting plate
placa de diodo (ELECT.) diode plate
placa de encaixe (COMP.) plug-in card
placa de fase (PHYS.) phase plate
placa de fibra (BUILD.) fibre board
placa de fixação de barra de tracção (MECH.) draw-bar plate
placa deflectora (AERO.) baffle
placa de focalização (PHYS.) focusing plate
placa de fundo (HORO.) bottom plate
placa de gesso (BUILD.) plaster slab

placa de gesso (PHYS.) gypsum plate

placa de manobra (AERO.) apron

placa de memória (COMP.) memory board

placa de moldar (MECH.) moulding board

placa de molde (MECH.) strickle board

placa de neutralização (ELECTRON.) plate neutralization

placa de núcleo (ELECT.; MECH.) core plate

placa de perfuração (ELECT.) perforating plate

placa de plaina (BUILD.) sole

placa de Planté (ELECT.) Planté plate

placa de rede (COMP.) network adapter card

placa de reforço (BUILD.) gusset; gusset plate; fish-plate

placa de separação (MECH.) division plate

placa de soalho (BUILD.) ground plate; flooring slab

placa de som (COMP.) sound board

placa de terra (ELECT.) earth plate

placa de teste (ELECTRON.) solderless breadboard

placa de transformador (ELECT.) transformer plate

placa de travagem (HORO.) locking plate

placa de um quarto de onda (PHYS.) quarter-wave plate

placa de união (BUILD.) fish-plate; gusset; gusset plate

placa de válvula (ELECT.) tube plate

placa de zonas (PHYS.) zone plate

placa deflectora (ELECT.; ENG.) baffle plate; baffle

placa do condensador (ELECT.) condenser plate

placa do excitador (ELECT.) exciter plate

placa do interruptor (ELECT.) switch plate

placa do triodo (ELECT.) triode plate

placa eléctrica (ZOO.) electroplaque

placa empastada (ELECT.) pasted plate

placa envolvente (MECH.) wrapper plate

placa fusível (ELECT.) fuse strip

placagem (AERO.) pancaking

placa giratória (PHYS.) turntable

placa gráfica (COMP.) display adapter

placa gráfica de vídeo (COMP.) video graphics card

placa impressa de face dupla (ELECTRON.) double-sided PCB

placa impressa de rede de pontos (COMP.) ball grid array [BGA]

placa lateral (ZOO.) lateral plate

placa lisa (torno) (MECH.) face plate (lathe)

placa lógica (COMP.) logic card; logic array

placa mãe (COMP.) mainboard

placa mãe ATX (COMP.) ATX motherboard

placa matricial (ELECTRON.) matrix board

placa medular (ZOO.) medullary plate

placa mista (MECH.) combination chuck

placa motora (ZOO.) end plate

placa móvel (MECH.) movable plate

placa negativa (ELECT.) negative plate

placa negativa em caixa (ELECT.) box-type negative plate

placa negativa tipo gaiola (ELECT.) cage-type negative plate

placa oscilante (MECH.) swash plate

placa para PC (COMP.) PC card

placa plana equivalente (MECH.) equivalent flat-plate

placa polar (BUILD.) pole plate

placa polida (CHEM.) slide

placa pré-sensibilizada (PRINT.) pre-sensitized plate

placa (receptora) de TV (COMP.) TV capture card

placas acessórias (MINER.) accessory plates

placas brancas (MED.) cotton-wool patches (in exudative retinitis)

placas colectoras (ELECT.) collector plates

placas de borracha (PRINT.) rubber plates

placas de chama (MECH.) flame plates

placas deflectoras (ELECTRON.) deflector plates

placas de granulação (PRINT.) graining plates

placas de Peyer (IMMUN.) Peyer's patches

placa separadora (ELECTRON.) baffle

placa sintonizada (ELECTRON.) tuned anode

placas pilosas (ZOO.) hair plates

placas termoplásticas (PRINT.) thermoplastic plates

placa teórica (CHEM.) theoretical plate

placa terminal (ELECT.) terminal plate

placa terminal (ZOO.) end plate

placa terminal do induzido (ELECT.) armature end plate

placa terminal do pólo (ELECT.) pole end-plate

placa terminal isolada (ZOO.) motor end plate

placa universal (MECH.) scroll chuck; universal chuck; surface plate

placa X (ELECTRON.) X-plate

placebo (MED.) placebo

placenta (BOT.; ZOO.) placenta

placentação (BOT.; ZOO.) placentation

placentação apical (BOT.) apical placentation

placentação axilar (BOT.) axile placentation

placentação basal (BOT.) basal placentation

placentação central livre (BOT.) free central placentation

placentação cotiledonar (ZOO.) cotyledonary placentation

placentação difusa (ZOO.) diffuse placentation

placentação parietal (BOT.) parietal placentation

placentação pendular (BOT.) pendulous placentation

placentação zonal (ZOO.) zonary placentation

placenta endoteliocoriónica (ZOO.) endotheliochorial placenta

Placentália (ZOO.) Placentalia

placenta sindesmocorial (ZOO.) syndesmochorial placenta

placenta verdadeira (ZOO.) placenta vera

plácer (GEO.) placer

pláceres (GEO.) placer deposits

Placodermes (ZOO.) Placodermi

placóide (ZOO.) placode; placoid

pladarose (MED.) pladarosis

plagas (ASTRO.) plages

plagiocefalia (MED.) plagiocephaly

plagioclase porfírica (MINER.) porphyritic plagioclase

plagioclímax (ECO.) plagioclimax

plagiogeotrópico (ECO.) plagiogeotropic

plagotropismo (BOT.) plagotropism

plaina (BUILD.) plane; grader

plaina angular (BUILD.) shooting plate

plaina a parafuso sem-fim (MECH.) Sellers drive for planer

plaina circular (BUILD.) compass plane

plaina de acabamento (BUILD.) smoothing plane

plaina de acanelar (BUILD.) fluting plane

plaina de astrágalos (BUILD.) astragal plane

plaina de bancada (BUILD.) bench plane

plaina de bocelar (BUILD.) banding plane

plaina de cantos (BUILD.) edge plane

plaina de carpinteiro (BUILD.) bench plane

plaina de chanfros (BUILD.) chamfer plane

plaina de corrimão (BUILD.) hand-rail plane

plaina de desbaste (BUILD.) jack plane

plaina de ferro dentado (BUILD.) toothing plane

plaina de ferro inteiriço (BUILD.) block plane

plaina de meia-cana (BUILD.) banding plane

plaina de moldar lambrins (BUILD.) dado plane; trenching plane

plaina de pequeno ângulo (BUILD.) low-angle plane

plaina de rebaixar (BUILD.) fillister; router plane; rebate plane

plaina de recortar cantos (BUILD.) edge trimming plane

plaina de volta (BUILD.) draw knife

plaina limadora (MECH.) shaping machine

plaina mecânica (MECH.) planing machine

plaina mecânica de avanço manual (BUILD.) hand jointer

plaina mecânica universal (MECH.) universal planer

plaina oca (BUILD.) hollow plane

plaina universal (BUILD.) universal plane

plaina vertical (MECH.) slotting machine

planador (AERO.) glider; sailplane

planador a pára-quedas (AERO.) paraglider

planador de cabine (AERO.) cabin glider

planador de voo livre (AERO.) hang glider

planador hipersónico (AERO.) hypersonic glider

planagem (AERO.) soaring

planalto (GEO.) plateau

planalto continental (GEO.) continental plateau; continental segment

plâncton (ECO.) plankton

plane (AERO.) wing

planeamento (COMP.) scheduling

planeamento de memória (COMP.) memory mapping

planeio (AERO.) gliding

planeio com motor parado (AERO.) glider with dead stick

planeta (ASTRO.) planet

planeta artificial (SPACE) artificial planet

planeta menor (ASTRO.) minor planet

planetário (ASTRO.) planetarium; orrery

planeta secundário (ASTRO.) secondary planet

planetas inferiores (ASTRO.) inferior planets

planetóide (ASTRO.) planetoid

Planetologia (GEO.) planetology

planície (ECO.) plain; prairie

planície de gramíneas (ECO.) grassland

planície de inundação (GEO.) flood plain

planície de maré (GEO.) tidal flat

planície do delta (GEO.) delta plain

planície glaciar ondulada (Escócia) (ECO.) knock and lochan

planície recifal (GEO.) reef flat

planície salgada (ECO.) salt flat

planificação de endereços (COMP.) address mapping

planímetro (MECH.) planimeter

plano (GEN.) plane; plan; scheme

plano (MATH.) plane

plano (PSYCHO.) scheme

plano auxiliar (AERO.) slat

plano bloco (BUILD.) block plan

plano circular (BUILD.) circular plane

plano-convexo (IMAGE TECH.; PHYS.) plano-convex

plano cortante (MECH.) shear plan

plano da cauda (AERO.) tail plane

plano da curva de nível (SURV.) contour level

plano da proa (AERO.) foreplane

plano das pontas das lâminas (AERO.) tip-path plane

plano da terra (TELECOM.) ground plane

plano de água (MINING) oil-water contact

plano de água (NAV.) water plane

plano de capa (BUILD.) capping-plane

plano de clivagem axial (GEO.) axial-plane cleavage

plano de coada (MECH.) pouring level

plano de colimação (SURV.) plane of collimation

plano de conjunto (IMAGE TECH.) long shot

plano de deriva (AERO.) tail fin

plano de estratificação (GEO.) bedding plane

plano de falha (GEO.; MINING) fault plane

plano de falha de compressão (GEO.) thrust plane

plano de fractura (GEO.; MINING) fault plane

plano de gravidade (MINING) gravity plane

plano de impulsos (HORO.) impulse plane

plano de maré harmónica (GEO.) harmonic tide plane

plano de polarização (PHYS.) plane of polarization

plano de projecção (MATH.) projective plane

plano de prova (ELECT.) proof plane

plano de referência (AERO.) datum

plano de saturação (BUILD.) plane of saturation

plano de simetria (CRYST.; MATH.) plane of symmetry; symmetry plane

plano de sustentação (AERO.) aerofoil; main plane

plano de tangência (MATH.) tangent plane

plano de transmissão (ELECT.) transmission plane

plano de voo (AERO.) flight plan

plano diametral (MATH.) diametral plane

plano do disco (AERO.) tip-path plane

plano estabilizador da cauda (AERO.) tail plane

plano focal (PHYS.) focal plane

plano frontal (ZOO.) frontal plane

plano fundamental (ASTRO.) fundamental plane

plano galáctico (ASTRO.) galactic plane

planogâmeto (BIO.) planogamete

plano geral (IMAGE TECH.) long shot

planografia (RADIOL.) planigraphy

plano horizontal (BUILD.) ground plane

plano horizontal da cauda (AERO.) horizontal tail

plano inclinado (MINING) chute

plano inclinado (PHYS.) inclined plane

plano inclinado (SURV.) cant

plano inclinado para navios (NAV.) slip; slipway

plano invariável (ASTRO.) invariable plane

plano móvel (AERO.) stabilator

plano osculador (MATH.) orbit plane

plano principal (BUILD.) key plane

plano principal (MATH.; PHYS.) principal plane

planos basais (CRYST.) basal planes

planos conjugados (PHYS.) conjugate planes

planos cristalográficos (CRYST.) crystallographic planes

planos da alheta (NAV.) buttock planes

planos de base (CRYST.) basal planes

planos de clivagem (MINING) cleats

planos de deslizamento (NAV.) sliding ways

planos de escorregamento (CRYST.) gliding planes

planos deslizantes (CRYST.) slip planes

planos principais (PHYS.) cardinal planes

plano uniforme (MATH.) uniform plane

planta (BOT.) plant

planta (BUILD.) ground plan

planta carnívora (BOT.) carnivorous plant

planta de açúcar (BOT.) sugar plant

planta de costa (BOT.) strand plant

planta de dia curto (BOT.) short-day plant

planta de dia longo (BOT.) long-day plant

planta de húmus (BOT.) humus plant

planta de orla marítima (BOT.) strand plant

planta de sol (BOT.) sun plant

planta de sombra (BOT.) shade plant

planta do pé (ZOO.) planta; pelma

planta insectívora (BOT.) carnivorous plant

planta intrusa (BOT.) rogue

planta micotrófica (BOT.) mycotrophic plant

planta pioneira (ECO.) pioneer plant

Plantas, As (BOT.) Plantae

plantas florescentes (BOT.) flowering plants

planta sublitoral (ECO.) sublittoral plant

planta vascular (BOT.) vascular plant

plantígrado (ZOO.) plantigrade

plânula (ZOO.) planula

planúria (MED.) planuria

plaqueta (COMP.) wafer

plaqueta (MED.) plaque

plaqueta sanguínea (ZOO.) thrombocyte; thigmocyte

plasma (GEN.) plasma

plasma (MINER.) plasma (variety of chalcedony)

plasmalema (BIO.) plasmalemma

plasma sanguíneo (MED.) blood plasma

plasmático (BIO.) plasmatic; plastic

plasmídeo (BIO.) plasmid

plasmídeo críptico (BIO.) cryptic plasmid

plasmina (MED.) plasmin

plasminogénio (MED.) plasminogen

plasmócito (ZOO.) plasmocyte

plasmocitoma (IMMUN.; MED.) plasmacytoma; plasmocytoma

plasmocitose (MED.) plasmacytosis; plasmocytosis

plasmodesmo (BOT.) plasmodesma; connecting thread

plasmódio (BIO.) plasmodium

plasmogamia (BIO.; BOT.) plasmogamy

plasmóide (PHYS.) plasmoid

plasmólise (BOT.) plasmolysis

plasmólise incipiente (BOT.) incipient plasmolysis

plasmologénio (BIO.) plasmalogen

plasmoma (MED.) plasmoma

plasmoquina (CHEM.; MED.) primaquine phosphate

plasmossoma (BIO.) plasmosome

plasticidade (MECH.) plasticity

plasticidade fenotípica (BIO.) phenotypic plasticity

plástico (GEN.) plastic

plástico betuminoso (PLAST.) bituminous plastic

plástico expandido (PLAST.) expanded plastic

plástico ftálico (PLAST.) phthalic plastic

plástico reforçado (PLAST.) reinforced plastic

plásticos (GEN.) plastics

plásticos esponjosos (PLAST.) foamed plastics

plásticos espumosos (PLAST.) foamed plastics

plásticos laminados (PLAST.) laminated plastics

plastídio (BOT.) plastid

plastocianina (BOT.; CHEM.) plastocyanin

plastocrono (BOT.) plastochron(e)

plastocronologia (ECO.) plastachron

plastoquinona (BOT.; CHEM.) plastoquinone

plastrão (MED.; ZOO.) plastron

plataforma (BUILD.) table; foot board; bed

plataforma (GEN.) platform; base

plataforma (PRINT.) bed

plataforma (SPACE) platform

plataforma colectora (MINING) gathering station

plataforma continental (GEO.) continental shelf

plataforma de compensação da bússola (NAV.) compass compensation platform

plataforma de gelo escandinava (ECO.) Scandinavian ice sheet

plataforma de mistura (BUILD.) gauging-board

plataforma de perfuração (MINING) drilling platform

plataforma de pista de aeroporto (AERO.) apron

plataforma de produção (MINING) production platform

plataforma de teste (PHYS.) test bed

plataforma de teste de bússola (NAV.) compass compensation platform

plataforma de trem de aterragem (AERO.) bogie landing gear

plataforma de uma só perna (MINING) monopod platform

plataforma elevatória (BUILD.) cherry-picker

plataforma estável (TELECOM.) stable platform

plataforma giratória (PHYS.) turntable

plataforma inferior (AERO.) lower deck

plataforma litoral (ECO.) shore platform

plataforma monópode (MINING) monopod platform

plataforma móvel (IMAGE TECH.) dolly

plataforma polar (SPACE) solar platform

plataformista (MINING) roughneck

plátano-americano (BOT.) buttonwood

plátano-bastardo (BOT.) maple

platelminta (ZOO.) flatworm

Platelmintas (ZOO.) Platyhelminthes

platibanda (ARCH.; BUILD.) fascia; platband

platibanda (BUILD.) platband

platibanda de beiral (BUILD.) verge board

platicefálico (MED.) platycephalic

platicéfalo (MED.) platycephalus

platicnemia (MED.) platycnemia

platidáctilo (ZOO.) platydactyl

platiglosso (ZOO.) platyglossal

platina (CHEM.) platinum

platina de microscópio (PHYS.) stage

platinado (MECH.) contact point

platina esponjosa (CHEM.) spongy platinum

platinaminas (CHEM.) platinammines

platinatos (CHEM.) platinates

platinite (MECH.) platinite

platinóide (MECH.) platinoid

platipodia (MED.) platypodia

platisma (ZOO.) platysma

platispermo (BOT.) platyspermic

Plectomicetos (BOT.) Plectomycetes

plectostela (BOT.) plectostele

pleiomórfico (BIO.) pleomorphic

pleiotropia (BIO.) pleiotropy

pleiotrópico (BIO.) pleiotropic

pleno Inverno (METEO.) midwinter

pleocitose (MED.) pleocytosis

pleocróico (BIO.) pleochroic; pleochromatic

pleocroísmo (MED.) pleochroism

pleocromático (BIO.) pleochromatic

pleonasto (MINER.) pleonaste

pleópodes (ZOO.) swimmerets

pleópodo (ZOO.) pleopod

pleroma (BOT.) plerome

plesiomorfo (ECO.) plesiomorphic

pletismógrafo (MED.) plethysmograph

pletora (MED.) plethora

pleura (ZOO.) pleura

pleuracentese (MED.) pleuracentesis

pleurapófise (ZOO.) pleurapophysis

pleurectomia (MED.) pleurectomy

pleurisia (MED.) pleurisy; pleuritis

pleurite (MED.) pleuritis; pleurisy

pleurocárpico (BOT.) pleurocarpous

pleurodinia (MED.) pleurodynia

pleurodonte (ZOO.) pleurodont

pleurogénico (MED.) pleurogenous

pleurógeno (BOT.) pleurogenous

pleurolito (MED.) pleurolith

pleuroparietopexia (MED.) pleuroparietopexy

pleuropericardite (MED.) pleuropericarditis

pleuroperitoneal (MED.) pleuroperitoneal

pleuropneumonia (MED.) pleuropneumonia

pleuro-pneumonia contagiosa bovina (VET.) lung plague; contagious bovine pleuro-pneumonia

pleurorreia (MED.) hydrothorax

pleurotético (ECO.) pleurothetic

pleurotifóide (MED.) pleurotyphoid

pleurotomia (MED.) pleurotomy; thoracotomy

pleurotótono (MED.) pleurothotonos

pleurovisceral (MED.) pleurovisceral

plexite (MED.) plexitis

plexo (ZOO.) plexus

plexo coróide (ZOO.) choroid plexus

plexo de Meissner (ZOO.) Meissner's plexus

plexo de Mummery (ZOO.) Mummery's plexus

plexo de Ranvier (ZOO.) Ranvier's plexus

plexo mucoso (ZOO.) Meissner's plexus

plexo nervoso (ZOO.) nerve plexus

plexor múltiplo (RADAR) polyplexer

plexo solar (ZOO.) solar plexus

plica (ZOO.) plica

plicado (BOT.) plicate

plintite (ECO.) plinthite

plinto (ARCH.) dado

plinto (BUILD.) plinth; footstall

pliocrómico (BIO.) pleochromic

pliómero (BOT.) pleiomerous

pliomórfico (polimórfico) (BOT.) pliomorphic

pliomorfismo (ZOO.) pleomorphism

pliomorfo (ZOO.) pleomorphous

Plíotron (ELECT.) Pliotron

ploidia (BIO.) ploidy

pluma (BOT.; ZOO.) plume

plumagem (ZOO.) feathers

plumas (ZOO.) plumae

plumbagina (MINER.) plumbago; black lead

plumbato de cálcio (BUILD.) calcium plumbate

Plumbicon (IMAGE TECH.) Plumbicon [TM]

plumbite (CHEM.) plumbite

plumoso (BOT.; ZOO.) plumose

plúmula (BIO.;BOT.) plumule

plúmulas (ZOO.) down feathers; plumulae

plurilocular (BOT.) plurilocular

Plutão (ASTRO.) Pluto

plutónio (CHEM.) plutonium

plutonitos (GEO.) plutonites

pluvial (GEN.) pluvial

pluviógrafo (METEO.) pluviograph

pluviometria (METEO.) pluviometry

pluviómetro (METEO.) pluviometer; rain gauge; hyetograph

pneu (AUTO.) pneumatic wheel; tyre

pneu de lona (AUTO.) cross-ply

pneumático (GEN.) pneumatic

pneumático (MECH.) tyre

pneumatocardia (MED.) pneumatocardia

pneumatocelo (MED.) pneumatocele

pneumatocisto (ZOO.) pneumatocyst

pneumatódio (BOT.) pneumathode

pneumatóforo (BOT.) aeration root; breathing root; pneumathophore

pneumatólise (GEO.) pneumatolysis

pneumatúria (MED.) pneumaturia

pneumectomia (MED.) pneumectomy

pneumoangiografia (MED.) pneumoangiography

pneumobacilina (MED.) pneumobacilina

pneumobacilo (BIO.; MED.) pneumobacillus

pneumobacterina (MED.) pneumobacterine

pneumobulbar (MED.) pneumobulbar

pneumocefalia (MED.) pneumocephaly

pneumocele (MED.) pneumocele

pneumocentese (MED.) pneumocentesis

pneumocistose (MED.) pneumocystosis

pneumococemia (MED.) pneumococcemia

pneumocócico (MED.) pneumococcal

pneumococida (MED.) pneumococcidal

pneumococo (BIO.) pneumococcus

pneumocólon (MED.) pneumocolon

pneumoconiose (MED.) pneumoconiosis

pneumocrânio (MED.) pneumocranium

pneumodermia (MED.) pneumoderma

pneumoencefalia das aves (VET.) Newcastle disease; pseudo fowl plague

pneumoencefalite (VET.) pneumoencephalitis; Newcastle disease

pneumoenterite (MED.) pneumoenteritis

pneumogalactocele (MED.) pneumogalactocele

pneumogástrico (MED.) pneumogastric

pneumo-hemopericárdio (MED.) pneumohaemo-pericardium

pneumo-hemotórax (MED.) pneumo-haemothorax

pneumo-hidropericárdio (MED.) pneumohydro-pericardium

pneumo-hidrotórax (MED.) pneumo-hydrothorax

pneumo-hipodermia (MED.) pneumo-hypoderma

pneumólise (MED.) pneumolysis

pneumolitíase (MED.) pneumolithiasis

pneumólito (MED.) pneumolith

pneumomalacia (MED.) pneumomalacia

pneumomelanose (MED.) pneumomelanosis

pneumomicose (MED.) pneumomycosis

pneumomicose (VET.) aspergillosis

pneumomielografia (MED.) pneumomyelography

pneumonectomia (MED.) pneumonectomy

pneumonia (MED.) pneumonia; pneumonitis

pneumonia aguda (MED.) acute pneumonia; lobar pneumonia

pneumonia de aspiração (MED.) aspiration pneumonia

pneumonia de deglutinação (MED.) aspiration pneumonia

pneumonia do embarque (VET.) shipping pneumonia

pneumonia intersticial atípica (VET.) fog fever

pneumonia lobar (MED.) lobar pneumonia

pneumonia ovina progressiva de Marsh (VET.) pulmonary adenomatosis

pneumonia pleural (MED.) lobar pneumonia

pneumonite (MED.) pneumonitis

pneumonite felina (VET.) cat 'flu; feline pneumonitis

pneumopatia (MED.) pneumopathy

pneumopericárdio (MED.) pneumopericardium

pneumopielografia (MED.) pneumopyelography

pneumopiopericárdio (MED.) pneumopyopericardium

pneumopiotórax (MED.) pneumopyothorax

pneumopleurite (MED.) pneumopleuritis

pneumóstoma (ZOO.) pneumostome

pneumotórax (MED.) pneumothorax

pneumotórax artificial (MED.) artificial pneumothorax

pneumoventrículo (MED.) pneumoventricle

pneumoxigenador (MED.) pneumo-oxygenator

pneus de terra (AERO.) earthing tyres

pneuse (MED.) pneusis

pneu sem câmara (AUTO.) tubeless tyre

pó (GEN.) powder

Poáceas (BOT.) Poaceae

poça de praia (GEO.) beach pool

poço (GEN.) well; sump; pit

poço (MECH.;MINING) borehole; hole

poço aos coices (MINING) kicking well

poço aos recuos (MINING) kicking well

poço artesiano (BUILD.) Artesian well

poço colector (BUILD.) catch basin

poço colector (MINING) gathering pit

poço de absorção (BUILD.) absorbing well

poço de ar (AERO.) air pocket; bump

poço de avaliação (MINING) appraisal well

poço de confirmação (MINING) outpost well

poço de descarga (MINING) relief well

poço de desenvolvimento (MINING.) development well

poço de drenagem (MINING) sump

poço de entrada de mina (MINING) sump

poço de exploração (MINING) exploitation well

poço de gás (MINING) gas well

poço de injecção (MINING) injection well; intake well

poço de inspecção (BUILD.) inspection chamber

poço de mina (MINING) shaft; mine shaft; pit

poço de petróleo activo (MINING) gusher

poço de saída de ar (MINING) upcast

poço-descoberta (MINING) discovery well

poço de túnel (BUILD.) tunnel pit; tube shaft

poço de ventilação (MINING) downcast

poço de visita (HYDRO.) manhole

poço exploratório (MINING) development well

poço gaussiano (PHYS.) Gaussian well

poço imperfeito (HYDRO.) partially penetrating well

poço incompleto (HYDRO.) partially penetrating well

poço morto (MINING) dead well

poço periférico (BUILD.) outpost well

poço petrolífero (MINING) oil well

poço petrolífero acidificado (MINING) oil well acidized

poço potencial (PHYS.) potential well

poço profundo (MINING) deep well

poço profundo (NAV.) deep tank

poço revelação (MINING) discovery well

poço seco (MINING) dry hole; dry well; duster

podagra (MED.) podagra

podal (ZOO.) podal

podálico (ZOO.) podal

poda plana (ECO.) pollard

pó de cal (BUILD.) lime powder

pó de carbonilo (MECH.) carbonyl powder

pó de carvão (GEO.) culm

pó de coque (BUILD.) coke breeze

pó de diamante (MECH.) diamond powder

pó de diamante (MINING) diamond dust

pó de minério (MINING) ore dust

pó de moldar (PLAST.) moulding powder

pó dendrítico (MECH.) dendritic power

pó de óxido de estanho (BUILD.) putty powder

poder (GEN.) power

poder absortivo (PHYS.) absorptive power

poder activo (ELECTRON.) active power

poder aéreo (AERO.) air power

poder amplificador (PHYS.) magnifying power

poder antidetonante (AUTO.) antiknock value

poder atractivo (PHYS.) attractive power

poder calorífico (PHYS.) calorific power

poder de absorção (PHYS.) absorptive power

poder de aderência (MECH.) holding power

poder de calcinação (NUCL.) calcination power

poder de captação (PHYS.) collecting power

poder de cobertura (IMAGE TECH.) covering power

poder de coloração (CHEM.) staining power

poder de encobrir (BUILD.) hiding power

poder de moderação (NUCL.) slowing down power

poder de paragem (PHYS.) stopping power

poder de penetração (CHEM.) penetrating power

poder de reflexão (PHYS.) reflecting power

poder de resolução de um telescópio (ASTRO.) resolving power of a telescope

poder de resolução do olho (PHYS.) resolving power of the eye

poder de separação (NUCL.) separative power

poder dispersivo (PHYS.) dispersive power

poder dissolvente (CHEM.) solvent power

poder emissivo (PHYS.) emissive power; emissivity

poder geotérmico (GEO.) geothermal power

poder irradiante (ELECT.) radiating power

poder luminoso esférico médio (PHYS.) mean hemispherical candle-power

poder não reactivo (ELECT.) non-reactive power

poder reflector (PHYS.) reflectivity

poder solvente (CHEM.) solvent power

poder telescópico (PHYS.) telescopic power

pó de Seidlitz (CHEM.) Seidlitz powder

pódex (pódice) (ZOO.) podex

pó de zinco (MINING) zinc dust

pódice (ZOO.) podex

Podicipediformes (ZOO.) Podicipitiformes

pódio (ARCH.) podium

pódito (ZOO.) podite

podocarpo (BOT.) podocarpus

pododermatite infecciosa (VET.) claw ill; foul in the foot; infectious popodermatitis

podómero (ZOO.) podomere

podridão-castanha (BOT.) brown rot

podridão húmida (BOT.) wet rot

podzol (ECO.) podsol; podzol

podzol turfoso (GEO.) peat podzol

poecilítico (GEO.) poecilitic

poeira (GEN.) powder; dust

poeira (NUCL.) dust

poeira atmosférica (METEO.) atmospheric dust

poeira de sangue (MED.) blood dust

poeira estelar (ASTRO.) stellar dust

poeira interestelar (ASTRO.) interstellar dust

poeira lunar (ASTRO.) lunar dust

poeira meteórica (ASTRO.) meteoric dust

poeira nuclear (PHYS.) nuclear dust

poeira radioactiva (NUCL.) radioactive dust

poeira radioactiva (ECO.; PHYS.) fall-out

poeira residual (ECO.; PHYS.) fall-out

poeira vulcânica (ECO.) volcanic dust

Pogonóforas (ZOO.) Pogonophora

poiquiloblástico (GEO.) poikiloblastic

poiquilócito (MED.) poikilocyte

poiquilocitose (MED.) poikilocytosis

poiquiloídrico (BOT.) poikilohydric

poiquilosmótico (ECO.) poikilosmotic

poiquilotérmico (ZOO.) poikilothermal

poise (PHYS.) poise (CGS unit of viscosity)

polar continental (METEO.) continental polar

polaridade (CHEM.; GEO.; PHYS.; ZOO.) polarity

polaridade axial (BIO.; CHEM.) axis polarity

polaridade de entrada de transmissor (ELECT.) transmitter input polarity

polaridade de imagem (IMAGE TECH.) picture polarity

polaridade de molécula (PHYS.) polarity of molecule

polaridade de um transformador (ELECT.) leading polarity of transformer

polaridade diamagnética (PHYS.) diamagnetic polarity

polaridade do sinal (ELECTRON.) signal polarity

polaridade do sinal de vídeo (IMAGE TECH.) polarity of video signal

polaridade geomagnética (GEO.) geomagnetic polarity

polarímetro (CHEM.) polarimeter

polariscópio (PHYS.) polariscope

polarização (CHEM.) polarization

polarização (COMP.; ELECT.; PHYS.) bias

polarização automática de grade (ELECT.) automatic grid bias

polarização automática inversa (ELECT.) automatic back bias

polarização catódica (ELECT.) cathode bias

polarização circular (TELECOM.) circular polarization

polarização contínua de grade (ELECTRON.) direct grid bias

polarização da antena (TELECOM.) aerial polarization

polarização da bateria (ELECTRON.) cell polarization

polarização da fita (magnética) (TELECOM.) tape bias

polarização de avanço (ELECTRON.) forward-bias

polarização de CA (ELECTRON.) AC bias

polarização de concentração (PHYS.) concentration polarization

polarização de corrente contínua (ELECT.) d.c. bias

polarização de corte (ELECT.) cut-off bias

polarização de emissor (ELECTRON.) emitter bias

polarização de filamento de aquecimento (ELECT.) heater biasing

polarização de frequências (ELECT.) frequency bias

polarização de grade (ELECTRON.) grid bias

polarização de impacte (ELECT.) impact polarization

polarização de sinal (ELECTRON.) signal bias

polarização de spin (PHYS.) spin polarization

polarização dieléctrica (ELECT.) dielectric polarization

polarização eléctrica (TELECOM.) electric polarization; electrical bias

polarização electrolítica (ELECT.) electrolitic polarization

polarização electromagnética (ELECT.) electromagnetic polarization

polarização elíptica (PHYS.; TELECOM.) elliptic(al) polarization

polarização espontânea (PHYS.) spontaneous polarization

polarização fixa (ELECT.) fixed bias

polarização horizontal (PHYS.; TELECOM.) horizontal polarization

polarização induzida (PHYS.) induced polarization

polarização linear (ELECT.; PHYS.) plane polarization; linear polarization

polarização magnética (CHEM.; PHYS.) magnetic polarization; magnetic bias

polarização mecânica (ELECT.) mechanical bias

polarização mútua (ELECT.) mutual polarization

polarização negativa (ELECTRON.) negative bias

polarização negativa de grade (ELECT.) negative grid bias

polarização nuclear (PHYS.) nuclear polarization

polarização plana (PHYS.) plane polarization

polarização por divisão de tensão (ELECTRON.) voltage divider biasing

polarização positiva (ELECT.) positive bias

polarização teta (ELECTRON.) theta polarization

polarização vertical (TELECOM.) vertical polarization

polarizador (ELECTRON.) biasing

polarografia (CHEM.) polarography

Polaroid (IMAGE TECH.) Polaroid [TM]

polaróide (PHYS.) polaroid

pólder (BUILD.) polder

polegadas por segundo (ELECTRON.) inches per second [ips]

polegar (ZOO.) thumb; pollex

pólen (BOT.) pollen

pólen alimentar (BOT.) food pollen

polenose (polinose) (MED.) pollenosis

polia (MECH.) pulley; sheave

poliacetal (PLAST.) polyacetal

poliácido (CHEM.) polyacid

polia cónica (MECH.) cone pulley

poliacrilamido (BIO.; CHEM.) polyacrylamide

poliacrilato (CHEM.) polyacrylate

polia de correia em V (MECH.) V pulley

polia de eixo (BUILD.) axle pulley

polia de guia (MECH.) guide pulley

poliadelfo (BOT.) polyadelphous

polia de ligação com flange (MECH.) flanged branch piece

poliadenite (MED.) polyadenitis

poliadenopatia (MED.) polyadenopathy

polia de redução (MECH.) reduction pulley

polia de segurança (MECH.) safety pulley

polia dirigida (BUILD.) follower

polia do motor (MECH.) motor pulley

polia fixa (MECH.) fast pulley; fixed pulley

polialcano (CHEM.) polyalkane

poliálcool (CHEM.) polyalcohol

polialite (MINER.) polyhalite

polia louca (MECH.) loose pulley

polia magnética (MECH.) magnetic pulley

poliamida (CHEM.; TEXT.) polyamide

poliamina (CHEM.) polyamine

poliandria (ZOO.) polyandry

poliandro (BOT.) polyandrous

poliantibiótico (MED.) polyantibiotic

poliarco (BOT.) polyarch

poliarterite (MED.) polyarteritis

poliarterite nodosa (MED.) polyarteritis nodosa; Kussmall's disease

poliartrite (MED.) polyarthritis

poliartrite crónica vilosa (MED.) polyarthritis chronic villosa

polia tensora (MECH.) tension pulley; idler pulley

polibasite (MINER.) polybasite

poliblasto (BIO.; MED.) polyblast

poliblenia (MED.) polyblennia

polibutadienos (CHEM; .PLAST.) polybutadienes

polibutenos (CHEM.; PLAST.) polybutenes

policarbonatos (CHEM.; PLAST.) polycarbonates

policarpelado (BOT.) polycarpellary

policárpico (BOT.) polycarpic; polycarpous

policásio (BOT.) polychasium

policíclico (GEN.) polycyclic

policitémia (MED.) polycythaemia; polycythemia

policitémia vera (MED.) polycythemia vera

policloropreno (CHEM.) polychloroprene

policormo (BOT.) polycormic

policotiledóneo (BOT.) polycityledonous

policromasia (MED.) polychromasia

policromia (ARCH.) polychromy

polícromo (BIO.) pleochromatic

polidactilia (MED.; ZOO.) polydactyly

polidactilismo (MED.; ZOO.) polydactylism; polydactyly

polidentado (CHEM.) amphidentate

polidipsia (MED.) polydipsia

polidor (MECH.) polishing head; planisher; polishing lathe

polidor de lentes ópticas (MECH.) optical lens grinder

poliedro (MATH.) polyhedron

polielectrólito (BIO.) polyelectrolyte

poliembrionia (BOT.; ZOO.) polyembryony

polieno (CHEM.) polyene

poliéster (PLAST.) polyester

poliestesia (MED.) polyesthesia

poliestral (ZOO.) polyoestrus

poliestro (ZOO.) polyestrous

poliéter (CHEM.) polyether

polífago (ZOO.) polyphagous

polifarmácia (MED.) polypragmasy

polifásico (ELECT.) polyphase

polifilético (BOT.) polyphyllous

polifilia (BIO.) polyphily

polifiodonte (ZOO.) polyphyodont

poliformaldeídos (PLAST.) polyformaldehydes

poligalactia (MED.) polygalactia

poligamia (ECO.) polygamy

poligâmico (BOT.; ZOO.) polygamous

poligénico (BIO.) polygenic

polígeno (BIO.) polygen

poliginia (ZOO.) polygyny

polignata (MED.) polygnathus

polígono (MATH.) polygon

polígono de forças (PHYS.) polygonal of forces; stress diagram

polígono de tensões (PHYS.) polygonal of forces

polígono fechado (SURV.) closed traverse

polígono reentrante (MATH.) reentrant polygon

polígono regular (MATH.) regular polygon

polígonos semelhantes (MATH.) similar polygons

polígrafo (PSYCHO.) polygraph

poli-hídrico (CHEM.) polyhydric

poliídrico (CHEM.) polyhydric

poliimidas (CHEM.) polyimides

polimastia (MED.) polymastia

polimastismo (MED.) polymastism

polimento (BUILD.) buffing; glaze; lustre

polimento (GEN.) lapping; polish

polimento (PRINT.) burnishing

polimento francês (BUILD.) French polish

polimento galvânico (MECH.) electropolishing

polimento por atrito (PAPER) friction glazing

polimerase (BIO.) polymerase

polimerase de ADN (BIO.) DNA polymerase

polimerase de ARN (BIO.) RNA polymerases

polimeria (MED.) polymeria

polimerização (CHEM.) polymerization

polímero (BOT.) polymerous

polímero (PLAST.) polymer

polímero de estireno (CHEM.) styrene polymer

polímero de rede (CHEM.) network polymer

polímeros de polivinilo (PLAST.) polyvinyl polymers

polimetacarpalia (MED.) polymetacarpalia; polymetacarpalism

polimetacarpalismo (MED.) polymetacarpalism

polimetacrilato de metilo (PLAST.) polymethyl methacrylate

polimetatarsalia (MED.) polymetatarsalia; polymetatarsalism

polimetatarsalismo (MED.) polymetatarsalism

polimicrobiano (MED.) polymicrobial

polimioclone (BIO.) polymyoclonus

polimiosite (MED.) polymiositis

polimórfico (BOT.) pleiomorphic

polimorfismo (GEN.) polymorphism

polimorfismo estável (ECO.) balanced polymorphism

polimorfismo genético (ECO.) genetic polymorphism

polimorfo (GEN.) polymorph

polineurite (polinevrite) (MED.) polyneuritis; multiple neuritis

polineurite infecciosa (MED.) infectious polyneuritis; Guillan-Barré syndrome

polínia (BOT.) pollinium

polinização (BOT.) pollination

polinização controlada (ECO.) controlled pollination

polinização cruzada (BOT.) cross pollination

polinização ilegítima (BOT.) illegitimate pollination

polinização pelas abelhas (ECO.) buzz pollination

polinómio (MATH.) polynomial

polinómio característico (INF.; MATH.) characteristic polynomial

polinómio de segundo grau (MATH.) quadratic polynomial

polinómios de Bernoulli (MATH.) Bernoulli's polynomials

polinómios de Chebyshev (MATH.) Chebyshev polynomials

polinómios de Legendre (MATH.) Legendre's polynomials

polinose (MED.) pollinosis; hay fever

polinucleótido (BIO.) polynucleotide

polioclástico (MED.) polioclastic

poliodistrofia (MED.) poliodystrophy

polioencefalite (MED.) polioencephalitis

polioencefalite hemorrágica superior (MED.) superior hemorrhagic polioencephalitis

polioencefalomeningomielite (MED.) polioencephalomeningomyelitis

polioencefalomielite (MED.) polioencephalomyelitis

polioencefalopatia (MED.) polioencephalopathy

poliol (CHEM.) polyol

poliolefina (TEXT.) polyolefin

polioma (BIO.) polyoma

poliomielencefalite (MED.) poliomyelencephalitis

poliomielite (MED.) poliomyelitis; infantile paralysis

poliomielopatia (MED.) poliomyelopathy

poliose (CHEM.) poluose

polipapiloma (MED.) framboesia; frambesia

polipeptídeo (BIO.) polypeptide

polipéptido (BIO.) polypeptide

polipétalo (BOT.) polypetalous

poliplexer (poliplexor) (RADAR) polyplexer

poliplóide (BIO.) polyploid

pólipo (MED.; ZOO.) polyp; polypus

polipose (MED.) polyposis

polipose do cólon (MED.) polyposis coli

polipótomo (MED.) polypotome

polipotrito (MED.) polypotrite

polipropileno (CHEM.) polypropylene

poliprotodonte (ZOO.) polyprotodont

Poliquetas (ZOO.) Polychaeta

poliquístico (MED.) polycystic

poliserosite (MED.) multiple serositis; polyserositis

poliserosite recorrente familiar (MED.) familial recurring polyserositis; Mediterranean fever

polispérmia (ZOO.) polyspermy

polispondilia (MED.) polyspondyly

polissacarídeos (polissacáridos) (CHEM.) polysaccharides

polissacarídeos capsulares (IMMUN.) capsular polysaccharides

polissépala (BOT.) polysepalous

polissiloxanos (CHEM.) polysiloxanes

polissomas (BIO.) polysomes

polissomia (BIO.) polysomia

polistelia (BOT.) polystely

polistíquico (BOT.) polystichous

polistireno (PLAST.) polystyrene

politelia (MED.) polythelia; polymastism

politenia (BIO.) polyteny

politipismo (ECO.) polytypism

politopismo (Eco.) polytopism
politretrafluorocloretileno (Plast.) polytetrafluoroethane
politrófico (Zoo.) polytrophic
poliuretanos (Plast.) polyurethanes
poliúria (Med.) polyuria
polivalente (Chem.) polyvalent
polivinilideno (Chem.) polyvinylidene
poliviniltolueno (Chem.) polyvinyl-toluene
Polizoários (Zoo.) Polyzoa
polje (Geo.) polje
pólo (Gen.) pole
pólo animal (Zoo.) animal pole
pólo auxiliar (Elect.) auxiliary pole; compole; commutating pole; interpole
pólo consequente (Elect.) consequent pole
pólo de compensação (Elect.) compensating pole
pólo de comutação (Elect.) commutating pole
pólo de íman (Elect.) magnet pole
pólo de junção (Elect.) junction pole
pólo de terra (Elect.) earthed pole
pólo de unidade (Phys.) unit pole
pólo excêntrico (Elect.) eccentric pole
pólo germinal (Bot.) germinal aperture
pólo germinal (Zoo.) germinal pole; animal pole
pólo intermediário (Elect.) interpole
pólo laminado (Elect.) laminated pole
pólo livre (Elect.) free pole
pólo maciço (Build.) solid pole
pólo magético (Geo.) dip pole
pólo magnético (Elect.) magnet(ic) pole
pólo magnético isolado (Phys.) magnetic monopole
polónio (Chem.) polonium
pólo norte (Geo.) North pole
pólo norte magnético (Phys.) north magnetic pole
pólo oblíquo (Elect.) skewed pole
pólo saliente (Elect.) salient pole
pólos celestes (Astro.) celestial poles
pólo simples (Elect.) single pole
pólos terrestres (Geo.) terrestrial poles
pólo sul (Geo.) South pole
pólo sul magnético (Phys.) South magnetic pole
pólo térmico (Eco.) cold pole
pólo tipo H (Elect.) H-type pole
pólo vegetativo (Zoo.) vegetable pole
polpa (Gen.) pulp
polpação (Bot.) pulping
polpa de filtro (Paper) filter pulp
polpa de madeira (Paper.) wood pulp
polpa de madeira de refinador mecânico (Paper) refiner mechanical woodpulp
polpa de madeira em sulfito (Paper) sulphitewood pulp
polpa de madeira mecânica (Paper) mechanical woodpulp
polpa de madeira química (Paper) chemical wood-pulp
polpa dentária (Med.) pulp; dental pulp; dentinal pulp
polpa dissolvida (Paper) dissolving pulp

polpadora (Paper) grinder
polpa filtrante (Paper) filter pulp
polpa química (Paper) chemical pulp
polpa semiquímica (Paper.) semi-chemical pulp
polpa sulfatada (Paper) sulphate (sulfate) pulp
polucite (Miner.) pollucite
poluição (Eco.) pollution
polvilho (Build.) flour
pólvora mista (Chem.) mixed power
pólvora negra (Mining.) black powder
pomada (Med.) inunction; pomade; ointment
pomes (Geo.) pumice
pomice (Geo.) pumice
pomo (Bot.) pome
ponção lombar (Med.) lumbar puncture
pó nodular (Mech.) nodular power
ponta (Arch.) top
ponta (Build.) nib
ponta (Mech.) tip
ponta da hélice (Mech.) propeller tip
ponta de bigorna (Mech.) beak iron
ponta de corrente (Electron.) current probe
ponta de diamante (Mech.) diamond point
ponta de prova (Elect.) test prod; probe
ponta destacável (Miner.; Mining) rip-bit; jackbit
ponta de terra (Geo.) spit
ponta dupla (Build.) calked end
ponta em rabo de peixe (Build.) calked end
ponta inactiva (Telecom.) dead end
pontalete (Build.) hammer beam
pontalete (Mining) sprag
pontalete médio (Build.) middle shore
ponta morta (Telecom.) dead end
pontão (Eng.) float
pontão (Build.) floating bridge; pontoon
pontão deslizante (Hydro.) sliding caisson
ponta polar (Elect.) pole tip
ponte (Elect.) jumper; pigtail
ponte (Gen.) bridge
ponte (Space) gantry
ponte (Zoo.) pons
ponteado (Bot.) punctate
ponteador de borracha (Build.) rubber stippler
ponte Bailey (Build.) Bailey bridge
ponte-báscula (Build.) basculate bridge
ponte basculante (Build.) balance-bridge
ponte basculante de arco de rolamento (Mech.) roller bascule bridge
ponte cantilever (Build.) cantilever bridge
ponte compensada (Electron.) balanced bridge
ponte de ânodo (Elect.) plate bridge
ponte de arco (Build.) arch bridge
ponte de baixa frequência (Elect.) low frequency bridge
ponte de balanço (Build.) cantilever bridge
ponte de barcas (Build.) pontoon bridge

ponte de Campbell (Elect.) Campbell bridge
ponte de condutividade (Elect.) conductivity bridge
ponte de corrente contínua (Elect.) d.c. bridge
ponte de descarga (Elect.) discharge bridge
ponte de desvio (Elect.) deviation bridge
ponte de elevador vertical (Build.) vertical-lift bridge
ponte de frequências (Elect.) frequency bridge
ponte de Hay (Elect.) Hay bridge
ponte de hidrogénio (Chem.) hydrogen bond
ponte de impedância (Elect.) impedance bridge
ponte de indutância (Elect.) inductance bridge
ponte de Kelvin (Elect.) Kelvin bridge
ponte de Lecher (Elect.) Lecher bridge
ponte de Maxwell (Elect.) Maxwell bridge
ponte de metro (Elect.) metre bridge
ponte de Nernst (Elect.) Nernst bridge
ponte de Owen (Elect.) Owen bridge
ponte de permeabilidade (de) Ewing (Elect.) Ewing permeability bridge
ponte de permeabilidade (de) Holden (Elect.) Holden permeability bridge
ponte de pontões (Build.) pontoon bridge
ponte de resistência (Elect.) resistance bridge
ponte de ressonância (Elect.) resonance bridge
ponte de reverberação (Phys.) reverberation bridge
ponte de Robinson (Elect.) Robinson bridge
ponte de Schering (Elect.) Schering bridge
ponte de selénio (Elect.) selenium bridge
ponte deslizante (Elect.) slide bridge
ponte de solda (Electron.) solder bridge
ponte de som (Phys.) sound bridge
ponte de suspensão reforçada (Mech.) stiffened suspension bridge
ponte de termistores (Electron.) thermistor bridge
ponte de Thomson (Elect.) Thomson bridge
ponte de tranformador (Elect.) transformer bridge
ponte de translacção (Mech.) traversing bridge
ponte de transmissão (Mech.) transmission bridge
ponte de transporte (Build.) transport bridge
ponte de treliça de Whipple-Murphy (Mech.) Whipple-Murphy truss; N-truss; Pratt truss
ponte de Varólio (Zoo.) pons Varolli

ponte de vigas (BUILD.) girder bridge

ponte de Wheatstone (ELECT.) Wheatstone bridge

ponte de Wien (ELECT.) Wien bridge

ponte dupla (ELECT.) double bridge

ponte em caixão (BUILD.) tubular bridge

ponte em treliça (MECH.) lattice bridge

ponte enviesada (BUILD.) skew bridge

ponte flutuante (BUILD.) floating bridge

ponte giratória (BUILD.) swivel bridge

ponte híbrida (ELECT.) hybrid bridge

ponteira de corrimão (BUILD.) handrail punch

ponteiro (ELECT.) needle

ponteiro (GLASS) pontie; ponti; puntee

ponteiro (HORO.) index

ponteiro (MECH.) scriber

ponteiro(a) (BUILD.) needle

ponteiro(a) de estaca (BUILD) pile shoe

ponteiro de furar pedras (BUILD.) masonry drill

ponteiro de precisão (MECH.) precision needle

pontel (GLASS) pontie; punty; puntee; ponti

ponte levadiça (BUILD.) draw-bridge; lift bridge; basculate bridge

ponte medidora de capacitância (ELECT.) capacitance bridge

ponte Miller (ELECT.) Miller bridge

ponte oblíqua (BUILD.) skew bridge

ponte para pedestres (BUILD.) foot bridge; gangway

ponte pênsil (BUILD.) suspension bridge

ponte pênsil não reforçada (BUILD.; MECH.) unstiffened suspension bridge

ponte permeabilizada (ELECT.) permeability bridge

ponte pivô (MECH.) pivot bridge

ponte principal (NAV.) main deck

ponte rectificadora (ELECTRON.) rectifier bridge

ponte rolante de fundição (MECH.) foundry traveller

ponte sobre terreno alagadiço (HYDRO.) flood bridge

ponte suspensa (BUILD.) suspension bridge

ponte térmica (ELECTRON.) heat shunt

ponte transversal superior (MINING) head tree

ponte tubular (BUILD.) tubular bridge

ponte universal (ELECT.) universal bridge

pontilhagem (BUILD.) stippling

pontilhão (HYDRO.) culvert

ponto (GEN.) point

ponto (TEXT.) stitch

ponto (ZOO.) punctum

ponto-A (ENG.) A-point

ponto acromático (PHYS.) achromatic point

ponto alostérico (BIO.) allosteric site

ponto alto (RADIOL.) high spot

ponto analisador (IMAGE TECH.) scanning spot

ponto anfidrómico (GEO.) amphidromic point

ponto antinodal (GEO.) antinodal point

ponto astático (PHYS.) astatic point

ponto binário (COMP.) binary point

ponto catódico (ELECT.) CRT spot

ponto cego (MED.; ZOO.) punctum cecum; blind spot

ponto circular numa superfície (MATH.) circular point on a surface

ponto conjugado (MATH.) acnode; conjugate point

ponto crítico (AERO.) hump

ponto crítico (GEN.) critical point

ponto crítico (MECH.) critical range

ponto crítico (SURV.) turning point

ponto crítico numa curva (MATH.) turning point on a curve

ponto da pele sensível ao calor (ZOO.) heat spot

ponto de abastecimento (ELECT.) supply point

ponto de acerto (ELECT.) set-point

ponto de activação (ELECTRON.) firing point

ponto de actuação (PHYS.) working point

ponto de acumulação (MATH.) accumulation point

ponto de alimentação (ELECT.) feeding point

ponto de alteração (SURV.) change point

ponto de aquecimento (AUTO.) hot spot

ponto de Arago (PHYS.) Arago's point

ponto de base (MATH.) radix point

ponto de borbulhamento (CHEM.) bubble point

ponto de captura (ELECTRON.) trapping spot

ponto de carga (ELECT.) load point

ponto de centelha (BUILD.; MINING) flash point

ponto de compensação (BOT.) compensation point

ponto de condensação (METEO.; PHYS.) dew-point

ponto de condução (PRINT.) leader

ponto de conexão (ELECT.) tie point

ponto de conexões (TELECOM.) patch bay

ponto de congelação (PHYS.) ice point; freezing-point

ponto de congelamento (CHEM.) setting point

ponto de congelamento (METEO.) frost point

ponto de cruzamento (HYDRO.) cross-over

ponto de Curie (PHYS.) Curie point

ponto de declinação (ASTRO.) declination point

ponto de deformação (PHYS.) deformation point; strain point

ponto de desconexão (ELECT.) breakout

ponto de detenção (BUILD.) catch point

ponto de distribuição (ELECT.) distributing point

ponto de ebulição (PHYS.) boiling-point

ponto de endurecimento (CHEM.) setting point

ponto de enfraquecimento permanente (BOT.) permanent wilting point

ponto de engate (COMP.) clutch point

ponto de entrada (ELECTRON.; PHYS.) entry point; lead-in

ponto de equilíbrio (BUILD.) balance point

ponto de esforço (PHYS.) strain point

ponto de espera (AERO.) holding point

ponto de estagnação (AERO.) stagnation point

ponto de estrela (ELECT.) star point

ponto de excitação (ELECT.) exciter stage

ponto de exploração (IMAGE TECH.) scanning point; scanning spot

ponto de extinção (ECO.) extinction point

ponto de fusão (MECH.; PHYS.) fusion point; fusing point

ponto de fusão congruente (MECH.) congruent melting point

ponto de fusão misto (CHEM.) mixed melting point

ponto de geada (METEO.) frost point

ponto de gravação (PHYS.) recording spot

ponto de ignição (AUTO.) ignition timing

ponto de inflexão da curva característica (PHYS.) astatic point

ponto de inflexão numa curva (MATH.) point of inflexion on a curve

ponto de interrupção (COMP.) break-point

ponto de intersecção (SURV.) intersection point

ponto de (ir)radiação (PHYS.) radiation source

ponto de Lagrange (ASTRO.) Lagrangian point

ponto de limite (MATH.) limit of point

ponto de McBurney (MED.) McBurney's point

ponto de meia-potência (TELECOM.) half-power point

ponto de mira (SURV.) foresight

ponto de morte térmica (BIO.) thermal death-point

ponto de mudança (SURV.) change point

ponto de orvalho (METEO.; PHYS.) dew-point

ponto de osculação (MATH.) point of osculation

ponto de paragem (AERO.) stagnation point

ponto de paragem (BUILD.) catch point

ponto de projecção (MATH.) projective point

ponto de raio emergente (RADIOL.) emergent ray point

ponto de ramificação (COMP.; MATH.) branch point

ponto de referência (ELECTRON.) reference point

ponto de referência (SURV.) bench mark

ponto de reflexão (TELECOM.) reflection point

ponto de registo (PHYS.) recording spot

ponto de repetição de processamento (COMP.) re-run point

ponto de reversão (Surv.) turning point
ponto de ruptura (Comp.) breakpoint
ponto de saída (Comp.) exit point
ponto de saída (Phys.) lead out
ponto de saturação (Chem.; Meteo.) saturation point; saturated point
ponto de sela (Nucl.) saddle point
ponto de separação (Phys.) separation point
ponto de simetria (Meteo.) symmetry point
ponto de solda (Build.) solder spot
ponto de solidificação (Chem.) setting point
ponto de sondagem (Comp.) probing point
ponto de stress hídrico (Eco.) wilting point
ponto de tangência (Surv.) tangent point
ponto de tensão (Elect.) pull-off point
ponto de tensão (Phys.) strain point
ponto de teste (Elect.) test point
ponto de teste imediato (Comp.) immediate check point
ponto de transição (Gen.) transition point
ponto de venda (Comp.) point of sale
ponto de venda electrónico (Comp.) electronic point of sale [EPOS]
ponto diacrítico (Elect.) diacritic point
ponto distante (Phys.) far point
ponto do cátodo (Elect.) cathode spot
ponto doloroso (Med.) punctum dolorosum; Valleix's point
ponto duplo de uma curva (Math.) node
ponto elíptico numa superfície (Math.) elliptical point on a surface
ponto equinocial (Geo.) equinox
pontões (Hydro.) jetties
pontões acoplados (Eng.) coupled pontoons
ponto e traço (Telecom.) dot-and-dash (Morse alphabet)
ponto eutéctico (Mech.; Miner.) eutectic point
ponto explorador (Image Tech.) flying spot scanner
ponto extremo (Phys.) far point
ponto fiducial (Elect.) fiducial point
ponto final (Comp.) end-point
ponto fixo (Mech.) dead centre
ponto fixo (Math.; Phys.) fixed point; stationary point
ponto fixo numa curva (Math.) stationary point on a curve
ponto flutuante (Hydro.) floating harbour
ponto focal (Phys.) focal point; focal spot
ponto focal de raios X (Electron.) X-ray focal spot
ponto gama (Image Tech.) point gamma
ponto hiperbólico (Meteo.) hyperbolic point
ponto hiperbólico numa superfície (Math.) hyperbolic point on a surface
ponto iluminado (Image Tech.) highlight

ponto imaginário (Math.) mathematical point
ponto iónico (Electron.) ion spot
ponto isoeléctrico (Chem.) iso-electric point
ponto isolado (Math.) isolated point
ponto isotónico (Bio.) isotonic point
ponto lacrimal (Med.) punctum lacrimale
ponto lambda (Phys.) lambda point
ponto localizado com precisão (Aero.) pinpoint
ponto luminoso (Elect.; Phys.) luminous point; spot
ponto luminoso espectral (Phys.) ghost flare
ponto matemático (Math.) mathematical point
ponto máximo de chama sem fumo (Chem.) smokee point
ponto máximo numa curva (Math.) maximum point on a curve
ponto mínimo de uma curva (Math.) minimum point of a curve
ponto Morse (Telecom.) Morse dot
ponto morto (Mech.) dead point; dead centre
ponto morto (Telecom.) dead spot; blind spot
ponto morto de sector (Mech.) midgear; middle-gear
ponto morto exterior (Mech.) outer dead centre
ponto morto inferior (Mech.) bottom dead-centre
ponto morto posterior (Telecom.) back dead center
ponto morto superior (Mech.) top dead-centre
ponto múltiplo (Math.) multiple point
ponto murchível permanente (Bot.) permanent wilting point
ponto negro (Med.) blackhead
ponto neutro (Elect.) star point
ponto neutro (Gen.) neutral point
ponto neutro (Nucl.) saddle point
ponto neutro (Space) gravipause
ponto neutro artificial (Elect.) artificial star-point
ponto nodal (Astro.; Elect.; Phys.) nodal point
ponto perigoso no cruzamento de vias (Build.) fouling point
ponto principal (Math.; Phys.) principal point
ponto próximo (Phys.) near point
ponto quádruplo (Chem.) quadruple point
ponto quente (Electron.) hot spot
ponto quiescente (Electron.) quiescent point
ponto radical (Comp.; Math.) radix point
ponto saliente (Image Tech.) highlight
pontos característicos (Math.) characteristic points
pontos cardeais (Astro.) cardinal points
pontos circulares no infinito (Math.) circular points at infinity
pontos colaterais (Nav.) quadrantal points

pontos conjugados (de uma cónica) (Math.) conjugate points (of a conic)
pontos da agulha (Geo.; Nav.) compass points
pontos da bússola (Geo.; Nav.) compass points
pontos de Airy (Phys.) Airy points
pontos de controlo ionosférico (Telecom.) ionospheric control points
pontos de Gauss (Phys.) Gaussian points
pontos de transformação (Glass) transformation points
pontos diametralmente opostos (Math.) antipodal points
pontos equinociais (Astro.) equinoctial points
pontos equivalentes (Phys.) equivalent points
ponto singular de uma curva (Math.) singular point on a curve
ponto solsticial (Astro.) solstitial point
pontos por polegada (Image Tech.) dots per inch
pontos pretos (Image Tech.) pin holes
pontos quadrantais (Nav.) quadrantal points
ponto subastral (Astro.) substellar point
ponto subestelar (Astro.) substellar point
ponto tríplice (Phys.) triple point
ponto umbílico numa superfície (Math.) umbilical point on a surface
ponto vascular (Med.) punctum vasculosum
ponto vernal (Tro.) First Point of Aries
ponto (vírgula) flutuante (Comp.) floating-point
ponto zero (Aero.) ground zero
ponto zero de corrente (Elect.) current node
ponto zero de tensão (Elect.) voltage node
pontuado (Bot.) punctate
popa de cruzador (Nav.) cruise stern
pó para moldes (Mech.) charcoal blacking (foundry); blacking
popelina (Text.) poplin
população (Bio.) population
população estelar (Astro.) stellar population
população mendeliana (Eco.) Mendelian population
populina (Chem.) populin
pó pulverizado (Phys.) comminuted powder
porão (Aero.; Nav.) hold
porão (Nav.) bilge; hold
porão da proa (Nav.) fore peak
porão da vante (Nav.) fore peak
pôr a zeros (Comp.) erase
porca (Mech.) nut
porca acastelada (Mech.) cast nut
porca borboleta (Build.) wing nut
porca cativa (Mech.) captive nut
porca de aperto (Build.) check-lock
porca de aperto (Mech.) check-nut; clasp nut; die nut; collet
porca de arruela (Mech.) flanged nut
porca de asa (Build.) wing nut

porca de asas (MECH.) butterfly nut
porca de capa (MECH.) box nut; cap nut
porca de cobertura (MECH.) dome nut
porca de colar (MECH.) flanged nut
porca de esforço cortante (MECH.) shear nut
porca de fixação (MECH.) lock key
porca de guia (MECH.) guide nut
porca de orelhas (BUILD.) finger nut; thumb nut; fly nut
porca de parafuso (MECH.) female screw
porca de rebordo (MECH.) collar-head screw
porca de remate (MECH.) bow nut; box nut; cap nut
porca de segurança (MECH.) safety nut; check nut
porca de tampa (MECH.) cap nut
porca de vedação (MECH.) seal nut
porca do cabrestante (MECH.) capstan nut
porca entalhada (MECH.) cast nut
porca hexagonal com colar (MECH.) flanged hexagonal nut
porção alar (MED.) pars alaris
porção ascendente (MED.) pars ascendens
porção cega da retina (MED.) pars ceca retinae
porção distal (ZOO.) pars distalis
porção Fc (IMMUN.) Fc fragment
porção intermédia (ZOO.) pars intermedia
porção intralobar (ZOO.) pars intralobaris
porção lateral (ZOO.) pars lateralis
porção medial (ZOO.) pars medialis
porção mediastínica (MED.) pars mediastinalis
porção nervosa (ZOO.) pars nervosa
porca serrilhada (MECH.) milled nut
porca solta (MECH.) loose nut
porcelanita (MINER.) mullite
pôr do Sol (ASTRO.) sunset
pôr em fase (ELECT.) phasing
porencefalia (MED.) porencephalia; porencephaly
porfina (CHEM.) porphin
porfíria (MED.) porphyria
porfíria aguda (MED.) porphyria hepatica
porfíria hepática (MED.) porphyria hepatica
porfírico (GEO.; MINING) porphyritic
porfirina (CHEM.) porphyrin
porfirite (GEO.) porphyrite
porfirítico (GEO.; MINING) porphyritic
pórfiro (GEO.) porphyry
porfiroblástico (GEO.) porphyroblastic
pórfiro de quartzo (GEO.) quartz porphyry
porfiróide (GEO.; MINING) porphyritic
pórfiro micáceo (MINER.) micaceous porphyry
pórfiro rômbico (GEO.) rhomb-porphyry
poricida (BOT.) poricidal
Poríferos (ZOO.) Sponge; Porifera
poro (GEN.) pore
poro abdominal (ZOO.) abdominal pore

poro aberto (IMAGE TECH.) open pore
poro aéreo (BOT.) air pore
poro aquífero (BOT.) water pore; water stoma
porocefalose (MED.) porocephaliasis; porocephalosis
porocele (MED.) porocele
poroceratose (MED.) porokeratosis
poro fechado (PHYS.) closed pore
porogamia (BOT.) porogamy
poro genital (ZOO.) gonopore
poro germinal (BOT.) germinal pore
poro germinativo (BOT.) germ pore
poromérico (CHEM.) poromeric
porómetro (BOT.) porometer
porose (MED.) porosis
porosidade (GEN.) porosity
porosidade absoluta (GEO.) absolute porosity
porosidade de partícula (PHYS.) particle porosity
porosidade efectiva (IMAGE TECH.) effective porosity
poroso difuso (BOT.) diffuse porous
porta (COMP.) port; gate; gateway
porta (ELECTRON.) gate
porta (GEN.) door; gate; port
porta (HYDRO.) gate
porta (MED.; ZOO.) porta
porta ajanelada (BUILD.) Dutch door
porta à prova de fogo (BUILD.) fire door
porta-argamassa (BUILD.) mortar board
porta automática (BUILD.) automatic gate
porta-cabo (ELECT.) cable clip
porta-chapas (IMAGE TECH.) dark slide
porta CMOS (ELECTRON.) CMOS gate
porta-contacto (ELECT.) contact shoe
porta-cristais múltiplo (ELECTRON.) multiple crystal holder
porta-cristal (ELECT.) crystal holder
porta de acesso aos comandos de voo (AERO.) flight control access door
porta de amostragem (ELECTRON.) sampling gate
porta de amplitude (TELECOM.) amplitude gate
porta de arquivo (COMP.) file server
porta de canal (COMP.) channel gate
porta de coincidência (TELECOM.) coincidence gate
porta de comunicações (TELECOM.) communications port
porta de cor (IMAGE TECH.) colour gate
porta dedicada (TELECOM.) dedicated port
porta de diodo (ELECTRON.) diode gate
porta de eclusa (HYDR.) lock gate
porta de entrada (RADIOL.) entry portal
porta de entrada/saída (COMP.) port; gate; gateway
porta de equivalência (COMP.) EQ gate; equivalence gate
porta de fluxo (ELECT.) flux gate
porta de fornalha (MECH.) fire door; furnace gate
porta de impulso (COMP.) pulse gate
porta de inspecção (HYDRO.) manhole
porta de OU exclusivo (ELECTRON.) exclusive OR gate

porta de recepção (ELECT.) receiver gate
porta de retenção (HYDRO.) sluice gate
porta de ripas (BUILD.) batten door
porta de saída (RADIOL.) exit portal
porta de silício (ELECTRON.) silicon gate
porta de transferência (NUCL.) transfer port
porta de travessas pregadas (BUILD.) ledge door
porta de vaivém (BUILD.) swinging door
porta de ventilação (MINING) trap; air door
porta de vidro (BUILD.) glazed door
porta-difusor (MECH.) venturi carrier
porta disfarçada na parede (BUILD.) jib door
portador (BIO.) carrier
portadora (ELECT.) carrier
portadora controlada (TELECOM.) controlled carrier
portadora de carga (ELECT.) charge carrier
Portadora de Comunicação Comum (COMP.) Communication Common Carrier [USA and Canada]
portadora de corrente (ELECT.) current carrier
portadora de faixa de passagem estreita (TELECOM.) narrow passband carrier
portadora de frequência (COMP.; ELECT.) frequency carrier
portadora de imagem (IMAGE TECH.) picture carrier
portadora de imagem (TELECOM.) image carrier
portadora de impulsos (ELECT.) pulse carrier
portadora de sapata (ELECT.) plough carrier
portadora de sistema (COMP.) system carrier
portadora de som (IMAGE TECH.) sound carrier
portadora de som adjacente (TELECOM.) adjacent sound carrier
portadora do transmissor (TELECOM.) transmitter carrier
portadora estimulada (TELECOM.) exalted carrier
portadora piloto (ELECT.) pilot carrier
portadora recondicionada (ELECTRON.) reconditioned carrier
portadora vídeo adjacente (TELECOM.) adjacent video carrier
portadores minoritários em excesso (ELECTRON.) excess minority carriers
portador maioritário (ELECTRON.) majority carrier
portador minoritário (ELECTRON.) minority carrier
porta E (COMP.) AND gate
porta-eléctrodos (ELECT.) electrode holder
porta envidraçada (BUILD.) glazed door; sash door
porta-escovas (ELECT.) brush-holder
porta-escovas regulável (ELECT.) brush-rocker

porta-escovas tipo alavanca (ELECT.) lever-type brush-holder
porta falsa (BUILD.) jib door
porta-ferramenta (MECH.) box tool
porta-ferramenta de charneira (MECH.) clapper box
porta-ferramentas múltiplo (MECH.) gang tool
porta-fusível (ELECT.) fuse-carrier; fuse-holder
porta giratória (BUILD.) revolving door
porta-grelha (MECH.) grid bearer
porta hepática (MED.) porta hepatis
porta holandesa (BUILD.) Dutch door
porta-íman (PHYS.) magnet carrier
portal (BUILD.) portal
portal (GEN.) gate
porta-lâmpadas (ELECT.) lamp socket
porta-lâmpadas de rosca (ELECT.) batten-lampholder
porta-lente (IMAGE TECH.) lens mount
porta-lógica (COMP.) logic gate
porta-magnética (ELECT.) magnetic gate
porta-mira (SURV.) rodaman
porta NÃO (COMP.) NOT gate
porta não equivalente (COMP.) non-equivalence gate
portão (GEN.) gate
portão de entrada com alpendre (ARCH.) lych (lich) gate(graveyard)
portão NAND (COMP.) NAND gate
portão NÃO-OU (COMP.) NOR gate
portão OR [OR = OU] (COMP.) OR gate
porta paralela (COMP.) parallel port
porta síncrona (ELECT.) synchronous gate
portátil (COMP.) portable
porta traseira (ARCH.) postern
porta-venturi (MECH.) venturi carrier
pórtico (ARCH.) portico; stoa
pórtico (SPACE) gantry
portinhola (AERO.) port
portinhola (BUILD.) fixed sash
portinhola de fundo (MECH.) bottom gate
portlandite (MINER.) portlandite
porto (GEO.) port
porto do teclado (COMP.) keyboard port
porto flutuante (HYDRO.) floating harbour
porto genérico (COMP.) general-purpose port
porto série de controlo (COMP.) serial control port
pós-acessual (MED.) postaccessual
pós-apófise articular (ZOO.) postzygapophysis
pós-aquecimento (NUCL.) afterheat
pós-aquecimento (ELECT.) postheating
pós-axial (MED.) postaxial
pós-braquial (MED.) postbrachial
pós-clímax (ECO.) postclimax
pós-combustão (AERO.) afterburning
pós de bronze (BUILD.) bronze powders
pós-dicróico (MED.) postdicroic
pose (IMAGE TECH.) exposure
pós-embrionário (BIO.) postembryonic
pós-ênfase (TELECOM.) de-emphasis

pós-equalização (TELECOM.) de-emphasis
pós-frontal (ZOO.) postfrontal; sphenotic
pós-ganglionar (MED.) postganglionic
pós glacial (ECO.) post-glacial
posição (GEN.) position
posição (MED.) presentation; lie
posição de alinhamento (AERO.) rigging position
posição de excesso de capacidade (COMP.) overflow position
posição de Fowler (MED.) Fowler position
posição de impressão (COMP.) print position
posição de perfuração (COMP.) punch position
posição de prova (TELECOM.) testing position
posição de resposta (COMP.) response position
posição de teste (TELECOM.) testing position
posição de voo (AERO.) flight position
posição do avião no ar (AERO.) air position
posição do bit (COMP.) bit position
posição média (ASTRO.) mean place
posição modal (STAT.) modal position
posição na vida real (PSYCHO.) role position
pós-imagem (PHYS.) after-image
pós-imagem negativa (PHYS.) negative after-image
pós-imagem positiva (PHYS.) positive after-image
pós-instrumentação (IMAGE TECH.) post-scoring
positivo (GEN.) positive
positivo colorido (IMAGE TECH.) colour positive
positrão (PHYS.) positron
positrónio (PHYS.) positronium
pós-maturação (BOT.) after-ripening
pós-orbitário (ZOO.) postorbital; sphenotic
pós-parto (MED.) post partum; postpartum
pós-praia (GEO.) backshore
pós-produção (IMAGE TECH.) post-production
pós-recife (GEO.) backreef
pós-sincronização (IMAGE TECH.) post-synchronization; lip sync
poste (GEN.) post; pylon
poste (BUILD.) pole
poste (MECH.) mast
poste de amarração (BUILD.) dolphin
poste de amarração (NAV.) bollard
poste de protecção (MINING) headache post
poste de referência (BUILD.) gradient post
poste de retenção (ELECT.) span pole
poste indicador de andares (BUILD.) storey rod
Pós-Terciário (GEO.) Post-Tertiary
posterior (BOT.) postical
poste suspenso (BUILD.) hanging post
poste telegráfico (TELECOM.) telegraph post
poste terminal (ELECT.) terminal pole
póstico (BOT.) postical

postigo (BUILD.) fixed sash
postite (MED.) posthitis
post mortem (COMP.) post mortem; postmortem
posto de abastecimento (ELECT.) supply station
posto de bombeiros subterrâneo (MINING) cabin
postólito (MED.) postholith
postulado (MATH.) postulate
postulado de Clausius (PHYS.) Clausius' statement
postulados de Koch (MED.) Koch's postulates
póstumo (COMP.) post mortem; postmortem
pós-zigapófise (ZOO.) postzygapophysis
potâmico (ECO.) potamous
potamódromo (ECO.) potamodromous
potassa (CHEM.) potash; lye
potassa cáustica (CHEM.) caustic potash; potassium hydroxide
potássio (CHEM.) potassium
pote (GEN.) pot
pote de explosão (ELECT.) explosion pot
potência (GEN.) power
potência acústica média (PHYS.) average acoustic power
potência anódica de entrada (ELECTRON.) anode input power
potência aparente (PHYS.) apparent power
potência aplicada (PHYS.) applied power
potência atómica (PHYS.) atomic power
potência atractiva (PHYS.) attractive power
potência auricular (PHYS.) aural power
potência calorífica (PHYS.) specific heat of combustion
potência constante (PHYS.) constant power
potência de acoplamento (ELECT.) coupled power
potência de antena (TELECOM.) antenna power
potência de campo (PHYS.) field power
potência de combate (AERO.) combat rating
potência de crista (TELECOM.) peak power
potência de crista de banda lateral (TELECOM.) peak sideband power
potência de descolagem (AERO.) take-off power
potência de dispersão (ELECTRON.) leakage power
potência de distribuição (ELECT.) distributing power
potência de eixo (MECH.) shaft horse-power
potência de entrada anódica (ELECTRON.) anode input power
potência de excesso específica (AERO.) specific excess power
potência de excitação de grade (ELECT.) grid driving power
potência de feixe (ELECT.) beam power

potência de fuga com impulso de ponta (ELECT.) spike leakage energy

potência de paragem linear (PHYS.) linear stopping power

potência de pico (ELECT.) peak load

potência de portadora (PHYS.) carrier power

potência de radiação (TELECOM.) radiation efficiency

potência de reserva (MECH.) reserve power

potência de ruído (ELECTRON.) noise power

potência de saída (COMP.) output power

potência de sincronização (ELECT.) synchronizing power

potência de tracção (MECH.) tractive power

potência do computador (COMP.) computer power

potência do reactor (NUCL.) reactor power

potência dos harmónicos de saída do transmissor (ELECT.) transmitter harmonic output power

potência do sinal (ELECTRON.) signal splitter

potência emissiva (PHYS.) emissive power

potência envolvente de pico (TELECOM.) peak envelope power

potência equivalente total (MECH.) total equivalent horsepower

potência específica (NUCL.) specific power

potência homologada (MECH.) rated horse-power

potência homologada de descolagem (AERO.) take-off rating; overspeed condition

potência ideal (MECH.) ideal power

potência indicada (MECH.) indicated horse-power

potência indutora (ELECT.) magnetizing power

potência instantânea (ELECT.) instantaneous power

potência irradiada (PHYS.) radiated power

potência irradiada efectiva (TELECOM.) effective radiated power

potência irradiante (ELECT.) radiating power

potenciais cocleares (PHYS.) cochlear potentials (Acoustics)

potenciais (de) Debye (PHYS.) Debye potentials

potência isotrópica irradiada (ELECT.) isotropic radiator power

potencial (ELECT.) tensão

potencial (GEN.) potential

potencial absoluto (CHEM.) absolute potential

potencial anódico (ELECTRON.) anode potential

potencial aquífero (BOT.) water potential

potencial central (PHYS.) central potential

potencial crítico (PHYS.) critical potential

potencial da terra (PHYS.) earth potential

potencial de acção (BIO; MED.) action potential

potencial de aceleração (ELECTRON.) accelerating potential

potencial de adsorção (CHEM.) adsorption isotherm

potencial de afluxo (NUCL.) streaming potential

potencial de alta tensão (ELECT.) high-tension voltage

potencial de assimetria (ELECT.) asymmetry potencial

potencial de barreira (ELECTRON.) barrier potential

potencial de colector (ELECT.) collector voltage

potencial de contacto (ELECT.) contact potential; contact electromotive force

potencial de corrente contínua (ELECT.) d.c. potencial; direct-current potential

potencial de corrente electrónica (ELECTRON.) electron-stream potential

potencial de Coulomb (PHYS.) Coulomb potential

potencial de deformação (ELECTRON.) deformation potential

potencial de descanso (BIO.) resting potential

potencial de descarga incandescente (ELECTRON.) glow potential

potencial de difusão (ELECT.) diffusion potential

potencial de eléctrodo normal (CHEM.) normal electrode potential

potencial de eléctrodo padrão (CHEM.) standard electrode potential

potencial de emissão (NUCL.) streaming potential

potencial de equilíbrio (BIO.; CHEM.) equilibrium potential

potencial de excitação (ELECT.) excitation potential

potencial de extinção (ELECT.) extinction potential

potencial de faísca (ELECT.) sparking potential

potencial de Fermi (PHYS.) Fermi potential

potencial de filamento (ELECTRON.) filament potential

potencial de gerador (ZOO.) generator potential

potencial de grade (ELECT.) grid potential

potência de Helmholtz (CHEM.) Helmholtz free energy; Helmholtz function

potencial de ignição (ELECTRON.) striking potential; firing potential; firing power

potencial de ionização (PHYS.) ionization potential

potencial de Lennard-Jones (CHEM.) Lennard-Jones potential

potencial de membrana (BIO.; CHEM.) membrane potential

potencial de oxirredução (CHEM.) oxidation-reduction potential

potencial de paragem (ELECT.) stopping potential

potencial de radiação (PHYS.) radiation potential

potencial de raios X (ELECTRON.) X-ray tube voltage

potencial de reacção de equilíbrio (ELECT.) equilibrium reaction potential

potencial de reatância (ELECT.) reactance voltage

potencial de redução (CHEM.) reduction potential

potencial de ressonância (ELECTRON.) resonance potential

potencial de sedimentação (CHEM.) sedimentation potential

potencial de separação (NUCL.) separation potential

potencial de soluto (BOT.) solute potential

potencial de turgescência (BOT.) turgor potential

potencial disruptivo (ELECTRON.) disruptive strength

potencial do filamento de aquecimento (ELECT.) heater potential

potencial efectivo (MECH.) effective horsepower

potencial eléctrico (ELECT.) electric potential

potencial electrocinético (CHEM.) electrokinetic potential

potencial electromagnético (ELECT.) electromagnetic potential

potencial electrónico (BIO.) electronic potential

potencial flutuante (ELECT.) floating potential

potencial iónico (ELECTRON.) ionic potential

potencial Lennard-Jones (CHEM.) Lennard-Jones potential; six-twelve potential

potencial magnético (PHYS.) magnetic potential

potencial máximo de campo (ELECT.) maximum field potential

potencial modulador (ELECTRON.) modulating voltage

potencial nuclear (PHYS.) nuclear potential

potencial osmótico (BOT.) solute potential

potencial oxidante (CHEM.) oxidative potential

potencial químico (BIO.; CHEM.) chemical potential

potencial reactivo (ELECT.) reactive voltage

potencial redox (CHEM.) EH

potencial retardado (ELECTRON.) retarded potential

potencial seis-doze (CHEM.) six-twelve potential

potencial termodinâmico (CHEM.) thermodynamic potential

potencial vectorial (ELECT.) vector potential

potencial Yukawa (PHYS.) Yukawa potential

potencial zero (ELECT.) zero potential

potencial zeta (CHEM.) electrokinetic potential

potência máxima (MECH.) full power

potência máxima transmitida (ELECT.) flat leakage power

potência nominal (ELECTRON.) wattage rating
potência nominal (AERO.) power rating
potência nominal (MECH.) rated horsepower; rated power; rated voltage
potência para o tempo de retorno (ELECT.) flyback power supply
potência portadora (PHYS.) carrier power
potência radial (ELECT.) radial power
potência reactiva (ELECT.) reactive power
potência real (ELECT.) real power
potência sofométrica (TELECOM.) psophometric power
potência sonora (PHYS.) sound power
potência teórica (MECH.) indicated horse-power
potência termoeléctrica (ELECT.) thermoelectric power
potência transmitida (ELECTRON.) leakage power
potência útil (PHYS.) useful power
potenciómetro (ELECT.) potentiometer
potenciómetro a nónio (ELECT.) vernier potentiometer
potenciómetro coordenado (ELECT.) co-ordinate potentiometer
potenciómetro de ajuste (ELECTRON.) trimpot
potenciómetro de cermet (ELECTRON.) cermet potentiometer
potenciómetro de comutação (ELECTRON.) switched potentiometer
potenciómetro de co-seno (ELECT.) co-sine potentiometer
potenciómetro de Drysdale (ELECT.) Drysdale potentiometer
potenciómetro de fio enrolado (ELECTRON.) wire-wound potentiometer
potenciómetro de Lindeck (ELECT.) Lindeck potentiometer
potenciómetro de plástico condutor (ELECTRON.) conductive plastic potentiometer
potenciómetro de senos (ELECT.) sine potentiometer
potenciómetro de tensão alternada (ELECT.) potentiometer for alternating voltage
potenciómetro de translação (ELECTRON.) slide potentiometer
potenciómetro de variação linear (ELECTRON.) linear taper
potenciómetro de voltas múltiplas (ELECTRON.) multi-tum potentiometer
potenciómetro linear (ELECTRON.) linear taper
potenciómetro logarítmico (ELECT.) logarithmic potentiometer
potenciómetro magnético (ELECT.) magnetic potentiometer
poterna (ARCH.) postern
potómetro (BOT.) potometer
poughita (MINER.) poughite
pouso com velocidade mínima (AERO.) stalled landing
pouso curto (AERO.) undershoot
pouso de emergência sobre a água (AERO.) ditching
pouso lunar (SPACE) lunar landing

pouso planetário (SPACE) planetary landing
pozolana (BUILD.; GEO.) pozzolana; pozzuolana
praça (ARCH.) piazza
pragana (BOT.) awn
praia (GEO.) beach
praia de aposição (GEO.) apposition beach
praia de barreira (GEO.) barrier beach
praia de calhaus (GEO.) boulder beach
praia escarpada (ECO.; GEO.) bayhead beach
prancha (BUILD.) board
prancha inclinada (BUILD.) angle board
prancheta de cálculo (SURV.) plane table
prancheta de offset (PRINT.) offset blanker
praria (ECO.) prairie
praria (Hungria) (ECO.) puszta
praseodímio (CHEM.) praseodymium
prásio (MINER.) prase; mother of emerald
prata (CHEM.) silver
prata alemã (MINER.) German silver; nickel silver
prata antimonial (MINER.) discrasite
prata de lei (MECH.) sterling silver
prata dourada (MECH.) doré silver
prata esterlina (MECH.) sterling silver
prata telúrica (CHEM.) telluric silver
prateação (GLASS) silvering
prato (COMP.) platter
prato de balança (PHYS.) scale
prato de quatro grampos (MECH.) four-jaw chuck
prato de união (MECH.) flange coupling
pré-adaptação (ZOO.) preadaptation
pré-ajustar (ELECTRON.) preset
pré-amplificador (ELECTRON.) preamp
pré-amplificador (COMP.) drive amplifier
pré-amplificador (PHYS.) preamplifier
pré-biótico (BIO.) prebiotic
Pré-Câmbrico (Pré-Cambriano) (GEO.) Precambriam
precessão (MECH.; PHYS.) precession
precessão aparente (ASTRO.) apparent precession
precessão de Larmor (ELECTRON.) Larmor precession
precessão dos equinócios (ASTRO.) precession of the equinoxes
precinta (BUILD.) strap; clamp
precipício (GEO.) bluff
precipitação (GEN.) precipitation
precipitação ácida (GEO.) acid precipitation
precipitação anódica (ELECT.) anodic precipitation
precipitação artificial (GEO.) cloud seeding
precipitação atómica (ECO.; PHYS.) fall-out
precipitação de cobre (MECH.) cement copper
precipitação de fosfato de cálcio (BIO.) calcium phosphate precipitation
precipitação efectiva (GEO.) effective precipitation

precipitação electrostática (ELECT.) electrostatic precipitation
precipitação local (METEO.) local precipitation
precipitação oculta (GEO.) occult precipitation
precipitação orográfica (METEO.) orographic precipitation
precipitação periódica (CHEM.) periodic precipitation
precipitação que chega ao solo (METEO.) throughfall
precipitação química (CHEM.) chemical precipitation
precipitação radioactiva (ECO.; PHYS.) fall-out
precipitação radioactiva intermediária (METEO.) intermediate fall-out
precipitado brilhante (CHEM.) bright deposit
precipitado coloidal (CHEM.) colloidal precipitate
precipitador de Cottrell (MECH.) Cottrell precipitator
precipitador de Lodge-Cottrell (CHEM.) Lodge-Cottrell precipitator
precipitador misto (CHEM.) mixer-settler
precipitador térmico (PHYS.) thermal precipitator
precipitina (BIO.; MED.) precipitin
precisão (CHEM.; MECH.) fineness
precisão de potencial (ELECT.) potential accuracy
precisão de sintonia (IMAGE TECH.) sharpness of tuning
precisão de transferência (ELECT.) transfer accuracy
precisão simples (COMP.) single precision
pré-clímax (ECO.) preclimax
precoce (ZOO.) fast growing; praecoce; precocious
precocidade mental (MED.) prothymia
pré-coracóide (pré-coracoideu) (ZOO.) precoracoid
pré-cordal (ZOO.) prechordal
precordial (MED.) precordial
precursor (PHYS.) parent
predação (ECO.) predation
predador (ECO.) predator
predecessor (COMP.) father
pré-dentina (BIO.) predentin(e)
pré-desvanecimento (PHYS.) prefading
prednisolona (CHEM.; MED.) prenisolone
prednisona (CHEM.; MED.) prednisone
pré-eclampsia (MED.) pre-eclampsia
preenchimento da crevasse (GEO.) crevasse deposit
preenchimento de memória (COMP.) memory fill
pré-ênfase (TELECOM.) pre-emphasis
preênsil (ZOO.) prehensile
pré-estabelecer (ELECTRON.) preset
pré-esterno (ZOO.) presternum
preferencial (COMP.) foreground
pré-fixar (ELECTRON.) preset
prefixo de memória intermediária (COMP.) buffer prefix

prefixo iniciador fixo (Comp.) fixed header prefix

pré-floração (Bot.) prefloration

pré-foliação (Bot.) prefoliation; vernation; ptyxis

pré-formação (Eco.) preformation

prefrontal (Med.) prefrontal

prega (Med.; Zoo.) fold; plica

prega amniótica (Zoo.) amniotic fold

prega medular (Zoo.) medullary fold

prega pálpebro-nasal (Med.) epicanthus

pregnano (Chem.) pregnane

pregnanodiol (Chem.) pregnanediol

pregnanotriol (Chem.) pregnanetriol

pregneno (Chem.; Med.) pregnene

pregnenolona (Chem.; Med.) pregnenolone

prego (Gen.) nail; dowel

prego de cabeça excêntrica (Build.) dog-nail

prego de cabeça grossa (Mech.) stud

prego de gancho (Build.) clasp nail

prego de rebitar (Mech.) screwnail

prego fino para painéis (Build.) panel pins

prego grande de cabeça chata (Build.) cloud nail

prego pequeno sem cabeça (Build.) sprig

pregos compostos (Build.) composition nails

prego sem cabeça (Build.) brad

preguear (Text.) cuttling

pré-halux (Zoo.) prehallux

pré-ignição (Auto.) preignition

pré-lacrimal (Med.) prelacrimal

pré-lácteo (Zoo.) prelacteal

prematuro (Med.) pronatis; premature

pré-maxilar (Zoo.) premaxillary

pré-mistura (Image Tech.) premix

pré-molar (premolar) (Zoo.) premolar

pré-moldado (Build.) precast

premorso (Bot.) premorse

prenhe (Med.; Zoo.) gravid

prenhez (Vet.) pregnancy

prenite (Miner.) prehnite

prensa (Gen.) press

prensa a alavanca (Mech.) lever press

prensa a parafuso (Mech.) screw press

prensa articulada (Mech.) toggle press

prensa a volante (Mech.) fly press

prensa de alavanca (Mech.) fly press; squeezer; blowing engine

prensa de alavanca (Mining) alligator

prensa de arranjo de lombada (Print.) backing board

prensa de cunhar oscilante (Mech.) oscillating die press

prensa de dupla acção (Mech.) double-acting press

prensa de encadernar (Print.) arming press

prensa de estampar (Print.) stamping press

prensa de granéis (Print.) galley press

prensa de junta articulada (Mech.) knuckle-joint press

prensa de laminar (Mech.) drawing press

prensa de matriz oscilante (Mech.) oscillating die press

prensa de mesa (Mech.) table press

prensa de percussão (Mech.) percussion press

prensa de perfuração (Print.) perforating press

prensa de provas (Print.) proofing press

prensado a quente (Paper) hot-pressed

prensagem a quente (Phys.) hot pressing

prensa hidráulica (Mech.) hydraulic press

prensa hidráulica vertical (Mech.) vertical hydraulic press

prensa inversora (Mech.) reversing press

prensa manual (Print.) hand press

prensa-percussora de moldagem (Mech.) jolt-squeeze machine

prensa quente (Print.) hot press

prensa-revólver (Mech.) turret press

prensa rotativa automática (Imp.) automatic rotary press

pré-opérculo (Zoo.) preoperculum

preparação (Comp.) housekeeping

preparação de dados (Comp.) data preparation

preparação de gota (Bio.) hanging drop preparation

preparação de programa-objecto (Comp.) object program preparation

preparar (Print.) make-ready

preparar o minério (Mining) dressing

preparar uma parede (Build.) dubbing

preparar um poço para produzir (Mining) bringing-in a well

preparo (Comp.) housekeeping

pré-patelar (Med.) prepatellar

pré-placentário (Med.) preplacental

pré-polegar (Zoo.) prepollex

pré-púbico (Zoo.) prepubic

prepúcio (Zoo.) prepuce; sheath

presbíope (Med.) presbyope

presbiopia (Med.) presbyopia

pré-selecção (Image Tech.) preselection

Presépio (Astro.) Praesepe

preservação (Gen.) conservation

preservativos de madeira (Build.) wood preservatives

presilha de mola (Mech.) spring loop

presilha em U (Auto.) U-bolt

pré-sistólico (Med.) presystolic

pressão (Gen.) pressure

pressão (Build.; Mech.) thrust

pressão (Mech.) blast

pressão absoluta (Phys.) absolute pressure

pressão à cabeça (Mining) tubing head pressure

pressão acústica (Phys.) acoustic pressure

pressão acústica de referência (Phys.) reference acoustic pressure

pressão acústica instantânea (Phys.) instantaneous sound pressure

pressão ambiente (Geo.) ambient pressure

pressão ao nível do mar (Meteo.) sea-level pressure

pressão à superfície (Chem.) surface pressure

pressão atmosférica (Phys.) atmospheric pressure

pressão automática (Mech.) air pressure

pressão barométrica (Meteo.) barometric pressure

pressão capilar (Chem.) capillary pressure

pressão cinética (Aero.) kinetic pressure

pressão crítica (Phys.) critical pressure

pressão da agulha (de giradiscos) (Telecom.) stylus pressure

pressão da caldeira (Mech.) boiler pressure

pressão de admissão (Aero.) manifold pressure

pressão de alimentação (Aero.) manifold pressure

pressão de ar (Mech.) air pressure

pressão de aspiração (Bot.) suction pressure

pressão de cabine (Aero.) cabin pressure

pressão de câmara (Astro.) chamber pressure; cabin altitude

pressão de contacto (Telecom.) contact pressure

pressão de exsudação (Bot.) exudation pressure

pressão de fecho (Mining) bottom hole pressure shut-in

pressão de fundo de poço (Mining) bottom hole pressure

pressão de impacto (Aero.) impact pressure

pressão de ionização (Phys.) ionization pressure

pressão de mola (Mech.) spring pressure

pressão de peso morto (Mech.) dead-weight pressure

pressão de radiação (Phys.) radiation pressure

pressão de raiz (Bot.) root pressure

pressão de reservatório (Mining) reservoir pressure

pressão de terra (Build.) earth pressure

pressão de trabalho (Phys.) working pressure

pressão de turgescência (Bot.) turgor pressure

pressão de vapor (Phys.) vapour pressure

pressão de vapor de água (Meteo.) water vapour pressure

pressão de ventilador (Mech.) fan pressure

pressão diferencial (Phys.) differential pressure

pressão diferencial de cabine (Aero.) cabin differential pressure

pressão dinâmica (Aero.) impact pressure; kinetic pressure

pressão do ar (Build.) air pressure (painting)

pressão do pitot (Aero.) pitot pressure

pressão efectiva média (MECH.) mean effective pressure

pressão efectiva média ao freio (MECH.) mean effective brake pressure

pressão efectiva média do travão (MECH.) brake mean effective pressure [BMEP]

pressão efectiva média indicada (MECH.) indicated mean effective pressure (IMEP)

pressão em bolhas (PHYS.) pressure in bubbles

pressão estática (AERO.) static pressure

pressão estática de descarga (HYDRO.) discharge head

pressão hidrostática (CHEM.) hydrostatic pressure

pressão lateral (PHYS.) lateral pressure; side thrust

pressão longitudinal (MECH.) longitudinal stress

pressão magnética (NUCL.) magnetic pressure

pressão manométrica (MECH.) gauge pressure

pressão máxima (PHYS.) critical pressure

pressão mínima (METEO.) minimum pressure

pressão no cabeçote (MINING) tubing head pressure

pressão normal (CHEM.) normal pressure

pressão osmótica (BOT.) osmotic potential; osmotic pressure

pressão parcial (CHEM.) partial pressure

pressão por estrangulamento (BUILD.) back pressure

pressão radicular (BOT.) root pressure

pressão reduzida (METEO.) reduced pressure

pressão sanguínea (MED.) blood pressure

pressão selectiva (ECO.) selection pressure

pressão sonora (PHYS.) sound pressure

pressão tangencial (PHYS.) tangential pressure

pressão terminal (PHYS.) terminal pressure

pressão uniforme (PHYS.) uniform pressure

pressurização de cabine (AERO.) cabin pressure

pressurizado (GEN.) pressurized

Prestel (COMP.) Prestel

preto (GEN.) black

pré-tremático (ZOO.) pretrematic

pré-vernal (ECO.) prevernal

previsão (METEO.) forecast

previsão a curto prazo (METEO.) short-range forecast

previsão a longo prazo (METEO.) long range forecast

previsão climática (METEO.) climatic forecast

previsão de exposição de ruídos (PHYS.) noise exposure forecast

previsão de fissão iterada (PHYS.) iterated fission expectation

previsão de fissão repetida (PHYS.) iterated fission expectation

previsão de inundações (GEO.) flood forecasting

previsão de persistência (METEO.) persistence forecast

previsão de propagação (TELECOM.) propagation prediction

previsão de sismos (GEO.) earthquake prediction

previsão em linguagem clara (METEO.) forecast in plain language

previsão ionosférica (METEO.) ionospheric forecast; ionospheric prediction

previsão meteorológica de voo (AERO.) flight forecast

previsão numérica (METEO.) numerical forecast

previsão objectiva (METEO.) objective forecast

pré-zigapófise (ZOO.) prezygapophysis

priapismo (MED.) priapism

Priapulídeos (ZOO.) Priapulida

Pridoliana (GEO.) Pridoli

primaquina (CHEM.; MED.) primaquine

primárias (ZOO.) primaries (feathers)

primárias de Maxwell (IMAGE TECH.) Maxwell primaries

primário (COMP.) host

primário (BOT.; ZOO.) primary

primário (GEN.) primary; prime

primário cromático de zinco (BUILD.) zinc chromatic primer

primário de crominância fina (ELECTRON.) fine-chrominancy primary

primários aditivos (IMAGE TECH.) additive primaries

primários de recepção (ELECT.) display primaries

primários de transmissão (IMAGE TECH.) transmission primaries (colours)

primase (BIO.) primase

Primatas (ZOO.) Primates

primaveril (ECO.) vernal

primeira (PRINT.) prima

primeira área adequada (COMP.) first fit

primeira coberta (NAV.) main deck

primeira cópia de um filme para crítica (IMAGE TECH.) dailies

primeira demão (BUILD.) undercoat; prime; shop priming

primeira demão de cal (BUILD.) lime whiting

primeira descarga de Townsend (ELECT.) first Townsend discharge

primeira prova (PRINT.) pull

primeira velocidade (AUTO.) low gear

primeira vertical da bússola (NAV.) compass prime vertical

primeiro (GEN.) prime

primeiro a entrar, primeiro a sair (COMP.) first-in, first-out

primeiro a terminar, primeiro a sair (COMP.) first-ended-first-out

primeiro banho de sulfureto (IMAGE TECH.) sulphide toning

primeiro combustível de aviões a jacto (AERO.) JP-1

primeiro dedo da mão (ZOO.) thumb; pollex

primeiro detector (ELECT.) first detector

primeiro escoamento (CHEM.) first running

primeiro na fonte (COMP.) first-in-chain

primeiro núcleo quântico (NUCL.) first quantum number

primeiro plano (IMAGE TECH.) close up

primeiro ponto de Balança (ASTRO.) First Point of Libra

primeiro ponto de Carneiro (ASTRO.) First Point of Aries

primigesta (MED.) primigravida

primigrávida (MED.) primigravida

primípara (MED.) primipara

primitivação (MATH.) integration

primitivo (GEN.) primitive; prime; basic; radical

primórdio (BIO.;ZOO.) primordium; Anlage (German word)

primossoma (BIO.) primeosome

principal (GEN.) principal; main; master

principal (PHYS.) host

principal (ZOO.) cardinal

princípio cosmológico (ASTRO.) cosmological principle

princípio da correspondência de Bohr (PHYS.) Bohr's correspondence principle

princípio da dúvida (PHYS.) uncertainty principle

princípio da energia mínima (PHYS.) least energy principle

princípio da incerteza (PHYS.) uncertainty principle

princípio da indeterminação (PHYS.) indeterminacy principle

princípio da indução magnética (ELECT.) moving-coil principle

princípio da menor energia (ECO.) least-work principle

princípio da quantidade de movimento (PHYS.) momentum principle

princípio da reciprocidade (PHYS.) principle of reciprocity; reciprocity principle

princípio da relatividade (PHYS.) principle of relativity

princípio da relatividade de Einstein (PHYS.) Einstein's principle of relativity

princípio das alavancas (PHYS.) principle of levers

princípio da superposição (PHYS.) principle of superposition

princípio de Arquimedes (PHYS.) Archimedes' principle

princípio de Babinet (PHYS.) Babinet's principle

princípio de Boltzmann (PHYS.) Boltzmann principle

princípio de Chanteller-Braun (CHEM.) Le Chanteller-Braun principle

princípio de ciclo de dois tempos (MECH.) two-stroke cycle principle

princípio de correspondência (PHYS.) correspondence principle

princípio de D'Alembert (PHYS.) D'Alembert's principle

princípio de deflexões iguais (MECH.) principle of equal deflections

princípio de Doppler (PHYS.) Doppler principle

princípio de equivalência (PHYS.) principle of equivalence

princípio de equivalência de Einstein (PHYS.) Einstein's equivalency principle

princípio de exclusão (PHYS.) exclusion principle

princípio de exclusão competitiva (ECO.) competitive exclusion principle

princípio de exclusão de Pauli (PHYS.) Pauli exclusion principle

princípio de Fermat do tempo mínimo (MATH.) Fermat's principle of least time

princípio de Fick (MED.) Fick principle

princípio de Fourier (PHYS.) Fourier principle

princípio de Franck-Condon (PHYS.) Franck-Condon principle

princípio de Gause (ECO.) Gause's principle

princípio de Hadley (METEO.) Hadley's principle

princípio de Hamilton (MATH.) Hamilton's principle

princípio de Hartley (TELECOM.) Hartley principle

princípio de Heisenberg (PHYS.) Heisenberg principle

princípio de Huygens (PHYS.) Huygens' principle

princípio de Mach (GEN.) Mach principle

princípio de máximo de Pontryagin (MATH.) Pontryagin's maximum principle

princípio de meia tensão de alimentação (ELECT.) half-supply voltage principle

princípio de Neumann (CRYST.) Neumann principle

princípio de prazer (PSYCHO.) pleasure principle

princípio de reacção (GEO.) reaction principle

princípio de realidade (PSYCHO.) reality principle

princípio de reforço (PSYCHO.) principle of reinforcement

princípio de tempo mínimo (PHYS.) principle of least action

princípio Diesel (MECH.) diesel principle

princípio do dínamo (ELECT.) dynamo principle

princípio do momento (PHYS.) momentum principle

princípio quântico (PHYS.) quantum principle

prioridade de escalonamento (COMP.) scheduling priority

prioridade de tarefas (COMP.) job priority

prisma (GEN.) prism

prisma acromático (PHYS.) achromatic prism

prisma de cinco lados (IMAGE TECH.) pentaprism

prisma de comparação (PHYS.) comparison prism

prisma de Cornu (ZOO.) Cornu prism

prisma de Dove (PHYS.) erecting prism

prisma de horizonte (PHYS.) horizon prism

prisma de Nicol (PHYS.) Nicol prism

prisma de Pellin-Brocca (PHYS.) Pellin-Brocca prism

prisma de polarização (PHYS.) polarizing prism

prisma de reflexão (PHYS.) reflecting prism

prisma de suspensão (MECH.) knife edge

prisma de visão directa (PHYS.) direct-vision prism

prisma duplo (IMAGE TECH.) biprism

prisma duplo de Fresnel (PHYS.) Fresnel biprism

prisma-objectiva (ASTRO.) objective prism

prisma para eliminar a inversão da imagem (PHYS.) erecting prism

prisma quadrangular (IMAGE TECH.) block prism

prisma recto (MATH.) right prism

prismas de Nicol (PHYS.) crossed Nicols

prismático (GEN.) prismatic

prismóide (MATH.) prismoidal; prismoid

privação sensorial (PSYCHO.) sensory deprivation

privacidade (COMP.) privacy

proacelerina (MED.) proaccelerin

proactivador (CHEM.) proactivator

proa da agulha (NAV.) compass heading

proa da bússola (NAV.) compass heading

proa de avião (AERO.) bow

proâmnio (BIO.) proamnion

proatlas (ZOO.) proatlas

probabilidade (COMP.) exposure

probabilidade (MATH.) chance

probabilidade (STAT.) expectation

probabilidade condicional (STAT.) conditional probability

probabilidade de aderência (PHYS.) sticking probability

probabilidade de fixação (ECO.) fixation probability

probabilidade de fuga de ressonância (NUCL.) resonance escape probability

probabilidade de não escape (PHYS.) non-leakage probability

probabilidade de transição (PHYS.) transition probability

probabilidade matemática (MATH.) mathematical probability

probacteriófago (BIO.) prophage

probarbital sódico (CHEM.; MED.) probarbital sodium

problema de ponto de referência (COMP.) bench mark problem

problema dos três corpos (ASTRO.) three-body problem

problema dos três pontos (SURV.) three-point problem

problema no plano (MATH.) plane problem

problema para localização de defeitos (COMP.) problem trouble location

probóscida(e) (ZOO.) proboscis

Proboscídeos (ZOO.) Proboscidea

procaína (MED.) procaine

procâmbio (BOT.) provascular tissue; procambium

procarion (BIO.) prokaryon

Procarionte (BIO.) prokarionte; prokariote

procariota (BOT.) procaryote

procartilagem (ZOO.) procartilage

procatártico (MED.) procatarctic

procedimento (COMP.) procedure

procedimento de análise de manutenção (COMP.) map

procedimento de aproximação ao mínimo máximo (COMP.) minimax procedure

procedimento de aterragem (AERO.) landing procedure

procedimento de descida (AERO.) letting down

procedimento de recuperação (COMP.) recovery procedure

procedimento de transacção (COMP.) transaction processing

procedimento de voo (AERO.) flight procedure

procedimento em linha (COMP.) instream procedure

procedimento «exec» (COMP.) exec procedure

procedimento recursivo (COMP.) recursive procedure

procedimento reentrante (COMP.) reentrant procedure

procedimento térmico (MECH.) heat treatment

Procelariiformes (ZOO.) Procellariiformes

procélico (ZOO.) procoelous

processador (COMP.) processor

processador de barramento lento (COMP.) south bridge

processador de comunicação (COMP.) communication processor

processador de dispositivo (COMP.) device processor

processador de entrada/saída (COMP.) input/output processor

processador de interface (COMP.) interface processor

processador de linguagem (COMP.) language processor

processador de matriz (COMP.) array processor

processador de primeiro plano (COMP.) front-end processor

processador de retaguarda (COMP.) back end processor

processador de texto (COMP.) word processor

processador digital de luz (ELECTRON.) digital light processor [DLP]

processador duplo (ELECTRON.) dual processor

processadores centrais (COMP.) central processors

processador periférico (COMP.) peripheral processor

processador principal (COMP.) host processor

processador satélite (COMP.) satellite processor

processador universal de entrada--saída (ELECTRON.) universal asynchronous receiver transmitter

processamento (IMAGE TECH.) processing

processamento a jusante (BIO.) downstream processing

processamento aleatório (COMP.) random processing

processamento a solvente (TEXT.) solvent processing

processamento automático de dados (COMP.) automatic data processing

processamento centralizado de dados (COMP.) centralized data processing

processamento comercial de dados (COMP.) business data processing

processamento compartilhado (COMP.) shared processing

processamento de acesso aleatório (COMP.) random access processing

processamento de dados (COMP.) data processing

processamento de dados de voo (AERO.) flight data processing

processamento de fundo (COMP.) background processing

processamento de imagem (COMP.) image processing

processamento de informação (COMP.) information processing

processamento de tarefas gráficas (COMP.) graphic job processing

processamento de texto (COMP.) text processing

processamento digital de sinal (TELECOM.) digital signal processing [DSP]

processamento em bloco (COMP.) batch processing

processamento em linha (COMP.) on-line processing

processamento em paralelo (COMP.) parallel processing

processamento em série (COMP.) serial processing

processamento em tempo real (COMP.) real-time processing

processamento fora de linha (COMP.) off-line processing

processamento integrado (COMP.) integrated processing

processamento integrado de dados (COMP.) integrated data processing

processamento por grupos de lotes (COMP.) batch processing

processamento por lotes em linha (COMP.) on-line batch processing

processamento prioritário (COMP.) foreground processing

processamento sem superposição (COMP.) non-overlapped processing

processamento sequencial (ELECTRON.) sequential processing

processo (GEN.) process

processo Acheson (CHEM.) Acheson process

processo ácido (ENG.; PAPER) acid process

processo Acker (obsoleto) (CHEM.) Acker process (obsolete)

processo adiabático (PHYS.) adiabatic process

processo aditivo (IMAGE TECH.) additive process

processo albumínico (PRINT.) albumen process

processo Alchior (CHEM.) Alchior process

processo aluminotérmico (CHEM.) aluminothermic process

processo amoníaco-soda (CHEM.) ammonia-soda process

processo Angus-Smith (BUILD.) Angus-Smith process

processo atómico (CHEM.) atomic process; nuclear process

processo Badisher (CHEM.) Badischer process

processo Balbach (CHEM.) Balbach process

processo básico (MECH.) basic process

processo Bayer (CHEM.) Bayer process

processo Bessemer (MECH.) Bessemer process

processo Bethell (BUILD.) Bethell's process

processo bicolor (IMAGE TECH.) two-colour process

processo Bosch (CHEM.) Bosch process

processo bromóleo (PRINT.) bromoil process

processo Cailletet (PHYS.) Cailletet process

processo Carbo (IMAGE TECH.) Carbo process

processo Castner (CHEM.) Castner's process

processo Castner-Kellner (CHEM.) Castner-Kellner process

processo catalão (MECH.) Catalan process

processo cianamídico (CHEM.) cyanamide process

processo Clark (CHEM.) Clark process

processo Claude (MECH.) Claude process

processo colódio (IMAGE TECH.) collodium process

processo da anidrite (CHEM.) anhydrite process

processo da cianamida (CHEM.) cyanamide process

processo das três cores (IMAGE TECH.) three-colour process

processo de anodização (ELECT.) anodizing process

processo de Appleby-Frodingham (CHEM.) Appleby-Frodingham process

processo de autogeração (ELECTRON.) bootstrapping

processo de Bergius (CHEM.) Bergius process

processo de Betts (MECH.) Betts process

processo de bocal injector (NUCL.) jet nozzle process

processo de Bower-Barff (BUILD.) Bower-Barff process

processo de câmara (de chumbo) (CHEM.) chamber process

processo de chapa húmida (IMAGE TECH.) wet-plate process

processo de cintilação (NUCL.) scintillation process

processo de Claus (CHEM.) Claus process

processo de Collins (PHYS.) Collins process

processo de colódio húmido (IMAGE TECH.) wet-plate process

processo de Compton (PHYS.) Compton process

processo de contacto (CHEM.) contact process

processo de Crowe (MINING) Crowe process

processo de degradação de Edman (BIO.) Edman degradation

processo de descoloração (IMAGE TECH.) bleach-out process

processo de diagnóstico (COMP.) roll-out

processo de encadeamento (COMP.) pipeline process

processo de escavação em degraus rectos (BUILD.) gulleting

processo de espora (ZOO.) spur process

processo de Falconbridge (MECH.) Falconbridge process

processo de Farror (MECH.) Farror's process

processo de Fischer-Tropsch (CHEM.) Fischer-Tropsch process

processo de fissão (NUCL.) fission process

processo de fotorresistência (ELECTRON.) photoresist process

processo de Frasch (MINING) Frasch process

processo de Gauss (PHYS.) Gaussian process

processo de Goldschmidt (CHEM.) Goldschmidt process

processo de goma dicromatada (IMAGE TECH.) gum dichromate process

processo de grade de linha (IMAGE TECH.) line screen process

processo de gravidade (GLASS) gravity process

processo de Haber (CHEM.) Haber process

processo de Hall (MECH.) Hall process

processo de Harris (MECH.) Harris process

processo de Harvey (MECH.) Harvey process

processo de Hoopes (MECH.) Hoopes process

processo de Joosten (MINING) Joosten process

processo de Kroll (MECH.) Kroll's process

processo de lamas activadas (BIO.; CHEM.) activated sludge process

processo de Lindemann (ELECT.) Lindemann process

processo de liquefacção (PHYS.) liquefying process

processo de meia-tinta (PRINT.) half-tone process

processo de meios densos (Mining) dense-media process

processo de meio-tom (Print.) half-tone process

processo de Moebius (Mech.) Moebius process

processo de moldar vidro (Glass) sagging

processo de núcleo branco (Mech.) white-heart process

processo de Oppenheimer-Phillips (Phys.) Oppenheimer-Phillips process

processo de oxidação do amoníaco (Chem.) ammonia oxidation process

processo de Parke (Mech.) Parke's process

processo de Poisson (Phys.) Poisson process

processo de reformação (Chem.) reforming process

processo de renovação (Stat.) birth-and-death process

processo de reversão (Image Tech.) reversal process

processo de saturação adiabática (Meteo.) saturation adiabatic process

processo de Schüfftan (Image Tech.) Schüfftan process

processo de sedimentação (Geo.) sedimentation process

processo de Talbot (Build.) Talbot process

processo de Thomas-Gilchrist (Eng.) Thomas-Gilchrist process

processo de titulação volumétrica (Chem.) volumetric titration process

processo de transferência (Image Tech.) transfer process

processo de Umklapp (Phys.) Umklapp process

processo de Verneuil (Miner.) Verneuil process

processo de zeolite (Chem.) zeolite process

processo diagenético (Geo.) diagenetic process

processo diazo (Image Tech.) diazo process

processo directo (Mech.) direct process

processo (dis)solvente (Chem.) solutizer process

processo do arco de Bredig (Mech.) Bredig's arc process

processo Down (Eng.) Down's process

processo Dunning (Image Tech.) Dunning process

processo duplex (Mech.) duplex process

processo electrolítico (Elect.) electrolytic process

processo electrostático indirecto (Comp.) indirect electrostatic process

processo endoenergético (Phys.) endo-ergic process

processo endotérmico (Phys.) exo-ergic process

processo Engel (Plast.) Engel process

processo ensiforme (Zoo.) ensiform process

processo espinhoso (Zoo.) spinous process; spine

processo exoérgico (Phys.) exo-ergic process

processo Footner (Build.) Footner process

processo geotécnico (Build.) geotechnical process

processo gráfico (Mech.) graphic method

processo Guerin (Mech.) Guerin process

processo Héroult (Mech.) Héroult process

processo hidrodinâmico (Mech.) hydrodynamic process

processo holandês (Chem.) Dutch process

processo Houdry (Chem.) Houdry process

processo isotérmico (Eng.) isothermal process

processo iterativo (Math.; Phys.) iterative process

processo Leblanc (Chem.) Leblanc process

processo lenticular (Image Tech.) lenticular process

processo limitado pela saída (Comp.) output-limited process

processo Lippmann (Image Tech.) Lippmann process

processo Mannheim (Chem.) Mannheim process

processo Marform (Mech.) Marform process

processo metalúrgico (Mining) metallurgical process

processo metassomático (Geo.) replacement

processo Miller (Mining) Miller process

processo Mond (Mech.) Mond process

processo Murex (Mining) Murex process

processo nuclear (Chem.) atomic process

processo odontóide (Zoo.) odontoid process

processo Pattinson (Mech.) Pattinson process

processo Pilat (Chem.) Pilat process

processo planar (Electron.) planar process

processo planográfico (Print.) planographic process

processo Poetsch (Mining) Poetsch process

processo radiolítico (Nucl.) radiolytic process

processo reversível adiabático de saturação (Meteo.) reversible saturation-adiabatic process

processo Rinco (Print.) Rinco process

processos costeiros (Eco.) coastal processes

processos fluviais (Eco.) fluvic horizon

processo Siemens-Halske (Mining) Siemens-Halske process

processo Siemens-Martin (Mech.) Siemens-Martin process; open-hearth process

processo Solvay (Chem.) Solvay's process; ammonia-soda process

processos sedimentares expelativo (Eco.) sedimentary exhalative processes

processo subtractivo (Image Tech.) subtractive process

processo sulfito (Paper) sulphite process

processo Szilard-Chalmers (Phys.) Szilard-Chalmers process

processo Taylor (Mech.) Taylor process

processo tricromático (Image Tech.) trichromatic process

processo vermiforme (Med.; Zoo.) appendix vermiformis; appendix

processo Walloon (Mech.) Walloon process

processo zeolítico (Chem.) zeolite process

procidência (Med.) procidentia

proclorite (Miner.) prochlorite

Proclorofíceas (Bot.) Prochlorophyceae

proctal (Zoo.) proctal

proctalgia (Med.) proctalgia

proctatresia (Med.) proctatresia

proctectasia (Med.) proctectasia

proctectomia (Med.) proctectomy

proctite (Med.) proctitis

proctóclise (Med.) proctoclysis

proctodinia (Med.) proctodynia; proctalgia

proctódio (Zoo.) proctodeum (pl. proctodea)

proctologista (Med.) proctologist

proctopexia (Med.) proctopexy

proctoscópio (Med.) proctoscope

proctossigmoidite (Med.) proctosigmoiditis

proctostomia (Med.) proctostomy

proctotomia (Med.) proctotomy

proctotresia (Med.) proctotresia

procumbente (Bot.) procumbent

procura bioquímica de oxigénio (Bio.; Chem.) biochemical oxygen demand [BOD]

procura de oxigénio (Eco.) oxygen demand

procura de radiações radioactivas com câmara de ionização portátil (Nucl.) frisking

procura e carga de programa (Comp.) program fetch

procutícula (Zoo.) procuticle

prodigiosina (Chem.) prodigiosin

prodrómico (Med.) prodromal

pródromo (Med.) prodrome

produção (Eco.) production

produção (Electron.) growing

produção (Gen.) production; growth

produção (Mining) yield

produção de aço de crisol (Mech.) pot steel process

produção de arco (Elect.) arcing

produção de chama no escape (Aero.) torching

produção de chuva (Meteo.) rain-making

produção de detritos (Geo.) detrition

produção de pares (Electron.) pair production

produção de plutónio (NUCL.) plutonium production

produção em linha (MECH.) flow-line production

produção eruptiva intermitente (MINING) flowing by heads

produção fluorescente (PHYS.) fluorescent yield

produção fundamental (ECO.) primary production

produção líquida (ECO.) net production

produção máxima sustentável (ECO.) maximum sustained yield [MSY]

produção primária (ECO.) primary production

produção secundária (MINING) secondary production

produção terciária (MINING) tertiary production

produtividade (ECO.) productivity

produtividade (HYDRO.) specific production factor; plant factor

produtividade (MINING) production rate

produtividade biológica (ECO.) biological productivity

produtividade líquida do ecossistema (ECO.) net ecosystem productivity [NEP]

produtividade operacional (CHEM.) throughput; thruput

produtividade primária (ECO.) primary productivity

produtividade primária bruta (ECO.) gross primary productivity [GPP]

produtividade primária líquida (ECO.) net primary productivity [NPP]

produtividade secundária (ECO.) secondary productivity

produto (GEN.) product

produto da largura de banda pelo comprimento (ELECTRON.) bandwidth-length product

produto de decomposição (PHYS.) daughter product

produto de decomposição radioactiva (NUCL.) radioactive decay product

produto de desintegração (PHYS.) decay product

produto de fissão (NUCL.) fission product

produto de ganho de largura de faixa (TELECOM.) gain-band width product

produto de Kronecker (MATH.) Kronecker product

produto de reacção (CHEM.) reaction product

produto de Wallis (MATH.) Wallis product

produto escalar (MATH.) scalar product; dot product

produto estéril (MINING) tailings

produto final (PHYS.) end product

produto interno (MATH.) dot product

produto iónico (CHEM.) ionic product

produto não refinado (CHEM.) crude product

produto radioactivo de desintegração (NUCL.) radioactive decay product

produtores (ECO.) producers

produtos de inércia (PHYS.) products of inertia

produto vectorial (MATH.) cross-product; vector product

pró-ecdise (ZOO.) pro-ecdysis

pró-embrião (BOT.) pro-embryo

proeminência (GEN.) prominence

proeminência (MECH.) boss

proeminência (MED.) proeminence; eminentia

proestro (ZOO.) pro-oestrus

profago (BIO.) prophage

profase (BIO.) prophase

profiláctico (MED.) prophylactic

profilaxia (MED.) prophylaxis

profilaxias (MED.) prophylaxes

proflavina (MED.; CHEM.) proflavine

proflogístico (MED.) prophlogistic

profundidade (GEN.) ground

profundidade crítica (HYDRO.) critical depth

profundidade de aquecimento (ELECT.; PHYS.) heating depth; depth of heating

profundidade de camada (GEO.) layer depth

profundidade de campo (IMAGE TECH.) depth of field

profundidade de compensação (GEO.) depth of compensation

profundidade de definição (PHYS.) depth of definition

profundidade de equilíbrio dos carbonatos (ECO.) carbonate compensation depth

profundidade de foco (IMAGE TECH.) depth of focus

profundidade de fusão (ENG.) depth of fusion

profundidade de imersão (HYDR.) depth of immersion; depth of submersion

profundidade de junção (ELECT.) junction depth

profundidade de mistura (ECO.) mixing depth

profundidade de modulação (TELECOM.) depth of modulation; modulation depth

profundidade de penetração (ELECT.) depth of penetration; penetration depth

profundidade de rebentação (GEO.) breaking depth

profundidade de revestimento (PHYS.) skin depth

profundidade eufótica (ECO.) euphotic depth

progénito (ECO.) progenote

progéria (MED.) progeria

progestacional (MED.) progestational

progesterona (MED.) progesterone

progestogénio (BIO.) progestogen

progestógeno (BIO.) progestogen

proglote (ZOO.) proglottis

prognático (ZOO.) prognatous

prognatismo (ZOO.) prognathism

prognose (MED.) prognosis

programa (GEN.) program

Programa Apolo (ASTRO.) Apollo program

programa armazenado (COMP.) stored program

programa armazenado internamente (COMP.) internally stored program

programa autodocumentado (COMP.) self-documenting program

Programa Biológico Internacional (ECO.) International Biological Programme [IBP]

programação (COMP.) programming

programação automática (COMP.) automatic programming

programação convexa (COMP.) convex programming

programação de acesso aleatório (COMP.) random access programming

programação de acesso mínimo (COMP.) minimum access programming

programação de inteiros (COMP.) integer programming

programação em paralelo (COMP.) parallel programming

programação em série (COMP.) serial programming

programação estruturada (COMP.) structured programming

programação geral (COMP.) software

programação lógica (COMP.) logic programming

programação matemática (COMP.) mathematical programming

programação não linear (COMP.) non-linear programming

programação quadrática (COMP.) quadratic programmimg

programação simbólica (COMP.) symbolic programming

programa codificado (COMP.) coded program

programa de análise de resposta (COMP.) response analysis program [RAP]

programa de aplicação (COMP.) application program

programa de aplicação de rede de comunicação (COMP.) communication network management application program

programa de aplicação principal (COMP.) host application program

programa de armazenamento (COMP.) storage program

programa de arranque (COMP.) bootstrap

programa de assemblagem (COMP.) assembly program; assembler

programa de biblioteca (COMP.) library program

programa de canal (COMP.) channel program

programa de carga (COMP.) load program

programa de controlo (COMP.) control program

programa de controlo de comunicação (COMP.) communication control program [CCP]

programa de controlo de entrada /saída (COMP.) input/output control program

programa de controlo de interrupção de comunicação (COMP.) communication interrupt control program [CICP]

programa de controlo de tarefas (COMP.) job control program

programa de cópia de disco (COMP.) disk copy program

programa de depuração do DOS (COMP.) DOS debug

programa de descarga (após defeito) (COMP.) post mortem program

programa de dois endereços (COMP.) two address program

programa de fita (COMP.) tape program

programa de fonte (COMP.) source program

programa de função matemática (COMP.) mathematical function program

programa de fundo (COMP.) background program

programa de hardware (COMP.) hardware program(me)

programa de linguagem (COMP.) language program

programa de máquina (COMP.) hardware program(me)

programa de passagem única (COMP.) one-pass program

programa de razão variável (PSYCHO.) variable-ratio schedule

programa de reforço (PSYCHO.) schedule of reinforcement

programa de reforço de razão (PSYCHO.) ratio schedule of reinforcement

programa de relatório (COMP.) report program

programa de saída (COMP.) output program

programa de teste (ELECTRON.) test program

programa de visualização gráfica (COMP.) graphical display program

programador (COMP.) programmer

programador de sistema (COMP.) system programmer

programa específico (COMP.) specific program

programa eurístico (COMP.) heuristic program

programa executivo (COMP.) executive program

programa fictício (COMP.) dummy program

Programa Global de Investigação da Atmosfera (GEO.) Global Atmospheric Research Programme [GARP]

programa iniciador (COMP.) bootstrap

programa iniciado sob comando do processador principal (COMP.) host-initiated program

programa ligado em painel (COMP.) plugged program

programa local (TELECOM.) local program

programa-objecto (COMP.) object program; target program

programa portátil (COMP.) portable program

programa recolocável (COMP.) relocatable program

programa reentrante (COMP.) reentrant program

programas de intervalo de reforço (PSYCHO.) interval schedules of reinforcement

programas de intervalo variável (PSYCHO.) variable-interval schedules

programa utilitário (COMP.) utility program

progressão (MATH.) progression

progressão aritmética (MATH.) arithmetical progression

progressão harmónica (MATH.) harmonic progression

progressão intergaláctica (ASTRO.) intergalactic progression

progressão logarítmica (MATH.) logarithmic progression

projecção (GEN.) projection

projecção A (RADAR) A-display

projecção axonométrica (ARCH.) axonometric projection

projecção central (COMP.) central projection

projecção cilíndrica oblíqua conforme (MATH.) oblique cylindrical conformal projection

projecção cilíndrica oblíqua de Kahn (MATH.) Kahn oblique cylindrical projection

projecção cónica oblíqua conforme (MATH.) oblique conical conformal projection

projecção da superfície da pá da hélice (AERO.) projected blade area

projecção de Bonne (GEO.) Bonne's projection

projecção de coroa solar (METEO.) plume

projecção de Mercator (GEO.) Mercator's projection

projecção frontal (IMAGE TECH.) front porch

projecção horizontal (MATH.) horizontal projection

projecção isométrica (ARCH.) isometric projection

projecção nos três ângulos (ENG.) third-angle projection

projecção ortogonal (MATH.; MECH.) orthographic projection

projecção ortográfica (MATH.; MECH.) orthographic projection

projecção R (RADAR) R-display

projecção reflectiva (IMAGE TECH.) reflex projection

projecções cónicas (GEO.) conical projections

projéctil atómico (PHYS.) atomic projectile

projéctil nuclear (PHYS.) atomic projectile

projectista (MECH.) draftsman; draughtsman

projecto (BUILD.) blueprint

projecto (GEN.) design; project

projecto (PRINT.) lay out

projecto assistido por computador (COMP.) computer aided design [CAD]

projecto de controlo (COMP.) control design

projecto de programa (COMP.) program design

projecto de sistema (COMP.) system design

projecto de teste Apollo-Soyuz (ASTRO.) Apollo-Soyuz test project

projecto gráfico (ELECT.) graphical design

projecto lógico (COMP.) logic design; logical design

projecto Mercúrio (SPACE) Mercury project

projector (PHYS.) projector; projection lantern

projector (IMAGE TECH.) spot light

projector contínuo (IMAGE TECH.) continuous projector

projector de Fresnel (PHYS.) Fresnel spotlight

projector de lâmpada (ELECT.) light valve projector

projector de sinais Morse (TELECOM.) Morse lamp

projector de sonar (PHYS.) sonar projector

projector de vídeo (IMAGE TECH.) beamer

projector dividido (ELECTRON.) split projector

projector luminoso (ELECT.) floodlight projector

projector RGB (IMAGE TECH.) RGB projector

projector tricolor (ELECTRON.) three-beam projector

prolactina (MED.) prolactin; lactogenic hormone

prolactinoma (MED.) prolactinoma

prolan (prolano) (ZOO.) prolan (obsolete)

prolapso (MED.) prolapse

prolidase (CHEM.) proline dipeptidase

proliferação (GEN.) proliferation

prolina (CHEM.) proline

prolina dipeptidase (CHEM.) proline dipeptidase

prolongado (BOT.; ZOO.) excurrent

prolongamento das vigas (BUILD.) outrigger

promécio (CHEM.) promethium

promeristema (BOT.) promeristem

prometafase (BIO.) prometaphase

prometazina (CHEM.; MED.) promethazine

promontório (GEO.) promontory; head

promotor (BIO.; CHEM.) promoter

promotor de tumorização (BIO.) tumor promoter

pronação (ZOO.) pronation

pronação do antebraço (MED.) pronation of forearm

pronador (ZOO.) pronator (muscle)

prónefro (ZOO.) pronephros (pl. pronephroi)

pronógrado (ZOO.) pronograde

pronoto (ZOO.) pronotum

pronto a enviar (TELECOM.) clear to send [CTS]

pronto para impressão (PRINT.) live

pronúcleo (BIO.) prokaryon

pronúcleo (ZOO.) pronucleus

pronúcleo feminino (BIO.) female pronucleus

pronúcleo masculino (BIO.) male pronucleus

proótico (ZOO.) pro-otic

propagação (GEN.) propagation

propagação anómala (PHYS.) anomalous propagation

propagação da onda (TELECOM.) wave propagation

propagação de calor (PHYS.) propagation of heat

propagação de erro (ELECTRON.) error spread

propagação de incidência quase vertical (TELECOM.) near vertical incidence propagation

propagação de luz (PHYS.) propagation of light

propagação diversificada (TELECOM.) multipath propagation

propagação do som (PHYS.) propagation of sound; sound motion

propagação ionosférica (TELECOM.) ionospheric propagation

propagação normal (ELECTRON.) standard propagation

propagação trans-equatorial (TELECOM.) trans-equatorial skip

propagação vegetativa (BOT.) vegetative propagation

propágulo (BOT.) propagule; disseminute

propano (CHEM.) propane

propanol (CHEM.) propanol

propanona (CHEM.) propanone

propelente (AERO.; SPACE) propellant; propellant fuel

propelente de base dupla (NUCL.) double base propellant

propelente de base tripla (MECH.) triple-base propellant

propelente misto (CHEM.) composite propellant

propelente nuclear (PHYS.) nuclear propellant; nuclear fuel

propelente sólido (SPACE) solid propellant

propeno (CHEM.) propene; propylene

propenol (CHEM.) propenol

propeno polimerizado (CHEM.) polypropylene

propeptona (CHEM.) propeptone

properdina (IMMUN.) properdin

propileno (CHEM.) propylene; propeno

propilglicol (CHEM.) propylene glycol

propino (propínio) (CHEM.) propyne

propionato de potássio (CHEM.) potassium propionate

propionato de sódio (CHEM.) sodium propionate

proplastídio (BOT.) proplastid

proporção de impulso (ELECT.) impulse ratio

proporção de mistura (METEO.) mixing ratio

proporção de mistura de ar e combustível (MECH.) air-fuel ratio

proporção de ruído (PHYS.) noise ratio

proporção de talude (BUILD.) ratio of slope

proporção inversa (CHEM.) reciprocal proportion

proporção recíproca (CHEM.) reciprocal proportion

proporções constantes (CHEM.) constant proportions

proporções definidas (CHEM.) definite proportions

proporções equivalentes (CHEM.) equivalent proportions

proporções múltiplas (CHEM.) multiple proportions

proporções óptimas (IMMUN.) optimal proportions

propósito (BIO.) proband

propriedade aditiva (CHEM.) additive property

propriedade aromática (CHEM.) aromatic property

propriedades coligativas (CHEM.) colligative properties

propriedades secundárias das antenas (TELECOM.) secondary aerial properties

proprioreceptor (proprioceptor) (ZOO.) proprioceptor

proptose (MED.) proptosis

propulsão (AERO.) thrust

propulsão a foguetão (AERO.) rocket propulsion

propulsão a jacto (AERO.) jet propulsion; reaction jet propulsion

propulsão a reacção (AERO.) reaction propulsion

propulsão auxiliar (AERO.) boost

propulsão eléctrica (SPACE) electric propulsion

propulsão iónica (SPACE) ion propulsion

propulsão nuclear (SPACE) nuclear propulsion

propulsão por iões (SPACE) ion propulsion

propulsão por plasma (PHYS.) plasma propulsion

propulsão por tubeira (AERO.) duct propulsion

propulsão turboeléctrica (ELECT.) turbo-electric propulsion

propulsionado a energia nuclear (PHYS.; SPACE) atomic-powered

propulsor (AERO.; ASTRO.) pusher; booster; propellant

propulsor (GEN.) propeller

propulsor (NAV.) propulsive screw

propulsor duplo (ASTRO.; SPACE) bipropellant

proscénio (BUILD.) proscenium

proscólex (proscolécio) (ZOO.) proscolex

prosencéfalo (ZOO.) prosencephalon; fore-brain

prospecção biogeoquímica (GEO.) biogeochemical exploration

prospecção de furo (MINING) borehole survey

prospecção eléctrica (MINING) electrical prospecting

prospecção electromagnética (GEO.) electromagnetic prospecting

prospecção geobotânica (GEO.) geobotanical exploration

prospecção geofísica (MINING) geophysical prospecting

prospecção geoquímica (MINING) geochemical prospecting

prospecção magnética (MINING) magnetic prospecting

prospecção por radiação (MINING) radiation prospecting

prospectrómetro (GEO.; MINING) prospectometer

prossecretina (MED.) prosecretin

prossector (MED.) prosector

prossectório (MED.) prosectorium

prossoma (ZOO.) prosoma

prostaglandinas (IMMUN.; MED.) prostaglandins

próstata (ZOO.) prostata; prostate

prostatalgia (MED.) prostatalgia

prostatectomia (MED.) prostatectomy

prostaticovesical (MED.) prostaticovesical

prostatismo (MED.) prostatism

prostatite (MED.) prostatitis

prostatocistite (MED.) prostatocystitis

prostatodinia (MED.) prostatodynia

prostatólito (MED.) prostatolith

prostatomegalia (MED.) prostatomegaly

prostatorreia (MED.) prostatorrhea; prostatorrhoea

prostatovesiculite (MED.) prostatovesiculitis

prostómio (ZOO.) prostomium

protactínio (CHEM.; NUCL.) protactinium

protalo (BOT.) prothallus

protaminas (BIO.) protamines

protândria (BOT.; ZOO.) protandry

protanopia (MED.) protanopia

protanópico (MED.) protanopic

protão (PHYS.) proton

protão hidratado (CHEM.) hydroxonium ion

protão negativo (PHYS.) negative proton

protease (BIO.) protease

protecção (AERO.) shroud

protecção (BUILD.) hurter; safeguard

protecção (ELECT.) fence; fender

protecção (GEN.) protection; shield; guard

protecção (MECH.) guard; keep

protecção a distância (ELECT.) distance protection

protecção anódica (ENG.) anodic protection

protecção à privacidade (COMP.) privacy protection

protecção arquitectural (COMP.) architectural protection

protecção catódica (ELECT.; NAV.) cathodic protection

protecção contra radiações (MED.; PHYS.) protection against radiations

protecção contra surtos (ELECT.) surge protection

protecção cruzada (BOT.) cross protection

protecção de alimentação em paralelo (ELECT.) parallel-feed protection

protecção de armazenamento (COMP.) storage protection

protecção de auto-equilíbrio (ELECT.) self-balance protection

protecção de chumbo (RADIOL.) lead protection

protecção de curto-circuito (ELECT.) short-circuit protection

protecção de dados (COMP.) data protection

protecção de excesso de velocidade (ELECT.) overspeed protection

protecção de fase aberta (ELECT.) open-phase protection

protecção de flange (ELECT.) flange protection

protecção de fuga à terra (ELECT.) earth leakage protection

protecção de lente (IMAGE TECH.) lens cap

protecção de memória (COMP.) memory guard

protecção de Plannkuch (ELECT.) Plannkuch protection

protecção de sobrecarga (ELECT.) overload protection

protecção de sobrevoltagem (ELECT.) overvoltage protection

protecção diferencial (ELECT.) differential protection

protecção do amplificador (ELECTRON.) amplifier protection

protecção estanque (BUILD.) tanking

protecção selectiva (ELECT.) selective protection

protecção térmica de reentrada (SPACE) re-entry thermal protection

protector (ELECTRON.) protector

protector de margem (HYDRO.) bank protector

protector de zinco (NAV.) zinc protector

protectores de madeira (BUILD.) wood preservatives

protectores de ouvido (PHYS.) ear defenders; ear muffs

proteína (BIO.) protein

proteína alostérica (BIO.) allosteric protein

proteína amilóide (BIO.) amyloid protein

proteína básica da mielina (BIO.) myelin basic protein [MBP]

proteína C reactiva (IMMUN.) C reactive protein

proteína cro (BIO.) cro protein

proteína de Bence-Jones (IMMUN.) Bence-Jones protein

proteína de célula simples (BOT.) single-cell protein

proteína de transporte (BIO.) transport protein

proteína do floema (BOT.) p-protein

proteína do síndroma de Kallmann (BIO.) Kallmann syndrome protein

proteína extrínseca (BIO.) extrinsic protein

proteína fibrosa (BIO.) scleroprotein

proteína nascente (BIO.) nascent protein

proteína P (BOT.) P-protein

proteína repressora (BIO.) repressor protein

proteína ribossomal (BIO.) ribosomal protein

proteínas de ligação do ADN (BIO.) DNA binding proteins

proteinases (BIO.) proteinases

proteinato de prata (CHEM.) silver protein

proteína transmembrana (BIO.) transmembrane protein

proteína transportadora (BIO.) carrier protein

proteínas de choque térmico (BIO.) heat-shock proteins [HSPs]

proteínas de choque térmico da Drosófila (BIO.) Drosophila heat-shock proteins

proteínas de fusão (BIO.) fusion proteins

proteínas de neurofilamentos (BIO.) neurofilament proteins

proteínas do mieloma (BIO.) myeloma proteins

proteínas do stress (BIO.) stress proteins

proteínas recombinantes (BIO.) recombinant proteins

proteinose (MED.) proteinosis

proteinúria (MED.) proteinuria

proteoclástico (CHEM.) proteoclastic

proteólise (BIO.) proteolysis

proteolítico (BIO.; CHEM.) proteolytic

proteometabólico (BIO.) proteometabolic

proteometabolismo (BIO.) proteometabolism

proteose (BIO.;CHEM.) proteose

proterândrico (BOT.; ZOO.) proterandrous

Proterozóico (GEO.) Proterozoic

prótese (MED.) prosthesis

prótese de Austin Moore (MED.) Austin Moore prosthesis

protésica (MED.) prosthesis

prótido (CHEM.) protide

protimia (MED.) prothymia

prótio (CHEM.) protium; hydrogen 1

Protista (BOT.) Protista

protocercal (ZOO.) protocercal

protocolo (COMP.) protocol

protocolo de acesso à ligação (TELECOM.) link access protocol

protocolo de acesso sem fios partilhado (TELECOM.) shared wireless access protocol

protocolo de rede (COMP.) network protocol

protocolo orientado para bit (COMP.) bit oriented protocol

protocolo de mudança de direcção (COMP.) change-direction protocol

protocolos de acesso (ELECT.) access protocols

Protocordados (ZOO.) Protochordata

protoderme (BOT.) protoderm

protofloema (BOT.) protophloem

protogénico (CHEM.) protogenic

protoginia (BOT.; ZOO.) protogyny

proto-heme (MED.) protohaem

proto-iodeto (CHEM.) protiodide

protomórfico (ZOO.) protomorphic

protonefrídio (ZOO.) protonephridium

protonema (BOT.) protonema

protoneurónio (BIO.) protoneuron

proto-oncogene (BIO.) proto-oncogene

protoplasma (BIO.) protoplasm

protoplasmático (BIO.) protoplasmatic

protoplásmico (BIO.) protoplasmic

protoplasto (BOT.) protoplast

protoporfirina (CHEM.) protoporphyrin

protopse (MED.) protopsis

protórax (ZOO.) prothorax

protostela (BOT.) protostele

protostela medular (BOT.) medullated protostele

Prototéria (ZOO.) Prototheria

protótipo (GEN.) prototype; type

prototrófico (BIO.) prototrophic

prototrofo (BIO.) prototroph

prototropia (CHEM.) prototropy

protovértebra (ZOO.) protovertebra

protóxido (CHEM.) protoxide

protóxido de azoto (CHEM.) nitrous oxide; dinitrogen oxide

protóxido de ferro (CHEM.) protoxide of iron

protóxido de platina (CHEM.) platinous oxide

protozoário (ZOO.) protozoan

Protozoários (ZOO.) Protozoa

protractor (MED.) protractor (muscle)

protrombina (MED.) prothrombin

protrombina da coagulação do sangue (MED.) factor II

protrombinogénio (MED.) prothrombinogen

protuberância (MED.) prominence

protuso (BOT.) exserted

proustite (MINER.) proustite; light red silver ore

prova (GEN.) proof; test; trial; experiment; essay; assay

prova de atrito (BUILD.) attrition test

prova de Bárány (MED.) Bárány's test; past-pointing

prova de circuito de Varley (ELECT.) Varley loop test

prova de esmagamento (BUILD.) crushing test

prova de granéis (PRINT.) galley proof

prova de granel (PRINT.) slip

prova de impacte (MECH.) impact test

prova de isolamento (ELECT.) insulation test

prova de Kober (VET.) Kober test; Cuboni test

prova de linha (ELECT.) line test

prova de máquina (PRINT.) machine proof; press proof

prova de paridade (COMP.) parity check; even parity check

prova de Pensky-Martens (CHEM.) Pensky-Martens test

prova de pré-impressão (PRINT.) prepress proof

prova de pressão (BOT.) pressure probe

prova de redundância (COMP.) redundancy check

prova de reprodução (PRINT.) reproduction proof

prova de Routh (MATH.) Routh test

prova de salto de rã (COMP.) leap-frog test

prova de Schick (IMMUN.) Schick test

prova de transferência (ELECT.) transfer check

prova de Tzank (MED.) Tzank test

prova do indicador (MED.) past-pointing

provador de nível (SURV.) level trier

provador de válvulas (ELECT.) tube tester

prova em bancada (BUILD.) bench test

prova lógica (COMP.) logic probe

prova matemática (MATH.) mathematical check

prova ou teste de Benedict (CHEM.; MED.) Benedict's test

prova por contradição (MATH.) proof by contradiction
prova por redução ao absurdo (MATH.) reductio ad absurdum proof
provas de carbono (IMAGE TECH.) carbon process
provas progressivas (PRINT.) progressive proofs
proventrículo (ZOO.) proventriculus
proveta graduada (CHEM.) measuring glass
província biogeográfica (ECO.) biogeographical province
província faunaiana (ECO.) faunal province
província nerítica (ECO.) neritic province
provirus (BIO.) provirus
provitamina (CHEM.) provitamin
Próxima Centauri (Próxima de Centauro) (ASTRO.) Proxima Centauri
proximal (BIO.) proximal
proximidade (AERO.) contact
pruinoso (BOT.) pruinose
prumagem (SURV.) sounding
prumo (BUILD.) plumb; stud
prumo (SURV.) plummet; plumb-bob; plum-line
prumo de mão (SURV.) hand lead
prumo de ombreira (BUILD.) jamb post
pruniforme (BOT.) pruniform
prurido (MED.) pruritus
prurido furioso (VET.) mad itch
pruriginoso (MED.) pruriginous
prurigo (MED.) prurigo
prussiato (CHEM.) prussiate
psamófito (BOT.) psammophyte
psamoma (MED.) psammoma
psefítico (GEO.) rudaceous
pseudactinomicose (MED.) pseudactinomycosis
pseudo-ácido (CHEM.) pseudoacid
pseudo-aleatório (COMP.) pseudo-random
pseudo-alúmen (CHEM.) pseudo-alum
pseudo-apossemático (ZOO.) pseudo-aposematic
pseudo-ataxia (MED.) pseudoataxia
pseudobacilo (BIO.) pseudobacillus
pseudobactéria (BIO.) pseudobacterium
pseudobactérias (BIO.) pseudobacteria
pseudobase (CHEM.) pseudobase
pseudobolbo (BOT.) pseudobulb
pseudobraço (ZOO.) pseudobrachium
pseudobulbar (MED.) pseudobulbar
pseudocarpo (BOT.) pseudocarp
pseudocartilaginoso (pseudocartilagíneo) (ZOO.) pseudocartilaginous
pseudocele (ZOO.) pseudocoele
pseudociese (MED.; ZOO.) pseudocyesis; false pregnancy; spurious pregnancy; pseudopregnancy
pseudocódigo (COMP.) pseudocode
pseudocolóide (MED.) pseudocolloid
pseudocopulação (BOT.) pseudocopulation
pseudocúbico (MINER.) pseudocubic
pseudodemência (PSYCHO.) pseudodementia
pseudodenticulado (ZOO.) pseudodont

Pseudo-escorpionídeos (ZOO.) Pseudoscorpionidea
pseudo-espécie (ECO.) pseudospecies
pseudo-estepe (ECO.) pseudo-steppe
pseudofilídeo (ZOO.) pseudophyllid
Pseudofilídeos (ZOO.) Pseudophyllidea
pseudofóssil (ECO.) pseudofossil
pseudogamia (BOT.) pseudogamy
pseudogene (BIO.) pseudogene
pseudogeusia (MED.) pseudogeusia
pseudoginecosmatia (MED.) pseudogynecomastia
pseudoglioma (MED.) pseudoglioma
pseudoglobulina (BIO.) pseudoglobulin
pseudogota (MED.) pseudogout
pseudogravidez (MED.) pseudopregnancy
pseudo-hermafrodita feminino (BIO.) androgynus
pseudo-hermafroditismo (BIO.) pseudohermaphroditism
pseudo-hermafroditismo feminino (BIO.) androgyny
pseudo-interferência (ECO.) pseudointerference
pseudolembrança (MED.) screened memory
pseudoleucite (MINER.) pseudoleucite
pseudomalaquite (MINER.) pseudomalachite
pseudomerismo (CHEM.) pseudomerism
pseudometamerismo (BIO.) pseudometamerism
Pseudomonadáceas (BIO.) Pseudomonadaceae
Pseudomonas (BIO.) Pseudomonas
pseudomorfina (CHEM.) pseudomorphine
pseudomorfo (MINER.) pseudomorph
pseudomormo (MED.) melioidosis; pseudoglandees
pseudomucina (CHEM.; MED.) pseudomucine
pseudoparênquima (BOT.) pseudoparenchyma; false tissue
pseudoperianto (BOT.) pseudoperianth
pseudopericardite (MED.) pseudopericarditis
pseudopódio (BOT.) pseudoperianth
pseudópodo (BOT.) pseudopod
pseudoprematuro (MED.) pseudopremature
pseudopseudo-hipoparatiroidismo (MED.) pseudo-pseudohypoparathyroidism; Albright's syndrome
pseudopterígio (MED.) pseudopterygium
pseudo-raiva (VET.) pseudorabies; mad itch; Aujesky's disease; infectious bulbar paralysis
pseudo-simetria (MINER.) pseudosymmetry
pseudo-solução (CHEM.) pseudosolution
pseudotabes (MED.) pseudotabes; Leyden's ataxy
pseudotaquilito (MINER.) pseudotachylite
pseudotropina (CHEM.) pseudotropine
pseudo uridina (BIO.) pseudouridine

pseudovacínia (VET.) pseudocowpox
pseudovilo (ZOO.) pseudovillium (pl. pseudovilli)
pseudovilosidades (ZOO.) pseudovilli
pseudovitamina (CHEM.) pseudovitamin
pseudovitelo (ZOO.) pseudovitellus
pseudoxantoma elástico (MED.) pseudoxanthoma elasticum
psicanálise (PSYCHO.) psychoanalysis
psicoalergia (MED.) psychoallergy
psicobiologia (BIO.) psychobiology
psicocinésia (PSYCHO.) psychokinesia; psychokinesis
Psicocirurgia (MED.; PSYCHO.) psychosurgery
Psicodinâmica (PSYCHO.) psychodynamics
psicodrama (PSYCHO.) psychodrama
psicoexploração (PSYCHO.) psychoexploration
Psicofarmacologia (PSYCHO.) psychopharmacology
psicofármacos (MED.; PSYCHO.) psychopharmaceuticals
Psicofísica (PSYCHO.) psycophysics
Psicofisiologia (PSYCHO.) psychophysiology
psicogalvanómetro (PSYCHO.) psychogalvanometer
psicogénero (PSYCHO.) psychogender
psicogénese (PSYCHO.) psychogenesis
psicogenético (PSYCHO.) psychogenetic
psicogenia (PSYCHO.) psychogeny
psicogénico (PSYCHO.) psychogenic
psicognose (MED.; PSYCHO.) psychognosis
psicogonia (BIO.) psychogony
psico-história (PSYCHO.) psychohistory
psicolépsia (PSYCHO.) psycholepsy
Psicolinguística (PSYCHO.) psycholinguistics
Psicologia (PSYCHO.) psychology
Psicologia aplicada (GEN.) applied psychology
Psicologia clínica (PSYCHO.) clinical psychology
psicologia do comportamento (PSYCHO.) behaviourism
Psicologia do ego (PSYCHO.) ego psychology
Psicologia fisiológica (PSYCHO.) physiological psychology
Psicologia profunda (MED.; PSYCHO.) depth-psychology
Psicologia social (PSYCHO.) social psychology
psicológico (PSYCHO.) psychologic(al)
Psicometria (PSYCHO.) psychometrics
psicomotor (PSYCHO.) psychomotor
psiconeurose (PSYCHO.) psychoneurosis
Psiconomia (PSYCHO.) psychonomy
psiconose (PSYCHO.) psychonosis
Psiconosologia (PSYCHO.) psychonosology
psicoparesia (PSYCHO.) psychoparesis
psicopata (PSYCHO.) psychopath
psicopatia (PSYCHO.) psychopathy; psychopathia

psicopatia de Korsakoff (MED.) Korsakoff's syndrome

psicopatia marcial (MED.; PSYCHO.) shell shock; sinistrosis; psychopathia martialis

psicopatia sexual (MED.; PSYCHO.) psychopathia sexualis

Psicopatologia (PSYCHO.) psychopathology

psicoplegia (MED.; PSYCHO.) psychoplegia

Psicoprofilaxia (MED.; PSYCHO.) psychoprophylaxis

psicose (PSYCHO.) psychosis

psicose de Korsakoff (MED.) Korsakoff's psychosis; Korsakoff's syndrom

psicose funcional (PSYCHO.) functional psychosis

psicose infantil (PSYCHO.) childhood psychosis

psicose maníaco-depressiva (MED.; PSYCHO.) maniac-depressive psychosis

psicosina (MED.) psychosine

psicossensitivo (PSYCHO.) psychosensorial

psicossíntese (PSYCHO.) psychosynthesis

psicossomático (PSYCHO.) psychosomatic

psicotécnica (PSYCHO.) psychotechnics

psicoterapeuta (MED.; PSYCHO.) psychotherapist

psicoterapia (PSYCHO.) psychotherapy

psicótico (MED.) psychotic

psicotogénico (MED.) psychotogenic

psicotomimético (MED.) psychotomimetic

psicotrópico (MED.) psychotropic

psicro-esfera (ECO.) psychrosphere

psicrofílico (BOT.) psychrophilic

psicrófilo (ECO.) psychrophile

psicrofobia (PSYCHO.) psychrophobia

psicróforo (MED.) psychrophore

psicrómetro (METEO.) psychrometer; wet and dry bulb hygrometer

psicrómetro de aspiração (METEO.) aspirated psychrometer

psicrómetro de cabelo (GEO.) sling psychrometer

psiliato de sódio (CHEM.) sodium psylliate

psilocina (CHEM.) psilocin

psilomelano (MINER.) psilomelane

psilose (MED.) psilosis

psiquiatria (MED.; PSYCHO.) psychiatry

psiquismo (BIO.; PSYCHO.) psychism

Psitaciformes (ZOO.) Psittaciformes

psitacose (psitacismo) (MED.; VET.) psittacosis; parrot disease

psoas (MED.) psoas (muscles)

psoríase (MED.) psoriasis

ptármico (MED.) ptarmic

pteridina (CHEM.) pteridine

Pteridófitos(as) (BOT.) Pteridophyta

Pteridospermópsidas (BOT.) Pteridospermopsida

pteridoto de Ceilão (MINER.) Ceylon pteridot

pterígio (MED.) pterygium

pterigóide (ZOO.) pterygial; pterygoid

pterigoma (MED.) pterygoma

pterigomaxilar (MED.) pterygomaxillary

pterigopalatino (MED.) pterygopalatine

pterilose (ZOO.) pterylosis

pterina (CHEM.) pterin

ptério (BIO.) pterion

ptialina (CHEM.) ptyalin

ptialismo (MED.) ptyalism

ptilino (ZOO.) ptilinum

ptose (MED.) ptosis

ptose simpática (MED.) Horner's syndrome

pua (BUILD.) drill bit; auger; screw-auger

puberdade (MED.) puberty

puberulento (BOT.) puberulent

pubescente (BOT.; ZOO.) pubescent

púbico (ZOO.) pubic

pubiotomia (MED.) pubiotomy; shymphysiotomy

púbis (ZOO.) pubis

pudim (GEO.) puddingstone

pudlagem (MECH.) puddling

puerperal (MED.) puerperal

puerpério (MED.) puerperium

puff (BIO.) puff

pulasquite (GEO.) pulaskite

pulmão (ZOO.) lung

pulmão de fazendeiro (IMMUN.) farmer's lung

pulmoeira (VET.) broken wind

pulmões (ZOO.) lungs; pulmones

pulmonado (ZOO.) pulmonate

Pulmonados (ZOO.) Pulmonata

pulmonar (ZOO.) pulmonary

pulmonectomia (pneumonectomia) (MED.) pulmonectomy

pulmonite (pneumonite) (MED.) pulmonitis

pulsação (AERO.) surge (gas turbine)

pulsação (GEN.) beat; pulse

pulsação (PHYS.) pulsatance

pulsação (ZOO.) sphygmus

pulsação de partículas alfa (PHYS.) alpha particle pulse

pulsador (ELECT.) chopper

pulsador (MINING) pulsator

pulsar (ASTRO.) pulsar

pulsímetro (MED.) pulsimeter; pulsometer

pulso (ELECT.; IMAGE TECH.; TELECOM.) pulse

pulso (GEN.) pulse

pulso (MED.) pulsus; pulse

pulso acelerado (MED.) water-hammer pulse; pulsus celer

pulso alternante (MED.) alternating pulse; pulsus alternans

pulso bigeminal (MED.) bigeminal pulse; pulsus bigeminus

pulso catácroto (MED.) catacrotic pulse; pulsus catacrotus

pulso célere (MED.) water-hammer pulse; pulsus celer

pulso chave (ELECT.) key pulse

pulso coerente (RADAR) coherent pulse

pulso de ponta (RADAR.) radar blip

pulso de sincronização horizontal (ELECTRON.) horizontal synchronization pulse

pulso habilitador (ELECTRON.) enabling pulse

pulsojacto (AERO.) pulse jet

pulso marcador (TELECOM.) marker pulse

pulsómetro (BUILD.; MECH.) pulsometer; pulsometer pump

pulso muito acelerado (MED.) pulsus celerimus

pulso paradoxal de Kussmaul (MED.) Kussmaul's paradoxical pulse; paradoxical pulsus

pulso-piloto (RADAR) main bang

pulsorreactor (AERO.) pulse jet

pulso vácuo (MED.) vagus pulse; pulsus vacuus

pulso venoso (MED.) venous pulse; pulsus venosus

pulverização (MINING) comminution; grinding; milling

pulverização anódica (ELECTRON.) anode sputtering

pulverização anticontacto (IMP.) anti-set-off spray

pulverização a pressão (BUILD.) airless spraying

pulverizador (BUILD.) sprinkler

pulverizador (MECH.) atomizer; nozzle

pulverizador de cimento (BUID.) cement gun

pulvímetro (METEO.; MINING) dust counter

pulvinado (BUILD.) pulvinated

pulvino (BOT.) pulvinus

pulvínula (BOT.) pulvinule

pumpelite (MINER.) pumpellyite

punção (MECH.) punch

punção (MED.) nyxis

punção (PRINT.) punch

punção centradora (MECH.) centre punch

punção contra-rebite (MECH.) snap

punção de bater pregos (BUILD.) set

punção de guia (MECH.) plug centre punch

punção de marcar (MECH.) centre punch; scratch awl

punção de ponta chata (MECH.) pin-punch

punção para bater pregos (BUILD.) nail punch

punção para pinos (MECH.) pin-punch

punctura (MED.; VET.) punctura; nyxis

pungente (BOT.) pungent

punho (BUILD.) haft

punho caído (MED.) drop wrist; wrist-drop

punho de segurança (ELECT.) deadman's handle

punição (PSYCHO.) punishment

pupa (ZOO.) pupa

pupário (ZOO.) puparium

pupila (ZOO.) pupil

pupila de Argyll Robertson (MED.) Argyll Robertson pupil

pupila de saída (PHYS.) exit pupil

pupilómetro (PHYS.) pupilometer

pupíparo (ZOO.) pupiparous

pureza (CHEM.; MECH.) fineness

pureza colorimétrica (IMAGE TECH.) colorimetric purity

pureza de cor (IMAGE TECH.) purity

pureza radioisotópica (CHEM.) radioisotopic purity

pureza radioquímica (CHEM.) radiochemical purity

purga (Aero.) purge
purgador (Mech.) trap
purgador de água de condensação (Mech.) steam trap
purgativo (Med.) purgative
purificação (Elect.) clean up
purificação (Image Tech.) sweetening
purificação de zonas (Elect.) zone purification
purificador de benzol (Chem.) benzol scrubber
purificador de gás (Chem.) gas scrubber; scrubber
purinas (Chem.) purines
puro (Gen.) pure; stainless
puro-sangue (Zoo.) pure bred
púrpura (Med.) purpura
púrpura anafilactóide (Med.) anaphylactoid purpura; Henoch-Schoenlein purpura

púrpura angioneurótica (Med.) purpura angioneurotic
púrpura de Cássio (Chem.) purple of Cassius
púrpura de Henoch-Schoenlein (Med.) Henoch-Schoenlein purpura
púrpura hemorrágica (Med.) purpura haemorrhagic
púrpura nervosa (Med.) purpura nervosa; Henoch-Schoenlein purpura
púrpura reumática (Med.) purpura rheumatica; Henoch-Schoenlein purpura
púrpura sintomática (Med.) purpura symptomatica
purpurina (Chem.) purpurin
purpurogalhina (Chem.) purpurogallin
purulento (Med.) purulent
pus (Med.) pus; matter
pústula (Bot.) pustule

pústula (Med.; Vet.) pox; pock; pustula; pimple; pustule; comedo
pústula caprina (Vet.) goat pox
pústula das ovelhas (Vet.) sheep pox
pústula endematígena (Vet.) malignant oedema
pustulose (Med.; Vet.) pustulosis
putâmen (Zoo.) putamen
putrefacção (Med.; Chem.) putrefaction
putrescina (Chem.) putrescine
puy (Geo.) puy
puzolana (Build.) puzzolano
PVC (Chem.; Plast.) PVC; polyvinyl chloride
PVC rígido (Plast.) rigid PVC
PZA (Chem.; Med.) pyrazinamide

Qq

quadra (ELECT.) quad
quadrado (GEN.) quadrat(e)
quadrado (ZOO.) quadrate; quadratus
quadrado (MATH.) square
quadrado de madeira (BUILD.) nog
quadrado latino autoconjugado
(MATH.) self-conjugate latin square
quadra em estrela (ELECT.) star quad
quadrangular (BOT.) tetragonous
quadrante (GEN.) quadrant
quadrante (MECH.) slot link
quadrante (MINING) dial
quadrante de alargamento de
banda (TELECOM.) band-spread dial
quadrante de inversão de marcha
(MECH.) reversing link
quadratim (PRINT.) quadrat; quad
quadratura (GEN.) quadrature
quádricas confocais (MATH.) confocal quadrics
quadriceps (quadricípede) (ZOO.)
quadriceps
quádrico (MATH.) quadric
quadrícula (SURV.) graticule
quadrícula (COMP.) raster
quadriculado (BUILD.) grid
quadrifónico (IMAGE TECH.) quadriphonic
quadrilateral (MATH.) quadrilateral
quadrilátero (MATH.) quadrilateral
quadrilátero lombar (MED.) tetragono
lumbar
quadriplegia (MED.) quadriplegia
quadripolo (PHYS.; TELECOM.) quadripole; quadrupole
quadrivalente (ELECTRON.) quadrivalent
quadro (COMP.) raster
quadro compensador (MECH.) relief
frame
quadro comutador automático de
subestação (ELECT.) automatic substation switchboard
quadro de alimentação (ELECT.)
feeder panel
quadro de cabo de ligação cruzada
(TELECOM.) cable cross connecting
board
quadro de controlo (ELECT.) control
panel
quadro de distribuição (COMP.) distributing frame
quadro de distribuição (ELECT.) distributing board; distribution board;
switchboard
quadro de distribuição (TELECOM.)
distribution frame
quadro de distribuição de acumuladores (ELECT.) accumulator
switchboard
quadro de distribuição de linha
(ELECT.) line switchboard

quadro de distribuição de repetidoras (TELECOM.) repeater distribution frame
quadro de distribuição de vários
elementos (ELECT.) cellular-type
switchboard
quadro de distribuição principal
(TELECOM.) main distribution frame
[MDF]
quadro de distribuição tipo celular
(ELECT.) cellular-type switchboard
quadro de fibra (BUILD.) fibre board
quadro de fuselagem (AERO.) former
quadro de fusíveis (ELECT.) fuseboard; fuse panel
quadro de instrumentos (AUTO.) fascia
quadro de instrumentos (ELECT.)
instrument board
quadro de interruptores de botão
(ELECT.) press button board
quadro de ligações (ELECT.) switchboard
quadro de ligações de distribuição
(ELECT.) distribution switchboard
quadro de ligações móvel (ELECT.)
movable plug-board
quadro de progressão de voo
(AERO.) flight progress board
quadro instável (IMAGE TECH.) flopover
quadro isolador (BUILD.) insulating
board
quadro periódico dos elementos
(CHEM.) Mendeleev's table
quadro principal (TELECOM.) main distribution frame [MDF]
quadrúmano (ZOO.) quadrumanous
quadrúpede (ZOO.) quadruped
quadruplex (ELECT.) quadruplex
quádruplo (ELECT.) quadruplex
qualidade (GEN.) quality
qualidade de combustível (AERO.)
fuel grade
qualidade de projecto (COMP.) quality
of design
qualidade de serviço (COMP.) quality
of service
qualidade (de som) de CD (TELECOM.) CD quality
qualidade tipográfica (PRINT.) typographic quality
quanta luminosos (PHYS.) light quanta
quantidade de electricidade (ELECT.)
quantity of electricity
quantidade de luz (PHYS.) quantity of
light
quantidade de movimento (PHYS.)
momentum
quantidade de radiação (RADIOL.)
quantity of radiation
quantidade de vazio (PHYS.) voidage

quantidade-índice (COMP.) indexquantity
quantidade periódica (MATH.) periodic quantity
quantidades comensuráveis (MATH.)
commensurable quantities
quantificação (ELECTRON.) quantizing
quantificação adaptativa (TELECOM.)
adaptive quantization
quantificação de espaço (COMP.;
IMAGE TECH.) pixilation
quantímetro (MECH.) quantometer
quantização (GEN.) quantization
quantização de fluxo (PHYS.) flux
quantization
quantização não linear (COMP.) nonlinear quantization
quantum atómico (PHYS.) atomic
quantum
quantum de energia (ELECTRON.)
energy quantum
quantum de energia (PHYS.) quantum
of energy
quarentena (MED.) quarantine
quark (PHYS.) quark
quarta via (ELECT.) fourth rail
quarteto (ZOO.) quartet; quartette
quartil superior (STAT.) upper quartile
quarto (ASTRO.) quarter
quarto (PRINT.) quarter
quarto (VET.) quarter
quarto de ciclo (PHYS.) quarter period
quarto de período (PHYS.) quarter period
quarto de velocidade (COMP.) quarter-speed
quarto fio (ELECT.) fourth wire
quarto minguante (GEO.) wane
(moon)
quarto redondo (ARCH.) quarter round
quarto trilho (ELECT.) fourth rail
quarto ventrículo (ZOO.) fourth ventricle
quartzina (MINER.) quartzine
quartzito (GEO.; MINER.; MINING)
quartzite; quartz rock
quartzo (MINER.) quartz ; rock crystal;
mountain crystal
quartzo citrino (MINER.) yellow quartz;
false topaz; quartz topaz; Colorado
topaz; Spanish topaz
quartzo de duas rotações (PHYS.)
biquartz
quartzo-do-brasil (MINER.) Brazilian
pebble
quartzo em pedaços (MINING) quartz
in lumps
quartzo em pó (MINER.) quartz dust
quartzo esponjoso (MINER.) floatstone
quartzo fumado (MINER.) smoke
quartz; cairngorm; Scottish topaz
quartzo irisado (MINER.) rainbow
quartz

quartzo-lídico (GEO.) basanite
quartzo-morion (MINER.) morion
quartzo norueguês (BUILD.) Norwegian quartz
quartzo porfírico (GEO.) quartz porphyry
quartzo-queratófilo (GEO.) quartz-keratophyre
quartzo radiolário (GEO.) radiolarian chert
quartzo róseo (MINER.) rose quartz
quartzo rutilado (MINER.) rutilated quartz; needle stone
quartzo secundário (GEO.) secondary quartz
quasar (ASTRO.) quasi-stellar body; quasar
quase duplex (TELECOM.) quasi-duplex
quase estelar (ASTRO.) quasi-stellar
quase hidrostático (PHYS.) quasi-hydrostatic
quase não divergente (PHYS.) quasi-nondivergent
quase periódico (PHYS.) quasi-periodic
quase vídeo a pedido (IMAGE TECH.) near video on demand
Quaternário (GEO.) Quaternary
quebra-aparas (MECH.) chip breaker
quebra-cavacos (MECH.) chip breaker
quebra de controlo (COMP.) control break
quebra de dados (COMP.) data break
quebra de página (COMP.) page break
quebra de sinal (TELECOM.) droop
quebradiço (GEO.; MINING) brittle; brit; short
quebradiço a frio (MECH.) cold short
quebradiço ao rubro (MECH.) red-short
quebradiço a quente (MECH.) hot-short, red-short
quebra-gelo (BUILD.) ice breaker
quebra-luz (SURV.) shade
quebra-mar (BUILD.) breakwater; cutwater; mole
quebra-mar (HYDRO.) groyne
quebra na velocidade de perfuração (MINING) drilling break
quebra-ondas (BUILD.) breakwater
quebrar mineral à mão (MINING) cob
quebra-sol (ARCH.) brise soleil
queda (RADIOL.) decay
queda anódica (ELECTRON.) anode drop; anode fall
queda de acção (IMAGE TECH.) drop-out
queda de actividade (ELECT.) activity dip
queda de água (HYDRO.) water fall; fall
queda de arco (ELECT.) arc drop
queda de calor (MECH.) heat drop
queda de chamas (MECH.) flame failure
queda de ignição (ELECTRON.) ignitor drop
queda de impedância (ELECT.) impedance drop
queda de impulso (AERO.) thrust decay
queda de nutrientes aerotransportados (ECO.) wetfall
queda de partículas radioactivas (ECO.; PHYS.) fall-out

queda de potencial (ELECTRON.; PHYS.) drop of potential; potential drop
queda de pressão (MECH.; PHYS.) pressure fall; pressure drop
queda de pressão parcial (AERO.) partial pressure drop
queda de reatância (ELECT.) reactance drop
queda de tensão (ELECT.) loss of pressure; pressure drop; drop
queda de tensão (PHYS.) voltage drop
queda de tensão anódica (ELECTRON.) anode voltage drop
queda de tensão ao eléctrodo (ELECT.) electrode drop
queda de tensão de arrancador (ELECTRON.) starter voltage drop
queda de voltagem (ELECT.) loss of pressure
queda de voltagem de eléctrodo (ELECT.) electrode drop
queda de voltagem de linha (TELECOM.) line drop
queda indutiva (ELECT.) inductive drop
queda líquida (HYDRO.) net head
queda livre (SPACE) free fall
queda média (HYDRO.) mean head
queda óhmica (ELECT.) ohmic drop; ohmic fall
queda parcial de pressão (PHYS.) partial drop of pressure
queda por resistência (ELECT.) resistance drop
queda prevista de controlo (ELECTRON.) arcthrough
queda térmica (METEO.) lapse rate
queiletropia (MED.) cheilectropion
queilite (MED.) cheilitis
queiloalveolosquise (MED.) cheiloalveoloschisis
queilognatoglossosquise (MED.) cheilognathoglossoschisis
queilognatopalatosquise (MED.) cheilognathopalatoschisis
queilognatoprosoposquise (MED.) cheilognatoprosoposchisis
queiloplastia (MED.) cheiloplasty
queilosquise (MED.) cheiloschisis
queima (ELECTRON.) burnout
queima (GEN.) burn; burning
queima da grade (ELECTRON.) screen burning
queima de quadro (IMAGE TECH.) raster burn
queimado (BOT.) scorched
queimado com areia (MECH.) sand-burned
queimador aerodinâmico (MECH.) streamline burner
queimador à prova de água (MECH.) drip-proof burner
queimador de Argand (ENG.) Argand burner
queimador de combustão universal (MECH.) universal combustion burner
queimador de ensaio por ventilação (MECH.) aeration test burner
queimador de gás e pressão de ar (MECH.) gas-and-pressure-air burner
queimador de gás sob pressão de dois estágios (MECH.) two-stage pressure-gas burner

queimador de Meker (CHEM.) Meker burner
queimador duplo (AERO.) duplex burner
queimadura (MED.) burn
queimadura por radiação (MED.) radiation burn
queimadura por radiação térmica instantânea (MED.) flash burn
queimadura solar (MED.) sunburn
queima turbulenta (AERO.) rough burning
queixo (MED.) chin; menton
quela (ZOO.) chela
quelação (MED.) chelation
quelado (ZOO.) chelate
quelador (BIO.) chelator
quelícera (ZOO.) chelicera
Quelicerados (ZOO.) Chelicerata
quelípode (ZOO.) cheliped
quelóide (MED.) keloid
queloidose (MED.) keloidosis
queloma (MED.) keloma
Quelónios (ZOO.) Chelonia
queloplastia (MED.) keloplasty
quemose (MED.) chemosis
quenite (GEO.) kenyte
Quenopodiáceas (BOT.) Chenopodiaceae
quente (GEN.) hot
queratina (BIO.) keratin
queratite (MED.) keratitis
queratite bovina infecciosa (VET.) pink-eye
queratite infecciosa (VET.) infectious keratitis; equine influenza
queratite numular (MED.) keratitis nummularis
queratoacantoma (MED.) keratoacanthoma
queratoangioma (MED.) keratoangioma
queratocele (MED.) keratocele
queratocone (MED.) keratoconus
queratoconjuntivite (MED.) keratoconjunctivitis
queratoconjuntivite contagiosa (VET.) pink-eye
queratocromatose (MED.) keratochromatosis
queratodermia blenorrágica (MED.) keratodermia blenorrhagica
queratófiro (GEO.) keratophyre
queratófiro de quartzo (GEO.) quartz-keratophyre
queratogénio (ZOO.) keratogenous
queratógeno (ZOO.) keratogenous
queratoma (MED.) keratoma
queratomalácia (MED.) keratomalacia
queratoplastia (MED.) keratoplasty
queratoprótese (MED.) keratoprosthesis
queratorrexe (MED.) keratorhexis, keratorrhexis
queratosclerite (MED.) keratoscleritis
queratose (MED.) keratosis
queratotomia (MED.) keratotomy
quermesite (MINER.) kermesite; pyrostibite
quernito (MINER.) kernite
querogeno (GEO.) kerogen
querosene de aviação (AERO.) aviation kerosene

Quetognatas (Zoo.) Chaetognatha
quetoplâncton (Bot.) chaetoplancton
Quetópodos (Zoo.) Chaetopoda
quiasma (Bot.; Zoo.) chiasma
quiastolite (Miner.) chiastolite
quiescente (Electron.) quiescent
quilate (Miner.) carat
quilha (Nav.) hull; keel
quilha (Zoo.) carina
quilha chata (Nav.) flat keel
quilha de barra (Nav.) bar keel
quilha de deriva (Nav.) fin keel
quilha de porão (Nav.) bilge keel
quilha falsa (Nav.) sliding keel
quilha maciça (Nav.) bar keel
quilificação (Med.; Zoo.) chylifaction; chylification
quilo (Med.; Zoo.) chyle
quilobase (Bio.) Kilobase
quilocaloria (Phys.) kilocalorie; large calorie
quilociclos por segundo (Phys.) kilocycles per second
quilodalton (Bio.) Kilodalton
quilo-electrão-volt (Phys.) kilo-electron-volt
Quilógnatos (Zoo.) Chilognatha
quilograma (Gen.) kilogram(me)
quilohertz (Phys.) kilohertz
quilomícron (Bio.; Med.) chylomicron
quilomicronemia (Med.) chylomicronemia
quiloparsec (Astro.) kiloparsec
quiloperitónio (Med.) chyloperitoneum
quilopleura (Med.) chylothorax
Quilópodes (Zoo.) Chilopoda
quilopoiese (quilopoese) (Med.) chylopoiesis
quilose (Med.) chylose
quilotonelada (Phys.) kiloton
quilotorax (Med.) chylothorax
quilovar (Elect.) kilovar
quilovolt-ampere (Elect.) kilovolt-ampere
quilovolt-ampere reactivo (Elect.) kilovar
quilowatt (Elect.) kilowatt
quilowatt-hora (Elect.) kilowatt-hour
quilúria (Med.) chyluria
quimera (Bio.; Bot.) chimera
quimera cromossómica (Bot.) chromosomal chimera
quimera de enxerto (Bot.) graft chimera
quimera mericlinal (Bot.) mericlinal chimera
quimera monoclamídea (Bot.) monochlamideous chimera
quimera periclinal (Bot.) periclinal chimera

quimera sectorial (Bot.) sectorial chimera
Química (Chem.) chemistry
Química de (ir)radiação (Chem.) radiation chemistry
química de superfície (Chem.) surface chemistry
Química do som (Chem.) phonochemistry
Química dos traçadores (Chem.) tracer chemistry
Química farmacêutica (Chem.) Pharmacochemistry
Química-Física (Chem.) physical chemistry
Química inorgânica (Chem.) inorganic chemistry
Química magnética (Chem.) magnetochemistry
Química nuclear (Chem.) nuclear chemistry
Química orgânica (Chem.) organic chemistry
Química Vegetal (Bot.) phytochemistry
químicos pesados (Chem.) heavy chemicals
quimiluminescência (Chem.) chemiluminescence
quimioadsorção (Chem.) chemisorption
quimioautótrofo (Bio.; Zoo.) chemoautotroph
quimiobiótico (Med.) chemobiotic
quimiocarcinogénese (Med.) chemocarcinogenesis
quimiocautério (Med.) chemocautery
quimiodiferenciação (Bio.) chemodifferentiation
quimioesfoliação (Med.) chemexfoliation
quimionastia (quimionastismo) (Bot.) chemonasty
quimiorganotrófico (Bio.) chemoorganotrophic
quimiorreceptor (Zoo.) chemoreceptor
quimiorreflexo (Med.) chemoreflex
quimiosfera (Astro.) chemosphere
quimiosmose (Bio.) chemiosmosis
quimiosseroterapia (Med.) chemoserotherapy
quimiossíntese (Bot.) chemosynthesis
quimiostato (Bot.) chemostat
quimiotaxia (Bio.; Immun.) chemotaxis
quimioterapia (Bio.; Med.) chemotherapy
quimo (Zoo.) chyme
quimorreia (Med.) chymorrhea
quimose (quemose) (Med.) chemosis
quimotripsina (Bio.) chymotrypsin

quimotrópico (Bio.; Chem.) chemotroph
quinacrina (Bio.) quinacrine
quinalbarbitona sódica (Chem.) quinalbarbitone sodium
quinaldina (Chem.) quinaldine
quinamina (Chem.) quinamine
quinicina (Chem.) quinicine
quinidina (Chem.) quinidine
quinidrona (Chem.) quinhydrone
quininismo (Med.) cinchonism
quinino (Chem.;Med.) quinine
quinol (Chem.) quinol
quinolina (Chem.) quinoline
quinona (Chem.) quinone
quinona reductase (Chem.) quinone reductase
quinotoxina (Chem.) quinotoxine
quinovina (Chem.) quinovin
quinovose (Chem.) quinovose
quinoxalina (Chem.) quinoxaline
quinquefólio (Arch.) cinquefoil
quinto ventrículo (Med.) Sylvian ventricle
quintúpleto (Med.) quintuplet
quiralidade (Bio.; Chem.) chirality
quiropodia (Gen.) chiropody
quiroponfólix (Med.) cheiropompholyx
quiroprática (Med.) cheiropraxis
quiropterófilo (Bot.) chiropterophilous
Quirópteros (Zoo.) Chiroptera
quisto [cisto] (Med.; Zoo.) cyst
quisto de Baker (Med.) Baker's cyst
quisto dentígero (Vet.) dentigerous cyst
quisto epidermóide (Med.) epidermoid cyst
quisto hemorrágico (Med.) haematocyst
quisto interdigital (Vet.) interdigital cyst
quisto sanguíneo (Build.) haematocele
quisto sebáceo (Med.) sebaceous cyst; wen
quitina (Zoo.) chitin
quitinase (Chem.) chitinase
quociente (Math.) quotient
quociente de assimilação (Bot.) photosynthetic quocient
quociente de dispersão (Phys.) dispersivity quotient
quociente de respiração (Eco.) respiration quotient
quociente fotossintético (Bot.) photosynthetic quotient
quociente intelectual (Psycho.) intelligence quotient
quociente respiratório (Bio.) respiratory quotient

rabdoma (Zoo.) rhabdom

rabdómeros (Zoo.) rhabdomeres

rabdomioma (MED.) rhabdomyoma

rabdomiossarcoma (MED.) rhabdomyosarcoma

rabdosfíncter (MED.) rhabdosphincter

rabdossarcoma (MED.) rhabdosarcoma

rabo de andorinha (BUILD.) swallowtail

raça (BIO.) strain

raça (BOT.; Zoo.) race

raça biológica (BOT.; Zoo.) biological race

raça geográfica (Zoo.) geographical race

raça pura (Zoo.) pure bred

raccord para canos (BUILD.) pipe coupling

racemase (CHEM.) racemase

racemato (CHEM.) racemate

racematos (CHEM.) racemates; racemic isomers

racemização (CHEM.) racemization

racemo (BOT.) raceme

racemoso (Zoo.) racemose

racha (BOT.) shake

racha (BUILD.) craze; shake; gap; crack

racha anular (BOT.) cup shake

racha de aquecimento (MECH.) hot crack

rachadura (BUILD.) crocodiling

rachadura espontânea (MECH.) season cracking

rachas (BUILD.) fire cracks

racha solar (GEO.) sun crack

rácimo (BOT.) raceme

raciocínio de processo secundário (PSYCHO.) secondary-process thinking

racionalização (PSYCHO.) rationalization

rácio sinal ruído (ELECTRON.) signal-to-noise ratio

racon (RADAR) radar beacon

ractância de fuga (ELECTRON.) leakage reactance

rad (RADIOL.) rad (former unit of radiation)

radão 220 (PHYS.) thoron

radar (RADAR) radar; radiolocator

radar acústico (PHYS.) sound radar

radar adaptável (RADAR) adaptive radar

radar-altímetro (AERO.) radar altimeter

radar anticolisião (RADAR) anticollision radar

radar calculador de altitude (RADAR) height finder radar

radar coerente (RADAR) coherent radar

radar com alterações na frequência (RADAR) chirp radar

radar com rede directiva de antenas (RADAR) array radar

radar de abertura sintético (RADAR) synthetic aperture radar

radar de alerta antecipado (RADAR) early-warning radar

radar de alta definição (RADAR) fine-grain radar

radar de ângulo duplo (RADAR) double-angle radar

radar de aproximação (AERO.) approach radar

radar de aproximação de precisão [PAR] (AERO.) precision-approach radar

radar de avião (AERO.; RADAR) fence (mountain detection)

radar de busca de superfície (RADAR) surface search radar

radar de campo (RADAR) field radar

radar de captação (RADAR) acquisition radar

radar de captação e rastreio (RADAR) acquisition and tracking radar

radar de controlo de aproximação (AERO.) approach control radar

radar de controlo de área (AERO.; RADAR) area control radar

radar de detecção de nuvens (METEO.) cloud-detection radar

radar de detecção de submarinos (RADAR) hawkeye

radar de diversidade (RADAR) diversity radar

radar de exploração em altura (RADAR) height finding radar set

radar de exploração vertical (RADAR) vertical scanning radar

radar de feixe de exploração amplo (RADAR) broad beam radar

radar de feixe em V (RADAR) V-beam radar

radar de impulsos (RADAR) pulse radar

radar de intercepção aérea (RADAR) air intercept radar

radar de localização (TELECOM.) homer

radar de longo alcance (RADAR) long range radar

radar de luz coerente (RADAR) coherent light radar

radar de ondas contínuas (RADAR) continuous-wave radar; CW radar

radar de pesquisa (RADAR) search radar

radar de rastreio (RADAR) tracking radar

radar de rastreio múltiplo (RADAR) multiple track radar

radar de solo (RADAR) ground radar

radar de vigilância (RADAR) surveillance radar

radar de vigilância de aeroporto (ELECTRON.) airport surveilance RADAR [ASR]

radar de vigilância de rota aérea (RADAR) air route surveillance radar

radar Doppler (RADAR) Doppler radar

radar Doppler de impulsos (RADAR) pulsed Doppler radar

radar Doppler de modulação de impulsos (TELECOM.) pulse modulated Doppler radar

radar Doppler de onda contínua (RADAR) continuous wave Doppler radar

radar explorador a distância (RADAR) distance early warning [DEW]

radar H (AERO.; RADAR) H-radar

radar interlobular (AERO.) gap filler

radar-laser (RADAR) laser radar

radar panorâmico (RADAR) panoramic radar

radar passivo (RADAR) passive radar

radar primário (RADAR) primary radar

radar pulsatório de efeito Doppler (RADAR) pulsed Doppler radar

radar secundário (RADAR) secondary radar

radar secundário de vigilância (RADAR) secondary surveillance radar

radar-sonda (METEO.) radarsonde

radar volumétrico (RADAR) volumetric radar

radiação (PHYS.) radiation; irradiance

radiação (MED.) rayage

radiação actínica (RADIOL.) actinic radiation

radiação adaptativa (ECO.) adaptive radiation

radiação alfa (PHYS.) alpha radiation

radiação atómica (PHYS.) atomic radiation ; nuclear radiation

radiação azul (PHYS.) blue radiation

radiação branca (PHYS.) white radiation

radiação branda (PHYS.; RADIOL.) soft radiation

radiação capturada (PHYS.) trapped radiation

radiação característica (PHYS.) characteristic radiation

radiação celeste (METEO.) sky radiation

radiação coerente (PHYS.) coherent radiation

radiação contínua (PHYS.) continuous radiation

radiação corpuscular (PHYS.) corpuscular radiation

radiação cósmica (GEO.) cosmic radiation

radiação cósmica de fundo (ASTRO.) cosmic background radiation

radiação cósmica penetrante (PHYS.) penetrating cosmic radiation

radiação de alta energia (PHYS.) high-energy radiation

radiação de alta frequência (PHYS.) high-frequency radiation

radiação de aniquilação (PHYS.) annihilation radiation

radiação de bombeamento (PHYS.) pumping radiation

radiação de cavidade (PHYS.) cavity radiation

radiação (de) Cerenkov (PHYS.) Cerenkov radiation

radiação de choque (ELECTRON.) impulse radiation

radiação de corpo negro (PHYS.) black-body radiation

radiação de energia (PHYS.) radiation energy

radiação de fundo (PHYS.; RADIOL.) background radiation

radiação de fundo natural (PHYS.) natural background radiation

radiação de impacte (PHYS.) impact radiation

radiação de ionização (PHYS.) ionization radiation

radiação de microonda (ASTRO.) microwave background

radiação de onda curta (PHYS.) short-wave (ir)radiation

radiação de onda longa (PHYS.) long-wave (ir)radiation

radiação de pequeno ângulo (PHYS.) low-angle radiation

radiação de plasma (PHYS.) plasma radiation

radiação de radar (RADAR) radar radiation

radiação de recombinação (ELECTRON.) recombination radiation

radiação de ressonância (PHYS.) resonance radiation

radiação de retrocesso (PHYS.) recoil radiation

radiação de sincrotrão (PHYS.) synchrotron radiation

radiação de superfície (RADIOL.) surface irradiation

radiação de um receptor (TELECOM.) receiver radiation

radiação diferencial (NUCL.) differential radiation

radiação difusa (PHYS.) diffuse radiation

radiação directa (PHYS.) direct radiation

radiação dura (RADIOL.) hard radiation

radiação efectiva (METEO.) net radiation

radiação electromagnética (PHYS.) electromagnetic radiation

radiação electromagnética polarizada (PHYS.) polarized electromagnetic radiation

radiação escura (PHYS.) dark ray

radiação espontânea (PHYS.) spontaneous radiation

radiação espúria (TELECOM.) spurious radiation

radiação estelar (ASTRO.) stellar radiation

radiação forte (RADIOL.) hard radiation

radiação fotossinteticamente activa (BOT.) photosynthetically active radiation

radiação fundamental (NUCL.) fundamental radiation

radiação gama (NUCL.) gamma radiation

radiação gama imediata (PHYS.) prompt gamma

radiação global de entrada (METEO.) incoming global radiation

radiação global recebida (METEO.) incoming global radiation

radiação gravitacional (PHYS.) gravitational radiation

radiação harmónica (PHYS.) harmonic radiation

radiação heterogénea (PHYS.) heterogenous radiation

radiação homogénea (PHYS.) homogenous radiation

radiação incidente (PHYS.) incident radiation

radiação induzida (PHYS.) induced radiation

radiação infravermelha (PHYS.) infrared radiation

radiação ionizante (PHYS.) ionizing radiation

radiação isotrópica (METEO.) isotropic radiation

radiação isotrópica de fundo (ELECT.) isotropic background radiation

radiação laser (PHYS.) laser radiation

radiação luminosa (PHYS.) light radiation

radiação monocromática (PHYS.) monochromatic radiation

radiação nocturna (GEO.) nocturnal radiation

radiação nocturna efectiva (ASTRO.) effective nocturnal radiation

radiação nuclear (PHYS.) nuclear radiation

radiação parasita (TELECOM.) spurious radiation

radiação polar (PHYS.) polar radiation

radiação polarizada (PHYS.) polarized radiation

radiação primária (PHYS.) primary radiation

radiação radial (ASTRO.) radial variation

radiação recebida (METEO.) incoming radiation

radiação reflectida (PHYS.) reflected radiation

radiação secundária (PHYS.) secondary radiation

radiação sincrotrónica (PHYS.) synchroton radiation

radiação térmica (ELECTRON.) heat radiation

radiação térmica (MED.) thermal radiation

radiação terrestre (ASTRO.; PHYS.) earth radiation; terrestrial radiation

radiação ultravioleta (PHYS.) ultraviolet radiation

radiação UV (PHYS.) ultraviolet radiation

radiação X característica (PHYS.) characteristic X-radiation

radiado (BOT.) radiate

radiador (AUTO.) oil cooler; radiator

radiador acústico (PHYS.) acoustic radiator

radiador alveolar (MECH.) honeycomb radiator

radiador de fenda (MECH.) slot radiator

radiador escamoteável (AERO.) retractable radiator

radiador esférico (TELECOM.) spherical radiator

radiador intercalado (GEN.) intercooler

radiador isotrópico (TELECOM.) isotropic radiator

radiador isotrópico fictício (ELECT.) hypothetical isotropic radiator

radiador móvel (NUCL.) mobile irradiator

radial (GEN.) radial

radiano (MATH.) radian

radiante (ASTRO.) radiant

radicador (ELECT.) rooter

radical (GEN.) radical

radical (MATH.) radix

radical ácido (CHEM.) acid radical

radical borano (CHEM.) borine radical

radical livre (CHEM.) free radical

radicívoro (ZOO.) radicivorous

radicotomia (MED.) radicotomy

radícula (BOT.; MED.; ZOO.) radicle

radiculectomia (MED.) radiculectomy

radiculite (MED.) radiculitis

radiculoganglionite (MED.) radiculoganglionitis; Guillain-Barré syndrome

rádio (GEN.) radio

rádio (CHEM.) radium

radioactínio (CHEM.) radioactinium

radioactividade (NUCL.; PHYS.) radioactivity

radioactividade artificial (PHYS.) artificial radioactivity

radioactividade induzida (PHYS.) induced radioactivity

radioactividade natural (PHYS.) natural radioactivity

radioactividade residual (PHYS.) residual radioactivity

radioaltímetro (AERO.) radio altimeter

Radioastronomia (ASTRO.) radio astronomy

rádioauxílio (GEN.) radio aid

rádioauxílio de alcance médio (AERO.; NAV.) medium distance radio aid; Decca [TN]

radiobaliza (AERO.) marker beacon

radiobaliza de localização (AERO.) locator beacon

radiobiologia (BIO.) radio biology

radiobússola (TELECOM.) radio compass

radiocálcio (CHEM.) radiocalcium

radiocarbono (CHEM.) radiocarbon

radiocárpico (MED.) radiocarpal

radiocésio (CHEM.) radiocaesium

radiocloro (CHEM.) radiochlorine

radiocobalto (CHEM.) radiocobalt

radiocolóide (PHYS.) radiocolloid

radiocomando (TELECOM.) radiocontrol; radio command

radiocomunicação (TELECOM.) radio communication

radiocontrolo (TELECOM.) radio control

rádio de modulação de amplitude (TELECOM.) AM radio

radio de modulação de amplitude e de frequência (TELECOM.) AM/FM radio

radiodetecção (TELECOM.) radio detection

radiodeterminação (NAV.) radio determination

radiodifusão (TELECOM.) radio broadcasting

radiodifusão de frequência comum (TELECOM.) common-frequency broadcasting

radiodifusor (TELECOM.) broadcast transmitter

radio digital (TELECOM.) digital radio

radioelemento (CHEM.; PHYS.) radioelement

radioemissão simultânea (TELECOM.) simultaneous broadcasting

radioespectro (TELECOM.) radio spectrum

radiofármacos (MED.) radiopharmaceuticals

radiofarol (AERO.; NAV.; TELECOM.) marker; radio beacon; radiophare; beacon

radiofarol (TELECOM.) aerophare

radiofarol de alinhamento (AERO.; TELECOM.) landing beam

radiofarol de aterragem (AERO.; TELECOM.) landing beam

radiofarol de busca (TELECOM.) homer

radiofarol de cone de silêncio (AERO.) cone of silence marker

radiofarol de duas rotas (RADAR) two-course radio range

radiofarol de feixe vertical (AERO.) fan marker beacon; zone marker

radiofarol de identificação (AERO.) identification beam

radiofarol de localização (AERO.) locator beacon

radiofarol de localização intermédio (AERO.) local middle beacon

radiofarol de longo alcance (AERO.) long range beacon

radiofarol de orientação automática (TELECOM.) radio homing beacon

radiofarol de procura (TELECOM.) homer

radiofarol de quadro (RADAR) loop beacon

radiofarol de referência (AERO.) radio marker beacon

radiofarol de sonar (AERO.; NAV.; PHYS.) sonar beacon

radiofarol de voo planado (AERO.) glide path beacon

radiofarol direccional Adcock (AERO.) Adcock radio range beacon

radiofarol em leque (AERO.) fan marker beacon; fan marker

radiofarol exterior (AERO.) outer marker beacon

radiofarol localizador (AERO.) marker beacon

radiofarol marcador (AERO.) radio marker beacon

radiofarol médio (AERO.) middle marker

radiofarol não direccional (NAV.) non-directional beacon

radiofarol omnidireccional (AERO.) omnidirectional radio beacon

radiofarol principal (AERO.) main beacon

radiofarol transmissor-receptor (AERO.) transponder beacon

radiofilaxia (MED.) radiophylaxis

radiofobia (MED.; NUCL.) radiophobia

radiofotoluminescência (PHYS.) radiophotoluminescence

radiofrequência (TELECOM.) radio frequency

radiofrequência sintonizada (RFS) (TELECOM.) tuned radiofrequency (TRF)

radiogaláxia (ASTRO.) radio galaxy

radiogénico (PHYS.) radiogenic

radiogoniometria (NAV.) radio bearing

radiogoniometria (TELECOM.) radio direction-finding; direction-finding

radiogoniómetro (TELECOM.) radiogoniometer; radio compass; radio direction finder

radiogoniómetro Adcock (AERO.) Adcock direction finder

radiogoniómetro automático (AERO.; TELECOM.) automatic direction finding

radiogoniómetro automático (TELECOM.) automatic radio compass

radiogoniómetro automático de quadro (TELECOM.) automatic loop radio control

radiogoniómetro de circuito espaçado (TELECOM.) spaced-loop direction-finder

radiogoniómetro de ondas curtas (ELECT.) short-wave direction finder

radiogoniómetro de raios catódicos (ELECT.) cathode-ray direction finder

radiogoniómetro de raios catódicos (ELECTRON.) tube direction-finder

radiogoniómetro para sinais de alta frequência (TELECOM.) huff-duff; high frequency direction-finder

radiografia (RADIOL.) radiography

radiografia de neutrões (RADIO.) neutron radiography

radiografia do fígado (MED.) hepatography

radiografia do tecido (MED.) historadiography

radiografia em série (RADIOL.) serial radiography

radiografia seccionada (RADIOL.) body-section radiography

rádio-horizonte (TELECOM.) radio horizon

radioiodo (CHEM.) radioiodine

radioisótopo (CHEM.; PHYS.) radioisotope; radioelement

radioisótopo de baixa actividade (PHYS.) low activity radioisotope

radioisótopo do estanho (CHEM.) tin 113; 113 Sn

radioisótopo livre (NUCL.) free radioisotope

Radiolários (ZOO.) Radiolaria

radiolarito (GEO.) radiolarite; radiolarian chert

radiólise (NUCL.) radiolysis

radiolocalização (NAV.) radio fix

radiolocalização (RADAR) radiolocation

radiolocalizador (AERO.) localizer beacon; radiolocator

radiolocalizador automático de direcção (TELECOM.) automatic radio detection finder

radiolocalizador de metais (GEN.) radio metal locator

radiologia (RADIOL.) roentgenology

radiologia de intervenção (RADIOL.) interventional radiology

radioluminescência (PHYS.) radioluminescence

radiomarcação (NAV.) radio bearing

radiomarcador em leque (AERO.) radio fan marker

radiómetro (PHYS.) radiometer

radiómetro de Crookes (PHYS.) Crookes radiometer

radiómetro de Dicke (TELECOM.) Dicke radiometer

radiómetro de exploração (PHYS.) scanning radiometer

radiomimético (CHEM.; MED.) radiomimetic

rádiomóvel (TELECOM.) cellular radio

rádionúclido (PHYS.) radionuclide

radioopaco (RADIOL.) radiopaque

Radioquímica (CHEM.) radiochemistry

radiorreceptor (TELECOM.) radio receiver; receiver

radiorresistente (RADIOL.) radioresistant

radioscopia (RADIOL.) fluoroscopy; radioscopy; roentgenoscopy

radioscópio (RADIOL.) radioscope; roentgenoscope

radiosonda eólica (GEO.) rawinsonde

radiospérmico (BOT.) radiospermic

radiossensitivo (RADIOL.) radiosensitive

radiossonda (MED.) radiopill

radiossonda (METEO.) radiosonde

radiotelefone manual (TELECOM.) handie-talkie

radiotelefonia (TELECOM.) radio telephony

radiotelégrafo (TELECOM.) radio telegraph

radiotelescópio (ASTRO.) radio telescope

radioterapia (RADIOL.) radiotherapy; radium therapy

radiotermoluminescência (PHYS.) radiothermoluminescence

radiotransmissão (TELECOM.) broadcasting

rádio-ulnar; radioulnar (radioulnal) (MED.) radioulnar

radomo (RADAR) radome

rádon (CHEM.) radon

rádula (ZOO.) radula

rafe (BOT.; ZOO.) raphe

ráfide (BOT.) raphide

rafinose (CHEM.) raffinose

rainha (GEN.) queen

raio (GEN.) ray; radius

raio (METEO.) lightning stroke; lightning
raio agregado (BOT.) aggregate ray
raio alfa (PHYS.) alpha ray
raio anódico (ELECT.; ELECTRON.) anodic ray; anode ray
raio atómico (CHEM.) atomic radius
raio beta (PHYS.) beta ray
raio branquial (ZOO.) branchial ray; gill rod
raio branquiostégico (ZOO.) branchiostegal ray
raio catódico (ELECT.) cathode ray
raio covalente (CHEM.) covalent radius
raio da manivela (MECH.) crank throw
raio de acção (AERO.) range; endurance; radius of action
raio de acção (HYDRO.) radius of influence
raio de alta energia (PHYS.) high-energy ray
raio de barreira de Gamow (PHYS.) Gamow barrier radius
raio de Bohr (PHYS.) Bohr radius
raio de convergência (MATH.) radius of convergence
raio de curvatura (MATH.) radius of curvature
raio de curvatura esférica (MATH.) radius of spherical curvature
raio de Hamming (COMP.) Hamming radius
raio de inércia (PHYS.) radius of inertia
raio de influência (HYDRO.) radius of influence
raio de inversão (MATH.) radius of inversion
raio de Larmor (PHYS.) Larmor radius ; gyromagnetic radius
raio de luar (ASTRO.) moonbeam
raio de oscilação (PHYS.) radius of oscillation
raio de revolução (PHYS.) radius of gyration
raio de rotação (MECH.) radius of gyration
raio de torção (MATH.) radius of torsion
raio de viragem (AERO.) radius of turn
raio de visibilidade (METEO.) radius of visibility
raio directo (TELECOM.) ground ray
raio do electrão (PHYS.) electron radius
raio equatorial (GEO.) equatorial radius
raio espectral (PHYS.) spectral ray
raio extraordinário (PHYS.) extraordinary ray
raio gama (PHYS. NUCL.) gamma-ray
raio giromagnético (PHYS.) gyromagnetic radius
raio iónico (CRYST.) ionic radius
raio ionosférico (TELECOM.) ionospheric ray
raio laser (PHYS.) laser ray
raio luminoso (PHYS.) light ray
raio medular (BOT.) medullary ray; pith ray; primary ray
raion; rayon (TEXT.) rayon
raio normal de curvatura (MATH.) normal radius of curvature
raio nuclear (PHYS.) nuclear radius

raio ordinário (PHYS.) ordinary ray
raio primário (BOT.) primary ray
raio principal (MATH.; PHYS.) principal radius
raio reflectido (PHYS.) reflected ray
raios atómicos (CHEM.) atomic radii
raios branquiais (ZOO.) gill bars
raios convergentes (PHYS.) cone of light
raios cósmicos (ASTRO.) cosmic rays
raios crepusculares (METEO.) crepuscular rays
raios de Lenard (ELECT.) Lenard rays
raios delta (PHYS.) delta-rays
raios gama de energia média (NUCL.) medium energy gamma rays
raios grenz (RADIOL.) grenz rays
raios incidentes (PHYS.) incident rays
raios infravermelhos (PHYS.) dark light
raios neutrónicos (NUCL.) neutron rays
raio sonoro (PHYS.) sound ray
raios polarizados (PHYS.) polarized rays
raios roentgen (PHYS.) roentgen rays
raios ultravioletas (PHYS.) ultraviolet rays
raios X (PHYS.) X-rays
raios X contínuos (ELECT.; PHYS.) continuous X-rays
raios X de baixa intensidade (ELECTRON.) soft x-ray
raios X térmicos (PHYS.) thermal X-rays
raio vascular (BOT.) vascular ray
raio vector (ASTRO.) radius vector
raio zodiacal (ASTRO.) zodiacal ray
raiva (MED.) rabies
raiva (ZOO.) lyssa
raiz (BOT.) root
raiz (COMP.; MATH.) radix
raiz (GEN.) radix; root; base; basis; radical
raiz aérea (BOT.) aerial root
raiz aérea adventícia (BOT.) prop root; stilt root (corn and mango tree)
raiz aprumada (BOT.) taproot
raiz cónica de um dente (MED.) prong
raiz contráctil (BOT.) contractile root
raiz da hélice (MECH.) propeller root
raiz de apoio (BOT.) buttress root
raiz de suporte (BOT.) buttress root
raiz dicotómica (BOT.) taproot
raiz epicórmica (BOT.) epicormic shoot
raízes características (MATH.) eigen-values
raízes seminais (BOT.) seminal roots
raiz fibrosa (BOT.) fibrous root
raiz flagelada (BOT.) flagellar root
raiz irracional (MATH.) surd root
raiz mole (BOT.) soft root
raiz nervosa (ZOO.) nerve root
raiz primária (BOT.) primitive root
raiz quadrada (MATH.) square root
raiz terminal (BOT.) taproot
raiz tuberculosa (BOT.) root tuber
rajada (GEO.) gust
rajada (COMP.) burst
rajada final (METEO.) ultimate gust
rajada instantânea (METEO.) sharp-edged gust

rajadas de vento cruzado (METEO.) crosswind gustiness
rajada vertical (AERO.) vertical gust
ralo (BUILD.) trap; yard trap
rama (PRINT.) chase
ramadas (das árvores) caídas (ECO.) lop and top
rama de livro (PRINT.) book chase
ramais conjugados (PHYS.) conjugate branches
ramal (BUILD.) turnout (railways)
ramal (GEN.) branch; branching
ramal de cobre (TELECOM.) copper tail
ramal temporário (BUILD.) temporary way
RAM dinâmica (COMP.) dynamic RAM [DRAM]
ramento (BOT.) ramentum
RAM estática (COMP.) static RAM
rami (ramie) (TEXT.) ramie
ramificação (ELECT.) tree
ramificação (GEN.) branch; branching
ramificação de frequência (TELECOM.) frequency splitting
ramiforme (BOT.) ramiform
ramissecção (MED.) ramisection
ramissectomia (MED.) ramisectomy
ramjet (AERO.) ramjet engine
ramnose (CHEM.) rhamnose
ramnosídeo (CHEM.) rhamnoside
ramnoxantina (CHEM.) rhamnoxanthin
ramo (GERAL) branch
ramo (ZOO.) branch; ramus
ramo acústico (PHYS.) acoustic branch
ramo de corrente (ELECT.) current branch
ramo de uma curva (MATH.) branch of a curve
ramo de uma função (MATH.) branch of a function
ramos comunicantes (MED.) rami communicantes
ramo terminal do nervo (ZOO.) nerve ending
rampa (AERO.) ramp
rampa (BUILD.) talus
rampa (GEN.) ramp; declivity
rampa de acesso (ENG.; MECH.) approach flap
rampa de atenuação (ELECTRON.) slope of attenuation
rampa de desembarque (NAV.) slip-way
rampa de gravidade (MINING) gravity plane
rampa de resistência do ânodo (ELECTRON.) anode slope resistance [Ra]
rampa de salto de esqui (AERO.) ski jump rump
randanito (MINER.) Tripoli powder; tripolite; diatomite; infusorial earth
ranfoteca (ZOO.) rhamphotheca
rangido (AERO.) howl
ranhura (BUILD.) chase; fillister
ranhura (ELECT.) slot
ranhura de lubrificação (MECH.) lubrication groove
ranhura de retenção (MECH.) retaining groove
ranhurado (BUILD.) furrowed
ranhura do induzido (ELECT.) armature slot

ranhura enviesada (ELECT.) skewed slot

ranhura fechada (ELECT.) closed slot

ranhura meio-fechada (ELECT.) half-closed slot

ranhura paralela (ELECT.) parallel slot

ranilha (VET.) frog

ranino (ZOO.) ranine

ranitidina (MED.) ranitidine

ranquinita (rankinita) (MINER.) rankinite

ranula (MED.) ranula

Ranunculáceas (BOT.) Ranunculaceae

rapidez de viragem (ELECTRON.) slew rate

rapinador (ZOO.) raptatory; raptorial

raquial (ZOO.) rachial

raquialgia (MED.) rachialgia

raquidiano (raquial) (ZOO.) rachial; rachidial

raquiodonte (ZOO.) rachiodont

ráquis (BOT.; ZOO.) rachilla; rachis

raquisquise (MED.) rachischisis; spina bifida; spondyloschisis

raquítico (MED.) rachitic

raquitismo (MED.) rachitis; rickets

rarefacção (MED.; PHYS.) rarefaction

raridade (ECO.) rarity

raser X (ELECT.) X-raser

rasgão (MED.) avulsion

rasgo (BUILD.) groove

rasgo de chaveta (MECH.) key way

rasgo de quadrante (MECH.) quadrant slot

rasoira de Ockham (ECO.) Ockham's razor

raspadeira (BUILD.) chipping chisel; lute

raspadeira de comando hidráulico (BUILD.) hydraulic scraper

raspador (BUILD.) scratch; sledger

raspador (MINING) rabbit; pig

raspadora (BUILD.) scraper

raspador curvo (BUILD.) shavehook

raspagem (MED.) erasion; grattage

raspa-tubos (MINING) go-devil

rasquisquise (MED.) rachischisis

rasteamento simultâneo (RADAR) simultaneous lobing

rastilho (BUILD.) blasting fuse

rastilho (MINING) fuse

rasto de condensação (METEO.) condensation trail

rasto de estrelas (ASTRO.) star track

rastreamento (RADAR; SPACE) tracking

rastreamento automático (RADAR) automatic tracking

rastreamento em distância (RADAR) range tracking

rastreamento espacial (ASTRO.) space tracking

rastreio (COMP.) raster

rastreio (MED.) screening

rastreio (RADAR) track

rastreio a laser (ASTRO.; PHYS.) laser tracking

rastreio de cores (IMAGE TECH.) colour tracking

rastreio de dados de ensaio (RADAR) sample data tracking

rastreio de falhas (COMP.) fault trace

rastreio de furacão (METEO.) hurricane tracking

rastreio espacial (ASTRO.) space tracking

rato (COMP.) mouse

rato articular (MED.) joint mouse

rato óptico (COMP.) optical mouse

rauvólfia serpentina (BOT.; MED.) rauwolfia serpentina

ravina (GEO.) comb

razão (MATH.) ratio

razão absorção/exposição (RADIOL.) f-factor

razão acústica (PHYS.) acoustic ratio

razão anarmónica (MATH.; METEO.) anharmonic ratio; cross-ratio

razão axial (PHYS.) axial ratio

razão da interferência na imagem (TELECOM.) image interference ratio

razão de abundância (PHYS.) abundance ratio

razão de acertos (COMP.) hit ratio

razão de acoplamento de interferência (ELECT.) interference coupling ration

razão de adelgaçamento (BUILD.) slenderness ratio

razão de ajuste (COMP.) justification ratio

razão de Apgar (MED.) Apgar's score

razão de Bowen (METEO.) Bowen ratio

razão de calores específicos (PHYS.) ratio of specific heats

razão de combustível (NUCL.) fuel ratio

razão de compressão (MECH.) compression ratio

razão de condutância (ELECT.) conductance ratio

razão de contagem (GEN.) counting rate

razão de contracção (AERO.) contraction ratio

razão de contracção (MECH.) shrinkage ratio

razão de conversão (NUCL.) conversion rate

razão de conversão (MATH.) ratio of conversion

razão de corrente (ELECT.) current ratio

razão de curto-circuito (ELECT.) short-circuit ratio

razão de descarga logarítmica (ELECT.) logarithmic damping ratio

razão de desvio (TELECOM.) deviation ratio

razão de diluição (AERO.) by-pass ratio

razão de expansão (AERO.) expansion ratio

razão de finura (AERO.) fineness ratio

razão de grade (RADIOL.) grid ratio

razão de justificação (COMP.) justification ratio

razão de libertação de calor (MECH.) heat liberation rate

razão de meia-hora (ELECT.) half-hour rating

razão de mistura (CHEM.) mixed ratio

razão de mistura (METEO.) mixing ratio

razão de mistura de humidade (METEO.) humidity mixing ratio

razão de mistura de saturação (METEO.) saturation mixing ratio

razão de mistura saturante (METEO.) saturated humidity mixing ratio

razão de modulação (TELECOM.) modulation rate

razão de potência (MECH.) power ratio

razão de pressão crítica (PHYS.) critical pressure ratio

razão de probabilidade (STAT.) odds ratio

razão de ramificação (CHEM.) branching ratio

razão de reacção (NUCL.; PHYS.) reaction rate

razão de regeneração (NUCL.) breeding ratio

razão de rejeição de modo comum (ELECTRON.) common-mode rejection ratio

razão de resposta de frequência intermediária (TELECOM.) intermediate-frequency response ratio

razão de retracção (MECH.) shrinkage ratio

razão de sinalização de dados (COMP.) data signalling rate

razão de tensão (ELECT.) voltage ratio

razão de transformação (ELECT.; PHYS.) transformation ratio; ratio of transformation

razão de vantagem (NUCL.) advantage ratio

razão dos momentos (PHYS.) moment ratio

razão entre máximo e mínimo (ELECT.) peak-to-valley ratio

razão fosfato/oxigénio (BIO.) P/O ratio

razão frente-atrás (TELECOM.) front-to-back ratio

razão giromagnética (PHYS.) gyro-magnetic ratio

razão harmónica (MATH.) harmonic ratio

razão impulso/peso (AERO.; SPACE) thrust-to-weight ratio; thrust-weight ratio

razão logarítmica (MATH.) logarithmic ratio

razão não harmónica (MATH.) cross-ratio

razão portadora-ruído (TELECOM.) carrier-to-noise ratio

razão precipitação/evaporação (BOT.) precipitation effectiveness

razão vertida turbinável (HYDRO.) utilizable spill

RDX (CHEM.) cyclonite; hexogen

reabastecimento em voo (AERO.) flight refuelling

reabilitação ecológica (ECO.) rehabilitation ecology

reabsorção (GEO.) resorption

reacção (GEN.) reaction

reacção alfa-protão (PHYS.) alpha-proton reaction

reacção Arndt-Eistert (CHEM.) Arndt-Eistert reaction

reacção colectora (PHYS.) pick-up reaction

reacção completa (CHEM.) complete reaction

reacção cortical (BIO.) cortical reaction

reacção cruzada (IMMUN.) cross matching

reacção cutânea (IMMUN.) skin test

reacção da fase luminosa (BOT.) light reaction

reacção da lepromina (IMMUN.) lepromin reaction; Mitsuda reaction

reacção de altifalante (PHYS.) loudspeaker response

reacção de Arthus (IMMUN.) Arthus reaction

reacção de Baudouin (CHEM.) Baudouin reaction

reacção de Cannizzaro (CHEM.) Cannizzaro reaction

reacção de captura radioactiva (PHYS.) radioactive capture reaction

reacção de Coombs (BIO.) Coombs reaction

reacção de desidratação-condensação (BIO.; CHEM.) dehydration-condensation reaction

reacção de deutério (NUCL.) deuterium reaction

reacção de Diels-Alder (CHEM.) Diels-Alder reaction

reacção de Etard (CHEM.) Etard's reaction

reacção de fissão (NUCL.) fission reaction

reacção de fissão gama (NUCL.) gamma function reaction

reacção de Forssman (IMMUN.) Forssman reaction

reacção de fusão (NUCL.) fusion reaction

reacção de Gattermann (CHEM.) Gattermann reaction

reacção de grupo (CHEM.) group reaction

reacção de Hill (BOT.) Hill reaction

reacção de Hofmann (CHEM.) Hofmann's reaction

reacção de lítio (NUCL.) lithium reaction

reacção de Millon (CHEM.) Millon's reaction

reacção de Mitsuda (IMMUN.) lepromin reaction; Mitsuda reaction

reacção de ordem zero (CHEM.) zero order reaction

reacção de Paul-Brunnell (IMMUN.) Paul-Brunnell test

reacção de Perkin (CHEM.) Perkin's reaction

reacção de Prausnitz-Kustner (IMMUN.) Prausnitz-Kustner reaction

reacção de primeira ordem (CHEM.) first-order reaction

reacção de Reimer-Tiemann (CHEM.) Reimer-Tiemann reaction

reacção de Sandmeyer (CHEM.) Sandmeyer's reaction

reacção de Schwartzmann (IMMUN.) Schwartzmann reaction

reacção de Tiemann-Reimer (CHEM.) Tiemann-Reimer reaction

reacção de transfusão (IMMUN.) transfusion reaction

reacção de Wassermann (IMMUN.; MED.) Wassermann reaction

reacção de Widal (IMMUN.) Widal reaction

reacção divergente (NUCL.) divergent reaction

reacção do biureto (CHEM.) biuret reaction

reacção do enxerto contra o hospedeiro (IMMUN.) graft-versus-host reaction; Hartnup's disease

reacção do induzido (ELECT.) armature reaction

reacção electromagnética (PHYS.) electromagnetic reaction

reacção em cadeia (CHEM.) chain reaction

reacção em cadeia de polimerase (BIO.; CHEM.) polymerase chain reaction [PCR]

reacção endoenergética (BIO.; CHEM.) endergonic reaction

reacção específica (CHEM.) specific reaction

reacção fotoquímica (CHEM.) photochemical reaction

reacção gama-n (NUCL.) gamma-n reaction

reacção imune secundária (PSYCHO.) secondary immune response

reacção imunológica (IMMUN.) immunoreaction

reacção indutiva (ELECT.) inductive reaction

reacção induzida (CHEM.) induced reaction

reacção irreversível (CHEM.) irreversible reaction

reacção isócora de van't Hoff (CHEM.) van't Hoff's reaction isochore

reacção isotérmica de van't Hoff (CHEM.) van't Hoff's reaction isotherm

reacção magnética (ELECT.) magnetic reaction

reacção monomolecular (CHEM.) monomolecular reaction

reacção negativa (BIO.) negative reaction

reacção nuclear (PHYS.) nuclear reaction

reacção nuclear cíclica (NUCL.) cyclic nuclear reaction

reacção nuclear espontânea (PHYS.) nuclear spontaneous reaction

reacção parasita (PHYS.) stray reaction

reacção positiva (BOT.) positive reaction

reacção psíquica (PSYCHO.) psychoreaction

reacção química (CHEM.) chemical reaction

reacção rápida (CHEM.; PHYS.) fast reaction

reacção reversível (CHEM.) reversible reaction

reacção simpática (CHEM.) sympathetic reaction

reacção termonuclear (PHYS.) thermonuclear reaction

reacções da fase escura (BOT.) dark reactions

reacções dependentes da luminosidade (BIO.) light-dependent reactions

reacções independentes da luminosidade (BIO.) light-independent reactions

reacções serológicas (BIO.) serologic reactions

reactância do condensador (ELECTRON.) capacitor reactance

reactância do indutor (ELECTRON.) inductor reactance

reactivação (ELECTRON.) reactivation

reactividade (NUCL.) reactivity

reactivo (CHEM.) reactive

reactor (AERO.) reactor; jet engine

reactor (GEN.) reactor

reactor (NUCL.) reactor; pile; cell

reactor a água (NUCL.) water reactor

reactor a água leve (NUCL.) light-water reactor

reactor a água pesada canadiano (NUCL.) CANDU

reactor aperfeiçoado refrigerado a gás (NUCL.) advanced gas-cooled reactor [AGR]

reactor arrefecido a sódio (NUCL.) sodium-cooled reactor

reactor atómico (CHEM.) atomic reactor

reactor auto-regenerador (NUCL.) breeder reactor

reactor cilíndrico (NUCL.) cylindrical reactor

reactor com combustível em suspensão (NUCL.) slurry reactor

reactor conversor (NUCL.) converter reactor

reactor crítico (NUCL.) critical reactor

reactor de água em ebulição (NUCL.) boiling-water reactor

reactor de água pressurizada (NUCL.) pressurized water reactor

reactor de alimentação (ELECT.) feeder reactor

reactor de alta temperatura (NUCL.) high-temperature reactor

reactor de alto fluxo (NUCL.) high-flux reactor

reactor de aquário (NUCL.) aquarium reactor

reactor de avião (AERO.) aircraft reactor

reactor de caldeira a vapor (NUCL.) water boiler reactor

reactor de ciclo directo (NUCL.) direct-cycle reactor

reactor de conversão directa (ELECT.) direct-conversion reactor

reactor de deslocamento espectral controlado (NUCL.) spectral-shift-controlled reactor

reactor de energia zero (NUCL.) zero-energy reactor

reactor de filtro (ELECT.) filter reactor

reactor de fluxo dividido (NUCL.) split-flow reactor

reactor de fusão (NUCL.) fusion reactor

reactor de fusão a laser (NUCL.) laser fusion reactor

reactor de grafite (NUCL.) graphite reactor

reactor de grafite e urânio (NUCL.) graphite-uranium reactor

reactor de leito de cascalho (NUCL.) pebble-bed reactor

reactor de núcleo saturável (ELECT.) saturable reactor

reactor de piscina (NUCL.) pool reactor; swimming-pool reactor

reactor de plutónio (NUCL.) plutonium reactor

reactor de plutónio e tório (NUCL.) plutonium-thorium reactor

reactor de potência (NUCL.) power reactor

reactor de potência nula (NUCL.) zero-power reactor

reactor de produção (NUCL.) production reactor

reactor de propulsão (ENG.) propulsion reactor

reactor de ressonância (NUCL.) resonant reactor

reactor de suspensão líquida (NUCL.) liquid suspension reactor

reactor de tanque (NUCL.) tank reactor

reactor de terra (ELECT.) earth reactor

reactor de teste de materiais (NUCL.) material testing reactor

reactor de tório (NUCL.) thorium reactor

reactor de tubo de pressão (NUCL.) pressure-tube reactor

reactor de urânio natural (NUCL.) natural-uranium reactor

reactor do filtro (ELECT.) filter choke

reactor enriquecido (NUCL.) enriched reactor

reactor epitérmico (PHYS.) epithermal reactor

reactor exponencial (NUCL.) exponential reactor

reactor heterogéneo (NUCL.) heterogeneous reactor

reactor híbrido de fusão-fissão (NUCL.) fusion-fission hybrid reactor

reactor homogéneo (NUCL.) homogeneous reactor

reactor homogéneo aquoso (NUCL.) aqueous homogeneous reactor

reactor intermediário (NUCL.) intermediate reactor

reactor moderado a grafite (NUCL.) graphite-moderated reactor

reactor nuclear (NUCL.) nuclear reactor

reactor poroso (NUCL.) porous reactor

reactor protótipo (PHYS.) prototype reactor

reactor rápido (NUCL.; PHYS.) fast reactor

reactor refrigerado a gás (NUCL.) gas-cooled reactor

reactor regenerador (NUCL.) breeder reactor

reactor regenerador de plutónio (NUCL.) plutonium breeder reactor

reactor sólido homogéneo (NUCL.) solid homogeneous reactor

reactor subcrítico (NUCL.) subcritical reactor

reactor térmico (NUCL.) thermal reactor

reactor térmico regenerável (NUCL.) thermal breeder reactor

reactor transformador (NUCL.) converter reactor

readmissão (MINING) re-entry

reafectação dinâmica da memória (COMP.) dynamic memory relocation

reagente (CHEM.) reagent; reactant

reagente analítico (CHEM.) analytical reagent

reagente de biureto de Gies (CHEM.) Gies' biuret reagent

reagente de Eschka (CHEM.) Eschka's reagent

reagente de Fischer (CHEM.) Fischer reagent

reagente de Grignard (CHEM.) Grignard reagent

reagente de Schiff (CHEM.) Schiff's reagent

reagente de Schweitzer (CHEM.) Schweitzer's reagent

reagente microanalítico (CHEM.) microanalitical reagent [MAR]

reagentes nucleofílicos (CHEM.) nucleophilic reagents

reagente Winkler de oxigénio (CHEM.) Winkler reagent for oxygen

reagina (IMMUN.) reagin

realçador (BIO.) enhancer

realce de agudos (TELECOM.) treble boost

realidade virtual (COMP.) virtual reality

realimentação (GEN.) feedback

realimentação (COMP.) bussback

realimentação acústica (PHYS.) acoustic feedback

realimentação adiantada (ELECTRON.) feed forward

realimentação da informação do sistema (COMP.) system information feedback

realimentação de corrente (ELECT.) current feedback

realimentação de corrente em paralelo (ELECTRON.) shunt current feedback

realimentação de informação (COMP.) information feedback

realimentação de placa (ELECT.) plate feedback

realimentação de tensão (ELECT.) voltage feedback

realimentação de tensão em paralelo (ELECTRON.) shunt voltage feedback

realimentação em CA (ELECTRON.) AC feedback

realimentação em série de corrente (ELECTRON.) series current feedback

realimentação em série de tensão (ELECTRON.) series voltage feedback

realimentação em tensão (ELECTRON.) voltage-derived feedback

realimentação equalizada (ELECTRON.) feedback equalization

realimentação estabilizada (ELECT.) stabilized feedback

realimentação externa (ELECTRON.) external feedback

realimentação hidráulica (MECH.) hydraulic feedback

realimentação indutiva (ELECT.) inductive feedback

realimentação inversa (ELECT.) inverse feedback

realimentação negativa (TELECOM.) negative feedback

realimentação paralela (ELECTRON.) parallel feedback

realimentação positiva (TELECOM.) positive feedback

realização (GEN.) performance

realização física de uma impedância (PHYS.) impedor

realizar um exame radioscópico (MED.) screen

reamostragem (ELECTRON.) resampling

reaprendizagem (PSYCHO.) relearning

reaquecimento (AERO.) reheating

reassociação do ADN (BIO.) reassociation of DNA

reatância (PHYS.) reactance

reatância acústica (PHYS.) acoustic reactance

reatância automática (ELECT.) automatic choke

reatância capacitiva (ELECT.) capacitive reactance

reatância de eléctrodo (ELECT.) electrode reactance

reatância de oscilação (ELECT.) swinging choke

reatância de Potier (ELECT.) Potier reactance

reatância de quadratura (ELECT.) quadrature reactance

reatância de suavização (ELECT.) smoothing choke

reatância do induzido (ELECT.) armature reactance

reatância equivalente (ELECT.) equivalent reactance

reatância indutiva (ELECT.) inductive reactance

reatância transitória (ELECT.) transient reactance

rebaixamento (COMP.) popping

rebaixamento (MINING) kerf

rebaixamento estabilizado (HYDRO.) equilibrium drawdown

rebaixo (BUILD.) rabbet; rebate

rebaixo (MECH.) undercut; neck

rebaixo de caixilho (BUILD.) rabbet for glazing

rebaixo para vidros (BUILD.) rabbet for glazing

rebarba (BOT.) burr; barb

rebarba (MECH.) burr; fin; flash

rebarbador (TEXT.) fettler

rebarbador hexagonal (MECH.) hexagon dresser

rebarbar (TEXT.) deburring

rebatimento de pregos (BUILD.) clench nailing; clinch nailing

Rebeca-Eureca (RADAR) rebecca-eureka

rebentação (GEO.) surf

rebentação a pique (ECO.) plunging breaker

rebento (BOT.) offset; runner; gemma; shoot; bud; sucker; scion; tiller

rebento anão (BOT.) dwarf shoot

rebento colateral (BOT.) collateral bud

rebento longo (BOT.) long shoot

rebento misto (BOT.) mixed bud

rebitador (MECH.) riveting machine; riveter

rebitador de percussão (MECH.) percussion riveter

rebitador hidráulico (MECH.) hydraulic riveter

rebitador pneumático (MECH.) pneumatic riveter

rebitagem (MECH.) riveting

rebitagem a frio (MECH.) cold riveting

rebitagem à máquina (MECH.) machine riveting

rebitagem da caldeira (MECH.) boiler riveting

rebitagem de ponto (MECH.) stitch riveting

rebitagem longitudinal (MECH.) longitudinal riveting

rebitagem mecânica (MECH.) machine riveting

rebite (MECH.) rivet; stud

rebite bifurcado (MECH.) bifurcated rivet

rebite cego (MECH.) blind rivet

rebite Chobert (MECH.) Chobert rivet

rebite colocado na montagem (MECH.) site rivet

rebite de cabeça cilíndrica (MECH.) fillister-head rivet; machine head rivet

rebite de cabeça de cogumelo (MECH.) mushroom head rivet

rebite de cabeça embutida (MECH.) flush rivet

rebite de cabeça esférica (MECH.) spherical head rivet

rebite de cabeça hemisférica (MECH.) snap head rivet

rebite de cabeça tronco-cónica (MECH.) panhead rivet

rebite de elo (MECH.) link rivet

rebite de fábrica (MECH.) shop rivet

rebite de ponto (MECH.) stitch rivet

rebite de revestimento (MECH.) skin rivet

rebite explosivo (MECH.) explosive rivet

rebite externo (MECH.) outside rivet

rebite interno (MECH.) inside rivet

rebite oco (MECH.) hollow rivet

rebite Pop (MECH.) Pop rivet

rebite semitubular (MECH.) semitubular rivet

rebite tubular (MECH.) tubular rivet

rebobinador automático (TELECOM.) auto-rewind

rebocador a motor (NAV.) motor tug

rebocador espacial (SPACE) space tug

reboco (BUILD.) coarse stuff; setting coat; fining coat; fining-off; regrating; scratch-coat; plaster

reboco (CHEM.; MINING) filter cake

reboco a tinta (BUILD.) paint harling

reboco de argamassa de cal (BUILD.) lime stuff

reboco de lama (MINAS) mud cake

reboco de união bastarda (BUILD.) bastard tuck pointing

reboco fibroso (BUILD.) fibrous plaster

reboco fino (ARCH.) fine stuff

reboco grosso (BUILD.) rough cast

reboco rústico (BUILD.) pebble-dashing

rebolo (MECH.) emery wheel; grinding wheel

rebolo de vaso (MECH.) dish wheel

rebolo oco (MECH.) dish wheel

reboque de planador (AERO.) glider haulage

rebordo (BUILD.) bead; rim

rebordo (MECH.) flange; seam

rebordo de separação (BUILD.) parting bead

rebordo duplo (BUILD.) double-bead

rebordo nivelado (BUILD.) flush bead

rebotalho (TEXT.) trash

rebote (BUILD.) moulding plane

REC (MINING) recovery

recalcamento (PSYCHO.) suppression

recalcamento (MECH.) upsetting

recalescência (MECH.) recalescence

recalibrar (AUTO.) rebore

recanto de cantaria (BUILD.) scontion, sconchion

recarga (GEO.) recharge

recarga artificial (GEO.) artificial recharge

recarga induzida (HYDRO.) induced recharge

recauchutado (AUTO.) retread; remould

recebido duma transmissão de radiofusão (IMAGE TECH.) off-air

recebido e entendido! (AERO.) roger (radio code)

receituário (MED.) pharmacopeia

recepção cardióide (PHYS.) cardioid reception

recepção de batimento zero (TELECOM.) zero-beat reception; homodyne reception

recepção de diversidade no espaço (TELECOM.) space diversity reception

recepção de/em diversidade (TELECOM.) diversity reception

recepção de ondas contínuas (ELECT.) CW reception

recepção heteródina (TELECOM.) heterodyne reception

recepção homódina (TELECOM.) zero-beat reception; homodyne reception

recepção múltipla (TELECOM.) diversity reception

recepção por muitas trajectórias (TELECOM.) multipath reception

receptáculo (BOT.; ZOO.) receptacule; receptaculum; thalamus

receptáculo (BUILD.) pocket

receptáculo anterino (BOT.) antheridial receptacle; antheridiophore

receptáculo seminal (ZOO.) seminal receptacle

receptivo (BOT.) receptive

receptor (CHEM.) receiver

receptor (GEN.) receiver; receptor

receptor (TELECOM.) receiver

receptor (MED.; ZOO.) receptor

receptor acoplado (ELECT.) coupled receiver

receptor a cristal (TELECOM.) crystal receiver; crystal set receiver

receptor a galena (TELECOM.) crystal set

receptor autódino (TELECOM.) autodyne receiver

receptor de acesso multiplo por divisão de código (TELECOM.) RAKE receiver

receptor de amostras de ar (NUCL.) air sampler

receptor de conversão directa (ELECTRON.) zero IF receiver

receptor de conversão tripla (ELECTRON.) triple-conversion receiver

receptor de diversidade (ELECT.) diversity receiver

receptor de dupla acção super-heteródina (TELECOM.) double superhet receiver

receptor de dupla conversão (ELECT.) double-conversion receiver

receptor de dupla diversidade (ELECTRON.) dual-diversity receiver

receptor de facsimile (TELECOM.) facsimile receiver

receptor de frequência modulada (ELECTRON.; TELECOM.) frequency-modulation receiver

receptor de monitorização (TELECOM.) monitoring receiver

receptor de porta de cristal (TELECOM.) crystal-gate receiver

receptor de rádio (TELECOM.) radio receiver

receptor de radiofrequência sintonizada (TELECOM.) tuned radiofrequency receiver

receptor de satélite analógico (TELECOM.) analogue sat-box

receptor de sonar (PHYS.) sonar receiver

receptor de televisão (TELECOM.) television receiver

receptor de verificação (TELECOM.) check receiver

receptor de vigilância (TELECOM.) monitoring receiver

receptor direccional (ELECT.) direction(al) receiver

receptor do antigénio do linfócito T (IMMUN.) T-lymphocyte antigen receptor

receptores nicotínicos (BIO.) nicotinic receptors

receptor estereofónico (TELECOM.) stereo receiver

receptor externo (ZOO.) exteroceptor

receptor Fc (IMMUN.) Fc receptor

receptor homodínico (TELECOM.) homodyne receiver

receptor linear (TELECOM.) straight receiver

receptor linear-logarítmico (TELECOM.) lin-log receiver

receptor monocromático (IMAGE TECH.) monochrome receiver

receptor panorâmico (TELECOM.) panoramic receiver

receptor radar (AERO.) radar receiver

receptor regenerativo (TELECOM.) regenerative receiver

receptor sincronizado (TELECOM.) receiver synchro

receptor super-heteródino (TELECOM.) superhet receiver

receptor telegráfico (TELECOM.) telegraph receiver

receptor térmico (PHYS.) thermal receiver (Acoustics)

receptor-transmissor de sonar (PHYS.) sonar receiver-transmitter

recessão da escarpa (Eco.) scarp retreat
recessivo (Bio.) recessive
recesso (Med.; Zoo.) bay; recess
rechaço (Med.) ballottement
reciclagem (Phys.) recycle
recife (Geo.) reef
recife algáceo (Geo.) algal reef
recife cónico (Eco.) pinnacle reef
recife coralino (Geo.) coral reef
recife de arenito (Geo.) stone reef
recife de atol (Geo.) atoll reef
recife de barreira (Geo.) barrier reef
recife orgânico (Geo.) bioherm
recifes semiocultos (Geo.) dries
recipiente (Chem.) receiver
recipiente de pressão (Mech.) pressure vessel
recipiente do reactor (Nucl.) reactor vessel
recipiente radioactivo (Nucl.) radioactive vessel
reciprocidade (Mech.) reciprocity
recíproco (Math.) reciprocal
recirculação (Mech.) scavenging
reclinação de um animal (Vet.) casting
recobertura de escape (Mech.) exhaust lap
recobrimento interior (Mech.) exhaust lap
recognição (Psycho.) recognition
recombinação (Bio.; Nucl.; Phys.) recombination; cross-over
recombinação de local específico (Bio.) site-specific recombination
recombinação homóloga (Bio.) homologous recombination
recombinação ilegítima (Bio.) illegitimate recombination
recombinação mitótica (Bio.) mitotic recombination
recombinação volumétrica (Phys.) volume recombination
recomeçar (Electron.) preset
recomeço automático (Comp.) automatic restart
recompensa negativa (Psycho.) negative reinforcement
recomposição (Nucl.; Phys.) recombination
reconcentração (Mining) reconcentration
recondicionamento de fundação (Build.) underpinning
reconhecimento (Comp.) acknowledgement
reconhecimento (Psycho.) recognition
reconhecimento da forma de onda por auto-adaptação (Elect.) adaptive waveform recognition
reconhecimento de caracteres escritos com tinta magnética (Comp.) magnetic ink character recognition [MICR]
reconhecimento de configuração (Comp.) pattern recognition
reconhecimento de imagem (Image Tech.) image recognition
reconhecimento de voz (Comp.) speech recognition
reconhecimento lunar (Astro.) lunar surveillance

reconhecimento positivo (Phys.) positive acknowledgement
reconstituição de cromossoma por fusão (Bio.) healing of chromosome
recordação livre (Psycho.) free recall
recorrência (Math.) recursion
recorrência (Phys.) recurrence
recorrente (Zoo.) recurrent
recorrer (Print.) overrun
recortado (Build.) denticulated
recorte (Comp.) chad
recozido a vácuo (Mech.) vacuum-annealed
recozimento (Mech.) normalizing
recozimento a vácuo (Mech.) vacuum annealing
recozimento com brilho (Mech.) bright annealing
recozimento de processo (Mech.) process annealing
recozimento em cadinho (Mech.) pot annealing
recozimento em caixa (Mech.) box annealing; close annealing
recozimento em forno (Mech.) furnace annealing
recozimento fechado (Mech.) close annealing
recozimento magnético (Mech.) magnetic annealing
recozimento para libertar as tensões (Mech.) stress-relief annealing
recozimento total (Mech.) full annealing
recristalização (Gen.) recrystallization
recta (Gen.) straight-line
recta logarítmica (Math.) logarithmic straight-line
rectângulo (Math.) rectangle
rectas conjugadas (Math.) conjugate lines
rectificação (Chem.) rectification
rectificação (Mech.) trimming
rectificação acêntrica (Mech.) centreless grinding
rectificação a diamante (Mech.) diamond grinding
rectificação de cilindro (Mech.) cylinder reboring
rectificação de fresa (Mech.) milling cutter grinding
rectificação de lente (Glass) lens grinding
rectificação de meia-onda (Telecom.) half-wave rectification
rectificação de onda completa (Elect.) full-wave rectification
rectificação de onda simples (Elect.) single-wave rectification
rectificação de perfil (Mech.) profile grinding
rectificação de precisão (Mech.) precision grinding
rectificação interna (Mech.) internal grinding
rectificador (Elect.) rectifier
rectificadora (Mech.) grinding machine
rectificadora a diamante (Mech.) diamond dresser
rectificador a cristal (Elect.) crystal rectifier
rectificadora de cilindros (Mech.) boring bar

rectificadora de rolamento de esferas (Mech.) ball-bearing grinding machine
rectificadora de rosca (Mech.) thread grinder
rectificador a tubo de vácuo (Electron.) vacuum tube rectifier
rectificador controlado a silício (Electron.) silicon-controlled rectifier
rectificador de arco de mercúrio (Elect.) mercury-arc rectifier
rectificador de arco de mercúrio de controlo de grade (Elect.) grid-controlled mercury-arc rectifier
rectificador de bolbo de vidro (Elect.) glass-bulb rectifier
rectificador de cátodo emissor (Electron.) hot-cathode rectifier
rectificador de combustível (Aero.) fuel trimmer
rectificador de contacto (Mech.) contact rectifier
rectificador de cristal tipo-n (Electron.) n-type crystal rectifier
rectificador de cristal tipo p (Electron.) p-type crystal rectifier
rectificador de diodo (Elect.) diode rectifier
rectificador de discos secos (Elect.) dry-disc rectifier
rectificador de germânio (Elect.) germanium rectifier
rectificador de Gratz (Elect.) Gratz rectifier
rectificador de junção (Electron.) junction rectifier
rectificador de meia-onda (Elect.) half-wave rectifier
rectificador de meia onda rápido (Electron.) fast half wave rectifier
rectificador de metal (Elect.) metal rectifier
rectificador de onda completa (Electron.) full-wave rectifier
rectificador de óxido de cobre (Electron.) copper-oxide rectifier
rectificador de placa (Elect.) plate rectifier
rectificador de placa seca (Elect.) dry-plate rectifier
rectificador de ponte (Elect.) bridge rectifier
rectificador de precisão (Electron.) precision rectifier
rectificador de silício (Electron.) silicon rectifier
rectificador de tanque (Elect.) tank rectifier
rectificador de tanque de aço (Elect.) steel-tank rectifier
rectificador de válvula (Elect.) valve rectifier
rectificador de vapor de mercúrio (Elect.) mercury-vapour rectifier
rectificador direccional (Elect.) direction rectifier
rectificador electrónico (Elect.) electronic rectifier
rectificador em Y (Elect.) wye rectifier
rectificador invertido (Elect.) inverted rectifier

rectificador linear (ELECT.) linear rectifier

rectificador mecânico (ELECT.) mechanical rectifier

rectificador monofásico (ELECT.) single-phase rectifier

rectificador polifásico (ELECT.) polyphase rectifier

rectificador síncrono (ELECT.) synchronous rectifier

rectificador termiónico (ELECTRON.) thermionic rectifier

rectificador trifásico (ELECTRON.) three-phase rectifier

rectificador-túnel (ELECTRON.) tunnel rectifier

rectificar (AUTO.) rebore

rectirrostro (ZOO.) rectirostral

recto (ZOO.) rectum

rectoabdominal (MED.) rectoabdominal

rectocele (MED.) rectocele

rectococcígeo (MED.) rectococcygeal

rectococcipexia (MED.) rectococcypexy

rectocolite (MED.) rectocolitis

rectopexia (MED.) rectopexy

rectossigmóide (MED.) rectosigmoid

rectráctil (ZOO.) rectractile

rectrizes (ZOO.) rectrices; fan

recuo (AUTO.) kick-back

recuo (BUILD.) back setting

recuo (MECH.) backlash

recuo (MINING) kick

recuo de fissão (NUCL.) fission recoil

recuo na asa (AERO.) sweepback

recuperação (AERO.) pull-out

recuperação (COMP.) fetch; recovery; backward recovery

recuperação (GEN.) regeneration

recuperação (MECH.) scavenging ; recovery (dynamic pressure)

recuperação (MINAS) recovery [REC]

recuperação bacteriana (MINING) bacterial recovery

recuperação de água (AERO.) water recovery

recuperação de calor perdido (MECH.) waste heat recovery

recuperação de dados (COMP.) data retrieval

recuperação de dispositivos (COMP.) device backup

recuperação de documentos (COMP.) document retrieval

recuperação de erro (COMP.) error recovery

recuperação de falha de energia eléctrica (COMP.) power-fail recovery

recuperação de ficheiro (COMP.) file recovery

recuperação de ficheiro antecipado (COMP.) forward file recovery

recuperação de impulsos (TELECOM.) pulse regeneration

recuperação de informação (COMP.) information retrieval

recuperação de informação do sistema (COMP.) system information retrieval

recuperação de mensagem (COMP.) message retrieval

recuperação de saída (AERO.) pull-out

recuperação ecológica (ECO.) restoration ecology

recuperação elástica (MECH.) springback

recuperação espontânea (PSYCHO.) spontaneous recovery

recuperação incremental (COMP.) incremental backup

recuperador (MECH.) recuperator

recuperador dos raspadores (MINING) pig trap

recurso (COMP.) facility

recurso de comando principal (COMP.) host command facility

recurso de comunicação (COMP.) communication facility

recurso de consumo (COMP.) consumable resource

recurso do sistema (COMP.) system resource

recurso lógico (COMP.) logical resource

recurso orientado para problema (COMP.) problem-oriented facility

recurso privado (COMP.) private facility

recurso renovável (ECO.) renewable resource

recursos antagónicos (ECO.) antagonistic resources

recursos biológicos (GEO.) biological resources

recursos complementares (ECO.) complementary resources

recursos de hardware (COMP.) hardware resources

recurso utilizável (COMP.) consumable resource

recurvada (BOT.) reflexed

recurvirrostro (ZOO.) recurvirostral

rede (BUILD.) mesh

rede (GEN.) network; grid; mesh; lattice; net; grating

rede (METEO.) reseau

rede (SURV.) grid

rede (TELECOM.) mesh

rede (TEXT.) net; batt

rede (ZOO.) rete

rede activa (ELECTRON.) active network

rede acústica (PHYS.) acoustic grating

rede admirável (rete mirabile) (ZOO.) rete mirabile; red body; red gland

rede alimentar (ECO.) food web

rede analógica (COMP.) analog network

rede anti-indução (TELECOM.) anti-induction network

rede assimétrica (TELECOM.) asymmetric network

rede bilateral (ELECT.) bilateral network

rede BRC (BUILD.) BRC fabric (British Reinforced Concrete fabric; BRC fabric)

rede C (TELECOM.) C-network

rede compensadora de pico (TELECOM.) peaking network

rede compensadora de temperatura (ELECTRON.) temperature-compensating network

rede complementar (COMP.) complemented lattice

rede côncava (PHYS.) concave grating

rede controlada (COMP.) controlled net

rede da ARPA (agência de projectos de investigação avançada) (ELECTRON.) advanced research project agency network [ARPANET]

rede de absorção (TELECOM.) absorption mesh

rede de adaptação (ELECT.) matching network

rede de alarme de radar (RADAR) radar warning net

rede de alta tensão (ELECT.) high-tension mains

rede de antenas de radiação longitudinal (RADAR; TELECOM.) end-fire array

rede de antenas em fase (RADAR) phased array

rede de antenas sobrepostas (TELECOM.) stacked array

rede de área local (COMP.; TELECOM.) local area network

rede de arrasto (GEN.) Yngel trawl; young-fish net

rede de banda larga (COMP.) broadband networking

rede de Bravais (CRYST.) Bravais lattice

rede de cabo coaxial fino (COMP.) thin ethernet

rede de cabo coaxial grosso (COMP.) thick ethernet

rede de chumbo (ELECTRON.) lead network

rede de compensação (ELECT.; TELECOM.) equalizing network; balancing network

rede de computador (COMP.) computer network

rede de comunicação (COMP.; TELECOM.) communication network

rede de comunicação de dados (COMP.) data communication network

rede de comutação automática (ELECT.) automatic switching network

rede de constantes concentradas (ELECTRON.) lumped-constant network

rede de dados (COMP.) data net

rede de dados pública (COMP.) public data network

rede de derivação em série (TELECOM.) ladder network

rede de deslocamento de fase (ELECT.) phase shift network

rede de desvio (PHYS.) cross-over network

rede de diferenciação (ELECT.) differentiating network

rede de difracção (PHYS.) diffraction grating

rede de distorção (TELECOM.) distorting network

rede de distribuição (ELECT.) distributing main; supply network

rede de Doba (ELECT.) Doba's network

rede de dois pares terminais (TELECOM.) two-terminal pair network

rede de dois terminais (TELECOM.) two-terminal network

rede de energia (ELECT.) mains

rede de exploração (Comp.) raster grid

rede de Faraday (Phys.) Faraday's net

rede de filé (Text.) filet net

rede de frequencia única (Telecom.) single frequency network [SFN]

rede de injecção (Elect.) injection grid

rede de insectos (Eco.) sweep net

rede de K constante (Telecom.) constant-K network

rede de Kelvin (Phys.) Kelvin network

rede de longa distância (Telecom.) long haul network

rede de Lysholm (Radiol.) Lysholm grid

rede de Malpighi (Zoo.) rete Malpighii; stratum germinativum

rede de pacotes de dados (Comp.) packet switched network

rede de paragem (Aero.) arrester gear

rede de pico (Telecom.) peaking network

rede de planificação (Arch.) planning grid

rede de pré-distorção (Telecom.) pre-distortion network

rede de protecção (Elect.) guard net

rede de radares (Radar) radar netting

rede de rastreio (Radar) tracking network

rede de resistência constante (Telecom.) constant-resistance network

rede de retenção (Minas) retaining mesh

rede de Rowland (Phys.) Rowland grating

rede de satélite (Comp.) satellite network

rede de segurança (Elect.) safety net

rede desequilibrada (Elect.) unbalanced network

rede de série paralela (Elect.) series-parallel network

rede de treliça (Telecom.) lattice network

rede digital integrada (Comp.) integrated digital network

rede direccional de antenas (Elect.; Telecom.) antenna array

rede directiva e auto-adaptável de antenas (Radar) adaptive array

rede dissipadora (Telecom.) dissipative network

rede distributiva (Comp.) distributive lattice

rede divisora (Phys.) dividing network; cross-over network

rede divisora de altifalante (Phys.) loudspeaker dividing network

rede eléctrica (Elect.) mains supply

rede eléctrica activa (Elect.) active electric network

rede em anel (Telecom.) ring network

rede em anel com testemunho (Comp.) token-ring network

rede em delta (Telecom.) delta network

rede em escada (Telecom.) ladder network

rede em estrela (Elect.) star network

rede em pi (Telecom.) pi-network

rede em ponte T (Elect.) bridge-T network

rede em T paralela (Telecom.) parallel-T network

rede em Y (Elect.; Electron.; Telecom.) Y-network

rede equilibrada (Telecom.) balanced network

rede equivalente (Telecom.) equivalent network

Rede Ethernet (Comp.) Ethernet

rede fixadora (Elect.) fixer network

rede formadora de sinais (Electron.) signal shaping network

rede H (Telecom.) H-network

rede híbrida (Electron.) hybrid network

rede hidrológica (Eco.) hydrologic network

rede ideal (Electr.) ideal network

rede inversa (Elect.) inverse network

rede L (Comp.) distributive lattice

rede-L (Telecom.) L-network

rede linear (Telecom.) linear network

rede local (Telecom.) short-haul network

rede lógica livre (Comp.) uncommitted logic array

rede lógica programável (Comp.) programmable logic array

rede lógica standard programável (Comp.) uncommitted logic array

rede maravilhosa (rete mirabile) (Zoo.) red body; red gland; rete mirabile

rede metropolitana (Telecom.) metropolitan area network [MAN]

redemoinho de poeira (Meteo.) devil (India and South Africa)

rede moldadora (Telecom.) shaping network

rede mucosa (Zoo.) rete mucosum

rede não determinística (Telecom.) non-deterministic network

rede não dispersiva (Telecom.) non-dissipative network

rede não linear (Elect.) non-linear network

rede nervosa (Zoo.) nerve net

rede neuronal (Comp.) neural network

rede óptica síncrona (Telecom.) synchronous optical network

rede passa-tudo (Mech.) all-pass network

rede passiva (Electron.) passive network

rede plana (Electron.) planar network

rede protectora (Elect.) catch net; guard cradle; guard net

rede pública (Comp.) public network

rede radial (Elect.) radial grating

rede selectiva (Telecom.) selective network

rede semântica (Comp.) semantic network

redes em T equivalentes (Telecom.) equivalent T-networks

rede simétrica (Elect.) symmetrical network

rede sofométrica (Telecom.) psophometric network

rede T (Telecom.) T-network

rede T dupla (Telecom.) twin't network

rede T paralela (Telecom.) twin't network

rédia (Zoo.) redia

redrudite (Miner.) chalcocite; reduthrite; copper glance

redrutite (Miner.) redruthite

redução (Gen.) reduction

redução alfa (Electron.) alpha cut-off

redução ascendente (Math.) reduction ascending

redução da capacidade normal (Elect.) de-rating

redução da distorção (Elect.) distortion reduction

redução de amostra (Mining) quartering the sample

redução de calcinação (Mech.) reduction roasting

redução de Clemmensen (Chem.) Clemmensen reduction

redução de dados (Comp.) data reduction

redução de fractura (Med.) setting

redução de nível (Phys.) reduction of level

redução de regime (Electron.) de-rate (derate)

redução de ruído (Image Tech.; Phys.) noise reduction

redução descendente (Math.) reduction descending

redução de ustulação (Mech.) reduction roasting

redução de velocidade (Mech.) gearing-down

redução do grau de combustão numa caldeira (Mech.) banking-up

redução gaussiana (Phys.) Gaussian reduction

redução na reactividade (Nucl.) reactivity reduction

redução para sondagens (Nav.) reduction to soundings

redundância (Gen.) redundancy

redundância relativa (Comp.) relative redundancy

redundância terminal (Bio.) terminal redundancy

redundante (Mech.) redundant

redutase do óxido nítrico (Chem.) nitric oxide reductase

redutor (Mech.) reduction gear

redutor (Geral) reducer

redutor automático de ruído (Electron.) FM automatic noise reduction

redutor de passagem (Auto.; Mech.) choke

redutor de tensão (Elect.) dimmer

redutor de velocidade (Aero.) spoiler

redutor de velocidade de propulsão (Aero.) thrust spoiler

reentrada (Space) re-entry

reentrada na atmosfera (Space) re-entry in atmosphere

reescrita (Comp.) rewrite

refeitório eclesiástico (Arch.) frater

referência de nível do Serviço Cartográfico e Topográfico oficial (no RU) (Surv.) Ordnance Bench Mark (UK)

referência descendente (Comp.) downward reference

referência de variável lógica (COMP.) logic variable reference

referência simples (COMP.) single reference

refinação (MECH.) poling

refinação (GLASS) fining

refinação a fogo (MECH.) fire refining

refinação a grão (MECH.) grain refining

refinação de metais (MECH.) refining of metals

refinador (PAPER) refiner

refinamento electrolítico (MECH.) electrolytic refining; electrorefining

refinar (MECH.) improving (steel)

refinaria (ENG.) refinery

reflectância (PHYS.) reflectance

reflectância especular (PHYS.) specular reflectance (Optics)

reflectida (BOT.) reflexed

reflectida (ZOO.) reflected

reflectividade (PHYS.) reflectivity

reflectómetro (IMAGE TECH.; PHYS.) reflectometer

reflectómetro com indicação temporal (TELECOM.) time-domain reflectometer

reflector (GEN.) reflector

reflector angular (RADAR) corner reflector; flasher

reflector assimétrico (PHYS.) asymmetric reflector

reflector Cassegrain (TELECOM.) Cassegrain reflector

reflector de espelho (TELECOM.) mirror reflector

reflector de grafite (NUCL.) graphite reflector

reflector de telescópio (PHYS.) telescope mirror

reflector escalonado (ELECT.) echelon lens

reflector intensivo (ELECT.) intensive reflector

reflector neutrónico (NUCL.) neutron reflector

reflector parabólico (TELECOM.) parabolic reflector; paraboloid antenna; dish

reflector passivo (PHYS.) passive reflector

reflexão (GEN.) reflection

reflexão (BUILD.) sheen

reflexão acústica (PHYS.) acoustic reflection

reflexão anormal (TELECOM.) abnormal reflection

reflexão costeira (TELECOM.) coastal reflection

reflexão de linha (TELECOM.) line reflection

reflexão de neutrões (NUCL.) neutron reflecting

reflexão de terra (RADAR) ground reflection

reflexão difusa (PHYS.) matt reflection; non-specular reflection

reflexão difusa (METEO.) diffuse reflection

reflexão esporádica na camada E da ionosfera (ELECTRON.) sporadic-E

reflexão interna total (PHYS.) total internal reflection

reflexão ionosférica (TELECOM.) mountain hopping

reflexão não especular (PHYS.) non-specular reflection

reflexão radar (RADAR) radar reflection

reflexivo (MATH.) reflexive

reflexo (PSYCHO.) reflex

reflexo abdominal (ZOO.) abdominal reflex

reflexo condicionado (PSYCHO.) conditioned reflex

reflexo de Babinski (MED.) Babinski's sign

reflexo de fundo (COMP.) background reflectance

reflexo de investigação (PSYCHO.) orienting reflex

reflexo de orientação (PSYCHO.) orienting reflex

reflexo de recuperação (PSYCHO.) righting reflex

reflexo de vómito (MED.) gagging reflex

reflexões múltiplas (TELECOM.) multiple reflections

reflexo espinhal (ZOO.) spinal reflex

reflexo patelar (MED.) knee jerk

reflexo psicogalvânico (PSYCHO.) psychogalvanic reflex

reflorestação (ECO.) reafforestation

refluxo (BUILD.; HYDRO.) back flow

refluxo (GEN.) reflux

refluxo (GEO.) backrush; backwash

reforçador (AERO.; MECH.) stiffener

reforçador de pressão (AERO.) pressure booster

reforçador de vácuo (MECH.) vacuum augmenter

reforço (BUILD.) gusset piece; hurter

reforço (PSYCHO.) reinforcement

reforço (IMAGE TECH.) intensification

reforço contínuo (PSYCHO.) continuous reinforcement

reforço da proa (AERO.; NAV.) bow stiffener

reforço de pilastra (BUILD.) pilaster strip

reforço em diagonal (MECH.) counterbracing

reforço intermitente (PSYCHO.) intermittent reinforcement

reforço negativo (PSYCHO.) negative reinforcement

reforço parcial (PSYCHO.) partial reinforcement

reforço positivo (PSYCHO.) positive reinforcement

reforço primário (PSYCHO.) primary reinforcement

reforço secundário (PSYCHO.) secondary reinforcement

refracção (PHYS.) refraction

refracção acústica (PHYS.) acoustic refraction

refracção aplanética (PHYS.) aplanatic refraction

refracção atómica (CHEM.) atomic refraction

refracção cónica (PHYS.) conical refraction

refracção costeira (TELECOM.) coastal refraction

refracção das ondas (GEO.) wave refraction

refracção específica (CHEM.) specific refraction

refracção ionosférica (TELECOM.) ionosphere refraction

refracção molar de Lorenz-Lorenz (CHEM.) Lorenz-Lorenz molar refraction

refracção molecular (CHEM.) molecular refraction

refracção normal (TELECOM.) standard refraction

refractário ao ácido (ENG.) acid refractory

refractividade (CHEM.; PHYS.) refractivity

refractivo (PHYS.) refringent

refractómetro (PHYS.) refractometer

refractómetro de Abbe (CHEM.) Abbe refractometer

refractómetro de imersão (CHEM.) dipping refractometer

refractómetro de Pulfrich (PHYS.) Pulfrich refractometer

refractómetro de Rayleigh (PHYS.) Rayleigh refractometer

refractor (PHYS.) refractor

refractor assimétrico (PHYS.) asymmetric refractor

refrigeração (GEN.) cooling

refrigeração a ar (MECH.) air cooling

refrigeração directa (ELECT.) direct cooling

refrigerador (MECH.) refrigerator

refrigerador a ar (PHYS.) air cooler

refrigerador a óleo (AERO.) oil cooler

refrigerador de absorção (MECH.) absorption refrigerator

refrigerador de diluição (PHYS.) dilution refrigerator

refrigerador final (MINAS) aftercooler

refrigerador intermediário (GERAL) intercooler

refrigerador mecânico (MECH.) mechanical refrigerator

refrigerante (MECH.) coolant; refrigerant

refrigerante de emulsão (MECH.) emulsified coolant

refrigerante do reactor (NUCL.) reactor coolant

refrigerante primário (NUCL.) primary coolant

refrigerante secundário (NUCL.) secondary coolant

refringente (PHYS.) refringent

refúgio (ECO.) refugium

refugo (MECH.) scrap; scum

regato (GEO.) bourn

Regência (ARCH.) Regency

regeneração (GEN.) regeneration

regeneração (NUCL.) breeding

regeneração (ZOO.) morphallaxis

regeneração acústica (PHYS.) acoustic regeneration

regeneração de impulsos (TELECOM.) pulse regeneration

regenerador (ELECT.; TELECOM.) regenerator

regenerador (NUCL.) breeder ; regenerator

regenerador térmico (CHEM.) heat regenerator

região (GEN.) region; area; zone

região abaixo do preto (Telecom.) infra-black region

região abdominal (Med.) abdominal region

região abissal (Geo.) abyssal region; abyssal area

região activa (Electron.) active region

região adiabática (Meteo.) adiabatic region

região anal (Zoo.) podex

região anódica (Electron.) anode region

região atmosférica (Phys.) atmospheric region

região bcr (Bio.) bcr

região biogeográfica (Eco.) biogeographic region

região cárstica (Geo.) karst

região climática (Meteo.) climatic region

região constante (Immun.) constant region

região convectiva (Meteo.) convective region

região da Australásia (Zoo.) Australasian region

região de carga espacial (Electron.) space-charge region

região de charneira (Immun.) hinge region

região de depleção (Electron.) depletion region

região de flora amazónica (Eco.) Amazon floral region

região de flora árctica e subárctica (Eco.) Arctic and subarctic floristic region

região de Fraunhofer (Phys.) Fraunhofer region; far field region

região de Fresnel (Phys.) Fresnel region

região de marca-passo (Med.) pacemaker region

região de origem (Meteo.) source region

região de proporcionalidade limitada (Phys.) region of limited proportionality

região de ressonância (Phys.) resonance region

região de retenção (Phys.) trapping region

região de ruptura (Elect.) breakdown region

região de transição (Gen.) transition region

região de ventos alísios (Meteo.) trade winds region

região distante (Phys.) far field region

região do mais preto que o preto (Telecom.) infra-black region

região faunica Neárctica (Eco.) Nearctic faunal region

região faunica neotropical (Eco.) Neotropical faunal region

região faunica oriental (Eco.) Oriental faunal region

região faunística (Zoo.) fauna region

região floral (Eco.) floral region

região floral andina (Eco.) Andean floral region

região floral da Àsia Central e Ocidental (Eco.) West and Central Asiatic floral region

região floral da floresta húmida da África Ocidental (Eco.) West African rain-forest floral region

região floral da Nova Caledónia (Eco.) New Caledonian floral region

região floral da Nova Zelândia (Eco.) New Zealand floral region

região floral da Patagónia (Eco.) Patagonian floral region

região floral da Polinésia (Eco.) Polynesian floral region

região floral das Caraíbas (Eco.) Caribbean floral region

região floral das Pampas (Eco.) Pampas floral region

região floral de Ascenção e Santa helena (Eco.) Ascencion and St Helena floral region

região floral de Juan Fernandez (Eco.) Juan Fernandez floral region

região floral de Madagáscar (Eco.) Madagascan floral region

região floral do Cabo (Eco.) Cape floral region

região floral índica (Eco.) Indian floral region

região floral malaia (Eco.) Malaysian floral region

região floral mediterrânica (Eco.) Mediterranean floral region

região floral melanésica e micronésia (Eco.) Melanesian and Micronesian floral region

região florística (Eco.) floristic region

região Geiger (Nucl.) Geiger region

região hipervariável (Bio.) hypervariable region

região holárctica (Zoo.) Holarctic region

região ilíaca (Zoo.) iliac region

região interfascicular (Bot.) interfascicular region

região ionizada (Astro.) ionized region

região ionosférica (Meteo.) ionospheric region

região mamífera da América Latina (Eco.) Latin American mammal region

região neoárctica (Zoo.) Nearctic Region

região neotropical (Zoo.) neotropical region

região nucleolar (Bio.) nucleolar region

região organizadora do nucléolo (Bio.) nucleolar-organizing region

região oriental (Zoo.) Oriental region

região paleoárctica (Zoo.) Palaearctic region

região petrográfica (Geo.) petrographic province

região poplítea (Med.) poples

região posterior do joelho (Med.) poples

região proporcional (Nucl.) proportional region

região protegida pela chuva (Eco.) rain shadow

região seca (Meteo.) dry region

região sem chuvas (Meteo.) rainless region

região sísmica (Geo.) seismic region

região tipo (Geo.) type locality

região variável (Immun.) variable region

região zoogeográfica (Eco.) zoogeographical region

regime (Gen.) regime; rate; condition; rule; control

regime contínuo (Elect.) continuous rating

regime crítico (Psycho.) critical period

regime de cabine (Aero.) cabin rate

regime de carga (Elect.) charging rate

regime de descarga (Elect.) discharge rate

regime de desintegração (Nucl.) rate of disintegration

regime de Hadley (Meteo.) Hadley regime

regime de humidade árida (Geo.) aridic moisture regime

regime de ignição (Elect.) ignition rating

regime de pressurização de cabine (Aero.) cabin rate

regime descontínuo (Elect.) short-time rating

regime de subida de segurança (Aero.) safe climbing ratio

regime de tensão (Elect.) voltage rating

regime do guindaste (Elect.) crane rating

regime do motor (Mech.) engine speed

regime ideal (Mech.) ideal rate

regime intermitente (Elect.) intermittent rating; short-time rating

regime máximo absoluto (Elect.) absolute maximum rating

regime máximo contínuo (Aero.) maximum continuous rating

regime nominal (Elect.) rating

regime óptico (Mech.) ideal rate

regime periódico (Elect.) periodic rating

regime transitório (Elect.) transient state

regiões de controlo dominantes (Bio.) dominant control regions [DCRs]

regiões de replicação iniciais (Bio.) early replicating regions

registador (Mech.) recorder ; register

registador contínuo de plancton (Eco.) continuous plankton recorder

registador de medidas de utilização num gráfico (Telecom.) logger

registador de papel (Electron.) chart recorder

registador de rajadas verticais (Aero.) vertical gust recorder

registador-tradutor (Telecom.) register-translator

registador-transmissor (Telecom.) register-sender

registador x-y (Mech.) x-y recorder

registo (Gen.) record; register; log

registo (Mech.) register ; faucet

registo acumulador (Comp.) accumulator register

registo adicional (COMP.) addition record

registo a núcleos magnéticos (COMP.) magnetic core storage

registo aritmético (COMP.) arithmetic register

registo auxiliar (COMP.) buffer

registo cilíndrico (PHYS.) cylindrical record

registo cronológico (COMP.) logging; journal

registo cronológico duplo (COMP.) dual log

registo de amplitude constante (PHYS.) constant-amplitude recording

registo de anotação de erro (COMP.) error log

registo de anotação duplo (COMP.) dual log

registo de armazenamento (COMP.) storage register

registo de base de dados (COMP.) data base record

registo de base de dados lógicos (COMP.) logical data base record

registo de bloco disponível seguinte (COMP.) next-available-block register

registo de código de grupos (COMP.) group code recording

registo de comprimento duplo (COMP.) double-length register

registo de comprimento fixo (COMP.) fixed length record

registo de comprimento variável (COMP.) variable length record

registo de controlo (COMP.) control record; control register

registo de controlo de acesso (COMP.) access control register

registo de controlo de ligação (COMP.) link control entry

registo de controlo de sequência (COMP.) sequence control register

registo de cor (PRINT.) colour register

registo de correcções (COMP.) amendment record

registo de dados (COMP.) data record

registo de dados de memória (COMP.) memory data register

registo de densidade dupla (COMP.) double density recording

registo de deslocamento (COMP.) shift register

registo de deslocamento magnético (ELECT.) magnetic shift register

registo de endereço (COMP.) address register

registo de endereço de instrução (COMP.) instruction address register

registo de endereço de memória (COMP.) memory address register

registo de entrada em série e saída em série (ELECTRON.) serial-in serial-out [SISO] register

registo de erro (COMP.) error record

registo de excesso (COMP.) overflow record

registo de fita completa (ELECTRON.) full track recording

registo de impressão (COMP.) print record

registo de índice (COMP.) index record

registo de início (COMP.) header

registo de ligação em cadeia (COMP.) chain-limit record

registo de macho (MECH.) core register (foundry)

registo de meio deslocamento (ELECT.) half-shift register

registo de memória (COMP.) memory register

registo de relatório a posteriori (COMP.) after-look journalizing

registo de sequência (COMP.) sequence register

registo de som (PHYS.) sound recording

registo de transacção (COMP.) transaction record

registo dos desvios do giroscópio (AERO.) gyro log

registo duplo (COMP.) double register

registo encadeado (COMP.) chained record

registo fotográfico (PHYS.) photographic recording

registo inicial (COMP.) header record

registo intermediário de memória (COMP.) memory buffer register

registo intermédio genérico (ELECTRON.) global register

registo laminado (PHYS.) laminated record

registo lógico (COMP.) logical record

registo lógico de estado da máquina (COMP.) logical logging

registo percentual (ELECT.) percentage registration

registo por dupla densidade (COMP.) double-density recording

registo prévio de relatório (COMP.) before-look journalizing

registos coincidentes (COMP.) matching records

registos combinados (COMP.) matching records

registos em série (ELECTRON.) serial register

rego (GEN.) canal; drain; furrow

rego de escoamento (HIDRO.) gutter

rególito (GEO.) regolith

regra da mão direita (ELECTRON.) right-hand rule

regra da mão esquerda (ELECTRON.) Left-hand rule

regra das fases (CHEM.) phase rule

regra de Abegg (CHEM.) Abegg's rule

regra de Allen (ZOO.) Allen's law

regra de Ampère (PHYS.) Ampère's rule

regra de Antonoff (CHEM.) Antonoff's rule

regra de Aston (PHYS.) Aston rule

regra de Bergmann (ZOO.) Bergmann's law

regra de Bode (ASTRO.) Bode's law

regra de Bowditch (SURV.) Bowditch's rule

regra de Bragg (PHYS.) Bragg rule

regra de Compton (CHEM.) Compton's rule

regra de Cope (ECO.) Cope's rule

regra de distribuição (CHEM.) distribution law

regra de Duhring (CHEM.) Duhring's rule

regra de Faraday (PHYS.) Faraday's rule

regra de fase de Gibbs (CHEM.) Gibbs' phase rule

regra de Fleming (ELECTRON.) Fleming's rule

regra de Gibbs-Konowalow (CHEM.) Gibbs-Konowalow rule

regra de Harkin (PHYS.) Harkin's rule

regra de Hund (CHEM.) Hund rule

regra de igual área de Maxwell (PHYS.) Maxwell equal area rule

regra de Kundt (PHYS.) Kundt's rule

regra de Leibnitz (MATH.) Leibnitz's rule

regra de L'Hospital (MATH.) L'Hospital's rule

regra de Matthiessen (PHYS.) Matthiessen's rule

regra de Maxwell (ELECT.) Maxwell's rule

regra de mira para nivelamento (SURV.) levelling staff

regra de oito de Abegg (CHEM.) Abegg's rule of eight

regra de Ramsay e Young (CHEM.) Ramsay and Young's rule

regra de Rapoport (ECO.) Rapoport's rule

regra de Routh (PHYS.) Routh's rule; Routh's test

regra de Routh de inércia (MECH.) Routh's rule of inertia

regra de Silsbee (ELECT.) Silsbee rule

regra de Simpson (MATH.) Simpson's rule

regra do número integral de Aston (PHYS.) Aston whole-number rule

regra do paralelogramo para adição de vectores (MATH.) parallelogram rule for addition of vectors

regra do saca-rolhas (PHYS.) corkscrew rule

regra dos dezoito electrões (CHEM.) eighteen-electron rule

regra dos sinais de Descartes (MATH.) Descartes' rule of signs

regra matemática (MATH.) mathematical law

regras de Macnaughten [ou M'Naughten] (MED.) Macnaughten rules

regras de Neper (MATH.) Napier's rules

regras de nivelamento (SURV.) boning rods

regras de selecção (PHYS.) selection rules

regras de selecção de Fermi (PHYS.) Fermi selection rules

regras de selecção de Gamow-Teller (PHYS.) Gamow-Teller selection rules

regras de selecção nucleares (BIO.) nuclear selection rules

regras de voo por instrumentos (AERO.) instrument flight rules (IFR)

regressão (AERO.) split S

regressão (GERAL) regression

regressão curvilínea (STAT.) skew regression

regressão litoral (GEO.) coastal onlap

regressão não linear (COMP.) non-linear regression

regresso à atmosfera (SPACE) re-entry

regresso parcial de lama (MINING) poor returns

regreta (PRINT.) composing rule; lead ; setting rule; rule

régua (BUILD.) list

régua (GERAL) rule

régua de aplanar (BUILD.) long float

régua de cálculo (GEN.) slide rule

régua de cálculo logarítmica (MATH.) logarithmic scale

régua de curvas (MECH.) railway curve ; French curve

régua de Gold (METEO.; NAV.) Gold slide

régua de latão (PRINT.) brass rule

régua de modelador (MECH.) pattern-maker's rule

régua de nivelar (SURV.) levelling rod

régua de paralelas (MECH.) parallel ruler

régua de pedreiro (BUILD.) floating rule

régua de rapar (BUILD.) laminboard; coreboard

régua guia (BUILD.) jointing rule

régua metálica (PRINT.) metal rule

régua pequena (SURV.) reglette

régua trapezoidal (SURV.) trapezoidal rule

regulação (GEN.) regulation

regulação (MECH.) timing; lining-up

regulação (IMAGE TECH.) set-up

regulação central (SURV.) centre adjustment

regulação das válvulas (AUTO.) valve timing

regulação de distribuição (MECH.) distributing adjustment

regulação de engrenagem (MECH.) timing of gear

regulação de marcha lenta (AUTO.) idling adjustment

regulação de mola (MECH.) spring adjusting

regulação de saída (ELECT.) output regulation

regulação de tensão (ELECT.) voltage regulation

regulação de válvula (MECH.) valve adjustment; valve setting

regulação do flap (AERO.) flap setting

regulação do gerador (MECH.) generator timing

regulação exacta (MECH.) critical adjustment

regulação inerente (ELECT.) inherent regulation

regulação padrão (MECH.) master timing

regulação populacional (ECO.) population regulation

regulação telescópica (PHYS.) telescopic adjusting

regulador (ELECT.; MECH.) governor; register

regulador (GEN.) regulator

regulador automático (AERO.) autothrottle

regulador automático de comando de sobrealimentação (AERO.) boost-control regulator

regulador automático de tensão (ELECT.) automatic voltage regulator

regulador axial (MECH.) shaft governor

regulador de bobina móvel (ELECT.) moving-coil regulator

regulador de CA (ELECT.) AC regulator

regulador de carga (ELECT.) load governor

regulador de ciclo (ELECT.) cycle timer

regulador de compensação (ELECT.) ballast regulator

regulador de corrente (ELECT.) current regulator

regulador de crescimento (BOT.) growth regulator

regulador de fase (ELECT.) phase regulator

regulador de frequência (TELECOM.) frequency regulator

regulador de gás (MECH.) gas governor; gas regulator

regulador de indução (ELECT.) induction regulator

regulador de inércia (MECH.) inertia governor

regulador de mola (MECH.) spring-loaded governor

regulador de pêndulo (MECH.) pendulum governor

regulador de potência (PHYS.) power governor

regulador de pressão (MECH.) pressure regulator

regulador de pressão de gás (ELECT.) gas-pressure regulator

regulador de realimentação (ELECTRON.) feedback regulator

regulador de sector (BUILD.) sector regulator

regulador deslizante (ELECT.) slip regulator

regulador de velocidade (ELECT.) speed governor

regulador de Watt (MECH.) Watt governor

regulador diferencial (MECH.) differential regulator

regulador em derivação (ELECT.) shunt regulator

regulador Hartnell (MECH.) Hartnell governor

regulador mecânico (MECH.) mechanical governor

regulador por inércia (MECH.) inertia governor

regulador Porter (MECH.) Porter governor

regulador Seewer (ELECT.) Seewer governor

regular (GEN.) regular

régulo do antimónio (CHEM.; PRINT.) regulus of antimony

regurgitação (MED.) regurgitation

Reia (ASTRO.) Rhea (satellite of Saturn)

Reiformes (ZOO.) Rheiformes

reignição (AERO.) torching

reimposição (PRINT.) re-imposition

reinflamar (AERO.) relight (turbojet engine)

reiniciação (COMP.) reset

reinício a frio (COMP.) cold restart

reinício do sistema (COMP.) system restart

reino (BOT.) kingdom

reino floral (ECO.) floral kingdom

Reino Vegetal (BOT.) Plantae

reinserção (IMAGE TECH.) reinsertion

reintegração (PSYCHO.) reintegration

reinversão (MED.) reinversion

reirradiação (TELECOM.) reradiation

reiterado (BIO.) reiterated

rejeição (MED.) rejection

rejeição (PRINT.) refusal

rejeição de imagem (COMP.) image rejection

rejeição de modo comum (ELECTRON.) common-mode rejection

rejeição horizontal de uma falha (GEO.; MINAS) heave

rejeição mútua de modo (ELECTRON.) common-mode rejection

rejeição vertical (GEO.; MINING) throw

rejuvenescence (BIO.) rejuvenescence

rejuvenescimento (BIO.) rejuvenescence

relação (GEN.) relation

relação (MATH.) relation

relação amarelo/azul [Am/Az] (PHYS.) Yellow/Blue ratio [Y/B ratio]

relação carga-massa (PHYS.) charge-mass ratio

relação crítica (MECH.) critical rate

relação da sucessão de impulsos (ELECTRON.) pulse duty factor

relação de acertos (COMP.) hit ratio

relação de actividade (COMP.) activity ratio

relação de alongamento (AERO.) fineness ratio

relação de Bronstead (CHEM.) Bronstead's relation

relação de compressão (MECH.) compression ratio

relação de contagem (GEN.) counting rate

relação de contraste de impressão (COMP.) print contrast ratio

relação de curvatura de hélice (MECH.) propeller-camber ratio

relação de de Broglie (PHYS.) de Broglie relation

relação de Dupuit (NUCL.) Dupuit relation

relação de duração de impulsos (ELECTRON.) pulse-duration ratio

relação de Einstein (PHYS.) Einstein relation

relação de equivalência (MAT.) equivalence relation

relação de erro (COMP.) error ratio

relação de espiras (ELECT.) turns ratio

relação de fase (ELECT.) phase relationship

relação de finura (BUILD.) slenderness ratio

relação de Gruneisen (PHYS.) Gruneisen's relation

relação de impulso (ELECT.) impulse ratio

relação de largura da pá (AERO.) blade-width ratio

relação de Lorenz (PHYS.) Lorenz relation

relação de massa (AERO.; SPACE) mass ratio

relação de massa-energia de Einstein (PHYS.) Einstein mass-energy relation

relação de mistura (CHEM.) mixed ratio

relação de ondas estacionárias (TELECOM.) standing-wave ratio

relação de ondas estacionárias de tensão (TELECOM.) voltage standing-wave ratio

relação de operação (COMP.) operation ratio

relação de Poisson (PHYS.) Poisson's ratio

relação de quadratura (ELECTRON.) squareness ratio

relação de quantidades (BUILD.) bill of quantities

relação de resposta espúria (TELECOM.) spurious response ratio

relação detecção-exploração (RADAR) blip-scan ratio

relação de tensão de ondas estacionárias (TELECOM.) standing-wave voltage ratio

relação de transferência (ELECT.) transfer ratio

relação de transformação (ELECT.) current ratio

relação de transmissão (MECH.) ratio of gearing

relação de transmissão (IMAGE TECH.) transmission ratio

relação de utilização (COMP.) utilization ratio

relação de velocidade (PHYS.) velocity ratio

relação entre a envergadura e a corda da asa (AERO.) aspect ratio

relação Geiger-Nuttall (PHYS.) Geiger-Nuttall relationship

relação giromagnética nuclear (ELECTRON.) nuclear gyromagnetic ratio

relação nucleoplasmática (BIO.) nucleoplasmic ratio

relação operacional (COMP.) operating ratio

relação periodo-luminosidade (ASTRO.) period-luminosity law

relação simétrica (MATH.) symmetric relation

relação sinal/ruído (PHYS.) signal/noise ratio

relação sustentação-resistência (AERO.) lift-drag ratio

relação transitiva (MATH.) transitive relation

relações termodinâmicas de Maxwell (PHYS.) Maxwell's thermodynamic relations

relâmpago (ELECT.) flare

relâmpago (METEO.) lightning

relâmpago (IMAGE TECH.) flash

relâmpago artificial (ELECT.) artificial lightning

relâmpago difuso (METEO.) sheet lightning

relâmpago electrónico (GEN.) electronic flash

relâmpago em rosário (ELECT.) pearl lightning

relâmpago em ziguezague (METEO.) forked lightning

relâmpago escuro (PHYS.) dark lightning; Clayden effect

relâmpago esférico (METEO.) ball lightning

relâmpago estelar (ASTRO.) stellar lightning

relâmpago globular (METEO.) ball lightning

relâmpago misto (METEO.) composite flash; composite stroke

relâmpago ramificado (METEO.) forked lightning

relatividade (PHYS.) relativity

relatividade especial (PHYS.) special relativity

relatividade subatómica (PHYS.) sub-atomic relativity

relativista (PHYS.) relativistic

relativística (PHYS.) relativistic

relativo a átrio (ZOO.) atrial

relativo à face (MED.) genal

relativo a um movimento para diante (MED.) proal

relaxação (MECH.) relaxation

relaxante (MED.) anetic

relaxante muscular despolarizante (MED.) depolarizing muscle relaxant

relaxante muscular não despolarizante (MED.) non-depolarizing muscle relaxant

relaxina (BIO.) relaxin

relé (ELECTRON.) relay

relé a solenóide (ELECT.) solenoid relay

relé bipolar (ELECT.) two-pole relay

relé capacitivo (ELECT.) capacitance relay

relé coaxial (ELECT.) coaxial relay

relé coaxial de lâminas (ELECT.) coaxial reed relay

relé de acção lenta (ELECTRON.) slow operated relay

relé de acção rápida (TELECOM.) fast-acting relay

relé de Allstroem (ELECT.) Allstroem relay

relé de antena (ELECT.) antenna relay

relé de atraso de tempo (ELECT.) time-delay relay

relé de baixa corrente (ELECTRON.) undercurrent relay

relé de bloqueio (TELECOM.) locking relay

relé de bobina móvel (ELECT.) moving-coil relay

relé de Buchholz (ELECT.) Buchholz relay

relé de campo (ELECT.) field relay

relé de campo em derivação (TELECOM.) shunt-field relay

relé de circuito aberto (ELECT.) open-circuit relay

relé de comando (COMP.) control relay

relé de corrente (ELECT.) current relay

relé de corte (ELECT.) cut-off relay

relé de curto-circuito (ELECT.) short-circuit relay

relé de disparo (TELECOM.) trigger relay

relé de distância (ELECT.) distance relay

relé de duas etapas (TELECOM.) two-step relay

relé de engate (TELECOM.) locking relay

relé de engate magnético (ELECT.) magnetic latching relay

relé de engate mecânico (ELECT.) mechanical latching relay

relé de equilíbrio de fase (ELECT.) phase-balance relay

relé de fase aberta (ELECT.) open-phase relay

relé de feixe (ELECT.) beam relay

relé de feixe equilibrado (ELECT.) balanced-beam relay

relé de fio aquecido (ELECT.) hot-wire relay

relé de força (ELECT.) power relay

relé de frequência (ELECT.) frequency relay

relé de função (ELECTRON.) function relay

relé de impedância (ELECT.) impedance relay

relé de indução (ELECT.) induction relay

relé de inversão (ELECT.) reversing relay

relé de lâmina (ELECT.) reed relay

relé de manipulação (TELECOM.) keying relay

relé de nivelamento de carga (ELECT.) load-levelling relay

relé de operação lenta (TELECOM.) slow-acting relay

relé de paragem (ELECT.) stop relay

relé de pressão (ELECT.) pressure relay

relé de prova (ELECT.) test relay

relé de razão diferencial (ELECT.) percentage differential relay

relé de reatância (ELECT.) reactance relay

relé de reposição lenta (ELECTRON.) slow-release relay

relé de restabelecimento (ELECT.) reset relay

relé de retardamento (TELECOM.) slow-acting relay

relé de retenção (TELECOM.) sticking relay

relé de segurança (ELECT.) protective relay

relé de sequência de fase negativa (ELECT.) negative phase-sequence relay

relé de sequência de fase zero (ELECT.) zero phase sequence relay

relé de sequência incompleta (ELECT.) incomplete sequence relay

relé de sinal (ELECTRON.) signal relay

relé deslizante (ELECT.) slip relay

relé de sobrecarga (ELECT.) overcurrent relay; overload relay; power relay

relé de subvoltagem (ELECT.) undervoltage relay

relé desviador (ELECT.) diverter relay

relé de temperatura (ELECT.) temperature relay

relé de tempo (TELECOM.) slow-acting relay

relé de tensão (ELECT.) voltage relay

relé de tensão mínima (ELECT.) under-voltage relay

relé de tensão nula (ELECT.) no-volt relay

relé de teste (ELECT.) test relay

relé de travagem (ELECT.) latching relay

relé de travagem (TELECOM.) locking relay

relé de trilho (ELECT.) track relay

relé de tubo de gás (ELECTRON.) gas-filled relay

relé de válvula (ELECT.) valve relay

relé diferencial (ELECT.) differential relay

relé direccional (ELECT.) directional relay

relé discriminador (ELECT.) discriminating relay

relé do induzido (ELECT.) armature relay

relé electromagnético (ELECT.) electromagnetic relay

relé electromecânico (ELECT.) electromechanical relay

relé equilibrado (TELECOM.) balanced relay

relé fotoeléctrico (ELECTRON.) photoelectric relay

relé fotoeléctrico (TELECOM.) light relay

relé instantâneo de corrente excessiva (ELECT.) instantaneous overcurrent relay

relé não polarizado (TELECOM.) non-polarized relay

relé neutro (ELECT.) neutral relay

relento (METEO.) serein

relé para manipulação intercalada (ELECT.) break-in relay

relé para potência direccional (ELECT.) directional power relay

relé polarizado (ELECT.) polarized relay

relé sintonizado (TELECOM.) tuned relay

relé térmico (ELECT.) thermal relay

relevo continental (GEO.) continental relief

relevo discordante (ECO.) inverted relief

relíquia (ECO.) relict

relógio (HORO.) timepiece; watch

relógio (GEN.) clock ; time counter; watch

relógio analógico (HORO.) analogic watch ; analogue clock

relógio antimagnético (HORO.) non-magnetic watch

relógio à prova de choque (HORO.) shockproof watch

relógio astronómico (ASTRO.) astronomical clock

relógio atómico (PHYS.) atomic clock

relógio biológico (BOT.) biological clock

relógio calibrador (MECH.) clock gauge

relógio circadiano (BIO.; MED.) circadian clock

relógio de amoníaco (PHYS.) ammonia clock

relógio de amostragem (ELECTRON.) sampling clock

relógio de césio (ELECT.) caesium clock

relógio de cor (IMAGE TECH.) colour clock

relógio de corda automática (HORO.) self-winding clock; seld-winding watch

relógio de cristal de quartzo (HORO.) quartz-crystal clock

relógio de gravidade (HORO.) gravity clock

relógio de impulsão (HORO.) impulse clock

relógio de pêndulo livre (HORO.) free pendulum clock

relógio de ponto (HORO.) telltale clock; time recorder

relógio de tempo real (COMP.) real-time clock

relógio de torre (HORO.) turret clock

relógio de trítio (GEN.) tritium clock

relógio digital (COMP.; HORO.) digital watch

relógio digital (HORO.) jumping-figure watch

relógio fotoeléctrico (ELECTRON.) photoelectric timer

relógio interno (COMP.) internal timer

relógio lógico (COMP.) logical timer

relógio maser de amoníaco (PHYS.) ammonia maser clock

relógio mestre (ELECT.; COMP.) master clock

relógio sincronizado (HORO.) synchronized clock

relógio síncrono (HORO.) synchronous clock

relutância (ELECT.) reluctance

relutância específica (ELECT.) reluctivity

remanência (PHYS.) remanence

remanescência (PHYS.) remanence

remanescente (COMP.; TELECOM.) hang-over

remanescente (MATH.) remainder; residue

remanescente (MINAS) remnant

remarcador automático (TELECOM.) autoredialer

remate (BUILD.) finial

remate metálico (BUILD.) metal trim

remendo (COMP.) patch; patching

remiges (ZOO.) remiges

remiges secundárias (ZOO.) cubital remiges

remípede (ZOO.) remiped

remissão (MED.) remission

remissão espontânea (PSYCHO.) spontaneous remission

remitente (MED.) remittent

remoção (GEN.) stripping

remoção de entulho (MINAS) lashing

remoção de escórias de metais derretidos (MECH.) drossing

remoção de pedras (MINING) lashing (after explosion)

remoção do umbigo (MED.) umbilectomy

remoção por jacto (HYDRO.) flushing

remodulação (TELECOM.) remodulation

remoinho (AERO.) vortex

remoinho (GEN.) eddy ; remover; cleaner

remoinho a sotavento (METEO.) lee eddies

removedor (BUILD.) stripper

removedor (TEXT.) doffer

removedor cáustico de tinta (BUILD.) caustic paint remover

removedor de tinta (BUILD.) paint remover; paint stripper

remover (AERO.) purge

remover a um estado anterior (COMP.) clear

remover da fila (items) (COMP.) dequeue

renal (MED.; ZOO.) renal; nephric

Renascença (ARCH.) Renaissance

renaturação (BIO.) renaturation

renda (TEXT.) lace

rendimento (GEN.) performance ; efficiency; output; throughput; yield

rendimento adiabático (ENG.) adiabatic efficiency

rendimento calorífico (PHYS.) heat efficiency

rendimento contínuo em potência (ELECT.) continuous output power

rendimento da radiação (TELECOM.) radiation efficiency

rendimento de Auger (PHYS.) Auger yield

rendimento de cintilação (NUCL.) scintillation efficiency

rendimento de colector (ELECT.) collector efficiency

rendimento de combustão (AERO.; MECH.) combustion efficiency

rendimento de contagem (PHYS.) counting efficiency

rendimento de corrente (ELECT.) current draw

rendimento de etapa (ELECT.) stage efficiency

rendimento de filtro (CHEM.; PHYS.) filter efficiency; filter output

rendimento de fissão (NUCL.) fission yield

rendimento de força (MECH.) power efficiency

rendimento de impulso (AERO.) thrust efficiency

rendimento de mistura (PHYS.) mixing efficiency

rendimento de placa (ELECT.) plate efficiency

rendimento de potência (MECH.) power efficiency

rendimento de rectificação (ELECT.) rectification efficiency

rendimento de tracção da hélice (AERO.) propulsive efficiency

rendimento do gerador (ELECT.; MECH.) generator output

rendimento do motor (MECH.) engine performance; Rankine efficiency

rendimento efectivo de uma máquina (MECH.) duty

rendimento equilibrado (ELECT.) balanced output

rendimento fotoeléctrico (ELECTRON.) photoelectric yield

rendimento iónico (PHYS.) ion yield

rendimento luminoso (ELECT.) light efficiency

rendimento manométrico (MECH.) pressure efficiency
rendimento mecânico (MECH.; PHYS.) mechanical advantage; mechanical efficiency
rendimento nominal (MECH.) rated output
rendimento óptimo (HYDRO.) optimal yield
rendimento propulsor (AERO.) propulsive efficiency
rendimento quântico (PHYS.) quantum efficiency; quantum yield
rendimento relativo (MECH.) relative efficiency
rendimento térmico (PHYS.) heat efficiency
rendimento total (MECH.; PHYS.) overall efficiency
rendimento uniforme (ELECT.) balanced output
rendimento volumétrico (MECH.) volumetric efficiency
rendimento volumétrico (PHYS.) equality ratio
reniforme (BOT.) reniform
renina (BIO.) renin
rénio (CHEM.) rhenium
renovação (GEO.) rejuvenation
renovo (BOT.) offset; shoot; bud; tiller; cutting
reobase (MED.) rheobase
reologia (PHYS.) rheology
reomorfismo (GEO.) rheomorphism
reorreceptores (ZOO.) rheoreceptors
reóstato (ELECT.) rheostat; resistance frame
reóstato a motor (ELECT.) motor-operated rheostat
reóstato de ajustamento de velocidade (ELECT.) speed-adjusting rheostat
reóstato de arranque (ELECT.) starting rheostat
reóstato de campo (ELECT.) field rheostat
reóstato de campo de tipo potenciómetro (ELECT.) potentiometer-type field rheostat
reóstato de campo do excitador (ELECT.) exciter field rheostat
reóstato de campo em derivação (ELECT.) shunt-field rheostat
reóstato de líquido (ELECT.) liquid rheostat
reóstato desviador de campo (ELECT.) field-diverter rheostat
reóstato do excitador (ELECT.) exciter rheostat
reóstato electrolítico (ELECT.) electrolytic rheostat
rep (reps) (TEXT.) rep; repp
reparação de emergência (BIO.) error-prone repair
reparação de remendo muito pequeno (BIO.) very short patch repair
reparação por excisão (BIO.) excision repair
reparação ultravioleta (BIO.) ultraviolet repair
repartição (COMP.) sharing
repartição de memória (COMP.) memory allocation

repetição (MATH.) recursion
repetição (PHYS.) playback (Acoustics); repetition
repetição (SURV.) reiteration; repetition
repetição automática (COMP.) autopolling
repetição-compulsão (PSYCHO.) repetition compulsion
repetição de processamento (COMP.) re-run
repetição de transmissão (TELECOM.) translation
repetido (BIO.) reiterated
repetidor/a (TELECOM.) repeater
repetidor bifilar (TELECOM.) two-wire repeater
repetidor de 4 condutores (TELECOM.) four-wire repeater
repetidor de cruzamento (TELECOM.) frogging repeater
repetidor de impulso (TELECOM.) impulse repeater; pulse repeater
repetidor de portadora (TELECOM.) carrier repeater
repetidor de radar (RADAR) radar repeater
repetidor de televisão (TELECOM.) television repeater ; television relay system
repetidor em derivação (TELECOM.) shunt repeater
repetidor-filtro (TELECOM.) frogging repeater
repetidor passivo (TELECOM.) passive repeater
repetidor semiduplex (ELECT.) half-duplex repeater
repetidor submarino (TELECOM.) submarine repeater
repetidor terminal (TELECOM.) terminal repeater
replantação de árvores (ECO.) beat up
replicação (BIO.) replication
replicação do ADN (BIO.) replication of DNA
replicação semiconservadora (BIO.) semiconservative replication
replicação semidescontínua (BIO.) semidiscontinuous replication
réplicon (BIO.) replicon
reposição da anca (MED.) hip replacement
reposição eléctrica (ELECT.) electrical reset
reposição em linha (TELECOM.) last party release
reposição manual (ELECT.) hand reset
reposição mecânica (COMP.) mechanical replacement
represa (HYDRO.) back-water; dam; flood gate
represa de arco (BUILD.) arch dam
represa de resíduos (MINING) tailings dam
represa de terra (BUILD.) earth dam
represa móvel (HYDRO.) movable dam
representação analógica (COMP.) analog representation
representação binária (COMP.) binary representation
representação decimal codificada em binário (COMP.) binary coded decimal representation

representação gráfica (COMP.) flow-chart
representação isométrica (MATH.) isometric representation
representação logarítmica (MATH.) logarithmic display
representação ortogonal (ARCH.) orthograph
representação por ressonância magnética (RADIOL.) magnetic resonance imaging
representação posicional (COMP.) positional representation
representação simbólica (MATH.) symbolic representation
repressão (PSYCHO.) repression
repressão catabólica (BIO.) catabolite repression
repressor (BIO.) repressor
reprocessamento (NUCL.) reprocessing
reprocessamento de combustível (NUCL.) fuel reprocessing
reprodução (GEN.) reproduction
reprodução (NUCL.) breeding
reprodução (PHYS.) playback (Acoustics)
reprodução acústica (PHYS.) acoustical reproduction
reprodução a 4 cores (PRINT.) four-colour reproduction
reprodução assexual (BIO.) asexual reproduction
reprodução digenética (ZOO.) digenetic reproduction
reprodução explosiva (GEN.) big-bang reproduction
reprodução por estolhos (ECO.) coppice shoot
reprodução por segmentação (ZOO.) merogenesis
reprodução sexual (BOT.; ZOO.) sexual reproduction
reprodução vegetativa (ECO.) vegetative reproduction
reprodutibilidade (GEN.) reproducibility
reprodutor/a (GEN.) reproducer
reprodutor de cartões (COMP.) card reproducer
reprodutor de fita (COMP.) tape reproducer
reprodutor de som (IMAGE TECH.) sound head
Répteis (Reptília) (ZOO.) Reptilia
Répteis escamosos (ZOO.) Squamata
Reptilia (Répteis) (ZOO.) Reptilia
repulsão (GEN.) repulsion
repulsão de Coulomb (PHYS.) Coulomb repulsion
repulsão mútua (ELECT.) mutual repulsion
repulsor de iões (PHYS.) ion repeller
repuxador (TEXT.) presser
repuxamento (BUILD.) spinning
repuxamento metálico (MECH.) metal spinning
repuxamento profundo (MECH.) deep-drawing
requisitos (GEN.) requirements
reserpina (CHEM.; MED.) reserpine
reserva biológica (PSYCHO.) biological constraint

reserva de contexto (COMP.) context saving

reserva de minério (MINING) ore reserve

reserva (de recursos não reno-váveis) (GEO.) reserve

reserva natural (ECO.) nature reserve

Reserva Natural Nacional (RU) (ECO.) National Nature Reserve (UK)

reservas (MINING) blocked-out ore; reserve

reservas provadas (MINING) proved reserves

reservatório (AERO.) tank

reservatório (AUTO.) sump

reservatório (HYDRO.) pond ; pound; water storage basin; deposit; tank

reservatório (NUCL.) reservoir

reservatório de acumulação (HYDRO.) storage reservoir

reservatório de água (GLASS) bosh

reservatório de ar comprimido (BUILD.; MECH.) air receiver

reservatório de ar quente (MECH.) hot well

reservatório de distribuição (HYDRO.) distribution reservoir ; service reservoir

reservatório de mercúrio (PHYS.) mercury box

reservatório de nível constante (AUTO.) float bowl

reservatório de propelente (AERO.; SPACE) propellant tank

reservatório de serviço (HYDRO.) service reservoir

reservatório de transferência de calor (SPACE) heat pipe

reservatório hidráulico (AERO.) hydraulic reservoir

reservatório lateral (HYDRO.) side pond

reservatório petrolífero (MINING) oil pool

reservatório vitelino (ZOO.) vitellarium

resfriado (MED.; VET.) cold; coryza

resfriador a vapor (MECH.) desuperheater

resfriamento a líquido (PHYS.) liquid cooling

resfriamento a ventilador (AUTO.) fan cooling

resfriamento canalizado (AERO.) ducted cooling

resfriamento de transpiração (AERO.) sweat cooling

resfriamento por evaporação (AERO.; CHEM.; MECH.) evaporative cooling

resfriamento precipitado (MECH.) cold shut

resíduo (GEN.) waste

resíduo (MINING) waste; relic

resíduo anódico (ELECTRON.) anode mud; anode slime

resíduo de metal (ou mineral) depois de queimado (CHEM.) calx

resíduo de portadora (ELECT.) carrier leak

resíduos (NUCL.) waste

resíduos (MINER.) chats

resíduos (MINING) deads; tailings; tails (USA)

resíduos atómicos (GEN.) atomic waste

resíduos de lã (TEXT.) noil

resíduos médios (MINING) middlings

resíduos nucleares (GEN.) atomic waste

resiliência (GEN.) resilience

resiliência (MECH.) impact strength

resina (CHEM.; BUILD.) resin

resina acrílica (CHEM.) acrylic resin

resina alquídica (PLAST.) alkyde resin

resina amidoaldeídica (CHEM.) amidoaldehydic resin

resina aminoplástica (PLAST.) aminoplastic resin

resina de acetal (PLAST.) acetal resin

resina de acetona (CHEM.) acetone resin

resina de alilo (CHEM.) allyl resin

resina de cloreto de polivinilo (CHEM.) polyvinyl chloride resin

resina de dâmar (CHEM.) kauri gum

resina de formaldeído (CHEM.) formaldehyde resine

resina de fundição (PLAST.) casting resin

resina de Highgate (MINER.) Highgate resin; copaline

resina de melanina (CHEM.) melamine resin

resina de poliamina-etileno (CHEM.) polyamine-methylene resin

resina de trifluorocloroetileno (ELECTRON.) trifluorochloroethylene resin

resina de xilenol (CHEM.) xilenol resin

resina em polpa (MINING) resin-in-pulp

resina ftálica (CHEM.) phthalic resin

resina gliptal (CHEM.) glyptal resin

resinas de cresol (PLAST.) cresol resins

resinas de estireno (CHEM.) styrene resins

resinas de permuta de iões (CHEM.) ion-exchange resins

resinas de polioximetileno (PLAST.) polyoxymethylene resins

resinas de silicone (BUILD.) silicone resins

resinas de tioureia (PLAST.) thiourea resins

resinas de ureia (CHEM.) urea resins

resinas epóxicas (CHEM.) epoxy resins

resinas etilénicas (CHEM.) ethenoid resins

resinas fenólicas (PLAST.) phenolic resins

resinas glicerol-ftálicas (PLAST.) glycerol-phthalic resins; «Glyptal»

resina sintética (CHEM.) synthetic resin

resinatos (CHEM.) resinates; rosinates

resistência (ELECT.) resistor; load

resistência (GEN.) resistance; hardness

resistência (MECH.) load

resistência à abrasão (MINING) abrasion hardness

resistência absoluta à tracção (MECH.) ultimate tensile strength

resistência a carvão (ELECT.) carbon resistor

resistência à chama (ELECT.) flame resistance

resistência à compressão (MECH.) compression strength; compression stress

resistência à constrição (PHYS.) constriction resistance

resistência à contracção (MECH.) creep resistance

resistência à corrente contínua de fluxo de corrente (ELECT.) direct-current electron-stream resistance

resistência activa (BOT.) active resistance

resistência acústica (PHYS.) acoustic resistance

resistência à deformação (MECH.) creep strength

resistência à deformação de tracção (MECH.) tensile yield strength

resistência à droga (MED.) drug resistance

resistência aerodinâmica (AERO.) drag; compressibility drag

resistência aerodinâmica equivalente (AERO.) equivalent drag

resistência aerodinâmica induzida (AERO.) induced drag

resistência à fadiga (MECH.) fatigue resistance; fatigue strength

resistência à flexão (MECH.) bending strength

resistência à força de tracção (TEXT.) tensile strength

resistência agregada (ELECTRON.) bulk resistance

resistência à irradiação (TELECOM.) radiation resistance

resistência ajustável (ELECT.) adjustable resistor; slide bridge

resistência à luz (ELECTRON.) light resistance

resistência anódica (ELECTRON.) anode resistance

resistência ao atrito superficial (AERO.) skin friction resistance

resistência ao avanço (AERO.) drag; compressibility drag

resistência ao avanço (MECH.) tractive resistance

resistência ao avanço da hélice (AERO.) propeller drag

resistência ao cisalhamento (PHYS.) shear strength

resistência ao corte (MECH.) hardness

resistência ao deslizamento (PHYS.) adhesive tension

resistência ao rolamento (MECH.) rolling resistance

resistência aos antibióticos (BIO.) antibiotic resistance

resistência ao travão (MECH.) brake horsepower [BHP]

resistência à pressão (AERO.; MECH.) pressure drag

resistência arrefecida a água (ELECT.) water-cooled resistance

resistência artificial (ELECT.) artificial resistance

resistência assimétrica (ELECT.) asymmetric resistance

resistência atmosférica (SPACE) atmospheric drag

resistência à tracção (MECH.) tractive resistance; rolling resistance; tensile strength

resistência à trituração (BUILD.) crushing strength

resistência bifilar (ELECT.) bifilar resistor

resistência compensadora (ELECT.) ballast resistor

resistência composta (ELECT.) composite resistor

resistência da cauda (AERO.) tail drag

resistência da malha (ELECTRON.) loop resistance

resistência de acoplamento (TELECOM.) coupling resistance

resistência de água (ELECT.) water resistor

resistência de alavanca (PHYS.) tumble bob

resistência de alta frequência (TELECOM.) high-frequency resistance

resistência de amortecimento (ELECT.) steadying resistance

resistência de antena (TELECOM.) antenna resistance

resistência de aquecimento (ELECT.) heating resistor

resistência de arco (ELECT.) arc resistance

resistência de arranque (ELECT.) starting resistance

resistência de atrito (AERO.; PHYS.) surface-friction drag; frictional resistance

resistência de base (ELECTRON.) base resistance

resistência de CA (ELECT.) AC resistance

resistência de campo (ELECT.) field resistance

resistência de campo em série (ELECT.) series field resistance

resistência de carga (ELECT.) charging resistor; load capacitor

resistência de carga de placa a placa (ELECT.) plate to plate resistance

resistência de Chaperon (ELECT.) Chaperon resistor

resistência de compensação (ELECT.) ballast resistance; barremeter

resistência de composição (ELECT.) composition resistor

resistência de contacto (ELECT.) contact resistance

resistência de corrente contínua (ELECT.) d.c. resistance

resistência de descarga (ELECT.) discharge resistance

resistência de descarga de campo (ELECT.) field-discharge resistance

resistência de distância de faísca (ELECT.) spark resistance

resistência de drenagem (ELECT.) bleeder resistor

resistência de economia (ELECT.) economy resistance

resistência de entrada (ELECTRON.) input resistance

resistência de falha (ELECT.) fault resistance

resistência de filamento (ELECT.) filament resistance

resistência de filamento aquecedor (ELECT.) heater resistance

resistência de filme (ELECTRON.) film resistor

resistência de filme de carbono (ELECTRON.) carbon film resistor

resistência de filtro (ELECT.) filter resistor

resistência de fio enrolado (ELECTRON.) wire-wound resistor

resistência de forma (AERO.) form drag

resistência de fuga (ELECTRON.) leakage resistance

resistência de grafite (ELECT.) graphite resistance

resistência de grelha (ELECT.) grid resistance

resistência de impacte (MECH.) impact resistance

resistência de interferência (MECH.) interference drag

resistência de interrupção de campo (ELECT.) field-breaking resistance

resistência de isolamento (ELECT.) insulation resistance

resistência de Koch (CHEM.) Koch resistance

resistência de lâmpada (ELECT.) lamp resistance

resistência de líquido (ELECT.) liquid resistance

resistência de massa (ELECT.) ground resistance

resistência de óxido de metal (ELECTRON.) metal oxide resistor

resistência de película fina (ELECT.) thin-film resistor

resistência de película metálica (ELECT.) metal-film resistor; metallic-film resistor

resistência dependente da tensão (ELECTRON.) varistor

resistência de perfil (AERO.) profile drag

resistência de perfil efectivo (AERO.) effective profile drag

resistência de polarização (ELECT.) bias resistor

resistência de pressão (AERO.) form drag

resistência de quadro (ELECT.) resistance frame

resistência de queda de tensão (ELECT.) dropping resistor

resistência de ruído (PHYS.) noise resistance

resistência de saturação (ELECTRON.) saturation resistance

resistência de silício (ELECTRON.) silicon resistor

resistência de substituição (ELECT.) substitutional resistance

resistência desviadora (ELECT.) diverter resistance

resistência de terra (ELECT.) earth resistance; ground resistance; earthing resistor; footing resistance

resistência de Thomas (ELECT.) Thomas resistor

resistência de transição (GEN.) transition resistor

resistência dieléctrica (ELECTRON.) disruptive strength

resistência dieléctrica (ELECT.) dielectric strength

resistência diferencial (ELECT.) differential resistance

resistência diferencial de eléctrodo (ELECT.) electrode differential resistance

resistência dinâmica (ELECTRON.) dynamic resistance

resistência do aerofólio (AERO.) profile drag

resistência do condensador (ELECT.) condenser resistance

resistência efectiva (ELECT.) effective resistance

resistência eléctrica de tubo soldado (CHEM.; MECH.) electric resistance welded tube

resistência electrostática (ELECT.) electrostatic capacitor

resistência em bobina (ELECT.) coil resistance

resistência em derivação (ELECT.) shunt resistance

resistência em paralelo (ELECTRON.) shunt resistor

resistência equivalente (ELECT.) equivalent resistance

resistência equivalente de ruídos (ELECTRON.) equivalent noise resistance

resistência escura (ELECTRON.) dark resistance

resistência específica (ELECT.) specific resistance

resistência externa baixa (PHYS.) low-external resistance

resistência fictícia do ruído de grade (ELECTRON.) grid-noise resistance

resistência flexível (ELECT.) flexible resistor

resistência fluídica (AERO.) fluid resistance

resistência incrementada (ELECT.) incremental resistance

resistência indutiva (ELECT.) inductive resistor

resistência induzida (AERO.) induced drag

resistência interna (ELECT.) internal resistance

resistência linear (ELECT.) linear resistor

resistência logarítmica (ELECT.) logarithmic resistor

resistência magnética de película fina (ELECTRON.) thin-film magnetoresistor

resistência não linear (ELECT.) non-linear resistance; non-linear resistor

resistência negativa (ELECTRON.) negative resistance

resistência óhmica (ELECT.) ohmic resistance; ohmic resistor

resistência padrão (ELECT.) standard resistor

resistência passiva (MECH.) penetrating drag

resistência preventiva (ELECT.) preventive resistance

resistência real (ELECT.) effective resistance

resistência redutora de tensão (ELECT.) voltage dropping resistor

resistência reduzida (ELECT.) dimming resistance

resistência regulável (ELECT.) ballast resistor

resistência secundária (ELECT.) secondary resistance

resistência térmica (PHYS.) thermal resistance

resistência uniforme (MECH.) uniform strength

resistência variável (ELECT.) variable resistance

resistência vascular periférica (MED.) peripheral vascular resistance

resistente (BIO.; MED.) resistant

resistente ao iodo (CHEM.; MED.) iodine-fast

resistividade (ELECT.) resistivity; specific resistance

resistividade de massa (ELECT.) mass resistivity

resistividade de volume (ELECT.) volume resistivity

resistividade efectiva (ELECTRON.) effective resistivity

resistividade eléctrica (PHYS.) electrical resistivity

resistividade em corrente alterna (ELECTRON.) effective resistivity

resistividade fundamental (ELECT.) fundamental resistivity

resistividade superficial (PHYS.) surface resistivity

resistor de coeficiente térmico positivo (ELECTRON.) PTC resistor

resistor dependente da luminosidade (ELECTRON.) light-dependent resistor

resma (PAPER) ream

resolução (GEN.) resolution

resolução de forças (PHYS.) resolution of forces

resolução de uma equação (MATH.) solubility of an equation

resolução estrutural (IMAGE TECH.) structural resolution

resolução horizontal (IMAGE TECH.) horizontal resolution

resorcina (CHEM.) resorcin

resorcinol (CHEM.) resorcinol

resorcinolftaleína (CHEM.) resorcinolphthalein

respiga a dente de cão (BUILD.) haunched tenon

respiga com encosto (BUILD.) shiplap

respiga de encaixe (BUILD.) bareface tenon

respiração (GEN.) respiration ; breathing

respiração (MED.) pneusis

respiração aeróbia (BIO.) aerobic respiration

respiração anaeróbia (BIO.) anaerobic respiration

respiração bucal (ZOO.) buccal respiration

respiração buco-faríngica (MED.) buccopharyngeal respiration

respiração de Cheyne-Stokes (MED.) Cheyne-Stokes breathing

respiração de Kussmaul (MED.) Kussmaul breathing

respiração externa (ZOO.) external respiration

respiração interna (ZOO.) internal respiration

respiração periódica (MED.) periodic respiration

respirador (MECH.) air gate; ingate

respirador contínuo (BUILD.) continuous vent

respirador de filtro (MECH.) filter respirator

respirador de tórax (MED.) cuirasse respirator

respirador Drinker (MED.) Drinker respirator

respirador local (BUILD.) local vent

respirador submarino (NAV.) schnorkel; snorkel

respiradouro (ELECT.) ventilating fan

respiradouro (ZOO.) spiracle

resplendor branco (METEO.) whiteout

resplendor de gelo (METEO.) iceblink

responder (RADAR) responder

responser (RADAR) responser

resposta (GEN.) response

resposta (COMP.; TELECOM.) answerback

resposta agregativa (ECO.) aggregative response

resposta amplitude-frequência (TELECOM.) amplitude-frequency response

resposta a reforço (IMMUN.) booster response

resposta axial (PHYS.) axial response

resposta condicionada (PSYCHO.) respondant

resposta correlacionada (GEN.) correlated response

resposta de alarme (ECO.) alarm response

resposta de dupla inflexão (TELECOM.) double-hump response

resposta de emergência (BIO.) SOS response

resposta de excitação (ELECT.) excitation response

resposta de fase (ELECT.) phase response

resposta de frequência (PHYS.) frequency response

resposta de imagem (TELECOM.) image response

resposta de onda quadrada (ELECTRON.) square-wave response

resposta de potência útil (ELECT.) available power response

resposta de reverberação (PHYS.) reverberation response

resposta de tensão de transmissão (TELECOM.) transmitting voltage response

resposta do filtro de Butterworth (ELECTRON.) Butterworth response

resposta (do filtro) de Chebishev (ELECTRON.) Tschebycheff response

resposta do lóbulo lateral (TELECOM.) side-lobe response

resposta dos agudos (TELECOM.) treble response

resposta em baixas frequências (TELECOM.) bass response

resposta em cadeia (ECO.) chain response

resposta em frequência do amplificador (ELECTRON.) amplifier frequency response

resposta espúria (ELECTRON.) spurious response

resposta estringente (BIO.) stringent response

resposta gaussiana (PHYS.) Gaussian response

resposta imune primária (IMMUN.) primary immune response

resposta imunitária (BIO.; MED.) immune response

resposta indiciante (TELECOM.) indicial response

resposta operante (PSYCHO.) operant response

resposta positiva (COMP.) positive response

resposta primária (BIO.) primary response

resposta térmica (NUCL.) thermal response

ressaca (GEO.) surf

ressalto (ARCH.) set-off; projection

ressalto (BUILD.) crossette; ear; offset

ressalto (MECH.) cam; shoulder ; spigot; tappet; boss

ressalto cilíndrico (MECH.) barrel cam

ressalto de esforço (MECH.) boss; lug

ressalto de pilastra (BUILD.) pilaster strip

ressalto de reentrância numa parede (BUILD.) scarcement

ressalto de válvula (MECH.) valve bounce

ressalto muscular (MED.) musclebound

ressecção (MED.) resection

ressoador (ELECTRON.) resonator

ressoador de cavidade (PHYS.) cavity resonator

ressoador de cerâmica (ELECTRON.) ceramic resonator

ressoador de contactos paralelos (ELECT.) parallel wire resonator

ressoador de cristal de quartzo (TELECOM.) quartz-crystal resonator

ressoador de Helmholtz (PHYS.) Helmholtz resonator

ressoador de linha coaxial (ELECT.) coaxial line resonator

ressoador de microondas (TELECOM.) microwave resonator

ressoador de Oudin (ELECT.) Oudin resonator

ressoador de quartzo (TELECOM.) quartz resonator

ressoador de tubo (PHYS.) pipe resonator

ressoador eléctrico (TELECOM.) tank circuit

ressoador linear (TELECOM.) straight resonator

ressoador piezoeléctrico (TELECOM.) piezoelectric resonator

ressoador sintonizado (ELECTRON.) tuned cavity
ressonância (GEN.) resonance
ressonância (RADAR) echo
ressonância acústica (PHYS.) acoustic resonance
ressonância de alta frequência (TELECOM.) high-frequency resonance
ressonância de cavidade (PHYS.) cavity resonance
ressonância de ciclotrão (PHYS.) cyclotron resonance
ressonância de fase (TELECOM.) phase resonance
ressonância de Helmholtz (PHYS.) Helmholtz resonance
ressonância de ligação (TELECOM.) link resonance
ressonância de microonda (ELECT.) microwave resonance
ressonância de protão (PHYS.) proton resonance
ressonância de tensão (ELECT.) voltage resonance
ressonância de terra (AERO.) ground resonance
ressonância de tubo (PHYS.) pipe resonance
ressonância de um quarto de onda (ELECT.) quarter-wave resonance
ressonância de velocidade (TELECOM.) velocity resonance
ressonância diamagnética (PHYS.) diamagnetic resonance
ressonância do spin do electrão (PHYS.) electron spin resonance
ressonância eléctrica (ELECT.) electrical resonance
ressonância em derivação (ELECT.) shunt resonance; tunance
ressonância em paralelo (ELECT.) parallel resonance
ressonância em série (ELECT.) series resonance
ressonância ferromagnética (ELECT.) ferromagnetic resonance
ressonância magnética nuclear (CHEM.; PHYS.) nuclear magnetic resonance
ressonância mecânica (PHYS.) mechanical resonance
ressonância mecânica quântica (PHYS.) quantum mechanical resonance
ressonância natural (TELECOM.) natural resonance
ressonância paramagnética electrónica (CHEM.) electronic paramagnetic resonance
ressonância paramagnética nuclear (CHEM.; PHYS.) nuclear paramagnetic resonance
ressonância periódica (TELECOM.) periodic resonance
ressonância por dispersão (ELECT.) stray resonance
ressonância quântica (PHYS.) quantum resonance
ressonância selectiva (TELECOM.) selective resonance
ressumação (BUILD.) sweating
ressupinado (BOT.) resupinate
ressuscitação (MED.) resuscitation

restabelecer (COMP.) restore
restabelecimento (COMP.) reset
restabelecimento da pressão (MINING) build-up pressure
restabelecimento de corrente contínua (ELECT.) d.c. restoration
restauração (COMP.) recovery; backward recovery
restauração de ciclo (COMP.) cycle reset
restauração de corrente contínua (ELECT.) direct-current restoration
restaurador (MED.) restorative
restaurar (COMP.) restore
restiforme (ZOO.) restiform
restinga (GEO.) spit
restinga (NAV.) cusp
restinga (MINING) sand flat
resto (MATH.) remainder; residue; difference
restos de comida (GEO.) kitchen nidden
restrição (BIO.) restriction
restrição (MED.) coartation
restrição de complexo de histocompatibilidade maior (IMMUN.) MHC restriction
restrição e modificação (BIO.) restriction and modification
restrição magnética (NUCL.) magnetic confinement
resultado dirigido (SURV.) biased result
resultado tendencioso (SURV.) biased result
resultante (PHYS.) resultant
resumo automático (COMP.) automatic abstract
re-superaquecimento (ressuperaquecimento) (MECH.) resuperheating
resurgência (ECO.) resurgence
resvalamento da correia de transmissão (MECH.) belt slip
retardador (BUILD.) slipper
retardador (GEN.) retarder
retardador (IMAGE TECH.) restrainer
retardador do crescimento (BOT.) growth retardant
retem (BUILD.) stop
retem (GEN.) detent
retem (HORO.) lock; locking
retem (MECH.) pawl
rete mirabile (ZOO.) rete mirabile; red body; red gland
retenção (COMP.) clamp
retenção (GEN.) retention; detention; delay
retenção (MED.) retention
retenção (MINING) trap
retenção de chama (MECH.) flame retention
retenção diferencial (MECH.) differential retaining
retentividade (PHYS.) retentivity
retentor (MECH.) keeper
retentor (MINING) packer
retentor (NUCL.) holdback
retentor de chama (MECH.) flame trap
Retiano (Retiense; Rético) (GEO.) Rhaetic
Rético (GEO.) Rhaetic
retícula (PHYS.) hairline

retícula/o (SURV.) reticle; graticule
reticulação (PRINT.) reticulation
reticulado (ZOO.) cancellated
reticulado (CRYST.) space lattice
reticular (MED.; ZOO.) reticular; cancellous
reticulite (VET.) reticulitis
retículo (GEN.) lattice; grating; reticle; reticule; hair line
retículo (SURV.) reticule
retículo (ZOO.) honeycomb bag; reticulum
reticulocitose (MED.) reticulocytosis
retículo coaxial (ELECT.) coaxial sheer grating
retículo cristalino (MINER.) crystal lattice
retículo de cruz ultra-sónico (ELECT.) ultrasonic cross grating
retículo de fios cruzados (SURV.) crosshair reticle
retículo de May (PHYS.) May's graticule
retículo de transmissão (ELECTRON.) transmission grating
retículo endoplasmático liso (BIO.) smooth endoplasmic reticulum
retículo endoplasmático rugoso (BIO.) rough endoplasmatic reticulum
retículo endoplásmico (BIO.) endoplasmic reticulum [ER]
retículo múltiplo (ELECT.) ultrasonic cross grating
retículo sarcoplasmático (BIO.) sarcoplasmatic reticulum
retículos de Fair (PHYS.) Fair's graticules
retículo taqueométrico (SURV.) stadia lines
retículo ultra-sónico (ELECT.) ultrasonic cross grating
Retiense (GEO.) Rhaetic
retiforme (ZOO.) retiform
retina (ZOO.) retina
retineno (retinina) (BIO.) retinene
retinina (BIO.) retinene
retinite (MED.) retinitis
retinite pigmentar (MED.) retinitis pigmentosa
retinite serosa (MED.) retinitis serous
retinite simples (MED.) retinitis serous
retinito (GEO.; MINER.) pitchstone; retinite
retinoblastoma (MED.) retinoblastoma
retinocoroidite (MED.) retinochroiditis
retinopatia (MED.) retinopathy
retinopatia da pré-maturidade (MED.) retinopathy of prematurity
retinopiese (MED.) retinopiesis
retinoscopia (MED.) retinoscopy
retinosquise (MED.) retinoschisis
retínulas (ZOO.) retinulae
retirar a água de fusão (MECH.) draw off the melting water
retirar o estanho (MECH.) de-tinning
retirar o núcleo de uma célula (ZOO.) enucleate
retitulação (CHEM.) back titration
retomada (IMAGE TECH.) retake
retorcido (BOT.) contorted
retorno (GEN.) return; feedback
retorno (MECH.) spring-back; backlash
retorno (IMAGE TECH.; RADAR) retrace

retorno acústico (Phys.) acoustic feedback

retorno à polarização (Electron.) return to bias

retorno à terra (Radar) ground return

retorno comum (Telecom.) common return

retorno de filamento (Telecom.) filament return

retorno de grade (Electron.) grid return

retorno de linha (Elect.) line flyback

retorno do cátodo (Elect.) cathode return

retorno horizontal (Elect.) line flyback

retorno horizontal (Image Tech.) horizontal flyback

retorno mútuo (Telecom.) common return

retorta de amálgama (Chem.) amalgam retort

retracção (Build.) cissing; shrinkage

retracção isquémica tibiotársica (Med.) Volkmann's contracture

retransmissão automática (Telecom.) translation

retransmissão do exterior (Telecom.) outside broadcast

retransmissor de televisão (Image Tech.) translator

retrete (Build.) water closet

retroalimentação (Gen.) feedback

retroaquecimento (Electron.) back-heating

retroauricular (Med.) retroauricular

retrocecal (Med.) retrocaecal; retrocecal

retrocervical (Med.) retrocervical

retrocessão (Med.) retrocession

retrocesso (Astro.) backout

retrocesso (Gen.) retrocession; reverse; recoil

retrocesso (Image Tech.) fly-back; retrace; kickback

retrocesso (Mech.) back-kick

retrocesso (Print.) back-step

retrocesso (Telecom.) retrace

retrocesso (tecla) (Comp.) backspace

retrofaríngica (Med.) retropharyngeal

retroflectido (Med.) retroflexed

retrofoguetão (Aero.; Phys.; Space.) braking rocket

retrofoguete (Space) retrorocket

retrofossa (Geo.) back deep

retrognatia (Med.) retrognathia

retroiluminação (Elect.) bias lighting

retroleitura (Surv.) back observation

retroperitoneal (Med.) retroperitoneal

retroprojecção (Image Tech.) back projection

retropulsão (Med.) retropulsion

retroversão (Med.) retroversion

retrovírus (Bio.) retrovirus

retrovisão (Surv.) back observation

retrusão (Med.) retrusion

retuso (Bot.) retuse

reumatismo (Med.) rheumatism

reumatismo do deserto (Med.; Vet.) desert rheumatism; coccidiomycosis

reunião canónica (Phys.) canonical assembly

reunir (Comp.) collate; merge

reutilizável (Gen.) reusable

reutilizável (Space) reusability

revelação em tanque (Image Tech.) tank development

revelador (Image Tech.) developer

revelador de alta definição (Image Tech.) high definition developer

revelador de cor (Image Tech.) colour developer

revelador de grão fino (Image Tech.) fine-grain developer

reverberação (Meteo.) reverberation; optical haze; laurence

reversão (Bio.) reversion; back-mutation

reversão (Mech.) back-kick

reversão a um tipo ancestral (Bio.) throwback

reversão de passo da hélice (Aero.) reverse pitch of propeller

reversão do sexo (Zoo.) sex reversal

reversão infinita (Comp.) infinite loop

reversão simples (Aero.) renversement

reversão sobre a asa (Aero.) wingover

reversão sobre o dorso (Aero.) retournement

reversibilidade de resistência (Elect.) resistance reversibility

reversível (Phys.) reversible

reverso (Gen.) reverse; adverse; contrary

revestido a chumbo (Elect.) lead-clad

revestido a cobre (Mech.) copper-clad

revestimento (Build.) clothing; cribbing ; fettling; revetment; furring; sheathing; facing

revestimento (Elect.) serving; facing; coating

revestimento (Gen.) lining; revetment; coating; covering; facing; cladding

revestimento (Mech.) lagging

revestimento (Mining) curb

revestimento (Zoo.) coat; investment

revestimento a argamassa (Build.) buttering

revestimento absorvedor (Build.) buffer coat

revestimento a fosfato de zinco (Build.) zinc phosphate coating

revestimento aglutinante (Build.) binder coat

revestimento anti-reflector (Electron.) antireflection coating

revestimento com pedras artificiais (Build.) lining of artificial stones

revestimento condutor (Electron.) conductive coating

revestimento da empenagem (Aero.) surface skin

revestimento da hélice (Mech.) propeller tipping

revestimento da ponta da hélice (Mech.) propeller tipping

revestimento de algodão (Aero.) cotton sheeting

revestimento de argila (Build.) loam coating

revestimento de barreira (Build.) barrier coat

revestimento de bobina (Elect.) coil serving

revestimento de chapa de zinco (Mech.) zinc sheet lining

revestimento de conversão (Mech.) conversion coating

revestimento de difusão (Mech.) diffusion-coating

revestimento de fornalha (Mech.) furnace lining

revestimento de fundo (Build.) ground coat

revestimento de protecção (Chem.) protective coating

revestimento de tábuas (Build.) firring

revestimento de talude (Build.) lining of slope

revestimento de tijolo (Build.) lining brick

revestimento do cátodo (Elect.) cathode coating

revestimento do cilindro de bombeamento (Mining) pump liner

revestimento do travão (Mech.) brake lining

revestimento duro (Mech.) hard-facing; pack-hardening

revestimento eléctrico (Elect.) electrofacing

revestimento electrolítico por imersão (Electron.) dip plating

revestimento entre a janela e o chão (Build.) breast moulding

revestimento entre a janela e o rodapé (Build.) breast lining

revestimento-escova (Paper) brush coating

revestimento exterior (Elect.) outer coating

revestimento galvanizado em tambor (Elect.) barrel plating

revestimento interno da chaminé (Build.) chimney lining

revestimento metálico (Aero.) skin

revestimento por arco de plasma (Electron.) plasma-arc coating

revestimento posterior (Build.) back lining

revestimentos marítimos (Build.) marine coatings

revestimentos microporosos (Build.) micro-porous coatings

revestimentos não conversíveis (Build.) non-convertible coatings

revestir (Mech.) line; coat

revestir a argila (Mech.) claying

revestir e envolver (Mining) coating and wrapping

revestir pelo processo Sherard (Build.) sherardizing

revigorante (Med.) restorative

revisão (Print.) revise

revisão controlada (Aero.) time-controlled overhaul

revisão de máquina (Print.) machine revise

revisor (Print.) reader

Revivalismo Gótico (Arch.) Gothic Revival

revolução (Astro.) revolution; rotation

revolução (Gen.) revolution; turn; rotation

revolução homologada (MECH.) rated revolution
revolução sinódica (ASTRO.) synodic revolution
revoluto (BOT.) revolute
revolvedor (MINING) rabble
revólver (MECH.) turret
rexe (MED.) rhexis
rexígeno (BOT.) rexigenous
Rh (BIO.; MED.) Rh
ria (Galiza) (ECO.) ria
ribeiro de maré (ECO.) tidal stream
riboflavina (BIO.) riboflavin
ribonuclease (BIO.) ribonuclease
ribonucleótido (BIO.) ribonucleotide
ribose (CHEM.) ribose
ribossoma (BIO.; CHEM.) ribosome; Palade granule
ribulose (BOT.) ribulose
ribulosebifosfato (BOT.) ribulose biphosphate
ribulosebifosfato carboxilase (BOT.) ribulose biphosphate carboxilase
richterite (MINER.) richterite
ricina (BIO.) ricin
rickettsia (riquétsia) (MED.) rickettsiae
rickettsiose (riquetsiose) (MED.) rickettsiosis
rico em hidrogénio (PHYS.) hydrogenous
ricto (rictus) (ZOO.) rictus
riebequite (MINER.) riebeckite
rifampicina (MED.) rifampicin
Rift Valley (GEO.) Rift Valley
rigidez (GEN.) stiffness
rigidez (ZOO.) rigor
rigidez acústica (PHYS.) acoustic(al) stiffness
rigidez à flexão (PHYS.) flexural rigidity
rigidez cadavérica (MED.) rigor mortis
rigidez da morte (MED.) rigor mortis
rigidez de descerebração (MED.) decerebrate rigidity
rigidez magnética (NUCL.) magnetic rigidity
rim (ZOO.) kidney; nephros
rim artificial (MED.) artificial kidney; kidney machine
rim ectópico (MED.) ectopic kidney; floating kidney
rim em ferradura (MED.) horseshoe kidney
rim flutuante (MED.) floating kidney; wandering kidney; movable kidney
rim posterior (ZOO.) matanephros
rim primitivo (ZOO.) mesonephros
rinal (ZOO.) rhinal
rinário (ZOO.) rhinarium
rincão (BUILD.) piend
Rincocéfalos (ZOO.) Rhynchocephalia
rincodonte (ZOO.) rhynchodont
rincóforo (ZOO.) rhynchophorus
rinencéfalo (MED.; ZOO.) smell-brain; rhinencephalon
rinite (MED.) rhinitis
rinite aguda (MED.; VET.) coryza
rinite aguda contagiosa (VET.) infectious coryza
rinite alérgica (MED.) allergic rhinitis; hay fever

rinite atrófica (VET.) atrophic rhinitis
rinite crónica contagiosa (VET.) contagious catarrh
rinocelo (ZOO.) rhinocoele
rinofaringite (MED.) rhinopharyngitis; nasopharyngitis
rinofima (VET.) copper nose
rinolaringite (MED.) rhinolaryngitis
rinolitíase (MED.) rhinolithiasis
rinólito (MED.) rhinolite; rhinolith
rinomicose (MED.) rhinomicosis
rinonecrose (MED.) rhinonecrosis
rinoplastia (MED.) rhinoplasty
rinopneumonite equina (VET.) equine virus rhinopneumonitis
rinorreia (MED.) rhinorrhea
rinoscópio (MED.) rhinoscope
rinotomia (MED.) rhinotomy
rinotraqueíte infecciosa bovina (VET.) infectious bovine rhinotracheitis
rinotraqueíte viral felina (VET.) feline viral rhinotracheitis
rio de vale (GEO.) valley river
rio direccional (GEO.) strike stream
rio evanescente (ECO.) losing stream
riólito (GEO.) rhyolite
rio principal (ECO.) gaining stream
rio secundário (GEO.) secondary river
rio subsequente (GEO.) strike stream
ripa (BUILD.) lath; shide; shingle; clapboard; slat
ripa de vidraça (BUILD.) glazing bead
ripado de beira (BUILD.) chantlate
ripanocida (MED.) trypanocidal
ripas de asbesto (BUILD.) asbestos shingles
ripidolite (ripidólito) (MINER.) ripidolite
riquétsia (rickettsia) (MED.) rickettsia
riquetsiose (MED.) rickettsiosis
riquetsiose (VET.) tick-born fever
riquetsiose conjuntiva (VET.) heather blindness
riquetsiose dos ruminantes (VET.) heartwater
riqueza (ECO.) richness
risca (BOT.) stripe; streak
risca (MINING) streak
riscas de Fraunhofer (PHYS.) Fraunhofer lines; dark lines
riscas de goma (PRINT.) gum streaks
risco de irradiação (RADIOL.) radiation hazard
riso espasmódico (MED.) gelasmus
riso histérico (MED.) gelasmus
riso sardónico (MED.) risus sardonicus
ritidoma (BOT.) rhytidome
ritmo acelerado (MED.) gallop rhythm
ritmo alfa (MED.) alpha rhythm; alpha wave
ritmo circadiano (BIO.) circadian rhythm
ritmo de 24 horas (PSYCHO.) twenty-four hour rhythm; circadian rhythm
ritmo de Berger (MED.) alpha rhythm; Berger rhythm
ritmo de galope (MED.) gallop rhythm
ritmo de pulso (MED.; ZOO.) pulse rate
ritmo dos impulsos (ELECT.) clock pulse rate
ritmo metacrónico (BIO.) metachronal rhythm
ritual de acasalamento (ZOO.) courtship behaviour

ritualização (PSYCHO.) ritualization
Rizobiácea (BIO.) Rhizobaceae
rizoderme (BOT.) rhizodermis
rizófago (ZOO.) rhizophagous
rizóide (BOT.) rhizoid
rizoma (BOT.) rhizome
rizoma (BOT.) rootstock
rizomorfo (BOT.) rhizomorph
rizopódio (BOT.) rhizopodium
Rizópodos (ZOO.) Rhizopoda
rizotomia (MED.) radiculectomy
robot; robô (COMP.) robot
Robótica (COMP.) robotics
robustez (COMP.) robustness
roçar levemente (MED.) effleurage
rocha (GEO.; GEN.) rock
rocha ácida (GEO.) acid rock
rocha alcalina (GEO.) alkaline rock
rocha aquífera (GEO.) quicksand
rocha arenosa (GEO.) arenaceous rock
rocha argilosa (GEO.) argillaceous rock
rocha armazém (MINING) production rock
rocha básica (GEO.) basic rock
rocha biogénica (MINING) biogenic rock
rocha calcária (GEO.) calcareous rock
rocha carbonífera (GEO.) carbonaceous rock
rocha contaminada (GEO.) contaminated rock
rocha cristalina (GEO.) crystalline rock
rocha de cobertura (GEO.; MINING) cap rock
rocha de encaixe (MINING) country rock
rocha de formação (MINING) host rock; country rock
rocha de quartzo (MINING) quartz rock
rocha de quebra-mar (ENG.) breakwater-glacis
rocha de silicato (GEO.) silicate rock
rocha de transição (GEO.) transition rock
rocha dura (GEO.; MINING) hard-rock; whinstone; whin
rocha efusiva (GEO.) effusive rock
rocha encaixante (MINING) hast rock
rocha estratificada (GEO.) stratified rock
rocha feldspática (GEO.) feldspathic rock
rocha formada quimicamente (GEO.) chemically-formed rock
rocha fosfática (GEO.) phosphatic rock
rocha friável (GEO.) brittle rock
rocha hemicristalina (GEO.) hemicrystalline rock
rocha heteromórfica (GEO.) heteromorphous rock
rocha holocristalina (GEO.) holocrystalline rock
rocha ígnea (GEO.) igneous rock
rocha ígnea terciária (GEO.; MINER.) tertiary igneous rock
rocha lunar (ASTRO.) moon rock
rocha-mãe (MINING) source rock
rocha metamórfica (GEO.) metamorphic rock
rocha pedestal (GEO.) mushroom rock
rocha piroclástica (GEO.) tuff; volcanic tuff

rocha porosa (MINING) porous rock
rocha primitiva (GEO.) primitive rock
rocha produtiva (MINING) production rock
rocha quartzosa (MINING) quartz rock
rocha reservatório (MINING) production rock
rochas clásticas (GEO.) clastic rocks
rochas de um só mineral (GEO.) monomineralic rocks
rocha secundária (GEO.) secondary rock
rocha sedimentar (GEO.) sedimentary rock
rocha sedimentar rica em ferro (GEO.) ironstone
rocha sem coesão (GEO.) quicksand
rochas eruptivas (GEO.) eruptive rocks
rochas extrusivas (GEO.) extrusive rocks
rochas híbridas (GEO.) hybrid rocks
rochas hipocristalinas (GEO.) hypabyssal rocks
rochas ígneas (GEO.) igneous rocks
rochas ígneas em camadas (GEO.) layered igneous rocks
rochas ígneas intermediárias (GEO.) intermediate igneous rocks
rochas piroclásticas (GEO.) pyroclastic rocks
rochas ultrabásicas (GEO.) ultrabasic rocks
rochas ultramáficas (GEO.) ultramafic rocks
rocha terciária (GEO.; MINER.) tertiary rock
rocha turmalinosa (GEO.) schorl-rock
rocha vulcânica (GEO.) volcanic rock
rocket (AERO.; SPACE) rocket
Rococó (ARCH.) Rococo
roda cónica (MECH.) step wheel
roda cónica dentada (BUILD.) mitre wheel
roda conjugada (MECH.) coupled wheel
roda da cauda (AERO.) tail skid
roda de acção (MECH.) impulse wheel
roda de alarme (HORO.) warning wheel
roda de atrito (MECH.) friction wheel
roda de balanço (HORO.) balance wheel
roda de Barlow (PHYS.) Barlow's wheel
roda de carborundo (MECH.) carborundum wheel
roda de catraca (BUILD.) ratchet wheel
roda de comando (MECH.) control wheel
roda de contraste (HORO.) contrast wheel
roda de corrente (MECH.) chain wheel
roda de corte (MECH.) cut-off wheel
roda de disco (MECH.) disk wheel
roda de dourador (BUILD.) gilder's wheel
roda de encontro (HORO.) contrast wheel
roda de engrenagem (MECH.) gearwheel; pitch wheel
roda de escape (HORO.) escape wheel; crown-wheel

roda de escape duplo (HORO.) duplex escapement
roda de esmeril (MECH.) emery wheel
roda de fricção (MECH.) friction wheel
roda de fundir (MECH.) casting wheel
roda de guia (HORO.) idler
roda de impressão (COMP.) print wheel
roda de impulsão (MECH.) impulse wheel
roda de moinho (MECH.) mill wheel
roda de mudança (MECH.) change wheel
roda dentada (MECH.) toothed gearing; toothed wheel; gear-wheel; pitch wheel; pinion
roda dentada (IMAGE TECH.) sprocket
roda dentada de mesa rotativa (MINING) drive sprocket
roda dentada para cadeia (MECH.) sprocket wheel
roda de pás articuladas (MECH.) feathering paddle-wheel
roda de pinos (HORO.) pin wheel
roda de polir (MECH.) polishing wheel
roda de Poncelet (MECH.) Poncelet wheel
roda de proa (NAV.) stem
roda de raios (MECH.) star wheel
roda de rolamento (MECH.) running wheel
roda de Sta. Catarina (ARCH.) Catherine wheel
roda de transmissão (MECH.) driving wheel; idler wheel; idler
rodado (BOT.) rotate
roda do leme (NAV.) whipstaff
roda do rotor (MECH.) rotor wheel
roda dos minutos (HORO.) minute wheel
roda eólica de Rychlowaski (HYDRO.) Rychlowaski's wind wheel
rodagem (MECH.) wheeling
roda hidráulica (MECH.) water wheel
roda hidráulica movida pela água que corre na parte superior (MECH.) overshot wheel
roda intermediária (HORO.) intermediate wheel
roda-lanterna (HORO.) lantern pinion
roda livre (MECH.) free-wheel
roda medidora (SURV.) measuring wheel
rodamina (BIO.) rhodamine
roda motora (MECH.) rotor wheel; driving wheel; idler
rodanato de sódio (CHEM.) sodium rhodanate
roda oscilante (MECH.) pendulum wheel
roda-pé (BUILD.) base board
rodapé (BUILD.) dado rail; mopboard
rodapé (MINING) skirting board
rodapé de página (COMP.) page footing
roda planetária (MECH.) planetary wheel
roda polida (GLASS) lap
roda principal (HORO.) main wheel
roda reguladora (MECH.) timing wheel
rodas de Poncelet (MECH.) Poncelet wheels; undershoot
rodas de subimpulsão (MECH.) undershoot; Poncelet wheels

rodeose (CHEM.) rhodeose
rodinal (CHEM.) citronellal
ródio (CHEM.) rhodium
ródio radioactivo (NUCL.) radioactive rhodium
rodízio (MECH.) caster
rodocrosite (MINER.) rhodochrosite; manganese spar
rodófano (ZOO.) rhodophane
Rodófitas (BOT.) Rhodophyaceae; Red Algae
rodonite (MINER.) rhodonite
rodopsina (BIO.) rhodopsin
Roedores (ZOO.) Rodentia
roentgen (RADIOL.) roentgen
roentgen-grama (PHYS.) gram(me)-roentgen
rolamento (AERO.) roll ; rolling; tonneau
rolamento (NAV.) roll
rolamento antifricção (ENG.) antifriction bearing
rolamento cónico (ELECT.) cone bearing
rolamento de agulhas (MECH.) needle roller bearing; needle bearing
rolamento de auto-alinhamento (MECH.) self-aligning ball-bearing
rolamento de contacto angular (MECH.) angular contact bearing
rolamento de desengate (MECH.) release bearing
rolamento de esfera linear (MECH.) linear-ball bearing
rolamento de esferas (ENG.; MECH.) bearing; ball-bearing; spherical roller-bearing; rolling bearing; ball-track
rolamento de esferas à prova de poeira (MECH.) dust-proof ball bearing
rolamento de esferas autocompensador (MECH.) self-aligning ball-bearing
rolamento de esferas radial (MECH.) radial bearing
rolamento Michell (MECH.) Michell bearing
rolamentos de broca (MINING) bit bearings
rolar pílulas (na paralisia agitante) (MED.) pill-rolling (in parkinsonism)
roldana (MECH.) sheave ; differential chain block
roldana de eixo (BUILD.) axle pulley
roldana de retorno (MECH.) pulley
roleta (MATH.) roulette
rolete de aço de precisão (MECH.) precision steel roller
rolete de came em cogumelo (MECH.) mushroom follower
roletes de curvar (PRINT.) bending rollers
rolha (BUILD.) gasket; gaskin
roliço (BOT.) terete
rolo (BUILD.) roller
rolo (IMAGE TECH.) reel
rolo compressor (PAPER) calender roller
rolo de alimentação (IMAGE TECH.) feed reel
rolo de alimentação (PRINT.) feed roller
rolo de amassar (PAPER) couch roll

rolo de amassar de sucção (PAPER) suction couch roll

rolo de borracha (IMAGE TECH.) squeeze

rolo de compensação (PRINT.) compensating roller

rolo de desbastar (MECH.) blooming roll

rolo de dobragem (PRINT.) folding roller

rolo de filigrana (PAPER) dandy roll

rolo de filme (IMAGE TECH.) cartridge

rolo de guia (PRINT.) idling roller

rolo de humedecimento (PRINT.) dampening roller

rolo de impressão (PRINT.) platen

rolo denteado (PRINT.) serrated roller

rolo de prensa (PAPER) press roll

rolo de pressão (MECH.) pressure roller

rolo de segurança (HORO.) safety roller

rolo de sucção (PAPER) suction roll

rolo de tensão (PRINT.) compensating roller

rolo intermediário (PRINT.) idler

rolo manual (PRINT.) hand roller

rolo móvel (MECH.) floating roll

rolo-movido (PRINT.) driven roller

rolo oscilante (MECH.) floating roll

rolos (MINING) rolls

rolos corredores (PRINT.) runners

rolos de composição (PRINT.) composition rollers

rolos de curvar (PRINT.) bending rolls

rolos de expansão (MECH.) expansion rollers

rolos de registo (PRINT.) register rollers

rolo tensor (PRINT.) jockey roller

romano (PRINT.) roman

rombencéfalo (ZOO.) rhombencephalon

rombergismo (MED.) Romberg's sign

rombo (MATH.) rhombus; diamond

romboedro (CRYST.) rhombohedron

romeíte (MINER.) romeite

ronco (VET.) whistling; roaring

ronha (VET.) sheep scab

roquete (MECH.) ratchet brace

rosa (ARCH.) rose

rosácea (ARCH.) rose window; Catherine wheel

rosácea (MED.) rosacea

Rosáceas (BOT.) Rosaceae

rosa-do-deserto (MINER.) rock rose; desert rose

rosa-dos-ventos (NAV.) compass card; compass diagram; compass dial; dial card; compass rose; compass base

rosalgar (CHEM.) realgar

rosália (MED.) dengue; three-day fever

rosanilina (CHEM.) rosaniline

rosca (MECH.) thread; screw thread; lead

rosca à esquerda (MECH.) left-hand thread

rosca angular (ENG.) angular thread

rosca B.A. (MECH.) B.A. thread [British Association of screw-thread]

rosca bastarda (MECH.) bastard thread

rosca de chaveta (MECH.) cotter way

rosca de dente-de-serra (MECH.) buttress screw-thread

rosca de gás (MECH.) gas thread

rosca de parafuso ACME (MECH.) acme screw-thread

rosca de parafuso (segundo as normas) da Associação Britânica (MECH.) British Association [BA] screw thread

rosca de perfil em dente-de-serra (MECH.) sawtooth thread

rosca de Whitworth (MECH.) Whitworth screw-thread

rosca Edison pequena (ELECT.) small Edison screw-cap

rosca empenada (MECH.) drunken thread

rosca fêmea (MECH.) female thread; female screw

rosca-fêmea (MINING) box

rosca francesa (MECH.) French thread

rosca helicoidal (MECH.) worm

rosca interna (MECH.) female thread; internal screw-thread

rosca internacional (MECH.) international screw thread

rosca laminada (MECH.) rolled thread

rosca macho (MECH.) male thread; external screw-thread

rosca macho e fêmea (MINING) box & pin

rosca macho média (MECH.) bottoming tap

rosca métrica (MECH.) metric screw thread

rosca múltipla (MECH.) multistart thread

rosca oscilante (MECH.) drunken thread

rosca para tripé (IMAGE TECH.) tripod bush

rosca pontiaguda (MECH.) sharp thread

rosca quadrada (MECH.) square thread

rosca Sellers (MECH.) Sellers screw thread

rosca suíça (MECH.) Swiss screwthread

rosca trapezoidal (MECH.) buttress screw-thread

rosca triangular (MECH.) sharp thread

rosca Whitworth (MECH.) Whitworth thread

roscoelite (MINER.) roscoelite

roséola (MED.) roseola

roséola epidémica (MED.) German measles; rubella

roseta de tecto (ELECT.) ceiling rose

roseta isolante (ELECT.) patera block

Rosíneas (BOT.) Rosidae

rosolita (MINER.) xalostocite; landerite

rosqueamento de espiga (MECH.) stud threading

rosqueamento de perno (MECH.) stud threading

rostelo (BOT.) rostellum

rosto (MED.) facies

rostro (ZOO.) rostrum

rota (AERO.) orbit; routing; track; airway; air route; course

rota (NAV.) course

rota aérea (AERO.) airway; air route

rotação (ASTRO.) revolution

rotação (BUILD.) spinning

rotação (GEN.) rotation; rotating

rotação (MECH.) rotation; revolution

rotação à direita (NAV.) rotation clockwise

rotação à esquerda (NAV.) rotation counterclockwise

rotação da antena de radar (RADAR) scan; scanning

rotação da hélice (AERO.) rotation of the propeller

rotação da Terra (ASTRO.) rotation of the earth

rotação de Arago (ELECT.) Arago's rotation

rotação de electrão (ELECTRON.) electron spin

rotação de Faraday (PHYS.) Faraday's rotation

rotação de polarização (PHYS.) polarization plane rotation

rotação de um plano (MATH.) rotation of a plane

rotação de um vector (MATH.) rotation of a vector

rotação do plano de polarização (CHEM.; PHYS.) polarization plane rotation; rotation of the plane of polarization

rotação em torno do eixo vertical (AERO.) jaws

rotação específica (CHEM.; PHYS.) specific rotation

rotação galáctica (ASTRO.) galactic rotation

rotação homologada (MECH.) rated revolution

rotação magnética (PHYS.) magnetic rotation

rotação magneto-óptica (CHEM.) magneto-optic rotation

rotação máxima (MECH.) maximum revolution

rotação molecular (CHEM.) molecular rotation

rotação óptica (PHYS.) optical rotation

rotação para trás (ZOO.) detorsion

rotação solar (ASTRO.) solar rotation

rotacional (MATH.) curl

rota da bússola (NAV.) compass track

rota de aeronave (AERO.) course of aircraft

rota de aproximação (AERO.) approach path

rota de migração (ECO.) migration route

rota de plano de voo (AERO.) flight plan route

rota de voo (AERO.) flight course

rota estimada (NAV.) course by dead reckoning

rota mista (NAV.) composite track

rota radar (AERO.) radar plot

rota relativa (NAV.) relative course

rotatividade (BUILD.) turnover (workmanship)

rotenona (CHEM.) rotenone

Rotíferos (ZOO.) Rotifera

rotina aberta (COMP.) open routine

rotina acessória de entrada/saída (COMP.) input/output appendage

rotina de acesso mínimo (COMP.) minimum access routine

rotina de assemblagem (COMP.) assembly routine

rotina de correcção de erro (COMP.) error-correcting routine

rotina de descarga (Comp.) post mortem routine
rotina de erro (Comp.) error routine
rotina de função (Comp.) function routine
rotina de ponto (vírgula) flutuante (Comp.) floating-point routine
rotina de repetição de processamento (Comp.) re-run routine
rotina de saída (Comp.) output routine
rotina de teste (Comp.) test routine
rotina de verificação de sequência (Comp.) sequence checking routine
rotina em memória (Comp.) stored routine
rotina eurística (Comp.) heuristic routine
rotina externa (Comp.) external routine
rotina incompleta (Comp.) incomplete routine
rotina interpretativa (Comp.) interpretative routine
rotina iterativa (Comp.) iterative routine
rotina matemática (Comp.) mathematical routine
rotina-objecto (Comp.) object routine; target routine
rotina reentrante (Comp.) re-entrant routine
rotina utilitária (Comp.) utility routine
rotogravura (Print.) rotogravure
rotor (Aero.) impeller; rotor; rotator
rotor (Gen.) rotator; rotor
rotor auxiliar (Aero.) auxiliary rotor
rotor basculante (Aero.) tilting rotor
rotor cilíndrico (Elect.) cylindrical rotor; cylindrical armature
rotor com anéis colectores (Elect.) slip-ring rotor
rotor da cauda (Aero.) tail rotor
rotor da hélice (Aero.) spinner
rotor de barra (Elect.) bar-wound armature
rotor de corrente contínua (Elect.) continuos-current armature
rotor de gaiola (Elect.) cage rotor
rotor de núcleo liso (Elect.) smooth-core rotor
rotor de sustentação (Aero.) lifting airscrew (helicopter)
rotor em curto-circuito (Elect.) short-circuit rotor
rotor enrolado (Elect.) wound motor
rotor fixo (Aero.) fixed rotor
rotor inclinável (Aero.) tilting rotor
rotor principal (Aero.) main rotor
rotovírus (Bio.) rotavirus
rótula (Mech.) ball-and-socket joint
rótula (Zoo.) patella; rotula
rotulação com fluorocromo (Bio.) fluorochroming
rótulo de cabeçalho de entrada (Comp.) input header label
rótulo operacional (Comp.) operational label
rotunda (Arch.) rotunda
rotura de um vaso ou órgão (Med.) rhexis
rotura na tubagem de perfuração (Mining) washout
roupa de malha (Text.) knitwear
roxo de bromocresol (Chem.) bromcresol purple

rua de vórtices (Aero.) vortex street
rubefaciente (Med.) rubifacient
rubelite (Miner.) rubellite
rubéola (Med.) rubella; German measles
rubi (Miner.) ruby
rubi (Horo.) jewel
rubi (Print.) ruby
Rubiáceas (Bot.) Rubiaceae
rubi artificial (Miner.) synthetic ruby
rubi-balas (Miner.) balas ruby
rubídio (Chem.) rubidium
rubi-do-brasil (Miner.) Brazilian ruby
rubi-do-cabo (Miner.) Cape ruby
rubi-do-colorado (Miner.) Colorado ruby
rubi-espinela (Miner.) almandine spinel; spinel ruby
rubi-oriental (Miner.) Oriental ruby
rubi sintético (Miner.) synthetic ruby
rubrica (Print.) rubric
rubro escuro (Mech.) black red heat
rudáceo (Geo.) rudaceous
ruderal (Bot.) ruderal
rudimento (Bot.; Zoo.) rudiment
Rudistas (Geo.) Rudistes
rudito (Mining) gravel
rufo (Bot.) rufous
rufo (Text.) ruche
rugosidade aerodinâmica (Eco.) aerodynamic roughness
rugosidade do leito (Eco.) bed roughness
rugosidade fina (Eco.) rugulose
rugoso (Bio.) rugose
ruído (Gen.) noise
ruído ambiental submarino (Telecom.) underwater ambient noise
ruído ambiente (Phys.) ambient noise
ruído antropogénico (Electron.) man-made noise
ruído áspero (Paper) rattle
ruído auscultatório (Med.) bruissement
ruído branco (Phys.; Telecom.) white noise
ruído branco gaussiano (Phys.) Gaussian white noise
ruído conjecturado (Phys.) stochastic noise
ruído cósmico (Telecom.) cosmic noise
ruído da fita (magnética) (Telecom.) tape noise
ruído da rede electrica (Electron.) mains hum
ruído de accionamento (Image Tech.) sprocket noise
ruído de agulha (Phys.) surface noise
ruído de alta frequência (Telecom.) high-frequency noise
ruído de avanço (Image Tech.) sprocket noise
ruído de banda estreita (Telecom.) narrowband noise
ruído de banda larga (Comp.) broad-band noise
ruído de base (Elect.) ground noise
ruído de circuito (Electron.) circuit noise
ruído de combustão (Phys.) combustion noise
ruído de contacto (Elect.) contact noise

ruído de corrente contínua (Elect.) d.c. noise
ruído de flutuação (Phys.) fluctuation noise
ruído de flutuação de velocidade (Telecom.) velocity fluctuation noise
ruído de flutuação plana (Phys.) flat random noise
ruído de fluxo (Phys.) flow noise
ruído de fuga entre o colector e a base (Electron.) collector-base leakage noise
ruído de fundo (Phys.) background noise; random noise
ruído de fundo submarino (Elect.) underwater background noise
ruído de galope (Med.) bruit de galop
ruído de gama limitada (Electron.) band-limited noise
ruído de gravação (Phys.) recording noise
ruído de imagem (Radar) picture noise
ruído de impulsos (Electron.) impulse noise
ruído de indução (Elect.) induction noise
ruído de interferência (Telecom.) interference noise
ruído de jacto (Aero.) jet noise
ruído de Johnson (Gen.) Johnson noise
ruído de linha (Telecom.) line noise
ruído de maser (Elect.) maser noise
ruído de microfone (Electron.) microphonic noise
ruído de modulação (Telecom.) modulation noise
ruído de ocupação (Telecom.) busy tone
ruído de origem térmica (Elect.) shot noise
ruído de partição (Electron.) partition noise
ruído de perturbação solar (Telecom.) disturbed-sun noise
ruído de portadora (Phys.) carrier noise
ruído de potenciómetro (Elect.) potentiometer noise
ruído de quantização (Electron.) quantization noise
ruído de Rayleigh (Telecom.) Rayleigh distributed noise
ruído de referência (Telecom.) reference noise
ruído de resistência (Electron.) resistance noise
ruído de Roger (Med.) bruit de Roger
ruído de saída (Gen.) output noise
ruído de Schottky (Electron.) Schottky noise
ruído de solo (Geo.; Phys.) ground noise (seismic)
ruído de superfície (Phys.) surface noise
ruído de terra (Geo.; Phys.) ground noise
ruído de Traube (Med.) bruit de gallop
ruído do avião (Aero.) aircraft noise
ruído eléctrico (Elect.) hash
ruído electromagnético (Electron.) electromagnetic noise

ruído errático (PHYS.) random noise; stochastic noise

ruído errático plano (PHYS.) flat random noise

ruído estelar (ASTRO.) sky noise

ruído fortuito (PHYS.) Gaussian noise

ruído fotónico (PHYS.) photon noise

ruído galáctico (ASTRO.) galactic noise

ruído gaussiano (PHYS.) Gaussian noise

ruído harmónico (TELECOM.) harmonic noise

ruído induzido (ELECTRON.) induced noise

ruído natural (PHYS.) natural noise

ruído pseudo-aleatório (COMP.) pseudo-random noise

ruído que procede um desmoronamento (MINING) gulching

ruído radar (RADAR) radar clutter

ruídos de interferência (TELECOM.) noise surge

ruído sintético (ELECTRON.) artificial noise

ruído solar (TELECOM.) solar noise

ruído solar de rádio (ASTRO.) solar radio noise

ruído súbito (ELECT.) snap

ruído térmico (ELECTRON.) thermal noise; Johnson noise

rúmen (ZOO.) rumen; paunch; venter

rumenotomia (VET.) rumenotomy

ruminação (ZOO.) rumination

ruminadoiro (ZOO.) rumen

rumo (AERO.) course; drift

rumo (HYDRO.) set

rumo automático (TELECOM.) homing

rumo da agulha (NAV.) compass course

rumo da bússola (NAV.) compass course; compass cap

rumo da bússola navegado (NAV.) compass course made good

rumo da rosa-dos-ventos (NAV.) compass points

rumo de aeronave (AERO.) course of aircraft

rumo de aproximação (AERO.) approach path

rumo de rota (NAV.) course angle

rumo de voo (AERO.) flight heading

rumo magnético (NAV.) compass course; course angle

rumo magnético (SURV.) magnetic bearing

rumo rectangular (AERO.) rectangular course

rumo relativo (NAV.) relative course

rumo seguido (AERO.; NAV.) course followed

runite (GEO.) graphic granite; runite

rupícola (BOT.; ZOO.) rupicolous

ruptura (BOT.) breaking

ruptura (PHYS.) burst; boom

ruptura (MED.) rupture

ruptura bipolar (ELECT.) double-pole break

ruptura da córnea (MED.) keratorhexis; keratorrhexis

ruptura de modo (COMP.) mode burst

ruptura de rochas (MINING) rock burst

ruptura de sincronismo (ELECT.) phase swinging

ruptura dupla (ELECT.) double-break

ruptura eléctrica (ELECT.) dielectric breakdown

ruptura em avalanche (ELECT.) avalanche breakdown

ruptura por fadiga (MECH.) fatigue breakage

ruptura Zener (ELECTRON.) Zener breakdown

ruténio (CHEM.) ruthenium

ruténio vermelho (CHEM.; MED.) ruthenium red

rutilante (BOT.) rutilant

rutilo (MINER.) rutile

Ss

sabão de potássio (Chem.) potassium soap; soft soap; medicinal soft soap

sabão de resina (Chem.) resin soap

sabão duro (Chem.) hard soap

sabão invertido (Chem.) invert soap

sabão macio (Chem.) soft soap; medicinal soft soap; potassium soap

sabine (obsoleto) (Phys.) sabin (obsolete)

sabões (Chem.) soaps

sabuloso (Bot.) sabulin

saburroso (Med.) saburral

sacada (Arch.) balcony; bulkhead; jutty

sacarase (Chem.) saccharase

sacarato (Chem.) saccharate

sacárico (Chem.) saccharic

sacáridos (Chem.) saccharides

sacarimetria (Chem.) saccharimetry

sacarina (Chem.) saccharin

sacarobiose (Chem.) saccharobiose

sacarolítico (Chem.) saccharolytic

sacarometabólico (Bio.) saccharometabolic

sacarometabolismo (Bio.) saccharometabolism

sacarómetro (Chem.) saccharometer

sacarose (Chem.) cane-sugar; sucrose

saca-tubos (Build.) pipe extractor

saco (Zoo.) cod

saco (Gen.) sac

saco abdominal (Zoo.) abdominal air sac

saco aéreo (Zoo.) air-sac

saco aéreo axilar (Bot.) axillary air sac

saco bucal (Zoo.) vocal sac

Saco de Carvão (Astro.) Coal Sack

saco de cristais (Bot.) crystal sac

saco de vento (Phys.) wind bag

saco embrionário (Bot.) embryo sac

saco fechado (Med.; Zoo.) sac; bursa

saco omentário (Med.) omental sac; bursa omentalis

saco ovígeno (Zoo.) ovisac

saco polínico (Bot.) pollen sac; cell

saco vitelino (Zoo.) yolk sac

sacral (Med.) sacral

sacralgia (Med.) sacralgia

sacralização (Med.) sacralization

sacro (Med.; Zoo.) sacral

sacrociático (Med.) sacrosciatic

sacrococcígeo (sacrococigiano) (Med.) sacrococcygeal

sacro-espinal (Med.) sacrospinalis (muscle)

sacro-espinhal (Zoo.) sacrospinal

sacro-ilíaco (Zoo.) sacroiliac

sacrolombar (Zoo.) sacrolumbar

sacrolombar (Med.) sacrolumbalis (muscle)

sacrotomia (Med.) sacrotomy

sacrovertebral (Med.) sacrovertebral

sacular (Bot.) saccate

saculiforme (Bio.) sacculiform

sádico (Psycho.) sadist

sadismo (Psycho.) sadism

sado-masoquismo (Psycho.) sado-masochism

safira (Miner.) sapphire

safira branca (Miner.) leucosapphire; white sapphire; white corundum

safira de água (Miner.) saphir d'eau

safira-do-brasil (Miner.) Brazilian sapphire

safira «Hope» (Miner.) Hope sapphire (synthetic stone)

safira sintética (Miner.) synthetic sapphire

safirina (Miner.) sapphirine

safra (safre) (Mech.) zaffer; zaffre

safraninas (Chem.) safranines

safranófilo (Bio.) safronophil(e)

safre (Mech.) zaffre; zaffer

safrol (Chem.) safrole

sagitado (Bot.; Zoo.) sagittate

sagital (Med.; Zoo.) sagittal; sagittalis

sagrado (Med.) sacral

saia (Gen.) skirt

saia do pistão (Mech.) piston skirt

saibro (Build.) gravel

saibro (Geo.; Mining) grit

saibro feldspático (Geo.) feldspathic grit

saída (Aero.) efflux; pull-out

saída (Astro.) emersion

saída (Comp.) pulse gate

saída (Gen.) exit; output

saída (Radiol.) exit portal

saída coaxial (Elect.) coaxial input

saída com armazenamento temporário (Comp.) buffered output

saída de ar (Mining) return airway

saída de audiofrequência (Telecom.) audiofrequency output

saída de filtro (Phys.) filter output

saída de força (Mech.) power output

saída de gás (Mech.) out-gate

saída de grupo (Comp.) group outgoing

saída de microfone (Elect.) microphone output

saída de potência (Mech.) power output

saída de potência média (Elect.; Telecom.) medium power output; average power output

saída de raios catódicos (Comp.; Elect.) cathode-ray output

saída desequilibrada (Elect.) unbalanced output

saída diferida (Comp.) deferred exit

saída do gerador (Electr.; Mech.) generator output

saída dupla (Elect.) duplex outlet

saída em espiral (Aero.) easement exit

saída em tempo real (Comp.) real-time output

saída específica (Electron.) specific output

saída harmónica (Elect.) harmonic output

saída impressa (Comp.) print out

saída não distorcida (Telecom.) undistorted output

saída nominal (Elect.) rated output

saimel (Build.) pad stone

sais biliares (Bio.; Med.; Zoo.) bile salts

sais de diazónio (Chem.) diazonium salts

sais de fosfónio (Chem.) phosphonium salts

sais de oxónio (Chem.) oxonium salts

sais de Roussin (Chem.) Roussin's salts

sais duplos (Chem.) double salts

sais normais (Chem.) normal salts

Sakmariano (Geo.) Sakmarian

sal (Chem.) salt

sala activa (Phys.) live room

sala acústica (Phys.) anechoic room

sala antieco (Phys.) free-field room

sal ácido (Chem.) acid salt

salada de palavras (Psycho.) word salad

sala de campo livre (Phys.) anechoic room

sala de crescimento (Bot.) growth room

sala de descontaminação (Space) clean room

sala de esterilização (Space) clean room

sala de fornalha fechada (Mech.) closed stokehold

sala de tecto abaulado (Arch.) severy

sal admirável (Miner.) mirabilite

sala dos batedores (Text.) blowing room

sala hipóstila (Arch.) hypostyle hall

sal amoníaco (Miner.) sal ammoniac

salbutamol (Med.) salbutamol

sal cristalino (Chem.) crystalline salt

sal crómico (Chem.) chromic salt

sal cromoso (Chem.) chromous salt

sal de amónio do ácido purpúrico (Chem.) murexide

sal de Bechgaard (Phys.) Bechgaard salt

sal de Epson (Chem.; Med.) Epson salt

sal de Frémy (Chem.) Frémy's salt

sal de Glauber (Med.; Miner.) Glauber salt; mirabilite; sodium sulphate (sulfate)

sal de Mohr (CHEM.) Mohr's salt
sal de níquel (CHEM.) nickel salt
sal de prata (CHEM.) silver salt
sal de Rochelle (CHEM.) Rochelle salt; potassium sodium tartrate
sal de selénio (CHEM.) selenium salt
sal de transmissão de calor (CHEM.) heat transfer salt
sal do ácido tânico (CHEM.) tannate
sal gema (MINER.) rock salt
salicilamida (CHEM.) salicylamide
salicilanilido (CHEM.) salicylanilide
salicilato (CHEM.) salicylate
salicilato de metilo (CHEM.) wintergreen; methyl salicylate
salicilo (CHEM.) salicyl
saliência (ARCH.) projection
saliência (BUILD.) ledgement
saliência (MECH.) boss
saliência da chaminé (BUILD.) chimney-breast
saliência na costura (TEXT.) wale
saliente (BOT.; ZOO.) ventricose
saliente (BUILD.) proud
saliente (SURV.) salient
salina (GEO.) salina
salinidade (GEO.) salinity
salinómetro (PHYS.) salinometer
salite (MINER.) sahlite; salite
salitre (MINER.) saltpetre
saliva (ZOO.) saliva
sal mineral de rocha (MINER.) rock salt; halite
salmonelas (BIO.) salmonella
salmonelose (MED.) salmonellosis
salmoniformes (ZOO.) salmoniformes
salmoura (MINING) brine
sal neutro (CHEM.) neutral salt
salobro (ECO.) brackish
salpicado de pontos (BOT.) punctate
salpico (BUILD.) spatter finish
salpingectomia (MED.) salpingectomy
salpingenfraxe (MED.) salpingemphraxis
salpíngico (MED.) salpingian
salpingisterociese (MED.) salpingysterocyesis
salpingite (MED.) salpingitis
salpingocele (MED.) salpingocele
salpingociese (MED.) salpingocyesis
salpingofaríngeo (MED.) salpingopharyngeal; salpingopharyngeus
salpingoforectomia (MED.) salpingo-oophorectomy
salpingooforite (MED.) salpingo-oophoritis
salpingooforocele (MED.) salpingo-oophorocele
salpingootecectomia (MED.) salpingo-oothecectomy
salpingootecite (MED.) salpingo-oothecitis
salpingootecocele (MED.) salpingo-oothecocele
salpingoovariectomia (MED.) salpingo-ovariectomy
salpingopexia (MED.) salpingopexy
salpingorrafia (MED.) salpingorrhaphy; salpingorrhagia
salpingostomia (MED.) salpingostomy
salpingotomia (MED.) salpingotomy
sal sódico de barbital (CHEM.) barbital sodium

salsuginoso (BOT.) salsuginous
saltador (ZOO.) saltatorial; saltatory
saltério (ZOO.) psalterium
saltígrado (ZOO.) saltigrade
saltitar (ECO.) pronking
salto (COMP.) jump
salto (TELECOM.) hoop; skip
salto barométrico (METEO.) pressure jump
salto condicional (COMP.) conditional jump
salto de contacto (COMP.) contact bounce
salto de corrente (ELECT.) current rush
salto de frequência (ELECT.) frequency jumping
salto de frequência (TELECOM.) frequency swing
salto de papel (COMP.) paper throw
salto de tensão (ELECT.) voltage jump
salto incondicional (COMP.) unconditional jump
salto médio (HYDRO.) mean head
sal volátil (CHEM.) sal volatile
Salyut (SPACE) Salyut (Russian space station)
samago (BOT.) sap wood; alburnum
sâmara (BOT.) samara
samário (CHEM.) samarium
samba (BOT.) obeche
sambladura (BUILD.) common dovetail
samblamento de respiga e mecha (BUILD.) haunch
sândalo (BOT.) sandalwood
sangria (AERO.) bleeding
sangria (MECH.) tapping; bleed
sangria (MED.) batch; bloodletting; exsanguination
sangria em cascata (MECH.) cascade casting
sangue (GEN.) blood
sangue coagulado (ZOO.) cruor
sangue de dragão (BUILD.; IMP.) dragon's blood
sanidina (MINER.) sanidine
sanitário (BUILD.) water closet
sanitário químico (BUILD.) chemical closet
santalol (CHEM.) santalol
santos de gelo (METEO.) ice saints
sapata (BUILD.) sole piece; patter; shoe; footing
sapata (MECH.) bolster; slipper
sapata (MINING) casing shoe; shoe
sapatada (VET.) shivering
sapata de acessório (IMAGE TECH.) accessory shoe
sapata de cimentação (MINING) cementing shoe
sapata de colector (ELECT.) collector shoe
sapata de estaca (BUILD.) pile shoe
sapata de freio (BUILD.) Scotch block
sapata de fundação (MECH.) bedplate
sapata de pressão (MECH.) pressure shoe
sapata do travão (MECH.) brake shoe
sapata flutuadora (MINING) float shoe
sapata fresadora (MINING) milling shoe
sapinho (MED.) thrust
sapo bufo (BIO.) cane toad
sapogenina (CHEM.) sapogenin

saponificação (GEN.) saponification
saponinas (CHEM.) saponins
saponite (MINER.) saponite; bowlingite
saprófago (ECO.) saprobe
saprófilo (BOT.) saprophilous
saprófito (BIO.) saprophyte
saprógeno (BOT.) saprogenous
saprólito (ECO.) saprolite
sapropel (GEO.) sapropel
sapropelito (GEO.) sapropelite
saprotrofia (BOT.) saprotrophy
saprótrofo (BIO.) saprotroph
saraiva (METEO.) hail; hailstones
sarampo (MED.) measles; morbilli
sarampo alemão (MED.) rubella; German measles
sarampo do gado (VET.) measles of beef
sarampo dos porcos (VET.) measles of pork
Sarcodíneos (ZOO.) sarcodina
sarcófago (ZOO.) sarcophagous
sarcóide (sarcoídeo) (ZOO.) sarcodic; sarcodous; sarcoid
sarcóide de Boeck (MED.) sarcoidosis; Boeck's sarcoid
sarcoídeo (ZOO.) sarcodic; sarcodous; sarcoid
sarcoidose (MED.) sarcoidosis; Besnier-Boeck-Schaumann syndrome; Boeck's sarcoid
sarcolema (ZOO.) sarcolemma
sarcoma (MED.) sarcoma
sarcoma angiolítico (MED.) psammoma
sarcoma de Rous (VET.) Rous' sarcoma
sarcoma hemorrágico idiopático múltiplo (MED.) multiple idiopatic hemorrhagic sarcoma; Kaposi's sarcoma
sarcoma melanótico (MED.) melanoma
sarcomatose (MED.) sarcomatosis
sarcomatoso (MED.) sarcomatous
sarcomério (BIO.) sarcomere
sarcoplasta (BIO.) sarcoplast
sarcoptidíase (MED.) scabies
sarcosina (CHEM.) sarcosine
sarcosporidiose (VET.) sarcosporidiosis
sarda (MED.) freckle
sardónica (MINER.) sardonyx
sarga (GEN.) twill
sargaço (BOT.) kelp
sarilho (MECH.; MINING) gin
sarja (TEXT.) serge
sarja de Nîmes (TEXT.) denim
sarjeta (BUILD.) soakway; gutter; sough
sarna (BOT.) scab
sarna (MED.) scarinosis; mange; scabies
sarna (VET.) scabies; mange; farcy
sarna corióptica (VET.) chorioptic mange; itchy leg; foot mange
sarna das ovelhas (VET.) sheep scab
sarna demodéctica (VET.) demodectic mange
sarna do pé (VET.) foot mange
sarna folicular (VET.) follicular mange
sarna negra da batata (BOT.) scab
sarna octodéctica (VET.) otodectic mange
sarna psorótica (VET.) psorotic mange; sheep scab

sarna sarcóptica (VET.) scabies; sarcoptic mange

sarna sarcóptica dos gatos (VET.) notoedric mange

Saros (ASTRO.) Saros

sarrafo (BUILD.) batten; lath; shide; shingle

sassafrás (BOT.) sassafras

satélite (ASTRO.; SPACE) moon; satellite; secondary planet

satélite (BIO.; TELECOM.) satellite

satélite activo (SPACE) active satellite

satélite activo de comunicações (TELECOM.) active communications satellite

satélite artificial (SPACE) artificial satellite

satélite artificial em órbita lunar (SPACE) lunar orbiter

satélite de aplicação tecnológica [SAT] (ASTRO.) application technology satellite [ATS]

satélite de comunicações (SPACE; TELECOM.) communications satellite

satélite de estabilização giroscópica (TELECOM.) spin-stabilized satellite

satélite de múltiplo acesso (TELECOM.) multiple access satellite

satélite de órbita baixa (ASTRO.) low-orbiting satellite

satélite de pesquisa (ASTRO.; SPACE) mission satellite

satélite de televisão (TELECOM.) television satellite

satélite de vigilância (TELECOM.) surveillance satellite

satélite estabilizado por rotação (TELECOM.) spin-stabilized satellite

satélite lunar (ASTRO.) lunar satellite

satélite meteorológico (METEO.) meteorological satellite

satélite nuclear (SPACE) nuclear satellite

satélite passivo (SPACE) passive satellite

satélite preso (SPACE) tethered satellite

satélite regular (ASTRO.) regular satellite

satélite síncrono (SPACE) synchronous satellite

satélite sinódico (ASTRO.) synodic satellite

satélite solar (ASTRO.) solar satellite

satélite supersíncrono (ASTRO.) supersynchronous satellite

satélite terrestre artificial (SPACE) artificial earth satellite

satiríase (MED.) satyriasis; fureur génitale

saturação (GEN.) saturation

saturação acústica (PHYS.) acoustic saturation

saturação anódica (ELECTRON.) anode saturation

saturação cromática (PHYS.) loading

saturação das altas frequências (TELECOM.) HF saturation

saturação de cor (IMAGE TECH.) colour saturation

saturação de corrente (ELECT.) current saturation

saturação de petróleo (MINING) oil seepage; oil saturation

saturação de placa (ELECT.) plate saturation

saturação de tensão (ELECT.) voltage saturation

saturação de vazios (ELECTRON.) hole storage

saturação do ar (METEO.) saturation of the air

saturação do núcleo (ELECTRON.) core saturation

saturação magnética (PHYS.) magnetic saturation

saturação mútua (CHEM.) mutual saturation

saturação parcial (CHEM.) partial saturation

saturnismo (MED.) plumbism; lead poisoning

Saturno (ASTRO.) Saturn

sauconite (MINER.) sauconite

saussurite (GEO.; MINER.) saussurite

savana (ECO.) savanna

savana de altitude (ECO.) veld

saxátil (BOT.) saxicole; saxicolous

saxícola (saxátil) (BOT.) saxicole; saxicolous

saxifragante (MED.) saxifragant

saxitoxina (CHEM.) saxitoxin

saxonite (MINER.) saxonite

scheelite (MINER.) scheelite

schistosomíase (MED.) schistosomiasis

Schotky de baixa potência (ELECTRON.) low-power Schottky

schwannoma (MED.) schwannoma

sebáceo (ZOO.) sebaceous

sebífero (ZOO.) sebiparous

sebíparo (ZOO.) sebiferous

sebo (ZOO.) sebum

sebo palpebral (MED.) lemma

seborreia (MED.) seborrhea; seborrhoea

seborreico (MED.) seborrhoeic

seca (METEO.) drought

secador (GEN.) drier

secador Ring (CHEM.) Ring drier

secador rotativo (MINING) rotary drier

secagem (BOT.) seasoning

secagem (MINING) de-watering

secagem ao ar (BUILD.) air drying

secagem a vácuo (BIO.) freeze-drying

secagem por congelação (BIO.) freeze-drying

secagem rápida (MECH.) flash drying

secante (GEN.) drier

secante hiperbólica (MATH.) hyperbolic secant

seca orográfica (ECO.) rain shadow

seca saeliana (ECO.) Sahelian drought

secção (BIO.) section

secção (GEN.) section

secção (MINING) district

secção (RADIOL.) slice

secção atómica eficaz (PHYS.) atomic cross section

secção central (AERO.) centre section

secção cónica (MECH.) conical section; conic

secção de asa (AERO.) wing section

secção de bloco (BUILD.) block section

secção de entrada (ELECT.) front end

secção de pilar (BUILD.) pillar section

secção de placa (ELECT.) plate section

secção eficaz de absorção neutrónica (PHYS.) neutron absorption cross-section

secção eficaz de activação (PHYS.) activation cross-section

secção eficaz de choque (ELECT.) effective collision cross section

secção eficaz de ionização (PHYS.) ionization cross-section

secção eficaz de Thomson (ELECT.) Thomson cross section

secção eficaz de transporte (NUCL.) transport cross-section

secção eficaz nuclear (PHYS.) nuclear cross section

secção eficaz térmica (PHYS.) thermal cross-section

secção eficaz total (PHYS.) total cross-section

secção exterior (AERO.) outer section

secção inferior de caixa de molde de fundição (MECH.) drag

secção L (TELECOM.) L-section

secção longitudinal radial (BOT.) radial longitudinal section

secção longitudinal tangencial (BOT.) tangential longitudinal section

secção nominal (TELECOM.) nominal section

secção normal de uma superfície (MATH.) normal section of a surface

secção transmissora de radar secundário (RADAR) responser

secção transmissora de um transmissor/respondedor (RADAR) responser

secção transversal (GEN.) cross-section

secção transversal (NUCL.; PHYS.) cross-section

secção transversal activa (PHYS.) activation cross-section

secção transversal de antena (TELECOM.) antenna cross-section

secção transversal de dispersão (PHYS.) scattering cross-section

secção transversal de ionização (PHYS.) ionization cross-section

secção transversal de radar (RADAR) radar cross-section

secção transversal de transporte (NUCL.) transport cross-section

secção transversal diferencial (PHYS.) differential cross-section

secção transversal do plano de sustentação (AERO.) aerofoil section

secção transversal geométrica (PHYS.) geometrical cross-section

secção transversal oblíqua (MATH.) oblique cross-section

secção transversal por átomo (PHYS.) cross-section per atom

seccionado (BOT.; ZOO.) emarginate

secções contínuas (PRINT.) continuous sections

secções de aço laminado (MECH.) rolled-steel sections

seco antes de tempo (BOT.) scorched

seco ao ar (GEN.) air dry

secodonte (ZOO.) secodont

secreção (GEN.) secretion

secreção apócrina (BIO.) apocrine secretion

secreção externa (Zoo.) external secretion
secreção interna (Zoo.) internal secretion
secretagogo (Med.) secretagogue
secretina (Bio.) secritin
secretina inactivada (Med.) prosecretin
secretomotor (Bio.) secretomotor
secretor (Immun.) secretor
secretório (Zoo.) secretory
sector (Gen.) sector
sector cego (Build.) blind area
sector frio (Eco.) cold sector
sectorial (Zoo.) sectorial
sectório (Zoo.) carnassial (tooth)
sector quente (Eco.) warm sector
sectores pares (Bio.) twin sectors
secundário/a (Zoo.) secondary
secundigrávida (Med.) secundigravida
secundinas (Bot.) secundines
secundinas (Med.; Vet.; Zoo.) afterbirth; secundines
secundípara (Med.) secundipara
seda (Bot.) seta
seda (Text.) silk
seda (Zoo.) silk
seda crua (Text.) greige
seda fiada (Text.) spun silk
sedalina (Text.) silkaline
seda táctil (Bot.) tactile bristle
sede (Mech.) seat (valve)
sedentário (Zoo.) sedentary
sedimentação (Chem.) sedimentation
sedimentação (Geo.) deposition; sludge
sedimentação dos canais (Geo.) channel fill
sedimentação lagunar (Geo.) basin-and-swell sedimentation
sedimentação mecânica (Geo.) mechanical sedimentation
sedimentação periódica (Geo.) rhythmic sedimentation
sedimento (Build.) sludge
sedimento (Geo.) sediment; silt
sedimento (Phys.) settling
sedimento (Mining) sludge
sedimento abissal (Geo.) abyssal sediment
sedimento aluvial (Geo.) alluvial sediment
sedimento anaeróbico (Geo.) anaerobic sediment
sedimento arenoso (Geo.) sandy sediment
sedimento bioclástico (Geo.) bioclastic sediment
sedimento de caldeira (Mech.) boiler scale
sedimento feldspático (Geo.) feldspathic sediment
sedimento fosfático (Geo.) phosphatic sediment
sedimento laminado (Geo.) laminated sediment
sedimento marinho (Geo.) marine sediment
sedimentómetro de dispersão reflectida beta (Phys.) beta backscattering sedimentometer
sedimento periglacial (Geo.) cryopediment

sedimentos biodetríticos (Geo.) biodetrital sediments
sedimentos biomecânicos (Geo.) biomechanical sediments
sedimentos de água doce (Geo.) fresh-water sediments
sedimentos de água salobra (Geo.) brackish water sediments
sedimento silicioso (Geo.) silicious sediment
sedimentos não consolidados (Eco.) unconsolidated sediments
sedimentos terrígenos (Geo.) terrigenous sediments
sedimento subaquático (Geo.) subaqueous sediment
sedimento terciário (Geo.) tertiary sediment
sedoso (Miner.) silk
segmentação (Gen.) segmentation
segmentação bilateral (Zoo.) bilateral cleavage
segmentar (Zoo.) segmental
segmentário (Zoio.) segmental
segmento (Gen.) segment
segmento (Math.) segment; section
segmento de contacto (Elect.) contact segment
segmento dependente (Comp.) dependent segment
segmento de qualquer estrutura articulada (Med.) limb
segmento de Ranvier (Zoo.) Ranvier's segment
segmento de recta (Math.) segment; section
segmento inactivo (Elect.) dead segment
segmento inferior lógico (Comp.) logical child segment
segmento inicial (Comp.) header segment
segmento internodal (Zoo.) Ranvier's segment
segmento lógico dependente (Comp.) logical child segment
segmento polar (Elect.) pole piece
segregação (Gen.) segregation
segregação inversa (Eng.) inverse segregation
segregação normal (Mech.) normal segregation
seguidor (Electr.) tracker
seguidor automático de trajectória (Radar) automatic track follower
seguidor catódico (Elect.) cathode follower
seguidor de feixe de radar (Aero.; Astro.) beam rider
seguidor de tensão (Electron.) voltage follower
seguidor do Sol (Space) sunseeker
seguimento de pista dinâmico (Telecom.) dynamic track following [DTF]
seguimento longitudinal (Image Tech.) longitudinal track
seguimento por radar (Aero.; Radar) radar tracking
segundas provas (Print.) revise
segundo (Gen.) second
segundo ânodo (Elect.) ultor
segundo comando (Comp.) augend

segundo de Redwood (Mech.) Redwood second
segundo detector (Telecom.) second detector
segundo intercalar (Astro.) leap second
segundo momento de área (Mech.) second moment of area
segundo reboco (Arch.) fine stuff
segundo ventrículo (Zoo.) second ventricle
segurança (Comp.) security
segurança (Elect.) reliability
segurança de código (Comp.) password
segurança de dados (Comp.) data locking
segurança de hardware (Comp.) hardware security; hardware reliability
segurança de senha (Comp.) password security
segurança electrónica (Electron.) electronic security
seibertite (Miner.) seibertite; clintonite
seif (Geo.) seif dune
seio (Zoo.) sinus
seio coronário (Med.) coronary sinus
seio maxilar (Med.) antrum of Highmore; maxillary sinus
seios frontais (Zoo.) frontal sinuses
seios linfáticos (Zoo.) lymph sinuses
seios nasais (Zoo.) air sinuses
seio venoso (Zoo.) sinus venosus
seis básico (Aero.) basic six
seiva (Bot.) sap
seiva nuclear (Bio.) nuclear sap
seixo (Geo.) pebble
seixo calcário (Geo.) calc-flinta
sela (Mech.) saddle
selecção (Bio.) selection
selecção altruísta (Eco.) kin selection
selecção aposemática (Eco.) apostatic selection
selecção artificial (Eco.) artificial selection
selecção clonal (Immun.) clonal selection
selecção de derivação (Elect.) tap changing
selecção de grupo (Eco.) group selection
selecção de habitat (Eco.) habitat selection
selecção de sinais (Radar) gating
selecção diferencial (Eco.) selection differential
selecção K (Eco.) K-selection
selecção natural (Bio.) natural selection
selecção sexual (Zoo.) sexual selection
selectividade (Telecom.) selectivity
selectividade de ondas contínuas (Elect.) CW selectivity
selectividade do cristal (Elect.) crystal selectivity
selectividade específica (Elect.) selectance
selector absorvente de dígitos (Telecom.) digit-absorbing selector
selector de altura de impulso (Electron.) pulse-height selector

selector de amplitude (ELECTRON.) pulse-height selector

selector de banda (TELECOM.) range switch

selector de código (TELECOM.) code selector

selector de derivação (ELECT.) tap changer

selector de dois movimentos (TELECOM.) two-motion selector

selector de frequência (TELECOM.) frequency selector

selector de gama (TELECOM.) band switch

selector de grupo (TELECOM.) group selector

selector de prova (ELECT.) test selector

selector de teste final (TELECOM.) test final selector

selector de velocidade (ELECT.) velocity selector

selector de velocidade neutrónica (NUCL.) neutron velocity selector; chopper

selector discriminador (TELECOM.) discriminating selector

selector final (TELECOM.) final selector

selector numérico (TELECOM.) numerical selector

seleneto de chumbo (CHEM.) lead selenide

selénio (CHEM.) selenium

selenite (MINER.) moonstone; selenite

selenodonte (ZOO.) selenodont

selha oscilante (MINING) rocker

selo (GEN.) seal

selo a mercúrio (CHEM.) mercury seal

selo à pressão (MECH.) pressure seal

selo a vácuo (ELECTRON.) vacuum seal

selo de virola (MECH.) lip seal

selo palatal (MED.) postdam; posterior palatal seal

selo rotativo (MECH.) rotary seal

selva (ECO.) jungle

semântica (COMP.) semantics

semático (ZOO.) sematic

sem distorção (ELECT.) distortion free

sem ecos (RADAR) no echos

semelhança de triângulos (MATH.) similitary of triangles

sémen (ZOO.) semen; sperm

sem endereço (COMP.) zero-address

semente (BOT.) seed

semente racalcitrante (ECO.) recalcitrant seed

sem-fim de rosca múltipla (MECH.) multistart worm

sem-fim do motor (MECH.) motor worm

semiautomático (GEN.) semi-automatic

semicarbazida (CHEM.) semicarbazide

semicarbazonas (CHEM.) semicarbazones

semicírculo navegável (METEO.) navigable semicircle

semicírculo perigoso (METEO.) dangerous semicircle

semicondutor (ELECTRON.) semiconductor

semicondutor amorfo (ELECT.) amorphous semiconductor

semicondutor compensado (ELECT.) compensated semiconductor

semicondutor composto (ELECTRON.) compound semiconductor

semicondutor degenerado (ELECTRON.) degenerate semiconductor

semicondutor de impurezas (ELECTRON.) impurity semiconductor

semicondutor de óxido metálico (ELECT.) metal-oxide semiconductor

semicondutor emissor (ELECTRON.) emitter semiconductor

semicondutor extrínseco (ELECTRON.) extrinsic semiconductor

semicondutor fotossensível de dupla acção (ELECT.) double-junction photosensitive semiconductor

semicondutor intrínseco (ELECTRON.) intrinsic semiconductor

semicondutor metal-óxido complementar (ELECTRON.) complementary metal-oxide semiconductor

semicondutor tipo-n (ELECTRON.) n-type semiconductor

semicondutor tipo p (ELECTRON.) p-type semiconductor

semidiâmetro (ASTRO.) semidiameter

semiduplex (COMP.) half duplex

semielemento (ELECT.) half-element

semifaceta (ZOO.) demifacet

semifechado (ELECT.) semi-enclosed

semigrupo (MATH.) semigroup

semigrupo de transformação (MATH.) transformation semigroup

semilargura (PHYS.) half-width

semilúnio (ASTRO.) half-moon

semimonocasco (AERO.) seminocoque

seminação (BOT.) semination

seminal (BOT.; ZOO.) seminal

seminífero (ZOO.) seminiferous

seminoma (MED.) seminoma

semiologia (MED.) semeiology; semiotics

semioquímico (ZOO.) semiochemical

semiótica (ZOO.) semiotics

semiótico (MED.) semeiotic

semiovíparo (ZOO.) semi-oviparous

semipalmado (ZOO.) semipalmate

semipermeável (ECO.) semi-permeable

semiplacenta (ZOO.) semiplacenta

semipolares no espaço (MATH.) cylindrical co-ordinates

semiprateado (PHYS.) half-silvered

semitom (PHYS.) semitone

semivertente (ARCH.) partial hip

sempre verde (BOT.) sempervirent; evergreen

sem retorno a zero (COMP.) non-return to zero

sen (seno) (MATH.) sin; sine

senescência (ECO.) senescence

senescência racial (ECO.) racial senescence

senescente (BIO.) senescent

senha (COMP.) password

senilidade (BIO.) senility; dotage

seno (MATH.) sin; sine

seno de x (MATH.) arc sin x

seno hiperbólico (MATH.) hyperbolic sine

seno hiperbólico de x (MATH.) arc sinh x

senoidal (MATH.) sine shaped

senóide (PHYS.) sine wave

senóide equivalente (ELECT.) equivalent sine wave

seno logarítmico (MATH.) logarithmic sine

senoniano (GEO.) senonian

senónico (GEO.) senonian

sensação acromática (PHYS.) achromatic sensation

sensação artificial (AERO.) artificial feel

sensação de velocidade (MED.) speed sense

sensações (PSYCHO.) senses

sensibilidade (PHYS.) sensitivity

sensibilidade à tonalidade (PHYS.) hue sensibility

sensibilidade característica (ELECTRON.) sensitivity characteristic

sensibilidade de corrente (ELECT.) current sensitivity

sensibilidade de deflexão (ELECTRON.) deflection sensitivity

sensibilidade de desvio (ELECTRON.) deviation sensibility

sensibilidade de desvio máximo (ELECT.) maximum-deviation sensitivity

sensibilidade de entalhe (MECH.) notch sensitivity

sensibilidade de raios gama (NUCL) gamma-ray sensitivity

sensibilidade de receptor (TELECOM.) receiver sensitivity

sensibilidade do instrumento (ELECTRON.) instrument sensitivity

sensibilidade espectral (IMAGE TECH.) spectral sensitivity

sensibilidade fotoeléctrica (ELECTRON.) photocell sensivity

sensibilidade instrumental (ELECT.) instrumental sensitivity

sensibilidade luminosa (PHYS.) luminous sensitivity

sensibilidade luminosa catódica (ELECT.) cathode luminous sensitivity

sensibilidade quantitativa (ELECT.) quantity sensitivity

sensibilidade silenciosa (TELECOM.) quieting sensitivity

sensibilidade tangencial (ELECTRON.) tangential sensitivity

sensibilização (CHEM.; IMMUN.) sensitization

sensibilizador (GEN.) sensitizer

sensífero (ZOO.) sensiferous

sensígeno (ZOO.) sensigenous

sensila (sensilha) (ZOO.) sensillum

sensitivo (ZOO.) sensitive; sensory; sensorium

sensitometria (IMAGE TECH.) sensitometry

sensitómetro (IMAGE TECH.) sensitometer

sensível (ZOO.) sensitive

sensível à luz (PHYS.) light sensitive

sensor (GEN.) sensor

sensor de chama (ELECTRON.) oil-flame sensor

sensor de efeito de Hall (ELECTRON.) Hall-effect sensor

sensor de força triaxial (ELECTRON.) force cube

sensor de gás inflamável (GEN.) flammable gas sensor

sensor de giroscópio (MECH.) gyrosensor

sensor de guinada (AERO.) yaw sensor

sensor de horizonte (ELECTRON.) horizon sensor

sensor de luminosidade (ELECTRON.) photocell daylight sensor

sensor de posição (ELECTRON.) position sensor

sensor de pressão do ar (ELECTRON.) air-compression sensor

sensor de pureza do ar (ELECTRON.) air purity sensor

sensor de sulfito de cádmio (ELECTRON.) cadmium sulphide cell

sensorial (ZOO.) sensory; sensorium

sensório (ZOO.) sensory; sensorium

sensor magnetohidrodinâmico (ELECTRON.) magnetohydrodynamic sensor

sensor passivo (ELECTRON.) passive sensor

sensor piezoeléctrico (ELECTRON.) piezoelectric sensor

sensor termo-eléctrico de filme fino (ELECTRON.) thin-film thermo-electric sensor

sentido contrário ao dos ponteiros do relógio (GEN.) contraclockwise

sentido convencional de circulação de corrente (ELECT.) conventional current flow

sentido de marca (COMP.) mark sense

sentido de orientação (MED.) spatial orientation

sentido de tom absoluto (PHYS.) sense of absolute pitch

sentido de tom relativo (PHYS.) sense of relative pitch

sentido de velocidade (MED.) speed sense

sentido directo (ELECT.) forward direction

sentinela (COMP.) sentinel

sépala (BOT.) sepal

separação (COMP.) bursting

separação (ELECT.) disconnection

separação (IMAGE TECH.) breakaway

separação aquosa bi-fásica (CHEM.) aqueous two-phase separation

separação celular (BIO.) cell sorting

separação centrífuga (NUCL.) centrifuge separation

separação de alta intensidade (MINING) high-intensity separation

separação de alta tensão (ELECT.) high-tension separation

separação de altitude (AERO.) vertical separation

separação de canais (TELECOM.) channel separation

separação de cor (IMAGE TECH.; PRINT.) colour separation

separação de espuma (CHEM.) foam separation

separação de estágios (SPACE) staging

separação de impulsos (ELECTRON.) pulse spacing

separação de isótopos (PHYS.) isotope separation

separação de meios densos (MINING) heavy media separation

separação de minério (MINING) vanning

separação electrolítica (ELECT.) electroparting

separação electromagnética (MINING; NUCL.) electromagnetic separation

separação electrostática (ELECT.) high-tension separation

separação entre localizações (PHYS.) site separation

separação entre sulcos (disco de vinil) (TELECOM.) groove pitch

separação forçada (MED.) avulsion

separação isómera (PHYS.) isomer separation

separação por gravidade (MINING) gravity separation

separação por lâminas (BIO.) delamination

separação vertical (AERO.) vertical separation

separador (GEN.) separator

separador (MINING) separator; knock-out

separador (TELECOM.) spreader

separadora (MINING) buddle

separadora de formulários (COMP.) burster

separador celular (BIO.) cell sorter

separador centrífugo (MINING.) baffle

separador de água (MECH.) steam trap

separador de células activadas por fluorescência (BIO.) fluorescence activated cell sorter

separador de coluna (COMP.) column split

separador de cópias (COMP.) decollate

separador de frequências (TELECOM.) frequency separator

separador de gás (MINING) gas separator

separador de grupo (COMP.) group separator

separador de Huff (MINING) Huff separator

separador de impulsos (ELECT.; TELECOM.) impulse separator; pulse separator

separador de minério (MINING) vanner

separador de minérios Wetherill (MINING) Wetherill's ore separator

separador de partículas de Goetz (PHYS.) Goetz size separator

separador de sinal (ELECTRON.) splitter

separador electrostático ((ELECT.) electrostatic separator

separadores (PRINT.) strippers

separador magnético (PHYS.) magnetic separator

separata (PRINT.) offprint; separate

sepiolite (MINER.) meerschaum; sepiolite

sépsis (sepsia) (MED.) sepsis

septado (BOT.) septate

septários (GEO.) septaria

septicemia (MED.) septicaemia; septicemia

septicemia do coelho (VET.) rabbit septicaemia

septicemia hemorrágica (VET.) haemorrhagic septicaemia

septicida (BOT.) septicidal

septifrago (BOT.) septifragal

septo (BOT.; ZOO.) septum

septo acessório (MED.) septum accessorium

septo endovenoso (MED.) septum endovenosum

septo internasal (ZOO.) internasal septum; mesethmoid

septo pelúcido (MED.) septum pellucidum

septos interbranquiais (ZOO.) interbranchial septa

septo transparente (MED.) septum pellucidum

sequência (GEN.) sequence

sequência automática (ELECT.) automatic sequence

sequenciação do ADN (BIO.) DNA sequencing

sequência centromérica (BIO.) centromeric sequences

sequência climatérica (ECO.) climosequence

sequência de Bouma (GEO.) Bouma sequence

sequência de Cauchy (MATH.) Cauchy sequence

sequência de chamada (COMP.) calling sequence

sequência de codificação (BIO.) coding sequence

sequência de derivação (COMP.) derivation sequence

sequência de fase (ELECT.) phase sequence

sequência de fase negativa (ELECT.) negative phase sequence

sequência de fase positiva (ELECT.) positive phase sequence

sequência de intensificação (MECH.) build-up sequence

sequência de intercalação (COMP.) collating sequence

sequência de linha (IMAGE TECH.) line-sequential

sequência de pontos (IMAGE TECH.) dot sequential

sequência de teste pseudo-aleatório (COMP.) pseudo-random test sequence

sequenciador (ELECTRON.) sequencer

sequência isoelectrónica (ELECTRON.) iso-electronic sequence

sequencial de campo (IMAGE TECH.) field sequential

sequência numérica pseudo-aleatória (COMP.) pseudo-random number sequence

sequência polar (ASTRO.) polar sequence

sequência principal (ASTRO.) main sequence

sequências de Shine-Delgarno (BIO.) Shine-Delgarno sequences

sequência telomérica (BIO.) telomeric sequences

sequestrectomia (MED.) sequestrectomy

sequestro (MED.) sequestrum
sequóia (BOT.) sequoia; redwood
seral (ECO.) seral
serapilheira (TEXT.) burlap
sere (ECO.) sere
sereno (METEO.) serein
sere primária (BOT.; ECO.) primary sere; prisere
sericite (MINER.) sericite
série (GEN.) series; group
série (GEO.) series
série alternada (MATH.) alternating series
série aritmética (MATH.) arithmetic series
série beltiana (GEO.) Beltian Series
série condicionalmente convergente (MATH.) conditionally convergent series
série Dalradiana (GEO.) Dalradian series
série de Balmer (PHYS.) Balmer series
série de Brackett (PHYS.) Brackett series
série de Brouncker (MATH.) Brouncker's series
série de desintegração (PHYS.) disintegration series
série de deslocamento (CHEM.) displacement series
série de Fibonacci (GEN.) Fibonacci series
série de Fourier (MATH.) Fourier series
série de Hofmeister (CHEM.) Hofmeister series
série de Lyman (MATH.) Lyman series
série de Maclaurin (MATH.) Maclaurin series
série de números aleatórios (MATH.) random number series
série de Paschen (PHYS.) Paschen series
série de Pfund (PHYS.) Pfund series
série de potencial de eléctrodo (CHEM.) electrode potential series
série de potências (MATH.) power series
série de reacção (GEO.) reaction series
série de registo (COMP.) record chain
série de selectores (TELECOM.) rank of selectors
série de Taylor (MATH.) Taylor's series
série de transformação (ELECTRON.) transformation series
série de uma função trigonométrica (MATH.) series of a trigonometrical function
série difusa (PHYS.) diffuse series
série divergente (MATH.) divergent series
série do carvão (GEO.) coal series
série dominante (MATH.) dominating series
série do neptúnio (CHEM.) neptunium series
série dos actinídeos (CHEM.) actinium series
série dos lantanídeos (CHEM.) lanthanide series
série do tório (PHYS.) thorium series
série dupla (MATH.) double series
série electromotriz (CHEM.) electromotive series

série espectral (PHYS.) spectral series
série exponencial (MATH.) exponential series
série fundamental (PHYS.) fundamental series
série galvânica (ELECT.) galvanic series
série geométrica (GEN.) geometric series
série granítica (MINER.) granite series
série harmónica (PHYS.) harmonic series
série hipergeométrica (MATH.) hypergeometric series
série homóloga (CHEM.) homologous series
série liotrópica (CHEM.) lyotropic series
série oscilante (MATH.) oscillating series
série por bit (COMP.) serial-by-bit
série principal (MATH.) principal series
série radioactiva (NUCL.; PHYS.) radioactive series; radioactive family
série taxonómica (BIO.) taxonomic series
série temporal (GEN.) time series
séries de decaimento (ECO.) decay series
série termoeléctrica (ELECT.) thermoelectric series
série trigonométrica (MATH.) trigonometrical series
série unitária (COMP.) unit string
série urânio-rádio (PHYS.) uranium-radium series
serina (CHEM.) serine
seritipia (PRINT.) silk-screen printing
serofibrinoso (MED.) serofibrinous
serófito (MED.) serophyte
serolisina (MED.) serolysin
serologia (MED.) serology
seromucoso (MED.) seromucous
seronegativo (BIO.) seronegative
seropositivo (BIO.) seropositive
seropurulento (MED.) seropurulent; seropus
serorresistente (MED.) serofast; serum-fast
serosa (ZOO.) serosa (membrane)
serosite (MED.) serositis
seroso (ZOO.) serous
serossinovial (MED.) serosynovial
serossinovite (MED.) serosynovitis
serotaxia (MED.) serotaxis
serotaxonomia (BOT.) serotaxonomy
seroterapia (MED.) serotherapy
serotina (MED.) serotina
serotonina (IMMUN.) serotonin
serovacinação (MED.) serovaccination
serozima (MED.) serozyme
serpentina (CHEM.) pipe coil; worm pipe; worm
serpentina (MINER.) serpentine; chlorophaete
serpentina de aquecimento (BUILD.; ELECT.) coil heating; heat coil
serpentina de arrefecimento (MECH.) cooling coil
serpentina de porcelana para água (MECH.) porcelain water coil
serpentina de pressão (MECH.) pressure coil

serpentina de refrigeração (MECH.) cooling coil
serpentina-jade (MINER.) serpentine-jade
serpentinização (GEO.) serpentinization
Serpukhoviana (GEO.) Serpukhovian
serra a diamante (BUILD.) diamond saw
serra a frio (MECH.) cold saw
serra circular (MECH.) circular saw
serra circular oscilante (BUILD.) drunken saw
serra com dentes de diamante (BUILD.) diamond saw
serra conjugada (MECH.) gang saw
serrada (BOT.) serrate
serra de abrir rasgos (BUILD.) grooving saw
serra de arco (BUILD.) bow-saw; frame saw
serra de braço vertical (BUILD.) cleaving-saw
serra de carpinteiro (BUILD.) buck saw; span saw; cleaving-saw
serra de chanfrar (BUILD.) sweep-saw
serra de contornar (BUILD.) bow-saw; frame-saw
serra de dentes afastados (BUILD.) rack saw
serra de dentes articulados (MECH.) link tooth saw
serra de dois cabos (BUILD.) long saw
serra de embutir (BUILD.) buhl saw
serra de fender (BUILD.) rip-saw
serra de fita (MECH.) endless saw; bandsaw
serra de folhear (BUILD.) veneer saw
serra de lingotes (MECH.) ingot saw
serra de madeireiro (BUILD.) long saw
serra de malhetar (BUILD.) dovetail saw
serra de molduras (BUILD.) dovetail saw
serra de painel (BUILD.) panel saw
serra de ponta (BUILD.) compass saw; buhl saw
serra de ponta fina (BUILD.) keyhole saw; turning-saw
serra de ranhuras (BUILD.) grooving saw
serra de recortar (BUILD.) coping saw; fret-saw; jig saw
serra de respigar (BUILD.) mitre saw; tenon saw
serra de rodear (BUILD.) keyhole saw; turning-saw
serra de traçar (BUILD.) turning-saw
serra de vidraceiro (BUILD.) sash saw
serra em H (BUILD.) buck saw; pan saw
serra grua (BUILD.) pit-saw
serra manual (BUILD.) pit-saw
serra manual para dois homens (BUILD.) long saw
serra mecânica de mesa (BUILD.) table saw
serra mecânica radial (MECH.) radial power saw
serra múltipla (MECH.) gang saw
serra para mármore (BUILD.) grub saw
serra para metais (MECH.) hack-saw
serrar madeira ao comprido (BUILD.) rip

serrar madeira na direcção do veio (BUILD.) rip

serra sem-fim (MECH.) endless saw; bandsaw

serra tico-tico (BUILD.) fret-saw; jig saw; coping saw

serrilhado (BOT.) serrulate

serrote de costas (BUILD.) back saw

serrote de decepar (BUILD.) gullet saw

serrote de metais (MECH.) hack-saw

serrote de ponta (BUILD.) padsaw

serrote grande (BUILD.) cross-cut saw

serviço aberto (COMP.) open shop

Serviço Cartográfico e Topográfico oficial (RU) (SURV.) Ordnance Survey [UK]

serviço de assistência de voo (AERO.) flight assistance service

serviço de comunicações de voo (AERO.) flight communications service

serviço de informação electrónica (TELECOM.) electronic intelligence

serviço de mensagens curtas (TELECOM.) short message service

serviço de posicionamento preciso (ELECTRON.) precise positioning service

serviço de protecção de voo (AERO.) flight assistance service

serviço de voo (AERO.) flight duty

serviço fixo por satélite (COMP.) satellite fixed service

serviço intermitente (TELECOM.) intermittent duty

serviço misto (PBX) (TELECOM.) mixed service [PBX]

serviço móvel por satélite (COMP.) satellite mobile service

serviços de preparação (COMP.) set-up services

serviços fixos de aeronáutica (RU) (AERO.) aeronautical fixed services [UK]

servidor (COMP.) server

servidor de ficheiro (COMP.) file server

servidor de pacote de dados (COMP.) packet switch node

ser vivo (BIO.) bion

servo-amplificador (ELECT.) servo amplifier

servo-comando (AERO.) servocontrol

servo-compensador (AERO.) servo tab

servo-freio (AUTO.) servo brake

servomecanismo (ELECTRON.) servo

servomecanismo de alinhamento (ELECTRON.) tracking servo

servo-motor (ELECT.) servomotor

servo-motor de arranque (ELECT.) barring motor

servo-sincronizador automático (ELECT.) magslip

sesamóide (ZOO.) sesamoid

sesquióxido de ferro (BUILD.; CHEM.) rouge

sesquióxidos (CHEM.) sesquioxides

sesquiterpeno (CHEM.) sesquiterpene

setáceo (ZOO.) setaceous

setas de amor (MINER.; MINING) love arrows

setífero (ZOO.) setiferous

setígero (BOT.) setigerous; chaetiferous

sexo (BIO.; MED.) sex; gender

sexo anatómico de um indivíduo (MED.) gender

sexo heterogamético (BIO.) heterogametic sex

sexo homogâmico (BIO.) homogametic sex

sextante (SURV.) sextant

sextante náutico (NAV.) marine sextant

shed (PHYS.) shed (cross section unit)

Shelldyne (AERO.) Shelldyne (TM)

shiva (NUCL.; PHYS.) shiva (powerful laser)

shonkinito (GEO.) shonkinite

sial (GEO.) sial

sialadenite (MED.) sialadenitis

sialadenoncose (MED.) sialadenoncus

sialagogo (MED.) sialagogue

sialismo (MED.) sialism

sialolitíase (MED.) sialolithiasis

sialólito (MED.) sialolith

sialolitomia (MED.) sialolithomy

sialósquise (MED.) sialoschesis

siba (ZOO.) pen

sibilação (TELECOM.) hiss

sibilo (PHYS.) ping; whistle

sibilo heteródino (TELECOM.) heterodyne whistle

sicose da barba (MED.) sycosis barbae

SIDA (IMMUN.; MED.) AIDS [Acquired ImmunoDeficiency Syndrome]

siderite (GEO.; MINER.) clay ironside; siderite; chalybite

siderite de faixa negra (MINING) black-band iron ore

sideroblasto (BIO.) sideroblast

siderocromo (MINER.) chrome iron ore

siderofibrose (MED.) siderofibrosis

siderofilite (MINER.) siderophyllite

siderófilo (GEO.) siderophile

sideropenia (MED.) sideropenia

siderose (MED.) grinder's rot

siderose (MED.) siderosis

sideróstato (ASTRO.) siderostat

siemens (PHYS.) siemens

sienite porfírica (GEO.) syenite-porphyry

sienito (GEO.) syenite

sienito nefelínico (GEO.) nepheline-syenite

sienito potássico (MINING) potash syenite

sienodiorito (GEO.) syenodiorite

sievert (RADIOL.) sievert

sifão (BUILD.) trap; yard trap; gulley

sifão (GEN.) siphon; syphon

sifão colector de gorduras (BUILD.) grease trap

sifão de descarga automática (BUILD.) automatic flushing cistern

sifão em S (BUILD.) S-strap

sifão invertido (HYDRO.) sag pipe

sifão térmico (PHYS.) thermal siphon

sifílide (MED.) syphilid(e)

sífilis (MED.) syphilis; lues

sífilis equina (VET.) dourine; mal du coit

sífilis nodular (MED.) gumma

sífilis quaternária (MED.) parasyphilis

sifilítico (MED.) syphilitic

sifilóide (MED.) syphiloid

sifiloma (MED.) syphiloma; gumma

Sifonápteros (ZOO.) Siphonaptera

sifonogamia (BOT.) siphonogamy

sifonostela (BOT.) siphonostele

sifónulo (ZOO.) siphon

sifúnculo (ZOO.) siphuncle

SIG (GEN.) GIS

sigmodotomia (MED.) sigmoidotomy

sigmóide (MED.) sigmoid; sigmoideus

sigmoidectomia (MED.) sigmoidectomy

sigmoidopexia (MED.) sigmoidopexy

sigmoidoscópio (MED.) sigmoidoscope

sigmoidostomia (MED.) sigmoidostomy

significado (STAT.) significance

sílabas sem sentido (PSYCHO.) nonsense syllabes

silagem (GEN.) silage

silanos (CHEM.) silanes

silenciador (AUTO.) muffler; silencer

silenciador (ELECTRON.) muting

silenciador do motor (MECH.) motor muffler

silêncio de radar (RADAR) radar silence

silêncio rádio (TELECOM.) radio blackout

silencioso (AUTO.) silencer

silenite (MINER.) sillenite

sílex (GEO.; MINING) flint; silex

sílex pirómaco (GEO.) fire-stone

silhar (BUILD.) ashlar; cut-stone

silhar bastardo (BUILD.) bastard ashlar

silhar cinzelado (BUILD.) chiselled ashlar

silhar em espinha-de-peixe (BUILD.) herring-bone ashlar

silhar impermeável (BUILD.) damp-proof course

silhar trabalhado (BUILD.) random-tooled ashlar

sílica (CHEM.) silica

sílica coloidal (MINER.) colloidal silica

sílica-gel (CHEM.) silica gel

silicato (MINER.) silicate

silicato de alumínio (CHEM.) aluminium silicate

silicato de alumínio e magnésio (CHEM.) aluminium magnesium silicate

silicato sódico de alumínio hidratado (CHEM.) zeolite

silicato solúvel de sódio e potássio (CHEM.) water glass

sílica vítrea (GLASS) vitreous silica

silicidas (CHEM.) silicides

silicificação (GEO.) silicification

silício (CHEM.) silicon

silício policristalino (ELECTRON.) polycrystalline silicon

silicola (BOT.) silicole

silicone (CHEM.) silicone

silicose (MED.) silicosis

silicotuberculose (MED.) silicotuberculosis

silimanite (MINER.) sillimanite

silíqua (BOT.) siliqua

silo (AERO.) silo

silo para minerais (MINING) ore bunkers

siltito (Geo.) mudrock

Silúrico (Siluriano) (Geo.) Silurian

Siluriformes (Siluroídeos; Siluróides) (Zoo.) Siluriformes

silvanita (Miner.) sylvanite; yellow tellurium

silvicultura (Bot.) silviculture

silvina (Miner.) silvine; sylvite

silvinite (Miner.) sylvinite

silvite (silvina) (Miner.) silvine; sylvite

silvo (Phys.) ping; whistle

silvo (Telecom.) hiss

silvo (Vet.) whistling; roaring

sima (Geo.) sima

simbionte (Zoo.) symbion(t)

simbiose (Gen.) symbiosis

simbiose bacteriana (Eco.) lysis

simbiose social (Psycho.) social symbiosis

simbiota (Zoo.) symbiote

simbléfaro (Med.) symblepharon

símbolo (Gen.) symbol

símbolos de Christoffel (Math.) Christoffel symbols

símbolos de edição lógica (Comp.) logical editing symbols

símbolos definidos de multiplicação (Comp.) multiply defined symbols

símbolos isotópicos (Chem.) isotopic symbols

simetria (Gen.) symmetry

simetria bilateral (Bio.) bilateral symmetry

simetria birradial (Zoo.) biradial symmetry

simetria complementar (Electron.) complementary symmetry

simetria de reflexão de espaço (Phys.) space-reflection symmetry

simetria dupla do ADN (Bio.) dyad symmetry of DNA

simetria especular (Phys.) mirror symmetry

simetria leptão-quark (Phys.) leptonquark symmetry

simetria molecular (Bio.) molecular symmetries

simetria radial (Bio.) radial symmetry

simétrico (Gen.) symmetrical

similaridade ancestral (Bot.) patristic similarity

simpatectomia (Med.) sympathectomy

simpaticectomia (Med.) sympathicectomy

simpaticomimética (Med.) sympathomimetics

simpaticomimético (Med.) sympathomimetic

simpatria (Eco.) sympatric

simpétalo (Bot.) sympetalous

simplástico (Bot.) symplastic

simples (Bot.) simple

simplex (Comp.) simplex

símpodo (Bot.) sympodium

simulação (Gen.) simulation

simulação em tempo real (Comp.) real-time simulation

simulação por computador (Psycho.) simulation by computer

simulador (Comp.) dummy

simulador de aplicação informática (Comp.) simulator software

simulador de circuito (Elect.) circuit cheater

simulador de computador (Comp.) computer simulator

simulador de instrução (Comp.) instruction dummy

simulador de reactor (Nucl.) reactor simulator

simulador de voo (Aero.) flight simulator; flight trainer

simultaneidade (Phys.) simultaneity

sinais áudio (Telecom.) audio signals

sinais convencionais (Build.; Surv.) conventional signs

sinais de compensação (Aero.; Telecom.) equalizing signals

sinais de diferença de cor (Image Tech.) colour difference signals

sinais de ondulação (Geo.) ripple marks

sinais fantasmas (Image Tech.) phantom group

sinais instáveis (Telecom.) keying chirps

sinais parasitas (Radar) clutter

sinal (Gen.) sign; signal; index; trace

sinal (Telecom.) mark

sinal actuante de circuito (Electron.) loop actuating signal

sinal acústico (Telecom.) audible ringing tone

sinal analógico (Comp.) analog signal

sinal assimétrico (Telecom.) asymmetric signal

sinal assíncrono (Telecom.) anisochronous signal

sinal audível (Telecom.) audible ringing tone

sinal audível (Phys.) aural signal (Acoustics)

sinal branco (Telecom.) jabber

sinalbumina (Chem.) synalbumina

sinal compensado (Elect.) compensated signal

sinal confidencial (Comp.) password

sinal copolar (Electron.) co-polar signal

sinal de alimentação de retorno (Electron.) loop feedback signal

sinal de altitude (Radar) altitude signal

sinal de armado (Electron.) arming signal

sinal de audiofrequência modulada (Telecom.) audiofrequency modulated signal

sinal de Babinski (Med.) Babinski's sign

sinal de bússola (Nav.) compass signal

sinal de chamada (Comp.) call sign

sinal de Chvostek (Med.) Chvostek's sign

sinal de colocação em fase (Elect.) phasing signal

sinal de controlo de chamada (Comp.) call control signal

sinal de controlo de realimentação (Telcom.) feedback control signal

sinal de crominância (Image Tech.) chrominance signal

sinal de crominância de portadora (Image Tech.) carrier chrominance signal

sinal de Cruveilhier (Med.) Cruveilhier sign; caput medusae

sinal de dados (Comp.) data signal

sinal de diferença de circuito (Electron.) loop difference signal

sinal de diferencial (Math.) differential sign

sinal de diferencial de modo (Telecom.) differential-mode signal

sinal de Durosier (Med.) Durosier's murmur

sinal de enquadramento (Image Tech.) phasing signal

sinal de entrada (Elect.) input signal

sinal de entrada de circuito em anel (Electron.) loop input signal

sinal de erro (Telecom.) error signal

sinal de excitação (Elect.) exciting signal

sinal de facsimile (Telecom.) facsimile signal

sinal de fim de comunicação (Telecom.) clear forward signal

sinal de imagem (Image Tech.) picture signal

sinal de imagem de cor (Image Tech.) colour photographic sensitivity

sinal de integral (Math.) integral sign

sinal de intervenção (Telecom.) forward transfer signal

sinal de Kernig (Med.) Kernig's sign

sinal de ligação efectiva (Telecom.) seizing signal

sinal de luminância (Image Tech.) luminance signal

sinal de modo comum (Electron.) common-mode signal

sinal de nevoeiro (Build.) fog signal

sinal de ondas contínuas (Elect.) CW signal

sinal de perfuração (Comp.) position sign

sinal de Queckensted (Med.) Queckensted's sign

sinal de realimentação (Telecom.) feedback signal

sinal de reconhecimento (Telecom.) acknowledgement signal

sinal de referência (Electron.) reference signal

sinal de referência de cor (Image Tech.) colour reference signal

sinal de retorno (Electron.) return signal

sinal de RF de alto nível (Radar) high-level RF signal

sinal de Romberg (Med.) Romberg's sign

sinal de ruído adicionado (Electron.) added noise signal

sinal de rumo (Nav.) compass signal

sinal de saída de audiofrequência (Telecom.) audiofrequency output signal

sinal de saída de circuito em anel (Electron.) loop output signal

sinal de saída de gerador de oscilações (Telecom.) hopper output signal

sinal de saída de um (Comp.) one output signal

sinal de saturação (Electron.) saturation signal

sinal de sincronismo de cor (IMAGE TECH.) colour burst

sinal de sincronismo de linha (IMAGE TECH.) line synchronizing signal

sinal de sincronização (IMAGE TECH.) frame synchronizing signal

sinal de televisão (TELECOM.) television signal

sinal detonante de nevoeiro (BUILD.) fog signal

sinal de transferência directa (TELECOM.) forward transfer signal

sinal de vídeo (IMAGE TECH.) video signal

sinal de vídeo composto (IMAGE TECH.) composite colour signal

sinal de vídeo negativo (TELECOM.) negative video signal

sinal diacrítico (ELECT.) diacritic mark

sinal digital de modulação em amplitude (ELECTRON.) amplitude-modulated digital signal

sinal do radical (MATH.) radical sign

sinal eléctrico de aviso (TELECOM.) howler

sinal em dente-de-serra (ELECT.) sawtooth signal

sinal espúrio (TELECOM.) spurious signal

sinal estipular (BOT.) stipular trace

sinal exponencial unitário (PHYS.) unit exponential signal

sinalgia (MED.) synalgia

sinal horário (TELECOM.) time signal

sinalização automática (BUILD.) automatic signalling

sinalização de circuito de via férrea (ELECT.) track-circuit signalling

sinalização electropneumática (ELECT.) electropneumatic signalling

sinalização para trás (TELECOM.) backward signalling

sinalização por lanterna ou bandeirola (BUILD.) wig-wag

sinalização quaternária (TELECOM.) quaternary signalling

sinalização totalmente eléctrica (ELECT.) all-electric signalling

sinalizador (BUILD.) describer

sinalizador de alarme (ELECT.) flag alarm; flag indicator

sinal limitado (ELECT.) limited signal

sinal mínimo discernível (TELECOM.) minimum discernible signal

sinal monocromático (IMAGE TECH.) monochrome signal

sinal óptico (MINER.) optic sign

sinal-padrão de televisão (IMAGE TECH.) standard television signal

sinal para marcação (COMP.) dial tone

sinal primário de crominância fina (IMAGE TECH.) I signal

sinal pseudo-aleatório (COMP.) pseudo-random signal

sinal Q (TELECOM.) Q-signal

sinal quase analógico (TELECOM.) quasi-analog signal

sinal supersíncrono (TELECOM.) supersynchronous signal

sinal vídeo positivo (IMAGE TECH.) positive video signal

sinal visual (MINER.) optic sign

sinândrico (BOT.) synandrous

sinândrio (BOT.) synandrium

sinângio (BOT.) synangium

sinapse (BIO.: MED.) synapsis; synapse

sinapsida (ZOO.) synapsid

Sinapsídeos (ZOO.) Synapsida

sinartrose (ZOO.) synarthrosis

sincárpico (BOT.) syncarpous

sincinese (sincinesia) (MED.) synkinesis

sinclinal (GEO.) syncline

sinclinório (GEO.) synclinorium

sinclitismo (MED.) synclitism

sincondrose (ZOO.) synchondrosis

sincondrotomia (MED.) synchondrotomy

síncope (MED.) syncope; coup; gray-out

sincrociclotrão (ELECT.) synchrocyclotron

sincrodiferencial (ELECT.) differential synchro

sincronismo (TELECOM.) synchronism; synchronization; synchronizing

sincronismo automático (ELECT.) automatic synchronization

sincronismo de linha (IMAGE TECH.) line sync

sincronização (ELECT.; IMAGE TECH.) synchronizing; synchronization

sincronização (MECH.) timing

sincronização automática (ELECT.) automatic synchronization

sincronização da imagem (ELECTRON.) image synchronizing; frame synchronization; picture synchronism

sincronização de linha (IMAGE TECH.) line synchronization

sincronização de osciladores (TELECOM.) synchronization of oscillators

sincronização do motor (MECH.) motor synchronizing

sincronização percentual (ELECT.) percentage synchronization

sincronização por volante (MECH.) flywheel synchronization

sincronizado em fase (ELECT.) in step

sincronizador (COMP.) clock

sincronizador (GEN.) synchronizer; comparator

sincronizador automático (ELECT.) automatic synchronizer

sincronizador de filme (IMAGE TECH.) film synchronizer

sincronizador de média de tempo (COMP.) clock rate

sincronizador principal (TELECOM.) synchro

síncrono (TELECOM.) synchro

sincroscópio (ELECT.) synchroscope

sincrotransmissor (ELECT.; TELECOM.) transmitter synchro

sincrotrão (PHYS.) synchrotron

sincrotrão de electrões (ELECTRON.) electron synchrotron

sincrotrão protónico (PHYS.) proton synchroton

sindáctilo (ZOO.) syndactyl

síndroma (MED.) syndrome

síndroma agudo de radiação (MED.) acute radiation syndrome

síndroma da criança espancada (MED.) battered child syndrome

síndroma da fusão cervical (MED.) Klippel-Feil syndrome

Síndroma da Imunodeficiência Adquirida [SIDA] (MED.;IMMUN.) acquired immunodeficiency syndrome _ AIDS

síndroma da loculação (MED.) Froin's syndrome

síndroma das 3ª e 4ª bolsa faríngica (IMMUN.) di Georges's syndrome

síndroma da trissomia 21 (MED.) mongolism

síndroma de adaptação Gen. (ECO.) general-adaptation syndrome [GAS]

síndroma de Alagille (BIO.; MED.) Alagille syndrome

síndroma de Albright (MED.) Albright syndrome; pseudopseudohypoparathyroidism

Síndroma de Angelman (BIO.; MED.) Angelman syndrome

síndroma de Besnie-Schaumann (MED.) Besnie-Schaumann syndrome; sarcoidosis

síndroma de Bloom (BIO.) Bloom's syndrome

síndroma de Cushing (MED.) Cushing syndrome

síndroma de di George (IMMUN.) di George's syndrome

síndroma de Down (BIO.; MED.) Down's syndrome; mongolism

síndroma de esforço (MED.) effort syndrome

síndroma de esmagamento (MED.) crush syndrome

síndroma de Fanconi (MED.) Fanconi's syndrome; cystinosis

síndroma de Frohlich (MED.) Frohlich's syndrome

síndroma de Froin (MED.) Froin's syndrome

síndroma de Goodpasture (MED.) Goodpasture's syndrome

síndroma de Guillain Barré (MED.) Guillain Barré syndrome

síndroma de Hauem-Widal (MED.) Hauem-Widal syndrome

síndroma de Horner (MED.) Horner's syndrome

síndroma de Hurler (MED.) gargoylism

síndroma de imunodeficiência combinada grave (IMMUN.) severe combined immunodeficiency syndrome

síndroma de Key-Gaskel (VET.) Key-Gaskel syndrome

síndroma de Kleine-Levin (MED.) Kleine-Levin syndrome

síndroma de Klinefelter (MED.) Klinefelter's syndrome

síndroma de Klippel-Feil (MED.) Klippel-Feil syndrome

síndroma de Korsakoff (MED.) Korsakoff's syndrome; Korsakoff's psychosis

síndroma de Launois-Cléret (MED.) Launois-Cléret syndrome; Frohlich's syndrome

síndroma de Lesh-Nyham (BIO.; MED.) Lesh-Nyhan syndrome

síndroma de Löffler (MED.) Löffler syndrome

síndroma de Lovis-Bar (Bio.; Med.) Lovis-Bar syndrome; taxia telangiectasia

síndroma de Marfan (Med.) Marfan's syndrome

síndroma de Ménière (Med.) Ménière's disease

síndroma de Morgagni (Med.) Morgagni's syndrome

síndroma de Morquio (Med.) Morquio's syndrome

síndroma de morte súbita infantil (Med.) sudden infant death syndrome [SIDS]

síndroma de Plummer-Vinson (Med.) Plummer-Vinson syndrome

síndroma de Reiter (Med.) Reiter's syndrome

síndroma de Runting (Bio.; Med.) Runting syndrome

síndroma de Sézary (Immun.) Sézary syndrome

síndroma de Sjogren (Med.) Sjogren's disease

síndroma de Stokes-Adams (Med.) Stokes-Adams syndrome

síndroma de Turner (Bio.) Turner's syndrome

síndroma de Wernicke (Med.) Wernicke's encephalopathy

síndroma de Wernicke-Korsakoff (Bio.; Med.) Wernicke-Korsakoff syndrome

síndroma de Widal (Med.) Widal syndrome

síndroma de Williams (Bio.; Med.) Williams syndrome

síndroma do bebé espancado (Med.) battered baby syndrome

síndroma do cromossoma X frágil (Bio.) fragile-X syndrome

síndroma do grito do gato (Med.) cri du chat syndrome; cat-cry syndrome

síndroma nefrótico (Med.) nephrotic syndrome

síndroma Prader-Willi (Bio.; Med.) Prader-Willi syndrome

síndroma XO (Bio.) XO syndrome; Turner's syndrome

síndroma XYY (Bio.) XYY syndrome; Klinefelter's syndrome

sinecologia (Eco.) synecology

sinecótomo (Med.) synechotome

sinéquia (Med.) synechia

sinequiotomia (Med.) synechiotomy

sinérese (Chem.) syneresis

sinérgico (Zoo.) synergic

sinergídeas (Bot.) synergid

sinergismo (Bio.) synergism

sinergista (Chem.) synergist

sinete (Print.) seal

sínfise (Zoo.) symphysis

sinfisiotomia (Med.) symphyseotomy; symphysiotomy

Sinfuculata (Zoo.) Anoplura

singamia (Bio.) syngamy

singamíase (Vet.) syngamiasis

singamose (Vet.) gapes

singénese (Bot.) syngenesis

singenético (Miner.) syngenetic

singénico (Immun.) syngeneic

singnato (Zoo.) syngnathous

singularidade (Math.) singularity

singularidade (Phys.) strangeness

singularidade essencial isolada (Math.) isolated essential singularity

singularidade essencial não isolada (Math.) non-isolated essential singularity

singularidade isolada removível (Math.) removable isolated singularity

sinistrorso (Bot.; Zoo.) sinistrorse

sinistrose (Med.;Psycho.) shell shock; sinistrosis; psychopathia martialis

sino (Mech.) cone

sino (Phys.) bell

sino de imersão (Build.) diving-bell

sino de imersão de hélio (Mech.) helium diving-bell

sino de mergulho (Build.) diving-bell

sinófulo (Zoo.) siphon; syphon

Sinope (Astro.) Sinope (9th. satellite of Jupiter)

sinostose (Zoo.) synosteosis

sinóvia (Zoo.) synovia

sinovite (Med.) synovitis

sinovite crónica da articulação tibiotársica do cavalo (Vet.) bog spavin

sinovite infecciosa (Vet.) infectious synovitis

sínquise (Med.) synchysis

sinsício (Zoo.) syncytium

sintaxe (Comp.) syntax

sinterização (Mech.) sintering

sinterização em fase líquida (Mech.) liquid-phase sintering

sinterizar (Chem.) sinter

síntese assimétrica (Chem.) asymmetric synthesis

síntese da voz (Comp.) speech synthesis

síntese de abertura (Astro.) aperture synthesis

síntese de Fittig (Chem.) Fittig's synthesis

síntese de Friedel e Crafts (Chem.) Friedel and Crafts' synthesis

síntese de Gabriel (Chem.) Gabriel synthesis

síntese de Perkin (Chem.) Perkin's synthesis

síntese de proteínas (Bio.) protein synthesis

síntese de proteínas in vitro (Bio.) in vitro protein synthesis

síntese de proteínas sem células (Bio.) cell-free protein synthesis

síntese de rede (Elect.) network synthesis

síntese de Skraup (Chem.) Skraup's synthesis

síntese de Wurtz (Chem.) Wurtz synthesis

síntese do dieno (Chem.) diene synthesis

síntese do núcleo (Astro.) nucleosynthesis

sintetizador de frequência programável (Electron.) programmable frequency synthesizer

sintetizador de sinal (Electron.) synthesizer

sintetizador de voz (Comp.) speech synthesizer

sintetizador musical (Comp.) music synthesizer

sintoma (Med.) symptom

sintoma de Angyll-Robertson (Med.) Angyll-Robertson pupil

sintoma de Romberg (Med.) Romberg's sign

sintomatologia (Med.) symptomatology

sintomatologia (Zoo.) semiotics

sintonia (Elect.;Image Tech.; Telecom.) tuning; tune; syntony

sintonia automática por botão (Image Tech.) pushbutton tuning

sintonia de banda de passagem (Telecom.) band-pass tuning

sintonia de ondas curtas (Image Tech.) short-wave tuning

sintonia de permeabilidade (Telecom.) permeability tuning

sintonia electrónica (Electron.) electronic tuning

sintonia magnética (Elect.) magnetic tuning

sintonia por lâminas (Telecom.) slug tuning

sintonização (Gen.) tuning

sintonização (Telecom.) tuning-in

sintonização automática (Telecom.) automatic tuning

sintonização de coincidência (Telecom.) coincidence tuning

sintonização escalonada (Electron.) staggered tuning

sintonização exacta (Telecom.) critical tuning

sintonização indutiva (Telecom.) inductive tuning

sintonização mecânica (Electron.) mechanical tuning

sintonização na frequência máxima (Telecom.) peaking

sintonização plana (Telecom.) flat tuning

sintonização por permeabilidade magnética (Telecom.) slug tuning

sintonização por reatância (Elect.) choke coupling

sintonização por resistência (Electron.) resistor tuning

sintonização retroactiva (Telecom.) back coupling

sintonização selectiva (Image Tech.) selective tuning

sintonização térmica (Electron.) thermal tuning

sintonizado diferencialmente (Elect.) differential-tuned

sintonizado em série (Electron.) series-tuned

sintonizador (Telecom.) tuner

sintonizador automático (Telecom.) auto-tuning

sintonizador de adaptador (Electron.) stub tuner

sintonizador de estado sólido (Electron.) solid-state tuner

sintonizador de grelha (Elect.) grid tuner

sintonizador de secção dupla (Elect.) double-stub tuner

sintonizador de televisão (Telecom.) television tuner

sintonizador em tandem (ELECT.) gang tuner
sintonizador quase-contínuo (ELECT.) quasi-continuous tuner
sintonizador térmico (ELECTRON.) thermal tuner
sintropia (MED.) syntropy
sintrópico (MED.) syntropic
sinuado (BOT.) sinuate
sinusite (MED.) sinuitis; sinusitis
sinusite infecciosa dos perus (VET.) infectious sinusitis of turkeys; big head disease of turkeys
sinusite nasal (MED.) nasal sinusitis
sinusite total (MED.) pansinusitis
sinusoidal (senoidal) (MATH.) sine shaped
sinusoidal (sinusóide) (ELECT.) sinusoidal
sinusóide (MATH.; PHYS.) sinusoid
sinusóide (ZOO.) sinusoid
sinusóide equivalente (ELECT.) equivalent sine wave
Sipunculídeos (ZOO.) Sipunculida
sirene (PHYS.) siren
Sirénios (ZOO.) Sirenia
siríase (MED.) sunstroke
sirigmo (MED.) syrigmus
siringe (ZOO.) syrinx; syringe
siringite (MED.) syringitis
siringobulbia (MED.) syringobulbia
siringocele (MED.) syringocele
siringomeningocele (MED.) syringomeningocele
siringomielia (MED.) syringomyellia
sisal (TEXT.) sisal
sismo (GEO.) earthquake; seism
sismógrafo (GEO.) seismograph
sismógrafo (MINING) geophone
sismógrafo de mola (GEO.) spring seismograph
sismógrafo horizontal (GEO.) horizontal seismograph
sismógrafo vertical (GEO.) vertical seismograph
sismologia (GEO.) seismology
Sismologia aplicada (GEO.) applied seismology
sismonastia (BOT.) seismonasty
sismo percursor (GEO.) foreshock
sismoterapia (MED.) seismotherapy
sistáltico (ZOO.) systaltic
sistema (ELECT.; TELECOM.) array
sistema (GEN.) system
sistema Ackermann (AUTO.) Ackermann steering
sistema activo (RADAR) active array
sistema activo de rastreio (ELECTRON.) active tracking system
sistema acústico-lateral (ZOO.) acousticolateral system
sistema aditivo de cor (IMAGE TECH.) additive colour system
Sistema Airdox (MINING) Airdox
sistema alinhador de Ward-Leonard (ELECT.) Ward-Leonard ligner system
sistema anórtico (CRYST.) anorthic system
sistema antivibração (ELECTRON.) anti-shake system
sistema Armstrong de modulação de frequência (TELECOM.) Armstrong frequency-modulation system

sistema arterial (ZOO.) arterial system
sistema assimétrico (CRYST.) asymmetric system
sistema astático (PHYS.) astatic system
sistema automático de aterragem dirigida (AERO.) automatic carrier landing system
Sistema Azusa (ASTRO.) Azusa System
sistema baseado em regras (COMP.) rule based system
Sistema Beltiano (GEO.) Beltian Series
sistema bifásico (ELECT.) quarter-phase system
sistema bifásico de quatro condutores (ELECT.) two-phase four-wire system
sistema bifilar (ELECT.) double-wire system; two-wire system
sistema binário (MATH.) binary system
sistema Brighton (ELECT.) Brighton system
sistema caixa-negra (GEN.) black box system
Sistema Carbónico (GEO.) Carboniferous System
sistema centralizado (COMP.) system in-plant
sistema circulatório (ZOO.) circulatory system
sistema combinado (BUILD.) combined system
sistema condensado (CHEM.) condensed system
sistema condutor (ELECT.) conduit system; third-rail system (railways)
sistema conjugado de curvas (MATH.) conjugate system of curves
sistema conservador (PHYS.) conservative system
sistema controlado por registo (TELECOM.) register-controlled system
sistema cor-luminosidade (ASTRO.) colour-luminosity array
sistema craniossacral (ZOO.) craniosacral system
sistema cristalino (CRYST.) crystal system
sistema cristalográfico (CRYST.) crystallographic system
sistema cúbico (CRYST.) cubic system; isometric system
sistema de acesso aleatório a endereços discretos (ELECTRON.) RAN
sistema de água de gravitação (PHYS.) gravity water system
sistema de amplificação de mutação refractária (BIO.) amplification refractory mutation system
sistema de antena (TELECOM.) antenna array
sistema de antenas em fase (RADAR) phased array
sistema de aplicação (COMP.) application system
sistema de aproximação (AERO.) approach system
sistema de aquecimento de cabine (AERO.) cabin heating system
sistema de aquecimento de recirculação (MECH.) recirculating heating system

sistema de armazenamento e recuperação (COMP.) storage and retrieval system
sistema de ascensão e queda (ECO.) rise and fall system
sistema de assemblagem (COMP.) assembly system
sistema de aterragem em todo o tempo (AERO.) all-weather landing system
sistema de aterragem integral avançado (AERO.) advanced integrated landing system
sistema de barra cruzada (COMP.) system crossbar
sistema de barra de contacto (ELECT.) conductor-rail system
sistema de bloqueio absoluto (BUILD.) absolute block system
sistema de Braun Blanquet (ECO.) Braun Blanquet system
sistema de chaminé única (BUILD.) single-stack system
sistema de chave pública (COMP.) public-key system
sistema de ciclo fechado (TELECOM.) closed-loop system
sistema decimal (MATH.) decimal system
sistema decimal de Dewey (COMP.) Dewey decimal system
sistema de circuito fechado (TELECOM.) closed-loop system
sistema de circulação da lama (MINING) mud system
sistema de colimação (SURV.) collimation system
sistema de computação remoto (COMP.) remote computing system
sistema de computador em linha (COMP.) on-line computer system
sistema de comutação automática (COMP.) automatic switching system
sistema de condução (ELECT.) conduit system
sistema de conferência (TELECOM.) conference system
sistema de contenção (COMP.) contention system
sistema de controlo activo (AERO.) active control system
sistema de controlo automático de comando com potência auxiliar (AERO.) power-assisted control system
sistema de controlo de adaptação (ELECTRON.) adaptive control system
sistema de controlo de ciclo fechado (ELECT.) closed-cycle control system
sistema de controlo de descolagem (AERO.) take-off monitoring system
sistema de controlo de reacção (SPACE) reaction control system
sistema de controlo de realimentação (TELECOM.) feedback control system
sistema de controlo de voo (AERO.) flight control system
sistema de controlo linear (ELECTRON.) linear control system
sistema de controlo reversível (TELECOM.) revertive control system

sistema de coordenadas (MATH.) reference frame

sistema de coordenadas cartesianas (MATH.) cartesian system of co-ordinates

sistema de coordenadas espaciais (MATH.) solid axes

sistema de coordenadas oblíquas (MATH.) oblique system of coordinates

sistema de coordenadas rectangulares tridimensionais (MATH.) right-handed coordinates system

sistema de coordenadas relativas (MATH.) relative coordinate system

Sistema de Copérnico (ASTRO.) Copernican System

sistema de cor Munsell (BUILD.) Munsell colour system

sistema de correia de transmissão (MECH.) belting

sistema de corrente contínua (ELECT.) constant-current system

sistema de correntes costeiras (GEO.) near-shore current system

sistema de corte de emergência (NUCL.) emergency shutdown system

sistema de corte secundário (NUCL.) secondary shutdown system

sistema de dados aéreos (AERO.) air data system _ ADS

sistema de dados de rádio (TELECOM.) radio data system

sistema de difusão pública (PHYS.) public-address system

sistema de diluição a óleo (AERO.) oil-dilution system

sistema de discos flexíveis (COMP.) flexible disc (disk) system

sistema de dois canos (BUILD.) two-pipe system

sistema de duplo trólei (ELECT.) double trolley system

sistema de eixos cartesianos (MATH.) cartesian system of axis

sistema de eléctrodo de massa (ELECT.) earth electrode system

sistema de eléctrodo único (ELECT.) single-electrode system

sistema de engrenagem epicicloidal (MECH.) epicyclic train

sistema de entrega (COMP.) turnkey system

sistema de escolha maioritário (AERO.) majority voting system

sistema de esgotos (BUILD.) sewerage

sistema de estação terrestre de satélite (TELECOM.) satellite earth station system

sistema de estrelas locais (ASTRO.) local star system

sistema de evitação de terreno (AERO.) terrain-avoidance system

sistema de fagócitos mononucleares (IMMUN.) mononuclear phagocyte system

sistema de faixa lateral (TELECOM.) double sideband system

sistema de faixa lateral única (TELECOM.) single-sideband system

sistema de feixe Marconi-Franklin (TELECOM.) Marconi-Franklin beam array

sistema de feixes de radar (TELECOM.) radar beacon system

sistema de ficheiros (COMP.) file system

sistema de fita de papel (COMP.) paper-tape system

sistema de fluxo de retorno (AERO.) return-flow system

sistema de formação de imagens (ESPAÇO) imaging system

sistema de fusão por inércia (NUCL.) inertial fusion system

sistema de Gauss (PHYS.) Gaussian system

sistema de gestão de base de dados (COMP.) data base management system

sistema de gestão de cópias em série (TELECOM.) serial copying management system

sistema de Giorgi (PHYS.) Giorgi system

sistema de Havers (ZOO.) Haversian system

sistema de histocompatibilidade H-2 (IMMUN.) H-2 histocompatibility system

sistema de ignição (AUTO.) ignition system

sistema de implementação por potências de 2 (COMP.) buddy system

sistema de informação geográfica (SIG) (GEN.) geographic information system [GIS]

sistema de interrupção (COMP.) breakpoint system

sistema de irradiação (TELECOM.) broadcasting system

sistema de lançamento (SPACE) launch system

sistema de ligação (TELECOM.) hook-up

sistema de ligamento concêntrico à terra (ELECT.) earthed concentric wiring system

sistema de Lindenmeyer (COMP.) L-system

sistema de Lineu (BOT.) Linnaean system; Linnean system

sistema de manufactura flexível (MECH.) flexible manufacturing system

sistema de margem vertical sobre o terreno (AERO.) terrain-clearance system

sistema de memória intermédia (COMP.) background memory system

sistema de menu (COMP.) menu system

sistema de microfone estéreo (PHYS.) stereomicrophone system

sistema de monodispersão (CHEM.) monodisperse system

sistema de navegação (TELECOM.) navigation system

sistema Denier (TEXT.) Denier system

sistema de número não denominativos (MATH.) non-denominational number system

sistema de ondas estacionárias (TELECOM.) standing-wave system

sistema de orientação radioeléctrica (AERO.; TELECOM.) radio guidance system

sistema dependente de código (COMP.) code dependent system

sistema de pleno (BUILD.) plenum system

sistema de poços (MINING) shaft system

sistema de ponto Didot (PRINT.) Didot point system

sistema de pontos (ELECT.) dot system

sistema de portadora síncrona (TELECOM.) synchronous carrier system

sistema de portadora suprimida (TELECOM.) suppressed carrier system

sistema de portadora transmitida (TELECOM.) transmitted carrier system

sistema de pré-aquecimento de ar (MECH.) air preheater

sistema de preservação (BUILD.) conservancy system

sistema de pressurização da cabina (AERO.) cabin pressure system

sistema de privacidade (TELECOM.) privacy system

sistema de processamento de dados (COMP.) data processing system

sistema de protecção ((ELECT.) protective system

sistema de protecção de Ferranti-Hawkins (ELECT.) Ferranti-Hawkins protective system

sistema de protecção de sobrecarga (ELECT.) overload protective system

sistema de protecção de voltagem oposta (ELECT.) opposed-voltage protective system

sistema de protecção diferencial (ELECTRON.) differential protective system

sistema de protecção discriminador (ELECT.) discriminating protective system

sistema de protecção equilibrado (ELECT.) balanced protective system

sistema de protecção McColl (ELECT.) McColl protective system

sistema de protecção Merz-Hunter (ELECT.) Merz-Hunter protective system

sistema de protecção Merz-Price (ELECT.) Merz-Price protective system

sistema de protecção polarizado (ELECT.) biased protective system

sistema de puxar cabos (ELECT.) draw-in system

sistema de quatro condutores (ELECT.) four-wire system

sistema de radar de aproximação de alta precisão (RADAR) talk-down system

sistema de radar de impulsos (RADAR) pulsed-radar system

sistema de radar de precisão de longo alcance (RADAR) long range accuracy radar system

sistema de radar meteorológico e de anticolisão (AERO.) cloud and collision warning system

sistema de radiodifusão (TELECOM.) broadcasting system

sistema de rádio direccional (Aero.; Telecom.) radio guidance system

sistema de raiz aprumada (Bot.) tap-root system

sistema de raiz fixa (Comp.) fixed radix system

sistema de rastreio de antena (Telecom.) antenna tracking system

sistema de Raunkier (Bot.) Raunkier system

sistema de recuo (Mining) retreating system

sistema de recuperação da informação (Comp.) peek-a-boo system

sistema de referência (Elect.; Phys.) reference system; reference frame

sistema de referência de transmissão (Telecom.) transmission reference system

sistema de reforço do som (Phys.) sound-reinforcing system

sistema de refrigeração (Mech.) refrigeration system

sistema de reparação de emergência (Bio.) SOS repair system

sistema de retorno isolado (Elect.) insulated return system

sistema de retransmissão de televisão (Telecom.) television relay system

sistema de rotor axial (Aero.) coaxial rotor system

sistema de segurança (Aero.) terrain-clearance system

sistema de segurança (Elect.) protective system

sistema de segurança crítico (Electron.) safety-critical system

sistema desequilibrado (Elect.) unbalanced system

sistema de solicitação de repetição (Comp.) request repeat system

sistema de som dividido (Electron.) split-sound system

sistema de sucessão de cores (TV) (Image Tech.) sequential colour system (TV)

sistema de suspensão secundário (Nucl.) secondary shutdown system

sistema de terceiro trilho (Elect.) third-rail system

sistema de terra (Telecom.) ground system

sistema de transporte de água (Build.) water-carriage system

sistema de tratamento de dados (Comp.) data-handling system

sistema de três canais (Electron.) three-way system

sistema de tubulação inteira (Build.) one-pipe system

sistema de um bit (Electron.) one-bit system

sistema de unidades (Comp.) unit system

sistema de ventilação (Mech.) air duct system

sistema de visão Maxwell (Image Tech.) Maxwell viewing system

sistema de voltagem constante (Elect.) constant-voltage system

sistema de voo IFR (Aero.) blind flying system

sistema de voo por inércia (Aero.) inertial guidance

sistema diametral (Cryst.) diametric system; tetragonal system

sistema difuso (Comp.) fuzzy system

sistema digestivo (Med.) alimentary system

sistema dióptrico (Phys.) dioptric system

sistema director (Telecom.) director system

sistema do computador (Comp.) computer system

sistema do grupo sanguíneo ABO (Immun.) ABO blood group system

sistema Dolby (Telecom.) Dolby system

sistema Doppler (Radar.) Doppler system

sistema duodecimal (Math.) duodecimal system

sistema ecológico (Eco.) ecological system

sistema e diagrama binários (Eng.) binary system and diagram

sistema eléctrodo-massa (Elect.) earth electrode system

sistema electrónico de transferência de fundos (Comp.) electronic funds transfer system

sistema em linha (Comp.) on-line system;

sistema em série (Elect.) series system

sistema em tempo de execução (Comp.) run-time system

sistema em tempo real (Comp.) real-time system

sistema equilibrado (Telecom.) balanced system

sistema equivalente de quatro fios (Comp.) equivalent four-wire system

sistema espacial (Space) space system

sistema estelar (Astro.) stellar system

sistema eutéctico (Mech.) eutectic system

sistema fora de linha (Comp.) off-line system

sistema frontal (Comp.) front-end system

sistema funcional (Aero.) function system

sistema gaussiano (Phys.) Gaussian system

sistema genérico de pacotes via rádio (Telecom.) general packet radio system [GPRS]

Sistema Global de Posicionamento (Gen.) Global Positioning System [GPS]

sistema gradual (Elect.) step-by-step system

sistema gráfico (Comp.) graphic system

sistema guia-rádio (Aero.; Telecom.) radio guidance system

sistema heliocêntrico (Astro.) heliocentric system

sistema hemal (Zoo.) haemal system

sistema hepatoportal (Med.) hepatoportal system

sistema hexagonal (Cryst.) hexagonal system

sistema híbrido de espectro disperso (Electron.) hybrid spread spectrum system

sistema hospedeiro-vector (Bio.) host-vector system

sistema Ilgner (Elect.) Ilgner system

sistema imunitário (Bio.; Med.) immune system

sistema intermediário (Comp.) intermediate system

Sistema Internacional de Unidades (Gen.) International System of Units

Sistema Isherwood (Nav.) Isherwood system

sistema isolado (Elect.) insulated system

sistema isométrico (Cryst.) isometric system

sistema iterativo (Elect.) iterative array

sistema kepleriano (Astro.) keplerian system

sistema Kooman (Telecom.) Kooman's array

sistema L (Comp.) L-system

sistema linear de implosão (Nucl.) imploding linear system

sistema linfático (Zoo.) lymphatic system

sistema logarítmico (Radar.; Telecom.) logarithmic array

sistema lógico (Chem.) logic array

sistema magnético astático (Phys.) astatic magnetic system

sistema marcador (Telecom.) marker system

sistema Marconi (Telecom.) Marconi system

sistema métrico (Gen.) metric system

sistema MKS (Phys.) MKS system

sistema MKSA (Phys.) MKSA system

sistema monoclínico (Cryst.) monoclinic system; monosymmetric system; oblique system

sistema motopropulsor (Mining) power plant

sistema motor (Bot.) motor system

sistema móvel aeronautico (Telecom.) aeronautical mobile system

sistema multiponto de distribuição de micro-ondas (Telecom.) multipoint microwave distribution system [MMDS]

sistema mútuo de radiodifusão (Telecom.) mutual broadcast system

sistema não linear (Phys.) non-linear system

sistema nervoso (Zoo.) nervous system

sistema nervoso autónomo (SNA) (Zoo.) autonomic nervous system [ANS]

sistema nervoso central (SNC) (Zoo.) central nervous system [CNS]

sistema nervoso parassimpático (Zoo.) parasympathetic nervous system

sistema nervoso simpático (Zoo.) sympathetic nervous system sistema Newall (MECH.) Newall system

sistema normal de aproximação por feixe (AERO.) standard beam approach system

sistema numérico binário (COMP.) binary number system

sistema oblíquo (CRYST.) oblique system

sistema octaédrico (CRYST.) octahedral system

sistema octal (COMP.) octal system

sistema operativo (GEN.) operating system

sistema operativo em disco (DOS) (COMP.) disk operating system [DOS]

sistema operativo UNIX (COMP.) UNIX operating system

sistema óptico de Schmidt (PHYS.) Schmidt optical system

sistema ortorrômbico (CRYST.) orthorhombic system

sistema passo-a-passo (ELECT.) Strowger system

sistema pericial (COMP.) expert system

sistema periódico (CHEM.) periodic system

sistema Pieper (ELECT.) Pieper system

sistema piramidal (CRYST.) pyramidal system

sistema por selecção de endereço (ELECTRON.) address selected system [ADSEL]

sistema porta (ELECTRON.) gate array

sistema porta (ZOO.) portal system

sistema portador (TELECOM.) carrier system

sistema portador L (ELECT.) L-carrier system

sistema portal (ZOO.) portal system

sistema portal hepático (ZOO.) hepatic portal system; hepatoportal system

sistema portal renal (ZOO.) renal portal system

sistema posicional (COMP.) positional system

Sistema Pré-Câmbrico (GEO.) Precambrian system

sistema privado (TELECOM.) secrecy system

sistema processo-resposta (GEN.) process-response system

sistema prospectivo de Hovmüller (ELECT.) Hovmüller prospective system

sistema protector de Beard (ELECT.) Beard protective system

sistema protector de Bowden-Thomson (ELECT.) Bowden-Thomson protective system

sistema protector de corrente circulante (ELECT.) circulating-current protective system

sistema protector de dispersão (ELECT.) leakage protective system

sistema protector de equilíbrio do núcleo (ELECT.) core-balance protective system

sistema protector de impedância (ELECT.) impedance protective system

sistema protector de ponto médio (ELECT.) mid-point protective system

sistema protonefridiano (ZOO.) protonephridial system

sistema quadrático (CRYST.) quadratic system

sistema quadrúplex (TELECOM.) quadruplex system

sistema quantizado (ELECTRON.) quantized system

sistema radial (ELECT.) radial system

sistema regular (CRYST.) regular system

sistema reprodutor de som (PHYS.) sound-reproducing system

sistema residente em fita (COMP.) tape resident system

sistema respiratório (BIO.) respiratory system

sistema reticuloendotelial (IMMUN.) reticuloendothelial system

sistema rômbico (CRYST.) rhombic system

sistema rotativo de indução (ENG.) rotary induction system

sistema satélite (COMP.) satellite system

sistemas baseados em conhecimento (COMP.) knowledge-based systems

sistemas coaxiais de banda larga (COMP.) broadband coaxial systems

sistemas cristalográficos (CRYST.) systems of crystals

sistema secreto (TELECOM.) privacy system

sistema sigiloso (TELECOM.) privacy system

Sistema Silúrico (GEO.) Silurian System

sistema síncrono (COMP.) synchronous system

sistema solar (ASTRO.) Solar System

sistema sonar (AERO.; NAV.; PHYS.) sonar array

sistema Strowger (TELECOM.) Strowger system

sistema subtractivo de cores (PHYS.) subtractive colour system

sistema telegráfico de frequência de voz (TELECOM.) voice frequency telegraph system

sistema ternário (MATH.) ternary system

sistema terra (ELECT.) earthed system; earth system

sistema tetrafásico (ELECT.) four phase system

sistema tetrafilar (ELECT.) four-wire system

sistema tetragonal (CRYST.) diametric system; tetragonal system; pyramidal system; quadratic system

Sistemática (BIO.) systematics

sistemática filogenética (ECO.) phylogenetic systematics

sistemático (GEN.) systematic

sistema tolerante de falha (COMP.) fault tolerant system

sistema toracolumbar (ZOO.) thoracicolumbar system

sistema transportador (COMP.) carrier system

sistema traqueal (ZOO.) tracheal system

sistema triclínico (CRYST.) triclinic system; anorthic system; asymmetric system

sistema trifásico de seis condutores (ELECT.) three-phase six-wire system

sistema trifilar (ELECT.) three-wire system

sistema trifilar bifásico (ELECT.) two-phase three-wire system

sistema unitário (BUILD.) combined system

sistema vascular (ZOO.) vascular system

sistema vascular aquífero (ZOO.) water-vascular system

sistema venoso (ZOO.) venous system

sistémico (ZOO.) systemic

sistilo (ARCH.) systyle

sístole (BIO.; MED.) systole

sistremma (MED.) systremma

sitosterol (CHEM.) sitosterol

situação (MED.) lie

situação meteorológica geral (METEO.) large scale situation

situação por radar (AERO.) radar fix

sizígia (ASTRO.; BIO.) syzygy

skiatron (ELECTRON.) skiatron

skot (PHYS.) skot (obsolete)

smithsonite (MINER.) smithsonite; dry bone; electric calamine [UK]

snorquel (NAV.) schnorkel; snorkel

soalho (BUILD.) floor; bed

soalho coberto com linóleo (BUILD.) linoleum floor

soalho de ripas (BUILD.) strip floor

soalho de vigas escoradas (BUILD.) bridging floor

soalho falso (BUILD.) sub-floor

sobe e desce (MINING) round trip

sob fogo directo (MECH.) direct-fired

sobrealimentação (AERO.) boost

sobre-amortecido (ELECTRON.) overdamped

sobre-amostragem (ELECTRON.) oversampling

sobreaquecimento (AERO.) superheat

sobrecapa de livro (PRINT.) dust cover

sobrecarga (ELECTRON.) overload

sobrecarga (GEN.) surcharge

sobrecarga (PHYS.) blasting; hypercharge

sobrecarga de canal (COMP.) channel overload

sobrecarga de corrente (ELECT.) current overload

sobrecarga de tensão (ELECTRON.) voltage overload

sobrecarga do motor (ELECT.; MECH.) motor overload

sobrecarga eléctrica (ELECT.) electrical overload

sobrecruzamento (BOT.) mitotic crossing-over

sobreenvergadura (AERO.) overhang

sobreexploração (IMAGE TECH.) overscanning

sobregasificação (MECH.) overgassing

sobregravar (COMP.) overwrite

sobreimpulso (IMAGE TECH.) overshoot

sobreloja (ARCH.) entresol

sobremodulação (TELECOM.) over-modulation
sobremodulação transitória (ELECT.) transient overshoot
sobrenadante (CHEM.) supernatant liquid
sobreoscilação (IMAGE TECH.) overshoot
sobreosso (VET.) ringbone; splints
sobreperfuração (COMP.) overpunch
sobreposição (PRINT.) superimposition
sobreposição (IMAGE TECH.) superimpose
sobreposição de bandas laterais (TELECOM.) overlapping sidebands
sobreposição de frequência (TELECOM.) frequency overlap
sobreposição de memória (COMP.) memory overlay
sobreposição de separação de cor (IMAGE TECH.) colour separation overlay
sobreposição desfasada (ECO.) out-of-phase overlapping
sobrequilha (NAV.) keelson; boiler cradles
sobrequilha central (NAV.) centre keelson; vertical keel
sobrequilha lateral (NAV.) side keelson
sobrescrito (PAPER) envelope
sobressalto de empena (BUILD.) gable shoulder
sobretensão (AERO.) surge
sobretensão (ELECT.; ELECTRON.) surging; overvoltage
sobretensão devido a relâmpago ou raio (ELECT.) lightning surge
sobretensão momentânea (ELECT.) surge
sobrevivência dos melhor adaptados (BIO.) 'survival of the fittest'
sobrevoltagem (ELECT.; ELECTRON.) overpotential; overvoltage
sobrevoo (ERO.; ASTRO.) fly-by; flightover
sobrevoo orbital de um planeta (AERO.; ASTRO.) fly-by
sobrexcitação (PHYS.) overexcitation
socialização (PSYCHO.) socialization
sociedade (GEN.) society
sociobiologia (ECO.) sociobiology
sociocentrismo (PSYCHO.) sociocentrism
sociocosmo (PSYCHO.) sociocosm
sociogenia (PSYCHO.) sociogenesis
sociopatia (PSYCHO.) sociopathy
soco do permafroste (GEO.) permafrost table
soda (CHEM.) soda
soda cálcica (CHEM.) soda-lime
soda calcinada (MINING) black ash
soda cáustica (CHEM.) caustic soda; sodium hydroxide
soda caústica diluída (CHEM.) aqueous caustic soda
sodalite (MINER.) sodalite
sodamida (CHEM.) sodamide
sódio (CHEM.) sodium
sódio radioactivo (CHEM.) radiosodium
sofito (ARCH.; BUILD.) intrados; soffit
sofómetro (TELECOM.) psophometer

software (COMP.) software
software de aplicação (COMP.) application software
software de sistemas (COMP.) systems software
software integrado (COMP.) integrated software
software orientado para problema (COMP.) problem oriented software
Sol (ASTRO.) Sun
sol (CHEM.) sol
solação (CHEM.) solation
Solanáceas (BOT.) Solanaceae
Sol aparente (ASTRO.) apparent sun
solarígrafo (METEO.; PHYS.) solarimeter
solarização (GLASS) solarization
solavancos (PRINT.) jerks
solda (MECH.) solder
solda branda (MECH.) soft solder
solda calcinada (MINING) black ash
solda com núcleo de resina (ELECTRON.) rosin-cored solder
solda de estanho (BUILD.) plumber's solder; soft solder
solda de funileiro (MECH.) tinman's solder
solda de latoeiro (MECH.) tinman's solder
solda de prata (MECH.) silver solder
soldadura (ELECTRON.) welding
soldadura (MECH.) soldering; brazing
soldadura a arco (ELECT.; MECH.) arc welding; carbon-arc welding; metal-arc welding
soldadura a arco de corrente contínua (ELECT.) direct-current arc welding
soldadura a arco submerso (ELECT.) submerged arc welding
soldadura a chama (MECH.) flame welding
soldadura a dióxido de carbono (MECH.) carbon-dioxide welding
soldadura a frio (MECH.) cold welding
soldadura a gás (MECH.) gas welding
soldadura a laser (MECH.) laser welding
soldadura a maçarico (MECH.) flame welding; torch welding
soldadura ao revés (MECH.) background welding
soldadura a percussão (MECH.) percussion welding
soldadura a prata (MECH.) silver brazing
soldadura à pressão (MECH.) pressure welding
soldadura a topo (MECH.) butt-welding
soldadura a topo lenta (ELECT.) slow-butt welding
soldadura autogénea com descarga eléctrica (ELECT.) resistance percussive-welding
soldadura autogénea de topo (MECH.) flash welding
soldadura automática por arco (ELÉCT.) automatic arc welding
soldadura contínua (ELECT.) seam welding
soldadura de alumínio (ELECTRON.) aluminium solder

soldadura de arco metálico blindado (MECH.) shielded metal-arc welding
soldadura de arco por resistência (ELECT.) resistance-flash welding
soldadura de bronze (MECH.) bronze welding
soldadura de costura por resistência (ELECT.) resistance seam-welding; resistance stitch-welding
soldadura de fechar (MECH.) plug welding
soldadura de metal em atmosfera de gás inerte (MECH.) metal inert-gas welding
soldadura de obturar (MECH.) plug welding
soldadura de percussão (ELECT.) percussive welding
soldadura de percussão por resistência (ELECT.) resistance percussive-welding
soldadura de pontos (MECH.) stitch welding
soldadura de pontos por resistência (ELECT.) resistance spot-welding
soldadura de projecção (MECH.) projection welding
soldadura de resistência de costura a topo (ELECT.) resistance butt-seam welding
soldadura de sequência aleatória (MECH.) random sequence welding
soldadura de topo com arco (ELECT.) flash-butt welding
soldadura de tungsténio em gás inerte (MECH.) tungsten inert gas welding
soldadura eléctrica (ELECT.; MECH.) electrical welding
soldadura em arco cercado de fundente líquido (MECH.) quasi-arc welding
soldadura em fornalha (MECH.) furnace brazing
soldadura em sólido (MECH.) solid-state welding
soldadura eutéctica (MECH.) eutectic welding
soldadura explosiva (MECH.) explosion welding
soldadura forte por imersão (MECH.) dip brazing
soldadura ininterrupta (ELECT.) seam welding
soldadura intermitente (MECH.) intermittent welding
soldadura oxiacetilénica (MECH.) oxyacetylene welding
soldadura oxi-hidrogénica (MECH.) oxyhydrogen welding
soldadura por alta frequência (ELECT.) high-frequency welding
soldadura por arco de hélio (MECH.) heli-arc welding
soldadura por arco eléctrico (ELECT.; MECH.) electric-arc welding
soldadura por atrito (MECH.) friction welding
soldadura por difusão (MECH.) diffusion welding
soldadura por fusão (ELECT.) fusion welding

soldadura por hidrogénio atómico (ENG.) atomic hydrogen welding
soldadura por imersão (MECH.) dip soldering
soldadura por pontos (MECH.) point welding; spot welding; tack welding
soldadura por resistência (ELECT.) resistance welding
soldadura progressiva por pontos (MECH.) progressive spot welding
soldadura sobreposta por resistência (ELECT.) resistance lap-welding
soldadura topo a topo de resistência (ELECT.) resistance butt-welding
soldadura ultra-sónica (MECH.) ultrasonic welding
solda em filete (MECH.) fillet welding
solda forte (MECH.) hard solder; brazing
solda forte eléctrica (MECH.) electrical brazing
soldagem contínua (MECH.) continuous weld
soldagem eléctrica por pontos (MECH.) spot electric welding
soldagem em forja (MECH.) forge welding
solda inoxidável (MECH.) stainless welding
solda ponteada (MECH.) spot welding
soldra (VET.) stifle
soleira (BUILD.) sill
soleira (HYDRO.) ground sill
soleira (de alto forno) (MECH.) hearth
soleira de chaminé (BUILD.) front hearth
soleira de porta (BUILD.) door step
soleira rotativa (MECH.) revolving hearth
solenócito (ZOO.) solenocyte; flame cell
solenóide (ELECT.) coil
solenóide de corrente contínua (ELECT.) d.c. solenoid
solenóide linear (ELECTRON.) linear solenoid
solenóide magnética (ELECT.) magnetic solenoid
solenóide padrão (ELECT.) standard solenoid
solenóide puxa-empurra (ELECTRON.) push-pull solenoid
solenóide rotativo (ELECTRON.) rotary solenoid
solenóide seco (ELECT.) dry solenoid
solenostela (BOT.) solenostele
solicitação (ELECT.) demand
solidificação (MECH.) freezing-point
sólido (GEN.) hard; solid
sólido (CHEM.) solidus
sólidos convexos regulares (MATH.) regular convex solids
solifluxão (GEO.) solifluction
solitão (ELECTRON.) soliton
Sol médio (ASTRO.) mean sun
solo (ECO.) soil
solo (MINING) ground
solo ácido (GEO.) acid soil
solo alcalino (GEO.) alkaline soil
solo argiloso (BOT.) gley; glei soil
solo calcárico (GEO.) calcareous soil
solo congelado (METEO.) frozen soil

solo cretáceo (GEO.) chalk soil
solo da tundra (ECO.) Tundra Soil
solo denso (MINING) heavy ground
solo gelado (METEO.) frozen soil
solo gredoso (GEO.) chalk soil
solo imaturo (BOT.) azonal soil
solo interglacial (GEO.) interglacial soil
solo intrazonal (BOT.) intrazonal soil
solo natural (GEO.) natural soil
solo natural (ECO.) natural ground
solo neutro (ECO.) neutral soil
solo orgânico (ECO.) organic soil
solo podzólico castanho (ECO.) brown podzolic soil
solo profundo (GEO.) buried soil
solo salino (ECO.) saline soil
solos de coesão (BUILD.) cohesive soils
solos férricos (ECO.) Ferralsols
solo uniforme (GEO.) uniform soil
solo virgem (GEO.) natural soil
solstício (ASTRO.) solstice
solstício de Inverno (ASTRO.;METEO.) midwinter; winter solstice
solstício de Verão (ASTRO.; METEO.) summer solstice
solubilidade (CHEM.) solubility
solubilidade sólida (CHEM.; PHYS.) solid solubility
solubilização (MECH.) solution heat treatment
solução (CHEM.) solution
solução (MATH.) resolution
solução ácida (CHEM.) acid solution
solução ácida para limpeza de tambores (BUILD.) caustic pickle
solução alcoólica (CHEM.) spirit
solução amortecedora (CHEM.) buffer solution
solução aquosa (CHEM.) aqueous solution
solução de água pesada (CHEM.) heavy water solution
solução de borracha e látex dissolvidos (BUILD.) cement-rubber latex
solução de compromisso (AERO.) trade off
solução de Condy (BUILD.) Condy's fluid
solução de Denhardt (BIO.) Denhardt's solution
solução de iodo (MED.) iodine solution
solução de Nessler (CHEM.) Nessler's solution
solução de Nylander (CHEM.) Nylander solution
solução diluída (CHEM.) dilute solution
solução equilibrada (CHEM.) balanced solution
solução estéril (MINING) barren solution
solução forte (CHEM.) strong liquor
solução gráfica (COMP.) graphic solution
solução magmática residual (GEO.) residual magmatic solution
solução molar (CHEM.) gram(me)-molecular solution
solução neutra (CHEM.) neutral solution

solução normal (CHEM.) normal solution
solução nutriente (BOT.) nutrient solution
solução preferencial (SPACE) trade off study
solução radioactiva (CHEM.) radioactive solution
solução retardadora (CHEM.) buffer solution
solução saturada (CHEM.) saturated solution
solução singular (MATH.) singular solution
solução sólida (CHEM.; PHYS.) solid solution
solução sólida primária (MECH.) primary solid solution
solução tipo (CHEM.) standard solution
solução volumétrica (CHEM.) volumetric solution
soluço (MED.) hiccup
soluções atérmicas (CHEM.) athermal solutions
soluções conjugadas (CHEM.) conjugate solutions
soluto (CHEM.) solute
solúvel em gordura (CHEM.) fat-soluble
solvatação (CHEM.) solvation
solvente (CHEM.) solvent
solvente anfiprótico (CHEM.) amphiprotic solvent
solvente bruto (CHEM.) crude solvent
solvente de base (CHEM.) basic solvent
solvente de diferenciação (CHEM.) differentiating solvent
solvente gordo (CHEM.) fat solvent
solvente nivelador (CHEM.) levelling solvent
solvente protónico (CHEM.) protonic solvent
solventes não aquosos (CHEM.) non-aqueous solvents
solvólise (CHEM.) solvolysis
som (PHYS.) sound
soma (GERAL) sum; addition
soma (MED.) summation
soma (ZOO.) soma
soma de controlo ponderada (ELECTRON.) weighted checksum
soma de série (MATH.) sum of series
somador analógico (COMP.) analog adder
somador de um dígito (COMP.) one digit adder
somador parcial (COMP.) half-adder
som aerodinâmico (PHYS.) aerodynamic sound
somaíto (GEO.) sommaite
soma lógica (COMP.) logical sum
somático (BIO.) somatic
somatoblasto (ZOO.) somatoblast
somatocromo (BIO.) somatochrome; cytochrome
somatogénico (PSYCHO.) somatogen
somatoliberina (BIO.; MED.; PSYCHO.) somatoliberin
somatologia (MED.) somatology
somatomedina (BIO.; MED.; PSYCHO.) somatomedin
somatópago (MED.) somatopagus

somatoplasma (MED.) somatoplasm
somatopleura (MED.) somatopleura
somatório (MED.) summation
somatório heterogéneo (PSYCHO.) heterogenous summation
somatório temporal (PSYCHO.) temporal summation
somatostatina (BIO.) somatostatin
somatotipologia (PSYCHO.) somatotypology
somatotrofina bovina (BIO.) Bovine somatotrophin [BST]
somatotropina (BIO.) somatotropin
somatotropismo (BOT.) somatotropism
sombra (ASTRO.) umbra
sombra (PHYS.) shadow
sombra da Terra (METEO.) earth shadow
sombra de radar (RADAR) radar shadow
sombra de sementes (ECO.) seed shadow
sombreado (BUILD.) shade
sombreado (IMAGE TECH.) shading
sombreado (TELECOM.) half-tone
som cardíaco (MED.) heart sound
som de alta frequência (TELECOM.) high-frequency sound
som de interferência (PHYS.) interference sound
som difuso (PHYS.) diffuse sound
som directo (PHYS.) direct sound
som envolvente (ELECTRON.) surround sound
som fotográfico (IMAGE TECH.) photographic sound
som harmónico (PHYS.) overtone
som impulsivo (PHYS.) impulsive sound
somito (ZOO.) somite
sómitos mesoblásticos (ZOO.) mesoblastic somites
som MPEG (TELECOM.) MPEG sound
som obtuso (MED.) dull sound
som surdo (PHYS.) unvoiced sound
som timpânico (MED.) box-note
som timpânico de Santini (MED.) Santini's booming sound
som vocal (PHYS.) speech sound
sonambulismo (MED.; PSYCHO.) somnambulism
sonâmbulo (MED.; PSYCHO.) somnambulist
sonar activo (NAV.; PHYS.) active sonar
sonar de localização de eco (PHYS.) echo ranging sonar
sonda (ASTRO.; MED.; PHYS.) probe
sonda (GEN.) probe
sonda (MED.) probe; tube
sonda (METEO.) sonde
sonda (MINING) dive; rig
sonda (NAV.) lead
sonda (SURV.) sounding line; plummet
sonda a diamante (MINING) diamond drill
sonda a foguete (METEO.) rocketsonde
sonda de ADN (BIO.) DNA probe
sonda de baixa capacitância (ELECTRON.) low-capacitance probe
sonda de exploração espacial (ASTRO.) deep-space probe
sonda de hidridação (BIO.) hybridization probe

sonda de Langmuir (ELECTRON.) Langmuir probe
sonda de mar profundo (SURV.) deep-sea lead
sonda de Pirani (ELECTRON.) Pirani gauge
sonda de radar (METEO.) radarsonde
sonda de sintonia (TELECOM.) tuning probe
sonda de solo (BUILD.) ground auger
sonda de turfa (ECO.) peat-borer
sondador (MINING) driller
sonda eléctrica (GEO.) electrical depth finder
sonda esofágica (VET.) probang
sondagem (SURV.) sounding
sondagem (GEO.) prospecting; sampling
sondagem (MINING) drilling; boring; prospecting; sampling
sondagem a diamante (MINING) diamond boring
sondagem aérea (METEO.) aircraft sounding
sondagem aérea (por balão) (GEO.) balloon sounding
sondagem com injecção de água (MECH.) wash boring
sondagem de balão cativo (METEO.) captive balloon sounding
sondagem de eco (PHYS.) echo sounding
sondagem de/em voo (METEO.) flight sounding
sondagem do ar (NUCL.) air sounding
sondagem ionosférica (TELECOM.) IOT
sondagem por neutrões (HYDRO.) neutron logging
sondagem por reflexão (NAV.) reflection sounding
sondagem supersónica (PHYS.) supersonic sounding
sonda-guia de bisturi (MED.) staff
sonda helicoidal (MINING) helical drill
sonda interestelar (ASTRO.) interstellar probe
sonda ionosférica (TELECOM.) topside sounder
sonda lunar (SPACE) lunar probe
sonda manual (SURV.) hand lead
sonda rádio (METEO.) radiosonde
sonda removível (MINING) detachable drill
sonda rotativa (MINING) rotary drill
sondas de locus único (BIO.) single-locus probes [SLP]
sonda solar (ASTRO.) solar probe
sonda sonora (PHYS.) sound probe
sone (PHYS.) sone (unit of loudness)
sonho lúcido (PSYCHO.) lucid dream
sónico (GEN.) sonic
sonífero (MED.) somniferous
sono (PSYCHO.) sleep
sono calmo (PSYCHO.) slow-wave sleep
sono crepuscular (MED.) twilight sleep
sonografia (MED.) sonic surgery
sonograma (PHYS.) sonogram
sono paradoxal (PSYCHO.) paradoxical sleep
sono profundo após hipnose (PSYCHO.) trance-coma

sons de Korotkoff (MED.) Korotkoff sounds
sopé (ECO.) piedmont
sopé da escarpa (ECO.) undercliff
soporífero (MED.) somnifacient; somniferous
soprar forte (MECH.) overblowing (Bessemer method)
sopro (MECH.) blow
sopro de água (MINING) water blast
sopro de arco (ELECT.) arc blow
sopro de Durosier (MED.) Durosier's murmur
sopro de Roger (MED.) bruit de Roger
sopro magnético (ELECT.) magnetic blowout; arc blow
sorbato de potássio (CHEM.) potassium sorbate
sorbita (MECH.) sorbite
sorbite (CHEM.) sorbite
sorbitol (BIO.) sorbitol
sorbitose (CHEM.) sorbitose
sorbose (CHEM.) sorbose
sorção (CHEM.) sorption
sordes (MED.) sordes
soro (BOT.) sorus
soro antilinfocítico (IMMUN.; MED.) anti-lymphocytic serum
soro de feto de vitelo (BIO.) fetal calf serum [FCS]
soro de leite coalhado (GEN.) butter-milk
soro imune (MED.) antiserum
soro sanguíneo (MED.) blood serum
sorosilicato (MINER.) sorosilicate
sosmanita (MINER.) maghemite
sótão aberto ao sol (BUILD.) sollar
sotavento (METEO.) lee
sovela (BUILD.) awl; brog
Soyuz (SPACE) Soyuz (Sovietic space ship)
Soyuz-Apollo (ASTRO.) Soyuz-Apollo (asteroid 2228)
sperrylite (MINER.) sperrylite
spin (NUCL.; PHYS.) spin
spin do electrão (ELECTRON.) electron spin
spin isobárico (PHYS.) isobaric spin
spin isotópico (PHYS.) isotopic spin; isospin
spin nuclear (CHEM.) nuclear spin
splenopexia (MED.) splenopexia; splenopexy
spot (ELECT.) spot
standard (GEN.) standard
stencil (PRINT.) stencil
stichtita (MINER.) stichtite
stilb (PHYS.) stilb
stishovita (MINER.) stishovite
stokes (PHYS.) stokes
strangeness (PHYS.) strangeness
stress (PSYCHO.) stress
stress aplicado (BUILD.) applied stress
stress halino (ECO.) salt stress
suavização (GEN.) easing
suavizador (BUILD.) softener
subabdominoperitoneal (MED.) subabdominoperitoneal
subacetato de alumínio (CHEM.) aluminium diacetate
subagrupamento (ELECTRON.) underbunching
subagudo (MED.; PHYS.) subacute

subamortecimento (TELECOM.) underdamping
subárea rápida (COMP.) quick cell
subatómico (CHEM.) subatomic
subcamada (BUILD.) undercoat; prime
subclavicular (ZOO.) subclavian; subclavicular
subclávio (ZOO.) subclavian; subclavicular
subclímax (BOT.) subclimax
subcoberto vegetal (ECO.) underwood
subcomutação (ELECT.) undercommutation
subconjunto (GEN.) subset
subconjunto (MECH.) subassembly
subconjunto de caracteres (COMP.) character subset
subconjunto de linguagem (COMP.) language subset
subconjunto digital (COMP.) digital subset
subconjunto próprio (MATH.) proper subset
subconsciente (PSYCHO.) subconscious
subcortical (ZOO.) subcortical
subcrítico (PHYS.) subcritical
subcultura (BOT.) subculture
subcutâneo (ZOO.) subcutaneous
subdorsal (ZOO.) subdorsal
subdural (MED.) subdural
súber (BOT.) cork
suber estratificado (BOT.) storied cork
suberina (BOT.) suberin
suberização (BOT.) suberization
subespécie (BIO.) subspecies
subestação automática (ELECT.) automatic substation
subestação portátil (ELECT.) portable substation
subestrutura (BUILD.) bedding
subestrutura (AERO.) undercarriage; landing gear
subfactorial (MATH.) subfactorial
subfamília (BOT.; ZOO.) section
subfrutescência (BOT.) suffructescent; suffructicose
subgénero (BOT.; ZOO.) section
subgenital (ZOO.) subgenital
subglacial (ECO.) subglacial
subgrupo (MATH.) subgroup
subgrupo conjugado (MATH.) conjugate subgroup
sub-harmónico (PHYS.) subharmonic
subida de maré (GEO.) tidal rise
subida vertical violenta (AERO.) zooming
subimago (ZOO.) subimago
subimpulso (TELECOM.) undershoot
subinvolução (MED.) subinvolution
sublimação (GEN.) sublimation
sublimado (CHEM.) sublimate
sublimado branco (CHEM.) aquila alba
sublimado corrosivo (CHEM.) corrosive sublimate
sublíngua (ZOO.) sublingua
sublitoral (ECO.) subtidal
subluxação (MED.) subluxation
submarino atómico (NAV.) atomic submarine
submaxilar (ZOO.) submaxillary
submedida (MINING) undersize

submersão rápida de um submarino (NAV.) crash dive
submicrónico (PHYS.) submicron
submodulação (ELECTRON.; IMAGE TECH.; TELECOM.) undermodulation
subnormal (MATH.) subnormal
subnuclear (PHYS.) subnuclear
subordem (ZOO.) cohort
subóxido de carbono (CHEM.) carbon suboxide
subplano de estabilização (AERO.) stub plane
subportadora (TELECOM.) subcarrier
subportadora de cor (IMAGE TECH.) colour subcarrier
subportadora de crominância (IMAGE TECH.) chrominance subcarrier
subprograma (COMP.) subprogram
subprograma de função (COMP.) function subprogram
subprograma na memória principal (COMP.) in-core subprogram
subregião australiana de fauna (ECO.) Australian faunal subregion
subregião dos mamíferos das Índias Ocidentais (ECO.) West Indian mammal subregion
subregião faunica da Madagáscar (ECO.) Madagascan faunal subregion
subregião faunica mediterrânica (ECO.) Mediterranean faunal subregion
sub-rotina (COMP.) subroutine
sub-rotina aberta (COMP.) open subroutine
sub-rotina fechada (COMP.) closed subroutine
sub-rotina matemática (COMP.) mathematical subroutine
sub-rotina recursiva (COMP.) recursive subroutine
subsaturado (GEO.) undersaturated
subsíncrono (ELECT.) subsynchronous
subsistema (SPACE) subsystem
subsolo (GEO.) subsoil
subsolo firme (MINING) hard pan
subsolo para cabos (ELECT.) cable cellar
subsom (PHYS.) infrasound
subsónico (PHYS.) subsonic
substância (GEN.) substance
substância (ZOO.) substance; substantia
substância A de reacção lenta (IMMUN.) slow-reacting substance A
substância alba (ZOO.) white matter
substância antidetonante (AUTO.) antiknock substance
substância branca de Schwann (ZOO.) Schwann's substance
substância de alarme (ECO.) alarm substance
substância de crescimento (BOT.) growth substance
substância de fase aguda (IMMUN.) acute phase substance
substância de têmpera (MECH.) hardening medium
substância fitotóxica (BOT.) phytotoxic substance
substância fosforescente (ELECTRON.) phosphor
substância M de Reichstein (CHEM.; MED.) hydrocortisone

substância mineral (MINER.) mineral substance
substância poluidora (ECO.) pollutant
substância resinosa (CHEM.) resinous substance
substâncias do grupo sanguíneo ABO (IMMUN.) ABO blood group substances
substâncias ergásticas (BOT.) ergastic substances
substâncias específicas A e B dos grupos sanguíneos (MED.) blood group specific substances A and B
substâncias secundárias (ECO.) secondary substances
substituição (GEN.) substitution
substituição (GEO.) replacement
substituição de genes (ECO.) gene substitution
substituição ecológica (ECO.) replacement ecology
substituição isomórfica (CRYST.) isomorphous replacement
substituição mecânica (COMP.) mechanical replacement
substituição neutra (BIO.) neutral substitution
substituição por descarga (COMP.) dump change
substituto sanguíneo (MED.) blood substitute
substrato (BIO.) substrate; substratum
substrato (GEN.) substrate
substrato de solo (BOT.) pan
substrato endurecido (GEO.) bone bed
substrato fisiológico do processo psíquico (PSYCHO.) psychokym
substrato plástico (GEO.) plastic substratum
substrato respiratório (BIO.) respiratory substrate
substrato rochoso (MINING) bedrock
subtangente (MATH.) subtangent
subtectório (ZOO.) subtectal
subtendente (MATH.) subtend
subterrâneo (ARCH.; BUILD.) vault
subtítulo (IMAGE TECH.) sub-title
subtracção (MATH.) subtraction
subtracção binário (ELECTRON.) binary subtraction
subtractor de um dígito (COMP.) one digit subtractor
subtraendo (MATH.) subtrahend
subulado (BOT.) subulate
subunidade (BIO.) subunit
subvalor (COMP.) underflow
sucata (MECH.) scrap
sucata de vidro (GLASS) cullet
sucção do ar (AERO.) air suction
succinilo (CHEM.) succinyl
succinite (MINER.) succinite
sucessão (ECO.) succession
sucessão divergente (MATH.) divergent sequence
sucessão ecológica (ECO.) ecological succession
sucessão oscilante (MATH.) oscillating sequence
sucessão primária (ECO.) primary succession

sucessão progressiva (Eco.) progressive succession
sucessão regressiva (Eco.) retrogressive succession
sucessão secundária (Eco.) secondary succession
sucesso (Comp.) hit
sucinato de benzila (Chem.) benzyl succinate
sucinato de doxilamina (Chem.) doxylamine succinate
sucinato de potássio (Chem.) potassium succinate
sucinato de sódio (Chem.) sodium succinate
sucinato etílico de potássio (Chem.) potassium ethyl succinate
suco (Gen.) juice; succus
suco entérico (Zoo.) succus entericus
suco gástrico (Med.) gastric juice; succus gastricus
sucrol (Chem.) sucrol
suculenta folhosa (Bot.) leaf succulent
suculento (Bot.) succulent
sucussão (Med.) sucussion
sudação (Build.) sweating
sudamina (Med.) sudamina
Sudan (Bio.) Sudan (dye)
sudanofilia (Bio.) sudanophilia
sudoríparo (sudorífero) (Zoo.) sudoriferous
sufrutescente (subfrutescente) (Bot.) suffructescent
sugador (Zoo.) suctorial
sugestão pós-hipnótica (Psycho.) post-hypnotic suggestion
sujeito a inversão (Chem.) invert
sulcado (Build.) furrowed
sulco (Build.) chase
sulco (Gen.) canal; channel; furrow; slot; groove
sulco (Med.; Zoo.) furrow; groove; sulcus; stripe
sulco carotídeo (Med.) sulcus caroticus
sulco cerebral lateral (Zoo.) Sylvian fissure
sulco de escoamento (Build.) catchwater drain
sulco de Monro (Med.) Monro's sulcus
sulco do hipocampo (Med.) sulcus hippocampi
sulco espiral (Elect.) fast spiral
sulco excêntrico (Phys.) eccentric groove
sulco falso (Phys.) blank groove
sulco fechado (Phys.) locked groove
sulco final (Elect.) lead-out groove
sulco fresado (Mech.) milled slot
sulco hipotalâmico (Med.) Monro's sulcus
sulco não modulado (Electron.) unmodulated groove
sulcos ambulacrários (Zoo.) ambulacral grooves
sulco sem modulação (Phys.) blank groove
sulfa (Chem.; Med.) sulfa; sulphonamide
sulfamida (Chem.) sulphamide
sulfatação (Chem.) sulphation
sulfatara (Geo.) solfatara

sulfato (Chem.) sulphate; sulfate
sulfato básico de chumbo (Chem.) basic lead sulphate (sulfate)
sulfato de alumínio (Chem.) filter alum; aluminium sulphate (sulfate)
sulfato de alumínio e potássio (Chem.) aluminium potassium sulphate (sulfate)
sulfato de amónio (Chem.) ammonium sulphate (sulfate); sulphate (sulfate) of ammonium
sulfato de bário (Chem.) barium sulphate (sulfate); sulphate (sulfate) of barium
sulfato de cálcio (Chem.) calcium sulphate (sulfate); sulphate (sulfate) of lime
sulfato de chumbo (Chem.) lead sulphate (sulfate); sulphate (sulfate) of lead
sulfato de cobre (Chem.) copper sulphate (sulfate); sulphate (sulfate) of copper; blue stone
sulfato de cobre hidratado (Chem.) blue vitriol; native copper sulphate (sulfate); chalcanthite
sulfato de dimetilo (Chem.) dimethyl sulphate (sulfate)
sulfato de estrôncio (Chem.) sulphate (sulfate) of strontium; celestite
sulfato de ferro (Chem.) sulphate (sulfate) of iron
sulfato de hiosciamina (Chem.; Med.) hyosciamine sulphate (sulfate)
sulfato de isoprenalina (Chem.;Med.) isoprenaline sulphate (sulfate)
sulfato de isoproterenol (Chem.) isoproterenol sulphate (sulfate)
sulfato de magnésio (Chem.) sulphate (sulfate) of magnesium; Epson salts
sulfato de metilo (Chem.) methyl sulphate (sulfate)
sulfato de neomicina (Chem.) neomicin sulphate (sulfate)
sulfato de sódio (Chem.) sodium sulphate (sulfate); sulphate (sulfate) of sodium
sulfato de sódio do ácido polianidromanurónico (Chem.; Med.) sodium polyanhydromannuronic acid sulphate (sulfate)
sulfato de zinco (Miner.) zinc sulphate (sulfate); white vitriol
sulfato duplo de amónio e ferro (Chem.) Mohr's salt; ammonium iron(II) sulphate (sulfate)
sulfato férrico (Chem.) ferric sulphate (sulfate)
sulfato férrico de amónio (Chem.) ammonium ferric sulphate (sulfate)
sulfato ferroso (Chem.) ferrous sulphate (sulfate)
sulfeto de alilo (Chem.) allyl sulphide (sulfide)
sulfeto de bário (Chem.) barium sulphide (sulfide)
sulfeto de cádmio (Chem.; Med.) cadmium sulphide (sulfide)
sulfeto de cálcio (Chem.) calcium sulphide (sulfide)
sulfeto de chumbo (Chem.) lead sulphide (sulfide)

sulfeto de hidrogénio (Chem.) hydrogen sulphide (sulfide)
sulfetos luminosos (Chem.) luminous sulphides (sulfides)
sulfitos (Chem.) sulphites (sulfites)
sulfobromometazina sódica (Chem.; Vet.) sodium sulfobromomethazine
sulfocianato de sódio (Chem.) sodium sulphocyanate; sodium thiocyanate
sulfocianeto (Chem.) sulphocyanide; thiocyanide
sulfonação (Chem.) sulphonation
sulfonamidas (Med.) sulphonamides
sulfonas (Chem.) sulphones
sulfonato sódico de alizarina (Chem.) alizarin red S
sulfonilureias (Med.) sulphonylurea compounds
sulfoproteína (Med.) sulphoprotein
sulfossol (Chem.) sulphosol
sulfotransferase (Chem.) sulphotransferase
sulfóxido (Chem.) sulphoxide
sulfóxido de dimetilo (Chem.) dimethyl sulfoxide
sulfureto estânico (Chem.) mosaic gold
sulfuretos (Chem.) sulphides (sulfides)
sul magnético (Phys.) magnetic south
sumaúma (Text.) kapok
sumidoiro de corrente (Electron.) current sinking
sumidouro (Electron.) sink
sumo de lima (Med.) lime juice
suor (Med.) sweat; sudor
suor fétido (Chem.; Med.) bromadrisis
superabundante (Mech.) redundant
superacabamento (Mech.) superfinishing
superaccionamento (Auto.) overdrive
Superaerodinâmica (Aero.) superaerodynamics
superalimentado (Auto.) blown
superalimentador (Auto.) supercharger
superalimentador comandado por descarga (Aero.) exhaust-driven supercharger; turbo-supercharger
superalimentador do motor (Mech.) engine supercharger
superamortecimento (Elect.) overdamping
superaquecimento (Aero.) superheat
superarrefecido (Chem.) supercooled
supercarregado (Auto.) blown
superciliar (Zoo.) superciliary
supercílio (Zoo.) supercilium
supercirculação (Aero.) super-circulation
supercompressão (Aero.) supercharging
supercompressor (Auto.) supercharger
supercompressor de diversas velocidades (Aero.) multispeed supercharger
supercompressor de Roots (Mech.) Roots blower
supercompressor de vários estágios (Aero.) multistage supercharger

supercomputador (COMP.) supercomputer

supercondutividade (PHYS.) superconductivity

supercondutor tipo II (PHYS.) type II superconductor

supercrítico (PHYS.) supercritical

super-ego (superego) (PSYCHO.) superego

superelevação (SURV.) superelevation

superelevação de viga (BUILD.) camber-beam

superestrutura (GEN.) superstructure

superestrutura de convés (NAV.) deck house

superestrutura longa (NAV.) long superstructure

superexcitação (PHYS.) overexcitation

superfamília maior de facilitadores (BIO.) major facilitator superfamily [MFS]

superfetação (MED.) superfetation; superfoetation

superfície asférica (PHYS.) aspheric surface

superfície cáustica (PHYS.) caustic surface

superfície cónica (MATH.) conical surface

superfície da asa (AERO.) wing area

superfície de apoio (BUILD.) bed; working face

superfície de apoio (MECH.) bearing surface

superfície de aquecimento efectivo (MECH.) effective heating surface

superfície de armazenamento (COMP.) storage surface

superfície de atrito (GEO.) slickenside

superfície de carga (NUCL.) charge face

superfície de comparação (PHYS.) comparison surface

superfície de contacto (MECH.) faying face

superfície de convergência (ELECTRON.) convergence surface

superfície de deslize (AERO.) planing bottom

superfície de divisão (PHYS.) division surface

superfície de Fermi (PHYS.) Fermi surface

superfície de frequência (ELECTRON.) frequency surface

superfície de fricção (GEO.) slickenside

superfície de impressão (PRINT.) type face

superfície de irradiação (PHYS.) radiating surface

superfície de junta trabalhada (BUILD.) boasted joint surface

superfície de moderação (NUCL.) slowing down area

superfície de recorrência (ECO.) recurrence surface

superfície de redução (PHYS.) reducing surface

superfície de resvalamento (AERO.) planing bottom

superfície de Riemann (MATH.) Riemann surface

superfície de rolamento (MECH.) tread

superfície desenvolvível (MATH.) developable surface

superfície de subsidência (METEO.) surface of subsidency

superfície de sustentação (AERO.) lifting surface

superfície de um hiperbolóide de revolução (MATH.) nappe

superfície diametral (MATH.) diametral surface

superfície do comutador (ELECT.) commutator face; commutator surface

superfície específica (PHYS.) specific surface

superfície fotométrica (PHYS.) photometric surface

superfície freática (HYDRO.) phreatic surface

superfície frontal (METEO.) front

superfície irradiante (PHYS.) radiating surface

superfície isobárica (GEO.) isobaric surface

superfície livre (NAV.) free surface

superfície molhada (AERO.) wetted area

superfície neutra (MECH.) neutral surface

superfície nua (BOT.) denuded quadrat

superfície piezométrica (GEO.) piezometric surface

superfície plana (CRYST.) face

superfície planificável (MATH.) developable surface

superfície polar (ELECT.) pole face

superfície polida (CRYST.) polished face

superfície prismática (CRYST.) prismatic surface

superfície projectada da hélice (AERO.) projected blade area

superfície rebaixada (BUILD.) sunk face

superfícies do cristal (CRYST.) crystal boundaries

superfície subsidiária (METEO.) katafront

superfície toroidal (PHYS.) toroidal surface

superfície ventral (ZOO.) venter

superfluidez (PHYS.) superfluidity

superfluido (PHYS.) superfluid

superfosfato (CHEM.) superphosphate

superfosfato triplo (CHEM.) triple superphosphate

supergigante (ASTRO.) supergiant star

supergravidade (ASTRO.; PHYS.) supergravity

superior (GEN.) superior

superior (MED.) superior

superioridade aérea (AERO.) air superiority

supermarcha (AUTO.) overdrive

supernova (ASTRO.) supernova

superorganismo (ECO.) superorganism

superovulação (ZOO.) superovulation

superóxidos (CHEM.) superoxides

superperda de velocidade (AERO.) super stall

superpetroso (MED.) superpetrosal

superpressão (AERO.) superpressure

super-refracção (METEO.) superrefraction

super-refrigerado (CHEM.) supercooled

super-regeneração (TELECOM.) superregeneration

supersaturação (CHEM.) supersaturation

supersaturado (GEO.) oversaturated

supersimetria (ASTRO.; PHYS.) supersymmetry

supersónico (PHYS.) supersonic

supertemporal (MED.) superpetrosal

supertensão electrolítica (ELECT.) electrolytic excess voltage

supervisor (COMP.) supervisor

supinação (ZOO.) supination

supinador (ZOO.) supinator

suporte (BUILD.) bracing; bracket; bolster; cradle; horse; prop; knuckle; bridging

suporte (MECH.) rest; mount; seating; sole; saddle

suporte (TELECOM.) mount

suporte corrediço (MECH.) slide rest

suporte da cauda (AERO.) tail support; tail skid

suporte da tubagem de revestimento (MINING) casing hanger

suporte de anjo (ARCH.) angel beam

suporte de baioneta (ELECT.) bayonet cap [BC]; bayonet holder

suporte de base (MECH.) plummer block

suporte de calha (BUILD.) gutter bearer

suporte de cauda (MECH.) tail bearing

suporte de contacto central (ELECT.) centre-contact holder

suporte de escora (MECH.) box tool

suporte de lâmpada (ELECT.) lampholder; lamp socket

suporte de linha (ELECT.) line support

suporte de macho (MECH.) chaplet

suporte de memória (COMP.) storage medium

suporte de mísula (BUILD.) corbelpiece

suporte de muro (BUILD.) wall-saddle

suporte de placa (ELECT.) plate support

suporte de rosca (ELECT.) backplate lampholder

suporte de tecto (ELECT.) ceiling plate

suporte de teste (COMP.) test bed

suporte de transição (COMP.) bridgeware

suporte de válvula (ELECT.) tube socket

suporte de vida (SPACE) life support

suporte de viga (BUILD.) template

suporte do pêndulo (HORO.) back cock

suporte do pivô da mola (MECH.) spring pivot bracket

suporte Edison (ELECT.) Edison screw-holder

suporte em T (MECH.) T-rest

suporte exterior (MECH.) outer bearing

suporte fixo (ELECT.) rigid support

suporte flexível (ELECT.) flexible support

suporte individual de dados (COMP.) individual data support

suporte inferior para poste (BUILD.) patand

suporte interelectródico (ELEC-TRON.) pinch

suporte interelectródico de campo invertido (NUCL.) reversed field pinch

suporte intermediário (BUILD.) carriage

suporte isolado (ELECT.) insulated hanger

suporte lógico de sistema (COMP.) system software

suporte lógico inalterável (COMP.) firmware

suporte ponte (COMP.) bridgeware

suporte rígido (ELECT.) rigid support

suportes de madeira (BUILD.) backings

suportes magnéticos (COMP.) magnetic media

suporte transversal (MECH.) cross bracket

supositório (MED.) suppository

supra-acromial (MED.) supra-acromial

supra-axilar (MED.) supra-axillary

suprabucal (MED.) suprabucal

supracerebeloso (MED.) supracerebellar

supracoróide (MED.) suprachoroid

supracotiloideu (MED.) supracotyloid

supradorsal (ZOO.) supradorsal

supra-escapular (MED.) suprascapular

supraglacial (ECO.) supraglacial

supraliminal (PSYCHO.) supraliminal

supralitoral (ECO.) supratidal

supramaleolar (MED.) supramalleolar

supra-occipital (ZOO.) supra-occipital

supra-orbital (MED.) supraorbital

supra-orbitário (ZOO.) supraorbital

supra-renal (ZOO.) adrenal

supraversão (MED.) supraversion

supremacia aérea (AERO.) air supremacy; air superiority

supremo (MATH.) supremum

supressão (GEN.) suppression

supressão de arco (ELECT.) arc suppression

supressão de eco (TELECOM.) echo suppression

supressão de feixe (ELECTRON.; IMAGE TECH.) blanking

supressão de frequências vocais (TELECOM.) speech clipping

supressão de imagem (IMAGE TECH.) frame blanking

supressão de linhas (TELECOM.) horizontal blanking

supressão de modulação de amplitude (ELECTRON.) amplitude-modulation rejection

supressão de portadora (TELECOM.) carrier suppression

supressão de quadro (IMAGE TECH.) frame blanking; frame suppression

supressão de ruído (AERO.; ELECT.) noise abatement; noise elimination

supressão de ruído de estação intermédia (TELECOM.) interstation noise suppression

supressão de zeros (COMP.) zero suppression

supressão dos lóbulos laterais (RADAR) side lobe blanking

supressão harmónica (TELECOM.) harmonic suppression

supressor (ELECT.; ELECTRON.) chopper; stopper

supressor (GEN.) suppressor

supressor de arco (ELECT.) arcing-ground suppressor

supressor de campo (ELECT.) field suppressor

supressor de centelha (ELECT.) flash suppressor

supressor de cor (IMAGE TECH.) colour killer

supressor de eco (PHYS.) echo cancellor

supressor de faísca (ELECT.) spark killer; spark quench device; flash suppressor

supressor de faixa de quartzo (TELECOM.) quartz band suppressor

supressor de impulsos (TELECOM.) pulse-suppresser

supressor de interferências (TELECOM.) interference blanker

supressor de ruídos (AERO.; TELECOM.) noise suppressor; noise killer

supressor de sinais parasitas (RADAR) anti-clutter

supressor do ressalto dos contactos (ELECTRON.) contact bounce suppression

supressor parasita (ELECTRON.) parasitic stopper; parasitic suppressor

supuração (MED.) suppuration

suramina (MED.) suramin

surdez (MED.) deafness; hearing loss

surdo-mudo (MED.) deaf-mute

surfactante (CHEM.; MED.) surfactant

surpalite (CHEM.) diphosgene

surra (VET.) surra

surto (ELECT.; METEO.) surge

susceptância (PHYS.) susceptance

susceptância indutiva (ELECT.) inductive susceptance

susceptibilidade (ELECT.) susceptibility

susceptibilidade dieléctrica (ELECT.) dielectric susceptibility

susceptibilidade diferencial (ELECT.) differential susceptibility

susceptibilidade eléctrica (ELECT.) electric susceptibility

susceptibilidade magnética (ELECT.) magnetic susceptibility

suspensão (BUILD.) prop

suspensão (ELECT.) stoppage; stand-still

suspensão (GEN.) suspension

suspensão (MECH.) hang-up; hanging

suspensão acústica (PHYS.) acoustic suspension

suspensão a pivô (MECH.) pivot suspension

suspensão bifilar (PHYS.) bifilar suspension

suspensão Brocot (HORO.) Brocot suspension

suspensão de barra (ELECT.) bar suspension; yoke suspension

suspensão de cardan (MECH.) gimbal mount

suspensão de nariz (ELECT.) nose suspension

suspensão dianteira com molas helicoidais (AUTO.) coil-and-wishbone

suspensão dinâmica (PHYS.) dynamic lift

suspensão em catenária simples (ELECT.) single-catenary suspension

suspensão em líquido (PHYS.) liquid suspension

suspensão flexível (ELECT.) flexible suspension

suspensão independente (AUTO.) independent suspension

suspensão líquida (PHYS.) liquid suspension

suspensão magnética (ELECT.) magnetic suspension

suspensão mecânica (MECH.; PHYS.) mechanical lift

suspensão ou elevação de ar ou de gás neutro (NUCL.) airlift

suspensóide (CHEM.) suspensoid

suspensor (GEN.) suspenser

suspensório (ZOO.) suspensory; suspensotium

suspensor isolado (ELECT.) insulated hanger

sustentabilidade (ECO.) sustainability

sustentação (AERO.) lift

sustentação dinâmica (AERO.) dynamic lift

sustentação efectiva (PHYS.) net lift

sustentação mecânica (AERO.) mechanical lift

suta (BUILD.) mitre square

sutura (GEN.) suture

suturado (GEN.) sutured

sutura dorsal (BOT.) dorsal suture

sutura sagital (MED.) sagital suture

sutura ventral (BOT.) ventral suture

T-1824 (CHEM.) T-1824 (dye)
tabela de adição (COMP.) addition table
tabela de associação de programas (COMP.) program association table
tabela de Birmingham (MECH.) Birmingham gauge; Birmingham Wire Gauge (BWG)
tabela de casualidade (STAT.) contingency table
tabela de correcção da bússola (NAV.) compass correction card
tabela de dados de função (COMP.) function data table [FDT]
tabela de função (COMP.) function table
tabela de intervalo fixo (PSYCHO.) fixed interval schedule
tabela de Mendeleev (CHEM.) Mendeleev's table
tabela de operação boleana (COMP.; MATH.) Boolean operation table
tabela de proporção fixa (PSYCHO.) fixed ratio schedule
tabela de Routh (MATH.) Routh table
tabela de símbolos (COMP.) name table; symbol table
tabela de vector de dispositivo (COMP.) device vector table
tabela de vida (ECO.) life table
tabela gráfica (COMP.) graphic table
tabela inicial (COMP.) header slope
tabela logarítmica (MATH.) logarithmic table
tabela periódica (CHEM.) periodic table
Tabelas Críticas Internacionais (PHYS.) International Critical Tables
tabelas de ponto estimado (SURV.) traverse tables
tabelas de vapor (MECH.) steam tables
tabela trigonométrica (SURV.) trigonometric table
tabes (MED.) tabes
tabescente (BOT.) tabescent
tabes diabética (MED.) tabes diabetica
tabes dorsal (MED.) tabes dorsalis
tabético (MED.) tabetic
tábido (BOT.) tabescent
tabique (BOT.) phragma
tabique (BUILD.) bulkhead
tabique de ventilação (MINING) brattice
tablóide (PRINT.) tabloid newspaper
taboparalisia (MED.) taboparalysis
taboparesia (MED.) taboparesis
tabu (PSYCHO.) taboo
tábua (BUILD.) board
tábua (GEN.) board; table; plank; panel
tábua de forma (BUILD.) poling board
tábua de forro (BUILD.) furring; poling board
tábua de logaritmos (MATH.) logarithmic table

tábua de macho e fêmea (BUILD.) match-board
tábua de madeira laminada (BUILD.) blockboard
tábua de ponto (BUILD.) ridge-board
tábua de revestimento (BUILD.) building board
tábua de revestimento externo (NAV.) garboard strake
tábua de tabique (BUILD.) sheeting board
tábua de tapume (BUILD.) sheeting board
tabuado do tecto (BUILD.) roof boarding
tábua do soalho (BUILD.) batten; board
tábua inclinada (BUILD.) angle board
tábuas de latitude e afastamento (SURV.) traverse tables
tábuas finas para forro de telhado (BUILD.) sarking
tábua trigonométrica (SURV.) trigonometric table
tábua vertical de empena (BUILD.) barge board
tabu de incesto (PSYCHO.) incest taboo
tabulador (COMP.) tabulator
tabular (BOT.) tabular
tabuleiro (PAPER) saveall
tabuleiro de neve (BUILD.) snow board
tabuleiro de tipo Multifont (PRINT.) Multifont type tray
TAC (RADIO.) CAT (Computer Aided Tomography)
tacha (BUILD.) tack; brad; bitch
taco (TEXT.) picker
tacómetro (ENG.) tachometer
tacómetro percentual (AERO.) percentage tachometer
táctil (ZOO.) tactile
tactismo (BOT.) tactic movement
tacto (TEXT.) feel
tactriz (MATH.) tractrix
tafetá (TEXT.) taffeta
tafofobia (MED.) taphophobia
tafrogénico (GEO.) taphrogenic
tagma (ZOO.) tagma
tagmose (ZOO.) tagmosis
taíga (ECO.) taiga
tala de pescoço (VET.) cradle
talagarça (TEXT.) cheese cloth
tálamo (ZOO.) thalamus
talão (BUILD.) tursk; heel; slip
talão (ZOO.) talon
talassemia (MED.) thalassaemia; thalassemia
talbot (PHYS.) talbot
talbótipo (IMAGE TECH.) calotype
talco (MINER.) talc; soapstone; steatite; talcum
talcose (MED.) talcosis
talha (GLASS) intaglio

talha (MECH.) pulley block; lifting block
talhadeira (MECH.) cold-set
talhadeira de ferreiro (MECH.) anvil chisel; cold chisel; flat chisel; firmer chisel
talhadeira de garra (BUILD.) claw chisel
talha-mar (BUILD.) breakwater
talha-mar (NAV.) stem
talha móvel (MINING) travelling block
talhão (ECO.) coupe
talho (MINING) slicing
talidomida (MED.) thalidomide
tálio (CHEM.) thallium
talipe (MED.) talipes
talípede do cavalo (VET.) knuckling
talo (BOT.) thallus
talocha (BUILD.) darby; hawk; mason's float
talões (ENG.) tusses
talose (CHEM.) talose
talude (BUILD.) batter; embankment
talude (GEO.) talus; cuesta (USA)
talude (MINING) face
talude continental (GEO.) continental shoulder; continental talus; continental slope
talude coralígeno (ECO.) reef front
talude costeiro (GEO.) fore reef
talude de um por um (BUILD.) one-to-one slope
talude do delta (GEO.) delta front
talus (GEO.) scree; talus
talvegue (GEO.) talweg; thalweg
tamanho (GEN.) size
tamanho básico (PRINT.) basic size
tamanho bastardo (PAPER) bastard size
tamanho crítico (NUCL.) critical size
tamanho de grão (GEO.; MECH.) grain size
tamanho de partícula (GEO.; PHYS.) particle size
tamanho exacto (BUILD.) neat size
tamanho não standard (PAPER) bastard size
tamanhos de papel (PAPER) paper sizes
tamanhos por letra (MECH.) letter sizes
tamanhos preferidos (ENG.) preferred sizes
tamarugite (MINER.) tamarugite
tambor (ELECTRON.) drum
tambor (ENG.) barrel
tambor (GEN.) drum
tambor blindado (NUCL.) cask
tambor cónico (MINING) conical drum
tambor de espelhos (IMAGE TECH.) mirror drum
tambor de estiramento (MECH.) drawing drum

tambor de impressão (Comp.) print barrel

tambor de inversão (Mech.) reversing dump

tambor de programa (Comp.) program drum

tambor de revestimento (Mining) casing drum

tambor do compressor (Aero.) compressor drum

tambor do freio (Print.) brake drum

tambor do travão (Mech.) brake drum

tambor inversor (Mech.) reversing drum

tambor magnético (Comp.) magnetic drum

tambor para corrente (Mech.) chain barrel

tambor rotativo (Mech.) revolving drum

tambor rotativo (Mining) cathead

tambor separador (Mech.) separating drum

tampa (Gen.) bonnet

tampa de bolsa (Mech.) pump bonnet

tampa de chaminé (Build.) hood

tampa de cilindro (Mech.) cylinder cover

tampa interna (Mech.) inside cover

tampão (Gen.) plug; bonnet

tampão (Med.) tent; buffer

tampão (Gen.) plug

tampão (Build.) tampon

tampão de acesso (Build.) access eye

tampão de água (Mining) water cushion

tampão de cimento (Mining) cement plug

tampão de espuma (Mining) foam plug

tampão de gasolina com chave (Auto.) locking gas cap

tampão de saída (Build.) bag plug

tampão para alargar canos (Build.) tampin

tampão roscado (Build.) screw plug

tampão vaginal (Zoo.) vaginal plug

tampão vitelino (Zoo.) yolk plug

tamponamento cardíaco (Med.) cardiac tamponade

tanato (Chem.) tannate

tanatobiológico (Bio.) thanatobiologic

tanatocenose (Bio.) thanatocoenosis

tanato de albumina (Chem.) albumin tannate

tanatóide (Zoo.) thanatoid

tanatose (Zoo.) thanatosis

tandem (Elect.) gang

tandem (Telecom.) tandem

tangente (Math.) tangent

tangente de x (Math.) arc tan x

tangente hiperbólica de x (Math.) arc tanh x

tangente logarítmica (Math.) logarithmic tangent

taninização (Zoo.) tanning

tanino (Chem.) tannin

tanque (Hydro.) pound; pond

tanque alijável (Aero.) drop tank; slip tank; slipper tank

tanque auxiliar (Aero.) auxiliary tank

tanque conservador (Elect.) conservator tank

tanque da fuselagem (Aero.) cabin tank

tanque das lamas (Mining) mud pit

tanque de amortecimento (Hydro.) surge tank

tanque de ar comprimido (Mech.) pressure tank

tanque de barriga (Aero.) belly tank

tanque de carregar combustível (Nucl.) fuelling machine

tanque de combustível (Aero.) fuel cell ; fuel tank

tanque de combustível auxiliar (Aero.) auxiliary fuel tank

tanque de combustível descartável (Aero.) disposable fuel tank

tanque de compressão (Hydro.) surge tank

tanque de decantação (Build.) setting tank

tanque de decantação (Mining) glory-hole

tanque de decantação de lamas (Mining) pit

tanque de descarga (Build.) flushing tank

tanque de expansão (Build.) expansion tank

tanque de expansão (Elect.) conservator tank

tanque de Imhoff (Build.) Imhoff tank

tanque de lastro de água (Nav.) water ballast tank

tanque de ondulação (Phys.) ripple tank

tanque de Pachuca (Mining) Pachuca tank

tanque de precipitação de resíduos absolutos (Build.) absolute-rest precipitation tank

tanque de pressão (Phys.) pressure cell

tanque de propelente (Aero.; Space) propellant tank

tanque de refinação (Mech.) refining tank

tanque de reserva (Aero.) auxiliary tank

tanque de sedimentação (Build.) sedimentation tank; settling tank

tanque de serviço (Aero.) service tank

tanque de teste de hidroavião (Aero.) seaplane tank (for model testing)

tanque do bojo (Aero.) belly tank

tanque Dortmund (Build.) Dortmund tank

tanque do transformador (Elect.) transformer tank

tanque electrolítico (Elect.) electrolytic tank

tanque hidrodinâmico (Aero.) seaplane tank (for tests)

tanque integral (Aero.; Astro.) integral tank

tanque oscilador (Elect.) oscillator tank

tanque principal (Aero.) main tank

tanque ventral (Aero.) ventral tank

tantalato de lítio (Chem.) lithium tantalate

tantalite (Miner.) tantalite

tântalo (Chem.) tantalum

tapa-juntas (Build.) slat

tapa-juntas em degrau (Build.) stepped flashing

tapeçaria (Text.) tapestry

tapete (Bot.; Zoo.) tapetum

tapete algáceo (Geo.) algal mat

tapete anti-estático (Electron.) anti-static mat

tapete pneumático (Mech.) pneumatic conveyor

tapete rolante (Mech.) roller conveyor

tapete rolante atlântico (Geo.) Atlantic conveyor

tapiolite (Miner.) tapiolite

tapume (Build.) hoarding; hoard; bulkhead; fence

taqueometria (Surv.) tacheometry

taqueómetro (Surv.) tacheometer

taquicardia (Med.) tachycardia

taquifilaxia (Med.) tachyphyllaxis

taquigénese (Zoo.) tachygenesis

taquilito (Geo.) tachylite; tachylyte; basalt glass

taquimetria (Surv.) tachymetry

taquímetro (Surv.) tachymeter

taquipneia (Med.) tachypnea; tachypnoea

taquisterol (Chem.) tachysterol

taquitoscópio (Psycho.) tachitoscope

tara (Gen.) tare

tarbutita (Miner.) tarbuttite

Tardígrados (Zoo.) Tardigrada

tarefa (Comp.) job

tarefa contida numa fila (Comp.) queue-driven task

tarefa de baixa prioridade (Comp.) background job

tarefa de fila (Comp.) queue task; queue job

tarefa de registador cronológico (Comp.) logger task

tarefa em lote (Comp.) batched job

tarefa imediata (Comp.) immediate task; primary task

tarifa interior (Elect.) midland tariff

tARN supressor (Bio.) suppressor tRNA

tarolo (Mining) core

tarsalgia (Med.) tarsalgia

társico (Zoo.) tarsal

tarso (Zoo.) tarsus

tartarato ácido de potássio (Chem.) cream of tartar

tartarato de amónio (Chem.) ammonium tartrate

tartarato de ergotamina (Med.) ergotamine tartarate

tartarato de etilenodiamina (Chem.; Electron.) ethylene diamine tartrate

tartarato de sódio (Chem.) sodium tartrate

tartaratos (Chem.) tartrates

tartarato sódico de potássio (Chem.) potassium sodium tartrate

tártaro (Chem.) tartar

tártaro de caldeira (Mech.) boiler scale

tártaro emético (Chem.) tartar emetic

tartaruga (Comp.) turtle

tartrazina (Chem.) tartrazine

tasmanite (Geo.) tasmanite

tastina (Bio.) tastin

tautomeria (Chem.) tautomerism

tautomerismo cetoenólico (Chem.) keto-enolic tautomerism

taxa (Bio.) taxa

taxa Baud (Telecom.) Baud rate

taxa de absorção diferencial (Radiol.) differential absorption ratio

taxa de adsorção do sódio (Eco.) sodium adsorptian ratio [SAR]

taxa de amostragem (Comp.) sampling rate

taxa de atenuação (Telecom.) rate of attenuation

taxa de bifurcação (Eco.) bifurcation ratio

taxa de bits (Comp.) bit rate

taxa de compressão (Telecom.) compression ratio

taxa de compressão dos bits (Comp.) bit rate reduction [BRR]

taxa de congestão de tráfico telefónico (Telecom.) call congestion ratio

taxa de contagem (Electron.) count rate

taxa de crescimento (Bio.) growth rate

taxa de crescimento relativo (Eco.) relative growth rate

taxa de depleção (Hydro.) depletion rate

taxa de desintegração (Electron.) disintegration rate

taxa de dosagem (Radiol.) dose rate

taxa de erro (Comp.) error rate

taxa de erro de carácter (Comp.) character error rate

taxa de erro dos bits (Comp.) bit error rate [BER]

taxa de exposição (Nucl.; Radiol.) exposure rate; exposure dose rate

taxa de falha (Electron.) failure rate

taxa de geração (Elect.) generation rate

taxa de informação (Telecom.) information rate

taxa de ionização (Phys.) ionization rate

taxa de mutação (Bio.) mutation rate

taxa de nascimentos (Eco.) natality

taxa de Nyquist (Comp.) Nyquist rate

taxa de porosidade (Eco.) void ratio

taxa de reacção (Nucl.; Phys.) reaction rate

taxa de recessão (Hydro.) depletion taxis

taxa de recuperação (Radiol.) recovery rate

taxa de recuperação diferencial (Nucl.) differential recovery rate

taxa de rejeição de modulação de amplitude (Telecom.) AM rejection ratio

taxa de renovação (Eco.) turnover rate

taxa de transferência (Electron.) transfer rate

taxa intrínseca de crescimento natural (Eco.) intrinsic rate of natural increase

taxa média de falha (Electron.) average failure rate

taxa metabólica (Eco.) metabolic rate

taxa metabólica basal [TMB] (Med.) basal metabolic rate [BMR]

taxa natural de renovação (Eco.) natural turnover rate

taxa-padrão de mortalidade (Med.) standardized mortality ratio [SMT]

taxa produção/respiração (Eco.) production/respiration ratio [P/R ratio]

taxia (Bio.; Psycho.) taxis

taxia positiva (Bio.) positive taxis

taxis aéreos (Eco.) aerotaxis

taxol (Bio.) taxol

taxonomia (Bio.) taxonomy

taxonomia de forma (Bot.) form taxonony

taxonomia numérica (Bot.) numerical taxonomy

T-básico (Aero.) basic T

T de aterragem (Aero.) wind T

tear (Text.) loom; spinning frame

tear a jacto (Text.) jet loom

tear de anéis (Text.) ring spinning frame

Tebas (Astro.) Thebe (natural satellite of Jupiter)

teca (Bot.) teak

teca (Zoo.) theca

teca cardíaca (Zoo.) theca cordis

tecal (Zoo.) thecal

tecedura equilibrada (Text.) balanced weave

tecido (Bio.) tissue

tecido (Text.) cloth; fabric

tecido aberto (Text.) cellular fabric

tecido acústico (Build.) acoustextile

tecido adiposo (Zoo.) adipose tissue; fat

tecido aquoso (Bot.) aqueous tissue

tecido areolar (Zoo.) areolar tissue

tecido aveludado (Text.) velour

tecido cavernoso (Bio.; Med.) erectile tissue

tecido celular (Text.) cellular fabric

tecido composto (Bot.) complex tissue

tecido condutor (Bot.) conducting tissue

tecido conjuntivo (Bot.; Zoo.) conjunctive tissue

tecido contráctil (Zoo.) contractile tissue

tecido de algodão (Text.) calico

tecido de algodão misturado com linho, seda ou juta (Text.) union fabric

tecido de armazenamento de água (Bot.) water-storage tissue

tecido de cobertura (Text.) box cloth

tecido de condensador (Paper) condenser tissue

tecido de conexão (Bot.) connecting thread

tecido de difusão (Bot.) transfusion tissue

tecido de fantasia (Text.) fancy yarn

tecido de fio cru (Text.) homespun

tecido de granulação (Med.) granulation tissue

tecido de jersey (Text.) jersey fabric

tecido de linho ou algodão usado para reforço (Text.) scrim

tecido de malha de aço (Build.) woven steel fabric

tecido de Melton (Text.) Melton cloth

tecido de reforço (Build.) scrim

tecido de transfusão (Bot.) transfusion tissue

tecido difuso (Bot.) diffuse tissue

tecido elástico (Text.) elastic fabric

tecido elástico (Zoo.) elastic tissue

tecido embriónico (Bot.) embryonic tissue

tecido enfestado (Text.) broadcloth

tecido eréctil (Bio.; Med.) erectile tissue

tecido escovado (Text.) brushed fabric

tecido esponjoso (Bot.) spongy-tissue

tecido estampado (Text.) print cloth

tecido excitável (Zoo.) excitable tissue

tecido feito de farrapos (Text.) shoddy

tecido felpudo (Text.) terry fabric

tecido fiado (Text.) spun yarn

tecido fibroso (Zoo.) fibrous tissue

tecido forte de lã e algodão (Text.) wincey

tecido fundamental (Bot.) ground tissue

tecido glandular (Zoo.) glandular tissue

tecido grosseiro de lã (Text.) frieze

tecido grosseiro para sacos (Text.) sacking

tecido inferior (Text.) shoddy

tecido laminado (Text.) milled cloth

tecido lanígero (Text.) fleecy fabric

tecido lenhoso (Bot.) wood tissue

tecido lesionado (Bot.) wound tissue

tecido liso (Text.) plain fabric

tecido mecânico (Bio.) mechanical tissue

tecido necrosado separado da estrutura viva (Med.) slough

tecido nefrogénico (Zoo.) nephrogenic tissue

tecido Oxford (Text.) Oxford shirting

tecido pesado de algodão (Text.) dungaree

tecido primário (Bot.) primary tissue

tecido provascular (Bot.) provascular tissue

tecido reticular (Zoo.) reticular tissue

tecido revestido (Text.) coated fabric

tecidos de combate (Text.) combat yarns

tecidos de picote (Text.) pure fabrics

tecidos linfóides (Immun.) lymphoid tissues

tecidos não urdidos (Text.) nonwoven fabrics

tecla de função de programa (Comp.) program function key

tecla de paragem (Comp.) stop key

teclado (Comp.) keyboard

teclado numérico (Comp.) numeric keypad

teclado QWERTY (Comp.) QWERTY keyboard

tecnécio (Chem.) technetium

técnica da réplica por película de carbono (Bio.) carbon replica technique

técnica de decapagem do silício (Mech.) silicon etching technique

técnica de emulsão (Phys.) emulsion technique

técnica de emulsão fotográfica (Phys.) photographic-emulsion technique

técnica de obscurecimento (Bio.) shadowing technique

técnica de película nutriente (Bot.) nutrient film technique

técnica de software (Comp.) software engineering

técnica do filme de carbono (Bio.) carbon film technique

técnica do passeio aleatório (Gen.) random-walk technique

técnicas cromatográficas (Bio.) chromatographic techniques

técnicas de disrupção da célula (Bio.) cell-disruption techniques

técnicas de sedimentação (Phys.) sedimentation techniques

técnicas de sedimentação Wenner (Phys.) Wenner sedimentation techniques

técnicas de segmentação (Bio.) banding techniques

técnicas não paramétricas (Comp.) non-parametric techniques

técnico (Eng.; Mech.) engineer

técnico de carga útil (Space) payload specialist

tecnologia (Gen.) technology

tecnologia da informação (Comp.) information technology

tecnologia de polímero colorido (Electron.) dye polymer technology

tecnologia do vidro-ambiente (Electron.) glass ambient technology

tecnologia monolítica (Electron.) monolithic technology

tecnologia Winchester (Comp.) Winchester technology

tecodonte (Zoo.) thecodont

tectito (Miner.) silica glass; tecktite

tecto (Aero.) ceiling

tecto abobadado (Build.) barrel-vault roof; vaulted roof

tecto absoluto (Aero.) absolute ceiling

tecto de estuque (Build.) soffit

tecto de falha (Geo.) downthrow

tecto de galeria (Build.) crown

tecto de serviço (Aero.) service ceiling

tecto de voo (Aero.) flight ceiling

tecto em forma de abóbada (Arch.) lacunar

tecto falso (Build.) double ceiling

tecto inclinado (Build.) pitched roof

tecto máximo (Aero.) maximum ceiling

tecto medido por radar (Radar) radar ceiling

tecto móvel da cabina de pilotagem (Aero.) canopy

tecto móvel de cabine de piloto (Aero.) canopy

Tectónica (Geo.) tectonics

tectónica (Geo.) tectonic

Tectónica de placas (Geo.) plate tectonics

tectónica por gravidade (Geo.) gravity tectonics

tectono-eustasia (Geo.) tectono-eustasy

tecto operacional (Aero.) service ceiling

tecto piloto efectivo (Aero.) effective pilot ceiling

tecto plano (Build.) flat roof

tecto radar (Radar) radar ceiling

tectorial (Zoo.) tectorial

tectório (Zoo.) tectorium

tecto semicircular (Build.) wagon ceiling

tectossilicatos (Miner.) tectosilicates

tecto suplementar (Build.) double ceiling

tecto útil (Aero.) service ceiling

tecto volteado (Arch.) coved ceiling

tectrizes (Zoo.) wing coverts

Teflon (Chem.) Teflon

tefrito (Geo.) tephrite

tefroíte (Miner.) tephroite

tégula (Build.) tegula

tegulado (Zoo.) tegulated

tegumento (Bio.; Bot.) envelope; coat

teia (Text.) batt

teicopsia (Med.) teichopsia

teixo (Bot.) yew

Teklan (Plast.) Teklan (TM)

tela (Image Tech.) screen

tela (Text.) batt; canvas

tela de alta persistência (Electron.) long-persistence screen

tela de arame (Build.) chicken wire

tela de contacto (Mech.) contact screen

tela de filtro (Chem.) filter cloth

tela de mosaico (Image Tech.) mosaic screen

tela de radar (Radar) radar screen; radar indicator

tela de raios catódicos (Elect.) cathode-ray screen

tela de traço escuro (Electron.) dark trace screen

tela de tubo de raios catódicos (Electron.) target

tela fluorescente (Electron.) fluorescent screen

tela magnética (Elect.) magnetic screen

telangiectásia hemorrágica hereditária (Med.) hereditary haemorragic telangiectasia

tela panorâmica (Image Tech.) wide screen

tela sensível (Mech.) sensitive screen

telecardiófono (Med.) telecardiophone

telecardiografia (Med.) telecardiography

teleciência (Space) telescience

telecinema (Image Tech.) telecine

telecomunicação (Gen.) telecommunication

telecomunicação por satélite (Telecom.) satellite communications

teleconferência (Comp.) teleconferencing

teleconversor (Image Tech.) teleconverter

telediafonia (Telecom.) far-end crosstalk

teleférico (Hydro.) cable-way

telefone de assinante (Telecom.) subscriber's station

telefone sem fio digital (Telecom.) digital cordless telephone [DCT]

telefone sem fios (Telecom.) cordless telephone

telefonia (Telecom.) telephony

telefoto (Telecom.) telephoto; facsmile

telefotografia (Telecom.) telephotography

telegonia (Zoo.) telegony

telegrafia (Telecom.) telegraphy

telegrafia de dupla corrente (Telecom.) double-current telegraphy

telegrafia harmónica (Telecom.) voice-frequency telegraphy

telegrafia por portadora (Telecom.) carrier telegraphy

telegrafia por portadora de frequência vocal (Telecom.) voice-frequency carrier telegraph

telégrafo (Telecom.) telegraph

telégrafo sem fio (Telecom.) Marconi system; wireless system

telegravação (Image Tech.) telerecording

teleimpressor (Telecom.) teleprinter

teleimpressor/a (Comp.) teletypewriter

teleinformática (Comp.) teleinformatics

telemática (Comp.) telematics

telemetria (Surv.) telemetry

telemetria animal (Eco.) biotelemetry

telemetria de frequência (Telecom.) frequency telemetering

telemetria por rádio (Eco.) radiotelemetry

telémetro (Image Tech.) rangefinder

telémetro (Surv.) telemeter

telémetro acoplado (Image Tech.) coupled rangefinder

telémetro Doppler (Telecom.) Doppler range

telemóvel (Telecom.) cellular phone

telencéfalo (Zoo.) telencephalon; endbrain

teleologia (Bio.) teleology

teleomitose (Bio.) teleomitosis

teleonomia (Bio.) teleonomy

Teleósteos (Zoo.) Teleostei

telepatia (Psycho.) telepathy

teleprocessamento (Image Tech.) teleprocessing

telergia (Psycho.) telergia

telerradiografia (Radiol.) teleradiography

telerreceptor (Med.) teleceptor; telereceptor

telescópio (Phys.) telescope; field glass

telescópio acústico (Phys.) acoustic telescope

telescópio analático (Surv.) anallatic telescope

telescópio astronómico (Astro.) astronomical telescope

telescópio de Cassegrain (Astro.) Cassegrain telescope

telescópio de Coudé (Astro.) Coudé telescope

telescópio de Dall-Kirkham (Phys.) Dall-Kirkham telescope

telescópio de focagem interna (Surv.) internal focussing telescope

telescópio de Maksutov (Astro.) Maksutov telescope

telescópio de menisco (Astro.) meniscus telescope

telescópio de radar (Astro.) radar telescope

telescópio de raios X (Mech.) X-ray telescope

telescópio de reflexão (ASTRO.) reflecting telescope

telescópio de refracção (ASTRO.) refracting telescope

telescópio de Schmidt (ASTRO.) Schmidt telescope

telescópio de zénite fotográfico (ASTRO.) photographic zenith tube

telescópio electrónico (GEN.) electron telescope

telescópio espacial Hubble (SPACE) Hubble space telescope

telescópio fotossensível (ASTRO.) photosensitive telescope

telescópio gregoriano (ASTRO.) Gregorian telescope

telescópio kepleriano (ASTRO.) keplerian telescope

telescópio orientador (ASTRO.) finder telescope

telescópio terrestre (PHYS.) terrestrial telescope

telescópio zenital (ASTRO.) zenith telescope

Telesto (ASTRO.) Telesto (13th satellite of Saturn)

teleterapia (MED.) teletherapy

teletexto (TELECOM.) teletext

telétipo (COMP.) teletype

televisão (TELECOM.) television

televisão a cor de sequência de campos (IMAGE TECH.) field-sequential colour television

televisão a cores (IMAGE TECH.) colour television

televisão a cores compatível (IMAGE TECH.) compatible colour television

televisão analógica de alta definição (IMAGE TECH.) analogue high definition television [HDTV]

televisão a preto e branco (IMAGE TECH.) monochrome television

televisão de alta definição (IMAGE TECH.) high definition television

televisão de antena colectiva (TELECOM.) community antenna television

televisão de baixo nível luminoso (AERO.) low light level television

televisão de definição normal (IMAGE TECH.) conventional definition television [CDTV]

televisão de exploração lenta (IMAGE TECH.) slow scan television

televisão de projecção (IMAGE TECH.) projection room

televisão digital (IMAGE TECH.) digital TV

televisão digital de alta definição (IMAGE TECH.) digital high definition television [DHDTV]

televisão em circuito fechado (IMAGE TECH.) closed circuit television [CCTV]

televisão monocromática (IMAGE TECH.) monochrome television

televisão paga (IMAGE TECH.) toll television

televisão por cabo (ELECT.) cable television

televisão por raios X (PHYS.) X-ray television

televisão por satélite (TELECOM.) satellite TV

telex (TELECOM.) telex

telha (BUILD.) tile; later

telha árabe (BUILD.) hollow roofing tile

telha de beiral (BUILD.) verge tile

telha de cimeira (BUILD.) crest tile

telha de extremidade de cumeeira (BUILD.) ridge starting tile

telha de meia-cana (BUILD.) hollow roofing tile; bonnet tile; arris tile

telha de remate (BUILD.) tile crest

telha de rincão (BUILD.) hip tile

telha de vidro (BUILD.) glass tile

telhado (ARCH.; BUILD.) roof

telhado aberto (BUILD.) open roof

telhado de alpendre (ARCH.) lean-to roof

telhado de alpendre (BUILD.) shed roof

telhado de asna com escora e nível (ARCH.) compass roof

telhado de duas águas (BUILD.) saddle roof ; couple-close roof

telhado de duas águas quebradas (BUILD.) curb-roof; gambrel roof

telhado de duas águas sem vigamento de apoio (BUILD.) couple roof

telhado de duas vertentes (BUILD.) saddle roof

telhado de mansarda (ARCH.; BUILD.) mansard roof; knee roof

telhado de placas (BUILD.) slab roof

telhado de torre (ARCH.) polygonal broach roof; pyramidal broach roof

telhado de três águas (BUILD.) hip roof

telhado duplo (BUILD.) double roof

telhado em albarda (BUILD.) hip roof

telhado em cotovelo (ARCH.) knee roof

telhado em cúpula (ARCH.) dome-shaped roof

telhado em dente-de-serra (BUILD.) sawtooth roof

telhado em V (BUILD.) vee roof

telhado italiano (BUILD.) Italian roof

telhado ogival (BUILD.) equilateral roof

telhado piramidal (ARCH.) pyramidal broach roof

telhado poligonal (BUILD.) hammer-beam roof

telha em V (BUILD.) bonnet tile; arris tile

telha encáustica (BUILD.) encaustic tile

telha flamenga (BUILD.) flap tile

telha lisa (BUILD.) plain tile; plane-tile; crown-tile

telha plana (BUILD.) crown-tile

telhas de drenagem (BUILD.) drain tiles

telhas de empena (BUILD.) gable tiles

telheiro (ARCH.; BUILD.) lean-to roof

telheiro (MINING) penthouse

telitocia (ZOO.) thelytoky

teloblasto (ZOO.) teloblast

telocêntrico (BIO.) telocentric

telocinese (BIO.) telokinesis

telofase (BIO.) telophase

telolecítico (ZOO.) telolecithal

telómero (BIO.) telomere

telomorfo (BIO.) telomorph

telso (ZOO.) telson

Telstar (TELECOM.) Telstar

telurato (CHEM.) tellurate

telureto de mercúrio (CHEM.) mercuric telluride

telureto de zinco (ENG.) zinc telluride

teluretos (CHEM.) tellurides

telúrico (GEO.) telluric (referring to earth)

telúrico (CHEM.) telluric (referring to tellurium)

telúrio (CHEM.) tellurium

telurismo (MED.) tellurism

telurita (MINER.) tellurite

telurito (CHEM.) tellurite

temazepan (MED.; CHEM.) temazepan

temor mórbido de ser arranhado (MED.; PSYCHO.) amychophobia

têmpera (MECH.) hardening

têmpera (PHYS.) annealing

têmpera (MECH.) hardness; drawing-temper; tempering

têmpera (GLASS) temper

têmpera a cianeto (MECH.) cyanide hardening

têmpera a fogo (MECH.) flame hardening

têmpera a jacto de água (ENG.) stream hardening

têmpera a nitrogénio (MECH.) nitrogen case-hardening

têmpera a óleo (MECH.) oil hardening; oil quench

têmpera com alogéneos (NUCL.) halogen quenching

têmpera de aço (MECH.) hardening of steel

têmpera de óleos (CHEM.) hardening of oils

têmpera de superfície (MECH.) surface converting

têmpera em pacotes (MECH.) case-hardening

temperamento igual (PHYS.) just temperament (Acoustics)

temperamento justo (PHYS.) just temperament

têmpera natural (MECH.) natural hardness

têmpera passiva (MECH.) passive hardness

têmpera por aspersão (MECH.) hardening by sprinkling

têmpera por etapas (MECH.) austempering

têmpera por indução (MECH.) induction hardening

têmpera profunda (MECH.) deep hardening

têmpera progressiva (MECH.) progressive hardening

temperar (BIO.) anneal

temperar (MECH.) quench

temperar a fundo (MECH.) deep harden

têmpera resistente ao desgaste (MECH.) passive hardness

têmpera superficial (MECH.) surface hardening (flame); superficial hardening

têmpera superficial a chama (MECH.) flame hardening

temperatura (GEN.) temperature

temperatura absoluta (PHYS.) absolute temperature

temperatura acumulada (METEO.) accumulated temperature

temperatura ambiente (ELECT.; PHYS.) ambient temperature

temperatura crítica (GEN.) critical temperature

temperatura crítica da solução (CHEM.) critical solution temperature

temperatura crítica dos ectotérmicos (ECO.) Eccritic temperature

temperatura de ar exterior (METEO.) outside air temperature

temperatura de Boyle (PHYS.) Boyle's temperature

temperatura de calcinação (MECH.) roasting temperature

temperatura de chama (MECH.) flame temperature

temperatura de cor (IMAGE TECH.) colour temperature

temperatura de corpo negro (PHYS.) black-body temperature

temperatura de Debye (PHYS.) Debye temperature

temperatura de estagnação (AERO.) stagnation temperature

temperatura de Fermi (PHYS.) Fermi temperature

temperatura de fundo de poço (MINING) bottom hole temperature

temperatura de fusão (MECH.) fusing temperature

temperatura de fusão de ADN (BIO.) melting temperature of DNA

temperatura de gás de combustão (MECH.) flue-gas temperature

temperatura de ignição (MECH.; NUCL.) ignition temperature

temperatura de ignição espontânea (MECH.) spontaneous ignition temperature

temperatura de ionização (ASTRO.; PHYS.) ionization temperature

temperatura de liquefacção (PHYS.) liquefaction temperature

temperatura de Néel (PHYS.) Néel temperature

temperatura de recristalização (MECH.) recrystallization temperature

temperatura de recuperação adiabática (AERO.) stagnation temperature

temperatura de ruído de antena (TELECOM.) antenna noise temperature

temperatura de ruído normalizada (ELECTRON.) standard noise temperature

temperatura de ruídos (ELECTRON.) noise temperature

temperatura de Tamman (PHYS.) Tamman's temperature

temperatura de têmpera (MECH.) hardening heat

temperatura de termómetro húmido (METEO.) wet-bulb temperature

temperatura de transformação (MECH.) transformation temperature

temperatura de transição (GEN.) transition point

temperatura de transição (ELECTRON.) transition temperature

temperatura de transição magnética (PHYS.) magnetic transition temperature

temperatura do bolbo húmido (METEO.) wet-bulb temperature

temperatura do gás (AERO.) gas temperature

temperatura do ponto de congelação (METEO.) dew-point temperature

temperatura do ruído excedente (ELECTRON.) excess noise temperature

temperatura efectiva (ASTRO.) effective temperature

temperatura e pressão normais (tpn) (GEN.) standard temperature and pressure [stp]

temperatura equivalente (METEO.) equivalent temperature

temperatura específica (PHYS.) specific temperature

temperatura estelar (ASTRO.) stellar temperature

temperatura exterior (METEO.) outside air temperature

temperatura Fahrenheit (PHYS.) Fahrenheit temperature

temperatura final (CHEM.) end-point temperature

temperatura Kelvin (GEN.) Kelvin temperature

temperatura limitada (ELECT.) limited temperature

temperatura magnética de transição (PHYS.) Curie point

temperatura média diária (METEO.) mean daily temperature

temperatura mínima (ECO.) minimum temperature

temperatura mínima na relva (GEO.) grass minimum temperature

temperatura normal (PHYS.) normal temperature

temperatura potencial (METEO.) potential temperature

temperatura potencial do bolbo húmido (METEO.) wet-bulb potential temperature

temperatura potencial equivalente (METEO.) equivalent potential temperature

tempereiro (TEXT.) tenter

tempestade atómica (PHYS.) atomic storm

tempestade auroral (METEO.) auroral storm

tempestade com trovoada ou relâmpagos (METEO.) thunderstorm; electric storm

tempestade de areia (GEO.) sandstorm

tempestade de convecção (Golfo de Assam e Bengala) (GEO.) nor'wester

tempestade de gelo (METEO.) ice storm

tempestade de neve (GEO.) blizzard

tempestade de poeira (METEO.) dust storm

tempestade de ruído (ELECT.) noise storm

tempestade de saraiva (METREO.) hailstorm

tempestade de sul (Havái) (GEO.) kona storm

tempestade em linha (METEO.) line storm

tempestade equinocial (METEO.) line storm

tempestade ionosférica (TELECOM.) ionospheric storm; storm

tempestade magnética (METEO.) magnetic storm

tempo (GEN.) time

tempo (MECH.) throw; travel

tempo astronómico (GEN.) astronomical time

tempo atómico (NUCL.) atomic time

tempo compartilhado (COMP.) time sharing

tempo contabilizável (COMP.) accountable time

tempo de aceleração (COMP.) acceleration time

tempo de acesso (COMP.) access time

tempo de acesso à memória (COMP.) memory access time

tempo de acesso de leitura (COMP.) read access time

tempo de acesso entre pistas (TELECOM.) track-to-track access time

tempo de activação (CHEM.) activation time

tempo de adição (COMP.) add time

tempo de adição-subtracção (COMP.) add-subtract time

tempo de admissão (AUTO.) induction stroke

tempo de admissão (MECH.) suction stroke; suction event

tempo de amortecimento de impulso (TELECOM.) pulse decay time

tempo de aperfeiçoamento de sistema (COMP.) system improvement time

tempo de aproximação (AERO.) approach time

tempo de aquecimento (ELECTRON.) heating time

tempo de aquisição (ELECTRON.) acquisition time

tempo de aspiração (MECH.) suction event

tempo de assemblagem (COMP.) assembly time

tempo de atraso constante (ELECT.) constant time-lag

tempo de atraso fixo (ELECT.) fixed time-lag

tempo de aumento (TELECOM.) rise time

tempo de aumento de impulso (ELECTRON.) pulse rise time

tempo de avaria (COMP.) down time

tempo de bloqueio (NUCL.) paralysis time

tempo de busca médio (COMP.) average seek time

tempo de ciclo (COMP.) cycle-time

tempo de ciclo de memória (COMP.) memory cycle time; store cycle time

tempo de combustão-explosão (MECH.) combustion-expansion event

tempo de compressão (MECH.) compression stroke; compression event

tempo de compressão e expansão (MECH.) compression-expansion stroke

tempo de computação (COMP.) computer time

tempo de computação média (COMP.) average computing time

tempo de comutação (ELECT.) switching time

tempo decorrido (COMP.) elapsed time

tempo de desaceleração (PHYS.) deceleration time

tempo de descarga de ignição (ELECT.) ignitor firing time

tempo de desintegração (PHYS.) decay time

tempo de difusão (ELECT.) diffusion time

tempo de diminuição (TELECOM.) fall time

tempo de disparo (ELECTRON.) firing time

tempo de disponibilidade (COMP.) available time

tempo de duplicação (NUCL.) doubling time

tempo de escape (MECH.) scavenge stroke

tempo de espera (COMP.) wait time; down time

tempo de espera (MECH.) letting down

tempo de exaustão (MECH.) exhaust event

tempo de execução (COMP.) run time

tempo de expansão (MECH.) power stroke

tempo de extinção de impulso (TELECOM.) pulse decay time

tempo de fixação (ECO.) fixation time

tempo de fusão de um fusível (ELECT .) clearing time

tempo de fuso (ASTRO.) zone time

tempo de geração (PHYS.) generation time

tempo de indisponibilidade (MECH.) down time

tempo de ionização (ASTRO.; PHYS.) ionization time

tempo de latência (COMP.) latency time

tempo de meia permanência (PHYS.) half-residence time

tempo de meio-ciclo (ELECTRON.) half-cycle time

tempo de operação (PHYS.) time of operation

tempo de operação (GEN.) operating time

tempo de oscilação (PHYS.) time of oscillation

tempo de partida (AERO.) departure time

tempo de passagem interelectródico (ELECTRON.) inter-electrode transit time

tempo de pesquisa (COMP.) search time

tempo de pose (IMAGE TECH.) period of exposure

tempo de pré-aquecimento (ELECTRON.) preheating time

tempo de preparação (COMP.) set-up time

tempo de procura de programa (COMP.) program fetch time

tempo de propagação (TELECOM.) build-up time

tempo de queda (TELECOM.) fall time

tempo de queda de impulso (TELECOM.) pulse fail time

tempo de reacção (PSYCHO.) reaction time; choice point

tempo de reactivação directa (ELECT.) forward recovery time

tempo de recuperação (ELECTRON.; PHYS.) recovery time

tempo de recuperação progressiva (ELECT.) forward recovery time

tempo de referência (COMP.) reference time

tempo de relaxação (PHYS.) relaxation time

tempo de renovação (ECO.) turnover time

tempo de residência (ECO.) removal time

tempo de resistência de óleo de superfície (PAPER.) surface oil resistance time

tempo de resolução (PHYS.) resolution time; resolving time

tempo de resposta (COMP.) response time

tempo de restabelecimento (ELECTRON.; PHYS.) recovery time

tempo de restrição de energia (NUCL.) energy confinement time

tempo de retorno (RADAR) retrace time

tempo de retorno (ELECTRON.) return time

tempo de retorno (IMAGE TECH.; RADAR) flyback

tempo de reverberação (PHYS.) reverberation time

tempo de saída de impulso (TELECOM.) pulse decay time; pulse fail time

tempo de subida de impulso (ELECTRON.) pulse rise time

tempo de teste de código (COMP.) code checking time

tempo de transferência (ELECTRON.) transfer time

tempo de transição (TELECOM.) rise time; build-up time

tempo de trânsito (ELECTRON.) transit time

tempo de trânsito dos electrões (ELECTRON.) electron transit time

tempo de transmissão (ELECT.) transmission time

tempo de uso de operação (COMP.) operation use time

tempo de vida (PHYS.) lifetime

tempo de vida de superfície (ELECTRON.) surface lifetime

tempo de voo (AERO.) flight time; flight hours

tempo de voo (entre calços) (AERO.) block time; chock-to-chock

tempo disponível de máquina (COMP.) machine-available time

tempo efectivo de actuação (ELECTRON.) effective actuation time

tempo entre revisões (AERO.) time between overhauls

tempo favorável ao voo (AERO.) flying weather

tempo formativo (ELECT.) formative time

tempo geológico (GEO.) geological time

tempo improdutivo (COMP.) down operation

tempolábil (CHEM.) tempolabile

tempo local (ASTRO.) local time

tempo médio (ASTRO.) mean time

tempo médio de acesso (COMP.) average access time

Tempo Médio de Greenwich [TMG] (METEO.) Greenwich Mean Time [GMT]

tempo médio de permanência (PHYS.) mean residence time

tempo médio de pulsação (ELECT.) pulse-average time

tempo médio de reparação (ELECTRON.) mean time to repair

tempo médio entre falhas (ELECTRON.) mean time between failures [MTBF]

tempo médio livre (PHYS.) mean free time

tempo médio local (METEO.) local mean time [LMT]

tempo médio solar (ASTRO.) mean solar time

tempo morto (COMP.) down operation

tempo morto (PHYS.) dead time

tempo normal (ASTRO.) zone time

tempo parado (COMP.) down time

tempo perdido por erro inerente à máquina (COMP.) no-charge machine fault time

tempo perturbado (METEO.) disturbance weather

tempo polinómico (PHYS.) polynomial time

temporal (METEO.) stormgale

temporal (ZOO.) temporal

temporal de chuva glacial (METEO.) glazed frost

temporal feito (METEO.) hard gale

tempo real (ELECTRON.) real time

tempo real de sistema (COMP.) system real time

temporizador de alarme (ELECTRON.) bell timer

temporizador de hardware (COMP.) hardware timer

temporizador electrolítico (ELECTRON.) E-cell

temporizador fotoeléctrico (ELECTRON.) photoelectric timer

tempo sensitivo (PHYS.) sensitive time

tempo sideral (ASTRO.) sidereal time

tempo universal (ASTRO.) universal time

tenacidade (MECH.) tenacity

tenantite (MINER.) tennantite

tenardite (MINER.) thenardite

tenaz (ZOO.) forceps

tenaz de cano de gás (MECH.) gas-pipe tong

tenazes de cadinho (CHEM.; MECH.) crucible tongs

tenazes de corrente (BUILD.) chain tongs

tenazes de engatar (MECH.) stripping tongs

tenazes para rebites (MECH.) riveting-tongs

tenaz pequena (BUILD.) nippers

tenda (MED.) tent

tendão (ZOO.) tendon; chorda

tendão calcâneo (ZOO.) tendo calcaneous

tendão cricoesofágico (MED.) tendo cricoesophageus

tendão de Aquiles (MED.) Achilles tendon; tendo calcaneous

tendão solto (VET.) slipped tendon

tendência (PSYCHO.) tendency
tendência barométrica (METEO.) barometric tendency
tendência de persistência (METEO.) persistence tendency
tendência evolutiva (ECO.) evolutionary trend
tendência hereditária (BIO.) strain
tendência secular (METEO.) secular trend
tendinoso (ZOO.) tendinous
tendinossutura (MED.) tendinosuture
tendoplastia (MED.) tendoplasty
tendovaginal (MED.) tendovaginal
tendovaginite (MED.) tendovaginite
tenebrescência (MINER.) tenebrescence
tenesmo (MED.) tenesmus
ténia (MED.; ZOO.) tapeworm; taenia
ténia do hipocampo (MED.) fimbria
teníase (MED.; VET.) taeniasis; teniasis
tenite (MINER.) taenite
tenorite (MINER.) tenorite
tenorrafia (MED.) tenorrhaphy
tenosite (MED.) tenositis
tenossinovite (MED.) tenosynovitis
tenotomia (MED.) tenotomy
tenovaginite (MED.) tenovaginitis
tensão (ELECT.) tension; voltage; potential
tensão (MECH.) tension
tensão (PHYS.; PSYCHO.) stress
tensão (GEN.) tension
tensão activa (ELECT.) active voltage
tensão admissível de grade (ELECT.) grid acceptance
tensão alterna (ELECT.) alternating voltage
tensão anódica (ELECTRON.) anode tension
tensão anódica (ELECTRON.) anode voltage
tensão anódica directa (ELECT.) forward anode voltage
tensão aplicada (ELECT.) applied voltage
tensão através da zona gasosa (ELECT.) arc-stream voltage
tensão baixa (ELECT.) low voltage; low tension
tensão centrífuga (MECH.) centrifugal tension
tensão contínua inversa (ELECT.) continuous reverse voltage
tensão cortante (MECH.) shear stress
tensão crítica (ELECT.) critical voltage
tensão crítica de grade (ELECT.) critical grid voltage
tensão da tela (ELECT.) screen voltage
tensão de abastecimento (ELECT.) supply pressure
tensão de alimentação (ELECT.) supply voltage
tensão de arco (ELECT.) arc voltage; arcing voltage
tensão de arrancador (ELECTRON.) starter voltage
tensão de arranque (ELECT.) starting voltage
tensão de audiofrequência (TELECOM.) audiofrequency voltage
tensão de cabo (ELECT.) cable tension
tensão de carga (ELECT.) charging voltage

tensão de choque (PHYS.) shock stress
tensão de circuito aberto (ELECTRON.) open-circuit voltage
tensão de colector (ELECT.) collector voltage
tensão de contracção (MECH.) shrinkage stress
tensão de corda (MECH.) chord force
tensão de corrente contínua (ELECT.) d.c. voltage
tensão de corte (ELECTRON.) pinch-off voltage
tensão de corte (ELECT.) voltage cut-off; cut-off voltage
tensão de corte do vento (ECO.) wind shear
tensão de crista (ELECT.) peak voltage
tensão de curto-circuito (ELECT.) short-circuit voltage
tensão de deflexão (ELECTRON.) sweep voltage
tensão de derivação (ELECT.) shunt voltage
tensão de descontinuidade (ELECTRON.) Knee voltage
tensão de desintegração (ELECT.) disintegration voltage
tensão de equilíbrio de um eléctrodo (ELECTRON.) equilibrium electrode potential
tensão de escala limitadora (MECH.) limiting range stress
tensão de estricção (ELECTRON.) pinch-off voltage
tensão de exploração (ELECTRON.) scanning voltage
tensão de fase (ELECT.) voltage to neutral; phase voltage
tensão de funcionamento (ELECT.) pick-up voltage
tensão de Hall (ELECTRON.) Hall voltage
tensão de humidade (HYDRO.) matrix suction
tensão de ignição (ELECTRON.) striking potential
tensão de interrupção a curto prazo (ELECT.) short-time breakdown voltage
tensão de ionização (ELECTRON.) ionization voltage
tensão de linha (ELECT.) line voltage
tensão de ondulação (ELECT.) ripple voltage
tensão de passagem (ELECTRON.) breakover voltage
tensão de penetração (ELECT.) reach-through voltage
tensão de polarização (ELECTRON.) polarizing voltage
tensão de polarização de grade (ELECT.) grid bias voltage
tensão de porta (ELECT.) gate voltage
tensão de porta no sentido directo (ELECT.) forward gate voltage
tensão de prova (MECH.) shear stress
tensão de raios X (ELECTRON.) X-ray tube voltage
tensão de reatância (ELECT.) reactance voltage
tensão de rede (ELECTRON.) mains voltage
tensão de referência (ELECT.) reference voltage

tensão de regime (ELECT.) supply pressure
tensão de retorno (ELECTRON.) back-tension
tensão de retorno do díodo (ELECTRON.) diode reverse voltage
tensão de Reynolds (METEO.) Reynolds stress
tensão derivada (ELECT.) shunt voltage
tensão de ruído (PHYS.) noise voltage
tensão de ruptura (ELECT.) breakdown voltage
tensão de ruptura (MECH.) breaking stress; ultimate stress
tensão de ruptura anódica (ELECTRON.) anode breakdown voltage
tensão de ruptura assintótica (ELECT.) asymptotic beakdown voltage
tensão de saturação do vapor sobre água (METEO.) saturation vapour pressure over water
tensão deslocadora (ELECTRON.) anti-stickoff voltage
tensão de superfície interfacial (PHYS.) interfacial surface tension
tensão de tecto (ELECT.) ceiling voltage
tensão de Thomson (ELECT.) Thomson voltage
tensão de trabalho (ELECTRON.) working voltage
tensão de tracção (MECH.) tensile stress
tensão de válvula (ELECT.) tube voltage
tensão de vapor (PHYS.) vapour pressure
tensão de vapor de água (METEO.) water vapour pressure
tensão de vapor de saturação do ar húmido (METEO.) saturation vapour pressure of moist air
tensão de vapor de saturação na fase pura (METEO.) saturation vapour pressure in the pure phase
tensão de varredura horizontal (ELECTRON.) horizontal sweep voltage
tensão diagonal (MECH.) diagonal tension
tensão dinâmica de um eléctrodo (ELECTRON.) dynamic electrode potential
tensão directa (ELECT.) forward voltage
tensão directa (MECH.) direct stress
tensão disponível (ELECT.) available voltage
tensão disruptiva (ELECT.) disruptive voltage; sparkling voltage
tensão disruptiva a seco (ELECT.) dry flashover voltage
tensão disruptiva húmida (ELECT.) wet flashover voltage; wet sparkover voltage
tensão do alvo (ELECT.) target voltage
tensão do feixe de electrões (ELECTRON.) electron beam voltage
tensão do induzido (ELECT.) armature voltage
tensão entre condutores (ELECT.) voltage between lines
tensão equilibrada (ELECT.) balanced voltage

tensão estabilizada (ELECTRON.) regulated voltage

tensão excessiva (MECH.) overstrain

tensão excitadora (ELECT.) driving voltage

tensão homologada (ELECT.) rated tension

tensão horizontal (PHYS.) horizontal stress

tensão induzida (ELECTRON.) induced AC voltage

tensão inicial (MECH.) primary stress

tensão interna (MECH.) internal stress

tensão inversa (ELECT.) inverse voltage

tensão inversa de crista (ELECT.) inverse peak voltage

tensão inversa de pico (ELECT.) inverse peak voltage

tensão ionizante (ELECTRON.) ionizing voltage

tensão lateral (MECH.) lateral stress

tensão longitudinal (MECH.) longitudinal stress

tensão magnética (PHYS.) magnetic voltage

tensão máxima de campo (ELECT.) maximum field potential

tensão máxima directa do ânodo (ELECT.) peak forward anode voltage

tensão média (MECH.) mean stress

tensão microscópica (MECH.) microscopic stress

tensão moduladora (ELECTRON.) modulating voltage

tensão molecular (PHYS.) adhesive tension

tensão negativa (ELECT.) negative voltage

tensão nominal (ELECT.) nominal voltage; rated voltage

tensão nominal (PHYS.) nominal stress

tensão nominal de bobina (ELECT.) rated coil voltage

tensão normal (ELECT.) normal voltage

tensão normal (MECH.) normal stress

tensão nula (ELECT.) zero potential

tensão permissível (BUILD.) safe load

tensão por deflexão (ELECTRON.) deflection voltage

tensão primária (MECH.) primary stress

tensão principal (MECH.) principal stress

tensão pulsativa (ELECT.) pulsating voltage

tensão quântica (PHYS.) quantum voltage

tensão rectificada (ELECT.) rectified voltage

tensão remanescente (ELECTRON.) soakage

tensão residual (PHYS.) residual stress

tensão secundária (MECH.) secondary stress

tensão síncrona (ELECT.) synchronous voltage

tensão sofométrica (TELECOM.) psophometric voltage

tensão superficial (CHEM.; PHYS.) surface pressure

tensão tangencial (PHYS.) adhesive tension

tensão terra-neutro (ELECTRON.) neutral-earth voltage

tensão transversal (MECH.) diagonal tension

tensão uniforme (ELECT.) uniform tension; uniform voltage

tensão volumétrica (MECH.; PHYS.) shear stress; volumetric strain

tensão Zener (ELECTRON.) Zener voltage

tensímetro (CHEM.) tensimeter

tensiómetro (MECH.) tensometer

tensões sobrepostas (PHYS.) superimposed stresses

tensões teciduais (BOT.) tissue tensions

tensor (GEN.) tensor

tensor (BUILD.) tie; stay; radius rod

tensor (MECH.) adjusting rod; stretching gear; turnbuckle

tensor de corrente (MECH.) stretching screw

tensor de linha (TELECOM.) line stretcher

tensor de Riemann (MATH.) Riemann tensor

tensor métrico fundamental (MATH.) fundamental metric tensor

tentáculo (ZOO.) tentacle

tento de pintor (BUILD.) maulstick; mahlstick

tentório (ZOO.) tentorium

teodolito (SURV.) theodolite; altometer

teodolito de bússola (SURV.) transit compass

teodolito de trânsito (SURV.) transit theodolite

teodolito em Y (SURV.) wye theodolite

teodolito Everest (SURV.) Everest theodolite

teodolito micrométrico (SURV.) micrometer theodolite

teofilina (MED.) theophyline

teor de fosfato (CHEM.) phosphatic content

teor de humidade (TEXT.) moisture content

teor de octana (AUTO.) octane value

teorema (MATH.) theorem

teorema chinês do resto (COMP.) Chinese remainder theorem

teorema da adsorção de Gibbs (CHEM.) Gibbs' adsorption theorem

teorema da energia recíproca (PHYS.) reciprocal-energy theorem

teorema da equipartição da energia (CHEM.) theorem of the equipartition of energy

teorema da reciprocidade (PHYS.) reciprocity theorem

teorema da reciprocidade acústica (PHYS.) acoustical reciprocity theorem

teorema da reciprocidade de Rayleigh (ELECT.) Rayleigh reciprocity theorem

teorema de Ampère (PHYS.) Ampère's law

teorema de Apolónio (MATH.) Apollonius' theorem

teorema de Bayes (GEN.) Bayes theorem

teorema de Bernoulli (MATH.) Bernoulli's theorem

teorema de Binet-Cauchy (MATH.) Binet-Cauchy theorem

teorema de Bohr-Leewen (PHYS.) Bohr-van Leewen theorem

teorema de Bolzano (MATH.) Bolzano's theorem

teorema de Brianchon (MATH.) Brianchon's theorem

teorema de Carnot (PHYS.) Carnot's theorem

teorema de Cauchy (MATH.) Cauchy's theorem

teorema de circuitos de Maxwell (PHYS.) Maxwell's circuital theorems

teorema de circulação de Bjerknes (METEO.) Bjerknes circulation theorem

teorema de Clausius (PHYS.) Clausius theorem

teorema de codificação de canal (COMP.) channel coding theorem

teorema de compensação (PHYS.) compensation theorem

teorema de De Moivre (MATH.) De Moivre's theorem

teorema de Eddy (MECH.) Eddy's theorem

teorema de Euler (MATH.) Euler's theorem

teorema de extensão de Hahn-Banach (MATH.) Hahn-Banach extension theorem

teorema de Fermat (MATH.) Fermat's last theorem

teorema de Fourier (PHYS.) Fourier's theorem

teorema de Green (MATH.) Green's theorem

teorema de Guldin (MATH.) Guldin's theorem

teorema de Harnack (MATH.) Harnack's theorem

teorema de Helmholtz (ELECT.) Helmholtz's theorem

teorema de Larmor (PHYS.) Larmor theorem

teorema de Lewis (CHEM.) Lewis's theorem

teorema de Maclaurin (MATH.) Maclaurin's theorem

teorema de mapeamento de Riemann (MATH.) Riemann mapping theorem

teorema de Maxwell (MECH.) Maxwell's theorem

teorema de Miller (ELECTRON.) Miller's theorem

teorema de Norton (ELECT.) Norton's theorem

teorema de Nyquist (ELECTRON.) Nyquist theorem

teorema de Pappus (MATH.) Pappus' theorem

teorema de Pascal (MATH.) Pascal's theorem

teorema de Pitágoras (MATH.) Pythagoras's theorem

teorema de Pitot (MATH.) Pitot theorema

teorema de Poynting (ELECT.) Poynting's theorem

teorema de Ptolomeu (MATH.) Ptolemy's theorem

teorema de Rouche (MATH.) Rouche's theorem

teorema de Schroeder-Barnstein (MATH.) Schroeder-Barnstein theorem

teorema de Schwarz (MATH.) Schwarz's theorem

teorema de Seidel (MATH.) Seidel theorem

teorema de Shannon (TELECOM.) Shannon's theorem

teorema de sobreposição (ELECT.) superposition theorem

teorema de Stokes (MATH.) Stokes' theoremn

teorema de Sturm (MATH.) Sturm's theorem

teorema de Taylor (MATH.) Taylor's theorem

teorema de Thevenin (ELECT.) Thevenin's theorem

teorema de Vandermonde (MATH.) Vandermonde's theorem

teorema de Wallis (MATH.) Wallis theorem

teorema de Wigner (PHYS.) Wigner theorem

teorema do binómio (MATH.) binomial theorem

teorema do calor da lâmpada fluorescente (CHEM.) Nernst heat theorem

teorema do eixo paralelo (PHYS.) parallel-axis theorem

teorema do limite central (GEN.) central limit theorem

teorema do valor marginal (GEN.) marginal value theorem

teorema do valor médio de Cauchy (MATH.) Cauchy's mean value theorem

teorema fundamental da Aritmética (MATH.) fundamental theorem of arithmetic

teorema fundamental de Fisher (ECO.) Fisher's fundamental theorem

teorema matemático (MATH.) mathematical theorem

teorema recíproco (MEC.) reciprocal theorem

teoria antitética de alternância de gerações (BOT.) antithetic alternation of generations theory

teoria atómica de Dalton (CHEM.) Dalton's atomic theory

teoria cinética dos gases (PHYS.) kinetic theory of gases

teoria corpuscular da luz (PHYS.) corpuscular theory of light

teoria da barreira de Exner (METEO.) Exner's barrier theory

teoria da camada limite (CHEM.) film theory

teoria da coesão (BOT.) cohesion theory

teoria da colisão (ECO.) collision theory

teoria da diferenciação (ECO.) theory of differentiation

teoria da difracção de Kirchhoff (PHYS.) Kirchhoff's diffraction theory

teoria da dissociação de Arrhenius (CHEM.) Arrhenius theory of dissociation

teoria da divisão (ASTR.) fission theory

teoria da fissão (PHYS.) fission theory

teoria da fissão de Bohr-Wheeler (PHYS.) Bohr-Wheeler theory of fission

teoria da informação (COMP.) information theory

teoria da ligação (PSYCHO.) attachment theory

teoria da linguagem formal (COMP.) formal language theory

teoria da luz de Newton (PHYS.) Newton's theory of light

teoria da magnetização de Ampère (PHYS.) Ampère's theory of magnetization

teoria da película (CHEM.) film theory

teoria da perturbação (PHYS.) perturbation theory

teoria da probabilidade (COMP.) probability theory

teoria da recapitulação (BIO.) recapitulation theory

teoria da relatividade (PHYS.) relativity theory; principle of relativity

teoria da ressonância (ASTRO.) resonance theory

teoria das emoções de James-Lange (PSYCHO.) James-Lange theory of emotions

teoria da sustentação de Newton (PHYS.) Newton's theory of lift

teoria da tensão de Baeyer (CHEM.) Baeyer's tension theory

teoria da valência de Berzelius (CHEM.) Berzelius theory of valency

teoria da vida (NUCL.) age-theory

teoria de adsorção BET [de Brunaer, Emmett e Teller] (CHEM.) BET adsorption theory [Brunaer, Emmett & Teller]

teoria de aprendizagem (PSYCHO.) learning theory

teoria de aprendizagem social (PSYCHO.) social-learning theory

teoria de banda dos sólidos (PHYS.) band theory of solids

teoria de Bayer (CHEM.) Bayer's strain theory; Bayer's tension theory

teoria de Bergeron-Findeisen (METEO.) Bergeron-Findeisen theory

teoria de Blackman do calor específico dos sólidos (PHYS.) Blackman theory of specific heat of solids

teoria de Bohr (PHYS.) Bohr theory

teoria de Bohr-Sommerfeld (PHYS.) Bohr-Sommerfeld theory

teoria de Born-von Kármán (PHYS.) Born-von Kármán theory

teoria de Bronstead-Lowry (CHEM.) Bronstead-Lowry theory

teoria de campo do ligando (CHEM.) ligand field theory

teoria de campo electromagnético (PHYS.) electromagnetic field theory

teoria de campo gravitacional (ASTRO.) gravitational-field theory

teoria de campo quântico (PHYS.) quantum field theory

teoria de campo quantizado (ELECTRON.) quantized field theory

teoria de Dalton (PHYS.) Dalton's theory

teoria de Darwin (BIO.) Darwinian theory

teoria de de Broglie (PHYS.) de Broglie theory

teoria de Debye (PHYS.) Debye theory

teoria de Debye-Huckel (CHEM.) Debye-Huckel theory

teoria de difusão (NUCL.) diffusion theory

teoria de Dirac (PHYS.) Dirac's theory

teoria de dois grupos (NUCL.) two-group theory

teoria de Dukler (CHEM.) Dukler theory

teoria de dupla reacção (ELECT.) two-reaction theory

teoria de Einstein do calor específico dos sólidos (CHEM.) Einstein theory of specific heat of solids

teoria de electrão colectivo (PHYS.) collective electron theory

teoria de equilíbrio (PSYCHO.) balance theory

teoria de Ewing do ferromagnetismo (ELECT.) Ewing theory of ferromagnetism

teoria de Exner (METEO.) Exner's theory

teoria de indicadores (CHEM.) theory of indicators

teoria de Lagrange-Hamilton (MATH.) Lagrange-Hamilton theory

teoria de Landau (CHEM.) Landau theory

teoria de Langevin (PHYS.) Langevin theory

teoria de Langmuir (CHEM.) Langmuir's theory

teoria de Lucas (CHEM.) Lucas theory

teoria de Milankovitch da alteração climática (METEO.) Milankovitch theory of climatic change

teoria de Mohr-Coulomb (MINING) Mohr-Coulomb theory

teoria de multigrupo (NUCL.) multigroup theory

teoria de Nernst (CHEM.) Nernst theory

teoria de penetração (CHEM.) penetration theory

teoria de policlímax (ECO.) polyclimax theory

teoria de programação (COMP.) programming theory

teoria de Rankine (MECH.) Rankine theory

teoria de rede (IMMUN.) network theory

teoria de Schottky (ELECTRON.) Schottky theory

teoria de síntese (ECO.) synthetic theory

teoria de sistemas (COMP.) systems theory

teoria de supercondutividade de London (CHEM.) London superconductivity theory

teoria de superfluidez de London (CHEM.) London superfluidity theory

teoria de transformação (MECH.) transformation theory

teoria de transporte (NUCL.) transport theory

teoria de um só grupo (NUCL.) one-group theory

teoria de visão de cor de Young-Helmholtz (PHYS.) Young-Helmholtz theory of colour vision

teoria de Werner (CHEM.) Werner theory

teoria dimensional (PHYS.) dimensional theory

teoria do campo unificado (PHYS.) unified field theory

teoria do clímax (ECO.) climax theory

teoria do controlo óptimo (MATH.) optimal control theory

teoria do elemento da pá (AERO.) blade element theory

teoria do equilíbrio sexual (PSYCHO.) balance theory of sex

teoria do inverno nuclear (ECO.) nuclear winter theory

teoria do monoclímax (ECO.) monoclimax theory

teoria do potencial (MATH.) potential theory

teoria do raio (PHYS.) ray theory

teoria dos campos (PHYS.) field theory

teoria dos conjuntos (COMP.) set theory

teoria dos cristais de gelo (METEO.) Bergeron-Findeisen theory

teoria dos electrões livres (ELECTRON.) free-electron theory

teoria dos grupos (MATH.; NUCL.) group theory

teoria dos indicadores de Ostwald (CHEM.) Ostwald's theory of indicators

teoria dos jogos (GEN.) game theory

teoria do somatótipo (PSYCHO.) somatotype theory

teoria do vazio dos líquidos (CHEM.) hole theory of liquids

teoria electromagnética (PHYS.) electromagnetic theory

teoria electromagnética de Maxwell (ELECT.) Maxwell's electromagnetic theory

teoria electrónica da valência (CHEM.) electronic theory of valency

teoria freudiana dos sonhos (PSYCHO.) Freud's theory of dreams

teoria gauge (PHYS.) gauge theory

teoria geral da relatividade (PHYS.) general theory of relativity

teoria homóloga de alternância (BOT.) homologous theory of alternation

teoria iónica (CHEM.) ionic theory

teoria matemática (MATH.) mathematical theory

teoria nebular (ASTRO.) nebular hypothesis

teoria nuclear (PHYS.; CHEM.) atomic theory; nuclear theory

teoria principal de esforço (MECH.) Rankine theory

teoria quântica (PHYS.) quantum theory

teorias de luz (PHYS.) theories of light

teorias do campo unificado de Einstein (PHYS.) Einstein's unified field theories

teor médio (MINER.) average contents

tépala (BOT.) tepal; perianth segment

teralito (GEO.) theralite

terapêutica (MED.) therapeutic

terapia a frio (MED.) cryotherapy

terapia cognitiva (PSYCHO.) cognitive therapy

terapia de arco (de rotação limitada) (RADIOL.) arc therapy (limited rotation)

terapia de aversão (PSYCHO.) aversion therapy; aversive therapy

terapia de campo convergente (RADIOL.) converging-field therapy

terapia de campo variável (RADIOL.) moving-field therapy

terapia de comportamento (PSYCHO.) behaviour therapy

terapia de feixes convergentes (RADIOL.) converging-beam therapy

terapia de grupo (MED.) group therapy

terapia de isótopos (RADIOL.) isotope therapy

terapia de jogo (PSYCHO.) play therapy

terapia de neutrões (MED.) neutron therapy

terapia de ondas curtas (MED.) short-wave therapy

terapia de radiação (MED.) radiation therapy

terapia de radiação superficial (RADIOL.) superficial radiation therapy

terapia de raios solares (MED.) sun-ray therapy

terapia de raios X intercavitários (RADIOL.) intercavitary x-ray therapy

terapia de rede (RADIOL.) grid therapy

terapia de supervoltagem (RADIOL.) megavoltage therapy ; supervoltage therapy

terapia do colapso (MED.) collapse therapy

terapia electroconvulsiva (MED.) electroconvulsive therapy [ECT]

terapia em profundidade (RADIOL.) deep therapy (X-rays)

terapia familiar (PSYCHO.) family therapy

terapia genética (BIO.) gene therapy

terapia Gestalt (PSYCHO.) Gestalt therapy

terapia implosiva (PSYCHO.) implosive therapy

terapia lúdica (PSYCHO.) play therapy

terapia mecânica (MED.) mechanotherapy

terapia pelas uvas (MED.) botryotherapy

terapia pelo ar frio (MED.) cryo-aerotherapy

terapia pelo frio (MED.) cryotherapy

terapia por álcali (MED.) alkalotherapy

terapia por antigénios (IMMUN.; MED.) antigenotherapy

terapia por choque eléctrico (MED.) electroconvulsive therapy

terapia por electrochoque (MED.) electroconvulsive therapy

terapia por massagem vibratória (MED.) seismotherapy

terapia por radiação de contacto (RADIOL.) contact-radiation therapy

terapia por rádio (RADIOL.) radium therapy

terapia por raios X (MED.) X-ray therapy

terapia por ultravioleta (MED.) ultraviolet therapy

terapia ultra-sónica (MED.) ultrasonic therapy

teratia (BIO.) teratose

teratofobia (MED.) teratophobia

teratogénico (BIO.; MED.) teratogenic

teratógeno (BIO.) teratogen

teratologia (BIO.) teratology

teratoma (MED.) teratoma

teratose (BIO.) teratose

teratospermia (MED.) teratospermia

térbio (CHEM.) terbium

terceira pálpebra (VET.) haw (horse)

terceiro ventrículo (ZOO.) third ventricle

Terciário (GEO.) Tertiary

terço do meio (BUILD.) middle third

terçol (MED.) sty; stye; hordeolum

terebeno (BUILD.) terebine

terebintina (CHEM.) turpentine

terebintina do Canadá (CHEM.) balsam of fir

terebintina não refinada (CHEM.) crude turpentine

terebrante (ZOO.) terebrate

tereftalato de polietileno (PLAST.) polyethylene terephthalate

teremese (MED.) tyremesis

tergo (ZOO.) tergum; notum

Térios (ZOO.) Theria

termalização (PHYS.) thermalization

térmica orográfica (METEO.) orographic thermal

terminação (GEN.) ending

terminação (ELECT.) termination; terminator

terminação anormal (COMP.) abnormal termination

terminação carboxilo (BIO.; CHEM.) carboxyl terminus

terminação compensada (ELECTRON.) matched termination

terminais de alimentação (ELECT.) supply terminals

terminais de compensação (ELECTRON.) dummy leads

terminais equilibrados (TELECOM.) balanced terminals

terminais ligantes (BIO.) sticky ends

terminal (GEN.) terminal

terminal alternativo (ELECT.) alternative terminal

terminal anódico (ELECTRON.) anode terminal

terminal auxiliar (ELECT.) auxiliary terminal

terminal central (COMP.) central terminal

terminal com orelha (ELECT.) lug

terminal de cabo (ELECT.) cable end

terminal de contacto (ELECT.) contact terminal

terminal de dados (COMP.) data terminal

terminal de edição (COMP.) editing terminal

terminal de encaixe cónico (ELECT.) taper plug

terminal de gerador (MECH.) generator lead

terminal de instrumento de prova (ELECT.) test prod

terminal de operador de controlo (COMP.) control operator's terminal

terminal de orelha (ELECT.) terminal lag

terminal de placa (ELECT.) plate-lug

terminal de porcelana (ELECT.) porcelain terminal

terminal de porta (ELECT.) gate terminal

terminal de prova (ELECT.) test terminal

terminal de tarefas (COMP.) job terminal

terminal de terra (ELECT.) earth terminal

terminal de teste (ELECT.) test terminal

terminal de um quarto de onda (ELECTRON.) quarter-wave termination

terminal de vedação (ELECT.) seal terminal

terminal de visualização gráfica (COMP.) graphical display terminal

terminal do condensador (ELECT.) capacitor terminal; condenser terminal

terminal do porta-escovas (ELECT.) brush lead

terminal fixo (ELECT.) fixed end

terminal gráfico (COMP.) graphic terminal

terminal inteligente (COMP.) intelligence terminal

terminal isolado (ELECT.) insulated terminal

terminal orientado para tarefas (COMP.) job oriented terminal

terminal primário (ELECT.) primary terminal

terminal sem saída (TELECOM.) dead end

terminar em bísel (MINING) die out

término (BUILD.) finial

Termiónica (ELECTRON.) thermionics

termístor de coeficiente térmico negativo (ELECTRON.) NTC thermistor

termistor de coeficiente térmico positivo (ELECTRON.) PTC thermistor

termistor embebido (ELECTRON.) embedded thermistor

térmita guerreira (ECO.) nasute

termite (ENG.) thermite

termiteira (ZOO.) termitarium

termoamperímetro (ELECT.) thermoammeter

termo chave de um documento (COMP.) docuterm

termocline (ECO.) thermocline

termo de Rossby (METEO.) Rossby term

termo de segundo grau (MATH.) quadratic term

termodetector (ELECT.) barremeter

Termodinâmica (PHYS.) thermodynamics

Termodinâmica aérea (SPACE) Aerothermodynamics

termodúrico (BIO.) thermoduric

termoelectricidade (ELECT.) thermoelectricity

termoelectroluminescência (PHYS.) thermoelectroluminescence

termoelemento (ELECT.) thermoelement

termoestável (CHEM.) thermostable

termofílico (BIO.) thermophilic

termófilo (BIO.) thermophile; thermophilous

termofissão (PHYS.) thermofission

termogalvanómetro (ELECT.) thermogalvanometer

termogénese (ZOO.) thermogenesis

termografia (PHYS.; RADIOL.) thermography

termografia de contacto (PHYS.) contact thermography

termográfico (PRINT.) thermographic

termógrafo eléctrico (ELECT.) electrical thermograph

termo-induzível (BIO.) thermoinducible

termojunção (ELECT.) thermojunction

termolábil (CHEM.) thermolabile

termolecular (CHEM.) termolecular

termólise (CHEM.) thermolysis

termoluminescência (PHYS.) thermoluminescence

termo matemático (MATH.) mathematical term

termo médio (GEN.) average

termo médio (MATH.) mean value

termometria (PHYS.) thermometry

termómetro (PHYS.) thermometer

termómetro a resistência (ELECT.) resistance thermometer

termómetro de ar exterior (PHYS.) free-air thermometer

termómetro de Beckmann (MECH.) Beckmann thermometer

termómetro (de bolbo) húmido (GEO.) wet-bulb thermometer

termómetro de máxima (GEO.) maximum thermometer

termómetro de máxima e mínima (METEO.) maximum and minimum thermometer

termómetro de mercúrio (PHYS.) mercurial thermometer

termómetro de mínima (GEO.) minimum thermometer

termómetro de platina (ELECT.) platinum thermometer

termómetro de resistência de platina (ELECTRON.) platinum resistance thermometer

termómetro de Six (METEO.) Six's thermometer

termómetro de solo (METEO.) earth thermometer

termómetro Fahrenheit (PHYS.) Fahrenheit thermometer

termómetro Réaumur (PHYS.) Réaumur thermometer

termómetro seco (GEO.) dry-bulb thermometer

termonastia (BOT.) thermonasty

termonastismo (BOT.) thermonasty

termopar (PHYS.) thermocouple

termopar com protecção anticorrosiva (ELECTRON.) sheathed thermocouple

termoperiodismo (BOT.) thermoperiodism

termoplástico (CHEM.) thermoplastic

termo quadrático (MATH.) quadratic term

Termoquímica (CHEM.) thermochemistry

termoregulação comportamental (ECO.) behavioural thermoregulation

termorregulador (PHYS.) thermoregulator

termoscópio (PHYS.) thermoscopic

termos dissemelhantes (MATH.) dissimilar terms

termos do binómio (MATH.) point binomial

termosfera (ASTRO.) thermosphere

termossifão (MECH.) thermosiphon

termostato (PHYS.) thermostat

termotolerante (BOT.) thermotolerant

termotrópico (PHYS.) thermotropic

ternado (BOT.) ternate

ternário (GEN.) ternary

terófita (BOT.) therophyte

terpénicos (BOT.) terpenoids

terpenos (CHEM.) terpenes

terpina (CHEM.) terpin

terpineol (CHEM.) terpineol

terpinol (CHEM.) terpinol

Terra (ASTRO.) Earth

Terra (ECO.) Gaia

terra (ELECT.; PHYS.; TELECOM.) earth; ground

terra amarela (MINING) yellow ground

terra argilosa (GEO.) argillaceous earth

terra artificial (TELECOM.) artificial earth

terra castanha (BOT.) brown earth

terraço continental (GEO.) continental terrace

terraço de kame (GEO.) kame terrace

terraço em frente de uma casa (BUILD.) stoop

terraço fluvial (ECO.) stream terrace

terraço litoral (GEO.) raised beach

terracota (BUILD.) terracotte

terra cretácea (MINER.) chalk hearth

terra de argila refractária (BUILD.) chamot

terra de Barbados (GEO.) Barbados Earth

terra de infusórios (MINER.) infusorial earth; diatomaceous earth; rottenstone

terra de Wagner (ELECT.) Wagner earth; Wagner ground

terra diatomácea (MINER.) diatomaceous earth; infusorial earth; fossil meal

terra fictícia (GEO.) hypothetical earth

terra firme (ECO.) terra firme

terra gredosa (GEO.; MINER.) chalk earth; loam

terra intermitente (ELECT.) swinging ground; intermittent earth

terra morta (MINING) dead ground

terramoto (GEO.) earthquake; seism

terra negativa (ELECTRON.) negative earth

terra neutro (ELECT.) earthed neutral; neutral ground

terra parcial (ELECT.) partial ground; partial earth

terra permeável (GEO.) porous earth

terraplenagem (BUILD.) earth moving; earthwork; fizz

terra porosa (GEO.) porous earth

terras drenadas pelo homem (ECO.) made land

terra sena queimada (BUILD.) burnt sienna

Terras Negras (Eco.) chernozem

terras raras (Chem.) rare earths

terras recuperadas do mar (Build.) innings

terra verde (Miner.) delessite

terra virtual (Electron.) virtual earth

terreno (Mining) ground

terreno detrítico (Mining) overburden

terreno margoso (Geo.) ground marl

terreno móvel (Mining) overburden

terreno pantanoso (Eco.) moorland

terrenos deslocados (Geo.) displaced terranes

territorialidade (Eco.) territoriality

território (Gen.) territory

terror nocturno (Psycho.) night terror

teschenito (Geo.) teschenite

tesla (Phys.) tesla

tesoura de cortar barras de metal (Mech.) blooming shears

tesoura de esquadrias (Build.) squaring shears (railways)

tesoura mecânica (Mech.) power shears

tessela (Arch.) tessella; Roman mosaic

testa (Bot.) coat

testa (Zoo.) testa; frons

testador de fadiga de Haigh (Mech.) Haigh fatigue-testing machine

testador de histerese (Elect.) hysteresis tester

testador de precisão de Blaine (Phys.) Blaine fineness tester

testador de válvulas (Elect.) tube tester

teste (Gen.) test; assay

teste acelerado de envelhecimento (Elect.) accelerated ageing test

teste acelerado de fadiga (Eng.) accelerated fatigue test

teste a mau funcionamento (Comp.) leap-frog test

teste assistido por computador (Comp.) computer aided testing [CAT]

teste atómico (Chem.; Phys.) atomic test

teste Beilstein (Chem.) Beilstein test

teste calórico de Bárány (Med.) Bárány's test

teste calorimétrico (Phys.) calorimetric test

teste cíclico (Gen.) cyclic test

teste cíclico (Comp.) cyclic check

teste cíclico (Mining) locked test

teste cutâneo (Immun.) skin test

teste da mancha de Lemberg (Geo.) Lemberg's stain test

teste da mancha de tinta de Rorschach (Psycho.) Rorschach inkblot test

teste da placa hemolítica (Immun.) haemolytic plaque assay

teste das manchas de tinta (Psycho.) inkblot test

teste de absorção (Paper) absorbency test

teste de adesivo (Med.) patch test

teste de água (Hydro.) water analysis

teste de alfa-naftol (Bio.; Chem.) alpha-naphtol test

teste de alta voltagem (Elect.) high-voltage test

Teste de Ames (Bio.) Ames test

teste de arco (Elect.) flashover test

teste de associação de palavras (Psycho.) word association test

teste de atrito (Build.) attrition test

teste de Bailey para o enxofre (Chem.) Bailey test for sulphur

teste de Bárány (Med.) Bárány's test

teste de Blavier (Elect.) Blavier's test

teste de caldeira (Mech.) boiler test

teste de campo aberto (Psycho.) open-field test

teste de cavado (Build.) indentation test

teste de chama (Mech.) flame test

teste de Charpy (Mech.) Charpy test

teste de choque a entalhe (Mech.) notched-bar impact test

teste de circuito (Elect.) loop test

teste de circuito de Allen (Elect.) Allen's loop test

teste de cisalhamento (Mech.) shear test

teste de comparação por meio de escova (Comp.) brush compare check

teste de compressão (Mech.) compression test

teste de condutividade (Electron.) conductivity test

teste de consistência (Eng.) slump test

teste de convergência de Gauss (Math.) Gauss' convergence test

teste de convergência de Kummer (Math.) Kummer's convergence test

teste de convergência de Raabe (Math.) Raabe's convergence test

teste de convergência integral (Math.) integral convergence test

teste de Cuboni (Vet.) Cuboni test

teste de curto-circuito (Elect.) short-circuit test

teste de curvatura (Mech.) bending test

teste de dados (Comp.) data test

teste de D'Alembert (Math.) D'Alembert's ratio test

teste de Dedekind (Math.) Dedekind test

teste de desgaste por fricção (Build.) attrition test

teste de diagnóstico (Bio.; Med.) diagnostic test

teste de difusão de gel (Imuniz.) gel diffusion test

teste de disponibilidade (Comp.) busy test

teste de disrupção (Elect.) flashover test

teste de Doctor (Chem.) Doctor test

teste de ductilidade de Olsen (Mech.) Olsen ductility test

teste de duplicação (Comp.) duplicating check

teste de dureza de Brinell (Eng.) Brinell hardness test

teste de dureza de Shore (Mech.) Shore hardness test

teste de dureza por escleroscópio (Mech.) scleroscope hardness test

teste de eficiência de voo (Aero.) flight efficiency test

teste de ensaio (Mech.) proof test

teste de Erichsen (Mech.) Erichsen test

teste de esforço cortante (Mech.) shear test

teste de esfregaço (Med.) smear test

teste de estabilidade (Elect.) stability test

teste de excesso (Comp.) overflow check

teste de execução (Psycho.) performance test

teste de fadiga (Mech.) fatigue test

teste de falso-zero (Elect.) false-zero test

teste de flexão (Mech.) bending test

teste de flexão ao choque (Phys.) shock bending test

teste de floculação da sífilis (Immun.) VDRL test

teste de formação (Mining) Drill Stem Test [DST]

teste de formação de focos (Bio.) focus-forming assay

teste de fragmentação (Build.) crushing test

teste de Fremont (Mech.) Fremont test

teste de friabilidade (Build.) friability test

teste de Gmelin (Chem.) Gmelin test

teste de Gram (Bio.) Gram staining

teste de gravidez (Med.) pregnancy test

teste de Gray-King (Mining) Gray-King test

teste de Hall (Phys.) Hall probe

teste de hardware (Comp.) hardware check

teste de Hartmann (Phys.) Hartmann test

teste de Hehner (Chem.) Hehner's test

teste de hipóteses (Gen.) hypothesis testing

teste de histocompatibilidade (Immun.) histocompatibility testing

teste de Hopkinson (Elect.) Hopkinson test

teste de impacto de Charpy (Mech.) Charpy test

teste de impacto de Izod (Eng.) Izod impact test

teste de imunidade (Bio.) imunoassay

teste de imunidade radiactiva (Bio.) radioimmunoassay

teste de imunização (Immun.; Med.) immunoassay

teste de imunização para anticorpos IgE (Immun.) radio-allergosorbent test [RAST]

teste de inclinação (Hydro.) inclining experiment

teste de investigação de doenças venéreas (Immun.) VDRL test

teste de isolamento (Elect.) insulation test

teste de Izod (Eng.) Izod test

teste de Jominy (Mech.) Jominy test

teste de Kelling (Chem.) Kelling's test

teste de Kraemer-Sarnow (Build.) Kraemer-Sarnow test

teste de Lassaigne (Chem.) Lassaigne's test

teste de Le Chatelier (Build.) Le Chatelier test

teste de Leibnitz (Math.) Leibnitz's test

teste de lepromina (IMMUN.) lepromin test

teste de Liebermann para os fenóis (CHEM.) Liebermann test for phenols

teste de Liebermann-Storch (PAPER.) Liebermann-Storch test

teste de ligação (COMP.) link test

teste de limite (COMP.) limit check

teste de linha (ELECT.) line test

teste de Maclaurin-Cauchy (MATH.) Maclaurin-Cauchy test

teste de Mantoux (IMMUN.) Mantoux test

teste de McQuaid-Ehn (ENG.) McQuaid-Ehn test

teste de Moerner (CHEM.) Moerner's test

teste de ordem (STAT.) rank test

teste de Ouchterlony (IMMUN.) Ouchterlony test

teste de Oudin (IMMUN.) Oudin test

teste de paridade (COMP.) parity check; odden-even check

teste de paridade par (COMP.) even-parity check

teste de paridade par-ímpar (COMP.) odd-even check ; parity check

teste de partícula magnética (MECH.) magnetic particle inspection

teste de Paul-Brunnell (IMMUN.) Paul-Brunnell test

teste de percepção temática (PSYCHO.) thematic apperception test

teste de perfuração (PAPER) puncture test

teste de ponto de amolecimento (BUILD.) softening-point test

teste de ponto de fusão (BUILD.; MECH.) melting point test

teste de precipitina (BOT.) precipitin test

teste de pressão (BOT.) pressure probe

teste de programa (COMP.) program check

teste de qualificação (SPACE) qualification test

teste de Queckensted-Stookey (MED.) Queckensted's sign

teste de queda de potencial (ELECT.) falling of potential test

teste de Raspali (PAPER) Raspali test

teste de reactor (ELECT.; NUCL.) reactor testing

teste de realização (PSYCHO.) performance test

teste de redundância (COMP.) redundancy check

teste de referência (COMP.) bench mark

teste de rendimento (PSYCHO.) performance test

teste de resistência (MECH.) fatigue test; proof test

teste de ressonância (AERO.) resonance test

teste de Rideal-Walker (CHEM.) Rideal-Walker test

teste de Rockwell (MECH.) Rockwell test

teste de Rorschach (PSYCHO.) inkblot test; Rorschach inkblot test

teste de Rose-Waaler (IMMUN.) Rose-Waaler test

teste de ruptura (PAPER) burst test

teste de Russell (ELECT.) Russell's test

teste de Schick (IMMUN.) Schick test

teste de sedimentação (MED.) sedimentation test

teste de sensibilidade (BIO.) sensitivity test

teste de sensibilidade cutânea (MED.) patch test

teste de sinal (COMP.) sign check

teste de sistemas (COMP.) systems test

teste de soma (COMP.) summation check

teste de sombra (MED.) retinoscopy

teste de Student (STAT.) Student's test

teste de Sumpner (ELECT.) Sumpner test

teste de têmpera final (MECH.) end-quench test

teste de tensão (MECH.) tensile test ; necking

teste de túnel (AERO.) tunnel test

teste de Tzank (MED.) Tzank test

teste de vibração (IMAGE TECH.) buzz track

teste de voo (AERO.) flight check; flight test

teste de Xenopus (MED.) Xenopus test

teste dieléctrico (ELECT.) dielectric test

teste dinâmico (COMP.) dynamic check

teste do Chi quadrado (STAT.) chi-squared test

teste do fumo (BUILD.) smoke test

teste do martinete (PAPER.) drop hammer test

teste em pilha (NUCL.) in-pile test

teste funcional (ELECTRON.) functional testing

teste geofísico (MINING) geophysical test

teste Gutzeit (CHEM.) Gutzeit test

teste hidrostático (BUILD.) hydrostatic test

teste hipersónico (AERO.) hypersonic test

teste ímpar-par (COMP.) check odd-even

teste indicador de secagem (PAPER) dry indicator test

testeira (MINING) overhead stopes

teste marginal (COMP.) marginal check; marginal test

teste matemático (COMP.) mathematical check

testemunhador de caixa (GEO.) box corer

testemunho (COMP.) token

testemunho (GEN.) temoin; evidence; proof

testemunho (MINING) core

teste não destrutivo (AERO.) non-destructive testing

teste não paramétrico (GEN.) non-parametric test

teste nuclear (CHEM.; PHYS.) atomic test

teste oral (PSYCHO.) verbal test

teste paramétrico (GEN.) parametric test

teste periódico (GEN.) cyclic test

teste por choque (MECH.) impact test

teste por duplicação (COMP.) twin check

teste radioalergosorvente (IMMUN.) radio-allergosorbent test [RAST]

testes de Cauchy para a convergência (PHYS.) Cauchy's convergence tests

testes de deformação (MECH.) creep tests

teste ultra-sónico (MECH.) ultrasonic testing

teste VDRL (IMMUN.) VDRL test [Veneral Disease Research Laboratory test_ USA]

teste verbal (PSYCHO.) verbal test

testículo (ZOO.) spermary ; testicle

testosterona (BIO.; MED.) testosterone

tetania (MED.) tetany

tetania de transporte (VET.) fleeting tetanus

tetania do novilho (VET.) calf tetany; milk tetany

tetania do pasto (VET.) grass staggers ; grass tetany; grass disease

tetania dos transportes (VET.) transit tetany; railroad disease

tetania por alcalose (MED.) tetany of alkalosis

tetania por deficiência de magnésio (MED.) tetany of magnesium deficiency

tétano (ZOO.) tetanus

tétano anterior (MED.) emprosthotonos; tetanus anticus

tetanus anticus (MED.) emprosthotonos

tetas (ZOO.) teats

Tétis (ASTRO.) Tethys (satellite of Saturn)

tetra-amelia (MED.) tetra-amelia

tetrabásico (CHEM.) tetrabasic

tetraciclina (CHEM.) tetracycline

tetracloreto (CHEM.) tetrachloride

tetracloreto de carbono (CHEM.) carbon tetrachloride; tetrachloromethane

tetracloreto de etileno (CHEM.) perchloroethylene

tetracloreto de platina (CHEM.) platinum tetrachloride

tetracloreto de silício (CHEM.) silicon tetrachloride

tetracloroetano (CHEM.) tetrachloroethane

tetraclorometano (CHEM.) tetrachloromethane

tetracoco (BIO.) tetracoccus

tetracrómico (PHYS.) tetrachromic

tétrada (BIO.) tetrad

tetradáctilo (ZOO.) tetradactyl

tetradimite (MINER.) tetradymite; telluric bismuth; tellurobismuth

tetraédrico (MATH.) tetrahedral

tetraedrite (MINER.) tetrahedrite; grey copper ore

tetraedro (MATH.) tetrahedron

tetraetil monotionopirofosfato (CHEM.; MED.) tetraethylmonothionopyrophosphate

tetraetilo de chumbo (CHEM.) lead tetraethyl

tetraetilpirofosfato (CHEM.) tetraethylpyrophosphate [TEPP]

tetrafluoreto de silício (CHEM.) silicon tetrafluoride

tetragonal (BOT.) tetragonous

tetrágono (MATH.) tetragono

tetrágono lumbar (MED.) tetragono lumbar

tetra-hidreto-aluminato de lítio (CHEM.) lithium aluminium hydride; lithium tetrahydroaluminate

tetrahidrofolato de metil (BIO.) methyl tetrahydrofolate

tetra-hidrofurano (CHEM.) tetrahydrofuran

tetra-hidrofurano (CHEM.) tetramethylene oxide

tetra-hidronaftaleno (CHEM.) tetrahydronaphtalene; tetralin

tetra-hidropirreol (CHEM.) pyrrolidine

tetralina (CHEM.) tetralin

tetrâmero (BOT.; ZOO.) tetramerous

tetrametilputrescina (CHEM.) tetramethylputrescine

tetranitrato de pentaeritritol (CHEM.) pentaerythritol tetranitrate

tetranitrol (CHEM.) tetranitrol

tetrapirrol (CHEM.) tetrapyrrol

tetraplegia (MED.) quadriplegia

tetraplóide (BIO.) tetraploid

tetrápode (ZOO.) tetrapod

tetrapodomorfo (ECO.) tetrapodomorph

tetrapolo (TELECOM.) quadripole; quadrupole

tetráptero (ZOO.) tetrapterous

tetraquiro (MED.) tetrachirus

tetrasporófito (BOT.) tetrasporophyte

tetrassacárido (CHEM.) tetrasaccharide

tetrassómico (BIO.) tetrasomic

tetrastiquíase (ZOO.) tetrastichiasis

tetravacina (MED.) tetravaccine

tetravalente (CHEM.) tetravalent

tetrazol (CHEM.) tetrazole

tetrazólio (CHEM.) tetrazolium

tetril (CHEM.) tetryl

tetrizes (ZOO.) coverts

tétrodo (ELECT.) tetrode

tétrodo de feixe electrónico (ELECTRON.) beam system

tetroses (CHEM.) tetraoses; tetroses

tetróxido de ósmio (CHEM.) osmium tetroxide

tex (TEXT.) tex

texto codificado (TELECOM.) encrypted text

texto interno (COMP.) internal text

texto no ecrã (IMAGE TECH.) on-screen display

textura (GEN.) texture

textura cristalina (CRYST.) crystal texture

textura cristaloblástica (GEO.) crystalloblastic texture

textura do solo (BOT.) soil texture

textura esferulítica (GEO.) spherulitic texture

textura gnessóide (GEO.) gneissose texture

textura gráfica (COMP.) graphic texture

textura granítica (GEO.) granitic texture

textura granitóide (GEO.) granitoid texture

textura granoblástica (GEO.) granoblastic texture

textura granulítica (GEO.) granulitic texture

textura hialopilítica (GEO.) hyalopilitic texture

textura intergranular (GEO.) intergranular texture

textura microcristalina (GEO.) microcrystalline texture

textura microesferulítica (GEO.) microspherulitic texture

textura micrográfica (GEO.) micrographic texture

textura ofítica (GEO.) ophitic texture

textura pilotáxica (GEO.) pilotaxitic texture

textura poecilítica (textura pecílica) (GEO.) poikilitic texture

textura porfírica (GEO.) porphyritic texture

texturas granulosas (GEO.) saccharoidal textures

texturas sacaróides (GEO.) saccharoidal textures

T híbrido (TELECOM.) hybrid tee

tiamidas (CHEM.) thiamides

tiamina (BIO.; CHEM.) thiamin

tiaminaze (CHEM.) thiaminaze

tiazinas (CHEM.) thiazines

tiazol (CHEM.) thiazole

tíbia (ZOO.) tibia; shin-bone; cnemis

tíbia valga (MED.) genu valgum; knock knee

tidalito (GEO.) tidalite

tifemia (MED.) typhemia

tiflite (MED.) typhlitis

tifo (MED.) typhus; jail fever

tifo canino (VET.) Stuttgart disease

tifo exantemático dos bovinos (VET.) Ondiri disease

tifóide (MED.) typhoid

tifóide aviária (VET.) avian typhoid; fowl typhoid

tifomegalia (MED.) typhomegaly

tifo rural (MED.) scrub typhus

tigmotropismo (BIO.) thigmotropism; haptotropism

tijoleira (BUILD.) facing paviors

tijolo (BUILD.) brick; later

tijolo alemão (BUILD.) Rhenish brick

tijolo amarelo e duro (BUILD.) Dutch clinker

tijolo arenoso (BUILD.) cutters; malm rubber

tijolo assente ao comprido (BUILD.) stretcher

tijolo chanfrado (BUILD.) king closer

tijolo comum (BUILD.) common brick

tijolo côncavo (BUILD.) concave brick

tijolo crómico (MECH.) chrome brick

tijolo curvo (BUILD.) radiating brick; radius brick

tijolo de areia calcária (BUILD.) lime-sand brick

tijolo de argila (BUILD.) loam brick

tijolo de barro (BUILD.) cob

tijolo de canto de bísel (BUILD.) feather-edge brick

tijolo de capa (BUILD.) capping-brick

tijolo de cimalha (BUILD.) coping brick

tijolo de cromite (BUILD.) chrome brick

tijolo de cuba (MECH.) shaft brick

tijolo de escória (BUILD.) slag brick

tijolo defeituoso (BUILD.) chuff; shuff

tijolo de fixação feito de cinza e cimento (BUILD.) breeze fixing brick

tijolo deitado (BUILD.) stretcher

tijolo de madeira (BUILD.) wood brick

tijolo de ombreira (BUILD.) jamb brick

tijolo de pavimento (BUILD.) pavior

tijolo de quina (BUILD.) squint

tijolo de Reno (BUILD.) Rhenish brick

tijolo de revestimento interior (BUILD.) lining brick

tijolo de superfície (BUILD.) facing brick

tijolo de terra (BUILD.) cob

tijolo de topo (BUILD.) false header; flare header

tijolo de travamento cortado ao meio (BUILD.) snapped header

tijolo de ventilação (BUILD.) ventilating brick

tijolo de vidro (ARCH.; BUILD.) glass block

tijolo duro (BUILD.) hard stock ; clinker

tijolo enviesado (BUILD.) slope

tijolo esmaltado (BUILD.) enamelled brick

tijolo furado (BUILD.) hollow brick

tijolo inteiro (BUILD.) whole-brick

tijolo isolador (BUILD.) insulating brick

tijolo mal cozido (BUILD.) grizzle brick; place brick

tijolo perfilado (BUILD.) purpose-made brick

tijolo perfurado (BUILD.) perforated brick

tijolo prensado (BUILD.) pressed brick

tijolo rachado (BUILD.) chuff; shuff

tijolo refractário (BUILD.; MECH.) refractory brick; chamot

tijolo refractário para forno (BUILD.) furnace brick

tijolo rústico (BUILD.) tapestry brick

tijolos barra-de-sabão (BUILD.) soaps

tijolos de pavimentação (BUILD.) facing paviors

tijolos em diagonal (BUILD.) raking bricks

tijolos em espiga (BUILD.) raking bricks

tijolo semivítreo (BUILD.) engineering brick

tijolos mal cozidos (BUILD.) peckings

tijolo travado de canto (BUILD.) quoin header

tijolo tubular (ARCH.) tubular brick

tijolo verde (BUILD.) green brick

tijolo vidrado (BUILD.) glazed brick

tília-americana (BOT.) basswood

tílias (ECO.) lime linden

tilito (GEO.) tillite

till (GEO.) till

tilose (BOT.) tylose; tylosis

timão (NAV.) rudder

timbre (PHYS.) timbre; tone; tune

timbre puro (TELECOM.) pure tone

timbre simples (TELECOM.) pure tone

timectomia (MED.) thymectomy

time sharing (COMP.) time sharing

timidina (BIO.) thymidine

timina (CHEM.) thymine

timo (IMMUN.) thymus

timócito (IMMUN.) thymocyte

timol (CHEM.) thymol

timolftaleína (CHEM.) thymolphthalein

timoma (IMMUN.) thymoma

timopoietina (timopoetina) (IMMUN.) thymopoietin

timosina (IMMUN.; CHEM.) thymosin

timpanectomia (MED.) tympanectomy
timpanismo (MED.) tympanism
timpanismo do ruminante (VET.) dew blown; bloat
timpanite (MED.) tympanites; tympanitis
tímpano (ARCH.) tympanum
tímpano (BUILD.) spandrel
tímpano (GEN.) tympan
tímpano (PRINT.) tympan
tímpano (MED.; ZOO.) tympanum; ear drum
tina (HYDRO.) bucket
tina de Langmuir (MINING) Langmuir trough
tina graduada (CHEM.) graduated vessel
Tinamiformes (ZOO.) Tinamiformes
tina pneumática (CHEM.) pneumatic trough
tinas de oscilação (CHEM.) ripple trays
tincal (MINER.) tincal
tindalimetria (CHEM.) tyndallimetry
tindalização (CHEM.) tyndallization
tingidura a jacto (TEXT.) jet dyeing
tinha (MED.) ringworm; tinea
tinha favosa (MED.) favus: tinea favosa
tinha vera das aves (VET.) avian favus; white comb
tinido (MED.) tinnitus
tinido auditivo (MED.) tinnitus aurium
tinta (BUILD.) paint; tint
tinta (GEN.) ink
tinta (TEXT.) dye
tinta (ZOO.) ink (sepia)
tinta a alumínio (BUILD.) aluminium paint
tinta à base de chumbo (BUILD.) lead paint
tinta a óleo (BUILD.) oil paint
tinta betuminosa (BUILD.) bituminous paint
tinta brilhante (BUILD.) gloss paint
tinta celulósica (BUILD.) cellulose paint
tinta-da-china (GEN.) Indian ink; China ink
tinta de água (BUILD.) water paint
tinta de água para madeira (BUILD.) water stain
tinta de base (BUILD.) primer
tinta de emulsão (BUILD.) emulsion paint
tinta de esmalte (BUILD.) enamel paint
tinta de impressão (PRINT.) printing ink
tinta de Nanquim (GEN.) Indian ink
tinta de resina acrílica (BUILD.) acrylic resin paint
tinta de secagem a frio (PRINT.) cold-set ink
tinta de tom duplo (PRINT.) double-tone ink
tinta dourada (BUILD.) gold paint
tinta fosforescente (BUILD.) luminous ink
tintagem automática (IMP.) automatic inking
tintagem diferencial (TEXT.) differential dyeing
tinta intumescente (BUILD.) intumescent paint
tinta luminosa (BUILD.) luminous paint
tinta magnética (PRINT.) magnetic ink

tinta plástica (BUILD.) plastic paint
tinta resistente a álcali (BUILD.) alkali resisting paint
tinta resistente ao ácido (BUILD.) acid resisting paint
tinta resistente ao calor (BUILD.) heat-resisting paint
tinta retardadora de fogo (BUILD.) fire retardant paint
tinta rica em zinco (BUILD.) zinc-rich paint
tintas anticondensação (BUILD.) anti-condensation paints
tintas antifungos (BUILD.) fungicidal paints
tintas Ben Day (PAPER) Ben Day tints
tintas de alcatrão (BUILD.) coal tar paints
tintas de borracha clorada (BUILD.) chlorinated rubber paints
tintas de secagem rápida (PRINT.) quick-setting inks
tintas fungicidas (BUILD.) fungicidal paints
tintas multicolores (BUILD.) multi-coloured paints
tintas sintéticas (BUILD.) synthetic paints
tintura de iodo (MED.) iodine solution
tintura em pacote (TEXT.) package dyeing
tioácidos (CHEM.) thio-acids
tioálcool (CHEM.) thio-alcohol
tioamida (CHEM.) thioamide
tioaurina (CHEM.) thioaurin
tiobarbital (CHEM.) thiobarbital
tiobarbituratos (CHEM.) thiobarbiturates
tiobionte (ECO.) thiobiont
tiocarbamida (CHEM.) thiocarbamide
tiocianato de potássio (CHEM.) potassium thiocyanate
tiocianato de sódio (CHEM.) sodium thiocyanate; sodium sulfocyanate; hypo (colloquial)
tiocianatos (CHEM.) thiocyanates
tioéter (CHEM.) thioether
tiofeno (CHEM.) thiophen
tiófilo (CHEM.) thiophil
tioglicerol (CHEM.) thioglycerol
tiol (CHEM.) thiol
tiolase (CHEM.) thiolase
tiónico (CHEM.) thionic
tionina (CHEM.) thionine
tiopental sódico (CHEM.; MED.) thiopental sodium; thiopentone sodium
tiopentona sódica (CHEM.; MED.) thiopentone sodium; thiopental sodium
tiossulfato (CHEM.) thiosulphate
tiossulfato de sódio (CHEM.; IMAGE TECH.) sodium thiosulphate
tio-Tepa (CHEM.; MED.) thio-TEPA [Tri-ethylenetiophosphoramide]
tioureia (CHEM.) thiourea; thiocarbamide
tipagem sanguínea (MED.) blood typing
tipificação de tecido (IMMUN.) tissue typing
tipo (GEN.) type
tipo alto (PRINT.) type-high
tipo anormal (BOT.) sport
tipo bastardo (PRINT.) bastard fount
tipo claro (PRINT.) light face

tipo colado (PRINT.) backed
tipo de aproximadamente 3 pontos (PRINT.) minnikin
tipo de ardósia de 40 x 20 cm (BUILD.) ladies
tipo de combustível (AERO.) fuel grade
tipo de computador (COMP.) computer range
tipo de corpo 18 (PRINT.) great primer
tipo de corpo longo (PRINT.) long-bodied type
tipo de dados (COMP.) data type
tipo de dispositivo (COMP.) device type
tipo de formação vegetal (ECO.) formation type
tipo de imprensa de 7 pontos (PRINT.) minion
tipo de imprensa de corpo 6 (PRINT.) nonpareil
tipo de impressão de 10 pontos (PRINT.) longprimer
tipo de madeira laminada (BUILD.) battenboard
tipo funcional (ECO.) functional type
tipografia (PRINT.) typography
tipógrafo (PRINT.) typographer
tipo móvel (PRINT.) movable type
tipo n (ELECTRON.) n-type
tipo p (ELECTRON.) p-type
tipo sanguíneo (MED.) blood type
tipos de erro (TELECOM.) classes of error
tipos de população (ASTRO.) population types
tipos de tectónica (GEO.) tectonic types
tipos espectrais (AERO.) spectral types
tique (MED.) tic; jerk ; habit spasm
tique de Salaam (MED.) spasmus nutans
tique doloroso (MED.) tic douloureux
tira (TEXT.) ribbon
tira de frequência intermediária (TELECOM.) intermediate-frequency strip
tira de separação (BUILD.) parting slip
tiragem (PRINT.) edition; run
tiragem (BUILD.) draught
tiragem de cópias (IMAGE TECH.) printing
tiragem equilibrada (ENG.) balanced draught
tiragem induzida (MECH.) induced draught
tiragem natural (MECH.) natural draught
tiragem por aspiração (MECH.) induced draught
tira-linhas para curvas de nível (SURV.) contour curve
tiramina (CHEM.) tyramine
tiraminase (CHEM.) tyraminase
tirante (BUILD.) stay; binding-beam; strap; clamp; tie (railway)
tirante de retenção (BUILD.) wall tie
tirante de união (MECH.) tie rod
tirante horizontal (MECH.) tie-beam
tirantes de aterragem (AERO.) landing wires
tira para tubos (MECH.) skelp
tirar minério (MINING) get

tirar o núcleo (BOT.) enucleate
tiratrão (ELECTRON.) thyratron
tiristor (ELECTRON.) thyristor
tíristor tetrapolar (ELECTRON.) tetrode thyristor
tiroadenite (MED.) thyroadenitis
tirocalcitonina (MED.) thyrocalcitonin
tirocidina (CHEM.) tyrocidin
tirocondrotomia (MED.) thyrochondrotomy; laryngofissure; thyrotomy
tirodita (MINER.) tirodite
tiroglobulina (MED.) thyroglobulin
tiroglosso (MED.) thyroglossal
tiróide (correct form); tiroideia (usual form) (MED.) thyroid
tiroidectomia (MED.) thyroidectomy
tiroidite (MED.) thyroiditis
tiroidite de Hashimoto (MED.) Hashimoto's disease
tiroidite de Riedel (MED.) Riedel's disease
tirosina (CHEM.) tyrosine
tirosinase (CHEM.) tyrosinase
tirotomia (MED.) thyrotomy
tirotoxicose (MED.) thyrotoxicosis
tirotoxismo (MED.) tyrotoxism
tirotrófico (MED.) thyrotropic
Tisanópteros (ZOO.) Thysanoptera
tísica (MED.) phthisis
tísico (MED.) phthisic
tisiologia (MED.) phthisiology
tisioterapia (MED.) phthisiotherapy
Titã (ASTRO.) Titan (satellite of Saturn)
titanato de bário (CHEM.) barium titanate
titanato de chumbo (CHEM.) lead titanate
titanatos (CHEM.) titanates
titanaugite (MINER.) titanaugite
titânia (CHEM.) titania (alloy)
titânio (CHEM.) titanium
titanite (MINER.) titanite; sphene
titubeação (MED.) titubation
titulação (CHEM.) titration
titulação de formol de Sorensen (CHEM.) Sorensen's formol titration
titulação diferencial (CHEM.) differential titration
titulação do formol (CHEM.) formol titration
titulação electrométrica (CHEM.) electrometric titration
titulação não aquosa (CHEM.) nonaqueous titration
titulação térmica (CHEM.) thermal titration
titulador ácido (CHEM.) acidic dye
título (CHEM.) titre (solution)
título (PRINT.) crosshead; headline; caption
título bastardo (PRINT.) bastard title
título corrido (PRINT.) running head
título de página (PRINT.) running head
título principal (IMAGE TECH.) main title
tixotropia (CHEM.) thixotropy
tixotrópico (CHEM.) thixotrope
T-mágico (RADAR; TELECOM.) magictee; hybrid tee
TNT (CHEM.) trinitrotoluene
toalha de água (HYDRO.) nappe
tocoferol (BIO.) tocopherol
todorokita (MINER.) todorokite
tofo (MED.) tophus

Tokamak (NUCL.) Tokamak
tolbutamida (MED.) tolbutamide
tolerância (AERO.) allowance
tolerância (MECH.) tolerance
tolerância à aceleração (SPACE) acceleration tolerance
tolerância aos metais pesados (ECO.) heavy-metal tolerance
tolerância bilateral (MECH.) bilateral tolerance
tolerância de contracção (MECH.) shrinkage allowance
tolerância de falha (COMP.; ELECT.) fault tolerance
tolerância de frequência (TELECOM.) frequency tolerance
tolerância de frequência de transmissor (TELECOM.) transmitter frequency tolerance
tolerância de gravidade (SPACE) g-tolerance
tolerância g (SPACE) g-tolerance
tolerância imunológica (IMMUN.) immunological tolerance
tolerância percentual (ELECTRON.) percentage tolerance
tolerância positiva (MECH.) positive allowance
tolerância unilateral (ELECT.) unilateral tolerance
tolerante a falhas (ELECTRON.) fault tolerant
toleteiras (NAV.) poppets
tolueno (CHEM.) toluene; methylbenzene; toluol
toluidina (CHEM.) toluidine; methylphenylamine
tom (PHYS.) tone; tune
tomada (ELECTRON.) plug-in; plug; tap; tapping
tomada (IMAGE TECH.) take
tomada da impressora (COMP.) printer connector
tomada de acoplamento (ELECT.) coupler plug
tomada de CA (ELECT.) AC mains
tomada de circuito aberto (ELECT.) open-circuit jack
tomada de derivação (TELECOM.) branch jack
tomada de inspecção (ELECT.) inspection plug
tomada de movimento (IMAGE TECH.) tracking shot
tomada de panorama (IMAGE TECH.) pan
tomada de parede (ELECT.) wall outlet
tomada de pequena força de inserção (COMP.) low insertion force socket
tomada de segurança (ELECT.) safety plug
tomada de terra (ELECT.) ground outlet
tomada de teste (TELECOM.) test jack
tomada de vista (IMAGE TECH.) pan
tomada de vista e exploração (IMAGE TECH.) pan-and-scan
tomada infinita (ELECT.) infinity plug
tomada macho (TELECOM.) jack
tomada panorâmica (IMAGE TECH.) panning
tomada polarizada (ELECT.) polarized plug

tomadas exteriores (IMAGE TECH.) out-takes
tomada trifásica (ELECTRON.) three-pin plug
tom audível (PHYS.) audible tone; audiofrequency tone
tombadilho de passeio (NAV.) promenade deck
tombaque (MECH.) Dutch brass (alloy)
tômbolo (ECO.) tombolo
tom composto (PHYS.) complex tone
tom de audiofrequência (TELECOM.) audiofrequency tone
tom de chamada (TELECOM.) calling tone
tom de combinação (PHYS.) difference tone
tom de diferença (PHYS.) difference tone
tomento (BOT.) tomentum
tomentos de algodão (TEXT.) linters, cotton linters
tom eólico (PHYS.) aeolian tone
tom normal (ELECTRON.) standard pitch
tomografia (RADIOL.) tomography; body-section radiography; laminography
tomografia assistida por computador (RADIOL.) computer aided tomography [CAT]
tomografia computacional (RADIOL.) computed tomography
tomografia computorizada (RADIOL.) computer aided tomography (CAT)
tomografia por emissão (RADIOL.) emission tomography
tomografia potencial aplicada (PHYS.) applied potential tomography
tomografia transaxial (RADIOL.) transaxial tomography
tom parcial (PHYS.) partial tone
tomsonite (MINER.) thomsonite
tonalidade de ensaio (ENG.) assay tone
tonalidade de frequência acústica (PHYS.) audible tone
tonalidade uniforme (IMAGE TECH.) flat
tonalito (GEO.) tonalite
tonel (MINING) bowk
tonelada (GEN.) ton
tonelada de contraste (ENG.) assay ton
tonelada inglesa (GEN.) long ton
tonelada métrica (GEN.) tonne
tonelada/pé (PHYS.) foot-ton
tonelagem (NAV.) tonnage
tonelagem bruta (NAV.) gross tonnage
tonelagem de arqueação (NAV.) tonnage breadth
tonelagem de arqueação líquida (NAV.) net register tonnage
tonelagem de registo (NAV.) net register tonnage
tonelagem de registo bruto (NAV.) gross register(ed) tonnage
tonelagem inglesa (NAV.) gross tonnage
tonelagem líquida (NAV.) net tonnage
tonelagem registada (NAV.) registered tonnage
tonicidade (ZOO.) tonicity
tonneau (AERO.) roll; rolling

tonneau rápido (AERO.) flick roll
tonofilamento (BIO.) tonofilament
tonómetro (MED.; PHYS.) tonometer
tonoplasto (tonoplastídio) (BIO.) tonoplast
tons altos (ELECTRON.) treble
tons combinados (PHYS.) combination tones (Acoustics)
tonsilectomia (MED.) tonsillectomy
tonsilite (MED.) tonsillitis
tonturas (MED.) staggers ; vertigo
tónus (ZOO.) tone; tonus; tonicity
tónus descerebrado (ZOO.) decerebrate tonus
topázio (MINER.) topaz
topázio-da-boémia (MINER.) yellow quartz
topázio-da-escócia (MINER.) Scottish topaz ; smoke quartz
topázio-da-madeira (MINER.) Madeira topaz; yellow quartz
topázio-de-madagáscar (MINER.) Madagascar topaz; yellow quartz
topázio-do-brasil (MINER.) Brazilian topaz
topázio-do-colorado (MINER.) Colorado topaz ; yellow quartz
topázio espanhol (MINER.) Spanish topaz ; yellow quartz
topázio oriental (MINER.) Oriental topaz; Indian topaz; corindon
topázio rosa (MINER.) rose topaz
topazolite (MINER.) topazolite
topo (ARCH.) top
topo da tubagem de revestimento (MINING) casinghead
topo de arco (ARCH.) top arch
Topografia (SURV.) topography
topografia de escarpa (ECO.) scarp-and-vale topography
topografia de ravina (ECO.) ridge-and-ravine topography
Topografia por radar (SURV.) radar surveying
topoisomerase (BIO.) topoisomerase
topoisómeros (BIO.) topoisomers
Topologia (MATH.) topology
topologia da rede (COMP.) network topology
toque de telefone por máquina (TELECOM.) machine ringing
toque selectivo harmónico (TELECOM.) harmonic selective ringing
toracentese (MED.) thoracentesis; thoracocentesis
toracocentese (MED.) thoracocentesis; thoracentesis
toracoplastia (MED.) thoracoplasty
toracoscópio (MED.) thoracoscope
toracósquise (MED.) thoracoschisis
toracotomia (MED.) thoracotomy
tórax (MED.) thorax; cuirasse
tórax (ZOO.) thorax
tórax enfisematoso (MED.) emphysematous chest
tórax instável (MED.) flail chest
torbanito (MINER.) torbanite
torbernite (MINER.) torbernite; copper uranite
torção (GEN.) torsion
torção da asa (AERO.) wing warp
torção de arranque (ELECT.) starting torque

torcedura de fio (TEXT.) throwing
torcedura de fios paralelos (MECH.) lang lay
torcicolo (MED.) wryneck; stiff neck; torticolis
torcicolo espasmódico (MED.) spasmodic torticollis
torcido para a esquerda (BOT.; ZOO.) sinistrorse
torcímetro (AERO.) torquemeter
torianite (MINER.) thorianite
tório (CHEM.) thorium
tório atómico (CHEM.; NUCL.) atomic thorium
tório radioactivo (CHEM.) radiothorium
torite (MINER.) thorite
tormenta (METEO.) squall; tempest
tormenta em linha (METEO.) line squall
tornado (METEO.) tornado
tornar aleatório (GEN.) randomize
tornar passivo (MECH.) passivate
torneamento (MECH.) turn; turning
torneamento de precisão (MECH.) fine machining; precision turning
torneamento paralelo (MECH.) traversing
torneamento por feixe de laser (MECH.) laser-beam machining
torneamento ultra-sónico (MECH.) ultrasonic machining
torneira (BUILD.) faucet
torneira de bico curvo (MECH.) bibcock
torneira de descompressão (MECH.) pet cock
torneira de drenagem (MECH.) pet cock
torneira de encaixe (MECH.) plug cock; cock
torneira de interrupção (BUILD.) stopcock
torneira de manómetro (MECH.) gauge cock
torneira de passagem (BUILD.) stopcock
torneira de regulamentação (MECH.) gauge cock
tornel (MINING) swivel
tornesol (CHEM.) litmus
torniquete (MED.) tourniquet
torno automático de parafusos (MECH.) automatic screw machine
torno curvo (MECH.) long bend
torno de bancada (MECH.) gap lathe; bench screw
torno de brunir (MECH.) polishing bob
torno de fabricar parafusos (MECH.) screw-cutting lathe
torno de facear (MECH.) face lathe; facing lathe
torno de pedal (MECH.) gap lathe
torno de placas (BUILD.) facing lathe
torno de polir (MECH.) polishing lathe
torno de pontas (MECH.) centre lathe
torno de produção (MECH.) manufacturing lathe
torno duplo (MECH.) duplex lathe
torno em cotovelo (MECH.) long bend
torno limador (MECH.) metal shaper; shaping machine
torno manual (MECH.) hand lathe
torno mecânico (MECH.) lathe
torno mecânico de ponta inclinada (MECH.) bent-tail carrier

torno mecânico de precisão (MECH.) precision lathe
torno mecânico para madeira (BUILD.) wood lathe
torno para barras (MECH.) bar lathe
torno para máquina (MECH.) machine vise
torno para trabalhos ópticos (MECH.) optical lathe
torno-revólver (MECH.) capstan lathe; turret lathe
torno universal (MECH.) universal vise
torno vertical (MECH.) vertical lathe
toro (ARCH.; BOT.; ELECT.; MATH.; MED.; ZOO.) torus
toróide (MATH.) toroid
torpor (MED.) stupor
torquês (BUILD.) nippers ; tongs
torr (PHYS.) torr (pressure unit)
torre (ARCH.) campanile; spire
torre (BUILD.) turret
torreão de telhado (ARCH.) lantern; ridge turret
torre cársica (ECO.) tower karst
torre de aço (ELECT.) steel tower
torre de amarração (AERO.) mooring tower
torre de antena (ELECT.) radio mast
torre de base estreita (ELECT.) narrow-base tower
torre de compensação (MINING) surge bin
torre de distribuição (ELECT.) switchgear pillar
torre de Gay-Lussac (PHYS.) Gay-Lussac's tower
torre de Glover (CHEM.) Glover tower
torre de irradiação (TELECOM.) broadcast tower
torre de irradiação de base larga (ELECT.) broad-base tower
torre de perfuração (MINING) drilling derrick
torre de proa (AERO.) bow turret
torre de refrigeração (MECH.) cooling tower
torre de sino (ARCH.) belfry; bell gable; campanile
torre de transmissão (ELECT.) transmission tower
torre de transmissão (TELECOM.) broadcast transmitter
torre de transposição (ELECT.) transposition tower
torre de vigia (ARCH.) garret
torre do nariz (AERO.) bow turret
torre irradiante (ELECT.) radio mast
torrente de lava (GEO.) lava flow
torre sineira (ARCH.) campanile
torre terminal (ELECT.) terminal tower; dead-end tower
tórrido (GEN.) torrid; hot
Torridoniano (GEO.) Torridonian
torulose (MED.) torulosis
tosil (CHEM.) tosyl
tosquia (TEXT.) shear
tosse convulsa (MED.) pertussis; whooping cough
tosse equina (VET.) equine influenza; stable pneumonia
total abstracto (COMP.) hash total
total de controlo (COMP.) control total
total de grupo (COMP.) batch total

total de provas (COMP.) hash total
total geral (COMP.) grand total
total heterogéneo (PSYCHO.) heterogenous summation
totalidade (PHYS.) ensemble
totalidade (MED.) summation
totipotente (BIO.) totipotent
toxemia (MED.) toxaemia; toxemia
tóxico (PHYS.) toxic; killer
tóxico combustível (NUCL.) burnable poison
toxicologia (MED.) toxicology
toxicose gravídica (VET.) pregnancy toxaemia
toxicose gravídica da ovelha (MED.) twin lamb disease
toxina (BIO.) toxin
toxina animal (BIO.) zootoxin
toxina diftérica (IMMUN.) diphtheria toxin; diphterin
toxina extracelular (BIO.) ectotoxin
toxina tetânica (IMMUN.) tetanus toxin
toxina vegetal (BOT.) phytotoxin
toxóide (IMMUN.) toxoid
toxóide de formol (IMMUN.) formol toxoid
toxóide diftérico (IMMUN.) diphtheria toxoid; diphterin
toxoplasmose (VET.) toxoplasmosis
trabalhador (ZOO.) worker
trabalho (PHYS.) work
trabalho a frio (MECH.) cold-working
trabalho a machado (BUILD.) axed work
trabalho a quente (MECH.) hot-working
trabalho assíncrono (COMP.) asynchronous working
trabalho cinzelado (BUILD.) boasted work
trabalho de armazenamento (COMP.) storage working
trabalho de bancada (BUILD.; MECH.) bench work
trabalho de desbaste (BUILD.) drop work
trabalho de dois revestimentos (BUILD.) two-coat work
trabalho de duplo revestimento (BUILD.) two-coat work
trabalho de exploração (MINING) costeaning
trabalho de fila (COMP.) queue task; queue job
trabalho de fundo, de baixa prioridade (COMP.) background job
trabalho de garganta (MINING) strait work
trabalho de malha (TEXT.) knitting
trabalho de meia-folha (PRINT.) half-sheet work
trabalho de perfiladura (BUILD.) shuttering
trabalho de separação (NUCL.) separative work
trabalho de têmpera (MECH.) work-hardening
trabalho de torno (MECH.) lathe work
trabalho de uma vez (PRINT.) take
trabalho directo (BUILD.) direct labour
trabalho em cascata (TELECOM.) tandem working
trabalho em tempo real (COMP.) real-time working

trabalho limpo (BUILD.) neat work
trabalho mecânico (MECH.) mechanical working
trabalho por lotes (COMP.) batch job
trabalho preferencial (COMP.) foreground job
trabalho prioritário (COMP.) foreground job
trabalhos de condicionamento (HYDRO.) training works
trabécula (BOT.; ZOO.) trabecula
traça (TEXT.) twist
traçado (MECH.) marking-out
traçado de curvas (SURV.) curve ranging
traçado de lotes em minas de carvão (MINING) caviling
traçado de uma curva (MATH.) ranging a curve
traçador (BUILD.) cross-cut saw
traçador (MECH.) scriber
traçador(a) (COMP.) plotter
traçadora digital (COMP.) digital plotter
traçador artificial (GEO.) artificial tracer
traçador de curva de Ewing (ELECT.) Ewing curve tracer
traçador de rota (AERO.) flight-log
traçador de sinal (ELECTRON.) signal tracer
traçador ideal (HYDRO.) ideal tracer
traçador incrementado (COMP.) incremental plotter
traçador químico (NUCL.) chemical tracer
traça pleurocarposa (ECO.) pleurocarpous moss
traçador (ECO.) tracer
traçamento isotópico (ECO.) isotope tracer
tracção (PHYS.) pull
tracção (MECH.) tension
tracção (MED.) traction
tracção a bateria (ELECT.) battery traction
tracção às quatro rodas (AUTO.) four wheel drive
tracção de jacto estática (AERO.) static jet thrust
tracção eléctrica (ELECT.; MECH.) electrical hauling ; electric traction
tracção estática (AERO.) static thrust
tracção horizontal da hélice (AERO.) horizontal propeller thrust
tracção lateral (AUTO.) side draught
tracção por acumuladores (ELECT.) accumulator traction
tracejado (SURV.) hachure
traço (PHYS.) hairline; tag
traço (GEN.) trace; line
traço (MATH.) line
traço (PSYCHO.) trait
traço de memória (PSYCHO.) memory trace
traço de retorno (ELECTRON.) return trace
traço de retorno de deflexão (ELECTRON.) sweep retrace
traço estipular (BOT.) stipular trace
traço foliar (BOT.) foliar trace
tracoma (MED.) trachoma
traço oblíquo [/] (PRINT.) solidus

traço quantitativo (ECO.) quantitative trait
traços (MINING) tracers
tracto (ZOO.) tract
tractor (AERO.; MECH.) tractor; traction engine
tractor de remoção de terras (BUILD.) bulldozer
trado (BUILD.) jumper
tradução algorítmica (COMP.) algorithmic translation
tradução de linguagem (COMP.) language translation
tradução de protocolo (COMP.) protocol translation
tradução mecânica (COMP.) mechanical translation
tradução uma a uma (COMP.) one-for-one translation
tradutor (COMP.) translator
tradutor de endereço (COMP.) address translator
tráfego artificial (TELECOM.) artificial traffic
tráfego de entrada (TELECOM.) incoming traffic
tráfego médio (TELECOM.) average traffic
trago (ZOO.) tragus
trajecto de filtragem (HYDRO.) creep path
trajecto de meteoro (ASTRO.) meteor path
trajecto de realimentação (TELECOM.) feedback path
trajecto descendente (ELECT.) down path
trajecto espaço-terra (ELECT.) down path
trajecto por reflexão única (PHYS.) single reflection path
trajectória (AERO.; ASTRO.) course; path
trajectória (GEN.) trajectory
trajectória ambiental (NUCL.) environmental pathway
trajectória da Lua (ASTRO.) moon's path
trajectória de auxílio de plano de voo (AERO.) flight plan aided track
trajectória de dados (COMP.) data path
trajectória de onda tangencial (METEO.) tangential wave path
trajectória de partículas (PHYS.) particle track
trajectória de partículas de nevoeiro (PHYS.) fog track
trajectória de reentrada (SPACE) re-entry trajectory
trajectória de Regge (NUCL.; PHYS.) Regge trajectory
trajectória de voo (AERO.) flight path
trajectória de voo na descolagem (AERO.) take-off flight path
trajectória de voo planado (AERO.) glide path
trajectória espacial (ASTRO.; SPACE) space trajectory
trajectória livre (PHYS.) free path
trajo à prova de radiação (NUCL.) exposure suit
trajo de exposição (NUCL.) exposure suit
trajo de pressão parcial (AERO.) parcial pressure suit

trajo espacial (SPACE) space unit
trama (TEXT.) filling
tranca (BUILD.) crossbolt; crossbar; lock sash fastener; espagnolette; cremorne bolt
trança (TEXT.) braid; wick
trançado (TEXT.) braid; brading
tranca-portas automático (ELECT.) door interlock
tranchefila (PRINT.) headband
tranqueta (MECH.) falling latch
transacção (COMP.) transaction
transadmitância (PHYS.) transadmittance
transaldolação (CHEM.) transaldolation
transaminação (BIO.) transamination
transaminase (BIO.) transaminase
transbordo (PHYS.) turnover
transcarboxilase (CHEM.) transcarboxylase
transceptor (TELECOM.) transceiver
transcetolase (CHEM.) transketolase
transcondutância (ELECTRON.) transconductance
transcondutância negativa (ELECTRON.) negative transconductance
transcortina (CHEM.) transcortin
transcrição (BIO.) transcription
transcrição (TELECOM.) transcription
transcrição inversa (BIO.) reverse transcription
transcriptase inversa (BIO.) reverse transcriptase
transdução (BIO.) transduction
transdução de sinal (BIO.) signal transduction
transdutor (COMP.; ELECT.) transducer; transductor
transdutor activo (TELECOM.) active transducer
transdutor capacitivo (ELECTRON.) capacitive transducer
transdutor de Bowden (ELECT.) Bowden gauge
transdutor de imagem (IMAGE TECH.) image transducer
transdutor de luminosidade (ELECTRON.) photosensor
transdutor de luz (ELECTRON.) light transducer
transdutor de magnetoestricção (ELECT.) magnetostrictor; magnetostriction transducer
transdutor de precisão absoluta (ELECT.) absolute pressure pickup
transdutor de realimentação (ELECTRON.) feedback transducer
transdutor de transformador diferencial (ELECT.) differential-transformer transducer
transdutor diferencial (ELECT.) differential transducer
transdutor electro-acústico (ELECTRON.) electroacoustic transducer
transdutor fotoeléctrico (ELECTRON.) photoelectric transducer
transdutor ideal (ELECTR.) ideal transducer
transdutor interdigital (ELECTRON.) interdigital transducer
transdutor magneto-restritivo (TELECOM.) magnetostrictive transducer

transdutor piezoeléctrico (ELECTRON.) piezoelectric transducer
transdutor reversível (TELECOM.) reversible transducer
transdutor submarino (PHYS.) underwater transducer
transdutor unidireccional (ELECT.) unilateral transducer
transdutor unilateral (ELECT.) unilateral transducer
transe (PSYCHO.) trance
transepto (ARCH.) transept
transesterificação (CHEM.) transesterification
transexualismo (PSYCHO.) trans-sexualism
transfecção (BIO.) transfection
transferase (BIO.) transferase
transferase terminal (BIO.) terminal transferase
transferência (GEN.) transfer
transferência (PHYS.) exchange
transferência (PSYCHO.) transference
transferência convectiva (ASTRO.) convective transfer
transferência de bytes (COMP.) byte mode
transferência de calor (PHYS.) heat transfer
transferência de ciclo (ELECT.) cycle stealing
transferência de controlo (ELECT.) transfer of control
transferência de educação (PSYCHO.) transfer of training
transferência de energia (ELECT.) power transfer
transferência de ficheiros (COMP.) file transfer
transferência de força (PHYS.) power transfer
transferência de imagem (TELECOM.) image transfer
transferência de instrução (COMP.) instruction transfer
transferência de massa (CHEM.; MECH.) mass transfer
transferência desigual (BIO.) unequal crossing over
transferência de treino (PSYCHO.) transfer of training
transferência do bromóleo (PRINT.) bromoil transfer
transferência dupla (BIO.) double crossover
transferência em bloco (COMP.) block transfer
transferência em série (COMP.) serial transfer
transferência linear de energia (PHYS.) linear energy transfer
transferência magnética (TELECOM.) magnetic printing
transferência periférica (COMP.) peripheral transfer
transferência radioactiva (NUCL.) radioactive transfer
transferência térmica (CHEM.; MECH.) heat exchange
transferidor (MECH.) protractor
transfixão (transfixação) (MED.) transfixation
transforação (MED.) transforation

transformação (MATH.) transform
transformação (GEN.) transformation
transformação (COMP.) hashing
transformação adiabática (PHYS.) adiabatic change
transformação afim (MATH.) affine transformation
transformação atérmica (ENG.) athermal transformation
transformação atómica (PHYS.) atomic transformation
transformação bacteriana (BIO.) bacterial transformation
transformação bilinear (MATH.) bilinear transformation
transformação biuniforme (MATH.) bi-uniform transformation
transformação celular (BIO.) cell transformation
transformação colinear (MATH.) collineation
transformação colinear de uma matriz (MATH.) collinear transformation of a matrix
transformação conforme (MATH.) conformal transformation
transformação conforme-conjugada (MATH.) conformal-conjugate transformation
transformação congruente (MATH.) congruent transformation
transformação da benzidina (CHEM.) benzidine transformation
transformação de Combescure (MATH.) Combescure transformation
transformação de Combescure de uma curva (MATH.) Combescure transformation of a curve
transformação de Fourier (MATH.; PHYS.) Fourier transform
transformação de Galileu (PHYS.) Galilean transformation
transformação de impedância (ELECTRON.) impedance transformation
transformação de Laplace (MATH.) Laplace transform
transformação de Lie (MATH.) Lie's transformation
transformação de Lorenz (PHYS.) Lorenz transformation
transformação de Mobius (MATH.) Mobius transformation
transformação de ordem-desordem (MECH.) order-disorder transformation
transformação de Poisson (MATH.) Poisson's transformation
transformação estrela-delta (ELECTRON.) star-delta transformation
transformação galileana (PHYS.) Galilean transformation
transformação isocórica (PHYS.) isochoric transformation
transformação isógona (MATH.) isogonal transformation
transformação isotérmica (ENG.) isothermic transformation
transformação linear (MATH.) linear transformation
transformação logarítmica (MATH.) logarithmic transformation
transformação molecular de Beckmann (CHEM.) Beckmann molecular transformation

transformação não singular (MATH.)
non-singular transformation

transformação polimórfica (ENG.)
polymorphic transformation

transformação potencial (MATH.)
Poisson's transformation

transformação projectiva (MATH.)
projective transformation

transformação rápida de Fourier
(ELECT.) fast Fourier transform

transformação sexual (ZOO.) sex
transformation

transformada bilinear (ELECTRON.)
bilinear transform

transformada de cosseno discreta
(ELECTRON.) discrete cosine transform

transformada de Fourier discreta
(ELECTRON.) discrete Fourier transform
[DFT]

transformada de Hough (ELECTRON.)
Hough transform

transformador (GEN.) transformer;
converter

transformador ajustável (ELECT.)
adjustable transformer

transformador alimentador (ELECT.)
supply transformer

transformador auxiliar (ELECT.) boost
transformer

transformador auxiliar (ELECT.) buck
transformer

transformador bifilar (ELECT.) bifilar
transformer

transformador blindado (ELECT.)
shell-type transformer

transformador com núcleo de ar
(ELECT.) air-core transformer

transformador de acoplamento
(ELECT.) coupling transformer

**transformador de adaptação de
impedâncias** (ELECT.) impedance
matching transformer

**transformador de adaptação em
delta** (TELECOM.) delta matching transformer

transformador de alta frequência
(TELECOM.) high-frequency transformer

transformador de ar (BUILD.) air transformer

transformador de audiofrequência
(ELECT.) audiofrequency transformer

transformador de barra cruzada
(ELECT.) crossbar transformer

transformador de bobina móvel
(ELECT.) moving-coil transformer

transformador de CA (ELECT.) AC
transformer

transformador de cabeça (ELECT.)
workhead transformer

transformador de campainha
(ELECT.) bell transformer

**transformador de comando sín-
crono** (ELECTRON.) synchro control
transformer

transformador de compensação
(ELECTRON.) matching transformer

transformador de corrente (ELECT.)
current transformer

**transformador de corrente con-
tínua** (ELECT.) constant-current transformer; d.c. transformer ; d.c./d.c. converter

**transformador de corrente multies-
piras** (ELECT.) multi-turn current transformer

transformador de corrente oscilante
(ELECT.) oscillation transformer

**transformador de corrente tipo
barra** (ELECT.) bar-type current transformer

transformador de diodo (ELECT.)
diode transformer

**transformador de dispersão de
fluxo** (ELECT.) leakage-flux transformer

transformador de entrada (ELECT.)
input transformer

**transformador de entrada de ampli-
ficador simétrico** (ELECT.) push-pull
input transformer

transformador de equilíbrio (ELECT.)
balance transformer

transformador de fase (ELECT.) phase
transformer ; phasing transformer; voltage transformer

transformador de filamento (ELECT.)
filament transformer

**transformador de filamento de
aquecimento** (ELECTRON.) heater
transformer

transformador de frequência (TELE-
COM.) frequency transformer

**transformador de frequência inter-
mediária** (TELECOM.) intermediate-
frequency transformer

**transformador de frequências
audio** (TELECOM.) AF transformer

transformador de Hilbert (ELECT.)
Hilbert transformer

transformador de impulso (TELE-
COM.) pulse transformer

transformador de instrumento
(ELECT.) instrument transformer

transformador de interface (ELECT.)
interphase transformer

transformador de isolamento
(ELECT.) isolation transformer

transformador de linha (IMAGE
TECH.) line transformer

**transformador de linhas de alimen-
tação** (ELECTRON.) mains transformer

transformador delta-estrela (ELEC-
TRON.) delta-star transformer

transformador de maçaneta (TELE-
COM.) door-knob transformer

transformador de modulação (TELE-
COM.) modulation transformer

transformador de núcleo (ELECT.)
core-type transformer

transformador de núcleo fechado
(ELECT.) closed-core transformer

transformador de oscilações
(ELECT.) jigger

transformador de pico (TELECOM.)
peaking transformer

transformador de polarização
(ELECT.) biasing transformer

transformador de ponte (ELECT.)
bridge transformer

transformador de potência (ELEC-
TRON.) power transformer

transformador de potencial (ELECT.)
potential transformer

transformador de quadratura
(ELECT.) quadrature transformer

transformador de rádio frequências
(TELECOM.) RF transformer

transformador de raios X (RADIO.) X-
ray transformer

transformador de razão variável
(ELECT.) variable-ratio transformer

transformador de reactância (ELEC-
TRON.) reactance transformer

transformador de reforço (ELECT.)
boost transformer; buck transformer

transformador de ressonância
(ELECTRON.) resonance transformer

transformador de saída (ELECT.) output transformer

transformador de tensão constante
(ELECT.) constant-voltage transformer

transformador de um para um
(ELECT.) one-to-one transformer

**transformador de um quarto de
comprimento de onda** (TELECOM.)
quarter-wavelength transformer

**transformador de um quarto de
onda** (ELECT.) quarter-wave transformer

**transformador de voltagem a pla-
cas de carvão** (ELECT.) carbon pile
voltage transformer

transformador diferencial (ELECT.)
differential transformer

transformador discriminador
(ELECT.) discriminating transformer

transformador do rectificador
(ELECT.) rectifier transformer

transformador elevador (ELECT.)
step-up transformer

transformador em série (ELECT.)
series transformer

transformador estabilizador (TELE-
COM.) antihunt transformer

transformador explorador (ELEC-
TRON.) scanning transformer

**transformador hidrodinâmico de
Fottinger** (ELECT.) Fottinger hydraulic
transformer

transformador ideal (ELECTR.) ideal
transformer

transformador instensificador
(ELECT.) transformer booster

transformador mergulhado em óleo
(ELECT.) oil-immersed transformer

transformador perfeito (ELECTRON.)
perfect transformer

transformador polifásico (ELECT.)
polyphase transformer

**transformador por comutação de
fase** (ELECT.) phase-shifting transformer

transformador principal (ELECT.)
main transformer

transformador redutor (ELECT.) step-
down transformer

transformador reforçador (ELECT.)
booster transformation

transformador refrigerado a água
(ELECT.) water-cooled transformer

transformador rotativo (ELECTRON.)
rotary transformer

transformador sintonizado (ELECT.)
tuned transformer

transformador toroidal (ELECTRON.)
Variac TM

transformador universal de saída
(ELECT.) universal output transformer

transformador variável (ELECT.) variable transformer

transfusão de sangue (MED.) blood transfusion

transgénico (IMMUN.) transgenic

transglicosilase (MED.) glycosyltransferase

transgressão (GEO.) transgression

transgressão marinha (GEO.) marine transgression

transição (GEN.) transition

transição (PHYS.) turnover

transição de circuito aberto (ELECT.) open-circuit transition

transição de ponte (ELECT.) bridge transition

transição permitida (PHYS.) allowed transition

transição preso-livre (ASTRO.) bound-free transition

transição quântica (PHYS.) quantum transition

transiente (GEN.) transient

transiente de corrente (ELECTRON.) surge current

transientes de comutação (ELECTRON.) switching transients

transiluminação (MED.) transillumination

transináptico (MED.) transsynaptic

transístor (GEN.) transistor

transístor bipolar (ELECTRON.) bipolar transistor

transístor bipolar de porta isolada (ELECTRON.) insulated gate bipolar transistor

transístor complementar (ELECTRON.) complementary transistor

transístor da camada de depleção (ELECTRON.) depletion-layer transistor

transístor de alta frequência (ELECT.) high-frequency transistor

transístor de avalanche (ELECTRON.) avalanche transistor

transístor de barra (ELECT.) double-base diode

transístor de barreira de superfície (ELECT.) barrier surface transistor

transístor de campo acelerador (ELECT.) graded-base transistor

transístor de contacto de ponta (ELECTRON.) point-contact transistor

transístor de desvio (ELECTRON.) drift transistor

transístor de difusão (ELECT.) diffusion transistor

transístor de difusão aumentada (ELECTRON.) grown diffusion transistor

transístor de dupla difusão (ELECT.) double-diffused transistor

transístor de efeito de campo (ELECT.) field-effect transistor

transístor de efeito de campo de junção (ELECTRON.) junction field-effect transistor

transístor de efeito de campo metal-óxido-semicondutor (ELECTRON.) metal-oxide semiconductor field-effect transistor

transístor de Gálio-Arsénio (ELECTRON.) gallium arsenide transistor

transístor de gancho (TELECOM.) hook transistor

transístor de gradiente de campo (ELECTRON.) drift transistor

transístor de junção (ELECTRON.) junction transistor

transístor de junção intrínseca (ELECT.) intrinsic-junction transistor

transístor de mobilidade de electrões elevada (ELECTRON.) high electron mobility transistor

transístor de modulação de condutividade (ELECTRON.) conductivity-modulation transistor

transístor de película fina (ELECTRON.) thin-film transistor

transístor de potência (ELECTRON.) power transistor

transístor de rádio frequência (TELECOM.) RF transistor

transístor de semicondutor de óxido metálico (ELECT.) metal-oxide semiconductor transistor

transístor de silício (ELECT.) silicon transistor

transístor de três uniões (ELECTRON.) three-junction transistor

transístor do tipo de enriquecimento (ELECTRON.) enhancement-type transistor

transístor em cascata (ELECT.) tandem transistor

transístor epitaxial (ELECTRON.) epitaxial transistor

transístores acoplados (ELECT.) coupled transistors

transístor n-p-i-n (ELECTRON.) n-p-i-n transistor

transístor n-p-n (ELECTRON.) n-p-n transistor

transístor plano (ELECTRON.) planar transistor

transistor p-n-p (ELECTRON.) p-n-p transistor

transístor refundido (ELECTRON.) meltback transistor

transístor tétrodo (ELECTRON.) tetrode transistor

transístor tétrodo de efeito de campo (ELECTRON.) tetrode field-effect transistor

transístor tétrodo de pontas (ELECTRON.) tetrode point-contact transistor

transístor tétrodo de união (ELECTRON.) tetrode junction transistor

transístor unipolar (ELECTRON.) unipolar transistor

transitivo (MATH.) transitive

trânsito (GEN.) transit

trânsito inferior (ASTRO.) lower transit

trânsito meridiano (ASTRO.) meridian passage

transitório (GEN.) transient

trânsito superior (ASTRO.) upper transit; upper culmination

translação (BIO.; PHYS.) translation

translação de endereço (COMP.) address translation

translocação (BIO.; BOT.) translocation

translocação recíproca (BIO.) reciprocal translocation

translocação robertsoniana (BIO.) Robertsonian translocation

translúcido (MINER.) translucent

transmetilase (CHEM.) transmethylase

transmissão (MECH.) transmission; line shaft

transmissão (GEN.) transmission

transmissão (PHYS.) transmittance

transmissão a alavanca (MECH.) lever driving

transmissão à esquerda (MECH.) left-hand drive

transmissão analógica (COMP.) analog transmission

transmissão assíncrona (TELECOM.) anisochronous transmission

transmissão automática (MECH.) automatic transmission

transmissão a vapor (MECH.) steam drive

transmissão bissíncrona (TELECOM.) bisynchronous transmission

transmissão com supressão da portadora (TELECOM.) suppressed-carrier transmission

transmissão controlada (COMP.) burst transmission

transmissão de alta frequência (TELECOM.) high-frequency transmission

transmissão de calor por condução (PHYS.) transmission of heat by conduction

transmissão de calor por radiação (PHYS.) transmission of heat by radiation

transmissão de comando (ELECT.) transmission of control

transmissão de corrente contínua (ELECT.) d.c. transmission

transmissão de corrente contínua (ELECT.) direct-current drive; direct-current transmission

transmissão de dados (COMP.) data transmission

transmissão de dados assíncrona (COMP.) asynchronous data transmission

transmissão de dados paralelos (COMP.) parallel data transmission

transmissão de eixo (MECH.) shaft drive

transmissão de energia (PHYS.) transmission of energy; transmission of power

transmissão de exteriores (IMAGE TECH.) field pickup

transmissão de força (PHYS.) transmission of energy

transmissão de impulsos (ELECTRON.) impulse transmission

transmissão de incidência oblíqua (ELECT.) oblique-incidence transmission

transmissão de meia-onda (ELECT.) half-wave transmission

transmissão de movimento (PHYS.) transmission of motion

transmissão de ondas dirigidas (ELECT.) beam wireless

transmissão de percurso de onda múltipla (TELECOM.) multiple-hop transmission

transmissão de portadora lateral dupla (TELECOM.) double-sideband transmission

transmissão de portadora quiescente (TELECOM.) quiescent carrier transmission

transmissão de potência hidrodinâmica (MECH.) hydrodynamic power transmission

transmissão de subportadora (TELECOM.) subcarrier transmission

transmissão de velocidade (MECH.) speed gearing

transmissão em série (COMP.) serial transmission

transmissão espectral (IMAGE TECH.) spectral transmission

transmissão estereofónica de frequência modulada (ELECTRON.) FM stereophonic broadcast

transmissão harmónica (TELECOM.) harmonic drive

transmissão helicoidal (MECH.) helical drive

transmissão heteródina (TELECOM.) heterodyne transmission

transmissão intermediária (MECH.) counter shaft

transmissão isócrona (TELECOM.) isochronous transmission

transmissão isócrona controlada (COMP.) burst isochronous transmission

transmissão lateral (PHYS.) flanking transmission

transmissão magnética (AUTO.) magnetic transmission

transmissão monocromática (IMAGE TECH.) monochrome transmission

transmissão multiplex (TELECOM.) multiplex transmission

transmissão não distorcida (TELECOM.) undistorted transmission

transmissão óptica (TELECOM.) optical transmission

transmissão paralela (TELECOM.) parallel transmission

transmissão ponto a ponto (ELECTRON.) point-to-point transmission

transmissão por atrito (MECH.) friction gear

transmissão por correia (MECH.) belt drive

transmissão por desvio de frequência (TELECOM.) frequency-shift transmission

transmissão por eixo (MECH.) shafting

transmissão por eixo tubular (ELECT.) quill drive

transmissão por fricção (MECH.) friction drive

transmissão por passagem de testemunho (COMP.) handshaking (slang)

transmissão por radiação (PHYS.) radiative transfer

transmissão primária (MECH.) primary transmission

transmissão regular (PHYS.) regular transmission

transmissão rígida (MECH.) rodding

transmissão semiautomática e embraiagem hidráulica (MECH.) fluid flywheel

transmissão semiduplex (COMP.; TELECOM.) half-duplex transmission

transmissão sequencial (IMAGE TECH.) sequential transmission

transmissão sequencial de byte (ELECTRON.) byte serial transmission

transmissão síncrona (COMP.) synchronous transmission

transmissibilidade (PHYS.) transmissivity; transmittivity

transmissor (COMP.) bus

transmissor (TELECOM.) transmitter; sender

transmissor automático de indicativo (TELECOM.) answer-back unit

transmissor de alternador (TELECOM.) alternator transmitter

transmissor de arco (ELECT.) arc transmitter

transmissor de Doherty (TELECOM.) Doherty transmitter

transmissor de facsimile (TELECOM.) facsimile transmitter

transmissor de frequência múltipla (TELECOM.) multifrequency transmitter

transmissor de potência (ELECT.) power transmitter

transmissor de relé (ELECT.) relay transmitter

transmissor de televisão (TELECOM.) television transmitter

transmissor direccional (TELECOM.) directional transmitter

transmissor-receptor (RADAR) transponder

transmissor-receptor (TELECOM.) transreceiver

transmissor telegráfico automático (TELECOM.) automatic sender

transmitância (PHYS.) transmittance

transmitância difusa (PHYS.) diffuse transmittance

transmitância especular (PHYS.) specular transmittance (Optics)

transmutação (PHYS.) transmutation

transmutação atómica (PHYS.) atomic transmutation

transparência (GEN.) transparence

transparência de cor (IMAGE TECH.) colour transparence

transparente ao som (TELECOM.) acoustically transparent

transpiração (BOT.; MED.; ZOO.) transpiration

transpiração cuticular (BOT.) cuticular transpiration

transplantação (MED.; ZOO.) transplant; transplantation

transplantação nuclear (BIO.) nuclear transplantation

transplante (MED.; ZOO.) transplant

transplante autólogo (MED.) autoplastic transplantation; autotransplantation

transplante autoplástico (MED.) autoplastic transplantation; autotransplantation

transplante cardíaco (MED.) heart transplant

transplante de medula óssea (MED.) bone-marrow grafting

transpleural (ZOO.) transpleural

transponder (RADAR) transponder

transportado por foguete (AERO.; SPACE) rocket-borne

transportador (MECH.) carrier (lathe); conveyor

transportador (ELECT.) carrier

transportador (BIO.) carrier

transportadora sinusoidal (TELECOM.) unmodulated carrier

transportador de alcatruzes (MECH.) bucket conveyor

transportador de bobina de papel (PRINT.) reel bogie

transportador de cabo aéreo (BUILD.) blondin

transportador de cartões (COMP.) card holder

transportador de electrões (BIO.; CHEM.) electron carrier

transportador de freio (MECH.) drag conveyor

transportador de hidrogénio (BIO.) hydrogen carrier

transportador de parafuso (MECH.) screw conveyor

transportador de tubo pneumático (MECH.) pneumatic tube conveyor

transportador de veneziana (HYDRO.) screen carriage

transportador helicoidal (MECH.) screw conveyor

transportador local (TELECOM.) local carrier

transportador pneumático (MECH.) pneumatic conveyor

transportador pneumático de lingotes (MECH.) pneumatic billet conveyor

transportador por gravidade (MECH.) gravity conveyor

transportador Redler (MECH.) Redler conveyor

transportador rolante por gravidade (MECH.) gravity roller conveyor

transportável (COMP.) portable

transporte (ELECT.) drive

transporte (GEN.) transport

transporte (PHYS.) migration

transporte (COMP.; MATH.) carry

transporte activo (BIO.) cotransport; active transport

transporte de electrões (BIO.) electron transport

transporte de fita (COMP.) tape drive

transporte de gás (ZOO.) gas transport

transporte de uma matriz (MATH.) transpose of a matrix

transporte efectivo (NUCL.) net transport

transporte em cascata (COMP.) carry cascade

transporte passivo (BIO.) passive transport

transporte por gravidade (GEO.) gravity transport

transporte retrógrado (BIO.) retrograde transport

transporte transcelular (BIO.) transcellular transport

transposição (GEN.) transposition

transposição coordenada (TELECOM.) co-ordinate transposition

transposição das vísceras (MED.) situs inversus

transreceptor (TELECOM.) transreceiver

transudação (CHEM.) transudation

transudato (transudado) (MED.) transudate

transulfurase (CHEM.) transsulfurase

transversal (BOT.; ZOO.) transversal; transverse

transversal (ELECT.) broadside

transverso (BOT.; ZOO.) transversal; transverse

trapa (MINING) trap

trapa(e) (GEO.) trap

trapeziforme (MATH.) trapezoid

trapézio (MATH.) trapezium

trapézio (ZOO.) trapezium (bone and muscle)

trapezóide (MATH.) trapezoid

traqueia (BOT.; ZOO.) trachea

traqueído (BOT.) tracheid

traqueído radial (BOT.) ray tracheid

traqueíte (MED.) tracheitis

traqueliano (traquelino) (ZOO.) trachelate

traquelocele (MED.) trachelocele

traquelorrafia (MED.) trachelorrhaphy

traquelósquise (MED.) tracheloschisis

traqueobronquite (MED.; VET.) tracheobronchitis

traqueocele (MED.) tracheocele

traqueofaríngico (MED.) tracheopharingeal

traqueófito (BOT.) tracheophyte; vascular plant

traqueofonese (MED.) tracheophonesis

traqueofonia (MED.) tracheophony

traqueopatia osteoplástica (MED.) tracheopathia osteoplastica

traqueósquise (MED.) tracheoschisis

traqueostomia (MED.) tracheostomy

traqueotomia (MED.) tracheotomy

traquiandesito (GEO.) trachyandesite

traquibasalto (GEO.) trachybasalt

traquito (GEO.) trachyte

trasse (BUILD.; GEO.) trass

tratamento (IMAGE TECH.) processing

tratamento a cromato (MECH.) chromate treatment

tratamento a jacto de areia (MECH.) sand-blasting

tratamento anódico (CHEM.) anodic treatment

tratamento cromático (MECH.) chromate treatment

tratamento de contracorrente (MINING) countercurrent treatment

tratamento de dados (COMP.) data handling

tratamento de descarga eléctrica (ELECT.) electrical discharge machining

tratamento de superfície (MECH.; CHEM.) floating treatment; surface treatment

tratamento de terra (BUILD.) land treatment

tratamento electrolítico (ELECTRON.) electrolytic machining

tratamento electroquímico (MECH.) electrochemical machining; electrochemical treatment

tratamento ortóptico (MED.) orthoptic treatment

tratamento por feixe de electrões (ELECTRON.) electron-beam machining

tratamento térmico (MECH.) heat treatment

tratar o minério (MINING) dressing

tratar por meio de banhos (MED.) tub

trauma (MED.) trauma

traumático (BOT.) traumatic

traumatismo em chicotada (MED.) whiplash

traumatologia (MED.) traumatology

traumatopatia (MED.) traumatopathy

trava de revólver (MECH.) turret locking

travador (BUILD.) closer

travagem (IMAGE TECH.; TELECOM.) latching; locking

travagem aerodinâmica (SPACE) aerodynamic braking

travagem atmosférica (SPACE) atmospheric braking

travagem de manutenção (ELECTRON.) holding brake

travagem eléctrica (ELECT.) electric braking

travagem magnética (ELECT.) magnetic braking

travagem potenciométrica (ELECT.) potentiometer braking

travagem regenerativa (ELECT.) regenerative braking

travamento (HORO.; IMAGE TECH.) lock; locking

travão (BUILD.) scotch

travão (MECH.) brake

travão aéreo (SPACE) atmospheric brake

travão antibloqueador (AUTO.) antilock brake

travão centrífugo (MECH.) centrifugal brake

travão contínuo (MECH.) continuous brake

travão das rodas do trem de aterragem (AERO.) flight wheel brake

travão de ar comprimido (MECH.) air brake; compressed-air brake

travão de atrito fluido (MECH.) fluid friction brake

travão de auto-reforço (AUTO.) servo brake

travão de cabo (MECH.) rope brake

travão de cinta exterior (MECH.) hand brake

travão de cone (MECH.) cone brake

travão de emergência (MECH.) emergency brake

travão de expansão (MECH.) expanding brake

travão de expansão interna (MECH.) internal-expanding brake

travão de freio (BUILD.) Scotch block

travão de fricção fluida (MECH.) fluid friction brake

travão de inércia (AUTO.) clutch stop

travão de posição da roda da cauda (AERO.) tail wheel position lock

travão de sapata (ELECT.) slipper brake

travão de sapata (MECH.) block brake

travão do diferencial (MECH.) differential lock

travão do rolo de impressão (PRINT.) platen brake

travão do trem de aterragem baixado (AERO.) down lock

travão electromagnético (ELECT.) electromagnetic brake

travão electromecânico (ELECT.) electromechanical brake

travão electropneumático (BUILD.) electropneumatic brake

travão hidráulico (MECH.) fluid friction brake; hydraulic brake

travão magnético (ELECT.) eddy-current brake

travão mecânico (MECH.) mechanical brake

travão pneumático (MECH.) pneumatic brake

travar e destravar (ELECT.) cage and uncage (gyroscopic instruments)

trave (BUILD.) stringer; balk; baulk; joist; rib; beam; transom(e)

trave de anjo (ARCH.) angel beam

trave de escoramento (MINING) cog

trave de soalho (BUILD.) common joist

travejamento (BUILD.) bridging

trave-mestra (BUILD.) purlin

trave-mestra sistema Belfast (BUILD.) Belfast truss

travertino (GEO.) travertine; tufa

travessa (BUILD.) collar beam; stringer; balk; transverse joist; middle girder ; bolster; transom(e)

travessa (MECH.) tie-beam; cross bracing

travessa de calha (BUILD.) dovetail key

travessa de empena (BUILD.) barge couple

travessa de prensa hidráulica (MECH.) platen

travessa de tensão (ELECT.) cross arm

travessa do telhado (ARCH.) collarbeam roof

travessa em ângulo (BUILD.) angle cleat; angle tie

travessa horizontal (BUILD.) ledge

travessa inferior do peitoril da janela (BUILD.) water bar

travessa lateral (MECH.) lateral traverse

travessão (BUILD.) header

travessão auxiliar (MECH.) pony girder

travessão de andaime (BUILD.) pulog

travessa principal (BUILD.) main tie

travões a disco (AERO.; AUTO.) disk brakes

treala (ZOO.) trehala

trealose (CHEM.) trehalose

trecho de filme (IMAGE TECH.) film clip

treçolho (MED.) sty; stye

trefilação (MECH.) drawing

trefilação a diamante (MECH.) diamond drawing

trefilado a quente (MECH.) hot drawn

trefilagem média (MECH.) medium drawing

trefina (MED.) trephine

treino (PSYCHO.) training

treino de discriminação (PSYCHO.) discrimination training

treliça (GEN.) lattice

trem (MECH.) train

Tremadociano (GEO.) Tremadoc

trematódeo do fígado (ZOO.) fasciola hepatica

trematódeos (MED.) flukes

trematódeo sanguíneo (MED.) blood fluke

trematódeos hepáticos (MED.; ZOO.) liver flukes

Tremátodes (Tremátodos) (ZOO.) Trematoda

trem de aterragem (AERO.) undercarriage ; landing gear

trem de aterragem auxiliar (AERO.) auxiliary land gear

trem de aterragem da roda da cauda (AERO.) tail wheel landing gear

trem de aterragem de nariz (AERO.) nose-wheel landing gear

trem de aterragem de três rodas (AERO.) tricycle landing gear

trem de aterragem dianteiro (AERO.) nose gear

trem de aterragem fixo (AERO.) fixed landing gear

trem de aterragem não escamoteável (AERO.) fixed landing gear

trem de aterragem retráctil (AERO.) retractable landing gear

trem de engrenagens (MECH.) gear train

trem de manobra para hidroavião (AERO.) beaching gear

trem de ondas (TELECOM.) wave train

trem de perfuração (MINING) drill string; pony rod; drill rod

tremolite (MINER.) tremolite; Italian asbestos; grammatite

tremor (MED.) tremor; thrill

tremor (VET.) trembling

tremor das extremidades (MED.) tremor artuum

tremor de acção (MED.) intention tremor

tremor de intenção (MED.) intention tremor

tremor de terra (GEO.) earthquake; seism

tremor dos alcoólicos (MED.) tremor potatorum

tremor dos bebedores (MED.) tremor potatorum

tremor dos membros (MED.) tremor artuum

tremor dos opiófagos (MED.) tremor opiophagorum

tremor epidémico (VET.) epidemic tremor

tremorina (CHEM.; MED.) tremorine

tremor intencional (MED.) intention tremor

trempe (BUILD.) andiron

tremulação (PHYS.) flicker

tremulação (MED.) flutter

tremulação de cores (TELECOM.) colour flicker

tremulação de cromaticidade (PHYS.; IMAGE TECH.) chromaticity-flicker

tremulação de linha (TELECOM.) line crawl

tremulação de luminância (IMAGE TECH.) luminance flicker

trena (SURV.) chain

treonina (CHEM.) threonine

treose (CHEM.) threose

trepador (BOT.) scandent

trepador (ZOO.) scansorial

trepanação (MECH.) trepanning ; trepanation

trépano (MED.) burr; trepan; trephine

trepidação (GEN.) flutter; vibration; firing

trepidação (AERO.; SPACE) perturbation; shimmy

trepidação (MECH.) chatter

trepidação (NAV.) panting

trepidação anormal das rodas dianteiras a determinada velocidade (AUTO.) shimmy

trepidação clássica (AERO.) classical flutter

trepidação da hélice (MECH.) propeller flutter

trepidação de agulha (PHYS.) needle chatter

trepidação de contacto (TELECOM.) contact chatter

trepidação de ponto (IMAGE TECH.) spot woble

trepidação irregular (AERO.) buffeting

treponematáceas (BIO.) Treponemataceae

Triac (ELECTRON.) Triac [TM]

triacetato (CHEM.; TEXT.) triacetate

triacetina (CHEM.) triacetin

triacídico (CHEM.) triacidic

triacilglicerol (CHEM.) triacylglicerol

triacilglicerol lipase (CHEM.) steapsin

tríada (IMAGE TECH.) triad

tríade de cor (ELECT.) colour triad

triamido azobenzol (CHEM.) Bismarck brown

triândrico (BOT.) triandrous

triangulação (SURV.) triangulation; trigonometrical setting up; trigonometrical survey

triangular (BOT.) trigonous; deltoid

triangular (GEN.) triangular

triângulo (MATH.) triangle; delta

triângulo astronómico (ASTRO.) astronomical triangle

Triângulo Austral (ASTRO.) Southern Triangle

triângulo autoconjugado (MATH.) self-conjugate triangle

triângulo de cores (IMAGE TECH.; PHYS.) colour triangle; colour pyramid; chromacity diagram

triângulo de erro (SURV.) triangle of error

triângulo de forças (PHYS.) triangle of forces

triângulo de impedância (ELECT.) impedance triangle

triângulo de Pascal (MATH.) Pascal's triangle

triângulo de Pitágoras (MATH.) Pythagorean triangle

triângulo de posição (SPACE) astronomical triangle

triângulo de velocidade (NAV.) speed triangle

triângulo equilateral (MATH.) equilateral triangle

triângulo escaleno (MATH.) scalene triangle

triângulo esférico (MATH.) spherical triangle

triângulo isósceles (MATH.) isosceles triangle

triângulos conjugados (MATH.) conjugate triangles

triângulos polares recíprocos (MATH.) reciprocal polar triangles

triantereno (MED.) trianterene

triarco (BOT.) triarch

Triásico (GEO.) Triassic

triazol (CHEM.) triazole

tríbade (PSYCHO.) tribade

tribadismo (PSYCHO.) tribadism; tribady

tribásico (CHEM.) tribasic

tribo (BOT.) tribe

triboelectricidade (PHYS.) tribo-electrification

tribologia (PHYS.) tribology

triboluminescência (PHYS.) triboluminescency

tribráquio (MED.) tribrachius

tribromoetanol (CHEM.) tribromoethanol

tribromoidrina (CHEM.) tribromohydrin

tributirina (CHEM.) tributyrin

tricarpelar (BOT.) tricarpellary

tricipital (ZOO.) tricipital

tricípite (tríceps) (ZOO.) triceps

tricloreto de antimónio (CHEM.; MED.) antimony trichloride; butter of antimony

tricloreto de bismuto (CHEM.; MED.) bismuth trichloride; butter of bismuth; pearl white

tricloreto de iodo (CHEM.) iodine trichloride

tricloroetano (CHEM.) triochloroethane

tricloroetanol (CHEM.) trichloroethanol

tricloroeteno (CHEM.) trichlorethene

tricloroetileno (CHEM.) trichloroethylene; trilene

triclorofenol (CHEM.) trichlorophenol

triclorofluorometano (CHEM.) trichlorofluoromethane

triclorometano (CHEM.) trichloromethane; chloroform

tricocefalose (MED.) trichocephaliasis

tricocisto (ZOO.) trichocyst

tricoma (BOT.; MED.) trichoma

tricomatose (MED.) trichomatosis

tricomoníase (tricomonose) (MED.) trichomoniasis

triconose (MED.) trichonosis; trichonosus

tricopatia (MED.) tricopathy

tricose (MED.) trichosis

tricostrongilose (MED.; VET.) trichostrongylosis

tricótomo (BOT.) trichotomous

tricuríase (tricuriose) (MED.) trichuriasis

tricúspida (tricúspide) (ZOO.) tricuspid

tridimite (MINER.) tridymite

trietalonamina (CHEM.) triethanolamine

trietileno glicol (CHEM.) triethylene glicol

trietilenotiofosforamida (CHEM.) triethylenethiophosphoramide ; thio-TEPA

trifacial (ZOO.) trifacial

trífido (BOT.; ZOO.) trifid

trifilite (trifilina) (MINER.) triphylite

trifoliado (BOT.) trifoliate

trifoliolado (BOT.) trifoliolated

trifosfato de adenosina (BIO.;CHEM.) adenosina triphosphate [ATP]

trifosfato de citidina (Bio.) cytidine triphosphate [CTP]
trifosfato de guanosina (Bio.) guanosine triphosphate [GTP]
trifosfato de timidina (Bio.) thymidine triphosphate
trifosfato de uridina (Bio.) uridine triphosphate [UTP]
trifurcado (Zoo.) trifurcate
trigatron (Electron.) trigatron
trigémeo (Zoo.) trigeminal
triglicérido (Chem.) triglyceride
tríglifo (Arch.) triglyph
trigo (Bot.) grain; corn [UK]
trigonite (Med.) trigonitis
trígono (Med.) trigone
trígono cerebral (Zoo.) fornix
tri-halogeneto de boro (Chem.) boron trihalide
trilateração (Surv.) trilateration
trilene (Chem.) trilene
trilha de guia (Build.) rail guard (railways)
trilha magnética (Image Tech.) magnetic track
trilho (Gen.) track
trilho (Build.) rail (railways)
trilho (Mining) footway
trilho americano (Build.) flanged rail (railways); flat-bottom rail (railways)
trilho contra-agulha (Build.) stock-rail (railways)
trilho de base plana (Build.) flat-bottom rail (railways)
trilho de contacto (Elect.) condutor rail
trilho de continuidade (Elect.) continuity-bond
trilho de dissipação (Meteo.) dissipation trail
trilho de encontro (Build.) stock rail (railways)
trilho de guia (Build.) check rail; guide rail
trilho de guia (Image Tech.) guide track
trilho de meteoro (Astro.) meteor trail
trilho de neve (Radar) snow trail
trilho de referência de tempo (Comp.) clock track
trilho de segurança (Build.) safety rail
trilho lateral (Build.) side rail
trímero (Bot.) trimerous
trímero (Chem.) trimer; trimeric
trimetilamina (Chem.) trimethylamine
trimetileno (Chem.) trimethylene
trimetilomelamina (Chem.) trimethylomelamine
triminóico (Bot.) trimonoecious
trimórfico (Chem.) trimorphous
trimorfo (Bot.) trimorphic
trinado (Phys.) warble tone (Acoustics)
trinca (Bio.) triplet
trinco de chaveta (Build.) thumb lathe
trinco Norfolk (Build.) Norfolk latch
trindade de Steinmann (Geo.) Steinmann trinity
triniscópio (Image Tech.) triniscope
trinitrato de glicerina (Chem.; Med.) glyceryl trinitrate
trinitretos (Chem.) trinitrides
trinitrocelulose (Chem.) trinitrocellulose
trinitrofenol (Chem.) trinitrophenol

trinitroglicerina (Chem.) trinitroglycerine
Trinitron (Image Tech.) Trinitron [TM]
trinitrotolueno (Chem.) trinitrotoluene; TNT
trinitroxileno (Chem.) trinitroxylene
trinquevale (Bot.) logging wheels
tríodo (Electron.) triode
tríodo de alta frequência (Electron.) high-frequency triode
tríodo de cristal (Telecom.) crystal triode
tríodo de factor de ampliação média (Electron.) medium-mu triode
tríodo duplo diodo (Electron.) double-diode triode
tríodo misturador de grade ligada a massa (Electron.) grounded-grid triode mixer
trióico (Bot.) trioecious
trioleína (Chem.) triolein
triose (Chem.) triose
trióxido de arsénio (Chem.) arsenic trioxide
trióxido de crómio (Chem.) chromium trioxide
trióxido de enxofre (Chem.) sulphur trioxide
tripânide (Med.) trypanid
tripanocida (Med.) trypanocyde
Tripanossoma (Zoo.) Trypanosoma
tripanossomas (Zoo.) trypanosomes
tripanossomíase (Med.) trypanosomiasis; sleeping sickness; tse-tse fly disease
tripanossomíase sul-americana (Med.) Chaga's disease
tripanossomicida (Med.) trypanosomicide; trypanocide
tripanossómide (Med.) trypanosomid
tripanossomose (Med.) trypanosomiasis
triparsamida (Chem.) tryparsamide
tripé (Surv.) tripod
tripé (Mech.) shear-legs
tripé ajustável (Image Tech.) extension tripod
tripinulado (Bot.) tripinnate
tripla junção (Geo.) triple junction
tripleto (Chem.) triplet
tripletos (Zoo.) triplets
triplex (Gen.) triplex
triplicador de frequência (Electron.) frequency tripler
tríplice (Gen.) triplex
triplo (Mining) treble
triploblástico (Zoo.) triploblastic
triploblásticos acelomados (Zoo.) acoelomate triploblastica
triplóide (Bio.) triploid
triplopia (Med.) triplopia
trípode (Surv.) tripod
tripolar (Electron.) triple-pole
tripoli (Miner.) Tripoli powder
tripolite (Miner.) tripolite
tripomastigoto (Bio.) trypomastigote
tripsina (Bio.) trypsin
tripsinogénio (Med.) trypsinogen
triptamina (Chem.) tryptamine
triptofana (Chem.) tryptophan
triptofanúria (Med.) tryptophanuria
triptonemia (Med.) tryptonemia

tripulação de voo (Aero.) flight crew
triquiníase (triquinose) (Med.) trichiniasis; trichinosis
triscaidecafobia (Psycho.) triskaydekaphobia; triakaidekaphobia
trismo sardónico (Med.) risus sardonicus
tristeza (Med.) grief
trítio (Chem.) tritium; 3 H; hydrogen 3
triturabilidade (Mining) grindability
trituração (Gen.) grinding
trituração (Mining) grinding; milling; comminution
trituração (Build.) spalling
trituração de mineral (Mining) crushing ; ragging; grinding
trituração diferencial (Mining) differential grinding
trituração em circuito aberto (Mining) open-circuit grinding
triturador (Mining) crusher
triturador (Chem.) masticator
trituradora (Build.) crusher
triturador a cilindros (Mech.) roller mill
triturador Blake (Mining) Blake crusher
triturador de escória (Mech.) slag breaker
triturador de minério (Mining) ore grinder
triturar (Mining) stamp
trivalente (Chem.) tervalent
troca (Phys.) exchange
troca (Elect.) turnover
troca catiónica (Eco.) cation exchange
troca de anião (Phys.) anion exchange
troca de genes da imunoglobulina (Bio.) immunoglobulin gene switching
troca de iões (Chem.; Med.) ion exchange
troca de partículas (Phys.) particle exchange
troca gasosa (Bio.) gaseous exchange
troca gasosa (Bot.) gas exchange
troço (Hydro.) reach
troço anóxico (Eco.) oxygen sag
troço catalítico (Bio.) catalytic site
trocóide reduzida (Math.) curtate trochoid
trólei (Elect.) trolley; contact wire
trolha (Build.) float; brick trowel
tromba de água (Meteo.) waterspout
trombectomia (Med.) thrombectomy
trombidíase (Vet.) harvest mite
trombina (Bio.) thrombin
trombo (Med.) thrombus
trombocitina (Immun.) thrombocytin
trombócito (Zoo.) thrombocyte; thigmocyte
trombocitopenia (Med.) thrombocytopenia
trombofilia (Med.) thrombophilia
tromboflebite (Med.) thrombophlebitis
trombopenia (Med.) thrombopenia
tromboplastina (Bio.) thromboplastin
tromboplastina na coagulação do sangue (Med.) factor III
trombose (Med.) thrombosis
trombose cerebral (Med.) cerebral thrombosis
trombose coronária (Med.) coronary thrombosis
trompa (Med.) tuba (pl. tubae); tube

trompa de Falópio (Zoo.) Fallopian tube

trompa logarítmica (Phys.) logarithmic horn

trompa piramidal (Phys.) pyramidal horn

trompa sectorial (Phys.) sectoral horn

trompa uterina (Zoo.) fallopian tube; tuba fallopii; tuba uterina

tronco (Bot.) trunk; stem; stock; bole; stalk

tronco cerebral (Zoo.) brain stem

tronco comum parcial (Telecom.) partial common trunk

tronco de cone (Math.) frustum of a cone

tronco em bruto (Bot.) log

tronco nervoso (Zoo.) nerve trunk

tropical continental (Meteo.) continental tropical

troponinas (Bio.) troponins

tropopausa (Geo.) tropopause

troposfera (Geo.) troposphere

trotil (Chem.) trotil; trinitrotoluene

trovão (Meteo.) thunder

trovoada (Meteo.) thunderstorm; electric storm; thunder

trovoada com granizo (Meteo.) thunderstorm with hail

truncador de diodo (Electron.) diode clipper

truncatura da onda (Electron.) squaring

tschermakita (albite) (Miner.) tschermakite

tsunami (Geo.; Phys.) tsunami; solitary wave

tuba (Med.) tuba; tube

tubagem (Gen.) duct

tubagem (Mech.) unifold

tubagem (Mining) tubing; tub

tubagem de ampolas (Glass) ampoule tubing

tubagem de cachimbo (Mining) stem-pipe

tubagem de equilíbrio (Mech.) balance pipe

tubagem de perfuração (Mining) drill(ing) pipe [DP]

tubagem de revestimento de poço (Mining) casing [CSG]

tubagem de revestimento superficial de poço (Mining) surface pipe

tubário (Med.) tubal

tubeira (Aero.) flame tube

tubeira a vapor (Mech.) steam nozzle

tubeira convergente-divergente (Aero.) convergent-divergent nozzle; con-di nozzle

tubeira de inversão (Aero.) reversing nozzle

tubeira de jacto (Aero.) nozzle

tubeira de jacto a vapor (Aero.) steam jet nozzle

tubeira de propulsão (Aero.) thrust nozzle

tubeira de propulsão de área variável (Aero.) variable-area propelling nozzle

tubeira divergente (Mech.) divergent nozzle

tubeira hipersónica (Aero.) hypersonic nozzle

tubeira propulsora (Aero.) propelling nozzle

tubeira sem condutas (Aero.) unducted fan

tuberculado (Bot.) tuberculate

tubercular (Med.) tubercular

tubercúlide (Med.) tuberculid

tuberculina (Immun.) tuberculin

tubérculo (Bot.; Zoo.) tubercle; tuber

tubérculo (Med.) tubercle

tuberculoma (Med.) tuberculoma

tuberculose (Med.) tuberculosis

tuberculose cutânea do gado (Vet.) skin tuberculosis of cattle

tuberculose generalizada (Med.) miliary tuberculosis

tuberculose miliar (Med.) miliary tuberculosis

tuberculose pulmonar (Med.) phthisis

tuberculoso (Med.) tuberculous

tuberosidade (Zoo.) tuberosity

tuberoso (Bot.) tuberous

tubiculado (Zoo.) tubiculous

tubifaciente (Zoo.) tubifacient

tubo (Gen.) duct; pipe

tubo (Bot.) tube

tubo (Elect.) tube; conduit; valve (USA)

tubo (Med.) tube

tubo acelerador (Electron.) accelerating tube

tubo acústico fechado numa das extremidades (Phys.) closed pipe

tubo amplificador de potência (Electron.) power tube

tubo a néon (Elect.) neon tube

tubo anticiclotrão (Electron.) anti-cyclotron tube

tubo antitransmissão-recepção (Radar) anti-transmit-receive tube [ATR tube]

tubo ascendente (Build.) rising main

tubo ATR (Radar) ATR tube

tubo a vácuo (Electron.) vacuum tube

tubo biogénico (Geo.) boring

tubo bombeado (Electron.) pumped tube

tubo captador (Image Tech.) pick-up tube

tubo contador de ponta (Electron.) point counter tube

tubo contador de radiação (Nucl.; Phys.) radiation-counter tube

tubo copulador (Bot.) copulation tube

tubo crivoso (Bot.) sieve tube

tubo de abastecimento (Aero.) supply tube

tubo de absorção (Chem.) absorption tube

tubo de admissão (Mech.) induction pipe

tubo de alimentação (Build.) flow pipe

tubo de alimentação (Mech.) feed pipe

tubo de ar comprimido (Mech.) compressed-air cylinder

tubo de areia (Geo.) sand tube

tubo de argila envidraçada (Build.) glazed earthware pipe

tubo de armazenamento de apresentação visual (Electron.) display storage tube

tubo de armazenamento de imagem progressiva (Electron.) travelling-image storage tube

tubo de ascensão (Build.) rising main

tubo de aspiração (Mech.) draft tube

tubo de aviso (Build.) warning pipe

tubo de banda larga (Telecom.) broadband tube

tubo de blindagem (Elect.) shield can

tubo de bolha (Surv.) bubble tube; level tube

tubo de Braun (Elect.) Braun tube

tubo de câmara (Image Tech.) camera tube

tubo de câmara fotocondutiva (Image Tech.) photoconductive camera tube

tubo de câmara fotoemissiva (Electron.) photoemissive camera tube

tubo de campo transversal (Telecom.) crossed field tube

tubo de cátodo de mercúrio (Electron.) pool tube

tubo de cátodo oco (Electron.) hollow-cathode tube

tubo de chama (Aero.) flame tube

tubo de chama interno (Mech.) internal flue

tubo de chaminé (Mech.) flue

tubo de choque (Space) shock tube

tubo de conjugação (Bot.) conjugation tube

tubo de Crookes (Phys.) Crookes tube

tubo de densidade modulada (Electron.) modulated density tube

tubo de descarga (Electron.) discharge tube

tubo de descarga (Mech.) blast pipe

tubo de descarga (Build.) downpipe; downspout; fall pipe

tubo de descarga (Mining) flow-line

tubo de descarga de ar (Build.) vent pipe

tubo de descarga de arco (Electron.) arc-discharge tube

tubo de descarga de gás (Electron.) gas-discharge tube

tubo de descida (Build.) downcomer

tubo de desvio (Electron.) drift tube

tubo de dilatação (Build.) expansion pipe

tubo de distribuição de combustível (Aero.) fuel manifold

tubo de dois focos (Elect.) double-focus triode

tubo de drenagem (Hydro.) pipe drain; tile

tubo de ensaio (Chem.) glass tube; proof

tubo de entrada (Mech.) breather pipe

tubo de escape (Auto.) exhaust pipe

tubo de escape (Mining) vent pipe

tubo de escoamento (Mining) flow-line

tubo de esgoto (Build.) soil pipe; sewer

tubo de Eustáquio (Zoo.) Eustachian tube

tubo de expansão (Build.) expansion pipe

tubo de feixe controlado (Electron.) gated-beam tube

tubo de feixe electrónico radial (Electron.) radial-beam tube

tubo de fertilização (Bot.) fertilization tube

tubo de flange (MECH.) flanged pipe

tubo de fluxo (BUILD.) flow pipe

tubo de força (PHYS.) tube of force

tubo de gás (PHYS.) gas tube

tubo de gás contador de radiações (ELECTRON.) gas-filled radiation-counter tube

tubo de imagem (IMAGE TECH.) picture tube; pick-up tube

tubo de imagem (ELECTRON.) image tube

tubo de imagem colorida (IMAGE TECH.) tricolour picture tube

tubo de imagem de televisão (TELECOM.) television camera tube; television picture tube

tubo de imagem rectangular (ELETRON.) rectangular picture tube

tubo de impacto (AERO.) impact tube

tubo de Kundt (PHYS.) Kundt's tube

tubo de lama (MINING) mud pipe

tubo de Lawrence (ELECT.) chromatron

tubo de lente (IMAGE TECH.) lens barrel

tubo de linha focal (ELECTRON.) line focus tube

tubo de máscara (IMAGE TECH.) shadow-mask tube

tubo de meio-encaixe (BUILD.) half-socket pipe

tubo de memória (COMP.) storage tube

tubo de micro-ondas (TELECOM.) microwave tube

tubo de montante do teodolito (SURV.) striding level

tubo de mu variável (ELECTRON.) variable mu tube

tubo de nível (SURV.) level tube; constant-level tube

tubo de onda progressiva (ELECTRON.) travelling-wave tube

tubo de onda progressiva de campo transversal (ELECTRON.) transversal-field travelling-wave tube

tubo de onda progressiva de feixe transversal (ELECTRON.) transverse-beam traveling-wave tube

tubo de onda regressiva (TELECOM.) backward wave tube

tubo de ozono de Siemen (CHEM.) Siemen's ozone tube

tubo de poço de ventilação (BUILD.) upcast shaft

tubo de pressão estática (AERO.) static-pressure tube; pitot

tubo de raios catódicos (ELECT.) cathode-ray tube [CRT]

tubo de raios catódicos de feixe duplo (ELECTRON.) double-beam cathode-ray tube

tubo de raios catódicos de filme de alumínio (ELECTRON.) CRT aluminium film

tubo de raios X (ELECTRON.) X-ray tube

tubo de raios X blindado (ELECTRON.) shielded X-ray tube

tubo de raios X de cátodo quente (ELECTRON.) hot-cathode X-ray tube

tubo de reforço (BUILD.) stay tube

tubo de refrigeração (MECH.) cooling duct

tubo de remoção (TEXT.) doffing tube

tubo de remoinho de diâmetro infinitesimal (PHYS.) vortex filament

tubo de respiração (MECH.) breather pipe

tubo de revestimento (MINING) blankliner

tubo de Rijke (PHYS.) Rijke tube

tubo de saída de ar (BUILD.) air flue; vent pipe

tubo de soprar (GLASS) blowpipe

tubo de subida (ENG.) stand pipe

tubo de tiragem (MECH.) draft tube

tubo detonador (IMAGE TECH.) flash tube

tubo de traço escuro (ELECTRON.) dark trace tube

tubo de válvula de passagem (ELECTRON.) gate-beam tube

tubo de velocidade modulada (ELECTRON.) velocity-modulated tube

tubo de ventilação (BUILD.) foul air flue; vent pipe

tubo de ventilação (MINING) airway; ventube

tubo de ventilação de tanque (AERO.) tank vent pipe

tubo de vidro (ELECT.) glass tube

tubo digestivo (MED.) alimentary canal

tubo digestivo embrionário (BIO.; ZOO.) gut

tubo do cálice (BOT.) calyx tube

tubo electromagnético de raios catódicos (ELECTRON.) electromagnetic cathode-ray tube

tubo electrónico (ELECTRON.) electron tube

tubo electrónico de vidro (ELECTRON.) glass envelope tube

tubo electrostático de raios catódicos (ELECT.) electrostatic cathode-ray tube

tubo em cotovelo de canalização (ELECT.) normal bend

tubo em Y (BUILD.) Y-pipe

tubo equivalente (ELECT.) equivalent tube

tubo estabilizador (ELECTRON.) stabilizer tube

tubo estático (AERO.) static-pressure tube

tubo estático pitot (AERO.) pitot suction tube

tubo estirado (MECH.) drawn tube

tubo fendido (MECH.) dry pipe; antipriming pipe (boiler)

tubo fluorescente de cátodo frio (ELECTRON.) cold-cathode fluorescent tube

tubo fotoeléctrico (ELECTRON.) photoelectric tube

tubo fotoluminescente (ELECTRON.) photoglow tube

tubo Geiger-Müller (NUCL.) Geiger-Müller tube

tubo Geissler (ELECT.) Geissler tube

tubo germinativo (BOT.) germ tube

tubo guia (MINING) drive-pipe

tubo indicador (ELECTRON.) indicator tube

tubo intercâmara (AERO.) interconnector

tubo liso (MINING) blankliner

tubo luminescente (ELECTRON.) glow tube

tubo Mannesmann (MECH.) Mannesmann tube

tubo medular (ZOO.) neural tube

tubo-mestre (MINING) drill collar

tubo monitor de quadro (ELECTRON.) frame monitoring tube

tubo neural (ZOO.) neural tube

tubo nivelador (CHEM.) levelling tube

tubo osciloscópico de ponto escuro (ELLECTRON.) skiatron

tubo piloto (MINING) drive-pipe

tubo pitot (AERO.) pitot line; pitot-static tube; impact tube; pitot tube; pressure tube

tubo pitot de velocímetro (AERO.) pitot-static airspeed meter

tubo pitot estático (AERO.) pitot-static tube

tubo plano (ELECT.) plain conduit

tubo pneumático (AUTO.) pneumatic wheel; tyre

tubo polínico (BOT.) pollen tube; colpus

tubo porta-lente (PHYS.) lens cone

tubo porta-vento (MECH.) bustle pipe

tubo pré-transmissor-receptor (RADAR) pre-TR tube

tubo propulsor (AERO.) propulsive duct

tubo recurvado (BUILD.) swan-neck

tubo resinífero (BOT.) resin duct

tubo revestido a cimento (MINING) cement lined pipe

tubos biogénicos (GEO.) burrows

tubos da caldeira (MECH.) boiler tubes

tubos de extensão (IMAGE TECH.) extension tubes

tubos de Galloway (MECH.) Galloway tubes

tubos de Malpighi (ZOO.) Malpighian tubes

tubos de ventilação (MECH.) air ducts

tubos do condensador (MECH.) condenser tubes

tubo sem costura (MECH.) seamless tube; Mannesmann tube

tubo sem eléctrodos (ELECTRON.) nullode

tubo silenciador (BUILD.) drowning pipe

tubo soldado a topo (MECH.) butt-welded tube

tubo telescópico (PHYS.) eye tube

tubo termiónico de controlo de grade (ELECTRON.) grid-control tube

tubo transformador de imagem (ELECTRON.) image viewing tube

tubo transformador de imagem (PHYS.) image converter tube

tubo tricolor de imagem (IMAGE TECH.) tricolour picture tube

tubo Venturi (MECH.) Venturi tube

tubo Venturi-pitot (MECH.) venturi-pitot tube

tubo vertical descendente (BUILD.) downcomer

tubo Williams (ELECT.) Williams tube

tubo Williams de armazenamento (COMP.) storage Williams tube

tubulação (AUTO.) line

tubulação (ELECT.) conduit

tubulação alimentadora (ELECT.) feeder main

tubulação ascendente (BUILD.) rising main

tubulação colectora (MINING) gathering drift

tubulação de admissão (AUTO.) inlet manifold

tubulação de descarga (AUTO.) exhaust manifold

tubulação divergente (MECH.) divergent nozzle

tubulação do sistema de pressurização da cabine (AERO.) cabin pressure manifold

tubulação laminada (MECH.) rolled tube

tubulação principal de vento (MECH.) blast main

tubulação traseira de escape (MECH.) short stack

tubuliforme (ZOO.) tubuliform

tubulina (BIO.) tubulin

túbulo (BOT.; ZOO.) tubulus; tube

tufado (BOT.) tufted;barbate; bearded

tufão (METEO.) typhoon; whirlwind; hurricane

tufo (BIO.) puff

tufo (ZOO.) floccus

tufo (GEO.) sinter

tufo algáceo (GEO.) algal tuff

tufo calcário (GEO.) tufa

tufo vulcânico (GEO.) volcanic tuff; tuff

tularemia (MED.) tularaemia; deer-fly fever

tule (TEXT.) tulle

túlio (CHEM.) thulium

túlio radioactivo (CHEM.) radiothulium

tulite (MINER.) thulite

tumefacção (MED.) tumefaction

tumefacção arredondada e lisa (MED.) torus

tumefacção circunscrita (MED.) node

tumefacção turva (MED.) cloudy swelling

túmido (BOT.) tumid

tumor cerebral (MED.) cerebral tumour

tumor dartroso (VET.) grease

tumor de Grawitz (MED.) Grawitz's tumour

tumor de Krukenberg (MED.) Krukenberg's tumor

tumor de Schwann (MED.) Schwann's tumor; schwannoma

tumor hemorroidal isolado (MED.) pile; sentinel pile

tumorização (BIO.; MED.) tumorigenesis

tumor na glândula pineal (MED.) pinealoma

tumor nodular do fígado (MED.) hepatophyma

tumor sinovial do jarrete (VET.) curb; throughpin

túmulo de altar (ARCH.) altar tomb

tundra (ECO.; GEO.) tundra

tundra Árctica setentrional (ECO.) low Arctic tundra

tundra pantanosa (ECO.) marshy tundra

tundra turfosa (ECO.) palsa mire

túnel (MINING) drive; gangway

túnel aerodinâmico (AERO.) wind tunnel

túnel aerodinâmico à pressão (AERO.) pressure wind tunnel

túnel aerodinâmico de altitude (AERO.) altitude wind tunnel

túnel aerodinâmico de ar comprimido (AERO.) compressed-air wind tunnel

túnel aerodinâmico de circuito fechado (AERO.) closed-jet wind tunnel

túnel aerodinâmico de corrente sem retorno (AERO.) nonreturn-flow wind tunnel

túnel aerodinâmico de densidade variável (AERO.) variable-density wind tunnel

túnel aerodinâmico de jacto livre (AERO.) open wind tunnel; open-jet wind tunnel

túnel aerodinâmico vertical (AERO.) vertical wind tunnel

túnel de derivação (HYDRO.) diversion tunnel

túnel de parafuso (AERO.) spinning tunnel

túnel de vento (AERO.) wind tunnel

túnel de vento de alta velocidade (AERO.) high-speed wind tunnel

túnel de vento de circuito aberto (AERO.) nonreturn-flow wind tunnel

túnel de vento de Gottingen (AERO.) Gottingen wind tunnel

túnel de vento de refluxo (AERO.) return-flow wind tunnel

túnel de vento de voo livre (AERO.) free-flight wind tunnel

túnel de vento Eiffel (AERO.) Eiffel wind tunnel

túnel de vento hipersónico (AERO.) hypersonic wind tunnel

túnel de vento supersónico (AERO.) supersonic wind tunnel

túnel de vento tipo NPL (AERO.) N.P.L. type wind tunnel

túnel de vento ventilado (AERO.) ventilated wind tunnel

túnel em espiral (BUILD.) loop tunnel

túnel helicoidal (BUILD.) loop tunnel

túnel hidrodinâmico (AERO.) water tunnel

túnel supersónico (AERO.) supersonic tunnel

tungsténio (volfrâmio) (CHEM.) tungsten

túngstico (CHEM.) tungstic

tungstite (MINER.) tungstite; tungstic ochre

túnica (BOT.; ZOO.) tunic; tunica

tunicado (ZOO.) tunicated; urochord

Tunicados (Urocordados) (ZOO.) Tunicata (Urochordata)

túnica serosa do útero (MED.) perimetrium

Turbelários (ZOO.) Turbellaria

turbidímetro (PHYS.) turbidimeter (Powder Technology)

turbidito (GEO.) turbidite

turbilhão (AERO.) vortex

turbilhão (GEN.) eddy

turbilhão (METEO.) whirlwind

turbilhão de furacão (METEO.) hurricane whirlwind

turbina (AERO.) turbine

turbina a vapor (MECH.) steam turbine

turbina da hélice (MECH.) propeller turbine

turbina de acção (AERO.) impulsive turbine; impulse turbine

turbina de acção-reacção (MECH.) reaction-and-impulse turbine

turbina de admissão mista (MECH.) mixed admission turbine

turbina de água americana (MECH.) American water turbin; mixed-flow water turbine

turbina de água de fluxo misto (MECH.) mixed-flow water turbine

turbina de água Kaplan (MECH.) Kaplan water turbine

turbina de alta pressão (AERO.) high-pressure turbine

turbina de alta velocidade (MECH.) high-speed turbine

turbina de baixa pressão (AERO.) low-pressure turbine

turbina de circulação axial (AERO.) axial-flow turbine

turbina de combinação (MECH.) disk-and-drum turbine

turbina de contrapressão (ENG.) back-pressure turbine

turbina de duplo fluxo (MECH.) double-flow turbine

turbina de efeito simples (MECH.) single-flow turbine

turbina de eixo (AERO.) shaft turbine

turbina de eixo duplo (AERO.) twin-shaft turbine

turbina de extracção (MECH.) extraction turbine

turbina de fluxo axial (AERO.) axial-flow turbine

turbina de fluxo tangencial (ENG.; MECH.) tangential turbine; tangential flow turbine

turbina de força (ELECT.) power turbine

turbina de Fottinger (ELECT.) Fottinger turbine

turbina de gás (MECH.) gas turbine

turbina de impulsão (AERO.; MECH.) impulsive turbine; impulse turbine

turbina de impulso combinado (MECH.) combined-impulse turbine

turbina de impulso-reacção (MECH.) disk-and-drum turbine; impulse-reaction turbine

turbina de pressão mista (MECH.) mixed-pressure turbine

turbina de reacção (ENG.) reaction turbine

turbina de reentrada (SPACE) re-entry turbine

turbina de turborreactor (AERO.) turboreactor turbine

turbina de vapor de Parson (MECH.) Parson's steam turbine

turbina de várias câmaras (AERO.) multistage turbine

turbina Diesel (diesel) (ENG.) diesel turbine

turbinado (ZOO.) turbinate

turbina hidráulica (MECH.) water turbine

turbinal (ZOO.) turbinal

turbina livre (AERO.) free turbine

turbina múltipla (AERO.) multistage turbine

turbina radial (MECH.) radial turbine

turbina reversível (ENG.) reversing turbine

turbina tangencial (ENG.) tangential turbine

turbina vertical (MECH.) vertical turbine

turbinectomia (MED.) turbinectomy

turbo auto-reactor (AERO.) turboramjet

turbobomba (AERO.) turbopump

turbocompressor (AERO.) exhaust-driven supercharger; turbo-supercharger; gas generator

turbocompressor (AUTO.) turbocharger

turbocompressor (MINING) blower

turbocompressor (MECH.) turboblower; turbofan

turbodínamo (ELECT.) turbo-dynamo

turbofan (AERO.) turbofan; ducted fan

turbofoguete (AERO.) turborocket

turbogerador (ELECT.) turbo-generator

turbogerador a engrenagem (ELECT.) geared turbo-generator

turbo-hélice (AERO.) turbopropeller; propeller jet

turbojacto (AERO.) turbojet; jet

turbojacto de derivação (AERO.) by-pass turbojet

turbojacto nuclear (AERO.) nuclear turbojet

turbopropulsor (AERO.) propeller turbine; turbopropeller; propeller jet

turborreactor (AERO.) turboreactor; propeller turbine engine

turborreactor de derivação (AERO.) turbo-engine; turbofan

turborreactor nuclear (AERO.) nuclear turbojet

turbo-ventilador (MECH.) turboblower; turbo fan

turbulência (AERO.) bump

turbulência (METEO.; PHYS.) turbulence

turbulência aerodinâmica (AERO.) bubbling

turbulência de ar claro (METEO.) clear air turbulence [CAT]

turbulência de atmosfera livre (METEO.) free atmosphere turbulence

turbulência de esteira (AERO.) wake turbulence

turbulência de trovoada (METEO.) thunderstorm turbulence

turco (NAV.) cathead

turfa (GEO.) turf; peat

turfa calcária (MINER.) lime turf

turfa extraída à mão (MINING) hand-cut peat

turfa extraída à máquina (MINING) machine-cup peat

turfeira (ECO.; GEO.) peat bog; peat moor; turf moss; raised bog

turgescência (MED.) turgescence; turgor

túrgido (BOT.) turgid

turgite (MINER.) turgite; hydrohematite

turgómetro (MED.) turgometer

turingite (MINER.) thuringite

turmalina (MINER.) tourmaline

turmalina verde (MINER.) Brazilian emerald

turno (BUILD.) shift

turno da noite (MINING) dying shift

turno da tarde (MINING) back shift

turno do cemitério (MINING) dying shift

turnos de sonda (MINING) drill shifts

turquesa (MINER.) turquoise

turvação (BUILD.) clouding

turvação (IMAGE TECH.) turbidity

tussá (TEXT.) tussah silk

tússico (MED.) tussive

tussor (TEXT.) tussore

TV de controlo (IMAGE TECH.) surveillance TV

TV de vigilância (IMAGE TECH.) surveillance TV

TV-paga (IMAGE TECH.) pay-TV

uádi (Eco.) ouadi; wadi
úbere (Vet.) udder
ubicromanol (Chem.) ubichromanol
ubicromenol (Chem.) ubichromenol
ubiquinol (Chem.) ubiquinol
ubiquinona (Chem.) ubiquinone
ubiquitina (Bio.) ubiquitin
uintite (Miner.) uintite
uivo (Aero.; Phys.) howl
uivo crítico (Elect.) fringe howl
úlcera (Med.; Vet.) ulcer; ulcus; scab
úlcera aftosa (Med.) aphtous ulcer
ulceração (Med.) ulceration
úlcera corrosiva (Med.) rodent ulcer
úlcera cutânea (Med.) sore
úlcera de decúbito (Med.) decubitus
ulcer
úlcera dendrítica (Med.) dendritic
ulcer
úlcera do pé das ovelhas (Vet.) foot
rot
úlcera duodenal (Med.) duodenal ulcer
úlcera péptica (Med.) peptic ulcer
úlceras (Med.) ulcer
ulcerativo (Med.) ulcerative
úlcera tropical (Med.) Delhi boil
ulexina (Chem.) ulexine
ulexite (Miner.) ulexite; cotton ball
uliginoso (Bot.) uliginose; uliginous
ulmanite (Miner.) ulmanite
ulna (Zoo.) ulna
ulocarcinoma (Med.) ulocarcinoma
ulodermatite (Med.) ulodermatitis
ulótrico (Zoo.) ulotrichous
última demão (Build.) finishing coat;
set
último a entrar, primeiro a sair
(Comp.) last-in, first-out
último da cadeia (Comp.) last-of-chain
último plano (Phys.) background
último teorema de Fermat (Math.)
Fermat's last theorem
ultor (Electron.) ultor
ultracentrifugação (Bio.; Chem.) ultracentrifugation
ultracentrífugo (Bio.) ultracentrifuge
ultraestrutura (Bio.) ultrastructure
ultrafiltração (Chem.) ultra-filtration
ultralinear (Elect.) ultralinear
ultramicroscópio (Phys.) ultramicroscope
ultramicrotomo (Bio.) ultramicrotome
ultrapassagem (Elect.) override
ultra-som (Phys.) ultrasound
Ultrassónica (Phys.) ultrasonics
ultra-sónico (Phys.) ultrasonic
ultra-sonografia (Radiol.) ultrasonography
ultravioleta (Image Tech.) ultraviolet
(UV)
umbela (Bot.) umbel
umbelado (Bot.) umbelliate

umbela parcial (Bot.) partial umbel
umbelatina (Chem.) umbellatine
Umbelíferas (Bot.) Umbelliferae
umbelífero (Bot.) umbellifer
umbigo (Zoo.) navel; umbilicus
umbilicado (Med.) umbilicate; umbilicated
umbílico (Math.) umbilic
umbílico numa superfície (Math.)
umbilical point on a surface
umbral (Build.) door post
umbral da chaminé (Build.) chimney
jamb
umbral de suspensão (Build.) hanging stile
umbrela (Zoo.) umbrella
umectante (Chem.) humectant
umeral (Zoo.) humeral; humerus
úmero-escapular (Zoo.) humeroscapular
úmero-radial (Zoo.) humeroradial
úmero-ulnar (Zoo.) humeroulnar
unciforme (Bot.; Zoo.) unciform; uncinate
uncinado (Bot.; Zoo.) uncate; uncinate
undecilenato de zinco (Chem.) zinc
undecylenate
ungueal (Med.) ungual
unguento (Med.) inunction; ointment
unguiculado (Bot.; Zoo.) unguiculate
úngula (Zoo.) ungula
ungulado (Zoo.) ungulate
unguígrado (Zoo.) unguligrade
unha (Gen.) nail; claw
unha (Zoo.) nail; unguis; claw
unhas da âncora (Nav.) flukes
união (Bio.) ligation
união (Chem.) bond
união (Gen.) union; bond
união (Elect.) joint
união asa-fuselagem (Aero.) wing
fillet
União Astronómica Internacional
(Astro.; Meteo.) International Astronomical Union (IAU)
união biselada (Elect.) scarfed joint
união cardan (Mech.) cardan joint
união com talas (Build.) fished joint
união de canto (Mech.) end-joint connection
união de explosão (Mining) blast joint
união de fita (Build.) tape joint
união de fita (Image Tech.) tape slice
união de macho e fêmea (Build.)
tongue-and-groove joint
união de rebordo (Build.) bead-
pointed
união de reforço (Build.) strutting
união de travadouros (Build.) heading bond
união de trilho de suporte (Elect.)
track rail bond

união em T (Elect.) tee joint
união em V (Build.) vee joint
união esferoidal (Geo.) spheroidal
jointing
união europeia de radiodifusão
(Gen.) European broadcasting union
[EBU]
união flamenga simples (Build.) single Flemish bond
união híbrida com transformador
(Elect.) transformer hybrid
**União Internacional de Telecomu-
nicações** (Telecom.) International
Telecommunication Union (ITU)
**União Internacional para a Conser-
vação da Natureza e Recursos
Naturais** (Eco.) International Union
for Conservation of Nature and Natural
Resources [IUCN]
união iónica (Chem.) ionic bond
união justaposta (Build.) abutting
joint
união metálica (Chem.) metallic bond
união molecular (Chem.) molecular
bond
união não homóloga (Bio.) non-
homologous pairing
união por crescimento (Electron.)
grown-junction
união recta (Build.) straight joint
união sexual (Med.) coition; coitus
união térmica (Elect.) thermal bond
união termoeléctrica (Elect.) thermoelectric junction
uniaxial (Bot.) uniaxial
unicelular (Bio.) unicellular
unidade (Comp.) unit
unidade (Mech.) unit
unidade (Gen.) unit
unidade absoluta (Phys.) absolute unit
unidade Angström (Phys.) Angström
unit
unidade aritmética (Comp.) arithmetic
unit
unidade aritmética e lógica (Comp.)
arithmetic and logic unit
unidade astronómica _ [UA]
(Astro.) astronomical unit _ [AU]
unidade básica (Gen.) base unit
unidade batimétrica (Geo.) bathymetric unit
unidade bio-estratigráfica (Eco.)
biostratigraphic unit
unidade biotopográfica (Eco.) biotopographic unit
unidade calorífica (Phys.) calorific
unit
unidade central de controlo (UCC)
(Comp.) central control unit [CCU]
unidade central de processamento
(Comp.) central processing unit [CPU]
unidade CGS (Phys.) CGS unit

unidade conectável (COMP.) plug-in unit

unidade conversora de etiquetas (COMP.) tag converting unit

unidade cronoestratigráfica da era (ECO.) erathem

unidade da cauda (AERO.) tail unit

Unidade da Junta de Comércio de Inglaterra (ELECT.) Board and Trade Unit

unidade de alimentação (COMP.) power supply unit

unidade de alimentação (ELECT.) power-pack

unidade de alimentação de transístor (ELECTRON.) transistor power-pack

unidade de ângulo (MATH.) unit angle

unidade de aritmética em série (COMP.) serial arithmetic unit

unidade de aritmética paralela (COMP.) parallel arithmetic unit

unidade de armazenamento (COMP.) storage unit

unidade de armazenamento intermediário (COMP.) buffer unit

unidade de assemblagem (COMP.) assembly unit

unidade de atenuação (TELECOM.) unit of attenuation

unidade de autogeração de ar frio (AERO.) bootstrap cold-air unit

unidade Debye (PHYS.) Debye unit

unidade de calor (PHYS.) heat unit; calorie; calorific unit; thermal unit

unidade de canalização (BUILD.) plumbing unit

unidade de césio (RADIOL.) caesium unit

unidade de cobalto (RADIOL.) cobalt unit

unidade de código identificador (TELECOM.) answer-back unit

unidade de comando (COMP.) control unit; driving unit

unidade de comparação (GEN.) comparating unit

unidade de comparação de mapa (RADAR) map comparison unit

unidade de condensador-resistência (ELECT.) capacitor-resistor unit

unidade de controlo (COMP.) control unit

unidade de controlo de comunicações (COMP.) communications control unit

unidade de controlo de dispositivo (COMP.) device control unit

unidade de controlo de instrução (COMP.) instruction control unit

unidade de controlo de transmissão (TELECOM.) transmission control unit

unidade de cristal a temperatura controlada (ELECT.) temperature-controlled crystal unit

unidade de cristal piezoeléctrica (ELECTRON.) piezoelectric crystal unit

unidade de dados (COMP.) data unit

unidade de disco (COMP.) disk drive

unidade de disco de cabeça fixa (COMP.) fixed head disk unit

unidade de disco magnético (COMP.) magnetic disk unit

unidade de estrôncio (PHYS.) strontium unit

unidade de fita (PHYS.) tape deck

unidade de fita de papel (COMP.) paper-tape unit

unidade de fita magnética (ELECTRON.) magnetic tape unit

unidade de fita magnética (COMP.) magnetic tape deck; magnetic tape drive

unidade de força (MECH.) power package

unidade de força móvel (MECH.) independent power unit

unidade de formação de focos (BIO.) focus-forming units [FFU]

unidade de gestão de memória (COMP.) memory management unit

unidade de identidade (COMP.) identity unit

unidade de intensidade de corrente (ELECTRON.) current unit

unidade de janela aberta (PHYS.) open window unit (Acoustics)

unidade de leitura de cartões (COMP.) card reader unit

unidade de ligação (BUILD.) unit of bond

unidade de Lorenz (PHYS.) Lorenz unit

unidade de luminância luminosa (PHYS.) apostilb

unidade de martelos (COMP.) hammer unit

unidade de massa (PHYS.) mass unit

unidade de massa atómica (PHYS.; CHEM.) atomic mass unit; atomic weight unit

unidade de massa atómica unificada (PHYS.) unified atomic mass unit

unidade de milimassa (mmu) (PHYS.) millimass unit (mmu)

unidade de paridade (COMP.) parity unit

unidade de peso atómico (PHYS.) atomic weight unit

unidade de pressão (PHYS.) pressure unit

unidade de processamento gráfico (COMP.) graphics processing unit

unidade de propulsão (MECH.) propulsion unit

unidade de radiofrequência do radar (RADAR) radio-frequency head

unidade de saída (COMP.) output unit

unidade de serviço de canal (COMP.) channel service unit [CSU]

unidade de sinalização térmica (AERO.) thermal cueing unit

unidade de sinalização ulterior (TELECOM.) tandem signal unit

unidade de superfície (PHYS.) area unit

unidade de Svedberg (BIO.) Svedberg unit

unidade de tambor (COMP.) drum unit

unidade de tempo canónico (PHYS.) canonical time unit

unidade de tráfego (TELECOM.) traffic unit

unidade de transmissão (ELECT.) transmission unit

unidade de visualização gráfica (COMP.) graphical display unit

unidade de volume (PHYS.) volume unit

unidade directora (COMP.) driving unit

unidade em linha (COMP.) on-line unit

unidade formadora de colónia (BIO.) colony-forming unit [CFU]

unidade fotométrica (PHYS.) photometric unit

unidade Klett (BIO.) Klett unit

unidade lógica (COMP.) logic(al) unit [LU]

unidade lógica primária (COMP.) primary logical unit

unidade lógica principal (COMP.) host LU

unidade lógica secundária (COMP.) secondary logical unit

unidade lunar (ASTRO.) lunar unit

unidade magnética (PHYS.) magnetic unit

unidade monofásica (ELECT.) one-phase unit

unidade muscular (MED.; ZOO.) myon

unidade periférica (COMP.) peripheral unit

unidade polar (ELECT.) single-pole unit

unidade reversível (PRINT.) reversible unit

unidades coerentes (GEN.) coherent units

unidades de distorção por quantização (ELECTRON.) quantization distortion units [QDU]

unidades de Heaviside-Lorentz (TELECOM.) Heaviside-Lorentz units

unidades derivadas (PHYS.) derived units

unidades dinâmicas fundamentais (PHYS.) fundamental dynamical units

unidades eléctricas internacionais (PHYS.) international electrical units

unidades electromagnéticas (PHYS.) electromagnetic units

unidades em memória (COMP.) store

unidades gaussianas (PHYS.) Gaussian units

unidades práticas (PHYS.) practical units

unidades racionalizadas (PHYS.) rationalized units

unidades SI (sistema internacional) (GEN.) SI units

unidades taxonómicas operacionais (BOT.) operational taxonomic units

unidade térmica (PHYS.) thermal unit; therm; heat unit

Unidade Térmica Inglesa (PHYS.) British Thermal Unit [BTU]

unidade unitária (PHYS.) area unit

unifilar (ELECT.) unifilar

uniforme espacial (SPACE) space suit

uniformitarianismo (GEO.) uniformitarianism

unilateral (BOT.) secund

unilateralização (PHYS.) unilateralization

unilocular (BOT.) unilocular

uninucleado (BIO.) uninucleate

uníparo (ZOO.) uniparous

unipolar (ELECT.; ZOO.) unipolar

unipotente (ZOO.) unipotent

unir (COMP.) concatenate; match

unirramoso (ZOO.) uniramous

unisseptado (BOT.; ZOO.) uniseptate

unisseriado (Bot.) uniseriate
unissexual (Bot.; Zoo.) unisexual
unitário (Chem.) unary
univalência (Chem.) univalence
univalente (Chem.) univalent
univalente (Bio.) univalent
univariante (Chem.) univariant
universo (Astro.) universe
universo de Minkowski (Phys.) Minkowski universe
universo em expansão (Astro.) inflationary universe
universo-ilha (Astro.) island universe
universo inflacionário (Astro.) inflationary universe
universo social (Psycho.) sociocosm
uracilo (Chem.) uracil
uracilo de mostarda (Chem.) uracil mustard
uracilo oxidase (Chem.) uracil oxidase
uralite (Miner.) uralite
uralitização (Geo.) uralitization
uramustina (Chem.) uracil mustard
uranetos (Chem.) uranides
urânico (Chem.) uranic
uranilo (Chem.) uranyl
uranina (Chem.) uranine
uraninite (Miner.) uraninite
urânio (Chem.) uranium
urânio beta (Chem.; Nucl.) beta uranium
urânio deplectivo (Chem.) deplected uranium
urânio enriquecido (Nucl.) enriched uranium
urânio gama (Nucl.) gamma uranium
urânio II (Chem.) uranium II
urânio natural (Chem.) natural uranium
urânio Y (Chem.) uranium Y
uranite (Miner.) uranite
uranite cálcica (Miner.) autunite
Urano (Astro.) Uranus
uranolona (Chem.) uranolone
uranoplastia (Med.) uranoplasty
uranoso (Chem.) uranous
urato (Chem.) urate
urdideira (Text.) warp loom
urdidor (Text.) creel; warp beam
urdidura (Text.) warp
urdidura a jacto de ar (Text.) air jet texturing
urdume (Text.) warp
uredósporo (Bot.) urediniospore; urediospore; uredospore
uredossoro (Bot.) uredosorus
ureia (Chem.) urea; carbamide
ureídos (Chem.) ureides
uremia (Med.) uraemia, uremia
ureotélico (Zoo.) ureotelic
uretano (Chem.) urethan; urethane
ureter (Zoo.) ureter
ureteralgia (Med.) ureteralgia
ureterectomia (Med.) ureterectomy
ureterite (Med.) ureteritis
ureterocele (Med.) ureterocele
ureterocistanostomose (Med.) ureterocystanostomosis
ureterocolostomia (Med.) ureterocolostomy

ureterografia (Med.) ureterography
ureterólito (Med.) ureterolith
ureterolitotomia (Med.) ureterolithotomy
ureteronefrectomia (Med.) ureteronephrectomy
ureteropielite (Med.) ureteropyelitis
ureteropiose (Med.) ureteropyosis
ureterorrafia (Med.) ureterorrhaphy
ureterotomia (Med.) ureterotomy
ureterotrigonoenterostomia (Med.) ureterotrigonoenterostomy
ureterovaginal (Med.) ureterovaginal
uretra (Zoo.) urethra
uretralgia (Med.) urethralgia
uretrectomia (Med.) urethrectomy
uretrismo (Med.) urethrism; urethrismus
uretrite (Med.) urethritis
uretrocele (Med.) urethrocele
uretrocistite (Med.) urethrocystitis
uretropeniano (Med.) urethropenile
uretroperineoscrotal (Med.) urethroperineoscrotal
uretrospasmo (Med.) urethrospasm
uretrotomia (Med.) urethrotomy
uretrovaginal (Med.) urethrovaginal
uricemia (Med.) uricemia
uricotélico (Zoo.) uricotelic
uridina (Bio.) uridine
uridrose (Med.) urhidrosis
urina (Zoo.) urine
urinífero (Zoo.) uriniferous
uriníparo (Zoo.) uriniparous
urinómetro (Med.) urinometer
urobilina (Chem.) urobilin
urobilinemia (Med.) urobilinaemia
urobilinúria (Med.) urobilinuria
urocanase (Chem.) urocanase
urocanato hidratase (Chem.) urocanate hydratase
urocele (Med.) urocele
urocinase (uroquinase) (Chem.) urokinase
urocordado (Zoo.) urochord
Urocordados (Zoo.) Urochordata
urodelo (Zoo.) urudelous
Urodelos (Zoo.) Urodela; Caudata
Urodinâmica (Med.) urodynamics
urogenital (Zoo.) urogenital
urografia (Radiol.) urography
urolagnia (Psycho.) urolagnia
urolitíase (Med.) urolithiasis
urólito (Med.) urolith
urologia (Med.) urology
uroluteína (Chem.) urolutein
urómetro (Med.) urinometer
uropatia (Med.) uropathy
uropígeno (Zoo.) preen gland
uropígio (Zoo.) uropygium
urópode (Zoo.) uropod
uroquinase (Chem.) urokinase
urostilo (Zoo.) urostyle
urotropina (Chem.) urotropine
Ursa Maior (Astro.) Big-Dipper
Ursa Menor (Astro.) Little Bear
ursina (Chem.) ursine; arbutin
urticante (Zoo.) urticant(ing)
urticária (Immun.; Med.) urticaria

urtito (Geo.) urtite
urusiol (Chem.) urushiol
usneína (Chem.) usnein
uso contínuo (Elect.) continuous duty
uso de tijolo inferior na parte interna de uma parede (Build.) backing-up
uso do bióxido de titânio (Glass) titanizing
Ustilagináceas (Bot.) Ustilaginates
ustulação (Mech.) roasting
ustulação doce (Mech.) sweet roasting
ustulação sulfatante (Mech.) sulphating roasting
uteralgia (Med.) uteralgia
uterectomia (Med.) uterectomy
uterino (Zoo.) uterine
uterismo (Med.) uterism
uterite (Med.) uteritis; metritis
útero (Zoo.) matrix; uterus
uterocervical (Med.) uterocervical
uterocistostomia (Med.) uterocystostomy
uteroenterostomia (Med.) ureteroenterostomy
uterofixação (Med.) uterofixation
uterólito (Med.) uterolith
uteroovárico (Med.) utero-ovarian
uteroplacentário (Med.) uteroplacental
uteroplastia (Med.) uteroplasty
uteroscopia (Med.) uteroscopy; hysteroscopy
uteroscópio (Med.) uteroscope; hysteroscope
uterossacro (Med.) uterosacral
uterossigmoidostomia (Med.) ureterosigmoidostomy
uterovaginal (Med.) uterovaginal
uteroverdina (Chem.) uteroverdine
uterovesical (Med.) uterovesical
utilização de energia (Aero.) energy management
utilização de energia solar (Phys.) solar energy utilization
utilizável (Bot.) available
utricular (Bot.; Zoo.) utricular
utriculiforme (Bot.; Zoo.) utriculiform
utriculite (Med.) utriculitis
utrículo (Bot.; Med.; Zoo.) utricle; utriculus (pl. utriculi)
utriculoplastia (Med.) utriculoplasty
utrículo prostático (Med.) utriculus prostaticus
utriculossacular (Med.) utriculosaccular
UV (Image Tech.) ultraviolet; UV
uvala (Eco.) uvala
uvarovite (Miner.) uvarovite
úvea (Zoo.) uvea
uveíte (Med.) uveitis
uveítes (Med.) uveitides
uvolotomia (Med.) uvulotomy
úvula (Med.) uvula
uvuloptose (Med.) uvulaptosis
uzarina (Chem.) uzarin
uzífur (Chem.) uzifur

vaca prestes a parir (VET.) springer
vacina (IMMUN.; MED.) vaccine
vacina atenuada (IMMUN.) attenuated vaccine
vacina bacteriana (BIO.) bacteriocin
vacinação (IMMUN.) vaccination
vacinação antivariólica (IMMUN.) smallpox vaccination
vacinal (MED.) vaccinal
vacina mista antitífica-paratífica AB (IMMUN.) TAB vaccine
vacina subunitária (BIO.; MED.) sub-unit vaccine
vacina TAB (IMMUN.) TAB vaccine
vacina tifóide-paratifóide A e B (IMMUN.) TAB vaccine
vacina tríplice (IMMUN.) triple vaccine
vacínia (IMMUN.) vaccinia
vacinial (MED.) vaccinial
vácuo (PHYS.) vagitus
vácuo de alto grau (ELECTRON.) high-vacuum
vácuo de Torricelli (PHYS.) Torricel-lian vacuum
vacúolo (BIO.; BOT.) vacuole
vacúolo alimentar (ZOO.) food vacuole
vacúolo contráctil (ZOO.) contractile vacuole
vacúolo gasoso (BOT.) gas vacuole
vacuómetro de magnetrão (ELEC-TRON.) magnetron vacuum gage
vácuo parcial (PHYS.) partial vacuum
vaga de tempestade (METEO.) storm surge
vaga de vento (METEO.) wind wave
vagão aberto (BUILD.) lowry
vagão de plataforma (MECH.) bogie
vaga sísmica (GEO.) solitary wave; tsunami
vagem (BOT.) pod; sheath
vagido (MED.) vagitus
vagina (MED.; ZOO.) vagina; sheath
vaginalite (MED.) vaginalitis
vaginícola (BIO.; MED.) vaginicoline
vaginismo (MED.) vaginism; vaginody-nia; vulvism
vaginite (MED.) vaginitis; elytritis; col-pitis
vaginocele (MED.) vaginocele; colpocele
vaginodinia (MED.) vaginodynia; colpo-dynia
vaginoperineoplastia (MED.) vaginoperineoplasty; colpoperineo-plasty
vaginoperineorrafia (MED.) vaginoper-ineorrhaphy; colpoperineorrhaphy
vaginotomia (MED.) vaginotomy; colpotomia
vaginovulvar (MED.) vaginovulvar
vagomimético (MED.) vagomimetic
vagoneta (MINING) tram; hutch

vagoneta de minério (MINING) skip
vagotonia (MED.) vagotonia; vagotony
vagotrópico (MED.) vagotropic
vai-e-vem (PRINT.) come-and-go
vai-vem (MINING) round trip
vaivém (SPACE) shuttle
Vaivém espacial (SPACE) Space Shut-tle
vala (BUILD.) earthwork
vala (MINING) goaf; leat
vale (GEO.) valley
vale assimétrico (ECO.) asymmetric valley
vale axial (GEO.) axial trough
vale cego (GEO.) polje
vale de falha (GEO.) valley fault
vale de fractura (GEO.) rift valley
vale dendrítico (GEO.) dendritic valley
vale depressionário (GEO.) trough
vale de suspensão (GEO.) hanging valley
Vale do Rift (GEO.) Rift Valley
vale glacial (GEO.) glacial trough
vale glaciar (GEO.) valley glacier
vale lunar (ASTRO.) lunar valley
valência (CHEM.) valency
valentinite (MINER.) valentinite
valeral (PHYS.) valeral
valerato (CHEM.) valerate
valerato de amónio (CHEM.) ammo-nium valerate
valerianato (CHEM.) valerianate
vale seco (GEO.) dry valley
vales inundados (GEO.) drowned val-leys
vale subsequente (GEO.) strike valley
valeta (BUILD.) grip
valeta longitudinal (HYDRO.) longitu-dinal ditch
valgo (MED.) valgus
validação (COMP.) validation
validação de dados (COMP.) data val-idation
valina (CHEM.) valine
valinomicina (BIO.) valinomycin
valor absoluto (MATH.) absolute value
valor ácido (CHEM.) acid value
valor antidetonante (AUTO.) antiknock value
valor beta (NUCL.) beta value
valor booleano (COMP.) logical value
valor calorífico (PHYS.) calorific value
valor cauri-butanol (CHEM.) kauri-butanol value
valor da barra de absorção (NUCL.) control rod worth
valor dâmar-butano (CHEM.) kauri-butanol value
valor de aglomeração (MINING) agglomerating value
valor de aglutinação (MINING) agglomerating value

valor de aluvião (MINING) alluvial value
valor de carbono (CHEM.) carbon value
valor de crista (ELECT.) crest value
valor de encadeamento inicial (COMP.) initial chaining value
valor de éster (CHEM.) ester value
valor de exposição (IMAGE TECH.) exposure value
valor de expressão (BIO.) expression vector
valor de funcionamento (ELECTRON.) functioning value
valor de iodo (CHEM.) iodine value
valor de Izod (ENG.) Izod value
valor de não excitação (ELECT.) dropout value
valor de parâmetro (COMP.) parameter value
valor de pico (ELECT.; PHYS.) crest value; peak value
valor de reactividade (NUCL.) reactiv-ity worth
valor efectivo (GEN.) effective value
valor eficaz (GEN.) effective value
valor eficaz (ELECT.; PHYS.) root-mean-square value
valor eficaz da pressão sonora (PHYS.) root-mean-square sound pres-sure
valor eficaz da velocidade de uma partícula (PHYS.) root-mean-square particle velocity
valor eficaz de corrente (ELECT.) root-mean-square current
valor eficaz de potência (PHYS.) root-mean-square power
valores característicos (MATH.) eigenvalues
valores climáticos omissos (METEO.) climatic missing values
valores disseminados (MINING) dis-seminated values
valores preferidos (ENG.) preferred values
valores próprios (MATH.) eigenvalues
valor G (CHEM.) G-value
valor instantâneo (GEN.) instantaneous value
valor interpolado (GEN.) interpolated value
valor k (ECO.) k-value
valor limite (MATH.; PHYS.) limit value
valor local (MATH.) local value
valor lógico (COMP.) logical value
valor máximo (COMP.) ceiling value
valor máximo (ELECT. PHYS.) maxi-mum value; pick value
valor médio (MATH.) mean value
valor mínimo pendente (MECH.) min-imum rate of a grade
valor modal (STAT.) modal value
valor nominal (ELECT.) rating

valor óhmico (ELECT.) ohmic value

valor pH (CHEM.) pH value

valor principal (MATH.) principal value

valor próprio (GEN.) latent root

valorização (monetária) da paisagem (ECO.) landscape evaluation

valor Q (NUCL.) Q-value

valor quiescente (ELECT.) quiescent value

valor real (GEN.) effective value

valor-tecto (COMP.) ceiling value

valvar (BOT.) valvate

valvotomia pulmonar (MED.) pulmonary valvotomy

válvula (ELECTRON.) valve; tube (USA)

válvula (BOT.; ZOO.) valvule

válvula (GEN.) valve

válvula a alavanca (MECH.) lever valve

válvula Allan (MECH.) Allan valve

válvula a néon (ELECTRON.) vacuum tube

válvula angular (MECH.) angle valve

válvula antigravidade (AERO.) antigravity valve

válvula antioscilação (AERO.) antisurge valve

válvula anti-retorno (MECH.) check valve

válvula aquecida indirectamente (ELECTRON.) indirectly-heated valve

válvula ATR (antitransmissão-recepção) (RADAR) anti-tr tube; antitransmit-receive tube

válvula bombeada (ELECTRON.) pumped valve

válvula borboleta (MECH.) butterfly valve

válvula borboleta na tubulação de escape (MECH.) manifold heat valve

válvula cardíaca (ZOO.) cardiac valve

válvula com factor de amplificação variável (ELECT.) variable mu tube

válvula com fuga (ELECTRON.) leaky valve

válvula cónica (MECH.) lift-valve; mushroom valve

válvula contadora de radiações (ELECT.) counting tube

válvula conversora de frequência (TELECOM.) frequency converting tube

válvula corrediça (MECH.) gate valve

válvula de admissão (AUTO.) inlet valve

válvula de admissão (MECH.) induction valve; suction valve

válvula de agulha (MECH.) needle valve

válvula de alimentação (MECH.) feedcheck valve

válvula de alívio de pressão (AERO.) antisurge valve

válvula de ánodo resfriado (ELECT.) cooled-anode valve

válvula de ar (BUILD.) air valve

válvula de armazenamento electrostático (ELECTRON.) storage tube

válvula de aspersão (BUILD.) flush valve

válvula de banda larga (TELECOM.) broadband tube

válvula de bola (MECH.) ball valve

válvula de Braun (ELECT.) Braun tube

válvula de camisa (MECH.) sleeve valve

válvula de canal (MECH.) trick valve

válvula de chapeleta (BUILD.; MECH.) flap valve; flapper valve

válvula de charneira (BUILD.; MECH.) flap valve

válvula de cinco eléctrodos (ELECT.) five electrode tube

válvula de contador alfa (PHYS.) alpha counter tube

válvula de contrapressão (BUILD.) reflux valve

válvula de controlo (MECH.) check valve

válvula de Corliss (MECH.) Corliss valve

válvula de corrediça (GEN.) slide-valve

válvula de Crookes (PHYS.) Crookes tube

válvula de depósito de água (BUILD.) ball-cock

válvula de descarga (AERO.) dump valve

válvula de descarga (HYDRO.) relief valve

válvula de descarga (ELECTRON.) discharge tube

válvula de descarga (MECH.) discharge valve; exhaust valve; gate valve

válvula de descarga electrónica (ELECTRON.) electron-discharge tube

válvula de desvio (MECH.) by-pass valve

válvula de disco (MECH.) disk valve

válvula de discos lacrados (ELECTRON.) disk-seal tube; megatron

válvula de disparo (ELECTRON.) trigger valve

válvula de dois eléctrodos (ELECTRON.) two-electrode valve; diode

válvula de êmbolo (MECH.) bucket valve

válvula de entrada (AUTO.) inlet valve

válvula de equilíbrio de saída ajustável (ENG.) adjustable-port proportioning valve

válvula de escape (MECH.) exhaust valve; gate valve

válvula de escoamento (MECH.) discharge valve

válvula de estrangulamento (MECH.) throttle valve

válvula de Eustáquio (ZOO.) Eustachian valve

válvula de expansão (MECH.) expansion valve

válvula de extracção (MECH.) drawoff valve

válvula de fecho vertical (MECH.) lift-valve

válvula de feixe electrónico (ELECTRON.) electron beam tube

válvula de Fleming (ELECTRON.) Fleming valve

válvula de gatilho (MECH.) poppet valve

válvula de grade auxiliar (ELECTRON.) screened-grid valve

válvula de grade protectora (ELECTRON.) shield-grid valve

válvula de ignição de faixa (ELECTRON.) band ignitor tube

válvula de imagem (IMAGE TECH.) camera tube

válvula de indução (MECH.) induction valve; suction valve

válvula de injecção (AUTO; MECH.) injection valve; needle valve

válvula de lavagem (BUILD.) wash-out valve

válvula de Lenard (ELECTRON.) Lenard tube

válvula de limpeza automática (BUILD.) flush valve

válvula de luz (IMAGE TECH.) light valve

válvula de McNally (ELECTRON.) McNally tube

válvula de mistura (MECH.) mixing valve

válvula de paragem (MECH.) stop valve

válvula de pé (MECH.) foot valve

válvula de pêntodo (ELECTRON.) pentode valve

válvula de potência de saída (ELECTRON.) power tube

válvula de pressão mínima de queimador (AERO.) minimum burner pressure valve

válvula de ramificação (MECH.) by-pass valve

válvula de reatância (ELECTRON.) reactance tube

válvula de redução (MECH.) throttle valve

válvula de referência de tensão (ELECTRON.) voltage reference tube

válvula de relé (MECH.) relay valve

válvula de repercussão (MECH.) clack

válvula de retorno (BUILD.) reflux valve

válvula de saída (ELECTRON.) output valve

válvula de sede cónica (MECH.) wing valve

válvula de segurança (MECH.) pop valve; priming valve; safety valve

válvula de segurança (MINING) blowout preventer

válvula de segurança de água baixa (MECH.) low-water valve

válvula de segurança de mola (MECH.) spring safety valve

válvula de segurança de peso morto (MECH.) dead-weight safety valve

válvula de segurança do tubo facetado (MINING) kelly cock

válvula de segurança por alavanca (MECH.) lever safety valve

válvula de sequência (AERO.) sequence valve

válvula de sintonia (TELECOM.) magic eye

válvula de solenóide (ELECT.) solenoid valve

válvula de tensão (ELECTRON.) voltage-regulator tube

válvula de Thebesius (ZOO.) thebesian valve

válvula de torneira (MECH.) bib-valve

válvula de transmissão (TELECOM.) transmitting valve

válvula de tubo (MECH.) drop valve

válvula de vapor (MECH.) steam valve

válvula de vidro (ELECT.) glass tube

válvula dipolar (ELECTRON.) diode valve

válvula distribuidora (GEN.) slide-valve

válvula distribuidora (MECH.) distributer valve

válvula do êmbolo (MECH.) piston valve

válvula do seio coronário (ZOO.) thebesian valve

válvula dupla (ELECTRON.) duplex tube

válvula electrolítica (ELECT.) electrolytic valve

válvula electrónica (ELECTRON) tube; electron tube; vacuum tube

válvula electrónica auxiliar (ELECT.) auxiliary tube

válvula electrónica blindada (ELECTRON.) shielded tube

válvula electrónica compensadora (ELECTRON.) ballast tube

válvula electrónica de contador (ELECT.) counting tube

válvula electrónica de controlo de grelha (ELECTRON.) grid-control tube

válvula electrónica de feixe helicoidal (ELECTRON.) spiral beam tube

válvula electrónica de força (ELECTRON.) power tube

válvula electrónica de função múltipla (ELECTRON.) multifunction electron tube

válvula electrónica de grade luminescente (ELECTRON.) grid-glow tube

válvula electrónica de vidro (ELECTRON.) glass envelope tube

válvula electrónica de xénon (ELECT.) xenon tube

válvula electrónica miniatura (ELECT.) miniature electron tube

válvula electrónica rectificadora (ELECTRON.) rectifier tube; rectifying tube

válvula em cogumelo (MECH.) mushroom valve

válvula em cotovelo (MECH.) angle valve

válvula em espiral (ZOO.) spiral valve

válvula em Y (MECH.) Y-valve

válvula equilibrada (TELECOM.) balanced valve

válvula equivalente (ELECT.) equivalent tube

válvula escalonada (MECH.) step valve

válvula esférica (MECH.) ball valve

válvula estabilizadora de tensão (ELECTRON.) voltage-stabilizing tube

válvula fotoeléctrica (ELECTRON.) phototube

válvula fotoeléctrica de alto vácuo (ELECTRON.) high-vacuum phototube

válvula fotoeléctrica de onda progressiva (ELECTRON.) travelling-wave phototube

válvula hidrostática (MECH.) hydrostatic valve

válvula Kingston (MECH.) Kingston valve

válvula lateral (AUTO.) side valve

válvula livre (MECH.) free valve

válvula longitudinal (ZOO.) longitudinal valve

válvula mestra (MINING) drilling valve

válvula misturadora (ELECT.) mixer valve

válvula mitral (ZOO.) mitral valve

válvula multianódica (ELECTRON.) multianode tube

válvula multielectródica (ELECTRON.) multi-electrode valve

válvula múltipla (ELECTRON.) multiple valve

válvula osciladora (ELECT.) oscillator tube

válvula pré-TR (RADAR) pre-TR tube

válvula queimada (ELECT.) burnout tube

válvula rectificadora (ELECTRON.) rectifying valve

válvula refrigerada a água (ELECTRON.) water-cooled valve

válvula reguladora de altitude (AERO.) altitude valve

válvula reguladora de tensão (ELECTRON.) voltage-regulator tube

válvula reguladora de vácuo (MECH.) vacuum breaker; vacuum regulating valve

válvula reguladora de voltagem (ELECT.) barremeter

válvula respiratória (ZOO.) respiratory valve

válvula rotativa (MECH.) rotary valve

válvula selectora (AERO.) selector valve

válvula termiónica (ELECTRON.) thermionic valve

válvula tríodo (ELECT.; ELECTRON.) triode valve; triode tube

válvula tubular (MECH.) sleeve valve; poppet valve

válvula ultra-sónica de luz (ELECTRON.) ultrasonic light valve

válvula unidireccional (ELECT.) unidirectional valve

válvula universal (ELECTRON.) multifunction electron tube

valvulite (MED.) valvulitis

valvuloplastia (MED.) valvuloplasty

valvulotomia (MED.) valvulotomy

vanadato (CHEM.) vanadate

vanádico (CHEM.) vanadic

vanadilo (CHEM.) vanadyl

vanadinite (MINER.) vanadinite

vanádio (CHEM.) vanadium

vanadoso (CHEM.) vanadous

vanilato (CHEM.) vanillate

vanilina (CHEM.) vanillin

vantagem mecânica (MECH.) purchase

vão (ARCH.) bay

vão (BUILD.) span

vão (ELECT.) throw

vão aberto (ARCH.) open well

vão de caixa (BUILD.) case bay

vão de cavername (NAV.) bilge

vão de janela (ARCH.) embrasure

vão de porta (ARCH.) embrasure

vão inundável (NAV.) floodable length

vão limpo (BUILD.) clear panel key

vão livre (BUILD.) bearing distance

vapor (GEN.) steam

vapor (PHYS.) vapour

vapor a seco (MECH.) dry steam

vapor de água (PHYS.) steam

vapor de água precipitável (METEO.) precipitable water

vapor de escape (MECH.) exhaust steam

vapor húmido (MECH.) wet steam

vaporização (CHEM.) vaporization

vaporização electrostática (BUILD.) electrostatic spray

vaporizador (MECH.) atomizer; sprayer

vaporizadores de turbilhão (AERO.) swirl sprayers

vapor saturado (PHYS.) saturated vapour

vapor saturado (MECH.) saturated steam

vapor sobre pressão (MECH.) live steam

vapor superaquecido (PHYS.) superheated vapour

vapor superaquecido (MECH.) superheated steam

vapor vivo (MECH.) live steam

VAr (PHYS.) volt-ampere reactive

varactor (ELECTRON.) varactor

vara de agrimensor (SURV.) sight rod

varanda (ARCH.) balcony

varanda fechada (ARCH.) jutty

varão (BUILD.) rail

vareta (NUCL.) rod

vareta de acoplamento (TELECOM.) coupling probe

vareta de combustível (NUCL.) fuel rod

vareta de oscilações (NUCL.) shim rod

vareta de plutónio (PHYS.) plutonium rod

vareta de regulação (NUCL.) regulating rod

vareta de segurança (NUCL.) scram rod

vareta de soldagem (ELECT.) filler rod

vareta oca (MECH.) hollow rod

vareta polida (MINING) polished rod

varfine (CHEM.) warfarin sodium

variabilidade (CHEM.) variability

Variac [MC] (ELECT.) Variac [TM]

variação (GEN.) variation

variação (MATH.) slope

variação (PHYS.) exchange

variação adquirida (BIO.) acquired variation

variação ambiental (BIO.) environmental variance

variação análoga (ECO.) analogous variation

variação antigénica (IMMUN.) antigenic variation

variação climática (METEO.) climatic variation

variação da amplitude em função do tempo (PHYS.) amplitude-time variation

variação da bússola (NAV.) compass variation

variação de face (SURV.) face change

variação de fase (BIO.) phase variation

variação de frequência (TELECOM.) frequency variation

variação de frequência devido ao efeito Doppler (ELECTRON.) Doppler shift

variação de latitude (ASTRO.) variation of latitude

variação de longitude (ASTRO.) variation of longitude

variação de orientação de um feixe (RADAR) lobe switching

variação descontínua (BIO.) discontinuous variation

variação de temperatura (METEO.; PHYS.) temperature range; temperature variation

variação de tolerância (MECH.) variation of tolerance

variação de viscosidade (PHYS.) variation of viscosity

variação diurna (PHYS.) diurnal variation

variação diurna de temperatura (ECO.) diurnal temperature variation

variação Doppler (ASTRO.) Doppler variation

variação genética aditiva (BIO.) additive genetic variance

variação homóloga (BOT.) homologous variation

variação magnética (METEO.) magnetic variation

variação merística (BOT.; ZOO.) meristic variation

variação retrógrada do vento (METEO.) backing

variação secular (ASTRO.; METEO.) secular trend; secular variation

variação somática (BOT.) somacional variation

variação substantiva (BOT.; ZOO.) substantive variation

variação total de bússola (NAV.) compass error

variância (STAT.) variance; mean-square deviation

variância fenotípica (BIO.) phenotypic variance

variância genética (BIO.) genetic variance

variante (BIO.) variant

variáveis de longo período (ASTRO.) long period variables; red variables

variáveis endógenas (MATH.) endogenous variables

variáveis irregulares (ASTRO.) irregular variables

variáveis magnéticas (ASTRO.) magnetic variables

variáveis RR de Lira (ASTRO.) RR Lyrae variables

variáveis vermelhas (ASTRO.) red variables

variável (STAT.) variate

variável (COMP.; MATH.) variable

variável aleatória (STAT.) random variable

variável binário (COMP.) binary variable

variável canónica (PHYS.) canonical variate

variável Cefeida (ASTRO.) Cepheid variable

variável condicional (COMP.) conditional variable

variável contínua (MATH.) continuous variable

variável controlada (MECH.) controlled variable

variável de computador (COMP.) computer variable

variável de curto período (ASTRO.) short-period variable

variável de dupla precisão (COMP.) double-precision variable

variável de inteiros (COMP.) integer variable

variável de objecto (COMP.) target variable

variável dependente (MATH.) dependent variable

variável de ponto (vírgula) flutuante (COMP.) floating-point variable

variável discreta (MATH.) discrete variable

variável estruturada (COMP.) structured variable

variável fictícia (COMP.) dummy variable

variável global (COMP.) global variable

variável independente (MATH.) independent variable

variável local (COMP.) local variable

variável lógica (COMP.) logic(al) variable

variável reservada (COMP.) reserved variable

variável secular (ASTRO.) secular variable

varicela (MED.; VET.) varicella; fowl pox; chicken pox; epithelioma contagiosa

varicocele (MED.) varicocele

varicose (MED.) varicose; varicosis

varícula (MED.) varicule

variedade (BIO.) variety

variedade (BOT.) variegation

variedade anormal (BOT.) sport

variedade beta (ECO.) beta diversity

varíola (MED.; VET.) cow-pox; smallpox; variola

varíola benigna (MED.) variola benigna

varíola branca (MED.) alastrim; variola minor

varíola caprina (VET.) goat pox

varíola do cavalo (VET.) horse pox

varíola dos suínos (VET.) swine pox

varíola equina (VET.) stomatitis

varíola láctea (MED.) alastrim; variola minor

variólico (MED.) variolic

variolítico (GEO.) variolitic

variómetro (ELECT.) variometer

variscite (MINER.) variscite

varistor (ELECTRON.) varistor

variz (MED.) varix

varredor (ELECTRON.) sweeper

varredor de filme (ELECTRON.; IMAGE TECH.) film scanner

varredura (RADAR) scan; scanning

varredura automática (COMP.) automatic polling

varredura de busca (ELECTRON.) search lighting

varredura de campo (ELECTRON.) field scan

varredura de contacto (MECH.) contact scanning

varredura de exploração (ELECTRON.) scanning sweep

varredura horizontal (ELECTRON.) horizontal sweep

varredura linear (ELECTRON.) linear sweep

varrimento (ELECTRON.) sweep

varrimento ampliado (ELECTRON.) expanded sweep

varrimento aproximado (RADAR) coarse scanning

varrimento horizontal (IMAGE TECH.) horizontal scan

varrimento sequencial (ELECTRON.) sequential scan

varva de degelo (ECO.) valley train

varve (ECO.) varve

várzea (ECO.) varzea

vasa (ECO.) flow till

vasa (GEO.) silt

vasa coralina (GEO.) coral ooze

vasa diatomácea (MINER.) diatom ooze

vascular (BOT.; ZOO.) vascular

vasectomia (MED.) vasectomy

vaselina (MED.; CHEM.) vaseline; mineral jelly; petroleum jelly

vaso (BOT.; ZOO.) vas

vaso (BOT.) conduit; vasculum

vaso (GEN.) pot; container; vessel; jar

vasoconstritor (ZOO.) vasoconstrictor; vasohypertonic

vaso de argila refractária (CHEM.) refractory clay cylinder

vaso de decantar (CHEM.) decanter

vaso de Dewar (CHEM.) Dewar vessel; Dewar bulb; Dewar flask

vaso de extracção (CHEM.) extraction thimble

vasodilatador (MED.) vasodilatador; vasohypotonic

vaso do reactor (NUCL.) reactor vessel

vasoformativo (ZOO.) vasifactive

vaso graduado (CHEM.) graduated vessel

vaso-hipertónico (ZOO.) vasohypertonic

vaso-hipotónico (ZOO.) vasohypotonic

vaso-inibidor (ZOO.) vasoinhibitory

vasolábil (ZOO.) vasolabil

vasolenhoso (BOT.) trachea

vasomotor (ZOO.) vasomotor

vasomotricidade (ZOO.) vasomotion

vasoparesia (MED.) vasoparesis

vasopressina (BIO.) vasopressin; antidiuretic hormona (ADH)

vasopressor (MED.) vasopressor

vasoradioactivo (NUCL.) radioactive vessel

vaso refractário (CHEM.) refractory vessel

vasos (BOT.; ZOO.) vasa

vaso sanguíneo (MED.) blood vessel

vasos dos vasos (ZOO.) vasa vasorum

vasos linfáticos (ZOO.) lymph vessels

vasossensitivo (ZOO.) vasosensory

vaterita (MINER.) vaterite

vatímetro de palheta (PHYS.) vane wattmeter

vau (HYDRO.) cross-over

vau do convés (NAV.) deck beam

vaza de radiolários (GEO.) radiolarian ooze

vazador (MINING) bailer

vazador (MECH.) punch

vazador oco (MECH.) hollow punch

vazadouro (MINING) dump; tip

vazamento (CHEM.) flooding

vazamento (MECH.) pouring; tapping; bleed; batch

vazamento centrífugo (MECH.) centrifugal casting

vazamento em moldes (MECH.) teeming
vazante (GEO.) low tide
vazão (BUILD.; HYDRO.) runoff
vazão (MINING) flow rate
vazão bombeada (HYDRO.) pumped flow
vazão de pico (HYDRO.) peak discharge; peak flow
vazão específica (HYDRO.) unit runoff
vazão incrementada (HYDRO.) incremental in-flow
vazão unitária (HYDRO.) unit runoff
vazão vertida (HYDRO.) spilled flow
vazar (MECH.) flow off
vazar em moldes (GLASS) teeming
vazio (PHYS.) vacancy; void
vazio móvel (ELECTRON.) hole
vector (GEN.) vector
vector base (MATH.) base vector; basis vector
vectorcardiografia (MED.) vectorcardiography
vector cartesiano (MATH.) cartesian vector
vector colunar (MATH.) column vector
vector complexo de Poynting (ELECT.) complex Poynting vector
vector de Burger (CRYST.) Burger's vector
vector de clonagem (BIO.) cloning vector
vector de colisão (AERO.) collision vector
vector de controlo de endereço (COMP.) address control vector _ACV
vector de expressão (BIO.) expression vector
vector de polarização (PHYS.) polarization vector
vector de posição (ASTRO.) radius vector
vector de Poynting (ELECT.) Poynting vector
vector de retrovirus (BIO.) retrovirus vector
vector de solicitação de interrupção de programa (COMP.) programmed interrupt request vector
vector de transporte (BIO.) shuttle vector
vector deslocamento (ELECTRON.) displacement vector
vector dominância (ELECTRON.) dominance vector
vectores colineares (MATH.) collinear vectors
vectorescópio (IMAGE TECH.) vectorscope
vectores coplanares (MATH.) coplanar vectors
vectores de campo acoplados (ELECT.) coupled field vectors
vectores ortogonais (MATH.) orthogonal vectors
vector fixo (MATH.) localized vector
vectorial (GEN.) vectorial
vector limite (MATH.) bound vector
vector movimento (ELECTRON.) motion vector
vector T (BIO.) T vector
vedação (BUILD.) gasket; gaskin; calking; caulking

vedação (ELECTRON.) seal
vedação (MECH.) calking; gasket
vedação a mercúrio (CHEM.) mercury seal
vedação à pressão (MECH.) pressure seal
vedação a rosca (MECH.) thread sealing
vedação de ar (MECH.) air seal
vedação de válvula (AERO.) valve seal
vedação hidráulica (MECH.) hydraulic packing
vedação rotativa (MECH.) rotary seal
vegetação (BOT.; MED.) vegetation
vegetação alcalina (ECO.) basic grassland
vegetação arbustiva (ECO.) scrub vegetation
vegetação esclerófila (ECO.) sclerophyllous vegetation
vegetação halofítica (BOT.) halophytic vegetation
vegetariano total (MED.) vegan
vegetativo (BOT.) vegetative
veia (ZOO.) vein; vena
veia basílica (ZOO.) vena basilica
veia cava inferior (ZOO.) inferior vena cava; postcaval vein
veia cava superior (ZOO.) superior vena cava
veia ilíaca (ZOO.) iliac vein
veia porta (ZOO.) portal system; portal vein
veia porta hepática (ZOO.) hepatic portal vein
veia pré-cava (ZOO.) precaval vein
veias cavas (ZOO.) venae cavae
veículo (GEN.) vehicle; medium
veículo a bateria (ELECT.) battery vehicle
veículo autónomo (AERO.) autonomous vehicle
veículo de almofada de ar (NAV.) hovercraft; hovership
veículo de controlo configurado (AERO.) control-configurated vehicle
veículo de ensaio (AERO.) test vehicle
veículo de lançamento não recuperável (SPACE) expendable launch vehicle [ELV]
veículo de teste (AERO.) test vehicle
veículo espacial (SPACE) spacecraft; space vehicle; bus
veículo espacial autónomo (AERO.) autonomous spacecraft
veículo espacial com equipamento de aterragem (ASTRO.) lander
veículo espacial orientado por radar (AERO.; ASTRO.) beam rider
veículo intergaláctico (SPACE) intergalactic vehicle
veículo transatmosférico (AERO.) transatmospheric vehicle
veio (MINING) vein ; ledge
veio (GEO.) vein; bed
veio cego (MINING) blind vein; blind load
veio de contacto (MINING) contact vein
veio de fissura (GEO.; MINING) fissure vein
veio de metal (MINING) seam
veio de minério (MINING) run; mineral vein

veio de ressaltos (MECH.) tumbling-shaft
veio flexível (MECH.) flexible shaft
veio horizontal (MINING) fletz
veio indicador (MINING) indicator vein
veio metálico (MINING) reef
veio mineral (MINING) mineral vein; dyke
veio sem afloramento (MINING) blind load
vela (AERO.; AUTO.; MECH.) sparking plug; igniter plug; plug
vela (MED.) bougie
velação de luz (IMAGE TECH.) light fog
vela de estai (NAV.) stay sail
vela de ignição (AERO.; AUTO.) igniter plug; sparking plug; plug
vela de incandescência (AERO.) glow plug
vela de Jablochkoff (ELECT.) Jablochkoff candle
vela esférica (PHYS.) spherical candle-power
vela hemisférica média (PHYS.) mean hemispherical candle-power
vela hemisférica média superior (PHYS.) upper mean-hemispherical candle-power
vela horizontal média (PHYS.) mean horizontal candle-power
vela nominal (PHYS.) nominal candle
velardenhita (MINER.) gehlenite
velígera (ZOO.) veliger
velino (PAPER.) vellum
velo (ZOO.) vellus
velocidade (PHYS.) velocity
velocidade (GEN.) speed
velocidade aérea hipersónica (AERO.; SPACE) hypersonic airspeed
velocidade aerodinâmica (AERO.) air speed
velocidade Alven (PHYS.) Alven speed
velocidade angular (PHYS.) angular velocity
velocidade angular constante (GEN.) constant angular velocity
velocidade angular da terra (ASTRO.; PHYS.) earth rate
velocidade ASA (IMAGE TECH.) ASA speed
velocidade ascensional (AERO.) rate of climb
velocidade característica (SPACE) characteristic velocity
velocidade crítica (AERO.; MECH.) critical speed; decision speed
velocidade crítica de vibração aeroelástica (AERO.) flutter critical speed
velocidade da luz (PHYS.) speed of light; velocity of light
velocidade de amostragem (COMP.) sampling rate
velocidade de apagamento (ELECTRON.) erasing rate
velocidade de aproximação (AERO.) approach speed
velocidade de aterragem (AERO.) landing speed ; stalling speed
velocidade de atrito (METEO.) friction velocity
velocidade de avanço (MECH.) forward speed

velocidade de bombeamento (Phys.) pumping speed

velocidade de corte (Mech.) cutting speed

velocidade de cruzeiro (Aero.; Nav.) cruise speed

velocidade de decisão (Aero.) decision speed

velocidade de descarga (Mech.) exhaust speed

velocidade de desvanecimento (Elect.) speed of fading

velocidade de difusão (Elect.) diffusion velocity

velocidade de divergência (Aero.) divergence speed

velocidade de dose absorvida (Radiol.) absorbed dose rate

velocidade de eco de linha de trovoada (Radar) line thunderstorm echo velocity

velocidade de engate (Aero.) engaging speed

velocidade de envolvente (Telecom.) envelope velocity

velocidade de equilíbrio (Elect.) balancing speed

velocidade de erosão crítica (Geo.) critical erosion velocity

velocidade de escape (Mech.) exhaust velocity

velocidade de escape (Astro.; Space) escape velocity

velocidade de escrita (Electron.) writing speed

velocidade de exploração (Image Tech.) scanning speed

velocidade de exploração (Telecom.) spot speed

velocidade de exposição (Nucl.) exposure speed

velocidade de fase (Elect.) phase velocity

velocidade de filme sonoro (Image Tech.) sound speed

velocidade de grupo (Phys.) group velocity

velocidade de guinada (Aero.) yawing speed

velocidade de impacte (Phys.) impact striking; impact velocity

velocidade de impressão (Comp.) print speed

velocidade de impulsos (Telecom.) impulse speed

velocidade de informação (Telecom.) information rate

velocidade de leitura (Comp.) read rate

velocidade de limpeza (Electron.) erasing rate

velocidade de linha visada (Astro.) line-of-sight velocity

velocidade de maior resistência na água (Aero.) hump speed (hydroplane)

velocidade de modulação (Comp.) modulation speed

velocidade de nível máximo (Aero.) max level speed

velocidade de partícula (Phys.) particle velocity

velocidade de percolação (Eco.) seepage velocity

velocidade de perda (Aero.) stalling speed

velocidade de perfuração (Mining) drilling rate

velocidade de pouso (Aero.) stalling speed

velocidade de propagação (Elect.) velocity of propagation

velocidade de queda livre (Phys.) free-falling velocity

velocidade de queima de massa (Aero.; Space) mass burning rate

velocidade de queima de propelente (Aero.; Space) mass burning rate

velocidade de reacção (Nucl.) reaction velocity

velocidade de recombinação (Electron.) recombination rate; recombination velocity

velocidade de recombinação superficial (Electron.) surface recombination velocity

velocidade de recombinação volumétrica (Phys.) volume recombination rate

velocidade de regime (Mech.) slip speed

velocidade de resvalamento (Aero.) hump speed

velocidade de rotação (Mech.) slip speed

velocidade de rotação (Aero.; Phys.) rotation speed; speed of rotation

velocidade de segurança na descolagem (Aero.) take-off safety speed

velocidade de sintonização térmica (Electron.) thermal tuning rate

velocidade de tambor (Elect.) drum speed

velocidade de transmissão (Telecom.) transmission speed

velocidade de varrimento constante (Image Tech.) constant velocity scanning

velocidade de varrimento horizontal (Image Tech.) horizontal scan rate

velocidade de vibração (Aero.) flutter speed

velocidade de voo (Aero.) flying speed

velocidade do ar (Phys.) air speed

velocidade do ar calibrada (Aero.) calibrated airspeed

velocidade do ar de tecto (Aero.) calibrated ceiling air speed

velocidade do ar equivalente (Aero.) equivalent air speed

velocidade do ar indicada (Aero.) indicated air speed

velocidade do ar rectificada (Aero.) rectified air speed

velocidade do barramento de dados (Comp.) bus speed

velocidade do motor (Mech.) engine speed

velocidade do ponto (Telecom.) spot speed

velocidade do relógio (Electron.) clock speed

velocidade do som (Aero.; Phys.) sound speed; sound velocity ; speed of sound; velocity of sound

velocidade efectiva (Elect.) effective speed

velocidade em relação ao ar (Aero.) air speed

velocidade escalar (Phys.) scalar speed

velocidade estelar (Astro.) stellar velocity

velocidade final (Aero.) end speed; terminal velocity

velocidade hiperbólica (Astro.) hyperbolic speed

velocidade hiper-sónica (Aero.; Space) hypersonic velocity; hypersonic speed

velocidade instantânea de reacção (Chem.) instantaneous velocity of reaction

velocidade iónica (Chem.) ion velocity

velocidade lateral (Aero.) lateral velocity

velocidade limite (Aero.) limiting velocity

velocidade livre (Elect.) free-running velocity

velocidade máxima de gravação (disco de vinil) (Telecom.) peak recorded velocity

velocidade máxima de voo (Aero) maximum flying speed

velocidade mínima de sustentação (Aero.) minimum flying speed

velocidade mínima de voo (Aero.) minimum flying speed

velocidade no solo (Aero.) ground-speed

velocidade parabólica (Astro.) parabolic velocity

velocidade radial (Astro.) line-of-sight velocity; radial velocity

velocidade relativa ao solo (Aero.) groundspeed

velocidade relativa equivalente (Aero.) equivalent air speed

velocidade relativa indicada (Aero.) indicated airspeed

velocidade sónica (Aero.) sonic speed; velocity of sound

velocidade subsónica (Aero.) subsonic speed

velocidade superficial (Astro.) areal velocity

velocidade superior a Mach 5 (Aero.; Space) hypersonic velocity

velocidade supersónica (Aero.) supersonic speed; transonic speed

velocidade uniforme (Phys.) uniform speed

velocímetro (Mech.) speedmeter; speed indicator

veludilho (Text.) velour

veludo (Text.) velvet

veludo cotelé (Text.) corduroy

velvetina (Text.) velveteen

venação (Med.) venation

vendaval (Meteo.) storm gale

veneno catalítico (Chem.) catalytic poison

veneno de fissão (Nucl.) fission poison

veneno neutrónico (Phys.) neutron poison

veneno nuclear (Chem.) nuclear poison

venenos de resina (MINING) resin poisons
venenoso (ZOO.) venomous
veneziana (BUILD.) louvre, louver; Venetian blind; canallete blind
veneziana florentina (BUILD.) air shaft
veneziano (PRINT.) Venetian
venografia (MED.) venography
venosclerose (MED.) venosclerosis
ventifacto (GEO.) dreikanter
ventilação (MECH.) airing ; venting
ventilação (MINING) face-airing
ventilação equilibrada (ENG.) balanced draught
ventilação lateral (MECH.) venting side
ventilação principal (MINING) blowing road
ventilação seca (MINING) dry blowing
ventilador (AERO) vent
ventilador (MECH.) blower; fan; bellows
ventilador (MINING) blower
ventilador auxiliar (MECH.) booster fan
ventilador centrífugo (MECH.) centrifugal fan; fan blower
ventilador com descarga de ar oblíqua (MECH.) obliquely discharging fan
ventilador contra geadas (METEO.) frosted fan
ventilador de descarga (MECH.) exhaust fan
ventilador de extracção (BUILD.) extract ventilator
ventilador de extracção (MECH.) extraction fan
ventilador de hélice (MECH.) propeller fan
ventilador de palhetas (MECH.) wing fan
ventilador de recirculação (MECH.) recirculating fan
ventilador de roda de pás (MECH.) paddler-wheel fan
ventilador de tanque (AERO.) tank vent pipe
ventilador eléctrico (ELECT.) electrical fan
ventilador excêntrico (BUILD.) hit-and-miss ventilator
ventilador helicoidal (MECH.) pro peller fan
ventilador local (BUILD.) local vent
ventilador por admissão periódica (BUILD.) hit-and-miss ventilator
ventilador principal (MINING) main airway
vento (METEO.) wind
vento ageostrófico (GEO.) ageostrophic wind
vento alísio (GEO.) trade wind
vento anabático (METEO.) anabatic wind
vento ascendente (METEO.) rising wind
vento catabático (METEO.) katabatic wind
vento ciclostrófico (METEO.) cyclostrophic wind
vento contrário (NAV.) dead wind; foul wind
vento cortante (METEO.) sharp wind
vento cruzado (METEO.) crosswind
vento da hélice (AERO.) propeller draught

vento de convecção (METEO.) temperature wind
vento de eclipse (ASTRO.) eclipse wind
vento de Euler (METEO.) Eulerian wind
vento de feição (NAV.) large wind
vento de föhn (GEO.) foehn wind
vento de gradiente (METEO.) gradient wind
vento de leste (Madeira e Norte de África) (GEO.) leste
vento de monção (METEO.) monsoon wind
vento de montanha (GEO.) berg wind
vento de montanha (Danúbio) (GEO.) Kosava
vento de montanha (Mediterrâneo) (GEO.) tramontana
vento de nordeste (Mar Adriático) (GEO.) bora
vento de nordeste (Rússia) (GEO.) buran
vento de noroeste (Golfo Pérsico) (GEO.) shamal
vento de noroeste (Mar Adriático) (GEO.) maestro
vento de norte no Mar Egeu (Grécia) (GEO.) etesian winds
vento de norte no Mar Egeu (Turquia) (GEO.) meltemi
vento de Oeste (América do Norte) (GEO.) chinook
vento de oeste (Mediterrâneo) (GEO.) ponente
vento descendente (METEO.) falling wind
vento de sudeste (Curdistão) (GEO.) reshabar
vento de sudoeste (Gibraltar) (GEO.) vendavale
vento de superfície (METEO.) surface wind
vento de tufão (METEO.) typhoon wind
vento diferencial (METEO.) differential wind
vento dominante (METEO.) dominant wind
vento do norte (METEO.) north wind; aquilon
vento do norte (Golfo do México) (GEO.) norther
vento do norte (Irão) (GEO.) seistan wind
vento do norte (Mediterrâneo Ocidental) (GEO.) mistral
vento do norte de áfrica (Espanha) (GEO.) leveche
vento do sul (Norte de África) (GEO.) khamsin
vento eléctrico (ELECT.) electric wind
vento em altura (METEO.) upper wind
vento estelar (ASTRO.) stellar wind
vento Föhn (METEO.) Föhn wind
vento fresco (METEO.) loom gale
vento frontal (METEO.) headwind
vento geostrófico (METEO.) geostrophic wind
vento glacial (GEO.) firn wind
vento gradiente em anticiclone (METEO.) gradient wind in anticyclone
ventoínha do processador (COMP.) processor fan
ventoinhas de turbilhão (AERO.) swirl vanes

vento ionosférico (METEO.) ionospheric wind
vento isalobárico (METEO.) isallobaric wind
vento lateral (METEO.) lateral wind
vento local (METEO.) local wind
vento muito forte (METEO.) gale
vento penetrante (METEO.) cutting wind
vento provocado (NUCL.) afterwind
vento relativo (METEO.) relative wind
vento resultante (METEO.) resultant wind
ventosa (ZOO.) sucker
ventos alísios (METEO.) trade winds; trades
ventos alísios intertropicais (METEO.) intertropical trades
ventos continentais (METEO.) continental winds
ventos fortes de oeste (entre os 40 e 50° de latitude Sul) (GEO.) roaring forties
vento solar (SPACE) solar wind
ventos planetários (METEO.) planetary winds
vento tempestuoso (METEO.) strong gale
vento térmico (METEO.) thermal wind
ventral (GEN.) ventral
ventral (ZOO.) ventral; hypaxial
ventre (ZOO.) paunch; venter
ventrículo (ZOO.) ventricle; ventriculous
ventrículo de Morgagni (ZOO.) Morgagni's ventricle
ventrículo de Sílvio (MED.) Sylvian ventricle
ventriculografia (RADIO.) ventriculography
ventriculomastoidostomia (MED.) ventriculomastoidostomy
ventriculoplastia (MED.) ventriculoplasty
ventrifixação (MED.) ventrifixation; ventrofixation
ventriloquismo (PHYS.) ventriloquism
ventrissuspensão (MED.) ventrisuspension
ventrofixação (MED.) ventrofixation; ventrifixation
ventrossuspensão (MED.) ventrosuspension
venturi (AERO) venturi
vénula (ZOO.) venule
vénulas pós-capilares (IMMUN.) postcapillary venullae
Vénus (ASTRO.) Venus
verão (GEO.) verano
verapamil (CHEM.; MED.) verapamil
veratrine (MED.) veratrine
Verbanáceas (BOT.) Verbanaceae
verde antigo (CHEM.) brilliant green
verde de bromo-cresol (CHEM.) brom-cresol green
verde de malaquite (CHEM.) malachite green
verde de Paris (CHEM.) Paris green
verde de Scheele (CHEM.) Scheele's green
verdete (CHEM.) verdigris
verdito (MINER.) verdite
vergôntea (BOT.) runner; shoot
vergôntea longa (BOT.) long shoot

verificação (GEN.) verification; check; control
verificação aritmética (COMP.) arithmetic check
verificação automática (COMP.) built-in check; automatic check
verificação de alarmes (ELECTRON.) alarm verification
verificação de erro (ELECTRON.) error checking
verificação de problema (COMP.) problem check
verificação de sequência (COMP.) sequence check
verificação de tensão (ELECT.) voltage check
verificação matemática (MATH.) mathematical check
verificação por onda quadrada (ELECTRON.) square-wave testing
verificador (ELECT.) checker
verificador de isolamento (ELECT.) insulation tester
verificador de ruído (ELECTRON.) noise tester
verificador de transístor (ELECT.) transistor checker
verificador de válvulas (ELECTRON.) tube checker
verificador lógico (COMP.) logic probe
verme (ZOO.) worm; vermis
vermelhão (CHEM.) vermillion
vermelho Congo (CHEM.) Congo red
vermelho de clorofenol (CHEM.) chlorophenol red
vermelho de cresol (CHEM.) cresol red
vermelho inglês (BUILD.; CHEM.) rouge
vermelho tripano (BIO.) trypan red
vermelho-verde-azul (IMAGE TECH.) red-green-blue
vermiculação (BUILD.) vermiculation
vermiculite (MINER.) vermiculite
vermículo (ZOO.) vermicule
vermiforme (ZOO.) vermiform
vermífugo (MED.) vermifuge
vérmis (ZOO.) vermix
vernação (BOT.) vernation; ptyxis
vernal (ECO.) vernal
vernalização (BOT.) vernalization
vernier (MECH.) vernier
verniz (BUILD.) varnish
verniz à base de álcool (BUILD.) spirit varnish
verniz a óleo (BUILD.) oil varnish
verniz aplicado com boneca (BUILD.) French polish
verniz betuminoso (BUILD.) bitumen varnish
verniz de celulose (CHEM.) cellulose lacquer
verniz de cola de ouro (BUILD.) gold-size
verniz de cola de ouro japonês (BUILD.) Japanner's gold-size
verniz de polimento (BUILD.) flatting varnish
verniz isolador (ELECT.) insulating lacquer
verniz japonês (BUILD.) black japan
verniz litográfico (PRINT.) lithographic varnish
veronal (CHEM.; MED.) veronal; barbital

verruga (MED.; ZOO.) wart; verruca
verrugoso (BOT.) verrucose
verruma (BUILD.) screw-auger; auger
verruma (MECH.) drill chuck
verruma de meia-cana (BUILD.) podauger
verruma francesa (BUILD.) French bit
versão (MED.) version
versátil (BOT.; ZOO.) versatile
versicolor (BOT.; ZOO.) versicolourous
verso (PRINT.) verso
verstá (GEN.) verst (1,067m)
vértebra (ZOO.) vertebra
vertebrado (ZOO.) vertebrate
Vertebrados (ZOO.) Vertebrata
vértebras sagradas (ZOO.) sacral vertebrae
vertebrectomia (MED.) vertebrectomy
vertebroarterial (ZOO.) vertebrarterial
vertebrocondral (MED.) vertebrochondral
vertebroesternal (MED.) vertebrosternal
vertebrossacral (MED.) vertebrosacral
vertedor (BUILD.) spillway
vertedor à superfície (HYDRO.) surface weir
vertedor de lâmina contraída (HYDRO.) contracted weir
vertedor-sifão (BUILD.) siphon spillway
vertedura (HYDRO.) spill; spillover
vertente cilíndrica (ARCH.) cylindrical hip
vertente inteira (ARCH.) whole hip
vertente truncada (ARCH.) partial hip
vertical (BUILD.) upright; plumb
vertical (AUTO.) updraught
vértice (BUILD.) vertex; crown; cupola
vértice (GEN.) vertex; apex
vértice (MATH.) vertex; summit; apex; angle; point
vértice de arco (ARCH.) crown of arch
vértice de tecto (BUILD.) hip ridge
verticilado (BOT.) verticillate
verticilastro (BOT.) verticillaster
verticilo (BOT.) verticil; whorl
vertigem (MED.) vertigo
vertigem do pasto (VET.) grass sickness
vertigem dos ovinos (VET.) staggers; sturdy
vertigem temporária (MED.) blackout
vertigo (VET.) vertigo
vertisolos (ECO.) Vertisols
vesícula (MED.) bleb; ampulla
vesícula (GEN.) blister
vesícula (BOT.; ZOO.) ampulla
vesícula biliar (ZOO.) gall bladder
vesícula espinhosa (BOT.) spiny vesicle
vesícula revestida (BIO.) coated vesicle
vesículas branquiais (ZOO.) dermal branchiae
vesículas corticais (BIO.) cortical vesicles
vesícula seminal (ZOO.) seminal receptacle
vesículas fusogénicas (BIO.) fusogenic vesicles
vesículas sinápticas (ZOO.) synaptic vesicles
vesículo endocítico (BIO.) endocytic vesicle

Vestefaliano (GEO.) Westphalian
vestígio (GEO.) trace element
vestígio de feixe (TELECOM.) footprint
vestígio de folha (BOT.) leaf trace
vestígio fóssil (GEO.) fossil trace
vesuvianite (MINER.) vesuvianite; idocrase
vesuvina (CHEM.) Bismarck brown
véu (IMAGE TECH.) fog
véu (ZOO.) caul
véu (BOT.; ZOO.) veil; velum
véu parcial (BOT.) partial veil
véu universal (BOT.) universal veil
vexilo (BOT.) vane
via (MED.) iter
via (ZOO.) tract
via aérea (AERO.) airway; air route
via aérea respiratória (MED.) airway
via alimentar (MED.) alimentary canal (mouth to anus)
via alternativa (TELECOM.) alternative routing
via alternativa de activação complementar (IMMUN.) alternative pathway of complement activation
via auxiliar (COMP.) by-path
via de acesso (COMP.) port; gate; gateway
via de aproximação (AERO.) approach way
via de percurso (ENG.) track
via de rede (COMP.) network path
via estreita (BUILD.) light railway
via férrea de cremalheira (BUILD.) rack railway
viagem lunar (SPACE) lunar trip
via Hatch-Stack (BOT.) Hatch-Stack pathway
Via Láctea (ASTRO.) Milk Way
via permanente (BUILD.) permanent way
via piramidal (ZOO.) pyramidal tract
via principal (COMP.) highway; main path
vias de processamento (MINING) processing routes
vibração (AERO.) flutter
vibração (ELECT.; IMAGE TECH.; TELECOM.) chatter; pulse
vibração (GEN.) vibration; oscillation
vibração de alta frequência (TELECOM.) high-frequency vibration
vibração de induzido (ELECT.) armature chatter
vibração de perda de velocidade (AERO.) stall flutter
vibração em regime permanente (PHYS.) steady-state vibration
vibração forte (AERO.) buzz
vibração harmónica (PHYS.) harmonic vibration
vibração induzida (PHYS.) induced oscillation
vibração livre (PHYS.) free vibration
vibração piezoeléctrica (PHYS.) piezoelectric vibration
vibração simétrica (AERO.) symmetrical flutter
vibração térmica (PHYS.) thermal vibration
vibração transversal (ELECTRON.) thickness vibration
vibrações (PHYS.) vibrations; beats (Acoustics)

vibrações acopladas (Phys.) coupled vibrations

vibrador (Mining) pulsator

vibrador de meia-onda (Elect.) half-wave vibrator

vibrador de onda completa (Elect.) full-wave vibrator

vibrador do comando (Aero.) stick shaker

vibrador electromagnético (Elect.) electromagnetic vibrator

vibrador Kapp (Elect.) Kapp vibrator

vibrador síncrono (Elect.) synchronous vibrator

vibrissas (Zoo.) filoplumes

vicariante (Eco.) vicariad

viciado (Med.) addict

vício de engolir (Vet.) crib-biting

vida de neutrão (Phys.) neutron lifetime

vida do ião (Phys.) ion life

vida média volumétrica (Electron.) volume lifetime

vida selvagem (Eco.) wildlife

vida útil (Elect.) useful life

vida útil provável (Phys.) probable working life

vídeo (Image Tech.) video

vídeo a pedido (Image Tech.) video on demand

vídeo analógico (Image Tech.) analogue video

vídeo comprimido (Image Tech.) compressed video

vídeo de longa duração (Image Tech.) LP video

vídeo de tubo de raios catódicos (Comp.) cathode-ray tube display

video interactivo (Image Tech.) interactive video

vídeo interactivo (Comp.) Prestel

vídeo NTSC (Image Tech.) NTSC video

videoconferência (Telecom.) videoconferencing

videotelefone (Telecom.) Videotelephony

vidraça (Build.) light

vidraça de corrediça (Build.) hung sash

vidraça de suspensão (Build.) hanging sash

vidraças com chumbo (Build.) leaded lights

vidraças marginais (Build.) margin lights

vidraceiro (Build.) glazier

vidro (Gen.) glass

vidro (Glass) glass; light

vidro-A (Glass) A-glass

vidro anti-solar (Glass) antisolar glass

vidro cálcico (Glass) bottle glass

vidro celular (Glass) cellular glass

vidro colorido (Build.) stained glass

vidro comum (Glass) crown glass

vidro corado (Glass) dark glass

vidro de borossilicato (Glass) borosilicate glass

vidro de chumbo (Glass) flint glass; lead glass

vidro de cobertura (Image Tech.) cover glass

vidro de espelho (Phys.) plate glass

vidro de filtrar (Image Tech.) filter glass

vidro de lantânio (Glass) lanthanum glass

vidro de lava preta (Geo.) black lava glass

vidro de moscóvia (Miner.) Muscovy glass

vidro de quartzo (Glass) quartz glass

vidro de segurança (Glass) safety glass

vidro de Wood (Glass) Wood's glass

vidro doce (Glass) sweet glass

vidro duro (Chem.; Glass) hard glass

vidro fotossensível (Glass) photosensitive glass

vidro incolor de alto poder refractivo (Glass) strass

vidro incolor transparente (Glass) white glass

vidro invisível (Phys.) invisible glass

vidro laminado (Glass) laminated glass ; flashed glass; sheet glass

vidro natural (Geo.) natural glass

vidro obscurecido (Glass) obscured glass

vidro opalino (Glass) opal glass

vidro óptico (Glass) optical glass

vidro óptico de alta dispersão (Glass) optical flint

vidro produzido por processo manual sem uso de formas (Glass) offhand glass

vidro protector de raios X (Glass) X-ray protective glass

vidro silicioso (Glass) silica glass

vidro solúvel (Chem.) water glass

vidro temperado (Glass) toughened glass

viés (Text.) bias binding

viga (Build.) baulk; joist; rib; batten

viga armada (Build.) composite beam; fish-beam

viga armada com dois pendurais (Build.) queen truss

viga auxiliar (Mech.) pony girder

viga caixão (Build.) box girder

viga com aba superior em arco (Build.) polygonal bowstring girder

viga composta (Build.) compound girder

viga comum (Build.) jack rafter

viga contínua (Build.) through beam

viga contínua (Mech.) continuous beam; continuous girder

viga curta (Mech.) curve beam

viga de aço laminado (Mech.) rolled steel joist

viga de alma cheia (Mech.) plate girder

viga de cavalete (Build.) ridge purlin

viga de encaixe (Build.) dragging beam; dragon-beam

viga de fachada principal (Build.) top beam

viga de fundação (Build.) foundation beam; foundation girder

viga de guarnição (Build.) wall plate

viga de ligação (Build.) connector

viga de lombada (Build.) hog-bar girder

viga de ponte Neville (Build.) Neville bridge girder

viga de suspensão (Build.) rider beam; head

viga de sustentação do soalho (Build.) floor joist

viga de treliça (Mech.) lattice girder

viga de Warren (Build.) Warren girder

viga em ângulo (Build.) angle rafter

viga em esquadria (Arch.) hip

viga em H (Build.) H-girder

viga em H (Mech.) H-beam

viga em meia treliça (Build.) half-lattice girder

viga em T (Build.) T-beam

viga encastrada (Build.) fixed beam

viga estrutural (Mech.) structural beam

viga fundamental (Build.) ground sill

viga horizontal de sustentação (Build.) head race

viga inteiriça (Build.) plain girder

viga interna (Build.) inside girder

vigamento (Build.) girderage; principal; timberling

vigamento (Gen.) framework; timber; wood

vigamento de estrutura aberta (Mech.) open-frame girder

vigamento de grua para doca seca (Build.) slip framework

vigamento de telhado (Build.) roof truss

vigamento traseiro (Build.) tail joist; tail beam

viga-mestra (Build.) plinth block

viga-mestra (Mech.) girder

viga-mestra (Build.) architrave block ; bridle ; main girder

viga-mestra de apoio (Build.) ceiling joist; bridging joist

viga-mestra de soalho (Build.) binding joist

viga-mestra mista (Build.) composite truss

viga-mestra tipo belga (Build.) Belgian truss

viga-mestra transversal (Build.) transverse architrave

viga Pratt (Mech.) Pratt truss

viga principal (Build.) main beam

viga principal lenticular (Mech.) lenticular girder bridge

viga saliente (Build.) close timbering; cantilever

viga secundária (Arch.) trimmed joist; trimmer ; secondary beam

vigas transversais (Mech.) cross girders

viga suporte de tecto (Build.) crown bar

viga transversal (Build.) transverse joist; middle girder

viga transversal (Build.) beam

viga travadora (Build.) braced girder

vigésima parte de uma resma de papel (Paper) quire

vigia de segurança (Build.) fixed sash

vigilância (Radiol.) monitoring

vigilância aérea (Aero.) air surveillance

vigilância por radar (Aero.) radar surveillance

vigilânia de voo (Aero.) flight watch

vigor híbrido (Bio.) hibrid vigour

vigota de reforço (Build.) girth strip

vilemite (MINER.) willemite

vilosidade (BIO.) brush border; villus

vimentina (BIO.) vimentin

vinculina (BIO.) vinculin

vínculo de saída (COMP.) output link

vinheta de fim de capítulo (PRINT.) tailpiece

vinilo esponjoso (PLAST.) spongy vynil

vinilo flexível (PLAST.) flexible vinyl

vintaíte (MINER.) uintaite; gilsonite

violento (GEN.) violent; hot

violeta de genciana (CHEM.) gentian violet; crystal violet

violeta de metilo (CHEM.) methyl violet

violeta de Perkin (CHEM.) Perkin's mauve

violeta genciana (CHEM.) crystal violet; gencian violet

violeta visual (PHYS.) iodopsin

viomicina (BIO.) viomycin

virada (AERO.) turn

viragem à esquerda (AERO.) left-hand turn

viragem com motor (AERO.) power turn

viragem constante (AERO.) steady turn

viragem em espiral (AERO.) spiral turn

viragem vertical (AERO.) vertical turn; vertical bank

virão (BIO.) virion

vírgula binária (COMP.) binary point

vírgula décimal assumida (COMP.) assumed decimal point

vírgula décimal real (COMP.) actual decimal point

virial de Clausius (PHYS.) Clausius virial

virilha (MED.) groin

virola do corpo da caldeira (MECH.) shell belt

vírus (COMP.) bug

vírus (BIO.; MED.) virus (pl.viruses)

vírus adenoideofaríngeoconjuntival (BIO.; MED.) adenovirus

vírus ajudante (BIO.) helper virus

virus bacteriano (BIO.; MED.) bacterial virus

vírus da encefalomielite porcina (VET.) porcine encephalomyelitis virus

vírus da febre de Lassa (BIO.; MED.) Lassa fever virus

vírus da hepatite (BIO.; MED.) hepatitis virus

vírus da imunodeficiência humana (IMMUN.) human immunodeficiency virus

vírus da leucémia da célula T (IMMUN.) T-cell leukaemia virus

vírus de Epstein-Barr (BIO.) Epstein-Barr virus

vírus de leucemia murina (BIO.; MED.) murine leukemia virus [MuLV]

vírus de Marburg (BIO.; MED.) Marburg virus

vírus de sarcoma felino (BIO.) feline sarcoma virus [FSV]

vírus de sarcoma murino (BIO.; MED.) murine sarcoma virus

vírus do mosaico do tabaco (BIO.) Tobacco mosaic virus [TMV]

vírus do papiloma (BIO.) papilloma virus

vírus do polioma (MED.) polyoma virus

vírus do sarcoma de Rous (BIO.; MED.) Rous sarcoma virus [RSV]

vírus endógeno (BIO.; MED.) endogenous virus

vírus entérico (BIO.) enterovirus

vírus imperfeito (BIO.) defective virus

vírus informático (COMP.) virus

vírus integrado (COMP.) integrated virus

vírus lento (MED.) slow virus

vírus lítico (BIO.; MED.) lytic virus

vírus oncogénico (BIO.) oncogenic virus

vírus pustular (BOT.) pox virus

vírus quarenta (40) dos símios (BIO.) simian virus 40

vírus Sendai (BIO.; MED.) Sendai virus

vírus simples do Herpes (BIO.) Herpes simplex virus [HSV]

virus tumoral (BIO.) tumor virus

visão (PHYS.) sight

visão amarela (MED.) yellow vision

visão bi-ocular (GEN.) binocular vision

visão colorida (MED.) chromatopsia

visão de computador (COMP.) computer vision

visão de cor (GEN.) colour vision

visão escotópica (PHYS.) scotopic vision

visão fotópica (PHYS.) photopic vision

visão periódica (PHYS.) recurrent vision

visão verde (MED.) chloropsia

viscosidade (BUILD.) ropiness

viscosidade absoluta (ENG.;PHYS.) absolute viscosity; coefficient of viscosity

viscosidade anómala (PHYS.) anomalous viscosity

viscosidade cinemática (PHYS.) kinematic viscosity

viscosidade de lama (MINING) mud viscosity

viscosidade dinâmica (PHYS.) coefficient of viscosity

viscosidade magnética (ELECT.) magnetic lag

viscosidade negativa (PHYS.) negative viscosity

viscosidade turbulenta (PHYS.) turbulent viscosity

viscosimetria sónica (PHYS.) sonic viscometry

viscosímetro de Redwood (MECH.) Redwood viscometer

viscoso (BUILD.) tacky

visibilidade em voo (AERO.) flight visibility

visibilidade horizontal (METEO.) horizontal visibility

visibilidade oblíqua (METEO.) oblique visibility

visibilidade reduzida (METEO.) reduced visibility

visibilidade vertical (METEO.) vertical visibility

visibilidade zero (METEO.) zero visibility

visível a olho nu (GEN.) megascopic

visor (IMAGE TECH.) finder

Visor A e R (RADAR) A and R scope

visor brilhante (IMAGE TECH.) brilliant viewfinder

visor de Albada (IMAGE TECH.) Albada viewfinder

visor de focagem (IMAGE TECH.) focusing screen

visor de linha brilhante (TELECOM.) bright-line viewfinder

visor de projecção (PHYS.) strain viewer

visor de visão directa (IMAGE TECH.) direct vision viewfinder

visor TV (IMAGE TECH.) TV viewfinder

visor universal (IMAGE TECH.) universal viewfinder

vista esquemática (ARCH.) cutway

vista parcial (IMAGE TECH.) partial view

visuais (IMAGE TECH.) opticals

visual (ZOO.) ocular

visualização digital (COMP.) digital display

visualização em mapa de bits (COMP.) bit-mapped display

vitalidade híbrida (BIO.) hybrid vigour

vitamina (BIO.; MED.) vitamin

vitela estéril (ZOO.) freemartin

vitelígeno (ZOO.) vitelligenous

vitelina (CHEM.) vitellin(e)

vitelo (ZOO.) vitellus ; yolk

vitiligo (MED.) vitiligo

vitrificação (NUCL.) glassification; vitrification

vitrinite (GEO.) vitrinite

vitríolo (CHEM.) blue vitriol

vitríolo azul (MINER.) chalcanthite

vitríolo branco (MINER.) white vitriol

vitríolo verde (MINER.) green vitriol; melanterite; copperas

vivianite (MINER.) vivianite

viviparidade (BOT.) viviparity

vivíparo (ZOO.) vivaparous

vivissecção (ZOO.) vivisection

vizinhança (MATH.) neighborhood; neighbourhood

voador (ZOO.) volant

voar (AERO.) fly

vogesito (MINER.) vogesite

voile (TEXT.) voile

volante (HORO.) fly; hand wheel

volante (MECH.) flier; flywheel

volante de compensação (HORO.) compensation balance

volante de inércia (SPACE) momentum wheel

volátil (CHEM.) volatile

volatilidade (CHEM.) fugacity; volatility

volatilidade relativa (CHEM.) relative volatility

volatilização (CHEM.) volatilization

volatilização (SPACE) burnup

volatilização subterrânea (MINING) underground volatization

volt (ELECT.; PHYS.) volt

volta (AERO.) loop

volta (GEN.) turn; rotation

volta (ELECT.) wind; turn

volta completa (AERO.) complete turn

volta criogénica (PHYS.) cryogenic gyro

volta de espera (AERO.) holding turn

volta do cadaste (NAV.) arch piece

voltado para a esquerda (BOT.; ZOO.) sinistrorse

voltagem (ELECT.; PHYS.) voltage; potential

voltagem activa (ELECT.) active voltage

voltagem baixa (ELECT.) low voltage

voltagem cerebral (MED.) brain voltage

voltagem crítica (ELECT.; PHYS.) critical voltage; critical potential

voltagem crítica de coroa (ELECT.) critical corona voltage

voltagem crítica de grade (ELECT.) critical grid voltage

voltagem crítica de magnetrão (ELECTRON.) magnetron critical voltage

voltagem crítica do ânodo (ELECT.) critical anode voltage

voltagem de alta tensão (ELECT.) high-tension voltage

voltagem de arco de impulso (ELECT.) impulse flashover voltage

voltagem de baixa tensão (ELECT.) low-tension voltage

voltagem de campo (ELECT.) field voltage

voltagem de captador (ELECT.) pick-up voltage

voltagem de carga (ELECT.) charging voltage

voltagem de controlo (ELECT.) control voltage

voltagem de corrente contínua (ELECT.) direct-current voltage

voltagem de corte (ELECT.) cut-off voltage

voltagem de decomposição (ELECT.) decomposition voltage

voltagem de desintegração (ELECT.) disintegration voltage

voltagem de engate (ELECT.) latch voltage

voltagem de entrada (ELECT.) input voltage

voltagem de entrada quiescente (TELECOM.) quiescent input voltage

voltagem de erro (ELECTRON.) error voltage

voltagem de excitação (ELECT.) excitation voltage

voltagem de extinção (ELECT.) extinction voltage

voltagem de fase (ELECT.) phase voltage

voltagem de filamento (ELECT.) filament voltage

voltagem de grade (ELECT.) grid voltage

voltagem de grade a grade (ELECT.) grid-to-grid voltage

voltagem de ignição (ELECT.; ELECTRON.) ignition voltage; striking voltage

voltagem de impedância (ELECT.) impedance voltage

voltagem de interrupção (ELECT.) breakdown voltage

voltagem de ionização (ELECTRON.) ionization voltage

voltagem de linha (TELECOM.) line width

voltagem de luminescência (ELECTRON.) glow potential

voltagem de malha (ELECT.) mesh voltage

voltagem de modo normal (ELECT.) normal mode voltage

voltagem de neutralização (TELECOM.) neutralizing voltage

voltagem de nodo (TELECOM.) node voltage

voltagem de penetração (ELECT.) reach-through voltage

voltagem de perfuração (ELECTRON.) punch-through voltage

voltagem de porta (ELECT.) gate voltage

voltagem de rampa (ELECT.) ramp voltage

voltagem de referência (ELECT.) reference voltage

voltagem de reignição (ELECT.) restriking voltage

voltagem de restabelecimento (ELECT.) recovery voltage

voltagem de retenção (ELECTRON.) sticking voltage

voltagem de retrocesso (ELECTRON.) flashback voltage

voltagem de saturação (ELECT.) saturation voltage

voltagem de transmissão (ELECT.) transmission voltage

voltagem de varredura horizontal (ELECTRON.) horizontal sweep voltage

voltagem diametral (ELECT.) diametrical voltage

voltagem directa (ELECT.) forward voltage

voltagem disruptiva (ELECT.) flashover voltage

voltagem disruptiva seca (ELECT.) dry sparkover voltage

voltagem do excitador (ELECT.) exciter voltage

voltagem do gerador (ELECT.; MECH.) generator voltage

voltagem extra-alta (ELECT.) extra-high voltage

voltagem final (ELECT.) final voltage

voltagem hexagonal (ELECT.) hexagon voltage

voltagem horizontal (ELECT.) horizontal voltage

voltagem indutiva (ELECT.) inductive voltage

voltagem induzida (ELECT.) induced voltage

voltagem inicial inversa (ELECT.) initial inverse voltage; initial reverse voltage

voltagem intermediária (ELECT.) cross-over voltage

voltagem intermitente (ELECT.) intermittent voltage

voltagem interna (ELECTRON.) internal voltage

voltagem inversa (ELECT.) inverse voltage

voltagem ionizante (ELECTRON.) ionizing voltage

voltagem máxima (ELECT.) peak voltage

voltagem máxima de campo (ELECT.) maximum field potential

voltagem máxima inversa de crista (ELECT.) maximum peak inverse voltage

voltagem média (ELECT.) medium voltage

voltagem moduladora (ELECTRON.) modulating voltage

voltagem negativa (ELECT.) negative voltage

voltagem nominal (ELECT.) nominal voltage; rated voltage

voltagem normal (ELECT.) normal voltage

voltagem nos terminais (ELECT.) terminal voltage

voltagem primária (ELECT.) primary voltage

voltagem reactiva (ELECT.) reactive voltage

voltagem rectificada de meia-onda (ELECT.) half-wave rectified voltage

voltagem secundária (ELECT.) secondary voltage

voltagem síncrona (ELECT.) synchronous voltage

voltagem transitória (ELECT.) transient voltage

voltagem unidireccional (ELECT.) unidirectional voltage

voltagem uniforme (ELECT.) uniform voltage

voltagens delta (ELECT.) delta voltages

voltâmetro (ELECT.) voltameter

voltampere (ELECT.) volt-ampere

voltampere activo (ELECT.) active volt-ampere

voltampere-hora reactivo (ELECT.) reactive volt-ampere-hour

voltampere reactivo (PHYS.) reactive volt-ampere

voltamperes (volt-amperes) (ELECT.) volt-ampere-hour

voltas de controlo (ELECT.) control turns

volt equivalente (ELECT.) equivalent volt

voltímetro (ELECT.) voltmeter; potential indicator; coulometer

voltímetro compensado (ELECT.) compensated voltmeter

voltímetro de alta resistência (ELECT.) high-resistance voltmeter

voltímetro de bobina móvel (ELECT.) moving-coil voltmeter

voltímetro de coroa (ELECT.) corona voltmeter

voltímetro de corrosão (ELECT.) corrosion voltmeter

voltímetro de crista (ELECT.) crest voltmeter

voltímetro de cristas (TELECOM.) peak programme meter

voltímetro de diodo (ELECT.) diode voltmeter

voltímetro de estado sólido (ELECTRON.) solid-state voltmeter

voltímetro de fio aquecido (ELECT.) hot-wire voltmeter

voltímetro de núcleo variável (ELECT.) moving-iron voltmeter

voltímetro de prata (ELECT.) silver voltmeter

voltímetro de Sumpner (ELECT.) Sumpner wattmeter

voltímetro de tubo de vácuo (ELECT.) vacuum tube voltmeter

voltímetro de válvula (ELECT.) valve voltmeter
voltímetro diferencial (ELECT.) differential voltmeter
voltímetro digital (ELECTRON.) digital voltmeter [DVM]
voltímetro electrónico (ELECT.) electronic voltmeter
voltímetro electrostático (ELECT.) electrostatic voltmeter
voltímetro multicelular (ELECT.) multicellular voltmeter
voltímetro rectificador (ELECT.) rectifier voltmeter
volt-ohmímetro (ELECT.) volt-ohmmeter
volt-ohm-miliamperímetro (ELECT.) volt-ohm-miliameter
volume (PHYS.) bulkiness
volume (GEN.) volume
volume (PAPER) bulk
volume atómico (CHEM.) atomic volume
volume corrente (BIO.) tidal volume
volume crítico (PHYS.) critical volume
volume da câmara de compressão (MECH.) clearance volume of cylinder
volume da molécula-grama (CHEM.) gram(me)-molecular volume
volume de ar (GEN.) air volume
volume de câmara de combustão (AERO.) chamber volume
volume de câmara de combustão (MECH.) clearance volume
volume de eluição (BIO.; CHEM.) elution volume
volume de escavação em jardas cúbicas (BUILD.) yardage
volume de flutuador (AERO.) float volume
volume de memória de massa (COMP.) mass storage volume
volume de recuperação (COMP.) recovery volume
volume de referência (ELECT.) reference volume
volume de trabalho (COMP.) work volume
volume específico (PHYS.) specific volume
volume incompressível (CHEM.) incompressible volume
volume lógico (COMP.) logical volume
volume máximo operativo (HYDRO.) maximum reservoir capacity
volume molar (CHEM.) molar volume
volume molecular (CHEM.) molecular volume

volume primário (COMP.) primary volume
volume reduzido (PHYS.) reduced volume
volume residual (MECH.) residual volume
volume sensitivo (PHYS.) sensitive volume
volúmetro (PHYS.) VU-meter (Acoustics)
voluta (ARCH.) scroll; roll
volúvel (BOT.) twiner
volva (BOT.) volva
volvo (volvolo) (MED.) volvulus
vómer (ZOO.) vomer
voo assimétrico (AERO.) asymmetric flight
voo bárico (AERO.) pressure-pattern flying
voo cego (AERO.) artificial flight; blind flight; blind flying
voo com motor (AERO.) mechanical flight
voo com vento de cauda (AERO.) fly downwind
voo com vento de través (AERO.) fly crosswind
voo de acrobacia (AERO.) fancy flying
voo de geometria variável (AERO.) variable sweep
voo de inércia (ASTRO.) coasting flight
voo de mergulho a grande velocidade (AERO.) fast dive
voo de prova (AERO.) check flight
voo em espiral (AERO.) corkscrewing
voo em velocidade mínima (AERO.) mush
voo espacial tripulado (SPACE) manned space flight
voo estabilizado (AERO.; SPACE) stabilized flight
voo lento (AERO.) slow speed flight
voo livre (ASTRO.) free flight
voo normal (AERO.) normal flight
voo no topo (AERO.) flight on top
voo nupcial (ZOO.) nuptial flight
voo parabólico (SPACE) parabolic flight
voo picado (AERO.) nose dive
voo planado (AERO.) gliding
voo planado normal (AERO.) normal glide
voo por contacto (AERO.) contact flight
voo por feixe de sinalização eléctrica/electrónica (AERO.) fly-by-wire

voo por feixe óptico (AERO.) fly-by-light
voo por instrumentos (AERO.) instrument flight
voo por radar (AERO.) fly-by-radar
voo sem motor (AERO.) flight without power
voo simulado em câmara de compressão (ASTRO.) chamber flight
vórtice (AERO.) vortex
vórtice (ZOO.) whorl
vórtice de bordo de fuga (AERO.) trailing edge vortex
vórtice de Rankine (PHYS.) Rankine vortex
vórtice livre (METEO.) free vortex
vórtice nocturno polar (GEO.) polar night vortex
vórtice simples (METEO.) simple vortex
vorticidade planetária (METEO.) planetary vorticity
vorticidade potencial (METEO.) potential vorticity
vorticidade potencial de Ertel (METEO.) Ertel potential vorticity
Vostok (SPACE) Vostok (Sovietic spaceships)
Voyager (SPACE) Voyager (NASA program)
voyeurismo (PSYCHO.) voyeurism; scopophilia
voz artificial (PHYS.) artificial voice
voz de cio (ZOO.) rut
voz off (IMAGE TECH.) voice over
vrille (AERO.) spin
vulcanite (CHEM.; GEO.) vulcanite
vulcanização da borracha (CHEM.) vulcanization of rubber
Vulcano (ASTRO.) Vulcan (hypothetic planet)
vulcão (GEO.) volcano
vulcão de areia (GEO.) sand volcano
vulcão de lama (GEO.) mud volcano
vulcão embrionário (GEO.) maar
vulcão lunar (ASTRO.) lunar volcano
vultex (CHEM.) vultex
vulva (ZOO.) vulva
vulvar (ZOO.) vulval; vulvar
vulvectomia (MED.) vulvectomy
vulvismo (MED.) vulvism
vulvite (MED.) vulvitis
vulvocrural (MED.) vulvocrural
vulvouterino (MED.) vulvouterine
vulvovaginal (MED.) vulvovaginal
vulvovaginite (MED.) vulvovaginitis

wacke (GEO.) wacke
wad (uade) (GEO.; MINING) wad
warfarina (CHEM.) warfarin
warfarina sódica (CHEM.) warfarin sodium
Watt (PHYS.) Watt
watt de luz (PHYS.) light watt
Watt hora (unidade de energia eléctrica) (ELECTRON.) Watt-hour
wattímetro compensado (ELECT.) compensated wattmeter

wattímetro de fio aquecido (ELECT.) hot-wire wattmeter
wattímetro de palheta (PHYS.) vane wattmeter
wattímetro electrodinâmico (ELECT.) electrodynamic wattmeter
wattímetro electrónico (ELECT.) electronic wattmeter
wattímetro electrostático (ELECT.) electrostatic wattmeter

watt síncrono (ELECT.) synchronous watt
WC (BUILD.) water closet
Weber (unidade SI de fluxo magnético) (ELECTRON.) Weber
Wenlockiano (GEO.) Wenlock
wronskiano (MATH.) Wronskian
wulfenite (MINER.) wulfenite
wurtzite (MINER.) wurtzite
wyomingito (GEO.) wyomingite

xalostoquita (Miner.) xalostocite
xantalina (Chem.) xanthaline
xantato de celulose (Chem.) cellulose xanthate
xantatos (Chem.) xanthates
xantelasma (Med.) xanthelasma
xanteno (Chem.) xanthene
xântico (Gen.) xanthic
xantina (Chem.) xanthin
xantina beta (Bot.) betaxanthin
xantinol niacinato (Chem.; Med.) xanthinol niacinate
xantinúria (Med.) xanthinuria
xantismo (Med.) xanthism
xantitânio (Miner.) anatase
xantocromia (Med.) xanthochromia
xantoderma (Med.) xanthoderma
xantofíceas (Bot.) xanthophyceae
xantófila (Chem.) xanthophyll
xantófilas (Bot.) xantophylls
xantofilite (Miner.) xanthophyllite
xantófilo (Bot.; Zoo.) xanthophyll
xantóforo (Zoo.) xanthophore; ochrophore
xantoma (Med.) xanthoma
xantoproteico (Chem.) xanthoproteic
xantoproteína (Chem.) xanthoprotein
xantópsia (Med.) xanthopsia
xantose (Med.) xanthosis
xantosina (Chem.) xanthosine
xantungue (Text.) shantung
xénia (Bot.) xenia
xenil (Chem.) xenyl
xenilamina (Chem.) xenylamine
xenobiótico (Eco.) xenobiotic

xenocristal (Geo.) xenocryst
xenodiagnose (Med.) xenodiagnosis
xenoenxerto (Med.) xenograft
xenogamia (Bot.) xenogamy
xenogénico (xenogenético) (Immun.) xenogeneic
xenólito (Geo.) xenolith
xenomórfico (Miner.) xenomorphic
xénon (Chem.) xenon
xenoparasita (Med.) xenoparasite
xenotima (Miner.) xenotime
xerodermia (Med.) xeroderma; xerodermia
xerodermia pigmentosa (Med.) xeroderma pigmentosum
xerofilo (Eco.) xerophile
xerófita (Bot.) xerophyte
xerografia (Print.) xerography
xeromenia (Med.) xeromenia
xeromórfico (Bot.) xeromorphic
xeromorfismo (Bot.) xeromorphism
xerorradiografia (Radio.) xeroradiography
xerose (Med.) xerosis
xero-sere (Bot.) xerosere
xerostomia (Med.) xerostomia
xerotripsia (Med.) xerotripsis
xifisterno (Zoo.) xiphisternum
xifoideu (xifóide) (Zoo.) xiphoid
xilema (Bot.) xylem
xilema primário (Bot.) primary xylem; polyarch
xilema secundário (Bot.) secondary xylem
xileno (Chem.) xylene

xilenobacilina (Chem.) xylenobacillin
xilenóis (Chem.) xylenols
xilenol (Chem.) xylenol
xilidina (Chem.) xylidine
xilileno (Chem.) xylylene
xililo (Chem.) xylyl
xilófago (Zoo.) xylophagus
xilófilo (Zoo.) xylophilous
xilógene (Bot.; Zoo.) xylegenous
xilogravura (Print.) woodcut
xilol (Chem.) xylol
xilonite (Plast.) xylonite
xilopala (Miner.) wood opal
xilopiranose (Chem.) xylopyranose
xilose (Chem.) wood sugar ; xylose
xilótomo (Zoo.) xylotomous
xisto (Geo.) schist
xisto argiloso (Geo.) shale
xisto azul (Geo.) blue schist
xisto betuminoso (Geo.; Mining) bituminous shale
xisto de óleo (Geo.) oil-shale
xisto ferruginoso (Miner.) ferruginous schist
xisto-horneblêndico (Geo.) hornblende-schist
xisto micáceo (Miner.) micaceous schist
xisto pelítico (Geo.) pelitic schist
xisto psamítico (Geo.) psammitic schist
xistos de Shale (Geo.) Burgess Shale
xistosidade (Geo.) schistosity
xonotlite; xonaltite; xonalite (Miner.) xonotlite

yoderita (silicato de magnésio e alumínio) (MINER.) yoderite

Zz

zangão (ZOO.) drone
zarcão (CHEM.) red lead; orange lead
Zechstein (GEO.) Zechstein
Zener amplificado (ELECTRON.) amplified Zener
zénite (ASTRO.) zenith; vertex
zeolite (CHEM.; MINER.) zeolite
zero (MATH.) zero
zero absoluto (PHYS.) absolute zero
zero da escala termométrica (PHYS.) ice point; freezing point
zero de distância (AERO.) range zero
zigapófise (ZOO.) zygapophysis (Pl. zygapophyses)
zigodáctilo (ZOO.) zygodactylous
zigoma (ZOO.) zygoma
zigomático (ZOO.) zygomatic
zigomicetes (zigomicetos) (BOT.) zygomycetes; zygomycotina
zigomórfico (BOT.) zygomorphic
zigonema (BOT.) zygonema
zigósporo (BOT.; ZOO.) zygospore
zigotena (BIO.) zygotene
zigótico (BOT.; ZOO.) zygotic
zigoto (ZOO.) amphiont
zigoto (BOT.; ZOO.) zygote
zigoto móvel (BOT.) planozygote
ziguezaguear (AERO.) snaking
zigurate (ARCH.) ziggurat
zimbório (ARCH.) dome; dominal vault
zimógeno (BIO.) zymogen
zimosan (IMMUN.) zymosan
zimose (CHEM.) zymosis
zimosterol (CHEM.) zymosterol
zimotecnia (CHEM.) zymotechny
zincato (CHEM.) zincate
zincite (MINER.) zincite; red oxide of zinc; red zinc ore
zinckenite (MINER.) zinckenite
zinco (CHEM.) zinc
zinco (PRINT.) zinco
zinco electrolítico (MECH.) electrolytic zinc
zinco quase puro (MECH.) spelter
zinco redistilado (PHYS.) redistilled zinc
zinnwaldite (MINER.) zinnwaldite
zinogenético (ZOO.) zynogenetic
zircão (MINER.) zircon; jacinth; hyacinth; jargon; jargoon
zircona (CHEM.) zirconia
zirconato (CHEM.) zirconate
zircónio (CHEM.) zirconium
Zodíaco (ASTRO.) Zodiac; Zodiacal band
zoisite (MINER.) zoisite
zona (GEN.) zone; area; region; zona
zona abissal (GEO.; ZOO.) abyssal zone
zona afótica (ECO.; GEO.) aphotic zone
zona algácea (GEO.) algal zone
zona alpina (ECO.) alpine zone

zona anaeróbica (GEO.) anaerobic zone
zona árida (ECO.) arid zone
zona auroral (ASTRO.; TELECOM.) auroral zone
zona batial (GEO.) bathyal zone
zona batipelágica (ECO.) bathypelagic zone
zona bêntica (ECO.) benthic zone
zona boreal (ECO.) boreal zone
zona calma (TELECOM.) quiet zone
zonação (BOT.) zonation
zonação biótica (GEO.) biotic zonation
zonação oscilatória (MINER.) oscillatory zoning
zona capilar (ECO.) capillary fringe
zona ciliar (ZOO.) zonula ciliaris
zona climática (GEO.) climatic zone
zona cortical (ZOO.) cortex
zona da Guiné (ECO.) Guinea zone
zona da raiz (BOT.) rhizosphere
zona de abscisão (BOT.) abscission zone
zona de acumulação (GEO.) accumulation zone
zona de adaptação (ECO.) adaptive zone
zona de adesão (BIO.) adhesion plaque
zona de aproximação (AERO.) approach zone
zona de arejamento (ECO.) zone of aeration
zona de armazenamento (COMP.) storage area
zona de audibilidade (PHYS.) zone of audibility
zona de Benioff (GEO.) Benioff zone
zona de Brillouin (PHYS.) Brillouin zone
zona de calmas tropicais (METEO.) horse latitude
zona de cimentação (GEO.) zone of cementation
zona de combustão (MECH.) bosh (high furnace)
zona de controlo (AERO.) control zone
zona de convergência (GEO.) convergence zone
zona de convergência intertropical (METEO.) intertropical convergence zone [ITCZ]
zona de cortante (GEO.) shear zone
zona de corte (MECH.) cutting zone
zona de depleção (ELECTRON.) deplection region
zona de entrada (RADIOL.) entry portal
zona de erosão (GEO.) zone of weathering
zona de feixe (TELECOM.) footprint
zona de fendas a jusante do glaciar (GEO.) bergschrund

zona de fósseis (GEO.) fossil zone
zona de Fresnel (PHYS.) Fresnel zone
zona de funcionamento em segurança (ELECTRON.) safe operating area
zona de fusão (MECH.) melting zone
zona de habitat (GEO.) range zone
zona de insensibilidade (ELECTRON.) dead bank
zona de interacção (ELECTRON.) interaction gap
zona de inundação (ECO.) flood zone
zona de líquens (ECO.) lichen zone
zona de mar alto (ECO.) offshore zone
zona de maré (ECO.) intertidal zone
zona de marés médias (ECO.) mesotidal
zona de meandros (GEO.) meander belt
zona de meio período (PHYS.) half-period zone
zona de Oppel (ECO.) Oppel zone
zona de origem (METEO.) source zone
zona de oxidação (GEO.) oxidation zone
zona de perigo de radiação (RADIOL.) radiation danger zone
zona de pressão (METEO.) pressure zone
zona de rebentação (GEO.) breaker zone
zona de regras especiais (AERO.) special rules zone
zona de saturação (ECO.) zone of saturation
zona de silêncio (PHYS.) zone of silence
zona de sobreposição (ECO.) concurrent range zone
zona de sombra (ELECTRON.) shadow area
zona de sombra (GEO.) shadow zone
zona de subadução (GEO.) subduction zone
zona de sulfureto (MINING) sulphide (sulfide) zone
zona de tensão (MINING) stress zone
zona de vegetação latitudinal (ECO.) latitudinal vegetation zone
zona disfótica (ECO.) dysphotic zone
zona entre marés (ECO.) eulittoral zone
zona epipelágica (ECO.) epipelagic zone
zona eufótica (ECO.) euphotic zone
zona eulitoral (ECO.) shelf zone
zona fauniana (ECO.) faunizone
zona fóssil (GEO.) fossil zone
zona fótica (ECO.) photic zone
zona freática (GEO.; MINING) phreatic zone
zona frontal (GEO.) frontal zone

zona granulosa (Zoo.) zona granulosa
zona hádica (Eco.) hadal zone
zona hadicopelágica (Eco.) hadal-pelagic zone
zona insaturada (Eco.) unsaturated zone
zona inter-marés (Eco.) foreshore
zona isotérmica (Meteo.) isothermic zone
zonal (Eco.) zonal
zona litoral (Gen.) littoral zone
zona litoral arenosa (Eco.) psammo-littoral zone
zona litoral periférica (Eco.) circalittoral zone
zona lixiviada (Mining) leached zone
zona mais baixa (Mining) down dip side
zona mesopelágica (Eco.) mesopelagic zone
zona morfogenética (Eco.) morphogenetic zone
zona morta (Elect.) dead zone
zona morta (Mining) dead ground
zona nerítica (Geo.) neritic zone
zona neutra (Elect.) neutral zone
zona nucleolar (Bio.) nucleolar-organizing region
zona oculta (Build.) blind area
zona oligofótica (Eco.) oligophotic zone
zona pelágica (Eco.) pelagic zone
zona pelágica abissal (Geo.) abyssalpelagic zone
zona pelífera (Bot.) piliferous layer

zona pelúcida (Zoo.) zona pellucida; area pellucida; oolemma
zona perimedular (Bot.) perimedullary zone
zona prismática (Cryst.) prismatic zone
zona produtiva (Mining) pay zone
zona profunda (Eco.) profundal zone
zona radiada (Zoo.) zona radiata
zonas barrovianas (Geo.) Barrovian zones
zonas de vegetação em altitude (Eco.) altitudinal vegetation zones
zona sem recepção (Telecom.) dead spot; blind spot
zona sublitoral (Geo.) sublittoral zone
zona supersónica (Phys.) transonic zone
zona supralitoral (Eco.) supralittoral zone
zona térmica (Meteo.) temperature zone
zona tórrida (Eco.) torrid zone
zona vadosa (Geo.) vadose zone
zona vascular (Zoo.) area vasculosa
zona zoogeográfica (Eco.) zoogeographical zone
zónula (Zoo.) zonula
zoobiótico (Bio.) zoobiotic
zooblasto (Zoo.) zooblast
Zooclorelas (Zoo.) Zoochlorellae
zooerastia (Psycho.) zooerastia
zoofulvina (Chem.) zoofulvin
zoogamia (Zoo.) zoogamy
zoogénese (Bio.) zoogenesis

zoogenético (Bio.) zoogenetic
zoogenia (Bio.) zoogeny
zoogénico (Bio.) zoogenic
zoogeografia (Zoo.) zoogeography
zoografia (Zoo.) zoography
zoóide (Zoo.) zooid
zoom (Image Tech.) zoom; varifocal lens
zoom óptico (Image Tech.) optical zoom
zoonomia (Gen.) zoonomy
zoonose (Vet.) zoonosis
zooplâncton (Zoo.) zooplankton
zoospermo (Zoo.) zoosperm
zoosporângio (Bot.) zoosporangium
zoósporo (Bot.) zoospore
zootaxia (Gen.) zootaxy
zootécnicas (Gen.) zootechniques
zootomia (Zoo.) zootomy
zootoxina (Bio.) zootoxin
zootrófico (Zoo.) zootrophic
zoster (Med.) zoster
zostera (Bot.) eel-grass
zuarte (Text.) jean
zumbido (Electron.) humming
zumbido (Phys.; Telecom.) singing; hum; hum note
zumbido (Med.) syrigmus
zumbido de onda portadora (Telecom.) hum modulation
zumbido de tensão (Elect.) voltage ripple
zumbido sintonizável (Electron.) tunable hum
zussmanita (Miner.) zussmanite

ESTA 2.ª EDIÇÃO DO
DICIONÁRIO VERBO
DE INGLÊS
TÉCNICO E CIENTÍFICO
FOI IMPRESSO POR
TILGRÁFICA, S.A.
EM NOVEMBRO

N.º DE EDIÇÃO 2229
DEPÓSITO LEGAL 267 237/07